Springer-Lehrbuch

Karl Zilles
Bernhard N. Tillmann

Anatomie

Mit 1296 größtenteils farbigen Abbildungen und 121 Tabellen

Univ.-Prof. Dr. med. Karl Zilles
Institut für Hirnforschung
Heinrich-Heine-Universität
Universitätsstr. 1
40225 Düsseldorf
und
Institut für Neurowissenschaft und Medizin
Forschungszentrum Jülich
52425 Jülich

Univ.-Prof. Dr. med. Bernhard N. Tillmann
Emeritierter Professor für Anatomie und Entwicklungsgeschichte
am Anatomischen Institut der Christian-Albrechts-Universität zu Kiel
Olshausenstr. 40
24098 Kiel

Mit Zeichnungen von:
I. Schobel, München
C. Sperlich, Groß-Wittensee
C. Franke, Kiel
Ch. Opfermann-Rüngeler, Düsseldorf
G. Ritschel, Rostock

ISBN 978-3-540-69481-6 Springer-Verlag Berlin Heidelberg New York

Bibliografische Information der Deutschen Nationalbibliothek
Die Deutsche Nationalbibliothek verzeichnet diese Publikation in der Deutschen Nationalbibliografie;
detaillierte bibliografische Daten sind im Internet über http://dnb.d-nb.de abrufbar.

Springer Medizin Verlag
springer.de

Planung: Renate Scheddin, Heidelberg
Projektmanagement: Axel Treiber, Heidelberg
Lektorat: Ingrid Fritz, Bad Füssing
Umschlagfoto: © Klaus Rüschhoff, Springer Medizin
Umschlaggestaltung: deblik Berlin
Satz und Digitalisierung der Abbildungen: Fotosatz-Service Köhler GmbH – Reinhold Schöberl, Würzburg

SPIN 10733273

Gedruckt auf säurefreiem Papier 15/2117 – 5 4 3 2 1 0

Vorwort

Der Springer-Verlag kann im Lehrbuchsektor »Anatomie« auf eine lange und gute Tradition zurückschauen. Auch wenn die dreibändige »Anatomie des Menschen« von Hermann Braus, fortgeführt von Curt Elze, in ihrer Wissensvermittlung nicht mehr zeitgemäß erscheint, ist das Standardwerk bis heute eine Fundgrube auf den Gebieten der systematischen, funktionellen und vergleichenden Anatomie. Das gilt auch für das »Lehrbuch der Topographischen Anatomie« von Anton Hafferl, dessen Beschreibungen topographischer Zusammenhänge und deren klinischer Relevanz nach wie vor beeindrucken.

Die Zeiten, in denen ein Autor ein Lehrbuch der gesamten Anatomie verfassen konnte, das dem aktuellen Wissensstandard genügt, sind Geschichte. Die Vermittlung anatomischen Wissens in einem Lehrbuch dient primär der Vorbereitung auf den klinischen Teil des Studiums und auf das Staatsexamen. Das Fach »Anatomie« hat wie die klinische Medizin in den letzten Jahren aufgrund der Entwicklung neuer Methoden in allen Bereichen sein Forschungsspektrum stark verändert, spezialisiert und erweitert. Der Bogen in der anatomischen Forschung und Lehre spannt sich den Anforderungen entsprechend von der Makroskopischen Anatomie bis in den Bereich der Zellbiologie. Zudem erfordert die moderne medizinische Diagnostik, die durch die Einführung der bildgebenden Verfahren in wesentlichen Aspekten gekennzeichnet ist, eine entsprechende Vorbereitung in der Anatomie.

Diesen Anforderungen kann ein modernes Lehrbuch nur gerecht werden, wenn die einzelnen Fachgebiete von Autorinnen und von Autoren verfasst werden, die darin durch ihre wissenschaftliche Arbeit ausgewiesen sind und gleichzeitig über große Unterrichtserfahrung verfügen. Dabei wurde redaktionell darauf gesehen, dass trotz der Spezialisierung das Verständnis für den Anfänger gewahrt und die Verbindung zu den Nachbarkapiteln erhalten blieb.

Das vorliegende Lehrbuch gliedert sich in 3 große Abschnitte. Der erste Teil führt in die **Allgemeine Anatomie**, in die **Zytologie** und **Histologie** sowie in die **Frühentwicklung** ein. Im mittleren Teil (Kapitel 4–18) werden die einzelnen **Organsysteme** beschrieben. Das bei Studierenden als besonders »schwierig« geltende Thema Nervensystem (Kapitel 17–18) ist in einen eher systematischen Teil, der eine geordnete Übersicht über die zahlreichen Strukturen gibt, und in einen funktionell-anatomischen Teil gegliedert, der die Strukturen in Funktionszusammenhänge stellt. Der dritte Abschnitt (Kapitel 19– 26) hat die **Topographische Anatomie** zum Inhalt.

Die aktuelle Darstellung des Wissens kommt dem Ziel entgegen, dass ein Lehrbuch die Studierenden nicht nur während ihres vorklinischen Studienabschnittes, sondern auch noch im klinischen Teil begleiten soll. Unter Berücksichtigung der Verknüpfung von vorklinischen und klinischen Lehrinhalten wurde besonderer Wert auf die klinische Relevanz gelegt. Die eingefügten klinischen Hinweise machen dies an Beispielen deutlich.

Das Lernen systematischer Anatomie ist nicht beliebt, aber notwendig, um funktionelle Zusammenhänge verstehen zu können. Bei der Auswahl der systematischen Inhalte orientierten sich die Autorinnen und Autoren an den für das Verständnis funktioneller und klinischer Zusammenhänge notwendigen Kenntnissen.

Um einige Kapitel nicht mit systematischen Fakten zu überfrachten, wurden diese vor allem im Kapitel »Bewegungsapparat« in übersichtlichen Tabellen zusammengefasst.

Auf die Beschreibung der Lagebeziehungen von einzelnen Organen wurde zugunsten funktioneller Beschreibungen weitgehend verzichtet, da die topographischen Zusammenhänge in einem eigenständigen Teil des Lehrbuches dargestellt werden. Die Einfügung des Kapitels »Topographische Anatomie« erfolgte unter zwei Gesichtspunkten: Die Beschreibung topographischer Zusammenhänge ist eine hilfreiche Anleitung für das Studium im Präpariersaal, und sie bereitet auf die klinischen Anforderungen bei der Diagnostik sowie bei operativen Eingriffen vor.

In den Abschnitt »Topographische Anatomie« wurden Darstellungen der Oberflächenanatomie und der Höhenlokalisation klinisch relevanter Strukturen eingefügt. Im abschließenden Kapitel »Schnittbildtopographie« werden exemplarisch anatomische Strukturen an Hand von CT – und von MRT – Bildern in den Standardebenen dargestellt.

Das Kapitel »Schnittbildtopographie« ist auch als Begleiter für den klinischen Studienabschnitt gedacht.

Das Lehrbuch richtet sich nicht nur an Studierende der Humanmedizin sondern auch an Studierende der Zahnmedizin. Der für die Examina der Zahnmedizin relevante Prüfungsstoff wird umfassend beschrieben, wobei auch hier die topographischen Darstellungen vor allem der Kopf – und Halsregionen bei der Vorbereitung hilfreich sind.

Die Herausgeber danken den Autorinnen und Autoren für ihre engagierte Mitarbeit an diesem Werk, nicht zuletzt auch für ihre Geduld.

Herausgeber sowie Autorinnen und Autoren bedanken sich bei allen Damen und Herren des Springer-Verlages, die an der Planung und Herausgabe dieses Lehrbuches beteiligt waren.

Unser besonderer Dank gilt Herrn Axel Treiber, der das Projekt mit hoher fachlicher Kompetenz und mit großem persönlichem Einsatz betreut und fertig gestellt hat.

Unser Dank gilt ferner Frau Ingrid Fritz, in deren Obhut die redaktionelle Bearbeitung lag, sowie Frau Ingrid Schobel, Frau Christine Opfermann-Rüngeler und Herrn G. Ritschel für ihre ausgezeichnete Arbeit bei der Erstellung neuer Abbildungen.

Die Herausgeber widmen das Lehrbuch dem Andenken von Herrn Professor Dr. med. Helmut Leonhardt, der vielen Generationen von Studierenden mit seinen didaktisch herausragenden Werken das Wissen der Mikroskopischen und Makroskopischen Anatomie vermittelt hat.

Düsseldorf/Jülich/Kiel K. Zilles/B. N. Tillmann
im Sommer 2010

Zilles/Tillmann – Anatomie: Das Layout

Zahlreiche farbige Abbildungen veranschaulichen komplexe Sachverhalte

Einführung: Kurze Übersicht zum Kapitelinhalt

Leitsystem führt durch die Sektionen

Übersicht: Wichtige Fakten zusammengefasst und optisch hervorgehoben

Hervorhebungen der wichtigsten Schlüsselbegriffe erleichtern die Orientierung

Inhaltliche Struktur: Klare Gliederung durch alle Kapitel

Tabellen: Kurze Übersicht der wichtigsten Fakten

4

4.3 Rumpf (Truncus)

B.N. Tillmann

Einführung

Der Rumpf ist Träger von Kopf und oberen Extremitäten. Mit dem Erwerben des bipeden Ganges und der damit verbundenen Aufrichtung des Rumpfes werden beim Menschen die charakteristischen Krümmungen der Wirbelsäule ausgebildet. Es kommt außerdem zur Verbreiterung der Hüftknochen, die mit dem Kreuzbein den stabilen Beckenring bilden.

Rumpf *(Truncus)*
- Brust *(Thorax)*
- Bauch *(Abdomen)*
- Becken *(Pelvis)*
- Rücken *(Dorsum)*

Das **Achsenskelett** des Rumpfes ist die **Wirbelsäule** *(Columna vertebralis)*. Sie liegt exzentrisch im **dorsalen Bereich** und schließt mit den Wirbelbögen (Neuralspangen) im Wirbelkanal (*Canalis vertebralis* – Neuralraum) das Rückenmark mit seinen Häuten ein. Im **vorderen Bereich** des Rumpfes befinden sich die **Eingeweideräume, Brust-** sowie **Bauch-** und **Beckenhöhle.** Brust- und Bauchhöhle werden durch das **Zwerchfell** *(Diaphragma)* voneinander getrennt. **Brust-** und **Bauchwand** begrenzen die von Serosa ausgekleideten Körperhöhlen. Sie zeigen in ihrem Bauplan hinsichtlich der Anordnung von Muskeln, Nerven und Gefäßen weitgehende Übereinstimmungen. Von den ursprünglich in die gesamte Wand der Eingeweideräume ziehenden ventralen Viszeralspangen bleiben nur die Rippen des **Thorax** erhalten. Die **Wand des Bauchraumes** besteht dementsprechend nur aus Muskeln und ihren Aponeurosen.

4.3.1 Knochen und Gelenke

Brustkorb (Cavea thoracis)

Am Aufbau des **Brustkorbs,** *Cavea thoracis,* beteiligen sich das Brustwandskelett, *Skeleton thoracis,* mit Brustbein, *Sternum,* und 12 Rippenpaaren, *Costae I–XII,* sowie die 12 Brustwirbel, *Vertebrae thoracicae I–XII* (Abb. 4.50). Die Rippen-Brustbein-Gelenke und die Rippen-Wirbel-Gelenke mit ihrem Bandapparat sind Bestandteil des Brustkorbs. Der Brustkorb ist muskulär über die Mm. scaleni an der Halswirbelsäule und über den M. sternocleidomastoideus am Schädel »aufgehängt«.

Zwei Rippen begrenzen einen **Zwischenrippenraum** *(Spatiu intercostale)* mit Zwischenrippenmuskeln und Leitungsbahnen. D 10. und 11. Interkostalraum sind Teil der Bauchwand.

Brustwandskelett (Skeleton thoracis)

Brustbein (Sternum)

Das Brustbein ist ein flacher Knochen (4.40) und hat 3 Anteil *Manubrium sterni, Corpus sterni* und *Processus xiphoideus*.

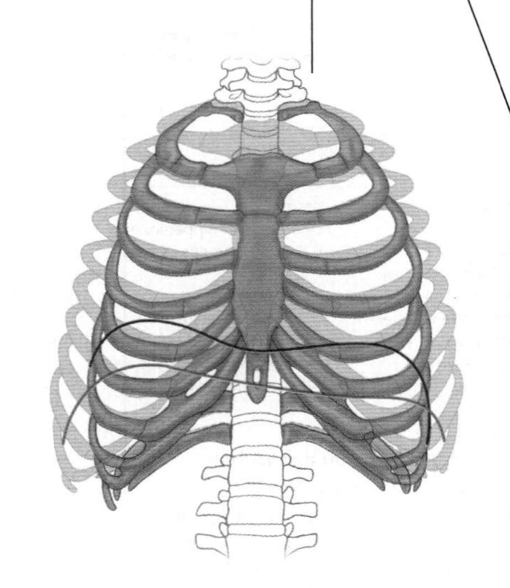

Abb. 4.55. Thorax und Zwerchfell bei tiefer Inspiration (hellblau) und be Exspiration (dunkelblau)

4.40 Knochenmarkgewinnung
Aufgrund der oberflächlichen Lage eignet sich das Corpus sterni zur Er nahme von blutbildendem Knochenmark (sog. Sternalpunktion).

4.41 Elastizitätsverlust des Rippenknorpels im Alter
Mineralisation und Knochenbildung in den Rippenknorpeln im Alter ge hen mit Elastizitätsverlust und Bewegungseinschränkungen des Thora einher und beeinträchtigen die Atmung.

4.42 Gabelrippe
Die Rippen können im ventralen Bereich gegabelt sein, sog. Gabelrippe oder Fensterrippe (am häufigsten die 4. Rippe).

Tab. 4.7. Fontanellen

Fontanelle	Anzahl	Lokalisation	Verschluss
Fonticulus anterior (vordere [große] Fontanelle)	unpaar	Vereinigung von Suturae frontalis, sagittalis und coronalis	ca. im 36. Lebensmonat
Fonticulus posterior (hintere [kleine] Fontanelle)	unpaar	Vereinigung von Suturae sagittalis und lambdoidea	ca. im 3. Lebensmonat
Fonticulus sphenoidalis (vordere Seitenfontanelle)	paarig	Vereinigung von Ossa frontalis, parietalis und sphenoidalis	ca. im 6. Lebensmonat
Fonticulus mastoideus (hintere Seitenfontanelle)	paarig	Vereinigung von Ossa parietalis, temporalis und occipitalis sowie Processus mastoideus	ca. im 18. Lebensmonat

Hoher Praxisbezug durch zahlreiche klinische Hinweise

Navigation: Kapitel und Seitenzahlen für die schnelle Orientierung

Tab. 4.12. Brust-(Zwischenrippen-)muskeln

Muskeln	Ursprung (U) Ansatz (A)	Innervation (I) Blutversorgung (V)	Funktion
Mm. intercostales externi	**Ursprung** Crista costae des Rippenunterrandes der **Rippen I-XI** vom Collum costae bis zum Corpus costae etwas lateral der Knorpel-Knochengrenze **Ansatz** Oberrand der **Rippen II-XII** vom Tuberculum costae bis zur Knorpel-Knochengrenze	**Innervation** Nn. Intercostales Th1–11 **Blutversorgung** – Rr. intercostales anteriores der A. thoracica interna – A. intercostalis posterior prima und A. intercostalis posterior secunda der A. intercostalis suprema aus dem Truncus costocervicalis – Aa. intercostales posteriores der Aorta thoracica – A. musculophrenica der A. thoracica interna	**Heben der Rippen** (Unterstützung bei der Inspiration)
Mm. intercostales interni Aufspaltung der Mm. intercostales interni durch die Leitungsbahnen in die Mm. intercostales interni und in die Mm. intercostales intimi	**Ursprung** Oberrand der Rippeninnenseite der **Rippen II-XII** vom Angulus costae bis zum Sternum **Ansatz** – äußerer Rand des Sulcus costae (eigentlicher M. intercostalis internus) – innerer Rand des Sulcus costae (M. intercostalis intimus) der Rippen I-XI etwas ventral vom Angulus costae bis zum Sternum	**Innervation** Nn. intercostales Th1–11 **Blutversorgung** – A. intercostalis posterior prima und A. intercostalis posterior secunda der A. intercostalis suprema aus dem Truncus costocervicalis – Aa. intercostales posteriores der Aorta thoracica	Mittlerer und hinterer Teil: **Senken der Rippen** (Unterstützung der Exspiration). Vorderer Teil (Mm. intercartilaginei): Heben der Rippen (Unterstützung der Inspiration). Gemeinsame Funktion der Interkostalmuskeln: **Verspannen der Interkostalräume.**

Zusammenfassende Muskeltabellen erleichtern das Lernen

erbindungen zwischen den Wirbeln (uncturae columnae vertebralis)

nter funktionell-klinischen Gesichtspunkten und aus embryologischen Gründen wird die präsakrale Wirbelsäule in **Bewegungssegmente** gegliedert. Ein Bewegungssegment umfasst morphologisch en Bereich zwischen zwei Wirbeln mit Zwischenwirbelscheibe, Wirbelgelenken, Bandapparat und Muskeln. Aus klinischer Sicht werden ach der Inhalt des Wirbelkanals und des Foramen intervertebrale inzugezählt.

an unterscheidet folgende **Hauptbewegungen** (Abb. 4.90):
- Vorwärtsneigen (Beugen = Ventralflexion) in der Sagittalebene (transversale Achse)
- Rückwärtsneigen (Strecken = Dorsalextension) in der Sagittalebene (transversale Achse)
- Seitwärtsneigen (Lateralflexion) in der Frontalebene (sagittale Achse)
- Drehen (Rotation) in der Horizontalebene (vertikale Achse).

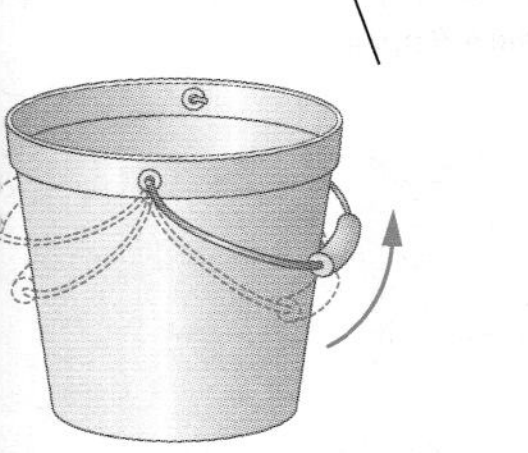
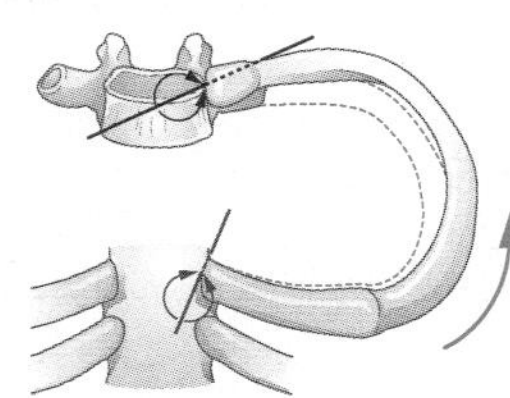

Abb. 4.56. Bewegungsexkursionen und Bewegungsachsen im Sternoostalgelenk und in den Kostovertebralgelenken bei Inspiration und Exspiraon. Die Erweiterung des Thorax durch Anhebung der bogenförmig verlaunden Rippen veranschaulicht das Eimermodell.
aue Linie: sagittale Achse durch das Sternokostalgelenk
te Linie: schräge, von ventral medial nach dorsal lateral laufende Achse urch die Kostovertebralgelenke

Die freie Beweglichkeit der Wirbelsäule ist nicht die Leistung einzelner Gelenkverbindungen, sondern resultiert aus der Summe von Bewegungen mehrerer Bewegungssegmente. Bewegungen des präsakralen Abschnitts der Wirbelsäule sind in allen Richtungen des Raumes möglich.

Wichtig: Das muss man wissen!

4.43 Skoliose

Eine fixierte Seitenverbiegung der Wirbelsäule bezeichnet man als Skoliose. Bei einer thorakalen Torsionsskoliose kommt es auch zur Thoraxdeformierung und nachfolgender Einschränkung der Lungenfunktion mit Belastung des Lungenkreislaufs.

In Kürze

Sternumanteile
- Manubrium sterni mit Incisura jugularis, Incisura clavicularis (Articularis sternoclavicularis), Incisurae costales I und II
- Corpus sterni mit Angulus sterni (Ludovici) am Übergang von Manubrium und Corpus sterni und Incisurae costales II–VII
- Processus xiphoideus

Synchondrosen zwischen den 3 Anteilen, im höheren Alter Synostosen.

Costae I–XII
- Costae verae: Rippen 1–7
- Costae spuriae: Rippen 8–12
  - Costae fluctuantes: Rippen 11 und 12
- Rippenknorpel (Cartilago costalis) an den Rippen 7–10
- Abschnitte des Os costae: Caput costae, Collum costae, Corpus costae mit Tuberculum costae, Angulus costae und Sulcus costae

In Kürze: Wiederholung der wichtigsten Fakten zu jedem Krankheitsbild zum schnellen Repetieren kurz vor der Prüfung

Mitarbeiterverzeichnis

Prof. Dr. med. Katrin Amunts
Institut für Neurowissenschaft
und Medizin
Forschungszentrum Jülich
52425 Jülich
und
Klinik für Psychiatrie
und Psychotherapie
RWTH Aachen
Pauwelsstr. 30, 52074 Aachen

Prof. Dr. med. Sebastian Bachmann
Institut für Vegetative Anatomie
Charité – Universitätsmedizin
Berlin
Philippstr. 12, 10115 Berlin

Prof. Dr. med. Ingo Bechmann
Institut für Anatomie
Universität Leipzig
Liebigstr. 13, 04103 Leipzig

PD Dr. med. Hendrik Bolte
Klinik für Diagnostische Radiologie
Arnold-Heller-Str. 9, 24105 Kiel

Prof. Dr. med. Yalcin Cetin
AG Molekulare Zellbiologie
Institut für Anatomie
und Zellbiologie
Philipps-Universität
Robert-Koch-Str. 8
35037 Marburg

Prof. Dr. med. Felix Eckstein
Institut für Anatomie und muskulo-skelettale Forschung
Paracelsus Medizinische
Privatuniversität
Strubergasse 21, A-5020 Salzburg

Prof. Dr. med. Syed G. Haider
Institut für Anatomie II
Universitätsklinikum Düsseldorf
Universitätsstr. 1
40225 Düsseldorf

Prof. Dr. med.
Reinhard Hildebrand
Institut für Anatomie
Westfälische-Wilhelms-Universität
Vesaliusweg 2–4
48149 Münster

(Em.) Prof. Dr. med.
Peter Kaufmann
Dieckmüllerbaum 37
44227 Dortmund

PD Dr. med. Matthias Klinger
Institut für Anatomie
Medizinische Universität zu Lübeck
Ratzeburger Allee 160
23538 Lübeck

Prof. Dr. med. Dr. h.c. mult.
Wolfgang Kühnel
Institut für Anatomie
Universität zu Lübeck
Ratzeburger Allee 160
23538 Lübeck

Prof. Dr. med. Wolfgang Kummer
Institut für Anatomie
und Zellbiologie
Justus-Liebig-Universität
Aulweg 123, 35385 Gießen

Prof. Dr. med. Robert Nitsch
Institut für Funktionelle
und Klinische Anatomie
Campus der Johannes Gutenberg-Universität Mainz
Johann-Joachim-Becher-Weg 13
55128 Mainz

Prof. Dr. med. Friedrich Paulsen
Institut für Anatomie, Lehrstuhl II
Universität Erlangen-Nürnberg
Universitätsstr. 19
91054 Erlangen

PD Dr. med. Julia Reifenberger
Hautklinik
Universitätsklinikum Düsseldorf
Heinrich-Heine-Universität
Moorenstr. 5
40225 Düsseldorf

Prof. Dr. med. Dr. h.c.
Thomas Ruzicka
Klinik und Poliklinik
für Dermatologie und Allergologie
Ludwig-Maximilians-Universität
Frauenlobstr. 9–11
80337 München

Prof. Dr. med. Oliver Schmidt
Institut für Anatomie
Universitätsklinikum Rostock
Gertrudenstr. 9, 18055 Rostock

Prof. Dr. med. Udo Schumacher
Institut für Anatomie II –
Experimentelle Morphologie
Universitätsklinikum
Hamburg-Eppendorf
Martinistr. 52, 20246 Hamburg

Prof. Dr. med.
Katharina Spanel-Borowski
Institut für Anatomie derUniversität
Leipzig
Liebigstr. 13, 04103 Leipzig

(Em.) Prof. Dr. med.
Bernhard N. Tillman
Emeritierter Professor für Anatomie
und Entwicklungsgeschichte
am Anatomischen Institut
der Christian-Albrechts-Universität
zu Kiel
Olshausenstr. 40, 24098 Kiel

Prof. Dr med. Dr. rer. nat.
Ulrich Welsch
Anatomische Anstalt, Lehrstuhl II
Ludwig-Maximilians-Universität
Pettenkoferstr. 11
80336 München

Prof. Dr. med. Jürgen Westermann
Institut für Anatomie
Medizinische Universität zu Lübeck
Ratzeburger Allee 160
23538 Lübeck

Prof. Dr. med. Jörg Wilting
Zentrum Anatomie
Abteilung Anatomie
und Zellbiologie
Universität Göttingen
Kreuzbergring 36
37075 Göttingen

Prof. Dr. med. Andreas Wree
Institut für Anatomie
Universitätsklinikum Rostock
Gertrudenstr. 9, 18055 Rostock

Prof. Dr. med. Karl Zilles
Institut für Hirnforschung
Heinrich-Heine-Universität
Universitätsstr. 1
40225 Düsseldorf
und
Institut für Neurowissenschaft
und Medizin
Forschungszentrum Jülich
52425 Jülich

Inhaltsverzeichnis

I. Allgemeine Anatomie – Zytologie und Histologie – Frühentwicklung

II. Funktionelle Systeme

III. Topographische Anatomie der Körperregionen

I. Allgemeine Anatomie Zytologie und Histologie – Frühentwicklung

1 Einführung in die Anatomie und bildgebende Verfahren

B. N. Tillmann, K. Zilles, H. Bolte

Einführung in die Anatomie

B.N. Tillmann, K. Zilles

Der Begriff Anatomie wird vom griechischen Wort ἀνατέμνειν (zerschneiden oder sezieren) abgeleitet, das die älteste Methode des Faches beschreibt, die bereits in der Antike zur Anwendung kam. In der Biologie und Medizin verwendet man für die Lehre von der Gestalt auch den Begriff Morphologie (μορφή = Gestalt). Als Gestalt bezeichnet man die äußere Form von Individuen, von einzelnen Körperabschnitten oder von Organen vorzugsweise im makroskopischen Bereich. Der Begriff Struktur geht über die reine Beschreibung von Befunden (deskriptive Anatomie) hinaus. Mit »Struktur« werden der innere Aufbau oder das Gefüge von Organen vom makroskopischen bis in den molekularen Bereich beschrieben, wobei die Funktion (funktionelle Anatomie) einbezogen wird.

Unter dem »Dach« der Anatomie befinden sich mehrere **morphologische Teildisziplinen.** Wissenschaftliche Fragestellungen und die Entwicklung neuer Methoden haben dazu beigetragen, dass sich der Bogen der Morphologie von der makroskopischen Anatomie bis in den Bereich der Zellbiologie spannt.

1.1 Morphologische Teildisziplinen

Makroskopische Anatomie. Die **makroskopische Anatomie** beschreibt die mit dem bloßen Auge erkennbare Gestalt von Organen **(deskriptive** und **systematische Anatomie)**. Die Grenze für das Auflösungsvermögen des menschlichen Auges liegt bei 0,08–0,1 mm. Vielfach werden auch noch die nur mit einer Lupe diagnostizierbaren Strukturen der makroskopischen Anatomie zugerechnet. Zum Bereich der makroskopischen Anatomie gehört auch die topographische Anatomie.

Topographische Anatomie. Die topographische Anatomie beschreibt Form und Lage von Organen unter Einbeziehung ihrer Umgebung. Sie bildet die Grundlage für die Diagnose und Therapie zahlreicher Erkrankungen. Topographische Anatomie ist daher zugleich **klinische Anatomie.** Voraussetzung für das Studium der topographischen Anatomie ist die Kenntnis von **systematischer** und **deskriptiver makroskopischer Anatomie.** Eine dreidimensionale Vorstellung über die Lage von Organen und über den Verlauf von Leitungsbahnen gewinnt man nur durch eigenständiges **Präparieren am anatomischen Präparat.**

Unter klinischen Gesichtspunkten werden in die topographische Anatomie die mit Hilfe der verschiedenen **bildgebenden Verfahren** gewonnenen morphologischen Befunde einbezogen.

Mikroskopische Anatomie. Die mikroskopische Anatomie beschreibt die mikroskopisch sichtbaren Strukturen von Organen vom lichtmikroskopischen bis in den elektronenmikroskopischen Bereich. Sie wird auch als **Organhistologie** bezeichnet.

Die Kenntnis der normalen Organstruktur ist Voraussetzung für die Diagnostik pathologischer Veränderungen.

Histologie. Histologie (ἱστίον = Gewebe) ist die Lehre von den Geweben. Die 4 Grundgewebe (Epithelgewebe, Binde- und Stützgewebe, Muskelgewebe, Nervengewebe) bilden in spezifischer Differenzierung die strukturelle Grundlage der einzelnen Organe.

Zytologie. Die Lehre vom Aufbau der Zelle wird als Zytologie bezeichnet. Unter Berücksichtigung der Zellfunktionen, die eine Einbeziehung physiologischer und biochemischer Aspekte erfordert, wird heute statt Zellenlehre der weiter reichende Begriff **Zellbiologie** verwendet.

Embryologie. Die **medizinische Embryologie** beschreibt die Entwicklung des Menschen **(Ontogenese)** von der Zeugung bis zur Geburt. Diese zeitliche Festlegung trifft nicht für alle Organe zu, da ihre Entwicklung erst in der postnatalen (postfetalen) Zeit zum Abschluss kommt (z.B. Skelett, Gehirn, Lunge). Man grenzt in der Embryologie die Gebiete der **Frühentwicklung** und der **Organentwicklung** ab (Embryonal- und Fetalperiode ▶ Kap. 3). Die medizinische Embryologie beschränkt sich nicht auf die reine Beschreibung der Organentwicklung (deskriptive Entwicklungsgeschichte), sondern berücksichtigt auch die Entstehung von **Fehlbildungen** (**Teratologie:** Lehre von den Fehlbildungen). Fortschritte auf dem Gebiet der medizinischen Embryologie beruhen in jüngerer Zeit wesentlich auf Erkenntnissen aus dem Bereich der **Entwicklungsbiologie** und **Genetik.**

Vergleichende Anatomie. Die vergleichende Anatomie trägt zum Verständnis der Anatomie des Menschen bei, da sie aus den Erkenntnissen der evolutionär entstandenen Vielfalt die Funktion und embryologische Entwicklung der Organe des Menschen zu verstehen versucht. Aus der **Stammesentwicklung** (Stammesgeschichte: **Phylogenese**) lassen sich Homologien zur Ontogenese und Morphologie menschlicher Organe ableiten.

1.2 Normbegriff

Der Beschreibung der Anatomie des Menschen liegt das Konzept einer »normalen« Gestalt und Struktur zugrunde. Da für alle quantitativen Befunde (z.B. Körperlänge oder Organgewicht) eine erhebliche physiologische Variabilität zwischen den Individuen gefunden wird, ist es notwendig, den Bereich normaler, interindividueller Variabilität von einem Bereich pathologischer Abweichung abzugrenzen. Als **Normalbefunde** werden solche angesehen, die sich in einem definierten Bereich um den Mittelwert aller Messwerte in einer sehr großen Population anordnen. Eine anschauliche Darstellung von Messdaten und Normalbereichen sind Perzentilwerte (◘ Abb. 1.6). **Varianten** (Variationen), **Anomalien** (Abnormitäten) und **Fehlbildungen** (Malformation, Missbildungen) sind von der Norm abweichende Bildungen, die während der Embryonal- oder Fetalperiode entstanden sind. Anomalien und Fehlbildungen gehen im Gegensatz zu Varianten mit **Funktionsstörungen** einher. Zwischen Anomalien und Fehlbildungen besteht ein fließender, gradueller Unterschied. Als **Deformation** (Deformität) bezeichnet man im postnatalen Leben entstandene Formabweichungen.

1.1 Beispiele für Varianten, Anomalien, Fehlbildungen und Deformitäten

Varianten findet man häufig bei **Muskeln** in Form überzähliger Muskelköpfe (z.B. M. biceps brachii, ▶ Kap. 4.4) oder bei Gefäßen (z.B. Astfolge der A. carotis externa, ▶ Kap. 4.2). Die meisten Gefäßvarianten sind normalerweise nicht mit Funktionsstörungen verbunden, sie können aber bei operativen Eingriffen Bedeutung erlangen und bei Nichtkenntnis der Variante zu schwerwiegenden – mitunter tödlichen – Blutungen führen. Eine Gefäßvariante wird zur Anomalie, wenn sie klinische Symptome verursacht: Die A. lusoria (▶ Kap. 4.4) kann bei ihrem Verlauf hinter der Speiseröhre zu deren Einengung und nachfolgenden Schluckbeschwerden führen (Dysphagia lusoria, siehe 10.32).

Als **Anomalie** kann man z.B. eine Trichterbrust einstufen, die zu einer Verminderung der Lungenkapazität führt.

▼

Zu den **Fehlbildungen** zählen z.B. Lippen-Kiefer-Gaumenspalten oder ein Defekt der Herzkammerscheidewand.

Deformitäten können als Folge von Traumata oder degenerativer Erkrankungen entstehen. Typische Deformitäten sind z.B. seitliche Achsenabweichungen der Wirbelsäule (Skoliose) sowie Achsenabweichungen der Kniegelenke in der Frontalebene in Form einer O-Beinstellung (Genu varum) oder X-Beinstellung (Genu valgum) (► Kap. 4.5).

1.3 Achsen, Ebenen, Richtungs- und Lagebezeichnungen, Bewegungsabläufe

Zur Orientierung am Körper und zur Beschreibung von Bewegungsabläufen dienen Achsen, Ebenen sowie Richtungs- und Lagebezeichnungen.

1.3.1 Achsen

Zur Standardisierung von Befunden hat man 3 aufeinander senkrecht stehende **Achsen** und entsprechende **Körperebenen** festgelegt (◘ Abb. 1.1):

- **Vertikale oder longitudinale Achse (1):** Sie läuft in Längsrichtung des Körpers und trifft beim aufrecht stehenden Menschen senkrecht in die Unterstützungsfläche der Füße (Standfläche).
- **Transversale Achse (3):** Sie läuft quer (in der Horizontalebene) durch den Körper und verbindet identische Punkte der rechten und linken Körperseite (und vice versa) miteinander.
- **Sagittale Achse (2):** Sie läuft senkrecht zur longitudinalen und zur transversalen Achse durch die vordere und hintere Körperwand wie ein senkrecht auf die Körperwand treffender Pfeil (und vice versa).

1.3.2 Ebenen

- **Medianebene (rot):** Die Medianebene ist die Symmetrieebene, die den Körper in 2 (theoretisch) spiegelbildlich gleiche Hälften teilt (► Kap. 1.4). Sie läuft vertikal und ist zwischen vorderer und hinterer Körperwand (von ventral nach dorsal) ausgerichtet. Die Medianebene ist eine Sonderform der Sagittalebene (Median-Sagittal-Ebene).
- **Sagittalebene:** Sagittalebenen laufen auf der rechten oder auf der linken Körperseite parallel zur Medianebene.
  - anatomischer Schnitt in der Sagittalebene: Sagittalschnitt
  - radiologische Schicht in der Sagitallebene: sagittale Schicht
- **Frontalebene (blau):** Die Frontalebene läuft parallel zur Stirn und senkrecht zur Sagittalebene sowie zur Transversalebene.
  - anatomischer Schnitt in der Frontalebene: Frontalschnitt
  - radiologische Schicht in der Frontalebene: koronare Schicht (in der Ebene der Kranznaht, *Sutura coronalis*, des Schädels (► Kap. 4.2.1)
- **Transversalebene (grün):** Transversal- oder Horizontalebenen verlaufen quer durch den Körper; sie sind senkrecht zur Frontal- und Sagittalebene ausgerichtet.
  - anatomischer Schnitt in der Transversalebene: Transversal-, Horizontal- oder Querschnitt
  - radiologische Schicht in der Transversalebene: axiale Schicht

1.3.3 Richtungs- und Lagebezeichnungen

Die Bezeichnungen für **Lage** und **Richtung** (► Tab. 1.1) sind am Rumpf und an den Gliedmaßen zum Teil unterschiedlich (◘ Abb. 1.2).

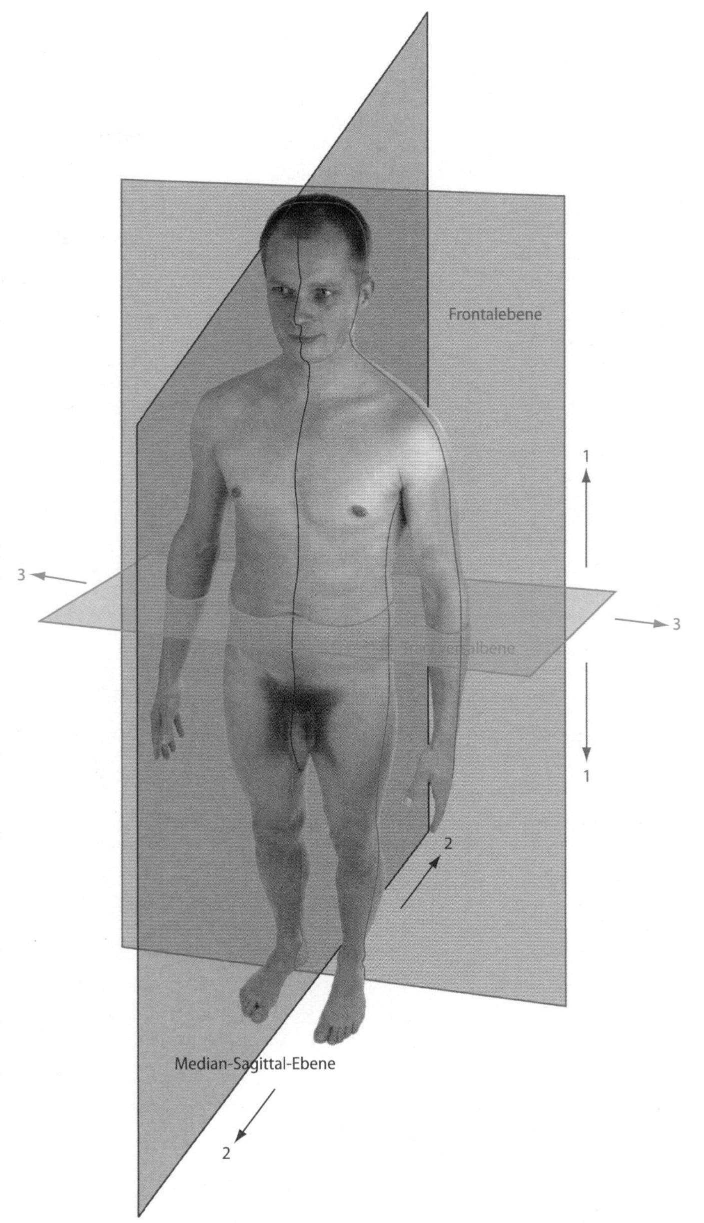

◘ **Abb. 1.1.** Achsen und Ebenen [1]

Strukturen der **rechten Körperseite** werden mit **dexter** (dextra, dextrum), der **linken Köperseite** mit **sinister** (sinistra, sinistrum) gekennzeichnet.

Oberflächliche Strukturen werden mit **superficialis** (superficiale), **tiefe Strukturen** mit **profundus (profunda, profundum)** beschrieben.

Im **Inneren liegende Strukturen** werden mit **internus** (interna, internum), **außen liegende Strukturen** mit **externus** (externa, externum) bezeichnet.

1.3.4 Bewegungsmöglichkeiten

Die Bewegungsmöglichkeiten werden in ◘ Tab. 1.2 und den ► Kap. 4.3, 4.4 und 4.5 beschrieben. Die Messung der Gelenkbeweglichkeit erfolgt aus der Neutral-0-Stellung (◘ Abb. 1.2).

Tab. 1.1. Lage- und Richtungsbezeichnungen am Körper

Am Rumpf (Stamm)	
kranial oder superior/-ius	zum Kopfende hin
kaudal oder inferior/-ius	zum Steißende hin
ventral oder anterior/-ius	zur vorderen Bauchwand hin oder nach vorn
dorsal oder posterior/-ius	zum Rücken hin oder nach hinten
medial	zur Medianebene hin
median	innerhalb der Medianebene
lateral	von der Medianebene weg
zentral	zum Innern des Körpers hin
peripher	zur Oberfläche des Körpers hin
An den Gliedmaßen (obere und untere Extremität)	
proximal	zum Rumpf hin
distal	zum Ende der Gliedmaße hin
ulnar – medial	zur Ulna (Ellen-/Kleinfingerseite) hin
radial – lateral	zum Radius (Speichen-/Daumenseite) hin
tibial – medial	zur Tibia (Schienbein-/Großzehenseite) hin
fibular – lateral	zur Fibula (Wadenbein-/Kleinzehenseite) hin
palmar – volar	zur Hohlhand (Handinnenfläche) hin
plantar	zur Fußsohle hin
anterior*	zur Vorderseite des Armes oder des Beines hin
posterior*	zur Rückseite des Armes oder des Beines hin
Am Kopf	
rostral	vorn gelegen (schnabelwärts gelegen)
frontal	stirnwärts gelegen
nasal	nasenwärts gelegen
basal	zur Schädelbasis gelegen
okzipital	in Richtung des Hinterhauptes gelegen

* An der freien oberen und unteren Gliedmaße sollten zur Kennzeichnung der Vorder- und Rückseiten ausschließlich die Bezeichnungen anterior und posterior verwendet werden, da die in der Klinik vielfach gebräuchlichen Bezeichnungen ventral und dorsal aufgrund der Lageveränderungen während der Entwicklung zu Verwirrungen führen können. Dorsal beschreibt an den Extremitäten zum Hand- oder Fußrücken.

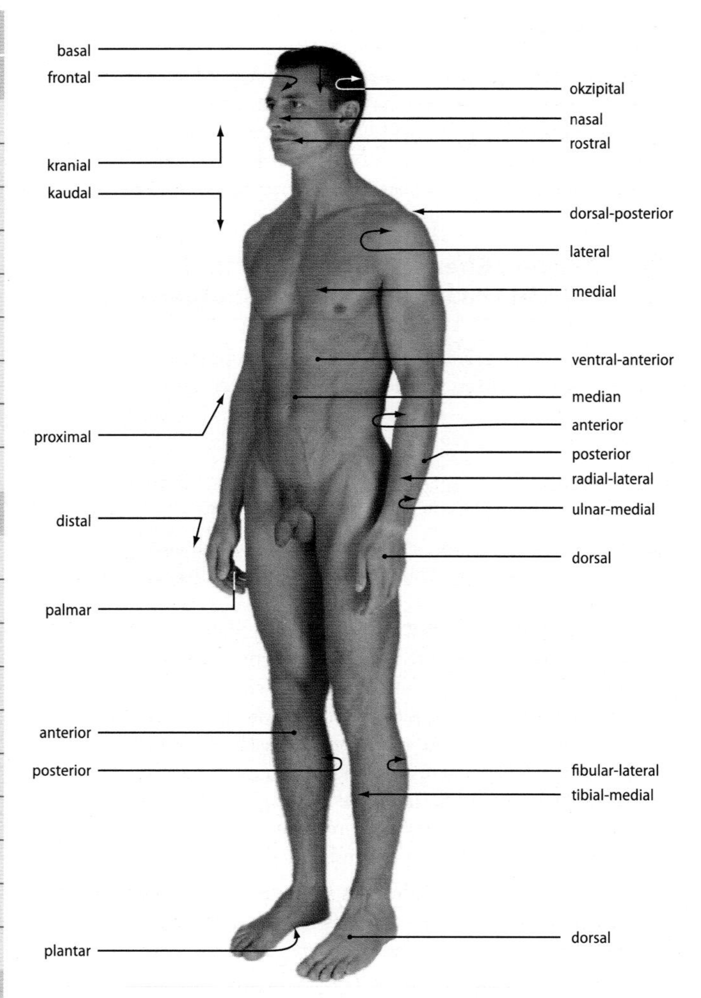

Abb. 1.2. Neutral-0-Stellung, Richtungen und Lagebezeichnungen [7]

Der Körperaufbau des Menschen entspricht dem allgemeinen Bauplan der Wirbeltiere; er zeigt außerdem für Säugetiere und Primaten typische Merkmale.

Bei **Wirbeltieren** unterscheidet man 3 Körperabschnitte (Abb. 1.3). **Kopf** *(Caput)*, **Rumpf** *(Truncus)* und **Schwanz** *(Cauda)*. Bei auf dem Land lebenden Wirbeltieren verbindet der Hals *(Collum)* den Kopf mit dem Rumpf. Bei niederen, im Wasser lebenden Vertebraten entspricht dieser Bereich der Kiemenregion.

Der Rumpf besitzt eine Leibeshöhle *(Coelom)*, die bei Säugetieren durch das Zwerchfell in Brust- und Bauchhöhle unterteilt wird (Abb. 1.5). Kopf und Schwanz haben kein Coelom.

Im Rumpfabschnitt entwickeln sich **Fortbewegungsorgane** in Form von Flossen oder Gliedmaßen. Bei den auf dem Land lebenden Wirbeltieren dienen vorderes und hinteres Extremitätenpaar der Fortbewegung. Die Extremitäten der Wirbeltiere besitzen ein Innenskelett (Endoskelett), um das die Muskelgruppen der Beuger und Strecker angeordnet sind. An den **Extremitäten** der auf dem Land lebenden Wirbeltiere unterscheidet man 2 Abschnitte, die sich im Aufbau des Skelettes widerspiegeln: **Gürtel** und **freie Extremität** (Abb. 1.3).

Vorderes und hinteres Extremitätenpaar erfahren in der Stammesgeschichte funktionell bedingte Lage- und Stellungsänderungen

1.4 Bauplan der Wirbeltiere und Stellung des Menschen in der Wirbeltierreihe

Der Mensch gehört zu den **Wirbeltieren** *(Vertebrata)*, die einen Unterstamm im Stamm der **Chordaten** bilden. Entscheidend für die Namensgebung der Chordaten ist die Ausbildung der *Chorda dorsalis* (Rückensaite) während der Ontogenese (► Kap. 3.3, Abb. 3.8a, ► Kap. 4.3, 4.58a). Die Chorda dorsalis bildet sich bei den höheren Vertebraten zurück und wird durch die Wirbelsäule ersetzt (► Kap. 4.3, Abb. 4.58).

Tab. 1.2. Bewegungsmöglichkeiten des Körpers

Extensio (Extension)	Streckung des Rumpfes oder der Gliedmaßen/-abschnitte (transversale Achse)
Retroversion	Rückwärtsneigen des Rumpfes (transversale Achse)
Flexio (Flexion)	Beugen des Rumpfes oder der Gliedmaßen/-abschnitte (transversale Achse)
Anteversion	Vorwärtsneigen des Rumpfes (transversale Achse)
Lateroversion	Seitwärtsneigen des Rumpfes (sagittale Achse)
Abductio (Abduktion)	Wegführen der Gliedmaßen vom Rumpf in der Frontalebene (sagittale Achse)
Adductio (Adduktion)	Heranführen der Gliedmaßen zum Rumpf in der Frontalebene (sagittale Achse)
Elevatio (Elevation)	Wegführen der oberen Gliedmaße vom Rumpf in allen Richtungen des Raumes
Rotatio (Rotation)*	Innen- und Außendrehung der Gliedmaßen (um die Längsachse der Gliedmaße) Drehung des Rumpfes (vertikale Achse)
Circumductio (Zirkumduktion)	Umführbewegung der Gliedmaßen

* Der Begriff »Rotation« für die Innen- und Außendrehung (-rotation) ist nicht mit der Beschreibung des Bewegungszustandes der »Rotation« (Drehung eines Körpers um eine feststehende Achse, ► Kap. 4.1) gleichzusetzen.

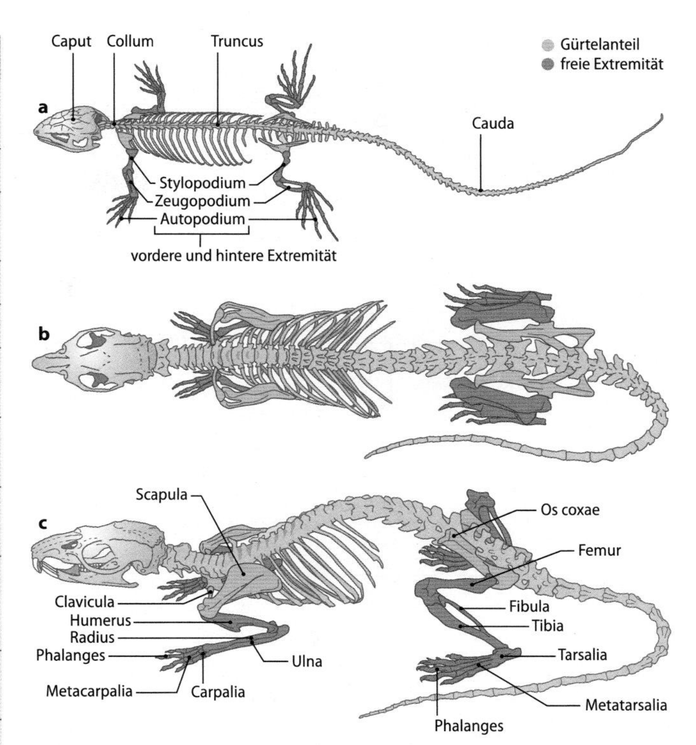

Abb. 1.3a–c. Bauplan der Wirbeltiere. a Skelett einer Eidechse (Lacerta viridis), Ansicht von oben seitlich. Die vorderen und hinteren Extremitäten stehen in Spreizstellung. Humerus und Femur (Stylopodium) sind horizontal ausgerichtet. Die Skelettanteile von Unterarm und Unterschenkel (Zeugopodium) sind im Ellenbogengelenk und im Kniegelenk rechtwinklig abgeknickt. Die Füße (Autopodium) sind nach lateral-vorn ausgerichtet.
b und **c Skelett einer Ratte** (Rattus norvegicus) In der Ansicht von oben (**b**) liegen die freien Extremitäten unter dem Rumpf und sind in der Sagittalebene ausgerichtet. **c** Seitliche Ansicht
Die Stellungsänderung beim Säuger geht mit einer spiegelbildlichen Knickung des vorderen und hinteren Extremitätenpaares einher, wobei das Kniegelenk nach vorn und das Ellenbogengelenk nach hinten ausgerichtet ist (Abb. 1.3c). Am vorderen Extremitätenpaar führt die spiegelbildliche Knickung zwangsläufig zu einer Drehung der Unterarmknochen, wobei der Radius die Ulna überkreuzt (Pronationsstellung, ► Kap. 4.4). Auf diese Weise kann beim Vierfüßler die Hand (»Vorderfuß«) mit der Palmarseite und mit nach vorn ausgerichteten Fingern am Boden aufgesetzt werden. An der hinteren Extremität bedarf es keiner pronatorischen Drehung der Unterschenkelknochen, da der Fuß im Rahmen der Knickung nach vorn ausgerichtet wird

im Bezug auf das Achsenskelett des Rumpfes. Diese gehen mit Knickungen und Drehungen in den Abschnitten der freien Extremität einher (Abb. 1.3).

Bei niederen auf dem Land lebenden Wirbeltieren, z.B. Reptilien, stehen Vorder- und Hinterextremitäten in Spreizstellung (Abb. 1.3a).

Beim **Säuger** werden die freien Extremitäten als Stütz- und Fortbewegungsorgane unter den Rumpf verlagert, wo sie in der Sagittalebene ausgerichtet sind (Abb. 1.3b). Durch diese Verlagerung verkürzen sich die Hebelarme der Gliedmaßenmuskeln (► Kap. 4.1), so dass Muskelgewebe »eingespart« wird.

Aufgrund der Spreizstellung der Gliedmaßen ist bei niederen Wirbeltieren die ursprüngliche räumliche Anordnung der beiden funktionellen Muskelgruppen, Beuger (Flexoren) und Strecker (Extensoren), noch deutlich erkennbar. In Bezug auf den Rumpf liegen die Extensoren dorsal und die Flexoren ventral.

Bei Säugetieren haben die Knickung und Drehung der freien Extremitäten zu einer Änderung der ursprünglichen Lage von Muskeln und Leitungsbahnen geführt. An der hinteren (unteren) Extremität ist die ursprünglich dorsale Seite nach vorn ausgerichtet. Die Muskelgruppe der Extensoren liegt demzufolge auf der Vorderseite und die Muskelgruppe der Flexoren auf der Rückseite der freien Extremität. In Analogie zum quadrupeden Säuger sind auch beim Menschen an der freien unteren Extremität die Extensoren auf der Vorderseite (ursprüngliche dorsale Seite) und die Flexoren auf der Rückseite (ursprüngliche ventrale Seite) angeordnet.

An der vorderen (oberen) Extremität weist die ursprünglich ventrale Seite des Oberarmes mit den Flexoren nach vorn. Am Unterarm sind beim Vierfüßler aufgrund der pronatorischen Drehung des Radius die Flexoren nach medial und die Extensoren nach lateral gerichtet. Beim Menschen liegt bei herabhängendem Arm und bei parallelem Verlauf von Radius und Ulna (Supinationsstellung) sowie mit nach lateral weisendem Daumen die ursprünglich ventrale Seite mit der Muskelgruppe der Flexoren auf der Vorderseite des Armes (vergl. Lagebeschreibungen in Tab. 1.1).

Beim **Menschen,** der innerhalb der **Klasse der Säugetiere** *(Mammalia)* zur **Ordnung der Primaten** gehört, haben sich im Laufe der Evolution charakteristische Gestalt- und Strukturmerkmale entwickelt. Typisch für die **Säugetierklasse** ist die Ausbildung von Brustdrüsengewebe *(Glandula mammaria)*, das in der weiblichen Brust *(Mamma)* zur Milchproduktion fähig ist. Säugetiere haben dementsprechend mit Muskeln ausgestattete Lippen und Wangen, die Voraussetzung für den Saugvorgang sind. Typische Säugetiermerkmale sind außerdem die Anpassung des Kreislaufsystems (Warmblüter) in Form eines Körper- und eines Lungenkreislaufes sowie die Entwicklung eines Mutterkuchens *(Placenta)* während der vorgeburtlichen Entwicklung. Das bei den meisten Säugetieren entwickelte Haarkleid ist beim Menschen an

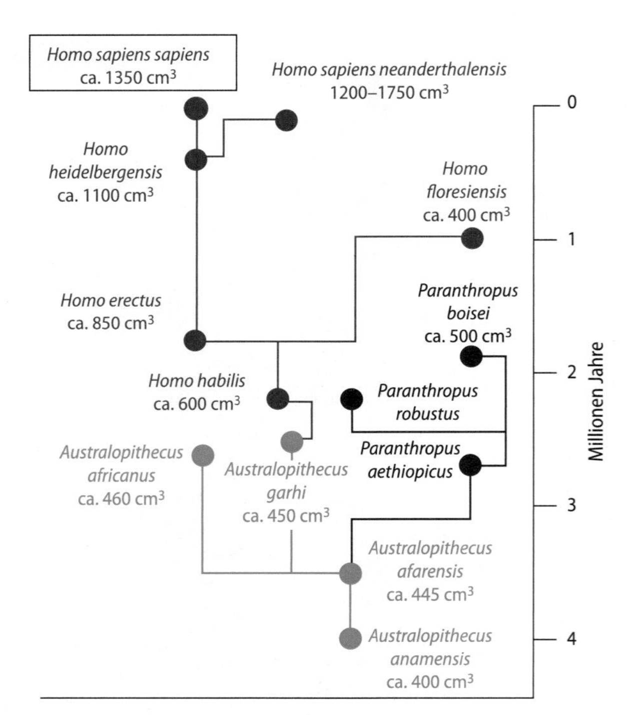

Abb. 1.4. Stammbaum der Hominiden. Gegenwärtig werden drei größere Gruppen unterschieden: die affenähnliche Australopithecus-Gruppe (grün), die Paranthropus-Gruppe (blau) und die Homo-Gruppe (rot). Die Verbindungslinien zwischen den verschiedenen Spezies zeigen Abstammungslinien an, die jedoch angesichts der Befundlage z.T. als noch relativ wenig gesichert angesehen werden müssen. Die Zeitachse zeigt den ungefähren Zeitpunkt des Auftretens der einzelnen Spezies vor der Gegenwart an. Alle Spezies bis auf den Homo sapiens sapiens sind ausgestorben und können nur noch durch Schädel- und Skelettfunde nachgewiesen werden. Die Volumenangaben beziehen sich auf das aus Schädelfunden geschätzte Hirnvolumen

Rumpf und Extremitäten nur noch rudimentär ausgebildet. Die Struktur des Skelettsystems sowie der Eingeweide behält beim Menschen weitgehend die ursprünglichen Merkmale der Säugetiere.

Die für Säugetiere typische Entwicklung des Großhirns mit einer speziellen Differenzierung der Großhirnrinde (Neopallium, ▶ Kap. 17.3) ist bei Primaten in besonderer Weise ausgeprägt.

Genetische Untersuchungen zeigen, dass vor etwa 5–6 Millionen Jahren im Stammbaum der Primaten die fundamentale Trennung der Linie zum Schimpansen und der zum Menschen stattgefunden hat. Noch früher sind die Linien zum Gorilla und Orang abgezweigt. Unter den rezenten Menschenaffen zeigen Schimpansen daher besonders viele Übereinstimmungen mit dem Menschen; so unterscheidet sich die Gesamt-DNS des Menschen nur um etwa 1,6% von der des Schimpansen. Innerhalb der Menschenlinie kommt es zu zahlreichen Aufzweigungen und zum Entstehen verschiedener Arten (◘ Abb. 1.4). Als prinzipielle Untergruppen des menschlichen Stammbaums lassen sich dabei die Australopithecinen mit den Vertretern der Paranthropus-Gruppe von den Vertretern der Homo-Gruppe unterscheiden. Der heutige Mensch, *Homo sapiens*, der vor etwa 100.000 Jahren zum ersten Mal auftrat, stammt also keineswegs **direkt** vom Affen ab. Verschiedene Hominidenarten sind im Verlauf der Evolution ausgestorben und können nur noch durch Skelettfunde nachgewiesen werden. Der einzige heute noch existierende Vertreter der Hominidenlinie ist der *Homo sapiens*. Der Homo sapiens erschien zuerst vor mehr als 100.000 Jahren in Äthiopien und vor etwa 40.00 Jahren in Europa.

Neben vielen Skelettmerkmalen ist es vor allem die Hirngröße, die im Laufe der Evolution eine stark progressive Entwicklung durchläuft. Aus dem Volumen des Schädelinnenraums, *Cavitas cranii*, lässt sich das Hirnvolumen abschätzen. Während der *Australopithecus afarensis* (3,0–3,7 Mio. Jahre vor unserer Zeit) ein Schädelvolumen von nur 400–500 cm³ aufweist, werden beim *Homo erectus* (1,8 Mio. bis 30.000 Jahre vor unserer Zeit) schon 750–1250 cm³ und beim *Homo neanderthalensis* sowie beim *Homo sapiens* 1000–1800 cm³ erreicht. Eine bemerkenswerte Ausnahme in dieser Reihe progressiver Vergrößerung des Gehirns **(Enzephalisation)** bildet nur der rätselhafte, erst jüngst entdeckte zwergenhafte *Homo floresiensis* (Körpergröße ca. 120 cm, Körpergewicht ca. 30 kg, Schädelvolumen 380 cm³), der vor 9.500–13.000 Jahren gelebt hat.

Beim Menschen haben die **Aufrichtung des Körpers** und die damit verbundene **bipede Fortbewegung** im Laufe der Stammesgeschichte zu charakteristischen Gestaltmerkmalen geführt. Die aufrechte Haltung geht mit einer lordotischen Krümmung der Lendenwirbelsäule einher und der Brustkorb hat eine querovale Form angenommen.

Die unteren Extremitäten stehen ausschließlich im Dienst der bipeden Fortbewegung. Die damit einhergehende Aufnahme des Gewichtes von Kopf, Hals, Rumpf und oberen Extremitäten erfordert einen stabilen Beckenring. Die seitlich weit ausladenden Hüftbeine bieten den Gesäßmuskeln breite Ansatzzonen zur Kraftentfaltung bei der Stabilisierung des Beckens (und des Rumpfes) auf der Standbeinseite während des einbeinigen Standes beim Gehen (▶ Kap. 4.5, S. 269).

An den oberen Extremitäten führt die Verlagerung der Schulterblätter auf den hinteren Teil des Brustkorbes sowie die Torsion des Humerus zu einer Erweiterung des »Verkehrsraumes« der Arme zur Wahrnehmung der Greif- und Tastfunktion.

! Charakteristisch für den Bauplan des Wirbeltierkörpers sind 2 Formen der Symmetrie: bilaterale Symmetrie und Metamerie.

Unter **bilateraler Symmetrie** (»Spiegelung«) versteht man die spiegelbildliche Konstruktion der rechten und linken Körperhälfte. Bilateral symmetrisch gebaut sind Kopf, Rumpf, und Extremitäten. Bilaterale Symmetrie findet man auch bei den Sinnesorganen sowie beim zentralen und peripheren Nervensystem, nicht hingegen bei den inneren Organen.

Metamerie (»Translation«) entsteht durch Wiederholung gleich gebauter Bauelemente des Körpers (Metamere), die entlang einer Achse angeordnet sind. Man bezeichnet die metamere Symmetrie auch als **segmentale** oder **metamere Gliederung.** Die metamere Gliederung des Rumpfes hat ihren Ursprung in der Entwicklung von **Somiten** (»Ursegmenten«), die segmentale Einheiten bilden (▶ Kap. 3, ◘ Abb. 3.7f und 3.8). Die ursprüngliche metamere Anordnung der somatischen Muskulatur des Rumpfes (Myomerie) in Form von unisegmentalen Anlagen ist bei höheren Wirbeltieren, so auch beim Menschen, nur noch an wenigen Stellen vorhanden, z.B. Mm. intercostales, Mm. rotatores breves oder Mm. intertransversarii (▶ Kap. 4.3, ◘ Abb. 4.86, 4.87a). Der größte Teil der Muskelsegmente verschmilzt nach der Embryonalperiode zu großen (plurisegmentalen) Muskelindividuen, z.B. Bauchwandmuskeln oder lange (autochthone) Rückenmuskeln. Durch die segmentale Anordnung der Spinalnerven wird auch die Haut des Rumpfes segmental (Hautsegment) innerviert.

Die Kiemenregion der Fische ist metamer gebaut. Dieses Bauprinzip liegt auch den in der Embryonalzeit bei Säugetieren angelegten Pharyngealbögen (»Kiemenbögen«) zugrunde (▶ Kap. 3, ◘ Abb. 3.11). Man bezeichnet das zeitweise Auftreten der Pharyngealbögen auch als **Branchiomerie.** Das metamere Erscheinungsbild im Bereich der Pharyngealbögen (Branchiomerie) und des Rumpfes ist in seiner Entstehung nicht vergleichbar, da die Bildung von Kopf und Rumpf unterschiedlich organisiert ist.

Die Organe der Leibeshöhle sind nicht metamer gegliedert, nur die Anlage der Nieren zeigt während der Embryonalentwicklung eine segmentale Anordnung.

1.5 Gliederung des menschlichen Körpers

Am Körper des Menschen unterscheidet man folgende Teile (■ Abb. 1.5):
- Kopf *(Caput)*
- Hals *(Collum* oder *Cervix)*
- Rumpf oder Stamm *(Truncus)*
- (paarige) obere Gliedmaße *(Membrum superius)*
- (paarige) untere Gliedmaße *(Membrum inferius)*

Der **Kopf** *(Caput)* enthält Gehirn und Sinnesorgane (Auge, Gehör- und Gleichgewichtsorgan sowie Organe zur Geruchs- und Geschmackswahrnehmung). Mundhöhle und mittlerer Teil des Schlundes stehen im Dienst der Nahrungsaufnahme und des Nahrungstransportes. Beim Menschen haben die Organe der Mundhöhle außerdem die Funktion des Artikulierens beim Sprechen und Singen. Bei Säugetieren wird die Nasenhöhle durch den Gaumen von der Mundhöhle abgetrennt. Nasenhöhle und oberer Teil des Schlundes bilden den vorderen Abschnitt der Atemwege. Das **Skelett** des Kopfes ist der **Schädel** *(Cranium)*, an dem man einen Hirnteil *(Neurocranium)* und einen Gesichtsteil *(Viscerocranium)* unterscheidet.

Der **Hals** *(Collum, Cervix)* ist »Transitstrecke« für die Nahrung und für die Atemluft auf ihrem Weg zum Rumpf. Luft- und Speisewege überkreuzen sich im Halsbereich des Schlundes *(Pharynx)*. Der Kehlkopf *(Larynx)* übernimmt dabei eine Schutzfunktion für die unteren Atemwege. Er dient außerdem der Phonation. Der Kehlkopf geht in den Halsteil der Luftröhre *(Trachea)* über. Zu den endokrinen Organen des Halses zählen Schilddrüse *(Glandula thyreoidea)* und Epithelkörperchen *(Glandula parathyreoidea)* (▶ Kap. 8). Durch den Hals ziehen die großen Leitungsbahnen vom Rumpf zum Kopf und vice versa. Das **Skelett** des Halses bilden die **7 Halswirbel** *(Vertebrae cervicales I–VII)*, von denen der erste *(Atlas)* mit dem Hinterhauptsbein des Schädels in gelenkiger Verbindung steht. Die Halsmuskeln *(Mm. colli)* bilden mehrere Gruppen und üben unterschiedliche Funktionen aus. Sie sind am Schluckakt und an der Phonation sowie an Bewegungen der Halswirbelsäule, der Rippen und des Schultergürtels beteiligt.

Am **Rumpf** *(Truncus)* unterscheidet man folgende Abschnitte: **Brust** *(Thorax)*, **Bauch** *(Abdomen)*, **Becken** *(Pelvis)* und **Rücken** *(Dorsum)*. Das Achsenskelett des Rumpfes bilden die 12 Brustwirbel *(Vertebrae thoracicae I–XII)*, die 5 Lendenwirbel *(Vertebrae lumbales I–V)* und das Kreuzbein *(Os sacrum)* mit dem Steißbein *(Os coccygis)*. Die Wirbelbögen der Wirbelsäule schließen im Wirbelkanal *(Canalis vertebralis)* das Rückenmark *(Medulla spinalis)* und die Rückenmarkshäute ein. Am Aufbau des Brustkorbs *(Cavea thoracis)* beteiligen sich 12 mit den Brustwirbeln in Verbindung stehende Rippenpaare *(Costae I–XII)* und das Brustbein *(Sternum)*. Den knöchernen Beckenring bilden die Hüftknochen *(Os coxae)* mit dem Kreuzbein *(Os sacrum)*.

Die **Brust** umschließt den Brustraum oder die **Brusthöhle** *(Cavitas thoracis)*. Der durch das Zwerchfell vom Bauchraum getrennte Brustraum enthält eine rechte und eine linke **Brustfellhöhle** *(Cavitas pleuralis)*, sowie den zwischen beiden Pleurahöhlen liegenden **Mittelfellraum** *(Mediastinum)*. Die Pleurahöhlen sind vom **Brustfell** *(Pleura parietalis)* ausgekleidet und schließen die rechte und die linke Lunge *(Pulmo dexter, Pulmo sinister)* ein. Im Mediastinum liegt das vom Herzbeutel *(Pericardium)* eingeschlossene Herz *(Cor)* innerhalb

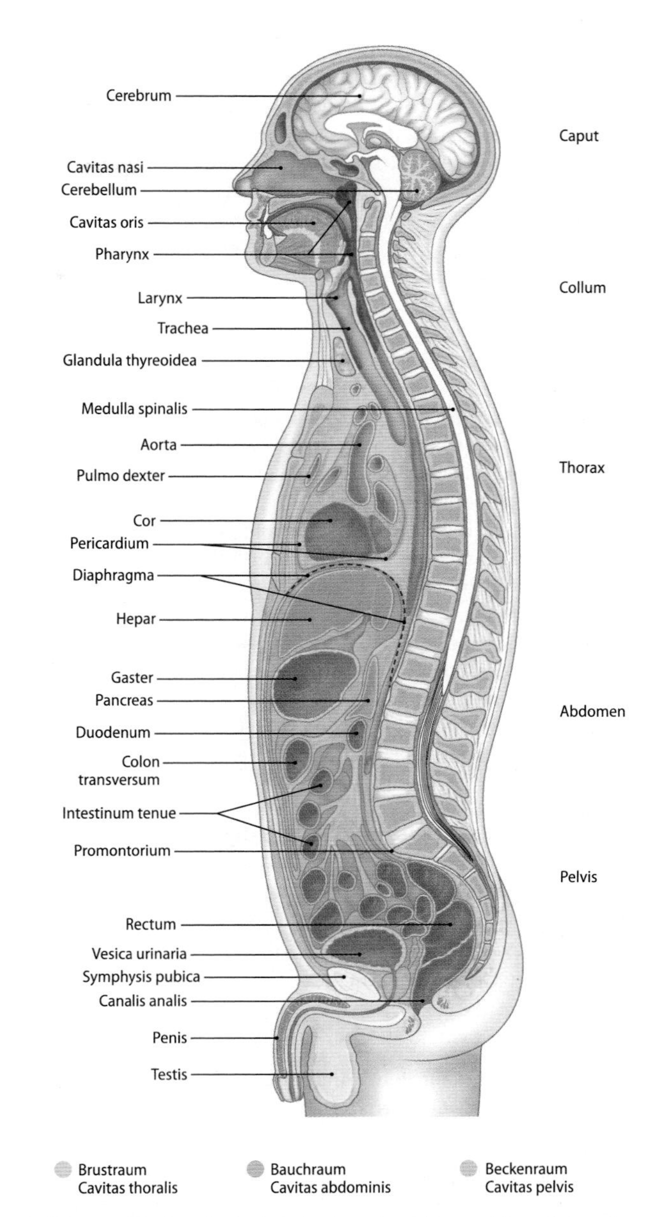

■ **Abb. 1.5.** Median-Sagittalschnitt durch Kopf, Hals und Rumpf eines Mannes. Übersicht zur Gliederung der einzelnen Abschnitte [2]

der Perikardhöhle *(Cavitas pericardiaca)*. Aus dem Hals ziehen Organe *(Trachea, Oesophagus)* und Leitungsbahnen in das Mediastinum und vice versa. Aus dem Mediastinum treten Strukturen durch das Zwerchfell in den Bauchraum, z.B. *Oesophagus, Aorta, Nn. vagi*, oder aus dem Bauchraum in das Mediastinum, z.B. *V. cava inferior, Ductus thoracicus*.

Die **Bauchhöhle** *(Cavitas abdominis – abdominalis)* geht kaudal in die **Beckenhöhle** *(Cavitas pelvis – pelvina)* über. Den von Bauchfell *(Peritoneum parietale)* ausgekleideten Spaltraum von Bauch- und Beckenhöhle bezeichnet man als **Peritonealraum** *(Cavitas peritonealis)*. In der Peritonealhöhle des Bauchraumes liegen die von Bauchfell *(Peritoneum viscerale)* überzogenen Baucheingeweide, z.B. Leber *(Hepar)*, Magen *(Gaster)* und Dünndarm *(Intestinum tenue)* sowie ein großer Teil des Dickdarmes *(Intestinum crassum)*. In der Beckenhöhle werden Teile der Harnblase *(Vesica urinaria)* und des Mastdarmes *(Rectum)* von Bauchfell bedeckt. Von den inneren weiblichen Geschlechtsorgane liegen Eierstock *(Ovar)* und Eileiter *(Tuba uterina)* vollständig, die Gebärmutter *(Uterus)* größtenteils intraperitoneal.

Der Bereich von Bauch- und Beckenhöhle, der keine Beziehung zur Peritonealhöhle hat, ist das *Spatium extraperitoneale.* Das Spatium extraperitoneale des Bauches befindet sich dorsal hinter der Peritonealhöhle, es wird als *Spatium retroperitoneale* bezeichnet.

Im Bindegewebe des *Spatium retroperitoneale* liegen die Organe des Harnsystems: Niere *(Ren)*, Harnleiter *(Ureter)*, die Nebennieren *(Glandula suprarenalis)* und die großen Gefäße (Bauchaorta: *Aorta abdominalis*, untere Hohlvene: *V. cava inferior*).

Im *Spatium extraperitoneale* der **Beckenhöhle** *(Spatium retropubicum, Spatium retroinguinale – subperitoneale,* ▶ Kap. 24) liegen Harnblase, kaudaler Mastdarmabschnitt und Analkanal. Beim Mann sind Vorsteherdrüse *(Prostata)* und Samenbläschen *(Glandula vesiculosa)* in das Bindegewebe des Extraperitonealraumes eingebettet. Bei der Frau zieht die Scheide *(Vagina)* durch den extraperitonealen Abschnitt der Beckenhöhle.

Der Rumpfabschnitt endet am Ausgang des Verdauungstraktes und geht bei zahlreichen Wirbeltieren in den **Schwanz** *(Cauda)* über. Beim Menschen liegt die knöcherne Grenze zwischen Rumpf und Schwanz am Übergang zwischen Kreuzbein und Steißbein. Die variable Anzahl der rudimentären Steißbeinwirbel (3–6) ist auf die Schwankungen des Rückbildungsvorganges der Schwanzregion im zweiten Embryonalmonat zurückzuführen.

Der Aufbau der **Extremitäten** entspricht beim Menschen dem beim allgemeinen Wirbeltierbauplan beschriebenen Modus.

1.6 Wachstum und Entwicklung

Wachstum ist ein charakteristisches Merkmal bei der körperlichen Entwicklung. Unter **Wachstum** versteht man in der Biologie messbare Größenänderungen eines Individuums oder von Organen; diese können in einer Größenzunahme (Positivwachstum) oder in einer Größenabnahme (Negativwachstum) bestehen. Von »Nullwachstum« spricht man, wenn keine Größenänderung stattfindet.

Positivwachstum kann durch Zellvermehrung oder durch Größenzunahme von Zellen sowie durch Vermehrung der Extrazellulärmatrix zustande kommen.

Wachstumsvorgänge sind zeitabhängige biologische Prozesse, die während des gesamten Lebens stattfinden. Am ausgeprägtesten sind sie während der pränatalen Periode (▶ Kap. 3).

In der postnatalen Periode ist Wachstum ein wichtiger Bestandteil der kindlichen Entwicklung. Die Zunahme der Körperlänge sowie die Größenzunahme von Organen sind während der ersten beiden Dezennien am augenscheinlichsten. Wachstumsvorgänge lassen sich auch noch nach Abschluss des Längenwachstums während des gesamten Erwachsenenalters beobachten (Größenänderungen von Organen und Geweben in Form von Positiv- und von Negativwachstum).

1.2 Perzentilenkurven

Zur Beurteilung des Wachstums bei Kindern werden Köpergröße, Gewicht und Kopfumfang gemessen und anhand von Perzentilentabellen (■ Abb. 1.6) ausgewertet.

Wachstumsgeschwindigkeit der Körperlänge. Die **Wachstumsgeschwindigkeit** ist in den einzelnen Lebensabschnitten und individuell unterschiedlich, sie kann aus der Körperlänge (Zentimeter) pro Lebensjahr ermittelt werden (■ Abb. 1.7). Die Wachstumsdynamik zeigt bei großen und kleinen Individuen den gleichen Verlauf.

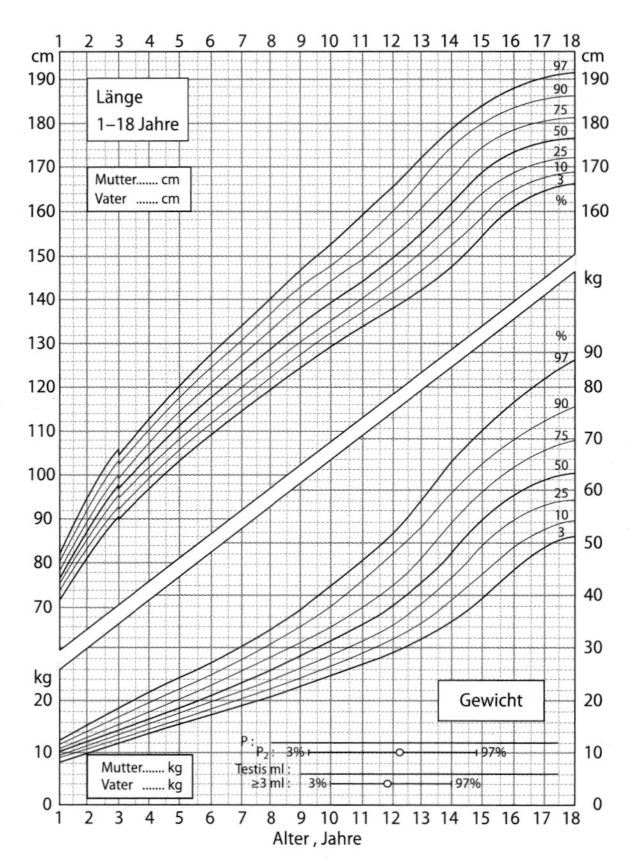

■ **Abb. 1.6.** Perzentilenkurven von Körpergröße und Körpergewicht männlicher Kinder und Jugendlicher im Alter zwischen 1 und 18 Jahren. Bei der Perzentildarstellung wird die Anzahl aller erhobenen Messwerte als 100% angesetzt. Die Messwerte selbst sind in einer großen Stichprobe normalverteilt. Der Perzentilwert 50 entspricht dem Mittelwert, d.h. 50% der gefundenen Messwerte sind kleiner und 50% sind größer als der Mittelwert. Der Normalbereich errechnet sich aus dem Mittelwert ± 2×Standardabweichung (x± 2 s). Als normal werden in der Perzentildarstellung somit Messwerte angesehen, die im Bereich zwischen den Perzentilen 2,5 und 97,5 liegen. Der Normalbereich umfasst dementsprechend 95% aller Messwerte [3]

Änderung der Körperproportionen. Der reguläre Ablauf der Wachstumsgeschwindigkeit (■ Abb. 1.8) bezieht sich nicht allein auf die Gesamtlänge des Körpers, sondern berücksichtigt auch die Längenmaße einzelner Körperabschnitte, z.B. Extremitäten, Rumpf oder Kopf. Aufgrund des zeitlich unterschiedlichen Wachstumsverhaltens der einzelnen Körperabschnitte kommt es im Laufe der pränatalen sowie der postnatalen Entwicklung zu einem **Gestaltwandel,** der in Änderungen der **Körperproportionen** seinen Ausdruck findet (■ Abb. 1.8 und 1.3).

1.3 Neunerregel

Zur Abschätzung der Ausdehnung von Verbrennungen der Körperoberfläche dient die sog. Neunerregel. Danach entfallen auf die einzelnen Körperabschnitte jeweils 9% oder ein Vielfaches von 9%: Kopf 9%, Arm 9%, Bein 18%, Rumpfvorderseite 18%, Rumpfrückseite 18 % (Bereich des äußeren Genitale 1%). Die Handinnenfläche macht beim Erwachsenen etwa 1% der Körperoberfläche aus; sie kann zur Bestimmung des prozentualen Anteils bei der Ausdehnung von Erkrankungen (z.B. Verbrennungen) der Haut benutzt werden (sog. Handinnenflächenregel). Aufgrund der Proportionsunterschiede (■ Abb. 1.8) treffen diese Faustregeln für Kinder nicht zu. Die Oberflächenausdehnung des Kopfes beträgt z.B. beim Säugling ca. 20%, beim Kleinkind ca. 15%.

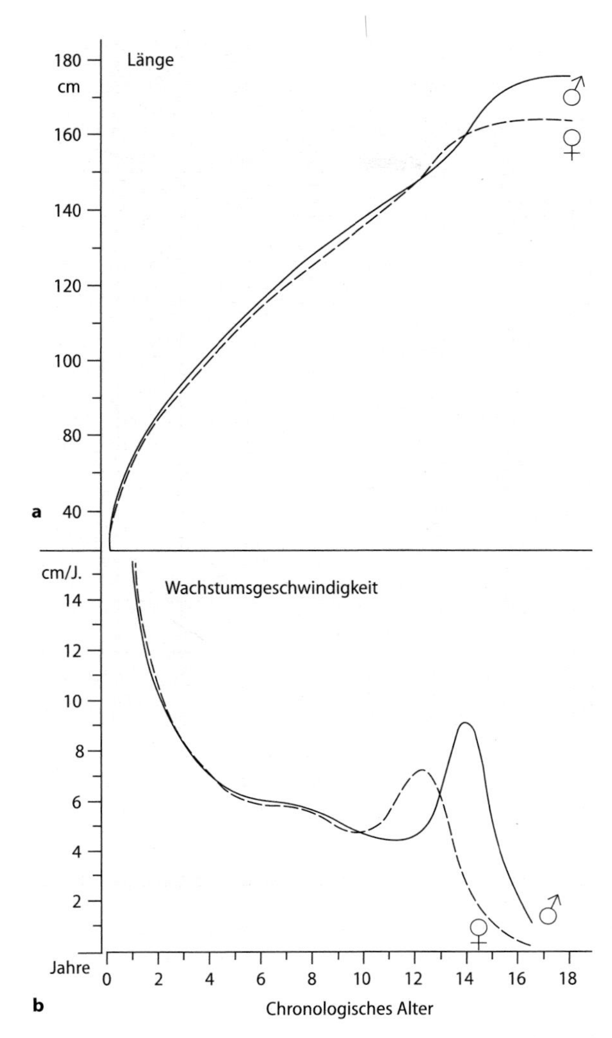

Abb. 1.7a, b. Wachstumskurve. **a** Wachstumskurve als Distanzkurve der Körpergröße bei einem einzelnen Kind mit typischem Wachstumsverhalten. **b** Die Wachstumsgeschwindigkeitskurve beschreibt die Größenzunahme pro Jahr und zeigt die Dynamik des Längenwachstums.
Am größten ist die Wachstumsgeschwindigkeit im 1. Lebensjahr. Sie nimmt bis zum 7. Lebensjahr kontinuierlich ab. Am Ende des 2. Lebensjahres erreicht die Körperlänge 50% der definitiven Länge. Am Beginn des Schulalters beobachtet man bei Mädchen und Jungen eine kurzzeitige Zunahme der Wachstumsgeschwindigkeit (sog. erste Streckung). Zur Zeit der Pubertät kommt es zu einem zweiten deutlichen Anstieg der Wachstumsgeschwindigkeit.
Der Gipfel des pubertären Wachstumsschubes liegt bei Jungen um das 14. Lebensjahr. Bei Mädchen erreicht der pubertäre Wachstumsschub seinen Gipfel etwa um das 12. Lebensjahr, mit Einsetzen der Menarche ist die Phase der größten Längenzunahme abgeschlossen. Da der pubertäre Wachstumsschub bei Mädchen etwa 1,5–2 Jahre früher einsetzt als bei Jungen, sind Mädchen um das 12. Lebensjahr in der Regel größer als Jungen. Die Beobachtung, dass Männer nach Abschluss des Wachstums durchschnittlich größer sind als Frauen, hat zwei Ursachen: Der pubertäre Wachstumsschub ist bei Jungen ausgeprägter als bei Mädchen und die Wachstumsphase dauert bei Jungen etwa 1,5 Jahre länger. Der pubertäre Wachstumsschub geht dem Eintritt der Geschlechtsreife um etwa 2 Jahre voraus. Das Längenwachstum ist in Mitteleuropa bei weiblichen Jugendlichen mit 17–18 Jahren, bei männlichen Jugendlichen mit 18–19 Jahren abgeschlossen [3]

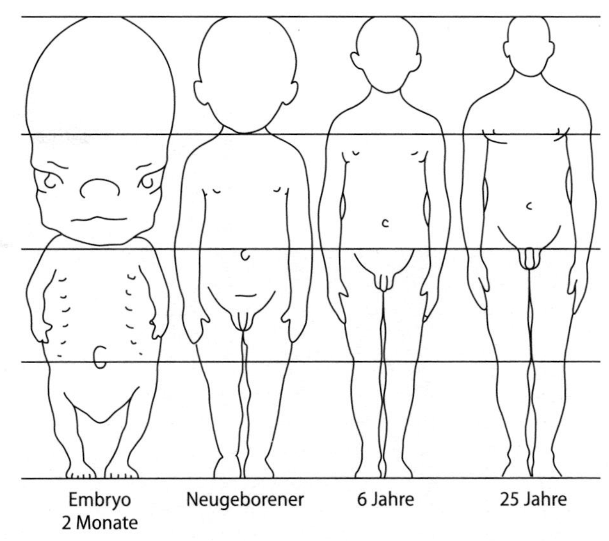

Abb. 1.8. Wandel von Gestalt und Körperproportionen. Die Kopflänge macht am Ende des 2. Embryonalmonats etwa die Hälfte der Gesamtlänge aus. Die Kopflänge beträgt beim Neugeborenen ein Viertel, beim Erwachsenen ein Achtel der gesamten Körperlänge. Aufgrund des beschleunigten Wachstums der unteren Extremitäten verschiebt sich die Körpermitte nach kaudal. Sie liegt beim Neugeborenen in Nabelhöhe, beim Erwachsenen in Höhe der Schambeinfuge. Die oberen Extremitäten sind beim Neugeborenen länger als die unteren Extremitäten. Infolge des stärkeren Wachstums der unteren Extremitäten sind die Beine beim Erwachsenen länger als die Arme. Die Beinlänge entspricht etwa der Hälfte der Körperlänge. Kopf- und Brustumfang sind bis zum Ende des 2. Lebensjahres etwa gleich groß. Danach vergrößert sich der Kopfumfang (Gehirnwachstum) nur noch wenig, während der Brustumfang bis zum Ende des Wachstums zunimmt [3]

Längen- und Breitenwachstum werden vor allem durch das **Skelettwachstum** bestimmt, das am Ende des 2. Dezennium mit dem Schluss der Wachstumsplatten endet (► Kap. 4.1).

Zur **Beurteilung des sog. Skelettalters** beim Säugling und beim Kleinkind wird das Röntgenbild der linken Hand herangezogen (Abb. 1.9). Im Schulkindalter werden Größe und Form der Knochenkerne im Bereich des Kniegelenks beurteilt. Nach der Pubertät dient der Schluss der Wachstumsplatten als Kriterium für das sog. Skelettalter (► Kap. 4.4.1, S. 188 und 4.5.1, S. 249).

1.4 Wachstumsprognose und Beurteilung der Körperproportionen

Zur Wachstumsprognose und zur Beurteilung von Wachstumsstörungen werden die aktuelle Köpergröße und das im Röntgenbild ermittelte zeitliche Auftreten sowie die Form und die Größe von Knochenkernen in den einzelnen Skelettabschnitten (sog. Skelettalter) herangezogen.

Zur Beurteilung von Abweichungen der normalen Körperproportionen wird die Stammlänge (Sitzhöhe) zur sog. Unterlänge (Distanz zwischen Oberrand der Symphysis pubica – Körpermitte beim Erwachsenen – und dem Boden) in Beziehung gesetzt. Der Quotient aus Stammlänge und sog. Unterlänge ist z.B. bei der Chondrodystrophie und beim Down-Syndrom zu groß (untere Extremitäten zu kurz, infantile Länge) oder z.B. bei Eunuchoidismus zu klein.

Körpergewicht. Das Körpergewicht hängt vorwiegend von der Körpergröße, dem Ernährungszustand sowie von der Funktion endokriner Drüsen ab. Zur **Beurteilung des Körpergewichts** wird die Körperlänge einbezogen und die Gewicht-Länge-Beziehung in Perzentilen dargestellt (bevorzugt bei Kindern, Abb. 1.6).

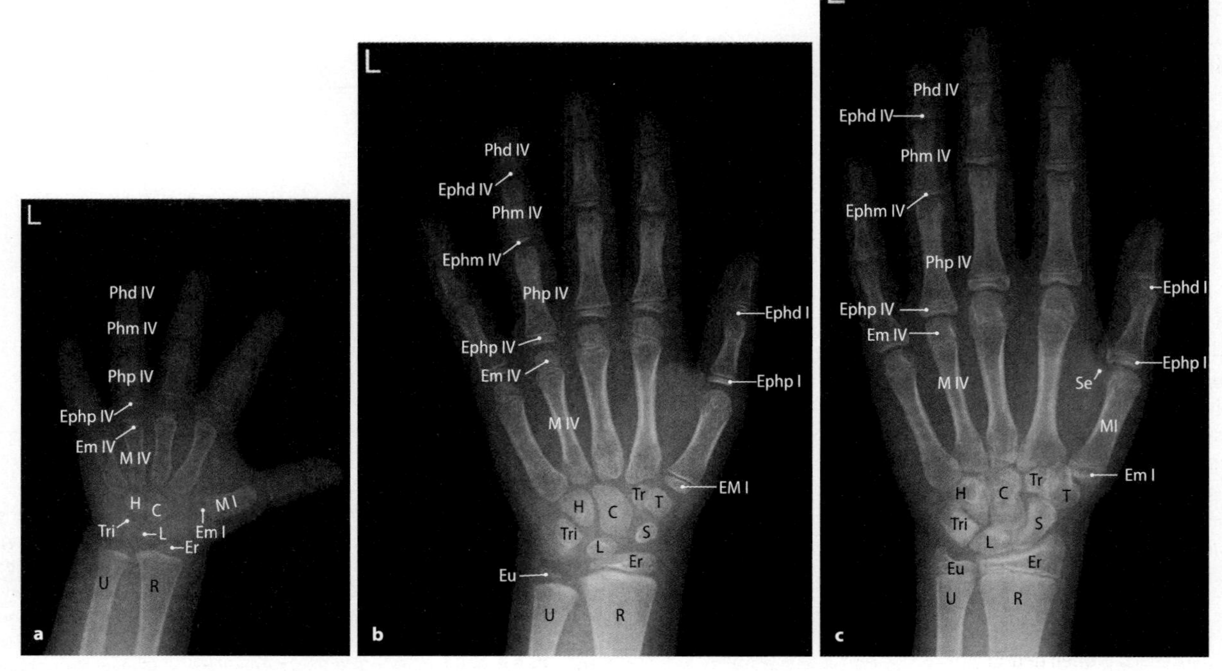

▫ Abb. 1.9a–c. Röntgenbilder der linken Hand von Mädchen im Alter von 2, 10/12 Jahren (**a**), von 6, 1/12 Jahren (**b**) und von 12, 9/12 (**c**) Jahren. Sie dienen der Bestimmung des sog. Skelettalters und zur Beurteilung der Wachstumsprognose sowie als kriminaltechnische Hilfe. Die Knochenkerne der Handwurzelknochen treten postnatal in folgender Reihenfolge auf: Os capitatum, Os hamatum, Os triquetrum, Os lunatum, Os scaphoideum, Os trapezium, Os trapezoideum, Os pisiforme. Die Mittelhandknochen und die Phalangen der Finger haben nur eine Epiphyse. Am Daumen liegt die Epiphyse am Os metacarpi proximal, an den Fingern II–V liegt sie distal. Die Phalangen haben jeweils eine proximale Epiphyse [4]
U: Ulna; R: Radius; Er: distale Epiphyse des Radius; Eu: distale Epiphyse der Ulna; S: Os scaphoideum; L: Os lunatum; Tri: Os triquetrum; H: Os hamatum; C: Os capitatum; Tr: Os trapezoideum; T: Os trapezium; M I: Os metacarpi I; EmI: proximale Epiphyse der Os metacarpi I; Se: Sesambein am Daumengrundgelenk; Ephp I: proximale Epiphyse der proximalen Daumenphalanx I; Ephd I: distale Epiphyse der distalen Daumenphalanx; M IV: Os metacarpi IV; Em IV: distale Epiphyse des Os metacarpi IV; Ephp IV: proximale Epiphyse der Phalanx proximalis IV (Php IV); Ephm IV: proximale Epiphyse der mittleren Phalanx IV (Phm IV); Ephd IV: proximale Epiphyse der Phalanx distalis IV (Phd IV)

Zur Bestimmung von Normal- Unter- oder Übergewicht wendet man bei Erwachsenen als Richtwert den **Körpermassenindex** oder die **Körpermassenzahl (Body-Mass-Index: BMI** oder **Quetelet-Index)** an (1.5). Der BMI ist der Quotient aus Körpergewicht und dem Quadrat der Körpergröße. Bei der Bewertung des BMI müssen Alter, Geschlecht und Konstitution berücksichtigt werden.

1.5 Berechnung des BMI und Klassifizierung des Körpergewichts

Die **Berechnung** des BMI erfolgt nach der Formel:

Körpergewicht in kg/Körpergröße in m^2

Klassifizierung des Körpergewichts nach BMI-Werten:

<16	starkes Untergewicht
<20	Untergewicht
20–24,9	Normalgewicht
25–29,9	Übergewicht
30–39,9	Adipositas
>40	extreme Adipositas

In den Industrieländern ist die Fettsucht (BMI ≥30) die häufigste Ernährungsstörung bei Kindern, Jugendlichen und Erwachsenen.

Entwicklungsphasen. In der Pädiatrie unterteilt man die postnatale Zeit in Entwicklungsphasen. Die ersten 2 Lebenswochen werden – bis zum Abfall des Nabels – als **Neugeborenenperiode** bezeichnet. Das **Säuglingsalter** reicht bis etwa zum Ende des 1. Lebensjahres. Das sich anschließende **Kleinkindalter** endet mit dem 5. Lebensjahr. Darauf folgt das **Schulalter,** das bis zum Eintritt in die Zeit der Pubertät reicht.

Die **Pubertät** (Reifungsalter) beginnt bei **Jungen** mit Vergrößerung der Hoden und anschließendem Wachstum der Schambehaarung sowie Größenzunahme des äußeren Genitale. Der Stimmbruch (▶ Kap. 9.1) setzt nach dem Wachstumsschub ein. Bei **Mädchen** entwickelt sich zunächst die Pubesbehaarung, anschließend die Brust. Danach setzt die Menarche (erstes Auftreten der Menstruation) ein.

In der auf die Pubertät folgenden **Adoleszenz** werden Entwicklung und Längenwachstum des Skelettsystems abgeschlossen. Das individuelle Längenwachstum sowie die Geschlechtsunterschiede im Wachstumsverhalten unterliegen weitgehend genetischen Einflüssen; dies betrifft vor allem die endgültige Körpergröße. Das Körpergewicht wird dagegen primär von exogenen Faktoren (Nahrungsaufnahme) bestimmt.

Die Entwicklung kann insgesamt zeitlich verzögert **(Retardation)** oder beschleunigt **(Akzeleration)** sein. Eine seit Beginn des 20. Jahrhunderts in Mitteleuropa zu beobachtende Entwicklungsbeschleunigung wird auf die verbesserte Ernährungssituation zurückgeführt (sog. säkulare Akzeleration), so sind z.B. Kinder heute beim Schuleintritt größer als vor 100 Jahren.

Äußere Erscheinungsform. Die äußere Erscheinungsform (Typus) eines Menschen wird durch körperliche Merkmale geprägt, die für die einzelnen Lebensabschnitte charakteristisch sind (s. oben). Unterschiede in der äußeren Gestalt treten im Geschlechtsdimorphismus am augenscheinlichsten hervor. Bereits im Kindesalter vorhandene Geschlechtsunterschiede in der körperlichen Entwicklung treten nach der Geschlechtsreife als typische weibliche und männliche Gestaltmerkmale zutage. Den größten Einfluss auf die äußere Erscheinungsform haben Skelettsystem, Skelettmuskulatur, Unterhautfettgewebe und Behaarung sowie die Proportionen der einzelnen Körperabschnitte (◘ Abb. 1.8).

Die äußere Erscheinungsform wird wesentlich durch **sekundäre Geschlechtsmerkmale** geprägt, die sich während der Pubertät entwickeln. Die Ausbildung sekundärer Geschlechtsmerkmale steht nicht in direkter Beziehung zur Sexualfunktion, sie entstehen allerdings unter dem Einfluss von Hormonen der Hirnanhangsdrüse (Adenohypophyse: Gonadotropine), die die Ausschüttung von geschlechtsspezifischen Hormonen der Keimdrüsen (Estrogene und Androgene) aktivieren.

Als **primäre Geschlechtsmerkmale** bezeichnet man die in der pränatalen Zeit entstandenen **primären Geschlechtsorgane** (Gonaden: Hoden, Eierstock) sowie die **sekundären Geschlechtsorgane** (ableitende Geschlechtswege, äußere Genitalorgane, ► Kap. 12 und 13).

Bei der Frau zählt die Entwicklung der Brustdrüse zu den augenfälligsten sekundären Geschlechtsmerkmalen. Das subkutane Fettgewebe ist bei Frauen stärker entwickelt und gleichmäßiger verteilt; dies lässt die Konturen der Körperoberfläche »weicher« erscheinen als beim Mann, dessen kräftigere Muskeln das Oberflächenrelief in den meisten Körperregionen deutlich hervortreten lassen (◘ Abb. 1.2). Die kraniale Grenze der Schambehaarung verläuft bei der Frau transversal in Höhe des Mons pubis, beim Mann dehnt sie sich bis zum Nabel aus. Charakteristisch sind beim Mann die Ausbildung von Barthaaren sowie die individuell unterschiedlich starke Behaarung von Brust- und Bauchwand sowie des Rückens und der Extremitäten.

Die jedem Menschen eigenen körperlichen und geistigen Merkmale bilden in ihren Wechselbeziehungen seine individuelle **Konstitution.** Der Versuch, von Konstitutionstypen – man unterscheidet **leptosome, pyknische** und **athletische Typen** – Rückschlüsse auf typische Charaktereigenschaften zu schließen, wird heute von Seiten der Psychologie abgelehnt.

1.7 Bildgebende Verfahren

H. Bolte

Das Ziel bildgebender Verfahren ist die nichtinvasive Darstellung der normalen und pathologischen Anatomie des menschlichen Körpers. Daneben können bildgebende Verfahren auch funktionelle Vorgänge erfassen. Die Unterscheidung der regulären Gestalt von pathologischen Veränderungen erfordert die Kenntnis der Anatomie und Pathologie, sowie das Wissen um die Darstellungscharakteristika der verschiedenen bildgebenden Verfahren.

1.7.1 Einleitung

Bildgebende Verfahren erlauben eine nichtinvasive Darstellung des menschlichen Körpers, seiner Höhlen, Organe und Gewebe und deren pathologische Veränderungen. Die Herausforderung liegt in der genauen Differenzierung von normaler Anatomie, anatomischen Varianten und pathologischen Veränderungen. Dabei müssen die Kenntnisse der systematischen Anatomie, Topographie und Pathologie mit dem Wissen über die Darstellungscharakteristika der bildgebenden Verfahren miteinander kombiniert werden. Fehlbildungen, Tumoren, entzündliche Prozesse, Traumafolgen, Gefäßerkrankungen oder degenerative Veränderungen können diagnostiziert und in ihrer Ausdehnung erfasst werden. Außerdem sind Messungen von Stoffwechselprozessen oder von Organ- und Tumorvolumina möglich. Schließlich können auch zeitlich aufgelöste Untersuchungen des Herzens, des Blutflusses, der Atmung oder des Gastrointestinaltraktes erfolgen.

! Die Bildgebung ist ein zentrales Element der Diagnostik operativer und konservativer Fachdisziplinen.

Es stehen verschiedene bildgebende Untersuchungsverfahren zur Verfügung:

- **Verfahren mit ionisierender Strahlung:** Röntgenaufnahmen, Durchleuchtungen, Gefäßdarstellung mittels der Digitalen Subtraktionsangiographie (DSA), Computertomographie (CT), Szintigraphie, Positronenemissionstomographie (PET) und »Single photon emission CT« (SPECT).
- **Verfahren ohne ionisierende Strahlung:** Magnetresonanztomographie (MRT), Ultraschalluntersuchungen (US).

Diese Verfahren lassen sich nochmal in **Projektionsverfahren** (Röntgenaufnahme, Durchleuchtung, DSA, Szintigraphie) und **Schnittbildverfahren** (CT, SPECT, PET, MRT, US) einteilen.

Im Folgenden werden die einzelnen bildgebenden Verfahren beschrieben und ihre Funktionsweisen, Charakteristika sowie Vor- und Nachteile dargestellt.

In Kürze

Bildgebenden Verfahren

Bildgebende Verfahren erlauben die nichtinvasive Darstellung normaler und pathologisch veränderter Strukturen des menschlichen Körpers. Hierzu stehen verschiedene Techniken und Methoden zur Verfügung, welche nach Projektions- und Schnittbildverfahren differenziert werden.

Hinweis zu den Abbildungen

Aufnahmen der Körperregionen werden immer so präsentiert, als ob der Betrachter vor dem Patienten steht. Das heißt, dass z.B. im Röntgenbild des Brustkorbes (Thorax) das Herz sich in der rechten Bildhälfte befindet. Im Falle von Schnittbildern schaut der Betrachter »von unten« in die horizontale (transversale) Schnittebene.

1.7.2 Röntgen

Zur Bilderzeugung werden Röntgenstrahlen durch eine zu untersuchende Körperregion geschickt (Transmission). Hierbei erfahren sie eine durch die Gewebezusammensetzung und -verteilung bedingte Abschwächung. Diese kann mittels eines Detektors erfasst und als projiziertes »Transmissionsbild« betrachtet werden.

Die **Röntgenstrahlen** (Photonenstrahlung) können durch eine zu untersuchende Körperregion des Patienten geschickt werden (Transmission). Hierbei erfährt die Strahlung infolge von Absorption und Streuung eine durch die Gewebezusammensetzung und -verteilung bedingte Abschwächung. Dieses »**Transmissionsbild**« wird hinter dem Patienten mittels eines Detektors erfasst. Als Detektor können ein Röntgenfilm oder andere Medien (z.B. Speicherfolien oder digitale Detektoren) eingesetzt werden. Auf dem Röntgenfilm erzeugen Gewebe hoher

Strahlentransparenz (d.h. geringer Röntgendichte; z.B. Luft, Lungengewebe) eine starke und Gewebe mit geringer Transparenz (d.h. hoher Röntgendichte; z.B. Knochen) eine geringe Schwärzung. Das bedeutet die Lunge wird schwarz abgebildet, der Knochen weiß.

Das erzeugte Bild entspricht somit einer zweidimensionalen Wiedergabe der Röntgendichte einer dreidimensionalen Körperregion – ein sog. **Projektionsbild**: Alle Strukturen, die im Verlauf des Strahlenbündels liegen, werden übereinander abgebildet. Aus diesem Grunde kann nicht zugeordnet werden, ob eine Struktur nahe oder fern der Strahlenquelle liegt (z.B. ventral oder dorsal in einem Lungenflügel). Liegen 2 verschiedene Objekte im Verlauf des Strahlenbündels auf der gleichen Achse, können diese aufgrund des **Überlagerungseffektes** außerdem als ein einzelnes Objekt erscheinen. Zur exakten räumlichen Zuordnung einer Struktur innerhalb einer Körperregion ist daher die Anfertigung einer **zweiten Aufnahmeebene** notwendig, welche rechtwinklig zur ersten steht. In der Zusammenschau der verschiedenen Aufnahmeebenen ist eine genauere räumliche Zuordnung einer Zielstruktur möglich (◘ Abb. 1.10. 1.11 und 1.12). Dennoch handelt es sich weiterhin um Summationsbilder, für deren korrekte Beurteilung hohe Anforderungen an das räumliche Vorstellungsvermögen und die Erfahrung des Untersuchers gestellt werden. Diesen Nachteilen des Verfahrens stehen einige Vorzüge gegenüber, durch die die Röntgenuntersuchung im klinischen Alltag weiterhin unverzichtbar ist. So zeichnen sich Röntgenaufnahmen durch eine hohe Ortsauflösung aus. Dies ist insbesondere für die Diagnostik von Knochen (Beurteilung der Trabekelstruktur, ◘ Abb. 1.11) und der Brust (Mikrokalkerkennung) von zentraler Bedeutung. Die Röntgenaufnahme des Thorax in 2 Ebenen am stehenden Patienten ist nach wie vor von grundlegender Bedeutung in der Diagnostik kardiopulmonaler Erkrankungen (◘ Abb. 1.12). Röntgenaufnahmen des Abdomens dienen im Wesentlichen dem Ausschluss von freier intraabdomineller Luft oder Motilitätsstörungen des Darmes. Schließlich ist im Vergleich zu anderen Verfahren (z.B. Computertomographie) die Strahlenexposition durch eine einzelne Röntgenaufnahme gering.

In Kürze

Röntgenaufnahme

Vorzüge: hohe räumliche Auflösung bei Aufnahmen von Thorax, Abdomen, Knochen und Gelenken

Nachteile: Überlagerungseffekte; mäßige Weichteildarstellung; Strahlenexposition

1.7.3 Durchleuchtung

Die Durchleuchtung ist ebenfalls ein Röntgenverfahren, wobei hier der Detektor ein **Bildwandler** ist. Ein Bildwandler erlaubt über einen Fluoreszenzschirm die Umsetzung von Röntgenstrahlen in ein Lichtsignal, das an eine Kamera weitergeleitet und sichtbar gemacht wird. Auf diese Weise wird die »Echtzeitdarstellung« von Körperregionen und Bewegungsabläufen ermöglicht. Das Verfahren dient daher vornehmlich der **funktionellen Diagnostik** des Magen-Darm-Traktes. Da der natürliche Röntgenkontrast der gastrointestinalen Strukturen jedoch gering ist, ist die Gabe von Kontrastmittel erforderlich. Hierdurch sind funktionell-anatomische Darstellungen der Speiseröhre (z.B. Diagnostik von Schluckstörungen, Fremdkörpersuche; ◘ Abb. 1.13), des Magens, sowie des Dünn- und Dickdarmes (z.B. Diagnostik von Tumoren oder entzündlichen Darmerkrankungen) möglich. Die Durchleuchtung kann ebenso zur Funktionsanalyse des Muskel-Skelett-Systems verwendet werden (z.B. Stabilitätskontrolle der Halswirbelsäule, Darstellung der Zwerchfellexkursion). Die Bildcharakteristika entsprechen denen der klassischen Röntgenaufnahme, röntgendichte Strukturen kommen jedoch dunkel zur Abbildung.

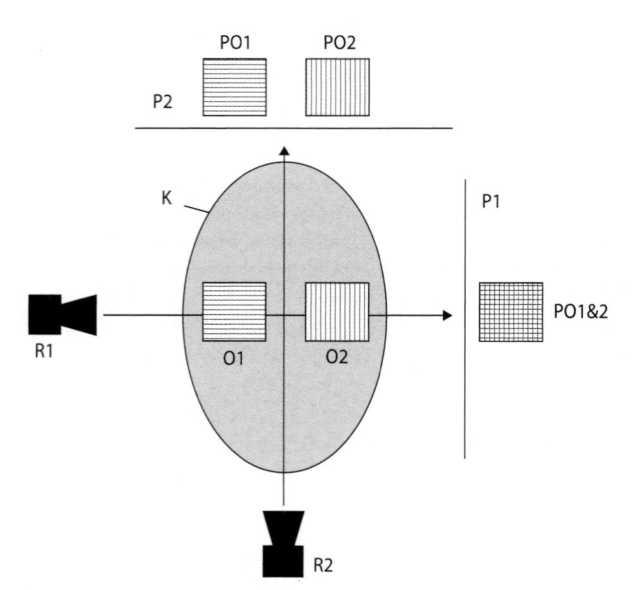

◘ **Abb. 1.10. Schema Projektionsradiographie und Überlagerungseffekt.** Die abzubildenden Objekte 1 und 2 (O1 und O2) liegen in einem Körper (K). Erfolgt die Abbildung beider Objekte entlang des Strahlenganges aus Röntgenröhre 1 (R1) in der Projektionsebene 1 (P1), findet eine Überlagerung der beiden projizierten Objekte statt (PO1&2). Sie sind nicht mehr als 2 einzelne Strukturen identifizierbar. Außerdem ist die Lage (zentral oder peripher) im Körper (K) nur in einer Ebene festgelegt, die Bestimmung der Lage im Raum (nah oder fern der Strahlenquelle) ist jedoch nicht möglich. Durch eine zweite Aufnahme mit Röntgenröhre 2 (R2) ist in Projektionsebene 2 (P2) eine genaue Abgrenzung beider Objekte und die Zuordnung der Lage im Raum möglich (PO1 und PO2) [5]

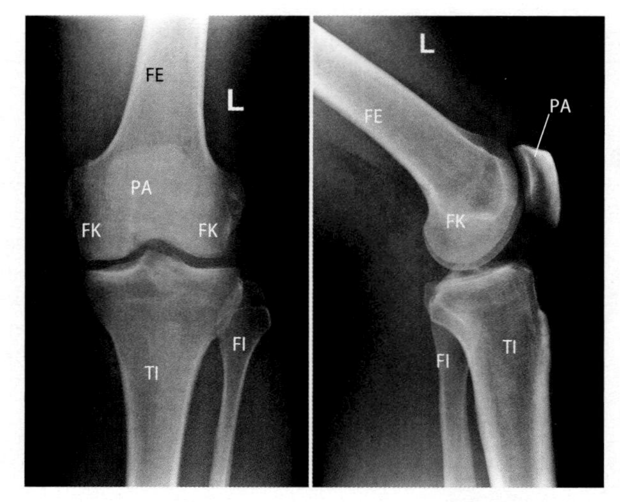

◘ **Abb. 1.11. Röntgenaufnahme des Kniegelenkes in 2 Ebenen.** Röntgenbild eines linken Kniegelenkes in 2 Ebenen: links anteroposteriorer (a.-p.) und rechts seitlicher Strahlengang. Man beachte die erschwerte Erkennbarkeit der Kniescheibe (Patella) im a.-p. Bild. Zur aussagekräftigen Beurteilung ist die Aufnahme im seitlichen Strahlengang notwendig. In der seitlichen Ebene sind aufgrund der Überlagerung die Oberschenkelkondylen nur eingeschränkt beurteilbar [5]
PA: Patella, FE: Femur, FK: Femurkondylus, TI: Tibia, FI: Fibula

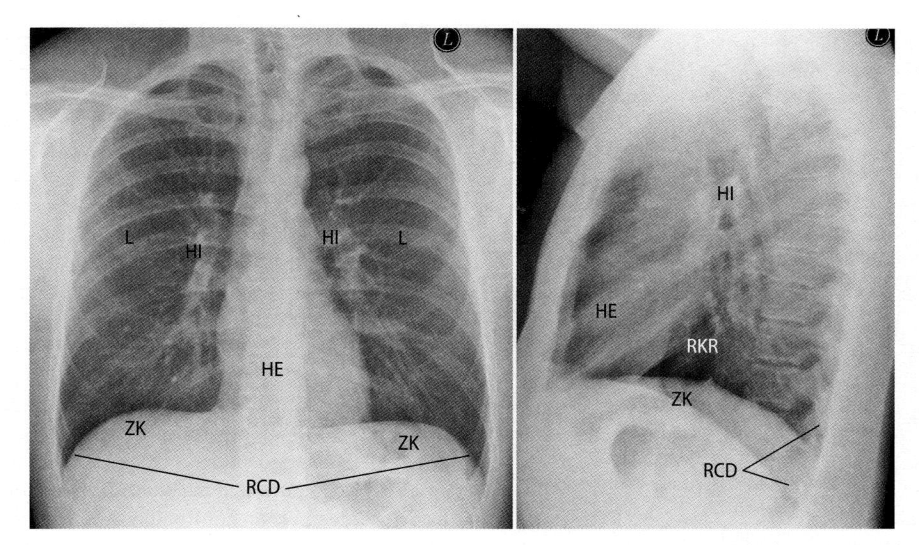

Abb. 1.12. Röntgenaufnahme des Thorax in 2 Ebenen. Röntgenbild des Thorax eines Mannes in 2 Ebenen: links posteroanteriorer (p.-a.) und rechts seitlicher Strahlengang. Im p.-a. Strahlengang sind die Lungenflügel und die Recessus costodiaphragmatici gut beurteilbar. Der Retrokardialraum, die dorsalen Recessus costodiaphragmatici und die rückseitig der Zwerchfellkuppeln liegenden Lungenabschnitte werden bevorzugt in der seitlichen Ebene betrachtet. Die Beurteilung des Herzens und der Hili erfolgt immer in Zusammenschau beider Bildebenen. In den Hilusregionen liegen ausgeprägte Überlagerungen vor, was die Beurteilung erschwert [5]
RCD: Recessus costodiaphragmaticus, HI: Hilus pulmonis, HE: Herz, L: Lunge, ZK: Zwerchfellkuppel, RKR: Retrokardialraum

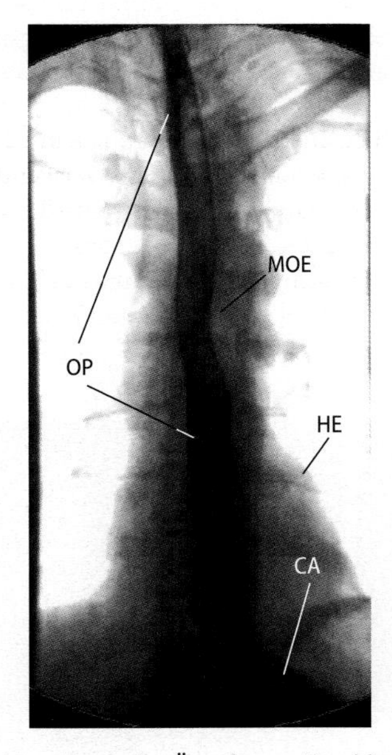

Abb. 1.13. Durchleuchtung des Ösophagus. Durchleuchtungsbild der Speiseröhre nach oraler Kontrastmittelgabe. Neben einer Beurteilung des Schluckaktes (Ösophagusmotilität) können Störungen des Magenverschlusses (z.B. Reflux) oder Veränderungen der Schleimhaut (Narben, Tumoren) erfasst werden [5]
OP: Ösophagus, MOE: mittlere Ösphagusenge, CA: Cardia, HE: Herz

In Kürze

Durchleuchtung
Vorzüge: Funktionsuntersuchungen von Ösophagus, Magen, Dünn- und Dickdarm
Nachteile: Überlagerungseffekte; Strahlenexposition

1.7.4 Digitale Subtraktionsangiographie (DSA)

Bei der Digitalen Subtraktionsangiographie (DSA) handelt es sich ebenfalls um ein Röntgenverfahren, welches einen Bildwandler verwendet. Die Besonderheit liegt hier in der Erzeugung **digitaler Subtraktionsbildserien**: Initial wird ein sog. »Maskenbild« erstellt, das von den Folgebildern subtrahiert wird. Folglich erscheint das Bild zunächst »leer« (weißer Bildschirm). Wird nun während einer solchen Subtraktionsserie zusätzlich Kontrastmittel appliziert, kommen nur die Kontrastmittel aufnehmenden Strukturen zur Darstellung (schwarz). Da Bildserien erstellt werden, ist neben dem reinen Nachweis einer Kontrastmittelaufnahme ebenso eine Beurteilung der Anflutung (Dynamik) möglich. Diese Eigenschaften machen dieses Verfahren zu einer idealen Darstellungsmethode von Blutgefäßen und deren Erkrankungen (Abb. 1.14).

Da die Kontrastmittelgabe vorwiegend über einen Gefäßkatheter erfolgt, war es nahe liegend, dieses diagnostische Verfahren zu einem **endovaskulären Therapieverfahren** weiter zu entwickeln. Gegenwärtig sind endovaskuläre Gefäßinterventionen ein Standardtherapieverfahren der peripheren arteriellen Verschlusskrankheit. Das Maßnahmenspektrum umfasst die Ballondilatation und Stentplatzierung in stenotischen Gefäßabschnitten sowie die Rekanalisation langstreckiger Verschlüsse (Abb. 1.15). Des Weiteren können transjuguläre portosystemische Shunt (TIPSS)-Anlagen zur palliativen Therapie der portalen Hypertension (► Kap. 10.4), Ausschaltungen von Aortenaneurysmen (► Kap. 6, 6.7) und Embolisationen von Blutungsquellen, Hirnarterienaneurysmen oder Tumoren durchgeführt werden.

In Kürze

Digitale Subtraktionsangiographie (DSA)
Vorzüge: Dynamische Gefäßdarstellung im Rahmen der Diagnostik und Therapie der peripheren arteriellen Verschlusskrankheit (pAVK), Gefäßaneurysmen und Blutungen
Nachteile: Überlagerungseffekte; Strahlenexposition

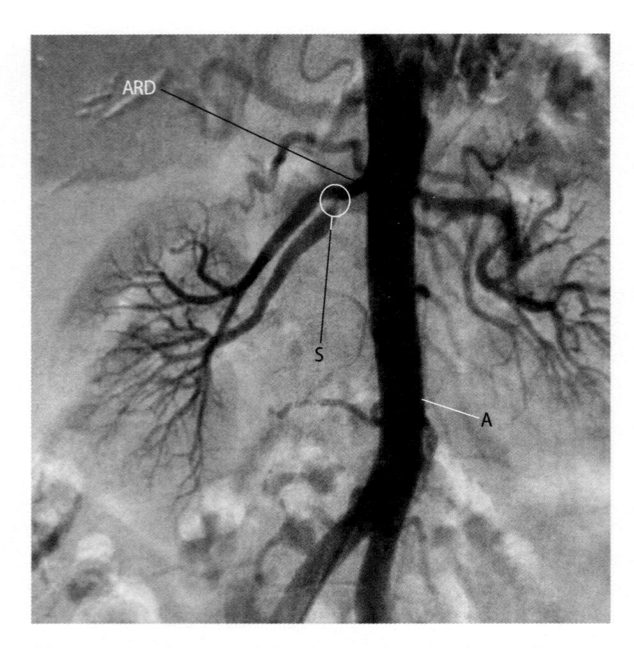

■ **Abb. 1.14. DSA der Aorta abdominalis und Aa. renales.** Mit diesem Verfahren kommt nur das im Verlauf der Subtraktionsserien eingebrachte Kontrastmittel (schwarz) zur Darstellung, was eine gute Abbildung der Aorta und z.B. der Nierenarterien einschließlich ihrer Endäste erlaubt. Es besteht eine frühe Aufzweigung der rechten Nierenarterie (A. renalis dextra). Der untere Ast zeigt eine abgangsnahe, hochgradige Verengung (Stenose) [5]
A: Aorta, ARD: A. renalis dextra, S: Stenose

1.7.5 Computertomographie

Einführung

Die Computertomographie ist ein Schnittbildverfahren, das die überlagerungsfreie Abbildung der Anatomie in einer Ebene ermöglicht. Um ein Organ oder eine Körperregion vollständig wiederzugeben, ist die Erstellung vieler paralleler Schnittbilder notwendig. Neben der reinen Betrachtung kann der so entstandene Bildstapel für weitere Nachverarbeitungen wie die drei- oder vierdimensionale Darstellung oder genaue Quantifizierung pathologischer Veränderungen verwendet werden.

Auch in der Computertomographie basiert die Bilderzeugung auf dem Einsatz von Röntgenstrahlen. Die Röntgenröhre und der ihr gegenüberliegende Detektor rotieren innerhalb eines Gehäuses auf einer Kreisbahn um den im Rotationszentrum liegenden Patienten. Dabei werden permanent Röntgenstrahlen appliziert und somit aus verschiedenen Projektionswinkeln Bilddaten erzeugt. Da der Patient auf dem Untersuchungstisch gleichzeitig entlang seiner Längsachse durch den Abtastbereich bewegt wird, entspricht die Rotationsbewegung des Röhren-Detektor-Systems in Relation zum Patienten einer Spiralbewegung, aus diesem Grund wird das Verfahren **Spiralcomputertomographie** genannt (■ Abb. 1.16). Zusätzlich ermöglichen eine Vielzahl parallel installierter Detektoren die simultane Aufnahme mehrerer Schichten (**Mehrzeilen-Spiralcomputertomographie, MSCT**). Dies erlaubt sehr schnelle Untersuchungen großer Körperregionen oder sogar des gesamten Körpers im Sinne einer Volumendarstellung.

Die entstehenden Bilddaten basieren auf den Schwächungskurven, welche die Röntgenstrahlen auf ihrem Weg durch den Patienten erfahren. Die Schwächung der Röntgenstrahlen korreliert stark mit der Dichte des durchstrahlten Gewebes. Mittels eines Rechners wird aus den einzelnen Schwächungskurven und den dazugehörigen Projektionswinkeln wieder ein **zweidimensionales Dichteverteilungs-**

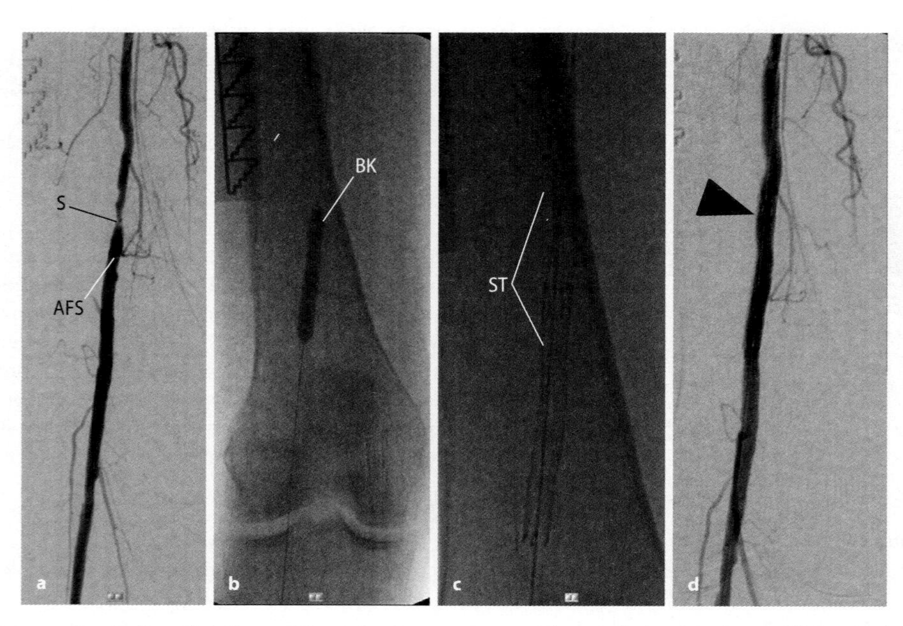

■ **Abb. 1.15a–d. DSA-Intervention (Ballondilatation und Stentplatzierung).** Darstellung einer hochgradigen Stenose der distalen, oberflächlichen Oberschenkelarterie (A. femoralis superficialis) rechts (**a**). Aufweitung der Stenose mittels Ballonkatheter (**b**) und Applikation zweier überlappender Stents (**c**, vergrößerte Aufnahme). In der anschließenden Kontrollserie (**d**) ist keine Stenose (Pfeilspitze) mehr nachweisbar [5]
AFS: A. femoralis superficialis, S: Stenose, BK: Ballonkatheter, ST: Stent

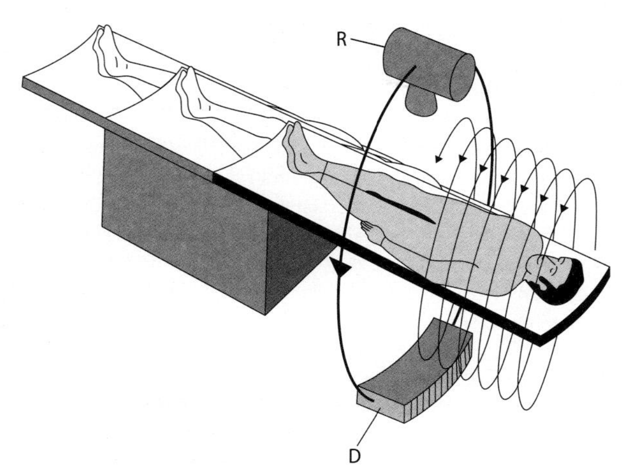

◘ Abb. 1.16. Prinzip der Spiral-CT. Bei kontinuierlicher Rotation der Röhren-Detektor-Einheit und gleichzeitiger, kontinuierlicher Verschiebung des Patienten entsteht eine spiralförmige Bahn des Strahlenfokus um den Patienten [6]
R: Röntgenröhre, D: Detektor

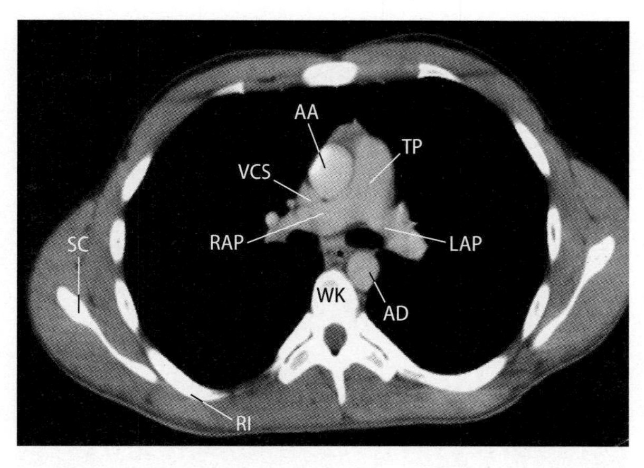

◘ Abb. 1.18. CT des Mediastinums. CT des Thorax im Weichteilfenster. Hier sind die thorakalen Gefäße wie Aorta, Lungenarterien und obere Hohlvene gut von der Lunge und dem mediastinalen Fettgewebe zu unterscheiden. Die Lungenflügel sind typischerweise homogen schwarz abgebildet [5]
AA: Aorta ascendens, AD: Aorta descendens, TP: Truncus pulmonalis, LAP: linke A. pulmonalis, RAP: rechte A. pulmonalis, VCS: V. cava superior, WK: Wirbelkörper (BWK7), RI: Rippe, SC: Scapula

bild erzeugt, welches die Lage der verschieden Gewebe oder Organe in einer Ebene wiedergibt. Da dies für eine Vielzahl aneinander angrenzender Schichten erfolgt, entsteht schließlich ein **dreidimensionaler Volumendatensatz.**

Dem Untersucher präsentiert sich ein **Graustufenbild** auf dem Gewebe geringer Röntgendichte dunkel oder schwarz (z.B. Luft, Fett) und Gewebe hoher Dichte hell oder weiß (z.B. Knochen) abgebildet werden. Die meisten Organe weisen eine intermediäre Dichte auf und werden in Graustufen dargestellt. Da im menschlichen Körper ein weites Spektrum von Röntgendichtewerten vorliegt, die Anzahl der vom menschlichen Auge diskriminierbaren Graustufen jedoch begrenzt ist, kommen zur Darstellung verschiedener Köperregionen optimierte Bildeinstellungen **(Fenstereinstellungen)** zum Ansatz. So

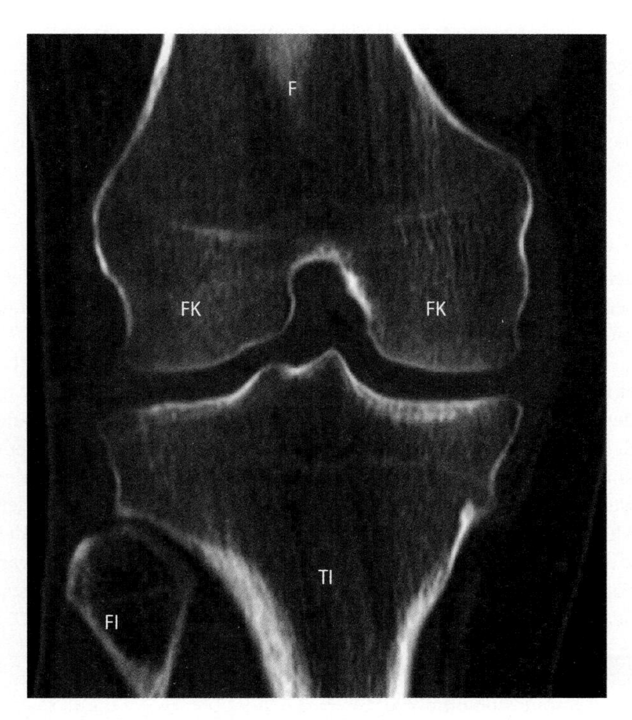

◘ Abb. 1.19. CT des Kniegelenkes. CT des rechten Kniegelenkes in koronarer, sekundärer Bildrekonstruktion. Darstellung im Knochenfenster. Während der Knochen sehr detailliert abgebildet ist, sind die Weichteile (Menisken und Bänder) nur eingeschränkt beurteilbar (siehe vergleichend ◘ Abb. 1.23) [5]
F: Femur, FK: Femurkondylus, TI: Tibia, FI: Fibula

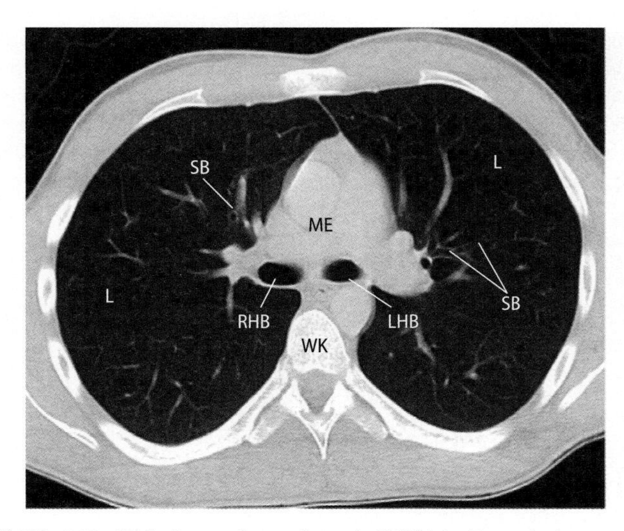

◘ Abb. 1.17. CT der Lunge. Das vorliegende CT-Bild des Thorax ist im sog. »Lungenfenster« wiedergegeben, in welchem insbesondere das Lungengewebe dargestellt ist. Auch die zentralen Atemwege wie Haupt- und Segmentbronchien lassen sich gut abgrenzen. Die Knochen (Wirbelsäule und Rippen) sind homogen weiß. Die Strukturen des Mediastinums sind in dieser Fenstereinstellung nicht differenzierbar (◘ Abb. 1.18) [5]
L: Lunge, RHB: rechter Hauptbronchus, LHB: linker Hauptbronchus, SB: Segmentbronchien, ME: Mediastinum, WK: Wirbelkörper (BWK7)

erfolgt die Beurteilung der Lunge im sog. »Lungenfenster«, die des Knochens im »Knochenfenster« und die Beurteilung der parenchymatösen Organe und des ZNS im »Weichteilfenster« (◘ Abb. 1,17, 1,18 und 1.19). Darüber hinaus kann zur besseren Differenzierung von Darm, Organen, Gefäßen oder pathologischer Veränderungen ein jodhaltiges Kontrastmittel gegeben werden.

Neben der **hochauflösenden Darstellung des Körpers in allen Raumebenen** erlauben moderne Computertomographen auch eine

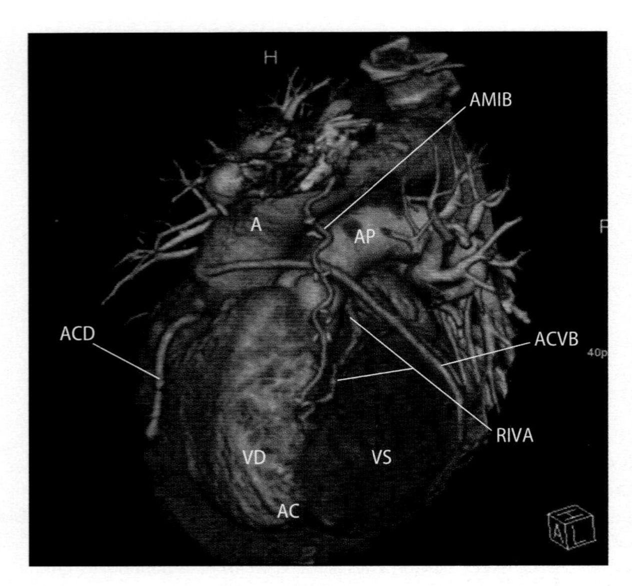

Abb. 1.20. CT des Herzens. VRT (volume rendering technique) einer kontrastmittelverstärkten CT des Herzens mit Blick auf die Herzspitze. Durch Kontrastmittelgabe sind die Herzkammern, die Lungenarterie, die Hauptschlagader, die rechte Herzkranzarterie, ein aortokoronarer Venenbypass zum R. circumflexus und ein A.-thoracica-(mammaria)interna-Bypass (mit Gefäßclips) zum R. interventricularis anterior sichtbar [5]

AC: Apex cordis, AP: A. pulmonalis, A: Aorta, ACD: A. coronaria dextra, RIVA: R. interventricularis anterior, ACVB: aortokoronarer Venenbypass, AMIB: A.-thoracica-(mammaria)interna-Bypass, VD: Ventriculus dexter, VS: Ventriculus sinister

zeitliche Auflösung, womit Untersuchungen des schlagenden Herzens (Abb. 1.20), der atmenden Lunge und der Organperfusion möglich sind.

Aufgrund der hohen Untersuchungsgeschwindigkeit und Ortsauflösung liegt der bevorzugte Einsatz der Computertomographie in der Notfalldiagnostik, der Lungenbildgebung und in der Einstufung der Tumorausdehnung (Tumorstaging). Der geringe native Weichteilkontrast erlaubt jedoch nur eine eingeschränkte Beurteilung der weichteildichten Anteile des Muskelskelettsystems (Muskeln, Bänder, Menisci und Disci) und des ZNS. Zu beachten ist, dass aufgrund der erhöhten Strahlenexposition der Einsatz dieses Verfahrens bei jungen Patienten und Schwangeren einer strengen Indikationsstellung unterliegt.

In Kürze

Computertomographie (CT)

Vorzüge: überlagerungsfreie Darstellung parenchymatöser Organe, des Skeletts, der Gefäße, des Herzens; hohe Ortsauflösung und Untersuchungsgeschwindigkeit; Notfalldiagnostik

Nachteil: hohe Strahlenexposition; geringerer Weichteilkontrast

1.7.6 Magnetresonanztomographie (MRT)

 **Einführung**

Die Magnetresonanztomographie ist ebenfalls ein Schnittbildverfahren. Die Bilderzeugung basiert auf der elektromagnetischen Anregung von Protonen und der ortsabhängigen Auslesung des von den angeregten Protonen ausgehenden Signals, wenn diese in den nicht-angeregten Zustand zurückkehren. Dieses Signal weist gewebespezifische Unterschiede auf, was eine gezielte Darstellung unterschiedlicher Gewebearten erlaubt.

Die physikalische Grundlage der MRT bildet die **Kernresonanz.** Dieser liegt zugrunde, dass Atomkerne mit einer ungeraden Zahl von Protonen oder Neutronen einen Eigendrehimpuls (Kernspin) besitzen. Aus der Bewegung dieser Kernladung resultiert ein magnetisches Moment des Atomkerns, welcher daher vereinfacht als ein **magnetischer Dipol** angesehen werden kann.

Wird ein Mensch in einem starken Magnetfeld gelagert, welches ein Vielfaches der Stärke des Erdmagnetfeldes aufweist, richten sich diese magnetischen Dipole nach den Magnetfeldlinien aus. Durch die kurzzeitige Erzeugung hochfrequenter, **elektromagnetischer Wechselfelder** werden die magnetischen Dipole aus ihrer Ausrichtung gekippt, wodurch ihre magnetische Achse von der Ausrichtung der Feldlinien des permanenten Magnetfeldes abweicht (Abb. 1.21). Nach Ausschalten des elektromagnetischen Impulses, kehren die magnetischen Dipole über eine Kreiselbewegung **(Präzession)** wieder in die Ausgangsposition zurück. Basierend auf dem Induktionsgesetz können diese Bewegungen der Dipole in elektrische Signale umgesetzt werden. Diese Signale werden durch Empfangsspulen aufgenommen und aus ihrer Intensität und Verteilung im Körper wird anschließend ein Schnittbild berechnet. Die Signalstärke ist für verschiedene Gewebearten charakteristisch und wird durch unterschiedliche Helligkeiten im resultierenden Bild wiedergegeben. Da **Wasserstoff** das stärkste magnetische Dipolmoment aller stabilen Elemente im menschlichen Körper aufweist, zeigen Gewebe mit einem hohen Protonen- oder Wasseranteil eine besonders hohe Signalintensität. Diese Intensität kann noch mit der Art der Molekülumgebung der Protonen (z.B. Bindung in Wasser, Fetten, Proteinen oder Knorpel) variieren. Dies erlaubt eine kontrastreiche Darstellung vor allem der Weichteilstrukturen des ZNS, der parenchymatösen Organe und der Muskeln und Bänder. Luft und kompakter Knochen zeigen kein oder nur ein geringes Signal. Die Bilddaten las-

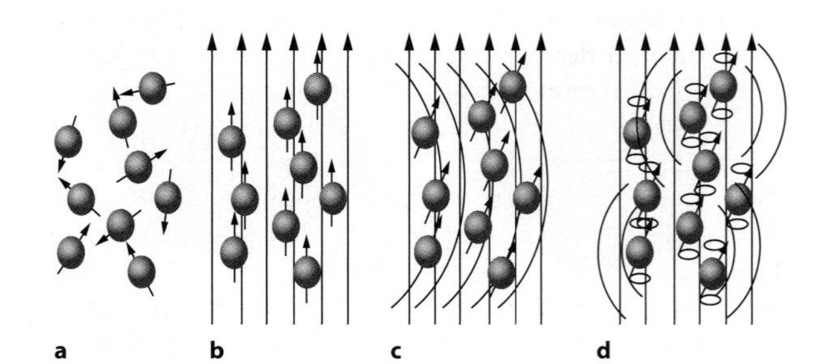

Abb. 1.21a–d. Magnetresonanz-Schema. a Ohne äußeres Magnetfeld weisen die atomaren Dipole keine bevorzugte Ausrichtung auf. **b** Wird das Gewebe in ein starkes Magnetfeld gebracht, richten sich die Dipole parallel zu dessen Feldlinien aus. **c** Durch einen Hochfrequenzimpuls wird die Magnetisierung aus ihrem Gleichgewicht heraus gebracht und die atomaren Dipole sind nicht mehr parallel zum Magnetfeld ausgerichtet. **d** Während der Wiederausrichtung kommt es zu einer Kreiselbewegung der Dipole (Präzession), welche wiederum zur Freisetzung eines messbaren elektromagnetischen Impulses führt [6]

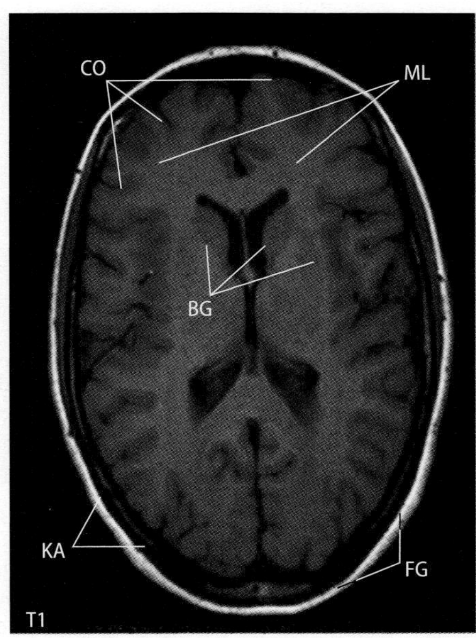

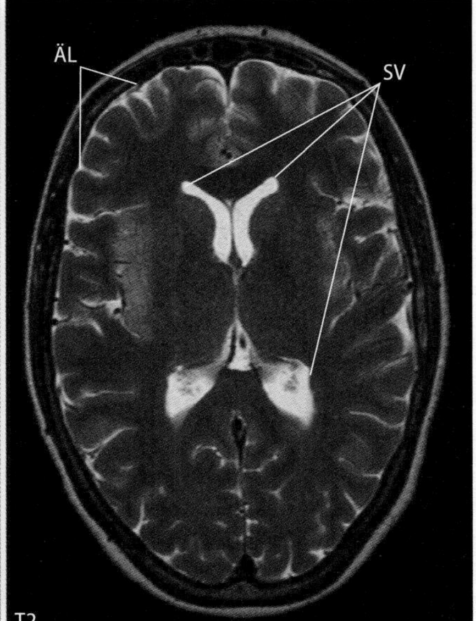

Abb. 1.22. MRT des Gehirnes in T1- und T2-Wichtung. Links: T1-gewichtetes Bild. Hier sind Flüssigkeiten typischerweise dunkel und Fettgewebe hell. Aufgrund des guten Weichteilkontrastes lassen sich Hirnrinde, Marklager und Teile der Basalganglien eindeutig voneinander abgrenzen. Der Schädelknochen ist dunkel und das subkutane Fettgewebe hell abgebildet. **Rechts:** T2-gewichtetes Bild (gleiche Schnittebene). Flüssigkeiten, hier der Liquor, kommen hell zur Abbildung. Die inneren (rechter und linker Seitenventrikel) und äußeren Liquorräume sind gut zu erkennen [5]
CO: Cortex, ML: Marklager, BG: Basalganglien, KA: Kalotte, FG: Fettgewebe, SV: Seitenventrikel, ÄL: äußerer Liquorraum

sen sich schließlich als Einzelschichten oder in Volumendarstellungen betrachten.

Durch eine Variation der Auslese- und Stimulationsformen **(Wichtungen und Sequenzen)** können unterschiedliche Gewebearten gezielt herausgearbeitet werden. In der so genannten **T1-Wichtung** erscheinen Fettgewebe hell und Flüssigkeiten (Liquor, Galle, Urin) dunkel (Abb. 1.22). In der **T2-Wichtung** kommen dagegen Flüssigkeiten hell zur Darstellung (Abb. 1.22). Schnell fließendes Blut innerhalb von Gefäßen wird in beiden Sequenzen oft mit nur geringer Intensität abgebildet, da das im Blut erzeugte Signal noch vor der Auslesung der Daten aus der Schicht herausgetragen wird. Spezielle Sequenzen ermöglichen die Darstellung der Blutgefäße mit oder ohne Verwendung von Kontrastmitteln. Auch hier ist die **zeitlich aufgelöste Darstellung** von Organen möglich. Dies wird insbesondere in der Herz- und Darmdiagnostik (z.B. Bewegungsanalyse der Herzkammern, Darstellung der Darmmotilität) sowie für dynamische Kontrastmitteluntersuchungen (Darstellung mehrerer Perfusionsphasen) genutzt. Zur besseren Darstellung pathologischer Prozesse kommen in der MRT paramagnetische Kontrastmittel zum Einsatz. In der Zusammenschau verschiedener nativer und kontrastverstärkter Sequenzen können Ausdehnung und Eigenschaften eines pathologischen Prozesses bestimmt werden.

Die Vorteile des Verfahrens liegen im **hohen Gewebekontrast**, weshalb die MRT einen bevorzugten Einsatz in der Diagnostik des ZNS und des Muskelskelettsystems (Abb. 1.22 und 1.23) findet. Da **keinerlei ionisierende Strahlung** benötigt wird, ist das Verfahren gut für dynamische Untersuchungen und zur Diagnostik bei Schwangeren und jungen Patienten geeignet. Die Nachteile dieses Verfahren sind die relativ **lange Untersuchungsdauer** und damit die hohe Anfälligkeit für Bewegungsartefakte, wodurch Untersuchungen unruhiger (Kleinkinder, Tremor- oder Demenzpatienten) oder polytraumatisierter Patienten deutlich erschwert und teilweise unmöglich sind. Außerdem können **Metallimplantate** zu starken Artefakten führen, die die Bildqualität deutlich mindern. Auch ist die überwiegende Zahl der Herzschrittmacher nicht MRT-kompatibel.

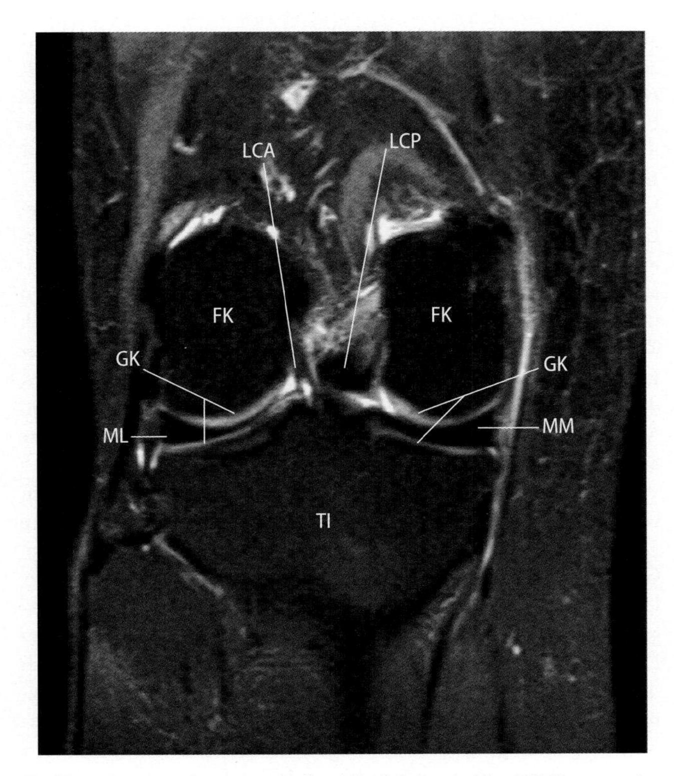

Abb. 1.23. MRT des Kniegelenkes. Flüssigkeitssensitive MRT-Sequenz des rechten Kniegelenkes in der koronaren Schichtführung. Innen- und Außenmeniskus (Meniscus lateralis und medialis), sowie vorderes und hinteres Kreuzband (Ligamentum cruciatum anterius und posterius) können identifiziert werden. Der schmale Gelenkknorpelsaum kommt hell zur Darstellung, wohingegen der Knochen homogen dunkel abgebildet ist (bezüglich der Knochenstruktur vergleiche auch Abb. 1.11 und 1.19) [5]
LCA: Lig. cruciatum anterius, LCP: Lig. cruciatum posterius, ML: Meniscus lateralis, MM: Meniscus medialis, GK: Gelenkknorpel, FK: Femurkondylus, TI: Tibia

In Kürze

Magnetresonanztomographie (MRT)
Vorzüge: hoher Weichteilkontrast; gute Darstellung von ZNS, Muskeln, Sehnen und Bändern, Herz; keine Strahlenexposition
Nachteile: längere Untersuchungsdauer; Einschränkungen bei Herzschrittmachern und Metallfremdkörpern; Patienten müssen kooperativ sein

1.7.7 Ultraschall

  Einführung

Die Ultraschalldiagnostik ist ein Schnittbildverfahren, das Schallwellen zur Bilderzeugung verwendet. Die Bilderzeugung basiert auf dem unterschiedlichen Schallreflektions- und -transmissionsverhalten der Gewebe und Organe.

Die Bilderzeugung eines Ultraschallgerätes basiert auf einem **Echo-Impuls-Verfahren** (ähnlich dem Sonar in der Seefahrt). Zunächst wird im Schallkopf ein Schallimpuls erzeugt und ausgesendet. Die Schallwelle wird innerhalb des Patienten durch Gewebeinhomogenitäten gestreut oder reflektiert. Die reflektierten Schallwellen (Echo) werden im Schallkopf erneut in ein elektrisches Signal umgewandelt. Sowohl die Erzeugung der Schallwellen als auch die erneute Umsetzung des Echos in ein elektrisches Signal erfolgt über ein **piezoelektrisches Element**. Erst nach Komplettierung eines solchen Sende- und Empfangsintervalls kann ein neuer Impuls ausgesendet werden. Somit ist die **Impuls-Wiederholungsrate** (Frequenz) abhängig von der Impuls-Laufzeit und damit auch von der Eindringtiefe in das Gewebe. Je höher die Frequenz, desto geringer ist die mögliche Eindringtiefe. Die Frequenz entscheidet andererseits über das räumliche Auflösungsvermögen: je höher die Frequenz, desto höher die Ortsauflösung. Hieraus folgt, dass hochauflösende Ultraschalluntersuchungen nur an schallkopfnahen (oberflächlichen) Strukturen möglich sind. Tiefer liegende (schallkopfferne) Strukturen können nur mit geringerer Auflösung dargestellt werden. Eine Lösung dieses Problems ist es, den Schallkopf möglichst nahe an das Zielgewebe heranzubringen. So werden z.B. rektale, vaginale, endoskopische und endovaskuläre Schallköpfe verwendet.

Das entstehende Bild gibt die Echointensitäten als Helligkeiten in Graustufen wieder, wobei die Helligkeit einer Struktur durch ihre Echointensität bestimmt wird. So erscheinen Bindegewebe (Faszien, Gefäßscheiden) oder Knochen hell und Flüssigkeiten (Blut, Galle, Urin) kommen schwarz zur Darstellung. Die parenchymatösen Organe (Leber, Niere, Milz) und Muskeln weisen eine intermediäre Echogenität im Sinne von Graustufen auf. Der Ultraschall eignet sich daher sehr gut zur hochauflösenden Darstellung von parenchymatösen Organen (◘ Abb. 1.24), Muskeln, Sehnen und zum Nachweis von Flüssigkeitsansammlungen. Luftgefüllte Darmschlingen oder die Lunge stellen für den Ultraschall aufgrund der schlechten Schallleitungseigenschaften der Luft ein Hindernis dar, so dass jenseits davon befindliche Organe oft nicht oder nur eingeschränkt beurteilt werden können. Aus dem gleichen Grund ist die Verwendung von Ultraschallgel am Schallkopf notwendig, da hierdurch die Luftschicht zwischen Schallkopf und Patientenoberfläche verdrängt wird.

Da das »Sichtfeld« **(Schallfenster)** aufgrund der oben genannten Limitationen nur einem kleinen Ausschnitt entspricht, ist zur kompletten Darstellung eines Organes oder einer Körperregion ein systematisches »Abtasten« durch Verschieben oder Schwenken des Schallkopfes notwendig. Mit modernen Ultraschallgeräten können auf diese Weise sogar dreidimensionale Darstellungen (z.B. Herzklappen, Feten) erfolgen.

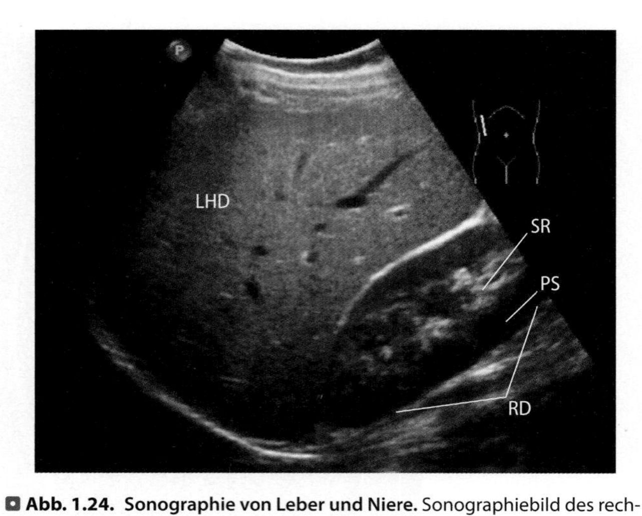

◘ **Abb. 1.24. Sonographie von Leber und Niere.** Sonographiebild des rechten Leberlappens und der rechten Niere in sagittaler Schnittführung. In der Leber sind das Parenchym und einzelne Lebergefäße als signalarme schwarze Bezirke erkennbar. In der Niere lassen sich der Parenchymsaum und das Nierenbeckenkelchsystem differenzieren. Das Nierenbecken kommt aufgrund seines hohen Fettanteils hell (echoreich) zur Darstellung [5]
LHD: Lobus hepatis dexter, RD: Ren dexter, PS: Parenchymsaum, SR: Sinus renalis

Eine spezielle Anwendung des Ultraschalls sind die **Dopplerverfahren.** Diese basieren auf dem Dopplereffekt, welcher eine Frequenzverschiebung infolge einer Schallreflexion an bewegten Objekten, wie z.B. Erythrozyten im Blutstrom, beschreibt. Diese können als reine Flussgeschwindigkeitskurven oder mittels einer Farbkodierung wiedergegeben werden. Erfolgt eine Kombination dieser Farbkodierung mit dem Graustufenbild, so spricht man von einer **(Farb-) Duplex-Sonographie**. Diese findet ihre bevorzugte Anwendung in der Gefäß- und Herzdiagnostik (z.B. Darstellung von Gefäßstenosen oder Klappenfehlern).

Da **keine ionisierende Strahlung** verwendet wird, wird der Ultraschall bevorzugt in der Pränataldiagnostik und in der Pädiatrie eingesetzt. Wegen seiner **hohen Ortsauflösung** ist der Ultraschall hervorragend zur Diagnostik parenchymatöser Organe geeignet. Die Aussagefähigkeit kann durch die Gabe von Kontrastmitteln noch weiter gesteigert werden. Problematisch sind **Luftüberlagerungen** der Zielstruktur (s.o.) und die **begrenzte Eindringtiefe.** Dieser Umstand kann Untersuchungen schallkopfferner Strukturen oder adipöser Patienten erschweren. Schließlich ist die Qualität der Ultraschalluntersuchung zu einem erheblichen Anteil von der Ausbildung und Erfahrung des Untersuchers abhängig.

In Kürze

Ultraschall (US)
Vorzüge: leicht verfügbar; keine Strahlenexposition; gute Darstellung von parenchymatösen Organen, Gefäßen, Herz, Muskeln, Sehnen und Bändern
Nachteile: sehr eingeschränktes Untersuchungsfeld, hohe Untersucherabhängigkeit; erschwerte Abbildung lufthaltiger Strukturen

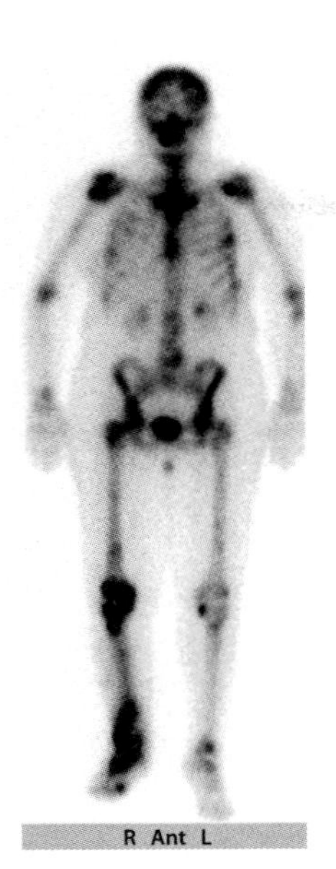

Abb. 1.25. Skelettszintigraphie. Ganzkörperskelettszintigraphie mit 99mTechnetium-Methylendiphosphonat. Es bestehen polytope Anreicherung (Schwärzung) im Skelett von Schädel, Rumpf und Extremitäten. Die Anreicherungen beschreiben fokale Erhöhungen des Knochenstoffwechsels, die in diesem Fall durch ein diffus metastasiertes Mammakarzinom bedingt sind [5]

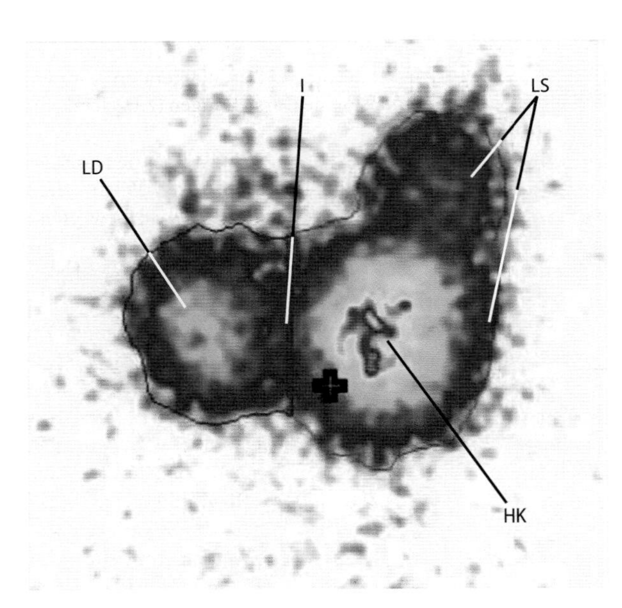

Abb. 1.26. Szintigraphie der Schilddrüse. Schilddrüsenszintigraphie mit 99mTechnetium ohne Tracermolekül. Zur besseren Ortsauflösung der Stoffwechselaktivität wird hier eine Farbkodierung der Strahlungsaktivität verwendet. Neben einer Asymmetrie des Schilddrüsengewebes zugunsten des linken Lappens, besteht eine solitär vermehrte Stoffwechselaktivität im linken Schildrüsenlappen (rot-gelb). Hier liegt eine fokale Autonomie, ein sog. »heißer Knoten«, vor. Das histopathologische Korrelat ist ein Adenom [5]
LD: Lobus dexter, I: Isthmus, LS: Lobus sinister, HK: »heißer Knoten«

1.7.8 Nuklearmedizinische Verfahren

Einführung

Die Nuklearmedizin verwendet in der Bildgebung in erster Linie radioaktive Substanzen zur Funktions- und Lokalisationsdiagnostik.

Die Applikation der radioaktiven Substanzen **(Radiodiagnostika)** erfolgt in den meisten Fällen durch eine intravenöse Injektion. Radiodiagnostika bestehen aus einem **Radionuklid** und einem **Tracermolekül.** Das Tracermolekül variiert dabei je nach darzustellender Organfunktion und ist somit für die Darstellung der Physiologie und Pathophysiologie erforderlich. Das daran gekoppelte Radionuklid ist durch »Aussenden« von Gammastrahlung für die Bildgebung und somit für die physikalische Abbildungseigenschaft verantwortlich. Die Messung der Gammastrahlung erfolgt mittels einer Gammakamera, welche die unterschiedliche Strahlungsaktivität im Körper als unterschiedliche Schwärzung darstellt. Das daraus resultierende Bild ist, ähnlich einem Röntgenbild, ein Summationsbild der untersuchten Körperregion. Zahlreiche Gammakameras sind mit einem oder mehreren beweglichen Köpfen ausgestattet, die um den Patienten rotieren können **(SPECT-Kamera = single photon emission computerized tomography)**. Dadurch werden Projektionsbilder aus unterschiedlichen Ansichten aufgenommen. Aus diesen können dann, analog der CT, Schnittbilder in allen 3 Raumebenen berechnet und Funktionen von Organen überlagerungsfrei abgebildet werden. Auch in der **Positronenemissionstomographie (PET)** wird ein dreidimensioneler Datensatz erzeugt. Hier entsteht die Gammstrahlung jedoch sekundär als Vernichtungsstrahlung im Rahmen des Zerfalls eines Positronenstrahlers und wird in einen stationären Detektorring registriert.

Die bildgebenden nuklearmedizinischen Verfahren erstellen im Gegensatz zur Röntgendiagnostik **Funktionstopogramme,** die primär nicht die Feinstruktur, sondern die Funktion eines Organs bildlich darstellen.

Bei der **Skelettszintigraphie** wird zum Beispiel ein an Phosphat gekoppeltes Nuklid als Radiopharmakon (99mTechnetium-Methylendiphosphonat) verwendet. Das Diphosphonat wird insbesondere von Osteoblasten im Rahmen der Osteogenese metabolisiert. Liegt ein erhöhter Knochenstoffwechsel (z.B. Fraktur, Osteomyelitis, Knochentumor) an einer Stelle im Skelett vor, erscheint diese im Szintigraphiebild aktiver (schwärzer) als die übrigen Skelettabschnitte (Abb. 1.25). Hierbei kann jedoch nicht sicher zwischen reaktiven, entzündlichen oder neoplastischen Prozessen unterschieden werden. Der Vorteil des Verfahrens liegt in der hohen Empfindlichkeit (Sensitivität) zur Detektion eines gesteigerten Knochenstoffwechsels, wodurch es insbesondere bei der Frage nach Knochenmetastasen im Rahmen des Tumorstagings sehr wertvoll ist.

Ein anderes typisches szintigraphisches Verfahren ist die **Schilddrüsenszintigraphie** bei der nur das Nuklid 99mTechnetium ohne Tracermolekül verwendet wird (Abb. 1.26).

In Kürze

Szintigraphie
Vorzüge: hohe Sensitivität; gut geeignet zur explorativen Metastasensuche
Nachteile: zum Teil eingeschränkte Spezifität und geringe Ortsauflösung; Strahlenexposition

2 Zytologie und Histologie

U. Welsch

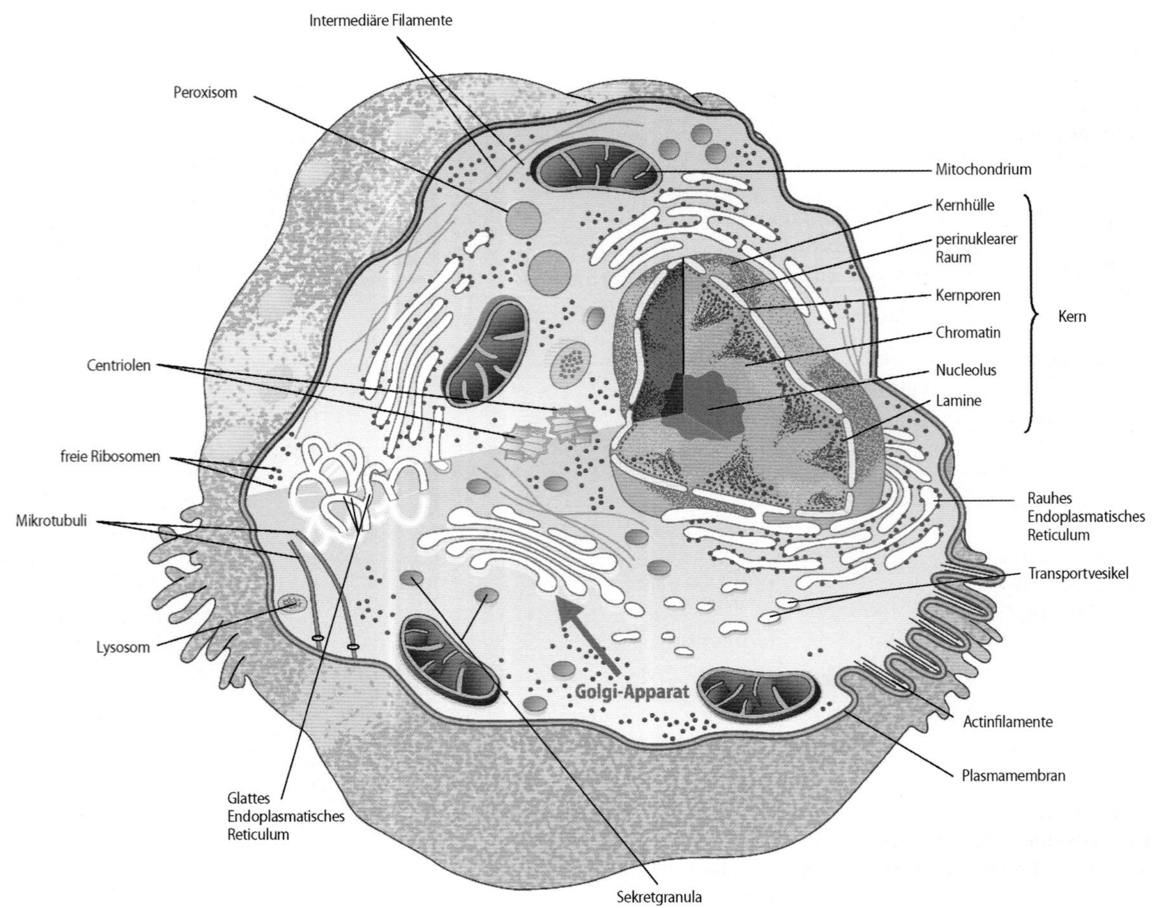

Abb. 2.1. Schematische Darstellung des Aufbaus einer Zelle [1]

2.1 Zelle

Einführung

Zellen sind die Grundbausteine aller Gewebe und Organe in allen lebenden Organismen. Im Laufe der Evolution entstanden 2 Zelltypen: prokaryotische Zellen und eukaryotische Zellen.

Prokaryotische Zellen sind der phylogenetisch ältere Zelltyp. der vor ca. 3,5 Milliarden Jahren entstand. Eukaryotische Zellen entstanden erst vor ca. 1,5 Milliarden Jahren.

Organismen, die aus prokaryotischen Zellen aufgebaut sind, heißen Prokaryoten. Hierzu zählen die für die Medizin besonders wichtigen Bakterien. Organismen, die aus eukaryotischen Zellen bestehen, werden Eukaryoten genannt. Zu ihnen zählen Pflanzen, Pilze und Tiere, also auch der Mensch.

Die eukaryotische Zelle lässt sich in verschiedene Bereiche gliedern, die aber strukturell und funktionell miteinander zusammenhängen (Abb. 2.1):

- Zellmembran mit dem unmittelbar unter ihr liegenden Zytoplasma
- Zellkern
- Zytoplasma mit:
  - Zytosol
  - Zellorganellen
  - Zell-(Zyto-)skelett
  - Zelleinschlüssen

2.1.1 Zellmembran

Jede Zelle wird von einer Zellmembran (= Plasmamembran) umgeben, die die Grenzfläche zur Umwelt bildet. Sie besteht aus einer Doppelschicht von Phospholipiden (ca. 45%), Proteinen (ca. 45%) und Kohlenhydraten (ca. 10%). Eine solche Membran ist einerseits stabil und flexibel, andererseits dynamisch und fluide (»flüssig«). Sie wird auch **Biomembran** oder Einheitsmembran genannt. Die

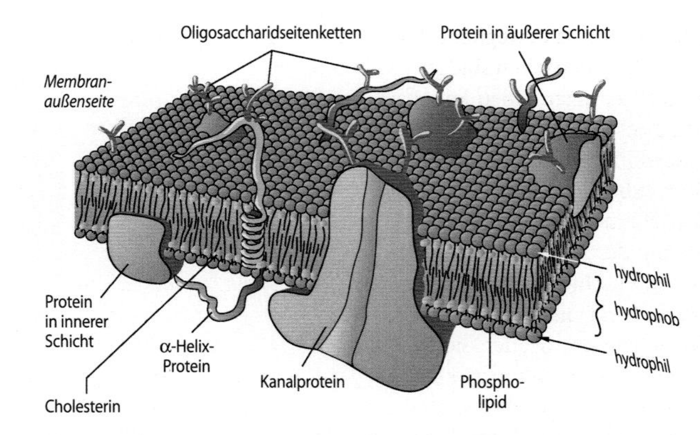

Abb. 2.2. Die Plasmamembran. In eine Phospholipiddoppelschicht sind Proteine eingelagert, die teils die Lipiddoppelschicht ganz durchqueren (Transmembranproteine), teils nur in der Außen- oder Innenschicht verankert sind (periphere Proteine) [1]

Doppelschicht der **Phospholipide** ist auf der nach außen und nach innen zeigenden Membranoberfläche hydrophil, im Membraninnern hydrophob (◘ Abb. 2.2). Zusätzlich sind **Cholesterin** und **Glykolipide** essenzielle Lipidkomponenten der Membran. Die **Membranproteine** lassen sich in integrale und periphere Membranproteine gliedern. Integrale Membranproteine sind in die Lipiddoppelschicht eingebaut und durchqueren oft die ganze Membran: Transmembranproteine. Periphere Membranproteine sind der Membran außen oder innen angelagert. Die Membranproteine besitzen unterschiedlichen molekularen Aufbau und unterschiedliche Funktionen. Wichtige Membranproteine sind in funktioneller Hinsicht: Ionenkanäle, Membranpumpen, Transporter, Rezeptorstrukturen und Zelladhäsionsmoleküle. Auf ihrer Außenseite trägt die Membran eine Schicht von Oligosaccharidketten, die insgesamt die **Glykokalyx** bilden. Diese Zuckerketten gehen meist von Membranproteinen (Glykoproteinen) aus, können aber auch Teil von Lipiden (Glykolipiden) oder Proteoglykanen der Membran sein. Die Glykokalyx trägt negative elektrische Ladungen. Zu ihrer Funktion zählen z.B.:

- Schutz der Zelloberfläche
- Vermittlung von Zell-Zell-Interaktionen (z.B. Anhaften von Leukozyten am Endothel bei Entzündungen)
- Aufbau molekularer Rezeptorstrukturen
- Wasserbindung (im Dünndarm wichtig für Resorption der Nährstoffe)

In Epithelzellen ist die Glykokalyx der apikalen Membran besonders hoch differenziert und mit den jeweils spezifischen Funktionen der Zellen korreliert. Unter der Membran befindet sich das **Membranzytoskelett**, das aus einem dichten Geflecht aus Aktin, Spectrin, Dystrophin und anderen Proteinen besteht. Dieses Zytoskelett verleiht der Membran Stabilität und verankert Membranproteine.

2.1.2 Differenzierungen der Zelloberfläche

Zellen können an ihrer Oberfläche verschiedene konstante oder transitorische Strukturen aufbauen. Konstante Oberflächenstrukturen sind:

- Kinozilien
- Stereozilien
- Mikrovilli
- Mikroplicae
- Basolaterale Einfaltungen (v.a. als Teil basaler Labyrinthe)

Kinozilien sind bewegliche, feine, haarförmige Zellfortsätze (◘ Abb. 2.3a). Beim Menschen sind sie meistens ca. 5 µm lang und ca. 0,25 µm dick. Sie besitzen einen kennzeichnenden Aufbau. In ihrem Innern befinden sich Mikrotubuli, die typisch angeordnet sind. Peripher finden sich 9 Doppeltubuli und im Innern 2 Einzeltubuli. Mit den Mikrotubuli sind verschiedene Proteine assoziiert, die die periphere Manschette aus Doppeltubuli zusammenhalten, die Kraft für die Bewegung der Zilien erzeugen (v.a. das Dynein) und die Bewegung in die gewünschte Richtung dirigieren. Die Bewegung verbraucht ATP und bewirkt an der Oberfläche von Zellen mit Kinoziilien einen Flüssigkeitsstrom oder die Wanderung von Schleimfilmen, die v.a. Bakterien oder Staubpartikel festhalten. Die Kinozilie ist im Apex der Zelle in einem **Basalkörper (Kinetosom)** verankert, einer zylinderförmigen Struktur, deren Wand aus 9 Dreiergruppen (Tripletts) kurzer Mikrotubuli aufgebaut ist.

Stereozilien auf Sinneszellen, Sinneshaare: Die Sinneszellen im Innenohr tragen kräftige und speziell strukturierte Mikrovilli, die

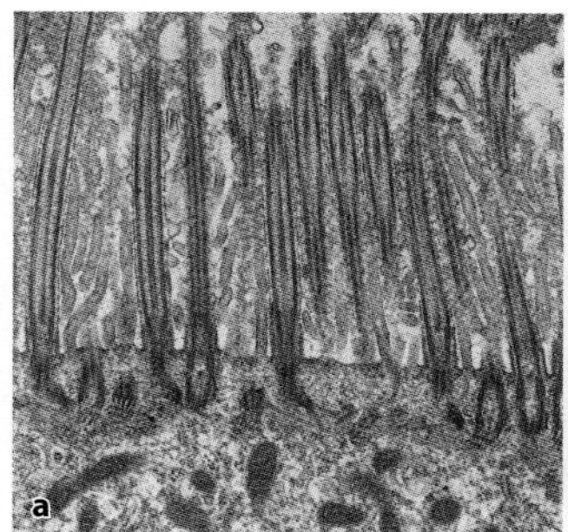

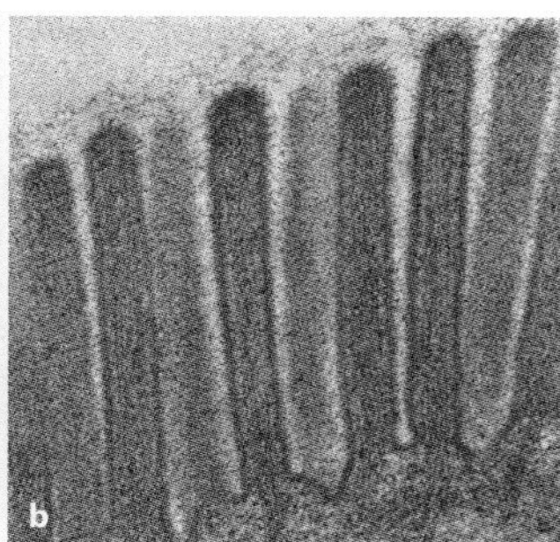

◘ **Abb. 2.3a, b.** Oberflächenstrukturen. **a** Kinozilien auf der Oberfläche des Epithels der Nasenschleimhaut (Vergr. 11500-fach). **b** Mikrovilli auf der Oberfläche des Darmepithels (Vergr. 39000-fach)

(Sinnes-)Stereozilien oder Sinneshaare genannt werden (ausführlich in ► Kap. 17.8 beschrieben).

Mikrovilli sind nicht eigenbewegliche fingerförmige Zellausstülpungen, die der Oberflächenvergrößerung dienen (◘ Abb. 2.3b). Sie stehen apikal auf resorbierenden Epithelzellen sehr dicht, so auf den Enterozyten (den resorbierenden Darmepithelzellen) und auf den proximalen Tubulusepithelzellen der Niere. Auf diesen Zellen bilden sie den Bürstensaum. Sie sind je nach Zelltyp 1–2 µm lang und 0,08 µm dick. Ihre Form wird stabilisiert durch ein Bündel aus 20–30 Aktinfilamenten, denen eine Reihe von Proteinen assoziiert ist, die ihre parallele Ausrichtung aufrecht erhalten (Fimbrin und Villin) oder sie an der Zellmembran der Mikrovilli befestigen (Myosin I und Calmodulin). Die Aktinfilamente sind im apikalen Zytoplasma im Zytoskelett verankert. Die Mikrovilli tragen speziell an ihrer Spitze eine hohe Glykokalyx. Die langen, schlanken und z.T. verzweigten Mikrovilli auf der Oberfläche des Nebenhodenganges werden auch Samenwegstereozilien genannt.

Manche Epithelzellen tragen an ihrer apikalen Oberfläche feine Falten, die **Mikroplicae,** z.B. die Oberflächenepithelzellen der Stimmfalten.

Manche transportierenden Epithelzellen besitzen basal und lateral tiefe Einfaltungen, **basolaterale Invaginationen,** die der Oberflächenvergrößerung dienen und denen innen Mitochondrien angelagert sind. Solche Faltenkomplexe werden auch **basales Labyrinth** genannt.

Nur zeitweise ausgebildete Zellmembranstrukturen

Die Zellmembran besitzt die Fähigkeit sich einzustülpen und aus solchen Einstülpungen Bläschen (Vesikel) abzuschnüren, die dann ins Zellinnere wandern. An der Bildung der Vesikel können die Proteine Clathrin oder Caveolin beteiligt sein. Dieser Prozess wird **Endozytose** genannt. Es werden verschiedene Formen der Endozytose unterschieden, von denen hier nur 2 genannt seien:

- Die **Pinozytose** die durch die Bildung 50–100 nm großer Vesikel gekennzeichnet ist, die lösliche Stoffe oder Flüssigkeit aufnehmen. In vielen Fällen besitzt die Membran, die sich zu Vesikeln umformt, spezifische Rezeptorproteine, die bestimmte Moleküle binden und über ihre Aufnahme in die Zelle entscheiden (rezeptorvermittelte Endozytose).
- Die **Phagozytose,** die durch die Aufnahme größerer Partikel, z.B. von Bakterien, Zellfragmenten oder Rußpartikeln, gekennzeichnet ist. Bei der Einstülpung der Zellmembran entstehen Phagosomen, die dann mit Vesikeln, die verdauende lysosomale Enzyme enthalten, verschmelzen. Zur Phagozytose sind nur wenige Zelltypen befähigt, v.a. Makrophagen und neutrophile Granulozyten.

Zellkontakte

Zellen können miteinander oder mit der Bindegewebematrix in Kontakt treten. Die Moleküle, die den Kontakt vermitteln, sind die Zelladhäsionsmoleküle, zu denen insbesondere die Cadherine zählen. Proteine, die Zellen und Matrix verbinden, sind die Integrine. An bestimmten Stellen können Adhäsionsmoleküle auch morphologisch erkennbare Kontaktstrukturen, die Zellkontakte, aufbauen.

Zellkontakte können gürtelförmig (Zonulae) oder punktförmig (Maculae) ausgebildet sein. Die Kontakte haben unterschiedliche Funktionen und Struktur, dementsprechend werden unterschieden:

- **Adhäsionskontakte** dienen dem **mechanischen Zusammenhalt** von Zellverbänden. Hierzu zählen insbesondere:
  - **Zonula adhaerens** mit Cadherinen als Adhäsionsproteinen, verschiedenen Plaqueproteinen und mit Aktinfilamenten im Zytoplasma. Die Plaqueproteine verankern einerseits die Adhäsionsproteine, andererseits die Aktinfilamente.
  - **Macula adhaerens (Desmosom)** mit Cadherinen als Adhäsionsmoleküle, verschiedenen Plaqueproteinen und Intermediärfilamenten im Zytoplasma, mit denen sie verbunden sind.
- **Kommunikationskontakte**, die den **Austausch** von kleinen **Molekülen und Signalen** zwischen Zellen vermitteln. Solche Kontakte werden **Nexus** oder **Gap Junctions** genannt. Sie bestehen aus Tunnelproteinen, die eine kommunizierende feine Röhre aufbauen. Diese Röhre besteht aus zwei Hälften, die Connexone heißen; jede der benachbarten Zellen bildet ein Connexon, die dann miteinander zu einer gemeinsamen Röhre verschmelzen. Jedes Connexon besteht aus 6 Proteinen, die Connexine genannt werden. Der molekulare Tunnel ist nicht statisch sondern seine Durchlässigkeit ist regulierbar.
- **Verschluss-(Barriere-)Kontakte** verschließen den Interzellularraum zwischen Zellen, zuallermeist zwischen Epithelzellen und sind so an der Regulation der transepithelialen Transportprozesse und an der »Dichtigkeit« eines Epithels beteiligt. Genannt werden diese Kontakte **Zonulae occludentes** oder **Tight Junctions**. Der Interzellularraum wird durch ein vernetztes System molekularer Leisten versiegelt, die vor allem von den Proteinen Claudin und Occludin aufgebaut werden.
- **Haftkomplexe (Schlussleistenkomplex):** Die meisten Epithelzellen sind apikal über einen Haftkomplex verbunden, der aus 3 Kontaktstrukturen besteht:
  - einer Zonula occludens, die apikal liegt,
  - einer Zonula adhaerens, die unmittelbar unter der Zonula occludens liegt und
  - einem Desmosom, das eine basale Lage in diesem Komplex einnimmt.
- **Kontakte zwischen Zellen und Matrix:** Dazu zählen die **Hemidesmosomen,** die von der basalen Zellmembran von Epithelzellen aufgebaut werden und die sie insbesondere an der Basallamina befestigen. Zelladhäsionsmoleküle sind vor allem Integrine, die mit Plaqueproteinen und Intermediärfilamenten verbunden sind. Extrazellulär sind die Integrine mit Laminin verknüpft, das die Verbindung mit Kollagen Typ IV herstellt.

2.1.3 Zellkern (Nucleus)

Der Zellkern enthält den Träger der Erbinformation, die DNA (deoxyribonucleic acid) = DNS (Desoxyribonukleinsäure). Normalerweise hat jede Zelle einen Kern, der ca. 15% des Zellvolumens einnimmt. Größe, Gestalt und histologische Struktur sind für jeden Zelltyp kennzeichnend.

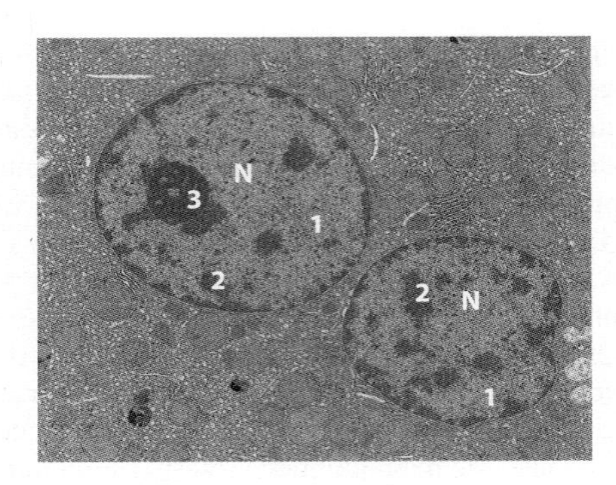

Abb. 2.4. Zwei Zellkerne (N) einer Leberzelle
1 = Euchromatin; 2 = Heterochromatin; 3 = Nucleolus (Vergr. 5200-fach)

Strukturell sind zu unterscheiden (Abb. 2.4):

- die Kernhülle (Perinuclearzisterne)
- das Chromatin
- der Nucleolus
- die Kernmatrix (das Kernskelett)

Kernhülle (Perinuclearzisterne)

Der Kern wird von einer Hülle umgeben, die eine flache, membranbegrenzte Zisterne (Perinuclearzisterne) darstellt, die dem rauen endoplasmatischen Retikulum zuzurechnen ist. Die innere Membran dieser Zisterne (= die innere Kernmembran) liegt dem Kern direkt an, die äußere Membran (= äußere Kernmembran) grenzt ans Zytoplasma und kann Ribosomen tragen. Das Lumen der Zisterne ist ca. 20 nm weit. Die Kernhülle weist komplex aufgebaute Poren **(Kernporen)** auf, die den Transport von Molekülen in den Kern und aus dem Kern heraus vermitteln. Die Zahl der Kernporen schwankt je nach Zelltyp üblicherweise zwischen 1000 und 4000. Der Kernhülle wird auch die **Kernlamina** zugezählt, eine 30–100 nm dicke Schicht aus Intermediärfilamenten, die aus der Proteinfamilie der Lamine aufgebaut sind. Die Kernlamina liegt unmittelbar unter der inneren Kernmembran.

Chromatin

Die DNA bildet zusammen mit den Histonen und anderen Proteinen das Chromatin. Das Chromatin hat während eines Zellzyklus unterschiedliche Organisationsformen. Es ist beim Menschen auf 46 Chromosomen verteilt, die aber als Strukturen nur während der Zellteilung (Mitose oder Meiose; Abb. 2.6) erkennbar sind. Jedes Chromosom besteht aus einem linearen großen DNA-Molekül, das aus ca. 150 Mio. Nucleotidpaaren aufgebaut ist. Während der normalen Arbeitsphase einer Zelle ist das Chromatin locker im Kern verteilt. Es gibt aber immer aktive und inaktive Anteile des Chromatins, die in jedem Zelltyp unterschiedlich ausgeprägt sind. Die aktiven Anteile, in denen also Gene »angeschaltet« sind und abgelesen werden, bilden das **Euchromatin;** inaktive Bereiche des Chromatins werden **Heterochromatin** genannt. Euchromatin bildet im mikroskopischen Präparat helle Bereiche, Heterochromatin dunkle, oft fleckförmige Areale (Abb. 2.4). Jeder Zelltyp hat ein typisches Chromatinmuster, das auch für die Diagnose eines Zelltyps mitentscheidend ist.

Chromosomen

Die somatischen Zellen des Menschen enthalten 46 Chromosomen, die 23 Paare bilden. Die Chromosomen eines Paars werden homologe Chromosomen genannt und stammen zum einen von der Mutter und zum anderen vom Vater. Der Zustand, dass die Chromosomen in Paaren vorliegen, wird **diploid** genannt. Nur ausgereifte Keimzellen sind haploid, das bedeutet, dass sie nur jeweils ein Chromosom eines Paares besitzen. Zum Chromosomensatz des Menschen gehören 44 Autosomen und 2 Geschlechtschromosomen (Gonosomen). Bei der Frau sind die Gonosomen durch zwei X-Chromosomen, beim Mann ein X- und ein Y-Chromosom repräsentiert. Ein Chromosom trägt ca. 700–4000 Gene, deren Größe sehr unterschiedlich ist, große Gene können aus ca. 2 Mio. Basenpaaren aufgebaut sein. Nur ca. 5% der DNA bilden Gene mit Information zum Aufbau von Proteinen.

Jedes Chromosom besitzt ein **Zentromer,** in dessen Bereich eine sog. primäre Einschnürung liegt, die das Chromosom in einen kurzen und einen langen Arm teilt. Hier werden in der Synthesephase die Schwesterchromatiden zusammengehalten und während der Mitosephase befindet sich hier das Kinetochor. Die Endabschnitte der Chromosomen heißen Telomere. Die Chromosomen 13, 14, 15, 21, 22 und y heißen akrozentrisch, weil bei ihnen das Zentromer fast am Ende der Chromosomen liegt. Auf den sehr kleinen kurzen Armen der 5 erstgenannten Chromosomen liegt die Nucleolus-Organisator-Region.

Nucleolus

Der Nucleolus (Kernkörperchen) ist eine eigene RNA-reiche kugelige Struktur im Zellkern. Er enthält die Gene für die rRNA. Hier werden der neu synthetisierten rRNA schon die ribosomalen Proteine angelagert, die aus dem Zytoplasma hierher in den Kern importiert werden. Hier entstehen auch die 2 Untereinheiten der Ribosomen, die erst außerhalb des Kerns zusammengefügt werden.

Kernmatrix

Über die Kernmatrix, also die Anteile des Kerns, die weder zum Chromatin noch zum Nucleolus zählen, ist nur wenig bekannt. Unter Umständen gibt es Komponenten mit Gerüstfunktion oder mit regulatorischen Funktionen, in denen spezielle Proteine und RNA-Moleküle vorkommen.

2.1.4 Zytosol

Das Zytosol ist die wässrige und proteinreiche Grundsubstanz des Zytoplasmas, in der zahlreiche Stoffwechselprozesse stattfinden und in die der Kern, die Organellen und das Zytoskelett eingelagert sind.

2.1.5 Zellorganellen

Im Zytoplasma gibt es verschiedene makromolekulare Strukturen mit spezifischen Funktionen. Die meisten davon sind von einer Membran begrenzt, nur wenigen fehlt eine solche Membran. Zu Letzteren gehören Ribosomen, Proteasomen und Zentriolen.

Ribosomen, Proteasomen, Zentriolen

Ribosomen sind ca. 20 nm große makromolekulare Komplexe, an ihnen findet die Proteinsynthese statt. Sie können bei gleicher Funktion frei im Zytoplasma liegen oder außen am rauen endoplasmatischen Retikulum befestigt sein. Typische Zellen enthalten einige Millionen Ribosomen im Zytoplasma.

Proteasomen sind große Komplexe aus Proteasen, die im Zytoplasma Proteine abbauen, die durch Markierung mit Ubiquitin zur Zerstörung freigegeben wurden.

Zentriolen sind paarige Gebilde, die aus 2 senkrecht aufeinander stehenden kleinen Zylindern bestehen, deren Wand aus 9 Tripletts aus Mikrotubuli besteht, ähnlich wie bei den Basalkörpern der Kinozilien. Sie sind in eine proteinreiche Matrix eingebettet, die die Funktion eines Mikrotubulus-Organisations-Zentrums hat, in dem neue Mikrotubuli entstehen. Matrix und Zentriolenpaar werden auch **Zentrosom** genannt.

Endoplasmatisches Retikulum (ER)

Das endoplasmatische Retikulum ist ein im ganzen Zytoplasma verbreitetes labyrinthähnliches membranbegrenztes Organell, in dem Lipide und membrangebundene sowie sekretorische Proteine synthetisiert werden. Vielfach ist es auch ein wichtiger Kalziumspeicher. Die membranbegrenzten Räume des ER werden auch Zisternen genannt, sie sind miteinander vernetzt, oft sehr flach, können aber auch röhrenförmig sein. Das Lumen des ER steht mit dem Lumen der Perinuclearzisterne in Beziehung. Die ER-Membranen können die Hälfte aller Membranen einer Zelle ausmachen.

Das ER tritt in **2 unterschiedlichen Formen** auf, dem **rauen ER** und dem **glatten ER,** die in den verschiedenen Zelltypen verschiedenartig ausgeprägt sind.

Raues ER (RER). Die Membranen des RER sind außen mit Ribosomen besetzt. Diese Ribosomen werden durch eine spezifische Signalsequenz eines Proteins, das von ihnen synthetisiert wird, an die Oberfläche des ER dirigiert. Den Weg dorthin finden sie mit Hilfe von signalerkennenden Partikeln. Sie verbinden sich hier mit einem Rezeptorprotein an einem Translokatorprotein. Das Translokatorprotein enthält eine wassergefüllte Pore. Das am RER angeheftete Ribosom gibt sein Protein oft schon während des Translationsvorgangs in das Lumen ab **(co-translationale Translokation)**. In anderen Fällen geben im Zytoplasma befindliche Ribosomen ihr fertiges Protein zunächst ins Zytosol ab, von wo es dann ins Lumen des RER verlagert wird **(post-translationale Translokation)**. Proteine, die in das Lumen des RER geleitet wurden, werden hier vielfältig modifiziert: sie werden z.B. korrekt gefaltet, es werden Disulfidbindungen gebildet, sie werden glykosiliert, oder sie können zu Komplexen zusammengefügt werden. Nicht korrekt gefaltete Proteine werden ins Zytosol zurückgebracht und hier in Proteasomen abgebaut. Die meisten Proteine werden dann mit Hilfe von Transportvesikeln zum Golgi-Apparat transportiert. Ribosomen des RER bilden lysosomale Proteine, sekretorische Proteine und Membranproteine.

Glattes ER. Dem glatten ER fehlen außen angelagerte Ribosomen, aber es gibt Zisternenbereiche, die z.T. rau und z.T. glatt sind, Ribosomen können leicht ins Zytosol zurück verlagert werden. Glattes ER ist meist nur spärlich entwickelt, in Skelett- und Herzmuskelzellen bildet es aber ausgedehnte kalziumspeichernde Komplexe, das sarkoplasmatische Retikulum. In steroidhormonbildenden Zellen ist es reich entwickelt. In diesen Zellen enthalten seine Membranen Enzyme, die Cholesterin bilden und dessen Umbau zu den Steroidhormonen katalysieren.

Golgi-Apparat

Der Golgi-Apparat ist ein spezifischer Membrankomplex in jeder Zelle, in dem Proteine, die in den Ribosomen des RER synthetisiert und im Lumen des RER schon auf verschiedene Art und Weise modifiziert wurden, noch weiter verändert werden und danach sortiert zu ihren Zielorten verschickt werden. In Drüsenzellen sind solche Proteine Sekretionsprodukte, z.B. Hormone oder Verdauungsenzyme.

Der Golgi-Apparat ist aus einem kompakten Stapel flacher membranbegrenzter Zisternen aufgebaut (▣ Abb. 2.1). Er besitzt eine funktionelle und strukturelle Polarität, die mit der Richtung, in der die Proteine durch den Golgi-Apparat wandern, korreliert. Die oft leicht konvex gewölbte **Cis-Seite** des Golgi-Apparats nimmt die vesikulär aus dem RER angelieferten Proteine auf. Diese Proteine wandern dann durch oft 3 oder 4 in der Mitte des Zisternenstapels gelegene Zisternen (mediale = mittlere Zisternen) und erreichen schließlich die **Trans-Seite** des Komplexes.

Lysosomen und Endosomen

Lysosomen sind membranbegrenzte, meist kugelige Organellen, in deren Lumen ein saurer pH-Wert von ca. 5 herrscht. Kennzeichnend ist weiterhin, dass sie gut 40 lösliche saure Hydrolasen enthalten. Diese Hydrolasen versetzen sie in die Lage verschiedene Substrate abzubauen. Sie können z.B. Stoffe hydrolysieren, die über die Station der Endosomen ins Innere der Zelle aufgenommen werden, oder Proteine, die nicht mehr gebraucht werden, z.B. Prolaktin bei vorzeitigem Abstillen, oder kleine Zellregionen, die verletzt wurden, abbauen. In Makrophagen und Neutrophilen töten sie phagozytierte pathogene Mikroorganismen und bauen sie ab. In der Schilddrüse zerkleinern sie das »Pro-Hormon« (Thyreoglobulin) und setzen das funktionsfähige Hormon (T_3, T_4) frei. Endstadien der Lysosomen sind Residualkörper oder Lipofuszingranula, die nicht weiter verdaubares Material enthalten.

Endosomen sind oft vesikuläre Strukturen, die als erste Makromoleküle aufnehmen, die per Endozytose in die Zelle gelangt sind. Es werden frühe und späte Endosomen unterschieden. Das endozytotisch aufgenommene Material gelangt zuerst in die **frühen Endosomen,** die schon einen leicht sauren pH-Wert haben. Von hier aus gelangt es meistens in **späte Endosomen,** deren pH-Wert etwas niedriger als in den frühen Endosomen liegt, und die sich zu typischen Lysosomen weiter entwickeln. Die späten Endosomen erhalten aus spezifischen Vesikeln, die dem Golgi-Apparat entstammen, die sauren Hydrolasen, die aber erst in den Lysosomen voll aktiv werden.

Die in vielen Zellen vorkommenden **multivesikulären Körper** sind möglicherweise ein spezielles Stadium auf dem Weg vom frühen zum späten Endosom.

Peroxisomen

Peroxisomen sind membranbegrenzte Organellen, die durch den Gehalt an verschiedenen Oxidasen gekennzeichnet sind. Oxidiert werden z.B. verschiedene Fettsäuren. Bei den Oxidationsprozessen kann das giftige H_2O_2 entstehen, das durch die peroxisomale Katalase beseitigt wird. Peroxisomen sind auch an der Synthese komplexer Lipide beteiligt, z.B. von Myelin.

Mitochondrien

Mitochondrien sind verschiedengestaltige, sehr bewegliche Organellen, die sich teilen und miteinander verschmelzen können. Sie waren ursprünglich Prokaryoten, die im Laufe der Evolution ins Zytoplasma der Euzyte aufgenommen wurden. Sie besitzen eine eigene ringförmige DNA und eigene Ribosomen. Sie leben wie Symbionten in den Zellen der Eukaryoten, haben aber im Laufe der Zeit viel von ihrer Eigenständigkeit verloren. Die meisten Proteine der Mitochondrien werden von der DNA des Zellkerns kodiert, in den Ribosomen der Euzyte synthetisiert und auf besonderen Transportwegen in die Mitochondrien eingeschleust. Alle Mitochondrien entstammen der Eizelle. Mitochondriale Krankheiten haben daher einen mütterlichen Erbgang. In manchen Zellen stehen sie in Beziehung zu den Mikrotubuli und können auch entlang dieser Strukturen transportiert werden. Mitochondrien haben vielfältige Funktionen, besonders wichtig ist ihre Fähigkeit, mittels der Enzyme der Atmungskette und der ATP-Synthase ATP zu bilden, die Hauptenergiequelle der Zelle. In ihnen finden sich außerdem Enzyme der β-Oxidation, des Zitratzyklus u.v.a. Mitochondrien können auch Kalzium speichern. Außerdem spielen sie eine wichtige Rolle bei der Apoptose.

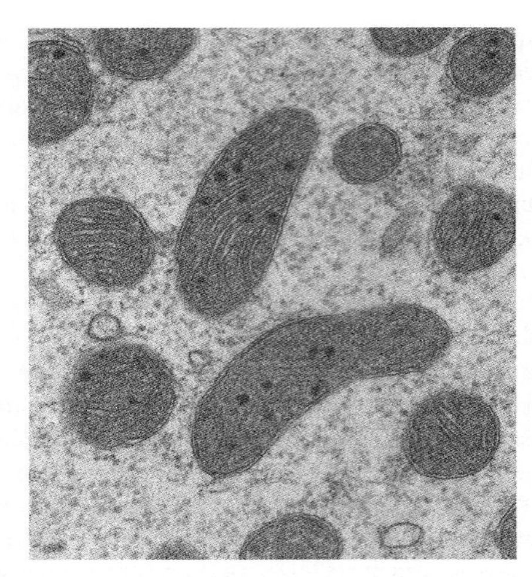

Abb. 2.5. Mitochondrien in einer Herzmuskelzelle (Vergr. 28500-fach)

Mitochondrien werden von 2 Membranen umgeben (Abb. 2.5). Die **Außenmembran** ist glatt. Sie ist eine Membran der Euzyte, die den prokaryotischen Teil des Mitochondriums umschließt. Die ihr eng anliegende **Innenmembran** ist primär eine prokaryotische Zellmembran, sie ist sehr proteinreich und bildet Falten (Mitochondrien vom Crista-Typ) oder tubuläre Strukturen (Mitochondrien vom Tubulus-Typ), die nach innen weisen. Die Bedeutung dieses Unterschiedes ist nicht bekannt. Zwischen den zwei Membranen befindet sich der ca. 15–20 nm weite intermembranöse Raum. Das Innere der Mitochondrien ist mit **mitochondrialer Matrix** gefüllt, die hunderte von Enzymen und auch die mitochondriale DNA enthält.

Melanosomen

Melanosomen sind ovale membranbegrenzte Organellen, die nur in bestimmten Neuronen, im Pigmentepithel der Retina und in Melanozyten gebildet werden. Sekundär kommen sie auch in Keratinozyten vor, in die sie von Melanozyten übertragen werden. Ihre Hauptfunktion ist die Bildung des photoprotektiven Melanins, für dessen Synthese die Tyrosinase ein entscheidendes Enzym ist.

2.1.6 Zelleinschlüsse

Zelleinschlüsse sind als solche metabolisch kaum aktive Einlagerungen ins Zytoplasma, die mehrheitlich eine **Speicherform energiereicher Stoffe** sind. Sie werden nicht von einer Biomembran umgeben. Hierher zählen vor allem Glykogenpartikel und Fetttropfen. **Glykogen** ist eine Speicherform der Glukose und liegt oft in Form 10–30 nm großer β-Partikel vor, die sich zu größeren Komplexen (α-Partikeln) zusammenlagern können. **Fetttropfen** sind eine Speicherform von Triglyzeriden, in Fettzellen können sie bis zu 120 μm groß werden. Ihre Oberfläche wird von einer Schicht Phospholipide gebildet, die im Zytoplasma von Fettzellen an eine Schicht des Proteins Perilipin grenzt.

2.1.7 Zytoskelett

Zellen benötigen für all ihre Funktionen eine bestimmte robuste Struktur und Gestalt. Viele Zellen müssen außerdem ihre Gestalt verändern, sich fortbewegen und sich teilen können. Zusätzlich müssen sie Druck- und Zugkräfte aushalten können. All diese – und mehr –

Funktionen ermöglicht den Euzyten das Zytoskelett, das für die Zellen ein dynamisches Gerüst bildet. Das Zytoskelett ist ein anpassungsfähiges System, das aus filamentären Komponenten mit unterschiedlichen Eigenschaften besteht. Es handelt sich um:
- Aktinfilamente,
- Mikrotubuli und
- intermediäre Filamente.

Diese Filamente sind aus 3 verschiedenen Proteinfamilien aufgebaut. Sie sind spezielle Polymere, deren Untereinheiten durch schwache, nichtkovalente Kräfte zusammengehalten werden, was raschen Auf- und Abbau ermöglicht. Diese Fähigkeit erlaubt rasche Anpassungen an unterschiedliche Erfordernisse. Dem System dieser Filamente ist eine große Zahle akzessorischer Proteine zugeordnet, die das Zytoskelett mit anderen Zellkomponenten verbinden, seine Integrität und seine Strukturierung garantieren u.v.a.m. Zu diesen akzessorischen Proteinen lassen sich auch die Motorproteine zählen, unter denen das Myosin II selber Filamente bilden kann, die in der Muskulatur Teil des kontraktilen Apparats sind.

Aktinfilamente (Mikrofilamente). Aktinfilamente sind zweisträngige helikale Polymere des Proteins Aktin. Ihr Durchmesser beträgt 5–9 nm, sie können Bündel bilden, die gestreckt verlaufen oder Netze aufbauen. Sie sind unter der Zellmembran konzentriert, kommen aber im ganzen Zytoplasma vor; in Muskelzellen sind sie zusammen mit dem Myosin II wesentlicher Teil des kontraktilen Apparats. Sie stehen mit der Zonula adhaerens und auch mit der Zonula occludens in Verbindung. Aktinfilamente haben ein Plus-Ende, an dem sie schnell wachsen können, und ein Minus-Ende, an dem sie nur langsam wachsen. An beiden Enden können Untereinheiten abgetrennt werden, aber auch dies erfolgt am Plus-Ende schneller als am Minus-Ende.

Mikrotubuli. Mikrotubuli sind relativ feste, gestreckt verlaufende, dünne und lange »hohle« Zylinder, die aus dem Protein Tubulin aufgebaut sind. Ihr Durchmesser beträgt ca. 25 nm. Tubulin ist ein Heterodimer und besteht aus α- und β-Tubulin. Die Dimere bauen 13 Protofilamente auf, die zusammen die Wand des Zylinders bilden. Auch Mikrotubuli haben ein dynamisches Plus-Ende, das rasch auf- und abgebaut werden kann, es liegt im Allgemeinen in der Peripherie der Zelle. Das Minus-Ende befindet sich im Mikrotubulus organisierendem Zentrum, von wo aus sie in alle Richtungen ausstrahlen. Auch Mikrotubuli haben vielfältige Funktionen, sie stabilisieren z.B. lange Zellfortsätze. In Axonen sind sie eine entscheidende strukturelle und funktionelle Komponente und werden hier manchmal »Neurotubuli« genannt. Entlang der Mikrotubuli können Vesikel, Sekretgranula und Mitochondrien transportiert werden.

Intermediäre Filamente. Intermediäre Filamente sind allein oder in Bündeln verlaufende mechanische Stützstrukturen mit einem Durchmesser von ca. 10 nm. Sie bestehen aus den Intermediärfilamentproteinen, die sich aber in ihrem chemischen Aufbau in den verschiedenen Geweben wie folgt unterscheiden:
- Epithelzellen: Keratine
- Bindegewebezellen: Vimentin
- Muskelzellen: Desmin
- Nervenzellen: Neurofilamentproteine
- Gliazellen: Gliazellproteine

Ein Mitglied dieser Familie, das Lamin, bildet einen molekularen Filz in der äußersten Peripherie des Zellkerns. In Epithelien stehen Keratinfilamente mit den Desmosomen und Hemidesmosomen in Verbindung und sind so am Zusammenhalt des ganzen Epithels beteiligt.

2.1.8 Zellzyklus

In den meisten Geweben üben die Zellen ihre Tätigkeit nur eine begrenzte Zeit aus. Am Ende dieser Zeit, der Interphase, können sie sich vermehren und in einen Prozess eintreten, in dessen Verlauf sie ihren DNA-Gehalt verdoppeln (replizieren) und sich dann in 2 Tochterzellen teilen (■ Abb. 2.6).

Alle Phasen, die eine Zelle im Laufe ihres Lebens durchmacht, bilden zusammen den Zellzyklus. Das Fortschreiten durch die einzelnen Phasen wird von einem komplexen System regulatorischer Proteine kontrolliert, dem Zellzyklus-Kontrollsystem.

Häufig ist es so, dass in einem Gewebe des ausgewachsenen Organismus bestimmte Zellen, die Stamm- und Vorläuferzellen, den Zyklus regelmäßig durchlaufen und dass ausdifferenzierte Zellen absterben und regelmäßig durch nachwachsende Zellen ersetzt werden. Manche Zellen, z.B. die Masse der Neurone, sind nach der Geburt nicht mehr in der Lage sich zu teilen und neue Zellen zu bilden.

Folgende **Phasen des Zellzyklus** werden unterschieden:
- M-Phase
- G_1-Phase
- S-Phase
- G_2-Phase
- G_0-Phase

G_1, S-, G_2- und auch G_{10}-Phase können als **Interphase** zusammengefasst und der **M-Phase** gegenüber gestellt werden.

M-Phase. Das »M« der M-Phase steht für **Mitose.** In der M-Phase finden **Kernteilung** (Karyokinese) und **Zellteilung** (Zytokinese) statt (■ Abb. 2.6). Sie dauert üblicherweise etwa 1 Stunde und lässt sich in mehrere Phasen untergliedern:
- **Prophase:** Kondensation der Chromosomen (die DNA der Chromosomen war zuvor in der S-Phase verdoppelt worden, und es haben sich 2 Chromatiden gebildet), Verdoppelung der Zentriolen, Entstehung des Spindelapparats mit Astral-, Kinetochor- und den sich weit überlappenden polaren Mikrotubuli.
- **Prometaphase:** Abbau der Kernhülle, Befestigung der Kinetochor-Mikrotubuli am Kinetochor der Chromosomen, die jetzt in Bewegung geraten.
- **Metaphase:** die Chromosomen ordnen sich in einer Ebene, der Äquatorialebene an, in der Mitte zwischen den Spindelpolen.
- **Anaphase:** die Schwesterchromatiden trennen sich und werden zu dem Spindelpol gezogen, zu dem ihr Kinetochor gerichtet ist. Die Kinetochor-Mikrotubuli verkürzen sich, die Zentriolen wandern voneinander weg, beides trägt zur Chromosomentrennung bei.
- **Telophase:** Die getrennten Tochterchromosomen erreichen den Spindelpol und dekondensieren. Sie werden von einer neuen Kernhülle umgeben, es entstehen 2 neue Kerne.

Es folgt die Teilung der Zelle in 2 Tochterzellen. Dies geschieht mit Hilfe eines kontraktilen Ringes, der aus Aktin- und Myosinfilamenten besteht und der die Zellen in der Mitte durchschnürt.

G1-Phase. »G« steht für Gap (engl. Zwischenraum). Die G_1-Phase befindet sich zwischen M- und S-Phase. Sie dauert unterschiedlich lange (nur Stunden in schnell wachsenden Geweben, aber auch Tage oder Wochen). In dieser Phase erfüllt eine Zelle in vielen ausdifferenzierten Geweben ihre typischen Funktionen.

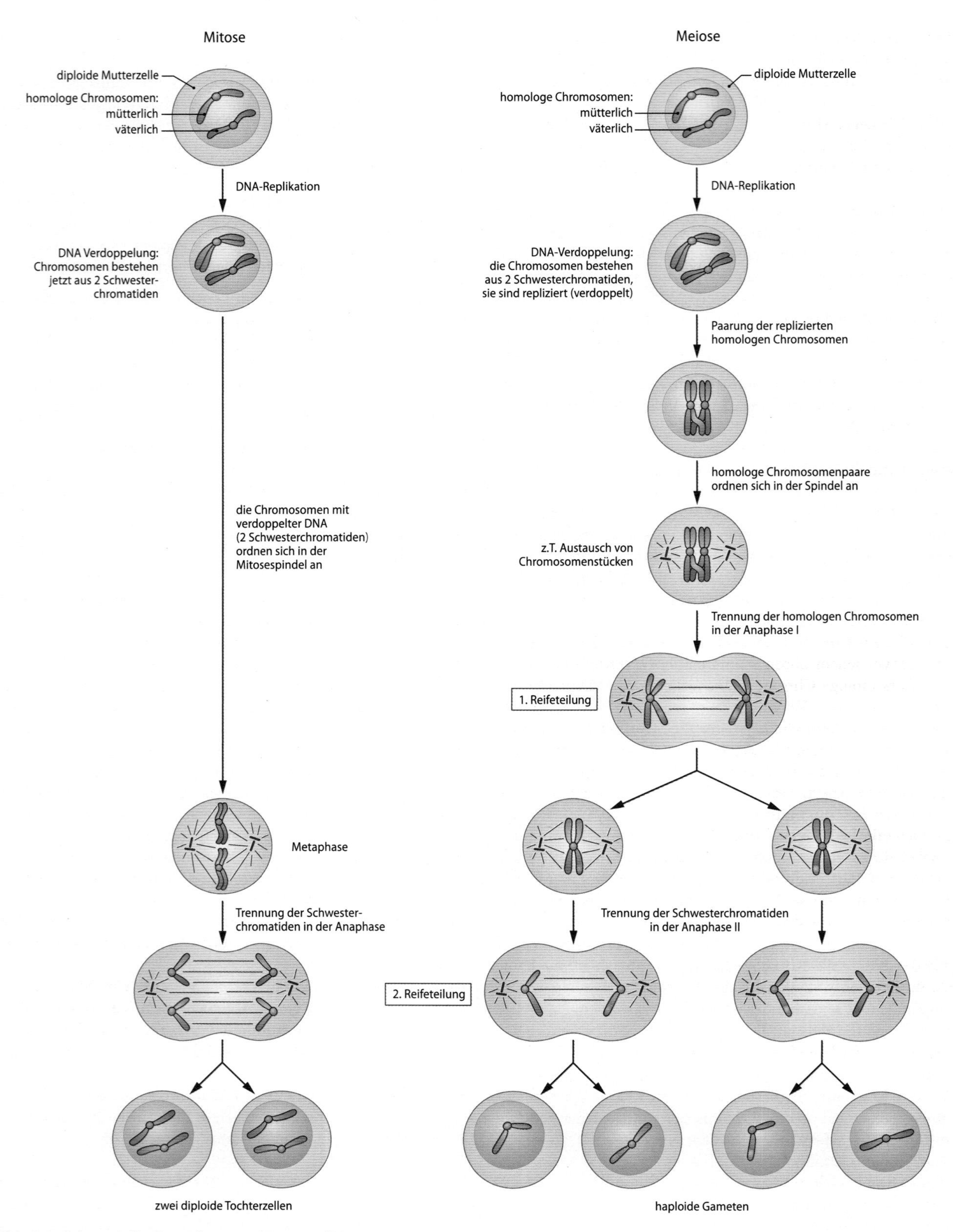

Abb. 2.6. Schematische Darstellung von Mitose und Meiose

S-Phase. In dieser Phase erfolgt die Verdoppelung (Replikation) der DNA (»S« steht für Synthese), die üblicherweise 10–12 Stunden dauert. Das Chromosom besteht jetzt aus 2 Chromatiden.

G2-Phase. Sie liegt zwischen S- und M-Phase und dauert nur wenige Stunden. Überwachungsmechanismen kontrollieren, ob die DNA korrekt verdoppelt wurde, kleinere Fehler können repariert werden.

G0-Phase. Kann der M-Phase folgen. Manche Zellen bleiben monate- oder jahrelang in der G_0-Phase, einzelne Zellen (Neurone) ihr ganzes Leben lang. Bei einer Verletzung kann eine Zelle u.U. in die G_1-Phase zurückkommen, der sich dann S-, G_2- und M-Phase anschließen.

Der ganze Zellzyklus steht unter der Kontrolle eines sehr komplexen Regulationssystems. Wichtige Kontrollpunkte liegen am Ende der

- G_1-Phase, vor Eintritt in die S-Phase,
- G_2-Phase, an der kontrolliert wird, ob alle DNA korrekt verdoppelt wurde, und
- Metaphase der M-Phase, hier wird kontrolliert ob alle Chromosomen an den Kinetochorspindeln befestigt sind.

Meiose (Reifeteilung)

Die Meiose ist eine ganz spezielle Form der Zellteilung und erfüllt eine zentrale Aufgabe im Rahmen der sexuellen Reproduktion. Die Meiose läuft nur während der Bildung und Differenzierung männlicher und weiblicher Keimzellen (Gameten) ab und ist durch **2 Hauptmerkmale** gekennzeichnet:

- **Der diploide Chromosomensatz wird halbiert.** Diploid bedeutet, dass von jedem Chromosom zwei ähnliche Kopien vorliegen, die als homologe Chromosomen bezeichnet werden und von denen das eine vom Vater und das andere von der Mutter stammt. In den reifen Keimzellen, die im Laufe der Meiose entstehen, kommt nur noch eine Kopie eines Chromosoms vor, ein Zustand, der **haploid** genannt wird. Der Chromosomensatz wird also um die Hälfte reduziert, weswegen der erste Schritt der Meiose auf deutsch auch Reduktionsteilung heißt.
- **Das genetische Material wird rekombiniert (neu kombiniert).** Diese Rekombination ist der wesentliche Mechanismus, der Evolution ermöglicht und erklärt. Sie schafft genetische Vielfalt, weil die Gameten sich von ihren Ausgangszellen und untereinander genetisch unterscheiden.

Die Meiose läuft in **2 Schritten** ab (■ Abb. 2.6), die **erste und zweite Reifeteilung** genannt werden.

Erste Reifeteilung (Meiose I). Die **erste Phase** der Meiose I ist die **Prophase I.** Sie wird in **5 Stadien** unterteilt:

1. **Leptotän:** Am Anfang der ersten Reifeteilung verdoppeln alle Chromosomen ihr DNA-Material, ein Vorgang, der Replikation genannt wird, ein Chromosom besteht jetzt aus 2 Chromatiden (also aus 2 DNA-Doppelsträngen). Schon in diesem Stadium entstehen Brüche im DNA-Doppelstrang.
2. **Zygotän:** Die verdoppelten homologen Chromosomen wandern aufeinander zu und paaren sich, sie legen sich in gleicher Ausrichtung eng aneinander. Das Gebilde, das aus den gepaarten verdoppelten homologen Chromosomen besteht, wird »Bivalent« genannt. Die Rekombination beginnt.
3. **Pachytän:** Die Chromosomen sind stark kondensiert. Die Rekombination setzt sich fort. Es kommt zur **Überkreuzung** (»**crossing over**«) von Chromatidenabschnitten der mütterlichen und väterlichen Chromosomen. Die überkreuzten Abschnitte lösen sich aus dem ursprünglichen Chromatid heraus und werden in das andere Chromatid eingebaut. Die Überkreuzungsstellen heißen **Chiasmata.** Jedes Bivalent bildet mindestens ein Chiasma, aber im Allgemeinen nicht mehr als 3. Überkreuzung. Der Austausch von Chromatidenabschnitten ist streng reguliert und nicht gleichmäßig über die Chromosomen verteilt.
4. **Diplotän:** Die homologen Chromosomen lösen sich voneinander und sind wieder als Individuen zu erkennen. Chiasmata sind im Lichtmikroskop zu sehen. Die 2 Chromatiden sind weiterhin eng verbunden.
5. **Diakinese:** Trennung der homologen Chromosomen, die Kernhülle zerfällt und der Spindelapparat entsteht.

Nach der **Prophase** folgen **Meta-**, **Ana-** und **Telophase I,** vergleichbar mit den entsprechenden Phasen der Mitose. Am Ende der ersten Reifeteilung (Meiose I) teilen sich dann die Zellen, jedoch ist die Zellteilung unvollkommen, zwischen den Tochterzellen bleiben feine Zytoplasmastränge bestehen. Im Ergebnis sind mütterliche und väterliche, also die homologen Chromosomen getrennt und auf 2 verschiedene Zellen verteilt. Diese Verteilung erfolgt zufällig.

Zweite Reifeteilung (Meiose II). Die zweite Reifeteilung ist dadurch gekennzeichnet, dass sich die Schwesterchromatiden des Chromosoms trennen und auf 2 verschiedene Zellen verteilt werden. Eine Verdoppelung der DNA wie bei der Mitose findet in der Meiose II nicht statt. Diese Teilung erfolgt rasch in wenigen Stunden. Die Zellteilung ist wieder nicht vollständig, wieder bleibt zwischen den Geschwisterzellen ein feiner Zytoplasmastrang erhalten.

Die genetische Vielfalt, die mit Hilfe der Meiose möglich wird, ist eindrucksvoll. Die wesentlichen Ursachen sind die zufällige Verteilung der elterlichen Chromosomen und das »crossing over«. Es wurde berechnet, dass beim Menschen ein Individuum mindestens 2^{23}= $8{,}4\times10^6$ genetisch unterschiedliche Gameten bilden kann. In Wirklichkeit ist diese Zahl wegen der Eigenheiten des »crossing over« noch viel größer.

Im Detail läuft die Meiose bei Mann und Frau unterschiedlich ab (► Kap.12 und 13).

2.1 Down-Syndrom

Bei der Meiose können Fehler auftreten, was angesichts der beteiligten 92 Chromatiden und der sehr komplexen Abläufe nicht verwunderlich ist. Ein Beispiel bietet die Non-Disjunction, bei der sich nicht alle Homologen getrennt haben, so dass einigen der haploiden Gameten ein Chromosom fehlt und andere mehr als eine Kopie haben. Zellen mit nicht normaler Chromosomenzahl werden aneuploid genannt. Betroffene Embryonen sterben meistens. Ein Beispiel, in dem Embryonen und Menschen überleben bietet das Down-Syndrom, bei dem 3 Kopien des Chromosoms 21 vorliegen. Dazu kommt es meistens während der Meiose I im Ovar der Frau. Solche Trennungsfehler häufen sich mit zunehmendem Alter.

Stammzellen

Stammzellen sind mehr oder weniger undifferenzierte Zellen, die sich regelmäßig teilen und von denen das Wachstum der Gewebe oder Organstrukturen ausgeht oder die zugrunde gehende Zellen ersetzen. **Embryonale Stammzellen** haben eine breite Differenzierungspotenz, was besonders für die Zellen der inneren Zellmasse der Blastozyste zutrifft. Auch beim Erwachsenen gibt es noch Stammzellen, die sich noch in verschiedene Zellen differenzieren können und die **pluripotente Stammzellen** heißen, das wesentliche Beispiel ist die hämatopoietische Stammzelle. **Adulte Stammzellen** kommen in den meisten Geweben und Organen vor; von ihnen geht der Ersatz absterbender oder geschädigter Zellen aus. In vielen Organstrukturen sind Absterben und Neubildung von Zellen streng reguliert.

Zelltod

Es werden 2 Formen des Zelltods unterschieden: **Nekrose** und **Apoptose.**

Unter **Nekrose** versteht man die Form des Zelltodes, die durch eine exogene Schädigung (z.B. spezifische Zellgifte wie das Gift des Knollenblätterpilzes oder Laugen) ausgelöst wird.

Apoptose ist der genetisch gesteuerte (»programmierte«) Zelltod, der physiologischerweise auftritt, z.B. während der Embryogenese, während physiologischer Umstellungen, z.B. am Ende der Laktation, am genetisch festgelegten Ende der Funktionsphase von Zellen, z.B. im Dünndarmepithel oder in der Epidermis, oder im Rahmen der Eliminierung autoreaktiver Zellen in Lymphfollikeln oder im Thymus. Meistens werden solche Zellen von Makrophagen abgebaut.

2.2 Gewebe

 Einführung

Wir unterscheiden heute 4 Grundgewebe, die die Grundelemente sind, aus denen alle Organe des Körpers aufgebaut sind: Epithelgewebe, Bindegewebe, Muskelgewebe und Nervengewebe. Innerhalb dieser Grundgewebe lassen sich jeweils verschiedene Untertypen abgrenzen.

2.2.1 Epithelgewebe

Epithelgewebe besteht aus dicht gepackten Zellen, die lediglich durch einen schmalen, 20–25 nm weiten Interzellularraum getrennt sind. Dieser sehr schmale Raum kann sehr komplex strukturiert sein, enthält Glykosaminoglykane und repräsentiert wichtige Transportwege. Er ist im Lichtmikroskop zumeist gar nicht erkennbar, so dass der Eindruck geschlossener Zellverbände entsteht. Diese Zellverbände bilden meistens Schichten, die Oberflächen bedecken oder das Lumen von Hohlorganen auskleiden, können aber auch die Wand von röhrenförmigen Strukturen, z.B. die Nierentubuli, oder Zellplatten, z.B. in den Leberläppchen, aufbauen. Die einzelnen Zellen des Epithelgewebes werden Epithelzellen genannt.

Epithelien sind onto- und phylogenetisch die ersten Gewebeformationen, aus denen sich alle anderen Gewebe herleiten.

Unmittelbar unter einem Epithel bildet sich eine **Basalmembran**, die aus **Basallamina** (ist insbesondere aus Laminin, Kollagen Typ IV und Proteoglykanen aufgebaut, ► S. 34) und dem angrenzenden Bindegewebsfasern, der **Lamina fibrosa**, besteht. Sie hält die Polarität des Epithels aufrecht und verhindert den Kontakt zwischen Epithelzellen und Fibrozyten, behindert aber nicht das Eindringen von Leukozyten ins Epithel.

In einzelnen Fällen haben Basalmembranen (bzw. Basallaminae) besondere zusätzliche Funktionen. Die relativ dicke Basallamina der Nierenglomeruli ist ein wesentlicher Bestandteil der Blut-Harn-Schranke. Basalmembranen sind nicht an das Vorkommen eines Epithels gebunden, sondern umhüllen auch Skelett-, Herz- und glatte Muskelzellen, sowie Schwann-Zellen.

Epithelien sind durch sind durch einen unterschiedlich raschen Zellumsatz gekennzeichnet, d.h.
- **sie enthalten (epitheliale) Stammzellen, von denen ständig die Erneuerung des Epithels ausgeht, und**
- **in ihnen gehen ständig ausdifferenzierte Zellen zugrunde, die dann auf unterschiedliche Weise eliminiert werden.**

2.2 Karzinom

Bösartiges Wachstum von Epithelien führt zur Entstehung von **Karzinomen.** Der Begriff Karzinom bezeichnet also immer eine bösartige epitheliale Geschwulst. Karzinome sind die häufigsten bösartigen Tumoren, an denen jedes Jahr viele tausend Menschen erkranken (Brustkrebs, Magenkrebs, usw.).

2.3 Metaplasie

Unter bestimmten, meist krankhaften Bedingungen kann sich ein Epitheltyp in einen anderen umwandeln: **Metaplasie.** An Basalmembranen können sich krankhafte Prozesse abspielen, z.B. spezifische Entzündungen in den Nierenglomeruli oder blasenbildende Krankheiten der Haut.

Epithelien treten in unterschiedlichen Erscheinungsformen auf, die sich in 3 große Gruppen gliedern lassen:
- Oberflächenepithelien
- Drüsenepithelien
- Sinnesepithelien

Oberflächenepithelien

Oberflächenepithelien (Deckepithelien) bedecken die Körperoberfläche und kleiden innere Hohlorgane, z.B. Darm, Bronchien und Harnwege aus. In Anpassung an die unterschiedlichen Funktionen besitzen diese Epithelien eine jeweils unterschiedliche Struktur. Die Klassifizierung erfolgt nach der Gestalt der Epithelzellen (platt, kubisch, prismatisch), nach der Zahl der Schichten (einschichtig, zweischichtig, vielschichtig) und nach speziellen weiteren Kriterien, z.B. verhornt, unverhornt, mit Kinozilien u.a. (◘ Abb. 2.7a–f; ► Kap.11, ◘ Abb. 11.14).

Bei mehrschichtigen Epithelien ist die Gestalt der obersten Zellschicht für die Diagnose wichtig, wenn z.B. ein mehrschichtiges Plattenepithel mehrere Zellschichten hat, von denen die oberste(n) platt ist/sind, dann wird ein solches Epithel ein mehrschichtiges Plattenepithel genannt, unabhängig davon, dass tiefere Epithelzellschichten aus kubischen oder prismatischen Zellen bestehen.

Plattenepithelien. Sie bestehen aus flachen Zellen, die viel breiter als hoch sind:
- **Einschichtige Plattenepithelien** (◘ Abb. 2.7a) bestehen aus einer Schicht stark abgeflachter Zellen. Sie kleiden Herz und Blutgefäße aus (als Endothelzellen bezeichnet) und die großen Leibeshöhlen (Peritoneal-, Perikard- und Pleuraepithel).
- **Mehrschichtige Plattenepithelien** bestehen aus mehreren Epithelzellschichten, von denen die oberste (meist alle oberen) aus flachen Epithelzellen besteht (◘ Abb. 2.7d). Es werden **2 Typen** unterschieden: **mehrschichtig unverhorntes Plattenepithel** (Vorkommen: Mundhöhle, Ösophagus, Vagina) und **mehrschichtiges verhorntes Plattenepithel,** das normalerweise nur an der Körperoberfläche vorkommt (Epidermis). Nur bei letzterem verhornen die Zellen der obersten Zellschichten. Die Verhornung ist ein streng regulierter Prozess, der dazu führt, dass die oberen Zellen zwar absterben, aber noch einen festen Verbund keratingefüllter flacher schuppenförmiger toter Zellen bilden, der einen wirksamen Schutz an der Körperoberfläche aufbaut. Der Verhornungsprozess spiegelt sich am Aufbau des Epithels wider (► Kap. 16.1.2 und Abb. 16.2).

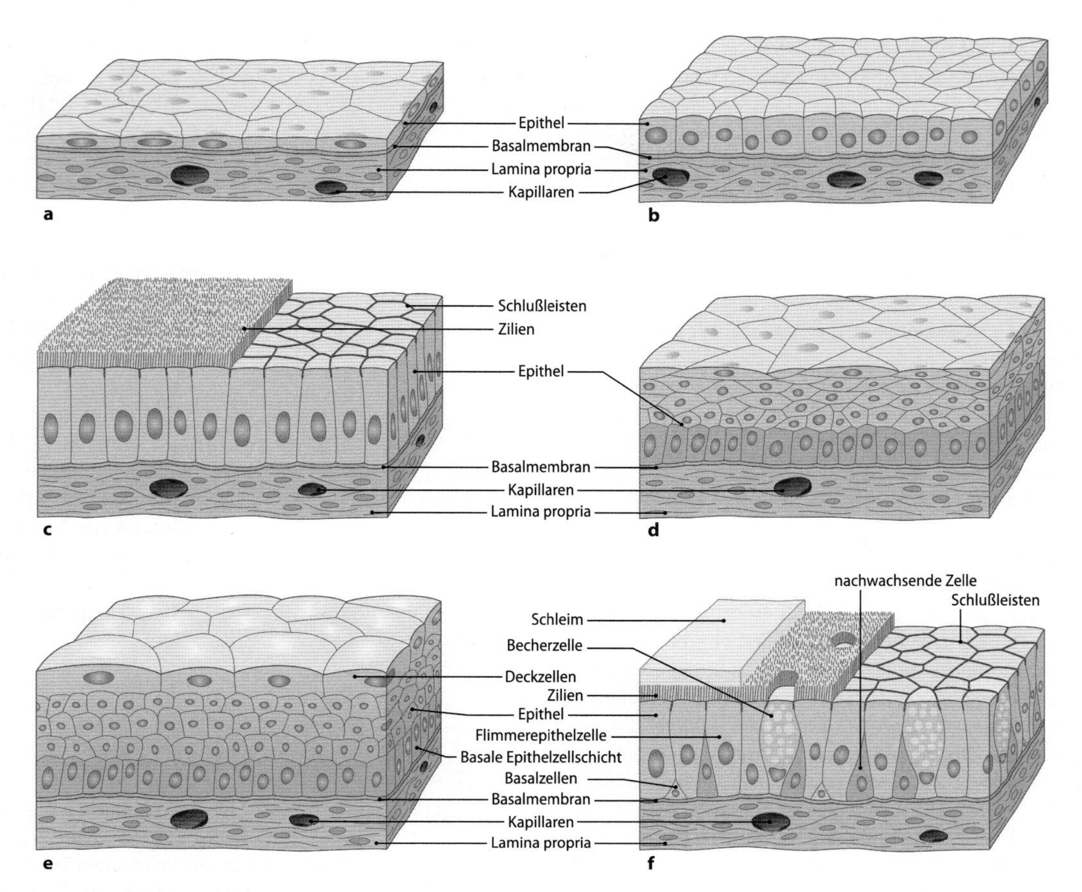

Abb. 2.7a–f. Schematische Darstellung von Oberflächenepithelien. **a** Einschichtiges Plattenepithel. **b** einschichtiges isoprismatisches (kubisches) Epithel. **c** Einschichtiges hochprismatisches Flimmerepithel. **d** Mehrschichtiges unverhorntes Plattenepithel. **e** Übergangsepithel. **f** Mehrreihiges Flimmerepithel. Lamina propria: Bindegewebe unter dem Epithel

Kubische Epithelien. Sie bestehen aus Epithelzellen, deren Höhe und Breite annähernd gleich sind (Abb. 2.7b); Vorkommen z.B. Schilddrüsenepithelzellen Erwachsener, kleine Drüsenausführungsgänge, Nierenkanälchen, Plexus choroideus und Amnionepithel.

Prismatische Epithelien. Diese bestehen aus Epithelzellen, die erkennbar höher als breit sind. Wie kubische Epithelien sind sie **meist einschichtig.** Sie besitzen kennzeichnende apikale Strukturen, die mit ihrer jeweiligen Funktion korreliert ist, z.B. einen Bürstensaum (Resorption) oder Kinozilien (Bewegung von Flüssigkeit, Schleim oder Zellen); Vorkommen, z.B. innerste Schicht der Schleimhaut von Magen, Dünn- und Dickdarm, Gallenblase, Tuba uterina und Uterus (Abb. 2.7c). **Sonderformen** des **prismatischen Epithels** sind das **mehrreihige Epithel,** das aus unterschiedlich hohen Zellen besteht, die alle auf der Basallamina sitzen, aber nur in ausdifferenziertem Zustand die Epitheloberfläche erreichen (z.B. in den Atemwegen als respiratorisches Epithel), und das **Übergangsepithel** (Abb. 2.7e und ► Kap. 11, Abb. 11.20), das die ableitenden Harnwege auskleidet und sich an das unterschiedlich weite Lumen der beteiligten Organe (z.B. der Harnblase) anpassen kann.

Drüsenepithelien

Die Hauptfunktion der Zellen von Drüsenepithelien besteht in der Bildung von Sekret und dieses dann nach außen abzugeben. Drüsenepithelzellen können einzeln in Epithelverbänden auftreten, z.B. die schleimbildenden Becherzellen im Bronchialtrakt und im Epithel von Dünn- und Dickdarm. Im Epithel der Nasenschleimhaut und der Harnröhre können kleine Gruppen schleimbildender Zellen vorkommen (endoepitheliale Drüsen). Typischerweise bilden die Drüsenepithelzellen eigene Organe, unter denen sich **endokrine Drüsen,** die ihr Sekret (Hormone) in den Blutstrom abgeben (► Kap. 8), und **exokrine Drüsen,** die ihr Sekret meist über einen Gang oder ein Gangsystem an innere oder äußere Körperoberflächen abgeben, unterscheiden lassen. Im Folgenden werden nur exokrine Drüsen mit ihren Zellen dargestellt.

Die **exokrinen Drüsen** entwickeln sich von Oberflächenepithelien aus und verlagern sich dann in die Tiefe ins Bindegewebe. Mit der Oberfläche bleiben sie über einen Gang verbunden. Sie werden wegen ihrer oberflächenfernen Lage mitunter auch »exoepitheliale« Drüsen genannt. Exokrine Drüsen bestehen zumeist aus 2 funktionellen und strukturellen Komponenten: aus **Drüsenendstücken,** in denen das Sekret produziert wird, und **Gängen,** die das Sekret ausleiten und oft noch modifizieren.

Exokrine Drüsen werden nach unterschiedlichen Kriterien klassifiziert:
- der Form der Drüsenendstücke
- der Gestalt der Drüsen und der Verzweigungsart der Drüsengänge
- dem Sekretionsmodus
- der chemischen Beschaffenheit des Sekrets.

In den **Drüsenendstücken** wird das Sekret gebildet und meist per Exozytose abgegeben. Nach ihrer Gestalt werden folgende Endstücktypen unterschieden (Abb. 2.8):

- azinöse Endstücke (Azini) haben kugelige oder eiförmige Gestalt und ein sehr enges Lumen (z.B. exokrines Pankreas, Glandula parotis)
- alveoläre Endstücke (Alveoli) haben die Gestalt kleiner Säckchen und ein relativ weites Lumen (z.B. laktierende Milchdrüse)
- tubulöse (= tubuläre) Endstücke (Tubuli) haben die Gestalt kleiner Schläuche (z.B. in Schweißdrüsen)

Mitunter haben Endstücke eine Gestalt, die nicht eindeutig einem der genannten Typen zugeordnet werden kann und die Mischformen repräsentieren. Es besteht heute die Tendenz, alle Endstücke als »Azini« zu bezeichnen.

Die **Sekretionsabgabe** kann auf unterschiedliche Art und Weise aus der Zelle erfolgen:
- merokrine Sekretion
- apokrine Sekretion
- holokrine Sekretion

Unter **merokriner Sekretabgabe** versteht man die Ausschleusung des Sekrets per Exozytose. Die Membran der intrazellulären Sekretgranula verschmilzt mit der apikalen Zellmembran, wodurch sich das Granulum öffnet und seinen Inhalt nach außen abgeben kann. Bei diesem Sekretionsmodus verändert sich die Gestalt der Drüsenepithelzelle fast gar nicht. Die Sekretion per Exozytose ist die häufigste Sekretionsform und kommt sowohl in exokrinen wie in endokrinen Drüsen vor. Beispiele exokriner Drüsen mit merokriner Sekretion sind exokrines Pankreas, Glandula parotis, seröse Tracheal- und Bronchialdrüsen.

Bei der **apokrinen Sekretion** wird der apikale Zellpol abgeschnürt und in das Drüsenlumen abgegeben, wo er meistens zerfällt. Diese Form der Sekretion bietet noch manche Probleme, z.B. ist nicht immer gesichert, ob auf diese Weise wirklich ein essenzielles Sekret abgegeben wird. In der Milchdrüse werden die Fettkugeln apokrin abgegeben. Apokrine Drüsen geben meist zusätzliche Sekrete per Exozytose ab. Beispiele für apokrine Sekretion sind die Duftdrüsen und die Ceruminaldrüsen des äußeren Gehörgangs.

Bei der **holokrinen Sekretion** füllt sich die Drüsenzelle mit Sekret an und geht dann zugrunde. Diese absterbende Zelle geht als Ganzes in das Sekret ein. Einziges Beispiel sind die Talgdrüsen.

Bei der **ekkrinen Sekretion** werden z.B. Wasser oder Ionen durch die Zellmembran transportiert.

Folgende **Drüsenformen** werden unterschieden (◘ Abb. 2.8d–f):
- **Einfache Drüsen** (exoepitheliale Einzeldrüsen): Sie sind meist tubulär und münden ohne (Colonkrypten) oder mit einem unverzweigten Gang (Schweißdrüsen) an die Oberfläche. Die Kolonkrypten verlaufen gestreckt, die Schweißdrüsen (Endstück und Gang) gewunden.
- **Verzweigten Drüsen:** Mehrere Endstücke münden in einen Ausführungsgang (z.B. Brunner-Drüsen des Duodenums)
- **Zusammengesetzten Drüsen:** Das Gangsystem ist mehrfach verzweigt (z.B. große exokrine Drüsen wie die Parotis und die Milchdrüse).

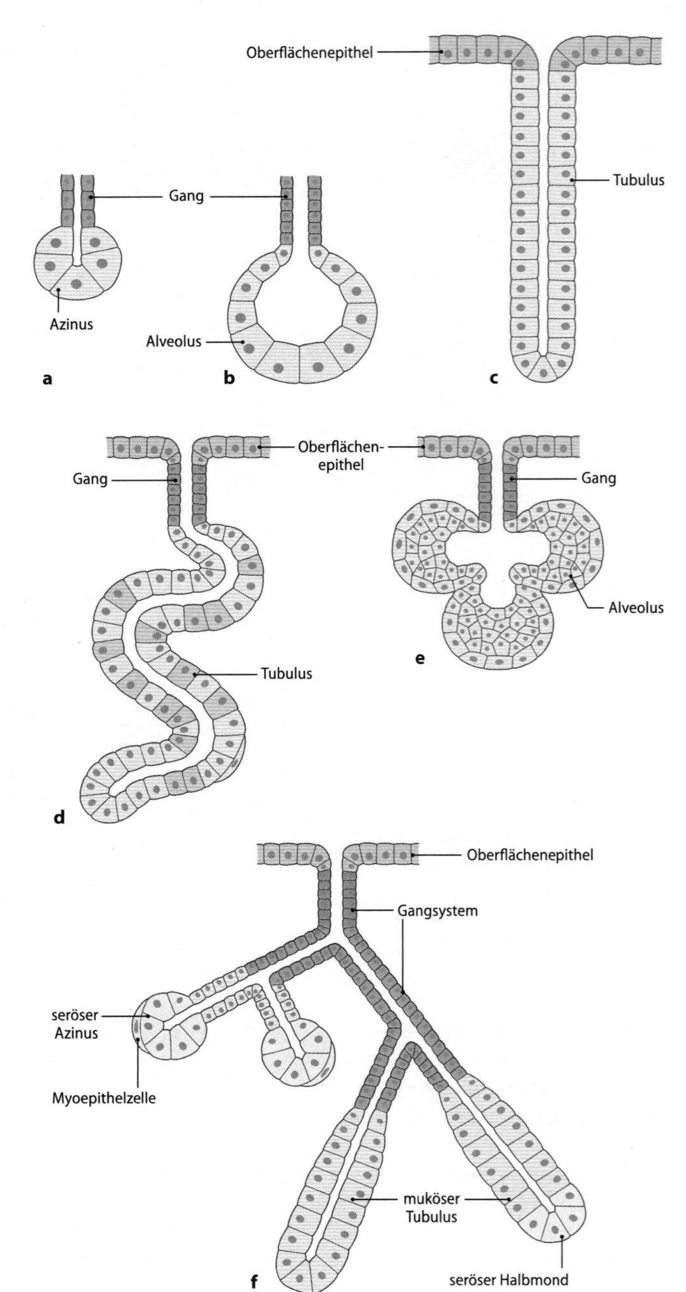

◘ **Abb. 2.8a–f.** Exokrine Drüsentypen. **a** Azinus, **b** Alveolus, **c** einfache tubulöse Drüse ohne eigenen Gangabschnitt (z.B. Colonkrypten), **d** einfache tubulöse Drüse mit eigenem Gangabschnitt (z.B. ekkrine Schweißdrüse), **e** verzweigte alveoläre Drüse mit eigenem Gangabschnitt, **f** zusammengesetzte gemischt tubuloazinöse Drüse (verzweigtes Gangsystem). Links Drüsenanteil mit Azini (sind serös), rechts Drüsenanteil mit Tubuli (sind überwiegend mukös)

Die **Klassifikation nach der chemischen Beschaffenheit des Sekrets** steht noch am Anfang einer modernen wissenschaftlich fundierten Begründung. Heute wird zumeist nur zwischen serösen und mukösen Drüsen unterschieden. **Seröse Drüsen** bilden Proteine, die intrazellulär in dichten Sekretgranula verpackt werden. Die serösen Drüsenzellen besitzen basal ein reichentwickeltes raues ER (»Basophilie«), einen hellen großen Zellkern, einen umfangreichen supranukleären Golgiapparat und apikale Sekretionsgranula (z.B. Parotis und exokrines Pankreas). **Muköse Drüsen** bilden Schleime. Die Gestalt der Drüsenzellen variiert mit den verschiedenen Schleimen, die produziert werden können. Oft sind die mukösen Drüsenzellen groß, besitzen ein basales raues ER, einen basal gelegenen relativ flachen und dunklen Kern, einen großen supranukleären Golgiapparat. Der größte Teil der Zellen ist von im Elektronenmikroskop relativ hellen großen Sekretgranula ausgefüllt (z.B. Brunner-Drüse).

Viele Drüsen enthalten sowohl seröse als auch muköse Drüsenzellen. Beispiel sind die Tracheal- und Bronchialdrüsen, sowie die Gl. submandibularis und Gl. sublingualis.

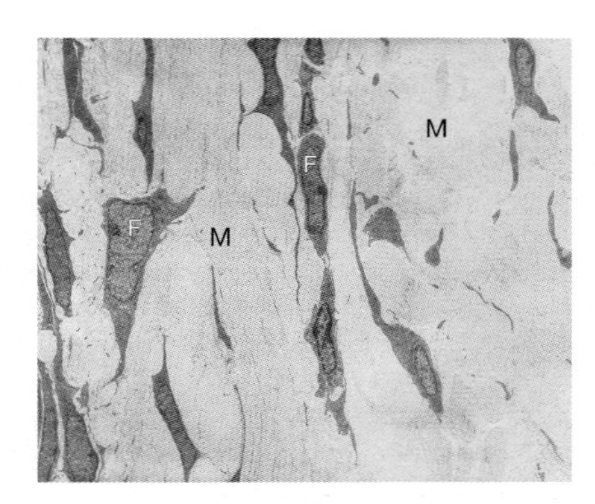

■ **Abb. 2.9.** Bindegewebe aus einem Bindegewebeseptum der Zunge. F = Fibrozyten; M = Matrix (Vergr. 1650-fach)

Sinnesepithelien

In manchen Epithelien kommen einzelne Sinneszellen oder sensible Nervenendigungen vor. Sind Sinneszellen das beherrschende Element eines Epithels, spricht man von Sinnesepithelien. Beispiele sind das Corti-Organ im Innenohr (► Kap. 17.8), die Riechschleimhaut und das Epithel der Geschmackspapillen (► Kap. 10.1.5, ■ Abb.10.10 und 10.11).

2.2.2 Binde- und Stützgewebe

Das Gewebe, das hier mit dem Namen »Binde- und Stützgewebe« bezeichnet wird, besitzt besonders vielfältige Erscheinungsformen, denen aber Folgendes gemeinsam ist: Die Zellen dieses Gewebes liegen mehr oder weniger locker verstreut und sind durch einen unterschiedlich weiten Interzellularraum (Zwischenzellraum = extrazellulärer Raum) voneinander getrennt (■ Abb. 2.9).

Im Interzellularraum befindet sich die extrazelluläre Matrix (Interzellularsubstanz = Extrazellularsubstanz). Die Zusammensetzung dieser Matrix weist in den einzelnen Untertypen des Binde- und Stützgewebes grundlegende Gemeinsamkeiten, aber auch jeweils typische Unterschiede auf. Es sind immer die Eigenschaften der extrazellulären Matrix mit der quantitativ und qualitativ wechselnden Zusammensetzung ihrer Komponenten, die den einzelnen Bindegewebetypen ihre kennzeichnende Struktur und Funktion verleihen. Bindegewebe hat immer **2 wesentliche Funktionen:**

- Eine **stützende Funktion**, die dem Gewebe eine jeweils optimale mikro- und makroskopische Architektur verleiht. Diese Stützfunktion ist im Knorpel- und Knochengewebe dominant, so dass diese zwei Gewebe als Stützgewebe im engeren Sinn bezeichnet werden. Das Kollagen symbolisiert diese Stützfunktion.
- Die zweite wesentliche Funktion dieses Gewebetyps ist die **Schaffung von Diffusions- und Transporträumen** für den Stofftransport zwischen Blut und den epithelialen Strukturen eines Organs. Diese Räume sind hyaluronan-, proteoglykan- und wasserreich und werden auch von den freien Zellen im Bindegewebe genutzt. In diesen Räumen können sich auch bestimmte Bakterien ausbreiten, die in der Lage sind, Hyaluronan abzubauen (manche Staphylokokken und Streptokokken).

In den Organen bildet das Binde- und Stützgewebe das **Stroma,** die Epithelien bauen das **Parenchym** auf. Das Parenchym repräsentiert die organspezifischen epithelialen Strukturen, z.B. in der Niere die Nephrone und Sammelrohre; das Stroma füllt den Raum zwischen den epithelialen Strukturen und »verbindet« sie. In das Stroma sind Blut- sowie Lymphgefäße und Nerven eingebettet, es kann auch Muskelzellen enthalten.

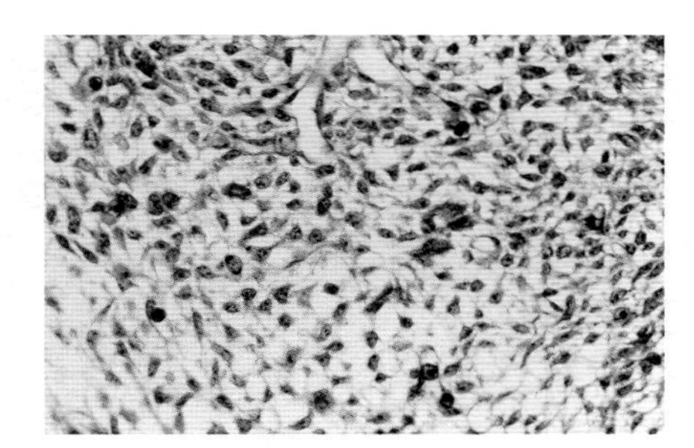

■ **Abb. 2.10.** Mesenchym, Embryo (EH-Färbung, Vergr. 450-fach)

Aufgrund seiner »verbindenden« Eigenschaften wird das Binde- und Stützgewebe etwas vereinfachend oft nur »Bindegewebe« genannt.

Entwicklung des Bindegewebes

Bindegewebe entstammt überwiegend dem Mesoderm, aber vor allem im Kopfbereich zu einem beträchtlichen Anteil auch dem Material der Neuralleisten. Aus allerfrühesten epithelialen Zellen (frühe Somiten, Neuralleistenzellen) entsteht als primitives Bindegewebe das **Mesenchym,** das auch embryonales Bindegewebe genannt wird. Es ist ein noch kaum oder nur gering differenziertes Gewebe aus unterschiedlich dicht gelagerten organellarmen und fortsatzreichen Zellen (■ Abb. 2.10), die in eine wasser- und hyaluronanreiche Matrix eingebettet sind, die auch feine Kollagenfasern enthält. Die Fortsätze der Mesenchymzellen sind durch Nexus und kleine Haftkomplexe verbunden. Die Zellkerne dieser Zellen sind relativ hell und haben ein feines Heterochromatinmuster, der Nukleolus ist groß, Mitosefiguren sind regelmäßig zu finden.

Zellen des Bindegewebes

Im Bindegewebe lassen sich 2 Gruppen von Zellen unterscheiden: ortsständige und mobile Zellen.

Ortsständige Zellen

Die ortsständigen Zellen sind vor allem die **Fibrobzyten** und verwandte Zellen wie Chondrozyten, Osteoblasten/Osteozyten und Odontoblasten. Auch die Fettzellen gehören in den Verwandtschaftskreis der Fibroblasten.

Die Fibrozyten (■ Abb. 2.11) produzieren – differenziert – alle Komponenten der Matrix (z.B. Kollagen, Elastin und Proteoglykane),

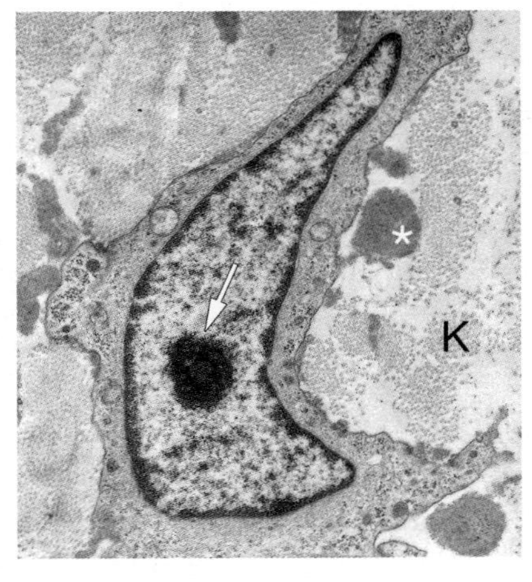

■ **Abb. 2.11.** Fibrozyt (Bronchialwand des Menschen). Pfeil = Nukleolus im Zellkern; Sternchen = elastische Fasern; K = Kollagenfibrillen (Vergr. 6600-fach)

können deren Architektur festlegen, deren Zusammensetzung kontrollieren und sogar Matrix abbauen. Aktive Fibrozyten werden auch Fibroblasten genannt. Oft werden diese beiden Begriffe synonym gebraucht. Typische Fibrobzyten besitzen eine schlanke Gestalt mit einzelnen z.T. sehr langen Fortsätzen.

In manchen Bindegeweben ist die Form der Fibrozyten der Funktion dieses speziellen Bindegewebes angepasst, im Stroma der Kornea sind sie z.B. stark abgeflacht, in Sehnen bilden sie dünne flügelartige Fortsätze aus. Sie sind über Integrine mit Matrixkomponenten verbunden.

Eine Sonderform der Fibrozyten sind die **Myofibroblasten.** Sie produzieren wie typische Fibrozyten extrazelluläre Matrix, besitzen aber zusätzlich in größerem Umfang kontraktile Filamente und ähneln damit glatten Muskelzellen. Die Menge ihrer kontraktilen Filamente können sie reduzieren oder vermehren. Sie nehmen funktionell eine intermediäre Stellung zwischen Fibrozyten und glatten Muskelzellen ein und besitzen eine große morphologische Plastizität. Sie können Vimentin oder Vimentin und Desmin exprimieren. Solche Myofibroblasten können z.T. sehr lange andauernde Kontraktionen ausführen.

2.4 Dupuytren-Kontraktur

Die Myofibroblasten sind Komponenten von vielen Bindegewebeerkrankungen, z.B. kommen sie im verhärteten Gewebe der Dupuytren-Kontraktur vor, einer Krankheit vor allem der palmaren oberflächlichen Aponeurose, die zu zunehmender Beugekontraktur von Fingern führt. Am häufigsten sind der 4. und 5. Finger betroffen.

Mobile Bindegewebezellen

Die Menge der mobilen Zellen (freie = eingewanderte Bindegewebezellen) ist variabel und auch die quantitative Zusammensetzung der einzelnen mobilen Zelltypen wechselt und ist auch vom Gesundheitszustand eines Individuums abhängig. Folgende mobilen Zellen sind regelmäßig im Bindegewebe vorhanden:

- Makrophagen
- Lymphozyten
- Plasmazellen
- Dendritische Zellen
- Mastzellen
- eosinophile Granulozyten

Bei Entzündungen wandern neutrophile Granulozyten und/oder zusätzliche Lymphozyten ein.

Makrophagen. Das sind Fresszellen, die in der Lage sind, Oberflächenmoleküle krankmachender Mikroorganismen zu erkennen. Sie sind darauf spezialisiert, pathogene Bakterien, Pilze, Fremdkörper, Zelltrümmer, abgestorbene Zellen, Tumorzellen, gealterte Matrixkomponenten u.a. zu phagozytieren und damit unschädlich zu machen.

Sie entstehen aus Blutmonozyten die ihrerseits myeloiden Vorstufen im Knochenmark entstammen, und besitzen ein hoch entwickeltes Zytoskelett, sowie viele Organellen, insbesondere zahlreiche Lysosomen. Sie sind in der Lage mit Hilfe von Pseudopodien relativ große Partikel, z.B. Kohlestaub, Viren oder Bakterien, aber auch Tumorzellen mit Hilfe eines eigenen Endozytoseprozesses, der Phagozytose genannt wird, aufzunehmen.

Sie können auch Antigene präsentieren und sezernieren zahlreiche Faktoren, die dem Zusammenspiel verschiedener Zellen bei der Abwehr dienen. Ruhende Makrophagen, die verbreitet im Gewebe vorkommen, werden in Pathologie und Klinik im Allgemeinen **Histiozyten** genannt.

Lymphozyten. Regelmäßig patrouillieren einzelne B- und T-Lymphozyten durch das Bindegewebe (▶ Kap. 8).

Plasmazellen. Dies sind ausdifferenzierte B-Lymphozyten, sie bilden Immunglobuline (Antikörper), die sie konstitutiv abgeben. Sie finden sich oft im Bindegewebe von exokrinen Drüsen und Schleimhäuten, wo sie vor allem IgA-Antikörper bilden, die ins Lumen der jeweiligen Organe oder an die Körperoberfläche transportiert werden (sekretorische Antikörper). Sie sind besonders RER-reiche Zellen, die auch einen großen Golgi-Apparat besitzen.

Dendritische Zellen. Die interdigitierenden dendritischen Zellen sind die typischen antigenpräsentierenden Zellen der T-Lymphozyten (▶ Kap. 7.2). Unreife Vorstufen findet man verbreitet im Bindegewebe, in Epidermis oder im Epithel von Vagina, Mundhöhle und Rachen, wo sie mit immunhistochemischen Methoden nachgewiesen werden können.

Mastzellen. Dies sind sehr vielseitige mobile Bindegewebezellen, die sich von Vorstufen im Knochenmark herleiten und die wahrscheinlich in verschiedenen Phänotypen existieren. Sie sind oft relativ große ovale Zellen, können aber auch langgestreckt sein. Kennzeichnend sind die relativ großen basophilen Granula im Zytoplasma. Die Granula enthalten verschiedene Substanzen, z.B. Heparin, Glykosaminoglykane, Proteasen (Tryptase, Chymase), Histamin, verschiedene Zytokine, Lipidmediatoren (Derivate oder Arachidonsäure).

Mastzellen spielen eine Schlüsselrolle bei allergischen Reaktionen, bei denen nach IgE-Bindung die verschiedenen Stoffe aus den Mastzellgranula freigesetzt werden und typische Symptome der Allergie auslösen, z.B. Rhinitis, Konjunktivitis, Ödeme, Juckreiz, Hautexantheme, Asthma. Mastzellen haben viele weitere Funktionen bei der Entzündungsreaktion, sie beeinflussen verschiedene Leukozyten, Fibrozyten und die Mikrozirkulation, sie aktivieren außerdem Matrixproteasen.

Eosinophile Granulozyten. Diese Granulozyten kommen überwiegend im Bindegewebe von Schleimhäuten vor. Sie besitzen zahlreiche verschiedene Funktionen, vor allem im Rahmen von Abwehrvorgängen. Primär dienen sie der Abwehr von Wurmparasiten; sie sind aber oft auch bei Allergien vermehrt und können speziell von Mastzellen stimuliert werden.

Extrazelluläre Bindegewebematrix

Die Bindegewebematrix besteht aus verschiedenen Komponenten, die sich strukturell und funktionell 3 großen Gruppen zuteilen lassen:

- **Bindegewebefasern** (Kollagen- und elastische Fasern), die eine im Wesentlichen stützende Funktion haben und zugfeste oder elastische Strukturen aufbauen.
- **Proteoglykanen** und **Hyaluronan,** die ein hochhydratisiertes Gel bilden, das einen Transport- und Diffusionsraum für Gase, Nährstoffe, Metabolite und Abbaustoffe bildet und druckfeste Eigenschaften hat.
- Verschiedenen **Glykoproteinen**, die vor allem die Funktion von Adhäsionsmolekülen haben.

Diese wesentlichen molekularen Komponenten der extrazellulären Matrix sind in allen Bindegewebeformen im Prinzip gleich; es gibt aber erhebliche quantitative Unterschiede und Sonderentwicklungen, so dass praktisch jedes Organ eine ganz spezifische Matrix besitzt. Extreme Beispiele, die solche Eigenheiten deutlich machen, sind die harte Matrix des Knochens und die glasklare Matrix der Kornea.

Die phylogenetisch älteste Form der Matrix ist die **Basallamina,** die unter allen Epithelien zu finden ist und die bestimmte andere Zellen, z.B. Muskel- und Fettzellen, umgibt. Basallaminae bestehen aus einem Gerüst aus dem Glykoprotein Laminin, das vor allem über Integrine mit der Zellmembran verbunden ist, und aus einem Netzwerk aus Kollagen Typ IV. Weitere Komponenten sind das Protein Nidogen und das Proteoglykan Perlecan. Basallaminae haben verschieden Funktionen, z.B. geben sie Epithelien eine mechanische Stütze, beeinflussen die Polarität und Differenzierung der Epithelzellen, verbinden Epithel und Bindegewebe und können Filterstrukturen bilden (in den Nierenglomeruli).

Bindegewebefasern

Die **Faserstrukturen** des Bindegewebes bilden ein mechanisches Stützgerüst, sie strukturieren die Matrix, sie verleihen Zugfestigkeit (Kollagen) oder elastische Eigenschaften. Es lassen sich 2 Gruppen von Bindegewebefasern unterscheiden:

- Kollagen- und retikuläre Fasern
- elastische Fasern.

Kollagen- und retikuläre Fasern

Kollagen- und retikuläre Fasern sind aus Kollagenmolekülen aufgebaut. Kollagenmoleküle besitzen eine Tripel-Helix-Konformation mit drei α-Ketten, in denen jede dritte Aminosäure Glyzin ist. Es existieren ca. 25 verschiedene Kollagene, die sich durch molekularen Aufbau unterscheiden. Besonders verbreitet sind folgende Kollagene:

- **Typ I:** häufigster Kollagentyp, z.B. in der Haut, im Knochen, in Sehnen, Kapseln, usw.
- **Typ II:** im Knorpel
- **Typ III:** bildet retikuläre Fasern
- **Typ IV:** ist das Kollagen der Basallamina

Viele Kollagene bilden fibrilläre oder faserige Strukturen, z.B. die Kollagene I, II und III. Das Kollagen IV bildet ein dichtes dreidimensionales molekulares Netzwerk.

Kollagenfasern sind ubiquitär im Körper verbreitete, praktisch zugfeste Stützelemente im Bindegewebe, die unterschiedlich angeordnet sein können, was mit unterschiedlichen spezifischen Funktionen korreliert ist, z.B. in Sehnen bilden sie dicht gepackte, leicht gewellt und parallel verlaufende Bündel und in der Wand vieler Hohlorgane Scherengitter, was Formveränderungen ermöglicht. Im Elektronenmikroskop zeigt sich, dass eine Faser aus mehreren, ca. 15–120 nm dicken **Kollagenfibrillen** aufgebaut ist, die ihrerseits aus komplex gepackten **Kollagenmolekülen** (überwiegend vom **Typ I** oder **Typ III**) bestehen. Kollagen ist das häufigste Protein des Körpers.

Die Kollagenmoleküle werden an den Ribosomen der Fibrozyten synthetisiert und per Exozytose aus der Zelle in den Matrixraum ausgeschleust. Hier unterliegen sie einem komplizierten Polymerisationsprozess, der zur Bildung der Fibrillen mit ihrem typischen Querstreifenmuster führt.

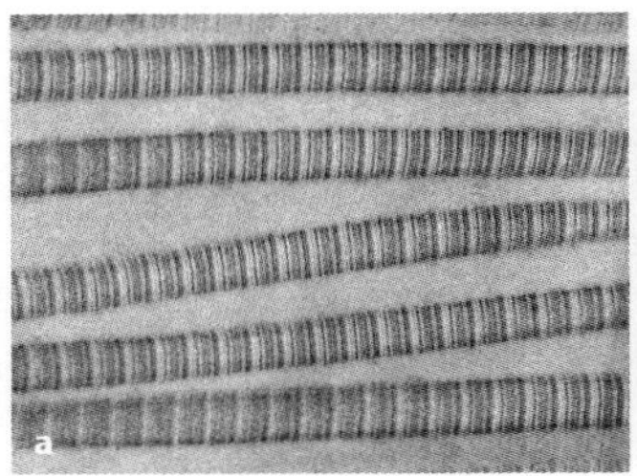
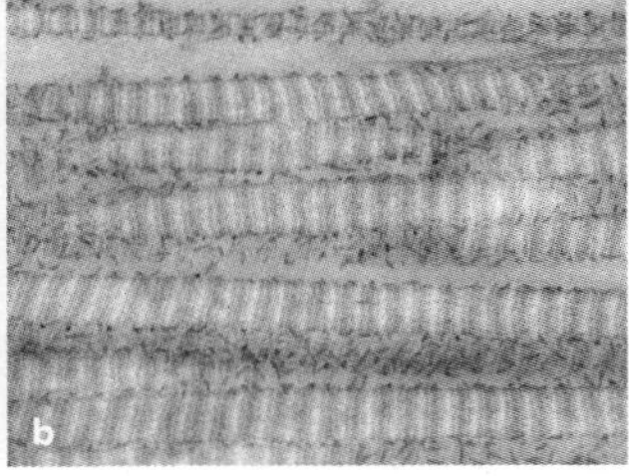

Abb. 2.12a, b. Kollagenfibrillen. **a** Typisches Querstreifenmuster (Vergr. 52000-fach). **b** Zahllose Proteoglykane (Decoran, schwärzliche punkt- oder nadelförmige Strukturen) an der Oberfläche von Kollagenfibrillen (Proteoglykannachweis mit Kupfer-meronischem-Blau nach Scott; Vergr. 52000-fach)

2.5 Fibrose

Im Rahmen von chronisch entzündlichen Krankheiten, z.B. chronischer Leberentzündung, chronischer Allergien (z.B. bei Vogelzüchter-Lunge, Farmer-Lunge) oder von bestimmten Heilungsverläufen, kann es zu vermehrter Ablagerung von Kollagen vom Typ I und III kommen, ein Vorgang der Fibrose genannt wird und der die spezifischen Funktionen der betroffenen Organe stark einschränkt.

2.6 Kollagen-Mutationen

Mutationen der Kollagene können zahlreiche Krankheiten verursachen, z.B. Skeletterkrankungen wie das Ehlers-Danlos-Syndrom, das vor allem durch hyperelastische Haut und hypermobile Gelenke gekennzeichnet ist. Beim Ehlers-Danlos-Syndrom Typ I und II liegen Defekte des Kollagens V und beim Typ IV Defekte des Kollagens III vor.

Retikuläre Fasern sind eine Sonderform der Kollagenfasern. Sie sind dünn (ca. 1 μm), miteinander verknüpft, bilden Netze und sind aus dünnen Kollagenfibrillen aufgebaut. Sie bestehen überwiegend aus Kollagen vom Typ III und sind in erheblichem Maße mit Glykoproteinen assoziiert, was ihnen besondere Färbeeigenschaften verleiht. Retikuläre Fasern sind weit verbreitete feine Fasern, sie sind Teil der Lamina fibrosa von Basalmembranen, umspinnen Muskel- und Fettzellen sowie Nervenfasern. Im retikulären Bindegewebe der lymphatischen Organe bilden sie das Grundgerüst, nur hier werden sie von lamellären Fortsätzen der Fibrozyten ummantelt.

Elastische Fasern

Elastische Fasern haben Gummieigenschaften, sie sind reversibel dehnbar, also zugelastisch. Sie sind oft relativ dünn (ca. 2 μm im Durchmesser), oft verzweigt und können in den Wänden von Blutgefäßen, vor allem von Arterien, zylindrische Membranen bilden. Sie bestehen aus zwei **Hauptanteilen,** dem im Elektronenmikroskop homogen erscheinenden **Elastin,** einem hydrophoben, nichtglykosilierten Protein, das reich an Prolin und Glyzin ist, und ca. 10 nm dicken **Mikrofibrillen,** die aus verschiedenen **Glykoproteinen,** darunter dem großen Glykoprotein Fibrillin bestehen und die Oberfläche der elastischen Fasern bedecken. Die Mikrofibrillen sind für die Integrität der elastischen Fasern unerlässlich. In der Entwicklung wird Elastin als amorphes Material an zuvor gebildeten Mikrofibrillen abgelagert. Ein weiteres Protein der elastischen Fasern ist das **Fibulin.**

Elastische Fasern kommen in reichem Maße in der Haut, der Lunge und in den Arterien vom elastischen Typ vor. Sie sind Hauptkomponente der Ligamenta flava. Mikrofibrillenbündel kommen auch unabhängig von elastischen Fasern vor, z.B. in Zusammenhang mit Kollagen in Basalmembranen und in der Dermis. Solche Mikrofibrillenbündel werden auch **Oxytalanfasern** genannt.

2.7 Marfan-Syndrom

Beim Marfan-Syndrom liegt eine (nachteilige) Mutation des Fibrillin-I-Gens vor. Symptome sind u.a. lockere Gelenke, sehr schlanke lange Finger (Spinnenfinger), Sehstörungen infolge dislozierter Linsen (die Zonulafasern bestehen aus Fibrillin) und Aortenaneurysmen (Ausstülpungen der Aortenwand, die platzen können) infolge defekter Architektur der Media.

Charakterisierung der Bindegewebetypen

Einteilung der Bindegewebeformen:
- lockeres Bindegewebe
- straffes Bindegewebe
- retikuläres Bindegewebe
- gallertiges Bindegewebe
- spinozelluläres Bindegewebe
- besondere Bindegewebe in Zahnpulpa und Endometrium
- Fettgewebe
- Bindegewebe mit spezieller Stütz- und Skelettfunktion
  - Knorpelgewebe
  - Knochengewebe

Bindegewebstypen

Aufgrund verschiedener quantitativer und qualitativer Anteile hinsichtlich Fasern, Proteoglykanen und Zellen lassen sich verschiedene Bindegewebetypen unterschieden.

Lockeres Bindegewebe besteht aus locker verteilten, meist gewellt verlaufenden Kollagenfasern, einzelnen dünnen elastischen Fasern und umfangreichen Räumen die aus Proteoglykanen, Wasser und Glykoproteinen bestehen. Diese Bindegewebeform bildet das Stroma der meisten Organe und enthält außer Fibroblasten auch stets mobile Zellen, sowie Kapillaren und dünne Nerven.

Im **straffen Bindegewebe** dominieren Kollagenfasern (◻ Abb. 2.13a). Zellen und Grundsubstanz treten quantitativ zurück. Stets kommen auch einzelne elastische Fasern vor. Die Ausrichtung der Kollagenfasern (parallelfaserig, geflechtartig) ist mit der Funktion korelliert (z.B. Sehnen, Organkapseln, Sklera, Anulus fibrosus und Dura mater).

Retikuläres Bindegewebe ist das Bindegewebe der sekundären lymphatischen Organe und des Knochenmarks. Es besteht aus den retikulären Fibrozyten und einem dreidimensionalen Netz aus retikulären Fasern. Das Besondere ist, dass die retikulären Fasern von langen lamellären Fortsätzen der Fibrozyten umscheidet werden. Diese Zellen schaffen die spezielle Mikroökologie der lymphatischen Organe. Hinweis: retikuläre Fasern sind im Organismus weit verbreitet, retikuläres Bindegewebe ist jedoch auf die genannten Organe, in denen sich Lymphozyten oder generell Blutzellen differenzieren, beschränkt.

Das **gallertige Bindegewebe** ist reich an wasserbindenden Proteoglykanen und Hyaluronan und enthält auch gewellt verlaufende schlanke Bündel aus Kollagenfasern. Die Fibroblasten bilden z.T. lange Fortsätze, ihre Struktur erinnert etwas an die von Mesenchymzellen, sie sind aber größer und organellreicher als diese. Vorkommen: Nabelschnur (◻ Abb. 2.13b).

Spinozelluläres Bindegewebe ist sehr reich an länglichen Fibrozyten und arm an Fasern. Die Kerne der Fibrozyten sind lang und hell und weisen an ihrer Oberfläche Einkerbungen auf; Nukleoli sind deutlich erkennbar. Vorkommen: Ovar.

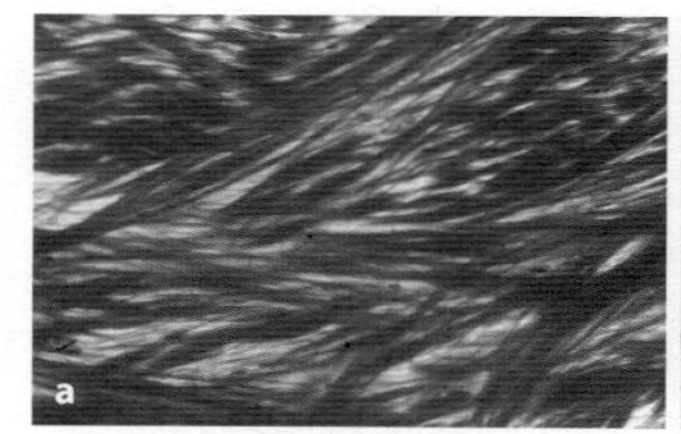

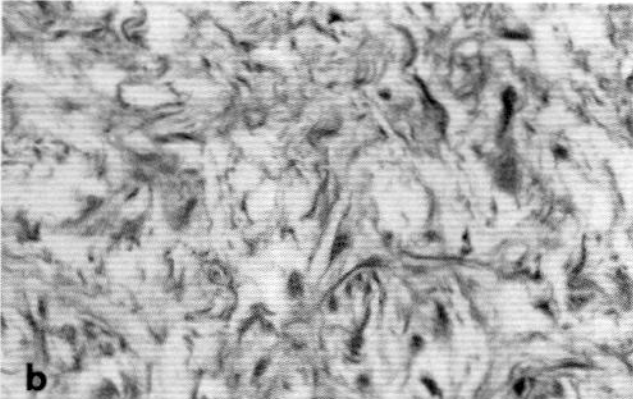

◻ **Abb. 2.13a, b.** Bindegewebe. **a** Straffes Bindegewebe mit unterschiedlich ausgerichteten Kollagenfasern (blau, Azan-Färbung, Vergr. 450-fach). **b** Gallertiges Bindegewebe aus der Nabelschnur eines Menschen (blau = feine Kollagenfasern; rot = Fibroblasten (Azan-Färbung, Vergr. 450-fach)

Besondere zellreiche Bindegewebe in Zahnpulpa und Endometrium: Das Bindegewebe dieser Organe ähnelt dem Mesenchym und wird daher auch mesenchymales oder mesenchymähnliches Bindegewebe genannt, kommt aber beim Erwachsenen vor. Es enthält Kollagene vom Typ I und III sowie Fibrozyten mit mehreren Fortsätzen, die über Nexus verbunden sein können. Kollagenfasern sind zart und treten im Vergleich mit Hyaluronan und den reich entwickelten Proteoglykanen zurück. In der Zahnpulpa wandeln sich die peripheren Fibroblasten zu Odontoblasten um. Im Endometrium kommen die feinen Kollagenfasern vor allem in der Basalis und der Umgebung der Blutgefäße vor. Während der Schwangerschaft bilden sich die Fibrozyten des Endometriums zu großen Deziduazellen um, die verschiedene wichtige Funktionen in der Schwangerschaft erfüllen. Auch am Ende jedes Monatszyklus vergrößern sich die Fibrozyten und werden dann Pseudodeziduazellen genannt (► Kap. 13.3.2).

Fettgewebe

Die wesentliche und dominante Komponente des Fettgewebes sind die Fettzellen, ein weiterer wichtiger Bestandteil ist ein bindegewebiges »Stroma« mit vielen Blutgefäßen, in dem Präadipozyten angesiedelt sind. **Fettzellen (Adipozyten)** sind der Endpunkt einer eigenen Differenzierungslinie, die vom Mesenchym ausgeht und über Präadipozyten, die sich noch mitotisch teilen, führt. Diese Differenzierung wird von einer Kaskade spezifischer Transskriptionsfaktoren gesteuert; ein wichtiger Faktor ist PPARg (englisch: peroxysome proliferator-activated receptor g), der im Kern der Fettzellen liegt. Präadipozyten enthalten erst einzelne kleine Fetteinschlüsse. Es existieren immer mesenchymale Stammzellen, aus denen neue Fettzellen entstehen können.

Es werden **2 Typen** von Fettzellen unterschieden: univakuoläre (weiße, unilokuläre) und plurivakuoläre (braune, multilokuläre) Fettzellen (◻ Abb. 2.14).

Univakuoläre Fettzellen bauen das **weiße Fettgewebe** auf. Sie sind jeweils von einer Basallamina und zarten retikulären Fasern umgeben (◻ Abb. 2.14a). Eine Gruppe von Fettzellen wird durch kräftigere Kollagenfasern zusammengehalten, so dass kleinere oder größere kissenförmige Strukturen entstehen. Solche Gebilde können läppchenartige Strukturen aufbauen. Das Bindegewebegerüst gibt dem Fettgewebe Halt und befähigt es, Polsterfunktion zu übernehmen (► Kap. 4.5, Fußsohle). In der Subcutis vor allem der Hüften und der Oberschenkel unterscheidet sich die Architektur dieses Kollagengerüstes bei Männern und Frauen. In den oberen Bereichen der Subcutis sind hier bei Frauen die von Kollagenfaserstrukturen (Retinacula) umgebenen Pakete aus Fettzellen deutlich größer als bei Männern. Das führt bei Altersveränderungen der Haut bei Frauen zum Phänomen der »Orangenhaut«. Fettgewebe ist gut durchblutet. Jede Fettzelle steht mit mehreren Kapillaren in Kontakt.

Fettgewebe macht bei normalgewichtigen Frauen ca. 20–25% und bei Männern ca. 10–15% des Körpergewichtes aus. Die Menge an Fettgewebe kann abhängig von der aufgenommenen Nahrungsmenge Schwankungen unterliegen. Im Normalfall beruhen solche Schwankungen auf Unterschieden der gespeicherten Fettmenge, d.h. die Fettzellen verändern lediglich ihr Volumen. Aber zumindest bei stark ausgeprägter Adipositas nimmt auch die Zahl der Fettzellen zu. Neue Fettzellen werden wahrscheinlich u.a. durch IGF1 (Insulin-like Growth Factor 1) und Wachstumshormon rekrutiert.

2.8 Adipositas

Übergewichtigkeit (Adipositas) besteht, wenn das Körpergewicht ca. 30% über dem Idealgewicht liegt. Sie ist ein wesentliches Risiko für die Gesundheit und oft mit Bluthochdruck, Diabetes mellitus und Krankheiten des Bewegungsapparates korreliert.

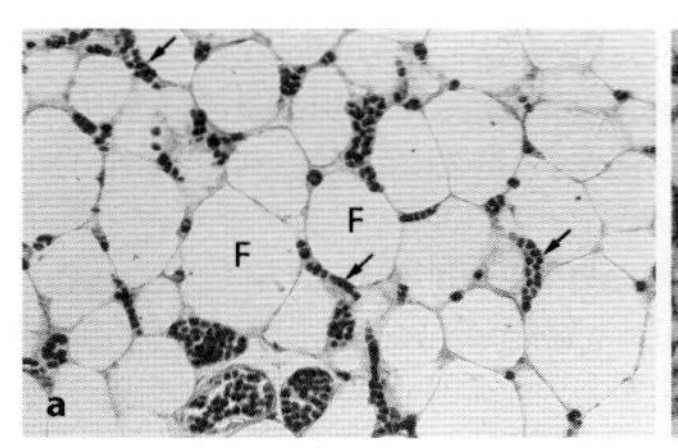

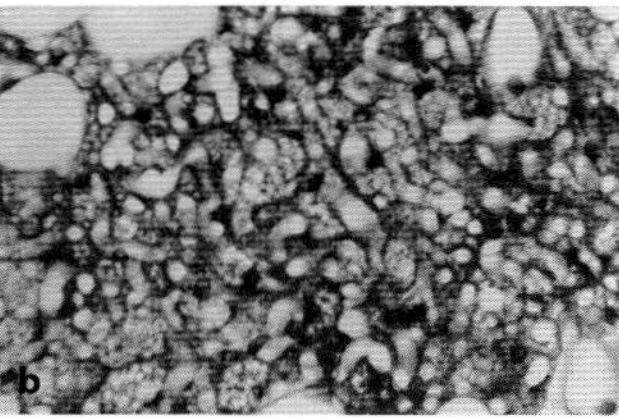

◘ Abb. 2.14a, b. Fettgewebe. **a** Fettzellen (F) des weißen Fettgewebes, beachte den Kapillarreichtum (Pfeile) (Azan-Färbung, Vergr. 200-fach). **b** Braunes Fettgewebe (Masson-Färbung, Vergr. 450-fach)

Univakuoläre Fettzellen sind ca. 70–120 µm große kugelige Zellen, die einen sehr großen Fetttropfen enthalten, der im histologischen Routinepräparat herausgelöst ist und durch eine große leere Vakuole repräsentiert wird (◘ Abb. 2.14a). Ausgereifte weiße Fettzellen besitzen neben dem dominierenden großen Fetteinschluss einen sehr schmalen peripheren Zytoplasmasaum, in dem auch der flache heterochromatinreiche Kern liegt. Zellorganellen sind spärlich entwickelt, auffällig sind viele Caveolen, die die Zelloberfläche vergrößern. Der große Fetteinschluss ist von Vimentinfilamenten und einer besonderen Lage von Phospholipiden umgeben. Er besteht im Wesentlichen aus Triglyzeriden und deutet auf die Hauptfunktion dieser Fettzellen, die Speicherung von energiereichen Fetten. Bei Bedarf bauen sie die Triglyzeride mit Hilfe ihrer Lipase ab und geben die gespeicherte Energie in Form freier Fettsäuren zum Gebrauch an anderen Stellen des Körpers ab. Daneben haben Fettzellen auch endokrine Funktionen und bilden zahlreiche Faktoren, z.B. Hormone (Leptin, Adiponectin, Resistin), Zytokine, Enzyme, Komplementfaktoren, Angiotensinogen. Zusätzlich sind sie das Ziel verschiedener Faktoren, z.B. Insulin, Cortisol, Metaboliten.

Bei Hunger bauen die Fettzellen die energiereichen Triglyzeride ab und werden kleiner. Bei erneuter übermäßiger Nahrungsaufnahme füllen sie ihren Fettspeicher wieder auf und nehmen an Größe wieder zu. Die Volumenschwankungen können im Bereich des Faktors tausend liegen.

Plurivakuoläre (braune) Fettzellen sind kleiner als univakuoläre Fettzellen und repräsentieren einen eigenen Zelltyp, der mehrere kleine oder mittelgroße Fetteinschlüsse besitzt (◘ Abb. 2.14b). Der Kern ist kugelig und liegt oft in der Mitte der Zellen. Ein funktionell besonders wichtiges Kennzeichen sind die reich entwickelten Mitochondrien. Auch braune Fettzellen sind von einer Basallamina umgeben. Die plurivakuolären Fettzellen kommen insbesondere bei Feten und bei Neugeborenen und Kleinkindern vor. Schwerpunkt ihres Vorkommens ist der Schulterbereich. Sie sind sympathisch innerviert und darauf spezialisiert, Wärme zu produzieren. Braunes Fettgewebe ist besonders gut durchblutet und in deutliche Läppchen gegliedert, die kleine Pakete bilden können.

Bindegewebe mit spezieller Stützfunktion (Knorpel- und Knochengewebe)

Knorpelgewebe

Die Eigenschaften des Knorpelgewebes beruhen auf den Eigenschaften seiner homogenen Matrix: es ist fest, verformbar und schneidbar. Das Primordialskelett (Wirbelsäule, Extremitätenskelett, Neurocranium, Viszeralskelett) wird knorpelig angelegt. Beim Erwachsenen kommt Knorpelgewebe nur noch vereinzelt vor: in der Wand der Atemwege (einschließlich des Kehlkopfes), in der Ohrmuschel, im Rippenknorpel, Gelenkknorpel, in der Zwischenwirbelscheibe, in Sehnenansätzen und im Herzskelett.

Knorpelzellen. Die matrixbildenden Zellen des Knorpels werden Chondroblasten und Chondrozyten genannt. Erstere teilen sich noch, letztere nicht mehr. Chondrozyten entsprechen den Fibrozyten und teilen viele Merkmale mit ihnen. Sie sind i.a. abgerundete organell- und zytoskelettreiche Zellen, die völlig in die von ihnen gebildete Matrix eingebettet sind. Knorpel enthält meistens keine Blutgefäße (Ausnahmen die Rippenknorpel und die Kehlkopfknorpel), so dass sie einen speziellen weitgehend anaeroben Stoffwechsel besitzen. Ihr Zytoplasma enthält oft viel Glykogen und einzelne z.T. große Fetttropfen.

Knorpelmatrix. Die Chondrozyten bilden eine Matrix, die 2 wesentliche makromolekulare Komponenten enthält:

- **Proteoglykane und Hyaluronan** sind für die Kompressionsfestigkeit und Widerstand gegen Belastung (was beim Gelenkknorpel besonders wichtig ist) verantwortlich.
- **Kollagene** sind für die die Zugbelastung und Widerstand gegen Scherkräfte verantwortlich.

Wichtige Kollagentypen im Knorpel sind: Kollagen Typ II, IX, X und XI. Das wesentliche Proteoglykan ist das Aggrecan. Die typischen Glucosaminoglykane des Aggrecans sind: Chondroitinsulfat und Keratansulfat, sie vermögen in reichem Maße Wasser zu binden. Die Aggrecanmoleküle sind über ein Verbindungsprotein mit dem Hyaluronan verknüpft, so dass riesige Makromolekülkomplexe entstehen, die auch Proteoglykan-Aggregate genannt werden und die auch hier Ionen und Wasser binden. Wichtige Proteine der Matrix sind Chondronectin und verschiedene Enzyme, z.B. Matrix-Metalloproteinasen, die als inaktive Vorstufenproteine sezerniert werden. Die Matrix, die direkt an die einzelnen Knorpelzellen (perizelluläre Zone) grenzt, und die, die im Knorpelhof isogene Gruppen von Knorpelzellen umgibt, weisen jeweils molekulare Besonderheiten auf. Der Knorpelhof ist besonders basophil, das bedeutet, seine Glykosaminoglykane sind besonders reich an negativen elektrischen Ladungen.

Histologische Organisation des Knorpels

Die Knorpelzellen liegen in kleinen Gruppen (isogenen Zellgruppen, entstehen durch Teilung aus einer Mutterzelle) in die Matrix eingebettet. Sie sind von einem Knorpelhof umgeben. Zellgruppe und Hof bilden ein Chondron = Knorpelterritorium. Die genannten Bezeichnungen werden uneinheitlich gebraucht, mitunter Chondron nur für die isogene Zellguppe und Territorium nur für die Matrix des Hofes.

Die blassere Matrix zwischen den Territorien wird interterritoriale Matrix genannt.

Knorpel wächst durch Abscheidung von Matrix im Innern des Knorpelstückes (interstitielles Wachstum) oder durch Anbau am Rande des Knorpels (appositionelles Wachstum). Reifer Knorpel wird (mit Ausnahme des Gelenkknorpels) von einem speziellen Bindegewebe umgeben, dem Perichondrium, von dem in beschränktem Umfang Regeneration ausgehen kann.

Es lassen sich 4 Formen von Knorpelgewebe unterscheiden:

- **Fetaler Knorpel:** Die Knorpelzellen sind zahlreich, homogen verteilt und bilden keine Chondrone (◘ Abb. 2.15a).
- **Hyaliner Knorpel:** Häufigster Knorpeltyp beim Erwachsenen, dünn geschnitten glasig durchscheinend, typische Gliederung in Territorien und Interterritorien. Er kommt z.B. als Gelenkknorpel, im Bereich der Atemwege und als Rippenknorpel vor. Der klinisch ganz besonders wichtige Gelenkknorpel wird im ► Kap.4.1 besprochen (◘ Abb. 2.15b).
- **Elastischer Knorpel:** Matrix enthält zusätzlich elastische Fasern, Chondrone oft länglich. Vorkommen: u.a. Ohrmuschel (◘ Abb. 2.15c).

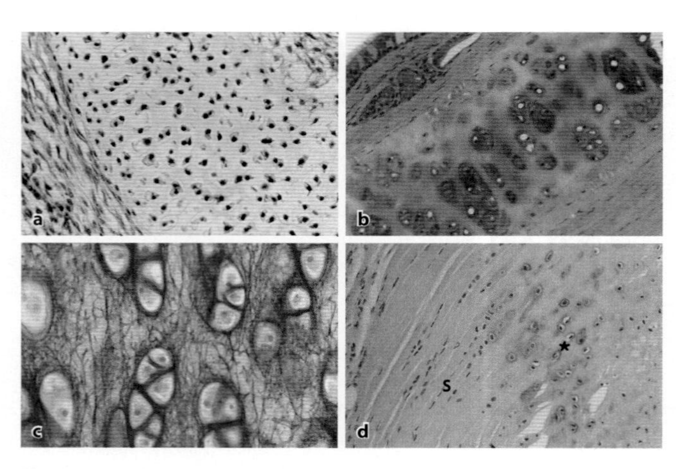

Abb. 2.15a–d. Knorpelgewebe. **a** Fetaler Knorpel (EH-Färbung, Vergr. 450-fach). **b** Hyaliner Knorpel (HE-Färbung, Vergr. 250-fach). **c** Elastischer Knorpel mit länglichen oder ovalen Chondronen. Elastische Fasern sind braun-rot gefärbt (Resorcinfuchsin-Färbung, Vergr. 450-fach). **d** Faserknorpel (*) im Ansatz einer Sehne (S) (HE-Färbung, Vergr. 250-fach)

- **Faserknorpel:** Kleine Chondrone mit Matrix (enthält Kollagen Typ II), die in straffes kollagenes Bindegewebe (mit Kollagen Typ I) eingebettet sind. Vorkommen: innere Anteile des Anulus fibrosus der Bandscheiben, z.T. Sehnenansätze und Teile des Herzskeletts (Abb. 2.15d).

Im Alter kann Knorpelgewebe degenerative Veränderungen zeigen: Wasserverlust, Veränderungen der Proteoglykane, Rissbildungen, Verkalkung und sogar Verknöcherung, was klinisch besonders relevant beim Gelenkknorpel ist.

Knochengewebe

Das Knochengewebe ist die Bindegewebeform, die weitestgehend auf Skelettfunktion spezialisiert ist. Diese Eigenschaften beruhen auf den Eigenschaften der Knochenmatrix, in die Kalziumsalze eingelagert werden (»Verkalkung«). Knochengewebe ist ein dynamisches Gewebe, das das ganze Leben lang im Umbau begriffen ist, es ist besonders gut durchblutet.

Knochenzellen. Es gibt 3 Typen von Knochenzellen:
- Osteoblasten
- Osteozyten
- Osteoklasten

! Osteoblasten und Osteozyten sind eng verwandte Zellen: Osteoblasten können sich zu Osteozyten weiterentwickeln. Die Osteoblasten gehen aus mesenchymalen Stammzellen und einer Linie von Vorläuferzellen (Osteoprogenitorzellen) hervor. Die Osteoklasten gehen auf Knochenmarkstammzellen zurück, sie sind mit Monozyten und Makrophagen verwandt.

Osteoblasten bilden die Knochenmatrix, bilden mineralisierbare Knochenmatrix (Osteoid) und finden sich besonders zahlreich im wachsenden Knochen. Sie sind reich an RER und besitzen einen gut ausgebildeten Golgi-Apparat. Als aktive Zellen sind sie kubisch oder sogar niedrig prismatisch, sie bilden einen Verband, der oberflächlich einem Epithel ähnelt. Sie scheiden auf der dem wachsenden Skelettstück zugewandten Seite die Knochenmatrix ab und bedecken immer lückenlos die neugebildete Matrix. Inaktiv sind sie abgeflachte Zellen (Saumzellen: bone lining cells). Die Osteoblasten entwickeln sich aus den Osteoprogenitorzellen unter dem Einfluss verschiedener Faktoren, z.B. knochenmorphogenetischen Proteinen (bone morphogenetic proteins = BMPs), parakrinen Signalmolekülen wie Indian Hedgehog (Ihh), Parathormon, Vitamin D und insulinähnlichen Wachstumsfaktoren.

Osteozyten gehen direkt aus Osteoblasten hervor. Sie entstehen, wenn Osteoblasten in die von ihnen abgeschiedene Matrix eingemauert werden. Sie sind Zellen mit langen schlanken Fortsätzen, die in feinen Kanälchen der Knochenmatrix liegen. Die Fortsätze benachbarter Osteozyten sind durch Nexus verbunden. In der Peripherie eines Knochens sind sie auch mit den Osteoblasten – oder den Saumzellen – verknüpft. Der Zellleib der Osteozyten besitzt wenige Organellen, kann aber viel Glykogen enthalten. Zwischen den Osteozyten und der mineralisierten Matrix befindet sich ein sehr enger flüssigkeitsreicher perizellulärer Spaltraum. Die Funktion der Osteozyten ist in mancher Hinsicht noch unklar. Vermutlich sind sie für die Integrität der mineralisierten Matrix verantwortlich und haben mechanosensorische Funktion und geben Signale, die z.B. durch anhaltende einseitige Belastungen im Knochen entstehen, an die Osteoblasten und ihre Vorläufer weiter.

Osteoklasten sind vielkernige organellreiche Zellen, die Knochenmatrix zu resorbieren vermögen. Sie entstehen durch Fusion einkerniger Vorläuferzellen unter dem Einfluss von z.B. Interleukinen und dem RANK-Ligand (einem Angehörigen der Tumor-Nekrose-Faktoren-Familie). Hormone, wie z.B. Parathormon, wirken indirekt auf Osteoklasten, indem sie erst auf Osteoblasten einwirken, die dann Signalmoleküle an die Osteoklasten aussenden. Parathormon und Vitamin D stimulieren (indirekt) Osteoklasten. Östrogen hemmt dagegen (auch indirekt) die Osteoklasten. Calcitonin hemmt die Funktion der Osteoklasten direkt. Osteoklasten, die aktiv Knochenmatrix resorbieren, liegen in einer flachen Mulde an der Oberfläche des Knochens, die Howship-Lakune genannt wird. Sie sind am Rande dieser Lakune über ein spezielles Integrin fest an der Knochenmatrix befestigt. Diesen Kontakt vermittelt auf der Seite der Matrix das Protein Osteopontin. Die Zellen besitzen an ihrer der Knochenmatrix zugewandten Seite einen dichten Faltensaum (ruffled border), die Membran dieses Faltensaums besitzt eine Protonen-pumpende ATPase. Die Protonen, die in den Raum (den subosteoklastischen Raum) unter dem Faltensaum gepumpt werden, lösen die mineralisierte Knochenmatrix auf. Außerdem sezernieren die Osteoklasten bei saurem pH aktive Proteasen (z.B. Kathepsin K) in den subosteoklastischen Raum, die vor allem das Kollagen der Matrix abbauen. Die Membran des Faltensaums ist durch intensive Endozytoseaktivität gekennzeichnet mit deren Hilfe die aufgelösten Matrixkomponenten in die lysosomenreichen Zellen transportiert werden.

Knochenmatrix. Die Knochenmatrix besteht aus einer organischen und einer mineralischen Phase, die eng miteinander verbunden sind. Die organische Phase besteht zu ca. 90–95% aus Kollagen vom Typ I, dazu kommen verschiedene Proteine (Thrombospondin, Osteopontin, Osteocalcin und andere) und Proteoglykane. Die mineralische Phase besteht vor allem aus Calcium und Phosphat, die das kristalline Hydroxylapatit bilden. Die Ablagerung des Hydroxylapatits erfolgt in enger Beziehung zu den Kollagenfibrillen.

Makroskopische Knochenstruktur

Knochen kann in seiner Peripherie kompakt **(Substantia compacta** oder **Substantia corticalis = Kompakta)** und in seinem Innern locker gebaut sein **(Substantia spongiosa = Spongiosa)**. Spongiöser Knochen besteht aus einem funktionell ausgerichtetem dreidimensionalen System feiner Knochenbälkchen (Trabekeln), in deren Zwischenräumen sich Knochenmark befindet (siehe auch ► Kap. 4.1, S. 77). Kompakta und Spongiosa bestehen aus Lamellenknochen (s.u.).

Gefäße. Größere den Knochen und das Knochenmark versorgende Gefäße dringen von außen in die Kompakta ein und erreichen das Knochenmark. Von hier aus laufen viele kleinere Gefäße in die Kompakta zurück und speisen die Mikrozirkulation in den Osteonen der Kompakta. Diese Mikrogefäße drainieren z.T. in den Gefäßplexus des Periosts (siehe auch ► Kap. 4.1).

Histologische Knochenstruktur

Histologisch ist der reife Knochen von Kindern und Erwachsenen als **Lamellenknochen** differenziert. Baueinheiten diese histologischen Knochentyps sind 3–7 µm dicke Lamellen (Knochenlamellen, Speziallamellen), die in der Kompakta feine, miteinander verbackene Röhrensysteme (Osteone) bilden, wohingegen die Spongiosa vorwiegend aus parallel angeordneten Lamellen besteht. Äußere und innere Oberflächen des Knochens werden von einigen parallel angeordneten Lamellen umgeben oder ausgekleidet (äußere und innere Generallamellen). In der Entwicklung geht dem Lamellenknochen der Geflechtknochen voraus (s.u.).

Osteone. In kompaktem Knochen bilden die Knochenlamellen zylindrische Baueinheiten, die Osteone. Diese sind im Querschnitt meistens kreisförmig und messen in der Länge einige Zentimeter und im Durchmesser ca. 100–400 µm. Sie können verzweigt sein und miteinander anastomosieren. Im Zentrum der Osteone verläuft ein längsverlaufender Kanal, der Havers-Kanal (Durchmesser meist 20–40 µm) mit zumeist einer oder zwei Kapillaren sowie öfter auch einer postkapillären Venole. Die Gefäße in den Havers-Kanälen werden Havers-Gefäße genannt. Sie verlaufen längs und können sich wie die Osteone verzweigen. Sie können über horizontal oder schräg verlaufende Gefäße (Volkmann-Gefäße) miteinander verbunden sein, die in horizontalen Kanälen, den Volkmann-Kanälen, verlaufen. Die Havers-Gefäße versorgen das Knochengewebe der Osteone und somit der Kompakta. Ganz außen im Havers-Kanal befinden sich flache Zellen des Endosts, die unmittelbar an die innerste Lamelle der knöchernen Wand der Osteone grenzen und Saumzellen genannt werden, die ruhende Osteoblasten sind.

Die Wandung der Osteone besteht aus ca. 5–20 konzentrischen Knochenlamellen. Die Kollagenfibrillen in einer Lamelle verlaufen parallel in Schraubentouren. Die Ausrichtung, in der diese Schraubentouren angeordnet sind, wechselt von Lamelle zu Lamelle, was zu besonderer Biegefestigkeit führt. An der Grenze zwischen zwei Lamellen liegen in einer Lakune der Knochenmatrix die Zellleiber der Osteozyten. Sie geben überwiegend radiär angeordnete feine Fortsätze ab, die mit den Fortsätzen der benachbarten Osteone verbunden sind, die weiter innen oder weiter außen liegen. Die dünnen Fortsätze liegen in sehr feinen Kanälchen des Knochens. Sowohl Fortsätze als auch der schmale nicht mineralisierte perizelluläre Raum, der sie umgibt, dienen der Ernährung der Osteozyten, die vor allem durch Diffusion erfolgt. An der Außengrenze eines Osteons wird eine proteoglykanreiche Kittlinie aufgebaut. Die Zwickel zwischen den zylindrischen Osteonen werden von abgebauten Fragmenten ehemals intakter Osteone ausgefüllt: **Schaltlamellen.** Die Existenz dieser Bruchstücke ehemaliger Osteone weist auf ständige Auf,- Um- und Abbauvorgänge im Knochen hin.

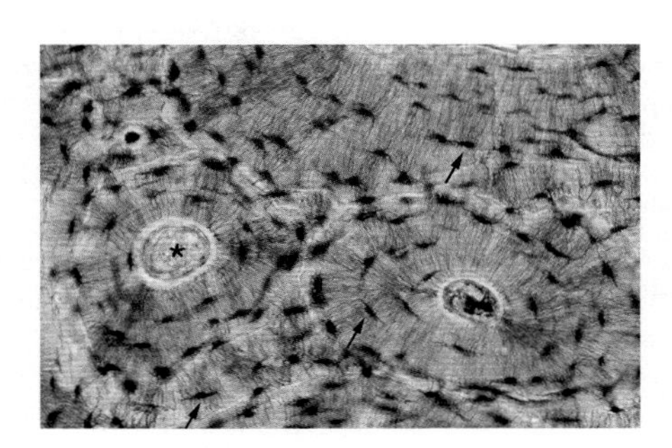

Abb. 2.16. Osteone. Sternchen = Havers-Kanal, Pfeile = Osteozyten (Knochenschliff, Vergr. 250-fach)

Knochenumbau

Die ständig ablaufenden Umbauvorgänge im Knochen werden auch mit dem englischen Begriff »bone remodelling« bezeichnet (► Kap. 4.1, S. 78). Abbau (Resorption) und Neuaufbau sind fein aufeinander abgestimmt und werden von einem »Team« aus Osteoklasten und Osteoblasten ausgeführt, der »basic multicellular unit« (BMU).

Der Umbau erfolgt bevorzugt entlang von Kraftlinien, die durch mechanische Beanspruchung entstehen. Die Signale, die von dieser besonderen Beanspruchung ausgehen, werden von Osteozyten aufgenommen und an Osteoklasten oder Osteoblasten oder ihre Vorstufen weitergegeben. Eine Biegebeanspruchung an einer Stelle z.B. führt zu Knochenneubildung an der konkaven Seite und zu Knochenresorption an der konvexen Seite. Ein Trupp von Osteoklasten führt entweder an der Oberfläche des Knochens oder eines Spongiosabälkchens zur Bildung einer Resorptionsgrube oder – im Bereich der Osteone – eines Resorptionstunnels. Während sich die Osteoklasten mit ihrer resorptiven Tätigkeit voranarbeiten, werden die freigelegten Areale von Osteoblasten besiedelt, die Knochenmatrix abscheiden. Dies ist zunächst noch nicht mineralisiert und wird »Osteoid« genannt. Nach kurzer Zeit erfolgt die Mineralisation (»Verkalkung«) des Osteoids. Nach Abschluss der Neubildung von Knochenmatrix flachen die Osteoblasten ab und werden die flachen Zellen des Endosts.

Zirka 18% des gesamten Kalziums (1–2 kg) im Knochengewebe werden im Jahr umgesetzt; der Umsatz ist im spongiösen Knochen größer als im kompakten. Verschiedene Hormone steuern den Kalziumstoffwechsel.

2.9 Osteopenie, Osteoporose

Bei negativer Bilanz des Knochenumsatzes kommt es zum Schwund von mineralisiertem Knochengewebe. Bleibt dabei die Struktur noch erhalten, spricht man von **Osteopenie.** Kommt es dabei zu pathologischem Strukturwandel, spricht man von **Osteoporose.** Zur Osteoporose kommt es überwiegend im Alter, bei Frauen häufiger als bei Männern. Ursächlich wird hierfür ein Östrogenmangel angeschuldigt. Östrogen hält die Zahl und Aktivität der Osteoklasten im Zaum.

2.10 Metastasenabsiedlung im Knochengewebe

Manche Karzinommetastasen siedeln sich im Knochengewebe an und können hier zum Knochenabbau (»Osteolyse«) führen, z.B. Metastasen von bösartigen Plasmazelltumoren und von Mammakarzinomen.

Knochenentwicklung (Ossifikation)

Knochengewebe kann entweder direkt aus mesenchymalem Bindegewebe entstehen (direkte = desmale Knochenentwicklung) oder es entsteht auf dem Boden eines knorpeligen Vorläufers eines Skelettstücks (indirekte = chondrale Knochenentwicklung).

Desmale Knochenentwicklung (desmale Osteogenese). Desmal entstehen flache Schädelknochen und die Clavicula. Am Anfang dieser Entwicklung stehen mesenchymale Stammzellen, die sich an gefäßreichen Ossifikationspunkten versammeln und sich von hier aus über Vorläuferzellen zu Osteoblasten differenzieren. Die Osteoblasten stehen miteinander in Kontakt und scheiden zunächst nichtmineralisierte Matrix, das Osteoid ab, die dann aber schnell mine-

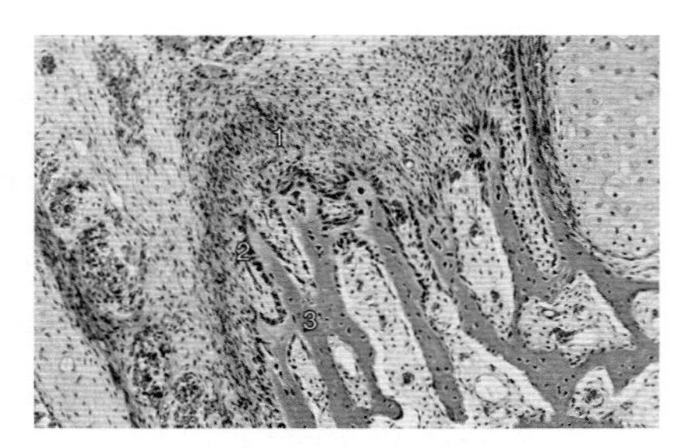

Abb. 2.17. Entstehung des Geflechtknochens. 1 = Osteoblastenvorstufen; 2 = Osteoblasten; 3 = Knochenbälkchen mit Osteozyten (HE-Färbung, Vergr. 120-fach)

ralisiert. Sie formieren sich rasch zu Zellschichten, die nur noch auf einer Seite, die dem restlichen Mesenchym oder dem Bindegewebe abgewandt ist, Knochenmatrix abscheiden. So entsteht ein Geflecht allseits von Osteoblasten umgebener Knochenbälkchen. Bei aktiven Osteoblasten findet sich an der dem Knochen zugewandten Oberfläche immer ein gut erkennbarer Osteoidsaum.

Der Knochen, der auf diese Weise entsteht, wird **Geflechtknochen** genannt. Er ist besonders geeignet, sich schnell Wachstumsprozessen anzupassen. Sowohl spongiöse als auch kompaktere Areale des wachsenden Knochens sind zunächst Geflechtknochen, der aber später zu Lamellenknochen umstrukturiert wird.

Schon früh tauchen im desmal entstehenden Knochen Osteoklasten auf. Diese erlauben raschen Knochenumbau und z.B. den Schädelknochen mit dem Gehirn mitzuwachsen. Bei den platten Schädelknochen ist es oft so, dass auf einer Seite eines wachsenden Knochens Osteoklasten überwiegen, während auf der anderen Seite Osteoblasten appositionell neues Knochengewebe bilden.

Chondrale Knochenentwicklung (chondrale Osteogenese). Kennzeichnend für diese Form der Knochenentwicklung ist, dass ein Skelettstück zuerst knorpelig angelegt wird (Primordialskelett), dessen Knorpelgewebe dann aber abgebaut und im Laufe eines komplexen Prozesses durch Knochengewebe ersetzt wird (Ersatzknochenbildung). Diese Form der Knochenentwicklung findet man im Primordialskelett, also vor allem in Wirbelsäule, Schädelbasis und im Extremitätenskelett. Unabhängig und schon vor der Osteogenese wird das Primordialskelett vaskularisiert.

In einem ersten Schritt der chondralen Knochenbildung bildet sich um die Mitte des knorpeligen Skelettstückes auf desmalem Wege eine sog. **perichondrale Knochenmanschette,** die dem Vorgang der enchondralen Osteogenese die Stabilität schafft, die er für den ungestörten Ablauf benötigt (Abb. 2.18a). Die Knorpelzellen, die von der Manschette umgeben werden, werden groß und blasenförmig, sie hypertrophieren, und die Matrix in ihrer Umgebung mineralisiert. Es

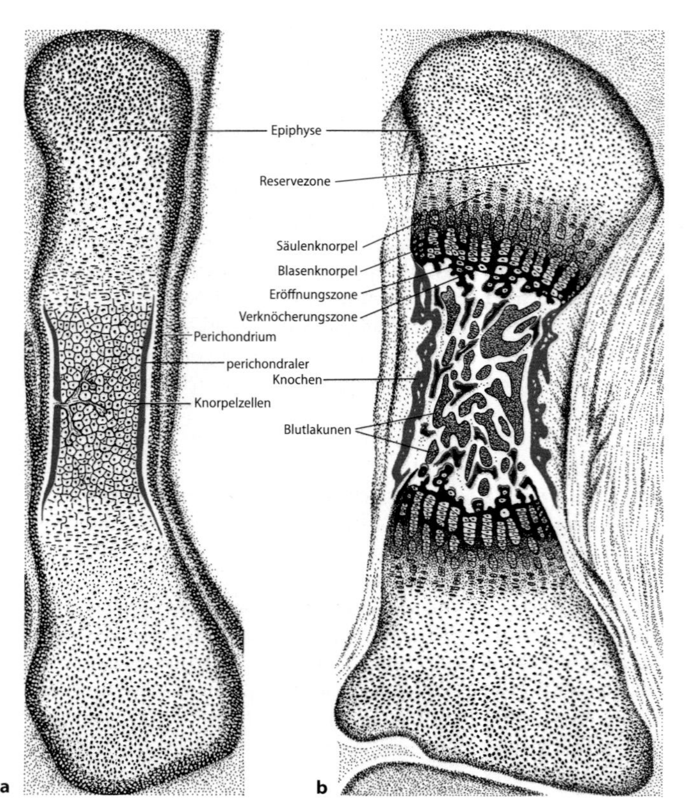

Abb. 2.18a–c. Knochenentwicklung. **a** Perichondrale Knochenbildung. **b** Enchondrale Knochenbildung [2]. **c** Wachstumsplatte der Epiphysenfuge (schematische Darstellung). Man beachte innerhalb des eingekreisten Bereiches die durch die »Drehung« der Knorpelzellen bedingte unterschiedliche Ausrichtung der Transversalsepten (Pfeile) [3]. L= Longitudinalseptum; mL = mineralisiertes Longitudinalseptum; T = Transversalseptum; M = Makrophage; Chk = Chondroklast; K = Kapillare; Ob = Osteoblast; Od = Osteoid; Oz = Osteozyt; Gk = Geflechtknochen

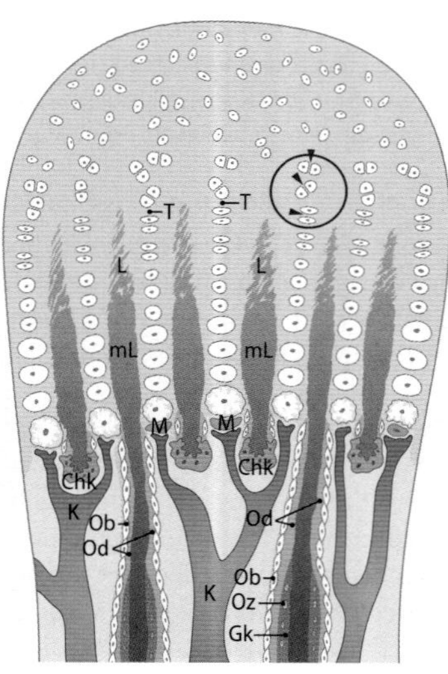

dringen dann Chondroklasten in das Knorpelstück ein, bauen die apoptotisch absterbenden Blasenknorpelzellen und große Teile der Matrix ab und schaffen Raum für einwachsende Kapillaren und einwanderndes Mesenchym, das Osteoblastenvorläuferzellen mit sich führt. Der entstehende Raum im Knorpel wird primäre Markhöhle genannt. Die verbleibenden oft bälkchenförmigen Reste der mineralisierten Knorpelmatrix werden von Osteoblasten besiedelt, die auf diesen verkalkten Matrixspangen Knochenmatrix abscheiden. Es entsteht ein feines Gerüst einer sog. primären (knöchernen) Spongiosa, was einen stetig fortschreitenden Ossifikationsprozess im Innern des Knorpelstückes einleitet, der **enchondrale Knochenbildung** (Osteogenese) genannt wird (◘ Abb. 2.18b). Der Prozess des Knorpelabbaus und des Knochenaufbaus wandert langsam vom Zentrum des Skelettstückes in Richtung auf seine beiden Enden zu. Die Markhöhle vergrößert sich stetig. Die primäre Spongiosa im Innern der Markhöhle wird zu einem erheblichen Teil durch Osteoklasten wieder abgebaut. Die **Umwandlungszone**, in der der Knorpel abgebaut und durch Knochengewebe ersetzt wird, besitzt einen kennzeichnenden Aufbau. Als erstes Zeichen der bevorstehenden Veränderungen flachen die Knorpelzellen ab und ordnen sich säulenförmig an (**Säulenknorpel**, **Zone der Proliferation**, viele Mitosen). Zwischen den sich teilenden Knorpelzellen entstehen schmale horizontale Knorpelmatrixschichten; zwischen benachbarten Zellsäulen entstehen longitudinale Septen aus Knorpelmatrix (◘ Abb. 2.19). Dann vergrößern sich die Knorpelzellen, ihr Organellgehalt nimmt zu (**Zone der Reifung und Hypertrophie**) und der longitudinale Teil der Matrix zwischen ihnen mineralisiert. Die vergrößerten kugeligen Knorpelzellen werden **Blasenknorpelzellen** genannt (◘ Abb. 2.19). Diejenigen Zellen, die an die Markhöhle grenzen, sterben durch Apoptose ab und werden ebenso wie horizontale Teile der Matrix von Chondroklasten abgebaut (**Resorptionszone**). Die mineralisierte Matrix des frei werdenden Raumes wird von Osteoblasten besiedelt (**Ossifikationszone**).

Die genannten Zonen kommen auch in der Wachstumsplatte vor, wo sie im Detail beschrieben werden. Früher oder später entstehen auch in den Endabschnitten des wachsenden Skelettstückes, der **Epiphyse,** Verknöcherungszentren (Knochenkerne, Epiphysenkerne), die sich nach allen Seiten hin ausbreiten. Sie sind gut mit Blutgefäßen versorgt, die schon vor der Knochenbildung in den jeweiligen Knorpel eingewachsen waren. Knorpelgewebe bleibt nur im Gelenkbereich, dem Gelenkknorpel, und in einer schmalen Knorpelplatte, der Wachstumsplatte Epiphysenfuge (◘ Abb. 2.18c), erhalten. Nicht alle Röhrenknochen haben zwei Epiphysenkerne, z.B. Ulna, Metacarpalia und Metatarsalia haben nur einen.

Das erste Knochengewebe, das sowohl im Zuge der desmalen als auch der chondralen Osteogenese entsteht, wird **Geflechtknochen** genannt. Geflechtknochen besteht aus einem System miteinander verbundener, in allen Richtungen angeordneter Knochenbälkchen. Die Kollagenfibrillen in diesen anastomosierenden Bälkchen bilden miteinander verflochtene Bündel. Geflechtknochen ist auch das erste Knochengewebe, das bei der Frakturheilung entsteht (Kallus).

Abgelöst wird dieser Geflechtknochen durch **Lamellenknochen.** Dieser ist biomechanisch belastbarer als Geflechtknochen und besteht aus lamellären Baueinheiten, in denen die Kollagenfibrillen jeweils einheitlich ausgerichtet sind. Die Lamellen bilden Osteone oder flächige parallele Schichten aus. Der Zeitpunkt der Bildung des Lamellenknochens ist in den einzelnen Knochen verschieden und kann schon vor der Geburt einsetzen, kann aber auch erst nach Jahrzehnten abgeschlossen sein (z.B. in der Pars petrosa des Os temporale).

Wachstumsplatte (Epiphysenfuge)

Die Wachstumsplatte ist physiologisch wichtig, denn sie ermöglicht das Längenwachstum des jeweiligen Knochens über einen Zeitraum von ca. 16–20 Jahre. Erst wenn die Knorpelzellen dieser Platte nicht mehr proliferieren und die Platte verknöchert, hört das Wachstum des Organismus auf. Die Wachstumsplatte ist polar strukturiert und ähnelt in ihrem Aufbau den zuvor beschriebenen Umwandlungszonen des enchondralen Ossifikationsprozesses. An der Front zur Epiphyse proliferiert das Knorpelgewebe, an der Front zur Markhöhle wird sie abgebaut und verknöchert.

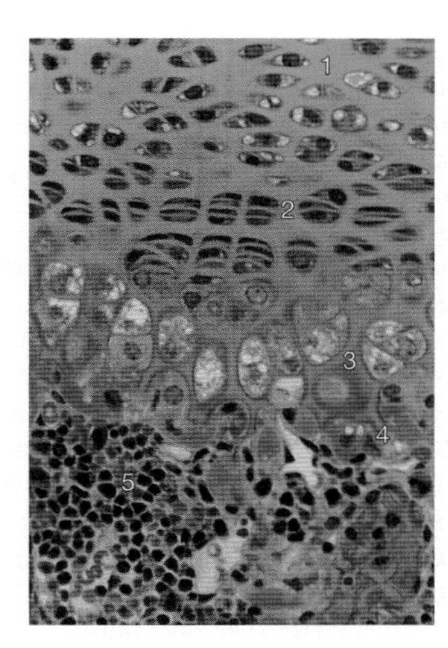

◘ **Abb. 2.19.** Enchondrale Osteogenese (Wirbelkörper Maus) 1 = fetaler Knorpel; 2 = Säulenknorpel; 3 = Blasenknorpel; 4 = Eröffnungszone; 5 = primäre Markhöhle mit Knochenmark (HE-Färbung, Vergr. 450-fach)

! Das Längenwachstum an der Wachstumsplatte erfolgt durch Knorpelzellvermehrung und -vergrößerung sowie durch die Bildung von Extrazellularmatrix die proximal verkalkt.

Unter morphologischen und funktionellen Gesichtspunkten lassen sich im Bereich der Wachstumsplatte verschiedene **Zonen** abgrenzen, die denen in der zuvor beschriebenen Verknöcherungszone an der Grenze zur primären Markhöhle entsprechen. Die **Reservezone** liegt am weitesten peripher und grenzt an die knöcherne Epiphyse (◘ Abb. 2.20). Namengebend für diesen Abschnitt ist das Reservoir an Knorpelvorläuferzellen (sog. ruhenden Knorpelzellen), aus denen die Knorpelzellen der nachfolgenden Zonen hervorgehen.

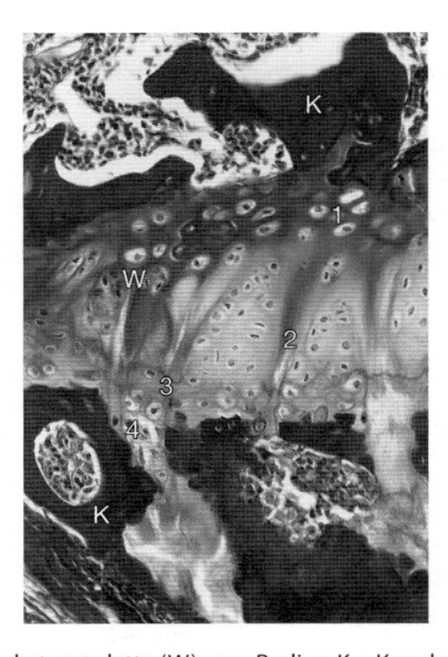

◘ **Abb. 2.20.** Wachstumsplatte (W) vom Radius. K = Knochengewebe, oben in der knöchernen Epiphyse, unten in der Diaphyse
1 = Reservezone; 2 = Säulenknorpel; 3 = Blasenknorpel; 4 = Eröffnungszone (Ratte, Masson-Färbung, Vergr. 250-fach)

In der **Proliferationszone** entstehen durch Mitosen neue Knorpelzellen, die sich in längs angeordneten Säulen formieren. Die Proliferation wird durch autokrine Abgabe von Wachstumsfaktoren (PDGF, FGF) stimuliert. Diaphysenwärts reifen die Knorpelzellen der Proliferationszone und nehmen an Größe zu. Man bezeichnet diesen **Übergangsbereich** zur nachfolgenden Zone des **hypertrophen Knorpels** auch als **Zone der reifenden Knorpelzellen.** Charakteristisch für die Knorpelzellen des hypertrophen Knorpels ist ihre enorme Größenzunahme (sog. Blasenknorpelzellen). Der vertikale Durchmesser einer hypertrophen Knorpelzelle ist etwa um das vier- bis fünffache größer als der einer Knorpelzelle in der Proliferationszone (◘ Abb. 2.20). Hauptkollagen der Wachstumsplatte ist Typ-II-Kollagen. Im diaphysenwärts gelegenen Bereich der hypertrophen Knorpelzellen kommt außerdem in den longitudinalen Septen Typ-X-Kollagen vor, dessen Anwesenheit als Voraussetzung zur **Mineralisation** der Extrazellularmatrix angesehen wird. Die transversalen Septen sind nicht mineralisiert. Die Mineralisation der longitudinalen Septen ist funktionell bedeutsam: Durch die Mineralisation der Extrazellularmatrix nimmt die Viskoelastizität des Knorpelgewebes zugunsten von Druckfestigkeit ab. Nach der Theorie der »Kausalen Histogenese« (► Kap. 4.1) ist damit die mechanische Voraussetzung zur Bildung von Knochengewebe gegeben. Die mineralisierten Septen dienen dem neu gebildeten Knochen zunächst als Gerüst und bilden den Kern neuer primärer Spongiosatrabekel.

Es folgt die **Eröffnungszone,** in der Knochengewebe gebildet und umgebaut wird. Voraussetzung dafür ist ein gezielter Abbau von Knorpelgewebe, wodurch Raum für das zu bildende Knochengewebe geschaffen wird. Zunächst werden die am weitesten distal liegenden nicht mineralisierten Transversalsepten durch Makrophagen abgebaut, so dass die Lakunen, in denen die Knorpelzellen liegen, »eröffnet« werden. Die auf diese Weise freigelegten Knorpelzellen gehen durch Apoptose zugrunde.

Das Einwandern von Kapillaren wird von den hypertrophen Knorpelzellen eingeleitet, indem diese den Wachstumsfaktor Vascular Endothelial Growth Factor (VEGF) sezernieren. Im Rahmen seiner primären Funktion als Angiogenesefaktor bewirkt VEGF die Vaskularisation der Eröffnungszone. Mit den eindringenden Gefäßen gelangen die an der endochondralen Osteogenese beteiligten Zellen an ihren Wirkungsort. Endothelzellen und andere Zellen sezernieren Enzyme (z.B. Matrix-Metalloproteasen, MMP), die sich am Abbau von Extrazellularmatrix beteiligen. VEGF wirkt chemotaktisch auf Chondroklasten, die die Zahl der mineralisierten longitudinalen Septen auf ein Drittel reduzieren. Die verbliebenen frei gelegten longitudinalen Septen werden von Osteoblasten besiedelt, die ebenfalls durch VEGF »angelockt« werden. Die Osteoblasten bilden ossäre Extrazellularmatrix. Die auf diese Weise entstandenen **primären Spongiosatrabekel** haben einen Kern aus mineralisierter Knorpelmatrix und eine äußere Schale aus **Geflechtknochen.** Die Vorgänge in der Eröffnungszone laufen im gesamten Bereich der Wachstumsplatte zeitgleich ab.

Der von gefäßreichem Bindegewebe ausgefüllte Raum zwischen den primären Spongiosatrabekeln wird als **primäre Markhöhle** bezeichnet. Die primären Spongiosatrabekel werden alsbald abgebaut und durch sekundäre Spongiosatrabekel ersetzt, die aus Lamellenknochen bestehen. Die ersten Osteone (primäre Osteone) kann man im 8. Fetalmonat beobachten.

Das Längenwachstum endet, wenn die Knorpelproliferation in der Wachstumsplatte und in der Epiphyse sistiert. Es kommt zur knöchernen Vereinigung (Synostose) von Diaphyse und Epiphyse *(Linea epiphysialis)*.

2.11 Frakturen im Kindesalter

Gelenknahe Frakturen im Kindesalter können bei Beteiligung der Wachstumsplatte zur vorzeitigen umschriebenen knöchernen Überbrückung durch einen Kallus führen. Bei fortgesetztem Längenwachstum des unverletzten Anteils der Wachstumsplatte kommt es zur Fehlstellung im Gelenk.

2.12 Osteomalazie

Osteomalazie (bei Kindern **Rachitis**): Mangelhafte Verkalkung der Matrix des Knochens. Ursachen können ein Vitamin-D-Mangel infolge inadäquater Versorgung oder Lichtmangel sein, aber auch chronische Nierenkrankheiten.

2.2.3 Muskelgewebe

Alle Lebensvorgänge sind mit Bewegungen verbunden: vita motu constat (Aristoteles). Bewegungen kennzeichnen z.B. intrazelluläre Transportprozesse, Bewegungen ermöglichen die Wanderung von Zellen. Sie sind im Allgemeinen an die Präsenz von besonderen intrazellulären Proteinen und makromolekularen Strukturen wie Mikrotubuli oder Aktin- und Myosinfilamenten gebunden. Ein besonderer Bewegungstyp sind aktive reversible Kontraktionen, wie sie Muskelzellen kennzeichnen, und die in diesen Zellen im Vordergrund aller Zellleistungen stehen. Verbände solcher Muskelzellen sind u.a. aktiver Teil unseres Bewegungsapparates, oder bewegen den Darminhalt (Peristaltik) oder treiben den Blutstrom an. Muskelzellen verwandeln chemische Energie aus der Hydrolyse von ATP in mechanische Arbeit, sie haben die Funktion eines Motors in einem Organ oder Organsystem. Die Verkürzung wird durch einen Reiz ausgelöst, der von einer Nervenendigung oder einem speziellen Schrittmachergewebe ausgehen kann.

Muskelgewebe besteht vorwiegend aus großen Verbänden von Muskelzellen, die sich verkürzen (kontrahieren) können, sowie aus Bindegewebe, Blutgefäßen und Nerven. Das Muskelgewebe bildet insgesamt die Muskulatur des Organismus und kommt in 3 Typen vor (◘ Abb. 2.21):

- **Skelettmuskulatur**: Sie dient der Beweglichkeit des Körpers, der Fortbewegung und der Haltungssicherung. Einige Muskeln, vor allem das Zwerchfell, dienen der Konvektion der Atemgase.
- **Herzmuskulatur:** Sie ist der Motor der Blutzirkulation.
- **Glatte Muskulatur:** Sie bildet die Wand der Blutgefäße, der Harnwege, des Darmtrakts, der Geschlechtswege und anderer Eingeweide und hat hier die Funktion, den Inhalt dieser Organe zu bewegen und weiterzuleiten.

Die Übereinstimmungen und Unterschiede der Morphologie der verschiedenen Muskelzelltypen sind in ◘ Tab. 2.1 aufgeführt.

Eine andere Einteilung geht vom histologischen Erscheinungsbild aus und berücksichtigt, ob die Muskelzellen das Phänomen der Querstreifung aufweisen oder nicht, wobei die Querstreifung an die Existenz von Myofibrillen (s.u.) gebunden ist. Demnach unterscheidet man:

- Quergestreifte Muskulatur mit 2 Subtypen:
  - Skelettmuskulatur
  - Herzmuskulatur
- Glatte Muskulatur

Skelettmuskulatur

Skelettmuskelgewebe ist der dominante Gewebetyp der Muskulatur unseres Bewegungsapparates, kommt aber auch z.B. in Kehlkopf, oberen Ösophagus und Zwerchfell vor. Skelettmuskulatur ist fast

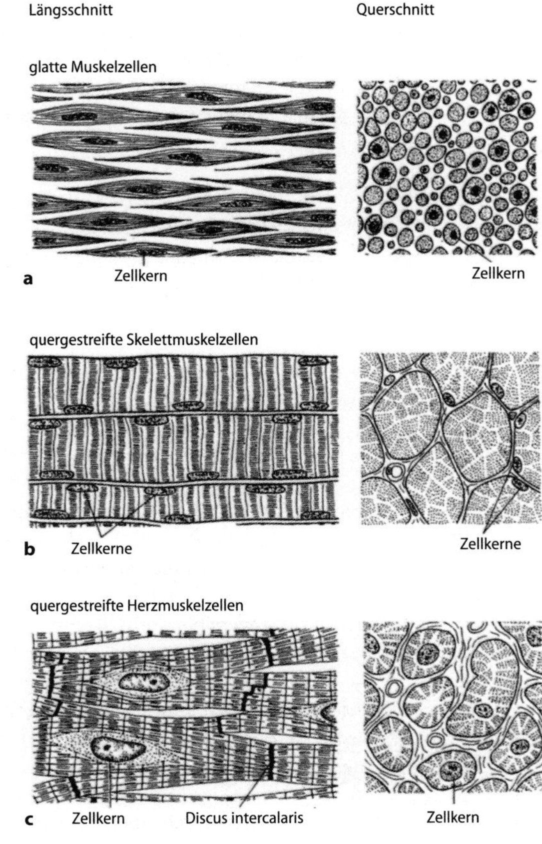

Abb. 2.21a–c. Muskelgewebe. **a** Glatte Muskelzellen. **b** Quergestreifte Skelettmuskelzellen. **c** Herzmuskelzellen. Zu beachten ist, dass der Maßstab verschieden ist [2]

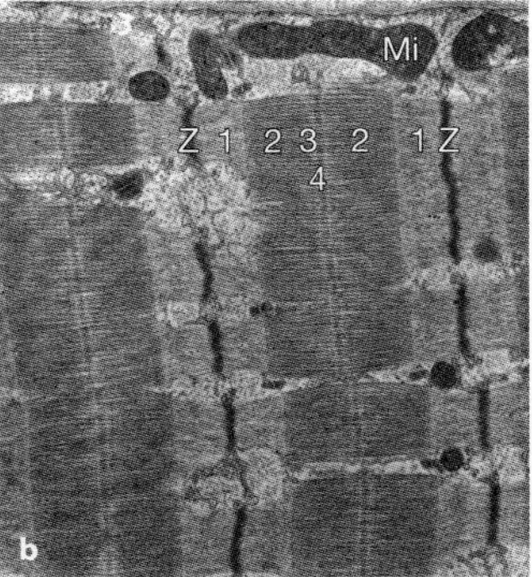

Abb. 2.22a, b. Skelettmuskulatur. **a** Histologischer Schnitt (A-Banden dunkel, I-Banden hell). In der I-Bande ist oft eine zarte Z-Linie erkennbar. Die Kerne liegen in der Peripherie der Muskelzelle (HE-Färbung, Vergr. 1100-fach). **b** Ultrastruktur einer Skelettmuskelzelle mit 5 längsgeschnittenen Myofibrillen: Z = Z-Streifen; 1 = je eine halbe I-Bande; 2 = A-Bande; 3 = heller Streifen in der A-Bande (H-Zone); 4 = M-Linie; Mi = Mitochondrien. Ein Sarkomer entspricht dem Bereich zwischen zwei Z-Streifen (Vergr. 15500-fach)

immer willkürlich innerviert, ein Motorneuron innerviert eine (unterschiedlich große) Gruppe von Skelettmuskelzellen (motorische Einheit). Skelettmuskulatur kann schnell große Kraft entwickeln, ermüdet aber meistens relativ schnell. Baueinheit der Skelettmuskulatur sind die Skelettmuskelzellen, die wegen ihrer langgestreckten Gestalt auch Skelettmuskelfasern genannt werden (Abb. 2.21b).

Skelettmuskelzellen

Skelettmuskelzellen sind oft mehrere Zentimeter lange stets vielkernige Zellen(z.B. M. sartorius). Pro Zentimeter Länge kommen ca. 500 Zellkerne vor. Die Vielkernigkeit entsteht im Laufe der Entwicklung und zwar dadurch, dass einkernige Vorläuferzellen, **Myoblasten,** zu langen vielkernigen Einheiten (**Synzytien**) verschmelzen, die **Myotuben** genannt werden. Diese reifen dann zu den **Skelettmuskelzellen** heran, die als das funktionstüchtige Skelettmuskelgewebe kennzeichnen. Die großen Skelettmuskelzellen enthalten in reichem Maße alle Organellen, ein komplexes Zytoskelett und als spezifische Struktur parallel verlaufende und dicht gepackte, ca. 1 µm dicke **Myofibrillen,** die ca. 80% des Zytoplasmas einnehmen und die Träger des Phänomens »Querstreifung« sind, sie durchziehen die Zelle vom Anfang bis zum Ende (Abb. 2.22a und Tab. 2.1).

In Skelettmuskelzellen kommt oft eine spezielle Nomenklatur zur Anwendung, das Zytoplasma heißt z.B. auch Sarkoplasma, das hochentwickelte glatte ER wird »sarkoplasmatisches Retikulum« genannt. Die Zellmembran heißt auch »Sarkolemm« (griech. sarx: Fleisch).

Die **Zellmembran** wird von einer Basallamina bedeckt und bildet quer zur Längsachse der Zellen verlaufende tubuläre Einstülpungen aus. Diese werden Transversal-(T-)tubuli genannt und bilden typische Kontaktstellen mit Zisternen des glatten ER aus.

Myofibrillen sind komplexe hochgeordnete Aggregate makromolekularer Filamentsysteme, deren funktionelle Interaktion Ursache der Kontraktion ist. Die Myofibrillen lassen im Lichtmikroskop ein regelmäßiges, sich wiederholendes **Querstreifenmuster** erkennen, dunkle **A-Banden** wechseln mit hellen **I-Banden** ab (Abb. 2.22a). A und I stehen für das Verhalten im Polarisationsmikroskop. A steht für anisotrop (leuchtet hell auf), I für isotrop (leuchtet nicht auf). Mitten in der I-Bande ist eine feine Linie, der **Z-Streifen,** erkennbar. Der Abschnitt zwischen zwei Z-Streifen wird **Sarkomer** genannt. Ein Sarkomer ist die Baueinheit der Myofibrille, es ist in Ruhe gut 2 µm lang und kann sich verkürzen. In einer Myofibrille liegen tausende Sarkomere hintereinander. Im Elektronenmikroskop erschließt sich der Aufbau der Sarkomere mit zusätzlichen Strukturen (Abb. 2.22b).

Das Bild eines Sarkomers wird von 2 längsverlaufenden Filamenttypen (Myofilamenten) beherrscht:

- dünnen **Aktinfilamenten** (ø ca. 7 nm, Länge ca. 1 µm) und
- dickeren **Myosinfilamenten** (ø ca. 15 nm, Länge ca. 1,5 µm).

Die Aktinfilamente entstehen durch Polymerisation aus globulärem Aktin. Sie haben ein Plus- und ein Minusende und sind mit Begleitproteinen verbunden, die ihre Stabilität und, falls erforderlich, ihren Umbau regulieren. Die Myosinfilamente sind bipolare Aggregate aus ca. 300 Myosin-II-Molekülen, die die Motorproteine des Aktins sind. Myosin II besitzt Schwanz- und Kopfanteile. Die Köpfe sind in jeder Hälfte des bipolaren Filaments gleichsinnig angeordnet.

Aktin- und Myosinfilamente liegen im Sarkomer über weite Bereiche parallel zueinander: in der A-Bande findet man sowohl Aktin- als auch Myosinfilamente, in der I-Bande kommen dagegen nur Aktinfilamente vor, die in der Z-Linie verankert sind. Hier enden die Aktinfilamente benachbarter Sarkomere und sind hier u.a. durch α-Actinin verbunden. In der Mitte der A-Bande gibt es eine schmale **H-Bande,** in der normalerweise keine Aktinfilamente vorkommen (nur bei sehr starker Kontraktion). In der Mitte der H-Bande befindet sich die **M-Linie,** die aus Proteinen besteht, die die Myosinfilamente in ihrer Mitte verbinden (Abb. 2.23)

Bei einer **Kontraktion** schieben sich die dünnen zwischen die dicken Filamente, so dass sich das Sarkomer verkürzt (Abb. 2.23g). Dabei bleibt die A-Bande in seiner Länge (ca. 1,5 µm) von gleicher

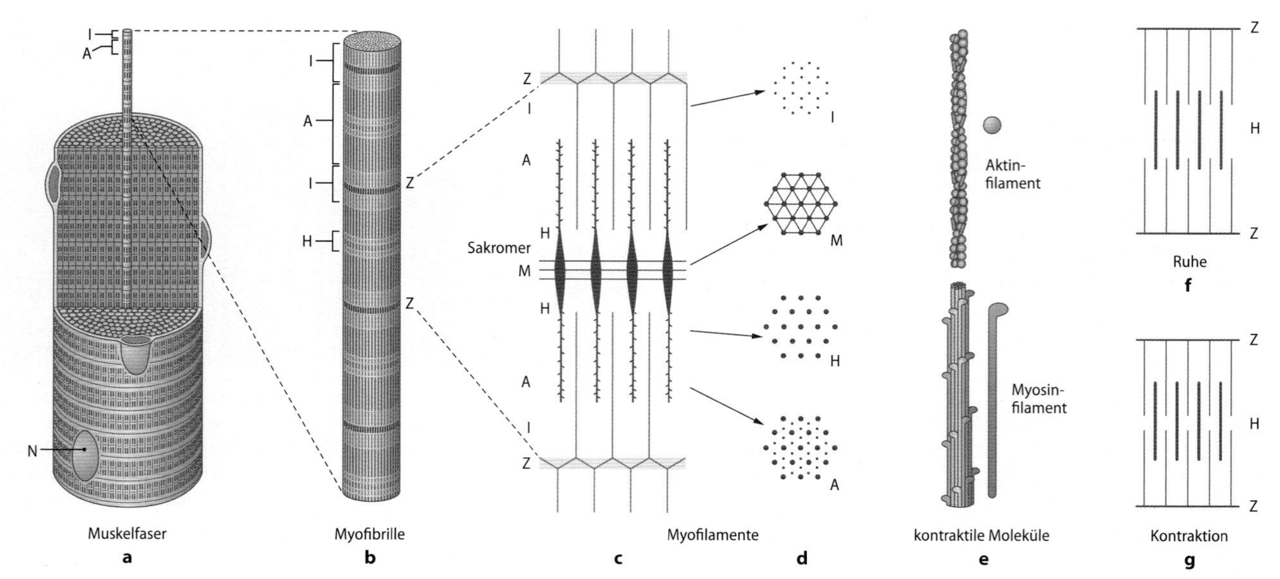

Abb. 2.23a–g. Skelettmuskulatur. **a** Quergestreifte Skelettmuskelfaser. **b** Myofibrille mit I-, A-, H-Bande und Z-Streifen. **c** Sarkomere von Z- zu Z-Streifen mit ihrer Gliederung. Dünne Aktinfilamente und dicke Myosinfilamente sind miteinander verzahnt. **d** Querschnitte durch die verschiedenen Segmente. **e** Molekularer Bau von Aktin- und Myosinfilamenten. **f** Sarkomere in Ruhestellung. **g** Sarkomere bei Kontraktion [2]
I = helle Streifen ein Myofibrille; A = dunkle Streifen ein Myofibrille;

Ausdehnung wie im Ruhezustand, aber die I-Bande verkürzt sich deutlich. Bei einer Kontraktion kommt es zu Kalziumeinstrom in die Myofibrille. Daraufhin nehmen die Kopfbereiche (besitzen ATPase-Aktivität) der Myosinfilamente Kontakt mit dem benachbarten Aktinfilament auf, sind mit diesem kurzfristig verbunden, machen eine Kippbewegung und schieben so das Aktinfilament etwas nach innen. Dann lösen sich die Myosinköpfe wieder vom Aktinfilament. Bewegungen der ca. 300 Myosinköpfe eines Myosinfilaments sind nicht miteinander koordiniert. Die Energie für die »Ruderbewegungen« der Myosinköpfchen liefert ATP. Dieser Zyklus von Kontaktaufnahme, Kippung und Lösung läuft während einer Kontraktion ca. 5-mal an einem Myosinmolekül und mehr als tausendfach an allen Myosinmolekülen eines Myosinfilaments in einem Sarkomer ab. Mit einer Geschwindigkeit von bis zu 15 µm/s verkürzt sich ein Sarkomer um 10% seiner Länge in weniger als einer Fünfzigstel Sekunde. In der Summe der Verkürzungen der vielen Millionen Sarkomere in einem Muskel verkürzt sich dieser insgesamt und kann z.B. den Unterarm beugen. Insgesamt kann sich ein Muskel um ca. 30% seiner Ausgangslänge verkürzen.

Im Sarkomer finden sich weitere Proteine. Am Aktinfilament spielen **Troponine** und **Tropomyosin** eine wichtige Rolle. **Nebulin** ist ein fädiges Protein, das parallel zum Aktinfilament verläuft und wahrscheinlich seine physiologische Länge kontrolliert. **Titin** ist ein besonders langes fädiges Protein, das von der Z-Linie bis zur M-Linie verläuft und in diesen Linien verankert ist. In der A-Bande verläuft Titin parallel zum Myosinfilament und ist mit ihm verbunden; in der I-Bande hat es elastische Eigenschaften, die sich mit denen der Federn einer Matratzenauflage vergleichen lassen, und verhindert die Überdehnung des Sarkomers.

Strukturen der Skelettmuskelzelle, die der Erregungsausbreitung dienen. Die Erregung der motorischen Nervenzelle wird an der motorischen Endplatte, einer großen, komplex gestalteten, erregenden Synapse, auf die Skelettmuskelzelle übertragen. Hier wandert sie entlang der Zellmembran der T-Tubuli in die Tiefe der Skelettmuskelzelle und wird im Bereich spezieller Kontaktstellen mit Zisternen des glatten ER ins Innere der Zelle übertragen. Die Kontaktstellen werden Triaden genannt, weil hier der T-Tubulus mit zwei sogenannten Terminalzisternen des glatten ER (= sarkoplasmatischen Retikulums) über Proteinbrücken in einen molekular speziell strukturierten Kontakt tritt. Die Erregung bewirkt, dass im Lumen des glatten ERs gespeichertes Kalzium die Zisternen verlässt und in die Myofibrillen einströmt, was hier den Beginn der Kontraktion auslöst.

Das sarkoplasmatische Retikulum (SR) ist reich entwickelt; es ist der Ca^{2+}-Speicher der Skelettmuskelzelle und bildet ein komplexes Schlauchsystem, das die Fibrillen umhüllt und längs und zirkulär ausgerichtete Komponenten besitzt, die alle miteinander verbunden sind. Die zirkulären Schläuche werden auch terminale Zisternen oder junktionales SR genannt und je zwei davon finden sich in Höhe eines jeden Übergangsbereiches von A- zu I-Bande. Die zwei terminalen Zisternen begleiten stets einen Transversaltubulus, so dass im Grenzbereich zwischen A- und I-Bande (zweimal pro Sarkomer) immer 3 Schläuche parallel zueinander verlaufen, die Triaden.

Das längsorientierte Schlauchsystem (L-System) umrankt die Bereiche der Fibrillen zwischen den Triaden. Man kann also sagen, dass das SR in gleichartige regelmäßig einander folgende Abschnitte gegliedert ist, die aber kürzer als die Sarkomere sind und deren »Querkomponenten«, die terminalen Zisternen, nicht in Höhe der Z-Scheiben liegen.

Weitere Organellen der Skelettmuskelzellen. Die Skelettmuskelzellen besitzen zahlreiche Mitochondrien, die in der Zellperipherie große Ansammlungen oder Reihen zwischen den Myofibrillen bilden. Sie enthalten oft Matrixgranula (Kalziumspeicher). Das RER ist mäßig entwickelt, die vielen Golgi-Apparate sind klein. Im Zytosol befindet sich das kennzeichnende, O_2-bindende Protein Myoglobin, das für die Rot-Braun-Färbung der Muskulatur mit verantwortlich ist.

Zytoskelett der Skelettmuskelzellen. Das Zytoskelett ist in den Skelettmuskelzellen hoch entwickelt. Dies betrifft insbesondere die Intermediärfilamente, die aus dem Protein Desmin aufgebaut sind. Sie verbinden alle Myofibrillen und halten sie auf Abstand. In Höhe der Z-Linien umspinnen sie die Myofibrillen ringförmig. Desminfilamente erreichen auch die Zellmembran und sind hier in besonderen Verankerungsstrukturen, den Costameren, befestigt. Die Desminfilamente übertragen bei der Kontraktion der Sarkomere entstehende Kräfte auf die Basallamina und mit ihr verbundene Bindegewebefasern. Eine weitere Komponente des Zytoskeletts ist das **Dystrophin,** das im Verbund mit anderen Proteinen innen an der Zellmembran vorkommt.

Satellitenzellen. Das sind kleine Zellen innerhalb der Basallamina der Skelettmuskelzellen. Sie haben Stammzellcharakter und können bei Verletzungen aktiviert werden, proliferieren, fusionieren mit der Muskelzelle und können einen Defekt heilen. Auch bei durch Training bedingter Vergrößerung der Muskelzelldicke (Hypertrophie) proliferieren die Satellitenzellen. Ein Teil der Tochterzellen verschmilzt mit der zugehörigen Muskelzelle, einige bleiben ruhende Satellitenzellen. Wenn bei einer lokalen Schädigung der Muskelzelle die Basallamina nicht zerstört wurde, kommt es zu Regeneration innerhalb des Schlauches der Basallamina. Nach Abräumung der nekrotischen Bereiche durch Makrophagen regen diese Zellen die Satellitenzellen zu Proliferation an. Bei erblichen Muskeldystrophien erschöpft sich der Vorrat an Satellitenzellen und die Muskelzelle degeneriert.

Bindegewebestrukturen in der Skelettmuskulatur

In jedem Muskel ist ein hierarchisches System von Bindegewebestrukturen ausgebildet. Es hält die Muskelzellen differenziert zusammen und setzt sich im Bereich von Ursprung und Ansatz eines Muskels in die Sehnen fort. Die einzelne Muskelzelle wird von **Basallamina** und **Endomysium** umhüllt, das aus einem Geflecht von retikulären Fasern besteht und mit der Basallamina verbunden ist. Ein Bündel von Muskelzellen, ein Faszikel, wird vom **Perimysium** umgeben. Der gesamt Muskel wird vom **Epimysium** umhüllt, dem meist noch eine derbe Faszie aufliegt. All die Bindegewebestrukturen in einem Muskel stehen miteinander in Verbindung.

Muskel-Sehnen-Übergang (myotendinöse Junktion)

Am Übergang zwischen Skelettmuskelzellen und Sehnen bzw. Zwischensehnen bilden die Muskelzellen tiefe Einfaltungen, in die Kollagenfibrillen der Sehne hineinziehen. Diese Fibrillen verbinden sich in der Tiefe der Einfaltungen mit der Basallamina der Muskelzellen. Auf molekularer Ebene kommt es an dieser Stelle zur Ausbildung eines speziellen Zellmatrixkontaktes. Die Muskelzellmembran besitzt hier zahlreiche Integrine, die Rezeptoren für die extrazellulären Proteine Laminin, Fibronektin und Kollagen sind. Auf der intrazellulären Seite sind die Integrine über verschiedene Proteine (z.B. Talin und Vinculin) mit Aktinfilamenten der terminalen halben I-Bande der Myofibrillen verbunden. Über diese Kette verschiedener Proteine wird die Kraft der Myofibrillen auf die extrazellulären Sehnenstrukturen übertragen.

Skelettmuskeltypen

Die allermeisten Skelettmuskelzellen sind Zuckungsfasern und lassen sich morphologisch und funktionell drei Gruppen zuordnen: roten, weißen und intermediären Fasern. Rote Fasern sind relativ langsame, oxydativ arbeitende, myoglobin- und mitochondrienreiche Fasern. Weiße Fasern sind schnelle, überwiegend glykolytisch arbeitende, myoglobin- und mitochondrienarme, glykogenreiche Fasern. Intermediäre Fasern bilden einen Zwischentyp.

Herzmuskulatur

Die Herzmuskulatur besteht aus verzweigten quergestreiften Muskelzellen, die morphologisch in vieler Hinsicht den Skelettmuskelzellen ähneln (◻ Tab. 2.1), sich aber funktionell deutlich von ihnen unterscheiden und in dieser Hinsicht z.T. sogar glatten Muskelzellen ähneln.

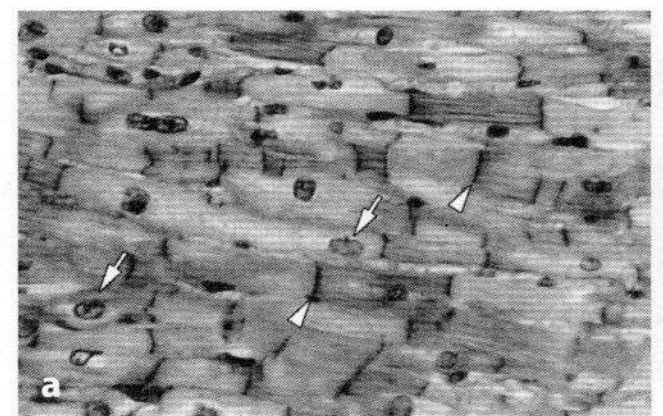

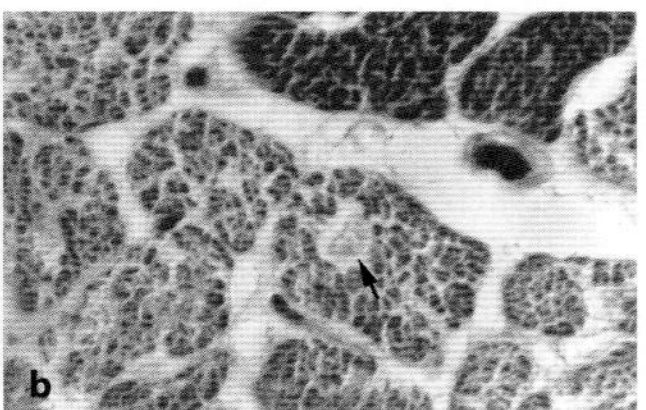

◻ **Abb. 2.24a, b.** Herzmuskelzellen. **a** Herzmuskelzellen längs. Pfeile = Zellkerne, Pfeilköpfe = Glanzstreifen (Färbung: Brillantschwarz-Toluidinblau, Vergr. 450-fach. **b** Herzmuskelzellen quer mit gut erkennbaren quergeschnittenen Myofibrillen, die im Präparat als rote Punkte erscheinen (Pfeil = Zellkern). Die Herzmuskelzellen sind von zarten retikulären Fasern (blau) umsponnen (Azan-Färbung, Vergr. 1000-fach)

Die **Herzmuskelzellen** (Kardiomyozyten) sind miteinander über besondere Zellkontakte, die **Glanzstreifen,** mit Desmosomen, Fasciae adhaerentes und großen Nexus verbunden. Die Nexus dienen der elektromechanischen Koppelung der Herzmuskelzellen. Sie sind ca. 50–100 µm lang und ca. 10–20 µm dick. Sie besitzen meist einen großen hellen Zellkern in der Mitte der Zellen (◻ Abb. 2.24). Die **Erregung** der Herzmuskelzellen geschieht durch die **Purkinje-Fasern** des **Erregungsleitungssystems** (▶ Kap. 6.2.5). Satellitenzellen fehlen.

Die Myofibrillen sind wie die der Skelettmuskelzellen aufgebaut, also quergestreift, ihre Gestalt ist aber variabel, was im Querschnitt deutlich wird. Sie können im Querschnitt abgeflacht sein oder einen unregelmäßigen Umriss zeigen (◻ Abb. 2.24b).

Die Organellen sind im Zytoplasma an den Kernpolen konzentriert (»Kernhöfe«). Mitochondrien sind zahlreich, sie sind sehr groß und cristareich und liegen in Reihen zwischen den Fibrillen. Lipofuszin nimmt mit dem Alter zu. Glykogen ist reich entwickelt, die T-Tubuli sind groß und von einer Basallamina ausgekleidet; das SR-System hat deutlich weniger Zisternen als im Skelettmuskel, Terminalzisternen meist kurz und spärlich, lagern sich in Abständen an die T-Tubuli an und bilden mit ihnen Dyaden, also eine Struktur mit nur zwei Komponenten.

Die Kardiomyozyten in der Wand der Vorhöfe sind schlanker als in der Ventrikelwand. Das SR-System ist noch spärlicher entwickelt als in den Zellen der Ventrikel, T-Tubuli sind selten. Manche Vorhofzellen bilden Sekretionsgranula, die das atriale natriuretische Peptid (▶ S. 331) enthalten.

2.13 Hypertrophie der Herzmuskelzellen

Bei Mehrbelastung vergrößern sich die Herzmuskelzellen (Hypertrophie). Nach neueren Untersuchungen gibt es in geringer Zahl Stammzellen, die neue Kardiomyozyten bilden können. Ihre Regenerationskraft ist aber relativ gering und langsam.

2.14 Myokardinfarkt

Bei einem Myokardinfarkt stirbt das betroffene Muskelgewebe ab und wird durch nicht kontraktiles kollagenfaserreiches Bindegewebe (Narbengewebe) ersetzt.

Glatte Muskulatur

Die glatte Muskulatur ist eine wichtige Komponente der Wand aller schlauchförmigen Eingeweideorgane sowie des Blutgefäßsystems. die Kontraktionswellen der glatten Muskulatur dienen der Weiterbeförderung des Inhalts. In den Atemwegen können sie das Lumen einengen; in anderen Organen erfüllen sie spezielle Aufgaben, z.B. im Augenlid, im Ziliarkörper und in der Mamille. In exokrinen Drüsenorganen kommen intraepithelial glatt muskuläre Zellen vor, die **Myoepithelzellen** genannt werden und dem Auspressen des Sekrets dienen.

Glatte Muskelzellen sind meistens spindelförmig gestaltet (◘ Abb. 2.21a), können aber auch mehrere Fortsätze bilden und ähneln dann einem schlanken Seestern. Sie sind oft ca. 20 µm lang und in der Mitte ca. 6 µm weit. In extremen Fällen, z.B. im Uterus während der Schwangerschaft kann eine glatte Muskelzelle einige 100 µm lang werden. Der **Zellkern** ist länglich zigarrenförmig und liegt in der Mitte der Zelle, er ist relativ euchromatinreich, der Nucleolus ist gut erkennbar (◘ Abb. 2.21). Die **Zellmembran** ist von einer Basallamina bedeckt und bildet viele omegaförmige Einstülpungen aus, die Caveolen (◘ Tab. 2.1).

Benachbarte glatte Muskelzellen sind über Basallaminae und extrazelluläre Matrix mechanisch verbunden. Beim Single-Unit-Typ (s.u.) sind die glatten Muskelzellen durch Gap Junctions elektromechanisch gekoppelt. Die Organellen sind eher spärlich ausgebildet und sind vor allem im Bereich der beiden Enden des schlanken Kerns angesiedelt. Glattes ER ist in umterschiedlichem Ausmaß ausgeprägt.

Hauptbestandteile des Zytoplasmas sind kontraktile Proteine, die spezifische Formen der dünnen Aktin-Tropomyosin-Filamente und der dicken Myosin-II-Filamente bilden. Troponin fehlt, hochgeordnete Myofibrillen mit Sarkomeren fehlen, weswegen die glatten Muskelzellen »glatt« genannt werden. Die kontraktilen Filamente interagieren im Prinzip ähnlich wie in anderen Muskelzelltypen. Sie bilden einen relativ lockeren kontraktilen Apparat, der im Wesentlichen in Schräg- und Längsrichtungen der Zelle angeordnet ist und meist stärkere Verkürzung erlaubt als in quergestreiften Muskelzellen. Einem Myosinfilament sind 13–14 Aktinfilamente zugeordnet, die in punktförmigen Verdichtungen des Zytoplasmas verankert sind und die funktionell den Z-Linien entsprechen. In der Zellperipherie sind sie in sogenannten Adhaesionsplaques befestigt. Diese Plaques besitzen Integrine, welche im Wesentlichen die Verbindung zur Basallamina und Matrix aufbauen.

Die Kontraktion wird durch einströmendes Kalzium ausgelöst. Dies entstammt zu einem kleinen Teil dem intrazellulären glatten ER, vor allem aber extrazellulären Quellen. Kalzium bindet an das Protein Calmodulin (CM). Ca^{2+}-CM fördert die Kontraktion durch
- Regulationsprozesse am Myosin II, was zu Aktivierung des Myosinkopfes führt und
- Regulation am Aktin. Hier bindet Ca^{2+}-CM an das Protein Caldesmon, das sich daraufhin vom Aktin-Tropomyosin löst und das Aktin in die Lage versetzt mit dem Myosin zu interagieren.

Regulation von Kraft und Spannung (Tonusregulation)

Tonuserhöhend sind zahlreiche Faktoren, z.B. Transmitter (z.B. Acetylcholin oder Noradrenalin), Hormone (z.B. im Uterus Progesteron, Östrogene und Oxytocin), oder andere Faktoren, in der Gefäßmuskulatur z.B. Angiotensin II. Depolarisierend können auch Dehnung oder Schrittmacherzellen wirken. Tonusmindernd ist u.a. ein Absinken des Kalziums, was auch therapeutisch genutzt wird (»Kalziumantagonisten«).

Single-Unit-Typ der glatten Muskulatur

In manchen Eingeweideorganen sind die glatten Muskelzellen durch Gap Junctions verbunden, sie sind elektromechanisch gekoppelt und die Erregung breitet sich in der Muskelschicht über die Gap Junctions aus. Die Zahl der Gap Junctions kann reguliert werden. Die Erregung ist nur z.T. abhängig von Nervenfasern und entsteht im Verband der glatten Muskelzellen, öfter durch Schrittmacherzellen, und sie ist oft spontan (myogener Tonus). Vorkommen: z.B. Darm, Harnblase, Uterus, Blutgefäße.

Multi-Unit-Typ der glatten Muskulatur

Die meisten Zellen der glatten Muskulatur werden durch vegetative Nerven erregt; gap junctions fehlen weitgehend. Vorkommen: z.B. Iris, Ziliarkörper, Samenleiter, Arteriolen. Nicht immer ist es in glatter Muskulatur so, dass entweder ein Single- oder ein Multi Unit Typ

◘ Tab. 2.1. Übereinstimmungen und Unterschiede der Morphologie der verschiedenen Muskelzelltypen

	Skelettmuskelzelle	Herzmuskelzelle	Glatte Muskelzelle
Größe	einige Zentimeter lang	ca. 100 µm lang	ca. 20 µm lang
Gestalt	lange unverzweigte Faser	verzweige kürzere Fasern	spindelförmige Zellen, z.T. auch mit mehreren Fortsätzen
Zellkontakte	keine	Glanzstreifen (Desmosomen, Fasciae adhaerentes, Gap Junctions [Nexus])	oft Gap Junctions (Single-Unit-Typ)
Basallamina	vorhanden	vorhanden	vorhanden
T-Tubuli	zahlreich vorhanden schmal	vorhanden, relativ weit, von Basallamina ausgekleidet	keine; funktionell entsprechen ihnen die Caveolen
SR-System	hoch entwickelt	eher spärlich entwickelt	oft nur wenige Zisternen
Zellkern	zahlreich, in der Zellperipherie, abgeflacht	meistens einer, groß hell in Zellmitte	einer, länglich in Zellmitte
Myofilamente	vorhanden	vorhanden	vorhanden
Kontraktile Aktin- und Myosinfilamente mit Filamentgleiten	vorhanden	vorhanden	vorhanden
Quergestreifte Myofibrillen	vorhanden	vorhanden	fehlen
Erregung	neurogen, motorische Endplatte	myogen, durch erregungsbildendes und erregungsleitendes System	z.T. neurogen, z.T. durch äußere Reize (Dehnung), z.T. durch Schrittmacherzellen

vorliegt. Am Rande größerer Blutgefäße findet man z.B. meistens eine dichte vegetative Innervation.

2.2.4 Nervengewebe

Nervengewebe ist ein hochspezialisiertes Epithelgewebe. Die spezifischen Zellen des Nervengewebes sind Nervenzellen (Neurone) und Gliazellen.

Nervenzellen

Die Nervenzellen liegen in riesiger Zahl vor, wahrscheinlich gibt es 10^{11}–10^{12} Nervenzellen im Nervensystem des Menschen. Die bei weitem überwiegende Zahl dieser Nervenzellen liegt im ZNS, nur vergleichsweise wenige liegen in Sinnesorganen oder in der Wand der Eingeweide.

Die Nervenzellen sind miteinander über zahllose spezielle Kontaktstrukturen, Synapsen, verbunden. Vermutlich erhält jede Nervenzelle im Durchschnitt Informationen von einigen tausend anderen Nervenzellen, im Extrem soll eine Nervenzelle Ziel von über 10.000 anderen Nervenzellen sein. Auf diese Weise entsteht ein neuronales Netzwerk von unvorstellbar großer Komplexität. Dieses riesige Netzwerk hat primär die Funktion, das tägliche Überleben zu sichern, aber auch langfristig das Funktionieren des Organismus zu ermöglichen. Es ist außerdem Sitz des Bewusstseins, der Vernunft und der Persönlichkeit, unseres Empfindens des Guten und des Bösen.

Aufbau einer Nervenzelle

Eine Nervenzelle besitzt einen umfangreichen Zellleib (= **Perikaryon** = **Soma**) und zwei Arten von Fortsätzen: **Dendriten** (in Vielzahl) und **Axon** (in Einzahl). Dendriten und Perikaryon können in mancher Hinsicht als funktionelle Einheit aufgefasst werden und bilden das somatodendritische Kompartiment, das Erregungen (Informationen) aufnimmt. Diese Erregungen sind als postsynaptische Potenziale messbar. Dem gegenüber steht das Axon, das axonale Kompartiment, das Aktionspotenziale fortleitet. Die Aktionspotenziale entstehen nach einem Summationsprozess im Perikaryon im Anfangssegment des Axons. Das **Perikaryon** der Nervenzellen ist durch einen **großen hellen kugeligen Zellkern** mit deutlichem Nukleolus gekennzeichnet und durch **reich entwickelte Zellorganellen.** Das **RER** kann in manchen Neuronen größere Felder bilden, die **Nissl-Schollen** genannt werden. In anderen Neuronen sind die rauen ER-Zisternen locker verteilt. Freie Ribosomen sind überall nachweisbar, auch das **glatte ER** ist weit verbreitet. Die **Mitochondrien** sind klein und zahlreich. Es existieren viele kleine **Golgi-Apparate** aus denen Granula und Vesikel hervorgehen. Die **Lysosomen** treten meist in größerer Zahl auf, aus ihnen entwickeln sich mit zunehmendem Alter immer mehr **Lipofuszingranula,** die den Perikaryen eine goldbraune Eigenfärbung verleihen können und die in manchen Neuronen schon früh auftreten. Einzelne Perikaryen enthalten **Melanosomen** oder Granula mit eisenhaltigem Pigment. Alle Komponenten des **Zytoskeletts** sind hochentwickelt, **Mikrotubuli** (hier auch **Neurotubuli** genannt) bilden wichtige Transportwege, die intermediären Filamente **(Neurofilamente)** sind aus den sog. Neurofilamentproteinen aufgebaut, sie sind Heteropolymere, die dem oft großen Perikaryon (und den Fortsätzen) Stabilität verleihen. **Filamentäres Aktin** ist überwiegend membranassoziiert. **Glykogen** und einzelne **Lipidtropfen** sind regelmäßig zu finden (◘ Abb. 2.25).

Die **Dendriten** sind die wesentlichen signalaufnehmenden Strukturen. Sie können erstaunlich komplex verzweigt sein und an ihrer Oberfläche können sich tausende Synapsen ausbilden (◘ Abb. 2.25).

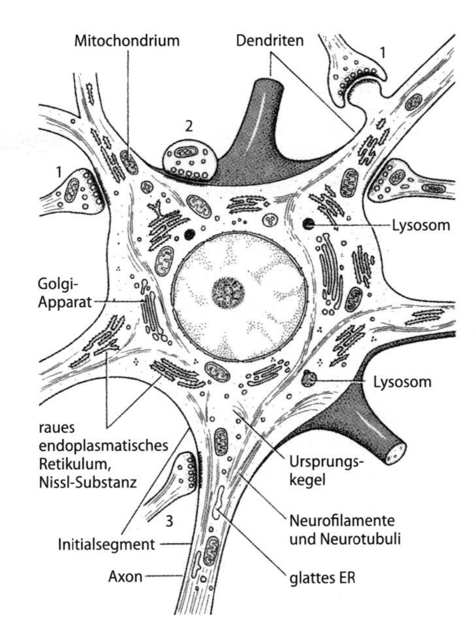

◘ **Abb. 2.25.** Schema eines Neurons mit Dendriten, Soma und Axon. 1 = axodendritische Synapse; 2 = axosomatische Synpase; 3 = axoaxonale Synapse [2]

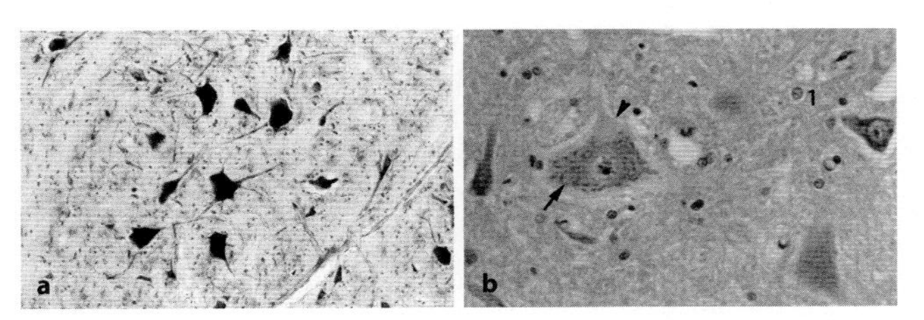

◘ **Abb. 2.26a, b.** Nervenzellen. **a** Nervenzellen im Nucleus n. facialis (Versilberung, Vergr. 110-fach). **b** Multipolare Neurone aus dem Vorderhorn des Rückenmarks. Pfeil = Nissl-Schollen in einem α-Motoneuron; Pfeilkopf = Axonhügel; 1 = Astrozyt (He-Färbung, Vergr. 450-fach)

In den größeren Stammdendriten finden sich ähnliche Organellen wie im Perikaryon, z.T. sogar noch Nissl-Schollen (◘ Abb. 2.26b). Alle Dendriten enthalten parallel verlaufende Mikrotubuli, jedoch ist deren funktionelle Ausrichtung nicht gleichförmig wie im Axon sondern ihre Polarität ist variabel, d.h. ihr Plus-Ende kann entweder zur Peripherie oder zum Perikaryon zeigen. Die Endabschnitte der Dendriten enthalten wenige Organellen und auch das Zytoskelett ist nur noch gering ausgebildet. In vielen Neuronen können die Dendriten Dornen ausbilden, spezielle postsynaptische Strukturen.

Axone treten typischerweise nur in Einzahl auf, ihre Funktion ist die rasche Weiterleitung von Erregungen, was in Form von Aktionspotenzialen geschieht. Das Axon ist durch ein dichtes Zytoskelett charakterisiert, das aus Mikrotubuli (= Neurotubuli) und Neurofilamenten besteht, die parallel zur Längsachse des Axons angeordnet sind. Die Mikrotubuli sind jeweils einige Mikrometer lang und gleichartig ausgerichtet, das Minusende zeigt zum Perikaryon, das Plusende zum Ende des Axons, an ihren Enden überlappen sie sich. Benachbarte Mikrotubuli sind durch Mikrotubulus-assoziierte Proteine (MAPs), u.a. durch das Protein tau, verbunden und werden durch sie auf einem konstanten Abstand gehalten. Das Protein Tau kann auch eigene helikale Filamente bilden, die, wenn sie in großen Mengen auftreten, ein Merkmal der Alzheimer-Krankheit sind. Entlang den Mikrotubuli erfolgt der schnelle axonale Transport. Die Neurofilamente bilden das wesentliche strukturelle Gerüst der Axone, sie sind sowohl mit Mikrotubuli als auch Aktin verbunden. Die Peripherie der Axone enthält zahlreiche Aktinfilamente und Myosin V. Im Axon treten einzelne Mitochondrien und Zisternen des glatten ER auf.

Axone können Seitenzweige (Kollateralen) abgeben, die ins gleiche oder in andere Zielgebiete laufen. In der Nähe ihres Ziels spalten sich Axone häufig in sehr feine Äste auf, die das sogenannte Telodendron bilden. Die definitive (präsynaptische) Endigung des Axons ist eine kleine Auftreibung, die präsynaptische Terminale oder terminaler Bouton genannt wird. Auftreibungen im Verlaufe eines Axons vegetativer Neurone heißen Varikositäten; auch sie übertragen Erregungen.

Wachstumskegel. Beim vor- und nachgeburtlichen Auswachsen von Axonen und Dendriten bilden sich an deren Spitzen sogenannte Wachstumskegel. Diese beweglichen und besonders aktinreichen Gebilde bilden Filo- oder Lamellipodien, die auf Signale ihrer Umgebung reagieren. So können Zellen oder Matrixkomponenten der Umgebung abstoßende oder anziehende Signale aussenden, die insgesamt dem Wachstum die Richtung zeigen. Hinter dem Wachstumskegel stabilisiert sich das Zytoskelett der auswachsenden Nervenzellfortsätze.

Neuronentypen

Die Klassifikation von Neuronen erfolgt vor allem nach: **Morphologie** (Verzweigungstyp von Dendriten und Axonen, **Zahl der Fortsätze** (multipolare, bipolare, pseudounipolare Neurone; ► Kap. 17, Abb. 17.1), **Gestalt der Perikaryen** (Mitralzellen, Pyramidenzellen, Körnerzellen), chemischen Kriterien (nach ihrem Transmitter, cholinerg, glutamaterg, etc.), **funktionellen Kriterien** (erregend, hemmend, Muster der Aktionspotenziale).

Verschaltung von Neuronen

Es gibt einige typische Muster der Verschaltung von Neuronen:
- **Konvergenz:** Mehrere oder viele Neurone projizieren auf ein Neuron.
- **Divergenz:** Ein Neuron erreicht mit seinen Axonkollateralen mehrere verschiedene andere Neurone.
- **Rekurrente Hemmung:** Ein erregendes Neuron erreicht mit einer Axonkollateralen ein hemmendes GABAerges Neuron, dessen Axon das Ausgangsneuron hemmt.
- **Vorwärtshemmung:** ein von einem erregenden Neuron A) aktiviertes hemmendes GABAerges Neuron (B) hemmt ein aktivierendes Neuron (C).
- **Disinhibition:** Ein erregendes Neuron (A) aktiviert ein hemmendes Neuron (B). Dieses Neuron hemmt nun seinerseits ein weiteres hemmendes Neuron (C), das ein erregendes Neuron (D) erreicht. Die Hemmung von Neuron (C) bewirkt die Aufhebung von dessen hemmender Wirkung auf Neuron (D).

Gliazellen und Nervenfasern

Gliazellen sind essenzielle Bestandteile des zentralen und peripheren Nervengewebes und haben vielfältige Aufgaben. Ohne sie sind Nervenzellen nicht überlebensfähig. Ihre Zahl ist im ZNS ca. 10-mal größer als die der Nervenzellen. Die Gliazellen und die Nervenfasern sind ausführlich im ► Kap. 17.1.2 beschrieben.

Periphere Nerven

Periphere Nerven bestehen aus Bündeln markhaltiger und markloser Nervenzellfortsätze (► Kap. 17.1), die oft gemeinsam in einem Nerven vorkommen (◻ Abb. 2.28b), und aus typischen Bindegewebehüllen. Die **Bindegewebehüllen** bilden ein hierarchisch geordnetes System und setzen sich zusammen aus (◻ Abb. 2.27):
- Endoneurium
- Perineurium
- Epineurium

Endoneurium

Das Endoneurium ist ein feines retikuläres Bindegewebe, das die einzelnen myelinisierten Axone und marklosen Fasern umspinnt und das Fibroblasten sowie einzelne Blutkapillaren enthält. Der Matrixraum dieses Bindegewebes kommuniziert mit dem Subarachnoidalraum der Hüllen um das ZNS. In größeren Nerven treten im Endoneurium viele kleine Blutgefäße auf (◻ Abb. 2.28b).

Perineurium

Das Perineurium umhüllt ca. zehn bis einige hundert von Endoneurium umsponnene Axone. Es besteht aus einem straffen Bindegewebe mit Kollagen-, aber auch elastischen Fasern und einem innen gelegenen Perineuralepithel. Letzteres ist aus abgeflachten fibrozytenähnlichen Zellen aufgebaut, die dem Neurothel der Dura entstammen, über Zonulae occludentes verbunden sind, und innen und

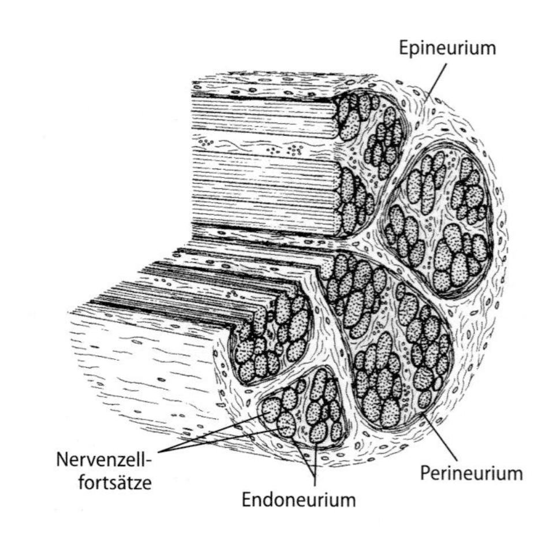

◻ **Abb. 2.27.** Nerv mit seinen Bindegewebehüllen [2]

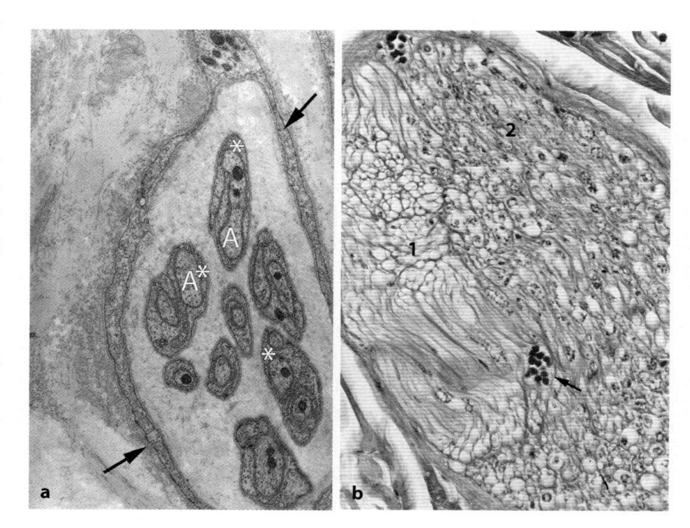

◻ **Abb. 2.28a, b.** Periphere Nerven. **a** Kleiner vegetativer peripherer Nerv. Die Axone (A) sind nicht myelinisiert, sondern einfach in das Zytoplasma von Schwann-Zellen (Sternchen) eingebettet, Pfeile = Perineuralepithel (Vergr. 8900-fach). **b** Ausschnitt aus einem gemischten peripheren Nerv mit marklosen vegetativen Fasern (1) und markhaltigen Fasern (2); Pfeil = Blutgefäß (Azan-Färbung, Vergr. 450-fach)

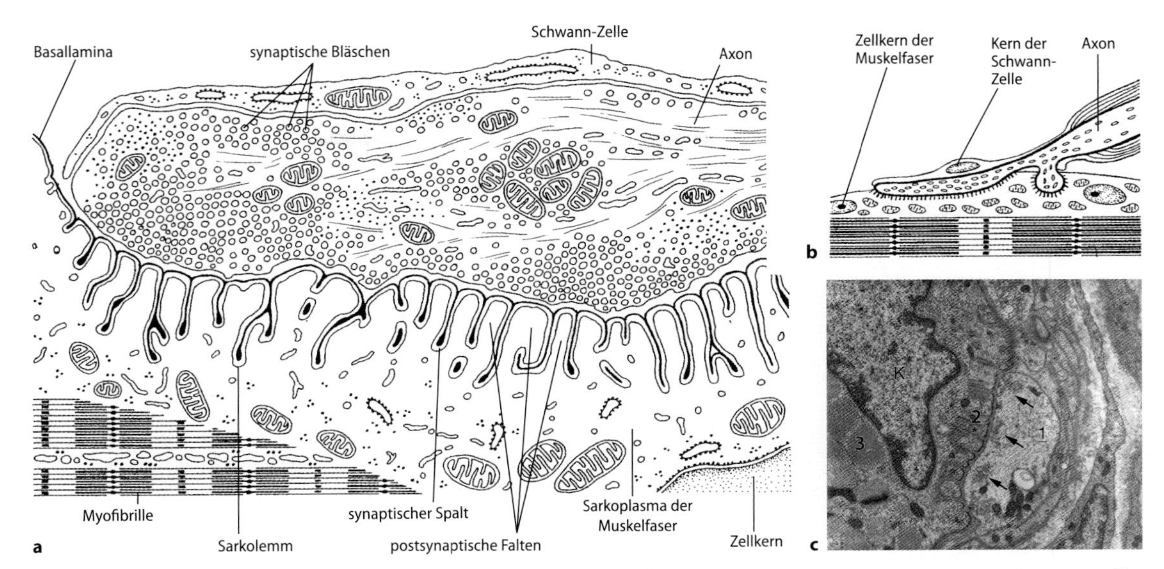

Abb. 2.29a–c. Motorischen Endplatte. Elektronenmikroskopische (**a**) und Lichtmikroskopische (**b**) schematische Darstellung. **c** Foto einer motorischen Endplatte (1) an einer Skelettmuskelzelle (2); Pfeile = synaptische Vesikel; Sternchen = Faltenfeld der postsynaptischen Membran; K = Zellkern der Muskelzelle (Vergr. 11500-fach)

außen von einer Basallamina bedeckt sind. Meistens besteht dieses Epithel aus 1–3 getrennten, aber dicht beieinander liegenden Schichten. Das Perineurium ist eine wichtige Barriere, die an der Erhaltung des konstanten Ionenmilieus des die Axone umgebenden Raumes beteiligt ist und das Eindringen von Toxinen verhindert. Wirksame Lokalanästhetika müssen diese Barriere überwinden (Abb. 2.28a).

Epineurium

Das Epineurium umhüllt mehrere von Perineurium umgebene Nervenfaserstränge und bildet die äußere Hülle des Nervs. Es besitzt straff angeordnete Kollagen- und viele elastische Fasern. Proximal steht es mit dem straffen Bindegewebe der Dura mater in Verbindung (Abb. 2.27).

Synapsen

Die Übertragung der Erregung von einer Nervenzelle auf eine andere Zelle – meistens auch eine Nervenzelle – erfolgt an einer speziellen Kontaktstelle, die Synapse genannt wird. Die Synapsentypen zwischen den Neuronen sind in ► Kap. 17.1 beschrieben.

Neuromuskuläre Synapse (Motorische Endplatte)

Die motorische Endplatte ist die Synapse zwischen einem α-Motoneuron und einer Skelettmuskelzelle. Sie ist die größte Synapse des Körpers und ist von komplexer Gestalt. Die präsynaptische Endigung wird nur noch von einer Schwann-Zelle bedeckt und liegt in einer Vertiefung der Skelettmuskelzelle. Sie enthält Mitochondrien und zahlreiche rundliche synaptische Vesikel mit Acetylcholin. Der ca. 50–100 µm weite synaptische Spalt enthält eine Basallamina, die wohl von der Skelettmuskelzelle gebildet wird und die Diffusion der kleinen Acetylcholinmoleküle nicht behindert. Die postsynaptische Membran ist stark gefaltet. An dieser Faltung, die die Oberfläche mit Acetylcholinrezeptoren (ca. 20000/μm^2) stark vergrößert, ist das Protein Dystrophin beteiligt. Das Acetylcholin wird rasch vom Enzym Acetylcholinesterase inaktiviert, das im Bereich der Basallamina lokalisiert ist.

3 Frühentwicklung

J. Wilting

3.1 Grundlagen der Embryologie

 Einführung

Auf dem Weg von der Zygote (befruchtete Eizelle) zum adulten Organismus durchläuft der Mensch transiente Stadien, die als Embryonal- und Fetalperiode, Kindheit und Jugend bezeichnet werden. Während der gesamten Entwicklung (Ontogenese) wird das Erbgut (Genotyp) in eine äußerlich sichtbare Gestalt (Phänotyp) umgesetzt.

Die Embryologie untersucht die Stadien bis zum Erreichen des Adultus, wobei der Schwerpunkt auf den Embryonal- und Fetalperioden liegt.

Embryonal- und Fetalperiode:
- Embryonalperiode: Umfasst die ersten 8 Wochen der Entwicklung.
- Fetalperiode: Dauert von der 9. Woche bis zur Geburt.

Neben der Ontogenese bietet die Untersuchung der **Phylogenese** (Stammesgeschichte) weitreichende Einblicke in die Entstehung und Entwicklung des Lebens. Der Mensch kann nicht als Sonderfall betrachtet, sondern nur im Zusammenhang mit der belebten Natur gesehen werden. Entwicklungsgenetische Untersuchungen verdeutlichen dies. Das Genom des Menschen unterscheidet sich von dem der Menschenaffen nur in ca. 3% der Gene. Hochkonservierte Gene oder Genfragmente (sog. Boxen) finden sich in praktisch unveränderter Form auch bei niederen Tieren, z.B. der Taufliege *Drosophila melanogaster*. Gene, wie z.B. das *PAX-6*-Gen, das für die Entwicklung der Augen von *Drosophila* essenziell ist, haben auch wichtige Funktionen in der Entwicklung des menschlichen Auges. Durch Genduplikationen sind die Funktionen bestimmter Gene in höheren Organismen besser abgesichert.

3.1.1 Untersuchungstechniken der Embryologie

Während den Embryologen zunächst nur rein deskriptive Untersuchungstechniken zur Verfügung standen (z.B. Serienschnitte von Embryonen in verschiedenen Entwicklungsstadien), wurden bereits zu Beginn des 20. Jahrhunderts experimentelle Techniken an verschiedenen Tiermodellen entwickelt. Die vollständige Trennung von Zellen im frühen Furchungsstadium, z.B. im 4-Zell-Stadium, zeigt die **Totipotenz** dieser Zellen, denn aus jeder einzelnen entwickelt sich ein vollständiger Organismus.

Während bei manchen Tierarten (z.B. bei Gürteltieren) eine Trennung der ersten 8 Zellen natürlicherweise vorkommt und der Vermehrung der Nachkommenschaft dient, sind beim Menschen lediglich **eineiige Zwillinge** (selten auch eineiige Drillinge) bekannt, so dass eine Totipotenz der Zellen nur in sehr frühen Stadien beobachtet werden kann. Unvollständige Schnürungen des Keimes vor oder während der Gastrulation geben Einblick in die Entstehung von Doppelbildungen (siamesische Zwillinge).

Die Markierung kleiner Areale oder einzelner Zellen des Keimes mit Hilfe von Vitalfarbstoffen oder fluoreszierenden Proteinen gibt Aufschluss über die Entwicklungspotenz und das Schicksal der markierten Zellen. Mit diesen Techniken ist es möglich, eine sog. »**fate map**« der frühen Keimstadien zu erstellen und das Schicksal der Zellen zu kartieren.

Die Transplantation eines Zellkerns einer differenzierten Zelle in eine Eizelle, deren Zellkern entfernt wurde, kann zur Entwicklung eines normalen Organismus führen. Dies zeigt, dass im Zuge der Differenzierung keine Gene verloren gehen und stellt die Grundlage für das Klonen von Embryonen dar.

3.1.2 Die *HOX*-Gene

Beispiele für die Konservierung von Genmotiven zwischen Mensch, Vertebraten und Invertebraten sind die Gene der DNA-bindenden Transkriptionsfaktoren (Zinkfingerproteine, Leucin-Zipper, basische Helix-Loop-Helix-Proteine), die häufig als musterbildende Gene wirksam sind. Dazu gehören auch die *HOX*-Gene, die entlang der Körperlängsachse exprimiert werden und jeweils unterschiedliche anteriore (kraniale) Expressionsgrenzen besitzen. Die Gene sind bei *Drosophila* auf Chromosom 3 lokalisiert und werden als *HOM*-Komplex bezeichnet. Mutationen dieser Gene führen zu **homöotischen Transformationen,** z.B. der Entwicklung eines Beines an einem falschen Segment (z.B. am Kopf). Die Gene des *HOM*-Komplexes enthalten alle eine Domäne *(Homeobox)* von 183 Basenpaaren, entsprechend 61 Aminosäuren. Es handelt sich dabei um eine DNA-bindende Proteindomäne mit genregulatorischer Potenz. Die homologen *HOX*-Gene der Maus bzw. *HOX*-Gene des Menschen sind in 4 Gruppen (Cluster a–d) auf unterschiedlichen Chromosomen lokalisiert. Alle 38 zurzeit bekannten *HOX*-Gene enthalten eine *Homeobox*, die mit der von *Drosophila* weitgehend übereinstimmt. Gene, die innerhalb der 4 Cluster an vergleichbarer Position liegen (z.B. *HOX a4, b4, c4, d4*), werden als **paraloge Gene** bezeichnet. Auch bei Vertebraten steuern die *HOX*-Gene (*HOX*-Code) die Musterbildung.

3.1 Deletion von Genen
Die Deletion der Gene *HOX a3* und *d3* in sog. Knock-out-Mäusen hat das völlige Fehlen des Atlas zur Folge. Auch beim Menschen werden homöotische Transformationen beobachtet. Hierzu zählen die Bildung zusätzlicher Rippen (Halsrippe) und die Assimilation (Verschmelzung) des Atlas mit dem Hinterhaupt.

Neben den *HOX*-Genen im eigentlichen Sinne gibt es noch eine große Anzahl von Genen außerhalb der *HOX*-Cluster, die ebenfalls eine Homeobox aufweisen und als als **Homeobox-Gene** bezeichnet werden. Die Expression dieser Gene ist meist auf kleinere Bereiche des Embryos beschränkt.

3.1.3 Die *PAX*-Gene

In dem *Drosophila*-Gen **Paired** wurd ein weiteres hochkonserviertes DNA-Motiv gefunden, eine 384 Basenpaare umfassende Paired-box, die die *PAX*-Gene charakterisiert. Die Familie der *PAX*-Gene der Maus und der *PAX*-Gene des Menschen enthält 9 Mitglieder, die bei der Entwicklung verschiedener Organsysteme von großer Bedeutung sind (z.B. *PAX1* Wirbelsäule, *PAX2* Niere, *PAX3* ZNS und Skelettmuskulatur, *PAX4* Pankreas, *PAX6* Auge, *PAX8* Schilddrüse, *PAX9* Thymus).

3.2 Mutation von *PAX*-Genen
Beim Menschen hat die Mutation des *PAX3*-Gens das **Waardenburg-Syndrom** zur Folge. Eine Mutation des *PAX6*-Gens führt zur **Aniridie** (Fehlen der Iris).

3.1.4 Rezeptoren und Signaltransduktion

Das Verhalten von Zellen wird oft durch Glykoproteine gesteuert, die als **Wachstums-** oder **Differenzierungsfaktoren** von Zellen produziert und sezerniert und von komplementären Rezeptoren ihrer Nachbarzellen erkannt werden. Da **Glykoproteine** mit hoher Affinität an die Rezeptoren binden, werden sie auch als **Liganden** bezeichnet. Eine solche Beeinflussung von Nachbarzellen wird als **parakriner Mechanismus** bezeichnet. Produziert eine Zelle Wachstumsfaktoren, die dann von Rezeptoren auf ihrer eigenen Oberfläche gebunden werden, so ist dies ein **autokriner Mechanismus.** Es sind heute viele Wachstumsfaktoren und Rezeptoren bekannt, die jedoch nach einem recht einheitlichen Schema funktionieren. Die **Rezeptoren** sind im Allgemeinen transmembrane Moleküle, die aus einer extrazellulären, einer transmembranen und einer zytoplasmatischen Domäne bestehen. Die Extrazellulardomäne bindet hochaffin an den Liganden, der damit häufig eine **Dimerisierung** der Rezeptoren bewirkt. Durch Konformationsänderungen wird die Enzymaktivität der zytoplasmatischen Domäne des Rezeptors aktiviert. Es handelt sich dabei meist um **Kinasen,** die unter ATP Verbrauch sich selbst und andere Proteine phosphorylieren können. Durch eine Kaskade von Phosphorylierungsreaktionen wird letztendlich ein DNA-bindender Transkriptionsfaktor aktiviert, der bestimmte Gene aktivieren oder auch hemmen kann.

Gene, die schon 30–60 Minuten nach ihrer Aktivierung durch einen Transkriptionsfaktor exprimiert werden, heißen »immediate early genes«. Es handelt sich hierbei um Gene, die wiederum für Transkriptionsfaktoren kodieren, wie z.B. *c-fos, c-jun und c-myc.*

Die Proteine *c-Fos* und *c-Jun* bilden als Heterodimer den Transkriptionsfaktor *AP-1,* der unter anderem die Interleukin-2-Produktion reguliert. Eine Vielzahl von Molekülen ist an der Aufnahme und Weiterleitung von Signalen beteiligt, die Proliferation und Differenzierung von Zellen steuern. Dabei schließen sich Proliferation und Differenzierung im Allgemeinen gegenseitig aus. Neben Proliferation und Differenzierung ist auch das Überleben der Zelle durch Signalmoleküle gesteuert.

Gene, die für Rezeptoren, Proteine der Signaltransduktion und Transkriptionfaktoren kodieren, werden auch als Protoonkogene bezeichnet. Es hat sich gezeigt, dass Mutationen dieser Gene Ursachen für eine kanzerogene Entartung sind.

3.1.5 Zelltod in der Entwicklung

In allen Phasen der Entwicklung ist physiologischer Zelltod zu beobachten. Während pathologischer Zelltod **(Nekrose)** Entzündungsmechanismen in Gang setzt, ist dies beim physiologischen Zelltod **(Apoptose)** nicht der Fall. In allen Organanlagen werden Zellen im Überschuss produziert und im Zuge der Funktionsentwicklung auf das notwendige Maß reduziert. Beispiele hierfür sind:

- Absterben von Motoneuronen des Rückenmarks, die keine funktionstüchtige Synapse mit einer Muskelfaser bilden.
- Interdigitale Apoptosezonen zur Trennung von Fingern und Zehen. Bleibt dies aus, so entsteht Syndaktylie.
- Trennung der beiden Skelettelemente von Unterarm und Unterschenkel.
- Reduktion der Zahl der Lymphozyten im Zuge ihrer Prägung.
- Bildung des Darmlumens.
- Reduktion der Brustdrüse nach der Schwangerschaft.

Apoptose kann durch Nachbarzellen induziert werden, z.B. mittels Proteinen der **Tumor-Nekrose-Faktor Familie** wie TNFα, der an seinen Rezeptor (TNF-R1) bindet, oder CD95-Ligand, der an CD95 (APO-1/Fas) bindet. Es sind heute verschiedene Aktivatoren und Inhibitoren der Apoptose bekannt. Proapoptotisch wirken die Gene *Bax, Bak* und *Bad.* Antiapoptotisch wirksam sind *Bcl-2* und *Bcl-xL.*

3.3 Schutzmechanismus gegen Tumorwachstum
Bei der tumorösen Entartung einer Zelle wird als Schutz in ihr der **Apoptosemechanismus** in Gang gesetzt, z.B. über das Gen *p53* (Tumorsuppressorgen). Das Gen ist aber in vielen Tumoren mutiert und kann somit nicht mehr wirksam werden und das Tumorwachstum verhindern.

3.1.6 Zell-Zell- und Zell-Matrix-Interaktionen

Das Verhalten von Zellen wird durch Nachbarzellen und durch die extrazelluläre Matrix beeinflusst. Gleichartige Zellen aggregieren miteinander. Dies wird durch **Zelladhäsionsmoleküle** (cell adhesion molecules: CAMs) gesteuert. Adhäsionsmoleküle werden in 2 Gruppen unterteilt: Cadherine und CAMs im engeren Sinne (Tab. 3.1). **Cadherine** werden durch Ca^{2+}-Ionen stabilisiert und vermitteln homophile Adhäsion, also mit Cadherinen der Nachbarzelle. Sie sind transmembrane Proteine und Bestandteil von Haftstrukturen *(Zonula* und *Punctum adhaerens).* Ihre zytoplasmatische Domäne ist über Catenine mit dem Aktinzytoskelett verbunden. Die Expression von Cadherinen korreliert eng mit dem Wanderungsverhalten **(Migration)** von Zellen. Ruhende Neuralleistenzellen im dorsalen Neuralrohr exprimieren N-Cadherin. Sobald die Zellen anfangen auszuwandern verlieren sie die N-Cadherin Positivität, um an ihrem Zielort das Molekül erneut zu exprimieren. Die **CAMs** gehören zur Immunglobulin-Superfamilie (Tab. 3.1). Es sind transmembrane Moleküle, die aus extrazellulären immunglobulinähnlichen Domänen, einer Transmembrandomäne und einer zytoplasmatischen Domäne bestehen. Die CAMs sind in ihrer Funktion Ca^{2+}-unabhängig. N-CAM wird z.B. für das Bündeln von Axonen während ihrer

Tab. 3.1. Die Klassen der Adhäsionsmoleküle und ihre zelluläre Lokalisation

Molekülklasse	Name (Synonym)	Lokalisation
Cadherine	N-Cadherin (A-CAM)	Nerven, Niere, Linse, Herz
	P-Cadherin	Plazenta, Epithelien
	E-Cadherin (L-CAM, Uvomorulin)	Epithelien
Immunglobulin-Superfamilie	N-CAM	Muskeln, Nerven, Niere
	Ng-CAM (L1, NILE)	Glia, Neurone
	LFA-1	Lymphozyten
	CD4	T-Helferzellen, Makrophagen
	ICAM-1 (CD54)	Endothelzellen, Monozyten, dendritische Zellen, Epithelien
	VCAM-1	Endothelzellen, Makrophagen, Myoblasten, Nierenepithelien
	PECAM-1 (CD31)	Thrombozyten, Endothelzellen, T-Lymphozyten, Granulozyten, Monozyten

Wanderung und für das Erstellen der Verbindung zur Muskelfaser benötigt. PECAM-1 (CD31) ist ein homophiles Adhäsionsmolekül und wird an den Rändern von Endothelzellen exprimiert, wo es den Erhalt des epithelialen Zellverbandes und das Durchwandern (Diapedese) von Leukozyten kontrolliert.

Zellen produzieren und sezernieren Makromoleküle, die als **extrazelluläre Matrix** im Interzellularraum lokalisiert ist und aus 4 Hauptkomponenten besteht:

- Kollagen
- Elastin
- Proteoglykane
- Glykoproteine

Diese Moleküle dienen unter anderem als Adhäsionsmoleküle, an die die Zellen mit niedrigaffinen Rezeptoren, den Integrinen, binden. Den Adhäsionsmolekülen ist die Aminosäuresequenz Arginin-Glycin-Asparaginsäure **(RGD)** gemeinsam. Diese Sequenz wird von den Integrinen erkannt und gebunden. **Integrine** sind Heterodimere aus je einer α- und einer β-Untereinheit. 16 α- und 8 β-Untereinheiten sind bekannt. Die zytoplasmatische Domäne der Integrine bindet die Proteine Talin und α-Actinin, die ihrerseits mit dem **Aktinmikrofilamentsystem** der Zelle in Verbindung stehen. Solche Verbindungen der extrazellulären Matrix mit dem Zytoskelett ermöglichen der Zelle, sich auf dem Substrat zu bewegen. Diese Funktion ist für die Morphogenese (Gestaltwerdung) des Embryos essenziell, und der Verlust an Integrinen ist letal. Die extrazelluläre Matrix besitzt auch die Fähigkeit Wachstumsfaktoren wie **VEGF** (Vascular Endothelial Growth Factor) und **bFGF** (basic fibroblast growth factor) zu binden und zu speichern. Bei Verletzungen werden die Faktoren freigesetzt und können ihre Wirkungen entfalten.

3.1.7 Genomisches Imprinting

Durch Verschmelzung von Spermium und Eizelle entsteht die diploide Zygote. Der väterliche und mütterliche Anteil der DNA in der Zygote sind aber nicht völlig gleichwertig. Zum einem stammt sämtliche **mitochondriale DNA** aus der Eizelle und zum anderen kann das Spermium entweder ein X- oder ein Y-Chromosom enthalten. Unterschiede betreffen jedoch nicht nur die Geschlechtschromosomen, sondern auch die Autosomen. Produziert man eine Zygote, in der das Genom aus 2 männlichen oder 2 weiblichen Vorkernen besteht, so entwickelt sich die Zygote nicht normal.

Männlicher und weiblicher Chromosomensatz sind nicht gleichwertig. Untersuchungen an der Maus haben gezeigt, dass es eine Reihe von Genen gibt, die nur vom väterlichen bzw. nur vom mütterlichen Allel transkribiert werden (◘ Tab. 3.2).

Während z.B. das Gen für den Insulin-like Growth Factor-2 (IGF-II) nur vom paternalen Genom transkribiert wird, ist das Gen für den entsprechenden Rezeptor (Igf-2r) nur auf dem maternalen Genom aktiv. Welches Gen aktiviert wird, kann durch die Methylierung der Nukleotide, die die Basen Guanin (G) und Cytosin (C) enthalten, gesteuert werden. Stark methylierte Gene werden nicht abgelesen.

3.4 Mutation von Genen

Da eine Reihe von Genen nur vom väterlichen bzw. nur vom mütterlichen Allel transkribiert werden, führen Mutationen mancher Gene zu unterschiedlichen Syndromen, je nachdem ob das väterliche oder das mütterliche Allel von der Mutation betroffen ist, z.B. beim **Prader-Labhart-Willi-Syndrom:** Deletion im proximalen Abschnitt des paternalen Chromosoms 15; beim **Angelman-Syndrom:** Deletion im proximalen Abschnitt des maternalen Chromosoms 15.

◘ Tab. 3.2. Gene, die einem genomischen Imprinting unterliegen

Expression	Gen	Funktion
Paternale Expression	*Igf2*	fetaler Wachstumsfaktor
	Insulin-2	Wachstumsfaktor
	Snrpn	RNA-Prozessierung
	Znf 127	Zink-Finger-Protein
	Necdin	Wachstumsinhibitor postmitotischer Neurone
Maternale Expression	*Igf2r*	IGF-II-Bindung
	Mash2	plazentaler Transkriptionsfaktor
	$K_v$lqt1	Kaliumkanal
	Grb10	Hemmung des IGF-Signals

Die genaue Bedeutung des genomischen Imprintings ist unklar. Auffallend ist jedoch, dass die jeweiligen paternalen und maternalen Gene das Wachstum des Embryos und der Eihäute reziprok regulieren.

Eine besondere Form des Imprintings betrifft das X-Chromosom, auf dem ca. 1000 Gene lokalisiert sind. Jede Zelle der Frau enthält 2 X-Chromosomen, von denen in allen Somazellen (nicht in den Keimbahnzellen) eines der beiden zufallsgemäß fast vollständig inaktiviert wird.

Das inaktive X-Chromosom kann als Anhängsel des Zellkerns (Trommelschlegel) von neutrophilen Granulozyten im Blutausstrich von Frauen beobachtet werden.

In Kürze

Der Mensch durchläuft mehrere transiente Stadien: Embryonal- und Fetalperiode, Kindheit und Jugend. Während der gesamten Entwicklung (Ontogenese) wird das Erbgut (Genotyp) in eine äußerlich sichtbare Gestalt (Phänotyp) umgesetzt.

***HOX*-Code:** Beispiele für die Konservierung von Genmotiven sind die Gene der DNA-bindenden Transkriptionsfaktoren (Zinkfingerproteine, Leucin-Zipper, basische Helix-Loop-Helix-Proteine). Dazu gehören auch die *HOX*- und die *PAX*-Gene.

Wachstumskontrolle: Das Verhalten von Zellen wird oft durch Glykoproteine gesteuert, die als **Wachstums-** oder **Differenzierungsfaktoren** von Zellen sezerniert und von komplementären Rezeptoren ihrer Nachbarzellen erkannt werden.

Kontrolle der Zellzahl: In allen Phasen der Entwicklung ist ein physiologischer Zelltod zu beobachten. In allen Organanlagen werden Zellen im Überschuss produziert und im Zuge der Funktionsentwicklung auf das notwendige Maß reduziert.

Lokale Interaktionen: Das Verhalten von Zellen wird durch Nachbarzellen und die extrazelluläre Matrix beeinflusst. Gleichartige Zellen aggregieren miteinander. Dies wird durch **Zelladhäsionsmoleküle** (CAMs) gesteuert.

Transkriptionsregulation: Durch Verschmelzung von Spermium und Eizelle entsteht die diploide Zygote. Der väterliche und mütterliche Anteil der DNA in der Zygote sind aber nicht völlig gleichwertig.

3.2 Stadien bis zur Implantation

Einführung

Die frühe Phase der Entwicklung wird unterteilt in Befruchtung, Präimplantationsentwicklung und Implantation.

3.2.1 Befruchtung

Vereinigung des paternalen und maternalen Erbguts

Aus den Urkeimzellen (Urgeschlechtszellen) haben sich die haploiden Gameten entwickelt. Die reifen Keimzellen des Mannes heißen **Spermien** (Samenzellen), die der Frau **Oozyten** (Eizellen). Die Oozyten haben einen Durchmesser von 120–130 µm und enthalten im Gegensatz zu den Spermien sehr viel Zytoplasma und viele Mitochondrien. Ziel der sexuellen Fortpflanzung ist die Vereinigung und Durchmischung des väterlichen und mütterlichen Erbguts durch:

- **Insemination:** Einbringung männlicher Gameten in den weiblichen Genitaltrakt
- **Imprägnation:** Eindringen eines Spermiums in die Oozyte
- **Syngamie:** Vereinigung des männlichen und weiblichen Vorkerns.

Bei der Befruchtung wird auch das genetische Geschlecht determiniert, und zwar über das Vorhandensein des Y-Chromosoms, das nur über das Spermium übertragen werden kann. Die Aktivierung von Genen des Y-Chromosoms führt zur Determination des männlichen Geschlechts. Von besonderer Bedeutung ist das *SRY*-Gen (sex-determining region of the Y), das nahe der Spitze des kurzen Arms des Y-Chromosoms lokalisiert ist. Fehlt die Spitze des Chromosoms oder ist das *SRY*-Gen mutiert entstehen XY-Frauen.

Bei der **Insemination** gelangen mit der Ejakulation ca. 100 Millionen Spermien in den weiblichen Genitaltrakt. Davon erreichen jedoch nur sehr wenige (ca. 10) die Eizelle. Die optimale Zeit für die Empfängnis (Konzeption) liegt in einer begrenzten Zeit um die Ovulation (Eisprung), da die Eizelle nur ca. 6–12 Stunden befruchtbar und die Spermien ca. 2–3 Tage befruchtungsfähig sind (▶ Kap. 13).

Als **Imprägnation** wird das Eindringen des Spermiums in die Eizelle bezeichnet. Dieser Vorgang findet im Bereich der *Pars ampullaris* der *Tuba uterina* statt (Abb. 3.1). Zur Imprägnation sind Spermien nur dann befähigt, wenn sie zuvor einen Prozess durchlaufen haben, der als **Kapazitation** bezeichnet wird. Der Prozess ist nur unvollständig verstanden, beinhaltet wohl eine Modifikation von Membranlipiden und -proteinen des Spermiums (▶ Kap. 12).

Das Spermium muss mehrere Hüllen, die die Eizelle umgeben, durchdringen. Bei der Ovulation wird die Eizelle zusammen mit umhüllenden Follikelepithelzellen in den Eileiter ausgestoßen. Die Follikelepithelzellen werden als *Corona radiata* bezeichnet. Außerdem besitzt die Eizelle eine »Eischale« in Form einer besonders dicken Basalmembran, der *Zona pellucida*. Die Spermien wandern mittels kräftiger Schläge ihres Schwanzes positiv rheotaktisch (also gegen den Zilienschlag der Tubenepithelzellen) auf die Eizelle zu. Mittels ihrer mechanischen Aktivitäten durchdringen die Spermien auch die *Corona radiata* und gelangen zur *Zona pellucida*, die aus Glykoproteinen besteht. Das Spermium bindet (relativ speziesspezifisch) an die *Zona pellucida*. Bei der Maus ist das Glykoprotein **ZP3** ein spezifischer Rezeptor für die Spermien, der dann die **Akrosomreaktion** auslöst (Abb. 3.2).

Das Akrosom ist ein enzymhaltiges Vesikel, das dem Kern des Spermiums kappenartig aufliegt. Es enthält Proteasen (z.B. Akrosin) und Hyaluronidase.

Die äußere Akrosommembran fusioniert partiell mit dem Plasmalemm des Spermiums und wird porös. Durch die Aktivität der lytischen Enzyme entsteht ein Eintrittskanal in der *Zona pellucida*. Durch weitere Bewegungen erreicht das Spermium den perivitellinen Raum und das Plasmalemm der Eizelle (Oolemm), das dann mit der postakrosomalen Membran des Spermiums fusioniert. Ein essenzieller Faktor für diese Fusion ist das Protein **Fertilin** im Plasmalemm des Spermiums, das vom **α6β1-Integrin** der Eizellmembran gebunden wird. Der Kern des Spermiums wird in die Eizelle aufgenommen und bildet den männlichen Vorkern. Das Zentriol des Spermiums teilt sich und bildet die Pole der Teilungsspindel. Alle übrigen Strukturen des Spermiums (z.B. die Mitochondrien) gehen zugrunde.

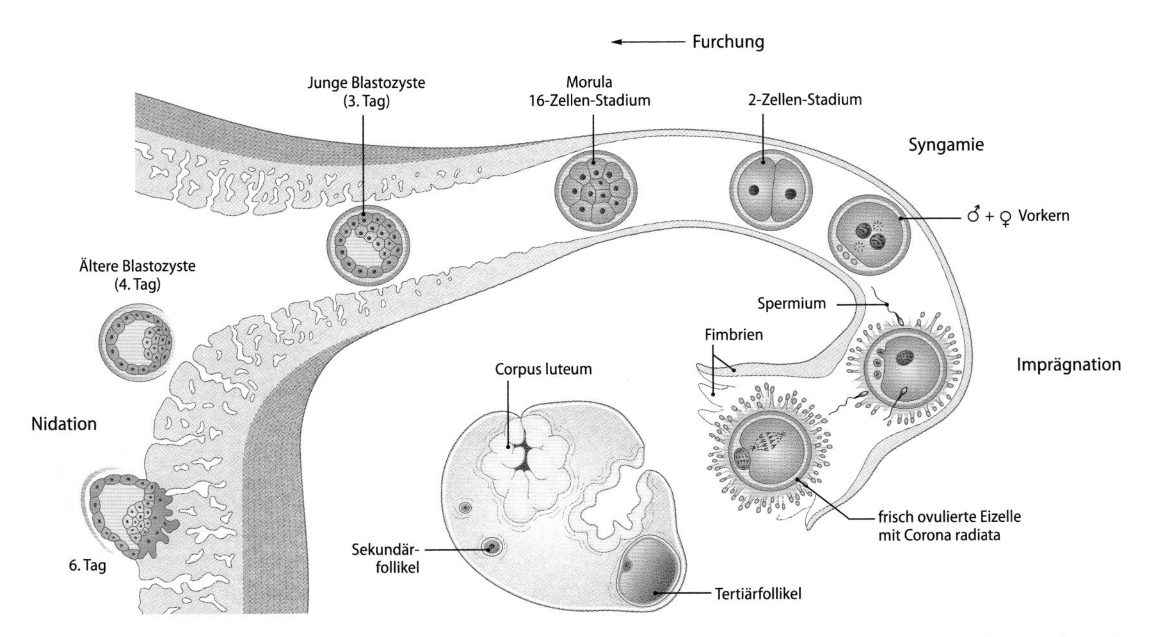

Abb. 3.1. Follikelsprung, Imprägnation, Syngamie, Furchung und Nidation der Blastozyste. Die Keimstadien sind in einem größeren Maßstab dargestellt als Tube und Uterus [1]

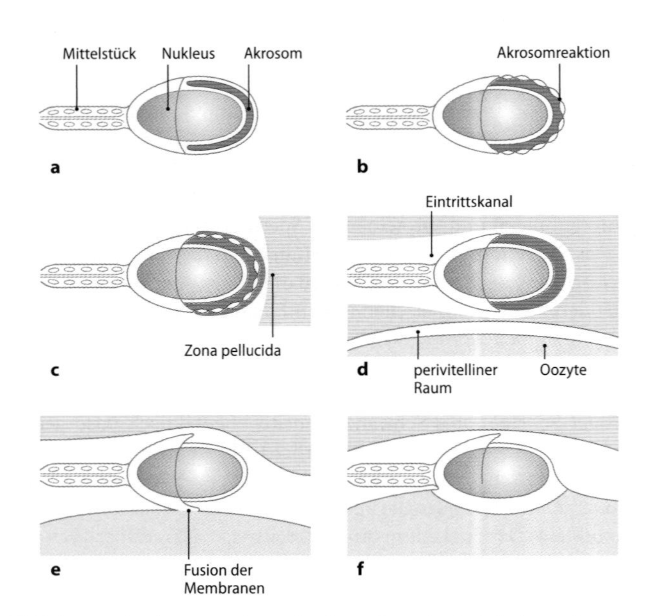

Abb. 3.2a–f. Akrosomreaktion des Spermiums (a–d), Anheftung des Spermiums an der Oozytenoberfläche (e und f) und Beginn der Verschmelzung der postakrosomalen Membran des Spermiums mit der Eizelle [1] gelb = Zona pellucida; rot = Inhalt des Akrosoms

Das Eindringen weiterer Spermien **(Polyspermie)** wird durch 2 Mechanismen verhindert:

- Mit dem Eindringen des ersten Spermiums kommt es zum Einstrom von Na^+-Ionen und zum Anstieg des **Membranpotenzials** der Eizelle von -70 mV auf +20 mV. Dieser Mechanismus schützt die Eizelle vor der Bindung weiterer Spermien.
- Anschließend wird aus dem endoplasmatischen Retikulum Ca^{2+} freigesetzt, das die **Kortikalreaktion** induziert. Im Zuge dieser Reaktion fusionieren oberflächennahe Vesikel der Eizelle mit dem Oolemm und sezernieren ihren Inhalt (u.a. Proteasen) in den perivitellinen Raum, wodurch Adhäsionsmoleküle abgebaut werden.

Erst mit dem Eindringen des Spermiums wird die 2. meiotische Teilung der Eizelle induziert und das 2. **Polkörperchen** abgegeben. Das 1. Polkörperchen kann sich gegebenenfalls auch noch einmal teilen.

Als **Syngamie** wird die Fusion der haploiden Kerne von Oozyte und Spermium bezeichnet. Die Zellkerne, die nun **männlicher** und **weiblicher Vorkern** genannt werden, wandern innerhalb von 12 Stunden aufeinander zu. Der männliche Vorkern wird größer (dekondensiert) aufgrund des Umbaus kondensatorisch wirksamer basischer Kernproteine **(Proteamine)**.

> **Das männliche Zentriol organisiert die Bildung von Mikrotubuli, die jeweils ein Plus- und ein Minusende besitzen. Die Mikrotubuli sind radiär, in Form einer Aster ausgerichtet und für die Wanderung der Kerne unerlässlich. Störungen dieser Funktion haben Infertilität zur Folge.**

Während der Wanderung löst sich die Membran der Vorkerne auf und die DNA wird verdoppelt. Ein einheitlicher Zellkern entsteht nicht. Vielmehr orientieren sich die Chromosomen beider Vorkerne in einer gemeinsamen Mitosespindel. Ein diploider Zellkern entsteht erst im 2-Zell-Stadium.

3.2.2 Präimplantationsentwicklung

Die weitere Entwicklung der Zygote findet auf ihrer Wanderung durch die *Tuba uterina* zum *Uterus* statt (Abb. 3.1). Von der Ovulation bis zur Ankunft des Keims im Uterus vergehen 96–120 Stunden.

Die ersten Furchungsteilungen der menschlichen Eizelle verlaufen viel langsamer als die der üblicherweise im Labor untersuchten Tiere. Die ersten beiden Teilungen dauern jeweils etwa 24 Stunden. Es entstehen ein 2-Zell-Stadium und ein 4-Zell-Stadium. Die Zellen heißen **Blastomere.** Das Zytoplasma der Eizelle wird in etwa gleichen Mengen auf die Blastomere aufgeteilt. Die nachfolgenden Zellteilungen dauern nur noch 12–18 Stunden und verlaufen nicht völlig synchron, so dass auch ungerade Zellzahlen entstehen.

> **Bis zum 8-Zell-Stadium findet keine Transkription statt, die Zellkerne sind bis zu diesem Stadium inaktiv, jedoch erfolgt eine Translation der im Zytoplasma gespeicherten maternalen mRNA. Diese mRNA wird mit der Aufnahme der Zellkernaktivität abgebaut.**

Der Keim benötigt für seinen Metabolismus Glucose. Ab dem 16-Zell-Stadium findet ein Prozess statt, der als **Kompaktierung** bezeichnet wird. Dies ist eine Zusammenlagerung der oberflächlichen Zellen, die eine Polarität erkennen lassen. Sie bilden apikal **Tight Junctions** und **Mikrovilli,** während nur in der basolateralen Zellmembran das Adhäsionsmolekül **E-Cadherin** lokalisiert ist. Durch Gabe von Antikörpern gegen E-Cadherin kann die Kompaktierung verhindert werden. Ab dem 16-Zell-Stadium wird der Keim als **Morula** (Maulbeere) bezeichnet (Abb. 3.3). In diesem Stadium besitzen die äußeren Zellen einen epithelialen Phänotyp, während die inneren Zellen unpolar sind. Auf diese Weise entstehen 2 verschiedene Zellpopulationen:

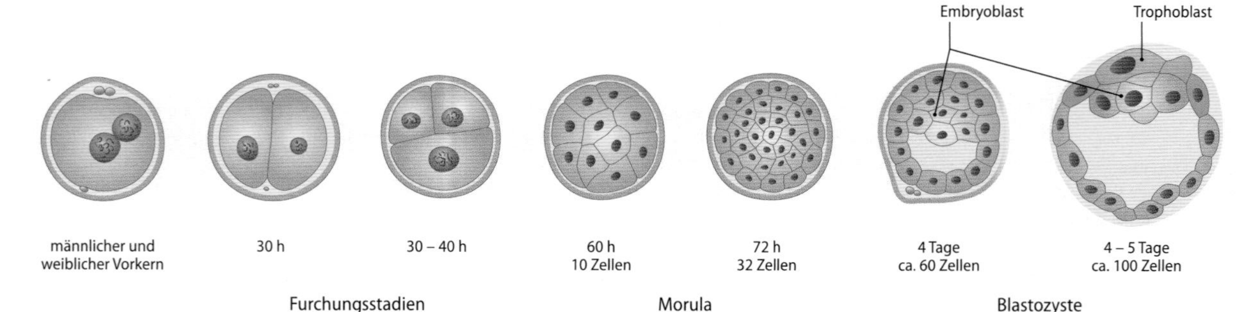

Abb. 3.3. Furchungsteilungen und Blastozystenentwicklung des Menschen. Nach der Befruchtung wird ungefähr 30 h später das 2-Zell-Stadium erreicht. Die Blastomere teilen sich asynchron weiter, so dass ein Zellhaufen, die Morula, entsteht. Im Alter von 3–4 Tagen beginnt sich die Blastozystenhöhle durch Konfluieren von Interzellularräumen zu bilden. Während die Zona pellucida sich ausdünnt (ihr Material wird aufgelöst), vergrößert sich die Blastozyste langsam und hat 5 Tage nach der Befruchtung meist mehr als 100 Zellen [1]

- **innere Zellmasse: Embryoblast** (aufgrund ihrer prospektiven Bedeutung so bezeichnet)
- **äußere Zellen: Trophoblast** (Trophektoderm).

Bis zum 32-Zell-Stadium sind beide Zellarten noch omnipotent, also ineinander umwandelbar. Dennoch ist bereits eine unterschiedliche Genexpression der Zellen zu erkennen, denn nur die Trophoblastzellen exprimieren das **Regulatorgen Hxt.** Die Trophoblastzellen beginnen nun Flüssigkeit aus dem Eileiter und dem Uterus in das Zentrum des Keims zu transportieren. Dort sammelt sich die Flüssigkeit im Interzellularraum an und es entsteht eine Höhle, die **Blastozystenhöhle.** Der Keim wird nun als **Blastozyste** bezeichnet und beginnt die *Zona pellucida* enzymatisch aufzulösen (◻ Abb. 3.1).

3.5 Eileiterschwangerschaft (Tubargravidität)
Die Zona pellucida hat die Aufgabe, eine vorzeitige Anheftung des Keims an das Epithel der mütterlichen Geschlechtsorgane zu verhindern. Eine solche ektope Anheftung ist die Ursache für eine Eileiterschwangerschaft. Diese führt im zweiten Monat zur Ruptur der Tube und zu lebensbedrohlichen Blutungen für die Mutter. Der Keim kann in keinem Fall gerettet werden.

Die Blastozyste löst mittels membranständiger Enzyme **(Strypsin)** ein Loch in die Zona pellucida und »schlüpft« aus. Im Blastozysten-Stadium sind die Schicksale von Trophoblast und Embryoblast determiniert, die Zellen also nicht mehr ineinander umwandelbar. Die Blastozyste hat einen Durchmesser von 2–3 mm. Im Trophoblasten können zwei Abschnitte unterschieden werden. Ein Teil **(polarer Trophoblast)** steht mit den Zellen des Embryoblasten in Kontakt. Der andere Teil **(muraler Trophoblast)** kleidet die Blastozystenhöhle aus. Dieses Entwicklungsstadium ist 4 Tage nach der Ovulation erreicht. Die Masse der Zellen (ca. 60–100) sind Trophoblastzellen, während nur 5–8 Zellen den Embryoblasten bilden. Wahrscheinlich sterben 50% der Keime schon vor dem Erreichen des Uterus ab.

3.2.3 Implantation

Die Implantation **(Nidation)** erfolgt am 6.–7. Tag nach der Befruchtung (◻ Abb. 3.1). Die Blastozyste nimmt Kontakt zur Uterusschleimhaut **(Endometrium)** auf und dringt in diese ein.

Das Endometrium befindet sich in der Sekretionsphase (Lutealphase) und ist reich an Glykogen. Es produziert Wachstumsfaktoren wie z.B. Epidermal Growth Factor **(EGF)** genau in dem Bereich, in dem die Implantation stattfinden wird.

3.6 Abweichende Implantationsorte
Die Implantation findet normalerweise im oberen Drittel an der Hinterwand des Uterus statt und ist mit dem 11. Tag nach Befruchtung abgeschlossen. Sie kann aber auch an anderen Stellen im Uterus erfolgen, z.B. in der Nähe der *Cervix uteri*. In diesem Fall kann die wachsende Plazenta den Zervikalkanal verschließen *(Placenta praevia)*, so dass zur Entbindung ein Kaiserschnitt vorgenommen werden muss. Weitere ektope Implantationsorte sind neben der Tuba uterina noch das Ovar **(Ovarialgravidität)** und das Peritoneum der Bauchhöhle **(Abdominalgravidität)**.

Der polare Trophoblast der Blastozyste nimmt Kontakt zum Uterusepithel auf. Der Kontakt wird durch Pentasaccharide des Uterusepithels und entsprechende Rezeptoren des Trophoblasten vermittelt. Außerdem sind Adhäsionsmoleküle (E-Cadherin, P-Cadherin) auf dem Trophoblasten und dem Endometrium exprimiert. Ohne funktionelles **αvβ3-Integrin** findet keine Adhäsion des Trophoblasten

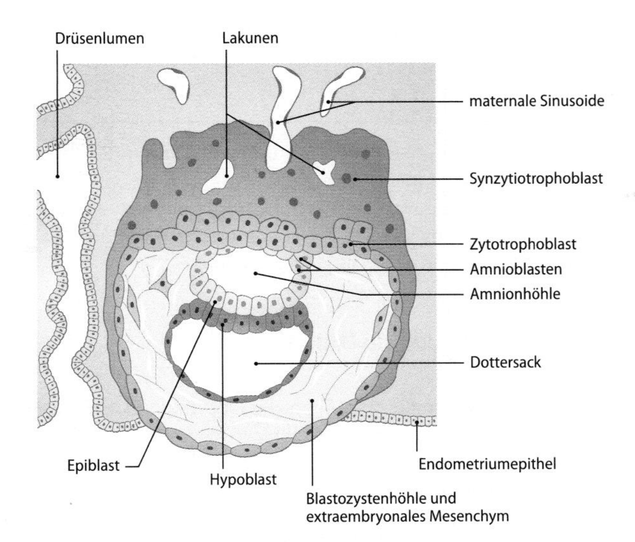

◻ **Abb. 3.4.** Ein 8 Tage alter Keim während der Implantation. Aus dem Zytotrophoblast entsteht durch Auflösung der Zellgrenzen der Synzytiotrophoblast. Außerdem entstehen die Amnionhöhle und der Dottersack. Der Anschluss an die mütterlichen Blutgefäße beginnt [1]

statt. Dies führt zu Infertilität. Mittels Freisetzung verschiedener Enzyme (Kollagenase, Stromelysin, Plasminogenaktivator) dringt die Blastozyste in das Endometrium ein. Während des Eindringens fusionieren die Zellen des polaren Trophoblasten miteinander und bilden ein Synzytium, den **Synzytiotrophoblast** (◻ Abb. 3.4). Dieser bildet humanes Choriongonadotropin **(HCG)**, das die Aufrechterhaltung der Funktion des *Corpus luteum* bewirkt. Dieses produziert Gestagene und Östrogene, die die Schwangerschaft erhalten. Das Glykogen der Deziduazellen steht der Blastozyste nun zur Verfügung. Der Trophoblast wächst sehr schnell und bildet Lakunen, in die das Blut der Mutter einströmt. Zur Entwicklung der Plazenta siehe ▶ Kap. 15.

Obwohl die Blastozyste für den mütterlichen Organismus einen Fremdkörper darstellt, wird sie toleriert und nicht immunologisch bekämpft. Die Blastozyste induziert unspezifische und spezifische immunsuppressive Mechanismen.

3.7 Schwangerschaftstest
Das im Urin schwangerer Frauen enthaltene HCG kann mit Antikörpern im Schwangerschaftstest nachgewiesen werden.

In Kürze

Die **frühen Phasen der Entwicklung** werden unterteilt in:
- Befruchtung
- Präimplantationsentwicklung
- Implantation

Furchungsteilungen: Die weitere Entwicklung der Zygote findet auf ihrer Wanderung durch die *Tuba uterina* zum Uterus statt.

Einnistung: Die Implantation **(Nidation)** erfolgt am 6.–7. Tag nach der Befruchtung. Die Blastozyste nimmt Kontakt zur Uterusschleimhaut **(Endometrium)** auf und dringt in diese ein.

3.3 Postimplantationsentwicklung

 Einführung

Die Postimplantationsentwicklung führt zur Bildung der extraembryonalen Hüllen und des Embryos selbst. Das Schicksal der Zellen wird durch die Bildung der 3 Keimblätter (Ektoderm, Mesoderm, Entoderm) sukzessiv festgelegt. Die Körperform wird durch Wachstumsbewegungen zunehmend menschlicher.

3.3.1 Extraembryonale Hüllen

Bei der Einnistung der Blastozyste in die Dezidua entsteht ein Epitheldefekt, der zunächst durch Fibrinablagerungen und danach durch Regeneration des Epithels geschlossen wird. Neben dem schnell wachsenden Trophoblasten entwickelt sich der Embryoblast nur sehr langsam. Es finden jedoch deutliche Veränderungen in der Struktur des Embryoblasten statt. Neben dem Embryo selbst entstehen extraembryonale Membranen. Dabei handelt es sich um: Amnion, Dottersack, Chorion und Allantois. Im Embryoblast finden Umbauvorgänge statt, so dass aus dem unpolaren Zellhaufen 2 Zellschichten entstehen: Epiblast und Hypoblast (◘ Abb. 3.4). Die Zellen proliferieren und verbleiben dabei in ihrem flächenhaften Verband. Es entsteht die rundliche **zweiblättrige Keimscheibe.** Die Zellen des **Epiblasten** sind iso- bis hochprismatisch, die des **Hypoblasten** flach. An den Rändern des Hypoblasten wandern Zellen aus und umschließen einen Hohlraum. So entsteht der **Dottersack.** Seine Funktionen sind:

- Bildung von Blutgefäßen und **Blutzellen**
- Lagerung von **Urkeimzellen.**

Innerhalb des Epiblasten entstehen Spalträume, die sich vergrößern und konfluieren. Auf diese Weise entsteht das **Amnion.** Es sezerniert Fruchtwasser, nimmt rasch an Größe zu und umhüllt später schützend den gesamten Fetus (◘ Abb. 3.4).

3.8 Amnionzentese

Im Fruchtwasser schwimmen Makrophagen und abgeschilferte Zellen des Fetus. Diese können mittels einer Fruchtwasserpunktion (Amnionzentese) gewonnen, in vitro vermehrt und zur DNA-Analyse herangezogen werden.

In der zweiten Entwicklungswoche entstehen auch Zellen, die als **extraembryonales Mesoderm** oder Mesenchym bezeichnet werden. Ihr Ursprung vom Hypoblasten oder der kaudalen Region des Epiblasten ist nicht eindeutig geklärt. Die Zellen umhüllen den Dottersack und das Amnion und füllen als Netzwerk die Blastozystenhöhle (◘ Abb. 3.4) aus. In dem Netzwerk bildet sich ein Hohlraum, der als Chorionhöhle bezeichnet wird. Die Wand **(Chorion)** legt sich dem Trophoblasten an und wird zu einem Teil der fetalen Plazenta. Ein Teil des Netzwerks verdichtet sich und verbindet als **Haftstiel** (später als Nabelschnur) den Embryo mit dem Trophoblasten (bzw. der Plazenta). Der Hinterrand des Hypoblasten wächst als Blindsack in den Haftstiel hinein. Auf diese Weise entsteht der **Allantoisgang,** der auch in der Nabelschnur noch als **Urachus** nachweisbar ist und später bis zur Harnblase reicht. Eine unvollständige Rückbildung des Urachus verursacht Fisteln.

3.3.2 Bildung der Keimblätter

In der zweiblättrigen Keimscheibe ist bereits die **Dorsoventralachse** des Embryos festgelegt. Der Epiblast liegt dorsal, der Hypoblast ventral.

In der nun folgenden Phase der **Gastrulation** (griech. gaster = Magen) finden viele entscheidende Weichenstellungen für die weitere Entwicklung statt.

Die Gastrulation ist gekennzeichnet durch:

- Bildung der Keimblätter
- Festlegung der kraniokaudalen Achse
- Festlegung der Rechts-Links-Lateralität
- Individualisation.

Die embryonalen **Keimblätter** (Ektoderm, Mesoderm und Entoderm) entwickeln sich allein aus dem **Epiblasten** (◘ Abb. 3.5). Der Hypoblast liefert keine embryonalen Strukturen. Seine Zellen werden nach lateral in das extraembryonale Entoderm verlagert. Von entscheidender Bedeutung ist der Hypoblast für die:

- Induktion der Gastrulation und
- Festlegung der kraniokaudalen Achse.

Im Verlauf der Gastrulation bildet der **Epiblast** Zellen mit unterschiedlichen Verhaltensmustern (◘ Abb. 3.5b):

- Zellen, die im Epiblasten verbleiben und zum Ektoderm werden.
- Zellen, die zwischen Epiblast und Hypoblast wandern und zum Mesoderm werden.
- Zellen, die sich in den Hypoblasten integrieren, diesen nach lateral verdrängen, und zum embryonalen Entoderm werden.

Das Schicksal der verschiedenen Zellen ist z.T. schon im Epiblasten determiniert.

Die Gastrulation beginnt in der 3. Entwicklungswoche. Sichtbares Zeichen ist der **Primitivstreifen,** eine longitudinale Verdickung des Epiblasten. Der Primitivstreifen markiert die Kraniokaudalachse des Embryos und verlängert sich von kaudal nach kranial.

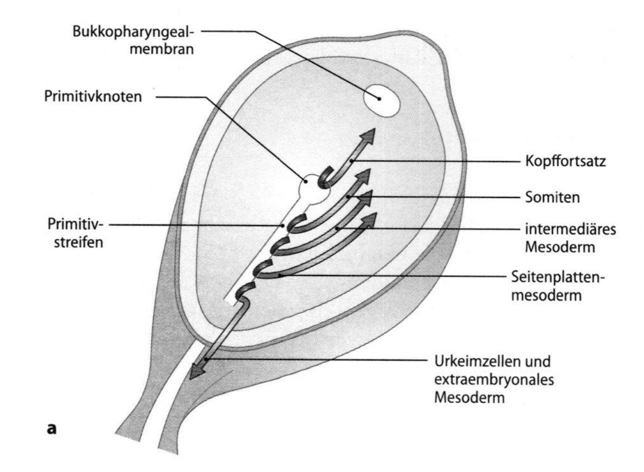

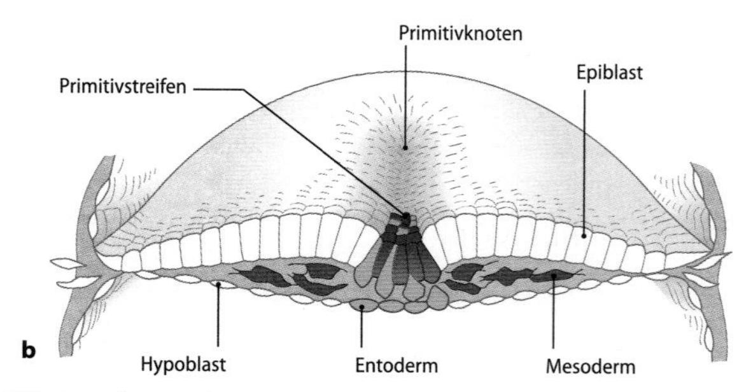

◘ **Abb. 3.5a, b.** Wanderung der Mesodermzellen durch den Primitivstreifen und -knoten (a) und Bildung von Ektoderm, Mesoderm (rot) und intraembryonalem Entoderm (grün) aus den Epiblasten (b) [modifiziert nach 2]

Das Zentrum des Primitivstreifens liegt tiefer als die Randbereiche und wird als **Primitivrinne** bezeichnet. Das kraniale Ende des Primitivstreifens, der **Primitivknoten** (Hensen-Knoten), und die Primitivrinne sind die Bereiche, in denen die Zellen des Epiblasten den Zellverband verlassen, in die Tiefe wandern und so Mesoderm und Entoderm bilden. Das Wandern der Zellen wird durch das Abschalten von Adhäsionsmolekülen (z.B. E-Cadherin) ermöglicht. Die Zellen nehmen eine typische Form (Flaschenform) an und produzieren extrazelluläre Matrix (z.B. das Glykoprotein Fibronektin), die als Straße für die Wanderung dient. Später zieht sich der Primitivstreifen in kraniokaudaler Richtung wieder zurück und wird kürzer. Durch die Zellverlagerungen bei der Gastrulation entstehen Entoderm und verschiedene Kompartimente des Mesoderms (◘ Abb. 3.5). Durch den Primitivknoten wandern Zellen nach kranial und bilden den **Kopffortsatz** (axiales Mesoderm). Die Zellen bleiben epithelial organisiert. Lediglich an der kranialen Spitze liegt ein locker strukturierter (mesenchymaler) Zellverband, das **prächordale Mesoderm.** Der Kopffortsatz ist kurzzeitig in das Entoderm integriert, schnürt sich aber alsbald von diesem wieder ab (◘ Abb. 3.6). Die Existenz eines Kanals im Kopffortsatz *(Canalis neurentericus)* ist strittig.

Durch Wanderung des Primtivknotens nach kaudal verlängert sich das axiale Mesoderm und bildet eine für die weitere Entwicklung essenzielle Struktur, die Chorda dorsalis (das Notochord). Die Chorda dorsalis produziert viele wichtige Signalmoleküle und beeinflusst die Entwicklung aller benachbarten Strukturen.

Je weiter kaudal die Epiblastzellen durch den Primitivknoten und Primitivstreifen in das Mesoderm wandern, desto weiter lateral ist ihre spätere Lokalisation. Auf diese Weise entstehen:
- paraxiales Mesoderm
- intermediäres Mesoderm
- Seitenplattenmesoderm
- Urkeimzellen
- zusätzliches extraembryonales Mesoderm

Das paraxiale Mesoderm wird alsbald in epitheliale Einheiten, die Somiten, untergliedert. Im kranialen Bereich der Keimscheibe bleibt ein ovales Feld frei von Mesoderm. Dieses Feld heißt **Bukkopharyngealmembran** (Oropharyngealmembran, Rachenmembran, früher auch Prächordalplatte genannt). Hier stoßen Ektoderm und Entoderm direkt aneinander (◘ Abb. 3.6). In der 4. Woche degeneriert die Membran und gibt die Verbindung zwischen Mundhöhle und Rachen frei. Vergleichsweise ist auch transient (übergangsweise) eine Membran im Kloakenbereich vorhanden **(Kloakenmembran)**. Der kaudalste Abschnitt des Embryos ist die **Schwanzknospe.** Aus ihr entstehen die Strukturen, die kaudal des 4. Lendenwirbels liegen. Das Mesoderm stammt hier ausschließlich aus dem Primitivstreifen, nicht aus dem Primitivknoten. Die Entwicklung der Schwanzknospe unterscheidet sich deutlich von den weiter kranial gelegenen Abschnitten. Der Prozess wird als **sekundäre Gastrulation** bezeichnet. Aus einer zunächst einheitlichen Zellmasse gliedern sich durch Dehiszenz (Spaltbildung) axiales, paraxiales und intermediäres Mesoderm sowie das Neuralrohr voneinander ab.

Letztlich bewirkt die Gastrulation auch eine **Individualisation** des Embryos. Vor der Gastrulation sind Zwillingsbildungen wie folgt möglich:
- Trennung der beiden ersten Blastomere
- Doppelbildung des Embryoblasten

3.9 Siamesische Zwillinge
Nach der Gastrulation ist eine Zwillingsbildung nicht mehr möglich. Störungen während der Gastrulation können zu Verdoppelungen des kranialen oder kaudalen Abschnitts des Primitivstreifens führen. Das Resultat sind Doppelbildungen *(Duplicitas anterior/posterior)*, die auch unter dem Begriff siamesische Zwillinge bekannt sind.

Die Bildung von Primitivstreifen und -knoten wird durch verschiedene Aktivatoren und Inhibitoren reguliert. Ohne die Gene *Nodal, BMP4* und *HNF-3β* bildet sich kein Primitivstreifen und -knoten. Das Gen *Wnt8* kann zusätzliche Primitivstreifen induzieren. Das Gen *Axin1* hemmt *Wnt*-Gene. Fehlt *Axin1*, so entwickeln sich mehrere Primitivstreifen.

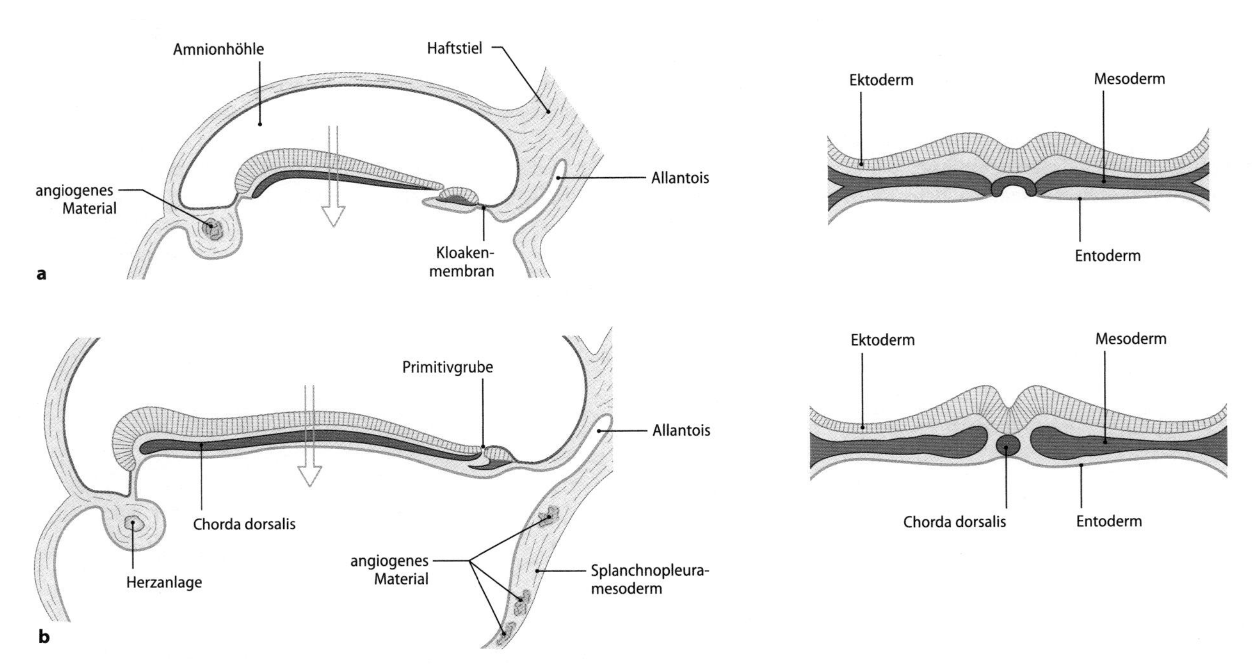

◘ **Abb. 3.6a, b.** Bildung der Chorda dorsalis und der Keimblätter in aufeinander folgenden Entwicklungsstadien. Links: Längsschnitte in kraniokaudaler Richtung. Rechts: Querschnitte in Höhe der Pfeile in der linken Abbildung [1] Chorda dorsalis = violett, Ektoderm = gelb, Entoderm = grün, Mesoderm = rot

Nachdem nun die Dorsoventralachse und die Kraniokaudalachse des Embryos festgelegt sind, steht auch fest, welches die **rechte** bzw. **linke Körperhälfte** ist. Obwohl beide Seiten morphologisch keine Unterschiede aufweisen, sind sie doch durch unterschiedliche Genexpressionsmuster charakterisiert (Tab. 3.3). Die frühe Determination der rechten und linken Körperseite ist wichtig, weil sich bald ein Organ entwickelt, das zum größten Teil auf der linken Körperseite liegen wird, das Herz. Wird das Gen **Nodal,** das normalerweise nur linksseitig vorhanden ist, auf beiden Körperseiten gleichmäßig exprimiert, entwickelt sich das Herz in jeweils 50% der Fälle rechts und in 50% links.

3.10 Organfehllagen

Beim Menschen wird die Fehlpositionierung des Herzens als **Dextrokardie** bezeichnet. Die spiegelbildliche Umkehr aller inneren Organe heißt **Situs inversus viscerum.**

Das Produkt der Gastrulation ist die dreiblättrige Keimscheibe, die aus Ektoderm, Mesoderm und Entoderm besteht. Es gibt kein Organ, das sich ausschließlich aus Zellen nur eines der 3 Keimblätter entwickelt. Vereinfachend lässt sich aber folgende Unterteilung vornehmen:

- **Ektoderm:** Oberhaut und Nervensystem
- **Mesoderm:** Binde- und Stützgewebe, Skelettmuskulatur, Herz, Blutgefäße, Blut, Milz und Urogenitalsystem
- **Entoderm:** Epithel des Darmrohrs und des Respirationstrakts sowie Verdauungsdrüsen

3.3.3 Neurulation

Ab dem 18. Entwicklungstag setzt eine Differenzierung des Ektoderms ein. Die lateral gelegenen Abschnitte entwickeln sich zum Oberflächenektoderm und später zur Epidermis mit ihren Derivaten (Tab. 3.4). Aus den medial gelegenen Zellen entwickelt sich das Nervensystem (Abb. 3.7 und 3.8.). Die Bildung des Nervensystems wird als Neurulation bezeichnet, und der Keim in diesem Stadium heißt **Neurula.**

Der Keim ist vor der Neurulation sandalenförmig, also kranial etwa doppelt so breit wie kaudal. Unter dem induzierenden Einfluss des Kopffortsatzes und der Chorda dorsalis proliferieren die in der mittleren Zone gelegenen Ektodermzellen sehr stark und bilden ein mehrreihiges Epithel, die **Neuralplatte.** Die Ränder dieser Platte erheben sich und bilden die **Neuralwülste,** während die Mittellinie zur Neuralrinne einsinkt. Die Neuralwülste erheben sich weiter und werden zu den paarigen **Neuralfalten.** Diese fusionieren in der Mittellinie zum **Neuralrohr,** das den Zentralkanal umschließt. Das Oberflächenektoderm trennt sich vom Neuroektoderm und überwächst es. Für das Schließen des Neuralrohrs sind von entscheidender Bedeutung:

- Cholesterol, als Kofaktor von Wachstumsfaktoren wie Sonic Hedgehog
- Folsäure (Vitamin B)
- N-Cadherin (ein homophiles Adhäsionsmolekül)
- Expression von Pax 3 im dorsalen Neuralrohr.

3.11 Neuralrohrdefekte

Beim Menschen wird die mangelhafte Fusion der Neuralfalten als **Rhachischisis** bezeichnet. Der Public Health Service der USA empfiehlt Frauen die Einnahme von 0,4 mg Folsäure pro Tag, um das Risiko von Neuralrohrdefekten in der Schwangerschaft zu reduzieren.

Die Neuralrohrbildung beginnt im Bereich des zukünftigen Kopf-Hals-Übergangs und schreitet entsprechend der Entwicklungsgradien-

Tab. 3.3. Unilateral exprimierte Gene in der dreiblättrigen Keimscheibe

Linksseitig exprimierte Gene	Rechtsseitig exprimierte Gene
Nodal (cNR-1) Sonic Hedgehog Lefty-1 Lefty-2 Pitx2	*Aktivin Rezeptor IIa* *cSnr-1* *Snail*

Tab. 3.4. Derivate des Oberflächenektoderms

- Epidermis
- Haare
- Nägel
- Epithel der Cornea
- Linse
- Epithel und seromuköse Drüsen des Mundes
- Zahnschmelz
- Talgdrüsen
- Milch-, Duft-, Schweißdrüsen mit Myoepithelzellen
- Hassall-Körperchen des Thymus

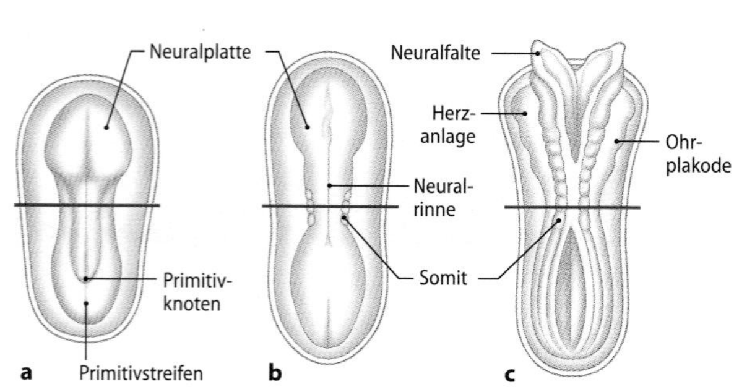

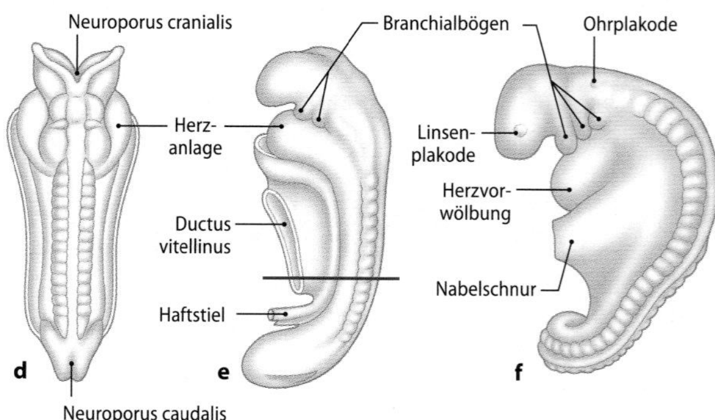

Abb. 3.7a–f. Verschiedene Stadien der Embryonalentwicklung. **a–d** In Dorsalansicht, Amnion abgeschnitten: **a** 18., **b** 20, **c** 22. und **d** 23. Tag. **e, f** Seitenansicht des Keims am 25. und 28. Tag der Entwicklung nach der kraniokaudalen Krümmung [1]

* Schnittrand des Amnions
rote Linie= Schnittführung durch den Embryo, die den Querschnitten in Abb. 3.8a–d entsprechen

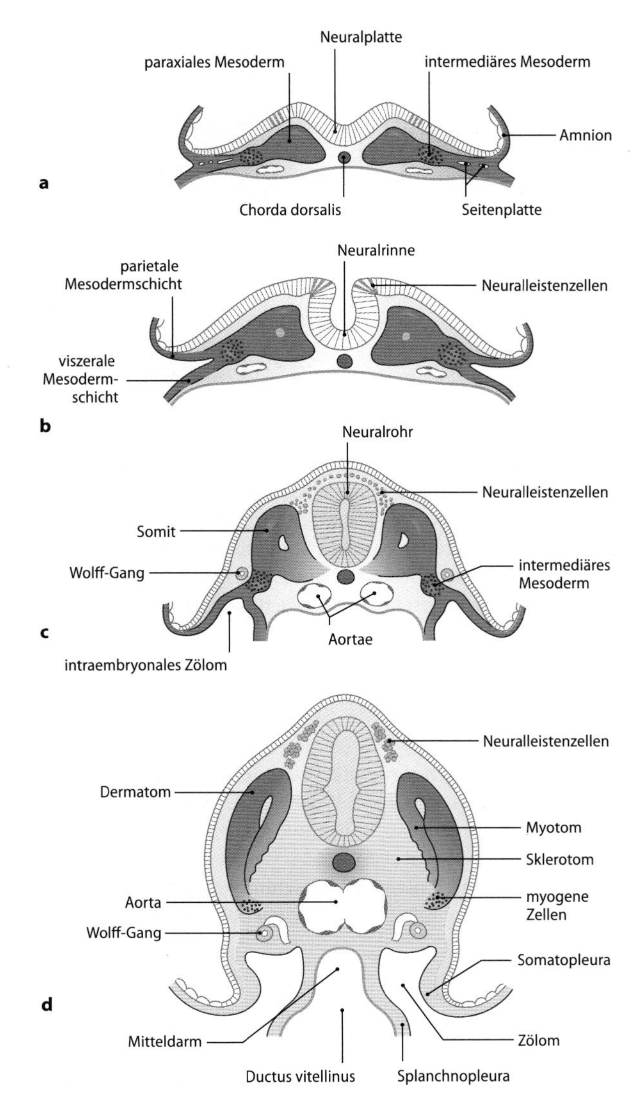

Abb. 3.8a–d. Entwicklungsreihe verschieden alter Embryonen im Querschnitt. **a, b, c** entsprechen einem Querschnitt in den Entwicklungsstadien der Abb. 3.7a–c (18., 20. und 22. Tag) und der Querschnitt in **d** einer Schnittführung am 25. Tag in Abb. 3.7e [1]

ten des Embryos in kranialer und kaudaler Richtung fort. An den Enden bleibt noch eine Zeit lang eine Öffnung erhalten, der **kraniale** und **kaudale Neuroporus** (Abb. 3.7). Das kraniale Ende des Neuralrohrs ist bläschenförmig verdickt und stellt die Anlage des **Gehirns** dar. Die kaudalen Abschnitte entwickeln sich zum **Rückenmark.** An der Stelle, wo die Neuralfalten sich zum Neuralrohr schließen, ist eine besondere Zellpopulation vorhanden, die **Neuralleistenzellen** (Abb. 3.8). Diese verlassen das Neuralrohr, wandern z. T. über sehr lange Strecken zu ihren Zielorten und differenzieren sich in verschiedene Zellarten (Tab. 3.5). Dabei unterscheiden sich die Neuralleistenzellen des Gehirns deutlich von denen des Rückenmarks. Dieser Vorgang wird als **primäre Neurulation** bezeichnet. In der Schwanzknospe, die die Region kaudal des 4. Lumbalwirbels bildet, entsteht das Neuralrohr durch **sekundäre Neurulation.** Dabei entwickeln sich die Chorda dorsalis und das Neuralrohr gemeinsam aus mesenchymalen Vorläuferzellen. Diese aggregieren zu epithelialen Verbänden. Neuralrohr und Chorda dorsalis trennen sich und im Neuralrohr entsteht sekundär durch Spaltbildung **(Dehiszenz)** der Zentralkanal.

Tab. 3.5. Derivate der Neuralleiste

Kopfneuralleiste	– Neurone und Glia der sensiblen und parasympathischen Ganglien – intramurale Neurone des Darms – parafollikuläre C-Zellen der Schilddrüse – glatte Muskelzellen der Aorta – Zellen des aortico-pulmonalen Septums – Pigmentzellen – Glomus aorticum/caroticum – Knochen, Knorpel – Bindegewebe – Odontoblasten und Zementoblasten der Zähne – Dermis und Subkutis der Kopfhaut – Stroma und Endothel der Cornea
Rumpfneuralleiste	– Neurone der sensiblen und vegetativen Ganglien mit Mantelzellen und Schwann-Zellen – intramurale Neurone des Darms – Merkel-Zellen und Hüllzellen der Tastkörperchen – Nebennierenmark – chromaffine Paraganglien – Pigmentzellen

Die Neurulation wird nicht durch Aktivatoren sondern durch Inhibitoren induziert.

Das Protein **BMP4** ist ubiquitär in der Keimscheibe vorhanden. Die Chorda dorsalis sezerniert die Proteine **Chordin** und **Noggin.** Diese binden BMP4 und inaktivieren es. Das Fehlen von BMP4 ist somit der Stimulus für die Entwicklung der Neuralplatte. Gibt man BMP4 experimentell wieder hinzu, so entwickeln sich die Zellen zu Oberflächenektoderm.

Das Neuralrohr erhält eine kraniokaudale und eine dorsoventrale Polarität. Die **kraniokaudale Polarität** wird durch *HOX*- und *Homeobox*-Gene gesteuert. Durch die Aktivität dieser Gene entstehen zum Ende der 4. Entwicklungswoche im kranialen Neuralrohr die **primären Hirnbläschen:**

- **Prosencephalon** (Vorderhirn)
- **Mesencephalon** (Mittelhirn)
- **Rhombencephalon** (Rautenhirn)

Im Bereich des Mittelhirns entsteht eine scharfe, nach ventral gerichtete Abbiegung, die Mittelhirnbeuge (Scheitelbeuge). In der 5. Woche untergliedert sich das Prosencephalon in das **Telencephalon** (Endhirn) und das **Diencephalon** (Zwischenhirn). Auch das Rhombencephalon wird in zwei Abschnitte unterteilt: **Metencephalon** und **Myelencephalon** *(Medulla oblongata)*. Am Übergang von der *Medulla oblongata* zum Rückenmark entsteht eine zweite nach ventral gerichtete Flexur, die Nackenbeuge (zervikale Flexur). Aus dem Diencephalon wachsen seitlich die Augenbläschen aus. Sie sind die Anlage von Retina, Pigmentepithel und *N. opticus* (II). Am Übergang vom Mesencephalon zum Metencephalon entwickelt sich eine nach dorsal gerichtete Flexur, die Brückenbeuge. Dieser Abschnitt verbreitert sich nach lateral wie ein Buch beim Öffnen, und der Zentralkanal erweitert sich zur Rautengrube. Der dorsale Bereich bildet das dünne Dach der Rautengrube.

Im Rhombencephalon ist eine segmentale Gliederung zu erkennen, die acht Rhombomeren. Hier entstehen (mit Ausnahme der Rhombomeren 3 und 5) Neuralleistenzellen, die in die Pharyngealbögen einwandern und für die Entwicklung des Gesichts unabdingbar sind. Die segmentale Identität der Rhombomeren wird durch den *HOX*-Code bestimmt.

Die Entwicklung der Hirnanlage wird durch eine Vielzahl von Genen kontrolliert, wobei die Entwicklung der vordersten Hirnabschnitte durch das unterliegende Entoderm induziert wird. In Mausembryonen, in denen das *Homeobox*-Gen *Otx* deletiert wurde, entwickeln sich Pros- und Mesencephalon nicht.

Beim Aufbau der **dorsoventralen Polarität** sind *PAX*-Gene von großer Bedeutung. Im dorsalen Abschnitt des Neuralrohrs wird *PAX3* exprimiert, ventral *PAX6*. Intermediär findet man überlappende Expressionsdomänen von *PAX2, 3, 7* und *8*. Das **Neuralrohr** wird damit unterteilt in:
- Deckplatte
- Flügelplatte
- Grundplatte
- Bodenplatte

Die Bodenplatte liegt der Chorda dorsalis unmittelbar an, wird durch diese induziert und ist wie die Chorda dorsalis eine Signal gebende Struktur. **Chorda dorsalis, Bodenplatte** und auch die in der Medianebene gelegenen **Zellen des Entoderms** stammen von gemeinsamen Vorläuferzellen aus dem Primitivknoten. Die drei Strukturen werden als **Mittellinienstrukturen** bezeichnet. Die Mittellinie ist von entscheidender Bedeutung für den Bau eines bilateralen Organismus.

3.3.4 Ektodermale Plakoden

Das Neuralrohr und die Neuralleiste sind nicht die einzigen Quellen, aus denen sich Neurone entwickeln. Unter dem induzierenden Einfluss von Neuralrohr und Neuralleistenzellen entstehen im Oberflächenektoderm umschriebene Areale, die als ektodermale Plakoden bezeichnet werden. Das Plakodenepithel verdickt sich und wird hochprismatisch. Die Plakoden werden nach innen verlagert, indem sich entweder die gesamte Plakode nach innen abschnürt oder die Zellen nach epithelio-mesenchymaler Transformation in die Tiefe wandern. Man unterscheidet neurogene und nichtneurogene Plakoden. **Neurogene Plakoden** sind:
- Hypophysenplakode
- Riechplakoden
- epibranchiale (ventrolaterale) Plakoden
- Ohrplakoden (= dorsolaterale Plakoden = Labyrinthplakoden)
- Trigeminalplakoden (= intermediäre Plakoden)

Die Linsenplakoden sind die einzigen **nichtneurogenen Plakoden.**

An der Stelle, wo sich der anteriore Neuroporus schließt, entstehen keine Neuralleistenzellen, aber eine Verdickung im Oberflächenektoderm, die **Hypophysenplakode.** Diese wächst in die Tiefe, bleibt dabei aber zunächst noch in Kontakt zum Ektoderm und bildet die **Rathke-Tasche.** Der distale Teil der Tasche legt sich dem Infundibulum des Zwischenhirns an, verliert die Verbindung zum Oberflächenepithel und entwickelt sich zur **Adenohypophyse** (Hypophysenvorderlappen). Das *Pituitary-Homeobox*-Gen 1 *(Ptx1)* ist ein Transkriptionsregulator, der bereits in der Hypophysenplakode exprimiert wird, später aber nur in einem Teil der Adenohypophyse (in der *Pars tuberalis*) aktiv ist. Ein weiteres *Homeobox*-Gen, *Lhx3*, ist essenziell für die Entwicklung der Adenohypophyse. Die Deletion des Gens führt (bei Mäusen) praktisch zum völligen Fehlen der Drüse. Lediglich die Zellen, die das kortikotrope Hormon produzieren, entwickeln sich und könnten demnach einen anderen Ursprung haben.

Die paarigen **Riechplakoden** (olfaktorische Plakoden) entstehen ebenfalls im Bereich des anterioren Neuroporus. Die Riechplakoden senken sich in die Tiefe ein. Sie werden zu **Riechgruben** und später zur **primären Nasenhöhle.** Die verdickten Abschnitte des Epithels entwickeln sich zum Vomeronasalorgan und Riechepithel *(Regio olfactoria)* mit Sinneszellen, Stützzellen, Basalzellen und Bowman-Spüldrüsen. Einige der Riechplakodenzellen wandern in das Vorderhirn ein und differenzieren sich zu Neuronen, die das Gonadotropin-Releasing-Hormon **(GnRH)** produzieren.

Bei den **ventrolateralen** (epibranchialen) **Plakoden** handelt es sich um 3 ektodermale Verdickungen, die im Bereich der ersten 3 Pharyngealfurchen liegen. Sobald das Ektoderm der Pharyngealfurchen und das Entoderm der Pharyngealtaschen in Kontakt kommen, lösen sich die Plakodenzellen aus ihrem Verband und wandern in das unterliegende Gewebe. Die Zellen der ersten Plakode beteiligen sich am Aufbau des *Ganglion geniculi* des *N. facialis* (VII), die der zweiten am Aufbau des *Ganglion inferius* des *N. glossopharyngeus* (IX) und die der dritten am Aufbau des *Ganglion inferius* des *N. vagus* (X). Bei allen 3 Ganglien handelt es sich um Ansammlungen sensibler Neurone.

Die paarigen **Ohrplakoden** entwickeln sich ab der 5. Woche auf Höhe des Rhombencephalons unmittelbar kranial des ersten Somiten. Die Ohrplakoden schnüren sich als **Ohrbläschen** in die Tiefe ab und verlieren den Kontakt zum Oberflächenektoderm. Aus dem Ohrbläschen entsteht das **häutige Labyrinth** mit seinen kochleären und vestibulären Abschnitten sowie das *Ganglion spirale* und das *Ganglion vestibulare*.

Das Oberflächenektoderm im Übergangsbereich zwischen Mes- und Metencephalon bildet beiderseits die **Trigeminalplakoden,** deren Zellen sich am Aufbau des sensiblen *Ganglion trigeminale* (V) beteiligen.

Die einzige **nichtneurogene Plakode** ist die paarige **Linsenplakode.** Diese entsteht in der 4. Woche an der Stelle, wo das aus dem Zwischenhirn auswachsende Augenbläschen das Oberflächenektoderm berührt. Das Oberflächenektoderm besitzt zu diesem Zeitpunkt bereits die endogene Potenz zur Linsenbildung. Die Linsenplakode senkt sich ein und schnürt sich als **Linsenbläschen** von der Oberfläche ab.

3.3.5 Mesodermkompartimente

Im Zuge der Gastrulation entstehen verschiedene Mesodermkompartimente. Terminologischer Hinweis: Der Begriff Mesoderm bezeichnet das mittlere Keimblatt. Der Begriff Mesenchym bezeichnet eine lockere Organisationsform von Zellen mit weiten Interzellularräumen; im Gegensatz zum Epithel. Alle 3 Keimblätter können sowohl mesenchymal als auch epithelial organisierte Zellen bilden.

Die Bildung des Mesoderms wird durch Transkriptions- und Wachstumsfaktoren gesteuert. Ein essenzieller Transkriptionsfaktor der Mesoderminduktion ist β-Catenin. Dieses Protein ist an der zytoplasmatischen Seite der Cadherine lokalisiert (► Kap. 3.1.6). Durch einen Vorgang, der als Translokation bezeichnet wird, gelangt β-Catenin in den Zellkern, wo es seine Aktivität entfaltet. Wichtige Wachstumsfaktoren der Mesoderminduktion sind der basische Fibroblast Growth Factor (bFGF) und der Platelet-derived Growth Factor (PDGF). Die Deletion der entsprechenden Gene bewirkt in beiden Fällen eine drastische Reduktion der Anzahl mesodermaler Zellen.

Axiales Mesoderm

Die im Zuge der Gastrulation in der Medianebene nach kranial wandernden Zellen bilden den **Kopffortsatz,** der sich zur **Chorda dorsalis** entwickelt (■ Abb. 3.6). Die am weitesten kranial gelegenen Zellen verbleiben mesenchymal (prächordales Mesoderm) und liefern Myoblasten für die äußeren Augenmuskeln.

Die kranialste Region des Embryos zeichnet sich dadurch aus, dass Oberflächenektoderm, Neuralektoderm, Entoderm und prächordales Mesoderm in unmittelbaren Kontakt kommen. Die Epithelien sind hier nicht durch Balsallaminae abgegrenzt.

Paraxiales Mesoderm

Weiter lateral schließt sich dieses mesodermale Kompartiment an (◘ Abb. 3.8). Es flankiert die Chorda dorsalis und das Neuralrohr. Der kraniale Abschnitt, der vor dem ektodermalen Ohrbläschen **(otisches Vesikel)** liegt, heißt **präotisches Mesoderm.** Es wird gefolgt vom **postotischen Mesoderm,** das auch als **Segmentplatte** bezeichnet wird, da es eine für alle Vertebraten (Wirbeltiere und Mensch) charakteristische Gliederung **(Metamerie)** erfährt.

Ab dem 20. Entwicklungstag entstehen epitheliale Bälle, die **Somiten** (früher Urwirbel genannt), die in ihrem Zentrum, dem Somitozöl, mesenchymale Zellen **(Somitozölzellen)** enthalten.

Die Somiten haben zwei Funktionen. Sie gliedern den Körper in Segmente und Regionen, und sie sind Lieferanten einer Vielzahl von Zelltypen wie z.B. Binde- und Stützgewebe, Skelettmuskulatur, glatte Muskulatur und Endothel der Blut- und Lymphgefäße.

Aus den Somiten entwickeln sich:
- Hirnhäute
- Wirbelsäule
- Rippen
- Teile der Scapula
- Gefäße der Körperwand und der Extremitäten
- alle Skelettmuskeln der Körperwand und der Extremitäten
- Dermis und Subkutis des Rückens

Die Bildung des paraxialen Mesoderms steht unter der Kontrolle von Wachstumsfaktoren wie z.B. Fibroblast Growth Factor 8 (FGF-8), der im kaudalen Abschnitt der Segmentplatte exprimiert wird. Fehlt das Gen für den *FGF-Rezeptor-1*, so entwickeln sich (bei Mäusen) keine Somiten. Vielmehr entsteht eine Struktur, die Ähnlichkeiten mit dem Neuralrohr besitzt. Ein gleichermaßen erstaunliches Resultat liefert die Deletion des Gens *Tbx6*, das vermutlich einen Transkriptionsfaktor kodiert. Fehlt dieses Gen, so entstehen an Stelle des paraxialen Mesoderms zwei zusätzliche Neuralrohre. Die Umwandlung der mesenchymalen Organisation der Segmentplatte in die epitheliale Organisation der Somiten (Epithelialisierung) steht unter der Kontrolle von *Paraxis*. Dieses Gen kodiert einen Transkriptionsfaktor vom basischen Helix-Loop-Helix (bHLH-)Typ.

Die regelmäßige zeitliche Abfolge der **Somitenbildung** in kraniokaudaler Richtung steht unter der Kontrolle von »Uhrengenen« (auch oszillierende Gene genannt). Hierzu gehören die Gene *c-Hairy-1* und *Lunatic Fringe*. Die Expression dieser Gene verläuft wie eine Welle von kaudal nach kranial in der Segmentplatte. Die Dauer einer Welle entspricht der Zeit, die für die Bildung eines neuen Somiten benötigt wird. Auf diese Weise entstehen 43–45 Somitenpaare. Schon bei ihrer Bildung erhalten die Somiten eine **segmentale Identität.** Die thorakalen Somiten z.B. bilden später die Rippen. Die segmentale Identität der Somiten wird durch den *HOX*-Code festgelegt (► Kap. 3.1.2). So legen die paralogen Gene *HOX a3*, *b3* und *d3* die Kopf-Hals-Grenze fest. Diese Grenze liegt im 5. Somiten, d.h., die ersten viereinhalb Somiten beteiligen sich an der Bildung des Kopfes. Aufgrund der unterschiedlichen Identitäten der Somiten entstehen Unterschiede im Aufbau der Wirbel, so dass zervikale, thorakale und lumbale Wirbel sich deutlich unterscheiden.

Aus den epithelialen Somiten entwickeln sich 2 Kompartimente:
- Sklerotom
- Dermomyotom

Die Abschnitte des epithelialen Somiten, die der Chorda dorsalis und der Bodenplatte zugewendet sind, gehen vom epithelialen in den mesenchymalen Zustand über (epitheliomesenchymale Transformation) und bilden zusammen mit den Somitozölzellen das **Sklerotom.** Dieses ist die Anlage von Wirbelsäule, Rippen, Meningen und weiterem Bindegewebe. Das Sklerotom enthält an der Grenze zum Dermomyotom einen spezialisierten Abschnitt (Syndetom), der das Gen *Scleraxis* exprimiert und sich zu Bändern und Sehnen entwickelt. Die Abschnitte des Somiten, die dem Oberflächenektoderm benachbart sind, entwickeln sich zum **Dermomyotom.**

Aus diesem wandern Zellen aus und bilden:
- das Endothel von Blut- und Lymphgefäßen der Körperwand und der Extremitäten
- die Skelettmuskulatur von Extremitäten, Zunge und Zwerchfell
- Teile der Scapula.

Das Dermomyotom untergliedert sich in Dermatom und Myotom:
- **Dermatom:** Anlage von Dermis und Subkutis des Rückens
- **Myotom:** Entwicklung von Muskulatur des Rückens und der ventrolateralen Körperwand (► Kap. 3.6).

Die Differenzierung des epithelialen Somiten in Sklerotom und Dermomyotom steht unter der Kontrolle von Signalen aus den benachbarten Strukturen. Wesentlicher Induktor der Somitenentwicklung sind die Mittellinienstrukturen: **Chorda dorsalis** und **Bodenplatte.** Beide Strukturen sezernieren die Proteine **Sonic Hedgehog** und **Noggin.** Diese induzieren die Expression des Transkriptionsfaktors **Pax1** genau in den Zellen des epithelialen Somiten, die das Sklerotom bilden.

Das paraxiale Mesoderm, das kaudal der Ohrplakode (postotisch) gelegen ist, bildet Somiten. Die viereinhalb kranialen Somiten werden in die Bildung des Kopfes mit einbezogen. Aus ihnen entstehen die Skelettelemente des Schädels, die um das *Foramen magnum* herum gelegen sind, sowie Teile der Hinterhauptsschuppe. Das **paraxiale Kopfmesoderm** im engeren Sinne ist das **präotische Mesoderm**, das nicht in Somiten untergliedert wird. Das paraxiale Kopfmesoderm enthält:
- Angioblasten, die die Endothelzellen der Blutgefäße von Kopf und Gehirn bilden
- Myoblasten, die die Pharyngealbogenmuskulatur bilden
- Anlagematerial von Teilen der Skelettelemente der Schädelbasis und des Hinterhaupts.

Durch die Bildung der Pharyngealbögen (► Kap. 3.4) erhält das paraxiale Kopfmesoderm eine Art segmentaler Gliederung.

Intermediäres Mesoderm

Lateral des paraxialen Mesoderms entsteht das intermediäre Mesoderm aus Zellen, die während der Gastrulation durch den Primitivstreifen eingewandert sind (◘ Abb. 3.5a). Das intermediäre Mesoderm steht in unmittelbarer Verbindung mit den Somiten und wird daher auch als **Somitenstiel** bezeichnet (► Abb. 3.8). Es wird aber im Gegensatz zum paraxialen Mesoderm nicht segmental gegliedert. Auf Höhe der ersten 5 Somiten, also im Kopfbereich, entsteht kein intermediäres Mesoderm.

Bei Embryonen mit 10 Somiten (ca. 22. Entwicklungstag) gliedern sich auf Höhe des 9. –13. Somiten Zellen aus dem intermediären Mesoderm nach dorsal ab. Die Zellen epithelialisieren und bilden ein zentrales Lumen. Auf diese Weise entsteht der **Wolff-Gang.** Die Spitze des Wolff-Gangs verbleibt mesenchymal. Diese Zellen proliferieren, wandern nach kaudal und gewinnen Anschluss an die Kloake. Der Halsabschnitt des Wolff-Ganges wird auch als **Vornierengang** bezeichnet, der anschließende Abschnitt als **Urnierengang.** Kaudal sprossen aus dem Urnierengang der *Ureter* und später die Anlage der *Vesicula seminalis* aus. Bei den übrigen Zellen des intermediären Mesoderms handelt es sich zum einen um nephrogenes Blastem und zum anderen um Angioblasten. Das **nephrogene Blastem** bildet die Tubuli und Glomeruli der Vorniere (Pronephros) und der Urniere (Mesonephros). Beide Nierengenerationen werden später wieder zurückgebildet, und die definitive Nachniere (Metanephros) übernimmt die Funktion der Harnausscheidung. Die Nierengänge exprimieren den Transkriptionsfaktor *PAX2*. **Angioblasten** sind Vorläufer von Endothelzellen, die die Blutgefäße auskleiden, und durch die Expression von Vascular Endothelial Growth Factor Receptor-2 (VEGFR-2 = flk1 = KDR) gekennzeichnet. Die Angioblasten des intermediären Mesoderms bilden die Begleitvene des Wolff-Ganges und die Kapillaren der Nierenglomeruli der Vor- und Urnieren.

Seitenplattenmesoderm

Die lateral des intermediären Mesoderms gelegene Region wird als Seitenplatte (engl. lateral plate) bezeichnet. Das Mesoderm der Seitenplatte ist während der Gastrulation durch die mittleren Abschnitte des Primitivstreifens eingewandert. Die Seitenplatte wird dorsal vom Ektoderm, ventral vom Entoderm begrenzt. Innerhalb des Seitenplattenmesoderms entwickelt sich ein Spaltraum, das **Zölom** (◘ Abb. 3.8). Die dorsalen Mesodermzellen bilden zusammen mit dem Ektoderm die **Somatopleura,** die ventralen Mesodermzellen zusammen mit dem Entoderm die **Splanchnopleura.** Die Mesodermzellen, die das Zölom auskleiden formieren einen epithelialen Verband, der als **Zölomepithel** oder **Mesothel** (Epithel mesodermaler Herkunft) bezeichnet wird. Dieses Epithel kleidet später den Herzbeutel, den Brustraum und den Bauchraum aus und wird als **Serosa** bezeichnet. Das Zölomepithel hat aber auch noch zusätzliche Entwicklungspotenzen und stellt die Anlage verschiedener Organe dar (◘ Tab. 3.6).

Die **Somatopleura** ist die Anlage der ventrolateralen Körperwand. Aus ihr gehen hervor:
- Haut
- Unterhaut
- Bindegewebe
- Teile der Scapula
- Sternum
- Beckengürtel

Die Rippen, das Endothel der Blut- und Lymphgefäße, Teile der Scapula und alle Skelettmuskeln sind Derivate der Somiten und wandern in die Körperwand ein. An 2 umschriebenen Stellen verdickt sich die Somatopleura und bildet die **Extremitätenanlagen** (zur Entwicklung der Extremitäten ► Kap. 3.7).

Die **Splanchnopleura** ist die Anlage der inneren Organe:
- Herz
- Lunge
- Milz
- Darm
- Darmdrüsen

◘ Tab. 3.6. Derivate des Zölomepithels

- Müller-Gang
- Gonaden
- Nebennierenrinde
- Podozyten der Zölomglomerula
- Epikard
- Pleura
- Peritoneum

Es ist nicht klar definiert, wie weit sich die Seitenplatte nach kranial, also in den Halsbereich, erstreckt, so dass auch die Derivate der **Hals-Seitenplatte** nicht eindeutig benannt werden können. Es wird vermutet, dass sich Haut und Unterhaut des ventrolateralen Halses, sowie Ring- und Aryknorpel des Kehlkopfes aus diesem Material entwickeln. Widersprüchliche Angaben existieren auch zum Ursprung der *Clavicula*, die aus dem Seitenplattenmesoderm und/oder der Kopfneuralleiste hervorgehen soll.

Urkeimzellen

Im Gegensatz zu den Körperzellen (Somazellen) dienen die Urkeimzellen der Arterhaltung. Aus ihnen entwickeln sich Spermien und Oozyten. Die Trennung von Somazellen und Urkeimzellen geschieht bereits im **Epiblasten,** wenn dieser gerade einmal 10–13 Zellen besitzt. Die Urkeimzellen wandern durch den kaudalen Abschnitt des Primitivstreifens ins Mesoderm (◘ Abb. 3.5a). Sie liegen in unmittelbarer Nachbarschaft der kaudalen Epiblastzellen, aus denen zusätzliches extraembryonales Mesoderm für den Dottersack und den Haftstiel entsteht. Zusammen mit diesen Zellen gelangen die Urkeimzellen zeitweilig in das Mesoderm von **Dottersack** und **Haftstiel.** Die Urkeimzellen sind **amöboid** beweglich und bilden lange Zellfortsätze aus. Sie können mit Hilfe des Enzyms **alkalische Phosphatase** und durch den Nachweis des Transkriptionsfaktors *Oct4* selektiv dargestellt werden. Die Zellen wandern dann in den Embryo ein. Sie gelangen entlang der Allantois zum **dorsalen Mesenterium** und zur **Gonadenanlage.** Auf ihrem Weg proliferieren die Zellen sehr aktiv, so dass mehrere tausend Urkeimzellen in die Gonadenanlagen einwandern. Die Proliferation wird durch Wachstumsfaktoren (z.B. bFGF) gefördert. Die Urkeimzellen besitzen einen Rezeptor für den **Stem Cell Factor.** In Mäusen, die eine homozygote Mutation für das Gen dieses Faktors, oder das Gen des Rezeptors, tragen (sog. Steel- oder White-Mäuse), entwickeln sich keine Urkeimzellen.

3.3.6 Entwicklung der Körperform

Der menschliche Körper verändert seine Gestalt zeitlebens; anfangs durch Aufbauprozesse **(Evolution)**, im Alter durch Abbauprozesse **(Involution)**. Die gravierendsten Formveränderungen finden in der Embryonalentwicklung statt. In den ersten Phasen der Entwicklung (Zygote, Morula, Blastozyste) ist der Keim **kugelig.** In der 2. und 3. Entwicklungswoche entsteht eine **flache Keimscheibe,** die zunächst ovoid und dann sandalenförmig ist. Parallel zur Gastrulation und Neurulation sind starke Formveränderungen zu beobachten, die bis zur 6. Woche andauern. Diese Formveränderungen werden als **Abfaltungen** bezeichnet und haben zur Konsequenz, dass sich der Embryo von seiner Unterlage, dem Dottersack, abhebt (◘ Abb. 3.9). Die Abfaltungen erfolgen kranial, kaudal und lateral. Die steuernden Mechanismen der Abfaltungen sind weitgehend unbekannt. Von großer Bedeutung sind wahrscheinlich das unterschiedlich starke Wachstum der verschiedenen Keimbereiche und das Vorhandensein von Fixpunkten.

Die Formmerkmale des 3 Wochen alten Embryos sind vor allem durch die stark wachsende Hirnanlage geprägt, die sich nach kranial und dorsal über das Niveau der Keimscheibe erhebt. Durch appositionelles Wachstum im Bereich der Schwanzknospe nimmt der Embryo auch kaudal an Länge zu, während die Größe des Dottersacks praktisch unverändert bleibt. Auf diese Weise entstehen eine **kraniale** und eine **kaudale Abfaltung.** Das Neuralrohr und das paraxiale Mesoderm proliferieren stark, so dass der Embryo in Seitenansicht C-förmig wird. Die Abfaltungen bewirken, dass Strukturen, die ur-

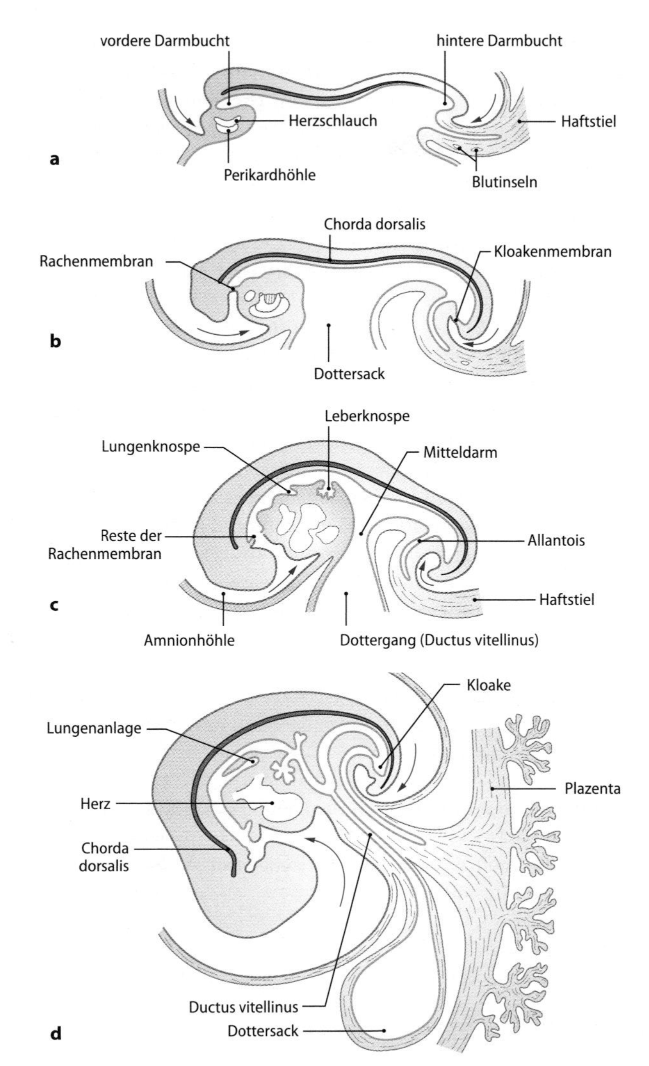

Abb. 3.9a–d. Längsschnitte der Entwicklungsreihe am 19. (**a**), 25. (**b**), 28. (**c**) und 35. (**d**) Tag. Dargestellt ist die Abfaltung des Embryos (Pfeilrichtung), die Bildung des Ductus vitellinus (Dottergang) und der Deszensus (Abstieg) der Herzanlage, die Bildung der Nabelschnur verbunden mit der Aneinanderlagerung von Haft- und Dottersackstiel sowie die Bildung des Amnionüberzuges [1]
* extraembryonales Zölom

sprünglich vor bzw. hinter dem Embryo lagen, nun nach ventral verlagert werden. Kranial des Embryos lagen (von kranial nach kaudal):

- Zwerchfellanlage (Septum transversum)
- Herzanlage
- Bukkopharyngealmembran (Rachenmembran)

Diese Strukturen befinden sich nach Abfaltung des Embryos in umgekehrter Reihenfolge auf der Ventralseite. In gleicher Weise wird der ursprünglich kaudal gelegene **Haftstiel nach ventral** vor die Schwanzknospe verlagert, wo er sich zur Nabelschnur entwickelt. Es kann vermutet werden, das die Bukkopharyngeal- und die Kloakenmembran (wo Ektoderm und Entoderm unmittelbar aufeinander stoßen) als **Fixpunkte** für die Einrollbewegung des Embryos von Bedeutung sind. Gleichzeitig findet auch eine **laterale Abfaltung** statt, deren Mechanismen völlig unbekannt sind. Als Folge der Abfaltungen wird das zunächst flache Entoderm zu einem Rohr umgeformt und die Verbindung zum Dottersack eingeengt. Der Verbindungsgang zum Dottersack wird als **Ductus omphaloentericus** *(Ductus vitellinus)* bezeichnet. Er ist neben dem Allantoisgang, der Nabelvene und den beiden Nabelarterien in Querschnitten durch die Nabelschnur zu erkennen.

3.3.7 Entodermkompartimente

Sobald sich der Embryo vom Dottersack abhebt und abfaltet wird die zunächst flache Entodermplatte in eine Röhre umgeformt (◘ Abb. 3.9). Der kraniale Teil der Röhre, von der Bukkopharyngealmembran bis zur Einmündung des Dottersacks, wird als **Vorderdarm** bezeichnet; der kaudale Teil, von der Kloakenmembran bis zur Einmündung des Dottersacks als **Hinterdarm.** Die Einmündungsstellen des Dottersacks heißen **vordere** und **hintere Darmpforte.** Der Bereich zwischen den Pforten ist der **Mitteldarm.**

Wenn die Bukkopharyngealmembran in der 5. Woche einreißt, wird die Verbindung des Vorderdarms zur ektodermalen Mundbucht **(Stomodeum)** hergestellt. Analog entsteht am Ende des 2. Monats durch Desintegration der Analmembran die Verbindung des Hinterdarms zur ektodermalen Analbucht **(Proctodeum).**

Das Entoderm bildet die epitheliale Auskleidung des Magen-Darm- und Respirationstrakts. Es stellt weiterhin die Anlage einer Reihe von Organen dar (◘ Tab. 3.7). Die Entwicklung des Entoderms geschieht zu einem Teil autonom, zum anderen Teil in Interaktion mit dem umgebenden Mesenchym, so dass epitheliomesenchymale Interaktionen von großer Bedeutung sind.

Im Bereich des Kopfes bildet das Entoderm 4 **Pharyngealtaschen** (Schlundtaschen). Aus diesen entstehen (◘ Abb. 3.10):

- 1. Pharyngealtasche: *Tuba auditiva* und Paukenhöhle
- 2. Pharyngealtasche: Gaumenmandel *(Tonsilla palatina)*
- 3. und 4. Tasche: Nebenschilddrüsen *(Glandulae parathyreoideae)* und Teile des Thymusretikulums

Auf Höhe der 1. Pharyngealtasche entsteht am Ende der 4. Woche ein entodermaler Spross, der median an der ventralen Halsseite in die Tiefe wächst. Dieser Spross wird zum *Ductus thyreoglossus*, der Anlage der *Glandula thyreoidea.* Während sich die Drüse vor dem Schildknorpel weiterentwickelt geht der Ductus thyreoglossus wieder zugrunde. Überreste des Ganges können später jedoch als **mediane Halszysten,** Fisteln oder als Lobus pyramidalis der Schilddrüse wieder in Erscheinung treten. Der vorgeburtliche Mangel an Schild-

◘ Tab. 3.7. Derivate des Entoderms

Derivate des Entoderms
Epithel des Magen-Darm-Trakts
Epithel des Respirationstrakts
Epithel von *Tuba auditiva* und Paukenhöhle
Krypten von *Tonsilla palatina /, pharyngea /, lingualis*
Follikel der *Glandula thyreoidea*
Glandulae parathyreoideae
Bestimmte Retikulumzellen des Thymus
Seromuköse Drüsen
Hepatozyten der Leber
Gallenblasenepithel und Gallengänge
Pankreas (endokrin/exokrin)
Harnblasenepithel (außer *Trigonum vesicae*)
Urachus
Harnleiter *(Urethra)* und *Glandulae urethrales*
Prostata
Glandulae bulbourethrales
Abschnitte des Vaginalepithels

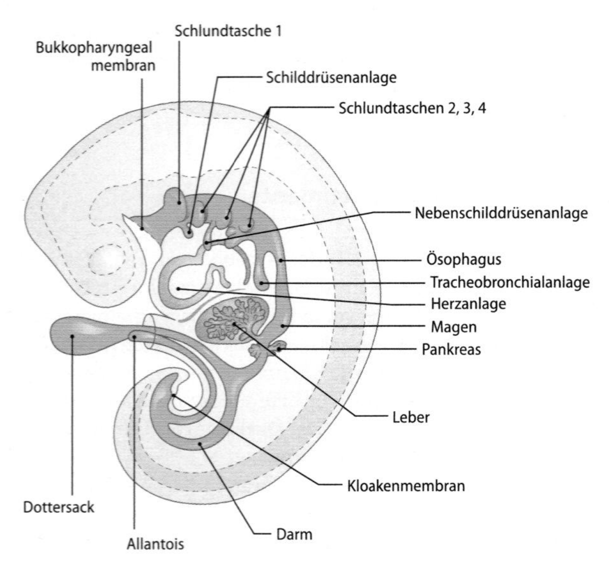

Abb. 3.10. Entodermale Bildungen (grün): Darmrohr, Schlundtaschen, Leber und Pankreasanlagen, Allantois und Dottersack. Zwischen Herz- und Leberanlage befindet sich das Septum transversum (blau; Anlage des Zwerchfells) [1]

drüsenhormonen hat beim Menschen Minderentwicklung des Gehirns und Kretinismus zur Folge.

Zur gleichen Zeit wie die Schilddrüse entwickelt sich die Anlage des Respirationstrakts. Eine ventrale Ausstülpung des Darmrohrs wird zur **Laryngotrachealrinne,** die sich zur **Lungenknospe** weiterentwickelt. Durch vielfältige dichotome Verzweigungen entstehen die luftleitenden Wege und die Alveolen. Eine spindelförmige Auftreibung des kaudalen Vorderdarms stellt in der 5. Entwicklungswoche die **Anlage des Magens** dar. Unmittelbar kaudal der Magenanlage bildet sich ein dreiteiliger nach ventral gerichteter Entodermspross. Dieser stellt die Anlage von **Leber, Gallenblase** und **Pankreaskopf** dar. Körper, Schwanz und ein kleiner Teil des Pankreaskopfes entstehen aus einer nach dorsal gerichteten, zweiten Pankreasanlage. Im Bereich des Mitteldarms entstehen durch komplexe Drehungen der Dünndarm und die proximalen Abschnitte des Dickdarms mit der *Appendix vermiformis*. Teile des Darms werden dabei vorübergehend in die Nabelschnur verlagert **(physiologischer Nabelbruch)**. Die Verbindung des Mitteldarms zum Dottersack wird völlig zurückgebildet. Reste des *Ductus vitellinus* können aber als **Meckel-Divertikel** persistieren und sind dann im Ileum ca. einen Meter vor dem Übergang in den Dickdarm *(Valva ileocaecalis)* lokalisiert. Der Hinterdarm wird von der *A. mesenterica inferior* versorgt. Der distale Abschnitt des Hinterdarms, die **Kloake**, wird durch das einwachsende *Septum urorectale* in 2 Abschnitte unterteilt: das Rektum und den *Sinus urogenitalis.* Aus dem oberen Abschnitt des *Sinus urogenitalis* entwickelt sich die **Harnblase,** in die der Urachus einmündet. Aus dem unteren Abschnitt entsteht in geschlechtsspezifischer Weise die Harnröhre.

Die segmentale Identität der Pharyngealtaschen wird durch den *HOX*-Code festgelegt. Die kraniale Expressionsgrenze von *HOX b2* liegt auf Höhe der ersten Pharyngealtasche, die von *HOX b3* und *b4* auf Höhe der 2. bzw. 3. Tasche. Das Aussprossen des **Respirationstrakts** aus dem Entodermrohr lässt sich durch den Epidermal Growth Factor (EGF) im Tierexperiment induzieren. EGF bindet an seinen Rezeptor HER1 (= erb B1). Die Bildung der entodermalen **Leberknospe** wird durch das Mesenchym der Zwerchfellanlage *(Septum transversum)* induziert. Das Mesenchym sezerniert den Hepatocyte Growth Factor (HGF) der an seinen Rezeptor (c-Met) am Epithel bindet. Die Leberanlage exprimiert den *Homeobox*-Transkriptionsfaktor *Hex.* Auch das **Pankreas** entsteht durch induktive Interaktionen zwischen Epithel und Mesenchym. Fehlt das Mesenchym, entstehen endokrine, aber keine exokrinen Anteile des Pankreas. Die Expression des *Homeobox*-Gens *Pdx1* im Entoderm ist eine wesentliche Voraussetzung für die Pankreasentwicklung. Das Gen *PAX4* kontrolliert die Entwicklung der Insulin produzierenden β-Zellen der Langerhans-Inseln, *PAX6* die der Glukagon produzierenden α-Zellen. Auch bei der Regulation der Musterbildung der kaudalen Abschnitte des Embryos ist der *HOX*-Code beteiligt. Bei der Deletion der Gene *HOX a13* oder *d13* ist die Entwicklung von Prostata und *Vesicula seminalis* gestört. Androgene Steroide (Testosteron), die an intrazelluläre Rezeptoren binden, sind für die Entwicklung und den Erhalt der **Prostata** von großer Bedeutung. Dabei interagieren die Steroide mit verschiedenen Wachstumsfaktoren wie z.B. Sonic Hedgehog. Die Blockierung dieses Wachstumsfaktors hemmt die Bildung der Drüsenschläuche der Prostata.

Das *Homeobox*-Gen *Nkx 3.1* ist der früheste bekannte Marker des prospektiven Prostataepithels. Die Deletion des Gens bewirkt (bei Mäusen) eine Hyperplasie der Prostata, so dass es sich bei *Nkx 3.1* (wie auch beim humanen *NKX 3.1*) um ein **Suppressorgen** handelt. Suppressorgene kodieren Proteine, die das Wachstum von Zellen hemmen.

In Kürze

Einnistung der Blastozyste und Entstehung von Trophoblasten und Embryoblast.

Postimplantationsentwicklung: Bildung extraembryonaler Hüllen und des Embryos.

Neben dem Embryo selbst entstehen extraembryonale Membranen:
- Amnion
- Dottersack
- Chorion und Allantois.

Umbauvorgänge im Embryoblast führen zur Bildung von Epiblast und Hypoblast.

Die embryonalen Keimblätter (Ektoderm, Mesoderm und Entoderm) entwickeln sich allein aus dem Epiblasten.

Es gibt kein Organ, das sich ausschließlich aus Zellen nur eines der 3 Keimblätter entwickelt. Vereinfachend lässt sich aber folgende Unterteilung vornehmen:
- **Ektoderm:** Oberhaut und Nervensystem
- **Mesoderm:** Binde- und Stützgewebe, Skelettmuskulatur, Herz, Blutgefäße, Blut, Milz und Urogenitalsystem
- **Entoderm:** Epithel des Darmrohrs und des Respirationstrakts sowie Verdauungsdrüsen.

Im Gegensatz zu den Körperzellen (Somazellen) dienen die Urkeimzellen der Arterhaltung. Aus ihnen entwickeln sich Spermien und Oozyten.

Sobald sich der Embryo vom Dottersack abhebt und abfaltet wird die zunächst flache Entodermplatte in eine Röhre umgeformt. Der kraniale Teil der Röhre wird als **Vorderdarm** bezeichnet, der kaudale Teil als **Hinterdarm.** Die Einmündungsstellen des Dottersacks heißen **vordere** und **hintere Darmpforte.** Der Bereich zwischen den Pforten ist der **Mitteldarm.**

3.4 Entwicklung von Kopf und Hals

Einführung

Der Kopf ist Träger der wesentlichen Sinnesorgane und wird seinerseits vom Hals getragen. Die Kopf-Hals-Übergangsregion ist in der Entwicklung von zentraler Bedeutung, denn diese Region ist die zuerst angelegte. Von hier aus gibt es einen Entwicklungsgradienten sowohl in kranialer als auch in kaudaler Richtung.

Der Kopf des Erwachsenen kann in 2 Abschnitte unterteilt werden:

- **Neurokranium** (Hirnschädel): umfasst das Gehirn
- **Viszerokranium** (Eingeweideschädel): Eingänge zum Atmungs- und Verdauungstrakt.

Die Entwicklung der kranialsten Kopfabschnitte steht unter dem induzierenden Einfluss des Entoderms (► Kap. 3.3.3). Das Fehlen dieser Kopfabschnitte tritt beim Menschen mit einer Häufigkeit von 1:1000 der Lebendgeburten auf und wird als **Anenzephalie** bezeichnet.

Die Entwicklung aller weiteren Abschnitte steht unter dem organisierenden Einfluss des Primitivknotens und Primitivstreifens. Die Kopfanlage stellt in der Frühentwicklung den größten Abschnitt des Embryos dar. Eine Vorstellung über die Lage der Grenze zwischen Kopf und Hals erhalten wir erst, wenn sich die ersten Somitenpaare gebildet haben. Transplantationsexperimente (bei Vogelembryonen) haben gezeigt, dass die **Kopf-Hals-Grenze** im 5. Somiten verläuft. In einem 21 Tage alten menschlichen Embryo (2,1 mm Länge, 7 Somitenpaare) nimmt die Kopfanlage mehr als die Hälfte des Embryos ein (■ Abb. 3.7). Die viereinhalb kranialen Somiten und das unsegmentierte paraxiale Kopfmesoderm beteiligen sich an der **Bildung des Neurokraniums.** Aus ihnen entstehen Teile der Schädelbasis und des Hinterhaupts. Diese Schädelelemente sind zunächst knorpelig angelegt und verknöchern später durch den Mechanismus der **indirekten** (chondralen) **Ossifikation**. Man könnte die so entstandenen Skelettelemente als modifizierte Wirbelsäulenabschnitte betrachten.

Der größte Teil des Neurokraniums entsteht jedoch aus Zellen, die sich in der Hirnanlage selbst entwickeln. Es handelt sich hierbei um Neuralleistenzellen (■ Tab. 3.5), die aus der Hirnanlage auswandern noch bevor sich der kraniale Neuroporus schließt. Das Gehirn entwickelt also seine schützende Hülle selbst. Es entstehen die Skelettelemente des Schädeldachs *(Calvaria)*, deren Verknöcherungsmechanismus die **direkte** (desmale) **Ossifikation** ist.

Aus der Hirnneuralleiste entwickeln sich auch Meningen, Dermis, Subkutis und Gefäßmuskulatur des Kopfes. Intermediäres Mesoderm und Seitenplatten existieren im Kopfbereich nicht.

Die **Entwicklung des Viszerokraniums** ist eng an die Entwicklung des Halses gekoppelt. Die Position des Viszerokraniums wird erstmals erkennbar, wenn durch die Abfaltungsbewegungen des Embryos die ektodermale Mundbucht (Stomodeum) und der entodermale Vorderdarm entstanden sind (■ Abb. 3.9). Viszerokranium und Hals erhalten durch die in der 4. Woche sichtbar werdenden **Pharyngealbögen** (Viszeralbögen) eine segmentale Gliederung (■ Abb. 3.11). Es entstehen in kraniokaudaler Abfolge 4 deutliche und 2 rudimentäre Bögen. Die Bögen werden außen durch **ektodermale Pharyngealfurchen,** innen durch **entodermale Pharyngealtaschen** gegeneinander abgegrenzt. Lediglich der erste Bogen, der das Stomodeum umwächst, besitzt auch auf seiner Innenseite ein ektodermales Epithel.

Die Pharyngealbögen entstehen durch Interaktionen von **Neuralleistenzellen** mit dem Oberflächenektoderm. Aus dem Bereich des Rhombencephalons, das in 8 segmentale **Rhombomere** untergliedert ist, wandern Neuralleistenzellen in das präotische (unsegmentierte) paraxiale Mesoderm. Die Neuralleistenzellen proliferieren sehr stark und bilden den Hauptteil des Mesenchyms der Pharyngealbögen. Schon bei ihrer Auswanderung aus dem Neuralrohr »wissen« die Zellen, welche Skelettelemente sie später einmal bilden werden. Die Neuralleistenzellen besitzen also **Positionsinformation.** Im Gegensatz dazu sind die Zellen des präotischen paraxialen Mesoderms »naiv«. Aus ihnen entwickeln sich die Skelettmuskulatur und das Gefäßendothel. Das spätere Muskel- und Gefäßmuster wird jedoch durch die Neuralleistenzellen vorgegeben, die sich zu Knorpel, Knochen, Bindegewebe und glatten Muskelzellen differenzieren.

Jeder Pharyngealbogen enthält 1 Skelettelement, 1 Arterie, 1 Nerv und 1 Skelettmuskelanlage.

Der **erste Pharyngealbogen** umwächst das *Stomodeum* und teilt sich in den Oberkieferwulst und den Unterkieferwulst. Letzterer wächst zum Mandibularbogen aus und enthält den Meckel-Knorpel, aus dem die Gehörknöchelchen *Malleus* und *Incus* hervorgehen. Die Neuralleistenzellen stammen aus den Rhombomeren eins und zwei. Der zugehörige Nerv ist der *N. trigeminus* (V) mit seinen Ästen *N. maxillaris* und *N. mandibularis.* Auch die Kaumuskulatur entstammt dem ersten Pharyngealbogen. Der **zweite Pharyngealbogen** (Hyalbogen) erhält Neuralleistenzellen aus dem vierten Rhombomer. (Die Rhombomeren drei und fünf produzieren keine Neuralleistenzellen). Er enthält den *N. facialis* (VII), die Anlage der mimischen Muskulatur und den Reichert-Knorpel. Der Knorpel entwickelt sich zu *Stapes*, *Processus styloideus* und Zungenbeinanteilen. Der **dritte Pharyngealbogen** erhält Neuralleistenzellen aus dem sechsten Rhombomer. Er enthält den *N. glossopharyngeus* (IX) und bildet Teile des Zungenbeins und den *M. stylopharyngeus.* Die **Pharyngealbögen 4–6** sind nicht eingehend untersucht worden. Sie enthalten Äste des *N. vagus* (X) und bilden den Schildknorpel sowie Anteile der Pharynx- und Larynxmuskulatur (■ Abb. 3.12).

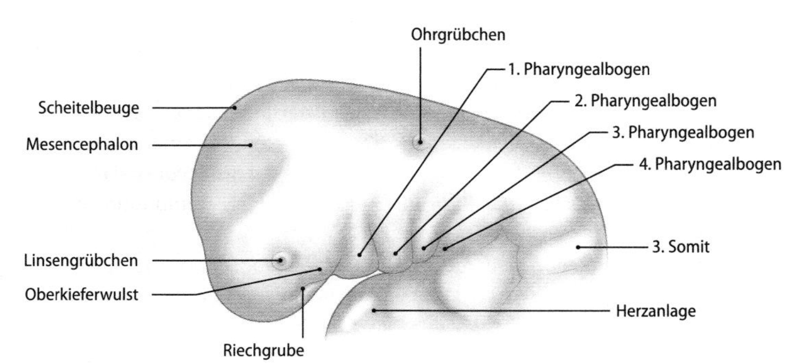

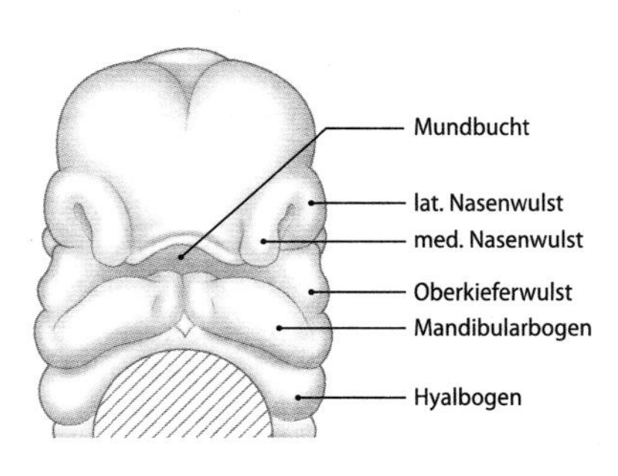

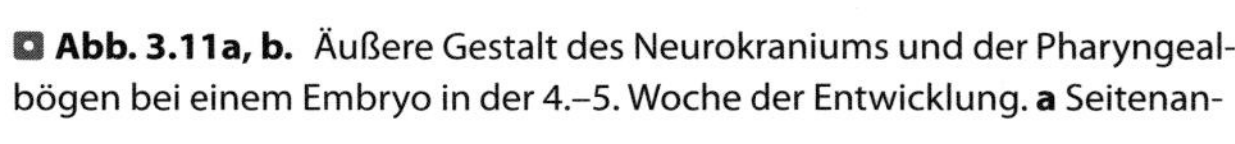
■ **Abb. 3.11a, b.** Äußere Gestalt des Neurokraniums und der Pharyngealbögen bei einem Embryo in der 4.–5. Woche der Entwicklung. **a** Seitenansicht: Unterhalb der Pharyngealbögen wölbt sich die Herzanlage stark vor. **b** Ansicht der Gesichtsregion, nachdem die Herzwölbung abgetragen ist [1]

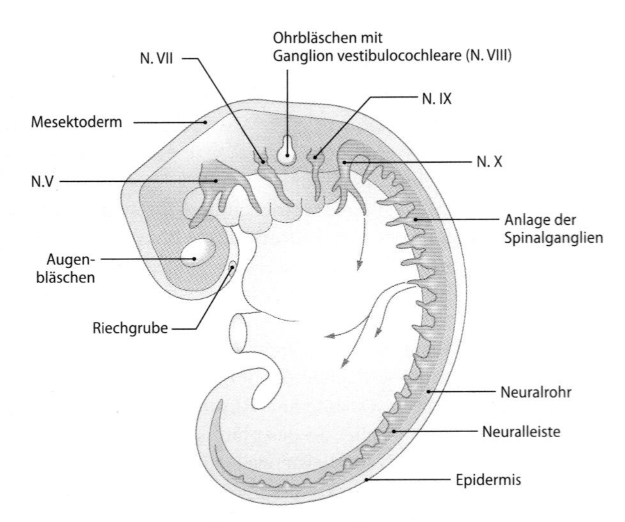

Abb. 3.12. Ektodermale Bildungen: Neuralrohr, Neuralleiste, Spinalganglien, Augen- und Ohrbläschen [1]

Die Segmentidentität der Pharyngealbögen wird durch den *HOX*-Code festgelegt. Sowohl in den Rhombomeren als auch im Oberflächenektoderm ist ein spezifisches Muster der *HOX*-Genexpression zu beobachten, wobei die paralogen Gene 1–4 der vier *HOX*-Cluster (a–d) von entscheidender Bedeutung sind.

Bei der Bildung des Gesichts fusionieren die paarigen Mandibularwülste in der Medianebene miteinander und bilden die *Mandibula*. Die Maxillarwülste bilden zusammen mit den medialen und lateralen Nasenwülsten die Grundlage von Oberkiefer, Gaumen und Nase (Abb. 3.11). Störungen der Gesichtsentwicklung sind die Ursache **kraniofazialer Dysplasien** wie Lippen-, Kiefer- und Gaumenspalten.

In Kürze

Die Entwicklung der kranialsten Kopfabschnitte geschieht unter dem induzierenden Einfluss des Entoderms, alle weiteren Abschnitte stehen unter dem organisierenden Einfluss des Primitivknotens und Primitivstreifens.

Aus der Hirnneuralleiste entwickeln sich Schädeldach, Meningen, Dermis, Subkutis und Gefäßmuskulatur des Kopfes.

Bei der Entwicklung von Viszerokranium und Hals sind 4 Pharyngealbögen beteiligt.

Störungen der Gesichtsentwicklung sind die Ursache **kraniofazialer Dysplasien** wie Lippen-, Kiefer- und Gaumenspalten.

3.5 Entwicklung des Herz-Kreislauf-Systems

 **Einführung**

Das Herz-Kreislauf-System ist das erste funktionstüchtige Organsystem des Embryos. Es entstehen intra- und extraembryonale Abschnitte des Herz-Kreislauf-Systems. Die am Aufbau beteiligten Zellen (Endothel-, Endokard- und Myokardzellen) differenzieren sich sehr früh. Auch die ersten Blutzellen (Erythroblasten) entstehen bereits in der 3. Woche in sogenannten Blutinseln von Dottersack und Haftstiel.

3.5.1 Herz

Die ersten noch unregelmäßigen Kontraktionen des Herzens können bereits zu Beginn der 4. Woche beobachtet werden. Bis zum 20. Entwicklungstag ist das Herz ein in der Medianebene gelegener Schlauch, der von kaudal nach kranial (also in der Richtung des Blutflusses) unterteilt wird in: *Sinus venosus*, *Atrium*, *Ventrikel*, *Bulbus cordis* und *Truncus arteriosus* (► Kap. 6).

Die **kardiogenen Zellen** sind während der Gastrulation durch den Primitivstreifen eingewandert, wobei eine strenge topographische Korrelation zu beobachten ist. Die am weitesten kranial eingewanderten Zellen bilden das kraniale Ende des Herzens, also den *Truncus arteriosus*. Die am weitesten kaudal eingewanderten Zellen bilden den kaudalen Herzabschnitt, also den *Sinus venosus*. Bevor sich das kardiogene Mesoderm zum Herz formiert, wandern die Zellen zunächst sehr weit in kraniale Richtung. Sie gelangen in eine Position kranial und lateral der **Bukkopharyngealmembran.** Es ist also hervorzuheben, dass die Herzanlage den kranialsten Abschnitt des Embryos darstellt und noch vor der Neuralplatte gelegen ist. Erst mit dem starken Wachstum der Hirnanlage und der kranialen Abfaltung des Embryos wird die Herzanlage nach ventral und kaudal verlagert (Abb. 3.9). Dieser Abstieg **(Deszensus)** des Herzens erstreckt sich noch über einen langen Zeitraum, bis es seine endgültige Lage im Thorax erreicht. Es ist weiterhin hervorzuheben, dass das Herz **paarig** angelegt ist. Das seitlich der Bukkopharyngealmembran gelegene kardiogene Mesoderm bildet eine paarige Verdickung der **Splanchnopleura,** das **Promyokard.** Dieses wird von endothelial ausgekleideten Vesikeln unterlagert, dem **Proendokard.** Ein Spaltraum zwischen Splanchnopleura und Somatopleura stellt die paarige Anlage der **Perikardhöhle** dar. Im Zuge der lateralen Abfaltung des Embryos und der damit verbundenen Einengung des Vorderdarms fusionieren die paarigen Herzanlagen in der Medianebene. Das Herz besteht nun aus folgenden Schichten (von innen nach außen):

- Endokard (Anlage der Endokardzellen und Teile der Endokardkissen)
- Herzgallerte (cardiac jelly: eine glykosaminoglykanreiche, extrazelluläre Matrix)
- Myokard (Anlage der Herzmuskelzellen und des Erregungsleitungssystems)
- Perikardhöhle

Das **Epikard** entwickelt sich aus dem **Proepikard,** einer Ansammlung von Serosaepithelzellen der Perikardhöhle. Es überwächst das Myokard und bringt die Anlage der epikardialen Serosa, aller Bindegewebezellen und der **koronaren Blutgefäße** (Endothel und glatte Muskulatur) mit sich.

Die Herzgallerte ist anscheinend von Bedeutung für:

- einwandernde Endokardkissenzellen als Substrat
- die Schleifenbildung des Herzens (cardiac looping)

In einigen Abschnitten des Herzschlauchs zeigen die Endokardzellen ein ungewöhnliches Migrationsverhalten. Sie lösen sich, induziert durch das Myokard, aus dem epithelialen Verband und wandern in die Herzgallerte ein. Hier bilden sie die **Endokardkissen,** die für die Septierung und Kammerbildung des Herzens von großer Bedeutung sind.

Neben den mesodermalen Zellen der Splanchnopleura gibt es noch eine weitere Quelle kardiogener Zellen. Es handelt sich dabei um Zellen aus der »kardialen« **Neuralleiste,** die sich von Rhombomer 7 bis zum dritten Somiten erstreckt. Diese Zellen wandern in die Herzanlage ein und beteiligen sich an der Septierung der Ausflussbahn des Herzens (aortikopulmonales Septum).

Die frühe Herzentwicklung wird durch vielfältige Interaktionen gesteuert. Das Entoderm induziert die Bildung des Promyokards in der Splanchnopleura. Die Wachstumsfaktoren Nodal und TGFβ sind an dieser Induktion beteiligt. Die Wanderung und Fusion des kardiogenen Mesoderms wird durch Moleküle der extrazellulären Matrix reguliert. Injiziert man (bei Vogelembryonen) blockierende Antikörper gegen **Fibronektin,** so wird die Migration der kardiogenen Zellen gestoppt. In Mäusen, bei denen das *Fibronektin*-Gen deletiert wurde, fusionieren die paarigen Herzanlagen nicht. Wird der Zinkfinger-Transkriptionsfaktor *GATA4* (bei Mäusen) deletiert, bleibt die Fusion der paarigen Herzanlagen ebenfalls aus. Einer der frühesten Transkriptionsfaktoren in der Herzentwicklung ist *Nkx2.5*. Ohne diesen Faktor stoppt die Herzentwicklung in der Phase der Herzschleifenbildung. Aufgrund der Komplexität der Herzentwicklung treten kongenitale Herzfehler beim Menschen sehr häufig auf (6–10 auf 1000 Lebendgeborene).

3.5.2 Blutgefäße

Parallel zur Herzentwicklung ist an vielen Stellen, intra- und extraembryonal, die Entwicklung von Blutgefäßen zu beobachten. Diese formieren sich zu feinen Netzwerken, die als **primäre** (primitive) **Gefäßplexus** bezeichnet werden. Die Wand der frühen Gefäße wird zunächst nur von einer Zellart aufgebaut, den **Endothelzellen.**

Eine Reihe von Untersuchungen lassen den Schluss zu, dass sich Endothelzellen aus 2 verschiedenen Arten von Vorläuferzellen entwickeln: aus Angioblasten und aus Hämangioblasten.

Bei beiden handelt es sich um mesenchymale Vorläuferzellen, die im Zuge der Gastrulation in das Mesoderm eingewandert sind. Während die Entwicklungspotenz der Angioblasten so weit eingeschränkt ist, dass sie sich nur zu Endothelzellen differenzieren, besitzen Hämangioblasten die Potenz, Endothelzellen und Blutzellen zu bilden. In jüngster Zeit ist es gelungen, Zellen mit angioblastischer Potenz sogar aus dem peripheren Blut erwachsener Menschen zu isolieren. Angioblasten und Hämangioblasten wandern in großer Zahl durch den kaudalen Abschnitt des Primitivstreifens in das Mesoderm ein. Sie besiedeln den Embryo und das extraembryonale Mesoderm von Dottersack, Haftstiel und Chorion.

Im extraembryonalen Mesoderm beginnt die Differenzierung der Zellen bereits zwischen dem 13. und 15. Entwicklungstag in Form sogenannter Blutinseln. Dieses sind dicht gepackte Ansammlungen von Hämangioblasten.

Die peripheren Zellen der Blutinseln flachen sich ab und differenzieren sich zu Endothelzellen. Die zentral und nun luminal gelegenen Zellen bleiben rundlich und differenzieren sich zu blutbildenden Zellen, wobei zunächst die Zellen der erythroblastischen Linie entstehen. Vereinzelt können Blutinseln auch intraembryonal, meist in der Splanchnopleura, beobachtet werden. Die Endothelzellen der Blutinseln proliferieren und nehmen Kontakt zu benachbarten Blutinseln auf, so dass ein primärer Gefäßplexus entsteht. Dieser differenziert sich zum Gefäßsystem von Plazenta und Nabelschnur. Diese Gefäße gewinnen Anschluss an das intraembryonal entstandene Gefäßsystem. Angioblasten und Hämangioblasten sind im Embryo folgendermaßen verteilt:

- Das paraxiale Kopfmesoderm enthält Angioblasten, die das gesamte Gefäßsystem des Kopfes und der kranialen Hirnabschnitte bilden.
- Das Mesoderm der Somatopleura enthält keine Angioblasten.
- Die Somiten und das intermediäre Mesoderm enthalten eine sehr große Zahl von Angioblasten. Sie bilden das Gefäßsystem der kaudalen Hirnabschnitte, des Rückenmarks, der Nierenanlagen und der dorsalen Körperwand. Lateral in den Somiten gelegene Angioblasten wandern in die Somatopleura ein und bilden auf diese Weise die Gefäße der ventrolateralen Körperwand und der Extremitäten. Zusätzlich bilden die Angioblasten des paraxialen Mesoderms noch die dorsale Hälfte der Aorta.
- Das Mesoderm der Splanchnopleura enthält Angioblasten und Hämangioblasten. Aus diesen entstehen das Endokard des Herzens, das gesamte Gefäßsystem der inneren Organe und die ventrale Hälfte der Aorta. Zur blutbildenden Potenz des Mesoderms der Splanchnopleura siehe ▶ Kap. 3.5.4.

Die Mechanismen der Bildung embryonaler Gefäße sind mannigfaltig (Abb. 3.13). Zum einen aggregieren Angioblasten in der Weise, dass zwischen ihnen, also interzellulär, ein Hohlraum entsteht, der dann zum Lumen des Gefäßes wird. In diese Gefäße können weitere Angioblasten integriert werden. Zusätzlich wachsen die Gefäße durch **Sprossung** und durch **interkalierendes** (eingeschobenes) **Wachstum.** Zum letzteren gehört auch ein Mechanismus, der als intussuszeptives Kapillarwachstum bezeichnet worden ist. Hierbei schnürt sich eine große (sinusoidale) Kapillare in zwei Abschnitte, die dann getrennt voneinander weiterwachsen. Während in Organen mit wenig Interzellularraum (z.B. dem Neuralrohr) die Gefäße durch Sprossung wachsen, findet man in Organen mit weiten Interzellularräumen (z.B. in Lunge und Leber) vorwiegend intussuszeptives Kapillarwachstum. Letzteres hat den Vorteil, dass die Gefäße wachsen und gleichzeitig mit Blut perfundiert werden können. Im Gegensatz dazu besitzen die dünnen Gefäßsprossen noch kein Lumen und sind daher zunächst funktionslos.

Das frühe Gefäßsystem wird ständig umgebaut und verändert, so dass neben dem Wachstum an vielen Stellen auch ein Abbau **(Regression)** von Gefäßen zu beobachten ist. So werden an den Stellen, an denen sich das knorpelige Skelett bildet, zunächst die Gefäße abgebaut. Einige Organe bleiben primär avaskulär (z.B. die Cornea), andere werden durch Gefäßregression sekundär avaskulär (z.B. der Glaskörper). Die primären Gefäßplexus werden im Folgenden umgebaut und es entstehen nach und nach die **organtypischen Gefäßmuster.** Von außen lagern sich den Endothelzellen die weiteren Bestandteile der Gefäßwand an (Perizyten, glatte Muskelzellen, Fibroblasten). Über den Ursprung der **Perizyten** ist wenig bekannt. Sie entwickeln sich vermutlich aus dem lokalen Mesoderm. Die **glatten Muskelzellen** der Gefäße entstehen in allen mesodermalen Kompartimenten des Embryos, sowie in der Kopfneuralleiste und der »kardialen« Neuralleiste. Letztere bildet die glatten Muskelzellen des Aortenbogens. Der Ursprung der **Fibroblasten** der Adventitia dürfte dem der glatten Muskelzellen entsprechen. Gefäße entwickeln sich also von innen nach außen. Eine Ausnahme stellt das subendotheliale Bindegewebe *(Lamina propria intimae)* dar. Es entwickelt sich erst nachgeburtlich bis zur Pubertät. Der Ursprung der Zellen ist nicht untersucht worden.

Die Entstehung der Blutgefäße wird durch Wachstumsfaktoren gesteuert. Der basische Fibroblast Growth Factor **(bFGF)** induziert im Mesoderm die Entwicklung von **Angioblasten.** Diese sind durch die Expression von Vascular Endothelial Growth Factor Rezeptor-2 (VEGFR-2 = KDR = flk-1) charakterisiert, während VEGFR-1 (= flt-1) erst im Endothel exprimiert wird, wenn sich die Endothelzellen zu Röhrchen formieren.

Weitere wichtige angiogene Faktoren sind die Proteine der **Angiopoetin-Familie,** die an den Rezeptor **Tie-2** (= TEK) der Endothelzellen binden. Angiopoietin-1 stabilisiert die Gefäße und bewirkt die Anlagerung von Perizyten und glatten Muskelzellen. Im Gegensatz dazu ist Angiopoietin-2 ein Inhibitor, der die Gefäße destabilisiert.

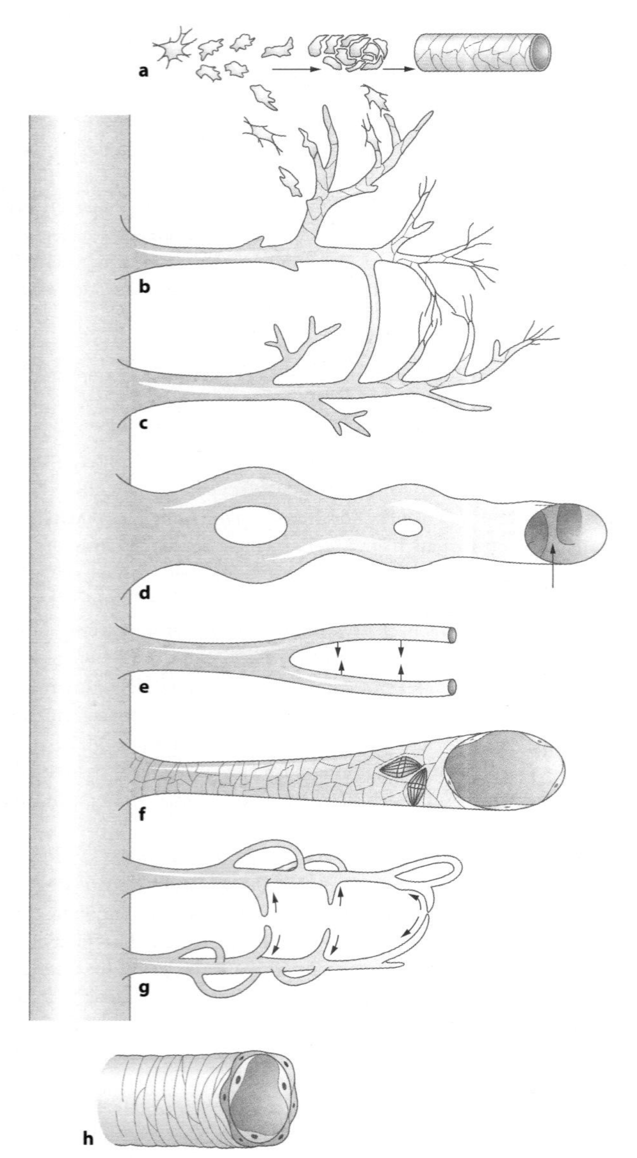

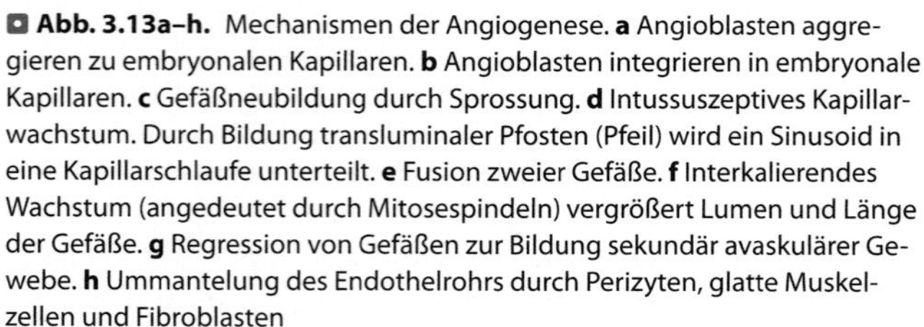

■ **Abb. 3.13a–h.** Mechanismen der Angiogenese. **a** Angioblasten aggregieren zu embryonalen Kapillaren. **b** Angioblasten integrieren in embryonale Kapillaren. **c** Gefäßneubildung durch Sprossung. **d** Intussuszeptives Kapillarwachstum. Durch Bildung transluminaler Pfosten (Pfeil) wird ein Sinusoid in eine Kapillarschlaufe unterteilt. **e** Fusion zweier Gefäße. **f** Interkalierendes Wachstum (angedeutet durch Mitosespindeln) vergrößert Lumen und Länge der Gefäße. **g** Regression von Gefäßen zur Bildung sekundär avaskulärer Gewebe. **h** Ummantelung des Endothelrohrs durch Perizyten, glatte Muskelzellen und Fibroblasten

Ein solchermaßen destabilisiertes Gefäß hat 2 Reaktionsmöglichkeiten:

- Bei Anwesenheit eines angiogenen Faktors (z.B. VEGF) kann es wachsen.
- Bei Fehlen angiogener Faktoren findet Regression statt.

3.12 Gefäße von Tumoren

Tumorgefäße sind instabil. Ihrer Wand fehlen Perizyten und glatte Muskelzellen, und sie benötigen für ihren Erhalt die ständige Anwesenheit angiogener Faktoren. Seit dem Jahr 2005 werden Medikamente (z.B. Antikörper) gegen VEGF-A eingesetzt, um Tumorgefäße in die Regression zu treiben und den Tumor auszuhungern.

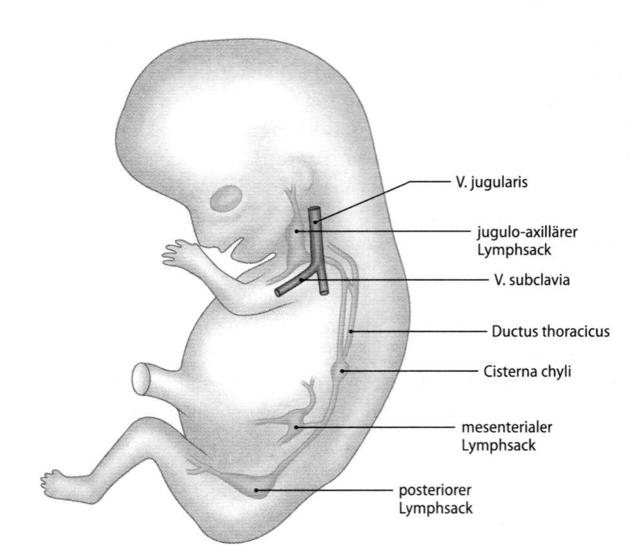

■ **Abb. 3.14.** Schematische Darstellung der Lymphsäcke und des paarigen Ductus thoracicus eines 30 mm Embryos (ca. 8. Woche). Der juguloaxilläre Lymphsack und der posteriore Lymphsack sind paarig angelegt

Noch bevor das Herz zu schlagen beginnt, entwickelt der Embryo ein Kreislaufsystem aus arteriellen und venösen Gefäßen. Die Endothelzellen von Arterien und Venen unterscheiden sich in ihrer molekularen Ausstattung. Hierbei sind die transmembranen Liganden und Rezeptoren der Ephrin-Familie (Protein-Tyrosin-Kinasen) von großer Bedeutung. Der Ligand **Ephrin-B2** wird nur im **arteriellen Endothel** exprimiert, während der Rezeptor **EPH-B4** charakteristisch für das **venöse Endothel** ist. Wird eines der beiden Gene (bei Mäusen) deletiert, so verbleibt das Gefäßsystem im Stadium des primären Gefäßplexus, und es bilden sich keine Hauptstrombahnen aus.

3.5.3 Lymphgefäße

Lymphgefäße entwickeln sich erst 3–4 Wochen nachdem die ersten Blutgefäße entstanden sind. Die ersten morphologisch erfassbaren Anlagen der Lymphgefäße sind die sogenannten **Lymphsäcke.** Sie entstehen in der 6.–7. Woche bei Embryonen mit 10–14 mm Länge (▶ Abb. 3.14). Zwei paarige und zwei unpaare Lymphsäcke werden gebildet:

- paarige juguläre Lymphsäcke: entstehen im Winkel zwischen *V. cardinalis anterior und posterior*
- paarige posteriore Lymphsäcke: umgreifen die *V. iliaca communis*
- retroperitonealer (= mesenterialer) Lymphsack: entsteht in der Wurzel des Mesenteriums
- die *Cisterna chyli* entsteht in der dorsalen Körperwand auf Höhe der Lumbalwirbel 3–4.

Bei den Lymphsäcken handelt es sich um Aussprossungen aus den benachbarten Venen. Permanente Verbindungen zwischen Lymphgefäßen und Venen verbleiben im Winkel zwischen *V. jugularis interna* und *V. subclavia*. In bestimmten Organen, z.B. dem Herz, sind zusätzliche lymphovenöse Anastomosen vorhanden. Durch Aussprossung aus den Lymphsäcken und durch Integration von **Lymphangioblasten** entstehen Lymphgefäße, die sich in ihrem Wachstum vornehmlich an den Arterien und Venen orientieren. Es entwickelt sich ein tiefes und ein oberflächliches Lymphgefäßsystem. Lymphangioblasten sind im **paraxialen** und **splanchnischen Mesoderm** vorhanden. Die Verteilung entspricht also der der blutgefäßbildenden Angioblasten. Lymphendothelzellen exprimieren den Homebox-Transkriptionsfaktor *Prox1*. Wird dieses Gen (bei Mäusen) deletiert, so entstehen keine Lymphgefäße, während die Blutgefäße sich normal entwickeln. Lymphendothelzellen exprimieren außerdem die transmembranen **VEGF-Rezeptoren-2 und -3** deren Liganden die Wachstumsfaktoren **VEGF-C** und **-D** sind. Im Tierexperiment (Maus, Vogel) haben sich VEGF-C und -D als lymphangiogen erwiesen.

3.13 Lymphogene Metastasierung von Karzinomen

Tumoren, die diese Wachstumsfaktoren (VEGF-C und -D) sezernieren, können Lymphangiogenese induzieren. Es gibt Hinweise darauf, dass dadurch in humanen Karzinomen das lymphogene Metastasieren von Tumorzellen gefördert wird. Die Aplasie der Lymphgefäße, die mit der Bildung von Lymphödemen einhergeht, wird als **Nonne-Milroy-Syndrom** bezeichnet und tritt mit einer Häufigkeit von 1:6000 auf. Bei einigen der Patienten sind Mutationen in der Kinase-Domäne des *VEGFR-3-(flt-4)*-Gens die Krankheitsursache.

Mit Ausnahme des kranialen Abschnitts der *Cisterna chyli* werden die Lymphsäcke in primäre **Lymphknoten** umgewandelt. Später entstehen noch viele sekundäre Lymphknoten. Mäuse, bei denen die Gene für *Lymphotoxin* α oder *Interleukin 7* deletiert wurden, entwickeln keine Lymphknoten. Das gleiche Ergebnis liefert die Deletion des Zinkfinger-Transkriptionsfaktors *Ikaros.*

3.5.4 Blut

Die Bildung von Blutzellen beginnt im Embryo sehr früh in Form von **Blutinseln** am 13.–15. Entwicklungstag und hält ein Leben lang an (► Kap. 5). Beim Erwachsenen werden täglich ca. 10^{11} Blutzellen gebildet. Alle Blutzellen (Erythrozyten, Granulozyten, Monozyten, Lymphozyten, Thrombozyten) werden von einer pluripotenten hämatopoetischen Stammzelle aus gebildet. Die Blutzellen im Embryo treten in folgender zeitlichen Reihenfolge auf:
- Erythrozyten
- Thrombozyten
- neutrophile Granulozyten
- eosinophile Granulozyten
- basophile Granulozyten und Lymphozyten
- Monozyten

Die ersten Blutzellen entstehen in Blutinseln, die zumeist im extraembryonalen Mesoderm von Dottersack und Haftstiel gelegen sind. Es entstehen vornehmlich Zellen der erythroblastischen Linie, die den O_2-Bedarf des Embryos decken. Bis zum 3. Monat sind die Erythrozyten kernhaltig. Bei diesen Blutzellen handelt es sich um eine kurzlebige (transiente) Zellpopulation. Die definitiven Blutzellen entstehen intraembryonal im Mesoderm der Splanchnopleura aus **Hämangioblasten.** Die Zellen wandern in die Bereiche von Aorta, Gonaden und Mesonephros ein (sog. AGM-Region) und besiedeln später die Leber und die Milz (hepatolienale Phase der Blutbildung) und nachfolgend das Knochenmark (myeloische Phase der Blutbildung).

In Kürze

Das Herz-Kreislauf-System ist das erste funktionstüchtige Organsystem des Embryos.

Die Herzanlage bildet den kranialsten Abschnitt des Embryos und liegt vor der Neuralplatte. Erst mit dem starken Wachstum der Hirnanlage und der kranialen Abfaltung des Embryos wird die Herzanlage nach ventral und kaudal verlagert **(Deszensus).** Das Herz ist **paarig** angelegt.

Blutgefäßen entstehen in der 3. Woche intra- und extraembryonal in Form von feinen Netzwerken, die als **primäre** (primitive) **Gefäßplexus** bezeichnet werden. Die Wand der frühen Gefäße besteht nur aus **Endothelzellen.** Die Entstehung der Blutgefäße wird durch Wachstumsfaktoren wie VEGF gesteuert.

Entwicklung von **Lymphgefäßen** 3–4 Wochen nachdem die ersten Blutgefäße entstanden sind. Die sog. **Lymphsäcke** sind Aussprossungen aus den benachbarten Venen. Lymphgefäße entstehen durch Aussprossung aus den Lymphsäcken und durch Integration von **Lymphangioblasten.**

Die **Bildung von Blutzellen** beginnt am 13.–15. Entwicklungstag in Form von Blutinseln. Grundlage für die kontinuierliche Bildung von Blutzellen sind die hämatopoetischen Stammzellen. Diese sind in der Lage, durch Proliferation sowohl den Bestand an Stammzellen zu sichern als auch eine große Zahl differenzierter Zellen zu produzieren.

3.6 Muskelentwicklung

  Einführung

Alle Zellen besitzen in ihrem Zytoplasma kontraktile Filamente. Bei 5 Zelltypen ist die Kontraktilität jedoch die Hauptfunktion der Zelle.

Zelltypen, bei denen die Kontraktilität im Vordergrund steht:
- Myoepithelzellen
- glatte Muskelzellen
- Myofibroblasten
- Herzmuskelzellen
- Skelettmuskelfasern

Myoepithelzellen entstammen dem ektodermalen Oberflächenepithel. Sie umgreifen die Endstücke exokriner Drüsen und dienen dem Auspressen des Sekrets.

Glatte Muskelzellen bilden die kontraktile Wandung der inneren Organe und der Gefäße. Ihre Herkunft ist mannigfaltig aus dem Ekto- und Mesoderm. Glatte Muskelzellen entwickeln sich aus folgenden Kompartimenten:
- ektodermaler Augenbecher (innere Augenmuskeln: *M. ciliaris, M. dilatator pupillae, M. constrictor pupillae*)
- Kopfneuralleiste (Media der Kopfgefäße)
- kardiale Neuralleiste (Media des Aortenbogens)
- paraxiales Mesoderm (Media der Rückengefäße)
- Somatopleuramesoderm (Media der Körperwand- und Extremitätengefäße)
- Splanchnopleuramesoderm (Media der viszeralen Gefäße und kontraktile Wand der inneren Organe)

Es gibt Hinweise darauf, dass eine Subpopulation der glatten Muskelzellen der *Tunica muscularis* des Darms der Neuralleiste entstammt.

Möglicherweise handelt es sich dabei um eine besondere Population glatter Muskelzellen, die die Schrittmacherfunktion für die autonome **Peristaltik** des Darms ausüben. Die Entwicklung der glatten Muskulatur wird durch den Transkriptionsfaktor **SRF** (Serum Response Factor) gesteuert. Wird dieser Faktor inhibiert, so unterbleibt die Expression glattmuskelspezifischer Gene (z.B. Glattmuskel-α-Aktin).

Bei den **Myofibroblasten** handelt es sich um einen Zelltyp, der sowohl Kontraktilität besitzt, als auch in der Lage ist, extrazelluläre Matrix zu produzieren. Die Zellen sind reichlich vorhanden in der *Lamina propria* der Hodenkanälchen, in der Alveolarwand, im Mesangium der Nierenglomeruli, und sie treten in der Wundheilung in Erscheinung. Die Myofibroblasten sind mesodermaler Herkunft. Detaillierte Untersuchungen über ihren Ursprung liegen jedoch nicht vor. Die Entwicklung der Zellen wird vom Platelet-derived Growth Factor **(PDGF)** und seinen Rezeptoren (α, β) gesteuert.

Die **Herzmuskelzellen** sind Derivate des splanchnischen Mesoderms (▶ Kap. 3.5.1), die sich unter dem induzierenden Einfluss des Entoderms entwickeln. Das *Homeobox*-Gen *Csx (Nkx-2.5)* ist für die Entwicklung der Herzmuskulatur essenziell. Beim Menschen führen Mutationen dieses Gens zu kongenitalen Herzfehlern. Die Funktion des *Csx*-Gens wird durch die Zinkfinger-Transkriptionsfaktoren der GATA-Familie unterstützt.

Die **quergestreiften Skelettmuskelfasern** entwickeln sich aus myogenen Zellen mesodermaler Herkunft. Die bis zu 30 cm langen Skelettmuskelfasern enthalten Hunderte von Zellkernen, die immer in der Zellperipherie liegen. Die Fasern entstehen durch Fusion der einkernigen, spindelförmigen **Myoblasten.** Es gibt 3 Generationen von Myoblasten: embryonale, fetale und adulte. Die adulten Myoblasten sind die **Satellitenzellen,** die in der Basalmembran der Muskelfasern liegen und durch Proliferation defekte Muskelfasern reparieren können. Die Entwicklung der fetalen Myoblasten ist von ihrer Innervation durch Motoneurone abhängig, während die embryonalen Myoblasten sich innervationsunabhängig entwickeln. Myoblasten durchlaufen zunächst eine Proliferationsphase, die durch den basischen Fibroblast Growth Factor (FGF-2) induziert wird. Ist diese Phase beendet, exprimieren sie spezifische Adhäsionsmoleküle (z.B. α5β1-Integrin, M-Cadherin) und extrazelluläre Matrix (z.B. Fibronektin). Sie lagern sich in Ketten aneinander und fusionieren zu den mehrkernigen **Myotuben.** Die Fusion ist ein Ca^{++}-abhängiger Prozess und bedarf der Aktivität proteolytischer Enzyme. Der Zellkern wird in die Peripherie verlagert. Die Sarkomere werden von peripher nach zentral gebildet. Ist dieser Vorgang abgeschlossen, spricht man von einer **Muskelfaser.**

Die Entwicklung der Muskelfasern wird durch Transkriptionsfaktoren vom basischen Helix-Loop-Helix-(bHLH-)Typ gesteuert, die auch als **myogene Determinationsfaktoren** bezeichnet werden. Es sind die Faktoren *Myf5, MyoD, Myogenin* und *MRF4.* Diese kontrollieren die Muskelentwicklung folgendermaßen: Mesodermzelle exprimiert *Myf5* oder *MyoD* → Myoblast exprimiert Myogenin → Myotube exprimiert *MRF4* → Muskelfaser.

Ein überschießendes Muskelwachstum wird durch Inhibitoren, wie z.B. **Myostatin** verhindert. Mäuse und Rinder, bei denen das *Myostatin*-Gen fehlt oder mutiert ist, entwickeln eine um das 3-fache vermehrte Muskelmasse.

Muskelfasern werden bindegewebig umhüllt und nehmen Kontakt zu den sich unabhängig davon entwickelnden Sehnen auf. Bindegewebe entsteht in allen mesodermalen Kompartimenten und in der Kopfneuralleiste. Form und Anordnung der Muskulatur werden durch das Bindegewebe, also durch die Fibroblasten, bestimmt. Diese Zellen besitzen also **Positionsinformation.**

Herkunft der Skelettmuskulatur:
- prächordales Mesoderm → äußere Augenmuskeln
- paraxiales Kopfmesoderm → Pharyngealbogenmuskeln (▶ Kap. 3.4)
- Dermomyotome der Somiten → gesamte Muskulatur von Rumpf, Extremitäten, Zunge und Zwerchfell

Die Fähigkeit zur Entwicklung quergestreifter Muskulatur ist also auf wenige Mesodermkompartimente beschränkt. Im Rumpfbereich sind die **Dermomyotome** der Somiten die einzige Quelle dieser Zellart (zur Somitenentwicklung ▶ Kap. 3.3.5). Aus dem Dermomyotom entsteht eine zweite epitheliale Zellschicht, das **Myotom.** Seine Zellen sind in Längsrichtung des Embryos orientiert (◘ Abb. 3.15).

Der dorsale Anteil des Myotoms bildet die **epaxiale Muskulatur,** also die autochthone (bodenständige) Rückenmuskulatur, die von den segmental verbleibenden *Rr. dorsales* der Spinalnerven innerviert wird. Der ventrale Anteil des Myotoms und die ventrale Kante des Dermomyotoms bilden die **hypaxiale Muskulatur,** die von den *Rr. ventrales* der Spinalnerven innerviert wird, gebildet.

In Abhängigkeit von der Körperregion zeigt die hypaxiale Muskulatur unterschiedliche Entwicklungsmuster. Aus den ventralen Dermomyotomkanten der okzipitalen Somiten 2–5 wandern myogene Zellen aus, besiedeln die Zungenanlage und differenzieren zur Zungenmuskulatur. Die Halsmuskulatur (*Mm. scaleni*, prävertebrale und infrahyale Muskeln) entsteht aus den ventralen Myotomen der okzipitalen und zervikalen Somiten. Auf Höhe der Arm- und Beinanlagen wandern myogene Zellen aus den ventralen Dermomyotomkanten aus und besiedeln die Extremitätenanlagen. Hier bilden sie jeweils eine dorsale und eine ventrale Vormuskelmasse, aus denen später die individuellen Muskeln gebildet werden.

Voraussetzung für die Wanderung der myogenen Zellen ist die Interaktion des Wachstumsfaktors **Scatter Factor** (SF = HGF) mit seinem spezifischen Rezeptor **c-Met:** Die Extremitätenanlagen sezernieren den Scatter Factor, die lateralen Dermomyotomkanten exprimieren c-Met. Bleibt diese Interaktion aus, unterbleibt die Wande-

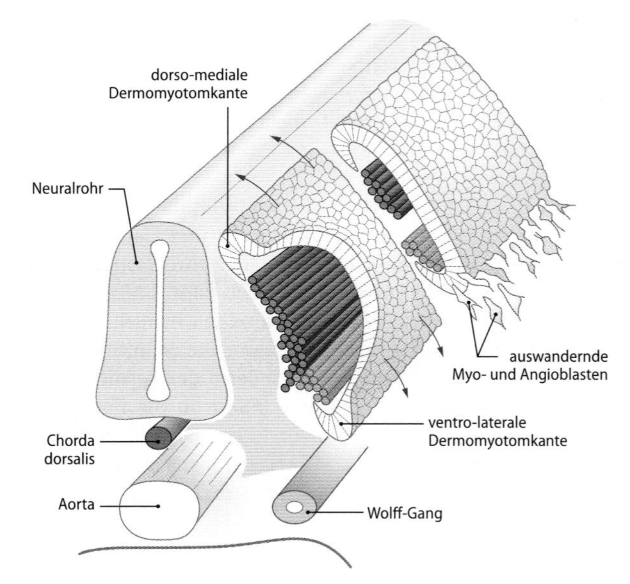

◘ **Abb. 3.15.** Entstehung der Skelettmuskulatur aus den Somiten. Epaxiale Muskulatur (rot), hypaxiale Muskulatur (ocker). Die Pfeile zeigen die Wachstumsrichtung der dorsomedialen und der ventrolateralen Dermomyotomkante. Im Bereich der Extremitätenanlagen wandern Myoblasten (und Angioblasten) aus der ventrolateralen Dermomyotomkante in die Somatopleura ein. Sklerotomderivate sind stark punktiert

rung der myogenen Zellen und die Extremitäten enthalten keine Muskulatur.

Auch die Wanderung (Metastasierung) vieler maligner Tumorzellen wird durch den Scatter Factor hervorgerufen.

In den extremitätenfreien Abschnitten des Körperstammes bleibt die epitheliale Struktur der ventralen Dermomyotomkanten erhalten. Die Kanten wachsen in die ventrolaterale Körperwand ein und bilden die Interkostal- und Bauchmuskulatur. In vergleichbarer Weise entsteht die Muskulatur des Beckenbodens. Es ist prinzipiell zu beobachten, dass die Muskulatur und der zugehörige Spinal- bzw. Hirnnerv aus jeweils der gleichen Segmenthöhe des Embryos entstammen. Die segmentale Identität wird entlang der Körperlängsachse durch den *HOX*-Code festgelegt (▶ Kap. 3.1.2).

In Kürze

Zelltypen mit der Hauptfunktion Kontraktilität sind:
- Myoepithelzellen
- glatte Muskelzellen
- Myofibroblasten
- Herzmuskelzellen
- Skelettmuskelfasern

Glatte Muskelzellen bilden die kontraktile Wandung der inneren Organe und der Gefäße. Herkunft: Ekto- und Mesoderm.

Herzmuskelzellen sind Derivate des splanchnischen Mesoderms. Die **quergestreiften Skelettmuskelfasern** entwickeln sich aus myogenen Zellen mesodermaler Herkunft.

3.7 Extremitätenentwicklung

 Einführung

Die Anlagen der Extremitäten entstehen als Extremitätenknospen an umschriebenen Stellen der Somatopleura. Die Armknospen werden am 25.–27. Tag sichtbar und liegen auf Höhe der Somiten 8–12 (kaudaler Halsbereich). Die Beinknospen entwickeln sich unmittelbar anschließend (27.–28. Tag) und liegen auf Höhe der Somiten 24–28 (Lumbosakralbereich).

Die Extremitätenknospen bestehen aus einer ektodermalen Hülle, die die Epidermis liefert, und einem mesodermalen Kern, aus dem verschiedene Zelltypen hervorgehen (Tab. 3.8). Zusätzlich wandern Zellen unterschiedlicher Herkunft in die Extremitätenknospen ein (Tab. 3.8). Die Knospen entwickeln sich durch appositionelles Wachstum von proximal nach distal. Die **Armknospen** wachsen zunächst nach lateral und erfahren dann eine Beugung im Bereich des Ellenbogens mit gleichzeitiger Pronation des Unterarms. Im verbreiterten Bereich des Handtellers entwickeln sich Fingerstrahlen, die durch interdigitale Apoptosezonen voneinander separiert werden. Der Daumen wächst in eine Oppositionsstellung. Auch die **Beinknospen** weisen zunächst nach lateral und werden dann adduziert. Die Knie werden gebeugt und mit zunehmendem Längenwachstum überkreuzen sich die Unterschenkel in der Mitte. Der Fuß wächst in eine Dorsalextensions- und Supinationsstellung.

Die Position der Extremitätenknospen in der Somatopleura wird durch spezifische Expressionsmuster der *HOX*-Gene festgelegt. So wird z.B. die untere Grenze der Armanlage durch die Expression von

Tab. 3.8. Ursprung von Zellen und Geweben der Extremitäten

Lokal entstandene Zellen	Eingewanderte Zellen (und ihre Herkunft)
Binde- und Fettgewebe	Neurone (Neuralrohr und -leiste)
Sehnen	Schwann-Zellen (Neuralleiste)
Gefäßmuskulatur	Melanozyten (Neuralleiste)
Perizyten	Merkel-Zellen (Neuralleiste)
Chondrozyten	Skelettmuskelfasern (Somiten)
Osteoblasten	Endothelzellen von Blut- und Lymphgefäßen (Somiten)
	Osteoklasten (Blut)

HOXc6 markiert. Die Mechanismen, die die Unterschiede zwischen Arm und Bein hervorrufen, sind noch weitgehend unbekannt. Von Bedeutung scheint jedoch die spezifische Expression von Transkriptionsfaktoren zu sein, deren Gene eine sogenannte **T-Box** enthalten.

Der Transkriptionsfaktor *Tbx5* ist charakteristisch für die obere Extremität, *Tbx4* für die untere Extremität. Die Mutation des *Tbx5*-Gens führt beim Menschen zum **Holt-Oram-Syndrom** (Hand-Herz-Syndrom). Die Beine sind nicht betroffen.

Das Auswachsen der Extremitätenanlagen wird durch vielfache Interaktionen zwischen Mesoderm und Ektoderm gesteuert. Das Mesoderm der Extremitätenanlage induziert am distalen Ende der Extremitätenknospe eine verdickte Ektodermleiste, die in anteroposteriorer Richtung verläuft und als **ektodermale Randleiste** (AER: apical ectodermal ridge) bezeichnet wird (Abb. 3.16). Diese induziert im unterliegenden Mesoderm eine Region mit hoher Proliferationsrate, die **Progress-Zone,** die für das appositionelle Wachstum der Extremität unentbehrlich ist. Die Progress-Zone ihrerseits bewirkt, dass die AER so lange erhalten bleibt, bis das appositionelle Wachstum beendet ist. Wird dieses Wachstum unterbrochen (z.B. durch Mutationen oder das experimentelle Entfernen der AER), so differenzieren sich die proximalen Abschnitte der Extremität normal, während die distalen Abschnitte völlig fehlen. Das Auswachsen der Extremitäten nach distal wird durch Wachstumsfaktoren der **FGF-Familie** gesteuert. FGF-2, -4 und -8 werden in der AER exprimiert. Nach experimenteller Applikation dieser Proteine in der Somatopleura von Vogelembryonen entwickeln sich sogar zusätzliche Extremitäten.

3.14 Störung der Extremitätenentwicklung durch Thalidomid (Contergan)

Eine generelle, wahrscheinlich durch Hemmung der Angiogenese verursachte, Störung der Extremitätenentwicklung bewirkt die Einnahme des Medikaments **Thalidomid** (Contergan) von der Mutter während der **kritischen Phasen** der Extremitätenentwicklung (für die Armentwicklung: 24.–32. Tag, für die Beinentwicklung: 28.–34. Tag).

Ein komplexes Signalnetzwerk existiert auch entlang der anteroposterioren Achse der Extremitätenknospen. Diese Achse entspricht im Arm der Radio-Ulnar-Achse. Signalgebendes Zentrum für die Bildung dieser Achse sind einige Zellen am posterioren Rand der Extremitätenknospen. Diese Zellen werden als Zone polarisierender Aktivität (ZPA) bezeichnet (Abb. 3.16). Die experimentelle Transplantation der ZPA an den anterioren Rand der Extremität bewirkt eine spiegelbildliche Verdoppelung der Fingerstrahlen. Das Signalmolekül **Sonic Hedgehog** wird von den Zellen der ZPA sezerniert und hat im Expe-

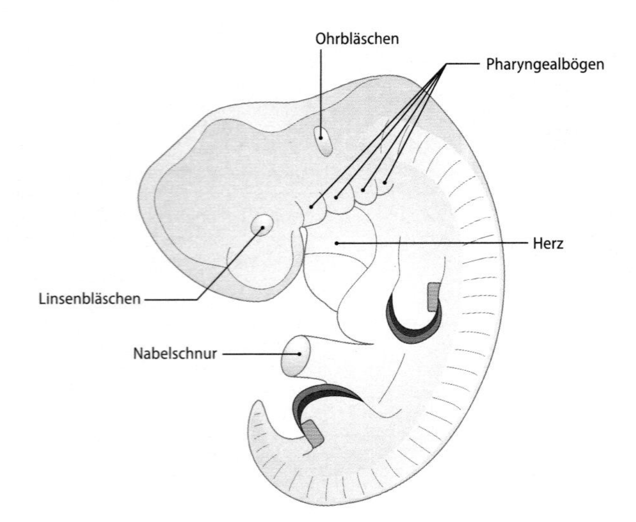

Abb. 3.16. Extremitätenanlagen eines Embryos von 7 mm Länge (ca. 33. Tag)
blau = ektodermale Randleiste (AER), ocker = Zone polarisierender Aktivität (ZPA), rot = Progress-Zone

riment die gleiche duplizierende Wirkung wie die Zellen selbst. Innerhalb der Extremitäten entstehen regionale Unterschiede (z.B. Oberarm-Unterarm-Hand), die auf der Grundlage von Positionsinformationen des Somatopleuramesoderms beruhen. In Analogie zur Körperlängsachse findet auch hier der *HOX*-Code seine Anwendung. Mutationen des Gens *HOX D13* bewirken beim Menschen **Typ-II-Syndaktylie** oder **Synpolydaktylie.** Mutationen des Gens *HOX A13* sind die Ursache des **Hand-Fuß-Genital-Syndroms.**

In Kürze

Die Extremitäten entwickeln sich aus Extremitätenknospen (Arm- und Beinknopsen). Sie bestehen aus einer ektodermalen Hülle, die die Epidermis liefert, und einem mesodermalen Kern, aus dem verschiedene Zelltypen hervorgehen. Zusätzlich wandern Zellen aus verschiedenen Quellen in die Extremitätenknospen ein.

Die Position der Extremitätenknospen in der Somatopleura wird durch spezifische Expressionsmuster der *HOX*-Gene festgelegt. In den Extremitätenknospen gibt es signalgebende Zentren, die Wachstum und Differenzierung der Knospe steuern.

3.8 Wachstum und Reifung

 **Einführung**

Der Zeitpunkt der Ovulation liegt 14 (± 2) Tage vor Beginn der nächsten Regelblutung. Berechnet vom ersten Tag der letzten Regelblutung dauert eine Schwangerschaft 280 Tage oder 10 Lunarmonate (Menstruationsalter). Die Befruchtung der Eizelle findet in einer Spanne von 48 Stunden nach der Ovulation statt. Von diesem Zeitpunkt aus berechnet dauert eine Schwangerschaft durchschnittlich 266 Tage (Ovulationsalter).

Zur genauen Bestimmung des Entwicklungsstadiums wird in der Embryologie das System der **Carnegie-Stadien** verwendet. Die Carnegie-Sammlung befindet sich an der University of California. In der Praxis wird das Alter der Embryonen und Feten durch Längenmessungen bestimmt, die aufgrund der Krümmungen der Embryonen aber nur Anhaltspunkte liefern können. Zur Anwendung kommen:
- größte Länge
- Scheitel-Steiß-Länge (SSL)
- Scheitel-Fersen-Länge (SFL)

Der Messpunkt »Scheitel« liegt über dem Mittelhirn.

Nach der **Haase-Regel** berechnet sich die größte Länge (in Zentimetern) der Feten in den Lunarmonaten 3–5 aus dem Quadrat des jeweiligen Monats; in den Lunarmonaten 5–10 aus dem Fünffachen. Von praktischer Bedeutung ist auch der **biparietale Durchmesser** des Kopfes, der das voluminöseste Körperteil des Feten bei der Geburt darstellt. Der Wert liegt durchschnittlich bei 9–9,5 cm. Die engste Stelle des Geburtskanals (*Diameter conjugata* = Conjugata vera) hat im Durchschnitt einen Durchmesser von 10–11 cm.

Nach der Geburt werden die **Reifezeichen** des Neugeborenen beurteilt und in Form von **APGAR**-Werten nach 1, 5 und 10 Minuten protokolliert (**A**tmung, **P**uls, **G**rundtonus, **A**ussehen, **R**eflexe).

Als Reifezeichen des Neugeborenen gelten:
- Körperlänge $\geq$ 48 cm
- Gewicht $\geq$ 2500 g
- Schulterumfang > Kopfumfang
- subkutane Fettpolster prall
- Farbe rosig (nicht rot!)
- Kopfhaare mindestens 2 cm lang
- Laguno-Behaarung nur an Schultern und Oberarmen
- Nägel bedecken die Fingerkuppen
- große Labien bedecken die kleinen Labien
- Hoden im Skrotum
- Nasen- und Ohrenknorpel fest

In Kürze

Schwangerschaftdauer durchschnittlich 280 Tage oder 10 Lunarmonate (Menstruationsalter) oder nach der Befruchtung der Eizelle berechnet 266 Tage (Ovulationsalter).

Zur genauen Bestimmung des Entwicklungsstadiums wird in der Embryologie das System der **Carnegie-Stadien** verwendet.

Reifezeichen des Neugeborenen sind die **APGAR-Werte,** protokolliert nach 1, 5 und 10 Minuten nach der Geburt (**A**tmung, **P**uls, **G**rundtonus, **A**ussehen, **R**eflexe).

II. Funktionelle Systeme

4 Organe des Bewegungsapparates

F. Eckstein, F. Paulsen, B. N. Tillmann

4

4.1 Knochen, Gelenke, Muskeln

B. N. Tillmann, F. Eckstein

 Einführung

Knochen, Gelenke und Skelettmuskeln bilden mit dem organspezifischen Bindegewebe und ihren Leitungsbahnen die Organe des Bewegungsapparates. Das Skelettsystem ist mit seinen Gelenkverbindungen der passive Teil, die Skelettmuskeln sind mit ihren Hilfsorganen (Sehnen, Faszien) der aktive Teil des Bewegungsapparates. Beide Teile bilden eine Funktionseinheit, die der Orientierung und Fortbewegung des Individuums oder der Bewegung einzelner Körperabschnitte sowie der Haltung des gesamten Körpers oder einzelner Abschnitte dienen.

4.1.1 Knochen

Das knöcherne Skelett besteht aus ca. 200 Knochen unterschiedlicher Form und Struktur, die über Gelenke miteinander in Verbindung stehen und **mechanische Kräfte** aufnehmen. Die Kräfte werden über den Gelenkknorpel, die Muskeln und deren Sehnen oder durch Weichteilstrukturen (z.B. Fersenpolster) eingeleitet. Neben ihrer **mechanischen Funktion** übernehmen die Knochen wichtige Aufgaben im Rahmen der **Homöostase** der Mineralsalze (u.a. Kalzium und Phosphat).

Form der Knochen

Man unterscheidet nach der äußeren Form **lange, kurze, flache** und **unregelmäßige Knochen.**

Lange Knochen (Ossa longa)

Die langen Knochen, z.B. Femur, Humerus (► Kap. 4.4, ◘ Abb. 4.101 und ► Kap. 4.5, ◘ Abb. 4.157) bezeichnet man aufgrund der Ausbildung einer **Markhöhle** *(Cavitas medullaris)* auch als **Röhrenknochen** (◘ Abb. 4.1). Sie werden entsprechend ihrer Entwicklung in einen Bereich zwischen den Wachstumsfugen *(Diaphysis)* und in einen Bereich jenseits der Fugen *(Epiphysis)* gegliedert. Der diaphysäre Anteil, der direkt an die Wachstumsfuge grenzt, wird als **Metaphyse** bezeichnet. Nach Abschluss des Wachstums bleibt die knöcherne Verschmelzung von Epiphyse und Diaphyse in Form einer schmalen Linie *(Linea epiphysialis)* am Knochenschnitt und im Röntgenbild sichtbar. Man unterscheidet dann einen **gelenknahen metaphysären Bereich,** dessen Kern vollständig aus spongiösem Knochen besteht (◘ Abb. 4.3b), und den aus kompaktem Knochengewebe aufgebauten **Schaftbereich** *(Corpus)*. Im mittleren Schaftbereich grenzt kortikaler Knochen direkt an die Markhöhle. Die innere Grenzfläche zur Markhöhle wird als **endostale Fläche,** die äußere als **periostale Fläche** bezeichnet. An den langen Knochen kommen Knochenvorsprünge (z.B. *Trochanter major* des Femur oder *Tuberculum majus* des Humerus) vor, die man als **Apophysen** bezeichnet. Sie dienen der Insertion von Sehnen und haben während der Knochenentwicklung eigene Knochenkerne. Apophysen gibt es auch an unregelmäßigen und flachen Knochen.

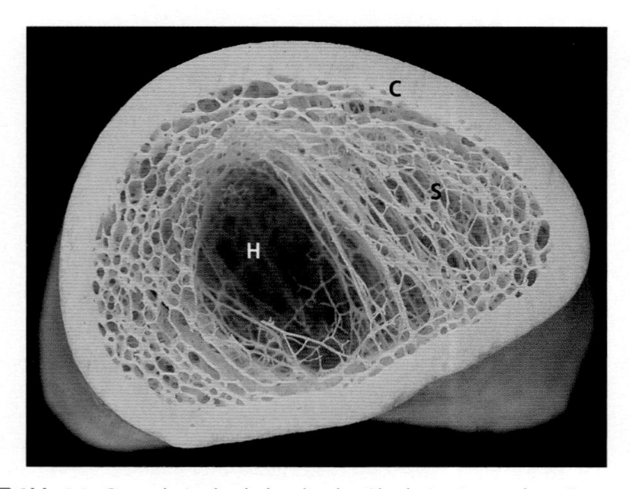

◘ **Abb. 4.1.** Querschnitt durch den distalen Abschnitt eines rechten Femur (Ansicht der proximalen (Schnittfläche). Man beachte die kräftige Kompakta (C = Substantia compacta), die Spongiosa (S = Substantia spongiosa) des metaphysären Abschnitts und die Markhöhle (H = Cavitas medullaris)

Kurze Knochen (Ossa brevia)

Kurze Knochen, z.B. Hand- und Fußwurzelknochen, haben außen eine dünne Kortikalis und bestehen im Inneren aus Spongiosatrabekeln (► Kap. 4.4, ◘ Abb. 104 und ► Kap. 4.5, ◘ Abb. 1.62).

Flache Knochen (Ossa plana)

Flache Knochen, z.B. Brustbein oder Beckenschaufel, werden außen von jeweils einer Lage kompakten Knochen begrenzt, zwischen denen spongiöser Knochen liegt. Der Raum zwischen den Spongiosatrabekeln wird von rotem Knochenmark ausgefüllt. An einigen Stellen fehlt die Spongiosa, so dass der Knochen hier nur aus einer dünnen Kompaktaschicht besteht, z.B. der mittlere Bereich des Schulterblatts (► Kap. 4.4, ◘ Abb. 4.100d).

Unregelmäßige Knochen (Ossa irregulari)

Zu den unregelmäßigen Knochen rechnet man, z.B. Knochen der Schädelbasis oder die Wirbel. Sie bestehen aus einem dünnen Kortikalismantel und haben einen Kern aus Spongiosa. Einige **Schädelknochen** enthalten luftgefüllte Hohlräume, **lufthaltige Knochen,** *Ossa pneumatica,* z.B. Oberkiefer, Keilbein Siebbein und Stirnbein (► Kap. 9.1.4, S. 397).

Sesambein, *Os sesamoideum*

Sesambeine sind in Sehnen eingelagerte Knochen, z.B. Kniescheibe. Sie kommen konstant und variabel vor (mechanische Bedeutung, ► Kap. 4.5).

Überzählige (akzessorische) Knochen

Außer den konstanten Knochen des Skeletts (sog. kanonische Knochen) beobachtet man vor allem am Hand- und Fußskelett.

Struktur des Knochens

Mikroskopischer Aufbau des Knochengewebes und Knochenbildung (Knochenzellen: Osteoblasten, Osteozyten, Osteoklasten; ► Kap. 2, S. 38).

Knochengewebe liegt makroskopisch in 2 Formen vor:

- **kortikaler** oder **kompakter Knochen** *(Substantia corticalis* oder *Substantia compacta)*
- **spongiöser** oder **trabekulärer Knochen** *(Substantia spongiosa).*

Der mikroskopischen Struktur liegt bei beiden Formen **Lamellenknochen** zugrunde. Die Kompakta besteht aus Osteonen sowie aus dem Knochenumbau resultierenden Osteonfragmenten (Schaltlamellen, ► Kap. 2). Die Spongiosatrabekel bilden ein schwammartiges (»spongiöses«) Maschenwerk. Sie sind aus unterschiedlich vielen flachen Lamellen aufgebaut.

Knochen sind außen mit Ausnahme an den Gelenkflächen sowie im Bereich chondraler Sehnenansätze von Knochenhaut, **Periost** bedeckt (► Kap. 2). Die Oberflächen im Inneren (Spongiosatrabekel und Havers-Kanäle) werden von **Endost** ausgekleidet.

Kortikales und trabekuläres Knochengewebe weist prinzipiell eine gleiche Matrixzusammensetzung auf, unterschiedlich ist jedoch der Anteil an Knochengewebe pro Volumeneinheit. Dieser beträgt für den kortikalen Anteil ca. 90% und für den trabekulären Anteil ca. 5–35% Knochengewebe. **Kortikaler Knochen** macht insgesamt ca. 80% des Knochengewebes im menschliche Skelett aus. Das mineralisierte Gewebe füllt den Raum mit Ausnahme der Gefäßkanäle vollständig aus. Er schließt im Schaftbereich die Markhöhle ein und kann hier mehrere Millimeter dick sein (◘ Abb. 4.1).

Trabekulärer Knochen kommt u.a. im gelenknahen metaphysären Bereich der Röhrenknochen (◘ Abb. 4.3b), in den Beckenknochen und Wirbelkörpern sowie in den kurzen Fuß- und Handwurzelknochen vor. Sein Anteil beträgt etwa 20% des Knochengewebes. Trabekulärer Knochen ist metabolisch aktiver als kompakter Knochen, da er über eine größere Resorptionsfläche verfügt. Die Trabekel stellen sich in einem Schnittbild durch das Gewebe als »Bälkchen« dar. Dreidimensional handelt es sich um **plattenförmige** oder um **stabförmige** Strukturelemente mit einer durchschnittlichen Dicke von ca. 150 µm. Die Dicke der Trabekel ist bei allen Spezies etwa gleich. Der relative Anteil an platten- und stabförmigen Elementen ist an den einzelnen Knochen verschieden. Im Femurkopf und im Schenkelhals kommen z.B. überwiegend plattenförmige Trabekel vor (◘ Abb. 4.3). Die Spongiosa der Wirbelkörper besteht größtenteils aus stabförmigen Elementen (◘ Abb. 4.2).

Knochengewebe befindet sich im ständigen Umbau (Knochenresorption und Knochenformation = Remodeling).

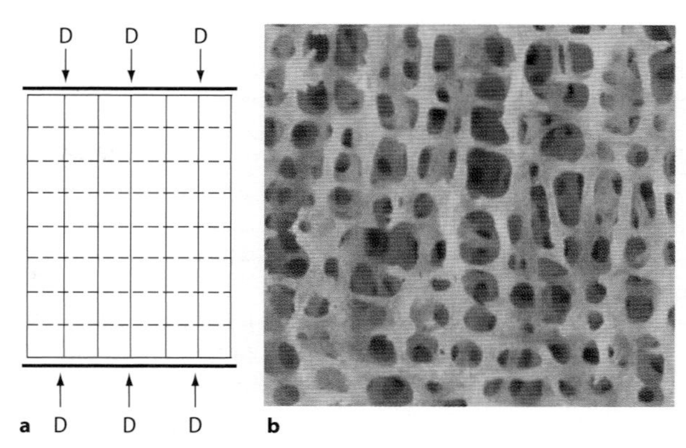

◘ **Abb. 4.2a, b.** Trabekelverlauf in den Wirbelkörpern. **a** Spannungsverlauf in einem zentrisch durch Druckkräfte (D) belasteten Körper. Durchgezogene Linien: Spannungstrajektorien: durch Kompression hervorgerufene Drucktrajektorien. Unterbrochenen Linien: durch Dehnung hervorgerufene Zugtrajektorien. Trajektorien zeigen den Verlauf von Druck- und Zugspannungen an. **b** Spongiosa eines axial auf Druck beanspruchten Lendenwirbels (Ausschnitt aus einem Mediansagittalschnitt). Die stabförmigen Spongiosatrabekel sind in Form eines trajektoriellen Fachwerks (vergleiche Darstellung links) ausgerichtet: vertikaler Verlauf der Drucktrabekel, transversaler Verlauf der Zugtrabekel

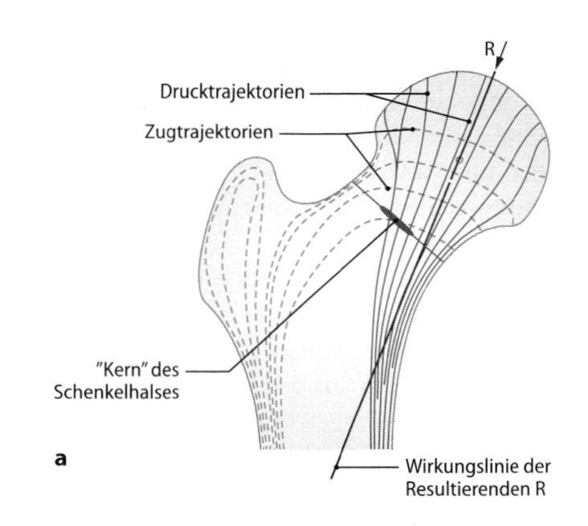

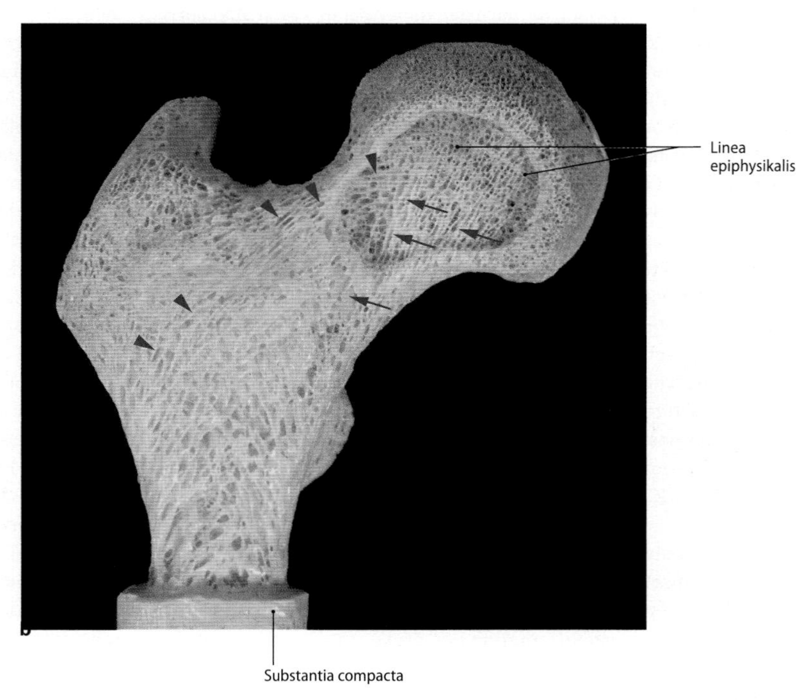

◘ **Abb. 4.3a, b.** Proximales Femur. **a** Spannungsverlauf im proximalen Femur bei Belastung durch die Gelenkresultierende R: Richtung der größten Druckspannungen → Drucktrajektorien (rote durchgezogene Linien), Richtung der größten Zugspannungen → Zugtrajektorien (unterbrochene grüne Linien). Der gelenknahe Teil des Femurkopfes erfährt eine Druckbeanspruchung. Schenkelhals und anschließender Schaftbereich werden auf Biegung beansprucht [2]. **b** Rechtes proximales Femurende in der Ansicht von vorn. Die Substantia compacta ist so weit abgetragen, dass die Substantia spongiosa von Femurkopf und Schenkelhals sichtbar ist. Im Übergangsbereich zwischen Femurkopf und Schenkelhals wurde außerdem die Spongiosa in der Tiefe freipräpariert. Der spongiöse Knochen besteht überwiegend aus Spongiosaplatten. Die Spongiosatrabekel sind durch ihre trajektorielle Ausrichtung der lokalen Beanspruchung angepasst: Aus dem auf Druck beanspruchten Femurkopf ziehen kräftige Spongiosadrucktabekel (→) in den medialen Bereich des Schenkelhalses. Innerhalb des auf Biegung beanspruchten Schenkelhalses überkreuzen sich die auf Zug (Pfeilköpfe) und die auf Druck (Pfeile) beanspruchten Spongiosatrabekel im rechten Winkel

Knochenumbau

Knochengewebe kann man mit einer **kontinuierlichen Baustelle** vergleichen. Beim Erwachsenen wird innerhalb von 10 Jahren das gesamte Knochenmaterial einmal ersetzt. Die aktuelle Knochenmasse (4.4) ist das Resultat zweier gegenläufiger Prozesse, nämlich der **Knochenformation** und der **Knochenresorption.** Diese Prozesse laufen nicht unabhängig voneinander ab, sondern sind aneinander gekoppelt: Die **Osteoblasten** und die **Osteoklasten** arbeiten gemeinsam als sog. **multizelluläre Einheiten:**

- Finden **Formation** und **Resorption an unterschiedlichen Orten** im Knochen statt und führen dadurch zu einer **Änderung** seiner **Form,** so spricht man vom sog. **Modeling.** Die Querschnittszunahme der Knochen während des Wachstums wird z.B. durch periostale Formation und endostale Resorption erzielt.
- Finden **beide Prozesse am gleichen Ort** statt und bleibt die äußere Form unverändert, so spricht man vom sog. **Remodeling.**

Knochenformation und -resorption (4.2) werden durch mechanische Faktoren, Hormone, Wachstumsfaktoren, Zytokine und Matrixmoleküle (► Kap. 2) sowie auch Botenstoffe aus dem ZNS (Hypothalamus), z.B. Leptin, reguliert.

4.1 Knochenmasse oder Knochendichte

Die Knochenmasse oder Knochendichte weist im Alter von ca. 20–30 Jahren den höchsten Wert auf (sog. Peak-Bone-Mass). Unter normalen Bedingungen herrscht ein enger **Zusammenhang zwischen Knochen- und Muskelmasse.** Im Alter nimmt die Knochenmasse ab (Osteopenie). Aufgrund der sinkenden Östrogenspiegels sind vor allem Frauen während und nach der Menopause betroffen. Der Knochenabbau ergreift zunächst hauptsächlich den trabekulären, später aber auch den kortikalen Knochen. Bei der Osteopenie bleibt das Muster der trabekulären Struktur erhalten.

Wird ein kritischer Grenzwert der Knochenmasse unterschritten, so kann es schon bei leichten Stürzen oder bereits bei üblicher körperlicher Aktivität zu **Frakturen** kommen. Man spricht dann von **manifester Osteoporose.** Bei Osteoporose ist nicht der Mineralisierungsgrad des Gewebes an sich beeinträchtigt; man findet aber weniger mineralisierte Knochenmatrix pro Volumeneinheit und eine **veränderte trabekuläre Mikroarchitektur.** Bei der Osteoporose kommt es bevorzugt zu Frakturen des Schenkelhalses des Femur, an den Wirbelkörpern und im distalen Abschnitt des Radius.

Mit unterschiedlichen Methoden wird versucht, das Risiko einer Fraktur abzuschätzen und die Diagnose **Osteoporose** noch vor dem Eintritt von Frakturen zu stellen. Zu den anerkannten Methoden der **Knochendichtemessung** gehören die Zweienergie-Röntgen-Absorptiometrie (DXA), die quantitative Computertomographie (QCT) und die periphere QCT (pQCT).

4.2 Messung des Umsatzes der Knochenmatrix

Mit **biochemischen Markern** kann klinisch der Umsatz der Knochenmatrix (Verhältnis von Knochenformation und -resorption) beurteilt werden. Marker der **Knochenformation** sind die knochenspezifische alkalische Phosphatase (BAP), Osteocalcin (OC) und Kollagenpropeptide (PICP und PINP). Spezifische Marker der **Knochenresorption** sind die Pyridinum-Crosslinks (Pyridinoline oder Desoypyridinoline) und hochmolekulare Telopeptide des Kollagen I (α- oder β-CTX, NTx).

Blutversorgung des Knochengewebes

Knochengewebe ist stark vaskularisiert, so dass keine Zelle weiter als 300 µm von einem Gefäß entfernt ist. Die Ein- und Austrittsöffnungen, *Foramen nutricium,* für die ernährenden Gefäße, *Vas nutricium,* sind auf der Außenfläche der Kortikalis sichtbar. An kurzen und unregelmäßigen Knochen treten die Vasa nutricia an mehreren Stellen in den Knochen ein. Die **langen Röhrenknochen** weisen ein relativ einheitliches Muster der Blutversorgung auf: Die Arterien im **Schaftbereich** treten am Foramen nutricium auf der Knochenoberfläche in einen Gefäßkanal, *Canalis nutricii,* der Kortikalis und gelangen in die Markhöhle, in der sie sich nach proximal und distal verzweigen. Von hier aus wird die Kortikalis in **zentrifugaler Richtung** versorgt. Der venöse Abfluss erfolgt vice versa in zentripetaler Richtung: Das Venenblut fließt aus der Kortikalis in Venen der Markhöhle, die den Knochen durch ein Foramen nutricium verlassen. **Periostale Gefäße,** die mit Gefäßen der Muskulatur anastomosieren, versorgen das **Periost** und die äußeren Anteile der **Kortikalis.**

Während des **Wachstums** haben Gefäße im Bereich von Epiphysen und Metaphysen im Rahmen der Knochenbildung an Epiphysenkernen und Wachstumsfugen große Bedeutung. Die beiden Stromgebiete anastomosieren nach Abschluss des Wachstums miteinander. Die in den Markraum des Knochens eingedrungenen Arterien versorgen das Knochenmark und die gefäßlose Spongiosa. Die zentrifugal zur Kortikalis ziehenden Gefäße dringen über endostale Kanäle in diese ein und verzweigen sich in Form von Volkmann- und Havers-Gefäßen innerhalb des kompakten Knochens (► Kap. 2).

4.3 Folgen unzureichender Blutversorgung von Knochengewebe

Wird die Blutversorgung, z.B. des Femurkopfes eingeschränkt, so kann es zu einer (aseptischen) Knochennekrose kommen (Morbus Perthes). Hiervon sind vor allem Kinder zwischen 6 und 9 Jahren betroffen.

Mechanik des Knochengewebes

Belastung, Beanspruchung und funktionelle Anpassung des Knochens

Knochengewebe zeichnet sich durch hohe Festigkeit aus, die es in einem gewissen Maß auch ohne die Anwesenheit von lebenden Zellen behält. Aus mechanischer Sicht bilden der **organische Anteil** der Matrix (Kollagen I) und der **anorganische Anteil** (Mineralsalze) die Komponenten eines Verbundmaterials, dessen mechanisches Verhalten vom Anteil der Einzelkomponenten abhängt.

Die **Belastung** des Skelettsystems erfolgt durch das Körpergewicht (Last) sowie vor allem durch Muskelkräfte und Bänder. Die Mehrzahl der Knochen wird mit wenigen Ausnahmen über Gelenke belastet. Die Belastung ergibt sich damit aus der Vektorsumme (Resultierende) des Vektors des (Teil-)Körpergewichtes und des Vektors der Muskel- und Bandkräfte (■ Abb. 4.8). Die Kräfte werden über den Gelenkknorpel auf die **subchondrale Platte** übertragen. Von dort werden die Kräfte auf den **subartikulären** trabekulären **Knochen** und von diesem auf die **Kortikalis** des Schaftbereiches weitergeleitet (■ Abb. 4.3). Experimentelle Messungen und Computersimulationen zeigen, dass **bei physiologischer Belastung** das Knochengewebe eine **Formänderung** (Stauchung) von ca. 2500–4000 µstrain (0,25–0,4%) erfährt. Bei einer durchschnittlichen Formänderung von ca. 800–1600 µstrain besteht im Gewebe ein Gleichgewicht von Knochenformation und -resorption. Werden diese Werte auf Dauer unterschritten, so kommt es zur Resorption (Atrophie). Bei Werten von > 1600 µstrain wird dagegen Knochen angebaut und die Festigkeit nimmt zu (Hypertrophie). Professionelle Tennisspieler weisen z.B. auf der Seite des Schlagarms eine deutlich dickere Kortikalis des Humerusschaftes auf als auf der Gegenseite. Knochen erreicht bei ca. 7000 µstrain den Fließbereich und versagt schließlich bei ca. 20.000 µstrain (Fraktur).

Funktionelle Anpassung. Das **Remodeling** des Knochens verhindert unter normalen Umständen, dass Mikrofrakturen kumulieren und dass der Knochen ermüdet. Die Fähigkeit des Knochengewebes, sich dynamisch an die aktuelle mechanische Beanspruchungssituation zu adaptieren, wird als **funktionelle Anpassung** bezeichnet. Diese ermöglicht es, ein Maximum an mechanischer Festigkeit bei minimalem Materialeinsatz zu erzielen. Anpassungsprozesse tragen damit wesentlich zur Formgebung und zur mechanischen Kompetenz des Knochens bei.

Knochen ist nach einem »ökonomischem« Bauprinzip mit größtmöglicher Materialersparnis gebaut: Mit einem Minimum an Material wird ein Maximum an Festigkeit erreicht.

Knochengewebe kann sich durch **quantitative** (Knochenmasse) und durch **qualitative** (trajektorielle Ausrichtung der Spongiosatrabekel) **Mechanismen** an seine lokale **Beanspruchung** anpassen. An der **quantitativen Anpassung** des Knochengewebes durch Menge und Verteilung des Knochengewebes sind Kompakta und Spongiosa beteiligt. Die quantitativen Anpassungsvorgänge lassen sich im Schaftbreich der auf Druck und Biegung beanspruchten langen Röhrenknochen augenscheinlich aufzeigen (▫ Abb. 4.4a). Da die langen Röhrenknochen beim Menschen vorzugsweise in einer Biegeebene beansprucht werden, weicht der Querschnitt von der eines Rohres mit gleichmäßiger Materialverteilung ab (▫ Abb. 4.1). Die **Substantia spongiosa** ist an die aktuelle Beanspruchung durch die Materialmenge und durch die **Ausrichtung der Spongiosatrabekel** funktionell angepasst. Die Spongiosatrabekel sind in Richtung der größten **Druck- und Zugspannungen** (Hauptspannungen) angeordnet (▫ Abb. 4.3). Sie verfügen damit über eine **trajektorielle Bauweise** (▫ Abb. 4.2).

An langen Röhrenknochen wird die metaphysäre Spongiosa, z.B. im Schenkelhalsbereich des Femur auf Biegung beansprucht (▫ Abb. 4.3). Die bogenförmig verlaufenden Druck- und Zugtrabekel schneiden sich auch hier rechtwinklig. Die einzelnen Trabekel sind damit – im Gegensatz zum gesamten Knochen – biegungsfrei und erfüllen das Prinzip der ökonomischen Bauweise. Ändert sich die äußere Form eines langen Knochens während des Lebens (z.B. Coxa valga, Coxa vara, ► Kap. 4.5, ▫ Abb. 4.158) oder infolge operativer Eingriffe, so passt sich die Spongiosa der neuen Situation durch Umorientierung der Trabekel in Richtung der größten Druck- und Zugspannungen an (sog. Transformationsgesetz).

4.4 Knochenabbau bei Immobilisation

Bei Immobilisation von Patienten kann schon nach wenigen Tagen ein Knochenabbau beobachtet werden. Der funktionellen Frühmobilisierung nach Operationen kommt daher eine große Bedeutung zu.

4.5 Lockerung von Gelenkimplantaten

Beim Einsatz von Gelenkimplantaten (z.B. Gelenkendoprothesen) wird darauf geachtet, dass diese mechanisch nicht zu »steif« sind. Wird der umgebende Knochen komplett vor mechanischer Verformung abgeschirmt (sog. Stress-Shielding), kommt es zur Resorption des umgebenden Knochengewebes und das Implantat verliert seine Verankerung (Implantatlockerung).

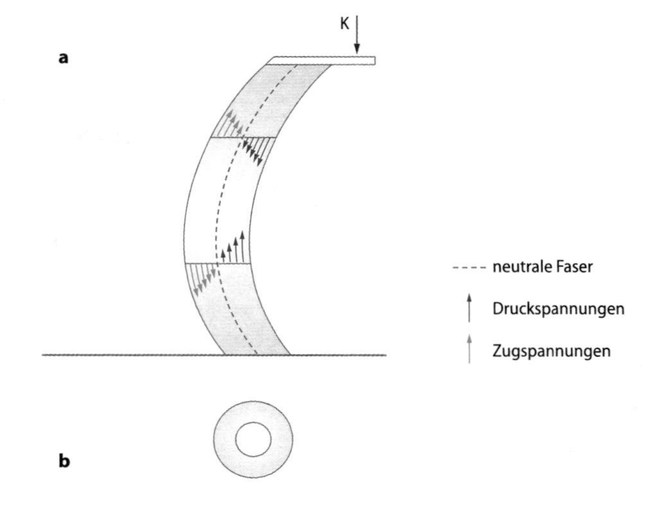

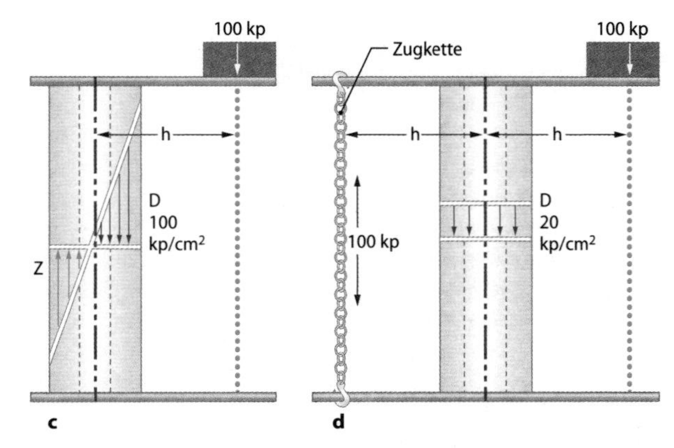

▫ **Abb. 4.4a–d. Biegebeanspruchung –Zuggurtung. a** Bei exzentrischer Belastung eines Rundstabes durch eine Druckkraft K wird dieser auf Biegung beansprucht. Dabei treten auf der konkaven Seite Druckspannungen (rot) und auf der konvexen Seite Zugspannungen (blau) auf. Im Zentrum des Stabes, wo die Spannungen auf Null abfallen, liegt die neutrale Faser. **b** Rohrquerschnitt: Das Rohr ist die optimale Konstruktion eines auf Biegung beanspruchten Stützelementes. Unter ökonomischen Gesichtspunkten kann im Inneren, wo die Spannungen niedrig sind, Material eingespart werden, ohne die Festigkeit zu gefährden. **c** Bei exzentrischer Belastung über einen Hebelarm (h) erfährt eine Säule eine Biegebeanspruchung. Bei einer durch äußere Druckkräfte hervorgerufenen Biegebeanspruchung sind die Druckspannungen (D) größer als die Zugspannungen (Z). **d** Zuggurtung: Die Biegebeanspruchung wird durch eine gleich große Gegenkraft in Form einer Zugverspannung aufgehoben (Zuggurtungsprinzip nach Pauwels). Trotz Verdopplung der Belastung (Druckkraft 100 kp und Zugkraft 100 kp) ist die Beanspruchung der Säule um das Fünffache niedriger als in der auf Biegung beanspruchten Säule in Abbildung c. In der Realität wird die Biegebeanspruchung der Röhrenknochen durch die Zuggurtungswirkung der Muskeln und ihrer Sehnen nicht aufgehoben, sondern nur herabgesetzt [2]

Zelluläre Mechanotransduktion

Auf zellulärer Ebene geht man heute davon aus, dass die in der Extrazellularmatrix eingeschlossenen **Osteozyten** in der Lage sind, **mechanische Signale** aufzunehmen und in biologische Signale zu übersetzen **(Mechanotransduktion)**. Ein relevanter mechanischer Reiz scheint dabei der **Flüssigkeitsstrom in den Kanalikuli** der Knochenmatrix bei mechanischer Verformung der Knochen zu sein. Dieser kann entweder durch direkte Abscherung der Osteozyten in den engen Kanälen oder durch elektrische Potenziale durch die vorbeiströmende ionenreiche Flüssigkeit (streaming potentials) an die Zellen vermittelt werden. Die Osteozyten sind untereinander, mit den Osteoblasten und mit den »Lining Cells« der endostalen und periostalen Oberflächen (ruhende Osteoblasten) über zytoplasmatische Fortsätze verbunden. Bei der **Signalweitergabe** spielen **Gap Junctions** eine wichtige Rolle, die **Kalziumsignale** im Synzytium der Knochenzellen sehr schnell weiterleiten können.

Materialeigenschaften des Knochens

Knochen zeigt im Unterschied zum Knorpel unter niedriger Beanspruchung ein Verhalten, das als **elastisch** bezeichnet werden kann. Im einachsigen Zug- oder Druckversuch beobachtet man einen linearen Zusammenhang zwischen der aufgebrachten Spannung und der beobachteten Formänderung (Dehnung, Stauchung). Das mineralisierte Knochengewebe weist einen E-Modul von ca. 10–20 GP auf.

Der Knochen ist ein **anisotropes (orthotropes) Material,** d.h. seine Steifigkeit ist in unterschiedlichen Raumrichtungen unterschiedlich groß. Diese **Anisotropie** wird am **kortikalen Knochen** durch die **Vorzugsrichtung der Osteone** und am **trabekulären Knochen** durch die **Mikroarchitektur** der Trabekel bestimmt. Da Dichte und Form des Knochens und seine mechanische Steifigkeit eng miteinander verknüpft sind, ergibt sich ein **Regelkreis** für die **funktionelle Anpassung.** Dieser betrachtet den Knochen als **Mechanostat,** Verformungen werden durch entsprechende Änderungen von Dichte und Architektur in einem konstanten Rahmen gehalten.

In Kürze

Knochenformen
Nach der äußeren Form Unterteilung in: lange, kurze, flache und unregelmäßige Knochen.
Knochengewebe:
- kortikaler oder kompakter Knochen
- spongiöser oder trabekulärer Knochen

Knochengewebe befindet sich im ständigen Umbau:
- Knochenresorption und
- Knochenformation

Knochengewebe ist durch die Knochenmasse und durch die trajektorielle Ausrichtung der Spongiosa an seine lokale Beanspruchung angepasst (funktionelle Anpassung).

4.1.2 Gelenke

Einführung

Gelenke, *Juncturae,* sind Verbindungen zwischen knorpeligen und/oder knöchernen Skelettelementen. Sie haben die Funktion, Bewegungen zwischen den einzelnen Abschnitten der Extremitäten und des Rumpfes zu ermöglichen und Kräfte zwischen diesen zu übertragen. Sie gewährleisten, dass bei statischer Belastung kritische Grenzwerte der Beanspruchung in den Knochen nicht überschritten werden. Dies ist eine Voraussetzung dafür, dass ein ausreichendes Maß an mechanischer Festigkeit der Knochen bei möglichst geringem Einsatz von Gewebe (Gewichts- und Energieersparnis) erzielt wird.

Gelenktypen, Gelenkaufbau, Funktion

In der systematischen Anatomie unterscheidet man zwischen einer kontinuierlichen Knochenverbindung oder **Gelenkhaft,** *Synarthrosis,* (sog. unechte Gelenke) und einer **diskontinuierlichen Knochenverbindung,** *Junctura synovialis,* synonym *Articulatio* oder *Diarthrosis* (sog. echte Gelenke).

Synarthrosen

Bei Synarthrosen kann die Verbindung zwischen den Knochen aus **Bindegewebe** *(Junctura fibrosa)* oder **Knorpel** *(Junctura cartilaginea)* bestehen.

Zu den **bindegewebigen Haften** zählen:
- Bandhaften: *Syndesmosis*
- Zwischenknochenmembranen: *Membrana interossea*
- Schädelnähte: *Sutura*

Bei den **knorpelhaften** unterscheidet man in Abhängigkeit von der Knorpelstruktur 2 Formen:
- Bei einer **Synchondrosis** sind die knöchernen Skelettelemente über **hyalinen Knorpel** miteinander verbunden, z.B. *Synchondrosis sphenooccipitalis* oder die Wachstumsfugen langer Knochen.
- Bei einer **Symphysis** besteht der verbindende Knorpel überwiegend aus **Faserknorpel,** z.B. *Symphysis pubica.*

Ein Teil der Synarthrosen wird im Rahmen der Osteogenese vollständig durch Knochen ersetzt z.B. die Wachstumsfugen oder einige Suturen des Schädels, so dass die benachbarten Skelettelemente in Form einer **Synostosis,** *Junctura ossea,* miteinander verschmelzen.

Funktion. In den meisten Synarthosen sind **Bewegungen** nur in **begrenztem Umfang** möglich. Das Bewegungsausmaß hängt von der Struktur und von der Menge des Gewebes zwischen den Skelettelementen ab. In einigen Synarthrosen lassen sich geringe Translationsbewegungen und Drehbewegungen ausführen, z.B.Symphysis pubica. Bei zahlreichen Synarthrosen ist die Funktion als **Wachstumszone** bedeutender als die mechanische, z.B. Schädelnähte, Wachstumsfugen.

Diarthrosen

Strukturelle Merkmale einer Diarthrose sind 2 oder mehrere durch einen **Gelenkspalt** voneinander getrennte **artikulierende Gelenkflächen,** *Facies articularis.* Die miteinander artikulierenden Skelettelemente sind von **Gelenkknorpel** bedeckt. Sie werden von einer **Gelenkkapsel,** *Capsula articularis,* umhüllt, die zugleich die **Gelenkhöhle,** *Cavitas articularis* begrenzt (◘ Abb. 4.5).

Die von der Gelenkkapsel eingeschlossenen Strukturen bilden die morphologische Einheit eines Gelenkes.

Gelenktypen. Nach der **Anzahl** der in einem Gelenk miteinander artikulierenden Skelettanteile unterscheidet man:
- **einfache Gelenke,** *Articulatio simplex,* und
- **zusammengesetzte Gelenke,** *Articulatio composita*

In einfachen Gelenken artikulieren 2 Knochen miteinander, z.B. Hüftgelenk. Bei zusammengesetzten Gelenken stehen mehr als 2 Knochen miteinander in gelenkigem Kontakt, z.B. Ellenbogengelenk oder Kniegelenk. Nach der **Geometrie der Gelenkkörper** wer-

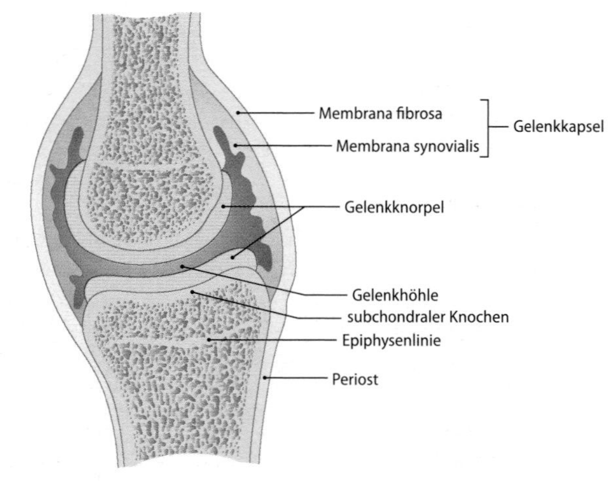

◘ **Abb. 4.5.** Schematischer Aufbau eines echten Gelenkes [3]

den verschiedene Gelenktypen unterschieden, die für die Gelenkmechanik, insbesondere die Kinematik von Bedeutung sind (◘ Abb. 4.6):

- **Ebenes Gelenk** *(Articulatio plana)*: Bei ebenen Gelenken sind die Gelenkflächen nahezu plan. Es lassen sich Translations- und Drehbewegungen ausführen, z.B. Wirbelgelenke(◘ Abb. 4.6a).
- **Zylinder- oder Walzengelenk** *(Articulatio cylindrica)*: Bei Zylinder- oder Walzengelenken hat ein Gelenkkörper die Form eines Zylinders oder einer Walze (◘ Abb. 4.6b, c). Der zugehörige Gelenkpartner ist entsprechend ein Hohlzylinder. Zylindergelenke kommen in 2 Formen vor:
  - **Scharniergelenk** *(Ginglymus)*: In Scharniergelenken sind Drehbewegungen um eine in Richtung des Zylinders laufende Achse möglich. Ein weiterer Freiheitsgrad der Translation in Richtung der Längsachse des Zylinders kann aufgrund der ineinander greifenden rollenförmigen Gelenkflächen nicht wirksam werden (z.B. Humeroulnargelenk).
  - **Zapfen-, Rad-** oder **Drehgelenk** *(Articulatio trochoidea)*: In Zapfengelenken sind Drehbewegungen um eine Achse möglich, die in Richtung des zapfenförmigen Skelettelementes läuft, z.B. proximales und distales Radioulnargelenk oder *Articulatio atlantoaxialis mediana* (◘ Abb. 4.6d).
- **Ellipsoid- oder Eigelenk** *(Articulatio ellipsoidea)*: Bei einem Ellipsoidgelenk (z.B. proximales Handgelenk) hat ein Gelenkkörper eine ovoide Oberfläche, die in zwei senkrecht zueinander stehenden Ebenen konvex gekrümmt ist. Der zugehörige Gelenkpartner hat entsprechend konkave Krümmungen (◘ Abb. 4.6e). Es sind Bewegungen um 2 aufeinander senkrecht stehende Achsen, jedoch keine Rotation möglich.
- **Kondylengelenk** *(Articulatio bicondylaris)*: Kondylengelenke haben eine ähnliche Oberflächenkrümmungwie die Ellipsoid- und Zylindergelenke. Charakteristisch sind die voneinander getrennten bikonvex gekrümmten Gelenkrollen (Kondylen). Sie artikulieren mit entsprechenden konkaven Gelenkflächen (◘ Abb. 4.6f). Es sind Drehbewegungen um 2 Achsen sowie Translations- und Abrollbewegungen möglich, z.B. Femorotibialgelenk, Kiefergelenk.
- **Sattelgelenk** *(Articulatio sellaris)*: Die Gelenkflächen eines Sattelgelenkes haben eine konvexe und eine konkave Krümmung, die jeweils miteinander artikulieren (◘ Abb. 4.6g). Bei Aufrechterhaltung des Gelenkflächenschlusses sind Bewegungen um 2 Achsen möglich, die senkrecht zueinander stehen. Bei Aufhebung des Flächenkontaktes kommt ein weiterer Freiheitsgrad (s. unten) hinzu, der eine Rotation ermöglicht (Daumensattelgelenk).
- **Kugelgelenk** *(Articulatio sphaeroidea)*: Bei einem Kugelgelenk artikuliert ein kugelförmiger Gelenkkopf mit einer hohlkugelförmigen Gelenkpfanne, z.B. Hüftgelenk, Schultergelenk (◘ Abb. 4.6h). Kugelgelenke sind in allen Richtungen des Raumes um ein Drehzentrum beweglich (unendlich viele Bewegungsachsen). Entsprechend der Lage der am Gelenk wirkenden Muskelgruppen hat man 3 aufeinander senkrecht stehende Hauptbewegungsachsen festgelegt (Schulter- und Hüftgelenk). Bei Ausnutzung des gesamten Bewegungsspielraumes kann an Kugelgelenken eine **Umführbewegung** *(Circumductio)* ausgeführt werden.

In Abhängigkeit von der Gelenkform sind zur Beschreibung von Bewegungsabläufen – wie im Bereich der Technik – **Bewegungsachsen** festgelegt, obwohl es diese bei biologischen Gelenken nicht gibt.

! **Als »Achse« definiert man am Gelenk den Punkt, der bei einer Bewegung keine Ortsveränderung erfährt.**

Straffes Gelenk (Amphiarthrosis). Als straffe Gelenke bezeichnet man Diarthrosen, deren Beweglichkeit durch kräftige Bandverstärkungen stark eingeschränkt ist, z.B. *Articulatio sacroiliaca*, Karpometakarpalgelenke.

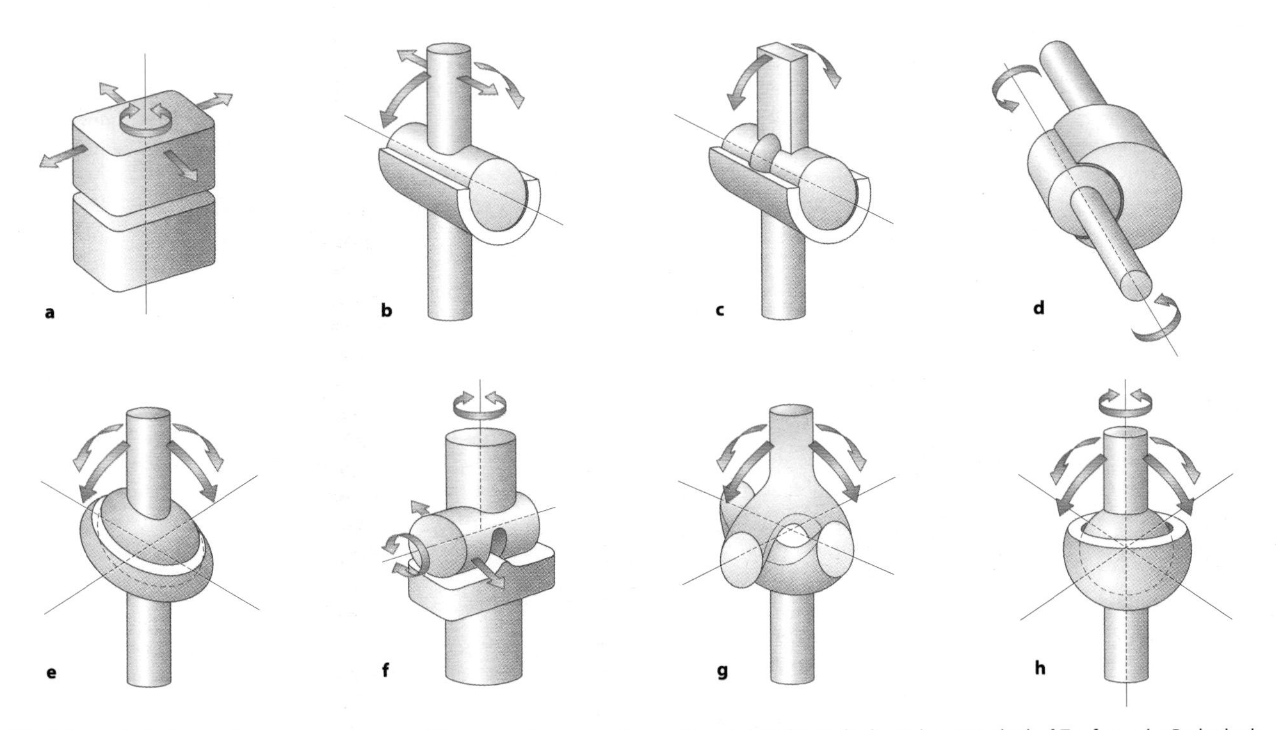

◘ **Abb. 4.6a–h.** Gelenktypen, Bewegungsachsen und Bewegungsformen. **a** Ebenes Gelenk, **b** Walzengelenk, **c** Scharniergelenk, **d** Zapfen- oder Radgelenk, **e** Eigelenk, **f** Kondylengelenk, **g** Sattelgelenk, **h** Kugelgelenk

In Kürze

Gelenke: wichtige Aufgaben bei dynamischer und statischer Aktivität des Bewegungsapparates. Zu unterscheiden ist zwischen:
- **Synarthrosen:** Verbindung besteht aus **Bindegewebe** oder **Knorpel**
- **Diarthrosen:** Verbindung besteht aus 2 oder mehr artikulierenden, von Knorpel bedeckten Gelenkflächen; Amphiarthrosen sind straffe Gelenke (durch starken Bandapparat eingeschränkte Beweglichkeit)

Gelenktypen: ebenes Gelenk, Walzengelenk, Scharniergelenk, Zapfen- oder Radgelenk, Eigelenk, Kondylengelenk, Sattelgelenk, Kugelgelenk

Funktionen, Bewegungsformen (Kinematik)

Nach der Geometrie der Bewegungen unterscheidet man 2 Bewegungsformen:
- **Translation** (Verschiebebewegung)
- **Rotation** (Drehbewegung)

Verschiebe- und **Drehbewegungen** können in den 3 Ebenen des Raumes ausgeführt werden. Ein frei im Raum beweglicher Körper verfügt damit über maximal 6 Grade der Freiheit. Die Bewegungsmöglichkeiten eines Gelenkes werden daher als **Freiheitsgrade** angegeben. Bei Gelenken mit ausschließlichen Rotationsbewegungen entsprechen die Drehachsen dem Freiheitsgrad, ein Kugelgelenk hat z.B. 3 Freiheitsgrade, ein Scharniergelenk verfügt über 1 Freiheitsgrad. Die **Abrollbewegung** setzt sich aus Translation und Rotation zusammen.

Die **Messung der Gelenkbeweglichkeit** erfolgt aus einer definierten Ausgangsstellung nach der **Neutral-** oder **0-Methode.** Sie entspricht der anatomischen Normalstellung: aufrechter Stand, herabhängende Arme mit nach vorn gerichteten Daumen, geschlossene und parallel gestellte Füße, nach vorn gerichteter Blick. Diese Position wird auch für Untersuchungen beim liegenden Patienten nach Möglichkeit zugrunde gelegt. Voraussetzung für eine exakte Gelenkmessung sind die Kenntnis **tastbarer Knochenanteile** als Bezugspunkte sowie der **Verlaufsrichtung der Gelenkachsen** (► Kap. 4.5, ◘ Abb. 4.167).

Gelenkführung – Gelenkhemmung

An der sog. **Gelenkführung** sind mehrere Strukturen beteiligt. Eine gute **Knochenführung** findet man bei Scharniergelenken, z.B. am Humeroulnargelenk. Die meisten Scharniergelenke verfügen auch über eine gute **Bandführung,** z.B. das obere Sprunggelenk. Das Schultergelenk ist ein Beispiel für ein Gelenk mit primärer **Muskelführung.**

Das **Bewegungsausmaß** hängt von der Form der Gelenkkörper sowie von den das Gelenk führenden Muskeln und Bändern ab. Das Bewegungsausmaß kann durch unterschiedliche Strukturen des Gelenkes oder in der Umgebung des Gelenkes eingeschränkt oder gehemmt werden. Von **Knochenhemmung** spricht man, wenn durch knöchernen Kontakt zwischen 2 Gelenkanteilen eine Bewegung gehemmt wird, z.B. begrenzt der knöcherne Anschlag der Olekranonspitze in der Fossa olecrani die Extension im Ellenbogengelenk (► Kap. 4.4). Die Skelettmuskeln tragen durch aktive und passive Insuffizienz zur Begrenzung von Bewegungen bei **(Muskelhemmung)**. Großen Einfluss auf das Bewegungsausmaß haben vor allem die gelenknahen Bänder, so begrenzt, z.B. das *Lig. iliofemorale* des Hüftgelenkes (► Kap. 4.5) durch **Bandhemmung** die Extension. Bei einer sog. **Weichteilhemmung** kann die Einschränkung des Bewegungsausmaßes durch Hypertrophie der über das Gelenk ziehenden Muskeln oder durch übermäßige Zunahme des subkutanen Fettgewebes zustande kommen.

Die Größe des Bewegungsumfanges ist alters- und geschlechtsabhängig. Kinder verfügen normalerweise über einen größeren Bewegungsumfang als Erwachsene. Bei Frauen ist das Bewegungsausmaß meistens größer als bei Männern. Geht das Bewegungsausmaß weit über den Normbereich hinaus, spricht man von Überbeweglichkeit oder **Hypermobilität** (4.9). Die Hypermobilität bei Balletttänzerinnen und -tänzern oder Turnerinnen und Turnern ist auf eine durch Training erworbene erhöhte Dehnbarkeit der Gewebe zurückzuführen.

4.6 Überbeweglichkeit und Bewegungseinschränkungen von Gelenken

Zur pathologischen Überbeweglichkeit der Gelenke kommt es z.B. beim Marfan-Syndrom infolge eines erblichen Defektes bei der Bildung von Fibrillin-1, das normalerweise reichlich in der Gelenkkapsel vorkommt.

Bandrupturen können aufgrund unzureichender Bandführung zur Fehlbelastung im Gelenk und in deren Folge zur Osteoarthrose führen. Auch Schrumpfung der Gelenkkapsel und des periartikulären Bindegewebes nach langzeitiger Gelenkruhigstellung oder Narbenbildungen (z.B. nach Verbrennungen oder Traumen) gehen mit Bewegungseinschränkungen einher.

Gelenkbelastung – Gelenkbeanspruchung (Kinetik)

Die meisten Gelenke verhalten sich mechanisch wie Hebel. Als **Hebelarme** dienen den angreifenden Muskel- und Bandkräften auf der einen Seite die Skelettelemente, auf der anderen Seite die antagonistisch wirkende Kraft des Körperteilgewichts (Schwerkraft). Das Ellenbogen- oder Kniegelenk ist ein einarmiger Hebel (◘ Abb. 4.7). Das Hüftgelenk bildet einen zweiarmigen Hebel. Die an einem Gelenk (»Hebel«) wirkenden Kräfte erzeugen ein **Drehmoment** oder eine Drehkraft. Das Drehmoment ist das Produkt aus der einwirkenden Kraft sowie der Länge des effektiven (virtuellen oder physikalischen) Hebelarmes. Ein Gelenk befindet sich dann im **Gleichgewicht,** wenn die antagonistischen Drehmomente die gleiche Größe haben (Drehmomentsumme = Null).

Gelenke werden beim Menschen **kraftschlüssig,** d.h. durch äußere Kräfte geführt. Der Kraftschluss der Diarthrosen kommt durch die Muskel- und Bandkräfte (der Zug der »Weichteile und der Luftdruck spielen keine nennenswerte Rolle) sowie durch die Kraft (Schwerkraft) des Teilkörpergewichtes zustande. Die beiden Kräfte bilden ein Kräftepaar mit entgegengesetzter Wirkungsrichtung (entgegengesetzte Drehmomente). Da es sich bei den am Gelenk wirksam werdenden Kräften um gerichtete Kräfte, d.h. **Vektoren** handelt, erfolgt die **Gelenkbelastung** durch die **Vektorsumme aus Muskel- und Bandkraft** und **Schwerkraft.** Die Vektorensumme wird als **Gelenkresultierende R** bezeichnet (◘ Abb. 4.8). Sie verläuft aus Gleichgewichtsgründen durch den momentanen Drehpunkt des Gelenkes und bewirkt den Kraftschluss zwischen den Gelenkkörpern. Die Gelenkresultierende ändert bei der Bewegung im Gelenk ihre Größe, Richtung und Lage.

! Die Flächenpressung (Gelenkdruck) ist abhängig von der Größe der Gelenkresultierenden (Belastung) und von der Größe der kraftaufnehmenden Fläche.

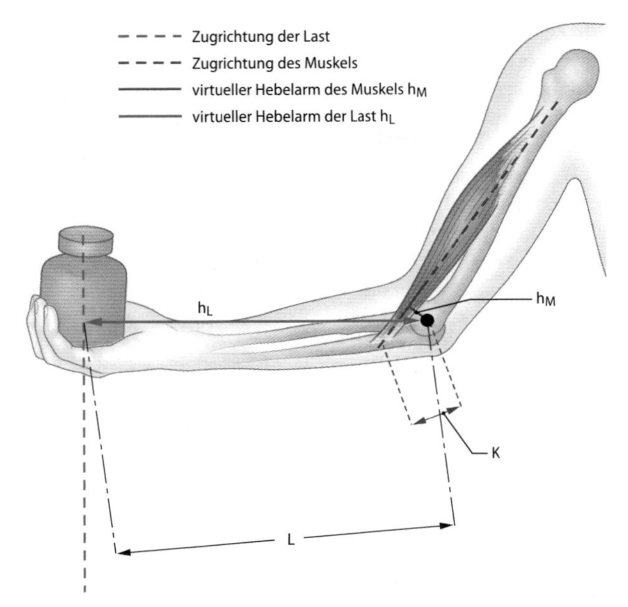

Abb. 4.7. Das Ellenbogengelenk als einarmiger Hebel. Die Last (symbolisiert durch das von der Hand gehaltenen Gewicht) und die Muskelkraft (am Beispiel des M. brachialis) wirken auf einer Seite des »Hebels«. Entscheidend für das Drehmoment am Gelenk sind die virtuellen (effektiven oder physikalischen) Hebelarme von Muskelkraft (hM) und Last (hL). Man beachte die große Differenz in der Länge der virtuellen Hebelarme. Zur Herstellung von Gleichgewicht oder zur Bewegung im Gelenk muss der Muskel ein Mehrfaches an Kraft aufbringen. Der virtuelle Hebelarm wird mit zunehmender Beugung größer und erreicht seinen höchsten Wert, wenn die wirksame Endstrecke der Ansatzsehne senkrecht auf das zu bewegende Skelettelement trifft. Bei großem virtuellem Hebelarm des Muskels wird das Drehmoment mit geringerer Muskelkraft erreicht (Sesambein)
K = Kraftarm (der Muskelkraft), L = Lastarm (des Unterarmgewichts)

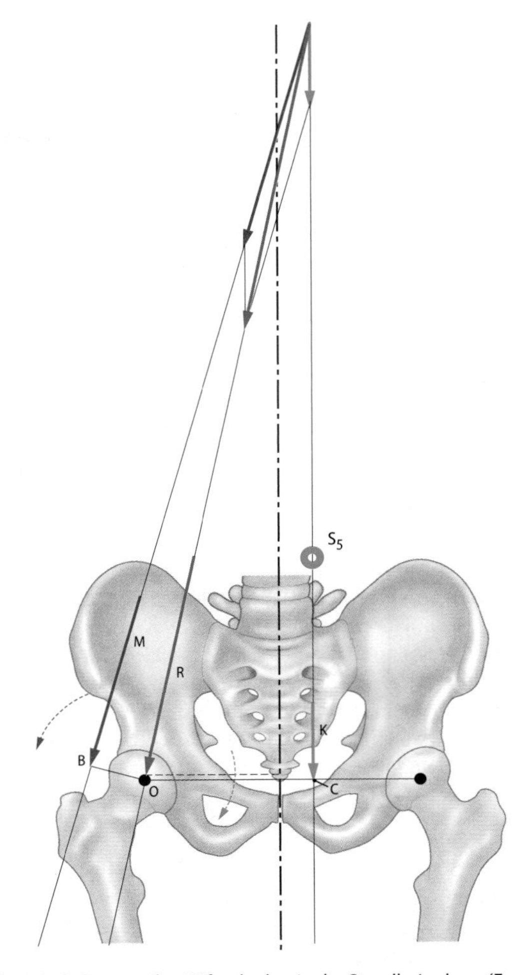

Abb. 4.8. Belastung des Hüftgelenkes in der Standbeinphase (Frontalebene). Da der virtuelle Hebelarm der Last (Strecke O–C) dreimal so lang ist wie der virtuelle Hebelarm der Muskelkraft (Strecke O–B), muss aus Gleichgewichtsgründen die Muskelkraft dreimal so groß sein wie die Kraft des Teilkörpergewichtes. Das Hüftgelenk wird in der Frontalebene durch Vektorsumme aus der Muskelkraft (M) und aus der Kraft (K) des Teilkörpergewichtes belastet, die Vektorsumme wird als Gelenkresultierende (Lagerkraft) bezeichnet. Da die Muskeln im Regelfall mit kürzeren Hebelarmen »arbeiten« als die Kräfte des Teilkörpergewichtes, werden Gelenke durch Kräfte belastet, die das Mehrfache des Körpergewichts betragen. Das Hüftgelenk wird in der mittleren Standbeinphase um das 3,5-fache des Körpergewichtes belastet [2]
O = Drehpunkt des Hüftgelenks, S5 = Lage des Schwerpunktes des Teilkörpergewichtes, M = Muskelkraft, K = Kraft des Teilkörpergewichtes, R = Gelenkresultierende

In Kürze

Bewegungsformen:
- **Translation** (Verschiebebewegung)
- **Rotation** (Drehbewegung)

Messung der Gelenkbeweglichkeit: nach der Neutral- oder 0-Methode.

Bewegungsausmaß hängt ab von:
- der Form der Gelenkkörper
- Knochen-, Band- und Muskelführung

Gelenkstrukturen

Gelenkstrukturen

Gelenkkapsel
- äußere Schicht: *Membrana fibrosa*
- innere Schicht: *Membrana synovialis*

Kapselverstärkungen (Bänder = Kapsel-Band-Apparat)
Gelenkhöhle
Gelenkschmiere (Synovia)
intraartikuläre Strukturen
- Gelenkzwischenscheiben *(Disci* und *Menisci articulares)*
- Gelenklippen *(Labra articularia)*
- intraartikuläre Bänder und Sehnen

Gelenkknorpel

Gelenkkapsel (Capsula articularis)

Die Gelenkkapsel grenzt das Gelenk gegenüber der Umgebung ab und bildet die äußere Begrenzung der Gelenkhöhle (Abb. 4.5). Die Gelenkkapsel besteht aus 2 Schichten:
- **äußere Schicht:** *Membrana fibrosa*
- **innere Schicht:** *Membrana synovialis*

Die **Membrana fibrosa,** *Stratum fibrosum,* ist überwiegend aus straffem Bindegewebe aufgebaut. Sie enthält außerdem elastische Fasern. Die Schichtdicke variiert innerhalb eines Gelenkes sowie von Gelenk zu Gelenk. Sie strahlt in die angrenzende Knochenhaut (Periost) oder direkt in den kortikalen Knochen ein. An den meisten Gelenken weist die Membrana fibrosa der Gelenkkapsel regionale Verdickungen auf.

Solche makroskopisch sichtbaren **Kapselverstärkungen** werden als **Bänder,** *Ligamenta capsularia,* bezeichnet. Da die Bänder Teil der Kapsel sind, spricht man auch vom **Kapsel-Band-Apparat.** Er erfüllt **mechanische Aufgaben** (Bewegungsführung und -hemmung) und hat **propriozeptive Funktionen** (Sinneswahrnehmung). In der Membrana fibrosa befinden sich freie Nervenendigungen (Schmerzempfindung) sowie Pacini- und Ruffini-Körperchen (Stellungssinn, ► Kap. 17.10, S. 718). Außer den die Kapsel verstärkenden Bändern, *Ligg. capsularia,* kommen an zahlreichen Gelenken auch **extrakapsuläre Bänder,** *Ligg. extracapsularia,* vor, die keine feste Verbindung mit der Gelenkkapsel eingehen, z.B. das laterale Seitenband des Kniegelenkes oder das *Lig. calcaneofibulare* der Sprunggelenke.

Die **Gelenkhöhle** ist von der Gelenkinnenhaut, Synovialmembran, *Membrana synovialis,* synonym *Stratum synoviale,* ausgekleidet (◘ Abb. 4.9). Bei der *Membrana synovialis* unterscheidet man eine innere **synoviale Deckzellschicht** (synoviale Intima, »Lining Cells«) sowie eine äußere **subintimale** oder subsynoviale **Schicht,** die die Verbindung mit der Membrana fibrosa herstellt. Die der Gelenkhöhle zugewandte Deckzellschicht besteht aus regional unterschiedlich vielen Lagen von **Synovialozyten,** die in Extrazellularmatrix (Proteoglykane, Kollagen Typ I und III) eingebettet sind. Synovialozyten kommen in 2 Populationen vor (◘ Abb. 4.9):
- **A-Zellen:** Das sind makrophagenähnliche Zellen, die Zelltrümmer und Bakterien aus der Gelenkhöhle phagozytieren und auch an der Bildung von Synovia beteiligt sein sollen.
- **B-Zellen:** Sie sind modifizierte Fibroblasten, die den Großteil der Synovia bilden.

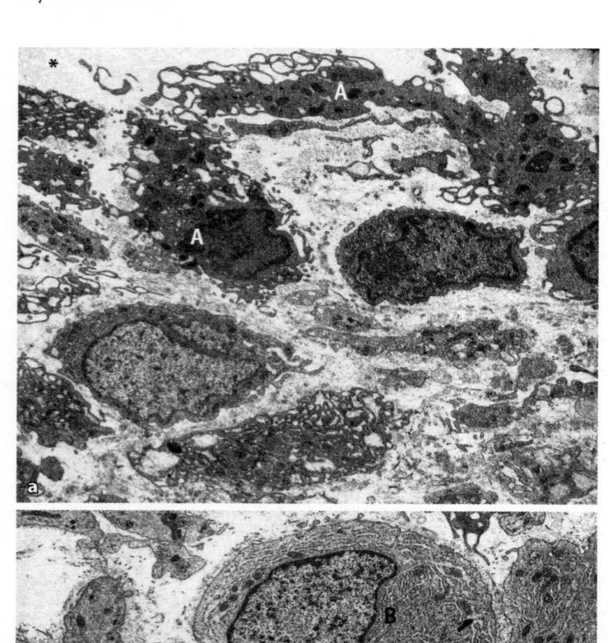

◘ **Abb. 4.9a, b.** Synovialmembran aus der Kniegelenkkapsel eines jungen Mannes. **a** Die Gelenkhöhle (*) wird überwiegend von Typ-A-Synovialozyten (A) ausgekleidet. Charakteristisch für A-Zellen sind lange und verzweigte Zytoplasmafortsätze, Vakuolen und Lysosomen. **b** B-Zelle (B) aus dem tieferen Bereich der Synovialmembran. B-Zellen haben ein gut entwickeltes raues endoplasmatisches Retikulum und einen ausgeprägten Golgiapparat. Zwischen den Synovialozyten liegen dünne Kollagenfibrillen, die Zellen haben keine Zellkontakte (elektronenmikroskopische Aufnahme, Vergr. 4000-fach)

Beide Zelltypen sollen an der Resorption von Synovia beteiligt sein.

Synovialozyten bilden beim Menschen normalerweise keine Zellkontakte aus. Eine Basallamina an der Grenze zur subintimalen Schicht fehlt. Die Membrana synovialis geht an der Knorpel-Knochen-Grenze kontinuierlich in die Tangentialschicht des Gelenkknorpels über.

Das **subintimale Gewebe** zeigt regionale Unterschiede: Es kann aus lockerem, reichlich vaskularisiertem Bindegewebe (z.B. vordere Seite der Ellenbogengelenkkapsel) oder aus Fettgewebe (z.B. Plicae alares des Kniegelenkes) bestehen. An einigen Stellen fehlt das subintimale Gewebe, z.B. am Lig. anulare radii, hier liegt die synoviale Deckschicht direkt auf der Band verstärkten Membrana fibrosa. Die Membrana synovialis kann in Form von Zotten und Falten, *Villi synoviales* und *Plicae synoviales,* in die Gelenkhöhle hineinragen. Die Membrana synovialis ist reich an Blutgefäßen. Sie verfügt über Kapillaren mit geschlossenem sowie mit fenestriertem Endothel, daher ist sie keine echte Diffusionsbarriere.

Gelenkflüssigkeit (Synovia)

Die **Gelenkflüssigkeit** ist reich an Hyaluronan (früher: Hyaluronsäure), Zucker und Proteinen. Die Funktionen der Synovia sind die **Ernährung des Gelenkknorpels** und anderer intraartikulärer Strukturen sowie die **Schmierung des Gelenknorpels** (s. unten). Die Gelenkflächenschmierung (Lubrikation) gewährleistet ein **reibungsfreies Gleiten** zwischen den Gelenkflächen.

4.7 Gelenkerguss

In der Gelenkhöhle befindet sich nur eine geringe Menge an Synovialflüssigkeit. Bei Entzündungen oder nach Traumen (z.B. Kreuzbandriss) kann die Gelenkhöhle größere Mengen Exsudat oder Blut aufnehmen (Erguss), die zu einer tastbaren Schwellung führen. Die Dehnung der Kapsel bereitet Schmerzen. Die Gelenkhöhle kann zu diagnostischen und zu therapeutischen Zwecken punktiert werden.

Intraartikuläre Strukturen

In einigen Gelenken kommen intraartikuläre Strukturen vor:
- **Gelenkzwischenscheibe,** *Discus articularis:* unterteilt die Gelenkhöhle in 2 Kammern (z.B. proximales Handgelenk, Kiefergelenk)
- **ringförmige Gelenkzwischenscheibe,** *Meniscus articularis* (z.B. im Kniegelenk)
- **Gelenklippen,** *Labrum articulare*: umgeben die Hüft- und Schultergelenkpfanne
- **intraartikuläre Bänder,** *Ligg. intracapsularia:* diese werden von der Membrana fibrosa der Gelenkkapsel eingeschlossen und sind vollständig (z.B. Lig. capitis femoris) oder partiell (z.B. Kreuzbänder des Kniegelenkes) von der Membrana synovialis bedeckt
- **intraartikuläre Sehne:** z.B. die Ursprungssehne des langen Bizepskopfes, die frei durch die Schultergelenkhöhle verläuft.

Gelenkzwischenscheiben und Gelenklippen bestehen größtenteils aus zirkulär angeordnetem straffem kollagenem Bindegewebe, nur die mit den Gelenkfächen in Kontakt tretenden Anteile haben eine Faserknorpelstruktur. Menisci und Disci werden im Bereich ihrer Anheftung an der Gelenkkapsel von Gefäßen der Kapsel mit Blut versorgt. Die kapselfernen Areale sind gefäßarm oder gefäßfrei.

Gelenkknorpel

Der die Gelenkflächen bedeckende Knorpel entspricht bei den meisten Gelenken in seinem histologischen Aufbau **hyalinem Knorpel** (► Kap. 2). An wenigen Gelenken besteht der Gelenkknorpel aus **Faserknorpel** oder faserknorpelähnlichem Gewebe (z.B. Kiefergelenk, Sternoklavikulargelenk). Der hyaline Gelenkknorpel kann als »Rest« des Knorpelskeletts (Primordialskelett) angesehen werden, das nicht zu Knochen umgebaut wurde. Gelenkknorpel hat im Gegensatz zum fetalen Knorpelskelett keine Gefäße. Während des Skelettwachstums wächst der Gelenkknorpel appositionell, seine Stammzellen liegen in der oberflächlichen, gelenknahen Schicht.

Gelenkknorpel hat die **Funktionen:**

- **Kräfte** gleichmäßig von einem Skelettabschnitt auf den nächsten **zu übertragen** und
- bei dynamischer Aktivität mit Hilfe der Synovia ein nahezu **reibungsfreies Gleiten** der Gelenkkörper zu gewährleisten.

Die mechanischen Eigenschaften des Gelenkknorpels werden durch den spezifischen Aufbau seiner Extrazellulärmatrix bestimmt, die von den Chondrozyten des Gelenkknorpels gebildet wird. Wesentliche Bestandteile der Extrazellulärmatrix sind Kollagene, Proteoglykane und interstitielle Flüssigkeit.

Aufbau. Hyaliner Gelenkknorpel hat beim Lebenden eine weißbläuliche Farbe. Gelenkknorpel besitzt kein Perichondrium. Seine Oberfläche erscheint bei Betrachtung bis in den Lupenbereich glatt. Die **Dicke des Gelenkknorpels** variiert von Gelenk zu Gelenk, innerhalb einer Gelenkfläche und individuell. An den Fingergelenken erreicht sie kaum 1 mm; an den großen Gelenken wie z.B. am Hüftgelenk beträgt die maximale Dicke 2–3 mm. Der dickste Gelenkknorpel wird mit etwa 7 mm an der Gelenkfläche der Kniescheibe gefunden. Die Knorpeldicke ist nur in geringem Maße von der Körpergröße und vom Körpergewicht abhängig. Sportlich aktive Personen (z.B. Triathleten) weisen gegenüber Normalpersonen keinen dickeren Gelenkknorpel auf. Bei Immobilisation kommt es jedoch zu einer Abnahme der Knorpeldicke und zur Reduktion seiner Steifigkeit. Bei älteren Personen nimmt die Knorpeldicke insgesamt geringfügig ab.

Der Gelenkknorpel zeigt im konventionellen Röntgenbild eine geringere Dichte als der angrenzende subchondrale Knochen. In der Radiologie bezeichnet man den Bereich des strahlendurchlässigeren Knorpels als »Gelenkspalt«. Die Dicke der in einem Gelenk miteinander artikulierenden Knorpelschichten kann anhand der »Weite« des röntgenologischen »Gelenkspaltes« geschätzt werden (4.8). Der Knorpel lässt sich heute mit Hilfe der Magnetresonanztomographie (MRT) direkt darstellen.

Die **Gelenkflächen** weisen **physiologisch leichte Abweichungen** von einer perfekten Passform auf (**physiologische Inkongruenz**). Es wird angenommen, dass die physiologischen Inkongruenzen für die **kinematische** und **statische Funktion** (Druckübertragung) der Gelenke von Bedeutung sind. Hierdurch wird eine regelmäßige **»Durchwalkung«** und **intermittierende Beanspruchung** aller Bereiche der Gelenkfläche gewährleistet. Bei Inkongruenz ist die Druckverteilung bei höheren Kräften gleichmäßiger als bei Kongruenz, da auch die Peripherie mit in die Druckübertragung eingeschlossen ist (4.9).

4.8 Verlust von Gelenkknorpel

Bei der Osteoarthrose kann der Verlust des Gelenkknorpels anhand einer Verschmälerung des radiologischen »Gelenkspaltes« im konventionellen Röntgenbild diagnostiziert werden.

4.9 Verstärkte Gelenkinkongruenz

Überschreitet die Gelenkinkongruenz ein physiologisches Maß, kann es zur punktuellen Überbeanspruchung des Gelenkknorpels und zur Knorpeldegradation kommen. Röntgenologisch auffällige Inkongruenzen werden daher klinisch auch als sog. präarthrotische Deformität bezeichnet.

Struktur. Im hyalinen Gelenkknorpel machen die für das Gewebe spezifischen **Chondrozyten** nur etwa 2% des Volumens aus. Die **mechanischen Eigenschaften** des Gelenkknorpels beruhen auf der Zusammensetzung und auf der Organisation der von den Chondrozyten gebildeten **Extrazellulärmatrix.**

Funktionen der Chondrozyten des Gelenkknorpels sind Bildung, Organisation und Umbau der Extrazellulärmatrix.

Im Gelenkknorpel sind Form und Anordnung der **Chondozyten** in den einzelnen Zonen unterschiedlich. Die Chondrozyten können über Jahrzehnte ihre Struktur und ihre Lage innerhalb des Gelenkknorpels unverändert beibehalten. Die Zellmembran der Chondrozyten ist über Integrine und mikrofibrilläres Kollagen VI mit der territorialen Extrazellulärmatrix verbunden. Diese wiederum ist in die interterritorale Extrazellärmatrix eingebettet. Da die Chondrozyten keine Zellkontakte haben, ist die enge Verbindung der Zellmembran mit der umgebenden Extrazellulärmatrix von großer biomechanischer Bedeutung bei der Signalübertragung auf von außen einwirkende äußere Kräfte.

Der **Gelenkknorpel** weist **keine Blutgefäße** und eine sehr niedrige Sauerstoffkonzentration auf. Chondrozyten gewinnen ihre Ener-

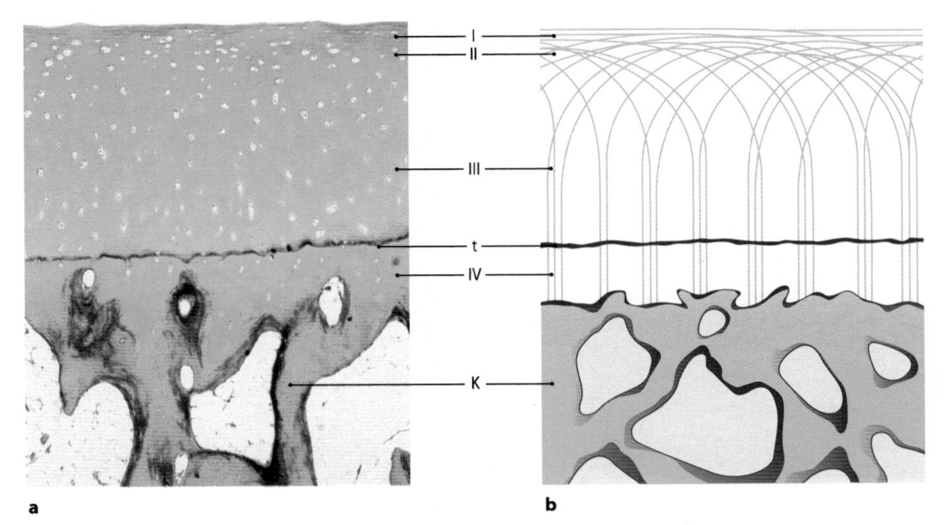

Abb. 4.10a, b. Aufbau des Gelenkknorpels. **a** Gelenkknorpel aus der Facies talaris posterior des Calcaneus von einer 53-jährigen Frau (Azan-Färbung, Vergr. 30-fach). **b** Schematischer Verlauf der Kollagenfibrillen im Gelenkknorpel (Arkadenschema) nach rasterelektronenmikroskopischen Befunden. I = Tangentialzone, II = Übergangszone, III = Radiärzone, t = Grenzlinie (»tidemark«), IV = Zone des mineralisierten Knorpels, K = subchondraler Knochen

gie weitgehend anaerob. Die **Ernährung** der Zellen erfolgt durch Konvektion über die **Synovialflüssigkeit.** Regelmäßige mechanische Deformation des Knorpels (sog. Walken des Knorpels) sorgt für ausreichenden Stoffaustausch zwischen Knorpelmatrix und Gelenkflüssigkeit. Die Syntheserate der Chondrozyten wird maßgeblich durch mechanische Faktoren beeinflusst. Der **Gelenkdruck** führt nicht nur zu einer Deformation der Matrix, sondern auch der Chondrozyten und ihrer Zellkerne. Die Weitergabe mechanischer Deformationen an den Zellkern wird durch das Zytoskelett vermittelt. Sie ermöglicht es den **Zellen,** ihre **Syntheseleistung** den aktuellen mechanischen Verhältnissen **anzupassen.** Statische Beanspruchung reduziert die Produktion von Matrixbestandteilen, während dynamische Beanspruchung zu einer Steigerung der Biosynthese führt. Die **Extrazellulärmatrix** des Gelenkknorpels besteht zu 70–80% aus **Wasser** und zu 20–30% aus **Makromolekülen.** Der Anteil an Makromolekülen setzt sich zu etwa 60% (Trockengewicht) aus Kollagen, zu 25–35% aus Proteoglykanen sowie aus einer geringen Menge anderer Glykoproteine zusammen (◘ Abb. 4.11). Das für hyalinen Gelenkknorpel charakteristische und vorherrschende **Kollagen** ist **Typ-II-Kollagen** (90–95%). Neben den typischen Kollagenen II, IX und XI kommen im Gelenkknorpel auch Kollagen III (ubiquitär), Kollagen VI (in der perizellulären Matrix) und Kollagen X (in der kalzifizierten Knorpelzone) vor. An der Knorpeloberfläche kommt auch Kollagen I in sehr geringen Mengen vor, das bei der Osteoarthrose vermehrt exprimiert wird. Die **Proteoglykane** (PG) des Gelenkknorpels sind zu ca. 90% **Aggrecan-Moleküle,** die gemeinsam mit **Hyaluronan** große Proteoglykanaggregate bilden. Diese sind in der Lage, große Mengen von Wasser zu binden (sog. strukturiertes Wasser). Die Wasserbindungsfähigkeit beruht darauf, dass die Glykosaminoglykane (GAGs: Chondroitin-4-Sulfat [Typ A], Chondroitin-6-Sulfat [Typ C] und Keratansulfat) der Proteoglykane eine Vielzahl negativer Ladungen tragen (Carboxyl- und Sulfatgruppen), welche sich gegenseitig abstoßen und Kationen (insbesondere Natrium) binden. Dies führt zur Bindung großer Mengen von Flüssigkeit (Donnan-Effekt), was die Extrazellulärmatrix unter erheblichen endosmotischen Quellungsdruck und die Kollagenfibrillen unter Zugspannung setzt. Im Knorpel sind die Proteoglykane aufgrund der Bindung an das Kollagennetzwerk auf ca. ein Siebentel desjenigen Volumens komprimiert, welches sie in freier Lösung einnehmen würden. Während die Kollagene für die **Zugfestigkeit** des Knorpels verantwortlich sind, bestimmen die Proteoglykane maßgeblich dessen **Kompressionssteifigkeit.** Neben Aggrecan kommen im Gelenkknorpel auch noch kleinere Proteoglycane wie z.B. COMP (cartilage oligometric protein), Decorin, Biglykan und Fibromodulin vor, die möglicherweise die Verknüpfungen zwischen den Aggrecanen und den Kollagenfibrillen herstellen.

Im Gelenkknorpel des Erwachsenen lassen sich nach der Morphologie der Knorpelzellen, Verlauf der Kollagenfibrillen und der Verteilung der Extrazellulärmatrixbestandteile **4 Zonen** voneinander abgrenzen, die vom subchondralen Knochen bis zur freien Oberfläche aufeinander folgen (◘ Abb. 4.10b):

- Die **Zone des mineralisierten Knorpels** ist aufgrund ihrer biomechanischen Eigenschaften – sie ist um ein Vielfaches steifer als der nichtmineralisierte Gelenkknorpel, aber weniger steif als der subchondrale Knochen – das mechanische Bindeglied zum angrenzenden subchondralen Knochen. Die Knorpel-Knochen-Grenze ist mikroskopisch nicht glatt. Beide Gewebe sind durch Erhebungen und Einsenkungen ineinander verzahnt. An der Grenze von mineralisierter Zone zur darauf folgenden Radiärzone ist der Knorpel stärker mineralisiert.
- In der **Radiärzone** sind die Kollagenfibrillen, die aus der mineralisierten Zone aufsteigen und in die Übergangszone übergehen, radiär ausgerichtet. Innerhalb der Radiärzone sind auch die isogenen Gruppen der Knorpelzellen häufig säulenartig und senkrecht zur Gelenkoberfläche ausgerichtet.
- In der **Übergangszone** findet man rasterelektronenmikroskopisch sich bogenförmig überkreuzende Kollagenfibrillen. Die ovalen, an Organellen reichen Knorpelzellen liegen einzeln oder in Gruppen.
- Die **Tangentialzone** verdankt ihre Bezeichnung den parallel (tangential) zur Gelenkoberfläche angeordnete Kollagenfibrillen, die man rasterelektronenmikroskopisch darstellen kann (◘ Abb. 4.12). Die Tangentialzone besteht zur Gelenkfläche hin aus einer sehr dünnen, azellulären, proteoglykanarmen Lage feiner Kollagenfibrillen vom Typ III (nicht Typ II), die als *Lamina splendens* bezeichnet wird. Darunter befindet sich ein zellreicher Bereich, in dem einzelne spindelförmige, organellenarme Chondrozyten lie-

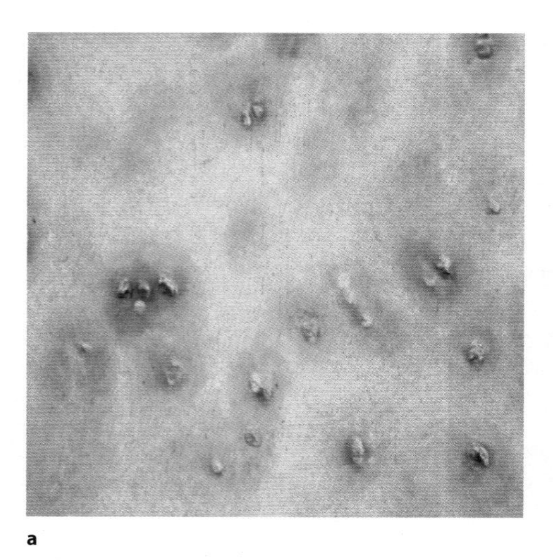

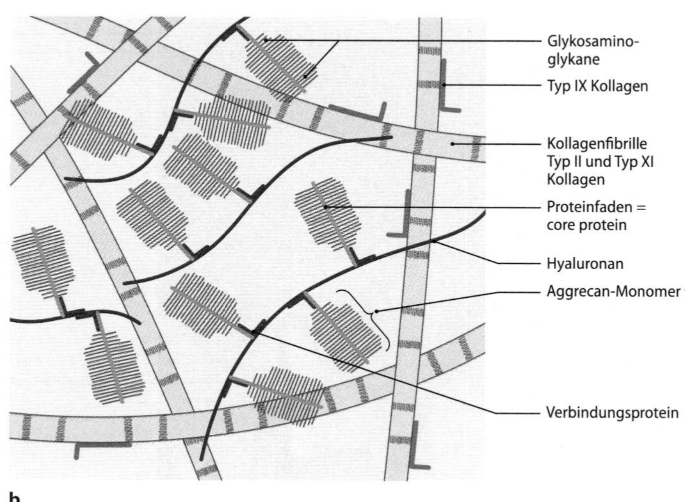

◘ **Abb. 4.11a, b.** Gelenkknorpel. a Darstellung sulfatierter Glykosaminoglykane mit Alzianblau (pH 1). Ausschnitt aus der Radiärzone der Gelenkfläche der Patella eines Erwachsenen. Man beachte die intensive Anfärbung in der Umgebung der isogenen Zellgruppen (Vergr. 200-fach). b Extrazellularmatrixbestandteile des hyalinen Knorpels. Die Kollagenfibrillen (Typ-II-, -Typ-XI- und -IX-Kollagen) sind mit Aggregaten aus Proteoglykanen (Aggrecan) und Hyaluronan netzartig verbunden. Die Aggrecanmonomere sind über ein Verbindungsprotein an Hyaluronan gebunden

gen, die parallel zur Gelenkfläche orientiert sind. Die Tangentialzone weist den höchsten Kollagengehalt auf. Der Zell- und Wassergehalt sind in ihren tieferen Anteilen am höchsten. Sie ist weniger steif als die übrigen Zonen, sie deformiert sich bei Druckbeanspruchung stärker als diese. Die Tangentialzone kontrolliert den Flüssigkeitsaustausch zwischen Gelenkknorpel und Gelenkhöhle. Ihre relativ geringe Permeabilität gewährleistet bei Druckbeanspruchung einen **hydrostatischen Druckaufbau** in der Knorpelmatrix. Die Tangentialzone enthält ein muzinartiges Glykoprotein (Lubricin oder Superficial Zone Protein = SZP), das dem Gelenkknorpel einen extrem niedrigen Reibungskoeffizienten verleiht. Die Reibung zweier Knorpelschichten ist geringer als die zweier aufeinander gleitender Eisflächen. Diese geringe Reibung erlaubt es dem Gelenkknorpel, seinen Aufgaben über Jahrzehnte nachzukommen, ohne Schaden zu nehmen (4.10).

Die Chondrozyten des Gelenkknorpels sind nicht nur für den Aufbau, sondern auch für den Abbau von **Extrazellulärmatrix (Degradation)** verantwortlich. Sie sezernieren **Zytokine** mit anaboler (z.B. IGF-1 und TGF-b) und kataboler Wirkung (z.B. Interleukin-1) und tragen unter normalen Bedingungen zur Aufrechterhaltung der Balance von Extrazellulärmatrixaufbau und -abbau bei.

4.10 Degradation der Knorpelmatrix

Beim Abbau der Knorpelmatrix spielen Enzyme u.a. Matrixmetalloproteinasen eine wichtige Rolle. Durch Aktivität der Enzyme kommt es zu Spaltung der Kollagenfibrillen, zu Proteoglykanabbau und zu einem erhöhten interstitiellen Wassergehalt. Die Degradation der Knorpelmatrix führt zur Beeinträchtigung der mechanischen Eigenschaften des Gelenkknorpels. Er verliert seine Steifigkeit und seine Fähigkeit zum hydrostatischen Druckaufbau. Parallel dazu kommt es auch zu Veränderungen des angrenzenden Knochengewebes (daher der Begriff »Osteoarthrose«), die sich röntgenologisch diagnostizieren lassen: Verschmälerung des Gelenkspaltes, Verdichtung (»Sklerosierung«) des subchondralen Knochens und Ausbildung von sog. Osteophyten in den Randbereichen der Gelenkflächen.

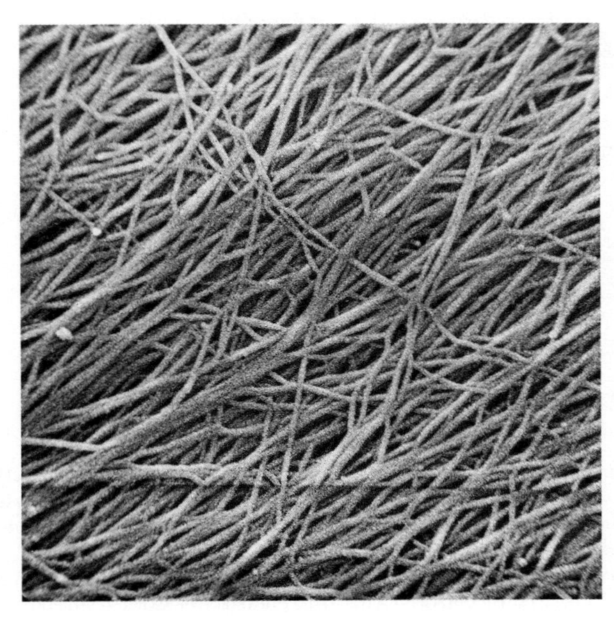

Abb. 4.12. Gelenkknorpel. Die Kollagenfibrillen der Tangentialzone des Schulterpfannenknorpels einer Ratte wurden für die rasterelektronenmikroskopische Untersuchung durch Einwirkung von Hyaluronidase freigelegt. Die sich in spitzen Winkeln überkreuzenden Kollagenfibrillen sind in einer Hauptverlaufsrichtung angeordnet (Vergr. 8000-fach)

Mechanische Eigenschaften des Gelenkknorpels

Die Struktur des Gelenkknorpels ist mechanisch mit einer Sprungfedermatratze vergleichbar, in der die »Federn« (Proteoglykane und das von ihnen gebundene Wasser) eine Vorspannung aufbauen. Diese setzten die umhüllenden Verspannungselemente (Kollagenfibrillen) unter Zugspannung. Eine derartige Konstruktion kann von außen einwirkende Kräfte gleichmäßig verteilen. Das System kann mit einem stark aufgepumpten Fahrradreifen verglichen werden (Proteogykane und Wasser entsprechen dem Luftdruck, die Kollagenfibrillen entsprechen dem Mantel), der einen sehr niedrigen Rollwiderstand (Reibung) aufweist und Kräfte gleichmäßig an die Felge (subchondraler Knochen) weiterleitet. Das **mechanische Verhalten** des Gelenkknorpels wird durch das Zusammenwirken der Makromoleküle in der Extrazellulärmatrix und der in ihr gebundenen Flüssigkeit bestimmt. Der Gelenkknorpel verfügt im Rahmen der Belastung und Entlastung über die charakteristischen Phänomene des Kriechens, der Hysterese und der Spannungsrelaxation (Abb. 4.13). Er ist mechanisch betrachtet ein biphasisches Gewebe mit **viskoelastischen Eigenschaften.**

In Kürze

Gelenkstrukturen

- **Gelenkkapsel:** äußere und innere Schicht (Membrana fibrosa, Membrana synovialis)
- **Kapselverstärkungen** (Bänder = Kapsel-Band-Apparat)
- **Gelenkhöhle** (mit Synovia, die der Ernähung des Gelenkknorpels dient und das reibungsfreie Gleiten der Gelenkkörper ermöglicht)
- **intraartikuläre Strukturen:** Gelenkzwischenscheiben (Disci und Menisci articulares), Gelenklippen (Labra articularia), intraartikuläre Bänder und Sehnen
- **Gelenkknorpel:** meist aus **hyalinem Knorpel,** an wenigen Gelenken aus **Faserknorpel** oder faserknorpelähnlichem Gewebe; **Funktion:** überträgt Kräfte gleichmäßig von einem Skelettabschnitt auf den nächsten und bei dynamischer Aktivität sorgt er mit Hilfe der Synovia für ein nahezu **reibungsfreies Gleiten** der Gelenkkörper

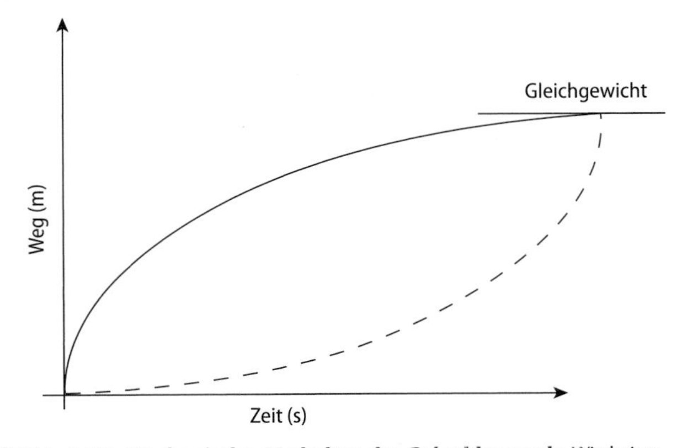

Abb. 4.13. Mechanisches Verhalten des Gelenkknorpels. Wird eine konstante Kraft auf den Gelenkknorpel aufgebracht, so ist die Deformation (Weg: y-Achse) zeitabhängig (x-Achse). Nach einer definierten Zeit wird ein Gleichgewichtszustand erreicht, und es findet keine weiterer Deformation mehr statt. Die Phänomene des »Kriechens« und der »Hysterese« sind typische für viskoelastische Materialien, in denen das Deformationsverhalten maßgeblich durch Flüssigkeitsverschiebungen bestimmt wird

Gelenkentwicklung

Entwicklung der Extremitäten und Muskeln ► Kap. 3.

Bei der **Gelenkentwicklung** unterscheidet man bei Wirbeltieren 2 Entstehungsweisen:

- **Abgliederung:** Die überwiegende Zahl der Gelenke entsteht durch Abgliederung innerhalb des in der frühen Embryonalentwicklung noch zusammenhängenden Blastems der Skelettanlage (Abgliederunggelenke).
- **Aneinanderlagerung:** Bei einer kleinen Gruppe von Gelenken (Kiefer-, Wirbelgelenke) kommt es durch Aneinanderlagerung von ursprünglich getrennten Skelettanlagen zur Bildung eines Gelenkes (Anlagerungsgelenk, beispielhafte Beschreibung des Entstehungsmodus ► Kap. 4.3, Kiefergelenk).

Die Entwicklung von **Abgliederungsgelenken** (◘ Abb. 4.14) schreitet in den Extremitäten in proximodistaler Richtung fort. Sie beginnt z.B. im Hüftgelenk am Ende der 5. Embryonalwoche. Beim Menschen ist die Entwicklung bei den meisten Abgliederungsgelenken am Ende des 3. Fetalmonats abgeschlossen.

Als **erste Anlage eines Abgliederungsgelenkes** erscheint innerhalb des Blastems kurze Zeit nach der Differenzierung von Vorknorpel eine homogene **Zwischenzone (Interzone).** Diese stellt zugleich die proximale und die distale Begrenzung der später miteinander artikulierenden Skelettelemente dar. Die Lage der Gelenke wird durch eine kombinierte Genexpression von Hox-A- und Hox-D-Komplexen bestimmt. Die vorknorpelig präformierten Skelettelemente lassen bereits um den 40. Embryonaltag ihre charakteristische Form

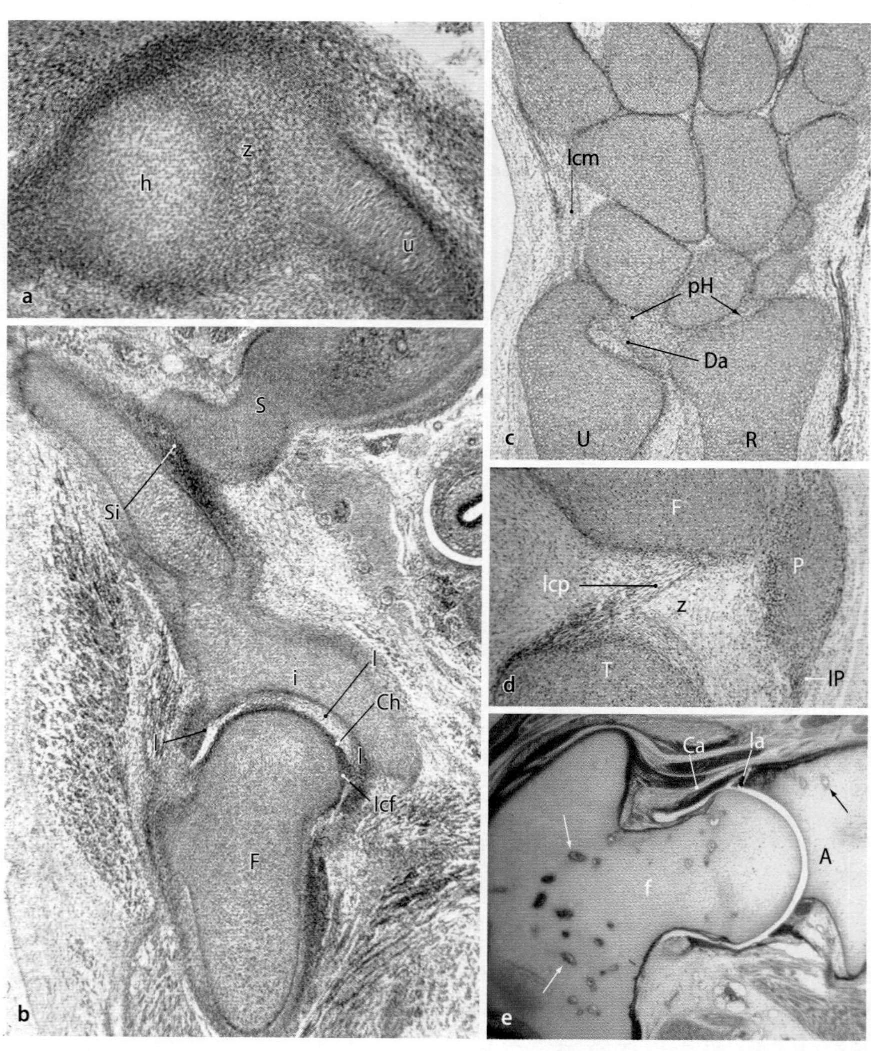

◘ Abb. 4.14a–e. Stadien der Entwicklung von Abgliederungsgelenken bei Diarthrosen. a Homogene Gelenkzwischenzone (Z) in der Anlage des Humeroulnargelenkes zwischen den vorknorpeligen Anlagen von Humerus (h) und Ulna (u) (Embryo 18 mm, 10-µm-Schnitt, Benda-Chromotrop-Färbung, Vergr. 200-fach) [4] **b** Dreischichtige Gelenkzwischenzone mit Intermediärschicht (I) und chondrogenen Schichten (Ch) in der Anlage des Hüftgelenkes. Anlagen von: Femur (F), Os ilium (i), Os sacrum (S), Labrum acetabulare (l), Lig. capitis femoris (lcf); Anlage des Sakroiliakalgelenkes (Si) (Embryo 30 mm, 20 µm, Benda-Orange-Färbung, Vergr. 25-fach) [4]. **c** In der Palmarebene geführter Schnitt durch die Anlage der Handgelenke. Entwicklung des Discus articularis (DA) innerhalb der Gelenkzwischenzone des proximalen Handgelenkes (pH). Anlagen von: Ulna (U), Radius (R), Lig. collaterale mediale (lcm) (Embryo 29 mm, 5 µm, Alzianblau-Färbung-[pH 2,25]-PAS nach Diastase, Vergr. 25-fach [5]. **d** Sagittalschnitt durch das Kniegelenk mit Anlage des hinteren Kreuzbandes (lcp) innerhalbe der Gelenkzwischenzone (Z). Anlagen von: Femur (F), Tibia (T), Patella (P), Lig. patellae (lP) (Embryo wie in c, Vergr. 25-fach) [5]. **e** Frontalschnitt durch die Hüftregion eines Feten (Anfang des 4. Fetalmonats). Vollständige Ausbildung der Gelenkhöhle; Femur (f), Acetabulum (A), Gelenkkapsel (ca), Labrum acetabulare (la) (10-µm-Schnitt, Vergr. 7-fach). Man beachte die Gefäße (Pfeile) in den Knorpelkanälen des knorpeligen Skeletts von Femur und Os coxae [4]

erkennen (◘ Abb. 4.14b). Um den 50. Embryonaltag lockert sich das Gewebe der Zwischenzone im Zentrum auf. Auf diese Weise entsteht eine **dreischichtige Zone** mit einer zellarmen **Intermediärschicht** sowie – je nach Gelenktyp mit 2 oder mehreren – zellreichen **chondrogenen Schichten,** die den Skelettanlagen aufliegen. Die chondrogenen Schichten sind **appositionelle Wachstumszonen** für die benachbarten Skelettanlagen. In der Intermediärschicht entsteht die **Gelenkhöhle.** Die ersten Spaltbildungen treten an den großen Gelenken in der 8. Embryonalwoche auf. Die **Ausbildung** von Spalten im Bereich der Zwischenzone im Rahmen der Entwicklung der **Gelenkhöhle** ist von mehreren Faktoren abhängig. Mechanische Einflüsse haben, wie Tierexperimente zeigen, einen wesentlichen Einfluss auf die Entwicklung der Gelenkhöhle und der Gelenkkörper. Eine neuromuskuläre Blockade führt z.B. zur Stagnation der Gelenkspaltbildung und es kommt wieder zur Verschmelzung der Skelettanlagen (Fusion, ► 4.11). **Intraartikuläre Strukturen** (Disci, Menisci, Labra, Ligamenta) und die Gelenkkapsel entstammen dem Blastem der Zwischenzone. Die charakteristische Form der intraartikulären Strukturen ist bereits vor der Ausbildung der Gelenkhöhle erkennbar (◘ Abb. 4.14c,d). **Synarthrosen** entwickeln sich zunächst wie Diarthrosen, jedoch unterbleibt die Spaltbildung in der Intermediärzone. Aus dem Gewebe der Zwischenzone differenziert sich später das für die einzelnen Synarthrosen charakteristische »Füllgewebe« in Form von Binde- oder Knorpelgewebe.

4.11 Störungen der Gelenkentwicklung

Störungen während der Gelenkentwicklung können zu Fusionen zwischen den Skelettelementen führen. Derartige angeborene Synostosen (Coalitio) kommen bevorzugt am Fuß- und Handskelett vor.

4.1.3 Muskeln und Sehnen

Einführung

Den aktiven Teil des Bewegungsapparates bilden beim Menschen ca. 300 Muskeln mit ihren Sehnen sowie dem muskeleigenen Bindegewebe. Ein Muskel besteht aus einer unterschiedlich großen Zahl von Muskelfasern. Diese bilden die kleinste selbständige Baueinheit (Zellindividuum) der quergestreiften Skelettmuskulatur. Durch ihre Fähigkeit der Kontraktion erfüllen die Skelettmuskeln die Funktionen der Fortbewegung und der Sicherung der Haltung durch Stabilisierung der Gelenke. Sie wirken außerdem als Zuggurtung zur Reduzierung der Biegebeanspruchung von Röhrenknochen (◘ Abb. 4.4d). Muskeln und Sehnen sind auch in der Lage, bei ihrer Dehnung Energie zu speichern und damit eine Dämpfung im Gelenk bei dynamischer Aktivität zu bewirken.

Muskeln

Ursprung und Ansatz

Die meisten Muskeln inserieren über **Sehnen** am Skelett. Übereinkunftsgemäß unterscheidet man nach der Lage der Sehnenanheftungen einen **Muskelursprung (Origo)** und einen **Muskelansatz (Insertio)**.

An den Extremitäten wird der proximale Insertionsbereich als Ursprung und der distale als Ansatz bezeichnet.

Bei den Halsmuskeln liegt der Ursprung meistens rumpfnah. Der Begriff »Insertion« wird ohne Berücksichtigung von Muskelursprung oder -ansatz übergreifend für die Anheftung der Sehne am Skelett benutzt. Diese deskriptive Einteilung ist nicht identisch mit der funktionellen Unterscheidung von **Punctum fixum** und von **Punctum mobile.** Unter Punctum fixum versteht man den feststehenden Teil am Skelett, das Punctum mobile ist der bewegte Teil (z.B. Extremitätenabschnitt).

Punctum fixum und Punctum mobile wechseln in Abhängigkeit von der durchzuführenden Bewegung.

Die deskriptive Anatomie grenzt an manchen Muskeln einen Muskelkopf, *Caput,* und einen Muskelbauch, *Venter,* ab. Der Muskelkopf liegt meistens im Ursprungsbereich. Einige Muskeln haben mehrere Köpfe, z.B. *M. biceps brachii* (2 Köpfe), *M. triceps brachii* (3 Köpfe), *M. quadriceps femoris* (4 Köpfe). Als Muskelbauch bezeichnet man den mittleren Abschnitt. Einige Muskeln haben mehrere Bäuche, z.B. *M. digastricus* (2 Bäuche), *M. rectus abdominis* (bis 4 oder 5 Bäuche). Die Muskelbäuche sind über Zwischensehen *(Tendo intermedius* oder *Intersectio tendinea)* miteinander verbunden.

Muskelform

Die präparatorische Freilegung von Muskeln und Sehnen vermittelt eine räumliche Vorstellung über deren Form, Verlauf und Lage. Aus der Kenntnis von Ursprung und Ansatz sowie der Lagebeziehung der Sehnen zur Gelenkachse lassen sich Rückschlüsse auf die Funktionen eines Muskels ziehen. Aussagen über die Aktivitäten eines Muskels oder von Muskelgruppen bei komplexen Bewegungsabläufen sind, z.B. mit Hilfe der Elektromyographie möglich (► 4.14).

Nach der **Form** unterscheidet man (◘ Abb. 4.15a–c):
- Muskeln mit einem **spindelförmigen Bauch:** *M. fusiformis* (z.B. *M. extensor carpi radialis brevis)*
- **flache Muskeln:** *M. planus* (z.B. *M. obliquus externus abdominis)*
- **gerade Muskeln:** *M. rectus* (z.B. *M. sternohyoideus)*
- Muskeln mit annähernd **ringförmigem Faserverlauf,** *M. orbicularis,* kommen an den Körperöffnungen vor, z.B. *M. orbicularis oris,* oder als Schließmuskel, *M. spincter ani externus*
- einen **bogenförmigen Verlauf** haben die Muskelfasern des Diaphragma.

Bedeutung für die Muskelmechanik hat eine **Einteilung** der Muskeln nach ihrer **Art der Fiederung.** Die Fiederung eines Muskels kommt am Muskel-Sehnen-Übergang durch die unterschiedlichen Verlaufsrichtungen von Muskelfasern und Sehnengewebe zustande (Fiederungswinkel, s. unten). Nach der Fiederung unterscheidet man folgende Muskeltypen (◘ Abb. 4.15d–f):
- **einseitig (einfach) gefiederter Muskel** *(M. unipennatus):* die Muskelfasern inserieren an jeweils einer Seite der Ursprungs- und der Ansatzsehne, z.B. *M. semimembranosus*
- **zweiseitig (doppelt) gefiederter Muskel** *(M. bipennatus):* die Muskelfasern entspringen von einer gegabelten Ursprungssehne und inserieren an 2 Seiten der Ansatzsehne, z.B. *M. rectus femoris*
- **komplex oder vielseitig gefiederter Muskel** *(M. multipennatus)*: der Muskelfaserverlauf und deren Insertion sind nicht ohne weiteres erkennbar, z.B. *M. deltoideus*
- sog. **parallelfasriger Muskel:** die Muskelfasern und Sehnengewebe verlaufen in einer Richtung, so dass praktisch kein Fiederungswinkel ausgebildet ist, z.B. *M. rectus abdominis.*

Bindegewebe der Skelettmuskeln

Die meisten Muskeln werden außen von einer **Faszie,** *Fascia musculorum,* aus straffem Bindegewebe eingehüllt. Unter der Faszie liegt eine Schicht lockeren Bindegewebes, das man als **Epimysium** bezeichnet. Vom Epimysium ziehen Bindegewebestränge in den Mus-

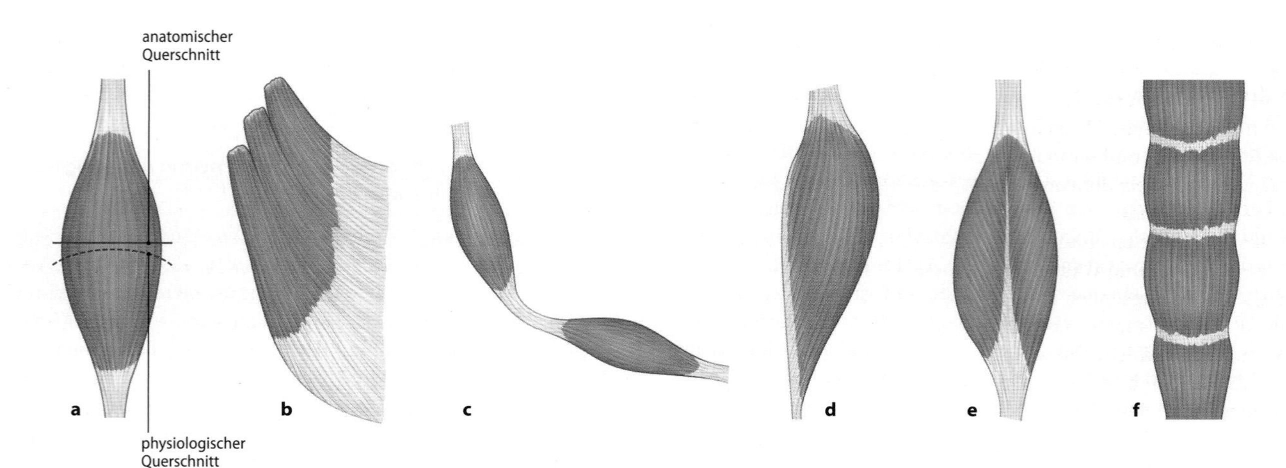

Abb. 4.15a–f. Muskelformen und Muskeltypen. a Spindelförmiger Muskel. **b** Flacher Muskel mit flacher Sehne (Aponeurose). **c** Zweibäuchiger Muskel mit Zwischensehne. **d** Einseitig (einfach) gefiederter Muskel. **e** Zweiseitig (doppelt) gefiederter Muskel. **f** Parallelfaseriger Muskel mit Zwischensehnen

kel. Sie schließen als **Perimysium** die Muskelfasern zu größeren **Sekundärbündeln** und zu kleineren **Primarbündeln** zusammen. Die einzelnen Muskelfasern werden vom **Endomysium** umhüllt.

Das Muskelbindegewebe ist nach Art eines Schachtelsystems angeordnet, das von der Faszie auf der Muskeloberfläche über das Perimysium der Muskelfaserbündel bis zum Endomysium der einzelnen Muskelfaser reicht.

Das **Bindegewebe** der Skelettmuskeln übt wichtige **Funktionen** aus: Es bildet mit den kontraktilen Muskelfasen eine Funktionseinheit. Mit der Faszie wird der einzelne Muskel in seine Umgebung eingebaut. Über das Bindegewebe treten die **Leitungsbahnen** in den Muskel. Die gestaffelte Anordnung des Bindegewebes ermöglicht den Muskelfasern freie **Verschieblichkeit** während der Vorgänge von Kontrakion und Erschlaffung. Über seine Verbindung mit den Sehnen nimmt das Perimysium auch die mechanische Funktion der **Übertragung** von **Zugkräften** wahr. Das Muskelbindegewebe trägt außerdem zur Erhöhung der **Reißfestigkeit** eines Muskels bei.

In **Faszien** sind die Kollagenfaserbündel des straffen Bindegewebes scherengitterartig angeordnet. Die netzartige **Struktur** gewährleistet dem Muskel eine **Anpassung** an seine mit dem Kontraktionszustand **wechselnde Form.** Mit Hilfe dieses Konstruktionsprinzips kann die Faszie die innerhalb des Muskels entstehenden Drücke aufnehmen (4.12). Die unterschiedliche Dicke der Faszien ist funktionsbedingt. Faszien, die einen einzelnen Muskel umhüllen, werden als **Einzelfaszien,** *Fascia propria musculi,* bezeichnet. Im Bereich der Extremitäten werden genetisch und funktionell einheitliche Gruppen von Muskeln von einer **Gruppenfaszie** eingeschlossen. Gruppenfaszien stoßen meistens in Form eines Bindegewebeseptums,*Septum intermusculare,* aneinander, das am Skelett verankert ist. Gruppenfaszien, Septa intermuscularia und Knochen bilden gemeinsam nicht dehnbare **osteofibröse Kanäle** oder **Kompartimente,** *Compartimentum* (► Kap. 26, Abb. 26.10).

Die Muskeloberflächen der Extremitäten, *Fascia membrorum,* des Rumpfes, *Fascia trunci,* des Halses, *Fascia colli,* und des Kopfes, *Fascia capitis,* werden – mit Ausnahme einiger Regionen des Gesichtes – von der allgemeinen **oberflächlichen Körperfaszie** bedeckt.

Wo Muskeln an Faszien inserieren, sind diese in Form von Aponeurosen (s. unten) verstärkt. **Faszienverstärkungen** kommen auch am Übergang zwischen Unterschenkel und Fuß sowie zwischen Unterarm und Hand in Form von *Retinacula* vor. Retinacula bilden die äußere bindegewebige Abgrenzung von osteofibrösen Führungskanälen, in denen Sehnen in Sehenscheiden zur Hand oder zum Fuß ziehen (► Kap. 4.4, Abb. 4.140, ► Kap. 26, Abb. 26.11).

4.12 Verletzung von Muskelfaszien

Bei Faszienverletzungen quillt das Muskelgewebe in Folge des Druckes nach außen vor. Faszien werden nach operativen Eingriffen mit einer Fasziennaht verschlossen.

In Kürze

Muskeln

Ursprung und Ansatz: Die meisten Muskeln inserieren über Sehnen am Skelett.

Das **Punctum fixum** ist der feststehende Teil am Skelett, das **Punctum mobile** der bewegte Teil.

Formen:
- spindelförmige Muskeln
- flache Muskeln
- gerade Muskeln
- ringförmige Muskeln
- Muskeln mit einem bogenförmigen Verlauf

Einteilung der Muskeln nach ihrer **Art der Fiederung** (Muskelmechanik)
- einseitig (einfach) gefiederte Muskeln
- zweiseitig (doppelt) gefiederte Muskeln
- komplex oder vielseitig gefiederte Muskeln
- sog. parallelfasrige Muskeln

Anordnung des Bindegewebes der Skelettmuskeln
- außen **Faszie** aus straffem Bindegewebe
- darunter Schicht lockeren Bindegewebes **(Epimysium)**
- Bindegewebestränge **(Perimysium)** schließen die Muskelfasern zu **Primär-** uns **Sekundärbündeln** zusammen, einzelne Muskelfasern werden vom **Endomysium** umhüllt.

Sehnen (Tendo)

Sehnen haben die Funktion, den bei der Kontraktion entstehenden Zug eines Muskels auf das Skelett zu übertragen. Die Zugübertragung findet vorrangig am **Muskel-Sehnen-Übergang** statt. Zugkräfte werden außerdem vom Muskelbindegewebe an den Seiten der Muskelfasern vom Endomysium über das Perimysium an das Sehnengewebe weitergeleitet. Die **Form** der Sehnen ist an den einzelnen Muskeln unterschiedlich. Einige Muskeln haben sehr kurze Sehnen, z.B. Glutealmuskeln. Lange und schmale Sehnen haben die Hand- und Fußmuskeln. Die Muskeln der vorderen Rumpfwand bilden flächenhafte Sehnen *(Aponeurosis)*.

Unter strukturellen und funktionellen Gesichtspunkten unterscheidet man **Zug-** und **Gleitsehnen** (◘ Abb. 4.16):

- **Zugsehnen:** Zugsehnen machen den größten Anteil der Sehnen aus. Bei ihnen stimmen die Zugrichtungen der Ursprungs- und Ansatzsehnen mit der Hauptlinie des zugehörigen Muskels überein. Zugsehnen bestehen **histologisch** aus **straffem kollagenem Bindegewebe.** Die **Extrazellulärmatrix** setzt sich überwiegend aus in Zugrichtung angeordneten Kollagenfasern (Kollagen Typ I) sowie aus wenigen elastischen Fasern und Proteoglykanen zusammen. Die zwischen den Kollagenfaserbündeln liegenden **Sehnenzellen** (Tendo- oder Tenozyten) werden aufgrund ihrer Zytoplasmafortsätze, die über Gap Junctions miteinander in Kontakt stehen, auch als »Flügelzellen« bezeichnet. Sehnen sind außen von einer dünnen Schicht lockeren Bindegewebes, *Epitendineum,* umhüllt. Im Inneren wird das Sehnengewebe durch schachtelartig angeordnetes Bindegewebe, *Peritendineum,* zu Bündeln zusammengefasst. Über das Bindegewebe treten die Leitungsbahnen in die Sehne.
- **Gleitsehnen:** Bei zahlreichen Muskeln weicht die Zugrichtung der Sehne von der des Muskels ab, die Sehnen werden im Ursprungs- und/oder Ansatzbereich durch ein Skelettelement von der durch den Muskel gegebenen Verlaufsrichtung abgelenkt (z.B. *M. obturatorius internus, M. peroneus longus*). Man bezeichnet solche Sehnen, die über ein Widerlager (Hypomochlion) gleiten, als **Gleitsehnen.** Dort, wo die Sehne dem Widerlager (Skelettelement) anliegt, wird sie auf Druck und Schub beansprucht. In diesem Bereich besteht die Sehne aus avaskulärem Faserknorpel.

Einige Zugsehnen, z.B. Achillessehne, Ansatzsehne des *M. gluteus medius,* haben einen verdrehten Verlauf. Im Zentrum derartiger Sehnen findet man als funktionelle Anpassung an den intratendinösen hydrostatischen Druck Inseln mit Faserknorpel.

Sehnenansatzzonen. Sehnen inserieren über unterschiedliche Insertionsstrukturen am Skelett, die an der Knochenoberfläche ein unterschiedliches Relief hervorrufen und in der systematischen Anatomie mit *Facies, Linea, Crista, Tuberositas* oder *Tuberculum* beschrieben werden. Man unterscheidet Insertionen mit **Periost-, Knochen-** und **Knorpeleinstrahlung.** Sehnenansätze mit **Periosteinstrahlung** kommen typischer Weise an den Diaphysen von langen Knochen vor. Die Kollagenfasern derartiger flächenhafter Sehnen dringen zunächst in das Periost ein und verankern sich dann in der Kortikalis des Knochens. Bei Ursprüngen oder Ansätzen mit Periosteinstrahlung wird die Kraftübertragung zwischen Sehne und Knochen auf eine große Fläche verteilt. Bei den Sehnen einiger Extremitäten- und einiger Kaumuskeln ziehen die Kollagenfasern direkt in den Knochen. Bei derartigen Insertionen mit direkter **Knocheneinstrahlung** fehlt das Periost. Die Knocheneinstrahlung ruft am Knochen deutliche Rauigkeiten hervor, z.B. *Tuberositas glutea:* Ansatz des *M. gluteus maximus* oder *Tuberositas deltoidea:* Ansatz des *M. deltoideus.* Insertionen mit **Knorpeleinstrahlung** weisen alle Muskeln auf, die im Bereich ursprünglich knorpeliger Apophysen inserieren; sie werden daher auch als chondral-apophysäre Sehneninsertionen bezeichnet. Chondrale Insertionen findet man nicht nur an Apophysen; einige Sehnen der Kaumuskeln z.B. inserieren über eine chondrale Ansatzstruktur am Schädelskelett. Charakteristisch für den Sehnen-Knochen-Übergang ist die Einlagerung von **Faserknorpel,** dessen unmittelbar dem Knochen aufliegende Schicht mineralisiert ist. Im Bereich chondraler Insertionen fehlt das Periost (◘ Abb. 4.17).

Die **mechanische Bedeutung** der Sehnenansatzzonen mit Knorpeleinstrahlung liegt darin, die unterschiedlichen Elastizitätsmodule des straffen kollagenen Bindegewebes der Sehne sowie des Knochengewe-

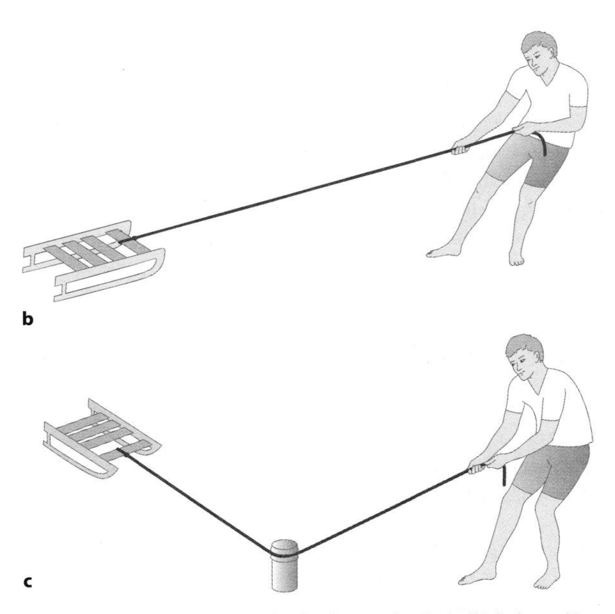

◘ **Abb. 4.16a–c. Zug- und Gleitsehnen. a** Am Beispiel des M. coracobrachialis und des M. biceps brachii: Die Ursprungs- und Ansatzsehne des M. coracobrachialis (Mcb) sind Zugsehnen, ihre wirksamen Endstrecken (rot) stimmen mit der Richtung der Hauptlinie des Muskels (blau) überein. Beim M. biceps brachii (Mbb) weichen die wirksamen Endstrecken der Ursprungssehne des Caput longum und der Ansatzsehne von der Hauptlinie des Muskels ab. Die Sehnen werden in ihrer Verlaufsrichtung durch ein Widerlager (Hypomochlion, markiert durch Pfeile) abgelenkt. **b** Mechanisches Verhalten bei einer Zugsehne: Bewegende Kraft, bewegtes Objekt und Zugseil liegen auf einer Linie. **c** Mechanisches Verhalten bei einer Gleitsehne: Das Zugseil wird an einem Widerlager umgelenkt. Die wirksame Endstrecke des Zugseils erstreckt sich zwischen Widerlager und bewegender Kraft [16]

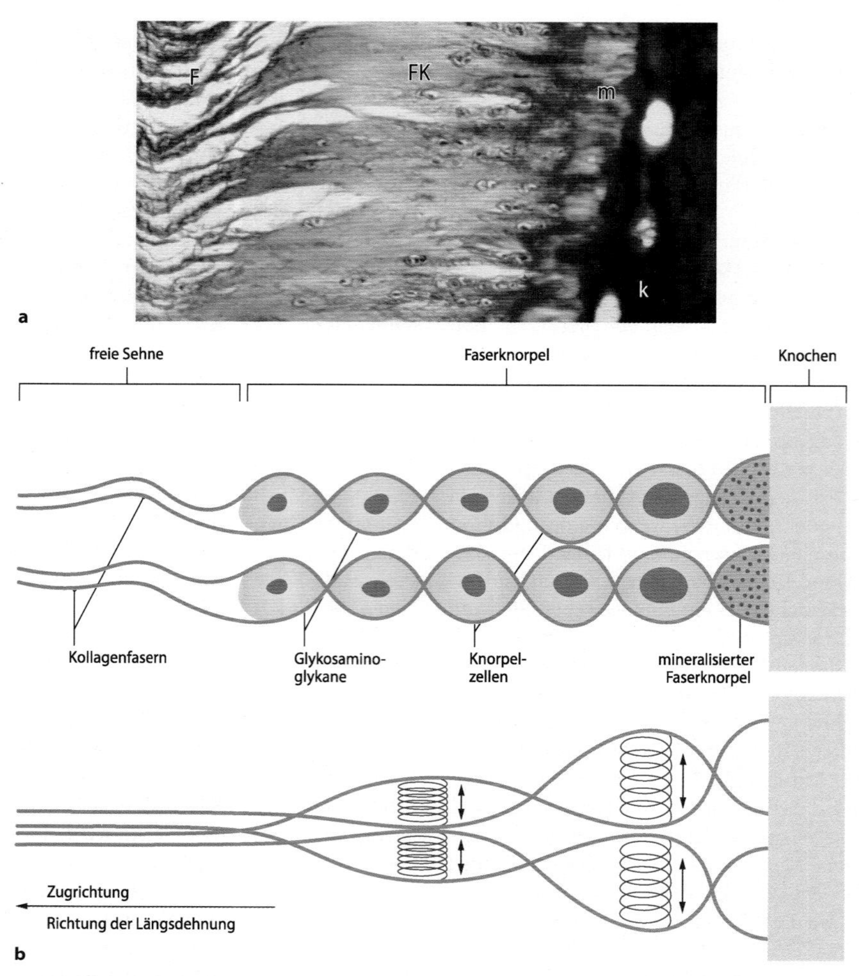

Abb. 4.17a, b. Sehnen-Knochen-Übergang. a Chondraler Sehnenansatz des M. triceps brachii am Olecranon. Zwischen freier Sehne (F) und Knochen (K) liegt Faserknorpel (FK), der am Übergang zum Knochen mineralisiert ist (m) (10-µm-Schnitt, Goldner-Färbung, Vergr. 80-fach). **b** Knorpelzellen und Glykosaminoglykane – im unteren Bildteil durch gespannte Federn symbolisiert – wirken einer Querkürzung entgegen und führen damit zur »Abbremsung« (»Dehnungsbremse«) der Längsdehnung der Sehne bei der Muskelkontraktion. Es kommt dabei zu einer Angleichung der unterschiedlichen Elastizitätsmodule von freier Sehne und Knochen

bes durch die Zwischenschaltung von mineralisiertem Faserknorpel einander anzunähern (4.13). Die Insertionszonen zahlreicher Bänder sind nach dem Modus chondraler Insertionen aufgebaut, z.B. die Kollateralbänder am Ellenbogengelenk oder an den Sprunggelenken.

4.13 Veränderungen an den Sehnenansatzzonen

Im Bereich chondraler Insertionen kann es aufgrund von Überbeanspruchung zu degenerativen Veränderungen kommen (Tendopathien, sog. Tennisellenbogen).

Im Bereich der Insertionszonen mit Knorpeleinstrahlung treten gelegentlich abnorme Knochenneubildungen auf, z.B. im Insertionsbereich des M. quadriceps femoris an der Patella (sog. Patellaspitzensyndrom) oder am Fersenbein (Fersensporn).

Sehnenscheide (*Vagina tendinis*). Sehnenscheiden sind osteofibröse Kanäle. Sie haben die Funktion, den Verlauf von Sehnen zu führen und durch Herabsetzung der Reibung einem Kraftverlust von Muskeln und Sehnen entgegenzuwirken. Sehnenscheiden sind in typischer Form an den langen Sehnen von Hand und Fuß ausgebildet (Abb. 4.18). Eine Sehnenscheide besteht aus:

- einem äußeren bindegewebigen Anteil, *Stratum fibrosum (Vagina fibrosa)*
- einer inneren synovialen Schicht, *Stratum synoviale (Vagina synovialis).*

Das **Stratum fibrosum** überbrückt tunnelartig die Sehne, seitlich ist es im Knochen verankert. Die **Retinacula** der Knöchelgegend und des Handrückens sind Verstärkungszüge des Stratum fibrosum. An den Finger- und Zehensehnenscheiden sind ringförmige *(Pars anularis vaginae fibrosae)* und kreuzförmige *(Pars cruciformis vaginae fibrosae)* Verstärkungszüge ausgebildet. Das **Stratum synoviale** bildet einen geschlossenen doppelwandigen Sack. Das äußere (parietale) Blatt liegt dem Stratum fibrosum und dem Knochen an. Das innere (viszerale) Blatt ist mit der Sehne verbunden. Im Spaltraum zwischen den beiden Blättern *(Cavitas synovialis)* befindet sich Synovia, die von den Synovialozyten des Stratum synoviale gebildet wird und den Sehnen ein reibungsarmes Gleiten ermöglicht. Äußeres und inneres Blatt der Stratum synoviale sind an einigen Stellen über ein *Mesotendineum* miteinander verbunden, über das Gefäße und Nerven zur Sehne gelangen. Die Mesotendinea an den Sehnenscheiden der Finger und Zehen bezeichnet man als *Vincula.*

Schleimbeutel (*Bursa synovialis*): Schleimbeutel werden – wie Gelenkkapseln – außen vom Stratum fibrosum und innen vom Stratum

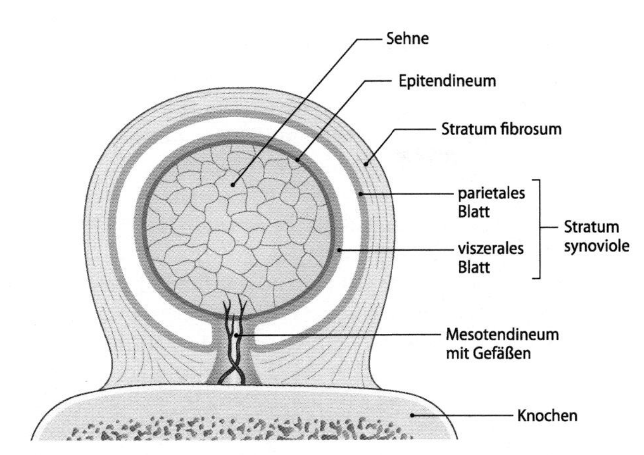

Abb. 4.18. Schematische Darstellung eines Sehnenquerschnittes mit Sehnenscheide und Anschnitt des Mesotendineum

synoviale begrenzt. Die mit Synovia gefüllten Schleimbeutel dienen der Verschieblichkeit sowie der Druckverteilung zwischen unterschiedlichen Strukturen, entsprechend unterscheidet man: *Bursa subcutanea, Bursa subfascialis, Bursa submuscularis, Bursa subtendinea.* Mit großer Regelmäßigkeit beobachtet man Schleimbeutel zwischen Knochen und Sehne im Insertionsbereich *(Bursa subtendinea).* In Gelenknähe können Schleimbeutel mit der Gelenkhöhle kommunizieren, z.B. *Bursa suprapatellaris, Bursa subtendinea m. subscapularis,* sie werden damit zu Ausstülpungen der Gelenkhöhle, *Recessus.*

In Kürze

Sehnen

Unterscheidung von **Zug- und Gleitsehnen.**

Funktion: Übertragung des Muskelzuges auf das Skelett.

Sehnenansatzzonen: Insertionen mit Periost-, Knochen- und Knorpeleinstrahlung.

Sehnenscheide (Vagina tendinis): Osteofibröse Kanäle, mit einem äußeren bindegewebigen Anteil (Stratum fibrosum) und einer inneren synovialen Schicht (Stratum synoviale), besonders an den langen Sehnen von Hand und Fuß ausgebildet.

Funktion: Durch Verringerung der Reibung Herabsetzung des Kraftverlust von Muskeln.

Schleimbeutel (Bursa synovialis): außen Stratum fibrosum, innen vom Stratum synoviale, gefüllt mit Synovia, dienen der Verschieblichkeit sowie der Druckverteilung zwischen unterschiedlichen Strukturen.

Mechanisches Verhalten von Muskeln und Sehnen

Wichtige Messgrößen für die Muskelmechanik sind:

- Kraft
- Arbeit und Leistung

Muskelkraft

Die vom Skelettmuskel entfaltete **Kraft** wird über seine Sehne auf den Knochen übertragen. Dabei entstehen **Drehmomente** in dem vom Muskel-Sehnen-Komplex überspannten Gelenk. Da sich die Länge der virtuellen Hebelarme von Muskelkraft und Last mit der Gelenkstellung verändern, ändert sich entsprechend auch die Größe des Drehmomentes. Die Kraft eines Muskels oder einer Muskelgruppe kann nur indirekt über das von ihr erzeugte Drehmoment gemessen werden. Die **(Hub-)Kraft** eines Muskels hängt von der Anzahl seiner kontraktilen Elemente ab. Als Maß für die Muskelkraft wird der **physiologische Querschnitt eines Muskels** angegeben (Abb. 4.15a).

! Der physiologische Querschnitt ist die Summe aller Faserquerschnitte in einem Muskel. Er erlaubt Rückschlüsse auf die absolute Kontraktionskraft.

Bei isometrischer Kontraktion beträgt die Kraftentwicklung eines Muskels 25–30 N pro Quadratzentimeter der physiologischen Querschnittfläche. Die Größe der absoluten Kontraktionskraft hängt von mehreren Faktoren ab, u.a. von der Gelenkstellung, der Vordehnung oder von der momentanen Kontraktionsgeschwindigkeit. Daraus resultieren entsprechend den Kontraktionsbedingungen unterschiedliche Maximalwerte.

Muskelfasern und Sehnengewebe haben im Bereich des Muskel-Sehnen-Überganges voneinander abweichende Verlaufsrichtungen. Man bezeichnet den Winkel, den die Muskelfasern und die Sehnenbündel miteinander bilden als **Fiederungswinkel.** Der Fiederungswinkel ist bei den einzelnen Muskeln und innerhalb eines Muskels unterschiedlich. Seine Größe ist an einem Muskel nicht konstant, sondern ändert sich bei der Kontraktion (Abb. 4.19). Auf diese Weise wird für die sich bei der Muskelkontraktion verdickenden Muskelfasern Raum geschaffen.

Aufgrund des Fiederungswinkels entspricht die absolute Muskelkraft nicht der absoluten Sehnenkraft. Die für die Kraftübertragung verantwortliche **absolute Sehnenkraft** ist aufgrund des Fiederungswinkels kleiner als die absolute Muskelkraft. Der Fiederungswinkel wirkt sich allerdings positiv auf die **Hubhöhe** (s. unten) eines Muskels aus (Abb. 4.19). Aufgrund der Fiederung des Muskels ist die Hubhöhe – abgesehen vom sog. parallelfaserigen Muskel – stets größer als die Strecke der Muskelfaserverkürzung.

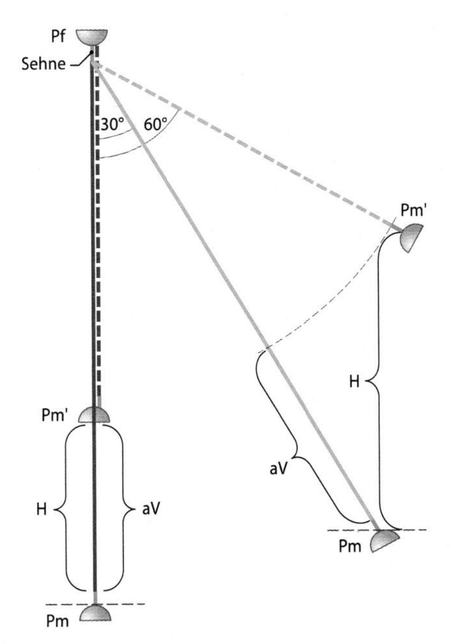

Abb. 4.19. Muskelkraft und Fiederungswinkel. Beim sog. parallelfaserigen Muskel sind die absolute Verkürzungsstrecke (aV) und die Hubhöhe (H) gleich groß. Beim gefiederten Muskel vergrößert sich der Fiederungswinkel bei der Muskelkontraktion um den doppelten Betrag des Ausgangswertes. Die Hubhöhe ist daher größer als die absolute Verkürzungsstrecke (aV). Der gefiederte Muskel arbeitet mit »Weggewinn«.
aV = absolute Verkürzungsstrecke, mit 30% angenommen, und Hubhöhe (H) bei einem sog. parallelfaserigen Muskel (rot) und bei einem gefiederten Muskel mit einem Fiederungswinkel von 30° (blau)
Pm = Punctum mobile, Pm': Lage des Punctum mobile nach erfolgter Kontraktion, Pf = Punctum fixum

Durch den Fiederungswinkel wird die Sehnenkraft zwar gemindert, der Muskel arbeitet aber über die größere Hubhöhe mit einem »Weggewinn«.

Der **Weg,** den ein bewegter Abschnitt des Skeletts (Punctum mobile) bei der Muskelkontraktion zurücklegt, wird als **Hubhöhe** bezeichnet. Die Hubhöhe ist von der Vordehnung des Muskels und vom Fiederungswinkel abhängig (▣ Abb. 4.19). Muskelfasern verkürzen sich bei der Kontraktion um ca. 30% ihrer Ausgangslänge. Durch Vordehnung kann die Hubhöhe des Muskels vergrößert werden; dieser positive Effekt wird von Sportlern genutzt (z.B. bei Wurfsportarten).

Arbeit und Leistung

Die mechanische **Arbeit** eines Muskels (gemessen in Joule) ist das Produkt aus erreichter Wegstrecke (Hubhöhe) und aufgewandter Muskel-Sehnen-Kraft. Die **Leistung** (gemessen in Watt) eines Muskels wird nach der geleisteten Arbeit pro Zeiteinheit beurteilt.

Aktive und passive Insuffizienz

Muskeln können über ein (eingelenkige Muskeln) oder mehrere Gelenke (mehrgelenkige Muskeln) ziehen. Bei mehrgelenkigen, z.T. antagonistisch (s. unten) wirkenden Muskeln, erfolgt eine koordinierte Aktivierung der beteiligten Muskeln über eine zentralnervöse Steuerung (neuromuskuläre Steuerung), so dass es nicht zu Konflikten zwischen den Muskeln an den von ihnen überbrückten Gelenken kommt. Mehrgelenkige Muskeln können nicht alle Gelenke über die sie ziehen in ihre Endstellung bringen. Man bezeichnet dieses Verhalten als **aktive Insuffizienz** von Muskeln. Wenn die begrenzte Dehnbarkeit bei mehrgelenkigen Muskeln und Sehnen verhindert, dass die Gelenke in ihre Endstellung gebracht werden können, spricht man von **passiver Insuffizienz** der Muskeln. Die passive Insuffizienz der Fingerextensoren, z.B. verhindert bei stark gebeugten Handgelenken eine gleichzeitige maximale Beugung in den Fingergelenken.

Funktionelle Gruppen

Die Skelettmuskeln werden nach ihrer Tätigkeit in **funktionelle Gruppen** eingeteilt:

- **Agonisten:** Als Agonisten bezeichnet man Muskeln, die eine gewünschte Bewegung ausführen. Bei Bewegungen, die von mehreren Muskeln ausgeführt werden, kann man nach der Effektivität der Muskeln sog. Hauptbewegungsmuskeln und sog. Unterstützungsmuskeln unterscheiden.
- **Antagonisten:** Als Antagonisten werden vielfach Muskeln bezeichnet, die eine gegenläufige Bewegung ausführen. Danach sind z.B. die Strecker am Kniegelenk die Antagonisten der die Kniegelenkbeugung ausführenden Beuger. Bei den meisten Bewegungen unterstützen die Antagonisten die Agonisten, indem sie durch eine neuromuskulär gesteuerte Entspannung einen »weichen« Ablauf der gewünschten Bewegung herbeiführen.

Der Begriff **Synergist** wird im Schrifttum uneinheitlich angewendet. Muskeln unterschiedlicher Einzelfunktionen wirken synergistisch, wenn sie gemeinsam bei der Durchführung einer Bewegung mitarbeiten. An einer gewünschten Beugung der Finger, z.B. durch die Fingerbeuger, beteiligen sich auch die Extensoren, indem sie die Handgelenke stabilisieren und deren gleichzeitige Beugung durch die Fingerbeuger verhindern. Synergistisch wirken häufig Muskelkraft und Schwerkraft, z.B. bei der Streckung im Ellenbogengelenk oder bei der Rumpfbeugung.

Die überwiegende Zahl der gewünschten Bewegungen wird durch willkürlich gesteuerte Aktionen herbeigeführt. Daneben gibt es bei einigen Bewegungen nicht willkürlich zu steuernde Aktionen von Muskeln, die eine gewünschte Bewegung unterstützen. Diese Mitwirkung der Muskeln kann nicht willkürlich unterdrückt werden. Wird, z.B. der Daumen gestreckt, so kontrahieren sich auf der ulnaren Seite die Handbeuger und Handstrecker, die auf diese Weise eine Deviation der Hand nach radial verhindern. In einem Muskel haben die einzelnen Anteile in Abhängikeit von deren Lage zu den Bewegungsachsen häufig antagonistische Funktionen. Im *M. deltoideus* unterstützt z.B. die Pars clavicularis die Innendrehung, die *Pars spinalis* die Außendrehung im Schultergelenk.

An einigen Gelenken können sich einzelne für die Neutral-0-Stellung geltende Funktionen in einem Muskel umkehren, wenn sich die Gelenkstellung ändert (sog. **Umkehr der Muskelfunktion**). Der *M. adductor longus* z.B. unterstützt bis zu einer Stellung von ca. 50° im Hüftgelenk die Beugung; wird das Hüftgelenk über 70° hinaus gebeugt, so kehrt sich die Funktion des Muskels um und er wirkt als Strecker.

Muskeln die an **einem Bewegungsablauf** beteiligt sind, bilden eine über mehrere Gelenke hinweg ziehende **Muskelkette.** Große funktionelle Bedeutung haben **Muskelschlingen.** Eine Muskelschlinge wird von Muskeln mit antagonistischer Funktion gebildet, die gemeinsam an einem Skelettelement oder an einer Aponeurose inserieren. Typische Muskelschlingen bilden die Muskeln des Schultergürtels, die Gruppen der suprahyoidalen und infrahyoidalen Muskeln oder die Muskeln der vorderen Bauchwand.

4.14 Muskelfunktionsprüfungen

Bei der **klinischen Untersuchung** stehen **Inspektion** und **Palpation** am Anfang der Muskelfunktionsprüfungen. Durch Palpation kann der Muskeltonus beurteilt werden. Der Tastbefund gibt auch Auskunft darüber, ob ein Muskel normal, atrophisch oder hypertrophisch ist. Einen wichtigen Hinweis auf den Funktionszustand eines Muskels, z.B. zur Diagnostik von Lähmungen, liefert die **Prüfung der Muskelkraft** unter verschiedenen Bedingungen und die **Prüfung der Reflexe.** Bei der Diagnostik von Schädigungen der Spinalnervenwurzeln oder des Rückenmarks, z.B. beim Bandscheibenvorfall, gehört die **Prüfung der segmentalen Kennmuskeln** zur klinischen Untersuchung. Als Kennmuskeln bezeichnet man Muskeln, die vorwiegend aus einem Rückenmarkssegment innerviert werden.

Im Rahmen der **elektrischen Reizdiagnostik** werden die Neurographie und die Nadelelektromyographie eingesetzt. Mit der Nadelelektromyographie lassen sich einzelne motorische Einheiten beurteilen.

Eine wichtige Methode zur Abklärung myogener Erkrankungen ist die **Muskelbiopsie.**

In Kürze

Muskelkraft

Vom Skelettmuskel wird **Kraft** (über seine Sehne) auf den Knochen übertragen (**Drehmomente** im vom Muskel-Sehnen-Komplex überspannten Gelenk).

Muskelkraftmessung: über das erzeugte Drehmoment

Maß für die Muskelkraft: physiologische Querschnitt eines Muskels

Fiederungswinkels: wirkt sich positiv auf die **Hubhöhe** eines Muskels aus.

Funktionelle Gruppen der Skelettmuskeln nach ihrer Tätigkeit:

- **Agonisten:** Muskeln, die eine gewünschte Bewegung ausführen.
- **Antagonisten:** Muskeln, die eine gegenläufige Bewegung ausführen.

Synergisten: Muskeln mit unterschiedlichen Einzelfunktionen wirken synergistisch, wenn sie gemeinsam bei einer Bewegung mitarbeiten.

4.2 Kopf und Hals

F. Paulsen, B. N. Tillmann

4.2.1 Schädel (Cranium)

F. Paulsen

Einführung

Der Schädel besteht aus 22 Knochen sowie den Gehörknöchelchen. Mit Ausnahme der *Mandibula* (Unterkiefer) sind alle Schädelknochen durch Suturen verbunden. Er wird in Gesichtsschädel, *Viszerocranium,* und Hirnschädel, *Neurocranium* unterteilt. Der Gesichtsschädel bildet die Grundlage des Gesichts und schließt die Augenhöhlen, die Nasen- und Nasennebenhöhlen sowie die Mundhöhle und damit den Beginn des Atem- und des Verdauungstrakts ein. Er besteht aus den paarigen *Ossa nasale, palatinum, lacrimale, zygomaticum,* der *Maxilla* sowie der *Concha nasalis inferior* und dem unpaaren *Vomer.* Der Hirnschädel formt eine Schutzkapsel um das Gehirn und umschließt das Mittel- und Innenohr. Man unterscheidet am Hirnschädel die Schädelbasis, *Basis cranii,* und das Schädeldach, *Calvaria.* Die Knochen des Neurocranium sind die paarig angelegten *Ossa temporale* und *parietale* sowie die unpaaren *Ossa frontale, sphenoidale, ethmoidale* und *occipitale.*

Schädelknochen

Gesichtsschädel: Viscerocranium
- Nasenbein (paarig): *Os nasale*
- Gaumenbein (paarig): *Os palatinum*
- Tränenbein (paarig): *Os lacrimale*
- Jochbein (paarig): *Os zygomaticum*
- Oberkiefer (paarig): *Maxilla*
- untere Nasenmuschel (paarig): *Concha nasalis inferior*
- Pflugscharbein (unpaar): *Vomer*
- Unterkiefer (unpaar): *Mandibula*

Hirnschädel: Neurocranium
- Schläfenbein (paarig):*Os temporale*
  - Hammer: *Malleus*
  - Amboss: *Incus*
  - Steigbügel: *Stapes*
- Scheitelbein (paarig): *Os parietale*
- Stirnbein (unpaar): *Os frontale*
- Keilbein (unpaar): *Os sphenoidale*
- Siebbein (unpaar): *Os ethmoidale*
- Hinterhauptsbein (unpaar): *Os occipitale*

Schädel in der Frontalansicht

Der Blick von vorn auf den Schädel zeigt von unten nach oben *Mandibula, Maxilla,* die *Regio nasalis,* den Bereich zwischen *Maxilla* und Augenhöhle, *Orbita,* sowie oberhalb der Orbita das *Os frontale* (Abb. 4.20).

4.15 Frakturen des Oberkiefers und Mittelgesichts

Oberkiefer- und Mittelgesichtsfrakturen der Maxilla, des nasolabialen Komplexes und der Ossa zygomatica werden nach LeFort unterteilt. LeFort I: horizontale Ablösung der Maxilla in Höhe des Nasenbodens. LeFort II: Pyramidenfraktur, die beide Maxillae und Ossa nasalia, den mittleren Anteil des rechten und linken Antrums, die infraorbitalen Ränder, die Orbitae und die beiden Orbitaböden umfasst. LeFort III: schließt zusätzlich zu LeFort II noch die Ossa zygomatica mit ein und kann zu Atemstörungen, Tränenabflussstörungen in den ableitenden Tränenwegen und zu Liquorfisteln (Austritt von Liquor cerebrospinalis durch die Schädelbasis) führen.

Schädel in der Seitenansicht

Beim Blick von der Seite erkennt man den lateralen Anteil der Schädelkalotte (*Calvaria).* Sie bestehen aus den *Ossa frontale, parietale, occipitale, sphenoidale* und *temporale,* Teile des Gesichtsschädels (Os nasale, Os lacrimale, Maxilla und Os zygomaticum) sowie aus der lateralen Seite der Mandibula (Abb. 4.21).

4.16 Schädelfrakturen im Bereich des Pterion

Im Bereich des Pterion ist die Schädeldecke sehr dünn. Schädelfrakturen kommen an dieser Stelle daher häufig vor und sind hier oftmals sehr schwerwiegend, da auf der Innenseite des Schädels die A. meninga media verläuft. Bei Verletzungen der Arterie kann eine Epiduralblutung resultieren.

4.17 Verletzungen des Arcus zygomaticus

Verletzungen des Arcus zygomaticus (z.B. Jochbogenfraktur) können zur Zerstörung des sog. Zygomatikumkomplexes – bestehend aus Ossa temporale, frontale, Maxilla, sphenoidale und palatinum – führen. Oft ist die Nahtlinie mit dem Os frontale und der Maxilla betroffen. Dabei kommt es zur Dislokation nach kaudal, medial und dorsal. Durch die Beteiligung der Knochen an der Orbitawand kann es zu ipsilateralen (gleichseitigen) okulären und visuellen Veränderungen mit Diplopie (Doppeltsehen) und Blutungen kommen, die alle sofortiger Behandlung bedürfen.

4.18 Zu langer Processus styloideus

Unklare Halsschmerzen, die gemeinsam mit einem Fremdkörpergefühl und Schmerzen im Rachen, beim Schlucken oder bei Bewegungen des Kopfes/Halses auftreten, können von einem zu langen Processus styloideus verursacht sein (Stylohyoid- oder Eagle-Syndrom). Die Therapie besteht in der operativen Verkürzung des Processus styloideus.

Schädel in der Okzipitalansicht

In der Ansicht von dorsal sind die *Ossa temporalia, parietalia* und das *Os occipitale* sichtbar (Abb. 4.22).

Schädel in der Ansicht von kranial (Calvaria)

Der Blick auf die Schädelkalotte zeigt das Os frontale, die Ossa parietalia und das Os occipitale (Abb. 4.23). Die Knochen der Calvaria besitzen einen besonderen Aufbau. Sie bestehen aus einer dicken äußeren und dünnen inneren Kompakta, die als *Lamina externa* und *Lamina interna (Lamina vitrea)* bezeichnet werden sowie aus einer schmalen Schicht Spongiosa, die als *Diploe* bezeichnet wird (4.19).

4.19 Schädelfrakturen

Schädelfrakturen können nach größerer Gewalteinwirkung von außen auftreten. Man unterteilt sie in **Linearfrakturen** mit deutlicher Bruchlinie, **Berstungsfrakturen** mit multiplen Fragmenten (Impressionsfraktur, falls nach innen gekippt, mit Kompression oder Riss der Dura mater und Verletzung des Hirngewebes), **Diastasen** (Nahtsprengungen entlang einer Knochennaht) und **Schädelbasisfrakturen.** Jede Fraktur, die mit einer Riss-Platz-Wunde der Kopfhaut, mit den Nasennebenhöhlen oder dem Mittelohr in Verbindung steht, gilt als offene Fraktur, die operativer Behandlung bedarf.

Schädel in der Ansicht von kaudal (Schädelbasis)

Von kaudal blickt man direkt auf die **Schädelbasis,** *Basis cranii externa.* Sie erstreckt sich rostral bis zu den mittleren Schneidezähnen in

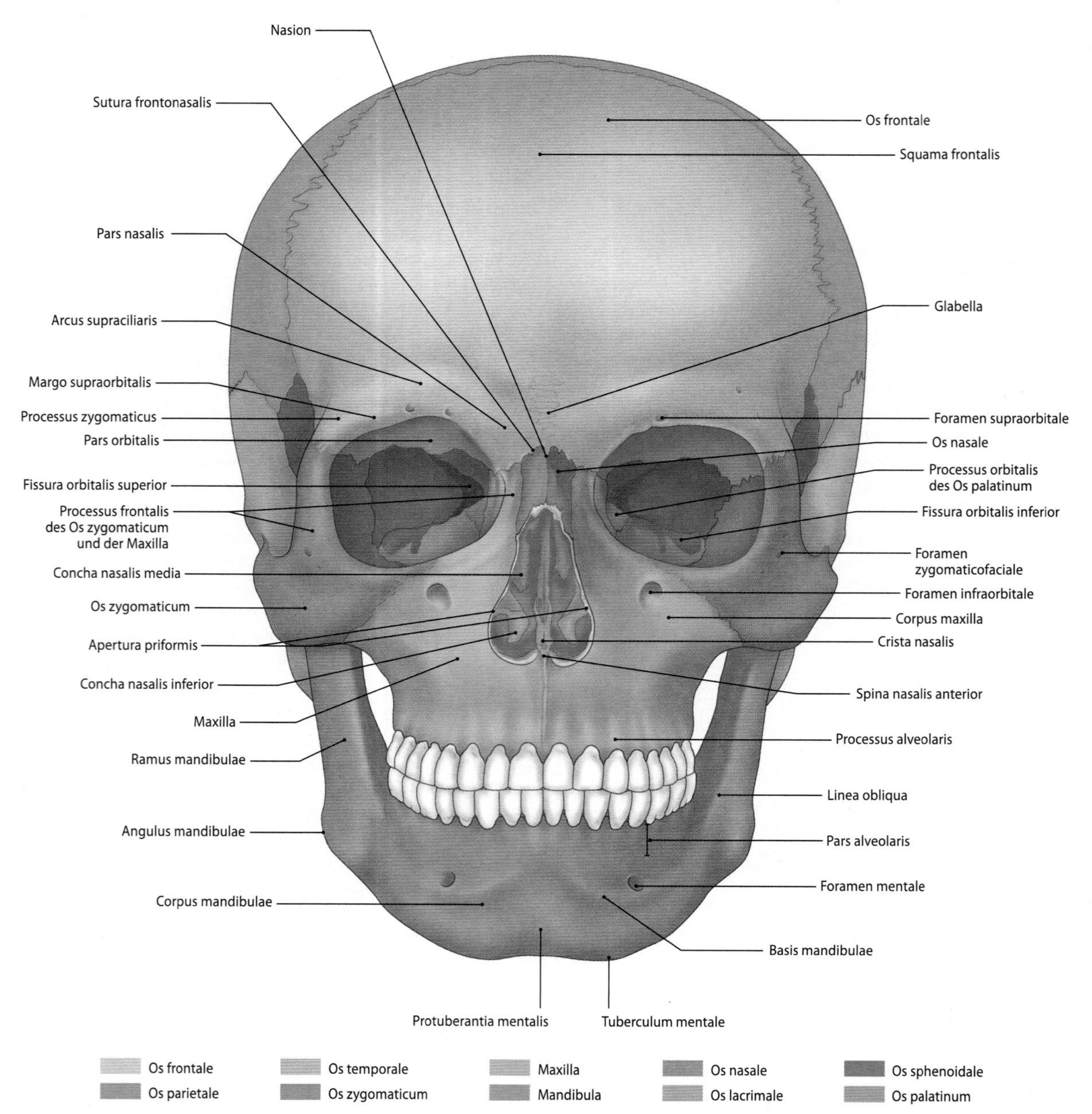

Abb. 4.20. Schädel in der Frontalansicht. Das Stirnbein, ***Os frontale,*** bildet Teile der Wände von Augen- und Nasenhöhle. Man unterscheidet am Os frontale eine unpaare Schuppe, ***Squama frontalis, die*** paarigen ***Partes*** orbitales und die unpaare ***Pars nasalis.*** Oberhalb des Orbitarandes, ***Margo supraorbitalis,*** wölbt sich beidseits der ***Arcus superciliaris*** vor, der bei Männern meist stärker ausgeprägt ist als bei Frauen. Zwischen den beiden Arcus liegt die ***Glabella*** (Bereich zwischen den beiden Augenbrauen). Am medialen Orbitaoberand ist meist ein ***Foramen supraorbitale,*** seltener eine ***Insisura supraorbitalis*** ausgebildet. In der Orbita trägt das Os frontale zur Begrenzung der ***Fissura orbitalis superior*** bei (Tab. 4.1). Ein Teil des Os frontale ragt medial nach unten und formt einen Teil des medialen Orbitarandes. Lateral steht der ***Processus zygomaticus*** mit dem ***Processus frontalis*** des ***Os zygomaticum*** in Kontakt. Beide bilden gemeinsam den lateralen Orbitarand. Das Joch- oder Wangenbein, ***Os zygomaticum,*** bildet den größten Teil des lateralen und die laterale Hälfte des unteren Orbitarandes. Beim Blick von vorn sieht man die ***Facies orbitalis,*** die ***Facies lateralis,*** den ***Processus frontalis*** und das ***Foramen zygomaticofaciale.*** In der Orbita bildet es gemeinsam mit der Maxilla den lateralen Rand der ***Fissura orbitalis inferior*** (Tab. 4.1). Die beiden Nasenbeine, ***Ossa nasalia,*** stehen in der Mittellinie miteinander in Kontakt. Die ***Sutura frontonasalis*** liegt an der Grenze zum Os frontale. Der Punkt, an dem sie auf das Os frontale trifft, wird als ***Nasion*** bezeichnet. Lateral steht das Os nasale mit dem ***Processus frontalis*** der Maxilla in Verbindung, kaudal begrenzt es die ***Apertura piriformis***, die die vordere knöcherne Nasenöffnung bildet. Lateral und kaudal wird die Apertura piriformis von der Maxilla begrenzt. Blickt man in die Nasenhöhle, erkennt man als unteren Teil des Nasenseptums die***Crista nasalis*** und lateral jeweils die mittlere und untere Nasenmuschel ***(Concha nasalis media*** und ***inferior)*** (▶ Kap. 9.1.3). Zwischen Orbita und Mundhöhle liegt auf beiden Seiten die Maxilla (Oberkiefer), die die Oberkieferzähne trägt. Sie ist an der Bildung von unterem und medialem Orbitarand beteiligt. Die Maxilla kommuniziert lateral mit dem ***Processus zygomaticus*** des Os zygomaticum. Der ***Processus frontalis*** der Maxilla steht mit dem Stirnbein in Verbindung. Im ***Corpus maxillae*** liegt knapp unterhalb des unteren Orbitarandes das ***Foramen infraorbitale*** (Tab. 4.1). In der Mittellinie wölbt sich die ***Spina nasalis anterior*** aus der Apertura piriformis vor. Kaudal befindet sich ***der Processus alveolaris***, der den Oberkieferunterrand bildet und die Zähne trägt (4.15). Die Maxilla begrenzt in der Orbita kaudal und lateral die Fissura orbitalis inferior. Der Unterkiefer, ***Mandibula,*** gliedert sich in ***Corpus*** und ***Ramus mandibulae***, die am ***Angulus mandibulae*** ineinander übergehen. Das Corpus mandibulae wird in die die Zähne tragende ***Pars alveolaris mandibulae*** und die darunter liegende ***Basis mandibulae*** unterteilt. Letztere springt in der Mittellinie als ***Protuberantia mentalis*** vor. Lateral davon ist der Knochen verstärkt und bildet das ***Tuberculum mentale.*** Weiter lateral befinden sich das ***Foramen mentale*** und eine schräg verlaufende Knochenleiste ***(Linea obliqua)***, die vom Corpus zum Ramus mandibulae aufsteigt und als Muskelursprung dient

Tab. 4.1. Wichtige Durchtrittsstellen der Orbita für Leitungsbahnen

Öffnung	Durchtretende Struktur
Canalis opticus	– N. opticus (II) – A. ophthalmica
Fissura orbitalis superior	– N. oculomotorius (III) – N. trochlearis (IV) – N. ophthalmicus (V1) – N. lacrimalis (V1) – N. frontalis (V1) – N. nasociliaris (V1) – N. abducens (V1) – V. ophthalmica superior
Fissura orbitalis inferior	– N. infraorbitalis (V2) – N. zygomaticus (V2) – Ast der V. ophthalmica inferior – A. infraorbitalis
Canalis infraorbitalis (und Foramen infraorbitale)	– N. infraorbitalis (V2) – A. infraorbitalis
Fossa sacci lacrimalis und Canalis nasolacrimalis	– Saccus lacrimalis – Ductus nasolacrimalis
Foramen supraorbitale	– A. supraorbitalis – N. supraorbitalis (R. lateralis) (V1)
Incisura frontalis	– A. supratrochlearis – N. supraorbitalis (R. medialis) (V1)
Foramen ethmoidale anterius	– N. ethmoidalis anterior (V1) – A. ethmoidalis anterior – V. ethmoidalis anterior
Foramen ethmoidale posterius	– N. ethmoidalis posterior (V1) – A. ethmoidalis posterior – V. ethmoidalis posterior

der Maxilla, seitlich bis zu den Processus mastoidei und Arcus zygomatici und dorsal bis zu den Lineae nuchales superiores (Abb. 4.24). Der Einfachheit halber unterteilt man die Schädelbasis oft in 3 Teile:
- **vorderer Teil:** mit Zähnen und Gaumen
- **mittlerer Teil:** beginnt hinter dem harten Gaumen und erstreckt sich bis zum Vorderrand des Foramen magnum
- **hinterer Teil:** reicht vom Vorderrand des Foramen magnum bis zu den Lineae nuchales superiores.

4.20 Torus palatinus
Flache spindelige oder knotige bis gelappte Gebilde in der Mittellinie des weichen Gaumens werden als Torus palatinus bezeichnet. Die darüber liegende Schleimhaut erscheint weißlich. Es handelt sich um eine langsam wachsende knöcherne Vorwölbung in der Mittellinie des harten Gaumens. Diese soll bei bis zu 25% der Bevölkerung mit einem Geschlechterverhältnis von w : m = 2 : 1 auftreten. Die maximale Ausdehnung wird um das 30. Lebensjahr erreicht. Ein Torus palatinus kann bei der Anpassung von Zahnprothesen Probleme bereiten.

Schädelhöhle
Die Schädelhöhle umfasst das aus der Calvaria bestehende Dach sowie den aus vorderer, mittlerer und hinterer Schädelgrube bestehenden Boden. Sie umgibt das Gehirn mit den Hirnhäuten, die proximalen Anteile der Hirnnerven, Blutgefäße und venöse Sinus.

Schädeldach
Sichtbare Strukturen an der Innenseite der Calvaria sind die Sutura coronalis zwischen Os frontale und Ossa parietalia, die Sutura sagittalis zwischen den Ossa parietalia und die Sutura lambdoidea zwischen Ossa parietalia und Os occipitale (Abb. 4.25).

Innere Schädelbasis
Die innere Schädelbasis, *Basis cranii interna*, gliedert sich in eine **vordere** *(Fossa cranii anterior)*, **mittlere** *(Fossa cranii media)* und **hintere** *(Fossa cranii posterior)* **Schädelgrube** (Abb. 4.26).

Einzelknochen des Gesichtsschädels (Viszerocranium)
Mandibula
Die unpaare Mandibula besteht aus einem *Corpus* und 2 Ästen *(Rami)*. Corpus und Ramus gehen am *Angulus mandibulae* ineinander über. Jeder Ramus teilt sich in 2 Fortsätze auf, den *Processus coronoideus* und den *Processus condylaris*, die durch die *Incisura mandibulae* getrennt werden. Das Corpus besteht aus einer *Basis* und einer *Pars alveolaris*. Basis und Pars alveolaris werden durch die schräg nach rostral vom Processus coronoideus absteigende *Linea obliqua* getrennt. Die Basis besitzt an ihrer Außenfläche eine *Tuberositas masseterica*; die Pars alveolaris trägt rostral das Kinn *(Mentum)* mit der *Protuberantia mentalis* in der Mittellinie, den *Tubercula mentalia* (Kinnhöckern), und den *Foramina mentalia* (Durchtritt des N. mentalis) (Abb. 4.20). Die Pars alveolaris entwickelt sich erst nach dem Zahndurchbruch (4.21). In ihr sind die Unterkieferzähne verankert. Dorsal liegt hinter den Molaren die *Fossa retromolaris* sowie das *Trigonum molare*. Von hier führt die *Crista temporalis* zum Processus condylaris.

4.21 Zahnverlust im Unterkiefer
Zahnverlust führt zur Rückbildung der Pars alveolaris mandibulae im Bereich der fehlenden Zähne, wenn kein Zahnerstatz geschaffen wird. Die Rückbildung kann soweit fortschreiten, dass das Foramen mentale beim zahnlosen Unterkiefer an dessem freien Oberrand liegt. Die Anpassung einer Zahnprothese ist bei stark rückgebildeter Pars alveolaris nahezu unmöglich und gelingt erst nach rekonstruktivem Knochenaufbau.

Die Größe des Kieferwinkels ist altersabhängig (Tab. 4.4). Auf der Innenseite des Ramus mandibulae befindet sich das *Foramen mandibulae*. Rostral sitzt vor dem Foramen mandibulae ein knöcherner Vorsprung, *Lingula*. Unterhalb davon entspringt am Foramen der *Sulcus mylohyoideus*. Rostral davon verläuft stufenförmig die *Linea mylohyoidea*, die dem Ansatz des M. mylohyoideus dient und die Ebene des Mundbodens markiert. Auf der Innenseite befinden sich nahe der Mittellinie die *Spinae mentales superiores* und *inferiores*. Lateral und kaudal davon vertieft sich der Knochen jeweils zur *Fossa digastrica*. Auf der Innenseite des Angulus mandibulae befindet sich die *Tuberositas pterygoidea*. Der Processus condylaris trägt *Collum* und *Caput mandibulae* (► Kap. 4.2.2). Direkt unterhalb des Caput mandibulae befindet sich rostral die *Fovea pterygoidea* (Ansatz des M. pterygoideus lateralis, Pars superior) (4.22).

4.22 Mandibulafrakturen
Aufgrund ihrer exponierten Lage treten Frakturen der Mandibula nach Nasenbeinfrakturen am zweithäufigsten auf. Die u-förmige Gestalt macht die Mandibula anfällig für verschiedene Frakturen, besonders im Schneidezahnbereich und auf Höhe des 3. Molaren. Aus der Mandibula austretendes Blut sammelt sich im lockeren Gewebe des Mundbodens (Ekchymose) und ist pathognomonisch für eine Fraktur.

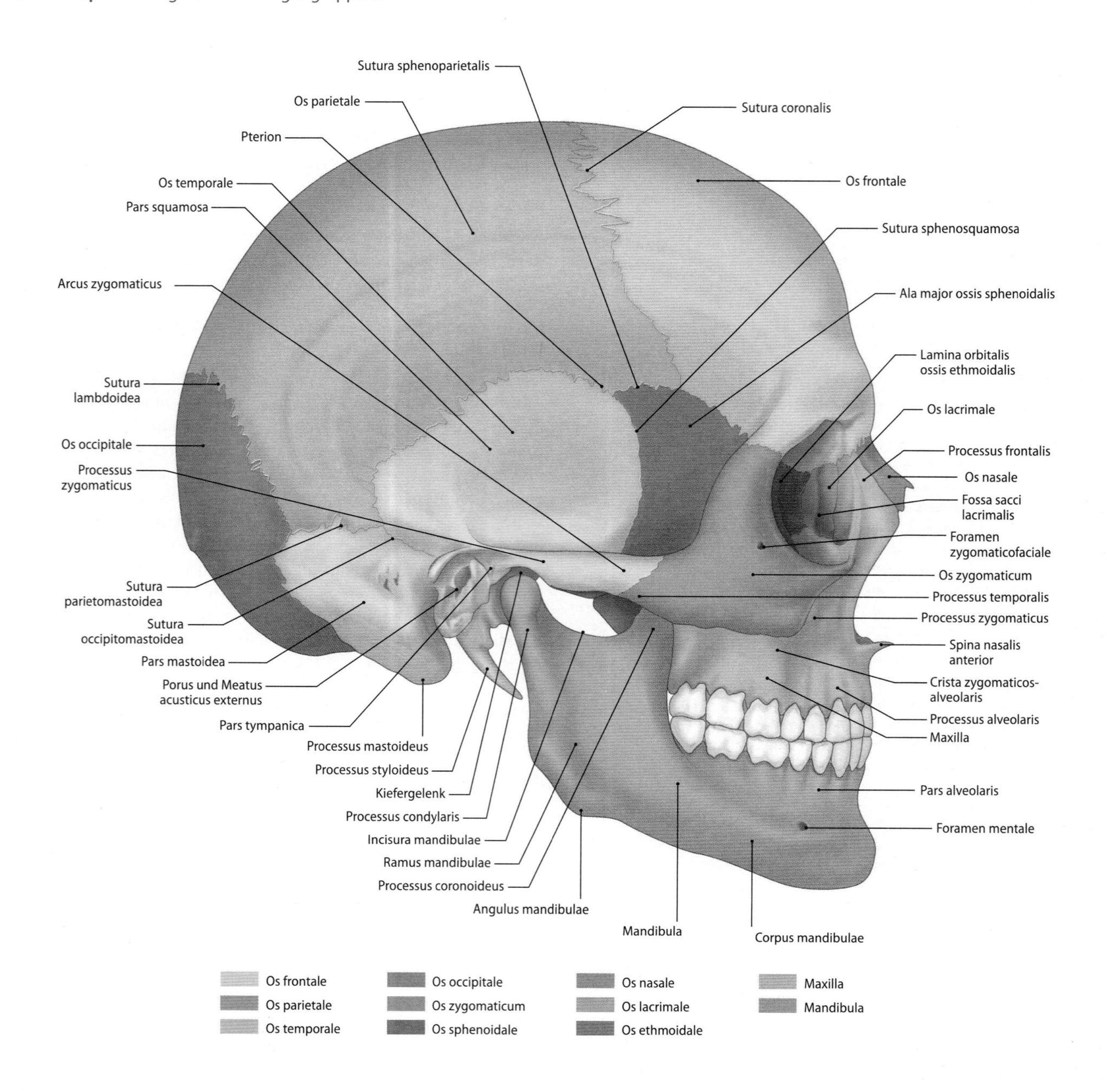

Kieferskelett

Das Kieferskelett setzt sich aus den Maxillae, Ossa zygomatica und Ossa palatina zusammen.

Maxilla

Die beiden Maxillae stehen über die *Sutura palatina mediana* miteinander in Verbindung. Der wie eine Pyramide geformte Knochen beinhaltet zentral die Kieferhöhle, *Sinus maxillaris,* und ist aus 4 Flächen, *Facies orbitalis, anterior, nasalis* und *infratemporalis* und 4 Fortsätzen, *Processus frontalis, zygomaticus, palatinus* und *alverolaris* aufgebaut. Die **Facies orbitalis** ist der größte Teil des Orbitabodens und bildet gleichzeitig das Dach der Kieferhöhle (4.23). Sie besitzt einen knöchernen Kanal, *Canalis infraorbitalis,* der als Graben, *Sulcus infraorbitalis* beginnt und einige Millimeter unterhalb des knöchernen Orbitaunterrandes als *Foramen infraorbilate* auf der Facies anterior mündet (Verlauf von *N.* und *A. infraorbitalis*). Kaudal vom **Processus zygomaticus** setzt sich die *Crista zygomaticoalveolaris* fort, die dem Zahnarzt als wichtige Orientierungsmarke dient. Der **Processus alveolaris** ist Träger der Oberkieferzähne. Oberhalb des Processus alveolaris liegt auf Höhe des Eckzahns die *Fossa canina,* rostral werfen die Zahnalveolen den Knochen zur *Juga alveolaria* auf. Die Hinterkante des **Processus frontalis** wird als *Margo lateralis* bezeichnet. An deren unterstem Punkt liegt die *Incisura lacrimalis,* die in den *Sulus lacrimalis* übergeht. Die **Facies nasalis** bildet die laterale Nasenwand, die vom *Hiatus maxillaris* durchbrochen wird. Die nach dorsal gerichtete **Facies infratemporalis** trägt das *Tuber maxillae.* Der **Processus frontalis** verbindet die Maxilla mit dem Os frontale über die *Sutura frontomaxillaris,* der Processus zygomaticus stellt über die *Sutura zygomaticomaxillaris* die Verbindung zum Os zygomaticum her und die Processus palatini, die über die *Sutura palatina mediana* aneinander grenzen, formen den größten Teil des harten Gaumens, *Palatum osseum.* Letzterer ist im dorsalen Abschnitt an der Unterseite durch*Spinae palatinae* und *Sulci palatini* uneben. In den knöchernen Gaumen ist im Bereich der Schneidezähne das *Os incisivum* als eigenständiger Knochen integriert. Das Os incisivum bildet mit der Gegenseite *Foramen incisivum* und *Canalis incisivus.*

◄ **Abb. 4.21. Schädel in der Seitansicht.** Im lateralen Anteil der Calvaria steht das Os frontale oben über die ***Sutura coronalis*** mit dem Os parietale und unten mit der ***Ala major*** des Os sphenoidale in Verbindung. Das Os parietale grenzt über die ***Sutura lambdoidea*** an das Os occipitale und über die ***Sutura sphenoparietalis*** an das Os sphenoidale. Os sphenoidale und Os temporale stehen über die ***Sutura sphenosquamosa*** in Kontakt. Den Punkt, an dem die Ossa frontale, parietale, sphenoidale und temporale eng benachbart sind, bezeichnet man als ***Pterion*** (4.16). Os temporale und Os occipitale stehen dorsokaudal über die ***Sutura occipitomastoidea*** miteinander in Verbindung. Ein großer Teil der seitlichen Schädelwand wird vom Schläfenbein, ***Os temporale,*** gebildet. Das Schläfenbein ist ein komplexer Knochen, der aus mehreren Anteilen besteht. Den größten Teil der lateralen Schädelwand bildet die wie eine große Schuppe aussehende ***Pars squamosa***, die vorn über die Sutura sphenosquamosa mit der Ala major des Os sphenoidale in Verbindung steht. Der ***Processus zygomaticus*** wölbt sich lateral aus dem kaudalen Abschnitt der Pars squamosa als knöcherner Vorsprung hervor, biegt nach vorn um und bildet mit dem Processus temporalis des Os zygomaticum den Jochbogen, ***Arcus zygomaticus***. Der Jochbogen überbrückt die Fossa temporalis (4.20). Die ***Pars tympanica*** schließt sich unterhalb der Wurzel des Processus zygomaticus an die Pars squamosa an. An ihrer Oberfläche sieht man den Eingang in den ***Porus acusticus externus*** (knöcherner Anteil des äußeren Gehörgangs). Zwei weitere Anteile des Os temporale sind die ***Pars petrosa*** und die ***Pars mastoidea***, die meist als ***Pars petromastoidea*** zusammengefasst werden. Die Pars mastoidea liegt am weitesten dorsal. Sie stellt den einzigen in der Seitenansicht des Schädels sichtbaren Teil der Pars petromastoidea dar und geht rostral in die Pars squamosa über. Kranial steht sie über die ***Sutura parietomastoidea*** mit dem Os parietale und dorsal über die ***Sutura occipitomastoidea*** mit dem Os occiptiale in Verbindung. Suturae occipitomastoidea und parietomastoidea sowie Suturae parietomastoidea und squamosa gehen ineinander über. Dorsal hinter dem Meatus acusticus externus ragt der ***Processus mastoideus*** als großer knöcherner Fortsatz nach kaudal vor. Er ist Ansatzpunkt von Muskeln. Medial vom Processus mastoideus entspringt der ***Processus styloideus*** als lang ausgezogener spitzer Fortsatz (4.18) von der Unterseite der Pars petrosa des Os temporale. Die Betrachtung des Viszerokraniums zeigt beim Blick von lateral das kleine paarig angelegte ***Os nasale***, das kranial an das Os frontale und dorsal an die Maxilla grenzt. Zwischen Processus frontalis der Maxilla und ***Lamina orbitalis (papyracea)*** des Os ethmoidale bildet der obere Abschnitt des ***Os lacrimale*** die ***Fossa sacci lacrimalis***. Vorn in der Mitte liegt die Maxilla. Der ***Processus alveolaris*** maxillae beinhaltet die Oberkieferzähne. Kranial bildet die Maxilla die mediale und untere Wand der Orbita; medial steht sie über ihren ***Processus frontalis*** mit dem Os frontale in Verbindung. Lateral verbindet sich ihr ***Processus zygomaticus*** mit dem Os zygomaticum. Rostral wölbt sich die ***Spina nasalis anterior*** vor. Das Jochbein, ***Os zygomaticum,*** gehört zur Gruppe der unregelmäßig geformten Knochen. Es sitzt am weitesten außen und dorsal im Bereich des Viszerocraniums. Es besitzt eine abgerundete laterale Oberfläche, die den Jochbogen, ***Arcus zygomaticus,*** bildet und für die Kontur der Wangenregion verantwortlich ist. Medial ist das Os zygmaticum durch seine Verbindung zum ***Processus zygomaticus maxillae*** Teil des unteren Orbitarandes. Kranial ist es durch die Verbindung seines ***Processus frontalis*** mit dem Processus zygomaticus ossis frontalis Teil der lateralen Orbitawand. Dorsal korrespondiert der horizontal verlaufende ***Processus temporalis*** mit dem Processus zygomaticus ossis temporalis und bildet mit diesem den Arcus zygomaticus. Auf der lateralen Oberfläche des Os zygomaticum kommt regelmäßig ein ***Foramen zygomaticofaciale*** (Durchtritt des ***N. zygomaticofacialis***) vor. In der Seitansicht wird die Gelenkverbindung der ***Mandibula (Os mandibulare)*** mit dem Os temporale im Kiefergelenk sichtbar. Von der Mandibula erkennt man von rostral nach dorsal das ***Corpus mandibulae,*** den ***Ramus mandibulae*** und an der Hinterkante den ***Angulus mandibulae***. Letzterer ist Verbindungsstelle zwischen Corpus und Ramus. Die ***Pars alveolaris*** des Corpus trägt die Unterkieferzähne. Auf der lateralen Oberfläche des Corpus mandibulae erkennt man das ***Foramen mentale*** (Durchtritt des N. mentalis). Der Ramus mandibulae teilt sich kranialwärts in einen rostralen ***Processus coronoideus*** (Ansatz des ***M. temporalis***) und einen dorsalen ***Processus condylaris*** (Teil des Kiefergelenkes), die durch die ***Incisura mandibulae*** getrennt sind.

4.23 Orbitabodenfrakturen

Kräfte die von außen auf den Augenbulbus einwirken, z.B. ein Tennisball, führen meist zur Fraktur des Orbitabodens, sog. Blow-out-Fraktur. Dabei kommt es häufig zur Verletzung des N. infraorbitalis mit Sensibilitätsstörungen im Mittelgesicht und zur Einklemmung des M. rectus inferior mit Doppelbildern.

Os zygomaticum

Das paarige Jochbein besitzt 3 Fortsätze und 3 Oberflächen. Über den *Processus maxillaris* steht das Os zygomaticum mit der Maxilla in Verbindung, über den *Processus frontalis* grenzt es in der *Sutura frontozygomatica* an das Os frontale und über den *Processus temporalis* grenzt es in der *Sutura temporozygomatica* an das Os temporale. Mit der *Facies orbitalis* bildet es einen kleinen Teil der lateralen Orbitawand. Auf der *Facies temporalis* befindet sich das *Foramen zygomaticotemporale* (Durchtritt des *R. zygomaticotemporalis,* V2). Auf der *Facies lateralis* befindet sich das *Foramen zygomaticofaciale* (Durchtritt des *R. zygomaticofacialis,* V2). An der Hinterkante von Processus frontalis und Facies lateralis springt das *Tuberculum marginale* vor.

Os palatinum

Das paarige Gaumenbein hat die Form eines Winkels. Es bildet mit seiner *Lamina horizontalis* das dorsale Drittel des harten Gaumens und steht mit dem Processus palatinus maxillae über die *Sutura palatina transversa* in Verbindung. Die *Lamina perpendicularis* ossis palatini besitzt 2 Fortsätze, *Processus sphenoidalis* und *Processus orbitalis*, die sich beide an das Corpus ossis sphenoidalis anlegen, durch die *Incisura sphenopalatina* getrennt sind und an der Bildung des *Foramen sphenopalatinum* (Durchtritt von: *A. sphenopalatina, N. nasopalatinus* und *R. nasales superiores*) beteiligt sind. Die Lamina horizontalis bildet mit der *Facies nasalis* den Boden der Nase und mit der *Facies palatina* das Dach der Mundhöhle. Dorsal endet ihr medialer Anteil als *Spina nasalis posterior.* Unterhalb der *Facies maxillaris* der Lamina perpendicularis verläuft der *Sulcus palatinus major*, der kaudal zum *Foramen palatinum majus* führt. Er bildet die Grenze zum *Processus pyramidalis* der *Foramina palatina minora* enthält.

Nasenskelett

Das Nasenskelett setzt sich aus Ossa nasalia, Os ethmoidale, Vomer, Conchae nasales inferiores und Ossa lacrimalia zusammen (► Kap. 9.1).

Os nasale

Das paarige Nasenbein steht über die *Sutura frontonasalis* mit dem Os frontale in Kontakt und über die *Sutura internasalis* mit dem Nasenbein der Gegenseite. Die Unterränder der Ossa nasalia begrenzen gemeinsam mit den Maxillae die *Apertura piriformis* (4.24). Das Nasenbein besitzt auf der Außenfläche ein *Foramen nasale* (Durchtritt eines Endastes der *A. und V. ethmoidalis anterior*). Außerdem verläuft auf der Innenseite der *Sulcus ethmoidalis* (Verlauf eines *R. nasalis anterior lateralis* – Ast der A. ethmoidalis anterior).

4.24 Frakturen des Nasenbeins oder des Nasengerüsts

Frakturen des Nasenbeins oder Nasengerüsts zählen zu den häufigsten Frakturen im Gesichtsbereich. Man unterscheidet zwischen geschlossenen und offenen Frakturen, bei denen durch Haut- und Weichteilverletzungen Knochen freiliegt. Zusätzlich können das Nasenseptum und
▼

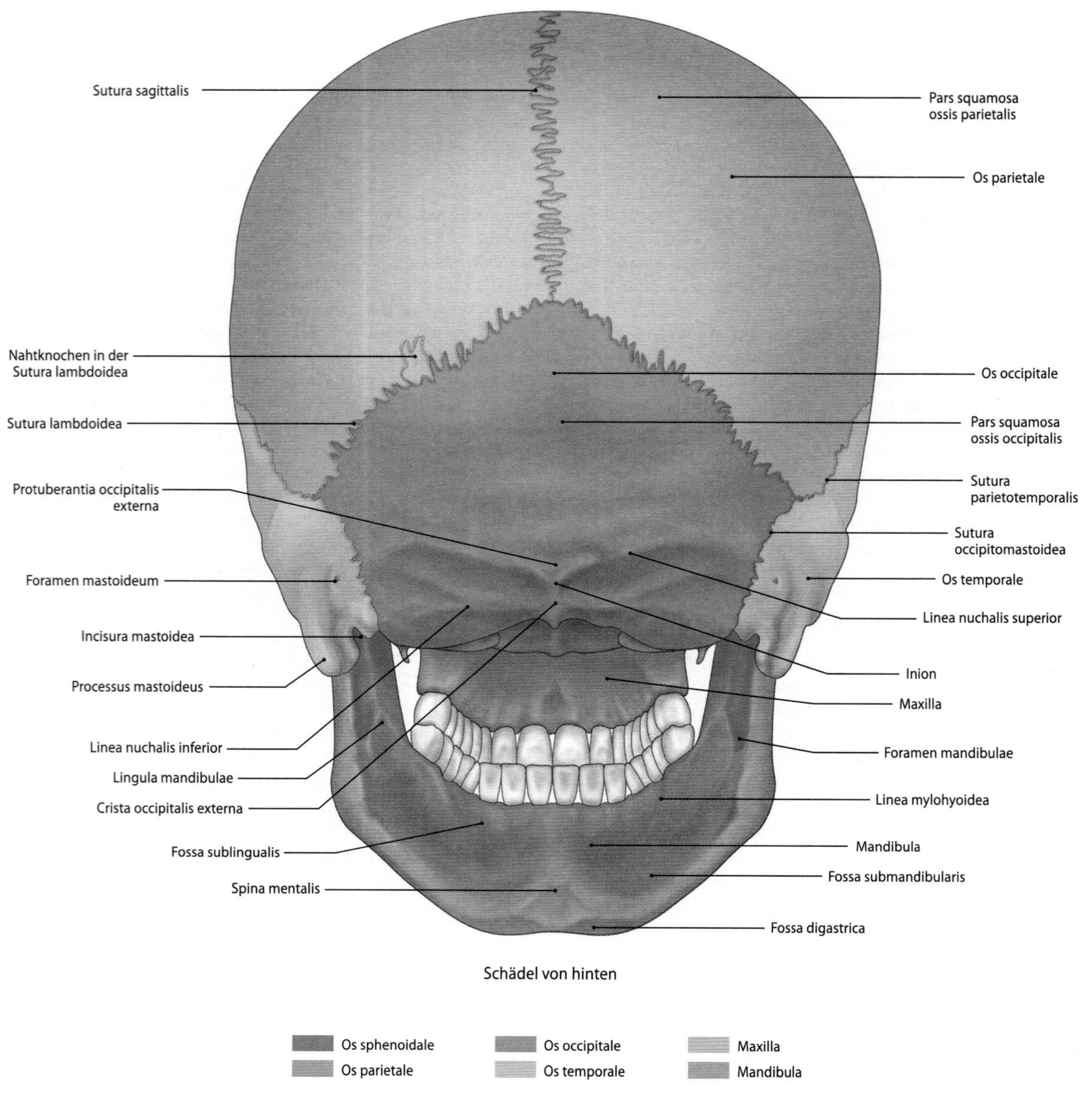

Abb. 4.22. Schädel in der Okzipitalansicht. Lateral erkennt man auf beiden Seiten das Schläfenbein, ***Os temporale,*** mit ***dem Processus mastoideus***. Die kraniale Grenze bildet die ***Sutura parietotemporalis***. Dorsal grenzt das Os temporale über die Sutura occipitomastoidea an das Os occipitale. Dicht an der Sutur findet man regelmäßig ein ***Foramen mastoideum*** (Tab. 4.2). Am kaudalen medialen Rand des Processus mastoideus befindet sich die ***Incisura mastoidea***, eine Einkerbung, die dem ***Venter posterior musculi digastrici*** als Ansatz dient. Der Blick von dorsal zeigt die beiden hinteren Flächen der ***Partes squamosae*** der Scheitelbeine, ***Ossa parietalia,*** die in der Mittellinie über die ***Sutura sagittalis*** aneinander grenzen, dorsal über die ***Sutura lambdoidea*** an das Os occipitale und seitlich außen über die ***Sutura parietotemporalis*** an die Ossa temporalia grenzen. Die ***Pars squamosa*** des Hinterhauptbeins, ***Os occipitale,*** bildet in dieser Ansicht die zentrale Struktur der Schädelrückseite. Sie grenzt kranial über die Sutura lambdoidea an die beiden Ossa parietalia und lateral über die ***Suturae occipitomastoideae*** an die Ossa temporalia. Im Bereich der Sutura lambdoidea können als Variante häufig Nahtknochen ***(Ossa suturalia)*** eingelagert sein. Das Os occipitale besitzt mehrere knöcherne Orientierungspunkte. In der Mittellinie liegt die meist sehr gut tastbare ***Protuberantia occipitalis externa.*** Ihr am weitesten nach dorsal vorspringender Punkt wird als ***Inion*** bezeichnet. Lateralwärts setzt sich die Protuberantia auf beiden Seiten bogenförmig als ***Linea nuchalis superior,*** eine knöcherne Leiste die dem Ansatz autochthoner Rückenmuskulatur dient, fort. Kaudalwärts geht sie in die ***Crista occipitalis externa*** über. Von hier setzen sich ebenfalls bogenförmig ca. 2–2,5 cm unterhalb der Protuberantia occipitalis die beiden ***Lineae nuchales inferiores*** fort, die ebenfalls als Muskelsansätze fungieren

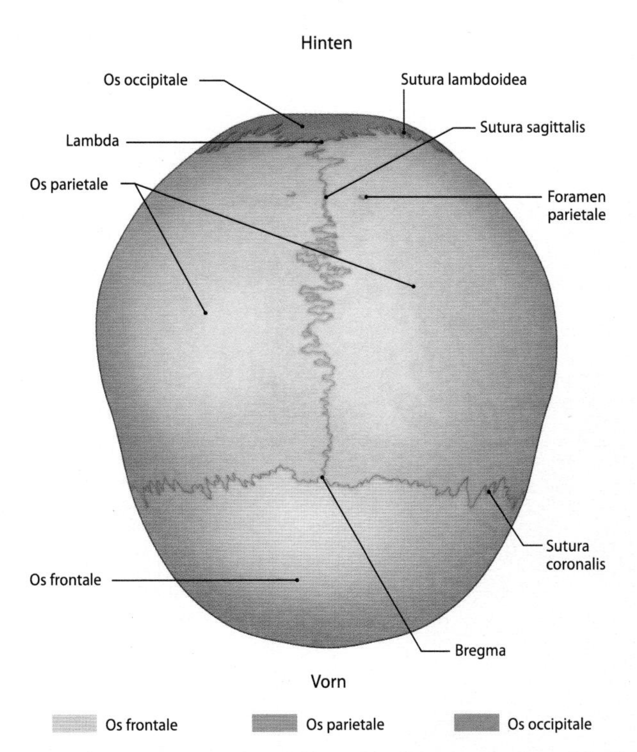

Abb. 4.23. Calvaria von oben. Os frontale und Ossa parietalia sind durch die ***Sutura coronalis* (Kranznaht)** voneinander getrennt. Die beiden Ossa parietalia grenzen über die ***Sutura sagittalis* (Pfeilnaht)** aneinander. Das Os occipitale ist von den beiden Ossa parietalia über die ***Sutura lambdoidea* (Lambdanaht)** getrennt. Die Kontaktstelle der Suturae coronalis und sagittalis heißt ***Bregma,*** die Kontaktstelle von Suturae sagittalis und lambdoidea ***Lambda.*** Im dorsalen Anteil der Ossa parietalia befinden sich unmittelbar lateral der Sutura sagittalis die paarigen ***Foramina parietalia*** (Durchtritt von Vv. emissariae)

die Chonchae nasales mitverletzt sein. Nasengerüstfrakturen sind typisch bei Kampfsportarten wie Boxen und körperlich geführten Mannschaftssportarten sowie nach Stürzen, tätlichen Auseinandersetzungen und Verkehrsunfällen.

Os ethmoidale

Das unpaare Siebbein ist ein unregelmäßiger Knochen und beherbergt die vorderen und hinteren *Cellulae ethmoidales* (Siebbeinzellen). Die von zahlreichen Löchern durchsetzte *Lamina cribrosa* bildet das Dach der Nasenhöhle und einen Teil des Bodens der vorderen Schädelhöhle. In der Mittellinie ragt die *Crista galli* in die Fossa cranii anterior und teilt sie in zwei Hälften. Die Lamina cribrosa ist in die *Incisura ethmoidalis* des Os frontale eingefügt. Beim Blick von oben erkennt man seitlich jeweils ein *Foramen ethmoidale anterius* und ein *Foramen ethmoidale posterius.* Direkt unterhalb der Crista galli schließt sich die *Lamina perpendicularis* ossis ethmoidalis an, die das knöcherne Labyrinth des Siebbeins in eine rechte und eine linke Hälfte teilt und den oberen Anteil des knöchernen Nasenseptums bildet. Die knöchernen Wände der Cellulae ethmoidales stehen mit den dünnen *Laminae orbitales* in Verbindung, die in ihrer Gesamtheit die *Lamina papyracea ethmoidalis* und damit einen Großteil der medialen Orbitawand bilden. Eine besonders große regelmäßig über dem Hiatus semilunaris gelegene Siebbeinzelle ist die *Bulla ethmoidalis* (▶ Kap. 9.1.4). Kaudalwärts ragt der *Processus uncinatus*, eine dünne Knochenlamelle, vor, der den Hiatus maxillaris unvollständig verschließt. Bulla ethmoidalis und Processus uncinatus bilden den Eingang in die Kieferhöhle, *Hiatus maxillaris*, zum Hiatus semilunaris. *Concha nasalis superior* und *media* sind ebenfalls Anteile des Os ethmoidale.

Vomer

Das unpaare Pflugscharbein bildet den größten Teil des knöchernen Nasenscheidewandskeletts. Der platte trapezförmige Knochen steht kranial mit der Lamina perpendicularis ossis ethmoidalis und dorsal über die *Ala vomeris* mit dem Os sphenoidale in Kontakt, kaudal grenzt er mit dem *Processus cuneiformis vomeris* an den Processus palatinus maxillae sowie die Lamina horizontalis ossis palatini. Auf der Außenseite verläuft jeweils ein *Sulcus vomeris.*

Concha nasalis inferior

Die paarige untere Nasenmuschel ist als eigenständiger Knochen im Bereich der lateralen Nasenwand am Os palatinum und über einen *Processus maxillaris* an der Maxilla fixiert. Ferner hat sie über die *Processus ethmoidalis* und *lacrimalis* Kontakt zu den entsprechenden Knochen.

Os lacrimale

Das paarige Tränenbein ist als kleiner Knochen zwischen Os frontale, Maxilla und Os ethmoidale eingelagert. Mit seinem zur Orbita gerichteten Anteil bildet es eine Furche, *Sulcus lacrimalis,* die sich als Vertiefung im Processus frontalis maxillae zur *Fossa sacci lacrimalis* fortsetzt. Den Hinterrand der Fossa bildet die *Crista lacrimalis posterior*, die kaudal in den *Hamulus lacrimalis* übergeht.

Einzelknochen des Hirnschädels (Neurocranium)

Os sphenoidale

Das unpaare Keilbein ist einer der drei Verbindungsknochen zwischen Viszerokranium und Neurokranium. Es sieht wie ein Doppeldeckerflugzeug aus. Vom Corpus sphenoidale (Keilbeinkörper) gehen nach lateral 2 Flügelpaare ab: oben liegen die *Alae minores*, unten die *Alae majores*. Kaudalwärts besitzt das Os sphenoidale die *Processus pterygoidei* (Flügelgaumenfortsätze). Das Zentrum des Os sphenoidale bilden die *Sella turcica* (Türkensattel) mit der *Fossa hypophysealis* und die vor der Sella turcica im Keilbein liegenden *Sinus sphenoidales* (Keilbeinhöhlen). Den Vorderrand der Fossa hypophysialis bildet das *Tuberculum sellae*, das sich seitlich jeweils in den *Processus clinoideus anterior* fortsetzt. Vor dem Tuberculum liegt der *Sulcus prechiasmaticus* sowie das *Jugum sphenoidale.* Den dorsalen Sattelanteil bildet der Clivus, dessen Oberkante sich lateral jeweils zum *Processus clinoideus posterior* erhebt. Die Ala minor wird im Bereich der Sella turcica an ihrem Vorderrand vom Canalis opticus durchbohrt. Alae minor und major begrenzen die Fissura orbitalis superior. Die Ala major begrenzt darüber hinaus kaudal die Fissura orbitalis inferior. In die Ala major sind auf beiden Seiten von rostrokranial nach dorsokaudal die *Foramina rotundum, ovale* und *spinosum* eingelassen. Der Processus pterygoideus teilt sich auf jeder Seite in eine kleinere *Lamina medialis* und eine größere *Lamina lateralis* auf, die zwischen sich die *Fossa pterygoidea* einschließen und durch die *Incisura (Fissura) pterygoidea* getrennt werden. Die Lamina medialis besitzt einen *Sulcus hamuli pterygoidei*, der am kaudalen Ende in den *Hamulus pterygoideus* übergeht. An ihrer Wurzel durchbohrt der *Canalis pterygoideus* das Os sphenoidale und mündet in die *Fossa pterygopalatina*. Das Corpus sphenoidale wird durch eine *Crista sphenoidalis* in zwei Hälften geteilt. Auf jeder Seite des Corpus mündet normalerweise der Sinus sphenoidalis über die *Apertura sinus sphenoidalis.*

Os temporale

Das paarige Schläfenbein gehört ebenfalls zu den drei Knochen, die die Verbindung des Hirn- mit dem Gesichtsschädel herstellen. Es ist an der Bildung der Schädelseitenwand und der Schädelbasis beteiligt

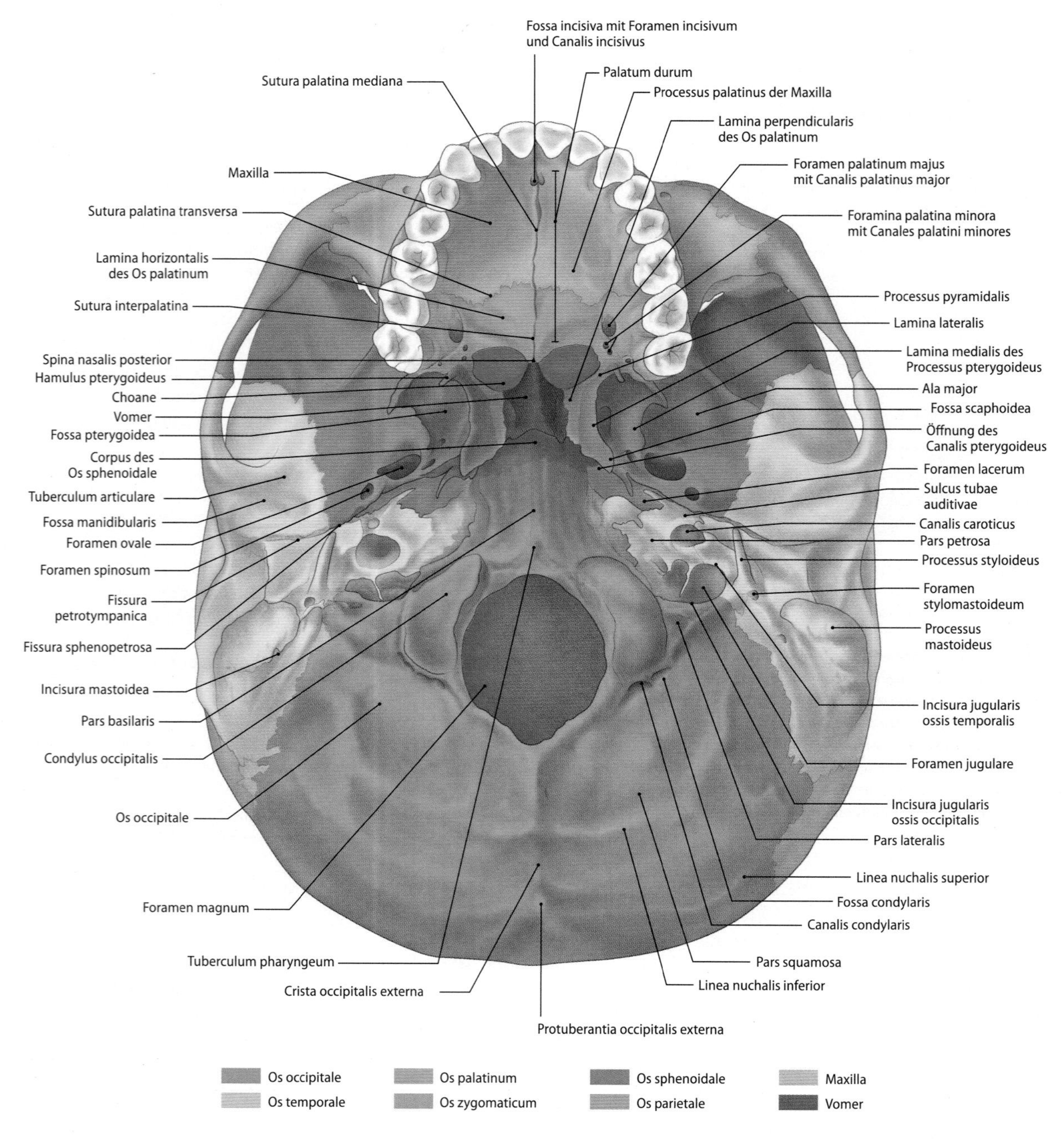

und steht über die *Sutura occipitomastoidea* mit dem Os occipitale und über die *Sutura parietomastoidea* mit dem Os parietale in Verbindung. Man unterscheidet *Pars petrosa* (Felsenbein), *Pars tympanica* und *Pars squamosa*. Die Pars petrosa hat die Form einer Pyramide, deren Spitze nach rostromedial ausgerichtet ist und deren Basis in Richtung auf den Processus mastoideus zeigt. Die zur mittleren Schädelgrube gerichtete *Facies anterior* wölbt sich zur *Eminentia arcuata* vor, die durch den *Sulcus sinus petrosi superioris* vertieft wird. In der *Facies posterior* liegt der *Porus acusticus internus* als Eingang in den *Meatus acusticus internus*. Die Hinterfläche der Pars petrosa wird durch den *Sulcus sinus sigmoidei* vertieft. Die *Facies inferior* vertieft sich zur Fossa jugularis und begrenzt gemeinsam mit der Incisura jugularis ossis occiptialis das Foramen jugulare. Sie umfasst ferner den knöchernen Eingang in die Tuba auditiva, *Sulcus* und *Porus tubae auditivae*, außerdem die *Apertura externa canalis carotici* und trägt den Processus styloideus. Rostromedial grenzt sie an das Foramen lacerum, dorsal lateral öffnet sich das Foramen stylomastoideum. Die Pars tympanica liegt ringförmig an der Pars squamosa und der Pars petrosa. Sie begrenzt den *Meatus acusticus externus* (knöcherner Gehörgang) von rostral, kaudal und dorsal (▶ Kap. 17.8, S. 693). Kranial ist der knöcherne Ring durch die *Incisura tympanica* unterbrochen (Befestigungsort der Pars flaccida des Trommelfells). Mit Ausnahme der Incisura tympanica verläuft zirkulär der *Sulcus tympanicus* in der Pars tympanica (hier ist die Pars tensa des Trommelfells über einen faserknorpeligen *Anulus fibrocartilagineus* befestigt). Die schuppenförmige Gestalt hat der Pars squamosa ihren Namen gegeben. Sie grenzt über die *Sutura squamosa* an das Os parietale. Zentrale äußere Öffnung ist der Meatus acusticus externus. Dorsokaudal schließt sich der Processus mastoideus an. Rostral und oberhalb vom Meatus wölbt sich der Processus zygomaticus vor und zieht nach vorn. Direkt vor dem äußeren Gehörgang bildet die Pars squamosa die Fossa mandibularis, die rostral in das Tuberculum articulare übergeht.

◄ ◘ **Abb. 4.24. Schädelbasis von kaudal.** Der **vordere Teil** der Schädelbasis umfasst die Oberkieferzähne und den harten Gaumen, ***Palatum durum***. Die Zähne sind in den beiden Alveolarbögen der Maxilla (Oberkiefer) befestigt. Die Bögen umschließen den harten Gaumen vorn und seitlich. Er besteht rostral aus den ***Processus palatini*** der beiden Maxillae und dorsal aus den ***Laminae horizontales*** der ***Ossa palatina.*** Die Processus palatini stehen in der Mittellinie über die ***Sutura palatina mediana*** in Verbindung, dorsal grenzen sie über die ***Sutura palatina transversa*** an die beiden Ossa palatina. Die Laminae horizontales der Ossa palatina haben ihrerseits in der Mittellinie über die ***Sutura interpalatina*** (Fortsetzung der Sutura palatina mediana) Kontakt zueinander. Vorn hinter den Schneidezähnen befindet sich in der Mittellinie die ***Fossa incisiva,*** die in das ***Foramen incisivum*** und den ***Canalis incisivus*** (◘ Tab. 4.2) übergeht. Nahe dem lateralen Hinterrand des harten Gaumens liegen auf beiden Seiten die ***Foramina palatina majora***, die in die ***Canales palatini majores*** übergehen (◘ Tab. 4.2) sowie noch etwas weiter dorsal die ***Foramina palatina minora***. Sie liegen im ***Processus pyramidalis*** des Os palatinum und gehen in die ***Canales palatini minores*** über (◘ Tab. 4.2). In der Mittellinie wölbt sich die ***Spina nasalis posterior*** als spitzer Fortsatz des harten Gaumens dorsalwärts vor. Der **mittlere Teil** besteht aus einem vorderen Abschnitt mit Vomer und Os sphenoidale und einem hinteren Abschnitt mit Ossa temporalia und Os occipitale. Das rostral in der Mittellinie liegende Pflugscharbein, ***Vomer,*** sitzt dem Os sphenoidale kranial auf und trägt zum dorsalen Anteil des knöchernen Nasenseptums bei. Es trennt die beiden ***Aperturae nasales posteriores*** (Choanen) voneinander. Das Keilbein, ***Os sphenoidale,*** besteht aus dem zentralen ***Corpus sphenoidale***, den paarigen ***Alae majores*** und ***Alae minores,*** die sich vom Corpus nach lateral erstrecken. Außerdem besitzt das Os sphenoidale zwei kaudalwärts gerichtete ***Processus pterygoidei,*** die auf beiden Seiten unmittelbar seitlich der Choanen entspringen. In der Ansicht von kaudal erkennt man das Corpus sphenoidale, die Processus pterygoidei und die Alae majores (◘ Abb. 4.23). Das Corpus beinhaltet zwei oder mehrere luftgefüllte Hohlräume (Keilbeinhöhlen, ► Kap. 9.1.4). Es steht rostral mit Vomer, Os ethmoidale und Ossa palatina, dorsal lateral mit den Ossa temporalia und dorsal mit dem Os occipitale in Verbindung. Die Processus pterygoidei setzen sich an der Grenze zwischen Corpus und Ala major jeweils nach kaudal fort. Jeder Processus pterygoideus besteht aus einer ***Lamina medialis*** und einer ***Lamina lateralis,*** dazwischen befindet sich die ***Fossa pterygoidea***. Am kaudalen Ende der Lamina medialis sitzt der hakenförmige ***Processus pterygoideus*** (Hypomochlion für den M. tensor veli palatini), am kranialen Ende teilt sie sich in zwei Leisten, die eine Grube, ***Fossa scaphoidea,*** umschließen. Unmittelbar dahinter liegt die Öffnung des ***Canalis pterygoideus,*** der hier im Bereich des Vorderrandes des Foramen lacerum (◘ Tab. 4.2) beginnt und nach rostral verläuft. Lateral schließt sich der große Keilbeinflügel (***Ala major*** des Os sphenoidale) an, der sowohl Teil der Schädelbasis als auch Teil der seitlichen Außenwand des Schädels ist. Er steht lateral und dorsal mit dem Os temporale in Verbindung. An der posterolateralen Grenze liegen 2 wichtige Durchtrittsstellen: das ***Foramen ovale*** und das ***Foramen spinosum*** (◘ Tab. 4.3). Unmittelbar dorsal des Corpus ossis sphenoidalis befindet sich die ***Pars basilaris*** des Hinterhauptbeins, ***Os occipitale.*** Sie grenzt lateral an das Os temporale und erstreckt sich dorsal bis an das ***Foramen magnum.*** Hier wölbt sich das ***Tuberculum pharyngeum*** der Pars basilaris vor. Dabei handelt es sich um einen Vorsprung, über den Teile des Pharynx an der Schädelbasis befestigt sind. Seitlich der Pars basilaris ossis occipitalis liegt die Pars petrosa der Pars petromastoidea des Os temporale. Sie sieht wie ein schräg nach vorn gerichteter Keil aus, der rostral an die Ala major ossis sphenoidalis und dorsal an die Pars basilaris ossis occipitalis grenzt. Mit der Spitze trägt sie zur Bildung des Foramen lacerum bei, einer unregelmäßig geformten Öffnung, die durch Bindegewebe und Faserknorpel nahezu vollständig verschlossen ist. Medial begrenzt die Pars basilaris ossis occipitalis und rostral das Corpus ossis sphenoidalis das Foramen lacerum. Posterolateral vom Foramen lacerum befindet sich der ***Canalis caroticus*** (◘ Tab. 4.3). An der Grenze zwischen Ala major ossis sphenoidalis und Pars petrosa ossis temporalis liegt der ***Sulcus tubae auditivae,*** der den Eingang in den knöchernen Anteil der ***Tuba auditiva (Tuba auditoria, Tuba pharyngotympanica,*** Eustachi-Röhre) bildet. Der knöcherne Kanal setzt sich durch die Pars petrosa ossis temporalis zur Paukenhöhle fort. Seitlich von der Ala major ossis sphenoidalis liegt die Pars squamosa ossis temporalis, die sich an der Bildung des Kiefergelenkes, ***Articulatio temporomandibularis,*** beteiligt. Die ***Fossa mandibularis*** ist Teil der Gelenkfläche des Kiefergelenkes (► Kap. 4.2.2). Im hinteren Drittel der Fossa mandibularis verbindet sich die ***Pars squamosa*** mit der ***Pars petrosa ossis temporalis,*** medial liegt das Os temporale an dieser Stelle dem Os sphenoidale an. Dadurch existieren in diesem Bereich 3 Fissuren: Lateral außen erkennt man die ***Fissura tympanosquamosa***, in der Mitte liegt die ***Fissura petrotympanica*** (Glaser-Spalte) und medial verläuft die ***Fissura sphenopetrosa***, durch die die Chorda tympani die Schädelbasis verlässt (◘ Tab. 4.2). Am Vorderrand der Fossa mandibularis befindet sich das ***Tuberculum articulare***. Der **hintere Teil** der Schädelbasis erstreckt sich vom Vorderrand des ***Foramen magnum*** bis zu den ***Lineae nuchales superiores*** und besteht aus Teilen des Os occipitale und der Ossa temporalia. Das **Os occipitale** ist der **zentrale Knochen** der **dorsalen Schädelbasis.** Es besteht aus Pars basilaris rostral des Foramen magnum, den beiden Partes laterales und der Pars squamosa dorsal vom Foramen magnum. Partes laterales und Pars squamosa gehören zum dorsalen Abschnitt der Schädelbasis. Dorsal springt in der Mittellinie am weitesten die ***Crista occipitalis externa*** hervor, die von der ***Protuberantia occipitalis externa*** kaudalwärts auf das Foramen magnum zu verläuft. Auf beiden Seiten entspringen etwa in der Mitte der Crista occipitalis externa die beiden Lineae nuchales inferiores und verlaufen bogenförmig nach lateral. Die paarige ***Pars lateralis*** trägt am anterolateralen Rand jeweils einen ***Condylus occipitalis*** zur Artikulation mit jeweils einer ***Facies articularis superior*** des Atlas. Dorsal befindet sich hinter dem Kondylus die ***Fossa condylaris***, die den ***Canalis condylaris*** enthält (◘ Tab. 4.2). Rostral und oberhalb verläuft der ***Canalis nervi hypoglossi*** , der allerdings nur sichtbar ist, wenn man den Schädel von leicht schräg unten betrachtet. Unmittelbar lateral davon liegt das ***Foramen*** jugulare (◘ Tab. 4.3), das durch die ***Incisura jugularis ossis occipitalis*** und die ***Incisura jugularis ossis temporalis*** gebildet wird. Die sichtbaren Anteile des **Os temporale** sind die ***Pars mastoidea*** und ***Pars petromastoidea*** sowie der ***Processus styloideus.*** Am lateralen Rand sitzt der Processus mastoideus. Medial davon befindet sich die ***Incisura mastoidea***, die dem hinteren Digastrikusbauch als Ansatz dient. Anteromedial entspringt der Processus styloideus. Zwischen Processus styloideus und Processus mastoideus liegt das ***Foramen stylomastoideum***

Os occipitale

Das unpaare Os occipitale besteht aus *Pars squamosa* mit *Squama occipitalis* und *Planum occipitale*, zwei *Partes laterales* und einer *Pars basilaris*. Die vier Anteile sind während der Schädelentwicklung über Synchondrosen verbunden und begrenzen das Foramen magnum. Der obere Teil des Os occipitale wird von einem paarigen Deckknochenkern gebildet. Bleibt deren Verschmelzung aus, resultiert ein »Inkabein«, *Os interparietale*. Das Os occipitale steht über die Sutura lambdoidea mit den Ossa parietalia in Verbindung. An der Innenfläche der Pars squamosa treffen sich Sulcus sinus sagittalis superioris und Sulci transversi in der *Protuberantia occipitalis interna* (Gegenstück auf der Außenseite ist die Protuberantia occiptialis externa). Ferner erkennt man an der Innenfläche den *Sulcus sinus sigmoidei*, den *Sulcus sinus petrosi inferioris* und den *Sulcus sinus occipitalis*. Letzterer steht über die *Crista occipitalis interna* mit der Protuberantia occipitalis interna in Verbindung. Die Squama occipitalis ist auf der Innenseite zur *Fossa cerebralis* vertieft. An der Außenfläche erkennt man drei paarige übereinander liegende Querleisten: *Linea nuchalis suprema*, *Linea nuchalis superior* (auf Höhe der Protuberantia occipitalis externa) und *Linea nuchalis inferior*. Die Partes laterales tragen an ihrer Unterfläche die *Condyli occipitales*, die mit dem ersten Halswirbel, Atlas, artikulieren. Oberhalb des Condylus occipitalis liegt der *Canalis nervi hypoglossi*. Gemeinsam mit dem Corpus ossis sphenoidalis bilden die Partes laterales den Clivus. Bis zum Wachstumsabschluss sind die Pars basilaris und das Corpus ossis sphenoidalis durch eine Wachstumsfuge, *Synchondrosis sphenooccipitalis*, verbunden.

4

Tab. 4.2. Wichtige Durchtrittsstellen für Nerven und Gefäße an der äußeren Schädelbasis, die sich von der inneren Schädelbasis unterscheiden (Tab. 4.3)

Öffnung	Durchtretende Strukturen
Canalis incisivus	– N. nasopalatinus (V2)
Foramen palatinum majus	– N. palatinus major (V2) – A. palatina major
Foramina palatina minora	– Nn. palatini minores (V2) – Aa. palatinae minores
Foramen lacerum	– N. petrosus major – N. petrosus profundus
Fissura sphenopetrosa	– Chorda tympani – A. tympanica major
Foramen stylomastoideum	– N. facialis (VII) – A. stylomastoidea
Canalis condylaris	– V. emissaria condylaris
Foramen mastoideum	– V. emissaria mastoidea

Os frontale

Das unpaare Os frontale ist der dritte Knochen, der die Verbindung zwischen Vizero- und Neurokranium herstellt. Es besitzt eine große *Squama frontalis* und zwei darunter liegende *Partes orbitales*, die jeweils mit ihrer *Facies orbitalis* das Orbitadach bilden. Die paarigen *Sinus frontales* (Stirnhöhlen) liegen im Knochen und wölben ihn beidseits zum *Arcus superciliaris* vor. Zwischen beiden Arcus liegt die *Glabella*. Die Arcus superciliares enden kaudal jeweils am *Margo supraorbitalis* (Vorderkante des Orbitadaches) und können eine *Incisura frontalis* aufweisen (häufig ist auch knapp oberhalb vom Margo supraorbitalis in der medialen Hälfte ein *Foramen frontale* für den Durchtritt des *N. supraorbitalis* ausgebildet). Oberhalb des Arcus superciliaris liegt das *Tuber frontale*. Die *Facies orbitalis* ist temporal zur *Fossa glandulae lacrimalis* vertieft. Kaudal erkennt man im medialen Orbitabereich an der Grenze zum Os ethmoidale das *Foramen ethmoidale anterius* und das *Foramen ethmoidale posterius* (Durchtritt der gleichnamigen Arterien). Außerdem liegen unterhalb der Glabella auf beiden Seiten *Foveolae ethmoidales*, die das Dach vorderer Siebbeinzellen bilden sowie der Eingang zur Stirnhöhle, *Apertura sinus frontalis*. Die Hinterkante der Unterseite wird vom Margo sphenoidalis gebildet und grenzt über die Sutura frontosphenoidalis an das Keilbein. Auf der Innenseite verläuft in der Mittellinie der Sulcus sinus sagittalis superioris, der sich als knöcherne Leiste, *Crista frontalis*, bis zum *Foramen caecum* fortsetzt. Außerdem erkennt man Foveolae granulares und *Sulci arteriosi* (Abdrücke der A. meningea anterior). Die Squama frontalis steht über die Sutura coronalis mit den Ossa parietalia in Verbindung.

Os parietale

Das paarige Scheitelbein ist ein platter, schwach gewölbter nahezu viereckiger Knochen mit 4 Rändern, *Margines frontalis, sagittalis, occipitalis* und *squamosus*, 4 Ecken, *Anguli frontalis, sphenoidalis, occipitalis* und *mastoideus* sowie einer Innen- und einer Außenfläche, *Facies interna* und *externa*. Beide Ossa parietalia stehen über die Sutura sagittalis miteinander in Verbindung. Das *Tuber parietale* bildet das Zentrum des Os parietale. An seiner Außenwand sind eine *Linea temporalis superior* und eine *Linea temporalis inferior* ausgebildet. Auf der Innenseite erkennt man Abdrücke der Meningealarterien, Sulci arteriosi, der vorderen und mittleren A. meningea. Im Bereich des Angulus mastoideus sieht man Anteile des Sulcus sinus sigmoidei.

Tab. 4.3. Wichtige Durchtrittsstellen für Nerven und Gefäße an der inneren Schädelbasis

Schädelgrube	Öffnung	Durchtretende Struktur
Fossa cranii anterior	Lamina cribosa	– Filia olfactoria (N. olfactorius [I]) – A. ethmoidalis anterior
Fossa cranii media	Canalis opticus	– N. opticus (II) – A. ophthalmica
	Fissura orbitalis superior	– N. oculomotorius (III) – N. trochlearis (IV) – N. ophthalmicus (V1) – N. abducens (VI) – V. ophthalmica superior
	Foramen rotundum	– N. maxillaris (V2)
	Foramen ovale	– N. mandibularis (V3)
	Formamen spinosum	– A. meningea media – R. meningeus des N. mandibularis
	Canalis caroticus	– A. carotis interna – Plexus sympathicus caroticus
	Hiatus canalis nervi petrosi majoris	– N. petrosus major
	Hiatus canalis nervi petrosi minoris	– N. petrosus minor – A. tympanica superior
Fossa cranii posterior	Porus acusticus internus	– N. facialis (VII) – N. vestibulocochlearis (VIII) – A. labyrinthi – V. labyrinthi
	Foramen jugulare	– N. glossopharyngeus (IX) – N. vagus (X) – N. accessorius (XI) – A. meningea posterior – V. jugularis interna
	Canalis hypoglossi	– N. hypoglossus (XII)
	Foramen magnum	– Medulla oblongata(Medulla spinalis – N. accessorius (XI) – durchtretende Radices – Aa. vertebrales – A. spinalis anterior – Aa. spinales posteriores – Meningen – Venenverbindungen zwischen Plexus basilaris und Plexus vertebralis internus

Entwicklung

Die Schädelentwicklung folgt teilweise einem desmalen, teilweise einem chondralen Osteogenesemodus. Das Anlagematerial ist das Kopfmesenchym, dass aus dem paraxialen Kopfmesoderm, dem prächordalen Mesoderm, den okzipitalen Somiten und der Neuralleiste kommt. Dabei geht das Viszerokranium aus dem knorpeligen Skelett der ersten beiden Schlundbogenpaare hervor. Die Knorpel im dorsalen Abschnitt des 1. Schlundbogens – in Fortsetzung des Me-

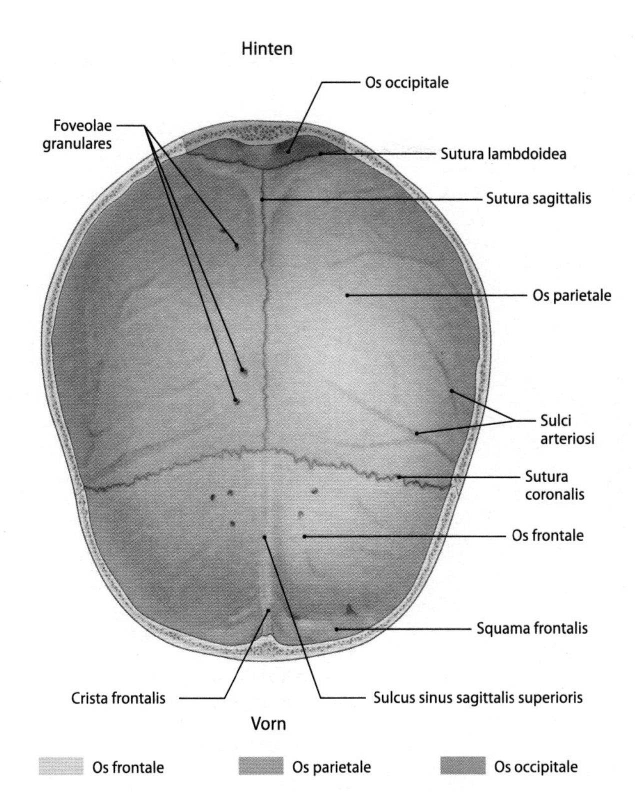

Abb. 4.25. Calvaria von innen. Die Punkte an denen die Suturen aufeinandertreffen sind rostral das Bregma und dorsal das Lambda. Von vorn nach hinten kann man auf der Innenseite des Schädeldaches folgende Strukturen erkennen: Die ***Crista frontalis*** auf der Innenseite des Os frontale, die der Anheftung der ***Falx cerebri*** (Duraduplikatur aus straffem Bindegewebe; trennt die Großhirnhemisphären voneinander) dient. Die Crista frontalis geht in den ***Sulcus sinus sagittalis superioris*** (Lage des Sinus sagittalis superior), der dorsalwärts breiter und tiefer wird. Er erstreckt sich über die Sutura lambdoidea bis auf das Os occipitale. Lateral des Sinus befinden sich auf dessen gesamter Länge unregelmäßig angeordnete kleine Vertiefungen, die ***Foveolae granulares*** (Lage der blumenkohlartigen ***Granulationes arachnoideae***, auch Pacchioni-Granulationen genannt). Im lateralen Abschnitt der Schädelkalotte sind zahlreiche Furchen ***(Sulci arteriosi)*** erkennbar

ckel-Knorpels – bilden die beiden Mittelohrknochen *Malleus* (Hammer) und *Incus* (Amboss) (Tab. 4.5). Das dorsale Ende des zweiten Schlundbogenknorpels (Reichert-Knorpel) bildet den *Stapes* (Steigbügel) im Mittelohr und den *Processus styloideus* ossis temporalis (Tab. 4.5). Durch desmale Ossifikation entwickeln sich Pars squamosa des Os temporale, Ossa zygomaticum und palatinum, die Maxilla und die Mandibula (Tab. 4.5). Das Mesenchym der Knochen des Viscerokraniums einschließlich des Nasen- und Tränenbeins, stammt aus der Neuralleiste. Im Verhältnis zum Neurocranium ist das Viscerokranium durch das Fehlen der Nasennebenhöhlen und die noch nicht bezahnten Kiefer sehr klein. Erst mit Durchbruch der Zähne und der postnatalen Entwicklung der Nasennebenhöhlen wird das Gesicht typisch ausgebildet. Das Neurocranium besteht aus den die Schädelkalotte bildenden Deckknochen, die desmal verknöchern, sowie aus dem chondral verknöchernden Chondrocranium, aus dem die Schädelbasis entsteht.

Zur Geburt sind die Deckknochen der Calvaria in den Schädelnähten, *Suturen*, noch durch Bindegewebe voneinander getrennt (Abb. 4.27). In Bereichen, in denen mehr als 2 Knochen aufeinandertreffen, sind die Suturen zu Fontanellen, *Fonticuli*, erweitert (Abb. 4.27). Zwischen manchen Schädelknochen bestehen zur Geburt Knorpelgelenke *(Articulationes cartilagineae; Synchondroses cranii)*. Im Laufe des Lebens verknöchern die meisten Suturen, Fonticuli und Synchondrosen. Wichtige Suturen, Synchondrosen und die Fontanellen sind in den Tab. 4.6 und 4.7 zusammengefasst. Der Arterienpuls führt zu rhythmischen Vorwölbungen der Fontanellen. Das rasche Wachstum nach der Geburt führt zu einer schnellen Verkleinerung der Fontanellen, die sich nach einer gewissen Zeit vollständig verschließen (Tab. 4.5).

Tab. 4.4. Altersabhängige Veränderungen der Mandibula

Alter	Status der Mandibula
Neugeborenes	zahnlose Mandibula, Pars alveolaris noch nicht angelegt
Kind	Milchzahngebiss, Pars alveolaris erst schwach ausgeprägt
Erwachsener	Dauergebiss, Pars alveolaris voll ausgeprägt
Greis	wenig bezahnte bis zahnlose Mandibula, Pars alveolaris stark zurückgebildet

Tab. 4.5. Verknöcheungsmodus der Schädelknochen

Schädel	Knochen	Verknöcherungsmodus
Viscerocranium	Mandibula	desmal Ausnahme: der Processus condylaris verknöchert als Sekundärknorpel chondral
	Maxilla	desmal
	Os zygomaticum	desmal
	Os palatinum	desmal
	Os nasale	desmal
	Os ethmoidale	chondral
	Vomer	desmal
	Concha nasalis inferior	chondral
	Os lacrimale	desmal
Neurocranium	Os sphenoidale	chondral Ausnahme: die Lamina medialis verknöchert desmal
	Os temporale	– Pars petrosa und Pars tympanica: chondral – Pars squamosa: desmal – Processus styloideus: geht aus dem Reichert-Knorpel hervor
	Os occipitale	– Pars squamosa: desmal – Partes laterales und Pars basilaris: chondral
	Os frontale	desmal
	Os parietale	desmal
Gehörknöchelchen	Malleus	Meckel-Knorpel
	Incus	Meckel-Knorpel
	Stapes	Reichert-Knorpel

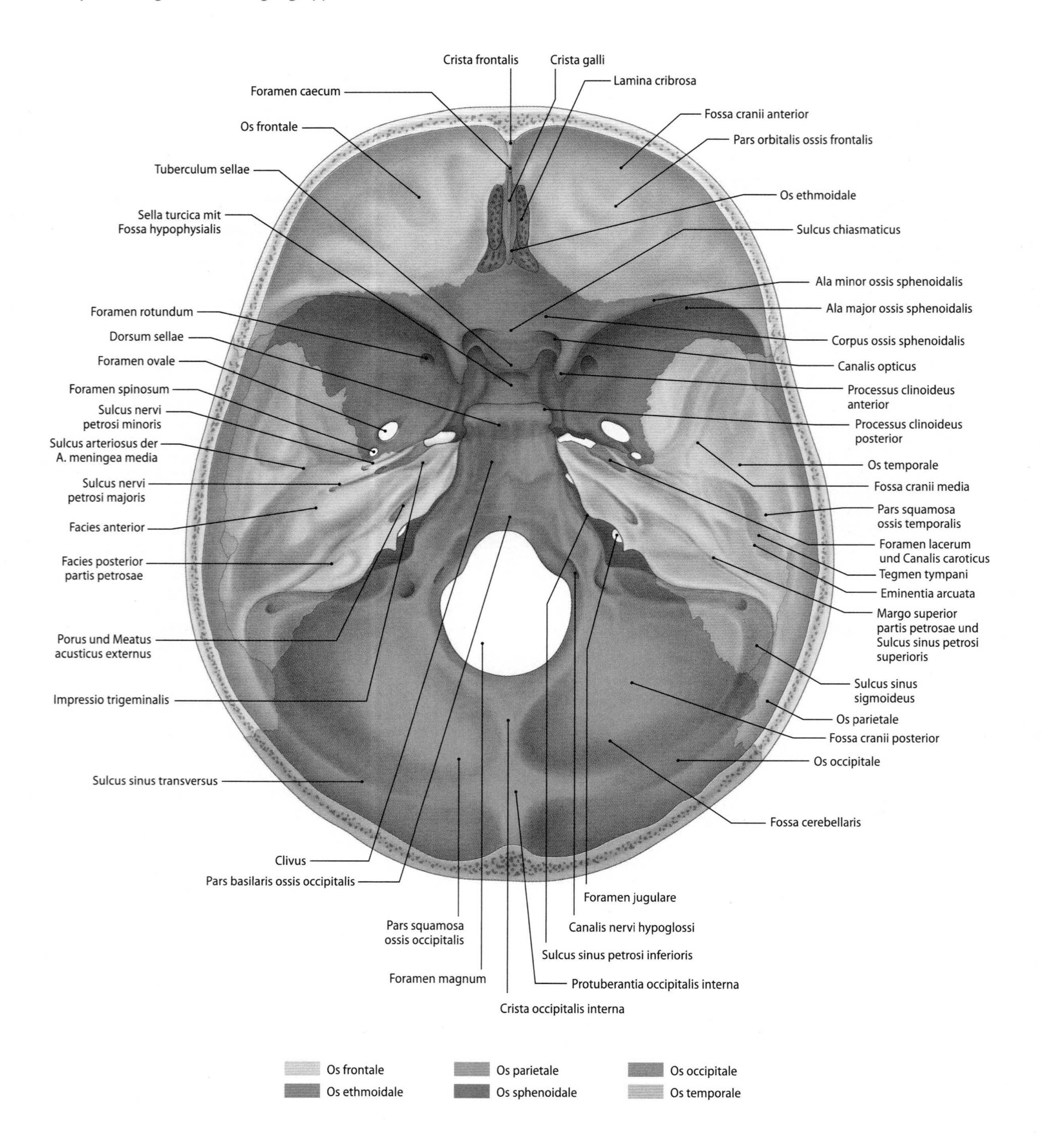

Im Rahmen der Wachstumsprozesse kann es zur Ausbildung isolierter Knochenkerne im Bindegewebe der Fontanellen kommen. Die dabei entstehenden eigenständigen Knochen werden als Naht- oder Schaltknochen (Ossa suturalia) bezeichnet.

Das Neugeborene besitzt zur Geburt 6 Fontanellen (Abb. 4.27), 2 unppaare und 2 paarige. Fontanellen und Suturen ermöglichen es dem Schädel während des Geburtsvorgangs – der Knochen ist ebenfalls noch sehr weich – sich in begrenztem Maße zu verformen und dadurch den Gegebenheiten des Geburtskanals besser anzupassen (4.25). Die lockeren Verbindungen ermöglichen besonders im 1. Lebensjahr die Anpassung an das rasche Schädelwachstum (4.26). Im 5. Lebenjahr erreicht das Schädeldach nahezu seine endgültige Größe.

4.25 Anpassung des Kopfes während des Geburtsvorgangs
Schädelnähte und Fontalnellen sind die Orientierungsmarken bei der Beurteilung der Lage und des Standes des kindlichen Kopfes unter der Geburt. Der Fonticulus posterior ist führender Teil des Kopfes bei der normalen Hinterhauptslage.

◄ ◘ **Abb. 4.26. Innere Schädelbasis.** Die **vordere Schädelgrube** wird rostral und lateral vom Os frontale, in der Mitte vom Os ethmoidale und dorsal vom Corpus und von den Alae minores ossis sphenoidalis gebildet. Sie liegt über der Nasenhöhle, ***Cavitas nasi***, und den Augenhöhlen, ***Orbitae***. Rostral steigt am Os frontale die Crista frontalis zur Calvaria auf. Unmittelbar dorsal des Beginns der Crista frontalis liegt das ***Foramen caecum*** zwischen Os frontale und Os ethmoidale (Durchtritt von Vv. emissariae; Verbindung zwischen Sinus sagittalis superior und Nasenhöhlenvenen). Hinter dem Foramen caecum ragt aus dem Os ethmoidale die ***Crista galli*** (Anheftungsstelle der Falx cerebri) als prominente Knochenleiste auf. Auf beiden Seiten der Crista galli ist das Os ethmoidale perforiert und bildet je eine ***Lamina cribrosa*** (◘ Tab. 4.3). Seitlich grenzt das Os ethmoidale beidseits an die ***Pars orbitalis*** ossis frontalis, die zugleich Dach der darunterliegenden Orbita ist. Dorsal der Ossa frontale und ethmoidale bilden das Corpus und die Alae minores ossis sphenoidalis den Boden der vorderen Schädelgrube. Das Corpus erstreckt sich in der Mittellinie zwischen den paarigen Partes orbitales ossis frontalis rostralwärts bis zum Os ethmoidale; dorsal bildet es die Grenze zur mittleren Schädelgrube. Der ***Sulcus chiasmaticus***, eine Furche, die sich zwischen den ***Canales optici*** über das Corpus ossis sphenoidalis zieht, bildet in der Mitte die Grenzlinie zwischen vorderer und mittlerer Schädelgrube. Im lateralen Abschnitt ragen die beiden Alae minores ossis sphenoidalis vom Corpus ossis sphenoidalis und bilden die Grenze. Die Alae minores ossis sphenoidalis sind lateral spitz ausgezogen. Dieser Teil bildet einen Großteil der Hinterkante der vorderen Schädelgrube. Hier grenzen Os frontale und Ala major ossis sphenoidalis nahe des lateralen Endes der ***Fissura orbitalis superior*** aneinander (Die Fissura orbitalis superior ist von der mittleren Schädelgrube nur bei leicht nach vorne-unten abgekipptem Schädel sichtbar). Die Alae minores verbreitern sich zur Mitte und sind dorsalwärts auf beiden Seiten zu einem ***Processus clinoideus anterior*** (Anheftungsstelle für das ***Tentorium cerebelli***; Duraduplicatur, die Groß- und Kleinhirn voneinander trennt) ausgezogen. Die **mittlere Schädelgrube** wird von den Ossa sphenoidale und temporalia gebildet. Ihr Boden ist in der Mittellinie erhöht und wird hier Teil des Corpus ossis sphenoidalis. Die lateralen Abschnitte liegen tiefer, bilden Gruben und sind Bestandteile der Ala major ossis sphenoidalis und der Pars squamosa ossis temporalis. Direkt rostral unterhalb der Processus clinoidei anteriores ossis sphenoidalis befindet sich jeweils der Canalis opticus (◘ Tab. 4.3) in der Ala minor ossis sphenoidalis. Hinter dem Sulcus chiasmaticus liegt die ***Sella turcica*** (Türkensattel), die eine Vertiefung, ***Fossa hypophysialis***, aufweist (Lage der Hypophyse). Die rostrale Ebene der Sella turcica bildet das ***Tuberculum sellae***, die dorsale Ebene das ***Dorsum sellae***. Die lateralen Ausläufer des Dorsum sellae bilden die ***Processus clinoidei posteriores*** (Anheftungsstelle für das ***Tentorium cerebelli***). Lateral des Corpus ossis sphenoidalis bilden die Alae majores ossis sphenoidalis den Boden der mittleren Schädelgrube. Rostral grenzen die Alae majores jeweils an die paarige ***Fissura orbitalis superior*** (◘ Tab. 4.3), die auf der gegenüberliegenden Seite von der Ala minor ossis sphenoidalis begrenzt wird (nur bei leicht nach vorn-unten gekipptem Schädel sichtbar). Dorsomedial von der Fissura orbitalis superior sieht man auf beiden Seiten das ***Foramen rotundum*** (◘ Tab. 4.3). Etwa 1,5 cm dorsolateral liegen jeweils das ***Foramen ovale*** (◘ Tab. 4.3) und das ***Foramen spinosum*** (◘ Tab. 4.3). Der Verlauf der A. meningea media kann durch ***Sulci arteriosi***, die durch den Arterienpuls auf der Innenseite des Schädels hervorgerufen werden, bis auf die Innenseite der Calvaria verfolgt werden. Dorsomedial liegen hinter dem Foramen ovale der Canalis caroticus und unterhalb dessen Öffnung das Foramen lacerum. Dorsal wird die mittlere Schädelgrube durch die Facies anterior partis petrosae der Pars petromastoidea ossis temporalis gebildet. Auf der Facies anterior der Pars petrosa ossis temporalis liegt die ***Impressio trigeminalis*** (Lokalisation des Ganglion trigeminale, synonym Ganglion semilunare oder Ganglion-Gasseri). Lateral davon erkennt man auf der Vorderfläche der Pars petrosa ossis temporalis den ***Sulcus nervi petrosi majoris***, der medial bis zum Foramen lacerum und lateral bis zum ***Hiatus canalis nervi petrosi majoris*** (hier verlässt der N. petrosus major die Pars petrosa ossis temporalis, er kommt vom Ganglion geniculi des N. facialis) verläuft. Vor und lateral vom Sulcus nervi petrosi majoris liegt der ***Sulcus nervi petrosi minoris*** (Verlauf des N. petrosus minor zwischen Periost und Dura mater). Er kommt vom ***Hiatus canalis nervi petrosi minoris*** (◘ Tab. 4.3) und verlässt den Schädel über das Foramen lacerum. Oberhalb und laterodorsal des Hiatus nervi petrosi minoris ist nahe des Margo superior partis pertrosae ossis temporalis die ***Eminentia arcuata*** lokalisiert, die durch den darunterliegenden ***Canalis semicircularis anterior*** (vorderen Bogengang des Gleichgewichtsorgans) aufgeworfen wird. Unmittelbar rostral seitlich davon befindet sich das tiefer gelegenen Dach der Paukenhöhle, ***Tegmen tympani***. Die **hintere Schädelgrube** ist die größte der 3 Schädelgruben. Sie wird hauptsächlich von den Ossa temporalia und occipitale und zu geringen Anteilen vom Os sphenoidale und den Ossa parietalia gebildet. Ihre Vordergrenze bilden in der Mittellinie das Dorsum sellae und der ***Clivus***. Der Clivus ist eine schräge Knochenfläche, die vom Dorsum sellae schräg zum Foramen magnum abfällt. Er besteht aus Anteilen des Corpus ossis sphenoidalis und der Pars basilaris ossis occiptialis. Lateral befindet sich an der Vordergrenze der hinteren Schädelgrube der ***Margo superior partis petrosae ossis temporalis***. Dorsal wird die hintere Grenze der Fossa cranii posterior hauptsächlich vom ***Sulcus sinus transversus*** gebildet, der auf der Innenseite der ***Pars squamosa*** ossis occipitalis liegt. Lateral begrenzen die Pars petromastoidea ossis temporalis, kleine Anteile des Os occipitale und das Os parietale die hintere Schädelgrube. Die größte Durchtrittsstelle der hinteren Schädelgrube ist das Foramen magnum. Es wird von der Pars basilaris, den Partes laterales und der Pars squamosa des Os occipitale gebildet. Lateral vom Clivus verläuft zwischen Pars basilaris ossis occipitalis und Pars petrosa der Pars petromastoidea ossis temporalis der ***Sulcus sinus petrosi inferioris.*** Weit lateral öffnet sich in der oberen Hälfte der ***Facies posterior partis petrosae ossis temporalis*** der ***Meatus acusticus interus*** (◘ Tab. 4.3). Etwa 8–10 mm unterhalb des Meatus (oder Porus) acusticus internus befindet sich zwischen Os temporale und Os occipitale das Foramen jugulare. Zum Foramen jugulare führen von medial der Sulcus sinus petrosi inferioris und von lateral der ***Sulcus sinus sigmoidei.*** Medial befindet sich vor dem Foramen jugulare das ***Tuberculum jugulare.*** Zwischen Tuberculum jugulare und Foramen magnum liegt der Canalis nervi hypoglossi (◘ Tab. 4.3). Posterolateral befindet sich der Canalis condylaris (◘ Tab. 4.2). Die Pars squamosa ossis occipitalis ist durch die vom Foramen magnum in der Mittellinie kranialwärts aufsteigende ***Crista occipitalis interna*** charakterisiert, die mit der ***Protuberantia occipitalis interna*** endet. Seitlich der Protuberantia liegen auf beiden Seiten die ***Sulci sinus transversi,*** die lateralwärts verlaufen und jeweils in den Sulcus sinus sigmoideus übergehen. Letzterer erreicht s-förmig geschwungen das Foramen jugulare. Zwischen Crista occipitalis interna und Sulcus sinus sigmoideus befindet sich auf jeder Seite die ***Fossa cerebellaris***

4.26 Störungen des Knochenwachstums

Man bezeichnet Störungen des Knochenwachstums als Dysostosis. Kraniosynostosen sind Fehlbildungen, bei denen es zum vorzeitigen Schluss einer oder mehrerer Suturen kommt. Der vorzeitige Schluss der Sutura sagittalis führt zur Ausdehnung des Schädels in der Frontal- und Okzipitalregion. Der Schädel verlängert und verschmälert sich (Skaphozephalie). Der vorzeitige Schluss der Kranznaht führt zur Ausbildung eines Turmschädels (Akrozephalie). Schließen sich Suturae coronalis und lambdoidea nur auf einer Seite vorzeitig, resultiert eine asymmetrische Kraniosynostose (Plagoizephalie). Bei einer Mikrozephalie bleibt das Hirnwachstum aus. Da sich das Schädelwachstum dem Hirnwachstum anpasst, bleibt das gesamte Neurokranium klein. Kinder mit Mikrozephalie bleiben in der geistigen Entwicklung zurück.

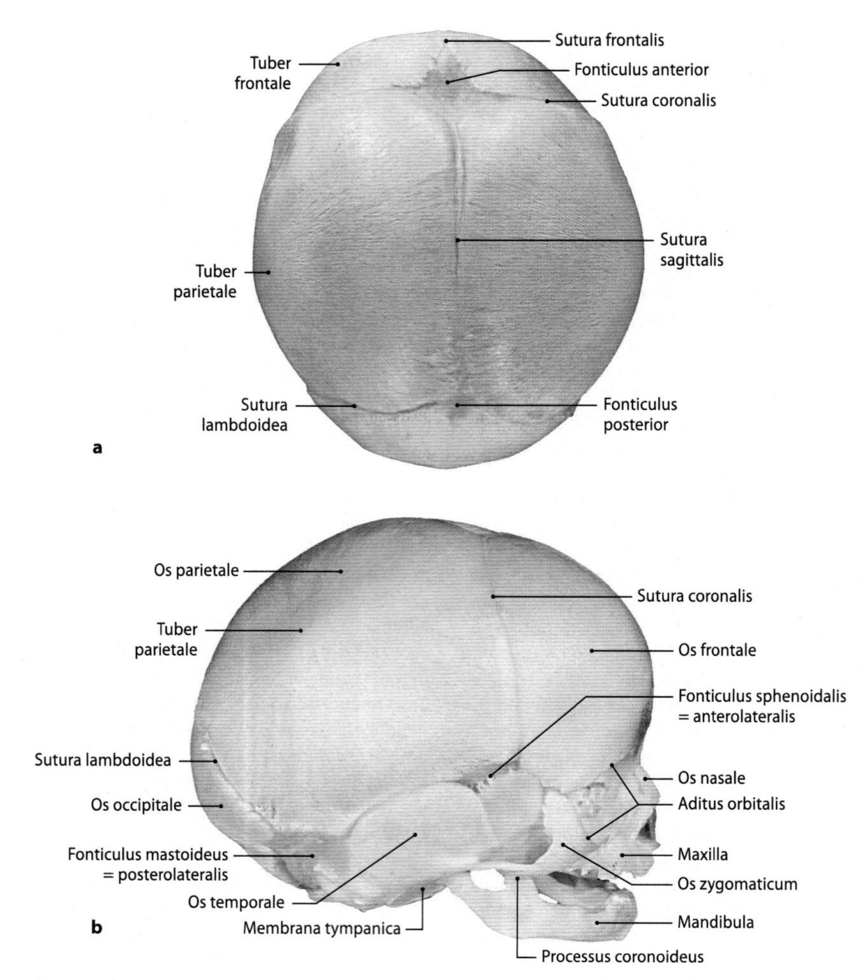

Abb. 4.27a, b. Suturen und Fontanellen. Schädel eines Feten im 7. Fetalmonat. **a** Ansicht von oben. **b** Ansicht recht seitlich

4.2.2 Kiefergelenk (Articulatio temporomandibularis)

B.N. Tillmann

Einführung

Die Kiefergelenke sind Teil des Kauapparates. Die Bewegungen in den Kiefergelenken dienen der Nahrungsaufnahme (Kauen und Schlucken) sowie dem Artikulieren beim Sprechen und Singen.

Die Kiefergelenke der rechten und linken Körperseite bilden funktionell eine Einheit in Form einer geschlossenen Gelenkkette.

Gestalt

Im Kiefergelenk artikulieren *Caput mandibulae* sowie *Fossa mandibularis* und *Tuberculum articulare* des Os temporale miteinander (Abb. 4.21). Zwischen den Skelettanteilen liegt eine Gelenkscheibe, *Discus articularis*. Der walzenförmige **Gelenkkopf** *(Caput mandibulae, Condylus mandibulae)* ist in den meisten Fällen bikonvex gekrümmt; als Varianten kommen flache oder stark abgerundete Oberflächen vor. Die von Schichten aus Faserknorpel und straffem Bindegewebe bedeckte Gelenkfläche liegt auf der Vorderseite und dehnt sich bis auf den »Kamm« des Caput mandibulae aus. Die steil abfallende Rückfläche des Gelenkkopfes ist von straffem Bindegewebe bedeckt; sie liegt noch innerhalb der Gelenkhöhle. An der **Gelenkgrube,** *Fossa mandibularis,* des Os temporale ist nur der vordere, zur *Pars squamosa* gehörende Teil artikulierender Bestandteil (Abb. 4.24). Der hintere, zur Pars tympanica zählende Abschnitt der Fossa mandibularis liegt extrakapsulär (s. unten). Die Gelenkflächenkontur ist in der Sagittal- und in der Frontalebene konkav. Bei alten Menschen ist der Knochen im Zentrum der Grube oft sehr dünn (4.27). Die Gelenkfläche der Fossa mandibularis geht kontinuierlich in die des *Tuberculum articulare* über, das eine sattelförmige Oberflächenkontur aufweist. Die Faserknorpelbedeckung am Tuberkulumabhang weist die größte Dicke auf.

Am Discus articularis unterscheidet man vorderes Band, intermediäre Zone, hinteres Band und bilaminäre Zone.

Der **Dicus articularis** (Abb. 4.28) ist eine querovale Platte, peripher mit der Gelenkkapsel verwachsen und teilt das Gelenk in 2 Kammern (diskotemporale und diskomandibuläre Kammer). Der Dicus articularis zeigt regionale Unterschiede in seinem Aufbau. Die Verdickung im vorderen Bereich bezeichnet man als **vorderes Band.** In das vordere Band strahlt medial ein Teil der Ansatzsehne des Caput superius des M. pterygoideus lateralis ein (s.u.). Den dünnen zentralen Abschnitt bildet die **intermediäre Zone.** Sie besteht aus straffem Bindegewebe und geht in das kräftige **hintere Band** über. Vorderes und hinteres Band bestehen aus straffem Bindegewebe, in das Knorpelzellen eingelagert sind. Eine reine Faserknorpelstruktur hat der Discus

Tab. 4.6. Wichtige Suturen und Synchondrosen

Sutur/Synchondrose	Lokalisation	Verknöcherung
Sutura lambdoidea (Lambdanaht)	zwischen Ossa parietalia und Squama occipitalis	40.–50. Lebensjahr
Sutura frontalis (Stirnnaht)	zwischen Ossa frontalia	normalerweise 1.–2. Lebensjahr
Sutura sagittalis (Pfeilnaht)	zwischen Ossa parietalia	20.–30. Lebensjahr
Sutura coronalis (Kranznaht)	zwischen Os frontale und Os parietale	30.–40. Lebensjahr
Synchondrosis sphenooccipitalis	unterhalb der Sella turcica zwischen Ossa sphenoidale und occipitale	20. Lebensjahr
Synchondrosis intersphenoidalis	zwischen Ossa sphenoidalia	kurz nach der Geburt
Synchondrosis intraoccipitalis anterior	vor dem Foramen Magnum zwischen vorderem und beiden mittleren Knochenkernen	6.–7. Lebensjahr
Synchondrosis intraoccipitalis posterior	hinter dem Foramen magnum zwischen hinterem und beiden mittleren Knochenkernen	1.–2. Lebensjahr
Synchondrosis sphenopetrosa	seitliche Fortsetzung des Foramen lacerum, zwischen Os sphenoidale und Pars petrosa ossis temporalis	variabel
Synchondrosis petrooccipitalis	mediale Fortsetzung des Foramen jugulare	variabel
Synchondrosis sphenoethmoidalis	knorpelige Vorstufe der Sutura sphenoethmoidalis	variabel

Tab. 4.7. Fontanellen

Fontanelle	Anzahl	Lokalisation	Verschluss
Fonticulus anterior (vordere [große] Fontanelle)	unpaar	Vereinigung von Suturae frontalis, sagittalis und coronalis	ca. im 36. Lebensmonat
Fonticulus posterior (hintere [kleine] Fontanelle)	unpaar	Vereinigung von Suturae sagittalis und lambdoidea	ca. im 3. Lebensmonat
Fonticulus sphenoidalis (vordere Seitenfontanelle)	paarig	Vereinigung von Ossa frontalis, parietalis und sphenoidalis	ca. im 6. Lebensmonat
Fonticulus mastoideus (hintere Seitenfontanelle)	paarig	Vereinigung von Ossa parietalis, temporalis und occipitalis sowie Processus mastoideus	ca. im 18. Lebensmonat

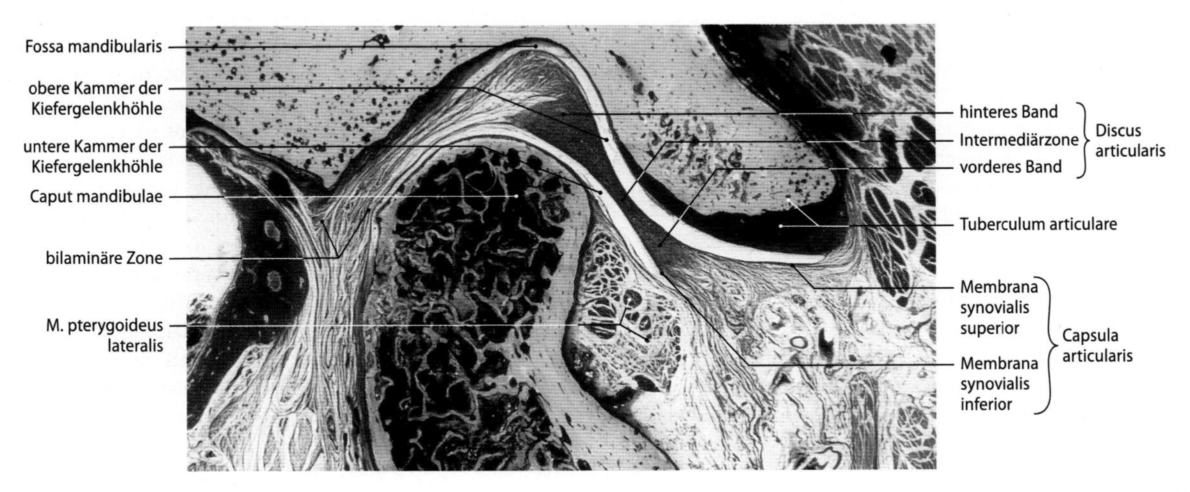

Abb. 4.28. Histologischer Sagittalschnitt durch den mittleren Bereich des Kiefergelenkes (Kunstharzeinbettung, Färbung: Methylenblau, Azur II und basisches Fuchsin) [6]

articularis nur in dem auf dem Caput mandibulae liegenden Teil des hinteren Bandes. Vom hinteren Band zieht die **bilaminäre Zone** mit einem oberen Anteil aus elastischem Bindegewebe zur Fissura petrosquamosa. Der untere Teil aus straffem Bindegewebe ist an der Rückfläche des Collum mandibulae befestigt.

In Ruhelage liegt der Discus articularis dem Gelenkkopf kappenartig auf. Er gleicht die Inkongruenz der artikulierenden Skelettelemente aus. Der Discus articularis hat aufgrund seiner Verformbarkeit und Verschiebbarkeit die Funktion einer »transportablen Gelenkfläche«. Er führt den Unterkiefer bei allen Bewegungen und ermöglicht die Drehung des Caput mandibulae während der Mahlbewegung (s.u.).

4.27 Osteoarthrose und Luxationen

Im Rahmen der Osteoarthrose des Kiefergelenkes kommt es im lateralen Bereich des Discus articularis zu Defekten (Perforation).

Aufgrund flacher Tubercula articularia können die Gelenkköpfe bei maximaler Mundöffnung über die Gelenkhöcker nach vorn luxieren.

Infolge starker Atrophie des Knochens in der Fossa mandibularis kann es beim Sturz oder Schlag auf das Kinn zur zentralen Luxation des Kiefergelenkes in die mittlere Schädelgrube kommen.

Das Kiefergelenk wird von einer weiten **Gelenkkapsel** umschlossen, die vom Schläfenbein trichterförmig zum Unterkiefer zieht (▣ Abb. 4.29). In der Fossa mandibularis ist die Gelenkkapsel vor der Fissura petrotympanica im Knochen verankert. Im extrakapsulären Teil der Fossa mandibularis liegt der retroartikuläre Venenplexus. An der Mandibula setzt sie auf der Vorderseite an der Knorpel-Knochen-Grenze des Caput mandibulae an. Auf der Rückseite ist sie am Collum mandibulae befestigt. Die Gelenkkapsel wird lateral durch das *Lig. laterale (Lig. temporomandibulare)* verstärkt, das vom Arcus zygomaticus schräg nach hinten unten zum Collum mandibulae zieht (▣ Abb. 4.29). Eine variabel ausgebildete Kapselverstärkung auf der Gelenkinnenseite wird als *Lig. mediale* bezeichnet. Das Lig. laterale beteiligt sich an der Gelenkführung und hemmt die Randbewegungen vor allem nach hinten. Das Band stabilisiert außerdem den Kondylus auf der Arbeitsseite.

Die Kinematik des Kiefergelenkes wird durch zwei Bänder beeinflusst, die keine Beziehung zur Gelenkkapsel haben. Das *Lig. sphenomandibulare* entspringt an der *Spina ossis sphenoidalis* und zieht zwischen den Mm. pterygoidei nach unten zur *Lingula mandibulae*, wo es sich fächerförmig über dem Foramen mandibulae ausbreitet (▣ Abb. 4.29). Das Band hemmt die Mundöffnungsbewegung nahe der Endstellung. Das vom Processus styloideus zum hinteren Rand des Ramus mandibulae laufende *Lig. stylomandibulare* ist meistens nur schwach ausgebildet.

Von den beiden Kammern der **Gelenkhöhle** ist die obere größer als die untere. Im hinteren Abschnitt der unteren Kammer entsteht zwischen Gelenkkapsel und Rückfläche von Caput mandibulae und Collum mandibulae ein Recessus.

Mechanik

Das Kiefergelenk des Menschen ist wie das Gebiss an die omnivore Lebensweise funktionell angepasst. Nach der Form seiner Gelenkflächen wird es mechanisch als *Articulatio bicondylaris* bezeichnet.

Aufgrund der **mechanischen Kopplung beider Kiefergelenke** sind eigenständige Bewegungen eines Gelenkes unter normalen Bedingungen nicht möglich. Die Kiefergelenke führen im Rahmen der Kaufunktion 2 Hauptbewegungen aus:
- Heben und Senken des Unterkiefers
- Mahlbewegung

Die **Bewegungen des Unterkiefers** sind beim **Öffnen** und **Schließen** des Mundes **bilateral symmetrisch.** Bei der **Mahlbewegung** erfolgt die Bewegung **asymmetrisch.** Die Bewegungen im Kiefergelenk können mit und ohne Zahnkontakt erfolgen. Kinematisch setzen sich die Bewegungen aus **kombinierten Translations- und Rotationsbewegungen** zusammen. Außer den Hauptbewegungen werden noch folgende Bewegungen des Unterkiefers beschrieben:
- **Protrusion:** Translationsbewegung des Unterkiefers nach vorn bei bestehendem Zahnkontakt
- **Retrusion:** Translation des Unterkiefers nach hinten
- **Laterotrusion:** Translation nach lateral
- **Mediotrusion:** Translation nach medial

Das **Senken (Abduktion) des Unterkiefers** geht mit einer **Mundöffnung** einher. Die Mundöffnungsbewegung wird durch eine **Rotation** von 10–15° eingeleitet, danach erfolgt eine kombinierte **Translation** und **Rotation**. Dabei gleitet das Caput mandibulae in der unteren Gelenkkammer aus der Fossa mandibularis an der Unterfläche des *Discus articularis* entlang auf den Abhang des Tuberculum articulare (▣ Abb. 4.30). In der oberen Gelenkkammer gleitet der Discus articularis über die Gelenkflächen des Os temporale. Der *Discus articularis* wird beim Senken des Unterkiefers passiv und aktiv (durch das Caput superius des M. pterygoideus lateralis, s.u.) nach vorn verlagert. Die gleichzeitig ablaufende **Rotationsbewegung** bewirkt die Mundöffnung. Das **Heben (Adduktion) des Unterkiefers** und das damit verbundene **Schließen des Mundes** setzt sich aus entsprechenden rückläufigen Bewegungen zusammen. Die **kombinierte Translations- und Rotationsbewegung** beim Heben und Senken des Unterkiefers wird zwangsläufig durch die Aktivität des Caput inferius des M. pterygoideus lateralis und durch den Bandapparat herbeigeführt.

Bei der **Mahl-** oder **Lateralbewegung des Unterkiefers** zeigen die Kiefergelenke im Wechsel einen unterschiedlichen Bewegungsablauf. Bei der Mahlbewegung vollzieht der Gelenkkopf eine **Rotation** um eine vertikale Achse. Das Caput mandibulae der kontralateralen Seite macht eine **Translation** nach vorn medial unten.

Die Seite, auf der das Caput mandibulae eine Drehbewegung (»Rotationskondylus« oder »ruhender Kondylus«) ausführt, bezeichnet man als **Arbeitsseite (Aktivseite** oder **Laterotrusionsseite)**. Der Unterkiefer dreht sich bei der Mahlbewegung zur Arbeitsseite. Die kontralaterale Seite, auf der die Translation stattfindet, ist die **Balanceseite (Mediotrusionsseite)**. Der Kondylus der Balanceseite wird als »Translationskondylus« oder als »schwingender Kondylus« bezeichnet (▣ Abb. 4.31).

Die **Rotation** bei der Mahlbewegung wird anatomisch dadurch ermöglicht, dass die Gelenkgrube größer ist als der Gelenkkopf und sie wird außerdem durch die Einlagerung des Discus articularis begünstigt. Das Caput mandibulae wird während der Rotation durch Kaumuskeln und Lig. laterale im unteren Teil des Tuberculum articulare fixiert.

Die **Belastung** und **Beanspruchung** des Kiefergelenkes unterliegt großen individuellen Schwankungen. Die Belastung des Gelenkes setzt sich aus den Kräften der Kieferadduktoren und dem Kaudruck zusammen. Die Druckbeanspruchung des Kiefergelenkes ist im Vergleich mit anderen Diarthrosen niedrig (10–15 N). Orte der Karftübertragung über den Discus articularis sind der Abhang des Tuberculum articulare und der vordere Anteil des Caput mandibulae. Zwischen Ober- und Unterkiefer kann auch Kaudruck ohne Belastung des Kiefergelenkes übertragen werden.

Gefäßversorgung und Innervation

Folgende **Blutgefäße** versorgen das Kiefergelenk: *Aa. temporalis superficialis, transversa faciei* und *auricularis profunda, Rr. articulares* der *A. maxillaris.*

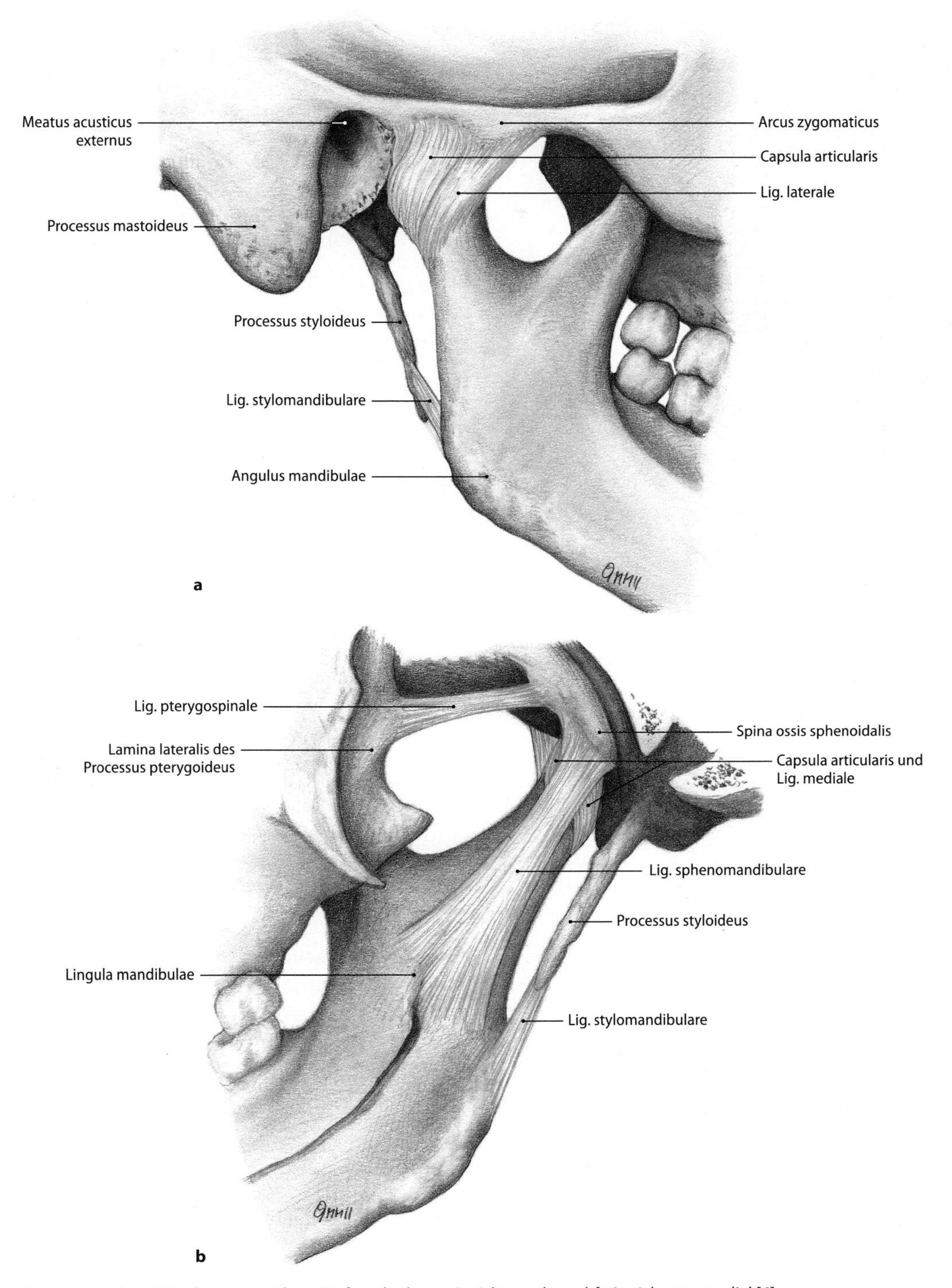

Abb. 4.29a, b. Gelenkkapsel und Bänder eines rechten Kiefergelenkes. **a** Ansicht von lateral, **b** Ansicht von medial [6]

Die **Innervation** erfolgt durch die *Nn. auriculotemporalis, massetericus* und *temporalis profundus.*

Entwicklung

Die Kiefergelenke entstehen am Beginn der Fetalzeit als **Anlagerungsgelenke** zwischen den Anlagen von Mandibula und Os temporale. Die das Gelenk bildenden Anteile an Caput mandibulae und Os temporale entwickeln sich aus **Sekundärknorpel,** der eine Wachstumszone während der formalen Genese der Gelenkflächen bildet. Die Ausbildung der Gelenkform des Kiefergelenkes ist eng mit der Entwicklung des Gebisses verbunden. Das Tuberculum articulare erhält seine charakteristische Form erst nach vollständigem Durchbruch des permanenten Gebisses. Die Gelenkform hängt von der Bissform ab.

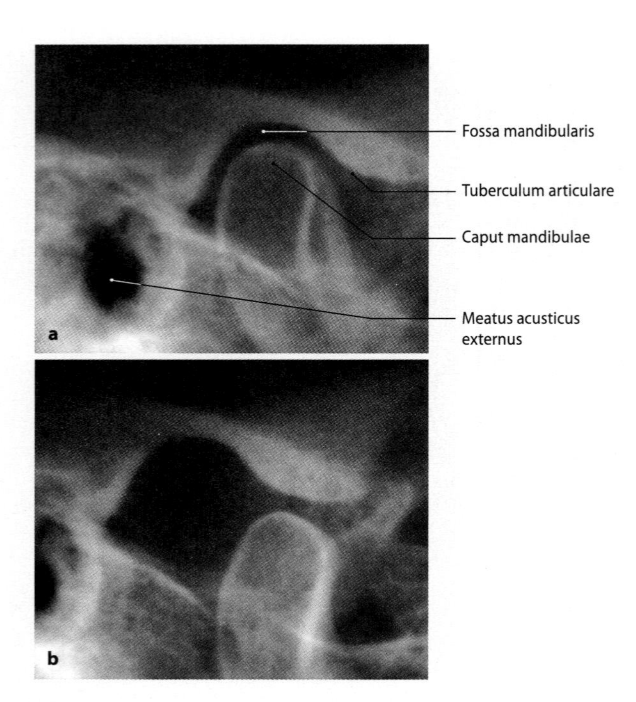

Abb. 4.30a, b. Rechtes Kiefergelenk einer 52-jährigen Frau. **a** Bei geschlossenem Mund liegt das Caput mandibulae in der Fossa mandibularis. **b** Bei geöffnetem Mund liegt das Caput mandibulae am Tuberculum articulare (Aufnahmetechnik nach Schüller) [6]

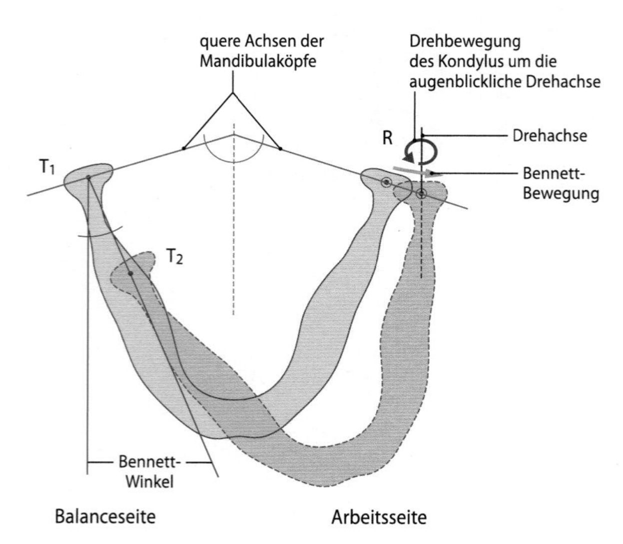

Abb. 4.31. Mahlbewegung des Unterkiefers, Ansicht von vorn oben. Der Kondylus der Arbeitsseite (R) macht am Beginn der Mahlbewegung eine geringe Lateralbewegung sowie eine Rotationsbewegung. Die Lateralbewegung geht mit einer Verlagerung der augenblicklichen Drehachsen des Kondylus der Arbeitsseite nach lateral einher und entspricht der ursprünglich von **Bennet** beschriebenen **Bewegung.** Der Kondylus der Balanceseite (T) folgt zwangsläufig der Lateralbewegung des Kondylus der Arbeitsseite mit einer geringen Mediotrusion. Diese initiale Translation nach medial bezeichnet man international als »immediate side shift«. Die Translation nach vorn medial unten wird als »progressive side shift« bezeichnet. Die Verbindungslinie der Kondylenmitte des Translationskondylus in der Ausgangslage (T1) und am Ende der Bewegung (T2) bildet mit der Sagittalen einen Winkel von 15–20° (**Bennett-Winkel**). Quer durch die Mandibulaköpfe gelegte Achsen bilden einen Winkel von etwa 150° miteinander. Der Schnittpunkt der Achsen liegt am Vorderrand des Foramen magnum

In Kürze

Kiefergelenk (Articulatio temporomandibularis)
Aufbau:
- Caput mandibulae
- Discus articularis
- Fossa mandibularis
- Tuberculum articulare
- Articulatio bicondylaris
- 2 Gelenkkammern

Bänder:
- Lig. laterale
- Lig. sphenomandibulare
- Lig. stylomandibulare

Funktion:
- Heben (Adduktion) und Senken (Abduktion) des Unterkiefers
- Mahlbewegungen (Aktivseite, Balanceseite)

4.2.3 Muskeln des Kopfes (Mm. capitis)

B.N. Tillmann

Einführung

Zu den Muskeln des Kopfes gehören die mimischen Muskeln, die Kaumuskeln, die äußeren Augenmuskeln und die Muskeln der Gehörknöchelchen. Von den Kopfmuskeln werden in diesem Kapitel nur die mimischen Muskeln und die Kaumuskeln besprochen. Aus funktionellen Gründen werden die oberen Zungenbeinmuskeln, die in der sytematischen Anatomie zu den Halsmuskeln zählen, in das Kapitel der Kopfmuskeln einbezogen.

Mimische Muskeln (Mm. faciei)

Die mimischen Muskeln verdanken ihren Namen der Funktion, die **Mimik** des Gesichtes durch den Einsatz bestimmter Muskelgruppen hervorzurufen. In diesem Zusammenhang sind die Gesichtsmuskeln auch für den individuellen Gesichtsausdruck jedes Menschen **(Physiognomie)** verantwortlich. Unter den Gesichtsmuskeln haben die Muskeln in der Umgebung des Auges wichtige **Schutzfunktionen,** die Muskeln im Bereich des Mundes stehen im Dienste der **Nahrungsaufnahme** und der **Artikulation.**

Die mimischen Muskeln entstammen dem Blastem des zweiten Pharyngealbogens und werden vom *N. facialis* innerviert. Ursprünglich sind die Muskeln um die Augenhöhlen, um Mund- und Nasenöffnung sowie um die Ohröffnungen angeordnet. Beim Menschen sind die Muskeln in der Umgebung von Ohr und Nase nur noch rudimentär entwickelt. Eine oberflächliche Schicht in der Muskelanlage hat sich während der Embryonalzeit in die Halsregion als **Platysma** ausgedehnt.

Die mimischen Muskeln liegen in der Subkutis und haben mit Ausnahme des M. buccinator keine Faszien. Sie bilden größtenteils flache, dünne Muskelplatten, die ihren Ursprung am Knochen oder Knorpel des Schädelskeletts sowie an Aponeurosen haben. Sie inserieren mit elastischen Sehnen in der Subkutis und in der Lederhaut. Auf diese Weise entsteht eine **Funktionsgemeinschaft zwischen mimischen Muskeln, Haut und Unterhaut.** Die Kontraktion mimischer Muskeln geht mit Dehnung, Stauchung oder Einziehung von Haut und Unterhaut einher. Ringförmig verlaufende Muskeln in der Umgebung von Augenhöhle und Mundöffnung üben eine »Sphinkterfunktion« aus.

Aufgrund der klinischen Bedeutung beschränkt sich die systematische Besprechung der mimischen Muskeln auf die Muskelgruppen im Bereich der Augenhöhle und des Mundes. Angaben zu den übrigen mimischen Muskeln sind in ◻ Tab. 4.8 enthalten.

Muskeln im Bereich von Augenhöhle und Lidspalte

M. orbicularis oculi

Der M. orbicularis oculi (Innervation: Oberlid: N. facialis, Rr. temporales; Unterlid: Rr. zygomatici) besteht aus 3 Teilen (◻ Abb. 4.32):
- *Pars orbitalis*
- *Pars palpebralis*
- *Pars lacrimalis* (*Pars profunda,* **Horner-Muskel**)

Die Muskelfasern der **Pars orbitalis** ziehen bogenförmig um den knöchernen Rand der Augenhöhle. Oberhalb des Margo supraorbitalis überlagert die Pars orbitalis den *Venter frontalis* des *M. occipitofrontalis* und den *M. corrugator supercilii*; die Muskeln durchflechten sich im Augenbrauenbereich. Aus der Pars orbitalis ziehen Fasern in der Tiefe vom Os frontale senkrecht nach kranial und strahlen in die Haut des Augenbrauenkopfes ein. Man bezeichnet diese vom ringförmigen Verlauf abweichenden Muskelfaserbündel als *M. depressor supercilii*. Der untere Rand der Pars orbitalis grenzt an den *M. zygomaticus minor* und überlagert die Ursprünge der *Mm. levator labii superioris* und *levator anguli oris* (◻ Abb. 4.33). Die **Pars palpebralis** ist Bestandteil des Augenlides. Sie liegt unmittelbar unter der dünnen Subkutis auf dem *Tarsus* und auf dem *Septum orbitale* der Augenlider. Die am *Lig. palpebrale mediale* entspringenden Muskelfasern ziehen bogenförmig nach lateral, wo sie in das Lig. palpebrale laterale und in die *Raphe palpebralis lateralis* einstrahlen. Die **Pars lacrimalis** (Pars profunda) wird von den Partes orbitalis und palpebralis bedeckt. Der kleine Muskel wird als Teil der Pars papebralis angesehen. Er entspringt an der Hinterwand des Tränensackes und am Tränenbein. Die Muskelfasern umgreifen die Tränenröhrchen und strahlen z.T. in ge-

◻ Tab. 4.8. Mimische Muskeln

Muskeln	Ursprung (U) Ansatz (A)	Innervation (I) Blutversorgung (V)	Funktion
Muskeln des Schädeldaches			
M. epicranius			
M. occipitofrontalis – Venter frontalis (M. frontalis)	**Ursprung** kein knöcherner Ursprung, über die Sehnen benachbarter Muskeln im Bereich der Pars nasalis des Os frontale **Ansatz** Galea aponeurotica	**Innervation** Rr. temporales des N. facialis **Blutversorgung** – A. supraorbitalis – A. supratrochlearis der A. ophthalmica – A. lacrimalis – R. frontalis der A. temporalis superficialis	**Verschieben der Kopfhaut:** Die Bäuche des M. occipitofrontalis bilden eine Funktionsgemeinschaft: Bei alternierender Aktivität können sie die Galea aponeurotica und die mit ihr verbundene Kopfhaut im subaponeurotischen Bindegewebe (subgaleotisches Verschiebegewebe) nach vorn und nach hinten verschieben. **Anheben der Augenbrauen und der Stirnhaut:** Wird die Galea aponeurotica durch die Mm. occipitales stabilisiert, können die Mm. frontales die Augenbrauen und mit ihnen die Augenlider anheben. Bei starker Kontraktion des Venter frontalis legt sich die Haut der Stirn in Falten.
– Venter occipitalis (M. occipitalis)	**Ursprung** Linea nuchalis suprema **Ansatz** Galea aponeurotica	**Innervation** R. occipitalis des N. auricularis posterior des N. facialis **Blutversorgung** A. occipitalis	
M. temporoparietalis	**Ursprung** kein knöcherner Ursprung, Fascia temporalis **Ansatz** Galea aponeurotica	**Innervation** Rr. temporales des N. facialis **Blutversorgung** A. temporalis superficialis	keine nennenswerte Funktion
Muskeln im Bereich der Augenhöhle und der Lidspalte			
M. orbicularis oculi			
– Pars orbitalis	**Ursprung** Crista lacrimalis (anterior) und Processus frontalis der Maxilla (Lig. palpebrale mediale) **Ansatz** über die Raphe palpebralis lateralis am Os zygomaticum	**Innervation** – Rr. temporales (Bereich des Oberlides) – Rr. zygomatici des N. facialis (Bereich des Unterlides) **Blutversorgung** – A. facialis – R. frontalis und A. transversa faciei der A. temporalis superficialis – A. supraorbitalis, A. lacrimalis und A. supratrochlearis der A. ophthalmica – A. infraorbitalis der A. maxillaris	**Fester Verschluss der Lidspalte:** Bei Kontraktion der Pars orbitalis schieben sich Haut und Unterhautfettgewebe über die Lider, so dass es zum **festen Verschluss der Lidspalte** kommt. Die Funktion wird vom *M. corrugator supercilii* unterstützt, der sich vor allem bei starkem Lichteinfall reflektorisch kontrahiert und die Augenbrauen nach medial unten zieht. Das »Zukneifen« der Augenlider dient dem Schutz vor mechanischen Einwirkungen und vor starker Lichteinstrahlung.

▼

4

Tab. 4.8 (Fortsetzung)

Muskeln	Ursprung (U) Ansatz (A)	Innervation (I) Blutversorgung (V)	Funktion
– Pars palpebralis	**Ursprung** (Lig. palpebrale mediale) **Ansatz** Lig. palpebrale laterale Raphe palpebralis lateralis		**Verschluss der Lidspalte, Beteiligung am Lidschlag und Stabilisierung des Unterlides zur Bildung des Tränensees:** Bei Kontraktion der Pars palpebralis **nähern sich die Lidränder einander.** Die Pars palpebralis führt gemeinsam mit dem *M. levator palpebrae superioris* den reflektorisch ausgelösten **Lidschlag** aus. Dieser dient zur Anfeuchtung von Horn- und Bindehaut mit Tränenflüssigkeit, dem Aufbau des Tränenfilms und der Entfernung kleiner Fremdkörper durch die Wischbewegungen.
– Pars lacrimalis (Horner-Muskel)	**Ursprung** Crista lacrimalis (posterior) des Os lacrimale (Saccus lacrimalis) **Ansatz** Canaliculi lacrimales in die Pars palpebralis		**Förderung des Tränenflusses:** Die Pars lacrimalis (Pars profunda) fördert bei Kontraktion aktiv den **Abfluss der Tränenflüssigkeit** aus dem Tränensee über die Tränenkanälchen in den Tränensack.
M. corrugator supercilii	**Ursprung** Os frontale oberhalb der Sutura frontomaxillaris, Glabella, Arcus superciliaris **Ansatz** Haut oberhalb des mittleren Drittels der Augenbraue, Galea aponeurotica	**Innervation** Rr. temporales des N. facialis **Blutversorgung** – A. supraorbitalis und A. supratrochlearis der A. ophthalmica – R. frontalis der A. temporalis superficialis	**Verschiebung der Augenbrauenhaut nach unten medial** und Bildung einer senkrechten Hautfalte zwischen Nasenwurzel und Stirn (Ausdruck des Schmerzes oder Nachdenkens).
M. depressor supercilii (Abspaltung der Pars orbitalis des M. orbicularis oculi)	**Ursprung** Os frontale **Ansatz** medialer Teil der Augenbraue	**Innervation** R. temporalis des N. facialis **Blutversorgung** Aa. supratrochlearis und supraorbitalis der A. ophthalmica	Verschiebung der Haut über der Nasenwurzel zu einer queren Falte.
Muskeln im Bereich der Nase			
M. procerus	**Ursprung** Os nasale, Cartilago nasi lateralis [Aponeurose der Pars transversa des M. nasalis] **Ansatz** Haut der Glabella	**Innervation** R. zygomaticus des N. facialis **Blutversorgung** A. dorsalis nasi, A. supratrochlearis und Äste der A. ethmoidalis anterior der A. ophthalmica	**Verschiebung der Haut über der Glabella nach unten** und Bildung einer Querfalte über der Nasenwurzel (gemeinsam mit dem M. corrugator supercilii Ausdruck des Drohens oder der Entschlussfreudigkeit)
M. nasalis			
– Pars transversa	**Ursprung** Jugum alveolare des Eckzahnes bis in die Fossa canina der Maxilla **Ansatz** Aponeurose über dem Nasenrücken	**Innervation** Rr. zygomatici des N. facialis **Blutversorgung** A. angularis der A. facialis	Ziehen der Nasenflügel und der Nasenspitze nach unten, leichte Erweiterung des Nasenloches, Vertiefung der Nasenflügelfurche (Ausdruck des Erstaunens, der Heiterkeit oder der Lüsternheit)
– Pars alaris	**Ursprung** oberhalb des Jugum alveolare des seitlichen Schneidezahnes **Ansatz** Haut der Nasenöffnung und Nasenseptum	**Innervation** Rr. zygomatici des N. facialis **Blutversorgung** A. dorsalis nasi und Äste der A. ethmoidalis anterior der A. ophthalmica	
M. depressor septi nasi	**Ursprung** oberhalb des Processus alveolaris des ersten Schneidezahnes **Ansatz** knorpeliger Teil des Nasenseptums	**Innervation** Rr. zygomatici und buccales des N. facialis **Blutversorgung** A. labialis superior der A. facialis	Herabziehen der Nasenspitze und **Erweiterung der Nasenlöcher**

▼

Tab. 4.8 (Fortsetzung)

Muskeln	Ursprung (U) Ansatz (A)	Innervation (I) Blutversorgung (V)	Funktion
M. levator labii superioris alaeque nasi (Caput angulare des M. quadratus labii superioris)	Ursprung Processus frontalis der Maxilla, Margo infraorbitalis Ansatz Oberlippe, Haut der Nasenflügel	Innervation Rr. zygomatici des N. facialis Blutversorgung – A. infraorbitalis der A. maxillaris – A. labialis superior und Äste der A. angularis der A. facialis	Anheben von Nasenflügel und Oberlippe, **Erweiterung der Nasenöffnung** (»Nasenflügelatmen«, Ausdruck der Unzufriedenheit oder des Hochmutes, »Naserümpfen«)
Muskeln im Bereich des Mundes			
M. orbicularis oris (M. incisivus labii superioris und M. incisivus labii inferioris – am Ober- und Unterkiefer entspringende Anteile des M. orbicularis oris) – Pars marginalis – Pars labialis	Ursprung Jugum alveolare des oberen und des unteren Eckzahnes (Modiolus anguli oris) Ansatz Haut der Ober- und Unterlippe	Innervation – Rr. zygomatici des N. facialis im Bereich der Oberlippe – Rr. buccales des N. facialis im Bereich des Mundwinkels – R. marginalis mandibulae des N. facialis im Bereich der Unterlippe Blutversorgung Aa. labiales superior und inferior der A. facialis	Kontraktion des gesamten Muskels in Oberlippe und Unterlippe: – Verengen und Schließen der Mundöffnung – Erzeugen der Lippenspannung Alleinige Kontraktion der Pars marginalis: – **Einziehen des Lippenrotanteils** nach innen Alleinige Kontraktion der Pars labialis: – Vorwölben der Lippen Aufgrund des Ansatzes im Bereich des Modiolus anguli oris kann die Muskulatur in Ober- und Unterlippe unabhängig voneinander agieren. Der M. orbicularis oris und die Muskeln in der Umgebung des Mundes stehen im Dienste der **Nahrungsaufnahme,** der **Artikulation** und der **Mimik.**
M. buccinator	Ursprung Processus alveolaris maxillae im Bereich der Molaren, Crista buccinatoria im Bereich der Unterkiefermolaren (Raphe pterygomandibularis) Ansatz Modiolus anguli oris, über den M. orbicularis oris in der Ober- und Unterlippe	Innervation Rr. buccales des N. facialis Blutversorgung – Äste der A. facialis und der A. temporalis superficialis – A. buccalis und A. alveolaris superior posterior der A. maxillaris	**Beteiligung am Kauakt:** Der M buccinator beteiligt sich am Kauakt, indem er die Speise aus dem Mundvorhof zwischen die Zahnreihen und in die Mundhöhle schiebt. Durch seine enge Verbindung mit der Wangenschleimhaut verhindert der Muskel, dass beim Kauen Schleimhautfalten zwischen die Zahnreihen gelangen. **Erzeugung der Wangen- und Lippenspannung:** Muskeln verhindern das Aufblähen der Wangen.
M. zygomaticus major	Ursprung Os zygomaticum vor der Sutura zygomaticotemporalis Ansatz Haut des Mundwinkels und der Oberlippe	Innervation Rr. zygomatici des N. facialis Blutversorgung – A. zygomaticoorbitalis der A. temporalis superficialis – Äste der A. facialis	**Anheben des Mundwinkels nach außen-oben,** Vertiefung der Nasolabialfurche und der Lidfurche am Unterlid (Ausdruck der Freude, »Lachmuskeln«)
M. zygomaticus minor (Caput zygomaticum des M. quadratus labii superioris)	Ursprung Os zygomaticum medial vom M. zygomaticus major Ansatz Haut des Sulcus nasolabialis	Innervation Rr. zygomatici des N. facialis Blutversorgung – A. zygomaticoorbitalis der A. temporalis superficialis – Äste der A. facialis	Anheben des Mundwinkels nach außen-oben
M. risorius	Ursprung Fascia masseterica Ansatz Haut der Oberlippe, Schleimhaut des Vestibulum oris, Modiolus anguli oris	Innervation Rr. buccales des N. facialis Blutversorgung Äste der A. facialis	**Zug des Mundwinkels nach lateral:** Vertiefung der Nasolabialfurche, Erzeugung des »Wangengrübchens«
M. levator labii superioris (Caput infraorbitale des M. quadratus labii superioris)	Ursprung Margo infraorbitalis der Maxilla oberhalb des Foramen infraorbitale Ansatz Haut der Oberlippe und des Nasenflügels, M. orbicularis oris	Innervation Rr. zygomatici des N. facialis Blutversorgung – A. infraorbitalis der A. maxillaris – A. labialis superior und Äste der A. angularis der A. facialis	**Anheben der Oberlippe.** Erzeugung einer Falte oberhalb und seitlich der Nasenflügel (Ausdruck der Unzufriedenheit und Ausdruck beim Weinen)

▼

Tab. 4.8 (Fortsetzung)

Muskeln	Ursprung (U) Ansatz (A)	Innervation (I) Blutversorgung (V)	Funktion
M. levator anguli oris (M. caninus)	Ursprung Fossa canina unterhalb des Foramen infraorbitale Ansatz Haut und Schleimhaut des Mundwinkelbereiches, Modiolus anguli oris, M. orbicularis oris	Innervation Rr. zygomatici des N. facialis Blutversorgung – A. infraorbitalis der A. maxillaris – Äste der A. angularis und A. labialis superior der A. facialis	**Anheben des Mundwinkels nach kranial-medial.** Der M. levator anguli oris wird größtenteils vom M. levator labii superioris bedeckt.
M. depressor anguli oris (M. triangularis)	Ursprung Basis mandibulae vom Tuberculum mentale bis zum Jugum alveolare des ersten Molaren Ansatz Haut des Mundwinkels, Modiolus anguli oris	Innervation Rr. buccales des N. facialis variabel : Ramus marginalis mandibulae Blutversorgung – Äste der A. facialis – A. labialis inferior der A. facialis	**Zug des Mundwinkels nach unten,** dadurch bekommt die Nasolabialfalte einen steilen Verlauf (Ausdruck der Unzufriedenheit oder der Trauer).
M. depressor labii inferioris (M. quadratus inferioris)	Ursprung Basis mandibulae unterhalb des Foramen mentale (Verbindung zum Platysma) Ansatz Haut und Schleimhaut der Unterlippe, Haut des Kinnwulstes, M. orbicularis oris	Innervation R. marginalis mandibulae des N. facialis Blutversorgung A. labialis inferior der A. facialis	**Zug der Unterlippe nach unten-lateral.** Vorwölben des Lippenrotes (Ausdruck der Unlust)
M. mentalis	Ursprung Jugum alveolare des seitlichen Schneidezahnes der Mandibula Ansatz Haut des Kinns	Innervation R. marginalis mandibulae des N. facialis Blutversorgung A. labialis inferior der A. facialis	**Verschieben der Haut des Kinns nach oben.** Erzeugung der Kinn-Lippen-Furche und des »Kinngrübchens«.
Muskeln im Bereich des äußeren Ohres			
M. auricularis anterior	Ursprung Fascia temporalis, Galea aponeurotica Ansatz Spina helicis der Ohrmuschel	Innervation Rr. temporales des N. facialis Blutversorgung A. temporalis superficialis	geringgradiger Zug der Ohrmuschel nach vorn
M auricularis superior	Ursprung Galea aponeurotica Ansatz Hinterfläche der Ohrmuschel im Bereich der Eminentia scaphae und der Eminentia fossae triangularis, Spina helicis	Innervation Rr. temporales und R. auricularis des N. auricularis posterior des N. facialis Blutversorgung – A. temporalis superficialis – A. auricularis posterior	geringgradiger Zug der Ohrmuschel nach oben
M. auricularis posterior	Ursprung Processus mastoideus, Linea nuchalis superior Ansatz Eminentia conchae der Ohrmuschel	Innervation R. auricularis des N. auricularis posterior des N. facialis Blutversorgung – A. auricularis posterior – R. auricularis der A. occipitalis	geringgradiger Zug der Ohrmuschel nach hinten
Muskeln des Halses			
Platysma	Ursprung Basis mandibulae (Muskeln im Bereich der Mundspalte) Ansatz Haut der oberen Brustregion	Innervation R. colli des N. facialis Blutversorgung – R. superficialis der A. transversa colli (A. cervicalis superficialis) – A. submentalis der A. facialis	**Gesichtsteil:** Herabziehen der Mundwinkel nach lateral. **Halsteil:** Verschieben der Haut zur Mandibula. **Spannen von Haut und Unterhautgewebe.** Der Tonus des Muskels fördert den venösen Rückfluss des Blutes der oberflächlichen Venen.

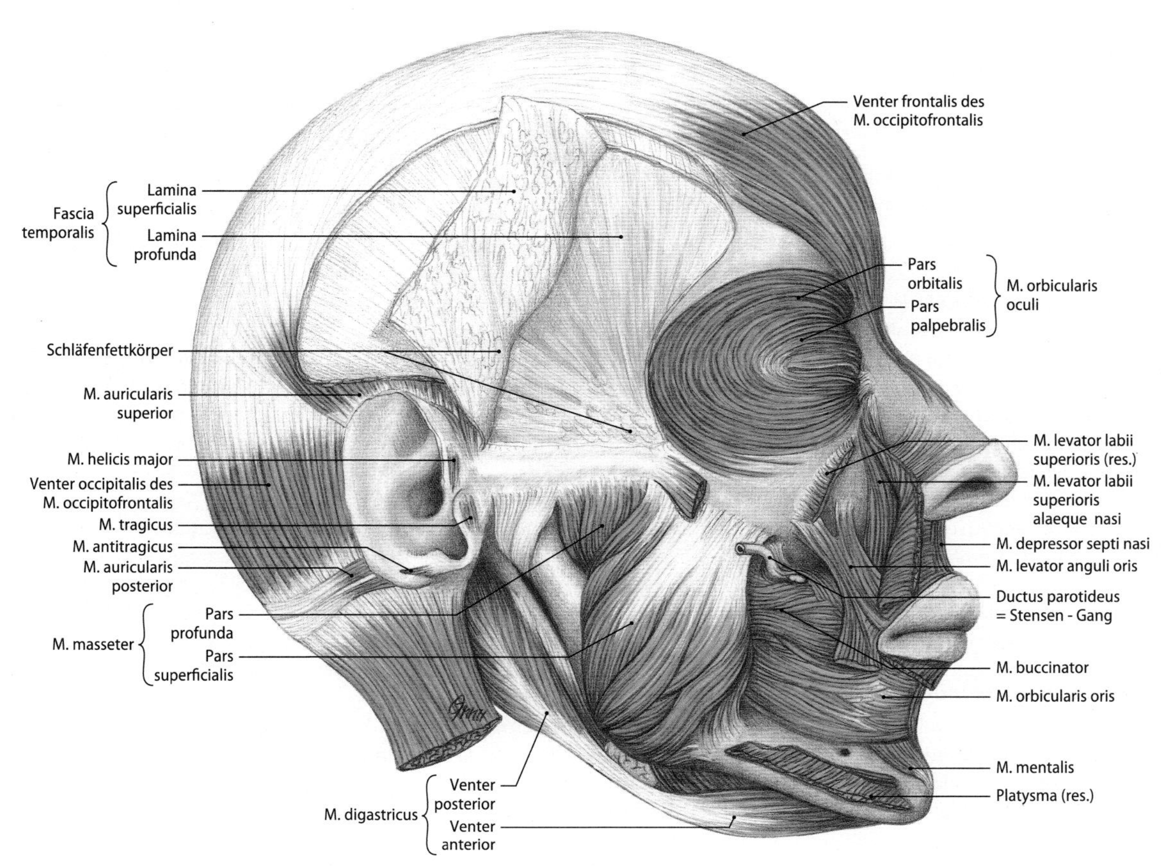

Abb. 4.32. Mimische Muskeln und Kaumuskeln der rechten Seite, Ansicht von lateral. Das oberflächliche Blatt der Fascia temporalis ist angehoben [7]

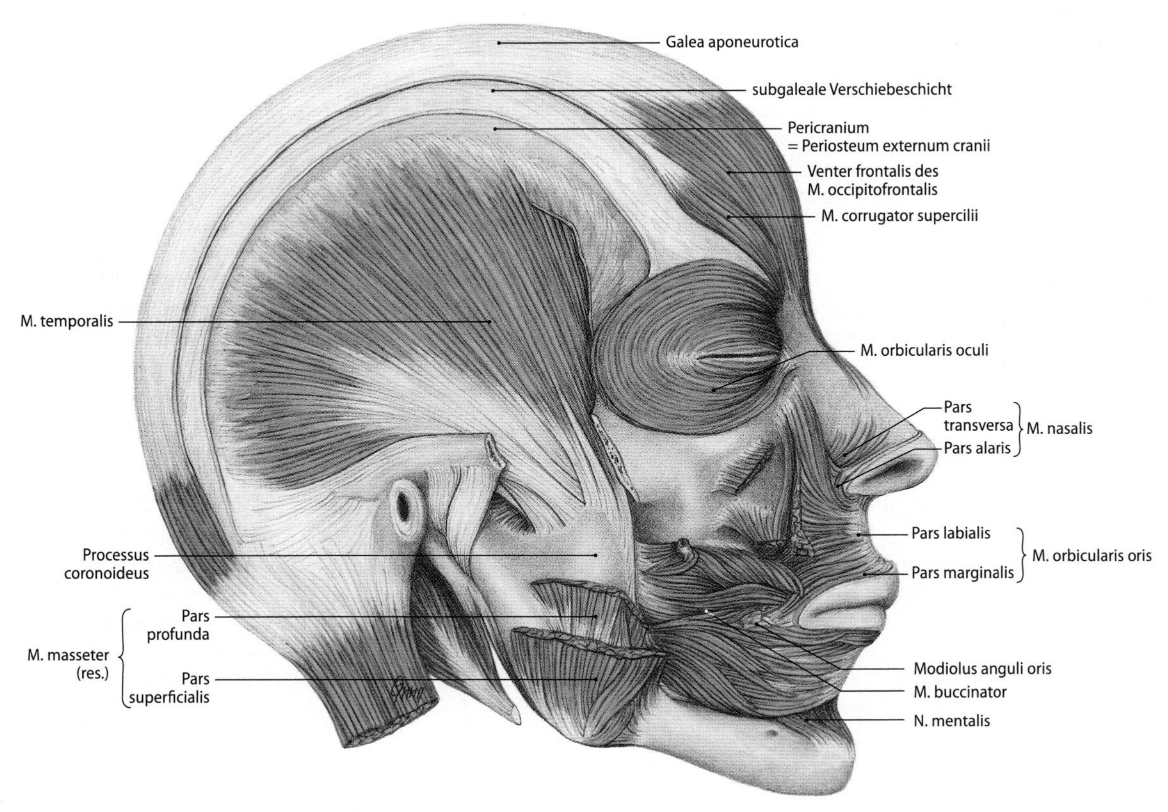

Abb. 4.33. Mimische Muskeln und Kaumuskeln der rechten Seite, Ansicht von lateral. Schichtweise Freilegung der subgaleotischen Verschiebeschicht unter der Galea aponeurotica, des Pericraniums sowie des M. temporalis durch Abtragen der Fascia temporalis [7]

kreuztem Verlauf hinter dem Lig. palpebrale mediale in die Pars palpebralis ein. Muskelfasern, die am Lidrand weiterziehen und in Kontakt zu den Haarbälgen der Wimpern und zu den Meibom-Drüsen stehen, bezeichnet man als *Fasciculus ciliaris* (Riolan-Muskel).

Der M. orbicularis oculi hat eine Schutzfunktion für das Auge gegen mechanische Schädigungen sowie intensive Lichteinstrahlung.

4.38 Lähmung des M. orbicularis
Eine Lähmung des M. orbicularis oculi als Folge einer Schädigung des N. facialis hat weitreichende Folgen für die Funktionen des Auges:
- Die Augenlider können aktiv nicht geschlossen werden, auch nicht im Schlaf (paralytischer Lagophthalmus).
- Das Unterlid hängt schlaff herab (Ektropion paralyticum) und die Tränenflüssigkeit fließt über den ektropionierten Unterlidrand (Epiphora). Aufgrund des fehlenden Lidschlages und des Mangels an Tränenflüssigkeit kommt es zur Austrocknung der Hornhaut und in deren Folge zur Hornhautentzündung.

Eine Erschlaffung der Muskulatur des M. orbicularis oculi im Alter bezeichnet man als Ekrotropion senile.

Muskeln im Bereich des Mundes

M. orbicularis oris
Der M. orbicularis oris (Innervation: Oberlippenbereich: N. facialis, Rr. zygomatici; Mundwinkelbreich: Rr. buccales; Unterlippenbereich: R. marginalis mandibulae) bildet die muskuläre Grundlage der Lippen (◻ Abb. 4.32 und 4.33). Seine Muskelfasern ziehen größtenteils bogenförmig um die Mundöffnung. Am M. orbicularis oris lassen sich nach Lage und Ausrichtung der Muskelfasern **3 Anteile** unterscheiden. Der um die Mundspalte liegende Teil wird als *Pars marginalis* bezeichnet; er biegt im Bereich des Lippenrotes hakenförmig nach außen um. Der anschließende kräftigere periphere Teil ist die *Pars labialis*. Die Pars labialis dehnt sich an der Oberlippe bis zum Nasenseptum und an der Unterlippe bis zur Kinnfurche aus. In der Oberlippe kommen auch radiär ausgerichteten Muskelfaserbündel, sog. *M. rectus labii* vor, die von den Juga alveolaria der Frontzähne lateral der Philtrumkanten in die Haut über den Lippenhöckern ziehen.

4.29 Lähmung des M. orbicularis oris
Bei einer Lähmung des M. orbicularis oris hängt der Mundwinkel herab, so dass unwillkürlich Speichel aus dem Mund fließt. Das Artikulieren beim Sprechen ist gestört.

M. buccinator
Der *M. buccinator* (Innervation: N. facialis, Rr. buccales) bildet die muskuläre Grundlage der Wange (◻ Abb. 4.33). Ein Teil der Muskelfasern des rechteckigen Muskels zieht zum Mundwinkel und endet im sog. Muskelknoten, *Modiolus anguli oris*, der durch die Durchkreuzung aller zum Mundwinkel ziehenden Muskeln entsteht. In Höhe des zweiten Oberkiefermolaren wird der M. buccinator vom *Ductus parotideus* durchbohrt.

Kaumuskeln (Mm. masticatorii)
Die als Kaumuskeln bezeichneten Muskeln lassen sich embryologisch, topographisch und funktionell in 2 Gruppen gliedern:
- **Kaumuskeln des Gesichtsbereiches,** *Mm. masticatorii:* Kaumuskeln im engeren Sinn
- **obere Zungenbeinmuskeln,** *Mm. suprahyoidei:* sie stehen im Dienste der Kaufunktion.

Alle Kaumuskeln inserieren an der Mandibula. Sie sind bilateral angelegt und können beiderseits synchron agieren (Öffnen und Schließen des Mundes) oder einseitig aktiv sein (Mahlbewegungen).

Kaumuskeln des Gesichtsbereiches (Mm. masticatorii)
Zu den Kaumuskeln des Gesichtsbereiches zählen (◻ Tab. 4.9):
- *M. masseter*
- *M. temporalis*
- *M. pterygoideus medialis*
- *M. pterygoideus lateralis*

Ihre primäre Funktion ist das **Schließen des Mundes** (Anheben oder Adduktion des Unterkiefers). Die Muskeln sind auch an der Mahlbewegung beteiligt. Der M. pterygoideus lateralis hat außerdem eine Schlüsselfunktion in der Kinematik der Kieferöffnungsbewegung.

M. masseter
Der rechteckige *M. masseter* (Innervation: N. massetericus, V/3) prägt die Kontur der hinteren Wangenregion (◻ Abb. 4.32 und 4.34). Sein Muskelbauch ist besonders bei Kontraktion des Muskels sicht- und tastbar. Der Muskel besteht aus einem **oberflächlichen** *(Pars superficialis)* und einem **tiefen Teil** *(Pars profunda)*. Der oberflächliche Teil bedeckt den tiefen Teil fast vollständig.

M. temporalis
Der *M. temporalis* (Innervation: Nn. temporales profundi, V/3) ist der größte und kräftigste Kaumuskel des Gesichtsbereiches, der etwa 45% der Kaukraft aufbringt. Er liegt in der Fossa temporalis, wo sein oberflächlicher Teil vom tiefen Blatt der *Fascia temporalis* entspringt. Der Ansatzbereich des Muskels wird vom Jochbogen und vom M. masseter überlagert. Nach dem Muskelfaserverlauf lassen sich 3 Anteile abgrenzen, die sich auch funktionell unterscheiden. Die vorderen Muskelfasern laufen vertikal, im mittleren Abschnitt ziehen sie schräg von hinten oben nach unten vorn. Im hinteren Teil des Muskels sind die Muskelfasern horizontal in der Sagittalebene ausgerichtet. Der M. temporalis geht häufig Verbindungen mit den Mm. masseter und pterygoideus lateralis ein.

M. pterygoideus medialis
Der *M. pterygoideus medialis* (Innervation: N. pterygoideus medialis, V/3) liegt an der Innenseite des Ramus mandibulae (◻ Abb. 4.34). Er hat **2 Ursprungsköpfe,** von denen der größere **mediale Kopf** (Pars medialis) aus der Fossa pterygoidea und der kleinere **laterale Kopf** (Pars lateralis) von der Außenseite der Lamina lateralis des Flügelfortsatzes schräg nach hinten unten zum Kieferwinkel zieht. Zwischen die beiden Köpfe schiebt sich der untere Teil des *M. pterygoideus lateralis*. Der M. pterygoideus medialis ist häufig über eine bindegewebige Raphe mit dem M. masseter verbunden.

M. pterygoideus lateralis
Der *M. pterygoideus lateralis* (Innervation: N. pterygoideus lateralis, V/3) liegt in der Fossa infratemporalis (◻ Abb. 4.34). Er besteht aus einem kleinen oberen Kopf *(Caput superius)* und aus einem größeren unteren Kopf *(Caput inferius)*. Das *Caput superius* läuft horizontal von der *Ala major* des Os sphenoidale zum oberen Rand der *Fovea pterygoidea*; ein Teil der Muskelfasern inseriert im anteromedialen Abschnitt des *Discus articularis* und an der Gelenkkapsel. Das *Caput inferius* zieht konvergierend zur *Fovea pterygoidea* des Collum mandibulae. Der M. pterygoideus lateralis nimmt unter den Kaumuskeln eine **Schlüsselstellung** ein: Sein **Caput inferius** steuert die Kinematik des Kiefergelenkes bei der Mundöffnung, indem es erstens die Bewegung einleitet und zweitens den weiteren Bewegungsablauf in Form

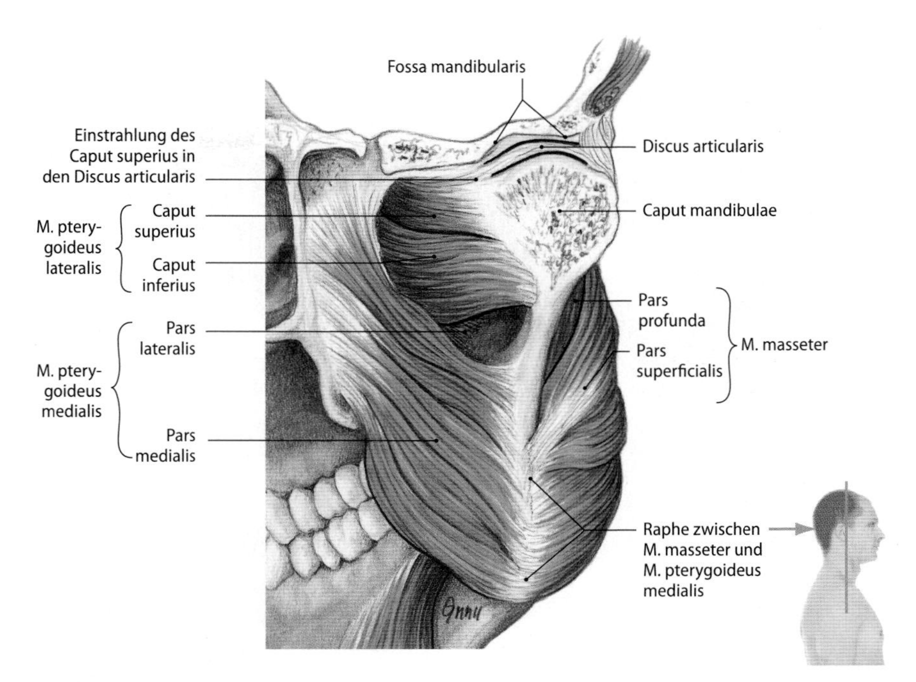

Abb. 4.34. Kaumuskeln der rechten Seite. Frontalschnitt durch den Kopf im Bereich des Kiefergelenks, Ansicht von hinten [7]

einer zwangsweisen Kombination aus Rotation und Translation herbeiführt.

Faszien des Gesichtsbereiches

Die Faszien des Gesichtsbereiches bedecken die Kaumuskeln *(Fascia masseterica, Fascia temporalis)*, von den mimischen Muskeln den M. buccinator *(Fascia buccopharyngea)* sowie die Glandula parotidea *(Fascia parotidea)*. Fascia masseterica und Fascia parotidea sind Teil der oberflächlichen Körperfaszie und Fortsetzung des oberflächlichen Halsfaszienblattes (Abb. 4.35). Die *Fascia masseterica* spaltet sich in ein oberflächliches und in ein tiefes Blatt und bildet eine **Faszienloge** für den M. masseter und für die Mm. pterygoidei medialis und lateralis sowie für die Ohrspeicheldrüse. Das den M. masseter und die Glandula parotidea gemeinsam bedeckende oberflächliche Faszienblatt bezeichnet man auch als *Fascia parotideomasseterica* (4.29) (▶ Kap. 19, Abb. 19.8, S. 791). Das tiefe Blatt der Fascia masseterica umhüllt die Mm. pterygoidei. Die an der Linea temporalis superior entspringende *Fascia temporalis* bedeckt den größten Teil des M. temporalis. Die Fascia temporalis spaltet sich in ein oberflächliches, *Lamina superficialis,* und in ein tiefes Blatt, *Lamina profunda* (▶ Kap. 19, Abb. 19.4, S. 787). Die aponeurotisch verstärkte Lamina superficialis, an welcher der oberflächliche Teil des M. temporalis entspringt, ist am Außenrand des Jochbogens angeheftet. Die Lamina profunda ist am Innenrand des Arcus zygomaticus befestigt. Auf diese Weise entsteht ein dreieckiger osteofibröser Raum, der von Baufett ausgefüllt ist.

4.29 Schwellung der Ohrspeicheldrüse

Bei Schwellung der Ohrspeicheldrüse (Glandula parotidea) infolge einer Parotitis sind Kaubewegungen aufgrund der engen Nachbarschaft zu den Kaumuskeln und wegen des gemeinsamen Faszienblattes (Fascia parotideomasseterica) sehr schmerzhaft.

Obere Zungenbeinmuskeln (Mm. suprahyoidei)

Suprahyoidale Muskeln sind die *Mm. digastricus, mylohyoideus* und *geniohyoideus* sowie der *M. stylohyoideus*. Die in der systematischen Anatomie zu den Halsmuskeln zählenden **oberen Zungenbeinmuskeln**, *Mm. suprahyoidei* (Abb. 4.36), werden im Hinblick auf ihre wichtige **Funktion** beim **Kauakt** an dieser Stelle beschrieben. Die suprahyoidalen Muskeln beteiligen sich funktionell außerdem am **Schluckakt** (▶ Kap. 10.2) sowie an der **Artikulation** beim Sprechen und Singen. Die **oberen Zungenbeinmuskeln** bilden mit den **unteren Zungenbeinmuskeln** eine **Muskelschlinge,** in die das Zungenbein mit dem Larynxskelett eingelagert ist. Die beiden Muskelgruppen gehen eine Funktionsgemeinschaft ein und arbeiten bei allen Tätigkeiten synergistisch.

Von den suprahyoidalen Muskeln bilden *M. geniohyoideus, M. mylohyoideus* und *Venter anterior* des *M. digastricus* den muskulären Bestandteil des **Mundbodens** (Abb. 4.37). Die paarigen **Mundbodenmuskeln** laufen in 3 Schichten zwischen Unterkiefer und Zungenbein. Die suprahyoidalen Muskeln sind, wie ihre Innervation zeigt (Tab. 4.10), unterschiedlicher embryologischer Herkunft.

M. digastricus

Der *M. digastricus* (Innervation: Venter anterior: N. mylohyoideus, V/3; Venter posterior: N. facialis) ist ein zweibäuchiger Muskel (Abb. 4.36 und 4.38). Sein vorderer *(Venter anterior)* und hinterer Bauch *(Venter posterior)* sind durch eine **Zwischensehne** verbunden, die über eine bindgewebige Schlaufe am Zungenbein angeheftet ist. Der M. digastricus zeigt häufig Varianten.

M. mylohyoideus

Die *Mm. mylohyoidei* (Innervation: N. mylohyoideus, V/3) liegen in der mittleren Schicht der Mundbodenmuskeln. Sie sind in Form einer fünfeckigen, trichterförmigen Muskelplatte zwischen Zungenbein und Unterkiefer ausgespannt und bilden das *Diaphragma oris.* Der Ursprung des Muskels erstreckt sich an der Basis der Unterschenkelinnenseite von der Spina mentalis bis in den Bereich des dritten Molaren. Im mittleren Abschnitt der Unterkieferbasis kommt es zu einer deutlichen Stufenbildung innerhalb der Ursprungszone. Im vorderen Teil der Mandibula liegt die Insertionszone tiefer als im hinteren Abschnitt, dabei ist der Muskelursprung häufig zweigeteilt oder seltener dreigeteilt. Die Muskelfasern des vorderen Abschnittes laufen hori-

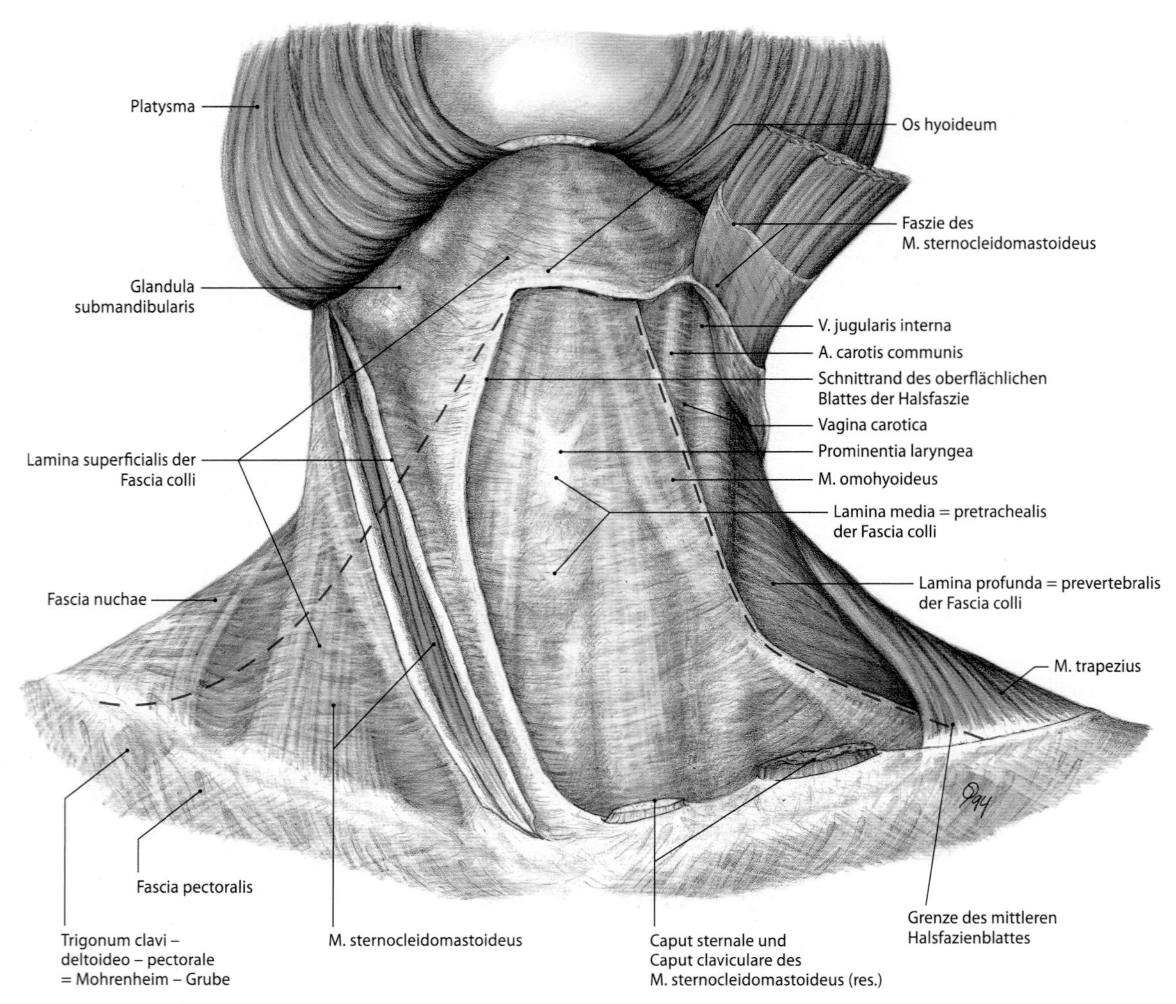

Abb. 4.35. Muskelfaszien des Halses, Ansicht von vorn [7]

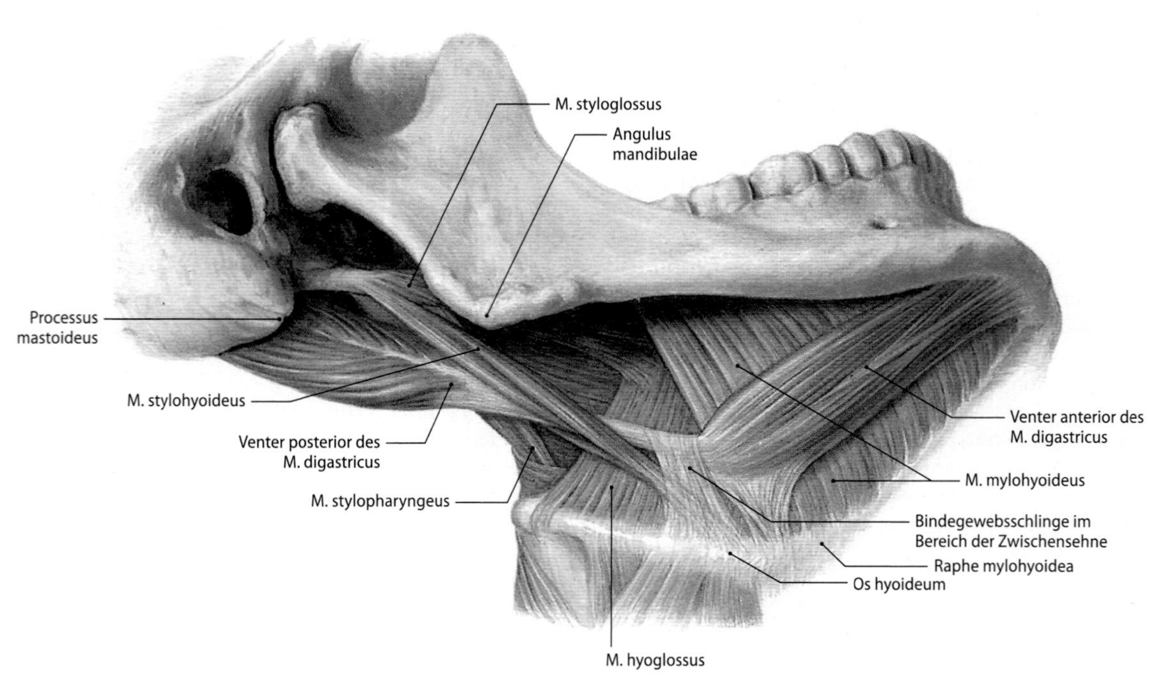

Abb. 4.36. Obere Zungenbeinmuskeln, Ansicht von rechts lateral [7]

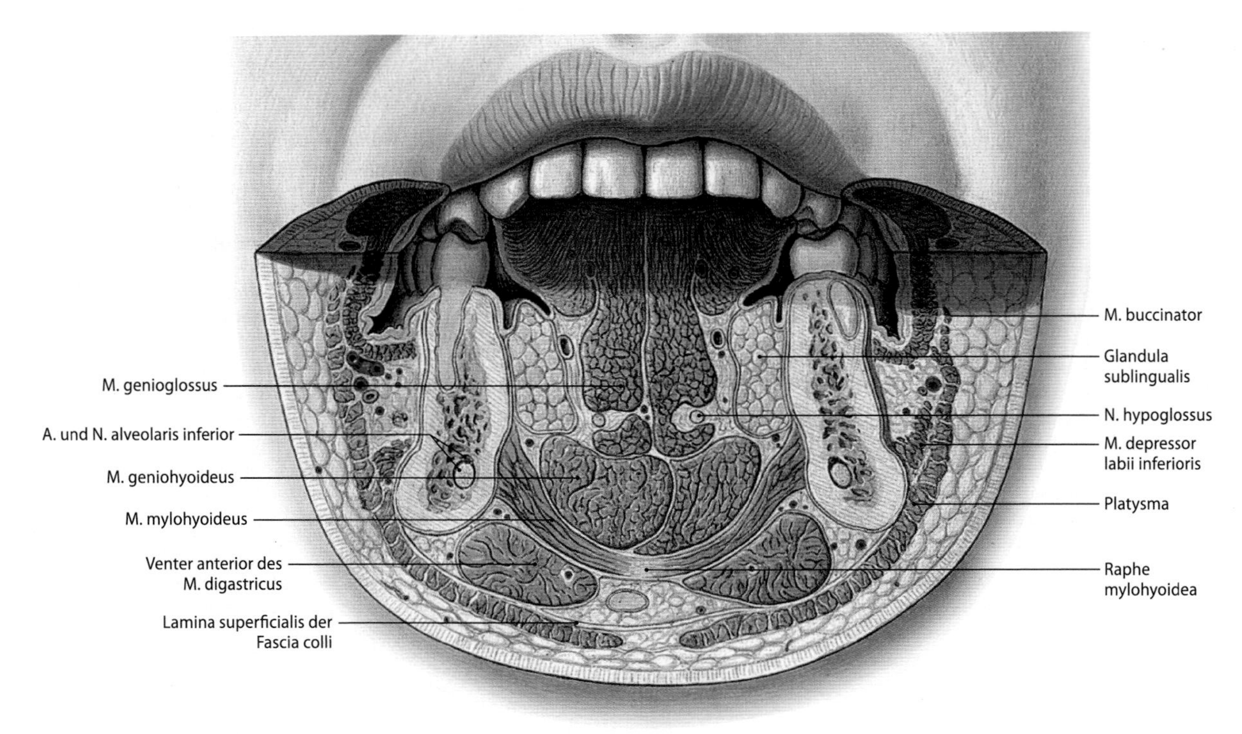

Abb. 4.37. Darstellung der suprahyoidalen Muskeln. Frontalschnitt durch den Kopf im Bereich der Prämolaren, Ansicht von vorn [7]

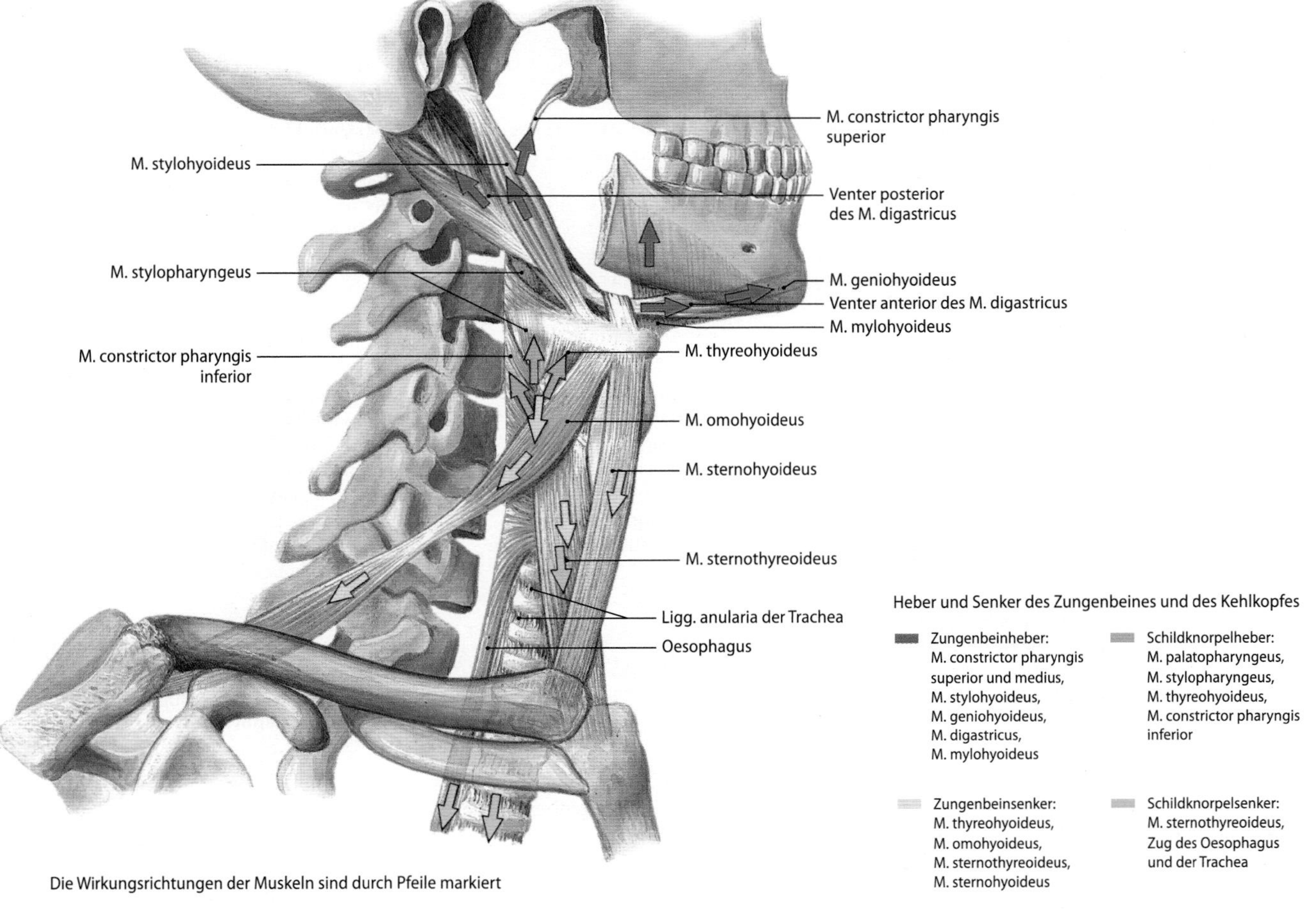

Abb. 4.38. Infrahyoidale und suprahyoidale Muskeln. Funktionen am Zungenbein und am Kehlkopfskelett

Tab. 4.9. Kaumuskeln

Muskel	Ursprung (U) Ansatz (A)	Innervation (I) Blutversorgung (V)	Funktion
M. masseter	Ursprung **Pars profunda:** Facies temporalis und Innenseite des **Processus temporalis des Os zygomaticum** (Lamina profunda der Fascia temporalis) **Pars superficialis:** Unterrand der Facies lateralis und Processus temporalis des **Os zygomaticum** Ansatz **Pars profunda:** Außenfläche des **Ramusmandibulae** bis zur Basis des Processus coronoideus und des Processus condylaris **Pars superficialis: Tuberositas masseterica** an der Außenfläche des **Angulus mandibulae**	Innervation N. massetericus des N. mandibularis aus dem N. trigeminus (V/3) Blutversorgung – A. masseterica der A. maxillaris – A. facialis – A. transversa faciei der A. temporalis superficialis – A. buccalis der A. maxillaris	Kräftiges **Heben (Adduktion)** des **Unterkiefers** Schließen des Mundes. Unterstützung der Protrusion des Unterkiefers (nur Pars superficialis). M. masseter der rechten und der linken Seite agieren stets synchron. Der M. masseter bildet mit dem M. pterygoideus medialis eine **Muskelschlinge.** Die beiden Muskeln wirken bei der Adduktion des Unterkiefers synergistisch und bringen etwa 55% der Kaukraft auf. Der M. masseter verfügt aufgrund seiner komplexen Fiederung über eine erhebliche **Kraftreserve.** Er kann gemeinsam mit dem M. pterygoideus medialis den Kaudruck durch isometrische Kontraktion in Okklusionsstellung der Zähne noch erheblich steigern.
M. temporalis	Ursprung – **Linea temporalis inferior** der Facies externa des **Os parietale** und der **Facies temporalis des Os frontale** – **Pars squamosa des Os temporale**, Facies temporalis des **Os zygomaticum,** Facies temporalis des **Os sphenoidale** bis zur Crista infratemporalis Ansatz **Processus coronoideus der Mandibula** bis in das Trigonum retromolare	Innervation Nn. temporales profundi des N. mandibularis aus dem N. trigeminus (V/3) Blutversorgung – Aa. temporales profundae anterior und posterior der A. maxillaris – A. temporalis media der A. temporalis superficialis	Beidseitige, synchrone Aktivität: – kräftiges **Heben (Adduktion**) des **Unterkiefers:** Schließen des Mundes (gesamter Muskel) – Retrusion des Unterkiefers (hinterer Teil) – Unterstützung der Protrusion des Unterkiefers (vorderer Teil) Einseitige Aktivität: Mahlbewegung: – Arbeitsseite: **Stabilisierung** des **Caput mandibulae** (hinterer Teil) – Balanceseite: **Verlagerung** des **Caput mandibulae** nach vorn und **Drehung** zur **kontralateralen Seite** (gesamter Muskel) Der hintere Teil des Muskels hält das Caput mandibulae in Ruhelage in der Fossa mandibulae.
M. pterygoideus medialis	Ursprung **Pars medialis:** in der **Fossa pterygoidea** an der Facies medialis der **Laminalateralis processus pterygoidei** des Os sphenoidale **Pars** lateralis: Facies lateralis der **Lamina lateralis processus pterygoidei des Os sphenoidale, Processus pyramidalis ossis palatini, Tuber maxillae** Ansatz Tuberositas pterygoidea **an der Innenfläche des** Angulus mandibulae	Innervation N. pterygoideus medialis des N. mandibularis aus dem N. trigeminus (V/3) Blutversorgung – A. alveolaris superior – A. alveolaris inferior – A. buccalis der A. maxillaris	Beidseitige, synchrone Aktivität: **Heben (Adduktion)** des **Unterkiefers** (Schließen des Mundes), Protrusion des Unterkiefers. Einseitige Aktivität: **Mahlbewegung** – Balanceseite: **Verlagerung** des **Caput mandibulare** nach vorn und **Drehung** zur **kontralateralen Seite**
M. pterygoideus lateralis	Ursprung **Caput superius:** Facies temporalis und Crista infratemporalis der **Ala major des Os sphenoidale** **Caput inferius:** Facies lateralis der **Laminalateralis processus pterygoidei** des Os sphenoidale Ansatz **Caput superius:** Oberrand der **Fovea pterygoidea** (Gelenkkapsel und **Discus articularis**) **Caput inferius: Fovea pterygoidea**	Innervation N. pterygoideus lateralis des N. mandibularis aus dem N. trigeminus (N.V/3) Blutversorgung R. pterygoideus der A. maxillaris	**Caput superius:** beidseitige, synchrone Aktivität: **Fixierung** des **Caput mandibulae** am Tuberkulumabhang während der Adduktion des Unterkiefers einseitige Aktivität: **Mahlbewegung** – Arbeitsseite: **Stabilisierung** des (»ruhenden«) **Caput madibulae** während der Drehbewegung **Caput inferius:** beidseitige, synchrone Aktivität: **Einleitung** der **Kieferöffnungsbewegung** einseitige Aktivität: **Mahlbewegung** – Balanceseite: **Verlagerung** des **Caput mandibulae** nach vorn

zontal und strahlen von beiden Seiten in eine gemeinsame bindegewebige Raphe, die sich in der Mediane von der Spina mentalis bis zum Zungenbeinkörper ausspannt. Im hinteren Abschnitt verbreitert sich die Raphe zu einer bindegewebigen Platte. Die Muskelfasern des hinteren Abschnitts ziehen schräg nach kaudal und inserieren direkt am Zungenbeinkörper. Die hinteren Fasern der Mm. mylohyoidei bilden den freien dorsalen Rand des Diaphragma oris. Aufgrund ihrer räumlichen Anordnung (Abb. 4.37) bilden die Mm. mylohyoidei einen »Traggurt« für die auf dem Diaphragma oris liegenden Organe der Mundhöhle.

Tab. 4.10. Suprahyoidale Muskeln (Mm. suprahyoidei)

	Ursprung (U) Ansatz (A)	Innervation (I) Blutversorgung (V)	Funktion
M. digastricus	Ursprung Venter posterior: **Incisura mastoidea** Venter anterior: **Fossa digastrica der Mandibula** Ansatz Anheftung der Zwischensehne über eine Bindegewebeschlinge an **Corpus** und **Basis** des **Cornu majus** des **Zungenbeins** (mittleres Blatt der Fascia cervicalis)	Innervation Venter anterior: N. mylohyoideus (V/3) Venter posterior: R. digastricus des N. facialis Blutversorgung – A. occipitalis – A. auricularis posterior – A. submentalis der A. facialis	**Venter anterior:** Beidseitige Aktivität bei (von den infrahyoidalen Muskeln) fixiertem Zungenbein: **Senken (Abduktion)** des **Unterkiefers** (Öffnen des Mundes). Einseitige Aktivität bei fixiertem Zungenbein: **Mahlbewegung** – Balanceseite: **Verlagerung** des **Caput mandibulae** nach vorn und **Drehung** zur **ipsilateralen Seite.** **Venter anterior** und **Venter posterior:** Beidseitige Aktivität bei fixiertem Unterkiefer: **Anheben** des **Zungenbeines** beim Schluckakt.
M. mylohyoideus	Ursprung Basis der Unterkieferinnenseite stufenförmig im Bereich der **Linea mylohyoidea** Ansatz **Corpus ossis hyoidei** zwischen den großen Zungenbeinhörnern.	Innervation N. mylohyoideus (V/3) Blutversorgung – A. submentalis der A. facialis – A. sublingualis der A. lingualis	Beidseitige Aktivität bei fixiertem Zungenbein: **Senken** (Abduktion) des **Unterkiefers** (Öffnen des Mundes). Einseitige Aktivität bei fixiertem Zungenbein: **Mahlbewegung – Drehung** zur **ipsilasteralen Seite.** Beidseitige Aktivität bei fixiertem Unterkiefer: Anheben des Zungenbeins beim Schluckakt.
M. geniohyoideus	Ursprung unterer Höcker der **Spina mentalis der Mandibula** Ansatz oberer äußerer Rand des **Zungenbeinkörpers**	Innervation N. hypoglossus und Rr. musculares der Zervikalnerven C1–2 Blutversorgung A. sublingualis der A. lingualis	Beidseitige Aktivität bei fixiertem Zungenbein: Senken (Abduktion) des Unterkiefers (Öffnen des Mundes). Einseitige Aktivität bei fixiertem Zungenbein: **Mahlbewegung – Drehung** zur **ipsilateralen Seite.** Beidseitige Aktivität bei fixiertem Unterkiefer: Verlagerung des Zungenbeins nach vorn-oben.
M. stylohyoideus	Ursprung Basis und mittlerer Bereich des **Processus styloideus** Ansatz **Corpus** und **Cornu majus** des **Zungenbeins**	Innervation R. stylohyoideus des N. facialis Blutversorgung – A. occipitalis – A. auricularis posterior	Beidseitige Aktivität: zieht das **Zungenbein** während des Schluckaktes **nach oben hinten.**

M. geniohyoideus

Der *M. geniohyoideus* (Innervation: Rr. musculares der Zervikalnerven C1–2) bildet die innere, tiefe Schicht der Mundbodenmuskeln (■ Abb. 4.37 und 4.38). Er zieht von der Spina mentalis der Mandibula auf dem M. mylohyoideus divergierend zum Zungenbein. Die Muskeln beider Seiten sind in der Mediane durch ein Bindegewebeseptum voneinander getrennt. Sie bilden gemeinsam eine dreieckige Muskelplatte, deren Basis am Zungenbein liegt.

M. stylohyoideus

Der *M. stylohyoideus* (Innervation: N. cialis) entspringt am Processus styloideus und zieht oberhalb des hinteren Digastrikusbauches schräg nach unten vorn (■ Abb. 4.38). Vor seiner Insertion am Zungenbein spaltet sich seine Ansatzsehne in zwei Anteile, die die Zwischensehne des M. digastricus umgreifen. Der Muskel kann als Variante mit dem hinteren Digastrikusbauch verwachsen sein oder aus mehreren Muskelbündeln bestehen.

In Kürze

Muskeln des Kopfes
- Kaumuskeln:
  - Muskeln für das Senken (Abduktion) des Unterkiefers:
    - M. digasticus
    - M. mylohyoideus
    - M. geniohyoideus
    - M. pterygoideus lateralis (Caput inferius): Einleitung der Bewegung
  - Muskeln für das Heben(Adduktion) des Unterkiefers:
    - M. temporalis
    - M. masseter
    - M. pterygoideus medialis
    - M. pterygoideus lateralis (Caput superius): Fixierung des Caput madibulae am Tuberkulumabhang
- **Mahlbewegung Arbeitsseite:**
  - M. digasticus
  - M. mylohyoideus
  - M. geniohyoideus
  - M. temporalis (Pars posterior) und M. pterygoideus lateralis (Caput superius): Stabilisierung des Caput mandibulae
- **Mahlbewegung Balanceseite:**
  - M. temporalis
  - M. pterygoideus medialis
  - M. pterygoideus lateralis (Caput inferius)

4.2.4 Halsmuskeln (Mm. colli)

B.N. Tillmann

 Einführung

Die Halsmuskeln haben unterschiedliche Funktionen. Sie stehen im Dienste der Bewegung und Haltungssicherung von Kopf, Halswirbelsäule und Schultergürtel. Außerdem beteiligen sie sich an den komplexen Bewegungen des Kauens, des Schluckens, der Phonation und der Atmung.

Die Muskeln des Halses, *Mm. colli (cervicis)*, sind unterschiedlicher Herkunft. Dorsal liegen die autochthonen Rückenmuskeln mit den tiefen Nackenmuskeln. Die dorsale Muskelgruppe wird vom *M. trapezius* bedeckt, der funktionell zu den Schultergürtelmuskeln zählt (► Kap. 4.4). In die Halsregion ragen von dorsal die *Mm. rhomboidei* und der M. levator scapulae (► Kap. 4.4). Ventral liegt auf dem oberflächlichen Halsfaszienblatt das *Platysma*, das genetisch den mimischen Muskeln zugerechnet wird. Der *M. sternocleidomastoideus* entstammt wie der M. trapezius z.T. dem Blastem der kaudalen Pharyngealbögen, funktionell gehört er zur Gruppe der Schultergürtelmuskeln. Vor und seitlich der Halswirbelsäule liegen als Abkömmlinge der ventrolateralen Rumpfmuskeln die *Mm. scaleni*. Die **prävertebralen Muskeln** bedecken den seitlichen und vorderen Teil der Halswirbel. Vor den Halseingeweiden sind die aus ventralen Myotomanteilen stammenden **infrahyoidalen Muskeln** zwischen Schultergürtel sowie Zungenbein und Kehlkopfskelett angeordnet. Topographisch zählen auch die **suprahyoidalen Muskeln** zu den Halsmuskeln, die aus funktionellen Gründen bei den Kaumuskeln (► Kap. 4.2.3) besprochen werden.

Zur mimischen Muskulatur und zum Schultergürtel gehörende Muskeln

Platysma

Das *Platysma* (Innervation: R. colli des N. facialis) ist ein paariger Hautmuskel, der sich vom Gesichtsbereich über den Hals bis in die obere Brustregion ausdehnt. Der Kopfanteil hat Beziehung zu den Muskeln in der Umgebung des Mundes. Die auf dem oberflächlichen Halsfaszienblatt liegenden Muskelplatten des Halsanteiles entspringen an der Mandibula. Die fest mit der Subkutis verbundenen Muskeln ziehen über die Schlüsselbeine bis in den zweiten Interkostalraum. Das Platysma zeigt häufig Varianten in Stärke und Ausdehnung. Funktionen ◻ Tab. 4.8.

M. sternocleidomastoideus

Der in das oberflächliche Halsfaszienblatt eingeschlossene *M. sternocleidomastoideus* (Innervation: N. accessorius, Plexus cervicalis C1–2) prägt das Oberflächenrelief des Halses, er ist in seiner gesamten Ausdehnung sicht- und tastbar (◻ Abb. 4.39 Tafel III, S. 779). Der Muskel hat 2 Ursprungsköpfe: *Caput sternale* und *Caput claviculare*, zwischen ihnen liegt die sichtbare *Fossa supraclavicularis minor*. Auf seinem Verlauf vom Schultergürtel zum Schädel überlagert die Pars sternalis die Pars clavicularis, und der Muskel erfährt vom Ursprung bis zum Ansatz eine Torquierung von etwa 90°.

! Der M. sternocleidomastoideus hat topographisch-klinische Bedeutung: Sein Vorderrand bildet die Grenze zum vorderem Halsdreieck, an seinem Hinterrand beginnt das hintere Halsdreieck. Der Muskel dient als Leitstruktur bei operativen Eingriffen am Hals.

 **4.30 Muskulärer Schiefhals (Tortikollis)**

Der angeborene muskuläre Schiefhals (Tortikollis) beruht auf einer Verkürzung des M. sternocleidomastoideus (Muskelkontraktur und Umwandlung in einen bindegewebigen Strang) mit Neigung von Kopf und Hals zur betroffenen Seite sowie Drehung zur (gesunden) Gegenseite. Beim Erwachsenen kann ein spastischer Tortikollis auftreten.

Untere Zungenbeinmuskeln (Mm. infrahyoidei)

Die infrahyoidalen Muskeln (◻ Abb. 4.38 und 4.39 und ◻ Tab. 4.11) entstammen ventralen Myotomanteilen der oberen Halssegmente. Sie sind in 2 Lagen angeordnet und werden vom mittleren Halsfaszienblatt eingeschlossen. Die in der Tiefe liegenden *Mm. sternothyreoideus* und *thyreohyoideus* haben Verbindung zum Schildknorpel. Die oberflächlichen *Mm. sternohyoideus* und *omohyoideus* inserieren am Zungenbein.

M. sternohyoideus

Der *M. sternohyoideus* (Innervation: Ansa cervicalis) entspringt als breiter, platter Muskel an der Hinterfläche des Sternoklavikulargelenkes und von den angrenzenden Anteilen des Sternums und der Clavicula (◻ Abb. 4.38 und 4.39). Im Ansatzbereich am Zungenbeinkörper wird der Muskel schmaler. Häufig berühren sich die Muskeln beider Seiten in der Mediane.

M. sternothyreoideus

Der *M. sternothyreoideus* (Innervation: Ansa cervicalis) wird größtenteils vom M. sternohyoideus bedeckt (◻ Abb. 4.38). Der flache, breite Muskel zieht von der Hinterfläche des Manubrium sterni und vom ersten Rippenknorpel über die Schilddrüse hinweg zur Cartilago thyreoidea. Ein Teil des Muskels strahlt in den M. thyreohyoideus und in den unteren Schlundschnürer ein.

M. thyreohyoideus

Der *M. thyreohyoideus* (Innervation: Ansa cervicalis) zieht als rechteckige Muskelplatte vom Schildknorpel über den hinteren Teil der *Membrana thyreohyoidea* zum Zungenbein, wo sein Ansatzbereich von den Mm. omohyoideus und sternohyoideus überlagert wird (◻ Abb. 4.38). Oberflächliche Muskelfaserbündel, die vom Schildknorpel oder vom Zungenbein kommen und in die Kapsel der Schilddrüse einstrahlen, bezeichnet man als *M. levator glandulae thyreoideae*.

M. omohyoideus

Der M. *omohyoideus* (Innervation: Ansa cervicalis) besteht aus 2 schmalen, dünnen Bäuchen, die über eine Zwischensehne miteinander verbunden sind (◻ Abb. 4.38 und 4.39). Der untere Bauch *(Venter inferior)* kommt vom oberen Schulterblattrand und zieht durch das seitliche Halsdreieck nach medial kranial. Er geht an der Überkreuzung durch den M. sternocleidomastoideus in die **Zwischensehne** über. Von ihr zieht der obere Bauch *(Venter superior)* durch das vordere Halsdreieck zum Zungenbein. Die Mm. omohyoidei bilden die laterale Anheftung für das mittlere Halsfaszienblatt (◻ Abb. 4.35).

Funktion der infrahyoidalen Muskeln

Die infrahyoidalen Muskeln bilden mit den suprahyoidalen Muskeln eine Funktionsgemeinschaft in Form von **Muskelschlingen,** in die das Zungenbein und das Kehlkopfskelett eingeschaltet sind:

- Die am Zungenbein ansetzenden Mm. omohyoideus und sternohyoideus unterstützen den **Kauakt**. Sie fixieren das Zungenbein, so dass die oberen Zungenbeinmuskeln bei der Öffnung des Mundes (Senken des Unterkiefers) und bei der Mahlbewegung aktiv werden können.

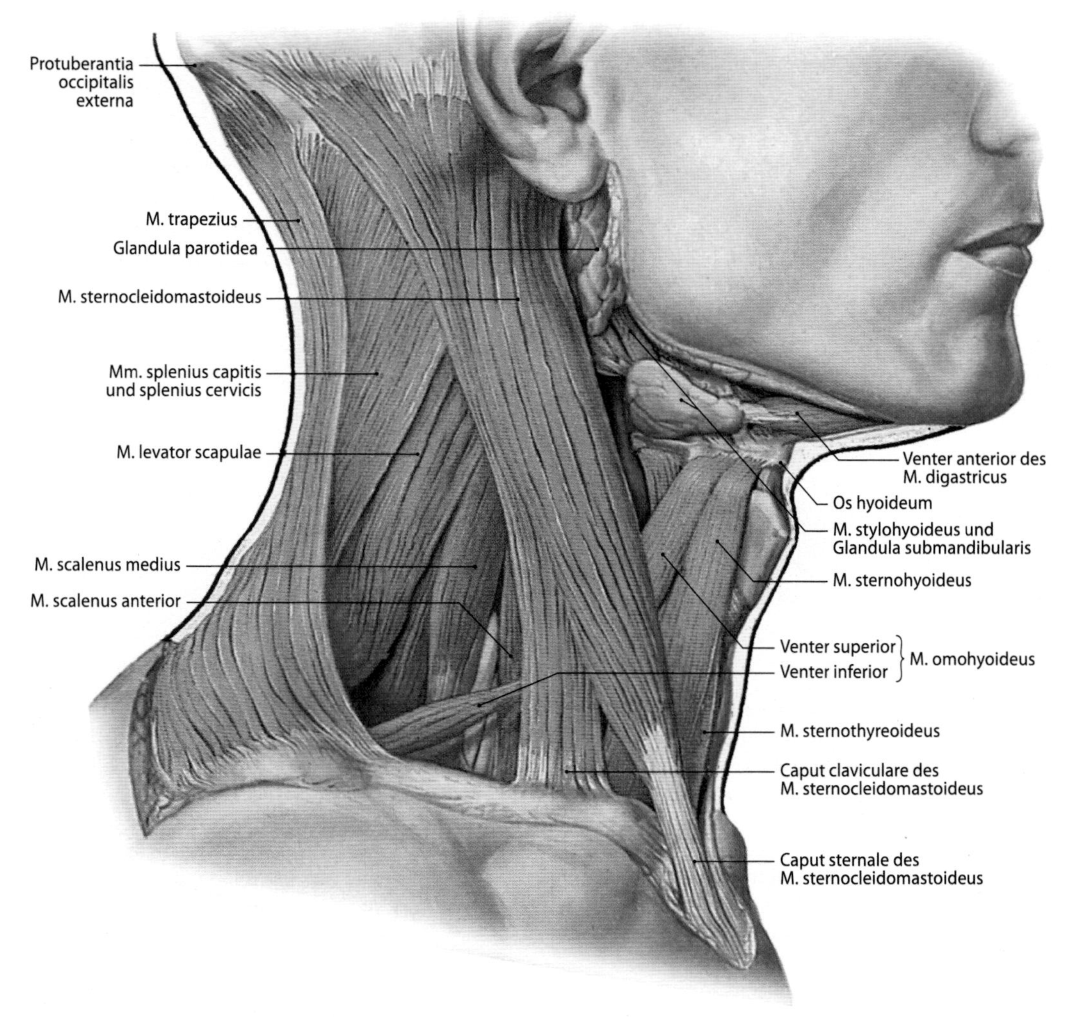

Abb. 4.39. Halsmuskeln der rechten Seite, Ansicht von lateral [7]

- Die infrahyoidalen Muskeln beteiligen sich am **Schluckakt**. Der M. thyreohyoideus ist an der Anhebung des Kehlkopfes in der ersten Phase des Schluckaktes (▶ Kap. 10.2) beteiligt. Da das Punctum fixum der Mm. omohyoideus, sternohyoideus und sternothyreoideus immer im Ursprungsbereich am Schultergürtel liegt, können die Muskeln Zungenbein und Kehlkopf in der Endphase des Schluckaktes nach kaudal ziehen.
- Die Stabilisierung von Kehlkopf und Zungenbein im labilen Gleichgewicht hat Einfluss auf die **Phonation.**
- **Förderung des venösen Rückflusses** (siehe M. omohyoideus, Tab. 4.11).

Prävertebrale Muskeln

Zu den prävertebralen Muskeln zählen die *Mm. longus capitis und longus colli (M. rectus capitis anterior,* Tab. 4.18, S. 177*)*. Die Muskeln liegen in der Rinne zwischen Wirbelkörpern und Querfortsätzen, sie werden vom tiefen Halsfaszienblatt *(Lamina praevertebralis)* bedeckt.

M. longus capitis

Der *M. longus capitis* (Innervation: Rr. anteriores der Zervikalnerven) entspringt mit 4 Zacken an den Querfortsätzen des 3.–6. Halswirbels und läuft nach kranial medial zur Pars basilaris des Os occipitale (Abb. 4.40).

M. longus colli

Der *M. longus colli* (Innervation: Rr. anteriores der Zervikalnerven) liegt medial vom M. longus capitis (Abb. 4.40). Der Muskel dehnt sich in Form eines stumpfwinkligen Dreiecks vom Atlas bis zum 3. Brustwirbel aus. Im medialen Teil laufen die Muskelfaserbündel vertikal *(Pars recta)*. Obere laterale Anteile (Pars obliqua superior) ziehen schräg von den Querfortsätzen der oberen Halswirbel zum Atlas. Der untere laterale Anteil *(Pars obliqua inferior)* verbindet die oberen Brustwirbelkörper und die Querfortsätze der unteren Halswirbel.

Tiefe seitliche Halsmuskeln

Die *Mm. scaleni anterior, medius* und *posterior* (Abb. 4.39, 4.40 und Tab. 4.11) liegen in der seitlichen Halsregion. Sie haben ihren Ursprung an den Rippenrudimenten der Halswirbelsäule (Tubercula der Querfortsätze) und sind entsprechend Analoga zu den Zwischenrippenmuskeln. Die Muskeln ziehen fächerförmig nach lateral kaudal zu den oberen Rippen und bilden mit dem sie bedeckenden tiefen Halsfaszienblatt eine kegelförmige Abdeckung der oberen Thoraxapertur.

M. scalenus anterior

Der *M. scalenus anterior* (Innervation: Rr. anteriores der Zervikalnerven) ist bei tiefer Inspiration am Hinterrand des M. sternocleidomastoideus tastbar. Die Ausdehnung des Muskelursprungs variiert. Gele-

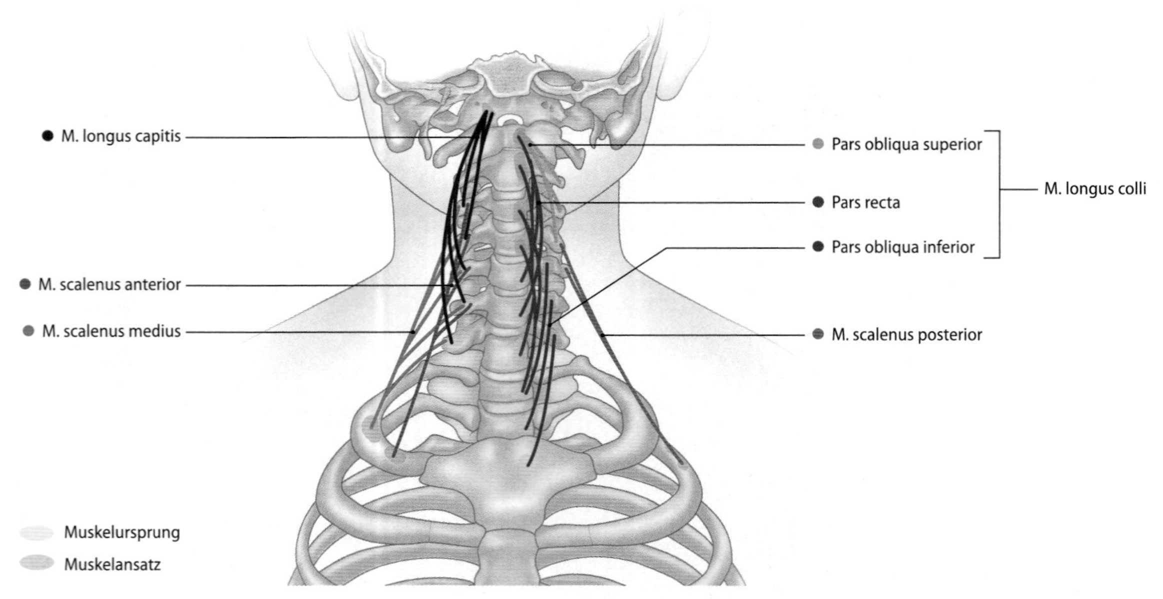

Abb. 4.40. Prävertebrale Muskeln

gentlich teilt sich der Muskel im Ursprungsbereich, die A. subclavia oder Teile des Plexus brachialis können dann durch die Lücke im Muskel in die seitliche Halsregion treten (4.31). Teile des M. scalenus anterior strahlen nicht selten in den M. scalenus medius – und vice versa – ein.

Skalenuslücke. Die Mm. scaleni anterius und medius begrenzen mit der ersten Rippe die Skalenuslücke, die eine Durchtrittspforte für die A. subclavia und den Plexus brachialis in die seitliche Halsregion ist.

M. scalenus medius

Der *M. scalenus medius* (Innervation: Rr. anteriores der Zervikalnerven) ist der kräftigste Muskel der Skalenusgruppe. Die Ansätze der Mm. scalenus medius und anterior können so dicht nebeneinander liegen, dass es zur Einengung der Skalenuslücke kommt (4.31).

M. scalenus posterior

Der *M. scalenus posterior* (Innervation: Rr. anteriores der Zervikalnerven) kommt von den Querfortsätzen der unteren Halswirbel und zieht zur zweiten Rippe. Seine Ansatzsehne überlagert zum Teil den M. scalenus medius.

Funktion der Mm. scaleni

Die Mm. scaleni unterstützen die **Atmung:** Wenn das Punctum fixum an der Halswirbelsäule liegt, heben sie die erste und zweite Rippe (Inspiration). Sie beteiligen sich an den **Bewegungen der Halswirbelsäule:** unterstützen das Seitwärts- und Vorwärtsneigen sowie die Drehbewegungen.

4.31 Skalenusengpass-Syndrom und Blockade des Plexus brachialis

Ursache eines Skalenusengpass-Syndroms mit Kompression der A. subclavia und des Plexus brachialis können eine muskuläre Einengung der Skalenuslücke, aberrierende Muskelfaserbündel zwischen den Mm. scaleni anterior und medius, der M.scalenus minimus oder eine Halsrippe sein.

Zur interskalenären Blockade des Plexus brachialis wird die Skalenuslücke durch Palpation lokalisiert.

In Kürze

Halsmuskeln (Mm. colli)

- Platysma
- M. sternocleidomastoideus
- infrahyoidale Muskeln
  - Mm. sternothyreoideus und thyreohyoideus: liegen in der Tiefe und haben Verbindung zum Schildknorpel
  - Mm. sternohyoideus und omohyoideus liegen oberflächlich und inserieren am Zungenbein
- prävertebrale Muskeln
  - Mm. longus capitis und longus colli (M. rectus capitis anterior): liegen in der Rinne zwischen Wirbelkörpern und Querfortsätzen
- tiefe seitliche Halsmuskeln
  - Mm. scaleni (anterior, medius und posterior): Ziehen fächerförmig nach lateral kaudal zu den oberen Rippen und bilden mit dem sie bedeckenden tiefen Halsfaszienblatt eine kegelförmige Abdeckung der oberen Thoraxapertur; Skalenuslücke.
    Funktionen: Unterstützung der Atmung (Inspiration) und unterstützen das Seitwärts- und Vorwärtsneigen sowie die Drehbewegungen der Halswirbelsäule.

Halsfaszien (Fascia cervicalis)

Muskelfaszien

In den Nomina anatomica werden die 3 Muskelfaszien des Halses: Lamina superficialis, Lamina pretrachealis und Lamina prevertebralis als *Fascia cervicalis (Fascia colli)* zusammengefasst (Abb. 4.35). Im Folgenden werden nur die **Muskelfaszien** beschrieben. Die ebenfalls zur Halsfaszie gehörende Bindegewebsscheide des Gefäß-Nerven-Stranges *(Vagina carotica)* sowie die Organhüllen werden im ► Kap. 20 besprochen.

Das **oberflächliche Blatt der Halsfaszie,** *Lamina superficialis,* ist Teil der allgemeinen oberflächlichen Körperfaszie und geht kranial in die *Fascia parotidea* sowie kaudal in die Faszie des Rumpfes über. Das oberflächliche Blatt umhüllt sämtliche Muskeln des Halses mit Aus-

Tab. 4.11. Gemischte Kopf-Rumpf-Muskeln, die funktionell zu den Schultergürtelmuskeln zählen

Muskeln	Ursprung (U) Ansatz (A)	Innervation (I) Blutversorgung (V)	Funktion Schleimbeutel
Halsmuskeln			
M. sterno-cleidomastoideus	Ursprung Caput sternale: Oberrand des **Manubrium sterni** Caput claviculare: mediales Drittel (Viertel) der **Clavicula** Ansatz Caput sternale: Basis des **Processus mastoideus; Linea nuchalis superior** Caput claviculare: Spitze und Außenfläche des **Processus mastoideus**	Innervation – R. externus des N. accessorius – Rr. musculares der Zervikalnerven C1–2 (C3) Blutversorgung – R. sternocleidomastoideus der A. occipitalis (oder der A. carotis externa) – A. thyreoidea superior – A. auricularis posterior – A. transversa colli	**Bei fixiertem Schultergürtel:** Einseitige Aktivität: – **Neigen des Kopfes und der Halswirbelsäule zur ipsilateralen Seite** – **Drehen des Kopfes und der Halswirbelsäule zur kontralateralen Seite** Beidseitige Aktivität: – **Kippen des Kopfes** in den Kopfgelenken **nach dorsal** und Ventralbewegung der gestreckten Halswirbelsäule Bei fixierten Kopf- und Halswirbelgelenken: – Anheben der oberen Thoraxapertur und Unterstützung der Inspiration.
M. trapezius Tab. 4.19, S. 204			
Infrahyoidale Muskeln			
M. sterno-hyoideus	Ursprung Hinterfläche des **Manubrium sterni,** Gelenkkapseldes Sternoklavikulargelenkes und sternaler Teil der **Clavicula** Ansatz unterer Rand des **Zungenbeinkörpers**	Innervation Ansa cervicalis (profunda) C1–3 Blutversorgung – A. thyreoidea superior – R. suprahyoideus der A. lingualis	Zieht das Zungenbein nach kaudal, **fixiert** bei isometrischer Kontraktion **das Zungebein für die Kieferöffnungsbewegung und für die Mahlbewegung.** **Schleimbeutel:** Bursa infrahyoidea
M. sterno-thyreoideus	Ursprung Hinterfläche des **Manubrium sterni, Knorpel der ersten** (und zweiten) **Rippe** Ansatz **Tuberculum superius und Tuberculum inferius der Schildknorpelplatte** (Sehnenbogen zwischen den Tubercula superius und inferius)	Innervation Ansa cervicalis (profunda) (C1) C2–3 (C4) Blutversorgung A. thyreoidea superior	Zieht den Kehlkopf nach kaudal, **fixiert** bei isometrischer Kontraktion **den Kehlkopf während der Phonation.**
M. thyreo-hyoideus	Ursprung **Tuberculum superius, Linea obliqua, Tuberculum inferius der Schildknorpelplatte** (Sehnenbogen zwischen den Tubercula superius und inferius) Ansatz lateraler Bereich des **Zungenbeinkörpers** und mediale Hälfte des **großen Zungenbeinhornes**	Innervation Radix superior der Ansa cervicalis (profunda), C1–2 Blutversorgung A. thyreoidea superior	Bei fixiertem Zungenbein: **Anheben des Kehlkopfes** (Schluckakt). Bei fixiertem Kehlkopf: Senken des Zungenbeins, Beeinflussung der Phonation. **Schleimbeutel:** Bursa thyreohyoidea
M. omohy-oideus	Ursprung Venter inferior: **Margo superior medial von der Incisura scapulae,** Wurzel des **Processus coracoideus** (Ligamentum scapulae superius) Ansatz über Venter superior: lateraler Unterrand des **Corpus ossis hyoidei**	Innervation Venter superior: Radix superior der Ansa cervicalis (profunda), C1–2 Venter inferior: Radix inferior der Ansa cervicalis (profunda), C2–4 Blutversorgung – A. thyreoidea superior – A. transversa colli – A. suprascapularis	Zieht das Zungenbein nach kaudal, **fixiert das Zungenbein.** Die Mm. omohyoidei **spannen das mittlere Halsfaszienblatt** und **fördern den venösen Rückfluss aus dem Kopf-Hals-Bereich.**
Prävertebrale und tiefe seitliche Halsmuskeln			
M. longus capitis	Ursprung **Tuberculum anterius des Processus transversus der Halswirbel III–VII** Ansatz **Pars basilaris des Os occipitale,** Grube lateral des Tuberculum pharyngeum	Innervation Rr. anteriores (ventrales) der Nn. cervicales I–III Blutversorgung – A. pharyngea ascendens – A. vertebralis – A. cervicalis ascendens	Beidseitige Aktivität: Unterstützung des Vorwärtsneigens des Kopfes. Einseitige Aktivität: **Seitwärtsneigen des Kopfes**

▼

Tab. 4.11 (Fortsetzung)

Muskeln	Ursprung (U) Ansatz (A)	Innervation (I) Blutversorgung (V)	Funktion Schleimbeutel
M. longus colli	Ursprung Vorderfläche der **Wirbelkörper** der **Halswirbel V–VII** und der **Brustwirbel I–III** sowie des Tuberculum anterius des **Querfortsatzes der Halswirbel II–V** Ansatz Tuberculum anterius des **Atlas,** Vorderfläche der **Wirbelkörper** der **Halswirbel II–III** (IV) und Tuberculum anterius des **Processus transversus der Halswirbel V–VII**	Innervation Rr. anteriores (ventrales) der Nn. cervicales II–IV (VII) Blutversorgung – A. cervicalis ascendens – A. vertebralis – A. cervicalis profunda – A. intercostalis suprema	Beidseitige Aktivität: Unterstützung des Vorwärtsneigens der Halswirbelsäule Einseitige Aktivität: **Seitwärtsneigen** und **Drehen der Halswirbelsäule zur ipsilateralen Seite**
M. scalenus anterior	Ursprung Tuberculum anterius des **Processus transversus** der **Halswirbel III–IV** Ansatz Tuberculum musculi scaleni anterioris der **ersten Rippe**	Innervation Rr. anteriores (ventrales) der Nn. cervicales (IV) V–VII Blutversorgung – A. thyreoidea inferior – A. cervicalis ascendens – A. vertebralis – A. cervicalis profunda	Bei fixierter Halswirbelsäule: Anheben der ersten Rippe **(Unterstützung der Inspiration)**, Stabilisierung der oberen Thoraxapertur. Einseitige Aktivität: **Seitwärtsneigen und Drehen der Halswirbelsäule zur ipsilateralen Seite.** Beidseitige Aktivität: Vorwärtsneigen der Halswirbelsäule.
M. scalenus medius	Ursprung Im Bereich des Sulcus nervi spinalis sowie der Tubercula anterius und posterius (variabel) des **Processus transversus der Halswirbel III–VII** (variabel an Atlas und Axis) Ansatz Dorsal vom Sulcus arteriae subclaviae der **ersten Rippe** variabel am Oberrand der zweiten Rippe (Membrana intercostalis externa)	Innervation Rr. anteriores (ventrales) der Nn. cervicales (III) IV–VIII Blutversorgung – A. cervicalis ascendens – A. cervicalis profunda – A. vertebralis – A. transversa colli	Bei fixierter Halswirbelsäule: Anheben der ersten Rippe **(Unterstützung der Inspiration)**, Stabilisierung der oberen Thoraxapertur. Einseitige Aktivität: **Seitwärtsneigen und Drehen der Halswirbelsäule zur ipsilateralen Seite.** Beidseitige Aktivität: Vorwärtsneigen der Halswirbelsäule.
M. scalenus posterior	Ursprung Tuberculum posterius des **Processus transversus** der **Halswirbel V–VI** (VII) Ansatz Außenfläche der **Rippe II** (III)	Innervation Rr. anteriores (ventrales) der Nn. cervicales VII–VIII Blutversorgung – A. cervicalis profunda – A. transversa colli – A. intercostalis suprema	Bei fixierter Halswirbelsäule: Anheben der ersten und zweiten Rippe **(Unterstützung der Inspiration)** und Stabilisierung der oberen Thoraxapertur. Einseitige Aktivität: Unterstützung des Seitwärtsneigens und des Drehens der Halswirbelsäule zur ipsilateralen Seite.

nahme des Platysma. Es ist an der Mandibula und am Zungenbein sowie am vorderen Rand von Manubrium sterni und Clavicula angeheftet. Im vorderen Halsdreieck ist das Faszienblatt am kräftigsten entwickelt. Im seitlichen Halsdreieck verliert das Bindegewebe seine Faszienstruktur, es besteht hier aus lockerem, fettreichem Bindegewebe, das von den epifaszialen Leitungsbahnen durchzogen wird (► Kap. 20, ◘ Abb. 20.2). Dorsal geht das oberflächliche Halsfaszienblatt in die Nackenfaszie, *Fascia nuchae,* über. M. sternocleidomastoideus und M. trapezius werden vom oberflächlichen Halsfaszienblatt vollständig eingescheidet. Oberhalb des Zungenbeins bildet die Lamina superficialis eine **Loge** für die **Glandula submandibularis** (► Kap. 20, ◘ Abb. 20.3a). Durch den Tonus des M. sternocleidomastoideus steht die oberflächliche Faszie stets unter Spannung und fördert den venösen Rückfluss.

Das **mittlere Halsfaszienblatt,** *Lamina pretrachealis (Lamina media)* ist eine Muskelgruppenfaszie und hüllt die infrahyoidalen Muskeln ein. Zur Namen gebenden Trachea hat sie nur kaudal eine topographische Beziehung. Das Faszienblatt ist trapezförmig zwischen Zungenbeinkörper, Mm. omohyoidei sowie den Hinterflächen von Manubrium sterni und Claviculae ausgespannt. Kranial sind mittleres und oberflächliches Faszienblatt miteinander verwachsen. Kaudal entfernen sich beide Blätter entsprechend ihrer Anheftung am vorderen und hinteren Oberrand des Schultergürtelskeletts voneinander; auf diese Weise entsteht das von lockerem Bindegewebe ausgefüllte *Spatium suprasternale* (► Kap. 20, ◘ Abb. 20.1b). Das mittlere Halsfaszienblatt ist über die Zwischensehne des M. omohyoideus fest mit der *Vagina carotica* verwachsen (Förderung des venösen Rückflusses). Das mittlere Halsfaszienblatt geht kranial in die Vagina carotica und kaudal in das tiefe Halsfaszienblatt über.

Das **tiefe Halsfaszienblatt,** *Lamina prevertebralis (Lamina profunda)* umschließt außer den prävertebralen Muskeln auch die Mm. scaleni, die Nackenmuskeln sowie die in die Halsregion hineinreichenden Mm. levatores scapulae. Das Faszienblatt entspringt am Os occipitale und geht kaudal in die innere Thoraxfaszie über. Lateral setzt sich das tiefe Halsfaszienblatt im tiefen Blatt der *Fascia nuchae* fort. Das Bindegewebe der Lamina prevertebralis umscheidet auch die durch die Skalenuslücke austretenden *Plexus brachialis* und *A. subclavia* (► Kap. 20, ◘ Abb. 20.11). Auf diese Weise entsteht eine **Gefäß-Nerven-Scheide,** die den Hals mit der freien oberen Extremität verbindet. Im Bereich des M. scalenus anterior spalten sich Bindegewebezüge vom tiefen Halsfaszienblatt ab und strahlen in die *Membrana suprapleuralis* der Pleurakuppel (Sibson-Faszie) ein. Zu den Bindegeweberäumen des Halses ► Kap. 20, S. 804.

In Kürze

Halsfaszien: Sammelbegriff für 3 die Halsmuskeln bedeckende Faszienblätter:
- oberflächliches Blatt (Lamina superficialis) umhüllt sämtliche Halsmuskeln außer Platysma
- mittleres Blatt (Lamina pretrachealis) umhüllt die infrahyoidalen Muskeln
- tiefes Blatt (Lamina prevertebralis) umhüllt prävertebrale Muskeln und Mm. scaleni

4.2.5 Arterien und Venen des Kopfes und Halses

B.N. Tillmann

Arterien

Die arterielle Versorgung von Kopf und Hals erfolgt erstens über die aus den *Aa. subclaviae* hervorgehenden Arterien und zweitens über die Halsschlagadern, *A. carotis communis dextra* und *sinistra*, mit ihren Ästen.

A. subclavia

Die *A. subclavia dextra* entspringt normalerweise aus dem *Truncus brachiocephalicus*, die *A. subclavia sinistra* ist ein direkter Ast des Aortenbogens. Die A. subclavia (▫ Abb. 4.41) steigt hinter dem M. scalenus anterior in die Halsregion auf **(1. Verlaufsstrecke)** und tritt durch die **Skalenuslücke** kaudal ventral vom Plexus brachialis in die seitliche Halsregion **(2. Verlaufsstrecke)**. Sie gelangt zwischen Schlüsselbein und erster Rippe **(kostoklavikulärer Raum = 3. Verlaufsstrecke)** zur freien oberen Extremität (► Kap. 4.4). Entspringt die A. subclavia dextra als letzter Ast aus dem Aortenbogen, bezeichnet man sie als *A. lusoria*. (► Kap. 9, 9.22). Aus der A. subclavia gehen in der 1. Verlaufsstrecke die *A. vertebralis* und die *A. thoracica interna* hervor. Innerhalb der 2. Verlaufsstrecke entspringen die *Trunci thyreocervicalis* und *costocervicalis* mit ihren variablen Ästen.

A. vertebralis

Die A. vertebralis entspringt aus der Hinterwand der A. subclavia und zieht auf dem M. longus colli (*Pars prevertebralis*) zum Foramen transversarium des 6. Halswirbels (90% der Fälle). Sie zieht, begleitet vom Plexus der V. vertebralis und vom N. vertebralis in den Foramina vertebralia nach kranial *(Pars transversaria)* zum *Sulcus a. vertebralis* des hinteren Atlasbogens *(Pars atlantica)*. Hier bricht sie durch die *Membrana atlantooccipitalis posterior* und gelangt in den Subarachnoidealraum *(Pars intracranialis)*. Die Aa. vertebrales dextra und sinistra treten durch das *Foramen magnum* in die hintere Schädelgrube, wo sie auf dem Clivus nach rostral ziehen und sich am Unterrand der Brücke zur *A. basilaris* vereinigen. Im Verlauf der *Pars transversaria* entspringen segmentale Äste und ziehen durch die Foramina intervertebralia zur Versorgung des Wirbelkanals und seiner Häute *(Rr. spinales)* sowie des Rückenmarks *(Rr. radiculares)*. Die tiefen Halsmuskeln werden von *Rr. musculares* versorgt. Aus der *Pars intracranialis* gehen Äste zum Rückenmark *(A. spinalis posterior, A. spinalis anterior)*, zum Gehirn und zu den Liquorräumen *(A. inferior posterior cerebelli, R. tonsillae cerebelli, R. choroideus ventriculi quarti, Rr. medullares mediales* und *laterales)* sowie zum Knochen und zur Dura mater der hinteren Schädelgrube *(Rr. meningei)*. Die A. vertebralis zeigt häufig Varianten in Ursprung und Verlauf: Eintritt in das Foramen transversarium oberhalb oder selten unterhalb des 6. Halswirbels vor allem auf der linken Seite; Abgang aus dem Truncus thyreocervicalis oder aus dem Aortenbogen auf der linken Seite.

A. thoracica interna

Die A. thoracica (mammaria) interna verlässt die A. subclavia vor deren Eintritt in die Skalenuslücke (▫ Abb. 4.41). Sie läuft an der Innenseite des Thorax neben dem Sternalrand zum Zwerchfell und versorgt die Brustwand sowie die Organe des Mediastinum.

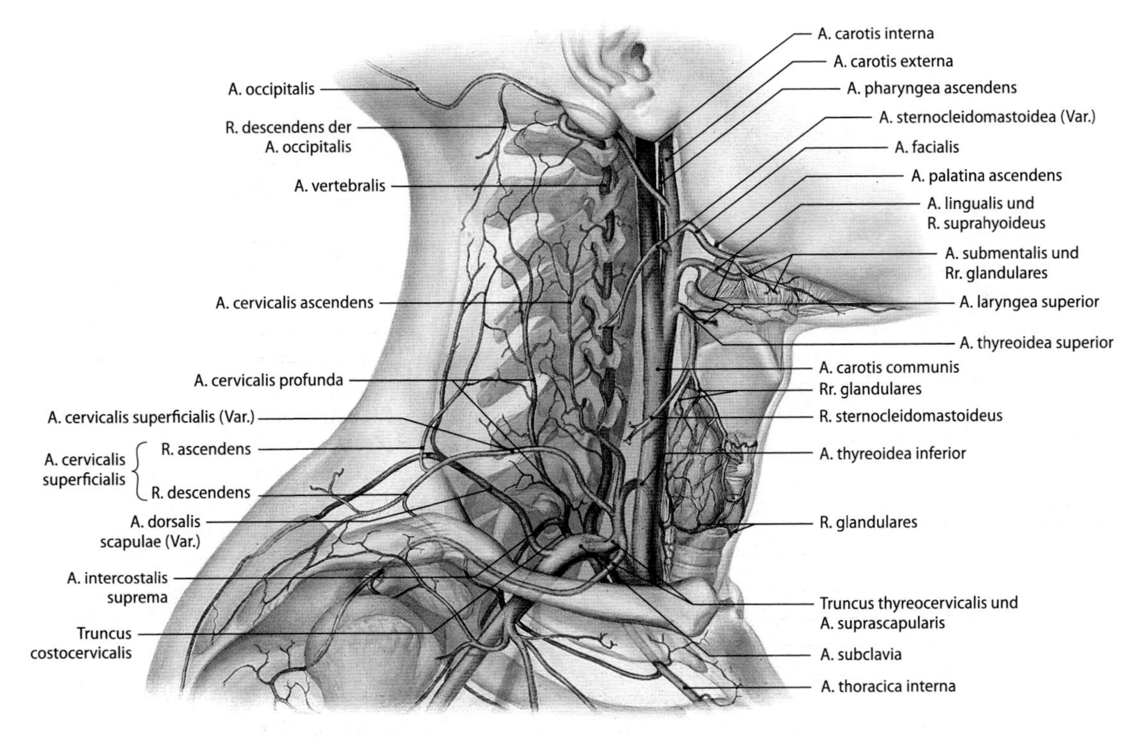

▫ **Abb. 4.41.** Äste der A. carotis externa und der A. subclavia. Ansicht von rechts lateral [7]

Truncus thyreocervicalis

Der Truncus thyreocervicalis entspringt am medialen Rand des M. scalenus anterior (◘ Abb. 4.41). Er bildet einen gemeinsamen Stamm für die *A. thyreoidea inferior*, die *A. transversa colli*, die *A. suprascapularis* und – variabel – für die *A. cervicalis ascendens.*

A. thyreoidea inferior. Die A. thyreoidea inferior zieht bogenförmig vor dem M. scalenus anterior zur Rückseite der Schildrüse und versorgt diese und die Epithelkörperchen über *Rr. glandulares*. Die *A. laryngea inferior* gelangt in das Kehlkopfinnere. Mit *Rr. tracheales, pharyngeales* und *oesophageales* beteiligt sie sich an der Versorgung von Trachea, Pharynx und Ösophagus. Muskeläste ziehen zu den infrahyoidalen und prävertebralen Muskeln.

A. transversa colli (cervicis). Die A. transversa colli variiert sehr stark in ihrem Ursprung sowie in ihrem Verlauf. Regelhaft teilt sich die Arterie in einen *R. superficialis* und in einen *R. profundus*. Der *R. superficialis* tritt unter den vorderen Rand des M. trapezius und versorgt diesen sowie die benachbarten Schultergürtel- und Nackenmuskeln mit seinen *Rr. ascendens* und *descendens*. Der R. superficialis entspringt häufig als eigenständige *A. cervicalis superficialis* aus dem Truncus thyreocervicalis. Der *R. profundus* zieht unter den Mm. trapezius und rhomboidei am Margo medialis scapulae entlang nach distal und beteiligt sich am Aufbau der **Schulterblattarkade** (► Kap. 4.4). In etwa 70% der Fälle entspringt der R. profundus direkt als *A. dorsalis scapulae* aus der A. subclavia.

A. suprascapularis. Die *A. suprascapularis* läuft vor dem M. scalenus anterior und hinter der Clavicula zum Margo superior scapulae, wo sie über dem Lig. transversum scapulae superius in die Fossa supraspinata und von hier in die Fossa infraspinata gelangt (Schulterblattarkade). Sie versorgt die Schulterblattmuskeln sowie Schultereckgelenk und subakromiales Nebengelenk und beteiligt sich mit ihrem *R. acromialis* am Aufbau des *Rete acromiale* (► Kap. 4.4).

A. cervicalis ascendens. Der Ursprung der A. cervicalis ascendens variiert. Häufig kommt die Arterie aus der A. thyreoidea inferior und läuft unter dem tiefen Halsfaszienblatt medial vom N. phrenicus auf dem M. scalenus anterior bis zur Schädelbasis. *Rr. spinales* aus der A. cervicalis ascendens gelangen zum Rückenmark.

Truncus costocervicalis

Der kurze Truncus costocervicalis entspringt hinter dem M. scalenus anterior aus der Rückseite der A. subclavia, wo er sich in die *A. cervicalis profunda* und in die *A. intercostalis suprema* teilt (◘ Abb. 4.41). Die *A. cervicalis profunda* zieht in Höhe des ersten Brustwirbels nach dorsal in die Mm. semispinales und läuft auf ihnen kranialwärts zur Versorgung der Nackenregion. Die *A. intercostalis suprema* bildet den gemeinsamen Stamm für die Arterien des 1. und 2. Interkostalraumes *(Aa. intercostales posteriores prima* und *secunda)*. Die Arterien versorgen mit den *Rr. dorsales* die Interkostal- und Rückenmuskeln und mit den *Rr. spinales* das Rückenmark.

In Kürze

A. subclavia

Verlauf: Skalenuslücke, seitliche Halsregion, kostoklavikulärer Raum

Versorgungsgebiete: Brustwand und Brustraum (A. thoracica interna, Truncus costocervicalis), Rückenmark und Gehirn (A. vertebralis), Hals (Truncus costocervicalis, Truncus thyreocervicalis), Schultergürtel (Aa. transversa colli und suprascapularis aus dem Truncus thyreocervicalis)

A. carotis communis

Die *A. carotis communis* der **rechten Seite** geht in Höhe des Sternoklavikulargelenkes aus dem Truncus brachiocephalicus hervor. Auf der **linken Seite** entspringt sie aus der höchsten Wölbung des Aortenbogens. Die A. carotis communis zieht in der *Vagina carotica* (► Kap. 20) kranialwärts und teilt sich in etwa 70% der Fälle in Höhe des 4. Halswirbels *(Bifurcatio carotidis)* in die *A. carotis interna* und die *A. carotis externa*. Die **Karotisgabel** und der Anfangsteil der A. carotis interna sind zum *Sinus caroticus* (Pressorezeptoren, ► Kap. 18) erweitert. Im Bereich der Bifurcatio carotidis liegt das *Glomus caroticum* (Chemorezeptorfunktion, ► Kap. 20).

A. carotis interna

Die *A. carotis interna* gibt am Hals *(Pars cervicalis)* normalerweise keine Äste ab (◘ Abb. 4.41). Sie zieht im Spatium parapharyngeum zur Schädelbasis (gefährliche Karotisschleife, ► Kap. 20) und tritt über die *Apertura externa* in den *Canalis caroticus* der Pars petrosa des Os temporale *(Pars petrosa)*. Innerhalb des Karotiskanals gibt sie *Aa. caroticotympanicae* zur Paukenhöhle ab. Die *A. canalis pterygoidei* zieht in den Canalis pterygoideus, wo sie mit der gleichnamigen Arterie aus der *A. maxillaris* anastomosiert. Die A. carotis interna tritt über die *Apertura interna* aus dem Canalis caroticus in die mittlere Schädelgrube. Hier läuft sie in einer s-förmigen Krümmung (sog. **Karotissiphon**) innerhalb des *Sinus cavernosus* nach rostral *(Pars cavernosa)*. Sie gibt Äste zur Dura der vorderen Schädelgrube und zum Tentorium cerebelli *(R. basalis tentorii, R. marginalis tentorii, R. meningeus)*, zur Wand des Sinus cavernosus *(R. sinus cavernosi)*, zur Hypophyse *(A. hypophysialis inferior)* sowie zu den Nn. trigeminus und trochlearis *(Rr. ganglionares trigeminales, Rr. nervorum)* ab. Nach der Passage des Sinus cavernosus geht die A. carotis interna in ihre Endstrecke, *Pars cerebralis*, über. Zum weiteren Verlauf der Arterie ► Kap. 17.4 und ► Kap. 20).

A. carotis externa

Die *A. carotis externa* versorgt mit ihren **Ästen** (◘ Abb. 4.42) die Organe des Halses und des Kopfes, die Gesichtsregionen sowie den Schädelknochen mit der Dura mater (◘ Abb. 4.41).

A. thyreoidea superior. Die A. thyreoidea superior entspringt normalerweise als erster Ast in Höhe des großen Zungenbeinhornes aus der A. carotis externa (◘ Abb. 4.41 und ◘ Abb. 20.6, S. 808). Die Arterie versorgt die Schilddrüse *(Rr. glandulares anterior, lateralis* und *posterior)*, den Kehlkopf *(A. laryngea superior* und *R. cricothyreoideus)* sowie die infra- und suprahyoidalen Muskeln *(R. infrahyoideus)* und den M. sternocleidomastoideus *(R. sternocleidomastoideus)*.

A. pharyngea ascendens. Die A. pharyngea ascendens (◘ Abb. 4.42) entspringt in etwa 70% der Fälle oberhalb der A. thyreoidea superior aus dem medialen hinteren Wandabschnitt der A. carotis externa. Sie zieht medial vom M. stylohyoideus in der lateralen Pharynxwand zur Schädelbasis. Mit ihren *Rr. pharyngeales* versorgt sie die Rachenwand mit dem Tonsillenbett und die Tuba auditiva. Die *A. tympanica inferior* gelangt durch den Canaliculus tympanicus zur medialen Wand der Paukenhöhle. Der Endast läuft als *A. meningea posterior* in den meisten Fällen durch das Foramen jugulare – variabel durch das Foramen lacerum, durch den Canalis caroticus oder durch den Canalis n. hypoglossi – zur Dura und zum Knochen der hinteren Schädelgrube.

A. lingualis. Die A. lingualis (◘ Abb. 4.41) entspringt aus der vorderen Wand der A. carotis externa und läuft bedeckt vom *M. hyoglossus* in die Mundhöhle. Dort versorgt sie mit ihren Ästen – *A. sublingualis, Rr. dorsales linguae* und *A. profunda linguae* – die Zunge und den

Mundboden. Von den Rr. dorsales linguae ziehen Äste zur Tonsilla palatina. Der *R. suprahyoideus* bildet Anastomosen mit der Gegenseite und mit dem R. infrahyoideus der A. thyreoidea superior zur Versorgung der suprahyoidalen Mukeln.

A. facialis. Die A. facialis (◘ Abb. 4.41) geht in Höhe des Kieferwinkels aus dem vorderen Wandabschnitt der A. carotis externa hervor (► Kap. 19, ◘ Abb. 19.1, S. 784 und 19.3, S. 786). Sie zieht medial vom hinteren Bauch des M. digastricus nach vorn und kreuzt vor dem Ansatz des M. masseter über den Unterkiefer in die Gesichtsregion, wo sie in geschlängeltem Verlauf zum Mundwinkel und von dort zum medialen Augenwinkel gelangt. Von den **Halsästen** der A. facialis zieht die *A. palatina ascendens* zwischen den Mm. styloglossus und stylopharyngeus an der Pharynxwand entlang zum Gaumensegel, zur Tuba auditiva und zur Tonsilla palatina. Ein eigenständiger *R. tonsillaris* für die Gaumenmandel geht direkt aus der A. facialis oder aus der A. palatina ascendens hervor. Am unteren Rand des Kieferwinkels entspringen kleine Äste *(Rr. glandulares)* für die Glandula submandibularis und die Nodi submandibulares sowie die *A. submentalis*, die an der Unterfläche des M. mylohyoideus bis zum Kinn zieht. Die *A. submentalis* versorgt die Muskeln des Mundbodens und die Glandula submandibularis; sie anastomosiert mit der A. sublingualis. Von den **Ästen des Gesichtes** entspringen die *A. labialis inferior* und die *A. labialis superior* im Bereich des Mundwinkels. Die Lippenarterien der rechten und linken Seite ziehen geschlängelt innerhalb des M. orbicularis oris und vereinigen sich meistens in der Mediane zu einem geschlossenen Gefäßring. Nicht selten ist das Versorgungsmuster asymmetrisch. Die Aa. labiales versorgen die Lippen und die Schleimhaut des Mundvorhofs. Die *A. labialis inferior* anastomosiert mit der *A. mentalis* aus der A. alveolaris inferior und mit der A. submentalis. Aus der *A. labialis superior* ziehen Äste zum Nasenseptum *(R. septi nasi)* und zum Nasenflügel *(R. lateralis nasi)*. Die A. labialis superior steht mit den Aa. infraorbitalis, transversa faciei und buccalis in Verbindung. Die A. facialis endet als *A. angularis* im medialen Augenwinkel (► Kap. 19, ◘ Abb. 19.6, S. 789). Im Nasenbereich anastomosiert sie mit der A. dorsalis nasi aus der A. ophthalmica. Auf diese Weise entstehen Verbindungen zwischen den Stromgebieten der A. carotis externa und der A. carotis interna (◘ Abb. 19.5, S. 788).

A. occipitalis. Die A. occipitalis entspringt aus dem hinteren Wandabschnitt der A. carotis externa (◘ Abb. 4.41 und ► Kap. 19, ◘ Abb. 20.12, S. 813). Sie läuft unter dem hinteren Digastrikusbauch an der Innenseite des Warzenfortsatzes im Sulcus arteriae occipitalis zum Hinterhaupt. Bevor die Arterie sich dort mit *Rr. occipitales* an der Versorgung der Kopfschwarte beteiligt, gibt sie Äste zur Hinterfläche der Ohrmuschel *(R. auricularis)*, zum M. sternocleidomastoideus *(Rr. sternocleidomastoidei)* und zu den Nackenmuskeln *(R. descendens)* ab. Der *R. mastoideus* gelangt durch das Foramen mastoideum zur Dura der hinteren Schädelgrube sowie zu den Cellulae mastoideae.

A. auricularis posterior. Die A. auricularis posterior geht ebenfalls dorsal aus der A. carotis externa hervor (► Kap. 19, ◘ Abb. 19.1). Die Arterie läuft unter der Ohrspeicheldrüse, wo sie den *R. parotideus* abgibt. Sie gelangt über den M. stylohyoideus zur Hinterseite des Ohres und versorgt mit ihrem *R. auricularis* die Rückseite der Ohrmuschel sowie über perforierende Äste auch deren Vorderseite. Die dünne *A. stylomastoidea* zieht als Begleitarterie des N. facialis über das Foramen stylomastoideum in den Canalis facialis und gibt Äste zum Mittel- und Innenohr sowie zur Dura mater ab. Die *A. tympanica posterior* verlässt den Canalis facialis und zieht mit der Chorda tympani zum Trommelfell. *Rr. mastoidei* versorgen die Cellulae mastoideae und ein *R. stapedius* den M. stapedius.

A. temporalis superficialis. Die A. temporalis superficialis ist der schwächere **Endast** der A. carotis externa (► Kap. 19, ◘ Abb. 19.3, S. 786). Sie setzt deren Verlaufsrichtung fort und tritt zwischen Gelenkfortsatz der Mandibula und äußerem Gehörgang über den Jochbogen in die Schläfenregion. Hier verzweigen sich ihre Endäste *(R. parietalis* und *R. frontalis)* auf der Fascia temporalis. Die Arterie versorgt die Ohrspeicheldrüse *(R. parotideus)*, den vorderen Teil der Ohrmuschel und deren Muskeln sowie den äußeren Gehörgang *(Rr. auriculares anteriores)*. In Höhe des Kiefergelenkes entspringt die *A. transversa faciei*, die unterhalb des Jochbogens nach vorn zieht. Sie versorgt die Ohrspeicheldrüse sowie mimische Muskeln. Parallel zum Jochbogen läuft die kleine *A. zygomaticoorbitalis* zum lateralen Augenwinkel. Die *A. temporalis media* durchbricht oberhalb des Jochbogens das oberflächliche Blatt der Fascia temporalis. Von ihr ziehen Äste zum M. temporalis. Sie verläuft im Sulcus arteriae temporalis mediae auf der Pars squamosa des Schläfenbeins, dessen Periost sie versorgt. Der *R. frontalis* zieht nach vorn, der *R. parietalis* nach kranial okzipital. Die beiden Äste versorgen die Kopfschwarte und bilden miteinander, mit den Ästen der Gegenseite sowie mit benachbarten Arterien (Aa. occipitalis, supraorbitalis und supratrochlearis) Anastomosen (◘ Abb. 19.1).

A. maxillaris. Die A. maxillaris ist der stärkere Endast, sie geht in Höhe des Collum mandibulae rechtwinklig aus der A. carotis externa hervor (◘ Abb. 4.43). Man unterscheidet nach ihrem Verlauf 3 Abschnitte:
- retromandibulärer Teil (Pars mandibularis)
- intermuskulärer Teil (Pars pterygoidea)
- Teil in der Fossa pterygopalatina (Pars pterygopalatina, ► Kap. 19, ◘ Abb. 19.11a, S. 796).

Im **retromandibulären Raum** gibt die kleine *A. auricularis profunda* Äste zum Kiefergelenk, zum äußeren Gehörgang und zur Außenfläche des Trommelfells. Die *A. tympanica anterior* zieht zum Kiefergelenk und von dort durch die Fissura petrotympanica ins Mittelohr. Die *A. alveolaris inferior* tritt zwischen M. pterygoideus medialis und Ramus mandibulae in den Canalis mandibulae und versorgt Kno-

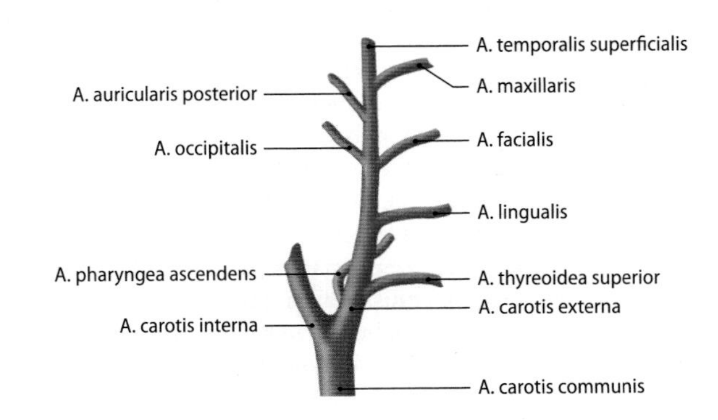

◘ **Abb. 4.42.** Reihenfolge der Äste der A. carotis externa (Normalfall) [7]
Die A. carotis externa bildet folgende Äste:
- vordere Äste:
  - A. thyreoidea superior
  - A. lingualis
  - A. facialis
- hintere Äste:
  - A. occipitalis
  - A. auricularis posterior
- medialer Ast:
  - A. pharyngea ascendens
- Endäste:
  - A. temporalis superficialis
  - A. maxillaris

Abb. 4.43. Verlauf und Äste der A. maxillaris. Ansicht von links lateral [7]

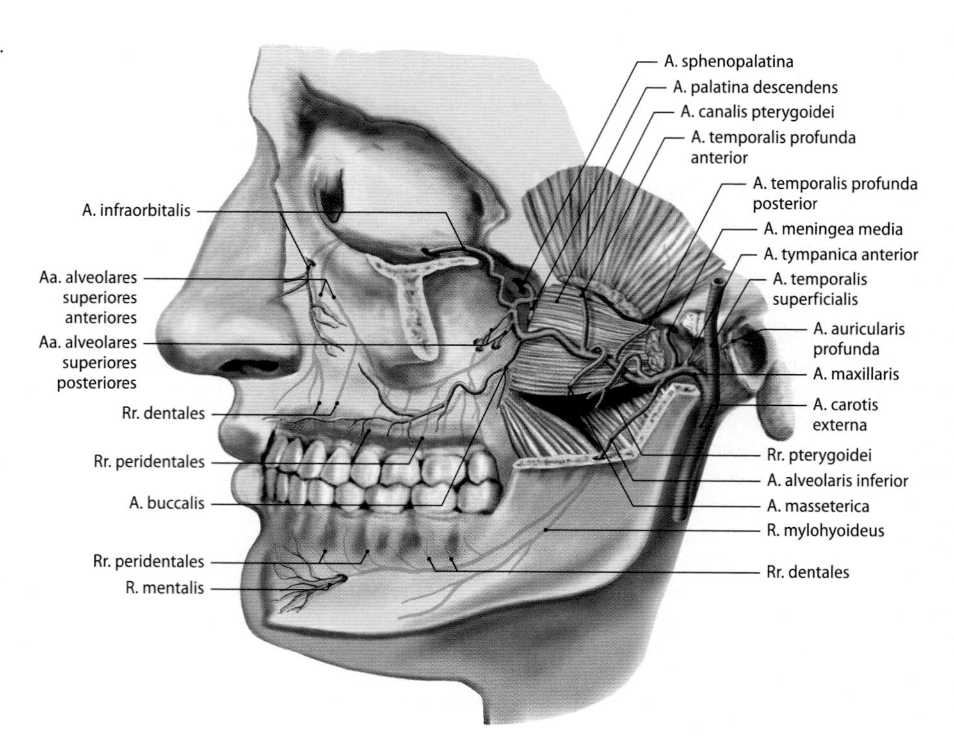

chen, Zähne *(Rr. dentales)* und Zahnhalteapparat *(Rr. peridentales)* des Unterkiefers. Vor Eintritt in den Mandibularkanal zweigt der *R. mylohyoideus* ab, der im Sulcus mylohyoideus zum Mundboden zieht. Am Foramen mentale tritt der *R. mentalis* als Endast der A. alveolaris inferior aus und versorgt den Kinnbereich und die Unterlippe. Die kräftige *A. meningea media* tritt medial vom M. pterygoideus lateralis durch das Foramen spinosum in die mittlere Schädelgrube, wo sie sich zwischen Dura mater und Knochen in ihre Endäste *(R. frontalis* und *R. parietalis)* aufzweigt (Abb. 19.12). Vom R. frontalis zieht der *R. orbitalis* durch die Fissura orbitalis superior in die Augenhöhle; hier kann er über einen *R. anastomoticus cum A. lacrimali* mit der A. lacrimalis anastomosieren. Nahe dem Foramen spinosum entspringen *R. petrosus* und *A. tympanica superior*, welche in die Paukenhöhle ziehen. Ein *R. meningeus accessorius* kann vor Eintritt der A. meningea media in das Foramen spinosum aus dieser oder als *A. pterygomeningea* direkt aus der A. maxillaris hervorgehen. Die Arterie versorgt die Mm. pterygoidei, die Muskeln des weichen Gaumens und die Tuba auditiva. Kleine Äste gelangen durch das Foramen ovale zum Ganglion semilunare und zur Dura mater.

Aus den Ästen des **intermuskulären Teiles der A. maxillaris** werden die Kaumuskeln, der M. buccinator sowie das Kiefergelenk versorgt (Abb. 19.7). Die Arterie läuft hier meistens lateral auf dem M. pterygoideus lateralis oder zwischen den Muskelanteilen. In einem Drittel der Fälle zieht die Arterie medial vom M. pterygoideus lateralis in der Tiefe. Die *A. masseterica* gelangt durch die Incisura mandibulae in den M. masseter. Die *Aa. temporales profundae anterior* und *posterior* treten von unten in den M. temporalis ein, *Rr. pterygoidei* ziehen zum M. pterygoideus lateralis und zum M. pterygoideus medialis. Die *A. buccalis* läuft auf dem M. buccinator nach vorn unten und versorgt den M. buccinator, benachbarte mimische Muskeln sowie die Wangenschleimhaut. Die A. buccalis anastomosiert mit Ästen der A. facialis.

Über die in der **Fossa pterygopalatina abgehenden Äste** der A. maxillaris werden Oberkiefer, Gaumen, Nasenhöhle und Nasennebenhöhlen sowie Tuba auditiva versorgt. Die *A. alveolaris superior posterior* entspringt im Bereich des Tuber maxillae, wo ihre Äste zum Teil in die Foramina alveolaria des Oberkiefers eintreten und die Schleimhaut der Kieferhöhle versorgen (► Kap. 19, Abb. 19.11a). Mit *Rr. dentales* gelangt sie zu den Prämolaren und Molaren sowie mit *Rr. peridentales* zum Zahnhalteapparat und zur palatinalen Gingiva. Auf der Außenfläche des Tuber maxillae laufen Äste zum Periost der Maxilla, zur bukkalen Gingiva und zur Wangenschleimhaut.

Die *A. infraorbitalis* kommt häufig gemeinsam mit der A. alveolaris superior posterior aus der A. maxillaris. Sie zieht durch die Fissura infraorbitalis zum Sulcus und Canalis infraorbitalis des Orbitabodens und tritt durch das Foramen infraorbitale in die Gesichtsregion. Im Canalis infraorbitalis verlassen die *Aa. alveolares superiores anteriores* die A. infraorbitalis und versorgen Kieferhöhlenschleimhaut, Incisivi und Canini *(Rr. dentales)* sowie die palatinale Gingiva *(Rr. peridentales)*. Die *A. palatina descendens* zieht durch den Canalis palatinus gaumenwärts. Innerhalb des Canalis palatinus entlässt sie die *Aa. palatinae minores* durch die Foramina palatina minora zur Versorgung des weichen Gaumens und der Tonsilla palatina. Der Endast der Arterie tritt aus dem Foramen palatinum majus und versorgt als *A. palatina major* die Schleimhaut des harten Gaumens und die palatinale Gingiva. Der Stamm der A. palatina major zieht im Sulcus palatinus des Processus palatinus nach vorn und anastomosiert am Foramen incisivum mit den Rr. septales posteriores der A. sphenopalatina. Die *A. canalis pterygoidei* kann aus der A. palatina descendens oder direkt aus der A. maxillaris hervorgehen. Sie zieht nach okzipital durch den Canalis pterygoideus (Canalis Vidii) und versorgt die Tuba auditiva.

Die *A. sphenopalatina* tritt durch das Foramen sphenopalatinum in die Nasenhöhle und versorgt mit *Aa. nasales posteriores* den hinteren Teil der lateralen Nasenwand sowie die Schleimhaut der Sinus frontalis und maxillaris sowie der Cellulae ethmoidales. *Rr. septales posteriores* ziehen zur Schleimhaut des Nasenseptums und anastomosieren mit der A. palatina major.

4.32 Tastbare Pulswelle

Die Pulswelle der A. carotis communis ist am Hals (Tuberculum caroticum des 6. Halswirbels) tastbar, die der A. facialis auf dem Corpus mandibulae.

4.33 Blutungen nach Tonsillektomien
Nach einer Tonsillektomie kann es aus dem von mehreren Arterien versorgten Tonsillenbett lebensbedrohlich bluten.

4.34 Hirnarterienstenosen
Bei sich langsam entwickelnden Hirnarterienstenosen können Äste der A. carotis externa über Anastomosen in den Versorgungsgebieten von A. carotis externa und A. carotis interna zur Versorgung des Gehirns beitragen.

In Kürze

A. carotis communis
Verlauf: im Gefäß-Nerven-Strang → Bifurcatio carotidis (meistens) in Höhe des 4. Halswirbels → A. carotis interna und A. carotis externa → Sinus caroticus → Glomus caroticum
A. carotis interna
Abschnitte:
- Pars cervicalis (ohne Abgabe von Ästen)
- Pars petrosa: Verlauf im Canalis caroticus des Felsenbeins → Äste zur Paukenhöhle
- Pars cavernosa: Verlauf im Sinus cavernosus (Karotissiphon) → Äste zur Dura, zur Hypophyse und zu den Hirnnerven IV und V
- Pars cerebralis: Versorgung von Auge, Orbita, Nase, Gesicht, Gehirn

A. carotis externa
Versorgungsgebiete:
- vordere Äste:
  - A. thyreoidea superior: Schilddrüse, Kehlkopf, M. sternocleidomastoideus
  - A. lingualis: Zunge, Gaumenmandel, Mundschleimhaut, Mundboden, suprahyoidale Muskeln
  - A. facialis:
    - Halsäste: Gaumensegel, Tuba auditiva, Tonsilla palatina (A. palatina ascendens), Speicheldrüsen, Mundboden
    - Gesichtsäste: Lippen (Aa. labiales), äußere Nase, mimische Muskeln, Haut und Unterhautfettgewebe
- hintere Äste:
  - A. occipitalis: Kopfschwarte der Okzipitalregion, Ohrmuschel, M. sternocleidomastoideus, Dura mater
  - A. auricularis posterior: Glandula parotidea, Ohrmuschel, Cellulae mastoideae, Mittel- und Innenohr
- medialer Ast (variabler Abgang):
  - A. pharyngea ascendens: Tonsilla palatina, Gaumensegel, Tuba auditiva, Paukenhöhle, Dura mater
- Endäste:
  - A. temporalis superficialis: Kiefergelenk, seitliche Gesichtsregion, Ohrmuschel und äußerer Gehörgang, Kopfschwarte der Stirn-, Schläfen- und Scheitelregion
  - A. maxillaris:
    - Pars mandibularis: Kiefergelenk, äußerer Gehörgang, Trommelfell und Paukenhöhle (A. auricularis profunda); Knochen, Zähne und Zahnhalteapparat des Unterkiefers (A. alveolaris inferior); Knochen und Dura mater der mittleren Schädelgrube, Paukenhöhle (A. meningea media)
    - Pars pterygoidea: Kaumuskeln, Wangenschleimhaut (A. buccalis)
    - Pars pterygopalatina: Knochen, Zähne, Zahnhalteapparat des Oberkiefers (A. alveolaris superior posterior und A. infraorbitalis); harter und weicher Gaumen (A. palatina descendens); Nasenhöhle und Nasennebenhöhlen (A. sphenopalatina)

Venen

Das Venenblut des Kopfes und des Halses fließt größtenteils über die *V. jugularis interna* und über die *V. subclavia* in die *V. brachiocephalica*. Ein Teil der Venen mündet direkt in die V. brachiocephalica.

Direkte Zuflüsse zur V. brachiocephalica

Die *V. thyreoidea inferior* nimmt über den *Plexus thyreiodeus impar* das Blut aus dem unteren Schilddrüsenbereich, aus dem Larynx *(V. laryngea inferior)* und zum Teil aus der Trachea *(Vv. tracheales)* auf. Sie mündet in die linke V. brachiocephalica. Variabel kann eine V. thyreoidea inferior dextra zur V. brachiocephalica dextra ziehen (Abb. 4.44).

Das Blut aus der **Hinterhauptsregion** (Abb. 20.12) fließt über die *V. occipitalis*, die mit dem kräftigen Venengeflecht der tiefen Nackenregion *(Plexus venosus suboccipitalis)* in Verbindung steht, in den meisten Fällen in die *V. vertebralis* und variabel in die *V. jugularis interna*. Die V. vertebralis besteht aus einem Venengeflecht, das bis zum 7. Halswirbel durch die Foramina transversaria nach kaudal zieht und in die V. brachiocephalica mündet. Die V. vertebralis hat kranial Verbindungen zum *Plexus basilaris* und zu den *Plexus venosi vertebrales* des Wirbelkanals. In die V. vertebralis münden die auf dem M. scalenus anterior absteigende *V. vertebralis accessoria* und variabel die *V. intercostalis suprema* sowie die *V. cervicalis profunda*, die meistens direkt zur V. brachiocephalica ziehen. Die *V. cervicalis profunda* erhält ihre Zuflüsse aus dem *Plexus venosus suboccipitalis* und aus der *V. occipitalis*. Aus dem Brustraum zur V. brachiocephalica ziehende Äste, ► Kap. 4.3, S. 181.

V. jugularis interna

Die mit dem *Bulbus superior venae jugularis* im Foramen jugulare beginnende *V. jugularis interna* läuft im Gefäß-Nerven-Strang innerhalb der Vagina carotica nach kaudal (Abb. 4.44). Im Erweiterungsbereich vor der Einmündung *(Bulbus inferior venae jugularis)* in die V. brachiocephalica liegt eine Venenklappe (► Kap. 20, Abb. 20.7 und 20.10). In den Bulbus superior venae jugularis mündet die *V. aquaeductus cochleae*.

Das Blut aus dem *Plexus pharyngeus* des Schlundes, aus dem weichen Gaumen und aus der Tuba auditiva wird über die *Vv. pharyngeae* zur V. jugularis interna geführt. Im mittleren Abschnitt münden die **größeren Venenstämme** – *V. facialis*, *V. lingualis* und *V. retromandibularis* – getrennt oder über gemeinsame Stämme. Variabel ziehen zur V. jugularis interna die *V. sternocleidomastoidea*, die *V. thyreoidea superior* und die *V. thyreoidea media*. Verbindungen zum intrakranialen Venensystem bestehen über den *Plexus venosus canalis hypoglossi*, den *Sinus petrosus inferior* und die *Vv. meningeae* im Bereich der Öffnungen an der Schädelbasis.

Die *V. lingualis* sammelt das Blut aus der Zunge über die *Vv. dorsales linguae*, *V. comitans n. hypoglossi*, *V. sublingualis* und *V. profunda linguae* und führt es in einem oder mehreren Stämmen der V. jugularis interna oder variabel der V. facialis zu.

Die *V. facialis* beginnt im medialen Augenwinkel mit der *V. angularis*, die durch den Zusammenfluss der *Vv. supratrochlearis* und *supraorbitalis* entsteht (Abb. 4.45). Die *V. angularis* anastomosiert mit der *V. ophthalmica superior* (Abb. 19.3 und 19.6) (4.35). Die V. facialis zieht schräg durch das Gesicht und gelangt über das Corpus

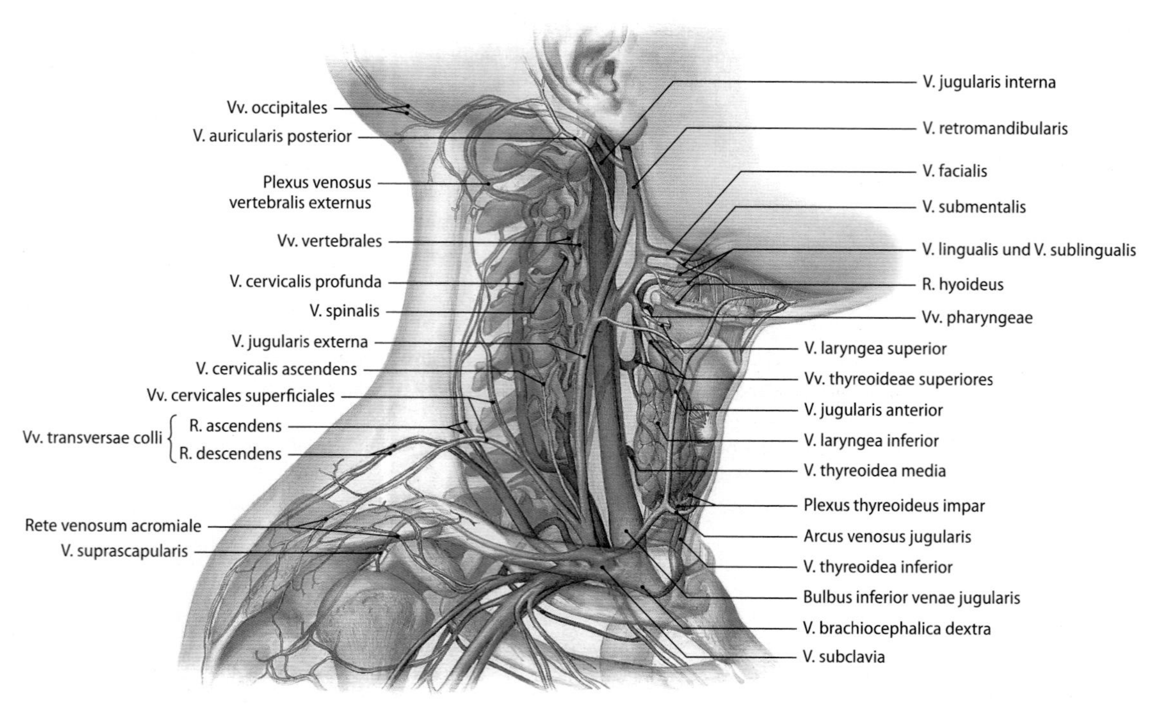

Abb. 4.44. Venen des Halses. Ansicht von rechts lateral [7]

mandibulae in die Unterkieferregion, wo sie sich mit der *V. retromandibularis* zu einem gemeinsamen Stamm vereinigt, der in die V. jugularis interna mündet. Die V. facialis sammelt das Venenblut aus dem Stirnbereich *(Vv. supraorbitalis* und *supratrochlearis)*, aus den Augenlidern *(Vv. palpebrales superiores* und *inferiores)*, aus der äußeren Nase *(Vv. nasales externae)*, von den Lippen *(Vv. labiales superior* und *inferior)* sowie aus der Ohrspeicheldrüse *(Vv. parotideae)*. Über die *V. profunda faciei* steht die V facialis mit dem *Plexus pterygoideus* in Verbindung (Abb. 4.45). Im Bereich des Kieferwinkels mündet die *V. palatina externa*, die Blut aus der Pharynxwand und dem Tonsillenbereich führt. Am Unterkieferrand mündet die *V. submentalis*.

Die *V. retromandibularis* ist eine Sammelvene mehrerer Venenstämme. Sie läuft, z.T. bedeckt von der Glandula parotis, durch die Fossa retromandibularis zur Submandibularregion (Abb. 4.45). Aus der Scheitel – und Schläfenregion erreichen sie die *Vv. temporales superficiales*, in die die *V.* emissaria *parietalis* und die *V. temporalis media* münden (Abb. 4.46). Am oberen Parotisrand ziehen die *V. transversa faciei* und *Vv. auriculares anteriores* zur V. retromandibularis. Die *Vv. maxillares* führen das Blut des *Plexus pterygoideus* zur V. retromandibularis.

Der *Plexus pterygoideus* ist ein kräftiges Venengeflecht in der Fossa infratemporalis, das sich zwischen den Mm. pterygoidei medialis und lateralis sowie dem Ansatzbereich des M. temporalis ausdehnt (Abb. 4.45). Der *Plexus pterygoideus* erhält Zuflüsse aus dem M. temporalis *(Vv. temporales profundae)*, aus der mittleren Schädelgrube *(Vv. meningeae mediae)*, vom Ohr *(Vv. auriculares anteriores)*, von der Ohrspeicheldrüse *(Vv. parotideae)* und aus dem Kiefergelenkbereich *(Vv. articulares*, retroartikulärer Venenplexus). In den Plexus pterygoideus münden ferner die *V. canalis pterygoidei* und die Begleitvene des N. facialis *(V. stylomastoidea)*. Der *Plexus pterygoideus* anastomosiert mit dem *Plexus venosus foraminis ovalis* und mit dem *Plexus venosus caroticus internus* und steht über diese Plexus mit dem *Sinus cavernosus* in Verbindung.

In Kürze

Die **V. jugularis interna** dräniert – entsprechend dem arteriellen Versorgungsgebiet der A. carotis communis – das Venenblut aus:
- Gesichtsbereich, Mundhöhle, Nasenhöhle, Nasennebenhöhlen, Augenhöhle
- dem größtem Teil der Schädelhöhle und des Gehirns
- Halsorganen
- Halswand

V. jugularis externa

Die *V. jugularis externa* (Abb. 4.44) liegt auf dem oberflächlichen Blatt der Halsfaszie (► Kap. 20, Abb. 20.2). Sie zieht über den M. sternocleidomastoideus, durchbricht im seitlichen Halsdreieck das oberflächliche und mittlere Halsfaszienblatt und mündet manchmal geteilt im Venenwinkel oder in die V. subclavia und gelegentlich in die V. jugularis interna. Zum Einzugsgebiet der V. jugularis externa zählen die *V. occipitalis*, *V. auricularis posterior* und *V. jugularis anterior*. Die V. jugularis anterior beginnt in Höhe des Zungenbeins. Sie nimmt die Hautvenen des Kinn- und Mundbodenbereichs auf und zieht meistens am Vorderrand des M. sternocleidomastoideus, gelegentlich auch nahe der Mediane *(V. mediana colli)*, nach kaudal. Sie tritt unter den M. sternocleidomastoideus und mündet nach Durchbohrung des mittleren Halsfaszienblattes in die V. jugularis externa oder in die V. subclavia. Die Vv. jugulares externae der rechten und linken Seite sind oft durch eine bogenförmige Vene *(Arcus venosus jugularis)* oberhalb des Manubrium sterni miteinander verbunden (Abb. 4.44).

In die V. jugularis externa ziehen auch Venen aus dem Schultergürtelbereich. Die *Vv. transversae cervicis (colli)* und die *V. suprascpularis* sind über Venenbrücken miteinander verbunden und münden häufig mit einem gemeinsamen Stamm.

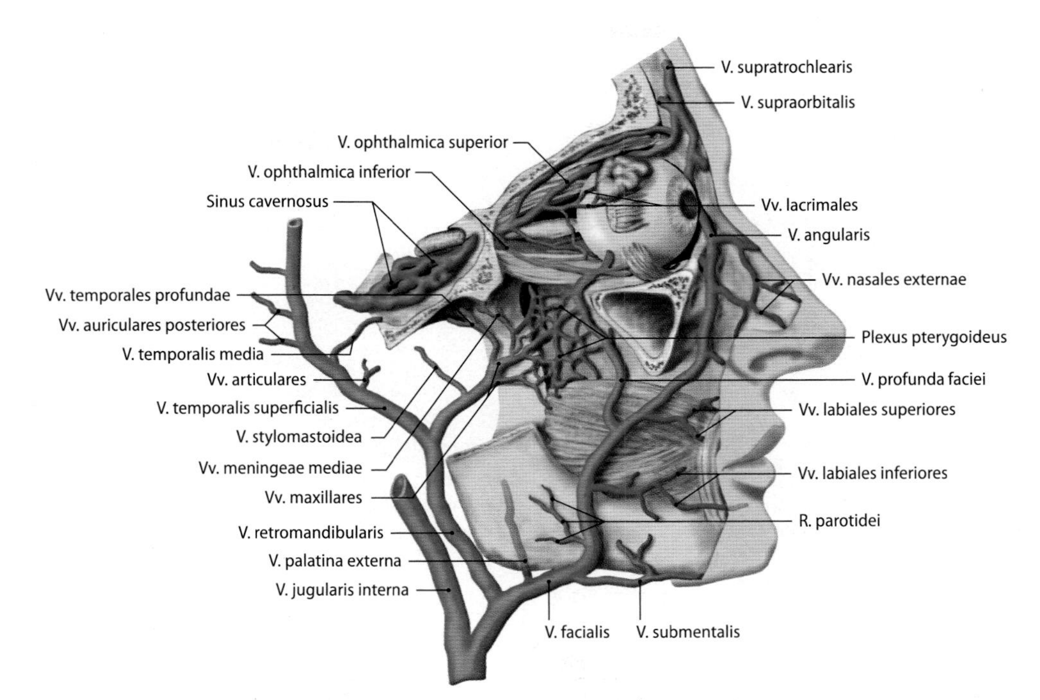

Abb. 4.45. Oberflächliche und tiefe Venen des Kopfes. Ansicht von rechts lateral. Man beachte die Verbindungen der oberflächlichen Gesichtsvenen mit den Venen der Orbita sowie der Orbitavenen mit dem Sinus cavernosus und dem Plexus pterygoideus [7]

Vv. diploicae

Die Vv. diploicae bilden ein intraossäres Netzwerk, das die Venen der Diploe der Schädelkalotte ohne Berücksichtigung von Knochengrenzen untereinander verbindet (Abb. 4.46). Über die Diploevenen anastomosieren die Sinus durae matris und die Venen der Kopfschwarte.

Vv. emissariae

Die *Vv. emissariae* ziehen durch ossäre Kanäle, die den Knochen von Schädelkalotte und Schädelbasis senkrecht durchbohren (Abb. 4.46). Sie verbinden auf kurzem Weg als sog. Ablaufvenen die Sinus durae matris mit den äußeren Venen des Kopfes (4.35).

Die Vv. emissariae anastomosieren mit den Vv. diploicae. Zu den *Vv. emissariae* zählt man auch die Venengeflechte im *Canalis caroticus* (Plexus caroticus, Verbindung zwischen Sinus cavernosus und Plexus pterygoideus), im Bereich des *Foramen ovale (Plexus venosus foraminis ovalis)* und des *Canalis nervi hypoglossi (Plexus venosus canalis nervi hypoglossi)*.

Hirnvenen und Sinus durae matris ► Kap. 17.6.3, S. 663 und ► Kap. 19, S. 796.

4.35 Ausbreitung von Infektionen im Gesichtsbereich über Venen

Über die V. angularis können Keime aus dem Gesichtsbereich über die V. ophthalmica superior zum Sinus cavernosus gelangen. Weitere Wege einer Keimausbreitung stellen die Vv. emissariae und die Vv. diploicae dar.

4.36 Venenkatheter

Die V. jugularis interna dient zur Einführung eines Venenkatheters.

4.37 Blutungen bei Tracheotomie

Aus den Vv. jugulares externae und dem Arcus venosus jugularis kann es bei der Tracheotomie zur Blutung kommen.

4.38 Venenverletzung am Hals

Bei Venenverletzungen am Hals besteht die Gefahr einer Luftembolie.

In Kürze

V. jugularis interna

Verlauf: vom Foramen jugulare → Bulbus superior venae jugularis → im Gefäß-Nerven-Strang → Venenwinkel → Bulbus inferior venae jugularis

Einzugsgebiete:
- Gehirn und Hirnhäute (Sinus durae matris)
- Kopfschwarte und Gesichtsbreich (V. retromandibularis, V. facialis)
- tiefe Gesichtsregion (Plexus pterygoideus)
- Mundbereich (V. lingualis)
- Pharynx und weicher Gaumen (Plexus pharyngeus, Vv. pharyngeae)

V. jugularis externa

Lage: zwischen Platysma und oberflächlichem Halsfaszienblatt

Einzugsgebiete:
- Okzipitalregion und Ohrmuschel (Vv. occipitalis und auricularis posterior)
- vordere Halsregion (V. jugularis anterior, Arcus venosus jugularis)
- Schultergürtelbereich und seitliche Halsregion (V. suprascapularis, Vv. transversae colli)

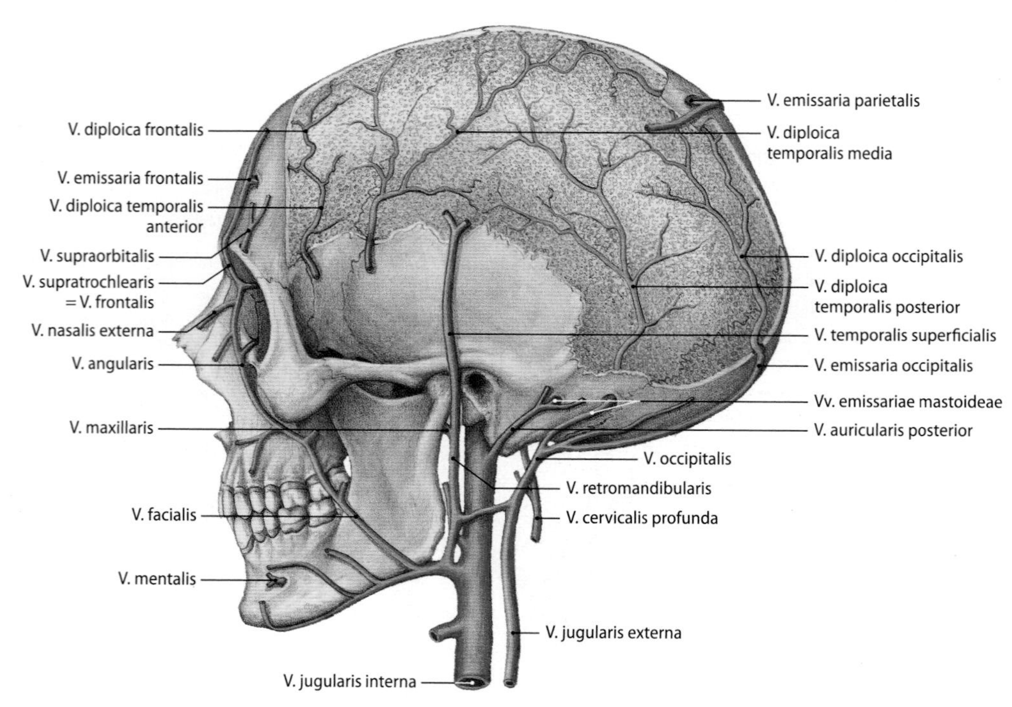

Abb. 4.46. Vv. diploicae und Vv. emissariae mit ihren Verbindungen zu den oberflächlichen Venen. Die Diploe der Schädelkalotte wurde durch Abtragen der Lamina externa freigelegt [7]

Man unterscheidet folgende Diploevenen und Venenverbindungen:

- *V. diploica frontalis* im Os frontale: V. supraorbitalis → Sinus saggitalis superior
- *V. diploica temporalis anterior* im Os parietale: V. temporalis profunda → Sinus sphenoparietalis
- V. diploica temporalis posterior im Os parietale: V. auricularis posterior → Sinus transversus
- *V. diploica occipitalis* im Os occipitale: V. occipitalis →Sinus transversus

Regelmäßig vorkommende Vv. emissariae:

- *V. emissaria parietalis*: Sinus sagittalis superior → Foramen parietale des Os parietale → V. temporalis superficialis
- *V. emissaria mastoidea*: Sinus sigmoideus → Foramen mastoideum des Os temporale → V. occipitalis
- *V. emissaria condylaris*: Sinus sigmoideus → Canalis condylaris des Os occipitale → Plexus venosus vertebralis externus
- *V. emissaria occipitalis*: Confluens sinuum → Foramen in der Squama occipitalis → V. occipitalis

4.2.6 Lymphbahnen und Lymphknoten

B.N. Tillmann

Einführung

Die Lymphe des Kopfes und des Halses wird über den *Truncus jugularis*, der mit der V. jugularis interna brustwärts zieht, abgeleitet. Auf der rechten Seite mündet der Truncus jugularis in den *Ductus lymphaticus dexter*, der zum Venenwinkel zieht. Auf der linken Seite gelangt die Lypmphe des Truncus jugularis über den *Ductus thoracicus* in das Venensystem.

Nodi lymphoidei capitis

Lymphknoten über dem Trapeziusursprung *(Nodi occipitales)* erhalten Lymphe aus der Kopfschwarte von der Scheitel-, Hinterhaupt- und Nackenregion. Zu den *Nodi mastoidei (retroauriculares)* auf dem Warzenfortsatz fließt die Lymphe der Ohrmuschel und der Cellulae mastoideae (4.39). Die *Nodi parotidei superficiales* liegen vor dem Tragus auf der Fascia parotidea. Die *Nodi parotidei profundi* bilden eine subfasziale Gruppe, in der man Lymphknoten vor der Ohrmuschel *(Nodi preauriculares)*, unterhalb der Ohrmuschel *(Nodi infraauriculares)* sowie innerhalb der Ohrspeicheldrüse *(Nodi intraglandulares)* abgrenzt. Die *Nodi parotidei* nehmen Lymphe der Ohrspeicheldrüse, des äußeren Ohres und des äußeren Gehörgangs sowie der Schläfenregion, der Augenlider und der Nase auf. Die weitere Dränage der drei erwähnten Lymphknotengruppen erfolgt in die tiefen seitlichen Halslympknoten.

Als *Nodi faciales* fasst man inkonstante Lymphknoten im Gesichtsbereich zusammen *(Nodus buccalis, Nodus nasolabialis, Nodus malaris, Nodus mandibularis)*.

Nodi lymphoidei cervicis (colli)

Die *Nodi submentales* liegen am Mundboden zwischen den vorderen Digastrikusbäuchen. Einzugsgebiete sind die Frontzähne, Zungenspitze sowie der mittlere Bereich von Unterlippe und Mundboden. Zwischen Unterkieferrand und Glandula submandibularis liegen die *Nodi submandibulares*. Sie nehmen die Lymphe aus dem medialen Augenbereich, aus Nase, Wange und Lippen sowie aus der Mundhöhle von Zähnen, Zunge und Schleimhaut auf. Von den *Nodi submentales* und *submandibulares* fließt die Lymphe weiter zu den tiefen Halslymphknoten (Abb. 4.47).

Die vorderen Halslymphknoten *(Nodi cervicales anteriores)* liegen mit einer oberflächlichen epifaszialen Gruppe *(Nodi superficiales)* an der V. jugularis anterior und nehmen die Lymphe der Haut aus der vorderen Halsregion auf. Die Gruppen der subfaszialen *Nodi profundi* der *Nodi cervicales anteriores* sind über ihre Einzugsgebiete den Halsorganen zugeordnet. *Nodi infrahyoidei* haben Zuflüsse aus dem Kehlkopfeingangsbereich und dem Hypopharynx. Die *Nodi prela-*

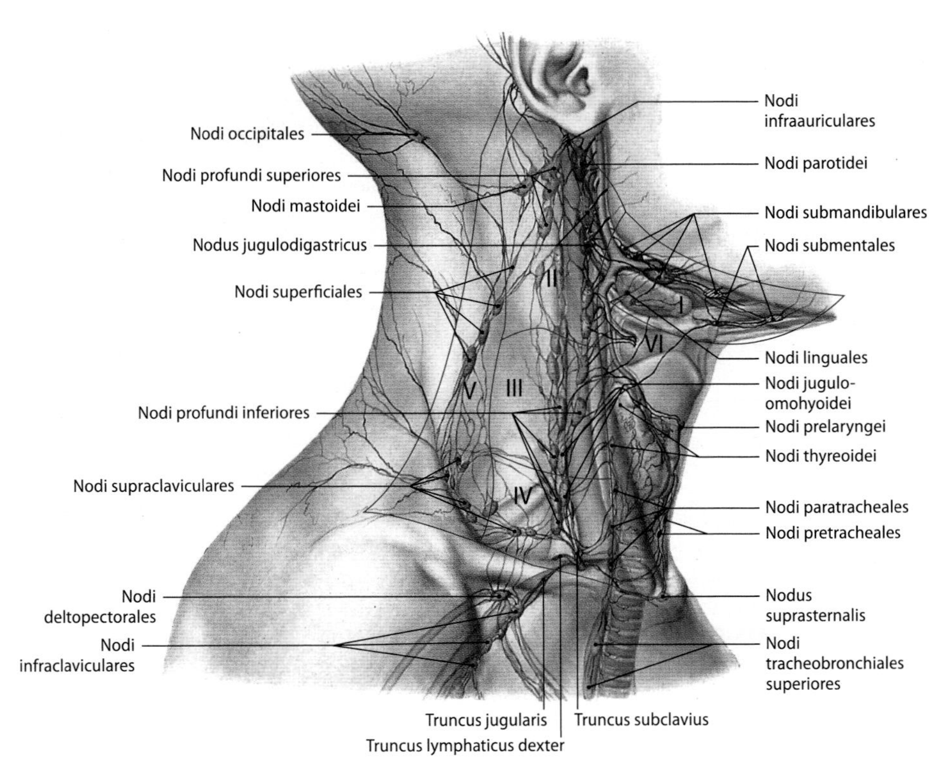

Abb. 4.47. Lymphknoten des Halses. Ansicht von rechts lateral. Entsprechend dem Auftreten von Lymphknotenmetastasen erfolgt die regionale Einteilung der Halslymphknoten klinisch in die Zonen I–VI (Klassifikation der American Academy of Otolaryngology-Head and Neck Surgery) [7]

ryngei liegen vor dem Lig. cricothyreoideum, sie erhalten Lymphe aus dem unteren Kehlkopfbereich. In die *Nodi thyreoidei* fließt Lymphe aus der Schilddrüse, in die *Nodi pretracheales* und *paratracheales* aus dem unteren Kehlkopfbereich und aus der Trachea. Der weitere Abflussweg der vorderen Halslymphknoten führt zu den tiefen seitlichen Halslymphknoten.

Bei den *Nodi cervicales laterales* unterscheidet man nach ihrer Lage oberflächliche und tiefe Lymphknoten. Die oberflächlichen epifaszialen *Nodi superficiales* liegen entlang der V. jugularis externa und nehmen die Lymphe aus den unteren Anteilen von Glandula parotis und äußerem Ohr auf. Die *Nodi profundi* ordnen sich um die V. jugularis interna *(Nodi jugulares anteriores, Nodi jugulares laterales)*. Sie erhalten **direkte Zuflüsse** aus den Halsorganen sowie als **Sammellymphknoten** aus den Lymphknoten des Kopfes und der vorderen Halsregion. Der *Nodus jugulodigastricus* liegt in Höhe der Überkreuzung der V. jugularis interna durch den hinteren Digastrikusbauch. Der Lymphknoten hat die Tonsilla palatina und den hinteren Zungenbereich als Einzugsgebiet (4.39). Zum *Nodus juguloomohyoideus* an der Überkreuzung von V. jugularis interna und M. omohyoideus fließt die Lymphe aus der Zunge über direkte Zuflüsse sowie über die Zwischenschaltung der Nodi submentales und submandibulares.

Die *Nodi supraclaviculares* liegen in der Fossa supraclavicularis am weitesten kaudal. Sie stehen mit den Nodi apicales der Achsellymphknoten in Verbindung (▶ Kap. 4.4, S. 234).

Vom Nasopharynx und dem hinteren Abschnitt der Nasenhöhle sowie von Tuba auditiva und Paukenhöhle fließt die Lymphe zu den *Nodi retropharyngeales*, die zwischen Pharynxhinterwand und Lamina prevertebralis der Halsfaszie liegen.

4.39 Lymphknotenschwellungen im Halsbereich

Bei der **Rötelninfektion** sind geschwollene, druckschmerzhafte retroaurikuläre Lymphknoten (Nodi mastoidei) ein charkteristisches Symptom. Bei einer **Tonsillitis** kann es zur tastbaren Schwellung des Nodi jugulodigastricus kommen. Tastbare Nodi juguloomohyoidei können Hinweis auf ein **metastasierendes Zungenkarzinom** sein. Tastbare Metastasen in den Lymphknoten der Nackenregion sind häufig erstes Symptom eines **Nasopharynxkarzinoms.**

Klinisch werden die Lymphknoten des Halses regional in Zonen (I–VI) entsprechend dem Auftreten von Metastasen bei Tumoren des Kopf-Hals-Bereiches werden eingeteilt (Abb. 4.47).

In Kürze

Kopflymphknoten

Einzugsgebiete:
- Nodi occipitales: Kopfschwarte der Scheitel-, Hinterhaupt- und Nackenregion
- Nodi mastoidei (retroauriculares): Ohrmuschel, Cellulae mastoidei
- Nodi parotidei superficiales und profundi: Glandula parotidea und seitlicher Gesichtsbereich

Halslymphknoten
- Einzugsgebiete der oberflächlichen und tiefen Nodi cervicales anteriores:
  - Nodi submentales, Nodi submandibulares: Unterlippe, Mundboden, Zähne, Zunge, Mundschleimhaut
  - Nodi infrahyoidei, Nodi prelaryngei: Kehlkopf und Hypopharynx

▼

- Nodi thyreoidei: Schilddrüse
- Nodi pretracheales und paratracheales: Kehlkopf und Luftröhre

- Einzugsgebiete der oberflächlichen und tiefen Nodi cervicales laterales:
  - Nodi cervicales (laterales) superficiales entlang der V. jugularis externa: Zuflüsse aus Ohr und Glandula parotis
  - Nodi cervicales (laterales) profundi entlang der V. jugularis interna: direkte Zuflüsse aus den Halsorganen (Kehlkopf, Schilddrüse, Pharynx)
  - Nodus jugulodigastricus: direkte Zuflüsse aus der Tonsilla palatina und dem Zungengrund
  - Nodus juguloomohyoideus: direkte Zuflüsse aus der Zunge
  - Nodi supraclaviculares: Verbindung zu den Achsellymphknoten

4.2.7 Nerven

B.N. Tillmann

 Einführung

Die Innervation des Kopf-Hals-Gebietes erfolgt über Hirnnerven (▶ Kap. 17.5, S. 649) und über die 8 Spinalnerven des Halses.

Rr. posteriores (dorsales) der Nn. cervicales

Die *Rr. posteriores* der Zervikalnerven sind gemischte Nerven. Sie innervieren mit *Rr. mediales* die Muskeln des medialen Traktes und mit *Rr. laterales* die Muskeln des lateralen Traktes der **autochthonen Rückenmuskeln** (▶ Kap. 4.3, S. 166) des Halsbereiches sowie einen Teil der **kurzen Nackenmuskeln.**

Im Nackenbereich gelangen im Regelfall nur die Rr. mediales zur Haut. Eine Ausnahme bildet der **R. dorsalis** des **ersten Zervikalnervs** *(N. suboccipitalis)*, der normalerweise keinen Hautast hat. Der *N. suboccipitalis* tritt zwischen hinterem Atlasbogen und A. vertebralis in die tiefe Nackenregion und innerviert die kurzen Nackenmuskeln sowie die Kopfgelenke. Der mediale Ast des **R. posterior** des **zweiten Zervikalnervs** tritt nach Versorgung der kurzen Nackenmuskeln und des M. semispinalis capitis als *N. occipitalis major* zur Haut der Nacken- und Hinterhauptregion (▶ Kap. 20, ◘ Abb. 20.12). Als *N. occipitalis tertius* bezeichnet man den medialen Hautast des R. posterior des dritten Zervikalnervs, dessen Innervationsgebiet bis zum Hinterhaupt reicht. Beim siebten oder achten Zervikalnerv ist der dorsale Hautast häufig sehr klein oder er fehlt gänzlich.

Rr. anteriores ventrales der Nn. cervicales

Die *Rr. anteriores* der *Nn. cervicales I–IV* bilden den *Plexus cervicalis,* die *Rr. anteriores* der *Nn. cervicales V–VIII* und der *R. anterior* des *N. thoracalis I* den *Plexus brachialis* (▶ Kap. 4.4). Direkte Muskeläste innervieren die Halsmuskeln.

Plexus cervicalis

Der *Plexus cervicalis* entsteht durch den Zusammenschluss der Rr. anteriores der Zervikalnerven I–IV, die durch bogenförmige Schlingen miteinander verbunden sind (◘ Abb. 4.48). Das Halsgeflecht tritt zwischen den Mm. scaleni anterior und medius sowie M. longus colli in die seitliche Halsregion.

Die **Hautäste** des Plexus cervicalis treten im mittleren Drittel des Hinterandes des M. sternocleidomastoideus (sog. Punctum nervosum oder Erb-Punkt) an die Oberfläche. Von hier ziehen sie divergierend durch das oberflächliche Halsfaszienblatt und durch das Platysma zur Haut (◘ Abb. 4.49).

Der *N. occipitalis minor* (C2, C3) läuft zunächst bedeckt vom Hinterrand des M. sternocleidomastoideus, dann am Muskelhinterrand entlang hinter das Ohr, wo er gemeinsam mit dem N. occipitalis major die Haut der Hinterhauptregion versorgt.

Der kräfte *N. auricularis magnus* (C2, C3) gelangt bogenförmig vom Punctum nervosum nach vorn auf den M. sternocleidomastoideus und zieht auf diesem kopfwärts (▶ Kap. 19, ◘ Abb. 19.1). In Höhe des Unterkieferrandes teilt sich der Nerv in einen vorderen und in einen hinteren Ast. Der *R. anterior* innerviert die Haut im Bereich des Kieferwinkels und der Vorderseite der Ohrmuschel, der *R. posterior* den Bereich hinter dem Ohr und die Hinterseite der Ohrmuschel.

Der *N. transverus colli* (*cervicis*, C2, C3) läuft unter dem Platysma quer über den M. sternocleidomastoideus ventralwärts (▶ Kap. 20, ◘ Abb. 20.2). Der Nerv teilt sich in einen oberen und in einen unteren Ast, deren Endäste das Platysma durchbrechen und die Haut der Halsregionen versorgen. Dem oberen, stärkeren Ast des N. transversus colli lagert sich der *R. colli* des *N. facialis (Ansa cervicalis superficialis)* an.

Die *Nn. supraclaviculares* (C3–C4) bestehen aus 3–4 Nerven, die auf dem M. scalenus medius nach unten ziehen (◘ Abb. 4.49 und ◘ Abb. 20.2). Am Punctum nervosum treten sie in das lockere Bindegewebe der Lamina superficialis des seitlichen Halsdreiecks und gelangen zur Haut der oberen Brust- und Schulterregion. Die *Nn. supraclaviculares mediales* innervieren die Haut über dem Sternoklavikulargelenk und über dem medialen Bereich der Clavicula. Die *Nn. supraclaviculares intermedii* treten durch das Platysma über den mittleren Abschnitts des Schlüsselbeins und versorgen die Haut im Brustbereich bis zur 4. Rippe. Die *Nn. supraclaviculares laterales* gelangen über den vorderen Rand des M. trapezius zur Haut der Regio deltoidea.

Bei den **Muskelästen** ziehen kurze *Rr. musculares* direkt von den Rr. anteriores der Zervikalnerven zu den tiefen Halsmuskeln (Mm. recti capitis anterior und lateralis, Mm. longi capitis und colli, Mm. scaleni anterior und medius, Mm. intertransversarii anterior cervicis, M. levator scapulae) (◘ Abb. 4.47). Sie beteiligen sich nicht an der Bildung des Plexus cervicalis. Die Rr. anteriores der Zervikalnerven versorgen außerdem den M. geniohyoideus sowie den M. trapezius und variabel den M. sternocleidomastoideus. Die Äste für den M. trapezius schließen sich dem *N. accesorius* an.

Die Muskeläste des Plexus cervicalis für die **infrahyoidalen Muskeln** gehen aus einer Schleife, *Ansa cervicalis (profunda)*, hervor, die von einer oberen Wurzel, *Radix superior*, und von einer unteren Wurzel, *Radix inferior*, gebildet wird (◘ Abb. 4.48 und ▶ Kap. 20, ◘ Abb. 20.4). Die Radix superior (C1, C2) schließt sich über eine kurze Strecke dem *N. hypoglossus* (Ansa hypoglossi) an. Sie läuft meistens vor der A. carotis communis nach kaudal und biegt – variabel – in Höhe der Zwischensehne des M. omohyoideus in die Radix inferior um. Die *Radix inferior* (C2, C3) zieht auf der V. jugularis interna in der Vagina carotica nach kranial lateral hinter den M. sternocleidomastoideus. Die *Rr. musculares* für die Mm. sternohyoideus, sternothyreoideus und omohyoideus zweigen aus der Ansa cervicalis ab. Der *R. thyreohyoideus* entspringt im Anlagerungsbereich von Radix superior und N. hypoglossus.

Der *N. phrenicus* (C3, C4 [C5]) tritt auf die Vorderseite des M. scalenus anterior (▶ Kap. 20, ◘ Abb. 20.9). Er zieht auf diesem

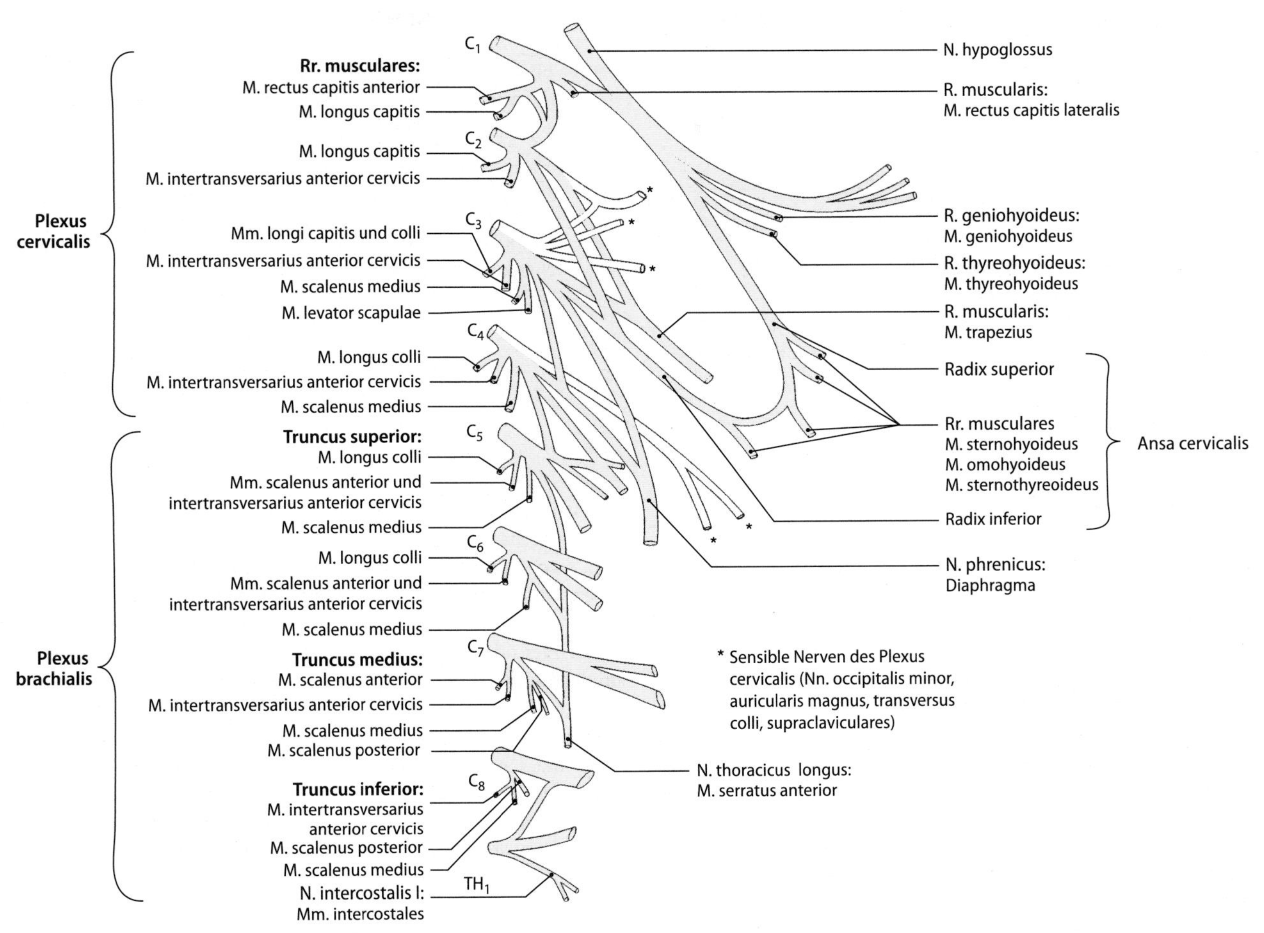

Abb. 4.48. Innervation der Muskeln aus dem Plexus cervicalis und aus den Trunci des Plexus brachialis [7]

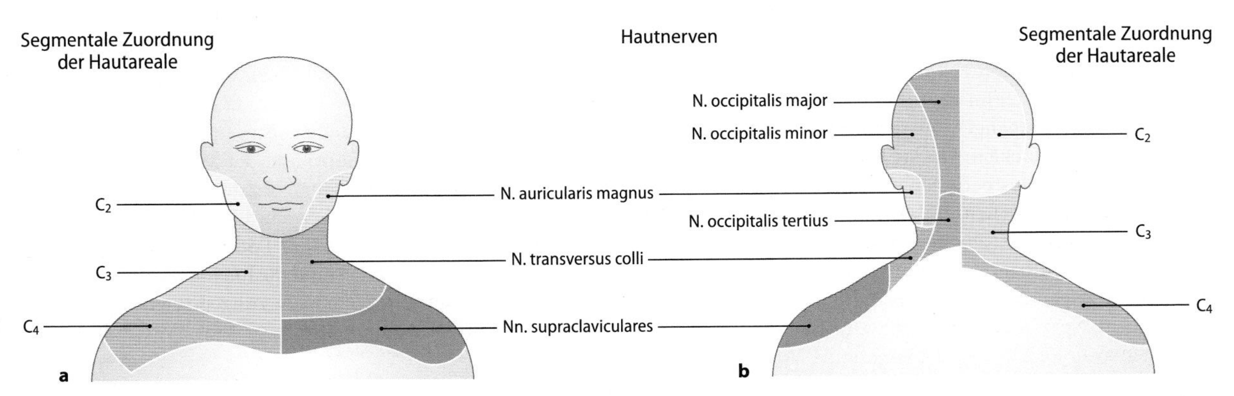

Abb. 4.49a, b. Innervation der Haut von Hals- und Nackenregion. **a** Innervation der Halsregionen aus dem Plexus cervicalis. **b** Innervation der Nackenregion aus dem Plexus cervicalis und aus den Rr. posteriores der Zervikalnerven II und III [7]

abwärts und gelangt zwischen A. und V. subclavia über die Pleurakuppel zur oberen Thoraxapertur. Im Brustraum läuft der Nerv zwischen Pleura mediastinalis und Perikard ventral vom Lungenhilus zum Zwerchfell. Er versorgt mit einem *R. pericardiacus* das Perikard und die Pleura mediastinalis. Endäste des N. phrenicus sind die *Rr. phrenicoabdominales*, die auf der rechten Seite durch das Foramen venae cavae in den Bauchraum gelangen. Auf der linken Seite treten die Rr. phrenicoabdominales variabel hinter der Herzspitze oder am Hiatus oesophageus durch das Zwerchfell. Der N. phrenicus innerviert motorisch das Diaphragma. Seine sensiblen Endäste versorgen das Bauchfell von Leber, Gallenblase, Magen, Nebenniere und Pankreas sowie das Peritoneum parietale im Oberbauchbereich. Der N. phrenicus enthält außerdem postganglionäre symphathische Fasern aus dem Ganglion cervicothoracicum.

Als *Nn. phrenici accessorii* (C5, C6) bezeichnet man Nervenäste, die sich dem N. phrenicus in unterschiedlicher Höhe anschließen. In etwa 20% der Fälle kommt ein akzessorischer Ast aus dem N. subclavius und lagert sich dem N. phrenicus an.

In Kürze

Rr. posteriores der Nn. cervicales:
- motorische Innervation: autochthone Rückenmuskeln der Halsregion, kurze Nackenmuskeln (N. suboccipitalis)
- sensible Hautäste:
  - N. occipitalis major: Nacken- und Hinterhauptregion
  - N. occipitalis tertius: Nackenregion

Plexus cervicalis (Rr. anteriores der Nn. cervicales I–IV)
- direkte motorische Äste ◘ Tab. 4.11, ◘ Abb. 4.48
- Muskeläste der Ansa cervicalis (profunda): infrahyoidale Muskeln (Mm. omohyoideus, sternohyoideus, sternothyreoideus, thyreohyoideus)
- N. phrenicus: motorische Innervation des Diaphragma, sensible Versorgung von Perikard, Pleura mediastinalis, Peritoneum parietale im Oberbauchbereich, Peritoneum viscerale der Oberbauchorgane
- sensible Hautäste (Austritt am Punctum nervosum = Erb-Punkt):
  - N. occipitalis minor: Hinterhauptregion
  - N. auricularis magnus: Bereich vor und hinter dem Ohr
  - N. transversus colli: vordere und seitliche Halsregion
  - Nn. supraclaviculares: Bereich über dem Schlüsselbein und im oberen Brustbereich sowie über der Schulterwölbung

4.3 Rumpf (Truncus)

B.N. Tillmann

  Einführung

Der Rumpf ist Träger von Kopf und oberen Extremitäten. Mit dem Erwerben des bipeden Ganges und der damit verbundenen Aufrichtung des Rumpfes werden beim Menschen die charakteristischen Krümmungen der Wirbelsäule ausgebildet. Es kommt außerdem zur Verbreiterung der Hüftknochen, die mit dem Kreuzbein den stabilen Beckenring bilden.

Rumpf *(Truncus)*
- Brust *(Thorax)*
- Bauch *(Abdomen)*
- Becken *(Pelvis)*
- Rücken *(Dorsum)*

Das **Achsenskelett** des Rumpfes ist die **Wirbelsäule** *(Columna vertebralis)*. Sie liegt exzentrisch im **dorsalen Bereich** und schließt mit den Wirbelbögen (Neuralspangen) im Wirbelkanal (*Canalis vertebralis* – Neuralraum) das Rückenmark mit seinen Häuten ein. Im **vorderen Bereich** des Rumpfes befinden sich die **Eingeweideräume, Brust**- sowie **Bauch**- und **Beckenhöhle.** Brust- und Bauchhöhle werden durch das **Zwerchfell** *(Diaphragma)* voneinander getrennt. **Brust**- und **Bauchwand** begrenzen die von Serosa ausgekleideten Körperhöhlen. Sie zeigen in ihrem Bauplan hinsichtlich der Anordnung von Muskeln, Nerven und Gefäßen weitgehende Übereinstimmungen. Von den ursprünglich in die gesamte Wand der Eingeweideräume ziehenden ventralen Viszeralspangen bleiben nur die Rippen des **Thorax** erhalten. Die **Wand des Bauchraumes** besteht dementsprechend nur aus Muskeln und ihren Aponeurosen.

4.3.1 Knochen und Gelenke

Brustkorb (Cavea thoracis)

Am Aufbau des **Brustkorbs,** *Cavea thoracis,* beteiligen sich das Brustwandskelett, *Skeleton thoracis,* mit Brustbein, *Sternum,* und 12 Rippenpaaren, *Costae I–XII,* sowie die 12 Brustwirbel, *Vertebrae thoracicae* I–*XII* (◘ Abb. 4.50). Die Rippen-Brustbein-Gelenke und die Rippen-Wirbel-Gelenke mit ihrem Bandapparat sind Bestandteil des Brustkorbs. Der Brustkorb ist muskulär über die Mm. scaleni an der Halswirbelsäule und über den M. sternocleidomastoideus am Schädel »aufgehängt«.

Zwei Rippen begrenzen einen **Zwischenrippenraum** *(Spatium intercostale)* mit Zwischenrippenmuskeln und Leitungsbahnen. Der 10. und 11. Interkostalraum sind Teil der Bauchwand. Der Brustkorb umschließt die **Brusthöhle** *(Cavitas thoracis)*. Er hat die Form eines in der Sagittalebene abgeplatteten Kegels. Die enge obere Brustkorböffnung *(Apertura thoracis superior)* ist queroval und wird vom ersten Rippenpaar sowie von Manubrium sterni und erstem Brustwirbel begrenzt. Der größte Durchmesser der weiten unteren Brustkorböffnung *(Apertura thoracis inferior)* läuft transversal. Die *Apertura thoracis inferior* wird vom Processus xiphoideus, den knorpeligen Rippenbögen, den vorderen Enden von 10. und 11. Rippe sowie vom 12. Rippenpaar gebildet *(Angulus infrasternalis)*.

Die **Thoraxform** zeigt individuelle sowie alters- und geschlechtsspezifische Unterschiede. Bei Frauen ist der Thorax in Bezug auf die Rumpflänge schmaler als beim Mann. Die glockenförmige Thoraxform des Feten entsteht durch die starke Erweiterung seines unteren Abschnitts, die durch die große Leber (Blutbildung) verursacht wird (◘ Abb. 4.51). Nach der Geburt ändert sich die Thoraxform. Brustbein und Rippen werden nach kranial verlagert; die Rippen sind nahezu horizontal ausgerichtet. Die thorakale Atmung tritt beim Säugling gegenüber der abdominalen Atmung zurück. Beim Kleinkind verändern sich die Thoraxform und der Modus der Atemmechanik. Der Formwandel beruht vorrangig auf dem starken Längenwachstum der Rippen in dieser Zeit, wodurch der bogenförmige Verlauf zwischen vertebralem und sternalem Ende zustande kommt. Die Biegung der Rippen nach kaudal und die Entwicklung des Rippenbogens bilden die mechanischen Voraussetzungen für eine effektive **thorakale Atmung** (◘ Abb. 4.56).

Brustwandskelett (Skeleton thoracis)

Brustbein (Sternum)

Das Brustbein ist ein flacher Knochen (⊕ 4.40) und hat 3 Anteile: *Manubrium sterni, Corpus sterni* und *Processus xiphoideus.* Sie sind in Form von Synchondrosen *(Synchondroses sternales)* miteinander verbunden. Die Knorpelhaft zwischen Corpus sterni und Processus xiphoideus besteht aus Faserknorpel *(Symphysis xiphosternalis)*. Nach dem 60. Lebensjahr verschmelzen die 3 Abschnitte meistens knöchern miteinander. Mit dem Brustbein artikulieren das Schlüsselbein und die »wahren« Rippen 1–7.

⊕ 4.40 Knochenmarkgewinnung

Aufgrund der oberflächlichen Lage eignet sich das Corpus sterni zur Entnahme von blutbildendem Knochenmark (sog. Sternalpunktion).

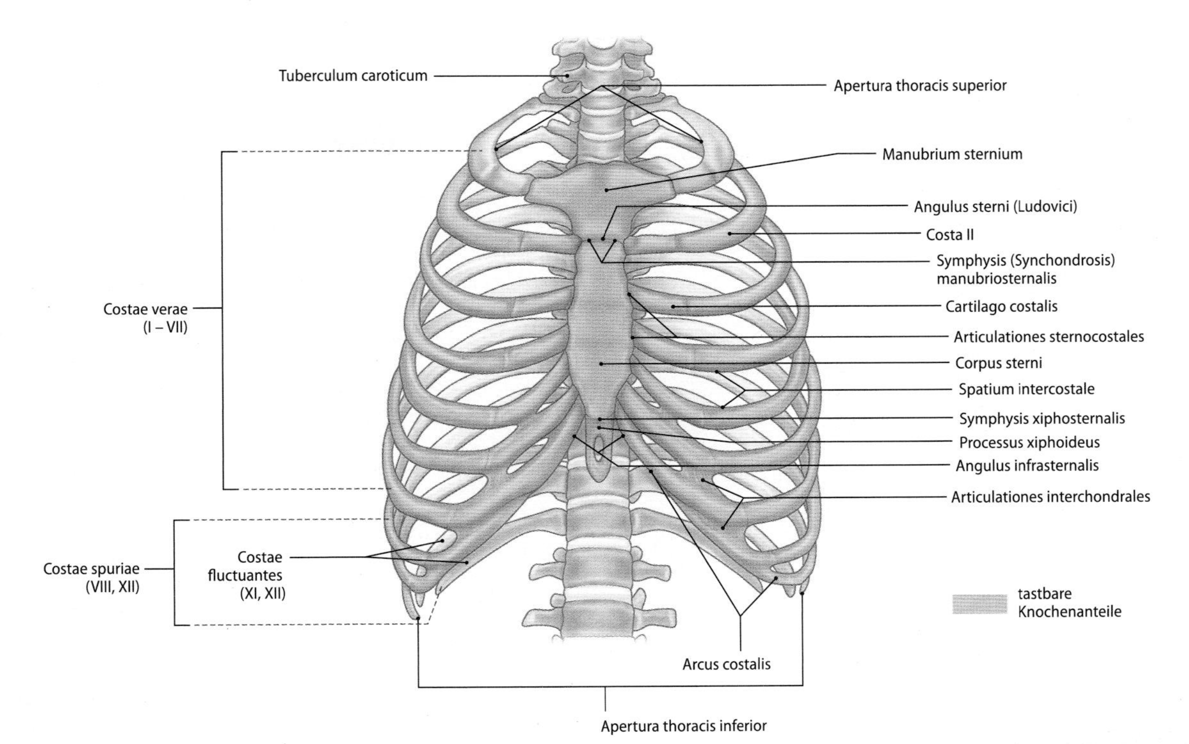

Abb. 4.50. Thoraxskelett, Ansicht von vorn. Man beachte die Lage der zweiten Rippe neben dem Übergang zwischen Manubrium und Corpus sterni (Angulus sterni – Angulus Ludovici, Tafel II, S. 778, Tafel VII, S. 923). Der Processus xiphoideus zeigt eine partielle Spalte, er ist häufig gabelförmig gespalten (fehlerhafte Verschmelzung der Sternalleiste)

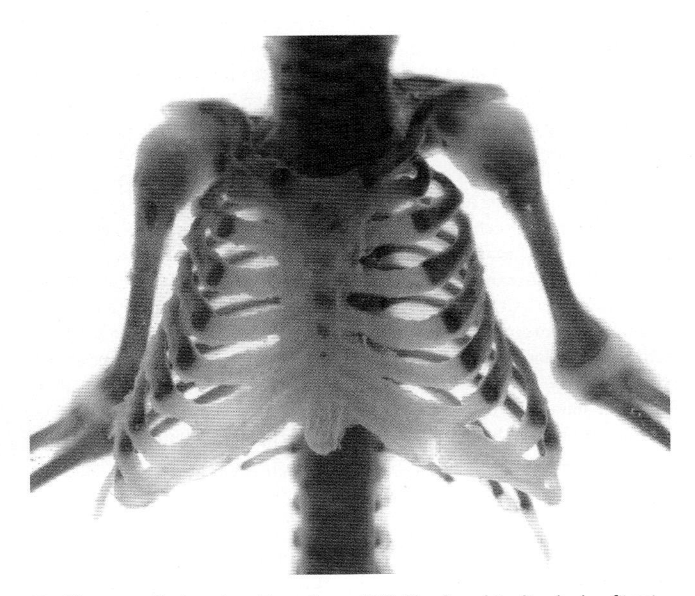

Abb. 4.51. Skelett eines Feten (mens VIII). Man beachte die glockenförmige Gestalt des Thorax mit horizontal verlaufenden Rippen sowie die Knochenkerne in der Anlage des Brustbeins (Aufhellungspräparat, Anfärbung des Knochens mit Alizarin-S-Rot, Vergr. 0,5-fach)

Rippen (Costae)

Die 12 Rippen, *Costae I–XII* (Abb. 4.52) sind Teil der Thoraxwand und mit den Brustwirbeln gelenkig verbunden (Abb. 4.50). Im Regelfall erreichen die ersten 7 Rippenpaare direkt das Sternum; man bezeichnet diese als »wahre« Rippen, *Costae verae.* Die 5 kaudalen Rippenpaare sind die »falschen« Rippen, *Costae spuriae.* Von ihnen beteiligen sich die die 8., 9. und in den meisten Fällen auch die 10. Rippe am Aufbau des Rippenbogens *(Arcus costalis).* Die 11. und 12. Rippe – variabel auch die 10. Rippe – erreichen das Brustbein nicht, sondern enden frei *(Costae fluctuantes)* zwischen den Bauchmuskeln.

Eine Rippe (Abb. 4.53) besteht aus einem knöchernen Teil, *Os costae,* und aus einem knorpeligen Teil, *Cartilago costalis.*

Die **Rippenknorpel** verbinden die oberen 7 Rippen im Regelfall direkt mit dem Brustbein. Die Rippenknorpel der 8., 9. und meistens auch der 10. Rippe lagern sich aneinander und schließen sich dem Knorpel der 7. Rippe an, mit dem sie gemeinsam den Rippenbogen, *Arcus costalis,* bilden. Von der 4. Rippe an werden die Rippenknorpelanteile länger; sie ziehen in einem nach kranial aufsteigenden Bogen zum Brustbein (▶ Mechanik). Die Rippen sind – regional unterschiedlich – auf dreifache Weise gekrümmt:

- Die Außenfläche ist nach lateral gebogen. Diese, vor allem dorsal stark ausgeprägte, **Flächenkrümmung** ruft die Wölbung des Thorax hervor.
- Das ventrale Rippenende steht gegenüber dem dorsalen um etwa 2 Wirbelhöhen tiefer. Diese Neigung nach ventral kaudal, die an der 1. Rippe besonders deutlich sichtbar wird, bezeichnet man als **Kantenkrümmung.**
- Die Rippen sind außerdem um ihre Längsachse torquiert. Die **Rippentorsion** tritt bei den kranialen Rippen am deutlichsten zutage.

4.41 Elastizitätsverlust des Rippenknorpels im Alter

Mineralisation und Knochenbildung in den Rippenknorpeln im Alter gehen mit Elastizitätsverlust und Bewegungseinschränkungen des Thorax einher und beeinträchtigen die Atmung.

4.42 Gabelrippe

Die Rippen können im ventralen Bereich gegabelt sein, sog. Gabelrippe oder Fensterrippe (am häufigsten die 4. Rippe).

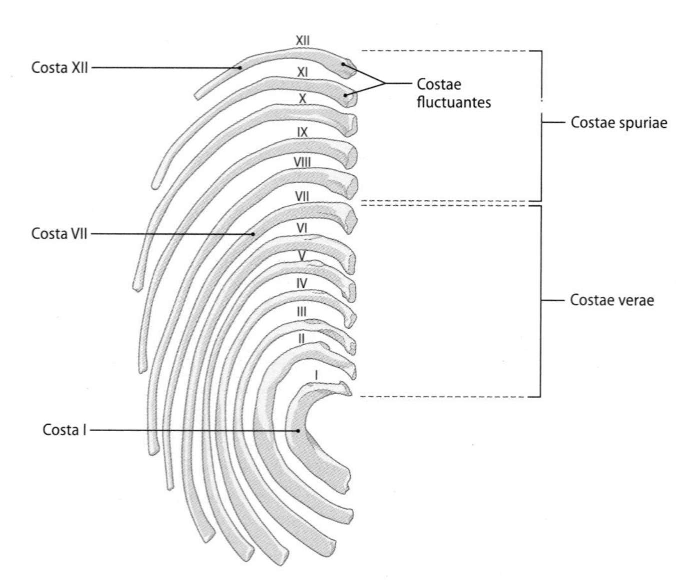

Abb. 4.52. Knöcherner Teil der Rippen I–XII der rechten Seite, Ansicht von oben. Die Länge der Rippen nimmt von der 1.–7. Rippe zu und von der 8.–12. wieder ab. Die Länge der 11. und 12. Rippe ist variabel

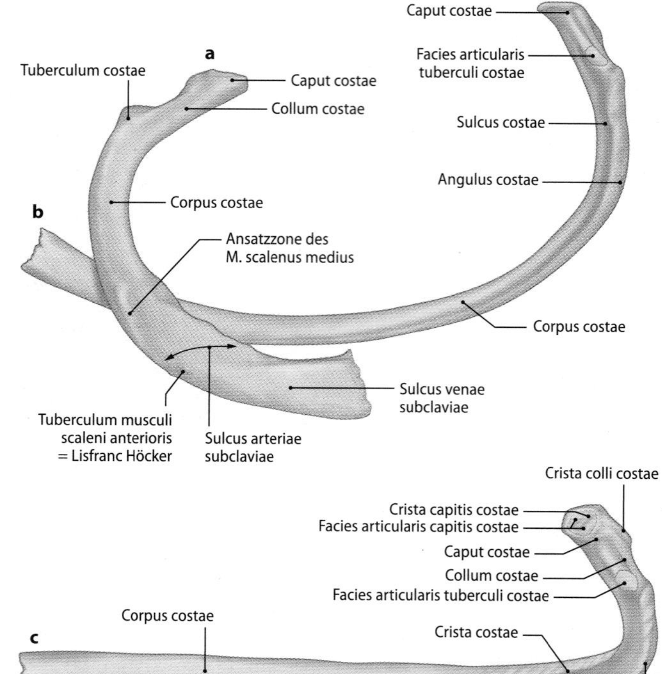

Abb. 4.53a–c. Erste und siebente Rippe. Am knöchernen Teil einer Rippe unterscheidet man einen Rippenkopf, ***Caput costae***, einen Rippenhals, ***Collum costae,*** und einen Rippenkörper, ***Corpus costae***. Das Corpus costae biegt lateral vom Tuberculum costae unter Bildung des Rippenwinkels, ***Angulus costae,*** nach vorn um. Auf diese Weise entsteht seitlich von der Wirbelsäule eine Längsrinne für die Aufnahme der Lunge ***(Sulcus pulmonis)*** **a** 1. Rippe, Ansicht von oben: Die 1. Rippe ist im Vergleich mit den übrigen Rippen kürzer, breiter und stärker gekrümmt. Ihre beiden Flächen sind nach kranial und nach kaudal gerichtet. Die Ansatzzone des M. scalenus anterior ruft das *Tuberculum musculi scaleni anterioris* (Lisfranc-Höcker) hervor. Hinter dem Höcker liegt *der Sulcus arteriae subclaviae,* vor dem Höcker der *Sulcus venae subclaviae*. **b** 7. Rippe der rechten Seite, Ansicht von unten. **c** 7. Rippe, Ansicht der Innenfläche. Das *Caput costae* hat eine Gelenkfläche, *Facies articularis capitis costae*, die mit Ausnahme an der 1., 11. und 12. Rippe durch eine Leiste *(Crista capitis costae)* in 2 Gelenkfacetten unterteilt wird. Der Rippenkopf geht in das schlanke Collum costae über. Am Übergang zum Corpus costae ragt auf der Rückseite ein Höcker, *Tuberculum costae,* vor, der eine Gelenkfläche, *Facies articularis tuberculi costae,* hat. Das Corpus costae ist eine flache Knochenspange mit einer äußeren und einer inneren Fläche. An der Innenseite des unteren Rippenrandes ist im hinteren Abschnitt eine Rinne, *Sulcus costae,* für die Leitungsbahnen ausgebildet

In Kürze

Sternumanteile
- Manubrium sterni mit Incisura jugularis, Incisura clavicularis (Articulatio sternoclavicularis), Incisurae costales I und II
- Corpus sterni mit Angulus sterni (Ludovici) am Übergang von Manubrium und Corpus sterni und Incisurae costales II–VII
- Processus xiphoideus

Synchondrosen zwischen den 3 Anteilen, im höheren Alter Synostosen.

Costae I–XII
- Costae verae: Rippen 1–7
- Costae spuriae: Rippen 8–12
  - Costae fluctuantes: Rippen 11 und 12
- Rippenknorpel (Cartilago costalis) an den Rippen 7–10
- Abschnitte des Os costae: Caput costae, Collum costae, Corpus costae mit Tuberculum costae, Angulus costae und Sulcus costae

Brustkorbgelenke (Articulationes thoracis)

Brustbein-Rippen-Gelenke (Articulationes sternocostales)

Die Gelenkverbindungen zwischen **Brustbein** und **Rippen** sind zum Teil **Diarthrosen,** *Articulationes sternocostales* (Abb. 4.50). Echte Gelenke findet man im Regelfall von der 2. bis zur 5. Rippe. Es artikulieren die *Incisurae costales sterni* mit den ventralen Enden der Rippenknorpel. Die Gelenkhöhle des zweiten Sternokostalgelenkes ist meistens durch eine faserknorpelige Platte (*Lig. sternocostale intraarticulare*) zweigeteilt (▶ Kap. 4.4, Abb. 4.105). Ein intraartikuläres Band kann auch am dritten und vierten Sternokostalgelenk vorhanden sein. Die **1., 6.** und **7. Rippe** sind meistens in Form einer **Synchondrose** *(Articulationes costochondrales)* mit dem Brustbein verbunden; variabel können auch hier echte Gelenke vorkommen. Die Gelenkkapseln werden ventral durch die *Ligg. sternocostalia radiata* verstärkt (▶ Kap. 4.4, Abb. 4.105). Die Bänder ziehen weiter zur Vorderseite des Sternum und strahlen als *Membrana sterni externa* in das Periost ein. Auf der Rückseite des Sternum bilden sie die *Membrana sterni interna*. Vom 6. und 7. Rippenknorpel zum Processus xiphoideus laufende Bandzüge sind die *Ligg. costoxiphoidea*. Die Verbindungen zwischen den Rippenknorpeln der (5.), **6.–9. Rippe** werden als *Articulationes interchondrales* bezeichnet. Innerhalb der knorpligen Querverbindungen können sich Gelenkspalten ausbilden.

Rippen-Wirbel-Gelenke (Articulationes costovertebrales)

Gestalt. An den **Rippenkopfgelenken** *(Articulatio capitis costae)* artikulieren die *Facies articularis capitis costae* mit der *Fovea costalis* des Wirbelkörpers (Abb. 4.54 und 4.62). Die Gelenke sind mit Ausnahme an der 1. sowie 11. und 12. Rippe zweikammrig. Die Köpfe der 2.–10. Rippe haben normalerweise zwei Gelenkfacetten, von denen die obere, kleinere mit der *Fovea costalis inferior* des nächst höheren

Abb. 4.54. Rippenwirbelgelenke und Bandapparat, Ansicht von hinten oben. Auf der linken Seite ist der Kapsel-Band-Apparat der 9. Rippe mit dem 8. und 9. Brustwirbel dargestellt. Auf der rechten Seite wurden die Articulationes costovertebrales durch einen Horizontalschnitt eröffnet [7]
Rote Linie: gemeinsame Bewegungsachse der Articulationes capitis costae und costotransversaria

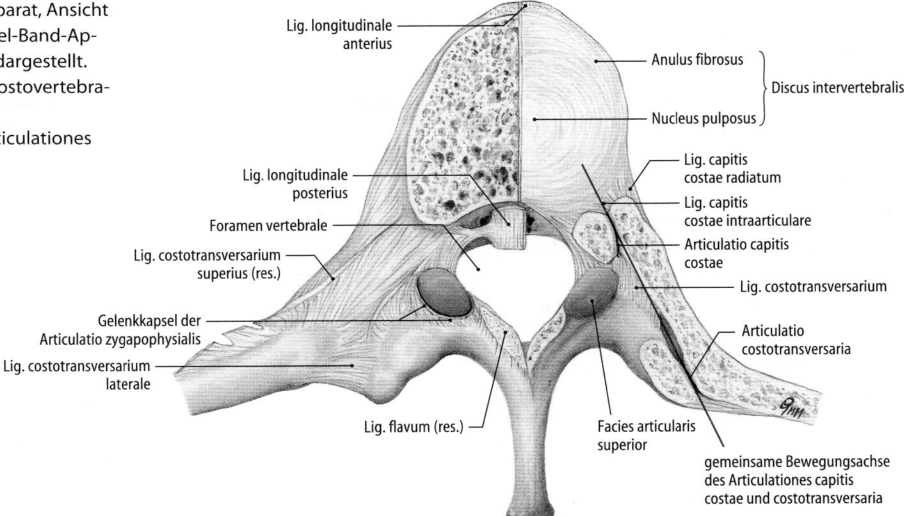

Wirbels artikuliert. Die untere, größere Gelenkfacette des Rippenkopfes steht mit der *Fovea costalis superior* des zugehörigen Wirbels in gelenkigem Kontakt. Die Rippenkopfgelenke (2–10) werden durch das von der *Crista capitis costae* zur Zwischenwirbelscheibe ziehende *Lig. capitis costae intraarticulare* in zwei Gelenkhöhlen unterteilt, deren gemeinsame Gelenkkapsel durch das *Lig. capitis costae radiatum* verstärkt wird. **Rippenhöckergelenke** *(Articulatio costotransversaria)* kommen an den kranialen 10 Rippen vor. Es artikulieren die *Facies articularis tuberculi costae* des Rippenhöckers mit der *Fovea costalis processus transversi* des Wirbelquerfortsatzes. Die Gelenkkapsel wird durch das vom Querfortsatz zum Tuberculum costae ziehende *Lig. costotransversarium laterale* verstärkt. Ventral zieht zwischen Rippenhals und Querfortsatz das *Lig. costotransversarium* (▣ Abb. 4.68). Ohne Beziehung zur Gelenkkapsel verbindet das *Lig. costotransversarium superius* den Rippenhals mit dem Querfortsatz des nächst höheren Wirbels. Das Band begrenzt mit dem Rippenhals das *Foramen costotransversarium* (Durchtritt des Interkostalnerven).

Mechanik. Die Thoraxgelenke stehen im Dienste der **Atemmechanik.** Heben der Rippen geht mit einer aktiven Erweiterung des Thorax einher und führt zur Inspiration. Bei der Exspiration werden die Rippen gesenkt und der Thoraxdurchmesser nimmt ab (▣ Abb. 4.55). Die *Articulationes costovertebrales* und die *Articulationes costotransversariae* sind funktionell aneinander gekoppelt. Außerdem bilden sie mit den *Articulationes sternocostales* eine Funktionsgemeinschaft. In den *Articulationes costovertebrales* und *costotransversariae* sind **Drehbewegungen** der Rippen möglich. Die gemeinsame Bewegungsachse für beide Gelenke läuft nach dorsolateral in Richtung der Längsachse des Rippenhalses (▣ Abb. 4.56). Die Drehung der Rippen bewirkt deren **Hebung bei der Inspiration** oder **Senkung bei der Exspiration.** Die Rippen erfahren dabei eine Veränderung ihrer Stellung im Raum. Bei Hebung der Rippen wendet sich deren Außenfläche nach oben und bei Senkung wieder nach unten. Die Stellungsänderungen werden durch die Elastizität der Rippen, besonders durch deren Knorpel ermöglicht. Die für die Inspiration effektive Seitswärtsbewegung der Rippen im mittleren und unteren Thoraxabschnitt wird durch die Abknickung der Rippenknorpel und durch deren zunehmende Länge ermöglicht. Bei den Rippenbewegungen kommt es auch in den **sternokostalen Gelenkverbindungen** zu einer geringgradigen Rotation um eine sagittale Achse.

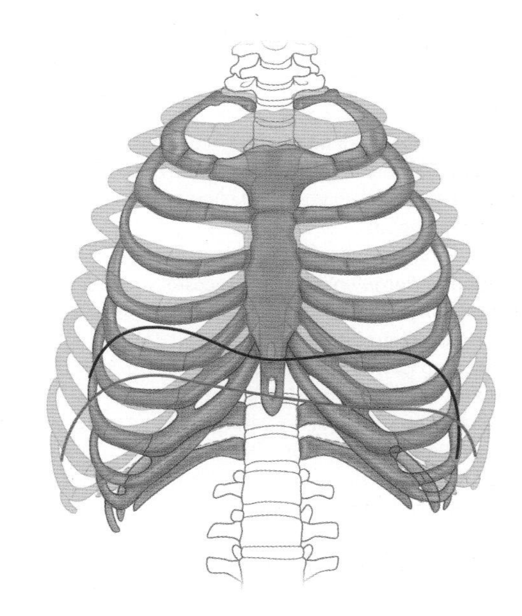

Abb. 4.55. Thorax und Zwerchfell bei tiefer Inspiration (hellblau) und bei Exspiration (dunkelblau)

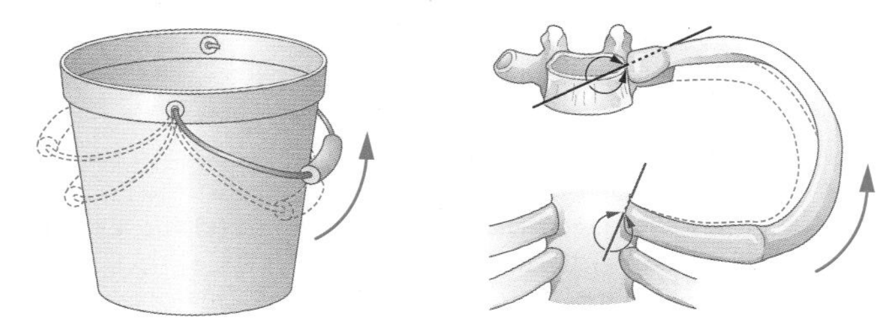

Abb. 4.56. Bewegungsexkursionen und Bewegungsachsen im Sternokostalgelenk und in den Kostovertebralgelenken bei Inspiration und Exspiration. Die Erweiterung des Thorax durch Anhebung der bogenförmig verlaufenden Rippen veranschaulicht das Eimermodell.
blaue Linie: sagittale Achse durch das Sternokostalgelenk
rote Linie: schräge, von ventral medial nach dorsal lateral laufende Achse durch die Kostovertebralgelenke

Die durch Bewegungen des Thorax hervorgerufenen Erweiterungen und Verengungen der *Recessus pleurales* (▶ Kap. 24, S. 837) bei der Atmung bezeichnet man als **Brustatmung.** Die durch Zwerchfellsenkung bewirkte Entfaltung der *Recessus costodiaphragmatici* bei der Inspiration – und vice versa bei der Exspiration – entspricht der **Bauchatmung.** Brust- und Bauchatmung werden normalerweise kombiniert eingesetzt (◘ Abb. 4.55).

! Die Rippenbewegungen bei der Atmung sind die Summe von Rotationen in den Rippen-Wirbel-Gelenken und Brustbein-Rippen-Gelenken sowie von elastischen Verformungen der knöchernen und knorpeligen Anteile der Rippen.

In Kürze

Brustbein-Rippen-Gelenke (Articulationes sternocostales): sternales Ende der Rippenknorpel artikulieren mit den Incisurae costales des Sternum:
- Diarthrosen an den Rippen II–V
- Synchondrosen an den Rippen I, VI und VII

Bänder: Ligg. sternocostalia radiata, Membrana sterni (externa und interna); Ligg. costoxiphoidea

Gelenkverbindungen zwischen den Rippenkorpeln VI–IX (Articulationes interchondrales)

Rippen-Wirbel-Gelenke (Articulationes costovertebrales):
- **Rippenkopfgelenk** (Articulatio capitis costae): Die Fovea costalis (superior – inferior) artikuliert mit der Facies articularis capitis costae
  Band: Lig. capitis costae radiatum
- **Rippenhöckergelenk** (Articulatio costotransversaria): Die Fovea costalis processus transversi artikuliert mit der Facies articularis tuberculi costae
  Bänder: Lig. costotransversarium laterale, Lig. costotransversarium, Lig. costotransversarium superius
  mechanische Kopplung der Rippen-Wirbel-Gelenke und der Rippen-Brustbein-Gelenke

Funktion: Heben und Senken der Rippen bei Inspiration und Exspiration durch Drehbewegungen in den Rippen-Wirbel-Gelenken und in den sternokostalen Gelenken.

Wirbelsäule (Columna vertebralis)

Wirbelsäule (Achsenskelett des Rumpfes):
- 7 Halswirbel
- 12 Brustwirbel
- 5 Lendenwirbel
- Kreubein (5 Kreuzbeinwirbel)
- Steißbein (3–4 Steißbeinwirbel)

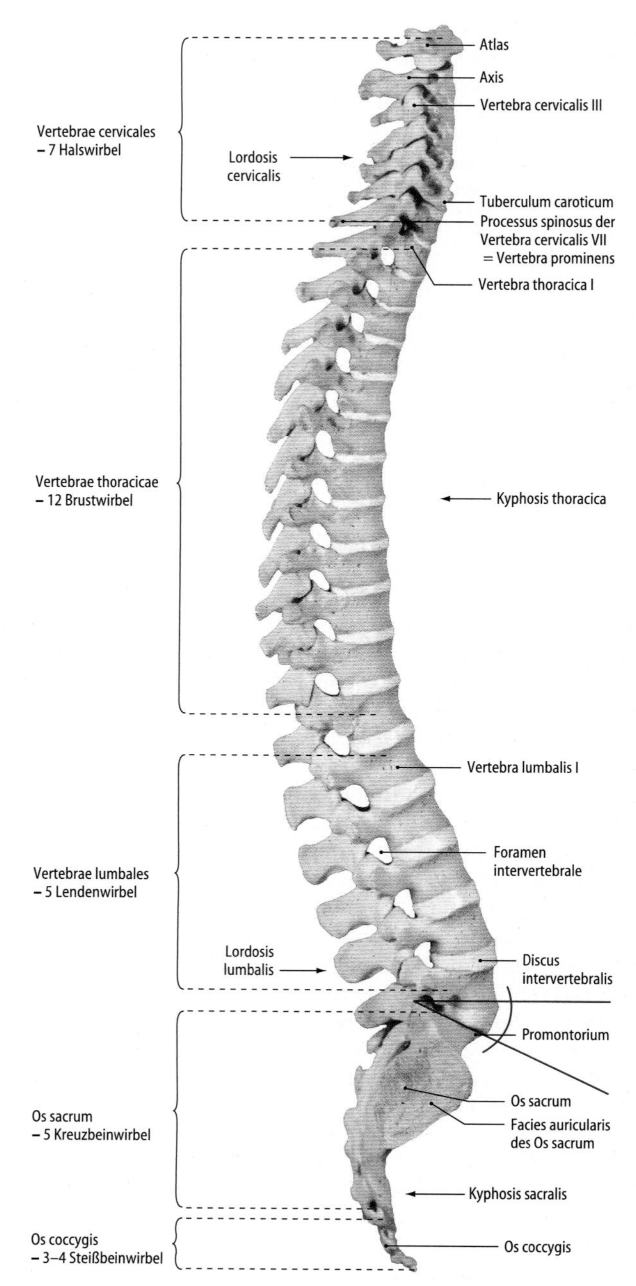

◘ Abb. 4.57. Wirbelsäule mit Zwischenwirbelscheiben, Ansicht von rechts seitlich. Man beachte die physiologischen Krümmungen in der Sagittalebene in den einzelnen Abschnitten und das Promontorium unterhalb des keilförmigen 5. Lendenwirbels. Die kraniale Fläche des 1. Sakralwirbels ist gegenüber der Horizontalebene um ca. 30° nach vorn geneigt° [7]

An der Wirbelsäule unterscheidet man 2 Abschnitte (◘ Abb. 4.57):
- freier (präsakraler) Teil der Wirbelsäule
- Kreuz- und Steißbein

Die **freie (präsakrale) Wirbelsäule** ist ein gegliederter, beweglicher »Stab«, der aus den knorpeligen und knöchernen Skelettanteilen der 24 Wirbel kranial des Kreuzbeins besteht (24 präsakrale Wirbel findet man in etwa 95% der Fälle).

Beim Menschen hat der freie Teil der Wirbelsäule 7 Halswirbel, *Vertebrae cervicales*, 12 Brustwirbel, *Vertebrae thoracicae*, und 5 Lendenwirbel, *Vertebrae lumbales*. Das Kreuzbein, *Os sacrum*, besteht im Regelfall aus 5 Wirbeln, die synostotisch miteinander verschmolzen sind (◘ Abb. 4.63). Das Steißbein, *Os coccygis*, setzt sich aus 3–4 Wirbelrudimenten zusammen (◘ Abb. 4.63).

Die **Höhe der Wirbelsäule** (Abstand zwischen Atlas und Steißbeinspitze) macht beim **Erwachsenen** etwa zwei Fünftel der gesamten Körpergröße aus. Im Längenmaß nimmt die Wirbelsäule etwa 35% der Körperlänge ein. Im **Kindesalter** ist die Wirbelsäule im Vergleich mit der Gesamtköpergröße **länger** als beim Erwachsenen. Sie bleibt gegen Ende des ersten Dezennium gegenüber den unteren Extremitäten im Wachstum zunehmend zurück und erreicht zur Zeit der Pubertät die Form des Erwachsenen. Im höheren Lebensalter nimmt die Höhe der Wirbelsäule ab. Ursachen sind die Verstärkung der Wirbelsäulenkrümmungen und die Höhenabnahme der Zwischenwirbelscheiben.

Entwicklung. Die Bildung einer Wirbelsäule als Achsenskelett ist Baumerkmal der Wirbeltiere (Vertebrata). Die Wirbelsäule ersetzt die in der Embryonalzeit entstandene Rückensaite, *Chorda dorsalis*, (◻ Abb. 4.58). Die **Chorda dorsalis** erfüllt während der Wirbelsäulenentwicklung eine Stütz- und Platzhalterfunktion. Sie liefert keine strukturellen Bestandteile zum Aufbau der Wirbelsäule. Von der Chorda dorsalis gehen induktive Signale zur Differenzierung des paraxialen Mesoderms und des Zentralnervensystems aus. Die Gliederung der Wirbelsäule in ihre einzelnen Abschnitte und in Bewegungssegmente geht auf ihre Herkunft aus **Sklerotomanteilen** der **Somiten** zurück.

Die **Wirbelbogenanlagen** entstehen aus 2 paarigen benachbarten lateralen (paraxialen) Sklerotomanteilen (◻ Abb. 4.58). In die zunächst zellfreie Anlage der **Wirbelkörper** und **Zwischenwirbelscheiben** wandern Sklerotomzellen ein und bilden innerhalb des medialen (axialen) Sklerotomanteils um die Chorda eine Perichordalhöhle. Im Bereich der Zwischenwirbelanlagen verdichtet sich das axiale **Mesenchym** (◻ Abb. 4.58a). Die Zwischenwirbelscheibenanlagen liegen – bezogen auf die ursprünglichen Somitengrenzen – in der Mitte eines Somiten. Das Material für die Anlage eines Wirbelkörpers wird von der kaudalen und von der kranialen Hälfte zweier benachbarter Somiten geliefert. Damit kommt es zu einer Verschiebung der Wirbelgrenzen gegenüber den Somitengrenzen. Die **Chorda** durchzieht die Wirbelanlagen wie ein elastischer Stab (◻ Abb. 4.58a). Mit einsetzender **Knorpelbildung** am Ende der Embryonalperiode verdrängt das Knorpelgewebe die Zellen der Chorda dorsalis in den Bereich der Zwischenwirbelscheibenanlagen; in der knorpeligen Anlage des Wirbelkörpers bleibt nur die zellfreie Chordascheide noch eine zeitlang erhalten (◻ Abb. 4.58b, c). Die **Osteogenese** setzt am Beginn der Fetalperiode im Bereich der Brustwirbelkörper ein. In der Mitte des 4. Fetalmonats hat ein Wirbel einen Knochenkern im Wirbelkörper und jeweils einen Knochenkern in der Wirbelbogenanlage. Beim Neugeborenen sind die Wirbelkörper – mit Ausnahme der knorpeligen Deck- und Grundplatten – vollständig verknöchert. Die Epiphysen der Wirbelkörper sind beim Menschen ringförmig, sie tragen nur wenig zum Höhenwachstum der Wirbelkörper bei. Die knöchernen ringförmigen Randleisten haben allerdings eine wichtige mechanische Bedeutung für die Befestigung der Randleistenlamellen der Zwischenwirbelscheibe (◻ Abb. 4.66). Die Enden der Processus spinosi und transversi sind Apophysen.

Krümmungen der Wirbelsäule. Die Wirbelsäule des Erwachsenen hat in der Sagittalebene 4 physiologische Krümmungen (◻ Abb. 4.57). Eine nach ventral ausgerichtete konvexe Krümmung bezeichnet man als **Lordose,** eine nach dorsal ausgerichtete konvexe Krümmung als **Kyphose.** Man unterscheidet:

- Halslordose *(Lordosis cervicalis):* 1.–6. Halswirbel
- Brustkyphose *(Kyphosis thoracis):* 6. Hals- bis 9. Brustwirbel
- Lendenlordose *(Lordosis lumbalis):* 9. Brust- bis 5. Lendenwirbel
- Sakralkyphose *(Kyphosis sacralis):* Bereich des Kreuz- und Steißbeins.

Beim Neugeborenen ist die kyphotische Krümmung der Brustwirbelsäule am deutlichsten ausgeprägt. Die Halslordose entwickelt sich gegen Ende des ersten Lebensjahres als feste Form, wenn der Kopf von den Nackenmuskeln angehoben und gehalten werden kann. Die Ausbildung der Lendenlordose als Dauerform ist funktionell an die Streckung der unteren Extremitäten in den Hüftgelenken beim Erlernen des bipeden Ganges gekoppelt. Eine leichte Krümmung der Brustwirbelsäule in der Frontalebene (meistens nach rechts) ist noch als normal anzusehen (4.43).

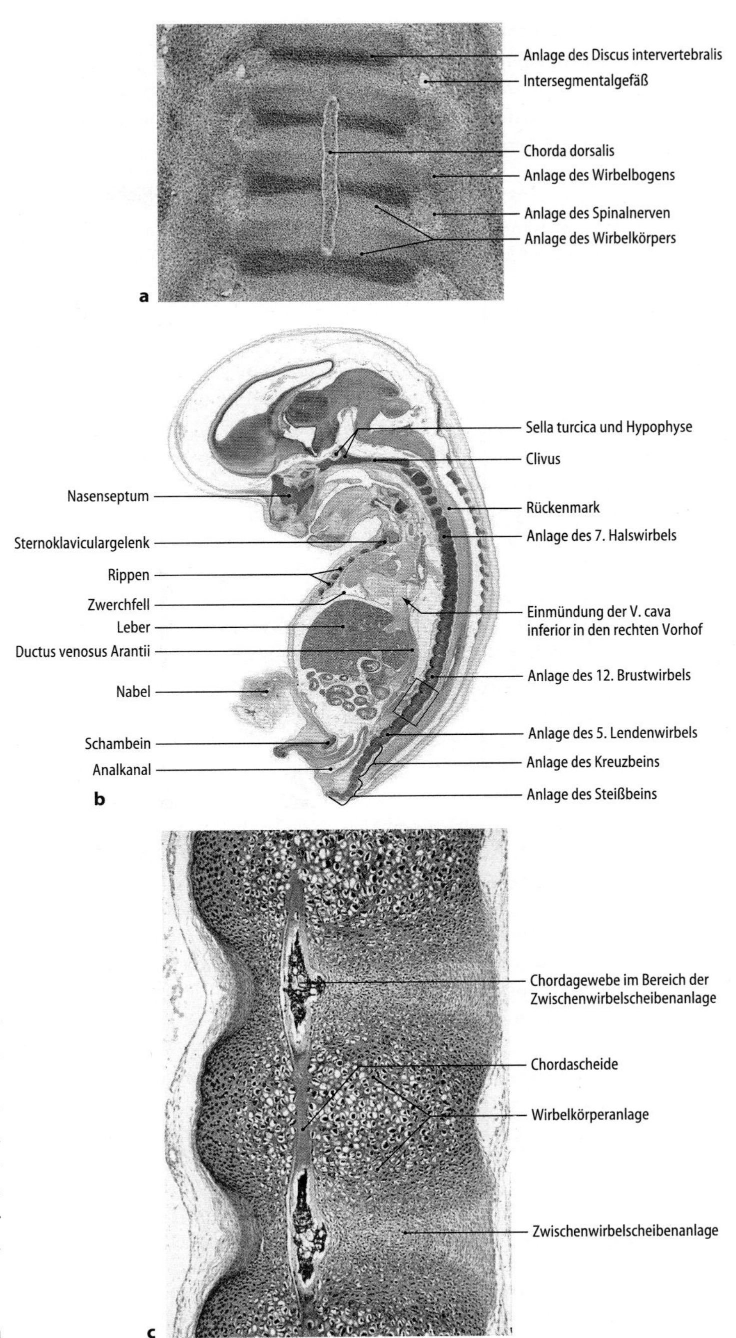

◻ **Abb. 4.58a–c.** Entwicklung der Wirbelsäule. **a** Frontalschnitt durch einen menschlichen Embryo Anfang der 8. Woche. Anschnitt der Wirbelsäulenanlage und der Chorda dorsalis (HE-Färbung, Vergr. 50-fach). **b** Sagittalschnitt durch einen menschlichen Embryo Ende 9. Woche. Anlage von Schädelbasis, Wirbelsäule und Rippen. Man beachte die große Leber (Färbung: Alcianblau-Tri-PAS, Vergr. 2-fach). **c** Ausschnitt aus b: Anlage der Wirbelkörper und der Zwischenwirbelscheiben. Die Chorda dorsalis wurde in den Bereich der Anlage des Discus intervertebralis gedrängt. In der knorpeligen Anlage der Wirbelkörper ist nur noch die Chordascheide erhalten (Vergr. 25-fach)

4.43 Skoliose
Eine fixierte Seitenverbiegung der Wirbelsäule bezeichnet man als Skoliose. Bei einer thorakalen Torsionsskoliose kommt es auch zur Thoraxdeformierung und nachfolgender Einschränkung der Lungenfunktion mit Belastung des Lungenkreislaufs.

Grundform des Wirbels (Vertebra)

Die Wirbel haben – mit Ausnahme des Atlas – eine einheitliche Grundform (Abb. 4.59). Sie bestehen aus einem ventral liegenden Wirbelkörper, *Corpus vertebrae*, und aus einem dorsalen Wirbelbogen, *Arcus vertebrae*. Eine Ausnahme macht der *Atlas*, er hat keinen Wirbelkörper. Die Wirbelkörper und die Strukturen der Wirbelbögen weisen in den einzelnen Regionen der Wirbelsäule charakteristische Merkmale auf. Die Wirbelkörper sind über die Zwischenwirbelscheiben, *Disci intervertebrales*, und Bänder, die Wirbelbögen über die Wirbelgelenke, *Articulationes zygapophysiales*, und den Bandapparat miteinander verbunden.

Am **Wirbelkörper** unterscheidet man eine kraniale und eine kaudale Fläche (knöcherne Deck- und Grundplatte). Am Rand wird die Wirbelkörperoberfläche, *Facies intervertebralis*, von einer **ringförmigen Randleiste** kompakten Knochens eingerahmt. Sie entspricht der ringförmigen Epiphysenplatte des Wirbelkörpers, *Epiphysis anularis* (sog. knöcherner Randleistenanulus, Abb. 4.59). In dem von der Randleiste eingeschlossenen zentralen Teil der Wirbelkörperoberfläche fehlt eine geschlossene Abdeckung durch kompakten Knochen. Die Oberfläche ist hier siebartig durchlöchert und steht mit dem Spongiosaraum des Wirbelkörpers in Verbindund. Dieser Bereich wird von einer Platte aus hyalinem Knorpel, *Lamina cartilaginosa corporis vertebrae*, bedeckt (Abb. 4.64 und 4.65). In den hyalinen Knorpelplatten sind die Lamellen des Anulus fibrosus der Zwischenwirbelscheiben verankert. Der Wirbelkörper ist außen von kompaktem Knochen umgeben, der zahlreiche Gefäßkanäle aufweist. Weite Venenkanäle findet man im mittleren Bereich der Wirbelkörperrückseite (Vv. basivertebrales).

Der **Wirbelbogen** besteht aus nahezu symmetrischen paarigen Anteilen, die dorsal miteinander verwachsen sind (4.44) und in den Dornfortsatz, *Processus spinosus*, übergehen. Man unterscheidet am Wirbelbogen 2 Anteile (Abb. 4.59):
- den an den Wirbelkörper anschließenden Wirbelbogenfuß, *Pediculus arcus vertebrae*
- die dorsal daran anschließende Wirbelbogenplatte, *Lamina arcus vertebrae*.

An seiner Verbindung zum Wirbelkörper hat der Pediculus arcus vertebrae kranial eine flache Einschnürung, *Incisura vertebralis superior*, und kaudal eine tiefe Einschnürung, *Incisura vertebralis inferior* (Begrenzung des Wirbelbogenloches, *Foramen intervertebrale*). Im Übergangsbereich von Pediculus und Lamina arcus vertebrae liegt

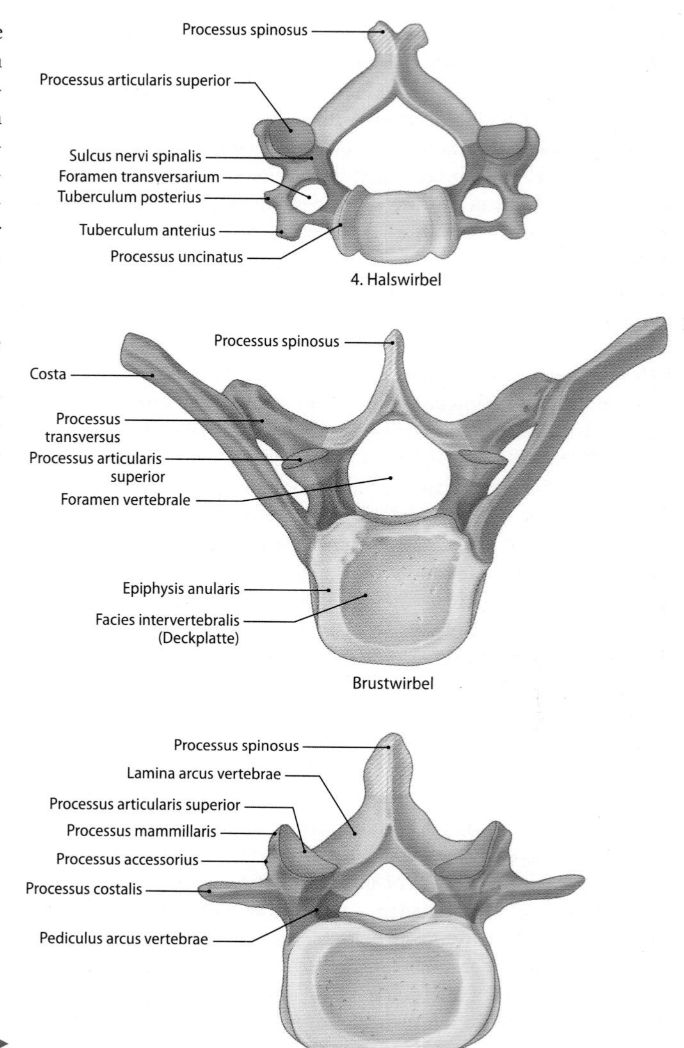

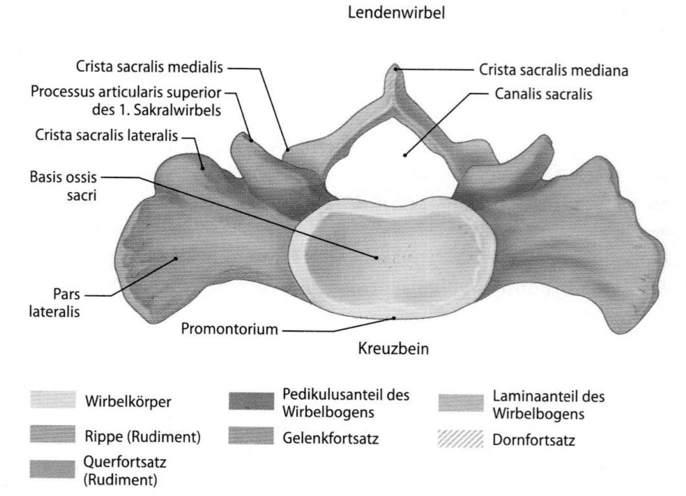

Abb. 4.59. Hals-, Brust- und Lendenwirbel sowie Kreuzbein, Ansicht von oben. Homologe Strukturen sind farbig markiert

Typische **Strukturelemente der Wirbel** sind:
- **Halswirbel 3–6:** Processus uncinati, Foramen transversarium und Sulcus nervi spinalis des Querortfortsatzes, Tuberculum anterius (Rippenrudiment) und Tuberculum posterius, das weite Foramen vertebrale.
- **Brustwirbel:** Rundes, vergleichsweise kleines Foramen vertebrale, Gelenkgruben für den Rippenkopf, langer Querfortsatz mit einer Gelenkgrube für das Tuberculum costae.
- **Lendenwirbel:** Der quere Durchmesser der Wirbelkörper ist größer als der sagittale, vergleichsweise weites Foramen vertebrale, Processus costalis (mit dem Querfortsatz verschmolzenes Rippemrudiment), Processus accessorius.
- **Os sacrum:** Die in der Mediane liegende Leiste, *Crista sacralis mediana*, entsteht durch Verschmelzung der Dornfortsätze. Die paarige Crista sacralis medialis (intermedia) kommt durch die Verwachsung der oberen und unteren Gelenkfortsätze zustande. Sie endet kranial mit dem *Processus articularis superior*. Die *Crista sacralis lateralis* ist durch Verschmelzung der *Processus accessorii* entstanden. Zur *Pars lateralis* sind die Anlagen von Querfortsätzen und Rippen sowie von Teilen des Bandapparates knöchern miteinander verschmolzen

auf jeder Seite ein oberer und ein unterer Gelenkfortsatz, *Processus articularis superior* und *inferior*. Die Ausbildung des seitlich vom Pediculus arcus vertebrae liegenden Querfortsatzes, *Processus transversus*, ist regional unterschiedlich, Dies betrifft auch Form, Größe und Ausrichtung der Dornfortsätze, *Processus spinosi*. Der Wirbelbogen begrenzt gemeinsam mit der Rückfläche des Wirbelkörpers das Wirbelloch, *Foramen vertebrale* (◘ Abb. 4.54). Der Wirbelkanal, *Canalis vertebralis*, wird von der Gesamtheit der Foramina vertebralia sowie der Disci intervertebrales und der Wirbelbogenbänder gebildet.

4.44 Wirbelfehlbildungen

Wachstumsstörungen der Wirbelkörper, die mit Keilwirbelbildung und Einbruch von Gewebe der Zwischenwirbelscheibe (Schmorl-Knorpelknötchen) durch die knöchernen Deck- oder Grundplatten in die Wirbelkörperspongiosa einhergehen, bezeichnet man als Adoleszentenkyphose (Morbus Scheuermann). Wirbelfehlbildungen wie Keil- oder Blockwirbel haben eine Verkrümmung der Wirbelsäule zur Folge.

4.45 Wirbelkörperfrakturen

Pathologische Wirbelkörperfrakturen treten bei Osteoporose, Metastasen, Plasmozytom oder bei entzündlichen Veränderungen auf.

Form der Wirbel in den verschiedenen Regionen der Wirbelsäule

Die Gliederung der Wirbelsäule in einzelne Abschnitte ist eng mit ihrer Herkunft aus den Somiten verbunden. Die regionale Zugehörigkeit lässt sich anhand von charakteristischen Baumerkmalen bestimmen.

Halswirbel (Vertebrae cervicales I–VII)

Die Halswirbel (◘ Abb. 4.57) werden unter anatomischen sowie funktionellen und klinischen Gesichtspunkten in 3 Abschnitte unterteilt:

- Atlas und Axis
- Halswirbel 3–6
- 7. Halswirbel im Übergangsbereich zur Brustwirbelsäule

Der *Atlas* ist der **1. Halswirbel** (◘ Abb. 4.60). Er hat keinen Wirbelkörper. Sein paariger seitlicher Abschnitt, *Massa lateralis*, verbindet den vorderen Atlasbogen, *Arcus anterior atlantis*, mit dem hinteren Atlasbogen, *Arcus posterior atlantis*. Der *Arcus posterior atlantis* endet dorsal mit einem Höcker, *Tuberculum posterius*.

Am Atlas kommen **Varianten** vor: Der *Sulcus arteriae vertebralis* wird häufig von einer Knochenspange überbrückt und in einen *Canalis arteriae vertebralis* umgewandelt (sog. Pontikulusbildung, ◘ Abb. 4.60b). Das *Foramen transversarium* ist gelegentlich im ventralen Bereich nicht geschlossen. **Spaltbildungen** treten in den meisten Fällen am hinteren Bogen, selten am vorderen Bogen auf (◘ Abb. 4.60c). Der Atlas kann vollständig oder partiell mit dem Os occipitale in Form einer **Atlasassimilation** verschmolzen sein (0,1–0,4% der Fälle).

Der **2. Halswirbel** ist der *Axis (Epistropheus)*. Sein charakteristisches Merkmal ist der dem Wirbelkörper aufsitzende Zahn, *Dens axis*, von dessen Spitze, *Apex dentis*, das *Lig. apicis dentis* entspringt (◘ Abb. 4.61). Auf der Spitze des Dens axis kann ein kleiner freier Knochen, *Ossiculum terminale*, (Bergmann-Knöchelchen) liegen. Der Axis steht mit dem Atlas über 3 Gelenke in Verbindung. Er hat wie die übrigen Halswirbel paarige untere Gelenkflächen und Querfortsätze mit einem Foramen transversarium.

4.46 Verletzung von Atlas und Axis

Verletzungen des Atlas liegen meistens als kombinierte Frakturen des vorderen und des hinteren Bogens vor (sog. Jefferson-Frakturen). Bei Frakturen des Axis unterscheidet man Abrissfrakturen der Densspitze mit den Ligg. alaria, Frakturen im Bereich der Densbasis und Frakturen des Axiskörpers.

Die Anlage des Processus costalis des 7. – oder selten eines höheren – Halswirbels kann sich ein- oder beidseitig zu einer Rippe weiter entwickeln. Derartige **Halsrippen** enden in den meisten Fällen frei, sie können auch mit der 1. Rippe oder mit dem Manubrium sterni verbunden sein (Schädigung des Plexus brachialis, ► 4.92, S. 235).

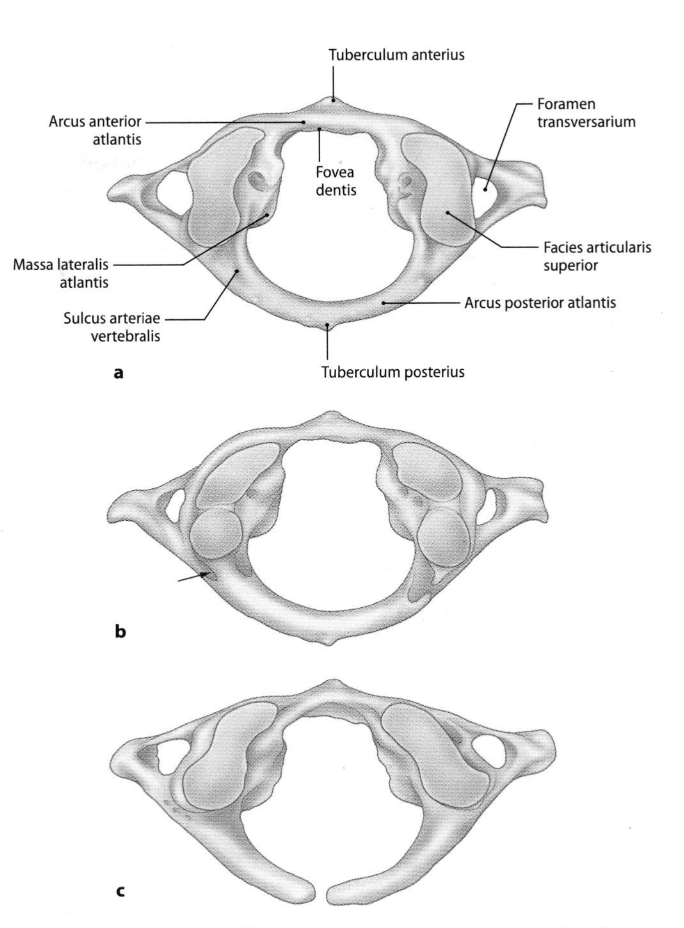

◘ **Abb. 4.60a–c.** Atlas mit Varianten, Ansicht von oben. Man beachte die Facies articularis superior und den Processus transversus mit dem Foramen transversarium. **a** Häufigste Form. **b** Vollständige (linke Seite) und unvollständige (rechte Seite) Brückenbildung über dem Sulcus arteriae vertebralis des hinteren Atlasbogens (Pontikulusbildung, Canalis (→) arteriae vertebralis auf der linken Seite), Unterteilung der Facies articularis superior. **c** Spaltbildung im mittleren Bereich des hinteren Atlasbogens

Die **Halswirbel III–VI** gleichen sich in ihrem Aufbau (◘ Abb. 4.59). Die rechteckigen Halswirbelkörper sind vergleichsweise klein. Die Oberflächen ihrer sattelförmigen Deck- und Grundplatten haben in etwa die gleiche Größe wie die Gelenkflächen. Von den seitlichen Rändern der Deckplatte ragen schaufelförmige Fortsätze nach kranial, *Unci corporis (Processus uncinati)*. Der Processus transversus besteht aus einer dorsalen und aus einer ventralen Spange, die das *Foramen transversarium* umschließen. Die dorsale Spange endet mit dem *Tuberculum posterius*, die ventrale mit dem *Tuberculum anterius*. Das Tuberculum anterius des 6. Halswirbels ist tastbar *(Tuberculum caroticum)*. Die kraniale Fläche des Querfortsatzes hat eine Rinne für den Spinalnerven *(Sulcus nervi spinalis)*. Der kurze Processus spinosus ist nach kaudal geneigt und meistens zweigeteilt.

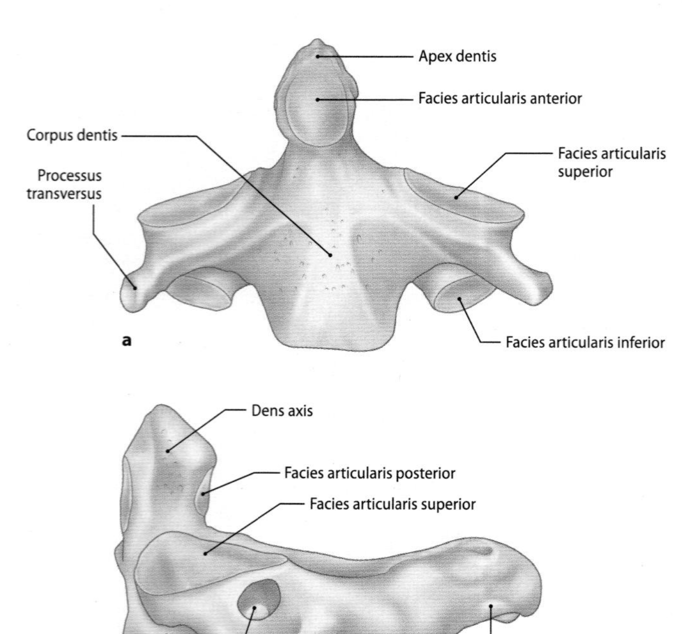

Abb. 4.4.61a, b. Axis. **a** Ansicht von vorn. **b** Ansicht von links seitlich. Der Dens axis hat auf seiner Vorderseite eine Gelenkfläche, ***Facies articularis anterior*** und auf seiner Rückseite eine Gelenkfläche, ***Facies articularis posterior.*** Die lateral vom Dens axis liegenden kranialen Gelenkflächen, ***Facies articulares superiores,*** sind nach dorsal lateral geneigt. Der geschwungene Wirbelbogen läuft dorsal in den meistens gespaltenen ***Processus spinosus*** aus

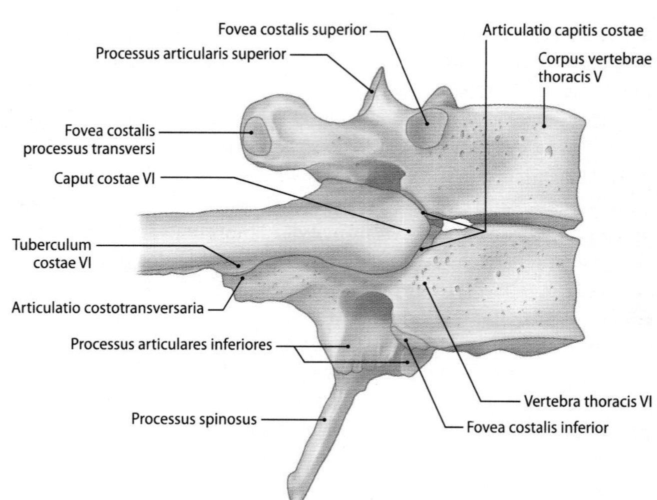

Abb. 4.62. Die Fovea costalis inferior des 5. Brustwirbels und die Fovea costalis superior des 6. Brustwirbels artikulierenden mit der Facies articularis capitis costae der 6. Rippe. Die Fovea costalis des Processus transversus der 6. Rippe artikuliert mit der Fovea articularis der 6. Rippe. Ansicht von rechts seitlich

Der 7. **Halswirbel** stellt eine Übergangsform zu den Brustwirbeln dar. Sein nicht gegabelter *Processus spinosus* ist länger als bei den übrigen Halswirbeln und deutlich tastbar *(Vertebra prominens).* Ein Foramen transversarium und ein Tuberculum anterius ist im Regelfall nicht ausgebildet.

Brustwirbel (Vertebrae thoracicae I–XII)

Die Brustwirbelkörper haben herzförmige Deck- und Grundplatten (Abb. 4.59 und 4.62). Sie sind ventral etwas niedriger als dorsal. Insgesamt nimmt die Wirbelkörperhöhe und die Breite von kranial nach kaudal zu. Zu den besonderen Strukturmerkmalen der Brustwirbel zählen die Gelenkflächen für die Rippen. Die Wirbelkörper des 1.–9. Brustwirbels haben paarige Gelenkgruben am oberen hinteren Rand (▶ Rippenkopfgelenke). Der 10. und 11. Brustwirbel haben nur eine obere Fovea costalis. Beim 12. Brustwirbel liegt die Fovea costalis im mittleren hinteren Teil des Wirbelkörpers. Die Processus transversi sind nach lateral dorsal gerichtet. Sie haben eine kleine Gelenkgrube am Ende der ventralen Fläche für den Rippenhöcker (▶ Rippenhöckergelenke). Die Gelenkflächen fehlen im Regelfall an den Querfortsätzen des 11. und 12. Brustwirbels. Die langen Processus spinosi sind nach kaudal abgewinkelt und überlagern sich dachziegelartig (Abb. 4.57).

Lendenwirbel (Vertebrae lumbales I–V)

Bei den Lendenwirbelkörpern ist der transversale Durchmesser größer als der sagittale (Abb. 4.57 und 4.59). Die Wirbelkörper sind ventral höher als dorsal; dies trifft vor allem für den 5. Lendenwirbel zu. Die nierenförmigen Deck- und Grundplatten resultieren aus einer konkaven Einziehung an der Hinterfläche der Wirbelkörper. Die kräftigen Processus articulares sind nach dorsal ausgerichtet. An der Spitze des Gelenkfortsatzes ragt ein kleiner, durch Muskelinsertionen hervorgerufener Höcker, *Processus mamillaris,* vor. Die Lendenwirbel haben einen langen nach lateral weisenden Fortsatz, *Processus costalis* (Abb. 4.59). An der Basis des Processus costalis ragt ein kleiner Fortsatz, *Processus accessorius,* nach dorsal (Ende des ursprünglichen Processus transversus). Die flachen Processus spinosi der Lendenwirbel sind nach dorsal gerichtet. Der Abstand zwischen den Dornfortsätzen ist an der Lendenwirbelsäule vergleichsweise groß.

4.48 Spondylolyse, Spondylolisthese

An der Lendenwirbelsäule kann es durch Fehlbildungen oder aufgrund einer Ermüdungsfraktur zur Spaltbildung (Spondylolyse) im Bereich des Wirbelbogens kommen. Besonders häufig ist der 5. Lendenwirbel betroffen. Bei beidseitiger Spondylolyse kommt es zum Wirbelgleiten (Spondylolisthese).

4.49 Lendenrippe

Unterbleibt die Verschmelzung von Rippenanlage und Processus transversus entsteht eine **Lendenrippe.**

Kreuzbein (Os sacrum)

Das Kreuzbein (Abb. 4.57, 4.59 und 4.63) setzt sich im Regelfall aus 5 Wirbeln zusammen, deren Strukturen synostotisch miteinander verschmolzen sind. Beim Erwachsenen hat das Kreuzbein eine dreieckige, schaufelförmige Gestalt. Die breite kraniale Deckplatte des ersten Kreuzbeinwirbels, *Basis ossis sacri,* ist über einen keilförmigen Discus intervertebralis mit dem 5. Lendenwirbelkörper verbunden. Der weit vorragende Vorderrand der Basis ossis sacri bildet mit der Zwischenwirbelscheibe das *Promontorium* (Abb. 4.57). Die kaudale Spitze des Os sacrum, *Apex ossis sacri,* steht mit dem Steißbein in variabler Verbindung. Die in sagittaler und transversaler Richtung konkav gekrümmte Vorderfläche, *Facies pelvica, pelvina,* wird durch 4 quer verlaufende Leisten oder Rillen, *Lineae transversae,* (Bereich der ehemaligen Zwischenwirbelscheiben) unterbrochen. Die Foramina intervertebralia, deren 4 vordere Öffnungen man als *Foramina sacralia anteriora (pelvica)* bezeichnet, sind am Kreuzbein aufgrund

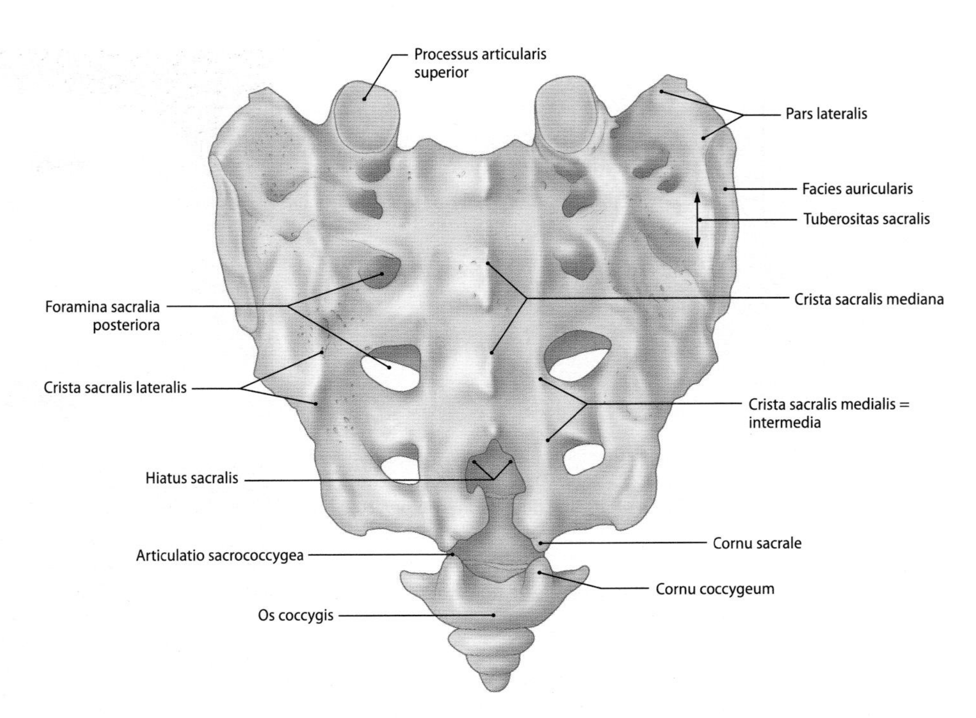

Abb. 4.63. Kreuzbein und Steißbein, Ansicht von hinten. Man beachte die lateral von der Crista sacralis medialis liegenden dorsalen Öffnungen (Foramina sacralia dorsalia) der Zwischenwirbellöcher sowie den bögenförmigen Eingang (Hiatus sacralis) zum Kreuzbeinkanal, (Canalis sacralis) den die beiden Cornua sacralia am Ende der Crista sacralis medialis gemeinsam mit dem variablen kaudalen Ende der Crista sacralis mediana begrenzen. Der Knochen ist im Insertionsbereich des Lig. sacroiliacum interosseum aufgerauht *(Tuberositas ossis sacri)*

der knöchernen Verschmelzung ihrer begrenzenden Strukturen zu Knochenkanälen geworden.

Die dorsale Seite des Os sacrum, *Facies dorsalis ossis sacri* (Abb. 4.66) ist durch mehrere längs verlaufende Strukturen gekennzeichnet, die auf die Entwicklung des Kreuzbeins zurückzuführen sind (Abb. 4.59). Unterhalb des variablen kaudalen Endes der Crista sacralis mediana gelangt man in den bögenförmigen Eingang, *Hiatus sacralis,* des Kreuzbeinkanals, *Canalis sacralis.* Lateral von der Crista sacralis medialis liegen die dorsalen Öffnungen, *Foramina sacralia dorsalia,* der Zwischenwirbellöcher. Den Bereich lateral der Foramina sacralia bildet die *Pars lateralis* des Os sacrum. An den Seitenflächen der Pars lateralis liegen die Gelenkflächen für das Os ilium, *Facies auricularis* (▶ Kap. 4.5, S. 249).

Das Os sacrum zeigt beim Erwachsenen deutliche Geschlechtsunterschiede. Das Kreuzbein ist bei Frauen kürzer, breiter und weniger gekrümmt als beim Mann (▶ Kap. 4.5, S. 252).

Steißbein (Os coccygis)

Das Steißbein *(Vertebrae coccygeae I–IV)* besteht meistens aus 4 Wirbelrudimenten (Abb. 4.63). Nur am 1. Steißbeinwirbel kann man noch typische Strukturmerkmale eines Wirbels erkennen. Die *Cornua coccygea* sind Reste der Gelenkfortsätze. Die numerische und formale Variabilität des Steißbeins findet ihre Erklärung im unterschiedlichen Ablauf der Rückbildungsvorgänge in den Somiten der Schwanzanlage.

Varianten und Fehlbildungen. Im Bereich des **lumbosakralen Übergangs** treten nicht selten Varianten und Fehlbildungen auf. Unter den **numerischen Varianten** ist die **Vermehrung von Kreuzbeinwirbeln** am häufigsten. Sie kann auf einer vollständigen oder unvollständigen Einbeziehung des 5. Lendenwirbels in das Os sacrum beruhen; bei dieser **Sakralisation** des 5. Lendenwirbels gibt es nur **23 präsakrale Wirbel.** Bei der Sakralisation kann das Foramen intervertebrale zwischen 5. Lendenwirbel und 1. Kreuzbeinwirbel eingeengt sein. Eine einseitige Sakralisation führt zur Skoliose in dieser Region. Durch Verschmelzung des 1. Steißbeinwirbels mit dem Os sacrum, die ab dem vierten Dezennium an meistens stattfindet, erhöht sich die Wirbelanzahl des Kreuzbeins ebenfalls. Seltener ist eine Verminderung von Kreuzbeinwirbeln. Dabei wird der 1. Kreuzbeinwirbel in die Lendenwirbelsäule einbezogen, so dass diese aus 6 Wirbeln besteht. Bei einer solchen **Lumbalisation** des ersten Kreuzbeinwirbels liegen **25 präsakrale Wirbel** vor. Der Wirbelbogen des 1. Kreuzbeinwirbels bleibt nicht selten isoliert erhalten und verschmilzt nicht mit den übrigen Wirbeln.

Der Hiatus sacralis kann sich über den 4. Kreuzbeinwirbel hinaus nach kranial ausdehnen. Im Extremfall fehlt die Crista sacralis mediana, so dass der Sakralkanal vollständig offen liegt. Diese **Spaltbildung** im Bereich der Wirbelbögen, die sich über die Lendenwirbelsäule nach kranial fortsetzen kann, gehört zum Formenkreis der **Spina bifida**.

Verbindungen zwischen den Wirbeln (Juncturae columnae vertebralis)

Unter funktionell-klinischen Gesichtspunkten und aus embryologischen Gründen wird die präsakrale Wirbelsäule in **Bewegungssegmente** gegliedert. Ein Bewegungssegment umfasst morphologisch den Bereich zwischen zwei Wirbeln mit Zwischenwirbelscheibe, Wirbelgelenken, Bandapparat und Muskeln. Aus klinischer Sicht werden auch der Inhalt des Wirbelkanals und des Foramen intervertebrale hinzugezählt.

! Die freie Beweglichkeit der Wirbelsäule ist nicht die Leistung einzelner Gelenkverbindungen, sondern resultiert aus der Summe von Bewegungen mehrerer Bewegungssegmente. Bewegungen des präsakralen Abschnitts der Wirbelsäule sind in allen Richtungen des Raumes möglich.

Man unterscheidet folgende **Hauptbewegungen** (Abb. 4.90):

- Vorwärtsneigen (Beugen = Ventralflexion) in der Sagittalebene (transversale Achse)
- Rückwärtsneigen (Strecken = Dorsalextension) in der Sagittalebene (transversale Achse)
- Seitwärtsneigen (Lateralflexion) in der Frontalebene (sagittale Achse)
- Drehen (Rotation) in der Horizontalebene (vertikale Achse).

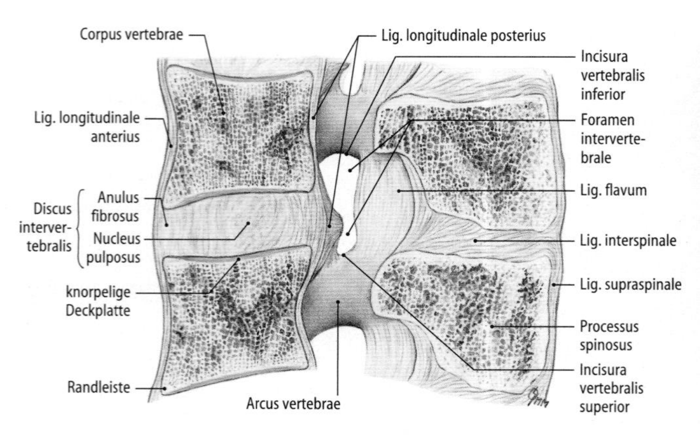

Abb. 4.64. Zwischenwirbelscheibe und Bandapparat der Wirbelsäule. Mediansagittalschnitt durch den 1. und 2. Lendenwirbel, Ansicht der rechten Hälfte von medial. Man beachte die Begrenzung des Foramen intervertebrale

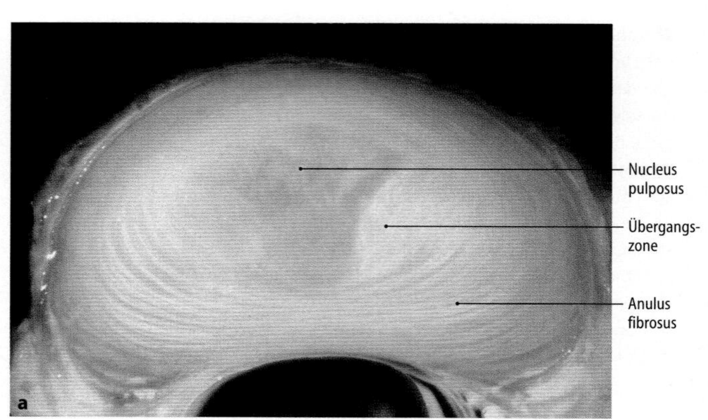

Abb. 4.65a, b. Discus intervertebralis, **a** Discus intervertebralis eines Feten (mens VIII). Man beachte die ursprüngliche »birnenförmige« Gestalt des Nucleus pulposus und die deutlich abgrenzbare Übergangszone zu den Lamellen des Anulus fibrosus [8]. **b** Längsschnitt durch Zwischenwirbelscheibe und Wirbelkörper. Man beachte die Verankerung der Lamellen des Anulus fibrosus in der hyalinknorpeligen Deckplatte sowie die siebartige Durchlöcherung der knöchernen Deckplatte, durch die Gefäße des Markraumes bis an die Knorpelplatte herantreten (Pfeile) (Masson-Goldner-Färbung, Vergr. 35-fach) [9]

Das Bewegungsausmaß ist in den einzelnen Abschnitten der Wirbelsäule unterschiedlich.

Zwischenwirbelscheibe (Discus intervertebralis)

Die Zwischenwirbelscheiben (Bandscheiben) verbinden in Form einer *Symphysis intervertebralis* die Deck- und Grundplatten der Wirbelkörper miteinander (Abb. 4.64). Sie sind zentraler Bestandteil des Bewegungssegmentes und beeinflussen maßgeblich **Beweglichkeit** und **Beanspruchung** der Wirbelsäule. Die Zwischenwirbelscheiben machen etwa ein Viertel der Länge des präsakralen Teiles der Wirbelsäule aus. Die Diskushöhe nimmt vor allem im Hals- und Lendenbereich kontinuierlich von kranial nach kaudal zu (physiologische Diskushöhenfrequenz, Abb. 4.57).

Gestalt. Ein Discus intervertebralis besteht aus dem Faserring, *Anulus fibrosus,* und dem Gallertkern, *Nucleus pulposus* (Abb. 4.65). Die hyalinen Knorpelplatten der Wirbelkörper gehören funktionell zur Zwischenwirbelscheibe, ihrer Herkunft nach sind sie als Reste der knorpeligen Wirbelanlagen Teil des Wirbelkörpers. Am Anulus fibrosus kann man eine Außenzone und eine Innenzone unterscheiden. Die **Außenzone** besteht aus Lamellen straffen Bindegewebes, dessen Kollagenfasern in gegenläufigen Schraubentouren ausgerichtet sind. Sie sind am Randleistenring und in den Knorpelplatten verankert (Abb. 4.66). In der **Innenzone** sind die Faserschichten breiter und weniger scharf begrenzt. Das Gewebe besteht größtenteils aus Faserknorpel. Die Extrazellularmatrix des Anulus fibrosus besteht zu 90% aus Kollagenfibrillen (Typ-I-Kollagen in der Außenzone, Typ-II- und Typ-I-Kollagen in der Innenzone) und zu 10% aus elastischen Fasern; sie ist reich an Glykosaminoglykanen (vorwiegend Keratansulfat). Die **Innenzone** geht über eine sog. Überganszone aus lockerem Bindegewebe in den Nucleus pulposus über. Der aus gallertiger Extrazellularmatrix bestehende Nucleus pulposus grenzt seitlich an den Anulus fibrosus, kranial und kaudal an die Knorpelplatten des Wirbelkörpers. Seine Extrazellularmatrix enthält Typ-II-Kollagen, dessen Gehalt im Alter zunimmt, sowie Chondroitinsulfat und Keratansulfat zu etwa gleichen Teilen. Durch Abnahme und Verschiebung der Zusammensetzung der Glykosaminoglykane im Alter sinkt der Wassergehalt um etwa 20%.

Mechanik. Durch den Gehalt an Glykosaminoglykanen wird im Nucleus pulposus reichlich Wasser gebunden. Das Wasser erfüllt ernährungsphysiologische und mechanische Funktionen (»strukturiertes Wasser«). Vergleichbar einem Wasserkissen ist der Nucleus pulposus

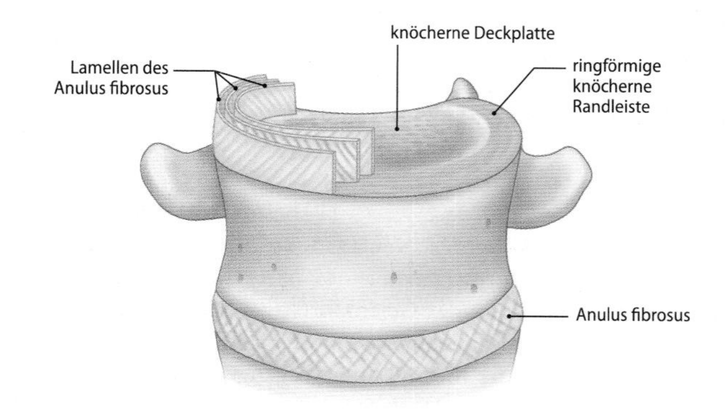

Abb. 4.66. Darstellung des Faserverlaufs in einzelnen Lamellen des Anulus fibrosus. Man beachte die gegenläufige Ausrichtung der Kollagenfaserbündel benachbarter Lamellen sowie den scherengitterartigen Verlauf im äußeren Faserring des Discus intervertebralis

verformbar aber normalerweise nicht komprimierbar. Der bei der Kraftübertragung im Bewegungssegment entstehende Druck wird unabhängig von der Stellung der Wirbelsäule gleichmäßig auf die Grund- und Deckplatten, auf die Wirbelkörperspongiosa sowie auf den Anulus fibrosus übertragen (Abb. 4.67). Im **Anulus fibrosus** werden die vom Nucleus pulposus einwirkenden Druckkräfte in Zug-

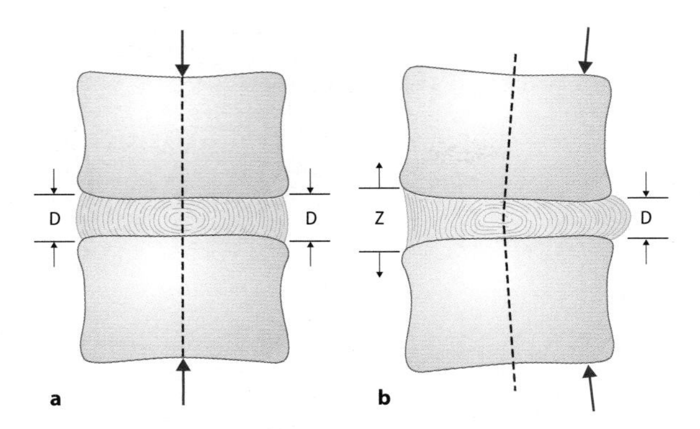

▣ Abb. 4.67a, b. Belastung der Zwischenwirbelscheibe. **a** zentrische Belastung durch Druckkräfte. **b** Exzentrische Belastung durch Druckkräfte, z.B. bei Flexion und Extension. Bei exzentrischer Belastung verlagert sich der Nucleus pulposus zur entlasteten Seite, der Anulus fibrosus wird hier auf Zug beansprucht

kräfte umgesetzt. Die Faserarchitektur des Anulus fibrosus ist in der Lage Schubkräfte aufzunehmen, die bei Drehung im Bewegungssegment auftreten. Außerdem ermöglicht die Faseranordnung die Aufnahme exzentrischer Kräften bei Flexion oder Extension. Die sich scherengitterartig überkreuzenden Faserbündel passen sich auch an die wechselnde Höhe der Zwischenwirbelscheiben an. An der **Zwischenwirbelscheibe** kann man infolge druckabhängiger Flüssigkeitsverschiebungen **reversible Höhenveränderungen** beobachten; so nimmt die Körperlänge im Laufe eines Tages um etwa 1% der Ausgangslänge ab. Der daraus resultierende geringe Stabilitätsverlust im Bewegungssegment wird durch die Rückenmuskeln kompensiert. Bei Entlastung (Bettruhe) kommt es durch Flüssigkeitsaufnahme zur Höhenzunahme (4.50).

Ernährung. Die Ernährung des Bandscheibengewebes erfolgt über Konvektion (Flüssigkeitsverschiebungen) und durch Diffusion von Seiten der Gefäße der Wirbelkörper. Der Nucleus pulposus ist zu keinem Zeitpunkt vaskularisiert. Der Anulus fibrosus wird bis zum Ende des zweiten Dezennium im äußeren Bereich mit Blutgefäßen versorgt. Mit zunehmenden Alter nimmt der vaskularisierte Bereich ab. Die Rückbildung der Blutgefäße ist ein Schritt zu Altersveränderungen des Discus intervertebralis.

4.50 Bandscheibenprotrusion und -vorfall

Im Rahmen degenerativer Wirbelsäulenveränderungen kann es zur Bandscheibenprotrusion oder zum Bandscheibenvorfall (Prolaps) kommen (▣ Abb. 22.12, S. 834). Bei der Protrusion ist der Anulus fibrosus noch intakt, und es besteht die Möglichkeit einer Rückverlagerung des vorgefallenen Bandscheibengewebes. Beim Prolaps ist der Anulus fibrosus zerissen, eine spontane Rückverlagerung des vorgefallenen Gewebes ist ausgeschlossen.

In Kürze

Zwischenwirbelscheibe (Discus intervertebralis)

Aufbau:
- Anulus fibrosus
- Nucleus pulposus

Funktion:
- Kraftübertragung im Bewegungssegment
- Aufnahme von Druck- und Schubkräften

Gelenkverbindungen zwischen Kreuzbein und Steißbein (Articulatio sacrococcygea)

Der 1. Steißbeinwirbel steht mit dem Kreuzbein entweder über ein echtes Gelenk oder über eine Knorpelhaft (Synchondrosis sacrococcygea) in Verbindung (▣ Abb. 4.63). Die gelenkige Verbindung ermöglicht eine passive Bewegung des Os coccygis nach dorsal und ventral. Vom Ende der Crista sacralis lateralis zieht das *Lig. sacrococcygeum laterale* zum Querfortsatzrudiment des 1. Steißbeinwirbels. Das Band kann im Alter verknöchern.

Durch Ausweichen des Steißbeins nach dorsal wird der knöcherne Geburtskanal erweitert.

4.51 Degenerative Veränderungen an der Wirbelsäule

Bei degenerativen Veränderungen im Bereich des Bewegungssegmentes (Osteochondrosis intervertebralis) sind die knöchernen und knorpeligen Deck- und Grundplatten, die Zwischenwirbelscheiben sowie die Wirbelgelenke betroffen. Es kommt zur Bildung von Spondylophyten an den knöchernen Randleisten und von Osteophyten an den Rändern der Gelenkflächen.

Wirbelkörperbänder

Die Wirbelkörper sind auf der ventralen und auf der dorsalen Seite in Form von Syndesmosen über Längsbänder, *Lig. longitudinale anterius* und *Lig. longitudinale posterius*, miteinander verbunden (▣ Abb. 4.68 und 4.69). Das **Lig. longitudinale anterius** erstreckt sich vom vorderen Atlasbogen bis zum Os sacrum, wo es als *Lig. sacrococcygeum* endet (▣ Abb. 4.68a). Das Band wird bei seinem Verlauf nach kaudal breiter. Es besteht aus tiefen kurzen Faserbündeln, die zwei benachbarte Wirbel miteinander verbinden, und aus oberflächlichen langen Bandzügen, die über mehrere Wirbel hinweg ziehen. Die Kollagenfasern sind am oberen und am unteren Rand der Wirbelkörper vor dem Randleistenanulus im Knochen verankert. Eine feste Verbindung mit den Zwischenwirbelscheiben besteht nicht. Kurze Ausläufer des Bandes dehnen sich auf die Seitenflächen der Wirbelkörper aus, sie ziehen dort von der Mitte des Wirbelkörpers zu dessen oberem und unterem Rand. Das **Lig. longitudinale posterius** (▣ Abb. 4.68b) läuft vom Os occipitale bis in den Sakralkanal, wo es in das *Lig. sacrococcygeum posterius profundum* übergeht. Es besteht aus oberflächlichen und aus tiefen Bandzügen. Im Halsbereich ist das hintere Längsband gleichmäßig breit. An der Brust- und Lendenwirbelsäule wird es schmaler und bedeckt nur noch den mittleren Bereich der Wirbelkörperrückfläche. Über den Zwischenwirbelscheiben dehnt sich der tiefe Teil des Bandes girlandenförmig nach lateral aus und verankert sich am Discus intervertebralis sowie am oberen und unteren Rand der Wirbelkörper. Im mittleren Bereich des Wirbelkörpers fehlt eine Anheftung am Knochen; hier treten die Vv. basivertebrales aus dem Knochen in den Wirbelkanal.

Wirbelbogengelenke (Articulationes zygapophysiales)

Die Wirbelbogengelenke werden von den Gelenkfortsätzen der Wirbelbögen gebildet. Form, Größe und Stellung der Gelenkfacetten sind regional unterschiedlich und ein charakteristisches strukturelles sowie funktionelles Merkmal der einzelnen Wirbelsäulenabschnitte.

Die Wirbelbogengelenke innerhalb eines Bewegungssegmentes sind zwangsläufig kombinierte Gelenke. Sie haben 2 Funktionen:
- Sie nehmen einen Teil der im Bewegungssegment herrschenden Druckkräfte auf.
- Sie üben eine wichtige kinematische Funktion bei der Steuerung der Bewegungen in den einzelnen Regionen der Wirbelsäule aus.

Beide Funktionen sind eng an die räumliche Stellung der Gelenkflächen gekoppelt.

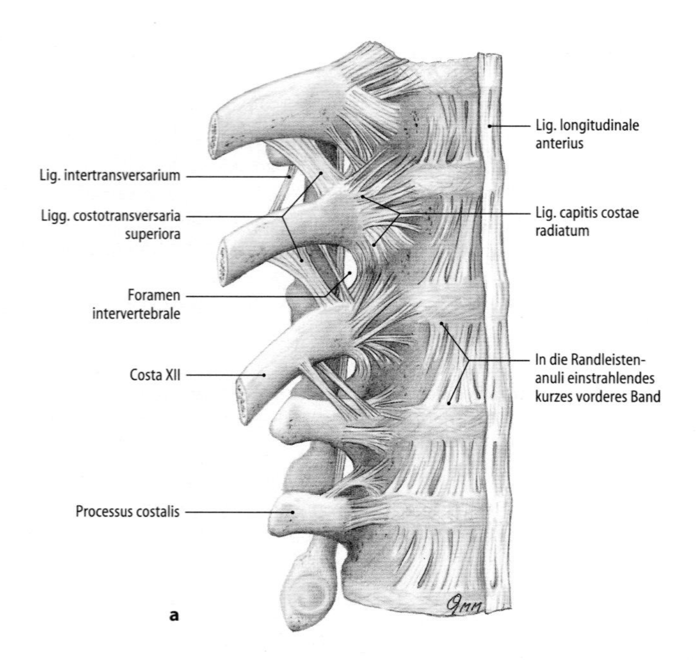

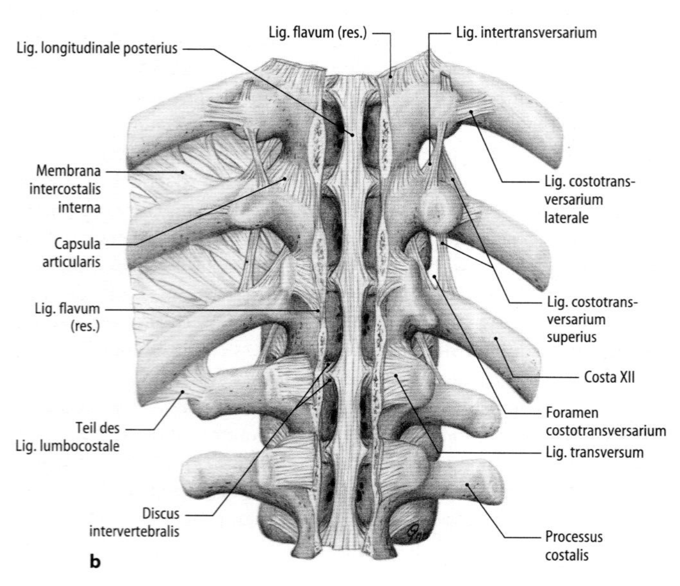

Abb. 4.68a, b. Bänder der Wirbelsäule und der kostovertebralen Gelenke im thorakolumbalen Übergangsbereich. **a** Ansicht von rechts-seitlich. **b** Ansicht von hinten. Zur Demonstration des Lig. longitudinale posterius wurde der Wirbelkanal im Bereich der Laminae arcus vertebrae eröffnet [7]

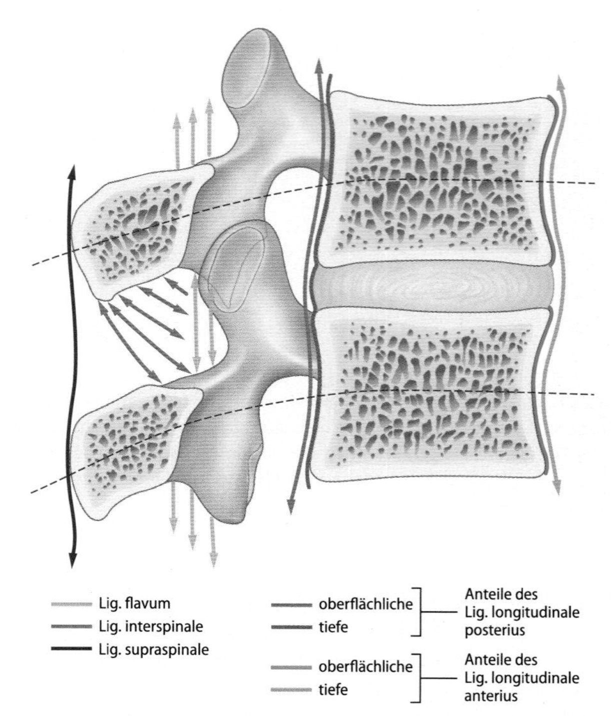

Abb. 4.69. Zusammenfassende Darstellung des Bandapparates und der Zwischenwirbelscheibe. Mediansagittalschnitt durch 2 Lendenwirbel mit Bandapparat und Zwischenwirbelscheibe, Ansicht der linken Hälfte von medial. Punktierte Linie: Begrenzung eines Bewegungssegmentes

Entwicklung. Die Wirbelbogengelenke unterscheiden sich in ihrer Entwicklung von den meisten anderen Diarthrosen, sie entstehen nach dem Modus von **Anlagerungsgelenken** (▶ Kap. 4.1, S. 88). Die Gelenkfacetten liegen vor der Geburt dachziegelartig in der Frontalebene übereinander. Ihre regional typische Stellung erlangen die Gelenkfacetten erst im Laufe des Kleinkindalters.

Gestalt. Die Gelenke der **Halswirbelsäule** (Abb. 4.57) sind aufgrund der Stellung ihrer Gelenkfortsätze und der relativ hohen Disci intervertebrales der beweglichste Teil der Wirbelsäule. Es lassen sich alle Hauptbewegungen ausführen. Im oberen Bereich beträgt der Neigungswinkel der Gelenkflächen gegenüber der Frontalebene etwa 50°. Aufgrund der Stellung der Gelenkflächen ist die Rotation zwangsläufig mit einer Lateralflexion kombiniert. Die rundlichen Gelenkflächen der miteinander artikulierenden Gelenkfortsätze sind nicht kongruent. In die dadurch entstehenden Spalten ragen meniskoide Falten, die von der weiten lockeren Gelenkkapsel ausgehen.

Unkovertebralgelenke. Am Ende des ersten Dezennium kommt es im oberen Bereich der Halswirbelsäule in den lateralen Anteilen der Disci intervertebrales physiologischer Weise zu **Spaltbildungen** innerhalb des Anulus fibrosus (Abb. 4.70). Die durchrissenen Lamellen des Anulus fibrosus legen sich kaudal auf den *Processus uncinatus* und kranial an den seitlichen unteren Rand des Wirbelkörpers. Das Bindegewebe wird später in Faserknorpel umgewandelt. Seitlich von den Spalten verdichtet sich das Bindegewebe kapselartig. Auf diese Weise entstehen im Bereich der *Processus uncinati* neue gelenkartige Strukturen, die man als **Unkovertebralgelenke** bezeichnet (Hemiarthroses laterales nach Luschka). Die Spalten dehnen sich im oberen Bereich der Halswirbelsäule häufig nach medial bis zum Nucleus pulposus aus, so dass die Zwischenwirbelscheibe gewissermaßen halbiert ist. Die dadurch entstehende Gefügelockerung wird durch den Bandapparat kompensiert. Im unteren Halswirbelsäulenabschnitt sind die Unkovertebralgelenke meistens nur schwach entwickelt.

An der **Brustwirbelsäule** (Abb. 4.57) haben die Gelenkflächen ihre ursprüngliche vorgeburtliche Stellung in der Frontalebene weitgehend beibehalten. Die Gelenkkapseln sind straff. Die Bewegungsexkursionen werden durch die relativ niedrige Höhe der Zwischenwirbelscheiben und durch die Verbindungen mit den Rippen eingeschränkt. Am ausgiebigsten sind Ventralflexion und Drehbewegungen vor allem im unteren Bereich möglich.

Die Gelenkflächen der **Lendenwirbelsäule** (Abb. 4.57) haben die größte Stellungsänderung erfahren. Die Gelenkflächen sind abgewinkelt: Ihr größter Teil ist sagittal ausgerichtet, an der Basis des Gelenkfortsatzes biegen sie in die Frontalebene um (Abb. 4.59). Die Gelenkflä-

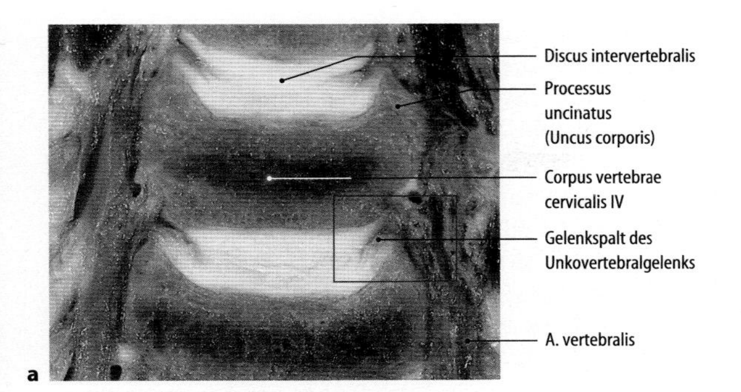

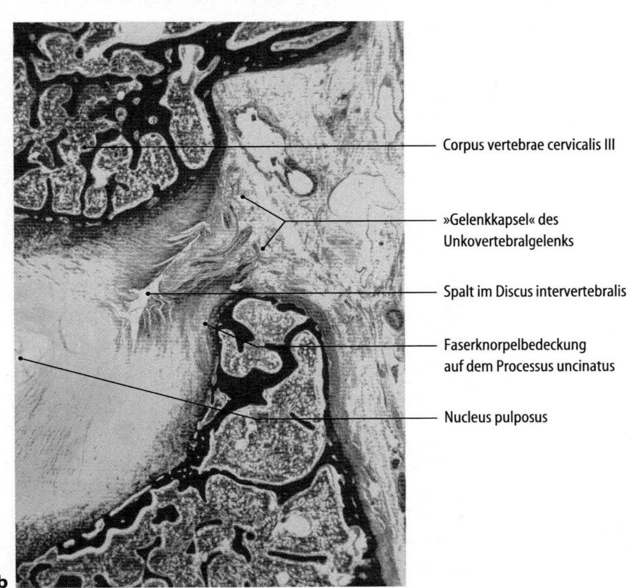

Abb. 4.70a, b. Frontalschnitt durch die Halswirbelsäule. **a** Präparat von einem 12-jährigen Kind. **b** Ausbildung von Unkovertebralgelenken: Histologischer Schnitt durch das Unkovertebralgelenk zwischen 3. und 4. Halswirbel der linken Seite von einem 30-jährigen Mann (der in a eingezeichnete Ausschnitt entspricht dem Bereich in b). Man beachte die Spaltbildung (»Gelenkspalt«) im seitlichen Bereich der Zwischenwirbelscheibe sowie die Faserknorpelbedeckung auf dem Processus uncinatus und an der Unterseite des 3. Halswirbels (Azan-Färbung, Vergr. 3-fach)

chen erhalten damit eine zylindrische Oberflächenkrümmung. Von den straffen und kräftigen Gelenkkapseln ragen meniskoide Falten in die Gelenkhöhlen. Es lassen sich Dorsalextension und Ventralflexion sowie eine begrenzte Lateralflexion und eine geringe Rotation ausführen. Die Gelenkflächen der **Lumbosakralgelenke**, *Articulatio lumbosacralis,* sind in der Frontalebene ausgerichtet. Sie verfügen über eine freiere Beweglichkeit als die Gelenke der Lendenwirbelsäule.

Blutversorgung und Innervation der Gelenke

Die **Blutversorgung** der Wirbelbogengelenke erfolgt über Gelenkäste aus den Rr. dorsales der Aa. intercostales posteriores und der Aa. lumbales; im Halsbereich aus Ästen der Aa. vertebralis und cervicalis profunda. Die **nervale Versorgung** wird von den Gelenkästen aus den Rr. mediales der Rr. posteriores zweier benachbarter Spinalnerven übernommen (▣ Abb. 4.71).

Wirbelbogenbänder

Ligg. flava. Die *Ligg. flava* sind als segmentale Bänder zwischen den Wirbelbögen ausgespannt (▣ Abb. 4.64 und 4.69). Sie bilden gemeinsam mit dem Kapsel-Band-Apparat der Wirbelbogengelenke die bin-

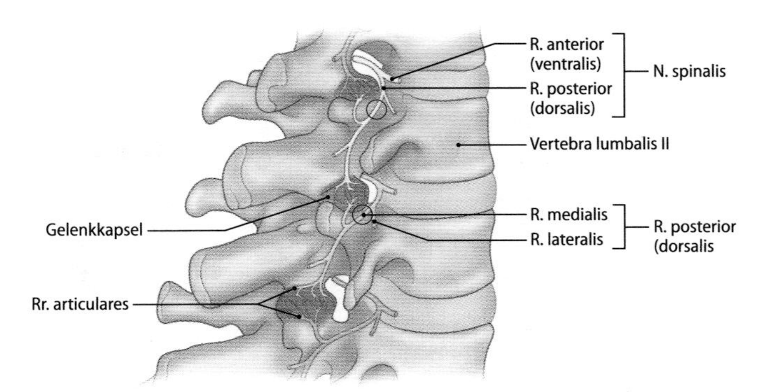

Abb. 4.71. Lendenwirbelsäule, Ansicht von rechts.seitlich. Die Innervation der Gelenkkapsel der Wirbelgelenke erfolgt durch Rr. articulares aus den Rr. mediales der Rr. posteriores (dorsales) zweier benachbarter Spinalnerven. Zur Blockade der Wirbelgelenke (sog. Facetten-Blockade) müssen die Rr. mediales zweier benachbarter Spinalnerven anästhesiert werden (Kreise)

degewebige Begrenzung des Canalis vertebralis, ausgespart bleiben nur die Foramina intervertebralia. Ihre gelbe Farbe beruht auf dem hohen Anteil an elastischen Fasern. Die Ligg. flava sind bei aufrechter Haltung gespannt. Sie wirken gemeinsam mit den autochthonen Rückenmuskeln der nach ventral gerichteten Kraft der Rumpflast entgegen. Aufgrund ihres hohen Gehaltes an elastischen Fasern unterstützen die Bänder die Rückenmuskeln bei der Aufrichtung des nach ventral gebeugten Rumpfes.

Ligg. interspinalia. Die *Ligg. interspinalia* sind zwischen benachbarten Processus spinosi ausgespannt (▣ Abb. 4.69 und 4.75). Sie gehen teilweise Verbindungen mit den Sehnen der authochthonen Rückenmuskeln ein. Die Ligg. interspinalia üben eine stabilisierende Wirkung in der Sagittalebene aus. Sie sind vor allem bei Ventralflexion, aber auch bei Dorsalextension der Wirbelsäule angespannt.

Lig. supraspinale. Als *Lig. supraspinale* bezeichnet man einen Bandzug, der an den Spitzen der Dornfortsätze verankert ist und mehrere Bewegungssegmente miteinander verbindet (▣ Abb. 4.69 und 4.78). Das Band ist im Lumbalbereich am kräftigsten entwickelt. Das Lig. supraspinale unterstützt die Stabilisierung der Wirbelsäule bei der Ventralflexion.

Lig. nuchae. Als *Lig. nuchae* bezeichnet man eine dünne sagittale Bindegewebsplatte, die sich über den Dornfortsätzen der Halswirbel bis zum Hinterhaupt ausdehnt (▣ Abb. 4.75). Die funktionelle Bedeutung des Nackenbandes ist beim Menschen unbedeutend.

Ligg. intertransversaria. Die *Ligg. intertransversaria* sind schwache Bänder, die sich an den Brustwirbeln zwischen den Processus transversi und an den Lendenwirbeln zwischen den Processus accessorii ausspannen (▣ Abb. 4.68).

In ▣ Abb. 4.69 sind die Wirbelsäulenbänder zusammenfassend dargestellt.

Mechanik der Wirbelsäule

Die Kraftübertragung in einem Bewegungssegment erfolgt über die Wirbelkörper und die Zwischenwirbelscheiben sowie über die Wirbelbogengelenke nach Art einer Dreipunktlagerung. Die **Belastung eines Bewegungssegmentes** erfolgt durch eine **Resultierende,** die sich aus der Vektorsumme des Teilkörpergewichtes und den Gleichgewicht herstellenden Muskel- und Bandkräften zusammensetzt. Die

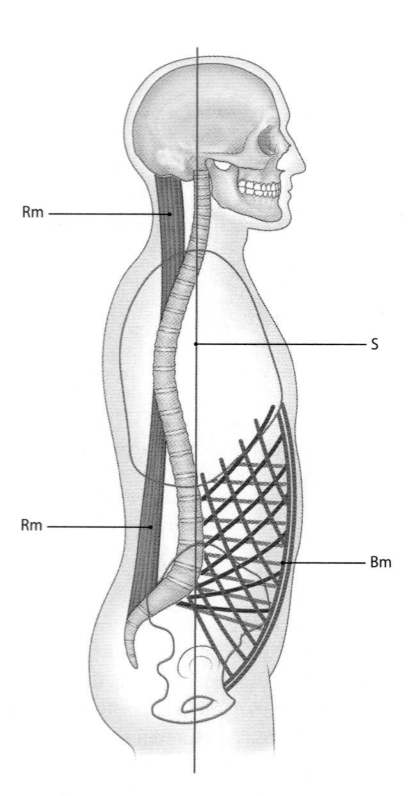

Abb. 4.72. Bogen-Sehnen-Konstruktion der Wirbelsäule nach Kummer. Die »Bögen« bilden Hals-, Brust- und Lendenwirbelsäule. Die »Sehnen« sind im Bereich der Hals- und der Lendenlordose die Rückenmuskeln (Rm). Im Bereich der Brustkyphose erfolgt die Verspannung durch die »Sehne« der Bauchwandmuskeln (Bm). An der Hals- und Lendenwirbelsäule spricht man auch von einer »umgekehrten Bogen-Sehnen-Konstruktion«. Die Muskelkräfte der »Sehnen« innerhalb der Bogen-Sehnen-Konstruktion der Wirbelsäule sind zugleich an der an der Belastung des Bewegungssegmentes beteiligt. S = Schwerpunktslot

Wirbelkörper werden dabei über den Discus intervertebralis **axial** auf **Druck** beansprucht. Der inkompressible Nucleus pulposus bewirkt eine gleichmäßige Spannungsverteilung in den knorpeligen Deckplatten und im Knochen der Wirbelkörper (Abb. 4.67). Die Spongiosa ist entsprechend der axialen Druckbeanspruchung des Wirbelkörpers aus **Druck-** und **Zugtrabekeln** in Form eines trajektoriellen Fachwerkes aufgebaut (► Kap. 4.1, Abb. 4.2). Die Wirbelkörper nehmen entsprechend der Zunahme der Beanspruchungsgröße von kranial nach kaudal an Höhe und an Fläche zu. Die **Gelenkflächen** werden auf Druck beansprucht. Gemeinsam mit den Zwischenwirbelscheiben kompensieren sie im Bewegungssegment auftretende Schubkräfte. Wirbelbögen und Dornfortsätze werden auf Biegung beansprucht.

Die Wirbelsäule ist nach dem Prinzip einer **Bogen-Sehnen-Konstruktion** aufgebaut (Abb. 4.72).

Wirbelsäulenbewegungen

Das Bewegungsausmaß an der Wirbelsäule ist individuell verschieden (Abb. 4.90). Es hängt u.a. von der Dehnbarkeit der Bänder, Muskeln und deren Sehnen sowie vom Köperbau ab:

- **Ventralflexion:** Aus der Neutral-0-Stellung kann die gesamte Wirbelsäule nach ventral gebeugt werden (Abb. 4.73). Dabei verstärkt sich die Brustkyphose, Hals- und Lendenlordose werden bis zur Geraden ausgeglichen. Im Bereich der Hals- und Lendenwirbelsäule ist auch eine isolierte Ventralflexion möglich. Die Ventralflexion wird durch die dorsalen Bänder (Ligg. flava, Ligg. interspinalia) und durch die mangelnde Dehnbarkeit der Rückenmuskeln begrenzt.
- **Dorsalextension:** An einer extensiven Doralextension sind vor allem die Halswirbelsäule sowie der thorakolumbale und der lumbosakrale Übergangsbereich beteiligt. Bei der Rückneigung des Rumpfes vertiefen sich Hals- und Lendenlordose, die Brustkyphose flacht sich ab. Eine Dorsalextension kann in den einzelnen Regionen der Wirbelsäule unabhängig voneinander erfolgen. Sie wird durch die Zwischenwirbelscheiben, das Lig. longitudinale anterius sowie durch den Kapsel-Band-Apparat der Wirbelgelenke gehemmt. Im Bereich der Brustwirbelsäule kommt es auch zur knöchernen Hemmung durch Rippen und Dornfortsätze.
- **Lateralflexion**: Seitwärtsneigen ist in den Bereichen der Hals- und Lendenwirbelsäule am ausgiebigsten möglich. Bei der Lateralflexion bildet die Wirbelsäule einen gleichmäßig gekrümmten Bogen. Die Bauchwand wird auf der ipsilateralen Seite gestaucht, auf der kontralateralen Seite gedehnt. Die seitlichen Muskeln der Bauchwand, die Zwischenwirbelscheiben, die Wirbelgelenke und die Rippen begrenzen die Bewegung nach lateral.
- **Rotation:** Das Ausmaß der Rotation beträgt auf jeder Seite an der Halswirbelsäule etwa 45°, an der Brustwirbelsäule etwa 40° und an der Lendenwirbelsäule etwa 5° (Abb. 4.90). Drehbewegungen lassen sich meistens nicht seitengleich ausführen. Die vertikale Rotationsachse läuft durch den Nucleus pulposus. Die Drehbewegungen werden durch die Bandscheiben, die Wirbelbogengelenke und den Bandapparat begrenzt.

Gelenke zwischen Wirbelsäule und Schädel

Die Gelenke zwischen Hinterhaupt und Atlas zählen in der systematischen Anatomie zu den Kopfgelenken. Unter funktionellen und klinischen Gesichtspunkten rechnet man auch die zur Wirbelsäule gehörenden Gelenke zwischen Atlas und Axis zu den Kopfgelenken.

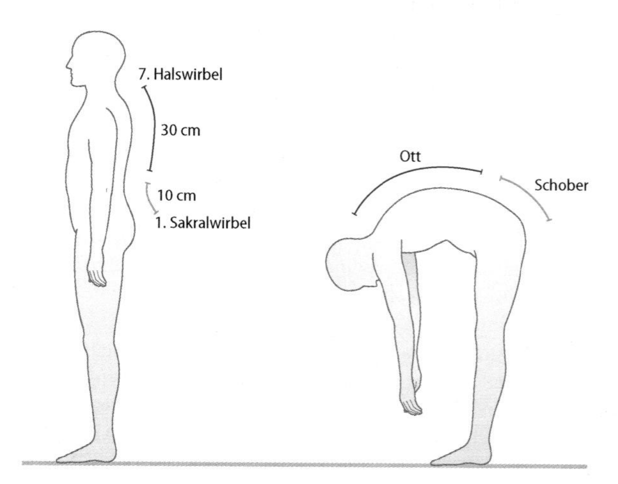

Abb. 4.73. Zur Beurteilung der Beweglichkeit einzelner Abschnitte der Wirbelsäule eigenen sich u.a. Vergleichsmessungen zwischen Neutralstellung und maximaler Ventralflexion und Dorsalextension.
Schober-Zeichen zur Beurteilung der Lendenwirbelsäule: erste Hautmarkierung in Neutralstellung über dem kranialen Ende der Crista sacralis mediana (»Dornfortsatz« des 1. Sakralwirbels), zweite Hautmarkierung 10 cm weiter kranial. Bei freier Beweglichkeit der Lendenwirbelsäule verlängert sich die Strecke bei Ventralflexion bis zu 15 cm, bei Dorsalextension verkürzt sie sich auf 8–9 cm.
Ott-Zeichen zur Beurteilung der Brustwirbelsäule: erste Hautmarkierung in Neutralstellung über dem Dornfortsatz des 7. Halswirbels, zweite Hautmarkierung 30 cm weiter kaudal. Bei freier Beweglichkeit verlängert sich die Strecke bei Ventralflexion bis zu 8 cm, sie verkürzt sich bei Dorsalextension bis zu 2 cm

> **!** **Die 6 anatomisch getrennten Kopfgelenke sind mechanisch aneinander gekoppelt und bilden kinematisch eine Funktionseinheit.**

Oberes Kopfgelenk. Im oberen Kopfgelenk, *Articulatio atlantooccipitalis,* artikulieren die *Condyli occipitales* und die *Facies articulares superiores atlantis* miteinander (■ Abb. 4.74). Die schuhsohlenförmigen Gelenkflächen der Condyli occipitales sind in den meisten Fällen bikonvex gekrümmt (■ Abb. 4.24). Die Gelenkfacetten können auch flach und viereckig sein. Die oberen Gelenkgruben des Atlas (Facies articularis superior atlantis) sind meistens oval und bikonkav gekrümmt. In etwa einem Drittel der Fälle sind die Gelenkflächen ein- oder beidseitig durch eine knorpelfreie Zone im mittleren Bereich unterteilt. Die weite Gelenkkapsel wird seitlich durch das *Lig. atlantooccipitale laterale* verstärkt.

Untere Kopfgelenke. Die *Articulatio atlantoaxialis mediana* besteht aus einer vorderen und hinteren Kammer (■ Abb. 4.75). In der **vorderen Kammer** artikulieren die vordere bikonvexe Gelenkfläche des Dens axis *(Facies articularis anterior)* und die bikonkave Gelenkgrube der vorderen Atlasbogens *(Fovea dentis)* miteinander. Die Gelenkkapsel der vorderen Kammer ist weit und locker. In der **hinteren Kammer** bilden die sattelförmige hintere Gelenkfläche des Dens axis *(Facies articularis posterior)* und das *Lig. transversum atlantis* ein Gelenk miteinander. Das Lig. transversum atlantis entspringt an der medialen Seite der Massa lateralis atlantis. Es hat dort, wo es mit dem Dens axis in Kontakt tritt, eine faserknorpelige Struktur. Das Gelenk zwischen Dens axis und Lig. transversum atlantis hat normalerweise eine abgeschlossene Gelenkhöhle.

In der paarigen *Articulatio atlantoaxialis lateralis* artikulieren die oberen seitlichen Gelenkflächen des Axis, *Facies articularis superior axis,* mit den unteren Gelenkflächen des Atlas, *Facies articularis inferior atlantis* (■ Abb. 4.74). Aufgrund der Inkongruenz der Gelenkflächen klafft der Gelenkspalt. Von der weiten, lockeren Gelenkkapsel ragen Synovialmembranfalten in die Gelenkhöhle.

Bandapparat. Der Bandapparat der Kopfgelenke (■ Abb. 4.74 und 4.75) besteht aus oberflächlichen und tiefen Bändern. In Fortsetzung des Lig. longitudinale anterius zieht die *Membrana atlantooccipitalis anterior* vom vorderen Atlasbogen zur Unterseite des Os occipitale. Mittlere Verstärkungszüge bilden das *Lig. atlantooccipitale anterius.* Die *Membrana atlantooccipitalis posterior* läuft zwischen hinterem Atlasbogen und dorsaler Begrenzung des Foramen magnum. Als Fortsetzung des Lig. longitudinale posterius zieht die *Membrana tectoria* vom Axis zum inneren vorderen Rand des Foramen magnum, wo es auf dem Clivus in das Periostblatt der Dura übergeht. Die *Membrana tectoria* bedeckt das *Lig. cruciatum*, das aus dem Lig. transversum atlantis und aus den *Fasciculi longitudinales* besteht, dessen Faserzüge zwischen Axiskörper und vorderem Rand des Foramen magnum ziehen. Seitlich von der Spitze des Dens axis ziehen die kräftigen *Ligg. alaria* nach lateral kranial zum medialen Rand der Condyli occipitales (■ Abb. 4.74). Von der Densspitze läuft das dünne *Lig. apicis dentis* zum Vorderrand des Foramen magnum.

Mechanik. Die paarige Articulatio atlantooccipitalis ist ein Ellipsoidgelenk, das **Nickbewegungen** und **Seitwärtsneigen** des Kopfes ermöglicht. Die **Nickbewegungen** erfolgen in der Sagittalebene um eine transversale Achse, die durch den hinteren Rand des äußeren Gehörgangs läuft. Die reine Nickbewegung (20–35°) findet ausschließlich in den oberen Kopfgelenken ohne Beteiligung der Halswirbelsäule statt. Bei der Nickbewegung nach vorn werden Membrana atlantooccipitalis posterior, Membrana tectoria und Lig. cruciatum gespannt. An den komplexen Beuge- und Streckbewegungen des Kopfes sind die Kopfgelenke und die Gelenke der Halswirbelsäule beteiligt. **Seitwärtsneigen** des Kopfes in den oberen Kopfgelenken erfolgt in der Frontalebene um eine sagittale Achse von 10–15°. Dabei kommt es zu einer Lateralbewegung des Atlas in Richtung der Neigung und zu einer zwangsläufigen **Rotation,** die durch die Ligg. alaria

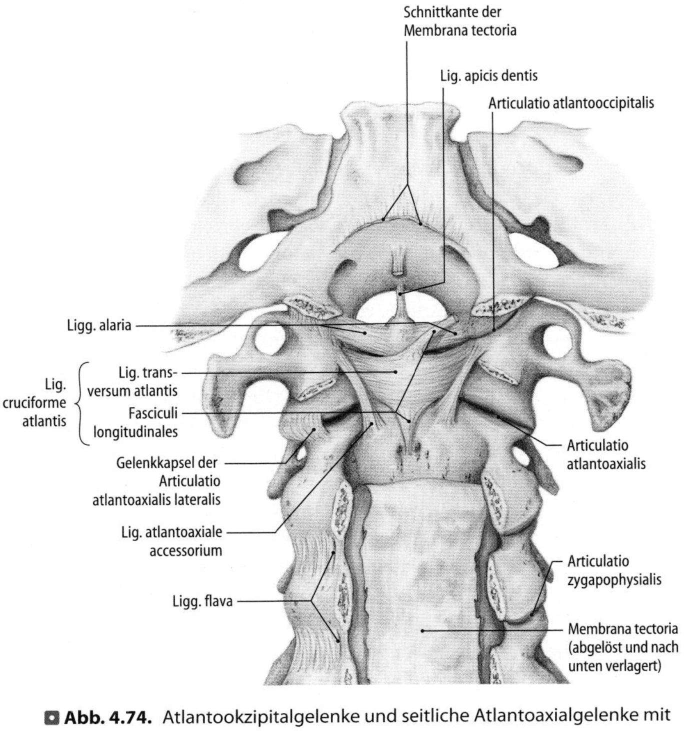

■ **Abb. 4.74.** Atlantookzipitalgelenke und seitliche Atlantoaxialgelenke mit Bandapparat, Ansicht von hinten. Zur Darstellung des Lig. cruciforme atlantis und der Ligg. alaria wurde die Membrana tectoria am Clivus abgelöst und nach unten in den eröffneten Wirbelkanal verlagert [7]

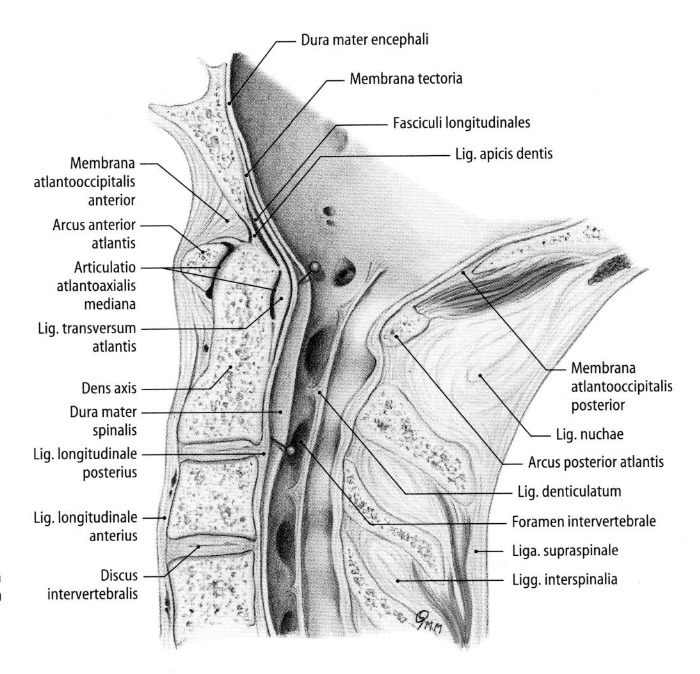

■ **Abb. 4.75.** Mediansagittalschnitt durch die zervikookzipitale Übergangsregion, Ansicht der rechten Schnittfläche. Darstellung des mittleren Atlantookzipitalgelenks und des Bandapparates der Kopfgelenke [7]

ausgelöst wird. In den **Atlantoaxialgelenken** sind **Drehbewegungen** sowie **Beugung** und **Streckung** möglich. Die **Drehbewegungen** erfolgen in der Articulatio atlantoaxialis mediana um eine vertikale Achse, die durch den Dens axis läuft. Das mittlere Atlantoaxialgelenk entspricht vom Gelenktyp her einem Zapfengelenk. In den Articulationes atlantoaxiales laterales läuft die Rotation aufgrund der Oberflächenkrümmung der Gelenkflächen in Form einer Schraubenbewegung ab. Bei den Drehbewegungen bilden Atlas und Os occipitale eine funktionelle Einheit. Das Ausmaß der Drehbewegungen beträgt 34–55°. Die Drehbewegungen werden durch die Ligg. alaria begrenzt. **Flexion** und **Extension** finden in den Articulationes atlantoaxiales laterales statt. Das Bewegungsausmaß wird durch die Spannung des Lig. transversum atlantis limitiert.

4.52 Instabilität in den Atlantoaxialgelenken

Bei Patienten mit chronischer Polyarthritis kann es zur Instabilität in den Atlantoaxialgelenken kommen. Dabei besteht die Gefahr einer Rückenmarkschädigung.

In Kürze

Oberes Kopfgelenk (Articulatio atlantooccipitalis)

Gelenkflächen, die miteinander artikulieren:

- Condylus occipitalis
- Facies articularis superior des Atlas

Funktion:

- Nickbewegungen nach ventral und dorsal
- Seitwärtsneigung des Kopfes

Untere Kopfgelenke

- Articulatio atlantoaxialis mediana:
  - vordere Kammer: Fovea dentis des vorderen Atlasbogens artikuliert mit der Facies articularis anterior des Dens axis
  - hintere Kammer: Facies articularis posterior des Dens axis artikuliert mit dem Lig. transversum des Atlas
- Articulatio atlantoaxialis lateralis: Facies articularis inferior des Atlas artikuliert mit der Facies articularis superior des Axis
- Funktion:
- Drehbewegungen (Begrenzung durch die Ligg. alaria)
- Flexion und Extension (Begrenzung durch das Lig. transversum atlantis)

4.3.2 Muskeln

 Einführung

Zu den genuinen Muskeln des Rumpfes zählen die autochthonen Rückenmuskeln sowie die autochthonen Brustkorb- und Bauchmuskeln. Auf die ventrale und dorsale Rumpfwand haben sich Muskeln des Schultergürtels und des Schultergelenkes ausgedehnt. Die genuinen Muskeln des Brustkorbs und der Bauchwand werden als hypaxiale Muskeln bezeichnet. Sie entstammen dem lateralen Teil des Dermomyotoms zwischen den Extremitätenanlagen und werden von Rr. anteriores (ventrales) der Spinalnerven innerviert.

Brustmuskeln (Mm. thoracis)

Zu den autochthonen Muskeln der Brustkorbs gehören die als **Zwischenrippenmuskeln** bezeichneten *Mm. intercostales externi, interni* (und *intimi*) sowie die *Mm. subcostales* und *transversus thoracis* (◻ Tab. 4.12). Ihrer Herkunft nach sind auch die *Mm. serrati posteriores* autochthone Brustkorbmuskeln, die sich während der Ontogenese nach dorsal über die autochthonen Rückenmuskeln verlagert haben. In der systematischen Anatomie ordnet man auch die auf dem Brustkorb liegenden Muskeln des Schultergürtels und des Schultergelenkes den *Mm. thoracis* zu.

Gestalt und Lage

Die **äußeren Zwischenrippenmuskeln** *Mm. intercostales externi* (Innervation: Nn. intercostales I–XI) dehnen sich innerhalb der Zwischenrippenräume dorsal von den Tubercula costarum nach ventral bis in den Übergangsbereich der knöchernen und knorpeligen Rippenanteile aus (◻ Abb. 4.76 und 4.77). Ihre Fortsetzung zwischen den Rippenknorpeln bilden Sehnenplatten, die man als *Membrana intercostalis externa* bezeichnet. Die *Mm. intercostales externi* ziehen von der Crista costae des Rippenunterrandes schräg nach unten vorn zum Oberrand der nächst tieferen Rippe. Die Muskeln jedes Zwischrippenraumes werden von einer eigenen dünnen Faszie bedeckt (◻ Tab. 4.12).

Die **inneren Zwischenrippenmuskeln** *Mm. intercostales interni* (Innervation: Nn. intercostales I–XI) füllen den Zwischenrippenraum vom Angulus costae bis zum Sternalrand oder bis zum Rippenbogen aus (◻ Tab. 4.12). Der Bereich zwischen Angulus costae und dorsalem Ende des Zwischenrippenraumes, in dem die Muskeln fehlen, wird von der *Membrana intercostalis interna* eingenommen. Die Muskelanteile zwischen den Rippenknorpeln bezeichnet man als *Mm. intercartilaginei*. Die inneren Zwischenrippenmuskeln entspringen am Oberrand der Rippeninnenseite und ziehen schräg nach oben vorn zum Unterrand der nächst höheren Rippe, wobei sie die Mm. intercostales externi nahezu rechtwinklig unterkreuzen (◻ Abb. 4.77). Innerhalb der Mm. intercostales interni ziehen die Interkostalgefäße und -nerven durch die Zwischenrippenräume und spalten die Muskeln in einen äußeren und in einen inneren Anteil. Die inneren Muskelanteile bezeichnet man als *Mm. intercostales intimi* (► Kap. 21, ◻ Abb. 21.4b, S. 820). Die Mm. intercostales interni werden von einer dünnen Faszie bedeckt.

Die *Mm. subcostales* (Innervation: Nn. intercostales IV–XI) findet man an der unteren Innenseite des Thorax im Bereich der Anguli costarum (◻ Tab. 4.12). Die Muskeln haben die gleiche Verlaufsrichtung wie die Mm. intercostales interni. Sie ziehen über 1–2 Rippen hinweg.

Der fächerförmige *M. transversus thoracis* (Innervation: Nn. intercostales II–VI) liegt an der Innenseite der vorderen Brustwand (► Kap. 21, ◻ Abb. 21.5). Der Muskel zieht mit einzelnen Zacken vom Seitenrand des Sternum und vom Processus xiphoideus zu den Rippenknorpeln der 2.–6. Rippe. Die kranialen Muskelbündel laufen schräg aufsteigend, die kaudalen Anteile ziehen transversal (◻ Tab. 4.12).

Der *M. serratus posterior superior* (Innervation: Nn. intercostales I–IV) wird vom M. rhomboideus überlagert. Die Muskeln beider Seiten ziehen in Form dünner Platten von den Dornfortsätzen des 6. und 7. Halswirbels sowie des 1. und 2. Brustwirbels V-förmig nach kaudal lateral zur 2.–5. Rippe. Nicht selten ist die Muskulatur atrophiert und durch eine Sehnenplatte ersetzt (◻ Tab. 4.13).

Der *M. serratus posterior inferior* (Innervation: Nn. intercostales IX–XII) ist kräftiger als der obere Muskel. Er wird vom M. latissimus dorsi bedeckt und entspringt zwischen 11. Brustwirbel und 2. Lendenwirbel vom oberflächlichen Blatt der Fascia thoracolumbalis. Die breite Ursprungsaponeurose geht in der Skapularlinie in meistens 4 Muskelbäuche über. Der zackenförmige Ansatz erstreckt sich über die 9.–12. Rippe lateral des Angulus costae (◻ Tab. 4.13).

Funktion

Die **aktive Funktion** der Zwischenrippenmuskeln bei der Atmung ist nicht eindeutig geklärt. Bei ruhiger Atmung zeigen die Interkostal-

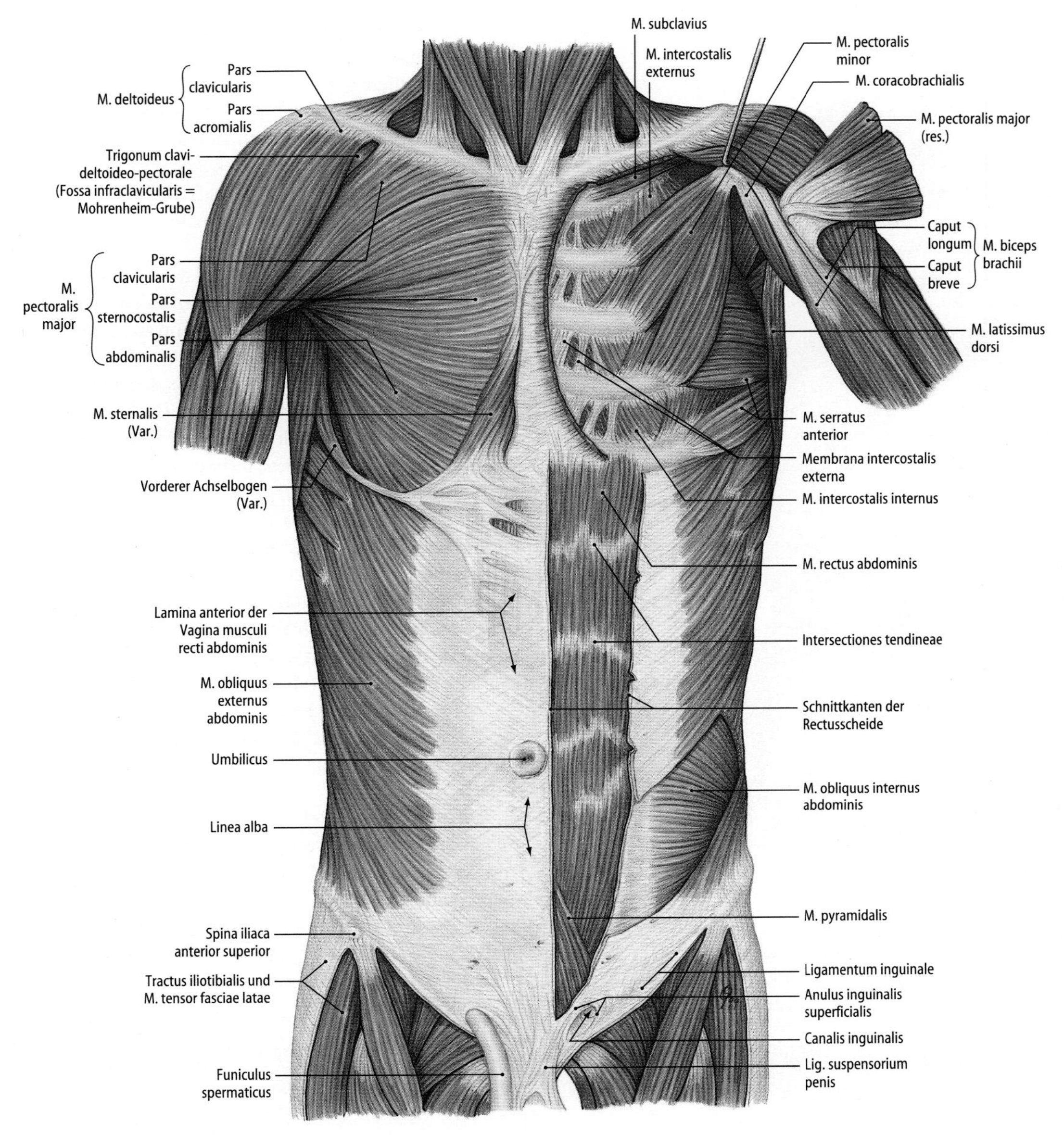

Abb. 4.76. Muskeln der vorderen Rumpfwand. Auf der linken Seite wurden der M. pectoralis major abgelöst und der M. rectus abdominis durch Abtragen des vorderen Blattes der Rektusscheide freigelegt. Im unteren linken Bereich der Bauchwand wird der M. obliquus internus abdominis nach Fensterung des M. obliquus externus abdominis sichtbar. Der Funiculus spermaticus wurde auf der linken Seite entfernt [7]

muskeln elektromyographisch nur eine niedrige Aktivität; diese nimmt bei forcierter Atmung vor allem im oberen Thoraxbereich zu.

- Die Mm. intercostales externi bewirken nach Modellvorstellungen durch Anheben der Rippen eine Erweiterung der Interkostalräume und unterstützen die **Inspiration.** Die Mm. intercartilaginei sind während der Inspiration aktiv.
- Die Mm. intercostales interni sind größtenteils Rippensenker. Sie unterstützen gemeinsam mit den Mm. subcostales und dem M. transversus thoracis die **Exspiration.**
- Die Interkostalmuskeln üben eine wichtige **passive Funktion** bei der **Verspannung** und Aufrechterhaltung der Weite **der Interkostalräume** aus.

Die Interkostalräume erweitern sich während der Inspiration und verengen sich bei der Exspiration. Bei Beugung des Rumpfes werden sie auf der Beugeseite enger und auf der Streckseite weiter. Aufgrund des schrägen Verlaufes sowie der Überkreuzung von äußeren und inneren Interkostalmuskeln bleibt die mit der Thoraxinnenwand verbundene Pleura parietalis in den Atemphasen und bei Bewegungen des Rumpfes stets unter Spannung.

In Kürze

Unterstützung der Inspiration:
- Mm. intercostales externi
- Mm. intercartilaginei
- Mm. serrati posteriores superiores und inferiores

Unterstützung der Exspiration:
- Mm. intercostales interni
- Mm. subcostales
- M. transversus thoracis

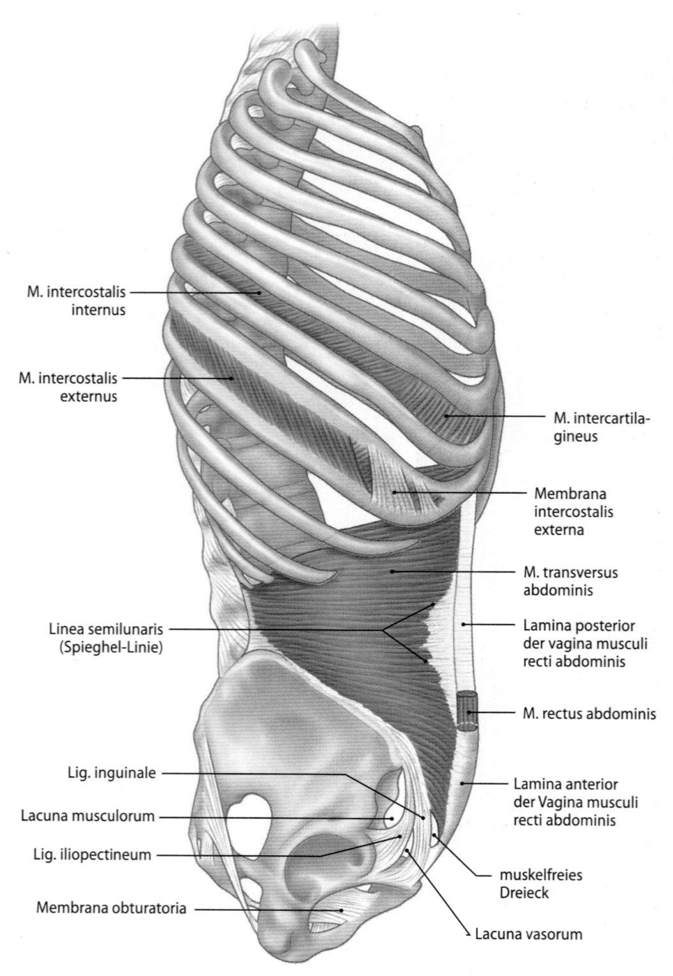

Abb. 4.77. Rumpf, Ansicht von rechts-seitlich. Darstellung des M. transversus abdominis sowie der Mm. intercostales externi und interni

Zwerchfell (Diaphragma)

Das Zwerchfell (Innervation: N. phrenicus) liegt als kuppelförmiger Muskel zwischen Brust- und Bauchhöhle. Es entstammt dem Dermomyotom der Halssomiten. Seine Anlage hat sich während der Ontogenese aus der Halsregion nach kaudal verlagert. Bei dem Descensus wurde der aus dem Zervikalmark stammende N. phrenicus »mitgenommen«.

Gestalt und Lage

Das Diaphragma bildet die Grenze zwischen Brust- und Bauchhöhle (Abb. 4.78). Es besteht aus einer zentralen Sehnenplatte, *Centrum tendineum,* sowie aus einem rechten und aus einem linken kuppelförmigen muskulären Anteil.

Nach dem Muskelursprung am Skelett unterscheidet man eine *Pars lumbalis, Pars costalis* und eine *Pars sternalis diaphragmatis*. Die paarige **Pars costalis** bildet flächenmäßig den größten Teil des Zwerchfells. Zwischen Pars sternalis und Pars costalis entsteht ein kleiner dreieckiger Spalt, *Trigonum sternocostale* (Larrey-Spalte). Die Muskelfasern der Pars costalis ziehen bogenförmig zum Centrum tendineum. Den muskelkräftigsten Anteil bildet die an der Lendenwirbelsäule entspringende **Pars lumbalis**. Die Pars lumbalis wird am Durchtritt der Aorta durch das Zwerchfell in einen rechten Schenkel, *Crus dextrum,* und in einen linken Schenkel, *Crus sinistrum,* geteilt. Das Crus dextrum liegt oberflächlicher und dehnt sich weiter nach kaudal aus als das Crus sinistrum.

An jedem Schenkel der rechten und der linken Seite lassen sich nach dem Ursprung (Tab. 4.14) ein **medialer Teil** (Pars medialis), ein **intermediärer Teil** (Pars intermedia) und ein **lateraler Teil** (Pars lateralis) abgrenzen.

Die **medialen Anteile** des Crus dextrum und des Crus sinistrum ziehen zunächst senkrecht nach kranial, biegen dann nach medial und vereinigen sich in Höhe des 12. Brustwirbels in Form einer sehnigen Arkade, *Lig. arcuatum medianum* (Aortenarkade), die den *Hiatus aorticus* begrenzt. Die mittleren, vom Lig. arcuatum medianum nach kranial aufsteigenden Muskelfasern der **Pars medialis** des Crus dextrum weichen auseinander und bilden eine Muskelschlinge, durch

Tab. 4.12. Brust-(Zwischenrippen-)muskeln

Muskeln	Ursprung (U) Ansatz (A)	Innervation (I) Blutversorgung (V)	Funktion
Mm. intercostales externi	Ursprung Crista costae des Rippenunterrandes der **Rippen I-XI** vom Collum costae bis zum Corpus costae etwas lateral der Knorpel-Knochengrenze Ansatz Oberrand der **Rippen II-XII** vom Tuberculum costae bis zur Knorpel-Knochengrenze	Innervation Nn. Intercostales Th1–11 Blutversorgung – Rr. intercostales anteriores der A. thoracica interna – A. intercostalis posterior prima und A. intercostalis posterior secunda der A. intercostalis suprema aus dem Truncus costocervicalis – Aa. intercostales posteriores der Aorta thoracica – A. musculophrenica der A. thoracica interna	**Heben der Rippen** (Unterstützung bei der Inspiration)
Mm. intercostales interni Aufspaltung der Mm. intercostales interni durch die Leitungsbahnen in die Mm. intercostales interni und in die Mm. intercostales intimi ▼	Ursprung Oberrand der Rippeninnenseite der **Rippen II-XII** vom Angulus costae bis zum Sternum Ansatz – äußerer Rand des Sulcus costae (eigentlicher M. intercostalis internus) – innerer Rand des Sulcus costae (M. intercostalis intimus) der Rippen I-XI etwas ventral vom Angulus costae bis zum Sternum	Innervation Nn. intercostales Th1–11 Blutversorgung – A. intercostalis posterior prima und A. intercostalis posterior secunda der A. intercostalis suprema aus dem Truncus costocervicalis – Aa. intercostales posteriores der Aorta thoracica	Mittlerer und hinterer Teil: **Senken der Rippen** (Unterstützung der Exspiration). Vorderer Teil (Mm. intercartilaginei): Heben der Rippen (Unterstützung der Inspiration). Gemeinsame Funktion der Interkostalmuskeln: **Verspannen der Interkostalräume.**

Tab. 4.12 (Fortsetzung)

Muskeln	Ursprung (U) Ansatz (A)	Innervation (I) Blutversorgung (V)	Funktion
Mm. subcostales Als Mm. subcostales bezeichnet man Mm. intercostales interni im dorsalen Abschnitt des Thorax, die 1–2 Rippen überspringen.		Innervation Nn. intercostales IV–XI Blutversorgung Aa. intercostales posteriores der Aorta thoracica	**Senken der Rippen** (Unterstützung der Exspiration)
M. transversus thoracis	Ursprung **Innenseite der Rippenknorpel der Rippen VI und VII** (variabel) **Processus xiphoideus** des Sternum; Seitenrand und Hinterfläche des **Corpus sterni** Ansatz Unterrand der Rippenknorpel am **Knorpel-Knochen-Übergang der Rippen II–VII**	Innervation Nn. intercostales II–VI Blutversorgung – Rr. intercostales anteriores der A. thoracica interna – A. musculophrenica der A. thoracica interna	**Senken der Rippen** (Unterstützung der Exspiration)

Tab. 4.13. Rückenmuskeln ventraler Herkunft (Wirbelgelenk- und Rippengelenkmuskeln)

Muskeln	Ursprung (U) Ansatz (A)	Innervation (I) Blutversorgung (V)	Funktion
Gruppe der Muskeln des intertransversalen Systems			
Mm. intertransversarii anteriores cervicis	Ursprung Tuberculum anterius des Processus transversus der Halswirbel I–VI Ansatz Tuberculum anterius des Processus transversus der Halswirbel II–VII	Innervation Rr. anteriores (ventrales) der Nn. cervicales Blutversorgung A. vertebralis der A. subclavia	Unterstützung der Seitneigung und Streckung der Halswirbelsäule, Stabilisierung der Halswirbelsäule.
Mm. intertransversarii posteriores laterales cervicis	Ursprung Tuberculum posterius des Processus transversus der Halswirbel I–VI Ansatz Tuberculum posterius des Processus transversus der Halswirbel II–VII	Innervation Rr. anteriores (ventrales) der Nn. cervicales Blutversorgung A. vertebralis der A. subclavia	Unterstützung der Seitneigung und Streckung der Halswirbelsäule, Stabilisierung der Halswirbelsäule
Mm. intertransversarii laterales lumborum	Ursprung – Processus transversus des Brustwirbels XII – Processus costalis und accessorius der Lendenwirbel I–V Ansatz Processus costalis der Lendenwirbel I–V und hinterer Teil der Crista iliaca	Innervation Rr. anteriores (ventrales) (variabel auch Rr. posteriores [dorsales]) der Nn. lumbales Blutversorgung Aa. lumbales der Aorta abdominalis	Unterstützung der Seitneigung der Lendenwirbelsäule, Stabilisierung der Lendenwirbelsäule.
Gruppe der spinokostalen Muskeln			
M. serratus posterior superior	Ursprung Processus spinosus der Halswirbel VI und VII und der Brustwirbel I und II (Lig. nuchae) Ansatz Corpus costae lateral des Angulus costae der **Rippen II–IV (V)**	Innervation – (N. cervicalis VIII) – Nn. intercostales I–IV Blutversorgung – Aa. intercostales posteriores der Aorta thoracica – A. cervicalis profunda des Truncus costocervicalis aus der A. subclavia	Anheben der oberen Rippen (Unterstützung der Inspiration)
M. serratus posterior inferior	Ursprung – über die Lamina superficialis der Fascia thoracolumbalis an den **Processus spinosus der Brustwirbel XI und XII und der Lendenwirbel I–II** (Lamina superficialis der Fascia thoracolumbalis) Ansatz unterer Rand der **Rippen IX–XII** lateral vom Angulus costae	Innervation Nn. intercostales IX–XII Blutversorgung Aa. intercostales posteriores der Aorta thoracica	**Erweiterung der unteren Thoraxapertur,** Stabilisierung der unteren Rippen für die Kontraktion der Pars costalis des Zwerchfells **(Unterstützung der Inspiration).**

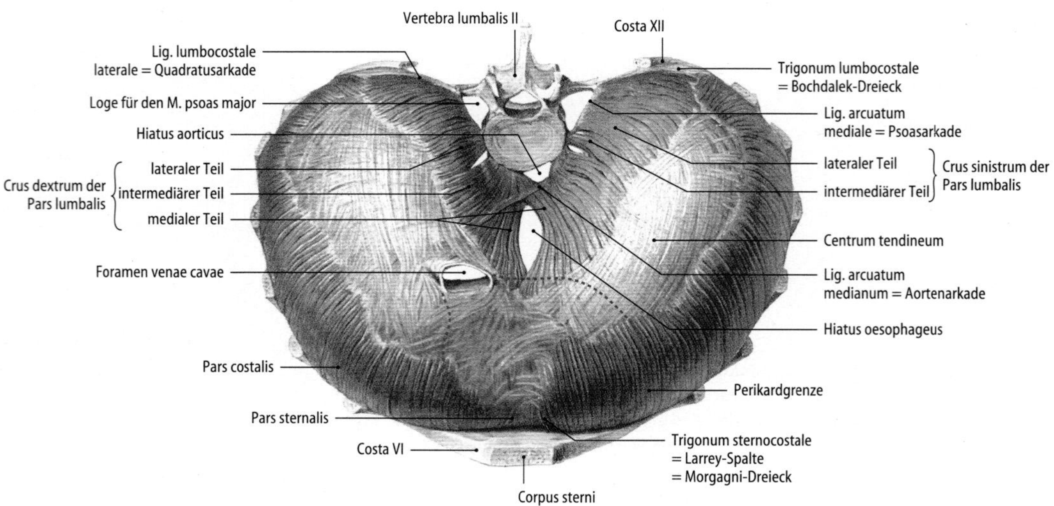

Abb. 4.78. Zwerchfell, Ansicht von oben [7]

Tab. 4.14. Zwerchfell (Diaphragma)

Muskel	Ursprung (U) Ansatz (A)	Innervation (I) Blutversorgung (V)	Funktion
Diaphragma	Ursprung **Pars sternalis:** Innenfläche des **Processus xiphoideus** des Sternum (Rektusscheide und Aponeurose des M. transversus abdominis) **Pars costalis:** Innenseite der **Rippenknorpel VI–XII** **Pars lumbalis: Crus dextrum** – Pars medialis: Vorderfläche der Lendenwirbel I–IV und der Zwischenwirbelscheiben (Lig. longitudinale anterius, Lig. arcuatum intermedium) – Pars intermedia: Seitenfläche des Lendenwirbelkörpers II – Pars lateralis: über den medialen Abschnitt des Lig. arcuatum laterale (Quadratusarkade = äußerer Haller-Bogen) am Processus costalis des Lendenwirbels I (II) und an der Oberkante der Rippe XII (variabel bis zur Spitze) und über das Lig. arcuatum mediale (Psoasarkade = innerer Haller-Bogen) am Seitenrand des Lendenwirbelkörpers II und am Processus **costalis des Lendenwirbels II** (I) **Pars lumbalis: Crus sinistrum:** Der Pars lumbalis entspringt mit seiner Pars medialis von der Vorderfläche der **Lendenwirbelkörper I–II,** ansonsten ist der Ursprung wie beim Crus dextrum. Ansatz Das Zwerchfell besitzt keinen Ansatz am Skelett: Die gemeinsame Ansatzsehne des Diaphragma ist das **Centrum tendineum.**	Innervation N. phrenicus C3, C4 (C5) Blutversorgung – A. pericardiacophrenica der A. thoracica interna – A. musculophrenica der A. thoracica interna – A. phrenica superior der Aorta thoracica – A. phrenica inferior der Aorta abdominalis	**Inspiration** durch Abflachung (Tiefertreten) der Zwerchfellkuppeln. Das Diaphragma steht funktionell im Dienst der Atmung. Die Kontraktion der Zwerchfellmuskulatur geht mit einer Abflachung der Zwerchfellkuppeln einher und führt über die Ausdehnung des Brustraums nach kaudal zur **Inspiration.** Mit dem Tiefertreten des Zwerchfells kommt es gleichzeitig auch zu einer Erweiterung der unteren Thoraxapertur in sagittaler und transversaler Richtung. Dabei entfalten sich die Komplementärräume (Recessus diaphragmaticus), in die sich die basalen Anteile der Lunge ausdehnen (► Kap. 9.5 und 23). Das Zwerchfell kann auch aktiv durch kontrollierte Entspannung der Muskelkräfte die **Exspiration** regulieren. Es beeinflusst damit Druck und Geschwindigkeit der ausströmenden Atemluft (Atemstütze), sog. Bauchpresse (► S. 166). Die vorzugsweise auf Zwerchfellbewegungen beruhende Atemmechanik bezeichnet man als **Bauchatmung.**

die der Ösophagus in die Bauchhöhle tritt *(Hiatus oesophageus).* Die Pars medialis des Crus sinistrum beteiligt sich nur selten an der Bildung der Hiatusschlinge für den Ösophagus.

Die schmale **Pars intermedia** kommt vom 2. Lendenwirbel und inseriert wie auch der größte Teil der Pars medialis im Centrum tendineum. Die **Pars lateralis** der Zwerchfellschenkel entspringt an einem Sehnenbogen, *Lig. arcuatum mediale = Arcus lumbocostalis* (innerer Haller-Bogen), der vom 2. Lendenwirbelkörper zum Processus costalis des 1. und variabel des 2. Lendenwirbels zieht. Da der Sehnenbogen den Ursprungsbereich des M. psoas major überbrückt, wird er als **Psoasarkade** bezeichnet. Die **Pars lateralis** hat ihren Ursprung außerdem im medialen Teil des Sehnenbogens, der von den Processus costales des 1. und 2. Lendenwirbels zur 12. Rippe zieht, *Lig. arcuatum laterale = Arcus lumbocostalis lateralis* (äußerer Haller-Bogen). Das Lig. arcuatum laterale überbrückt als **Quadratusarkade** den Ursprungsbereich des M. quadratus lumborum.

Zwischen Pars lumbalis und Pars costalis liegt ein größtenteils von Bindegewebe ausgefülltes Dreieck, das nur wenige Muskelfasern enthält, *Trigonum lumbocostale* (Bochdalek-Dreieck).

Das **Centrum tendineum** ist die **gemeinsame Ansatzsehne** aller Muskelanteile. Es besteht aus einem vorderen mittleren Teil und aus zwei seitlichen flügelförmigen Fortsätzen. Rechts von der Mediane ist innerhalb des Centrum tendineum das *Foramen venae cavae* ausgespart, durch das die *V. cava inferior* zum Herzen gelangt (► Kap. 23).

Die **Lage des Zwerchfells** ist primär von der Atemphase abhängig (◘ Abb. Höhenlokalisation). Das Diaphragma steht in Rückenlage insgesamt höher als im aufrechten Stand, in Bauchlage wird es nach kranial verlagert.

Funktion

Das Zwerchfell ist der effektivste Atemmuskel (◘ Tab. 4.14).

4.53 Angeborene Zwerchfelldefekte
Angeborene Zwerchfelldefekte treten bevorzugt im linken Bereich des Centrum tendineum auf.

4.54 Schädigung des N. phrenicus
Schädigung des N. phrenicus führt zur Lähmung der Muskulatur mit Zwerchfellhochstand (Relaxatio diaphragmatica) der betroffenen Seite.

In Kürze

Zwerchfell (Diaphragma): kuppelförmiger Muskel mit zentraler Sehnenplatte (Centrum tendineum)
Innervation: N. phrenicus
Funktion: Atemmuskel (wichtigster Muskel für die Inspiration)
Muskuläre Anteile: Pars sternalis, Pars costalis und Pars lumbalis diaphragmatis mit Crus dextrum und Crus sinistrum:
- Trigonum sternocostale (Larrey-Spalte) zwischen Pars sternalis und Pars costalis
- Trigonum lumbocostale (Bochdalek-Dreieck) zwischen Pars costalis und Pars lumbalis

Foramen venae cavae im Centrum tendineum
Hiatus aorticus zwischen Crus dextrum und Crus sinistrum der Pars lumbalis
Hiatus oesophageus im medialen Teil des Crus dextrum

Bauchmuskeln (Mm.abdominis)

Die Bauchmuskeln, *Mm. abdominis*, bilden mit ihren Faszien und Aponeurosen die **Bauchwand,** die sich zwischen Brustkorb und Beckenring erstreckt. Nach ihrer Lage werden die Muskeln in eine vordere, in eine seitliche und in eine hintere Gruppe unterteilt.

Die Bauchmuskeln gehen aus dem lateralen Teil der ventralen Dermomyotomknospen hervor. Die Muskelknospen dringen in die Somatopleura ein, aus der sich das Muskelbindegewebe mit Faszien und Aponeurosen entwickelt. Die ursprüngliche segmentale Herkunft der Muskeln spiegelt sich in der Innervation durch die Rr. anteriores der Spinalnerven wider.

Die Muskeln der Bauchwand werden außen von der *Fascia abdominis superficialis* und innen von der *Fascia transversalis (Fascia abdominis interna)* bedeckt.

Gestalt und Lage

Vordere (gerade) Bauchmuskeln

Muskeln im vorderen Bereich der Bauchwand sind die *Mm. recti abdominis* und die *Mm. pyramidales* (◘ Abb. 4.76 und ◘ Tab. 4.15). Die Muskeln liegen innerhalb der Rektusscheide, *Vagina musculi recti abdominis*.

M. rectus abdominis. Der flache *M. rectus abdominis* (Innervation : Nn. intercostales VII–XII) verbindet Brustkorb und Becken miteinander (◘ Tab. 4.15). Der Muskel wird bei seinem Verlauf zum Ansatz am Schambein zunehmend schmaler. Von der Ansatzsehne kreuzt ein Teil über die Mittellinie und schließt sich den von der *Linea alba* kommenden Bindegewebefasern an, die sich am Aufbau des *Lig. suspensorium penis (Lig. suspensorium clitoridis)* beteiligen. Innerhalb des Muskels kommen 3–4 Schaltsehnen, *Intersectiones tendineae*, vor, von denen normalerweise 2 oberhalb des Nabels liegen. Die 3. Schaltsehne findet man in Nabelhöhe und eine 4. inkonstante Schaltsehne unterhalb des Nabels. Die Intersectiones tendineae können den M. rectus abdominis oberflächlich oder über den gesamten Querschnitt unterteilen. Der M. rectus abdominis ist an seinem medialen Rand und im Bereich der Intersectiones tendineae fest mit dem vorderen Blatt der Rektusscheide verwachsen.

Aufgrund der Verwachsung der Intersectiones tendineae mit dem vorderen Blatt der Rektusscheide können sich die einzelnen Abschnitte des Muskels unabhängig voneinander kontrahieren. Die Hinterfläche des Muskels gleitet frei auf der Rückwand der Rektusscheide. Beim Neugeborenen und beim Säugling besteht zwischen den beiden Muskeln im Vergleich zum Erwachsenen eine relativ große Distanz. Diese physiologische **Rektusdiastase** verschwindet mit dem Erwerb des bipeden Ganges im Kleinkindalter (4.55).

4.55 Rektusdiastase
Die erworbene Rektusdiastase ist beim Erwachsenen (außer in der Schwangerschaft) pathologisch zu bewerten. Sie beruht auf einer Insuffizienz der Bauchmuskeln und ihrer Aponeurosen, z.B. infolge von Fettleibigkeit. Dem physiotherapeutischen Therapiekonzept liegt eine Stärkung der Muskelschlinge aus M. obliquus externus abdominis und M. obliquus internus abdominis zugrunde.

M. pyramidalis. Der kleine dreieckige *M. pyramidalis* (Innervation: N. subcostalis, Rr. musculares des Plexus lumbalis) entspringt ventral vom Ansatz des M. rectus abdominis am Schambein und inseriert in der Linea alba. Der Muskel liegt entweder innerhalb der Aponeurosen der seitlichen Bauchmuskeln oder hinter dem vorderen Blatt der Rektusscheide. In 10–25% fehlt der Muskel (◘ Tab. 4.15).

Seitliche (schräge) Bauchmuskeln

Die Muskeln der seitlichen Bauchwand liegen in 3 Schichten übereinander (◘ Abb. 4.76, 4.77, 4.79 und 4.80). Man unterscheidet die beiden schräg verlaufenden *M. obliquus externus abdominis* und *M. obliquus internus abdominis* sowie den *M. transversus abdominis*, dessen Muskelfasern überwiegend transversal ausgerichtet sind (◘ Tab. 4.15). Die großflächigen, flachen Muskeln gehen im Bereich der Medioklavikularlinie in ihre Aponeurosen über, welche die **Rektusscheide** *(Vagina musculi recti abdominis)* bilden. Die Aponeurosen der rechten und der linken Seite treffen in der Mittellinie zusammen, wobei sich die Bindegewebefasern beider Seiten in Form einer Zwischensehne durchkreuzen. Diesen Bereich bezeichnet man als **Linea alba.**

M. obliquus externus abdominis. Die Ursprungszacken des *M. obliquus externus abdominis* (Innervation: Nn. intercostales V–XII) alternieren zwischen der 5. und 9. Rippe mit dem Ursprung des M. serratus anterior (Gerdy-Linie). Weiter kaudal grenzen die Muskelursprünge von M. obliquus externus abdominis und M. latissimus dorsi aneinander. Nach ihrem Ansatz unterscheidet man 2 Muskelabschnitte: Die von den kaudalen Rippen kommenden Anteile laufen nahezu senkrecht zu ihrer Insertion am Beckenkamm. Die weiter kranial entspringenden Anteile ziehen in schrägem Verlauf von hinten oben nach vorn unten und gehen etwa parallel zum lateralen Rand des M. rectus abdominis in eine breite Aponeurose über. Diese spannt sich zwischen Brustkorb und Becken aus. Etwa 3 cm oberhalb der Spina iliaca anterior superior endet der muskuläre Anteil in Form eines abgerundeten Muskel-Sehnen-Übergangs, der bei muskelkräftigen Individuen (sowie auf Plastiken der Antike und der Renaissance) als sog. Muskelecke sichtbar ist (◘ Tafel II, ► S. 778). Unterhalb

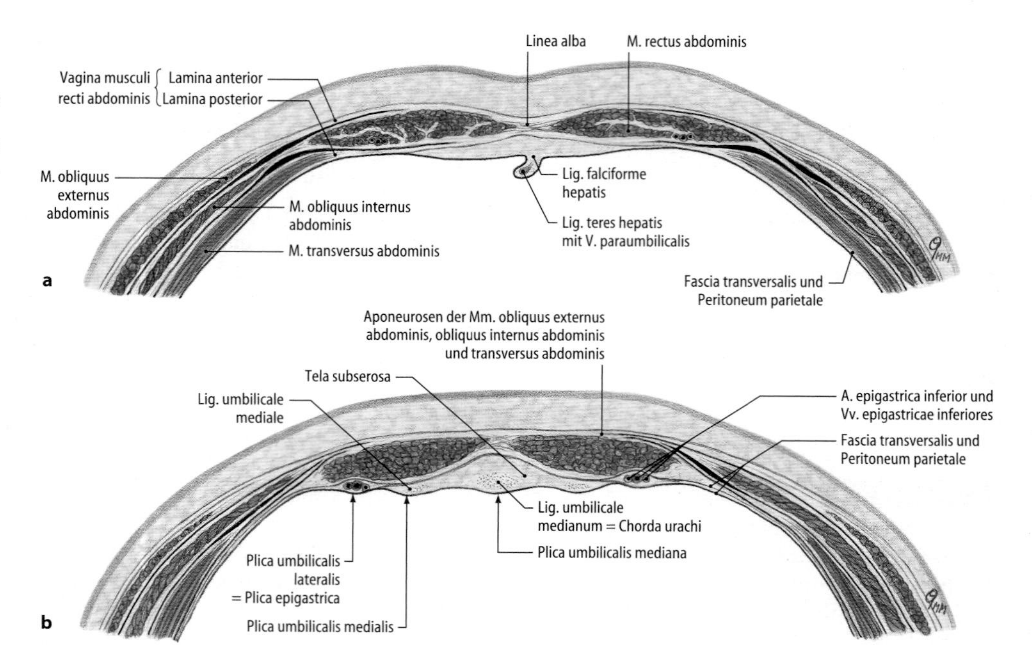

Abb. 4.79a, b. Querschnitte durch die vordere Bauchwand, Aufbau der Rektusscheide. **a** Oberhalb des Nabels, **b** unterhalb der Linea arcuata. Man beachte, dass die Mm. recti abdominis oberhalb des Nabels weiter von einander getrennt sind als unterhalb des Nabels [7]

der Spina iliaca anterior superior ist der M. obliquus externus abdominis ausschließlich aponeurotisch. Die kaudale Begrenzung seiner Aponeurose bildet das Leistenband, *Lig. inguinale,* das sich zwischen Spina iliaca anterior superior und Tuberculum pubicum ausspannt. Innerhalb der Aponeurose des M. obliquus externus abdominis ist eine Lücke ausgespart, die den Ausgang des Leistenkanals in Form des **äußeren Leistenrings,** *Anulus inguialis superficialis,* bildet.

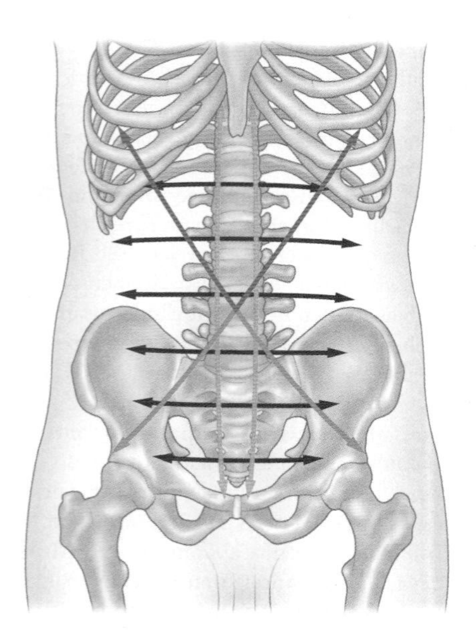

Abb. 4.80. Verspannung der Bauchwand durch die Muskelschlingen von M. obliquus externus abdominis (rot), M. obliquus internus abdominis (grün), M. transversus abdominis (blau) und deren Aponeurosen sowie des M. rectus abdominis (hellbraun)

M. obliquus internus abdominis. Der *M. obliquus internus abdominis* (Innervation: Nn. intercostales VIII–XII, Nn. iliohypogastricus, ilioinguinalis und genitofemoralis) wird fast vollständig vom M. obliquus externus abdominis und seiner Aponeurose bedeckt (Abb. 4.76). Nach Ursprung und Ansatz sowie nach dem Muskelfaserverlauf lassen sich mehrere Abschnitte unterscheiden. Die von der *Fascia thoracolumbalis*, von der *Crista iliaca* und von der *Spina iliaca anterior superior* entspringenden Anteile haben einen fächerförmigen Verlauf. Die Muskelfasern im dorsalen Bereich setzen an den kaudalen Rippen an. Die ventralen Muskelfasern haben keinen direkten knöchernen Ansatz, sie gehen in der Medioklavikularlinie in eine Aponeurose über (Tab. 4.15). Die Internusaponeurose spaltet sich größtenteils in 2 Lamellen, die am Aufbau der Rektusscheide beteiligt sind. Die Aponeurosen der rechten und der linken Seite gehen in der Mittellinie in die Linea alba über. Der untere Abschnitt des Muskels entspringt vom lateralen Teil des *Lig. inguinale*. Die Muskelfasern ziehen bogenförmig nach ventral kaudal zum Tuberculum pubicum, wobei der untere Rand des Muskels den Samenstrang (das Lig. teres uteri) überlagert und damit das »Dach« des Leistenkanals bildet. Zwischen unterem Rand des M. obliquus internus abdominis und dem medialen Abschnitt des Leistenbandes entsteht damit ein muskelfreies Dreieck (Abb. 4.81).Vom M. obliquus internus abdominis zweigen Muskelfasern ab, die den *M. cremaster* bilden (Tab. 4.15 und Abb. 4.81).

M. transversus abdominis. Der von den schrägen seitlichen Bauchmuskeln bedeckte *M. transversus abdominis* (Innervation: Nn. intercostales V–XII, Nn. iliohypogastricus, ilioinguinalis und genitofemoralis) zieht von seinen Ursprüngen (Tab. 4.15) transversal zur Mediane und geht in einer nach median konkaven Linie, *Linea semilunaris,* (Spieghel-Linie) in die Aponeurose über. Die kaudalen, vom Leistenband entspringenden Muskelanteile ziehen schlingenförmig um den inneren Leistenring. Die Transversusaponeurose ist oberhalb der *Linea arcuata* an der Bildung des hinteren Blattes der Rektusscheide beteiligt. Der vom Leistenband entspringende Teil des Muskels ist mit dem M. obliquus internus abdominis verwachsen (M. complexus). Der bogenförmige Verlauf der Ansatzsehne bildet die Transversusarkade. Die zum Tuberculum pubicum ziehende Ansatzsehne bezeichnet man als *Falx inguinalis* (Abb. 4.82).

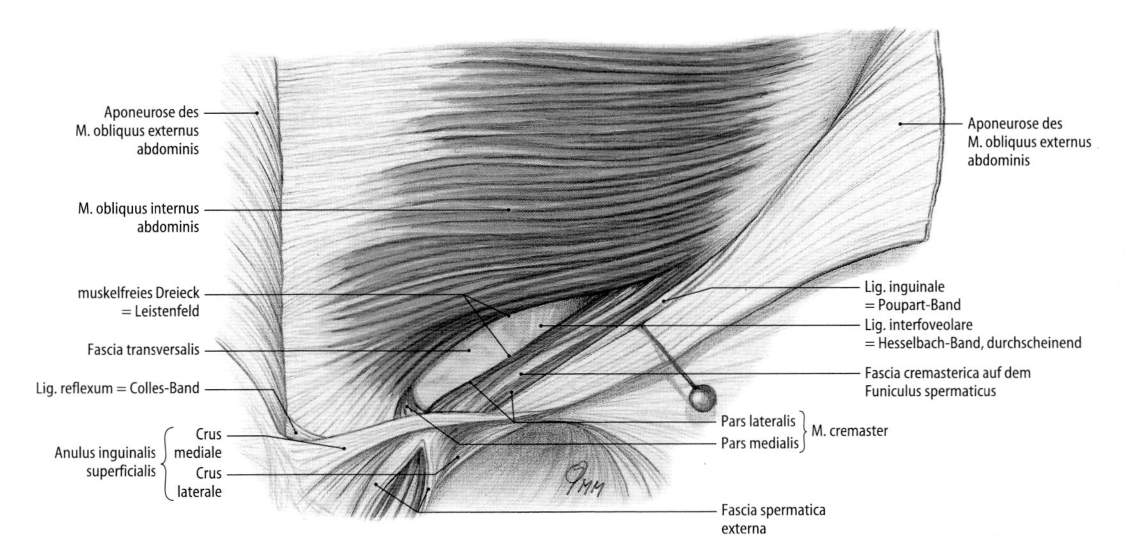

Abb. 4.81. Leistenregion der linken Seite, muskelfreies Dreieck, Ansicht von vorn. Die Aponeurose des M. obliquus externus abdominis wurde zur Freilegung des muskelfreien Dreiecks der Inguinalregion gespalten und seitwärts verlagert. Aufgrund des bogenförmigen Verlaufes der miteinander verwachsenen kaudalen Anteile der Mm. obliquus abdominis internus und transversus abdominis entsteht zwischen dem gemeinsamen Unterrand der Muskeln und dem nicht als Muskelursprung dienenden medialen Teil des Leistenbandes ein muskelfreies Dreieck, das Hesselbach-Dreieck (Abb. 4.82). Innerhalb des muskelfreien Dreiecks wird die hintere Bauchwand nur von der Fascia transversalis und vom Peritoneum parietale gebildet. Außen überlagert die Aponeurose des M. obliquus externus abdominis die Muskellücke. Das muskelfreie Dreieck projiziert sich innerhalb der Bauchwand in den Bereich der Fossa inguinalis medialis [7]

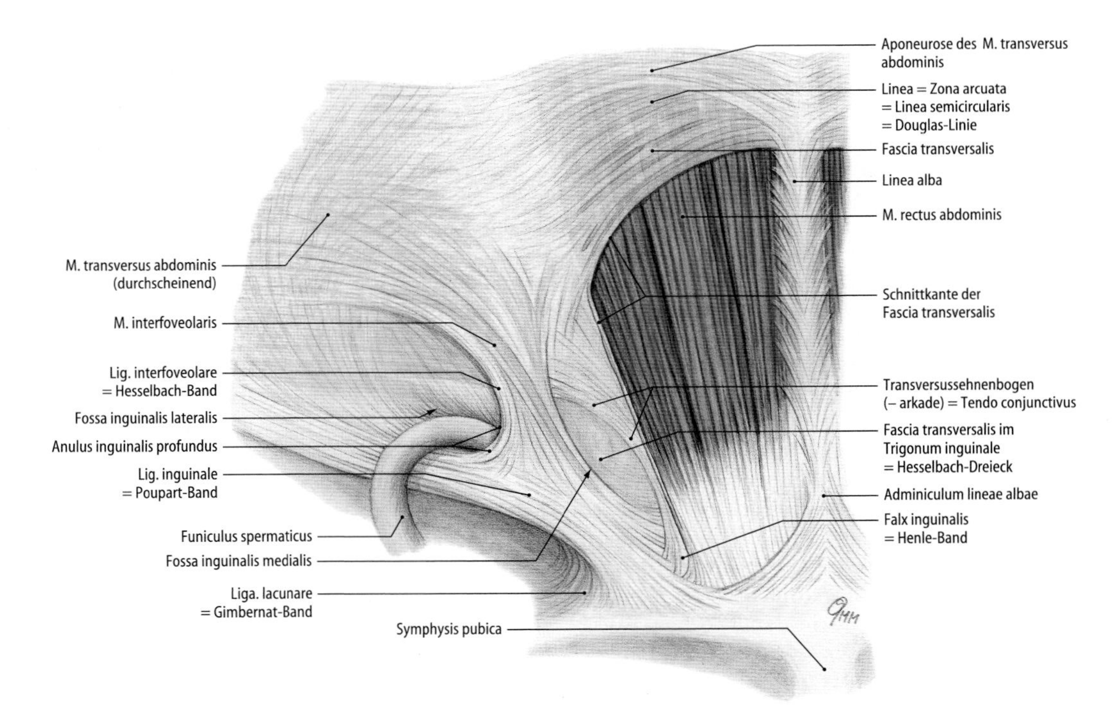

Abb. 4.82. Hintere Bauchwand im Bereich der linken Leistenregion, Ansicht von hinten. Das Peritoneum parietale wurde entfernt und die Fascia transversalis über dem unteren Bereich des M. rectus abdominis abgetragen. Man beachte das Trigonum inguinale (Hesselbach-Dreieck) [7]

M. cremaster. Der *M. cremaster* (Innervation: R. genitalis des N. genitofemoralis) geht mit einem kräftigen lateralen Muskelfaserbündel aus dem kaudalen Teil des M. obliquus internus abdominis und meistens auch aus dem M. transversus abdominis hervor. Wenige Muskelfasern entspringen medial am vorderen Blatt der Rektusscheide. Die Muskelfasern ziehen an der lateralen und medialen Seite des *Funiculus spermaticus* zum Scrotum und umgreifen bogenförmig auf der *Fascia spermatica interna* die Hoden. Bei der Frau wird das *Lig. teres uteri* von wenigen Muskelfasern begleitet.

Hintere (tiefe) Bauchmuskeln

Zu den hinteren Muskeln der Bauchwand zählen *M. psoas major* (▶ Kap. 4.5) und *M. quadratus lumborum*. Die beiden Muskeln bilden den Boden der *Fossa lumbalis* (▶ Kap. 24, S. 869). Dorsal hinter den Muskeln liegen das tiefe Blatt der *Fascia thoracolumbalis* und der Ursprungsbereich des *M. transversus abdominis* (◘ Abb. 4.85, ◘ Tab. 4.15).

M. quadratus lumborum. Der *M. quadratus lumborum* (Innervation: N. subcostalis, N. iliohypogastricus) liegt neben der Wirbelsäule auf dem tiefen Blatt *(Lamina profunda)* der Fascia thoracolumbalis und erstreckt sich von der 12. Rippe bis zum Beckenkamm (◘ Abb. 4.85). Der Muskel besteht aus einem dorsalen und aus einem ventralen Teil. Er wird auf seiner Vorderseite von der *Fascia musculi quadrati lumborum*, einer Fortsetzung der Fascia transversalis, bedeckt, die medial in die Psoasfaszie übergeht. An der Faszienverstärkung über dem Ursprungsbereich des M. quadratus lumborum, dem *Lig. arcuatum laterale* (Quadratusarkade = äußerer Haller-Bogen) entspringt ein Teil des Crus laterale des Zwerchfells.

4.56 Hernien im Bereich der Rumpfwand

Hernien sind Ausstülpungen des Peritoneum parietale (Bruchsack) durch eine präformierte oder erworbene Lücke in der Bauchwand (Bruchpforte oder Bruchkanal). Bruchinhalt können großes Netz oder Darmanteile sein. Leistenbrüche (Inguinalhernien) sind mit etwa 75% die häufigsten Hernien (etwa 90% bei Männern). Man unterscheidet mediale (direkte) und laterale (indirekte) Leistenhernien (◘ Abb. 4.83). Etwa 10% aller Hernien sind **Narbenbrüche** als Folge von operativen Eingriffen an der Bauchwand.

Rektusscheide. Die Rektusscheide, *Vagina musculi recti abominis*, wird von den Aponeurosen der seitlichen Bauchmuskeln und von den Faszien der Bauchwand gebildet (◘ Abb. 4.76 und 4.79). In der Rektusscheide liegt der *M. rectus abominis* und der *M. pyramidalis*. Die Muskelloge besteht aus einem vorderen Blatt, *Lamina anterior*, und aus einem hinteren Blatt, *Lamina posterior*, deren Aufbau sich am Übergang vom mittleren zum unteren Drittel ändert. Das **vordere Blatt** der Rektusscheide wird von der Aponeurose des M. obliquus externus abdominis und vom ventralen Blatt der Internusaponeurose gebildet. Im unteren Drittel beteiligen sich auch das dorsale Blatt der Internusaponeurose und die Transversusaponeurose am Aufbau der Lamina anterior. Im kranialen Abschnitt ist das vordere Blatt der Rektuschscheide meistens sehr dünn. Das **hintere Blatt** der Rektusscheide setzt sich in den oberen zwei Dritteln aus dem dorsalen Blatt der Aponeurose des M. obliquus internus abdominis, der Aponeurose des M. transversus abdominis sowie aus *Fascia transversalis* und *Peritoneum parietale* zusammen. Etwa handbreit unterhalb des Nabels endet die Beteiligung von Internus- und Transversusaponeurose am Aufbau der Lamina posterior. Die beiden Aponeurosen gehen in diesem Bereich in das vordere Rektusscheidenblatt über (► Kap. 21, ◘ Abb. 21.3). Der am Präparat sicht- und tastbare Übergangsbereich endet mit einem nach kaudal gewandten konkaven Bogen, *Linea arcuata* (*Linea semicircularis*, Douglas-Linie). Unterhalb der Linea arcuata (besteht das hintere Blatt der Rektusscheide nur noch aus Fascia transversalis und Peritoneum parietale. Die Aponeurose des M. transversus abdominis zwischen Linea arcuata und lateralem Rand der Rektusscheide wird in der Klinik als Spieghel-Faszie bezeichnet.

4.57 Spieghel-Hernie

Der Bereich des Zusammentreffens von Linea arcuata und Linea semilunaris des M. transversus abdominis ist eine Schwachstelle in der vorderen Bauchwand, die Ausgangsort für die Entstehung der Spieghel-Hernie sein kann.

Linea alba. Die *Linea alba* ist ein derber Bindegewebestreifen, der aus der Durchflechtung der Aponeurosen der seitlichen Bauchmuskeln von rechter und linker Seite in der Mediane entsteht (◘ Abb. 4.76). Die Linea alba spannt sich zwischen Processus xiphoideus und Schambein aus. Sie ist oberhalb des Nabels normalerweise 1–2,5 cm breit. Im Bereich des Nabels, wo sie von der Nabelöffnung unterbrochen wird, nimmt sie an Breite zu. Unterhalb des Nabels verjüngt sich die Linea alba zu einem schmalen Bindegewebsstreifen. Die Insertion am *Lig. pubicum superius* erfolgt über das dreieckige *Adminiculum lineae albae*.

4.58 Epigastrische Hernie

Durch Überdehnung der Aponeurose, z.B. in der Schwangerschaft oder infolge Fettleibigkeit kann es zu Lückenbildungen innerhalb der Linea alba kommen, die zur Bruchpforte für epigastrische Hernien werden können.

Nabel. Beim Erwachsenen besteht die Bauchwand im Bereich des Nabels, *Umbilicus*, aus der äußeren Haut und der mit ihr verwachsenen **Nabelpapille,** *Papilla umbilicalis*. Die Nabelpapille ist über die *Fascia umbilicalis*, einer Verdichtung der Fascia transversalis im Bereich des Nabels, mit dem Peritoneum parietale verwachsen. Da im Verwachsungsbereich von Haut und Nabelpapille das subkutane Bindegewebe fehlt, sinkt der Bereich zur **Nabelgrube** ein. Um die Nabelgrube laufen die Bindegewebefasern der Linea alba ringförmig und bilden den tastbaren Nabelring, *Anulus umbilicalis*.

4.59 Nabelhernie

Bis zur vollständigen Ausbildung der Nabelpapille stellt der Bereich beim Neugeborenen und auch noch beim Säugling eine Schwachstelle dar, wo sich eine Nabelhernie *(Hernia umbilicalis)* bilden kann. Auch beim Erwachsenen kann der Nabelring bei Überdehnung einer muskelschwachen Bauchwand zur Bruchpforte für eine Nabelhernie werden.

Leistenband. Als Leistenband, *Lig. inguinale* (Poupart-Band), bezeichnet man einen kräftigen, tastbaren Bindegewebestreifen, der sich zwischen Spina iliaca anterior superior und Tuberculum pubicum ausspannt (◘ Abb. 4.76, 4.81 und 4.82). Das Leistenband ist kein eigenständiges Band, sondern eine bindegewebige Verdichtungszone, die durch das Zusammentreffen folgender Strukturen entsteht:

- kaudales Ende der Ansatzaponeurose des M. obliquus externus abdominis
- Ursprungsaponeurosen der Mm. obliquus internus abdominis und transversus abdominis (im lateralen Bereich)
- Faszie des M. iliopsoas (im lateralen Bereich)
- Fascia transversalis (im medialen Bereich)
- Beginn der Fascia lata des Oberschenkels

Im Anheftungsbereich der *Fascia lata* zieht am medialen Ansatz ein Teil der Fasern vom Unterrand des Leistenbandes bogenförmig als *Lig. lacunare* (Gimbernat-Band) nach unten zum Os pubis. Die Fortsetzung des Bandes mit seiner Verankerung am Pecten ossis pubis bezeichnet man als *Lig. pectineum*. Das Lig. lacunare begrenzt medial die *Lacuna vasorum* (► Kap. 26, ◘ Abb. 26.6, S. 913). Das Leistenband bildet den »Boden« des Leistenkanals.

Leistenkanal. Der Leistenkanal, *Canalis inguinalis*, durchsetzt auf einer Länge von 4–5 cm die vordere Bauchwand in schräger Richtung von lateral kranial nach medial kaudal (◘ Abb. 4.81 und 4.82). Durch den Leistenkanal tritt beim Mann der Samenstrang (Funiculus spermaticus) und bei der Frau das Lig. teres (rotundum) uteri. Die durch den Canalis inguinalis ziehenden Strukturen sind mit den Wänden des Kanals fest verbunden und füllen diesen normalerweise vollständig aus. Die äußere Pforte des Leistenkanals ist der tastbare **äußere Leistenring,** *Anulus inguinalis superficialis* (◘ Abb. 4.76). Der Anulus inguinalis superficialis durchbricht die Aponeurose des M. obliquus externus abdominis. Er wird von 2 Bögen, *Crus mediale* und *Crus laterale*, begrenzt, die kranial über Bindegewebefaserbündel, *Fibrae* *intercrurales,* verbunden sind. Am Boden des äußeren Leistenringes sind *Crus mediale* und *Crus laterale* durch eine rinnenförmige Sehnenplatte (*Lig. reflexum,* Collesi-Band) verbunden. Das *Lig. reflexum* bildet im medialen Abschnitt den Boden des Leistenkanals. Die innere Pforte des Leistenkanals ist der **innere Leistenring,** *Anulus inguinalis profundus,* der erst sichtbar wird, wenn Peritoneum parietale und Fascia transversalis von der hinteren Bauchwand entfernt werden (Abb. 4.82). Der Anulus inguinalis profundus liegt im Bereich der *Fossa inguinalis lateralis.* Der mediale Rand des Anulus inguinalis profundus wird vom *Lig. interfoveolare,* einer sichelförmigen Verstärkung der *Fascia transversalis,* und von den aus dem M. transversus abdominis stammenden Muskelfasern des *M. interfoveolaris* begrenzt. Die um den inneren Leistenring angeordneten Muskelfasern des *M. transversus abdominis* (sog. Transversalisschlinge) üben hier eine gewisse Sphinkterfunktion aus. Am Leistenkanal unterscheidet man 4 **Wände**:

- Die **vordere Wand** wird von der Aponeurose des M. obliquus externus abdominis mit den Fibrae intercrurales als Verstärkungszügen gebildet.
- Die **untere Wand** (Boden) bilden das Lig. inguinale und im medialen Ausgangsbereich das aus dem Crus laterale hervorgehende Lig. reflexum, in dem der Funiculus spermaticus (Lig. teres uteri) wie in einer Rinne verläuft.
- Die **obere Wand** (Dach) wird vom unteren freien Rand des M. obliquus internus abdominis und des M. transversus abdominis sowie deren miteinander verwachsenen Ansatzsehnen gebildet. Das Dach des Leistenkanals ist dementsprechend im lateralen Bereich muskulös. Im medialen Abschnitt besteht es aus dem straffen Bindegewebe der Aponeurosen.
- Die **hintere Wand** liegt im Bereich des muskelfreien Dreiecks und wird von dessen Strukturen gebildet. Sie besteht aus Fascia transversalis, subperitonealem Bindegewebe und Peritoneum parietale. Die hintere Wand wird durch das Lig. interfoveolare (Hesselbach-Band) mit dem M. interfoveolaris sowie durch die *Falx inguinalis* (Henle-Band) verstärkt.

4.60 Operationstechnik nach Shouldice bei Inguinalhernien

Die Doppelung der Fascia transversalis im Hesselbach-Dreieck zur Verstärkung der Hinterwand des Leistenkanals liegt der Operationstechnik nach Shouldice zugrunde. Dabei wird die Transversusarkade in die Naht der Fascia transversalis einbezogen. In einem weiteren Schritt wird der Unterrand des M. obliquus internus abdominis an das Leistenband genäht.

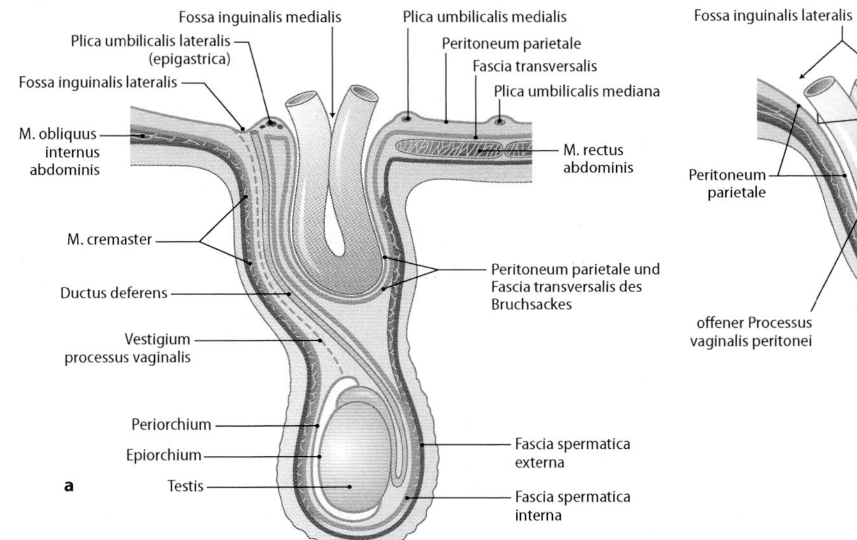

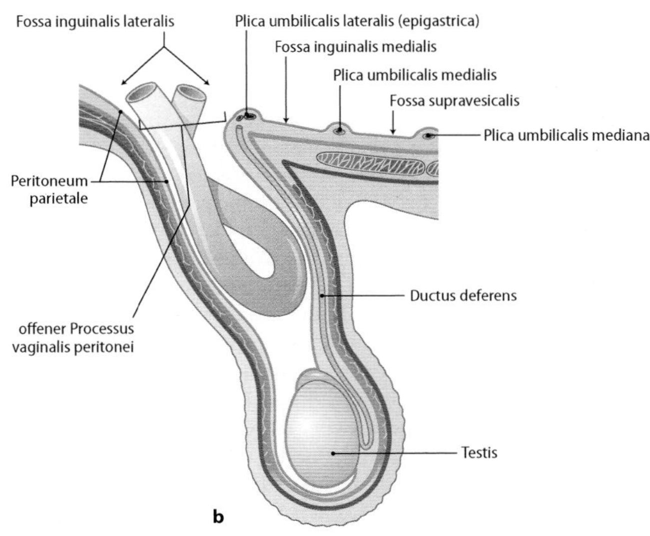

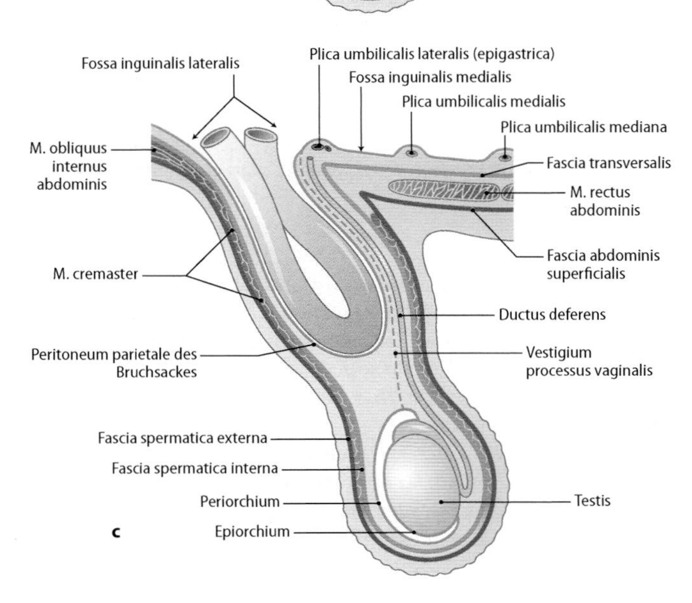

Abb. 4.83a–c. Direkte und indirekte Leristenhernien. a Hernia inguinalis medialis (direkte Leistenhernie). Eintrittsstelle in die Bauchwand ist das muskelfreies Dreieck (Hesselbach-Dreieck) in der Fossa inguinalis medialis, medial der Plica umbilicalis lateralis (epigastrica). Der Austritt aus der Bauchwand erfolgt am Anulus inguinalis superficialis. Schichten des Bruchsackes: Peritoneum parietale und Fascia transversalis. **b** Hernia inguinalis lateralis (indirekte Leistenhernie). Die laterale angeborene Leistenhernie ist eine Fehlbildung, bei der sich des Processus vaginalis peritonei nicht geschlossen hat. Es fehlt daher ein Bruchsack mit Peritoneum parietale. **c** Erworbene laterale Leistenhernie. Der Bruchsack schiebt sich vom Anulus inguinalis profundus (die Vasa epigastrica inferiora liegen medial) durch den Leistenkanal (sog. Kanalhernie) aus dem Anulus inguinalis superficialis in Richtung des Skrotum vor, es besteht die Tendenz zur Ausdehnung in das Skrotum (Skrotalhernie). Bruchsack: Peritoneum parietale (keine Fascia transversalis!)

4

Innenrelief der vorderen Bauchwand. Die vom Peritoneum parietale bedeckte Innenseite der Bauchwand hat im vorderen Bereich ein charakteristisches Relief in Form von Falten und Gruben (◻ Abb. 4.83 und ► Kap. 21, ◻ Abb. 21.5, S. 821). Hinter der Symphysis pubica wölbt sich das Corpus vesicae vor, über das eine quere Falte, *Plica vesicalis transversa*, zieht, die nur bei mäßiger Füllung der Harnblase deutlich sichtbar ist. Vom Blasenscheitel zieht eine Falte zum Nabel, die *Plica umbilicalis mediana* (in älteren anatomischen Schriften und im klinischen Sprachgebrauch auch *Plica umbilicalis media* genannt). Die Plica umbilicalis mediana enthält das *Lig. umbilicale medianum*, einen Rest des obliterierten Urachus. Von der seitlichen Blasenwand ziehen paarige Falten, *Plica umbilicalis medialis* (im klinischen Sprachgebrauch auch *Plica umbilicalis lateralis*) konvergierend zum Nabel. Die Plica umbilicalis medialis wird vom *Lig. umbilicale mediale* aufgeworfen, das durch die obliterierte A. umbilicalis entsteht. Den Bereich zwischen Plica umbilicalis mediana und Plica umbilicalis medialis nimmt die *Fossa supravesicalis* ein.

Lateral von der Plica umbilicalis medialis liegt im Bereich des muskelfreien Dreiecks die **mediale Leistengrube,** *Fossa inguinalis medialis,* deren laterale Begrenzung die Plica umbilicalis lateralis ist. Die Fossa inguinalis medialis projiziert sich in der Sagittalebene auf den Anulus inguinalis superficialis. Die Plica umbilicalis lateralis entsteht durch Aufwerfung des Peritoneum parietale über den *Vasa epigastrica inferiora* (Plica epigastrica). Sie endet in der hinteren Wand der Rektusscheide und hat keine Beziehung zum Nabel (◻ Abb. 4.82). Lateral von der Plica umbilicalis lateralis senkt sich die **laterale Leistengrube,** *Fossa inguinalis lateralis,* ein. In ihr liegt der Anulus inguinalis profundus. In der Fossa inguinalis lateralis entsteht der Samenstrang durch Vereinigung der an seinem Aufbau beteiligten Strukturen.

Die Hinterfläche der vorderen Bauchwand zeigt im kaudalen Bereich bezüglich des Verhaltens der Fascia transversalis und der Ansatzsehen der Bauchmuskeln einige strukturelle Besonderheiten, die nach Abtragen des Peritoneum parietale und des subperitonealen Bindegewebes sichtbar werden. In der Fossa inguinalis lateralis, die nur vom Peritoneum parietale überbrückt wird, senkt sich die Fascia transversalis an den Rändern des Anulus inguinalis profundus in den Leistenkanal (Nuhn-Faszientrichter) und geht in die Fascia spermatica interna des Samenstranges über (◻ Abb. 4.82). Im Bereich der Plica umbilicalis lateralis wird die Fascia transversalis in Form des *Lig. interfoveolare* (Hesselbach-Band) und durch den *M. interfoveolaris* verstärkt. Lig. interfoveolare und der Sehnenbogen des M. transversus abdominis (Transversusarkade) begrenzen das **muskelfreie Dreieck** (Trigonum inguinale, Hesselbach-Dreieck) auf der Rückseite der vorderen Bauchwand im Bereich der Fossa inguinalis medialis (🌐 4.56).

Zum *Trigonum lumbale inferius* (Petit-Dreieck) und *Trigonum lumbale superius* (Grynfelt- oder Luschka-Dreieck) ► Kap. 22, ◻ Abb. 22.4, S. 828.

Funktion

Die Muskeln der Bauchwand und ihre Aponeurosen bilden eine Funktionsgemeinschaft. Durch die unterschiedlichen Faserverläufe der einzelnen Muskeln mit der Durchflechtung der Aponeurosen von rechter und linker Seite in der Linea alba als Zwischensehne entstehen Muskelschlingen und Verspannungssysteme unterschiedlicher Richtung (◻ Abb. 4.80).

Das gerade Verspannungssystem und das schräge Verspannungssystem bilden innerhalb der Bogen-Sehnen-Konstruktion der Wirbelsäule (◻ Abb. 4.72) die Sehne zur Verspannung der Brustwirbelsäule.

Die Bauchmuskeln und ihre Aponeurosen sind Bestandteil der Leibeswand. Sie bilden einen anpassungsfähigen, elastischen »Schlauch« aus Muskeln und Aponeurosen, der dem Druck der Eingeweide entgegenwirkt. Die Bauchmuskeln unterstützen aktiv die Exspiration:
- Die an der unteren Thoraxapertur inserierenden Muskeln senken die Rippen.
- Durch Kontraktion der seitlichen Bauchmuskeln wird das Zwerchfell aufgrund der Abnahme des horizontalen Bauchraumdurchmessers passiv nach kranial verlagert.

Die Bauchmuskeln **beteiligen sich** gemeinsam mit den autochthonen Rückenmuskeln an den **Bewegungen des Rumpfes** (◻ Abb. 4.90):
- Vorwärtsneigen (Ventralflexion)
- Seitwärtsneigen
- Drehen des Rumpfes

Bei gleichzeitiger Kontraktion der seitlichen Bauchmuskeln und des Diaphragma (Einatmung mit nachfolgender Schließung der Glottis) wird ein Druck auf die Bauch- und Beckeneingeweide sowie auf die Muskeln des Beckenbodens ausgeübt. Durch diese sog. **Bauchpresse** werden die Muskeln des Beckenbodens passiv gedehnt. Beim Geburtsvorgang kommt es auf diese Weise zur Erweiterung des Geburtskanals und zur Unterstützung der Wehentätigkeit. Ein Einsatz der sog. Bauchpresse zur Entleerung des Enddarms oder der Harnblase ist unphysiologisch. Der M. transversus abdominis hat dabei gemeinsam mit den schrägen Bauchmuskeln die Aufgabe, die Bauchwand so zu stabilisieren, dass der durch die Zwerchfellsenkung hervorgerufene erhöhte intraabdominelle Druck ausschließlich in kaudaler Richtung wirksam wird. Der M. rectus abdominis hat keine Wirkung auf die sog. Bauchpresse.

Autochthone Rückenmuskeln (Mm. dorsi proprii)

Die authochthonen Rückenmuskeln (◻ Abb. 4.84) liegen direkt auf dem Achsenskelett. Die Muskeln entstammen dem epaxialen Myotom (epaxiale Muskulatur) und werden von *Rr. posteriores* (dorsales) der Spinalnerven innerviert. Die authochthonen Rückenmuskeln werden vom oberflächlichen Blatt der *Fascia thoracolumbalis* bedeckt und von Muskeln der Schulter überlagert.

Im älteren anatomischen Schrifttum und im klinischen Sprachgebrauch werden die autochthonen Rückenmuskeln als *M. errector spinae* bezeichnet. Nach den derzeitigen Nomina anatomica zählt man nur die *Mm. iliocostalis, longissimus* und *spinalis* zum M. errector spinae. Die autochthonen Rückenmuskeln sind an allen Bewegungen der Wirbelsäule außer der Ventralflexion beteiligt und sichern die aufrechte Körperhaltung. Die Muskeln bilden mit den Bauchmuskeln eine Funktionsgemeinschaft.

Gestalt und Lage

Nach Lage und Innervation unterscheidet man einen **medialen** und einen **lateralen Trakt.**

Medialer Trakt

Der mediale Trakt liegt in der Tiefe zwischen den Querfortsätzen und den Dornfortsätzen der Wirbel (◻ Abb. 4.85). Er wird vom lateralen Trakt bedeckt. Im medialen Trakt kommen kurze und lange Muskelindividuen vor, die man in ein **spinales System** und ein **transversospinales System** gliedert (◻ Tab. 4.16).

Spinales System. Das spinale System besteht aus den *Mm. interspinales* und dem *M. spinalis* (◻ Abb. 4.86 und ◻ Tab. 4.16). Die Mm. interspinales sind paarige unisegmentale Muskeln, die zwei benachbarte Dornfortsätze miteinander verbinden. Sie kommen regelmäßig in den Bereichen der Halswirbelsäule, *Mm. interspinales cervicis,* und

Tab. 4.15. Bauchmuskeln

Muskeln	Ursprung (U) Ansatz (A)	Innervation (I) Blutversorgung (V)	Funktion
Vordere seitliche Bauchmuskeln			
M. rectus abdominis	Ursprung – Außenfläche der Knorpel der **Rippen** (IV) **V–VII** (VIII) – **Processus xiphoideus** des Sternum (Ligg. costoxiphiodea) Ansatz **Crista pubica des Os pubis** (Lig. pubicum superius der Symphysis pubica)	Innervation – Nn. intercostales (VI) VII–XII (variabel) – N. iliohypogastricus (N. ilioinguinalis) (Th5–6) Th7–12, L1 (L2) Blutversorgung – A. epigastrica superior der A. thoracica interna – A. epigastrica inferior der A. iliaca externa	**Vorwärtsneigen des Rumpfes (Punctum fixum am Becken), Verspannen der Bauchwand:** Bildung der »Sehne« innerhalb der Bogen-Sehnen-Konstruktion der Wirbelsäule. **Kippen des Beckens nach ventral (Punctum fixum am Thorax).** Der M. rectus abdominis ist als Rumpfbeuger vor allem bei **Flexion gegen Widerstand** aktiv.
M. pyramidalis	Ursprung Crista pubica des Os pubis (vorderer oberer Teil der Symphysis pubica) Ansatz kein knöcherner Ansatz, strahlt in die Linea alba ein	Innervation – N. subcostalis – Rr. musculares des Plexus lumbalis Th12, L1–3 Blutversorgung A. epigastrica inferior	Kann als Spanner der Linea alba wirken.
M. obliquus externus abdominis	Ursprung Außenfläche des Corpus costae der **Rippen V–XII** Ansatz **Labium externum der Crista iliaca,** Tuberculumpubicum und Crista pubica (über das **Lig. inguinale**) (Lamina anterior der **Vagina musculi recti abdominis, Linea alba, Lig. inguinale**)	Innervation – Nn. intercostales V–XII – variabel N. lumbalis I Th5–12, (L1) Blutversorgung – Rr. intercostales anteriores der A. thoracica interna – A. epigastrica superior der A. thoracica interna – A. thoracica lateralis der A. axillaris – A. epigastrica inferior der A. iliaca externa – A. circumflexa ilium profunda der A. iliaca externa	Einseitige Aktivität: – **Seitwärtsneigen des Rumpfes** – **Drehen des Rumpfes zur kontralateralen Seite** gemeinsam mit dem M. obliquus internus abdominis der Gegenseite. Doppelseitige Aktivität: – Vorwärtsneigen des Rumpfes, Verspannen der Bauchwand, Beteiligung an der Bogen-Sehnen-Konstruktion, (Unterstützung der Exspiration und der sog. Bauchpresse).
M. obliquus internus abdominis	Ursprung **Linea intermedia der Crista iliaca, Spina iliaca anterior superior** (oberflächliches Blatt der Fascia thoracolumbalis, laterale zwei Drittel des Lig. inguinale) Ansatz Unterrand der **Rippen** (IX) **X–XII** (Lamina anterior und Lamina posterior [bis zur Linea arcuata] der **Vagina musculi recti abdominis, Linea alba**), **Tuberculum pubicum** (über das Adminiculum lineae albae)	Innervation – Nn. intercostales VIII–XII – Nn. iliohypogastricus, ilioinguinalis (und genitofemoralis) (Th8) Th9–12, L1 (L2) Blutversorgung – A. musculophrenica der A. thoracica interna – A. epigastrica superior der A. thoracica interna – Aa. intercostales posteriores der Aorta thoracica – A. circumflexa ilium profunda der A. iliaca externa	Einseitige Aktivität: – **Seitwärtsneigen des Rumpfes** – **Drehen des Rumpfes zur ipsilateralen Seite** gemeinsam mit dem M. obliquus externus abdominis der Gegenseite. Doppelseitige Aktivität: – Vorwärtsneigen des Rumpfes – Senken der Rippen (Unterstützung der Exspiration und der sog. Bauchpresse) – **Verspannen der Bauchwand,** Beteiligung an der Bogen-Sehnen-Konstruktion.
M. transversus abdominis	Ursprung Innenfläche der Knorpel und der Körper der (VI) **VII–XII. Rippen, Labium internum der Crista iliaca, Processus costales der Lendenwirbel** (über die Fascia thoracolumbalis) (tiefes Blatt der Fascia thoracolumbalis, laterale zwei Drittel des **Lig. inguinale**) Ansatz Kein knöcherner Ansatz: Lamina posterior der Vagina musculi recti abdominis oberhalb der Linea arcuata, Lamina anterior der Vagina musculi recti abdominis unterhalb der Linea arcuata, Linea alba	Innervation Nn. intercostales V–XII (variabel), iliohypogastricus, ilioinguinalis und genitofemoralis (Th5–6) Th7–12, L1–2 Blutversorgung – A. musculophrenica der A. thoracica interna – A. epigastrica superior der A. thoracica interna – Aa. intercostales posteriores der Aorta thoracica – A. circumflexa ilium profunda der A. iliaca externa	**Verspannen der Bauchwand,** sog. Bauchpresse (Unterstützung der Exspiration).

▼

Tab. 4.15 (Fortsetzung)

Muskeln	Ursprung (U) Ansatz (A)	Innervation (I) Blutversorgung (V)	Funktion
M. cremaster		**Innervation** R. genitalis des N. genitofemoralis L1–2 **Blutversorgung** A. cremasterica der A. epigastrica inferior	Anheben des Hodens
Tiefe hintere Bauchmuskeln			
M. quadratus lumborum	**Ursprung** **dorsaler Teil:** hinteres Drittel des **Labium internum der Crista iliaca** (Lig. iliolumbale) **ventraler Teil:** – hinteres Drittel des **Labium internum der Crista iliaca** – **Processus costales der Lendenwirbel** (II) III–V (Lig. iliolumbale) **Ansatz** dorsaler Teil: – Processus costales der **Lendenwirbel I-III** (IV) – 12. Rippe ventraler Teil: – 12. Rippe – 12. Brustwirbel	**Innervation** – N. subcostalis – N. iliohypogastricus Th12–L1 **Blutversorgung** – A. subcostalis der Aorta thoracica – Rr. dorsales der Aa. lumbales aus der Aorta abdominalis – R. lumbalis der A. iliolumbalis aus der A. iliaca interna	Einseitige Aktivität: **Seitwärtsneigen des Rumpfes.** Doppelseitige Aktivität: Senken des 12. Rippenpaares. Isometrische Kontraktion: **Fixieren des 12. Rippenpaares** für die Kontraktion des Zwerchfells bei der Inspiration (Muskel der sog. Atemstütze).

der Lendenwirbelsäule, *Mm. interspinales lumborum,* sowie inkonstant im Bereich der Brustwirbelsäule, *Mm. interspinales thoracis,* vor. Der **M. spinalis** zieht über mehrere Segmente (Abb. 4.84). Er liegt zwischen den Dornfortsätzen und dem M. longissimus, mit dem er im Ursprungsbereich verwachsen ist. Der Muskel ist im Bereich der Brustwirbelsäule, *M. spinalis thoracis,* am kräftigsten ausgebildet und endet als *M. spinalis cervicis* an der Halswirbelsäule. Selten zieht er als *M. spinalis capitis* bis zum Hinterhaupt.

Transversospinales System. Zum transversospinalen System gehören die *Mm. rotatores, multifidus* und *semispinalis* (Abb. 4.87). Die Muskeln ziehen vom Processus transversus zum Processus spinosus eines weiter kranial liegenden Wirbels. Die unterschiedlich langen Muskeln bilden ein schräges, nach ihrer Länge gestaffeltes Verspannungssystem, in dem die kurzen Muskeln in der Tiefe, die langen Muskeln oberflächlich liegen. Die Muskeln des transversospinalen Systems sind im Bereich der Lenden- und der Halswirbelsäule besonders kräftig ausgebildet.

Die **Mm. rotatores** bilden die tiefste Schicht des transversospinalen Systems. Sie kommen im Bereich der Brustwirbelsäule, *Mm. rotatores thoracis,* und inkonstant im Lenden- und Halswirbelsäulenbereich vor. Man unterscheidet *Mm. rotatores breves,* die von einem Wirbel zum nächst höheren ziehen und *Mm. rotatores longi,* die einen Wirbel überspringen.

Als **M. multifidus** bezeichnet man Muskelindividuen des transversospinalen Systems, die über 2–4 Wirbel hinweg ziehen. Der Muskel ist im sakrolumbalen Bereich am kräftigsten ausgebildet *(M. multifidus lumborum),* wo er die Tiefe der Lendenlordose ausfüllt (Abb. 4.84). Der M. multifidus dehnt sich über die Brustwirbelsäule, *M. multifidus thoracis,* bis zur Halswirbelsäule, *M. multifidus cervicis,* aus.

Der **M. semispinalis** bildet die oberflächliche Schicht der Muskeln des transversospinalen Systems. Er besteht aus Muskeln, die 5–7 Wirbel überspringen. Man unterscheidet einen Brustteil, *M. semispinalis thoracis,* einen Halsteil, *M. semispinalis cervicis,* und einen Kopfteil, *M. semispinalis capitis* (Abb. 4.84). Der M. semispinalis wird im Brusbereich von den *Mm. longissimus* und *spinalis,* im Hals- und Kopfbereich vom *M. splenius* überlagert. Der M. semispinalis capitis ist teilweise mit dem *M. splenius capitis* verwachsen. Im Ansatzbereich hat der Muskel eine oder zwei Zwischensehnen.

Lateraler Trakt

Der laterale Trakt liegt oberflächlich und erstreckt sich vom Becken bis zum Hinterhaupt. Er besteht größtenteils aus langen Muskeln, die ihrer Funktion gemäß im kaudalen Abschnitt am kräftigsten ausgebildet sind. Der laterale Trakt wird in ein **sakrospinales System**, ein **spinotransversales System** und ein **intertransversales System** eingeteilt (Tab. 4.16).

Sakrospinales System. Das sakrospinale System ist der kräftigste Teil der autochthonen Rückenmuskeln. Seine Muskeln, *M. iliocostalis* und *M. longissimus*, haben ihre Ursprünge und Ansätze auf Becken und Rippen ausgedehnt (Abb. 4.84 und 4.88). Die beiden Muskeln haben eine gemeinsame kräftige Ursprungssehne *(Aponeurosis lumbodorsalis)*, die an Os sacrum, Crista iliaca und an den Dornfortsätzen der Lendenwirbel angeheftet ist; sie ist mit dem äußeren Blatt der *Fascia thoracolumbalis* verschmolzen.

Am **M. iliocostalis** kann man 3 Abschnitte abgrenzen: *M. iliocostalis lumborum, M. iliocostalis thoracis* und *M. iliocostalis cervicis.* Der lumbale Teil ist der kräftigste. Die Muskelfaserbündel laufen von medial kaudal nach lateral kranial.

Der **M. longissimus** liegt medial vom M. iliocostalis und zieht vom Kreuzbein bis zum Schädel. Der Muskel bedeckt größtenteils die Muskeln des medialen Traktes. Von den 3 Abschnitten ist der *M. longissimus thoracis* der längste und kräftigste. *M. longisimus cervicis* und *M. longissimus capitis* sind teilweise miteinander verwachsen. Im Lumbalbereich inserieren Teile des Muskels an den Lendenwirbeln. Man bezeichnet diesen kaudalen Teil des Muskels auch als *Pars lumbalis* oder als *M. longissimus lumborum.*

Abb. 4.84. Autochthone Rückenmuskeln, Ansicht von hinten. Auf der linken Körperseite wurde der laterale Trakt zur Demonstration des M. spinalis nach lateral verlagert. Auf der rechten Körperseite sind die Mm. multifidi lumborum und thoracis sowie die Mm. splenii capitis und cervicis freigelegt [7]

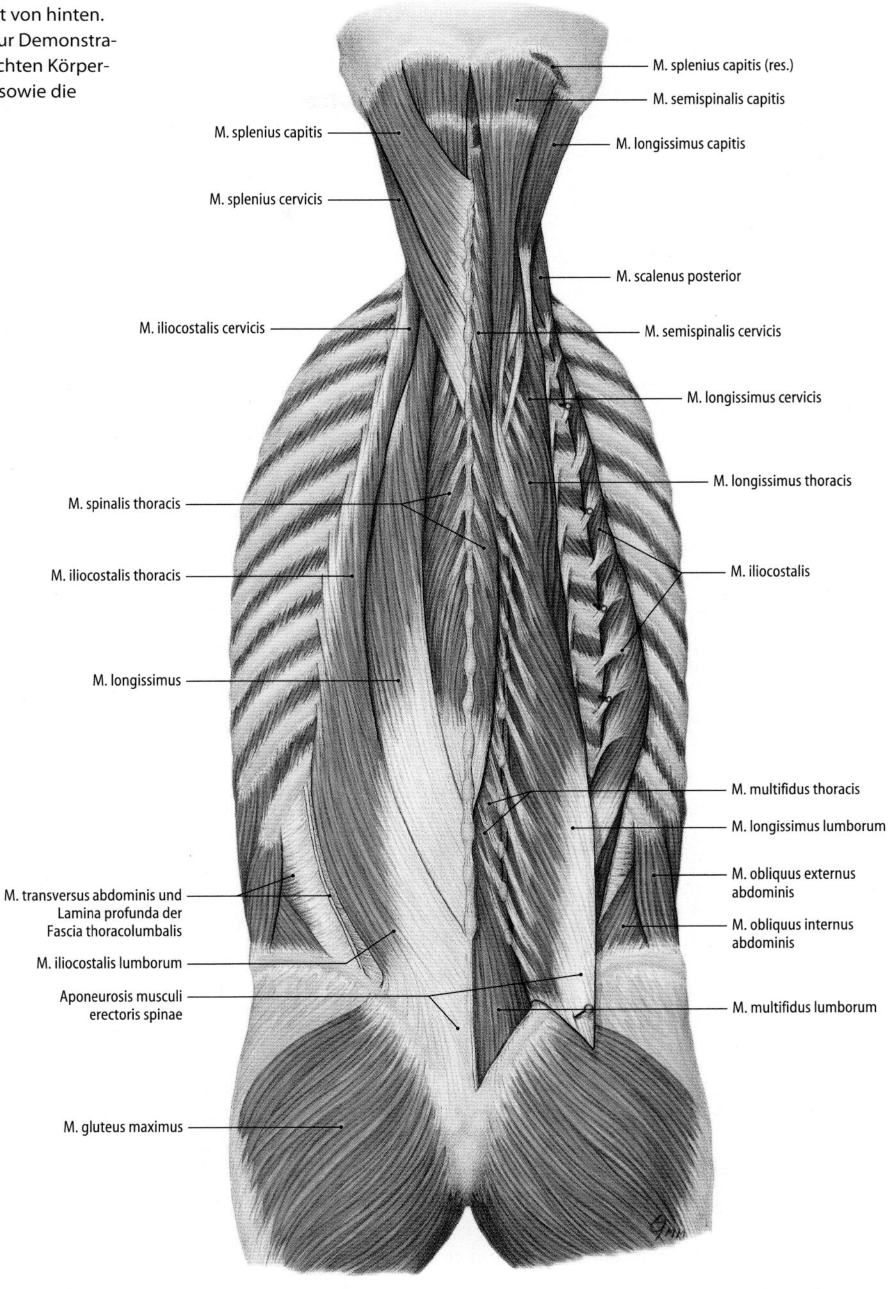

Abb. 4.85. Querschnitt durch den dorsalen Rumpfabschnitt in Höhe des Discus intervertebralis zwischen 2. und 3. Lendenwirbel. Anschnitt der autochthonen Rükkenmuskeln, der Fascia thoracolumbalis und des hinteren Abschnitts der seitlichen Bauchmuskeln [7]

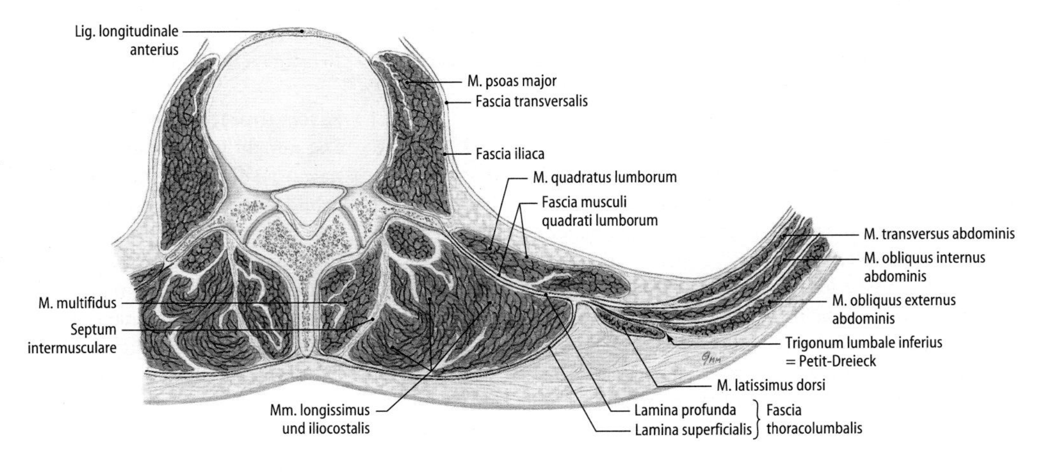

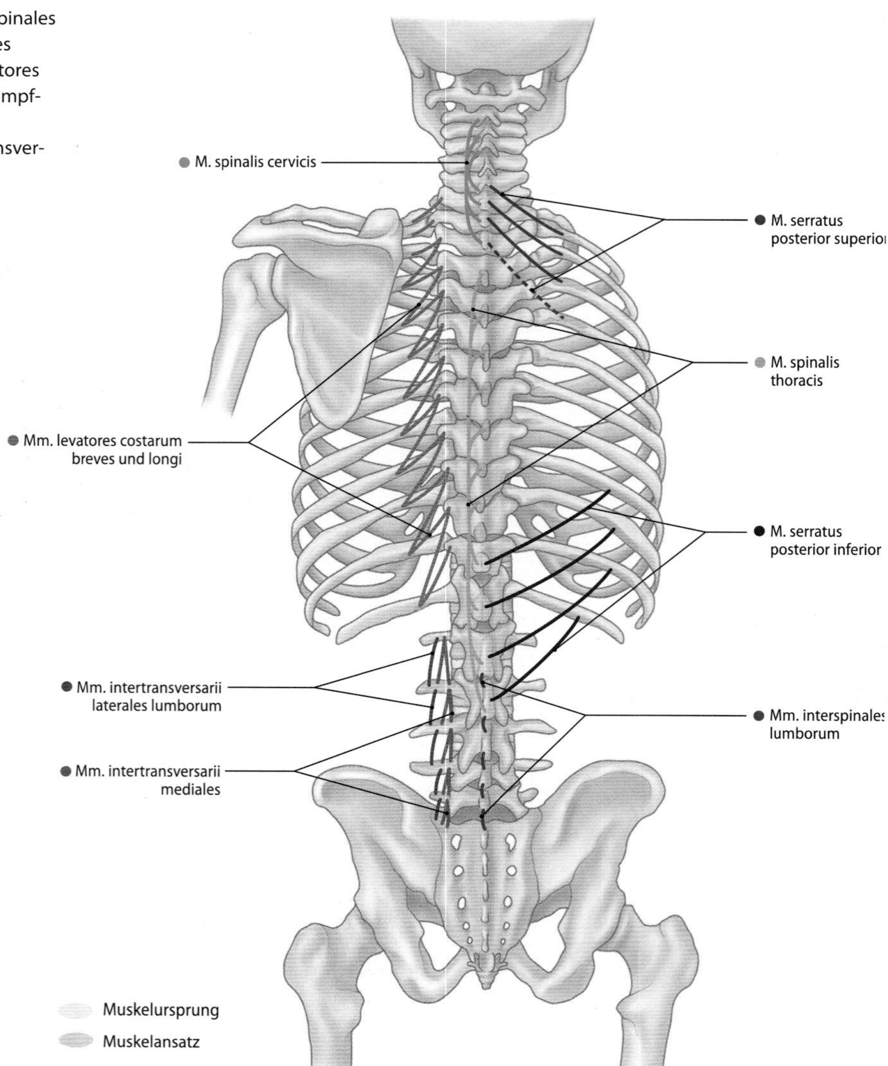

Abb. 4.86. Autochthone Rückenmuskeln: Mm. spinales cervicis und thoracis, Mm. intertransversarii mediales lumborum, Mm. interspinales lumborum, Mm. levatores costarum berves und longi und zu den ventralen Rumpfmuskeln gehörende Muskeln: M. serratus posterior superior, M. serratus posterior inferior, Mm. intertransversarii laterales lumborum

Spinotransversales System. Zum spinotransversalen System gehören *M. splenius capitis* und *M. splenius cervicis* (Abb. 4.89).

Die **M. splenius capitis** und **M. splenius cervicis** lassen sich in ihrem Ursprungsbereich an der Wirbelsäule nur schwer voneinander abgrenzen. Die Muskeln der rechten und linken Seite ziehen in Form breiter Muskelplatten V–förmig von der Wirbelsäule nach lateral kranial. Die Mm. splenii capitis und cervicis bedecken die kurzen Nackenmuskeln und werden teilweise von den Mm. trapezius, rhomboideus, sternocleidomastoideus und serratus posterior superior überlagert.

Intertransversales System. Das intertransversale System (Tab. 4.13 und 4.16) besteht aus unisegmentalen Muskeln, die zwischen zwei benachbarten Querfortsätzen der Wirbel laufen. Die Muskeln des intertransversalen Systems sind unterschiedlicher embryonaler Herkunft und Innervation.

Zu den Muskeln des **lateralen Traktes** zählen die *Mm. intertransversarii mediales lumborum* und die *Mm. intertransversarii posteriores mediales cervicis* (Tab. 4.16). Die Mm. intertransversarii anteriores cervicis, die Mm. intertransversarii posteriores laterales und die Mm. intertransversarii laterales lumborum gehören zu den Muskeln ventraler Herkunft (Tab. 4.13). Die *Mm. levatores costarum* (Abb. 4.86) werden aufgrund ihrer Lage sowie ihrer Doppelinnervation durch *Rr. posteriores* und *Rr. anteriores* der Spinalnerven dem lateralen Trakt der autochthonen Rückenmuskeln und den ventralen Rumpfmuskeln zugeordnet (Tab. 4.17). Die Muskeln entspringen an den Querfortsätzen der Brustwirbel, ziehen fächerförmig nach lateralkaudal und inserieren lateral vom Angulus costae der nächsten *(Mm. levatores costarum breves)* oder der übernächsten Rippe *(Mm. levatores costarum longi)*. Die Muskeln fehlen im mittleren Brustbereich nicht selten.

Fascia thoracolumbalis

Die autochthonen Rückenmuskeln liegen in einem osteofibrösen Kanal, der von Wirbeln, Rippen und von der *Fascia thoracolumbalis* gebildet wird (Abb. 4.85). Die Fascia thoracolumbalis besteht aus einem **oberflächlichen Blatt,** *Lamina superficialis (Lamina posterior)* und aus einem **tiefen Blatt,** *Lamina profunda (Lamina media)*. Die beiden Faszien verschmelzen am lateralen Rand der autochthonen Rückenmuskeln miteinander und gehen in die Aponeurose der seitlichen Bauchmuskeln über (Abb. 4.77).

Das **tiefe Blatt** der Facia thoracolumbalis bedeckt den lumbalen Teil der autochthonen Rückenmuskeln von ventral und grenzt diese vom M. quadratus lumborum ab. Das tiefe Faszienblatt ist zwischen

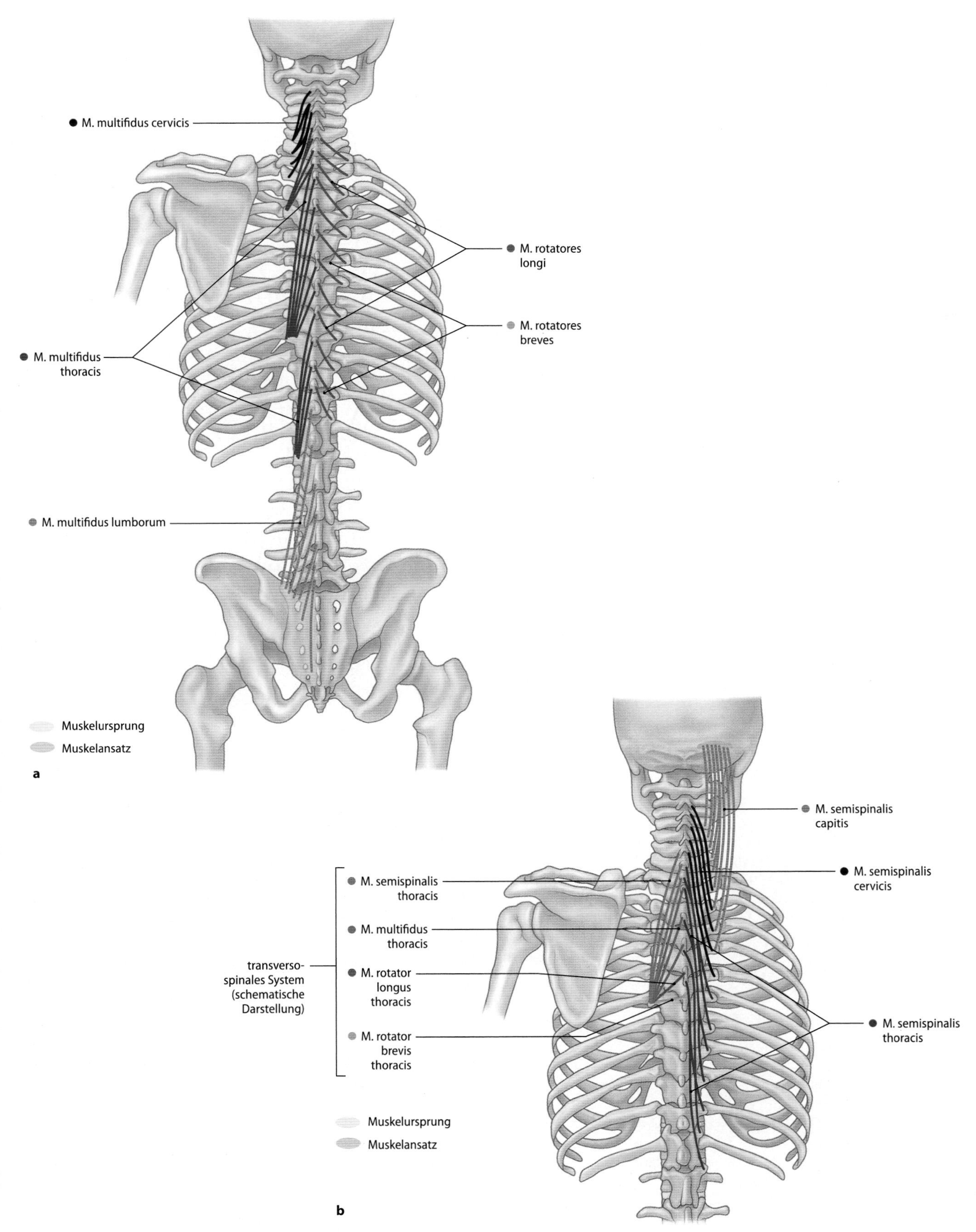

Abb. 4.87a, b. Autochthone Rückenmuskeln, transversospinales System. **a** Mm. multifidi lumborum, thoracis und cervicis, Mm. rotatores longi und breves. **b** Mm. semispinales thoracis, cervicis und capitis (rechte Körperseite) Schema transversospinales System (linke Körperseite)

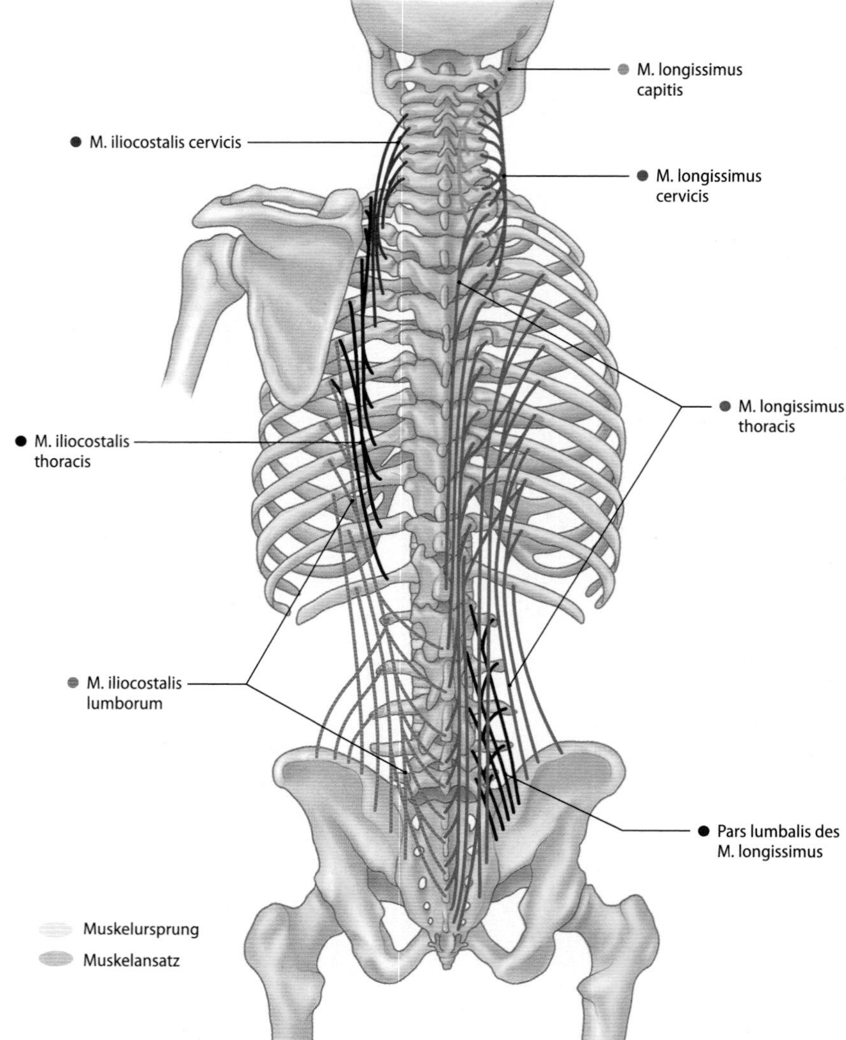

Abb. 4.88. Autochthone Rückenmuskeln.
Linke Körperseite: Mm. iliocostales lumborum, thoracis und cervicis
Rechte Körperseite: Mm. longissimi lumborum, thoracis, cervicis und capitis

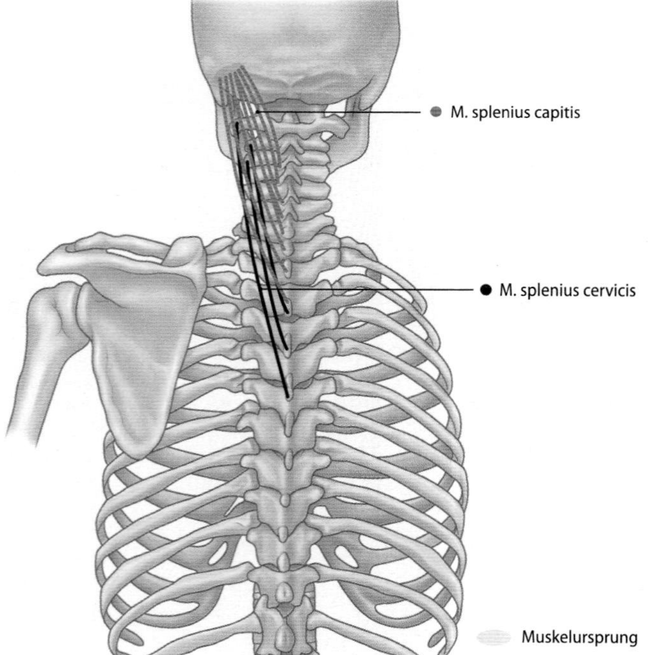

Abb. 4.89. Autochthone Rückenmuskeln: Mm. splenii cervicis und capitis

12. Rippe, Processus costales der Lendenwirbel und Crista iliaca ausgespannt.

Das **oberflächliche Blatt** der Fascia thoracolumbalis entspricht der eigentlichen Faszie der autochthonen Rückenmuskeln (Abb. 4.84). Es ist an der Crista iliaca, am Kreuzbein sowie an den Dornfortsätzen der Lenden- und Brustwirbel angeheftet. Im kaudalen Abschnitt bildet das oberflächliche Faszienblatt mit den Sehnen der Mm. latissimus dorsi und serratus posterior inferior eine kräftige Aponeurose, die außerdem durch die Ursprungssehen der Mm. iliocostalis und longissimus verstärkt wird. Das oberflächliche Faszienblatt wird kranialwärts zunehmend dünner und endet an der Linea superior des Os occipitale. Im Halsbereich bezeichnet man das oberflächliche Blatt auch als *Fascia nuchae,* die im mittleren Bereich mit dem Lig. nuchae (Abb. 4.75) verschmilzt.

Funktion

Die autochthonen Rückenmuskeln führen Rückwärtsneigen (Dorsalextension), Seitwärtsneigen (Lateralflexion) und Drehen (Rotation) der Wirbelsäule aus (Abb. 4.90):

- Das **Rückwärtsneigen** (Dorsalextension) der Wirbelsäule ist Funktion aller autochthonen Rückenmuskeln mit unterschiedlicher Effektivität. Den größten Einfluss auf die Dorsalextension der gesamten Wirbelsäule haben die Mm. iliocostalis und longis-

Tab. 4.16. Autochthone Rückenmuskeln (Mm. dorsi proprii – M. erector spinae)

Muskeln	Ursprung (U) Ansatz (A)	Innervation (I) Blutversorgung (V)	Funktion
Medialer Trakt			
Spinales System			
M. spinalis capitis (inkonstant)	**Ursprung** Processus spinosus der Brustwirbel I–II (III) und der Halswirbel (V) VI–VII **Ansatz** Protuberantia occipitalis externa	**Innervation** Rr. mediales der Rr. posteriores (dorsales) der Nn. spinales (C2–Th10) **Blutversorgung** – A. vertebralis der A. subclavia – A. cervicalis profunda des Truncus costocervicalis – Rr.dorsales der Aa. intercostales posteriores aus der Aorta thoracica – Rr. dorsales der Aa. lumbales aus der Aorta abdominalis	Einseitige Aktivität: Unterstützung des Seitwärtsneigens der Wirbelsäule zur ipsilateralen Seite. Beidseitige Aktivität: **Rückwärtsneigen der Wirbelsäule.**
M. spinalis cervicis	**Ursprung** Processus spinosus der Brustwirbel I–II (III) und der Halswirbel (V) VI–VII **Ansatz** Processus spinosus der Halswirbel II–IV		
M. spinalis thoracis	**Ursprung** Processus spinosus der Brustwirbel II–VIII **Ansatz** Processus spinosus der Brustwirbel XI–XII und der Lendenwirbel I–II (III)		
Mm. interspinales cervicis	**Ursprung** Oberrand des Processus spinosus der Halswirbel III–VII und des Brustwirbels I **Ansatz** Unterrand des Processus spinosus der Halswirbel II–VII	**Innervation** Rr. mediales der Rr. posteriores (dorsales) der Nn. spinales der zugehörigen Segmente **Blutversorgung** – A. vertebralis der A. subclavia – A. cervicalis profunda des Truncus costocervicalis – Rr. dorsales der Aa. intercostales posteriores aus der Aorta thoracica – Rr. dorsales der Aa. lumbales aus der Aorta abdominalis	– Stabilisierung und Feineinstellung der Bewegungssegmente – Unterstützung des Rückwärtsneigens
Mm. interspinales thoracis (inkonstant)	**Ursprung** Unterrand des Processus spinosus der Brustwirbel I (II) und XI (XII) **Ansatz** Oberrand des Processus spinosus der Brustwirbel II (III), XII und des Lendenwirbels I		
Mm. interspinales lumborum	**Ursprung** Unterrand des Processus spinosus der Lendenwirbel I–V **Ansatz** Oberrand des Processus spinosus der Lendenwirbel II–V und variabel am oberen Bereich der Crista sacralis mediana		
Transversospinales System			
Mm. rotatores breves thoracis	**Ursprung** Wurzel des **Processus transversus** der Brustwirbel I–XI **Ansatz** Basis des **Processus spinosus** des Halswirbels VII und der Brustwirbel I–X	**Innervation** Rr. mediales der Rr. posteriores (dorsales) der Nn. spinales der zugehörigen Segmente **Blutversorgung** – A. vertebralis der A. subclavia – A. cervicalis profunda des Truncus costocervicalis – Rr. dorsales der Aa. intercostales posteriores aus der Aorta thoracica – Rr. dorsales der Aa. lumbales aus der Aorta abdominalis	Einseitige Aktivität: Unterstützung des Drehens der Wirbelsäule im Brustbereich (Hals-Lenden-Bereich) zur kontralateralen Seite. **Stabilisierung der Bewegungssegmente.**
Mm. rotatores longi thoracis	Ursprung **Processus transversus der Brustwirbel I–XII** **A: Processus spinosus der Halswirbel VI–VII und der Brustwirbel I–X**		
Mm. rotatores longi cervicis (inkonstant)	**Ursprung** Processus transversus der Halswirbel IV–VII **Ansatz** Processus spinosus der Halswirbel II–V		
Mm. rotatores longi lumborum (inkonstant) ▼	**Ursprung** Processus mamillaris der Lendenwirbel I–V **Ansatz** Processus spinosus der Brustwirbel CI–CII und der Lendenwirbel I–III		

Tab. 4.16 (Fortsetzung)

Muskeln	Ursprung (U) Ansatz (A)	Innervation (I) Blutversorgung (V)	Funktion
M. multifidus lumborum	Ursprung Facies dorsalis des **Os sacrum, Crista iliaca,** Tuberositas iliaca, Processus mamillaris der **Lendenwirbel I–V** (Lig. sacroiliacum posterius, Sehne des M. longissimus lumborum) Ansatz **Processus spinosus der Brustwirbel XI–XII und der Lendenwirbel I–V**	Innervation Rr. mediales der Rr. posteriores (dorsales) der Nn. spinales (C3–L5) Blutversorgung – A. vertebralis der A. subclavia – A. cervicalis profunda des Truncus costocervicalis – Rr. dorsales der Aa. intercostales posteriores aus der Aorta thoracica – Rr. dorsales der Aa. lumbales aus der Aorta abdominalis	Einseitige Aktivität: **Drehen der Wirbelsäule zur kontralateralen Seite** und Unterstützung des Seitwärtsneigns. Beidseitige Aktivität: – **Rückwärtsneigen der Wirbelsäule** – Verspannen und **Stabilisierung der Wirbelsäule.**
M. multifidus thoracis	Ursprung **Processus transversus der Brustwirbel I–XII** Ansatz **Processus spinosus der Halswirbel VI–VII und der Brustwirbel I–X**		
M. multifidus cervicis	Ursprung Processus articularis der Halswirbel V–VII Ansatz Processus spinosus der Halswirbel II–IV		
M. semispinalis thoracis	Ursprung Processus transversus der Brustwirbel VI–XII und des Processus mamillaris des Lendenwirbels I Ansatz Processus spinosus der Halswirbel (VI) VII und der Brustwirbel I–V (VI)	Innervation Rr. mediales der Rr. posteriores (dorsales) der Nn. spinales (C1–Th6) Blutversorgung – A. vertebralis der A. subclavia – A. cervicalis profunda des Truncus costocervicalis – Rr. dorsales der Aa. intercostales posteriores aus der Aorta thoracica – Rr. dorsales der Aa. lumbales aus der Aorta abdominalis	Einseitige Aktivität: **Drehen des Kopfes sowie der Hals- und Brustwirbelsäule zur kontralateralen Seite und Neigen des Kopfes und der Hals- und Brustwirbelsäule zur ipsilateralen Seite.** Beidseitige Aktivität: – **Rückwärtsneigen des Kopfes und der Wirbelsäule** – **Verspannen und Stabilisieren der Brust- und Halswirbelsäule** (»Sehne« in der umgekehrten Bogen-Sehnen-Konstruktion).
M. semispinalis cervicis	Ursprung **Processus transversus der Brustwirbel** (I) II–V (VI) Ansatz **Processus spinosus der Halswirbel II–V** (VI)		
M. semispinalis capitis	Ursprung **Processus transversus der Halswirbel IV–VII** und **der Brustwirbel I–VI** (VII) Ansatz medialer Bereich der **Squama occipitalis** zwischen Linea nuchalis superior und Linea nuchalis inferior		
Lateraler Trakt			
Sakrospinales System			
M. longissimus capitis	Ursprung **Processus transversus** und **Processus articularis** der **Halswirbel (III) IV–VII** und der **Brustwirbel I–III** Ansatz **Processus mastoideus**	Innervation Rr. laterales der Rr. posteriores (dorsales) der Nn. spinals (C8–L1) Blutversorgung – A. occipitalis der A. carotis externa – A. vertebralis der A. subclavia – A. cervicalis profunda des Truncus costocervicalis – Rr. dorsales der Aa. intercostales posteriores aus der Aorta thoracica – Rr. dorsales der Aa. lumbales aus der Aorta abdominalis	Einseitige Aktivität: **Seitwärtsneigen und Drehen von Kopf und Wirbelsäule zur ipsilateralen Seite.** Beidseitige Aktivität: **Rückwärtsneigen von Kopf und Wirbelsäule** **Verspannen der Wirbelsäule.**
M. longissimus cervicis	Ursprung Processus transversus der Halswirbel V–VII und der Brustwirbel I–V Ansatz Tuberculum posterius des Processus transversus der Halswirbel II–V		
M. longissimus thoracis und lumbalis	Ursprung teilweise gemeinsam mit dem M. iliocostalis lumborum Processus spinosus der unteren Brustwirbel (variabel) und der **Lendenwirbel I–V, Crista sacralis lateralis,** dorsales Drittel der **Crista iliaca,** Spina iliaca posterior superior und **Tuberositas iliaca** (Lamina superficialis der Fascia thoracolumbalis) Ansatz – **lateraler Teil:** unterer Rand der **Rippen (II) III–XII** zwischen Angulus costae und Tuberculum costae und Processus costalis der **Lendenwirbel I–V** (Lamina profunda der Fascia thoracolumbalis) – **medialer Teil:** Processus transversus der **Brustwirbel I–XII** Processus mamillaris und Processus accessorius der **Lendenwirbel**		

▼

Tab. 4.16 (Fortsetzung)

Muskeln	Ursprung (U) Ansatz (A)	Innervation (I) Blutversorgung (V)	Funktion
M. iliocostalis cervicis	Ursprung medial vom Angulus costae der Rippen III–VIII Ansatz Tuberculum posterius des Processus transversus der Halswirbel (III) IV–VI	Innervation Rr. laterales der Rr. posteriores (dorsales) der Nn. spinales (C8–L1) Blutversorgung A. occipitalis der A. carotis externa A. vertebralis der A. subclavia A. cervicalis profunda des Truncus costocervicalis – Rr. dorsales der Aa. intercostales posteriores aus der Aorta thoracica – Rr. dorsales der Aa. lumbales aus der Aorta abdominalis	Einseitige Aktivität: – **Seitwärtsneigen und Drehen der Wirbelsäule zur ipsilateralen Seite** – Unterstützung der Inspiration. Beidseitige Aktivität: – **Rückwärtsneigen** (Aufrichten-Strecken) **der Wirbelsäule** – **Verspannen der Wirbelsäule.**
M. iliocostalis thoracis	Ursprung medial vom Angulus costae der **Rippen VII–XII** Ansatz Angulus costae der **Rippen I–VIII**		
M. iliocostalis lumborum	Ursprung dorsales Drittel des Labium externum der **Crista iliaca, Crista sacralis lateralis, Crista sacralis medialis** und **Processus spinosus der Lendenwirbel** (Lamina superficialis der Fascia thoracolumbalis) Ansatz **Processus costalis der oberen Lendenwirbel** und **Rippen VI–XII** im Bereich des Angulus costae (Lamina profunda der Fascia thoracolumbalis)		
Spinotransversales System			
M. splenius capitis	Ursprung **Processus spinosus der Halswirbel III–VII und der Brustwirbel I–III** (variabel) (Lig. supraspinale, Lig. nuchae) Ansatz **Processus mastoideus** und **lateraler Bereich der Linea nuchalis superior**	Innervation Rr. laterales (C1) C2–C5 (C6) der Rr. posteriores (dorsales) der Nn. spinales Blutversorgung – A. occipitalis der A. carotis externa – A. cervicalis profunda des Truncus costocervicalis – A. vertebralis der A. subclavia	Beidseitige Aktivität: **Rückwärtsneigen von Kopf und Halswirbelsäule.** Einseitige Aktivität: – **Neigen und Drehen von Kopf und Halswirbelsäule zur ipsilateralen Seite** – **Verspannung der Halswirbelsäule** (»Sehne« in der umgekehrten Bogen-Sehnen-Konstruktion).
M. splenius cervicis	Ursprung **Processus spinosus der Brustwirbel III–V (VI)** Ansatz **Processus transversus der Halswirbel I–II (III)**		
Intertransversales System			
Mm. intertransversarii posteriores mediales cervicis	Ursprung Tuberculum posterius des Processus transversus der Halswirbel I–IV Ansatz Tuberculum posterius des Processus transversus der Halswirbel II–V	Innervation Rr. laterales (C1) C2–C5 (C6) der Rr. posteriores (dorsales) der Nn. spinales Blutversorgung – A. cervicalis profunda des Truncus costocervicalis – A. vertebralis der A. subclavia	Funktion unbedeutend
Mm. intertransversarii mediales lumborum	Ursprung Processus accessorius der Lendenwirbel I–IV Ansatz Processus accessorius und Proxessus mamillaris der Lendenwirbel II–V	Innervation Rr. laterales der Rr. posteriores (dorsales) der Nn. spinales der zugehörigen Segmente Blutversorgung – A. vertebralis der A. subclavia – A. cervicalis profunda des Truncus costocervicalis – Rr. dorsales der Aa. lumbales aus der Aorta abdominalis	Stabilisieren der entsprechenden Bewegungssegmente. Unterstützung des Seitwärtsneigens und Rückwärtsneigens der Lendenwirbelsäule.

Tab. 4.17. Wirbelsäulen-Rippengelenkmuskeln

Muskeln	Ursprung (U) Ansatz (A)	Innervation (I) Blutversorgung (V)	Funktion
Mm. levatores costarum	Ursprung Spitze des Processus transversus des Halswirbels VII und der Brustwirbel I–XI (Mm. levatores costarum breves ziehen zur nächst tieferen Rippe. Mm. levatores costarum longi ziehen zur übernächsten Rippe. Die Muskeln kommen im oberen und unteren Thoraxbereich regelmäßig vor und fehlen oft im mittleren Abschnitt.) **Ansatz** lateral vom Angulus costae der Rippen I–XII	Innervation Rr. laterales C7–Th10 (Th11) der Rr. posteriores (dorsales) und variabel die Rr. anteriores (ventrales) der Spinalnerven Blutversorgung Rr. dorsales der Aa. intercostales posteriores aus der Aorta thoracica	Beidseitige Aktivität: Unterstützung des Rückwärtsneigens der Wirbelsäule und des Anhebens der Rippen (Inspiration). Einseitige Aktivität: **Drehen der Wirbelsäule zur kontralateralen Seite** und Seitwärtsneigen zur ipsilateralen Seite.

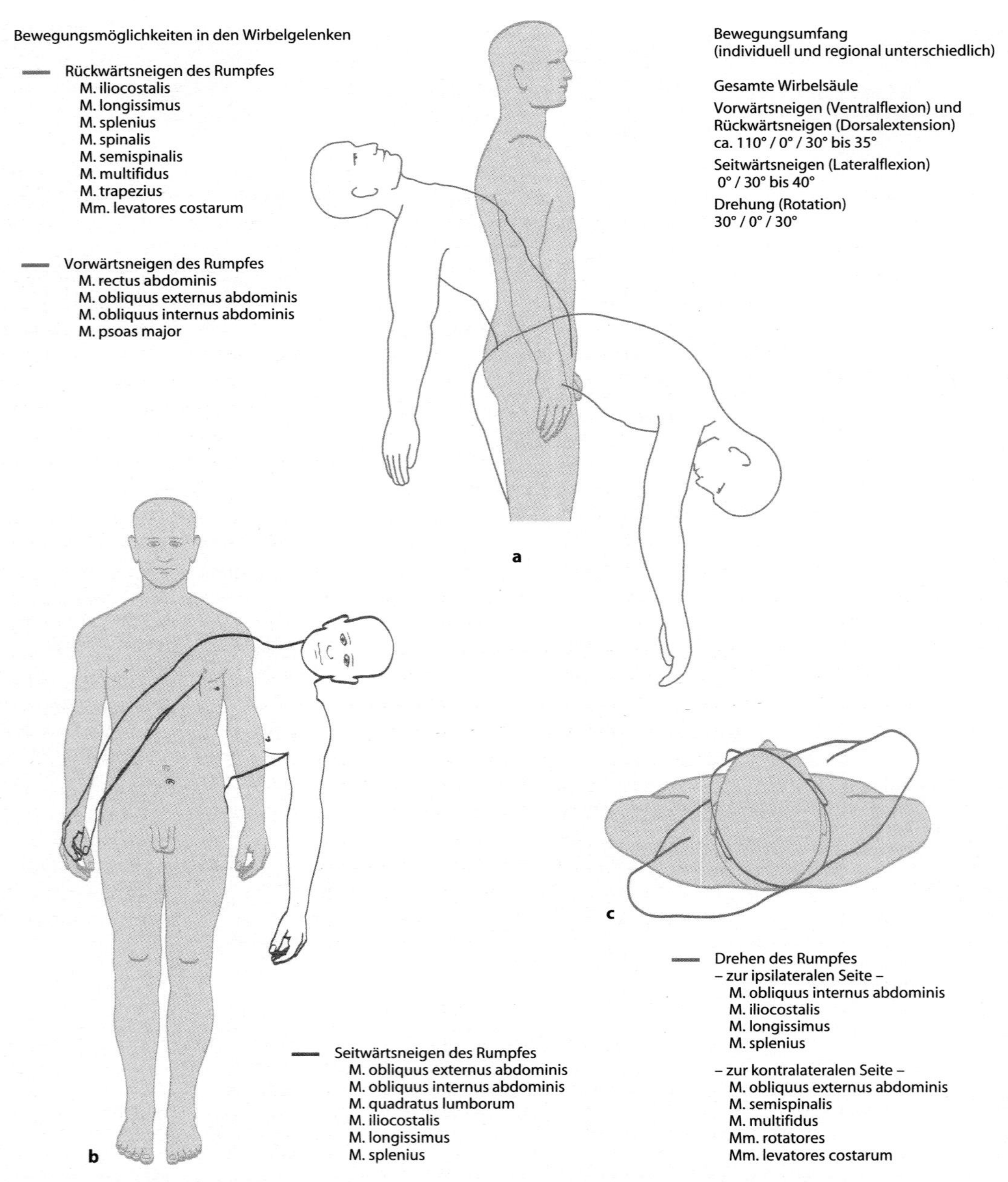

Abb. 4.90a–c. Zusammenfassende Darstellung der Bewegungsmöglichkeiten in den Wirbelgelenken und ausführenden Muskeln [7]

simus. Beim Rückwärtsneigen einzelner Wirbelsäulenabschnitte sind auch die Mm. splenius, semispinalis und spinalis aktiv. Das Rückwärtsneigen des Rumpfes wird durch Dorsalverlagerung des Körperschwerpunktes unterstützt.

- Am **Seitwärtsneigen** (Lateralflexion) des Rumpfes beteiligt sich vor allem der M. iliocostalis. Unterstützt wird die Seitwärtsneigung von den Mm. longissimus und splenius.
- An der **ipsilateralen Drehbewegung** (Rotation) der gesamten Wirbelsäule ist der M. iliocostalis beteiligt. Im Halswirbelsäulenbereich wird die Rotation von den Mm. longissimus und splenius unterstützt. An der **Drehung zur kontralateralen Seite** wirken die Muskeln des transversospinalen Systems, vorrangig der M. semispinalis, mit. Sie werden von den Mm. levatores costarum unterstützt.

Die autochthonen Rückenmuskeln **sichern die Haltung des Rumpfes.** Sie wirken bei der Beugung des Rumpfes den nach ventral gerichteten Kräften (Schwerkraft und Kräfte der Bauchwandmuskeln) entgegen und stabilisieren den Rumpf in dieser Bewegungsphase:

- Für die Verspannung der gesamten Wirbelsäule oder großer Abschnitte haben die oberflächlichen, langen Muskeln – Mm. iliocostalis, longissimus und spinalis – den größten Effekt. Die Muskeln des transversospinalen Systems bilden nach ihrer Länge ein gestaffeltes Verspannungssystem.
- Die kurzen, in der Tiefe liegenden Muskeln einschließlich der unisegmentalen Mm. interspinales und intertransversarii tragen vor allem zur Stabilisierung der einzelnen Bewegungssegmente bei.

Die über die Lendenwirbelsäule und über die Halswirbelsäule ziehenden autochthonen Rückenmuskeln bilden die »Sehne« innerhalb der (umgekehrten) Bogen-Sehen-Konstruktion der Wirbelsäule (Abb. 4.72).

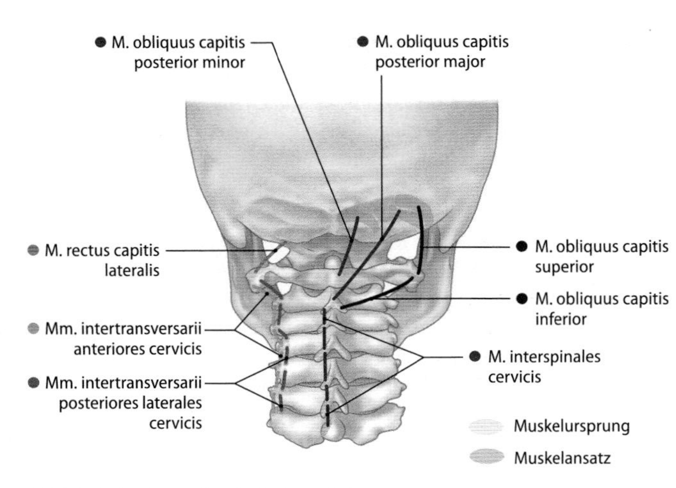

Abb. 4.91. Kurze Kopfgelenkmuskeln

Kurze Kopfgelenkmuskeln (Mm. suboccipitales)

Die an Axis, Atlas und *Os occipitale* inserierenden kurzen, paarigen **Kopfgelenkmuskeln** gehören zu den autochthonen Rückenmuskeln und zur ventrolateralen Muskulatur.

Gestalt und Lage

Dorsale Gruppe. Die dorsal liegenden Muskeln werden auch als **tiefe kurze Nackenmuskeln** bezeichnet (Abb. 4.91). Sie werden von *Rr. posteriores* der *Nn. spinales* innerviert. Die *Mm. rectus capitis posterior minor, obliquus capitis superior* und *obliquus capitis inferior* gehören nach ihrer Innervation durch den R. medialis zum medialen Trakt der authochthonen Rückenmuskeln. Der *M. rectus capitis posterior major* ist Teil des lateralen Traktes (Tab. 4.18). Die Mm. rectus capitis posterior major, obliquus capitis superior und obliquus capitis inferior begrenzen das sog. **tiefe Nackendreieck** (▶ Kap. 20, Abb. 20.12, S. 813).

Der **M. rectus capitis posterior major** zieht vom Dornfortsatz des Axis schräg nach kranial lateral zur Linea nuchalis inferior des Os

Tab. 4.18. Kurze Kopfgelenkmuskeln (Mm. suboccipitales)

Muskeln	Ursprung (U) Ansatz (A)	Innervation (I) Blutversorgung (V)	Funktion
M. rectus capitis anterior (Gruppe der prävertebralen Muskeln)	Ursprung Vorderseite der **Massa lateralis des Atlas** Ansatz **Pars basilaris des Os occipitale**, Knochenkamm lateral des Tuberculum pharyngeum	Innervation R. anterior (ventralis) des N. cervicalis I Blutversorgung – A. vertebralis der A. subclavia – A. pharyngea ascendens der A. carotis externa	– Feineinstellung des Kopfes in den Kopfgelenken – Unterstützung des Seitwärtsneigens
M. rectus capitis lateralis (Gruppe der Rückenmuskeln ventraler Herkunft)	Ursprung vordere Spange des Processus transversus des Atlas Ansatz lateral vom Condylus occipitalis am Processus jugularis des Hinterhauptbeines (bei Ausbildung eines Processus paracondylicus = paramastoideus an diesem)	Innervation Rr. anteriores (ventrales) der Nn. cervicales I und II Blutversorgung – A. vertebralis der A. subclavia – A. occipitalis der A. carotis externa	Ipsilaterale Seitneigung in den Kopfgelenken.
M. rectus capitis posterior minor (Gruppe der kurzen tiefen Nackenmuskeln)	Ursprung Tuberculum posterius des **Arcus posterior des Atlas** Ansatz inneres Drittel der **Linea nuchalis inferior**	Innervation medialer Ast des R. posterior (dorsalis) des N. cervicalis I (N. subocipitalis) Blutversorgung – A. vertebralis der A. subclavia – A. cervicalis profunda des Truncus costocervicalis – A. occipitalis der A. carotis externa	**Feineinstellung des Kopfes im Atlantookzipitalgelenk.** Beidseitige Aktivität: Rückwärtsneigen des Kopfes.
M. rectus capitis posterior major (Gruppe der kurzen tiefen Nackenmuskeln)	Ursprung **Processus spinosus des Axis** Ansatz mittleres Drittel der **Linea nuchalis inferior**	Innervation medialer Ast des R. posterior (dorsalis) des N. cervicalis I (N. subocipitalis) und des N. cervicalis II Blutversorgung – A. vertebralis der A. subclavia – A. cervicalis profunda des Truncus costocervicalis – A. occipitalis der A. carotis externa	**Feineinstellung des Kopfes im Atlantookzipitalgelenk.** Einseitige Aktivität: Leichtes Drehen des Kopfes zur ipsilateralen Seite. Beidseitige Aktivität: leichtes Rückwärtsneigen des Kopfes.
M. obliquus capitis superior (Gruppe der kurzen tiefen Nackenmuskeln)	Ursprung hinterer Höcker des **Processus transversus des Atlas** Ansatz lateraler Teil der **Linea nuchalis** inferior	Innervation lateraler Ast der Rr. posteriores (dorsales) des N. cervicalis I (N. suboccipitalis) und des N. cervicalis II Blutversorgung – A. vertebralis der A. subclavia – A. cervicalis profunda des Truncus costocervicalis – A. occipitalis der A. carotis externa	**Feineinstellung des Kopfes in den Kopfgelenken.** Einseitige Aktivität: leichtes Seitwärtsneigen zur ipsilateralen Seite. Beidseitige Aktivität: **Rückwärtsneigen des Kopfes.**
M. obliquus capitis inferior (Gruppe der kurzen tiefen Nackenmuskeln)	Ursprung **Processus spinosus des Axis** Ansatz Hinterer Höcker des **Processus transversus des Atlas**	Innervation medialer Ast der Rr. posteriores (dorsales) des N. cervicalis I (N. subocipitalis) und des N. cervicalis II Blutversorgung – A. vertebralis der A. subclavia – A. cervicalis profunda des Truncus costocervicalis – A. occipitalis der A. carotis externa	**Feineinstellung des Kopfes in den Kopfgelenken.** Einseitige Aktivität: Unterstützung des Drehens des Kopfes zur ipsilateralen Seite.

occipitale. Der unisegmentale **M. rectus capitis posterior minor** wird teilweise vom M. rectus capitis posterior major bedeckt. Der Muskel ist oft nur schwach entwickelt. Der **M. obliquus capitis superior** entspricht einem M. intertransversarius. Der Muskel zieht vom Querfortsatz des Atlas zum Os occipitale, wo seine Ansatzzone die des M. rectus capitis posterior major überlagert. Der **M. obliquus capitis inferior** läuft vom Dornfortsatz des Axis schräg nach kranial lateral zum Querfortsatz des Atlas (◻ Tab. 4.18).

Ventrale Gruppe. Zur ventralen Gruppe der Kopfgelenkmuskeln gehören *M. rectus capitis lateralis* und *M. rectus capitis anterior*. Die unisegmentalen Muskeln werden von *Rr. anteriores* der Spinalnerven innerviert. Der **M. rectus capitis lateralis** entspricht einem M. intertransversarius cervicis anterior. Der **M. rectus capitis anterior** wird auch zu den prävertebralen Muskeln gerechnet. Der unisegmentale viereckige Muskel zieht von der Massa lateralis des Atlas zur Pars basilaris des Os occipitale.

Funktion

Die kurzen Kopfgelenkmuskeln bewirken präzise und differenzierte Bewegungen in den Kopfgelenken:
- Kontraktion aller tiefen Nackenmuskeln: leichte Dorsalextension in den Kopfgelenken
- einseitige Aktivität der Mm. rectus capitis posterior minor und major sowie M. obliquus capitis inferior: leichte Drehbewegung in den Kopfgelenken zur ipsilateralen Seite
- einseitige Aktivität des M. obliquus capitis superior: leichte Drehbewegung zur kontralateralen Seite.

Die kurzen Kopfgelenkmuskeln beeinflussen die »Feineinstellung« des Kopfes in den Atlantookzipitalgelenken.

4.3.3 Leitungsbahnen

Arterien

Die **Arterien der Rumpfwand** entspringen zum Teil direkt aus der Aorta, einige Regionen werden auch aus Ästen der Aa. subclavia und axillaris sowie der Aa. iliaca externa und femoralis versorgt.

Rumpfwandäste der Aorta thoracica

Aus der Hinterwand der *Aorta thoracica (Pars thoracica aortae)* gehen im Regelfall die 10 paarigen *Aa. intercostales posteriores* hervor (◻ Abb. 4.93). Auf der rechten Seite ziehen die Arterien hinter Ösophagus, Ductus thoracicus und V. azygos quer über die Wirbelsäule zum zugehörigen Interkostalraum. Auf der linken Seite gelangen die Aa. intercostales posteriores hinter den Vv. hemiazygos und hemiazygos accessoria in die jeweiligen Zwischenrippenräume. Im Bereich der Überkreuzung durch den Grenzstrang geben die Aa. intercostales posteriores den *R. dorsalis* ab. Der **R. dorsalis** zieht zwischen Wirbelkörper und Lig. costotransversarium superius nach hinten. Er gibt zunächst die *Rr. spinales* ab, die durch das *Foramen intervertebrale* in den Wirbelkanal zum Rückenmark und zu den Rückenmarkshäuten gelangen. Der R. dorsalis versorgt die autochthonen Rückenmuskeln und teilt sich in die Hautäste, *R. cutaneus medialis* und *R. cutaneus lateralis*.

Die **A. intercostalis posterior** zieht innerhalb des Interkostalraumes zunächst im *Sulcus costae* der oberen Rippe. Die Arterie dringt dann in den M. intercostalis internus ein, was zur Abspaltung des M. intercostalis intimus führt (► Kap. 21, ◻ Abb. 21.4). Im Bereich des Rippenwinkels gibt die Arterie den *R. collateralis* ab, der parallel zum Oberrand der unteren Rippe des zugehörigen Interkostalraumes nach ventral läuft. Die *Aa. intercostales posteriores* und ihre *Rr. collaterales* anastomosieren in den oberen 6 Interkostalräumen mit den *Rr. intercostales anteriores* der *A. thoracica interna* (◻ 4.61 und 4.62). Im Bereich der Axillarlinie dringt der *R. cutaneus lateralis* zur Haut der seitlichen Rumpfwand. Er zweigt sich T-förmig in einen vorderen und in einen hinteren Ast auf. Die vorderen Äste der Rr. cutanei laterales der *Aa. intercostales posteriores II–IV* versorgen als *Rr. mammarii laterales* die Brustdrüse (► Kap. 21, ◻ Abb. 21.2). Die unterhalb der 12. Rippe laufende hintere Interkostalarterie ist die *A. subcostalis*. Sie versorgt gemeinsam mit den kaudalen Aa. intercostales posteriores die Mm. intercostales und die Muskeln der Bauchwand. Die Arterien laufen zwischen den Mm. obliquus internus abdominis und transversus abdominis.

Rumpfwandäste der Aorta abdominalis

Rumpfwandäste der *Aorta abdominalis (Pars abdominalis aortae)* sind die 4 paarigen *Aa. lumbales*, die aus der Hinterwand der Bauchaorta hervorgehen (► Kap. 6.4.1). Die segmentalen Arterien ziehen in Höhe des 1.–4. Lendenwirbels hinter M. psoas und M. quadratus lumborum zur Bauchwand, wo sie zwischen den Mm. obliquus internus abdominis und transversus abdominis laufen. Die Arterien anastomosieren mit den *Aa. intercostales posteriores* sowie mit den *Aa. epigastrica inferior, iliolumbalis* und *circumflexa ilium profunda*. Von jeder **A. lumbalis** zieht ein *R. dorsalis* zu den Rückenmuskeln und zur Haut der paravertebralen Region. Der *R. spinalis* der Arterie gelangt durch das Foramen intervertebrale zu Rückenmark, Cauda equina und Rückenmarkshäuten.

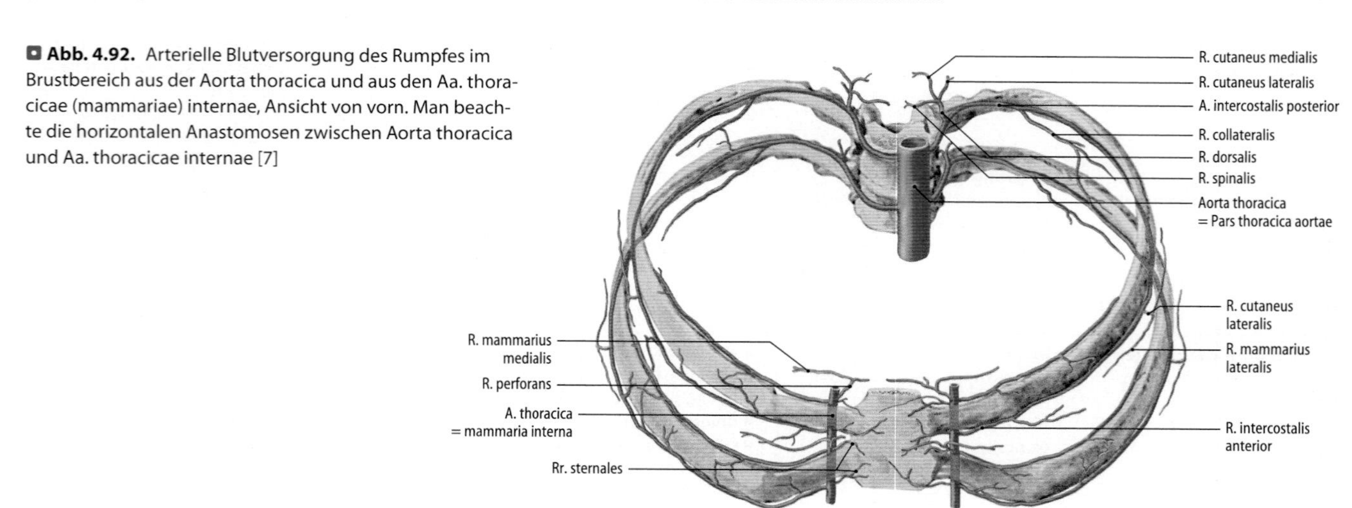

◻ **Abb. 4.92.** Arterielle Blutversorgung des Rumpfes im Brustbereich aus der Aorta thoracica und aus den Aa. thoracicae (mammariae) internae, Ansicht von vorn. Man beachte die horizontalen Anastomosen zwischen Aorta thoracica und Aa. thoracicae internae [7]

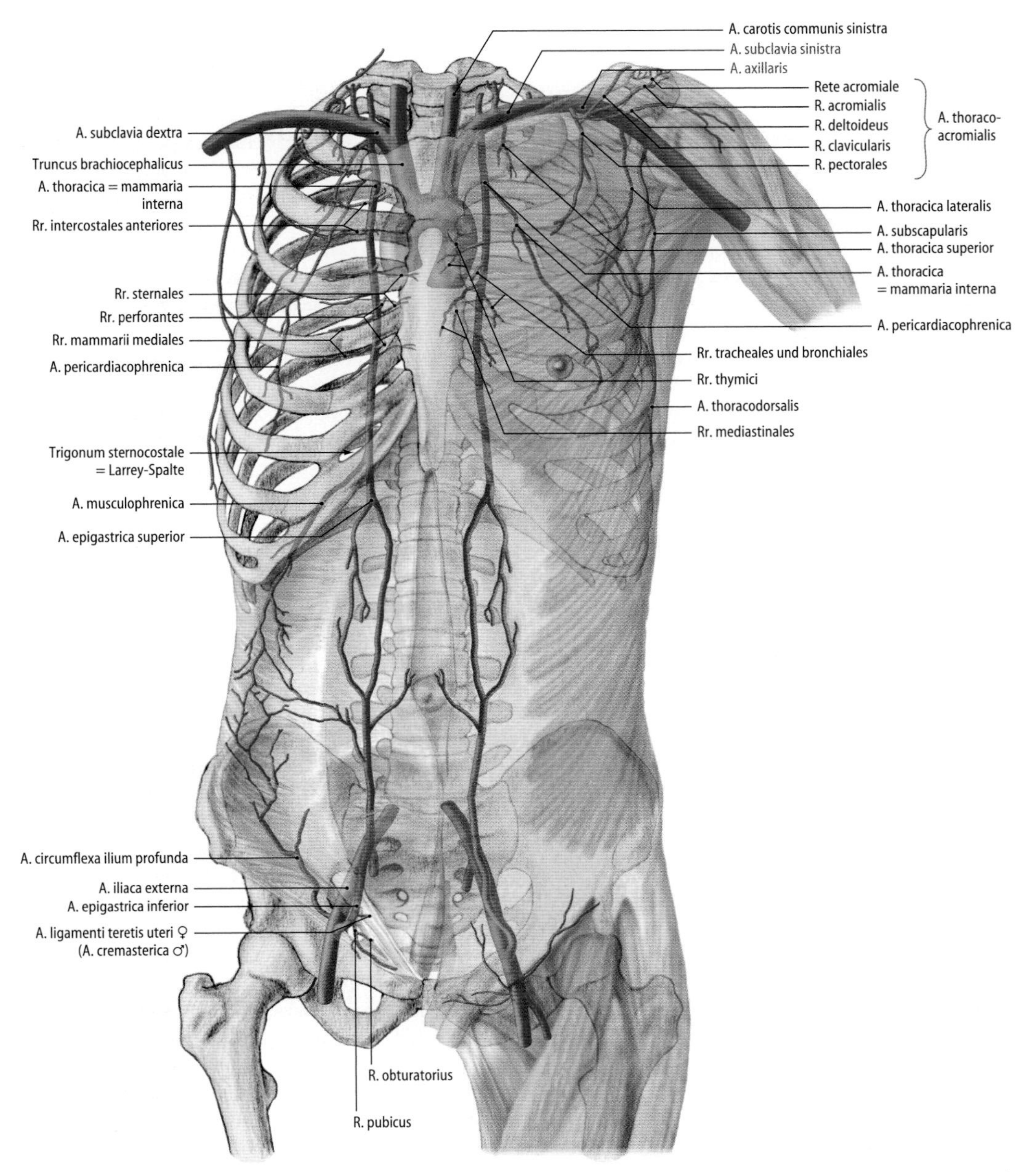

Abb. 4.93. Arterien der vorderen Rumpfwand, Ansicht von vorn. Man beachte die vertikalen Anastomosen zwischen Aa. subclaviae und Aa. iliacae externae [7]

Zu den paarigen Ästen der Rumpfwand gehört nach ihrer Entwicklung auch die *A. phrenica inferior*. Die Arterie entspringt in Höhe des Hiatus aorticus aus der Vorderwand der Aorta abdominalis und zweigt sich an der Unterfläche des Zwerchfells auf. Die A. phrenica inferior anastomosiert mit den unteren Interkostalarterien und mit Eingeweidearterien.

Rumpfwandäste der A. subclavia und der A. axillaris

Die aus der Unterseite der *A. subclavia* entspringende *A. thoracica (mammaria) interna* zieht über die Pleurakuppel zur Innenfläche der vorderen Thoraxwand (Abb. 4.96). Sie läuft etwa 1–2 cm lateral des Sternalrandes in der Fascia endothoracica zum Zwerchfell. In Höhe des 6. Interkostalraumes teilt sie sich zwischen Thoraxwand und M. transversus abdominis in ihre Endäste, *A. epigastrica superior* und *A. musculophrenica* (► Kap. 21, Abb. 21.3 und 21.5).

Rumpfwandäste der **A. thoracica interna** sind die *Rr. intercostales anteriores*, die sich in den oberen 6 Interkostalräumen in 2 Äste verzweigen, die mit der *A. intercostalis posterior* und deren *R. collateralis* anastomosieren. In den oberen 6 Interkostalräumen dringen *Rr. perforantes* zur Thoraxoberfläche und versorgen den M. pectoralis major, die Vorderfläche des Sternum und die Haut im Bereich des Brustbeins. *Rr. mammarii mediales* ziehen zur Brustdrüse (► Kap. 21, Abb. 21.4). *Rr. sternales* der A. thoracica interna gelangen zur Rückseite des Brustbeins. Die *A. musculophrenica* gibt bei ihrem Verlauf hinter dem Rippenbogen *Rr. intercostales anteriores* zu den kaudalen Zwischenrippenräumen ab. Die *Aa. intercostales posteriores I* und *II* aus der *A. intercostalis suprema* (Truncus costocervicalis) versorgen die Strukturen des ersten und zweiten Interkostalraumes.

Die *A. epigastrica superior* setzt als medialer Endast die Verlaufsrichtung der A. thoracica interna fort. Die Arterie tritt im Bereich des Trigonum sternocostale durch das Zwerchfell (Abb. 4.93 und ► Kap. 21, Abb. 21.2) und gelangt in die Rektusscheide. Sie versorgt den kranialen Teil des M. rectus abdominis und anastomosiert innerhalb oder an der Rückfläche des Muskels mit der *A. epigastrica infe-*

rior. An der Versorgung der vorderen Brustwand beteiligen sich Äste der *A. axillaris* mit *Rr. pectorales* aus der *A. thoracoacromialis*, die *A. thoracodorsalis* und die (variable) *A. thoracica lateralis*.

Rumpfwandäste der A. femoralis und der A. iliaca externa

Die epifaszialen Strukturen der vorderen Rumpfwand oberhalb der Leistenregion werden von der *A. epigastrica superficialis* sowie von Ästen der *A. circumflexa ilium superficialis* versorgt (► Kap. 4.5).

Vor dem Eintritt in die Lacuna vasorum entspringt aus der *A. iliaca externa* die *A. epigastrica inferior* (► Kap. 21, ◘ Abb. 21.3 und 21.5). Die Arterie läuft auf dem Lig. interfoveolare nach kranial medial und ruft gemeinsam mit ihren Begleitvenen auf der Hinterfläche der Bauchwand die *Plica umbilicalis lateralis (epigastrica)* hervor. Sie gelangt in die Rektusscheide, wo sie im M. rectus abdominis nabelwärts zieht und innerhalb des Muskels Anastomosen mit der A. epigastrica superior bildet. Aus der A. epigastrica inferior entspringt beim Mann die *A. cremasterica*, die den M. cremaster versorgt. Ihr entspricht bei der Frau die *A. ligamenti teretis uteri*. Weitere Äste der A. epigastrica inferior sind der *R. pubicus* und der *R. obturatorius*, der im Regelfall eine Anastomose mit dem *R. pubicus* der *A. obturatoria* bildet. An der Versorgung der seitlichen Bauchmuskeln beteiligt sich auch die *A. circumflexa ilium profunda* aus der A. iliaca externa. Sie zieht mit ihrem *R. ascendens* zwischen den Mm. obliquus internus abdominis und transversus abdominis (◘ Abb. 4.93).

4.61 Umgehungskreisläufe

Bei der Aortenisthmusstenose werden Rumpf und untere Extremitäten über Umgehungskreisläufe versorgt, die vorrangig über die Aa. thoracicae internae zustande kommen. Über einen horizontalen Umgehungskreislauf fließt das Blut aus der A. thoracica interna über die Interkostalarterien zur Aorta thoracica. Die erweiterten Interkostalarterien rufen im Bereich des Sulcus costae radiologisch sichtbare Rippenusuren hervor. Ein vertikaler Umgehungskreislauf zwischen Aa. subclaviae und Aa. iliacae externae kann sich über die Aa. thoracicae internae, epigastricae superiores und epigastricae inferiores ausbilden.

4.62 Bypass-Operation

Bei der operativen Revaskularisation des Herzens dient die A. thoracica interna als Transplantat für den Bypass.

In Kürze

Arterielle Versorgung der Rumpfwand

Aorta thoracica: Aa. intercostales posteriores → R. dorsalis, R. collateralis (A. subcostalis):
- Interkostalmuskeln, Bauchmuskeln im oberen Bereich, die Haut der hinteren und seitlichen Brustwand, Brustdrüse

Anastomosen mit den Rr. intercostales anteriores.

Aorta abdominalis: Aa. lumbales → R. dorsalis:
- Rückenmuskeln und die Haut des Rückens.

A. subclavia: A. thoracica interna → Rr. intercostales anteriores, Rr. sternales, Rr. perforantes mit Rr. mammarii mediales:
- Interkostalmuskeln im vorderen Bereich, die Haut der vorderen Brustwand und die Brustdrüse

Endäste:
- A. musculophrenica, A. epigastrica superior: Zwerchfell, Interkostalmuskeln, Bauchmuskeln

Anastomosen zwischen Aa. thoracica interna, epigastrica superior und epigastrica inferior.

▼

- A. intercostalis suprema aus dem Truncus costocervicalis: Interkostalmuskeln des 1. und 2. Interkostalraumes

A. axillaris: A. thoracoacromialis → Rr. pectorales, A. thoracodorsalis aus der A. subscapularis, A. thoracica lateralis:
- obere und seitliche Bereich der Brustwand

A. iliaca externa: A. epigastrica inferior – Plica umbilicalis lateralis, A. circumflexa ilium profunda:
- Bauchmuskeln im unteren Bereich

A. femoralis (communis): A. epigastrica superficialis, A. circumflexa ilium superficialis:
- Haut der unteren vorderen Bauchwand

Venen

Die **Venenabflüsse des Rumpfes** lassen sich in 3 Bereiche einteilen:
- epifasziale Venen
- subfasziale Venen
- Venen der Wirbelsäule

Epifasziale Venen

- Die epifaszialen Venen bilden in der Subkutis der vorderen und seitlichen Rumpfwand ein dichtes Netz (◘ Abb. 4.94 und ► Kap. 21, ◘ Abb. 21.2). Das Blut wird im Bereich von Thorax und oberer Bauchwand über die V. thoracica lateralis und die V. thoracoepigastrica der V. axillaris zugeleitet. Ein Venengeflecht umgibt die Brustwarze (Plexus venosus areolaris). Die V. epigastrica superficialis und die V. circumflexa ilium superficialis nehmen das Venenblut der unteren Bauchwandregion auf und führen es der V. femoralis zu.

Subfasziale Venen

Die subfaszialen Venen ziehen in der **vorderen Rumpfwand** meistens paarig mit den gleichnamigen Arterien an der Innenseite von Thorax und Bauchwand (◘ Abb. 4.93 und ► Kap. 21, ◘ Abb. 21.3). Die *Vv. thoracicae (mammariae) internae* nehmen das Blut der vorderen Thoraxwand auf und führen es den *Vv. brachiacephalicae dextra* und *sinistra* zu. In die Vv. thoracicae internae münden die *Vv. intercostales anteriores* und die *V. musculophrenica*. Die *Vv. epigastricae superiores* nehmen Blut aus den Bauchmuskeln und aus der Subkutis *(Vv. subcutaneae abdominis)* auf. Sie gehen am Zwerchfelldurchtritt in die Vv. thoraciae internae über (► Kap. 21, ◘ Abb. 21.5). Die Vv. epigastricae superiores anastomosieren innerhalb des M. rectus abdominis mit der häufig paarig angelegten *V. epigastrica inferior* (kavokavale Anastomosen, 4.63). Die *Vv. epigastrica inferior* und *circumflexa ilium profunda* führen das Venenblut aus dem unteren Bereich der Bauchwand der *V. iliaca externa* zu. Die *Vv. intercostales posteriores* sammeln das Blut aus der Haut und der Muskulatur der Interkostalräume sowie aus den Rückenmuskeln *(R. doralis)* und aus dem Wirbelkanal *(R. intervertebralis* und *R. spinalis)*. Die *Vv. intercostales posteriores IV–XI* münden links in die *V. hemiazygos* und *V. hemiazygos accessoria*, rechts in die *V. azygos*. Das Venenblut aus dem 1. Interkostalraum fließt über die *V. intercostalis suprema* in die *V. brachiocephalica*. Der Venenabfluss aus dem 2. und 3. Interkostalraum führt auf der linken Seite über die *V. intercostalis superior sinistra* zur *V. brachiocephalica sinistra* und auf der rechten Seite über die *V. intercostalis superior dextra* zur V. azygos.

Die segmentalen Vv. lumbales I–IV führen das Venenblut von der hinteren Bauchwand in die V. lumbalis ascendens, die mit der

◘ Abb. 4.94. Oberflächliche Venen (linke Körperseite) und tiefe Venen (rechte Körperseite) der vorderen Rumpfwand, Ansicht von vorn. Man beachte die Anastomosen zwischen V. cava superior und V. cava inferior [7]
Venen des Rumpfes
Epifasziale Venen:
- Zuflüsse aus Kutis und Subkutis: Vv. thoracica lateralis und thoracoepigastrica (V. axillaris); Vv. epigastricae superficialis und circumflexa ilium superficialis (V. femoralis)

Tiefe Venen der Rumpfwand:
- Zuflüsse aus der vorderen Rumpfwand: Vv. thoracicae internae und epigastricae superiores (V. brachiocephalica); Vv. epigastrica inferior und circumflexa ilium profunda (V. iliaca externa)

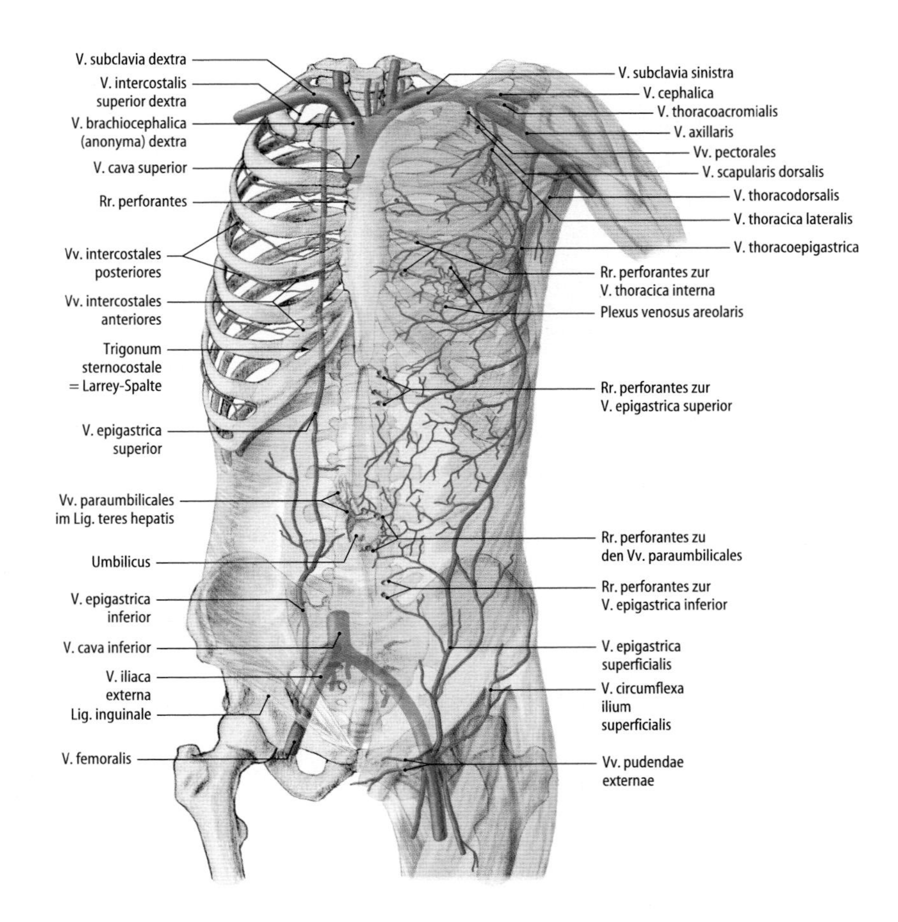

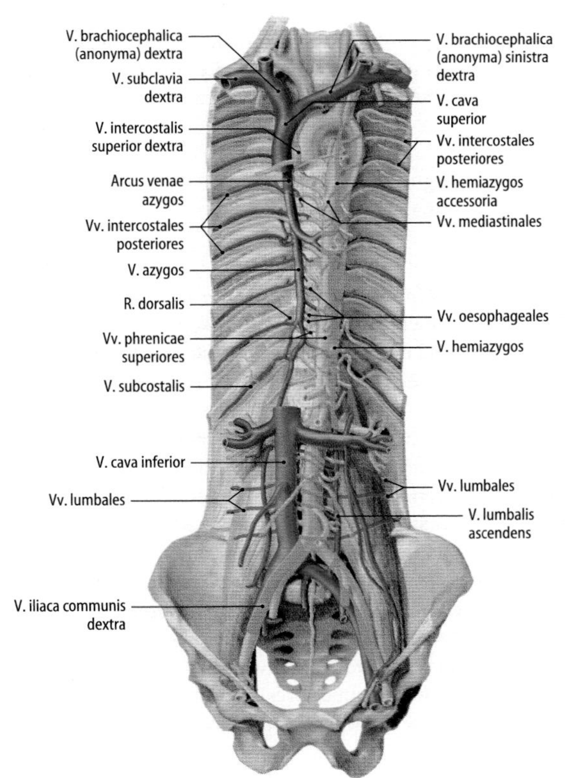

◘ Abb. 4.95. Venen der hinteren Rumpfwand, Ansicht von vorn [7]. Zuflüsse aus der hinteren Rumpfwand: Vv. intercostales posteriores (Azygossystem), Vv. lumbales (V. cava inferior)

V. iliaca communis verbunden ist (◘ Abb. 4.95). Die Vv. lumbales III und IV münden meistens direkt in die V. cava inferior.

Venen der Wirbelsäule

Die Venen der Wirbelsäule, *Vv. columnae vertebralis,* bilden außen um die Wirbel und im Wirbelkanal ein dichtes Venengeflecht (◘ Abb. 4.96). Die klappenlosen Venen stehen untereinander, mit den Venen im Schädelinnern und über die Vv. intervertebrales mit dem Azygossystem in Verbindung. Der auf der Vorderseite der Wirbelkörper liegende **äußere Venenplexus,** *Plexus venosus vertebralis externus anterior,* sammelt das Blut aus Wirbelkörpern und Bandapparat. Als *Plexus venosus vertebralis externus posterior* bezeichnet man das Venengeflecht über Wirbelbögen sowie den Quer- und Dornfortsätzen. In ihn dränieren auch die Venen der autochthonen Rückenmuskeln und der Rückenhaut. Das epidurale **innere Venengeflecht des Wirbelkanals** besteht aus längs verlaufenden Gefäßen, die durch ringförmige Venen miteinander verbunden sind (► Kap. 22, ◘ Abb. 22.5 und 22.6). Der *Plexus venosus vertebralis internus anterior* liegt auf der Hinterseite der Wirbelkörper und der Zwischenwirbelscheiben. Er besteht aus 2 lateral vom Lig. longitudinale posterius laufenden Längsvenen, die über Queranastomosen miteinander verbunden sind. In der Mitte der Wirbelkörperrückseite treten die *Vv. basivertebrales* aus und münden in den Plexus venosus vertebralis internus anterior. Die Vv. basivertebrales bilden ein horizontal verlaufendes Venengeflecht innerhalb der Spongiosa der Wirbelkörper. Sie stehen ventral mit dem Plexus venosus vertebralis externus anterior in Verbindung. Der *Plexus venosus vertebralis internus posterior* ist schwächer entwickelt als der vordere innere Venenplexus. Er hat Verbindungen zu den Venen des Foramen intervertebrale und zum Plexus vertebralis externus posterior. Die Plexus venosi vertebrales interni

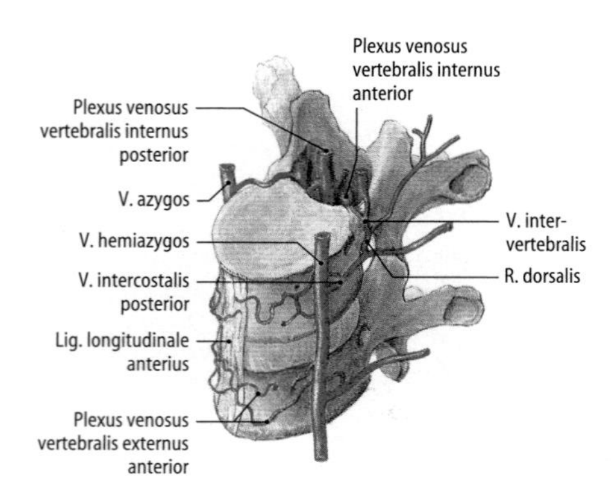

Abb. 4.96. Venen der Wirbelsäule und des Wirbelkanals, Ansicht von vorn [7]
Venen der Wirbelsäule:
- Plexus venosi vertebrales externi anterior und posterior

Venen des Wirbelkanals:
- Plexus venosi vertebrales interni anterior und posterior

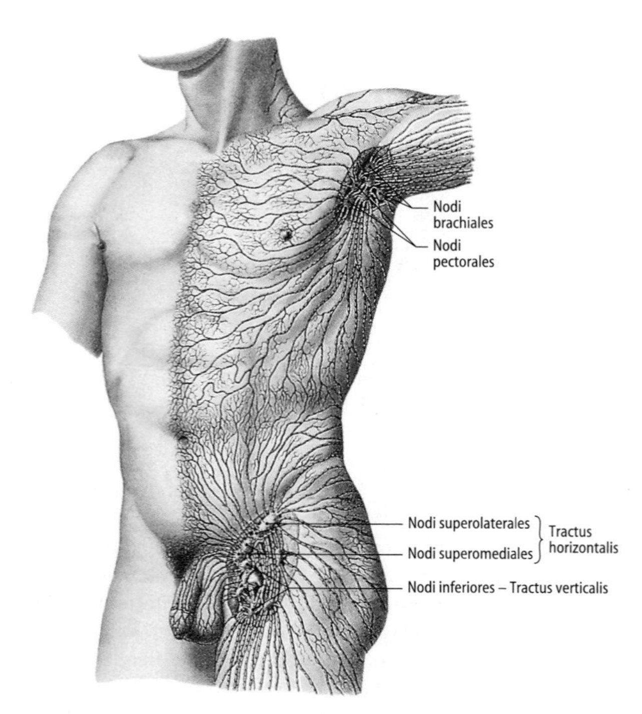

Abb. 4.97. Oberflächliche Lymphbahnen und regionäre Lymphknoten der vorderen Rumpfwand, Ansicht von vorn-seitlich. Man beachte den Grenzbereich der Abflussgebiete in Höhe des Nabels [7]
Lymphabfluss aus der Haut der Rumpfwand:
- oberhalb des Nabels: Lymphknoten der Achselhöhle
- unterhalb des Nabels: Leistenlymphknoten.

nehmen das Blut des Rückenmarks auf (Vv. spinales anteriores und posteriores).

4.63 Kavokavale und portokavale Anastomosen
Die subkutanen Venen der vorderen Rumpfwand anastomosieren miteinander. Auf diese Weise entstehen **epifasziale Anastomosen** zwischen V. cava superior und V. cava inferior **(kavokavale Anastomosen)**. Weitere kavokavale Anastomosen bestehen über die Vv. thoracicae internae, epigastricae superiores und epigastricae inferiores sowie über die Vv. lumbales und das Azygossystem. Kavokavale Anastomosen können bei Verschlüssen der V. cava inferior oder der V. cava superior als Umgehungskreisläufe dienen. Die Erweiterung der epifaszialen Venen der Bauchwand kann dabei in Form von Varizen sichtbar werden.

Die epifaszialen Venen in der Umgebung des Nabels stehen mit den paraumbilikalen Venen im Lig. teres hepatis in Verbindung und können über diese **Anastomosen mit der Pfortader** bilden (**portokavale Anastomosen,** ► Kap. 6, ◘ Abb. 6.15).

Lymphbahnen und Lymphknoten

Lymphknoten der Rumpfwand

Die Lymphe der Haut von vorderer und hinterer Rumpfwand fließt aus der oberen Körperregion in die Lymphknoten der Achselhöhle *(Nodi lymphoidei axillares)* und aus der unteren Körperregion in die Lymphknoten der Leistenregion *(Nodi lymphoidei inguinales)*. Die »Wasserscheide« der Abflussregionen liegt in Höhe des Nabels (◘ Abb. 4.97).

Direkten Zufluss aus der Haut der **vorderen Brustwand** erhalten die am seitlichen Rand der Brustdrüse liegenden *Nodi paramammarii*, die in die Achsellymphknoten dränieren. Die Lymphe aus den **Interkostalräumen** und aus der **Thoraxinnenwand** fließt im ventralen Bereich zu den entlang der Vasa thoracica interna angeordneten *Nodi parasternales*. Weitere Einzugsgebiete der *Nodi parasternales* sind Brustdrüse (► Kap. 14, ◘ Abb. 14.5; ► Kap. 25, ◘ Abb. 25.1), Zwerchfell und Leber. Im hinteren Bereich der **inneren Brustwand** fließt die Lymphe in die paravertebral liegenden *Nodi intercostales*, die auch die Lymphe der Pleura parietalis aufnehmen. **Regionäre Lymphknoten** der **vorderen** und **hinteren Rumpfwand** unterhalb des Nabels sind die *Nodi superomediales* und *superolaterales* der oberflächlichen Leistenlymphknotengruppe. An der vorderen inneren Rumpfwand liegen im Bereich der Vasa epigastrica inferiora *Nodi epigastrici inferiores*.

Die **Lymphe** der Rumpfwand wird auf der **linken Seite** über den *Ductus thoracicus* und auf der **rechten Seite** über den *Ductus lymphaticus dexter* beiderseits dem **Venenwinkel** zugeleitet.

Nerven

Die Nervenversorgung der Rumpfwand erfolgt durch die thorakalen und lumbalen Spinalnerven.

Rami posteriores der Spinalnerven

Die *Rr. posteriores (dorsales)* der *Nn. thoracici* und der *Nn. lumbales* dringen in die autochthonen Rückenmuskeln ein und teilen sich in einen medialen und in einen lateralen Ast (◘ Abb. 4.98). Die *Rr. mediales* versorgen die Muskeln des medialen Traktes der autochthonen Rückenmuskeln. Sie gelangen zwischen M. multifidus und M. semispinalis durch den Ansatzbereich des M. trapezius und des M. latissimus dorsi mit ihrem Endast zur Haut, die sie im paravertebralen Bereich innervieren (◘ Abb. 22.3). Die medialen Hautäste sind im kranialen Bereich stärker entwickelt als kaudal. Die *Rr. laterales* innervieren den lateralen Trakt der autochthonen Rückenmuskeln. Sie treten zwischen M. longissimus und M. iliocostalis nach dorsal, durchbohren den M. latissimus dorsi und versorgen mit ihrem Endast die Haut (◘ Abb. 22.4). Die lateralen Hautäste sind im unteren Bereich des Rückens kräftig entwickelt, *R. cutaneus posterior* (► Kap. 4.5, Nn. clunium superiores). Im oberen Abschnitt des Rückens und in der Nackengegend erreichen die Rr. laterales die Haut normalerweise nicht.

Rami anteriores der Spinalnerven

Die *Rr. anteriores (ventrales)* der *Nn. thoracici (intercostales) I–XII* bilden die **Interkostalnerven** (◘ Abb. 4.98). Der R. anterior des

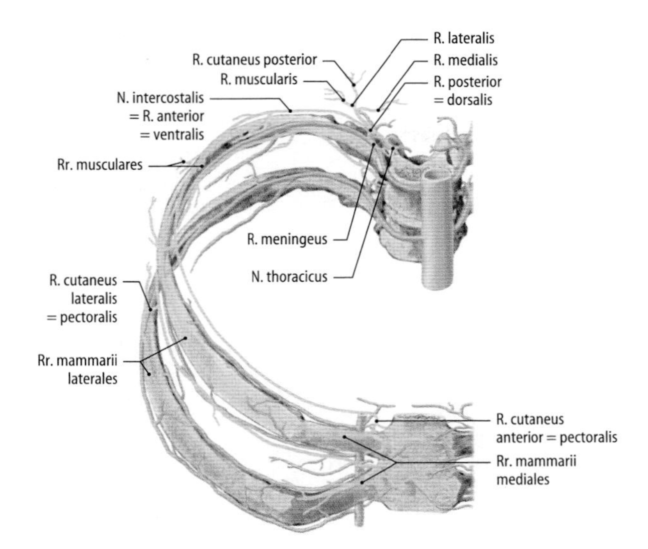

Abb. 4.98. Aufzweigung eines Spinalnervs im Brustbereich, rechte Körperseite, Ansicht von vorn [7]

Innervation des Rumpfes

Rr. posteriores der Nn. thoracici und Nn. lumbales (R. medialis, R. lateralis):
- autochthone Rückenmuskeln und Haut des Rückens

Rr. anteriores der Nn. thoracici (Nn. intercostales II–XI), N. subcostalis (N. intercostalis XII):
- Brustkorbmuskeln und Bauchmuskeln (Rr. musculares)
- Pleura parietalis und Peritoneum parietale
- Haut der vorderen Rumpfwand (Rr. cutanei anteriores pectorales und abdominales) und der seitlichen Rumpfwand (Rr. cutanei laterales pectorales und abdominales)

Nn. intercostobrachiales: Verbindungen zwischen Rr. cutanei laterales (Th2) und N. cutaneus brachii medialis

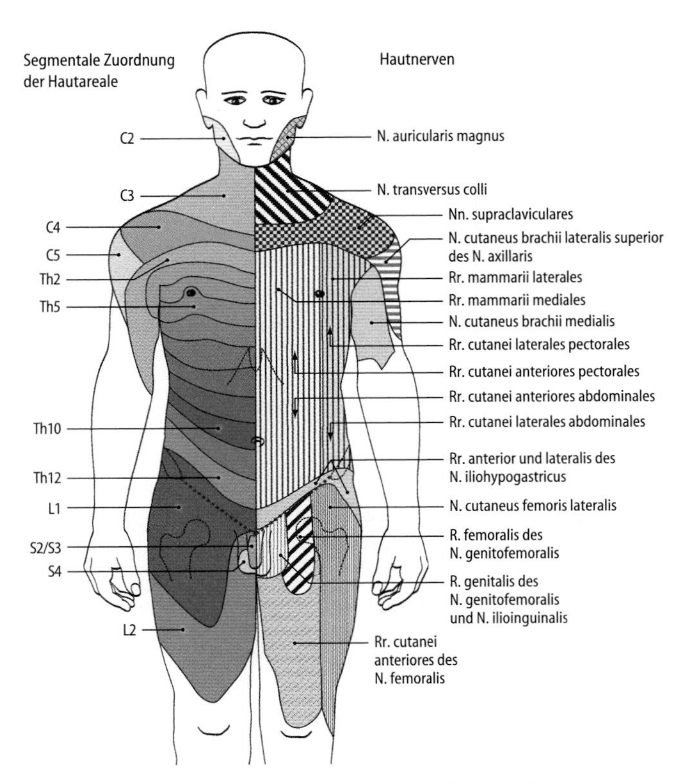

Abb. 4.99. Hautinnervation der vorderen Rumpfwand (linke Körperseite) und segmentale Zuordnung der Hautareale (linke Körperseite), Ansicht von vorn [7]

12. Interkostalnerven ist der *N. subcostalis*, der sich am Aufbau des *Plexus lumbalis* beteiligt (► Kap. 4.5). Der *N. intercostalis I* ist Teil des *Plexus brachialis*. Die Nn. intercostales II–VI laufen im Interkostalraum bis zum Sternum. Die Nn. intercostales VII–XI und der N. subcostalis ziehen über die Interkostalräume hinaus nach ventral. Sie gelangen durch den Ansatzbereich des Zwerchfells zwischen die Mm. obliquus internus abdominis und transversus abdominis, treten in die Rektusscheide und innervieren den M. rectus abominis (► Kap. 21, Abb. 21.3). Die Nn. intercostales innervieren die Interkostalmuskeln, die Mm. serrati posterior superior und posterior inferior sowie die vorderen und seitlichen Bauchmuskeln. Sensibel versorgen sie Pleura parietalis und Peritoneum parietale.

In der Axillarlinie treten im Brustbereich die *Rr. cutanei laterales pectorales* zur Haut (► Kap. 21, Abb. 21.2). Ihre nach ventral zur Brustdrüse ziehenden Äste sind die *Rr. mammarii laterales*. Rr. cutanei laterales des 2. oder variabel des 1. und 3. Interkostalnerven ziehen als *Nn. intercostobrachiales* zum Arm und schließen sich dort dem *N. cutaneus brachii medialis* an (► Kap. 21, Abb. 21.3; 4.65). Die Haut der seitlichen Bauchwand wird von den *Rr. cutanei laterales abdominis* innerviert. Parasternal treten die *Rr. cutanei anteriores pectorales* und lateral von der Linea alba die *Rr. cutanei anteriores abdominales* zur Haut. Nach lateral zur Brustdrüse ziehende Äste sind die *Rr. mammarii mediales*. Die Hautäste des ersten und meistens auch des zweiten Interkostalnerven fehlen. Das Hautareal wird von den *Nn. supraclaviculares* des Plexus cervicalis versorgt (Abb. 4.99). Zur Innervation der Rumpfwand durch Nn. lumbales, Plexus lumbalis ► Kap. 4.5.

4.64 Orientierungsmarken zur Höhendiagnostik
Als Orientierungsmarken zur Höhendiagnostik anhand der segmentalen sensiblen Innervation der Haut der Rumpfwand dienen Brustwarzen (Th5), Nabel (Th10) und Leistenregion (L1).

4.65 Schmerzleitung
Über die Nn. intercostobrachiales können Schmerzen aus der Brustwand (z.B. bei Herzerkrankungen) in die Arme geleitet werden.

4.4 Obere Extremität

B.N. Tillmann

 **Einführung**

Das obere Extremitätenpaar ist beim Menschen ein Greif- und Tastorgan. Als »Werkzeug« dieser Funktionen dient die Hand. Den erforderlichen »Verkehrsraum« für die alltäglichen Gebrauchsbewegungen verschaffen die übrigen Abschnitte der oberen Extremität mit ihren Gelenken und Muskeln. Eine besondere Bedeutung gewinnt dabei die freie Beweglichkeit des Schultergürtels.

Die **obere Extremität,** *Membrum superius,* unterteilt man in:
- den Schultergürtelabschnitt, *Cingulum membri superioris (Cingulum pectorale)*, mit Schulterblatt, *Scapula,* und Schlüsselbein, *Clavicula*
- die im Schultergelenk beginnende freie obere Extremität *(Pars libera membri superioris)*.

An der **freien Extremität** unterscheidet man von proximal nach distal:
- Oberarm *Brachium,* mit dem Oberarmknochen, *Humerus*
- Ellenbogenbereich, *Cubitus*
- Unterarm, *Antebrachium,* mit den Unterarmknochen, Elle, *Ulna,* und Speiche, *Radius*
- Hand, *Manus.*

Die Hand wird in 3 Abschnitten gegliedert:
- Handwurzel, *Carpus,* mit den Handwurzelknochen, *Ossa carpi*
- Mittelhand, *Metacarpus,* mit den Mittelhandknochen, *Ossa metacarpi*
- Finger, *Digiti manus,* mit den Fingerknochen, *Ossa digitorum (Phalanges).*

4.4.1 Knochen der oberen Extremität (Ossa membri superioris)

Am S-förmigen **Schlüsselbein,** *Clavicula,* unterscheidet man eine *Extremitas sternalis* und eine *Extremitas acromialis* (◘ Abb. 4.100a, b).

Das **Schulterblatt,** ***Scapula,*** ist ein platter, dreieckiger Knochen mit 3 Rändern, *Margo medialis, Margo lateralis, Margo superior* und 3 Winkeln, *Angulus superior, Angulus inferior, Angulus lateralis.* Im Bereich des Angulus lateralis liegt die birnenförmige Schulterpfanne, *Cavitas glenoidalis* (◘ Abb. 4.100c, d).

4.66 Frakturen im Bereich des Schultergürtels

Im Bereich des Schultergürtels kommen Frakturen am Schlüsselbein und am Schulterblatt (z.B. Fraktur des Processus coracoideus oder des Scapulahalses) vor. Am Humerus treten Frakturen am Collum chirurgicum, im Bereich des Humerusschaftes mit Gefährdung des N. radialis sowie im distalen Abschnitt mit Beteiligung der Gelenkkörper und beim Kind mit Beteiligung der Wachstumsfugen auf.

In Kürze

Schlüsselbein (Clavicula)
- Extremitas sternalis mit Facies articularis sternalis
- Extremitas acromialis mit Facies articularis acromialis
- Corpus claviculae

Schulterblatt (Scapula)
- Facies costalis mit Fossa subscapularis
- Facies posterior mit Spina scapulae und Acromion, Fossa supraspinata und Fossa infraspinata
- Schulterblatthals (Collum scapulae) mit Processus coracoideus
- Angulus lateralis mit Cavitas glenoidalis
- Angulus inferior, Angulus superior
- Margo superior mit Incisura scapulae
- Margo medialis, Margo lateralis
- Fornix humeri: knöchernes Schulterdach aus Acromion und Processus coracoideus

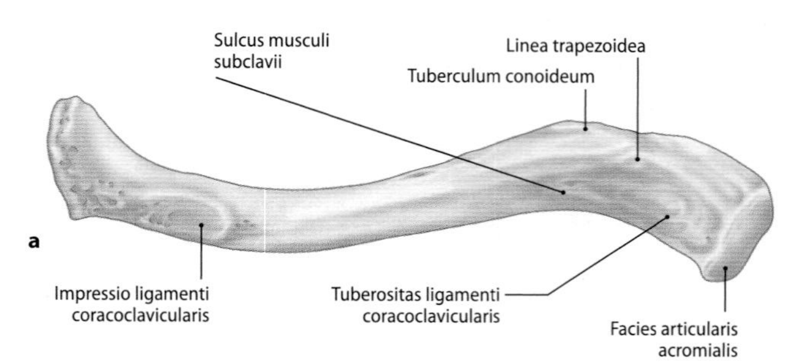

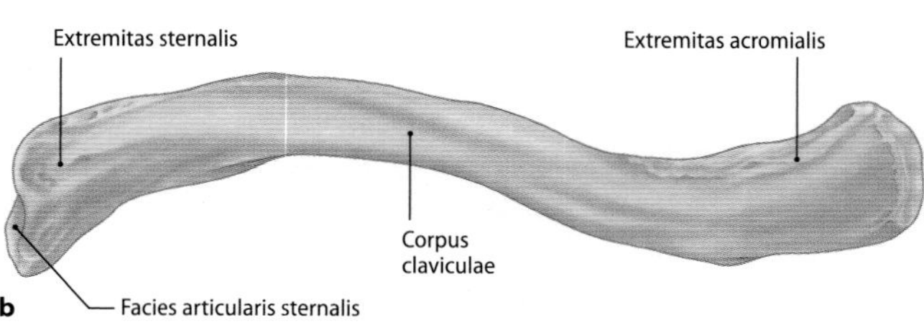

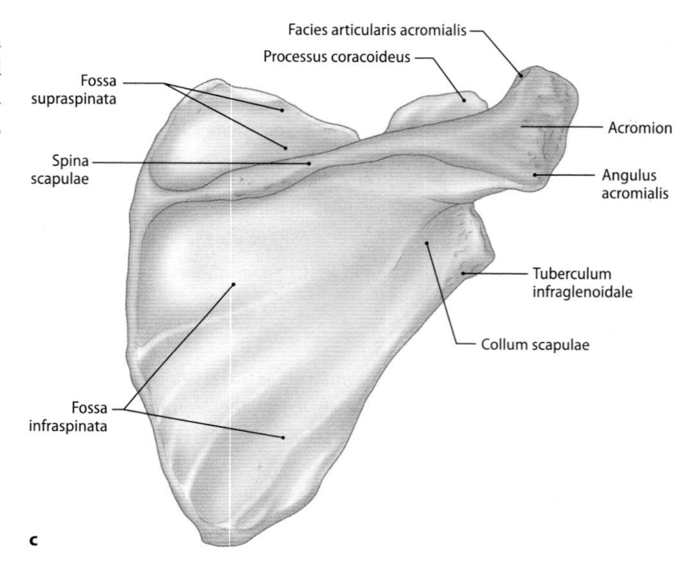

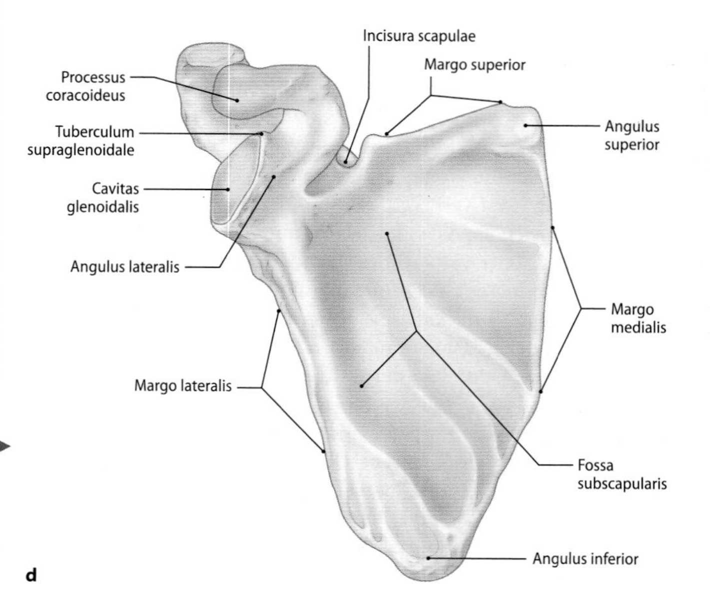

◘ **Abb. 4.100a–d.** Rechtes Schlüsselbein, Ansicht von kranial (**b**) und von kaudal (**a**). Relief der Muskel- und Bandansätze: ***Tuberositas (Impressio) ligamenti coracoclavicularis (Lig. costoclaviculare), Sulcus musculi subclavii*** im Bereich des ***Corpus claviculae (M. subclavius), Tuberculum conoideum (Lig. conoideum)*** und ***Linea trapezoidea (Lig. trapezoideum).*** Rechtes Schulterblatt, Ansicht von dorsal (**c**) und von ventral (**d**) ▸

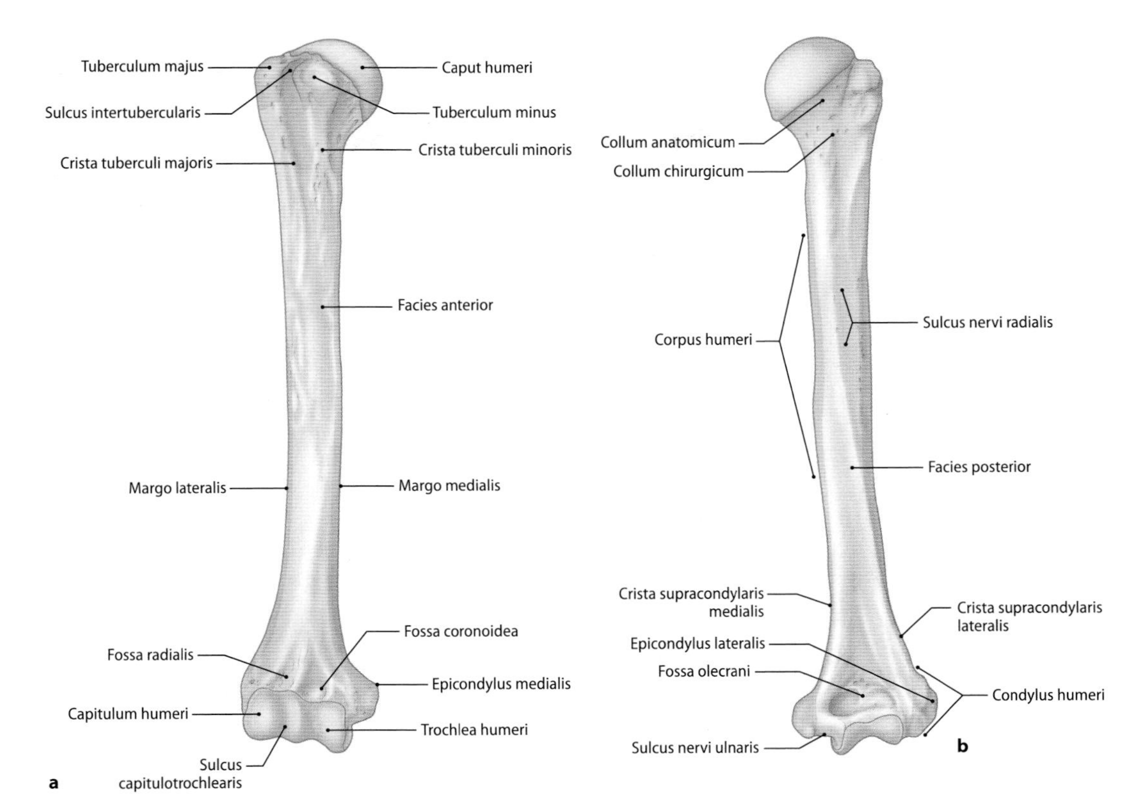

Abb. 4.101a, b. Rechter Oberarmknochen (Humerus), Ansicht von vorn (**a**) und von hinten (**b**)

Oberarmknochen (Humerus)

Der Oberarmknochen, *Humerus,* ist ein typischer langer Röhrenknochen mit Diaphyse und 2 Epiphysen. Die proximale Epiphyse ist der kugelförmige Kopf *(Caput humeri)*, die distale Epiphyse liegt im Bereich des *Condylus humeri. Tuberculum majus* und *Tuberculum minus* sind Apophysen (Abb. 4.101). Der Humeruskopf ist gegenüber dem Humerusschaft und der distalen Epiphyse nach hinten »gedreht« (Retrotorsion) (Abb. 4.102). Den Übergang zur Diaphyse bildet der Hals des Oberarmknochens, *Collum anatomicum*. Der konisch zulaufende Übergangsbereich zum Humerusschaft, *Corpus humeri*, unterhalb der Tubercula wird als *Collum chirurgicum* bezeichnet. Am Corpus humeri unterscheidet man 3 Flächen, *Facies anteromedialis, Facies anterolateralis* und *Facies posterior*. Der Humerusschaft geht am medialen Rand, *Margo medialis*, und am lateralen Rand, *Margo lateralis*, über die *Crista supracondylaris medialis* und über die *Crista supracondylaris lateralis* in das distale Ende, *Condylus humeri*, über. Oberhalb der Gelenkkörper der distalen Epiphyse liegen auf der Vorderseite 2 flache Gruben, *Fossa radialis* und *Fossa coronoidea* sowie auf der Rückseite die tiefe *Fossa olecrani*. Die zum Ellenbogengelenk gehörenden Gelenkkörper sind das Humerusköpfchen, *Capitulum humeri* und die Gelenkwalze, *Trochlea humeri*. Seitlich oberhalb des Capitulum humeri liegt der *Epicondylus lateralis;* seitlich oberhalb der Trochlea humeri wölbt sich der *Epicondylus medialis* vor, auf dessen Rückseite in manchen Fällen eine flache Rinne, *Sulcus nervi ulnaris*, erkennbar ist.

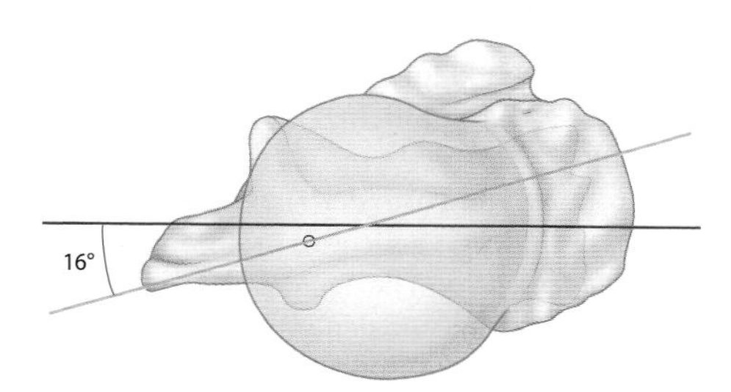

Abb. 4.102. Torsion des Humerus. Das proximale Humerusende ist gegenüber dem in die Frontalebene projizierten distalen Humerusende beim Erwachsenen um einen Winkel von ca. 16° nach dorsal »gedreht« (Retrotorsion). gelb: Verbindungslinie zwischen Humeruskopfmitte und Tuberculum majus rot: transversal durch die Epicondyli humeri laufende Linie

In Kürze

Abschnitte des Oberarmknochens (Humerus) von proximal nach distal:
- Humeruskopf (Caput humeri – proximale Epiphyse); Retrotorsion des Humeruskopfes
- anatomischer Humerushals (Collum anatomicum)
- proximale Apophysen: Tuberculum majus und Tuberculum minus mit Sulcus intertubercularis
- Humerusschaft (Corpus humeri) mit Sulcus nervi radialis und Tuberositas deltoidea
- distale Apophysen: Epicondylus medialis mit Sulcus nervi ulnaris und Epicondylus lateralis
- Anteile der Diaphyse: Collum anatomicum, Collum chirurgicum, Corpus humeri
- distaler Gelenkkörper (Condylus humeri – distale Epiphyse) mit Capitulum humeri, Trochlea humeri, Fossa olecrani, Fossa coronoidea und Fossa radialis

Unterarmknochen

Die **Speiche,** der *Radius,* ist ein Röhrenknochen mit zwei Epiphysen (Abb. 4.103). Seine proximale Epiphyse ist der Radiuskopf, *Caput radii*, mit 2 Gelenkflächen *(Fovea articularis, Circumferentia articula-*

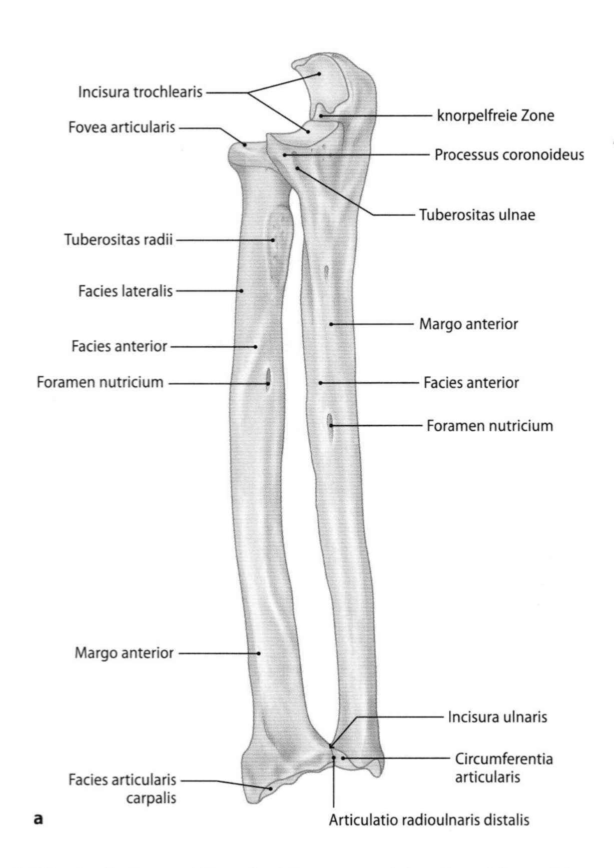

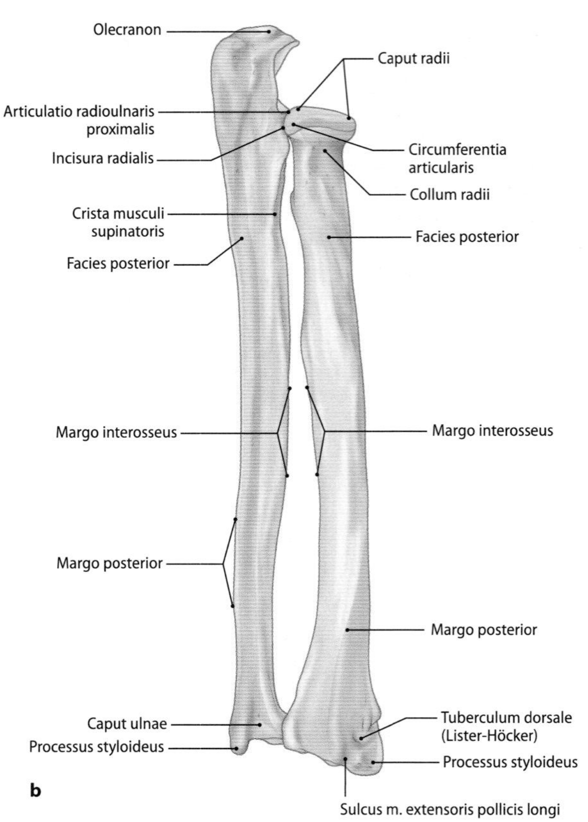

Abb. 4.103a, b. Radius und Ulna. Ansicht von vorn (**a**) und von hinten (**b**)

ris). Der kurbelförmig abgewinkelte Radiusschaft hat distal 3 Kanten *(Margines interosseus, anterior und posterior).*

Die **Elle,** *Ulna,* ist eine Röhrenknochen mit einer distalen Epiphyse (Abb. 4.103). Das Olecranon der Ulnazange ist eine Apophyse.

4.67 Frakturen an den Unterarmknochen

Frakturen an den Unterarmknochen entstehen beim Erwachsenen meistens am Radiuskopf, beim Kind im Bereich des Radiushalses. Der distale Speichenbruch ist der am häufigsten vorkommende Knochenbruch beim Sturz auf die dorsal extendierte Hand. An der Ulna kommen Frakturen im Bereich des Olecranon und des Schaftes vor.

In Kürze

Abschnitte der Unterarmknochen von proximal nach distal
Speiche (Radius):
- Radiuskopf (Caput radii – proximale Epiphyse) mit Fovea articularis und Circumferentia articularis
- Radiushals (Collum radii)
- Radiusschaft (Corpus radii) mit Tuberositas radii und Tuberositas pronatoria
- distale Epiphyse mit Incisura ulnaris, Facies articularis carpalis und Processus styloideus (gelegentlich eigenständige Apophyse)

Elle (Ulna):
- Olecranon (Apophyse) und Processus coronoideus mit Incisura trochlearis und Incisura radialis
- Tuberositas ulnae
- Ulnaschaft (Corpus ulnae) mit Crista musculi supinatoris
- Anteile der Diaphyse: Processus coronoideus, Tuberositas ulnae und Corpus ulnae
- Ulnakopf (Caput ulnae – distale Epiphyse) mit Circumferentia articularis und Processus styloideus (gelegentlich eigenständige Apophyse)

Handknochen (Ossa manus)

Die **Handwurzelknochen,** *Ossa carpi,* liegen in 2 Reihen (Abb. 4.104). Die Knochen der **proximalen Reihe** sind von radial nach ulnar das **Kahnbein,** *Os scaphoideum (Os naviculare),* das **Mondbein,** *Os lunatum,* und das **Dreiecksbein,** *Os triquetrum,* sowie als Sesambein das **Erbsenbein,** *Os pisiforme.* In der **distalen Reihe** liegen von radial nach ulnar das **große Vieleckbein,** *Os trapezium (Os multangulum majus),* das **kleine Vieleckbein,** *Os trapezoideum (Os multangulum minus),* das **Kopfbein,** *Os capitatum,* und das **Hakenbein,** *Os hamatum.*

Durch Anordnung und Form der Handwurzelknochen entsteht im Verband eine nach dorsal gerichtete Wölbung mit der palmaren Hohlhandrinne, *Sulcus carpi.* Die Ränder des Sulcus carpi werden ulnar durch das Os pisiforme und den *Hamulus ossis hamati* zur *Eminentia carpi ulnaris* sowie radial durch die *Tubercula ossis trapezii und ossis scaphoidei* zur *Eminentia carpi radialis* erhöht.

Als **Variante** kommen überzählige Handwurzelknochen, z.B. ein *Os centrale,* oder eine Verminderung aufgrund der Verschmelzung benachbarter Handwurzelknochen, *Coalitio* (angeborene Synostose), vor.

Abb. 4.104a, b. Rechtes Handskelett, Ansicht von dorsal (**a**) und palmar (**b**). In Abbildung **b** sind die den Sulcus carpi seitlich begrenzenden knöchernen Strukturen, die Lage der Gelenke der Hand sowie die Lagebeziehungen zwischen Skelett und den Hautfurchen am Übergang vom Unterarm zur Hohlhand markiert

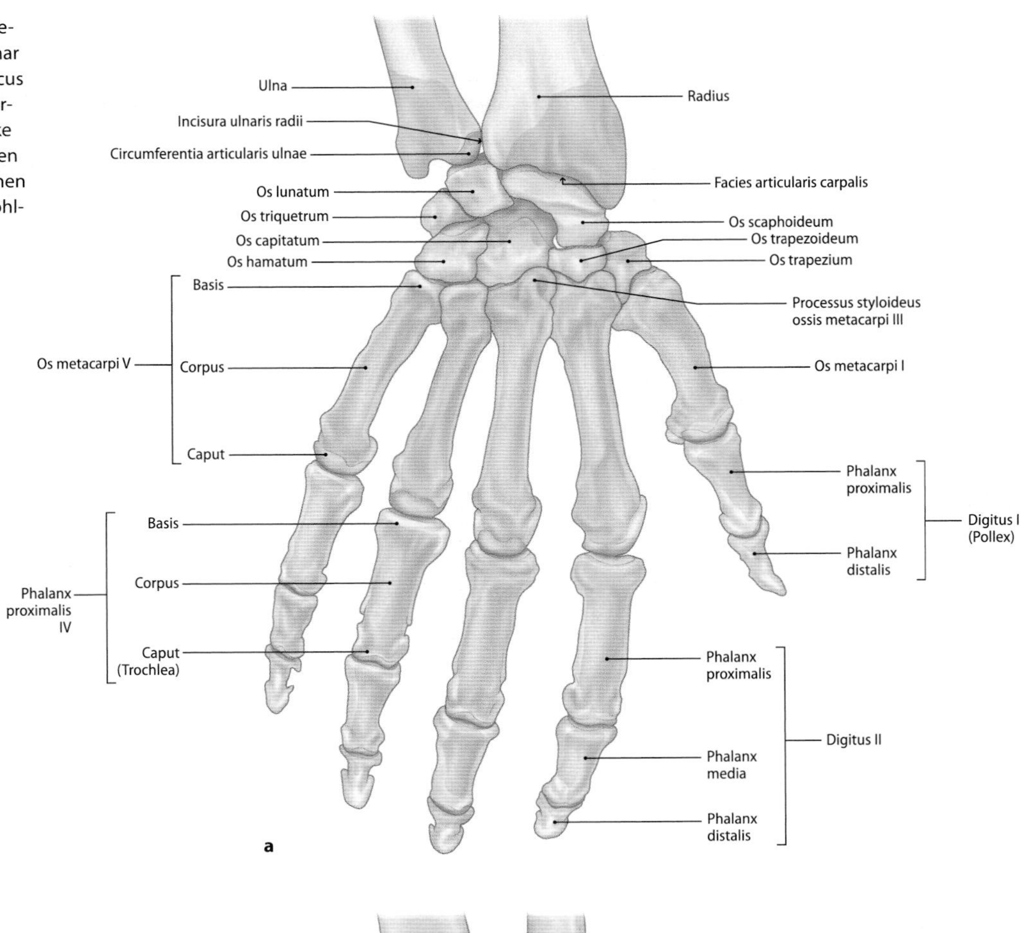

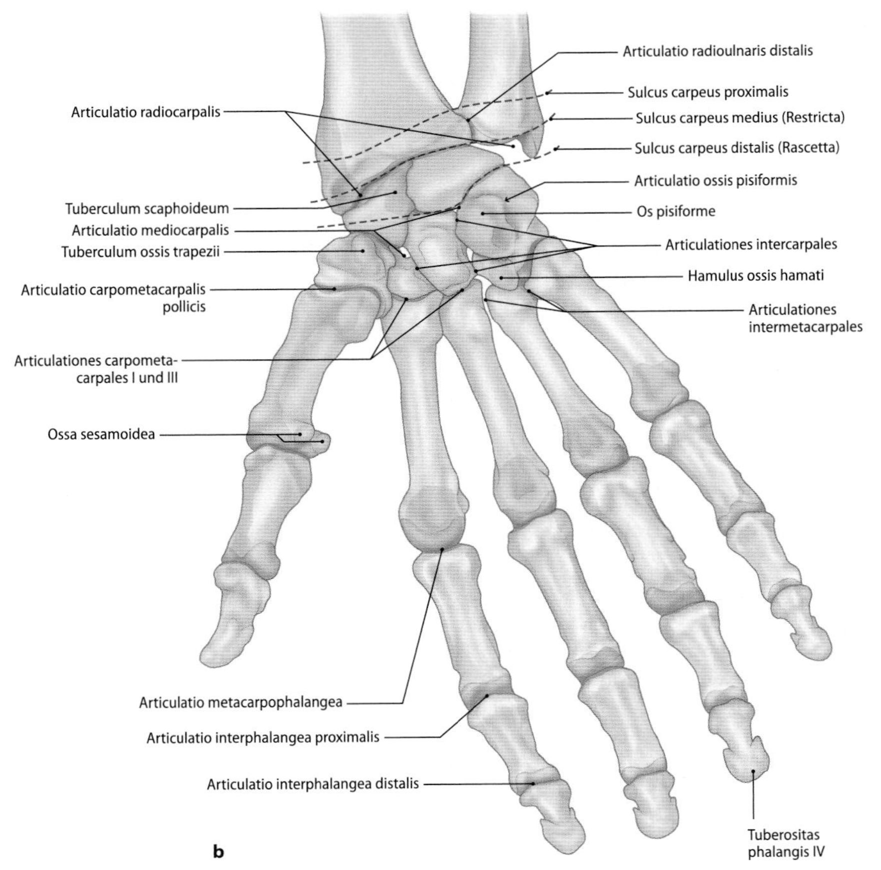

4

Die 5 **Mittelhandknochen,** *Ossa metacarpi I–V,* sind Röhrenknochen, an denen man einen Kopf, *Caput ossis metacarpi,* einen Schaft, *Corpus ossis metacarpi,* und eine Basis, *Basis ossis metacarpi,* unterscheidet.

Die **Knochen der Fingerglieder,** *Ossa digitorum (Phalanges)* sind kleine Röhrenknochen mit *Basis phalangis, Corpus phalangis* und *Caput phalangis* (◘ Abb. 4.104). Die Finger II–V haben eine Grundphalanx *(Phalanx proximalis),* eine Mittelphalanx *(Phalanx media)* und eine Endphalanx *(Phalanx distalis).* Der Daumen hat eine Grund- und eine Endphalanx.

4.68 Frakturen im Handbereich

Im Handbereich werden Frakturen an den Handwurzelnknochen (z.B. Kahnbeinbruch), den Mittelhandknochen und an den Phalangen beobachtet. Am Os lunatum wird eine Nekrose (Mondbeinnekrose, Kienböck-Erkrankung) beschrieben.

In Kürze

Handknochen (Ossa carpi)

- Handwurzelknochen (Ossa carpi):
  - **proximale Reihe:** Kahnbein (Os scaphoideum), Mondbein (Os lunatum),Dreiecksbein (Os triquetrum) und (als Sesambein) Erbsenbein (Os pisiforme)
  - **distale Reihe:** großes Vieleckbein (Os trapezium), kleines Vieleckbein (Os trapezoideum), Kopfbein (Os capitatum), Hakenbein (Os hamatum)
- Sulcus carpi
- Eminentia carpi ulnaris: Os pisiforme und Hamulus ossis hamati
- Eminentia carpi radialis: Tuberculum ossis trapezii und Tuberculum ossis scaphoidei

Mittelhandknochen (Ossa metacarpi I–V):

- Basis (Basis ossis metacarpi – Epiphyse des Os metacarpi I)
- Schaft (Corpus ossis metacarpi – Diaphyse)
- Kopf (Caput ossis metacarpi – Epiphyse der Ossa metacarpi II–V)

Fingerknochen Ossa digitorum (Phalanges):

- Grundphalanx (Phalanx proximalis)
- Mittelphalanx (Phalanx media)
- Endphalanx (Phalanx distalis)

Aufbau der Fingerknochen:

- Basis phalangis (Epiphyse)
- Corpus phalangis (Diaphyse)
- Caput phalangis

4.4.2 Entwicklung der Knochen

Die **Knochen der oberen Extremität** entwickeln sich wie die übrigen Skelettelemente des Primordialskeletts nach chondralem Verknöcherungsmodus mit Ausnahme des mittleren Bereichs der Clavicula. In der proximalen Epiphyse des Humerus tritt ein Knochernkern zwischen dem 12.–15. Lebensmonat auf. Die proximale Wachstumsfuge vereinigt sich mit den Apophysenfugen der Tubercula majus und minus und bildet mit diesen eine sog. sekundäre Wachstumsfuge, die zwischen dem 20. und 25. Lebensjahr mit dem Schaft verschmilzt. In der distalen Epiphyse treten mehrere Knochenkerne zwischem 1. (Capitulum humeri) und 12. (Trochlea humeri) Lebensjahr auf. Der Schluss der distalen Wachstumsfuge liegt zwischen 13.–16. Lebensjahr. Am Humerus trägt die proximale Epiphyse aufgrund ihres späten Epiphysenfugenschlusses mehr zum Längenwachstum bei als die sich früher schließende distale Wachstumsfuge.

Im Caput radii erscheint der Knochenkern zwischen 5.–7. Lebensjahr. Die proximale Wachstumsfuge schließt sich zwischen 14.–18. Lebensjahr. Der distale Epiphysenkern (▶ Kap. 1, ◘ Abb. 1.9) tritt zwischen 8.–16. Lebensmonat auf, die Verschmelzung mit dem Schaft erfolgt zwischen 21.–25. Lebensjahr.

Die Ulna hat proximal keine Epiphyse, das Olecranon ist eine Apophyse, deren Knochenkerne im 8.–12. Lebensjahr auftreten und zwischen dem 14.–18. Lebensjahr mit dem übrigen Bereich der Ulnazange verschmelzen. Der distale Epiphysenkern erscheint zwischen 5.–7. Lebensjahr (▶ Kap. 1, ◘ Abb. 1.9), die Verschmelzung mit dem Schaft erfolgt zwischen 20.–24. Lebensjahr. Das Längenwachstum von Ulna und Radius erfolgt überwiegend in den distalen Wachstumsfugen.

Der erste Knochenkern im Handwurzelskelett tritt im Os capitatum auf (▶ Kap. 1, ◘ Abb. 1.9), als letztes verknöchert das Os pisiforme am Ende des 1. Dezenniums. Die Mittelhandknochen II–IV haben nur eine distale Epiphyse (▶ Kap. 1,. Abb. 1.9), die Epiphyse des Os metacarpi I liegt proximal. Die Phalangen der Finger haben jeweils nur eine proximale Epiphyse.

4.4.3 Gelenke der oberen Extremität (Juncturae membris superioris)

Schultergürtelgelenke (Articulationes und Syndesmoses cinguli membri superioris)

Gelenke im Bereich des Schultergürtels

Diarthrosen:

- Articulatio sternoclavicularis
- Articulatio acromioclavicularis

Synarthrosen:

- Lig. coracoacromiale
- Lig. transversum scapulae superius (Lig. transversum scapulae inferius)
- Lig. costoclaviculare
- Lig. coracoclaviculare
  - Lig. trapezoideum
  - Lig. conoideum

Gleitlager:

- subakromiales Nebengelenk
- Schulterblatt-Thorax-Gelenk (skapulothorakale Gleitschicht)

Im Bereich der Schulter bilden die Schultergürtelgelenke, die Bandhaften des Schultergürtels, das Schultergelenk und die Gleitlager eine Funktionseinheit. Durch das Zusammenwirken aller Strukturen kann der Arm über die Horizontale erhoben werden, wodurch der »Verkehrsraum« für die alltäglichen Gebrauchsbewegungen geschaffen wird.

Mediales Schlüsselbeingelenk (Articulatio sternoclavicularis)

Der Schultergürtel ist mit dem Rumpf über eine Diarthrose, *Articulatio sternoclavicularis,* und über eine Bandhaft, *Lig. costoclaviculare,* gelenkig verbunden (◘ Abb. 4.105). In der *Articulatio sternoclavicularis* artikulieren die *Incisura clavicularis* des Sternum und die *Facies*

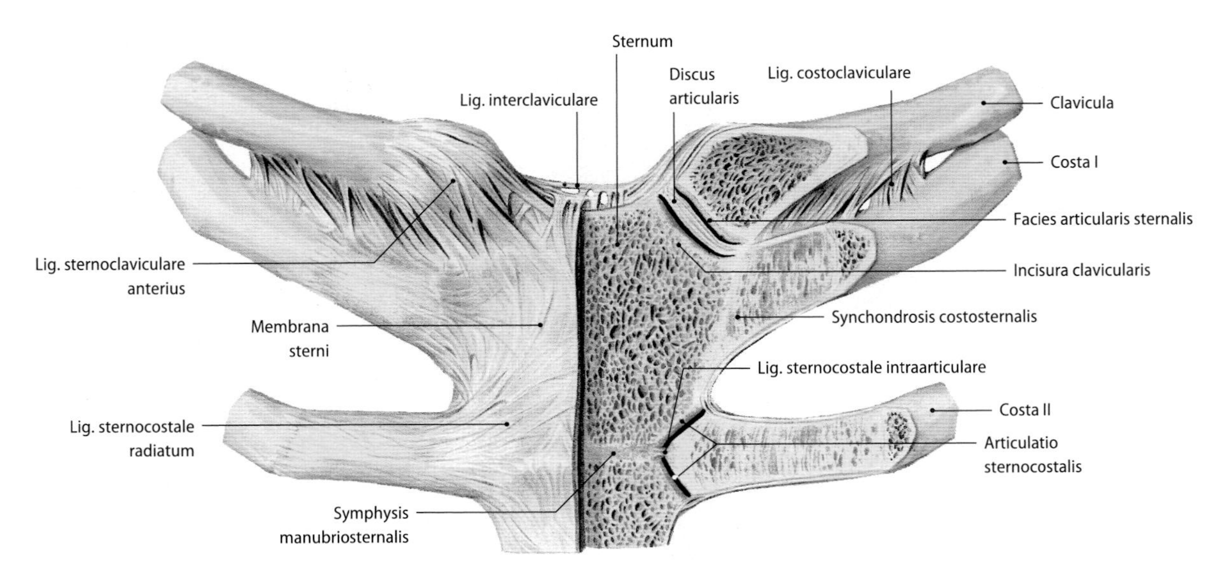

Abb. 4.105. Brustbein-Schlüsselbein-Gelenk (Articulatio sternoclavicularis) und Brustbein-Rippen-Gelenke (Articulationes sternocostales), Ansicht von ventral. Auf der linken Körperseite wurden die Gelenke durch einen Frontalschnitt freigelegt. Die erste Rippe artikuliert in Form einer Synarthrose mit dem Sternum (Synchondrosis costosternalis). Die zweite Rippe ist über eine Diarthrose mit dem Brustbein gelenkig verbunden (Articulatio sternocostalis). Auf der rechten Körperseite ist der Kapsel-Band-Apparat dargestellt [7]

articularis sternalis der Clavicula miteinander. Die sattelförmigen Gelenkflächen sind von Faserknorpel unterschiedlicher Dicke bedeckt. Die Inkongruenz der Gelenkkörper wird zum Teil durch einen mit der Gelenkkapsel verwachsenen *Discus articularis* ausgeglichen. Im Alter kommt es im mittleren, dünnen Bereich der Gelenkzwischenscheibe häufig zur Perforation. Die weite **Gelenkkapsel** wird auf der Vorderseite des Gelenkes durch das *Lig. sternoclaviculare anterius* und auf der Rückseite durch das *Lig. sternoclaviculare posterius* verstärkt. Die Gelenkkapseln beider Seiten sind über das *Lig. interclaviculare* miteinander verbunden. Lateral grenzt das *Lig costoclaviculare* an die Gelenkkapsel, das von der ersten Rippe nach lateral oben zur Impressio ligamenti costoclavicularis der Clavicula zieht. **Blutversorgung:** Äste aus der *A. thoracica interna.* **Innervation:** *Nn. supraclaviculares mediales* und *N. subclavius.*

Laterales Schlüsselbeingelenk (Articulatio acromioclavicularis)

Die von Faserknorpel bedeckten Gelenkflächen der *Articulatio acromioclavicularis* (Schultereckgelenk) sind die leicht gewölbte oder plane *Facies articularis acromialis* der Clavicula und die elliptische, leicht konkave *Facies articularis clavicularis* des Acromion scapulae (◘ Abb. 4.106). Die weite **Gelenkkapsel** wird kranial durch das *Lig. acromioclaviculare* sowie durch die Sehnen der Mm. trapezius und deltoideus verstärkt. Die Gelenkhöhle ist durch einen *Discus articularis* vollständig oder durch eine meniskusartige Gelenkzwischenscheibe unvollständig unterteilt. Funktionell steht die Bandverbindung zwischen Clavicula und Scapula, das *Lig. coracoclaviculare,* mit dem Akromioklavikulargelenk in enger Verbindung. Das Band besteht aus einem vorderen lateralen Teil, *Lig. trapezoideum,* und aus einem hinteren medialen Teil, *Lig. conoideum*. Zwischen den Bandanteilen liegt Fettgewebe oder ein Schleimbeutel, *Bursa ligamenti coracoclavicularis.* **Blutversorgung:** Aa. supraclavicularis und thoracoacromialis. **Innervation:** Nn. suprascapularis, pectoralis lateralis und supraclaviculares laterales.

Bandhaften des Schultergürtels

Zu den Bandhaften des Schultergürtels, gehören die *Ligg. coracoacromiale, transversum scapulae superius* und *transversum scapulae inferius.* Das *Lig. coracoacromiale* ist ein Verstärkungszug der Fascia supraspinata und verbindet Acromion und Processus coracoideus. Das Band ist bei muskelkräftigen Menschen eine zusammenhängende Bindegewebeplatte. Bei muskelschwachen Individuen ist es meistens V-förmig gespalten (◘ Abb. 4.108 und 4.109). Das **Schulterdach,** *Fornix humeri,* bilden:

- Lig. coracoacromiale
- Acromion und
- Processus coracoideus

Das *Lig. transversum scapulae superius* überbrückt die in ihrer Form variierende Incisura scapulae (► Kap. 25, ◘ Abb. 25.3). Das Faserknorpel enthaltende Band kann unvollständig oder vollständig verknöchern. Das inkonstante *Lig. transversum scapulae inferius* zieht von der Basis der Spina scapulae zum Scapulahals.

Mechanik

Die mechanisch miteinander gekoppelten Articulationes acromioclavicularis und sternoclavicularis sind an allen Bewegungen des Schultergürtels gemeinsam beteiligt.

Die sattelförmigen Gelenkflächen des **Sternoklaviulargelenkes** ermöglichen Bewegungen des Schlüsselbeins in der Horizontalebene nach ventral und dorsal sowie in der Frontalebene nach kranial und nach kaudal. Der dicke Gelenkknorpel auf den Sattelschenkeln und der Discus articularis ermöglichen der Clavicula einen dritten Freiheitsgrad in Form einer Rotation.

Das **Schultereckgelenk,** *Articulatio acromioclavicularis,* ist seiner Form nach ein planes Gelenk, das Translationsbewegungen nach ventral und dorsal sowie nach kranial und kaudal ermöglicht. Bewegungen des Schlüsselbeins nach vorn (Protraktion) werden durch das Lig. conoideum, Bewegungen nach hinten (Retraktion) durch das Lig. trapezoideum begrenzt. Die Form der Gelenkflächen und die Gelenkzwischenscheibe ermöglichen dem Akromioklavikulargelenk Rotationsbewegungen.

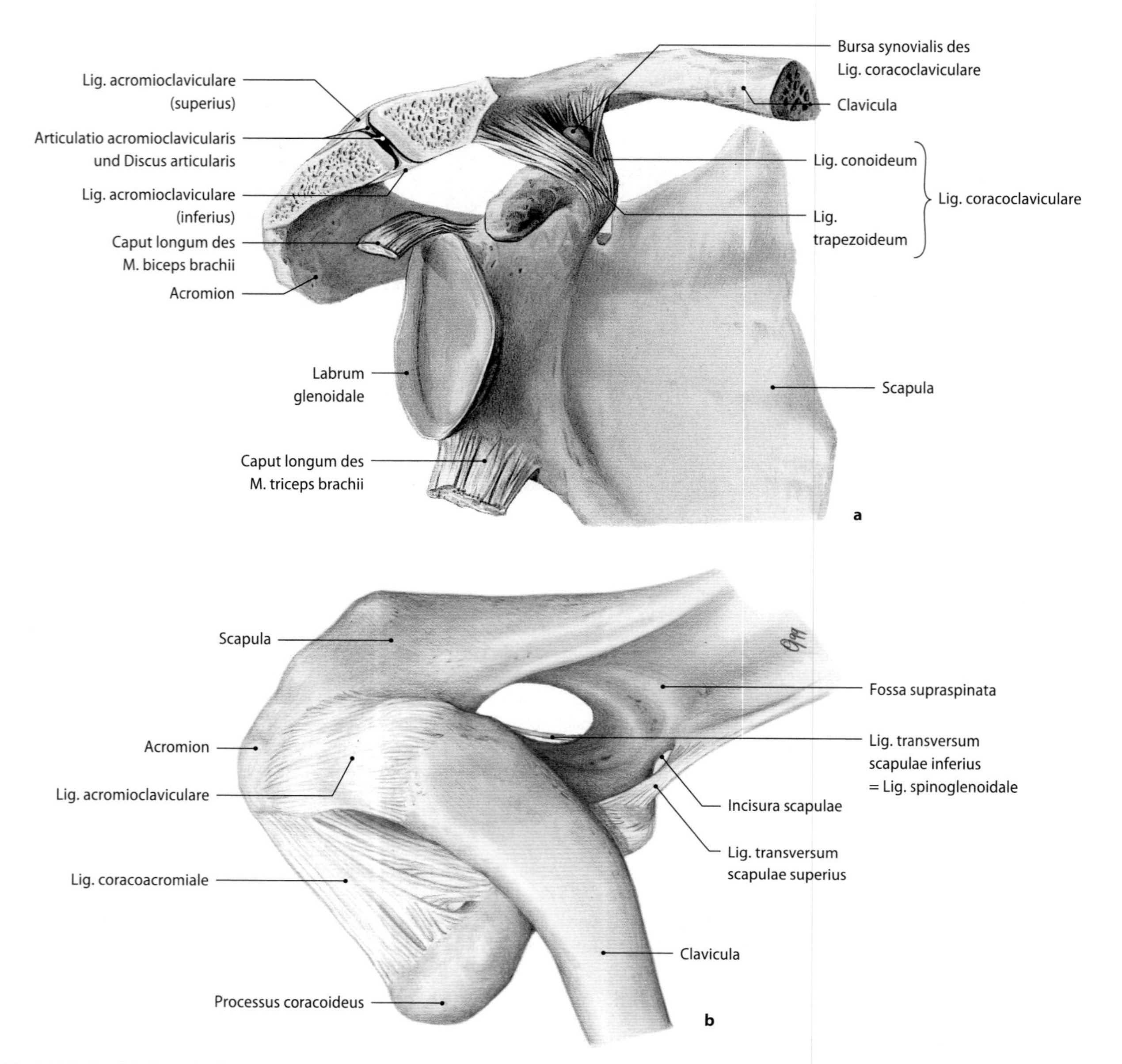

Abb. 4.106a, b. Schultereckgelenk (Articulatio acromioclavicularis) der rechten Seite. **a** Ansicht von ventral lateral. Das Schultereckgelenk wurde durch einen in der Sagittalebene geführten Schnitt eröffnet. Defekt des Discus articularis im zentralen Bereich. **b** Ansicht von oben [7]

Gleitlager der Schulter: Schulterblatt-Thorax- und subakromiales Nebengelenk

Als **Schulterblatt-Thorax-Gelenk** (skapulothorakale Gleitschicht) bezeichnet man den von lockerem Binde- und Fettgewebe ausgefüllten Raum zwischen M. serratus anterior und M. subscapularis. Das Gleitlager aus Binde- und Fettgewebe gewährleistet die freie Verschieblichkeit der in den Schlingen der Schultergürtelmuskeln aufgehängten Scapula auf dem Thorax nach kranial und nach kaudal sowie nach dorsomedial und nach ventrolateral. Die Drehung des Schulterblattes im Schulterblatt-Thorax-Gelenk in der Frontalebene um eine sagittale Achse schafft die Voraussetzung für die Elevation des Armes über die Horizontalebene. Dabei schwenkt der Angulus inferior scapulae sichtbar um ca. 60° nach lateral, und die Cavitas glenoidalis dreht sich aus der Sagittalebene in eine nahezu horizontale Position (Abb. 4.123a). Diese durch die Drehung der Scapula erwirkte Stellungsänderung der Schultergelenkpfanne ermöglicht dem Schultergelenk Bewegungen oberhalb der Horizontalebene (▶ Schultergelenk).

Das **subakromiale Nebengelenk** wird vom Schleimbeutelgleitlager der *Bursa subacromialis* und der *Bursa subdeltoidea* gebildet (Abb. 4.127 und 4.109). Die *Bursa subacromialis* liegt im *Spatium subacromiale*, einem osteofibrösen Raum zwischen Fornix humeri und den Ansatzsehnen der Muskeln der Rotatorenmanschette. Die beiden Schleimbeutel sind meistens miteinander verschmolzen und bilden die Gelenkhöhle des subakromialen Nebengelenkes. In ihm gleitet bei Elevation des Armes über die Horizontale der von den Sehnen der Rotatorenmanschette bedeckte Humeruskopf mit dem Tuberculum majus unter das Schulterdach.

4.69 Enpasssyndrome im Bereich der Schultergürtelgelenke

Der subakromiale Raum kann z.B. bei der Tendinosis calcarea zum Engpass für die Ansatzsehne des M. supraspinatus werden (sog. Impingement-Syndrom). Bei Elevation des Armes in der Frontalebene gibt der Patient Schmerzen im Schulterbereich bei einem Abduktionswinkel zwi-

▼

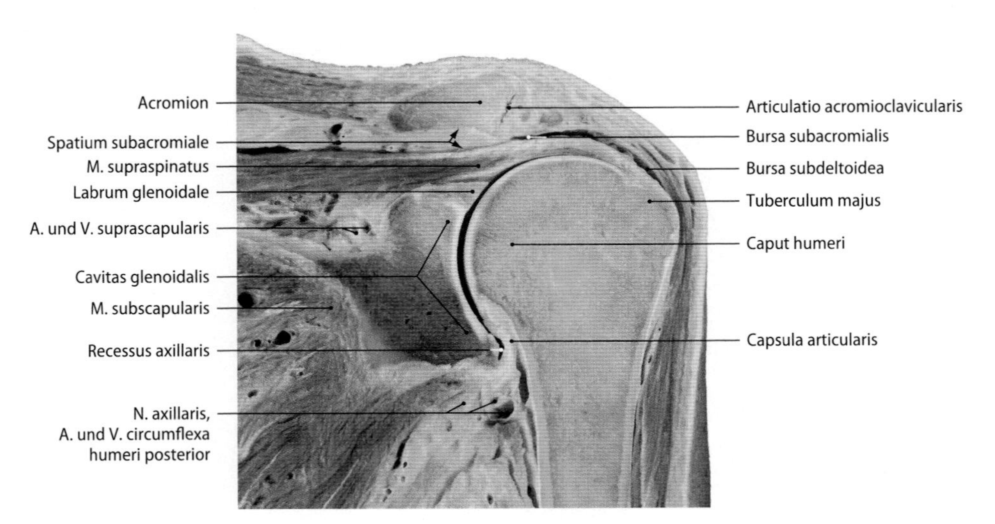

Abb. 4.107. Frontalschnitt durch eine linke Schulter, Ansicht der hinteren Schnittfläche. Darstellung des Schulter- und subakromialen Nebengelenkes. Man beachte die Bursa subacromialis und den Verlauf der Ansatzsehne des M. supraspinatus im Spatium subacromiale [7]

schen ca. 60 und 120° an (schmerzhafter Bogen). In dieser Phase gleiten Supraspinatussehne und Tuberculum majus am Schulterdach entlang. Beim Supraspinatusengpasssyndrom hat die Spaltung des Lig. coracoacromiale einen dekomprimierenden Effekt.

In Kürze

Bewegungen in den Schultergürtelgelenken (Sternoklavikular- und Akromioklavikular-Schultereck-Gelenk

- **Frontalebene:** Heben (Elevation) und Senken (Depression) der Schulter
- **Transversalebene:** Führen der Schulter nach ventral (Protrusion) und nach dorsal (Retraktion)
- Drehung des Schlüsselbeins um eine transversale Achse

Führung und Hemmung der Bewegungen durch Bänder:
Ligg. interclaviculare, costoclaviculare und coracoclaviculare

Elevation des Armes über die Horizontale nur mit Hilfe der Gleitlager (subakromiales Nebengelenk und Schulterblatt-Thorax-Gelenk) möglich.

Gelenke der freien oberen Extremität (Articulationes und Syndesmoses membri superioris liberi)

Schultergelenk (Articulatio humeri)

Im Schultergelenk, *Articulatio humeri (glenohumeralis)* (Abb. 4.107) artikuliert die konkave *Cavitas glenoidalis* der Scapula mit dem kugelförmigen *Caput humeri.* Die Gelenkfläche des Humeruskopfes ist etwa 3–4-mal größer als die der Schulterpfanne. Die Cavitas glenoidalis wird durch die an ihrem knöchernen Rand verankerte **Gelenklippe,** *Labrum glenoidale (Limbus)* vergrößert und vertieft (Abb. 4.109). Das weitgehend dreieckige Labrum glenoidale besteht größtenteils aus straffem Bindegewebe. In der dem Humeruskopf anliegenden Fläche und an der Basis kommt Faserknorpel vor. Die Ursprungssehne des langen Bizepskopfes beteiligt sich in variabler Weise am Aufbau des Labrum glenoidale. Im vorderen mittleren Gelenkpfannenabschnitt ist das Labrum glenoidale meistens niedriger und abgerundet, es ragt oft frei in die Gelenkhöhle. Vom Labrum glenoidale können sich meniskoide Falten auf die Gelenkfläche legen. Der äußere Bereich des Labrum glenoidale ist mit Blutgefäßen versorgt.

Gelenkkapsel und Bänder. Die Membrana synovialis der weiten **Schultergelenkkapsel** entspringt größtenteils an der Spitze des Labrum glenoidale. Die Membrana fibrosa ist am Scapulahals und an der äußeren Basis des Labrum glenoidale verankert. Im vorderen Bereich fehlt die Anheftung der Gelenkkapsel an der Gelenklippe häufig, so dass ein Recessus zwischen Labrum glenoidale, Scapulahals und der Ansatzsehne des M. subscapularis entsteht (Abb. 4.109). Am Humerus inseriert die Membrana synovialis an der Knorpelknochengrenze, die Membrana fibrosa ist im angrenzenden Knochen des Collum anatomicum verankert (Verhalten im Bereich des Sulcus intertubercularis, s. unten). Über die Membrana fibrosa der Schultergelenkkapsel inserieren die Muskeln der Rotatorenmanschette am Humerus. Die Kapsel ist auf der Rückseite des Gelenkes sehr dünn. Auf der Vorderseite wird die Gelenkkapsel durch variabel gestaltete **Bänder,** *Ligg. glenohumeralia superius, medius und inferius*, verstärkt, die bei alten Menschen häufig sehr schwach entwickelt sind (Abb. 4.108).

Das mit der Ansatzsehne des M. subscapularis verwachsene mittlere Glenohumeralband wirkt einer Translation des Humerus nach vorn entgegen. Das untere Glenohumeralband besteht meistens aus einem vorderen und aus einem hinteren Schenkel, zwischen denen sich die Gelenkkapsel zum *Recessus axillaris* ausweitet (Abb. 4.109). Zwischen der Sehneneinstrahlung des M. supraspinatus und des M. subscapularis (sog. Rotatorintervall) wird die Gelenkkapsel vom *Lig. coracohumerale* verstärkt, das von der Basis und vom lateralen Rand des Processus coracoideus entspringt und an den Tubercula majus und minus inseriert. Es überbrückt den proximalen Abschnitt des Sulcus intertubercularis.

Die große **Gelenkhöhle** des Schultergelenkes erweitert sich distal zum Recessus axillaris, der als Reservefalte dient (Abb. 4.108). Zwischen oberem und mittlerem Glenohumeralband steht die Gelenkhöhle über das *Foramen Weitbrecht* mit der *Bursa subtendinea musculi subscapularis* in Verbindung, die häufig mit der *Bursa subcoracoidea* kommuniziert (Abb. 4.109). Durch die Schultergelenkhöhle zieht die Ursprungssehne des langen Bizepskopfes zum Sulcus intertubercularis, in dem sie von der *Vagina tendinis intertubercularis* umscheidet wird. Die 2–5 cm lange Sehnenscheide ist eine Recessus der Gelenkhöhle, der sich bis zum Ende des Sulcus intertubercularis ausdehnt. Die lange Bizepssehne und ihre Sehnenscheide werden im Sulcus intertubercularis vom *Lig. transversum humeri* und von dem am Tuberculum majus inserierenden Anteil des M. subscapularis überbrückt. Weitere gelenknahe Schleimbeutel sind die *Bursae sub-*

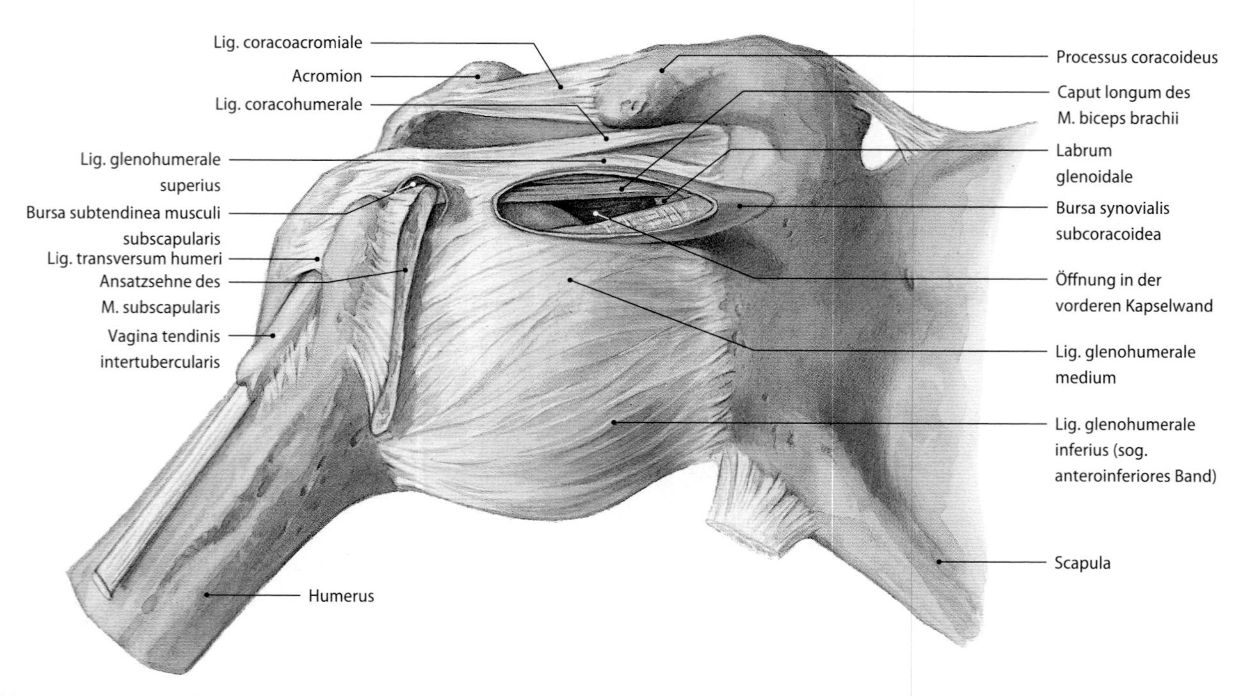

Abb. 4.108. Kapsel-Band-Apparat des rechten Schultergelenkes, Ansicht von vorn [7]

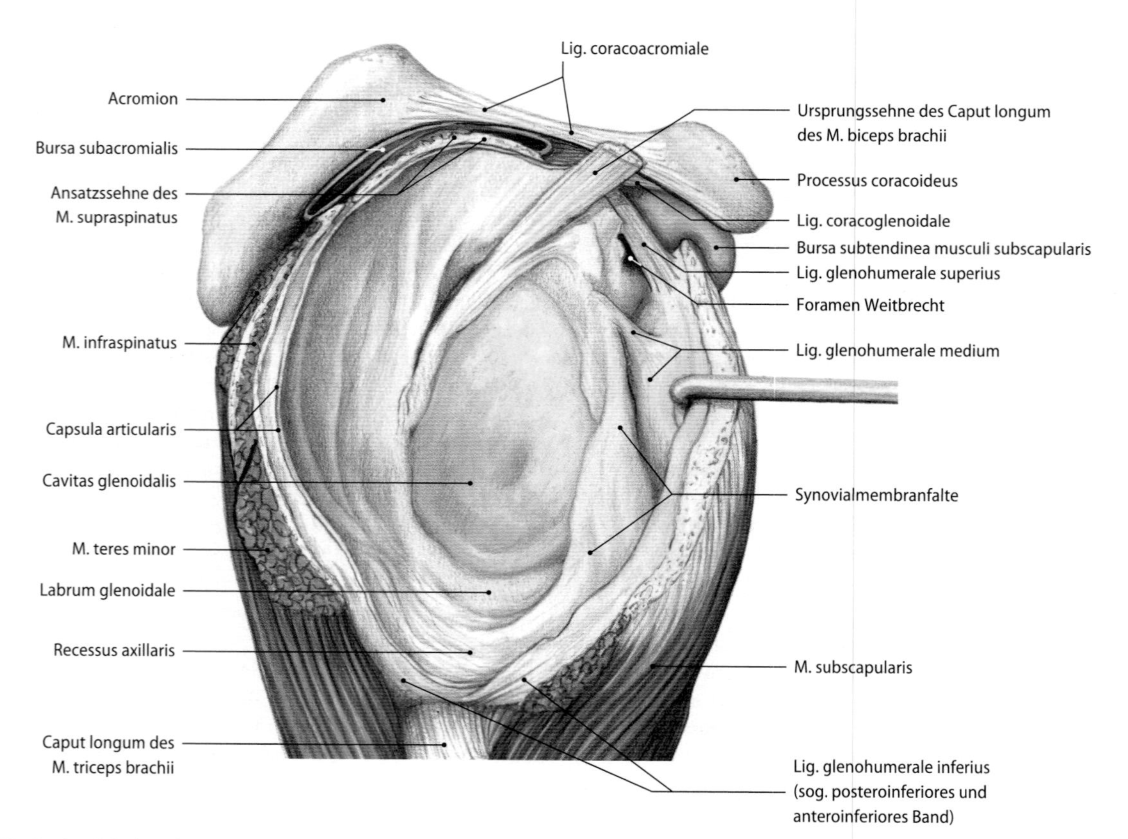

Abb. 4.109. Rechte Schulterpfanne, Ansicht von lateral. Fornix humeri (Processus coracoideus, Lig. coracoacromiale und Acromion), Bursa subacromialis und die Ansatzsehne des M. supraspinatus bilden das subakromiale Nebengelenk. Man beachte den Ursprung der langen Bizepssehne am Labrum glenoidale, die Verbindung zwischen Schultergelenkhöhle und Bursa subtendinea musculi subscapularis (Foramen Weitbrecht) sowie den Recessus zwischen Labrum glenoidale und der Ansatzsehne des M. subscapularis [7]

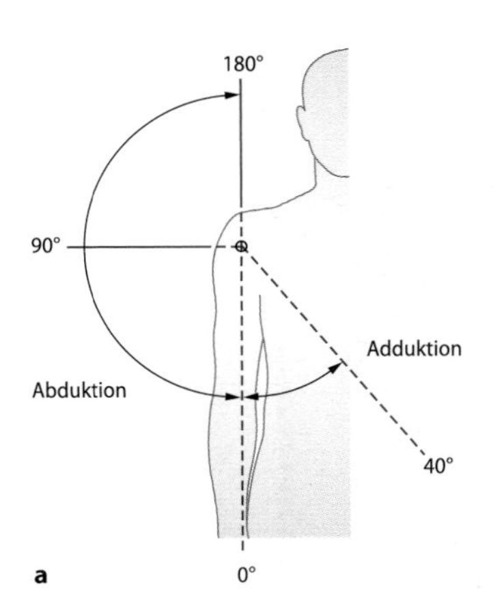

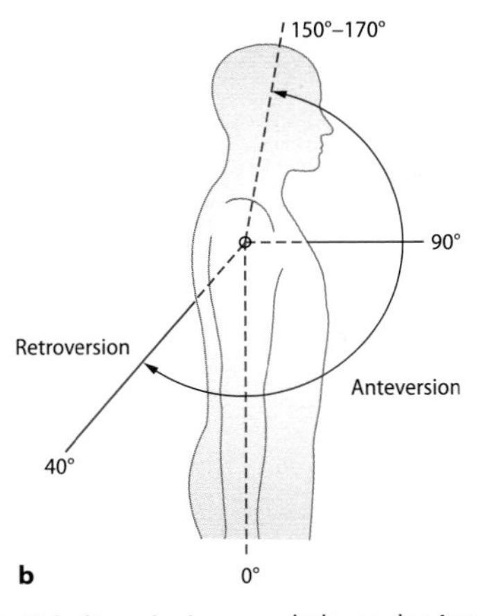

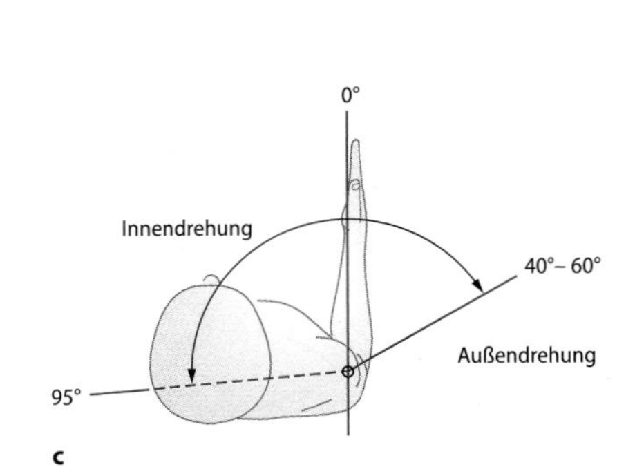

Abb. 4.110a–c. Bewegungen und Bewegungsmaße im Schultergelenk allein und gemeinsam mit den Schultergürtelgelenken. **a** Abduktion und Adduktion. **b** Flexion und Extension: Bei fixiertem Schultergürtel sind eine Abduktion oder eine Flexion im Schultergelenk theoretisch bis ca. 90° möglich. Unter Beteiligung der Schultergürtelgelenke kann der Arm um 150° bis 170° nach ventral und lateral eleviert werden. Eine darüber hinausgehende Elevation in der Frontalebene bis zu ca. 180° ist nur bei gleichzeitiger Außendrehung des Armes im Schultergelenk sowie durch eine Streckung und Neigung der Wirbelsäule zur kontralateralen Seite möglich. Eine Adduktion kann aus der Neutral-0-Stellung bei vor dem Körper geführtem Arm um ca. 45° ausgeführt werden, der hinter dem Körper geführte Arm lässt sich nur um wenige Grad adduzieren. **c** Innendrehung (ca. 70°) und Außendrehung (ca. 60°) des Armes im Schultergelenk werden bei gebeugtem Ellenbogengelenk gemessen. Siehe auch Tab. 4.21 [10]

tendinea m. infraspinati, m. coracobrachialis, subtendinea m. teretis majoris und subtendinea m. latissimus dorsi. **Blutversorgung:** Aa. circumflexae humeri anterior und posterior sowie Äste der Aa. suprascapularis und thoracoacromialis. **Innervation:** Nn. suprascapularis, axillaris, pectoralis lateralis und subscapularis.

Mechanik. Das Schultergelenk gehört nach der Form seiner Gelenkkörper zu den Kugelgelenken. Aufgrund der Abweichung der Krümmungsradien von Humeruskopf und Schultergelenkpfanne beobachtet man außer dem Bewegungsmodus der **Rotation** auch geringe **Abroll-** und **Translationsbewegungen.** Übereinkunftsgemäß beschreibt man nach der räumlichen Anordnung der Schultergelenkmuskeln die Bewegungen aus der Neutral-0-Stellung um 3 Hauptbewegungsachsen (Abb. 4.110):

- Flexion und Extension um eine transversale Achse
- Abduktion und Adduktion um eine sagittale Achse
- Innendrehung und Außendrehung um eine vertikale (in Längsrichtung des Armes verlaufende) Achse.

Bei den alltäglichen Bewegungen im Schulterbereich werden im Schultergelenk allein keine eigenständigen Bewegungen ausgeführt, es kommt bereits in der Initialphase zu einer Mitbewegung in den Schultergürtelgelenken und in den Gleitlagern der Schulter. Als Zirkumduktion bezeichnet man das Herumführen des Armes unter Ausnutzung der Einzelbewegungsmöglichkeiten.

Die ausgiebige, freie Beweglichkeit des Schultergelenkes ist Folge der Diskrepanz zwischen Gelenkkopf und Gelenkpfanne. Aufgrund der flachen Gelenkpfanne fehlt dem Schultergelenk eine knöcherne Führung. Das Labrum glenoidale und die kapselverstärkenden Bänder tragen zur Stabilisierung des Gelenkes bei. Das Schultergelenk wird primär muskulär geführt. Wichtige Stabilisatoren sind die Muskeln der Rotatorenmanschette und der M. deltoideus (4.70).

4.70 Schultergelenkluxationen

Das Schultergelenk ist aufgrund der fehlenden knöchernen Führung vergleichsweise oft von Luxationen betroffen. Am häufigsten luxiert der Humeruskopf nach vorn oder nach vorn unten in den nicht bandverstärkten Bereich des Recessus axillaris, selten nach hinten. Als Folge der Luxation beobachtet man Abrisse der Gelenklippe und des Kapselansatzes im vorderen Bereich (Bankart-Läsion) sowie eine Impressionsfraktur im hinteren Abschnitt des nach vorn luxierten Humeruskopfes (Hill-Sachs-Läsion).

In Kürze

Schultergelenk (Articulatio humeri, Cavitas glenoidalis und Caput humeri)

Kugelgelenk mit **3 Achsen:**

- transversale Achse: Flexion und Extension
- sagittale Achse: Abduktion und Adduktion
- vertikale Achse: Außendrehung und Innendrehung

Muskuläre Gelenkführung:

- M. deltoideus
- Muskeln der Rotatorenmanschette

Bandführung durch Glenohumeralbänder und Lig. coracohumerale.

Wichtige **intraartikuläre Strukturen:**

- Labrum glenoidale
- Ursprungssehne des langen Bizepskopfes
- Eingang in die Bursa (Recessus) subtendinea musculi subscapularis (Foramen Weitbrecht)

Ellenbogengelenk (Articulatio cubiti)

Das Ellenbogengelenk, *Articulatio cubiti,* ist ein zusammengesetztes Gelenk, in dem Humerus, Radius und Ulna in den von einer gemeinsamen Gelenkkapsel eingeschlossenen *Articulationes humeroulnaris, humeroradialis* und *radioulnaris proximalis* miteinander artikulieren (Abb. 4.111 und 4.112). Das Ellenbogengelenk ist in die Funktionen der oberen Extremität in der Weise integriert, dass die Kraftentfaltung des Armes für die Gebrauchsbewegungen durch die Beugung im Ellenbogengelenk mechanisch günstig beeinflusst wird.

4.71 Ageborene Deformitäten des Ellenbogengelenkes

Im Ellenbogengelenk kommen angeborene Deformitäten (z.B. Cubitus varus, Cubitus valgus, Luxationen) sowie angeborene Synostosen zwischen Radius und Ulna vor.

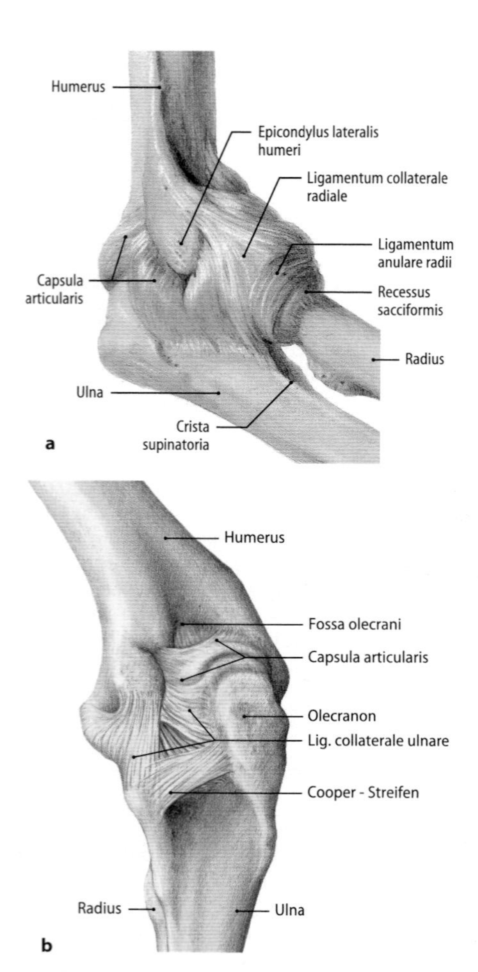

Abb. 4.111a, b. Rechtes Ellenbogengelenk. Darstellung des Kapsel-Band-Apparates in der Ansicht von hinten medial (**b**) und von lateral (**a**) ([7]

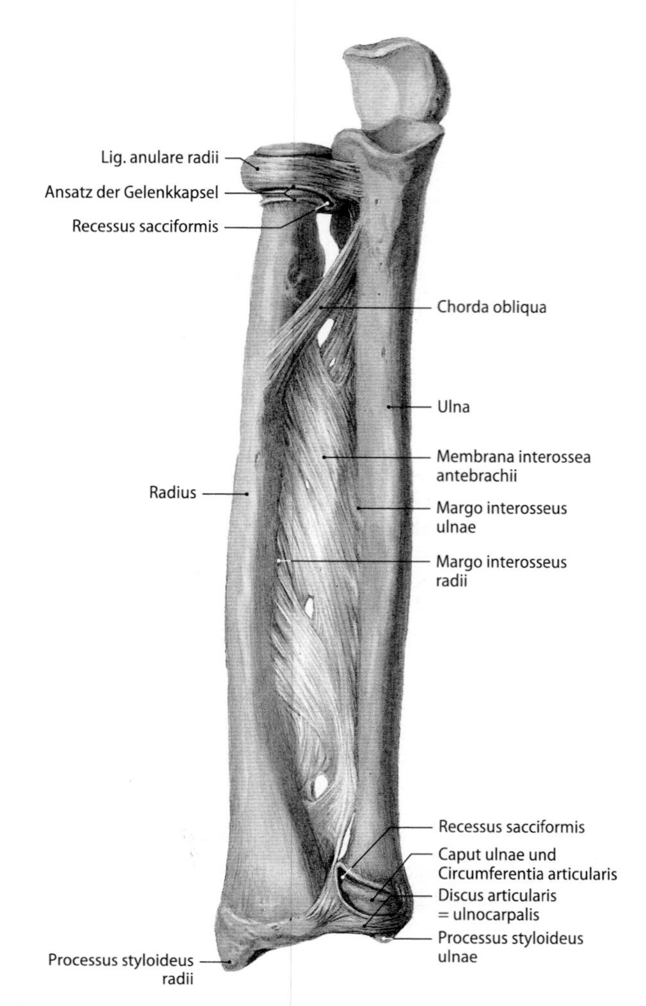

Abb. 4.112. Proximales und distales Radioulnargelenk sowie Membrana interossea antebrachii der rechten Seite, Ansicht von vorn [7]

Oberarmknochen-Ellen-Gelenk (Articulatio humeroulnaris). In der Articulatio humeroulnaris, artikulieren *Trochlea humeri* und *Incisura trochlearis ulnae* miteinander (Abb. 4.101a und 4.103a). Die Trochlea humeri hat die Form eines Doppelkegels, dessen radialer Kegel kürzer ist als der ulnare. Den Übergang zwischen Trochlea und Capitulum humeri bildet eine nach radial abfallende Rinne, *Sulcus capitulotrochlearis*. Die Oberarmrolle wird von der zangenförmigen *Incisura trochlearis ulnae* in der Weise umfasst, dass sich die Führungsleiste der Ulnazange in die Rinne der Trochlea humeri senkt. Eine zusammenhängende Gelenkfläche, wie sie bei Kindern die Regel ist, kommt beim Erwachsenen in der Ulnazange selten vor: in ca. 2/3 der Fälle ist die Gelenkfläche vollständig und in ca. 1/3 unvollständig geteilt (Abb. 4.103a).

Oberarmknochen-Speichen-Gelenk (Articulatio humeroradialis). Gelenkkörper der *Articulatio humeroradialis,* sind das *Capitulum humeri* und die *Fovea articularis radii* (Abb. 4.101a und 4.103). Die Oberflächenkontur des Humerusköpfchens entspricht Kugelausschnitten unterschiedlicher Krümmungsradien. Die ovale Gelenkgrube des Radiuskopfes ist leicht konkav. Die Fovea articularis radii geht ulnar in die sichelförmige *Lunula obliqua* über, die mit dem *Sulcus capitulotrochlearis* des Humerus im sog. Übergangsgelenk in Kontakt tritt.

4.72 Luxation des Radiusköpfchens

Durch kräftigen Zug am ausgestreckten Arm kann das Radiusköpfchen bei Kindern luxieren (Pronatio dolorosa, Chassaignac-Pseudolähmung, »nurse elbow«).

Speichen-Ellen-Gelenk (Articulatio radioulnaris proximalis). Im proximalen Speichen-Ellen-Gelenk artikulieren die *Circumferentia articularis radii*, die *Incisura radialis ulnae* und das *Lig. anulare radii* miteinander (Abb. 4.112). Die rhombenförmige oder dreieckige Incisura radialis ulnae entspricht in ihrer Oberflächenkontur dem Ausschnitt eines Hohlzylinders. Der Radiuskopf hat in Höhe seiner Circumferentia articularis einen elliptischen Umriss. Das Lig. anulare radii ist am vorderen und hinteren Rand der Incisura radialis ulnae angeheftet und umgibt ca. 4/5 des Radiuskopfes. In dem der Incisura radialis ulnae gegenüberliegenden Abschnitt werden Druckkräfte zwischen Ringband und Circumferentia articularis radii übertragen; diese Zone des Bandes besteht aus Faserknorpel.

Gelenkkapsel und Bänder. Auf der Vorderseite entspringt die vom M. brachialis bedeckte Gelenkkapsel (Abb. 4.111a) oberhalb der Fossa coronoidea und der Fossa radialis. Die Epicondyli humeri liegen extrakapsulär. Hinten entspringt die Kapsel in der Mitte der Fossa olecrani und nahe der Knorpel-Knochen-Grenzen des Olecranon (Abb. 4.111b). Das Ringband ist in die Kapsel integriert, von seinem Unterrand zieht die Gelenkkapsel noch ca. 1 cm weit nach distal zum Radiushals. Auf diese Weise entsteht der *Recessus sacciformis*, der als Reservefalte für die Umwendbewegungen dient. Auf der Vorder- und Rückseite wird die weite Gelenkkapsel durch schräg- und längsverlaufende Bandzüge, **seitlich** durch die **Kollateralbänder** verstärkt.

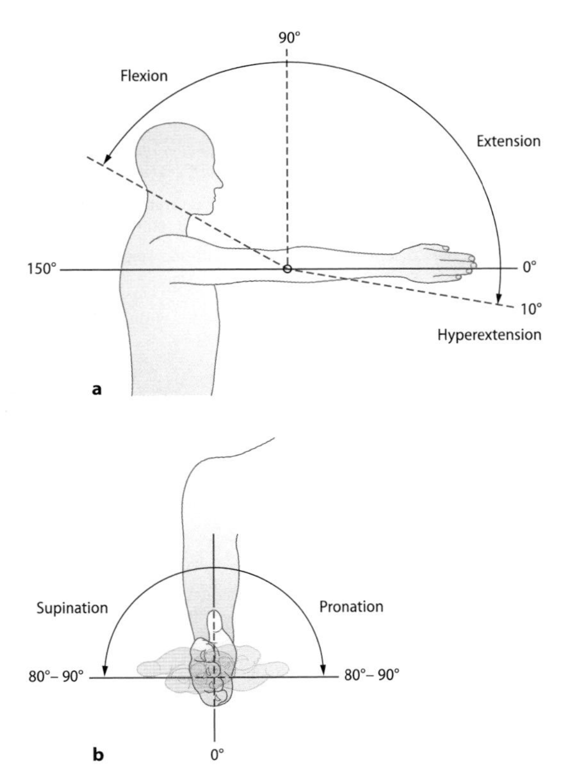

Abb. 4.113a, b. Bewegungen und Bewegungsausmaße. **a** im Ellenbogengelenk, **b** im proximalen und distalen Radioulnargelenk; Tab. 4.23 [10]

Das dreieckige *Lig. collaterale ulnare* entspringt am Epicondylus medialis humeri und zieht fächerförmig mit einem kräftigen vorderen Schenkel zum Processus coronoideus und mit einem hinteren Zügel zum Olecranon der Ulna. Die beiden Anteile sind durch einen queren Bandzug, *Pars transversa* (Cooper-Streifen), verbunden. Das *Lig. collaterale radiale* zieht vom Epicondylus lateralis humeri in 2 Schenkeln in den vorderen und hinteren Teil des Lig. anulare radii und inseriert über das Ringband am Vorder- und Hinterrand der Incisura radialis ulnae. Das radiale Kollateralband hat keine Anheftung am Radius, es dient einem Teil der Extensoren des Unterarmes als Ursprung. Als *Lig. quadratum* bezeichnet man ein inkonstantes Band, das vom Unterrand der Incisura radialis ulnae zum Radiushals zieht. In die weit verzweigte **Gelenkhöhle** des Ellenbogengelenkes ragen variabel ausgebildete Synovialmembranfalten in die Komplementärräume. **Schleimbeutel** in der Umgebung des Ellenbogengelenkes sind die *Bursae subtendinea m. tricipitis brachii, subcutanea olecrani* und *intratendinea olecrani*, sowie die Schleimbeutel im Bereich der Ansatzsehne des M. biceps brachii, *Bursae bicipitoradialis* und *cubitalis interossea*. **Blutversorgung:** Rete articulare cubiti über die Aa. collaterales ulnaris superior und inferior sowie über die Aa. collateralis radialis und collateralis media. **Innervation:** Nn. musculocutaneus, radialis, medianus und ulnaris.

Mechanik. Das Humeroulnargelenk ist seiner Form nach ein knöchern geführtes Scharniergelenk, in dem das Ellenbogengelenk um eine transversale Achse gebeugt und gestreckt werden kann. Da der Radius über das Lig. anulare radii an die Ulna gefesselt ist, wird das Humeroradialgelenk zwangsläufig an die Flexions- und Extensionsbewegungen des Humeroulnargelenkes gekoppelt. Bei Flexion und Extension werden Humeroradial- und Humeroulnargelenk durch die Kollateralbänder geführt. Aufgrund der dreieckigen Form der Bänder ist in jeder Gelenkstellung ein Teil der Kollateralbänder gespannt.

Das Ellenbogengelenk kann bis ca. 150° gebeugt werden, sofern nicht vorher eine Weichteilhemmung eintritt. Eine Streckung aus der Neutral-0-Stellung ist beim Erwachsenen meistens nicht möglich. Bei Kindern oder Frauen kann individuell der Arm so weit »überstreckt« werden (bis zu 15°), bis das Olecranon in der Fossa olecrani anschlägt (Knochenhemmung).

4.73 Osteochondrosis dissecans des Ellenbogengelenkes
Besonders bei Jugendlichen kann im Ellenbogengelenk eine Osteochondrosis dissecans mit Bildung freier Gelenkkörper vorkommen.

In Kürze

Ellenbogengelenk (Articulatio cubiti): zusammengesetztes Gelenk mit 3 Gelenkanteilen: Articulationes humeroulnaris, humeroradialis und radioulnaris proximalis.
Funktion:
- Beugung und Streckung um eine transversale Achse durch Humeroulnar- und Humeroradialgelenk
- knöcherne Gelenkführung (Humeroulnargelenk)
- Bandführung durch Kollateralbänder

Gelenkverbindungen zwischen Radius und Ulna

In den Gelenkverbindungen zwischen Radius und Ulna *(Articulationes radioulnaris proximalis und radioulnaris distalis)* werden die Umwendbewegungen des Unterarmes, *Pronation* und *Supination*, ausgeführt, bei denen die Hand »mitgeführt« wird.

Proximales Speichen-Ellen-Gelenk (Articulatio radioulnaris proximalis). Siehe oben.

Distales Speichen-Ellen-Gelenk (Articulatio radioulnaris distalis). Im distalen Speichen-Ellen-Gelenk artikulieren die *Incisura ulnaris radii* und die *Circumferentia articularis ulnae* miteinander (Abb. 4.112 und 4.114). Die halbmondförmige Gelenkfläche der Incisura ulnaris radii entspricht in ihrer Oberflächenkrümmung einem Zylinderausschnitt. Die Circumferentia articularis ulnae dehnt sich distal auf die Unterfläche des Caput ulnae aus, die mit dem *Discus articularis* des proximalen Handgelenkes *(Discus ulnocarpalis)* in Kontakt steht. Der Discus articularis, der eine wichtige Führungsfunktion für das distale Radioulnargelenk hat, zieht vom distalen Rand der Incisura ulnaris radii zur Spitze und zur radialen Seite des *Processus styloideus* der Ulna. An der Gelenkführung beteiligen sich außerdem Bänder auf der dorsalen und palmaren Seite zwischen Radius und Ulna *(Lig. radioulnare dorsale* und *Lig. radioulnare palmare)* (Abb. 4.115). Die **Gelenkkapsel** des distalen Radioulnargelenkes ist sehr weit und schlaff.

Zwischenknochenmembran (Membrana interossea antebrachii). Die Zwischenknochenmembran, *Membrana interossea antebrachii (Syndesmosis radioulnaris)*, verbindet Radius und Ulna zwischen den Articulationes radioulnaris proximalis und radioulnaris distalis in Form einer Bandhaft miteinander (Abb. 4.112). Die mechanische Bedeutung der Zwischenknochenmembran liegt in der Führung der Bewegungen im proximalen und distalen Radioulnargelenk. Als Vermittler der Kraftübertragung zwischen Hand, Unterarmknochen und Oberarm spielt sie nur eine geringe Rolle.

Mechanik. Bei den Drehbewegungen zwischen Radius und Ulna bilden das proximale und das distale Radioulnargelenk eine Funktionsgemeinschaft. Dabei dreht sich der Radius um die Ulna (Abb. 4.132 und 4.133). Im Ellenbogengelenk gleitet die Circumferentia articularis

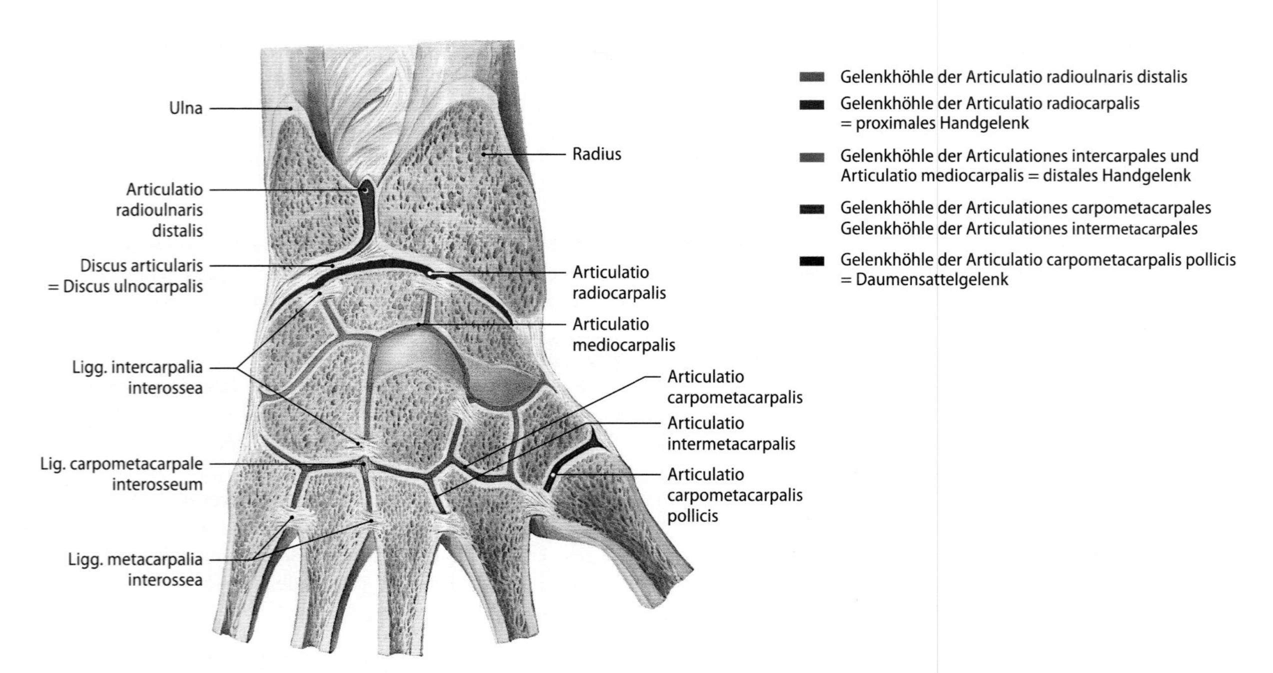

Abb. 4.114. Gelenke einer rechten Hand, Ansicht von dorsal. Zur Demonstration der Gelenkhöhlen wurde der dorsale Teil der Hand durch einen Sägeschnitt abgetragen. Man beachte die Zwischenknochenbänder und den Discus ulnocarpalis

radii in der Incisura radialis ulnae und die Fovea capitis radii rotiert auf dem Capitulum humeri. Im distalen Radioulnargelenk wandert die Incisura ulnaris des distalen Radiusendes in der Weise über die Circumferentia articularis des Ulnakopfes, dass die Rückseite des distalen Speichenendes nach palmar gewendet wird; der Radius überkreuzt dann die Ulna: **Pronationsstellung.** Bei Rückführung der Drehbewegung liegen Elle und Speiche in der Endstellung parallel: **Supinationsstellung** (Abb. 4.133a). Bei den Drehbewegungen zwischen den Unterarmknochen wird zwangsläufig die Hand mitgeführt. Die daraus resultierenden Umwendbewegungen der Hand bezeichnet man als **Pronation** und als **Supination.** Bei der Pronationsbewegung erfährt der Radiuskopf eine Kippung von ca. 5° nach radial distal. Die Mittelstellung, **Semipronationsstellung,** entspricht der Neutral-0-Stellung des Armes, die bei herabhängendem Arm als »Ruhelage« eingenommen wird. Aus der Neutral-0-Stellung kann der Unterarm jeweils um 80–90° proniert oder supiniert werden (Abb. 4.113b). Bei der Supination von Unterarm und Hand kommt es reflektorisch im Schultergelenk zu einer Adduktion, bei der Pronation zu einer leichten Abduktion. Die **Drehbewegungen** zwischen Radius und Ulna erfolgen primär im proximalen und im distalen Radioulnargelenk (Abb. 4.133). In die Drehbewegungen einbezogen sind außerdem das Humeroradialgelenk und die Gelenkverbindung zwischen Lunula obliqua des Radius und des Sulcus capitulotrochlearis des Humerus.

In Kürze

Proximales und distales Radioulnargelenk

Funktionseinheit bei den Drehbewegungen: **Pronation** und **Supination**

Führung der Bewegungen durch: Lig. anulare radii, Membrana interossea antebrachii, Ligg. radioulnaria dorsale und palmare, Discus ulnocarpalis

Gelenke der Hand (Articulationes manus)

An der freien Beweglichkeit der Hand beteiligen sich proximales und distales Handgelenk im Bereich der Handwurzel sowie die Gelenke der Finger und des Daumens (Abb. 4.104b und 4.114). In den Handgelenken, *Articulationes manus*, erfolgt die Einstellung der Hand für **Greifen** und **Tasten.** Ausführende Tastorgane sind die sog. Tastballen der Fingerendglieder (Fingerbeeren) und des Daumenendgliedes sowie der Handinnenfläche (Daumenballen: *Thenar,* und Kleinfingerballen: *Hypothenar*), die über eine dichte Verteilung von Rezeptoren für stereognostische Funktionen verfügen. An den Funktionen des Greifens sind Finger und Daumen sowie die Handgelenke in Abhängigkeit von der Grifform in unterschiedlicher Weise beteiligt. eine Schlüsselstellung bei allen Greifbewegungen hat der Daumen, *Pollex*, aufgrund seiner Fähigkeit der Opposition und Reposition im Daumensattelgelenk.

Proximales Handgelenk (Articulatio radiocarpalis). Im proximalen Handgelenk artikulieren die beiden Facetten der *Facies articularis carpea* des Radius und der *Discus articularis (ulnocarpalis)* mit der proximalen Reihe der Handwurzelknochen (*Ossa scaphoideum, lunatum* und *triquetrum*) miteinander (Abb. 4.104b und 4.114). Die leicht nach palmar geneigte Gelenkpfanne des distalen Radiusendes und des Discus ulnocarpalis ist kleiner als der von den proximalen Handwurzelknochen gebildete Gelenkkopf. Die an der Knorpel-Knochen-Grenze der artikulierenden Skelettelemente und am Discus ulnocarpalis entspringende **Gelenkkapsel** ist weit und in nicht bandverstärkten Zonen dünn (4.74).

4.74 Arthrose im proximalen Handgelenk

Eine Arthrose im proximalen Handgelenk kann Folge einer distalen Radiusfraktur mit Verletzung des Discus ulnocarpalis sein.

Distales Handgelenk (Articulatio mediocarpalis). Im distalen Handgelenk artikulieren die Handwurzelknochen der proximalen und der distalen Reihe miteinander (Abb. 4.114). Die distalen Gelenkfacetten der *Ossa scaphoideum, lunatum* und *triquetrum* treten mit den proximalen Gelenkflächen der *Ossa trapezium, trapezoideum, capitatum* und *hamatum* über einen wellenförmigen Gelenkspalt miteinander in Kontakt. Die weit verzweigte **Gelenkhöhle** steht mit den Karpometakarpalgelenken in Verbindung. Die **Gelenkkapsel** ist dorsal weiter als palmar.

Articulationes intercarpales. In den **Handwurzelknochengelenken** *(Articulationes intercarpales carpi)* sind die Handwurzelknochen in der proximalen und in der distalen Reihe durch Bänder, *Ligg. intercarpalia dorsalia, palmaria* und *interossea,* so fest miteinander verbunden, dass die Gelenke funktionell straffe Gelenke (Amphiarthrosen) sind (▣ Abb. 4.114).

Articulatio ossis pisiformis. Erbsenbein und Dreieckbein artikulieren in der *Articulatio ossis pisiformis* miteinander (▣ Abb. 4.104b). Die kleine Gelenkpfanne des als Sesambein in die Ansatzsehne des M. flexor carpi ulnaris eingelagerten Os pisiforme gleitet auf dem rundlichen Gelenkkopf des Os triquetrum.

Articulationes carpometacarpales. Artikulierende Flächen der **Handwurzel-Mittelhand-Gelenke,** *Articulationes carpometacarpales II–V,* sind die distalen Gelenkflächen der distalen Handwurzelknochenreihe und die proximalen Gelenkflächen an den Basen der Mittelhandknochen II–V (▣ Abb. 4.104b und 4.114). Die Gelenke sind aufgrund des straffen Bandapparates auf der palmaren und auf der dorsalen Seite, *Ligg. carpometacarpalia dorsalia und palmaria,* funktionell Amphiarthrosen.

Articulationes intermetacarpales. In den **Gelenken zwischen den Mittelhandknochen** bilden die seitlichen Flächen der Basen der Mittelhandknochen II–V normalerweise 3 Gelenke, deren Gelenkhöhlen mit den Articulationes carpometacarpales in Verbindung stehen. Die kurzen festen Bandverbindungen zwischen den Mittelhandknochen, *Ligg. metacarpalia dorsalia, interossea und palmaria,* machen die Gelenke zu Amphiarthrosen.

Gelenkkapseln und Bänder der Handwurzelgelenke. Die Gelenkkapseln der Handwurzelgelenke werden größtenteils durch breitflächige Bänder verstärkt (▣ Abb. 4.115). Zur Gruppe der **Bänder zwischen Unterarm-** und **Handwurzelknochen** zählen die das proximale Handgelenk überbrückenden **Kollateralbänder:**

- Das kurze, kräftige *Lig. collaterale carpi radiale* zieht vom Processus styloideus des Radius zum Os scaphoideum.

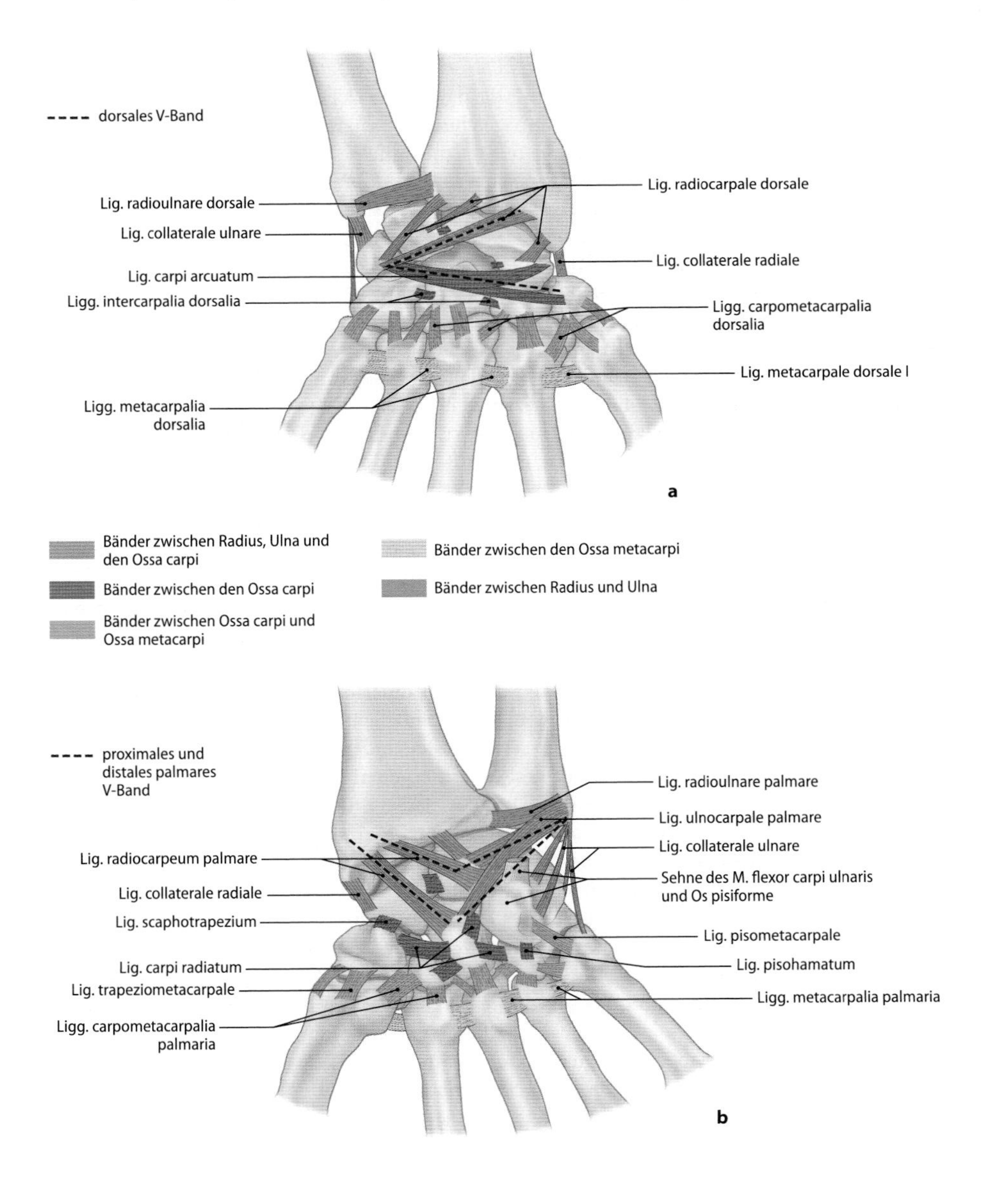

▣ **Abb. 4.115a, b.** Dorsale und palmare Bänder der Handgelenke der rechten Seite. Ansicht von dorsal (**a**) und von palmar (**b**)

- Das *Lig. collaterale carpi ulnare* spannt sich zwischen Processus styloideus ulnae und den Ossa triquetrum und pisiforme aus.

Auf der Dorsalseite zieht das *Lig. radiocarpale dorsale* vom Radius nach ulnar zu den Ossa lunatum und triquetrum.

Palmar breitet sich das *Lig. radiocarpale palmare* zwischen Processus styloideus radii und den Ossa lunatum, triquetrum und capitatum aus.

Auf der Palmarseite kommt auch auf der ulnaren Seite ein Flächenband vor, das *Lig. ulnocarpale palmare*, das den Processus styloideus ulnae und den Discus ulnocarpalis mit den Ossa triquetrum und lunatum verbindet.

Die V-förmigen palmaren Bänder sind meistens in einem proximalen und distalen Komplex angeordnet (proximales und distales V-Band, ◘ Abb. 4.115b). Die Bänder zwischen Unterarm und Handwurzel führen die Bewegungen vor allem im proximalen Handgelenk und hemmen zugleich die Randbewegungen.

Die **Bänder zwischen den Handwurzelknochen** liegen in 2 Schichten. Die tiefen kurzen Binnenbänder, *Ligg. intercarpalia interossea*, verbinden die Ossa scaphoideum, lunatum und triquetrum zur Reihe der proximalen Handwurzelknochen sowie die Ossa trapezium, capitatum und hamatum zur distalen Reihe der Handwurzelknochen. Von den oberflächlichen Flächenbändern bilden die *Ligg. intercarpalia palmaria* das vom Os capitatum strahlenförmig zu den Nachbarknochen ziehende kräftige, straffe *Lig. capi radiatum*. Die *Ligg. intercarpalia dorsalia* sind schwächer entwickelt als die palmaren Flächenbänder. Als Bogenband, *Lig. carpi arcuatum*, bezeichnet man ein Band das die Ossa scaphoideum, lunatum und triquetrum miteinander verbindet. Zu den Ligg. intercarpalia wird auch das *Retinaculum musculorum flexorum (Lig. carpi transversum)* gerechnet, das sich zwischen Eminentia carpi ulnaris und Eminentia carpi radialis ausspannt (◘ Abb. 4.142). Das Band überbrückt den Sulcus carpi und begrenzt mit ihm den osteofibrösen Karpalkanal, *Canalis carpi* (► Kap. 25).

Blutversorgung: Rete carpale dorsale aus den Aa. radialis, ulnaris und interossea posterior sowie palmar über die Rr. carpales palmares der Aa. radialis und ulnaris und über die A. interossea anterior. **Innervation:** Nn. cutaneus antebrachii lateralis, interossei anterior und posterior, ulnaris und radialis sowie Äste der Rr. superficialis n. radialis, dorsalis n. ulnaris und palmaris n. mediani.

Mechanik. Proximales und distales Handgelenk bilden eine funktionelle Einheit. Aus der Neutral-0-Stellung kann die Hand um eine transversale Achse nach dorsal extendiert und nach palmar flektiert werden. Um eine dorsopalmare Achse lässt sich die Hand nach ulnar und nach radial abduzieren (◘ Abb. 4.116). Das proximale Handgelenk ist seiner Form nach ein **Ellipsoid-** oder **Eigelenk** mit 2 Freiheitsgraden, das die Bewegungen der Dorsalextension und Palmarflexion sowie der Radialabduktion und der Ulnarabduktion ermöglicht. Das distale Handgelenk wird aufgrund der Form seiner miteinander artikulierenden Skelettelemente als **»verzahntes Scharniergelenk«** bezeichnet, das über 2 Freiheitsgrade verfügt. Bei Bewegungen in die Endstellungen wird die **Palmarflexion** vor allem im proximalen Handgelenk, die **Dorsalextension** überwiegend im distalen Handgelenk ausgeführt. Der weniger straffe Bandapparat auf der Dorsalseite der Hand und die nach palmar gerichtete Gelenkpfanne des proximalen Handgelenkes tragen dazu bei, dass die Hand weiter nach palmar gebeugt (ca. 60°) als nach dorsal gestreckt (ca. 40°) werden kann. Bei Palmarflexion und Dorsalextension der Hand werden die Handwurzelknochen um eine transversale Achse gekippt. **Radial-** und **Ulnarabduktion** gehen mit Translationsbewegungen im proximalen und distalen Handgelenk um eine dorso-palmare Achse einher; gleichzeitig kippt die proximale Handwurzelknochenreihe um eine transversale Achse und einzelne Handwurzelknochen werden um eine longitudinale Achse gedreht. Bei der Radialabduktion gleitet die proximale Karpalreihe nach ulnar, bei Ulnarabduktion nach radial.

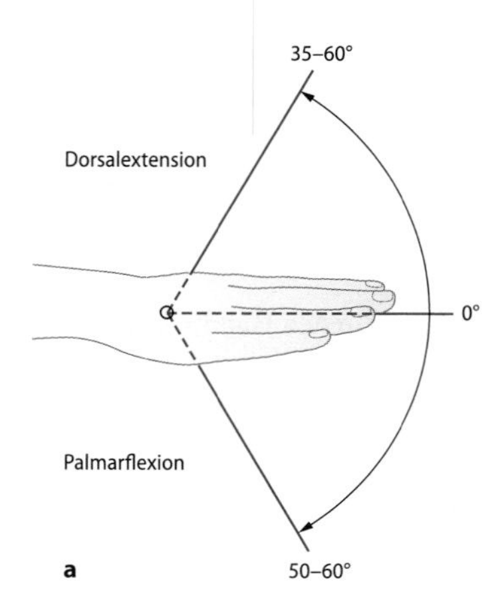

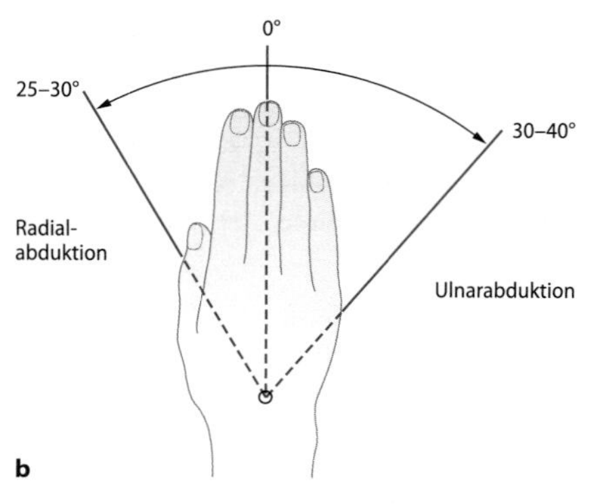

◘ **Abb. 4.116a, b.** Bewegungen und Bewegungsausmaße in den Handgelenken. **a** Dorsalextension und Palmarflexion, **b** Radial- und Ulnarabduktion; ◘ Tab. 4.27 [10]

In Kürze

Proximales und distales Handgelenk (Articulatio radiocarpalis, Articulatio mediocarpalis)
- transversale Achse: Palmarflexion und Dorsalextension
- dorso palmare Achse: radiale und ulnare Abduktion

Articulationes intercarpales, carpometacarpales II–V und intermetacarpales (Amphiarthrosen).

Bänder der Handgelenke (4 Gruppen):
- Bänder zwischen Unterarmknochen und Handwurzelknochen:
  - Lig. collaterale carpi radiale, Lig. collaterale carpi ulnare
  - Lig. radiocarpale dorsale, Lig. radiocarpale palmare, Lig. ulnocarpale palmare
- Bänder zwischen den Handwurzelknochen:
  - Ligg. intercarpalia interossea
  - Ligg. intercarpalia palmaria
    - Ligg. carpi radiatum
    - Retinaculum musculorum flexorum
  - Ligg. intercarpalia dorsalia
    - Lig. carpi arcuatum
- Bänder zwischen Handwurzelknochen und Mittelhandknochen:
  - Ligg. carpometacarpalia dorsalia und palmaria
- Bänder zwischen den Basen der Mittelhandknochen:
  - Ligg. metacarpalia dorsalia, interossea und palmaria

Daumengelenke (Articulationes pollicis). Das **Daumensattelgelenk,** *Articulatio carpometacarpalis pollicis*, nimmt aufgrund der Möglichkeit zur Oppositionsbewegung eine Schlüsselstellung bei der Greiffunktion ein. Im Daumensattelgelenk artikulieren die sattelförmigen Gelenkflächen des *Os trapezium* und die *Basis ossis metacarpi I* miteinander (◻ Abb. 4.104b, 4.114 und 4.117). Die weite Gelenkkapsel wird durch die *Ligg. trapezoideum metacarpale dorsale* und *palmare* verstärkt. Eine wichtige Funktion hat das vom Os metacarpale II V-förmig in die Gelenkkapsel einstrahlende *Lig. metacarpale dorsale I*, es führt das Os metacarpi I bei der Oppositionsbewegung wie ein Zügel. Im **Daumengrundgelenk,** *Articulatio metacarophalangea pollicis*, artikulieren das bikonvexe *Caput ossis metacarpi I* mit der bikonkaven Gelenkpfanne der *Basis* der *Phalanx proximalis I* miteinander (◻ Abb. 4.104b). Die Gelenkfläche der Grundphalanxbasis wird durch eine Faserknorpelplatte, *Lig. palmare*, erweitert, in die zwei Sesambeine eingelagert sind. Die weite Gelenkkapsel wird dorsal durch die Extensorensehnen des Daumens verstärkt. Die seitlichen *Ligg. collateralia* ziehen V-förmig vom Os metacarpi I zur Grundphalanxbasis und zur Faserknorpelplatte. Das *Lig. collaterale accessorium* strahlt in die Faserknorpelplatte ein (► Grundgelenke der Finger). Das **Interphalangealgelenk des Daumens,** *Articulatio interphalangea pollicis*, gleicht in Form und Funktion den Interphalangealgelenken der übrigen Finger. **Blutversorgung:** A. radialis. **Innervation:** N. medianus und N. cutaneus antebrachii lateralis.

Mechanik. In der *Articulatio metacarpalis pollicis* kann der Daumen um eine dorsopalmare Achse abduziert und adduziert werden. Um eine quer durch die Sattelschenkel des Os trapezium gelegte Achse wird der Daumen gebeugt und gestreckt (◻ Abb. 4.117a). Das Daumensattelgelenk verfügt über einen dritten Freiheitsgrad, der unter Aufhebung eines kongruenten Gelenkflächenschlusses eine Drehbewegung ermöglicht, bei der die Sattelschenkel des Os metacarpi I auf die Sattelschenkel des Os trapezium gleiten (◻ Abb. 4.117b). Durch die Drehbewegung kann das Endglied des Daumens den anderen Fingerkuppen gegenübergestellt werden. Diese **Oppositionsbewegung** ist zentraler Bestandteil der Greifbewegung der Hand. Die Oppositionsbewegung wird durch eine Abduktion und eine Extension eingeleitet; anschließend führt der Daumen eine Flexion, Adduktion und Einwärtsdrehung um ca. 30° durch. Das Zurückführen des Daumens in die Neutral-0-Stellung wird als **Reduktion** bezeichnet. Die gemeinsamen Bewegungen im Daumengrundgelenk und im Daumensattelgelenk ermöglichen das Greifen und Halten eines Gegenstandes (4.75).

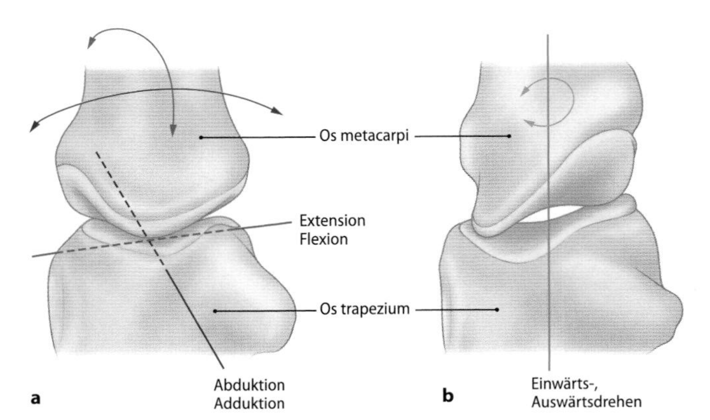

◻ **Abb. 4.117a, b.** Daumensattelgelenk (Articulatio carpometacarpea pollicis). **a** Kongruenz der Gelenkflächen von Os trapezium und Os metacarpi I mit Flächenkontakt bei den Bewegungen der Flexion und Extension sowie der Abduktion und Adduktion. **b** Bei Rotation des Os metacarpi I im Rahmen der Oppositionsbewegung ist der Flächenkontakt weitgehend aufgehoben, im Bereich der punktförmigen Kontaktflächen ist die Beanspruchung der Gelenkflächen hoch [11]

4.75 Arthrose im Daumensattelgelenk

Die häufige Arthrose im Daumensattelgelenk (Rhizarthrose) kann die Folge einer erhöhten Beanspruchung (z.B. Arbeiten mit Spitzgriffstellung) sein oder im Rahmen einer Polyarthritis auftreten.

In Kürze

Daumensattelgelenk (Articulatio carpometacarpalis pollicis)
Bewegungsmöglichkeiten:
- Beugung und Streckung
- Adduktion und Abduktion
- Einwärts- und Auswärtsdrehung des Daumens
- Opposition und Reposition des Daumens: durch kombinierten Einsatz aller Bewegungsmöglichkeiten

Fingergelenke (Articulationes digitorum). Die Finger II–V haben normalerweise 3 Gelenke:
- Fingergrundgelenk: *Articulatio metacarpophalangea* MCP (Metacarpophalangeal-)-Gelenk
- Fingermittelgelenk: *Articulatio interphalangea proximalis* PIP (proximales Interphalangeal-)-Gelenk
- Fingerendgelenk: *Articulatio interphalangea distalis* DIP (distales Interphalangeal-)-Gelenk

In den **Fingergrundgelenken** *(Articulationes metacarpophalangeae)* artikulieren die kugelförmigen Köpfe der Mittelhandknochen mit den bikonkaven Gelenkpfannen an den Basen der Grundphalangen (◻ Abb. 4.104). Die Gelenkflächen der Köpfe der Mittelhandknochen dehnen sich palmarwärts jeweils in einen ulnaren und in einen radialen walzenförmigen Zipfel aus, die mit den vom palmaren Rand der Gelenkpfanne der Grundphalanx entspringenden Faserknorpelplatten, *Ligg. palmaria*, artikulieren. Die rinnenförmigen palmaren Faserknorpelplatten sind Teil der Gelenkkapsel des Fingergrundgelenkes, sie bilden zugleich den Boden der palmaren Fingersehnenscheiden. Die weite **Gelenkkapsel** wird durch **Kollateralbänder,** *Ligg. collateralia*, verstärkt, die in einer seitlichen Grube im dorsalen Bereich der Mittelhandknochenköpfe entspringen und nach distal-palmar zu den Seitenflächen der Gelenkpfannen an den Grundphalanxbasen sowie zu den Rändern der palmaren Faserknorpelplatten ziehen (◻ Abb. 4.118). Proximal von den Kollateralbändern wird die Gelenkkapsel durch die *Ligg. collateralia accessoria* verstärkt, die palmar in die Faserknorpelplatten einstrahlen. Die Faserknorpelplatten II–V sind über das *Lig. metacarpale transversum profundum* miteinander verbunden, das die Spreizbewegung der Finger einschränkt.

In den **Interphalangealgelenken** *(Articulationes interphalangeae)* artikulieren die rollenförmigen Köpfe der Grund- und Mittelphalangen mit den zapfenförmigen Basen der Mittel- und Endphalangen. Die dünne, weite Gelenkkapsel wird auf der Dorsalseite durch die Extensorensehnen verstärkt. Palmar sind wie an den Grundgelenken Faserknorpelplatten, *Ligg. palmaria* in die Kapsel eingelagert. An den seitlichen Kollateralbändern lassen sich das *Lig. collaterale* und das *Lig. collaterale accessorium* sowie das *Lig. phalangoglenoidale* abgrenzen. **Blutversorgung:** *Aa. digitales palmares proprii* und die *Aa. digitales dorsales* der Aa. radialis und ulnaris. **Innervation:** *Nn. digitales palmares proprii* und *Nn. digitales dorsales* aus den Nn. ulnaris, medianus und radialis.

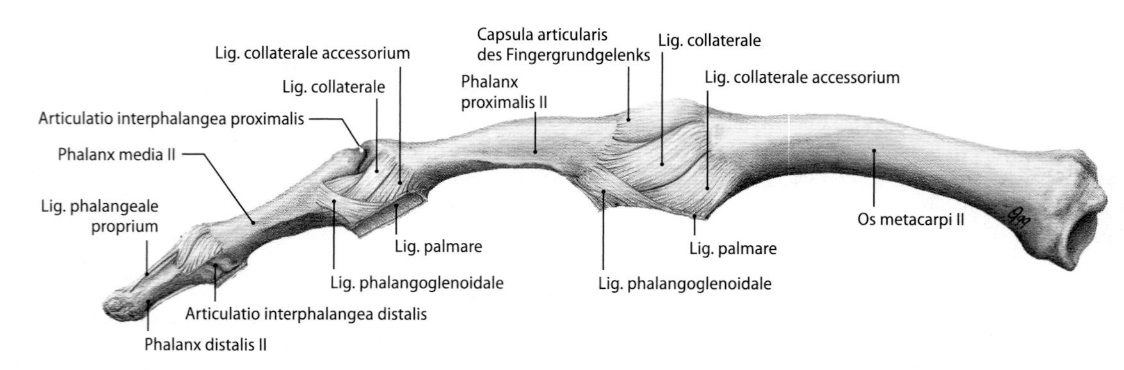

Abb. 4.118. Rechter Zeigefinger, Ansicht von radial. Darstellung des Kapsel-Band-Apparates der Fingergelenke. Man beachte die Einstrahlung von Anteilen der Kollateralbänder in die Faserknorpelplatten [7]

Mechanik. In den **Fingergrundgelenken** lassen sich die Finger um eine quer verlaufende Achse um ca. 90° beugen und individuell unterschiedlich weit strecken (Abb. 4.119). In gestreckter Position können die Finger II sowie IV und V um eine dorsopalmare Achse durch den Mittelfinger abduziert (gespreizt) und vice versa adduziert werden. Die deltaförmige Anordnung der Kollateralbänder trägt zur Stabilisierung der Gelenke in Beuge- und Streckstellung bei. Der Freiheitsgrad für Drehbewegungen wird durch die Kollateralbänder stark eingeschränkt. Zu einer zwangsläufigen pronatorischen oder supinatorischen Drehung in den Grundgelenken kommt es z.B. bei Beugung und Streckung der Finger. Durch eine Kombination aller Bewegungsmöglichkeiten können die Finger in individuell unterschiedlichem Maß herumgeführt werden (Zirkumduktion).

Die **Interphalangealgelenke** sind Scharniergelenke in denen die Mittel- und Endgelenke der Finger aktiv gebeugt werden können (Abb. 4.119). Eine aktive Streckung ist im proximalen Interphalangealgelenk aufgrund der »Streckbremse« durch die longitudinalen Anteile der Fingersehnenscheiden (»check ligaments«) nicht möglich. Die distalen Interphalangealgelenke können aktiv individuell unterschiedlich um ca. 5° gestreckt werden.

Bei der **Greifbewegung** werden zuerst die Endgelenke, danach die Mittelgelenke und als letzte die Grundgelenke gebeugt. Die Grundgelenke nehmen eine Schlüsselposition ein, indem sie die Stellung der Finger für die jeweilige Griffform bestimmen. Aufgrund der Stellung der Grundgelenke werden die Finger bei Palmarflexion zwangsläufig zusammengeführt (Konvergenzbewegung). Die Öffnung der gebeugten Hand ist mit einer Divergenzbewegung der Finger verbunden, sie beginnt mit einer Streckung in den Grundgelenken, anschließend werden die Mittel- und Endgelenke bis zur Neutralstellung gestreckt.

Man unterscheidet nach Beteiligung der einzelnen Finger verschiedene **Griffformen:**

- Fein- oder Spitzgriff als **bidigitaler Griff.**
- Schreibgriff: Er ist eine typische **tridigitale Griffform.**
- Beim Grobgriff halten die Finger II–V und der Daumen (**pentadigitaler Griff**) gemeinsam mit den Greifpolstern der Handinnenfläche einen Gegenstand.

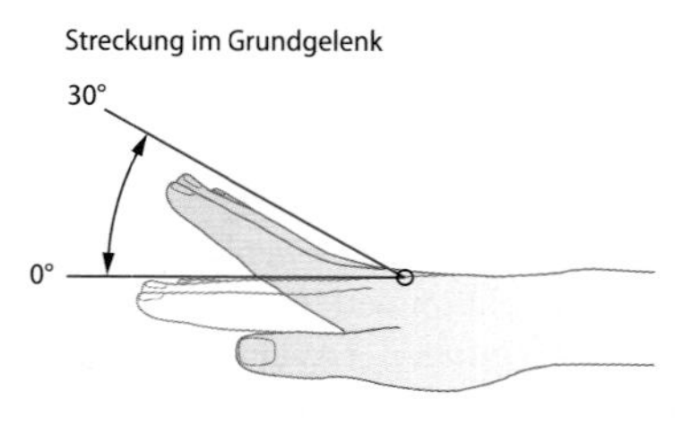

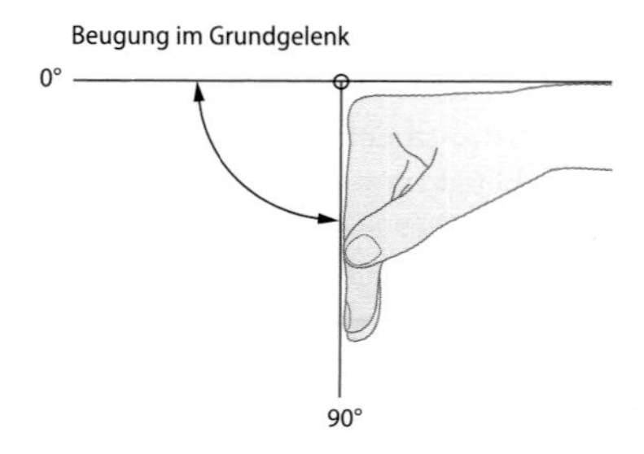

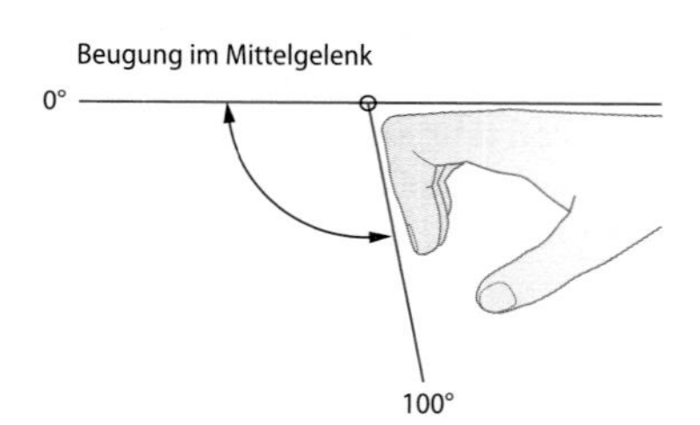

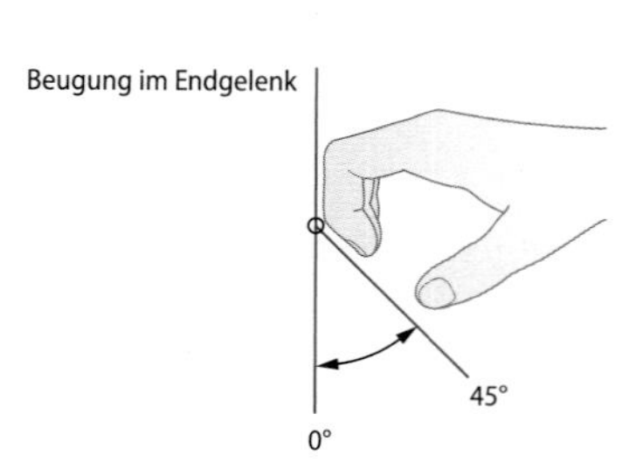

Abb. 4.119. Bewegungen und Bewegungsausmaße in den Fingergelenken, siehe auch Tab. 4.29 [10]

4.76 Fehlstellungen der Finger- und Handgelenke bei chronischer Polyarthritis

Bei der chronischen Polyarthritis sind die Finger- und Handgelenke häufig von destruktiven Veränderungen betroffen (»rheumatische Hand«), die zu schwerwiegenden Fehlstellungen führen.

In Kürze

Grundgelenke der Finger II–V und des Daumens (Kugelgelenke):
- **Bewegung:**
  - Palmarflexion und geringgradige Dorsalextension
  - Abduktion und Adduktion
  - pronatorische und supinatorische Drehung
- **Kollateralbänder:** Führung der Beugung und der Streckung, Einschränkung der Drehbewegungen

Interphalangealgelenke (Scharniergelenke):
- **Bewegung:**
  - Palmarflexion
  - geringgradige Dorsalextension der Fingermittel- und Endgelenke
- **Kollateralbänder:** Führung der Beugung und der Streckung

4.4.4 Entwicklung der Gelenke der oberen Extremität

Die Gelenke der oberen Extremität entstehen mit Ausnahme des medialen Schlüsselbeingelenkes als Abgliederungsgelenke (► Kap. 4.1). Die Gelenkentwicklung beginnt in der 7. Embryonalwoche mit Ausbildung der Gelenkzwischenzone im Schulter- und Ellenbogengelenk. Sie schreitet nach distal fort, so dass die formale Genese mit Ausbildung von Gelenkkapseln, Bändern, intraartikulären Strukturen und den Gelenkhöhlen zu Beginn der Fetalperiode abgeschlossen ist. Das Sternoklavikulargelenk entsteht als Anlagerungsgelenk zeitlich nach den übrigen Gelenken der oberen Extremität in der frühen Fetalperiode.

4.4.5 Muskeln

 Einführung

Die Anlagen der Muskeln der oberen Extremität entstammen den ventralen Anteilen der Ursegmente (8–12). Sie werden aus den R. anteriores (ventrales) der Spinalnerven C4–8 und Th1 (Plexus brachialis) innerviert. Die zunächst noch zusammenhängenden Muskelanlagen lagern sich dorsal als **Extensorengruppe** und ventral als **Flexorengruppe** um die Skelettanlagen der oberen Extremität (autochthone Armmuskeln). Am Ende des 2. Embryonalmonats sind einzelne Muskelindividuen erkennbar. Die Muskelanlagen im proximalen Bereich der Extremitätenanlage verlagern ihren Ursprung auf die ventrale und dorsale Leibeswand. Man bezeichnet diese Muskeln, aus denen sich ein Teil der Schultergürtelmuskeln entwickelt, als zonale Muskeln.

Schultermuskeln

Entwicklungsgeschichtlich werden die Muskeln der Schulter in 3 Gruppen zusammengefasst:
- Autochthone Armmuskeln (M. brachiales) entspringen an der Scapula und setzen am Humerus an.
- Eingewanderte (thorakofugale) Rumpfmuskeln (Mm. thoracales) inserieren am Schultergürtel.
- Eingewanderte Kopf- oder gemischte Kopf-Rumpf-Muskeln (Mm. craniothoracales) setzen an der Scapula und/oder an der Clavicula an.

Die genetische Einteilung wird funktionellen Aspekten nicht gerecht. **Unter funktionellen Gesichtspunkten** unterscheidet man **Schultergürtelmuskeln** und **Schultergelenkmuskeln**. Die beiden Muskelgruppen bilden mit den gelenkigen Verbindungen im Schulterbereich eine Funktionseinheit und wirken stets gemeinsam.

Schultergürtelmuskeln

Die Schultergürtelmuskeln haben ihren Ursprung am Schädel, an der Wirbelsäule oder am Thoraxskelett (◘ Tab. 4.19). Sie setzen an der Scapula oder an der Clavicula an. Zur **dorsalen Gruppe** der eingewanderten Rumpfmuskeln, *Mm. thoracales,* zählen die *Mm. rhomboidei, levator scapulae* und *serratus anterior*. Der **ventralen Gruppe** der eingewanderten Rumpfmuskeln werden die *Mm. subclavius* und *omohyoideus* zugeordnet. *M. trapezius* und *M. sternocleidomastoideus* sind gemischte Kopf-Rumpf-Muskeln *(Mm. craniothoracales)*. Der *M. pectoralis minor* gehört genetisch zur Gruppe der Armmuskeln.

In der systematischen Anatomie werden die *Mm. trapezius, rhomboidei major* und *minor, levator scapulae* aufgrund ihrer Lage den Rückenmuskeln, *Mm. dorsi,* zugerechnet. Die *Mm. subclavius* und *pectoralis minor* zählen zu den Brustmuskeln, *Mm. thoracis*, die *Mm. sternocleidomastoideus* und *omohyoideus* zu den Halsmuskeln, *Mm. colli.*

 **Schultergürtelmuskeln und Schultergelenkmuskeln bilden eine Funktionseinheit.**

M. trapezius. Innervation: R. externus des N. accessorius, Plexus cervicalis. Der direkt unter der Haut liegende *M. trapezius* dehnt sich mit seinen 3 Teilen, *Pars descendens, Pars transversa* und *Pars ascendens*, vom Hinterhaupt bis zum Ende der Brustwirbelsäule sowie seitlich bis zum Schulterblatt und zum Schlüsselbein aus (◘ Abb. 4.120, ◘ Tab. 4.19). Der Muskel prägt das Relief der Nacken- und oberen Rückenregionen. Im Übergangsbereich zwischen Hals- und Brustwirbelsäule hat der Muskel einen rhombenförmigen Sehnenspiegel.

Mm. rhomboidei major und minor. Innervation: N. dorsalis scapula. Die *Mm. rhomboidei* werden vom M. trapezius bedeckt (◘ Abb. 4.120, ◘ Tab. 4.19). Die rhombenförmige Muskelplatte besteht aus parallel laufenden Muskelfaserbündeln, die von kranial-medial nach lateral-kaudal zwischen der Hals- und Brustwirbelsäule sowie dem medialen Schulterblattrand ziehen.

M. serratus anterior. Innervation: N. thoracicus longus. Der *M. serratus anterior* liegt als fächerförmige Muskelplatte mit meistens 9 Zacken zwischen der 1.–9. Rippe auf der seitlichen Brustwand und zieht zum medialen Schulterblattrand (◘ Abb. 4.121, ◘ Tab. 4.19). Am M. serratus anterior wird unter funktionellen Gesichtspunkten eine Pars superior, Pars media und eine Pars inferior abgegrenzt. Der untere Teil des Muskels ist der kräftigste, seine sägeblattförmigen Ursprungszacken liegen zwischen den Ursprüngen des M. obliquus externus abdominis **(Gerdy-Linie)** und sind bei muskelkräftigen Individuen sichtbar (◘ Tafel II, S. 778). Pars intermedia und Pars superior des Muskels werden von Schultergelenkmuskeln bedeckt. Der M. serratus anterior bildet die mediale Wand der Achselhöhle.

M. levator scapulae. Innervation: N. dorsalis scapulae. Der größtenteils vom M. trapezius bedeckte *M. levator scapulae* verbindet die obere Halswirbelsäule mit dem oberen Schulterblattwinkel (◘ Abb. 4.120, ◘ Tab. 4.19). Der vordere Rand des in sich leicht verdrehten Muskels kann bei muskelkräftigen Individuen im seitlichen Halsdreieck sichtbar und tastbar sein.

Abb. 4.120. M. trapezius (linke Seite); Mm. levator scapulae, rhomboideus minor und rhomboideus major (rechte Seite)

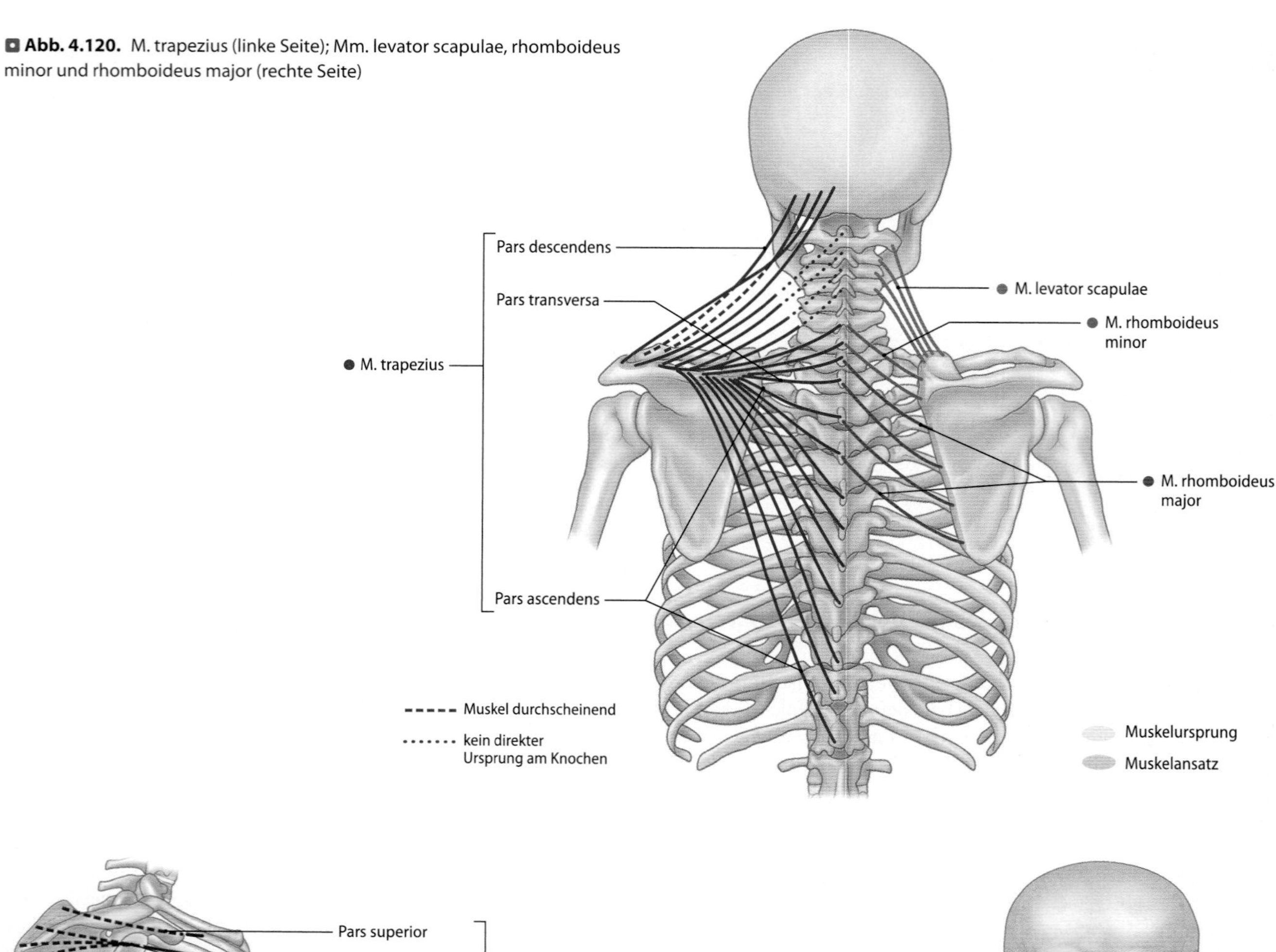

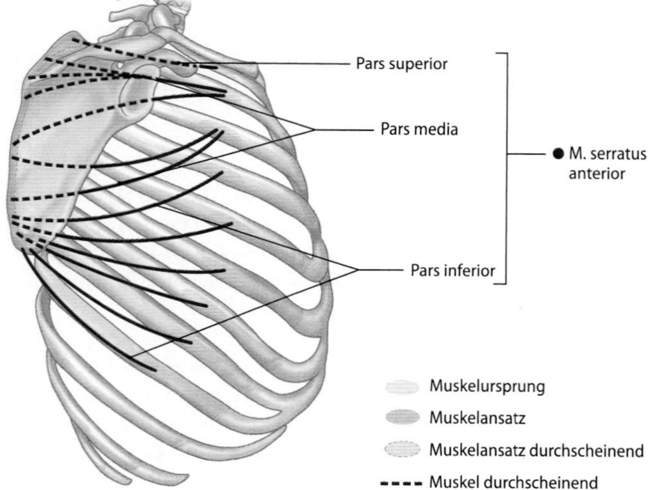

Abb. 4.121. M. serratus anterior

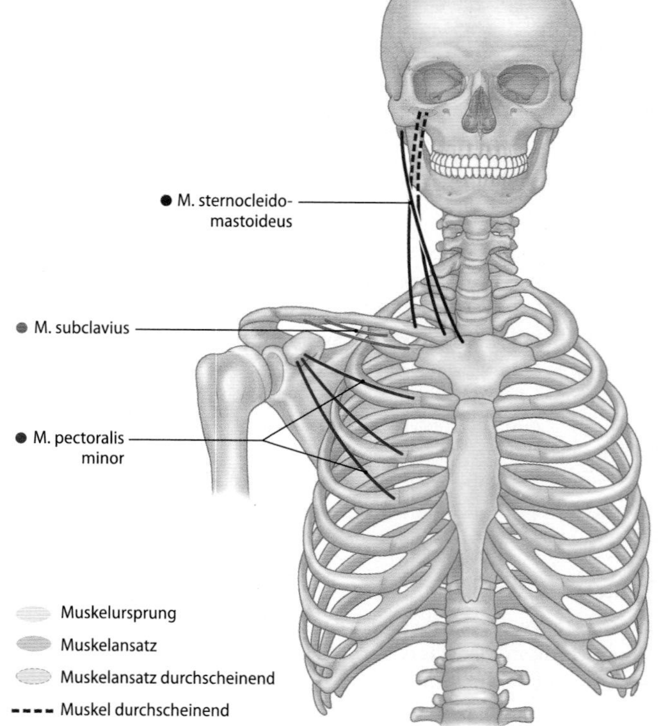

Abb. 4.122. Mm. sternocleidomastoideus, subclavius und pectoralis minor

M. subclavius. Innervation: N. subclavius. Der *M. subclavius* liegt im kostoklavikulären Raum (Abb. 4.122). Seine derbe Faszie geht in die *Fascia clavipectoralis* über, die ihrerseits mit der Wand der V. subclavia/V. axillaris verbunden ist.

M. pectoralis minor. Innervation: Nn. pectorales medialis und lateralis. Der *M. pectoralis minor* gehört seiner Entwicklung nach zu den Schultergelenkmuskeln, funktionell zu den Schultergürtelmuskeln (Abb. 4.122, Tab. 4.19). Der vom M. pectoralis major bedeckte Muskel verbindet die 3.–5. Rippe mit dem Rabenschnabelfortsatz des Schulterblattes.

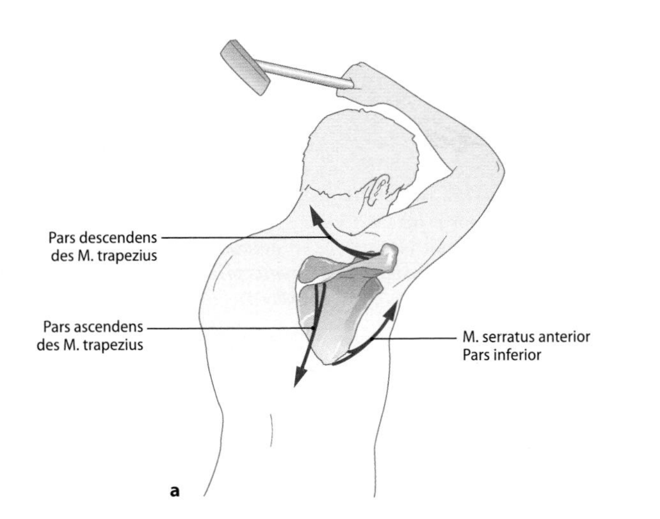

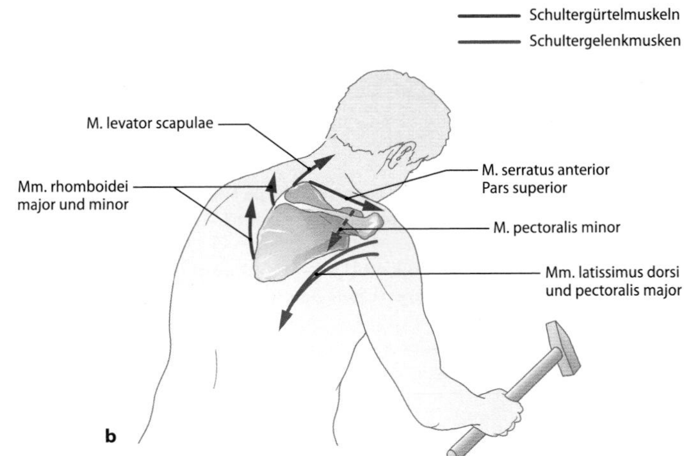

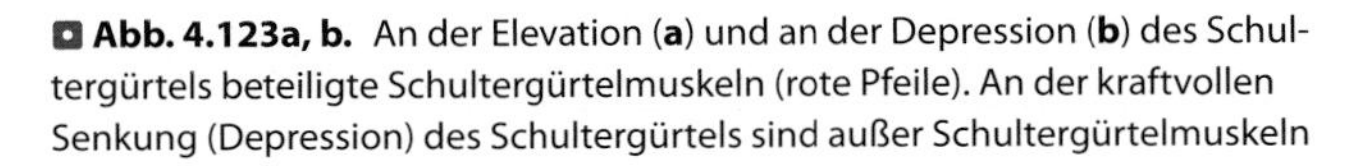

Abb. 4.123a, b. An der Elevation (**a**) und an der Depression (**b**) des Schultergürtels beteiligte Schultergürtelmuskeln (rote Pfeile). An der kraftvollen Senkung (Depression) des Schultergürtels sind außer Schultergürtelmuskeln auch die Schwerkraft (Armgewicht) sowie Schultergelenkmuskeln (blaue Pfeile) beteiligt

Tab. 4.19. Schultergürtelmuskeln: eingewanderte Rumpfmuskeln (M. thoracales)

Muskeln	Ursprung (U) Ansatz (A)	Innervation (I) Blutversorgung (V)	Funktion
Dorsale Gruppe			
Mm. rhomboidei	Ursprung **M. rhomboideus minor: Dornfortsätze der Halswirbel VI und VII** (Lig. nuchae) **M. rhomboideus major: Dornfortsätze der Brustwirbel I–IV** (V) (Ligg. interspinalia) Ansatz **M. rhomboideus minor: Margo medialis** im Bereich der Spina scapulae **M. rhomboideus major: Margo medialis** kaudal der **Spina scapulae**	Innervation N. dorsalis scapulaeC4–5 Blutversorgung – R. descendens des R. superficialis und R. profundus der A. transversa colli – Aa. intercostales posteriores	– **Rückführung des elevierten Armes** in die Neutral-0-Position – Verlagerung der Scapula nach kranial-medial – Drehung des Angulus inferior der Scapula nach medial Die Mm. rhomboidei bilden mit dem M. serratus anterior eine Muskelschlinge.
M. levator scapulae	Ursprung Tubercula posteriora der **Querfortsätze der Halswirbel I–IV** Ansatz **Angulus superior** und **Margo medialis scapulae** bis zur Spina scapulae	Innervation N. dorsalis scapulae(C2) C3–5 Blutversorgung – A. cervicalis ascendens – A. vertebralis – A. transversa colli	**Rückführung des elevierten Armes** in die Neutral-0-Position **Verlagerung der Scapula nach kranial** bei fixiertem Schultergürtel Streckung der Halswirbelsäule
M. serratus anterior	Ursprung **Rippenkörper der Rippen I–IX** (Sehnenbogen zwischen den Rippen I und II) Ansatz **Pars superior:** Angulus superior der Scapula **Pars intermedia:** Margo medialis der Scapula **Pars inferior:** Angulus inferior der Scapula	Innervation N. thoracicus longus C5–7 (C8) Blutversorgung – A. thoracica lateralis – A. thoracodorsalis – R. profundus der A. transversa colli – A. intercostalis suprema – Aa. intercostales posteriores	Pars inferior und Pars media: **Drehung der Scapula nach lateral-kranial für die Elevation des Armes über die Horizontale** Pars superior: – Unterstützung der Rückführung des elevierten Armes – Verschiebung der Scapula nach kranial Gesamter Muskel: – Verschiebung der Scapula nach lateral-ventral – Fixierung des medialen Scapularandes am Brustkorb Gemeinsam mit den Mm. rhomboidei: **bei fixiertem Schultergürtel Heben der Rippen (Unterstützung der Inspiration)**

▼

Tab. 4.19 (Fortsetzung)

Muskeln	Ursprung (U) Ansatz (A)	Innervation (I) Blutversorgung (V)	Funktion
Ventrale Gruppe			
M. subclavius	**Ursprung** kraniale Fläche der **ersten Rippe** im Bereich der Knorpel-Knochen-Grenze **Ansatz** Sulcus musculi subclavii an der **Unterfläche des Corpus claviculae,** (Fascia clavipectoralis) variabel: am Acromion und am Processus coracoideus	**Innervation** N. subclavius (C4) C5–6 **Blutversorgung** A. suprascapularis	– Senken der Clavicula – Fixieren der Clavicula im Sternoclavikulargelenk – **Spannen der Fascia clavipectoralis (Offenhalten des Lumens der V. subclavia)**
M. omohyoideus Tab. 4.11			
Gemischte Kopf-Rumpf-Muskeln (M. craniothoracales)			
M. trapezius	**Ursprung** **Protuberantia occipitalis externa, Linea nuchalis superior, Dornfortsätze des Halswirbels VII und der Brustwirbel I–XI (XII)** (Lig. nuchae, Ligg. supraspinalia) **Ansatz** Pars descendens: Übergang zwischen mittlerem und lateralem Drittel der **Clavicula** Pars transversa: acromiales Ende der Clavicula, **Acromion** Pars ascendens: oberer Rand der **Spina scapulae**	**Innervation** – N. accessorius (R. externus) – Äste der Plexus cervicalis (C2) C3–4 **Blutversorgung** – A .transversa colli – A. suprascapularis – Aa. intercostales posteriores – A. occipitalis	Pars descendens und Pars ascendens: **Drehung der Scapula nach lateral-kranial für die Elevation des Armes über die Horizontale** Pars transversa: **Verschiebung der Scapula nach medial** Pars descendens: **Verschiebung der Scapula nach kranial** Gesamter Muskel: – bei doppelseitiger Aktivität: Extension der Halswirbelsäule, – bei einseitiger Aktivität: Drehung von Kopf und Halswirbelsäule zur Gegenseite Die Pars descendens des M. trapezius und der M. levator scapulae bilden mit der Pars ascendens des M. trapezius eine vertikale Muskleschlinge.
M. sternocleidomastoideus Tab. 4.11			
M. pectoralis minor (Gehört genetisch zur Gruppe der ventralen Schultergelenkmuskeln.)	**Ursprung** ventraler medialer Teil der **Rippenkörper** (II) **III–V** **Ansatz** **Processus coracoideus**, variabel am Tuberculum majus des Humerus (oder an der Schultergelenkkapsel über das Lig. coracoglenoidale)	**Innervation** N. pectoralis medialis und N. pectoralis lateralis (C5) C6–8 (Th1) **Blutversorgung** – A. thoracoacromialis – Aa. intercostales	– **Senken und Kippen des Schulterblattes** – Drehung des Angulus inferior nach dorsomedial – bei fixiertem Schultergürtel: Anheben der Rippen (Unterstützung der Inspiration) Der M. pectoralis minor dient als **topographische Leitstruktur** für die Zuordnung der regionären Lymphknoten der Brustdrüse (sog. Level, Abb. 14.15).

Mm. sternocleidomastoideus und omohyoideus. Siehe ▸ Kap. 4.2.4.

Funktion. Von den Schultergürtelmuskeln bilden jeweils zwei antagonistisch wirkende Muskeln oder Muskelanteile **Muskelschlingen.** Durch die koordinierte Aktion der Agonisten und die gleichzeitige Erschlaffung der Antagonisten innerhalb einer Muskelschlinge werden die Bewegungen der Scapula im Schulterblatt-Thorax-Gelenk sowie in den Schultergürtelgelenken ausgeführt. Bei gleicher Größe der antagonistischen Kräfte innerhalb der Muskelschlingen wird die Scapula in einer bestimmten Stellung fixiert. Die **Drehung** der Scapula im Schulter-Blatt-Thorax-Gelenk unter Mitwirkung der Schultergürtelgelenke ist Voraussetzung für die **Elevation** des Armes **über die Horizontalebene** hinaus, da die Abduktoren des Schultergelenkes allein den Arm im Schultergelenk nur bis 90° elevieren können (Abb. 4.123a). Voraussetzung für Bewegungen im Schulterbereich oberhalb der Horizontalebene ist eine Stellungsänderung der Schultergelenkpfanne, die durch die Drehung der Scapula nach ventral lateral aus einer sagittalen in eine fast horizontal gerichtete Position gebracht wird.

4.77 Schädigung des N. accessorius oder des N. thoracicus longus

Bei einer Schädigung des N. accessorius mit Lähmung des M. trapezius oder des N. thoracicus longus mit Lähmung des M. serratus anterior ist die Elevation des Armes über die Horizontalebene nicht möglich oder stark eingeschränkt. Aufgrund der Dysbalance in den Muskelschlingen steht der mediale Schulterblattrand vom Rumpf ab (Scapula alata).

In Kürze

Funktion der Schultergürtelmuskeln bei den Bewegungen in den Schultergürtelgelenken (aus der Neutral-0-Stellung:
- Anheben (Elevation) des Schultergürtels (der Clavicula) nach kranial (ca. 40°):
  - Pars descendens des M. trapezius, M. levator scapulae
  - Mm. rhomboidei, Pars superior des M. serratus anterior
  - M. sternocleidomastoideus
- Senken (Depression) des Schultergürtels (der Clavicula) nach kaudal (ca. 10°):
  - Pars ascendens des M. trapezius, Pars inferior des M. serratus anterior
  - M. pectoralis minor, M. subclavius
- Bewegung des Schultergürtels (der Clavicula) nach dorsal (ca. 25°):
  - Pars transversa des M. trapezius, Mm. rhomboidei
- Bewegung des Schultergürtels (der Clavicula) nach ventral (ca. 30°):
  - Pars superior und Pars intermedia des M. serratus anterior
  - M. pectoralis minor
- Drehung der Scapula (ca. 60°) nach ventral lateral bei Elevation des Armes über die Horizontale (◘ Abb. 4.123a):
  - Pars inferior des M. serratus anterior
  - Pars descendens und Pars ascendens des M. trapezius
- Drehung der Scapula nach dorsal kaudal bei Rückführung des elevierten Armes, Depression (◘ Abb. 4.123b):
  - Mm. rhomboidei major und minor, Pars superior des M. serratus anterior
  - M. levator scapulae, M. pectoralis minor
  - Unterstützung durch die Schwerkraft des Armes sowie durch die am Humerus ansetzenden Schultergelenkmuskeln M. latissimus dorsi und M. pectoralis major).

Schultergelenkmuskeln

Die Schultergelenkmuskeln haben ihren Ursprung am Skelett von Schultergürtel, Rumpf oder Becken und ihren Ansatz am Humerus (◘ Abb. 4.124). Nach ihrer Entwicklung und nach ihrer Innervation werden die Muskeln in eine ventrale und in eine dorsale Gruppe gegliedert. Zur **Gruppe der dorsalen Muskeln** gehören die *Mm. supraspinatus, infraspinatus, subscapularis, teres major, teres minor, latissimus dorsi* und *deltoideus*. Die Mm. supraspinatus, subscapularis, infraspinatus und teres minor strahlen in die Schultergelenkkapsel ein und bilden die **Rotatorenmanschette** des Schultergelenkes (◘ Abb. 4.109). Zur **ventralen Gruppe** zählen die *Mm. coracobrachialis* und *pectoralis major* sowie genetisch auch der *M. pectoralis minor*.

Die **systematische Anatomie** reiht den M. latissimus dorsi unter die Rückenmuskeln, Mm. dorsi, und die Mm. pectoralis major und minor unter die Brustmuskeln, Mm. thoracis. Die Mm. deltoideus, supraspinatus, infraspinatus, teres minor, teres major, subscapularis und coracobrachialis werden den Armmuskeln, Mm. membri superioris zugeordnet.

M. deltoideus. Innervation: N. axillaris. Der unter der Haut liegende *M. deltoideus* prägt das Relief der Schulter (◘ Abb. 4.124 und 4.125). Der Muskel umgreift mit seinen vom Schlüsselbein und vom Schulterblatt entspringenden Anteilen, *Pars clavicularis, Pars acromialis* und *Pars spinalis*, das Schultergelenk von vorn, von lateral und von hinten (Tafel III, IV). Der gesamte Muskel ist in die Funktion, die Last des Armes zu tragen und das Schultergelenk muskulär zu führen, eingebunden. Aufgrund der unterschiedlichen Lage der einzelnen Muskelanteile zur momentanen Achse des Schultergelenkes sind die Einzelfunktionen innerhalb des Muskels teilweise antagonistisch (◘ Tab. 4.20). Zwischen M. deltoideus und den die Gelenkkapsel des Schultergelenkes verstärkenden Sehnen der Mm. supraspinatus und infraspinatus liegt die *Bursa subdeltoidea*, die häufig mit der Bursa subacromialis in Verbindung steht (◘ Abb. 4.127).

M. supraspinatus. Innervation: N. suprascapularis. Der *M. supraspinatus* liegt in der Fossa supraspinata, wo er an seiner freien Oberfläche von der *Fascia supraspinata* bedeckt wird, die lateral in das *Lig. coracoacromiale* übergeht (◘ Abb. 4.125 und 4.126). Die Ansatzsehne des Muskels passiert vor ihrer Insertion am Humerus die Unterseite des Schultereckgelenkes und den **subakromialen Raum** zwischen Humeruskopf und Fornix humeri. Die Supraspinatussehne ist eine **Gleitsehne,** und sie hat in ihrem Ansatzbereich eine avaskuläre, faserknorpelige Zone. Zwischen Fornix humeri und Ansatzsehne des M. supraspinatus liegt die *Bursa subacromialis*, die Bestandteil des subakromialen Nebengelenkes (◘ Abb. 4.107 und 4.127) ist.

4.78 Ruptur der Ansatzsehne des M. supraspinatus
Die Ruptur der Ansatzsehne des M. supraspinatus führt zu einer Dysbalance im Schultergelenk, der Humeruskopf verlagert sich nach kranial, und es kommt zur Arthrose im subakromialen Nebengelenk. Bei einer großflächigen Ruptur im Ansatzsehnenbereich des M. supraspinatus ist die Abduktion im Schultergelenk stark beeinträchtigt. Der passiv in Abduktionsstellung gebrachte Arm kann nicht in dieser Position gehalten werden (sog. Pseudoparalyse des Armes).

M. infraspinatus. Innervation: N. suprascapularis. Der von der Fascia infraspinata umhüllte *M. infraspinatus* füllt die Fossa infraspinata aus (◘ Abb. 4.125). Im Ansatzbereich liegt die *Bursa subendinea m. infraspinati*. Der obere Rand der Ansatzsehne gleitet unter dem Acromion.

M. teres minor. Innervation: N. axillaris. Der *M. teres minor* läuft am unteren Rand der Scapula und ist meistens mit dem kaudalen Teil des M. infraspinatus verwachsen (◘ Abb. 4.125).

M. subscapularis. Innervation: N. subscapularis. Der dreieckige *M. subscapularis* entspringt in der Fossa subscapularis, wobei der laterale Bereich am Scapulahals ausgespart bleibt (◘ Abb. 4.126). Seine mit der Gelenkkapsel sowie mit dem mittleren und dem unteren Glenohumeralbändern des Schultergelenkes verwachsene Ansatzsehne überbrückt teilweise den *Sulcus intertubercularis*. Den Oberrand der Ansatzsehne umscheidet die *Bursa subtendinea m. subscapularis* (► Schultergelenk) (◘ Abb. 4.109 und 4.127).

M. teres major. Innervation: N. subscapularis/N. thoracodorsalis. Der *M. teres major* hat enge genetische Beziehung zu den Mm. subscapularis und latissimus dorsi (◘ Abb. 4.128). Im Ansatzbereich des größtenteils vom M. latissimus dorsi bedeckten Muskels liegt die *Bursa subtendinea m. teretis majoris*. Der Muskel bildet die kaudale Begrenzung der Achsellücken.

M. latissimus dorsi. Innervation: N. thoracodorsalis. Der *M. latissimus dorsi* bedeckt als dünne, weitflächige Muskelplatte den unteren Teil des Rückens (◘ Abb. 4.128). Nach seinen Ursprüngen lassen sich 4 Anteile abgrenzen. Über das äußere Blatt der *Fascia thoracolumbalis* hat die *Pars vertebralis* eine Verbindung zur unteren Brustwirbelsäule, zur Lendenwirbelsäule und zum Kreuzbein. Über die *Pars iliaca* erreicht der Muskel den Beckengürtel. Die *Pars costalis* bedeckt

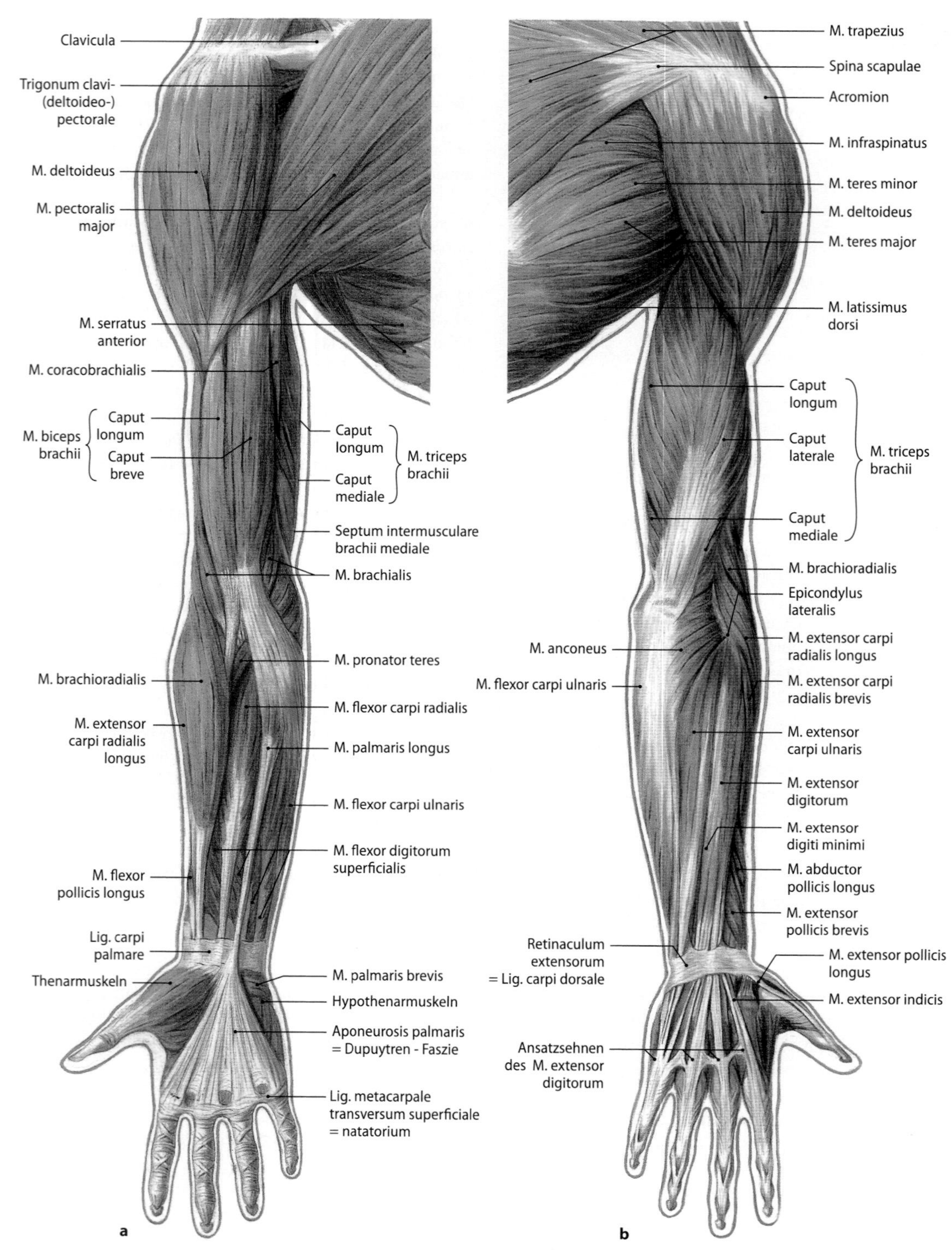

Abb. 4.124a, b. Muskeln des Armes der rechten Seiten, Ansicht von vorn (**a**) und von hinten (**b**) [7]

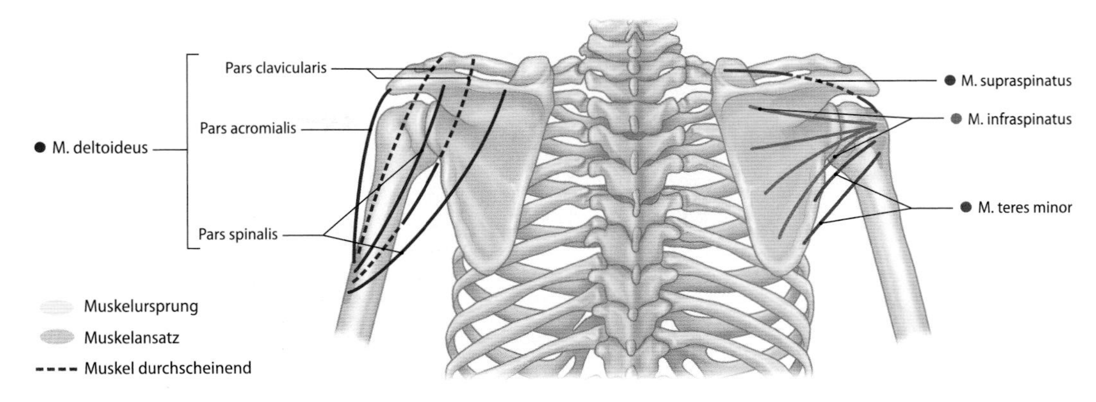

Abb. 4.125. M. deltoideus, Mm. supraspinatus, infraspinatus und teres minor

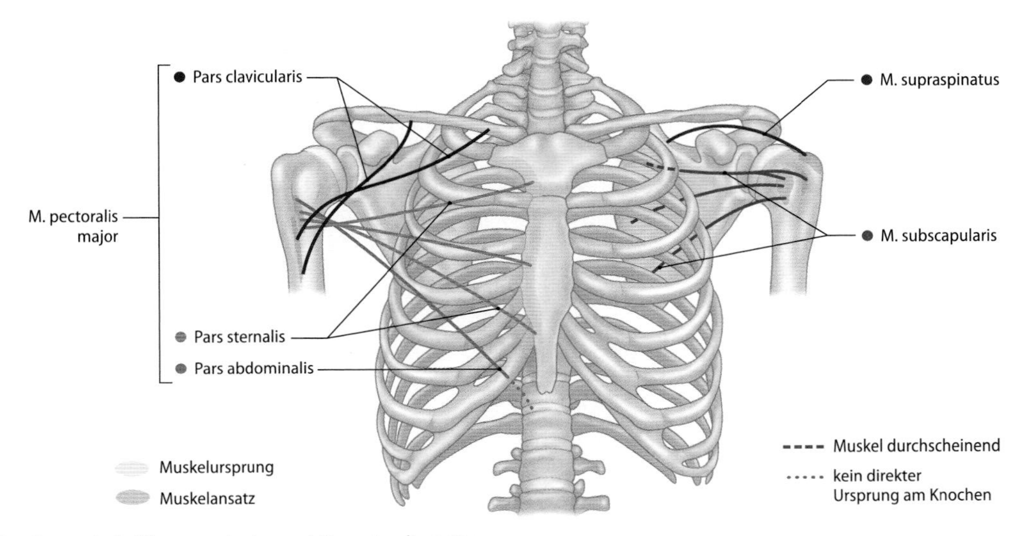

Abb. 4.126. M. subscapularis, M. supraspinatus und M. pectoralis major

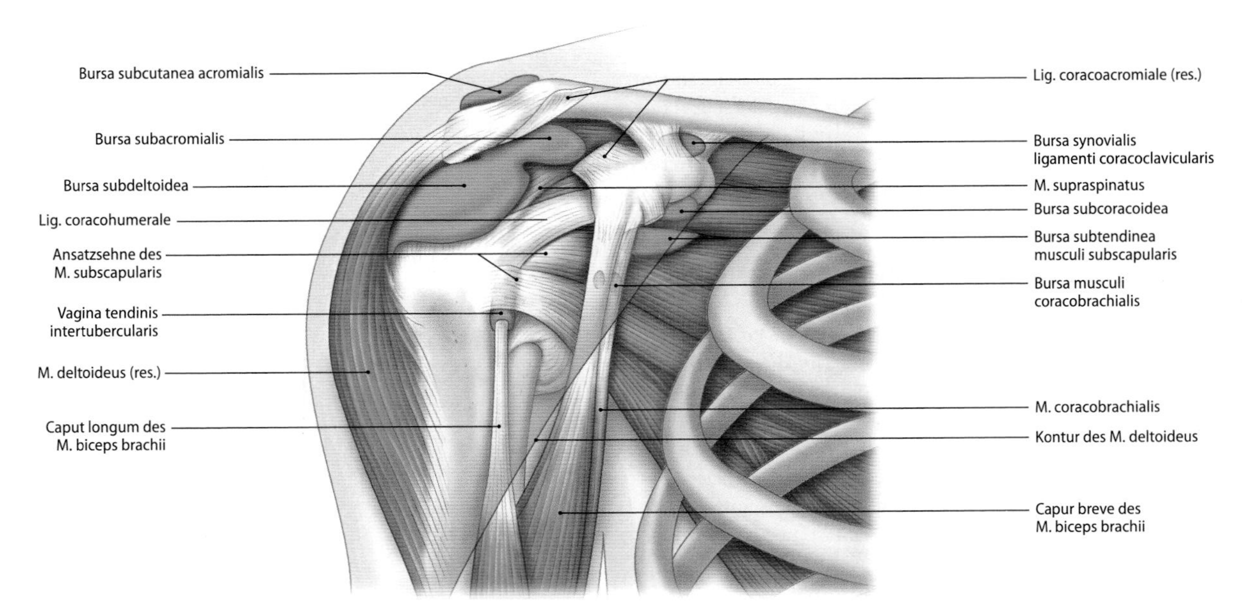

Abb. 4.127. Schleimbeutel der Schulterregion, rechte Seite, Ansicht von vorn. Die Mm. pectorales major und minor sowie die Pars clavicularis des M. deltoideus wurden entfernt. Man beachte die Verbindung zwischen Bursa subdeltoidea und Bursa subacromialis (subakromiales Nebengelenk) sowie die Ausdehnung der Bursa subacromialis in das Spatium subacromiale. Die Bursa subtendinea m. subscapularis »reitet« auf dem oberen Rand der Subskapularissehne, sie kommuniziert lateral über das Foramen Weitbrecht mit der Schultergelenkhöhle und kann medial mit der Bursa subcoracoidea in Verbindung stehen (nach eigenen Präparaten und nach Lanz-Wachsmuth)

Abb. 4.128. M. teres major und M. latissimus dorsi

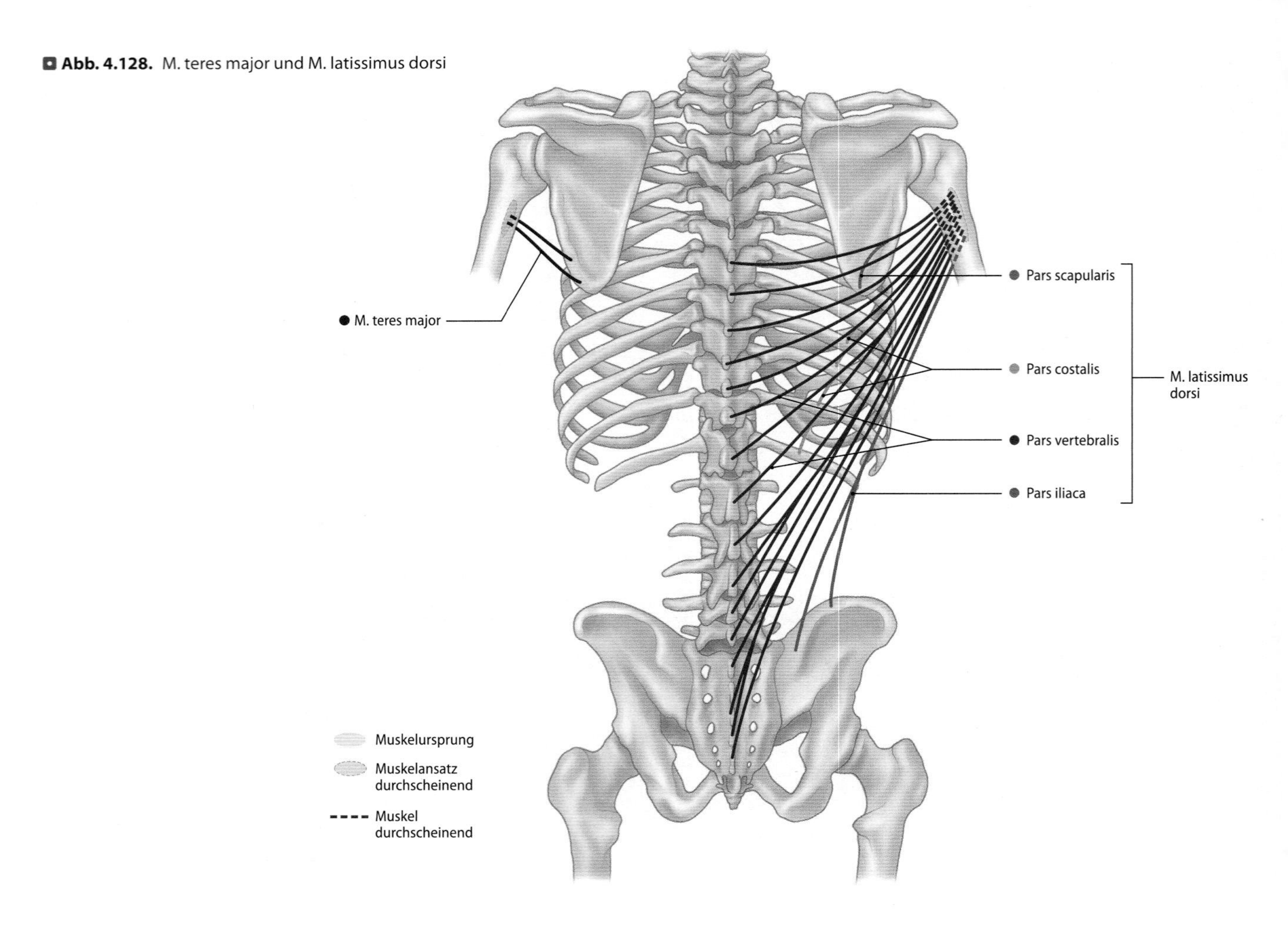

den seitlichen, unteren Brustkorb, wo sie an die Ursprungszacken des M. obliquus externus abdominis grenzt. Seine inkonstante *Pars scapularis* ist über die Fascia infraspinata mit dem unteren Schulterblattwinkel verbunden (4.79). Zwischen den sich überlagernden Ansatzsehnen vom M. subscapularis und M. latissimus dorsi liegt die *Bursa subtendinea m. latissimi dorsi.* Vom lateralen Rand des Muskels zieht nicht selten ein aberrierender Muskel-Sehnen-Strang, **hinterer Achselbogen,** zum Humerus, zur Scapula oder in die Fascia axillaris.

4.79 Bedeutung des M. latissimus bei einer Querschnittslähmung

Der M. latissimus dorsi wird aufgrund seines Ursprunges am Becken und am Rumpfskelett für Querschnittsgelähmte zu einem funktionell wichtigen Muskel. Durch Verlagerung des Punctum fixum an den Humerus können Rumpf und untere Extremitäten, z.B. im Rollstuhl, angehoben werden.

M. coracobrachialis. Innervation: N. musculocutaneus. Der Ursprungsbereich des *M. coracobrachialis* liegt am Rabenschnabelfortsatz zwischen dem kurzen Bizepskopf und dem M. pectoralis minor (Abb. 4.129).

M. pectoralis major. Innervation: N. pectoralis medialis/N. pectoralis lateralis. Der kräftige große Brustmuskel, *M. pectoralis major*, prägt das Relief der oberen, vorderen Thoraxregion (Abb. 4.126, Tafel III, S. 779). Nach seinem Ursprung lassen sich eine *Pars clavicularis*, eine *Pars sternocostalis* und eine *Pars abdominalis* unterscheiden. Pars

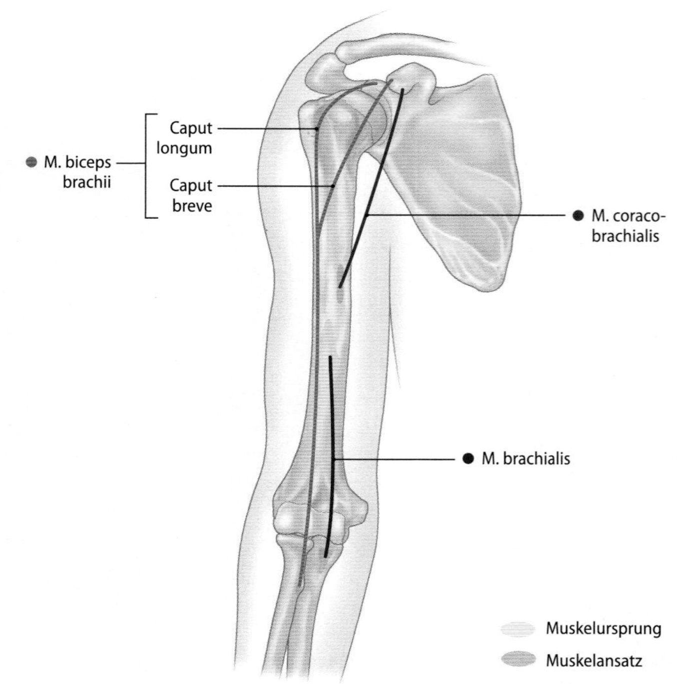

Abb. 4.129. Mm. coracobrachialis, biceps brachii und brachialis

clavicularis und Pars sternocostalis sind deutlich voneinander getrennt. Im Ansatzbereich überkreuzen sich die Fasern derart, dass die Anteile der Pars clavicularis vorn unten, die der Pars abdominalis und der Pars sternocostalis oben hinten an der Crista tuberculi majoris ansetzen. Dadurch entsteht eine im Querschnitt U-förmige Ansatzsehne. Auf diese Weise wird gewährleistet, dass alle Muskelfasern annähernd die gleiche Länge zwischen Ursprung und Ansatz haben. Vom lateralen Rand des M. pectoralis major kann ein **vorderer** muskulärer oder sehniger **Achselbogen** zum M. latissimus dorsi oder zur Achselhöhlen- oder Oberarmfaszie ziehen. Auf der Faszie des M. pectoralis major kommt in ca. 5% der Fälle ein parallel zum Brustbein laufender akzessorischer Muskel, *M. sternalis*, vor. Die Varianten gehen auf Reste eines bei Säugern angelegten Hautmuskels *(Panniculus carnosus)* zurück.

M. pectoralis minor. Siehe Schultergürtelmuskeln.

Der nach außen gedrehte Arm mit einer nach medial kranial gerichteten Handinnenfläche ist die Funktionsstellung für die meisten Gebrauchsbewegungen der oberen Extremität.

Tab. 4.20. Schultergelenkmuskeln

Muskeln	Ursprung (U) Ansatz (A)	Innervation (I) Blutversorgung (V)	Funktion Schleimbeutel
Dorsale Gruppe (M. brachiales dorsales)			
M. deltoideus	Ursprung Pars clavicularis: laterales Drittel des **Claviculavorderrandes** Pars spinalis: Unterrand der **Spina scapulae** Pars acromialis: **Acromion** Ansatz **Tuberositas deltoidea des Humerusschaftes**	Innervation N. axillaris (C4) C5–6 Kennmuskel für das Rückenmarksegment C5 Blutversorgung – A. circumflexa humeri posterior – A. thoracoacromialis – R. deltoideus der A. brachii profunda	Pars acromialis: **Abduktion im Schultergelenk** Pars clavicularis: – Flexion, Innendrehung – Adduktion aus der Neutral-0-Stellung – Unterstützung der Abduktion bei ca. 60° abduziertem Arm Pars spinalis: – Extension, Außenrotation – Adduktion aus der Neutral-0-Stellung – Unterstützung der Abduktion bei ca. 60° abduziertem Arm Gesamter Muskel: – Tragen der Last des Armes – **muskuläre Führung des Schultergelenkes** **Schleimbeutel:** Bursa subdeltoidea
M. supraspinatus	Ursprung **Fossa supraspinata** bis zur Basis der Spina scapulae Ansatz **Tuberculum majus** und in einem Drittel der Fälle Spitze des Tuberculum minus des Humerus (Gelenkkapsel des Schultergelenkes)	Innervation N .suprascapularis C4–6 Blutversorgung – A .suprascapularis – A. circumflexa scapulae – A. thoracoacromialis – A. transversa colli	– **Abduktion im Schultergelenk** – Unterstützung der Außendrehnung – **Zentrierung des Humeruskopfes in der Gelenkpfanne** – Spannen der Gelenkkapsel **Schleimbeutel:** Bursa subacromialis
M. infraspinatus	Ursprung kaudale Seite der Basis der **Spina scapulae, Fossa infraspinata** Ansatz mittlerer Bereich des **Tuberculum majus des Humerus** (Gelenkkapsel)	Innervation N. suprascapularis C4–6 Kennmuskel für das Rückenmarksegment C4 Skapulohumeralreflex Blutversorgung – A suprascapularis – A. circumflexa scapulae	– **Außendrehung im Schultergelenk** – Unterstützung der Abduktion (kranialer Teil) und der Adduktion (kaudaler Teil) – Spannen der Gelenkkapsel **Schleimbeutel:** Bursa subtendinea musculi infraspinati
M. teres minor	Ursprung mittlerer Abschnitt des **Margo lateralis scapulae** und kaudaler lateraler Teil der **Fossa infraspinata** Ansatz distaler Bereich des **Tuberculum majus** bis zum Collum chirurgicum des Humerus	Innervation N. axillaris C5–6 Blutversorgung A. circumflexa scapulae	**Außendrehung** und **Adduktion im Schultergelenk**
M. subscapularis	Ursprung **Fossa subscapularis** auf der Facies costalis der Scapula Ansatz Tuberculum minus und proximaler Teil der **Crista tuberculi majoris des Humerus** (Gelenkkapsel des Schultergelenkes)	Innervation N. subscapularis C5–7 (C8) Blutversorgung – Rr. subscapulares der A. axillaris – A. subscapularis – Rr. musculares der A. thoracodorsalis	– **Innendrehung im Schultergelenk** – Unterstützung der Abduktion (kranialer Teil) und der **Adduktion bei eleviertem Arm** **Schleimbeutel:** Bursa subtendinea (Recessus subtendineus) musculi subscapularis und Bursa subcoracoidea

▼

4

Tab. 4.20. Schultergelenkmuskeln

Muskeln	Ursprung (U) Ansatz (A)	Innervation (I) Blutversorgung (V)	Funktion Schleimbeutel
Dorsale Gruppe (M. brachiales dorsales)			
M. teres major	Ursprung kaudaler Teil des **Margo lateralis und Angulus inferior der Scapula** Ansatz distaler medialer Abschnitt der **Crista tuberculi minoris des Humerus**	Innervation N. subscapularis und/oder N. thoracodorsalis C5–7 Blutversorgung A. thoracodorsalis	**Innendrehung, Adduktion und Extension im Schultergelenk** **Schleimbeutel:** Bursa subtendinea musculi teretis majoris
M. latissimus dorsi	Ursprung Pars scapularis, inkonstant: Angulus inferior Pars vertebralis: – **Processus spinosi der Brustwirbel VII–XII und der Lendenwirbel I–V, Crista sacralis mediana** Pars iliaca: hinteres Drittel des **Labium externum der Crista iliaca** **Pars costalis:** dorsaler Teil der **Rippen** IX, (variabel) **X–XII** Ansatz proximaler-lateraler Abschnitt der **Crista tuberculi minoris des Humerus**	Innervation N. thoracodorsalis C6–8 Blutversorgung – A. thoracodorsalis – Aa. intercostales posteriores	– **Innendrehung, Adduktion und Extension im Schultergelenk** – Senken des elevierten Armes – bei Punctum fixum am Humerus: **Anheben des Rumpfes** und Unterstützung der forcierten Exspiration – Unterstützung der Streckung der Lendenwirbelsäule Der M. latissimus dorsi bildet die hintere Achselfalte. **Schleimbeutel:** Bursa subtendinea musculi latissimi dorsi
Ventrale Gruppe (M. brachialis ventrales)			
M. coracobrachialis	Ursprung **Processus coracoideus** der Scapula **A:** Facies anteromedialis im mittlerem Bereich des **Humerusschaft**es (Septum intermusculare brachii mediale)	Innervation N. musculocutaneus C6–7 (C8) Blutversorgung Aa. circumflexae humeri anterior und posterior	**Flexion und Adduktion im Schultergelenk** Der M. corocabrachialis dient als »Haltemuskel« für den Arm. Der Muskel begrenzt medial den *Sulcus bicipitalis medialis* und er ist Leitmuskel für die aus der Achselhöhle zum Oberarm ziehenden Leitungsbahnen. **Schleimbeutel:** Bursa musculi coracobrachialis
M. pectoralis major	Ursprung Pars clavicularis: mediales und mittleres Drittel des **Claviculavorderrandes** Pars sternocostalis: Vorderseite des **Sternum,Rippenknorpel II–VII** (Membrana sterni) Pars abdominalis: (vorderes Blatt der Rektusscheide) Ansatz Pars sternocostalis und Pars abdominalis: proximaler medialer Abschnitt der **Crista tuberculi majoris des Humerus** Pars clavicularis: distaler lateraler Abschnitt der **Crista tuberculi majoris des Humerus**	Innervation – N. pectoralis medialis (C8–Th1) – N. pectoralis lateralis (C5–7) Blutversorgung – Rr. pectorales der A. thoracoacromialis – A. thoracalis lateralis – Äste der Aa. intercostales posteriores – Rr. mammarii mediales der Rr. perforantes aus A. thoracica interna	Gesamter Muskel: – **Adduktion und Innenrotation im Schultergelenk** – **Senken des elevierten Armes** – Führen des Armes vor dem Körper zur Gegenseite **Bei Punctum fixum am Humerus:** Vorziehen und Senken der Schulter und Bewegung des Rumpfes in Richtung des Armes (Klettern, Klimmzug) Pars clavicularis: Anteversion im Schultergelenk bei abduziertem Arm Pars sternocostalis: bei Punctum fixum am Humerus **Heben der Rippen (Unterstützung der Inspiration)** **Schleimbeutel:** Bursa musculi pectoralis

Funktion. Übereinkunftsgemäß beschreibt man die Funktionen der Schultergelenkmuskeln nach ihrer Lage zu den 3 Achsen des Schultergelenkes als Muskeln für **Flexion (Beugen)** und **Extension (Strecken) – transversale Achse**, für **Abduktion** und **Adduktion – sagittale Achse** sowie für **Innendrehung** und **Außendrehung – vertikale Achse** (Tab. 4.21). Aufgrund der kurzen virtuellen Hebelarme arbeiten die meisten Schultergelenkmuskeln mit großer Kraft. Die meisten Bewegungsabläufe für die alltäglichen Gebrauchsbewegungen lassen sich nicht auf ein solches Schema reduzieren, sie bestehen aus gemischten Bewegungsabläufen. Die Ausführung isolierter Bewegungen im Schultergelenk ist nur möglich, wenn die Scapula durch die Schultergürtelmuskeln fixiert wird. Schultergürtelmuskeln und Schultergelenkmuskeln bilden eine Funktionseinheit.

Oberarmmuskeln

Die Oberarmmuskeln lagern sich mit einer vorderen (ventralen) Muskelgruppe (Beuger), *Mm. biceps brachii* und *brachialis* (*M. coracobrachialis*, ► Schultergelenkmuskeln), und mit einer hinteren (dorsa-

Tab. 4.21. Funktionen der Schultergelenk- und Oberarmmuskeln im Schultergelenk

Achsen	Bewegungsausmaß	Funktion	Muskeln
transversal	90°	Flexion (Beugung)	M. deltoideus (Pars clavicularis) M. pectoralis major (Pars clavicularis) M. biceps brachii M. coracobrachialis
	40°	Extension (Streckung)	M. teres major M. latissimus dorsi M. deltoideus (Pars spinalis) Caput longum m. tricipitis brachii
sagittal	90°	Abduktion	M. deltoideus M. supraspinatus M. infraspinatus, oberer Teil Caput longum m. bicipitis brachii
	40°	Adduktion	M. pectoralis major M. latissimus dorsi Mm. teres major und minor M. infraspinatus unterer Teil M. deltoideus (Pars clavicularis und Pars spinalis) Caput longum m. tricipitis brachii Caput breve m. bicipitis brachii
vertikal	70°	Innendrehung	M. subscapularis M. pectoralis major M. latissimus dorsi M. teres major M. deltoideus (Pars clavicularis)
	60°	Außendrehung	M. infraspinatus M. teres minor M. deltoideus (Pars spinalis)

len) Muskelgruppe (Strecker), *M. triceps brachii*, um den Humerus (Tab. 4.22). Die Oberarmmuskeln werden von der *Fascia brachii* eingehüllt. Die einzelnen Muskelgruppen umschließt jeweils eine Gruppenfaszie. Dort, wo die die Gruppenfaszien aneinandergrenzen, entsteht medial das *Septum intermusculare brachii mediale* und lateral das *Septum intermusculare brachii laterale*. Die Septa intermuscularia verbinden die Fascia brachii über die Gruppenfaszien mit dem Humerus. Auf diese Weise entstehen zwei osteofibröse Muskellogen. Die beiden Muskelgruppen werden durch den *Sulcus bicipitalis medialis* über dem *Septum intermusculare mediale* und durch den *Sulcus bicipitalis lateralis* über dem *Septum intermusculare laterale* auch äußerlich sichtbar voneinander abgegrenzt (Tafel IV, V, S. 781). Die Muskeln wirken insgesamt auf das Ellenbogengelenk und zum Teil auf das Schultergelenk.

M. biceps brachii. Innervation: N. musculocutaneus. Der *M. biceps brachii* prägt das Relief der Oberarmvorderseite (Abb. 4.124 und 4.129, Tafel VI) Sein *Caput longum* zieht frei durch die Schultergelenkhöhle und gelangt innerhalb einer Sehnenscheide *(Vagina synovialis intertubercularis)* nach der Passage des Sulcus intertubercularis zum Oberarm, wo es sich mit dem *Caput breve* zum gemeinsamen Muskelbauch vereinigt (Abb. 4.127). Im Ellenbogenbereich spaltet sich ulnar von der Ansatzsehne der Lacertus fibrosus, *Aponeurosis musculi bicipitis brachii*, ab, der in die Fascia cubiti einstrahlt. Im Ansatzbereich der Endsehne an der Tuberositas radii liegt ein Schleimbeutel, *Bursa bicipitoradialis* (Abb. 1.134). Die Ursprungssehne des Caput longum und die Ansatzsehne des M. biceps brachii sind Gleitsehnen. Als Variante kommt nicht selten ein zusätzlicher am Humerus entspringender Kopf des Muskels vor.

4.80 Verletzungen und Sehnenscheidenentzündung der Sehnen des M. biceps brachii

Die Ursprungssehne des langen Bizepskopfes kann aus ihrer Gleitrinne im Sulcus intertubercularis subluxieren oder luxieren. Rupturen der langen Bizepssehne zählen zu den häufigsten Sehnenverletzungen.

Innerhalb der Vagina synovialis intertubercularis kann es zu einer Sehnenscheidenentzündung (Tenosynovitis) kommen.

M. brachialis. Innervation: N. musculocutaneus, N. radialis. Der größtenteils vom M. biceps brachii bedeckte *M. brachialis* zieht vom Humerus zur Ulna (Abb. 4.129). Der Muskel ist mit der Kapsel des Ellenbogengelenkes verwachsen. Der M. brachialis bildet mit dem M. brachioradialis den Radialistunnel.

M. coracobrachialis. Siehe ► Kap. Schultergelenkmuskeln.

M. triceps brachii. Innervation: N. radialis. Vom dreiköpfigen *M. triceps brachii* sind bei gestrecktem Arm das *Caput longum* und das *Caput laterale* auf der Rückseite des Oberarms abgrenzbar (Abb. 4.124 und 4.130, Tafel IV). Der am Tuberculum infraglenoidale des Schulterblattes entspringende lange Trizepskopf ist zweigelenkig. Das oberhalb des Sulcus nervi radialis entspringende Caput laterale bedeckt das unterhalb der Radialisrinne entspringende *Caput mediale*. Dadurch entsteht ein osteofibröser Kanal (Radialiskanal Abb. 25.5). Zwischen der gemeinsamen Endsehne der 3 Köpfe und dem Insertionsbereich am Olecranon liegt ein Schleimbeutel, *Bursa subtendinea musculi tricipitis*.

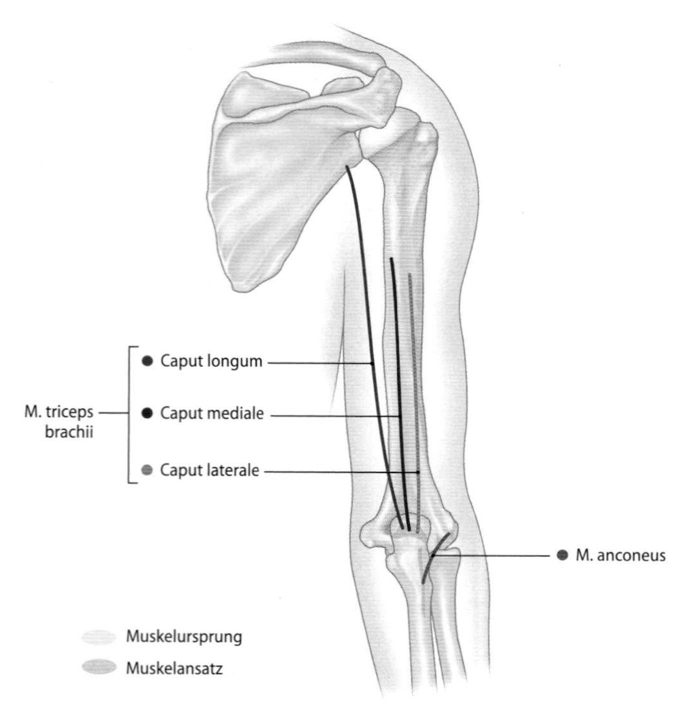

Abb. 4.130. M. triceps brachii

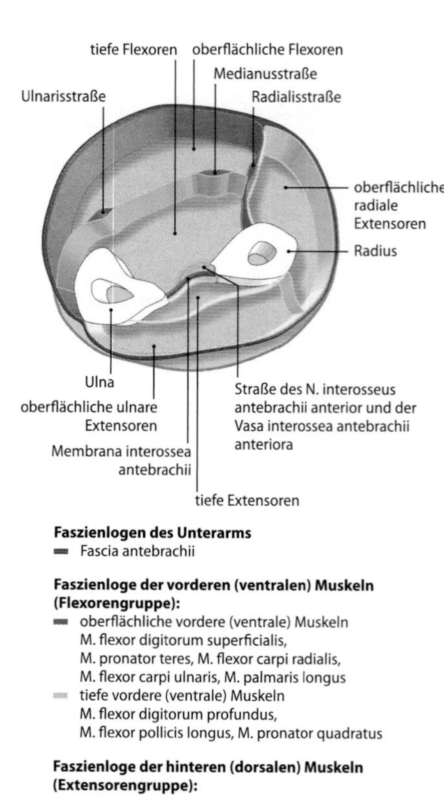

Abb. 4.131. Querschnitt durch einen rechten Unterarm, Ansicht der distalen Schnittfläche von oben. Darstellung der Faszienlogen mit der Lage der Muskelgruppen und mit den Straßen für die Leitungsbahnen [7]

M. anconeus. Innervation: N. radialis. Als *M. anconeus* bezeichnet man einen dreieckigen Muskel, der vom lateralen Epicondylus des Humerus und von der Gelenkkapsel des Ellenbogengelenkes zum Olecranon der Ulna zieht (Abb. 4.124). Der Muskel wird als vierter Kopf des M. triceps brachii aufgefasst.

Ein selten vorkommendes Muskelbündel zwischen Epicondylus medialis humeri und Olecranon bezeichnet man als *M. epitrochleoanconeus*.

Funktion. Siehe Tab. 4.22 und 4.23.

Unterarmmuskeln

Die Muskeln des Unterarmes lassen sich unter genetischen Gesichtspunkten und demzufolge nach ihrer **Lage** zu den Unterarmknochen in eine hintere (dorsale) und in eine vordere (volare) Gruppe gliedern (Abb. 4.131). Innerhalb der Muskelgruppen liegen die Muskeln in einer oberflächlichen und in einer tiefen Schicht. Bei den dorsalen Muskeln grenzt man die radialen Muskeln *(Mm. brachioradialis, extensor carpi radialis longus, extensor carpi radialis brevis)* ab, die sich um den Radius nach palmar verlagert haben. Diese Einteilung liegt den Tab. 4.24 und 4.25 zugrunde.

Im nachfolgenden Text werden die Unterarmmuskeln unter praktisch-klinischen Gesichtspunkten topographisch sowie als funktionelle Gruppen dargestellt. **Funktionell** wirken die Muskeln zum Teil als Beuger auf das Ellenbogengelenk sowie als Pronatoren oder Supinatoren auf das proximale und distale Radioulnargelenk. Die randständigen Unterarmmuskeln sind Flexoren und Extensoren sowie Radial- und Ulnarabduktoren der Handgelenke. Die Beuger und Strecker der Finger wirken auf die Fingergelenke und auf die Handgelenke. Die Gruppe der langen Daumenmuskeln steht im Dienst der freien Beweglichkeit des Daumens für die Greifbewegung.

Die Unterarmmuskeln werden von der *Fascia antebrachii* umhüllt, die an den äußeren, seitlichen Rändern von Radius und Ulna zum Teil direkt, zum Teil über die Sehnen mit dem Knochen verwachsen ist. Auf diese Weise entstehen volar und dorsal von Radius, Ulna und Membrana interossea antebrachii jeweils eine **dorsale** und **volare Muskelloge** für die Flexoren und für die Extensoren. Die Muskelgruppe der tiefen und oberflächlichen Flexoren sind durch eine dünne Faszie voneinander getrennt. Dorsal ist die Trennung zwischen oberflächlichen und tiefen Muskeln nicht so deutlich. Die Gruppe der dorsalen radialen Muskeln liegt in einer eigenen Faszienhülle. Im distalen Bereich des Unterarms am Übergang zur Hand verstärkt sich die Unterarmfaszie zum *Retinaculum musculorum extensorum* (Abb. 4.141). Unter dem Retinaculum gelangen die Extensorensehnen in 6 osteofibrösen Kanälen (Sehnenfächern) zur Hand. Die Sehnen werden innerhalb der Sehnenfächer von **Sehnenscheiden,** *Vaginae tendinum carpales dorsales,* umschlossen, die sich distalwärts unterschiedlich weit auf den Handrücken ausdehnen. Auf der Volarseite endet die Unterarmfaszie mit dem *Lig. carpi palmare* (Abb. 4.124a).

Muskeln der Ellenbeuge

M. brachioradialis. Innervation: N. radialis. Der Muskel bildet den deutlich sichtbaren radialen Randwulst der Ellenbeuge (Abb. 4.124 und Abb. 4.137, Tafel V und VI). Er entspringt am unteren Drittel der radialen Humeruskante sowie am Septum intermusculare brachii laterale und bedeckt zum Teil den M. extensor carpi radialis longus. Die lange Ansatzsehne inseriert am lateralen Rand des Radius.

Tab. 4.22. Oberarmmuskeln

Muskel	Ursprung (U) Ansatz (A)	Innervation (I) Blutversorgung (V)	Funktion Schleimbeutel
Vordere (ventrale) Muskeln			
M. biceps brachii	Ursprung Caput longum: – **Tuberculum supraglenoidale der Scapula** – Labrum glenoidale Caput breve: **Processus coracoideus der Scapula** Ansatz **Tuberositas radii** (über den Lacertus fibrosus in der Fascia antebrachii)	Innervation N. musculocutaneus C5–6 Biceps-brachii-Reflex **Blutversorgung** Rr. musculares der A. axillaris und der A. brachialis	– **Beugung im Ellenbogengelenk** (in Supinationsstellung) – **Supination** (bei gebeugtem Ellenbogengelenk) – **Flexion,** Innendrehung und **Abduktion im Schultergelenk** (Caput longum) – Adduktion im Schultergelenk (Caput breve) **Schleimbeutel:** – Vagina tendinis intertubercularis – Bursa bicipitoradialis
M. brachialis	Ursprung – distale Hälfte der Facies anteromedialis und der Facies anterolateralis des **Humerusschaftes** (Septum intermusculare brachii laterale und Septum intermusculare mediale – (Gelenkkapsel des Ellenbogengelenkes) Ansatz **Tuberositas ulnae** (Gelenkkapsel des Ellenbogengelenkes)	Innervation N. musculocutaneus und N. radialis C5–6(C7) **Blutversorgung** – Rr. musculares der A. brachialis – A. collateralis ulnaris superior – A. collateralis ulnaris inferior – A. recurrens radialis	**Beugung im Ellenbogengelenk** Der M. brachialis ist der Hauptbeuger des Ellenbogengelenkes, der diese Funktion aus jeder Stellung des Unterarms ausführen kann. Durch den unterschiedlichen Einsatz der Beuger erfährt das Ellenbogengelenk eine gleichmäßige Beanspruchung.
Hintere (dorsale) Muskeln			
M. triceps brachii	Ursprung Caput longum: **Tuberculum infraglenoidale**, kranialer Teil des Margo lateralis der Scapula (Basis des Labrum glenoidale) Caput laterale: Facies posterior **proximal-lateral des Sulcus nervi radialis des Humerus** (Septum intermusculare brachii laterale) Caput mediale: Facies posterior **distal-medial des Sulcus nervi radialis** bis zum Epicondylus lateralis humeri (Septum intermusculare brachii mediale) Ansatz **Olecranon der Ulna** (Fascia antebrachii, Gelenkkapsel des Ellenbogengelenkes)	Innervation N. radialis C6–8 (Th1) Kennmuskel für das Rückenmarksegment C7 Triceps-brachii-Reflex **Blutversorgung** – A. circumflexa humeri posterior – A. profunda brachii – A. collateralis ulnaris superior	– **Streckung im Ellenbogengelenk** – Adduktion im Schultergelenk (Caput longum) Das **Caput longum** des M. triceps brachii beteiligt sich am Tragen der Last des Armes. An der Streckung des Ellenbogengelenkes hat das **Caput mediale** den größten Anteil. Die an den Rändern des Sulcus nervi radialis entspringenden Caput laterale und Caput mediale bilden den **Radialiskanal**. **Schleimbeutel:** – Bursa subcutanea olecrani – Bursa intratendinea olecrani – Bursa subtendinea musculi tricipitis
M. anconeus	Ursprung Rückfläche des **Epicondylus lateralis humeri** (Lig. collaterale radiale und Gelenkkapsel des Ellenbogengelenkes) Ansatz proximaler Teil der **Facies posterior ulnae**	Innervation N. radialis C7–8 **Blutversorgung** A. interossea recurrens aus der A. interossea posterior	– Streckung im Ellenbogengelenk – Spannen der Gelenkkapsel

Tab. 4.23. Funktionen Oberarmmuskeln im Ellenbogengelenk

Achse	Bewegungsausmaß	Funktion	Muskeln
transversal	150°	Flexion (Beugung)	M. biceps brachii (in Supinationsstellung) M. brachialis (in Supinations- und Pronationsstellung) M. brachioradialis (in Semipronationsstellung) unterstützend: – M. extensor carpi radialis longus – M. pronator teres
	ca. 5° *	Extension (Streckung)	M. triceps brachii (M. anconeus)

* über die Neutral-0-Stellung hinaus individuell unterschiedlich

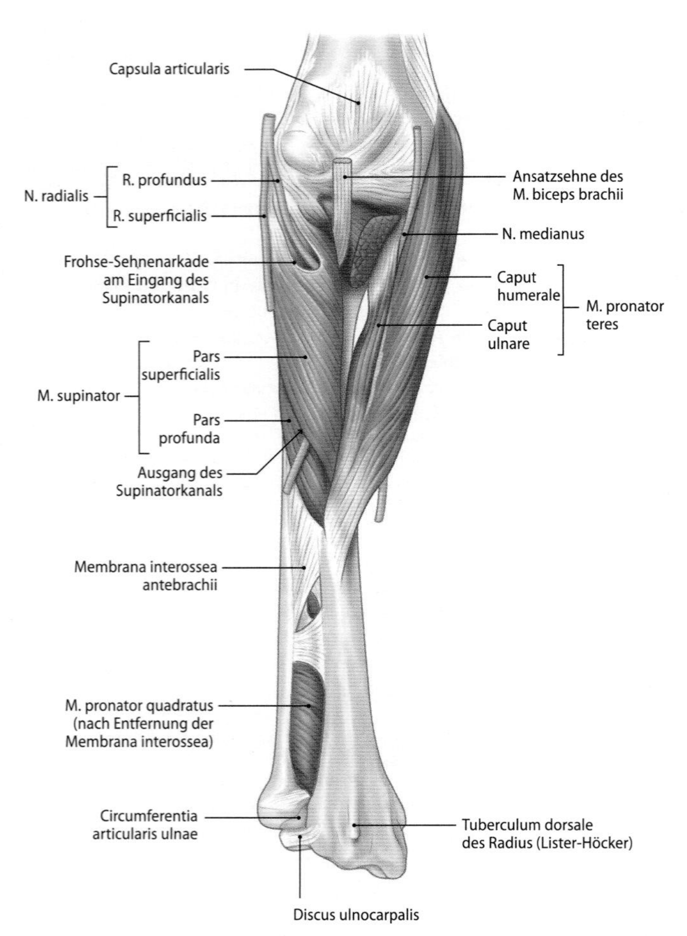

◻ Abb. 4.132. Unterarmskelett der rechten Seite in Pronationsstellung mit Mm. supinator, pronator teres und pronator quadratus, Ansicht von vorn. Man beachte die Frohse-Sehnenarkade am Eingang des Supinatorkanals zwischen Pars superficialis und Pars profunda des M. supinator(R. profundus des N. radialis). Zwischen Caput humerale und Caput ulnare des M. pronator teres liegt der Pronatorkanal (N. medianus)

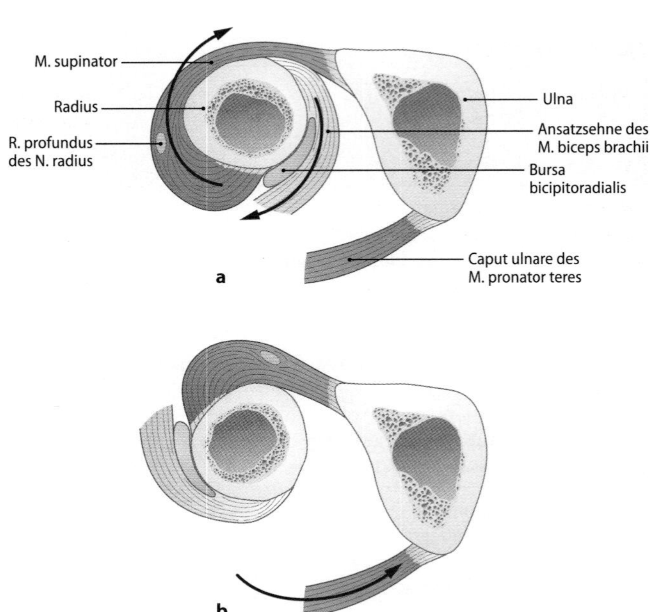

◻ Abb. 4.134a, b. Querschnitte von Radius und Ulna in Höhe der Tuberositas radii mit Anschnitten der Mm. biceps brachii, supinator und pronator teres, Ansicht von proximal. **a** Aus der Pronationsstellung wird der Radius durch die Mm. supinator und biceps brachii in die Supinationsstellung gedreht. **b** Aus der Supinatinsstellung wird der Radius durch die Mm. pronator teres und pronator quadratus in die Pronationsstellung gebracht

M. pronator teres. Innervation: N. medianus. Der M. pronator teres begrenzt medial sichtbar die Ellenbeuge (◻ Abb. 4.132, Tafel VI). Der zweiköpfige Muskel entspringt mit seinem *Caput humerale* am medialen Epicondylus des Humerus und am Septum intermusculare brachii mediale. Das *Caput ulnare* kommt vom Processus coronoideus der Ulna. Der Ansatz des Muskel liegt distal vom M. supinator auf der dorsalen radialen Fläche des Radius, um den sich die Ansatzsehne in Supinationsstellung des Unterarms wickelt (◻ Abb. 4.133 und 4.134).

◻ Abb. 4.133a, b. Mm. supinator, pronator teres und pronator quadratus. **a** Supinationsstellung. **b** Wirkung der Mm. biceps brachii und supinator als Supinatoren (Pronationsstellung). Verlauf der Achsen für die Pronations-Supinations-Bewegungen sowie für die Beugung und Streckung im Ellenbogengelenk. Kippung des Radius um ca. 5°

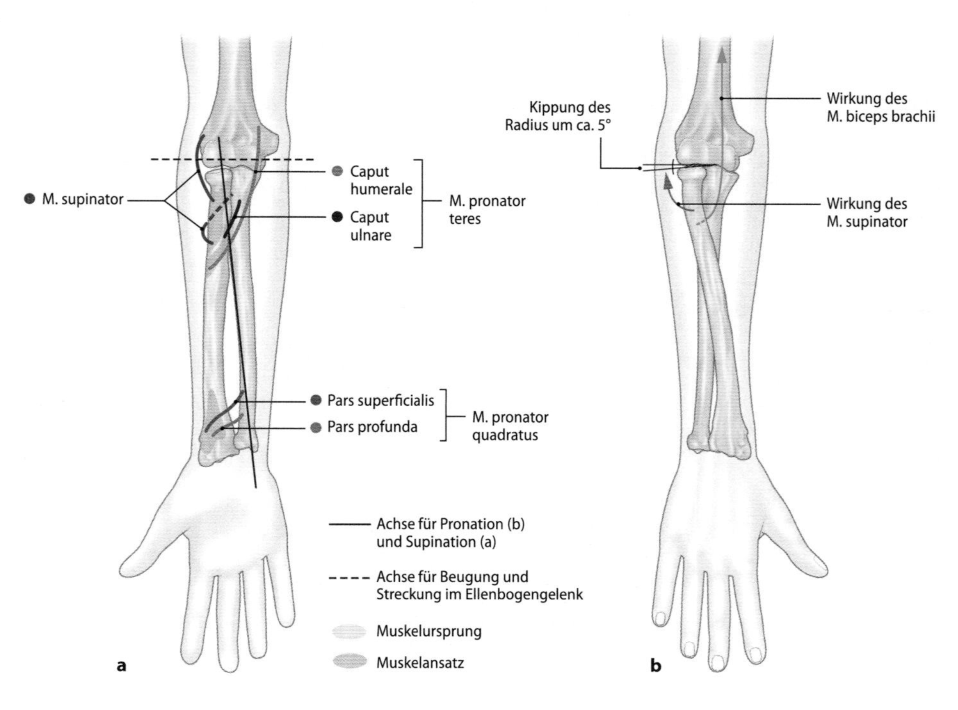

Tab. 4.24. Unterarmmuskeln

Muskeln	Ursprung (U) Ansatz (A)	Innervation (I) Blutversorgung (V)	Funktion
Gruppe der hinteren (dorsalen), oberflächlichen, radialen Muskeln			
M. brachioradialis	Ursprung Margo lateralis des **Humerusschaftes** (Septum intermusculare brachii laterale) Ansatz **Processus styloideus des Radius**	Innervation N .radialis C5–6 Kennmuskel für das Rückenmarksegment C6 Brachioradialisreflex Blutversorgung – A. collateralis radialis – A. recurrens radialis – Rr. musculares der A. radialis	– **Beugung im Ellenbogengelenk** (in Neutral-0-Stellung des Armes) – Unterstützung der Pronation bei supiniertem Unterarm sowie der Supination bei proniertem Unterarm jeweils bis zur Neutral-0-Stellung – Zuggurtungswirkung am Radius
M. extensor carpi radialis brevis	Ursprung proximaler Teil des **Epicondylus lateralis humeri** (Lig. anulare radii, Lig. collaterale radiale) Ansatz Basis und **Processus styloideus des Os metacarpi III,** variabel an der Basis des Os metacarpi II	Innervation R .profundus des N. radialis C6–7 Blutversorgung – A. collateralis radialis aus der A. profunda brachii – A. recurrens radialis und Rr. musculares der A. radialis	– **Dorsalextension in den Handgelenken** – Unterstützung der Rückführung der ulnar abduzierten Hand in die Neutral-0-Stellung (Funktion beim Greifen s. unten). Die Dorsalextension der Hand wird vorrangig von den Mm. extensores carpi radialis longus und brevis ausgeführt. Die Streckung in den Handgelenken wird von den Finger- und Daumenextensoren unterstützt. **2. Sehnenfach** unter dem Retinaculum musculorum extensorum
M. extensor carpi radialis longus	Ursprung Margo lateralis und Crista supracondylaris des **Humerus** (Septum intermusculare brachii laterale) Ansatz radialer Teil der **Basis des Os metacarpi II**	Innervation R. profundus des N. radialis C6–7 Blutversorgung – A .collateralis radialis aus der A. profunda brachii – A. recurrens radialis und Rr. musculares der A. radialis	– **Dorsalextension und radiale Abduktion in den Handgelenken** – Unterstützung der Beugung im Ellenbogengelenk. Die Handgelenkextensoren arbeiten beim Greifen (z.B. Faustschluss) synergistisch mit den Fingerbeugern, indem sie diese durch die Extension der Handgelenke vordehnen. Die Extensoren stabilisieren außerdem die Handgelenke und schaffen damit den Fingerflexoren die Voraussetzung zur Beugung in den Fingergelenken. **2. Sehnenfach** unter dem Retinaculum musculorum extensorum
Gruppe der hinteren (dorsalen), oberflächlichen, ulnaren Muskeln			
M. extensor digitorum	Ursprung mittlerer Teil **des Epicondylus lateralis humeri** (Lig. anulare radii, Lig. collaterale radiale, Fascia antebrachii) Ansatz über die Dorsalaponeurose an den Basen der **Mittel- und Endphalanx der Finger II-V** (im Bereich der Grundgelenke an den dorsalen Faserknorpelplatten und an den Gelenkkapseln der Grund- und Mittelgelenke)	Innervation R. profundus des N. radialis C6–8 Blutversorgung A. interossea posterior	– **Dorsalextension und ulnare Abduktion in den Handgelenken** – **Extension in den Grundgelenken der Finger II–V** Unterstützung der Extension in den Mittel- und Endgelenken bei gebeugten Handgelenken. Unterstützung der Abduktion der adduzierten Finger. **4. Sehnenfach** unter dem Retinaculum musculorum extensorum
M. extensor digiti minimi	Ursprung gemeinsam mit dem M. extensor digitorum am **Epicondylus lateralis humeri** Ansatz über die Dorsalaponeurose im ulnaren Bereich der Basen der **Mittel- und Endphalanx des Kleinfingers**	Innervation R. profundus des N. radialis C7–8 Blutversorgung A. interossea posterior	– **Extension und Abduktion des Kleinfingers im Grundgelenk** – Dorsalextension und ulnare Abduktion in den Handgelenken **5. Sehnenfach** unter dem Retinaculum musculorum extensorum
M. extensor carpi ulnaris	Ursprung – Caput ulnare: Margo posterior und proximaler Teil der Facies dorsalis der **Ulna** – Caput humerale: distaler Teil des **Epicondylus lateralis humeri** (Lig. collaterale radiale, Fascia antebrachii) Ansatz **Basis des Os metacarpi V**	Innervation N. radialis C7–8 Blutversorgung A. interossea posterior	**Ulnare Abduktion** und Unterstützung der Dorsalextension **in den Handgelenken.** Der M. extensor carpi ulnaris ist vorrangig an der ulnaren Abduktion der Hand, weniger an der Dorsalextension beteiligt. **6. Sehnenfach** unter dem Retinaculum musculorum extensorum

▼

Tab. 4.24 (Fortsetzung)

Muskeln	Ursprung (U) Ansatz (A)	Innervation (I) Blutversorgung (V)	Funktion
Gruppe der hinteren (dorsalen), tiefen Muskeln			
M. supinator	Ursprung **Epicondylus lateralis humeri, Crista musculi supinatoris ulnae,** (Lig. collaterale radiale, Lig. anulare radii) **Ansatz** proximaler Teil des vorderen **Radiusschaftes**	**Innervation** R. profundus des N. radialis C5–6(C7) **Blutversorgung** A. recurrens radialis aus der A. radialis	**Supination** Der M. supinator übt seine Funktion als Supinator in Beuge- und Streckstellung des Ellenbogengelenkes aus. Der M. supinator kann den Unterarm in Supinationsstellung fixieren (Abb. 4.140). Bei gebeugtem Ellenbogenlenk wird eine Supination gegen Widerstand vom M. biceps brachii unterstützt. Zwischen oberflächlichem und tiefem Teil des Muskels liegt der **Supinatorkanal.**
M. extensor indicis	**Ursprung** distales Drittel der **Facies posterior ulnae** (Rückseite der Membrana interossea antebrachii) **Ansatz** über die Dorsalaponeurose im ulnaren Bereich der **Basen der Mittel-** und **Endphalanx des Zeigefingers**	**Innervation** R. profundus des N. radialis C7–8 **Blutversorgung** A. interossea posterior	– **Extension des Zeigefingers im Grundgelenk** – Unterstützung der Extension im Mittel- und Endgelenk sowie in den Handgelenken. Der M. extensor indicis ermöglicht die eigenständige Streckung des Zeigefingers.
M. abductor pollicis longus	**Ursprung** mittleres Drittel der **Facies posterior radii** und der **Facies posterior ulnae** (Rückseite der Membrana interossea antebrachii) **Ansatz** Basis des **Os metacarpi I**, variabel am Os trapezium	**Innervation** R. profundus des N. radialis (C6)C7–8 **Blutversorgung** – A. interossea posterior – Rr. musculares der A. radialis	– **Abduktion und Extension des Daumens im Daumensattelgelenk** – **radiale Abduktion und Flexion in den Handgelenken** Der M. abductor pollicis longus führt gemeinsam mit den Mm. extensor pollicis longus und extensor pollicis brevis die Reposition des Daumens aus. **1. Sehnenfach** unter dem Retinaculum musculorum extensorum
M. extensor pollicis brevis	**Ursprung** Übergang zwischen mittlerem und distalem Drittel der **Facies posterior** und des **Margo interosseus radii**, inkonstant am Margo interosseus ulnae (Rückseite der Membrana interossea antebrachii) **Ansatz** Basis der **Grundphalanx des Daumens**	**Innervation** R. profundus des N. radialis C6–7 **Blutversorgung** – A. interossea posterior – Rr. musculares der A. radialis	– **Extension im Daumengrundgelenk** – Unterstützung der Extension und **Abduktion im Daumensattelgelenk** – radiale Abduktion in den Handgelenken **1. Sehnenfach** unter dem Retinaculum musculorum extensorum
M. extensor pollicis longus	**Ursprung** mittleres Drittel der **Facies posterior** und **Margo interosseus ulnae** (Rückseite der Membrana interossea antebrachii) **Ansatz** Basis der **Endphalanx des Daumens**	**Innervation** R. profundus des N. radialis C6–7 **Blutversorgung** A. interossea posterior	– **Extension im Daumenend- und Daumengrundgelenk** – **Adduktion und Extension des Daumens im Daumensattelgelenk** – **Dorsalextension und radiale Abduktion in den Handgelenken** **3. Sehnenfach** unter dem Retinaculum musculorum extensorum

M. pronator quadratus s. Tabelle 4.26, Abb. 4.134b, Abb. 25.11.

M. supinator. Innervation: N. radialis. Der M. supinator entspringt am Humerus und an der Ulna sowie am Lig. anulare und am lateralen Kollateralband (Abb. 4.132, 4.133 und 4.134). Er umschlingt den Radius, auf dessen Rückseite er ansetzt. Der Muskel besteht aus einem oberflächlichen und aus einem tiefen Anteil. Der oberflächliche Teil, der gegenüber dem tiefen Teil nach distal versetzt ist, entspringt mit einer scharfrandigen Sehne, der **Frohse-Arkade.** Hinter dieser tritt der R. profundus des N. radialis in den **Supinatorkanal,** den oberflächlicher und tiefer Teil des Muskels bilden (Abb. 25.10).

Funktion. Siehe Tab. 4.24, 4.25 und 4.26.

Unterarmmuskeln mit Ansatz im Bereich der Mittelhand

M. palmaris longus. Innervation: N. medianus. Der in ca. 25% der Fälle fehlende Muskel entspringt am medialen Epicondylus des Humerus. Sein kleiner Muskelbauch geht weit proximal in eine dünne, schmale Ansatzsehne über, die in die Palmaraponeurose einstrahlt. Die Ansatzsehne zeichnet sich bei Beugung der Hand als vorspringender Strang deutlich ab (Abb. 4.124, Tafel VI).

M. flexor carpi radialis. Innervation: N. medianus. Der vom medialen Epicondylus und der oberflächlichen Unterarmfaszie entspringende Muskel ist im Ursprungsbereich mit dem M. pronator teres verwachsen (Abb. 4.135). Seine in der Mitte des Unterarmes beginnende Ansatzsehne zieht in einem von den übrigen Sehnen getrennten os-

Tab. 4.25. Funktionen von Oberarm- und Unterarmmuskeln im proximalen und im distalen Ellen-Speichen-Gelenk (bei 90-Grad-Beugung im Ellenbogengelenk)

Achsen	Bewegungsausmaß	Funktion	Muskeln
longitudinal zwischen Caput radii und Processus styloideus ulnae	80–90°	Supination	M. supinator M. biceps brachii (M. brachioradialis[1])
	80–90°	Pronation	M. pronator teres M. pronator quadratus (M. brachioradialis[2] M. flexor carpi radialis[3])

[1] bei proniertem Unterarm; [2] bei supiniertem Unterarm; [3] bei supiniertem Unterarm

teofibrösen Kanal in den radialen Abschnitt des Karpalkanals und inseriert an der Basis des Os metacarpi II (Abb. 25.14).

M. flexor carpi ulnaris. Innervation: N. ulnaris. Der Muskel entspringt mit einem *Caput humerale* am Epicondylus medialis des Humerus und mit einem *Caput ulnare* an der Ulna, sog. **Kubitaltunnel,** (Abb. 4.135). Der Muskelbauch bedeckt den tiefen Fingerbeuger und die auf ihm laufenden N. ulnaris und Vasa ulnaria. In die Ansatzsehne ist das Os pisiforme als Sesambein eingelagert. Über die *Ligg. pisohamatum* und *pisometacarpeum* inseriert der Muskel am Os hamatum und am Os metacarpi V (Abb. 4.115b).

M. extensor carpi ulnaris. Innervation: N. radialis. Der Ursrpung des Muskels am Epicondylus lateralis humeri liegt zwischen den Mm. anconeus und extensor digitorum (Abb. 4.124 und 4.136, Tafel V). Seine in der Mitte des Unterarms aus dem Muskelbauch hervorgehende Ansatzsehne gelangt im 6. Sehnenfach unter dem Retinaculum musculorum extensorum zur Insertion an der Basis des Os metacarpi V.

M. extensor carpi radialis longus. Innervation: N. radialis. Der Muskelbauch des an der lateralen Seite des Humerus entspringenden Muskels wird bei Extension der Hand am lateralen Rand der Ellenbeuge sichtbar (Abb. 4.124 und 4.136). Der Muskel geht in Unterarmmitte in seine Ansatzsehne über, die nach der Überkreuzung durch die Mm. abductor pollicis longus und extensor pollicis brevis gemeinsam mit der Ansatzsehne des M. extensor carpi radialis brevis durch das 2. Sehnenfach zieht und an der Basis des 2. Mittelhandknochens inseriert.

M. extensor carpi radialis brevis. Innervation: N. radialis. Der am Epicondylus lateralis humeri, Lig. anulare radii, lateralen Kollateralband des Ellenbogengelenkes sowie an einer Sehnenarkade zwischen Humerus und Ursprungssehne des M. extensor digitorum entspringende breite, flache Muskel wird vom M. extensor carpi radialis longus überlagert (Abb. 4.124 und 4.136). Der kurze Handstrecker bedeckt zum Teil den M. supinator und den N. radialis. Der Muskel inseriert am Os metacarpi III.

4.81 Sog. Tennisellenbogen

An den Ursprungssehnen der Mm. extensor digitorum und extensor carpi radialis brevis kann es infolge Überanstrengung zu degenerativen Veränderungen im Bereich der faserknorpeligen Insertionszone über dem Epicondylus lateralis humeri kommen (Ansatztendinose, sog. Tennisellenbogen).

Funktion. Siehe Tab. 4.24, 4.26 und 4.27.

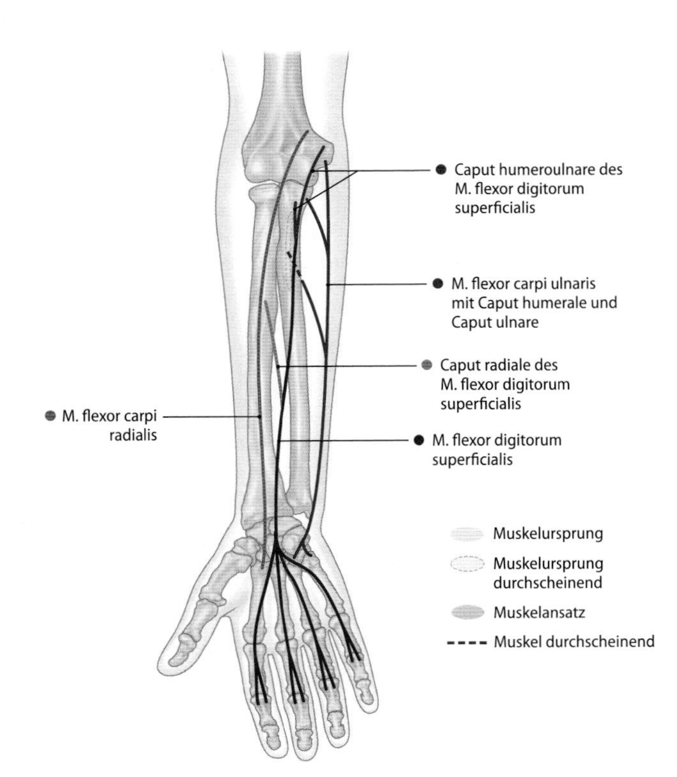

Abb. 4.135. M. flexor carpi ulnaris, M. flexor digitorum superficialis und M. flexor carpi radialis

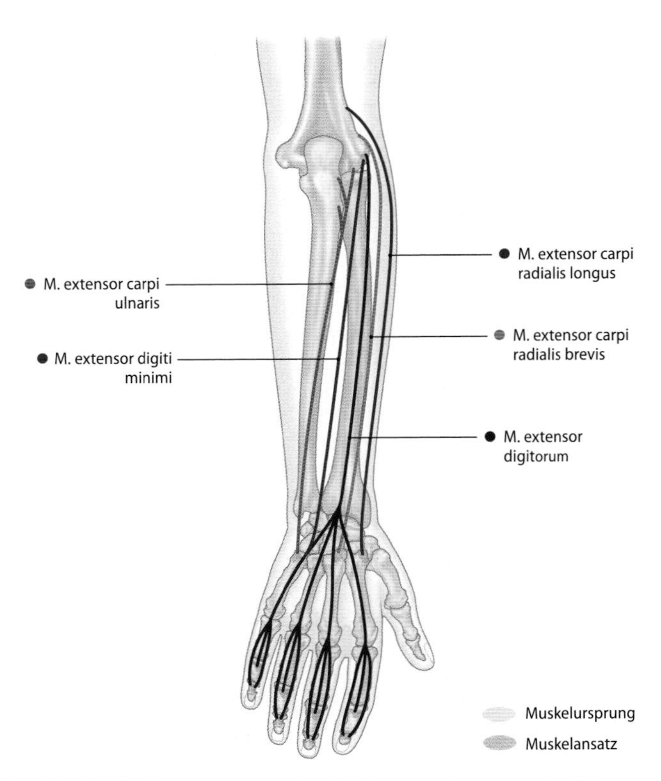

Abb. 4.136. Mm. extensor carpi radialis longus, extensor carpi radialis brevis, extensor digitorum, extensor carpi ulnaris und extensor digiti minimi

Tab. 4.26. Unterarmmuskeln

Muskeln	Ursprung (U) Ansatz (A)	Innervation (I) Blutversorgung (V)	Funktion
Gruppe der vorderen (ventralen), oberflächlichen Muskeln			
M. flexor carpi radialis	**Ursprung** Vorderseite des **Epicondylus medialis humeri** (Septum intermusculare brachii mediale, Fascia antebrachii) **Ansatz** palmare Fläche der Basis des **Os metacarpi II**	**Innervation** N. medianus (C5)C6–7(C8) **Blutversorgung** Rr. musculares der A. radialis	– **Palmarflexion** und **radiale Abduktion in den Handgelenken** – Unterstützung der Beugung im Ellenbogengelenk und der Pronation
M. flexor carpi ulnaris	**Ursprung** Caput humerale: Vorderseite des **Epicondylus medialis humeri** Caput ulnare: **Olecranon** und **Margo posterior der Ulna** **Ansatz** **Os pisiforme** über das Lig. pisohamatum am **Hamulus ossis hamati** und über das Lig. pisometacarpale an der Basis des **Os metacarpi V**	**Innervation** N. ulnaris C7–Th1 **Blutversorgung** – A. collateralis ulnaris superior aus der A. brachialis – A. recurrens ulnaris und Rr. musculares der A. ulnaris	**Palmarflexion und ulnare Abduktion in den Handgelenken**
M. palmaris longus	**Ursprung** Epicondylus medialis des Humerus **Ansatz** (Palmaraponeurose)	**Innervation** N. medianus C8–Th1 **Blutversorgung** Rr. musculares der A. ulnaris	Unterstützung der Palmarflexion und der radialen Abduktion in den Handgelenken. In ca. 25% der Fälle fehlt der Muskel.
M. flexor digitorum superficialis	**Ursprung** Caput humeroulnare: – Vorderseite des **Epicondylus medialis des Humerus** – **Processus coronoideus der Ulna** (Gelenkkapsel des Ellenbogengelenkes) Caput radiale: Vorderfläche des **Radius** **Ansatz** Basis der **Phalanx media der Finger II–V**	**Innervation** N. medianus (variabel auch aus dem N. ulnaris) (C6)C7–Th1 **Blutversorgung** Rr. musculares der A. radialis und der A. ulnaris	– **Palmarflexion in den Handgelenken** – **Flexion in den Mittelgelenken der Finger II–V** – Unterstützung der Flexion in den Grundgelenken und der Adduktion der gespreizten Finger
M. pronator teres	**Ursprung** Caput humerale: **Epicondylus medialis humeri** (Septum intermusculare brachii mediale) Caput ulnare: distaler Teil des **Processus coronoideus** und Facies medialis ulnae **Ansatz** vordere und laterale Seite des **Radiusschaftes**	**Innervation** N. medianus C6–7 **Blutversorgung** Rr. musculares der Aa. brachialis, ulnaris und radialis	– **Pronation** (beide Köpfe) – Unterstützung der Beugung im Ellenbogengelenk (Caput humerale) Den Spalt zwischen Caput humerale und Caput ulnare bezeichnet man als **Pronatorkanal**, durch den der N. medianus zieht.
Gruppe der vorderen (ventralen), tiefen Muskeln			
M. flexor digitorum profundus	**Ursprung** – proximale zwei Drittel der **Facies anterior des Corpus ulnae** – **Facies posterior** bis zum Margo posterior **der Ulna** (Vorderseite der Membrana interossea antebrachii) **Ansatz** Basis der **Phalanx distalis der Finger II–V**	**Innervation** – N. interosseus antebrachii anterior des N. medianus (Finger II) – N. medianus und N. ulnaris (Finger III und IV) – N. ulnaris (Finger V) C6–Th1 **Blutversorgung** A. interossea anterior und Rr. musculares der A. ulnaris	– **Palmarflexion und ulnare Abduktion in den Handgelenken** – **Flexion in den Endgelenken der Finger II–V** – Unterstützung der Flexion in den Grund- und Mittelgelenken sowie der Adduktion der gespreizten Finger

▼

Tab. 4.26. Unterarmmuskeln

Muskeln	Ursprung (U) Ansatz (A)	Innervation (I) Blutversorgung (V)	Funktion
Gruppe der vorderen (ventralen), oberflächlichen Muskeln			
M. flexor pollicis longus	Ursprung Caput radiale: **Facies anterior radii** (Vorderseite der Membrana interossea antebrachii) Caput humerale (inkonstant): gemeinsam mit dem M. flexor digitorum superficialis am **Epicondylus medialis humeri** Ansatz Basis der **Endphalanx des Daumens**	Innervation N. interosseus antebrachii anterior des N. medianus (C6)C7–8(Th1) Kennmuskel für das Rückenmarksegment C8 Flexor-pollicis-longus-Sehnenreflex (Daumenreflex) Blutversorgung - Rr. musculares der A. radialis - A. interossea anterior - Rr. musculares der A. ulnaris	- **Flexion im Grund- und Endgelenk des Daumens** - Unterstützung der Oppositionsbewegung im Daumensattelgelenk sowie der Flexion und radialen Abduktion in den Handgelenken
M. pronator quadratus	Ursprung Pars superficialis: Margo anterior der Ulna Pars profunda: Facies anterior der Ulna (Membrana interossea antebrachii) Ansatz Pars superficialis: radialer Teil der **Facies anterior des Radius** Pars profunda: ulnarer Teil der **Facies anterior des Radius**	Innervation N. interosseus antebrachii anterior des N. medianus (C7)C8–Th1 Blutversorgung A. interossea anterior aus der A. ulnaris	**Pronation** Über die Verbindung zur Membrana interossea antebrachii ist der Muskel an der Führung des distalen Radioulnargelenkes beteiligt.

Tab. 4.27. Funktionen der Unterarmmuskeln in den Handgelenken

Achsen	Bewegungsausmaß	Funktion	Muskeln
transversal	50–60°	Palmarflexion (-beugung)*	M. flexor digitorum profundus M. flexor digitorum superficialis M. flexor carpi radialis M. flexor carpi ulnaris M. flexor pollicis longus (M. abductor pollicis longus)
	35–60°	Dorsalextension (-streckung)*	M. extensor digitorum M. extensor carpi radialis longus M. extensor carpi radialis brevis M. extensor carpi ulnaris M. extensor pollicis longus M. extensor indicis M. extensor digiti minimi
dorsopalmar durch das Os capitatum	25–30°	radiale Abduktion	M. flexor carpi radialis M. extensor carpi radialis longus M. extensor carpi radialis brevis M. flexor pollicis longus M. extensor pollicis brevis (M. extensor pollicis longus)
	35–40°	ulnare Abduktion	M.flexor carpi ulnaris M. extensor carpi ulnaris M. extensor digitorum (M. flexor digitorum profundus) (M. extensor digiti minimi)

* Palmarflexion und Dorsalextension sind individuell unterschiedlich.

Muskeln mit Ansatz an den Fingern II–V

M. flexor digitorum superficialis. Innervation: N. medianus. Der Muskel wird proximal von den M. pronator teres, flexor carpi radialis und palmaris longus bedeckt (◘ Abb. 4.124 und 4.135). Seine Ursprünge liegen im Bereich des Epicondylus medialis humeri (Caput humerale), des Processus coronoideus der Ulna (Caput ulnare) und distal der Tuberositas des Radius (Caput radiale). Im distalen Unterarmbereich liegt der Muskel zwischen den Mm. flexor carpi ulnaris und flexor carpi radialis. Seine von Sehnenscheiden umhüllten 4 Ansatzsehnen ziehen durch den Karpalkanal und spalten sich nach dessen Passage in Höhe der Fingergrundgelenke in einen radialen und in einen ulnaren Zügel. Durch den Sehnenschlitz zieht jeweils eine Ansatzsehne des M. flexor digitorum profundus. Die beiden Sehnenzüge vereinigen sich unter teilweiser Durchkreuzung der Faserbündel (Chiasma tendinum) im Bereich des Fingermittelgelenkes zur Ansatzsehne, die an der Basis der Mittelphalangen der Finger II–V inseriert (◘ Abb. 25.13).

M. flexor digitorum profundus. Innervation: Nn. medianus und ulnaris. Der von der Ulna und der Membrana interossea antebrachii entspringende Muskel läuft bedeckt von den oberflächlichen Muskeln auf der ulnaren Seite des Unterarms und geht in dessen mittlerem Bereich in seine Ansatzsehnen über, die durch den Karpalkanal ziehen (◘ Abb. 4.137). Die Ansatzsehnen (M. perforans) gelangen durch die Sehnenschlitze des oberflächlichen Fingerbeugers (M. perforatus) zu ihrem Ansatz an den Basen der Endphalangen der Finger II–V. Von den Ansatzsehnen des tiefen Fingerbeugers entspringen im Hohlhandbereich die Mm. lumbricales (s. unten).

M. extensor digitorum. Innervation: N. radialis. Der Muskel entspringt am Epicondylus lateralis humeri sowie am Lig. anulare radii, dem radialen Kollateralband und von der Unterarmfaszie (◘ Abb. 4.124 und ◘ Abb. 4.136). Er zieht zwischen M. extensor carpi ulnaris und den Mm. extensores carpi radialis longus und brevis zur Handwurzel, wo seine vier Ansatzsehnen gemeinsam durch das 4. Fach unter dem Retinaculum musculorum extensorum zum Handrücken gelangen. Die Ansatzsehnen flachen sich ab und bilden die **Dorsalaponeurose,** die an der Basis der Endphalangen der Finger endet (◘ Abb. 4.140). Im distalen Teil des Handrückens sind die Streckersehnen II–V durch schräg verlaufende Faserzüge, *Connexus intertendinei,* miteinander verbunden, die eine eigenständige Streckung der Finger in unterschiedlich starker Weise einschränken. Die **Dorsalaponeurose** spaltet sich in mehrere Zügel auf (◘ Abb. 4.145). Tiefe mittlere Faserzüge verstärken die Gelenkkapseln und die dorsalen Sehnenplatten der Fingergelenke. Über die ulnaren und radialen Zügel der Dorsalaponeurose gelangen die Ansatzsehnen der Mm. interossei und der Mm. lumbricales auf die Streckseite der Finger im Bereich der Mittel- und Endgelenke. Über die Dorsalaponeurose inserieren die Streckersehnen an den Basen der Mittel- und Endphalangen der Finger II–V.

M. extensor digiti minimi. Innervation: N. radialis. Der *M. extensor digiti minimi* entspringt gemeinsam mit dem M. extensor digitorum am Epicondylus lateralis humeri (◘ Abb. 4.136). Seine Endsehne gelangt im 5. Extensorensehnenfach zum Handrücken und inseriert über die Dorsalaponeurose an der Basis von Mittel- und Endphalanx des kleinen Fingers.

M. extensor indicis. Innervation: N. radialis. Dieser Muskel gehört zu den tiefen Muskeln des Unterarmes (◘ Abb. 4.139). Er entspringt im distalen Drittel der Ulnarückfläche und von der Membrane interossea antebrachii. Seine Ansatzsehne gelangt im 4. Sehnenfach zum Handrücken, wo sie mit der Zeigefingersehne des M. extensor digitorum verschmilzt.

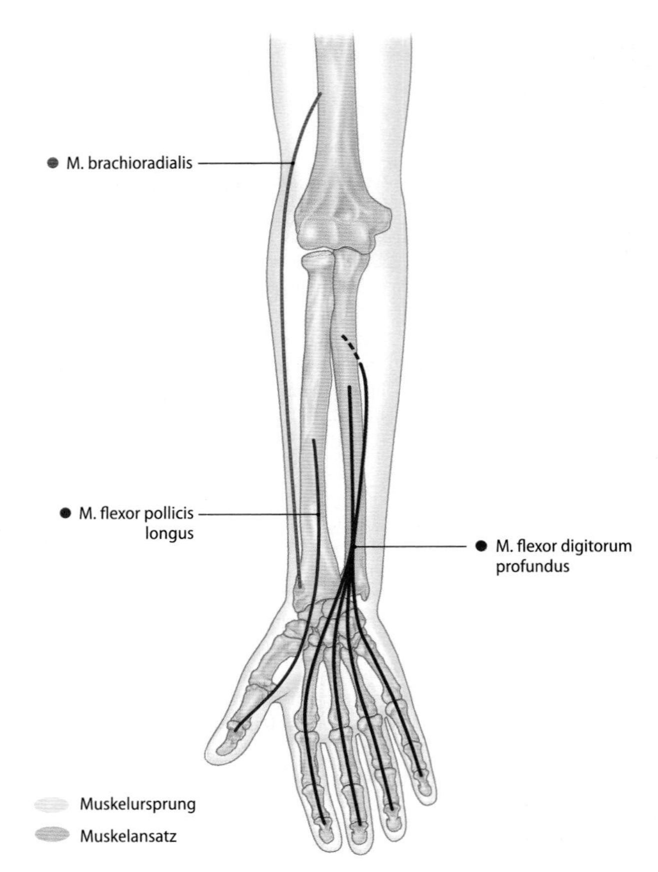

◘ **Abb. 4.137.** M. brachioradialis, M. flexor digitorum profundus und M. flexor pollicis longus

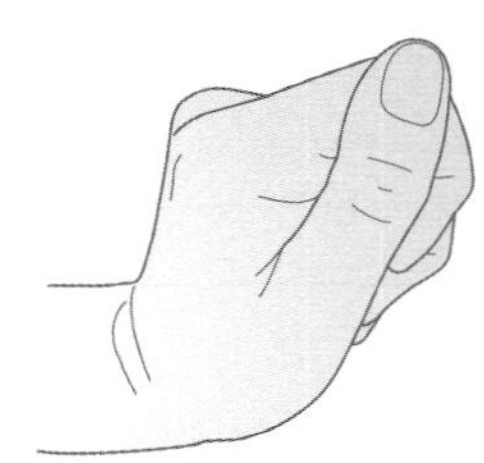

◘ **Abb. 4.138.** Synergismus zwischen Fingergelenkbeugern und Handgelenkstreckern. Bei Greifbewegungen, z.B. beim Faustschluss, werden die Fingerbeuger als Agonisten durch eine reflektorisch von den Handgelenkstreckern bewirkte Extension in den Handgelenken vorgedehnt. Die Handgelenkstrecker stabilisieren außerdem die Handgelenke im labilen Gleichgewicht und verhindern damit eine Beugung in den Handgelenken durch die Fingerflexoren während der Beugung der Finger

Funktion. Siehe ◘ Tab. 4.24, ◘ Tab. 4.26 und ◘ Tab. 4.29. Der Synergismus zwischen den Fingergelenkbeugern und Handgelenkstreckern bei Greifbewegungen ist in ◘ Abb. 4.138 dargestellt.

Muskeln mit Ansatz am Daumen

Die **langen Daumenmuskeln**, *Mm. flexor pollicis longus, abductor pollicis longus, extensor pollicis longus* und *extensor pollicis brevis* agieren weitgehend unabhängig von den übrigen Fingermuskeln, sie stehen im Dienste der freien Beweglichkeit des Daumens und damit der Greiffunktion der Hand. Sie unterstützen die Bewegungen in den Handgelenken.

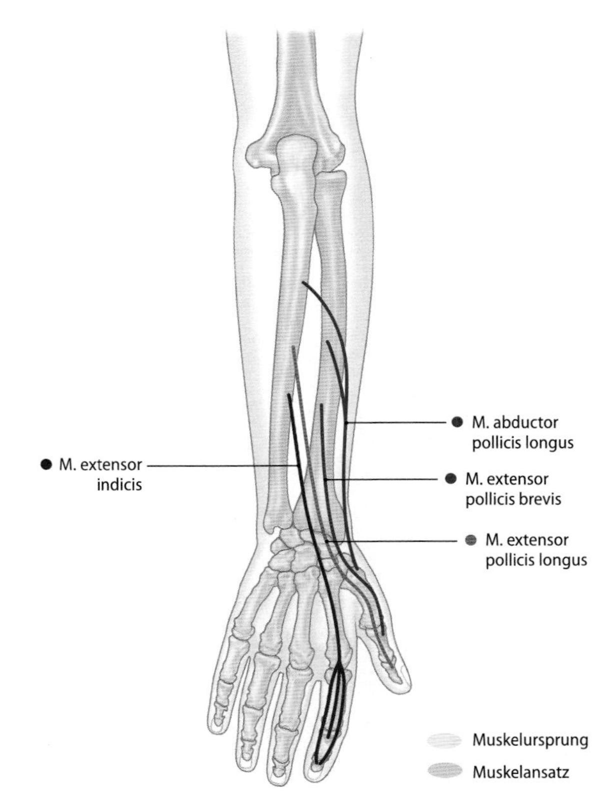

Abb. 4.139. M. extensor indicis sowie Mm. abductor pollicis longus, extensor pollicis longus und extensor pollicis brevis

M. flexor pollicis longus. Innervation: N. medianus. Der lange Daumenbeuger entspringt an der Vorderfläche des Radius (Caput radiale) und an der Vorderseite der Membrana interossea antebrachii (Abb. 4.137). Sein inkonstantes Caput humerale hat seinen Ursprung am Epicondylus medialis humeri. Der proximal vom M. flexor digitorum superficialis bedeckte Muskel zieht mit einer eigenen Sehnenscheide durch den Karpalkanal und gelangt zwischen den Köpfen des kurzen Daumenbeugers zu seinem Ansatz an der Daumenendphalanx.

M. abductor pollicis longus. Innervation: N. radialis. Der Muskel gehört mit den Daumenextensoren zur tiefen dorsalen Muskelschicht (Abb. 4.124, Abb. 4.139 und 4.140). Er entspringt im mittleren Bereich der Rückfläche von Radius und Ulna sowie von der Membrana interossea antebrachii und inseriert an der Basis des Os metacarpi I sowie variabel am Os trapezium.

M. extensor pollicis brevis. Innervation: N. radialis. Der kurze Daumenstrecker entspringt distal vom M. abductor pollicis longus an der Rückseite von Ulna, Radius und Membrana interossea antebrachii. Die beiden Muskeln überkreuzen im distalen Unterarmbereich die Ansatzsehnen der Mm. extensores carpi radiales longus und brevis und gelangen gemeinsam oder getrennt durch das 1. Sehnenfach zum Daumen, wo der M. extensor pollicis longus an der Basis der Grundphalanx inseriert (Abb. 4.139 und 4.140).

M. extensor pollicis longus. Innervation: N. radialis. Der lange Daumenstrecker entspringt von der Ulnarückfläche und von der Membrana interossea antebrachii (Abb. 4.139). Die von einer Sehnenscheide eingeschlossene Ansatzsehne läuft in einer knöchernen Rinne auf der Radiusrückseite durch das 3. Sehnenfach, an dessen distalem Ende gleitet die Sehne um das Tuberculum dorsale des Radius (Lister-Höcker, Abb. 4.103b) und gelangt unter Überkreuzung der Sehnen der radialen Handstrecker zum Daumen, wo sie an der Basis der Endphalanx inseriert (Abb. 4.140). Die Ansatzsehnen der Mm. extensores pollicis longus und brevis verbreitern sich auf der Rückseite des Daumens aponeurotisch (4.82).

Funktion. Siehe Tab. 4.24, . Tab. 4.26 und Tab. 4.31.

Sehnenscheiden der Hand und Finger

Die Sehnenscheiden der Hand, *Vaginae tendinum carpales,* und der Finger, *Vaginae tendinum digitorum manus,* bilden osteofibröse Kanäle, in denen die Sehnen geführt werden und reibungsfrei gleiten (4.83). Die Sehnen der langen Fingermuskeln sowie der an der Mittelhand ansetzenden Unterarmmuskeln werden auf der Dorsalseite und auf der Palmarseite streckenweise von Sehnenscheiden umhüllt und geführt. Die **dorsalen Sehnenscheiden**, *Vaginae tendinum carpales dorsales,* des Handrückens begleiten die Extensorensehnen der Hand und der Finger sowie die langen dorsalen Daumensehnen in Sehnenfächern vom Handwurzelbereich bis zur Mittelhand (Abb. 4.140). Normalerweise sind 6 osteofibröse Sehnenfächer ausgebildet, die außen vom Retinaculum musculorum extensorum begrenzt werden, das zugleich die Vagina fibrosa der Sehnenscheiden bildet. Die Sehnenscheiden beginnen etwa 1 cm proximal des Retinaculum musculorum extensorum und dehnen sich unterschiedlich weit nach distal auf den Handrücken aus. Am längsten sind die Sehnenscheiden des M. extensor digiti minimi und des M. extensor pollicis brevis (Beschreibung der Sehnenverläufe und der Sehnenfächer in Tab. 4.24).

4.82 Ruptur der Ansatzsehne des M. extensor pollicis longus

An ihrer Umlenkung im Bereich des Tuberculum dorsale radii (Lister-Höcker) kann es innerhalb des 3. Sehnenscheidenfaches zu degenerativen Veränderungen und nachfolgender Ruptur der Ansatzsehne des M. extensor pollicis longus kommen.

4.83 Verdickung der Sehnenscheide und Einengung des Sehnenscheidenkanals

Im 1. Sehnenscheidenfach kann es zur Verdickung der Sehnenscheide und Einengung des osteofibrösen Kanals mit schmerzhafter Kompression der Sehnen der Mm. extensor pollicis brevis und abductor pollicis longus kommen (Tendovaginitis stenosans de Quervain).

Bei den **palmaren Sehnenscheiden** (► Kap. 25, Abb. 25.13, 25.16) unterscheidet man nach ihrer Lage die Gruppe im Karpalkanal, *Vaginae tendinum carpales palmares,* und die **Fingersehnenscheiden,** *Vaginae tendinum digitorum manus.* Innerhalb des Canalis carpi werden die Sehnen normalerweise von 3 Sehnenscheidensäcken eingeschlossen. Die weiträumige *Vagina communis tendinum musculorum flexorum* umhüllt die 8 Sehnen der oberflächlichen und tiefen Flexoren der Finger II–V. Die lange Daumenbeugersehne liegt in einer eigenen Scheide, *Vagina tendinis musculi flexoris pollicis longi.* Die Ansatzsehne des M. flexor carpi radialis zieht in einem gesonderten Sehnenscheidenkanal, *Vagina tendinis musculi flexoris carpi radialis,* bis zu ihrem Ansatz am Os metacarpi II in den Karpalkanal. Der Sehnenscheidensack für die Finger II–IV dehnt sich normalerweise bis in die Mitte der Hohlhand aus. Am Kleinfinger geht die karpale Sehnenscheide in ca. 80% der Fälle kontinuierlich in die Fingersehnenscheide über (Abb. 4.141). Die karpale Sehnenscheide des langen Daumenbeugers setzt sich ebenfalls in den meisten Fällen ohne Unterbrechung in die Daumensehnenscheide fort (Abb. 4.141). Die Sehnen werden über Mesotendinea, die im knö-

Abb. 4.140. Sehnen, Sehnenscheiden und Schleimbeutel des Handrückens, rechte Seite, Ansicht von dorsal

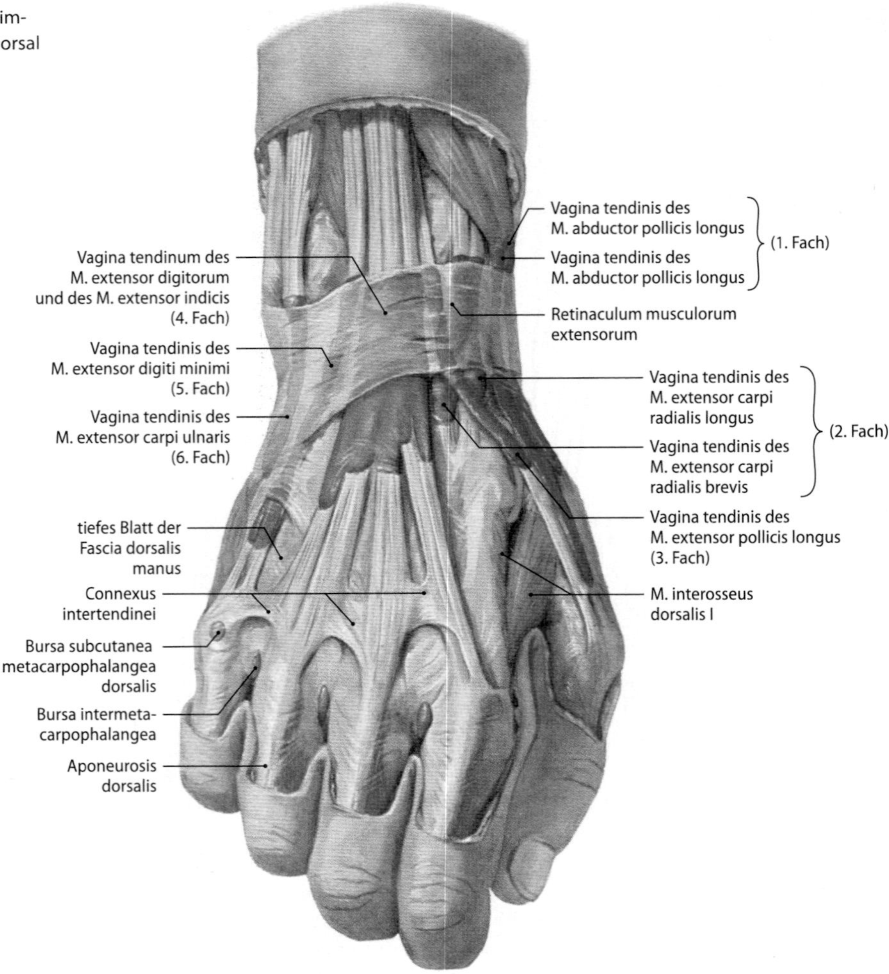

chernen Boden des Karpalkanals verankert sind, mit Blut versorgt (Abb. 25.13).

Die oberflächlichen und tiefen Flexoren sowie die lange und kurze Daumenbeugersehne werden von Sehnenscheiden umschlossen, die an den Fingern II–IV im Bereich der Fingergrundgelenke beginnen. Innerhalb der *Vagina fibrosa digitorum manus* der Fingersehnenscheiden lassen sich konstant auftretende ringförmige Verstärkungsbänder, *Pars anularis vaginae fibrosae,* abgrenzen, die seitlich am Knochen und an den Ligg. palmaria verankert sind (► Kap. 25, Abb. 25.13). Ringbänder kommen regelmäßig über den Fingergelenken *(Lig. articulare)* und im mittleren Abschnitt der Phalangen *(Lig. vaginale proprium)* vor. Zwischen den Ringbändern wird die Vagina fibrosa durch variabel geformte kreuzförmige *(Pars cruciformis)*, schräg verlaufende oder Y-förmige Bandzüge verstärkt. Die Ringbänder führen die Sehnen innerhalb der osteofibrösen Kanäle und verhindern ein Abweichen der Sehnen bei der Flexion nach palmar. Die Beugefähigkeit wird durch die Lücken zwischen den Partes anulares gewährleistet. Die Ringbänder im Bereich der Mittel- und Endglieder sind über transversale Faserzüge mit der Subcutis und der Cutis verbunden (sog. Hautbänder nach Cleland).

Die Finger- und Daumensehnen werden normalerweise über 3 Sehnengekröse, *Vincula tendinum (longum* und *breve)*, mit Blut und Nerven versorgt (Abb. 4.18 und ► Kap. 25, Abb. 25.13). Die Verbindungen zwischen den Sehenscheiden des Karpalkanals und der Finger variieren.

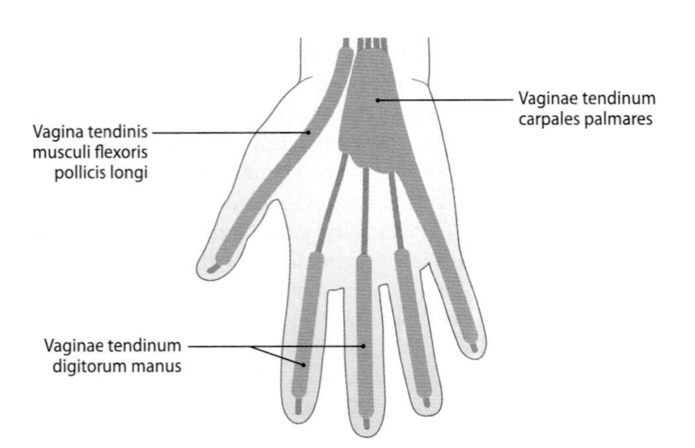

Abb. 4.141. Häufigste Form der palmare Sehnenscheiden der Hand, rechte Seite, Ansicht von palmar

4.84 Entzündungen und Verletzungen der Sehnenscheiden

Die Sehnenscheiden können von eitrigen Entzündungen betroffen sein (Sehnenscheidenphlegmone, Sehnenscheidenpanaritium). Bei Verletzungen der Kleinfinger- oder Daumensehnenscheide kann sich eine Entzündung aufgrund der kontinuierlichen Verbindung zu den karpalen Sehnenscheiden in den Karpalkanal ausbreiten (sog. V-Phlegmone).

In Kürze

Dorsale Sehnenscheiden des Handrückens: Führung der Sehnen der Hand, des Daumens und der Finger II–V in 6 osteofibrösen Kanälen am Übergang vom Unterarm zum Handrücken.

Palmare Sehnenscheiden: Karpale Sehnenscheiden für Fingerbeugersehnen und lange Daumenbeugersehne bei der Passage des Karpalkanals.

In den meisten Fällen kontinuierlicher Übergang der karpalen Sehnenscheiden in die Sehnenscheiden von Daumen und Kleinfinger, Fingersehnenscheiden II–IV meistens ohne Verbindung zu den karpalen Sehnenscheiden, sehnenscheidenfreier Hohlhandbereich.

Kurze Handmuskeln

Die Muskeln der Hand (◘ Abb. 4.142) werden funktionell und nach ihrer Lage in 3 Gruppen gegliedert (◘ Abb. 4.143). Im mittleren Bereich liegen die **Binnenmuskeln der Hohlhand** (intrinsische Muskeln der Hand) mit den *Mm. lumbricales* und den *Mm. interossei palmares* und *dorsales*. Daumen und Kleinfinger verfügen aufgrund ihrer gegenüber den übrigen Fingern unabhängigen Bewegungsmöglichkeiten über eigene Muskeln, die am Daumen den **Daumenballen,** *Thenar,* und am 5. Finger den **Kleinfingerballen,** *Hypothenar,* bilden.

Die intrinsischen Muskeln der Hand nehmen eine Schlüsselfunktion bei den Greifbewegungen ein. Sie haben kleine motorische Einheiten und verfügen über eine ausgeprägte Propriozeption. Sie sind für die Feinbewegungen der Finger verantwortlich. Die kurzen Handmuskeln nehmen in der Repräsentation im motorischen Kortex sowie innerhalb der Pyramidenbahn einen großen Raum ein.

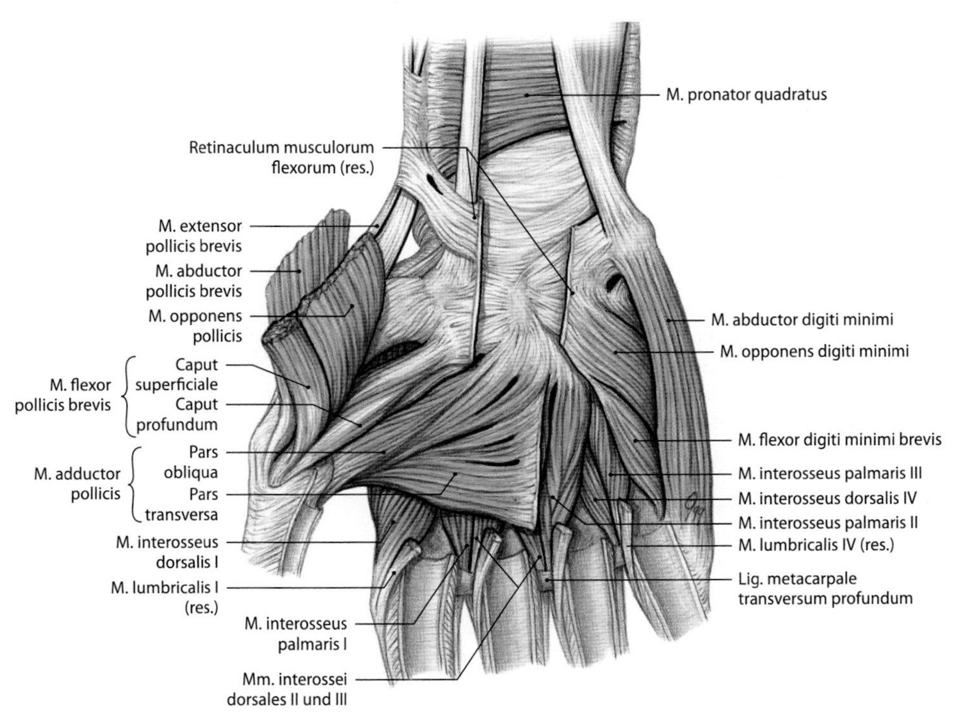

◘ **Abb. 4.142.** Kurze Handmuskeln, rechte Seite. Ansicht von palmar [7]

Faszienlogen der Hand
- Fascia dorsalis manus (oberflächliches Blatt) und Fascia palmaris manus mit Aponeurosis palmaris

Faszienlogen der vorderen (palmaren) Muskeln
- Loge des Kleinfingerballens (Hypothenarloge)
  M. flexor digiti minimi, M. opponens digiti minimi, M. abductor digiti minimi
- Loge des Daumenballens (Thenarloge)
  M. abductor pollicis brevis, M. flexor pollicis brevis, M. opponens pollicis, M. adductor pollicis, Ansatzsehne des M. flexor pollicis longus
- mittlere Loge
  Ansatzsehnen des M. flexor digitorum superficialis und des M. flexor digitorum profundus mit Mm. lumbricales

Faszienlogen im Bereich der Mittelhandknochen (Spatia interossea) zwischen tiefem Blatt der Fascia dorsalis manus und tiefem Blatt der Fascia palmaris manus: Mm. interossei dorsales, Mm. interossei palmares

Faszienloge der hinteren (dorsalen) Muskeln zwischen oberflächlichem und tiefem Blatt der Fascia dorsalis manus Ansatzsehnen der Mm. extensor digitorum, extensor indicis, extensor digiti minimi, extensor pollicis longus, extensor pollicis brevis und abductor pollicis longus

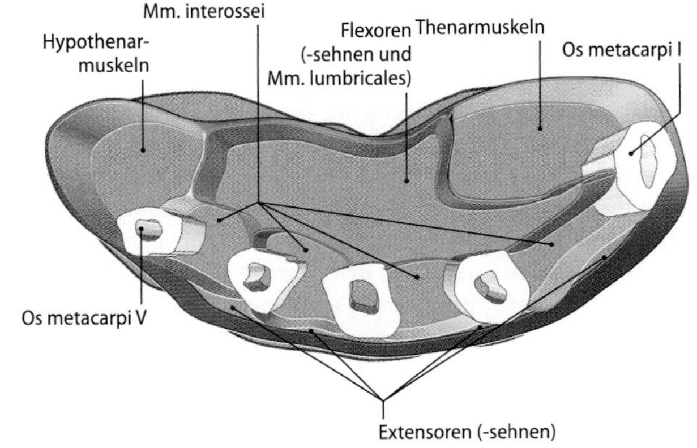

◘ **Abb. 4.143.** Faszienlogen der Hand, rechte Seite. Ansicht von oben [7]

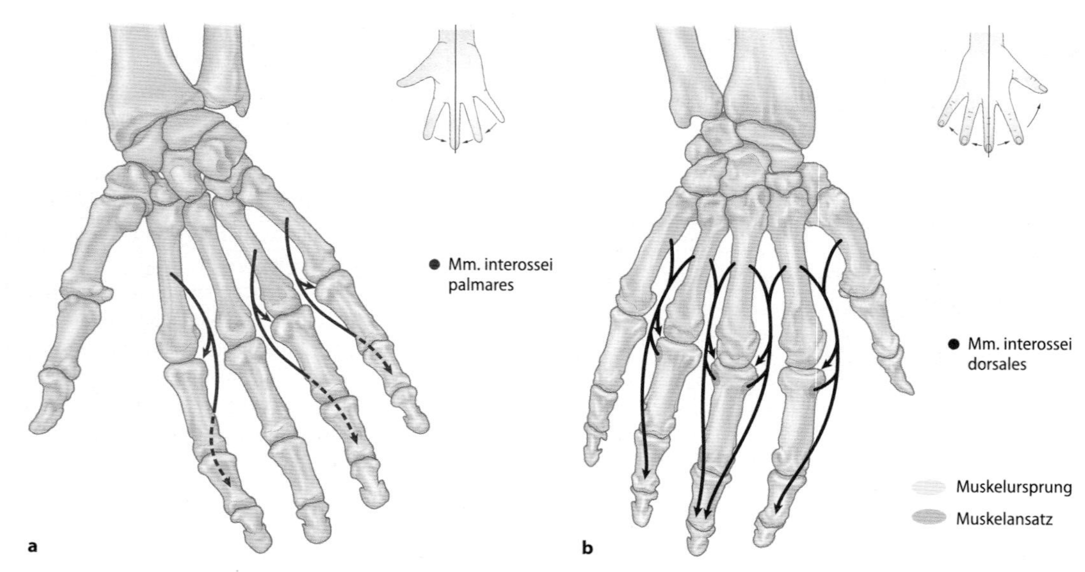

Abb. 4.144a, b. Mm. interossei palmares (**a**) und dorsales (**b**)

Muskeln der Hohlhand

Mm. lumbricales I–IV. Innervation: Nn. medianus und ulnaris. Die Mm. lumbricales I–IV entspringen normalerweise im sehnenscheidenfreien Bereich der Hohlhand am radialen Rand der Ansatzsehnen des M. flexor digitorum profundus. Ihre Ansatzsehnen ziehen palmar vom *Lig. metacarpale transversum profundum* und strahlen im distalen Bereich der Grundphalanx von radial in den lateralen Zügel der Dorsalaponeurose sowie variabel in die Gelenkkapsel der Grundgelenke ein. Anzahl sowie Ursprünge und Ansätze der Mm. lumbricales sind sehr variabel.

Mm. interossei. Innervation: N. ulnaris. Die Mm. interossei bilden nach ihrer Lage in den *Spatia interossea metacarpi* funktionell 2 Gruppen. Die unmittelbar unter der tiefen Palmarfaszie liegenden *Mm. interossei palmares* entspringen an den Mittelhandknochen II, IV und V (Abb. 4.144a, Abb. 25.14). Sie inserieren in der Streckaponeurose des zugehörigen Fingers. Die 4 *Mm. interossei dorsales* entspringen zweiköpfig von den einander zugekehrten Seitenflächen benachbarter Mittelhandknochen (I–V) (Abb. 4.144b). Die Muskeln liegen dorsal vom *Lig. metacarpeum transversum profundum.* Die breitflächige Einstrahlung der Ansatzsehnen der Mm. interossei in die Dorsalaponeurose über der Grundphalanx bezeichnet man als Strecksehnenhaube (Abb. 4.145). Die Mm. interossei gruppieren sich mit ihren Ansätzen um eine dorsopalmare Achse, die durch den Mittelfinger läuft (Abb. 4.144). Die **Mm. interossei dorsales** konvergieren zur Achse des Mittelfingers, der durch die Mm.interossei dorsales II und III im labilen Gleichgewicht gehalten wird. Die Mm. interossei dorsales I und IV führen Zeigefinger und Ringfinger vom Mittelfinger weg (Abduktion). Gemeinsam mit dem M. abductor pollicis brevis und dem M. abductor digiti minimi spreizen sie die Finger.Die **Mm. interossei palmares** divergieren von der Mittelfingerachse; sie führen Zeige-, Ring- und Kleinfinger zum Mittelfinger (Adduktion).

Funktion. Siehe Tab. 4.28 und 4.29.

Muskeln des Daumenballens (Thenarmuskeln)

M. abductor pollicis brevis. Innervation: N. medianus. Der *M. abductor pollicis brevis* liegt oberflächlich und ruft die Rundung am radialen Rand des Thenar hervor (Abb. 4.146 und 4.142, Abb. 25.13).

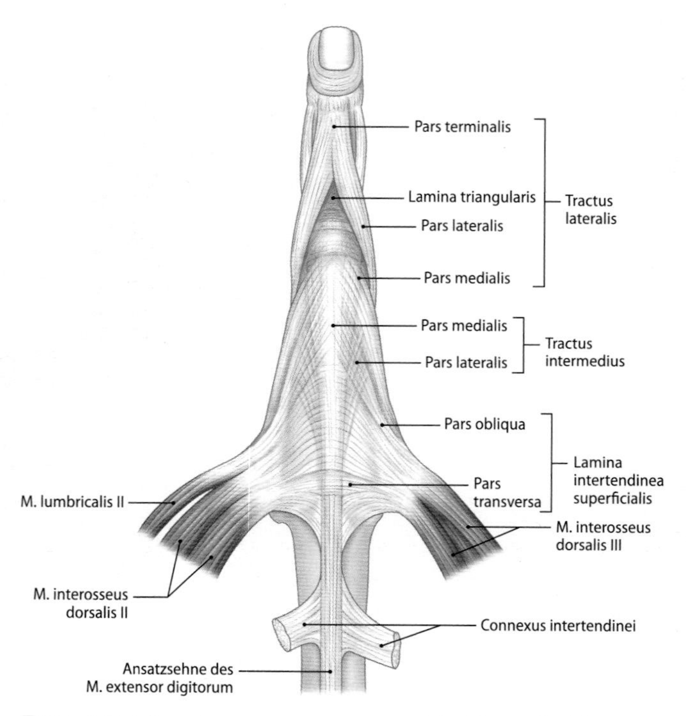

Abb. 4.145. Dorsalaponeurose eines rechten Mittelfingers, Ansicht von dorsal

Er entspringt am Tuberculum ossis scaphoidei und gemeinsam mit dem *M. opponens pollicis* am Retinaculum musculorum flexorum, und er setzt wie dieser an der radialen Seite der Basis der Daumengrundphalanx und am radialen Sesambein des Daumengrundgelenkes an. Der am Os traezium entspringende M. opponens pollicis wird größtenteils vom M. abductor pollicis brevis überlagert.

M. flexor pollicis brevis. Innervation: Nn. medianus und ulnaris. Der *M. flexor pollicis brevis* hat 2 Köpfe zwischen denen die lange Daumenbeugersehne läuft (Abb. 4.146 und 4.142). Sein *Caput superficiale* entspringt am Retinaculum musculorum flexorum; das *Caput profundum* hat seinen Ursprung an den Ossa trapezium, trapezoideum und capitatum. Der kurze Daumenbeuger setzt am radialen Se-

Tab. 4.28. Kurze Handmuskeln und Muskeln der Hohlhand

Muskeln	Ursprung (U) Ansatz (A)	Innervation (I) Blutversorgung (V)	Funktion
Mm. lumbricales I–IV	Ursprung **am radialen Rand der Sehnen des M. flexor digitorum profundus**, variabel für die Mm. lumbricales (II), III und IV zweiköpfig vom radialen und ulnaren Rand der einander zugekehrten Seiten der tiefen Flexorensehnen Ansatz Einstrahlung von radial in die **Dorsalaponeurose** und variabel in die Gelenkkapsel der Fingergrundgelenke II–V	Innervation – N. medianus (Mm. lumbricales II, III) – N. ulnaris (Mm. lumbricales IV, V) Blutversorgung Rr. musculares des Arcus palmaris superficialis	– **Extension in den Mittel- und Endgelenken der Finger II–V** – schwache Flexion in den Grundgelenken der Finger II–V
Mm. interossei palmares I–III	Ursprung Palmare ulnare Seite des **Corpus ossis metacarpi II**, palmare Seite des **Corpus ossis metacarpi IV und V** Ansatz **Gelenkkapsel des Grundgelenkes** und die **Dorsalaponeurose** des Zeigefingers von ulnar, des Ring- und Kleinfingers von radial, variabel direkte Anheftung an der Basis der Phalanx proximalis der Finger II, IV	Innervation R. profundus des N. ulnaris C8–Th1 Blutversorgung Rr. musculares des Arcus palmaris profundus	– **Flexion in den Grundgelenken der Finger II, IV, V** – **Extension in den Mittel- und Endgelenken der Finger II, IV, V,** – Heranführen (**Adduktion**) des Zeigefingers, des Ringfingers und des Kleinfingers zum Mittelfinger
Mm. interossei dorsales I–IV	Ursprung Einander zugekehrte Seiten der Schäfte der **Mittelhandknochen I–V** Ansatz **Basis der Phalanx proximalis:** **M. interosseus dorsalis I:** Zeigefinger von radial **M. interosseus dorsalis II:** Mittelfinger von radial **M. interosseus dorsalis III:** Mittelfinger von ulnar **M. interosseus dorsalis IV:** Ringfinger von ulnar (Gelenkkapsel, Kollateralbänder, Ligg. palmaria und Ringband der Sehnenscheide der Grundgelenke der Finger II–IV, Dorsalaponeurose der Finger II–IV)	Innervation R. profundus des N. ulnaris C8–Th1 Blutversorgung Rr. musculares des Arcus palmaris profundus	– **Flexion in den Grundgelenken der Finger II–IV** – **Extension in den Mittel- und Endgelenken der Finger II–IV** – Wegführen **(Abduktion)** des Zeigefingers und des Ringfingers vom Mittelfinger (Spreizen der Finger)

Tab. 4.29. Funktionen von Unterarm- und Handmuskeln in den Fingergelenken

Achsen	Bewegungsausmaß*	Funktion	Muskeln
Grundgelenke (II–V)			
transversal	ca. 90°	Flexion (Beugung)	M. interossei M. flexor digitorum superficialis M. flexor digitorum profundus (Mm. lumbricales) (M. flexor digiti minimi brevis, M. abductor digiti minimi am Finger V)
	10–30°	Extension (Streckung)	M. extensor digitorum (M. extensor indicis Finger IV, M. extensor digiti minimi am Finger V)
dorsopalmar		Abduktion (Spreizen) der Finger II, IV, V und des Daumens vom Mittelfinger	M. interossei dorsales M. abductor digiti minimi M. abductor pollicis longus M. abductor pollicis brevis M. extensor pollicis brevis (M. extensor digitorum)
		Adduktion (Heranführen) der Finger II, IV, V und des Daumens zum Mittelfinger[a]	Mm. interossei palmares M. flexor digitorum superficialis M. flexor digitorum profundus M. adductor pollicis M. extensor pollicis longus

▼

Tab. 4.29 (Fortsetzung)

Achsen	Bewegungsausmaß*	Funktion	Muskeln
Mittelgelenke (II–V)			
transversal	90–110°	Flexion (Beugung)	M. flexor digitorum superficialis M. flexor digitorum profundus
		Extension (Streckung) individuell über die Neutral-0-Stellung möglich	Mm. lumbricales Mm. interossei (M. extensor digitorum)
Endgelenke (II–V)			
transversal	bis 90°	Flexion (Beugung)	M. flexor digitorum profundus
		Extension (Streckung) individuell bis ca. 5°	Mm. lumbricales Mm. interossei (M. extensor digitorum)

* Das Bewegungsausmaß ist an den einzelnen Fingern und individuell unterschiedlich.
[a] radiale und ulnare Abduktion und Adduktion ist in den einzelnen Fingern unterschiedlich.

sambeinkomplex an, von dem sich der Ansatz wie bei allen übrigen Thenarmuskeln auf die Gelenkkapsel des Daumengrundgelenkes und auf das Lig. palmare ausdehnt.

M. adductor pollicis. Innervation: N. ulnaris. Der *M. adductor pollicis* ist der kräftigste Muskel des Daumenballens (Abb. 4.146 und 4.142). Der in der Tiefe der Hohlhand liegende Muskel bedeckt die Mm. interossei in den beiden ersten Interkarpalräumen. Sein *Caput obliquum* entspringt an den Basen der Ossa metacarpi II und III und am Lig. carpi radiatum. Das *Caput transversum* kommt vom Corpus des 3. Mittelhandknochens. Der Muskel inseriert am ulnaren Sesambein und an der Basis der Grundphalanx des Daumens.

Funktion. Siehe Tab. 4.30 und 4.31.

Muskeln des Kleinfingerballens (Hypothenarmuskeln)

Die 3 Hypothenarmuskeln (Abb. 4.146) ermöglichen dem Kleinfinger eine eingeschränkte Selbständigkeit im Rahmen der Bewegungsmöglichkeiten der Finger insbesondere bei der Opposition.

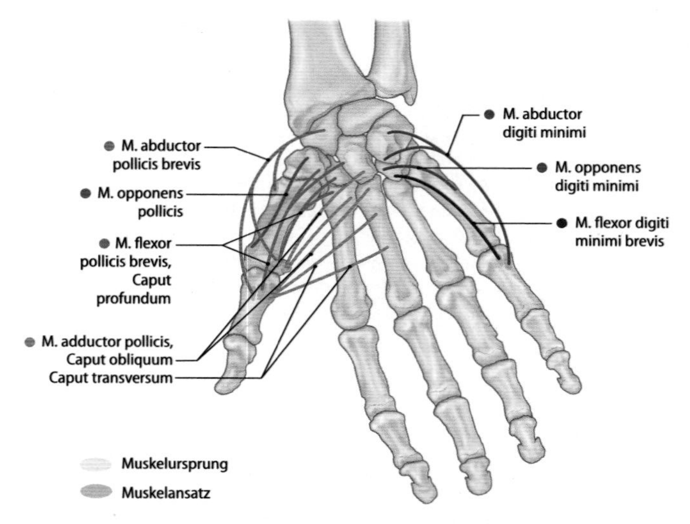

Abb. 4.146. Kurze Daumenmuskeln und kurze Kleinfingermuskeln, rechte Hand. Ansicht von palmar

Tab. 4.30. Muskeln des Daumenballens (Thenarmuskeln)

Muskeln	Ursprung (U) Ansatz (A)	Innervation (I) Blutversorgung (V)	Funktion
M. abductor pollicis brevis	Ursprung **Tuberculum ossis scaphoidei** (Retinaculum musculorum flexorum, Ansatzsehne des M. abductor pollicis longus) Ansatz – **radiales Sesambein** der Articulatio metacarpophalangea pollicis – radiale Seite der **Basis der Grundphalanx des Daumens**	Innervation N. medianus C6–7 Blutversorgung Rr. musculares des Arcus palmaris superficialis und der A. radialis	– **Abduktion im Daumensattelgelenk** – leichte Flexion im Daumengrundgelenk Der M. abductor pollicis brevis ist der wichtigste Muskel um die Hand zur »Greifzange« zu öffnen; er wird bei der Abduktionsbewegung im Daumensattelgelenk von den Mm. abductor pollicis longus und extensor pollicis brevis unterstützt.
M. opponens pollicis	Ursprung **Tuberculum ossis trapezii** (Retinaculum musculorum flexorum) Ansatz radiale Seite des **Os metacarpi I**	Innervation N. medianus C6–7 Blutversorgung – Rr. musculares des Arcus palmaris superficialis – A. princeps pollicis aus der A. radialis	**Einwärtsdrehung, Adduktion und Flexion im Daumensattelgelenk** (bei der Oppositionsbewegung) An den komplexen Bewegungsabläufen der Opposition beteiligen sich außer dem M. opponens die Mm. flexor pollicis brevis und adductor pollicis.

▼

Tab. 4.30 (Fortsetzung)

Muskeln	Ursprung (U) Ansatz (A)	Innervation (I) Blutversorgung (V)	Funktion
M. flexor pollicis brevis	Ursprung Caput superficiale: (Retinaculum musculorum flexorum) Caput profundum: **Os trapezoideum, Os trapezium, Os capitatum**, variabel an der Basis des Os metacarpi II Ansatz - **radiales Sesambein** der Articulatio metacarpophalangea pollicis - Basis der **Grundphalanx des Daumens**	Innervation - N. medianus (Caput superficiale) - R. profundus des N. ulnaris (Caput profundum) C7–Th1 Blutversorgung - Rr. musculares des Arcus palmaris superficialis - A. princeps pollicis aus der A. radialis	Caput superficiale und Caput profundum: **Flexion im Daumengrundgelenk** Caput profundum: **Flexion, Adduktion und Einwärtsdrehung im Daumensattelgelenk** (bei der Oppositionsbewegung) Caput superficiale: Unterstützung der Flexion im Daumengrundgelenk
M. adductor pollicis	Ursprung Caput obliquum: - **Basis der Ossa metacarpi II und III** - **Os capitatum** (Lig. carpi radiatum) Caput transversum: Corpus ossis metacarpi III Ansatz - **ulnares Sesambein** der Articulatio metacarpophalangea pollicis - Basis der **Grundphalanx des Daumens**	Innervation R. profundus des N. ulnaris C8-Th1 Blutversorgung Rr. musculares des Arcus palmaris profundus	- **Adduktion und Einwärtsdrehung im Daumensattelgelenk** (bei der Oppositionsbewegung) - **Flexion im Daumengrundgelenk**

Tab. 4.31. Funktionen der Daumenmuskeln in den Daumengelenken (aus der Neutral-0-Stellung)

Achsen	Bewegungsausmaß	Funktion	Muskeln
Daumensattelgelenk			
quer durch die Schenkel des Trapeziumsattels (Abb. 4.117)	30–50°	Flexion (Beugung)	M. flexor pollicis brevis M. opponens pollicis M. adductor pollicis
	ca. 30°(individuell unterschiedlich)	Extension (Streckung)	M. extensor pollicis longus M. extensor pollicis brevis
senkrecht zur Flexions-Extensions-Achse	70°	Abduktion	M. abductor pollicis longus M. extensor pollicis brevis M. abductor pollicis brevis
	bis zur Neutral-0-Stellung	Adduktion	M. adductor pollicis brevis M. opponens pollicis M. flexor pollicis brevis M. extensor pollicis longus M. interosseus dorsalis I
in Längsrichtung des Os metacarpi I durch das Zentrum des Os trapezium	30°	Einwärtsdrehung	M. opponens pollicis M. adductor pollicis M. flexor pollicis brevis M. abductor pollicis longus
	30°	Auswärtsdrehung	M. extensor pollicis brevis M. extensor pollicis longus
Daumengrundgelenk			
transversal	50°	Flexion (Beugung)	M. flexor pollicis brevis M. flexor pollicis longus M. adductor pollicis
	individuell über die Neutral-0-Stellung möglich	Extension (Streckung)	M. extensor pollicis brevis M. extensor pollicis longus M. abductor pollicis longus
Daumenendgelenk			
transversal	70–80°	Flexion	M. flexor pollicis longus (Beugung)
	5° (individuell bis 25°)	Extension (Streckung)	M. extensor pollicis longus

Tab. 4.32. Muskeln des Kleinfingerballens (Hypothenarmuskeln)

Muskeln	Ursprung (U) Ansatz (A)	Innervation (I) Blutversorgung (V)	Funktion
M. abductor digiti minimi	Ursprung **Os pisiforme, Hamulus ossis hamati** (Lig. pisohamatum, Retinaculum musculorum flexorum) Ansatz ulnare Seite der Basis der Phalanx proximalis des Kleinfingers	Innervation Ramus profundus des N. ulnaris C8–Th1 Blutversorgung – Rr. musculares des Arcus palmaris superficialis – A. digitalis palmaris communis V Kennmuskel für das Rückenmarksegment Th1	– **Abduktion des gestreckten Kleinfingers** – Flexion im Grundgelenk, Extension in den Mittel- und Endgelenken des Kleinfingers
M. flexor digiti minimi brevis	Ursprung **Hamulus ossis hamati** (Retinaculum musculorum flexorum) Ansatz ulnare palmare Seite der Basis der Phalanx proximalis des Kleinfingers	Innervation R. profundus des N. ulnaris C8–Th1 Blutversorgung – Rr. musculares des Arcus palmaris superficialis – A. digitalis palmaris communis V	– **Flexion im Grundgelenk des Kleinfingers** – leichte Drehung des Os metacarpi V im Karpometakarpalgelenk (bei der Oppositionsbewegung)
M. opponens digiti minimi	Ursprung **Hamulus ossis hamati** (Retinaculum musculorum flexorum) Ansatz ulnare Seite des Corpus ossis metacarpi V	Innervation R. profundus des N. ulnaris C8–Th1 Blutversorgung – Rr. musculares des Arcus palmaris superficialis – A. digitalis palmaris communis V	**leichte Drehung des Os metacarpi V im Karpometakarpalgelenk**

Der Kleinfingerballenwulst wird hauptsächlich vom *M. abductor digiti minimi* hervorgerufen, der den *M. opponens digiti minimi* bedeckt. Der radial an den M. abductor digiti minimi grenzende *M. flexor digiti minimi brevis* ist im Ursprungsbereich mit diesem verwachsen (Abb. 4.146). Ursprünge und Ansätze der Hypothenarmuskeln sowie **Funktion** siehe Tab. 4.32. Innervation: N. ulnaris.

4.4.6 Leitungsbahnen

  Einführung

Die Leitungsbahnen der oberen Extremität gelangen aus der Halsregion durch den kostoklavikulären Raum über die Achselhöhle zum Schultergürtel und zur freien oberen Extremität. Der Schultergürtelbereich erhält sein Blut zum größten Teil aus der A. axillaris. Die *A. subclavia* beteiligt sich mit 2 Gefäßen *(Aa. transversa colli* und *suprascapularis)*. Die Arterien der freien oberen Extremität gehen aus der A. axillaris hervor. Aus der *A. brachialis* werden der Oberarm, aus den *Aa. ulnaris* und *radialis* Unterarm und Hand versorgt.

Arterien

Die A. subclavia (► Kap. 4.2.5) beteiligt sich mit der *A. suprascapularis* (Mm. supraspinatus, infraspinatus; Schulterblattarkade, Acromioclaviculargelenk) und mit der *A. transversa colli* (Mm. trapezius, levator scapulae, rhomboidei) an der Versorgung des Schultergürtels. Die A. subclavia gelangt zwischen Schlüsselbein und 1. Rippe **(kostoklavikulärer Raum)** zur freien oberen Extremität und wird vom lateralen Rand der 1. Rippe an als *A. axillaris* bezeichnet.

A. axillaris. Die A. axillaris läuft durch die Achselhöhle (Abb. 4.147). Entsprechend ihrer Lage zum M. pectoralis minor wird die Arterie in einen **proximalen Abschnitt** – medial vom M. pectoralis minor innerhalb des Trigonum clavi(deltoideo)pectorale –, einen **mittleren Abschnitt** – hinter dem M. pectoralis minor – und einen **distalen Abschnitt** – lateral vom M. pectoralis minor – unterteilt (► Kap. 25, Abb. 25.1). **Versorgungsgebiete** der A. axillaris sind die Schulterregion und die Brustwand. Die variable *A. thoracica superior* beteiligt sich an der Versorgung der Mm. subclavius, serratus anterior und der Interkostalmuskeln. *Rr. subscapularis* treten in den M. subscapularis ein. Innerhalb der **Mohrenheim-Grube** entspringt die *A. thoracoacromialis* (Abb. 4.148), die durch die Fascia clavi(deltoideo)pectoralis tritt und mit ihren Ästen das Acromioclavikulargelenk *(R. acromialis - Rete acromiale)*, den M. subclavius und das Sternoklavikulargelenk *(R. clavicularis)*, die Mm. deltoideus und pectoralis major *(R. deltoideus)* sowie die Mm. pectorales und den M. serratus anterior *(R. pectoralis)* versorgt. Bedeckt vom M. pectoralis minor zieht parallel zu dessen lateralem Rand auf dem M. serratus anterior die *A. thoracica lateralis* die Äste an die Mm. pectorales und an den M. serratus anterior sowie an die Brustdrüse *(Rr. mammarii laterales)* abgibt. Am lateralen Rand des M. subscapularis entspringt aus dem distalen Abschnitt die kräftige *A. subscapularis*, die vor ihrer Aufteilung in die *Aa. thoracodorsalis* und *circumflexa scapulae* Äste an den M. subscapularis gibt (Abb. 4.148). Die *A. thoracodorsalis* läuft unter dem lateralen Rand des M. latissimus dorsi auf dem M. serratus anterior. Die Arterie versorgt außer den beiden Muskeln die M. subscapularis und teres major sowie die Haut der seitlichen Brustwand. Die *A. circumflexa scapulae* zieht mit ihren Begleitvenen durch die **mediale Achsellücke** (► Kap. 25, Abb. 25.3) nach dorsal und gelangt über den Margo lateralis scapulae in die Fossa infraspinata, wo sie die Mm. infraspinatus, teres minor und teres major versorgt. Die *A. circumflexa scapulae* bildet mit der A. suprascapularis und dem R. profundus der *A. transversa colli* (variabel *A. dorsalis scapulae*) Anastomosen im Bereich des Schulterblattes **(Schulterblattarkade)** (Abb. 4.148). Distal von der A. circumflexa scapulae entspringt die *A. circumflexa humeri posterior*, die durch die **laterale Achsellücke** (► Kap. 25, Abb. 25.3) zum M. deltoideus zieht und Äste zur Schultergelenkkapsel und zur Haut abgibt. Die A. circumflexa humeri posterior variiert stark in ihrem Ursprung (gemeinsamer Ursprung mit der A. subscapularis; Ursprung aus der A. profunda brachii oder Ursprung der A. profunda brachii aus der A. circumflexa humeri posterior). Die *A. circumflexa humeri anterior* (► Kap. 25, Abb. 25.1) ist

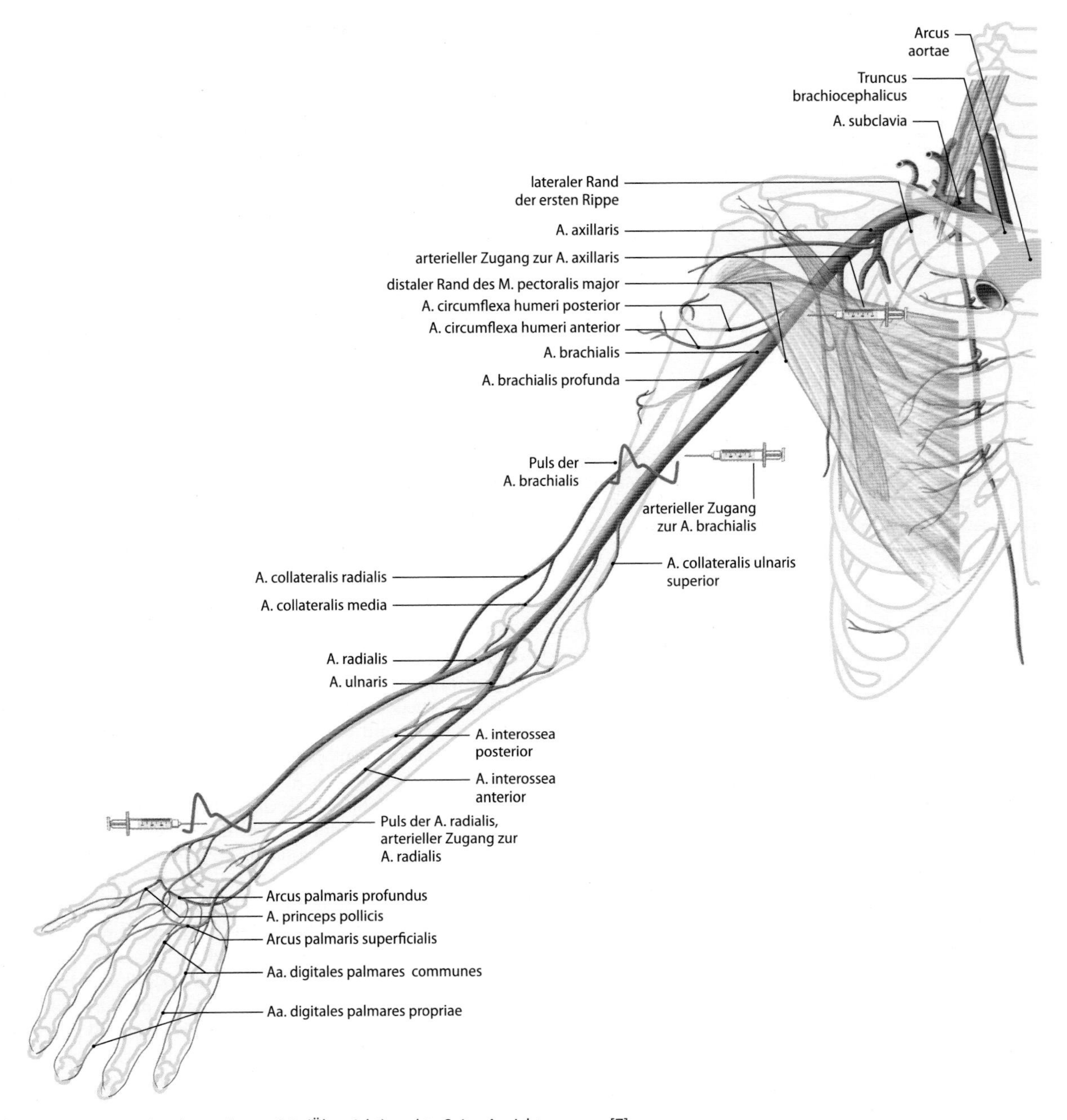

Abb. 4.147. Arterien der oberen Extremität (Übersicht), rechte Seite. Ansicht von vorn[7]

ein dünnes Gefäß, das hinter dem M. coracobrachialis zum Collum chirurgicum des Humerus gelangt und sich im Sulcus intertubercularis zur Versorgung der langen Bizepssehne, der Schultergelenkkapsel und des M. deltoideus aufzweigt.

A. brachialis. Die A. axillaris geht unter dem M. coracobrachialis am distalen Rand des M. pectoralis major in die *A. brachialis* über (Abb. 4.147). Die *A. brachialis* läuft am Oberarm nur von Haut, Unterhautfettgewebe und Faszie bedeckt im *Sulcus bicipitalis medialis* bis zur Ellenbeuge, wo sie sich in Höhe des Radiushalses in die *Aa. radialis* und *ulnaris* aufteilt (▶ Kap. 25, Abb. 25.6).

4.85 Arterieller Zugang

Aufgrund der oberflächlichen Lage eignet sich die A. brachialis als arterieller Zugang.

Distal der Ansatzsehne des M. teres major entspringt die *A. profunda brachii* (▶ Kap. 25, Abb. 25.5), die gemeinsam mit dem N. radialis und Begleitvenen zwischen Caput mediale und Caput laterale des M. triceps im Sulcus nervi radialis des Humerusschaftes **Radialiskanal** nach distal zieht. Die *A. profunda brachii* gibt Äste zur **Versorgung** der Mm. deltoideus *(R. deltoideus)*, der Mm. triceps brachii und coracobrachialis sowie des Humerus *(Aa. nutriciae humeri)* ab. Der Hauptstamm der Arterie teilt sich in die *A. collateralis media* und in die *A. collateralis radialis*. Die *A. collateralis radialis* tritt auf die Beugeseite, wo sie mit der *A recurrens radialis* anastomosiert und sich an der Bildung des *Rete articulare cubiti* beteiligt (Abb. 4.147). Die *A. collateralis media* läuft auf dem medialen Kopf des M. triceps brachii nach distal und zweigt sich auf der Rückseite des Ellenbogens im Rete articulare cubiti (Rete olecrani) auf. In der Oberarmmitte entspringt die *A. collateralis ulnaris superior* aus der A. brachialis, varia-

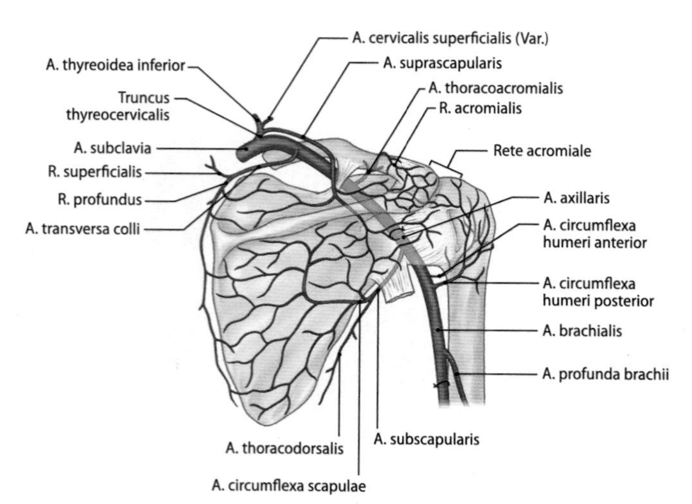

Abb. 4.148. Arterien des Schulterbereichs, rechte Seite, Ansicht von hinten. Schulterblattarkade (Umgehungskreislauf zwischen A. subclavia und A. axillaris) aus A. suprascapularis, A. circumflexa scapulae und R. profundus der A. transversa colli. Die Unterbindungsmöglichkeiten der A. axillaris und A. brachialis sind markiert (⤫)

bel auch aus der A. profunda brachii. Die Arterie gelangt zum Ellenbogengelenk, in dessen *Rete articulare cubiti* sie endet. Die *A. collateralis ulnaris inferior* geht im distalen Drittel des Oberarmes aus der A. brachialis hervor. Die Arterie überkreuzt den M. brachialis, anastomosiert mit der A. recurrens ulnaris und durchbricht mit einem hinteren Ast das Septum intermusculare mediale; sie beteiligt sich ebenfalls an der Bildung des *Rete articulare cubiti*.

Als Variante kommt nicht selten als Relikt einer in der Embryonalzeit angelegten, aber nicht rückgebildeten oberflächlichen Armarterie eine *A. brachialis superficialis* vor. Die oberflächliche Armarterie läuft dann meistens vor der Medianusgabel und vor dem N. medianus nach distal, wo sie sich als A. radialis (»hoher Ursprung« der A. radialis) – seltener als A. ulnaris – am Unterarm fortsetzt.

4.86 Unterbindung der A. axillaris und A. brachialis

Aufgrund der Schulterblattarkade kann bei einem Verschluss der A. axillaris ein Kollateralkreislauf über die A. circumflexa scapulae (A. subscapularis) und über die A. suprascapularis (Truncus thyreocervicalis) zustande kommen. Eine Unterbindung der A. axillaris darf im Notfall zur Aufrechterhaltung des Kollateralkreislaufes zwischen A. subclavia und A. axillaris nur proximal des Abgangs der A. subscapularis erfolgen (Abb. 4.148).

Der Puls der A. brachialis ist in der medialen Bizepsfurche tastbar. Die Arterie kann hier als Erste-Hilfe-Maßnahme am Humerusschaft komprimiert werden. Die A. brachialis darf zur Aufrechterhaltung der Kollateralkreisläufe im Ellenbogenbereich (Rete articulare cubiti) im Notfall nur distal des Abgangs der A. profunda brachii oder distal vom Abgang der A. collateralis ulnaris inferior unterbunden werden (Abb. 4.148).

Beim Vorliegen einer A. brachialis superficialis kann die Arterie aufgrund ihrer oberflächlichen Lage bei Venenpunktionen im Bereich der Ellenbeuge verletzt werden.

A. radialis. Die *A. radialis* setzt die Verlaufsrichtung der A. brachialis im Ellenbogenbereich fort, wo sie zwischen M. brachialis und M. pronator teres in die **Radialisstraße** des Unterarms tritt (Abb. 4.147 und ► Kap. 25, Abb. 25.6 und 25.11). Im Bereich der Handwurzel ist ihr Puls auf Grund ihrer oberflächlichen Lage zwischen den Sehnen der Mm. brachioradialis und flexor carpi radialis tastbar (Abb. 25.14). Die A. radialis zieht am Unterarmende unter den Ansatzsehnen der Mm. abductor pollicis longus und extensor pollicis brevis auf die Dorsalseite der Hand in die »**Tabatière anatomique**« und gelangt im Spatium interosseum I zwischen den Köpfen des M. interosseus dorsalis I zur Hohlhand, wo sie sich in ihre Endäste aufzweigt (Abb. 4.149).

Versorgungsgebiete der A. radialis sind die radiale Beugergruppe der Unterarmmuskeln und das darüber liegende Hautareal, Haut und Sehnen des Handrückens, Muskeln und Haut des Thenar sowie Muskeln, Sehnen und Haut der Mittelhand und der Finger im radialen Bereich.

In der Ellenbeuge gibt die A. radialis die *A. recurrens radialis* ab (Abb. 25.9), die zwischen den Mm. brachialis und brachioradialis im sog. **Radialistunnel** nach proximal zieht und dabei die angrenzenden Muskeln versorgt. Die A. recurrens radialis anastomosiert mit der A. collateralis radialis der A. profunda brachii und verzweigt sich im *Rete articulare cubiti*. Auf ihrem Verlauf nach distal gibt die A. radialis Äste an die benachbarten Muskeln ab. Im Handwurzelbereich entspringt der *R. carpalis palmaris*, der gemeinsam mit dem R. carpalis der A. ulnaris das *Rete carpi* bildet, über das Handwurzelknochen und die Gelenkstrukturen der Handgelenke versorgt werden. Der *R. palmaris superficialis* versorgt die Daumenmuskulatur und zieht über oder durch den Thenar in die Hand, wo er sich mit der *A. ulnaris* zum **oberflächlichen Hohlhandbogen** verbindet (Abb. 4.147 und 4.149). Der *R. carpalis dorsalis* geht in der »Tabatière anatomique« aus der A. radialis hervor, zieht unter den Streckersehnen quer über den Handrücken und bildet mit dem R. carpalis der A. ulnaris und den Endästen der A. interossea posterior das *Rete carpale dorsale*, aus dem meistens 4 *Aa. metacarpales dorsales* hervorgehen; diese teilen sich in Höhe der Fingergrundgelenke in die *Aa. digitales dorsales* und versorgen die einander zugekehrten Seiten der Finger II–V bis zu den Mittelphalangen. Die *A. metacarpalis dorsalis I* entspringt direkt aus der A. radialis. Sie versorgt mit 2 *Aa. digitales dorsales pollicis* die Streckseite des Daumens und meistens mit einem dritten Ast die radiale dorsale Seite des Zeigefingers.

Endäste der A. radialis sind die *A. princeps pollicis* und der *Arcus palmaris profundus* (Abb. 25.14). Die *A. princeps pollicis* teilt sich auf der Beugeseite des Daumens in 2 *Aa. digitales palmares proprii* zur Versorgung des Daumens und in die (variable) *A. radialis indicis*, die zur radialen Seite des Zeigefingers zieht. Der *Arcus palmaris profundus* zieht quer über die Basen der Mittelhandknochen nach ulnar, wo er sich im Regelfall mit dem schwachen *R. palmaris profundus* der *A. ulnaris* zum **tiefen Hohlhandbogen** vereinigt (Abb. 4.147 und 4.149). Aus dem tiefen Hohlhandbogen entspringen variabel 3–4 dünne *Aa. metacarpales palmares*, die in den Zwischenknochenräumen auf den M. interossei fingerwärts ziehen und variabel in die *Aa. digitales palmares communes* oder in die *Aa. digitales palmares proprii* einmünden (► Kap. 25, Abb. 25.14).

4.87 Arterielle Zugänge

Die A. radialis eignet sich aufgrund ihrer oberflächlichen Lage oberhalb des Handgelenkes als arterieller Zugang. Hier ist die Arterie leicht verletzbar (Suizidversuch). Zur Hämodialyse wird ein arteriovenöser Dauershunt zwischen A. radialis und V. cephalica (Cimino-Fistel oder -Shunt) angelegt.

A. ulnaris. Die *A. ulnaris* geht meistens am oberen Rand des M. pronator teres aus der A. brachialis hervor und zieht auf dem M. brachialis bedeckt vom M. pronator teres und von den oberflächlichen Flexoren nach ulnar distal durch die Ellenbeuge zum Unterarm (Abb. 4.147). Hier läuft der Stamm der Arterie unter Abgabe von Muskelästen in der **Ulnarisstraße** zur Hand (► Kap. 25, Abb. 25.6). In der Ellenbeuge gibt die A. ulnaris die *A. recurrens ulnaris* ab, die mit ihren *R. anterior* und *posterior* die angrenzenden Muskeln und

Abb. 4.149. Arterien der Hand, rechte Seite. Ansicht von palmar

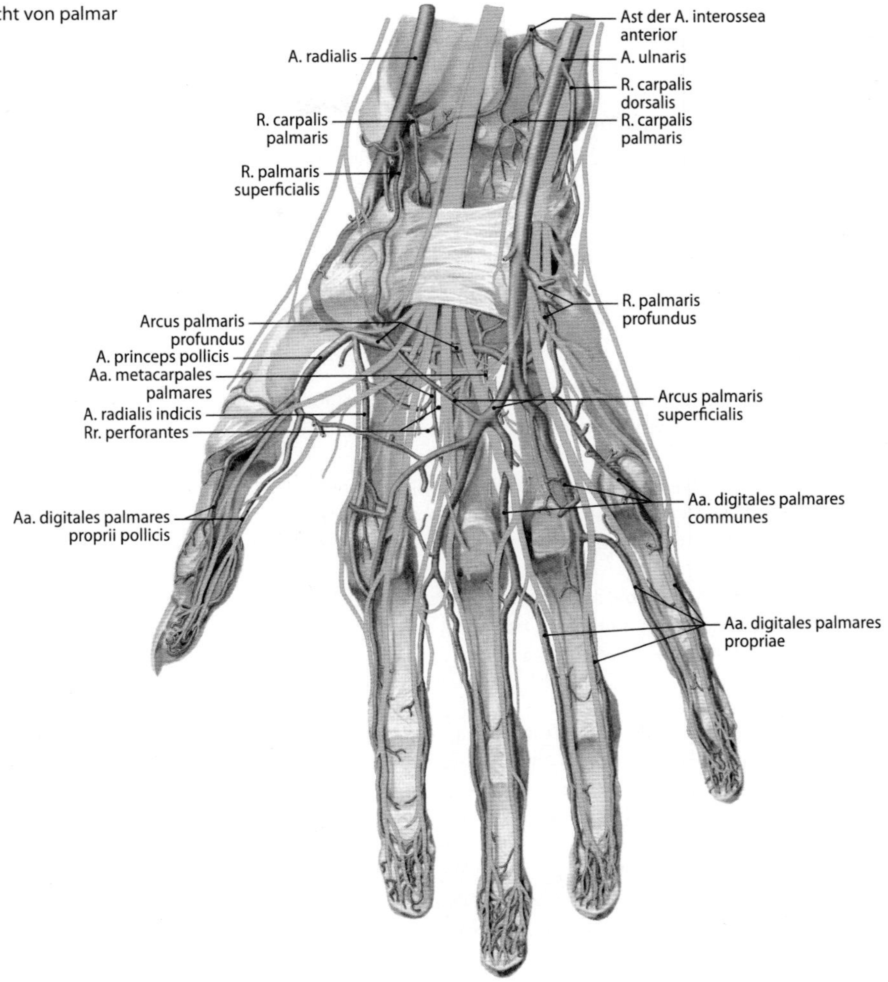

über das *Rete articulare cubiti* die Strukturen des Ellenbogengelenkes versorgt. Der *R. anterior* anastomosiert mit der *A. collateralis ulnaris inferior*, der *R. posterior* mit der *A. collateralis ulnaris superior*. Im Ansatzbereich des M. brachialis entspringt die *A. interossea communis*, die sich in die *A. interossea anterior* und in die *A. interossea posterior* teilt (■ Abb. 4.147, ▶ Kap. 25, ■ Abb. 25.11). Die *A. interossea anterior* verläuft zwischen M. flexor pollicis longus und M. flexor digitorum profundus auf der Membrana interossea antebrachii. Die Zwischenknochenarterie versorgt mit zahlreichen Ästen die begleitenden Muskeln und gibt proximal die *A. comitans nervi mediani* (variabel auch aus der A. interossea communis) ab. Am proximalen Rand des M. pronator quadratus zieht der Hauptstamm der Arterie durch die Zwischenknochenmembran nach dorsal und mündet in das *Rete carpale dorsale* (■ Abb. 25.10). Der schwächere palmare Endast der A. interossea anterior gelangt unter dem M. pronator quadratus zur Hand und versorgt über das *Rete carpale palmare* die Strukturen der Handgelenke (■ Abb. 25.14). Die A. interossea posterior tritt distal der Chorda obliqua durch die Membrana interossea antebrachii auf die Unterarmrückseite und zieht zur Hand, wo sie gemeinsam mit der A. interossea anterior das *Rete carpale dorsale* bildet. Das *Rete carpale dorsale* versorgt die Sehnen und Sehnenscheiden der Hand- und Fingerextensoren sowie die Strukturen der Handgelenke. Kurz nach ihrem Durchtritt durch die Membrana interossea antebrachii entlässt sie die *A. interossea recurrens*, die bedeckt vom M. anconeus proximal im *Rete articulare cubiti* endet.

In Höhe der Handgelenke gehen aus der A. ulnaris der *R. carpalis palmaris* und der *R. carpalis dorsalis* hervor (■ Abb. 4.149). Die Äste beteiligen sich jeweils am Aufbau des *Rete carpale palmare* oder des *Rete carpale dorsale*. Innerhalb der **Guyon-Loge** teilt sich die A. ulnaris in ihre **Endäste,** *R. palmaris profundus* und *Arcus palmaris superficialis*. Der *Arcus palmaris superficialis* biegt nach radial und anastomosiert mit dem *R. palmaris superficialis* der A. radialis. Der **oberflächliche Hohlhandbogen** wird überwiegend aus der A. ulnaris, in ca. 30% der Fälle ausschließlich aus der A. ulnaris gebildet (▶ Kap. 25, ■ Abb. 25.13). Aus dem Arcus palmaris superficialis entspringen meistens 3 *Aa. digitales palmares communes*, die sich in Höhe der Fingergrundgelenke in 6 *Aa. digitales palmares proprii* aufteilen und die einander zugekehrten Seiten des 2.–5. Fingers versorgen. Die ulnare palmare Arterie für den Kleinfinger kommt meistens direkt aus dem oberflächlichen Hohlhandbogen. Die palmaren Fingerarterien bilden ein dichtes Gefäßnetz im Bereich der Fingerbeeren. Sie versorgen auch die Dorsalseite der Finger über der Mittel- und Endphalanx. Unterbleibt die Ausbildung eines geschlossenen oberflächlichen Hohlhandbogens, so entspringen die Aa. digitales palmares communes direkt aus der A. ulnaris und variabel auch aus der A. radialis. Der *R. profundus* der A. ulnaris zieht gemeinsam mit dem *R. profundus* des N. ulnaris durch den Kleinfingerballen in die Tiefe der Hohlhand und beteiligt sich am Aufbau des *Arcus palmaris profundus* der überwiegend aus der A. radialis gespeist wird (■ Abb. 25.14).

Als Variante bleibt nicht selten als Relikt aus der Embryonalzeit am Unterarm eine *A. mediana* erhalten, die variabel aus der A. ulnaris, der A. interossea communis oder selten aus der A. radialis entspringt.

4.88 Kollateralkreislaufbildung

Das Rete articulare cubiti bildet bei Gefäßverschlüssen oder für notwendige arterielle Unterbindungen die Voraussetzung zur Kollateralkreislaufbildung.

In Kürze

Arterien

A.subclavia ► Kap. 4.2.5

A. axillaris

Verlauf: vom distalen Ausgang des kostoklavikulären Raumes durch die Fossa infraclavicularis, hinter dem M. pectoralis minor bis zum distalen Rand des M. pectoralis major

Versorgungsgebiete: Schulterregion, Schultergelenk und Brustwand (Aa. thoracica superior, thoracoacromialis, thoracica lateralis, subscapularis, cicumflexa humeri anterior und circumflexa humeri posterior)

Schulterblattarkade: Anastomosen zwischen A. subclavia und A. axillaris (R. profundus der A. transversa colli; variabel A. dorsalis scapulae, A. suprascapularis; A. circumflexa scapulae)

A.brachialis

Verlauf: vom distalen Rand des M. pectoralis major im Sulcus bicipitalis medialis des Oberarms bis zur Aufteilung in die Aa. radialis und ulnaris in der Ellenbeuge

Versorgungsgebiete: Oberarmmuskeln, Humerus und Ellenbogengelenk (Aa. brachialis profunda, collateralis ulnaris superior und collateralis ulnaris inferior

Kollateralkreisläufe: im Bereich des Ellenbogens (Rete articulare cubiti) zwischen A. brachialis, A. radialis und A. ulnaris

A. radialis

Verlauf: im Ellenbogenbreich zwischen M. brachialis und M. pronator teres, am Unterarm in der Radialisstraße, auf die Dorsalseite der Hand in die »Tabatière anatomique«, durch das Spatium interosseum I in die Hohlhand

Versorgungsgebiete: Teil der vorderen Gruppe der Oberarmmuskeln (A. recurrens radialis), radiale Gruppe der Unterarmmuskeln (Muskeläste), Radius (A. nutricia radii), Handrücken (R. carpalis dorsalis), Daumenmuskeln (R. palmaris superficialis, A. princeps pollicis), Muskeln der Hand (tiefer Hohlhandbogen: Arcus palmaris profundus)

A. ulnaris

Verlauf: bedeckt von den oberflächlichen Flexoren in der Ulnarisstraße, zur Hand in der Guyon-Loge

Versorgungsgebiete: Ellenbogengelenk (A. recurrens ulnaris), Ulna (A. nutricia ulnae), ulnare oberflächliche und tiefe Muskeln der Unterarmbeuge- und -streckseite (Äste der A. interossea communis), Hypothenarmuskeln, Muskeln der Hand und Finger (oberflächlicher Hohlhandbogen: Arcus palmaris superficialis)

Venen

Die Venen der oberen Extremität führen das Blut in einem oberflächlichen und in einem tiefen Venensystem der oberen Hohlvene zu.

- Das **oberflächliche Venensystem**, *Vv. superficiales*, liegt häufig sichtbar im subkutanen Binde- und Fettgewebe auf der oberflächlichen Körperfaszie (epifasziale, subkutane Hautvenen).
- Das **tiefe Venensystem**, *Vv. profundae*, begleitet meistens in der Zweizahl die Arterien (subfasziale, tiefe Begleitvenen, *Vv. comitantes*). Die tiefen Begleitvenen sind untereinander über Queranastomosen miteinander verbunden. Sie stehen außerdem mit den oberflächlichen Hautvenen über Anastomosen, *Vv. perforantes*, miteinander in Verbindung.

Oberflächliche Venen

Die oberflächlichen **epifaszialen Hautvenen** bilden ein Maschenwerk, das von der Hand zur Schulter an Enge und Dichte abnimmt. Auf der Beugeseite des Arms ist das Netz der subkutanen Venen dichter als auf der Streckseite. Innerhalb des oberflächlichen Venensystems liegen die größeren Venen unmittelbar auf der oberflächlichen Faszie; ein zweites Netzwerk von sehr dünnen Venen kommt innerhalb der Subkutis vor.

Auf dem **Handrücken** sammelt sich das oberflächliche Venenblut aus dem Zufluss von den Fingern, *Vv. digitales dorsales (Vv. metacarpales dorsales)*, im *Rete venosum dorsale manus* (◘ Abb. 25.15). Aus den Abflüssen des Rete venosum dorsale manus gehen radial die *V. cephalica* (variabel *V. cephalica accessoria*) und ulnar die *V. basilica* hervor. In der Palma manus fehlt ein ausgeprägtes subkutanes Venensystem.

Die **V. basilica** entsteht durch den Zufluss der subkutanen Venen des Handrückens in Höhe des distalen Ulnaendes. Die Vene zieht zunächst am ulnaren Unterarmrand nach proximal und gelangt durch die Ellenbeuge in die mediale Bizepsfurche des Oberarms. In der Oberarmmitte durchbricht sie normalerweise die Fascia brachii *(Hiatus basilicus)* und mündet nach kurzem subfaszialem Verlauf in Höhe des Unterrandes des M. pectoralis major in die V. brachialis (◘ Abb. 4.151, 25.8). Der Beginn der **V. cephalica** liegt im Bereich der radialen dorsalen Seite der Handwurzel. Die Vene wendet sich im unteren Drittel des Unterarms auf dessen Beugeseite. Sie zieht parallel zum Sulcus bicipitalis lateralis am Oberarm nach proximal und gelangt im Sulcus deltoideopectoralis in die **Mohrenheim-Grube** (◘ Abb. 21.2). Hier durchbricht sie die Fascia clavi(deltoideo)pectoralis und mündet in die V. axillaris. Vor dem Fasziendurchtritt drainiert die *V. thoracoacromialis* ihr Blut in die V. cephalica. Als *V. cephalica accessoria* bezeichnet man eine inkonstante Vene auf der Streckseite des Unterarms, die im Bereich des Ellenbogengelenkes in die V. cephalica mündet.

V. cephalica und V. basilica sind in der Ellenbeuge durch eine relativ konstante *V. mediana cubiti* verbunden, die von radial distal nach ulnar proximal zieht (◘ Abb. 4.151, ► Kap. 25, ◘ Abb. 25.8). Auf der Beugeseite des Unterarms kommen in variabler Form weitere Hautvenen vor. Die *V. mediana antebrachii* erhält Blut aus dem oberflächlichen Hohlhandbogen. Sie läuft in der Unterarmmitte und steht über die *V. mediana cephalica* mit der V. cephalica oder mit der V. mediana cubiti sowie über die *V. mediana basilica* mit der V. basilica in Verbindung. Eine Verbindungsvene zwischen V. mediana antebrachii und den tiefen Venen der Ellenbeuge ist die *V. mediana profunda*.

4.89 Venöse Zugänge

Die subkutanen Venen im Bereich der Ellenbeuge sowie der Beginn der V. cephalica am Unterarm eignen sich als Zugänge für intravenöse Injektionen oder zur Gewinnung von venösem Blut. Bei starker Muskeltätigkeit fließt das Venenblut in Folge der Kompression der tiefen Venen aus der Tiefe über Anastomosen in die Hautvenen. Eine starke sichtbare Füllung der Hautvenen erreicht man zum Zwecke des venösen Zugangs, in dem der Patient bei angelegter Blutsperre seine langen Fingermuskeln, z.B. durch mehrmaligen Faustschluss aktiviert.

Tiefe Venen

Die tiefen **Begleitvenen** der Hand sammeln das Venenblut über den *Arcus venosus palmaris superficialis* und über den *Arcus venosus pal-*

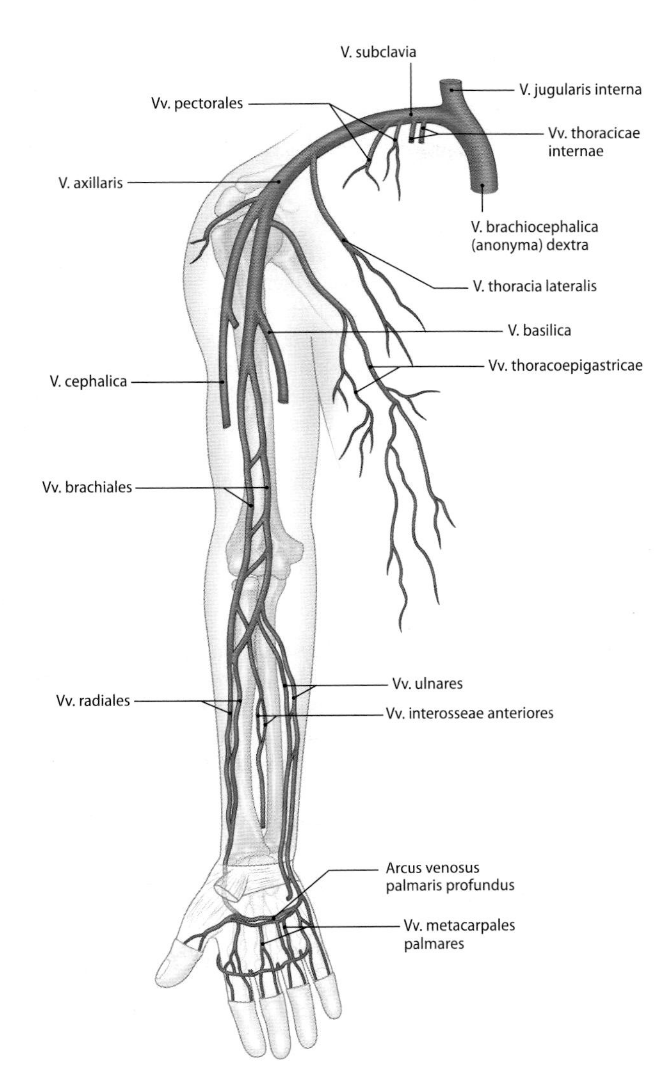

Abb. 4.150. Tiefe Venen des Armes, rechte Seite. Ansicht von vorn

maris profundus, aus denen die *Vv. ulnares* hervorgehen (Abb. 4.150). In den Arcus venosus palmaris superficialis münden die *Vv. digitales palmares*. Der tiefe Venenbogen der Hohlhand nimmt das Blut der *Vv. metacarpales palmares* auf, die Anastomosen mit dem Rete venosum dorsale manus eingehen. Vv. ulnares und *Vv. radiales* sind Begleitvenen der gleichnamigen Arterien. Die tiefen Unterarmvenen gehen in der Ellenbeuge in die *Vv. brachiales* über (Abb. 25.9), die sich in Höhe des Unterrandes des M. pectoralis major zur *V. axillaris* vereinigen. Die V. axillaris (Abb. 25.1) nimmt das Blut aus dem Schulterbereich *(Vv. subscapulares, circumflexa scapulae, thoracodorsalis, circumflexa humeri posterior und circumflexa humeri anterior)* und von der Brustwand sowie von der Brustdrüse *(Vv. thoracica laterales und V. thoracoepigastricae* sowie des *Plexus venosus areolaris)* auf. Die V. axillaris setzt sich im kostoklavikulären Raum als *V. subclavia* fort (4.90). Die V. subclavia zieht vor dem M. scalenus anterior nach medial und vereinigt sich hinter dem Sternoklavikulargelenk mit der V. jugularis interna im sog. **Venenwinkel** zur *V. brachiocephalica (V. anonyma)*. In die V. subclavia münden die *Vv. pectorales* und scapularis dorsalis sowie die *V. jugularis externa*.

4.90 Subklavia-Katheter

Die V. subclavia eignet sich gut als venöser Zugang (Subklavia-Katheter). Auf Grund der festen Verbindung zwischen Venenwand und der Faszie des M. subclavius wird das Lumen über den Tonus des M. subclavius bei der Passage des kostoklavikulären Raumes offen gehalten.

In Kürze

Hauptabflusswege des oberflächlichen Venensystems:
- V. cephalica:
  - Einmündung innerhalb der Mohrenheim-Grube in die V. axillaris
- V. basilica:
  - Einmündung im Bereich der Ellenbeuge in die V. brachialis
- Verbindungen zwischen Vv. basilica und cephalica im Bereich der Ellenbeuge (V. mediana cubiti)
- subkutanes Venengeflecht auf dem Handrücken (Rete venosum dorsale manus)

Abflusswege der tiefen Venen an Unter- und Oberarm:
- Venen meistens in der Zweizahl in Begleitung der Arterien: Vv. ulnares, Vv. radiales, Vv. brachiales
- Venenabfluss aus dem Schulter- und Brustwandbereich einschließlich der Brustdrüse in die V. axillaris, Fortsetzung der V. axillaris als V. subclavia im kostoklavikulären Raum
- Zusammentreffen von V. subclavia und V. jugularis interna am Venenwinkel und Einmündung in die V. brachiocephalica

Lymphbahnen und Lymphknoten

Lymphbahnen und Lymphknoten der freien oberen Extremität

Die Lymphe der freien oberen Extremität, des Schultergürtelbereiches und der Brustdrüse sammelt sich in den Lymphknoten der Achselhöhle, *Nodi lymphoidei axillares*. Sie wird von dort über den Truncus subclavius dexter und sinister in den rechten und linken Venenwinkel abgeleitet.

Die Lymphbahnen an der oberen Extremität bilden ein oberflächliches und ein tiefes System, dementsprechend unterscheidet man oberflächliche Lymphknoten, *Nodi superficiales*, und tiefe Lymphknoten, *Nodi profundi* (Abb. 4.151). Die **tiefen Lymphbahnen** schließen sich in ihrem Verlauf den Vasa radialia, ulnaria und interossea an und führen die Lymphe aus Knochen, Gelenken, Muskeln, Sehnen und Sehnenscheiden zu regionären Lymphknoten, die am Übergang zur Achselhöhle am Gefäß-Nerven-Strang liegen *(Nodi brachiales)* (Abb. 25.1). Ein Teil der Lymphe passiert in der Tiefe der Ellenbeuge als regionäre Lymphknoten die *Nodi cubitales (profundi)*.

Die **oberflächlichen Lymphbahnen** sammeln die Lymphe aus der Haut und aus dem Unterhautgewebe. Sie schließen sich größtenteils den epifaszialen Hautvenen an. Auf diese Weise entsteht ein ulnarer Lymphzug entlang der V. basilica und ein radialer Lymphzug entlang der V. cephalica. Für einen Teil der ulnaren Lymphbahnen liegen die regionären Lymphknoten in der Ellenbeuge, *Nodi cubitales (superficiales)* und *Nodi supratrochleares*. Erste Lymphknotenstation für den größten Teil des oberflächlichen Einzugsgebietes sind die *Nodi deltoideopectorales* innerhalb des Sulcus deltoideopectoralis. Von hier fließt die Lymphe unter Umgehung der tiefen Achsellymphknoten über *Nodi infraclaviculares (Nodi deltopectorales)* zu den *Nodi apicales* in der **Mohrenheim-Grube** (▶ Kap. 25, Abb. 25.1).

Lymphbahnen und Lymphknoten der Achselhöhle

Im Bereich der Achselhöhle unterscheidet man nach ihrer Lage oberflächliche und tiefe Lymphknoten, *(Nodi lymphoidei axillares super-*

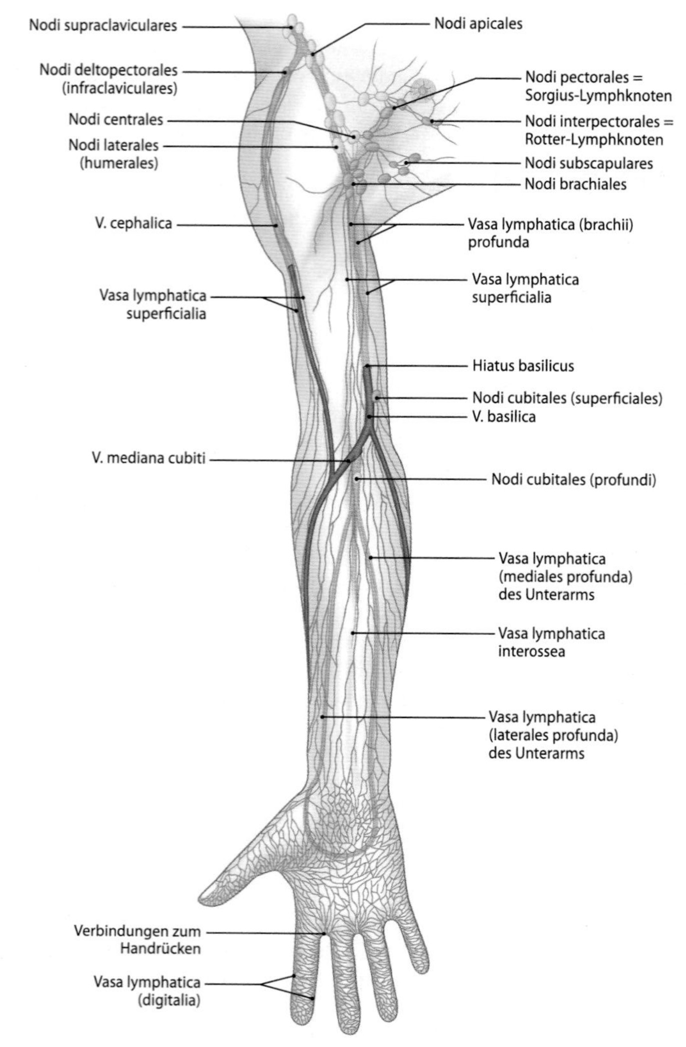

Abb. 4.151. Lymphbahnen und Lymphknoten des Armes und der Achselhöhle, rechte Seite. Ansicht von vorn

ficiales und *profundi)* deren Anzahl zwischen 15 und 30 in Ausnahmefällen bis zu 40 schwankt. Die Lymphknoten sind über Lymphgefäße, *Plexus lymphaticus axillaris*, größtenteils miteinander verbunden. Die oberflächlichen Lymphknoten liegen innerhalb des lamellenartigen Bindegewebeskörpers der Fascia axillaris und bilden folgende Gruppen:

- Als *Nodi laterales (humerales)* bezeichnet man eine Gruppe in der Umgebung der V. axillaris, die in Fortsetzung der Nodi brachiales die Lymphe aus der freien oberen Extremität aufnimmt.
- *Nodi pectorales (anteriores)*, auch als **Sorgius-Lymphknoten** bezeichnet, schließen sich am Unterrand des M. pectoralis minor den *Vasa thoracica lateralia* auf dem M. serratus anterior an (► Kap. 14, Abb. 14.5, Abb. 25.1). Sie nehmen die Lymphe aus der vorderen und seitlichen Brustwand einschließlich der Mamma sowie der oberen Bauchwand auf.
- Die hintere Lymphknotengruppe begleitet als *Nodi subscapulares (posteriores)* die *Vasa subscapularia* zwischen M. subscapularis und M. teres major. Ihr Einzugsgebiet sind untere Nackenregion und die Schulterregion sowie die hintere Brustregion mit Verbindungen zum seitlichen Teil der Brustdrüse.
- Als *Nodi interpectorales* **(Rotter-Lymphknoten)** bezeichnet man die zwischen M. pectoralis major und M. pectoralis minor liegenden Lymphknoten, deren Einzugsgebiet die Brustdrüse ist (► Kap. 14, Abb. 14.5). Die interpektoralen Lymphknoten gehören wie die Nodi brachiales topographisch nicht mehr zu den Achsellymphknoten, jedoch unter klinischen Gesichtspunkten.

Von den oberflächlichen Lymphknoten der Axilla fließt die Lymphe zu den tiefen Lymphknoten. Die *Nodi axillares profundi* liegen in der Tiefe der Achselhöhle. *Nodi centrales* liegen zwischen M. subscapularis und der Ansatzsehne des M. pectoralis minor sowie dem Gefäß-Nerven-Strang (Abb. 25.1). Sie haben enge Beziehung zum N. intercostobrachialis. Die zentralen Lymphknoten nehmen die Lymphe aus den Nodi brachiales, pectorales und subscapulares auf. Zu den tiefen Achsellymphknoten zählt auch die Gruppe der *Nodi apicales*, die in der Tiefe der **Mohrenheim-Grube** um die V. axillaris angeordnet sind. Sie erhalten Lymphe aus allen Achsellymphknoten und von der Brustdrüse. Die Nodi apicales sind die letzte Filterstation vor dem Eintreten der Lymphe in die *Trunci subclavii sinister* und *dexter* (► Kap. 14, Abb. 14.5)

In Kürze

Dränage der Lymphe: von freier oberer Extremität, Schulterregion sowie Brustwand und Brustdrüse über oberflächliche und über tiefe Lymphgefäße in die axillären Lymphknoten.

Oberflächliche Lymphknotengruppe, Nodi superficiales: Nodi laterales, Nodi pectorales, Nodi interpectorales, Nodi subscapulares.

Tiefe Lymphknotengruppe, Nodi profundi: Nodi centrales, Nodi apicales.

Regionale Lymphknoten an der freien oberen Extremität: im Ellenbogenbereich (Nodi cubitales) und am Oberarm (Nodi brachiales).

Nerven

Plexus brachialis

Die obere Extremität wird aus dem *Plexus brachialis* (Abb. 4.152) sowie aus Teilen des *Plexus cervicalis* innerviert. Der Plexus brachialis setzt sich aus den *Rr. anteriores (ventrales)* der Spinalnerven aus den Rückenmarksegmenten C5–Th1 zusammen (4.92). Er erhält Zuschüsse aus dem 4. Zervikalsegment und variabel aus dem 2. Thorakalsegment (Tab. 4.33).

Trunci. Die *Rr. anteriores* (im klinischen Sprachgebrauch als »Wurzeln« bezeichnet) ordnen sich innerhalb der **Skalenuslücke** zu Primärsträngen, *Trunci*, die als *Truncus superior* ([C4] C5–6), *Truncus medius* (C7) und *Truncus inferior* (C8–Th1 [Th2]) die **Skalenuslücke** verlassen und in die seitliche Halsregion eintreten (► Kap. 20, Abb. 20.9 und 20.11).

Divisiones. Entsprechend der genetischen Anordnung der Muskeln gliedern sich die Nervenfasern innerhalb der Trunci in einen dorsalen Anteil, *Divisiones dorsales*, für die Strecker und in einen ventralen Anteil, *Divisiones ventrales*, für die Beuger. Den Nerven des Plexus brachialis schließen sich die postanglionären Fasern des Sympathicus aus den Grenzstrangganglien Th1–5 über die Rr. communicantes grisei der Thorakalsegmente Th1–5 an.

Fasciculi. Auf dem Weg von der seitlichen Halsregion zur Achselhöhle kommt es innerhalb des Plexus brachialis zu einer Neuordnung der Trunci in 3 Sekundärstränge, *Fasciculi*. Der *Fasciculus posterior* (C5–Th1) setzt sich aus den dorsalen Anteilen (Divisiones dorsales) aller

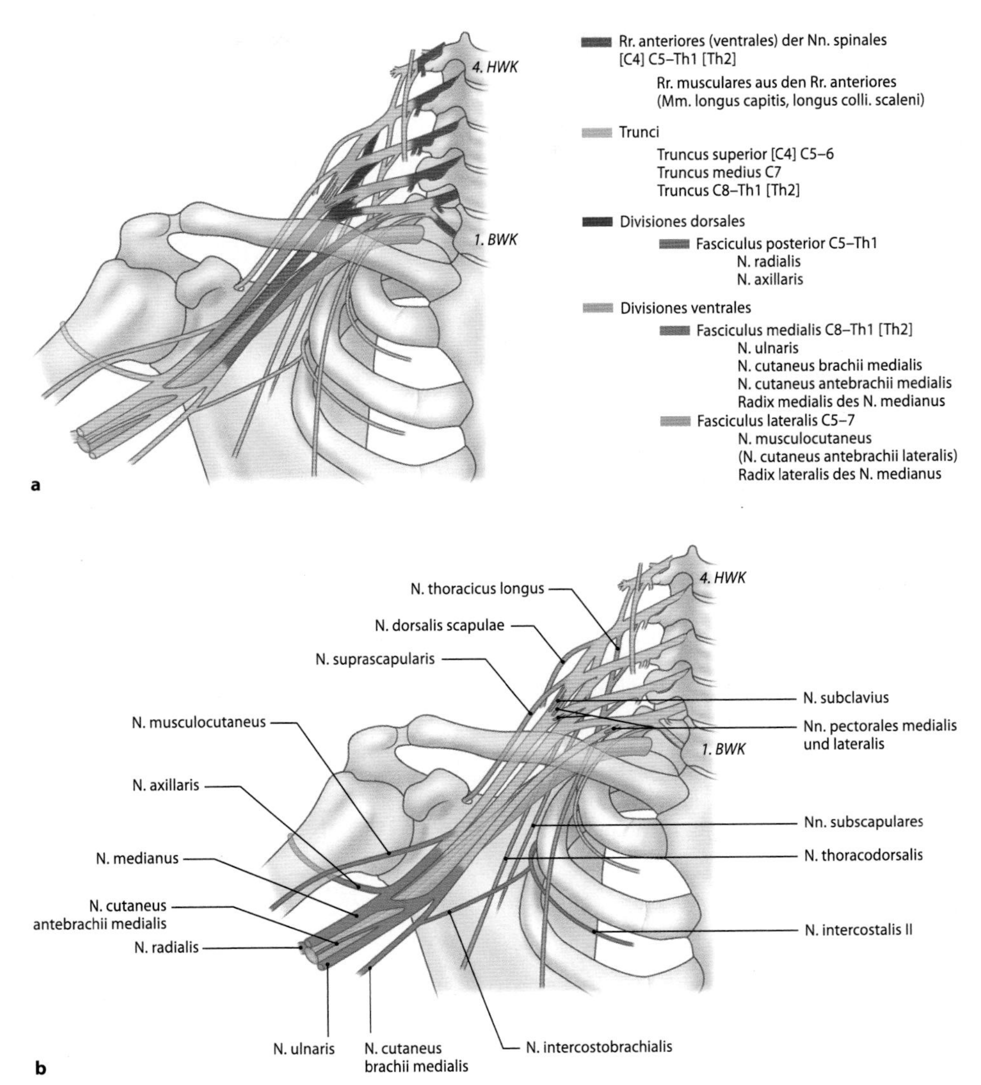

Abb. 4.152a, b. Plexus brachialis. **a** Aufbau der Trunci sowie Anordnung der Divisiones und Fasciculi. **b** Nerven der Pars supraclavicularis (hellblau) und der Pars infraclaviculis (dunkelblau)

3 Trunci zusammen. Den *Fasciculus medialis* (C8–Th1 [Th2]) bilden die ventralen Anteile (Divisiones ventrales) des Truncus inferior. Im *Fasciculus lateralis* (C5–7) schließen sich die ventralen Faseranteile der Trunci superior und medius zusammen.

Die Faszikel des Plexus brachialis gelangen aus dem seitlichen Halsdreieck durch den **kostoklavikulären Raum** in die **Mohrenheim-Grube** (► Kap. 25, ◻ Abb. 25.1) Sie liegen hier noch lateral von den Vasa subclavia (axillaria). Erst beim Verlauf durch den mittleren Bereich der Achselhöhle hinter dem M. pectoralis minor ordnen sich die Faszikel medial und lateral sowie hinter der A. axillaris an. In diesem Abschnitt gruppieren sich aus den Faszikeln die Nerven für die freie obere Extremität.

Nach der topographischen Lage unterscheidet man am Plexus brachialis eine *Pars supraclavicularis* und eine *Pars infraclavicularis*.

4.91 Regionalanästhesie des Plexus brachialis

Für die Durchführung der Regionalanästhesie des Plexus brachialis hat sich die topographische Einteilung in 4 Verlaufsstrecken bewährt:

1. Verlauf in der Skalenuslücke
2. Verlauf im seitlichen Halsdreieck: supraklavikulärer Verlauf
3. Eintritt aus dem kostoklavikulären Raum in die Fossa infraclavicularis: infraklavikulärer Verlauf
4. Verlauf durch die Achselhöhle: axillärer Verlauf

In diesen Bereichen wird in Abhängigkeit von den Erfordernissen des operativen Eingriffes der Plexus brachialis anästhesiert.

4.92 Schädigungen des Plexus brachialis

Bei Schädigungen des Plexus brachialis durch Dehnung (Geburtslähmung) oder durch Nervenwurzelausrisse (Motorradunfälle) beobachtet man eine obere Plexusparese (Duchenne-Erb-Form) mit Beteiligung der Segmente C5–6 und eine untere Plexusparese (Klumpke-Déjerine-Form) mit Ausfall der Segmente C8–Th1. Druckschäden können z.B. durch Tragen von Lasten über der Schulter, Tumore, degenerative Veränderungen im Bereich der Halswirbelsäule, falsche Lagerung in der Narkose, eine Halsrippe oder eine Einengung innerhalb der Skalenuslücke (Skalenusengpasssyndrom) zustande kommen.

Pars supraclavicularis

Im seitlichen Halsdreieck oberhalb der Clavicula gehen direkt aus den Trunci oder bereits aus den Rr. anteriores der Spinalnervenstämme sowie im distalen Abschnitt aus den Fasciculi Nerven für die Versorgung von Schultergürtel- und Schultergelenkmuskeln sowie der Gelenkkapseln hervor. Rr. musculares versorgen die Mm. scaleni (◘ Abb. 4.48). Man ordnet diese Nerven der *Pars supraclavicularis* des Armgeflechtes zu (◘ Abb. 4.152b, ◘ Tab. 4.33).

Die Zuordnung der Nerven zur Pars supraclavicularis und zur Pars infraclavicularis ist im Schrifttum uneinheitlich. Die Nn. pectorales, subscapulares und thoracodorsalis werden vielfach auch der Pars infraclavicularis des Plexus brachialis zugerechnet.

N. dorsalis scapulae. Der *N. dorsalis scapulae* ([C2] C3–5) tritt durch den M. scalenus medius in die seitliche Halsregion und gelangt unter dem M. levator scapulae zum Schulterblatt, an dessen medialen Rand er bedeckt von den Mm. rhomboidei nach kaudal zieht (◘ Abb. 25.4). Er innerviert die *Mm. levator scapulae* und *rhomboidei*.

N. thoracicus longus. Der *N. thoracicus longus* (C5–7) durchbohrt den M. scalenus medius und zieht seitlich durch den kostoklavikulären Raum zum M. serratus anterior, den er innerviert (► Kap. 25, ◘ Abb. 25.1 und Abb. 21.3; 4.93).

N. suprascapularis. Der *N. suprascapularis* (C4–6) geht aus dem lateralen Anteil des Plexus hervor. Der Nerv tritt dorsal von der Clavicula unter dem Trapezius zur Incisura scapulae und gelangt unter dem Lig. transversum scapulae superius in die Fossa supraspinata (◘ Abb. 25.3 und 25.5); von hier zieht der N. suprascapularis geführt vom (variablen) Lig. transversum scapulae inferius um die Basis der Spina scapulae in die Fossa infraspinata. Er innerviert die Mm. supraspinatus und infraspinatus sowie Kapsel und Bänder des Schultergelenkes (4.94).

N. subclavius. Der dünne Nerv geht aus dem Truncus superior hervor (C4)C5–6, Er innerviert den M. subclavius und geht meistens eine Verbindung mit dem N. phrenicus ein.

Nn. subscapulares. Die *Nn. subscapulares (N. subscapularis)* gehen aus den dorsalen Plexusanteilen hervor (C5–7 [C8]) und innervieren mit einem oberen Ast den M. subscapularis und mit einem unterem Ast den M. teres major (► Kap. 25, ◘ Abb. 25.6).

Nn. pectorales medialis und lateralis. Die *Nn. pectorales medialis* und *lateralis* entstammen ventralen Plexusanteilen (C5–Th1). Sie ziehen vor den Vasa subclavia durch den kostoklavikulären Raum in die Mohrenheim-Grube, durchbohren die Fascia clavi(deltoideo) pectoralis und innervieren die Mm. pectorales major und minor (◘ Abb. 21.3).

N. thoracodorsalis. Der *N. thoracodorsalis* geht meistens aus dem Fasciculus posterior hervor (C6–8). Der Nerv läuft gemeinsam mit den Vasa thoracodorsalia auf der Innenseite des vorderen Randes des M. latissimus dorsi (◘ Abb. 25.6). Er innerviert den M. latissimus dorsi und variabel den M. teres major.

4.93 Schädigung des N. thoracicus longus

Zu einer Schädigung des N. thoracicus longus kann es bei operativer Entfernung der Achsellymphknoten in Folge eines Brustdrüsenkarzinoms kommen. Auf Grund der Lähmung des M. serratus anterior steht der mediale Rand der Scapula vom Rumpf ab (Scapula alata) und die Elevation des Armes über die Horizontale ist stark eingeschränkt.

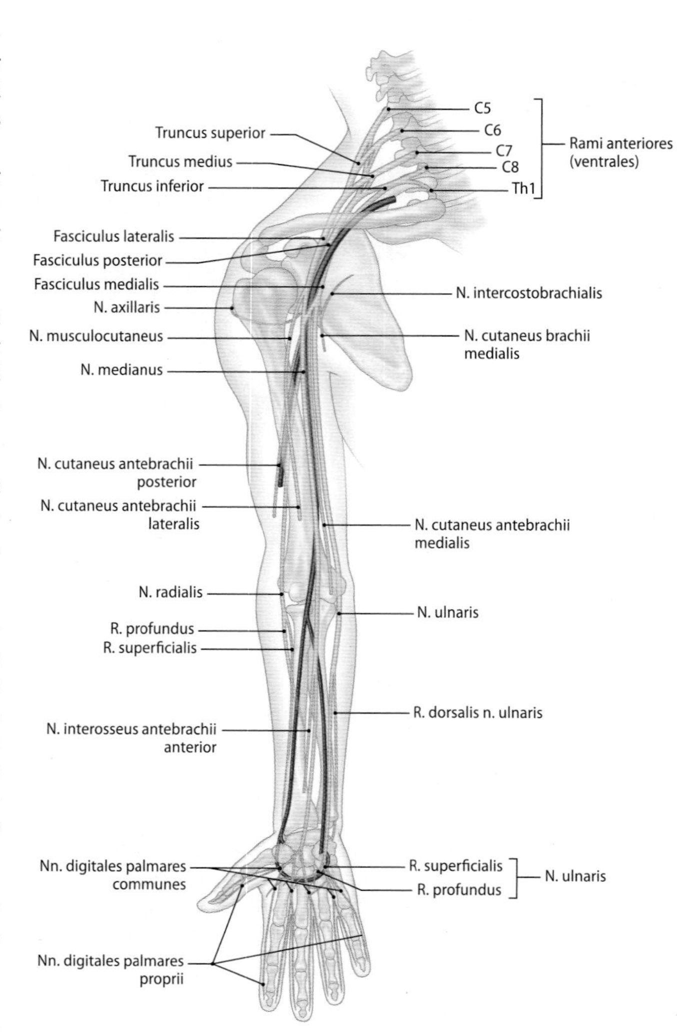

◘ **Abb. 4.153.** Nerven des Plexus brachialis, rechte Seite (Übersicht). Ansicht von vorn

4.94 Kompression des N. suprascapularis

Der N. suprascapularis kann bei seiner Passage in der Incisura scapulae durch Einengung des osteofibrösen Kanals oder durch Verknöcherung des Lig. transversum scapulae superius komprimiert werden (Incisura-scapulae-Syndrom mit Schädigung der Mm. supraspinatus und infraspinatus).

Pars infraclavicularis

Die unterhalb der Clavicula aus den Faszikeln des Plexus brachialis abgehenden Nerven werden topographisch als *Pars infraclavicularis* bezeichnet (◘ Abb. 4.153, ◘ Tab. 4.33).

Zu den **hinteren (dorsalen) Ästen** der **Pars infraclavicularis** gehören *N. axillaris* und *N. radialis*, die beide aus dem **Fasciculus posterior** hervorgehen.

N. axillaris. Der *N. axillaris* (C5–6) zieht durch die **laterale Achsellücke** nach dorsal, windet sich um das Collum chirurgicum des Humerus und teilt sich in einen hinteren, mittleren und vorderen Ast zur Versorgung der 3 Anteile des M. deltoideus sowie der Schultergelenkkapsel. Der hintere Ast innerviert außerdem den M. teres minor und endet als sensibler Hautast, *R. cutaneus brachii lateralis superior*, in der Haut der dorsalen Schulterregion (◘ Abb. 4.153; ► Kap. 25, ◘ Abb. 25.1, 25.5 und 25.6).

N. radialis. Der *N. radialis* (C5–Th1) innerviert alle Extensoren sowie einen großen Teil der Haut auf der Streckseite des Arms. Der Nerv liegt zunächst hinter der A. axillaris. In Höhe der Ansatzsehne des M. latissimus dorsi verlässt er den Gefäß-Nerven-Strang und gibt, bevor er auf die Rückseite des Humerus tritt, Muskeläste zum M. triceps brachii und den sensiblen *R. cutaneus brachii posterior* ab (◘ Abb. 4.153; ► Kap. 25, ◘ Abb. 25.6). Der N. radialis zieht im **Sulcus nervi radialis** innerhalb des **Radialiskanals** nach distal (◘ Abb. 25.5). Durch das *Septum intermusculare brachii laterale* gelangt er zur Ellenbeuge in den **Radialistunnel,** wo er die Mm. brachioradiales, extensor carpi radialis longus und variabel den M. extensor carpi radialis brevis sowie variabel den M. brachialis innerviert. In Höhe des Radiuskopfes teilt sich der N. radialis in den *R. superficialis* und in den *R. profundus*.

Der **R. profundus** gelangt unter der Ursprungssehne des M. extensor carpi radialis brevis zum M. supinator. Bevor er unter der **Frohse-Sehnenarkade** (◘ Abb. 4.132; ► Kap. 25, ◘ Abb. 25.9) in den **Supinatorkanal** (Supinatortunnel) tritt, gibt der R. profundus Muskeläste zum M. supinator und variabel zum M. extensor carpi radialis brevis ab. Nach der Passage des Supinatorkanals teilt sich der tiefe Radialisast auf der Rückseite des Unterarms in die *Rr. musculares* zur Versorgung der Mm. extensor digitorum, extensor carpi ulnaris, extensor pollicis brevis, abductor pollicis longus, extensor pollicis longus und extensor indicis (◘ Abb. 25.10). Endast des Nervs ist der auf der Membrana interossea antebrachii liegende *R. interosseus antebrachii posterior*, der das Periost der Unterarm- und Handknochen sowie die Gelenkkapseln und Bänder der Handgelenke innerviert.

Der sensible **R. superficialis** läuft bedeckt vom M. brachioradialis nach distal und tritt im unteren Drittel des Unterarms durch die Fascia antebrachii auf die Unterarmrückseite und teilt sich über den Handgelenken in die *Nn. digitales dorsales* zur Versorgung des Handrückens und der Streckseite von Daumen, Zeigefinger und der radialen Seite des Mittelfingers bis in Höhe der Mittelphalangen (◘ Abb. 25.17). Die Ausdehnung des Innervationsgebietes nach ulnar variiert. Über den *R. communicans ulnaris* besteht eine Verbindung zum N. ulnaris.

Von den übrigen sensiblen Ästen des N. radialis versorgen der *N. cutaneus brachii posterior* die Oberarmrückseite, der *N. cutaneus brachii lateralis inferior* die hintere laterale Seite des Oberarms und der *N. cutaneus antebrachii posterior* die Haut der lateralen Ellenbogenregion sowie der Unterarmstreckseite (► Kap. 25, ◘ Abb. 25.15).

4.95 Folgen von Nervenschädigungen

Der **N. axillaris** kann bei Schulterluxationen, Frakturen des Humerushalses oder durch Druck geschädigt werden. Eine Lähmung des M. deltoideus führt zur Instabilität im Schultergelenk (Diastase), die Abduktion im Schultergelenk ist stark eingeschränkt. Ein Ausfall des **N. cutaneus brachii lateralis superior** lässt sich an Hand des Sensibilitätsausfalles in seinem autonomen Versorgungsgebiet in der Mitte der Schulterwölbung diagnostizieren.

Beim **N. radialis** unterscheidet man nach dem Ort der Schädigung 3 Lähmungsbilder. Beim **proximalen Lähmungstyp** liegt die Schädigung im Bereich der Axilla (sog. Krückenlähmung), es fallen dabei alle vom N. radialis versorgten Muskeln einschließlich des M. triceps brachii aus. Die Sensibilität ist im gesamten Versorgungsgebiet gestört. Ursache für den **mittleren Lähmungstyp** können Verletzungen des N. radialis im Radialiskanal bei einer Humerusfraktur, Druck des Nervs gegen den Humerusschaft (sog. Schlaflähmung, auch als Parkbanklähmung oder »Paralysie des amoureux« bezeichnet) sein. Es resultiert das typische Bild der »Fallhand«. Die Greiffunktion der Hand und die Supination sind stark beeinträchtigt. Sensibilitätsstörungen treten im Ellenbogenbereich, auf der Unterarmstreckseite sowie auf dem Handrücken und auf der Fingerstreckseite auf. Bei der **distalen Radialisschädigung** ist der R. profundus des Nervs betroffen. Häufige Ursache ist die Kompression des tiefen Nervenastes beim Eintritt in den Supinatorkanal durch eine scharfrandige Frohse-Sehnenarkade des oberflächlichen Supinatoranteiles (Supinatorsyndrom). Die Extension in den Fingergrundgelenken ist nicht möglich. Die Hand steht in leichter Extension und radialer Abduktion durch Kontraktion der nicht betroffenen Mm. extensor carpi radialis longus und brevis. Sensibilitätsstörungen treten beim Supinatorsyndrom nicht auf.

Die **vorderen (ventralen) Teile** der **Pars infraclavicularis** sind die aus den *Fasciculi lateralis* und *medialis* hervorgehenden Nerven.

Der **Fasciculus lateralis** gibt den *N. musculocutaneus* und die laterale Wurzel für den N. medianus, Radix lateralis n. mediani, ab.

N. musculocutaneus. Der N. musculocutaneus (C5–7) verlässt den Fasciculus lateralis in Höhe des Processus coracoideus (◘ Abb. 4.153; ► Kap. 25, ◘ Abb. 25.6). Er tritt durch den M. coracobrachialis zwischen die Mm. biceps brachii und brachialis und zieht nach Innervation der Muskeln als sensibler *N. cutaneus antebrachii lateralis* nach distal zur Versorgung der lateralen Unterarmseite bis zum Daumenballen (Varianten siehe N. medianus).

4.96 Axilläre Plexusanästhesie

Aufgrund des hohen Abganges des N. musculocutaneus aus dem Gefäß-Nerven-Bündel innerhalb der Axilla ist der Nerv bei der axillären Plexusanästhesie oft nicht anästhesiert. Die Haut der Radialseite des Unterarms ist dementsprechend nicht betäubt.

Radix lateralis n. mediani. Die *Radix lateralis n. mediani* ([C5] (C6–7) ist die laterale Zinke der Medianusgabel, die mit der *Radix medialis n. mediani* den *N. medianus* bildet. Die **Medianusgabel** variiert in ihrer Ausbildung und in ihrer Lage. Die Zuflüsse über die mediale oder die laterale Zinke können verdoppelt sein. In 5% der Fälle fehlt die Medianusgabel. Nicht selten ist sie nach distal verlagert. Häufig kann man Verbindungen zwischen N. medianus und N. musculocutaneus beobachten.

N. medianus. Der *N. medianus* ([C5] C6–Th1) liegt in der Achselhöhle vor der A. axillaris. Er läuft am Oberarm im Sulcus bicipitalis medialis ohne Abgabe von Ästen bis zur Ellenbeuge (◘ Abb. 4.153; ► Kap. 25, ◘ Abb. 25.6). Hier gelangt er zwischen Caput humerale und Caput ulnare des M. pronator teres **(Pronatorkanal)** zum Unterarm (◘ Abb. 25.9). Vor Eintritt in den Pronatorkanal und während der Passage gibt der N. medianus *Rr. musculares* zu den Mm. pronator teres, palmaris longus, flexor digitorum superficialis und flexor carpi radialis ab. Mit sensiblen Ästen versorgt er die Ellenbogengelenkkapsel. Am Ende oder distal des Pronatorkanals zweigt aus dem N. medianus der *N. interosseus antebrachii anterior* ab, der auf der Membrana interossea antebrachii nach distal zieht und die Mm. flexor pollicis longus, flexor digitorum profundus für die Finger II–IV und pronator quadratus innerviert. Er versorgt außerdem das Periost der Unterarmknochen und die Gelenkkapsel der Handgelenke.

Der **Hauptstamm** des N. medianus läuft am Unterarm in Begleitung der A. comitans nervi mediani in der **Medianusstraße** zwischen den oberflächlichen und tiefen Flexoren zur Hand (► Kap. 25, ◘ Abb. 25.9 und Abb. 25.12). Er kann hier variable Verbindungen mit dem N. ulnaris eingehen **(Martin-Gruber-Anastomose)**. Im distalen Unterarmdrittel gibt der N. medianus den *R. palmaris* zur sensiblen Versorgung der Haut von Daumenballen und lateraler Hohlhand ab. Der N. medianus tritt im distalen Unterarmbereich aus der Median-

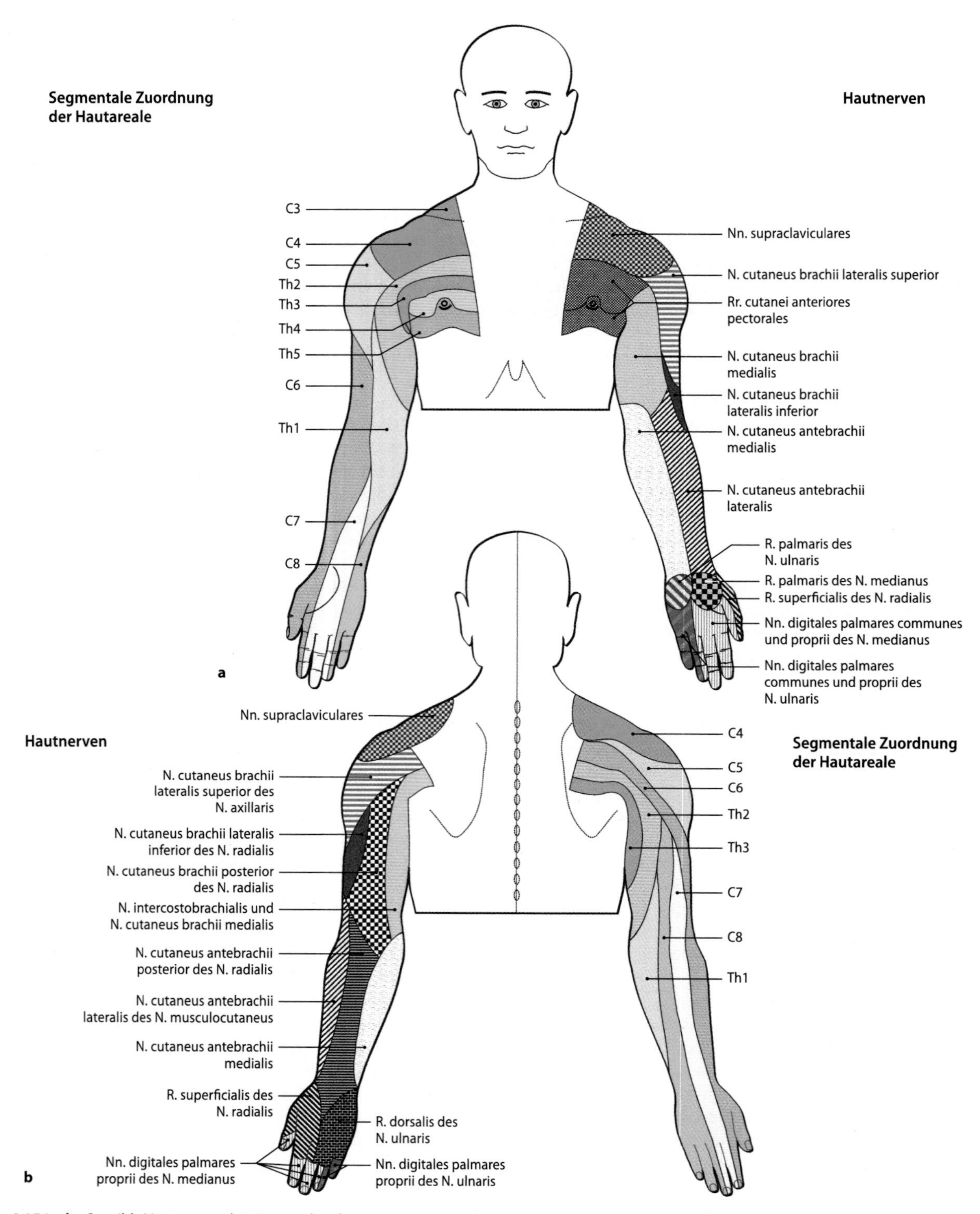

Abb. 4.154a, b. Sensible Versorgung der Haut an der oberen Extremität und segmentale Zuordnung (rechte Seite). **a** Ansicht von vorn. **b** Ansicht von hinten [7]

usstraße und nimmt eine oberflächliche Lage ein. Er zieht zwischen den Sehnenscheiden der Mm. flexor pollicis longus und flexor digitorum superficialis für die Finger II und III durch den **Karpalkanal** (▶ Kap. 25, ◻ Abb. 25.13) Im Karpalkanal oder unmittelbar an dessen distalem Ausgang zweigt der *R. muscularis thenaris* zur Versorgung der Mm. abductor pollicis brevis und opponens sowie des oberflächlichen Kopfes des M. flexor pollicis brevis ab. Der **Thenarast** kann auch durch das Retinaculum musculorum flexorum zum Daumenballen ziehen. Nach dem Austritt aus dem Canalis carpi teilt sich der N. medianus in meistens 3 *Nn. digitales palmares communes*, aus denen die Muskeläste für die Mm. lumbricales I–II (III) abgehen. Über den *R. communicans cum nervo ulnari* besteht eine Verbindung zum *N. ulnaris*. Endäste des N. medianus sind die *Nn. digitales palmares proprii* zur sensiblen Versorgung der Volarseiten von Daumen, Zeigefinger, Mittelfinger und der radialen volaren Seite des 4. Fingers sowie der Dorsalseite der Endglieder der Finger II–IV (◻ Abb. 4.154).

4.97 Kompressionsschädigungen

Der **N. medianus** kann im Ellenbogenbereich durch die Variante eines *Processus supracondylaris,* durch Kompression von Seiten des Lacertus fibrosus oder bei der Passage im Pronatorkanal geschädigt werden. Bei der **proximalen Nervenläsion** sind die Pronation und die Greiffunktionen beeinträchtigt (sog. Schwurhand). Es treten außerdem sensible und trophische Störungen in den versorgten Hautgebieten sowie Muskelatrophien auf. Beim **mittleren Lähmungstyp** ist der N. interosseus antebrachii anterior betroffen (z.B. durch Kompression im Pronatorkanal). Durch den Ausfall der Mm. flexor pollicis longus und flexor digitorum profundus II kann der Patient im Daumenendglied und im Zeigefingerendglied nicht beugen (kann kein »O« formen). Häufigster Ort einer Kompressionsschädigung ist der Karpalkanal. Beim **Karpaltunnelsyndrom** stehen Sensibilitätsstörungen (Parästhesien und Dysästhesien) an Daumen, Zeige- und Mittelfinger sowie motorische Störungen an den durch den Thenarast versorgten Daumenballenmuskeln im Vordergrund (Behinderung bei der Verrichtung differenzierter Greifbewegungen). Die Atrophie der betroffenen Thenarmuskeln ist nach länger bestehender Krankheit deutlich sichtbar.

Aus dem **Fasciculus medialis** gehen die sensiblen *Nn. cutaneus brachii medialis und cutaneus antebrachii medialis,* die *Radix medialis n. mediani* und der N. ulnaris hervor (◻ Abb. 4.152a).

N. cutaneus brachii medialis. Der *N. cutaneus brachii medialis* (C8, Th1 [Th2]) geht in der Achselhöhle eine Verbindung mit den *Nn. intercostobrachiales* (▶ Kap. 25, ◻ Abb. 25.1) ein. Der Nerv tritt unterhalb der vorderen Achselfalte durch die Oberarmfaszie und versorgt die Haut auf der medialen Seite von der Achselhöhle bis zur Ellenbeuge (4.98).

N. cutaneus antebrachii medialis. Der *N. cutaneus antebrachii medialis* (C8–Th1) durchbricht in Oberarmmitte am Hiatus basilicus die Oberarmfaszie (◻ Abb. 4.153; ▶ Kap. 25, ◻ Abb. 25.8). Sein *R. anterior* zieht in Begleitung der V. basilica nach distal und versorgt die Haut auf der ulnaren Unterarmvorderseite. Der *R. posterior* gelangt im Ellenbogenbereich auf die Streckseite des Unterarms.

N. ulnaris. Der *N. ulnaris* (C7–Th1) läuft medial von der A. axillaris über die Ansatzsehne des M. latissimus dorsi in den Sulcus bicipitalis medialis des Oberarms (▶ Kap. 25; ◻ Abb. 25.6). Der Nerv gibt am Oberarm keine Äste ab. In Oberarmmitte wendet sich der N. ulnaris nach dorsal und gelangt durch das Septum intermusculare brachii mediale in die Streckerloge. Der Nerv zieht im Sulcus nervi ulnaris des Epicondylus medialis humeri dorsal um das Ellenbogengelenk und gelangt zwischen Caput humerale und Caput ulnare des M. flexor carpi ulnaris **(Kubitaltunnel)** wieder auf die Beugeseite des Armes. Bei seinem oberflächlichen Verlauf auf dem Epicondylus medialis humeri wird der Nerv vom Lig. epicondyloolecranium (und variabel vom M. epicondyloolecranius) im Sulcus nervi ulnaris geführt. Nach der Passage des **Kubitaltunnels** betritt der N. ulnaris die Ulnarisstraße (▶ Kap. 25; ◻ Abb. 25.6 und 25.12), in der er zur Hand zieht. Distal des Ellenbogengelenkes gibt der N. ulnaris Äste zur Versorgung des M. flexor carpi ulnaris und für den ulnaren Teil des M. flexor digitorum profundus ab. In Unterarmmitte gelangt der *R. dorsalis* unter der Sehne des M. flexor carpi ulnaris auf die Streckseite, und im unteren Drittel des Unterarms zweigt der *R. palmaris* des N. ulnaris zur sensiblen Versorgung der Hand des Hypothenar und der distalen ulnaren Unterarmregion ab.

Der N. ulnaris zieht medial von der A. ulnaris durch die **Guyon-Loge** zur Hand (▶ Kap. 25, ◻ Abb. 25.12, 25.13 und 25.14 und 25.16). In Höhe des Os pisiforme teilt sich der Nerv in seine Endäste, *R. superficialis* und *R. profundus*. Der R. superficialis innerviert den M. palmaris brevis sowie die Haut des Kleinfingerballens und über die *Nn. digitales palmares proprii* die volare Seite des Kleinfingers, die volare unlnare Seite des Ringfingers sowie dorsal den Bereich über der Endphalanx (◻ Abb. 4.154). Der R. profundus versorgt die Muskeln des Kleinfingerballens und zieht in Begleitung des R. palmaris profundus der A. ulnaris zwischen den Ursprüngen der Mm. flexor digiti minimi und abductor digiti minimi in das tiefe Fach der Hohlhandloge, wo er sämtliche Mm. interossei, die Mm. lumbricales III und IV, den M. adductor pollicis sowie den tiefen Kopf des M. flexor pollicis brevis innerviert (◻ Abb. 25.14). Mit sensiblen Ästen versorgt er die Gelenkkapseln der Hand- und Fingergelenke (4.99).

4.98 Schmerzausbreitung in den Arrm

Über die **Nn. intercostobrachiales** werden Schmerzen aus dem Brustbereich auf die mediale Seite des Oberarms weitergeleitet.

4.99 Schädigung des N. ulnaris

Zur Schädigung des **N. ulnaris** kann es aufgrund seines exponierten Verlaufs im Bereich des Ellenbogengelenkes (Druckschäden, Luxationen, Frakturen des Condylus medialis humeri) sowie bei der Passage im Kubitaltunnel kommen. Bei der proximalen Schädigung sind neben dem Ausfall der betroffenen Unterarmmuskeln (Mm. flexor carpi ulnaris und flexor digitorum profundus – ulnarer Teil) der sensible R. dorsalis und seine Endäste (Rr. superficialis und profundus) betroffen. Am auffallendsten ist das Bild der Krallenstellung vor allem an den Fingern IV und V. Durch Ausfall der Mm. interossei ist ein Spreizen und Beugen der Finger in den Grundgelenken nicht möglich. Bei lange bestehender Parese der Mm. interossei sind die Spatia interossea eingefallen und der Kleinfingerballen abgeflacht. Durch Ausfall des M. adductor pollicis ist der Daumen-Zeigefinger-Griff erschwert (kompensatorischer Einsatz des vom N. medianus innervierten M. flexor pollicis longus mit Beugung des Daumenendgliedes = Froment-Zeichen). Der N. ulnaris kann im Bereich der Guyon-Loge geschädigt werden. Betroffen sind dann der R. superficialis und der R. profundus (mittlerer Lähmungstyp). Fällt allein der R. profundus aus, spricht man vom distalen Lähmungstyp, bei dem Sensibilitätsstörungen der Haut fehlen.

Tab. 4.33. Zusammenfassung der Nerven der oberen Extremität

Plexus brachialis	Nerv	Rückenmarksegement	Innervierter Muskel
Pars supraclavicularis (motorische Anteile, von den Trunci sowie proximal der Trunci abgehende Nerven)	N. thoracicus longus	C5–7	M. serratus anterior
	N. dorsalis scapulae	(C2) C3–5	Mm. levator scapulae und rhomboidei major und minor
	N. suprascapularis	C4–6	Mm. supraspinatus und infraspinatus
	N. subclavius	(C4) C5–6	M. subclavius
	Nn. pectorales medialis und lateralis	C5–Th1	Mm. pectorales major und minor
	N. thoracodorsalis	C6–8	M. latissimus dorsi (M. teres major)
	Nn. subscapulares	C5–7 (C8)	Mm. subscapularis und teres major
Pars infraclavicularis (motorische Anteile)	N. axillaris	(C4) C5–6	Mm. – deltoideus – teres minor
	N. radialis	C5–8 (Th1)	Mm. – triceps brachii – anconeus – brachioradialis – (brachialis) – extensor carpi radialis longus – extensor carpi radialis brevis – supinator – extensor carpi ulnaris – extensor digitorum – extensor digiti minimi – adductor pollicis longus – extensor pollicis longus – extensor pollicis brevis – extensor indicis
	N. musculocutaneus	C6–Th1	Mm. – biceps brachii – coracobrachialis – brachialis
	N. ulnaris	C8–Th1	Mm. – flexor carpi ulnaris – flexor digitorum profundus (IV und V) – abductor digiti minimi – opponens digiti minimi – flexor digiti minimi brevis – lumbricales (III und IV) – interossei palmares – interossei dorsales – adductor pollicis – flexor pollicis brevis (Caput profundum)
	N. medianus	C6–Th1	Mm. – pronator teres – flexor carpi radialis – palmaris longus – flexor digitorum superficialis – flexor digitorum profundus (II und III) – flexor pollicis longus, – lumbricales (I und II) – opponens pollicis – flexor pollicis brevis (Caput superficiale) – abductor pollicis brevis

In Kürze

Plexus brachialis

Zusammenfassung sensible Innervation (■ Abb. 4.154)

Schulterbereich: Nn. supraclaviculares (Plexus cervicalis)

Oberarmrückseite: N. cutaneus brachii lateralis superior (N. axillaris), N. cutaneus brachii posterior, N. cutaneus brachii lateralis inferior (N. radialis), N. cutaneus brachii medialis

Unterarmrückseite: N. cutaneus antebrachii posterior (N. radialis), R. posterior des N. cutaneus antebrachii medialis, N. cutaneus antebrachii lateralis (N. musculocutaneus)

Handrücken und Dorsalseite der Finger: R. dorsalis nervi ulnaris und Nn. digitales dorsales, R. superficialis nervi radialis und Nn. digitales dorsales (Endglieder von Daumen, Zeige- und Mittelfinger: Nn. digitales palmares proprii)

Oberarmvorderseite: N. cutaneus brachii lateralis superior (N. axillaris), N. cutaneus brachii medialis, N. cutaneus brachii lateralis inferior

Unterarmvorderseite: N. cutaneus antebrachii lateralis (N. musculocutaneus), R. anterior des N. cutaneus antebrachii medialis

Hohlhand und **Palmarseite** der **Finger:** R. palmaris nervi mediani, R. palmaris nervi ulnaris, Nn. digitales palmares communes und proprii des N. medianus (Daumen, Finger II–IV), Nn. digitales palmares communes und proprii aus dem R. superficialis des N. ulnaris (Finger IV–V) (Radialseite des Daumens: R. superficialis nervi radialis)

4.5 Untere Extremität (Membrum inferius)

B.N. Tillmann

 Einführung

Das untere Extremitätenpaar ist ein Stütz- und Fortbewegungsorgan.

Man unterscheidet an der unteren Extremität, *Membrum inferius*, einen **Gürtelabschnitt**, *Cingulum membri inferioris (Cingulum pelvicum)*, und den **Abschnitt der freien unteren Extremität,** *Pars libera membri inferioris*. Den **Beckengürtel** bilden rechter und linker Hüftknochen, *Os coxae*, die ventral über die Schambeinfuge miteinander in gelenkiger Verbindung stehen. Dorsal artikulieren die Hüftbeine in den Kreuzbein-Darmbein-Gelenken mit dem Kreuzbein in Form von straffen Gelenken. Über den auf diese Weise entstehenden stabilen **Beckenring** wird die Last von Kopf, Hals, Rumpf und oberen Extremitäten auf die freien unteren Extremitäten übertragen. Die der Lokomotion dienenden Bewegungen beginnen zwischen Beckengürtel und Oberschenkelknochen in den Hüftgelenken *(Articulatio coxae)*.

An der freien unteren Extremität unterscheidet man von proximal nach distal:

- Oberschenkel *(Femur)* mit dem Oberschenkelknochen *(Femur – Os femoris)*
- Knie *(Genu)*
- Unterschenkel *(Crus)* mit den Unterschenkelknochen:
  - Schienbein *(Tibia)*
  - Wadenbein *(Fibula)*
- Fuß *(Pes)* mit den:
  - Fußwurzelknochen (Ossa tarsi – Ossa tarsalia)
  - Mittelfußknochen *(Ossa metatarsi – Ossa metatarsalia)*
  - Zehen *(Ossa digitorum – Phalanges)*

4.5.1 Skelett (Ossa membri inferioris)

Knochen des Beckengürtels

Hüftbein (Os coxae)

Am Hüftbein, *Os coxae*, unterscheidet man entsprechend seiner Entwicklung die 3 Anteile (■ Abb. 4.155): Darmbein, *Os ilium*, Sitzbein, *Os ischii*, und Schambein, *Os pubis*. Im Bereich der ehemaligen Y-Fuge (■ Abb. 4.156) grenzen sie in der Hüftgelenkpfanne, *Acetabulum*, aneinander. Der knöcherne Rand der halbkugelförmigen Hüftgelenkpfanne *(Limbus = Margo acetabuli)* ist zwischen Sitzbein und Schambein durch die *Incisura acetabuli* unterbrochen, die in den von der halbmondförmigen Gelenkfläche, *Facies lunata*, umrahmten Pfannenboden, *Fossa acetabuli*, übergeht. Den vom Os ilium gebildeten mittleren Abschnitt der Hüftgelenkpfanne bezeichnet man als Pfannendach. Unterhalb des Acetabulum liegt das von Sitzbein und Schambein begrenzte *Foramen obturatum*.

Am **Darmbein**, *Os ilium*, unterscheidet man Darmbeinkörper, *Corpus ossis ilii*, und Darmbeinschaufel, *Ala ossis ilii* (■ Abb. 4.156). Im dorsalen Abschnitt der Ala ossis ilii *(Facies sacropelvina)* liegt im unteren Abschnitt die ohrmuschelförmige Gelenkfläche für das Sakroiliakalgelenk, *Facies auricularis*. An der Grenze zwischen Corpus und Ala ossis ilii hebt sich eine Leiste, *Linea arcuata*, ab, die Teil der Grenzlinie, *Linea terminalis*, zwischen großem und kleinem Becken ist (■ Abb. 4.165).

Am **Sitzbein**, *Os ischii*, unterscheidet man Sitzbeinkörper, *Corpus ossis ischii*, und Sitzbeinast, *Ramus ossis ischii*. Vom Sitzbeinkörper ragt der Sitzbeinstachel, *Spina ischiadica*, nach dorsal. Die Sitzbeinhöcker, *Tubera ischiadica*, übernehmen im Sitzen die Teilkörperlast.

Das **Schambein**, *Os pubis*, besteht aus dem Schambeinkörper, *Corpus ossis pubis*, sowie aus dem oberen und unteren Schambeinast *(Ramus superior* und *Ramus inferior ossis pubis)*. An der ventralen Vereinigungsstelle der Schambeinäste liegt die Symphysengelenkfläche, *Facies symphysialis*. Die unteren Schambeinäste bilden mit der Symphysis pubica den Schambogen, *Arcus pubis*. Der Winkel zwischen den unteren Schambeinästen, *Angulus subpubicus*, beträgt bei der Frau ca. 90–100°, beim Mann ca. 70°.

Blutversorgung: Gefäßkanäle im Bereich der Crista iliaca, oberhalb des Tuber ischiadicum, im Pfannendach, innerhalb der Fossa acetabuli: *Aa. iliolumbalis, obturatoria, circumflexa ilium profunda, glutea superior, circumflexa femoris medialis*. An der Innen- und Außenfläche der Darmbeinschaufel Kanalöffnungen von austretenden Venen (sog. Kanalvenen, Emissarien).

4.100 Gewinnung von Knochenmaterial

Aus der Crista iliaca lässt sich aufgrund der günstigen Zugänglichkeit Knochen zur autologen Transplantation sowie durch Punktion rotes Knochenmark zu diagnostischen Zwecken gewinnen.

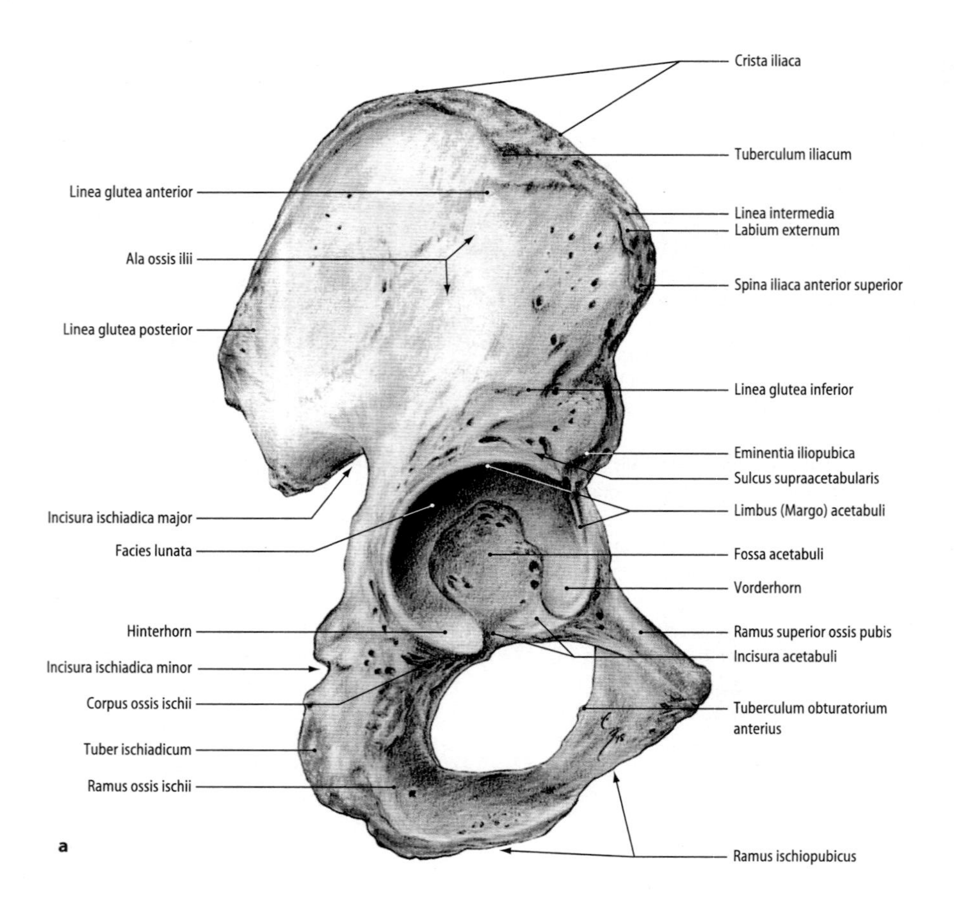

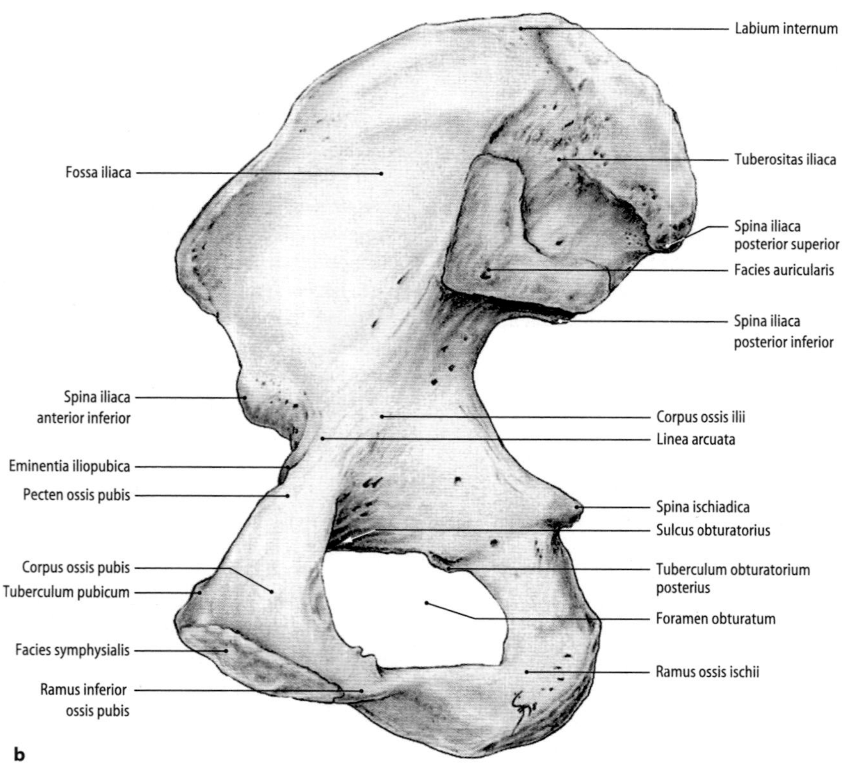

Abb. 4.155a, b. Rechter Hüftknochen. Ansicht von lateral (**a**) und von medial (**b**) ▬ tastbare Knochenanteile

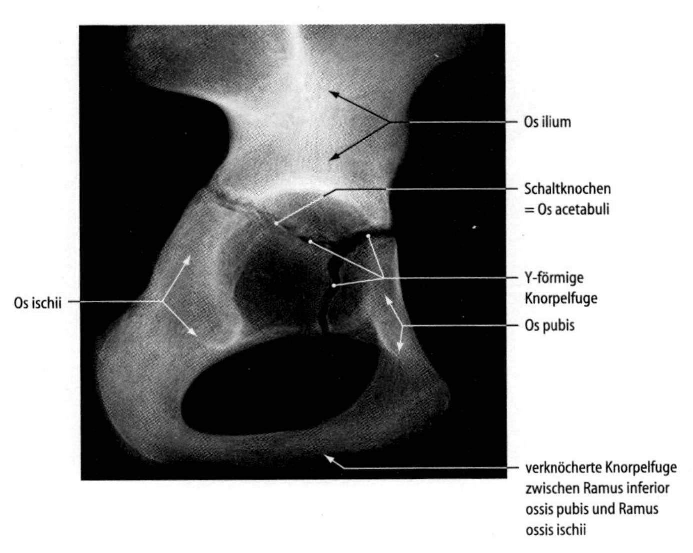

Abb. 4.156. Röntgenbild des rechten Os coxae eines 9-jährigen Kindes. Die knöchernen Anteile des Os coxae – bestehend aus Os ilium, Os ischii und Os pubis – stehen während der Entwicklung über eine Y-förmige Wachstumsfuge im Bereich des Acetabulum in Verbindung. In der Y-Fuge treten Schaltknochen ***(Ossa acetabuli)*** auf. Die synostotische Verschmelzung der 3 Beckenknochenanlagen erfolgt am Ende des 2. Dezennium [12]

In Kürze

Anteile des knöchernen Beckens: rechtes und linkes Hüftbein (Os coxae – Beckengürtel) und Kreuzbein (Os sacrum – Teil der Wirbelsäule)

Beckenring: Ossa coxae und Os sacrum mit Gelenkverbindungen (Symphysis pubica und Articulationes sacroiliacae)

Entstehung des Os coxae: synostotische Verschmelzung von Darmbein (Os ilium), Sitzbein (Os ischii) und Schambein (Os pubis) im Bereich der Y-Fuge innerhalb der Hüftgelenkpfanne (Acetabulum)

Foramen obturatum, Incisura ischiadica major

Os ilium: Corpus und Ala ossis ilii, Crista iliaca mit Spina iliaca anterior superior und Spina iliaca posterior superior, Spina iliaca anterior inferior, Spina iliaca posterior inferior, Facies glutea, Facies sacropelvina mit Facies auricularis

Os ischii: Corpus ossis ischii, Ramus ossis ischii mit Tuber ischiadicum, Spina ischiadica, Incisura ischiadica minor

Os pubis: Corpus ossis pubis mit Facies symphysealis und Tuberculum pubicum, Ramus superior ossis pubis mit Eminentia iliopubica, Pecten ossis pubis und Sulcus obturatorius, Ramus inferior ossis pubis

Knochen der freien unteren Extremität

Oberschenkelknochen (Os femoris)

Der **Oberschenkelknochen,** *Femur (Os femoris)* trägt als längster Knochen des menschlichen Skeletts wesentlich zur Gesamtkörpergröße bei (Abb. 4.157). Man unterscheidet deskriptiv von proximal nach distal folgende Abschnitte:

- Oberschenkelkopf *(Caput femoris)*
- Oberschenkelhals *(Collum femoris)*
- Oberschenkelschaft *(Corpus femoris)* sowie
- mediale und laterale Kniegelenkwalze *(Condylus medialis, Condylus lateralis)*

Der kugelförmige Oberschenkelkopf mit der *Fovea capitis femoris* ist die proximale Epiphyse. Die Femurdiaphyse beginnt mit dem Oberschenkelhals. Im Übergangsbereich von Oberschenkelhals und Oberschenkelschaft liegen der große und der kleine Rollhügel (*Trochanter major, Trochanter minor:* Apophysen). Der Oberschenkelschaft ist in der Sagittalebene leicht nach vorn gebogen. Zur distalen Epiphyse gehören die *Condyli* und *Epicondyli medialis* und *lateralis.* In der Sagittalebene entspricht die Oberflächenkontur der Femurkondylen einer Randkurve unterschiedlicher Krümmungsradien, die im hinteren Abschnitt kleiner sind als im vorderen Bereich.

Die Gelenkflächen der Kondylen gehen vorn in das Gleitlager für die Kniescheibe, *Facies patellaris,* über. Oberschenkelhals und -schaft gehen unter Bildung eines Winkels ineinander über. Dieser **Schenkelhals-Schaft-Winkel** (kurz: Schenkelhalswinkel) beträgt beim Erwachsenen normalerweise etwa 125°. Ein Schenkelhalswinkel unter 120° wird als **Coxa vara,** ein Schenkelhalswinkel über 135° als **Coxa valga** bezeichnet (Abb. 4.158). Der Schenkelhalswinkel wird in der Klinik fälschlicherweise als »Collodiaphysenwinkel« oder als »Centrum-Collum-Diaphysen-Winkel«, abgekürzt »CCD-Winkel« bezeichnet. Diese Bezeichnungen sind nicht korrekt, da der Schenkelhals Teil der Diaphyse ist.

Blutversorgung: Oberschenkelkopf und Schenkelhals: Foramina nutricia in der Fovea capitis femoris – *Rr. acetabulares* der *Aa. obturatoria* und *circumflexa femoris medialis,* Gefäßkranz der *Aa. cicumflexae femoris medialis* und *lateralis* (Abb. 4.205). Femurschaft: Foramina nutricia im mittleren Abschnitt der Linea aspera – Äste der *Aa. perforantes I* und *II* der *A. profunda femoris.* Kondylen: Gefäßkanäle oberhalb der Linea intercondylaris, im Bereich der Facies poplitea, in der Fossa intercondylaris, entlang der Knorpel-Knochen-Grenze sowie oberhalb der Facies patellaris – Äste der *A. poplitea, Rete articulare genus.*

4.101 Femurfrakturen

Eine wichtige knöcherne Orientierungsmarke zur klinischen Untersuchung der Hüftregion ist die Spitze des Trochanter major, die bei leicht gebeugtem Hüftgelenk mit der Spina iliaca anterior superior und dem Tuber ischiadicum auf einer Linie liegt (Roser-Nélatón-Linie).

Bei **proximalen Femurfrakturen** ist das Bein verkürzt – die Spitze des Trochanter major liegt kranial der Roser-Nélatónschen Linie – und nach außen gedreht. Es besteht Stauchungsschmerz und spontaner Schmerz im Bereich der Leistenregion.

Die **Schenkelhalsfraktur** ist die typische Fraktur des alten Menschen als Folge von Osteopenie oder Osteoporose. Sie macht etwa 70% aller Femurfrakturen aus und wird in den meisten Fällen durch einen Sturz ausgelöst.

Liegt der Frakturspalt weit distal im Bereich der Rollhügel, spricht man von einer pertrochanteren Fraktur.

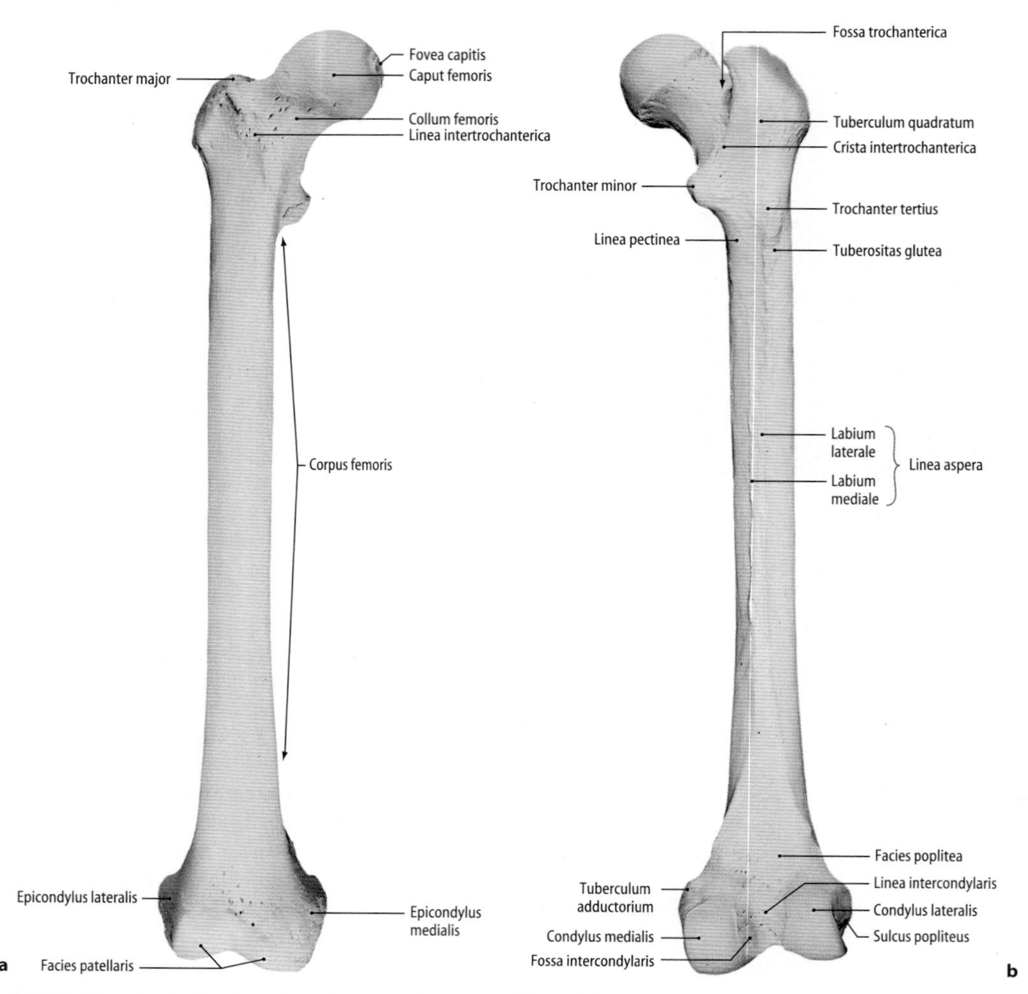

Abb. 4.157a, b. Rechter Oberschenkelknochen. Ansicht von vorn (**a**) und von hinten (**b**)

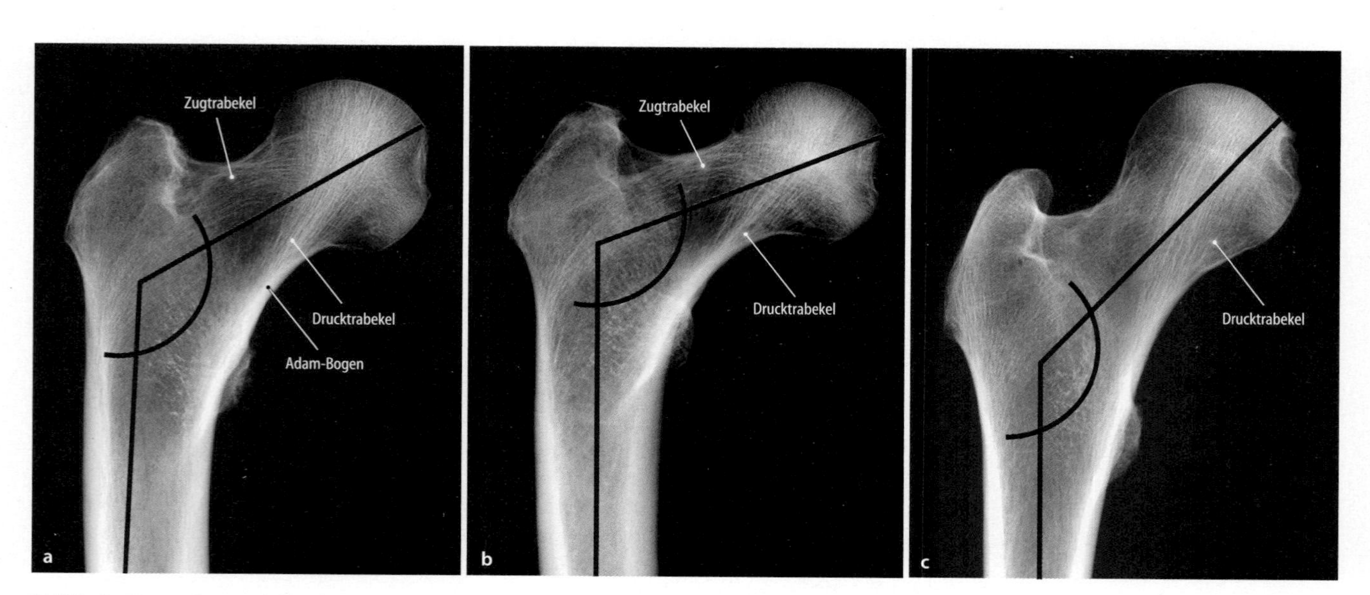

Abb. 4.158a–c. Röntgenbilder des proximalen Femurendes im a.-p. Strahlengang: normaler Schenkelhalswinkel (**a**), Coxa vara (**b**) und Coxa valga (**c**). Der Schenkelhalswinkel hat zur Zeit der Geburt normalerweise eine Größe von etwa 135°. Im höheren Lebensalter kann es zur Größenabnahme des Schenkelhalses mit Ausbildung einer Coxa vara kommen. Drucktrabekel ziehen aus der subchondralen Kompakta nach distal in die mediale Kortikalis des Schaftes. Zugtrabekel (**a** und **b**) laufen von der lateralen Seite bogenförmig nach proximal und kreuzen im Epiphysenbereich nach medial. Sie sind bei der stark auf Biegung beanspruchten Coxa vara (**b**) kräftiger ausgebildet als beim normalen Schenkelhalswinkel (**a**). Bei der rein auf Druck beanspruchten Coxa valga (**c**) fehlen Spongiosazugtrabekel, die Drucktrabekel sind entsprechend kräftig entwickelt [12]

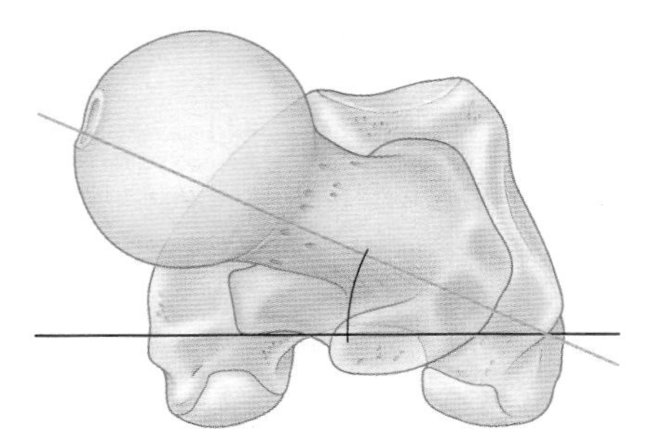

Abb. 4.159. Anteversion (sog. Antetorsion) des Femur. Die Femurhals-Femurkopf-Achse bildet mit der Kondylenachse beim Erwachsenen normalerweise einen Winkel von etwa 12°. Zur besseren Erkennung wurde der Winkel hier größer gewählt Der Anteversionswinkel nimmt von der zweiten Hälfte der Fetalzeit bis zum 2. Lebensjahr bis zu einem Wert von etwa 35° zu. Danach wird der Winkel kleiner und erreicht am Ende des 2. Dezennium den für Erwachsene typischen Wert

In Kürze

Oberschenkelknochen (Os femoris)

Femurabschnitte von proximal nach distal:

- Femurkopf (Caput femoris mit Fovea capitis femoris)
- Femurhals (Collum femoris – Teil der Diaphyse – mit Trochanter major, Trochanter minor und Crista intertrochanterica)
- Femurschaft (Corpus femoris mit Linea aspera)

Schenkelhals-(schaft-)winkel:

- normal: 125°
- Coxa vara: Schenkelhalswinkel unter 120°
- Coxa valga: Schenkelhalswinkel über 135°

Mediale und **laterale Kniegelenkwalze** (Condylus medialis und Condylus lateralis mit Facies patellaris sowie Epicondylus medialis und lateralis)

Anteversions-Antetorsions-Winkel des Femur etwa 12° beim Erwachsenen

Kniescheibe, Patella

Die dreieckige **Kniescheibe,** *Patella,* ist das größte Sesambein (Abb. 4.160). Man unterscheidet eine proximale *Basis patellae*, eine distale Spitze, *Apex patellae,* sowie die aufgeraute, mit zahlreichen Gefäßkanälen versehene Vorderfläche, *Facies anterior,* und die von Gelenkknorpel bedeckte Rückfläche, *Facies articularis patellae.*

4.102 Klinische Hinweise zur Patella

Bleibt die Verschmelzung der im 3.–4. Lebensjahr erscheinenden Knochenkerne in der knorplig angelegten Kniescheibe im 2. Dezennium aus, so entsteht als Variante eine Patella bipartita oder multiplicata.

Der Patellaöffnungswinkel lässt sich zur Beurteilung der Form des Patellagleitlagers des Femur und der Gelenfacetten der Patella, z.B. im Rahmen einer Arthrosediagnostik anhand tangentialer Röntgenaufnahmen (Defilé-Aufnahmen, bei 30–90° Kniebeugung) messen.

Von den noch als normal anzusehenden Asymmetrien der Patellafacetten und ihrer Gleitlager am Femur gibt es fließende Übergänge zu pathologischen Formen (Dysplasie) mit deutlicher Reduzierung der medialen Kniescheibenfacette und Abflachung der medialen Wange der Trochlea. Dies führt zur Arthrose im Femoropatellargelenk und zur Patellaluxation.

Patellafrakturen gehen meistens mit Verletzungen des Kniestreckapparates einher. Bei der operativen Frakturbehandlung findet die Zuggurtungsosteosynthese (Zuggurtung, ► Kap. 4.1) Anwendung.

Schienbein (Tibia)

Man unterscheidet am **Schienbein,** *Tibia,* 3 Abschnitte (Abb. 4.161):

- Tibiakopf (proximale Epiphyse)
- Tibiaschaft (*Corpus tibiae* – Diaphyse)
- Knöchelbereich (distale Epiphyse)

Der Tibiakopf besteht aus den »Gelenkknorren«, *Condylus medialis* und *Condylus lateralis,* deren proximale Fläche das **Tibiaplateau** mit den Gelenkflächen, *Facies articularis superior,* für die Femurkondylen bildet. Den mittleren knorpelfreien Bereich zwischen medialer und lateraler **Gelenkfacette** bildet die *Eminentia intercondylaris* mit 2 Knochenvorsprüngen, *Tuberculum intercondylare mediale* und *laterale.*

Am dreieckigen Tibiaschaft (Corpus tibiae) unterscheidet man:

- 3 Kanten: *Margo anterior, Margo medialis und Margo interosseus* sowie
- 3 Flächen: *Facies lateralis, Facies medialis* und *Facies posterior* mit *Linea musculi solei.*

Im distalen Abschnitt geht die mediale Fläche in den inneren Knöchel, *Malleolus medialis,* über, der an der Innenseite eine dreieckige leicht konkave Gelenkfläche, *Facies articularis malleoli medialis,* hat.

Basis patellae
Facies anterior
a
Apex patellae

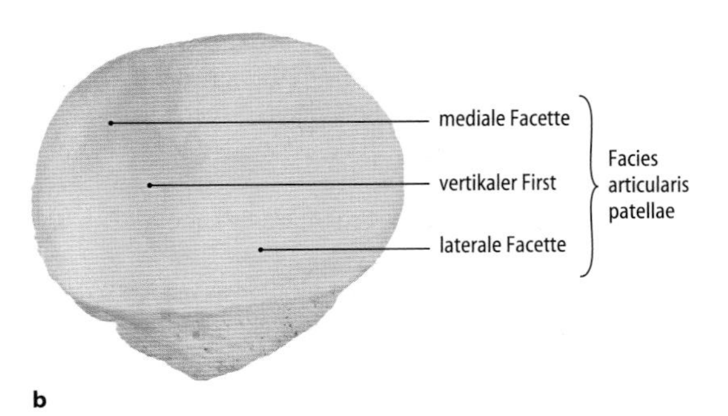

Abb. 4.160a, b. Rechte Kniescheibe (Patella), Ansicht von vorn (**a**) und von hinten (**b**). Am subchondralen Knochen der Facies articularis patellae hebt sich etwas medial von der Mitte ein vertikaler First ab, der die Gelenkfläche in eine kleinere flache bis konvexe mediale Facette und in eine größere leicht konkave laterale Facette unterteilt

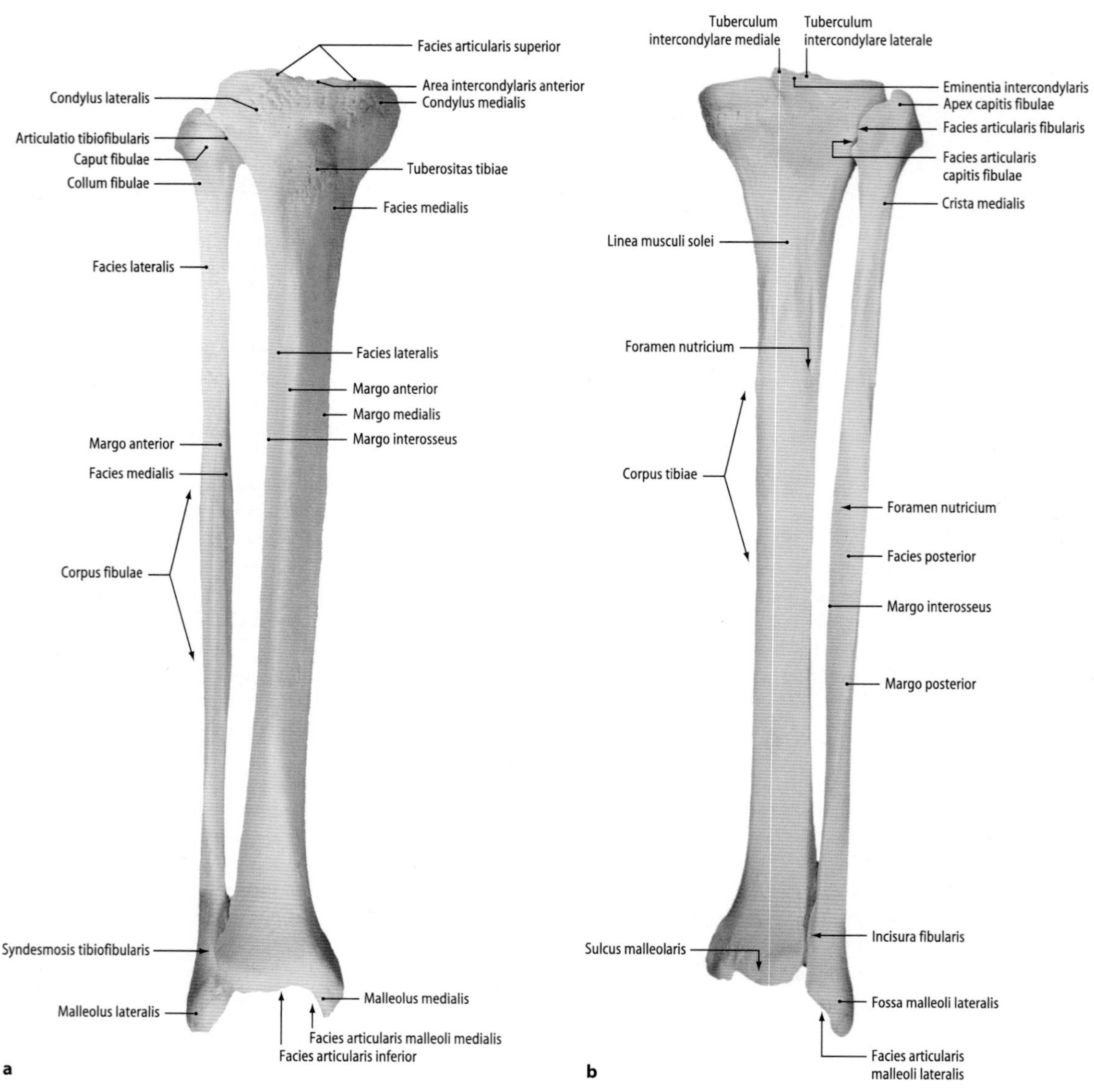

Abb. 4.161a, b. Rechtes Schienbein (Tibia) und rechtes Wadenbein (Fibula), Ansicht von vorn (**a**) und von hinten (**b**). Das Tibiaplateau ist beim Erwachsenen in Bezug auf die Horizontalebene 3–7° nach hinten geneigt (Retroversion). Die Tuberositas tibiae auf der Vorderseite des Schienbeins gehört in ihrer Entwicklung zur proximalen Epiphyse. Das distale Tibiaende ist gegenüber dem Tibiakopf zwischen 10° und 30° nach außen gedreht (sog. Tibiatorsion)

Die Facies articularis malleoli medialis geht proximal in die horizontal ausgerichtete untere Tibiagelenkfläche, *Facies articularis inferior,* über.

Blutversorgung: Tibiaschaft: Foramen nutricium auf der Facies posterior – *A. nutricia tibiae (A. tibialis posterior).* Proximaler Abschnitt: Rete articulare genus, Malleolenregion: Rete malleolare mediale.

4.103 Klinische Hinweise zur Tibia

Die Tibia eignet sich aufgrund ihrer leicht zugänglichen Lage zur Entnahme autologer Knochentransplantate.

Schienbeinbrüche werden nach ihrer Lokalisation in Tibiakopffrakturen, in Schaftfrakturen und in distale Unterschenkelfrakturen mit und ohne Gelenkbeteiligung eingeteilt. Sie gehen mit Weichteilschäden einher, und es besteht Gefahr der Ausbildung eines Kompartmentsyndroms.

Wadenbein (Fibula)

Man unterscheidet am **Wadenbein,** *Fibula,* wie am Schienbein 3 Abschnitte (Abb. 4.161):

- Wadenbeinkopf (*Caput fibulae* – proximale Epiphyse)
- Wadenbeinhals *(Collum fibulae)* und Wadenbeinschaft (*Corpus fibulae* – Diaphyse)
- Knöchelbereich (*Malleolus lateralis* – distale Epiphyse).

Am Wadenbeinkopf liegt medial die dreieckige konkave Gelenkfläche für die Tibia. Am Corpus fibulae sind

- 3 Flächen *(Facies medialis, Facies lateralis* und *Facies posterior)* sowie
- 3 Kanten *(Margo anterior, Margo interosseus* und *Margo posterior)* abgrenzbar.

Auf der Innenseite des äußeren Knöchels, *Malleolus lateralis,* liegt die dreieckige Gelenkfläche für den Talus, *Facies articularis malleoli lateralis.*

Blutversorgung: Fibulaschaft: Foramen nutricium auf der Facies posterior – *A. nutricia fibulae (A. peronea).*

4.104 Verwendung von autologem Transplantat aus dem Fibulaschaft

Knochen aus dem Bereich das Fibulaschaftes wird aufgrund seiner geringen mechanischen Bedeutung für die Statik der unteren Extremität als gefäßgestieltes autologes Transplantat, z.B. zur Rekonstruktion eines Unterkiefers nach Tumorbefall verwendet.

In Kürze

Kniescheibe (Patella)
Sesambein in der Quadrizepssehne.
- Facies articularis mit medialer und lateraler Facette
- Patellaöffnungswinkel 120–140°
- Facies anterior mit Übergängen in Basis patellae (proximal) und Apex patellae (distal)

Schienbein (Tibia)
Tibiaabschnitte von proximal nach distal:
- Tibiakopf mit Condyli medialis und lateralis sowie Tibiaplateau
- Tibiaschaft (Corpus tibiae) mit Tuberositas tibiae sowie 3 Flächen (Facies medialis, lateralis und posterior) und 3 Kanten (Margo medialis, anterior und interosseus); am distalen Ende Gelenkfläche für den Talus (Facies articularis inferior)
- medialer (innerer) Knöchel (Malleolus medialis) mit Gelenkfläche für den Talus (Facies articularis malleoli medialis)

▼

Wadenbei (Fibula)
Fibulaabschnitte von proximal nach distal:
- Wadenbeinkopf (Caput fibulae) mit Gelenkfläche für die Tibia (Facies articularis capitis fibulae)
- Wadenbeinhals (Collum fibulae) proximaler Teil der Diaphyse
- Wadenbeinschaft (Corpus fibulae)
- lateraler (äußerer) Knöchel (Malleolus lateralis) mit Gelenkfläche für den Talus (Facies articularis malleoli lateralis)

Fußknochen (Ossa pedis)

Das **Fußskelett,** *Ossa pedis,* setzt sich normalerweise aus 26 Knochen und 2 Sesambeinen zusammen (Abb. 4.162). Es wird in 3 Abschnitte gegliedert:
- 7 Fußwurzelknochen: *Ossa tarsi (tarsalia)* mit Sprungbein, *Talus,* Fersenbein, *Calcaneus,* Kahnbein, *Os naviculare,* Würfelbein, *Os cuboideum,* und Keilbeinen, *Ossa cuneiformia mediale, intermedium, laterale*
- 5 Mittelfußknochen: *Ossa metatarsi (metatarsalia)*
- Zehenknochen: *Ossa digitorum (Phalanges)*

Fußwurzelknochen. Von den Fußwurzelknochen, *Ossa tarsi (tarsalia)* liegen die 3 Keilbeine, *Ossa cuneiformia,* und das Würfelbein, *Os cuboideum,* in einer Reihe nebeneinander. Den proximalen Teil der Fußwurzelknochen bilden Sprungbein, *Talus,* und Fersenbein,

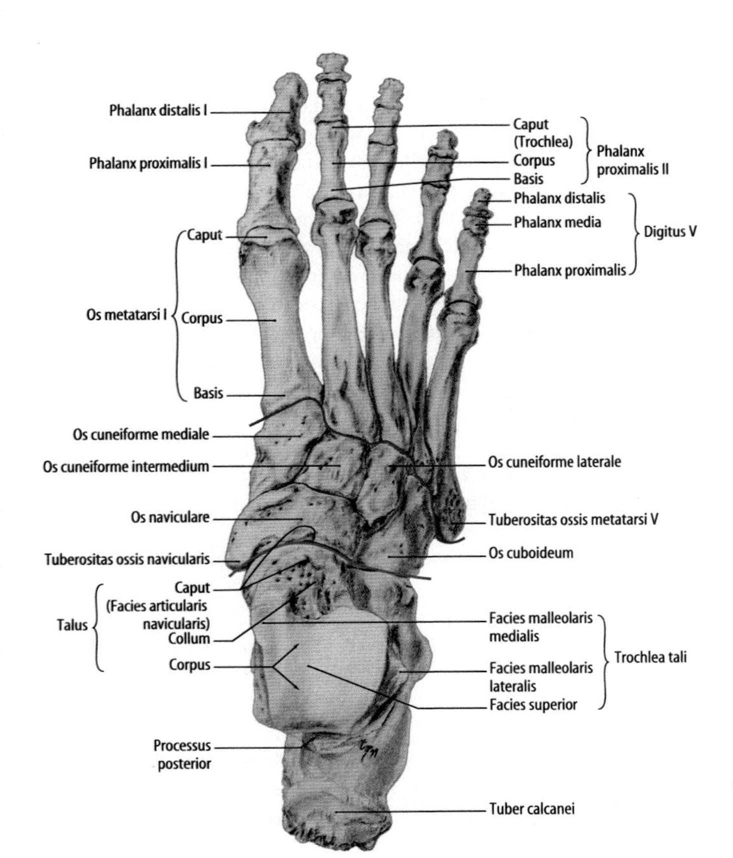

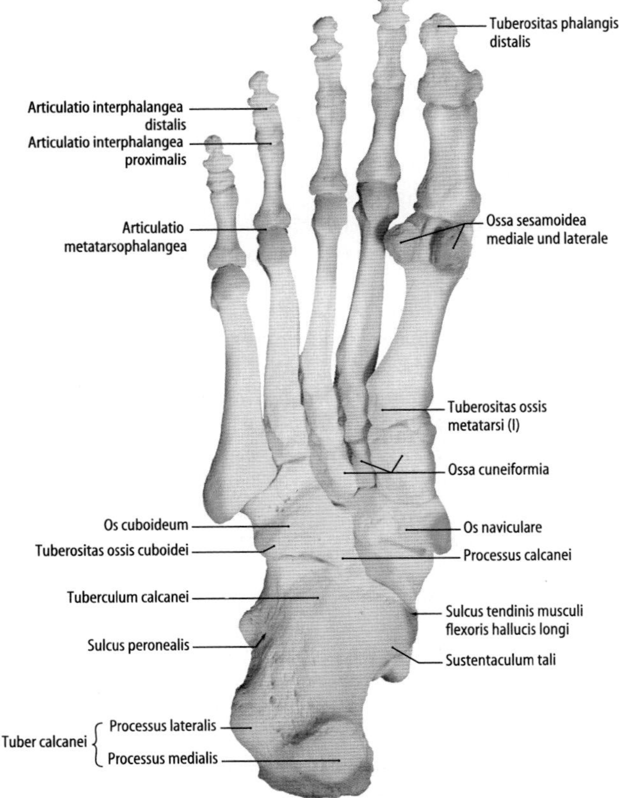

Abb. 4.162a, b. Fußskelett der rechten Seite. **a** Ansicht von oben: medialer (tibialer) Fußstrahl (grün): Talus, Os naviculare, Ossa cuneiformia, Ossa metatarsi I–III und Digiti I–III; lateraler (fibularer) Fußstrahl (■): Calcaneus, Os cuboideum, Ossa metatarsi IV–V und Digiti IV–V Lage von Chopart-(■)- und Lisfranc-Gelenk (—). **b** Ansicht von unten. Die beiden Fußstrahlen liegen distal im Vorfußbereich nebeneinander. Im proximalen Rückfußbereich überlagert der mediale Strahl den lateralen. Auf diese Weise entstehen die **Längs-** und die **Querwölbung** des Fußes

Calcaneus. Zwischen proximalem und distalem Abschnitt der Fußwurzelknochen liegt das Kahnbein, *Os naviculare.*

Über den Talus wird im oberen Sprunggelenk die Körperlast auf Vor- und Rückfuß übertragen, er bildet den »Schlussstein« der Fußwölbungen. Am Talus inseriert kein Muskel.

Am **Sprungbein,** *Talus,* unterscheidet man *Caput, Collum* und *Corpus tali.* Im Corpus tali liegt die Talusrolle, *Trochlea tali,* die vorn breiter ist als hinten. Auf der Plantarseite des Taluskörpers liegt der *Sulcus tali,* der gemeinsam mit dem Sulcus calcanei den *Sinus tarsi* begrenzt, der medial in einen Knochenkanal, *Canalis tarsi,* mündet (▣ Abb. 4.182; Gelenkflächen und Gelenkverbindungen des Talus ▣ Abb. 4.162a).

Blutversorgung: Foramina nutricia im Talushals, im Sulcus tali sowie im Bereich der Bandinsertionen – aus Anastomosen zwischen *Aa. tibialis posterior, peronea* und *dorsalis pedis.*

Das **Fersenbein,** *Calcaneus,* endet hinten mit dem Fersenbeinhöcker, *Tuber calcanei* – Apophyse, der knöchernen Grundlage der Ferse (4.105). Auf der Plantarseite läuft der Fersenhöcker in 2 Knochenvorsprüngen, *Processus medialis* und *lateralis tuberis calcanei,* aus, die die knöcherne Auflagefläche des Rückfußes bilden. Auf der Innenseite des Fersenbeins ragt im vorderen Abschnitt ein Knochenvorsprung balkonartig nach medial, *Sustentaculum tali* (Gelenkflächen und Gelenkverbindungen des Cacaneus, ▣ Abb. 4.162b und 4.181).

Blutversorgung: Foramina nutricia im Sulcus calcanei und auf der Plantarfläche vor den Processus des Tuber calcanei : Äste der *A. tibialis posterior,* Periostgefäße aus den *Rr. calcanei* und dem *Rete calcaneum (Aa. peronea* und *tibialis posterior).*

4.105 Fersensporn

In den chondralen Sehnenansatzzonen des Fersenbeins kann es zur Knochenbildung kommen, sog. Fersensporne. Oberer Fersensporn: in der Ansatzsehne des M. triceps surae; unterer Fersensporn: in den Ansatzsehen der plantaren kurzen Fußmuskeln.

4.106 Kalkaneusfrakturen

In dem auf Biegung beanspruchten Calcaneus können Frakturen als Ermüdungsbrüche oder als Folge von Stürzen aus großer Höhe auftreten.

Das **Kahnbein,** *Os naviculare,* liegt zwischen Taluskopf und den 3 Keilbeinen. Am medialen Rand ist die vorspringende Tuberositas ossis navicularis (▣ Abb. 4.162a) tastbar.

Die **Keilbeine,** *Ossa cuneiformia mediale, intermedium und laterale,* sind nach ihrer keilförmigen Gestalt benannt (▣ Abb. 4.162). Die Basis des Os cuneiforme mediale liegt plantar, die der Ossa cuneiformia intermedium und laterale fußrückenwärts. Durch diese Anordnung tragen die 3 Keilbeine im Gefüge des Fußskeletts zum Aufbau der **Querwölbung** des Fußes bei (Gelenkverbindungen der Keilbeine ► S. 266).

Das **Würfelbein,** *Os cuboideum,* liegt zwischen Calcaneus und den Ossa metatarsi IV und V (▣ Abb. 4.162). An der Außenfläche des Os cuboideum liegt die von Knorpel bedeckte *Tuberositas ossis cuboidea,* die der Ansatzsehne des M. peroneus longus als Widerlager dient (▣ Abb. 4.198). Gelenkverbindungen ► S. 266.

Mittelfußknochen. Die 5 Mittelfußknochen *(Ossa metatarsi – Ossa metatarsalia I–V)* sind Röhrenknochen, an denen man Kopf, *Caput ossis metatarsi,* Schaft, *Corpus ossis metatarsi,* und proximales Ende, *Basis ossis metatarsi,* unterscheidet. Durch die nach plantar gerichtete konkave Wölbung ihrer Schäfte sowie durch die Anordnung der keilförmigen Mittelfußbasen beteiligen sich die Ossa metatarsi am Aufbau der **Längs-** und der **Querwölbung** des Fußes. Mediales und das laterales **Sesambein** *(Ossa sesamoidea)* der Großzehe zählen zu den konstanten Sesambeinen des Fußes. Variabel kommen Sesambeine auf der Plantarseite der Köpfe des Os metatarsi V (10–13%) und seltener am Os metatarsi II vor.

4.107 Ermüdung-(Marsch-)fraktur

Die Mittelfußknochen werden physiologischer Weise auf Biegung beansprucht. Durch Insuffiziens der aktiven Verspannung infolge »Ermüdung« der plantaren kurzen und langen Fußmuskeln, z.B. durch ungewohnte lange Fußmärsche, kann es aufgrund der unzureichenden Zuggurtungswirkung der Muskeln zur Ermüdungsfraktur (sog. Marschfraktur), bevorzugt an den Ossa metatarsi II und III, kommen. (► 4.106).

Zehenknochen. Die Knochen der Zehen, *Ossa digitorum,* setzen sich an den Zehen II–V aus einem Grundglied (Grundphalanx: *Phalanx proximalis*), einem Mittelglied (Mittelphalanx: *Phalanx media*) und einem End- oder Nagelglied (Endphalanx: *Phalanx distalis*) zusammen (▣ Abb. 4.162). Die Großzehe, *Hallux,* hat eine Phalanx proximalis und eine Phalanx distalis. Als Variante können auch die übrigen Zehen, vor allem die Kleinzehe nur 2 Phalangen besitzen.

Die Phalangen sind kleine Röhrenknochen mit *Basis, Corpus* und *Caput phalangis.* Die Köpfe der Endphalangen verbreitern sich pilzförmig. Der Verankerungsbereich des Bindegewebes der Zehenkuppen ruft am plantaren distalen Ende eine Rauigkeit des Knochens, *Tuberositas phalangis distalis,* hervor. Gelenkverbindungen ► S. 266, 267.

Gliederung des Fußes. Im **anatomischen Schrifttum** wird der Fuß nach seinen Skelettanteilen gegliedert. Danach bilden die Ossa tarsi den **Tarsus** (Fußwurzel), die Ossa metatarsi den **Metatarsus** (Mittelfuß) und die Ossa digitorum den **Antetarsus** (Vorfuß). Diese Einteilung findet im klinischen Bereich keine Anwendung.

Im **klinischen Sprachgebrauch** ist die Gliederung des Fußes sehr uneinheitlich und teilweise verwirrend. Stehen orthopädische oder traumatologische Aspekte im Vordergrund, wird eine Dreiteilung des Fußes in **Rückfuß** (Bereich von Talus und Calcaneus), **Mittelfuß** (Bereich der Ossa naviculare, cuneiformia und cuboideum) und **Vorfuß** (Bereich der Ossa metatarsi und der Ossa digitorum) vorgenommen. Gebräuchlich ist auch eine Zweiteilung des Fußes in Rückfuß und Vorfuß, dessen Grenze das Lisfranc-Gelenk (▣ Abb. 4.162a) bildet.

In Kürze

Fußknochen

7 Fußwurzelknochen (Ossa tarsi):

- **Sprungbein: Talus** (Caput, Collum, Corpus tali, Trochlea tali, Sulcus tali)
- **Fersenbein: Calcaneus** (Tuber calcanei, Sustentaculum tali, Sulcus calcanei)
- **Kahnbein: Os naviculare** (Tuberositas ossis navicularis)
- mediales, mittleres und laterales **Keilbein** (Ossa cuneiformia mediale, intermedium und laterale); **Würfelbein: Os cuboideum** (Tuberositas ossis cuboidei)

5 Mittelfußknochen (Ossa metatarsi I–V): mit Basis, Corpus und Caput ossis metatarsi; Tuberositas ossis metatarsi V

5 Zehen (Digiti I–V): mit 2 Gliedern (Phalanx proximalis und Phalanx distalis) an der Großzehe (Hallux) und 3 Gliedern (Phalanx proximalis, Phalanx media und Phalanx distalis) an den Zehen II–V

Konstante **Sesambeine** (Ossa sesamoidea): mediales und laterales Sesambein unter dem Kopf des Os metatarsi I

Entwicklung

Die Knochen der unteren Extremität entwickeln sich aus dem knorplig präformierten Primordialskelett durch chondrale Osteogenese. Der Epiphysenkern im Caput femoris erscheint in der zweiten Hälfte des ersten Lebensjahres. Die proximale Epiphysenfuge schließt sich zwischen 16. und 20. Lebensjahr. Die distale Wachstumsfuge schließt sich erst um das 20. Lebensjahr. Der Apophysenkern im Trochanter major entwickelt sich nach dem 3. Lebensjahr.

Das Vorhandensein des distalen Epiphysenkerns im Femur sowie des proximalen Epiphysenkerns in der Tibia am Ende der Fetalzeit gilt als Reifezeichen eines Neugeborenen.

Von den als Röhrenknochen angelegten Mittelfußknochen haben die *Ossa metatarsi II–V* nur distal einen Epiphysenkern. Das Os metatarsi I hat einen proximalen Epiphysenkern. Die Phalangen der Zehen haben normalerweise nur eine proximale Epiphyse.

Das Auftreten **akzessorischer Fußknochen** geht häufig auf fehlendes Verschmelzen von Apophysen mit dem zugehörigen Skelettelement zurück:

- *Os trigonum*: fehlende Verschmelzung des Processus posterior mit dem Corpus tali
- *Os tibiale externum*: fehlende Verschmelzung der Tuberositas ossis navicularis mit dem übrigen Teil des Kahnbeins.

4.108 Fehlbildungen und Wachstumsstörungen

Die Fußwurzelknochen können im Zusammenhang mit anderen Fehlbildungen miteinander verschmelzen (kongenitale Synostose). Am häufigsten treten solche Fusionen zwischen Os naviculare und Talus oder zwischen Os naviculare und Os cuboideum auf. Akzessorische Fußwurzelknochen dürfen nicht mit Frakturen verwechselt werden.

Infolge einer »Erweichung« der proximalen Wachstumsfuge des Femur (Epiphysiolysis capitis femoris juvenilis) kommt es zu einer Dislokation des Femurkopfes gegenüber dem metaphysären Teil des Schenkelhalses (sog. Femurkopflösung). Die Erkrankung tritt zwischen dem 12.–16. Lebensjahr bei Jungen häufiger als bei Mädchen auf.

Im Bereich einzelner Epiphysen oder Apophysen kann es im Wachstumsalter zu Nekrosen (juvenile Osteochondrosen oder aseptische Knochennekrosen) kommen; am Femurkopf zum Morbus Calvé-Legg-Perthes, an der Tuberositas tibiae zum Morbus Osgood-Schlatter, am Os naviculare zum Morbus Köhler.

4.5.2 Gelenke (Juncturae membri inferioris)

Die Gelenke der unteren Extremität entstehen als Abgliederungsgelenke (▶ Kap. 4.1).

Beckenring und Beckengürtelgelenke (Juncturae cinguli pelvici)

Zu den **Bandverbindungen** im Bereich des Beckens gehören *Membrana obturatoria, Lig. sacrotuberale, Lig. sacrospinale* sowie *Lig. iliolumbale.*

Die **Membrana obturatoria** bedeckt bindegewebig das *Foramen obturatum* bis auf eine Lücke unterhalb des *Sulcus obturatorius*, hier verlassen im *Canalis obturatorius* Leitungsbahnen den Beckenraum (◘ Abb. 4.163).

Von den dorsalen Bandhaften des Beckenringes ist das **Lig. sacrotuberale** (◘ Abb. 4.164 und 4.165) das kräftigste. Das sanduhrförmige Band entspringt am lateralen Kreuzbeinrand und von den oberen Steißbeinwirbeln. Das Band inseriert in 2 sich überkreuzenden Faserplatten am Tuber und Ramus ossis ischii.

Das **Lig. sacrospinale** (◘ Abb. 4.164 und 4.165) entspringt an der seitlichen Innenfläche von Kreuzbein und Steißbein, es inseriert an der Spina ischiadica.

Die Ligg. sacrotuberale und sacrospinale begrenzen gemeinsam mit der *Incisura ischiadica major* und dem Kreuzbein das *Foramen ischiadicum majus*. Weiter kaudal wird das dreieckige *Foramen ischiadicum minus* von den Ligg. sacrotuberale und sacrospinale sowie der *Incisura ischiadica minor* begrenzt.

Das **Lig. iliolumbale** (◘ Abb. 4.163) wird in der Systematik auch den Bändern der Wirbelsäule oder des Sakroiliakalgelenkes zugerechnet. Das Band zieht vom Rippenfortsatz des 5. Lendenwirbels V-förmig mit einem aufsteigenden Schenkel zum Darmbeinkamm sowie mit einem absteigenden Schenkel zur Darmbeinschaufel und in den vorderen Bereich des Sakroiliakalgelenkspaltes.

Schambeinfuge (Symphysis pubica)

Gestalt. Die Schambeinfuge, *Symphysis pubica*, verbindet in Form einer Knorpelhaft die beiden Schambeine miteinander (◘ Abb. 4.163). Die knöcherne *Facies symphysialis* des Schambeins ist von einer dünnen Schicht hyalinen Knorpels bedeckt. Der größte Teil der Gelenkzwischenscheibe, *Discus interpubicus (Fibrocartilago interpubica)*, besteht aus Faserknorpel. Bereits im Kindesalter kommt es im Zentrum der Gelenkzwischenscheibe zu vertikalen Spaltbildungen, die an Größe zunehmen und sich zu einem mit Synovia gefüllten *Cavum articulare (Spatium symphyseos)* entwickeln können. Oberhalb der Symphysis pubica zieht zwischen den Tubercula pubica der oberen Schambeinäste das mit dem Discus interpubicus verwachsene *Lig. pubicum superius*. Den Schambogen überbrückt das etwa 1 cm breite *Lig. pubicum inferius (Lig. arcuatum)*.

Mechanik. In der Schambeinfuge sind normalerweise geringe vertikale Translationsbewegungen und Rotationsbewegungen bis zu 3° möglich.

4.109 Erweiterung des knöchernen Geburtskanals

Während der Schwangerschaft kommt es unter dem Einfluss des Hormons Relaxin zur Auflockerung des Discus interpubicus und der Bandverbindungen des Beckenringes. Dies führt zu einer Erweiterung des knöchernen Geburtskanals (▶ Kap. 13).

Kreuzbein-Darmbein-Gelenk (Articulatio sacroiliaca)

Gestalt. In den Kreuzbein-Darmbein-Gelenken (Sakroiliakalgelenke: *Articulationes sacroiliacae*) artikulieren die *Facies auricularis* des *Os ilium* und die *Facies auricularis* des *Os sacrum* (◘ Abb. 4.155b) miteinander. Der Gelenkknorpel der beinahe deckungsgleichen Gelenkflächen zeigt bereits im Kindesalter Abweichungen vom hyalinen Knorpel anderer Gelenke (z.B. Aufrauungen und Bildung von Knorpelzellnestern).

Die straffe Gelenkkapsel wird ventral durch das *Lig. sacroiliacum anterius (Ligg. sacroiliaca ventralia)* (◘ Abb. 4.163) sowie dorsal durch das *Lig. sacroiliacum interosseum (Ligg. sacroiliaca interossea)* und das *Lig. sacroiliacum posterius (Ligg. sacroiliaca dorsalia longa et brevia)* verstärkt. Vor allem die dorsal in der Tiefe zwischen Tuberositas iliaca und Tuberositas sacralis ziehenden kurzen Sakroiliakalbänder machen das Sakroiliakalgelenk zu einem straffen Gelenk (Amphiarthrose).

Mechanik. Die Sakroiliakalgelenke verfügen als straffe Gelenke nur über eine geringe, individuell unterschiedliche Beweglichkeit. Es sind geringgradige Rotations- und Translationsbewegungen möglich, die die Weite des Beckenringes beeinflussen (4.109).

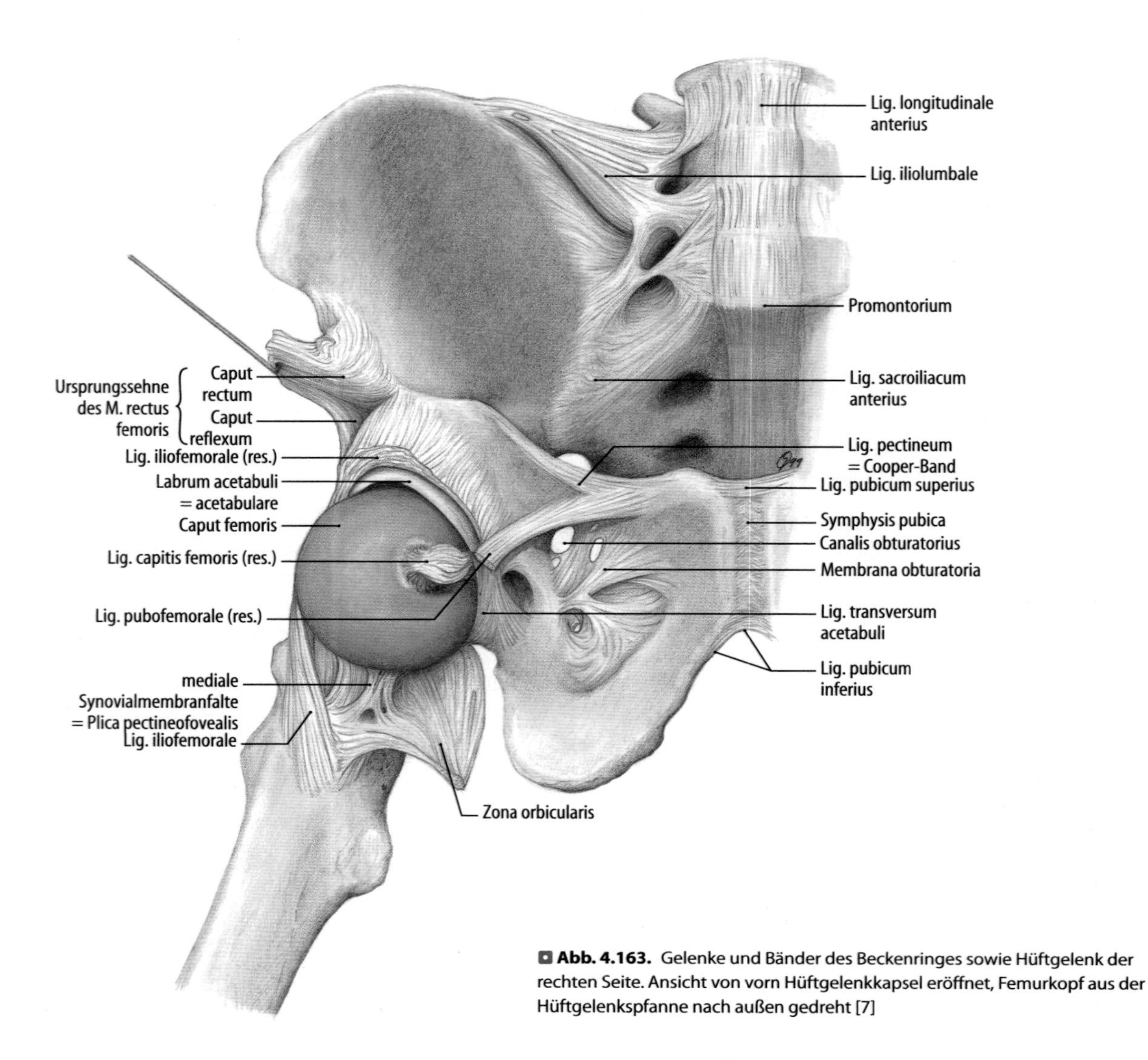

Abb. 4.163. Gelenke und Bänder des Beckenringes sowie Hüftgelenk der rechten Seite. Ansicht von vorn Hüftgelenkkapsel eröffnet, Femurkopf aus der Hüftgelenkspfanne nach außen gedreht [7]

Im aufrechten Stand erfolgt die Stabilisierung zwischen Kreuzbein und Darmbeinen durch den dorsalen Bandapparat, der ein Abgleiten des Os sacrum nach kaudal ventral verhindert.

Blutversorgung: *A. iliolumbalis,* Glutealarterien. **Innervation:** ventrale und dorsale Äste der Sakralnerven.

4.110 Beckenverletzungen

Beckenverletzungen – in den meisten Fällen bei einem Polytrauma – unterteilt man klinisch in Beckenring- und Acetabulumfrakturen. Sie können mit Beteiligung der Symphyse (Symphysensprengung) und der Sakroiliakalgelenke einhergehen. Bei Beckenringfrakturen können die Patienten aufgrund der Instabilität nicht stehen und nicht gehen.

4.111 Spondylitis ankylosans (Bechterew-Erkrankung)

Bei der zum rheumatischen Formenkreis zählenden Spondylitis ankylosans (Bechterew-Erkrankung) kommt es u.a. zum entzündlichen Befall der Sakroiliakal- und der Wirbelgelenke (Sakroiliitis).

Durch Verknöcherung des Kapsel-Band-Apparates der Sakroiliakalgelenke kommt es zur »Versteifung« der Gelenke (Ankylosierung).

In Kürze

Beckenring und Beckengürtelgelenke
Bandverbindungen des Beckenringes: Membrana obturatoria, Lig. sacrotuberale, Lig. sacospinale, Lig. iliolumbale
Foramen ischiadicum majus, Foramen ischiadicum minus
Gelenkverbindungen des Beckenringes: Symphysis pubica mit Discus interpubicus, Cavum articulare , Lig. pubicum superius, Lig. pubicum inferius (Lig. arcuatum)
Articulatio sacroiliaca (Amphiarthrose): Lig. sacroiliacum anterius, Lig. sacroiliacum interosseum, Lig. sacroiliacum posterius

Gliederung des Beckens und Beckenmaße

Das Becken wird unter topographischen und klinischen Gesichtspunkten in das **große Becken,** *Pelvis major,* und in das **kleine Becken,** *Pelvis minor,* unterteilt. Die Grenze zwischen beiden ist anatomisch die *Linea terminalis,* die vom Promontorium entlang der *Linea arcuata* der Darmbeine über die Schambeinkämme bis zum oberen Rand der Schambeinsymphyse läuft (Abb. 4.165).

Kleines Becken. Die nicht geschlossene Wand des kleinen Beckens besteht aus Knochen, Bändern und Muskeln. Sie bildet den Beckenkanal (Canalis pelvis).

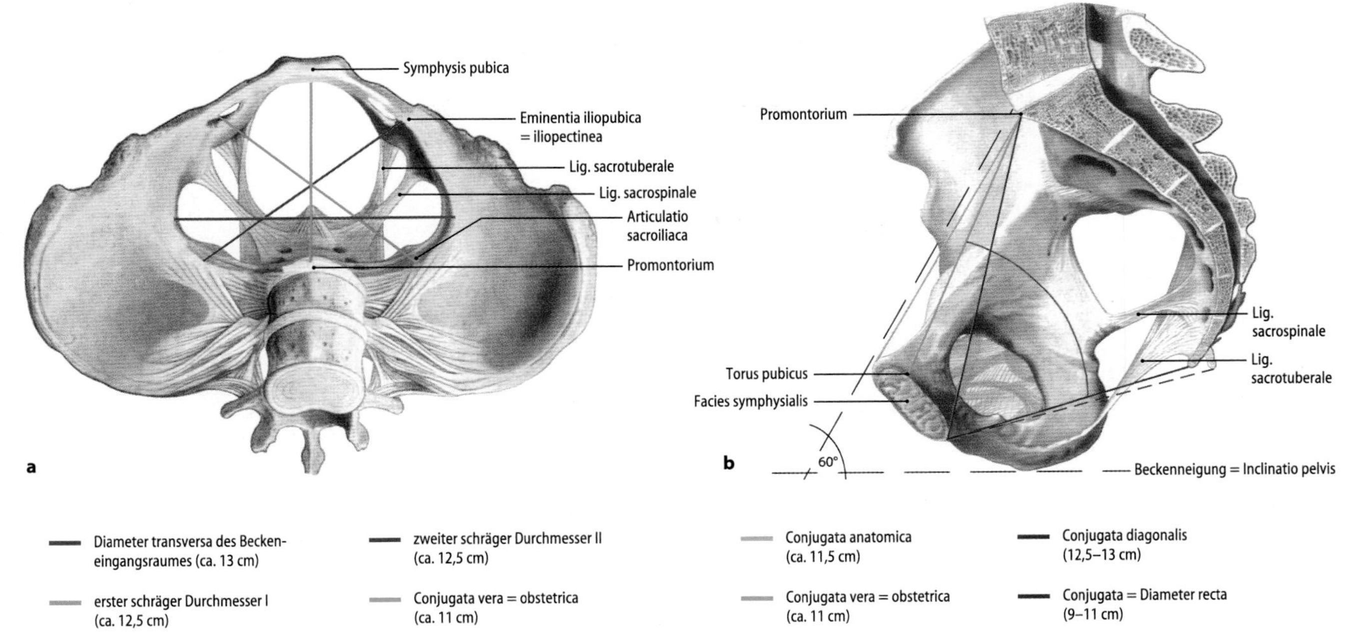

Abb. 4.164a, b. Innere Beckenmaße, Ansicht von kranial (**a**) und von medial (**b**). Im aufrechten, beidbeinigen Stand bildet die von der Linea terminalis begrenzte **Beckeneingangsebene** – das entspricht in der Mediansagittalebene der ***Conjugata anatomica*** (Verbindungslinie zwischen oberem Symphysenrand und Promontorium) – mit der Horizontalebene einen Winkel von 50–60°. Dieser **Beckenneigungswinkel** (Beckenneigung: ***Inclinatio pelvis***) ist bei Frauen größer als bei Männern. Die **Beckenausgangsebene** bildet mit der Horizontalebene einen Winkel von etwa 15° [7]

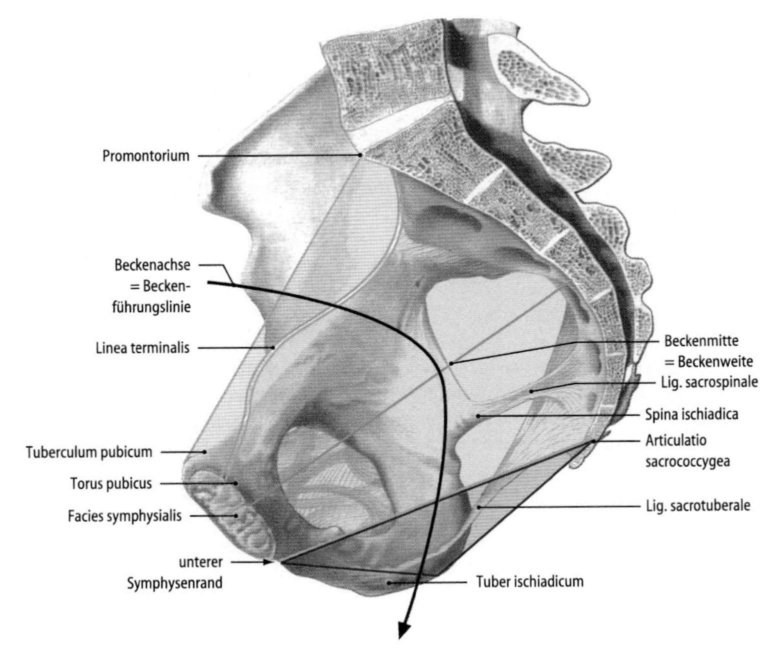

Abb. 4.165. Knöcherner Geburtskanal der rechten Seite. Ansicht von medial [7]

Beckeneingangsraum [Beckeneingang – Apertura pelvis superior]
obere Grenze: Verbindungslinie zwischen Tuberculum pubicum und Promontorium
untere Grenze: Linea terminalis bis zum Torus pubicus
größter Durchmesser: Diameter transversa
Form des Beckeneingangsraumes: quer-oval

Beckenhöhle
Raum zwischen Linea terminalis und der Verbindungslinie zwischen unterem Symphysenrand und Articulatio sacrococcygea
größter Durchmesser: Bereich der Beckenmitte (Beckenweite)
Form der Beckenhöhle: kreisförmig

Beckenausgangsraum
Begrenzung des vorderen Abschnitts: Arcus pubicus und die Verbindungslinie der Tubera ischiadica
Begrenzung des hinteren Abschnitts: Verbindungslinie der Tubera ischiadica, Ligamenta sacrotuberalia und Spitze des Os coccygis
größter Durchmesser: Conjugata = Diameter recta
Form des Beckenausgangsraumes: längs-oval

Anatomisch gliedert man das kleine Becken in Beckeneingang, *Apertura pelvis superior*, Beckenhöhle, *Cavum pelvis*, und Beckenausgang, *Apertura pelvis inferior*. In der Geburtshilfe unterteilt man das kleine Becken als **Geburtskanal** in 3 Räume (Abb. 4.165 und Tab. 4.34):

- Beckeneingangsraum
- Beckenhöhle
- Beckenausgangsraum

Auskunft über Form und Größe des knöchernen Geburtskanals geben die **inneren Beckenmaße** (Abb. 4.165b). Aus den **äußeren Beckenmaßen** lassen sich Rückschlüsse auf Form und Größe des kleinen Beckens ziehen (Abb. 4.166). Es handelt sich um indirekte Messwerte, bei denen die Unterschiede zwischen den einzelnen Daten bedeutsam sind. Sie sollten zwischen den 3 Quermaßen jeweils 3 cm betragen.

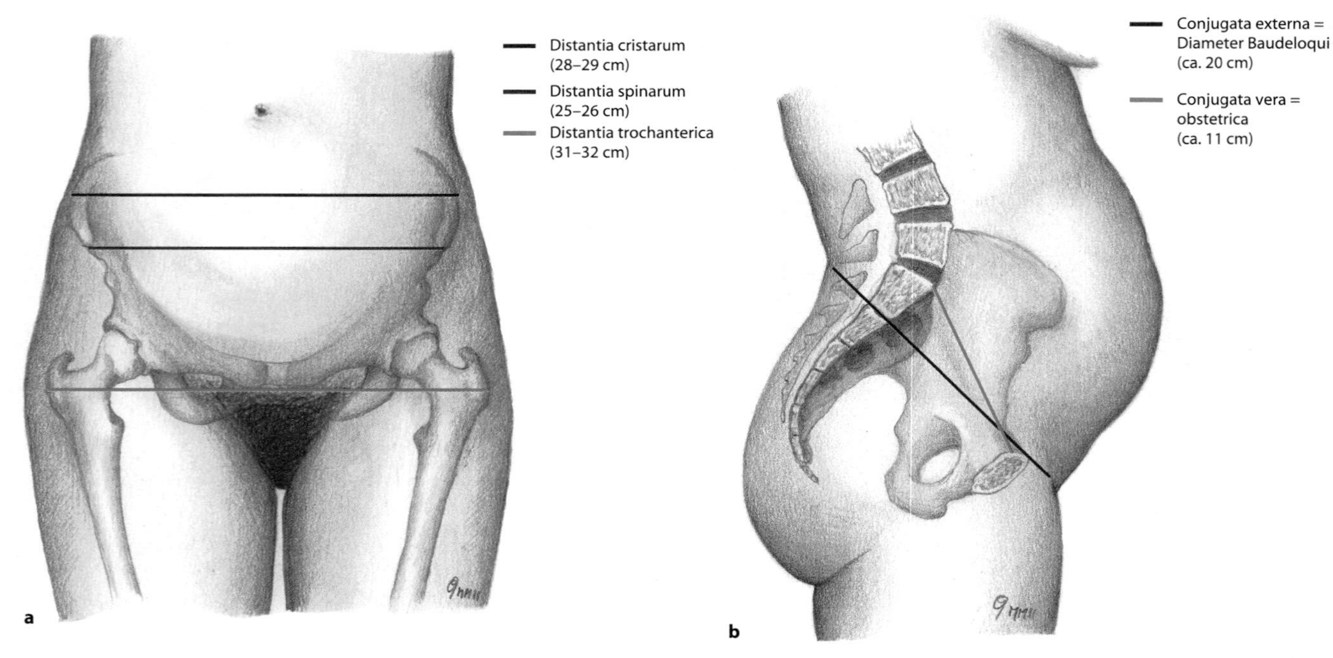

Abb. 4.166a, b. Äußere Beckenmaße. Ansicht von vorn (**a**) und von lateral (**b**) [7]

Die **Michaelis-Raute** (Venusraute) gibt Auskunft über die Form des kleinen Beckens (► Kap. 22, Abb. 22.2a und b).

4.112 Bedeutung der Beckenmaße

Seit Einführung der Ultraschalltechnik hat die Erhebung der Beckenmaße in der Geburtshilfe nicht mehr den Stellenwert wie in früheren Zeiten.

Wachstum und **geschlechtsspezifische Form** des Beckens werden durch Geschlechtshormone beeinflusst. Der Geschlechtsdimorphismus in der Beckenform wird mit Einsetzen der Pubertät erkennbar.

Das männliche Becken ist insgesamt massiver als das weibliche. Am männlichen Becken sind die Darmbeinschaufeln steiler ausgerichtet als im weiblichen. Der Abstand der Tubera ischiadica ist bei der Frau größer als beim Mann. Das trichterförmige männliche kleine Becken ist enger und länger als das weibliche. Der Beckeneingangsraum des Mannes hat eine »Herzform«. Bei der Frau sind Beckeneingangsraum queroval, die kreisförmige Beckenhöhle kurz und

Tab. 4.34. Innere und äußere Beckenmaße

Innere Beckenmaße (Abb. 4.164, 4.165)	
Beckeneingangsraum (queroval)	**größter Durchmesser:** *Diameter transversa* – weiteste Distanz zwischen rechter und linker Linea terminalis **kleinster Durchmesser:** *Conjugata vera (obstetricia)* – Abstand zwischen dem am weitesten in die Beckenhöhle vorspringenden Teil der Symphysenhinterfläche, *Torus pubicus,* und Promontorium, Normwert 11 cm, nicht direkt messbar, abschätzbar aus der *Conjugata diagonalis* = Verbindung zwischen Unterrand der Symphysis pubica und Promontorium, Normwert 12,5–13 cm (Conjugata vera 1,5–2 cm kürzer als Conjugata diagonalis) **erster schräger Durchmesser** – *Diameter obliqua I:* Verbindungslinie zwischen Eminentia iliopubica der linken Seite sowie Schnittpunkt von Sakroiliakalgelenkspalt und Linea terminalis der rechten Seite **zweiter schräger Durchmesser** – *Diameter obliqua II:* Verbindungslinie zwischen Eminentia iliopubica der rechten Seite sowie Schnittpunkt von Sakroiliakalgelenkspalt und Linea terminalis der linken Seite
Beckenhöhle (kreisförmig)	**Beckenmitte (-weite):** Ebene im Bereich der tiefsten Kreuzbeinhöhlung, Normwert 12 cm **Beckenenge:** Ebene in Höhe des unteren Randes der Symphysis pubica, der Spinae ischiadicae und der Spitze des Os sacrum
Beckenausgangsraum (längsoval)	**größter Durchmesser:** *Conjugata (Diameter) recta* – Abstand zwischen Unterrand der Symphysis pubica und der Steißbeinspitze, Normwert 9 cm, durch die Beweglichkeit des Steißbeins um ca. 2 cm verlängerbar
Äußere Beckenmaße (Abb. 4.166)	
Äußere Maße des Beckens	**Distantia spinarum:** Abstand zwischen den Spinae ilacae superiores, Normwert: 25–26 cm **Distantia cristarum:** größter Abstand auf den Cristae iliacae der rechten und linken Seite in der Frontalebene, Normwert 28–29 cm **Distantia trochanterica** (anatomisch kein »Beckenmaß«): weitester Abstand zwischen rechtem und linkem Trochanter major, Normwert 31–32 cm **Conjugata externa:** Abstand zwischen oberem Rand der Schambeinsymphyse und der kranialen Begrenzung der Michaelis-Raute (Processus spinosus des 4. Lendenwirbels), Normwert etwa 20 cm (die Conjugata vera ist etwa 9 cm kürzer als die Conjugata externa)

der längsovale Beckenausgangsraum weit. Zwischen den typischen weiblichen und männlichen Beckenformen gibt es individuelle Überschneidungen.

In Kürze

Gliederung des Beckens

Unterteilung in **großes** und **kleines Becken.** Grenze: Linea terminalis

Weibliches kleines Becken: knöcherner Geburtskanal mit 3 »Räumen«:

- Beckeneingangsraum: queroval
- Beckenhöhle: kreisförmig
- Beckenausgangsraum: längsoval

Innere Beckenmaße:

- Diameter transversa; 1. und 2. schräger Durchmesser; Conjugata vera, Conjugate = Diameter recta

Äußere Beckenmaße:

- Conjugata externa; Distantiae cristarum, spinarum und trochanterica

Gelenke der freien unteren Extremität (Juncturae membri inferioris liberi)

Hüftgelenk (Articulatio coxae)

Gestalt. Im Hüftgelenk artikulieren der kugelförmige Femurkopf, *Caput femoris,* und die *Facies lunata* der Hüftgelenkpfanne, *Acetabulum,* miteinander (◘ Abb. 4.163). An der C-förmigen Facies lunata unterscheidet man ein spitzes Vorderhorn und ein abgerundetes Hinterhorn. Die Gelenkfläche entspricht geometrisch einem Hohlkugelausschnitt. Der innere Rand der Facies lunata begrenzt die von lockerem fettreichem Bindegewebe ausgefüllte *Fossa acetabuli;* das Bindegewebepolster *(Pulvinar acetabuli)* ist von Synovialmembran bedeckt. Die *Incisura acetabuli* zwischen Vorder- und Hinterhorn wird vom *Lig. transversum acetabuli* überbrückt.

Der kreisförmige äußere Rand der Hüftgelenkpfanne wird von einer Gelenklippe, *Labrum acetabuli (Labrum acetabulare),* umgeben, die am knöchernen Pfannenrand, *Limbus acetabuli,* und im Bereich der Incisura acetabuli am *Lig. transversum acetabuli* befestigt ist (zur Struktur ► Kap. 4.1). Das Labrum acetabuli ragt mit seiner Spitze größtenteils frei in die Gelenkhöhle und greift über den »Äquator« des Caput femoris hinweg. Auf diese Weise wird das Hüftgelenk morphologisch zu einem **Nussgelenk** (Enarthrosis).

Das Caput femoris, das bis bis auf die *Fovea capitis femoris* von Gelenkknorpel bedeckt wird, ist mit dem Acetabulum durch ein intraartikuläres Band, *Lig. capitis femoris* (*Lig. teres*) verbunden (◘ Abb. 4.163). Das 3–3,5 cm lange Band entspringt in der Fovea capitis femoris und heftet sich an den Rändern der Fossa acetabuli unterhalb des Vorder- und Hinterhornes sowie am Lig. transversum acetabuli an. Das gefäßführende Band hat keine mechanische Funktion.

Die *Membrana fibrosa* der **Gelenkkapsel** entspringt am knöchernen Pfannenrand, an der Basis des Labrum acetabuli und am Lig.transversum acetabuli (◘ Abb. 4.163). Sie inseriert am Femur auf der Vorderseite an der Linea intertrochanterica und auf der Rückseite zwischen mittlerem und lateralem Drittel des Schenkelhalses. Fossa trochanterica, Trochanter major und Trochanter minor sowie das laterale Drittel der Schenkelhalsrückseite liegen extrakapsulär.

Die *Membrana synovialis* entspringt außen an der Basis des Labrum acetabuli. Die Synovialmembran zieht auf der Innenseite der fibrösen Kapsel bis zu deren Anheftung nach distal, sie schlägt dann auf den Schenkelhals um und bedeckt diesen bis zur Knochen-Knorpel-Grenze. Die Synovialmembran auf dem Schenkelhals führt Gefäße zur Versorgung des Schenkelhalses und des Femurkopfes (◘ Abb. 4.163 und 4.205).

Die Membrana fibrosa wird durch 3 **Bänder**, *Lig. iliofemorale, Lig. pubofemorale* und *Lig. ischiofemorale* verstärkt. Das **Lig. iliofemorale** (Bertini-Band) verstärkt als kräftigstes Band des menschlichen Körpers die Vorderseite der Hüftgelenkkapsel. Es entspringt an der Spina iliaca anterior inferior und zieht in Form eines umgekehrten V mit einem horizontalen Faserzug (Pars transversa – lateralis) nach lateral zum kranialen Teil der Linea intertrochanterica sowie mit einem vertikalen Faserzug (Pars descendens – medialis) nach distal medial zur Linea intertrochanterica.

Das Lig. iliofemorale erfüllt wichtige **statische Funktionen** im Hüftgelenk. Das Band hemmt mit seiner Pars descendens eine Streckung im Hüftgelenk über 10–15° hinaus und **stabilisiert das Hüftgelenk** in der **Sagittalebene,** indem es ein Abkippen des Beckens nach dorsal verhindert. Die Pars transversa hemmt vor allem die Adduktion und unterstützt die Stabilisierung des Standbeins in der Frontalebene (◘ Abb. 4.191). In sitzender Position ist das Band entspannt.

Das **Lig. pupofemorale** ist das schwächste Hüftgelenkband, es entspringt am oberen Schambeinast, der Crista obturatoria sowie an der Membrana obturatoria. Das Band inseriert an der Linea intertrochanterica und strahlt in die Gelenkkapsel ein (Lig. pubocapsulare). Es hemmt die Extension, Abduktion und Außendrehung.

Das **Lig. ischiofemorale** entspringt am hinteren kaudalen Pfannenrand und zieht schraubenförmig nach kranial lateral um den Schenkelhals, wo ein Teil am Knochen der Fossa trochanterica inseriert. Tiefe Bandanteile (Lig. ischiocapsulare) beteiligen sich gemeinsam mit dem Lig. pubofemorale am Aufbau des Ringbandes (***Zona orbicularis***), das den Schenkelhals im mittleren Bereich wie ein Knopfloch umgreift. Das Lig. ischiofemorale hemmt die Innendrehung, Extension und Abduktion.

Zwischen den Verstärkungszügen der Hüftgelenkbänder ist die Gelenkkapsel vergleichsweise dünn (► 4.113).

4.113 Klinische Hinweise zur Hüftgelenkkapsel

Die Hüftgelenkkapsel ist bei gebeugtem, leicht abduziertem und außengedrehtem Bein relativ entspannt. Diese Schonhaltung wird vom Patienten bei einer Entzündung (Gelenkerguss) des Hüftgelenkes zur Reduzierung des Dehnungsschmerzes in der Gelenkkapsel spontan eingenommen.

Die »Lücken« zwischen den Hüftgelenkbändern gelten als Schwachstellen und zugleich als Prädilektionsstellen für traumatische Hüftgelenkluxationen. Man unterscheidet hintere Luxationen (Luxatio iliaca, Luxatio ischiadica) und vordere Luxationen (Luxatio pubica, Luxatio obturatoria).

Zerreißen die Gefäße der Gelenkkapsel und die Gefäße in der Synovialmembran auf dem Schenkelhals, kann es zur Nekrose des Femurkopfes kommen, da die Versorgung über die Gefäße im Lig. capitis femoris unzureichend ist.

Mechanik. Das Hüftgelenk hat als Nussgelenk eine gute knöcherne Führung. Es verfügt außerdem über eine gute Band- und Muskelführung.

Im Hüftgelenk werden Bewegungen der freien unteren Extremität gegenüber dem Becken (Punctum fixum am Becken) und vice versa Bewegungen des Beckens (Rumpfes) gegenüber der freien unteren Extremität (Punctum fixum an der freien unteren Extremität) ausgeführt.

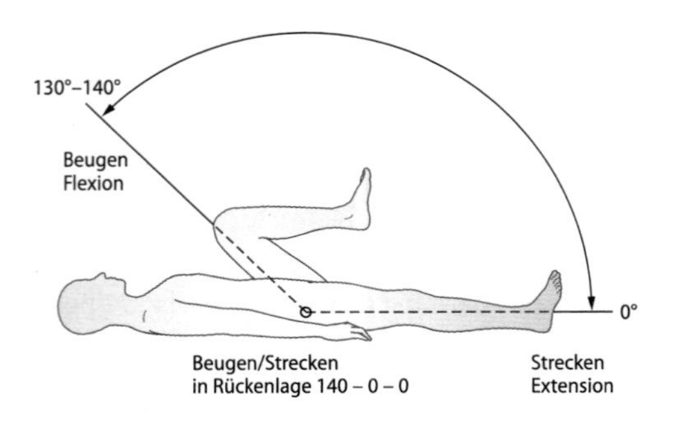

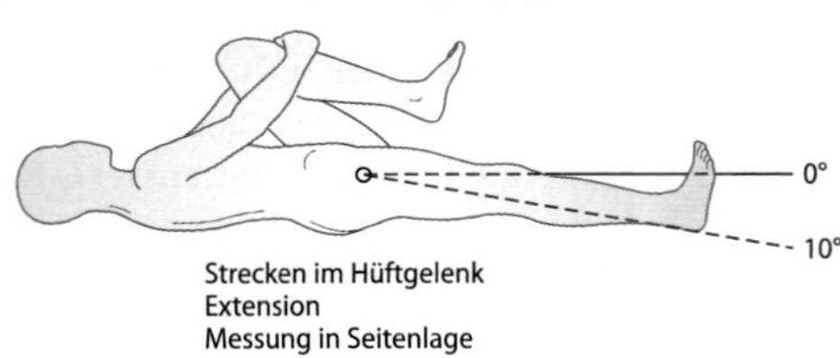

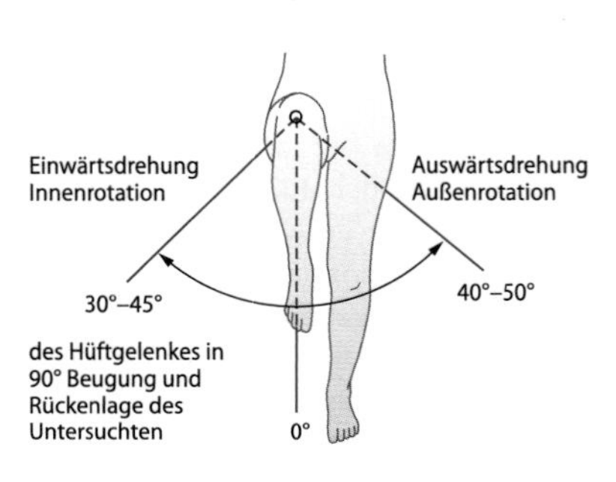

■ **Abb. 4.167.** Bewegungen im Hüftgelenk und Maße der Bewegungsexkursionen. Bei gestrecktem Kniegelenk ist eine Extension im Hüftgelenk bis maximal 15° (Bandhemmung durch das Lig. iliofemorale), bei abduziertem Bein bis zu 45° (relative Entspannung des Bandapparates) möglich. Bei gebeugtem Kniegelenk ist eine Flexion bis 140° möglich. Bei gestrecktem Kniegelenk ist eine Abduktion bis zu 45°, eine Adduktion bis zu 30° möglich. Die Abduktion kann bei gebeugtem Hüftgelenk bis zu 80° ausgeführt werden. In Rückenlage bei gebeugtem Kniegelenk (übliche Untersuchungsposition) ist eine Innendrehung von 40–50° und eine Außendrehung bis zu 45° möglich [10]; ■ Tab. 4.38

Das Hüftgelenk ist funktionell ein **Kugelgelenk** mit unendlich vielen Freiheitsgraden. Entsprechend der Anordnung der Hüftgelenkmuskeln unterscheidet man übereinkunftsgemäß 3 **Hauptbewegungsachsen,** die alle das Zentrum des Femurkopfes schneiden.

Aus der Neutral-0-Stellung kann die freie untere Exremität um eine transversale Achse gebeugt **(Flexion)** und gestreckt **(Extension)** werden (■ Abb. 4.167). Bei gestrecktem Kniegelenk wird die Beugung im Hüftgelenk durch die passive Insuffizienz der ischiokruralen Muskeln stark eingeschränkt.

Die Achse für **Abduktion** und **Adduktion** läuft sagittal (■ Abb. 4.167). Die Achse für **Innen**- und **Außendrehung** läuft vertikal in Richtung der Traglinie des Femur. (■ Abb. 4.167).

Liegt das Punctum fixum an der freien unteren Extremität, kann das Becken (Rumpf) im beidbeinigen Stand nach ventral **(Anteversion)** und nach dorsal **(Retroversion)** geneigt werden. Im einbeinigen Stand sind Seitswärtsneigung des Beckens **(Lateroversion)** sowie Drehbewegungen nach vorn und nach hinten möglich.

Ein Herumführen des Beines unterAusnutzung des gesamten Bewegungsspielraumes bezeichnet man als **Zirkumduktion.**

Blutversorgung: *Aa. glutea superior, pudenda interna, glutea inferior, obturatoria* und *iliolumbalis* (aus der A. iliaca interna), *Aa. circumflexa femoris medialis* und *lateralis* (aus der A. profunda femoris), *Rr. acetabulares* (aus den Aa. obturatoria und circumflexa femoris medialis).

Innervation: *Nn. femoralis* und *obturatorius*; *Rr. articulares* von Muskelästen aus dem *Plexus sacralis.*

4.114 Osteoarthrose

Die Osteoarthrose (Koxarthrose) ist die häufigste Erkrankung des Hüftgelenkes. Sie geht mit Schmerzen und Bewegungseinschränkungen einher.

Entzündungen des Hüftgelenkes kommen im Rahmen bakterieller Infektionen, bei rheumatischer Arthritis oder als Begleitkoxitis bei der Osteoarthrose vor.

Bei der Koxarthrose entlastet der Patient das betroffene Hüftgelenk durch sog. Duchenne-Hinken. Dabei verlagert er das Teilkörpergewicht auf die betroffene Standbeinseite; dies führt zur Verkürzung des virtuellen Hebelarms der Last mit entsprechender Verkleinerung der Gelenkresultierenden und folglich zur Gelenkentlastung.

In Kürze

Hüftgelenk (Articulatio coxae)

Facies lunata des Acetabulum mit Labrum acetabuli artikuliert mit dem Caput femoris

Kugelgelenk (Nussgelenk; Enarthrosis) mit 3 Hauptbewegungsachsen:

- **sagittale Achse:** Abduktion und Adduktion der freien unteren Extremität oder Seitwärtsneigung des Beckens (Rumpfes) im Einbeinstand
- **transversale Achse:** Beugung und Streckung der freien unteren Extremität oder Ventral- und Dorsalneigung des Beckens (Rumpfes) im beidbeinigen Stand

▼

- **vertikale Achse:** Innendrehung und Außendrehung der freien unteren Extremität oder Drehbewegungen des Beckens (Rumpfes) nach ventral und nach dorsal im Einbeinstand

Gute Knochenführung, außerdem Band- und Muskelführung.

Kapselverstärkender Bandapparat : Lig. iliofemorale, Lig. pubofemorale, Lig. ischiofemorale, Zona orbicularis.

Relative Entspannung des Kapsel-Band-Apparates bei gebeugtem, abduziertem und außengedrehtem Bein.

Lig. capitis femoris: gefäßführendes Band zwischen Femurkopf und Acetabulum ohne mechanische Bedeutung.

Kniegelenk (Articulatio genus)

Kniegelenk (Articulatio genus):
- Articulatio femorotibialis
- Articulatio femoropatellaris

Meniscus medialis, Meniscus lateralis

Kreuzbänder:
- Lig. cruciatum anterius
- Lig cruciatum posterius

Kapsel-Band-Apparat:
- Lig. patellae
- Retinacula patellae
- Lig. collaterale tibiale
- Lig. collaterale fibulare
- Lig. popliteum obliquum

Das **Kniegelenk** ist ein zusammengesetztes Gelenk, in dem Femur, Tibia und Patella sowie die Menisken in 2 Gelenkanteilen, *Articulatio femorotibialis* und *Articulatio femoropatellaris*, miteinander artikulieren (▣ Abb. 4.168).

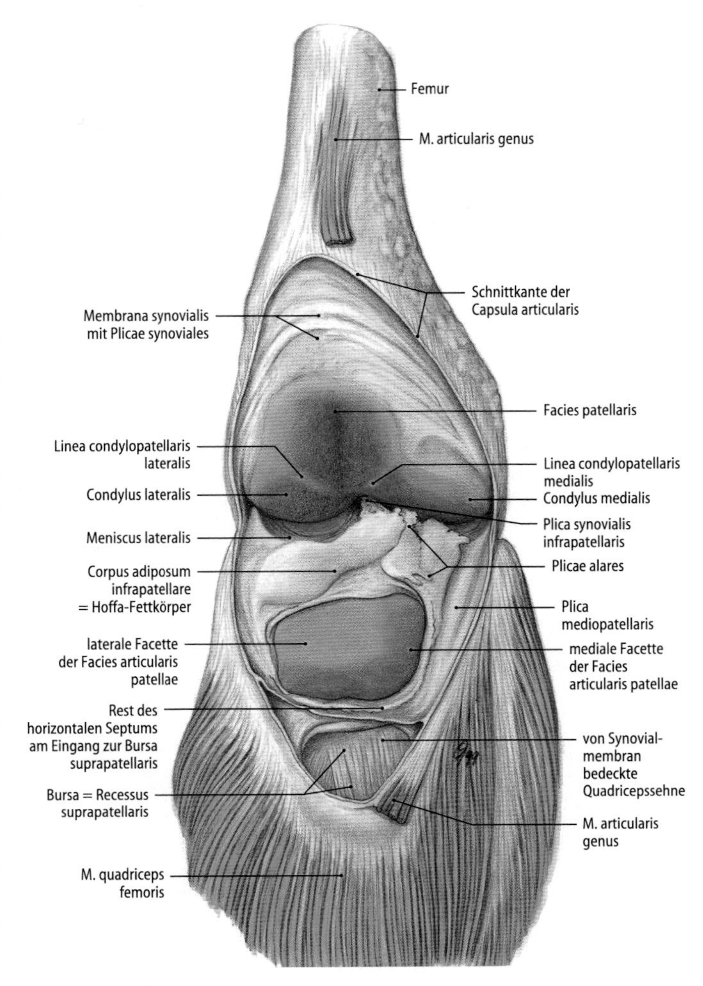

▣ **Abb. 4.168.** Rechtes Kniegelenk, Ansicht von vorn [7]

Gestalt. Im **Femorotibialgelenk,** *Articulatio femorotibialis,* artikulieren die *Condyli femoris medialis* und *lateralis* (▣ Abb. 4.157) sowie die mediale und laterale Gelenkfacette der *Facies articularis superior* der Tibia (▣ Abb. 4.161) miteinander. Das Femorotibialgelenk wird als Kondylengelenk, *Articulatio bicondylaris,* bezeichnet, in dem die Inkongruenz zwischen den bikonvexen Femurkondylen und den leicht konkaven Facetten des Tibiaplateaus durch die Menisken ausgeglichen wird. Man unterteilt das Femorotibialgelenk daher in ein **Meniskotibialgelenk** und in ein **Meniskofemoralgelenk.**

Im **Femoropatellargelenk,** *Articulatio femoropatellaris,* artikulieren *Facies patellaris* des Femur und *Facies articularis* der Patella (▣ Abb. 4.157a und b) miteinander (variable Formen des Patellagleitlagers und der Kniescheibengelenkfläche, ▣ Abb. 4.177).

4.115 Gonarthrose und Chondromalacia patellae

Die **Gonarthrose** beruht oft auf Achsenfehlstellungen (Genu varum mit Beteiligung des medialen Gelenkabschnitts; Genu valgum mit Beteiligung des lateralen Gelenkabschnitts, ▣ Abb. 4.176c, d). Bei fortgeschrittener Osteoarthrose sind alle Gelenkabschnitte befallen.

Als **Chondromalacia patellae** bezeichnet man umschriebene degenerative Veränderungen des Patellaknorpels, die auch bei jungen Menschen auftreten.

Die Menisken des Kniegelenkes sind transportable Gelenkflächen. Sie gleichen die Inkongruenz zwischen Femurkondylen und Tibiaplateau aus und tragen auf diese Weise zur gleichmäßen Verteilung des Gelenkdruckes und damit zur gleichmäßigen Beanspruchung der Gelenkflächen bei. Die Menisken übernehmen etwa ein Drittel der im Kniegelenk übertragenen Last. Sie sind außerdem Stabilisatoren des Kniegelenkes.

Die keilförmigen **Menisken** bedecken etwa 70% der Gelenkflächen des Tibiaplateaus (▣ Abb. 4.169). *Meniscus medialis* und *Meniscus lateralis* sind an ihren Enden (Vorder- und Hinterhorn) über kurze Bänder im Knochen des Tibiaplateaus verankert (▣ Abb. 4.170). Die Vorderhörner beider Menisken verbindet das variabel ausgebildete *Lig. transversum genus.* Die bis zu 7 mm hohe konvexe Meniskusbasis ist – mit Ausnahme am Recessus subpopliteus – mit der Gelenkkapsel verwachsen (▣ Abb. 4.171).

Der **laterale Meniskus** (Außenmeniskus) ist kreisförmig. Die Insertionszonen von Vorder- und Hinterhorn liegen im Bereich der Eminentia intercondylaris nahe beieinander (▣ Abb. 4.170). Vom hinteren Bereich des Meniscus lateralis ziehen das variable *Lig. meniscofemorale anterius* (Humphry-Band) sowie das konstante Lig. meniscofemorale posterius (Wrisberg- oder Robert-Band) zur Innenseite des medialen Femurkondylus.

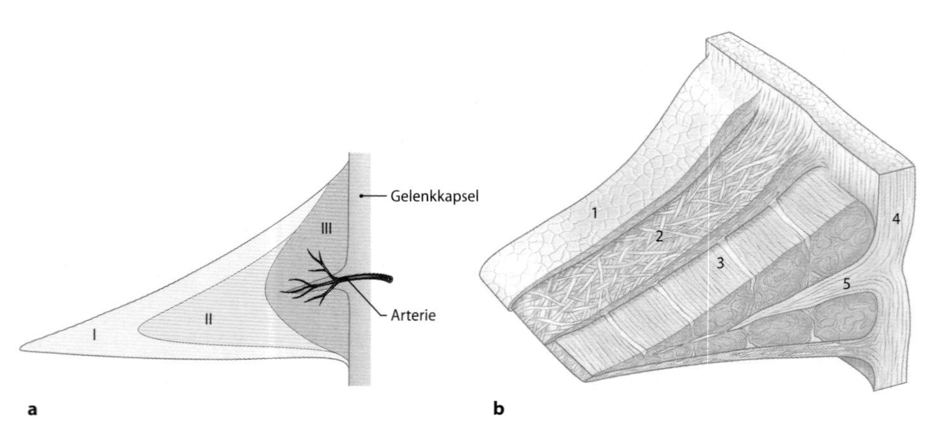

Abb. 4.169a, b. Meniskusstruktur. **a** Schematische Darstellung der Gewebeverteilung an einem Meniskusquerschnitt: **I** = Faserknorpelzone; **II** = Zone aus Faserknorpel und straffem kollagenfasrigem Bindegewebe; **III** = Zone aus straffem kollagenfasrigem Bindegewebe. In dieser Zone treten Arterien aus der Gelenkkapsel (sog. rote Zone). **b** Zeichnerische Wiedergabe des Kollagenfibrillenverlaufs nach rasterelektronenmikroskopischen Befunden. Am Meniskusquerschnitt lassen sich 3 Schichten voneinander abgrenzen: **(1)** Die Meniskusoberfläche wird auf der tibialen und auf der femoralen Seite von einem Geflecht dünner Fibrillen bedeckt; **(2)** Unter dem oberflächlichen Netzwerk liegt eine Schicht lamellenartiger Fasersysteme; **(3)** Im zentralen Teil sind die Kollagenfibrillenbündel zirkulär ausgerichtet. Von der Gelenkkapsel **(4)** dringen Bindegewebesepten **(5)** und mit diesen Blutgefäße zwischen die zirkulären Fibrillenbündel ein [17]

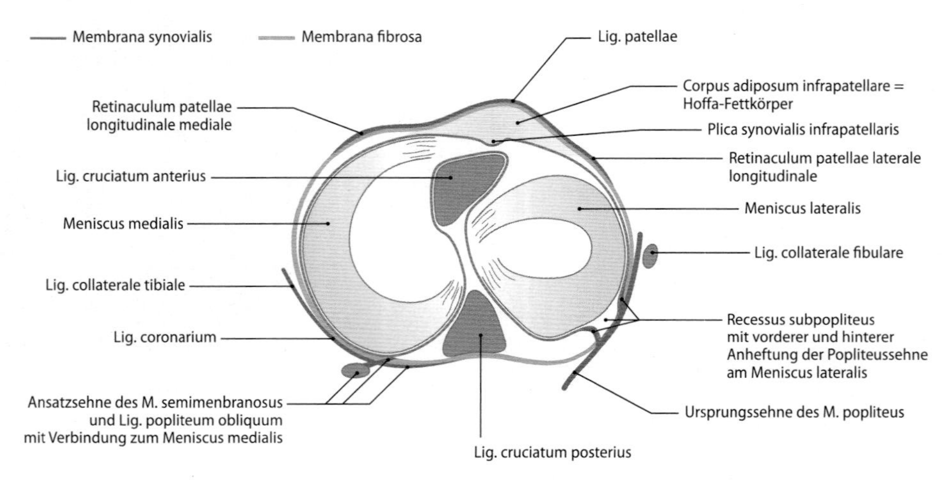

Abb. 4.170. Tibiaplateaus der rechten Seite in der Ansicht von proximal mit Menisken, Kreuzbändern (Querschnitt) und Kapsel-Band-Apparat, Verlauf der Membrana synovialis und der Membrana fibrosa (schematische Zeichnung). Man beachte die extraartikuläre, aber intrakapsuläre Lage der Kreuzbänder sowie die Verbindungen der Semimembranosussehne zum medialen Meniskushinterhorn und der Popliteussehne zum lateralen Meniskushinterhorn. Im Bereich des Recessus subpopliteus fehlt die Anheftung der Meniskusbasis an der Gelenkkapsel

Der **mediale Meniskus** (Innenmeniskus) ist größer als der laterale, seine Insertionsareale liegen weit auseinander in der Area intercondylaris anterior und posterior (Abb. 4.170). Der C-förmige Meniscus medialis ist mit dem tiefen Teil des tibialen Kollateralbandes verwachsen.

Zur Struktur und Blutversorgung der Menisken Abb. 4.169 und ► Kap. 4.1.

Funktionell wirken die Menisken als **transportable Gelenkflächen,** indem sie sich bei allen Bewegungen des Kniegelenkes auf dem Tibiaplateau verschieben (Abb. 4.171). Dabei ist der laterale Meniskus aufgrund seiner Form und seiner eng beieinander liegenden Insertionszonen beweglicher als der mediale (► 4.116). Bei Beugung des Kniegelenkes verlagern sich die Menisken nach hinten, bei Streckung nach vorn. Bei **Innendrehung** der Tibia schiebt sich der mediale Meniskus nach vorn, der laterale nach hinten. Bei **Außendrehung** gleitet der mediale Meniskus nach hinten, der laterale nach vorn. Die Verlagerung der Menisken erfolgt aktiv (bei Flexion durch die Mm. semimembranosus und popliteus, bei Extension durch den M. quadriceps femoris) und passiv.

Außerdem beteiligen sich die Menisken an der **Stabilisierung des Kniegelenkes,** vor allem in Beugestellung, indem sie sich wie Keile zwischen Femurkondylen und Tibiaplateau schieben (sog. Hemmschuhwirkung).

4.116 Schädungen der Menisken

Meniskusläsionen haben degenerative und traumatische Ursachen.

Bei traumatischen Schädigungen (»Rotationstrauma«) ist der mediale Meniskus aufgrund seiner eingeschränkten Verschiebbarkeit häufiger betroffen als der beweglichere laterale Meniskus. Man unterscheidet u.a. Radiär-, Längs- oder Korbhenkelrisse .

Eine Meniskusnaht zur operativen Versorgung von Meniskusrissen ist im blutversorgten äußeren Drittel der Meniskusbasis, sog. rote Zone, erfolgversprechend.

Eine vollständige Meniskusresektion führt infolge des erhöhten Gelenkdruckes zur Osteoarthrose im Femorotibialgelenk.

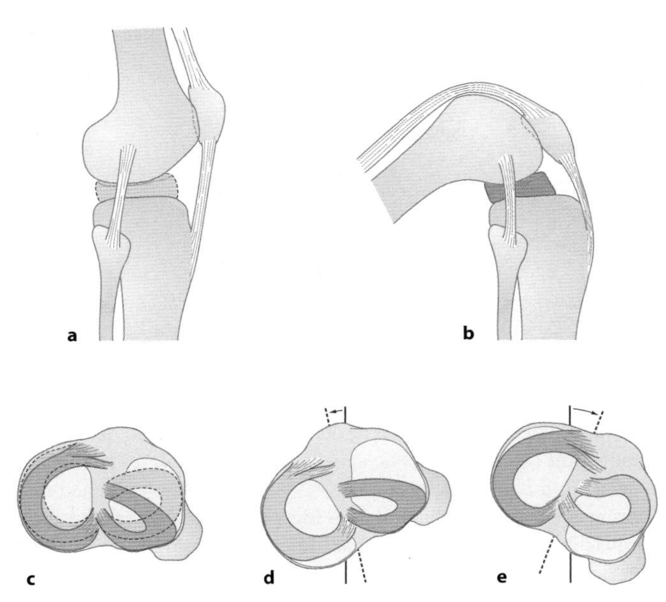

Abb. 4.171a–e. Lageveränderung der Menisken bei Beugung, Innen- und Außendrehung, rechtes Kniegelenk. Ansicht von lateral: Streckstellung (**a**) und Beugestellung (**b**). Ansicht von oben: Verlagerung der Menisken nach hinten während der Beugung (**c**). Bei Innendrehung Verlagerung des lateralen Meniskus nach hinten und des medialen Meniskus nach vorn (**d**). Bei Außendrehung Verlagerung des medialen Meniskus nach hinten und des lateralen Meniskus nach vorn (**e**) [13]

Vorderes Kreuzband, *Lig. cruciatum anterius*, und **hinteres Kreuzband,** *Lig. cruciatum posterius*, werden aufgrund ihrer Lage innerhalb der Fossa intercondylaris als Binnenbänder bezeichnet. Sie bilden aus klinischer Sicht die sog. **Zentralpfeiler** des Kniegelenkes (Abb. 4.172).

Die Kreuzbänder sind im vorderen und seitlichen Bereich von Synovialmembran bedeckt. Im Bereich der Kniekehle fehlt der synoviale Überzug; hier grenzt die Membrana fibrosa der Gelenkkapsel unmittelbar an das hintere Kreuzband. Die Kreuzbänder liegen damit außerhalb der von Synovialmembran begrenzten Gelenkhöhle, aber innerhalb der fibrösen Gelenkkapsel (Abb. 4.170). Unter praktisch-klinischen Gesichtspunkten ist es sinnvoll, von einer intraartikulären Lage zu sprechen.

Das **vordere Kreuzband,** *Lig. cruciatum anterius*, entspringt im hinteren Abschnitt der Innenseite des lateralen Femurkondylus und inseriert im mittleren Bereich der *Area intercondylaris* zwischen den Tubercula intercondylaria mediale und laterale (Abb. 4.173 und 4.172). Man unterscheidet funktionell ein anteromediales und ein posterolaterales Bündel. Das anteromediale Bündel ist bei Flexion, das posterolaterale Bündel bei Extension angespannt.

Das vordere Kreuzband ist primärer **Stabilisator** zur Verhinderung einer Translation nach vorn sowie sekundärer Stabilisator in Bezug auf Innendrehung und Abduktion. Das Lig. cruciatum anterius verhindert die Hyperextension des Kniegelenkes und führt den Bewegungsablauf der sog. Schlussrotation zur vollständigen (»verriegelten«) Streckstellung.

Das **hintere Kreuzband,** *Lig. cruciatum posterius*, ist kräftiger als das vordere. Es entspringt fächerförmig im vorderen Bereich der *Fossa intercondylaris* an der Innenfläche des medialen Femurkondylus und zieht schräg nach distal hinten. Das Band inseriert in der *Area intercondylaris posterior*, wobei sich die Anheftung auf die Rückseite des Tibiakopfes ausdehnt (Abb. 4.173). Es lassen sich makroskopisch 2 Faserzüge unterscheiden, ein kräftiges anterolaterales und ein schwächeres posteromedialees Bündel. Im zentralen Bereich des Bandes befindet sich ein Areal aus avaskulärem Faserknorpel.

Das hintere Kreuzband ist **Hauptstabilisator** des Kniegelenkes in der Sagittalebene. Es verhindert eine Translation der Tibia nach hinten, am effektivsten bei einer Kniegelenkbeugung von 90°. Das Lig. cruciatum posterius stabilisiert auch in der Frontalebene, und es wirkt als sekundärer Stabilisator in Bezug auf die Außendrehung der Tibia.

Die Kreuzbänder üben gemeinsam mit den Kollateralbändern eine **kinematische Funktion** beim Bewegungsablauf aus. Über die von den **Mechanorezeptoren** der Insertionsbereiche vermittelte Propriozeption wird die Kinematik ebenfalls beeinflusst.

4.117 Bandverletzungen

Die Ruptur des vorderen Kreuzbandes zählt zu den häufigsten Bandverletzungen. Sie ist in den meisten Fällen eine Sportverletzung, die durch verstärkte Innendrehung der Tibia (sog. Innenrotationstrauma), z.B. beim Laufen oder Springen entsteht.

Eine Kombinationsverletzung aus Ruptur des vorderen Kreuzbandes und des tibialen Kollateralbandes sowie einer Verletzung des Innenmeniskus entsteht als typische Skifahrverletzung bei verstärkter Außendrehung und Valgisierung des Kniegelenkes (früher als »unhappy triad« bezeichnet).

Zur Diagnostik einer vorderen Instabilität wendet man den sog. Lachman-Test bei etwa 25° gebeugtem Kniegelenk an. Bei rupturiertem vorderem Kreuzband lässt sich die Tibia gegenüber dem Femur nach vorn ziehen (positiver vorderer Schubladentest).

Einen klinischen Hinweis auf das Vorliegen einer hinteren Kreuzbandruptur gibt das sog. hintere (»dorsale«) Durchhangzeichen.

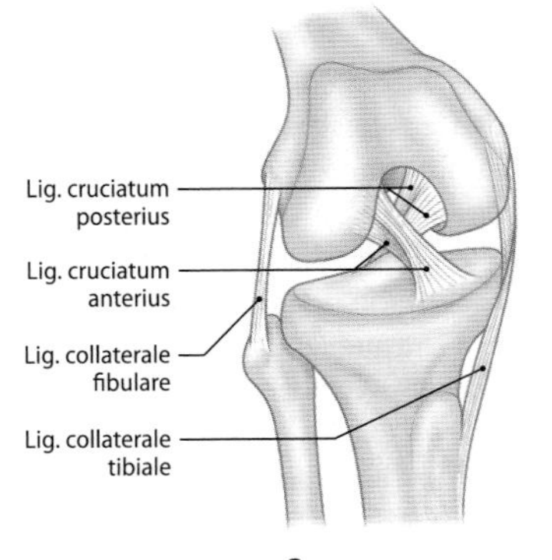

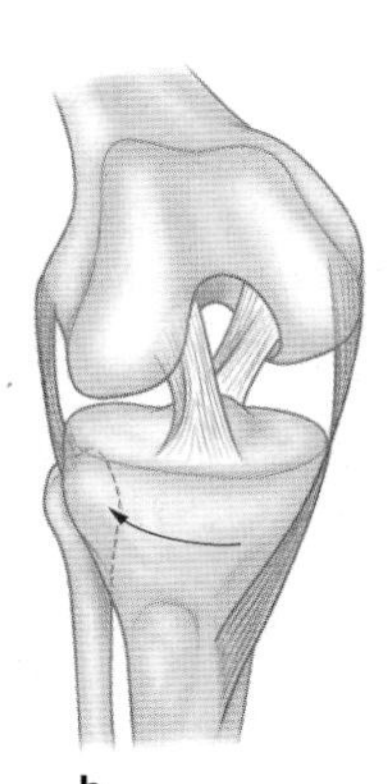

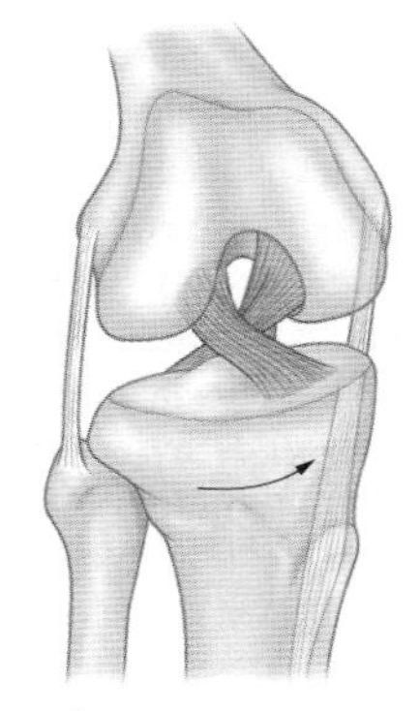

Abb. 4.172a–c. Stellungsabhängiges Spannungsverhalten von Kreuzbändern und Kollateralbändern, rechtes Kniegelenk. Ansicht von vorn. **a** Neutral-0-Stellung: Kreuzbänder und Kollateralbänder relativ gespannt. **b** Außendrehung: Kollateralbänder stark angespannt, Kreuzbänder entspannt. **c** Innendrehung: Kollateralbänder entspannt, Kreuzbänder gespannt (Torquierung) [13]

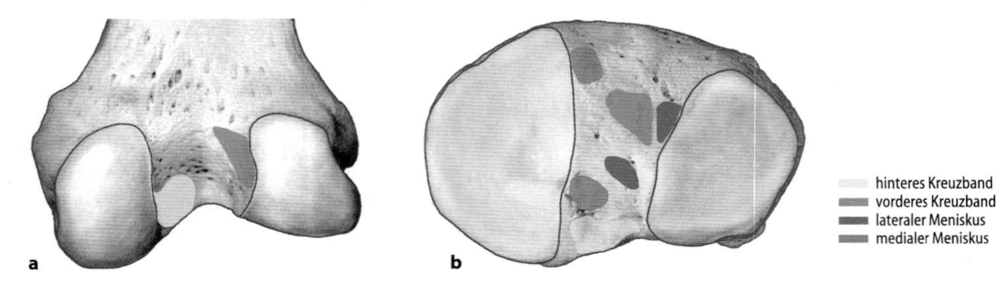

Abb. 4.173. Insertionsareale des vorderen (grün) und des hinteren (gelb) Kreuzbandes sowie des medialen (rot) und des lateralen (blau) Meniskus. **a** Fossa intercondylaris, **b** Tibiaplateau, rechte Seite [7]

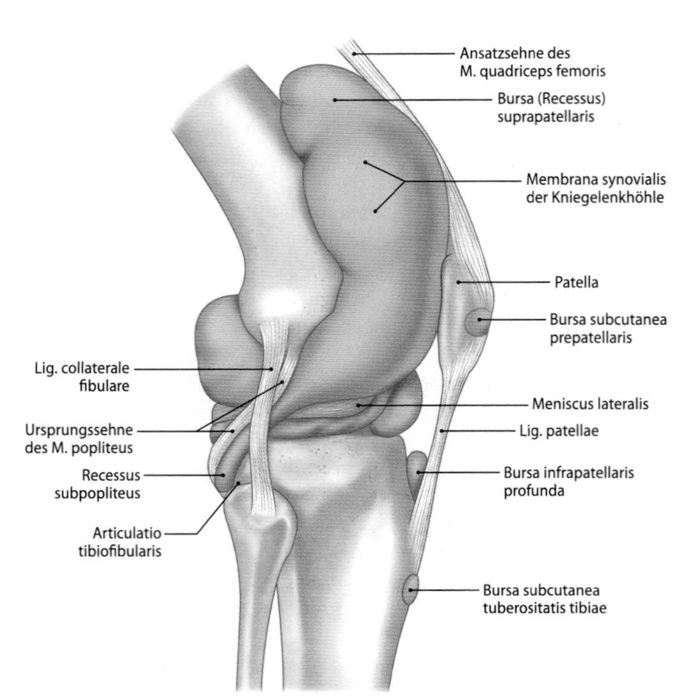

Abb. 4.174. Kniegelenkhöhle und gelenknahe Schleimbeutel, rechtes Kniegelenk von lateral vorn. Die Membrana synovialis der Gelenkhöhle und der Schleimbeutel wurde nach Injektion einer »erstarrenden Masse« freigelegt. Man beachte die Kommunikation von Recessus subpopliteus und Bursa (Recessus) suprapatellaris mit der Gelenkhöhle [14]

Die *Membrana fibrosa* der **Gelenkkapsel** ist an den Kondylen von Femur und Tibia angeheftet (Abb. 4.168). Sie wird in weiten Teilen durch Bänder verstärkt. Im vorderen Bereich ist die Patella in den Kapsel-Band-Apparat eingelagert. Die Kniegelenkkapsel ist – mit Ausnahme im Bereich des Recessus subpopliteus – mit der Basis der Menisken verwachsen (meniskofemoraler und meniskotibialer Teil der Gelenkkapsel).

Die *Membrana synovialis* zieht von der Knorpel-Knochen-Grenze des Tibiaplateaus zunächst zum Unterrand der Meniskusbasis. Sie setzt ihren Verlauf am Oberand der Meniskusbasis fort und zieht von hier zur Knorpel-Knochen-Grenze der Femurkondylen sowie der Facies patellaris des Femur (Abb. 4.174). Im vorderen Abschnitt bedeckt die Synovialmembran den Hoffa-Fettkörper. Von den inneren Rändern der Gelenflächen des Tibiaplateaus zieht die Synovialmembran ohne Unterbrechung zur Knorpel-Knochen-Grenze der Femurkondylen im Bereich der Fossa intercondylaris.

In der Umgebung des Kniegelenkes unterscheidet man sog. **Stabilisatoren;** diese Strukturen verstärken zum Teil die Membrana fibrosa der Gelenkkapsel (Abb. 4.170).

Verstärkungsbänder der Membrana fibrosa sind auf der Vorderseite des Kniegelenkes die Anteile der Ansatzsehne des M. quadriceps femoris mit *Lig. patellae* sowie den *Retinacula patellae longitudinalia mediale* und *laterale* (Abb. 4.170, 4.188a und 4.190). Zwischen den Retinacula longitudinalia und dem Lig. patellae ist die Gelenkkapsel vergleichsweise dünn. Unmittelbar hinter der Membrana fibrosa liegt hier der Hoffa-Fettkörper.

Die Stabilisierung des anterolateralen Abschnitts erfolgt durch den *Tractus iliotibialis* (Abb. 4.189), dessen Hauptanteil am Tuberculum tractus iliotibialis (Tuberculum Gerdy) inseriert. Aus dem Tractus iliotibialis geht regelmäßig ein horizontal verlaufendes *Retinaculum patellae transversale laterale* hervor, das am lateralen Rand der Patella inseriert (sog. iliotibiales Band). Ein *Retinaculum patellae transversale mediale* kommt in voller Ausprägung nur in einem Drittel der Fälle vor. **Meniskopatellare Bänder** verbinden die Patella mit den Menisken. Sie sind an der Verlagerung der Menisken nach vorn während der Kniegelenkstreckung beteiligt und stehen außerdem im Dienste der Propriozeption.

Den **seitlichen Bandapparat** des Kniegelenkes bilden mediales = tibiales und laterales = fibulares Kollateralband, *Lig. collaterale tibiale* und *Lig. collaterale fibulare.*

Das **Lig. collaterale tibiale** (klinisch: Innenband) entspringt am Epicondylus medialis des Femur. Es zieht breitflächig nach distal vorn und inseriert etwa 7–8 cm unterhalb des Tibiaplateaus unmittelbar an der medialen Fläche der Tibia hinter dem Ansatz der Sehne des Pes anserinus superficialis auf einer schräg von proximal vorn nach distal hinten abfallenden Linie (Abb. 4.175).

Das **Lig. collaterale fibulare** (klinisch: Außenband) entspringt am Epicondylus lateralis des Femur und zieht schräg nach distal hinten zur Seiten- und Vorderfläche des Fibulakopfes. Das tastbare rundliche Band ist über lockeres Bindegewebe mit der Gelenkkapsel verbunden (Abb. 4.170 und 4.174).

Die Kollateralbänder **stabilisieren** das Kniegelenk **in der Frontalebene**. Sie sind in Streckstellung und bei außengedrehtem Kniegelenk angespannt sowie in Beugestellung und bei innengedrehtem Kniegelenk entspannt.

4.118 Verletzung der Seitenbänder

Die Verletzung des medialen Seitenbandes ist eine häufige Sportverletzungen. Je nach Schweregrad lässt sich das Kniegelenk in der Frontalebene nach lateral aufklappen (aussagekräftig nur bei 30° Beugung zwecks Ausschaltung der hinteren Kreuzbandfunktion).

Bei Verletzung des lateralen Seitenbandes ist das Kniegelenk nach medial aufklappbar.

Auf der **Rückseite** wird die Gelenkkapsel durch die Ursprungssehnen der Gastroknemiusköpfe (M. triceps surae) verstärkt, die proximal mit der Gelenkkapsel verwachsen sind und kappenartig über die Femurkondylen ziehen (sog. Polkappen, Abb. 4.188b).

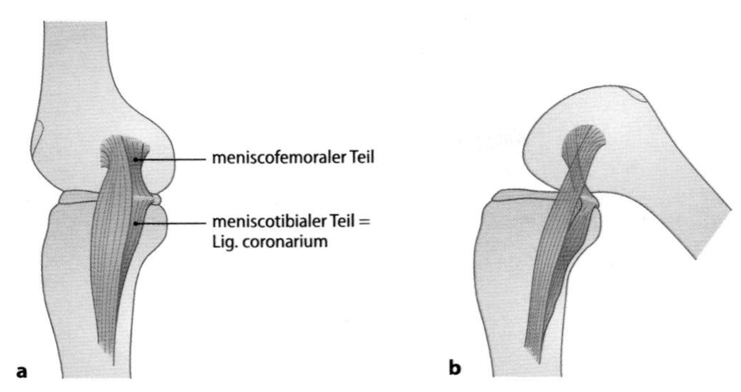

Abb. 4.175a, b. Stellungsabhängiges Spannungsverhalten des tibialen Kollateralbandes, rechtes Kniegelenk. Ansicht von medial. **a** Streckstellung, **b** Beugestellung. Am medialen Seitenband kann man einen vorderen und einen hinteren Anteil unterscheiden. Der vordere Anteil (grün) verläuft kontinuierlich zwischen Femur und Tibia ohne feste Verbindung zur Gelenkkapsel und zur Meniskusbasis. Der hintere Teil (rot) besteht aus 2 schräg verlaufenden Faseranteilen, dessen proximale Fasern vom Femur nach distal zum Meniscus medialis (meniskofemorale Fasern) ziehen. Die distalen Fasern verbinden Tibia und Meniscus medialis (meniskotibiale Fasern = Lig. coronarium). In Beugestellung überlagert der vordere oberflächliche Teil einen Teil des tiefen Anteils, es kommt zur »Einrollung« des Bandes in Beugung

In der Ursprungssehne des lateralen Gastroknemiuskopfes kommt in 10–20% ein Sesambein, *Fabella*, vor. Im mittleren Bereich wird die Kapsel durch das ***Lig. popliteum obliquum*** verstärkt, das als lateraler Anteil der Ansatzsehne des M. semimembranosus *(Pes anserinus profundus)* von medial distal schräg nach proximal lateral zieht. Eine variable Verstärkungsstruktur im lateralen Abschnitt ist das *Lig. popliteum arcuatum*. Das Band bildet mit der Ursprungssehne des M. politeus eine kreuzförmige Struktur. Die Ursprungssehne des M. popliteus verstärkt die Kapsel im posterolateralen Abschnitt, wo sie mit dem Lig. popliteum arcuatum den sog. **Arkuatumkomplex** bildet (▶ Kap. 26, ◘ Abb. 26.7).

4.119 Kniegelenkluxation

Traumatische Kniegelenkluxationen entstehen bei äußeren Gewalteinwirkungen (z.B. bei Verkehrsunfällen) und gehen mit Begleitverletzungen einher: in 20–30% des N. peroneus, in ca. 20% von A. poplitea, Kreuzbänder, Menisken oder Popliteussehne.

Die **Gelenkhöhle** des Kniegelenkes ist weiträumig und aufgrund der Einbeziehung der mit der Gelenkhöhle kommunizierenden Schleimbeutel (Recessus) stark verzweigt (◘ Abb. 4.168). In die Gelenkhöhle ragen Synovialmembranfalten, *Plicae alares*, die vom fettreichen Bindegewebe in der Umgebung der Patella und vom *Corpus adiposum infrapatellare* **(Hoffa-Fettkörper)** ausgehen. Eine strangartige Verbindung zwischen Patellaspitze und Dach der Fossa intercondylaris hebt sich als *Plica synovialis infrapatellaris* vom Hoffa-Fettkörper ab.

An der medialen Seite der Patella wölbt sich die *Plica mediopatellaris* in die Gelenkhöhle vor. Oberhalb der Patella hebt sich am Übergang zwischen Gelenkhöhle und Bursa (Recessus) suprapatellaris die *Plica synovialis suprapatellaris* ab (◘ Abb. 4.168).

Durch die Einbeziehung der mit der Kniegelenkhöhle kommunizierenden **Schleimbeutel (Recessusbildungen)** in den Gelenkbinnenraum hat dieser zahlreiche variable Aussackungen und Buchten (4.121).

Hinter der Ansatzsehne des M. quadriceps femoris liegt die *Bursa (Recessus) suprapatellaris* (◘ Abb. 4.168). Selten unterbleibt die normalerweise im 4.–5. Fetalmonat stattfindende Vereinigung mit der Gelenkhöhle, so dass eine echte Bursa suprapatellaris vorliegt. Oberhalb der Insertion des Lig. patellae liegt die *Bursa infraparellaris profunda*, die sehr selten mit der Gelenkhöhle kommuniziert. Der unter der Ursprungssehne des M. popoliteus liegende *Recessus subpoliteus* steht regelhaft mit der Gelenkhöhle in Verbindung (◘ Abb. 4.170 und 4.174). Der Recessus kann weit nach distal reichen und mit der Gelenkhöhle des Tibiofibulargelenkes in Verbindung treten. Die *Bursa subtendinea musculi gastrocnemii medialis* zwischen medialem Femurkondylus und der Ursprungssehne des medialen Gastroknemiuskopfes steht in den meisten Fälle mit der Gelenkhöhle in Verbindung. Der Schleimbeutel kann mit der *Bursa musculi semimembranosi* kommunizieren, so dass als Variante eine *Bursa gastrocnemio-semimembranosa* entsteht. Die *Bursa subtendinea musculi gastrocnemii lateralis* steht nur selten mit der Gelenkhöhle in Verbindung. Die übrigen Schleimbeutel im Bereich des Kniegelenkes kommunizieren nicht mit der Gelenkhöhle.

4.120 Arthroskopische Eingriffe

Für arthroskopische Eingriffe wird in den meisten Fällen der zentrale Zugang gewählt, er liegt vorn in der Mitte des Kniegelenkes 1 cm über dem Plateau der medialen Gelenkfläche der Facies articularis superior der Tibia.

4.121 Plikasyndrom

Als Plikasyndrom bezeichnet man Beschwerden, die von Gelenkfalten (Plica mediopatellaris, Plica infrapatellaris, Plica suprapatellaris) ausgehen. Unphysiologisches Gleiten der Plica mediopatellaris über den Condylus medialis femoris kann zu Druckschäden des Gelenkknorpels führen.

4.122 Gelenkerguss

Zur Prüfung eines Gelenkergusses wird die Bursa suprapatellaris nach distal »ausgestrichen«. Bei einem Gelenkerguss tastet man beim Herunterdrücken der Patella gegen das Patellagleitlager einen »elastischen« Flüssigkeitswiderstand (sog. tanzende Patella).

4.123 Entzündung der Synovialmembran

Infolge einer Entzündung der Synovialmembran (Synovialitis) kann sich eine Bursa gastrocnemio-semimembranosa oder die Bursa musculi semimembranosi allein zu einer Kniekehlen- oder Popoliteazyste (Baker-Zyste) erweitern.

Blutversorgung: *A. descendens genus* (aus der A. femoralis), *Aa. superior lateralis genus* und *superior medialis genus, A. media genus, Aa. inferior lateralis genus* und *inferior medalis genus* (aus der A. poplitea), *A. cicumflexa fibularis (peronealis)* (aus der A. tibialis posterior), *Rete articulare genus, Rete patellare, A. media genus* (Kreuzbänder und Menisken).

Innervation: *Rr. articulares* des *N. femoralis, Rr. infrapatellares superior* und *inferior* des *N. saphenus, N. peroneus communis, Rr. articulares* aus den *Nn. obturatorius, tibialis* und *peroneus communis.*

Mechanik. Die **Belastung** von **Femorotibial-** und **Femoropatellargelenk** erfolgt durch unterschiedliche Kräfte. Die **Bewegungen** in den beiden Anteilen des Kniegelenkes sind kinematisch miteinander gekoppelt.

Im zweibeinigen Stand lastet auf jedem **Femorotibialgelenk** etwa 43% des Teilkörpergewichts. Im Einbeinstand ist die Belastung des Tibiaplateaus etwa doppelt so groß wie das Körpergewicht. Beim Gehen treten zusätzlich dynamische Kräfte auf, wodurch sich die Belastung um ein Mehrfaches des Körpergewichtes erhöht.

Voraussetzung für eine gleichmäßige Belastung des medialen und des lateralen Anteils im Femorotibialgelenk ist ein zentrischer

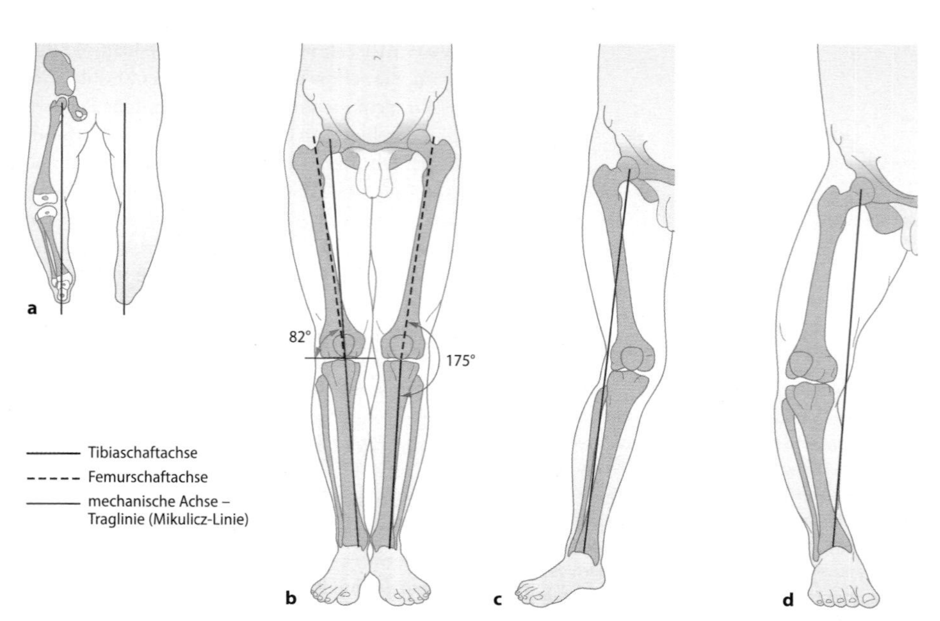

Abb. 4.176a–d. Traglinie und Achsen am Skelett der unteren Extremität. **a** Beim Neugeborenen besteht ein physiologisches Genu varum. **b** Beim Erwachsenen läuft die Traglinie (mechanische Achse – Mikulicz-Linie, rote Linie) normalerweise durch die Zentren von Hüft-, Knie- und oberem Sprunggelenk. Physiologischweise liegen die mechanischen Achsen von Femur und Tibia nicht exakt auf einer Geraden, sie bilden einen Varuswinkel von 1,2° miteinander. Das Kniegelenkzentrum wird von der mechnischen Achse im Bereich des Tuberculum intercondylare mediale geschnitten. Die Schaftachse des Femur weicht um 5–7° von der Traglinie ab. Da der Condylus medialis weiter nach distal reicht als der Condylus lateralis, liegt die Kondylenebene im Kniegelenk trotz der Femurschaftabweichung auf der Horizontalebene. Mit der Horizontalen bildet die Schaftachse des Femur einen Winkel von etwa 82°. Am Unterschenkel stimmen Traglinie und Schaftachse überein. Die Schaftachsen von Femur und Tibia bilden miteinander einen Winkel von etwa 175°. **c** und **d** Achsenfehlstellungen: Beim Genu valgum (**c**) liegt das Kniegelenk medial von der Traglinie, beim Genu varum (**d**) liegt das Kniegelenk lateral von der Traglinie

Verlauf der **Traglinie** (Mikulicz-Linie, Abb. 4.176b) durch die Fossa intercondylaris femoris und durch die Area intercondylaris des Tibiaplateaus.

Die **Belastung** des **Femoropatellargelenkes** erfolgt durch die vertikalen und horizontalen Zugkräfte des M. quadriceps femoris mit seinen Endsehnen und der Retinacula patellae transversalia. Die an der Patella angreifenden Muskel- und Bandkräfte führen die Kniescheibe im femoralen Gleitlager und erzeugen die Anpresskraft (Gelenkdruck). Diese ist in Streckstellung am niedrigsten und wird mit fortschreitender Beugung größer (Abb. 4.177).

Im Kniegelenk sind **Flexion** und **Extension** sowie bei gebeugtem Kniegelenk **Innen**- und **Außendrehung** möglich (Abb. 4.178). Eine aktive **Extension** aus der Neutral-0-Stellung ist meistens nicht möglich.

In **Beugestellung** kommt es aufgrund des unterschiedlichen Kondylenprofils im vorderen und im hinteren Teil der Femurrollen und der damit einhergehenden Distanzminderung der Anheftungsstellen der Kollateralbänder an Femur, Tibia und Fibula zu einer relativen Entspannung der Seitenbänder. Dadurch sind die Voraussetzungen für **Drehbewegungen** im Kniegelenk gegeben, die vorwiegend zwischen Tibiagelenkflächen und Menisken ablaufen.

Die **Bewegungsabläufe (Kinematik)** im Femorotibialgelenk während der Beugung und Streckung werden nicht einheitlich beschrieben. Die Flexionsbewegung soll durch eine Abrollbewegung

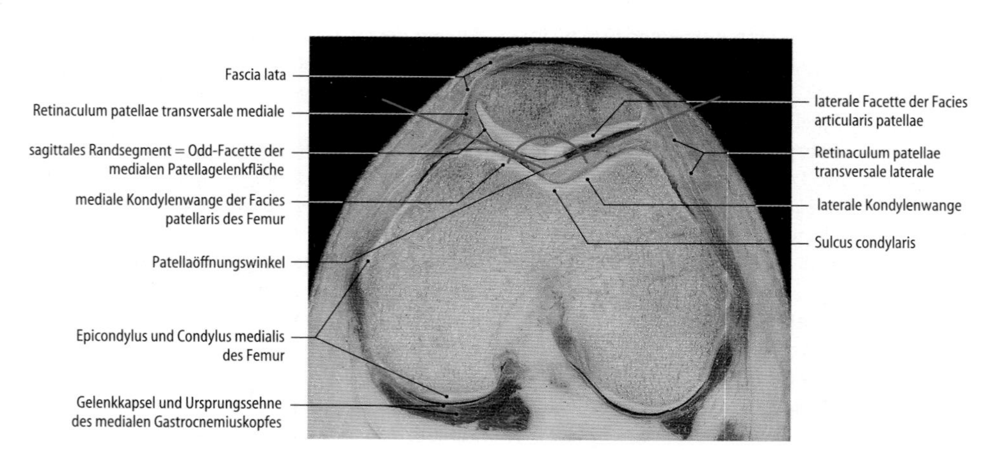

Abb. 4.177. Querschnitt durch ein rechtes Kniegelenk in leichter Beugestellung. Ansicht der distalen Schnittfläche: Patellagleitlager des Femur, Gelenkfacetten der Patella. In der Horizontalebene bilden die beiden Gelenkfacetten der Patella den sog. Patellaöffnungswinkel von normalerweise 120–140°. Die Ausbildung der medialen und lateralen Gelenkfacetten ist sehr variabel. Selten sind beide Flächen gleich groß, meistens ist die mediale Facette kleiner als die laterale [7]

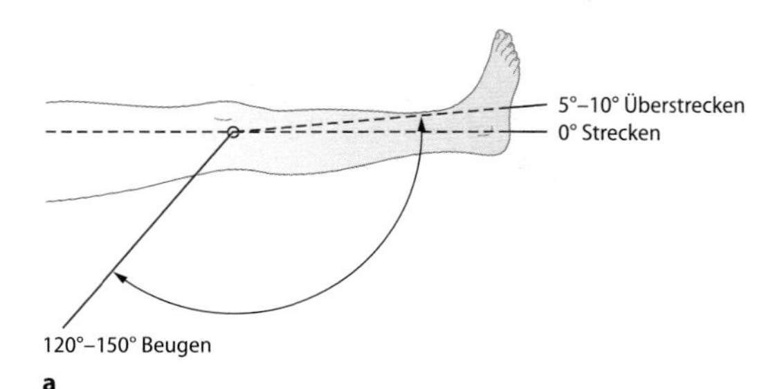

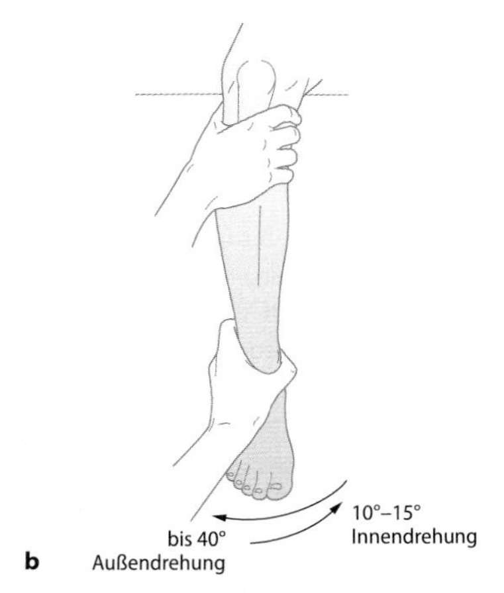

Abb. 4.178a, b. Bewegungsmaße im Kniegelenk. **a** Beugung und Streckung: Passiv lässt sich das Kniegelenk 5–10° strecken (4.124). Bei gebeugtem Hüftgelenk beträgt die maximale **Flexion** im Kniegelenk etwa 140°. Bei gestrecktem Hüftgelenk kann das Kniegelenk wegen der aktiven Insuffizienz der ischiokruralen Muskeln nur bis etwa 120° gebeugt werden. Passiv lässt sich das Kniegelenk bis zu 160° beugen. Häufig begrenzen die Weichteile das volle Bewegungsausmaß (sog. Weichteilhemmung). **b** Innen- und Außendrehung: Bei 90° gebeugtem Kniegelenk ist eine Außendrehung von maximal 40°, eine Innendrehung von 10–15° möglich; Tab. 4.41

von 10–20° eingeleitet werden. Anschließend kommt es bis zur Endstellung zu einer kombinierten Rotations- und Translationsbewegung.

In der Endphase der Streckbewegung kommt es zu einer zwangsläufigen Drehung der Tibia von etwa 5° nach außen (**Schlussrotation,** s. vorderes Kreuzband). Nach vollzogener Schlussrotation sind die Kreuzbänder entspannt und die Kollateralbänder angespannt.

Die »Bewegungsachse« für Flexion und Extension läuft transversal. Aufgrund der Geometrie der Gelenkkörper und der beschriebenen Kinematik gibt es keinen feststehenden Drehpunkt. Die augenblicklichen Drehpunkte wandern während der Beugung, bei bewegter Tibia als » Rastpolkurve«.

Die »Bewegungsachse« für die Drehbewegungen läuft vertikal durch den inneren Teil der medialen Gelenkfläche des Tibiaplateaus.

4.124 Genu valgum, Genu varum und Genu recurvatum

Genu valgum (sog. X-Beinstellung) und Genu varum (sog. O-Beinstellung) zählen beim Erwachsenen zu den sog. Achsenfehlern der unteren Extremität (Abb. 4.176c, d). Die Deformitäten führen zu Überdehnungen des Kapsel-Band-Apparates und zu Fehlbelastungen (Osteoarthrose).

Eine Überstreckbarkeit des Kniegelenkes bezeichnet man als Genu recurvatum (Folge einer Lähmung des M. quadriceps femoris oder als erworbene Fehlstellung nach einer proximalen Tibiafraktur).

In Kürze

Kniegelenk (Articulatio genus)
Articulatio femorotibialis: Condyli femoris artikulieren mit der Facies articularis tibiae
Articulatio femoropatellaris: Facies patellaris des Femur artikulieren mit der Facies articularis patellae
Menisci medialis und lateralis:
- transportable Gelenkflächen
- gleichmäßige Beanspruchung
- Stabilisatoren

Kreuzbänder: Lig. cruciatum anterius und Lig. cruciatum posterius sind die Hauptstabilisatoren in der Sagittalebene.
Kapsel-Band-Apparat: Stabilisatoren
- vorn: Lig. patellae, Retinacula patellae, meniskopatellare Bänder
- seitlich: Lig. collaterale tibiale, Lig. collaterale fibulare, Tractus iliotibialis
- hinten: Lig. popliteum obliquum, Lig. arcuatum, Sehnen der Mm. gastrocnemius, popliteus und semimembranosus

Intraartikuläre Strukturen: Hoffa-Fettkörper, Plicae alares, Plica synovialis infrapatellaris, Lig. transversum genus, Plica mediopatellaris

Mit der Gekenkhöhle kommunizierende Schleimbeutel (Recessus): Bursa (Recessus) suprapatellaris, Recessus subpopliteus, Bursa subtendinea m. gastrocnemii medialis (variabel)
Mechanik:
- **Flexion und Extension:** Kombinationsbewegung aus Translation und Rotation sowie Abrollbewegung
- **Innen- und Außendrehung** (bei gebeugtem Kniegelenk)

Verbindungen zwischen Tibia und Fibula

Verbindungen zwischen Tibia und Fibula
Schienbein-Wadenbein-Gelenk *(Articulatio tibiofibularis)*
Bandverbindungen zwischen Schienbein und Wadenbein *(Syndesmosis tibiofibularis)*

Schienbein-Wadenbein-Gelenk

Im Schienbein-Wadenbein-Gelenk, *Articulatio tibiofibularis,* artikulieren die leicht konvexe *Facies articularis fibularis* des lateralen Tibiakondylus und die leicht konkave *Facies articularis capitis fibulae* miteinander (Abb. 4.161). Die Gelenkkapsel wird vorn vom häufig zweigeteilten *Lig. capitis fibulae anterius* und hinten vom *Lig. capitis fibulae posterius* verstärkt.

Mechanik: Die kapselverstärkenden Bänder und die Bandhaften zwischen Tibia und Fibula machen die Articulatio tibiofibularis zur Amphiarthrose. Es sind nur geringgradige Translations- und Rotationsbewegungen möglich.

Blutversorgung: *A. inferior lateralis genus, A. circumflexa peronealis (fibularis).* **Innervation:** Gelenkäste des *N. peroneus.*

Bandverbindungen zwischen Tibia und Fibula

Die Bandverbindungen zwischen Tibia und Fibula *Syndesmosis tibiofibularis,* besteht aus 2 Anteilen. Im Diaphysenbereich sind Schienbein und Wadenbein durch die **Zwischenknochenmembran,** *Membrana interossea cruris,* miteinander verbunden. Die Membrana interossea cruris ist an den Margines interossei von Tibia und Fibula im

Knochen verankert. Distal werden Tibia und Fibula in der Syndesmosis tibiofibularis durch das *Lig. tibiofibulare anterius* und durch das *Lig. tibiofibulare posterius* zur **Malleolengabel** vereinigt (oberes Sprunggelenk, ◻ Abb. 4.179). In der konkaven *Incisura fibularis* der Tibia liegt der distale Abschnitt der Fibuladiaphyse. Der Kontaktbereich ist normalerweise von Periost, selten von Knorpel bedeckt.

Mechanik. Die Membrana interossea cruris trägt zur Stabilisierung der Malleolengabel bei und dient den Unterschenkelmuskeln als Ursprungszone. Die distale Syndesmosis tibiofibularis (Malleolengabel) hat keine Eigenbeweglichkeit. Es entstehen lediglich geringgradige Mitbewegungen des oberen Sprunggelenkes. Bei der Dorsalextension des Fußes weichen Tibia und Fibula etwas auseinander (Knochenhemmung).

4.125 Verletzung der Malleolengabel

Verletzungen der Malleolengabel sind charakterisiert durch die Kombination von Knochen- und Bandläsionen. Bei der Klassifikation (nach Weber) wird die Frakturlokalisation zur Lage der distalen Syndesmosenbänder in Beziehung gesetzt: Typ A-Verletzung = Fraktur des Außenknöchels unterhalb der Syndesmose, Typ-B-Verletzung = Fraktur der Fibula in Höhe der Syndesmosenbänder, häufig Mitverletzung der Syndesmosenbänder und zusätzliche Verletzung des Innenknöchels, Typ-C-Verletzung = Fraktur der Fibula oberhalb der Syndesmose mit Verletzung der Syndesmosenbänder.

In Kürze

Verbindungen zwischen Tibia und Fibula

Articulatio tibiofibularis
- Lig. capitis fibulae anterius
- Lig. capitis fibulae posterius

Syndesmosis tibiofibularis
- Membrana interossea cruris
- distale Syndesmose (Malleolengabel); Lig. tibiofibulare anterius, Lig. tibiofibulare posterius

Gelenke des Fußes (Articulationes pedis)

Oberes Sprunggelenk (OSG): *Articulatio talocruralis*
Unteres Sprunggelenk (USG): *Articulatio subtalaris, Articulatio talocalcaneonavicularis*
Queres Fußwurzelgelenk (Chopart-Gelenk): *Articulatio tarsi transversa* mit *Articulatio talonavicularis* und *Articulatio calcaneocuboidea*
Keilbein-Kahnbein-Gelenk: *Articulatio cuneonavicularis*
Gelenke zwischen den Keilbeinen: *Articulationes intercuneiformes*
Fußwurzel-Mittelfuß-Gelenke (Lisfranc-Gelenk): *Articulationes tarsometatarsales*
Gelenke zwischen den Basen der Mittelfußknochen: *Articulationes intermetatarsales*
Zehengrundgelenke: *Articulationes metatarsophalangeales*
Zehenmittel- und Endgelenke: *Articulationes interphalangeae*
Keilbein-Würfelbein-Gelenk: *Articulatio cuneocuboidea**
Würfelbein-Kahnbein-Gelenk: *Articulatio cuboideonavicularis**
* : inkonstante Gelenke

Die Fußgelenke stehen im Dienste der bipeden Fortbewegung. Am Abrollvorgang sind oberes Sprunggelenk mit Dorsalextension und Plantarflexion sowie die Gelenke des unteren Sprunggelenkes mit einer supinatorischen Drehung des Rückfußes und mit einer pronatorischen Drehung des Vorfußes beteiligt. In die gegenläufigen Drehbewegungen zwischen Rückfuß und Vorfuß werden auch die Amphiarthrosen des Fußes einbezogen. In den Zehengelenken erfolgt das Abstoßen des Fußes vom Boden.

Oberes Sprunggelenk (OSG)

Im **oberen Sprunggelenk,** *Articulatio talocruralis,* artikuliert die Malleolengabel (◻ Abb. 4.161) mit der Trochlea tali, die sie von 3 Seiten umfasst. Das Rollendach der Tibia hat Kontakt mit dem Rollenmantel des Talus. Medial und lateral artikulieren die Knöchelwangen der Malleolengabel mit den Rollenwangen des Talus.

Das obere Sprunggelenk (OSG) stellt die Verbindung zwischen Unterschenkel und Fuß her. Hier wird die Kraft der Teilkörperlast auf den Vor- und Rückfuß übertragen. Das obere Sprunggelenk trägt zur Sicherung der aufrechten Körperhaltung bei.

Die **Gelenkkapsel** ist auf der Vorderseite des Gelenkes weit und dünn (◻ Abb. 4.185a). Seitlich wird die Membrana synovialis durch **Seitenbänder** verstärkt, die fächerförmig von den Malleolen zu den Fußwurzelknochen ziehen. Das **mediale Seitenband,** *Lig. collaterale mediale,* wird aufgrund seiner Form auch als *Lig. deltoideum* bezeichnet (◻ Abb. 4.179a). Seine oberflächlichen Bandanteile, *Pars tibiocalcanea* und *Pars tibionavicularis,* ziehen über oberes und unteres Sprunggelenk. Der tiefe Teil des Bandes mit *Pars tibiotalaris anterior* und *Pars tibiotalaris posterior* verstärkt die Gelenkkapsel und überbrückt ausschließlich das obere Sprunggelenk. Das **laterale Seitenband,** *Lig. collaterale laterale,* besteht aus 3 Bandzügen (◻ Abb. 4.179b):
- Das *Lig. talofibulare anterius* läuft von der Vorderkante und Spitze des lateralen Knöchels in nahezu horizontaler Richtung zum Talushals.
- Das kräftige *Lig. talofibulare posterius* kommt von der Innenseite des Malleolus lateralis und zieht horizontal zum Tuberculum laterale des Processus posterior tali. Das Band liegt in der Tiefe des Gelenkes und ist fest in die Membrana fibrosa des Kapsel eingebettet.
- Das *Lig. calcaneofibulare* überbrückt oberes und unters Sprunggelenk. Das Band entspringt am Vorderrand und an der Spitze des lateralen Malleolus und zieht nach hinten plantar zur Seitenfläche des Calcaneus. Es hat keine Verbindung mit der Gelenkkapsel.

Blutversorgung: *A. tibialis anterior* (A. malleolaris anterior lateralis – Rete malleolare laterale, A. malleolaris anterior medialis, A. tarsalis medialis, A. tarsalis lateralis), *A. tibialis posterior* (Rr. malleolares mediales – Rete malleolare mediale) und *A. peronea* (Rr. malleolares laterales). **Innervation:** Gelenkäste des *N. tibialis,* des *N. suralis,* des *N. peroneus profundus* und des *N. saphenus.*

Mechanik. Das obere Sprunggelenk ist seiner Form nach ein Scharniergelenk mit guter Knochen- und Bandführung. Es sind Bewegungen des Fußes gegen den Unterschenkel – Plantarflexion und Dorsalextension – sowie vice versa des Unterschenkels gegen den Fuß von insgesamt 70–80° möglich (◻ Abb. 4.180). Vielfach wird statt Dorsalextension der Begriff Dorsalflexion verwendet, diese Bezeichnung ist irreführend, da die Bewegung durch die Extensoren zustande kommt. Die beiden Bewegungsmöglichkeiten sind Bestandteil des Ganges. Die medialen und lateralen Seitenbänder sichern das Gelenk in allen Bewegungsphasen, da aufgrund der fächer- oder deltaförmigen Anordnung des Bandapparates in allen Gelenkstellungen stets ein Teil der Bänder gespannt ist. Bei einer Dorsalextension von ca. 30° kommt es zum festen Kontakt zwischen Malleolengabel und Talusrolle, so dass eine darüber hinaus gehende Streckung nicht möglich ist (knöcherne Hemmung). Die Malleolengabel wird dabei um 1–2 mm

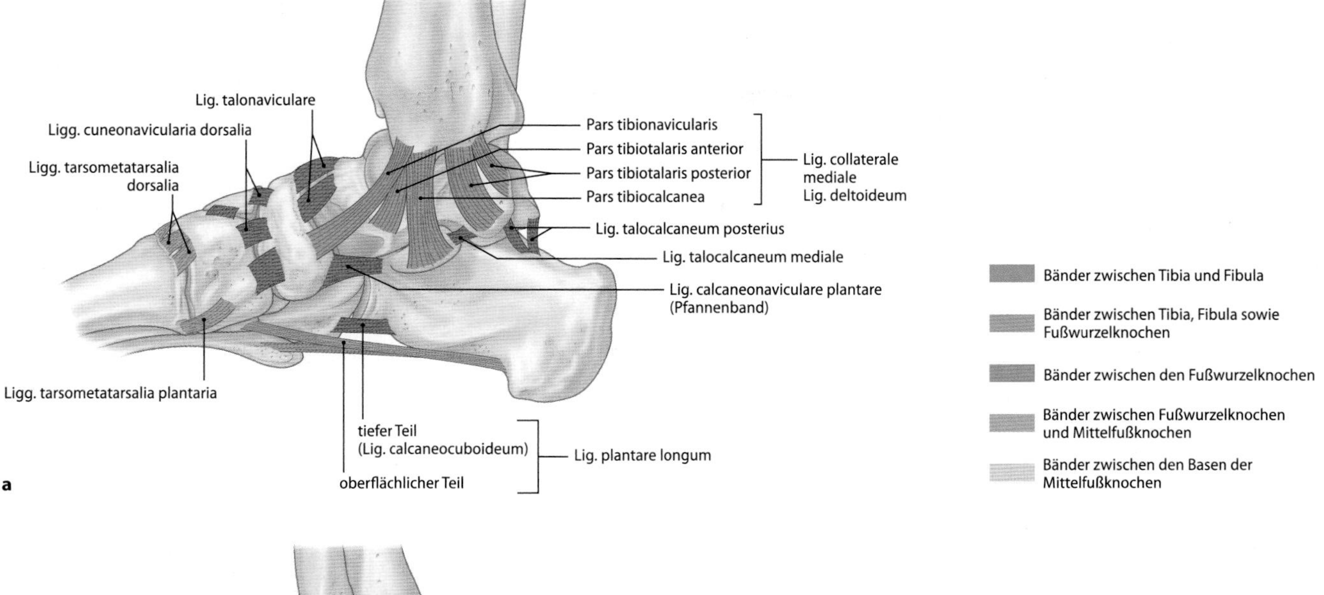

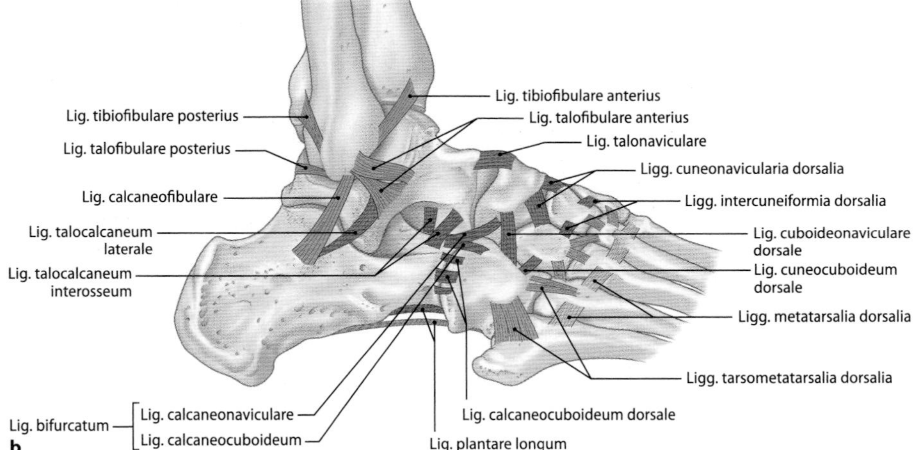

Abb. 4.179a, b. Kapsel-Band-Apparat der Fußgelenke. Rechter Fuß, Ansicht von medial (**a**) und von lateral (**b**).
Bänder der Fußgelenke (5 Gruppen):
gelb: **1.** Bänder zwischen Tibia und Fibula: Lig. tibiofibulare anterius und Lig. tibiofibulare posterius
blau: **2.** Bänder zwischen Tibia, Fibula sowie Fußwurzelknochen: Lig. collaterale mediale (deltoideum) mit Partes tibionavicularis, tibiocalcanea, tibiotalaris anterior und tibiotalaris posterior; Lig. collaterale laterale mit Ligg. talofibulare anterius, talofibulare posterius und calcaneofibulare
rot: **3.** Bänder zwischen den Fußwurzelknochen (Ligg. tarsi): Ligg. tarsi dorsalia: Lig. talonaviculare, Ligg. intercuneiformia dorsalia, Lig. cuneocuboideum dorsale, Lig cuboideonaviculare dorsale, Lig. bifurcatum mit Lig. calcaneonaviculare und calcaneocuboideum, Ligg. cuneonavicularia dorsalia, Lig. calcaneocuboideum dorsale, Ligg. tarsi interossea: Lig. talocalcaneum interosseum, Lig. cuneocuboideum interosseum, Ligg. intercuneiformia interossea, Ligg. tarsi plantaria: Lig. plantare longum, Lig. calcaneocuboideum plantare, Lig. calcaneonaviculare plantare (Pfannenband), Ligg. cuneonavicularia plantaria, Lig. cuboideonaviculare plantare, Ligg. intercuneiformia plantaria, Lig. cuneocuboideum plantare
grün: **4.** Bänder zwischen Fußwurzelknochen und Mittelfußknochen: Ligg. tarsometatarsalia dorsalia, Ligg. tarsometatarsalia plantaria, Ligg. cuneometatarsalia interossea
braun: **5.** Bänder zwischen den Basen der Mittelfußknochen: Ligg. metatarsalia dorsalia, Ligg. metatarsalia interossea, Ligg. metatarsalia plantaria

erweitert. Bei maximaler Plantarflexion (normalerweise ca. 40–50°; individuell, z.B. bei Tänzerinnen oder Turnern größeres Ausmaß) fehlt eine feste Umklammerung der Talusrolle durch die Malleolengabel, da die Trochlea tali hinten schmaler ist als vorn. Die Sicherung des Gelenkes erfolgt in dieser Stellung durch den vorderen Teil der Seitenbänder.

Die **Bewegungsachse** für Plantarflexion und Dorsalextension läuft transversal durch den Canalis tarsi (Abb. 4.181). Sie ist gegen die Tibiaachse um etwa 82° nach lateral geneigt. Da am Talus keine Muskeln inserieren, kann das Gleichgewicht am oberen Sprunggelenk nur gemeinsam mit dem unteren Sprunggelenk hergestellt werden.

Die Scharnierbewegungen der Plantarflexion und der Dorsalextension sind mit geringen Rotationsbewegungen des Talus kombiniert.

4.126 Verletzungen des oberen Sprunggelenkes

Verletzungen des oberen Sprunggelenkes (meistens ein Supinationstrauma) zählen zu den häufigsten Sportverletzungen. In mehr als der Hälfte der Fälle ist der Bandapparat betroffen. Am häufigsten ist dabei das Lig. talofibulare anterius geschädigt. Die Bandverletzung führt zur Instabilität: Das Gelenk kann nach medial »aufgeklappt« werden, und der Talus lässt sich in der Sagittalebene nach vorn verschieben.

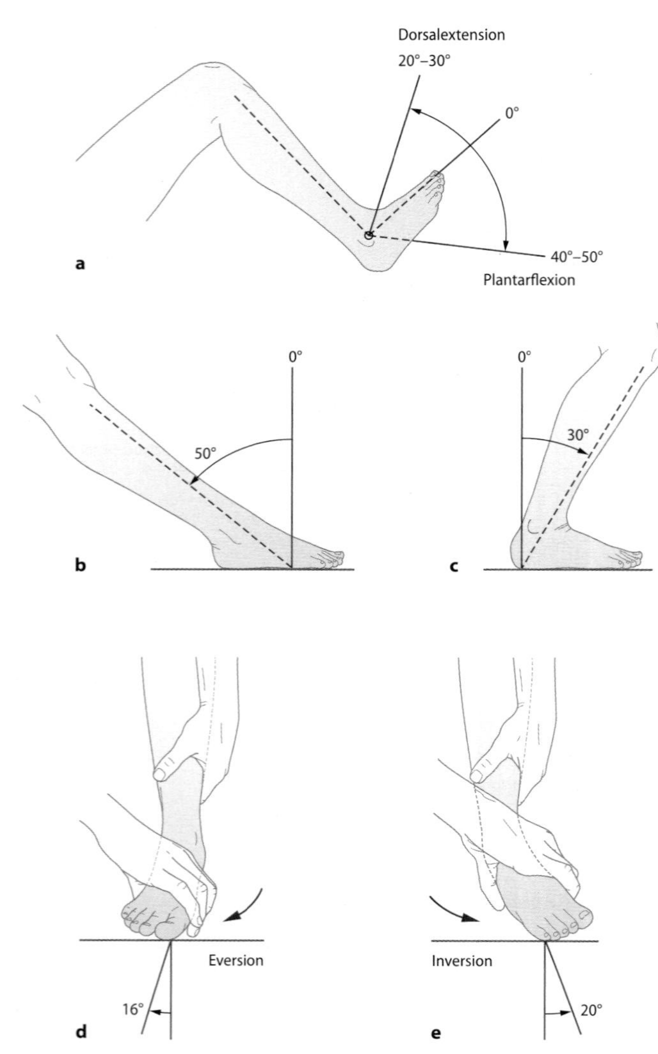

◻ **Abb. 4.180a–e.** Bewegungen im oberen Sprunggelenk mit Maßangaben der Bewegungsexkursionen. Plantarflexion und Dorsalextension bei frei beweglichem Fuß (**a**) und bei feststehendem Fuß (**b** und **c**). Eversion und Inversion im unteren Sprunggelenk (**d** und **e**); ◻ Tab. 4.41

In Kürze

Oberes Sprunggelenk (OSG), Articulatio talocruralis
Malleolengabel artikuliert mit der **Trochlea tali**
Bandapparat:
- **mediales Seitenband:** Lig. collaterale mediale – Lig. deltoideum – mit den Bandanteilen Pars tibiotalaris anterior, Pars tibiotalaris posterior, Pars tibionavicularis, Pars tibiocalcanea
- **laterales Seitenband:** Lig. collaterale laterale, bestehend aus 3 Bandzügen: Lig. talofibulare anterius, Lig. talofibulare posterius, Lig. calcaneofibulare

Funktion: Scharniergelenk mit guter Knochen- und Bandführung:
- Plantarflexion
- Dorsalextension

Unteres Sprunggelenk (USG)

Das untere Sprunggelenk, *Articulatio talotarsalis* (◻ Abb. 4.181) ist funktionell ein Gelenk, anatomisch handelt es sich um 2 getrennte

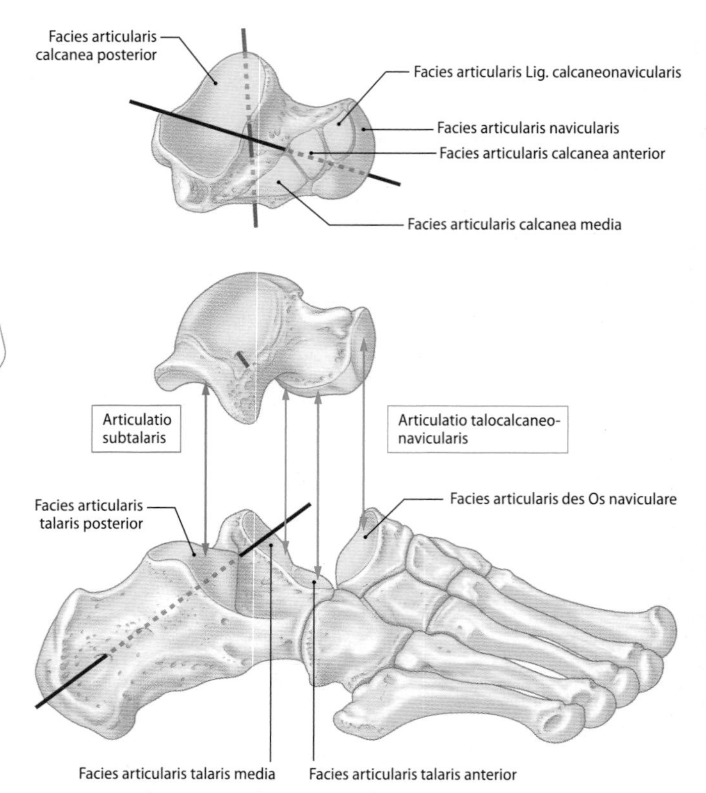

◻ **Abb. 4.181.** Gelenkanteile des unteren Sprunggelenkes, rechter Fuß. Ansicht des Talus von plantar (oben) und von lateral (Mitte), Ansicht des Calcaneus und der übrigen Fußknochen von lateral. Achse für Plantarflexion und Dorsalextension: blau; Achse für Eversion und Inversion: rot

Gelenke. Die hintere »Kammer« bildet die *Articulatio subtalaris*, in der die konkave Talusunterfläche, *Facies articularis calcanea posterior*, mit der konvexen *Facies articularis talaris posterior* des Calcaneus artikuliert. In der vorderen »Kammer« artikulieren Talus, Calcaneus, Os naviculare sowie das Pfannenband als *Articulatio talocalcaneonavicularis* miteinander (◻ Abb. 4.181 und 4.185). Der kugelförmige Taluskopf hat Kontakt mit der Gelenkpfanne des Os naviculare und mit dem Pfannenband, *Lig. calcaneonaviculare plantare*. Die Gelenk-

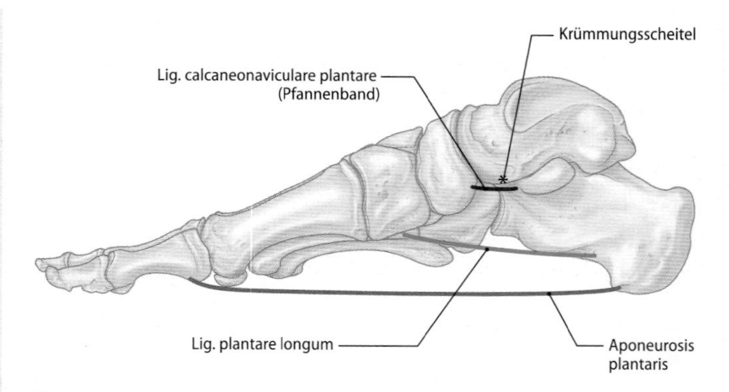

◻ **Abb. 4.182.** Passive plantare Strukturen zur Verspannung der Längswölbung des Fußes. **a** Fußskelett der rechten Seite, Ansicht von medial. Nach der Distanz zum Krümmungsscheitel der Längswölbung trägt die Plantaraponeurose am effektivsten zur Verspannung bei. Das Lig. plantare longum ist an der Verspannung der Längswölbung beteiligt, seine Effektivität ist aber aufgrund seiner Lage geringer als die der Plantaraponeurose. Das Pfannenband hat aufgrund seiner Lage unmittelbar unterhalb des Krümmungsscheitels keinen nennenswerten Einfluss auf die Verspannung der Längswölbung

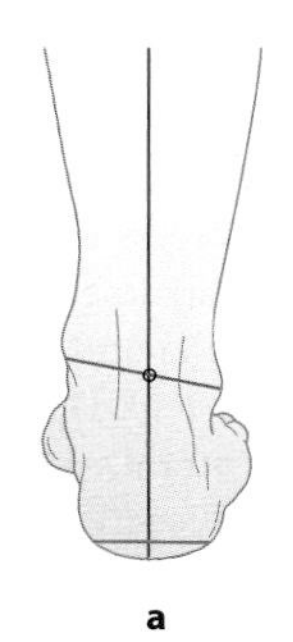

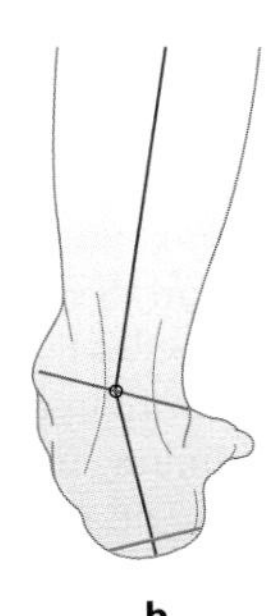

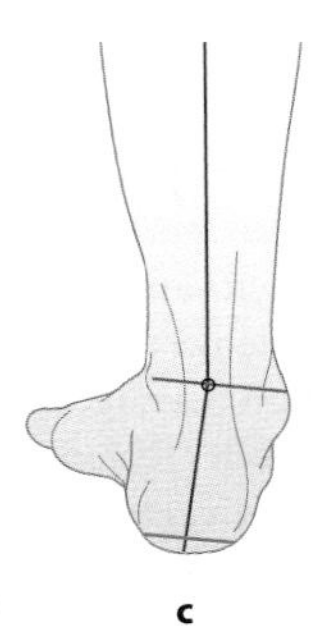

a b c

Abb. 4.183a–c. Distaler Abschnitt des Unterschenkels und Rückfuß der rechten Seite, Ansicht von hinten. **a** Die Achsen von Unterschenkel und Rückfuß (rot) liegen normalerweise auf einer vertikalen Linie. **b** Weicht die Achse des Rückfußes mehr als 6° von der Unterschenkelachse ab, bezeichnet man diese Stellungsanomalie als Pes valgus (Knickfuß).**c** Ist der Rückfuß gegenüber dem Unterschenkel nach medial abgewinkelt, spricht man vom Pes varus (Klumpfuß). Die Verbindungslinie der Malleolenenden (blau) läuft beim Pes varus horizontal, beim normalen Fuß (**a**) und beim Pes valgus (**b**) ist sie nach lateral geneigt.
blau: Verbindungslinie der Malleolenenden
grün: Achse des Tuber calcanei

flächen an der Taluskopfunterfläche und an der Unterseite des Talushalses arikulieren mit den variabel ausgebildeten Gelenkflächen auf der Oberseite des Calcaneus.

Das **Pfannenband,** *Lig. calcaneonaviculare plantare,* überbrückt die Lücke zwischen Sustentaculum tali des Calcaneus und der plantaren Seite an der Tuberositas ossis navicularis (Abb. 4.179a und 4.182). Das mit dem Taluskopf artikulierende Band besteht im Kontaktbereich mit dem Sprungbein aus Faserknorpel, *Fibrocartilago navicularis.*

Durch die **Gelenkkapseln** werden die **Gelenkhöhlen** der vorderen und der hinteren Kammer des unteren Sprunggelenkes vollständig voneinander getrennt. Zwischen beiden Gelenkanteilen liegen der *Sinus* und der *Canalis tarsi* (Abb. 4.181). Innerhalb des knöchernen Kanals sind Talus und Calcaneus durch das *Lig. talocalcaneum interosseum* miteinander verbunden (Abb. 4.179b, 4.185a).

Die Gelenkkapsel der **Articulatio subtalaris** verstärken das *Lig. talocalcaneum laterale* sowie die inkonstanten *Ligg. talocalcaneum mediale* und *talocalcaneum posterius.* Über das subtalare Gelenk ziehen ferner die *Pars tibiocalcanea* des Lig. deltoideum und das *Lig. calcaneofibulare* des Lig. collaterale laterale (Abb. 4.179).

Die Gelenkkapsel der **vorderen Sprunggelenkkammer** wird dorsal durch das *Lig. talonaviculare* und medial dorsal durch die *Pars tibionavicularis* des Lig. deltoideum verstärkt. Lateral zieht das *Lig. calcaneonaviculare* (Teil das Lig. bifurcatum) über das Gelenk. Inkonstante Bänder zwischen Os naviculare und Calcaneus sind das *Lig. calcaneonaviculare laterale* und das *Lig. calcaneonaviculare mediale* (»Lig. neglectum«). Plantar bildet das Pfannenband, *Lig. calcaneonaviculare plantare* Gelenkkapsel, Bandverstärkung und Gelenkfläche zugleich.

Mechanik. Vordere und hintere Kammer des unteren Sprunggelenkes sind eine Funktionseinheit. Die Gelenkanteile bilden außerdem mit dem Kalkaneokuboidgelenk über Bandverbindungen eine kinematische Kette, so dass alle Bewegungen der 3 Gelenke miteinander gekoppelt sind. Nach der Form der Gelenkkörper ist das untere Sprunggelenk ein Zapfen-Kugel-Gelenk, das dem Talus eine Drehung gegenüber dem Calcaneus sowie dem Os naviculare – und vice versa – ermöglicht. Die Drehbewegung nach medial (innen) bezeichnet man als **Inversion** (ca. 20°), die Drehbewegung nach lateral (außen) als **Eversion** (ca. 15°) (Abb. 4.180c).

Die gemeinsame »Bewegungsachse« für die beiden Gelenkanteile verläuft schräg von hinten lateral plantar nach vorn medial dorsal. Die »Achse« schneidet die transversale »Achse« des oberen Sprunggelenkes im Canalis tarsi (Abb. 4.181). Inversion und Eversion sind Bestandteile der Bewegungen des Fußes während der Supination und Pronation.

In Kürze

Unteres Sprunggelenk (USG)
Hintere Kammer: **Articulatio subtalaris:**
- Facies articularis calcanea posterior des Talus artikuliert mit der Facies articularis talaris posterior des Calcaneus

Vordere Kammer: **Articulatio talocalcaneonavicularis:**
- Facies articularis navicularis des Taluskopfes artikuliert mit der Gelenkpfanne des Os naviculare
- Facies articularis calcanea anterior und Facies articularis calcanea media des Talus artikulieren mit den Facies articularis talaris anterior und Facies articularis talaris media des Calcaneus
- Facies articularis Lig. calcaneonavicularis artikuliert mit dem Pfannenband (Lig. calcaneonaviculare)

Bandapparat: Lig. talocalcaneum interosseum; Lig. calcaneofibulare, Pars tibiocalcanea und Pars tibionavicularis des Lig. deltoideum, Lig. talocalcaneum laterale, Lig. talocalcaneum mediale, Lig. talocalcaneum posterius, Lig. talonaviculare
Funktion: Zapfen-Kugel-Gelenk:
- Drehbewegungen der Inversion und der Eversion

Fersenbein-Würfelbein-Gelenk

Im Fersenbein-Würfelbein-Gelenk, *Articulatio calcaneocuboidea,* ist Teil des Chopart – Gelenkes (s. unten). Es artikulieren die sattelförmigen Gelenkflächen des Calcaneus, *Facies articularis cuboidea,* und des Würfelbeins, *Facies articularis calcanea ossis cuboidea,* miteinander (Abb. 4.162).

Queres Fußwurzelgelenk

Das quere Fußwurzelgelenk, *Articulatio tarsi transversa* (**Chopart-Gelenk**, Chopart-Gelenklinie), wird in der systematischen Anatomie als eigenständiges Gelenk aufgeführt (Abb. 4.162). Das Chopart-Gelenk besteht aus einem Teil des unteren Sprunggelenkes, *Articulatio talonavicularis* und der *Articulatio calcaneocuboidea.* Die Gelenkhöhlen der beiden Gelenkanteile sind voneinander getrennt. Os naviculare und Os cuboideum sind durch das *Lig. cubeoideonaviculare dorsale* und durch das *Lig. cuboideonaviculare plantare* miteinander verbunden (Abb. 4.179). Durch die Bandverbindungen wird die variable Gelenkverbindung, zwischen Würfelbein und Kahnbein, *Articulatio cuboideonavicularis,* zur Amphiarthrose. Weitere Bänder des Chopart-Gelenkes sind *Lig. calcaneocuboideum plantare, Lig. calcaneonaviculare plantare* (Pfannenband), *Lig. talonaviculare* und *Lig. calcaneocuboideum dorsale.* Ein mechanisch wichtiges Band für die Articulatio tarsi transversa ist das *Lig. bifurcatum* mit seinen Anteilen, *Lig. calcaneonaviculare* und *Lig. calcaneocuboideum* (Abb. 4.179b).

Mechanik. Im queren Fußwurzelgelenk sind geringe Plantarflexion und Dorsalextension des vorderen Fußabschnittes möglich. Durch die Drehbewegungen in beiden Gelenkanteilen beteiligt sich das Chopart-Gelenk an der Pronation und Supination des Fußes (Abb. 4.184).

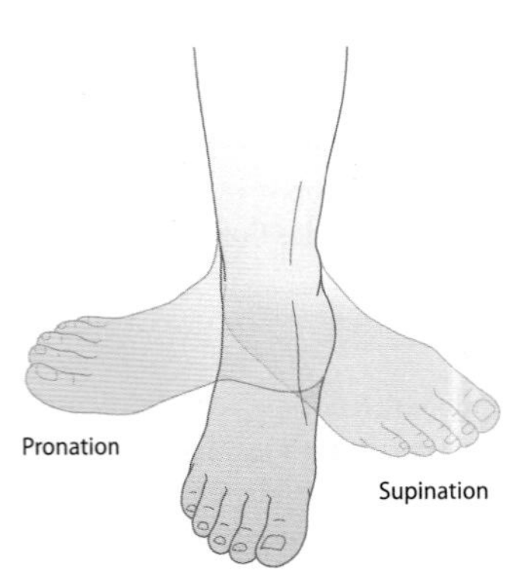

■ **Abb. 4.184.** Bewegungsabläufe im gesamten Fußbereich bei Supination und Pronation (■ Tab. 4.46 und 4.51)

Keilbein-Kahnbein-Gelenk

Im Keilbein-Kahnbein-Gelenk, *Articulatio cuneonavicularis,* artikulieren die 3 Gelenkfacetten der distalen Kahnbeinfläche mit den proximalen Gelenkflächen der Ossa cuneiformia. Bandapparat siehe ■ Abb. 4.162a und 4.179.

Gelenke zwischen den Keilbeinen und Gelenk zwischen lateralem Keilbein und Würfelbein

Die Keilbeine stehen seitlich über variabel ausgebildete Gelenkfacetten miteinander in gelenkigem Kontakt, *Articulationes intercuneiformes* (■ Abb. 4.162a). Das laterale Keilbein artikuliert seitlich mit dem Würfelbein, *Articulatio cuneocuboidea;* das Gelenk kann auch fehlen. In den Zwischenknochenräumen sind die Ossa cuneiformia durch die *Ligg. intercuneiformia interossea,* das laterale Keilbein und das Würfelbein durch das *Lig. cuneocuboideum interosseum* miteinander verbunden(weitere Bandverbindungen siehe ■ Abb. 4.179).

Mechanik. Durch die kräftigen Bänder auf der Dorsalseite und auf der Plantarseite der Ossa tarsalia sowie durch die Zwischenknochenbänder im Bereich von Keilbeinen und Würfelbein werden die Gelenke zwischen Os naviculare, Ossa cuneiformia und Os cuboideum zu **Amphiarthrosen.**

Fußwurzel-Mittelfuß-Gelenke

In den Fußwurzel-Mittelfuß-Gelenken, *Articulationes tarsometatarsales* (**Lisfranc-Gelenk**) artikulieren die distalen Flächen der Ossa cuneiformia und des Os cuboideum mit den proximalen Flächen an den Basen der Ossa metatarsi (■ Abb. 4.162). Es sind normalerweise 3 getrennte Gelenkhöhlen ausgebildet, deren meanderförmiger Verlauf die **Lisfranc-Gelenklinie** bildet.

Die Gelenkkapseln werden durch die *Ligg. tarsometarsalia dorsalia* (■ Abb. 4.179) und *plantaria* verstärkt. Plantar ziehen außerdem die Ansatzsehne des M. tibialis posterior und das *Lig. plantare longum* über die Gelenkkapseln. Os cuneiforme mediale und Os metatarsi II sind über das *Lig. cuneometatarsale dorsale* (Lisfranc-Band) miteinander verbunden. Zwischenknochenbänder, *Ligg. cuneometatarsalia interossea* verbinden Os cuneiforme mediale und Os metatarsi II, sowie Os cuneiforme laterale und Os metatarsi IV. Mechanik, s. unten.

Gelenke zwischen den Basen der Mittelfußknochen

Die Gelenkkontakte an den einander zugekehrten Seiten der Basen der Ossa metatarsi II–V bilden die Gelenke zwischen den Basen der Mittelfußknochen, *Articulationes intermetatarsales* (■ Abb. 4.162). Zum Bandapparat siehe ■ Abb. 4.179.

Mechanik. Die *Articulationes tarsometatarsales* und die *Articulationes intermetatarsales* sind aufgrund ihres kräftigen, straffen Bandapparates **Amphiarthrosen.** In den Tarsometatarsalgelenken kann der Vorfuß leicht nach plantar gebeugt und nach dorsal gestreckt werde. Gemeinsam mit den Intermetatarsalgelenken sind die Tarsometatarsalgelenke an der »Verwringung« des Fußes bei Supination und Pronation beteiligt. Aufgrund der Form und Stellung der Gelenkflächen sowie der fehlenden Bandverbindung mit dem zweiten Strahl verfügt die *Articulatio tarsometatarsalis I* über eine vergleichsweise freie Beweglichkeit, es lassen sich leichte Flexion und Extension sowie Abduktion ausführen. Relativ frei beweglich ist auch die Gelenkverbindung zwischen Os metatarsi V und Os cuboideum.

Lig. plantare longum

Die tarsalen Gelenke und die Fußwurzel-Mittelfuß-Gelenke werden auf der Plantarseite vom *Lig. plantare longum* überbrückt, das am Tuber calcanei entspringt (■ Abb. 4.179a, 4.182 und 4.185a). Das Band besteht aus 2 Schichten: Tiefe, kurze Faserzüge ziehen als *Lig. calcaneocuboideum plantare* (Lig. plantare breve) zum Os cuboideum. Die oberflächlichen, langen Faserzüge überbrücken die Ansatzsehne des M. peroneus longus und inserieren mit 4 Strängen im Bereich der Basen der Ossa metatarsi II–IV. Die funktionelle Bedeutung des Lig. plantare longum liegt in der passiven **Verspannung** der **Längswölbung** des Fußes (■ Abb. 4.182).

In Kürze

Queres Fußwurzelgelenk (Articulatio tarsi transversa – Chopart-Gelenk)

Articulatio talonavicularis und Articulatio calcaneocuboidea

Bänder: Lig. bifurcatum, Lig. calcaneocuboideum, Lig. calcaneocuboideum plantare

Funktion:
- geringe Plantarflexion und Dorsalextension
- Beteiligung an der Eversion und Inversion

Fußwurzel-Mittelfuß-Gelenke (Articulationes tarsometatarsales – Lisfranc-Gelenk)

Die Ossa cuneiformia und Os cuboideum artikulieren mit den Basen der Ossa metatarsi.

Wichtige Bänder: Ligg. tarsometatarsalia dorsalia, plantaria und interossea

Funktion: straffe Gelenke:
- Beteiligung an der Supinations- und Pronationsbewegung des Fußes

Zehengelenke

Die Zehen II–V haben normalerweise ein Grundgelenk, *Articulatio metatarsophalangea*, ein Mittelgelenk, *Articulatio interphalangea proximalis,* und ein Endgelenk, *Articulatio interphalangea distalis.* Die Großzehe verfügt über 2 Gelenke: *Articulatio metatarsophalangea I* und *Articulatio interphalangea I* (■ Abb. 4.162).

Zehengrundgelenke. *Articulationes metatarsophalangeae.* In den **Grundgelenken der 2.–5. Zehe** artikulieren die walzenförmigen Köpfe der Ossa metatarsi mit den konkaven, ovalen Gelenkpfannen an den Basen der Phalanges proximales. Die Gelenkpfannen werden plantar durch faserknorplige Platten, *Lig. plantare,* erweitert (■ Abb. 4.185a), die Teil der Gelenkkapsel sind und Gleitrinnen für die Beugersehen bilden. Die Faserknorpelplatten werden in den Zwischenknochenräumen durch das *Lig. metatarsale transversum profundum* miteinander verbunden. Das Band hat keinen knöchernen Ansatz.

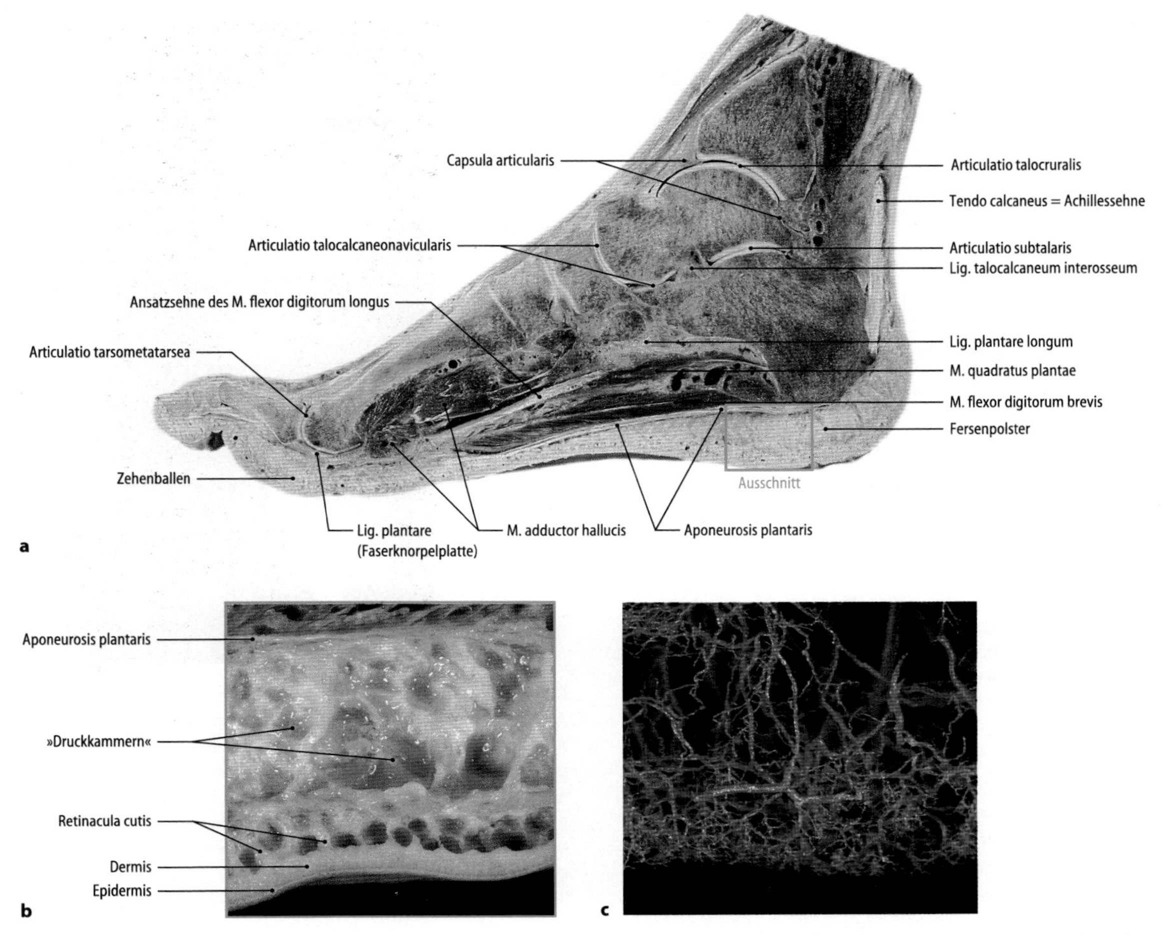

Abb. 4.185a–c. Sagittalschnitt durch den zweiten Strahl eines rechten Fußes. **a** Ansicht der lateralen Schnittfläche. Im Fersenpolster ist der Ausschnitt der Darstellungen in (b) und (c) markiert. **b** »Druckkammersystem« im Fersenbereich. Sagittalschnitt, das Fettgewebe wurde aus den »Kammern« entfernt. Man beachte die Retinacula cutis und die Verbindung der Bindegewebesepten der Subkutis mit der Plantaraponeurose. **c** Arterielles Korrosionspräparat. Man beachte die Gefäßdichte im Bereich des Fersenpolsters [12]

Das **Großzehengrundgelenk** unterscheidet sich in seiner Form von den übrigen Zehengrundgelenken. Der Gelenkkopf des Os metatarsi I geht plantar in zwei Rinnen über, in denen das mediale und das laterale Sesambein gleiten. Die Sesambeine sind in die an der Grundphalanxbasis angeheftete Faserknorpelplatte sowie in den Kapsel-Band-Apparat eingebettet (Abb. 4.162b).

Die **Gelenkkapseln** der Zehengelenke werden seitlich durch **Kollateralbänder** verstärkt, die zum Teil in die Faserknorpelplatten einstrahlen (▶ Kap. 26, Abb. 26.13). Zwischen den Zehengrundgelenken liegen kleine Schleimbeutel *(Bursae intermetatarsophalangeae)*. Auf der medialen Seite des ersten Mittelfußkopfes kommt häufig ein subkutaner Schleimbeutel *(Bursa subcutanea capitis ossis metatarsi I)* vor (4.127).

Mechanik: Die *Articulationes metatarsophalangeae* sind funktionell **Scharniergelenke,** in denen die Zehen aktiv ca. 40° nach plantar gebeugt und ca. 70° nach dorsal gestreckt werden können (Abb. 4.186). Passiv ist der Bewegungsumfang, vor allem die Dorsalextension, größer. Dies kommt in der Abrollphase des Fußes beim Gehen zum Tragen. Seitwärtsbewegungen sind beim Erwachsenen stark eingeschränkt. Die vergleichsweise große Beweglichkeit des Hallux beruht darauf, dass der Kopf des Os metatarsi I relativ frei in den Komplex aus Faserknorpelplatte und Sesambeinen eingebettet ist.

Zehenmittel- und Zehenendgelenke. *Articulationes interphalangeae (proximales und distales).* In den *Articulationes interphalangeae II–V* artikulieren die rollenförmigen Gelenkflächen der Köpfe von proximaler und mittlerer Phalanx mit den keilförmigen Basen der Mittel- und Endphalanx sowie mit plantaren Faserknorpelplatten, *Ligg. plantaria* (Abb. 4.162). An der Kleinzehe fehlt das distale Interphalangealgelenk nicht selten. Die Großzehe hat nur ein Interphalangealgelenk. Die Gelenkkapsel wird durch die Ligg. plantaria, die Kollateralbänder und die Dorsalaponeurose verstärkt.

Mechanik: Die *Articulationes interphalangeae* sind Scharniergelenke. In den Zehenmittelgelenken II–V ist meistens nur eine Plantarflexion von ca. 35° möglich. Die Zehenendgelenke können aktiv und passiv unterschiedlich weit gebeugt und gestreckt werden. Im Großzehenendgelenk ist eine aktive Beugung bis zu 80° möglich (Abb. 4.186).

4.127 Klinische Hinweise zu den Zehengelenken

Zu den häufigsten Fehlstellungen des Fußes zählt der Hallux valgus: Varusstellung und supinatorische Verdrehung des Os metatarsi I mit Dislokation der Sesambeine, Valgusstellung des Hallux und Subluxation des ersten Mittelfußkopfes, Spreizfußbildung, Osteoarthrose im Großzehengrundgelenk als Folge der durch die Fehlstellung hervorgerufenen Fehlbelastung.

▼

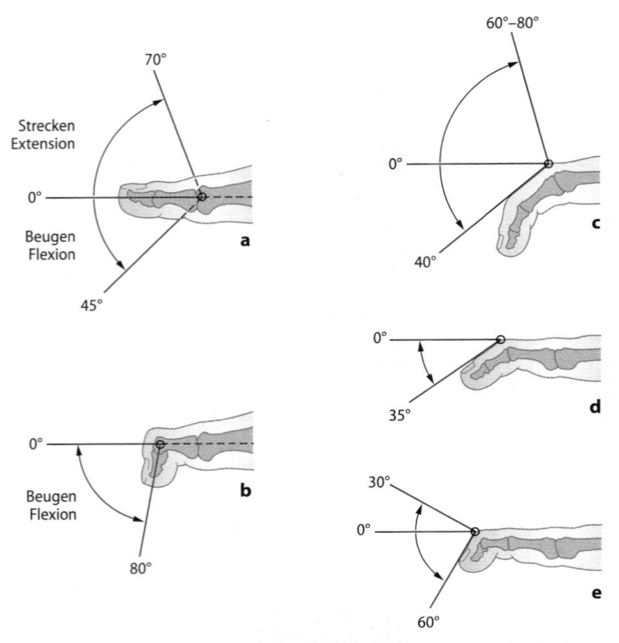

Abb. 4.186a–e. Bewegungen und Gelenkmessung an der Großzehe (a, b) und an einer dreigliedrigen Zehe (c, d, e). **a** Großzehengrundgelenk, **b** Großzehenendgelenk, **c** Grundgelenk, **d** Mittelgelenk, **e** Endgelenk; siehe auch Tab. 4.51, S. 290 [10]

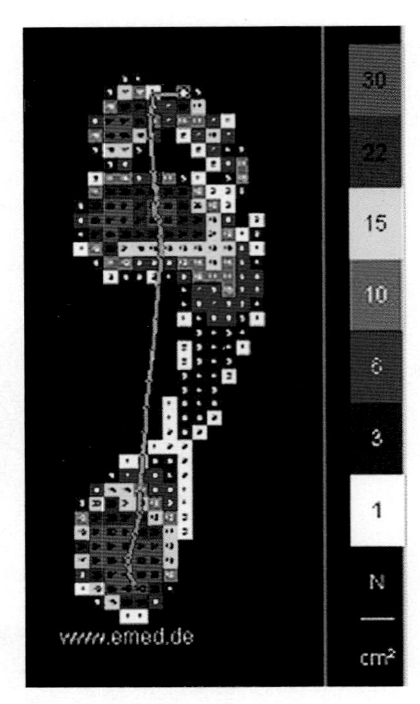

Abb. 4.187. Dynamisches Podogramm (rechter Fuß eines Erwachsenen). Aufgezeichnet ist die Summation aller maximalen Druckkräfte während eines Abrollvorganges. Die Farbskala gibt die Druckkräfte in Newton pro cm² wieder. Normale Druckverteilung und normaler Verlauf der gemittelten Kraftverlaufslinie. Die Hauptdruckzonen liegen im Bereich der Ferse (Aufsetzphase), über den Köpfen des ersten und zweiten Mittelfußknochens (Bodenkontakt der Zehenballen) sowie über der Großzehe und der zweiten Zehe (Abstoßphase) [15]

Entzündung der Bursa subcutanea capitis ossis metatarsi I (sog. Bunion). Knochenneubildung am ersten Mittelfußkopf (Pseudoexostose). Durch die Fehlstellung bedingte Verlagerung der Großzehenmuskeln und daraus resultierende Funktionsänderung (Abb. 4.201b).

Angeborene und erworbene Fehlstellungen der Zehen sind: Hammerzehe, Krallenzehe, Klauenzehe.

Das Großzehengrundgelenk ist bei Gicht (Osteoarthrosis urica) am häufigsten zuerst betroffen.

In Kürze

Zehengelenke

Grundgelenke, Articulationes metatarsophalangeae: Köpfe der Ossa metatarsi artikulieren mit den Basen der Phalanges proximales.

Sonderstellung des Großzehengrundgelenkes: Komplex aus Faserknorpelplatte und Sesambeinen

Mittel- und Endgelenke, Articulationes interphalangeae proximales und **distales:** Gelenkköpfe der proximalen und distalen Phalangen artikulieren mit den Basen der Mittel- Endphalangen

Faserknorpelplatten (Lig. plantare), Ligg. collateralia

Funktion: Scharniergelenke

- Plantarflexion
- Dorsalextension

Fußwölbungen

Charakteristisches Merkmal für den Fuß des Menschen ist die Ausbildung einer **Quer**- und einer **Längswölbung**, die durch die Überlagerung des Calcaneus durch den Talus entstehen (Abb. 4.162a und 4.182). Diese typische Lage der Skelettelemente des Fußes ist bereits am Beginn der Fetalzeit ausgeprägt. Mit der Ausbildung der Fußwölbungen geht die Verlagerung der Abstützzonen des Fußes auf den Calcaneus und auf die Köpfe der Mittelfußknochen einher (Abb. 4.187). Beim **Erwachsenen** bildet der zweite Zehenstrahl den höchsten Bogen der Längswölbung (Abb. 4.185a). Kinderfüße zeigen physiologischer Weise eine geringe Abflachung der Längswölbung. Die Querwölbung resultiert aus der Lage von Talus, Calcaneus und Os naviculare sowie aus der Anordnung der Ossa cuneiformia und cuboideum (Abb. 4.162b). Die Querwölbung dehnt sich auf den proximalen Bereich der Mittelfußknochen aus.

Die **Verklammerung der Fußknochen** über die Gelenke im Gefüge der Fußwölbungen erfolgt **passiv** durch Bänder und **aktiv** durch Muskeln und ihre Sehnen. Die Strukturen bilden eine Funktionsgemeinschaft, so dass Störungen in einem Teil des Systems zum Ungleichgewicht der Kräfte und in der Folge zu Stellungsanomalien führen (4.128). Das auf dem Fuß lastende Teilkörpergewicht hat die Tendenz, die Fußwölbungen abzuflachen. Einer Abflachung wirken ausschließlich die **plantar ziehenden Bänder, Muskeln und Sehnen** entgegen. Die Wirkung der Verspannungsstrukturen für die Erhaltung der Fußwölbungen hängt von ihrer Lage und von ihrem Verlauf an der Planta pedis ab (Abb. 4.182).

4.128 Angeborene und erworbene Fußdeformitäten

Zu den häufigsten angeborenen Fußfehlbildungen zählt der **Klumpfuß** (Pes equinovarus congenitus). Die Deformität geht mit Spitzfußstellung (Pes equinus), Supinationsstellung (Pes varus), Sichelfuß (Pes adductus: Mittelfuß und Zehen sind einwärts gedreht) und Hohlfuß (Pes cavus: erhöhte Längswölbung) einher.

Die **erworbenen Fußdeformitäten Klumpfuß** (Pes varus, Abb. 4.183b) und **Knickfuß** (Pes valgus, Abb. 4.183c) haben unterschiedliche Ursachen. Beim **Plattfuß** (Pes planus) ist die Längswölbung aufgehoben, die gesamte Fußsohle liegt dem Boden auf. Beim **Spreiz-**

▼

fuß (Pes transversoplanus) ist die Querwölbung abgeflacht. Beim **Hohlfuß** (Pes cavus) ist die Fußwölbung überhöht (Ursache meistens neurogen). Beim **Spitzfuß** (Pes equinus) befindet sich der Fuß im oberen Sprunggelenk in fixierter Plantarflexion. Beim **Hackkenfuß** (Pes calcaneus) steht der Fuß in Dorsalextension.

Gang und Gehakt

Jeder Mensch entwickelt sein charakteristisches Gangbild. Beim Gehen dient jedes Bein abwechselnd als **Standbein** oder als **Schwungbein** (»Spielbein«). Ein **Schritt-(Gang-)zyklus** (Grundeinheit des Gehaktes) entspricht dem Zeitraum zwischen 2 Fersenauftritten desselben Fußes. Jeder Schrittzyklus besteht aus einer Stand- und aus einer Schwungphase. Die Standphase eines Beines beginnt mit dem Aufsetzen der Ferse und endet mit dem Ablösen der Zehen vom Boden. Die nachfolgende Schwungphase endet mit dem erneuten Fersenauftritt desselben Fußes. Beim normalen Gang (»Wandergeschwindigkeit«) nimmt die Standphase etwa 60% und die Schwungphase etwa 40% der Schrittzykluszeit ein.

Da sich beim Gehen die Standphasen von rechtem und linkem Bein zeitlich überschneiden, beginnt und endet jeder Schritt mit einer kurzen bipodalen Abstützphase (Phase doppelseitiger Beinbelastung); den größten Teil der Zeit nimmt während der Standphase die monopodale Abstützung (einseitige Beinbelastung) ein.

Die Zeitspanne der bipodalen Abstützphase hängt von der Geh-(Lauf-)geschwindigkeit ab. Sie fehlt beim Laufen. Beim Sprinten haben die Füße in einer kurzen Phase (sog. Schwebephase) zwischen den Standphasen keinerlei Bodenkontakt.

Der Fuß wird beim Gehen in einer Außendrehung von 3–6° aufgesetzt. Die **Druckverteilung** beim Abrollvorgang (◼ Abb. 4.187) zeigt von der Fußform abhängige, individuell unterschiedliche Muster. Das betrifft vor allem den Bereich des Bodenkontaktes der Zehenballen. Am häufigsten liegt das Belastungszentrum in der Ballenmitte (eine »Dreipunktlagerung« über dem ersten und fünften Strahl sowie über der Ferse wird nur sehr selten beobachtet). In der Abstoßphase der Zehen liegen die höchsten Drücke über der ersten und über der zweiten Zehe. Der zweite Zehenstrahl wird aufgrund der Länge des Os metatarsi II (sog. griechische Fußform) in den Abstoßvorgang einbezogen.

Die aus straffem Bindewebe und aus Fettgewebe bestehenden »Druckkammern« über der Ferse und über den Zehenballen (◼ Abb. 4.185b) werden in der Standbeinphase zusammengepresst. Die elastische Verformbarkeit der Fußsohlenpolster übt eine Stoßdämpfung für die Strukturen der Planta pedis aus.

An der Vorwärtsbewegung des Schwungbeines sind Muskelkräfte und Gravitationskräfte beteiligt. Am Beginn der Schwungphase werden bei dem vom Boden gelösten Fuß das obere Sprunggelenk gestreckt sowie das Hüft- und Kniegelenk gebeugt. Das Schwungbein wird ohne Muskelkraft am Standbein vorbeigeführt. Am Ende der Schwungphase wird das Kniegelenk gestreckt. Die Muskelkräfte kompensieren beim Aufsetzen der Ferse die Beschleunigungskräfte. Über die Muskulatur wird außerdem die Einhaltung der Gangrichtung kontrolliert.

4.5.3 Muskeln der unteren Extremität (Musculi membri inferioris)

Die Muskeln der unteren Extremität entstammen Myotomanteilen der Somiten L2–5 und S1–3. Die in der Frühentwicklung zu beobachtende Gliederung der Muskelanlagen in eine dorsale (Extensoren) und in eine ventrale (Flexoren) Gruppe bleibt an der freien unteren Extremität deutlicher sichtbar als in der Hüftregion, wo nur über die Innervation Rückschlüsse auf die ursprüngliche Herkunft der Muskeln gezogen werden können (◼ Abb. 4.188 und 4.189).

Hüftmuskeln

Die **dorsalen Hüftmuskeln** bilden 2 Gruppen:

- Eine **vordere Muskelgruppe** entspringt oder verläuft auf der Innenseite der Darmbeinschaufel *(Mm. psoas major, psoas minor* und *iliacus)* und Teil des *M. pectineus).*
- Die **hintere Muskelgruppe** hat ihren Ursprung auf der Außenseite der Ala ossis ilii *(Mm. piriformis, gluteus minimus, gluteus medius, tensor fasciae latae und gluteus maximus).*

Vordere Gruppe der dorsalen Hüftmuskeln

M. iliopsoas. Innervation: Äste des Plexus lumbalis und des N. femoralis. Der M. iliopsoas setzt sich aus den 3 Muskelindividuen, M. psoas major, M. psoas minor und M. iliacus zusammen (◼ Abb. 4.190, ◼ Tab. 4.35).

M. iliacus und **M. psoas major** bilden eine gemeinsame Ansatzsehne, die durch die *Lacuna musculorum* (▶ Kap. 26, ◼ Abb. 26.6) das Becken verlässt und am Trochanter minor inseriert. Zwischen der Rückseite der Psoassehne und dem Schambeinkörper sowie der Hüftgelenkkapsel liegt ein großer Schleimbeutel, *Bursa iliopectinea,* der in 10–15% mit der Gelenkhöhle kommuniziert. Der **M. psoas minor** ist inkonstant, seine lange Endsehne beteiligt sich am Aufbau des *Arcus iliopectineus.*

Die Faszie des M. iliopsoas, *Fascia iliaca (iliopsoas)* bildet eine geschlossene trichterförmige Loge, die vom Zwerchfell und von der Darmbeinschaufel bis zum Trochanter minor reicht. Die Psoasfaszie ist Teil der Fascia lumbalis. Sie hat kranial Verbindung zur Zwerchfellfaszie, *Arcus lumbocostalis medialis* (Haller-Bogen). Dort, wo der M. iliopsoas das Becken in der Lacuna musculorum verlässt, ist die Fascia iliaca über das Leistenband mit der Aponeurose des M. obliquus externus abdominis verbunden.

Als *Arcus iliopectineus* bezeichnet man den Teil der Fascia iliaca, der sich zwischen Lig. inguinale und Eminentia iliopubica ausspannt. Der Arcus iliopectineus trennt die *Lacuna musculorum* von der *Lacuna vasorum.*

Hintere Gruppe der dorsalen Hüftmuskeln

M. gluteus maximus. Innervation: N. gluteus inferior. Der *M. gluteus maximus* bildet die oberflächliche Schicht der Gesäßmuskeln (◼ Abb. 4.188b, 4.189a, 4.191a und ◼ Tab. 4.36). Er wird von der Fascia glutea bedeckt. Seine kräftigen Faserbündel ziehen als viereckige Muskelplatte von der *Fascia thoracolumbalis,* vom Darmbein sowie vom Kreuz- und Steißbein nach lateral kaudal und strahlen mit einem kranialen Sehnenanteil in die *Fascia lata* ein. Der kaudale Teil des Muskels inseriert am Femur, wobei der Einstrahlungsknochen im Bereich der *Tuberositas glutea* so kräftig entwickelt sein kann, dass man ihn als *Trochanter tertius* bezeichnet. In der Tiefe entspringen Muskelfasern am *Lig. sacrotuberale.*

M. gluteus medius und M. tensor fasciae latae. Innervation: N. gluteus superior. Der *M. gluteus medius* entspringt als dreieckiger, kräftiger Muskel an der Außenseite der Darmbeinschaufel (◼ Abb. 4.191a, ◼ Tab. 4.36). Er bildet die mittlere Schicht der Gesäßmuskeln. Zwischen Ansatzsehne und Trochanter major liegt die *Bursa trochanterica m. glutei medii superficialis.* Der Muskel wird im hinteren Abschnitt vom M. gluteus maximus überlagert. Den freiliegenden vorderen Teil bedeckt die aponeurotisch verdickte *Fascia glutea,* die dem Muskel auch als Ursprung dient.

Der M. gluteus medius grenzt vorn unmittelbar an den **M. tensor fasciae latae** (◼ Abb. 4.189a), der sich während Embryonalzeit von

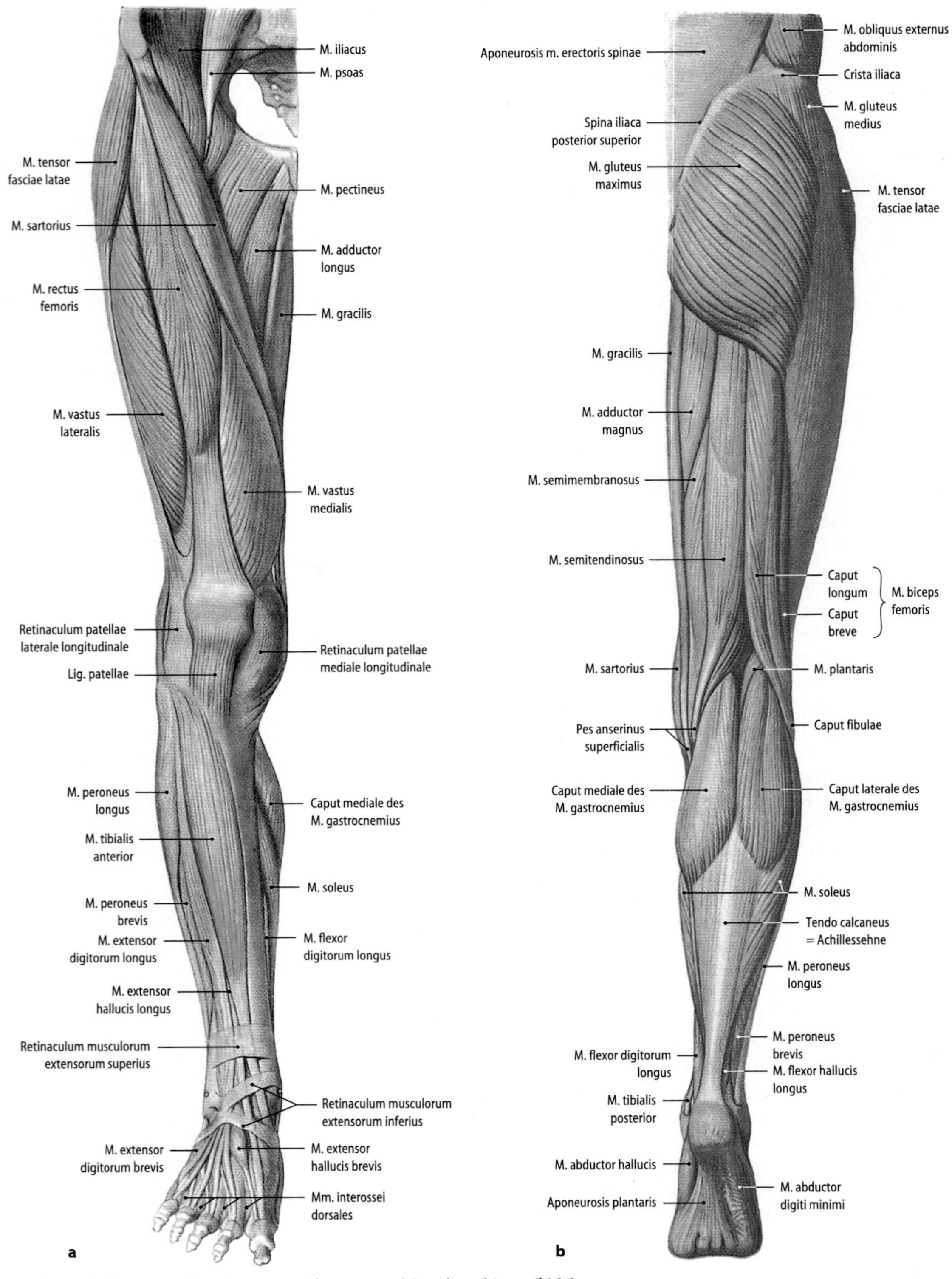

Abb. 4.188a, b. Muskeln eines rechten Beines. Ansicht von vorn (**a**) und von hinten (**b**) [7]

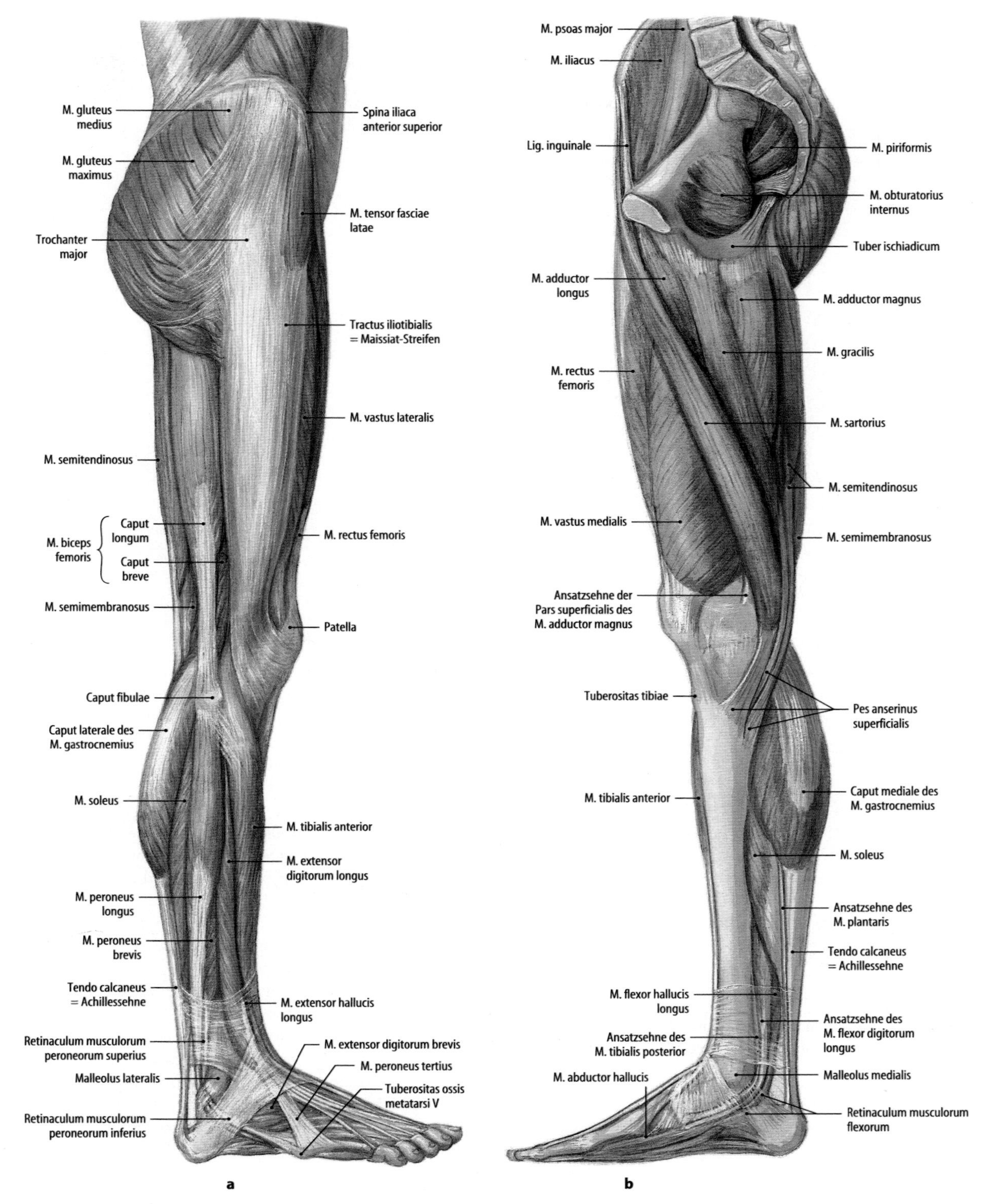

Abb. 4.189a, b. Muskeln eines rechten Beines. Ansicht von lateral (**a**) und von medial (**b**) [7]

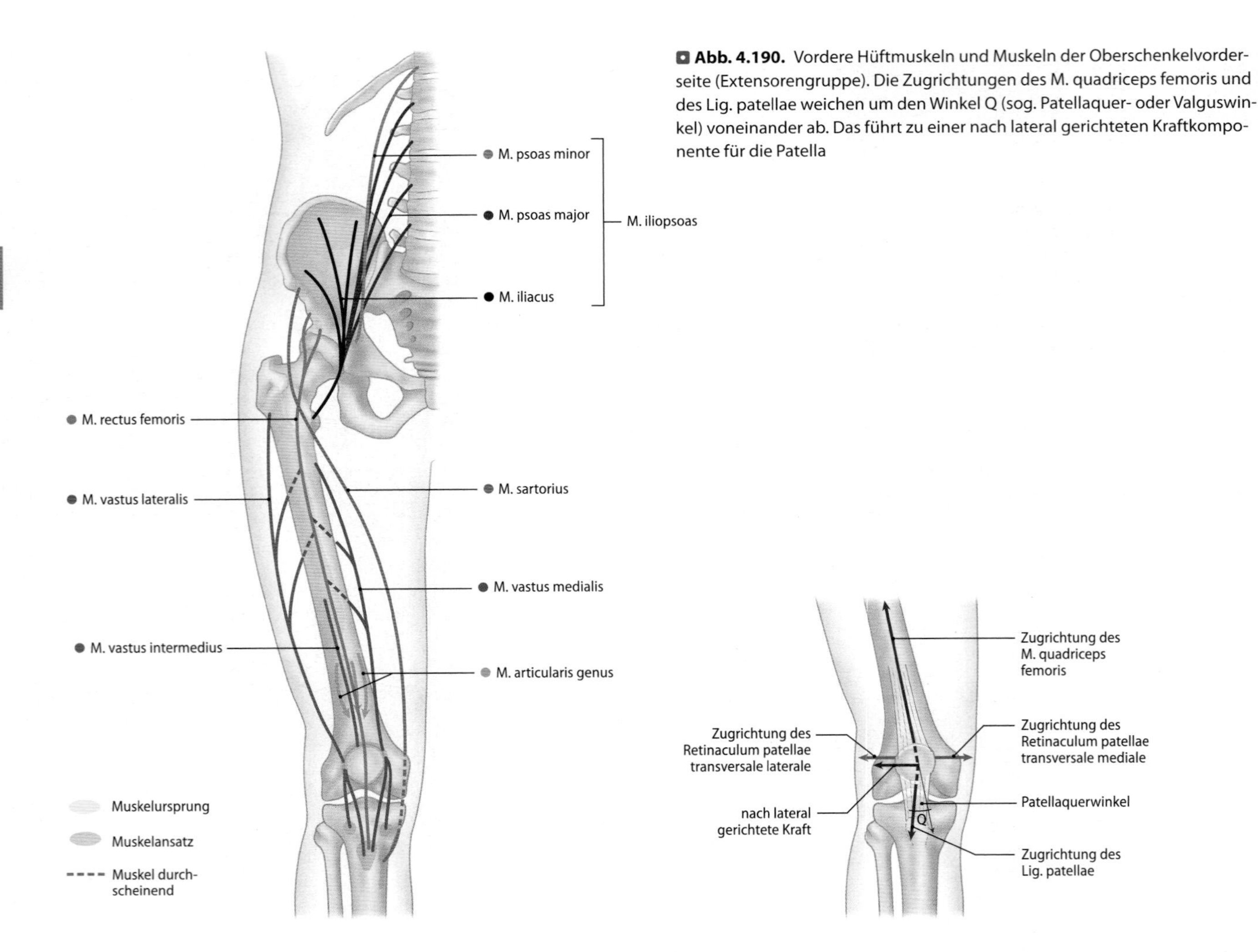

Abb. 4.190. Vordere Hüftmuskeln und Muskeln der Oberschenkelvorderseite (Extensorengruppe). Die Zugrichtungen des M. quadriceps femoris und des Lig. patellae weichen um den Winkel Q (sog. Patellaquer- oder Valguswinkel) voneinander ab. Das führt zu einer nach lateral gerichteten Kraftkomponente für die Patella

ihm abgespalten hat. Der Muskel ist in die Fascia glutea eingescheidet. Er hat seinen Ursprung dorsal der Spina iliaca anterior superior und strahlt in den *Tractus iliotibialis* und in die Fascia lata ein.

M. gluteus minimus. Innervation: N. gluteus superior. Der *M. gluteus minimus* wird vollständig vom M. gluteus medius überlagert (Abb. 4.191a, 4.192 und Tab. 4.36). Der fächerförmige Muskel bildet die tiefe Schicht der Gesäßmuskeln.

M. gluteus medius und M. gluteus minimus bilden die funktionelle Muskelgruppe der sog. kleinen Gluteen.

M.piriformis. Innervation: Äste des Plexus sacralis. Der *M. piriformis* hat seinen Ursprung während der Embryonalzeit auf die Beckenseite des Kreuzbeins verlagert. Der Muskel zieht quer durch das *Foramen ischiadicum majus* und unterteilt es in das *Foramen suprapiriforme* und in das *Foramen infrapiriforme*. Er inseriert mit einer schlanken Sehne an der Spitze des Trochanter major (Abb. 4.192, 4.193 und Tab. 4.36).

Ventralen Hüftmuskeln und Muskelgruppe der Adduktoren

Ventrale Hüftmuskeln

Die ventralen Hüftmuskeln haben ihre Ursprünge am Schambein, am Sitzbein und an der Membrana obturatoria.

M. obturatorius internus und Mm. gemelli superior und **inferior.** Innervation: Äste des Plexus sacralis, N. m. obturatorii interni, N. pudendus. Der *M. obturatorius internus* (Abb. 4.189b, 4.192 und 4.193) hat seinen Ursprung während der Embryonalentwicklung an die Innenwand des Beckens verlagert. Er wird von der *Fascia obturatoria* bedeckt, an der mit einer bogenförmigen Sehne (Arcus tendineus) der *M. levator ani* entspringt (Canalis pudendalis). Die Ansatzsehne des Muskels verlässt das Becken durch das Foramen ischiadicum minus, indem sie über die Incisura ischiadica minor (Hypomochlion) gleitet (Gleitsehne). Zwischen Ansatzsehne und Knochen der Incisura ischiadica minor liegt die *Bursa ischiadica m. obturatorii interni.*

Die *Mm. gemelli superior* und *inferior* umrahmen die Ansatzsehne des M. obtoratorius internus, dessen extrapelvinen Teil sie bilden. Der M. gemellus superior strahlt von kranial, der M. gemellus inferior von kaudal in die Ansatzsehne des M. obturatorius internus ein. M. gemellus superior oder M. gemellus inferior fehlen nicht selten.

M. quadratus femoris. Innervation: N. m. quadrati femoris des Plexus sacralis, Äste des N. ischiadicus. Der *M. quadratus femoris* (Abb. 4.192 und 4.193) zieht als viereckiger Muskel horizontal vom Tuber ischiadicum zum Trochanter major und zur Crista trochanterica. Sein kranialer Rand kann mit dem M. gemellus inferior verwachsen sein.

M. obturatorius externus. Innervation: N. obturatorius. Der *M. obturatorius externus* (Abb. 4.194) gehört seiner Innervation nach zur Muskelgruppe der Adduktoren. Er wird vollständig von den benachbarten Hüftmuskeln bedeckt. Der vom Sitzbein und von der Außen-

Tab. 4.35. Vordere Gruppe der dorsalen Hüftmuskeln

Muskel	Ursprung (U) Ansatz (A)	Innervation (I) Blutversorgung (V)	Funktion Schleimbeutel
M. iliopsoas			
M. psoas major:	Ursprung – Seitenflächen des **12. Brustwirbelkörpers und der Lendenwirbelkörper I–IV** – **Processus costales der Lendenwirbel I–V**	Innervation Rv. anteriores des Plexus lumbalis und N. femoralis (Th12) L1–4 Blutversorgung – A. subcostalis – Aa. lumbales – R. lumbalis und R. iliacus der A. iliolumbalis – A. circumflexa ilium profunda – A. circumflexa femoris lateralis	**Beugung im Hüftgelenk** (Außendrehung im Hüftgelenk bei außengedrehtem Bein) Der M. iliopsoas ist der kräftigste Beuger im Hüftgelenk. Er führt gemeinsam mit dem M. rectus femoris das Schwungbein beim Gehen und Laufen nach vorn. Liegt das Punctum fixum am Femur, beugt der M. psoas bei beidseitiger Aktivität die Lendenwirbelsäule (Anteversion des Rumpfes). Bei einseitiger Aktivität neigt er die Lendenwirbelsäule zur ipsilateralen Seite (Lateroversion des Rumpfes). Der M. iliopsoas unterstützt durch Flexion der Lendenwirbelsäule (gemeinsam mit dem M. rectus abdominis) und durch Anteversion des Beckens (gemeinsam mit den übrigen Hüftgelenksbeugern) das Aufrichten des Rumpfes aus Rückenlage sowie aus sitzender Position. **Schleimbeutel:** – Bursa iliopectinea – Bursa subtendinea iliaca
M. iliacus:	– **Fossa iliaca, Spina iliaca anterior inferior** (Hüftgelenkkapsel) Ansatz – **Trochanter minor** und proximaler Teil der Linea aspera		
M. psoas minor:	Ursprung (inkonstant) Seitenfläche des 12. Brustwirbels und des 1. Lendenwirbels Ansatz über die Fascia iliaca an der Eminentia iliopubica		
M. pectineus	Ursprung – **Pecten ossis pubis,** Eminentia iliopubica – Tuberculum pubicum (Lig. pubicum superius) Ansatz **Linea pectinea** und proximaler Teil der **Linea aspera**	Innervation N. femoralis und R. anterior des N. obturatorius L2–3 (L4) Blutversorgung – Aa. pudendae externae – R. superficialis der A. circumflexa femoris medialis – A. obturatoria	**Beugung, Adduktion und Außendrehung im Hüftgelenk** (Beugung bis 50°; wird danach zum Strecker) Der M. pectineus bildet mit dem M. iliopsoas die Fossa iliopectinea.

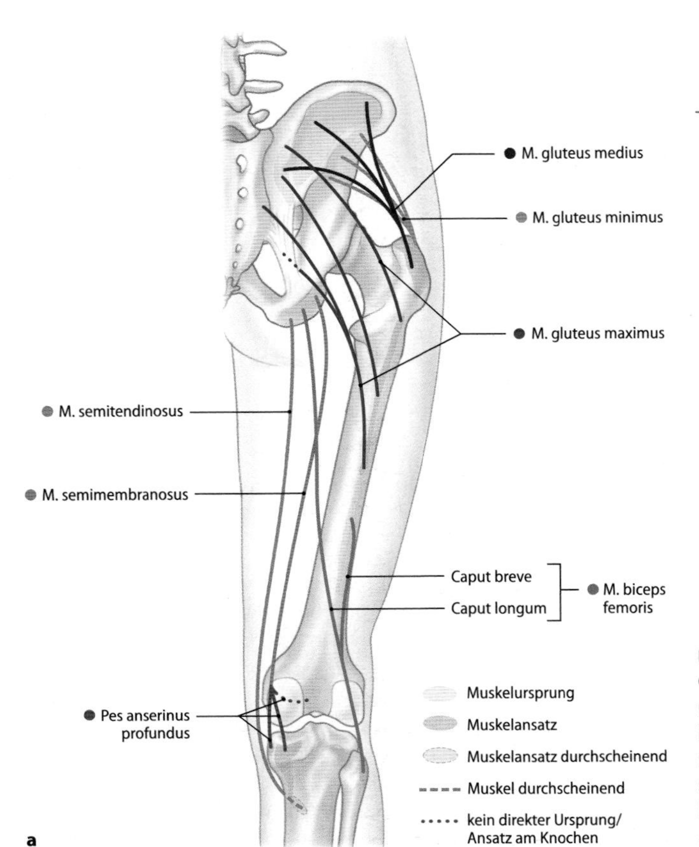

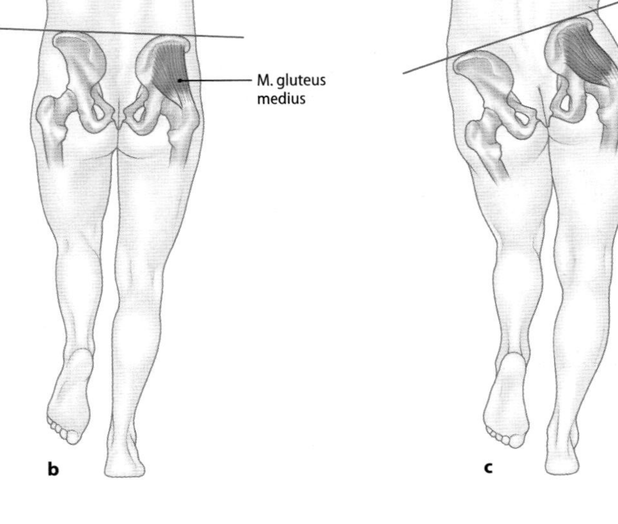

Abb. 4.191a–c. Hüftmuskeln. **a** Hintere Hüftmuskeln und Muskeln der Oberschenkelrückseite (Flexorengruppe). **b** Die Mm. glutei medius und minimus stabilisieren das Becken in der Standbeinphase und verhindern ein Abkippen zur Schwungbeinseite. **c** Bei Insuffizienz der »kleinen Gluteen« (Lähmung der Muskeln oder hohe Hüftgelenksluxation) kippt das Becken zur (gesunden) Schwungbeinseite: positives Trendelenburg-Zeichen. Beim Gehen kommt es zum Trendelenburg-Hinken. Bei doppelseitiger Insuffizienz der Muskeln entsteht das Gangbild eines sog. Watschelganges

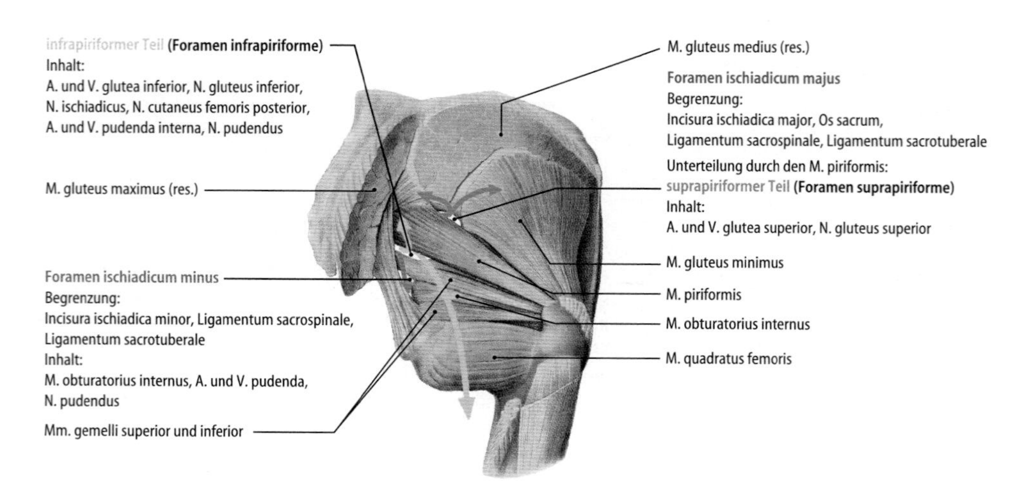

Abb. 4.192. Tiefe Hüftmuskeln der rechten Seite und Durchtrittspforten im Bereich der Regio glutea, Ansicht von hinten [7]

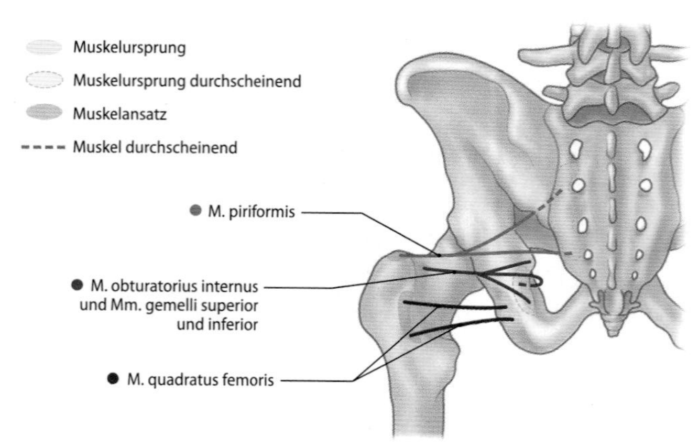

Abb. 4.193. Tiefe hintere und vordere Hüftmuskeln

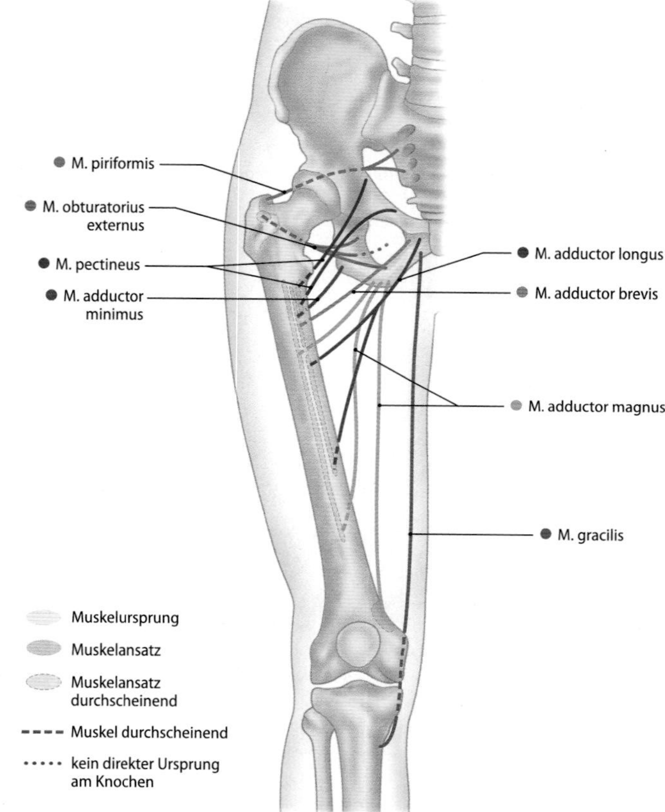

Abb. 4.194. Muskeln des Oberschenkels (Adduktorengruppe)

fläche der Membrana obturatoria kommende Muskel zieht zur Fossa trochanterica, wobei die Ansatzsehne der Hüftgelenkkapsel auf der Rückseite des Oberschenkelhalses eng anliegt.

Muskelgruppe der Adduktoren

Die Muskeln der **Gruppe der Adduktoren** sind – mit Ausnahme des zweigelenkigen M. gracilis – eingelenkig am Hüftgelenk wirksam. Die Muskeln liegen an der medialen Seite des Oberschenkels zwischen den Muskelgruppen der Flexoren und der Extensoren in einer eigenen Faszienloge. Sie bilden das Oberflächenrelief auf der Innenseite des Oberschenkels. Die Adduktoren entspringen am Schambein und am Sitzbein. Ihr Ansatz liegt am Femur.

M. pectineus. Innervation: N. femoralis, N. obturatorius – R. anterior. Der laterale Teil des *M. pectineus* (Abb. 4.188 und 4.194) entstammt in seiner Entwicklung dem Blastem des M. iliopsoas. Der vom N. obturatorius innervierte mediale Teil gehört in seiner ursprünglichen Anlage zur Adduktorengruppe. Der vom Schambein schräg nach lateral kaudal zur Linea pectinea und zum Trochanter major ziehende Muskel bedeckt den M. obturatorius externus.

M. gracilis. Innervation: N. obturatorius – R. anterior. Der zweigelenkige *M. gracilis* (Abb. 4.189b und 4.194) zieht vom unteren Schambeinast vertikal nach distal. Seine im unteren Oberschenkeldrittel beginnende Ansatzsehne verläuft gemeinsam mit den Sehnen der Mm. semitendinosus und sartorius hinter dem medialen Femurkondylus als *Pes anserinus (superficialis)* bogenförmig nach vorn zur Tuberositas tibiae. Zwischen den Sehnen des Pes anserinus (superficialis) und dem Tibiaknochen liegt die *Bursa anserina.*

M. adductor longus. Innervation: N. obturatorius – R. anterior. Der *M. adductor longus* (Abb. 4.188a, 4.189b und 4.194) liegt zwischen den Mm. pectineus und gracilis. Er bedeckt den M. adductor brevis sowie den kranialen Abschnitt des M. adductor magnus. Der Muskel inseriert größtenteils am Labium mediale der Linea aspera des Femur. Ein Teil

Tab. 4.36. Hintere Gruppe der dorsalen Hüftmuskeln

Muskeln	Ursprung (U) Ansatz (A)	Innervation (I) Blutversorgung (V)	Funktion Schleimbeutel
M. gluteus maximus	Ursprung **Außenfläche des Darmbeines** hinter der Linea glutea posterior (Seitenrand des **Kreuzbeines** und des **Steißbeines** (Fascia thoracolumbalis, Lig. sacrotuberale) Ansatz **Tuberositas glutea und Labium laterale der Linea aspera** (Septum intermusculare femoris laterale, Fascia lata, Tractus iliotibialis)	Innervation N. gluteus inferior (L4) L5–S2 Blutversorgung – R. superficialis der A. glutea superior – A. glutea inferior	– **Streckung und Außendrehung im Hüftgelenk** – **Abduktion bei gebeugtem Hüftgelenk** (oberer Teil) – Adduktion im Hüftgelenk (unterer Teil) Der M. gluteus maximus wirkt als Strecker bei der Fortbewegung auf unebenem Untergrund (z.B. Aufwärtsgehen, Treppensteigen, Klettern). Der Muskel **stabilisiert das Hüftgelenk in der Sagittalebene** bei sog. strammer Haltung (Verlagerung des Schwerpunktes nach ventral). Liegt das Punctum fixum am Femur, beteiligt sich der Muskel als kräftigster Strecker im Hüftgelenk an der Aufrichtung des Rumpfes aus sitzender Position oder aus der Hocke. **Schleimbeutel:** Bursa trochanterica m. glutei maximi – Bursa subcutanea trochanterica – Bursa ischiadica m. glutei maximi – Bursae intermusculares musculorum gluteorum
M. gluteus medius	Ursprung **Außenfläche des Darmbeines** zwischen Linea glutea anterior und Linea glutea posterior, Labium externum des Darmbeinkammes (von der ihn bedeckenden Faszie) Ansatz seitliche und obere Fläche des **Trochantermajor**	Innervation N. gluteus superior L4–S1 (S2) Blutversorgung – A. glutea superior – A. circumflexa femoris lateralis	– **Abduktion im Hüftgelenk** – **Innendrehung und Beugung** (vorderer Teil) – **Außendrehung und Streckung** (hinterer Teil) Der M. gluteus medius **stabilisiert** gemeinsam mit dem M. gluteus minimus **das Becken auf der Standbeinseite in der Frontalebene.** Die kleinen Gluteen verhindern in der Standbeinphase des Ganges ein Abkippen des Beckens auf die Schwungbeinseite (siehe Trendelenburg-Zeichen, Abb. 4.191c und 4.130). **Schleimbeutel:** Bursa trochanterica m. glutei medii (superficialis und profunda)
M. gluteus minimus	Ursprung **Außenfläche des Darmbeines** zwischen Linea glutea anterior und Linea glutea inferior (von der ihn bedeckenden Faszie) Ansatz vordere, obere Fläche des **Trochantermajor**	Innervation wie M. gluteus medius Blutversorgung wie M. gluteus medius	Funktionen wie M. gluteus medius **Schleimbeutel:** Bursa trochanterica m. glutei minimi
M. tensor fasciae latae	Ursprung **Darmbeinkamm** hinter der Spina iliaca anterior superior (von der ihn bedeckenden Faszie) Ansatz über den Tractus iliotibialis (Maissiat-Streifen) am **Tuberculum tractus iliotibialis der Tibia** (Tuberculum Gerdy)	Innervation N. gluteus superior L4–S1 Blutversorgung R. superior des R. profundus der A. glutea superior	**Beugung, Abduktion und Innendrehung im Hüftgelenk.** Der M. tensor fasciae latae bewirkt eine schnelle und kräftige Beugung des Hüftgelenks beim Laufen, »Sprintermuskel«.
M. piriformis	Ursprung Facies pelvina des **Os sacrum** im Bereich der Foramina sacralia anteriora II–IV Ansatz Innenseite der Spitze des **Trochanter major**	Innervation N. m. piriformis des Plexus sacralis (L5) S1–2 Blutversorgung R. superficialis der A. glutea superior A. glutea inferior	**Außendrehung, Abduktion und Streckung im Hüftgelenk.** Unterteilung des Foramen ischiadicum majus in das Foramen suprapiriforme und in das Foramen infrapiriforme. **Schleimbeutel:** Bursa m. piriformis

der Ansatzsehne strahlt variabel in das *Septum intermusculare vastoadductorium (Membrana vastoadductoria)* ein (Canalis adductorius).

M. adductor brevis. Innervation: N. obturatorius – R. posterior. Der *M. adductor brevis* (Abb. 4.194) wird von den Mm. pectineus und adductor longus bedeckt. Er bildet gemeinsam mit dem M. adductor magnus die tiefe Schicht der Adduktoren.

M. adductor magnus. Innervation: N. obturatorius – R. posterior, N. ischiadicus – N.-tibialis-Anteil). Der *M. adductor magnus* (Abb. 4.188b, 4.189b und 4.194) zählt zu den kräftigsten Muskeln des Menschen. Er hat nur im oberen Drittel der Oberschenkelrückseite zwischen den Mm. gracilis und semitendinosus eine oberflächliche Lage. Der größte Teil des Muskels wird von den benachbarten Muskeln überlagert. Der M. adductor magnus besteht aus 2 Anteilen: Der

Tab. 4.37. Ventrale Hüftmuskeln

Muskel	Ursprung (U) Ansatz (A)	Innervation (I) Blutversorgung (V)	Funktion Schleimbeutel
M. obturatorius internus/ Mm. gemelli	**M. obturatorius internus** Ursprung – **Corpus und Ramus ossis ischii** – Ramus inferior ossis pubis (Membrana obturatoria) Ansatz **Fossa trochanterica** **Mm. gemelli** Ursprung **M. gemellus superior: Spina ischiadica** **M. gemellus interior: Tuber ischiadicum** Ansatz kein direkter Ansatz am Knochen, über die Einstrahlung in die Ansatzsehne des M. obturatorius internus in der Fossa trochanterica	Innervation N. m. obturatorii interni und Rami musculares des Plexus sacralis (und N. pudendus) L5–S2 Blutversorgung – A. glutea inferior – A. obturatoria – A. pudenda interna	**Außendrehung, Adduktion und Streckung im Hüftgelenk** (Abduktion bei gebeugtem Hüftgelenk) Duplikatur der Fascia obturatoria: Canalis pudendalis (Alcock-Kanal) Der M. obturatorius internus bildet die laterale Wand der Fossa ischioanalis. **Schleimbeutel:** Bursa ischiadica m. obturatorii interni
M. quadratus femoris	Ursprung **Tuber ischiadicum** Ansatz distaler Teil des **Trochanter major, Crista intertrochanterica**	Innervation – N. m. quadrati femoris des Plexus sacralis – N. ischiadicus: N.-tibialis-Anteil (L4) L5–S1 (S2) Blutversorgung – A. glutea inferior – A. circumflexa femoris medialis – A. obturatoria	**Außendrehung und Adduktion im Hüftgelenk**
M. obturatorius externus	Ursprung **Außenfläche des Foramen obturatum** (Os ischii und Os pubis) (Membrana obturatoria) Ansatz **Fossa trochanterica** (Hüftgelenkskapsel)	Innervation R. posterior des N. obturatorius L3–4 Blutversorgung – A. obturatoria – A. circumflexa femoris medialis	**Adduktion und Außendrehung im Hüftgelenk**
M. adductor magnus (M. adductor minimus)	Ursprung **Ramus inferior des Schambeines, Ramus ossis ischii** und **Tuber ischiadicum** Ansatz – tiefer Teil: mediale Lippe der **Linea aspera** – oberflächlicher Teil: **Tuberculum adductorium** des Epicondylus medialis femoris (Aponeurose des M. vastus medialis)	Innervation – tiefer Teil: R. posterior des N. obturatorius (L3–4) – oberflächlicher Teil: N. ischiadicus: N.-tibialis-Anteil L4–5 Blutversorgung – A. obturatoria – Aa. perforantes I–III der A. profunda femoris	– **Adduktion im Hüftgelenk** – Streckung und Innendrehung (hinterer oberflächlicher Teil) Der Muskel bewirkt die Balance des Beckens im ein- und beidbeinigen Stand und bei der Fortbewegung in der Frontal- und Sagittalebene. Adduktorenkanal ► Kap. 26
M. adductor brevis	Ursprung **Ramus inferior des Schambeines** Ansatz oberer Teil der medialen Lippe der **Linea aspera**	Innervation R. anterior des N. obturatorius L2–4 Blutversorgung – A. obturatoria – A. perforans I der A. profunda femoris	**Adduktion, Beugung** und Außendrehung **im Hüftgelenk**
M. adductor longus	Ursprung **Schambeinkörper** unterhalb des Tuberculum pubicum (Vorderseite der Symphysis pubica) Ansatz mittlerer Teil der medialen Lippe der **Linea aspera** (Septum intermusculare vastoadductorium)	Innervation R. anterior des N. obturatorius L2–4 Blutversorgung – Aa. perforantes I und II der A. profunda femoris – Aa. pudendae externae – A. obturatoria	**Adduktion und Beugung im Hüftgelenk** Die Adduktoren wirken im Einbeinstand einem Abkippen des Beckens nach lateral entgegen, sie verhindern ein Auseinanderweichen der Beine nach lateral.
M. gracilis	Ursprung vorderer unterer Rand des **Ramus inferior des Os pubis** Ansatz **mediale Fläche der Tibia** medial von der Tuberositas tibiae	Innervation R. anterior des N. obturatorius L2–4 Blutversorgung – Aa. pudendae externae – A. profunda femoris – A. obturatoria	– **Adduktion und Beugung im Hüftgelenk** – **Beugung und Innendrehung im Kniegelenk** Pes anserinus superficialis: Ansatzsehnen der Mm. sartorius, gracilis und semitendinosus. **Schleimbeutel:** Bursa anserina

vom N. obtoratorius innervierte **tiefe Teil** entspringt am unteren Schambeinast und am Sitzbeinast. Sein Ansatz liegt am Labium mediale der Linea aspera des Femur. Der vom N. ischiadicus innervierte **oberflächliche Teil** kommt vom Sitzbeinhöcker und inseriert zum kleineren Teil am distalen Ende der Linea aspera und zum größeren Teil am Tuberculum adductorium des Epicondylus medialis des Femur. Durch die Aufspaltung der Ansatzsehne des oberflächlichen Muskelanteils entsteht die schlitzförmige Öffnung am Ende des Adduktorenkanals *(Hiatus tendineus)*. Der kraniale Abschnitt des M. adductor magnus kann vom übrigen Muskel abgespalten sein. Man bezeichnet diesen Teil des Muskels als *M. adductor minimus*.

Funktion der Hüftmuskeln

- Liegt das Punctum fixum am Beckenring, bewegen die Hüftmuskeln die freie untere Extremität und tragen damit zur **Fortbewegung** bei.
- Bei Bewegungen des Oberschenkels gegen den Beckenring kommt es vielfach während des Bewegungsablaufes zu einer sog. Umkehrung der Muskelfunktion. Diese beruht darauf, dass sich bei einigen Muskeln mit der bewegungsbedingten Änderung der Gelenkstellung die wirksame Endstrecke zur momentanen Drehachse verlagert.
- Liegt das Punctum fixum am Skelett der freien unteren Extremität, können die Hüftmuskeln das Becken (Rumpf) gegenüber der freien Extremität bewegen (Anteversion, Retroversion und Lateroversion des Beckens).
- Die Hüftmuskeln üben eine **stabilisierende Funktion** zwischen Beckenring und freier Extremität im einbeinigen und im zweibeinigen Stand aus. Die Stabilisierung des Standbeins ist Voraussetzung für einen normalen Bewegungsablauf beim Gehen. Die Stabilisierung in der **Sagittalebene** erfolgt durch die **Beuger** und **Strecker. Abduktoren** und **Adduktoren** stabilisieren das Hüftgelenk in der **Frontalebene** im ein- und beidbeinigen Stand sowie beim Gehen.

Siehe auch ◘ Tab. 4.38.

4.129 Senkungsabszess und sog. Psoasschmerz

In der Faszienloge des M. iliopsoas können sich sog. Senkungsabszesse von der Wirbelsäule (z.B. bei Wirbelsäulentuberkulose) bis in das Schenkeldreieck ausbreiten.

Aufgrund der engen topographischen Nähe zur Niere und zu den ableitenden Harnwegen können Entzündungen der Organe reflektorisch zur Tonussteigerung des M. iliopsoas führen. Aus dem gleichen Grund kann es auf der rechten Seite bei einer Appendizitis zu einer schmerzhaften Anspannung des M. iliospoas (sog. Psoasschmerz) kommen.

4.130 Trendelenburg-Zeichen, Trendelenburg-Hinken

Bei Insuffiziens oder Lähmung der kleinen Gluteen kann das Becken im Einbeinstand auf der betroffenen Seite nicht im labilen Gleichgewicht gehalten werden. Das daraus resultierende Abkippen des Beckens auf die (gesunde) Schwungbeinseite bezeichnet man als (positives) Trendelenburg-Zeichen (◘ Abb. 4.191c). Das Absinken des Beckens während des Gehens nennt man Trendelenburg-Hinken.

Oberschenkelmuskeln

Bei den **Muskeln des Oberschenkels** lassen sich nach ihrer ursprünglichen Lage zum Skelett und nach ihrer Innervation eine **Flexorengruppe** und eine **Extensorengruppe** unterscheiden. Zwischen diese beiden Muskelgruppen hat sich auf der medialen Oberschenkelseite die Muskelgruppe der **Adduktoren** geschoben, die funktionell zu den Hüftmuskeln gehören (◘ Abb. 4.188 und 4.189). Die **Flexorengruppe** hat ihre Lage auf der Rückseite des Oberschenkels. Zu ihr gehören die **ischiokruralen Muskeln** mit den *Mm. semitendinosus, semimembranosus* und *biceps femoris* sowie der *M. popliteus*. Die Flexoren des Oberschenkels wirken – mit Ausnahme des kurzen Bizepskopfes und des M. popliteus – auf das Hüft- und Kniegelenk. Die **Extensoren** des Oberschenkels liegen auf der Vorderseite des Oberschenkels. Sie sind kräftiger als die Flexoren. Die Extensorengruppe wird vom *M. quadriceps* mit seinen 4 Köpfen *(Mm. rectus femoris, vastus medialis, vastus intermedius, vastus lateralis)* und vom *M. sartorius* gebildet.

Muskeln auf der Oberschenkelvorderseite (Extensorengruppe)

M. quadriceps femoris. Innervation: N. femoralis. Der *M. quadriceps femoris* umhüllt mantelartig den größten Teil des Oberschenkelknochens (◘ Abb. 4.188a, 4.189b, 4.190 und ◘ Tab. 4.39). Von seinen 4 Köpfen zieht der *M. rectus femoris* über das Hüft- und Kniegelenk. Die eingelenkigen *Mm. vasti medialis, intermedius* und *lateralis* wirken nur auf das Kniegelenk. Die Anteile des M. quadriceps femoris inserieren mit einer gemeinsamen Endsehne, in der die Patella als Sesambein eingelagert ist, über das *Lig. patellae* an der Tuberositas tibiae. Quadrizepssehne und Lig. patellae bilden in Streckstellung einen nach lateral offenen Winkel von 160° (◘ Abb. 4.190). Die seitlichen Anteile der Ansatzsehne ziehen als *Retinacula patellae (longitudinalia) mediale* und *laterale* zu den Kondylen der Tibia. Sie bilden den sog. Reservestreckapparat des Kniegelenkes.

Der *M. rectus femoris* liegt zwischen den Mm. vasti medialis und lateralis. Seine gabelförmige Ursprungssehne überdeckt die Mm. sartorius und tensor fasciae latae. Die Ansatzsehne zieht zur Basis patellae.

Der *M. vastus medialis* ist mit dem M. vastus intermedius verwachsen und hat über das Septum intermusculare vastoadductorium (Membrana vastoadductoria) Verbindungen zu den Adduktoren. Sein Muskelbauch wölbt sich bei gestrecktem Kniegelenk medial oberhalb der Kniescheibe als Suprapatellarwulst vor.

Der *M. vastus intermedius* hat seinen Ursprung an der vorderen und lateralen Fläche des Femur. Der Muskel bildet eine Rinne, in der der M. rectus femoris liegt. Ein Teil der distalen Muskelfaserbündel strahlt in die Bursa suprapatellaris ein. Man bezeichnet diesen Muskelanteil als *M. articularis genus*.

Der *M. vastus lateralis* liegt im seitlichen hinteren Bereich des Oberschenkels und wird vom Tractus iliotibialis bedeckt, an dessen Innenfläche ein Teil seiner Fasern im distalen Abschnitt entspringt. Sein Muskelbauch reicht bis in Höhe der Kniescheibe nach distal.

M. sartorius. Innervation: N. femoralis. Der zweigelenkige *M. sartorius* zieht in oberflächlicher Lage von der Spina iliaca anterior superior spiralig über die Vorderseite des Oberschenkels nach distal medial (◘ Abb. 4.188a, 4.189b, 4.190 und ◘ Tab. 4.39). Er läuft bogenförmig hinter dem medialen Femurkondylus nach vorn und inseriert über den Pes anserinus (superficialis) an der Tuberositas tibiae (s. unten). Der Muskel liegt in einer eigenen Faszienscheide.

Muskeln auf der Oberschenkelrückseite (Flexorengruppe)

M. semimembranosus. Innervation: N. tibialis – Anteil des N. ischiadicus. Der *M. semimembranosus* verdankt seinen Namen seiner sich unterhalb des Ursprungs am Tuber ischiadicum aponeurotisch verbreiternden Ursprungssehne (◘ Abb. 4.188b, 4.191a und ◘ Tab. 4.40). In der rinnenförmigen Ursprungsaponeurose, die sich bis in die distale Hälfte des Oberschenkels ausdehnt, liegen der M. semitendinosus und der lange Kopf des M. biceps femoris. Die Ansatzsehne teilt sich in Kniegelenkhöhe in 3 Zipfel, die man als *Pes anserinus profundus* bezeichnet. Der mediale Teil der Ansatzsehne zieht hori-

Tab. 4.38. Funktionen der Hüftmuskeln im Hüftgelenk

Achsen	Bewegungsumfang	Funktion	Muskeln
transversal	130–140°	**Flexion** **Anteversion** (Becken)	**M. iliopsoas** **M. rectus femoris** **M. tensor fasciae latae** **M. sartorius** **M. gluteus medius** (vorderer Teil) M. pectineus (bis 50° Beugung) M. adductor longus M. adductor brevis M. aductor magnus (vorderer tiefer Teil)
	10–15°	**Extension** **Retroversion** (Becken)	**M. gluteus maximus** **M. semimembranosus** **M. semitendinosus** **M. biceps femoris** (Caput longum) **M. gluteus medius** (hinterer Teil) **M. gluteus minimus** (hinterer Teil) **M. adductor magnus** (hinterer oberflächlicher Teil) M. obturatorius internus Mm. gemelli M. obturatorius externus M. quadratus femoris
sagittal	3–45°	**Abduktion** **Lateroversion** (Becken)	**M. gluteus medius** **M. gluteus minimus** **M. tensor fasciae latae** **M. gluteus maximus** (oberer Teil) **M. sartorius** M. rectus femoris
	20–30°	**Adduktion**	**M. adductor magnus** **M. adductor longus** **M. adductor brevis** **M. gracilis** **M. gluteus maximus** (unterer Teil) **M. quadratus femoris** **M. obturatorius internus** Mm. gemelli **M. obturatorius externus** M. semitendinosus M. semimembranosus M. biceps femoris (Caput longum)
vertikal	30–40°	**Innendrehung**	**M. tensor fasciae latae** **M. gluteus medius** (vorderer Teil) **M. gluteus minimus** **M. adductor magnus** (hinterer-oberflächlicher Teil) **M. gracilis** (bei gebeugtem Hüftgelenk)
	40–50°	**Außendrehung**	**M. gluteus maximus** **M. gluteus medius** (hinterer Teil) **M. gluteus minimua** (hinterer Teil) **M. piriformis** **M. quadratus femoris** **M. obturatorius internus** **M. obturatorius externus** **M. pectineus** **M. sartorius** M. rectus femoris M. iliopsoas

Tab. 4.39. Vordere Oberschenkelmuskeln

Muskel	Ursprung (U) Ansatz (A)	Innervation (I) Blutversorgung (V)	Funktion Schleimbeutel
M. quadriceps femoris			
M. rectus femoris	Ursprung Caput rectum: **Spina iliaca anterior inferior** Caput reflexum: **oberhalb des Daches der Hüftgelenkpfanne** (Lig. iliofemorale) Ansatz **Basis patellae** und **Vorderfläche der Patella**	Innervation N. femoralis L2–4 Teil des M.-quadriceps-femoris-Kennmuskel für das Rückenmarksegment L4 Quadriceps-femoris-Reflex (Patellarsehnenreflex) Blutversorgung – A. circumflexa femoris lateralis – Aa. perforantes der A. profunda femoris – Rr. musculares der A. femoralis	– **Streckung im Kniegelenk** (gesamter Muskel) – **Beugung im Hüftgelenk** (nur M. rectus femoris) Das **Drehmoment des M. quadriceps femoris** wird durch die Einlagerung der Patella in seine Ansatzsehne und der daraus resultierenden Verlängerung des virtuellen Hebelarmes beträchtlich vergrößert. Der M. quadriceps femoris stabilisiert das Kniegelenk in der Sagittalebene und in der Transversalebene (Rotationsstabilität). Der **M. vastus medialis** unterstützt die Innenrotation im Kniegelenk; er ist Synergist des vorderen Kreuzbandes. Der **M. vastus lateralis** beteiligt sich an der Außenrotation im Kniegelenk. **Schleimbeutel:** – Bursa (Recessus) suprapatellaris – Bursa subtendinea prepatellaris – Bursa infrapatellaris profunda
M. vastus medialis	Ursprung distaler Teil der **Linea intertrochanterica** (Septum intermusculare femoris mediale) Ansatz **Basis** und **mediale Seitenfläche der Patella**		
M. vastus intermedius	Ursprung **Vorderfläche des Femurschaftes** nach proximal bis zur Linea intertrochanterica Ansatz **Basis patellae**		
M. vastus lateralis	Ursprung vorderer Teil des **Trochanter major** an der Linea intertrochanterica (Septum intermusculare femoris laterale, Fascia lata und Tractus iliotibialis) Ansatz **Basis** und **laterale Seitenfläche der Patella** **Gemeinsame Ansatzsehne des M. quadriceps femoris:** über das **Lig. patellae** an der **Tuberositas tibiae**		
M. articularis genus	Ursprung Vorderseite des Femurschaftes distal vom M. vastus intermedius Ansatz Bursa suprapatellaris		verhindert ein Einklemmen der Gelenkkapsel im Bereich des Recessus suprapatellaris bei Streckung des Kniegelenkes
M. sartorius	Ursprung **Spina iliaca anterior superior** Ansatz medial von der **Tuberositas tibiae** (Fascia cruris und Kniegelenkskapsel)	Innervation N. femoralis (L1)L2–3 Blutversorgung – A. circumflexa femoris medialis – Rr. musculares der A. femoralis – A. descendens genus	– **Beugung, Abduktion und Außendrehung im Hüftgelenk** – **Beugung und Innendrehung im Kniegelenk** **Schleimbeutel:** Bursa subtendinea m. sartorii

zontal nach vorn zum Condylus medialis tibiae. Der mittlere Sehnenstrang läuft vertikal zur Rückseite des medialen Tibiakondylus. Der laterale Zipfel zieht als *Lig. popliteum obliquum* in die hintere Wand der Kniegelenkkapsel. Zwischen Condylus medialis tibiae und Ansatzsehne liegt die *Bursa m. semimembranosi.*

M. semitendinosus. Innervation: N. tibialis – Anteil des N. ischiadicus. Der *M. semitendinosus* entspringt zum Teil gemeinsam mit dem M. biceps femoris (Caput commune) am Tuber ischiadicum sowie vom Lig. sacrotuberale (Abb. 4.188b, 4.191a und Tab. 4.40). Sein schlanker Muskelbauch hat im mittleren Abschnitt meistens eine Zwischensehne und geht in Oberschenkelmitte in eine rundliche, dünne Ansatzsehne über, die gemeinsam mit den Sehnen der Mm. sartorius und gracilis den *Pes anserinus (superficialis)* bildet (Abb. 4.189b). Innerhalb des *Pes anserinus (superficialis)* liegt die über den Ansatzbereich des M. semimembranosus laufende Ansatzsehne des M. semitendinosus am weitesten distal hinten.

M. biceps femoris. Innervation: N. tibialis – Anteil des N. ischiadicus: Caput longum; N. peroneus communis – Anteil des N. ischiadicus: Caput breve. Der zweiköpfige *M. biceps femoris* entspringt mit seinem *Caput longum* gemeinsam mit dem M. semitendinosus am Tuber ischiadicum und am Lig. sacrotuberale (Abb. 4.188b, 4.191a und Tab. 4.40). Das *Caput breve* hat seinen Ursprung an der Linea aspera des Femur. Die beiden Bizepsköpfe vereinigen sich im unteren Bereich des Oberschenkels und ziehen mit einer gemeinsamen Ansatzsehne nach distal lateral zum Fibulakopf.

M. popliteus. Innervation: N. tibialis. Der *M. popliteus* liegt in der Tiefe der Kniekehle (Abb. 4.196 und Tab. 4.40). Der am lateralen Femurkondylus entspringende oberflächliche Teil der Ursprungssehne zieht unter dem Lig. collaterale fibulare nach distal und vereinigt sich mit den vom Hinterhorn des lateralen Meniskus kommenden Zügeln. Unter der Ursprungssehne liegt der *Recessus subpopliteus*. Der Muskelansatz liegt auf der Rückseite der Tibia (► Kap. 26, Abb. 26.7).

Tab. 4.40. Hintere Oberschenkelmuskeln

Muskel	Ursprung (U) Ansatz (A)	Innervation (I) Blutversorgung (V)	Funktion Schleimbeutel
M. biceps femoris	Ursprung Caput longum: **Tuber ischiadicum** des Os ischii hinter dem M. semimembranosus (Lig. sacrotuberale) Caput breve: Labium laterale der **Linea aspera** (Septum intermusculare femoris laterale) Ansatz **Caput fibulae:** Condylus lateralis tibiae (Fascia cruris)	Innervation N. ischiadicus: – N.-tibialis-Anteil L5–S2 (Caput longum) – N.-peroneus-Anteil L5–S1 (Caput breve) Blutversorgung – A. circumflexa femoris medialis – Aa. perforantes der A. profunda femoris – Rr. musculares der A. poplitea	– **Streckung im Hüftgelenk** (Caput longum) – **Beugung und Außendrehung im Kniegelenk** (bei gebeugtem Kniegelenk) (Caput longum und Caput breve) – Schleimbeutel: – Bursa m. bicipitis femoris superior – Bursa m. bicipitis femoris inferior
M. semitendinosus	Ursprung **Tuber ischiadicum** des Os ischii; meistens als Caput commune gemeinsam mit dem Caput longum des M. biceps femoris (Lig. sacrotuberale) Ansatz **mediale Fläche der Tibia** medial von der Tuberositas tibiae	Innervation N. ischiadicus: N.-tibilalis-Anteil L4–S1 Blutversorgung Aa. perforantes der A. profunda femoris	– **Streckung** im Hüftgelenk – **Beugung und Innendrehung im Kniegelenk** (bei gebeugtem Kniegelenk) Bei gestrecktem Hüftgelenk können die ischiokruralen Muskeln das Kniegelenk aufgrund **aktiver Insuffizienz** nicht maximal beugen. Bei gestrecktem Kniegelenk verhindern die ischiokruralen Muskeln infolge **passiver Insuffizienz** eine vollständige Beugung im Hüftgelenk.
M. semimembranosus	Ursprung **Tuber ischiadicum** des Os ischii Ansatz Hinterfläche und Seitenfläche des **Condylus medialis tibiae** (Lig. popliteum obliquum, Faszie des M. popliteus)	Innervation N. ischiadicus: N.-tibialis-Anteil L4–S1 Blutversorgung – A. circumflexa femoris medialis – Aa. perforantes der A. profunda femoris – Rr. musculares der A. poplitea	– **Streckung im Hüftgelenk** – **Beugung und Innendrehung im Kniegelenk** (bei gebeugtem Kniegelenk) Der M. semimembranosus stabilisiert das Kniegelenk im posteromedialen Bereich. **Schleimbeutel:** Bursa m. semimembranosi (Variante: Bursa gastrocnemiosemimembranosa)
M. popliteus	Ursprung **Epicondylus lateralis femoris** (über das Lig. arcuatum am Caput fibulae über 2 Sehnenzüge am Meniscus lateralis und am Lig. popliteum obliquum) Ansatz **Hinterfläche der Tibia** oberhalb der Linea musculi solei	Innervation N. tibialis (L4) L5–S1 (S2) Blutversorgung – Rr. musculares der A. poplitea – Aa. inferior medialis und lateralis genus	**Innendrehung** (bei gebeugtem Kniegelenk) und **Beugung im Kniegelenk.** Der M. popliteus ist Synergist des hinteren Kreuzbandes. **Schleimbeutel:** Recessus subpopliteus

Funktion der Oberschenkelmuskeln

- Die Streckung des Kniegelenkes durch den M. quadriceps femoris und die Beugung durch die ischiokruralen Muskeln sind Bestandteile des Bewegungsablaufs beim **Gehen** auf der Standbein- und auf der Schwungbeinseite. Für das Erheben aus sitzender oder hockender Position ist eine Streckung im Kniegelenk erforderlich.
- Oberschenkelflexoren und -extensoren **stabilisieren** das Kniegelenk in der Sagittalebene und in der Transversalebene (Rotationsstabilität; siehe Kniegelenk).
  Siehe auch Tab. 4.41.

Tab. 4.41. Funktionen der Oberschenkelmuskeln im Kniegelenk

Achsen	Bewegungsumfang	Funktion	Muskeln
transversal	120–150°	**Flexion**	**M. biceps femoris** **M. semimembranosus** **M. semitendinosus** **M. gracilis** **M. sartorius** M. popliteus M. gastrocnemius
	5–10°	**Extension**	**M. quadriceps femoris**
vertikal	10–15°	**Innendrehung** (bei gebeugtem Kniegelenk)	**M. semimembranosus** **M. semitendinosus** **M. gracilis** **M. sartorius** M. popliteus M. vastus medialis
	bis 40°	**Außendrehung** (bei gebeugtem Kniegelenk)	**M. biceps femoris** M. vastus lateralis

Oberschenkelfaszie

Die Oberschenkelmuskeln werden von der **Fascia lata,** einem Teil der allgemeinen oberflächlichen Körperfaszie eingehüllt. Sie geht distal in die Unterschenkelfaszie *(Fascia cruris)* über. Auf der Oberschenkelvorderseite beginnt die Fascia lata am *Lig. inguinale.* Im Schenkeldreieck unterhalb des Leistenbandes ist die Faszie an den Durchtrittsstellen der oberflächlichen Venen siebartig durchlöchert, *Fascia (Lamina) cribrosa* (Abb. 4.209). Auf der Rückseite entspringt die Fascia lata vom Darmbeinkamm *(Fascia glutea).* Am Übergang von der Gesäßregion zur Oberschenkelrückseite rufen horizontal verlaufende Verstärkungszüge (sog. Sitzhalfter) die Gesäßfurche, *Sulcus glutealis,* hervor (4.131).

An der lateralen Seite des Oberschenkels ist die Fascia lata in einem 8–10 cm breiten Streifen aponeurotisch verstärkt, man bezeichnet den vom Darmbeinkamm bis zur Tibia reichenden Verstärkungszug als *Tractus iliotibialis* (Maissiat-Streifen, Abb. 4.190a). In Höhe des Kniegelenkes zieht ein horizontaler Bandzug aus dem Tractus iliotibialis zum lateralen Patellarand (Retinaculum patellae transversale. Der Tractus iliotibialis inseriert am Tuberculum tractus iliotibialis (Tuberculum Gerdy) des lateralen Tibiakondylus. Der Tractus iliotibialis hat eine **Zuggurtungsfunktion**. Er setzt die Biegebeanspruchung des Femur in der Frontalebene herab. Er ist außerdem an der Belastung des Femorotibialgelenkes beteiligt.

Von der Fascia lata senken sich zwischen die Muskelgruppen der Flexoren und der Extensoren Bindegewebesepten, *Septa intermuscularia,* in die Tiefe, die am Femur verankert sind. Auf diese Weise entstehen 2 **Faszienlogen.** Eine vordere Loge umschließt die Extensoren. In der hinteren Loge liegen die Flexoren und die Adduktoren. Das *Septum intermusculare femoris laterale* bildet eine Scheidewand zwischen M. vastus lateralis und dem kurzen Bizepskopf. Das *Septum intermusculare femoris mediale* grenzt den M. vastus medialis vom M. adductor magnus ab. Zwischen Flexoren und Adduktoren liegt eine Schicht lockeren Bindegewebes (sog. Septum intermusculare posterius), das proximal mit dem *Stratum subgluteale* und distal mit dem Bindegewebe der Kniekehle in Verbindung steht (Adduktorenkanal ► Kap. 26).

4.131 Klinische Hinweise zu den Muskeln der unteren Extremität

Die Beurteilung der Gesäßfurchen (Sulcus glutealis) im Seitenvergleich wird als (unsicheres) Zeichen zur Diagnostik der Hüftluxation herangezogen.

Als schnellende oder schnappende Hüfte (Coxa saltans) bezeichnet man das spürbare und manchmal hörbare Vorschnellen des angespannten Tractus iliotibialis über den Trochanter major nach vorn. Die damit einhergehende Reizung der Bursa subcutanea trochanterica und der Bursa trochanterica m. glutei maximi verursacht Schmerzen.

Die Ansatzsehne des M. semitendinosus kann als autologes Transplantat zum Kreuzbandsersatz verwendet werden.

Eine Lähmung des M. quadriceps femoris hat weitreichende Folgen: Aufgrund der fehlenden Streckmöglichkeit sind z.B. Treppensteigen oder Aufstehen aus sitzender Position beeinträchtigt. Durch ungenügende Stabilisierung in der Sagittalebene kommt es infolge des Ungleichgewichts der Kräfte durch den Zug der ischiokruralen Muskeln und durch die Verlagerung des Teilkörpergewichtes zum Genu recurvatum mit Fehlbelastung des Kniegelenkes.

Muskeln des Unterschenkels und (lange) Muskeln des Fußes

Unterschenkelmuskeln

Auf der Hinterseite des Unterschenkels liegen die **Flexoren.** Man unterscheidet eine **Gruppe oberflächlicher** und eine **Gruppe tiefer Flexoren.** Auf der Vorderseite sind die **Extensorengruppe** sowie lateral die **Peroneusgruppe** angeordnet, die genetisch zu den Muskeln auf der Unterschenkelvorderseite gehört.

Die Muskelgruppen des Unterschenkels liegen in 4 **osteofibrösen Logen,** die von der Unterschenkelfaszie *(Fascia cruris)*, Tibia, Fibula, *Membrana interossea cruris* sowie den *Septa intermuscularia cruris anterior* und *posterior* gebildet werden (► Kap. 26, Abb. 26.10). Oberflächliche und tiefe Flexoren werden durch das tiefe Blatt der Unterschenkelfaszie, *Fascia cruris profunda,* getrennt, das an Tibia und Fibula angeheftet ist. Über den Mm. peronei senken sich von der Fascia cruris ein vorderes Bindegewebeseptum, *Septum intermusculare cruris anterius,* und ein hinteres Bindegewebeseptum, *Septum intermusculare cruris posterius,* in die Tiefe, wo sie mit der Vorderkante und der Hinterkante der Fibula verwachsen sind. Fascia cruris, Septa intermuscularia cruris und Fibula begrenzen die Peroneusloge.

Muskeln auf der Hinterseite des Unterschenkels (Flexoren)

Die **Gruppe der oberflächlichen Flexoren** bezeichnet man auch als **Wadenmuskeln.** Zu ihnen gehören der *M. triceps surae* mit den *Mm. gastrocnemius* und *soleus* sowie der *M. plantaris* (Abb. 4.188b). Die **tiefe Gruppe der Flexoren** besteht aus den *Mm. tibialis posterior, flexor hallucis longus* und *flexor digitorum longus.* Die tiefen Beuger werden beim Verlauf um den Malleolus medialis vom tiefen Blatt des *Retinaculum mm. flexorum* in Sehenscheidenfächern geführt.

M. triceps surae. Innervation: N. tibialis. Die 3 Köpfe des *M. triceps surae* vereinigen sich im unteren Drittel des Unterschenkels zur gemeinsamen Endsehne, *Tendo calcaneus* (Achillessehne), die im mittleren und unteren Bereich über der gesamten Rückfläche des Tuber calcanei am Knochen verankert ist (Abb. 4.188b und Tab. 4.42). Die hantelförmige Achillessehne verjüngt sich in Knöchelhöhe zur sog. Sehnentaille (4.132). In diesem Bereich überkreuzen die Sehnenanteile des M. gastrocnemius den Sehnenanteil des M. soleus in der Weise, dass es zu einer Torquierung des Gewebes kommt. In diesem Bereich kommt im Innern der Achillessehne Faserknorpel vor. Zwischen Ansatzbereich und Knochen liegt die *Bursa tendinis calcanea.*

Der zweiköpfige **M. gastrocnemius** zieht über das Kniegelenk und über die Sprunggelenke (Abb. 4.195). Die oberhalb der Femurkondylen entspringenden Ursprungssehnen des Muskels sind fest mit der Kniegelenkkapsel verwachsen, sog. Polkappen *(Bursa subtendinea m. gastrocnemii medialis, Fabella,* ► S. 259*)*. Das Caput mediale geht weiter distal in die Achillessehne über als das Caput laterale.

Der schollenförmige **M. soleus** wird bis auf seinen medialen und lateralen Rand vollständig vom M. gastrocnemius bedeckt (Abb. 4.195). Sein Ursprung liegt an Tibia und Fibula sowie an einem Sehnenbogen, *Arcus tendineus,* der zwischen den beiden Unterschenkelknochen ausgespannt ist.

Der kleine **M. plantaris** (Abb. 4.188b, 4.195 und Tab. 4.42) entspringt neben dem lateralen Gastroknemiuskopf am Condylus lateralis des Femur. Der Muskelbauch geht im Bereich der Kniekehle in eine lange, schlanke Ansatzsehne über, die in den medialen Rand der Achillessehne einstrahlt.

Der **M. tibialis posterior** entspringt von allen Wandanteilen der **tiefen Flexorenloge** (Abb. 4.196 und Tab. 4.42). Die Ansatzsehne des Muskels unterkreuzt im unteren Unterschenkeldrittel die Ansatzsehne des M. flexor digitorum longus *(Chiasma crurale)* und gelangt dadurch beim Verlauf um den Malleolus medialis im Sulcus malleolaris tibiae in das erste Sehnenfach. Die Ansatzsehne spaltet sich in 2 Stränge (Abb. 4.197).

M. flexor digitorum longus. Innervation: N. tibialis. Der *M. flexor digitorum longus* liegt innerhalb der tiefen Beugerloge am weitesten medial (Abb. 4.196 und Tab. 4.43; ► Kap. 26, Abb. 26.8). Der Muskel geht in Höhe des medialen Knöchels in seine Ansatzsehne über, die im zweiten Sehnenscheidenfach um den Malleolus medialis und am Sustentaculum tali des Calcaneus entlang zur Planta pedis zieht. Die Ansatzsehne überkreuzt in Höhe des Kahnbeins die Ansatzsehne des M. flexor hallucis longus, *Chiasma plantare* (Henry-Knoten). Die beiden Sehnen sind an der Überkreuzungsstelle miteinander verwachsen. Durch diese Sehnenverbindung (Junctura tendi-

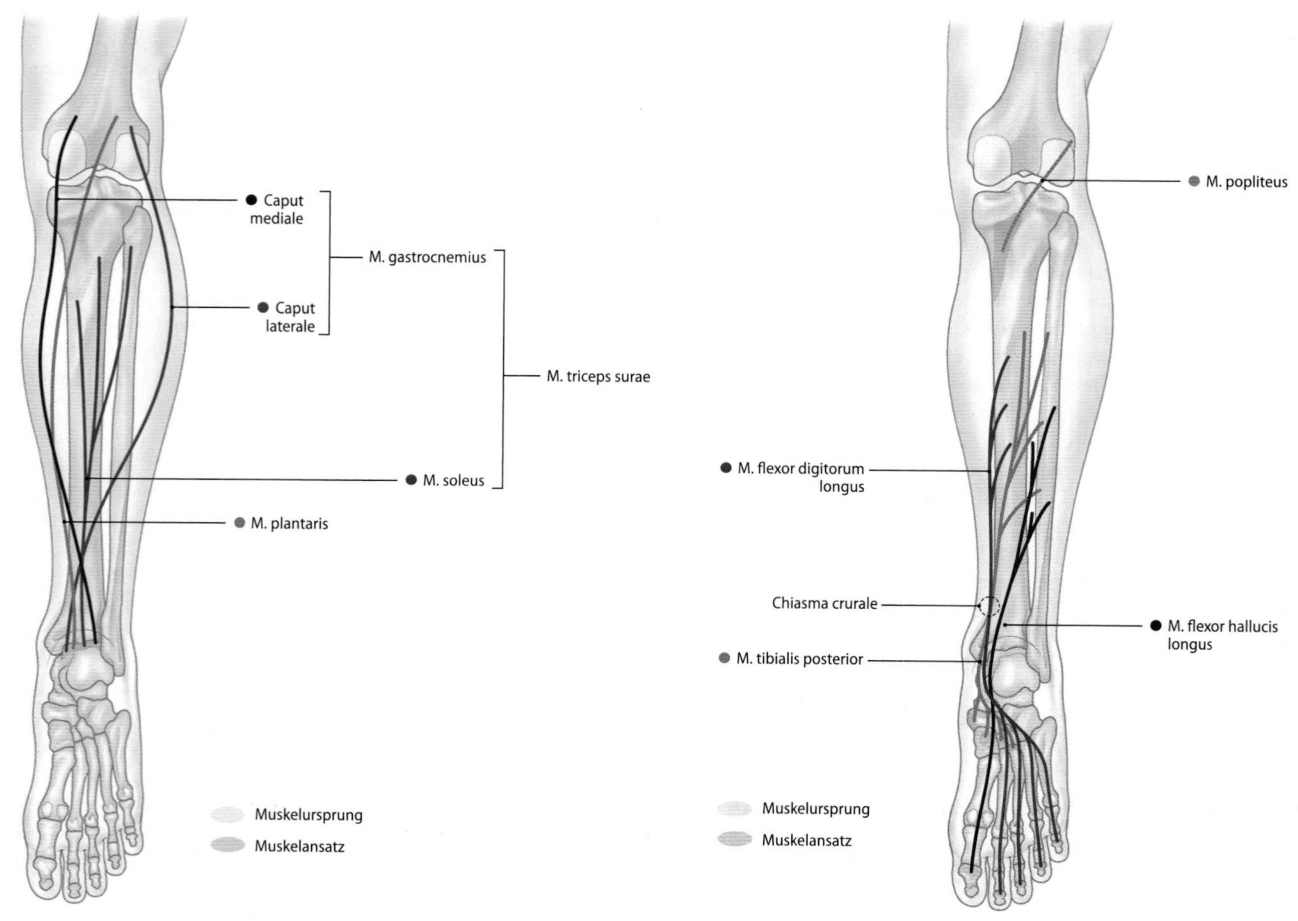

Abb. 4.195. Muskeln der Unterschenkelhinterseite (oberflächliche Flexoren)

Abb. 4.196. Muskeln der Unterschenkelhinterseite (tiefe Flexoren)

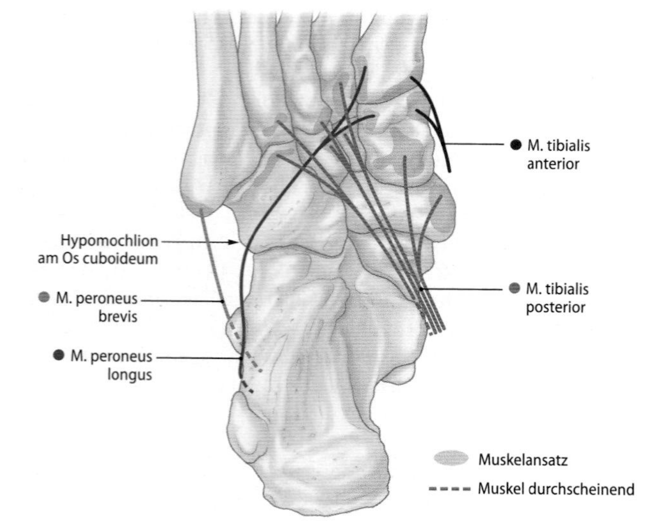

Abb. 4.197. Ansätze und Verlauf der Mm. peroneus longus, peroneus brevis, tibialis posterior und tibialis anterior an der Planta pedis

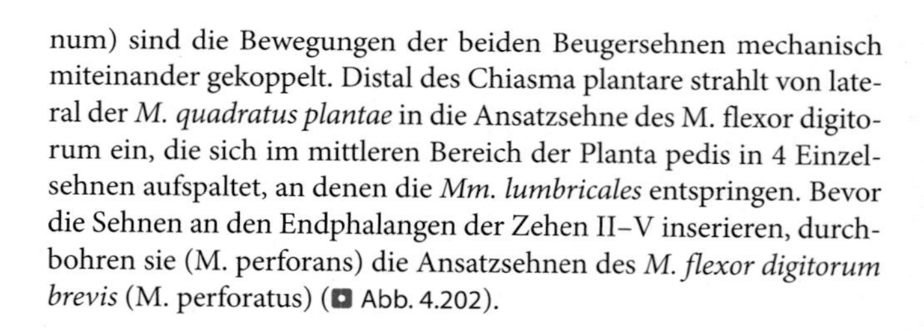
num) sind die Bewegungen der beiden Beugersehnen mechanisch miteinander gekoppelt. Distal des Chiasma plantare strahlt von lateral der *M. quadratus plantae* in die Ansatzsehne des M. flexor digitorum ein, die sich im mittleren Bereich der Planta pedis in 4 Einzelsehnen aufspaltet, an denen die *Mm. lumbricales* entspringen. Bevor die Sehnen an den Endphalangen der Zehen II–V inserieren, durchbohren sie (M. perforans) die Ansatzsehnen des *M. flexor digitorum brevis* (M. perforatus) (Abb. 4.202).

M. flexor hallucis longus. Innervation: N. tibialis. Der *M. flexor hallucis longus* ist der kräftigste Muskel der tiefen Beugergruppe (Abb. 4.196 und Tab. 4.43; ► Kap. 26, Abb. 26.8). Er entspringt in der distalen Hälfte des Unterschenkels an der Fibularückseite sowie an der Zwischenknochenmembran. Sein Muskelbauch reicht bis in die Knöchelregion nach distal, wo seine Ansatzsehne im dritten Sehnenscheidenfach von der Tibiarückfläche durch die Sulci tendinis m. flexoris hallucis longi des Talus und des Calcaneus zur Planta pedis gelangt. Die lange Großzehenbeugersehne unterkreuzt die lange Zehenbeugersehne (Chiasma plantare) und zieht, flankiert von den Bäuchen des M. flexor hallucis brevis, in der Rinne zwischen medialem und lateralem Sesambein zur Großzehenendphalanx (Abb. 4.201).

Muskeln auf der Vorderseite des Unterschenkels (Extensoren und Peroneusgruppe)

Aus der während der Embryonalzeit noch einheitlichen Muskelgruppe auf der Vorderseite des Unterschenkels entstehen im Laufe der

Tab. 4.42. Oberflächliche Flexoren der hinteren Unterschenkelmuskeln (Wadenmuskeln)

Muskel	Ursprung (U) Ansatz (A)	Innervation (I) Blutversorgung (V)	Funktion Schleimbeutel
M. triceps surae	Ursprung **M. gastrocnemius** Caput mediale: oberhalb des **Condylus medialis femoris** Caput laterale: oberhalb des **Condylus lateralis femoris** **M. soleus** Caput fibulae: – **Facies posterior fibulae** – Linea m. solei der Facies posterior tibiae (Sehnenbogen zwischen Fibulakopf und Tibiahinterfläche = Arcus tendineus m. solei) Ansatz mittlerer Teil der Rückfläche des **Tubercalcanei**	Innervation N. tibialis (L5) S1–2 Triceps-surae-Reflex (Achillessehnenreflex) Kennmuskeln für das Rückenmarksegment S1 Blutversorgung – Aa. surales – A. tibialis posterior – A. peronea	Flexion im Kniegelenk (nur M. gastrocnemius) **Plantarflexion im oberen Sprunggelenk** (gesamter Muskel) Supination des Fußes (Einleitung der Bewegung) Der M. triceps surae verfügt über die größte Kraft bei der **Plantarflexion** (großer physiologischer Querschnitt; langer virtueller Hebelarm der Achillessehne). Der Muskel hat eine zentrale Funktion während des Abrollvorgangs beim Gehen (Abheben der Ferse vom Boden, siehe Gang). **Schleimbeutel:** – Bursa subtendinea m. gastrocnemii medialis und lateralis – Bursa tendinis calcanei – Bursa subcutanea calcanea
M. plantaris	Ursprung oberhalb des **Condylus lateralis femoris** Ansatz **Tuber calcanei** oder Soleusfaszie (var. Plantaraponeurose)	Innervation N. tibialis (L5) S1—2 Blutversorgung Aa. surales	(Flexion im Kniegelenk)

Tab. 4.43. Tiefe Flexoren der hinteren Unterschenkelmuskulatur

Muskel	Ursprung (U) Ansatz (A)	Innervation (I) Blutversorgung (V)	Funktion Schleimbeutel
M. tibialis posterior	Ursprung – **Facies posterior tibiae** – medialer Rand der **Facies posterior fibulae** (Membrana interossea cruris, tiefes Blatt der Fascia cruris, Septum intermusculare cruris posterius) Ansatz – **Tuberositas ossis navicularis** – **Ossa cuneiformia** mediale, intermedium und laterale – **Os cuboideum** – Basis der **Ossa metatarsi II, III, IV**	Innervation N. tibialis L4–S1 Blutversorgung – A. tibialis posterior – A. peronea	– **Plantarflexion im oberen Sprunggelenk** – **Supination des Fußes** – **Verspannung der Längs- und Querwölbung des Fußes** Die Mm. tibialis posterior, flexor digitorum longus und flexor hallucis longus liegen in der tiefen Flexorenloge **Schleimbeutel:** Bursa subtendinea m. tibialis posterioris
M. **flexor digitorum longus**	Ursprung **Facies posterior tibiae** (tiefes Blatt der Fascia cruris, Faszie des M. tibialis posterior) Ansatz **Endphalanx der Zehen II–V**	Innervation N. tibialis (L5) S1–2 Blutversorgung A. tibialis posterior	– **Plantarflexion im oberen Sprunggelenk** – **Supination des Fußes** – **Plantarflexion der Zehen II–V** – Abrollen und Abstoßen des Vorfußes beim Gehen – Verspannung der Längs- und Querwölbung des Fußes
M. flexor hallucis longus	Ursprung **Facies posterior fibulae** (Membrana interossea cruris, Septum intermusculare posterius, tiefes Blatt der Fascia crucis) Ansatz Basis der **Endphalanx der Großzehe**	Innervation N. tibialis (L5) S1–2 Blutversorgung A. peronea	– **Plantarflexion im oberen Sprunggelenk** – **Supination des Fußes** – **Plantarflexion der Großzehe** – Abrollen und Abstoßen des Vorfußes, Lösen der Großzehe vom Boden beim Gehen – Verspannung der Längswölbung des Fußes

Entwicklung die **Muskelgruppe der Extensoren**, die ihre ursprüngliche Lage behalten haben und die **Peroneusgruppe,** die eine laterale Lage einnimmt. Die beiden Muskelgruppen unterscheiden sich auch in ihren Funktionen.

Die **Extensoren** (Abb. 4.188a) werden beim Übergang vom Unterschenkel zum Fußrücken vom *Retinaculum mm. extensorum superius* (Lig. transversum) und vom *Retinaculum mm. extensorum inferius* (Lig. cruciforme) in Sehnenscheidenfächern geführt. Die Ansatzsehnen der **Mm. peronei longus** und **brevis** (Abb. 4.189a) ziehen von der lateralen Seite des Unterschenkels in Sehnenscheiden unter den Retinacula mm. peroneorum superius und inferius um den Malleolus lateralis zum Fuß.

Extensorengruppe

M. tibialis anterior. Innervation: N. peroneus profundus. Der *M. tibialis anterior* liegt unmittelbar neben der vorderen Schienbeinkante und tritt im Oberflächenrelief der Unterschenkelvorderseite deutlich hervor (◘ Abb. 4.188a, 4.198 und ◘ Tab. 4.44). Der Muskel geht im mittleren Drittel in seine kräftige Ansatzsehne über, die im tibialen Sehnenscheidenfach unter den *Retinacula mm. extensorum superius* und *inferius* zum Fußrücken zieht. Der Muskel inseriert an den Seiten- und Plantarflächen von Os cuneiforme mediale und Os metatarsi I.

M. extensor digitorum longus. Innervation: N. peroneus profundus. Der *M. extensor digitorum longus* (◘ Abb. 4.188a, 4.198 und ◘ Tab. 4.44) wird proximal weitgehend vom M. tibialis anterior bedeckt. Die Ansatzsehne liegt in der distalen Unterschenkelhälfte oberflächlich neben dem vorderen Schienbeinmuskel. Sie gelangt im fibularen Sehnenscheidenfach zum Fußrücken, wo sie sich unter dem Retinaculum mm. extensorum inferius in 4 Einzelsehnen aufspaltet, die zur zweiten bis fünften Zehe ziehen und die Dorsalaponeurose bilden. Von der Dorsalaponeurose strahlen ringförmige Faserzüge nach plantar in das Lig. metatarsale transversum profundum ein. Eine Abspaltung des M. extensor digitorum longus inseriert mit einer fünften Sehne an der Basis des Os metatarsi V; man bezeichnet diesen Anteil als *M. peroneus tertius*.

M. extensor hallucis longus. Innervation: N. peroneus profundus. Der *M. extensor hallucis longus* entspringt bedeckt von den Mm. tibialis anterior und extensor digitorum longus in der unteren Unterschenkelhälfte (◘ Abb. 4.188a, 4.198 und ◘ Tab. 4.44). Seine kräftige Ansatzsehne zieht im mittleren Sehenscheidenfach unter den Retinacula mm. extensorum superius und inferius zur Großzehe. Sie verbreitert sich zur Dorsalaponeurose und inseriert an der Basis der Großzehenendphalanx. Die Sehnenscheide des langen Großzehenstreckers reicht weit nach distal bis in den Bereich der Basis des Os metatarsi I.

Peroneusgruppe

M. peroneus longus. Innervation: N. peroneus superficialis. Die Ansatzsehne des *M. peroneus longus* (◘ Abb. 4.189a, 4.198 und ◘ Tab. 4.45) liegt in einer Rinne auf dem *M. peroneus brevis* und läuft in einer gemeinsamen Sehnenscheide mit der Ansatzsehne des M. peroneus brevis um den Malleolus lateralis. In Höhe der Trochlea peronealis des Calcaneus trennen sich die Sehnen. Die Peroneus-longus-Sehne zieht geführt vom *Retinaculum mm. peroneorum inferius* zum lateralen Fußrand, wo sie über die *Tuberositas ossis cuboidei* gleitet und erneut ihre Verlaufsrichtung ändert und im *Sulcus tendinis m. peronei longi* des *Os cuboideum* zum medialen Würfelbein und zum ersten Mittelfußknochen gelangt (◘ Abb. 4.197). Die Sehne läuft an der Planta pedis in der *Vagina plantaris*, deren fibröser Teil vom Lig. plantare longum verstärkt wird. An der Umlenkung im Bereich des Os cuboideum besteht die Sehne des M. peroneus longus größtenteils aus Faserknorpel (Gleitsehne). In diesem Bereich kann es innerhalb des Sehnengewebes zur Knochenbildung in Form eines Sesambeins, *Os peroneum*, kommen.

M. peroneus brevis. Innervation: N. peroneus superficialis. Der *M. peroneus brevis* wird größenteils vom M peroneus longus bedeckt (◘ Abb. 4.189a, 4.198 und ◘ Tab. 4.45). Seine Ansatzsehne hat bei ihrem Verlauf um den Malleolus lateralis, der ihr als Hypomochlion dient, eine oberflächliche Lage. Geführt von den Retinacula mm. peroneorum läuft die Sehne am lateralen Fußrand oberhalb der Peroneus-longus-Sehne zur Tuberositas ossis metatarsi V. Ihr Ansatz dehnt sich häufig bis zur Grundphalanx und auf die Dorsalaponeurose der Kleinzehe aus *(M. peroneus digiti minimi)*.

◘ **Tab. 4.44.** Vordere Muskeln – Extensoren

Muskel	Ursprung (U) Ansatz (A)	Innervation (I) Blutversorgung (V)	Funktion
M. tibialis anterior	Ursprung **Condylus lateralis und Facies lateralis tibiae** (Membrana interossea cruris, Fascia cruris) Ansatz – Seiten- und Plantarfläche des **Os cuneiforme mediale** – Plantar- und Seitenfläche der **Basis des Os metatarsi I** (Gelenkkapsel des Tarsometatarsalgelenks I)	Innervation N. peroneus profundus L4–5 Kennmuskel für das Rückenmarksegment L4 Blutversorgung – A. tibialis anterior – A. recurrens tibialis anterior	– **Dorsalextension im oberen Sprunggelenk** – **Supination des Fußes**
M. extensor digitorum longus	Ursprung – **Condylus lateralis tibiae** – **Caput und Margo anterior fibulae** (Membrana interossea cruris, Septum intermusculare cruris anterius, Fascia crucis) Ansatz über die Dorsalaponeurose an der Basis der **Mittel- und Endphalanx der Zehen II–V** (im Bereich der Grundgelenke am Lig. metatarsale transversum profundum)	Innervation N. peroneus profundus L5–S1 Blutversorgung A. tibialis anterior	– **Dorsalextension im oberen Sprunggelenk** – **Streckung der Zehen II–IV** – Pronation des Fußes
M. extensor hallucis longus	Ursprung **Facies medialis fibulae** (Membrana interossea cruris) Ansatz über die Dorsalaponeurose an der Basis der **Endphalanx der Großzehe** (Sesambeinkomplex)	Innervation N. peroneus profundus L5–S1 Kennmuskel für das Rückenmarksegment L5 Blutversorgung A. tibialis anterior	– **Dorsalextension im oberen Sprunggelenk** – **Streckung der Großzehe** (je nach Ausgangsstellung: Pronation oder Supination des Fußes) In der Standbeinphase bewegen die Extensoren den Unterschenkel fußrückenwärts

Tab. 4.45. Seitliche Muskeln – Peroneusgruppe

Muskel	Ursprung (U) Ansatz (A)	Innervation (I) Blutversorgung (V)	Funktion
M. peroneus longus	Ursprung **Caput, Collum und Facies lateralis fibulae** (Fascia cruris, Septa intermuscularia cruris anterius und posterius) Ansatz **Tuberositas ossis metatarsi I**(variabel: Basis ossis metatarsi II)	Innervation N. peroneus superficialis L5–S1 Blutversorgung – A. peronea – A. tibialis anterior – A. inferior lateralis genus	– **Plantarflexion im oberen Sprunggelenk** – **Pronation des Fußes** – **Verspannung der Querwölbung des Fußes**
M. peroneus brevis	Ursprung **Facies lateralis fibulae** (Septa intermuscularia cruris anterius und posterius) Ansatz **Tuberositas ossis metatarsi V**	Innervation N. peroneus superficialis L5–S2 Blutversorgung – A. peronea – A. tibialis anterior	– **Plantarflexion im oberen Sprunggelenk** – **Pronation des Fußes** Die Mm. peronei bewirken die Abduktion bei der Pronation.

Funktion der Unterschenkelmuskeln

- Die Flexoren und Extensoren des Unterschenkels führen den Abrollvorgang des Fußes beim Gehen durch.
- Die Bewegungsabläufe der **Pronation** und der **Supination** sind in den Abrollvorgang des Fußes beim Gehen integriert. Im Vorfußstand befindet sich der Rückfuß in Supinationsstellung, der Vorfuß ist proniert.
- Die Unterschenkelmuskeln **stabilisieren** Unterschenkel und Fuß **in der Standbeinphase.**
- Die auf der Plantarseite des Fußes ziehenden Muskeln (tiefe Flexoren, M. peroneus longus) **verspannen** aktiv die **Längs-** und **Querwölbung** des Fußes.

Siehe auch Tab. 4.46.

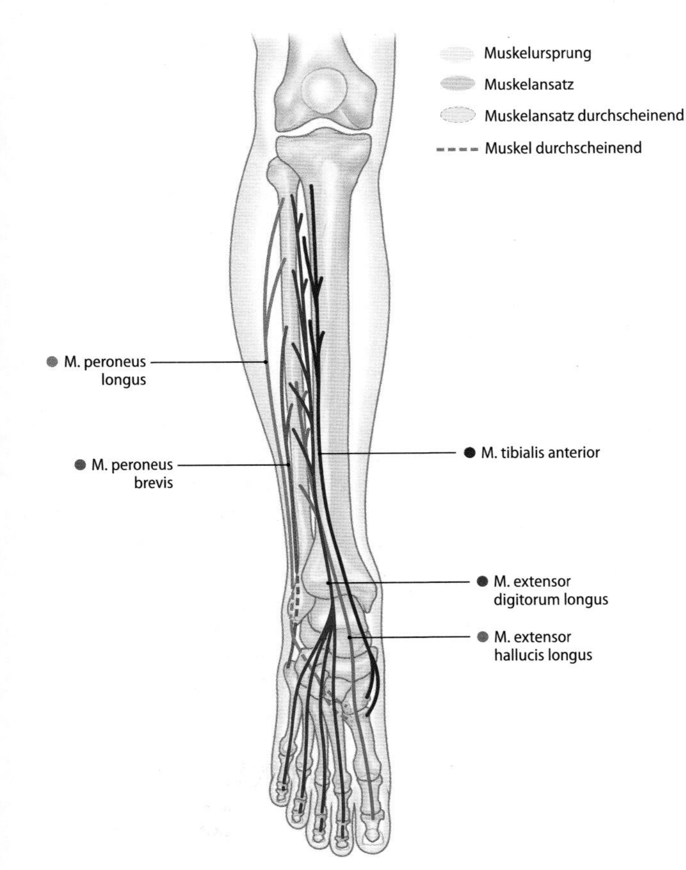

Abb. 4.198. Muskeln der Unterschenkelvorderseite (Extensoren- und Peroneusgruppe)

4.132 Kompartmentsyndrom und Sehnenrupturen

Die Muskellogen des Unterschenkels sind nicht dehnbare osteofibröse Kanäle, in denen sich nach Traumen Kompartmentsyndrome entwickeln können (Extensorenloge und tiefe Flexorenloge; akuter Notfall).

An der Achillessehne kann es – strukturbedingt – im Bereich der Sehnentaille zur sog. spontanen Ruptur kommen.

Die Ansatzsehnenruptur des M. tibialis posterior (Gleitsehne) ist die häufigste Ursache für den erworbenen Plattfuß.

Tab.4.46. Funktionen der Unterschenkelmuskeln an den Fußgelenken

Achsen	Bewegungsumfang	Funktion	Muskeln
Oberes Sprunggelenk			
transversal	40–50°	**Plantarflexion**	**M. triceps surae** **M. peroneus longus** **M. peroneus brevis** M. flexor digitorum longus M. flexor hallucis longus
	20–30°	**Dorsalextension**	**M. tibialis anterior** **M. extensor hallucis longus** **M. extensor digitorum longus**
Alle Fußgelenke*			
		Pronation	**M. peroneus longus** **M. peroneus brevis** M. extensor digitorum longus
		Supination	**M. triceps surae** **M. tibialis posterior** **M. flexor digitorum longus** **M. flexor hallucis longus** **M. tibialis anterior** M. extensor hallucis longus

* Die Angaben von Winkelmaßen und die Festlegung einer Bewegungsachse sind aufgrund der Kombinationsbewegungen nicht möglich.

Kurze Muskeln des Fußes

Die **kurzen Muskeln des Fußes** haben ihren Ursprung und Ansatz am Fußskelett und wirken auf die Zehengelenke. Die Muskeln des Dorsum pedis sind schwächer als die kräftigen Muskeln der Planta pedis, die sich auch an der aktiven Verspannung der Fußwölbungen beteiligen. Die plantaren kurzen Fußmuskeln üben außerdem gemeinsam mit den tiefen Flexoren des Unterschenkels eine Zuggurtungswirkung für die Mittelfußknochen und das Fersenbein aus.

Kurze Fußmuskeln des Dorsum pedis

Die **kurzen Muskeln** des *Dorsum pedis (M. extensor digitorum brevis* und *M. extensor hallucis brevis)* liegen zwischen oberflächlichem und tiefem Blatt der *Fascia dorsalis pedis* (► Kap. 26, ◻ Abb. 26.11).

M. extensor digitorum brevis und M. extensor hallucis brevis. Innervation: N. peroneus profundus. Der gemeinsame Ursprungsbereich der *Mm. extensor digitorum brevis* und *extensor hallucis brevis* wird vom *Retinaculum mm. extensorum brevis* überlagert, von dem die Muskeln teilweise entspringen (◻ Abb. 4.199 und ◻ Tab. 4.47). Die 3 Ansatzsehnen des kurzen Zehenstreckers strahlen von lateral in die Dorsalaponeurose der Zehen II–IV ein. An der Kleinzehe fehlt die Ansatzsehen meistens. Die Ansatzsehne des M. extensor hallucis brevis zieht von lateral unter der Sehne des langen Großzehenstreckers in die Dorsalaponeurose.

Kurze Fußmuskeln der Planta pedis

Die Muskeln an der **Planta pedis** sind in **3** nebeneinander liegenden **Gruppen** in **Faszienlogen** (Kompartimenten) angeordnet: **Großzehenloge**, **Mittelloge** und **Kleinzehenloge** (► Kap. 26, ◻ Abb. 26.16). Die *Mm. interossei plantares* und *dorsales* sind innerhalb der Spatia interossea der Mittelfußknochen in einer eigenständigen Faszienloge **(Interosseusloge)** eingeschlossen.

Die **kurzen Fußmuskeln** auf der **Plantarseite** liegen innerhalb der Logen gemeinsam mit den Ansatzsehnen der langen Fußmuskeln (S) in **4 Schichten:**

- **1. Schicht:** M. abductor hallucis, M. flexor digitorum brevis, M. abductor digiti minimi
- **2. Schicht:** M. flexor hallucis longus (S), M. flexor digitorum longus (S) mit Mm. lumbricales und M. quadratus plantae
- **3. Schicht:** M. flexor hallucis brevis, M. adductor hallucis, M. flexor digiti minimi brevis mit M. opponens digiti minimi
- **4. Schicht:** M. tibialis posterior (S), M. peroneus longus (S), Mm. interossei plantares und dorsales

Muskeln der Großzehenloge

M. abductor hallucis. Innervation: N. plantaris medialis. Der *M. abductor hallucis* liegt am medialen Fußrand, wo sein Muskelbauch im Rückfußbereich tastbar ist (◻ Abb. 4.189b, 4.200, 4.201 und ◻ Tab. 4.47). Seine Ansatzsehne zieht zum medialen Sesambein und von dort zur Basis der Großzehengrundphalanx sowie zur Gelenkkapsel des Großzehengrundgelenkes.

M. flexor hallucis brevis. Innervation: Nn. plantares medialis und lateralis. Der teilweise vom M. abductor hallucis bedeckte *M. flexor hallucis brevis* (◻ Abb. 4.200, 4.201 und ◻ Tab. 4.47) spaltet sich in 2 Köpfe. Das *Caput mediale* zieht zum medialen Sesambein und von dort zur Basis der Großzehengrundphalanx. In die Ansatzsehne des *Caput laterale* ist in das laterale Sesambein eingelagert. Der laterale Kopf inseriert gemeinsam mit dem *M. adductor hallucis* an der Gelenkkapsel des Großzehengrundgelenkes und an der Basis der Phalanx proximalis I (► Kap. 26, ◻ Abb. 26.14).

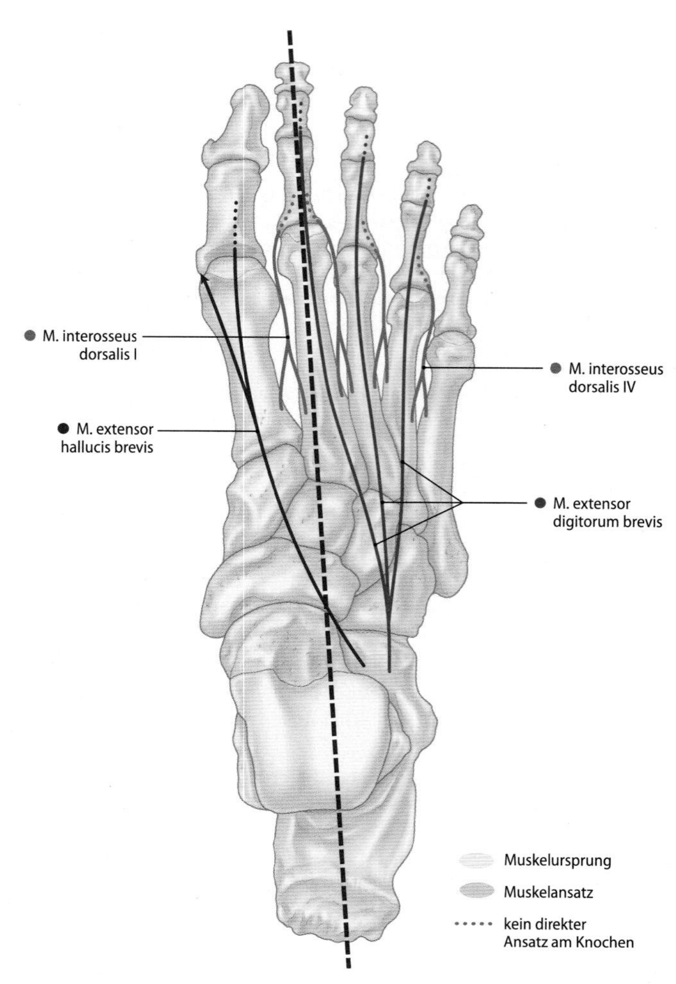

◻ **Abb. 4.199.** Kurze Muskeln des Fußrückens (Extensoren) und Mm. interossei dorsales. Die Ansatzsehnen strahlen in die Dorsalaponeurose ein. An der Großzehe zieht ein Teil der Sehne zur Gelenkkapsel des Grundgelenkes. An der Kleinzehe fehlt die Ansatzsehne in den meisten Fällen. Die Mm. interossei sind um den zweiten Zehenstrahl angeordnet. Ihr Ansatz in der Dorsalaponeurose ist schwach oder fehlt gänzlich

Muskeln der Mittelloge

M. adductor hallucis. Innervation: N. plantaris lateralis. Der *M. adductor hallucis* liegt in der Tiefe der mittleren Muskelloge, wo ihn die Mm. flexores digitorum longus und brevis überlagern (◻ Abb. 4.200, 4.201 und ◻ Tab. 4.47). Der Muskel hat 2 Köpfe, *Caput obliquum* und *Caput transversum*. Das Caput transversum zieht quer über die Köpfe der Mittelfußknochen II–V, ein direkter knöcherner Ursprung fehlt. Die Ansatzsehne beteiligt sich am Aufbau des lateralen Sesambeinkomplexes.

M. flexor digitorum brevis. Innervation: N. plantaris medialis. Der *M. flexor digitorum brevis* liegt unmittelbar unter der Plantaraponeurose, an der er zum Teil entspringt (◻ Abb. 4.202 und ◻ Tab. 4.48). Die 4 Ansatzsehnen spalten sich im Bereich der Grundphalangen in zwei Sehnenzipfel (M. perforatus), die von den Sehnen des M. flexor digitorum longus durchbohrt werden (M. perforans). Sie inserieren an den Mittelphalangen II–V.

M. quadratus plantae. Innervation: N. plantaris lateralis. Der *M. quadratus plantae* wird vom M. flexor digitorum brevis überlagert (◻ Abb. 4.202 und ◻ Tab. 4.48; ► Kap. 26, ◻ Abb. 26.14). Er entspringt mit

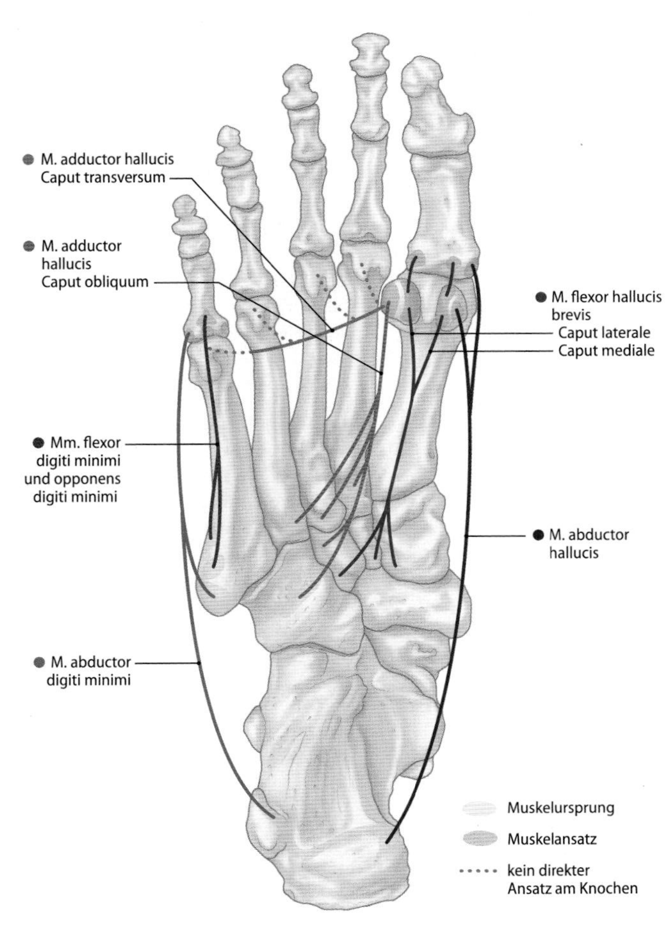

Abb. 4.200. Kurze Muskeln der Fußsohle (Muskeln der Großzehe und der Kleinzehe). Das Caput transversum des M. adductor hallucis hat keinen knöchernen Ursprung; es entspringt an den Ligg. plantaria und am Lig. transversum profundum

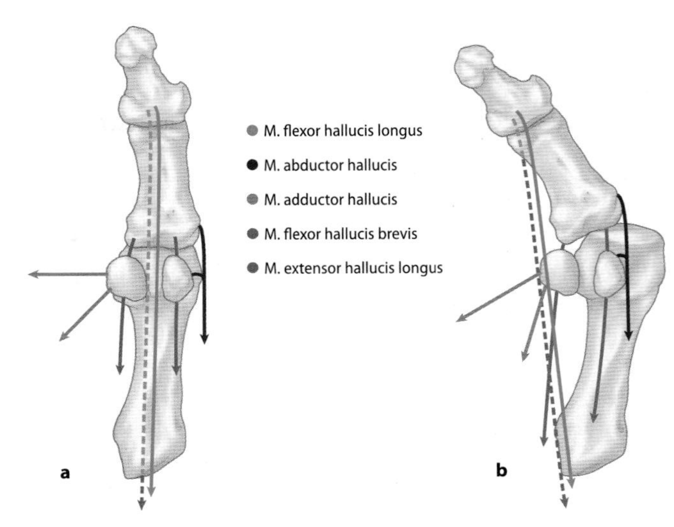

Abb. 4.201a, b. Ansätze und Wirkungsrichtungen der an der Großzehe ansetzenden Muskeln. **a** normale Situation, **b** Hallux valgus. Fehlstellungsbedingte Verlagerung der Großzehenmuskeln und daraus resultierende Funktionsänderungen: Durch die Varisierung des Os metatarsi I wird der M. abductor hallucis zum Beuger. Aufgrund der Valgusstellung werden die Flexoren und die Extensoren zu Adduktoren und verstärken damit die Valgusfehlstellung

2 Köpfen an der Plantarseite des Calcaneus und strahlt von lateral in die dorsale Fläche der Ansatzsehne des M. flexor digitorum longus ein.

Mm. lumbricales. Nn. plantares medialis und lateralis. Die 4 *Mm. lumbricales* (Tab. 4.48) entspringen an der Ansatzsehne des *M. flexor digitorum longus*, ziehen plantar vom Lig. metatarsale transversum profundum zur Gelenkkapsel der Grundgelenke II–V und zur medialen Seite der Grundphalanxbasis sowie variabel weiter zur Dorsalaponeurose (▶ Kap. 26, Abb. 26.14). Zwischen Lig. metatarsale transversum profundum und den Ansatzsehnen liegt jeweils ein Schleimbeutel (Bursa mm. lumbricalium pedis).

Tab. 4.47. Kurze Muskeln des Fußes

Muskel	Ursprung (U) Ansatz (A)	Innervation (I) Blutversorgung (V)	Funktion
Kurze Muskeln des Fußrückens			
M. extensor digitorum brevis **M. extensor hallucis brevis**	Ursprung gemeinsamer Ursprung: dorsolaterale Fläche des **Calcaneus** und am lateralen Rand des Sulcus calcanei (vom lateralen Schenkel des Retinaculum musculorum extensorum inferius) Ansatz – über die Dorsalaponeurose im lateralen Bereich der Basis von **Mittel- und Endphalanx der Zehen II–IV (V)** (Gelenkkapseln) – über die Dorsalaponeurose an der Basis der **Grundphalanx der Großzehe** (Sesambeinkomplex)	**Innervation** N. peroneus profundus (L4) L5–S1 **Blutversorgung** – A. tarsalis lateralis – R. perforans der A. peronea	– **Streckung der Grund-, Mittel- und Endgelenke der Zehen II–IV (V)** – **Streckung der Großzehe im Grundgelenk**
Kurze Muskeln der Fußsohle, Muskeln der Großzehe und der Großzehenloge			
M. abductor hallucis ▼	**U:** Processus medialis des **Tuber calcanei** (Retinaculum musculorum flexorum, Plantaraponeurose, plantare Sehnenscheiden) **A: mediales Sesambein und medialer Höcker der Großzehengrundphalanx**	**I:** N. plantaris medialis des N. tibialis S2–2 **V:** A. plantaris medialis	– **Abduktion und Beugung der Großzehe im Grundgelenk** – **Verspannung der Längswölbung des Fußes** **Schleimbeutel:** Bursa subcutanea capitis ossis metatarsi I

Tab. 4.47 (Fortsetzung)

Muskel	Ursprung (U) Ansatz (A)	Innervation (I) Blutversorgung (V)	Funktion
M. flexor hallucis brevis	Ursprung **Os cuneiforme mediale** (variabel an den Ossa cuneiformia intermedium und laterale) (Lig. calcaneocuboideum plantare, Sehnenscheide des M. tibialis posterior) Ansatz Caput laterale: **laterales Sesambein** und laterale-plantare Fläche der **Grundphalanxbasis der Großzehe** (Gelenkkapsel) Caput mediale: **mediales Sesambein** und mediale-plantare Fläche der **Grundphalanxbasis der Großzehe** (Gelenkkapsel)	**Innervation** N. plantaris medialis (Caput mediale) und N. plantaris lateralis (Caput laterale) des N. tibialis S1–2 (S3) **Blutversorgung** A. plantaris medialis	– **Beugung der Großzehe im Grundgelenk** – **Verspannung der Längswölbung des Fußes** Durch die Einlagerung der Sesambeine in die Ansatzsehnen des M. flexor hallucis brevis wird dessen Wirkung als Beuger verstärkt (Verlängerung des virtuellen Hebelarmes).
M. adductor hallucis	Ursprung Caput obliquum: – **Basis der Ossa metatarsi II–IV** – Os cuboideum, Os cuneiforme laterale (Lig. calcaneocuboideum plantare, Lig. plantare longum, plantare Sehnenscheide des M. peroneus longus) Caput transversum*: kein knöcherner Ursprung (Lig. transversum profundum, Ligg. plantaria) Ansatz **laterales Sesambein** (Kapsel-Band-Apparat des Großzehengrundgelenkes)	**Innervation** R. profundus des N. plantaris lateralis des N. tibialis S1–2 (S3) **Blutversorgung** – Äste aus dem Arcus plantaris profundus Aa. metatarsales plantares und dorsales	– **Adduktion der Großzehe** – Beugung im Großzehengrundgelenk (Caput obliquum) – **Verspannung der Längswölbung** (Caput obliquum) – **Verspannung der Querwölbung** (Caput transversum)

* Das Caput transversum liegt topographisch in der mittleren Fußloge.

Tab. 4.48. Muskeln der Mittelloge

Muskel	Ursprung (U) Ansatz (A)	Innervation (I) Blutversorgung (V)	Funktion
M. flexor digitorum brevis	Ursprung **Plantarfläche des Tuber calcanei** Plantaraponeurose) Ansatz Basis der **Mittelphalanx der Zehen II–IV** (Gelenkkapsel des Mittelgelenks der Zehen II–IV)	Innervation N. plantaris medialis des N. tibialis S1–2 (S3) Blutversorgung Aa. plantares lateralis und medialis	– **Beugung der Grund- und Mittelgelenke der Zehen II–V** – **Verspannung der Längswölbung des Fußes**
M. quadratus plantae	Ursprung medialer und lateraler Rand der **Plantarfläche des Calcaneus** Ansatz kein knöcherner Ansatz: laterale dorsale Seite der Ansatzsehne des M. flexor digitorum longus	Innervation N. plantaris lateralis des N. tibialis S1–2 Blutversorgung Aa. plantares lateralis und medialis	– unterstützt den M. flexor digitorum longus bei der Beugung der Zehen – verstärkt die Wirkung des M. flexor digitorum longus durch Umlenkung seiner Ansatzsehne in eine sagittale Zugrichtung
Mm. lumbricales	Ursprung kein knöcherner Ursprung: Ansatzsehne des M. flexor digitorum longus Ansatz über die Gelenkkapsel der Grundgelenke an der medialen Seite der **Grundphalanxbasis der Zehen II–V** (variabel in der Dorsalaponeurose)	Innervation – N. plantaris medialis des N. tibialis für die Mm. lumbricales I (und II) – N. plantaris lateralis für die Mm. lumbricales (II) II und IV; S1–2 (S3) Blutversorgung Aa. plantares medialis und lateralis	Beugung in den Grundgelenken der Zehen II–V

Muskeln der Kleinzehenloge

M. abductor digiti minimi. Innervation: N. plantaris lateralis. Der *M. abductor digiti minimi* begrenzt den lateralen Fußrand. Er zieht vom Calcaneus und von der Tuberositas des Os metatarsi V zur Grundphalanxbasis der Kleinzehe (Abb. 4.200 und Tab. 4.49; ► Kap. 26, Abb. 26.14).

M. flexor digiti minimi brevis und M. opponens digiti minimi. Innervation: N. plantaris lateralis. Die *Mm. flexor digiti minimi brevis* und *opponens digiti minimi* haben einen gemeinsamen Ursprung an der Plantaraponeurose und an der Basis des Os metatarsi V (Abb. 4.200 und Tab. 4.49; ► Kap. 26, Abb. 26.14). Sie inserieren an der Basis der Kleinzehengrundphalanx. Häufig lässt sich der M. opponens digiti minimi nicht als eigenständiger Muskel abgrenzen.

Muskeln der Interosseusloge

Mm. interossei plantares und dorsales. Innervation: N. plantaris lateralis. Die *Mm. interossei plantares* und *dorsales* liegen in den Spatia

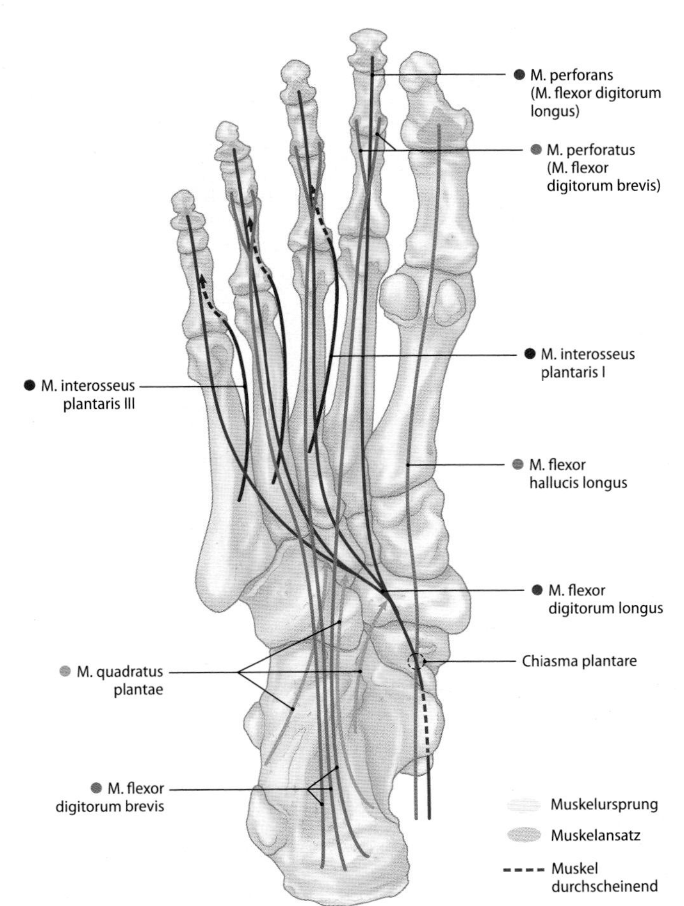

Abb. 4.202. Kurze und lange Muskeln der Fußsohle (Flexoren) und Mm. Interossei plantares. Man beachte die Aufspaltung der Ansatzsehne des M. flexor digitorum brevis (M. perforatus) und die durchkreuzende Sehne des M. flexor digitorum longus (M. perforans)

interossea der Mittelfußknochen und werden dorsal vom tiefen Blatt der Fascia dorsalis pedis sowie plantar vom tiefen Blatt der Fußsohlenfaszie eingeschlossen (Abb. 4.199, 4.202 und Tab. 4.50; ► Kap. 26, Abb. 26.15). Die Mm. interossei sind um den zweiten Zehenstrahl angeordnet. Die 3 Mm. interossei plantares ziehen von den Mittelfußknochen III–V zum gleichen Zehenstrahl. Die 4 Mm. interossei dorsales entspringen zweiköpfig an den Basen der Ossa metatarsi I–V. Die Mm. interossei inserieren an den Ligg. plantaria und am Kapsel-Band-Apparat der Zehengrundgelenke II–V. Teile der Ansatzsehnen können in die Dorsalaponeurose ziehen.

Funktion der kurzen Fußmuskeln

- Die Zehen können nur im unbelasteten Zustand frei bewegt werden. Bei Kindern sind die Bewegungen in den Zehengelenken, wie z.B. Spreizen oder Heranführen der Zehen deutlich besser ausgeprägt als beim Erwachsenen, wo sich die ursprünglichen Bewegungsmöglichkeiten weitgehend auf die mit der Fortbewegung verbundene Flexion und Extension beim Abrollen des Fußes beschränken.
- Die Hauptfunktion der Zehenbeuger besteht darin, die Zehen des auf die Zehenballen erhobenen Vorfußes vom Boden abzustoßen.
- Passiv werden die Zehen in der Abstoßphase des Vorfußes beim Gehen über 90° gestreckt. Durch die Extension der Zehen, die man auch in der Schwungphase beobachten kann, werden die Flexoren vorgedehnt und ihre Kraft gesteigert.
- Die Mm. interossei fixieren beim Abrollen des Vorfußes die Faserknorpelplatten (Ligg. plantaria) unter den Plantarflächen der Mittelfußköpfe II–V für die Druckübertragung. Sie nehmen aufgrund ihrer Möglichkeit zur Flexion in den Zehengrundgelenken eine wichtige stabilisierende Funktion wahr. Die Muskeln stellen die Grundgelenke fest und geben den Zehenstreckern damit ein Punctum fixum am Vorfuß, so dass diese als Extensoren im oberen Sprunggelenk wirken können.

  Siehe auch Tab. 4.51.

Tab. 4.49. Muskeln der Kleinzehe und der Kleinzehenloge

Muskel	Ursprung (U) Ansatz (A)	Innervation (I) Blutversorgung (V)	Funktion
M. abductor digiti minimi	Ursprung - Plantarfläche des Calcaneus - Tuberositas ossis metatarsi V - (Plantaraponeurose) Ansatz laterale Seite der **Grundphalanxbasis der Kleinzehe**	Innervation N. plantaris lateralis des N. tibialis S1–2 Blutversorgung A. plantaris lateralis	- **Abduktion und Beugung der Kleinzehe im Grundgelenk** - Verspannung der Längswölbung des Fußes
M. flexor digiti minimi brevis	Ursprung **Basis des Os metatarsi V** (Lig. plantare longum, Sehnenscheide des M. peroneus longus) Ansatz Basis der **Grundphalanx der Kleinzehe** (Gelenkkapsel)	Innervation N. plantaris lateralis des N. tibialis S1–2 Blutversorgung A. plantaris lateralis	- **Beugung der Kleinzehe im Grundgelenk** - Verspannung der Längswölbung des Fußes
M. opponens digiti minimi	Ursprung **Basis des Os metatarsi V** (Lig. plantare longum) Ansatz Basis der **Grundphalanx der Kleinzehe** (Gelenkkapsel)	Innervation N. plantaris lateralis des N. tibialis S1–2 Blutversorgung A. plantaris lateralis	Führung des Os metatarsi V im Tarsometatarsalgelenk nach plantar medial

4

Tab. 4.50. Muskeln der tiefen Fußloge (Interosseusloge)

Muskel	Ursprung (U) Ansatz (A)	Innervation (I) Blutversorgung (V)	Funktion
Mm. interossei dorsales (I–IV)	Ursprung jeweils mit einem Kopf von den einander zugekehrten seitlichen Flächen der **Ossa metatarsi I–V** (Ligg. tarsometatarsalia, und metatarsalia dorsalia) Ansatz **M. interosseus dorsalis I:** mediale Seite der **Grundphalanxbasis der Zehe II** **Mm. interossei dorsales II–IV:** laterale Seite der **Grundphalanxbasis der Zehen II–IV** (Ligg. plantaria, Gelenkkapsel der Zehengrundgelenke, Dorsalaponeurose)	Innervation N. plantaris lateralis des N. tibialis S1–2 (S3) Blutversorgung – Aa. metatarsales dorsales – Aa. metatarsales plantares	– **Beugung der Grundgelenke der Zehen II–IV** – **Abduktion der Zehen III–IV** (Spreizen)
Mm. interossei plantares (I–III)	Ursprung **Plantarfläche und Basis der Ossa metatarsi III–V** (Plantaraponeurose) Ansatz **mediale Seite der Grundphalanxbasis der Zehen III–V** (Ligg. plantaria, Kapsel-Band-Apparat der Zehengrundgelenke III–V, variabel in der Dorsalaponeurose)	Innervation N. plantaris lateralis des N. tibialis S1–2 (S3) Blutversorgung – Aa. metatarsales dorsales – Aa. metatarsales plantares	– **Beugung der Grundgelenke der Zehen III–V** – **Adduktion der Zehen III–V** zur zweiten Zehe

Tab. 4.51. Funktionen der Unterschenkelmuskeln und der kurzen Fußmuskeln in den Zehengelenken

Gelenke	Achsen	Bewegungsumfang	Funktion	Muskeln
	Transversal		**Extension**	
Zehengrundgelenke				
I		aktiv bis 70°		**Mm. extensores hallucis longus** und **brevis**
II–V		individuell verschieden, am geringsten an der Kleinzehe passiv über 90°		**Mm. extensores digitorum longus** und **brevis**
Zehenmittelgelenke II–V keine aktive Streckung				
Zehenendgelenke				
I		aus Beugestellung bis zur Neutralstellung		**M. extensor hallucis longus**
II–V		aktiv bis 30°		**M. extensor digitorum longus** M. extensor digitorum brevis
	Transversal		**Flexion**	
Zehengrundgelenke				
I		45°		**M. flexor hallucis longus** **M. flexor hallucis brevis** M. adductor hallucis
II–V		40°		**Mm. flexores digitorum longus und brevis** **Mm. interossei** und **lumbricales** **Mm. flexor digiti** und **abductor digiti minimi**
Zehenmittelgelenke				
II–V		35°		M. flexor digitorum brevis M. flexor digitorum longus
Zehenendgelenke				
I		80°		**M. flexor hallucis longus**
II–V		60°		M. flexor digitorum longus
			Spreizen (Abduzieren) **der Zehen** (vom 2. Strahl)	Mm. interossei dorsales M. abductor hallucis M. abductor digiti minimi
			Heranführen (Adduzieren) **der Zehen** (zum 2. Strahl)	Mm. interossei plantares M. abductor hallucis

4.133 Krallenzehen
Aufgrund fehlender Stabilisierung durch die Mm. interossei (Insuffizienz oder Lähmung) geraten die Zehengrundgelenke durch den Zug der Zehenstrecker in eine Hyperextensionsstellung (Krallenzehen).

4.5.4 Leitungsbahnen

Die Leitungsbahnen der unteren Extremität gelangen auf der Vorderseite durch die *Lacuna vasorum* und durch die *Lacuna musculorum* (► Kap. 26, ◘ Abb. 26.4 und 26.6) sowie auf der medialen Seite durch den *Canalis obtoratorius* aus dem Becken zur freien unteren Extremität. Auf der Rückseite treten die Gefäße und Nerven durch die *Foramina suprapiriforme* und *infrapiriforme* zur Gesäßregion (◘ Abb. 4.192).

Arterien

Die Arterien für die untere Extremität entstammen unterschiedlichen Quellen (◘ Abb. 4.203):

- Die Gesäßregion wird aus Abgängen der *A. iliaca interna* versorgt.
- Die Arterien für Oberschenkel, Unterschenkel und Fuß kommen aus der *A. femoralis (communis)*, die die Fortsetzung der *A. iliaca externa* ist.

Rumpfäste der A. iliaca interna

Die Eingeweideäste der A. iliaca interna werden bei den Beckenorganen besprochen.

Die **A. iliolumbalis** entspringt aus dem dorsalen Hauptast der *A. iliaca interna*. Die Arterie teilt sich in 2 Muskeläste. Der *R. lumbalis* versorgt die Mm. psoas major und quadratus lumborum, der *R. iliacus* den M. iliacus. Aus dem R. lumbalis zieht ein *R. spinalis* durch das Foramen intervertebrale V in den Wirbelkanal zur Cauda equina.

Stärkste Arterie des dorsalen Hauptstammes der A. iliaca interna ist die **A. glutea superior** (◘ Abb. 4.204; ► Kap. 26, ◘ Abb. 26.1). Sie zieht durch das *Foramen suprapiriforme* aus dem Becken in die Glutealregion. Hier teilt sie sich in die Rr. superficialis und profundus. Der *R. superficialis* zieht zur Unterseite des M. gluteus maximus, dessen kranialen Teil er versorgt. Er gibt außerdem Äste zum M. gluteus medius und zur Haut. Der *R. profundus* läuft zwischen den Mm. gluteus medius und minimus und erreicht mit seinem oberern Ast den M. tensor latae. Seine unteren Äste versorgen die kleinen Gluteen und die Hüftgelenkkapsel.

Die variabel aus dem vorderen Hauptstamm der A. iliaca interna entspringende. **A. glutea inferior** verlässt das Becken durch das *Foramen infrapiriforme* (◘ Abb. 4.204; ► Kap. 26, ◘ Abb. 26.1 und 26.2). Die Arterie tritt von der Unterseite in den kaudalen Teil des M. gluteus maximus. Sie gibt außerdem Äste zu den Mm. gemelli, obturatorius internus und quadratus femoris sowie zu den ischiokruralen Muskeln, zum M. adductor magnus und zum Hüftgelenk ab. Aus der A. glutea inferior entspringt die *A. comitans n. ischiadici*.

Die **A. obturatoria** kommt aus dem vorderen Stamm der A. iliaca interna. Sie gibt Äste zu den Mm. obturatorius internus und iliacus ab. Ihr *R. pubicus* bildet mit dem R. pubicus der A. epigastrica inferior meistens eine kräftige Anastomose. Die Arterie tritt in den Canalis obturatorius, wo sie sich in die Rr. anterior und posterior teilt. Der *R. anterior* durchbohrt den M. obturatorius externus und versorgt die Adduktoren sowie die Mm. obturatorius externus und pectineus. Der *R. posterior* zieht zu den tiefen äußeren Hüftmuskeln. Aus dem R. posterior entspringt der *R. acetabularis*, der an der Incisura acetabuli in das Lig. capitis femoris eintritt.

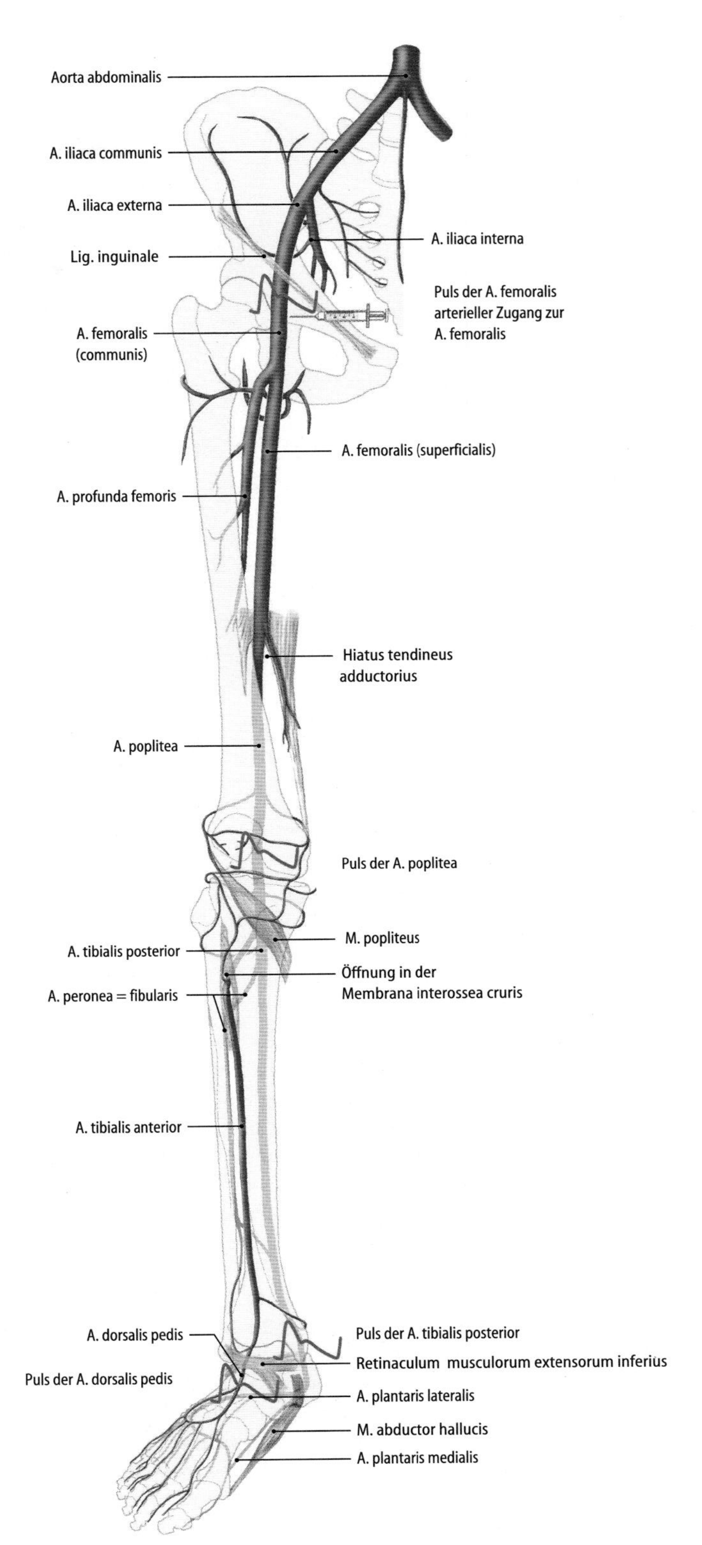

◘ **Abb. 4.203.** Übersicht der arteriellen Versorgung von Becken und Bein [7]

Der Ursprung der A. obturatoria variiert stark: In ca. 20% der Fälle entspringt sie aus der A. glutea superior, in ca. 10% der Fälle aus der A. glutea inferior und in ca. 15% aus dem Stamm der A. iliaca interna. In ca. 20% der Fälle kommt die A. obturatoria aus der A. epigastrica inferior (sog. Corona mortis) und selten direkt aus der A. iliaca externa oder aus der A. femoralis.

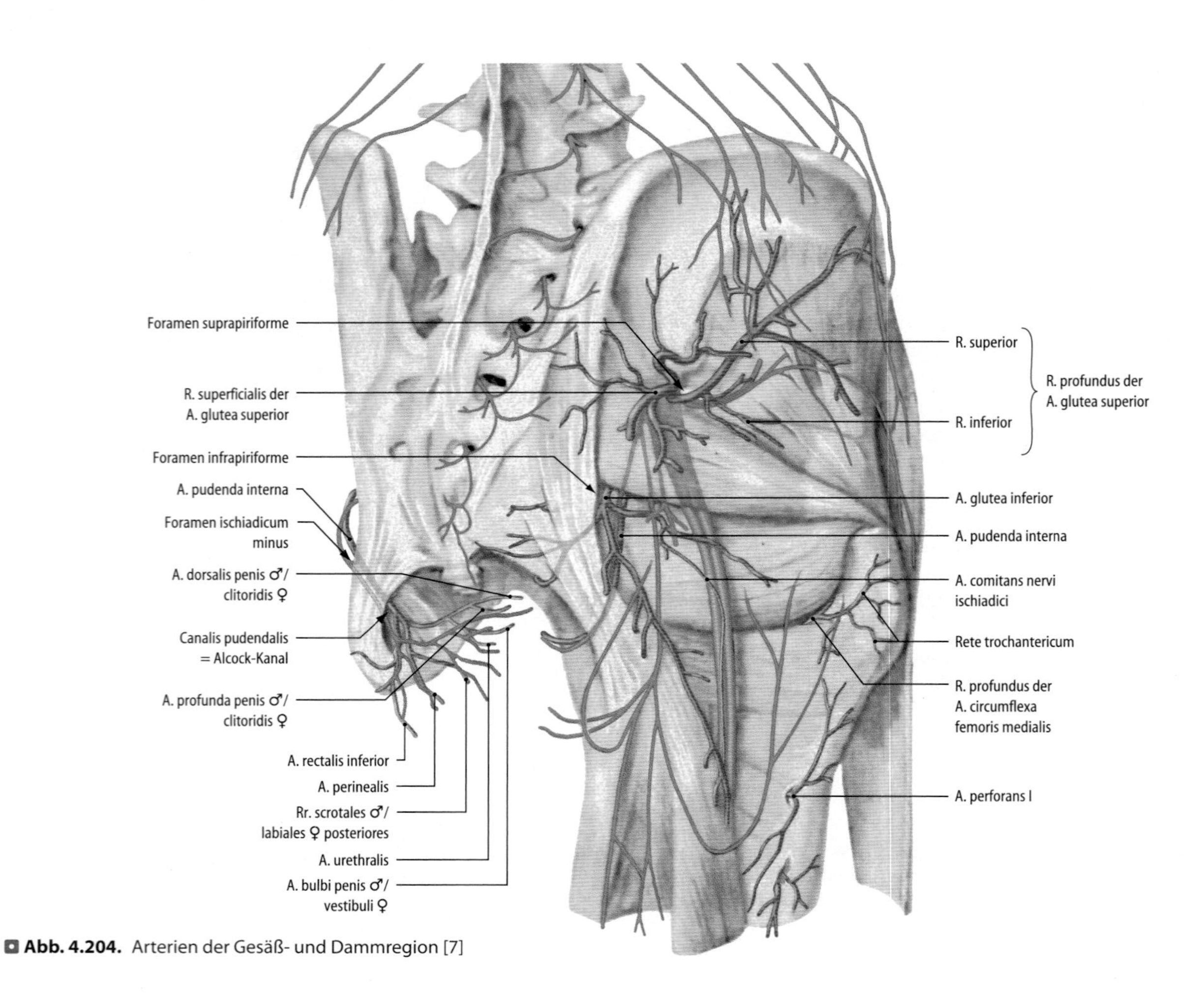

Abb. 4.204. Arterien der Gesäß- und Dammregion [7]

A. femoralis (communis)

In der Klinik wird der aus der A. iliaca externa hervorgehende gemeinsame Stamm der A. femoralis als A. femoralis communis bezeichnet. Die A. femoralis communis teilt sich in die beiden Hauptstämme, in die A. femoralis superficialis und die A. fermoralis profunda (A. profunda femoris).

Die *A. iliaca externa* geht nach ihrer Passage durch die Lacuna vasorum distal des Leistenbandes in die *A. femoralis (communis)* über (Abb. 4.203). Die **A. femoralis** gibt in der *Fossa iliopectinea* normalerweise vier kleine Arterien ab (► Kap. 26, Abb. 26.5).

Unmittelbar unterhalb des Leistenbandes entspringt die *A. epigastrica superfialis,* die zur Versorgung der vorderen äußeren Bauchwand nabelwärts zieht (Abb. 4.210; ► Kap. 26, Abb. 26.5). Die *A. circumflexa ilium superficialis* läuft unterhalb des Leistenbandes zum vorderen Darmbeinstachel. Sie versorgt die Haut der Leistenregion. Die *Aa. pudendae externae superficialis* und *profunda* treten im Bereich des Hiatus saphenus durch die Faszie und versorgen Haut und Lymphknoten der Leistenregion *(Rr. inguinales)* sowie bei der Frau den vorderen Teil der Schamlippen *(Rr. labiales anteriores)* und beim Mann den vorderen Skrotumbereich *(Rr. scrotales anteriores)*.

Innerhalb der Fossa iliopectinea teilt sich der Stamm der A. femoralis (communis = **Femoralisgabel**). Aus der lateralen hinteren Wand zweigt in variabler Höhe die *A. profunda femoris* ab. Der oberflächliche Stamm zieht als *A. femoralis (superficialis)* in den Adduktorenkanal und gelangt auf die Rückseite des Oberschenkels (► Kap. 26, Abb. 26.1 und 26.5). Innerhalb des Adduktorenkanales entspringt die *A. descendens genus*, deren *Rr. articulares* an der Versorgung des Kniegelenkes beteiligt sind. Ein weiterer Ast *(R. saphenus)* begleitet den *N. saphenus* bis zum Unterschenkel. Am Ausgang des Adduktorenkanals (Hiatus adductorius) geht die A. femoralis (superficialis) in die *A. poplitea* über.

Die **A. profunda femoris** versorgt den größten Teil der Strukturen des Oberschenkels (Abb. 4.203). Die Arterie liegt lateral oder hinter der A. femoralis (superficialis) und zieht hinter den Vasa femoralia (superficialia) zur medialen Seite des Femur, wo sie zwischen Adduktoren und M. vastus medialis in die Tiefe gelangt.

Aus der A. profunda femoris entspringt kurz distal der Femoralisgabel die **A. circumflexa femoris medialis** (Abb. 4.205) die zur medialen Seite des Oberschenkelhalses zieht (Varianten s. unten). Die A. circumflexa femoris medialis gibt normalerweise 5 Äste ab:

- Der *R. superficialis* (1) zieht zwischen den Mm. pectineus und iliopsoas nach medial.
- Der *R. profundus* (2) läuft unterhalb des Trochanter minor zu den Mm. quadratus femoris und adductor magnus sowie zum Ursprungsbereich der ischiokruralen Muskeln.
- Der *R. ascendens* (3) gelangt zur Fossa trochanterica, wo er mit dem *R. ascendens* der *A. circumflexa femoris lateralis* einen **Arterienring zur Versorgung des Schenkelhalses und des Femurkopfes** bildet. Die Rr. profundus und ascendens anastomosieren mit den Aa. gluteae superior und inferior.
- Der *R. transversus* (4) läuft nach medial zur Adduktorengruppe.
- Der *R. acetabularis* (5) erreicht in der Incisura acetabuli das *Lig. capitis femoris* und beteiligt sich an der arteriellen Versorgung des Femurkopfes.

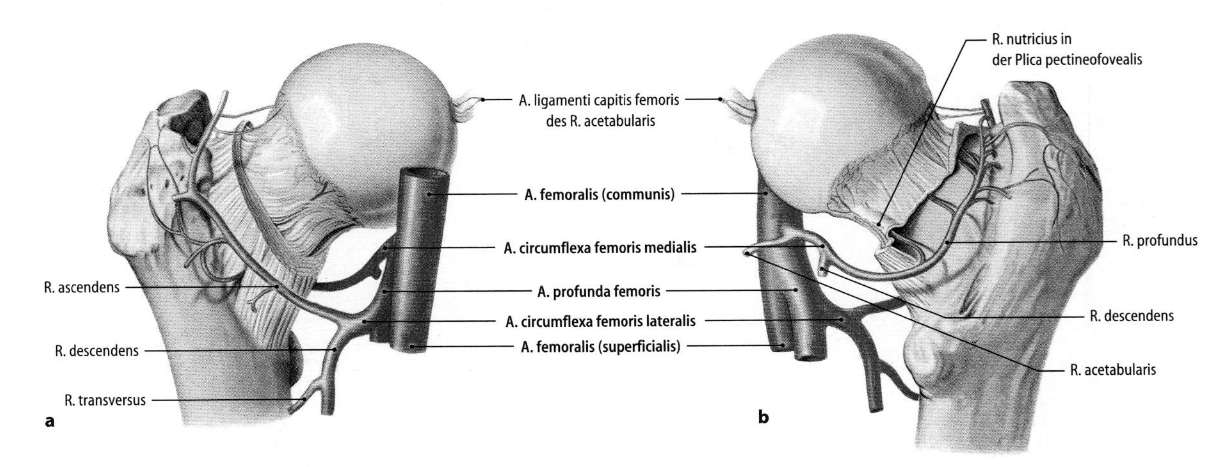

Abb. 4.205a, b. Arterielle Versorgung von Femurkopf und Schenkelhals. Ansicht von vorn (**a**) und von hinten (**b**) [7]

Die kräftige **A. circumflexa femoris lateralis** entspringt lateral aus der A. profunda femoris und zieht zwischen den Mm. sartorius und rectus femoris nach lateral.

Die Arterie gibt normalerweise 3 Äste ab:

- Der *R. ascendens* (1) läuft hinter dem M. tensor fasciae latae über den Schenkelhals zu Fossa trochanterica.
- Der *R. descendens* (2) versorgt den M. quadriceps femoris. Die Gefäße gelangen mit dem Muskel bis zur Knieregion, wo sie in das *Rete articulare genus* münden.
- Der *R. transversus* (3) verzweigt sich im M. vastus lateralis.

Endäste der A. profunda femoris sind die 3 ***Aa. perforantes I, II,*** und ***III***. Die Arterien versorgen die Adduktoren und Flexoren sowie den Femurschaft und die Haut der Oberschenkelrückseite. Die Arterien treten durch Muskellücken auf die Rückseite des Oberschenkels. Die Aa. perforantes I und III versorgen mit jeweils einer *A. nutricia femoris* den Femurschaft.

Im Versorgungsgebiet der A. profunda femoris kommen regelmäßig **Anastomosen** mit Nachbararterien (Aa. gluteae superior und inferior, A. obturatoria, A. poplitea) sowie zahlreiche **Varianten** vor. Der Ursprung der A. profunda femoris (Femoralisgabel) kann weit proximal nahe am Leistenband liegen (sog. hoher Ursprung). In ca. 20% der Fälle kommt die *A. circumflexa femoris medialis* aus der A. femoralis (superficialis) und in ca. 15% der Fälle entspringt die *A. circumflexa femoris lateralis* aus der A. femoralis (superficialis). Die Anzahl der *Aa. perforantes* variiert, es kommen bis zu 5 Arterien vor.

A. poplitea

Die *A. poplitea* setzt am Hiatus adductorius den Verlauf der *A. femoralis* (superficialis) fort (Abb. 4.203; ► Kap. 26, Abb. 26.7). Die Arterie zieht vom Adduktorenschlitz nach distal in die Mitte der Kniekehle. Die Arterie versorgt benachbarte Muskeln, Kniegelenk und Haut.

Die *Aa. surales* sind kräftige **Muskeläste**, die im mittleren Abschnitt der A. poplitea abgehen und in die Köpfe des M. gastrocnemius eindringen. Sie versorgen außerdem die Mm. soleus und plantaris sowie die Haut über der Wade.

Aus der A. poplitea zweigen meistens 5 **Äste zur Versorgung des Kniegelenkes** ab. Sie bilden das *Rete articulare genus* (► Kap. 26, Abb. 26.7):

- *A. superior lateralis genus:* läuft oberhalb des Condylus lateralis auf die Vorderseite des Kniegelenkes.
- *A. superior medialis genus:* gelangt auf dem Condylus medialis zum Rete articulare genus.
- *A. media genus:* tritt durch die Kniegelenkapsel und versorgt Kreuzbänder und hinteren Teil des Kapsel-Band-Apparates.
- *A. inferior lateralis genus:* zieht unter dem lateralen Kollateralband nach vorn und versorgt die Basis des lateralen Menikus.
- *A. inferior medilais genus:* läuft am oberen Rand des M. popliteus zur Vorderseite des Kniegelenkes.

Das *Rete articulare genus* und Rete patellare ► Kap. 4, Abb. 4.206 und Abb. 26.5.

Die A. poplitea endet am distalen Rand des M. popliteus, wo sie sich in ihre Endäste, die *A. tibialis posterior* und die *A. tibialis anterior*, aufzweigt.

Unterschenkelarterien

Die **A. tibialis anterior** entspringt in ca. 90% der Fälle am distalen Rand des M. popliteus aus der A. poplitea (Abb. 4.203 und 4.206; ► Kap. 26, Abb. 26.9). Sie tritt durch die proximale Lücke der Membrana interossea cruris in die Streckerloge und versorgt mit zahlreichen Muskelästen die Extensoren.

Sie gibt folgende Äste ab:

- Die inkonstante *A. recurrens tibialis posterior* zieht unter dem M. popliteus zur Gelenkkapsel des Tibiofibulargelenkes.
- Die *A. recurrens tibialis anterior* gelangt zum *Rete articulare genus*.
- Die *A. malleolaris anterior lateralis* entspringt in Höhe der Malleolengabel und bildet das *Rete malleolare laterale,* das außerdem Zuflüsse aus dem R. perforans und den Rr. malleolares laterales der A. peronea erhält.
- Die *A. malleolaris anterior medialis* zieht zum medialen Knöchel und bildet mit den *Rr. malleolares mediales* der A. *tibialis posterior* das *Rete malleolare mediale.*

Die A. tibialis anterior geht am distalen Rand des Retinaculum mm. extensorum inferius in die *A. dorsalis pedis* über. Die **A. dorsalis pedis** setzt zunächst die Verlaufsrichtung der A. tibialis anterior auf dem Fußrücken fort. Sie zieht dann nach lateral in das Spatium interosseum metatarsi I, wo sie sich in die *Aa. plantaris profunda* und *metatarsalis dorsalis I* aufzweigt.

Die *A. dorsalis pedis* gibt auf dem Fußrücken meistens 3 Äste ab. Die kräftige *A. tarsalis lateralis* entspringt in Höhe des Taluskopfes. Sie versorgt die kurzen Zehenstrecker und den Kapsel-Band-Apparat

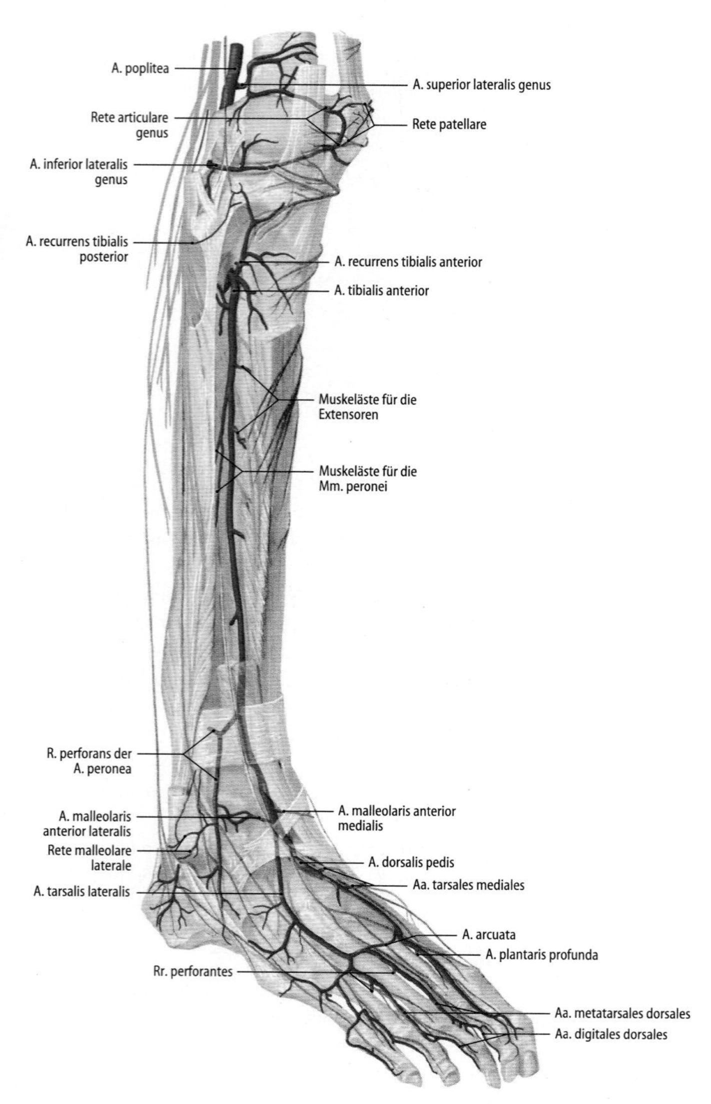

Abb. 4.206. Arterien der Vorderseite von Knie und Unterschenkel der rechten Seite

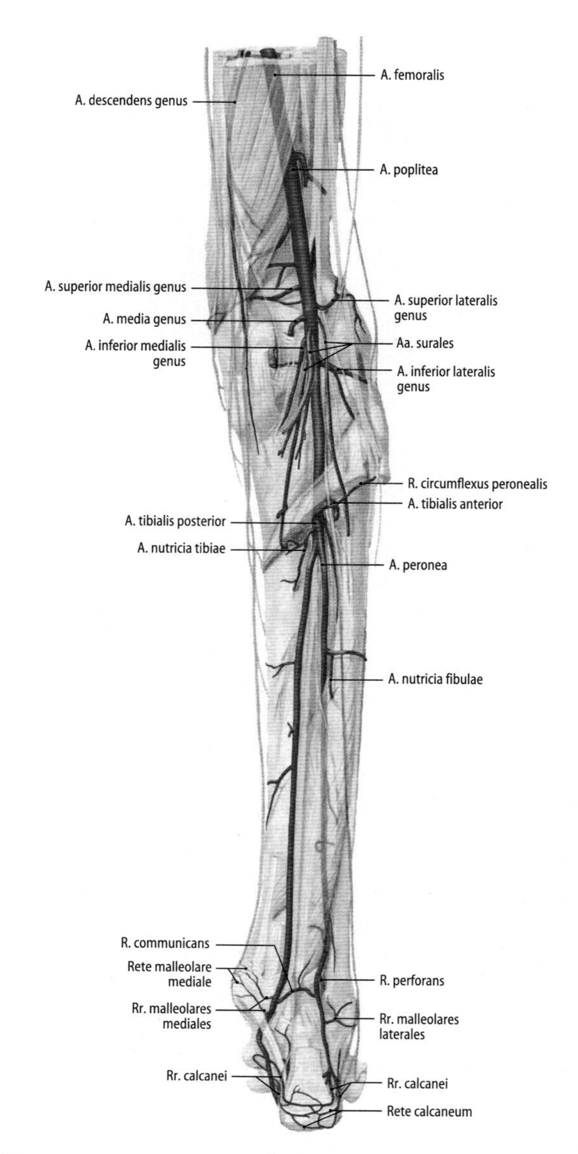

Abb. 4.207. Arterien der Kniekehle und der Unterschenkelrückseite der rechten Seite

der Fußgelenke. Ihr Endast versorgt als *A. digitalis dorsalis lateralis* den fibularen Rand des Vorfußes und der Kleinzehe. Die auf der medialen Seite entspringenden *Aa. tarsales mediales* ziehen unter der Sehne des M. extensor hallucis longus zum medialen Fußrand. In Höhe des Lisfranc-Gelenkes gibt die A. dorsalis pedis die variabel ausgebildete *A. arcuata* ab, die sich bogenförmig über den Basen der Mittelfußknochen nach lateral wendet und mit der A. tarsalis lateralis anastomosiert. Distal entspringen aus der A. arcuata normalerweise 3 *Aa. metatarsales dorsales*, die in den Zwischenknochenräumen auf den Mm. interossei dorsales distalwärts ziehen und sich in Höhe der Zehengrundgelenke in jeweils 2 *Aa. digitales dorsales* aufzweigen. Die Aa. metatarsales dorsales stehen über *Rr. perforantes* mit den Arterien der Planta pedis in Verbindung. Die aus den Aa. metatarsales dorsales I–IV hervorgehenden Aa. digitales dorsales versorgen die einander zugekehrten Seiten der ersten bis fünften Zehe.

Die **A. tibialis posterior** setzt den Verlauf der A. poplitea fort und tritt unter dem Arcus tendineus des M. soleus in die tiefe Flexorenloge und zieht nach distal zum medialen Knöchel (Abb. 4.203 und 4.207; ► Kap. 26, Abb. 26.8). Unterhalb des Soleussehnenbogens entspringt die *A. peronea (fibularis)*. Die A. tibialis posterior versorgt mit *Rr. musculares* die tiefen Flexoren sowie über die *A. nutricia (nutriens) tibialis* die Tibia und deren Periost. Hinter dem Malleolus medialis ziehen *Rr. malleolares mediales* zum *Rete malleolare mediale* und *Rr. calcanei* zum *Rete calcaneum*.

Stärkster Ast der A. tibialis posterior ist die **A. peronea (fibularis**. Sie läuft hinter der Fibula distalwärts (Abb. 4.207). Die Arterie versorgt die Mm. tibialis posterior und flexor hallucis longus. Sie gibt außerdem Äste zum M. soleus und dringt mit *Rr. musculares* durch das Septum intermusculare posterior cruris in die Peroneusloge. Mit der *A. nutricia (nutriens) fibulae* versorgt sie die Fibula. Oberhalb der Malleolengabel entspringt der *R. perforans*, der durch die distale Lücke der Membrana interossea cruris auf die Streckseite gelangt und zum *Rete malleolare laterale* und zu den Arterien des Fußrückens zieht. Ein *R. communicans* verbindet im Bereich der Malleolengabel die A. peronea mit der A. tibialis posterior. Die *Rr. malleolares laterales* und die *Rr. calcanei* beteiligen sich am Aufbau des *Rete malleolare laterale* und des *Rete calcaneum*.

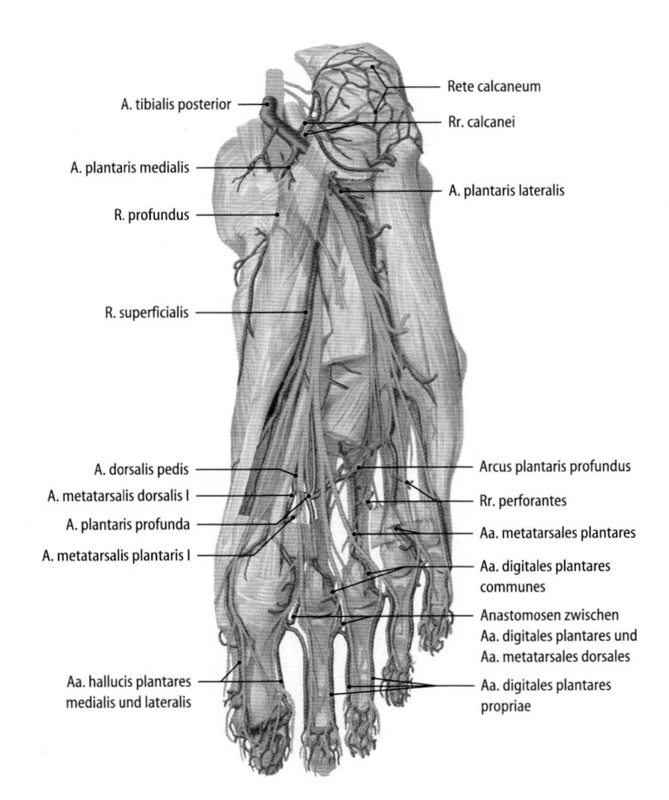

Abb. 4.208. Arterien der Fußsohle der rechten Seite

Die *A. tibialis posterior* tritt hinter dem Malleolus medialis an die Oberfläche und gelangt im Malleolenkanal unter den Ursprungsbereich des M. abductor hallucis, wo sie sich in die *Aa. plantares medialis* und *lateralis* aufteilt (Abb. 4.207; ▶ Kap. 26, Abb. 26.8).

Varianten: In ca. 4% der Fälle teilt sich die *A. poplitea* am distalen Rand des M. popliteus in die *Aa. tibialis anterior, tibialis posterior* und *peronea (fibularis)*, sog. **Trifurkation.** Selten entspringt die *A. tibialis anterior* oberhalb des M. popliteus. Bei schwach ausgebildeter A. tibialis anterior oder A. tibialis posterior können deren Versorgungsbereiche von der A. peronea mit Blut versorgt werden (z.B. R. perforans zum Fußrücken, R. communicans für die Planta pedis).

Fußarterien

Die **A. plantaris medialis** ist der schwächere Endast der A. tibialis posterior (Abb. 4.208). Sie versorgt die Muskeln im Bereich des Hallux. Die Arterie teilt sich in Höhe der Basis des Os metatarsi I in einen *R. superficialis* und in einen *R. profundus*. Der *R. superficialis* läuft zum medialen Rand der Großzehe und endet als A. hallucis plantaris medialis. Der *R. profundus* dringt entweder in die Tiefe und gewinnt Anschluss an den Arcus plantaris profundus, oder er geht in die A. digitalis plantaris communis I über.

Die **A. plantaris lateralis** zieht zum lateralen Fußrand und versorgt die Muskeln der mittleren Loge und die Kleinzehenmuskeln (Abb. 4.208). Die Arterie bildet den *Arcus plantaris profundus*, aus dem distal 4 *Aa. metatarsales plantares* entspringen, die in den Zwischenknochenräumen auf den Mm. interossei zehenwärts ziehen. Die Arterien stehen über hintere und vordere *Rr. perforantes* mit den *A. metatarsales dorsales* in Verbindung. Eine kräftige Anastomose bilden im Spatium interosseum I den *Arcus plantaris profundus* und die *A. plantaris profunda* aus der A. dorsalis pedis. Die Aa. metatarsales plantares gehen nach Abgabe der vorderen Rr. perforantes in die *Aa. digitales plantares communes* über, die sich in Höhe der Zwischenzehenfalten in je 2 *Aa. digitales plantares propriae* aufzweigen. Die *Aa. digitales plantares propriae* laufen am plantaren Rand der einander zugekehrten Seiten der Zehen I–V bis zu den Endgliedern, wo sie ein dichtes Gefäßnetz bilden.

Bei schwach entwickelter *A. tibialis anterior* wird der Fußrücken von den *Rr. perforantes* der *A. plantaris lateralis* sowie über den *R. perforans* der *A. peronea* versorgt.

4.134 Tasten des Pulses

Pulse können an der unteren Extremität im Bereich der Aa. femoralis, poplitea, tibialis posterior und dorsalis pedis getastet werden (Abb. 4.203):

- Pulswelle der A. femoralis: in der Fossa iliopectinea direkt unterhalb des mittleren Leistenbandbereichs
- Pulswelle der A. poplitea: in der Mitte der Fossa poplitea bei leicht gebeugtem Kniegelenk
- Pulswelle der A. tibialis posterior: bei ihrem Verlauf hinter dem Malleolus medialis
- Pulswelle der A. dorsalis pedis: auf dem Fußrücken zwischen den Ansatzsehnen der Mm. extensor digitorum longus und hallucis longus beim Druck gegen das Os naviculare oder das Os cuneiforme intermedium

Als arterieller Zugang an der unteren Extremität eignet sich die A. femoralis distal des Leistenbandes.

4.135 Arterielle Verschlusskrankheiten

An der unteren Extremität kommen arterielle Verschlusskrankheiten häufig vor. Man unterscheidet nach der Lokalisation einen Beckentyp, einen Oberschenkeltyp und einen Unterschenkeltyp.

In Kürze

Rumpfäste der A. iliaca interna

A. glutea superior
- **Verlauf:** Foramen suprapiriforme
- **Versorgungsgebiete:** Mm. glutei maximus, medius, minimus, tensor fasciae latae; Haut der Gesäßregion; Hüftgelenkkapsel

A. glutea inferior
- **Verlauf:** Foramen infrapiriforme
- **Versorgungsgebiete:** M. gluteus maximus und Mm. gemelli, obtoratorius internus, quadratus femoris, ischiokrurale Muskeln, M. adductor magnus; Hüftgelenkkapsel; N. ischiadicus (R. comitans n. ischiadici)

▼

A. obturatoria
- **Verlauf:** Canalis obturatorius
- **Versorgungsgebiete:** Adduktoren, Mm. obturatorius externus, pectineus (R. anterior), tiefe äußere Hüftmuskeln (R. posterior); Hüftgelenk und Femurkopf (R. acetabularis), R. pubicus – Anastomose mit der A. epigastrica inferior (20% Corona mortis)

A. iliolumbalis
- **Verlauf:** über Sakroiliakalgelenk zur seitlichen Beckenwand
- **Versorgungsgebiete:** Mm. psoas major, quadratus lumborum (R. lumbalis), M. iliacus (R. iliacus), Sakralkanal (R. spinalis)

A. femoralis (aus der A. iliaca externa)
- **Verlauf:** Lacuna vasorum, Fossa iliopectinea (tastbare Pulswelle, arterieller Zugang), Adduktorenkanal
- **Versorgungsgebiete:** vordere Bauchwand (A. epigastrica superficialis), Leistenregion (A. circumflexa ilium superficialis), Genitalregion (Aa. pudendae externae superficialis und profunda), Knieregion und Unterschenkel (A. descendens genus, R. saphenus)

A. profunda femoris
- **Verlauf:** hinter A. femoralis zwischen Adduktoren und M. vastus medialis
- **Versorgungsgebiete:** Hüftgelenk und Oberschenkelflexoren (A. circumflexa femoris medialis); Hüftgelenk und M. quadriceps (A. circumflexa femoris lateralis), Oberschenkelextensoren und Adduktoren (Aa. perforantes I–III)

A. poplitea
- **Verlauf:** vom Hiatus adductorius durch die Kniekehle bis zum Unterrand des M. popliteus (tastbare Pulswelle)
- **Versorgungsgebiete:** Wadenmuskeln (Aa. surales), Kniegelenk (Aa. superiores lateralis genus und medialis genus, A. media genus, Aa. inferiores lateralis genus und medialis genus – Rete articulare genus – Rete patellare)

A. tibialis anterior
- **Verlauf:** durch die obere Lücke in der Membrana interossea cruris in die Extensorenloge
- **Versorgungugsgebiete:** Kniegelenk (Aa. recurrentes tibialis anterior und posterior); Unterschenkelextensoren (Rr. musculares), vordere Knöchelregionen (Aa. malleolares anteriores medialis und lateralis)

A. dorsalis pedis
- **Verlauf:** ab distalem Rand des Retinaculum mm. extensorum inferius, an der lateralen Seite der Sehne des M. extensor hallucis longus (tastbare Pulswelle über dem Os naviculare)
- **Versorgungsgebiete:** kurze Fußextensoren und Fußwurzelgelenke (Aa. tarsales lateralis und medialis), Zehenbereich (Aa. digitales dorsales aus den Aa. metatarsales dorsales aus der A. arcuata) – Verbindungen zu den plantaren Arterien (A. plantaris profunda, Rr. perforantes)

A. tibialis posterior
- **Verlauf:** unter der Soleussehnenarkade in die tiefe Flexorenloge, Verlauf auf der Rückseite der Tibia (tastbare Pulswelle im Malleonkanal hinter dem medialen Knöchel)
- **Versorgungsgebiete:** tiefe Unterschenkelflexoren und M. soleus (Rr. musculares); Tibia (A. nutricia tibiae), mediale Knöchelregion (A. malleolaris medialis – Rete malleolare mediale)

A. peronea (fibularis)
- **Verlauf:** aus der A. tibialis posterior (oder aus dem Truncus tibiofibularis) in der tiefen Flexorenloge auf der Rückseite der Fibula
- **Versorgungsgebiete:** tiefe Flexoren (Rr. musculares), Mm. peronei (Rr. musculares durch das Septum intermusculare posterius cruris); Fibula (A. nutricia fibulae), laterale Knöchelregion (Rr. malleolares laterales – Rete malleolare laterale) – Anastomosen zur A. tibialis posterior (R. communicans) und zur A. tibialis anterior (R. perforans)

Aa. plantares medialis und lateralis
- **Verlauf:** Großzehenloge (A. plantaris medialis), mittlere Loge und Kleinzehenloge (A. plantaris lateralis)
- **Versorgungsgebiete:** kurze Muskeln der Großzehe in der Großzehenloge (A. plantaris medialis), kurze Muskeln der mittleren Loge einschließlich der Mm. interossei sowie Muskeln der Kleinzehenloge (A. plantaris lateralis – Arcus plantaris – Aa. metatarsales plantares), Zehenbereich (Aa. digitales plantares communes – Aa. digitales plantares propriae)

Venen

Das venöse Blut der unteren Extremität wird über **oberflächliche epifasziale Venen**, *Vv. superficiales*, und über **tiefe subfasziale Venen**, *Vv. profundae*, den Beckenvenen zugeführt. Der venöse Rückfluss aus der unteren Extremität erfolgt hauptsächlich über die tiefen Venen und nur zu einem geringen Teil über die oberflächlichen Venen. Oberflächliche und tiefe Beinvenen verfügen über zahlreiche Venenklappen (4.136).

Oberflächliche Venen

Die **epifaszialen Venen** sammeln das venöse Blut aus Haut und Unterhautgewebe in vergleichsweise kleinkalibrigen subkutanen Venen (s. vordere und hintere Bogenvene), die ihrerseits in die großen **Stammvenen** oder über transfasziale **Perforansvenen**, *Vv. perforantes*, in die subfaszialen tiefen Venen dränieren (Abb. 4.209). Zu den Stammvenen rechnet man die *V. saphena magna*, die *V. saphena parva* und die *V. femoropolitea*.

Auf dem **Fußrücken** wird das oberflächliche Venenblut von den Zehen über die *Vv. digitales dorsales pedis* und weiter über die *Vv. metatarsales dorsales* dem *Arcus venosus dorsalis pedis* zugeleitet, der über *Vv. intercapitulares* mit dem *Arcus venosus plantaris* Anastomosen bildet (► Kap. 26, Abb. 26.11). Über die Vv. intercapitulares wird ein Teil des Venenblutes der Planta pedis zum Fußrücken geleitet. Der venöse Abfluss erfolgt medial in die *V. saphena magna* und lateral in die *V. saphena parva*, die über das *Rete venosum dorsale pedis* verbunden sind. An der **Fußsohle** dränieren die Zehenvenen, *Vv. digitales plantares*, in die tiefen *Vv. metatarsales plantares*, die in den *Arcus venosus plantaris* münden. Das subkutane Venennetz der Fußsohle *(Rete venosum plantare)* hat Verbindungen zur *V. saphena parva* und zu den *Vv. tibiales posteriores*.

An den Fußrändern sammelt sich das Venenblut in den Vv. marginales medialis und lateralis.

Die *V. marginalis lateralis* geht in die **V. saphena parva** über, die hinter dem Malleolus lateralis streckenweise zwischen den Blättern der Fascia cruruis zur Mitte der Unterschenkelrückseite zieht (Abb. 4.2109). Die Höhe des Fasziendurchtrittes der V. saphena parva variiert, in etwa der Hälfte der Fälle durchbricht sie die Fascia cruris in der Unterschenkelmitte. Die V. saphena parva tritt dann zwischen den Köpfen des M. gastrocnemius in die Fossa poplitea und mündet meistens bogenförmig über ihre sog. Krosse im proximalen Bereich der Kniekehle in die *V. poplitea*.

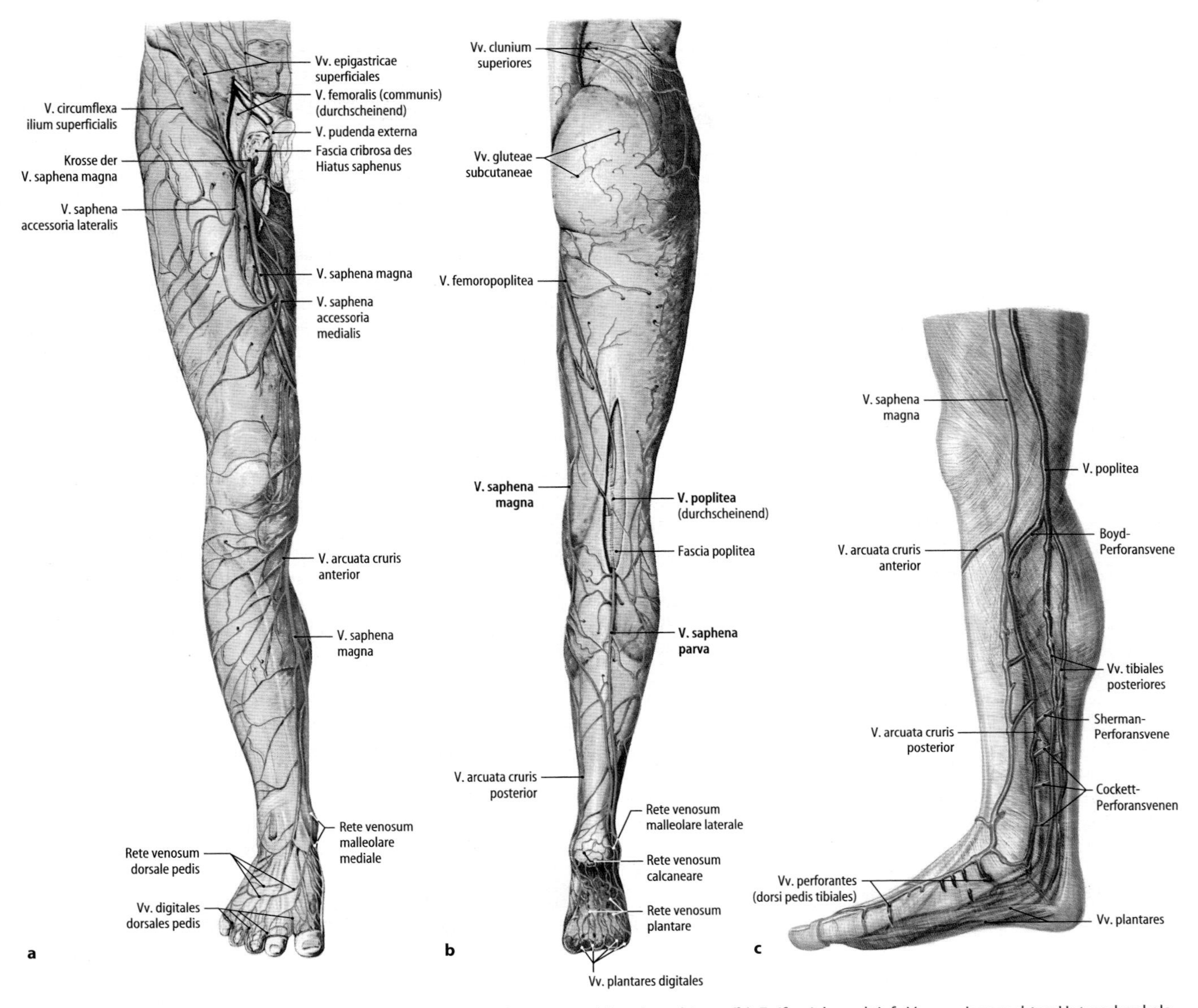

0. Abb. 4.209a–c. Epifasziale Venen an einem rechten Bein. Ansicht von vorn (**a**) und von hinten (**b**). Epifasziale und tiefe Venen eines rechten Unterschenkels, Ansicht von medial (**c**)

Die V. saphena parva hat Klappen in Höhe des Außenknöchels, in Wadenmitte und im Einmündungsbereich in die V. poplitea (sog. Schleusenklappen). Die Klappen unterteilen den Venenstamm in 3 »Etagen«.

Die **V. saphena magna** geht am medialen Fußrand aus dem *Arcus venosus dorsalis* und der *V. marginalis medialis* hervor. Sie zieht vor dem medialen Knöchel zur Innenseite des Unterschenkels, wo 2 subkutane Venen unterhalb des Kniegelenkes in die V. saphena magna münden. Von hinten erreicht sie die **hintere Bogenvene,** *V. arcuata cruris posterior,* die hinter dem medialen Knöchel und hinter der medialen Schienbeinkante nach proximal zieht. Die **vordere Bogenvene,** *V. arcuata cruris anterior,* kreuzt von lateral über die vordere Schienbeinkante zur V. saphena magna. Die V. saphena magna gelangt dann hinter dem Epicondylus medialis des Femur zum Oberschenkel. Hier verläuft sie nicht selten doppelläufig am medialen Rand des M. sartorius zum Schenkeldreieck, wo sie in einer hirtenstabähnlichen Krümmung (sog. Krosse) die *Fascia cribrosa* durchbricht und durch den *Hiatus saphenus* in die *V. femoralis (superficialis)* mündet (◼ Abb. 4.210, ► Kap. 26, ◼ Abb. 26.5).

Als *Vv. saphenae accessoriae medialis* und *lateralis* bezeichnet man variable epifasziale Venen im Oberschenkelbereich, die in die V. saphena magna münden (◼ Abb. 4.210). Im Bereich des Hiatus saphenus münden außerdem in die V. saphena magna oder direkt in die V. femoralis (superficialis) epifasziale Venen der vorderen Bauchwand *(V. epigastrica superficialis)*, der Leistenregion *(V. circumflexa ilium superficialis)* und aus dem Genitalbereich *(Vv. scrotales anteriores / Vv. labiales anteriores, Vv. dorsales superficiales penis / Vv. dorsales superficiales clitoridis)*.

Venenklappen findet man in der V. saphena magna im Knöchelbereich, in Höhe des Tibiaplateaus, in Oberschenkelmitte und im Einmündungsbereich (sog. Schleusenklappen).

Auf der Rückseite des Oberschenkels läuft die **V. femoropoplitea** *(V. femoralis posterior)*, die eine Verbindung zwischen V. saphena parva und V. femoralis superficialis herstellt (◼ Abb. 4.209b). Da die V. femoropoplitea regelmäßig eine Anastomose mit der V. saphena accessoria medialis eingeht (Giacomini-Anastomose), besteht auch eine Verbindung zur V. saphena magna.

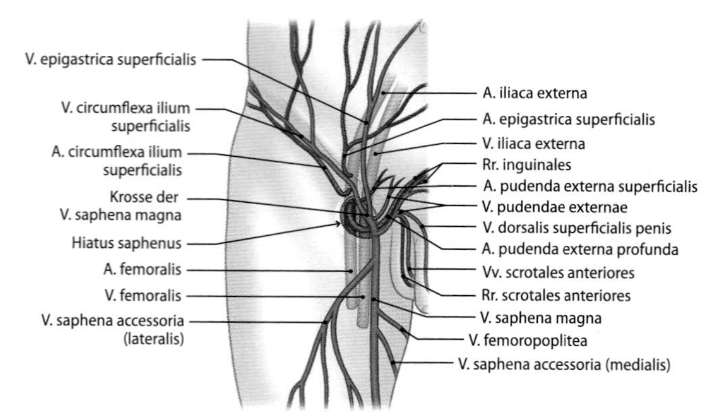

Abb. 4.210. Epifasziale Arterien und Venen der Leistenregion der rechten Seite

Perforansvenen

Die **Perforansvenen,** *Vv. perforantes,* sind transfasziale Verbindungsvenen zwischen epifaszialen und subfaszialen Venen. Die Venenklappen der Perforansvenen sind so ausgerichtet, dass der Blutstrom normalerweise nur in Richtung der tiefen Beinvenen erfolgt.

Die klinisch bedeutendsten **Perforansvenen** am **Unterschenkel** gehen aus der **hinteren Bogenvene** der *V. saphena magna* hervor (Abb. 4.209b). Sie verbinden oberhalb des medialen Knöchels (Cockett-Venen), in der Unterschenkelmitte (Sherman-Vene) und im Bereich der proximalen Unterschenkelinnenseite (Boyd-Venen) die epifaszialen Venen aus dem Bereich der V. saphena magna mit den *Vv. tibiales posteriores.* Auf der Unterschenkelrückseite gibt es 2–3 Perforansvenen im Bereich der *V. saphena parva.* Am Oberschenkel bestehen Venenverbindungen zwischen *V. saphena magna* und *V. femoralis (superficialis)* am Eingang zum Adduktorenkanal (Hunter-Venen) sowie proximal des Adduktorenkanals (Dodd-Venen).

Tiefe Venen

Bei den **tiefen subfaszialen Venen** unterscheidet man **Leitvenen** und **Muskelvenen.**

Die **Leitvenen** begleiten meistens paarig die gleichnamigen Arterien. Sie sind über Queranastomosen (sog. Sprossenvenen) miteinander verbunden und stehen mit den oberflächlichen Beinvenen über *Vv. perforantes* in Verbindung (s. oben).

Die *Vv. dorsales pedis* des **Fußrückens** gelangen zu den *Vv. tibiales anteriores,* die neben der A. tibialis anterior in der **Extensorenloge** laufen (Abb. 4.209). Die tiefen Venen der **Fußsohle** dränieren in die *Vv. tibiales posteriores* (► Kap. 26, Abb. 26.8), die gemeinsam mit der meistens unpaaren *V. peronea (fibularis)* in Begleitung ihrer gleichnamigen Arterie in der **tiefen Flexorenloge** nach proximal ziehen. In die Vv. tibiales posteriores münden kräftige **Muskelvenen** des M. soleus. Vv. tibiales posteriores und V. peronea sind über klappenlose **Brückenvenen** miteinander verbunden. Sie münden meistens über einen Truncus tibiofibularis, häufig gemeinsam mit den Vv. tibiales anteriores, in die V. poplitea. Die Unterschenkelvenen haben Venenklappen, deren Anzahl von distal nach proximal abnimmt.

Die **V. poplitea** nimmt das Blut der Unterschenkelvenen, der Muskelvenen des M. gastrocnemius *(Vv. surales),* des Kniegelenkbereiches *(Vv. geniculares)* und der *V. saphena parva* auf. Die V. poplitea geht am Hiatus adductorius in die (oft paarig angelegte) **V. femoralis** *(superficialis)* über (► Kap. 26, Abb. 26.1). Das Blut der Oberschenkelmuskeln und des Hüftgelenkbereichs wird über die *Vv. circumflexae femoris mediales* und *laterales* sowie über die *Rr. perforantes* der *V. profunda femoris* (Muskelvene) zugeführt. Die *V. femoralis profunda* vereinigt sich im Schenkeldreieck mit der. *V. femoralis (superficialis)* zur *V. femoralis (communis),* die medial von der Arterie nach proximal zieht (► Kap. 26, Abb. 26.5 und 26.6). Die V. femoralis (communis) wird nach der Passage der *Lacuna vasorum* zur *V. iliaca externa.*

Die Venen der Gesäßregion *(Vv. gluteae superiores, Vv. gluteae inferiores)* sowie die *Vv. obturatoriae* begleiten paarig die gleichnamigen Arterien und münden in die *V. iliaca interna.*

4.136 Klinische Hinweise zu den Venen

Alternierende Beugung und Streckung in Hüft-, Knie- und oberem Sprunggelenk beim Gehen fördern durch den dabei ausgelösten Druck-Saug-Mechanismus über die sog. Muskelpumpe den venösen Rückfluss.

Bei entzündlichen Hauterkrankungen kann es zur Entzündung der oberflächlichen Venen kommen (oberflächliche Thrombophlebitis oder Varikophlebitis).

Umschriebene Erweiterungen und Schlängelung der oberflächlichen Beinvenen bezeichnet man als Varikosis. Auslöser der (primären) Varikosis ist die Insuffizienz der Klappe der V. saphena magna im Einmündungsbereich mit nachfolgender Insuffizienz der distalen Venenklappen. In Varizen fließt das Blut nicht herzwärts sondern fußwärts und über die Perforansvenen in die tiefen Beinvenen. Dabei entwickelt sich aufgrund der insuffizienten Mündungsklappe – als Circulus vitiosus – ein sog. Privatkreislauf zwischen oberflächlichen und tiefen Beinvenen mit massiver Störung des normalen venösen Rückstroms. Bei Insuffizienz der Perforansvenen führt vor allem der Befall der Cockett-Venen zu erhöhtem Venendruck und als Folge entstehen Unterschenkelgeschwüre (Ulcus cruris).

Bei der deszendierenden Form der Becken-Bein-Venenthrombose – meistens auf der linken Seite, weil die Aa. iliacae communes die linke V. iliaca communis überkreuzen – schreitet die Ausbildung der Thrombose von proximal nach distal bis in die Unterschenkelvenen fort. Die aszendierende Form geht von den Unterschenkelvenen aus. Ursachen sind längere Bettruhe oder Ruhigstellung der unteren Extremität. Die schwerwiegendste Komplikation dieser Erkrankung ist die Lungenembolie.

In Kürze

Hauptabflusswege der oberflächlichen (epifaszialen, subkutanen) Venen

V. saphena magna:
- medialer Knöchelbereich, Innenseite des Unterschenkels, vordere und hintere Bogenvene
- im Schenkeldreieck Einmündung in die V. femoralis am Hiatus saphenus
- Verbindungen zu den tiefen Venen des Unterschenkels und des Oberschenkels über Perforansvenen

V. saphena parva:
- lateraler Knöchelbereich, Rückseite des Unterschenkels
- Einmündung im Bereich der Kniekehle in die V. poplitea und V. femoropoplitea

Abflusswege der tiefen Venen

(meistens in der Zweizahl in Begleitung gleichnamiger Arterien)
- **Fuß:** Vv. metatarsales plantares, Arcus venosus plantaris
- **Unterschenkel:** Vv. tibiales anteriores, Vv. tibiales posteriores, V. peronea (fibularis), in der Kniekehle V. poplitea, Muskelvenen des M. triceps surae (Vv. surales)
- **Oberschenkel:** V. femoralis mit V. femoralis profunda

In den tiefen Venen zahlreiche Venenklappen, zwischen den paarigen Venen zahlreiche Querverbindungen.

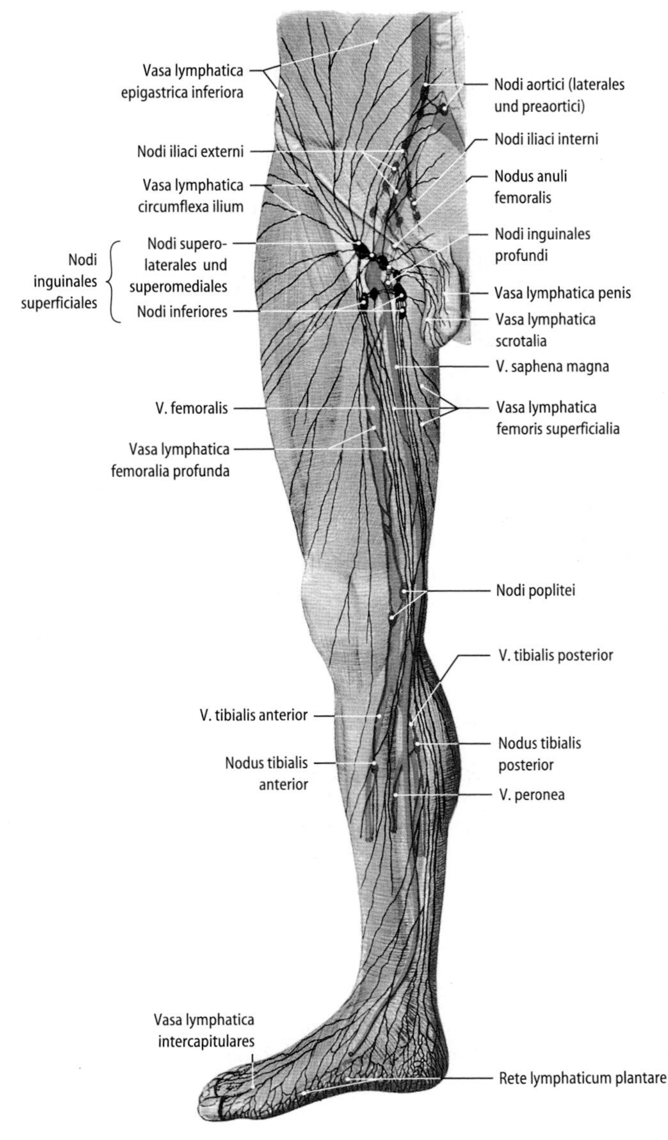

Abb. 4.211. Lymphgefäße und Lymphknoten an einem rechten Bein. Ansicht von medial

Lymphbahnen und Lymphknoten

Die **Lymphbahnen (Kollektoren) der unteren Extremität** bestehen aus einem **oberflächlichen** und aus einem **tiefen System**, entsprechend findet man **oberflächliche** und **tiefe Lymphknoten.**

Die Lymphe des lateralen Fußrandes und der Unterschenkelrückseite fließt größtenteils in die oberflächlichen *(Nodi poplitei superficiales)* und in die tiefen Lymphknoten der Kniekehle *(Nodi poplitei profundi)*. Von den Lymphknoten der Kniekehle wird die Lymphe teilweise den oberflächlichen Leistenlymphknoten und zum Teil durch den Adduktorenkanal entlang der Vasa femoralia den tiefen Leistenlymphknoten zugeleitet (Abb. 4.211).

Im Unterschenkelbereich kommen inkonstante Lymphknoten an der A. tibialis anterior, *Nodus tibialis anterior,* an der A. tibialis posterior, *Nodus tibialis posterior,* und an der A. peronea (fibularis), *Nodus fibularis,* vor.

Die epifaszialen Hauptabflusswege schließen sich der V. saphena magna an. Sie sind reichlich mit Klappen ausgerüstet und sammeln die Lymphe aus der Haut und aus dem Unterhautgewebe. Ihre regionären Lymphknoten sind die oberflächlichen Leistenlymphknoten.

Die **oberflächlichen Leistenlymphknoten,** *Nodi inguinales superficiales,* liegen auf der Fascia lata in 2 Gruppen (Abb. 4.211):

- Die *Nodi superomediales* und *superolaterales* sind entlang des Leistenbandes ausgerichtet (sog. Tractus horizontalis). Sie sind regionäre Lymhpknoten für die ventrale und dorsale Rumpfwand unterhalb des Nabels, für die Haut der äußeren Geschlechtsorgane und der Gesäßregion sowie für Anus, Dammregion und Scheideneingang. Lymphgefäße entlang des Lig. teres uteri führen Lymphe vom Tubenwinkel und vom Fundus uteri zu den Leistenlymphknoten.
- Die oberflächliche Lymphknotengruppe entlang der V. saphena magna, *Nodi inferiores* (sog. Tractus verticalis), erhält Zuflüsse aus der Haut von Fußsohle, Fußrücken, Unterschenkelvorderseite und vom Oberschenkel.

Die **tiefen Leistenlymphknoten,** *Nodi inguinales profundi,* liegen subfaszial im Bereich des Hiatus saphenus *(Nodi distales)*. Sie nehmen die Lymphe der tiefen Lymphbahnen des Beines und der oberflächlichen Lymphknoten auf. Im Femoralkanal kann ein großer Lymphknoten, *Nodus proximalis* (Rosenmüller-Lymphknoten), liegen (▶ Kap. 26, Abb. 26.6). Ein weiterer inkonstanter Lymphknoten ist der *Nodus intermedius* unterhalb des Leistenbandes. Die Lymphbahnen der Leistenregion ziehen durch das Septum femorale in der Lacuna vasorum (sog. Lacuna lymphatica) weiter zu den *Nodi iliaci externi.*

Die Lymphe der tiefen Gesäßregion fließt zu den regionären Nodi gluteales superiores und inferiores und von dort zu den Nodi iliaci interni.

In Kürze

Oberflächliche und tiefe Lymphbahnen und Lymphknoten

Nodi poplitei, oberflächliche und tiefe Gruppe in der Kniekehle:

- **Einzugsgebiete:** lateraler Fußbereich , Rückseite des Unterschenkels

Nodi inguinales superficiales auf der Fascia lata unterhalb des Leistenbandes:

- **Einzugsgebiete:** untere Extremität, ventrale und dorsale Rumpfwand unterhalb des Nabels, äußeres Genitale, Anus, Dammregion (über das Lig. teres uteri Tubenwinkel und Fundus uteri)

Nodi inguinales profundi subfaszial im Bereich des Hiatus saphenus:

- **Einzugsgebiete:** tiefe Lymphgefäße des Beines und oberflächliche Lymphknoten

Nerven

Die Nerven der unteren Extremität (Abb. 4.212 und 4.213) entstammen dem *Plexus lumbalis* und dem *Plexus sacralis (Plexus lumbosacralis).*

Nn. lumbales und Plexus lumbalis

Von den 5 *Nn. lumbales* bilden die *Rr. posteriores (dorsales)* des 1.–3. Lumbalnerven mit ihren sensiblen *Rr. laterales* die *Nn. clunium superiores,* die die Haut der oberen und seitlichen Gesäßregion bis zum Trochanter major sensibel innervieren.

Die *Rr. anteriores (ventrales)* der *Nn. lumbales* 1–3 bilden gemeinsam mit Anteilen aus den Rr. anteriores des 12. N. thoracalis und des

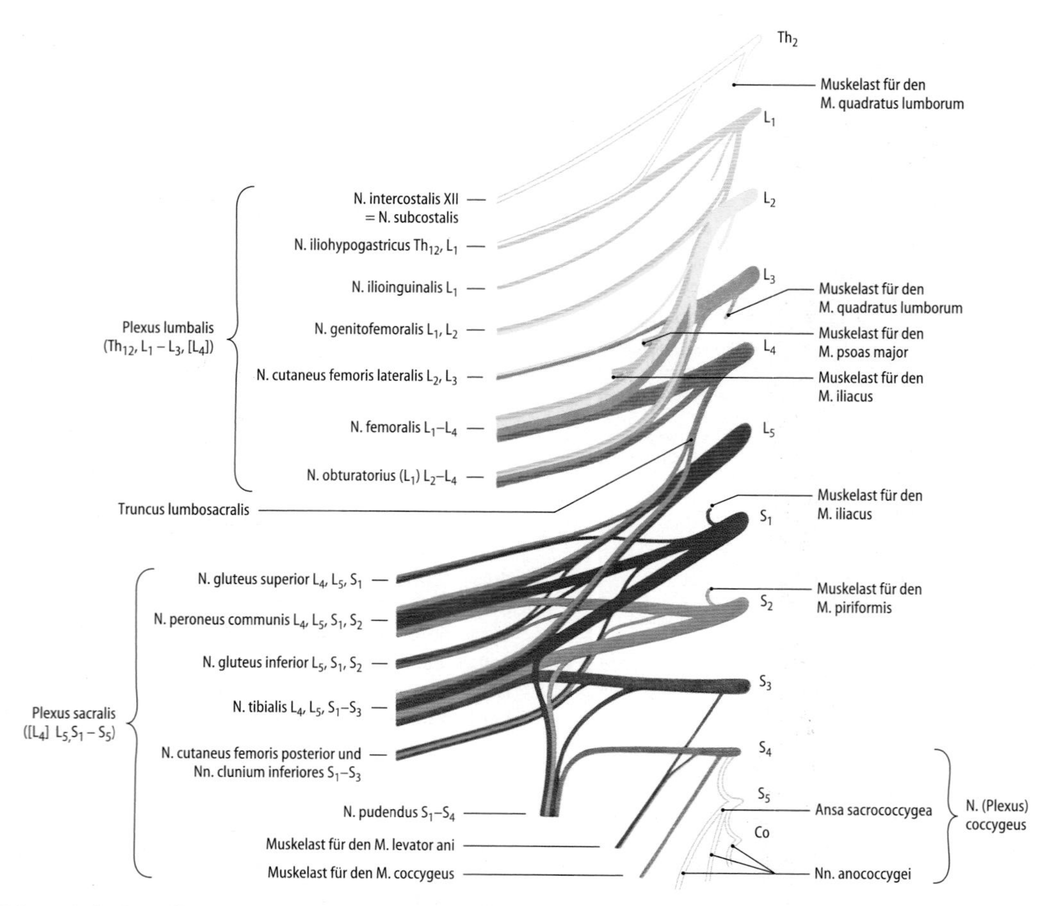

Abb. 4.212. Schematische Darstellung des Plexus lumbalis, Plexus sacralis und Plexus coccygeus [7]

4. N. lumbalis den *Plexus lumbalis* (Abb. 4.212). Der Plexus lumbalis ist über den *Truncus lumbosacralis,* der sich aus Fasern der Rr. anteriores des 4. und des 5. Lumbalnervs zusammensetzt, mit dem *Plexus sacralis* (s. unten) verbunden.

In ca. 80% der Fälle spaltet sich der 4. Lumbalnerv in 3 Äste, sog. N. furcalis, auf, die zu den Nn. obturatorius und femoralis sowie zum Truncus lumbosacralis ziehen.

Der *Plexus lumbalis* formiert sich seitlich auf den Processus costales der Lendenwirbelsäule zwischen den Ursprüngen des M. psoas major (Abb. 4.214). Seine Anteile laufen teils hinter, teils im M. psoas major nach lateral kaudal zur Bauchwand und zur Vorderseite des Oberschenkels. Nur der N. obtoratorius gelangt durch das Foramen obturatum zur medialen Oberschenkelseite. Aus dem Plexus lumbalis entspringen kurze *Rr. muculares* für die Mm. quadratus lumborum, psoas major und psoas minor.

N. iliohypogastricus. Der *N. iliohypogastricus* (L1–Th12) tritt durch den M. psoas major und zieht unter Abgabe motorischer Äste zwischen den Mm. transversus abdomninis und obliquus internus abdominis nach ventral (Abb. 4.214). Er innerviert motorisch die Bauchmuskeln und sensibel das Bauchfell. Seine sensiblen Hautäste *(Rr. cutanei lateralis* und *anterior)* versorgen die Haut der seitlichen Hüftregion und der Leistenbeuge.

N. ilioinguinalis. Der *N. ilioinguinalis* (L1) bildet häufig einen gemeinsamen Stamm mit dem N. iliohypogastricus (Abb. 4.214). Er läuft zunächst parallel zum N. iliohypogastricus zwischen Nierenlager und M. quadratus lumborum und tritt dann zwischen die Mm. transversus abdominis und obliquus internus abdominis, die er motorisch versorgt. Seine sensiblen Anteile *(Nn. scrotales anteriores/labiales anteriores)* gelangen durch den äußeren Leistenring zur Haut des Scrotum/der großen Schamlippen, des Mons pubis und des Oberschenkels (Abb. 4.213).

N. genitofemoralis. Der *N. genitofemoralis* (L1–2) tritt im mittleren Bereich des M. psoas major auf dessen Vorderfläche aus; er zieht auf diesem abwärts und teilt sich in die *Rr. genitalis* und *femoralis* (Abb. 4.214). Der R. genitalis läuft durch den Leistenkanal und versorgt beim Mann die Skrotalhaut (bei der Frau die Haut der Labia majora), M. cremaster und die Hodenhüllen sowie die angrenzende Oberschenkelhaut. Der R. femoralis tritt nach Passage der Lacuna vasorum (Abb. 26.6) im Bereich des Hiatus saphenus durch die Oberschenkelfaszie und versorgt die Haut in diesem Bereich.

N. cutaneus femoris lateralis. Der *N. cutaneus femoris lateralis* (L2–3) tritt im mittleren seitlichen Bereich aus dem M. psoas major (Abb. 4.214). Er zieht bogenförmig unterhalb des Darmbeinkamms in der Fascia iliaca zum lateralen Abschnitt der Lacuna muculorum. Bei seinem Verlauf auf der seitlichen Beckenwand innerviert er das parietale Peritoneum des Beckens. Seine Endäste durchbrechen medial und distal der Spina iliaca anterior superior die Fascia lata oder das Leistenband und versorgen die Haut der seitlichen Hüft- und Oberschenkelregion (Abb. 4.213 und ► Kap. 26, Abb. 26.5).

N. obturatorius. Der *N. obturatorius* (L2–4) zieht zunächst hinter dem M. psoas major vertikal nach kaudal und passiert den Canalis

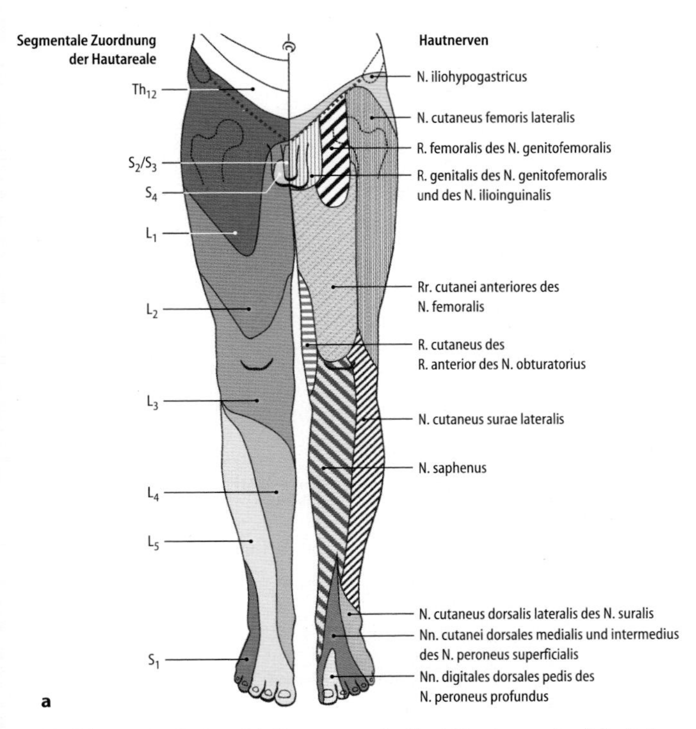

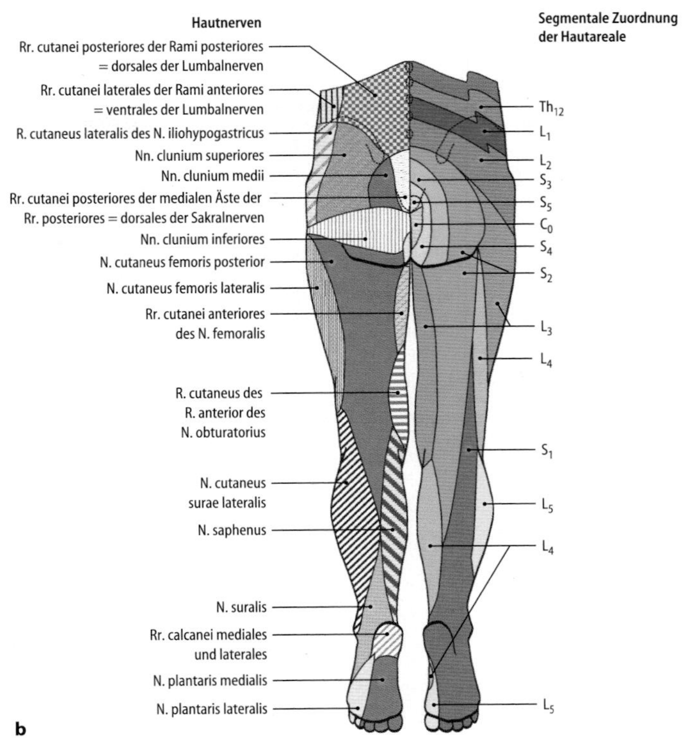

Abb. 4.213a, b. Sensible Versorgung der Haut (Hautnerven) auf der linken Körperseite und segmentale Zuordnung der Hautareale auf der rechten Körperseite. Ansicht von vorn (**a**) und von hinten (**b**) [7]
Gesäßregion: Nn. clunium superiores (Rr. posteriores der Nn. lumbales I–III), Nn. clunium medii (Rr. posteriores der Nn. sacrales I–III), Nn. clunium inferiores (R. cutaneus femoris posterior), R. cutaneus lateralis des N. iliohypogastricus
Oberschenkelrückseite: N. cutaneus femoris posterior
Oberschenkelaußenseite: N. cutaneus femoris lateralis
Oberschenkelinnenseite: Rr. cutanei anteriores des N. femoralis, R. cutaneus des R. anterior des N. obturatorius, R. genitalis des N. genitofemoralis
Oberschenkelvorderseite: R. femoralis des N. genitofemoralis, R. cutanei anteriores des N. femoralis
Unterschenkelrückseite: N. cutaneus femoris posterior, N. cutaneus surae lateralis, N. saphenus, N. saphenus
Unterschenkelvorderseite: N. infrapatellaris (N. saphenus), N. saphenus, N. cutaneus surae lateralis
Fußrücken: Nn. cutanei dorsales medialis und lateralis (N. peroneus superficialis), Nn. digitales dorsales pedis zwischen erster und zweiter Zehe (N. peroneus profundus)
Fußsohle: Nn. plantares medialis und lateralis (N. tibialis)
medialer Fußrand: N. saphenus
lateraler Fußrand: N. suralis

obturatorius (Abb. 4.214; ► Kap. 26, Abb. 26.5). Der Nerv teilt sich in einen vorderen und in einen hinteren Ast. Der *R. anterior* innerviert die Mm. adductor brevis, adductor longus, gracilis und pectineus und endet mit seinem *R. cutaneus* an der Innenseite des Oberschenkels, die er im distalen Teil versorgt. Der R. cutaneus lagert sich häufig dem N. saphenus an. Der *R. posterior* tritt durch den M. obturatorius externus nach distal und innerviert den M. adductor magnus. Er hat Gelenkäste für das Knie- und Hüftgelenk. Ein nicht selten vorkommender *N. obturatorius accessorius* zieht am medialen Rand des M. psoas major nach distal und schließt sich dem Hauptnerv an.

N. femoralis. Der *N. femoralis* ([L1] L2–4) ist der stärkste Nerv des Plexus lumbalis (Abb. 4.214; ► Kap. 26, Abb. 26.5). Er tritt am unteren Seitenrand des M. psoas major ins Becken und zieht, bedeckt von der Fascia iliaca, in der Rinne zwischen M. iliacus und M. psoas major durch die Lacuna musculorum zum Oberschenkel. Innerhalb des Beckens gibt er Äste an den M. iliopsoas ab. Unterhalb des Leistenbandes teilt er sich in *Rr. musculares* für die Mm. pectineus, sartorius und quadriceps femoris sowie in *Rr. cutanei anteriores* zur sensiblen Versorgung des mittleren und distalen Breichs der Oberschenkelvorderseite. Mit den Rr. musculares laufen sensible Anteile zur Versorgung von Hüft- und Kniegelenk.

Der stärkste und längste sensible Ast des N. femoralis ist der *N. saphenus*, der zunächst in den Adduktorenkanal tritt. Er verlässt diesen durch das Septum intermusculare vastoadductorium und läuft zur medialen Seite des Kniegelenkes. Hier zweigt der *R. infrapatellaris* ab, der bogenförmig zur Vorderfläche der Knieregion zieht. Der Stamm des N. saphenus läuft unter Abgabe von *Rr. cutanei cruris mediales* in Begleitung der V. saphena magna an der Innenseite des Unterschenkels bis zur medialen Knöchelregion und variabel am medialen Fußrand bis zum Großzehengrundgelenk (Abb. 4.213 und 4.217).

4.137 Nervenschädigungen

Bei einer Schädigung des N. femoralis (z.B. durch Hämatombildung bei Antikoagulanzientherapie oder durch stumpfe Verletzungen) nach Abgang der Muskeläste zum M. iliopsoas steht die Parese des M. quadriceps femoris im Vordergrund. Es kommt ferner zu Sensibilitätsstörungen auf der Oberschenkelvorderseite. Der Patellarsehnenreflex ist erloschen.

Der R. infrapatellaris des N. saphenus ist beim medialen arthroskopischen Zugang, z.B. bei einer Meniskusoperation gefährdet.

Der N. obturatorius ist bei Beckenfrakturen, bei einer (seltenen) Hernia obturatoria oder bei Lymphknotenmetastasen im Becken gefährdet. Es kommt zu Parästhesien und Schmerzen im distalen Bereich der Unterschenkelinnenseite. Aufgrund der Doppelinnervation des M. adductor magnus aus dem tibialen Ischiadikusanteil ist die Parese der Adduktoren unvollständig.

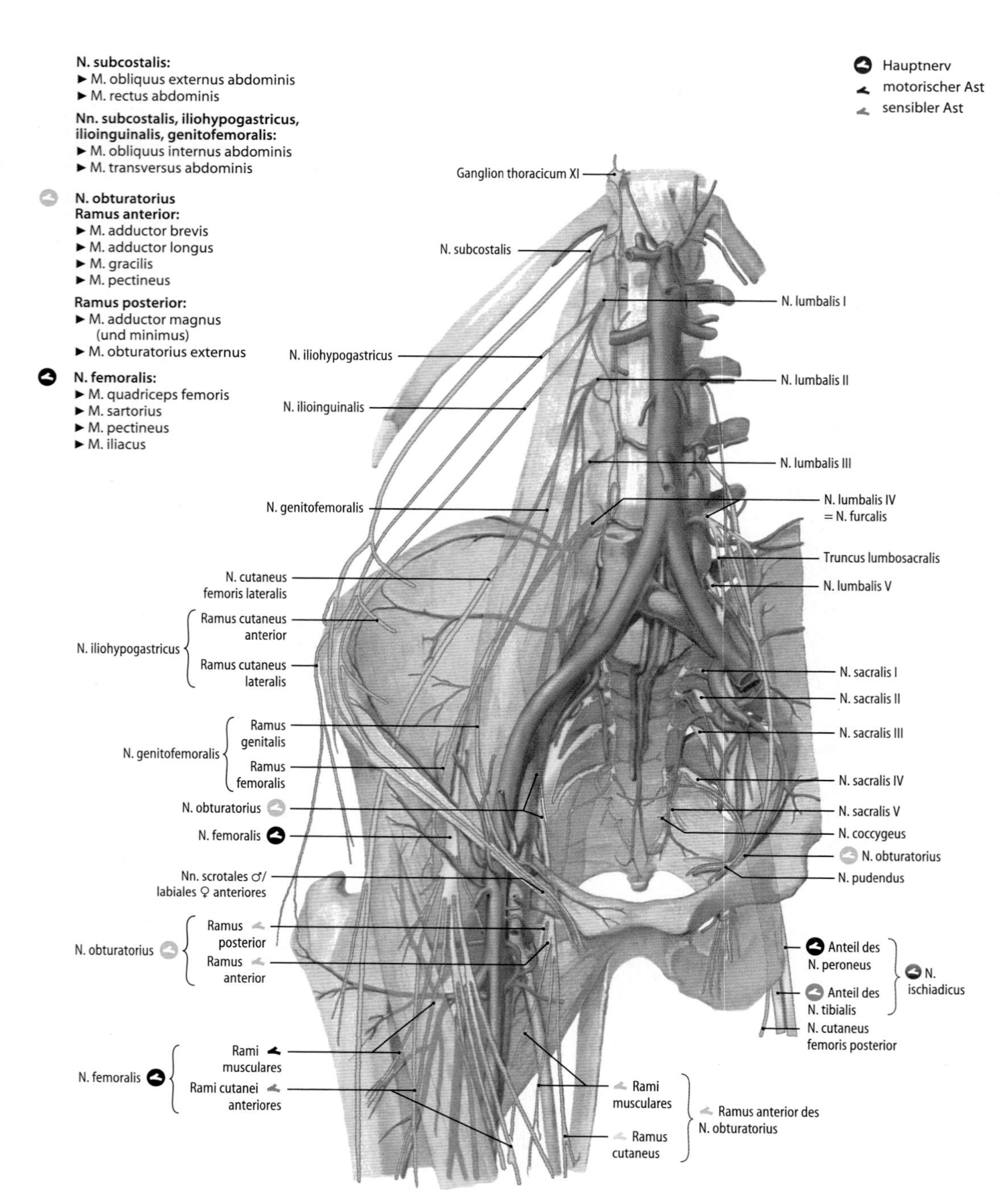

■ Abb. 4.214. Nerven des Plexus lumbalis und des Plexus sacralis. Ansicht von vorn

Nn. sacrales, N. coccygeus und Plexus sacralis

Von den 5 *Nn. sacrales* bilden die *Rr. posteriores (dorsales)* der 1.–3. Sakralnerven mit ihren sensiblen *Rr. laterales* die *Nn. clunium medii*, die durch den Ursprungsbereich des M. gluteus maximus treten und die Haut des medialen kaudalen Bereichs der Gesäßregion versorgen.

Die *Rr. anteriores (ventrales)* des 5. Lumbalnervs und der 1.–3. Sakralnerven bilden gemeinsam mit Rr. anteriores des 4. Lumbalnervs und des 4. Sakralnervs den *Plexus sacralis* (■ Abb. 4.212). Plexus sacralis und Plexus lumbalis sind über den *Truncus lumbosacralis* (s. oben) zum *Plexus lumbosacralis* verbunden.

Der **Plexus sacralis** formiert sich lateral der Foramina sacralia anteriora zu einer dreieckigen Platte, die dem M. piriformis aufliegt (■ Abb. 4.214). Der Plexus sacralis wird von der Fascia pelvis parietalis bedeckt. Die aus ihm hervorgehenden Nerven verlassen das Becken durch das Formen ischiadicum majus und ziehen zur Rückseite der Gesäßregion und der freien unteren Extremität.

Innerhalb des Beckens gehen aus dem Plexus sacralis Muskeläste, *N. musculi piriformis* (S1–2), zum M. piriformis. Durch das Foramen infrapiriforme gelangen der *N. musculi obturatorii interni* (L5–S2) zu den Mm. obturatorius internus und gemellus superior und der *N. musculi quadrati femoris* (L4–S1) zu den Mm. quadratus femoris und gemellus inferior sowie mit sensiblen Fasern zur Hüftgelenkkapsel.

N. gluteus superior. Der *N. gluteus superior* (L4–S1) erreicht die Gesäßregion durch den suprapiriformen Teil des Foramen ischiadicum

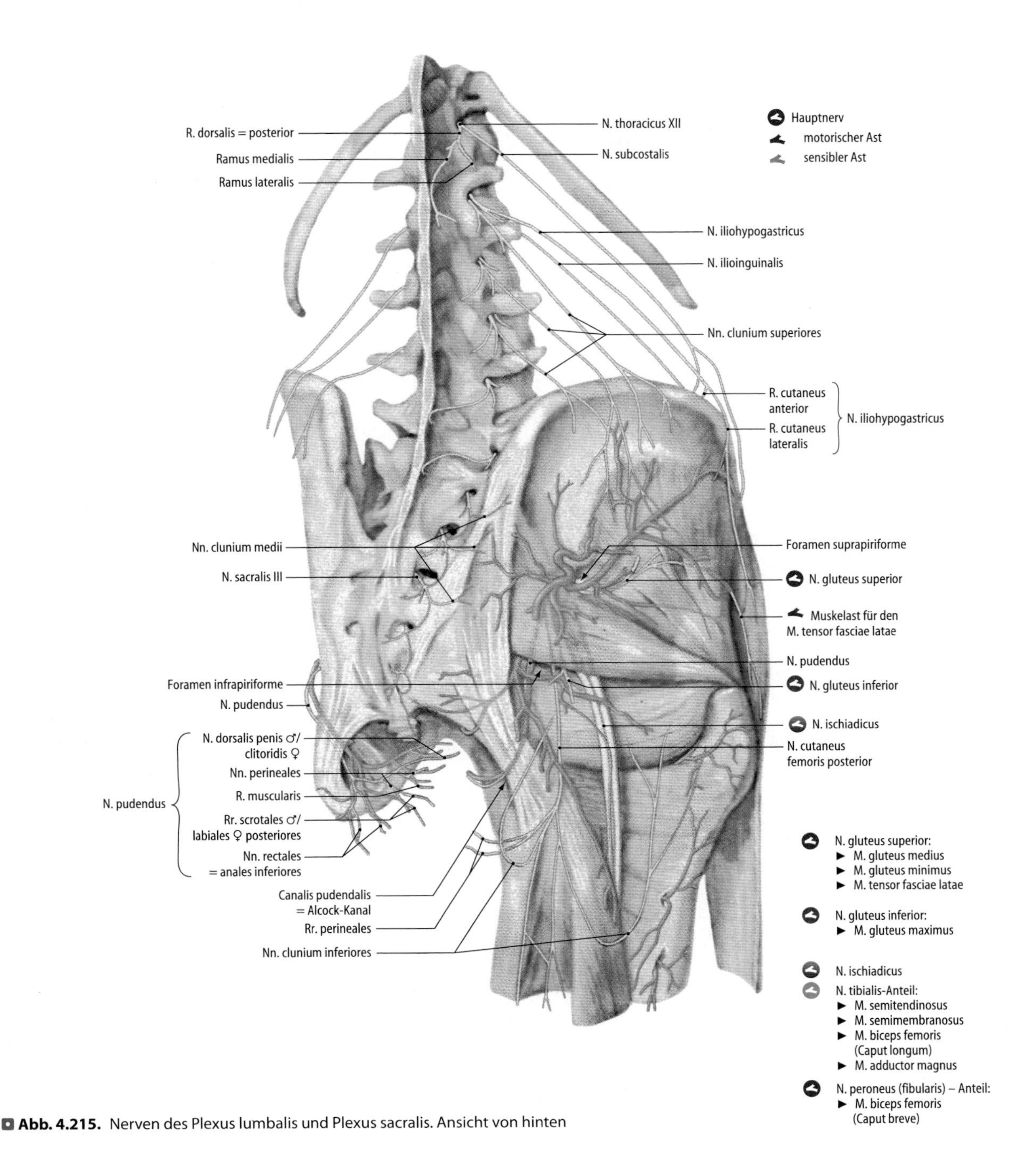

Abb. 4.215. Nerven des Plexus lumbalis und Plexus sacralis. Ansicht von hinten

majus (Abb. 4.215). Er tritt mit oberen Ästen von der Unterseite in den M. gluteus medius. Sein unterer Ast zieht zwischen den kleinen Gluteen unter Abgabe von Muskelästen nach vorn bis zum M. tensor fasciae latae.

N. gluteus inferior. Der *N. gluteus inferior* ([L4] L5–S2) tritt zwischen N. pudendus und N. ischiadicus aus dem Foramen infrapiriforme, wo er sich am Unterrand des M. piriformis auffächert und in den M. gluteus maximus zieht (Abb. 4.215).

N. cutaneus femoris posterior. Der *N. cutaneus femoris posterior* (S1–3) tritt aus dem Foramen infrapiriforme in die Gesäßregion, wo er die *Nn. clunium inferiores* abgibt, die bogenförmig um den kaudalen Rand des M. gluteus maximus nach kranial in den unteren Abschnitt der Regio glutealis ziehen (Abb. 4.215). Mit *Rr. perineales* werden Hautbereiche des Dammes sowie beim Mann der Skrotumhinterfläche und bei der Frau des hinteren Teils der Labia majora innerviert. Der N. cutaneus femoris posterior versorgt die Haut der Oberschenkelrückseite, der Kniekehle und des proximalen Unterschenkelbereichs (Abb. 4.213).

N. ischiadicus. Der *N. ischiadicus* (L4–S3) ist der kräftigste Nerv des Menschen. Er tritt durch das Foramen infrapiriforme in die Glutealregion (Abb. 4.215; ► Kap. 26, Abb. 26.1). Hier werden seine beiden Anteile **N. tibialis** und **N. peroneus (fibularis) communis** von lockerem Bindegewebe zusammengehalten. Der Nerv versorgt mit *Rr. musculares* aus dem Tibialisanteil die Mm. semimembranosus, semitendinosus, biceps femoris (Caput longum) und den oberfläch-

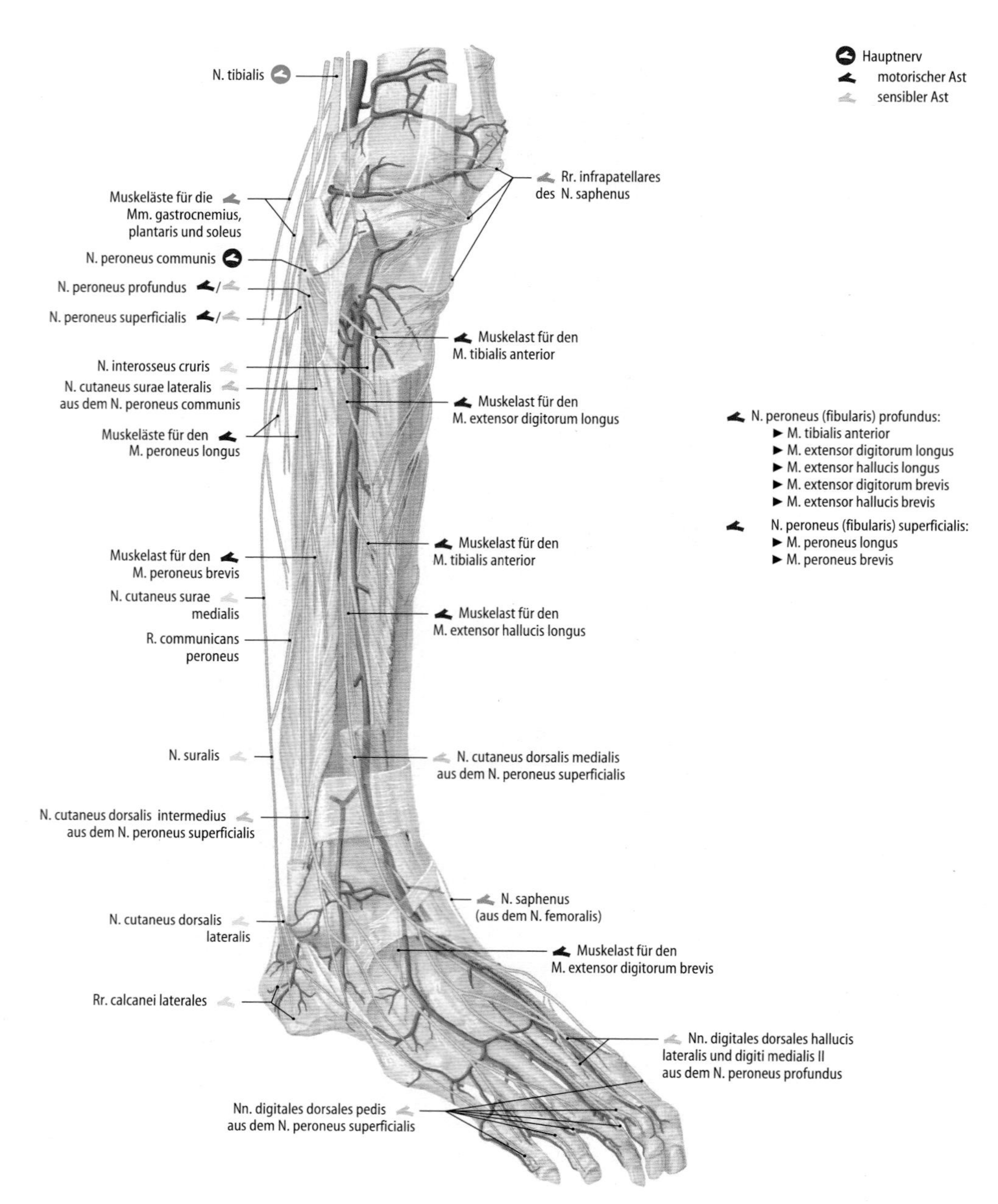

Abb. 4.216. Nerven der vorderen und lateralen Seite des Unterschenkels, rechte Seite

lichen Teil des M. adductor magnus. Der kurze Bizepskopf wird aus dem Peroneusanteil innerviert. Meistens teilt sich der N. ischiadicus am Übergang zum distalen Unterschenkeldrittel in seine beiden **Hauptäste,** *N. tibialis* und *N. peroneus (fibularis) communis.*

Die Teilung des N. ischiadicus kann im gesamten Verlauf des Nervs stattfinden. In ca. 15% der Fälle tritt der N. peroneus communis getrennt vom N. tibialis durch den M. piriformis in die Glutealregion und der N. tibialis erscheint am Unterrand des Muskels (sog. hohe Teilung des N. ischiadicus). Nicht selten ziehen auch die Nn. gluteus inferior und cutaneus femoris posterior vollständig oder teilweise durch den M. piriformis.

N. peroneus (fibularis) communis. Der *N. peroneus communis* (L4–S2) gibt in der Kniekehle Äste zur Kniegelenkkapsel und den *N. cutaneus surae lateralis* ab, der die laterale Seite des Unterschenkels innerviert (Abb. 4.216). Ein medialer Ast des Nervs anastomosiert als *R. communicans peroneus (fibularis)* mit dem *N. cutaneus surae medialis* aus dem N. tibialis (s. unten) und bildet mit ihm den *N. suralis,* dessen Endast als *N. cutaneus dorsalis lateralis* den seitlichen Fußrand versorgt (Abb. 4.213). Der N. peroneus communis verlässt die Kniekehle und tritt durch den Ursprungsbereich des M. peroneus longus in die **Peroneusloge,** wo er sich in die *Nn. peroneus (fibularis) profundus* und *peroneus (fibularis) superficialis* aufteilt (► Kap. 26, Abb. 26.9 und 26.10). Die Aufzweigung kann schon vor dem Eintritt in die Peroneusloge erfolgen.

Der **N. peroneus superficialis** zieht in der Peroneusloge nach distal und innerviert mit *Rr. musculares* die Mm. peroneus longus und peroneus brevis (Abb. 4.216). Er durchbricht die Fascia cruris im distalen Unterschenkeldrittel und teilt sich in seine sensiblen Endäste, *N. cutaneus dorsalis medialis, N. cutaneus dorsalis intermedius,* die den Fußrücken und mit den *Nn. digitales dorsales pedis* die Dorsalseite der Zehen (Ausnahme s. unten) innervieren.

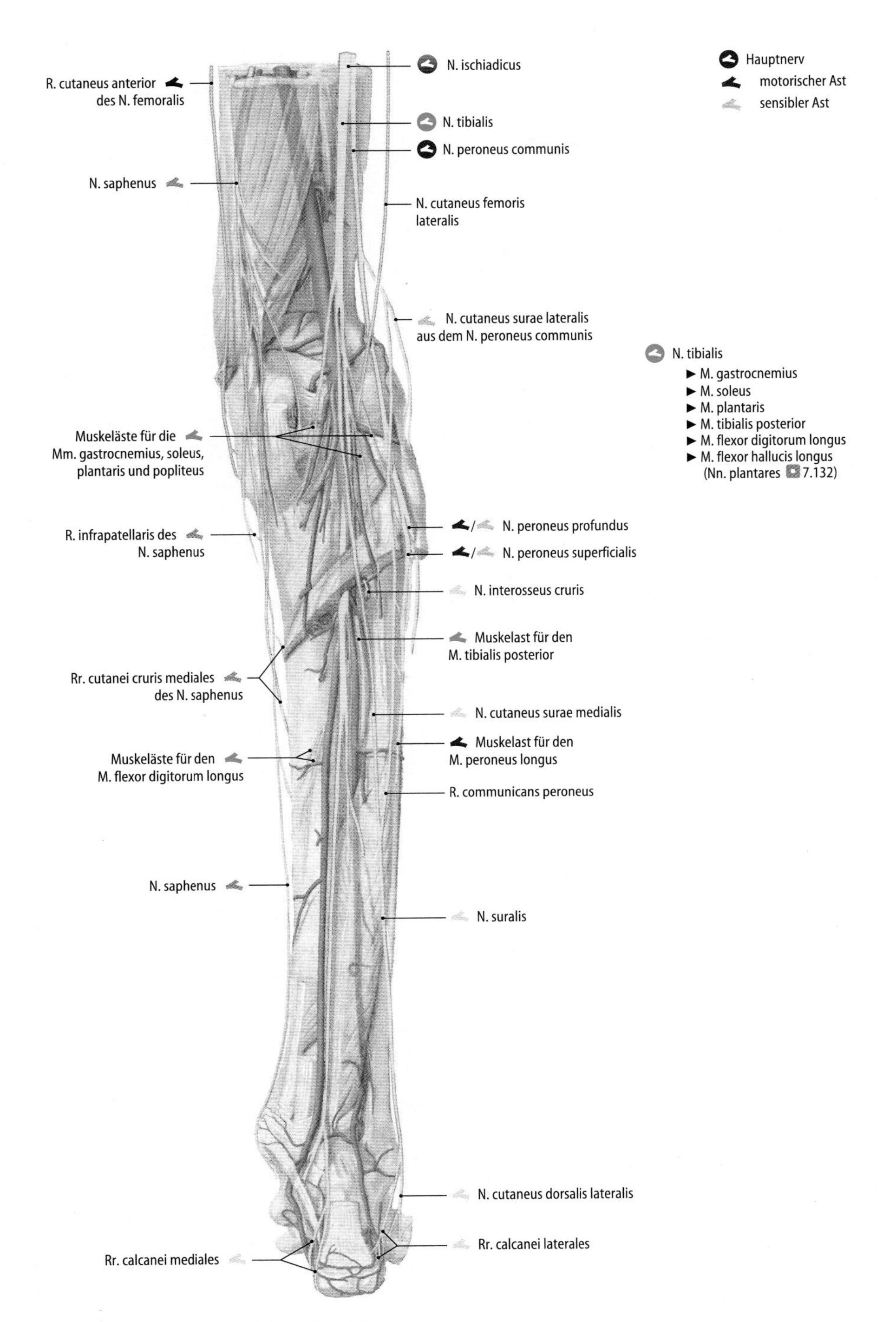

Abb. 4.217. Nerven der Rückseite des Unterschenkels, rechte Seite

Der **N. peroneus profundus** durchbricht das Septum intermusculare cruris anterior und tritt in die **Extensorenloge,** wo er mit seinen Rr. musculares die Mm. tibialis anterior, extensor digitorum longus und extensor hallucis longus innerviert (Abb. 4.216; ► Kap. 26, Abb. 26.9). Er gibt sensible Äste an den vorderen Teil der Sprunggelenkkapseln und tritt mit der Ansatzsehne des M. extensor hallucis longus durch das mittlere Sehnenfach unter den Retinacula mm. extensorum superius und inferius auf den Fußrücken. Hier versorgt er die Mm. extensor digitorum brevis und extensor hallucis brevis sowie die Gelenkkapseln der Fußgelenke. Seine sensiblen Endäste, *Nn. digitales dorsales pedis,* verzweigen sich im Spatium interosseum metatarsi I und innervieren die einander zugekehrten Seiten der ersten und zweiten Zehe (Abb. 4.213).

N. tibialis. Der *N. tibialis* (L4–S3) zieht durch die Mitte der Kniekehle und versorgt mit *Rr. musculares* die Mm. gastrocnemius, plantaris, popliteus und soleus sowie mit *Rr. articulares* die Kniegelenkkapsel (Abb. 4.217; ► Kap. 26, Abb. 26.8). Aus dem Muskelast für den M. politeus entspringt der *N. interosseus cruris*, der in die Extensorenloge zieht und die Gelenkkapsel des Tibiofibulargelenkes, das Periost von Tibia und Fibula sowie die Membrana interossea cruris und die Syndesmosis tibiofibularis versorgt. Der N. tibialis gibt au-

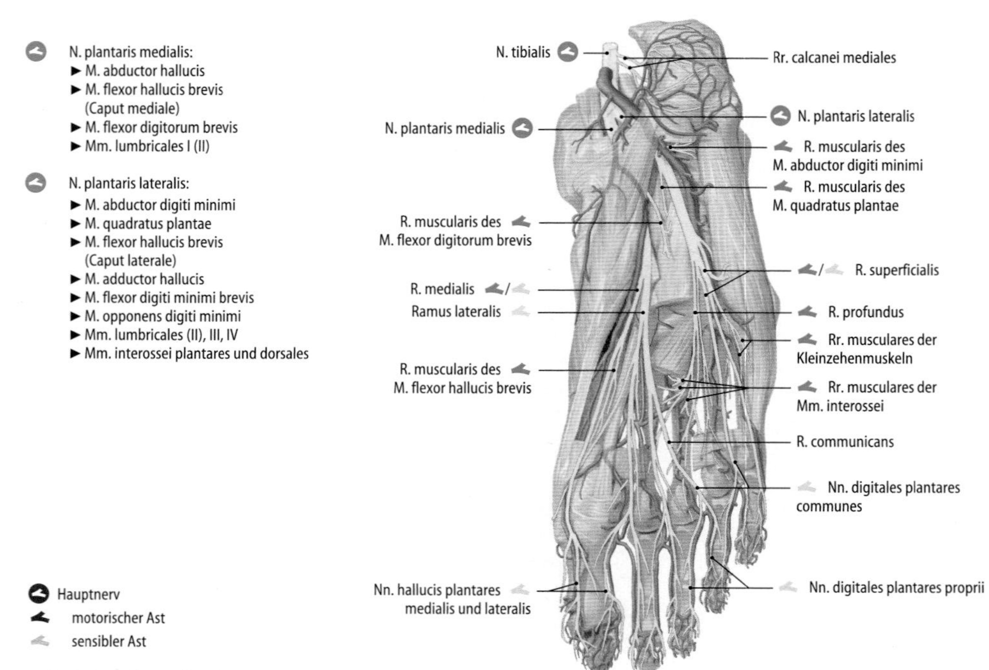

Abb. 4.218. Nerven der Fußsohle, rechte Seite

ßerdem den *N. cutaneus surae medialis* ab (N. suralis s. oben). Der Nerv tritt in die **tiefe Flexorenloge,** wo er mit *Rr. musculares* die Mm. tibialis posterior, flexor digitorum longus und flexor hallucis longus versorgt. In Höhe des medialen Knöchels gibt er *Rr. calcanei mediales* zur Versorgung der Haut von Ferse und Fußsohle ab. *Rr. articulares* versorgen die Gelenkkapseln der Sprunggelenke. Der N. tibialis zieht im sog. Malleolenkanal um den Malleolus medialis. Hier teilt sich der Nerv in seine Endäste, *N. plantaris medialis* und *N. plantaris lateralis,* die zur Planta pedis ziehen (Abb. 4.218; ► Kap. 26, Abb. 26.14).

Der **N. plantaris medialis** läuft an der Fußsohle zwischen den von ihm innervierten Mm. flexor hallucis brevis und flexor digitorum brevis und teilt sich in die *Rr. medialis* und *lateralis.* Der R. medialis innerviert den medialen Kopf des M. flexor hallucis brevis und die Haut des medialen Fußrandes bis zur Großzehe. Der R. lateralis zweigt sich in die *Nn. digitales plantares communes I–III* auf, aus denen die *Nn. digitales plantares proprii* zur Versorgung der einander zugekehrten Seiten der ersten bis vierten Zehe hervorgehen. Der schwächere ***N. plantaris lateralis*** innerviert die Mm. flexor digitorum brevis, quadratus plantae und M. abductor digiti minimi. Der Nerv teilt sich in einen *R. superficialis* und in einen *R. profundus.*

Aus dem *R. superficialis* geht der *N. digitalis plantaris communis IV* hervor, der mit *Nn. digitales plantares proprii* die einander zugekehrten Seiten der vierten und fünften Zehe versorgt. Der N. digiti minimi plantaris lateralis innerviert die laterale Seite der Kleinzehe.

Der R. superficialis entsendet außerdem Muskeläste zu den Mm. flexor digiti minimi und opponens digiti minimi und variabel zu den Mm. interossei im Spatium interosseum IV sowie zu den Mm. lumbricales III und IV. Der R. profundus des N. plantaris lateralis tritt unter der Ansatzsehne des M. flexor digitorum longus in die Tiefe der Fußsohle und wendet sich, bedeckt vom Caput obliquum des M. adductor hallucis, nach medial und innerviert die Mm. interossei I–III (IV), den M. adductor hallucis, den lateralen Kopf des M. flexor hallucis brevis, die Mm. lumbricales (variabel) sowie mit sensiblen Ästen die Gelenkkapseln und Bänder der Fußgelenke.

N. pudendus. Der *N. pudendus* (S2–4) tritt am weitesten medial aus dem Foramen infrapiriforme (Abb. 4.215). Der Nerv wendet sich nach kurzem Verlauf außerhalb des Beckens um die Spina ischiadica und verlässt die Glutealregion durch das Foramen ischiadicum minus. Hier gelangt er im Canalis pudendalis (Alcock-Kanal) in die Fossa ischioanalis, wo er sich in seine Äste zur Versorgung des Analkanals, des Dammes und des äußeren Genitales, aufzweigt. *Nn. anales (rectales) inferiores* versorgen den M. sphincter ani externus und die Analhaut. Von den *Nn. perineales* ziehen *Nn. scrotales / labiales posteriores* zur Hinterfläche des Scrotum/zum hinteren Bereich der Labia majora und *Rr. musculares* zu den Muskeln des Dammes. Endast des N. pudendus ist beim Mann der auf dem Penisrücken laufende (paarige) *N. dorsalis penis,* der Äste zum M. transversus perinei profundus, zum M. sphincter urethrae und zum Corpus cavernosum penis abgibt. Er versorgt außerdem die Penishaut und die Glans penis. Endast bei der Frau ist der *N. dorsalis clitoridis,* der Haut und Schwellkörper der Clitoris versorgt.

N. coccygeus. Der *N. coccygeus* (Co, S5 und S4) tritt als kaudalster Spinalnerv zwischen Kreuzbein und Steißbein aus (Abb. 4.214) sein R. anterior bildet mit den Rr. anteriores des 5. und 4. Sakralnervs den *Plexus coccygeus,* aus dem die Haut über dem Steißbein innerviert wird. Aus dem Plexus hervorgehende Äste ziehen als *N. anococcygeus* durch das Lig. anococcygeum zur Haut zwischen Steißbein und Anus.

4.138 Schädigungen von Nn. glutei superior und inferior, N. ischiadicus, Nn. peronei profundus und superficialis und N. tibialis

Bei nicht korrekt durchgeführter intraglutealer Injektion (► Kap. 26.3) kann es zur Schädigung des N. gluteus superior und – weit folgenschwerer – des N. ischiadicus mit Parese der ischiokruralen Muskeln sowie der Muskeln von Unterschenkel und Fuß kommen.

Bei einer Schädigung des N. gluteus inferior mit vollständiger Lähmung des M. gluteus maximus sind aufgrund der hochgradigen Behinderung der Streckung im Hüftgelenk das Aufstehen aus dem Sitzen oder Treppensteigen nicht möglich.

▼

Bei Bandscheibenerkrankungen äußert der Patient bei einer Dehnung des N. ischiadicus eine Verstärkung der Schmerzen, wenn in Rückenlage das Bein bei gestrecktem Kniegelenk angehoben wird, positives Lasègue-Zeichen.

Die Hautäste des N. peroneus superficialis (Nn. cutanei dorsales medialis und intermedius) können beim Übergang vom Unterschenkel zum Fußrücken, z.B. durch zu eng geschnürte Stiefel, komprimiert werden.

Als vorderes Tarsaltunnelsyndrom bezeichnet man die Kompression des N. peroneus profundus unter dem Retinaculum mm. extensorum inferius. Es kommt zur Parese der kurzen Extensoren und zu Sensibilitätsstörungen und Schmerzen im Spatium interosseum I.

Eine Schädigung des N. tibialis (Verletzungen im Kniegelenkbereich, Schienbeinfraktur) führt zum Ausfall der Flexoren des Unterschenkels und des Fußes. Das Abrollen des Fußes beim Gehen (Zehenstand) ist stark behindert. Eine Kontraktur der Antagonisten (Extensoren) bringt den Fuß in eine sog. Hackenfußstellung (Pes calcaneus).

Der N. tibialis und seine Endäste können bei der Passage des Malleolenkanals hinter dem medialen Knöchel komprimiert werden (hinteres Tasaltunnelsyndrom); es kommt zur Parese der kurzen plantaren Fußmuskeln (Entwicklung von Krallenzehen) sowie zu schmerzhaften Missempfindungen und Sensibiltätsstörungen an der Fußsohle.

In Kürze

Motorische Innervation: Schema Plexus lumbosacralis ◘ Abb. 4.212

Sensible Innervation: ◘ Abb. 4.213

5 Blut und Blutbildung

M. Klinger

 Einführung

Der menschliche Körper besteht aus ca. 10^{15} Zellen, die auf einen ständigen Austausch von Atemgasen und Nährstoffen sowie den Abtransport von Stoffwechselschlacken angewiesen sind. Das Blut übernimmt den Transport dieser Stoffe. Aufgrund des Transports von Hormonen sorgt das Blut auch für den Austausch von Informationen. Weitere wichtige Funktionen des Blutes sind die Abwehr von exogenen Krankheitserregern und die Wärmeregulation.

Das Blut (lat. Sanguis, griech. Haema) setzt sich wie alle Gewebe aus einer flüssigen Interzellularsubstanz, dem Blutplasma *(Plasma sanguinis)*, und verschiedenen zellulären Elementen *(Haemocyti)* zusammen.

Die Gesamtmenge des im Gefäßsystem zirkulierenden Blutes beträgt etwas 4–5 Liter (6–8% des Körpergewichtes).

5.1 Zusammensetzung des Blutes

Blut

Blutplasma
- Plasmaproteine
- Serum

zelluläre Bestandteile
- Erythrozyten
- Thrombozyten
- Leukozyten
  - Granulozyten (polymorphkernig)
    - Neutrophile
    - Eosinophile
    - Basophile
  - Mononukleäre Zellen
    - Monozyten
    - Lymphozyten

5.1.1 Blutplasma

Das Blutplasma ist eine wässrige Lösung von Ionen (Na^+, Cl^-, K^+, Ca^{++}, Mg^{++}, Bikarbonat, Phosphate), Kohlenhydraten und Proteinen.

Plasmaproteine

Die **Plasmaproteine** werden größtenteils in der Leber synthetisiert. Sie bestehen zu 60% aus Albuminen, die als **Transportproteine** für niedermolekulare und schwer wasserlösliche Substanzen dienen. Albumine erzeugen den größten Teil des kolloidosmotischen Druckes im Plasma.

Eine weitere große Gruppe von Plasmaeiweißen sind die **Lipoproteine**, die als Transportvehikel für Cholesterin und Fette dienen. Zu den Plasmaproteinen gehören außerdem die Eiweiße des **Komplementsystems**, das an der **Abwehr** von Bakterien und Parasiten sowie der Auslösung von **Entzündungen** beteiligt ist. Bei diesen Prozessen spielen die **Immunglobuline** eine zentrale Rolle, die mit allen Klassen im Blutplasma vertreten sind (Antikörper) (► Kap. 7).

Eine Gruppe von Plasmaproteinen übernimmt eine blutinterne Funktion: Die Eiweiße des **Gerinnungssystems** sorgen bei Verletzungen der Gefäßwand für einen schnellen und sicheren Verschluss von Defekten. Unter Mitwirkung der Protease **Thrombin** entsteht aus dem Plasmaprotein Fibrinogen ein Netzwerk von Eiweißfäden (Fibrinfäden), in dessen Maschen verschiedene Blutzellen eingelagert werden. Ein auf diese Weise entstandenes Blutgerinnsel **(Thrombus)** kann jedoch auch Blutgefäße einengen oder verstopfen und dadurch das Absterben von nachgeschaltetem Gewebe hervorrufen (Infarkt).

Serum

Wenn die Blutgerinnung im Reagenzglas abläuft, kontrahiert sich der entstehende Thrombus und presst eine gelblich-klare Flüssigkeit ab, das **Serum.** Es enthält noch alle Plasmabestandteile außer Fibrinogen, weshalb es nicht gerinnt. Im Serum kommen außerdem viele Entzündungsmediatoren und Wachstumsfaktoren vor, die aus den Blutplättchen infolge der Stimulierung durch Thrombin freigesetzt werden.

! Die meisten klinisch-chemischen Untersuchungen werden am Plasma oder Serum vorgenommen, wobei man für jeden Untersuchungsparameter genau wissen muss, ob die Gerinnung eventuell stört. Durch Zugabe von Heparin, Zitrat oder EDTA kann die Gerinnung in der Blutprobe verhindert werden.

5.1 Hämorrhagie und hämorrhagische Diathese

Die **Hämorrhagie** bezeichnet allgemein das Austreten von Blut aus der Blutbahn. Die Blutung kann dabei nach innen (innere Blutung) oder nach außen (offene Wunde) erfolgen.

Eine gesteigerte Neigung zu Blutungen wird als **hämorrhagische Diathese** bezeichnet. Typische Symptome sind z.B. das Auftreten von Blutergüssen ohne Gewalteinwirkung, Zahnfleischbluten und eine verlängerte Blutungszeit. Die verstärkte Neigung zu Blutungen kann medikamentös korrigiert werden.

5.2 Thrombose

Bei dieser Gefäßerkrankung bildet sich ein Thrombus (Blutpfropf), der das Gefäß einengt oder sogar ganz verschließen kann. Vorwiegend sind die Venen im Bereich der Beine und des Beckens davon betroffen.

Die **Thromboseprophylaxe** ist im Klinikalltag wichtig und besteht aus einer Kombination von physikalischen (z.B. Kompressionsstrümfe) und medikamentösen Maßnahmen (z.B. Heparin).

In Kürze

Das **Blutplasma** ist eine wässrige Lösung, die Ionen, Kohlenhydrate und Proteine enthält.

Das **Blutserum** enthält alle Bestandteile des Blutplasmas außer Fibrinogen.

5.1.2 Zelluläre Bestandteile

Die Blutzellen unterteilen sich in:
- die Gruppe, die ständig im Blut vorkommen und dort ihre Funktion erfüllen (Erythrozyten und Blutplättchen) und
- die Gruppe, die das Blut nur kurzzeitig als Transportmedium auf dem Weg in ihre Zielgewebe benutzen (z.B. Leukozyten) (◻ Tab. 5.1).

Erythrozyten

Erythrozyten (rote Blutkörperchen) bilden mit einem Volumenanteil von 45–55% am Gesamtblut **(Hämatokrit)** oder einer absoluten Anzahl von 3,9–6 Millionen pro µl den größten Anteil der korpuskulären Elemente im Blut. Sie haben im Verlauf ihrer Entstehung und Ausreifung alle Organellen einschließlich des Zellkernes verloren und sind damit letztlich auf eine Membranhülle reduziert, die mit dem roten Blutfarbstoff **Hämoglobin** sowie einigen Enzymsystemen gefüllt ist. Erythrozyten besitzen ein großes Oberflächen-Volumen-

Tab. 5.1. Zelluläre Bestandteile im peripheren Blut

Zelltyp	Anzahl pro µl/(Anteil im Differenzialblutbild)	Durchmesser in µm		Aufenthaltsdauer	
		Blut	Ausstrich	Blut	Gewebe
Erythrozyten	3,9–6 Millionen	8,6	6,3–7,9	120 Tage	
Thrombozyten	150.000–400.000	2–4	2–5	9–12 Tage	
Leukozyten insgesamt	4.000–10.000	6–12	8–20		
Neutrophile Granulozyten (stabkernig)	0–500 (3–5%)	7	10–12	einige Stunden	
Neutrophile Granulozyten (segmentkernig)	2.000–7.000 (50–70%)	7	10–12	6–7 h	2–8 Tage
Eosinophile Granulozyten	0–400 (2–4%)	9	12–15	3–4 h	8–12 Tage
Basophile Granulozyten	0–100 (0–1%)	6	8–10	6–10 h	1 Tag
Monozyten	0–800 (2–8%)	9–12	15–20	1–2 Tage	2–14 Tage
Lymphozyten	1000–4000 (25–40%)	5–15	8–18	30 min	einige Tage bis Jahre

Verhältnis, welches starke **Formveränderungen** ermöglicht. Frei strömende Erythozyten zeigen eine bikonkave Scheibenform *(Diskozyt)* (Abb. 5.1a). Zum besseren Passieren enger Kapillaren nehmen sie eine Napfform an *(Stomatozyt)*. Weiterhin kommen z.B. in hypertonen Lösungen Stechapfelformen *(Echinozyten)* als Folge einer Schrumpfung vor oder Erythrozyten schwellen in hypotonen Lösungen zur Kugelform *(Sphärozyt)* an. Bei zu starker Schwellung kann es auch zum Platzen der Zellen kommen und Hämoglobin, intrazelluläre Ionen sowie Enzyme laufen aus.

Die bikonkave Scheibenform ermöglicht eine maximale für den **Gasaustausch** verfügbare Membranfläche. Bei einer Zahl von ca. 25×10^{12} Erythrozyten im Körper rechnet man mit einer gesamten Oberfläche von 3000–4000 m^2.

5.3 Anämie

Eine zu geringe Sauerstofftransportkapazität im Körper wird als Anämie bezeichnet. Eine Ursache kann das Absinken der Anzahl der Erythrozyten sein, aber auch eine Verminderung der Hämoglobinkonzentration. Weitere Ursachen können die gestörte Bildung im Knochenmark (▶ Box 5.15) oder ein verstärkter Abbau von Erythrozyten sein.

Da Erythozytenmembranen leicht in großer Menge und frei von störenden Organellen zu isolieren sind, kennt man ihren Aufbau sehr genau. Die Lipiddoppelschicht wird an der Innenseite durch ein Membranskelett aus fädigen Proteinen (Spektrin) stabilisiert. Dieses Skelett verankert außerdem viele Transmembranproteine wie z.B. die Glykophorine A und B sowie das Bande-3-Protein, den wichtigsten Anionenkanal. Die Transmembranproteine tragen an ihrer Außenseite ausgedehnte Zuckerseitenketten (Glykokalyx) und sind zusammen mit den Glykolipiden der Membran die Träger der bekannten **Blutgruppenmerkmale** (AB0, Rhesus, Kell, Duffy, Lutheran, Lewis).

Im Zytosol ist der wichtigste Bestandteil mit 34% (Feuchtgewicht) das Hämoglobin, von dem 100 ml Vollblut also 15–17 g enthalten. **Hämoglobin (Hb)** besteht aus 4 Protein-(Globin-)ketten mit jeweils einer Häm-Gruppe. Letztere kann reversibel O_2 anlagern und bestimmt damit die Farbe des Blutes (sauerstoffarm – dunkelviolett; sauerstoffgesättigt – hellrot). Die Globinketten können als α-, β-, γ- und δ-Varianten vorliegen. Beim Erwachsenen überwiegen die Kombinationen 2α/2β (HbA_1: 98%) und 2α/2δ (HbA_2: 2%). Die Kombination 2α/2γ (HbF) tritt im fetalen und perinatalen Leben auf und ist an die abweichenden Sauerstoff-Bindungsverhältnisse in utero angepasst.

Erythrozyten werden nach einer **Lebensdauer** von ca. 120 Tagen durch Makrophagen im Knochenmark, in der Leber und der Milz abgebaut. Gealterte Zellen werden dabei anhand ihrer veränderten

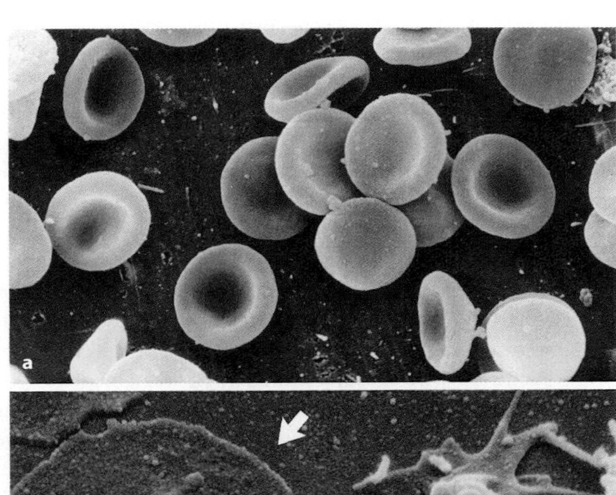

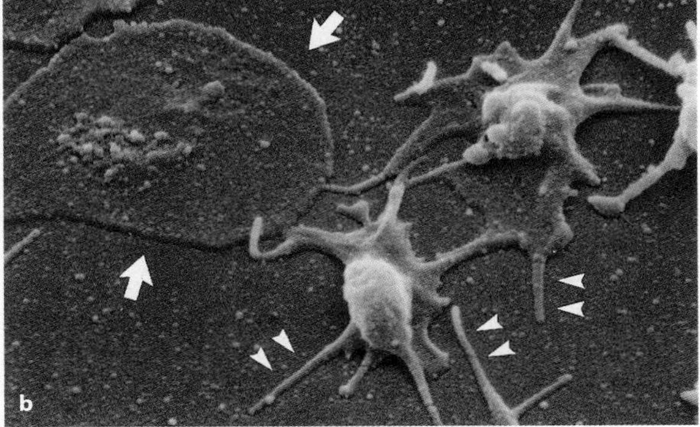

Abb. 5.1a, b. Blutzellen im rasterelektronenmikroskopischen Bild. **a** Typische Diskozyten. **b** Thrombozyten, die aufgrund des Kontaktes zur Unterlage (Objektträger) aktiviert worden sind und ausgestreckte Pseudopodien (fingerförmige Fortsätze) aufweisen (Pfeilspitzen) sowie die Glasoberfläche bereits großflächig bedecken (Pfeile)

Membranproteine erkannt (Seneszenz-Antigen). Zudem kann eine verringerte **Deformierbarkeit** zu einer verlängerten Milzpassage führen, die ihrerseits die Elimination der roten Zellen fördert. Der ständigen Aussonderung alter Zellen steht eine entsprechende **Neubildungsrate** von täglich knapp 1% gegenüber, die durch eine Supravitalfärbung mit Brilliant-Kresylblau im Blutausstrich leicht sichtbar gemacht werden kann: Unreife Erythrozyten enthalten noch Reste von Organellen und RNS, die sich bei dieser Färbung zu körnigen oder netzartigen Strukturen zusammenlagern. Derartige Zellen nennt man **Retikulozyten** (nicht mit Retikulum-Zellen verwechseln!). Ihr Anteil an den roten Zellen im peripheren Blut liegt bei 0,5–1,5%. Eine erhöhte Anzahl an Retikulozyten lässt auf eine gesteigerte Neusynthese, z.B. bei Blutverlusten, schließen.

5.4 Hämolyse

Als Hämolyse wird die Auflösung (Zerstörung) der roten Blutkörperchen bezeichnet (das Blut sieht durchscheinend-lackfarben aus). Ein krankhaft verstärkter Abbau von roten Blutkörperchen (Lebensdauer unter 100 Tagen) tritt bei verschiedenen Erkrankungen auf, z.B. der Sichelzellanämie oder wird durch Infektionen (Malaria), immunologische Störungen bzw. Gifte verursacht.

Thrombozyten

Thrombozyten (Blutplättchen) sind im Blut die kleinsten korpuskulären Bestandteile. Sie sind **kernlose** membranumschlossene **Zytoplasmafragmente,** die Mitochondrien, kleine Lysosomen, Glykogen und Granula enthalten. Sie entstehen durch Abschnürung von Megakaryozyten, die im Knochenmark gebildet werden (▶ Kap. 5.2.5).

Im Blutausstrich sind die Blutplättchen häufig als kleine Gruppen basophiler Körnchen zu erkennen, die bereits eine wichtige Funktion anzeigen: Eine starke Neigung zur Zusammenlagerung (Aggregation) bei Kontakt zu Fremdoberflächen, die eine zentrale Rolle bei der **Hämostase** (Blutstillung, -gerinnung) spielt. Außerdem werden die Blutplättchen in diesem Fall zu einer flächenhaften Ausbreitung (Spreiten) veranlasst (◘ Abb. 5.1b), was im Organismus zur **Abdeckung von Defekten** in der Endothelauskleidung von Blutgefäßen führt. Aggregation und Spreiten sind Folge einer Stimulation der Blutplättchen, die nicht nur durch Kontakt zu subendothelialen Strukturen (Kollagen), sondern auch durch Aktivierung der Gerinnungskaskade (Thrombin) sowie mikrobielle (Endotoxine) und entzündliche Einflüsse (Komplement) ausgelöst werden kann. Im unstimulierten Zustand sind Blutplättchen von diskoider Gestalt mit einem Durchmesser von 2–4 µm, und relativ glatt erscheinender Oberfläche. Im Zytoplasma enthalten sie verschiedene Arten von **Speichergranula.** Am bekanntesten sind die **α-Granula** und die im Elektronenmikroskop auffällig dichten **δ-Granula (dense bodies)**:

- **α-Granula:** Sie speichern verschiedene sogenannte **adhäsive Proteine** (Fibrinogen, Fibronektin und von-Willebrand-Faktor) sowie Immunglobuline (IgA, IgG, IgE), **Entzündungsmediatoren** (Chemokine), **Wachstumsfaktoren** (PDGF) und mikrobiozide Proteine (Thrombozidine). Dadurch wird die Mitwirkung von Plättchen nicht nur bei der **Blutungsstillung,** sondern auch bei **Entzündungs-, Abwehr- und Reparaturprozessen** im Gewebe deutlich, die einer jeden Verletzung folgen.
- **δ-Granula (dense bodies)**: Sie speichern Ca^{++}, Serotonin, ADP und ATP und können mit ihrem Inhalt Gefäßkontraktionen sowie Entzündungen stimulieren.

Neben diesen Speichergranula fallen im Plättchen noch zwei tubuläre Systeme auf. Zum einen das mit dem Extrazellularraum in Verbindung stehende offene kanalikuläre System (OCS) und andererseits das dichte Tubulus-System. Letzteres ist ein Speicher für Ca^{++} und Arachidonsäure, aus der Prostaglandine synthetisiert werden. Das OCS kann man sich als Vielzahl von Einstülpungen der äußeren Zellmembran vorstellen. Es dient als schnell verfügbare Membranreserve bei der Stimulierung (Spreiten) sowie als Transportroute bei Endo- und Exozytoseprozessen.

Ein weiteres typisches Merkmal der Plättchen ist ihr ausgeprägtes **Zytoskelett.** Es besteht aus einem Mikrotubulus-Bündel, das am Äquator der diskusförmigen unstimulierten Plättchen entlang läuft, sowie aus Aktin und Myosin, die zusammen ca. 30% aller Proteine im Plättchen ausmachen. Bei Stimulierung der Plättchen ist das Zytoskelett sowohl für die Formveränderungen (Ausstrecken von Pseudopodien sowie Spreiten auf geschädigten Gefäßwänden, s. ◘ Abb. 5.1) als auch für die Sekretion der in den Granula gespeicherten Substanzen wichtig.

Eine Stimulierung von Plättchen an geschädigten Abschnitten des Gefäßendothels führt außerdem zum Starten der **Gerinnungskaskade,** so dass die Stillung einer Blutung als mehrstufiger Prozess aufzufassen ist: Zunächst erkennen Plättchen die veränderte bzw. geschädigte Oberfläche, sie werden stimuliert, lagern sich an die Oberfläche (**Adhärenz**) und sezernieren Serotonin aus den »dense bodies«. Serotonin führt zum Gefäßspasmus. Der ersten Plättchenschicht lagern sich weitere auf **(reversible Aggregation)** und die Plättchen beginnen mit der Sekretion von Mediatoren. Die jetzt startende Gerinnung stabilisiert das Plättchenaggregat durch Bildung von Fibrinfäden **(irreversible Aggregation)**, die ihrerseits die zusätzliche Einlagerung von Leukozyten und Erythrozyten in den **Thrombus** fördern.

5.5 Thrombozytopenie

Ein Mangel an Blutplättchen wird als Thrombozytopenie bezeichnet und ist meist auf einen erhöhten Abbau, seltener auf Neubildungsstörungen zurückzuführen. Die Anzahl der Plättchen im peripheren Blut enthält aber offenbar eine große Sicherheitsreserve, da Transfusionsbedürftigkeit erst bei einer Abnahme auf ca. 10% des Normalwertes entsteht. Charakteristisch für Thrombozytopenien sind punktförmige Blutungen (Petechie) in Haut und Schleimhäuten.

Leukozyten

Im Gegensatz zu Erythrozyten und Blutplättchen sind die Leukozyten (weißen Blutkörperchen) meist nur kurzzeitig im Blut zu finden, wenn sie sich auf dem Weg vom Ort ihrer Entstehung hin zu ihren Wirkungsstätten in Geweben und Organen befinden. Alle Leukozyten sind in der Lage, das Endothel der Blutgefäße aktiv zu durchwandern **(Diapedese)** und in das umgebende Gewebe zu gelangen **(Extravasation).** In diesen Geweben erfüllen sie spezifische **Abwehrfunktionen.** Anschließend tritt nach wenigen Tagen der Prozess der **Apoptose** (programmierter Zelltod, der von der Zelle selbst ausgelöst wird) ein. Davon ausgenommen sind die Lymphozyten. Damit sind alle Gewebe auf eine ständige Nachlieferung von Leukozyten aus dem Knochenmark angewiesen. Das Beobachten dieser Transportströme im Blut verrät bereits viel über eventuell im Organismus ablaufende Krankheitsprozesse, insbesondere wenn man die prozentualen Anteile der verschiedenen Leukozytenarten einzeln bestimmt. Dieses kann durch Nachweis von jeweils zellspezifischen Oberflächenstrukturen (Differenzierungsantigene, meist Rezeptoren) in automatisierten Verfahren wie der **Durchflusszytometrie** geschehen. Die traditionelle Form ist die Anfertigung eines **Differenzialblutbildes,** bei dem unter Verwendung spezieller Farbstoffgemische (nach May-Grünwald oder Giemsa, beide kombiniert als Färbung nach Pappenheim) die einzelnen Leukozytenpopulationen sehr gut unterschieden werden können.

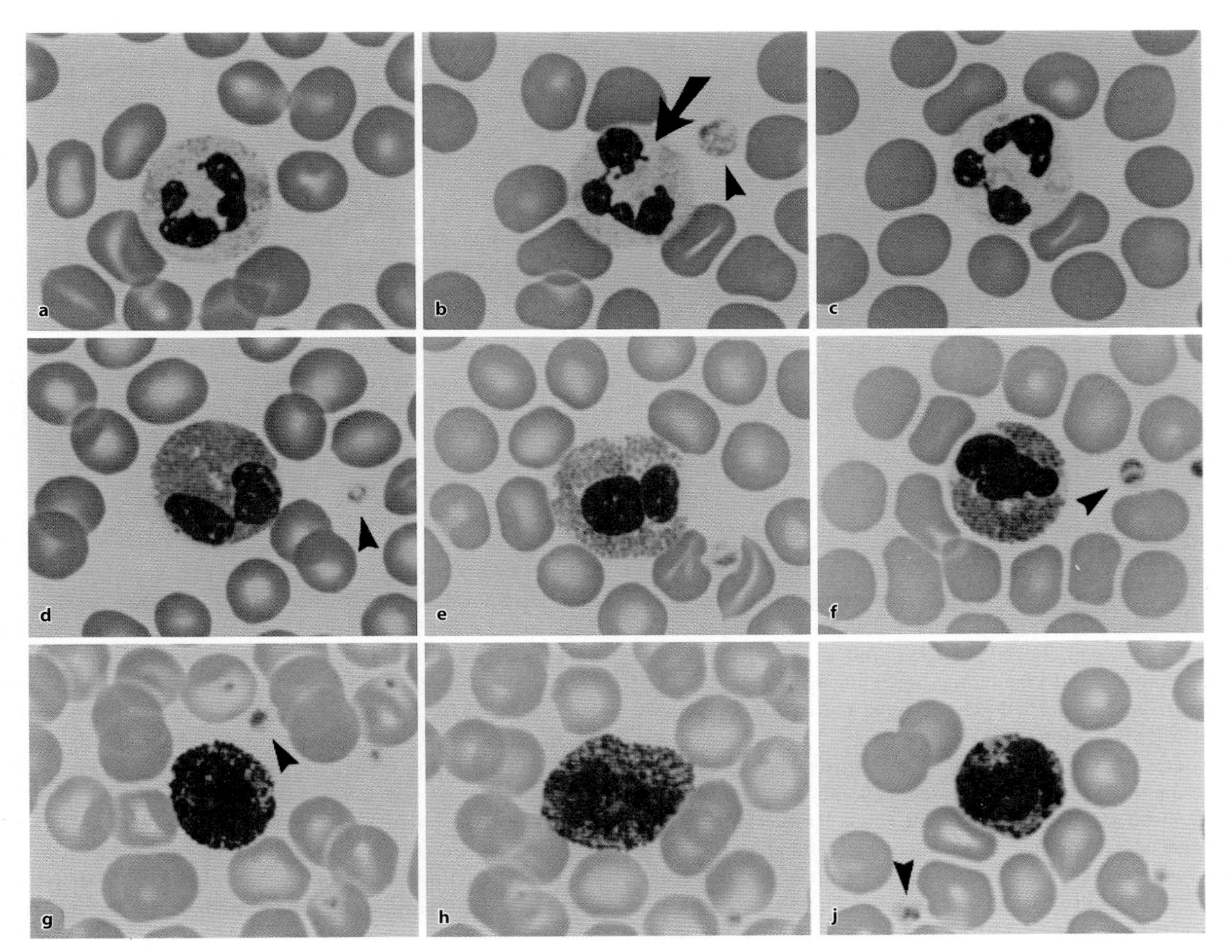

■ **Abb. 5.2a–i. Granulozyten aus dem peripheren Blut.** Die Zellkerne weisen unterschiedliche Formen auf. In den Zellen sind verschiedene zytoplasmatische Granulationen zu erkennen. **a–c** Segmentkernige neutrophile Granulozyten, z.T. mit Kernanhängseln (Pfeil in b). **d–f** Eosinophile mit zweifach segmentierten Kernen. **g–i** Die Basophilen lassen ihre Kernumrisse nur erahnen. Blutplättchen sind in den Abbildungen b, d, f, g, i zu erkennen (Pfeilspitzen)

Die Leukozyten werden je nach Gestalt und Bau in verschiedene Gruppen eingeteilt:

- Die größere Gruppe von weißen Blutzellen fällt durch eine deutliche Granulierung im Zytoplasma sowie vielfältig segmentierte oder gelappte Kerne auf. Diese Zellen bezeichnet man als **Granulozyten** (■ Abb. 5.2). Aufgrund der morphologischen Vielfalt der Zellkerne werden sie auch als **polymorphonukleäre Zellen** bezeichnet. Entsprechend dem färberischen Verhalten der Granula unterscheidet man **neutrophile, eosinophile und basophile Granulozyten**.
- Die kleinere Gruppe der Leukozyten besitzt einen kompakten, rundlich-nierenförmigen Kern und zeigt im Zytoplasma zumindest keine auffällige Granulierung. Zu dieser Gruppe gehören die **Monozyten** und **Lymphozyten** (■ Abb. 5.3).

Alle Leukozyten zusammen nehmen etwa 1% des Blutvolumens ein, die Anzahl kann jedoch sehr stark schwanken (■ Tab. 5.1). So ist ein wechselnder Anteil der intravasalen Leukozyten reversibel an das Endothel gebunden **(Marginalpool)** und kann sowohl zur Diapedese stimuliert als auch zur Loslösung veranlasst werden. Zusätzlich wird bei einer **Entzündungsreaktion** durch Entleerung des **Knochenmarkreservepools** sehr schnell eine große Zahl von Granulozyten in das Blut eingeschwemmt. Dadurch kann der Organismus bei Bedarf kurzfristig eine große Menge an Abwehrzellen mobilisieren und zielgerichtet an einen Entzündungs- oder Infektionsherd verlagern. Diese Aktionen müssen gut koordiniert werden. Deshalb besteht zwischen Leukozyten, Endothelzellen und Blutplättchen ein dichtes Beziehungsgeflecht in Form von direkten Zell-Zell-Kontakten und löslichen Mediatoren (Interleukine, Chemokine, Prostaglandine, Leukotriene). Auf diese Weise können sich die beteiligten Zellen gegenseitig anlocken und stimulieren, aber auch supprimieren.

Neutrophile Granulozyten

Den größten Anteil (50–70%) aller Granulozyten bilden die **Neutrophilen**, die anhand ihres 3–5-fach **segmentierten Kerns** und aufgrund ihrer zarten Granulation leicht zu erkennen sind (■ Abb. 5.2.a–c). Die einzelnen Kernsegmente sind durch dünne Chromatinbrücken untereinander verbunden. Die Segmentierung des Kernes spiegelt den **Reifungszustand** der Zellen wider; eine geringere oder gar fehlende Segmentierung findet sich bei sog. jugendlichen Formen **(stabkernige Neutrophile)**, die etwa 5% aller Neutrophilen stellen. Verstärktes Auftreten von Stabkernigen ist immer ein Anzeichen einer erhöhten Neubildung. Im weiblichen Organismus findet man bei ca. 3% aller Neutrophilen ein charakteristisches Kernanhängsel, das dem inaktiven X-Chromosom entspricht und »drum stick« genannt wird (■ Abb. 5.2b).

5.6 Entzündungszeichen im Blut

Wenn der Anteil jugendlicher neutrophiler Granulozyten (Stabkernige) über 10% ansteigt, spricht man von einer **Linksverschiebung.** Diese ist meist mit einem Anstieg der Leukozytengesamtzahl **(Leukozytose)** auf bis zu 30.000/µl verbunden und Anzeichen einer Infektion.

Ein Absinken der Leukozytenzahl unter 4000/µl wird **Leukopenie** genannt und kann bei einer Chemotherapie oder Vergiftung auftreten.

Neutrophile Granulozyten enthalten 2 Arten von **Granula:**

- **Primärgranula:** Die bei der Blutbildung zuerst synthetisierten unspezifischen Granula (Primär- oder Azurgranula) entsprechen primären **Lysosomen** und enthalten saure Phosphatase, Kollagenase, Myeloperoxidase, Lysozym und basische Proteine.
- **Sekundärgranula:** Die später auftretenden spezifischen Sekundärgranula (neutrophile Granula) enthalten vor allem **bakterizide Wirkstoffe** wie Laktoferrin, Lysozym, Cobalophilin und Defensine.

Außer den Granula befinden sich im Zytoplasma noch Mitochondrien, ein Golgi-Apparat, endoplasmatisches Retikulum sowie Bestandteile des Zytoskeletts. Das Zytoskelett ermöglicht die amöboide Beweglichkeit der Neutrophilen, die sowohl für die **Diapedese** als auch für das zielgerichtete Aufsuchen von Krankheitsherden im Gewebe nötig ist. Diese Wanderungsbewegung wird durch zahlreiche bakterielle Stoffe und auch durch körpereigene Mediatoren ausgelöst und gesteuert **(Chemotaxis)**.

Bakterien und Zelltrümmer können von Neutrophilen unspezifisch erkannt und phagozytiert werden. Die **Phagozytose** wird wesentlich effektiver, wenn die zu beseitigenden Partikel vorher durch Antikörper oder Komplementbestandteile markiert werden **(Opsonierung)**. Aufgenommene Bakterien werden intrazellulär durch bakterizide Granulainhaltsstoffe abgetötet und außerdem durch toxische Sauerstoffradikale attackiert **(oxidative burst)**. Die Myeloperoxidase stellt Hypochlorit und Hypojodit zur Verfügung, die bakterielle Proteine denaturieren. Der endgültige Abbau des phagozytierten Materials erfolgt durch lysosomale Enzyme.

5.7 Eiterbildung

Die Abbauvorgänge können nicht nur innerhalb der neutrophilen Granulozyten, sondern auch extrazellulär ablaufen, falls Granulozyten zur Exozytose ihrer Granula stimuliert werden. Dann wird umgebendes Gewebe geschädigt und eingeschmolzen, wie es bei der Bildung von Eiter (Pus) oder bei chronischen Entzündungsprozessen, z.B. rheumatoider Arthritis, zu beobachten ist.

Unabhängig von der Anwesenheit von Krankheitserregern erfolgt eine ständige Durchwanderung vieler Gewebe und Organe durch Neutrophile, und ein großer Teil dieser Zellen emigriert über die inneren Oberflächen von Verdauungs-, Atmungs- und Urogenitaltrakt.

Neutrophile Granulozyten bilden die erste zelluläre Verteidigungslinie des Körpers gegen eindringende Mikroorganismen. Sie können schnell in großer Zahl mobilisiert werden und bewegen sich chemotaktisch zum Ort einer Infektion. Dort können sie durch Phagozytose, Freisetzung bakterizider Substanzen und durch Produktion von Sauerstoffradikalen die eingedrungenen Erreger bekämpfen.

Eosinophile Granulozyten

Mit 2–4% sind die **Eosinophilen** die zweithäufigsten Granulozyten im Differenzialblutbild. Charakteristisch sind die wein- oder rostrot gefärbten großen (0,5–1 µm) spezifischen Granula sowie die fast immer zweifache Segmentierung des Kerns (Abb. 5.2d-f). Das Chromatin im Kern ist weniger dicht strukturiert als bei Neutrophilen. Das Zytoplasma enthält endoplasmatisches Retikulum, einen kleinen Golgi-Apparat, Mitochondrien sowie Anteile des Zytoskeletts.

Die Granula des Eosinophilen lassen sich in 2 Gruppen teilen:

- Kleinere, unspezifische (azurophile) Granula enthalten verschiedene hydrolytische Enzyme, Lysophospholipase (Charcot-Leyden-Kristalle) und Histaminase.
- Die großen, spezifischen Granula zeigen im Elektronenmikroskop ein dichtes Internum (Kristalloid) sowie ein weniger dichtes umgebendes Externum (Matrix).
  Diese Kompartimentierung tritt aber erst sehr spät in der Entwicklung bzw. Reifung der Eosinophilen auf. Im Externum findet man lysosomale Enzyme, eine für Eosinophile typische Peroxidase und Histaminase. Das Internum enthält ein basisches Hauptprotein (MBP: major basic protein), ein kationisches Protein (ECP: eosinophil cationic protein) sowie ein Neurotoxin (EDN: eosinophil-derived neurotoxin).

Durch Freisetzung der in den Granula gespeicherten Substanzen und durch Produktion toxischer Sauerstoffradikale beteiligen sich Eosinophile an der **Bekämpfung von Parasiten** und an der **Abtötung körpereigener Tumorzellen.** Unter pathologischen Umständen können diese Abwehrmechanismen aber auch gegen intaktes körpereigenes Gewebe gerichtet werden und massive Zerstörungen hervorrufen, wie z.B. im Rahmen von **allergischen Erkrankungen.**

Die Fähigkeit zur Phagozytose ist bei Eosinophilen nur schwach ausgeprägt; sie phagozytieren in erster Linie Antigen-Antikörper-Komplexe und können damit Entzündungsprozesse dämpfen. Eosinophile werden durch eine Vielzahl von chemotaktischen Faktoren angelockt; man findet sie in großer Menge in den Bindegewebsanteilen von Haut, Atmungs-, Verdauungs- und weiblichem Genitaltrakt.

5.8 Asthma bronchiale und atopische Dermatitis

Beim Asthma bronchiale und atopischer Dermatitis werden Eosinophile in großen Mengen im entzündeten Gewebe angetroffen. Durch Sekretion ihrer gespeicherten Proteine (MBP, ECP) induzieren sie die Freisetzung von **Histamin** aus Mastzellen und Basophilen. Sie beeinflussen die Blutgerinnung und schädigen umgebendes Gewebe durch die Produktion von Sauerstoffradikalen. Beim Asthma werden die Eosinophilen heute als die Hauptverursacher der pathologischen Veränderungen in der Bronchialwand angesehen.

5.9 Eosinophilie und -penie als diagnostische Hinweise

Eine Vermehrung der Eosinophilen im Blut **(Eosinophilie)** wird bei Wurm- und Parasitenbefall, bei allergischen Reaktionen und auch bei Scharlach beobachtet.

Eine Abnahme der Eosinophilen (**Eosinopenie)** tritt u.a. bei Masern, Typhus und Cortisolüberschuss auf.

Basophile Granulozyten

Basophile sind die kleinsten unter allen Granulozyten und kommen nur in geringer Zahl (0,5% der Leukozyten) vor. Ihre massive dunkelblau-dunkelviolette Granulation verdeckt den unregelmäßig geformten, aber nicht segmentierten Zellkern fast völlig. Die Ausstattung der Basophilen mit Zellorganellen ist wie bei den anderen Granulozyten spärlich. Im Zytoplasma überwiegen die unregelmäßig großen (0,2–2 µm) spezifischen **Granula** mit körnigen, kristallinen und lamellären Einschlüssen. Die Granula enthalten **Histamin, Heparin,** Peroxidase sowie weitere chemotaktische und entzündungsfördernde Mediatoren. Eine positive PAS-Reaktion sowie ein metachromatisches Färbeverhalten weisen auf einen hohen Gehalt an

Polysacchariden in den Granula hin. **Histamin** zählt zu den stärksten Auslösern von Entzündungssymptomen. Es erweitert Blutgefäße und erhöht die Permeabilität des Kapillarendothels. Das **Heparin** der Basophilen wirkt einerseits hemmend auf die Blutgerinnung; seine Hauptaufgabe liegt aber in der Bindung und intrazellulären Speicherung von Mediatoren wie Histamin. Basophile ähneln in Bau und Funktion stark den Mastzellen und sind wie diese an **allergischen Reaktionen** vom Sofort- und verzögerten Typ beteiligt. Im Rahmen der sog. Mastzellreaktion kommt es dabei zur massiven Freisetzung von Histamin in das Gewebe.

5.10 Allergische Reaktion

Basophile und Mastzellen verfügen über Rezeptoren für IgE-Antikörper, welche von Allergikern in der Sensibilisierungsphase gegen das spezifische Allergen gebildet werden. Wenn diese Rezeptoren mit dem IgE-Antikörper und dem Allergen besetzt werden, kommt es zur Degranulation, die sich z.B. als kutane Überempfindlichkeitsreaktion zeigen kann. Neben dem IgE-Antikörper können auch Bestandteile des Komplementsystems sowie bakterielle Produkte die Histaminausschüttung durch Basophile induzieren.

Monozyten

Monozyten sind die größten aller Leukozyten (9–20 µm). Ihr auffällig großer, eingebuchteter oder nierenförmiger Zellkern enthält viel Euchromatin und erscheint dadurch netzartig aufgelockert. Um den meist exzentrisch gelegenen Kern findet man einen breiten, leicht basophilen Zytoplasmasaum mit einer zarten Azurgranulation. Diese **Granula** entsprechen primären Lysosomen. Sie enthalten hydrolytische Enzyme und Peroxidase. Monozyten haben viele Mitochondrien, endoplasmatisches Retikulum und einen prominenten Golgi-Apparat, der meist in der Einbuchtung des Kerns liegt und im Mikroskop als Aufhellung erscheint (◘ Abb. 5.3). Monozyten verfügen über ein gut entwickeltes Zytoskelett, das sowohl ihrer Motilität als auch ihrer ausgeprägten Fähigkeit zur Phagozytose dient. Im Gegensatz zu den bisher besprochenen Granulozyten sind die Monozyten des peripheren Blutes noch keine ausdifferenzierten Effektorzellen. Sie reifen nach Verlassen der Blutbahn erst in den einzelnen Organen bzw. Geweben unter spezifischen lokalen Einflüssen zu **Makrophagen** aus.

Makrophagen dienen zum einen der **unspezifischen Abwehr**, indem sie über verschiedene Rezeptoren typische Bestandteile von Bakterienwänden erkennen und diese Bakterien phagozytieren. Das phagozytierte Material wird allerdings nicht komplett abgebaut, sondern z.T. wieder an der Oberfläche an speziellen Proteinen **(MHC: major histocompatibility complex)** präsentiert. Diese **Antigen-Präsentation** vermittels der MHC-Proteine dient der Stimulation des Immunsystems und leistet damit einen entscheidenden Beitrag zur **spezifischen Abwehr.**

Makrophagen sezernieren außerdem eine extrem breite Palette an **Mediatoren, Interleukinen, Wachstumsfaktoren** und anderen Effektormolekülen und beeinflussen damit Entzündungs-, Abwehr- und Regenerationsprozesse in vielfältiger Weise. Makrophagen tragen an ihrer Oberfläche ein breites Spektrum an Rezeptoren (z.B. für Immunglobuline und Komplementbestandteile) und können opsonierte Partikel (Bakterien, körpereigene Zellen) sehr effektiv phagozytieren. Diese **spezifische Phagozytose** wird unter anderem für den Abbau von gealterten Erythrozyten und Blutplättchen in der Milz, dem Knochenmark und der Leber benutzt.

Da sich Monozyten in Abhängigkeit vom jeweils besiedelten Organ sehr unterschiedlich differenzieren können, entsteht aus ihnen eine breite Palette **organtypischer Zellformen**: Pleuramakrophagen, Peritonealmakrophagen, Alveolarmakrophagen, Typ-A-Zellen der Synovialmembran, Kupffer-Zellen der Leber, interdigitierende Zellen in lymphatischen Organen und Histiozyten im lockeren Bindegewebe sind nur einige Beispiele. Alle diese Zellen werden unter den Begriffen **Monozyten-Makrophagen-System** oder **mononukleäres Phagozytensystem** zusammengefasst. Allerdings beteiligen sich nicht nur die frisch aus dem Blut eingewanderten Monozyten an diesem System, sondern es existiert eine zweite Gruppe von Makrophagen, die als **residente Makrophagen** bereits seit dem fetalen Leben die Organe unter Umgehung des monozytären Differenzierungsweges besiedelt haben. Diese Zellen entstehen ursprünglich im Dottersack und wandern vor allem in die Leber, wo sie sich zu Kupffer-Zellen entwickeln. Residente Makrophagen sind mitotisch aktiv und können sich in den peripheren Geweben erneuern, sie entwickeln sich aber auch zeitlebens aus unreifen myeloischen Vorläuferzellen, die ständig aus dem Knochenmark nachgeliefert werden. Demgegenüber haben die aus dem Blut eingewanderten monozytären Makrophagen (auch als Exsudat-Makrophagen bezeichnet) nur eine kurze Lebensdauer und sind nicht zur Mitose befähigt.

Lymphozyten

Die Lymphozyten sind die zweithäufigsten aller Leukozyten im peripheren Blut (◘ Abb. 5.3).

Funktionell werden die Lymphozyten unterteilt in:

- B-Lymphozyten
- T-Lymphozyten
- natürliche Killerzellen (NK-Zellen).

Eine ausführliche Beschreibung von Einteilung und Funktion der Lymphozyten ► Kap. 7.

Nach der Größe sind 80–90% der Lymphozyten mit einem Durchmesser von 5–9 µm sog. **kleine Lymphozyten**. Diese Zellen sind meist rundlich, besitzen einen dunkel gefärbten, heterochromatinreichen runden Kern und einen extrem schmalen basophilen Zytoplasmasaum, in dem Mitochondrien, zahlreiche Ribosomen und gelegentlich lysosomale Azurgranula liegen (◘ Abb. 5.3). Funktionell sind die kleinen Lymphozyten überwiegend rezirkulierende T-Zellen, nur ein kleiner Anteil sind B-Zellen. **Große Lymphozyten** haben einen Durchmesser von 9–18 µm und ihr Anteil im Blut beträgt 10–20%. Sie haben einen aufgelockerten, hellen Kern und meist deutlich mehr Zytoplasma als die kleinen Lymphozyten. Unter den großen Lymphozyten findet man unreife **Lymphoblasten** sowie reife, aktive Zellen, die bereits durch Kontakt mit ihrem Antigen stimuliert wurden.

Eine den Lymphozyten ähnliche Struktur besitzen auch andere, seltene Zellen: Im peripheren Blut zirkulieren **pluripotente Blutstammzellen** (0,001% aller Leukozyten) sowie Vorläuferzellen von Osteoklasten und Chondroklasten. Es wird vermutet, dass auch noch weitere gewebetypische Stammzellen ständig im Knochenmark gebildet und über den Blutweg körperweit verteilt werden.

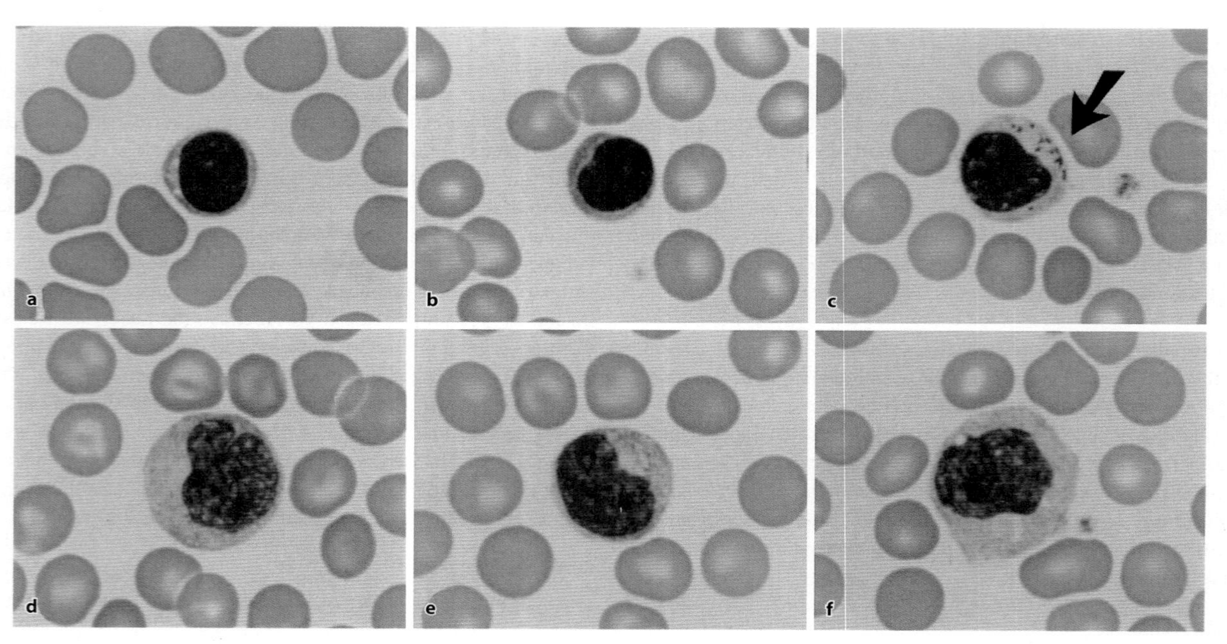

Abb. 5.3a–f. Lymphozyten (**a–c**) und Monozyten (**d–f**) aus dem peripheren Blut. Einer der Lymphozyten zeigt eine typische Azurgranulation im Zytoplasma (Pfeil in c)

In Kürze

Erythrozyten sind kernlose, hämoglobinhaltige Zellen, die auf den Transport von O_2 und CO_2 spezialisiert sind. Durch ihren hohen Anteil im Blut bestimmen sie entscheidend dessen Farbe und Fließeigenschaften. Ihre Oberfläche trägt wichtige Blutgruppenmerkmale. Anzahl, Form und Größe der Erythrozyten sind bei vielen Erkrankungen verändert.

Thrombozyten (Blutplättchen) sind die kleinsten aller korpuskulären Bestandteile im Blut und dienen primär dem schnellen Verschluss von Lecks in der Gefäßwand. Plättchen sind durch eine Vielzahl von Reizen stimulierbar und reagieren entsprechend mit einem Formwandel (Pseudopodien, Spreiten), mit Adhärenz an geschädigtem Endothel, mit Aggregation untereinander sowie mit Sekretion von Mediatoren. Dadurch werden Interaktionen mit Endothelzellen und Leukozyten gestartet (antimikrobielle Abwehr und Stimulierung von Reparaturprozessen in der verletzten Gefäßwand).

Leukozyten: Diese Gruppe setzt sich aus Granulozyten (neutrophile, eosinophile und basophile), Monozyten und Lymphozyten zusammen.

- **Granulozyten** bilden die größte Gruppe aller weißen Blutkörperchen. Sie zeichnen sich durch sehr unterschiedliche Kernformen sowie eine auffällige Granulierung im Zytoplasma aus. Granulozyten sind sehr kurzlebig, werden ständig in großer Zahl nachgeliefert und können bei Bedarf schnell und in großer Menge an Entzündungs- und Infektionsherde in allen Geweben herangebracht werden. Die anteilmäßig dominierenden neutrophilen Granulozyten wirken überwiegend antibakteriell, während die eosinophilen Granulozyten auf den Abwehrkampf bei Wurm- und Parasitenerkrankungen spezialisiert sind.
  - **Neutrophile Granulozyten** bilden die erste zelluläre Verteidigungslinie des Körpers gegen eindringende Mikroorganismen.
  - **Eosinophile Granulozyten** sind die zweithäufigste Gruppe. Sie sind aber auch potente Effektorzellen bei allergischen Entzündungen, vor allem in der Haut und im Bronchialbaum.
  - Die seltenen **basophilen Granulozyten** verfügen mit Histamin über einen der wirkungsvollsten Mediatoren von Entzündungsprozessen.
- **Monozyten:** Sie entwickeln sich zu Makrophagen und spielen eine zentrale Rolle bei der unspezifischen Abwehr, indem sie Bakterien und Zelltrümmer phagozytieren. Gleichzeitig bilden sie die entscheidende Verbindung zum spezifischen Immunsystem, indem sie durch Präsentation von Antigenen Lymphozyten stimulieren und die Bildung von Antikörpern auslösen können. Makrophagen produzieren eine Vielfalt von Mediatoren und Wachstumsfaktoren und steuern damit Abwehr-, Entzündungs- und Reparaturvorgänge.
- **Lymphozyten** sind die kleinsten und langlebigsten von allen Leukozyten. Sie verbringen jedoch nur einen sehr geringen Teil ihres Lebens im Blut. Von den geschätzten 1,5 kg Lymphozyten im gesamten Körper zirkulieren jeweils nur etwa 2%. Hinter ihrer unauffälligen Struktur verbirgt sich eine hochdifferenzierte funktionelle Vielfalt im Dienst der spezifischen Abwehr.

5.2 Hämatopoese (Blutbildung)

Einführung

Da die Mehrzahl der Blutzellen nur eine relativ begrenzte Lebensdauer hat, ist eine kontinuierliche und geregelte Nachlieferung dieser Zellen unverzichtbar. Der Prozess der ständigen Erneuerung wird **Hämatopoese** *(oder Hämatopoiese, gr.: ποίησις = Herstellung, Bildung)* genannt, läuft im **roten Knochenmark** *(Medulla ossium rubra)* ab und stellt an seine unmittelbare Umgebung hohe Ansprüche: Bei Versuchen, Blutstammzellen unter Laborbedingungen zu kultivieren, zeigt sich, dass das sog. **hämatopoetisch-induzierende Mikroenvironment** nur schwer zu imitieren ist. Eine intakte und vollständige Hämatopoese erfordert spezielle Zellkontakte zu Fibroblasten und Stromazellen, sie benötigt eine spezifisch zusammengesetzte extrazelluläre Matrix und ist auf das richtige Gemisch aus Zytokinen und Wachstumsfaktoren angewiesen (◘ Tab. 5.2). Besonders die Wachstumsfaktoren entscheiden über Apoptose, Mitose und Differenzierung der blutbildenden Stammzellen und ihrer Nachkommen.

5.2.1 Stammzellen – Prinzipien von Differenzierung und Reifung

Alle Zellen des peripheren Blutes gehen aus einer gemeinsamen **pluripotenten Stammzelle** hervor, die durch **differenzielle Zellteilung** jeweils eine neue Stammzelle (Selbsterneuerung, self-renewal) sowie eine weiter differenzierte **Tochterzelle** liefert (◘ Abb. 5.4). Dieser asymmetrische Zellteilungsmodus ist für alle Stammzellen charakteristisch und für eine lebenslänglich funktionierende Blutbildung unabdingbar. Nach ihrem bekanntesten **Differenzierungsantigen** wird die adulte **hämatopoetische** Stammzelle auch $CD34^+$ Zelle genannt.

Die Anzahl der maximal möglichen Zellteilungen im Laufe eines Lebens ist für eine Stammzelle auf etwa 50 begrenzt. Wie in ◘ Abb. 5.4 gezeigt, stehen jeder neuen Tochterzelle zunächst viele Differenzierungsmöglichkeiten offen.

Wie die Zelle nun ihre Entscheidung für einen speziellen Entwicklungsweg trifft, ist bis heute nicht bekannt. Denkbar wäre das Abarbeiten eines genetischen Programmes, wahrscheinlicher ist aber eine simple Zufallsauswahl, wie sie auch bei der Erstellung der B- und T-Zell-Repertoire stattfindet (▶ Kap. 7). Man weiß nur, dass die Tochterzellen mit der individuellen Expression von Rezeptoren für ausgesuchte Zytokine beginnen (◘ Tab. 5.2). Die verschiedenen Zytokine der Blutbildung unterdrücken die Apoptose unreifer Vorläuferzellen, sie stimulieren deren Mitosetätigkeit sowie die fortschreiten-

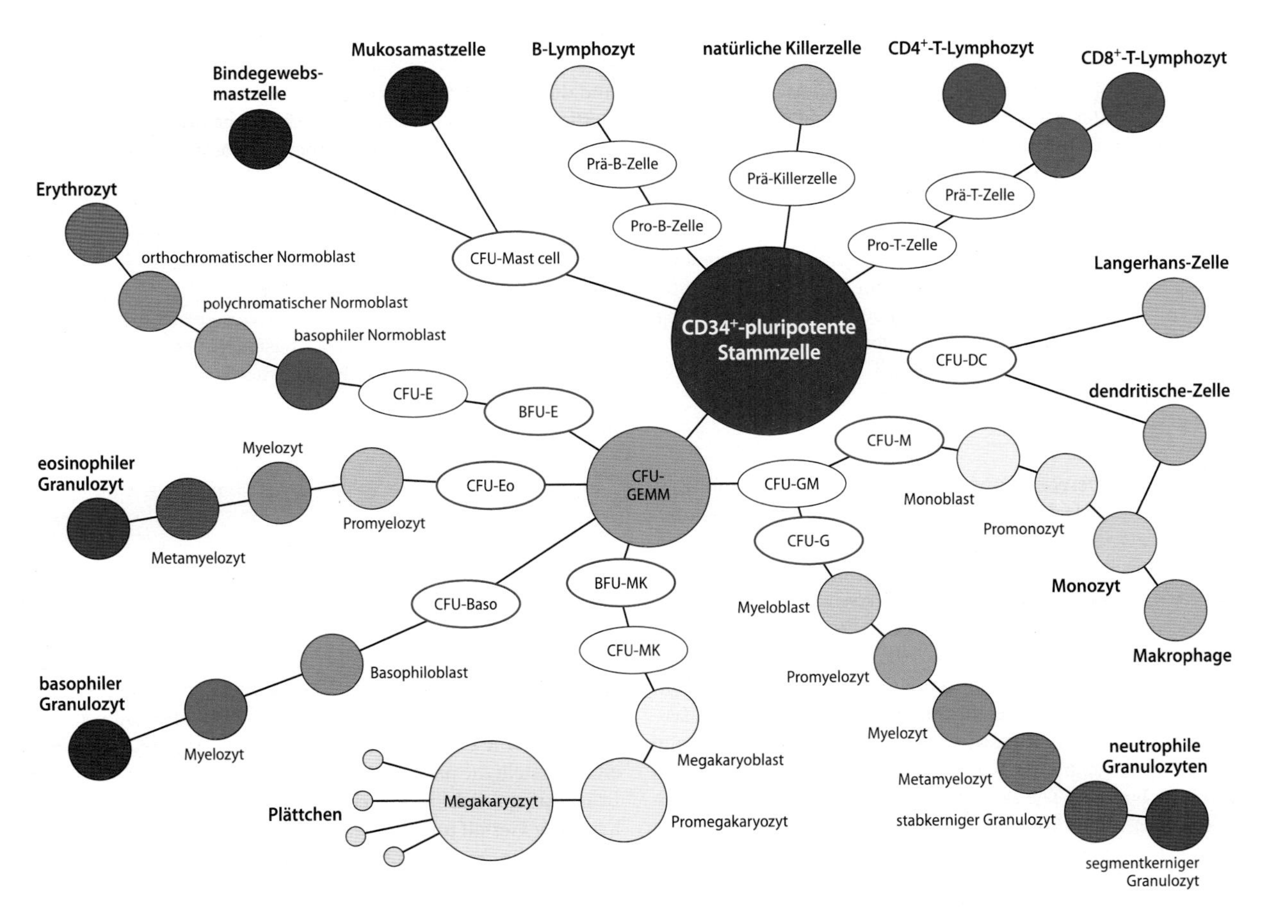

◘ **Abb. 5.4. Schematische Darstellung der Blutbildung.** Aus der zentral gelegenen pluripotenten Stammzelle gehen alle peripheren Blutzellen sowie die Zellen in den Geweben hervor, die am äußeren Rand des Schemas gezeichnet sind (fett gedruckt). Rot umrandet sind alle Zellen, die sich in ihrer Entwicklung erstmals auf die Bildung einer speziellen Zellreihe festgelegt haben, sog. linienspezifische Progenitor-Zellen. Aus diesen gehen über verschiedene Zwischenstufen die definitiven Blutzellen hervor. BFU = burst forming unit (Zelle teilt sich besonders lebhaft), CFU = colony forming unit (Zelle bildet bei Anzucht in der Zellkultur einen klonalen Zellhaufen = Kolonie), E = erythrocyte, Eo = eosinophil, -Baso = basophil, -MK = megakaryocyte, GEMM = granulocyte/monocyte/megakaryocyte, -GM = granulocyte/monocyte, DC = dendritic cell

Tabelle 5.2. Zytokine der Blutbildung

Zytokin	Bildungsort	Wirkungen
EPO (Erythropoetin)	Niere Leber	– Stimulierung der Erythropoese – Reifung von Megakaryozyten
TPO (Thrombopoetin)	Leber Niere Milz	– Stimulierung der Thrombopoese
G-CSF (granulocyte colony stimulating factor)	Monozyten Makrophagen Fibroblasten	– Stimulierung der Granulopoese – Beschleunigung des Ablaufs des Zellzyklus von Stammzellen – Einfluss auf Infektabwehr und Entzündung
GM-CSF (granulocyte/monocyte colony stimulating factor)	Lymphozyten Makrophagen Fibroblasten	– Stimulierung von Granulo-, Mono-, Erythro- und Thrombopoese – Mobilisierung von Stammzellen – Migration und Proliferation von Endothelzellen
SCF (stem cell factor)	Fibroblasten Stromazellen Sertoli-Zellen	– Teilung und Differenzierung von Stammzellen – Proliferation und Reifung von Mastzellen – Gametogenese

de linienspezifische Ausreifung. Einige der Zytokine mobilisieren zudem pluripotente Stammzellen und führen zu deren Anreicherung im peripheren Blut.

Abhängig von direkten Einflüssen der Umgebung (Zellkontakte zu Stromazellen und zur extrazellulären Matrix) und den zur Verfügung stehenden Zytokinen entwickelt und teilt sich die Tochterzelle weiter oder stirbt ab.

Im Falle der Weiterentwicklung wird sie zunehmend in eine Richtung spezialisiert und büßt gleichzeitig andere Entwicklungspotenzen ein, bis schließlich die linienspezifische (unipotente) **Progenitorzelle** vorliegt. Das Fortschreiten dieser Differenzierung kann man an der wechselnden Expression von Oberflächenmarkern (CD-Antigene) sehr gut verfolgen. Die Progenitorzelle ist auf die Herstellung einer einzigen Blutzellart fixiert und nicht mehr zur Selbsterneuerung befähigt, d.h. mit diesen Zellen allein kann man keine dauerhaft erfolgreiche Knochenmarkstransplantation erzielen.

5.2.2 Erythropoese

Die erste auf den Differenzierungsweg in Richtung Erythrozyt (**Erythrocytopoesis**) festgelegte Zelle wird als BFU-E (burst forming unit-erythrocyte) bezeichnet, da sie eine hohe Proliferationskapazität besitzt. Über eine Zwischenstufe (CFU-E: colony forming unit-erythrocyte) entsteht der **Proerythroblast**, der mit der Synthese von Häm und Globin beginnt und durch ein stark basophiles Zytoplasma aufgrund seiner zahlreichen Ribosomen auffällt. Sein Kern ist rund und zeigt eine dichtgefügte, gleichmäßige Chromatinstruktur mit 3–5 undeutlich sichtbaren Nukleoli. Nach einer weiteren Mitose nimmt die Zellgröße ab, das Zytoplasma wird mäßig basophil, und im Kern erscheint eine typische Felderung: Zwischen dunkelvioletten Chromatinschollen liegen helle Furchen. Die Zelle wird jetzt als **basophiler Erythroblast** oder **Normoblast** bezeichnet. Mit zunehmendem Gehalt an Hämoglobin färbt sich das Zytoplasma der Zelle mit sauren Farbstoffen an und entwickelt sich (nach einer weiteren Mitose) zum **polychromatischen Normoblasten.** Fortgesetzte Hämoglobinsynthese und abnehmender Gehalt an Ribosomen führen schließlich zum Überwiegen der Azidophilie im Zytoplasma; die Zelle teilt sich letztmalig und wird als **azidophiler, orthochromatischer oder auch eosinophiler Normoblast** bezeichnet. Damit sind im Laufe von ca. 4 Tagen aus einem Proerythroblasten durch 3–4 aufeinander folgende Mitosen maximal 16 Normoblasten entstanden, die typischerweise in einer Gruppe um einen zentral liegenden Makrophagen herum angeordnet sind (**Erythroblastennest** oder **-insel**). Die Zellkerne der orthochromatischen Normoblasten werden pyknotisch, sie sind die kleinsten und am intensivsten gefärbten Kerne im Knochenmark (Abb. 5.5). Die Kerne werden schließlich von den Zellen ausgestoßen und durch Makrophagen abgebaut. Aus den Normoblasten sind jetzt **Retikulozyten** entstanden. Diese bauen die ihnen noch verbliebenen Organellen in etwa 1–2 Tagen ab, synthetisieren parallel dazu immerhin noch ca. 20% ihres Hämoglobins und reifen dadurch zum **Erythrozyten.** Am Ende dieser Reifungsprozesse werden die Zellen in das Blut ausgeschwemmt.

5.11 Anwendung von Erythropoetin

Die Bildung von roten Blutzellen wird im Wesentlichen durch das in der Niere gebildete Erythropoetin (EPO) gesteuert. Die Synthese dieses Zytokins ist direkt an die Messung der Sauerstoffsättigung im Nierengewebe gekoppelt. Erythropoetin wird bereits seit Jahren synthetisch hergestellt und zur Unterstützung der Erythropoese angewendet.

5.2.3 Granulopoese

Sämtliche **Granulozyten** gehen gemeinsam mit den Erythrozyten, den Megakaryozyten und den Monozyten aus einer gemeinsamen Stammzelle hervor, die als CFU-GEMM (colony forming unit – granulocytes, erythrocytes, megakaryocytes, monocytes) bezeichnet wird. Die Nachkommen dieser Stammzelle legen sich entweder direkt auf eine Linie fest (CFU-Baso, CFU-Eo, BFU-MK), oder sie behalten sich noch einen weiteren Zwischenschritt vor (CFU-GM). Der **Myeloblast** stellt die nächste Reifungsstufe in der *Granulocytopoesis* dar. Er ist nur spärlich im Knochenmark vertreten und von sehr uneinheitlicher Gestalt und Größe. Myeloblasten haben einen ovalen Kern mit feinfädig-transparentem Chromatin und 2–5 deutlich sichtbaren Nukleoli, das Zytoplasma ist mäßig basophil und enthält noch keine Granula. Diese treten erstmals im **Promyelozyten** auf, wobei zunächst die unspezifischen azurophilen Granula synthetisiert werden. Im **Myelozyten** tritt dann die jeweils spezifische Granulation auf und die Zellen können erstmals voneinander unterschieden werden. Parallel zu den Veränderungen im Zytoplasma erfolgt eine stetige Verkleinerung und Verdichtung des Zellkerns. In den **Metamyelozy-**

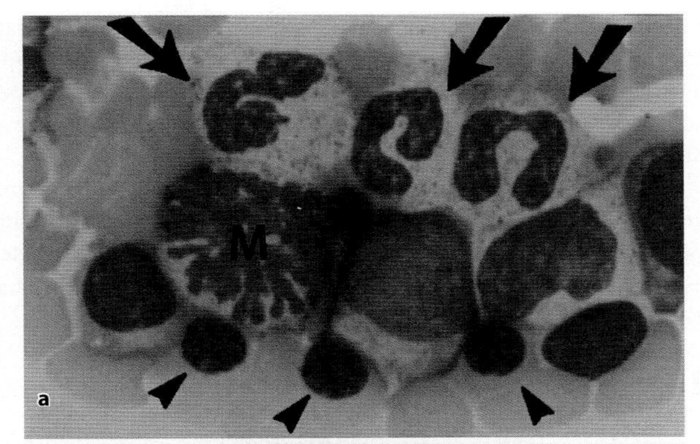

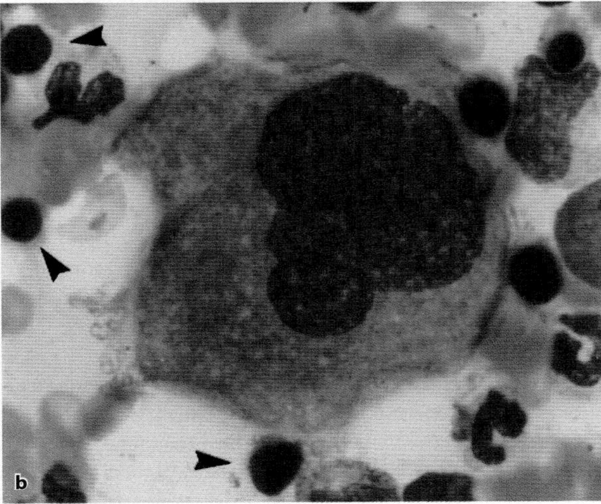

Abb. 5.5a, b. Ausstriche vom Knochenmark. a Im Ausstrich sind 3 charakteristische stabkernige neutrophile Granulozyten (Pfeile), eine Mitose (M) sowie ausgestoßene Kerne von Retikulozyten (Pfeilspitzen) zu sehen. **b** Dieser Ausstrich zeigt einen Megakaryozyten mit mehrfach gelapptem Kern. Deutlich wird die Größe z.B. im Vergleich mit den stabkernigen Granulozyten rechts unten oder den zahlreichen runden, fast schwarz gefärbten ausgestoßenen Kernen von Retikulozyten (Pfeilspitzen)

ten sind diese bereits bohnen- oder nierenförmig. Die weitere Veränderung zur Stabform gibt schließlich der nächsten Reifungsstufe ihren Namen (▶ Abb. 5.5). **Stabkernige Granulozyten** werden bereits in geringem Umfang in das Blut abgegeben. Die Masse der Zellen wartet jedoch die **Segmentierung ihrer Kerne** ab und verbleibt auch dann noch für 3–4 Tage im sog. **Reservepool des Knochenmarkes**. Dieser wird erst bei akuter Anforderung, z.B. bei einer Infektion, komplett ausgeschüttet. Die gesamte Granulopoese vom Myeloblasten bis zum Segmentkernigen dauert ca. 1 Woche.

5.12 Störung der Granulopoese bei zytostatischer Behandlung
Die kurze Lebensdauer der Granulozyten sowie ihre hohe Produktionsrate bedingen eine besondere Störanfälligkeit dieser Zellpopulation, z.B. gegenüber zytostatischen Behandlungen bei Tumorerkrankungen.

5.13 Anwendung von Zytokinen der Granulopoese
Zytokine der Granulopoese (G-CSF, GM-CSF) werden sowohl zur Unterstützung der Leukozytenbildung als auch zur Mobilisierung von pluripotenten Stammzellen klinisch eingesetzt. Nach Gabe von GM-CSF steigt der Anteil von Stammzellen im peripheren Blut massiv an, und die Zellen können in ausreichendem Maße für eine Stammzelltransplantation isoliert werden.

5.2.4 Monopoese

Monozyten teilen sich mit den Neutrophilen eine gemeinsame Vorläuferzelle (CFU-GM), sie reifen aber wesentlich schneller und unspektakulärer als ihre granulierten Geschwister. Reife Monozyten treten vom Stadium des **Monoblasten** an gerechnet nach 1–3 Tagen in das Blut über. Die Zwischenstufen Monoblast und **Promonozyt** synthetisieren bereits Enzyme für die Ausstattung der Lysosomen. In der Kernhülle und im endoplasmatischen Retikulum lässt sich Peroxidase nachweisen. Im Promonozyten sind erstmals die kleinen **Azurgranula** sichtbar. Promonozyten teilen sich lebhaft und bringen neben den bald auswandernden Monozyten auch einen großen, sich nur langsam teilenden Reservepool hervor.

5.2.5 Thrombopoese

Blutplättchen sind das zytoplasmatische Zerfallsprodukt von **Megakaryozyten,** einer in vieler Hinsicht einzigartigen Zelle im menschlichen Körper. Megakaryozyten entwickeln sich aus ihrem Progenitor (BFU-MK: burst forming unit-megakaryocyte) über 3 Zwischenstufen zur größten Zelle im Knochenmark. Ihr Durchmesser beträgt bis zu 160 μm. Diese extreme Größenzunahme betrifft auch den Zellkern (◘ Abb. 5.5), in dem eine **Vervielfachung des Chromosomensatzes** auf bis zu 64 n erfolgt. Die Kernhülle bleibt dabei stets intakt, so dass der sich wiederholt aufbauende Spindelapparat aus Mikrotubuli die Chromosomensätze nicht auftrennen kann. Im Zytoplasma entstehen Tausende von α-Granula und ein ausgedehntes Labyrinth von **Demarkationsmembranen** deutet bereits den späteren Zerfall des Megakaryozyten in ca. 4.000–8.000 Plättchen an. Megakaryozyten können lange **Zytoplasmaausläufer** in Sinusoide des Knochenmarkes ausstrecken. Diese zerfallen dann an ihrer Spitze in einzelne Plättchen oder die kompletten Zytoplasmaausläufer werden vom Blutstrom abgerissen und zerfallen erst in der Lungenstrombahn endgültig in einzelne Plättchen. Möglicherweise werden auch ganze Megakaryozyten vom Knochenmark in die Lunge verschleppt und setzen dort Plättchen frei.

Thrombopoetin (TPO) ist das wichtigste Zytokin der Thrombopoese. Es wird kontinuierlich synthetisiert und von Plättchen sowie Megakaryozyten aufgenommen und abgebaut. Wenn bei einer Verminderung von Thrombozyten im Blut (Thrombozytopenie) weniger Plättchen zum Abbau von TPO zur Verfügung stehen, erhöht sich entsprechend die Menge an verfügbarem TPO. Dadurch wird im Knochenmark wiederum die Thrombopoese stimuliert.

5.2.6 Prä- und postnatale Hämatopoese

Es gehört zur Natur der blutbildenden Stammzellen, dass sie nicht alle sesshaft sind, sondern ein kleiner Anteil von ihnen ständig auf der Suche nach optimalen Bedingungen den Körper durchstreift. Nur so ist es verständlich, dass aus peripheren Venen Stammzellen entnommen und bei einer Transplantation auch wieder intravenös appliziert werden können. Dieser Mechanismus erklärt außerdem, dass während der **embryonalen und fetalen Entwicklung** die Blutbildung nacheinander in verschiedenen Organen stattfinden kann. Die Blutbildung beginnt in der dritten Woche mit dem Auftreten sog. Blutinseln im **extraembryonalen Mesenchym** von Dottersack, Haftstiel sowie Chorion. In diesen Zellhaufen kann man bald eine äußere Zellschicht **(Hämangioblasten)** von inneren Zellen **(Hämoblasten)** unterscheiden. In dieser Phase beschränkt sich die Blutbildung auf die Erythropoese, wobei jedoch große, kernhaltige **Megaloblasten** mit überwiegend fetalem Hämoglobin gebildet werden. Diese megaloblastische oder vitelline Phase der Blutbildung dauert bis zur 8. Woche. Unterdessen sind in der 4.–5. embryonalen Woche vitelline und umbilikale Gefäße mit dem intraembryonalen Kreislauf verschmolzen, so dass die Stammzellen aus dem Dottersack mit der Besiedelung weiterer Organe beginnen können. Ab der 5. Woche findet man Stammzellen in der **Leber**, ab der 10.–13. Woche in der **Milz** und ab dem 3. Monat beginnt die Hämatopoese in den Knochen, hier zunächst in der Klavikula. Weitere Skelettanteile folgen dann im 5. Fetalmonat. In der Leber werden vor allem Vorläufer von Granulozyten, Megakaryozyten und Lymphozyten gebildet. Diese **hepatische Phase** zieht sich bis zur Geburt hin. In der Milz findet zunächst die Erythropoese statt, erst ab der 15. Woche beginnt die Lymphopoese, die dann ab der 21. Woche überwiegt. Zum Zeitpunkt der Geburt werden in der Milz nur noch Lymphozyten gebildet. Dafür ist jetzt das gesamte Skelett von **blutbildendem roten Knochenmark** *(Medulla ossium rubra)* ausgefüllt. Etwa ab dem 5. Lebensjahr zieht sich das rote Knochenmark aus den distalen Extremitätenknochen zurück und wird durch gelbes Knochenmark *(Medulla ossium flava)*, auch als Fettmark bezeichnet, ersetzt. Im Alter von 20–25 Jahren ist das rote Knochenmark auf Rippen, Wirbel, Sternum, Klavikula, Skapula, Becken, Schädel und die proximalen Enden von Humerus und Femur begrenzt.

Der Rückzug der Blutbildung aus bestimmten Organen und Skelettabschnitten ist nicht unbedingt irreversibel: Unter pathologischen Bedingungen kann sich das hämatopoetische Gewebe wieder ausdehnen und speziell im Kindesalter Leber, Milz, Lymphknoten und eventuell sogar Niere, Binde- und Fettgewebe besiedeln.

5.14 Stammzellen im Nabelschnurblut

Das mit dem Zeitpunkt der Geburt zusammenfallende Ende der Blutbildung in Leber und Milz bedeutet, dass offenbar die Stammzellen diese Organe rasch verlassen. Im Nabelschnurblut sind Stammzellen dann in großer Menge vorhanden. Deshalb wird Nabelschnurblut oft routinemäßig eingefroren, um für eventuelle spätere Notfälle eine autologe Stammzellreserve parat zu haben.

In Kürze

Da mit Ausnahme der Lymphozyten alle zellulären Bestandteile des Blutes nur eine begrenzte Lebensdauer haben, ist der Organismus auf eine ständige Lieferung von Nachschub angewiesen. Diese ständige **Neubildung aller Blutzellen** erfolgt im roten Knochenmark und geht auf eine gemeinsame pluripotente Stammzelle zurück, deren Nachkommen sich je nach Bedarf in verschiedene Richtungen differenzieren können. Eine breite Palette von Zytokinen bzw. Wachstumsfaktoren sorgt für die qualitative und quantitative Regulation dieser Prozesse.

Erythropoese: Bei der Erythropoese lässt sich die fortschreitende Ausreifung der Zellen sowohl im Zytoplasma als auch am Zellkern sehr gut erkennen: Die zunächst starke Basophilie unreifer Erythroblasten spiegelt einen hohen Gehalt an RNS wider und wird mit zunehmender Ausreifung durch eine wachsende Eosinophilie verdrängt, die den steigenden Gehalt an Hämoglobin anzeigt. Parallel dazu verdichtet sich das Chromatin im Zellkern, der Kern wird pyknotisch und schließlich ausgestoßen. Der Zellkern bleibt dabei stets rund.

Leukopoese: Die sich aus einer gemeinsamen Stammzelle differenzierenden Granulozyten werden erst im Myelozytenstadium durch das Auftreten ihrer jeweils spezifischen Granulation unterscheidbar. Die Kerne dieser Zellen unterliegen starken Formveränderungen, anhand derer das Reifestadium von Granulozyten beurteilt werden kann. Die Segmentierung der Kerne wird in neutrophilen Granulozyten am weitesten vorangetrieben.

Im Vergleich zu Granulozyten reifen Monozyten deutlich schneller, sie zeigen während ihrer Entwicklung nur geringe Veränderungen im Zytoplasma und am Zellkern.

Thrombopoese: Blutplättchen sind kernlose zytoplasmahaltige Fragmente von polyploiden Riesenzellen, den Megakaryozyten. Nach ihrer Ausreifung zerfallen diese Riesenzellen meistens komplett im Knochenmark, können aber auch größere Zytoplasmaausläufer in die Zirkulation ausschwemmen, die dann bevorzugt in der Lungenstrombahn in einzelne Plättchen zerfallen.

Prä- und postnatale Hämatopoese: Hämatopoetische Stammzellen besiedeln während der embryonalen, fetalen und postnatalen Entwicklung des Organismus verschiedene Gewebe und Organe. Die Blutbildung beginnt im extraembryonalen Mesenchym (megaloblastische Phase), verlagert sich dann in Leber und Milz (hepatolienale Phase), und ab dem 3. Entwicklungsmonat besiedeln die Stammzellen die Markhöhlen von Knochen (medulläre Phase). Das blutbildende rote Knochenmark hat im Alter von ca. 5 Jahren seine maximale Ausdehnung erreicht. Ab etwa dem 21. Lebensjahr ist das rote Knochenmark nur noch in Rippen, Wirbel, Sternum, Klavikula, Skapula, Becken, Schädel und den proximalen Enden von Humerus und Femur zu finden.

5.3 Histologie des Knochenmarks

Einführung

Knochenmark kommt in den Markräumen aller Knochen vor. Zu unterscheiden ist das rote (blutbildende) vom gelben Knochenmark. Bis etwa zum 5. Lebensjahr befindet sich nur rotes Knochenmark in den Knochen, danach beginnt in den Röhrenknochen der Ersatz durch gelbes Knochenmark, auch Fettmark genannt. Typisch für das rote Knochenmark ist das Vorkommen von sehr weitlumigen Kapillaren, die als Sinusoide bezeichnet werden.

Knochenmark kommt in den **zentralen Markhöhlen**, zwischen den Spongiosabälkchen und sogar in großen Havers-Kanälen der Lamellenknochen vor. Als Grundgerüst dient ein zartes Geflecht aus kollagenen Fasern mit Beimengungen von Fibronektin, Laminin und Proteoglykanen. Zusammen mit stark verzweigten fibroblastischen Zellen bildet dieses Gerüst das sog. **Stroma**. In das Stroma ist ein Labyrinth von miteinander anastomosierenden Blutkapillaren eingelagert, die einen Durchmesser von bis zu 70 µm erreichen und als **Sinusoide** bezeichnet werden. Die Wand der Sinusoide besteht aus einem ungefensterten Endothel, dem außen eine unvollständige Basalmembran angelagert ist. Adventitielle retikuläre Zellen bedecken außerdem noch ca. 50% der Endothelaußenfläche. Diese Abdeckung kann in Phasen erhöhter Blutbildung auf 20% verringert werden.

Das eigentliche **blutbildende Gewebe** liegt außerhalb der Sinusoide und besteht aus unreifen und reifen Zellen aller hämatopoetischen Reihen sowie aus Makrophagen.

Lymphozyten und Plasmazellen werden ebenfalls im Knochenmark gefunden. Bei Kindern sind gelegentlich sogar kleine Lymphknötchen zu beobachten. Lymphgefäße sind aber bis heute im Knochenmark nicht gefunden worden. Zusätzlich liegen noch Fibroblasten, Fettzellen und Osteoblasten im extrasinusoidalen Kompartiment des Knochenmarks. Diese sog. **Stromazellen** sind an der Erhaltung des **hämatopoetischen Mikromilieus** beteiligt, sei es durch Synthese der extrazellulären Matrix, durch Sekretion von Wachstumsfaktoren oder durch direkte Zell-Zell-Kontakte. Das Mikromilieu ist für das sog. »**homing**« der Stammzellen verantwortlich, d.h. für die Ansiedlung und Vermehrung von zirkulierenden Stammzellen. Um in den Blutstrom zu gelangen, müssen die frisch entstandenen Blutzellen das Sinus-Endothel passieren: Sie zwängen sich durch temporär innerhalb einer Endothelzelle auftretende Poren von nur 4 µm Durchmesser und sind dabei auf ein funktionierendes Zytoskelett angewiesen.

Wenn sich die Hämatopoese aus Teilen des Knochenmarks zurückzieht, geht der durch die massive Hämoglobinsynthese entstandene rote Farbton verloren, und aus rotem wird gelbes Knochenmark. Dieser Prozess ist vor allem auf eine Fetteinlagerung in die retikulären Zellen zurückzuführen, die jedoch bei Bedarf wieder ihre ursprüngliche Form annehmen und eine neu aufkeimende Blutbildung unterstützen können.

5.15 Leukämie

Bei der Leukämie kommt es zur Störung im Ablauf der Hämatopoese mit unkontrollierter, erhöhter Bildung von Leukozyten. Dadurch vermindert sich der Anteil der anderen Blutzellen im Knochenmark. Das Absinken der Erythrozytenzahl (Anämie) führt zum Mangel an Sauerstoff in den Geweben und Organen (▶ Box 5.3). Der Mangel an Thrombozyten hat eine Blutungsneigung zur Folge (▶ Box 5.5).

Akute Leukämien sind lebensbedrohliche Erkrankungen. Ein chronischer Verlauf wird oft im Anfangsstadium nicht bemerkt.

Die Behandlung besteht in der Gabe von Zytostatika (Chemotherapie) und eventuell einer Stammzelltransplantation.

In Kürze

Knochenmark befindet sich in den zentralen Markhöhlen, zwischen den Spongiosabälkchen und in den großen Havers-Kanälen der Lamellenknochen. Das Grundgerüst (Stroma) besteht aus kollagenen Fasern mit stark verzweigten fibroblastischen Zellen, in das ein Labyrinth von miteinander anastomosierenden Blutkapillaren eingelagert ist (Sinusoide).

Das eigentliche blutbildende Gewebe liegt außerhalb der Sinusoide und besteht aus unreifen und reifen Zellen aller hämatopoetischen Reihen sowie aus Makrophagen.

6 Organe des Blutkreislaufs

R. Hildebrand

6.1 Übersicht zum Herz-Kreislauf-System

Einführung

Das Herz und die Blutgefäße bilden gemeinsam das Herz-Kreislauf-System. Es ist ein Transportsystem, das die Zellen, Gewebe und Organe mit Atemgasen und Nährstoffen versorgt und Stoffwechselprodukte abtransportiert. Die Blutgefäße sind regulierbare elastische Röhren und bilden die Transportwege für das Blut. Das Herz ist der Motor zur Beförderung. Das Herz-Kreislauf-System ist ein in sich geschlossenen System.

Das Herz-Kreislauf-System lässt sich schematisch in eine kleine und eine große Schleife unterteilen:

- **Kleiner Kreislauf** oder **Lungenkreislauf:** In der kleineren Schleife fließt das Blut vom Herzen zur Lunge und nach dem Gasaustausch wieder zurück zum Herzen.
- **Großer Kreislauf** oder **Körperkreislauf**: In der größeren Schleife durchströmt das Blut vom Herzen ausgehend den Körper und fließt zum Herzen zurück.

Diese allgemein übliche Trennung in **Lungen-** und **Körperkreislauf** ist insofern nicht korrekt, da beide Kreisläufe **kein** jeweils in sich **geschlossenes System** darstellen. Erst gemeinsam bilden sie nur **einen Kreislauf,** in dem **zwei Pumpen,** eine rechte und eine linke, die von einem gemeinsamen Septum getrennt werden, das muskulöse Hohlorgan Herz bilden (◘ Abb. 6.1). In dieser das Herz mechanisierenden Betrachtung treibt das rechte Herz das Blut durch die Lungen zum linken Herzen, das es wiederum durch den Körper zum rechten Herzen zurückbefördert.

Die **Gefäße** des Blutkreislaufs werden definitionsgemäß unterteilt in:

- **Arterien:** Führen das Blut vom Herzen weg.
- **Venen:** Bringen das Blut zum Herz zurück.

Miteinander verbunden sind die Arterien und Venen in den Geweben und Organen durch die **terminale Strombahn**, die gebildet wird von:

- Arteriolen
- Kapillaren
- Venulen

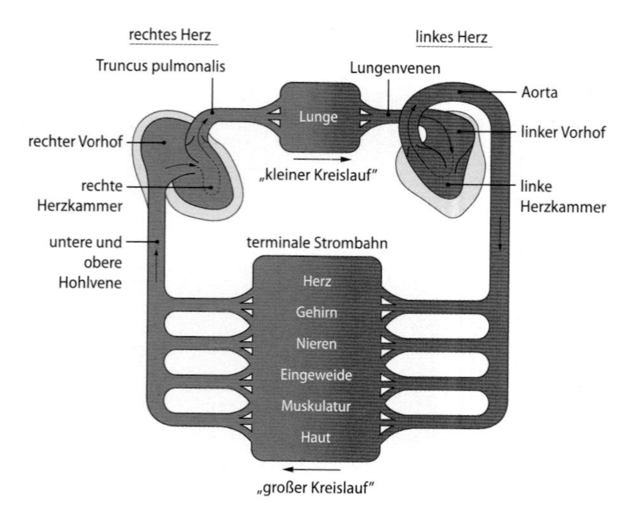

◘ **Abb. 6.1. Schema des Herz-Kreislauf-Systems.** Rot weist auf sauerstoffreiches Blut hin, blau auf sauerstoffarmes Blut, die Pfeile geben die Strömungsrichtung des Blutes an [2]

Vom Herzen, als dem Zentrum des Kreislaufs, entspringt die **Aorta.** Durch wiederholte Teilungen verzweigen sich die **Arterien** in der Peripherie des Körpers. Dabei entsteht ein »Gefäßbaum«, bei dem mit steigender Zahl der Äste und Zweige deren Einzeldurchmesser abnimmt, der Gesamtgefäßquerschnitt jedoch zunimmt. Mit der zunehmenden Aufgliederung der Arterien verändert sich deren Wandbau. Davon betroffen sind vor allem die gewebliche Zusammensetzung (elastischer und muskulärer Typ) und die Dicke der Wand. Im Gebiet der **terminalen Strombahn** geht die Krone des »Arterienbaumes« in die des »Venenbaumes« über, der sich aus feinen Verästelungen bildet, die sich zu größeren Venen vereinen und schließlich in den Venenstämmen zusammenfließen, die in das Herz münden.

6.2 Herz (Cor)

 Einführung

Das Herz ist ein Hohlmuskel, der nach dem Prinzip einer Druck-Saug-Pumpe für die Zirkulation des Blutes im Körper sorgt. Mit dieser Objektivierung des Herzens zu einem anatomisch zerlegbaren und mit physiologischen Methoden in seiner Funktion beschreibbaren Körperteil geht der Verlust einer sich in der Herzmetaphorik spiegelnden Erfahrung von der Leiblichkeit der Gefühle einher, die sich medizinisch nur noch im Herzen als Projektionsorgan bei der psychischen Verarbeitung von Konflikten wieder findet.

6.2.1 Gestalt und Lage

- Gestalt: Halbkegel mit schräger Längsachse
- Oberflächenanatomie des Herzens:
  - Herzbasis (Basis cordis)
  - Oberflächen
    - Vorderfläche: Facies sternocostalis
    - Seitenflächen: Facies pulmonalis sinistra und dextra
    - Unterfläche: Facies diaphragmatica
  - Herzspitze: Apex cordis

Gestalt

Das Herz besitzt die Form eines Halbkegels bzw. einer dreiseitigen Pyramide (◘ Abb. 6.2), die wie folgt im Körper liegt:

- **Basis:** liegt oben hinten und rechts
- **Spitze:** weist nach unten vorn und links

Entsprechend verläuft auch die **Längs-** oder **Herzachse** schräg. Sie ist gegen die 3 Hauptebenen des Körpers um etwa 45° geneigt. Das Herz befindet sich aufgrund seiner Stellung im Brustraum zu einem Drittel rechts und zu zwei Dritteln links der Medianebene.

Außerdem liegen rechtes und linkes Herz nicht parallel nebeneinander, sondern infolge einer Drehung des Herzens um seine Längsachse eher schräg hintereinander:

- rechter Vorhof und Ventrikel rechts vorn
- linker Vorhof und Ventrikel links hinten.

Oberfläche

Die der vorderen Thoraxwand zugewandte Fläche des Herzens ist die konvexe *Facies sternocostalis.* Sie wird hauptsächlich von der Vorderwand der rechten Kammer sowie dem rechten Vorhof mit seinem plumpen, dreikantigen Herzohr gebildet sowie von einem schmalen

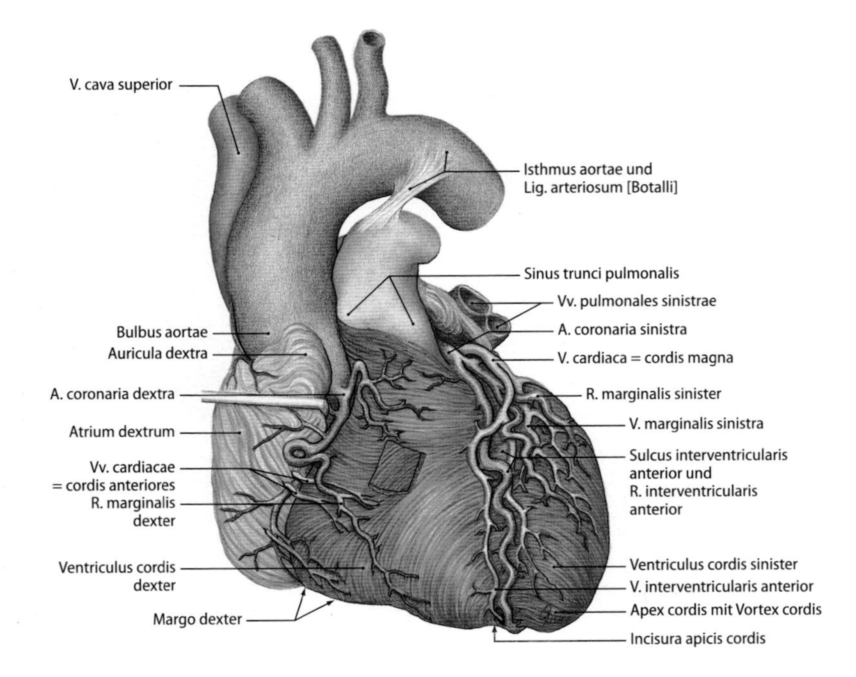

Abb. 6.2. Herz in der Ansicht von vorn. Herzkranzgefäße und Herzmuskulatur wurden durch Abtragung des Epikards freigelegt. Zur Darstellung des Verlaufs der Muskulatur wurde das Myokard der Facies sternocostalis (anterior) im Bereich des rechten Ventrikels gefenstert. Der Sulcus coronarius liegt an der Vorhof-Kammer-Grenze wo die A. coronaria dextra verläuft, der Sulcus interventricularis wo der Ramus interventricularis anterior verläuft [1]

Streifen der linken Kammer und dem linken Herzohr (Tab. 6.1). Die beiden Herzohren füllen die Nischen an den Ursprüngen der Aorta und des Truncus pulmonalis aus und runden die Herzkontur ab. Die Vorhöfe werden von den Kammern durch die Kranzfurche, *Sulcus coronarius*, äußerlich sichtbar getrennt. Die Lage der Scheidewand *(Septum interventriculare)* zwischen rechter und linker Kammer wird vorn durch den *Sulcus interventricularis anterior* und auf der Unterfläche des Herzens durch den *Sulcus interventricularis posterior* markiert. An der *Incisura apicis cordis*, einem Einschnitt neben der Herzspitze, gehen beide ineinander über.

Links setzt sich die Facies sternocostalis in die Seitenwand der linken Kammer, die deutlich gerundete *Facies pulmonalis sinistra*, fort (Tab. 6.1). Sie bildet die linksseitige Oberfläche des Herzens. Der rechte Vorhof bildet die rechtsseitige Oberfläche, die *Facies pulmonalis dextra*. Beide Herzwandabschnitte buchten die mediastinale Fläche der Lungen zu einer *Impressio cardiaca* ein.

Ventrokaudal grenzt die Vorderfläche mit dem relativ scharfkantigen, am lebenden Herzen jedoch mehr gerundeten *Margo dexter* an die abgeplattete Unterfläche des Herzens (Abb. 6.3). Diese liegt als *Facies diaphragmatica* dem Zwerchfell im Bereich des Herzsattels auf und wird vor allem von der linken und nur zu einem kleineren Teil auch von der rechten Kammer gebildet (Tab. 6.1). Beide Kammern werden durch den *Sulcus interventricularis posterior* voneinander getrennt. Im Mündungsbereich der unteren Hohlvene fügt sich der *Facies diaphragmatica* noch ein kleines Areal des rechten Vorhofs mit ein.

Tab. 6.1. Herzflächen

Fläche	Herzabschnitte
Facies sternocostalis (Vorderfläche, die zur Brustbeinrückseite und den Rippen zeigt)	– rechte Herzkammer mit rechtem Herzohr – schmaler Teil der linken Herzkammer – linkes Herzohr
Facies pulmonalis sinistra und dextra (Seitenflächen)	– linker Herzvorhof – linke Herzkammer – Teil des rechten Vorhofes
Facies diaphragmatica (Unterfläche, klinisch als Hinterwand bezeichnet, zeigt nach kaudal zum Zwerchfell)	– linke Herzkammer mit Herzspitze – kleiner Teil der rechten Herzkammer – kleiner Teil des rechten Vorhofes

Herzbasis

Die etwa vierseitige Herzbasis, *Basis cordis*, wird hauptsächlich vom linken Vorhof und nur teilweise vom hinteren Teil des rechten Vorhofs gebildet. Geformt wird sie vor allem von den in sie mündenden Venen (Vv. cavae superior und inferior, Vv. pulmonales) sowie den aus den Kammern hervorgehenden großen Arterienstämmen (Aorta und Truncus pulmonalis). Die Herzbasis erstreckt sich nach oben bis zur Teilung des Truncus pulmonalis und nach unten bis zum hinteren Abschnitt des Sulcus coronarius mit dem Sinus coronarius und Ästen der Herzkranzarterien. Nach rechts und links ist sie durch die abgerundeten Flächen der entsprechenden Vorhöfe begrenzt.

Obere und untere Hohlvene stehen bei natürlicher Lage des Herzens senkrecht übereinander und bilden mit den quer eingestellten paarigen rechten und linken Lungenvenen ein **Venenkreuz.**

Herzspitze

Die anatomische Herzspitze, *Apex cordis*, ist die Spitze der linken Kammer und gegen den 5. Interkostalraum etwas medial der Medioklavikularlinie gerichtet.

In Kürze

Das Herz hat die Form eines Halbkegels mit schräger Längsachse. Zu unterscheiden sind die Herzbasis (Basis cordis), die Herzspitze (Apex cordis) und die Flächen:
- Facies sternocostalis (Vorderfläche)
- Facies pulmonalis sinistra und dextra (Seitenflächen)
- Facies diaphragmatica (Unterfläche)

Die Form der **Herzbasis** wird von den großen Gefäßen, den in die Vorhöfe einmünden Venen (Vv. cavae superior und inferior, Vv. pulmonales) und den aus den Kammern abgehenden großen Arterienstämmen (Aorta und Truncus pulmonalis) bestimmt.

Die **Herzspitze** entspricht der Spitze der linken Herzkammer.

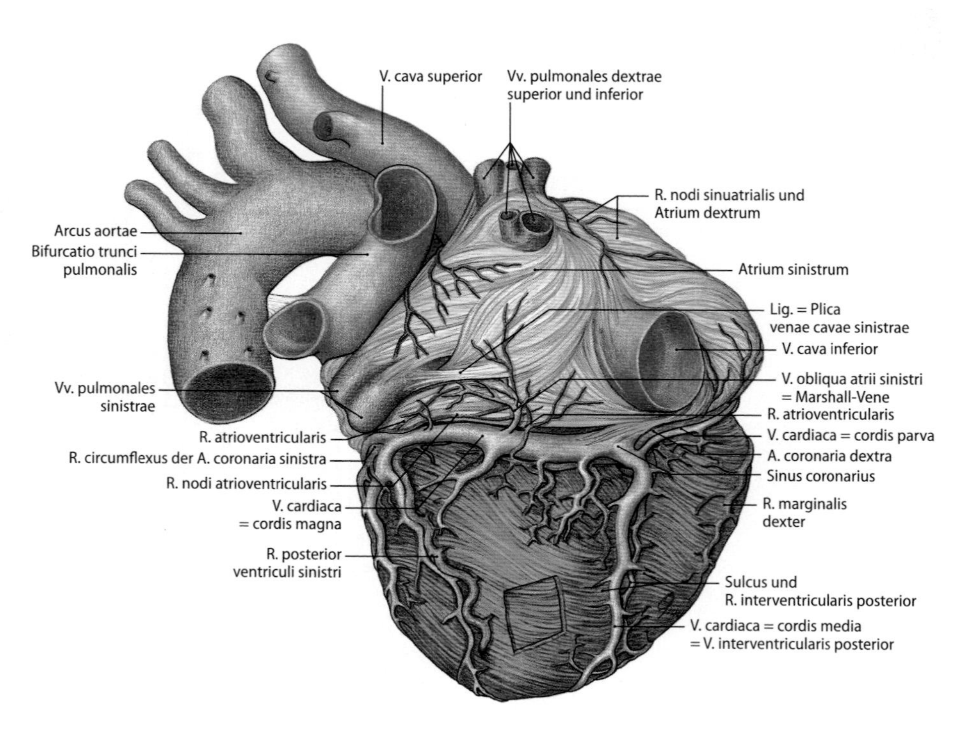

Abb. 6.3. Herz in der Ansicht von hinten. Der Sulcus coronarius liegt dort, wo die Gefäße an der Vorhof-Kammer-Grenze verlaufen und wo der Ramus interventricularis posterior verläuft, befindet sich der Sulcus interventricularis posterior. Herzkranzgefäße und Myokard wurden durch Abtragung des Epikards freigelegt. Zur Demonstration des Verlaufs der Muskulatur wurde das Myokard der Facies diphragmatica (inferior) im Bereich des linken Ventrikels gefenstert [1]

6.2.2 Binnenräume des Herzens

Binnenräume des Herzens
rechter Vorhof: *Atrium dextrum*
rechte Kammer: *Ventriculus dexter*
linker Vorhof: *Atrium sinistrum*
linke Kammer: *Ventriculus sinistrum*

Herzscheidewände
Vorhofscheidewand: *Septum interatriale*
Kammerscheidewand: *Septum interventriculare*
Septum atrioventriculare

Klappen im Bereich der rechten Herzhälfte
Segelklappe zwischen Vorhof und Kammer: Trikuspidaldklappe *(Valva atrioventricularis dextra* oder *Valva tricuspidalis)*
Taschenklappe des Truncus pulmonalis oder Pulmonalklappe *(Valva trunci pulmonalis)*

Klappen im Bereich der linken Herzhälfte
Segelklappe zwischen Vorhof und Kammer: Mitralklappe *Valva atrioventricularis sinistra* oder *mitralis*
Taschenklappe der Aorta oder Aortenklappe *(Valva aortae)*

Rechter Vorhof

Der rechte Vorhof, *Atrium dextrum,* nimmt das dem Herzen zufließende Blut auf (Abb. 6.4):
- aus der oberen und unteren Körperhälfte über die V. cava superior und inferior und
- über den Sinus coronarius das Blut vom Herzen selbst.

Dort wo die untere und obere Hohlvene in den Vorhof münden, ist seine Wandung glatt und entspricht dem ehemaligen, in das Herz einbezogenen Sinus venosus. Durch einen halbmondförmigen Muskelkamm, *Crista terminalis,* wird dieser venöse Abschnitt, *Sinus venarum cavarum,* von dem alten, mit Muskelbalken besetzten Vorhofanteil abgegrenzt (► Kap. 6.5.1). Auf der Außenseite des Vorhofs entspricht dem Muskelkamm der am stark aufgeblähten Herzen deutlich sichtbare *Sulcus terminalis,* der vor den Mündungen der Hohlvenen über die seitliche Vorhofwand hinabzieht. Zwischen den Einmündungsstellen der Hohlvenen wölbt sich die Hinterwand des Vorhofs in einer quer verlaufenden, stumpfen, gratartigen Erhebung, dem *Tuberculum intervenosum,* leicht vor. Die Innenwand des Vorhofgebietes ist mit kammförmigen Muskelbälkchen, *Mm. pectinati,* besetzt, die rechtwinklig von der Crista terminalis entspringen und sich in das rechte Herzohr, *Auricula dextra,* hinein zu einem regelrechten Schwammwerk vernetzen.

An der Einmündung der V. cava inferior fällt eine halbmondförmige, in Ausbildung und Form variable, netzartig gebaute Klappe auf, die *Valvula venae cavae inferioris* [Eustachii]. Sie dehnt sich an der vorderen Hohlvenenmündung zwischen der Vorhofscheidewand und dem seitlichen Rand der Vene aus. Lateral von ihr verstreicht das untere Ende der Crista terminalis. Das vordere Ende der Hohlvenenklappe verbindet sich mit dem oberen Ende der *Valvula sinus coronarii* [Thebesii] (Abb. 6.6). Sie bedeckt rechts seitlich die Öffnung des Sinus coronarius, *Ostium sinus coronarii,* die zwischen der Mündung der Hohlvene und dem Rand der Atrioventrikularöffnung liegt. Die Mündungsstellen der Vv. cordis minimae [Thebesii] in den rechten Vorhof, die *Foramina venarum minimarum,* sind frei von Klappen.

Die mediale Wand des rechten Vorhofs entspricht der Vorhofscheidewand, *Septum interatriale.* Sie weist eine dellenartige, ovale Vertiefung auf, *Fossa ovalis,* die von einem leicht erhabenen, zum *Ostium venae cavae inferioris* hin geöffneten, hufeisenförmigen Randwulst, *Limbus fossae ovalis,* überhöht wird. Die vom Septum primum stammende *Valvula foraminis ovalis,* die nach der Geburt mit dem Septum secundum verklebt und dadurch das Foramen ovale verschließt, bildet den Boden der Grube, deren Randwulst dem verdickten Rand des Septum secundum entspricht (► Kap. 6.5.1). In etwa 25% der Fälle lässt sich eine schlitzförmige Öffnung am oberen Rand der Grube sondieren.

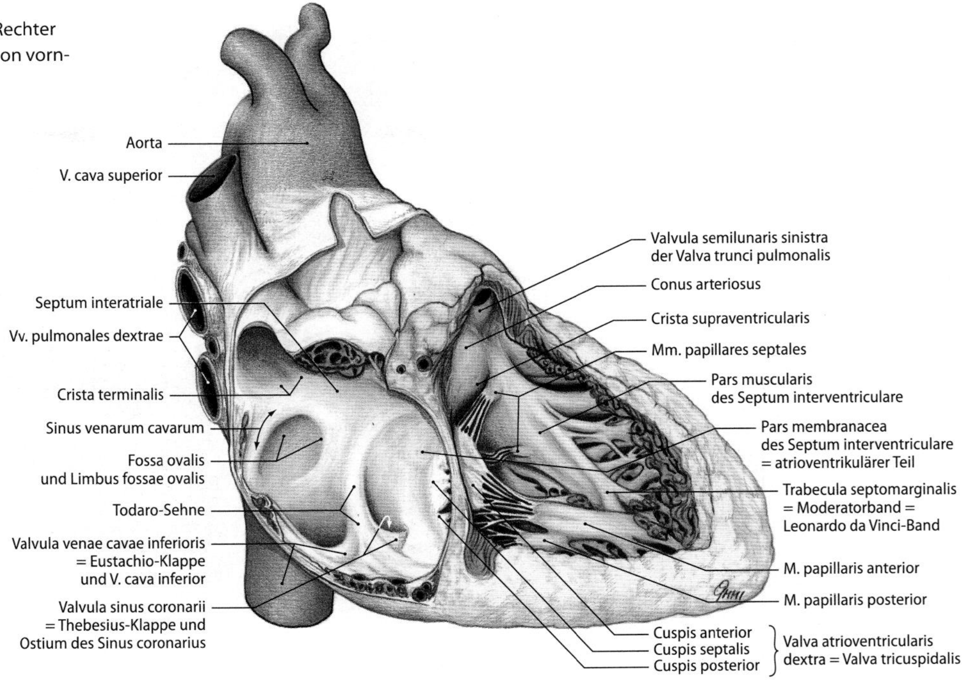

Abb. 6.4. Binnenräume des Herzens. Rechter Vorhof und rechte Kammer in der Ansicht von vornseitlich [1]

Rechte Kammer

Über die größte Klappenöffnung des Herzens, das *Ostium atrioventriculare dextrum* mit seiner *Valva tricuspidalis*, fließt das Blut aus dem rechten Vorhof in die rechte Kammer, *Ventriculus dexter* (Abb. 6.4). Er gleicht besonders auf Querschnitten einem der linken Kammer schalenförmig angepassten, dünnwandigen Sack (Wanddicke 0,39 cm). Sein Innenraum besitzt die Gestalt einer dreiseitigen Pyramide, deren Spitze dem Ansatzrohr des Truncus pulmonalis entspricht. In ihm lassen sich nach der Beschaffenheit des Innenreliefs seiner Wandung zwei Abschnitte unterscheiden:

- **Einstrombahn:** wird von der eigentlichen Kammerhöhle mit ihren sich durchflechtenden Muskelbälkchen, *Trabeculae carneae*, gebildet
- **Ausstrombahn** mit dem glattwandigen, trichterförmigen *Conus arteriosus (Infundibulum)*, über den das Blut dem Truncus pulmonalis zugeleitet wird.

Einströmungs- und Ausströmungsteil zeigen die Verlaufsform eines U-förmig umgebogenen Kanals. Gegeneinander sind sie durch einen ovalen Ring abgegrenzt. Er beginnt mit einer kräftigen Muskelleiste *(Crista supraventricularis)* im Ventrikeldach, verstreicht gegen die Kammerscheidewand und setzt sich von dort abwärts in die *Trabecula septomarginalis* fort, die brückenförmig den Ventrikelraum bis zum Innenbereich des Margo dexter durchzieht. Der von dieser Muskelleiste entspringende große vordere Papillarmuskel *(M. papillaris anterior)* schließt mit dem freien Rand des vorderen Segels der Trikuspidalklappe den Ring.

Die **Kammerscheidewand** *(Septum interventriculare)* wölbt sich bogig gegen den rechten Ventrikelraum vor. An ihr können eine 1,2–1,5 cm starke *Pars muscularis* und vorhofnah eine kleine, nur etwa 1 mm dünne bindegewebige *Pars membranacea* unterschieden werden, von der das septale Segel der Trikuspidalklappe entspringt (Abb. 6.4). Dadurch wird der membranöse Teil in einen unteren ventrikulären Abschnitt und einen oberhalb des Klappenansatzes gelegenen Vorhofteil untergliedert, der zum Septum interatriale gehört. Von der linken Kammer her ist die ganze Pars membranacea Teil der Scheidewand, da die Ausflussbahn dieser Kammer höher hinauf bis zum Ansatz der hinteren halbmondförmigen Taschenklappe der Aorta reicht. Auf diese Weise haben in diesem Abschnitt rechter Vorhof und linke Kammer eine gemeinsame Trennwand, das *Septum atrioventriculare.*

Aus der Ventrikelwand erheben sich die hier sehr variabel ausgebildeten Papillarmuskeln. In der Regel sind 3 zu finden, von denen jeder einem Einschnitt zwischen den Segeln der **Trikuspidalklappe** entspricht und jeweils mit den benachbarten Segeln in Verbindung tritt. Sie stehen also auf Lücke. Sehr regelmäßig ist der *M. papillaris anterior* ausgebildet, der seine Sehnenfäden, *Chordae tendineae,* zum vorderen und hinteren Segel schickt. Der *M. papillaris posterior* liegt im Winkel zwischen Septum und hinterer Kammerwand und zieht mit seinen Chordae tendineae zu den Rändern des hinteren und des septalen Segels. Der kleine *M. papillaris septalis* vom septalen Ursprung der Crista supraventricularis setzt mit seinen Fäden am septalen und vorderen Klappensegel an.

Die im *Ostium atrioventriculare* gelegene **Trikuspidalklappe** oder *Valva atrioventricularis dextra* setzt sich aus 3 segelförmigen Zipfeln zusammen, *Cuspis anterior, posterior* und *septalis.* Sie entspringen vom bindegewebigen Anulus fibrosus des Herzskeletts, die Cuspis septalis z.T. auch von der Pars membranacea des Kammerseptums. Die Segel sind gefäßlose, bindegewebige Platten, die von der Herzinnenhaut, dem Endokard, überzogen werden. Zum arkadenförmig ausgeschnittenen freien Rand ziehen die Chordae tendineae der Papillarmuskeln, die sich auch fächerförmig unter den Segeln ausbreiten.

Am Ende der Ausflussbahn liegt am Übergang des Conus arteriosus zum **Truncus pulmonalis** die **Taschenklappe,** *Valva trunci pulmonalis,* die sich aus 3 schwalbennestförmigen Taschen, den *Valvulae semilunares anterior, dextra* und *sinistra* zusammensetzt. Ihnen entsprechen außen an der Gefäßwand hervortretende Ausbuchtungen, die *Sinus trunci pulmonalis.* Die auf der Ventrikelseite von einer Fortsetzung des Endokards und auf der Seite der Sinus von Arterienintima überzogenen Kollagenfasermembranen der Taschenklappen haben in der Mitte ihres leicht verstärkten freien Randes Knötchen, *Noduli valvularum semilunarium,* die den zentralen Schluss der Klappen gewährleisten sollen, wenn sich die Klappenrän-

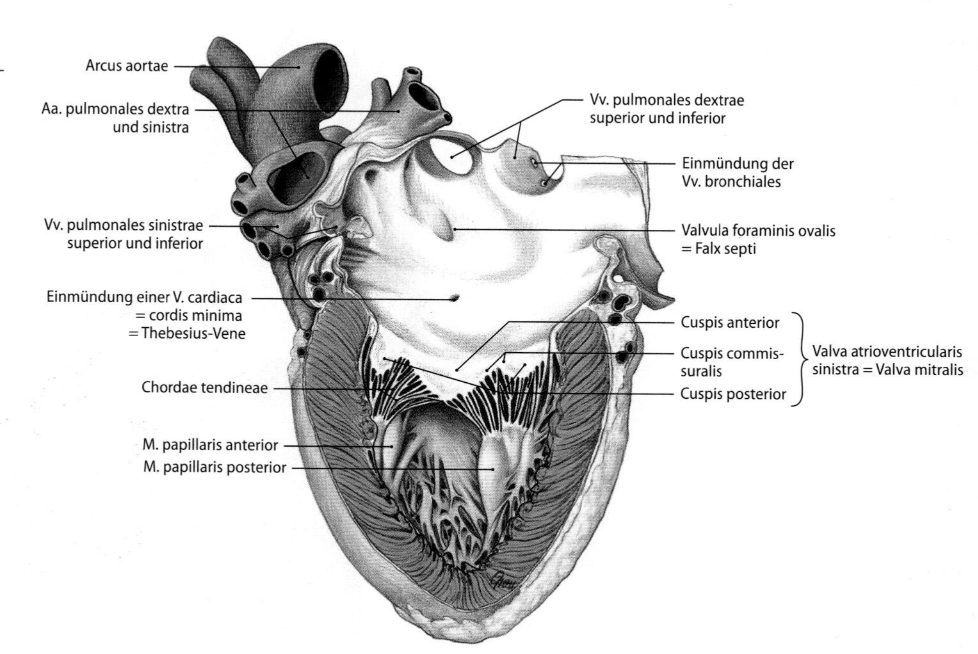

Abb. 6.5. Binnenräume des Herzens. Linker Vorhof und linke Kammer in der Ansicht von hinten-unten [1]

der zu einem dreistrahligen Stern aneinanderlagern. Die bogigen Randpartien seitlich der Knötchen sind besonders dünn und dadurch zu den *Lunulae valvularum semilunarium* aufgehellt.

Linker Vorhof

Das in den Lungen mit Sauerstoff beladene Blut kehrt über die Vv. pulmonales zum Herzen zurück. Die paarigen rechten und linken Lungenvenen münden beidseits oben an der Hinterwand mit ihren *Ostia venarum pulmonalium* in das *Atrium sinistrum* ohne Klappenbildungen ein (Abb. 6.5). Der glattwandige Teil des Vorhofs leitet sich von den Abschnitten ihrer Wände her, die in den Vorhof einbezogen worden sind. Nur das mehr langgestreckte, in seinem Verlauf geknickte Herzohr, *Auricula sinistra*, das sich scharfrandig vom Vorhof absetzt, ist aus dem ursprünglichen Vorhof entstanden und innen mit *Mm. pectinati* besetzt. Am *Septum interatriale* ist auf der linken Vorhofseite eine sichelförmige, mit ihrer Konkavität nach vorn oben orientierte Falte *(Valvula foraminis ovalis)* zu erkennen, die dem Septum primum mit seinem freien Rand entspricht (► Kap. 6.5.1).

Linke Kammer

Die dickwandige (1,5 cm) linke Kammer, *Ventriculus sinister*, ist von konischer Gestalt und umschließt einen zur Herzspitze sich verjüngenden entsprechend geformten Innenraum (Abb. 6.5). Im Basisabschnitt des Conus liegen das *Ostium atrioventriculare sinistrum* sowie das *Ostium aortae*. Auch im linken Ventrikel lassen sich ein von feinmaschigem Trabekelwerk modellierter Einströmungsteil und eine zur Aorta führende glattwandige Ausströmungsbahn unterscheiden, die rinnenförmig vertieft und kürzer als auf der rechten Seite ist. Die morphologisch nicht sehr markante Grenze zwischen den beiden Teilen, die spitzwinklig ineinander übergehen, wird durch das Aortensegel der linken Atrioventrikularklappe gebildet.

Die beiden manchmal zweigeteilten Papillarmuskeln, *M. papillaris anterior* und *posterior*, ragen aus der vorderen seitlichen bzw. aus der septumnahen Hinterwand der Kammer hervor und ziehen mit ihren Sehnenfäden zu den beiden Segeln der Vorhof-Kammer-Klappe (**Bikuspidalklappe**). Diese *Valva atrioventricularis sinistra* oder *mitralis*, hat eine der Aorta zugewandte *Cuspis anterior*, die vorn medial und eine zur hinteren Seitenwand gelegene *Cuspis posterior*, die hinten seitlich am Anulus fibrosus des Herzskeletts befestigt ist. Der vordere Zipfel, der auch Aortensegel genannt wird, setzt mit seiner ventrikulären Fläche die Hinterwand der Aorta nach unten fort und bildet die dorsale Wand der Ausstrombahn. Wie eine Flügeltür steht dieses Segel zwischen dem Ostium atrioventriculare und dem Ostium aorticum. Die am Übergang von der Ausflussbahn in die aufsteigende Aorta gelegene Aortenklappe, *Valva aortae*, wird von den *Valvulae semilunares dextra, sinistra* und *posterior* gebildet. Die **Taschenklappen der Aorta** sind wie die der Pulmonalklappe gebaut, nur kräftiger und stärker ausgeformt. Die *Sinus aortae* wölben sich stärker vor und führen zu einer Auftreibung des Aortenursprungs in Gestalt des *Bulbus aortae*. Außerdem entspringt im linken Sinus die linke Kranzarterie und im rechten Sinus die rechte Kranzarterie.

In Kürze

Die **Binnenräume des Herzens** bestehen aus:
- rechtem und linkem Atrium (Vorhof)
- rechtem und linkem Ventrikel (Kammer)

Die in das Herz **einmündenden großen Gefäße** sind:
- rechter Vorhof: V. cava superior und V. cava inferior
- linker Vorhof: 4 Lungenvenen (Vv. pulmonales)

Die vom Herzen **wegführenden Gefäße** sind:
- rechte Kammer: Truncus pulmonalis
- linke Kammer: Aorta

Zwischen Vorhöfen und Kammern befindet sich **Segelklappen:**
- zwischen rechtem Vorhof und rechter Kammer: **Trikuspidalklappe** (Valva atrioventricularis dextra)
- zwischen linkem Vorhof und linker Kammer: zweizipflige **Bikuspidalklappe** (Valva atrioventricularis sinistra oder mitralis)

In den vom Herzen wegführenden Gefäßen, **Aorta** und **Truncus pulmonalis** befinden sich **Taschenklappen.**

6.2.3 Ventilebene und Herzskelett

Einführung

Die Herzklappen sind Ventile, die für einen gerichteten Strom des Blutes sorgen. Sie liegen in einer Ebene (Ventilebene). In dieser befindet sich außerdem das aus straffem Bindegewebe bestehende Herzskelett.

Herzklappen (Ventilebene)

Segelklappen:
- Trikuspidalklappe
- Bikuspidalklappe

Taschenklappen:
- Pulmonalklappe
- Aortenklappe

Herzskelett
Anuli fibrosi
Trigonum fibrosum dextrum
Trigonum fibrosum sinistrum

Ventilebene

Eine durch den Sulcus coronarius gelegte Ebene entspricht der Basis der beiden Herzkammern (◘ Abb. 6.6). Sie liegt schräg geneigt im Brustraum zwischen den Sternalansätzen der 3. Rippe links und der 6. Rippe rechts und ist zur Herzachse rechtwinklig gestellt. Von einem **bindegewebigen Herzskelett** umschlossen liegen in ihr die **Segel-** und **Taschenklappen.**

Da diese Klappen technischen Ventilen vergleichbar die Strömungsrichtung des Blutes im Herzen vorgeben und sichern, wird die ventrikelwärts leicht konkave Basis der Kammern auch **Ventilebene** genannt. Die Ostien mit ihren Klappen sind in ihr jedoch nicht plan eingelagert, sondern unter verschiedenen Winkeln gegeneinander geneigt.

6.1 Herzklappenfehler

Angeborene und erworbene Herzklappenfehler kommen als Klappenstenose (Verengung) oder als Klappeninsuffizienz (Versagen der Klappenfunktion) und in kombinierter Form vor.

Bei der **Klappenstenose** öffnen sich die Klappen nicht genügend, bei der **Klappeninsuffizienz** schließen sie dagegen nicht mehr hinreichend dicht. Je nach betroffener Klappe und Art des Fehlers sind diese Krankheitsbilder mit charakteristischen pathologischen Herzgeräuschen verbunden.

Herzskelett

Vorhöfe und Kammern werden durch das Herzskelett vollständig voneinander getrennt (◘ Abb. 6.6). Dadurch kann auch die Erregung der Vorhofmuskulatur nicht auf die Muskulatur der Kammern übergreifen. Eine Ausnahme besteht im Bereich des Trigonum fibrosum dextrum, wo das spezifische Reizleitungsgewebe das bindegewebige Skelett durchbricht. In seinem Grundaufbau besteht das Herzskelett aus **Faserringen** *(Anuli fibrosi)* um die atrioventrikulären und arteriellen Ostien sowie aus den sie verbindenden bindegewebigen Anteilen und der Pars membranacea des Septum interventriculare.

Im Knotenpunkt wo Aorten-, Mitral- und Trikuspidalklappe aneinanderstoßen, liegt ein knorpelartig verhärteter zentraler Bindegewebekörper, das *Trigonum fibrosum dextrum.* Im Winkel zwischen Aorten- und Mitralklappe befindet sich das *Trigonum fibrosum sinistrum.* Vom rechten Bindegewebezwickel gehen zwei paar gebogene, spitz zulaufende, sehnige Schenkel aus, die sich um die Öffnungen der Atrioventrikularklappen legen und die verformbaren *Anuli fibrosi dexter* und *sinister* bilden. An diesen Ringen sind die Mitral- und die Trikuspidalklappe befestigt.

Wegen des komplizierten Übergangs vom Herzen zu seinen großen Arterien sind die Faserringstrukturen um die arteriellen Ostien anders aufgebaut. Das kurze, bindegewebige Rohrsegment um die Aorta, das an der girlandenförmigen Anheftung der Taschenklappen verdickt ist, verbindet sich in seinem hinteren Bereich mit den Trigona. Am Tiefpunkt der rechten Aortenklappe entspringt ein sehnenartiger Bindegewebestreifen, *Tendo infundibuli,* der zum Pulmonalisring zieht der im Aufbau dem Faserring um die Aorta entspricht. Die in ihrer Form sehr variable *Pars membranacea septi* erstreckt sich zwischen hinterer und rechter Taschenklappe der Aorta als untere Ausdehnung des Trigonum fibrosum dextrum nach links vorn zur Oberkante des muskulären Septum interventriculare und setzt sich nach oben in das Septum interatriale fort. Als *Tendo valvulae venae cavae inferioris* wird noch ein dünnes Kollagenfaserbündel bezeichnet **(Todaro-Sehne)**, das vom Trigonum fibrosum dextrum zur Klappe der unteren Hohlvene läuft. Diese Sehne dient in der Kardiologie als Landmarke (atriale Grenze des Koch-Dreiecks) zur Lokalisierung des Atrioventrikularknotens (AV-Knoten) des Erregungsbildungs- und -leitungssystems.

Nur im Bereich des Trigonum fibrosum dextrum des Herzskeletts ist eine Überleitung der Erregung von den Vorhöfen auf die Kammern möglich.

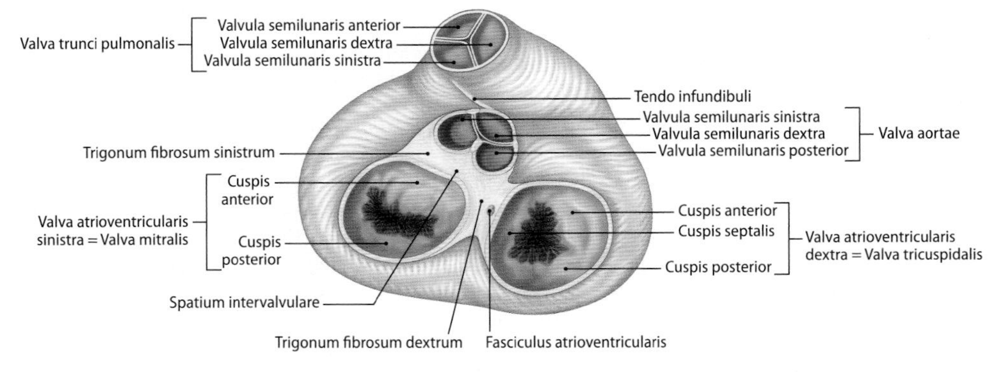

◘ **Abb. 6.6. Ventilebene des Herzens.** Die Segel der Mitral- und Trikuspidalklappe hängen trichterförmig durch. Die Aorta ist entlang des girlandenförmigen Verlaufes der Anheftungslinie ihrer Taschenklappen abgetragen. Wo sich die Anheftungslinien treffen, ist das Gewebe knötchenförmig verdickt. Dadurch entsteht das Bild einer dreizackigen Krone. Der Truncus pulmonalis ist dagegen mit einem Flachschnitt abgesetzt [3]

In Kürze

Vom bindegewebigen Herzskelett werden die Herzostien ringförmig umschlossen.

Vom Herzskelett werden die Herzvorhöfe von den Herzkammern vollständig getrennt, nur das spezifische Erregungsbildungs- und -leitungssystem durchdringt es im Trigonum fibrosum dextrum.

Die Segelklappen (Trikuspidal- und Bikuspidalklappe) sowie Taschenklappen (Pulmonalis- und Aortenklappe) befinden sich in einer Ventilebene. Die Klappen sorgen als Ventile dafür, dass das Blut in eine bestimmte Richtung strömt.

6.2.4 Aufbau der Herzwand und Myokardarchitektur

Einführung

Das Herz ist ein muskulöses Hohlorgan, das in seinem Wandbau einem modifizierten Blutgefäß entspricht. Nach dem Bauprinzip der Gefäße in Intima, Media und Adventitia ist es aus 3 Schichten aufgebaut. Innen wird es von der Herzinnenhaut, dem Endokard, ausgekleidet. Es liegt der Muskelschicht, dem Myokard an, das von seiner Dicke her den Wandaufbau beherrscht. Je nach der zu leistenden Arbeit ist seine Muskelmasse in den einzelnen Abschnitten des Herzens unterschiedlich stark ausgebildet. Nach außen folgt das subepikardiale Bindegewebe mit dem Epikard, eine glatte, spiegelnde Haut, die Teil des Herzbeutels (Perikard) ist.

Schichten der Herzwand

- **Endokard** (innerste Schicht, kleidet die Herzhöhlen aus)
- **Myokard** (mittlere Schicht, wird von Herzmuskelzellen gebildet)
- **Perikard** (äußerste Schicht, Bestandteil des Herzbeutels)

Endokard

Das an seiner Oberfläche glatte Endokard besteht aus **Endothel.** Es liegt einer dünnen Schicht lockeren subendothelialen Bindegewebes auf, in dem auch einzelne glatte Muskelzellen vorkommen. Dieses feinfaserige Bindegewebe geht in eine Schicht mit elastischen Netzen und verzweigten glatten Muskelzellen über, die dafür sorgt, dass sich das Endokard an den jeweiligen Kontraktionszustand des Herzens anpasst. Ein **subendokardiales Bindegewebe,** das neben Gefäßen und Nerven auch Züge des Reizleitungsgewebes enthält, hängt mit dem interstitiellen Bindegewebe des Myokards zusammen und stellt dadurch die **Verbindung zur Herzmuskulatur** her.

Die **Segel-** und **Taschenklappen** sind Duplikaturen des Endokards, die aus relativ derben bindegwebigen Platten bestehen, die von Endothel überzogen werden. Sie sind frei von Gefäßen, werden aber reichlich von vegetativen Nerven versorgt.

Myokard

Herzmuskelzellen

Das Myokard wird aus einem Gefüge von untereinander verbundenen, sich verzweigenden Herzmuskelzellen gebildet (zum Erregungsbildungs- und -leitungsgewebe ► Kap. 6.2.5). Wie bei der Skelettmuskulatur sind die kontraktilen Proteine in Sarkomeren organisiert und bedingen das typische Bild der Querstreifung (zum Bau der Herzmuskelzellen ► Kap. 2.2). Allerdings besitzen die im Mittel 80 µm langen und 10–25 µm dicken, von einem zarten Endomysium umhüllten Herzmuskelzellen zumeist nur einen zentral gelegenen großen Zellkern, der in einem perinukleären, fibrillenfreien Raum liegt. Miteinander sind sie durch besondere interzelluläre Haftkomplexe, die Glanzstreifen,*Disci intercalares,* mechanisch und elektrisch verbunden. An den treppenförmig verlaufenden Disci können transversale und longitudinale Abschnitte unterschieden werden. Die in den queren Abschnitten liegenden *Fasciae adhaerentes,* in denen die Aktinfilamente verankert sind, dienen der Übertragung der Kontraktionskraft der Muskelzellen. An ihrem Rand oder innerhalb von ihnen liegen die *Maculae adhaerentes,* die mit sarkoplasmatischen Intermediärfilamenten verbunden sind. Durch diesen Haftkomplextyp werden die aneinanderstoßenden Herzmuskelzellen mechanisch aneinandergekettet. Vor allem in den longitudinalen Abschnitten sind die *Nexus (Gap Junctions)* lokalisiert, die der elektrischen Koppelung der Zellen und damit der schnellen Ausbreitung der Erregung im Myokard dienen. Eine typische Herzmuskelzelle besitzt etwa 100 Gap Junctions an ihrer Oberfläche, durch die sie mit etwa 10 angrenzenden Myozyten elektrisch verbunden ist. Aufgrund unterschiedlicher Zellgröße und Faserorientierung variieren Zahl und Verteilung der Gap Junctions stark und tragen zur elektrischen Heterogenität in den verschieden Regionen der Kammerwände bei. Die in Höhe der Z-Scheiben liegenden T-Tubuli sind zahlreicher und weitlumiger als in der Skelettmuskelfaser, und es kommen außer Triaden auch Diaden vor. Dagegen ist das sarkoplasmatische Retikulum nicht so gut entwickelt. Neben vielen Mitochondrien und reichlich Myoglobin enthalten die Herzmuskelzellen Lipidtröpfchen und Glykogenpartikel sowie mit zunehmendem Alter charakteristische Ablagerungen von Lipofuszingranula im perinukleären Raum.

Im Herzmuskel des Ewachsenen ist ungefähr jeder Herzmuskelzelle eine Kapillare zugeordnet und keine Herzmuskelzelle mehr als 8 µm von einer Kapillare entfernt. Diese enge räumliche Anordnung ändert sich bei einer **Herzmuskelhypertrophie,** bei der die Herzmuskelzellen dicker und myofibrillenreicher werden. Mit einer solchen Gewebereaktion passt sich die Herzmuskulatur einer andauernden Druck- oder Volumenbelastung an. Da durch die Dickenzunahme der Muskelzellen die Kapillaren von ihnen abrücken und sich dann deren Versorgungsgebiete nicht mehr überschneiden, wird der Herzmuskel ab einer kritischen Grenze nur noch unzureichend versorgt. Zwischen den Kapillaren bleiben mangelhaft durchblutete Bezirke übrig, so dass es zu Einzelzellnekrosen der Herzmuskelzellen kommt. Allerdings ist die Kapillar-Faser-Relation keine feststehende Konstante. Bei einer Trainingshypertrophie bleibt die Kapillardichte trotz der Hypertrophie der Herzmuskelzellen gleich, so dass auf eine Kapillarsprossung geschlossen werden kann. Eine adaptive Mehrdurchblutung findet allerdings ihre Grenze in der Größe der großen Kranzarterien, die nicht wesentlich wachsen können. Im Mittel liegt das Herzgewicht beim Mann bei etwa 300 g und bei der Frau bei etwa 250 g.

! Das kritische Herzgewicht, bei dem eine myokardiale Mangeldurchblutung beginnt, liegt bei 500 g.

Bei der Größenordnung des kritischen Herzgewichts passt sich das Herz in geringem Umfang zusätzlich durch eine Hyperplasie den erhöhten Anforderungen an, indem es wahrscheinlich zu einer Längsspaltung der Herzmuskelzellen kommt. Außerdem wächst die Zahl der Sarkomere innerhalb eines Myozyten appositionell. Untergegangenes Herzmuskelgewebe wird durch eine bindegewebige Narbe ersetzt. Da Satellitenzellen fehlen, ist eine Regeneration nicht möglich.

Intramyokardiales Bindegewebegerüst

Das Flechtwerk der Herzmuskulatur wird durch ein intramyokardiales, gefäßführendes Bindegewebegerüst ergänzt. Zu einem räumlichen Netzwerk angeordnete Kollagenfasern stehen darin untereinander sowie mit dem Epi- und Endokard in Verbindung. Innerhalb dieses Netzwerks bestehen zarte retikuläre Verstrebungen von einer Muskelfaser zur anderen, die ebenso wie die Kapillaren von einem zarten, aber dichten Maschenwerk von retikulären Fasern umsponnen werden. Zarte kollagene Fasern stellen auch Verbindungen zwischen Herzmuskelzellen und Kapillaren her und umhüllen Verbände von 3 und mehr Muskelfasern, die untereinander wiederum durch breitere Kollagenfasern verbunden sind. Sehr spärlich sind elastische Fasern vertreten, die um die Herzmuskelzellen herum spiralig angeordnet sind. Das Bindewebegerüst passt sich unterschiedlichen Kammerfüllungen an und bietet dabei Schutz gegen eine Überdehnung des Herzens. Darüber hinaus werden die zarten Faserverbindungen zwischen den Herzmuskelzellen als eine mechanische Koppelung aufgefasst, die entscheidend zur mechanischen Spannungsausbreitung innerhalb des kontraktilen Raumgitters des Herzmuskels beiträgt. Es wird vermutet, dass die Bindegewebefasern in allen Myokardregionen für eine annähernd gleiche Sarkomerenlänge in der Diastole sorgen. Die Faserzüge zwischen Muskelfasern und Kapillaren verhindern, dass sich beide während der Herzaktionen voneinander entfernen.

Endokrine Sekretion

Das Herz ist auch ein endokrines Organ. In der Muskulatur des Vorhofs sind Zellen mit einem gut ausgebildeten sekretorischen Apparat und membranumhüllten Granula entdeckt worden, die Hormone enthalten. Diese myoendokrinen Zellen liegen vor allem in den dünnwandigen trabekulären Abschnitten der Vorhöfe (Herzohren) und bilden einen zusammenhängenden Komplex. Sie sezernieren auf einen Dehnungsreiz der Vorhöfe hin das atriale natriuretische Peptid (ANP, Cardiodilatin), das eine gefäßerweiternde und blutdrucksenkende Wirkung hat und eine vermehrte Ausscheidung von Wasser und Natrium in der Niere verursacht.

Myokardarchitektur

Die Frage nach der räumlichen Organisation der Fasern in der Kammermuskulatur ist bis heute noch immer nicht eindeutig geklärt. Auf der Suche danach wurde versucht, funktionelle Einheiten zu isolieren. Diese werden zumeist als ineinander übergehende Schichten von Muskelfaserzügen, die sich im *Vortex cordis* an der Herzspitze umwenden, beschrieben. Es gelang aber nicht zu zeigen, dass solche Einheiten tatsächlich von Bindegewebe umscheidet sind. Unberücksichtigt bleibt dabei nämlich, dass die Herzmuskelzellen ein dichtes räumliches Gitterwerk bilden, in dem die Fasern nicht nur in den Ebenen der Kammeroberflächen, sondern auch schräg transmural mit variablem Neigungswinkel von 0°–35° vom Epikard zum Endokard verlaufen. Die Myozyten bilden also ein dreidimensionales System von durchflochtenen, jedoch immer einer Hauptstreichrichtung folgenden Myozytenketten, die zumeist tangential ausgerichtet sind, von denen einige aber auch in die Kammerwand eindringen. Die zirkuläre Streichrichtung überwiegt im basalen und mittleren Teil des linken Ventrikels so sehr, dass die Myozyten hier wie zu einem »Triebwerkzeug« angeordnet wirken. Eine entsprechende Ausprägung findet sich im rechten Ventrikel nur dann, wenn eine Rechtsherzhypertrophie eingetreten ist.

Epikard

Das Epikard ist die *Lamina visceralis* des Herzbeutels, *Pericardium serosum*, und überzieht als eine zarte, spiegelnde Haut die äußere Oberfläche des Herzens. Ihr Mesothel sitzt einer dünnen fibroelastischen Schicht auf, unter der sich das subepikardiale Fettgewebe befindet, das mit dem interstitiellen Bindegwebe des Myokards in Verbindung steht. In dem lockeren, fettreichen Bindegewebe sind die Gefäße und Nerven des Herzens eingelagert. Vor allem in den Sulci des Herzens ist es reichlicher vorhanden und hilft, die Kontur des Organs abzurunden.

In Kürze

Wandbau des Herzens

Die Wandaufbau des Herzens entspricht dem eines modifizierten Blutgefäßes und besteht aus 3 Schichten.

- **Endokard:** Innenauskleidung aus Endothel. Segel- und Taschenklappen sind Duplikaturen der Herzinnenhaut
- **Myokard:** dichtes räumliches Gitterwerk von Myozytenketten
- **Epikard:** seröse Außenhaut des Herzens und zugleich Lamina visceralis des Herzbeutels (Pericardium serosum)

6.2.5 Erregungsbildungs- und -leitungssystem

 Einführung

Die Herzmuskulatur kann sich auch ohne Nervenimpulse rhythmisch kontrahieren, d.h. sie besitzt eine Automatie. Prinzipiell sind alle Herzmuskelzellen dazu in der Lage, aber die Fähigkeit ist je nach Herzregion und Muskelzelltyp unterschiedlich ausgepägt. Für eine geordnete Tätigkeit der einzelnen Abschnitte des Herzens ist eine koordinierte Erregungsbildung und Erregungsleitung notwendig. Diese wird durch spezifisch modifizierte Myozyten erbracht, die in ihrer Gesamtheit das *Systema conducens cordis* bilden, dessen Zellen sarkoplasmareicher und fibrillenärmer sind als die des Arbeitsmyokards. Sie haben weniger Mitochondrien und mehr Glykogen und zeichnen sich durch Enzyme der anaeroben Glykolyse aus. Untereinander sind sie durch Nexus und punktförmige Adhäsionskontakte verbunden. Das Erregungsbildungs- und -leitungssystem ist in verschiedene Abschnitte gegliedert.

Struktur des Erregungsbildungs- und -leitungssystems

- **Sinusknoten** [Keith-Flack-Knoten]
- **Atrioventrikularknoten** [Aschoff-Tawara-Knoten]
- **Atrioventrikularbündel** [His-Bündel]
- **rechter und linker Kammerschenkel** [Tawara-Schenkel]
- **Rr. subendocardiales** [Purkinje-Fasern]

Sinusknoten

Der Sinusknoten, *Nodus sinuatrialis,* ist der **Schrittmacher des Herzens,** der 60–80 Erregungen pro Minute bildet und damit den Rhythmus des Herzens bestimmt. Als ein etwa 1–2 cm langes, 0,2 cm breites spindel- oder rübenförmiges Geflecht, das im Alter bindegewebsreicher wird, liegt er in der Furche zwischen der Mündung der V. cava superior und dem rechten Herzohr (◘ Abb. 6.7). Er wird durch einen R. nodi sinuatrialis aus der A. coronaria dextra versorgt. Seine Erregungen breiten sich über die Vorhofmuskulatur aus. Dabei gibt es aufgrund regionaler Unterschiede in der Gewebearchitektur und der Geometrie der Vorhofwände und des Septums bevorzugte Leitungswege.

Atrioventrikularknoten

Der Atrioventrikularknoten (AV-Knoten), *Nodus atrioventricularis,* liegt im Bereich des rechten Vorhofs im Septum interatriale an der Vorhofkammergrenze auf dem Trigonum fibrosum dextrum nur wenige Millimeter links von der Mündung des Sinus coronarius (◘ Abb. 6.7). Seine locker gefügten Muskelzellen mit reichlichem Bindegewebe sind vom umgebenden Gewebe schwer abzugrenzen. Nach distal setzt sich

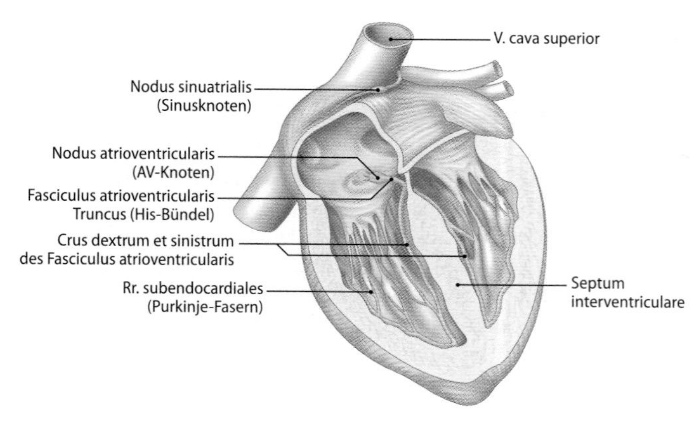

Abb. 6.7. Erregungsbildungs- und -leitungssystem des Herzens

der Knoten in das Atrioventrikularbündel fort, dessen 4 mm dicker Stamm als einzige muskuläre Verbindung zwischen Vorhof- und Kammermuskulatur das Trigonum fibrosum dextrum durchsetzt.

Atrioventrikularbündel, Kammerschenkel und Purkinje-Fasern

Das Atrioventrikularbündel (AV-Bündel), *Fasciculus atrioventricularis,* zieht auf der rechten Seite an der Pars membranacea des Kammerseptums entlang und gabelt sich auf der Kante des muskulären Septums in einen **rechten** und **linken Schenkel,** *Crus dextrum* und *sinistrum,* die beide subendokardial herzspitzenwärts laufen (Abb. 6.7).

Der **rechte Schenkel** zieht zunächst weiter nach vorn und erreicht in einem abwärts verlaufenden Bogen die Trabecula septomarginalis, in der er sich in drei Äste aufspaltet, die in die Papillarmuskeln hineinziehen (Abb. 6.7). Über netzartig auslaufende *Rr. subendocardiales* [Purkinje-Fasern] gelangen die Erregungen auch zum übrigen Myokard.

Der **linke Schenkel** fächert sich schon früh in seinem Verlauf entlang dem Kammerseptum in einen vorderen und hinteren Hauptzug auf, die in die beiden Papillarmuskelgruppen ziehen und sich schließlich ebenfalls in Rr. subendocardiales netzartig verzweigen (Abb. 6.7).

Fasern des Erregungsbildungs- und -leitungsgewebes, welche die Ventrikelräume frei durchqueren, werden »falsche Sehnenfäden« genannt.

6.2 Herzrhythmusstörungen

Ist die koordinierte Erregungsbildung und Erregungsleitung gestört, sind Herzrhythmusstörungen die Folge. Die Ursache für eine **Erregungsbildungsstörung** kann im Sinusknoten selbst liegen (nomotope Rhythmusstörung) oder von einem anderen Ort der Herzmuskulatur ausgehen (heterotope Rhythmusstörung). Eine Verlangsamung der Erregungsbildung im Sinusknoten führt zur Verlangsamung des Herzschlages (Bradykardie). Zur Behebung kann ein **Herzschrittmacher** eingesetzt werden. **Erregungsleitungsstörungen** können zwischen Sinusknoten und Vorhof, zwischen AV-Knoten und den Kammern oder innerhalb der Schenkel des His-Bündels vorkommen. Sie äußern sich in einer Verlängerung der Erregunsleitungszeit bis hin zum totalen Block.

Zur **Diagnostik** von Herzrhythmusstörungen wird das **EKG** (Elektrokardiogramm) eingesetzt.

In Kürze

Erregungsbildungs- und -leitungssystem

Das Herz besitzt die Fähigkeit zur Erregungsbildung in sich (Automatie):
- Sinusknoten: Schrittmacher
- Atrioventrikularknoten: Erregungsverzögerung
- Atrioventrikularbündel: Überleitung der Erregung von den Vorhöfen auf die Kammern
- Kammerschenkel und ihre Endaufzweigungen: Kammererregung

6.2.6 Herzzyklus und Herzmechanik

Einführung

Die einzelnen Abschnitte des Herzens müssen sich koordiniert, d.h. in einer bestimmten zeitlichen Abfolge zusammenziehen und erschlaffen, damit das Herz als eine voll funktionsfähige Druck-Saug-Pumpe arbeiten kann. Füllung und Entleerung der Herzräume erfolgen in einem zweiphasigen Herzzyklus. Er setzt sich prinzipiell aus einer Kontraktionsphase (Systole) und einer Erschlaffungsphase (Diastole) zusammen.

Zweiphasiger Herzzyklus
- **Systole:** Kontraktionsphase
- **Diastole:** Erschlaffungsphase

Systole und **Diastole** laufen in den Vorhöfen und den Kammern getrennt ab. Wenn die Vorhöfe in Systole sind, befinden sich die Kammern in Diastole und umgekehrt. Ohne nähere Spezifizierung werden Systole und Diastole des Herzens auf die Kontraktions- und Erschlaffungsphase der Kammern bezogen.

Innerhalb der beiden Phasen erfolgt eine weitere Unterteilung:
- **Systole:** Anspannungs- und Austreibungsphase
- **Diastole:** Entspannungs- und Füllungsphase

In enger Beziehung zu diesen Aktionsphasen stehen die **Herzklappen**, die als **Ventile** die Strömungsrichtung des Blutes vorgeben. Deren Öffnung und Schluss werden durch die jeweiligen Drücke in den angrenzenden Herzräumen bzw. Gefäßen bestimmt.

Zu Beginn der Kammersystole steigt der Druck bei allseits geschlossenen Klappen steil an, wenn sich die Kammermuskulatur in einer isovolumetrischen Kontraktion um das Blut in ihnen anspannt (**Anspannungsphase**). Dabei formt sich das Herz von einem Kegel zur Kugel, und die Ventilebene senkt sich herzspitzenwärts. Durch deren Verlagerung werden die erschlafften Vorhofwände ausgedehnt, und der Druck fällt in den Vorhofhöhlen ab. Dadurch wird bereits etwas Blut aus den herznahen Venen in die Vorhöfe angesaugt. Die Papillarmuskeln verhindern durch ihre Kontraktion, dass die Segelklappen in die Vorhöfe zurückschlagen können. Wenn der Druck in den Kammern den in der Aorta und im Truncus pulmonalis übersteigt, öffnen sich die Taschenklappen, und die **Austreibungsphase** beginnt mit dem Auswurf des Schlagvolumens von 70–90 ml. Am Ende der Systole bleibt allerdings ein Restvolumen in den Kammern zurück. Mit der Verkleinerung des Kammervolumens während der Austreibungsphase wandert die initial in der Anspannungsphase abgesenkte Ventilebene weiter herzspitzenwärts, so dass das Auspressen des Blutes in die großen Arterien mit einem Sog auf das Blut in den herznahen Venen verbunden ist und die schon geweiteten Vorhöfe weiter gefüllt werden (Druck-Saug-Pumpe).

Die Kammerdiastole beginnt mit der **Entspannungsphase**, wenn sich die Taschenklappen schließen, weil der Druck in den Kammern unter den Drücken in den Arterienstämmen liegt. Während dieser Phase der isovolumetrischen Erschlaffung sind wiederum alle Klappen geschlossen. Sobald die Drücke in den Ventrikeln die in den Vorhöfen unterschreiten, öffnen sich die Atrioventrikularklappen, und die **Füllungsphase** beginnt. Erst in der letzten Phase der Ventrikeldiastole kontrahieren sich die Vorhöfe. Diese Vorhofsystole trägt zu etwa 20% an der Füllung der Ventrikel bei. Nach dem ersten Viertel der Füllungsphase sind also bereits 80% der Füllung der Kammern erreicht. Zu dieser schnellen frühdiastolischen Füllung trägt der sog. Ventilebenenmechanismus bei, durch den ein Teil der Ventrikelfüllung ohne unmittelbare Bewegung des Blutes erfolgt. Die bei der Kontraktion der Kammern herzspitzenwärts gewanderte Ventilebene kehrt in der Phase der Erschlaffung wieder zurück. Bei geöffneten Atrioventrikularklappen stülpen sich durch diesen Mechanismus die Kammern über das Blut in den Vorhöfen. Hinzu kommt auch noch eine elastische Rückstellkraft der Kammern, die basiswärts gerichtet ist.

Die diastolische Kammerfüllung erfolgt zu gut drei Viertel über den Ventilebenenmechanismus, der Rest über die Vorhofkontraktion.

In Kürze

Der Herzzyklus besteht aus 2 Phasen:
- **Kontraktion:** Systole
- **Erschlaffung:** Diastole

Beide Phasen laufen in den Vorhöfen und Kammern getrennt ab.

Die beiden Phasen des Herzzyklus unterteilen sich jeweils in 2 weitere Phasen:
- Systole:
- Anspannungphase
- Austreibungsphase
- Diastole:
- Entspannungsphase
- Füllungsphase

6.2.7 Innervation

Einführung

Durch sein Erregungsbildungs- und Erregungsleitungsgewebe ist das Herz von externen motorischen Antrieben über das Nervensystem nicht abhängig. Dennoch unterliegt seine autorhythmische Tätigkeit nervalen Einflüssen, um seine Leistung den Erfordernissen des Körpers anzupassen. Diese Steuerung erfolgt über Äste des N. sympathikus und des N. vagus aus dem autonomen Nervensystem (Abb. 6.8).

Die Äste des N. sympathicus beschleunigen die Herzfrequenz (positiv chronotrop), verkürzen die Überleitungszeit vom Vorhof auf die Kammern (positiv dromotrop) und steigern die systolische Kraftentfaltung (positiv inotrop). Die Vagusäste sind dagegen für den »Schongang« des Herzens verantwortlich; denn sie haben eine die Frequenz mindernde und die Überleitungszeit verlängernde Wirkung (jeweils negativ chrono- und dromotrop). An den Herzkammern treten sie mit dem Sympathikus zur Regulation der ventrikulären Kontraktilität in komplexe Wechselwirkung. Neben diesen autonomen efferenten Fasern führen die Herznerven auch afferente viszerosensible Fasern.

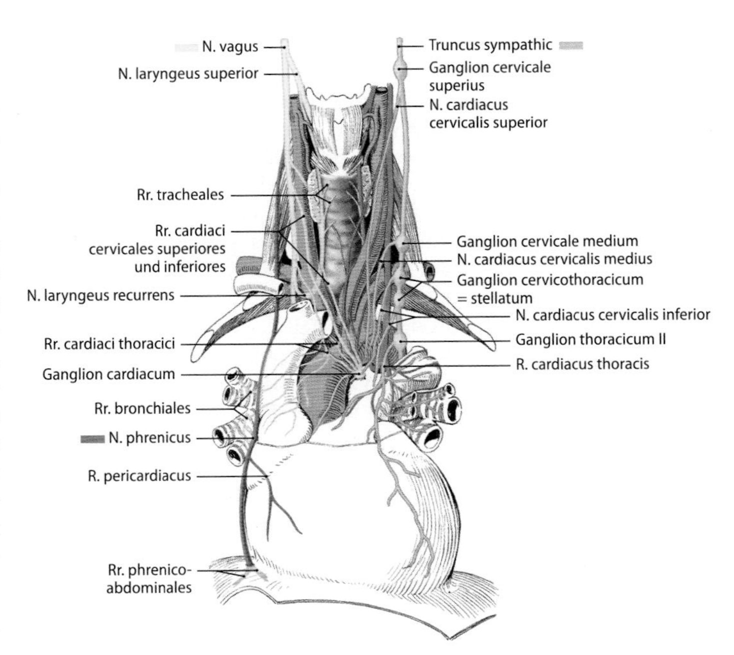

Abb. 6.8. Innervation des Herzens [1]

Herznerven des Truncus sympathicus

Die präganglionären Fasern der Herznerven des Sympathikus stammen aus den Thorakalsegmenten Th1–Th4. Nach ihrer Umschaltung im Ganglion cervicale superius, medium und cervicothoracicum ziehen die postganglionären Fasern als *N. cardiacus cervicalis superior, medius* und *inferior* sowie aus den 2.–4. Brustganglien als *Rr. cardiaci thoracici* zum Plexus cardiacus. Der rechte *N. cardiacus cervicalis superius* zieht hinter dem Aortenbogen in den tiefen Anteil des Plexus cardiacus, der linke am Aortenbogen links vorbei in dessen tiefen und oberflächlichen Anteil. Soweit bekannt, verlaufen in diesen Nerven nur Efferenzen. Der *N. cardiacus cervicalis medius*, der auch Verbindungen zum *N. phrenicus* hat, zieht rechts hinter dem Truncus brachiocephalicus, links hinter der A. subclavia zum Herzgeflecht. Der *N. cardiacus cervicalis inferior* zieht hinter der A. subclavia zum tiefen Teil des Plexus. Neben den efferenten und afferent viszerosensiblen Fasern verlaufen in den Nn. cardiaci auch parasympathische Fasern, die sich ihnen durch Anastomosen mit Vagusästen angelagert haben.

Äste des N. vagus

Die parasympathischen Fasern werden dem Herzen über Äste des N. vagus zugeführt. Die *Rr. cardiaci cervicales superiores* ziehen vom Stamm des Vagus dicht unter dessen Ganglion inferius oder aus dem R. externus des N. laryngeus superior zum Plexus cardiacus im Ursprungsbereich der A. carotis communis sinistra. Die *Rr. cardiaci cervicales inferiores* gehen etwa auf der Mitte des Halses aus dem Vagusstamm oder N. laryngeus recurrens ab und treten rechts in den tiefen, links in den oberflächlichen Plexusanteil ein. Die *Rr. cardiaci thoracici* verlassen den Vagus im oberen Mediastinum. Die präganglionären Fasern stammen aus dem Nucleus dorsalis n. vagi und werden in kleinen, zu Gruppen angeordneten, subepikardial gelegenen Ganglien in der Wand der Vorhöfe nahe den Venenmündungen umgeschaltet. Die Nervenzellen der afferenten Vagusfasern, vor allem auch aus den Barorezeptoren, liegen in den Ganglia superius und inferius n. vagi, von wo aus sie zum Hirnstamm weiter ziehen.

Plexus cardiacus und Ganglia cardiaca

Das Herzgeflecht, *Plexus cardiacus,* in das auch Herzganglien, *Ganglia cardiaca,* eingelagert sind, wird aus den sympathischen und parasympathischen Herznerven gebildet. Die Äste vermischen sich und sind morphologisch nicht mehr voneinander zu trennen. Mit seinem oberflächlichen Anteil bedeckt das Herzgeflecht den konkaven Rand des Aortenbogens und liegt zwischen ihm und dem Truncus pulmonalis. Mit seinem tiefen Anteil befindet es sich zwischen dem Aortenbogen und der Teilung der Trachea. Aus dem Plexus cardiacus gehen die Fasern für das Herz hervor. Sie ziehen zum Sulcus coronarius und begleiten die Herzkranzgefäße. Ein Teil der Fasern verläuft in der Furche zwischen V. cava superior und V. pulmonalis dextra superior und gelangt zu den Rückflächen der Vorhöfe. Cholinerge und adrenerge Fasern ziehen zum Sinus- und AV-Knoten, weniger dicht zur Vorhof- und Kammermuskulatur. Adrenerge Fasern versorgen die Koronararterien und -venen.

Ansammlungen intrakardialer Ganglienzellen liegen subepikardial vor allem in der hinteren Wand der Vorhöfe, aber auch ventrikulär um die Ursprünge der großen Arterienstämme und entlang dem Verlauf der Kranzarterien und in den Kammerwandungen. Sie verarbeiten die eintreffenden nervalen Informationen weiter. Dadurch ist eine effektive Feineinstellung der Herzdynamik möglich.

Schmerzfasern des Herzens haben ihren Ursprung in Perikaryen der Rückenmarksegmente C3–C4 und Th2–Th7. Aus diesem Zusammenhang erklärt sich eine Projektion des Herzschmerzes auf die linke Schulter-Hals-Region und auf die ulnare Seite des linken Armes **(Head-Zonen)**.

In Kürze

Herznerven

Die Herznerven passen die Leistung des Herzens den Erfordernissen des Körperes an:
- N. Sympathicus (Th1–Th4): positiv chronotrop, dromotrop, inotrop
- N. vagus: negativ chronotrop, dromotrop
- Schmerzfasern (C3–C4 und Th2–Th7): Head-Zone linke Schulter-Hals-Region, ulnare Seite des linken Arms

Tab. 6.2. Herzkranzarterien

Hauptgefäße	Äste
A. coronaria dextra	▬ Rr. atrioventriculares ▬ R. coni arteriosi ▬ R. nodi sinuatrialis ▬ Rr. atriales ▬ R. marginalis dexter ▬ R. atrialis intermedius ▬ R. interventricularis posterior – Rr. interventriculares septales – R. nodi atrioventricularis – (R. posterolateralis dexter)
A. coronaria sinistra	▬ R. interventricularis anterior – R. coni arteriosi – R. lateralis – Rr. interventriculares septales ▬ R. circumflexus – R. atrialis anastomoticus – Rr. atrioventriculares – R. marginalis sinister – R. atrialis intermedius – R. posterior ventriculi sinistri – (R. nodi sinuatrialis) – (R. nodi atrioventricularis) – Rr. atriales

6.2.8 Gefäße des Herzens

  Einführung

Die den Vasa vasorum der größeren Blutgefäße entsprechenden Herzkranz- oder Koronargefäße sind die Vasa privata des Herzens und versorgen dieses mit Sauerstoff und Nährstoffen. Sie bilden den kürzesten Kreislauf des Körpers.

Herzkranzarterien

Die Kranzarterien des Herzens (▪ Abb. 6.2 und 6.3) formieren sich zu einer schräg nach unten geneigten Krone, die aus einem anastomosierenden Gefäßkranz besteht, der mit interventrikulären und marginalen Ästen verbunden ist, die auch ihrerseits zu Gefäßschleifen vernetzt sind (▪ Tab. 6.2). Während die Hauptarterien und größeren Äste subepikardial gelegen sind, verlaufen die Gefäße in den Sulci oft tiefer in das Herzmuskelgewebe eingelagert und s ogar von ihm überbrückt.

Die **A. coronaria dextra** entspringt im rechten Sinus aortae oberhalb der Taschenklappe aus der Aorta ascendens. Sie verläuft dann zunächst vom rechten Herzohr bedeckt im Sulcus coronarius nach hinten, wo sie auf der Facies diaphragmatica mit ihrem *R. interventricularis posterior* im gleichnamigen Sulcus zur Herzspitze zieht, aber auch mit den *Rr. atrioventriculares* im Sulcus coronarius ein Stück weiterläuft und mit einem Endzweig, *R. nodi atrioventricularis,* den AV-Knoten versorgt. Auf ihrem Weg entsendet die rechte Kranzarterie einen *R. coni arteriosi* zu dessen Ursprung, den *R. nodi sinuatrialis* zur Versorgung des Sinusknotens sowie auch des Myokards vor allem des rechten Vorhofs, schickt weiterhin *Rr. atriales* zum rechten Vorhof, einen *R. marginalis dexter* entlang der Außenkante der rechten Kammer, einen *R. atrialis intermedius* auf die Rückseite des rechten Vorhofs hinauf und schließlich mittels des *Ramus interventricularis posterior Rr. interventriculares septales* zum Kammerseptum.

Der Abgang der im allgemeinen stärkeren **A. coronaria sinistra** liegt im linken Sinus aortae. Nach kurzem Verlauf teilt sie sich in einen *R. interventricularis anterior* und einen *R. circumflexus.*

Der **R. interventricularis anterior** zieht im gleichnamigen Sulcus zur Herzspitze, biegt dort auf die Facies diaphragmatica um und anastomosiert mit dem R. atrioventricularis posterior aus der rechten Kranzarterie. Aus dem R. interventricularis anterior geht ein *R. coni arteriosi* zum Conus hinüber, ein *R. lateralis* zur Vorderwand des linken Ventrikels und dringen als *Rr. interventriculares septales* ins Kammerseptum.

Der **R. circumflexus** zieht im Sulcus coronarius nach links herum zur Facies diaphragmatica und läuft in *Rr. atrioventriculares* aus. In seinem Verlauf entsendet er einen *R. atrialis anastomoticus* zum rechten Vorhof, einen *R. marginalis sinister* zur Außenfläche der linken Kammer, einen *R. atrialis intermedius* auf die Rückseite des linken Vorhofs, einen *R. posterior ventriculi sinistri* auf dessen Rückseite und schließlich *Rr. atriales* zum linken Vorhof. Aus der linken Kranzarterie können auch Äste zum Sinus- und AV-Knoten als *R. nodi sinuatrialis* und *atrioventricularis* hervorgehen.

Da Stärke und Verteilung der beiden Kranzarterien gewissen Variationen unterworfen sind, lassen sich verschiedene Versorgungstypen unterscheiden, die im einzelnen jedoch in unterschied-

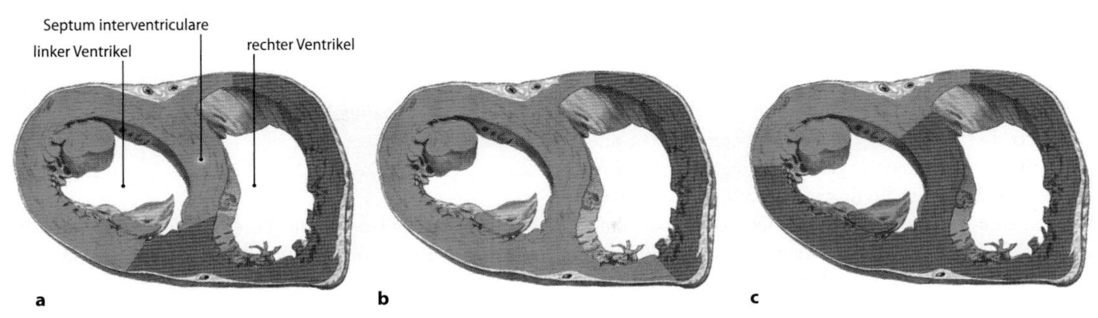

Abb. 6.9a–c. Darstellung der Versorgungsgebiete der A. coronaria sinistra und der A. coronaria dextra. **a** Ausgeglichener Typ, **b** Linkstyp, **c** Rechtstyp

licher Weise klassifiziert werden (Abb. 6.9). Beim »**ausgeglichenen Versorgungstyp**« versorgt die rechte Kranzarterie den überwiegenden Teil des rechten Vorhofs und der rechten Kammer sowie den dorsalen Anteil des Kammerseptums und den angrenzenden Teil der Hinterwand des linken Ventrikels. Die linke Kranzarterie versorgt den restlichen linken Ventrikel und Vorhof, den größten Teil des Septums sowie den septumnahen Bezirk des rechten Ventrikels. Beim »**Linkstyp**« versorgt die rechte Kranzarterie nur die Seitenwand und einen kleinen Abschnitt der Hinterwand der rechten Kammer. Beim »**Rechtstyp**« beschränkt sich dagegen der Versorgungsanteil der linken Kranzarterie nur auf die Vorderwand des linken und einen kleinen Streifen des rechten Ventrikels. Eine zusätzliche »Conusarterie« kann als Ast der A. coronaria dextra oder als eigenständige dritte Kranzarterie aus dem rechten Sinus aortae entspringen.

Die Kranzarterien dringen in das Kammermyokard rechtwinklig ein. Von diesen perforierenden Gefäßen gehen **intramurale Gefäßkomplexe** ab, die sich reichlich verzweigen, miteinander anastomosieren und schließlich in die Kapillaren zwischen den Herzmuskelzellen übergehen. Außerdem kommen in den Ventrikelwänden arterioluminale Kanäle vor, bei denen sich das arterielle Gefäß durch intertrabekuläre Spalträume in das Ventrikellumen entleert. Auch **arteriosinusoidale Gefäße** sind entdeckt worden, die sich z.T. ebenfalls ins Ventrikellumen öffnen oder sich mit venösen Gefäßabschnitten verbinden und dann als venoluminale Kanäle in die Ventrikel münden. Im Endokard der Ventrikel kann man die Mündungen dieser Gefäße erkennen. Solche sich in die Ventrikel öffnenden Kanäle werden einschließlich der *Venae cordis minimae* [Thebesii] unter dem Terminus *Vasa Thebesii* zusammengefasst. Etwa 4–5% des Herzminutenvolumens dienen der Koronardurchblutung, die starke Schwankungen im Rhythmus von Systole und Diastole des Herzens aufweist.

Die Herzkranzarterien sind funktionelle Endarterien. Aufgrund ihres Verteilungsmusters werden je nach dem Überwiegen einer der beiden Kranzarterien verschiedene arterielle Versorgungstypen unterschieden:
- **ausgeglichener Typ**
- **Linkstyp**
- **Rechtstyp**

6.3 Ischämische Herzerkrankung und Herzinfarkt

Obwohl die Kranzarterien Anastomosen besitzen, reichen sie bei Einengung und Verlegung der Gefäßlichtung einer Arterie oder ihrer Äste nicht aus, um das Myokard ausreichend zu versorgen. Die Gefäße werden deshalb als funktionelle Endarterien bezeichnet. Nur bei langsam verlaufenden pathologischen Prozessen scheinen die Anastomosen effizienter zu sein. Wenn ein Missverhältnis zwischen Blutangebot und Blutbedarf infolge einer Einengung (Stenose) der Kranzgefäße vorliegt, spricht man von einer ischämischen Herzerkrankung (IHK).

Der Verschluss einer Koronararterie führt zum Herzinfarkt, d.h. Herzmuskelzellen gehen im nicht mehr versorgten Bereich des Herzens zugrunde. Je nach dem Sitz des Verschlusses wird zwischen einem Vorderwand-, Seitenwand- und Hinterwandinfarkt untschieden.

Bei Verengungen oder Verschlüsse der Konorarterien können Bypass-Operationen durchgeführt werden. Dabei werden operativ Umgehungskreisläufe zur Verbesserung der Herzdurchblutung angelegt.

Herzvenen

Die Venae cordis lassen sich in 3 Gruppen gliedern (Abb. 6.2 und 6.3):
- Sinus coronarius mit seinen Zuflüssen
- vordere Herzvenen (transmurales System)
- Vv. cardiacae (cordis) minimae (endomurales System)

Sinus coronarius

Der 2–3 cm lange, zum größten Teil von einer dünnen Schicht von Herzmuskelgewebe bedeckte Sinus coronarius liegt im Sulcus coronarius auf der Facies diaphragmatica des Herzens zwischen linkem Vorhof und Ventrikel und mündet in den rechten Vorhof zwischen der Öffnung der V. cava inferior und dem Ostium atrioventriculare. In seinem Mündungsbereich besitzt er eine Klappe, die *Valvula sinus coronarii*. Seine **Zuflüsse**, die ebenfalls kleine Klappen aufweisen können, sind:
- **V. cardiaca (cordis) magna,** die von der Herzspitze kommend als *V. interventricularis anterior* im gleichnamigen Sulcus verläuft, mit dem R. circumflexus der linken Kranzarterie zum Sinus zieht und das Blut der vorderen Wand beider Ventrikel und des Conus arteriosus sowie der Seitenwand des linken Ventrikels *(V. marginalis sinistra)* und des linken Vorhofs aufnimmt.
- **V. ventriculi sinistri posterior,** die am linken Herzrand entlang das Blut aus der Hinterwand des linken Ventrikels ableitet.
- **V. cardiaca (cordis) media (V. interventricularis posterior)** im Sulcus interventricularis posterior, die das Blut aus der Hinterwand von beiden Kammern wegführt.
- **V. cardiaca (cordis) parva,** die gemeinsam mit der A. coronaria dextra hinten im Sulcus coronarius zwischen rechtem Vorhof und Kammer verläuft und das Blut von deren Rückseite ableitet.
- **V. obliqua atrii sinistri** [Marshalli] an der Rückwand des linken Vorhofs.

Vordere Herzvenen

Die vorderen Herzvenen, *Vv. cardiacae (cordis) anteriores (Vv. ventriculi dextri anteriores)*, drainieren den vorderen Teil des rechten Ventrikels. Die rechte Randvene, *V. marginalis dextra,* schließt sich entweder dieser Gruppe an oder öffnet sich direkt in den rechten Vorhof, in den auch die vorderen Herzvenen getrennt oder in variablen Verbindungen nah am Sulcus münden.

Vv. cardiacae minimae

Die Vv. cardiacae (cordis) minimae [Thebesii] öffnen sich vor allem in den rechten Vorhof und die rechte Kammer, gelegentlich auch in den linken Vorhof und selten in die linke Kammer. Diese winzigen Venen sollten besser einem System zugeordnet werden, das als thebesische Gefäße (Vasa Thebesii) bezeichnet wird, dem auch die bei der endomuralen Endausbreitung der Kranzarterien genannten Gefäßkomplexe zugerechnet werden (s. oben).

Lymphgefäße

Die subendokardialen Lymphgefäßnetze drainieren in den myokardialen und dieser wiederum in den subepikardialen Plexus. Von ihm fließt die Lymphe über größere Lymphgefäße, die der rechten und linken Kranzarterie folgen, zu den **vorderen mediastinalen Lymphknoten** ventral der Teilung der Trachea sowie den Knoten in der Nachbarschaft der großen herznahen Gefäße.

In Kürze

Das Herz selbst wird von den **Herzkranzgefäßen** als Vasa privata versorgt. Sie stellen die Blutversorgung des Herzens sicher.
Hauptgefäße sind:

- **rechte Herzkranzarterie (A. coronaria dextra).** Versorgungsgebiete sind:
  - rechter Vorhof und Teil des linken Vorhofs
  - rechte Kammer bis auf ein kleines Gebiet rechts des Sulcus interventricularis und variabler Anteil der linken Kammer im Bereich der Facies diaphragmatica
  - hinteres Drittel des Septum interventriculare
  - Sinus- und AV-Knoten
- **linke Herzkranzarterie (A. coronaria sinistra).** Versorgungsgebiete sind:
  - größter Teil des linken Vorhofs
  - größter Teil der linken Kammer und schmaler Streifen rechts des Sulcus interventricularis
  - vordere zwei Drittel des Septum interventriculare

Der **Abfluss des venösen Blutes** des Herzen erfolgt über 3 Wege:

- Sinus-coronarius-System
- vordere Herzvenen (transmurales System)
- Vv. cardiacae minimae (endomurales System)

Das Herz besitzt ein **Lymphgefäßnetz**, das sich aus dem **subendokardialen, myokardialen und subepikardialen Plexus** zusammensetzt, die miteinander verbunden sind.

6.2.9 Herzbeutel (Perikard)

  Einführung

Der Herzbeutel, *Pericardium,* ist ein kegelförmiger Sack, dessen Spitze an den herznahen Abschnitten der großen Gefäße liegt. Die Basis des Herzbeutels ist mit dem Zwerchfells, *Diaphragma,* im Bereich des Centrum tendineum und vorn links mit einem kleinen angrenzenden Muskelareal des Diaphragmas verwachsen.

Aufbau

- Pericardium fibrosum
- Pericardium serosum
- Lamina parietalis
- Lamina visceralis

Der Herzbeutel besteht aus einem *Pericardium serosum,* das außen von einem *Pericardium fibrosum* verstärkt wird (Abb. 6.10).

Das **Pericardium serosum** ist ein geschlossener seröser Sack mit einem **viszeralen** und einem **parietalen Blatt,** in den das Herz eingestülpt ist. Das viszerale Blatt, *Lamina visceralis,* ist als Epikard mit der Oberfläche des Herzens verwachsen. Sie schlägt an den juxtakardialen Abschnitten der großen Gefäße in das wandständige Blatt um. Das parietale Blatt, *Lamina parietalis,* liegt von innen dem Pericardium fibrosum an.

Das **Pericardium fibrosum** setzt sich aus 2–3 Kollagenfaserschichten zusammen, deren Fasern durch elastische Netze gewellt und nach dem Scherengitterprinzip konstruiert sind. Im Bereich der Umschlagstellen geht das Pericardium fibrosum als faserreiche Schicht kontinuierlich in die Tunica externa der Gefäße über. Stabilisierende Bandzüge, die *Ligg. sternopericardiaca,* heften das Pericardium fibrosum an die Hinterfläche des Brustbeins und gewährleisten wie ein Sicherheitsgurt die Lage des Herzen im Thorax. Hinten spannt sich eine Bindegewebemembran zwischen der Vorderfläche der Bifurkation der Trachea über die dorsale Wand des Perikards zum Zwerchfell, die *Membrana bronchopericardiaca.*

Das Pericardium fibrosum und Lamina parietalis des Pericardium serosum bilden den Herzbeutel im engeren Sinne. Die von den beiden Blättern des Pericardium serosum unmittelbar umschlossene Höhle ist die *Cavitas pericardiaca.* Die Umschlagsränder an den genannten Abschnitten der großen Gefäße umgreifen vorn die Aorta und den Truncus pulmonalis und liegen hinten bei den beiden Hohlvenen und den 4 Lungenvenen mündungsnäher zum Herzen. Zwischen der arteriellen Pforte vorn und der dahinter gelegenen venösen Pforte erstreckt sich ein innerhalb des Herzbeutels quer verlaufender Kanal, der *Sinus transversus pericardii.* In seinem Dach liegt die A. pulmonalis dextra. Im rechten Winkel der in Form eines großen liegenden »T« verlaufenden einheitlichen Umschlagslinie, die alle Venen umschließt, liegt als Nische hinter dem linken Vorhof der *Sinusobliquus pericardii.*

Der Herzbeutel liegt dem Herzen faltenlos an und erlaubt eine Verformung bei seinen Aktionen. Die serösen Blätter des Perikards sind spiegelnd glatt und feucht und gleiten reibungsfrei aneinander, da sich in dem kapillären Spalt des *Cavum pericardii* etwas Flüssigkeit befindet. Diese Flüssigkeit ist ein passives Ultrafiltrat des Blutplasmas, an dessen Absonderung die Mesothelzellen des Pericardium serosum mitbeteiligt sind. Über den kapillären, flüssigkeitsgefüllten Spalt wird der Sog der Lungen auf die Herzwand übertragen. Dadurch wird vor allem ein Zug auf die dünnen Vorhofwände während der Systole der Kammern ausgeübt, der zur Füllung der Vorhöfe beiträgt. Unter physiologischen Bedingungen schränkt der Herzbeutel das Herz im Allgemeinen erst dann ein, wenn die Grenzen atrialer und ventrikulärer Volumenbelastung erreicht werden.

6.4 Perikarditis, Perikarderguss, Herzbeuteltamponade, Panzerherz

Im Herzbeutel kann sich z.B. als Folge einer **Entzündung des Perikards (Perikarditis)** Flüssigkeit ansammeln, d.h. ein **Perikarderguss** entstehen. Das Fassungsvermögen des Herzbeutels kann sich dabei von 500–800 ml

▼

Abb. 6.10. Herzbeutel aufgeschnitten [1]

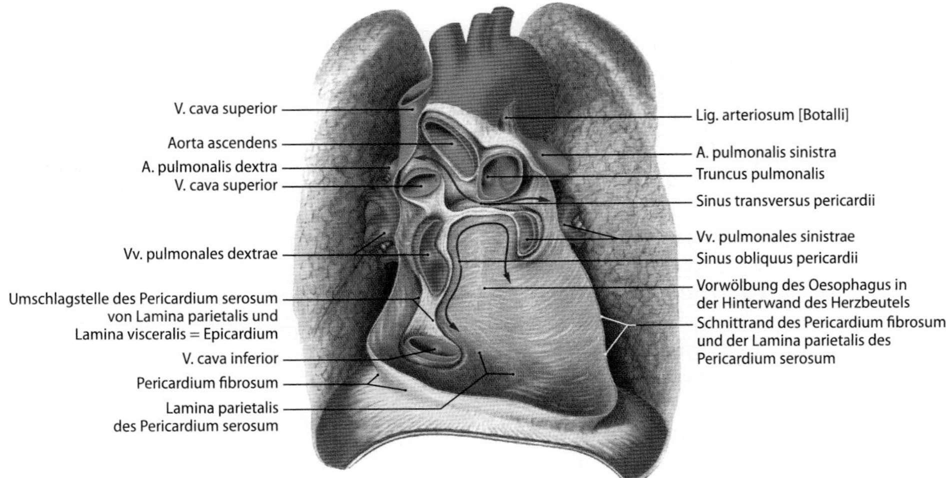

auf 1200 ml ausdehnen. Wird diese Menge bei schneller oder fortlaufender Flüssigkeitsansammlung überschritten, besteht die Gefahr einer **Herzbeuteltamponade.** Eine Herzbeuteltamponade kann auch durch eine Blutung entstehen. Die Folge ist eine Behinderung der Herzausdehnung und damit der Füllung und Pumpfunktion des Herzens. Zur Entlastung kann eine **Perikardpunktion** durchgeführt werden.

Bei einer chronischen Perikardentzündung kann es zu fibrinösen Ausschwitzungen kommen. Als Folge können die serösen Blätter miteinander verwachsen. Bei hinzukommender Verkalkung entsteht ein sog. **Panzerherz,** das die Ausdehnung des Herzens behindert. Häufigste bestimmbare Ursache ist die Tuberkulose (ca. 30% der Fälle). Die Behandlung erfolgt chirurgisch durch Entfernung des verdickten Perikards.

Gefäß- und Nervenversorgung

Die versorgenden Arterien des Perikards sind die *Rr. pericardiaci* und die Zweige der *Aa. phrenicae superiores.* Sie kommen direkt aus der Aorta. Aus der A. thoracica interna kommt außerdem die *A. pericadiacophrenica* hinzu. Die *Vv. pericardiacae* leiten ihr Blut in die V. azygos und die V. brachiocephalica ein. Die Lymphgefäße drainieren in *Nodi mediastinales anteriores* und *posteriores* sowie *parasternales.*

Die sensiblen Nerven des Perikards ziehen in den Nn. phrenici, dem Vagus sowie dem Grenzstrang des Sympathikus (Abb. 6.8).

In Kürze

Das Herz wird vom Herzbeutel (Pericardium) umhüllt, der sich aus mehreren Schichten zusammensetzt:
- außen: Percardium fibrosum
- innen: Pericardium serosum, das aus 2 Blättern besteht:
- Lamina parietalis
- Lamina visceralis

Das Pericardium fibrosum und Lamina parietalis bilden den Herzbeutel im engeren Sinne. Zwischen den beiden Blättern des Pericardium serosum befindet sich ein Spalt, die *Cavitas pericardiaca,* der mit etwas Flüssigkeit gefüllt ist.

6.3 Allgemeine Blutgefäßlehre

 Einführung

Die Gefäße im Blutkreislauf werden unterteilt in Arterien, die das Blut vom Herzen wegführen, und in Venen, die das Blut zum Herzen leiten. Die Gefäße sind die Transportwege für das Blut, dienen aber auch dem Austausch der beförderten zellulären und nichtzellulären Bestandteile. Dabei werden zur Versorgung des Körpers u.a. die Atemgase O_2 und CO_2, Nährstoffe und Stoffwechselprodukte, Wasser und Elektrolyte sowie Hormone und Wärme transportiert. Auch bei Abwehrvorgängen und der spontanen arteriellen Blutstillung wirken die Blutgefäße mit, die je nach Füllungszustand und Einbau in die Umgebung auch formgebende mechanische Aufgaben haben.

Im Blick auf die spezifische Funktion der einzelnen Gefäßabschnitte wird neben einer Einteilung nach unterschiedlichen morphologischen Kriterien (z.B. nach dem Wandbau) auch eine funktionelle Klassifikation der Gefäße vorgenommen.

Arterien führen nicht immer sauerstoffreiches Blut, auch wenn sauerstoffreiches Blut als »arterialisiertes« Blut bezeichnet wird (z.B. Aa. pulmonales). Nicht alle Venen führen sauerstoffarmen Blut (z.B. Vv. pulmonales), obwohl für sauerstoffarmes Blut auch die Bezeichnung »venöses« Blut verwendet wird.

6.3.1 Funktionelle Gliederung des Blutgefäßsystems

Unterteilung der Blutgefäße
- Vasa privata, Vasa publica
- Anastomosen
- Kollateralen
- Wundernetze
- Endarterien

Vasa privata und Vasa publica

Bei einigen Organen sind funktionell 2 Arten von Gefäßen zu unterscheiden:
- Vasa privata: Das zugeführte Blut versorgt die Zellen des Organs selbst.
- Vasa publica: Das über diese Gefäße zugeführte Blut dient einer bestimmten Organfunktion zum Nutzen des ganzen Organismus.

Am **Herzen** sowie in **Lunge** und **Leber** wird dieses Prinzip einer funktionellen Trennung der Organdurchblutung deutlich. Zum Beispiel versorgen die **Herzkranzgefäße** das Herz selbst und sind somit die **Vasa privata** des Herzens. Die Binnenräume des Herzens sowie die **in das Herz ein- und austretenden großen Gefäßstämme** dienen der Versorgung des gesamten Organismus und sind somit **Vasa publica** des Herzens.

Eine solche vereinfachende, schlagwortartige Zweiteilung der Gefäße nach ihrer Leistung wird allerdings den biologischen Gegebenheiten nur bedingt gerecht.

Anastomosen

Benachbarte Arterien und Venen können durch Anastomosen untereinander verbunden sein. **Arterielle Anastomosen** sind z.B. die Hohlhandbögen *(Arcus palmares)* oder die arteriellen Netze in der Umgebung der Gelenke. **Venöse Anastomosen** kommen z.B. reichlich im Bereich der Herzspitze oder im Zuflussgebiet der Lendenvenen *(Vv. lumbales)* vor.

Aber auch Arterien und Venen können unter Umgehung des Kapillarbetts miteinander in Form von **arteriovenösen Anastomosen** verbunden sein. Diese nur **zwischen mikroskopisch kleinen Arterien und Venen** vorkommenden speziellen **Kurzschlussverbindungen** sind in bestimmten Körpergebieten als Brücken- und Glomusanastomosen ausgebildet. **Brückenanastomosen** sind kurze, bügelförmige arteriovenöse Verbindungen mit einem arteriellen und einem venösen Schenkel. In den **Glomusanastomosen** werden knötchenartig verdickte Gefäßkonvolute mit verzweigten und aufgeknäulten Streckenabschnitten im arteriovenösen Übergang von Bindegewebe kapselartig eingehüllt. Solche Glomera finden sich z.B. an den **Finger-** und **Zehenspitzen,** wo sie der Thermoregulation dienen, und an der Steißbeinspitze.

Kollateralen

Sind Gefäßverbindungen als Parallelweg zur Hauptstrombahn ausgebildet, werden sie Kollateralen genannt. Bei einem Verschluss des Hauptweges kann in diesem Fall die Versorgung über einen Kollateralkreislauf aufrechterhalten werden.

Wundernetze

Wenn sich ein Kapillarbett zwischen zwei Arteriolen oder zu- und ableitenden Venen ausbreitet, d.h. nicht wie sonst üblich zwischen dem arteriellen und dem venösen Schenkel, werden sie als arterielle bzw. venöse Wundernetze, *Rete mirabile,* bezeichnet. Ein **arterielles Wundernetz** sind die **Kapillarschlingen des Glomerulus** in der Niere zwischen der Arteriola afferens und efferens. Ein **venöses Wundernetz** sind die **Sinusoide des Leberläppchens** zwischen den Endästen der Portalvene und der ableitenden Zentralvene.

Endarterien

Als **Endarterien** werden Arterien bezeichnet, deren Endäste sich gabeln ohne über Anastomosen und Kollateralen untereinander verbunden zu sein. **Funktionelle Endarterien** besitzen zwar Anastomosen, verhalten sich aber funktionell wie echte Endarterien, da ihre Verbindungen zur Versorgung nicht ausreichen.

Funktionen von verschiedenen Gefäßabschnitten

Die einzelnen Gefäßabschnitte des Blutgefäßsystems können nach funktionellen Gesichtspunkten wie folgt unterteilt werden:
- **Leitungsgefäße** (die großen Arterienstämme aus dem Herzen und ihre Hauptäste mit besonderen elastischen Wandeigenschaften)
- **Verteilergefäße** (kleinere Arterien, welche die Organe erreichen und sich in sie hinein verzweigen mit einem starken muskulären Wandanteil)
- **Widerstandsgefäße** (die Arteriolen, die bei kleinem Durchmesser und dicker Muskelwand den peripheren Widerstand regulieren)
- **Austauschgefäße** (die Kapillaren, Sinusoide und postkapillären Venulen, über deren Wände der Austausch der Atemgase, von Wasser, Nährstoffen, Vitaminen, anorganischen Ionen, Hormonen, Metaboliten usw. erfolgt)
- **Kapazitätsgefäße** (größere Venulen und die Venen, die aufgrund der Dehnbarkeit ihrer Wandung große Blutmengen bei niedrigem Druck aufnehmen können)

Viele Übergänge entlang der Gefäßstrecke erfolgen kontinuierlich und sind nicht deutlich abgesetzt.

In Kürze

Die Gefäße im Blutkreislauf werden in Arterien und Venen unterteilt:
- Arterien führen das Blut vom Herz weg.
- Venen führen das Blut zum Herz.

Nach **funktionellen Gesichtspunkten** sind zu unterscheiden:
- **Vasa privata:** Dienen der Blutversorung des jeweiligen Organs.
- **Vasa publica:** Sind für den gesamten Organismus von Bedeutung.
- **Anastomosen:** Kurzschlussverbindung benachbarter Arterien und Venen unter- und miteinander.
- **Kollateralen:** Parallelweg zur Hauptstrombahn.
- **Endarterien:** Sind Arterien ohne Querverbindungen untereinander.

Außerdem haben einzelne Gefäßabschnitte unterschiedliche Aufgaben. Danach erfolgt die Unterscheidung in:
- Leitungsgefäße
- Verteilergefäße
- Widerstandsgefäße
- Austauschgefäße
- Kapazitätsgefäße

6.3.2 Allgemeine Gefäßwandarchitektur

Wandaufbau von Arterien und Venen
- Tunica intima
- Tunica media
- Tunica externa oder Adventitia

Tunica intima

Die Tunica intima wird von einer einschichtigen Lage von **Endothelzellen** gebildet, die einer zarten, gelegentlich auch glatte Muskelzellen enthaltenden Bindegewebeschicht, dem *Stratum subendotheliale,* aufliegen. Eine gefensterte *Membrana elastica interna*, deren Durchlässigkeit bei einer Kontraktion der Gefäßmuskulatur verringert wird, markiert die Grenze zur *Tunica media*.

Den **Endothelzellen** kommt eine Schlüsselposition innerhalb der Gefäßwandbestandteile zu. Bereits in der Vaskulogenese sind sie die Zellen, die Wachstum, Entwicklung und Differenzierung der Gefäßwand durch die Sekretion von Signalstoffen steuern und die auch späterhin die vaskuläre Homöostase kontrollieren. Die wichtigsten **Funktionen des Endothels** sind:

- **Barrierefunktion** bei Diffusions- und Transportvorgängen zwischen dem Blut- und dem Organparenchymkompartiment
- Kontrolle:
  - von **Adhäsionsvorgängen** (z.B. Thrombozyten und Leukozyten)
  - der **Blutgerinnung**
- **Regulation der Gefäßweite**

Die auf einer **Basalmembran** sitzenden Endothelzellen kleiden die innere Oberfläche des Gefäßrohres in einer **einschichtigen Lage** aus. Sie sind flach, polygonal und an ihrer Oberfläche von einer **Glykokalyx** bedeckt. Die Endothelzellen sind in Richtung des Blutstroms leicht gestreckt angeordnet und untereinander durch *Zonulae adhaerentes, Zonulae occludentes (Tight Junctions)* und *Puncta adhaerentia* sowie *Nexus (Gap Junctions)* verbunden. Ω-förmige Invaginationen in Form von *Caveolae* sind an ihrem Plasmalemm reichlich vorhanden. Sie sind Ort der NO-Synthase und reagieren besonders auf Scherkräfte, die für die Synthese von Stickstoffmonoxid der wichtigste physiologische Aktivator sind (s.u.). Über ihren in der Längsachse der Gefäße ausgerichteten Zellkernen buckelt sich der Zelleib der Endothelzellen leicht vor. Neben den typischen Zellorganellen und Intermediärfilamenten *(Vimentin)* sind v.a. **Aktin-Filamente** in den sog. **Stressfasern** – Komplex aus **Actin, α-Actinin und Myosin II** – parallel zur Blutstromrichtung stark entwickelt. Die Stressfasern schützen die Endothelzellen vor einer Ablösung durch Scherkräfte, die bei der Blutströmung an der Gefäßwand auftreten. Durch das kontraktile Filamentsystem kann auch die Breite der Interzellularspalten reguliert und der parazelluläre Stoffdurchtritt kontrolliert werden.

Die Endothelzellen synthetisieren und sezernieren vasodilatatorische Substanzen (Prostazyklin und Stickstoffmonoxid), durch die eine rasche Kontrolle des Gefäßtonus und des Blutdrucks möglich ist, sowie das vasokonstriktorische Peptid **Endothelin-1,** das offenbar ein tonischer Regulator der Gefäßwandspannung ist und vermutlich bei verschiedenen Formen der Hochdruckerkrankung eine Rolle spielt.

Die Endothelzellen können selektiv phagozytieren und den Gas- und Flüssigkeitsaustausch sowie den Durchtritt von Substanzen und Zellen aus dem Blutstrom und in ihn hinein regulieren. Bei der **Leukodiapedese** aus dem Blut durch die Gefäßwand in das geschädigte Gewebe exprimieren die z.B. durch inflammatorische Zytokine aktivierten Endothelzellen Adhäsionsmoleküle an ihrer luminalen Oberfläche. Dadurch haften die Leukozyten stärker an ihr an und quetschen sich schließlich zwischen den Endothelzellen hindurch, um ins Gewebe zu gelangen.

Auch an der **Blutgerinnung** und **Fibrinolyse** sind die Endothelzellen beteiligt. Sie sind die Quelle des im Blut zirkulierenden **von-Willebrand-Faktors,** der in der Endothelzelle in **Weibel-Palade-Körpern** gespeichert wird. Er vermittelt die Adhäsion von Thrombozyten an Wundrändern und hält im Blutplasma den Gerinnungsfaktor VIII gebunden. Bei der Blutgerinnung gebildetes Thrombin löst die Abgabe von NO und Prostazyklin aus, die Hemmer der Plättchenaktivierung sind. Hinzu kommen noch Interaktionen der Endotheloberfläche mit dem in der Leber gebildeten Antithrombin sowie die Expression des endothelialen Transmembranproteins Thrombomodulin, die dafür sorgen, dass die Thrombinwirkung räumlich begrenzt bleibt und eine ungewollte, systemische Gerinnungsförderung verhindert wird.

Tunica media

Die Tunica media besteht aus flach spiralig angeordneten **glatten Muskelzellen.** Zwischen ihnen kommen neben Proteoglykanen **Kollagenfasern** in unterschiedlicher Menge vor, die den Muskelzellen parallel zugeordnet sind und einer Weitung des Gefäßes Widerstand leisten. Die **elastischen Netze** begünstigen eine gleichmäßige Ausbreitung der Spannung rund um die Gefäßwand. Die Tunica media wird durch eine *Membrana elastica externa* von der *Tunica externa* getrennt.

Die glatten Muskelzellen verändern aufgrund ihrer Fähigkeit sich zu kontrahieren die Weite der Gefäßlichtung. Durch Verengung des Gefäßlumens setzen sie die Durchblutung herab, und der Druck im vorgeschalteten Gefäßabschnitt steigt an. Ferner können die glatten Muskelzellen durch eine isometrische Kontraktion die Steifigkeit der Wand erhöhen, so dass zwar keine Verengung des Gefäßes eintritt, aber die Dehnbarkeit der Wand herabgesetzt wird. Die genannten mechanischen Aufgaben werden von »kontraktilen« k-Myozyten geleistet. Neben ihnen kommen noch besonders stoffwechselaktive »metabolische« m-Myozyten vor, die zellorganellenreicher und myofibrillenärmer sind. Sie nehmen bei Umbauvorgängen und Erkrankungen der Gefäßwand zu.

Tunica externa

Über die bindegewebige Tunica externa oder **Adventitia** wird das Gefäß in die Umgebung eingebaut. Sie besteht neben einem wechselnden Anteil von elastischen Fasern aus Bündeln von Kollagenfibrillen. Diese sind vor allem in der Längsrichtung angeordnet und wirken dadurch der Dehnbarkeit der Gefäße in dieser Richtung entgegen.

In Kürze

Die Wand von Arterien und Venen setzt sich aus **3 Schichten** zusammen:

- **Tunica intima:** Sie kleidet innen die Gefäße aus. Sie enthält Endothelzellen, die wichtige Funktionen bei Ahäsionsvorgängen, der Blutgerinnung und der Regulierung des Gefäßdurchmessers haben.
- **Tunica media:** Sie besteht aus glatten Muskelzellen sowie Kollagenfasern und elastischen Netzen.
- **Tunica externa (Adventitia):** Äußere Schicht aus Bindegewebe.

6.3.3 Ernährung der Gefäßwand

Dünne Gefäße (bis 1 mm)
- Diffusion von innen

Stärkere Gefäße
- innere Schicht: Diffusion
- äußere Schichten: Kapillarnetz von außen

Die **Ernährung der Gefäßwand** erfolgt bei dünnen Gefäßen von bis zu 1 mm Wanddicke auf dem Diffusionsweg vom zirkulierenden Blut her. Bei dickeren Gefäßen werden auf diesem Wege nur die innersten

Schichten versorgt. Darum treten bei ihnen zusätzlich *Vasa vasorum* als deren Vasa privata von außen an die Gefäßwand heran und dringen je nach Dicke der Wand unterschiedlich tief in die Adventitia und Tunica media ein, wo sie ein Kapillarnetz bilden.

6.3.4 Innervation der Blutgefäße

Nervenfasern zur Innervation der Blutgefäße
- autonome efferente Nervenfaser
- autonome afferente Nervenfasern
- sensible Endformationen

Die Blutgefäße werden u.a. von **autonomen efferenten Nervenfasern** innerviert, welche die Kontraktion der Muskulatur regulieren und damit den Durchmesser und den Tonus der Gefäße vor allem in den Arterien verändern. Diese perivaskulären Nerven verlaufen in der Adventitia, wo sie sich verzweigen und anastomosieren. An der Grenze zwischen Adventitia und Media bilden sie ein Netzwerk, *Plexus neuralis perivasculosus,* um das Gefäß. Über perlschnurartig angeordnete, nichtmyelinisierte Varikositäten innerhalb des Plexus, die neurohumorale Transmitter in Vesikeln und Granula speichern, werden die Muskelzellen auf dem Diffusionsweg oft über eine beträchtliche Distanz hinweg innerviert. Die Nervenfasern bleiben nämlich auf die Adventitia beschränkt und dringen im allgemeinen nicht in die Tunica media ein. In der Tunica intima werden sie nie gefunden. Die efferenten Nervenfasern sind vor allem sympathische adrenerge Fasern, die über α-Rezeptoren an der Muskelzelloberfläche eine konstriktorische Wirkung ausüben. Adrenalin aus dem Nebennierenmark wirkt in niedrigen Konzentrationen über β_2-Rezeptoren dilatatorisch.

Die **autonomen afferenten Fasern** und **sensiblen Endformationen** kommen nicht nur als spezifisch ausgebildete Presso- und Chemorezeptoren im Bereich des Aortenbogens und der Karotisgabeln, sondern auch sonst in den Gefäßen vor.

6.3.5 Wandaufbau der Arterien

Arterien
- muskulärer Typ
- elastischer Typ

Die **Arterien vom muskulären Typ** (◘ Abb. 6.11a) weisen den aus 3 Schichten bestehenden Wandaufbau der Gefäße am deutlichsten auf (► Kap. 6.3.2). Dagegen ist bei den **Arterien vom elastischen Typ** (◘ Abb. 6.11b) der Übergang von der relativ dicken Intima zur Media eher unscharf. Ihre Intima weist eine elastisch-muskulöse subendotheliale Schicht auf. Eine Membrana elastica interna ist nicht immer vorhanden. Die Media enthält zu Lamellen angeordnete 50–70 elastische Membranen, die untereinander anastomosieren und zwischen denen als kleine Spannmuskeln an ihnen ansetzende verzweigte Muskelzellen ausgebreitet sind. Gefäße dieses Typs sind z.B. die **Aorta** mit ihren großen Gefäßstämmen sowie der **Truncus pulmonalis** mit den **Pulmonalarterien.** Die Arterien des elastischen Typs werden wegen ihres systolischen Blutspeichervermögens **Windkesselgefäße** genannt, da sie das in der Systole stoßweise ausgeworfene Blut aufnehmen und in der Diastole weiterbefördern (diastolische Entspeicherung). Der stoßweise Blutauswurf wird dadurch in eine mehr kontinuierliche Strömungsform überführt.

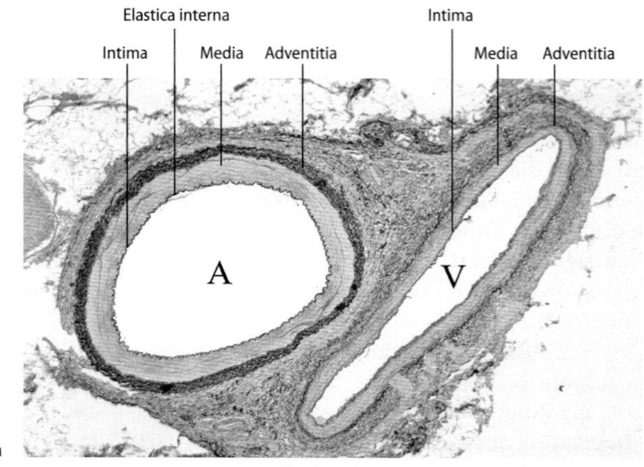

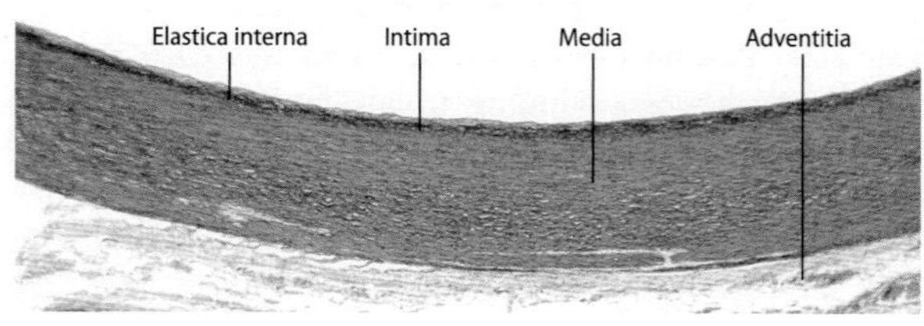

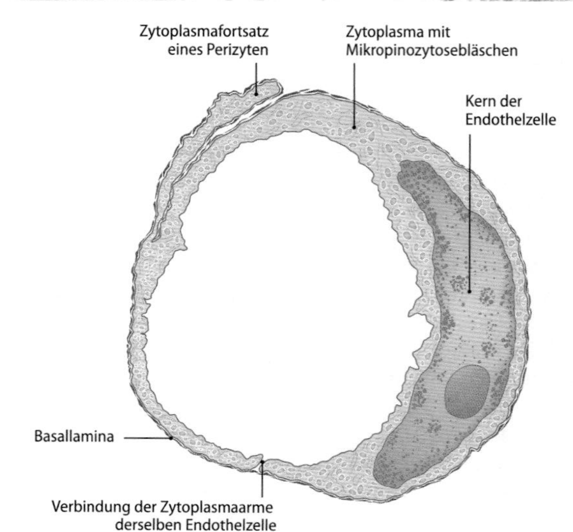

◘ **Abb. 6.11a–c.** Wandaufbau von Arterien. **a** Arterie vom muskulären Typ (A) in Begleitung einer Vene (V) (Färbung: Orcein/van Gieson). **b** Arterie vom elastischen Typ: Schnitt durch die Wand einer Aorta (Färbung: Resorcin-Fuchsin-Kernechtrot). **c** Kapillare

In Kürze

Arterien vom **muskulären Typ:** Typischer dreischichtiger Aufbau de Gefäßwand:
- Intima
- Media
- Adventitia

Arterien vom **elastischen Typ:** Wandschichten sind nicht scharf getrennt. Windkesselfunktion.

6.5 Arteriosklerose

Die bei weitem häufigste Erkrankung der Arterien des Menschen ist die Arteriosklerose, die eine Verengung des Gefäßdurchmessers bewirkt. Bei dieser Krankheit handelt es sich um eine wechselnde Kombination von Veränderungen in der Intima der Arterien mit herdförmigen Anhäufungen von Lipiden, komplexen Kohlenhydraten, Blut und Blutprodukten, fibrösem Gewebe sowie Kalkablagerungen. Der krankhafte Prozess in der Intima ist in der Folge mit pathologischen Veränderungen in der Media kombiniert. Die formale und kausale Pathogenese ist jedoch immer noch strittig.

6.3.6 Wandaufbau der Venen und venöser Rückstrom

Venen
- **Wandaufbau**:
  - kleine Venen (Durchmesser bis 1 mm)
  - mittelgroße Venen (Durchmesser 1–10 mm)
  - große Venen (Durchmesser > 10 mm)
- **Venenklappen**

Venöser Rückstrom
- Muskelpumpe
- Venenklappen

Die Wand der Venen weisen keine klare Schichtengliederung auf, charakteristisch ist ein unruhiger Wandaufbau.

Die Stärke der 3 Wandschichten ist je nach Größe der Venen unterschiedlich. In **kleinen Venen** und **mittelgroßen Venen** besteht die **Intima** oft nur aus dem Endothel, eventuell mit einer zusätzlichen dünnen subendothelialen Schicht. Die **Media** setzt sich aus schmalen Bündeln glatter Muskelzellen zusammen, zwischen denen reichlich Kollagenfasern und elastische Netze vorkommen. Die kollagenfaserige **Adventitia** ist gut entwickelt.

In den **großen Venen** ist die **Intima** relativ dick, die **Media** dagegen eher schmal mit viel Bindegewebe und nur wenigen glatten Muskelzellen. Die **Adventitia** ist bei ihnen die dickste Schicht, die auch längs verlaufende glatte Muskelzellen enthält.

Kleine und mittelgroße Venen besonders der unteren Extremitäten weisen halbmondförmige Intimafalten auf, die sich als **Venenklappen**, auch **Taschenklappen** genannt, in das Lumen vorwölben. Durch Klappenschluss verhindern sie eine Strömungsumkehr des Blutes.

Der **venöse Rückstrom** zum Herzen wird durch folgende Mechanismen bewirkt:
- Durch Kontraktion der Beinmuskulatur **(Muskelpumpe)** werden die Venen, die zwischen der Muskulatur verlaufen, zusammengepresst und das Blut aufgrund der **Konstruktion der Klappen** herzwärts befördert. Eine abwechselnde Kontraktion und Erschlaffung der Muskeln, wie dies beim Gehen der Fall ist, treibt das Blut segmentweise weiter.
- Weitere Mechanismen, die den Rückstrom des Blutes in den Venen fördern sind:
  - Abnahme des intrathorakalen Drucks bei der Einatmung
  - herzspitzenwärts gerichtete Verschiebung der Ventilebene in der Austreibungsphase der Kammersystole

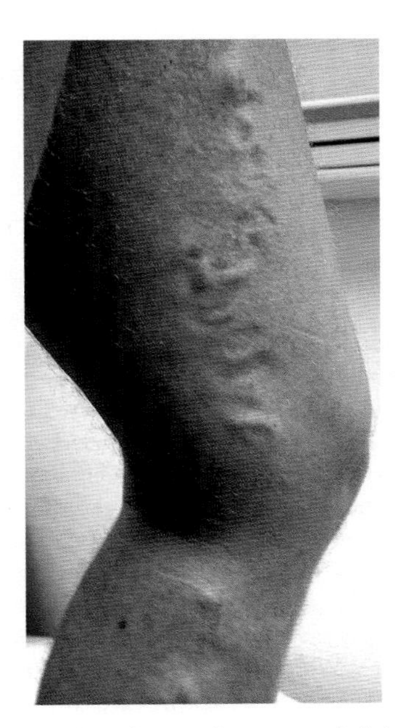

Abb. 6.12. Stammvarikose der V. saphena magna bei einem 35-jährigen Mann (Operationsindikation)

6.6 Varizenbildung an den Beinen

An den Beinen sind oberflächliche epifasziale und tiefe, häufig gedoppelte subfasziale Venen ausgebildet, welche die Arterien des Beines begleiten. Beide venöse Abflusssysteme sind durch Tiefenanastomosen (Vv. perforantes) miteinander verknüpft. Verengungen (Stenosen), ein Verschluss oder das Erschlaffen der Venenklappen der tiefen Venen sowie Störungen des Blutstroms in den Tiefenanastomosen führt zu Stauun-gen in den oberflächlichen Venen mit Ausbildung von Varizen (Varikose) und der Gefahr von Thrombosen (Abb. 6.12).

In Arterien und Venen kommen besondere **Sperrvorrichtungen** in Form von kräftigen Muskelwülsten vor. Diese werden von lumenwärts der Ringmuskulatur gelegenen längsverlaufenden Muskelzügen oder muskulären Intimapolstern gebildet. Diese Gefäße werden als **Sperrarterien** bzw. **Drosselvenen** bezeichnet. Durch Kontraktion der Muskelwülste in den Sperrarterien kann der Blutzufluss zu einem Gebiet eingeschränkt oder unterbrochen bzw. bei den Drosselvenen der Abfluss des Blutes verhindert werden.

In Kürze

Die 3 Wandschichten **Intima, Media, Adventitia** sind bei den Venen nicht so stark voneinander abgesetzt wie bei den Arterien. In den Venen der Extremitäten kommen **Venen-** bzw. **Taschenklappen** vor.

Der **venöse Rückstrom** erfolgt durch:
- Kontraktion der Beinmuskulatur (Muskelpumpe)
- Konstruktion der Venenklappen
- Abnahme des intrathorakalen Drucks
- herzspitzenwärts gerichtete Verschiebung der Ventilebene

6.3.7 Terminale Strombahn

Terminale Strombahn
Arteriolen → präkapilläre Metarteriolen → Kapillaren → postkapilläre Venulen → Sammelvenulen → Venulen

Nach den kleinsten Arterien wird das Blut über die Arteriolen und die präkapillären Metarteriolen den Kapillaren zugeführt und aus ihnen über postkapilläre Venulen, Sammelvenulen, muskularisierte Venulen und Sammelvenen wieder abgeleitet.

Die **Arteriolen** sind die Endäste der arteriellen Strombahn. Sie sind < 30 µm im Durchmesser. Ihre Endothelzellen sind relativ klein und eine Elastica interna ist nur noch fragmentarisch vorhanden. Die Media wird von einer Schicht großvolumiger Muskelzellen gebildet, die schraubenförmig um das Endothel gewunden sind. Die **Metarteriolen** weisen nur noch eine diskontinuierliche Lage glatter Muskelzellen auf, die zirkulär angeordnet am Übergang zu den Kapillaren präkapilläre Sphinkteren bilden. Die reich innervierten **Arteriolen** sind die eigentlichen **Widerstandsgefäße des Gefäßsystems.** Durch ihre Kontraktion steigt der Druck in den vorgeschalteten Gefäßabschnitten an. Ihre Wandspannung wird darüber hinaus lokal-metabolisch und über Signalstoffe reguliert.

Die **Kapillaren** haben einen Durchmesser von 5–8 µm. Die Wand der Kapillaren wird von Endothel, einer Basallamina und Perizyten gebildet (◘ Abb. 6.11c). Aufgrund des großen Gesamtquerschnitts des Kapillarbetts kann bei starker Strömungsverlangsamung auf 0,5 mm/s über die Kapillarwand ein bestmöglicher Stoffaustausch mit dem umgebenden Gewebe erfolgen.

Das **Endothel der Kapillaren** ist sehr flach und kann als *kontinuierliches Endothel* eine zusammenhängende Schicht bilden (z.B. in Skelett- und Herzmuskulatur, Lunge, Gehirn). In seinen stark abgeflachten Bereichen kann es aber auch Fenster (Fenestrae) und Poren aufweisen. Dabei sind beim *fenestrierten Endothel* die Fenster durch ein semipermeables Diaphragma verschlossen (z.B. in Dünndarm, Pankreas, endokrine Organe, Niere). Ein solche Diaphragma fehlt dem *diskontinuierlichen Endothel* mit seinen offenen Poren (z.B. in Sinusendothelzellen der Leber oder im Knochenmark). Bestimmte, zu diesem Endotheltyp zählende sinusoidale Kapillaren besitzen auch echte interzelluläre Lücken (Milzsinus). Über Fenestrierungen, Poren und Lücken wird der Stoffdurchtritt reguliert und für manche Substanzen erleichtert. Die Perizyten liegen der Kapillarwand außen auf und sind von einer eigenen Basallamina umgeben. Sie umgreifen das Endothelrohr mit feinsten Fortsätzen. Sie stützen das Endothelrohr und sind kontraktil, so dass sie die Lichtung der Kapillaren verändern können. Ferner hemmen sie die Angiogenese.

Die postkapillären **Venulen** sind Röhrchen von flachen, ovalen oder polygonalen Endothelzellen, die von einer Basallamina und einer zarten Adventitia von Kollagenfasern und Fibroblasten gestützt werden (Durchmesser 8–30 µm). Sie werden oft von Perizyten begleitet und sind ein Ort des Flüssigkeitsaustauschs und der Leukodiapedese. **Sammelvenulen** besitzen eine geschlossenen Lage von Perizyten, die glatten Muskelzellen ähneln (lichte Weite 30–50 µm). Wenn in ihrer Wandung Muskelzellen nachweisbar sind, werden sie als muskuläre Venulen bezeichnet (lichte Weite 50–100 µm), die dann zu Sammelvenen mit mehreren Lagen von Muskelzellen in der Media zusammenfließen.

In Kürze

Die **terminale Strombahn** wird gebildet von:
- Arteriolen
- Kapillaren
- Venulen

Die **Arteriolen** sind die eigentlichen **Widerstandsgefäße des Gefäßsystems.**

Über die Wandung der Kapillaren und Venulen findet der **Stoff-** und **Flüssigkeitsaustausch** im Gewebe statt.

6.4 Arterien und Venen des Körpers

 **Einführung**

Die Gefäße, die das Zentralorgan Herz mit den peripheren Organen verbinden, verlaufen im Körper relativ geschützt vor mechanischen Schädigungen (z.B. Druck oder Zerrung). An den Extremitäten sind das die Beugeseiten der Gelenke, wo auch bei Stellungs- und Bewegungsänderungen des Gelenks eine störungsfreie Blutströmung gewährleistet ist. Zu den größeren Arterien kommen noch quer verlaufende kleinere Gefäße hinzu, die sich in den Seitenpartien zu einem Kollateralkreislauf vernetzen. Die großen Arterien des Körpers werden von einer, die kleineren von zwei Venen begleitet, die oft durch Queranastomosen miteinander verbunden sind. In den segmental angelegten Teilen des Körpers verlaufen die Gefäße mit den Nerven sehr häufig gemeinsam in einem Gefäß-Nerven-Bündel.

In den beiden folgenden Abschnitten werden nur die Hauptstämme der Gefäße mit deren Versorgungsgebieten dargestellt (◘ Abb. 6.13 und 6.14). Die Gefäßversorgung der Organe selbst werden in den jeweils zugehörigen Kapiteln beschrieben.

6.4.1 Arterienstämme und Hauptarterien des Körpers

Hauptarterienstämme (◘ Abb. 6.13)

Truncus pulmonalis (Lungenarterienstamm)
- A. pulmonalis dexter
- A. pulmonalis sinister

Aorta
- Aorta ascendens
  - Koronararterien: A. coronaria dextra et sinistra
- Arcus aortae
  - Truncus brachiocephalicus:
    - A. carotis communis dextra
    - A. subclavia dextra
  - A. carotis communis sinistra
  - A. subclavia sinistra
- Aorta descendens
  - Pars thoracica aortae (Aorta thoracica)
  - Pars abdominalis aortae (Aorta abdominalis)
- Bifurcatio aortae
  - Aa. iliacae communes
    - A. iliaca interna
    - A. iliaca externa

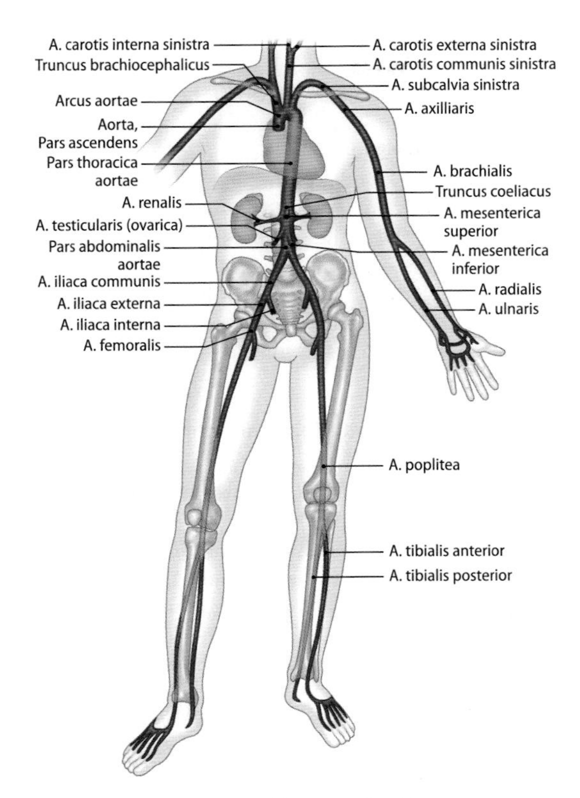

Abb. 6.13. Arterienstämme und Hauptarterien [5]

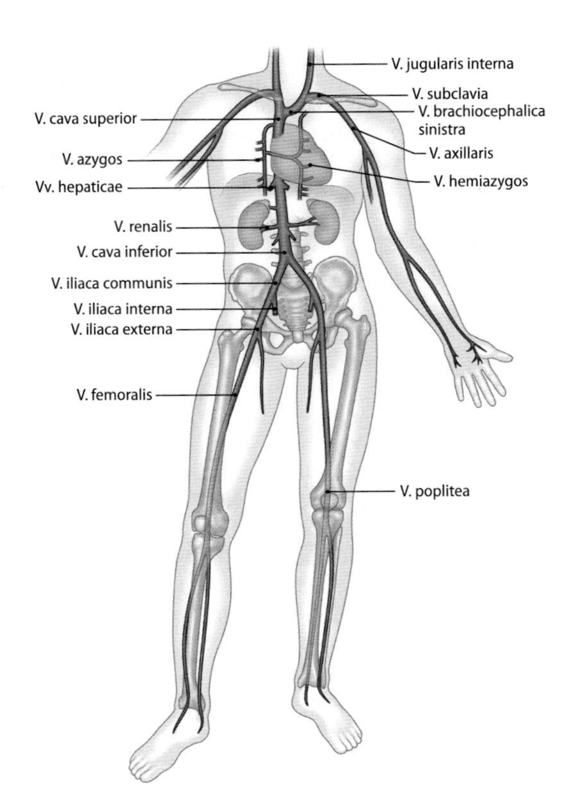

Abb. 6.14. Venensystem [5]

Truncus pulmonalis

Der Lungenarterienstamm geht aus dem Conus arteriosus der rechten Kammer hervor. Er verläuft zunächst innerhalb des Herzbeutels und gabelt sich dann außerhalb in Höhe des 2. Interkostalraums T-förmig in die *A. pulmonalis dextra* und *sinistra*. Die linke Lungenarterie ist kurz, die rechte dagegen länger und weiter. Beide treten in den entsprechenden Lungenhilus ein. Das *Lig. arteriosum* [Botalli] entspringt nahe an der *Bifurcatio trunci pulmonalis* an der oberen Fläche der linken Lungenarterie und zieht zum Arcus aortae gegenüber und etwas unterhalb des Abgangs der A. subclavia sinistra.

Aorta

Die wegen ihres Reichtums an elastischem Gewebe gelblich schimmernde Hauptschlagader des Körpers wird in *Aorta ascendens, Arcus aortae* und *Aorta descendens* mit ihren beiden Unterabschnitten *Aortathoracica* und *Aorta abdominalis* gegliedert. An der *Bifurcatio aortae* gabelt sich die Aorta in die Hauptbeckenschlagadern, aus denen die Arterien für das Becken und die unteren Gliedmaßen hervorgehen. Eigentlich sind die beiden *Aa. iliacae communes* nur Seitenäste der Aorta, denn die Aorta abdominalis setzt sich vor dem 4. Lendenwirbel in die dünne *A. sacralis mediana* fort. Sie verläuft auf der Mitte des Kreuzbeins nach kaudal und endet mit dem *Glomus coccygeum*. Der Durchmesser der Aorta beträgt beim lebenden Erwachsenen nach radiologischen Untersuchungen im Abschnitt der Aorta abdominalis zwischen 15 und 30 mm (ähnlich sind die Werte in der Aorta thoracica: 21–30 mm). Ihr Innendurchmesser, der mit steigendem Lebensalter zunimmt, verjüngt sich vom Abgang des Truncus coeliacus bis zur Bifurcatio aortae.

6.7 Aortenaneurysma

Das Aortenaneurysma ist eine Erweiterung der Aorta im abdominellen (etwa 80%) oder thorakalen (etwa 15%) Gefäßabschnitt. Verursacht wird es meist durch eine Arteriosklerose (Arterienverkalkung). Gefahren dabei sind die Thrombenbildung, die zum Verschluss des Gefäßes führen kann, und die Ruptur des Aneurysmas mit lebensbedrohlicher Blutung.

Aorta ascendens (Pars ascendens aortae)

Die aufsteigende Aorta entspringt aus dem linken Ventrikel und steigt innerhalb des Herzbeutels bis zum rechten Sternalrand am Ansatz des 2. Rippenknorpels empor. Aus dem rechten und linken Sinus aortae gehen die beiden Koronararterien, *A. coronaria dextra* und *sinistra*, als Vasa privata des Herzens hervor.

Arcus aortae

Der Aortenbogen ist das Verbindungsstück zwischen aufsteigender und absteigender Aorta. Er liegt außerhalb des Herzbeutels hinter dem Manubrium sterni. Nach fast sagittalem Verlauf erreicht er in einer hirtenstabartigen Biegung am 4. und 5. Brustwirbel die Wirbelsäule und geht zum Isthmus aortae verjüngt in die Aorta descendens über. Von seiner Konvexität entspringen die Arterienstämme für die Kopf- und Halsregion sowie die oberen Extremitäten: Truncus brachiocephalicus, A. carotis communis sinistra und A. subclavia sinistra. Die Abgänge dieser Gefäße vom Aortenbogen liegen wegen dessen sagittalen Krümmungsverlaufs weniger nebeneinander, sondern sind mehr hintereinander angeordnet.

Äste des Arcus aortae

Der Truncus brachiocephalicus ist der Arterienstamm für die rechte Seite der oberen Körperhälfte. Er entspringt gleich nachdem die Aorta den Herzbeutel verlassen hat und zieht nach kranial hinter das rechte Sternoklavikulargelenk, wo er sich in seine beiden Endäste, die A. carotis communis dextra und die A. subclavia dextra teilt. Eine A. thyroidea ima kann als Varietät vom Truncus zur Schilddrüse ziehen.

Die beiden gemeinsamen Halsschlagadern, **A. carotis communis dextra** und **sinistra**, ziehen jeweils vom Sternoklavikulargelenk in einer bindegewebigen Gefäß-Nerven-Scheide ohne Astabgabe V-förmig divergierend kopfwärts und teilen sich in Höhe des oberen Schildknorpelrandes bzw. des 4. Halswirbels in die A. carotis interna und externa (Bifucatio carotidis). Im Teilungswinkel liegt das Glomus caroticum. Gegen das Tuberculum anterius des 6. Halswirbels (»Tuberculum caroticum«) kann die gemeinsame Halsschlagader abgedrückt werden.

Die A. carotis interna setzt in etwa den Verlauf der A. carotis communis zur Schädelbasis fort und versorgt das Gehirn und die Augenhöhle. Mit ihrer Pars cervicalis zieht sie, ohne am Hals Äste abzugeben, an der Seitenwand des Pharynx schädelbasiswärts. Sie tritt mit ihrer Pars petrosa dann in den Canalis caroticus des Os temporale ein und gelangt in die mittlere Schädelgrube. Dort liegt sie mit ihrer Pars cavernosa im Sulcus caroticus an der Seite des Keilbeinkörpers vom Sinus cavernosus und den zur Fissura orbitalis superior tretenden Nerven umgeben. Neben dem Türkensattel biegt sie sich in einer S-förmigen Krümmung aufwärts (Siphon caroticum) und durchbricht am medialen Umfang des Processus clinoideus anterior die Dura. An der Basis des Gehirns teilt sie sich in ihre Endäste, die Aa. cerebri anterior und media. Am Processus clinoideus geht von ihr im Subarachnoidalraum die A. opthalmica nach vorn durch den Canalis opticus in die Augenhöhle.

Die **A. carotis externa** verzweigt sich außerhalb der Schädelhöhle vor allem im oberflächlichen und tiefen Bereich des Gesichtsschädels, am Mundboden und an den kranialen Halseingeweiden (Schilddrüse, Kehlkopf, Schlund) und mit schwächeren Ästen zum Hinterhaupt und M. sternocleidomastoideus. Gleich nach ihrem Ursprung aus der A. carotis communis gibt sie Äste ab und verliert dadurch rasch an Kaliber. Sie setzt die A. carotis communis in Richtung auf das Kiefergelenk fort. Retromandibulär teilt sie sich in Höhe des Collum mandibulae in ihre Endäste, die A. maxillaris für die tiefe Gesichtsregion und die A. temporalis superficialis, die sich in der Schläfengegend und der Wange verbreitet.

Die **A. subclavia** kommt rechts aus dem Truncus brachiocephalicus, links direkt vom Aortenbogen und zieht im Bogen über die Pleurakuppel durch die Lücke zwischen M. scalenus anterior und medius vor dem Plexus brachialis zwischen Schlüsselbein und 1. Rippe in die Achselhöhle. Dort wird sie A. axillaris genannt. Sie setzt sich am Oberarm in die A. brachialis fort und ist bis zur Ellenbeuge ein einheitliches Gefäß. Ab hier bis zur Hand ist die Hauptarterie zweigeteilt (A. radialis und ulnaris). Neben ihrem hauptsächlichen Versorgungsgebiet, dem Arm, schickt die A. subclavia noch aus dem kranialen Umfang ihres aufsteigenden Schenkels die A. vertebralis durch die Foramina in den Querfortsätzen der Halswirbel und durch das Hinterhauptsloch in die Schädelhöhle zum Gehirn, wo sich die Arterien beider Seiten zur A. basilaris vereinigen und am Hirnkreislauf beteiligen. Von schwachen am Hals abzweigenden Ästen der A. vertebralis werden das Rückenmark und seine Hüllen sowie die tiefe Hals- und Nackenmuskulatur versorgt. Von der ventralen Wand der A. subclavia entspringt der Truncus thyrocervicalis mit Arterien zur Schilddrüse, den Halseingeweiden sowie zur Hals- und Nackenmuskulatur und zum Schulterblatt. Aus ihrer Konkavität, der A. vertebralis gegenüber, nimmt die A. thoracica interna ihren Ursprung, läuft dem Brustbein parallel und versorgt mit ihren Ästen die vordere Brustwand und das Mediastinum.

Aorta thoracica (Pars thoracica aortae)

Sie liegt im hinteren Mediastinum und erstreckt sich vom unteren Rand des 4. Brustwirbels bis in Höhe des 12. Brustwirbels, wo sie durch den Hiatus aorticus des Zwerchfells tritt. Sie verläuft zunächst links der Wirbelsäule, wendet sich aber abdominalwärts mehr nach vorn und rechts, so dass sie im Hiatus vor den Wirbelkörpern liegt. Während ihres Verlaufs gibt sie eine Reihe von parietalen, zur Rumpfwand ziehenden Äste ab (Aa. intercostales posteriores), die sich auch in der Muskulatur und Haut des Rückens verzweigen und Ästchen zum Wirbelkanal abgeben. Die wenigen Eingeweideäste verteilen sich zu den Bronchien der Lunge, der Wand der Speiseröhre und im Mediastinum und verbreiten sich hinten an der oberen Zwerchfellfläche.

Aorta abdominalis (Pars abdominalis aortae)

Die Bauchaorta reicht vom Hiatus aorticus im Zwerchfell auf Höhe des 12. Brustwirbels bis zum 4. Lendenwirbelkörper. Ihre Äste lassen sich in parietale und viszerale gliedern. Die parietalen ziehen zur Zwerchfellunterfläche mit einem Abgang zur Nebenniere *(A. phrenica inferior)* und zur dorsolateralen Bauchwand *(Aa. lumbales)*. An den Eingeweideästen können wiederum unpaare und paarige unterschieden werden.

Von den unpaaren Ästen entspringt der *Truncus coeliacus* als ein kurzer großkalibriger Stamm im Bereich des Hiatus aorticus und teilt sich in drei Hauptäste zur Versorgung der Oberbauchorgane *(A. gastrica sinistra, A. hepatica communis* und *A. splenica)*. Dicht unter dem Truncus coeliacus nimmt die *A. mesenterica superior* in Höhe des 1. Lendenwirbels als ein starkes Gefäß von der Vorderwand der Aorta ihren Ursprung. Sie versorgt mit ihren Ästen z.T. das Pankreas, den gesamten Dünndarm und den Dickdarm bis zum letzten Drittel des Colon transversum *(A. pancreaticoduodenalis inferior, Aa. jejunales* und *ilei, A. ileocolica, A. colica dextra* und *media)*. Kaudal vom Abgang der Nierenarterien geht in Höhe des 3. Lendenwirbelkörpers die *A. mesenterica inferior* aus der Bauchaorta hervor. Sie zieht zum letzten Drittel des Querkolons und zu den übrigen Dickdarmabschnitten einschließlich des größten Teils des Rektums *(A. colica sinistra, Aa. sigmoideae, A. rectalis superior)*.

Die paarigen viszeralen Äste ziehen zur Nebenniere *(A. suprarenalis media)* sowie zu ihr und zur Niere (A. renalis, Abgang in Höhe der Bandscheibe zwischem 1. und 2. Lendenwirbel) und von der ventralen Wand der Aorta zum Hoden bzw. zum Eierstock *(A. testicularis* bzw. *ovarica)*.

Bifurcatio aortae

Die Aorta abdominalis gabelt sich vor dem 4. Lendenwirbel in die beiden *Aa. iliacae communes*, die sich ohne Astabgabe vor der Articulatio sacroiliaca in die innere und äußere Beckenschlagader, *A. iliaca interna* und *externa* teilen.

Die *A. iliaca interna* gelangt an der Seitenwand des kleinen Beckens entlang zum oberen Rand des Foramen ischiadicum majus, wo sie sich, in 50% der Fälle in einen ventralen und dorsalen Hauptast teilt, die sich dann in ihre Endäste aufgliedern. Parietale Äste ziehen zur Beckeninnenwand, zum Wirbel- und Sakralkanal sowie den untersten Partien des Rückens *(A. iliolumbalis* und *Aa. sacrales laterales)*. Sie verzweigen sich auch in den Adduktoren *(A. obturatoria)* und der Gesäßgegend *(A. glutea superior* und *inferior)*. Die viszeralen Äste versorgen das kleine Becken mit seinem Inhalt. Sie ziehen zur Harnblae *(Aa. vesicales superior* und *inferior)* und zur Gebärmutter mit Zweigen zu Vagina, Tube und Ovar *(A. uterina)*. Weitere viszerale Äste gehen auch zum Mastdarm *(A. rectalis media)* und zu den äußeren Genitalien, dem Damm und dem unteren Mastdarmabschnitt *(A. pudenda interna)*.

Die *A. iliaca externa*, von der auch die vordere und seitliche Bauchwand versorgt wird, setzt etwa die Richtung der A. iliaca communis fort und zieht unter das Leistenband zur Lacuna vasorum, wo sie dann *A. femoralis* genannt wird. Sie zieht durch den Adduktorenkanal zur Kniekehle und teilt sich als *A. politea* am Unterschenkel in ihre beiden Endäste auf *(A. tibialis anterior* und *posterior)*.

In Kürze

Der **Truncus pulmonalis** (Lungenarterienstamm) entspringt aus der rechten Herzkammer und teilt sich in die beiden Lungenarterien (A. pulmonalis dexter und sinister) auf.
Die **Aorta** wird in 3 Abschnitte unterteilt:
- Aorta ascendens
- Arcus aortae
- Aorta descendens.

An der **Bifurcatio aortae** teilt sich die Aorta in die Hauptbeckenschlagadern (Aa. iliacae communes), aus denen die Arterien für das Becken und die unteren Extremitäten hervorgehen (A. iliaca interna und externa).

6.4.2 Venenstämme und Hauptvenen des Körpers

Venenstämme und Hauptvenen (◻ Abb. 6.14)

Vv. pulmonales
- V. pulmonalis dextra superior et inferior
- V. pulmonalis sinistra superior et inferior

V. cava superior (obere Hohlvene)
- V. jugularis interna, externa und anterior (Drosselvenen)
- V. subclavia
- V. azygos und hemiazygos

Vena cava inferior (untere Hohlvene)
- Vv. iliacae communes (Beckenvenen)
- V. iliaca interna und externa

V. portae

Vv. pulmonales

In der Regel leiten rechts und links jeweils eine obere und untere Lungenvene, *V. pulmonalis dextra superior* und *inferior* sowie *V. pulmonalis sinistra superior* und *inferior* das sauerstoffbeladene Blut aus den Lungen zum Herzen. Sie entstehen im Lungenhilus und münden nach fast querem Verlauf unter den Lungenarterien in den linken Vorhof.

V. cava superior

Die 5–6 cm lange obere Hohlvene verläuft im vorderen Mediastinum hinter dem rechten Brustbeinrand zum rechten Vorhof. Sie sammelt das Blut der oberen Körperhälfte und entsteht hinter dem Knorpel der rechten 1. Rippe aus dem Zusammenfluß von *V. brachiocephalica dextra* und *sinistra*. Dorsolateral senkt sich in sie die *V. azygos* ein.

V. brachiocephalica dextra und **sinistra** entstehen in dem nach lateral offenen »Venenwinkel« aus dem Zusammenfluss der jeweiligen *V. subclavia* mit der *V. jugularis interna* (oft auch *externa*) hinter den Sternoklavikulargelenken. Während die rechte V. brachiocephalica nur etwa 1,5 cm lang ist und die Richtung der V. jugularis interna fortsetzt, verläuft die 5 cm lange linke V. brachiocephalica hinter dem Manubrium sterni schräg nach rechts abwärts. Außer den genannten Hauptwurzeln erhalten die Vv. brachiocephalicae parietale Zuflüsse aus den Subokzipital- und den Wirbelsäulenvenengeflechten, aus der Region der tiefen Nackenmuskeln *(V. vertebralis* und *V. cervicalis profunda)* sowie aus der ventralen Thorax- und Bauchwand *(V. thoracica interna)*. Viszerale Zuflüsse kommen aus den Halseingeweiden, vor allem der Schilddrüse und den Organen des Mediastinums.

Dem Versorgungsgebiet der A. carotis communis im Bereich von Kopf und Hals entsprechen 3 zur Drosselgrube ziehende Venen:
- innere Drosselvene: *V. jugularis interna*
- äußere Drosselvene: *V. jugularis externa*
- vordere Drosselvene: *V. jugularis anterior*

Die **V. jugularis externa** leitet das Blut der temporalen und okzipitalen Venen der Kopfschwarte ab, die **V. jugularis anterior** entsteht aus Hautvenen des Mundbodens und sammelt das Blut aus der Haut im ventralen Halsbereich. Die starke **V. jugularis interna** beginnt an der Schädelbasis am Foramen jugulare als Fortsetzung des Sinus sigmoideus und ist die Abflussbahn für das gesamte Blut des Gehirns und der Augenhöhle. Unmittelbar wo sie beginnt, ist sie zum *Bulbus superior venae jugularis* erweitert. Sie verläuft am Hals in der gemeinsamen Gefäß-Nerven-Scheide und ist mit der Lamina praetrachealis der Halsfaszie verbunden. Der sie kreuzende M. omohyoideus, der in diese Faszie eingewoben ist, hält die Lichtung des Gefäßes offen. Im Trigonum caroticum erhält sie Zuflüsse aus den Stromgebieten der A. facialis, maxillaris und occipitalis und im weiteren aus Zunge, Schlund, Kehlkopf und Schilddrüse. Mit den anderen beiden Drosselvenen steht sie in variabler Verbindung.

Die **V. subclavia** läuft als Fortsetzung der *V. axillaris* ventral und medial der gleichnamigen Arterie und ist durch den Ansatz des M. scalenus anterior von ihr getrennt. Sie sammelt das Blut von Arm und Schulter.

V. azygos und **V. hemiazygos** beginnen rechts bzw. links vor den Querfortsätzen der oberen Lendenwirbel als *Vv. lumbales ascendentes* und ziehen zwischen Crus mediale und Crus laterale des Zwerchfells in die Brusthöhle. Dort verlaufen sie an den Seitenflächen der Brustwirbelkörper kranialwärts. In Höhe des 8. Brustwirbelkörpers verbindet sich die V. hemiazygos mit einer (oder zwei) schräg nach rechts hinübertretenden Anastomose(n) mit der V. azygos, die als kräftiger Stamm rechts bis in Höhe des 3. Brustwirbels zieht, sich nach vorn biegt und in die V. cava superior einsenkt, kurz bevor diese vom Herzbeutel umschlossen wird. Die schwächere V. hemiazygos kann aber auch über die Anastomose hinaus oder mit Unterbrechung noch weiter als *V. hemiazygos accessoria* nach kranial gelangen, um in die V. brachiocephalica sinistra zu münden. Neben kleinen Venen aus dem hinteren Mediastinum fließt der V. azygos und hemiazygos Blut aus den segmentalen Venen der Brustwand und einem Teil der Bauchwand sowie der venösen Geflechte der Wirbelsäule zu. Unterhalb des Zwerchfells haben beide Azygosvenen auch Verbindungen zur unteren Hohlvene. Sie stellen ein intermediäres Venensystem zwischen V. cava superior und inferior dar.

V. cava inferior

Die untere Hohlvene entsteht am 4. Lendenwirbelkörper aus dem Zusammenfluss der *Vv. iliacae communes* und zieht rechts von der Aorta abdominalis kranialwärts, gelangt an die Unterfläche der Leber und durchbohrt das Centrum tendineum des Zwerchfells im Foramen v. cavae. Das oberhalb des Zwerchfells innerhalb des Herzbeutels gelegene 1 cm lange Endstück mündet in den rechten Vorhof. Auf Höhe des Zwerchfells ist ihr Durchmesser 34 mm. Ihr direktes Zuflussgebiet entspricht der Ausbreitung der paarigen Äste der Bauchaorta. Das Blut aus dem Zuflussgebiet, das den unpaaren Ästen der

Bauchaorta entspricht, wird ihr dagegen über die Vv. hepaticae zugeleitet, nachdem es von den unpaaren Bauchorganen auf dem Weg über die Pfortader die Leber durchströmt hat. Die kleine *V. sacralis mediana* mündet direkt oder mittels der V. iliaca communis sinistra in die untere Hohlvene.

Die beiden gemeinsamen Beckenvenen, die **Vv. iliacae communes**, entstehen beidseits aus der entsprechenden *V. iliaca interna* und *externa*. Die Vv. iliacae communes sind die Abflusswege des venösen Blutes aus dem Becken und den unteren Gliedmaßen. Die Venen im Beckenraum bilden in der Nähe der Organe Geflechte. Nur die parietalen Äste ziehen meist als doppelt angelegte Venen mit ihren Arterien.

V. portae (Pfortader)

Die Pfortader sammelt das nährstoff- und noch relativ sauerstoffreiche Blut aus den unpaaren Bauchorganen (◻ Abb. 6.15) und führt es der Leber zu. Erst nachdem das Blut das Bett der Lebersinusoide durchströmt hat, wird es schließlich über die Lebervenen in die V. cava inferior abgeleitet. Durch die Pfortader werden also 2 Kapillargebiete miteinander verbunden. Entsprechende Anordnungen von Gefäßabschnitten werden darum als Portalsystem bezeichnet (siehe das Portalsystem der Hypophyse).

Die *V. portae* entsteht hinter dem Pankreashals aus der *V. splenica* und der *V. mesenterica superior*. Ihre dritte Hauptwurzel, die *V. mesenterica inferior* mündet in der Regel in die V. splenica oder in den Winkel, der durch den Zusammenfluss der beiden Hauptwurzeln der V. portae gebildet wird. (◻ Abb. 6.15). Hinter der Pars superior duodeni zieht sie im Lig. hepatoduodenale des Omentum minus zur Leberpforte.

Bei einer Erhöhung des Drucks in der Pfortader durch eine Einengung der Leberstrombahn z.B. bei einer Leberzirrhose oder einer Pfortaderthrombose, sucht das Blut wegen der Widerstandserhöhung über Kurzschlussverbindungen das Gefäßbett der Leber zu umgehen. Das ist durch Anastomosen zwischen der V. portae und den Vv. cavae möglich, die sich durch den erhöhten venösen Druck varikös erweitern können **(portokavale Anastomosen)** (◻ Abb. 6.15). Das Blut fließt über folgende Gefäße ab:

- V. gastrica dextra und sinistra sowie die Vv. gastricae breves zu den Vv. oesophageae und von ihnen über die Azygosvenen in die V. cava superior (Ösophagus- und Magenfundusvarizen)
- durch Anastomosen zwischen der V. rectalis superior mit der V. rectalis media und inferior in die Vv. iliacae und von dort zur unteren Hohlvene (Hämorrhoiden)
- über die Vv. parumbilicales, die einmal Verbindungen zu den Vv. epigastricae superficialis und inferior besitzen, die in die V. femoralis und V. iliaca externa und von dort über die V. iliaca communis in die V. cava inferior ableiten und die weiterhin Verbindungen zur V. thoracica lateralis und V. thoracoepigastrica aufweisen, die in die V. axillaris und von dort auf dem Weg über die V. subclavia und V. brachioephalica in die V. cava superior drainieren und schließlich über die V. epigastrica superior, die in die V. thoracica interna übergeht und über diese in die V. brachiocephalica ableitet (Caput Medusae um den Nabel in der vorderen Bauchwand)

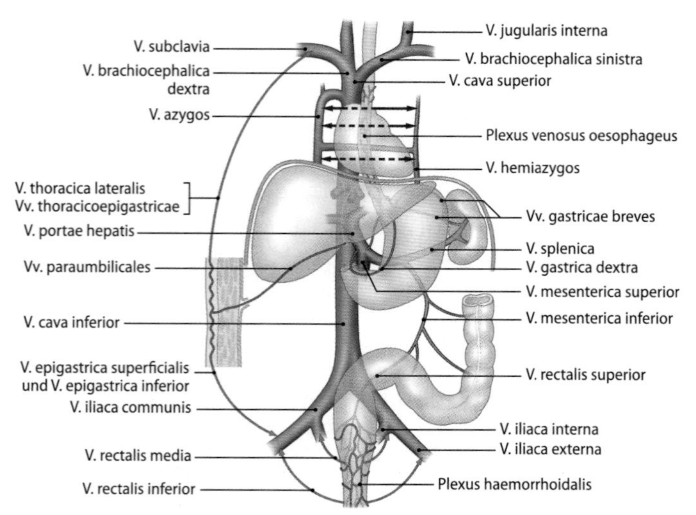

◻ **Abb. 6.15.** Pfortaderkreislauf und portokavale Anastomosen als Kollateralwege bei portaler Hypertension [4]

In Kürze

Die **Lungenvenen (Vv. pulmonales)** bringen O_2-reiches Blut zum linken Herzvorhof.

Die **obere Hohlvene (V. cava superior)** führt das O_2-arme Blut aus Kopf und Hals, oberen Extremitäten, Brustwand und Mediastimum zum rechten Herzvorhof.

Die **untere Hohlvene (V. cava inferior)** sammelt das O_2-arme Blut aus den unteren Extremitäten, den Beckenorganen, der Bauchwand und z.T. durch Vermittlung von Pfortader und Lebervenen aus den Baucheingeweiden und leitet es zum rechten Herzvorhof.

Die **Azygosvenen** stellen ein intermediäres Venensystem zwischen V. cava superior und inferior dar.

Die **Pfortader (V. portae)** sammelt das nährstoffreiche Blut aus den unpaaren Bauchorganen und führt es zur Leber. Von dort fließt das Blut über die Lebervenen in die untere Hohlvene.

6.5 Entwicklung des Herzens und Blutgefäßsystems und fetaler Kreislauf

Einführung

Das Herz und die Blutgefäße sind das erste funktionierende Organsystem des embryonalen Körpers. Über eine Diffusion von Nähr- und Aufbaustoffen kann der heranwachsende Organismus im Laufe seiner Entwicklung nicht ausreichend versorgt werden. Die Stoffwechselbedürfnisse des Embryos und die Elimination von Abfallstoffen können nur durch ein Kreislaufsystem erfüllt werden, in dem ein pulsierendes Herz für ein Strömen des Blutes sorgt. Diese frühen funktionellen Anforderungen an das Herz sind wesentliche Faktoren für seine Entwicklung.

6.5.1 Entwicklung des Herzens

Bildung von Herzanlage, Herzschlauch und Perikardhöhle (18. bis 22. Tag)

Ausdehnung des prächordal gelegenen kardiogenen Feldes zu einer U-förmigen kardiogenen Platte vor und seitlich der Neuralplatte → Bildung von 2 Endothelschläuchen aus dem Gefäßplexus der kardiogenen Platte → Fusion der Endothelschläuche zu einem Endokardschlauch → Differenzierung des Myoepikardmantels zu den Wandschichten des Herzens: Herzschlauch

▼

Durch Spaltbildung im Mesoderm Entstehung der primären Perikardhöhle → Verschmelzen der Perikardhöhlen beider Seiten → Rückbildung des dorsalen Mesokards über das der Herzschlauch an der hinteren Wand der Perikardhöhle befestigt ist

Bildung der Herzschleife (ab 23. Tag)
Verlängerung und Krümmung des Herzschlauchs zur Herzschleife mit Bildung von lokalen Ausbuchtungen (Sinus venosus, gemeinsamer Vorhof, gemeinsame Kammer, Bulbus cordis, Truncus arteriosus) → Abtrennung des linken Vorhofes (Sinus-Vorhof-Falte)

Enstehung der Herzbinnenräume und der gesonderten Strombahnen des Körper- und Lungenkreislaufs (zwischen 27. und 37. Tag)
Unterteilung des einheitlichen Herzlumens in Vorhof und Kammer → Septierung des Vorhofs (mit Bildung des Foramen ovale) → Septierung der Kammer und der Ausflussbahn

Bildung von Herzanlage, Herzschlauch und Perikardhöhle

Am 18. Tag entsteht aus einer Verdichtung von Mesenchymzellen der Splanchnopleura im prächordalen Bereich (kardiogene Zone) das Anlagematerial für das Herz, das sich vor und seitlich der Neuralplatte U-förmig ausdehnt **(kardiogene Platte)**. Darin bildet sich ein hufeisenförmiger Plexus von kleinen Gefäßen, die zu zwei **Endothelschläuchen** verschmelzen. Mit der seitlichen Abfaltung des Keimlings fusionieren diese Schläuche zu einem gemeinsamen **Endokardschlauch.** Aus der ihn umgebenden Splanchnopleura, die sich zu einem Myoepikardmantel verdickt und eine gallertiges Bindegewebsschicht einschließt, differenzieren sich von außen nach innen Epikard, Myokard und subendokardiales Bindegewebe **(Herzschlauch)**.

Die kardiogene Platte liegt dort, wo sich durch Spaltbildung im Mesoderm auch die **Perikardhöhle** als vorderster Abschnitt des embryonalen Zöloms entwickelt hat. Sie besitzt ebenfalls eine hufeisenförmige Gestalt, und beide Seiten verschmelzen miteinander bei der seitlichen Abfaltung des Keimlings. Infolge der Längskrümmung des embryonalen Körpers werden die Herzanlage und die Perikardhöhle unter den Vorderdarm verlagert. Der annähernd gestreckte Herzschlauch liegt in der Perikardhöhle zunächst mit einem Meso an der dorsalen Wand befestigt. Dieses dorsale Mesokard degeneriert, wenn sich im Laufe der weiteren Entwicklung der Herzschlauch verlängert und krümmt. Rechte und linke Perikardhöhlenhälfte gehen dann auch dorsal ineinander über. Die so entstandene breite Passage zwischen dem venösen und arteriellen Pol des Herzschlauches wird sich später zum *Sinus transversus pericardii* einengen.

Bildung der Herzschleife

Etwa am 23. Entwicklungstag verlängert und krümmt sich der gestreckte **Herzschlauch** zur **Herzschleife** (◘ Abb. 6.16a). Dabei werden der Richtung des Blutstroms folgend durch Einschnürungen markiert **lokale Ausweitungen** erkennbar:

- **Sinus venosus** (in den beidseits die Dottersackvenen, die Nabelvenen und die Kardinalvenen einmünden)
- **einheitliches Atrium** (Atrium communis oder Atrium primitivum)
- **einheitlicher Ventrikel** (Ventriculus communis oder Ventriculus primitivus)
- **Bulbus cordis**
- **Truncus arteriosus**

Der Herzschlauch biegt sich so, dass der Scheitel der Schleife ventral liegt und nach rechts und kaudal ausgerichtet ist. Aus dem mit der Strömungsrichtung des Blutes **absteigenden Schleifenschenkel,** der vom Ventrikelabschnitt des Herzschlauchs gebildet wird, geht später der **linke Ventrikel** hervor. Der **aufsteigende Schenkel** ist der Bulbus cordis. Er vergrößert sich rasch und wird mit seinem unteren, breiten Abschnitt den **rechten Ventrikel** bilden. Der sich anschließende Abschnitt des Bulbus wird als Conus cordis bezeichnet. Er geht in den Truncus arteriosus über. Während der Ausformung der Herzschleife rückt der Einströmungsteil des Herzens nach hinten oben. Das Atrium und der Sinus venosus werden in die Perikardhöhle aufgenommen und gelangen hinter den Conus cordis, den Truncus arteriosus und den Ventrikel.

Durch rasches Wachstum und Expansion des Atriums werden *Conus cordis* und *Truncus arteriosus* von ihrer zunächst lateralen in eine mediale Position verschoben. Der Truncus liegt danach medio-

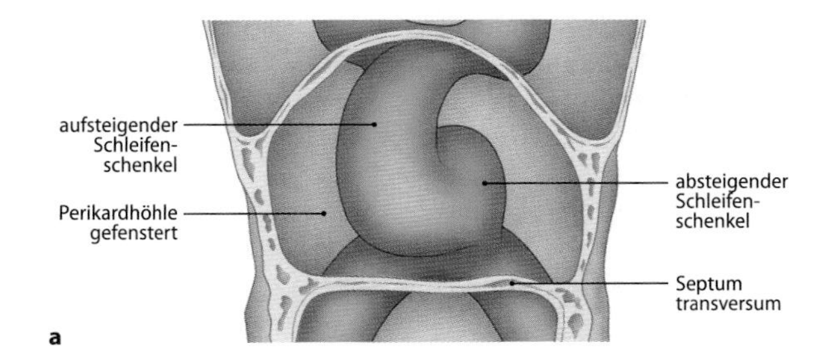

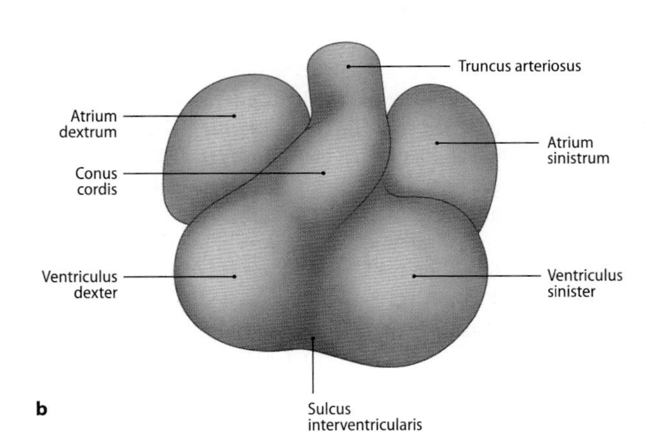

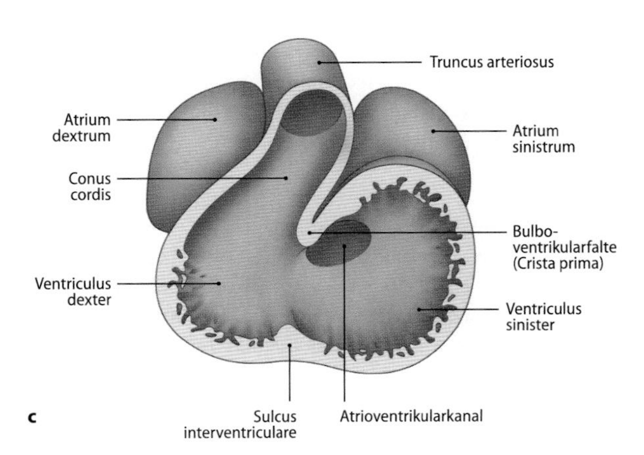

◘ Abb. 6.16a–c. Bildung der Herzschleife. a Herzschlauch in der Perikardhöhle, frühes Stadium der Schleifenbildung [6], **b** Embryo von 7,5 mm Länge: die Grenze zwischen rechtem und linkem Ventrikel ist durch den Sulcus interventricularis markiert [6], **c** Herz eines 30 Tage alten Embryos im Frontalschnitt [7]

sagittal in einer Einbuchtung des Vorhofdachs und der Conus in einer schrägen Position zwischen dem Dach des primitiven linken Ventrikels und der anteromedialen Wand des künftigen rechten Vorhofs (◘ Abb. 6.16b u. c). Der Übergang zwischen Vorhof und Kammer engt sich zum **Atrioventrikularkanal** ein, in dessen Bereich sich später die Atrioventrikularklappen bilden. Der im Gebiet der primären Konkavität der Herzschleife tief einschneidende *Sulcus bulboventricularis* springt als **Bulboventrikularfalte** (Crista prima) deutlich in das Innere vor. Durch die Anlage des muskulösen Kammerseptums deutet sich die **Bildung des Ventrikelseptums** an. Äußerlich wird die Grenze zwischen rechtem und linkem Ventrikel durch einen *Sulcus interventricularis* markiert, der durch das starke Auswachsen der Kammern bedingt ist (◘ Abb. 6.16c).

Sinus venosus und rechter Vorhof

Der paarig angelegte Sinus venosus besteht aus:
- **rechtem und linkem Sinushorn:** in diese Hörner münden jeweils eine V. cardinalis communis (Kardinalvene), eine *V. umbilicalis* (Nabelvene) und eine *V. vitellina* (Dottersackvene) ein, und
- einem **zentralen Abschnitt:** dieser nimmt die beiden Hörner auf und mündet direkt in den Vorhof (◘ Abb. 6.17a).

Die zunächst breite Verbindung des Sinus zum Vorhof engt sich jedoch durch die tief einschnürende Sinus-Vorhof-Falte bald ein. Durch diese Einfaltung wird der Sinus venosus von der Anlage des linken Vorhofs abgegliedert, während der rechte Vorhof mit ihm eine breite Verbindung behält. Durch die Rückbildung der in das linke Sinushorn mündenden Venen bleibt sein distaler Abschnitt als V. obliqua atrii sinistri [Marshalli] und der übrige Anteil als Sinus coronarius erhalten, der das venöse Blut des Herzens in den rechten Vorhof einleitet. Das rechte Sinushorn weitet sich dagegen aus, gewinnt eine vertikale Lage und wird in den rechten Vorhof einbezogen (◘ Abb. 6.17b). Dort bildet es den glattwandigen Teil, der vom trabekulären ursprünglichen Vorhof innen durch eine kleine Leiste, Crista terminalis, abgegrenzt wird. Die Mündungsstelle des Sinus venosus in den rechten Vorhof ist zu einem senkrecht stehenden Schlitz geworden, der beidseits durch Klappenbildungen flankiert wird (rechte und linke Sinusklappe) (◘ Abb. 6.18a). Im Laufe der Entwicklung schwinden diese Klappen fast vollständig. Der obere Anteil der rechten Sinusklappe bleibt zusammen mit dem Sinus-venosus-Septum als Valvula venae cavae inferioris [Eustachii] erhalten. Dieses Sinusseptum markiert zunächst die Einmündung der rechten Dottersackvene in den zentralen Teil des Sinus. Wenn der Sinus in den Vorhof einbezogen worden ist, liegt es zwischen den Mündungen des Sinus coronarius (vor dem Septum) und der V. cava inferior (hinter dem Septum). Vom unteren Abschnitt der rechten Sinusklappe wird die Valvula sinus coronarii [Thebesii] gebildet (◘ Abb. 6.18b–e). Die linke Sinusklappe wird in das Vorhofseptum einbezogen.

Linker Vorhof

Aus der Rückwand des linken Vorhofs geht die *V. pulmonalis communis* hervor, die sich dichotom in weitere Äste teilt. Diese gewinnen Anschluss an das Venengeflecht der sich entwickelnden Lungenknospen. Die Lungenvenen werden in die linke Vorhofwand einbezogen, so dass schließlich die 4 Venen der zweiten Teilungsgeneration mit entsprechend weit auseinanderliegenden, paarig angeordneten Öffnungen in ihn münden (◘ Abb. 6.17b). Das linke Herzohr ist als trabekulärer Vorhofanteil der ursprüngliche Vorhof.

Septierung des Herzens

Zwischen dem **27.** und **37. Tag** erfolgt die **Unterteilung** des einheitlichen Herzlumens in die gesonderten Strombahnen des **Körper-** und

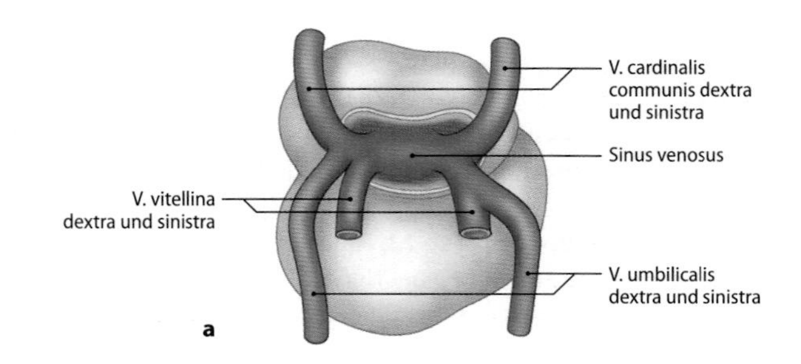

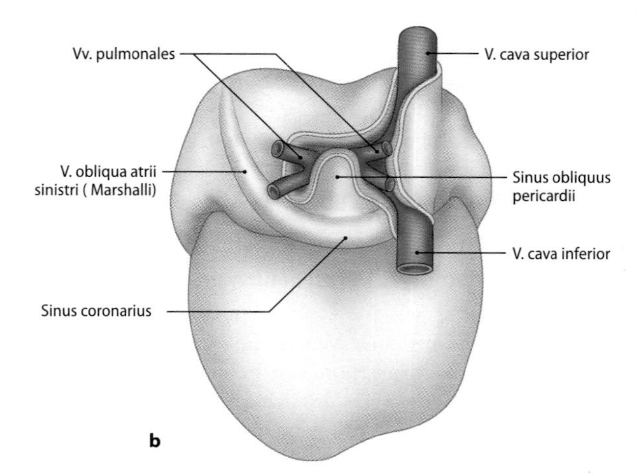

◘ **Abb. 6.17a, b. Entwicklung des Sinus venosus in der Ansicht von dorsal.** **a** Embryo von 3,4 mm, **b** Fetus von 3 cm, spätes Stadium der Einbeziehung des Sinus in den Vorhof [6]

Lungenkreislaufs. Die Septierung beginnt mit der Ausbildung endokardialer Reliefs in den verschiedenen Herzregionen. Dabei lassen sich bindegewebige Septen in der Atrioventrikularebene und der Ausflussbahn von muskulären Septen der Vorhöfe und Kammern unterscheiden. Die bindegewebigen Septen sind paarig angelegt. Ihre Anlagen stehen einander gegenüber, wachsen senkrecht zur Blutstromrichtung vor und fusionieren miteinander. Die muskulären Septen bilden sich als unpaare Auffaltungen des Myokards aus.

Unterteilung in Vorhof und Kammer

Die Verbindung zwischen dem einheitlichen Vorhof und der einheitlichen Kammer ist der **Atrioventrikularkanal**, an dessen ventraler und dorsaler Wand sich »**Endokardkissen**« vorbuckeln. Sie wachsen als vorderes (oberes) und hinteres (unteres) Atrioventrikularseptum aufeinander zu und verschmelzen miteinander (◘ Abb. 6.19). Dadurch wird der Kanal in ein rechtes und linkes *Ostium atrioventriculare* unterteilt. Der Klappenapparat der Ostien (Klappen, Chordae tendineae, Papillarmuskeln) entsteht nur zu einem geringen Teil aus den Atrioventrikularsepten. Überwiegend wird er aus den inneren Schichten der an die Ostien grenzenden Kammerwandteile gebildet. Von der Ventrikelseite her wird dieser Bereich so ausgehöhlt, dass sich ein geflechtartiges Trabekelwerk von der Atrioventrikularebene zur Herzspitzenregion bildet. Das subendokardiale Gewebe in diesem Trabekelwerk differenziert sich zunächst zu Muskulatur. Sie wandelt sich in den Anlagen der Klappensegel *(Cuspides valvarum atrioventricularum)* und der *Chordae tendineae* zu einem straffen, sehnenartigen Gewebe und bleibt nur in den *Mm. papillares* erhalten. Im rechten Ostium atrioventriculare liegen 3, im linken Ostium atrioventriculare 2 Klappensegel.

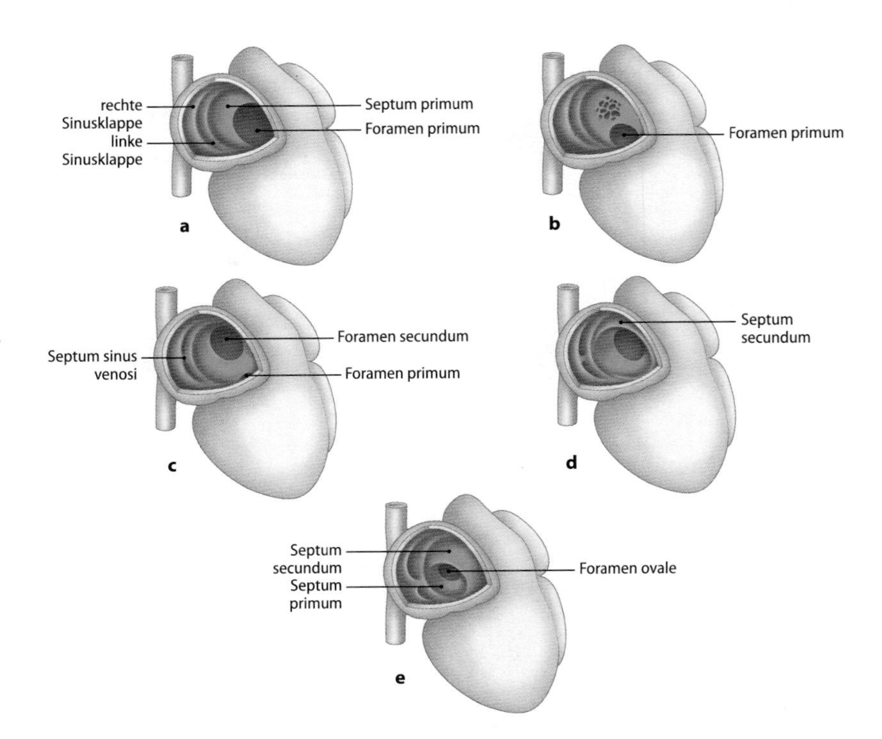

Abb. 6.18a–e. Entwicklung der Septen im Vorhof. **a** Der freie Rand des Septum primum begrenzt den oberen Umfang des Foramen primum. Die Mündungen der Hohlvenen sind zwischen rechter und linker Sinusklappe versteckt. **b** Durch Perforationen im Septum primum wird das Foramen secundum angelegt. Das Foramen primum ist deutlich kleiner geworden. **c** Während das Foramen primum fast geschlossen ist, hat das Foramen secundum seine endgültige Größe erreicht. Da der Sinus venosus zunehmend in den Vorhof einbezogen wird, wird sein Septum, das zwischen der Mündung der V. cava inferior und dem linken Sinushorn liegt, als obere Begrenzung des linken Sinushorns (Sinus coronarius) sichtbar. **d** Rechts vom Septum primum entsteht die Anlage des Septum secundum. **e** Das Foramen ovale wird vom freien Rand des Septum primum und vom freien Rand des Septum secundum begrenzt [6]

Septierung des Vorhofs

Die Unterteilung des Atrioventrikularkanals erfolgt gleichzeitig mit der Bildung des Vorhofseptums. Die ursprüngliche Öffnung zwischen linkem und rechtem Vorhof, das *Ostium primum*, wird durch das vom Dach des Vorhofs halbmodförmig herabwachsende *Septum primum* gegen die Atrioventrikularebene hin eingeengt (Abb. 6.16a). Sein Entstehungsort wird außen durch den *Sulcus interatrialis* markiert. Bevor es jedoch zu einem endgültigen Verschluss durch eine Fusion des freien Randes des Septum primum mit der oberen Fläche der Atrioventrikularsepten kommt, treten hinten oben in ihm Perforationen auf, die zum *Foramen secundum* zusammenfließen (Abb. 6.18b). Dadurch ist der Blutzustrom in den linken Vorhof weiter gewährleistet. Über das neu entstandene Loch schiebt sich auf der Seite des rechten Vorhofs das *Septum secundum*, das ventrokranial vom Vorhofdach aus in dorsokaudaler Richtung vorwächst (Abb. 6.18d). Allerdings lässt es an seinem sichelförmigen unteren Rand, das *Foramen ovale* frei (Abb. 6.18e). Während der obere Teil des Septum primum verschwindet, wird der untere Teil zur Klappe des **Foramen ovale**. Über das Loch wird der Hauptteil des Blutes vor der Geburt von der V. cava inferior in den linken Vorhof geleitet. Ein Rückfluss wird durch die Klappe des Septum primum verhindert, das sich gegen das festere Septum secundum legt. Nach der Geburt schließt sich das Foramen ovale, und die Vorhöfe sind nun endgültig getrennt.

Septierung der Kammer und der Ausflussbahn

Die Septierung des Ventrikels steht in enger Beziehung zur Teilung von Bulbus cordis und Truncus arteriosus. Der muskuläre Teil des Kammerseptums entsteht aus einer muskulären, halbmondförmigen Leiste am Boden der Kammerschleife (Abb. 6.16c), an deren rechten und linken Umfang wandständiges Myokard durch das gegeneinander gerichtete Wachstum von zwei Proliferationszentren in die Mitte verlagert wird. Am Ort, wo die verlagerten Zellen zusammentreffen, faltet sich das Myokard in die Kammerlichtung ein und schiebt sich mit seinem freien Rand immer weiter in die Lichtung vor. Der vordere Ausläufer des so entstehenden Kammerseptums wendet sich nach links und verstreicht im Übergangsgebiet zwischen Kammer und Ausflussbahn, sein hinterer verläuft nach rechts zum rechten Rand der Basis des unteren (hinteren) Atrioventrikularseptums. Durch den freien Rand des Kammerseptums und die von hinten oben vorspringende Bulboventrikularfalte (Crista prima) wird das *Foramen interventriculare* als offene Verbindung zwischen rechtem und linkem Ventrikel begrenzt (Abb. 6.19a). Bis zur 7. Woche bleibt diese Verbindung erhalten, so dass Blut vom rechten in den linken Ventrikel übertreten kann. Damit bei einem Verschluss der Kammerscheidewand der linke Ventrikel nicht zu einem blind endenden Sack wird, müssen Conus cordis und Truncus arteriosus geteilt werden.

Die aus den beiden Ventrikeln ausgeworfenen Blutströme überkreuzen sich im Conus und Truncus in einer Spiraltour. Dadurch gewinnen die im Conus und Truncus einander gegenüberliegenden und auf jeder Seite miteinander zusammenhängenden Septumanlagen – rechtes und linkes Konusseptum sowie oberes (vorderes) und unteres (hinteres) Trunkusseptum – ebenfalls einen spiraligen Verlauf (Abb. 6.19b). Vervollständigt wird dieses Septensystem durch die Verbindung der Trunkussepten mit den lateralen Ausläufern des *Septum aorticopulmonale*, das aus dem Mesenchym zwischen dem 5. und 6. Kiemenbogen an der dorsalen Wand des *Saccus aorticus* entstanden und stromaufwärts vorgewachsen ist. Wenn die Septen schließlich mit ihren dem Lumen zugewandten freien Rändern verschmelzen, entsteht ein spiralig gedrehtes, in sich geschlossenes Septum, das den Truncus arteriosus in die hinten gelegene *Aorta ascendens* und den vorn liegenden *Truncus pulmonalis* und den Conus cordis in die Ausflussbahnen der beiden Kammern unterteilt.

Damit das *Foramen interventriculare* verschlossen werden kann, muss die vorspringende Bulboventrikularfalte (Crista prima) verstreichen. Dann können sich der hintere Ausläufer des Kammerseptums und das rechte Konusseptum an den Atrioventrikularsepten verbinden. Der vordere Ausläufer des Kammerseptums kann dagegen unmittelbar in das linke Konusseptum übergehen (Abb. 6.19). Mit der Größenzunahme des Herzens schwindet die Bulboventriku-

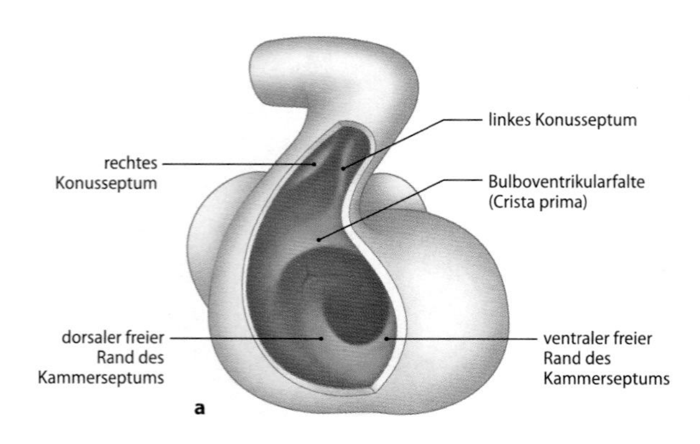

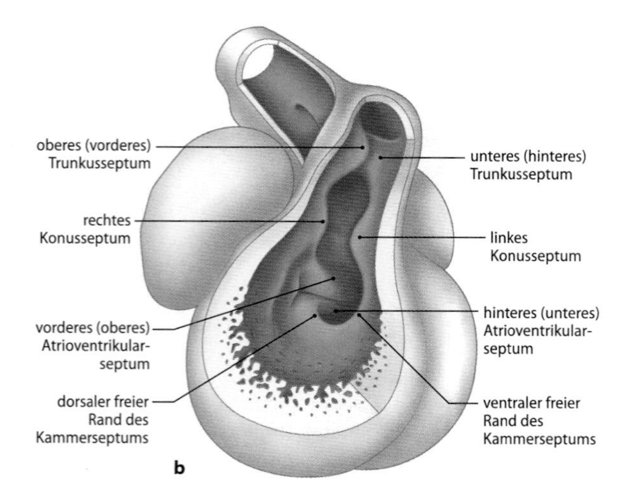

Abb. 6.19a, b. Septierung der Kammer und der Ausflußbahn. **a** Die Bulboventrikularfalte (Crista prima) springt zwischen den Konussepten und dem Kammerseptum mit seinem dorsalen und ventralen freien Rand vor. Die interventrikuläre Verbindung zwischen Crista prima und dem freien Rand des Kammerseptums wird (nicht ganz korrekt) als Foramen interventriculare bezeichnet. **b** Aus verschiedenen Entwicklungsstadien zusammengefasster Entwicklungszustand der Septierung der Atrioventrikularebene, der Kammern und der Ausflussbahn. Das hintere (untere) Atrioventrikularseptum verbindet sich mit dem hinteren freien Rand des Kammerseptums. Der vordere freie Rand des Kammerseptums erhält Kontakt mit dem linken Konusseptum, das sich nach hinten verlaufend mit dem unteren (hinteren) Trunkusseptum verbindet. Das obere (vordere) Trunkusseptum verbindet sich über das rechte Konusseptum und über das vordere (obere) und hintere (untere) Atrioventrikularseptum mit dem hinteren freien Rand des Kammerseptums. Die Trunkussepten stehen in Kontakt mit den lateralen Ausläufern des Septum aorticopulmonale. Die einander gegenüberliegenden freien Ränder des Septensystems kommen schließlich in Kontakt, verschmelzen und teilen auf diese Weise die aortale von der pulmonalen Strombahn [6]

larfalte. Nachdem die Konussepten schließlich auch kammerwärts miteinander verschmolzen sind, umrahmen sie mit ihren Verbindungen zum Kammerseptum sowie mit dessen freien Rand das Foramen interventriculare. Die Ränder des Foramen wachsen aufeinander zu und verschließen damit die Öffnung. Die *Pars membranacea* des Ventrikelseptums entsteht aus kammerwärts gelegenen Anteilen der Konussepten.

Neben den Trunkussepten entstehen im Truncus arteriosus auch Klappenwülste, die an seiner Septierung nicht teilhaben. Wenn die Trunkussepten in der Mitte miteinander verschmolzen sind und die Ausflussbahn getrennt haben, tritt an ihnen ein Paar kissenartiger Höckerchen auf, die den Klappenwülsten schräg gegenüberliegen. Damit wird die Lichtung von Truncus pulmonalis und Aorta durch je drei Vorwölbungen eingeengt, aus denen sich die Taschenklappen ausformen *(Valvulae semilunares)*.

Erregungsbildungs- und -leitungssystem

Am unsegmentierten Herzschlauch lässt sich entlang seiner kraniokaudalen Achse schon sehr früh eine **Schrittmacheraktivität** am Einströmungsteil feststellen. Die gebildeten elektrischen Impulse werden langsam weitergeleitet und führen zu einer **peristaltikartigen Form der Herzkontraktion.** Im Laufe der weiteren Entwicklung differenzieren sich im langsam leitenden primären Myokard ein schnell leitendes Vorhof- und Kammermyokard. Es entsteht ein aus 5 Segmenten gebildetes Herz, das mit seinem Einströmungsteil, Atrium, Atrioventrikularkanal, Ventrikel und Ausströmungsteil alternierend langsame und schnell leitende Abschnitte aufweist. Dadurch ist dem Herzen auch ohne Klappen eine Pumpfunktion möglich. Das primäre Myokard des Ausströmungsteils schwindet mit der Bildung der Taschenklappen. Das primäre Myokard des Einströmungsteils und des Atrioventrikularkanals wird in die Vorhofmuskulatur aufgenommen, nur ein kleiner Teil bleibt als *Nodus sinuatrialis* und *Nodus atrioventricularis* übrig.

Die Entwicklung von 2 Ventrikeln, die gleichzeitig schlagen müssen, macht ein schnell leitendes ventrikuläres Erregungsleitungssystem notwendig. Es entsteht aus einem interventrikulären Myokardring, der das Foramen interventriculare zwischen präsumptiven rechten und linken Ventrikel umkreist. Aus seinem dorsalen Anteil entwickelt sich der *Fasciculus atrioventricularis* (His-Bündel), während der Teil, der das Septum bedeckt, den rechten und linken Schenkel des Bündels bildet. Der aus dem vorderen Ringanteil hervorgehende septale Zweig sowie Teile des Rings, die als rechtes atrioventrikuläres Ringbündel und retroaortaler Zweig besonders bezeichnet werden, schwinden am sich normal entwickelnden Herzen.

In Kürze

Herzentwicklung

- Verschmelzung der paarigen Herzanlagen zum Herzschlauch
- Bildung der nach rechts gerichteten Herzschleife
- An der Herzschleife sind als Erweiterungen zu erkennen:
- Sinus venosus
- einheitliches Atrium
- einheitlicher Ventrikel
- Bulbus cordis, der sich in den Truncus arteriosus fortsetzt
- Durch Ausbildung von Scheidewänden in den Vorhof- und Kammerabschnitten Untergliederung der Herzschleife in 4 Herzräume
- Septierung der Ausflussbahn zum Truncus pulmonalis und zur Aorta
- Bildung des Erregungs- und Leitungssystems aus leitenden Myokardzellen durch Differenzierung

6.5.2 Entwicklung der Gefäße

Entwicklung der Blutgefäße

zur Frühentwicklung der Gefäße ► Kap. 3.5.2

Dottersackkreislauf

Plazentakreislauf

Entwicklung der Arterien

- Aortenbogen
- paarige ventrale Aorta mit Ausbildung von Kiemenbogenarterien
- paarige dorsale Aorta mit abgehenden Ästen zum:
  - Dottersack und Darmkanal
  - Urogenitalsystem
  - Leibeswand

Entwicklung der Venen

- Dottervenen
- Nabelvenen
- Kardinalvenen

Um den 21. Tag gewinnt der Herzschlauch Verbindung zu den entstandenen Blutgefäßen des embryonalen Körpers, des Dottersacks, des Haftstiels und des Chorions (◘ Abb. 6.20). Ein Dottersackkreislauf bildet sich aus, wenn neben den in den Sinus venosus einmündenden *Vv. vitellinae* auch die entsprechenden *Aa. vitellinae* von der Aorta abgehen und sich in das Kapillarnetz in der Dottersackwand verzweigen. Die Gefäße des Dottersacks werden allerdings bald zurückgebildet und dienen zum Teil zur Bildung der Lebergefäße (Sinusoide, Vv. hepaticae, V. portae) und der großen unpaaren Stämme der Aorta.

An die Stelle des Dottersackkreislaufs tritt der **Plazentakreislauf**, der sich aus den im Haftstiel verlaufenden Gefäßen entwickelt, die Anschluss an die Gefäße der Chorionzotten sowie die intraembryonalen Gefäße gewinnen. Die paarigen *Vv. umbilicales*, von denen nur die linke erhalten bleibt, führen nährstoff- und sauerstoffreiches Blut aus der Plazenta dem Embryonalkörper zu und münden in den Sinus venosus. Die ursprünglich aus den dorsalen Aorten abgehenden beiden *Aa. umbilicales* leiten das mit CO_2 und Stoffwechselabbauprodukten beladene Blut zum Austausch zur Plazenta zurück.

Zum Sinus venosus ziehen auch die beiden *Vv. cardinales communes*. Sie sind aus der Vereinigung der vorderen und hinteren Kardinalvenen entstanden, die beidseits das sauerstoffarme Blut aus der vorderen und hinteren Körperhälfte führen.

Arterien

In der Ausflussbahn des Herzens setzt sich in Verlängerung des Herzschlauches der ungeteilte Truncus arteriosus in die paarige ventrale Aorta fort. Sie verläuft ein Stück unter dem Schlunddarm, biegt sich dann beidseits im ersten Aortenbogen neben dem Darm nach dorsal um und geht in die ebenfalls paarige dorsale Aorta über, die später zur unpaaren *Aorta descendens* verschmilzt. Die 6 Aortenbögen oder Kiemenbogenarterien entstehen mit der Ausbildung der Kiemenbögen und entspringen beidseits hintereinander zwischen der ersten Bogenarterie und dem Herzen aus den ventralen Aorten. Diese zum grundsätzlichen Verständnis hilfreichen Verhältnisse, wie sie insbesondere bei den Fischen vorkommen, sind beim menschlichen Embryo abgewandelt (◘ Abb. 6.20). Die paarige ventrale Aorta ist bei ihm in einer Erweiterung des Truncus arteriosus zu einem *Saccus aorticus* fusioniert, der dann

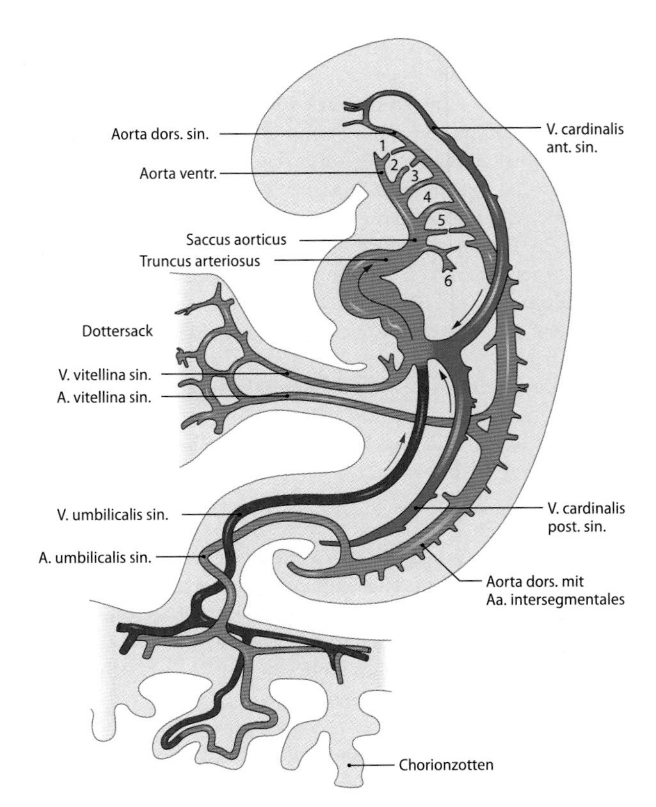

◘ **Abb. 6.20. Schematische Darstellung des fetalen Kreislaufs.** Die Farbgebung entspricht dem Sauerstoffgehalt des Blutes. Die Aortenbögen 1 und 2 befinden sich in Rückbildung, die Bögen 5 und 6 sind im Entstehen [5]

beidseits mit den jeweiligen *Aortae dorsales* über die Kiemenbogenarterien verbunden ist. Diese Arterien wiederum sind nie alle gleichzeitig ausgebildet. Erster und zweiter Bogen sind z.B. schon weitgehend zurückgebildet, bevor der dritte und vierte Bogen vollständig entwickelt sind.

Durch das Septum aorticopulmonale wird ein Teil des kaudalen Endes des Saccus aorticus in den *Truncus pulmonalis* einbezogen, der Rest des Sackes dient der Bildung der Aorta ascendens. Mit der Verlängerung der Halsregion des Embryos wird der Saccus aorticus zu einem rechten und linken Horn ausgezogen. Aus dem rechten Horn wird der *Truncus brachiocephalicus* und aus dem linken geht der Teil des *Arcus aortae* hervor, der zwischen den Ursprüngen des Truncus brachiocephalicus und der *A. carotis communis sinistra* liegt. Die erste Kiemenbogenarterie schwindet bis auf einen kleinen Abschnitt der späteren *A. maxillaris*. Von der zweiten bleibt nur ihr dorsales Ende als *A. stapedia*. Die *A. carotis externa* erscheint als ein kopfwärts wachsender Spross des Saccus aorticus am ventralen Ursprung des dritten Bogens. Die *A. carotis communis* entwickelt sich aus den Hörnern des Aortensacks und der proximale Abschnitt der *A. carotis interna* aus der dritten Kiemenbogenarterie. Die 4. Kiemenbogenarterie bildet rechts den proximalen Teil der rechten *A. subclavia*, während sie links den *Arcus aortae* zwischen A. carotis communis sinistra und A. subclavia bildet. Die gar nicht oder nur rudimentär angelegte 5. Kiemenbogenarterie schwindet ganz. Von der 6. Kiemenbogenarterie bleibt rechts der ventrale Anteil als Stamm der *A. pulmonalis dextra*. Auf der linken Seite wird der entsprechende Abschnitt in den *Truncus pulmonalis* aufgenommen und das dorsale Segment bleibt zunächst als *Ductus arteriosus* [Botalli] bestehen. Er ist eine Kurzschlussverbindung im fetalen Kreislauf und verbindet den Truncus pulmonalis mit der Aorta.

Von der paarig angelegten dorsalen Aorta gehen 3 verschiedene Gruppen von Ästen ab:

- **Ventrale Äste zum Dottersack und zum Darmkanal:** Diese verschmelzen zu unpaaren Stämmen, wenn die dorsalen Aorten zu einer einheitlichen Aorta descendens werden: *Truncus coeliacus, A. mesenterica superior* und *inferior.* Ursprünglich ventrale Äste sind auch die beiden *Aa. umbilicales,* die sekundär an die A. iliaca communis, einem dorsalen Ast der Aorta, Anschluss gewinnen. Von den Nabelarterien bleiben die proximalen Abschnitte als *Aa. iliacae internae* und *Aa. vesicales superiores* erhalten, während die distalen zu den *Ligg. umbilicalia medialia* obliterieren.
- **Laterale, paarige Äste zum Urogenitalsystem:** *Aa. suprarenales, renales, testiculares, ovaricae.*
- **Dorsale, segmental angelegte Äste zur Leibeswand:** *Aa. intercostales* und *lumbales.*

6

Venen

Beim jungen Embryo lassen sich 3 Venensysteme unterscheiden:

- **Dottervenen,** die das venöse Blut vom Dottersack führen.
- **Nabelvenen,** die sauerstoff- und nährstoffreiches Blut aus den Chorionzotten der Plazenta transportieren.
- **Kardinalvenen,** die sich im embryonalen Körper befinden und dessen venöses Blut zum Herzen leiten.

Bevor die beiden **Dottervenen** in den Sinus venosus münden, treten sie in das Septum transversum ein und bilden dort Anastomosen untereinander. Die aussprossenden Leberzellstränge treten in enge Beziehung zu geschlossenen, von Endothel gesäumten Bläschen im Septum transversum, aus denen die Lebersinusoide entstehen. Die Sinusoide verbinden sich untereinander und gewinnen Anschluss an das kapillare Netzwerk zwischen den Dottersackvenen (◻ Abb. 6.21a). Die der Leber Blut zuführenden Dottersackvenen haben 3 Queranastomosen untereinander ausgebildet, die das Duodenum in Form von 2 Ringen umgeben. Die obere Anastomose liegt innerhalb der Leber, die mittlere hinter und die untere vor dem Darm. Indem der linke Schenkel des oberen und der rechte des unteren Ringes obliterieren, bleibt ein einheitlicher Gefäßstamm als *V. portae* übrig (◻ Abb. 6.21b). Vom distalen Abschnitt der rechten Dottervene wird die *V. mesenterica superior* gebildet. Auch die kranialen Abschnitte der Dottersackvenen, die das Leberblut dem Herzen zuführen, bilden sich wegen der Rückbildung des linken Sinushorns so um, dass nur Reste des rechten als *Vv. hepaticae* und als terminales posthepatisches Segment der *V. ava inferior* übrigbleiben.

Auch die beiden Nabelvenen durchziehen das Septum transversum und gewinnen Anschluss an die zunächst nur von den Dottersackvenen gespeisten Sinusoide (◻ Abb. 6.21a). Während die rechte Nabelvene und der kraniale Teil der linken obliteriert, bildet sich von der verbleibenden linken Nabelvene bald eine starke Gefäßverbindung zur Mündungsstelle der Lebervenen in die untere Hohlvene aus, die *Ductus venosus* [Arantii] genannt wird (◻ Abb. 6.21b). Da sie die Lebersinusoide umgeht, wird der größte Teil des an Sauerstoff und Nährstoffen reichen Blutes aus der Plazenta an der Leber vorbeigeführt. Nach der Geburt obliterieren die linke Nabelvene und der Ductus venosus und bleiben als *Lig. teres hepatis* und *Lig. venosum* erhalten.

Aus den intraembryonalen **Kardinalvenen** entwickeln sich die Hauptvenen des Körperkreislaufs (◻ Abb. 6.22). Die vorderen Kardinalvenen leiten das Blut aus der Kopfregion, die hinteren aus den kaudalen Abschnitten des Embryo ab. Vor dem Eintritt in den Sinus venosus fließen beide zur paarigen V. cardinalis communis

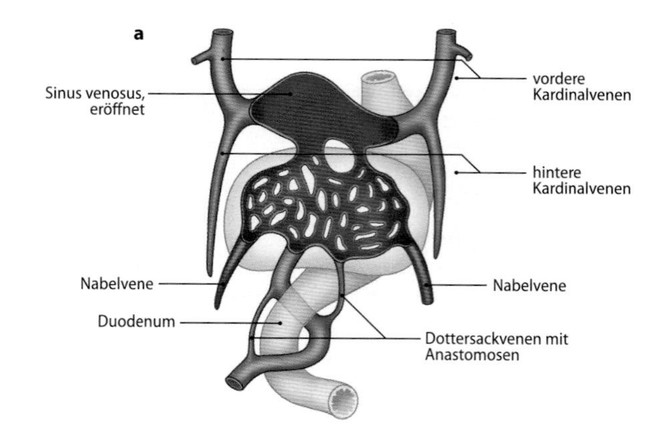

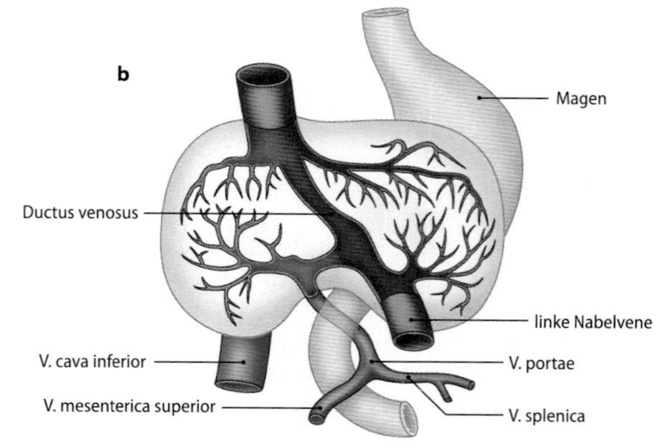

◻ **Abb. 6.21a. b. Entwicklung der Venen im Leberbereich. a** 32 Tage und **b** 41 Tage alter Embryo [8]

zusammen. Zwischen den beiden vorderen Kardinalvenen, aus deren kranialen Abschnitten die *Vv. jugulares internae* entstehen, bildet sich eine schräg verlaufende Anastomose, die das Blut von der linken zur rechten Vene herüberleitet. Die linke Vene wird zur *V. brachiocephalica sinistra* und die rechte Kardinalvene mit ihrer V. cardinalis communis zur *V. cava superior.* Die hinteren Kardinalvenen verbinden sich mit den Sakrokardinalvenen, die auch untereinander anastomosieren. Aus deren Anastomose geht die linke *V iliaca communis* hervor. Sonst bleibt von den hinteren Kardinalvenen nur noch ein Abschnitt als Anfangsstrecke der *V. azygos* übrig. Die rechtsseitige V. sacrocardinalis liefert die rechte *V. iliaca communis* und den untersten Abschnitt der *V. cava inferior,* der als postrenales Segment der unteren Hohlvene bezeichnet wird (nach anderer Auffassung wird das untere Segment der unteren Hohlvene von der rechten Suprakardinalvene geliefert). Deren renales Segment wird durch eine Anastomose zwischen den sub- und suprakardinalen Venen gebildet. Aus den ebenfalls mit den hinteren Kardinalvenen und untereinander anastomosierenden Subkardinalvenen, die an der Medialseite der Urnieren entstanden sind, gehen die *Vv. renales, suprarenales* sowie *testiculares* bzw. *ovaricae* hervor. Aus der rechten Subkardinalvene entsteht das prärenale Segment der unteren Hohlvene. Schließlich entstehen noch die Suprakardianalvenen, die zu den Hauptsammelvenen der Leibeswand werden. Aus ihnen entwickeln sich die *V. azygos* und durch Anastomosenbildung untereinander die *V. hemiazygos.*

Die Entwicklung des Hohlvenensystems ist im Ergebnis eine Konzentrierung der lateral angelegten paarigen Venensysteme zu einem medial verlaufenden, unpaaren Venenstamm.

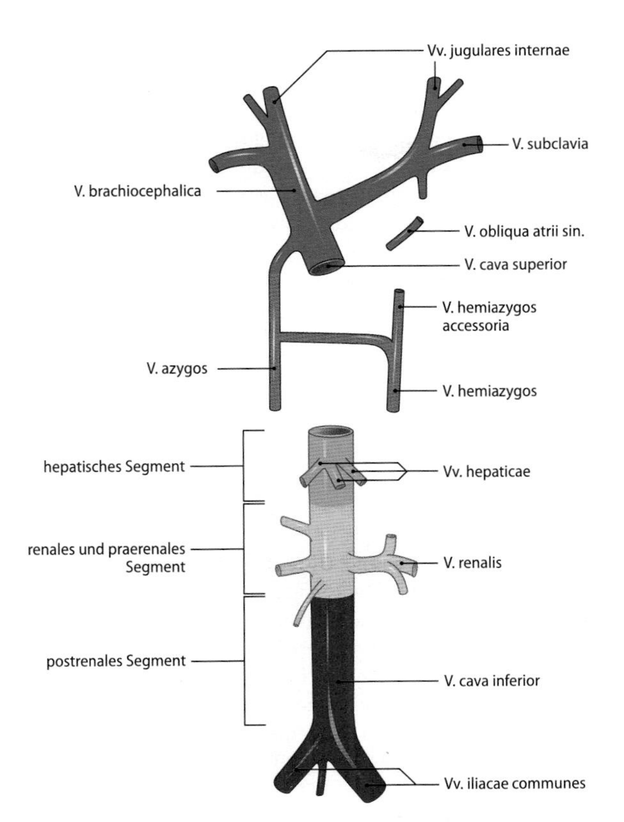

Abb. 6.22. Entwicklung der Venae cavae und ihrer Zuflüsse. Bauteile sind farbig markiert: Kardinalvenen blau, Sakrokardinalvenen rot, Subkardinalvenen gelb, Suprakardinalvenen lila, Dottersack- und Lebervenen grün

6.8 Kongenitale Fehlbildungen des Herzens und der Gefäße
Fehlbildungen am Herzen und an den Gefäßen treten bei 1% der Lebendgeborenen auf. Der Anteil an allen Fehlbildungen beträgt etwa 30%.
Am häufigsten kommen folgende 8 Fehlbildungen vor. Ihr Anteil an allen angeborenen Herzfehler beträgt 80–90%:
- Ventrikelseptumdefekte (30%)
- Fallot-Tetralogie, Ductus arteriosus persistens, Pulmonalstenose und Vorhofseptumdefekte (jeweils 10%)
- arterielle Transposition, Aortenstenose, Aortenisthmusstenose (jeweils 5%).

In Kürze

Gefäße in der Entwicklungsperiode
- **Dottersackkreislauf:** Aus den Dottersackvenen gehen die V. portae und die Vv. hepaticae hervor, aus drei der Dottersackarterien die unpaaren Stämme der Aorta.
- **Plazentarkreislauf:**
  - Vv. umbilicales leiten nährstoff- und O_2-reiches Blut von der Plazenta zum Feten
  - Aa. umbilicales führen CO_2- und abbauproduktreiches Blut vom Feten zur Plazenta
- **Arterien:** Sie gehen aus der primitiven Aorta und den Kiemenbogenarterien hervor.
- **Venen:** Das Venensystem ist ursprünglich bilateral-symmetrisch angelegt und umfasst die paarigen Dottervenen, Nabelvenen und Kardinalvenen. Aus den intraembryonalen Kardinalvenen entwickeln sich die Hauptvenen des Körperkreislaufs.

6.5.3 Fetaler Kreislauf

Fetaler Kreislauf

Plazenta → V. umbilicalis:
- (+ V. portae) → Leber → Vv. hepaticae → V. cava inferior
- Ductus venosus → V. cava inferior → **rechter Vorhof →** Durchmischung des Blutes aus oberer und unter Körperhälfte

Rechter Vorhof mit Kurzschlussverbindung zum linken Vorhof:
- Foramen ovale → linker Vorhof → linke Kammer → Aorta
- rechte Kammer → **Truncus pulmonalis**

Truncus pulmonalis mit Kurzschlussverbindung zur Aorta:
- Ductus arteriosus [Botalli] → **Aorta**

Aorta → Aa. umbilicales → Plazenta

Das mit Sauerstoff beladene Blut aus der Plazenta fließt über die linke *V. umbilicalis* zur Leber (Abb. 6.23). Nur die Hälfte dieses Blutes durchströmt mit dem Blut aus der *V. portae* die Lebersinusoide und gelangt über die Lebervenen in die untere Hohlvene. Die andere Hälfte des Nabelvenenblutes umgeht die Leber durch eine Kurzschlussverbindung, den *Ductus venosus* [Arantii]. Dieser leitet es direkt in die V. cava inferior, so dass es sich dem sauerstoffarmen Blut der unteren Körperhälfte beimischt. Die untere Hohlvene mündet in den rechten Vorhof, wo der größte Teil ihres einströmenden Blutes durch den freien Rand des Septum secundum (Crista dividens) so geteilt wird, dass sein größerer Anteil durch das *Foramen ovale* in den linken Vorhof fließt. Der Rest mischt sich mit dem Blut aus der oberen Körperhälfte, das über die V. cava superior in den rechten Vorhof gelangt. Von hier fließt es in den rechten Ventrikel und wird über den Truncus pulmonalis zur Lunge geleitet. Allerdings wird der weitaus größere Anteil über den *Ductus arteriosus* [Botalli] zur Aorta gepumpt, weil in den nichtentfalteten Lungen der Strömungswiderstand hoch ist. Die in den Lungen zirkulierende Blutmenge ist entsprechend gering. Darum mischt sich auch nur wenig Blut aus den Lungen dem relativ sauerstoffreichen Blut im linken Vorhof bei. Von hier aus gelangt es in die linke Kammer und wird in die Aorta ausgeworfen. Die Kopf-Hals-Region und die oberen Extremitäten erhalten das am besten mit Sauerstoff gesättigte Blut. Für die übrigen Körperregionen ist es sauerstoffärmer, da sich ihm aus dem Ductus arteriosus Blut aus dem rechten Ventrikel beigemischt hat. Der größte Teil dieses Blutes fließt über die Nabelarterien wieder zurück zur Plazenta, wo es erneut mit Sauerstoff beladen und CO_2 abgegeben wird.

! Im fetalen Kreislauf gibt es 3 Kurzschlussverbindungen:
- Ductus venosus (Umgehung der Leber)
- Foramen ovale (Rechts-links-Shunt zwischen den Vorhöfen)
- Ductus arteriosus (Verbindung zwischen Truncus pulmonalis und Aorta)

Umstellung des Kreislaufs mit der Geburt

Dieser Prozess ereignet sich nicht abrupt, sondern er durchläuft eine Übergangsphase. Mit dem Einsetzen der Atembewegungen werden die Lungen entfaltet. Dadurch wird der Widerstand in der Lungenstrombahn geringer, so dass sie stärker durchblutet wird und demzufolge der Rückfluss zum linken Vorhof erhöht ist. Daraufhin steigt der Druck in ihm an, und das Foramen ovale wird funktionell geschlossen. Die Aa. umbilicales und die V. umbilicalis verschließen sich durch die Kontraktion ihrer Muskulatur. Der Druck in der unteren

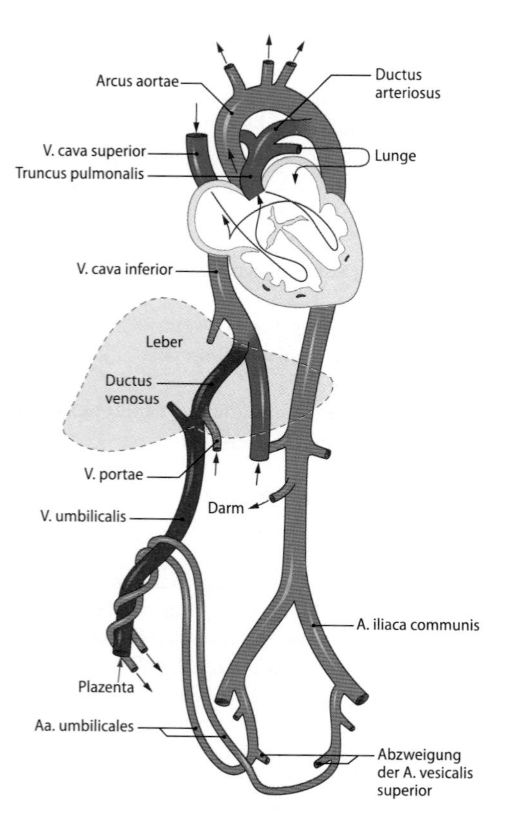

Abb. 6.23. Fetaler Kreislauf. Die Farbgebung entspricht dem Sauerstoffgehalt des Blutes

Hohlvene fällt ab, da der Zufluss über die Nabelvene und den sich gleich nach der Geburt schließenden Ductus arteriosus unterbrochen ist. Der Gefäßwiderstand im Körperkreislauf nimmt nach der Geburt wegen der längeren Gefäßstrecke zu. Dadurch steigt der Druck in der Aorta an und ist höher als im Truncus pulmonalis, so dass es über den sich verengenden Ductus arteriosus in einer Shunt-Umkehr zu einem Übertritt des Blutes aus der Aorta in den Lungenarterienstamm kommen kann. Bradykinin bewirkt in Verbindung mit erhöhtem Sauerstoffdruck die Verengung des Ductus arteriosus bei der Geburt durch Kontraktion der Wandmuskulatur. Freigesetzt wird Bradykinin während der initialen Belüftung der Lungen.

Nach dem funktionellen Verschluss werden die Gefäße und Kurzschlüsse im Laufe der Zeit auch geweblich verschlossen. Die linke Nabelvene und die Nabelarterien obliterieren zum Lig. teres hepatis und den Ligg. umbilicalia medialia, der Ductus venosus und der Ductus arteriosus zum Lig. venosum [Arantii] und Lig. arteriosum [Botalli]. Das Foramen ovale bleibt in 20–25% der Fälle nur funktionell und nicht vollständig geweblich verschlossen.

6.9 Offener Ductus arteriosus und Aortenisthmusstenose

Bleibt der Ductus arteriosus offen, entsteht ein Links-rechts-Shunt mit Druckerhöhung in den Pulmonalarterien. Das führt zur Überflutung der Lungen mit Blut. Der Körperkreislauf erhält dagegen nicht genügend Blut.

Tritt im Bereich des verödeten Ductus arteriosus an der Aorta eine Verengung auf – als Aortenisthmusstenose bezeichnet –, wird die untere Körperhälfte durch einen Kollateralkreislauf über die A. subclavia → A. thoracica interna → Aa. intercostales→ Aorta versorgt.

In Kürze

Beim fetalen Kreislauf gelangt **O_2-reiches Blut** von der Plazenta über die V. umbilicalis zur Leber und über die Lebervenen in die untere Hohlvene zum rechten Vorhof. Ein Teil des Blutes umgeht aber auch die Leber und wird über den Ductus venosus direkt in die untere Hohlvene geleitet. Über das offene Foramen ovale fließt ein großer Teil des O_2-reichen Blutes in den linken Vorhof und wird vom linken Ventrikel in den Körper gepumpt. Nur ein kleiner Teil gelangt in den rechten Ventrikel und wird in die Lungenstrombahn gepumpt.

Das **O_2-arme Blut** wird über die Aa. umbilicales zur Plazenta zurückgeführt. Die fetalen Arterien führen Mischblut, wobei bis auf die Lunge die obere Körperhälfte sauerstoffreicheres Blut erhält als die untere.

Im fetalen Kreislauf gibt es 3 Kurzschlussverbindungen:
- Umgehung der Leber (Ductus venosus)
- Foramen ovale zwischen den Vorhöfen
- Verbindung zwischen Truncus pulmonalis und Aorta (Ductus arteriosus)

Bei der Geburt stellt sich der fetale Kreislauf um: Die Kurzschlussverbindungen werden verschlossen. Das Blut wird nun in der Lunge mit Sauerstoff angereichert. Funktionell erfolgt die Trennung zwischen kleinem oder Lungenkreislauf und großem oder Körperkreislauf.

7 Organe des Abwehrsystems

J. Westermann

Einführung

Ständig bedroht eine riesige Anzahl von Bakterien, Viren, Pilzen und Parasiten den Menschen. Sie versuchen, die Barrieren zu durchdringen, die das Körperinnere von der Umwelt trennen, da der Körper aufgrund seiner Zusammensetzung (Eiweiße, Fette und Zucker) und Temperatur (37 °C) einen optimalen Lebensraum für viele krankheitserregende (pathogene) Organismen darstellt. Zu diesen Barrieren zählen die Haut, die großen Oberflächen des Atem- und des Verdauungstraktes sowie die wesentlich kleinere Oberfläche des Urogenitaltraktes (◻ Abb. 7.1). Wenn die Pathogene in das Blut gelangen, verteilen sie sich im Gefäßsystem, dessen Oberfläche auf etwa 600 m^2 geschätzt wird. Um diese abzuwehren, wird das angeborene und erworbene Immunabwehrsystem aktiv. Das angeborene Immunsystem hat vor allem eine Barrierefunktion und wird als erstes wirksam. Die Zellen der erworbenen Immunabwehr können spezifische Strukturen (Antigene) der Angreifer erkennen und gezielt zelluläre Abwehrmechanismen und Antikörper bilden. Die zellulären und humoralen Bestandteile des Immunsystems befinden sich in verschiedenen Organen des Körpers wie Knochenmark und Thymus (primäre lymphatische Organe) und Lymphknoten, Tonsillen und Peyer-Platten (sekundäre lymphatische Organe).

7.1 Aufgaben des Immunsystems

Eine wichtige Aufgabe des Immunsystems ist der **Schutz des Körpers** gegen das **Eindringen von Bakterien, Viren, Pilzen und Parasiten** sowie vor weiteren von außen kommenden Substanzen, die den Organismus schädigen (Toxine, Prionen). Eine weitere Aufgabe des Immunsystems besteht darin, **körpereigene Zellen zu überwachen.** Frühzeitig sollen vor allem Zellen erkannt und beseitigt werden, die sich der physiologischen Wachstumskontrolle entzogen haben (Tumorzellen), um die Entstehung von Krebs zu verhindern.

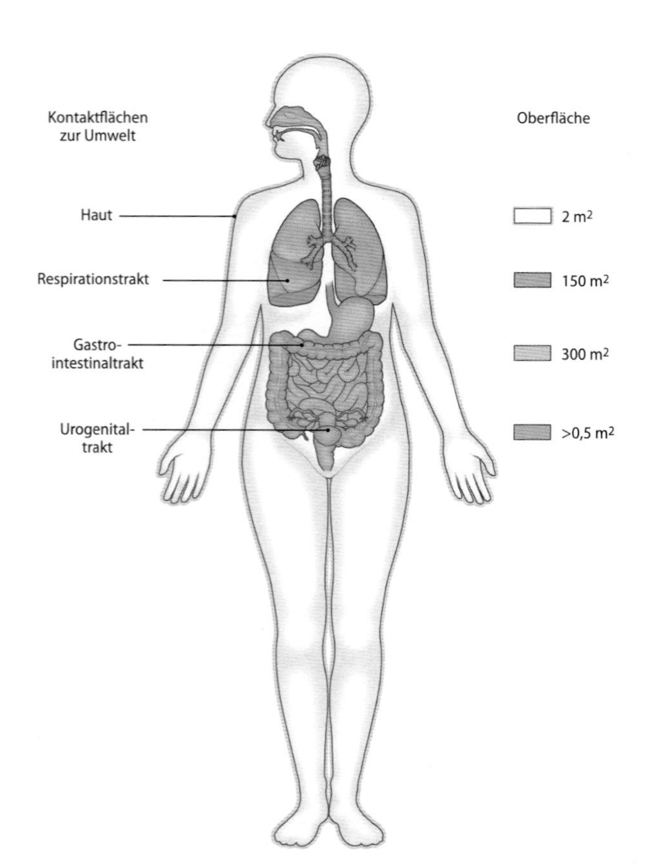

◻ **Abb. 7.1.** Lage und Größe der Kontaktflächen zwischen menschlichem Körper und Umwelt

7.1 Allergie, Autoimmunerkrankungen und Abstoßungsreaktion
Immunantworten haben nicht nur positive Aspekte. Kommt es zu überschießenden Reaktionen, so können Allergien (z.B. Heuschnupfen) oder Autoimmunerkrankungen (z.B. rheumatoide Arthritis, im Volksmund Rheuma) entstehen.

Das Immunsystem wird außerdem aktiv, wenn aufgrund einer Therapie fremde Zellen (Bluttransfusion, Organtransplantation) in den Körper eingebracht werden. Die Immunantwort ist umso schwächer, je ähnlicher der Gewebetyp des Spenders ist.

In Kürze

Das Immunsystem hat die Aufgabe, den Körper vor dem Eindringen von Erregern zu schützen. Es entfernt außerdem fremde Substanzen (Toxine) und zerstört fehlerhaft gewordene körpereigene Zellen.

7.2 Einteilung des Immunsystems

Einführung

Immunantworten werden in angeborene (unspezifische) und erworbene (spezifische) Reaktionen unterteilt. Strukturen, gegen die eine erworbene Immunantwort eingeleitet wird, werden Antigene genannt. Im Kapitel werden die Begriffe »Erreger«, »Keim« und »Pathogen« der Einfachheit halber synonym zum Begriff »Antigen« verwendet, obwohl sich das erworbene Immunsystem im Rahmen einer Immunantwort meist gegen mehrere Strukturen (Epitope) eines Erregers richtet.

Einteilung der Immunsysteme

- **angeborenes (unspezifisches) Abwehrsystem**
  - Epithelien (mechanische, chemische und mikrobiologische Mechanismen)
  - lokale Makrophagen und Proteine des Komplementsystems
  - Zytokine und Bruchstücke der Komplementproteine (Entzündungsreaktion)
- erworbenes (spezifisches) Abwehrsystem
  - T-Lymphozyten (zelluläre Immunität)
  - B-Lymphozyten (humorale Immunität)

7.2.1 Angeborenes Immunsystem

Zur angeborenen Immunabwehr gehören anatomische und physiologische Barrieren wie **Epithelien** (◻ Abb. 7.1), aber auch die **Phagozytose, entzündliche Reaktionen** und das **Komplementsystem.**

Das angeborene Immunsystem ist die **erste Verteidigungslinie** des Körpers. Sie kann in **3 Abschnitte** eingeteilt werden, deren Abwehrstrategie in allen Bereichen des Körpers nach ähnlichen Prinzipien abläuft und hier am **Beispiel des Verdauungstraktes** erläutert werden sollen (◻ Abb. 7.2).

- Als **erstes** muss der Erreger den Magen passieren, der durch sein stark saures Milieu bereits viele Keime abtötet. Danach versucht er die **Barriere zum Körperinneren,** in diesem Beispiel das Darmepithel, zu überwinden (◘ Abb. 7.2a). Wenn der Keim versucht, sich an einer Epithelzelle zu befestigen, wird er daran durch die auf den Epithelzellen befindliche Schleimschicht (Mukus) behindert. Außerdem kommen im Dickdarm normalerweise Bakterien vor, deren Anwesenheit nicht zu Erkrankungen führt, aber das Eindringen von anderen Erregern erschwert. Zusätzlich verhindern Verbindungen zwischen den einzelnen Epithelzellen das Vordringen des Keims. Schon in dieser ersten Phase sorgen **mechanische, chemische** und **mikrobiologische Mechanismen** dafür, dass diese Barriere für viele Keime undurchdringbar bleibt.
- Als **zweites** muss sich der Erreger mit **Makrophagen** und Proteinen des **Komplementsystems** auseinandersetzen, auf die er im Bindegewebe unter dem Epithel trifft (◘ Abb. 7.2b). Die lokalen Makrophagen besitzen auf ihrer Oberfläche Moleküle wie CD14 und Rezeptoren der »Toll-Familie« (Toll like receptors: TLR), mit deren Hilfe sie repetitive Oberflächenstrukturen der Keime erkennen. Auf diese Weise können Makrophagen die Keime phagozytieren (»fressen«) und dadurch unschädlich machen. Die Proteine des Komplementsystems verursachen Löcher in der Zellmembran der Keime (»Lysis«) und verstärken außerdem die Phagozytoseaktivität der Makrophagen.
- Sollte ein Erreger immer noch am Leben sein und sich vermehren, führen im **dritten Abschnitt** der angeborenen Verteidigung **Zytokine,** die von Makrophagen und anderen Zellen abgegeben werden, und **Bruchstücke der Komplementproteine** dazu, dass sich lokale Blutgefäße erweitern und den Ausstrom von vielen zusätzlichen Zellen wie Granulozyten und Lymphozyten aus dem Blut in das Gewebe erlauben (◘ Abb. 7.2c). Auf diese Weise wird die lokale Abwehr entscheidend gestärkt. Man bezeichnet diesen Vorgang als **Entzündungsreaktion.** Er läuft sehr schnell ab (innerhalb von wenigen Stunden bis einigen Tagen) und sorgt dafür, dass eine Infektion lokal begrenzt bleibt. Obwohl genaue Untersuchungen dazu fehlen, ist davon auszugehen, dass weit über 90% der Keime, die in den Körper des Menschen einzudringen versuchen, in einer dieser Phasen vom angeborenen Immunsystem unschädlich gemacht werden.

Wenn die eingedrungenen Keime lokal nicht eliminiert werden können, werden produzierte Zytokine in das Blut abgegeben und beeinflussen andere Organe. Zytokine können im Gehirn die Entstehung von Fieber bewirken, das das Wachstum vieler Erreger hemmt, die Immunantwort jedoch unterstützt. In der Leber werden Proteine hergestellt und in das Blut abgegeben, die die Phagozytose der Keime durch die Makrophagen verstärken und das Komplementsystem aktivieren. Außerdem werden vermehrt Granulozyten aus dem Knochenmark in das Blut abgegeben, die dann zur Einwanderung in das betroffene Gewebe bereitstehen.

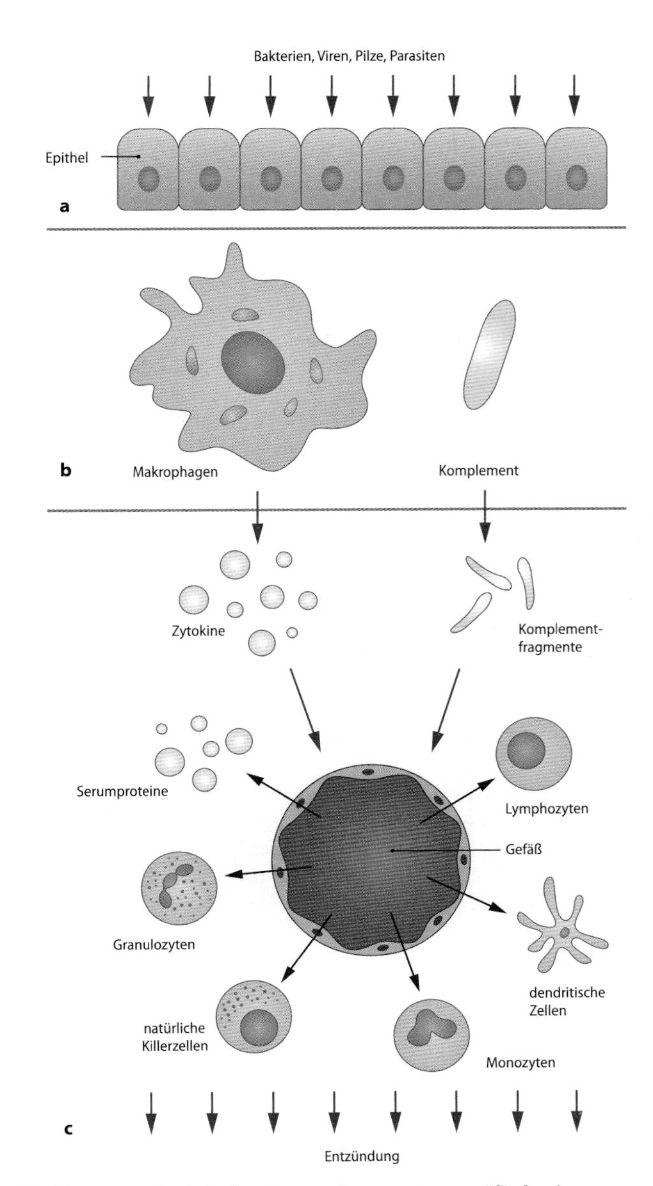

◘ **Abb. 7.2a–c. Drei Stufen der angeborenen (unspezifischen) Immunantwort.**
a Zunächst müssen die Pathogene die Barriere zum Körperinneren überwinden. Mechanische, chemische und mikrobiologische Mechanismen sorgen dafür, dass diese erste Barriere für viele Keime undurchdringbar bleibt.
b Danach erwarten lokale Makrophagen und die Proteine des Komplementsystems die Erreger, um sie zu zerstören.
c Schließlich führen Zytokine und Bruchstücke der Komplementproteine dazu, dass sich lokale Blutgefäße erweitern und den Ausstrom von vielen zusätzlichen Zellen aus dem Blut in das Gewebe erlauben (Entzündungsreaktion)

7.2 Zeichen einer Entzündung

Die lokale Erweiterung von Blutgefäßen und die Einwanderung von Blutzellen in das betroffene Gewebe führt zu den **5 klassischen Zeichen** einer Entzündung:

- Rötung (lat. rubor: Ursache ist die Erweiterung der Blutgefäße)
- Erwärmung (lat. calor: aufgrund der Erweiterung der Blutgefäße)
- Schwellung (lat. tumor: Ursache ist die erhöhte Durchlässigkeit der Blutgefäßwand)
- Schmerz (lat. dolor: aufgrund der ungewohnten Schwellung)
- eingeschränkte Funktion (lat. functio laesa: die Schwellung und der Schmerz beeinträchtigen die Funktion)

7.3 Leukocyte Adhesion Deficiency (LAD)

Die Bedeutung des angeborenen Immunsystems kann man an einer genetisch bedingten Erkrankung erkennen, der Leukocyte Adhesion Deficiency (LAD). Das angeborene Fehlen eines Oberflächenmoleküls (CD18), das Granulozyten für die Einwanderung in Gewebe benötigen, schwächt die angeborene Abwehr derart, dass trotz intakter erworbener Abwehr die betroffenen Kinder kurz nach ihrer Geburt an schweren Infektionen sterben.

7.2.2 Erworbenes Immunsystem

Die angeborene Abwehr hat vor allem eine Schwachstelle, die dafür verantwortlich ist, dass eingedrungene Erreger nicht beseitigt werden: Sie kann nicht alle Erreger identifizieren (◘ Tab. 7.1). Dadurch können diese sich ungestört vermehren, was zur schweren Schädigung oder sogar zum Tod des betroffenen Organismus führen kann. Obwohl das angeborene Immunsystem in der Lage ist, vor allem mit Hilfe der Rezeptoren aus der Toll-Familie (TLR) zwischen DNA- und RNA-Viren zu unterscheiden und sogar »spezifisch« grampositive und gramnegative Bakterien zu erkennen, muss es dennoch den Wettkampf mit den Bakterien verlieren. Denn einige können sich alle 30 Minuten teilen und dabei ihre Oberflächenstrukturen so verändern, dass sie nicht mehr von den menschlichen Rezeptoren erkannt werden. Die Rezeptoren der Toll-Familie und anderer Molekülfamilien hingegen haben nur etwa alle 30 Jahre (Generationszeit des Menschen) die Chance, auf die Veränderung der Bakterienstruktur zu reagieren, ein aussichtsloses Unterfangen (◘ Tab. 7.1). Hier kommt das erworbene Immunsystem ins Spiel und löst das Problem der fehlenden Identifikation in zwei Schritten.

In den **primären lymphatischen Organen** Knochenmark und Thymus (◘ Abb. 7.3) teilen sich Lymphozyten alle 6 Stunden und bilden dabei nach dem Zufallsprinzip Rezeptoren (somatische Rekombination). Primäre lymphatische Organe produzieren also Lymphozyten, die sich in der Spezifität ihres Rezeptors unterscheiden. Auf diese Weise sorgen die primären lymphatischen Organe dafür, dass extrem viele Antigene erkannt werden können und dass das **immunologische Repertoire** ständig durch neue Lymphozyten ergänzt wird. Diese Vorteile werden allerdings durch zwei große Nachteile erkauft. Einerseits können auf diese Weise Lymphozyten entstehen, deren Rezeptor gegen körpereigene Strukturen gerichtet ist (◘ Tab. 7.1). Dies kann zu Erkrankungen führen (Autoimmunerkrankungen). Andererseits ist die Anzahl der Lymphozyten, die ein bestimmtes Antigen erkennen, sehr gering (nur etwa einer von 100.000 Lymphozyten). Deswegen besteht die Gefahr, dass der entsprechende Lymphozyt nie »sein« Antigen finden wird. Dieser Gefahr wird in den **sekundären lymphatischen Organen** wie Lymphknoten, Milz, Tonsillen, Peyer-Platten (Peyer-Plaques) und Appendix vermiformis abgeholfen (◘ Abb. 7.3). Sie sind so aufgebaut, dass in ihnen Antigene und Lymphozyten auf engstem Raum konzentriert werden und damit die Chance für das **Treffen** von Antigen und antigenspezifischem Lymphozyten deutlich verbessert wird (◘ Tab. 7.1). Damit ermöglichen sekundäre lymphatische Organe eine erfolgreiche Antigenpräsentation und fördern die anschließende Proliferation der antigenspezifischen Lymphozyten. Sekundäre lymphatische Organe **vervielfältigen** im Rahmen einer Immunantwort also **Lymphozyten,** deren Rezeptoren gegen ein bestimmtes Antigen gerichtet sind. Schließlich stehen genügend Lymphozyten zur Verfügung, um einen eingedrungenen Erreger, der das angeborene Immunsystem überwunden hatte, erfolgreich zu bekämpfen. Dieser Prozess kostet jedoch Zeit und führt dazu, dass die Abwehrreaktion des erworbenen Immunsystems nicht sofort erfolgen kann wie bei der angeborenen Immunabwehr. Im Gegensatz zum angeborenen Immunsystem, das auch auf die wiederholte Attacke des gleichen Erregers nicht anders reagiert, als beim ersten Mal, kann das erworbene Immunsystem ein **immunologisches Gedächtnis** ausbilden. Im Rahmen einer Immunantwort sterben nämlich nicht alle antigenspezifischen Lymphozyten ab, so dass nach Elimination des Erregers die Frequenz der antigenspezifischen Lymphozyten deutlich erhöht ist. Dies sorgt dafür, dass bei wiederholtem Eindringen des gleichen Erregers schneller und effektiver reagiert wird.

7.4 Schutzeffekt von »Kinderkrankheiten« und Impfungen

Das immunologische Gedächtnis erklärt das Vorkommen von »Kinderkrankheiten«. Hochinfektiöse Erreger stecken Kinder bald nach ihrer Geburt an. Diese erkranken und werden durch die Aktivität des Immunsystems wieder gesund. Dabei hat sich ein immunologisches Gedächtnis ausgebildet, das vor wiederholten Ansteckungen im Erwachsenenalter schützt. Auch der **Schutzeffekt von Impfungen** beruht auf dem immunologischen Gedächtnis. Im Laufe der Zeit entsteht so ein Repertoire, das durch die Umwelt, in der das Individuum lebt, geformt wird. Das erworbene Immunsystem passt sich der Umgebung an, in der sein Träger lebt. Dies ist auch eine Ursache dafür, dass bei einem Wechsel der Umgebung, zum Beispiel von Europa nach Afrika, zunächst die Wahrscheinlichkeit des Auftretens von Infektionserkrankungen erhöht ist.

◘ Tab. 7.1. Eigenschaften des angeborenen und erworbenen Immunsystems

System	Eigenschaften	Problem
Angeboren (unspezifisch)	Schnelle Reaktion: Minuten bis Stunden. Wird häufig benötigt und ist leicht zu induzieren.	Kann nicht lernen und »übersieht« Pathogene mit seinen Rezeptoren (TLR[1]): Generationszeit: – Bakterium: 30 Minuten – Mensch: 30 Jahre
Erworben (spezifisch)	Ist lernfähig und kann somit die meisten Pathogene mit seinen Rezeptoren erkennen (TCR[2], BCR[3]). Zellzykluszeit für Lymphozyten: 6–12 Stunden.	Langsame Reaktion: Tage bis Wochen. Wird selten benötigt und ist schwer zu induzieren.
Primäre lymphatische Organe	Somatische Rekombination: – läuft zufällig ab – produziert verschiedene Rezeptoren (bis zu 10^{15})	Antigenspezifische Zellen: – kann zu Autoimmunität führen – kommen sehr selten vor (ungefähr 1:100.000)
Sekundäre lymphatische Organe	Vervielfältigung von T- und B-Lymphozyten, deren Rezeptor gegen ein Antigen gerichtet ist.	Zusammenführen von Antigen mit spezifischen Lymphozyten.

[1] TLR: Toll like receptor
[2] TCR: T-Zell-Rezeptor
[3] BCR: B-Zell-Rezeptor

7.2.3 Träger der spezifischen Abwehr

Träger der spezifischen Immunabwehr
- T-Lymphozyten (zelluläre Immunität)
- B-Lymphozyten (humorale Immunität)

Träger der spezifischen Abwehr sind die **Lymphozyten.** Morphologisch handelt es sich bei ihnen um gleichartig aussehende Zellen mit dichtem Kern und wenig Zytoplasma (▶ Kap. 5.1.2, ◼ Abb. 5.3). Funktionell zeichnen sich Lymphozyten jedoch durch eine große Heterogenität aus. Die verschiedenen Subpopulationen der Lymphozyten unterscheiden sich hinsichtlich der Moleküle, die sie auf ihrer Oberfläche tragen, und können deshalb mit Hilfe von monoklonalen Antikörpern klassifiziert werden. Man teilt die Lymphozyten in die Gruppe der T- und B-Lymphozyten ein. **T-Lymphozyten** üben ihre Funktion vorwiegend über direkten Zellkontakt aus **(zelluläre Immunität).** Die **B-Lymphozyten** wirken über die Abgabe von Antikörpern in das Blut und die übrigen Körperflüssigkeiten **(humorale Immunität).**

T-Lymphozyten

Die Vorläufer der T-Lymphozyten stammen aus dem Knochenmark und wandern über das Blut in den **Thymus** ein, in dem sie ihre Entwicklung fortsetzen und beenden. Deshalb werden sie auch als **T-Lymphozyten** bezeichnet. Durch die zufällige Kombination verschiedener Gene (somatische Rekombination) entstehen im Thymus T-Lymphozyten mit unterschiedlichen **T-Zell-Rezeptoren,** die der Antigenerkennung dienen. Nachdem die reifen T-Lymphozyten den Thymus verlassen haben, bezeichnet man sie als naive (ruhende) T-Lymphozyten. Sie wandern kontinuierlich durch die sekundären lymphatischen Organe, denn nur hier kann den **naiven T-Lymphozyten** ihr Antigen erfolgreich präsentiert werden. Naive T-Lymphozyten erkennen mit ihrem Rezeptor vorwiegend Aminosäuresequenzen von Proteinen. Diese müssen vorher in Bruchstücke zergliedert und ihnen von dendritische Zellen mit Hilfe von körpereigenen Molekülen zugeführt werden. Durch den **1. Kontakt mit dem Antigen** in sekundären lymphatischen Organen werden die T-Lymphozyten aktiviert und vermehren sich. Die so entstandenen **aktivierten T-Lymphozyten** verlassen die sekundären lymphatischen Organe und wandern durch den Organismus, bis sie zufällig auf ihr Antigen treffen. Der **2. Kontakt mit dem Antigen** führt dazu, dass die aktivierten T-Lymphozyten zu **Effektor-T-Lymphozyten** werden und lokal biologisch hochaktive Substanzen freisetzen. Dabei können **3 Typen** von **Effektor-T-Lymphozyten** unterschieden werden (◼ Tab. 7.2).

- **Zytotoxische Effektor-T-Lymphozyten ($CD8^+$)** identifizieren durch ihren T-Zell-Rezeptor und das CD8-Molekül das mit einem Peptid beladene MHC-Klasse-I-Molekül einer virusinfizierten Zelle und zerstören sie. Damit wird dem Virus die Grundlage zur Vermehrung entzogen und eine Infektion beendet (◼ Tab. 7.2).
- **Helfer Effektor-T-Lymphozyten ($CD4^+$)** können in zwei verschiedene Typen eingeteilt werden. Beide Typen identifizieren durch ihren T-Zell-Rezeptor und das CD4-Molekül das mit einem Peptid beladene MHC-Klasse-II-Molekül.
  - **Typ 1-Zellen** aktivieren dann Makrophagen und tragen so zur Abtötung von vorher aufgenommenen Bakterien bei (◼ Tab. 7.2).
  - **Typ 2-Zellen** aktivieren B-Lymphozyten, die sich daraufhin differenzieren und dann in der Lage, sind Antikörper zu produzieren (◼ Tab. 7.2).

  Nachdem die Effektor-T-Lymphozyten ihre Aufgaben erfüllt haben, gehen sie zugrunde.
- Die aktivierten T-Lymphozyten, die keinen 2. Kontakt mit ihrem Antigen hatten und deswegen nicht zu kurzlebigen Effektor-T-Lymphozyten wurden, überleben jedoch und werden wieder zu **ruhenden T-Lymphozyten,** die noch über viele Jahre hinweg im Körper nachgewiesen werden können. Bei jedem weiteren Kontakt mit dem gleichen Erreger ist also die Anzahl der T-Lymphozyten, die einen hierfür spezifischen Rezeptor besitzen, deutlich erhöht. Das ist die Basis für das **immunologische Gedächtnis** und führt dazu, dass sekundäre Immunantworten schneller und effektiver verlaufen.

B-Lymphozyten

Die Rezeptorvielfalt der B-Lymphozyten entsteht im Knochenmark (engl. bone marrow, deswegen B-Lymphozyten). Durch die zufällige Kombination verschiedener Gene (somatische Rekombination) entstehen Rezeptoren unterschiedlichster Spezifität (Bildung des B-Zell-Repertoires). **B-Zell-Rezeptoren** und **Antikörper** haben einen fast identischen molekularen Aufbau und erkennen beide das gleiche Antigen. Während der B-Zell-Rezeptor an der Zelloberfläche verankert ist, werden die Antikörper in das Blut und in die Gewebe abgegeben **(humorale Immunität). Antikörper** haben **3 Hauptfunktionen:**

- **Neutralisierung** von Toxinen (◼ Tab. 7.2)
- **Komplementaktivierung**
- **Opsonisierung** von Pathogenen

Bei der **Opsonisierung** bindet der spezifische Teil des Antikörpers an das Antigen, während der konstante Teil an Rezeptoren bindet, die unter anderem Makrophagen an der Zelloberfläche tragen. Auf diese Weise wird die Phagozytose von Antigenen wesentlich erleichtert. Im Gegensatz zu den T-Lymphozyten, deren löslichen Substanzen im Wesentlichen lokal wirksam sind, stehen die von den B-Lymphozyten produzierten Antikörper im Prinzip dem ganzen Organismus zur Verfügung. Es gibt **5 verschiedene Antikörperklassen (Immunglobuline = Ig),** die jeweils aus leichten und schweren Ketten aufgebaut sind. Die schweren Ketten (μ, γ, α, ε, δ) haben einen großen Einfluss auf die örtliche Verteilung und die Funktion von Antikörpern.

- **IgM,** das die schwere Kette vom μ-Typ besitzt, wird vor allem in der Frühphase einer Immunantwort gebildet und ist vorwiegend in den Gefäßen zu finden.
- **IgG** entsteht im späteren Verlauf von Immunantworten und kommt im Blut und in Geweben vor.
- **IgA** ist für die Abwehrfunktion der Schleimhautbarriere von besonderer Bedeutung.
- **IgE** ist bei allergischen Reaktionen das zentrale Immunglobulin.
- Über die Funktion von **IgD** ist wenig bekannt.

B-Lymphozyten und die von ihnen produzierten Antikörper erkennen mit hoher Spezifität molekulare Details von Makromolekülen verschiedener Stoffklassen (Eiweiße, Zucker, Fette), die dazu nicht in besonderer Weise bearbeitet werden müssen, sondern unverändert (nativ) den B-Lymphozyten präsentiert werden können.

Wie T-Lymphozyten wandern auch **naive B-Lymphozyten,** die auf ihrer Oberfläche IgD und IgM mit einer niedrigen Affinität für das Antigen tragen, ständig durch sekundäre lymphatische Organe. Hier wird über den B-Zell-Rezeptor spezifisch das native Antigen gebunden und in das Zytoplasma transportiert. Das Antigen wird in kleine Peptide zerlegt, die über MHC-Klasse-II-Moleküle an der Oberfläche des B-Lymphozyten präsentiert werden. Nur wenn Helfer-Effektor-T-Lymphozyten ($CD4^+$) vom Typ 2 das präsentierte Antigen spezifisch erkennen, produzieren sie Zytokine, die den B-Lymphozyten aktivieren und seine Weiterentwicklung einleiten (◼ Tab. 7.2). Es entstehen einerseits **Effektor-B-Lymphozyten,** die

Tab. 7.2. Aufgabe verschiedener Effektor-T-Lymphozyten

Zelltyp	Zytotoxische T-Lymphozyten $CD8^+$	Helfer-T-Lymphozyten $CD4^+$, Typ 1 (T_{H1})	Helfer-T-Lymphozyten $CD4^+$, Typ 2 (T_{H2})
Aufgabe	Eleminieren **intrazelluläre Antigene,** die sich im Zytosol der Zielzelle befinden (z.B. Viren).	Eleminieren **intrazelluläre Antigene,** die sich im lysosomalen Kompartiment von Makrophagen befinden (z.B. Bakterien).	Eleminieren **extrazelluläre Antigene** (z.B. Toxine).
Funktion	Identifizieren befallene Zellen über die Interaktion von T-Zellrezeptor und $CD8^+$ des Lymphozyten mit dem MHC-Klasse-I-Molekül auf der Zielzelle und töten sie.	Identifizieren befallene Zellen über die Interaktion von T-Zellrezeptor und $CD4^+$ des Lymphozyten mit dem MHC-Klasse-II-Molekül auf der Zielzelle und aktivieren sie. Damit erhöht sich deren Effektivität, Antigene zu vernichten.	Identifizieren spezifische B-Lymphozyten über die Interaktion von T-Zellrezeptor und $CD4^+$ auf der T-Zelle mit dem MHC-Klasse-II-Molekül auf der B-Zelle, fördern die Entwicklung zur Plasmazelle durch Zytokine-IL-4 und -IL-5 und induzieren die Bildung von spezifischen Antikörpern.
Mechanismus	Zur **Lyse** werden vorwiegend 3 Molekülsysteme eingesetzt: – Fast Ligand – Perforine und Granzyme – TNF-α	Zur **Aktivierung** werden vorwiegend 2 Zytokine eingesetzt: – Interferon-γ – TNF-α	**Antikörper** behindern das Eindringen von Antigenen in den Körper, neutralisieren Toxine und erhöhen die Effektivität der Phagozytose von Antigenen.
Ablauf	ZTL virusinfizierte Zelle Lyse von infizierten Zellen Viren unschädlich	T_{H1} Bakterien Makrophage Aktivierung von Makrophagen Bakterien unschädlich	T_{H2} Toxin antigenspezifischer B-Lymphozyt Induktion von Plasmazellen Toxine unschädlich

Plasmazellen, die große Mengen von Antikörpern produzieren und damit beispielsweise in den Körper eingedrungene Toxine unschädlich machen können (Tab. 7.2). Andererseits werden **Gedächtnis-B-Lymphozyten** gebildet, die an Stelle niedrig-affiner IgM und IgD vorwiegend hoch-affine Antikörper der IgG-, IgA- oder IgE-Klasse auf ihrer Oberfläche tragen. Diese Gedächtnis-B-Lymphozyten sind der Grund dafür, dass bei einem zweiten Kontakt mit demselben Pathogen das Maximum der Antikörperbildung doppelt so schnell erreicht wird (anstatt nach 2 Wochen schon nach 1 Woche), wobei 100-mal mehr Antikörper mit einer 100-mal besseren Bindungsfähigkeit (Affinität) gebildet werden. Außerdem führt der Wechsel der Antikörperklasse von IgM zu IgG zu einer Verlängerung der Halbwertszeit im Blut von 7 Tagen auf 21 Tage. Der Schutz tritt also nicht nur schneller ein und wirkt besser, sondern er hält auch länger an.

7.5 Immunschutz des Neugeborenen

IgG-Antikörper der Mutter können durch die Plazentaschranke in die Zirkulation des Fetus gelangen. Nach 10 Halbwertzeiten (10×21 Tage) sind sie abgebaut. Deswegen sind Kinder bis etwa 7 Monate nach ihrer Geburt gegen zahlreiche Erkrankungen durch die mütterlichen Antikörper geschützt.

In Kürze

Angeborene (unspezifische) Immunantworten beginnen unmittelbar nach dem Eindringen des Keims damit, ihn mit ihrer **zellulären** (Makrophagen) und **humoralen** (Komplementsystem) **Komponente** zu bekämpfen.

▼

Für die **erworbene (spezifische) Immunantwort** wird dagegen einige Zeit benötigt, bevor die **zelluläre** (T-Lymphozyten) und **humorale** (Antikörper der B-Lymphozyten) **Abwehr** den eingedrungenen Keim bekämpfen kann.

Eine optimale Abwehr gegen eindringende Erreger ist dann gewährleistet, wenn die **schnelle** aber **unflexible** angeborene und die **langsame** aber **anpassungsfähige** erworbene **Immunabwehr** koordiniert zusammenarbeiten.

7.3 Organe des Immunsystems

Einführung

Das Immunsystem setzt sich aus primären und sekundären lymphatischen Organen zusammen. In den **primären lymphatischen Organen** werden die Immunzellen gebildet und reifen heran. Die **sekundären lymphatischen Organe** nehmen diese Immunzellen auf. Dort findet die Vermehrung der Lymphozyten, die Antigenpräsentation und Antikörperbildung statt.

Primäre lymphatische Organe
- Thymus (Prägung der T-Lymphozyten)
- Knochenmark (Prägung der B-Lymphozyten)

Sekundäre lymphatische Organe
- Lymphgefäße und Lymphknoten
- Milz
- Tonsillen
- Peyer-Platten

Die Verteilung der lymphatischen Organe im Körper ist in der Abb. 7.3 dargestellt. Die Aufgaben sind in der Tab. 7.3 zusammengefasst dargestellt.

7.3.1 Thymus

Einführung

Die Hauptaufgabe des Thymus ist die **Bildung des T-Zell-Repertoires.** Dazu werden in ihm ständig T-Lymphozyten mit neuen Rezeptorspezifitäten produziert. Selektionsprozesse sorgen dafür, dass nur die T-Lymphozyten überleben, deren Rezeptoren funktionsfähig sind und die nicht gegen körpereigene Proteinfragmente reagieren (zentrale Toleranz).

Entwicklung

Der **Thymus** entsteht aus dem Entoderm der dritten Pharyngealtasche. Seine Retikulumzellen sind damit epithelialer Herkunft, weshalb der Thymus als **lymphoepitheliales Organ** bezeichnet wird. Bereits von der 15. Entwicklungswoche an ist die Gliederung des menschlichen Thymus in **Cortex** und **Medulla** erkennbar.

Im Laufe des Alters kommt es vor allem zu einer Abnahme der Rinde und einer Zunahme von Fettgewebe **(Involution)**. Dadurch verschiebt sich das Verhältnis zwischen Cortex und Medulla stark zugunsten der Medulla. Dabei verändert sich das Gesamtgewicht jedoch kaum (27 ± 17 g bei Einjährigen, 22 ± 6 g bei Jugendlichen und 18 ± 5 g bei über 80-Jährigen). Auch der Erwachsene besitzt einen Thymus, der im Prinzip den gleichen Aufbau zeigt wie der des Kindes. Selbst im hohen Alter produziert der Thymus noch T-Lymphozyten mit neuen Rezeptorspezifitäten.

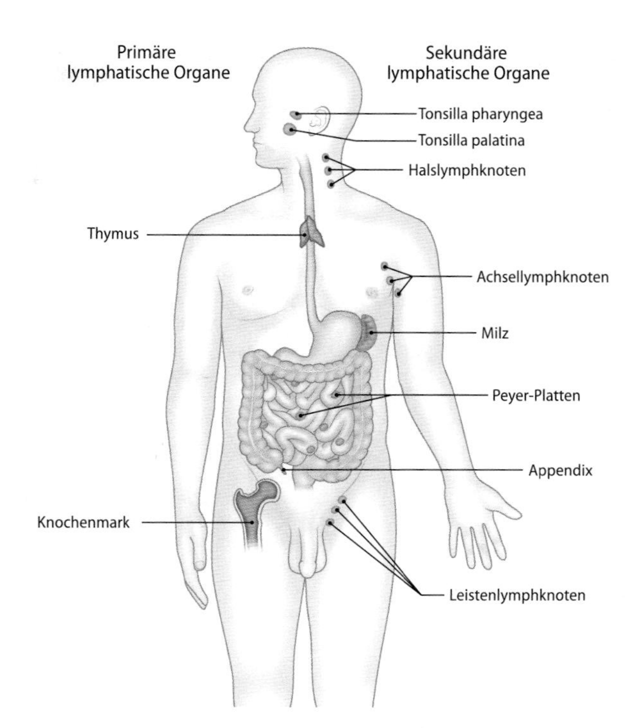

Abb. 7.3. Lage der primären und sekundären lymphatischen Organe im Körper des Menschen

7.6 Verkleinerung des Thymus bei Stress
Außer der Altersinvolution des Thymus können auch bei Stress freigesetzte Hormone zu einer drastischen Verkleinerung des Cortex führen. Deshalb kommt es im Rahmen zahlreicher Erkrankungen zu einer Rückbildung des Thymusvolumens, die jedoch reversibel ist.

Lage

Der Thymus liegt hinter dem Brustbein im oberen Mediastinum (Abb. 7.3) und besteht aus 2 Lappen (Lobi). Im Kindesalter ist der Thymus im Röntgenbild erkennbar. Beim Erwachsenen wird der noch funktionsfähige Thymusrest als retrosternaler Fettkörper bezeichnet.

Aufbau

Die beiden Lappen des Thymus sind von einer dünnen Bindegewebekapsel umgeben (Abb. 7.4). Sie sind weiter unvollständig in Läppchen (Lobuli) untergliedert, die jeweils aus **Cortex** (Rinde) und **Medulla** (Mark) bestehen. Über die Medulla stehen alle Läppchen eines Lappens miteinander in Verbindung. Im Cortex, der etwa 90% aller im Thymus befindlichen Lymphozyten enthält und deshalb in konventionellen Färbungen dunkler angefärbt ist als die Medulla, halten sich überwiegend T-Lymphozyten auf. Sie nehmen engen Kontakt mit epithelialen Retikulumzellen auf. Manche Retikulumzellen umschließen mit ihrem Zytoplasma 20–200 T-Lymphozyten und werden deswegen als »Ammenzellen« bezeichnet. Retikulumzellen produzieren Hormone (z.B. Thymosin, Thymopoetin und Thymulin), die sowohl das Mikromilieu als auch über den Blutweg andere Organe beeinflussen. Die Medulla wird im Gegensatz zum Cortex durch die von der Kapsel ausgehenden Bindegewebesepten nur unvollständig unterteilt. In der Medulla liegen die Zellen lockerer als im Cortex. Das Mark enthält außer T-Lymphozyten und epithelialen Retikulumzellen auch Makrophagen, B-Lymphozyten, interdigitierende dendri-

Tab. 7.3. Übersicht über Funktionen wichtiger Organe des Immunsystems

Organ		Aufgabe	Funktion
Primäre lymphatische Organe		Herstellung des Repertoires	Produktion von Lymphozyten, die sich in der Spezifität ihres Rezeptors unterscheiden. Spezifische Rezeptoren werden zufällig und vor dem Kontakt mit dem Antigen gebildet (somatische Rekombination). Positive und negative Selektion gewährleisten funktionierende Rezeptoren, die jedoch keine Immunreaktion gegen körpereigene Strukturen auslösen.
	Knochenmark	Produktion von Vorläufer-T- und B-Lymphozyten Herstellung des B-Lymphozyten-Repertoires	Die B-Zell-Rezeptoren erkennen native Eiweiße (etwa 6 Aminosäuren), Fette und Zucker (etwa 6 Zuckerreste), die nicht von MHC-Molekülen präsentiert werden müssen. Die Affinität des B-Zell-Rezeptors kann durch Hypermutation außerhalb des Knochenmarks (vorwiegend in Keimzentren) erhöht werden.
	Thymus	Aufnahme von Vorläufer-T-Lymphozyten Herstellung des T-Lymphozyten-Repertoires	T-Zell-Rezeptoren erkennen in der Regel nur denaturierte Eiweiße, die präsentiert werden müssen: durch MHC-Klasse-I (etwa 10 Aminosäuren) den CD8+-und durch MHC-Klasse-II (etwa 15 Aminosäuren) den CD4+-Lymphozyten. Die Affinität des T-Zell-Rezeptors verändert sich außerhalb des Thymus nicht.
Sekundäre lymphatische Organe		Einleitung von Immunantworten gegen Antigene	Antigene werden in diesen Organen konzentriert. Gleichzeitiger Import von vielen Lymphozyten aus dem Blut verbessert die Chance, dass sich Antigen und Lymphozyten mit dem passenden Rezeptor treffen. Vervielfältigung von T-und B-Lymphozyten mit identischen Rezeptoren im Falle einer erfolgreichen Immunantwort. Die neugebildeten Lymphozyten gelangen schließlich in das Blut, von dort können sie in alle Organe des Körpers einwandern.
	Lymphknoten	Immunantwort gegen Antigene aus den Geweben	Zuführende Lymphgefäße konzentrieren Antigene aus weiten Gewebebereichen in einem regionären Lymphknoten.
	Milz	Immunantwort gegen Antigene aus dem Blut	Antigenaufnahme direkt aus dem Blut durch die Marginalzone.
	Tonsillen	Immunantwort gegen Antigene aus Mund- und Rachenraum	Antigenaufnahme direkt aus der Atemluft und der Nahrung durch M-Zellen.
	Peyer-Platten und Appendix vermiformis	Immunantwort gegen Antigene aus dem Verdauungstrakt	Antigenaufnahme direkt aus dem Darmlumen durch M-Zellen.

M-Zellen (microfolds) sind besondere Epithelzellen, die Antigene transportieren.

Läppchen
Hassall-Körperchen
a
Medulla
Cortex

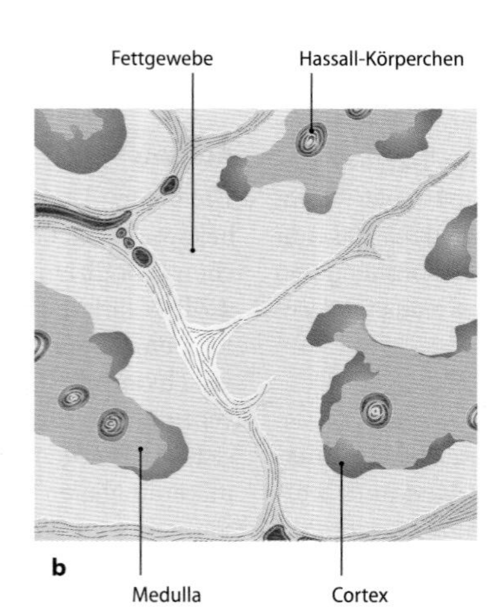

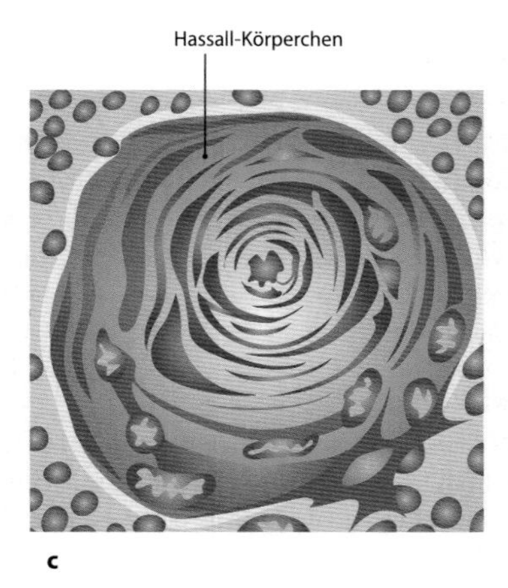

Abb. 7.4a–c. Feinbau des Thymus. a Beim Neugeborenen, **b** beim Erwachsenen mit Reduktion vor allem des Cortex und Zunahme des Fettgewebes **c** Hassall-Körperchen [5]

Tab. 7.4. Histologische Differenzialdiagnose lymphatischer Organe

Organ	Strukturen an der Oberfläche			Strukturen im Gewebe			
	Kapsel	Epithel zur Umwelt	Zuführende Lymphgefäße	HEV	Zentralarterie	Hassall-Körperchen	Lymphfollikel
Thymus	+	–	–	(+)	–	+•	–
Lymphknoten	+	–	+•	+	–	–	+
Milz	+	–	–	–	+•	–	+
Tonsilla pharyngea	(+)	+• (respiratorisches Epithel)	–	+	–	–	+
Tonsilla palatina	(+)	+• (mehrschichtig und unverhornt)	–	+	–	–	+
Peyer-Platten	–	+• (einschichtig, hochprismatisch)	–	+	–	–	+

+ vorhanden
(+) teilweise vorhanden
– nicht vorhanden
HEV: Hochendotheliale Venole
•: Falls diese Struktur vorhanden ist, kann das lymphatische Organ eindeutig identifiziert werden. Neben der Tonsilla palatina ist auch die Tonsilla lingualis mit mehrschichtigem Plattenepithel bedeckt.

tische Zellen, Mastzellen und **Hassall-Körperchen.** Die Hassall-Körperchen sind zwiebelschalenartig angeordnete epitheliale Retikulumzellen, die nur in der Medulla des Thymus vorkommen. Sie können deshalb zur eindeutigen histologischen Identifizierung des Organs herangezogen werden (Tab. 7.4). Die Funktion der Hassall-Körperchen ist unbekannt. Der Cortex verfügt über eine Blut-Thymus-Schranke, die allerdings den Eintritt von Vorläufer-T-Lymphozyten aus dem Blut erlaubt. In die Medulla gelangen aus dem Blut ständig zahlreiche Antigene, reife Lymphozyten und andere Leukozyten.

Gefäßversorgung

Der Thymus wird von Ästen der A. thoracica interna mit Blut versorgt. Das venöse Blut gelangt in die V. brachiocephalica.

Innervation

Der Thymus wird von Nervenästen aus dem N. vagus und aus dem Truncus sympathicus versorgt; er besitzt keine zuführenden Lymphgefäße.

Funktion

Die zentrale Aufgabe des Thymus besteht in der Bildung des **T-Zell-Repertoires.** (Tab. 7.4). Vorläufer-T-Lymphozyten wandern aus dem Knochenmark in geringer Zahl in den Thymus ein und vermehren sich dort durch intensive Zellteilung. Bei der Entwicklung zum reifen T-Lymphozyten wird die Expression des T-Zell-Rezeptors hochreguliert. Der Vorläufer-T-Lymphozyt hat auf seiner Oberfläche weder das CD4- noch das CD8-Molekül (doppelt negativ). Bei seiner Entwicklung in einen reifen T-Lymphozyten erscheinen zunächst beide Moleküle auf der Zelloberfläche (doppelt positiv). Daraus entsteht dann entweder ein **Helfer-T-Lymphozyt** ($CD4^+$, einfach positiv) oder ein **zytotoxischer T-Lymphozyt** ($CD8^+$, einfach positiv).

Die T-Zell-Rezeptoren bestehen aus 2 Ketten, wobei die meisten T-Lymphozyten über eine α- und eine β-Kette verfügen und nur wenige stattdessen über eine γ- und eine δ-Kette. Die verschiedenen Spezifitäten entstehen dadurch, dass zufällig und nicht von Antigenen abhängig mehrere Gene kombiniert werden. Das so entstandene neue Gen ist dann für die spezifische Struktur des einzelnen T-Zell-Rezeptors verantwortlich (auf ähnliche Weise entstehen im Knochenmark die verschiedenen Spezifitäten der B-Zell-Rezeptoren). Der Prozess der somatischen Rekombination ermöglicht es, dass der menschliche Körper viele Millionen verschiedener T-Zell-Rezeptoren herstellen kann, obwohl sein Genom nur etwa über 30.000 Gene verfügt. Jeder T-Lymphozyt trägt etwa 70.000 T-Zell-Rezeptoren auf seiner Oberfläche, die in der Regel die gleiche Spezifität aufweisen.

Der Thymus sorgt dafür, dass T-Lymphozyten nicht gegen körpereigene Strukturen reagieren **(zentrale Toleranz)**. Die **positive Selektion** von Lymphozyten findet vorwiegend im Cortex statt. Dieser Prozess führt dazu, dass zytotoxische T-Lymphozyten ($CD8^+$) nur überleben, wenn sie mit dem T-Zell-Rezeptor Antigene erkennen können, die ihnen von MHC-Klasse-I-Molekülen der Epithelzellen präsentiert werden. Helfer-T-Lymphozyten ($CD4^+$) müssen mit dem T-Zell-Rezeptor Antigene erkennen, die von MHC-Klasse-II-Molekülen präsentiert werden. Auf diese Weise wird erreicht, dass sich nur diejenigen T-Lymphozyten weiterentwickeln, die von MHC-Molekülen präsentierte Antigene erkennen. In der Medulla findet die **negative Selektion** von Lymphozyten statt. Dieser Prozess sorgt dafür, dass zytotoxische T-Lymphozyten ($CD8^+$) und Helfer-T-Lymphozyten ($CD4^+$), die zu stark mit dem T-Zell-Rezeptor an präsentierte Peptide binden, eliminiert werden. Weniger als 5% der im Thymus gebildeten Lymphozyten überstehen positive und negative Selektion und können den Thymus über Blutgefäße in der Medulla verlassen.

Trotzdem ist es möglich, daß T-Lymphozyten, die gegen körpereigene Strukturen – wie zum Beispiel die insulinproduzierenden Zellen der Bauchspeicheldrüse – reagieren, den Thymus verlassen. Deswegen gibt es in den anderen lymphatischen und nichtlymphatischen Organen Mechanismen, die man unter dem Begriff **periphere Toleranz** zusammenfasst. Hierzu zählen das Abtöten, die funktionelle Inaktivierung (Anergie) und die Suppression von T-Lymphozyten, die gegen körpereigene Strukturen reagieren. Dabei spielen regulatorische T-Lymphozyten eine große Rolle, deren Bedeutung zurzeit intensiv erforscht wird. Da B-Lymphozyten fast immer die Hilfe von T-Lymphozyten benötigen, um aktiviert zu werden, führt eine T-Zell-Toleranz auch zu einer Toleranz der B-Lymphozyten.

7.3.2 Knochenmark

Das rote Knochenmark ist etwa ab Ende des 4. Embryonalmonat das wichtigste blutbildende Organ (► Kap. 5.3). Für die Immunabwehr ist die Lymphopoese von Bedeutung, in der aus Lymphozytenstammzellen Lymphoblasten entstehen. Aus diesen Vorstufen differenzieren sich:
- Pro-T-Lymphozyten, die über den Blutweg zum Thymus gelangen und sich dort zu T-Lymphozyten weiterentwickeln.
- Pro-B-Lymphozyten, die sich im Knochenmark differenzieren und als B-Lymphozyten über den Blutweg zu den lymphatischen Organen (Milz, Lymphknoten, Mandeln) gelangen.

In Kürze

In den **primären lymphatischen Organen** sorgt die Neubildung von Lymphozyten dafür, dass ständig Zellen mit anderen Rezeptorspezifitäten entstehen. So wird im roten Knochenmark ein vielfältiges Repertoire von B- und im Thymus von T-Zell-Rezeptor-Spezifitäten aufgebaut, das sicherstellt, dass nahezu alle Antigene vom Immunsystem erkannt werden können. Da die verschiedenen Rezeptorspezifitäten zufällig entstehen, sind viele der gebildeten Rezeptoren entweder nicht funktionsfähig, oder sie reagieren gegen körpereigene Strukturen. Durch programmierten Zelltod (Apoptose) werden solche Lymphozyten entfernt.

7.3.3 Lymphgefäßsystem

Einführung

Die Lymphgefäße bilden mit den Lymphknoten gemeinsam das lymphatische System. Es ist dem venösen System parallel gestellt. Aus den Blutkapillaren gelangen pro Tag durchschnittlich 8 Liter Flüssigkeit mit einem Eiweißgehalt von 30 g pro Liter in den interstitiellen Raum, der etwa 12 Liter Flüssigkeit mit demselben Eiweißgehalt enthält. Aus dem interstitiellen Raum fließen etwa 8 Liter in die Lymphgefäße. Damit entspricht die täglich produzierte Lymphe in Zusammensetzung und Umfang in etwa der gesamten interstitiellen Flüssigkeit und tauscht sie einmal täglich aus. In der Lymphe werden Antigene transportiert, die charakteristisch für das entsprechende Gewebe sind. Bei Infektionen können in ihr auch die verantwortlichen Erreger oder deren Fragmente gefunden werden. Auf dem Lymphweg können neben Immunzellen auch Tumorzellen an andere Stellen des Körpers gelangen und dort Tochtergeschwülste bilden (lymphogene Metastasierung).

Aufbau des Lymphgefäßsystems
- Lymphkapillaren
- Lymphgefäße (Sammel- und Transportgefäße) mit zwischengeschalteten Lymphknoten
- große Lymphstämme (Trunci)

Die netzartig angeordneten **Lymphkapillaren** beginnen blind im Gewebe und nehmen die Gewebeflüssigkeit auf. In ihrem Aufbau ähneln sie Blutkapillaren. Lymphgefäße haben einen weiteren Durchmesser (bis zu 100 μm), eine dünne Wand und eine unvollständige Basal-

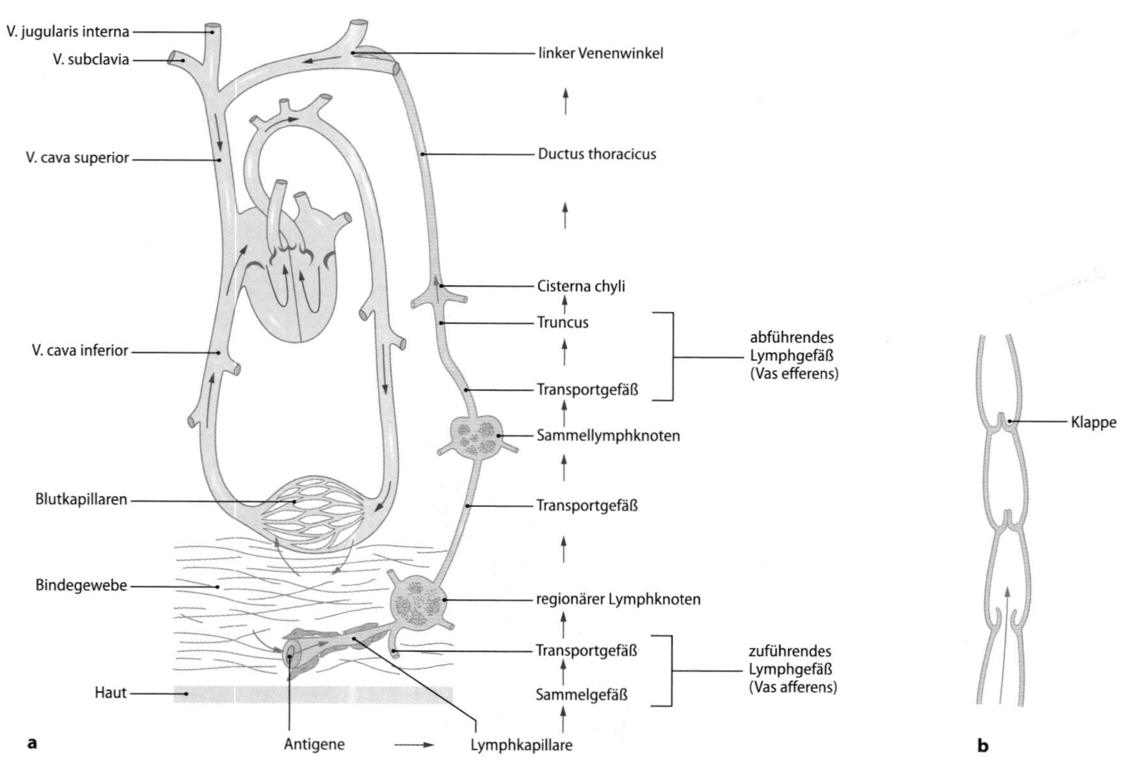

Abb. 7.5a, b. Darstellung der Lymphfiltration. a Aus Kapillaren des Blutgefäßsystems (schwarze Pfeile) wird die Lymphe filtriert und gelangt zusammen mit den in ihr enthaltenden Antigenen über Lymphgefäße (Pfeile) in Lymphknoten. Bereits hier wird etwa 50% der Lymphflüssigkeit in das venöse Gefäßsystem eingeleitet. Die restlichen 50% gelangen über die Venenwinkel dorthin. **b** Sammel- und Transportgefäße sowie Trunci weisen im Lumen Klappen auf, die nach distal schließen und nach proximal öffnen und dadurch einen gerichteten Lymphstrom ermöglichen [5]

membran. Im Nervensystem und im Knochenmark fehlen Lymphgefäße. Von den Lymphkapillaren gelangt die Lymphe in **Sammelgefäße,** die einen Wandaufbau wie Venen haben und auch über Klappen verfügen. Die Sammelgefäße gehen in **Transportgefäße** über, bei denen man einen zum Lymphknoten zuführenden *(Vas afferens)* von einem vom Lymphknoten abführenden *(Vas efferens)* Abschnitt unterscheidet. Da Lymphknoten auch oft in Ketten hintereinander liegen, kann das abführende Lymphgefäß des ersten Lymphknotens gleichzeitig das zuführende Lymphgefäß des folgenden Lymphknotens sein (◻ Abb. 7.5). Die Transportgefäße vereinigen sich zu den **Trunci.** In die Lymphgefäße eingebaute Klappen erlauben der Lymphe, nur in eine Richtung zu fließen (◻ Abb. 7.5b). Aktive Wandkontraktionen der Lymphgefäße und passive Kompression durch die Kontraktion benachbarter Muskeln oder die Pulsation anliegender Arterien bewirken den Fluss der Lymphe, der jedoch mehr als 1000-mal langsamer als der Blutfluss ist.

7.7 Ödeme

Abnorme Flüssigkeitsansammlungen im Gewebe (Ödeme) gehen hauptsächlich auf zwei prinzipielle Ursachen zurück. Zum einen kann die Druckbilanz zwischen dem Gewebe und der Blutbahn gestört sein (z.B. hoher venöser Druck bei Herzinsuffizienz oder zu wenig Eiweiß im Blut, was bei manchen Leber- und Nierenerkrankungen oder bei starker Unterernährung vorkommt). Zum anderen kann der Abfluss der Lymphe über die Lymphgefäße behindert sein (z.B. Zerstörung im Rahmen von Lymphknotenentfernungen bei Tumoroperationen oder Verlegung des Lumen durch Fadenwürmer bei der Filariose).

Lymphabflusswege

Die Lymphe aus der unteren Extremität, den Beckeneingeweiden und der unteren Hälfte der Rumpfwand sammelt sich jeweils im rechten und linken *Truncus lumbalis* (◻ Abb. 7.6). Die Lymphe aus den unpaaren Bauchorganen fließt in die *Trunci intestinales.* Die genannten Trunci münden in die *Cisterna chyli*, die variabel ausgeprägt ist, retroperitoneal in Höhe des 1. Lendenwirbelkörpers liegt und den Beginn des *Ductus thoracicus* darstellt. Dieser zieht dorsal des Ösophagus durch das Mediastinum, und mündet auf der linken Seite meist im Winkel zwischen der V. jugularis interna und V. subclavia in das venöse

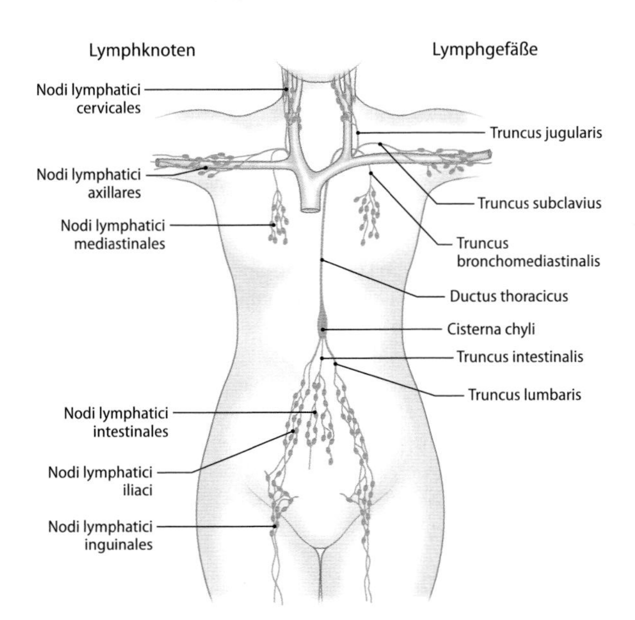

◻ **Abb. 7.6.** Lymphgefäßsystem mit klinisch wichtigen Lymphknotengruppen [5]

Gefäßsystem. Kurz vor seiner Einmündung nimmt er noch die *Trunci bronchomediastinalis* (Herz, Lunge, Mediastinum), *subclavius* (obere Extremität) und *jugularis* (Kopf, Hals) der linken Seite auf. Die entsprechenden Trunci der rechten Seite münden getrennt meist in den rechten Venenwinkel. In der Regel führt der Ductus thoracicus drei Viertel der Lymphe in das venöse Gefäßsystem der linken Seite, der Ductus lymphaticus dexter ein Viertel auf der rechten Seite zurück.

7.8 Entzündung der Lymphgefäße

Eine Entzündung der Lymphgefäße (Lymphangitis) kann einen roten Streifen auf der Haut hervorrufen, der von Laien fälschlicherweise oft als Zeichen für eine »Blutvergiftung« angesehen wird.

Funktion der Lymphe

Aus immunologischer Sicht besteht die Aufgabe der Lymphe darin, ständig Antigene aus den Geweben zu den Lymphknoten zu transportieren (◻ Tab. 7.3). Mehrere zuführende Lymphgefäße sammeln sich in einem Lymphknoten und können **Antigene** aus einem großen Bereich auf kleinem Raum konzentrieren. Dies geschieht unter anderem dadurch, dass in den Lymphkoten 4 der 8 Liter Lymphflüssigkeit über die hochendothelialen Venulen (HEV) in die venöse Zirkulation gelangen. Da die meisten in der Lymphflüssigkeit enthaltenen Proteine nicht ausgetauscht werden, beträgt die Proteinkonzentration ca. 60 g/l. Das Blutplasma (etwa 3 l mit einer Eiweißkonzentration von 70 g/l) wird somit fast einmal pro Tag durch Lymphflüssigkeit ausgetauscht. Im Lymphknoten entscheidet sich, ob eine Immunantwort gegen ein präsentiertes Antigen aus dem **Drainagegebiet** eingeleitet werden muss. Da die verschiedenen Gewebe über die zuführenden Lymphgefäße nur mit dem regionalen und nicht mit allen Lymphknoten verbunden sind, wird zunächst nur eine **lokale Immunantwort** eingeleitet. Das ist ökonomisch und auch ungefährlicher, denn ausgedehnte Immunantworten können den Körper schädigen. Über die Lymphe werden ferner im Darm resorbierte **Fette** (Chylomikronen) weitergeleitet. Wegen der hohen Wandpermeabilität können im Gegensatz zu Blutkapillaren auch größere Partikel in die Lymphgefäße aufgenommen und zu den Lymphknoten abtransportiert werden.

In Kürze

Das Lymphgefäßsystems besteht aus:

- Lymphkapillaren (beginnen blind im Gewebe)
- Lymphgefäßen (Sammel- und Transportgefäße) mit zwischengeschalteten Lymphknoten
- große Lymphstämme (Ductus thoracicus, Ductus lymphaticus dexter)

Die Funktion besteht im Transport und der Drainage der Gewebeflüssigkeit und Stoffe aus dem interstitiellen Raum der Gewebe. Dabei werden auch Antigene aus den Geweben zu den Lymphknoten transportiert. Außerdem werden im Darm aufgenommene Fette weitergeleitet.

7.3.4 Lymphknoten

 Einführung

Lymphknoten organisieren das Zusammentreffen von Antigenen aus dem Gewebe mit Lymphozyten und leiten auf diese Weise Immunantworten gegen Antigene aus dem drainierten Gewebe ein. Dadurch werden Lymphozyten mit dem für das entsprechende Antigen passenden Rezeptor vervielfältigt. Die neugebildeten Lymphozyten gelangen in den Blutkreislauf und somit zu den Organen des Körpers.

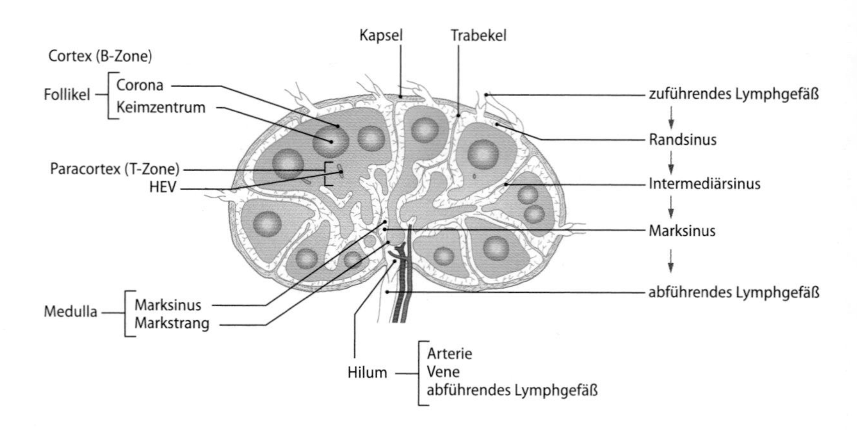

Abb. 7.7. Kompartimente des Lymphknotens und Lymphfluss [5]

7

Lage

Lymphknoten sind in die Lymphbahnen eingeschaltete Filterstationen (Abb. 7.3 und Abb. 7.6). Die Größe ruhender Lymphknoten schwankt von wenigen Millimetern bis über 1 cm in der Länge. Es gibt keine genauen Angaben zur Gesamtzahl der menschlichen Lymphknoten, die Schätzwerte schwanken zwischen 300 und 700. Die Mehrzahl der Lymphknoten liegt im Bauch- und Beckenraum. Wenn ein Lymphknoten die erste Filterstation für ein Organ ist, wird er als **regionärer Lymphknoten** bezeichnet. Lymphknoten der nachfolgenden Stationen, die gefilterte Lymphe von verschiedenen regionären Lymphknoten erhalten, werden **Sammellymphknoten** genannt (Abb. 7.7).

7.9 Metastasenbildung in Lymphknoten

Tumorzellen können über die zuführende Lymphe in Lymphknoten gelangen und dort Metastasen bilden. Um einen Tumor vollständig zu entfernen, ist die Kenntnis der regionären Lymphknoten von Organen und Körperarealen wichtig. Da die Lage des drainierenden Lymphknoten – in der Klinik als Wächterlymphknoten (sentinel lymph node) bezeichnet –, stark variiert, wird zu seiner Identifizierung in die Umgebung des Tumors eine radioaktive Substanz gespritzt. Sie gelangt in den Wächterlymphknoten und markiert ihn. Bösartige Tumoren, bei denen die Wächterlymphknoten operativ leicht zugänglich sind und entfernt werden können, haben meistens eine bessere Prognose als solche mit schwer erreichbaren regionären Lymphknoten.

Aufbau

- *Cortex* (Rinde)
- *Paracortex*
- *Medulla* (Mark)

Lymphknoten sind **lymphoretikuläre Organe,** die in Fettgewebe eingebettet und von einer Kapsel aus straffem Bindegewebe umgeben sind (Abb. 7.7). Von der Kapsel dringen Bindegewebesepten, Trabekel, in das Innere des Lymphknotens und unterteilen ihn segmentartig. Zwischen den Trabekeln bilden Kollagenfasern ein dreidimensionales Maschenwerk, das jedoch nahezu vollständig von Retikulumzellen und ihren Ausläufern bedeckt wird. In seinem Inneren können 3 Hauptkompartimente unterschieden werden (Abb. 7.7): Unter der Kapsel liegt der **Cortex (Rinde)** mit den **Primärfollikeln. Sekundärfollikel** entstehen im Verlauf einer erworbenen Immunantwort und bestehen aus einem hell angefärbten **Reaktions-** oder **Keimzentrum** und einer dunkel angefärbten Corona. An den Cortex schließt sich der **Paracortex** an, auf den die **Medulla (Mark)** folgt. In der Medulla können Marksinus von Marksträngen unterschieden werden. Die verschiedenen Organkompartimente des Lymphknotens unterscheiden sich deutlich in ihrer Lymphozytenzusammensetzung (Abb. 7.8).

- **B-Lymphozyten** befinden sich vorwiegend im Cortex (B-Zone). Im Paracortex und in der Medulla ist ihre Zahl wesentlich geringer.
- **T-Lymphozyten** kommen vorwiegend im Paracortex vor (T-Zone). Bei den wenigen T-Lymphozyten im Cortex handelt es sich überwiegend um Helfer-T-Lymphozyten ($CD4^+$), dagegen kommen im Mark sowohl Helfer-T-Lymphozyten als auch zytotoxische T-Lymphozyten ($CD8^+$) vor.

Antigene gelangen über zuführende Lymphgefäße *(Vasa afferentia)* in den Lymphknoten. Sie durchbrechen die Kapsel (Abb. 7.7) und geben ihre Lymphe in den direkt unter der Kapsel liegenden **Randsinus** ab. Von dort fließt die Lymphe in die **Intermediärsinus**, die sich zwischen den Follikeln der Rinde befinden und sie in die Marksinus leiten. Die Lymphe verlässt den Lymphknoten in der Regel über ein einzelnes abführendes Lymphgefäß *(Vas efferens)*, das am Hilus aus dem Lymphknoten austritt. Im Bereich des Hilus finden sich auch die den Lymphknoten versorgende Arterie und Vene. **B-** und **T-Lymphozyten** gelangen über hochendotheliale Venulen (HEV) in den Lymphknoten. Diese sind postkapilläre Venulen (Tab. 7.4), die durch ein hohes isoprismatisches Endothel ausgekleidet sind und vorwiegend im **Paracortex** (T-Zone) gefunden werden. Über diese Venulen gelangen Lymphozyten in großer Anzahl aus dem Blut in den Paracortex und wandern von dort in die anderen Kompartimente. Nach einer mehrstündigen Verweildauer verlassen die Lymphozyten den Lymphknoten über das abführende Lymphgefäß, gelangen in das Blut und beginnen eine weitere Runde ihrer Wanderung. Dieser Vorgang wird **Rezirkulation** genannt.

7.10 Vergrößerung von Lymphknoten

Bei Immunantworten nimmt die Durchblutung des Lymphknotens zu. Dies führt zu einer schnellen Volumenvergrößerung, was eine schmerzhafte Anspannung der Lymphknotenkapsel nach sich ziehen kann.

Lymphknoten können sich im Rahmen von Infektionen oder bösartigen Geschwülsten vergrößern. Dabei sind entweder vorwiegend die regionären Lymphknoten betroffen (z.B. lokale Infektion oder Metastase) oder viele Lymphknoten in verschiedenen Körperregionen, z.B. bei der Mononucleosis infectiosa (Pfeiffer-Drüsenfieber) oder der Lymphogranulomatose (Hodgkin-Krankheit).

Funktion

In den Lymphknoten sollen Antigene mit einer großen Zahl von Lymphozyten in Kontakt kommen. Die Wahrscheinlichkeit, dass sich

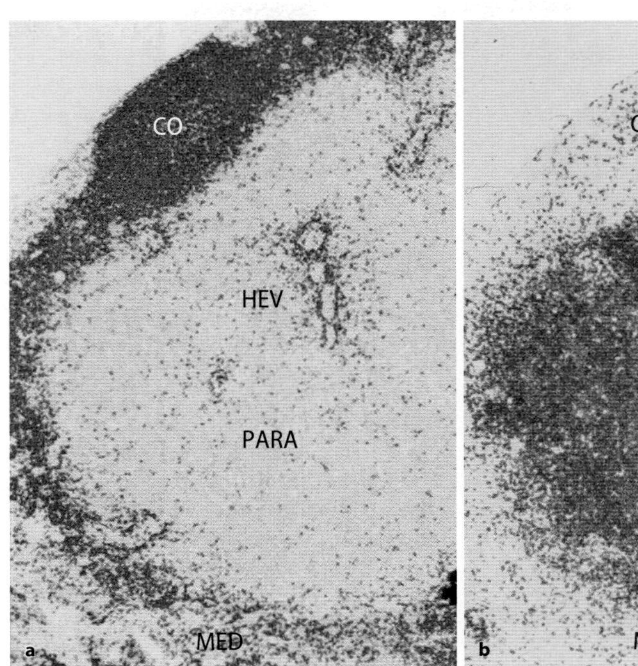

Abb. 7.8a, b. Verteilung von B-und T-Lymphozyten im Lymphknoten. **a** Die immunhistochemische Darstellung von B-Lymphozyten (blau) zeigt, dass sie sich vorwiegend im Cortex (B-Zone) und in der Medulla befinden. Der Paracortex (T-Zone) enthält nur wenige B-Lymphozyten, die jedoch wie die T-Lymphozyten über die HEV in den Lymphknoten einwandern. **b** Auf dem Folgeschnitt wurden T-Lymphozyten durch den Nachweis des T-Zell-Rezeptors dargestellt (rot). Sie werden in großer Zahl im Paracortex gefunden (CO = Cortex, PA = Paracortex, MED = Medulla, HEV = hochendotheliale Venule)

Antigen und Lymphozyten mit dem dafür spezifischen Rezeptor treffen, ist dadurch höher. Anschließend wird durch Proliferation die Anzahl der antigen-spezifischen Lymphozyten erhöht. Diese gelangen dann über das abführende Lymphgefäß in das Blut und stehen dem gesamten Organismus zur Verfügung, um eingedrungene Keime überall erfolgreich bekämpfen zu können. Nach diesem Prinzip, **Zusammenführen** und **Vervielfältigen,** arbeiten auch die anderen sekundären lymphatischen Organe wie Milz, Tonsillen und Peyer-Platten. Sie unterscheiden sich vor allem darin, wie sie das Antigen aufnehmen (Tab. 7.3).

In Lymphknoten münden mehrere zuführende Lymphgefäße, die in einer größeren Region ihren Ursprung haben und das Drainagegebiet des Lymphknotens darstellen. Auf diese Weise werden in einem Lymphknoten Antigene aus einem großen Bereich auf kleinem Raum konzentriert. Antigene gelangen in 2 Formen in den Lymphknoten. Einerseits werden sie von dendritischen Zellen in der Peripherie aufgenommen und selektiv in die T-Zone des Lymphknotens transportiert und präsentiert. Dabei werden vorwiegend Proteinantigene in Form kleiner Peptide von MHC-Molekülen dargeboten. Andererseits wird lösliches Antigen mit dem Lymphstrom, der über die HEV in die venöse Zirkulation gelangt, in die T-Zone mitgerissen, dort von residenten dendritischen Zellen aufgenommen und auch den T-Lymphozyten wie bereits beschrieben präsentiert. Lösliches Antigen wird jedoch auch den B-Lymphozyten in der B-Zone des Lymphknotens präsentiert. Im Gegensatz zu den dendritischen Zellen in der T-Zone präsentieren die follikulär dendritischen Zellen der Follikel nicht nur Proteine, sondern auch Kohlenhydrate und Lipide, die alle in unveränderter Form dargeboten werden.

B- und T-Lymphozyten wandern in großer Anzahl über die hochendothelialen Venulen (HEV) des Paracortex (T-Zone) in den Lymphknoten. In der T-Zone halten sich vor allem die T-Lymphozyten sehr lange auf. Die meisten B-Lymphozyten wandern vom Paracortex in die Follikel (B-Zone) und halten sich hier lange auf, bevor sie wieder in den Paracortex zurückwandern. Die molekularen Mechanismen, die für die unterschiedlichen Wanderungseigenschaften verantwortlich sind, werden zurzeit intensiv erforscht. Chemokine scheinen hierbei eine große Rolle zu spielen. B- und T-Lymphozyten wandern in die Marksinus und verlassen den Lymphknoten über das abführende Lymphgefäß. Aufgrund der unterschiedlichen Wanderungseigenschaften ist die Verweildauer von B-Lymphozyten im Lymphknoten deutlich länger (etwa 60 Stunden) als die von T-Lymphozyten (etwa 30 Stunden). Diese Angaben treffen jedoch nur dann zu, wenn die Lymphozyten ihr Antigen nicht gefunden haben und nicht aktiviert wurden. Was in sekundären lymphatischen Organen geschieht, wenn Lymphozyten aktiviert wurden, wird am Ende dieses Kapitels beschrieben.

In Kürze

Lymphknoten sind in Fettgewebe eingebettete **lymphoretikuläre Organe,** die von einer Kapsel aus straffem Bindegewebe umgeben sind.

Der Lymphknoten besteht aus 3 Hauptkompartimenten:

- **Cortex** (B-Zone): Hier befinden sich vorwiegend **B-Lymphozyten.**
- **Paracortex** (T-Zone): Hier halten sich vor allem **T-Lymphozyten** auf.
- **Medulla:** Zu unterscheiden sind der Marksinus von den Marksträngen.

In Lymphknoten werden **Antigene** aus den meisten Geweben konzentriert und in der T-Zone den T-Lymphozyten präsentiert, die sich in der T-Zone besonders lange aufhalten. Damit wird die Chance erhöht, dass der seltene antigenspezifische Lymphozyt auf »sein« Antigen trifft. Wenn es zu einer Aktivierung des T-Lym-
▼

phozyten kommt (1. Antigenkontakt), hat das Mikromilieu des Lymphknotens einen großen Einfluss darauf, in welche Richtung die aktivierten T-Lymphozyten sich entwickeln und welche Funktion sie somit beim 2. Antigenkontakt wahrnehmen können.
Die **sekundären lymphatischen Organe** arbeiten alle nach den gleichen Prinzipien (Zusammenführen und Vervielfältigen) und unterscheiden sich vor allem darin, auf welche Weise sie die Antigene aufnehmen.

7.3.5 Milz

 Einführung

Die Milz gehört zu den lymphoretikulären Organen. In ihr findet das Zusammentreffen von Antigenen aus dem Blut mit Lymphozyten statt. Dadurch werden Immunantworten gegen Blutantigene eingeleitet. In der Milz werden außerdem überalterte Erythrozyten abgebaut.

Lage und Gefäßversorgung

Die Milz (Splen oder Lien) liegt intraperitoneal im linken Oberbauch (◘ Abb. 7.3). Sie ist bohnenförmig (ca. 4 cm dick, 7 cm breit und 11 cm lang) und wiegt beim Erwachsenen etwa 150 g. Mit der konvexen *Facies diaphragmatica* liegt sie dem Zwerchfell an, mit der konkaven *Facies visceralis* grenzt sie an den Magen, die linke Niere und die linke Kolonflexur (◘ Abb. 7.9). Die Längsachse der Milz verläuft parallel zur 10. Rippe. Nach ventral ist die Milz über das *Lig. gastrosplenicum (gastrolienale)* mit dem Magen, nach dorsal über das *Lig. splenorenale (lienorenale)* mit der hinteren Rumpfwand verbunden und bildet die linke Begrenzung der *Bursa omentalis*. Über das Lig. splenorenale gelangt die *A. splenica (lienalis)*, die aus dem Truncus coeliacus entspringt und am Oberrand des Pankreas entlang läuft, zum Milzhilus *(Hilum splenicum)*, an dem die Gefäße und Nerven ein- und austreten. Die *V. splenica* verlässt über das Lig. splenorenale die Milz und zieht dorsal des Pankreas nach rechts. Nach ihrer Vereinigung mit der V. mesenterica superior entsteht die *V. portae hepatis* (dorsal des Pankreaskopfes). In bis zu 40% sind Nebenmilzen vorhanden.

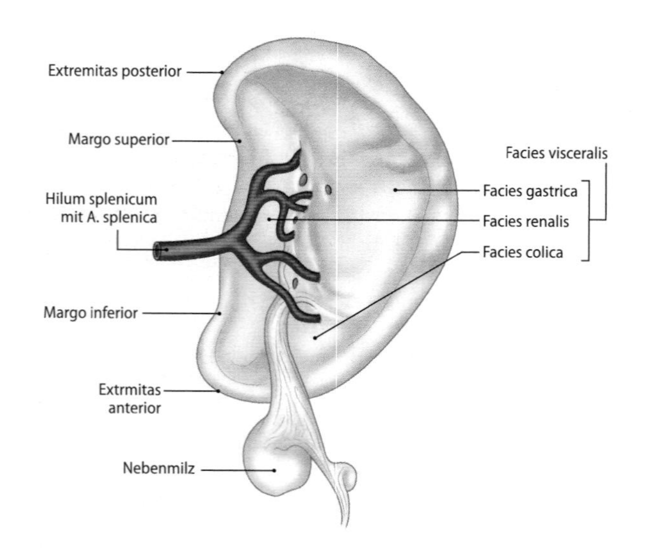

◘ **Abb. 7.9. Milz mit A. splenica.** Um die Facies visceralis zu zeigen, ist sie im Vergleich zu ihrer natürlichen Lage im Körper nach ventral gedreht dargestellt [5]

Diese knötchenartigen Ansammlungen von Milzgewebe können auch an vielen anderen Stellen in der Bauchhöhle gefunden werden (◘ Abb. 7.9). Die Lage der Milz ist atemabhängig: bei Einatmung verlagert sie sich nach kaudal und medial in Richtung Nabel.

7.11 Milzvergrößerung (Splenomegalie)

Eine gesunde Milz ist nicht tastbar. Eine Milzvergrößerung (Splenomegalie) kann z.B. mechanisch (Pfortaderhochdruck) oder immunologisch (Mononucleosis infectiosa = Pfeiffer-Drüsenfieber) bedingt sein.

Die Facies diaphragmatica der Milz ist nur durch das dünne Zwerchfell von der linken Pleurahöhle getrennt. Krankhafte Prozesse in der Milz können deswegen nicht nur die benachbarten Bauchorgane erfassen sondern auch die Lunge.

Aufbau

Die Milz wird von einer Kapsel umgeben, von der Septen in das Organinnere ziehen (◘ Abb. 7.10). Das Grundgerüst besteht aus retikulären Fasern und Retikulumzellen. Der Aufbau der Milz wird beim Betrachten der Gefäßarchitektur besonders deutlich. Die *A. splenica* verzweigt sich zunächst zu Trabekelarterien und diese zu Zentralarterien (◘ Abb. 7.10b). Aus den Zentralarterien entstehen dann Pinselarteriolen und Hülsenkapillaren mit einer Makrophagenscheide. Von dort gelangt das Blut entweder über die Milzstränge in die Milzsinus **(offener Kreislauf)** oder direkt in die Milzsinus **(geschlossener Kreislauf)**. Über Pulpavenen und die Trabekelvenen fließt das Blut in die *V. splenica*. Um die Zentralarterien liegt die **weiße Pulpa** (Pulpa: weiche Substanz), die **rote Pulpa** ordnet sich um die Milzsinus an. Auf der Schnittfläche einer unfixierten Milz ist mit bloßem Auge die dunkelrot gefärbte rote Pulpa zu erkennen, die den überwiegenden Teil (ca. 75%) des Schnittes einnimmt. Die rote Farbe entsteht aufgrund der in den venösen Sinus sich befindenden Erythrozyten, die hier von Makrophagen abgebaut werden können. Die weiße Pulpa erscheint als ungefärbte Aussparung.

7.12 Milzriss (Milzruptur)

Bauchtraumata bei Unfällen führen oft zur Verletzung der Milz. Da die Milzkapsel sehr dünn ist, reißt diese oft sofort ein und es kommt zu lebensbedrohlichen Blutungen in die Bauchhöhle (einzeitige Milzruptur). Bei der zweizeitigen Milzruptur bleibt die Milzkapsel zunächst unverletzt, es entwickelt sich ein Bluterguss im Milzgewebe. Diese Phase verusacht meist keine Schmerzen und deshalb wird die Verletzung nicht erkannt. Der Erguss nimmt an Größe zu und nach Stunden bis Tagen sprengt er die Milzkapsel mit nachfolgender lebensbedrohlicher Blutung. Bei Traumata des Bauchraumes ist deshalb die Beobachtung des Patienten und evtl. eine Ultraschalluntersuchung (Sonographie) erforderlich. Wichtig ist, dass die Blutung so schnell wie möglich gestillt wird.

Die **rote Pulpa** besteht aus **Milzsträngen** und **Milzsinus** (◘ Abb. 7.10a). Die Milzstränge werden durch ein Maschenwerk aus Retikulumzellen und retikulären Fasern gebildet, das viele Erythrozyten und Makrophagen beherbergt. Als Milzsinus bezeichnet man weite Kapillaren, die mit Uferzellen ausgekleidet sind, die keine kontinuierliche Basalmembran haben. Zwischen den Sinusendothelzellen bestehen Spalten mit einer Breite von 1–5 μm, durch die sich Erythrozyten und Leukozyten bei ihrer Passage durch die Milz hindurchzwängen müssen. Neben Makrophagen enthält die rote Pulpa zytotoxische T-Lymphozyten ($CD8^+$), Plasmazellen und die Mehrzahl der in der Milz vorhandenen natürlichen Killerzellen.

In die rote Pulpa eingestreut liegen kleine 1–3 mm messende weiße Knötchen, die **weiße Pulpa,** die vorwiegend aus Ansammlungen von Lymphozyten besteht. Die weiße Pulpa besteht aus:
- der **periarteriolären lymphatischen Scheiden (PALS)**, in der sich bevorzugt T-Lymphozyten befinden (T-Zone) (◘ Abb. 7.11) und

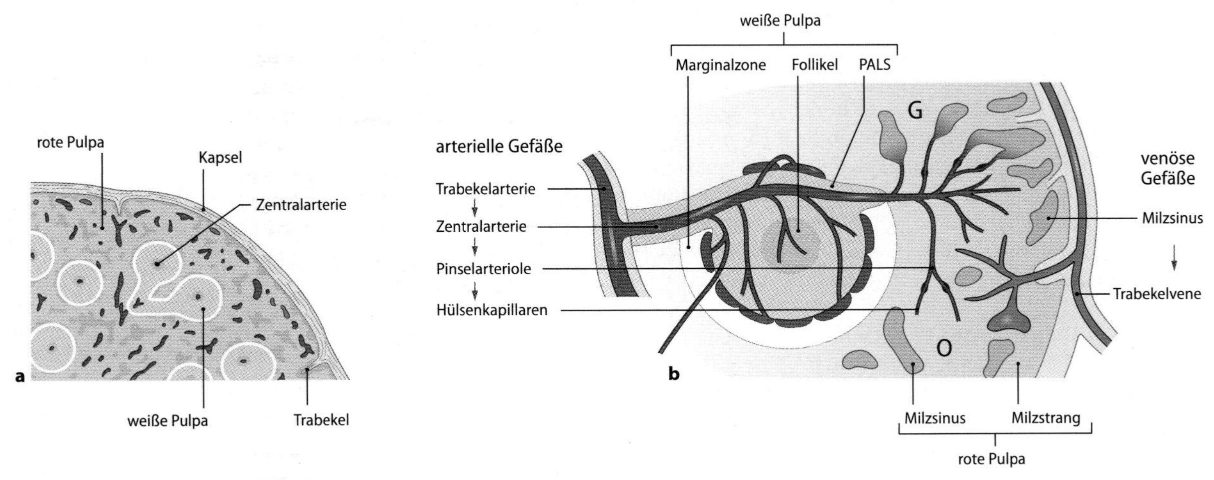

Abb. 7.10a, b. Aufbau und die Blutzirkulation in der Milz. a Die Kompartimente der Milz. **b** Aufbau der weißen und roten Pulpa mit Darstellung eines geschlossenen und offenen Kreislaufs.
G = geschlossene Zirkulation: Kapillaren → Sinus; O = offene Zirkulation: Kapillaren → Strang → Sinus; PALS = periarterioläre lymphatische Scheide

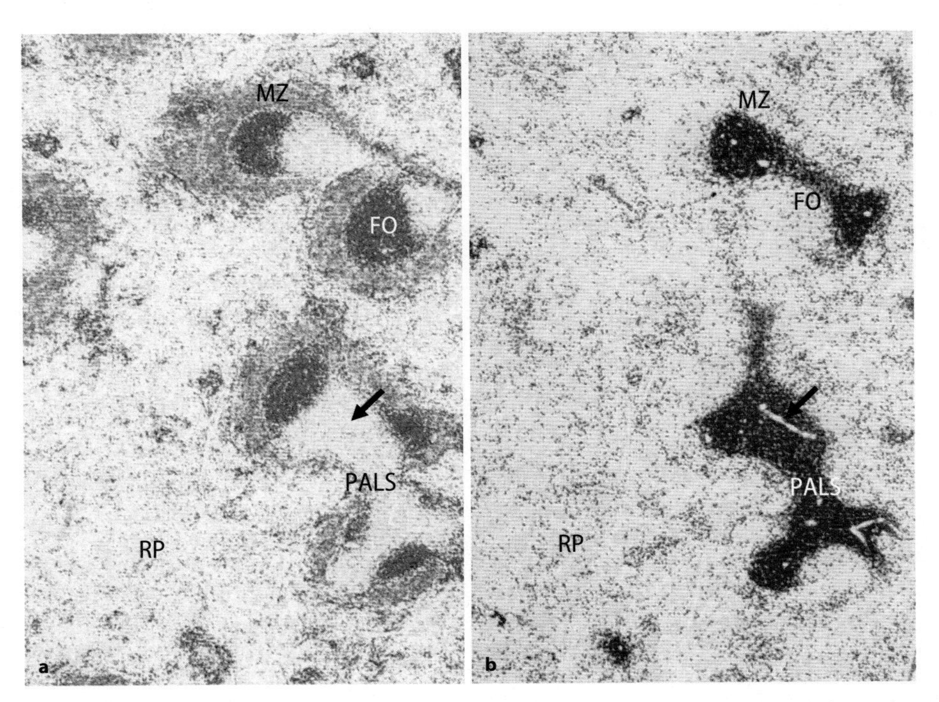

Abb. 7.11a, b. Verteilung von B- und T-Lymphozyten in der Milz. **a** Die immunhistochemische Darstellung von B-Lymphozyten (blau) zeigt, dass sie sich vorwiegend in Follikeln (B-Zone) und der Marginalzone befinden. Die periarterioläre lymphatische Begleitscheide, die sich vorwiegend um die Zentralarterie erstreckt, enthält nur wenige B-Lymphozyten. **b** Auf dem Folgeschnitt wurden T-Lymphozyten durch den Nachweis des T-Zell-Rezeptors dargestellt (rot). Sie werden in großer Zahl in der PALS gefunden (T-Zone). In der roten Pulpa halten sich neben vielen Makrophagen auch B- und T-Lymphozyten auf. FO = Follikel, MZ = Marginalzone, PALS = periarterioläre lymphatische Begleitscheide RP = rote Pulpa; die Pfeile zeigen auf Zentralarterien

- **Follikel**, die überwiegend aus B-Lymphozyten bestehen (B-Zone) (Abb. 7.11). Vereinzelt sind T-Lymphozyten in Follikeln nachweisbar, die überwiegend Helfer-T-Lymphozyten ($CD4^+$) sind.

Neben Primärfollikeln aus kleinen Lymphozyten, die vor allem bei Kindern vorkommen, gibt es auch Sekundärfollikel mit aktiven Keimzentren. Die weiße Pulpa wird von der roten Pulpa durch die **Marginalzone** getrennt, in der sich sehr viele B-Lymphozyten befinden (Abb. 7.11). Follikulär dendritische Zellen sind in den Follikeln und interdigitierende dendritische Zellen in der periarteriolären lymphatischen Scheide vorhanden. **Makrophagen** befinden sich in allen Kompartimenten der Milz, sie unterscheiden sich aber in ihrer **Funktion.** Makrophagen phagozytieren:
- in Keimzentren bevorzugt Kerntrümmer abgestorbener Lymphozyten
- in der Marginalzone partikuläre Antigene aus dem Blut
- in der roten Pulpa alte oder nicht verformbare Erythrozyten.

Funktion

Die Milz des Menschen wird sehr gut durchblutet. Sie erhält ca. 4% des Herzzeitvolumens, obwohl ihr Gewicht nur etwa 0,2% des Körpergewichts beträgt. Der Blutstrom wird in der Marginalzone und in der roten Pulpa verlangsamt und durch Spalten zwischen den Endothelzellen in die Milzstränge geleitet, die viele phagozytierende Zellen enthalten. Deswegen kann die Milz mit einem in die Blutbahn eingebauten Filter verglichen werden (◘ Tab. 7.3), der überalterte Erythrozyten aussondert (rote Pulpa) und der Antigene aus der Blutbahn aufnimmt und gegen sie eine Immunantwort einleitet (weiße Pulpa).

In der **roten Pulpa** werden die Erythrozyten bei der Passage durch die Spalten der Milzsinus »untersucht«. Chromatinreste junger Erythrozyten (Retikulozyten) werden entfernt. Nimmt im Laufe der Alterung der Erythrozyten die mechanische Verformbarkeit ihrer Membran ab, führt dies zu ihrer Zerstörung und Phagozytose in der roten Pulpa. Malariaerreger in infizierten Erythrozyten können bei der Passage durch die rote Pulpa entfernt werden. Fehlt eine funktionierende rote Pulpa, werden in den Erythrozyten des peripheren Blutes Chromatinreste gefunden, die als »Howell-Jolly-Körperchen« bezeichnet werden. Außerdem können Malariainfektionen besonders gefährlich verlaufen. In die rote Pulpa findet auch ein ständiger Ein- und Ausstrom von Lymphozyten statt. Plasmazellen, die sich bevorzugt in der roten Pulpa finden, produzieren vor allem Antikörper, die der IgM-Klasse angehören.

Sind Erythrozyten oder Thrombozyten im Rahmen von Erkrankungen mit Antikörpern beladen, werden diese Zellen besonders effektiv von der Milz eliminiert, und es resultiert eine Anämie beziehungsweise ein Mangel an Blutplättchen (Thrombozytopenie). Neben zellulären Elementen werden auch Mikroorganismen und partikuläre Antigene von Makrophagen der Milz phagozytiert und anschließend Immunantworten gegen diese Fremdstoffe ausgelöst. Man kann demnach in der roten Pulpa eine unspezifische Filterfunktion (Eliminierung abnormer korpuskulärer Bestandteile) von einer spezifischen Filterfunktion (Phagozytose eingedrungener Mikroorganismen und Fremdstoffe) unterscheiden.

Die Milz besitzt keine afferenten Lymphgefäße (◘ Tab. 7.4). Antigene gelangen über den Blutstrom in die Marginalzone und werden in der periarteriolären lymphatischen Scheide von interdigitierenden dendritischen Zellen präsentiert. Da ständig Lymphozyten durch die **weiße Pulpa** wandern, besteht eine große Wahrscheinlichkeit, dass ein antigenspezifischer Lymphozyt in der Milz »sein« Antigen trifft und eine effektive Immunantwort ausgelöst werden kann. B- und T-Lymphozyten verlassen die Blutbahn und wandern bevorzugt in die Marginalzone ein. Wie im Lymphknoten wandern T-Lymphozyten von dort in die T-Zone (PALS) und B-Lymphozyten in die B-Zone (Follikel). Im Gegensatz zum Lymphknoten verlassen die Lymphozyten die Milz überwiegend auf dem Blutweg und kaum über ein abführendes Lymphgefäß.

7.13 Verlust der Milzfunktion

Die Milz ist nicht lebensnotwendig. Die Folge des Verlustes der Milzfunktion, z.B. weil diese bei der Geburt fehlt (Agenesie) oder eine Entfernung (Splenektomie) erforderlich war, sind schwer verlaufende bakterielle Infekionen, insbesondere mit Pneumokokken und Haemophilus influenza. Besonders gefährdet sind Kleinkinder.

In Kürze

Die Milz liegt **intraperitoneal** im linken Oberbauch. Sie wird von einer **Kapsel** umgeben. Das Grundgerüst der Milz besteht aus retikulären Fasern und sie gehört zu den **lymphoretiklären Organen.**

Der **Aufbau** der Milz ist an den Blutgefäßen gut erkennbar: Die A. splenica verzweigt sich zu den Trabekelarterien, diese zu Zentralarterien, aus denen Pinselarteriolen und Hülsenkapillaren mit einer Makrophagenscheide entstehen. Das Blut fließt über offene und geschlossene Kreisläufe. Pulpa- und Trabekelvenen sammeln das Blut und führen es zur V. splenica.

In der Milz ist die **rote** von der **weißen Pulpa** zu unterscheiden. Die **rote Pulpa** besteht aus Milzsträngen und Milzsinus. In ihr befinden sich viele Erythrozyten und Makrophagen. In die rote Pulpa sind kleine weiße Knötchen eingestreut, die **weiße Pulpa.** Sie setzt sich aus PALS (periarterioläre Scheide), in denen sich vorwiegend T-Lymphozyten befinden, sowie Follikel und Marginalzone zusammen, die vorwiegend aus B-Lymphozyten bestehen.

Funktionen der Milz sind der Abbau überalterter Erythrozyten und die Aufnahme von Antigenen mit Einleitung einer Immunantwort.

7.3.6 Tonsillen

 Einführung

Die Tonsillen werden allgemein als Mandeln bezeichnet und gemeint sind im engeren Sinne die im Rachen und Gaumen liegenden Rachen- und Gaumenmandeln. Die Tonsillen gehören zum mukosaassoziierten lymphatischen Gewebe (MALT). Die Gesamtheit der zum MALT gehörenden Organe und Gewebe dienen im Körperinneren besonders in Bereichen, die mit Sustanzen der Außenwelt in Berührung kommen, dem immunologischen Schutz. Zum MALT gehören z.B. auch die Peyer-Platten in der Wand des Dünndarms. Die im Bereich von Mundhöhle und Rachen liegenden Rachen-, Gaumen-, Zungen- und Tubenmandeln werden zusammenfassend als lymphatischer Rachenring oder nach dem Erstbeschreiber Waldeyer-Rachenring bezeichnet.

Entwicklung

Die Gaumenmandeln entstehen im Bereich der zweiten Pharyngealtasche. Schon in der 12. embryonalen Entwicklungswoche sind Anfänge der Tonsillenbildung erkennbar. Früh wandern lymphatische Zellen in das Epithel ein. Es bilden sich follikuläre Ansammlungen von Lymphozyten, und bereits in der 16. Woche sind die B-Zone mit Primärfollikeln sowie die T-Zone voll entwickelt und enthalten auch die jeweils typischen dendritischen Zellen. Unter den sekundären lymphatischen Organen weisen die Tonsillen in ihrer Größenentwicklung die deutlichste Altersabhängigkeit auf. Naturgemäß haben Kinder mit vielen viralen und bakteriellen Erregern Kontakt, was die Aktivität und das Größenwachstum der Tonsillen stimuliert. Das Tonsillengewicht erreicht seinen Höhepunkt im Kindesalter, wobei die Rachenmandel meist im Kindergartenalter und die Gaumenmandeln im Grundschulalter ihre maximale Größe entwickeln und anschließend schnell kleiner werden. Mit zunehmendem Alter nimmt die Lymphozytendichte in allen Regionen der Tonsillen ab.

Lymphatischer Rachenring

- Gaumenmandel *(Tonsilla palatina)*
- Rachenmandel *(Tonsilla pharyngea)*
- Zungenmandel *(Tonsilla lingualis)*
- Tubenmandel *(Tonsilla tubaria)*
- lymphatisches Gewebe in der Mukosa der Hinterwand des Rachens (Seitenstränge)

Lage

Am Übergang von Mund- und Nasenraum in den Rachen befinden sich die Tonsillen (◘ Abb. 7.3). Die Tonsillen werden unterteilt in: die paarige *Tonsilla palatina* (Gaumenmandeln), die unpaare *Tonsilla lingualis* (Zungenmandel), die unpaare *Tonsilla pharyngea* (auch *pharyngealis*) (Rachenmandel) und die paarige *Tonsilla tubaria* (Tubenmadel). In ihrer Gesamtheit werden sie als Waldeyer-Rachenring bezeichnet. Auch an anderen Stellen der Mundhöhle wie dem Gaumen und Mundboden findet man lymphatische Knötchen von 1–3 mm Durchmesser, die als »orale Tonsillen« bezeichnet werden.

- **Tonsilla palatina:** Die Tonsilla palatina liegt am Übergang vom Mund in den Rachen zwischen dem *Arcus palatoglossus* und dem *Arcus palatopharyngeus* in der *Fossa tonsillaris*, dem Tonsillenbett in der Pharynxwand und ist paarig angelegt (◘ Abb. 7.3). Die Gaumenmandel wird mit Blut aus 4 Gefäßen versorgt, den Ästen der A. lingualis, der A. palatina ascendens, der A. pharyngea ascendens und der A. palatina descendens. Die Venen leiten ihr Blut in den Plexus pharyngeus und von dort in die V. jugularis interna. Über abführende Lymphgefäße gelangt die Lymphe in die tiefen seitlichen Hals-Lymphknoten.
- **Tonsilla pharyngea:** Sie ist unpaar und am Rachendach befestigt (◘ Abb. 7.3). Die Rachenmandel ist von einem mehrreihigen Flimmerepithel überzogen.
- **Tonsilla lingualis:** Am Übergang vom Mund in den Rachen im Bereich der *Radix linguae* befindet sich die unpaare Tonsilla lingualis (► Kap. 10.1). Sie wird von Ästen der A. lingualis versorgt, die aus der A. carotis externa stammt. Das venöse Blut fließt in die V. jugularis interna. Über abführende Lymphgefäße wird die Lymphe in die Halslymphknoten transportiert.
- **Tonsilla tubaria:** Neben der Tonsilla pharyngea erstrecken sich die Tubentonsillen beidseitig unterschiedlich weit nach unten. Ihre unteren Anteile werden auch »Seitenstränge« genannt.

7.14 Entzündung der Gaumenmandel

Bei einer Entzündung der Tonsillae palatinae (Tonsillitis) können sie stark anschwellen und den Schlund einengen (vom lat. angere = beengen ist die Bezeichnung Angina abgeleitet). Schluckbeschwerden sind die Folge.

7.15 Vergößerung der Rachenmandel (Adenoide oder Polypen)

Vergrößerungen der Rachenmandel werden auch als Adenoide, Polypen oder Wucherungen bezeichnet. Sie verlegen die Choanen und führen zur Behinderung der Nasenatmung. Ist aufgrund der Vergrößerung die Belüftung der Tuba auditiva, die Mittelohr und Rachen verbindet, gestört, können eine Schallleitungsschwerhörigkeit oder auch rezidivierende akute Mittelohrentzündungen die Folge sein.

Aufbau

Alle Tonsillen sind **lymphoepitheliale Organe** und zeigen grundsätzlich den gleichen Aufbau, der beispielhaft für die **Tonsilla palatina** beschrieben wird. Die Gaumenmandel ist gegen die Muskulatur und das Bindegewebe der Pharynxwand durch ihre **Halbkapsel** abgegrenzt (◘ Abb. 7.12). Zur Mundhöhle öffnen sich 10–20 Grübchen, die sich in **Krypten** *(Cryptae tonsillares)* fortsetzen und der Vergröße-

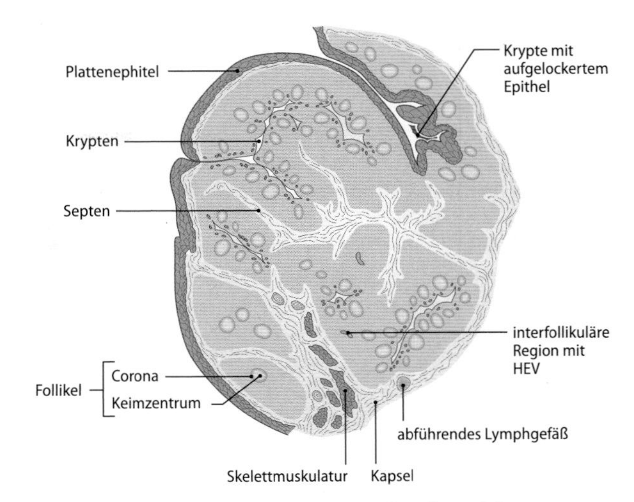

◘ **Abb. 7.12.** Schematischer Aufbau der Tonsilla palatina [5]

rung der Schleimhautoberfläche dienen. So soll die mit der Mundhöhle in Kontakt stehende Fläche etwa 300 cm^2 pro Tonsille betragen. In den Krypten lockert sich das geschichtete Plattenepithel der Mundhöhle auf (mehrreihiges Flimmerepithel bei der Rachen- und Tubenmandel) und erlaubt eine Durchdringung mit Lymphozyten. Auf diese Weise wird der Kontakt zwischen Antigenen und Immunzellen erleichtert. Außerdem enthält das aufgelockerte Epithel der Krypten besondere Epithelzellen, die für die Antigenaufnahme spezialisiert sind und den **M-Zellen** der Peyer-Platten gleichen. Sämtliche Tonsillen besitzen keine zuführenden Lymphgefäße (◘ Tab. 7.4), über die sie Antigene aufnehmen könnten. Unter dem Epithel der Krypten erkennt man **Follikel,** die vor allem aus B-Lymphozyten bestehen (B-Zone) und in der Regel Sekundärfollikel sind, d.h. Lymphozytenwall (Corona) und Keimzentrum aufweisen. Zwischen den Follikeln befindet sich die **interfollikuläre Region,** in der sich vor allem T-Lymphozyten und hochendotheliale Venulen (HEV) befinden (T-Zone). Über diese Venulen wandern die Lymphozyten aus der Blutbahn in die Tonsillen ein. Die Verteilung von T-Lymphozyten-Subpopulationen entspricht weitgehend der im Paracortex von Lymphknoten.

Funktion

Die Tonsillen ermöglichen die Antigenaufnahme und Auslösung von Immunantworten am Beginn des Atem- und Magen-Darm-Trakts (◘ Tab. 7.3). Die Tonsillen sind in das gesamte Immunsystem integriert, weil ständig Lymphozyten über die hochendothelialen Venulen der interfollikuläre Region der Tonsillen einwandern und die Tonsillen über abführende Lymphgefäße mit den Halslymphknoten verbunden sind.

In der Tonsilla palatina werden Antikörper in einem typischen Verhältnis produziert. Demnach dominiert IgG wie in Lymphknoten, aber es folgt an zweiter Stelle IgA und nicht IgM. Im Darmtrakt ist IgA das weit vorherrschende Immunglobulin. Wegen des intensiven Kontakts mit vielen Antigenen kommt es oft zu bakteriellen Entzündungen der Tonsillen (Tonsillitis). Nur nach sorgfältiger Abwägung sollten sie chirurgisch entfernt werden.

In Kürze

Die Tonsillen (Mandeln) gehören zum mukosaassoziierten lymphatischen Gewebe (MALT). Die im Bereich von Mundhöhle und Rachen liegenden Rachen-, Gaumen-, Zungen- und Tubenmandeln werden zusammenfassend als **lymphatischer Rachenring** oder **Waldeyer-Rachenring** bezeichnet. Alle Tonsillen sind **lymphoepithelialeOrgane.**

Die Tonsillen ermöglichen die Antigenaufnahme und Auslösung von Immunantworten am Beginn des Atem- und Magen-Darm-Trakts. Sie sind in das gesamte Immunsystem integriert, da ständig Lymphozyten einwandern und die Tonsillen mit den Halslymphknoten verbunden sind.

7.3.7 Peyer-Platten

 Einführung

Die Peyer-Platten organisieren das Zusammentreffen von Antigenen aus dem Verdauungstrakt mit Lymphozyten und leiten auf diese Weise Immunantworten gegen mit der Nahrung aufgenommene Antigene ein (► Kap. 10.4).

Lage

In der Wand des gesamten Dünndarms befinden sich Ansammlungen von Lymphfollikeln, die als Peyer-Platten oder Peyer-Plaques bezeichnet werden (◘ Abb. 7.3 und 7.13). Sie liegen in der dem Mesenterium gegenüberliegenden Darmwand und sind am häufigsten im Endabschnitt des Ileums zu finden. Ähnlich wie die Tonsillen haben auch die Peyer-Platten keine zuführenden Lymphgefäße. Sie sind von einem spezialisierten Epithel bedeckt, das die Antigenaufnahme aus dem Darmlumen ermöglicht.

Aufbau

Die Lymphfollikel der Peyer-Platten, die vor allem B-Lymphozyten enthalten und sich in der *Lamina propria mucosae* sowie in der Submukosa befinden, sind stets **Sekundärfollikel** mit einer Corona und einem aktiven Keimzentrum (◘ Abb. 7.13). In anderen peripheren lymphatischen Organen sieht man meist eine Mischung von aktiven, sich entwickelnden oder sich zurückbildenden Sekundärfollikeln, während in den Peyer-Platten alle Follikel aktiv sind.

Zwischen den Follikeln (B-Zone) liegt die **interfollikuläre Region** mit vielen T-Lymphozyten und hochendothelialen Venulen (T-Zone). Eine besondere Region der Peyer-Platten ist eine über jedem Follikel liegende kappenartige Ansammlung von T- und B-Lymphozyten zum Darmlumen hin, die **Domareal** genannt wird. Nur im Domepithel gibt es M-Zellen (microfolds). Sie weisen im Gegensatz zu Enterozyten an ihrer apikalen Membran keine Mikrovilli auf und besitzen an der basolateralen Oberfläche tiefe Einbuchtungen, in denen Lymphozyten zu finden sind. Im Dombereich gibt es keine Krypten und Zotten. Das Epithel enthält keine schleimproduzierenden Becherzellen und produziert keine sekretorische Komponente, die für den Transport von IgA in das Darmlumen notwendig ist. Die Basalmembran im Dom hat große Poren, durch die dendritische Zellen ihre Zellfortsätze strecken.

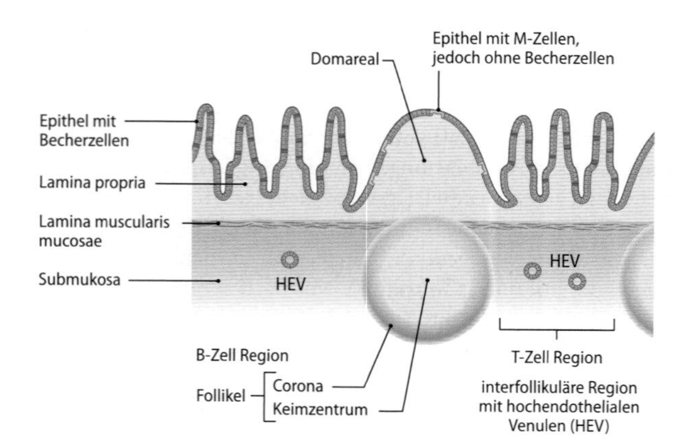

◘ **Abb. 7.13.** Schema zum Aufbau der Peyer-Platten (ohne abführendes Lymphgefäß)

Funktion

Über die M-Zellen gelangen Antigene aus dem Darmlumen in das darunter liegende lymphatische Gewebe. Dadurch können große Moleküle trotz der Epithelbarriere in Kontakt mit Zellen des Immunsystems gelangen und Immunantworten initiiert werden (◘ Tab. 7.3). Das Fehlen von Schleim und IgA erleichtert die Bindung von Antigenen aus dem Darmlumen am Domepithel. In den Sekundärfollikeln der Peyer-Platten werden ständig Zellen gebildet, die sich zu Gedächtnis-B-Lymphozyten und Plasmazellen entwickeln. Beide Zelltypen gelangen über abführende Lymphgefäße in die mesenterialen Lymphknoten und können von dort in andere Organe wandern.

In der Wand des gesamten Verdauungstraktes befindet sich weiteres lymphatisches Gewebe. Entweder ist es organisiert in einzelnen Follikeln oder Ansammlungen von mehreren Follikeln mit einem spezialisierten Epithel, wie sie in den Peyer-Platten und der Appendix vermiformis (Wurmforstsatz des Blinddarms) vorkommen. Lymphozyten kommen in der Darmschleimhaut aber auch vereinzelt vor. Intraepitheliale Lymphozyten erscheinen schon vor der Geburt und sind fast ausschließlich zytotoxische T-Lymphozyten ($CD8^+$). In der Lamina propria überwiegen dagegen die Helfer-T-Lymphozyten ($CD4^+$). Das **lymphatische Gewebe des Darms** wird auch als **GALT** zusammengefasst (gut-associated lymphoid tissue). Etwa 75% aller Plasmazellen des Menschen befinden sich in der Darmwand, das restliche Viertel vor allem in Lymphknoten, Milz und Knochenmark. IgA ist das bevorzugte Immunglobulin der Schleimhäute und der Sekrete des Gastrointestinal- und Respirationstrakts sowie der Speichel-, Tränen- und Milchdrüsen.

In Kürze

Peyer-Platten (Peyer-Plaques) sind Ansammlungen von Lymphfollikeln, die sich in der Wand des gesamten Dünndarms befinden. Zwischen den Follikeln liegt die **interfollikuläre Region** mit vielen T-Lymphozyten und hochendothelialen Venulen. Eine über jedem Follikel liegende kappenartige Ansammlung von T- und B-Lymphozyten zum Darmlumen hin wird als **Domareal** bezeichnet. Nur im Domepithel gibt es M-Zellen (microfolds). Über die **M-Zellen** gelangen Antigene aus dem Darmlumen in das darunter liegende lymphatische Gewebe. In den Sekundärfollikeln der Peyer-Platten werden ständig Zellen gebildet, die sich zu Gedächtnis-B-Lymphozyten und Plasmazellen entwickeln, die über die mesenterialen Lymphknoten zu anderen Organen wandern können.

7.4 Wanderung und Tod der Lymphozyten

Die Lymphozyten unterscheiden sich von allen anderen Zellen des Blutes. Erythrozyten, Granulozyten oder Monozyten werden z.B. ausschließlich im Knochenmark gebildet und nach einer Zeit der

Tab. 7.5. Vergleich des Lebenszyklus von Lymphozyten mit anderen Blutzellen

Zellart	Bildungsort	Zellzahl im Blut pro µl (mittlere Aufenthaltsdauer)	Funktionsort (Lebenserwartung)
Erythrozyten	Knochenmark	ca. 5×10^6 (etwa 120 Tage)	Blut (etwa 120 Tage)
Granulozyten	Knochenmark	ca. $3{,}5\times10^3$ (etwa 1 Tag)	Einwanderung in Gewebe (bis zu Tagen)
Monozyten	Knochenmark	ca. $0{,}5\times10^3$ (etwa 2 Tage)	Einwanderung in Gewebe (als Makrophage bis zu Jahren)
Lymphozyten*	Knochenmark, Thymus, Lymphknoten, Milz, Tonsillen, Peyer-Platten, Appendix vermiformis und viele andere Organe	ca. $2{,}5\times10^3$ (etwa 30 Minuten)	Einwanderung in Gewebe und Auswanderung (bis zu einigen Jahren)

* Im Gegensatz zu den anderen Zellen im Blut können nur Lymphozyten außerhalb des Knochenmarks proliferieren und zwischen Proliferations- und Ruhephasen hin und her wechseln. Nur etwa 2% aller Lymphozyten befinden sich im Blut, während sich 98% in lymphatischen und nichtlymphatischen Organen aufhalten.

Reifung in das Blut entlassen (Tab. 7.5). Dort bleiben sie oder wandern in die verschiedenen Gewebe, um ihre Funktion zu erfüllen und anschließend zu sterben. Lymphozyten dagegen werden nicht nur im Knochenmark, sondern auch in sekundären lymphatischen Organen und in nichtlymphatischen Organen wie Lunge, Darm und Leber produziert und passieren das Blut sehr schnell, um in die verschiedenen Gewebe einzuwandern. Dort sterben sie aber nicht durch programmierten Zelltod (Apoptose), sondern können wieder auswandern. Bei der Betrachtung normaler histologischer Schnitte von lymphatischen Organen ist das kontinuierliche Ein- und Auswandern der Lymphozyten nicht erkennbar. Für die Darstellung dieser Vorgänge müssen die Lymphozyten markiert werden (Abb. 7.14).

7.16 Blut als diagnostisches Fenster für das Immunsystem

Um den Funktionszustand des Immunsystems beurteilen zu können, werden oft Blutproben entnommen und die Anzahl der B- und T-Lymphozyten bestimmt. Im Blut des Menschen befinden sich jedoch nur etwa 2% aller Lymphozyten des Körpers. Lymphozyten aus dem Blut können deshalb nur mit Einschränkung als repräsentativ für das gesamte Immunsystem angesehen werden. Erschwerend für eine Interpretation der Lymphozytenanzahl im Blut kommt hinzu, dass Lymphozyten in vielen Organen produziert werden, nur kurz im Blut verweilen, und in viele Gewebe ein- und auswandern können. Ein Abfall oder Anstieg der Lymphozytenanzahl im Blut kann also viele Ursachen haben, während zum Beispiel ein Abfall der Erythrozytenzahl im Blut entweder auf einer mangelnden Produktion im Knochenmark oder auf einer verkürzten Lebensdauer im Blut beruht.

7.5 Ablauf einer Immunantwort

Der Schutz von Impfungen, die heute mit großem Erfolg angewandt werden, erfolgt hauptsächlich durch Antikörper. Diese werden von B-Lymphozyten produziert, die dazu jedoch die Hilfe von T-Lymphozyten benötigen. Deswegen wird im Folgenden der Ablauf einer von T-Lymphozyten abhängigen Immunantwort der B-Lymphozyten im Lymphknoten in 3 Schritten skizziert (Abb. 7.15).

Schritt 1: Transport von Antigenen in die Lymphknoten

Ob im Rahmen von Infektionen oder von Impfungen, Antigene erreichen in 2 verschiedenen Formen den Lymphknoten. Zum einen gelangen sie mit der afferenten Lymphe als lösliche, nicht veränderte Partikel in die B- und T-Zone (Abb. 7.15 [1]). In der B-Zone werden sie von follikulären dendritischen Zellen (FDC), die vom Bindegewebezellen abstammen, in unveränderter Form über lange Zeit (Jahre) präsentiert. In der T-Zone werden sie von den dort ansässigen dendritischen Zellen aufgenommen und prozessiert (siehe unten). Zum anderen werden Antigene aber auch von dendritischen Zellen über die afferente Lymphe in den Lymphknoten transportiert (Abb. 7.15 [2]). Dendritische Zellen stammen aus dem Knochenmark und sind mit Makrophagen verwandt. Sie wandern zunächst ins Blut und von da aus in die Epithelien der großen Kontaktflächen zur Umwelt (Abb. 7.1). In der Epidermis der Haut werden die dendritischen Zellen zum Beispiel als **Langerhans-Zellen** bezeichnet. Dort nehmen sie Antigene auf und wandern über afferente Lymphgefäße in den drainierenden (regionalen) Lymphknoten. Dabei werden die aufgenommenen Antigene weitgehend abgebaut, und kleine Bruchstücke (Peptide) aus etwa 10 Aminosäuren werden an der Zelloberfläche von MHC-Molekülen (major histocompatibility complex) dargeboten. Auf diese Weise präsentieren dendritische Zellen in der T-Zone den T-Lymphozyten »ihr« Antigen (Abb. 7.15 [3]).

Schritt 2: Aktivierung von T-Lymphozyten

T-Lymphozyten wandern in den Lymphknoten über die HEV ein (Abb. 7.15 [4]). Wenn sie auf eine dendritische Zelle treffen, die das passende Antigen über MHC-Moleküle präsentiert, werden sie aktiviert (Abb. 7.15 [3]). Dies löst eine Transformation aus, und aus einem kleinen Lymphozyten mit dichtem Kern und wenig Zytoplasma wird eine große Zelle mit lockerem Kern, deutlichem Nukleolus und reichlich basophilem Zytoplasma (Abb. 7.15A). Es ist ein Lymphoblast entstanden, der sich teilt und so eine Zellvermehrung bewirkt.

Man weiß heute, dass **MHC-Moleküle der Klasse I** überwiegend mit Peptiden aus dem Zytosol einer Zelle beladen sind und den zytotoxischen T-Lymphozyten ($CD8^+$) präsentiert werden, während **MHC-Moleküle der Klasse II** überwiegend mit Peptiden aus dem **lysosomalen Kompartiment** einer Zelle beladen sind und den Helfer-T-Lymphozyten ($CD4^+$) präsentiert werden. Die meisten auf diese Weise präsentierten Peptide stammen von körpereigenen Proteinen, und es wird keine Immunantwort gegen sie eingeleitet. Nur wenn den T-Lymphozyten zusätzlich von den dendritischen Zellen ko-stimulatorische Moleküle wie CD80 und CD86 dargeboten werden, findet eine Aktivierung der T-Lymphozyten statt.

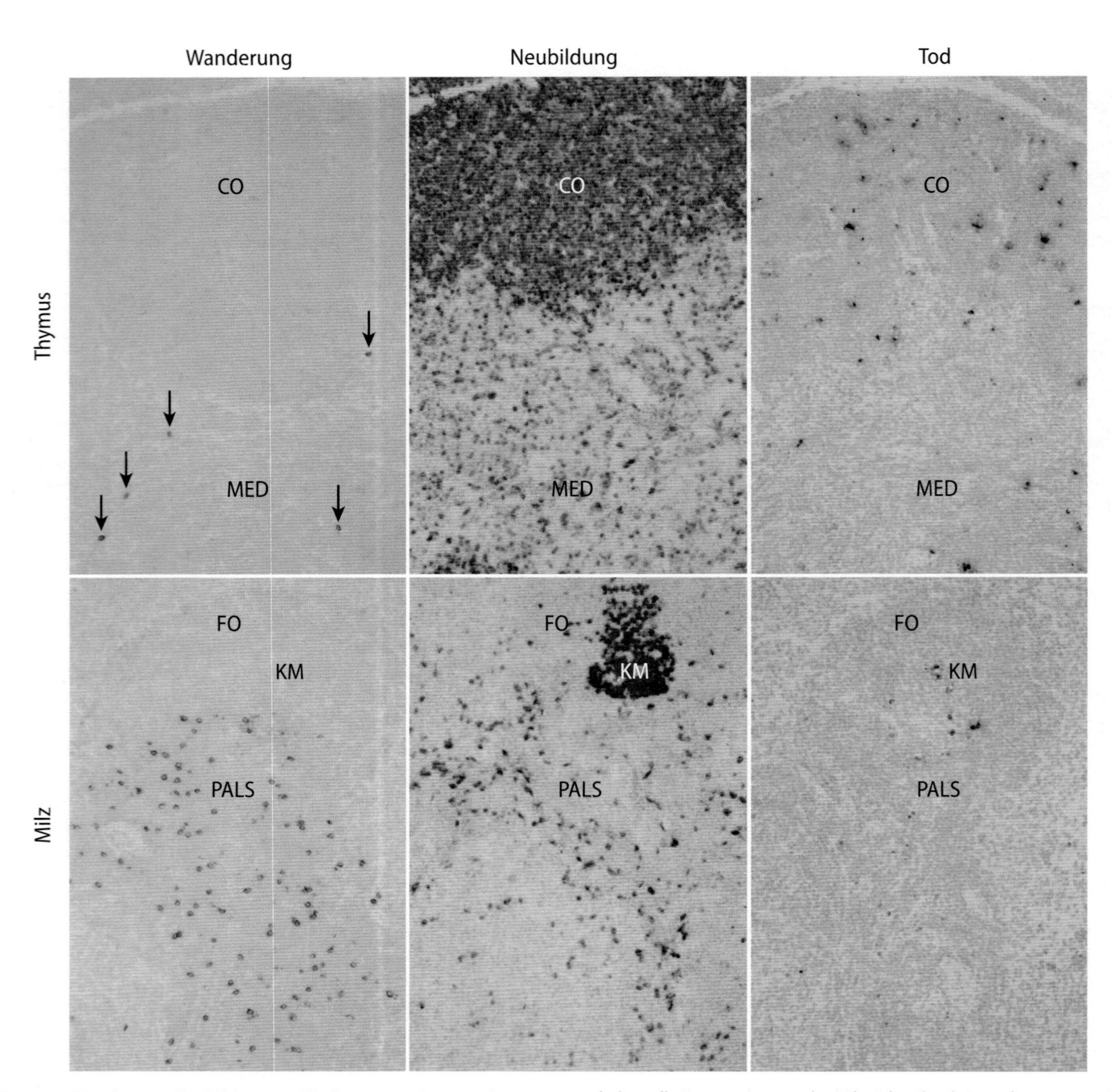

Abb. 7.14. Wanderung, Neubildung und Tod von Lymphozyten in Thymus und Milz.
Wanderung: einen Tag nach Injektion von markierten T-Lymphozyten werden nur sehr wenige Zellen (blau) in der Medulla des Thymus gefunden (Pfeile). In die Milz sind viele T-Lymphozyten vor allem in die periarterioläre lymphatische Begleitscheide eingewandert (blau). Die Gesamtzahl aller Lymphozyten im Körper eines gesunden, jungen Erwachsenen beläuft sich auf etwa 500×10^9. Man schätzt, dass jede Sekunde etwa 5 Mio. Lymphozyten das Blut verlassen und gleichzeitig eine entsprechende Anzahl nach ihrer Wanderung durch die verschiedenen Gewebe wieder in das Blut zurückkehrt.
Neubildung: Der Cortex des Thymus enthält sehr viele Lymphozyten, die sich im Zellzyklus befinden (rot), in der Medulla sind es wesentlich weniger. Zwar enthalten alle Kompartimente der Milz sich teilende Lymphozyten, nur im Keimzentrum jedoch entspricht ihre Zahl in etwa der im Cortex des Thymus.
Tod: Auf histologischen Schnitten können in der Regel viel weniger sterbende als sich teilende Lymphozyten nachgewiesen werden. Im Cortex des Thymus und in den Keimzentren der sekundären lymphatischen Organe werden normalerweise die meisten sterbenden (apoptotischen) Lymphozyten gefunden. Der Cortex des Thymus weist von allen Organen des Körpers die höchste Proliferationsrate (30%) und Apoptoserate (1%) für Lymphozyten auf. Nur die Keimzentren kommen auf ähnlich hohe Zahlen.
CO = Cortex, FO = Follikel, KM = Keimzentrum, MED = Medulla, PALS = periarterioläre lymphatische Begleitscheide

Entweder verlassen die aktivierten T-Lymphozyten den Lymphknoten jetzt (Abb. 7.15 [5]) und werden beim 2. Antigenkontakt Effektor-T-Lymphozyten (Abb. 7.15 [4]) oder der 2. Antigenkontakt findet noch im Lymphknoten statt, nämlich dann, wenn ein B-Lymphozyt das passende Antigen präsentiert (Abb. 7.15 [6]).

Schritt 3: Bildung von Keimzentren

Auch B-Lymphozyten gelangen über die HEV in den Lymphknoten. Sie wandern dann über die T-Zone in die B-Zone (Abb. 7.15 [7]), wo ihnen von den FDC »ihr« (unverarbeitetes) Antigen präsentiert wird. Über den B-Zell-Rezeptor nehmen sie es auf. Wie die dendritischen Zellen prozessieren und präsentieren sie das Antigen schließlich auf ihrer Oberfläche und wandern in die T-Zone (Abb. 7.15 [8]). Wenn T-Lymphozyten das über MHC-Moleküle dargebotene Antigen erkennen (2. Antigenkontakt), werden sie zu Effektor-T-Lymphozyten, die Zytokine produzieren, welche jetzt B-Lymphozyten aktivieren können (Abb. 7.15 [6]). Die aktivierten B-Lymphozyten wandern wieder in die B-Zone und induzieren die Bildung eines

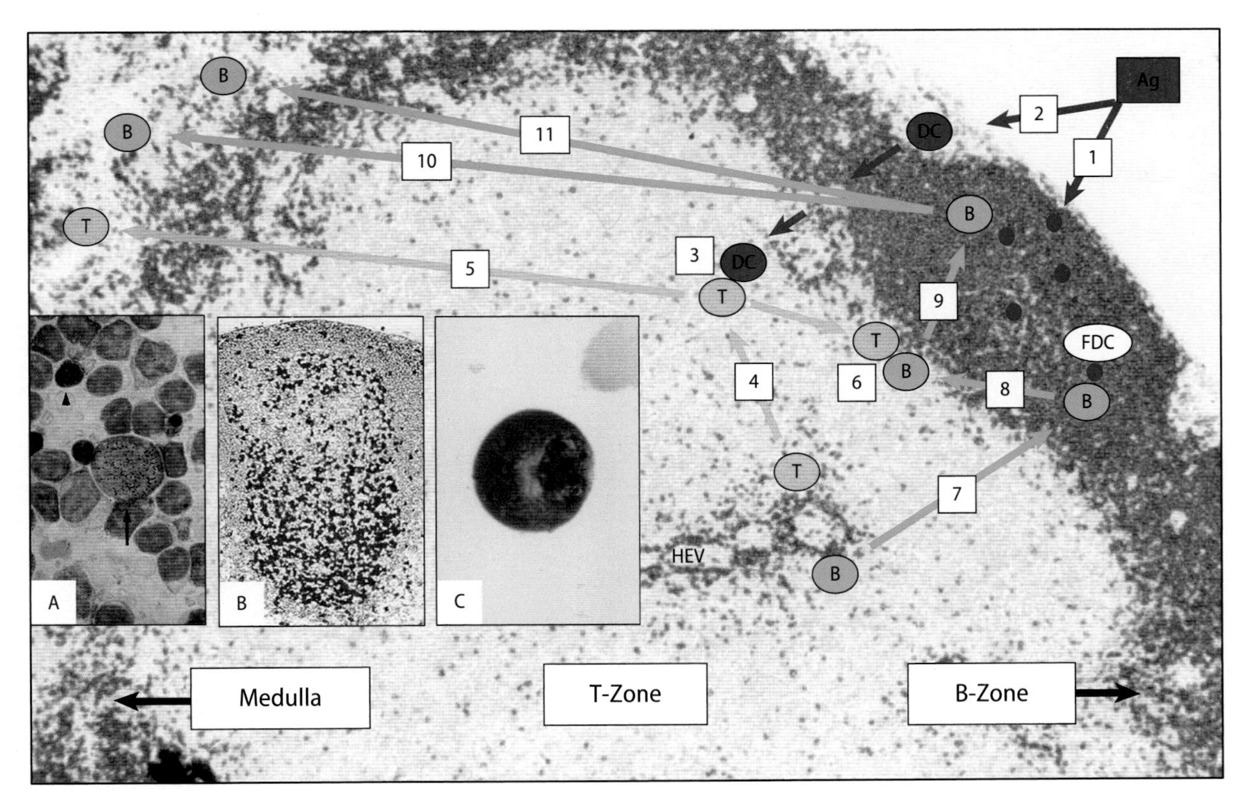

Abb. 7.15. Ablauf einer T-Lymphozyten-abhängigen Immunantwort von B-Lymphozyten. Die einzelnen Schritte sind im Text erläutert (Ag: Antigen, DC: dendritische Zelle in der T-Zone, FDC: follikuläre dendritische Zelle in der B-Zone, HEV: hochendotheliale Venule; T: T-Lymphozyten, B: B-Lymphozyten).
A: Trifft ein B-Lymphozyt auf sein spezifisches Antigen und wird aktiviert, so wandelt er sich vom kleinen Lymphozyten (Pfeilkopf) zum großen Lymphoblasten (Pfeil) und teilt sich (Zytopräparat von einer menschlichen Milz. Der Durchmesser eines kleinen Lymphozyten beträgt etwa 10 µm. Die schwarzen Punkte über dem Kern des Lymphoblasten zeigen, dass radioaktiv markierte Basen in die DNA eingebaut wurden).
B: Die Neubildung von B-Lymphozyten findet überwiegend in Keimzentren statt. In der dunklen Zone des Keimzentrums (unten) befinden sich die proliferierenden Zentroblasten (rot), während die helle Zone (oben) Zentrozyten und follikuläre dendritische Zellen beherbergt. Das Keimzentrum wird gürtelförmig von der Corona umgeben, in der sich vorwiegend ruhende B-Lymphozyten aufhalten (blau) (Kryostatschnitt eines Rattenlymphknotens).
C: Einige der neugebildeten B-Lymphozyten entwickeln sich zu Plasmazellen, die Antikörper produzieren. Der Zellkern der oft ovalen Plasmazellen liegt exzentrisch und weist wegen der Anordnung des Chromatins eine Radspeichenstruktur auf. Das Zytoplasma enthält einen ausgedehnten Golgi-Apparat und ein ausgeprägtes raues endoplasmatisches Retikulum, das sich lichtmikroskopisch stark basophil darstellt. Das Golgi-Feld ist als Aufhellung neben dem Kern erkennbar. Dies sind strukturelle Hinweise auf eine intensive Proteinsynthese, die notwendig ist, um in ausreichenden Mengen Antikörper zu produzieren, die viele Gewebe des Körpers auf dem Blutweg erreichen können (humorale Immunantwort). Reife Plasmazellen teilen sich nicht mehr und können sehr lange leben

Sekundärfollikels (Abb. 7.15 [9]). Dieser besteht aus einem Lymphozytenwall, der Corona, die überwiegend kleine, ruhende B-Lymphozyten enthält, und einem **Keimzentrum** (Abb. 7.15B). In der dunklen Zone des Keimzentrums proliferieren die B-Lymphozyten als Zentroblasten und verändern dabei zufällig ihren B-Zell-Rezeptor (somatische Hypermutation). In der hellen Zone konkurrieren sie als Zentrozyten um das Antigen, das von den FDC bereitgehalten wird. Nur die B-Lymphozyten überleben, deren Rezeptor am besten passt. B-Lymphozyten, die das Keimzentrum verlassen, entwickeln sich entweder zu Plasmazellen (Abb. 7.15C [10]) oder zu Gedächtnis-B-Lymphozyten (Abb. 7.15 [11]). Das **Keimzentrum** hat also fünf Aufgaben:

1. Vermehrung antigenspezifischer B-Lymphozyten.
2. Verbesserung der Passfähigkeit des B-Zell-Rezeptors und damit der zukünftigen Antikörper.
3. Wechsel der Antikörperklasse und damit bessere Verteilung der Antikörper im Körper und längere Verfügbarkeit.
4. Induktion von Plasmazellen und damit lang anhaltende Antikörperproduktion.
5. Induktion von Gedächtnis-B-Lymphozyten, die bei einem wiederholten Kontakt mit demselben Pathogen schneller und besser reagieren können.

Aus der Anwesenheit eines Keimzentrums in einem histologischen Schnitt kann man also eindeutig darauf schließen, welche immunologischen Interaktionen in der Vergangenheit abgelaufen sein müssen und welche Prozesse gerade vonstatten gehen.

8 Endokrine Organe

U. Welsch

8.1 Allgemeines

 Einführung

Das endokrine System koordiniert und reguliert – ähnlich wie das Nerven- und das Immunsystem – mit Hilfe von Signalmolekülen die Funktionen der verschiedenen Organe des Körpers. Die Signalmoleküle des endokrinen Systems sind Hormone oder Botenstoffe, die des Nervensystems Neurotransmitter, zu den verschiedenen Signalstoffen des Immunsystems gehören z.B. die Zytokine. Solche Signalmoleküle ermöglichen eine Kommunikation zwischen den verschiedenen Zellen des Organismus. Ihre Existenz war die Voraussetzung für die Evolution multizellulärer Organismen, deren Zellen miteinander kommunizieren und kooperieren. Parallel zur Entstehung der Signalmoleküle muss sich in den Zielzellen ein aufwendiger molekularer Apparat mit einem Rezeptorprotein entwickeln, um adäquat auf das Signalmolekül reagieren zu können. Vermutlich sind Nervenzellen die phylogenetisch ältesten Zellen, die Signalstoffe bilden.

Das endokrine und das Nervensystem sind über weite Bereiche eng verwandt und bilden z.T. identische Signalmoleküle. Die drei genannten koordinierenden Systeme arbeiten nicht unabhängig nebeneinander sondern kooperieren und beeinflussen sich auch gegenseitig.

Endokrines System

- Endokrine Drüsen:
  - Hypophyse
  - Epithelkörperchen
  - Schilddrüse
  - Nebenniere
- Endokrine Einzelzellen oder Zellgruppen in anderen Organen, z.B.:
  - Langerhans-Inseln des Pankreas
  - Epithel des Magen-Darm-Trakts
  - Granulosa- und Theka-interna-Zellen im Ovar
  - Leydig-Zellen im Hoden

Das endokrine System besteht aus den typischen endokrinen Drüsen (Hypophyse, Epithelkörperchen, Schilddrüse, Nebenniere) und endokrinen Einzelzellen in anderen Organen, in denen nichtendokrine Funktionen im Vordergrund stehen oder die neben der endokrinen Funktion noch wesentliche andere Funktionen besitzen. Solche Einzelzellen sind entweder locker in den Epithelien der entsprechenden Organe verteilt (disseminierte endokrine Zellen, z.B. im Epithel des Magen-Darm-Trakts) oder bilden Gruppen in ihnen, wie die Langerhans-Inseln im Pankreas, die Granulosa- und Theka-interna-Zellen im Ovar oder die Leydig-Zellen im Hoden.

Auch Thymus, Herz und Niere bilden Hormone, und angesichts der Vielzahl von Proteinen, die von der Leber ins Blut abgegeben werden, kann bei ihr ebenfalls von endokrinen Funktionen gesprochen werden.

Das endokrine System koordiniert und integriert 3 grundlegende Funktionen des Körpers:

- Aufrechterhaltung der Homöostatase
- Wachstum und Differenzierung
- Fortpflanzung.

8.1.1 Formen der Signalgebung

Die Signalgebung erfolgt über Hormone, dabei sind 3 Formen zu unterscheiden: endokrin, parakrin und autokrin.

Die typischen endokrinen Organe, z.B. die Adenohypophyse und die Schilddrüse geben die Hormone in den Blutstrom ab, mit dessen Hilfe sie im Körper verbreitet werden; diese Form der Verbreitung der Hormone heißt **endokrin** im engeren Sinne. Auch Nervenzellen können Hormone bilden und ins Blut abgeben: **neuroendokrine Sekretion.** Vom **parakrinen Mechanismus** (parakriner Sekretion, parakriner Signalgebung) spricht man, wenn Hormone auf dem Wege der Diffusion durch das Bindegewebe ihre in der Nähe gelegenen Zielzellen erreichen. Die Signalmoleküle der parakrinen Kommunikation werden auch Mediatoren oder lokale Mediatoren oder auch Gewebehormone genannt. Wenn Signalmoleküle auf die gleiche Zelle zurückwirken, die sie produziert hat, spricht man von **autokriner Signalgebung**. Diese spielt z.B. in der Embryonal- und Fetalentwicklung eine Rolle und kann dafür sorgen, dass eine Zelle eine einmal eingeschlagene Differenzierungsrichtung beibehält.

Klare zell- und molekularbiologische Grenzen zwischen den 3 genannten Mechanismen existieren nicht. Sogar typische Hormone, wie das Insulin, können para- und autokrin wirksam werden.

Zu den para- und autokrinen Signalmolekülen zählen z.B. Zytokine, Histamin und physiologisch aktive Metaboliten der Arachidonsäure (z.B. Eikosanoide sowie Prostaglandine und Thromboxane). Zellen, die solche Wirkstoffe abgeben können, sind u.a. Makrophagen, Lymphozyten, Endothelzellen und glatte Muskelzellen.

Hormone und ihre Rezeptoren bilden im Allgemeinen Familien, die sich auf phylogenetisch alte Vorläufermoleküle zurückführen lassen und die wahrscheinlich durch Genverdoppelung entstanden sind.

8.1.2 Chemie der Hormone

Hormone gehören folgenden unterschiedlichen Substanzklassen an:

- Aminosäurederivaten: z.B. Dopamin, Catecholamine und Schilddrüsenhormone
- kleinen Neuropeptiden: z.B. Thyrotropin-Realeasing-Hormon (TRH), Somatostatin, antidiuretisches Hormon (ADH = Vasopressin)
- großen Peptiden und Proteinen: z.B. Insulin, luteinisierendes Hormon (LH), Parathormon (PTH)
- Steroidhormonen: z.B. Cortisol und Östrogen
- Abkömmlingen von Vitaminen: z.B. von Vitamin A und Vitamin D.

Viele **Proteo-** und **Peptidhormone** werden zunächst als große Proteinvorläuferhormone (Prohormone) synthetisiert, die dann noch intra- und/oder extrazellulär zur aktiven Wirkstoffform umgewandelt werden. Beispiele sind Proopiomelanocortin → ACTH, MSH u. a., Proinsulin → Insulin und Proglucagon → Glucagon. Im Allgemeinen sind unterschiedliche Gene für die Aminosäurensequenz der Hormonvorläufermoleküle und für die posttranslationalen Veränderungen verantwortlich. Besonders aufwendig sind die Prozessierungsschritte der Schilddrüsenhormone Thyroxin und Trijodthyronin. Bei den **Steroidhormonen** ist das Cholesterin das Ausgangsmolekül, das in mehreren enzymatisch katalysierten Schritten zum aktiven Hormon umgeformt wird. Zum Beispiel sind mindestens 6 Enzyme und somit 6 Gene erforderlich, um Cholesterin zu Östradiol umzubilden. Bei den Derivaten von Aminosäuren werden die Ausgangsverbindungen enzymatisch umgebaut; Tyrosin ist z.B. der Vorläufer für Noradrenalin und Adrenalin.

Ein ganz ungewöhnlicher Botenstoff ist **Stickstoffmonoxid (NO)**, das aus L-Arginin mit Hilfe des Enzyms NO-Synthetase (NO-Synthase = NOS) gebildet wird. NO wurde zunächst als vasodilatierender Faktor entdeckt, der in Endothelzellen gebildet wird. Derzeit werden 3 Isoformen der NO-Synthase unterschieden:

- neuronale NOS (nNOS) in Gliazellen und Neuronen
- induzierbare NOS (iNOS) in Monozyten, Makrophagen, glatten Muskelzellen, Endothelzellen kleiner Blutgefäße, Fibroblasten, Herzmuskelzellen, Leberzellen, Megakaryozyten, Lymphozyten und Neutrophilen
- endotheliale NOS (eNOS) in Endothelzellen vor allem größerer Gefäße, z.B. in Hirngefäßen, an deren Tonusregulierung auch die nNOS beteiligt ist.

Die Halbwertzeit von NO beträgt nur wenige Sekunden. Seine physiologischen Wirkungen sind sehr vielfältig und betreffen vor allem Herz- und glatte Muskelzellen (inhaliertes NO relaxiert die Bronchialmuskulatur). Weiterhin spielt NO eine Rolle bei der Leukozytenadhäsion, der Hämostase, der Abwehr von Krankheitserregern sowie Apoptosevorgängen und Vorgängen wie Gedächtnis und Lernen im Zentralnervensystem.

8.1.3 Hormonspeicherung

Endokrine Zellen bzw. Organe haben eine sehr begrenzte Kapazität zur Hormonspeicherung. Eine Ausnahme bildet die Schilddrüse, die für ca. 2 Wochen Hormon speichern kann.

8.1.4 Freisetzung von Hormonen

Proteo- und Peptidhormone, z.B. Calcitonin, Insulin und Prolaktin, werden intrazellulär in Granula verpackt und per Exozytose freigesetzt. Stimulus für die Freisetzung können z.B. Releasing-Hormone oder Änderungen in der intrazellulären Kalziumkonzentration sein. Neu synthetisierte Steroidhormone verlassen die Zelle durch einen Diffusionsprozess. Synthese und Freisetzung sind oft funktionell gekoppelt. Die Schilddrüsenhormone T_3 und T_4 werden nach Proteolyse des Thyroglobulins in Lysosomen freigesetzt. Bei manchen Hormonen erfolgt die Hormonabgabe in Beziehung zum Tagesrhythmus, Schlaf, zu Entwicklungsphasen oder anderen Rhythmen. Besitzen solche Rhythmen eine Periodik von 24 Stunden, werden sie **zirkadiane** (diurnale) **Rhythmen** genannt. Ein typischer Zirkadianrhythmus liegt beim Cortisol mit dem Sekretionshöhepunkt in den frühen Morgenstunden vor. Manche Hormone werden **pulsatil** freigesetzt, d.h. in einem bestimmten, oft wenige Stunden dauernden Rhythmus, dessen Beginn jeweils durch massive Hormonfreisetzung gekennzeichnet ist. Die pulsatile Sekretion von Gonadotropin-Releasing-Hormon erfolgt in einem Rhythmus von ca. 90 Minuten. Beim Insulin liegt ein 12- bis 15-minütiger Freisetzungsrhythmus vor.

Die Halbwertszeiten zirkulierender Hormone sind verschieden. T_4 hat z.B. eine Halbwertszeit von 7 Tagen, Prolactin von < 20 Minuten.

Die Kenntnis der Halbwertszeiten von Hormonen ist bei der Substitutionstherapie wichtig.

8.1.5 Hormontransport

Viele Peptidhormone und biogene Amine werden im Blutplasma gelöst und transportiert, was ihre kurze Halbwertszeit erklärt (3–7 min). Manche Hormone, insbesondere solche, die sich nur schwer oder gar nicht in Wasser lösen wie Schilddrüsen- oder Steroidhormone, werden im Blut überwiegend an Proteine gebunden, und zwar sowohl an spezifische Transportproteine als auch an Albumin. Vom Cortisol sind nur ca. 5% im Blut frei vorhanden, d.h. nicht an Eiweiß gebunden. Nur die freien Hormone sind physiologisch aktiv.

8.1.6 Hormonabbau

Peptidhormone werden in ihren Zielorganen durch Proteasen abgebaut. Beim Abbau von Schilddrüsen- und Steroidhormonen werden diese in mehreren Schritten in eine wasserlösliche Form umgewandelt. Die Ausscheidung erfolgt über den Urin oder die Galle. Steroidhormone werden überwiegend in der Leber reduziert, hydroxyliert und in wasserlösliches Glucuronid- oder Sulfatkonjugat überführt.

Bei Leberkrankheiten kann der Abbau von Steroiden in der Leber verlangsamt ablaufen, was bei einer Therapie mit der Gabe von Glucocorticoiden zu berücksichtigen ist.

8.1.7 Hormonrezeptoren

Die Zielzellen der Hormone sind mit spezifischen Rezeptormolekülen ausgestattet, die den Effekt der Hormone vermitteln. Diese Rezeptoren aktivieren verschiedene Signalwege (Signalkaskaden), die zur Expression von Zielgenen führen. Sie lassen sich 2 Gruppen zuordnen: Membranrezeptoren und Kernrezeptoren (nukleären Rezeptoren).

Die Zahl der Rezeptoren variiert in den verschiedenen Zielgeweben stark, worauf im Wesentlichen die spezifischen zellulären Antworten auf zirkulierende Hormone beruhen. ACTH-Rezeptoren kommen fast ausschließlich in der Nebennierenrinde vor, FSH-Rezeptoren nur in den Gonaden. Rezeptoren für Insulin oder Schilddrüsenhormone sind dagegen weit verbreitet, was darauf hinweist, dass alle Gewebe in der Lage sein müssen, Stoffwechselanpassungen vorzunehmen.

Kernrezeptoren

Kernrezeptoren binden kleine Moleküle, die durch die Zellmembran diffundieren können, z.B. Schilddrüsenhormone, Steroide und Vitamin D. Die Familie der Kernrezeptoren umfasst mehr als 100 Mitglieder, deren Liganden z.T. noch nicht bekannt sind. Ein Teil dieser Rezeptoren liegt primär im Zytoplasma (z.B. der Cortisolrezeptor), wohingegen andere nur im Kern liegen (z.B. der Schilddrüsenhormonrezeptor). Unabhängig davon erfüllen all diese Rezeptoren ihre Funktion im Kern, wo sie die Transkription von Zielgenen aktivieren oder hemmen. Im Falle der im Zytoplasma lokaliserten Rezeptoren erfolgt nach der Hormonbindung die Verlagerung in den Kern. Ein Teil der Kernrezeptoren kann auch Signalwege der Membranrezeptoren beeinflussen. Damit werden funktionelle Verknüpfungen zwischen den Membran- und Kernrezeptoren verständlich.

Membranrezeptoren

Es lassen sich verschiedene Gruppen von Membranrezeptoren unterscheiden:

- **Rezeptoren mit 7 Transmembrandomänen (GPCR-Familie):** Diese Rezeptoren bestehen aus einer variablen extrazellulären Domäne, 7 α-helikalen Transmembrandomänen und einer intrazellulären Domäne, die funktionell mit einem G-Protein gekoppelt ist. Aktivierung des G-Proteins stößt über verschiedene Mechanismen verschiedene Signalwege an, die ihrerseits die Expression von Zielgenen beeinflussen. Einer dieser Signalwege besteht aus den Stationen: Adenylatzyklase, zyklisches AMP (zweiter Botenstoff), Proteinkinase A. Ein anderer Weg hat die Stationen Phospholipa-

se C, Diacylglyzerin und Inositol Triphosphat, Proteinkinase C und Freisetzung intrazellulären Kalziums.
Folgende Hormone besitzen diesen Sieben-Domänen-Rezeptortyp: LH, FSH, TSH, ACTH, MSH, Parathormon, Calcitonin, Adrenalin, Noradrenalin, Somatostatin, Vasopressin, Glukagon, Angiotensin II, Prostaglandine, Serotonin.

- **Tyrosin-Kinasen-Rezeptoren** sind komplexe Rezeptormoleküle mit extrazellulärer glykosylierter hormonbindender Domäne und intrazellulärer Tyrosin-Kinase-Domäne. Dazu gehören der Insulinrezeptor und Rezeptoren für verschiedene Wachstumsfaktoren. Der Insulinrezeptor ist ein Tetramer mit 2 extrazellulären α-Untereinheiten, die das Insulin binden, und 2 β-Untereinheiten, die eine Transmembrandomäne und insulinabhängige Tyrosinaseaktivität besitzen. Autophosphorylierung der Tyrosinreste des Rezeptors setzt die intrazelluläre Signalkaskade in Gang.
- **Rezeptoren für Wachstumshormon, Prolaktin und Zytokine (Zytokinrezeptorfamilie):** Analog zu den Tyrosinkinaserezeptoren führt eine Hormonbindung zur Interaktion des Rezeptors mit intrazellulären Kinasen, den Janus-Kinasen (JAKs), die verschiedene Komponenten verschiedener Signalwege (z.B. START) phosphorylieren.
- **Serinkinase-Rezeptoren:** Bei dieser Rezeptorfamilie sind bestimmte genregulatorische Proteine der Smad-Familie wesentliche Signalstation. Smad bezieht sich auf die ersten zwei in dieser Familie identifizierten Proteine (Sma bei *C. elegans* und MAD bei *Drosophila*). Aktivine, TGFβ, Anti-Müller-Hormon und BMPs bedienen sich dieses Rezeptortyps.

8.1.8 Regulation der Hormonbildung

Die Produktion der meisten Hormone wird direkt oder indirekt durch die Stoffwechselaktivität des Hormons selbst reguliert. Diese Regulation erfolgt durch eine Serie negativer (oder positiver) **Rückkopplungsmechanismen**. Zum Beispiel werden Hormone einiger peripherer endokriner Drüsen (Schilddrüse, Nebennierenrinde, Gonaden) unter der Kontrolle glandotroper Hormone der Adenohypophyse gebildet, die wiederum von hypothalamischen Neurohormonen kontrolliert werden. Periphere endokrine Drüse und Hypothalamus/Adenohypophyse sind meist über negative Rückkopplungsmechanismen verbunden, so dass die peripheren Hormone ihre eigene Sekretionsrate regulieren können. Sinkt z.B. der periphere Schilddrüsenhormonspiegel, steigt die Menge an hypothalamischem TRH (TSH-Releasing-Hormon) und adenohypophysärem glandotrophem Hormon im Blut an, um den Schilddrüsenhormonspiegel wieder anzuheben. Ähnlich wird die Sekretion von Parathormon oder Insulin durch Rückkopplungssignale vom Serumkalzium- und Serumglukosespiegel kontrolliert. Ein Beispiel für positive Rückkopplung bietet die Stimulation der LH-Freisetzung durch Östradiol vor der Ovulation. Umwelteinflüsse und nichthormonale Faktoren können negative und positive Rückkopplungskontrollmechanismen ändern.

Die meisten Rückkopplungsmechanismen werden in Minuten oder Stunden wirksam, so dass eine Anpassung an geänderte Stoffwechselerfordernisse rasch erfolgen kann und andererseits die Homöostase aufrechterhalten wird.

8.1 Erhöhter Hormonspiegel

Über den Normalwert hinausgehende Erhöhung der Hormonspiegel funktionell zusammengehöriger Hormone oder eines Hormons und seines Regulationsfaktors, z.B. Thyroxin und TSH, deutet auf Hormonresistenz der Zielorgane hin. Die Ursache für ein eingeschränktes oder mangelhaftes Ansprechen der Zielorgane kann unterschiedlich sein, z.B. können Rezeptordefekte vorliegen. Eine solche Resistenz muss nicht in allen Zielorganen gleich stark ausgeprägt sein, so kann eine Schilddrüsenhormonresistenz auf die Adenohypophyse beschränkt sein. Exzessive Erhöhung von Hormonspiegeln weisen auf das Vorliegen eines Tumors hin.

8.1.9 Allgemeine morphologische Merkmale von endokrinen Zellen und Organen

In den großen endokrinen Organen sind die hormonbildenden Zellen dicht gelagert und bilden oft Zellstränge oder -knäuel, die von einer Basallamina begrenzt werden. Die Einzelzellen sind über Desmosomen und Nexus verbunden. Die endokrinen Organe sind mit ungewöhnlich vielen Gefäßen versorgt, die organspezifische Besonderheiten aufweisen. Die Blutkapillaren sind fenestriert.

Endokrine Zellen sind meist **Epithelzellen:** Proteo- bzw. peptidhormonbildende Zellen einerseits und steroidhormonbildende Zellen andererseits. Sie haben jeweils eine kennzeichnende Morphologie:

- Die **proteo-** und **peptidhormonbildenden Zellen** besitzen ein gut entwickeltes ribosomenbesetztes endoplasmatisches Retikulum (RER) und einen aktiven Golgi-Apparat, aus dem die kennzeichnenden, kleinen Sekretionsgranula hervorgehen. Diese enthalten neben dem Hormon auch Trägerproteine, die beide exozytotisch aus der Zelle ausgeschleust werden. Gegen die Hormone vieler peptidhormonbildende Zellen existieren heute Antikörper, so dass sie oft mit immunhistochemischen Methoden dargestellt werden können.
- **Steroidhormonbildende Zellen** sind durch glattes endoplasmatisches Retikulum (GER), meist tubuläre Mitochondrien und Lipideinschlüsse gekennzeichnet.

In Kürze

Das endokrine System besteht aus:

- endokrinen Drüsen:
  - Hypophyse
  - Epithelkörperchen
  - Schilddrüse
  - Nebenniere
- endokrinen Einzelzellen in anderen Organen, z.B. Langerhans-Inseln des Pankreas, Epithel des Magen-Darm-Trakts, Granulosa- und Theka-interna-Zellen im Ovar und Leydig-Zellen im Hoden.

Die **Signalstoffe** des endokrinen Systems sind **Hormone.** Die Sekretion erfolgt endokrin, parakrin oder autokrin.
Das endokrine System koordiniert:

- Homöostatase
- Wachstum und Differenzierung
- Fortpflanzung.

Transport der Hormone: entweder im Blutplasma gelöst oder an Transportproteine gebunden (Schilddrüsen- und Steroidhormone).
Hormonabbau: Umwandlung in wasserlösliche Formen und Ausscheidung über Urin oder Galle oder Abbau in der Leber.
Regulation der Hormonbildung: Erfolgt durch Rückkoppelungsmechanismen (meist negative).

8.2 Hypophyse (Glandula pituitaria)

Einführung

Die Hypophyse besteht aus 2 Anteilen, der Adenohypophyse und der Neurohypophyse, die eine unterschiedliche Entstehung, Struktur und Funktion aufweisen.

8.2.1 Lage

Die Hypophyse (Hirnanhangsdrüse) ist ein unpaares ungefähr haselnussgroßes Organ, das in der *Sella turcica* des Keilbeins liegt und über den Hypophysenstiel *(Infundibulum)* mit dem Boden des Hypothalamus verbunden ist. Sie wiegt ca. 0,5–0,7 g, bei schwangeren und stillenden Frauen bis ca. 1,5 g. Die Sella und damit die Hypophyse wird oben vom *Diaphragma sellae* bedeckt, das eine Bildung der Dura mater ist und eine Öffnung für den Durchtritt des Hypophysenstiels aufweist. Umgeben ist die Hypophyse von einer Organkapsel. Diese ist locker mit dem Periost der Sella verbunden und vorn und am Boden nur durch eine dünne Knochenlamelle von der paarigen Keilbeinhöhle *(Sinus sphenoidalis)* getrennt. Beiderseits der Hypophyse befindet sich der *Sinus cavernosus* mit der *A. carotis interna* und *den Nn. oculomotorius, trochlearis, abducens, ophthalmicus* und *maxillaris* in der äußeren Wand dieses Sinus. Über dem Diaphragma sellae und vor dem Hypophysenstiel liegt das *Chiasma opticum*.

8.2.2 Gefäßversorgung

Die Hypophyse ist wahrscheinlich das bestdurchblutete Organ des Körpers. Sie wird von einer linken und einer rechten *A. hypophysialis superior* und einer linken und rechten *A. hypophysialis inferior* versorgt, also insgesamt von 4 Arterien, deren Stromgebiete über einen Ast der *A. hypophysialis superior,* die *A. trabecularis,* verbunden sind. Alle diese Arterien entspringen der intrakraniellen *A. carotis interna.* Kleine Äste der A. hypophysialis superior treten in das Infundibulum ein und bilden hier in einer speziellen Region, der *Eminentia mediana,* Kapillarschlingen, die einem ersten Kapillarnetz entsprechen und die Releasing- und Inhibiting-Hormone aufnehmen, die hier aus Endigungen von Neuronen aus den kleinzelligen Kernen des Hypothalamus freigesetzt werden (▣ Abb. 8.1). Aus diesen Kapillarschlingen formieren sich unterschiedlich lange Portalvenen *(Vv. portales hypophysiales)*, die das Blut in die Adenohypophyse leiten. In der Adenohypophyse bilden diese Portalvenen ein (zweites) Kapillarnetz aus weitlumigen sinusoiden Kapillaren, an die die Drüsenepithelzellen angrenzen. Das Blut dieses zweiten Kapillarnetzes fließt über kleine Venen in die *Sinus cavernosi* und *intercavernosi* ab. Die A. hypophysialis inferior versorgt zusammen mit einzelnen Ästchen der A. hypophysialis superior die Neurohypophyse und bildet hier ein normales Kapillarnetz, das die Neurohormone der *Nuclei supraopticus* und *paraventricularis* aufnimmt. Über das funktionell und strukturell kennzeichnenden hypothalamo-hypophysialen Pfordadersystem gelangen die hypothalamischen Releasing- und Inhibiting-Hormone in die Adenophypophyse.

8.2 Chirurgischer Zugang zur Hypophyse

Bei chirurgischen Eingriffen kann die Hypophyse auf zwei Wegen erreicht werden: 1. transnasal-transphenoidal bei kleineren Eingriffen wegen des begrenzten Überblicks und 2. subfrontal (die Sella wird unter Abdrängung des Stirnhirns am Boden der vorderen Schädelgrube erreicht).

8.2.3 Aufbau

Die Hypophyse besteht aus 2 Anteilen, der **Adenohypophyse** und der **Neurohypophyse,** die eine unterschiedliche Entstehung, Struktur und Funktion aufweisen. Die Adenohypophyse (Hypophysenvorderlappen) ist ein epitheliales Organ. Sie entwickelt sich aus einer ektodermalen plakodenartig verdickten Epithelregion im Dach der Mundbucht, die sich zur Rathke-Tasche umformt. Diese steigt hirnwärts auf und legt sich der Neurohypophyse an. Die Neurohypophyse ist eine Bildung des Bodens des Zwischenhirns und setzt die Hormone Oxytocin und ADH frei. Im folgenden Text wird fast ausschließlich auf die **Adenohypophyse** eingegangen werden, die ca. drei Viertel des Organs einnimmt. Sie lässt sich gliedern in die:

- *Pars distalis*
- *Pars intermedia* (Mittellappen)
- *Pars tuberalis* (Trichterlappen)

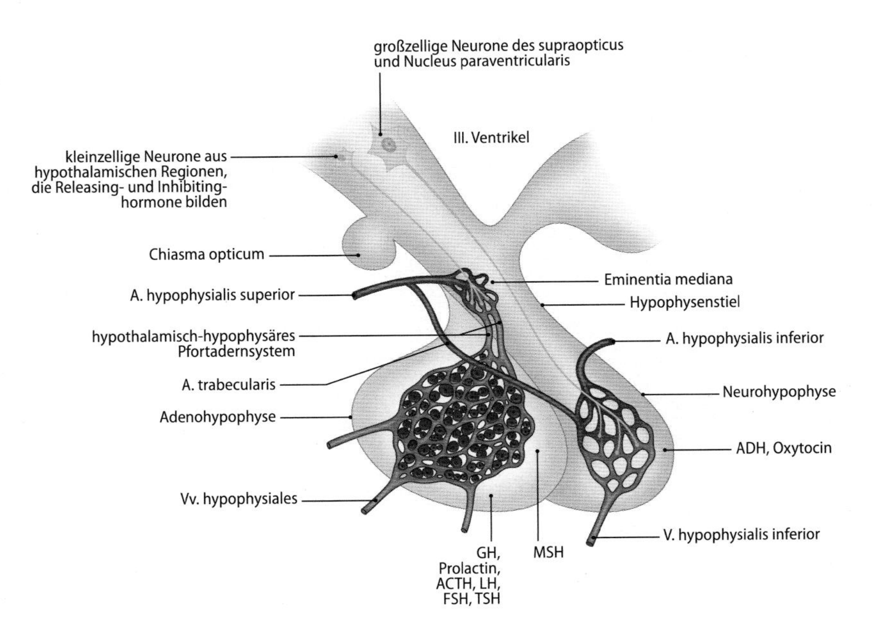

▣ **Abb. 8.1.** Schematische Darstellung der Beziehungen zwischen Hypothalamus und Hypophyse mit den funktionell besonders relevanten Gefäßstrukturen. Das von den Aa. hypophyseales superiores gespeiste Kapillarnetz im Hypophysenstiel (Eminentia mediana) nimmt die Releasing- und Inhibiting-Hormone auf und führt sie über eine Reihe kleiner Pfortadern in die Adenohypophyse

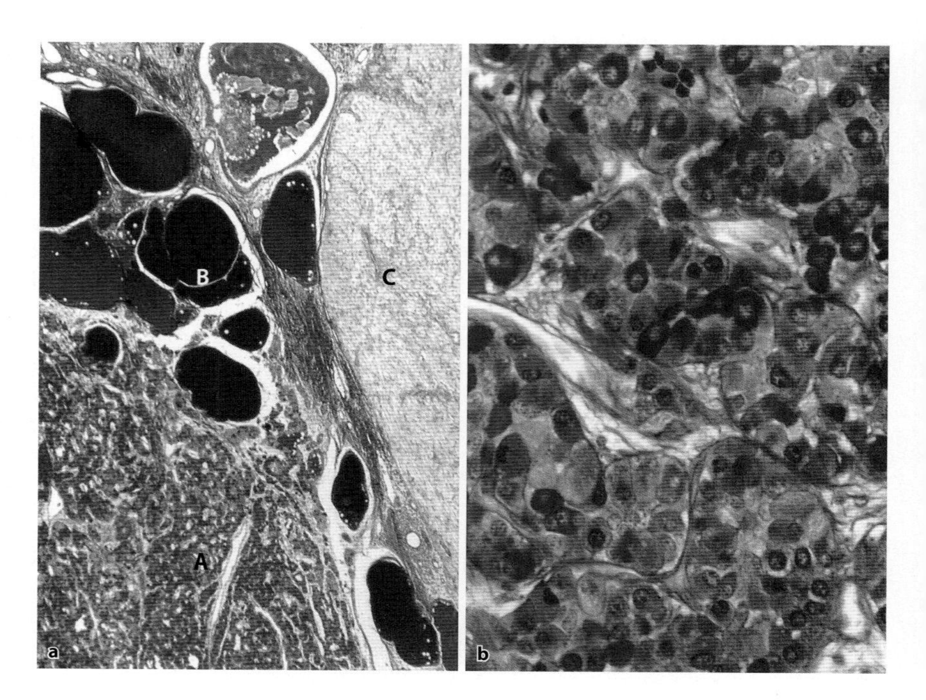

◘ Abb. 8.2a, b. Histologisches Präparat der Adenohypophyse des Menschen. **a** Übersicht: A = Pars distalis der Adenohypophyse, B = Pars intermedia (mit typischen Zysten) der Adenohypophyse, C = Neurohypophyse. **b** Pars distalis der Adenohypophyse mit azidophilen (rot) und basophilen (blau) Zellen (Azanfärbung, Vergr. 450-fach)

Die Pars distalis (vom Gehirn aus gesehen distal) nimmt den bei weitem größten Teil der Adenohypophyse ein und wird in manchen klinischen Texten mit dem Begriff Adenohypophyse gleichgesetzt. Die Pars intermedia bildet einen schmalen Gewebestreifen an der Grenze zur Neurohypophyse und ist beim Menschen und bei nichtmenschlichen Primaten durch Zysten- und Follikelbildungen gekennzeichnet. Die Pars tuberalis legt sich als dünne Gewebeschicht vor allem dem Hypophysenstiel an.

8.2.4 Mikroskopische Anatomie und Funktion

Die *Pars distalis* der Adenohypophyse besteht aus dicht gelagerten schmalen epithelialen Zellsträngen oder kleinen Zellknäueln, die die verschiedenen Hormone bilden und die von einer Basallamina und einem zarten retikulären Bindegewebe umgeben werden. Nur durch diese schmale Bindegewebeschicht sind sie von den sich verzweigenden und anastomosierenden weitlumigen Blutkapillaren (Sinusoiden) mit fenestriertem Endothel getrennt. Über diese Kapillaren erhalten die Epithelzellen nicht nur Sauerstoff und Nährstoffe, sondern auch die hypothalamischen Steuerungshormone, die die Freisetzung ihrer Hormone fördern oder hemmen können. Jede Epithelzelle gibt an ihrer Basis per Exozytose ihr Hormon in die Sinusoide ab.

Unter den endokrinen Zellen werden lichtmikroskopisch 3 Typen unterschieden:

- **Azidophile Zellen:** Das Zytoplasma färbt sich mit Eosin, Phloxin und anderen Farbstoffen rot, bilden die Mehrheit der Zellen (◘ Abb. 8.2).
- **Basophile Zellen:** Das Zytoplasma färbt sich mit Hämatoxylin, Chromalaun u.Ä. blauviolett (◘ Abb. 8.2). Die Begriffe azidophil und basophil beziehen sich hier auf Färbeeigenschaften der zytoplasmatischen Sekretionsgranula.
- **Chromophobe Zellen:** Das Zytoplasma bleibt ungefärbt oder ist nur schwach gräulich gefärbt.

Den azido- und basophilen Zellen gehören jeweils unterschiedliche hormonbildende Zelltypen an, die heute spezifisch mit immunhistochemischer Methodik dargestellt werden können. Die in den azido- und basophilen Zellen gebildeten Hormone sind in ◘ Tab. 8.1 aufgeführt.

◘ Tab. 8.1. Hormone, die in azido- und basophilen Zellen gebildet werden

Zellen	Hormon	Bildungsort und Funktion
Azidophile Zellen	Prolactin	laktotrophe Zellen (ca. 10–25% der Adenohypophysenzellen, in der Schwangerschaft Vermehrung auf bis zu 70%), stimuliert Milchbildung
	Wachstumshormon (somatotropes Hormon = STH = Somatotropin = growth hormone = GH)	somatotrophe Zellen (ca. 50% der Adenohypophysenzellen), stimuliert Wachstum
Basophile Zellen	adrenokortikotropes Hormon (ACTH = Corticotropin)	kortikotrophe Zellen (ca. 15% der Zellen), stimuliert Nebennierenrinde
	melanozytenstimulierendes Hormon (MSH)	Mittellappen, stimuliert Melanozyten
	thyroideastimulierendes Hormon (TSH = Thyrotropin)	thyrotrophe Zellen (ca. 5% der Zellen), stimuliert Schilddrüse
	follikelstimulierendes Hormon (FSH = Follitropin) und luteinisierendes Hormon (LH = Lutropin)	gonadotrophe Zellen (ca. 10% der Zellen), FSH stimuliert Ovarialfollikel/Östrogenbildung; LH im Gelbkörper Progesteronbildung sowie im Hoden (Leydig-Zellen) Testosteronbildung

FSH und LH werden als **Gonadotropine** zusammengefasst; beide werden oft gemeinsam in einem Zelltyp gebildet, einzelne Zellen bilden nur jeweils eines dieser Hormone. TSH, LH und FSH sind chemisch verwandte Glykoproteine, die auch mit Hilfe der PAS-Färbung nachgewiesen werden können. ACTH und MSH entstammen dem gleichen Vorläufermolekül **Proopiomelanocortin** (POMC). Diesem Molekül entstammen weitere Moleküle, deren physiologische Rolle aber noch wenig klar ist, und zwar das β-Lipotropin und Endorphine.

Diese kurze Zusammenstellung in ◻ Tabelle 8.1 lässt erkennen, dass die Adenohypophysenhormone sich funktionell 2 Gruppen zurechnen lassen:

- Hormone, die andere, »periphere« endokrine Drüsen kontrollieren. Sie werden als **glandotrope Hormone** bezeichnet. Zu dieser Gruppe zählen TSH, ACTH und die Gonadotropine.
- Adenohypophysenhormone, die direkt auf den Stoffwechsel anderer Organe oder Zellen einwirken und die adenohypophysäre **Effektorhormone** genannt werden. Hierzu zählen: Wachstumshormon, Prolaktin und MSH.

Den **Chromophoben Zellen** gehören vermutlich vor allem erschöpfte, degranulierte, proliferierende endokrine Zellen (Stamm- und Vorläuferzellen) und wohl auch die Sternzellen an.

Die **Sternzellen** kommen einzeln zwischen den endokrinen Drüsenzellen vor. Sie enthalten keine Sekretionsgranula und bilden lange Fortsätze zwischen den Drüsenzellen aus, die auch an Blutgefäße grenzen können. Vereinzelt können sie follikuläre Strukturen bilden. Sie werden z.T. mit Gliazellen verglichen und reagieren positiv mit dem S-100-Antigen, das u.a. auch mit Gliazellen reagiert.

Azidophile, basophile und chromophobe Zellen können überall in der Adenohypophyse gefunden werden. Die sehr zahlreichen Azidophilen sind aber lateral und in hinteren Abschnitten besonders häufig. Die basophilen – z.T. sehr großen – Zellen sind zentral und vorn konzentriert. Oft dringen Basophile in die Neurohypophyse ein (Basophileninvasion), was aber keinen Krankheitswert hat.

Im Elektronenmikroskop weisen die endokrinen Zellen der Adenohypophyse ein recht einheitliches Bild auf, unterscheiden sich aber vor allem hinsichtlich Größe und Verteilung der Sekretionsgranula. Die Durchmesser der typischen elektronendichten Sekretionsgranula betragen in den Somatrotrophen 300–350 nm, in den Laktrotrophen 700 nm, in den Corticotrophen 150–200 nm, in den Thyrotrophen 100–150 nm. In den Gonadotrophen kommen entweder kleine (ca. 200 nm) und große Granula (700–1000 nm) oder nur kleine Granula (250 nm) vor.

Im **Mittellappen** der Adenohypophyse befinden sich neben Nestern von vorwiegend basophilen MSH-bildenden Zellen und auch unterschiedlich große follikuläre oder zystische Strukturen. Die Zysten, die sehr groß werden können, enthalten ein kolloidähnliches, proteinhaltiges Material. In der epithelialen Wand der Zysten kommen zilientragende Zellen vor. Sie werden als Reste der Rathke-Tasche (► Kap. 3) angesehen. Kleinere Follikel werden von basophilen, MSH-bildenden Zellen aufgebaut und sind wohl Ausdruck der geringen physiologischen Bedeutung des MSH beim Menschen.

8.3 Tumoren der Adenohypophyse

In der Adenohypophyse können sich gutartige (Adenome) oder bösartige (Karzinome) Tumoren entwickeln. Adenome der Azidophilen können vermehrt Wachstumshormon bilden, was bei Kindern zum Riesenwuchs und bei Erwachsenen zur **Akromegalie** (grobe Gesichtszüge, Prognathie, große Hände, große Füße, vergrößerte Zunge, in weitem Abstand stehende Zähne u.a.) führt. Akromegalie ist selten und entwickelt sich sehr langsam. Die Hypophysentumoren verursachen viele Symptome durch Verdrängung benachbarter Strukturen, sowohl von Hypophysenzellen (Ausfall vieler Hormone) als auch von Strukturen außerhalb der Hypophyse wie des Chiasma opticum oder der Augenbewegungsnerven.

8.4 Diabetes insipidus

Der Ausfall der Bildung von ADH, z.B. durch traumatische Zerstörung des Hyophysenstiels mit dem Tractus hypothalamohypophysialis, verursacht Diabetes insipidus. Bei dieser Krankheit kommt es durch ADH-Mangel zur vermehrten Wasserausscheidung.

In Kürze

Die Hypophyse nimmt eine zentrale Stellung im endokrinen System ein und besteht aus Adeno- und Neurohypophyse.

Die Adenohypophyse ist aus Strängen und Knäueln von Epithelzellen aufgebaut, die einerseits effektorische Hormone (Wachstumshormon, Prolaktin, MSH) und andererseits glandotrope Hormone (TSH, FSH, LH, ACTH) bilden. Letztere sind an der Regulation der Aktivität von peripheren endokrinen Organen beteiligt.

In der Neurohypophyse werden die Neurohormone ADH und Oxytocin freigesetzt.

8.3 Epithelkörperchen (Glandulae parathyreoideae)

Einführung

Die Epithelkörperchen sind der Schilddrüse dorsal angelagert, deshalb werden sie auch als Nebenschilddrüsen bezeichnet. Sie bilden das Parathormon, das für die Regulation des Blutcalciumspiegels von Bedeutung ist.

8.3.1 Lage

Der Mensch besitzt 4 weizenkorngroße Epithelkörperchen, die der Schilddrüse angelagert sind. Das obere Paar liegt an variabler Stelle dorsolateral an den Schilddrüsenlappen, selten an deren oberem Pol. Das untere Paar findet sich dorsal am unteren Schilddrüsenpol. Nicht selten kommen Epithelkörperchen in atypischer Lage (ektopisch) vor. Die Epithelkörperchen entstammen dem Entoderm der 3. (das untere Paar) und 4. Schlundtasche (das obere Paar). Die Epithelkörperchen liegen oft innerhalb der äußeren Schilddrüsenkapsel, können aber auch außerhalb von ihr liegen.

8.3.2 Mikroskopische Anatomie

Das Epithelkörperchen weist im lichtmikroskopischen HE-Präparat eine einfache Struktur auf. Es sind dichtgelagerte kleine bis mittelgroße Epithelzellen zu sehen, die unregelmäßige Stränge und Knäuel bilden, die durch zarte Bindegewebesepten begrenzt werden (◻ Abb. 8.3a). Fenestrierte Kapillaren sind zahlreich. Mitunter findet man kleine follikelähnliche Formationen. Mit zunehmendem Alter treten ab der Pubertät mehr und mehr univakuoläre Fettzellen auf (◻ Abb. 8.3b).

Es lassen sich Haupt- und oxyphile Zellen unterscheiden. Die Mehrheit bilden die **Hauptzellen,** die einen polygonalen Umriss haben und einen rundlichen Kern aufweisen. Es sind helle und dunkle Hauptzellen zu sehen, die verschiedenen Funktionsphasen eines

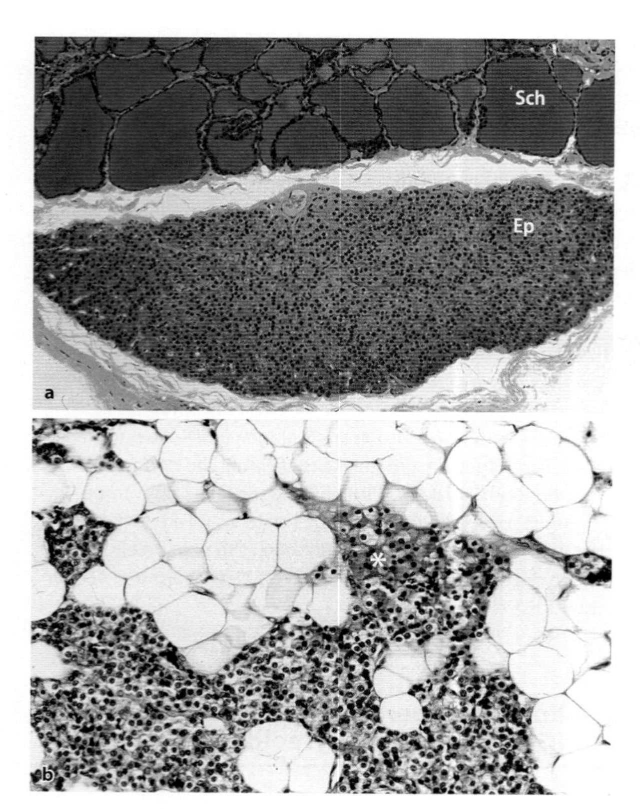

Abb. 8.3a, b. Histologische Präparate von Epithelkörperchen. **a** Epithelkörperchens (Ep) eines jungen Menschen, das aus dicht gepackten Epithelzellknäueln besteht; oberes Bilddrittel Schilddrüse (Sch) (HE-Färbung, Vergr. 150-fach). **b** Typischer Aufbau bei einem älteren Menschen, zwischen den Epithelzellnestern breitet sich Fettgewebe aus; Stern = oxyphile Zellen (HE-Färbung, Vergr. 260-fach)

Zelltyps entsprechen. Helle Hauptzellen sind eher ruhende Zellen. Sie sind relativ glykogenreich und können auch kleine Lipidtropfen enthalten; beides geht meist beim Einbettungsprozess der histologischen Präparate verloren, daher vor allem der helle Aspekt des Zytoplasmas. Die dunklen Hauptzellen enthalten mehr Zellorganellen als die hellen und werden daher als die aktiveren Zellen angesehen. Dichte rundliche Sekretionsgranula (Durchmesser 200–400 nm) sind insgesamt relativ selten und kommen vor allem in der Zellperipherie vor. Beim Erwachsenen sind 70–80% der Hauptzellen helle (ruhende) Zellen.

Die recht großen **oxyphilen Zellen** besitzen im HE-Präparat ein rötliches (azido = oxyphiles) Zytoplasma und einen dichten kleineren Kern. Die Azidophilie entspricht hier einem hohen Gehalt an Mitochondrien, dessen Ursache und biologischer Sinn unklar ist. Diese Zellen treten erst in der späten Kindheit auf und ihr Anteil an den Epithelzellen beträgt nur 3%. Ultrastrukturelle und experimentelle Untersuchungen haben gezeigt, dass alle möglichen Zwischenformen zwischen Haupt- und oxyphilen Zellen vorkommen. Daraus lässt sich schließen, dass in den Epithelkörperchen nur ein Zelltyp vorkommt, der verschiedene funktionelle Phasen durchlaufen kann.

8.3.3 Funktion

Die Epithelzellen der Parathyreoidea bilden und sezernieren das **Parathormon** (PTH, Parathyrin), ein relativ großes Polypeptid aus 84 Aminosäuren, die aber nicht alle für die biologische Wirksamkeit des Hormons erforderlich sind. Synthetisch hergestellte Fragmente aus den ersten 29 oder 34 Aminosäuren haben die Wirkung des gesamten Moleküls. Das Parathormon hebt den **Spiegel des Blutkalziums** an, wenn dieser unter den Normalwert absinkt. Hormonsynthese und -ausschüttung werden von der Blutkalziumkonzentration gesteuert. Die PTH-bildenden Zellen besitzen in ihrer Zellmembran einen Kalziumsensor (Kalziumrezeptor), ein komplexes Protein mit extrazellulärer kalziumbindender Komponente, sieben Transmembrankomponenten und intrazellulärem Anteil, der über G-Protein und Phospholipase C die PTH-Bildung steuert. Wenn der Blutkalziumspiegel absinkt, ist der Sensor weniger aktiv und die Hemmung der PTH-Sekretion lässt nach, d.h. es wird mehr PTH sezerniert. Die Wirkungen von PTH auf den Knochen sind komplex und noch nicht in jeder Hinsicht geklärt. Offensichtlich bindet sich PTH an Osteoblasten, da diese (und nicht die Osteoklasten) PTH-Rezeptoren besitzen. Vermutlich geben die Osteoblasten nach der Hormonbindung Zytokine ab, die die Osteoklasten zu vermehrtem Knochenabbau aktivieren. In der Niere fördert PTH die Rückresorption von Kalzium und die Ausscheidung von Phosphat. Zusammen mit Calcitonin und dem Vitamin-D-Hormon regelt es den Blutkalziumspiegel, dessen Konstanthaltung für viele physiologische Prozesse wesentlich ist (z.B. Muskelkontraktion, Blutgerinnung, Nervenimpulsübertragung und Exozytose).

Der PTH-Rezeptor der Zielzellen weist eine große extrazelluläre Domäne, sieben Transmembrankomponenten und eine umfangreiche intrazelluläre Domäne auf und ist mit einem G-Protein gekoppelt. Interessanterweise gibt es wesentliche Übereinstimmungen zwischen PTH- und Calcitonin-Rezeptor.

8.5 Hypo- und Hyperparathyroidismus

Ein **Hypoparathyroidismus** (Mangel an PTH) führt zu Hypokalzämie, tetanischen Krämpfen und z.T. auch psychischen Symptomen (z.B. Reizbarkeit und depressive Stimmung). Bei chronischem Hypoparathyroidismus können Skelettveränderungen (Hyperostosen mit abnormer Knochendichte) auftreten. Ein **Hyperparathyroidismus** (Überschuss an PTH) kann durch gutartige Tumoren (Adenome) verursacht werden und führt zu Hyperkalziämie, Hyperkalziurie, Hypophosphatämie und Hyperphosphaturie. Hyperparathyroidismus kann symptomlos sein, aber auch schwere Symptome verursachen, z.B. Muskelschwäche, mentale Symptome wie Lethargie, Ablagerung von Kalziumsalzen im Nierengewebe, Knochenresorption, Ulcus duodeni und Pankreatitis.

In Kürze

Die Nebenschilddrüsen bilden das Parathormon (PTH), das eine wichtige Rolle im Calciumstoffwechsel spielt. Es wirkt auf das Knochengewebe ein, wo es die Calciumresorption induziert, und auf die Niere, wo es die Calciumrückresorption und die Synthese von 1,25-Dihydroxy-Vitamin-D stimuliert.

8.4 Schilddrüse (Glandula thyreoidea)

Einführung

Die Schilddrüse ist eine große endokrine Drüse. Ihre Hauptfunktionen sind die Bildung der jodhaltigen Hormone Trijodthyronin (T_3) und Thyroxin (T_4), die Speicherung dieser Hormone sowie die Bildung von Calcitonin. T_3, T_4 sind für die Regulation des Grundumsatzes und Calcitonin für die Regulation des Calciumstoffwechsels von großer Bedeutung.

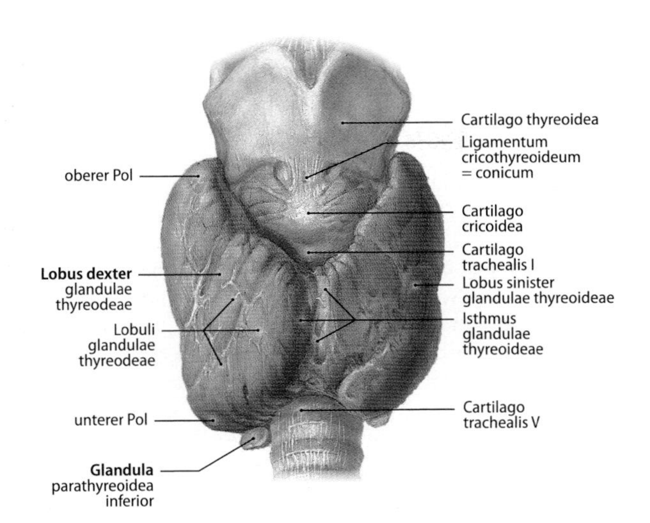

Abb. 8.4. Schilddrüse in der Ansicht von ventral [1]

8.4.1 Lage und Aufbau

Die Schilddrüse des Erwachsenen wiegt 15–20 g und besteht aus zwei seitlichen Lappen *(Lobus dexter und sinister)*, die durch den unterschiedlich breiten Isthmus verbunden sind (Abb. 8.4). Selten fehlt dieser Isthmus. In ca. 50% der Fälle ist ein *Lobus pyramidalis* ausgebildet, ein Fortsatz, der vom Isthmus entspringt und unterschiedlich weit kranialwärts zieht. Der Isthmus liegt unterhalb des Ringknorpels und bedeckt den 2.- bis 4. Trachealknorpel. Die beiden Seitenlappen legen sich dem Ring- und Schildknorpel des Kehlkopfs an.

Die Drüse wird von 2 locker miteinander verbundenen Kapseln umgeben, der inneren Organkapsel, die dem Drüsengewebe unmittelbar aufliegt und einer äußeren Kapsel. Die **innere Kapsel** ist äußerst zart und fest mit dem Bindegewebe der Drüse selbst verbunden. Die **äußere Kapsel** liegt der *Lamina praetrachealis fasciae cervicalis* an und steht vorn mit infrahyalen Muskeln und deren Faszien, dorsolateral mit der Gefäß-Nerven-Scheide und hinten mit der Trachea in Verbindung. Durch die Verbindung mit dem Gefäß-Nerven-Strang legt sich die *A. carotis communis* der Schilddrüse an. Außerdem steht der hintere mediokaudale Anteil der Drüse in Beziehung zum *N. laryngealis recurrens.* Zwischen den Kapseln befindet sich lockeres Bindegewebe mit zu- und abführenden Blutgefäßen sowie dorsal meist auch die 4 Epithelkörperchen.

8.6 Schilddrüsenvergrößerung (Kropf)
Eine vergrößerte Schilddrüse wird – unabhängig von der Ursache – als Kropf (Struma) bezeichnet. Sie dehnt sich wegen der engen Faszienräume vorwiegend nach kaudal aus und kann die Trachea einengen (Säbelscheidentrachea). Ein Kropf kann auch den N. laryngeus recurrens schädigen, was zur Heiserkeit und im Extremfall zur Stimmbandlähmung führt. Die Vergrößerung des Organs kann gleichmäßig (Struma diffusa) oder knotig (Struma nodosa) sein.

8.4.2 Gefäßversorgung

Die Schilddrüse ist eines der gefäßreichsten Organe des menschlichen Körpers. Sie wird im Allgemeinen von 4 Arterien versorgt, die untereinander Anastomosen bilden, so dass bei Operationen die eine oder andere Schilddrüsenarterien gefahrlos abgebunden werden kann. Die *A. thyreoidea superior* entstammt der *A. carotis externa*, die *A. thyreoidea inferior* dem *Truncus thyrocervicalis.* Die Beziehung der unteren Schilddrüsenarterien zu den *Nn. recurrentes vagi* und zu den *Trunci sympathici* sind speziell in operativer Hinsicht wichtig. Mitunter existiert eine weitere Schilddrüsenarterie, die *A. thyroidea ima,* die den Isthmus versorgt und aus der Aorta oder dem *Truncus brachiocephalicus* entspringt. Die Venen der Schilddrüse sind recht variabel gestaltet, die oberen und mittleren Schilddrüsenvenen münden in die *Vv. jugulares internae,* die unteren Schilddrüsenvenen münden in die *Vv. brachiocephalicae.*

8.4.3 Mikroskopische Anatomie

Die spezifischen strukturellen und funktionellen Einheiten der ausgebildeten Schilddrüse sind die **Schilddrüsenfollikel** (Abb. 8.5). Es handelt sich dabei um allseits geschlossene variabel gestaltete Gebilde (Durchmesser 50–500 μm, oft um 200 μm), die im Schnittpräparat einen unterschiedlichen Umriss zeigen. Die Wand der Follikel besteht aus einem einschichtigen oft kubischen Epithel, dessen Zellen die Quelle der jodhaltigen Schilddrüsenhormone sind. Das weite Lumen der Follikel enthält eine homogene zähflüssige Masse, das Kolloid, das insbesondere die Speicherform des Schilddrüsenhormons, das Glykoprotein **Thyroglobulin,** enthält. Das Follikelepithel wird außen von einer Basallamina begrenzt. Ein dichtes Netz fenestrierter Blutkapillaren umspinnt die Follikel, oft wölben sich Kapillaren ins Epithel vor. Auch Lymphkapillaren sind häufig in Nähe der Follikel zu finden. Sie liegen ebenso wie die Blutkapillaren in schmalen Bindegewebesepten zwischen den Follikeln.

Im lichtmikroskopischen HE-Präparat einer normalen Drüse eines Erwachsenen fällt in den Follikelzellen ein großer rundlicher euchromatinreicher Zellkern auf. Das Zytoplasma ist basolateral oft basophil und apikal hellrosa gefärbt. Im Zytoplasma treten unterschiedlich große Granula auf. Ultrastrukturell deuten basolateral z.T. weitlumige Zisternen des RER, ein großer supranukleärer Golgi-Apparat und eine beträchtliche Anzahl großer Mitochondrien auf intensive Synthesetätigkeit hin. Die apikale Zellmembran bildet in mäßiger Zahl Mikrovilli und eine einzelne abortive Kinozilie aus. Die basolateralen Zellmembranen bilden Interdigitationen und Einfaltungen. Apikal sind zwischen den Zellen eine Zonula occludens, eine Zonula adhaerens und oft sehr große Desmosomen ausgebildet. Lateral sind weiterhin Nexus (Gap Junctions) zu finden.

Vorwiegend im apikalen Zytoplasma sind zahlreiche unterschiedlich große Granula und Vesikel vorhanden. Unter den kleinen hellen Vesikeln gibt es Transportbläschen vom RER zum Golgi-Ap-

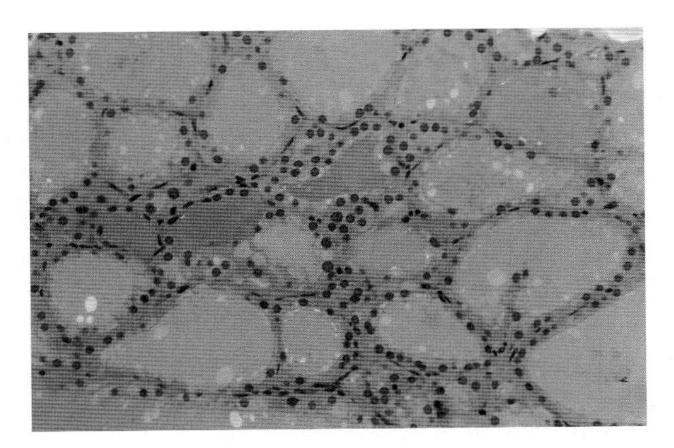

Abb. 8.5. Histologische Struktur der Schilddrüse eines jüngeren Menschen (HE-Färbung,Vergr. 250-fach)

parat und vom Golgi-Apparat zum Follikellumen, die Thyroglobulin in das Kolloid befördern und Transportbläschen, die endozytotisch Kolloid mit Thyroglobulin aus den Follikellumen in die Zelle zurücktransportieren. In einer aktivierten Drüse können auch große Vesikel Kolloidmaterial in die Drüsenzellen mittels eines phagozytoseähnlichen Prozesses aufnehmen, die dann Kolloidtropfen genannt werden. Unter den elektronendichten Granula finden sich vor allem Lysosomen in unterschiedlichen Funktionsphasen. Größere Einschlüsse mit heteromorphem Inhalt entsprechen Verschmelzungsprodukten von Kolloidtropfen und Lysosomen, in denen die aktiven Schilddrüsenhormone (überwiegend T_4 und in geringerem Ausmaß T_3) aus dem Thyroglobulin des Kolloids enzymatisch freigesetzt werden.

Die Struktur der Follikel und Follikelepithelzellen variiert mit unterschiedlichen Funktionszuständen. In Phasen ausgeprägter Hormonbildung (z.B. in der Kindheit) sind die Epithelzellen kubisch oder sogar prismatisch, die Follikel sind eher klein und enthalten relativ wenig Kolloid. Im Alter wird relativ viel Hormon gespeichert; das Epithel ist eher niedrig und die Follikel sind groß. Kalte Temperaturen aktivieren die Drüse, Wärme hat eher einen inaktivierenden Effekt. Während der Schwangerschaft ist die Drüse allgemein vergrößert und die Epithelien sind aktiviert.

Die **C-Zellen** lassen sich lichtmikroskopisch vor allem mit immunhistochemischen Methoden nachweisen. Sie lagern basal im Schilddrüsenepithel, ohne das Follikellumen zu erreichen. Sie können vereinzelt auch außerhalb der Schilddrüse z.B. in den Epithelkörperchen und im Thymus vorkommen. Sie bilden das Calcitonin (► Kap. 8.3) und besitzen wie andere peptidhormonbildende Zellen eine spezielle Ultrastruktur, die durch zahlreiche kleine elektronendichte Sekretionsgranula gekennzeichnet ist. Bei manchen Säugetieren enthalten sie auch Somatostatin und das biogene Amin Serotonin. Die Freisetzung des Hormons mittels Exozytose wird durch den Blutkalziumspiegel reguliert. Synthetisches Calcitonin kommt bei Osteoporose zur Anwendung, es hat oft einen analgetischen Effekt bei Knochenschmerzen. Das therapeutisch verwendete Calcitonin (v.a. bei Osteoporose) ist das Calcitonin des Lachses.

8.4.4 Funktion

Hormone

Die Follikelepithelzellen der Schilddrüse bilden 2 eng verwandte Hormone:
- **Thyroxin (T_4)** und
- **Trijodthyronin (T_3)**

Beide bestehen aus 2 jodierten Tyrosinresten: T_4 besitzt vier Jodatome, T_3 drei. Die Schilddrüse gibt vorwiegend T_4 ins Blut ab. Die Wirkform des Hormons ist aber überwiegend T_3, das zu ca. 20% in der Schilddrüse selbst und zu ca. 80% in den anderen Organen des Körpers aus T_4 entsteht. Die nukleären Rezeptoren in den Erfolgszellen haben eine 10-fache höhere Affinität für T_3 als T_4. Die Schilddrüsenhormone wirken stoffwechselsteigernd und spielen eine wichtige Rolle beim Wachstum und bei der Entwicklung speziell des Nervensystems.

Funktionell sind folgende Merkmale und Prozesse in den Follikelepithelzellen der Schilddrüse wichtig. Zu beachten ist, dass alle wichtigen Schritte der Synthese und Sekretion der Schilddrüsenhormone unter Kontrolle des TSH aus der Adenohypophyse stehen (◻ Abb. 8.6a, b).
- Zunächst wird Jodid aktiv mittels eines Na^+/I^--Symporters (NIS) in die Follikelzellen transportiert (◻ Abb. 8.6c). Die Schilddrüse konzentriert auf diese Weise Jod. Die Menge an aktiv in die Zelle transportiertem Jod übersteigt diejenige des passiv aus der Zelle herausdiffundierenden Jods normalerweise um das 25-fache. Das aufgenommene Jodid wird durch einen Transporter in der apikalen Zellmembran ins Lumen des Follikels transportiert, wo es mit Hilfe der Schilddrüsenperoxidase (TPO) oxidiert wird. Nur in dieser Form kann es sich mit den ca. 125 Tyrosinresten des Thyroglobulins verbinden.
- Das Thyroglobulin ist ein großes Glykoprotein, das ein Molekulargewicht von über 660.000 besitzt, im basolateralen RER der Follikelepithelien synthetisiert und im großen Golgi-Apparat glykosyliert wird. Es wird mittels vesikulären Transports zur apikalen

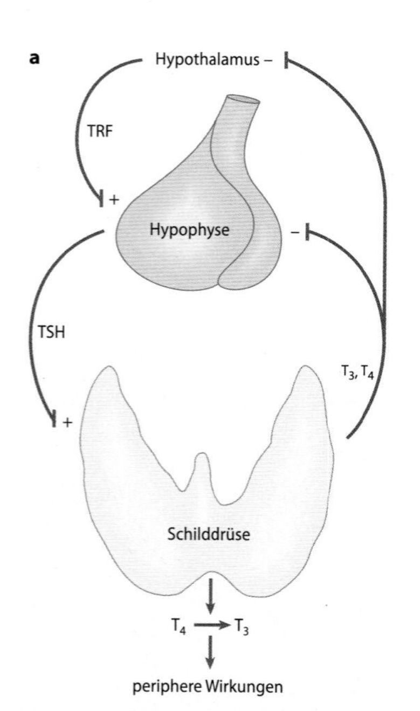

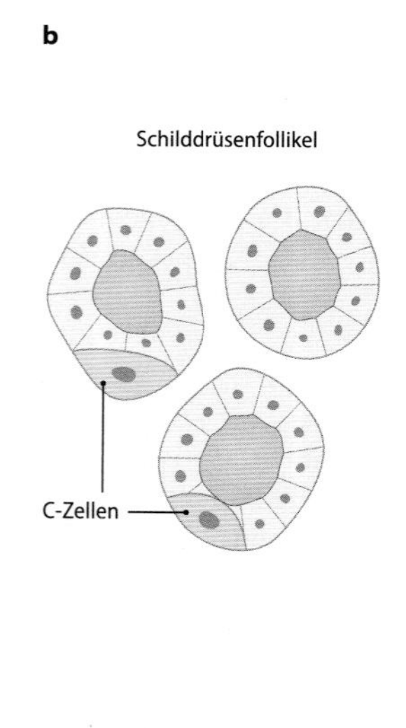

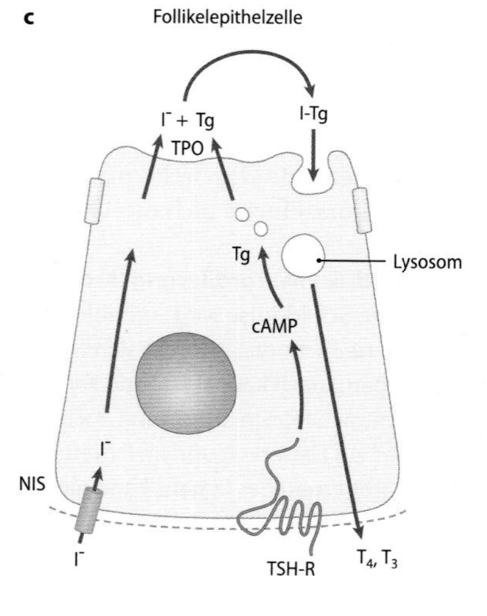

◻ **Abb. 8.6a–c.** Regulierung der Schilddrüsenhormonbildung: **a** Steuerung der Schilddrüse durch Hypothalamus und Hypophyse. **b** Schilddrüsenfollikel. **c** Zellbiologie der Follikelepithelzellen

NIS = Natrium-Jod-Symporter; I = Jod; Tg = Thyroglobulin; TPO = Schilddrüsenperoxidase; TSH-R = TSH-Rezeptor; TRF = Thyrotropin- (= TSH-)Releasing-Faktor; TSH = thyroideastimmulierendes Hormon; I-Tg = jodiertes Thyroglobulin

(an das kolloidhaltige Lumen grenzenden) Zellmembran transportiert (◻ Abb. 8.6c). Auch die Jodierung (Jodination) des Thyroglobulins erfolgt mittels der Schilddrüsenperoxidase und findet außerhalb der apikalen Zellmembran im Kolloid statt, wo sich das frisch exozytotisch in das Kolloid beförderte Thyroglobulin befindet. Es entstehen aus den Tyrosinresten des Thyroglobulins zunächst Mono- und Dijodthyrosin (MIT und DIT).

- Die Jodthyrosine MIT und DIT werden am Thyroglobulinmolekül aktiv gekoppelt, wobei Thyroxin (= Tetrajodthyronin = T_4) und Trijodthyronin (= T_3) entstehen.
- Soll aktives Schilddrüsenhormon in den Blutstrom abgegeben werden, wird jodiertes Thyroglobulin endozytotisch in die Zelle aufgenommen, wo die Endozytosebläschen mit Lysosomen verschmelzen (◻ Abb. 8.6c). In diesen wird das Thyroglobulin durch Proteasen und Peptidasen hydrolytisch abgebaut. Dabei freiwerdendes T_4 und T_3 verlässt die Lysosomen und tritt in das Blut über, wo es vor allem an Thyroxin bindendes Globulin (TBG) gebunden wird. In den Lysosomen freigesetzte inaktive Jodthyrosine werden in den Follikelepithelzellen ihres Jods durch Jodthyrosin-Dehalogenase (Dejodase) beraubt. Dieses Jod wird ganz überwiegend wieder zur Synthese von aktivem Hormon verwendet.

Das **Calcitonin** ist der physiologische Antagonist zum Parathormon. Es fördert den Einbau von Calcium in den Knochen und senkt den Blutcalciumspiegel vorwiegend durch Hemmung der Osteoblasten und Stimulation der renalen Calciumausscheidung. Im Gehirn vermitteln calcitoninbindende Rezeptoren Schmerzlinderung.

8.7 Hypo- und Hyperthyreose

Eine Unterfunktion der Schilddrüse **(Hypothyreose)** kann durch Jodmangel in der Nahrung verursacht werden. Dieser Mangel ist in Mitteleuropa recht häufig anzutreffen und führt zu Vergrößerung der Schilddrüse (Struma) infolge vermehrter Stimulation durch TSH. Eine Hypothyreose ist generell durch Stoffwechselunterfunktion mit auffallenden Veränderungen z.B. der Haut (Myxödem), der Haare und der Stimme gekennzeichnet. Eine Struma kann auch andere Ursachen als Jodmangel in der Nahrung haben. Eine häufige Ursache einer hypothyreoten Struma (vor allem bei Frauen mittleren Alters) ist die **Hashimoto-Krankheit,** eine chronische Schilddrüsenentzündung, bei der Autoantikörper gegen die Schilddrüse eine wesentliche Rolle spielen (mitunter ist diese Krankheit auch mit einer Überfunktion der Schilddrüse verbunden). Eine Struma kann andere Strukturen im Hals und Mediastinum einengen, z.B. die Trachea, was zur Behinderung der Atmung führt. Eine Überfunktion der Schilddrüse **(Hyperthyreose)** tritt vor allem bei der **Basedow-Krankheit** auf, deren Ursache noch unbekannt ist. Hierbei kommt es zur Bildung von IgG-Antikörpern, die sich an die TSH-Rezeptoren der Follikelzellen binden und diese stimulieren. Bei der Überfunktion kommt es zu Überaktivierung des Stoffwechsels mit Wärmegefühl, Herzjagen und Nervosität.

8.4.5 Entwicklung

Die Anlage der Schilddrüse entsteht in der 3. Schwangerschaftswoche im Boden des primitiven Pharynx. Sie geht auf eine Epithelknospe zwischen *Tuberculum impar* und *Copula* der Zungenanlage zurück. Der Anlageort entspricht dem auch später erkennbaren *Foramen caecum*. Von hier aus wächst ein Epithelstrang in das darunter gelegene Mesenchym ein. Bald wird aus dem Strang ein Schlauch, *Ductus thyreoglossalis*. Das solide Ende des Ductus entwickelt sich zur Schilddrüse. Wenn schließlich die Schilddrüsenanlage in der 7. Embryonalwoche ihre endgültige Position vor dem 3. Luftröhrenknorpel erreicht hat, bildet sich der *Ductus thyreoglossalis* zurück. Als Rest kann der *Lobus pyamidalis* verbleiben. Während der Embryonalzeit wandern neuroektodermale Zellen der **Neuralleiste** zunächst in die Anlage des **Ultimobranchialkörpers** und dann in die Schilddrüse ein und differenzieren sich hier zu einem eigenen endokrinen Zelltyp, den **C-Zellen,** die auch parafollikuläre Zellen genannt werden. Die C-Zellen sind beim Menschen relativ selten und bilden das Polypeptidhormon **Calcitonin,** und können im Halsbereich auch außerhalb der Schilddrüse zu finden sein.

In Kürze

Die Schilddrüse bildet die besonders für Stoffwechsel, Wärmehaushalt und Entwicklung wichtigen Hormone:
- Thyroxin (= L-Tetrajodthyronin, T_4) und
- Trijodthyronin (T_3)

Zusätzlich bildet sie das Hormon Calcitonin, das eine Rolle im Calciumstoffwechsel spielt.

8.5 Nebenniere

 Einführung

Die Nebennieren sind paarig angelegt und bestehen aus 2 verschiedenen Teilen, der Rinde und dem Mark. Die Nebennierenrinde gliedert sich in 3 Schichten: In der äußeren Schicht werden die Mineralokortikoide wie z.B. das Aldosteron produziert. Die mittlere Schicht ist verantwortlich für die Bildung der Glukokortikoide, z.B. Kortisol und Kortison. In der inneren Schicht werden männliche Sexualhormone (Androgene) gebildet. Das Nebennierenmark ist ein Teil des vegetativen Nervensystems und bildet 2 Hormone: das Adrenalin und das Noradrenalin.

8.5.1 Lage und Aufbau

Linke und rechte Nebenniere liegen kappenförmig am oberen Pol in der Fettkapsel der linken und rechten Niere. Sie werden ungewöhlich gut mit Blutgefäßen versorgt (jeweils 3 getrennten zuführenden Arterien). Jede Nebenniere ist ca. 1 cm dick und misst in der größten Ausdehnung von medial nach lateral mehrere Zentimeter.

Die Nebennieren bestehen aus 2 entwicklungsgeschichtlich und funktionell unterschiedlichen Anteilen, der **Nebennierenrinde** und dem **Nebennierenmark.**

Die **Rinde (Cortex)** macht ca. 80% des Organs aus und ist in vivo aufgrund ihres Lipidreichtums von gelblicher Farbe. Der kleinere **Markanteil (Medulla)** ist von graurötlicher Farbe.

8.5.2 Nebennierenrinde

Die Nebennierenrinde wird von einer Kapsel bedeckt, von der aus zarte gefäßreiche und nervenfaserführende Bindegewebesepten in die Tiefe ziehen. Die Rinde wird in 3 Zonen gegliedert, die kontinuierlich ineinander übergehen. In allen 3 Zonen werden Steroidhormone gebildet, was sich in einer prinzipiell ähnlichen Morphologie aller endokrinen Zellen der Rinde widerspiegelt. Die Zellkerne sind groß und hell, das Zytoplasma besitzt Lipidtropfen und ein reich entwickeltes GER. Die Mitochondrien der mittleren und inneren Zone sind vom tubulären Typ in der Außenzone finden sich auch Mitochondrien vom Crista-Typ. Verbreitet kommen Lysosomen vor.

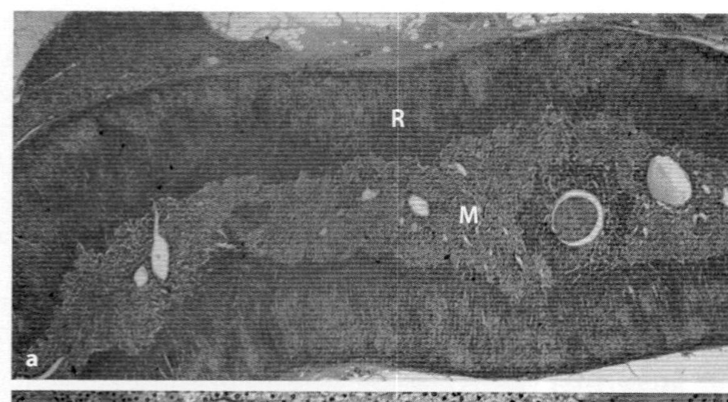

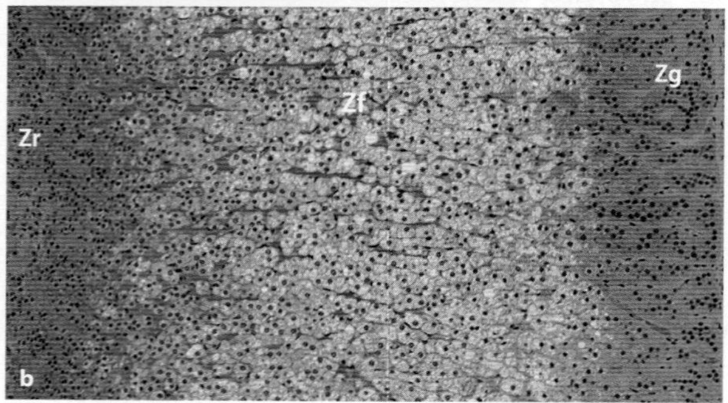

Abb. 8.7a, b. Nebenniere. **a** Übersicht mit Rinde (R) und Mark (M) (HE-Färbung, Vergr. 25-fach). **b** Histologische Struktur der Nebennierenrinde mit Zona glomerulosa (Zg), Zona fascicularis (Zf) und Zona reticularis (Zr) (Vergr. 260-fach)

Golgi-Apparat und RER sind relativ klein bzw. gering entwickelt. Der Reichtum an Lipidtropfen ist für den »schaumigen« Eindruck verantwortlich, den die Zellen im lichtmikroskopischen Routinepräparat bieten (Abb. 8.7).

Zonen der Nebenrinde:

- Die außen gelegene *Zona glomerulosa* ist relativ schmal, ihre endokrinen Zellen bilden knäuel- oder bogenförmige Formationen. Unmittelbar unter der Kapsel sind die Zellen relativ klein und ensprechen vermutlich Stammzellen. Die Zellen sind im HE-Präparat überwiegend azidophil (rot). Sie enthalten relativ wenig Lipidtropfen und sind oft mitochondrienreich.
- Die breite mittlere *Zona fasciculata* besteht aus radiär angeordneten lipidtropfenreichen polygonalen oder ovalen Zellen (Abb. 8.7).
- Die innen gelegene *Zona reticularis* grenzt an das Mark. Ihre Zellen bilden verzweigte Stränge und besitzen ein ausgeprägt azidophiles Zytoplasma. Die Zahl der Lipidtropfen ist klein. Lipofuszingranula (Endformen der Lysosomen) sind zahlreich, die Kerne sind oft sehr dicht und zeigen Zeichen der Degeneration.

Die Nebennierenrinde bildet chemisch verwandte Steroidhormone unterschiedlicher Funktion. Ausgangsmolekül all dieser Steroide ist das Cholesterin.

Zona glomerulosa

In der Zona glomerulosa entstehen die **Mineralocorticoide** unter denen das **Aldosteron** das bei weitem wichtigste ist. Aldosteron hat 2 Hauptfunktionen: Es reguliert das Volumen der extrazellulären Flüssigkeit (einschließlich des Blutvolumens) und hat einen wesentlichen Einfluss auf den Kaliumhaushalt. Das Volumen wird durch direkte Beeinflussung der Sammelrohre der Niere bewirkt, wo Aldosteron die Natriumausscheidung herabsetzt und die Kaliumausscheidung fördert. Die Verminderung der Natriumausscheidung wird durch Rückresorption des Natriums – im Austausch gegen Kalium – aus der Sammelrohrflüssigkeit erreicht. Das rückresorbierte Natrium wird in den Interzellularraum transportiert, Wasser folgt passiv nach. Aldosteron fördert auch in Speicheldrüsengängen, Schweißdrüsen und im Darmtrakt die Rückresorption von Natrium im Austausch gegen Kalium. Aldosteron besitzt nicht nur einen nukleären Rezeptor, sondern vermutlich auch einen membranständigen Rezeptor. Die Sekretion von Aldosteron wird komplex reguliert. An seiner Freisetzung sind 3 Mechanismen beteiligt (Abb. 8.8):

- Renin-Angiotensin-System
- Kalium
- ACTH

Das Renin-Angiotensin-System kontrolliert das Blutvolumen und das Volumen des Interzellularraums mittels Regulierung der Aldosteronsekretion. Bei Volumenverminderung erreicht das Renin-Angio-

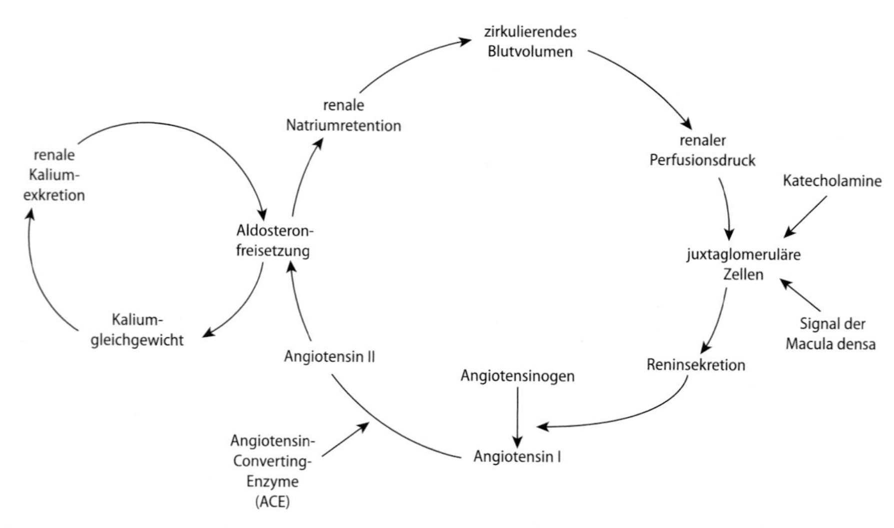

Abb. 8.8. Kontrollmechanismen zur Freisetzung von Aldosteron: Kaliumionen regulieren die Aldosteronsekretion direkt und unabhängig vom zirkulierenden Renin-Angiotensin. Vermehrte orale Kaliumaufnahme stimuliert die Aldosteronsekretion. Das Renin-Angiotensin-System kontrolliert das extrazelluläre Flüssigkeitsvolumen über die Regulierung der Aldosteronsekretion. Es hält das zirkulierende Blutvolumen konstant, indem es bei Volumenmangel eine aldosteroninduzierte Natriumretention bewirkt, und bei reichlich Volumen die aldosteronabhängige Natriumretention lockert. Insgesamt bestimmt die Integration der Volumen- und Kaliumrückkopplungsschleifen das Ausmaß der Aldosteronsekretion

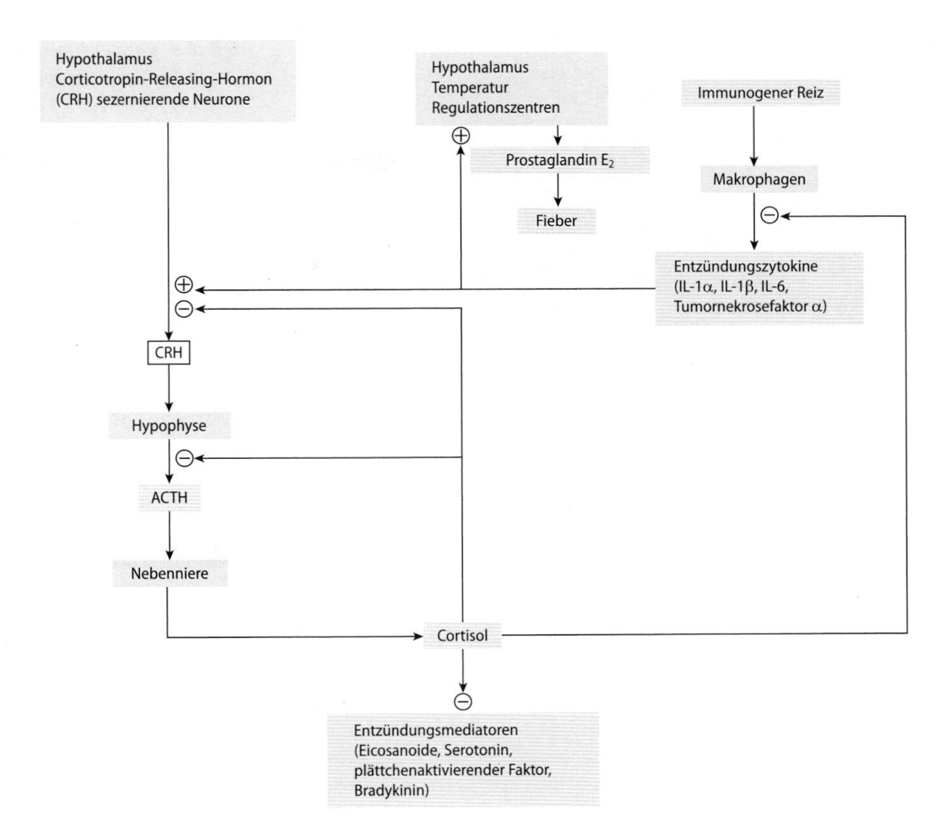

Abb. 8.9. Achse Immunsystem-Nebennierenrinde: Cortisol hat antientzündliche Eigenschaften, zu denen Unterdrückung der Entzündungszytokine und Entzündungsmediatoren, sowie Beinflussung der Mikrozirkulation und verschiedener Zellen gehören. Exogene oder endogene Pyrogene (fieberverursachende Substanzen) stimulieren die Sekretion von Cortisol, und Cortisol seinerseits unterdrückt die Immunantwort CRH: Corticotropin-(= ACTH-)Releasing-Hormon

tensin-System eine Normalisierung, indem es die Natriumrückresorption durch Aldosteron stimuliert. Aldosteronrezeptoren befinden sich verbreitet auch auf nichtepithelialen Zellen, z.B. Nerven-, Muskel- und Endothelzellen, wo Aldosteron andere Funktionen als in Epithelien hat.

Zona fasciculata

Die Zellen der breiten Zona fasciculata bilden die **Glucocorticoide,** die immer auch eine gewisse Minerolocorticoidwirkung besitzen. Das wichtigste Glucocorticoid ist das Cortisol (Hydrocortison). Die Funktionen der Glucocorticoide sind vielfältig. Sie sind wesentlich an der **Regulierung** des **Protein-, Kohlenhydrat-, Lipid-** und **Kernsäurenstoffwechsels** beteiligt. Sie erhöhen den Blutglucosespiegel durch Unterdrückung der Insulinsekretion, wodurch die Aufnahme von Glucose in die Zellen behindert wird, was wiederum die Glucosebildung in der Leber anregt. In Hinsicht auf den Proteinstoffwechsel haben Glucocorticoide katabole Wirkung. Besonders deutliche katabole Auswirkungen haben diese Hormone auf Stützstrukturen wie Knochen, Muskulatur, Haut und Bindegewebe. Glucocorticoide hemmen in den meisten Organen die Synthese von Kernsäuren. Im Fettgewebe fördern sie in vielen Organen die Freisetzung von Fettsäuren, aber im Einzelnen können die verschiedenen Körperregionen unterschiedlich reagieren, z.B. fördern größere Mengen Cortisol die Vermehrung des Fettgewebes am Stamm und zwischen den Schulterblättern, wohingegen das Fettgewebe an Armen und Beinen abnimmt.

Glucocorticoide wirken **antientzündlich** und beeinträchtigen die zellvermittelte Immunität (Abb. 8.9). In dieser Funktion werden die Glucocorticoide therapeutisch genutzt und erweisen sich oft als sehr effektive Medikamente, z.B. bei chronischen allergischen Reaktionen.

In Stresssituationen steigt der Cortisolspiegel in Minuten an und schützt den Körper gegen die Auswirkungen des Stress, welcher Art er auch sei, Trauma, Operation, Angst, Depression, Fieber usw.

Zonula reticularis

Die Zonula reticularis der Rinde bildet **Androgene,** die bei Männern die Ausbildung sekundärer Geschlechtsmerkmale fördern und bei Frauen zur Virilisierung führen können. Wichtigstes Androgen der Nebennierenrinde ist das Dehydroepiandrosteron (DHEA). Die Androgene der Nebennierenrinde haben per se eine schwache androgene Wirkung, sie werden in den Zielorganen zu dem sehr effektiven Testosteron umgewandelt. Die Androgenbildung der Nebenniere steht unter ACTH-Einfluss.

8.5.3 Nebennierenmark

Das Nebennierenmark baut sich aus dichtgelagerten polygonalen oder länglichen Zellen auf, die modifizierten sympathischen Neuronen entsprechen und die die Katecholamine **Adrenalin** und **Noradrenalin** bilden. Die Markzellen werden von präganglionären cholinergen sympathischen Neuronen innerviert.

Im HE-Präparat ist das Zytoplasma oft feingranulär und blassviolett gefärbt (Abb. 8.10). Die Kerne sind euchromatinreich. Nach Fixierung mit Kaliumbichromat sind die Markzellen gelblichbraun gefärbt. Diese Fixierungsform ist ein Nachweis für Monoamine (Adrenalin, Noradrenalin), die durch das Bichromat oxidiert werden. Die Zellen heißen daher auch **chromaffine Zellen**, ebenso wie die serotoninhaltigen enterochromaffinen Zellen des Magen-Darm-Traktes. Im Mark lassen sich mit speziellen histochemischen Färbungen **Adrenalin-(A-)** und **Noradrenalin-(NA-)bildende Zellen** feststellen, erstere machen ungefähr drei Viertel, letztere ein Viertel der endokrinen Markzellen aus. Im Elektronenmikroskop enthalten beide Zellen zahlreiche elektronendichte Granula (Durchmesser 150–300 nm). Außer Adrenalin und Noradrenalin wurden in den Markzellen des Menschen verschiedene Neuropeptide nachgewiesen. Weiterhin enthalten die Sekretionsgranula der Zellen Kalzium,

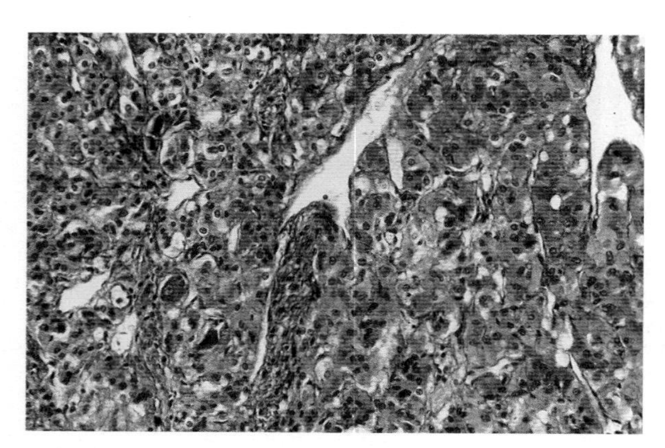

Abb. 8.10. Histologischer Aufbau des Nebennierenmarks (Azanfärbung, Vergr. 260-fach)

Adeninnucleotide und Chromogranin. Adrenalin steigert u.a. die Herzfrequenz, die Herzkraft und die Vasokonstriktion in vielen Organen, fördert den Abbau von Glykogen und die Freisetzung von Fettsäuren. Dadurch werden für die Energiegewinnung geeignete Substrate bereitgestellt. Das Hungergefühl wird unterdrückt. Zusammen mit dem Sympathikus beeinflussen die Katecholamine des Nebennierenmarks (sympathoadrenales System) alle Organfunktionen und dies meist in Sekunden. Insgesamt setzen die Katecholamine den Körper in kürzester Zeit in die Lage, Kräfte zu mobilisieren und z.B. rasch die Flucht zu ergreifen.

Im Mark kommen regelmäßig kleine Gruppen **multipolarer Ganglienzellen** vor. Schließlich ist selten ein weiterer Zelltyp im Mark zu finden, die **kleingranulären chromaffinen Zellen,** die als Zwischenformen von Neuronen und A- sowie NA-Zellen angesehen werden. Zwischen den verschiedenen chromaffinen Zellen treten schmale Zellen **(sustentakuläre Zellen)** auf, die die Gliakomponente des Nebennierenmarks repräsentieren.

Eine vaskuläre Besonderheit sind die weiten **Drosselvenen** des Marks, deren Media auffallende, unterschiedlich dicke Stränge glatter Muskelzellen besitzt.

8.8 Nebennierenrindenüber- und unterfunktion

Eine **Überfunktion** der Nebennierenrinde kann durch Adenome oder Karzinome verursacht werden. Exzessive Cortisolbildung führt zum Cushing-Syndrom, exzessive Aldosteronbildung zu Aldosteronismus, exzessive Bildung von kortikalen Androgenen zu adrenalem Virilismus (Vermännlichung) bei Frauen. Beim klassischen **Morbus Cushing** wird die Überproduktion von Glucocorticoiden und Hyperplasie der Nebennierenrinde infolge eines basophilen Hypophysentumors verursacht. Typische Symptome sind Stammfettsucht (Mondgesicht, Büffelnacken, dünne Haut), Bluthochdruck, Osteoporose u.a. Ähnliche Symptome können auch durch regelmäßige Einnahme von Glucocorticoiden verursacht werden. Eine angeborene Nebennierenhyperplasie tritt öfter in der Kindheit auf. Ursache sind meist Enzymdefekte der Steroidsynthese auf genetischer Basis; Symptome reichen von Vermännlichung bei Mädchen bis zu Verweiblichung bei Jungen.

Eine **Unterfunktion** der Nebennierenrinde wird meist erst erkennbar, wenn mehr als 90% des Gewebes zerstört sind (primäre adrenokortikale Insuffizienz, Addison-Krankheit). Eine häufige Ursache einer Atrophie ist ein Autoimmunprozess. Die Patienten leiden an Anorexie, Schwäche, Übelkeit, Überpigmentierung der Haut, niedrigen Blutdruck.

8.9 Phäochromozytome

Als **Phäochromozytome** werden Tumoren bezeichnet, die Katecholamine sezernieren. Sie leiten sich oft vom Nebennierenmark ab. In weniger als 10% der Fälle sind sie bösartig. Ein häufiges Symptom ist erhöhter Blutdruck.

8.5.4 Entwicklung

Die Rinde entsteht am Ende des 1. Embryonalmonats aus dem Zölomepithel der dorsalen Abdominalhöhle. Die Vorläufer des Marks entstammen der Neuralleiste und entsprechen Vorstufen sympathischer Neurone, die im 2. Embryonalmonat in die Nebenniere einwandern. Die Nebennierenrinde durchläuft vor und nach der Geburt ausgeprägte Umwandlungsprozesse, ihr größtes relatives Gewicht hat sie im 4. Embryonalmonat. Im höheren Alter werden Außen- und Innenzone der Rinde auffallend dünn.

In Kürze

Die **Nebenniere** besteht aus 2 Anteilen:
- Nebennierenrinde und
- Nebennierenmark

Die **Rinde** ist mesodermalen Ursprungs und bildet folgende Steroidhormone:
- Mineralocorticoide
- Glucocorticoide
- Geschlechtshormone

Das **Mark** stammt aus dem Neuroektoderm und bildet die Katecholamine:
- Adrenalin (Epinephrin) und
- Noradrenalin (Norepinephrin)

8.6 Langerhans-Inseln des Pankreas

Einführung

Der 20-jährige Paul Langerhans beschrieb 1869 im Rahmen seiner medizinischen Doktorarbeit die Langerhans-Inseln. Sie bestehen aus 2000–3000 hormonbildenden Epithelzellen und entsprechen dem endokrinen Anteil des Pankreas. Sie bilden vor allem die Hormone Insulin und Glucagon, die für den Kohlenhydratstoffwechsel wichtig sind.

8.6.1 Lage und Aufbau

Die Langerhans-Inseln sind kleine, im Durchmesser oft 100–200 μm messende Zellansammlungen, die aus 2000–3000 endokrinen Zellen verschiedenen Typs zusammengesetzt sind. Die Zahl der Inseln liegt vermutlich bei 1–2 Millionen, sie machen ca. 1–3% der Masse des Pankreasgewebes aus und sind im Schwanzanteil des Pankreas häufiger als im Kopfbereich.

Es gibt 4 endokrine Insel-Zelltypen:
- Die **B-Zellen** bilden das **Insulin.** Sie machen ca. 70% des Inselgewebes aus. Im HE-Präparat bleiben sie blass, lassen sich aber immunhistochemisch selektiv darstellen (Abb. 8.11a). Im Elektronenmikroskop enthalten sie typische Sekretionsgranula mit kristallinem Zentrum.

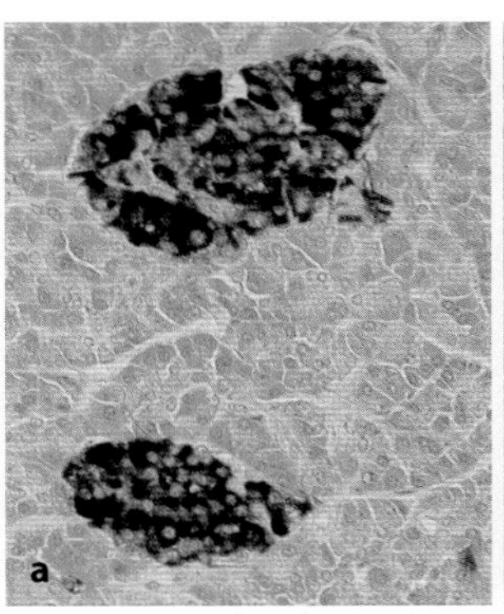

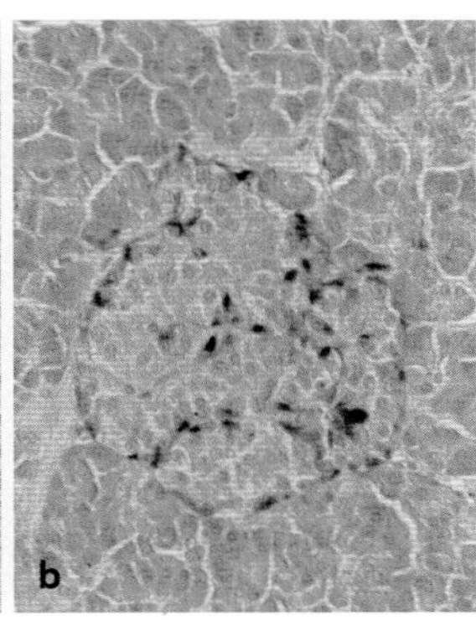

Abb. 8.11a, b. Langerhans-Inseln im Pankreas eines Menschen. **a** Immunhistochemischer Insulinnachweis in den B-Zellen (Braunfärbung, Vergr. 250-fach). b Immunhistochemischer Glucagonnachweis in den A-Zellen (Braunfärbung, Vergr. 450-fach) [2]

- Die **A-Zellen** bilden das **Glucagon** und umfassen ca. 20% der Inselzellen (Abb. 8.11b). Sie liegen oft in der Peripherie der Inseln, sind größer als die B-Zellen und leicht azidophil. Ihre Granula enthalten im elektronenmikroskopischen Präparat einen homogenen dichten Inhalt, der von einem hellen Hof umgeben ist.
- Die **D-Zellen** machen ca. 5% der Inselzellen aus. Sie bilden **Somatostatin.** Ihre Granula sind relativ groß und von mittlerer Elektronendichte. Somatostatin hemmt die Sekretion von Insulin und Glucagon.
- Die **PP-Zellen** haben einen Anteil von unter 5% und bilden das **pankreatische Polypeptid (PP)**, welches die Sekretion des Pankreas hemmt. Einzelne PP-Zellen kommen auch in den Azini und den Pankreasgängen vor.

Zwischen allen Inselzellen finden sich Nexus und Desmosomen. Cholinerge und adrenerge Synapsen treten regelmäßig in den Inseln auf.

8.6.2 Gefäßversorgung

Die Inseln enthalten in reichem Maße sinusoidale (weitlumige) fenestrierte kapilläre Gefäße. Ein bis drei afferente Gefäße (Inselarteriolen) versorgen eine Insel; diese Gefäße können sich schon in der Inselperipherie oder erst im Inselzentrum in Kapillaren aufspalten, so dass die Inselzellen von der Oberfläche oder aus der Tiefe der Insel versorgt werden. Das Blut verlässt die Inseln über mehrere abführende Gefäße, die sogenannten insuloazinären Portalgefäße, die in das Kapillarnetz der exokrinen Azinuszellen einmünden. Damit wird den Azini hormonreiches Blut zugeführt, wodurch vermutlich die Sekretion der Azinuszellen beeinflusst wird.

8.6.3 Funktion

Die wichtigsten Hormone der Langerhans-Inseln sind Insulin und Glucagon. Beide Hormone stehen in Beziehung zum Kohlenhydratstoffwechsel. **Insulin** senkt den Blutzuckerspiegel. Bei Zufuhr von Kohlenhydraten wird es ausgeschüttet und fördert die Aufnahme und Verwertung von Glucose vor allem durch Leber-, Fett- und Muskelzellen. Es hemmt die Glucosesynthese und hat viele weitere Funktionen. **Glucagon** erhöht den Blutzuckerspiegel durch Förderung des Glykogenabbaus in der Leber. Glucagon stimuliert auch die Insulinsekretion.

8.10 Diabetes mellitus

Eine der häufigsten Krankheiten des Menschen – speziell in der Wohlstandsgesellschaft – ist die Zuckerkrankheit (Diabetes mellitus), die vor allem durch erhöhten Blutzuckerspiegel (Hyperglykämie) und in schweren Fällen auch durch Zucker im Urin (Glukosurie) gekennzeichnet ist. Die Krankheit beruht auf mehreren komplex zusammenhängenden Ursachen, Genetik, Umweltfaktoren und Lebensstil. Je nach Ätiologie kann die Hyperglykämie u.a. auf verminderter Insulinsekretion, vermehrter Glucosebindung oder verminderter Glucosenutzung beruhen. Sekundäre Komplikationen ergeben sich vor allem aus Veränderungen in der Bindegewebematrix der Wände kleiner und großer Arterien, welche zu Perfusionsstörungen von Organen und damit zu Funktionsausfällen führen. Schwer betroffen sind oft Retina, Nervensystem mit peripheren Nerven, Nieren, Herz und untere Extremitäten. Patienten mit Typ-1-Diabetes (juvenilem Diabetes) benötigen extern zugeführtes Insulin. Bei Patienten mit Typ-2-Diabetes (Altersdiabetes) sind die Zellen »erschöpft«. Diese Patienten werden mit Tabletten behandelt und sind meist nicht von Insulin abhängig.

In Kürze

Die Epithelzellen der Langerhans-Inseln bilden die Hormone:
- Insulin
- Glucagon
- Somatostatin und pankreatisches Polypeptid

Klinisch ist das Hormon Insulin besonders wichtig (Diabetes mellitus).

9 Organe der Atmung

B. N. Tillmann, U. Schumacher

Einführung

Der Atemapparat wird funktionell in die luftleitenden Atmungsorgane und in die dem Gasaustausch dienenden Atmungsorgane unterteilt. Die Organe der Luftleitung werden nach klinischen Gesichtspunkten in die oberen Atemwege mit Nase und Rachen sowie in die unteren Atemwege mit Kehlkopf, Luftröhre und Luftröhrenästen/Bronchialbaum gegliedert. Die Organe für den Gasaustausch (äußere Atmung) sind die Lungen (Pulmones).

Atemtrakt

Luftleitende Atmungsorgane
- obere Atemwege
  - Nase *(Nasus)*
  - Rachen *(Pharynx)*
- untere Atemwege
  - Kehlkopf *(Larynx)*
  - Luftröhre *(Trachea)*
  - Luftröhrenäste/Bronchialbaum *(Bronchi)*

Organe zum Gasaustausch
- Lungen *(Pulmones)*

9.1 Nase

B. N. Tillmann

Einführung

An der Nase unterscheidet man die zum Gesicht zählende äußere Nase und die Nasenhöhle. Die Funktionen der Nase sind die Luftleitung, -reinigung, -anfeuchtung und -erwärmung sowie die Abwehr von Erregern und die Geruchswahrnehmung.

9.1.1 Funktion

Die Nase erfüllt im Zusammenhang mit der Funktion der Luftleitung Aufgaben der **mechanischen Reinigung,** der **Anwärmung** und der **Anfeuchtung** der **einströmenden Atemluft** sowie der **Abwehr** von Keimen. Über das im Dach der Nasenhöhle liegende **Geruchssinnesorgan** (► Kap. 17.4) wird die Einatmungsluft kontrolliert. Nasenspezifische Reflexe dienen dem **Schutz der Atmungsorgane** und der Regulierung der Atemluft. Die Nasenhöhle steht als **Resonanzraum** und Bildungsort von Konsonanten im Dienste der Phonation.

9.1.2 Äußere Nase

Äußere Form

Die **äußere Nase** (*Nasus externus)* hat wesentlichen Anteil an der Form des Gesichtes. Im mittleren Bereich wird sie unterteilt in Nasenwurzel, *Radix nasi*, Nasenrücken, *Dorsum nasi* und Nasenspitze, *Apex nasi*. Die paarigen Nasenflügel, *Ala nasi dextra* und *sinistra*, begrenzen mit dem membranösen Teil des Nasenseptums, *Pars membranacea septi nasi (Columella)*, die Nasenlöcher, *Nares*. Die äußere Nase ist von Gesichtshaut bedeckt, die im Bereich der Nasenflügel reich an Talgdrüsen ist. Die Nasenflügel heben sich durch den *Sulcus nasolabialis* vom übrigen Gesicht ab.

Skelett

Das knöcherne Skelett der äußeren Nase wird von den paarigen Nasenbeinen, *Os nasale*, gebildet, die über die *Sutura internasalis* miteinander verbunden sind. Das rostrale Ende der Nasenbeine bildet gemeinsam mit der *Incisura nasalis* und dem *Processus palatinus* der Maxilla die äußere knöcherne Nasenöffnung, *Apertura piriformis*. Im vorderen Bereich wird das Nasenskelett von den Nasenflügelknorpeln, *Cartilagines alares* gebildet, die durch straffes Bindegewebe miteinander verbunden sind (◻ Abb. 9.1). Im Anschluss an die Nasenbeine folgen die Dreiecksknorpel, *Cartilagines laterales*, die sich am Aufbau von Nasenrücken und Nasenflügeln beteiligen. Die *Cartilagines laterales* schieben sich unter das Nasenbein und sind mit dem *Processus lateralis* des Septumknorpels verbunden. Als Verstärkung der Nasenflügel dienen außerdem kleine Knorpelplatten, *Cartilagines alares minores* und *Cartilagines nasi accessoriae*. Hyaline Nasenflügelknorpel und straffes Bindegewebe ermöglichen die Beweglichkeit des vorderen Anteils der äußeren Nase.

Muskeln

Im Bereich der Nasenöffnung liegen mimische Gesichtsmuskeln. Die Pars alaris des *M. nasalis* kann die Nasenlöcher gemeinsam mit dem *M. depressor septi* erweitern; auch die Pars transversa des M. nasalis bewirkt ihre Erweiterung. Der *M. levator labii superioris alaeque nasi* hebt die Nasenflügel an (»Nasenflügelatmen«).

9.1 Angeborene oder erworbene Deformitäten

An der äußeren Nase treten angeborene oder erworbene Deformitäten (Höcker-, Sattel-, Schief- oder Kurznase) auf. Verletzungen können die Weichteile und das Skelett betreffen. Es kommen gutartige (z.B. Rhinophym) und bösartige Tumoren (z.B. Basaliom, spinozelluläres Karzinom) vor.

9.1.3 Nasenhöhle

Die paarigen Nasenhöhlen, *Cavitas nasi dextra* und *sinistra*, beginnen an den Nasenlöchern, *Nares*, jeweils mit dem **Nasenvorhof**, *Vestibulum nasi*, der bis zu einer durch das Crus laterale des großen Flügelknorpels aufgeworfenen Schleimhautfalte, *Limen nasi*, reicht. Limen nasi sowie Vorwölbungen im Bereich des Nasenhöhlenbodens (sog. Bodenleiste des *Os incisivum*) und im Bereich des Nasenseptums (Crus mediale der Cartilago alaris major) bilden die innere Nasenklappe, die eine Engstelle bildet. Hier wird die laminäre Strömung der Einatmungsluft physiologischerweise in eine turbulente Strömung verwandelt, wodurch der Kontakt zwischen Atemluft und Schleimhaut verbessert wird (Diffusoreffekt).

Hinter der inneren Nasenklappe beginnt die eigentliche **Nasenhaupthöhle**. Die paarigen Nasenhöhlen werden durch die Nasenscheidewand, *Septum nasi*, voneinander getrennt. Die Nasenhöhle wird von vier Wänden begrenzt und geht dorsal über die paarigen (sekundären) Choanen kontinuierlich in den Epipharynx (Nasopharynx) über.

Nasenhöhlenboden

Der **Boden** der Nasenhöhle wird im vorderen Abschnitt knöchern vom Zwischenkieferknochen (*Os incisivum)* und vom *Processus palatinus* der *Maxilla* sowie im hinteren Viertel von der *Facies nasalis* der *Lamina horizontalis* des *Os palatinum* gebildet. Die Knochen beider Nasenhöhlenböden stoßen in der Sutura palatina mediana aneinander und wölben sich nasenhöhlenwärts als *Crista nasalis* auf, die im vorderen Bereich in die *Spina nasalis anterior* übergeht. Die Erhebungen dienen der Anheftung des Nasenseptums. Etwa 12–15 mm hinter dem Vorderrand des knöchernen Nasenbodens liegt links und

Abb. 9.1. Knöchernes und knorpeliges Skelett der Nase (linke Seite, Ansicht von lateral) [1]

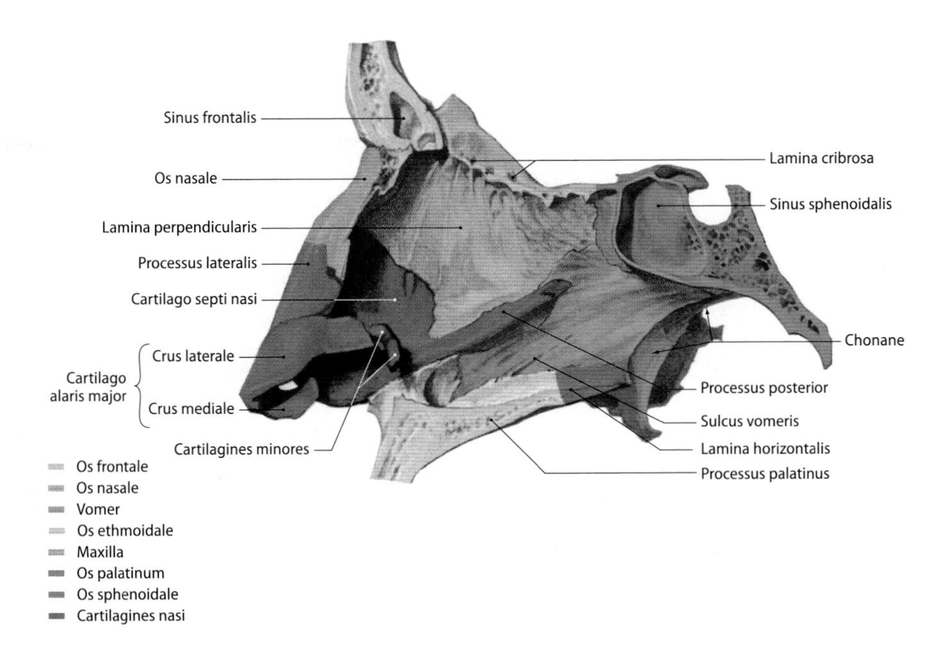

rechts jeweils lateral der Spina nasalis anterior die Öffnung des *Canalis incisivus*. Die Canales incisivi münden mundhöhlenwärts in das unpaare *Foramen incisivum*. Eine Schleimhautverdickung hinter der Öffnung des Canalis incisivus, *Torus nasalis*, ist auf die Entwicklung des *Organum vomeronasale* zurückzuführen.

Mediale Nasenhöhlenwand

Die **mediale Nasenhöhlenwand** ist das Nasenseptum, *Septum nasi*, das im Nasenvorhof überwiegend aus straffem Bindegewebe, *Pars membranacea* (Nasensteg, Columella), und im Bereich der Nasenhaupthöhle aus hyalinem Knorpel, *Pars cartilaginea*, und aus Knochen, *Pars ossea*, besteht. Zum knorpeligen Teil des Nasenseptums gehört die Septumlamelle, *Cartilago septi nasi*, die im Bereich des Nasenrückens über eine Knorpelleiste, *Cartilago lateralis*, mit den Cartilagines laterales verwachsen ist. Die Septumlamelle grenzt hinten-oben an die Lamina perpendicularis des Os ethmoidale, unten an den Vomer und vorn an die Pars membranacea septi nasi. Von der hinteren-unteren Ecke der Cartilago septi nasi schiebt sich meistens ein knorpeliger Fortsatz, *Processus posterior*, variabler Länge zwischen Vomer und Lamina perpendicularis des Os ethmoidale. An der Grenze zwischen Vomer und Processus posterior findet man häufig eine leistenförmige Verdickung, die aufsteigende Septumleiste oder Vomerleiste, die auf einer Verbreiterung der oberen Vomerkante und des Knorpelfortsatzes beruht. In diesem Bereich weist das Nasenseptum häufig einen Knick auf, *Septumdeviation*. Die knöchernen Anteile der Nasenscheidewand bilden die *Lamina perpendicularis ossis ethmoidalis* und der *Vomer* (Schwellkörper im Bereich des Nasenseptum, *Tuberculum septi nasi*, ► Kap. 9.1.5).

9.2 Deviation des Nasenseptums

Aufgrund ungleicher Wachstumsabläufe innerhalb der knöchernen und knorpeligen Anteile des Nasenseptums vor allem während der Pubertät kommt es bei ca. 60–70% der Erwachsenen zur Deviation des Nasenseptums, wobei am häufigsten eine Verbiegung zur linken Seite beobachtet wird. Eine angeborene oder traumatisch erworbene Septumdeviation kann zur Behinderung der Nasenatmung führen, die eine Beeinträchtigung der Geruchswahrnehmung und Nasennebenhöhlenentzündungen zur Folge hat.

Nasenhöhlendach

Das **Dach der Nasenhöhle** ist schmaler als der Nasenboden; an seinem knöchernen Aufbau beteiligen sich vorn (Pars nasalis) die Knorpel des Nasenrückens, das *Os nasale* und die *Spina nasalis* des *Os frontale*. Der mittlere, horizontal ausgerichtete Abschnitt (Pars ethmoidalis) wird von der *Lamina cribrosa* des *Os ethmoidale* gebildet und setzt sich über den *Recessus sphenoethmoidalis* in den hinteren Abschnitt (Pars sphenoidalis) fort, der vom *Corpus ossis sphenoidalis* gebildet wird. Der steil nach hinten abfallende Teil des Nasendaches endet an der Choane und geht kontinuierlich in den Pharynx über (Abb. 9.2).

Laterale Nasenhöhlenwand

Das **Skelett** der **lateralen Nasenwand** setzt sich aus einem Mosaik von 7 Knochen zusammen (Abb. 9.2). Im vorderen Bereich beteiligen sich daran ein Teil des *Os nasale*, die Facies nasalis der *Maxilla* und das *Os lacrimale*. Im mittleren Bereich liegt das Corpus maxillae mit der knöchernen Umrandung des *Hiatus maxillaris*, das *Os ethmoidale* mit Processus uncinatus, mit der medialen Begrenzung der *Cellulae ethmoidales anteriores* und *posteriores* sowie mit den in die Nasenhöhle vorspringenden Nasenmuscheln, *Concha nasi superior* und *Concha nasi media*. Das Skelett der unteren Nasenmuschel, *Concha nasi inferior*, ist ein eigenständiger Knochen der über den Processus maxillaris an der Crista conchalis der Maxilla, über den Processus ethmoidalis mit dem Processus uncinatus des Siebbeins und über den Processus lacrimalis mit dem Os lacrimale verbunden ist. Der *Hiatus maxillaris* der Maxilla wird durch die Concha nasi inferior, den Processus uncinatus des Siebbeins und durch den Komplex der Siebbeinzellen mit der *Bulla ethmoidalis* unvollständig knöchern verschlossen. Die normalerweise von Schleimhaut bedeckten knöchernen Lücken der seitlichen Nasenwand bezeichnet man als *Fontanellen*. Den hinteren Teil der seitlichen Nasenwand bilden die Lamina perpendicularis des *Os palatinum* und am Übergang zur Choane die Lamina medialis des Processus pterygoideus des *Os sphenoidale*.

Die **Struktur** der lateralen Nasenwand wird im wesentlichen durch die **Nasenmuscheln,** *Chonchae nasi superior*, *media* und *inferior* sowie durch die unter den Muscheln liegenden **Nasengänge,** *Meatus nasi superior*, *medius* und *inferior* geprägt. Die Region vor

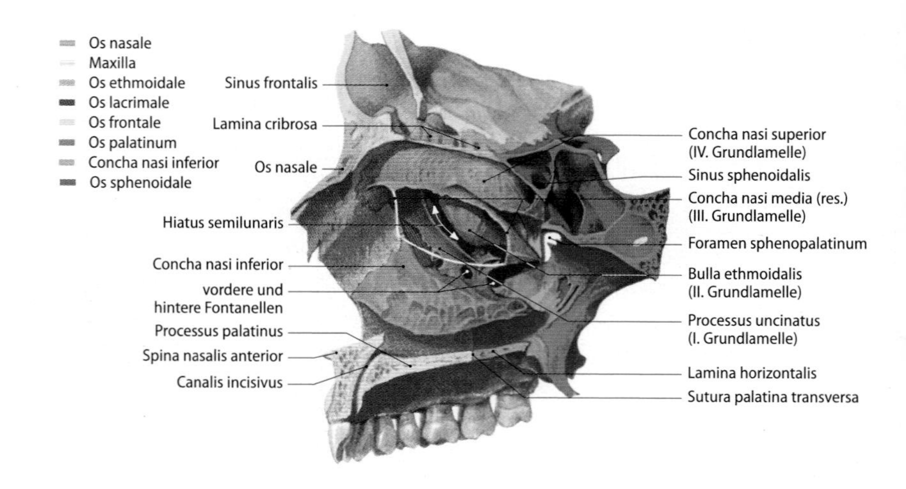

Abb. 9.2. Knochen der rechten seitlichen Nasenwand in der Ansicht von medial. Zur Demonstration des Hiatus semilunaris wurde die mittlere Nasenmuschel teilweise reseziert [1]

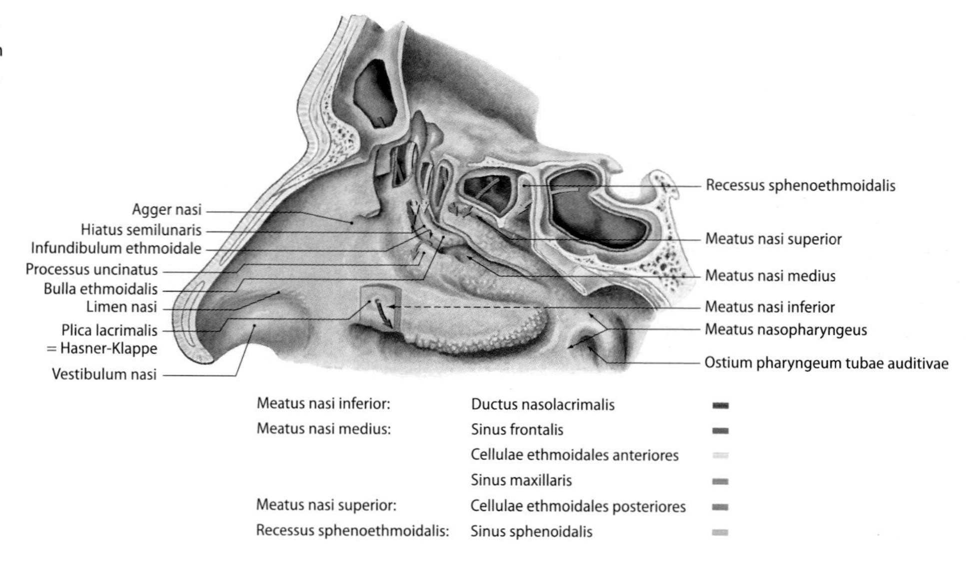

Abb. 9.3. Seitliche Nasenwand der rechten Seite, Mündung der Nasennebenhöhlen und des Tränennasenganges in Ansicht von medial [1]

dem mittleren Nasengang oberhalb des Kopfes der unteren Muschel wird als *Atrium meatus medii* bezeichnet. Die Rinne zwischen der vorderen Anheftung des Concha nasi media an der Schädelbasis und dem Nasendach bezeichnet man als *Sulcus olfactorius*. Vor und etwas oberhalb der vorderen Anheftung der mittleren Muschel wölbt sich die Schleimhaut als *Agger nasi* vor. Die darunter liegende knöcherne Vorbuchtung entspricht dem Rudiment einer Nasenmuschelanlage (Ethmoturbinale I), die pneumatisiert sein kann (Agger-nasi-Zelle). Lateral vom Agger nasi verläuft der *Ductus nasolacrimalis*.

Die **Nasenmuscheln** bestehen aus einem zentralen knöchernen Teil und aus Schleimhaut, in deren Lamina propria venöse Schwellkörper eingelagert sind.

Die untere Nasenmuschel, *Choncha nasi inferior*, ist die größte Nasenmuschel; ihr vorderes Ende (sog. Muschelkopf) liegt etwa 1 cm hinter dem Limen nasi, das hintere Ende reicht bis zum Sulcus nasopharyngeus. In den von ihr eingeschlossenen *Meatus nasi inferior* mündet über die *Apertura ductus nasolacrimalis* (Hasner-Klappe) der Tränennasengang (◼ Abb. 9.3). Die Verlängerung des sich im Regelfall nach hinten erweiternden unteren Nasenganges liegt im Epipharynx im Bereich der Öffnung der Tuba auditiva. Lateral grenzt die Wand des unteren Nasenganges an die Kieferhöhle. Das vordere Ende der mittleren Muschel, *Concha nasi media*, ist gegenüber der unteren Nasenmuschel ca. 1 cm nach hinten versetzt. Die mittlere Muschel ist im mittleren und hinteren Abschnitt variabel stark nach lateral (innen) eingerollt. Sie kann durch eine sagittale oder frontale Furche stark eingekerbt sein, und sie ist nicht selten ein- oder doppelseitig pneumatisiert *(Concha bullosa)*.

In den von der mittleren Nasenmuschel bedeckten mittleren Nasengang, *Meatus nasi medius*, münden die vorderen Siebbeinzellen, der Sinus frontalis und der Sinus maxillaris. In der lateralen Wand des mittleren Nasenganges liegt zwischen der Hinterfläche des *Processus uncinatus* und der Vorderfläche der *Bulla ethmoidalis* ein sichelförmiger, sagittaler Spalt, den man als *Hiatus semilunaris* bezeichnet. Über den Hiatus semilunaris gelangt man in das *Infundibulum ethmoidale*, in das die vorderen Siebbeinzellen dränieren. In das *Infundibulum ethmoidale* mündet in variabler Lokalisation und Form über das *Infundibulum maxillare* der Sinus maxillaris. Die Mündung des Sinus frontalis und seine Beziehung zum Hiatus semilunaris mit Infundibulum ethmoidale hängen u.a. mit der variablen Anheftung des Processus uncinatus zusammen (► Stirnhöhle). Die obere Nasenmuschel, *Concha nasi superior*, variiert in Größe und Form. In den unter ihr liegenden *Meatus nasi superior* münden die hinteren Siebbeinzellen. Als Variante kommt eine *Concha nasi suprema* vor. Der Raum oberhalb der Concha nasi superior im Bereich des Nasendaches am Übergang zwischen Lamina cribrosa und Corpus ossis sphenoidalis wird als *Recessus sphenoethmoidalis* bezeichnet; in ihn mündet der

Sinus sphenoidalis. Die 3 Nasengänge gehen gemeinsam mit dem zwischen Nasenseptum und Nasenmuscheln liegenden *Meatus nasi communis* in den Nasenrachengang, *Meatus nasopharyngeus*, über (◘ Abb. 9.3).

Bulla ethmoidalis und Processus uncinatus begrenzen den Hiatus semilunaris im mittleren Nasengang. Im Bereich des Infundibulum ethmoidale münden die vorderen Siebbeinzellen, die Kieferhöhle und die Stirnhöhle.

9.3 Grundlamellen
Unter operativen Gesichtspunkten unterscheidet man an der lateralen Nasenwand **4 Grundlamellen:**
I. Grundlamelle = Processus uncinatus
II. Grundlamelle = Bulla ethmoidalis
III. Grundlamelle = knöcherne Anheftung der Choncha nasi media
IV. Grundlamelle = Anheftung der Concha nasi superior

9.4 Ostiomeatale Einheit
Unter klinischen Gesichtspunkten werden die Strukturen der lateralen Nasenwand und des mittleren Nasenganges im Bereich des Hiatus semilunaris (Recessus frontalis, Bulla ethmoidalis, Processus uncinatus, Infundibulum ethmoidale) als ostiomeatale Einheit zusammengefasst. Von hier breiten sich Entzündungen aus der Nase in die Nasennebenhöhlen aus (Sinusitis).

Die Strukturen des mittleren Nasenganges sind Zugangsweg der endoskopischen Nasennebenhöhlenchirurgie zur Behandlung der chronischen Sinusitus oder der Polyposis nasi. Durch Verlegung der Ausführungsgänge der Nasennebenhöhlen nach Entzündungen oder nach Operationen können sich durch Retention des Sekretes Mukozelen und Pyozelen entwickeln.

9.1.4 Nasennebenhöhlen

Die Nasennebenhöhlen, *Sinus paranasales*, liegen als lufthaltige Räume (*Ossa pneumatica*) in den an die Nasenhöhle grenzenden Schädelknochen (◘ Abb. 9.4). Sie sind am Ort ihrer Entstehung über die jeweiligen Ostien mit der Nasenhöhle verbunden und werden wie diese von Schleimhaut ausgekleidet. Ihre funktionelle Bedeutung ist am ehesten in einer Leichtbauweise der Knochen zu sehen. Die Beanspruchung des Gesichtsschädels durch die Organe des Kauapparates soll die individuelle Ausgestaltung der Nasennebenhöhlen beeinflussen. Als Vergrößerung des Resonanzraumes dienen die Nasennebenhöhlen nicht.

Stirnhöhle

Die paarigen Stirnhöhlen, *Sinus frontalis,* liegen im Os frontale (◘ Abb. 9.5). Sie sind durch ein knöchernes Septum, das *Septum sinuum frontalium,* voneinander getrennt. Form und Ausdehnung der Stirnhöhlen variieren interindividuell sowie zwischen linker und rechter Stirnhöhle sehr stark. Der Sinus frontalis kann sich weit nach kranial in die Squama frontalis, nach lateral in den Arcus superciliaris oder nach okzipital in die Pars orbitalis des Stirnbeins bis in die Nähe des Canalis opticus ausdehnen. In ca. 5% der Fälle fehlen die Stirnhöhlen (Aplasie).

Die Stirnhöhle mündet über das trichterförmige Infundibulum frontale am Stirnhöhlenostium, *Apertura sinus frontalis,* meistens in den *Recessus frontalis.* Die Mündungsstelle des Sinus frontalis liegt in Abhängigkeit von der Anheftung des Processus uncinatus im mittleren Nasengang, oberhalb oder innerhalb des Infundibulum ethmoidale. Der Sinus frontalis steht in enger Nachbarschaft zur Augenhöhle und zur vorderen Schädelgrube (► 9.4).

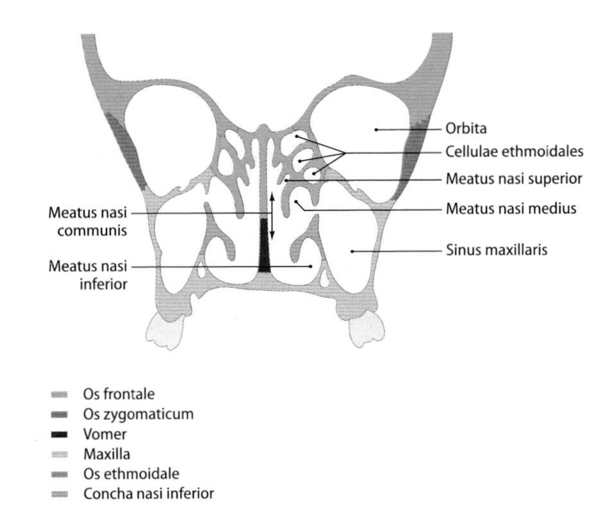

◘ **Abb. 9.4.** Schematische Darstellung des knöchernen Aufbaus von Nasenhöhle und Nasennebenhöhlen (Frontalschnitt) [1]

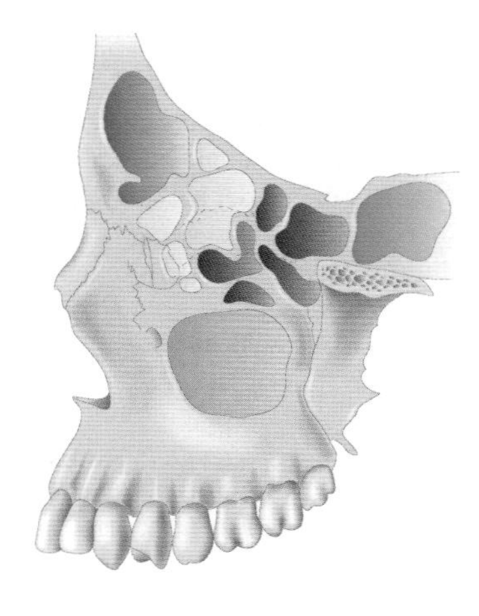

◘ **Abb. 9.5.** Nasennebenhöhlen, Ansicht von links-seitlich [1]

Siebbeinzellen

Die Siebbeinzellen, *Cellulae (Sinus) ethmoidales*, werden unter embryologischen und klinischen Gesichtspunkten nach ihrer Lage zur Basis der Concha nasi media (3. Grundlamelle) in einen vorderen Siebbeinkomplex, *Cellulae ethmoidales anteriores*, und in einen hinteren Siebbeinkomplex, *Cellulae ethmoidales posteriores* gegliedert (mittlere Siebbeinzellen gibt es nicht). Die vorderen Siebbeinzellen münden in den mittleren Nasengang im Bereich des *Infundibulum ethmoidale*, die hinteren Siebbeinzellen dränieren in den oberen Nasengang. Anzahl und Form der miteinander kommunizierenden Zellen des Siebbeinlabyrinths, *Labyrinthus ethmoidalis*, variieren stark. Die konstanteste und größte Zelle des vorderen Siebbeinkomplexes ist die den Hiatus semilunaris begrenzende *Bulla ethmoidalis*, die nur selten nicht pneumatisiert ist. Die Ausdehnung von Siebbeinzellen in die Nachbarregionen hat große klinische Bedeutung (◘ Abb. 9.5).

Als *Bulla frontalis* wird eine in die Stirnhöhle vorragende vordere obere Siebbeinzelle bezeichnet. Eine in den Orbitaboden verlagerte infraorbitale Siebbeinzelle (Haller-Zelle) grenzt an die Orbita. Eine hintere obere Siebbeinzellen, die sich lateral und kranial des Sinus sphenoidalis nach dorsal ausdehnt, bezeichnet man als *Cellula sphenoethmoidalis* (Ónodi-Grünwald-Zelle); N. opticus und A. carotis interna treten damit in enge Beziehung zum hinteren Siebbeinkomplex (► 9.5).

Die Siebbeinzellen grenzen mit der Lamina orbitalis (papyracea) an die Orbita. Das Dach der Siebbeinzellen, das in Höhe der Crista galli liegt, bilden die Foveolae ethmoidales des Os frontale. Die Siebbeinzellen haben dadurch Kontakt mit der vorderen Schädelgrube (► 9.5).

Kieferhöhle

Die Kieferhöhle (*Antrum Highmori;* korrekter: Antrum Leonardi da Vinci), ist normalerweise die größte Nasennebenhöhle. Das Kieferhöhlendach, *Facies orbitalis*, mit den darin verlaufenden *Vasa infraorbitalia* und dem *N. infraorbitalis* ist gleichzeitig der Orbitaboden (► 9.5). Die hintere Wand grenzt mit dem *Tuber maxillae* an die *Fossa pterygopalatina*. Die vordere Wand, *Facies anterior*, gehört zum Gesichtsschädel. Die mediale Wand der Kieferhöhle ist Teil der lateralen Nasenwand; hier liegt im Dach des Sinus maxillaris das natürliche Kieferhöhlenostium, das über das *Infundibulum maxillare* im mittleren Bereich des *Infundibulum ethmoidale* mündet. Fehlt die Schleimhaut (Schneider-Membran) im Bereich der Fontanellen, entstehen akzessorische Ostien im vorderen und/oder hinteren Bereich des Processus uncinatus. Der Boden der Kieferhöhle hat über die sog. Alveolarbucht enge topographische Beziehung zu den Wurzelspitzen der Dentes molares I und II sowie zum Dens praemolaris II. Größe und Form der Kieferhöhlen variieren; es können sich Schleimhautfalten, Septen und Buchten (Recessus) ausbilden.

Keilbeinhöhle

Die paarige Keilbeinhöhle, *Sinus sphenoidalis*, liegt im Keilbeinkörper. Eine in den meisten Fällen asymmetrisch liegende Scheidewand, *Septum sinuum sphenoidalum*, trennt die in Form und Größe stark variierenden Keilbeinhöhlen voneinander. Das Septum kann partiell oder selten vollständig fehlen. Der Sinus sphenoidalis mündet im *Recessus sphenoethmoidalis* des Nasenhöhlendachs. Das Ostium sphenoidale, *Apertura sinus sphenoidalis*, liegt in der Vorderwand und wird teilweise von der *Concha sphenoidalis* umrandet. Das Keilbeinhöhlendach grenzt im vorderen Abschnitt an den Canalis opticus und an den Sulcus prechiasmaticus mit dem N. opticus sowie im hinteren Teil an die Sella turcica mit der Hypophyse. Die aus einer dünnen Kompaktalamelle bestehende laterale Sinuswand hat topographisch Beziehungen zu den hinteren Siebbeinzellen, zum Canalis opticus, Sinus cavernosus, zur A. carotis interna und zum N. trigeminus (► 9.5).

9.5 Ausbreitung von Entzündungen und Tumoren im Nasennebenhöhlenbereich

Aufgrund der engen topographischen Beziehungen zu den Nachbarregionen können Entzündungen der Nasennebenhöhlen auf die Orbita (z.B. Orbitaphlegmone), den Canalis opticus (sphenoethmoidale Zellen = Ónodi-Grünwald-Zellen) oder auf die vordere und mittlere Schädelgrube (z.B. Abszess, Meningitis, Sinus-cavernosus-Thrombose) übergreifen.

In der Kieferhöhle können sich aufgrund der Lage der Wurzeln von Mahl- und Backenzähnen Entzündungen von den Wurzelspitzen aus ausbreiten oder umgekehrt auf die Zahnwurzeln übergehen.

Bösartige Tumoren der Nase und der Nasennebenhöhlen sind aufgrund ihres infiltrativen, destruktiven Wachstums in die Nachbarregionen (Schädelbasis, Augenhöhle, Gaumen, Rachenraum) besonders gefährlich.

9.6 Zugang zur Hypophyse

Die Keilbeinhöhle dient als operativer Zugangsweg zur Hypophyse.

9.1.5 Nasenschleimhaut

Der **Nasenvorhof** wird im Eingangsbereich von Gesichtshaut ausgekleidet, dessen verhorntes mehrschichtiges Plattenepithel allmählich in ein unverhorntes und über dem Limen nasi in ein hochprismatisches mehrschichtiges Epithel übergeht. Im Naseneingangsbereich liegt ein Kranz kräftiger Haare, *Vibrissae*, die grobe Schmutzpartikel in der Einatmungsluft auffangen können. Die Zone der Vibrissen enthält Schweiß- und Talgdrüsen, *Glandulae vestibulares nasi*.

Im Bereich der **Nasenhaupthöhle** unterscheidet man eine *Pars respiratoria* und eine *Pars olfactoria*. Die Schleimhaut der *Pars respiratoria* wird von mehrreihigem **Flimmerepithel** bedeckt, dessen **Flimmerschlag choanenwärts** gerichtet ist. Zwischen den Flimmerepithelzellen liegen Becherzellen, die einzeln oder in Gruppen als endoepitheliale Drüsen vorkommen. Das Epithel ist über eine dicke Basalmembran mit der Tunica propria verbunden, deren Bindegewebefasern kontinuierlich in das Periost oder Perichondrium des Skeletts der Nasenwände übergehen. Die *Tunica propria* ist reich an seromukösen und mukösen Drüsen, *Glandulae nasales* sowie an Leukozyten, Makrophagen und Retikulumzellen (Langerhans-Zellen). Die Lymphozyten der Tunica propria liegen häufig in Gruppen und bilden lymphoide Zonen. Drüsen und Becherzellen haben die Aufgabe der Lubrikation der Schleimhautoberfläche, der **Anfeuchtung der eingeatmeten Luft,** des mukoziliaren Transportes und der **unspezifischen Abwehr.** Lymphozyten, Makrophagen und Plasmazellen bilden das **lokale spezifische** zelluläre **Abwehrsystem** der Nase.

Charakteristisch für die respiratorische Nasenschleimhaut sind **venöse Schwellkörper,** die im Bereich der Nasenmuscheln, *Plexus cavernosus chonchae*, und am Nasenseptum, *Tuberculum septi nasi*, vorkommen (Abb. 9.6). Die Schleimhaut im Bereich der Schwellkörper hebt sich durch die rot-blaue Verfärbung von der rosa erscheinenden übrigen respiratorischen Schleimhaut ab. Die weitlumigen Venen der Schwellkörper werden durch senkrecht aus der Tiefe der Muscheln aufsteigende Arterien über ein subepitheliales Kapillarnetz gespeist. Die Venen in der Tiefe haben kräftige, ringförmige glatte Muskelzellbündel, sog. Sphinkteren, über die nach Art von Drosselvenen der Füllungszustand der Schwellkörper reguliert werden kann. Das Schwellkörpergewebe hat die Aufgabe der Regulierung und **Lenkung** des Luftstroms sowie der **Erwärmung** der Einatmungsluft.

Über das Schwellkörpergewebe wird der nasale Zyklus (zyklische Lumenverengung und -erweiterung der Nasenhaupthöhle) reguliert.

Die Schleimhaut *der Pars olfactoria* gehört zum Riechorgan (► Kap. 17.14). Die Riechschleimhaut erstreckt sich mit einer Fläche von ca. 2–3 cm^2 über die obere Nasenmuschel, den vorderen Ansatz der mittleren Muschel und über den benachbarten Septumanteil im Nasendach. Innerhalb des Riechepithels liegen die *Glandulae olfactoriae* (Bowman-Drüsen); sie haben die Funktion, Duftstoffe aufzulösen und die Riechschleimhaut zu spülen.

9.7 Entzündung der Nasenschleimhaut und Schleimhauthyperplasie

Die Schleimhaut der Nasenhaupthöhle ist häufig von akuten, viral bedingten Entzündungen (akute Rhinitis, Schnupfen) und chronischen Entzündungen unterschiedlicher Ursachen betroffen. Bei Entzündungen der Nasenschleimhaut sind häufig die Nasennebenhöhlen mitbetroffen.

▼

Abb. 9.6a, b. Histologischer Schnitt durch die untere Nasenmuschel. **a** Azan-Färbung. **b** Ausschnitt (Vergr. 80-fach, Goldner-Färbung)

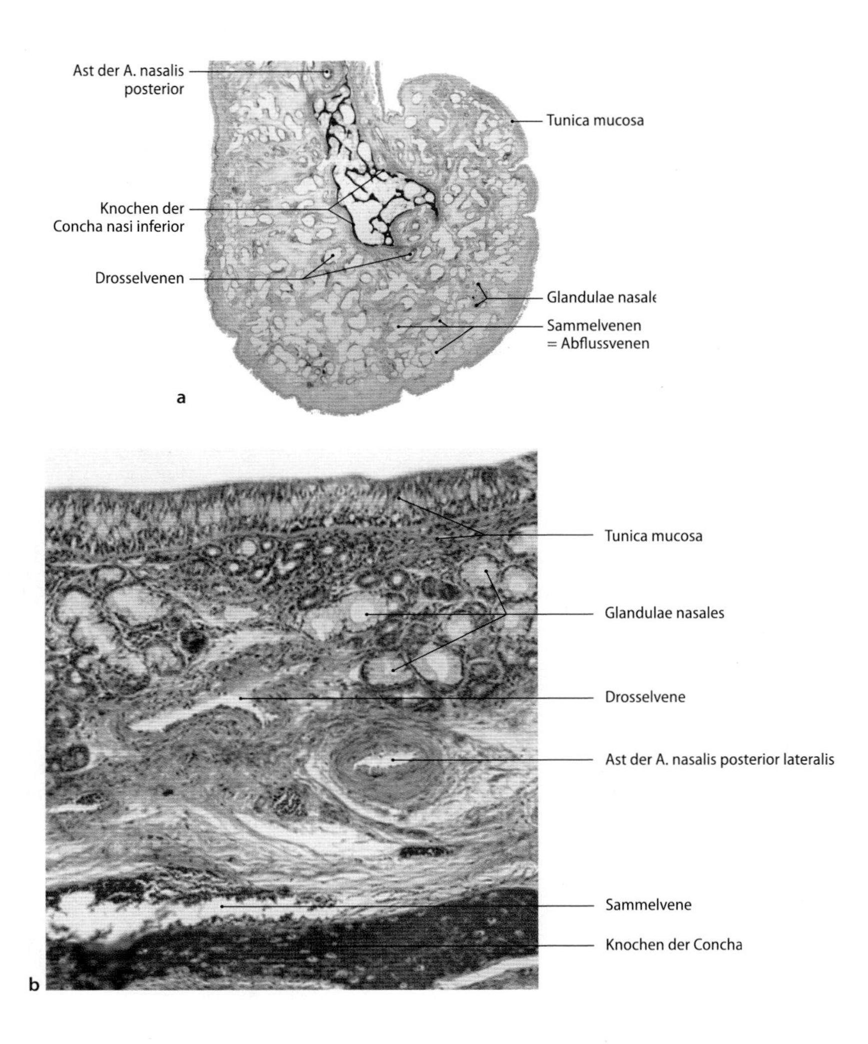

Eine ödematöse, polypöse Schleimhauthyperplasie **(Nasenpolypen)** befällt am häufigsten die vorderen Siebbeinzellen und die Kieferhöhle.

9.1.6 Gefäßversorgung

Arterien

Die Nase wird aus den Stromgebieten der A. carotis externa und der A. carotis interna mit Blut versorgt. Die aus der *A. carotis interna* entspringende *A. ophthalmica* gibt die *A. ethmoidalis anterior* und die *A. ethmoidalis posterior* ab, die in der medialen Orbitawand in die Foramina ethmoidalia anterior und posterior eintreten und über die Canales ethmoidales in die Siebbeinzellen und von dort zum Nasenseptum und zur lateralen Nasenwand gelangen. Die aus der A. supratrochlearis hervorgehende *A. dorsalis nasi* versorgt gemeinsam mit Ästen aus der A. facialis (*R. lateralis nasi*, *A. angularis*) die äußere Nase. Die als Endast der *A. maxillaris* aus dem Versorgungsgebiet der *A. carotis externa* stammende *A. sphenopalatina* gelangt aus der Fossa pterygopalatina über das Foramen sphenopalatinum in die Nase und versorgt mit *Aa. nasales posteriores laterales* die laterale Nasenwand und mit *Rr. septales posteriores* das Nasenseptum. Die Arterien der Nase anastomosieren untereinander sowie mit den *Aa. palatina descendens, palatina major und labialis superior.* Im vorderen unteren Bereich der Nasenscheidewand vor dem Tuberculum septi ist die Schleimhaut sehr dünn und gefäßreich. Diese als **Locus Kiesselbach** bezeichnete Region (9.8) wird vorwiegend aus dem septalen Ast der A. ethmoidalis anterior unter Beteiligung der septalen Äste der A. sphenopalatina versorgt (Abb. 9.7).

Venen

Der venöse Abfluss aus der Nase erfolgt über die *Vv. ethmoidales* in die V. ophthalmica superior sowie über die *Vv. nasales internae* in den Plexus pterygoideus und von dort über die Vv. maxillares und die V. retromandibularis in die V. jugularis interna. Die *Vv. nasales externae* dränieren in die klappenlose V. angularis, die über die V. ophthalmica superior mit den Sinus durae matris in Verbindung steht (► 9.8, ► Kap. 4.2, Abb. 4.45).

9.8 Nasenbluten

Nasenbluten (Epistaxis) kann lokale Ursachen haben (z.B. Verletzung der Schleimhaut vor allem im Bereich des Locus Kiesselbach) oder Symptom bei Erkrankungen (z.B. bei Bluthochdruck oder Gerinnungsstörungen) sein und zu lebensbedrohlichem Blutverlust führen.

Lymphabfluss

Die Lymphe der Pars respiratoria und der Pars olfactoria der Nasenhöhle sowie der Nasennebenhöhlen wird zum größten Teil rachenwärts zu den *Nodi retropharyngeales* und von hier zu den *Nodi (cervicales) profundi* dräniert. Aus dem Bereich des Nasenvorhofs und von der äußeren Nase fließt die Lymphe zu den *Nodi submandibulares*.

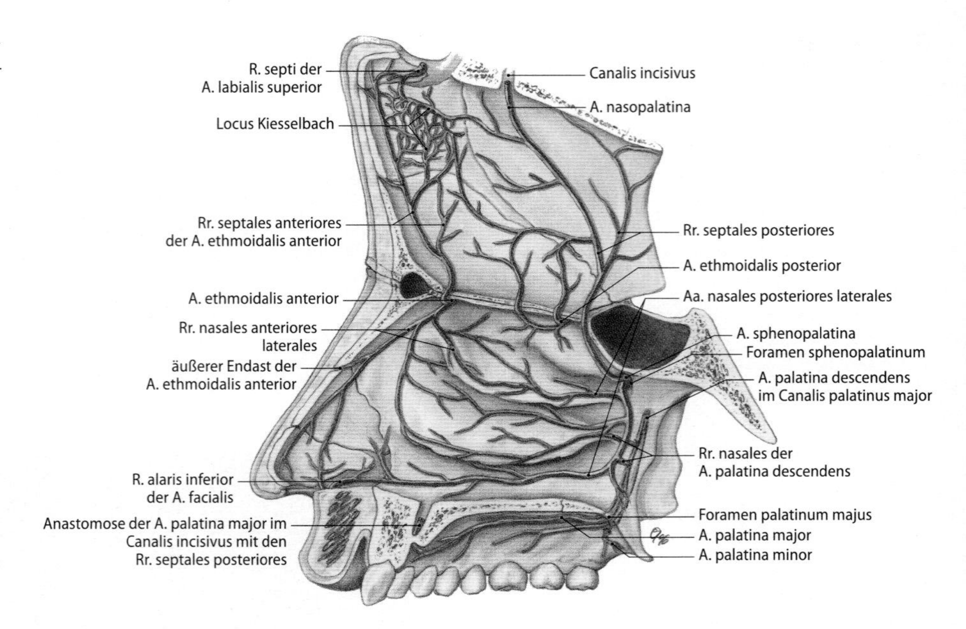

Abb. 9.7. Arterielle Versorgung des Nasenseptums (nach kranial geklappt) und der rechten seitlichen Nasenwand [1]

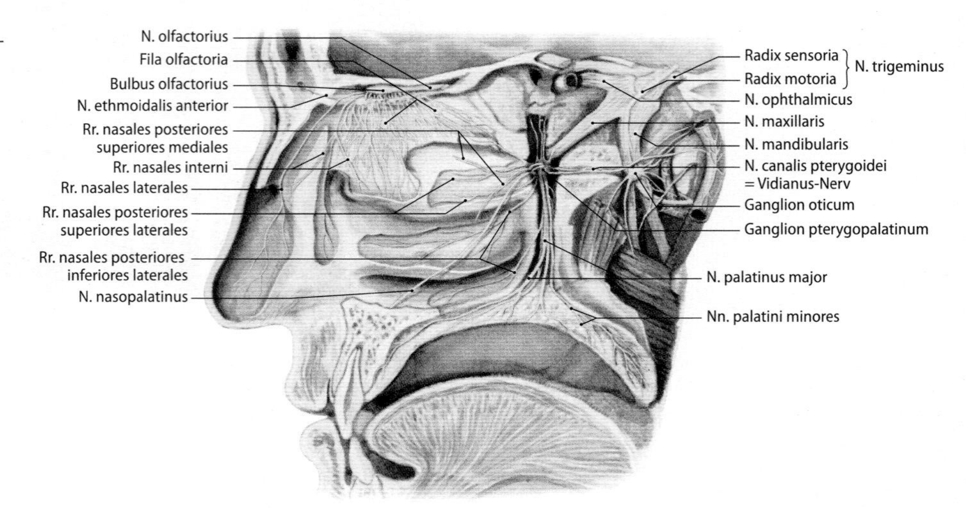

Abb. 9.8. Sensible Versorgung der Nasenhöhle, Ansicht der rechten seitlichen Nasenwand von medial [1]

9.1.7 Innervation

Die Nerven für die sensible Versorgung der Nase stammen aus dem *N. ophthalmicus* und aus dem *N. maxillaris* (Abb. 9.8). Der aus dem *N. nasociliaris* des *N. ophthalmicus* hervorgehende *N. ethmoidalis anterior* versorgt mit *Rr. nasales interni* den vorderen Bereich der lateralen Nasenwand (*Rr. nasales laterales*), der Nasenscheidewand (*Rr. nasales mediales*) und mit dem *R. nasalis externus* die äußere Nase. Der *N. ethmoidalis posterior* zieht zur Schleimhaut der Keilbeinhöhle und der hinteren Siebbeinzellen. Aus dem *N. maxillaris* entspringende *Rr. nasales posteriores superiores laterales* und *mediales* gelangen über das Foramen sphenopalatinum zum hinteren-oberen Abschnitt der Nasenhöhle. *Rr. nasales posteriores inferiores* aus dem *N. nasopalatinus* versorgen den mittleren und unteren Nasengang sowie die untere Muschel. Der *N. nasopalatinus* beteiligt sich an der Versorgung des Nasenseptums.

Die *parasympathische* Versorgung der Nasendrüsen (Anregung der Sekretion) und der Gefäße (Vasodilatation) erfolgt über den *N. petrosus major* (Intermediusanteil des N. facialis). Die postganglionären Fasern des *Ganglion pterygopalatinum* gelangen mit den sensiblen Ästen des N. maxillaris aus der Fossa pterygopalatina zur Nasenschleimhaut. Postganglionäre *sympathische* Fasern vom *Ganglion cervicale superius* ziehen als *N. petrosus profundus* (N. vidianus) durch den Canalis pterygoideus (Vidianus-Kanal) in die Fossa pterygopalatina und von hier in die Nasenhöhle; sie versorgen die Gefäße (Vasokonstriktion) und die Drüsen (Hemmung der Sekretion). Olfaktorisches System ► Kap. 17.14.

In Kürze

Abschnitte der **äußeren Nase sind:**
- Nasenwurzel *(Radix nasi)*
- Nasenrücken *(Dorsum nasi)*
- Nasenspitze *(Apex nasi)*
- Nasenflügel *(Ala nasi)*

Nasenskelett: knöcherne *(Os nasale)* und knorplige *(Cartilagines nasi)* Anteile.

Die **Nasenhöhle** setzt sich wie folgt zusammen:
- vorderer Nasenabschnitt: Nasenvorhof *(Vestibulum nasi)*
- **Nasenhaupthöhle** mit 4 knöchernen Wänden:
  - **Nasenboden:** *Processus palatinus* der *Maxilla* und *Lamina horizontalis* des *Os palatinum*
  - **Nasendach:** *Lamina cribrosa* des *Os ethmoidale, Corpus ossis sphenoidalis* sowie Teile des *Os nasale* und *Os frontale*
  - **mediale Nasenwand:** Nasenscheidewand *(Septum nasi)* mit bindegewebigem Teil *(Pars membranea – Columella)*, knorpligem Teil *(Cartilago septi nasi)* und knöchernem Teil (aus *Vomer* und Lamina *perpendicularis* des *Os ethmoidale*)
  - **laterale Nasenwand:** besteht aus 7 Knochen: *Os nasale, Maxilla, Os lacrimale, Os ethmoidale, Concha nasi inferior, Os palatinum, Os sphenoidale.* In der lateralen Nasenwand befinden sich die **3 Nasenmuscheln** *(Conchae nasi superior, media und inferior)* mit Nasengängen *(Meatus nasi superior, medius und inferior)*, im mittleren Nasengang der *Hiatus semilunaris* mit dem *Infundibulum ethmoidale.*

Paarige **Nasennebenhöhlen** (Sinus frontales, maxillares, sphenoidales, Cellulae ethmoidales) mit Verbindung zur Nasenhaupthöhle:
- Mündung im mittleren Nasengang im Bereich des Infundibulum ethmoidale: Sinus frontalis, Cellulae ethmoidales anteriores, Sinus maxillaris
- Mündung im oberen Nasengang: Cellulae ethmoidales posteriores
- Mündung im Recessus sphenoethmoidalis: Sinus sphenoidalis
- Mündung im unteren Nasengang: Ductus nasolacrimalis

Nasenschleimhaut:
- Nasenvorhof: mehrschichtiges verhorntes und unverhorntes Plattenepithel
- Nasenhaupthöhle: Schleimhaut der Pars respiratoria und der Pars olfactoria:
  - mukoziliarer Transport als gemeinsame Funktion von Flimmerepithelzellen und Drüsen der respiratorischen Schleimhaut
  - Schwellkörper: Erwärmung und Regulierung der Einatmungsluft
  - freie Zellen der Lamina propria: spezifische Abwehr
  - Sekret der Drüsen: Anfeuchtung der Atemlust und unspezifische Abwehr

Arterielle Versorgung: *Aa. ethmoidales anterior* und *posterior* (Stromgebiet der A. carotis interna) sowie der *A. sphenopalatina* (Stromgebiet der A. carotis externa).

Der **venöse Abfluss** erfolgt in den *Plexus pterygoideus* (Vv. nasales internae) und in die *V. ophthalmica superior* (Vv. ethmoidales).

Regionäre Lymphknoten: *Nodi retropharyngeales* und *Nodi submandibulares.*

Sensible Versorgung: *N. ophthalmicus* (Nn. ethmoidales anterior und posterior) und *N. maxillaris* (Rr. nasales posteriores superiores laterales und mediales; N. nasopalatinus mit Rami nasales posteriores inferiores).

Die Nasendrüsen werden **parasympathisch** vom *N. petrosus major* (N. facialis; Ganglion pterygopalatinum) und **sympathisch** vom N. petrosus profundus versorgt.

9.1.8 Pränatale und postnatale Entwicklung

Die **Entwicklung der Nase** ist eng mit der des Gesichtes und der Mundhöhle verbunden. Sie beginnt am Ende der 4. Embryonalwoche mit der Differenzierung der paarigen Riechplakoden im Bereich des Stirnwulstes (◘ Abb. 9.9). Durch Proliferation des Mesenchyms in der Umgebung der Riechplakoden wölbt sich das Gewebe in Form des medialen und des lateralen Nasenwulstes vor und die Riechplakoden werden in die Tiefe verlagert. Es entstehen die Riechschläuche, die sich bogenförmig in Richtung des Daches der primären Mundhöhle ausdehnen. Medialer und lateraler Nasenwulst sowie Oberkieferwulst lagern sich aneinander. Im Bereich der Kontaktstelle entsteht in Richtung der Mundbucht eine epitheliale Platte, die Hochstetter-Epithelmauer, die den Boden des Riech- oder Nasenschlauches bildet. Die Epithelplatte verbreitert sich am Ende des Nasenschlauches und wird dabei zu einer zweilagigen Epithelmembran ausgedünnt; es entsteht die nur kurze Zeit erhaltene *Membrana bucconasalis*. Nach Auflösung der *Membrana bucconasalis* sind die Riechschläuche über die inneren Nasenöffnungen, primäre Choanen, mit der primären Mundhöhle verbunden. Der Bereich zwischen inneren und äußeren Nasenöffnungen oberhalb des Daches der primären Mundhöhle wird als **primärer Gaumen** bezeichnet, dieser ist jedoch nicht mit der Ausdehnung des späteren Zwischenkiefers identisch.

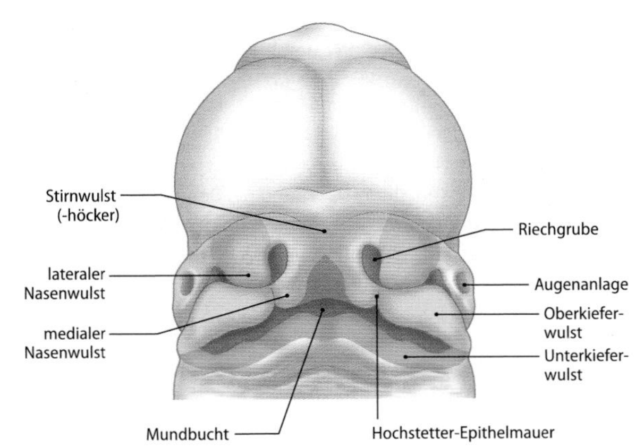

◘ **Abb. 9.9.** Kopf eines 6 Wochen alten Embryos (Ansicht von vorn)

> **!** **Der primäre Gaumen ist das Gewebe zwischen Riechschläuchen und Dach der primären Mundhöhle.**

Die medialen Nasenwülste bilden den Nasenrücken sowie einen Teil der Nasenöffnung einschließlich des membranösen Septumanteils. Aus den lateralen Nasenwülsten entstehen die Nasenflügel mit der seitlichen Begrenzung der Nasenöffnungen.

Die weitere **Abgrenzung der Nasenhöhle** von der primären Mundhöhle vollzieht sich mit der Entwicklung des **sekundären Gau-**

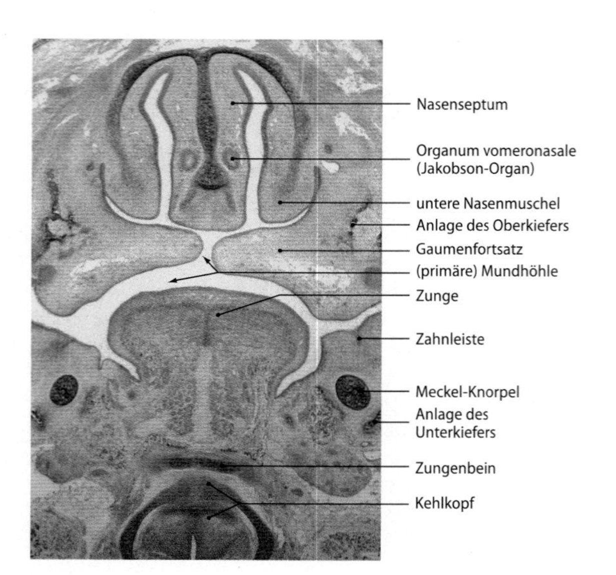

Abb. 9.10. Frontalschnitt durch Kopf und Hals eines Embryo. Man beachte die Beziehung der horizontal ausgerichteten Gaumenfortsätze zum Nasenseptum. Die Nasenhöhle ist noch nicht von der (primären) Mundhöhle abgegliedert (Homo 26,1 mm; Vergr. 14-fach; Alcianblau-/Tri-PAS-Färbung) [2]

mens, die parallel mit der Entstehung der Nasenscheidenwand einhergeht. Die **Nasenscheidewand** entsteht hinter dem primären Gaumen im Dach der primären Mundhöhle (Abb. 9.10). Ihre Anlage wächst in Form einer sagittalen Platte mundbodenwärts und verschmilzt in einer T-förmigen Naht mit den **Gaumenfortsätzen,** die in der seitlichen Wand der primären Mundhöhle entstehen, zur Mediane vorwachsen und von rostral nach okzipital miteinander zum sekundären Gaumen verschmelzen. Im vorderen Bereich verwachsen die Gaumenfortsätze mit dem primären Gaumen. Dort, wo Nasenscheidewand, Gaumenfortsätze und die Spitze des V-förmigen primären Gaumens zusammenstoßen, unterbleibt die bindegewebige Verwachsung der Strukturen. An dieser Stelle entsteht nach Auflösung des Epithels der *Ductus nasopalatinus* (Stenon-Kanal). Vom Ductus nasopalatinus bleiben beim Menschen im knöchernen Oberkiefer die Canales incisivi und das Foramen incisivum erhalten, das die Grenze zwischen sekundärem und primärem Gaumen markiert. Durch die Bildung des sekundären Gaumens wird die Nasenhöhle aus der Mundhöhle ausgegliedert. Wenn das Nasenseptum vollständig mit dem sekundären Gaumen verwachsen ist, wird die Nasenhöhle in zwei eigenständige Abschnitte unterteilt, die okzipital jeweils über den Nasenrachengang, *Meatus nasopharyngeus* (sekundäre Choane) mit dem Rachen verbunden sind.

! Der sekundäre Gaumen entsteht durch Verschmelzen der Gaumenfortsätze, die rostral mit dem primären Gaumen verwachsen.

Das **Skelett der Nase** geht teilweise aus der knorpeligen Nasenkapsel des Chondrocraniums hervor. Nasenflügelknorpel und Teile des Nasenseptums bleiben knorpelig. Die Knochenbildung in der Anlage des Vomer beginnt in der frühen Fetalzeit, die der *Lamina perpendicularis* des Siebbeins im ersten Lebensjahr. Im Zentrum der weiteren Ausdifferenzierung der Nasenhöhle steht die Entwicklung der Nasenmuscheln, *Conchae nasi*, die sich in der seitlichen Nasenwand zunächst als epitheliale Wülste (Turbinalia) in das Lumen vorragen. Beim Menschen entwickeln sich normalerweise **3 Nasenmuscheln,** *Concha nasi inferior* (Maxilloturbinale), *Concha nasi media* (Ethmoturbinale I) und *Concha nasi superior* (Ethmoturbinale II). Die als Variante vorkommende *Concha nasi suprema* entsteht durch Spaltung der Anlage der Concha nasi superior. Die embryonalen Nasenmuscheln enthalten ein Knorpelskelett, das im 5. Fetalmonat durch Knochen ersetzt wird.

! Das Nasenskelett entsteht aus dem knorpelig angelegten Schädelskelett.

Während der Nasenentwicklung erscheint auch beim Menschen ein rudimentäres Sinnesorgan, das z.B. bei Reptilien im Dienste der Mundgeruchswahrnehmung beim Aufspüren der Nahrung steht. Das *Organon vomeronasale* (Jakobson-Organ) ist eine schlauchartige Verbindung zwischen Nasenseptum und Nasenboden, an der man gelegentlich einen Rest in Form eines Blindsäckchens, *Ductus incisivus*, beobachten kann. Die Beziehung der neben dem Nasenseptumknorpel vorkommenden Knorpelstäbchen, Paraseptalknorpel oder *Cartilago vomeronasalis* (Jakobson- oder Huschke-Knorpel) zum Vomeronasalorgan ist fraglich. Beim Menschen findet man Reste des Organon vomeronasale bis in die Zeit nach der Geburt.

Die **Nasennebenhöhlen** entstehen mit Ausnahme des Sinus sphenoidalis bereits während der Fetalzeit als Ausstülpungen der Nasenhöhlenschleimhaut im Bereich des mittleren und oberen Nasenganges in die angrenzenden Anlagen der Ossa frontale und ethmoidale sowie der Maxilla. Der Ort der primären Ausstülpung entspricht der späteren Mündung in den mittleren und oberen Nasengang. Die Pneumatisation wird beim Kleinkind sichtbar. Die weitere Gestaltung der Sinus paranasales ist mit der Entwicklung des Gesichtsschädels und speziell mit den knöchernen Umbaubauvorgängen während der ersten und zweiten Dentition verbunden. Die Nasennebenhöhlen erreichen ihre individuell stark variierende endgültige Form erst nach dem vollständigen Durchbruch des Dauergebisses. Der Sinus sphenoidalis entsteht durch Abgliederung aus der Nasenhöhle durch die Anlage der Choncha sphenoidalis (Ossicula Bertini). Um das 4. Lebensjahr dehnt sich die Keilbeinhöhle in den Knochen des Corpus ossis sphenoidalis aus.

Bei der äußeren Nase, der Nasenhöhle und den Nasennebenhöhlen kann man entsprechend der Ausbildung des Gesichtsschädels von der Geburt bis in die Zeit der Pubertät einen Gestaltwandel beobachten, der eng mit der Entwicklung des Gebisses einhergeht.

In Kürze

Die äußeren Nase entwickelt sich aus den medialen und lateralen Nasenwülsten. Erste Anlage der Nasenhöhle sind die Riechschläuche. Durch Bildung des sekundären Gaumens wird die Nasenhöhle von der primären Mundhöhle ausgegliedert. Mit dem Gaumen verwächst das im Dach der primären Mundhöhle entstehende Nasenseptum, das die Nasenhöhle vollständig unterteilt. Die Anlagen der Nasenmuscheln entwickeln sich in der lateralen Nasenwand. Die Nasennebenhöhlen entstehen während der Fetalzeit als Ausstülpungen der Nasenhöhlenschleimhaut. Ihre endgültige Form bildet sich erst nach dem vollständigen Durchbruch des Dauergebisses.

9.2 Rachen (Pharynx)

Siehe ► Kap. 10.2

9.3 Kehlkopf (Larynx)

B. N. Tillmann

 **Einführung**

Der Kehlkopf (Larynx) erfüllt beim Menschen 2 Hauptfunktionen: Er schützt die unteren Atemwege und er dient der Phonation. Am Aufbau sind Kehlkopfknorpel und deren Gelenkverbindungen, Muskeln und Schleimhaut sowie Blutgefäße und Nerven beteiligt.

9.3.1 Einleitung

Der Kehlkopf gehört zu den Halseingeweiden. Er hat enge Beziehungen zum Pharynx, zur Schilddrüse, zum Ösophagus und zum Gefäßnervenstrang des Halses. Kaudal geht er in die Trachea über. Der durch Bänder und Muskeln »aufgehängte« Kehlkopf kann seine Lage aufgrund der Verschiebbarkeit innerhalb der Bindegeweberäume des Halses *(Spatium previscerale, Spatium lateropharyngeum, Spatium retropharyngeum)* aktiv und passiv beim Schluckakt und bei der Phonation verändern.

9.3.2 Kehlkopfskelett

Aufbau des Kehlkopfskeletts

Zum Kehlkopfskelett gehören:
- Kehldeckelknorpel *(Cartilago epiglottica)*
- Schildknorpel *(Cartilago thyreoidea)*
- Ringknorpel *(Cartilago cricoidea)*
- paarige Stellknorpel *(Cartilagines arytenoideae)*

Variabel können vorkommen:
- Spitzenknorpel (*Cartilago corniculata*, Santorini-Knorpel)
- Keilknorpel *(Cartilago cuneiformis*, Wrisberg-Knorpel)

Das Kehlkopfskelett hat funktionell enge Beziehung zum Zungenbein, *Os hyoideum*. Die Skelettelemente des Kehlkopfes stehen miteinander über Syndesmosen und echte Gelenke in Verbindung (■ Abb. 9.11).

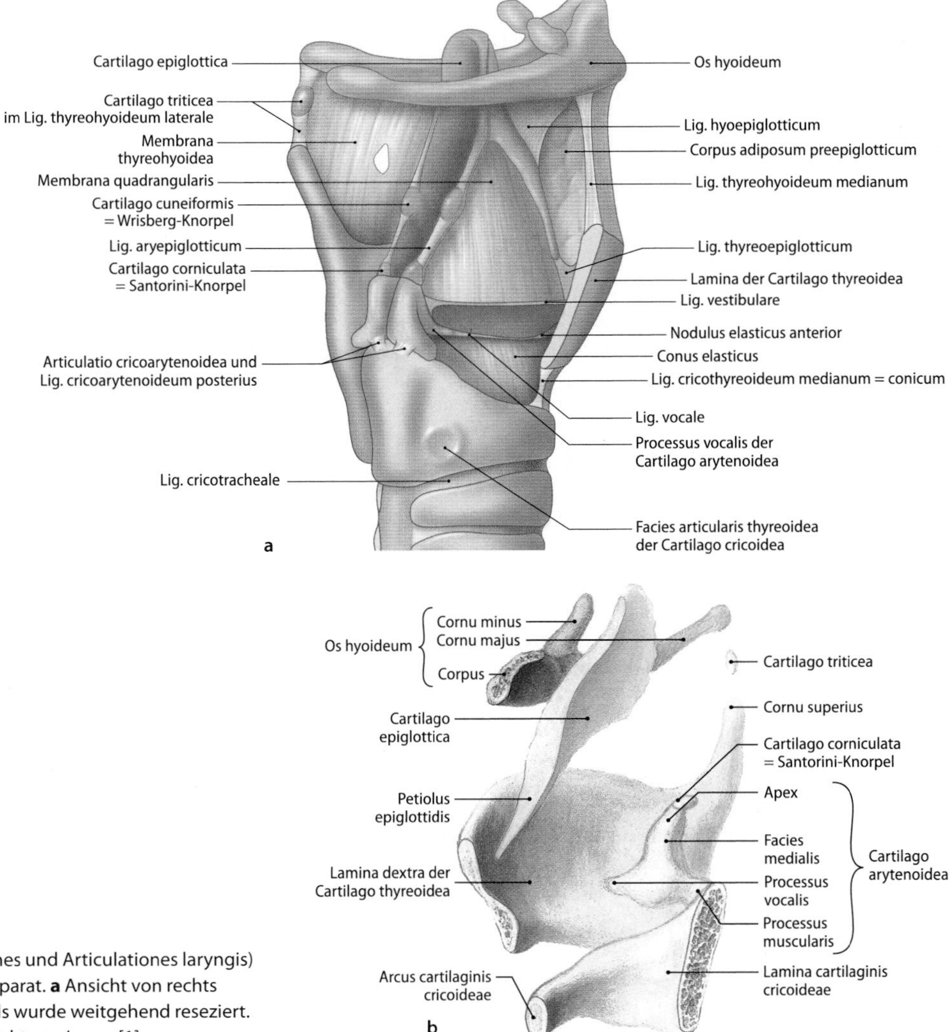

■ **Abb. 9.11a, b.** Kehlkopfskelett (Cartilagines und Articulationes laryngis) mit Zungenbein (Os hyoideum) und Bandapparat. **a** Ansicht von rechts seitlich, die Lamina dextra des Schildknorpels wurde weitgehend reseziert. **b** Medianschnitt, rechte Kehlkopfhälfte, Ansicht von innen [1]

Makroskopie

Kehldeckel. Der Kehldeckel, *Epiglottis*, besteht aus einer durchlöcherten Platte elastischen Knorpels, *Cartilago epiglottica*, durch die Gefäße und Nerven sowie Drüsenausführungsgänge ziehen. Er endet kaudal mit dem Kehldeckelstiel, *Petiolus epiglottidis.*

Schildknorpel. Der Schildknorpel, *Cartilago thyreoidea,* besteht aus 2 Platten, *Lamina dextra* und *Lamina sinistra,* die ventral unter einem Winkel von ca. 120° bei Frauen und von ca. 90° bei Männern zusammenstoßen. Die Vorderkante ist kranial durch die *Incisura thyreoidea superior* unterbrochen, an deren Basis sich der Knorpel vor allem beim Mann als *Prominentia laryngea* (sog. Adamsapfel) vorwölbt. Kaudal ist die Schildknorpelvorderkante durch die *Incisura thyreoidea inferior* leicht eingesenkt. Auf den Schildknorpelplatten heben sich als Sehneninsertionszonen die *Linea obliqua*, das *Tuberculum thyreoideum superius* und das *Tuberculum thyreoideum inferius* ab; in einem Viertel der Fälle kommt ein *Foramen thyreoideum* vor. Der freie hintere Rand der Schildknorpelplatte geht kranial in die paarigen oberen Hörner, *Cornu superius*, und kaudal in die paarigen unteren Hörner, *Cornu inferius*, über. An der Innenseite der Unterhörner liegen die Gelenkflächen für den Ringknorpel, *Facies articularis cricoidea.*

Ringknorpel. Der Ringknorpel, *Cartilago cricoidea*, hat die Form eines Siegelringes mit einem ventralen schmalen Bogen, *Arcus cartilaginis cricoideae*, und einer dorsalen breiten und hohen Platte, *Lamina cartilaginis cricoideae.* Auf der schräg ansteigenden Oberkante liegt die *Facies articularis arytenoidea* (▶ Articulatio cricoarytenoidea), kaudal davon die *Facies articularis thyreoidea* (Articulatio cricothyreoidea). Der Ringknorpel liegt beim Erwachsenen in Höhe des 6. Halswirbels (◼ Tafel VII, S. 923)

Stellknorpel. Der Stellknorpel (Gießbeckenknorpel), *Cartilago arytenoidea*, gleicht einer Pyramide mit 4 Flächen: *Facies medialis, Facies posterior, Facies anterolateralis* (mit *Fovea oblonga, Fovea triangularis* und *Crista arcuata*) und *Basis cartilaginis arytenoideae* mit der *Facies articularis* für den Ringknorpel. Der Stellknorpel hat 3 Fortsätze: *Processus vocalis, Processus muscularis* und *Apex cartilaginis arytenoideae* mit der *Cartilago corniculata.* Die Schleimhaut auf der Facies medialis begrenzt die *Pars intercartilaginea* der Stimmritze, *Rima glottidis.*

Spitzenknorpel. Der Spitzenknorpel (Santorini-Knorpel), *Cartilago corniculata*, ist ein variabel vorkommendes kleines Knorpelstäbchen, das auf der Spitze des Stellknorpels liegt und sich in der Schleimhaut als *Tuberculum corniculatum* vorwölbt. Mit dem Stellknorpel ist er entweder über eine Syndesmose, eine Synchondrose oder über ein echtes Gelenk verbunden.

Wrisberg-Knorpel. Dieser *Cartilago cuneiformis* liegt in der *Plica aryepiglottica* und bildet im Schleimhautrelief das *Tuberculum cuneiforme.*

Histologie

Schildknorpel, Ringknorpel und Stellknorpel bestehen aus **hyalinem Knorpel.** Der Kehldeckelknorpel, die Spitze des Processus vocalis des Stellknorpels sowie Cartilago corniculata und Cartilago cuneiformis sind aus **elastischem Knorpel** aufgebaut. Im hyalinen Knorpelgewebe des Kehlkopfskeletts kommt es physiologischer Weise am Ende des 2. Lebensjahrzehnts bei beiden Geschlechtern zur **Mineralisation** und **Knochenbildung,** die bis ins hohe Lebensalter fortschreiten. Bei Männern besteht das Kehlkopfskelett nach dem 60. Lebensjahr fast vollständig aus Knochen, bei Frauen bleibt ein Teil des hyalinen Knorpels bis ins hohe Lebensalter erhalten.

! Schildknorpel, Ringknorpel und Stellknorpel bestehen aus hyalinem Knorpel, der im Erwachsenenalter partiell mineralisiert und ossifiziert.

9.9 Epiglottitis

Das lockere Bindegewebe um die Epiglottis kann sich durch Infektion entzünden (Epiglottitis) und anschwellen. Als Folge kann es zur lebensbedrohlichen Blockierung der Atemwege kommen.

9.10 Frakturen

Frakturen des knöchernen Kehlkopskeletts führen zu schweren Obstruktionen der Atemwege mit Erstickungsgefahr und zu Stimmstörungen.

9.3.3 Gelenkverbindungen

Synarthrosen:
- Zungenbein-Schildknorpel-Bänder
- Ringknorpel-Schildknorpel-Bänder

Diarthrosen:
- Schildknorpel-Ringknorpel-Gelenke
- Ringknorpel-Stellknorpel-Gelenke

Synarthrosen (Syndesmosen)

Syndesmosen innerhalb des Kehlkopfskeletts sowie Bandverbindungen zwischen Schildknorpel und Zungenbein *(Membrana thyreohyoidea)* dienen der Verschiebbarkeit der Organe beim Schluckakt und bei der Phonation (◼ Abb. 9.11a, 9.12).

Zungenbein-Schildknorpel-Bänder. Der Kehlkopf ist über die *Membrana thyreohyoidea* mit dem Zungenbein verbunden, die im mittleren Bereich zum *Lig. thyreohyoideum medianum* verstärkt wird. Die seitlichen Verstärkungszüge zwischen oberem Horn des Schildknorpels und hinterem Ende des großen Zungenbeinhorns werden als *Lig. thyreohyoideum laterale* bezeichnet, in dem man einen kleinen Knorpel, *Cartilago triticea*, finden kann. Der Epiglottisstiel (Petiolus epiglottidis) ist über das *Lig. thyreoepiglotticum* an der Innenseite des Schildknorpels angeheftet, die Schleimhaut darüber wölbt sich als *Tuberculum epiglotticum* vor. Das *Lig. hyoepiglotticum* verbindet Zungenbein und Kehldeckel im kranialen Bereich. Hinter der Membrana thyreohyoidea liegt ein Fettkörper, *Corpus adiposum preepiglotticum*, der eine wichtige Funktion bei der Verformung der Epiglottis während des Schluckaktes zum Schutz der unteren Atemwege ausübt (◼ Abb. 9.11a, 9.12).

Schildknorpel-Ringknorpel-Bänder. Ringknorpel und Schildknorpel sind durch eine Syndesmose, *Lig. cricothyreoideum* miteinander verbunden, dessen mittlerer kräftiger Teil als *Lig. cricothyreoideum medianum* (Lig. conicum, 9.11) bezeichnet wird (◼ Abb. 9.11). Von der Rückseite der Ringknorpelplatte strahlt das *Lig. cricopharyngeum* in die Pharynxwand ein. Ringknorpel und Trachea sind über das *Lig. cricotracheale* verbunden (◼ Abb. 9.12).

! Der Schildknorpel steht mit dem Zungenbein über die Membrana thyreohyoidea und mit dem Ringknorpel über das Lig. conicum in Verbindung, das zwischen Schildknorpel und Ringknorpel tastbar ist.

9.11 Koniotomie

Das Lig. conicum ist zwischen Schildknorpel und Ringknorpel tastbar. Als Notfallmaßnahme können zur Einführung einer Trachealkanüle Lig. cricothyreoideum und Conus elasticus durchtrennt werden.

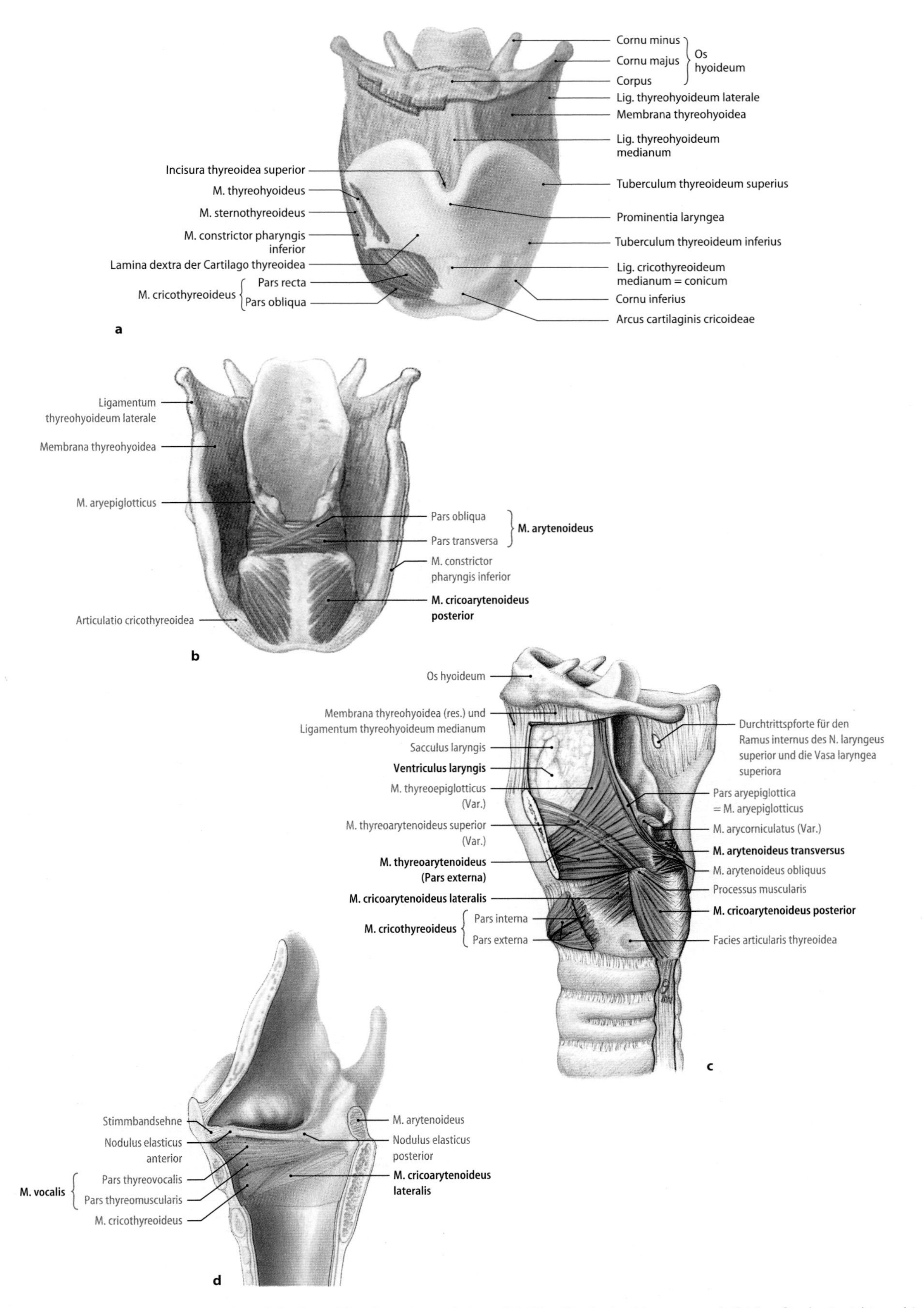

Abb. 9.12a–d. Gelenke, Bandapparat und Muskeln des Kehlkopfes. **a** Zungenbein und Kehlkopf in der Ansicht von vorn. **b** Kehlkopf in der Ansicht von hinten. **c** Kehlkopf in Ansicht von links-lateral. Schildknorpelplatte teilweise abgetragen. **d** Mediansagittalschnitt, Ansicht der rechten Hälfte von medial

Diarthrosen

Echte Gelenke kommen am Kehlkopf zwischen Schildknorpel und Ringknorpel (Krikothyreoidgelenke) und zwischen Ringknorpel und Stellknorpel (Krikoarytenoidgelenke) vor.

Schildknorpel-Ringknorpel-Gelenke. Ringknorpel und Schildknorpel artikulieren über die rechte und linke *Articulatio cricothyreoidea* miteinander. Gelenkflächen sind die konvexe *Facies articularis cricoidea* an der Innenseite des *Cornu inferius* des Schildknorpels und die konkave *Facies articularis thyreoidea an der Seitenfläche der Ringknorpelplatte*. Die straffe Gelenkkapsel des Kugelgelenks wird seitlich durch ein Band, *Lig. ceratocricoideum*, verstärkt. Es lassen sich **Scharnierbewegungen** (Rotation) um eine transversale Achse und minimale **Verschiebebewegungen** (Translation) um eine nahezu sagittale Achse ausführen. Bei den Scharnierbewegungen liegt das Punctum fixum am Schildknorpel, so dass sich bei Kontraktion des *M. cricothyreoideus* der Ringknorpelbogen in Richtung auf den Unterrand des Schildknorpels bewegt. Bei dieser Bewegung wird gleichzeitig die Ringknorpelplatte mit den auf ihre sitzenden Stellknorpeln nach dorsal gekippt. Dadurch vergrößert sich die Distanz zwischen den Fixationsstellen des *Lig. vocale*, was zur Verlängerung und **Anspannung der Stimmbänder** führt. Die Stellknorpel werden bei der Kippbewegung durch den *M. cricoarytenoideus posterior* und durch das *Lig. cricoarytenoideum (posterius)* stabilisiert.

Ringknorpel-Stellknorpel-Gelenke. Artikulierende Flächen der *Articulationes cricoarytenoideae* sind die dem Ausschnitt eines Hohlzylinders gleichende *Facies articularis* an der Stellknorpelbasis und die zylindrisch geformte *Facies articularis arytenoidea* auf dem Oberrand des Ringknorpels. Die zylinderförmigen Gelenkflächenausschnitte lassen **Scharnierbewegungen** um die Zylinderachse sowie **Gleitbewegungen** parallel zur Zylinderachse zu. Die Bewegungen in den Krikoarytenoidgelenken dienen primär der **Öffnung und Schließung** der *Rima glottidis* und sekundär der **Spannung der Stimmfalten.** Bei Drehung der Stellknorpel in Form einer Scharnierbewegung nach außen kommt es zur Anhebung und Abduktion der Processus vocales und damit zu einer Öffnung der Stimmritze. Bei einer Scharnierbewegung nach innen mit Senkung und Adduktion der Processus vocales wird die Rima glottidis geschlossen. Die Scharnierbewegungen können mit Gleitbewegungen gekoppelt sein, so dass die Stellknorpel bei Abduktion oder Adduktion (Öffnen und Schließen der Glottis) gleichzeitig nach ventral oder nach dorsal verschoben werden (Spannung und Entspannung der Stimmfalten). Von der weiten Gelenkkapsel, *Capsula articularis cricoarytenoidea*, ziehen Falten in die Gelenkhöhle. Die Gelenkkapsel wird durch das *Lig. cricoarytenoideum (posterius)* verstärkt, das eine wichtige Führungsfunktion für den Stellknorpel im Krikoarytenoidgelenk ausübt.

Die Spannung in den Stimmfalten wird vorwiegend in den Krikothyreoidgelenken reguliert. Öffnung oder Schließung der Glottis für Atmung und Phonation erfolgen in den Krikoarytenoidgelenken.

9.12 Ankylose des Krikoarytenoidgelenkes

Bei der Intubation und Extubation kann es in Folge einer Dislokation des Gelenks zum Einriss der Gelenkkapsel und zur Blutung in die Gelenkhöhle kommen. Eine Spätfolge ist die Versteifung (Ankylose) des Krikoarytenoidgelenks.

9.3.4 Kehlkopfmuskeln

Der Kehlkopf ist über die **infrahyalen Muskeln** (Mm. sternothyreoideus und thyreohyoideus) kranial mit dem Zungenbein und kaudal mit dem Schlüsselbein verbunden. Die aus den Schlundbögen stammenden genuinen Kehlkopfmuskeln lassen sich in **äußere** und in

Tab. 9.1. Äußere Kehlkopfmuskeln

Muskeln	Ursprung (U) Ansatz (A)	Innervation	Funktion Schleimbeutel
M. cricothyreoideus (»Antikus«) Pars interna	**Ursprung** ventrale Fläche des Ringknorpelbogens **Ansatz** Innenseite der Schildknorpelplatte und Conus elasticus	N. laryngeus superior (R. externus)	**spannt** (verlängert) **die Stimmfalten**
Pars externa – Pars recta – Pars obliqua	**Ursprung** wie Pars interna **Ansatz** unterer Rand der Schildknorpelplatte (Pars recta), Cornu inferius des Schildknorpels (Pars obliqua)		
M. constrictor pharyngis inferior – Pars thyreopharyngea	**Ursprung** lateraler Rand des Cartlago thyreoidea **Ansatz** Pharynxwand	N. laryngeus superior – R. externus – Plexus pharyngeus	am Kehlkopf: **hebt den Kehlkopf beim Schluckakt** (s. M. thyreohyoideus), spannt die Stimmfalten
– Pars cricopharyngea	**Ursprung** hinterer Teil der Ringknorpelaußenfläche **Ansatz** Pharynxwand	N. laryngeus superior – R. externus – Plexus pharyngeus	am Kehlkopf: entspannt die Stimmfalten (fraglich)
M. thyreohyoideus*	**Ursprung** unterer Schildknorpelrand; Linea obliqua; Tubercula thyreoidea superius und inferius **Ansatz** Zungenbeinkörper, großes Zungenbeinhorn	Plexus cervicalis: Radix superior der Ansa cervicalis (profunda) (C1–2)	– **hebt den Kehlkopf beim Schluckakt** – **fixiert den Kehlkopf bei der Phonation** **Schleimbeutel:** Bursa thyreohyoidea

* Der M. thyreohyoideus gehört funktionell zu den äußeren Kehlkopfmuskeln, seiner Herkunft nach entstammt der Muskel den Somiten der Zervikalsegmente.

Tab. 9.2. Innere Kehlkopfmuskeln

Muskeln	Ursprung (U) Ansatz (A)	Innervation	Funktion
M. cricoarytenoideus posterior (»Postikus«)	**Ursprung** dorsale Fläche der Lamina cartilaginis cricoideae **Ansatz** Processus muscularis cartilaginis arytenoideae	N. laryngeus inferior: – R. posterior	Abduktion und Hebung des Processus vocalis → **maximale Öffnung der gesamten Stimmritze zur Inspiration;** synergistisch mit dem M. cricothyreoideus (Stimmfaltenspannung) durch Stabilisierung des Stellknorpels
M. arytenoideus transversus	**Ursprung** **Ansatz** Facies posterior und seitlicher-hinterer Rand des Processus muscularis des rechten und linken Stellknorpels	N. laryngeus inferior: – R. posterior	Zusammenführen der Stellknorpel → ***Verschluss der Pars intercartilaginae der Stimmritze***
M. arytenoideus obliquus	**Ursprung** Rückfläche des Processus muscularis des Stellknorpels **Ansatz** Stellknorpelspitze (der Gegenseite)	N. laryngeus inferior: – R. posterior	Adduktion der Stellknorpel → **Verschluss der Pars intercartilaginea;** geringgradige Außendrehung der Processus vocales → minimale Öffnung der Pars intermembranacea
– Pars aryepiglottica (M. aryepiglotticus): Fortsetzung der Fasern des M. arytenoideus obliquus	**Ursprung** Spitze des Stellknorpels **Ansatz** Seitenrand der Epiglottis		muskuläre Grundlage der Plica aryepiglottica; senkt geringgradig aktiv den Kehldeckel
M. cricoarytenoideus lateralis (»Lateralis«)	**Ursprung** Übergang zwischen Arcus und Lamina cartilaginis cricoideae **Ansatz** vorderes seitliches Ende des Processus muscularis cartilaginis arytenoideae	– N. laryngeus inferior: – R. anterior	Adduktion und leichte Hebung des Processus vocalis → Schließen der Pars intermembranacea der Stimmritze, Öffnen der Pars intercartilaginea (Flüsterdreieck)
M. thyreoarytenoideus – Pars externa	**Ursprung** unteres Drittel des Schildknorpelwinkels **Ansatz** Crista arcuata des Stellknorpels	N. laryngeus inferior: R. anterior	Adduktion und Senkung des Processus vocalis → **Schließen der Pars intermembranacea der Stimmritze**
– Pars thyreoepiglottica (M. thyreoepiglotticus)	**Ursprung** Innenfläche der Schildknorpelplatte **Ansatz** Seitenrand der Epiglottis und Plica vestibularis		
– Pars interna (M. vocalis, »Internus«)	**Ursprung** im unteren Drittel des Schildknorpelwinkels (über die Stimmbandsehne des Lig. vocale) **Ansatz** Processus vocalis (Portio thyreovocalis), Fovea oblonga (Portio thyreomuscularis)	N. laryngeus inferior: – R. anterior	**Schließen der Pars intermembranacea der Stimmritze** durch Verlängerung oder Verkürzung der Stimmfalten (isotonische Kontraktion), **Regulierung der Stimmfaltenspannung** (isometrische Kontraktion) → Regulierung des schwingenden Anteils der Stimmfalten

innere Kehlkopfmuskeln gliedern. Ansätze und Ursprünge sowie Einzelfunktionen und Innervation dieser Kehlkopfmuskeln sind in Tab. 9.1 und 9.2 zusammengefasst.

Die Kehlkopfmuskeln des Menschen sind quergestreifte Muskelfasern mit dichter Innervation und Blutversorgung. Sie wirken auf die **Form der Rima glottidis** (Öffnen oder Schließen der Stimmritze) und auf die **Spannung** (Verkürzung oder Verlängerung) der Stimmfalten. Man bezeichnet die auf die Form der Stimmritze einwirkenden Strukturen als **Stellapparat** und die für die Spannung der Stimmfalten zuständigen Strukturen als **Spannapparat.**

Das muskuläre und bindegewebige Aufhängesystem des Kehlkopfes übt gemeinsam mit den Halsfaszien und den Gleitlagern eine wichtige Funktion für die Beweglichkeit des Kehlkopfes beim Schluckvorgang sowie bei Atmung und Phonation aus.

Stellapparat

Inspiration. An der **Öffnung der gesamten Stimmritze** zur Inspiration ist vorrangig der *M. cricoarytenoideus posterior* (Postikus, 9.13) beteiligt, der die Abduktion und Hebung des Processus vocalis des Stellknorpels bewirkt (Abb. 9.14). Bei maximaler Abduktion hat die Stimmritze die Form eines Fünfecks (tiefe Inspirationsstellung der Rima glottidis). Einen Einfluss auf die Öffnung der Pars intercartilaginea der Stimmritze hat auch der *M. cricoarytenoideus lateralis* (Abb. 9.14). Bei isolierter Aktion des Muskels entsteht ein dreieckiger Spalt im hinteren Bereich der Stimmritze (»Flüsterdreieck«).

Exspiration. Bei ruhiger Exspiration wird die Stimmritze so weit geöffnet, dass die Ausatmungsluft noch frei entweichen kann. Die Exspirationsphase ist zeitlich länger als die kurze Inspirationsphase mit

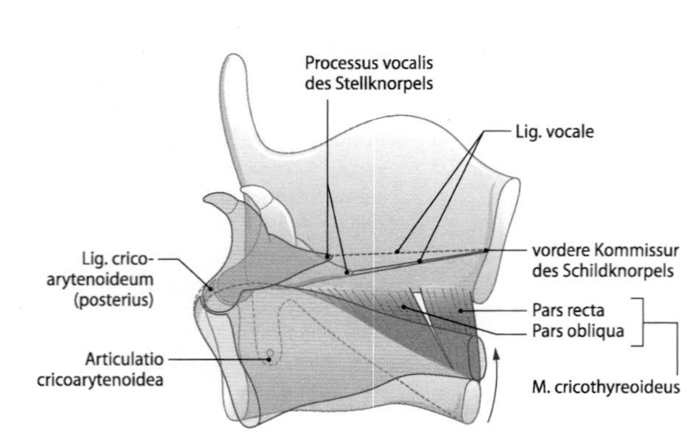

Abb. 9.13. Funktion des M. cricothyreoideus zur Spannung (Verlängerung) des Lig. vocale. Man beachte die Stellungsänderung von Ringknorpel und Stellknorpel (blaue Kontur) nach Kontraktion des M. cricothyreoideus und die daraus resultierende Vergrößerung der Distanz zwischen den Fixpunkten des Lig. vocale am Processus vocalis des Stellknorpels und am Schildknorpel

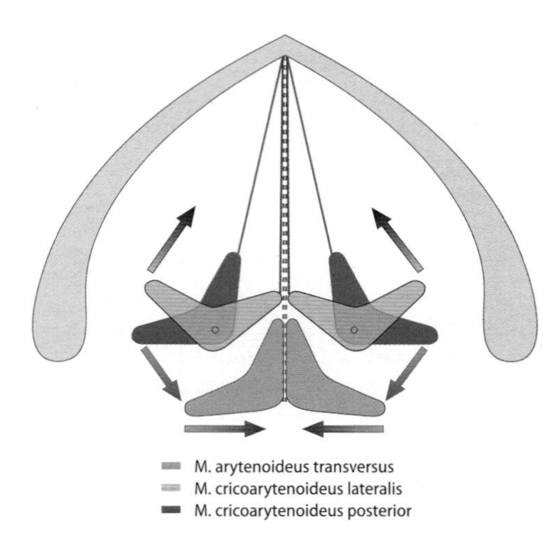

Abb. 9.14. Schematische Darstellung der Wirkung der Mm. arytenoideus transversus, cricoarytenoideus lateralis und cricoarytenoideus auf die Form der Glottis [1]

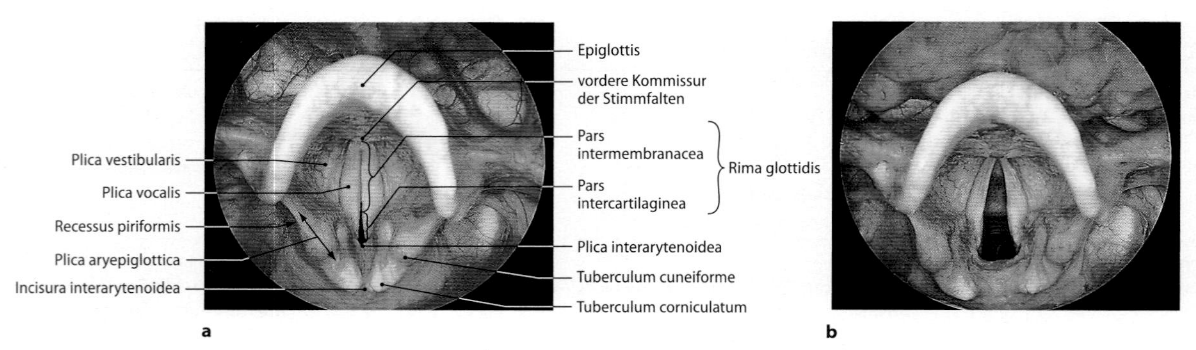

Abb. 9.15a, b. Lupenendoskopische Aufnahme des Kehlkopfes. **a** Phonationsstellung. **b** Respirationsstellung [1]

weit offener Glottis. Die verzögerte Exspirationsphase dient der Verbesserung des Gasaustausches (Abb. 9.15b).

Phonation. Für die Phonation werden Pars intermembranacea und Pars intercartilaginea der Stimmritze durch Adduktion und Senkung der Processus vocales in Medianstellung gebracht (Abb. 9.15a). An dieser **Einstellung der Stimmfalten** für die Tonerzeugung sind mehrere Muskeln beteiligt. Die Phonationsbewegung beginnt mit einem Zusammenrücken der Stellknorpelspitzen durch die Aktion der Mm. arytenoideus transversus und obliquus. Ein vollständiger Verschluss des dorsalen Stimmritzenanteils wird durch die Schleimhaut auf den Stellknorpeln bewirkt. Am Verschluss der Pars intermembranacea der Stimmfalten beteiligen sich die *Mm. cricoarytenoideus lateralis und thyreoarytenoideus* (Abb. 9.12).

> **!** **Am Stellapparat der Glottis wirken der M. cricoarytenoideus posterior als Öffner der gesamten Stimmritze. Der Glottisschluss entsteht als gemeinsame Funktion der Mm. arytenoideus transversus und obliquus, cricoarytenoideus lateralis und thyreoarytenoideus**

Der M. thyreoarytenoideus besteht funktionell und vom Verlauf her aus 2 Teilen. Sein äußerer Teil, *Pars externa,* wirkt auf den Stellapparat, sein innerer Teil, *Pars interna,* wirkt auf den Stell- und Spannapparat. Die *Pars interna* (»Internus«) wird als *M. vocalis* bezeichnet. Die für den Stimmeinsatz bedeutende Feineinstellung der Stimmfalten ist eine Funktion des M. vocalis (Abb. 9.12d).

Spannapparat

Über den Spannapparat des Larynx werden Länge, Form und Masse des schwingenden Anteils der Stimmfalten bei der **Phonation** reguliert. Die **Regulierung der Länge und Spannung** des *Lig. vocale* und des Conus elasticus erfolgt aktiv durch den *M. cricothyreoideus* (Abb. 9.13). Bei der Spannung (Verlängerung) der Stimmfalten wird der Stellknorpel durch den M. cricoarytenoideus posterior und durch das Lig. cricoarytenoideum (posterius) stabilisiert. Die »innere« Spannung der Stimmfalten steuert im Wesentlichen der *M. vocalis,* dessen Muskelfasern parallel zur Stimmfalte verlaufen. Der Muskel formt und verstärkt als plastisches Muskelpolster das Mundstück des Anblasrohres. Er kann die Form der Stimmfalten durch isotonische Kontraktion verkürzen und verlängern sowie die Spannung durch isometrische Kontraktion regulieren. Der M. vocalis hat damit den wichtigsten Einfluss auf die Qualität des Tones bei der Stimmbildung.

> **!** Die Funktion des **Spannapparats** wird im Wesentlichen durch den **M. cricothyreoideus** ausgeführt. Eine zentrale Bedeutung für die **Phonation** hat der **M. vocalis,** der die innere Spannung der Stimmfalten und den Anteil der schwingenden Masse bei der Tonerzeugung reguliert.

9.13 Postikuslähmung
Bei einer isolierten, einseitigen Lähmung des M. cricoarytenoideus posterior steht die Stimmfalte der betroffenen Seite in paramedianer Stellung. Bei doppelseitiger Lähmung besteht aufgrund der verengten Stimmritze Atemnot.

9.14 Glottisschluss
Ein fester Glottisschluss ist Voraussetzung für einen effektiven Hustenstoß. Dabei wird die fest verschlossene Glottis in Folge eines durch forcierte Exspiration erzeugten hohen subglottischen Druckes gewissermaßen »gesprengt«, wodurch Fremdkörper oder Schleim aus den unteren Luftwegen herausgeschleudert werden können. Ein fester Glottisschluss ist außerdem Voraussetzung für die Bauchpresse.

9.15 Internusschwäche
Bei nachlassender Spannung des M. vocalis, die als »Internusschwäche« bezeichnet wird, kann die Stimmritze nicht vollständig geschlossen werden, zwischen den Stimmfalten besteht ein schmaler elliptischer Spalt. Die Stimme ermüdet schnell und klingt heiser.

9.3.5 Kehlkopflumen und Schleimhautrelief

Die Kehlkopfschleimhaut ist durch Inspektion mit Hilfe verschiedener Techniken (Kehlkopfspiegeluntersuchung, indirekte Endolaryngoskopie und direkte Laryngoskopie) der Untersuchung zugänglich. Das charakteristische Schleimhautrelief wird durch die unter der Schleimhaut liegenden Skelettanteile und Bindegewebsstrukturen hervorgerufen.

Kehlkopfeingang

Am Übergang zwischen Zungengrund und Kehlkopfeingang liegen die paarigen *Valleculae epiglotticae* (9.16). Sie werden durch die unpaare *Plica glossoepiglottica mediana* und die paarigen *Plicae glossoepiglotticae laterales* begrenzt, die Zungengrund und Kehldeckel miteinander verbinden. Der Bereich zählt zur *Pars oralis* des Pharynx **(Mesopharynx, Oropharynx).** In den Mesopharynx ragt der Oberrand der Epiglottis *(Margo superior epiglottidis)*, dessen Form variiert. Zwischen den Seitenrändern der Epiglottis und der Pharynxwand spannen sich die rechte und linke *Plica pharyngoepiglottica* aus, die Fasern des M. stylopharyngeus enthalten. Die Verbindungen zwischen Kehldeckel und Stellknorpeln bilden die **aryepiglottischen Falten,** *Plicae aryepiglotticae*, in denen sich die Konturen der *Cartilago corniculata* als *Tuberculum corniculatum* und die der *Cartilago cuneiformis* als *Tuberculum cuneiforme* abzeichnen. Der Spalt zwischen den Stellknorpelspitzen ist die *Incisura interarytenoidea*, die Schleimhautfalte zwischen den Stellknorpeln wird als *Plica interarytenoidea* bezeichnet. Der Raum zwischen Epiglottisrand, Plicae aryepiglotticae und Incisura interarytenoidea bildet den **anatomischen Kehlkopfeingang** *(Aditus laryngis)*.

Seitlich des Kehlkopfeingangs entstehen zwischen Larynx und der Wand der Pars laryngea pharyngis **(Hypopharynx, Laryngopharynx)** jeweils eine tiefe Schleimhauttasche, *Recessus piriformis*, in der eine kleine Falte, *Plica nervi laryngei superioris*, sichtbar ist.

9.16 Bolustod
Speisereste oder Fremdkörper können in den Valleculae epiglotticae oder den Recessus piriformes steckenbleiben und durch Druck auf den Kehldeckel zur Obstruktion der Atemwege führen.

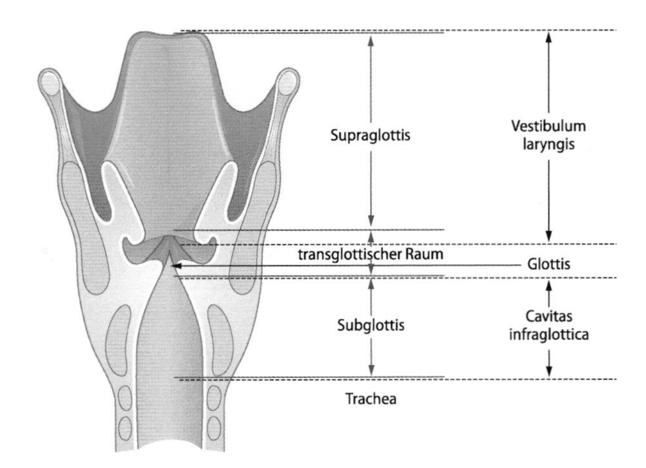

Abb. 9.16. Anatomische und klinische Einteilung des Kehlkopflumens

Kehlkopflumen

Das Kehlkopflumen, *Cavitas laryngis,* wird in 3 Etagen unterteilt, deren anatomische Grenzen weitgehend mit der klinischen Einteilung übereinstimmen (Abb. 9.16)
- Kehlkopfvorhof *(Vestibulum laryngis)*
- mittlere Kehlkopfetage *(Glottis)*
- untere Kehlkopfetage *(Cavitas infraglottica, Subglottis)*

Kehlkopfvorhof. Der an den Aditus laryngis anschließende Raum wird als Kehlkopfvorhof, *Vestibulum laryngis*, bezeichnet, dessen Schleimhautrelief durch die Taschenfalten (Taschenband, »falsches Stimmband«), *Plica vestibularis/ventricularis*, sowie durch das *Tuberculum epiglotticum* geprägt ist. Der Raum zwischen den Taschenfalten ist die *Rima vestibuli*. Am Unterrand der Taschenfalten liegt der Eingang zum rechten und linken **Morgagni-Ventrikel,** *Ventriculus laryngis*, der mit dem individuell großen *Sacculus laryngis (Appendix ventriculi laryngis)* endet (9.17). Das Vestibulum laryngis zwischen Aditus laryngis und Rima vestibularis entspricht klinisch der »Supraglottis«.

Mittlere Kehlkopfetage. Unterhalb der Taschenfalten in der mittleren Kehlkopfetage, *Glottis* (transglottischer Raum), liegen die paarigen **Stimmfalten,** *Plicae vocales* (Stimmlippen) Einige Autoren bezeichnen als Stimmlippe, *Labium vocale*, nur den von Plattenepithel bedeckten freien Rand der Stimmfalte. Die Plicae vocales ragen normalerweise weiter in das Kehlkopflumen als die Taschenfalten, so dass ihr freier Rand bei der Kehlkopfspiegeluntersuchung inspiziert werden kann. Grundlage der Plicae vocales sind außer der Schleimhaut mit dem *Lig. vocale* und dem *Conus elasticus* vor allem der *M. vocalis* und der *M. cricoarytenoideus lateralis*. Die paarigen Stimmfalten bilden die **Glottis,** den stimmbildenden Teil des Kehlkopfes. Länge und Breite der Stimmfalten stehen in Beziehung zur Stimmlage. Die Stimmfalten begrenzen die **Stimmritze** *(Rima glottidis, Rima vocalis)*, an der man 2 Abschnitte unterscheidet: die vordere *Pars intermembranacea* und die hintere *Pars intercartilaginea*. Die Pars intermembranacea macht etwa 2/3 der Rima glottidis aus und entspricht dem Bereich der Stimmfalten, in dem sich die Stimmbänder, *Ligg. vocalia* ausspannen. Im Bereich der Pars intercartilaginea liegen unter der Kehlkopfschleimhaut die Stellknorpel. Die Stimmfalten enden ventral am Schildknorpel in der **vorderen Kommissur,** im dorsalen Abschnitt geht die Pars intercartilaginea in die *Plica interarytenoidea* über (Abb. 9.15).

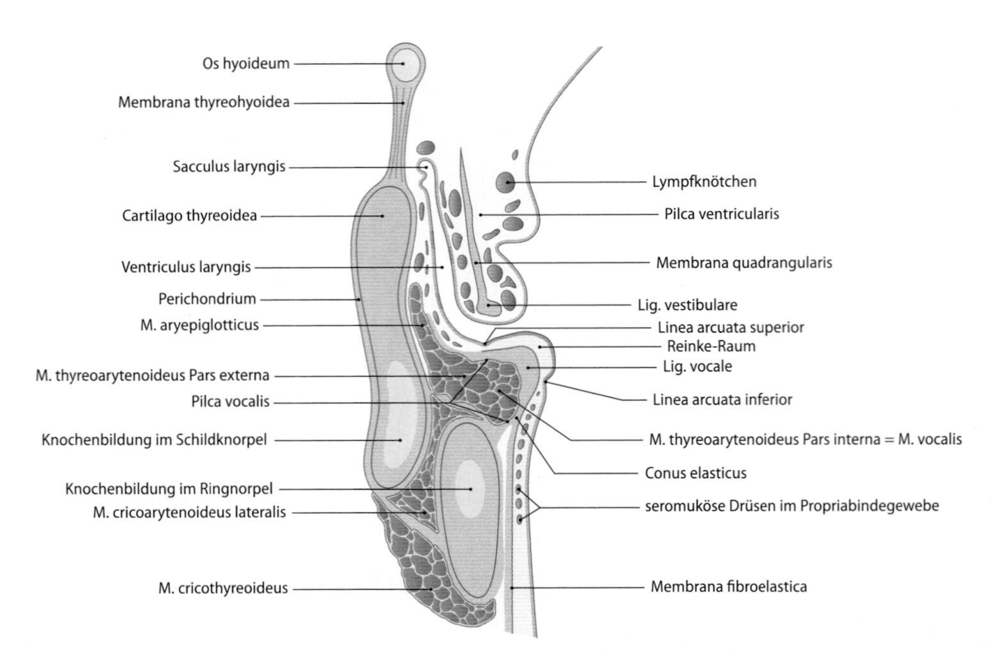

Abb. 9.17. Frontalschnitt durch einen Kehlkopf (Zeichnung nach einem Präparat). Flimmerepithel (orange), Plattenepithel (blau). Man beachte den Reinke-Raum am freien Rand der Stimmfalte sowie die seromukösen Drüsen, die Lymphknötchen im subepithelialen Propriabindegewebe, die Plattenepithelinseln im Morgagni-Ventrikel und den Drüsen freien, von Plattenepithel bedeckten Bereich der Plica vocalis

Untere Kehlkopfetage. Der subglottische Raum, *Cavitas infraglottica* **(Subglottis)** reicht von den Plicae vocales bis zur Trachea.

9.17 Laryngozele

Der den lateralen Kehlsäcken der anthropoiden Affen entsprechende Sacculus laryngis kann sich in Form einer Laryngozele erweitern, die Membrana thyreohyoidea durchbrechen (äußere Laryngozele) und zu Komplikationen (Eiteransammlung, Verdrängungserscheinungen) führen.

9.3.6 Kehlkopfschleimhaut

Epithel

Die *Lamina epithelialis* der Kehlkopfschleimhaut setzt sich aus 2 Epithelarten zusammen (Abb. 9.17):

- respiratorisches mehrreihiges Flimmerepithel
- mehrschichtiges unverhorntes Plattenepithel

Der größte Teil des Kehlkopflumens wird normalerweise von **Flimmerepithel** ausgekleidet, in das zahlreiche **Becherzellen** eingelagert sind. Bei der Kehlkopfspiegeluntersuchung erscheint die Schleimhaut in Regionen mit respiratorischem Flimmerepithel blassrosa. Mehrschichtiges unverhorntes **Plattenepithel** kommt regelmäßig am freien Rand der Plica vocalis vor, die bei der laryngoskopischen Untersuchung eine weiß-graue Farbe zeigt. Mehrschichtiges Plattenepithel findet man außerdem auf den Plicae aryepiglotticae, im Bereich der Plica interaryteonoidea sowie am oberen Rand der Epiglottis. Innerhalb der Areale mit respiratorischem Flimmerepithel kommen Inseln von Plattenepithel vor. Im höheren Lebensalter dehnt sich häufig das Plattenepithel aus und verdrängt das Flimmerepithel. Unter dem Einfluss von exogenen Noxen (z.B. Rauchen) kommt es außerdem zur Verhornung des Plattenepithels.

An der Plica vocalis werden die kraniale und kaudale Übergangsregion zwischen mehrschichtigem Epithel und mehrreihigem Flimmerepithel als *Linea arcuata superior* und *Linea arcuata inferior* bezeichnet.

Subepitheliales Bindegewebe

Die *Lamina propria* der Kehlkopfschleimhaut besteht subepithelial aus lockerem Bindegewebe. Darauf folgt eine an elastischen Fasern reiche Schicht aus straffem Bindegewebe, *Membrana fibroelastica*. Diese bildet die Grundmembran des Larynx und wird auch als »Submukosa« bezeichnet. Die Schleimhaut zeigt einen regional unterschiedlichen Aufbau. Im Bereich der *Plica vocalis* ist die subepitheliale Zone in dem von Plattenepithel bedeckten freien Rand der Pars intermembranacea besonders locker aufgebaut. Dieser Bereich wird im klinischen Sprachgebrauch als **Reinke-Raum** bezeichnet (9.18). Die freie Verschieblichkeit des Gewebes im Reinke-Raum am Stimmfaltenrand hat große funktionelle Bedeutung bei der Stimmerzeugung.

Die Membrana fibroelastica besteht an der Plica vocalis aus dem *Conus elasticus* und dem **Stimmband,** *Lig vocale*. Das Lig. vocale ist der verdickte, freie obere Rand des *Conus elasticus*, es besteht aus elastischen Fasern und Kollagenfibrillen. Das Stimmband spannt sich zwischen Processus vocalis des Stellknorpels und der vorderen Kommissur des Schildknorpels aus. Im Insertionsbereich am Schildknorpel sind chondroide Zellen in das Stimmband eingelagert, die als »Knorpelknötchen« *(Cartilago sesamoidea)* oder als *Nodulus elasticus anterior* bezeichnet werden. Sie sind bei der Kehlkopfspiegeluntersuchung als gelbliche Verdickung, *Macula flava*, sichtbar. Die Verankerung der Stimmbänder in der vorderen Kommissur des Schildknorpels erfolgt über die **Stimmbandsehne** (im angloamerikanischen Schrifttum Broyles-Sehne). An der Spitze des Processus vocalis des Stellknorpels inseriert das Stimmband ebenfalls über elastischen Knorpel, *Nodulus elasticus posterior*.

Im Bereich der *Plicae vestibulares*, in den Morgagni-Ventrikeln, auf den *Plicae aryepigtotticae* und auf der ventralen Seite der *Epiglottis* besteht die Lamina propria aus lockerem Bindegewebe, in das tubuloalveoläre Drüsen eingelagert sind (► 9.19). In den Plicae ventriculares verdichtet sich das Bindegewebe der Membrana fibroelastica zur *Membrana quadrangularis* und zum Taschenfaltenband, *Lig. vestibulare* (◘ Abb. 9.11a, 9.17). In den Taschenfalten kommen quergestreifte Muskelfaserbündel vor. Die Schleimhaut des Larynx ist vor allem im Bereich der Epiglottis, der Morgagni-Ventrikel und der Taschenfalten reich an **lymphatischem Gewebe.** Stellenweise wird das Epithel von Lymphozyten durchwandert, und es bilden sich lymphoepitheliale Zonen. Mit Ausnahme des von Plattenepithel bedeckten freien Stimmfaltenrandes enthält die Kehlkopfschleimhaut unterschiedlich dicht verteilte Drüsen, deren seromuköses Sekret zur Lubrikation des Stimmfaltenrandes, der Anfeuchtung der Schleimhaut und Atemluft sowie der Infektabwehr dient.

9.18 Reinke-Ödem

Im Bindegewebe des Reinke-Raumes kann sich ein chronisches Ödem entwickeln, das zu Stimmstörungen und zur Atembehinderung führt.

9.19 Larynxödem

In der lockeren Schleimhaut des Kehlkopfeingangsraumes und der Epiglottis entstehen auf dem Boden entzündlicher oder allergischer Reaktionen akute Ödeme mit lebensbedrohlicher Atemnot.

9.20 Tumoren

Gutartige Tumoren kommen oft auf dem von Plattenepithel bedeckten Teil der Stimmfalten vor, z.B. Stimmfalten- oder Sängerknötchen und Stimmfaltenpolyp. Der häufigste bösartige Tumor ist das Plattenepithelkarzinom. Gutartige Neubildungen und bösartige Tumoren sowie deren Vorstufen (Präkanzerosen) gehen mit Heiserkeit einher. Sie lassen sich mit Hilfe der direkten Untersuchung des Kehlkopfes durch Laryngoskopie (◘ Abb. 9.15) sowie einer bei dieser Untersuchung entnommenen Gewebeprobe (Biopsie) feingeweblich abklären.

9.3.7 Blut- und Lymphgefäße

Arterien

Die Blutversorgung des Larynx erfolgt über 3 paarige Hauptgefäße: *Aa. laryngeae superiores* und *inferiores* sowie *Rr. cricothyreoidei* (◘ Abb. 9.18). Zwischen den Kehlkopfarterien bestehen reichlich Anastomosen.

A. laryngea superior. Die A. laryngea superior entspringt in der Regel aus der *A. thyreoidea superior*, kann aber auch als selbstständiges Gefäß aus der *A. carotis externa*, aus der *A. lingualis* oder selten aus der *A. facialis* abzweigen. Die A. laryngea superior verläuft gemeinsam mit dem *N. laryngeus superior* auf der *Membrana thyreohyoidea*, durchbohrt diese und gelangt unter die Schleimhaut des *Recessus piriformis.* Aufsteigende Äste versorgen die Strukturen des Aditus laryngis, absteigende Äste gelangen in das Vestibulum laryngis. Ist ein *Foramen thyreoideum* in der Schildknorpelplatte ausgebildet, so kann die A. laryngea superior in Begleitung der gleichnamigen Vene durch dieses zum Kehlkopf gelangen.

R. cricothyreoideus. Der R. cricothyreoideus geht aus der *A. thyreoidea superior* hervor und versorgt die Glottis. Mit dem Ast der Gegenseite wird eine bogenförmige Arkade vor dem Lig. cricothyreoideum medianum gebildet. Die in den Kehlkopf ziehenden Endäste des R. cricothyreoideus werden auch als *A. laryngea media* bezeichnet. Sie versorgen die Strukturen der Stimmfalten. Der R. cricothyreoideus kann die A. laryngea superior vollständig ersetzen.

A. laryngea inferior. Die A. laryngea inferior geht aus der *A. thyreoidea inferior* hervor und ist schwächer ausgebildet als die A. laryngea superior und der R. cricothyreoideus. Mit dem *N. laryngeus inferior*

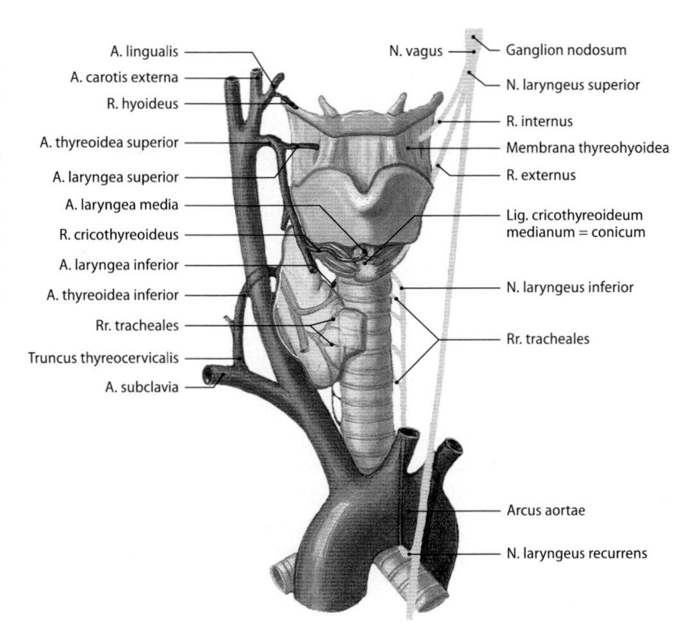

◘ **Abb. 9.18.** Arterielle (rechte Körperseite) sowie nervale Versorgung (linke Körperseite) des Kehlkopfes (Ansicht von vorn) [1]

gelangt sie dorsal von der *Articulatio cricothyreoidea* in den Raum zwischen Schildknorpelplatte und Ringknorpel. Ihr Versorgungsgebiet sind die Mm. cricoarytenoideus posterior sowie arytenoideus transversus und obliquus.

Venen

Die Kehlkopfvenen begleiten die gleichnamigen Arterien. Sie bilden an einigen Stellen der Schleimhaut *Plexus,* die auf der Ringknorpelrückfläche über dem M. cricoarytenoideus posterior besonders stark entwickelt sind *(Plexus laryngopharyngicus). V. laryngea superior* und *R. cricothyreoideus* dränieren über die *V thyreoidea superior* in die V. jugularis interna. Das Blut der kleinkalibrigen *V. laryngea inferior* fließt über die *V. thyreoidea inferior* in den Plexus thyreoideus impar.

Lymphabfluss

Die Lymphgefäße bilden in der Kehlkopfschleimhaut ein **oberflächliches Netz** aus Lymphkapillaren, die zu **Lymphsammelgefäßen** in der Tiefe der Lamina propria ziehen.

In der Plica vocalis ist der Hauptabfluss nach dorsal gerichtet. Der Reichtum an Lymphgefäßen ist regional unterschiedlich, eine Trennung in Lymphgefäße des supraglottischen und subglottischen Raumes besteht nicht. Das Lymphgefäßnetz überschreitet auch die Mediane zwischen rechter und linker Seite.

Die **regionären Lymphknoten** des Kehlkopfes sind die *Nodi infrahyoidei* und *Nodi prelaryngei* (Gruppe der Nodi cervicales anteriores) sowie die *Nodi profundi superiores* und *inferiores* (Gruppe der *Nodi cervicales laterales*). Der Lymphabfluss aus den regionären Lymphknoten des Kehlkopfes erfolgt über Sammellymphknoten in den Truncus jugularis dexter und sinister (▶ Kap. 4.2, ◘ Abb. 4.47).

9.3.8 Innervation

Die Strukturen des Kehlkopfes werden motorisch und sensibel durch den *N. laryngeus superior* (Nerv des 4. Schlundbogens) und den *N. laryngeus inferior* (Nerv des 6. Schlundbogens, Endast des N. laryngeus recurrens (synonym auch als N. laryngeus recurrens bezeichnet) aus dem N. vagus versorgt (Abb. 9.18). Im Bereich des Kehlkopfes kommen Paraganglien (Glomera laryngica) vor. Schädigungen der Kehlkopfnerven können zu verschiedenen Ausfällen führen (▶ 9.21).

N. laryngeus superior. Der **N. laryngeus superior** zweigt im Bereich des Ganglion inferius aus dem N. vagus ab und teilt sich in Höhe des Zungenbeins in einen *R. internus* und in einen *R. externus*. Der R. externus innerviert die Pars thyreopharyngea und cricopharyngea des unteren Schlundschnürers (M. constrictor pharyngis inferior) und den M. cricothyreoideus. Ein Teil seiner Fasern durchbricht die Membrana cricothyreoidea und versorgt die Kehlkopfschleimhaut im Bereich der vorderen Kommissur. Der R. internus des N. laryngeus superior zieht mit der A. laryngea superior durch die Membrana thyreohyoidea und verläuft unter der Schleimhaut des Recessus piriformis (Plica nervi laryngei). Er versorgt diese, die Schleimhaut des Kehlkopfeingangs, des Kehlkopfvorhofs und den hinteren Abschnitt der Plica vocalis. Im Bereich des Recessus piriformis bildet der R. internus des N. laryngeus superior mit dem N. laryngeus inferior meistens eine Anastomose, R. communicans cum nervo laryngeo inferiori **(Galen-Anastomose)**.

N. laryngeus inferior. Der **N. laryngeus inferior** ist Endast des *N. laryngeus recurrens*. Der Nerv gelangt in einer Rinne zwischen Trachea und Ösophagus nach kranial und erreicht den Kehlkopf zwischen Unterhorn des Schildknorpels und M. cricoarytenoideus posterior, hier teilt er sich in einen R. anterior und in einen R. posterior. Der *R. posterior* versorgt die Mm. cricoarytenoideus posterior sowie arytenoideus transversus und obliquus. Die Mm. thyreoarytenoideus und cricoarytenoideus lateralis werden vom R. anterior versorgt. Der N. laryngeus inferior beteiligt sich an der sensiblen Versorgung der Cavitas infraglottica, des oberen Teils der Trachea, des Ösophagus und des Hypopharynx.

9.21 Schädigung des N. laryngeus superior und inferior

Eine Schädigung des **N. laryngeus superior** (z. B. als Folge von Halsoperationen) führt zur Lähmung des M. cricothyreoideus und zu Sensibilitätsstörungen in weiten Teilen des Kehlkopfinnenraumes. Die Spannung der Stimmfalte auf der betroffenen Seite ist stark herabgesetzt und die Schutzreflexe (Hustenreflex, reflektorischer Verschluss der Stimmritze) sind beeinträchtigt.

Eine Schädigung des **N. laryngeus inferior** (N. laryngeus recurrens), sog. Rekurrensparese, kann vielerlei Ursachen haben, z. B. Schilddrüsenoperation, Karzinome im Brust-Hals-Bereich. Die Symptome einer Lähmung der durch den N. laryngeus inferior innervierten Muskeln sind individuell unterschiedlich. Bei einseitiger Schädigung steht die Stimmfalte der betroffenen Seite in paramedianer Stellung. Bei doppelseitiger Schädigung kann es zu Luftnot kommen.

9.22 Variante einer A. lusoria

Bei der Variante einer A. lusoria geht die A. subclavia dextra als letzter Ast aus dem Aortenbogen hervor (variabler Verlauf der Arterie hinter dem Ösophagus, zwischen Ösophagus und Trachea oder selten vor der Trachea). Bei dieser Variante fehlt ein N. laryngeus recurrens auf der rechten Seite. Der N. laryngeus inferior zieht in diesem Fall direkt aus dem N. vagus zum Kehlkopf und ist bei Halsoperationen besonders gefährdet.

9.3.9 Funktion

Funktion
- Schutzfunktion
- Phonation (Lautbildung)

Schutzfunktion

Im Bereich der Trennung und Überkreuzung von Luft- und Speisewegen übt der **Kehldeckel** beim Schluckvorgang (▶ Kap. 10.2) durch Verschluss des Kehlkopfeingangs eine **Schutzfunktion** für die unteren Luftwege aus. Durch die Verschlussmöglichkeit im Bereich der Stimmfalten wird das Eindringen von Fremdkörpern in die nachfolgenden Anteile der unteren Luftwege normalerweise verhindert. In das Kehlkopflumen gelangte Fremdkörper können durch einen reflektorisch ausgelösten Hustenstoß (Hustenreflex). entfernt werden.

Phonation (Lautbildung)

Durch die Ausatmungsluft lassen sich die paarigen Stimmfalten, *Plicae vocales*, in Schwingungen versetzen, wodurch der primäre Stimmklang zur Bildung der Sprech- und Gesangsstimme erzeugt wird.

Das **Prinzip der Lautbildung** kann mit der Mechanik einer Zungenpfeife an der Orgel verglichen werden: Dem den Zungen vorgeschalteten Windraum entsprechen Lunge und Tracheobronchialbaum. Die Funktion der Zungen wird im Kehlkopf von den Stimmfalten übernommen, die durch den Luftstrom in Schwingungen versetzt werden. Der Schwingungsvorgang ist dabei von der Masse, von der Spannung und von der Länge der schwingenden Teile sowie vom Anblasdruck abhängig. Der oberhalb der Zunge liegende Raum ist das Ansatzrohr, in dem der primäre in den sekundären Stimmklang umgewandelt wird. Dem Ansatzrohr entsprechen beim Menschen der oberhalb der Stimmfalten liegende Kehllkopfabschnitt sowie Pharynx, Mund- und Nasenhöhle. Durch die Möglichkeit, die Form des Ansatzrohres zu verändern, erhält die Stimme beim Menschen ihren individuellen Klang. Die komplexen Funktionen der Stimmbildung werden vom peripheren und zentralen Nervensystem gesteuert.

In Kürze

Kehlkopfskelett
- **Kehldeckelknorpel:** Cartilago epiglottica, endet kaudal mit dem Petiolus epiglottidis

Schildknorpel:
  - Lamina dextra und sinistra (Linea obliqua, Tuberculum thyreoideum superius und inferius)
  - Vorderkante (Incisura thyreoidea superior und inferior, dazwischen Prominentia laryngea)
  - Hinterrand (kranial: Cornu superius, kaudal: Cornu inferius)

▼

- **Ringknorpel:** Arcus cartilaginis cricoideae, Lamina cartilaginis cricoideae
- **Stellknorpel** (paarig): vierseitige Pyramide mit 4 Flächen und 3 Fortsätzen (Processus vocalis; Processus muscularis; Apex cartilaginis arytenoideae)
- **variabel:** Spitzenknorpel (**Santorini-Knorpel**) **und** Wrisberg-Knorpel

Histologie
- Hyaliner Knorpel: Schildknorpel, Ringknorpel und Stellknorpel (partielle Knochenbildung ab 3. Dezennium)
- Elastischer Knorpel: Kehldeckel

Gelenkverbindungen
- **Synarthrosen (Syndesmosen):**
  - **Lig. thyreohyoideum medianum** (mittlerer Bereich der Membrana thyreohyoidea)
  - **Lig. thyreohyoideum laterale** (oberes Horn des Schildknorpels – hinteres Ende des großen Zungenbeinhorns)
  - **Lig. thyreoepiglotticum** (Epiglottis – Schildknorpel)
  - **Lig. cricothyreoideum medianum** = Conicum
  - **Lig. cricopharyngeum**
  - **Lig. cricotracheale**
- **Diarthrosen:**
  - **Schildknorpel-Ringknorpel-Gelenke** (Articulatio cricothyreoidea): Regulierung der Spannung der Stimmfalten.
  - **Ringknorpel-Stellknorpel-Gelenke** (Articulatio cricoarytenoidea): Öffnen oder Schließen der Glottis für Atmung und Phonation.

Äußere Kehlkopfmuskeln:
- M. cricothyreoideus
- M. constrictor pharyngis inferior
- M. thyreohyoideus

Innere Kehlkopfmuskeln:
- M. cricoarytenoideus posterior
- M. arytenoideus transversus
- M. arytenoideus obliquus
- M. cricoarytenoideus lateralis
- M. thyreoarytenoideus (Pars externa, Pars interna = M. vocalis)

Stellapparat: Auf die Form der Stimmritze einwirkende Strukturen; zuständig für Öffnung (M. cricoarytenoideus posterior) und Schließung (Mm. arytenoideus transversus und obliquus, cricoarytenoideus lateralis und thyreoarytenoideus) der Stimmritze.

Spannapparat: Strukturen für die Spannung der Stimmfalten: M. cricothyreoideus und M. vocalis.

Begrenzung des Kehlkopfeingangs (Aditus laryngis):
- Plicae aryepiglotticae mit den Tubercula corniculata und cuneiformia
- Incisura interarytenoidea.

Unterteilung des Kehlkopflumens in 3 Etagen:
- Kehlkopfvorhof (Vestibulum laryngis) mit Taschenfalten (Plicae vestibulares) und Morgagni-Ventrikeln (Ventriculi laryngis)
- mittlere Kehlkopfetage (Glottis) mit Stimmfalten (Plicae vocales)
- untere Kehlkopfetage (Cavitas infraglottica, Subglottis) zwischen Stimmfalten und Eingang in die Luftröhre.

Epithel der Kehlkopfschleimhaut:
- mehrreihiges respiratorisches Flimmerepithel (größter Anteil)
- mehrschichtiges unverhorntes Plattenepithel (freier Rand der Plicae vocales, Plicae aryepiglotticae, oberer Rand der Epiglottis).

Lamina propria der Kehlkopfschleimhaut:
- subepitheliales lockeres Bindegewebe (Reinke-Raum)
- straffes Bindegewebe (Membrana fibroelastica) mit Conus elasticus und Lig. vocale (Stimmband) im Bereich der Stimmfalten sowie mit Membrana quadrangularis und Lig. vestibulare im Bereich der Taschenfalten.

Arterielle Versorgung:
- A. laryngea superior, R. cricothyreoideus aus der A. thyreoidea superior
- A. laryngea inferior aus der A. thyreoidea inferior

Venöse Versorgung:
- V. laryngea superior, R. cricothyreoideus (Blutabfluss in die V. thyroidea superior)
- V. laryngea inferior (Blutabfluss in den Plexus thyreoideus impar)

Lymphabfluss:
- Über oberflächliche Lymphkapillaren in Lymphsammelgefäße der Lamina propria Kehlkopfschleimhaut und schließlich in den Truncus jugularis
- regionäre Lymphknoten: Nodi infrahyoidei und prelaryngei (Nodi cervicales anteriores), Nodi profundi superiores und inferiores (Nodi cervicales laterales)

Innervation:
- N. laryngeus superior
  - motorisch: äußere Kehlkopfmuskeln (M. cricothyreoideus und M. constrictor pharyngis inferior)
  - sensibel: Schleimhaut des Recessus piriformis, Kehlkopfeingang und -vorhof, Plica vocalis
- N. laryngeus inferior
  - motorisch: innere Kehlkopfmuskeln
  - sensibel: Cavitas infraglottica, oberer Teil der Trachea, Ösophagus, Hypopharynx

Funktionen des Kehlkopfes
- Schutzfunktion (Verschluss durch Kehldeckel und Stimmfalten, Hustenreflex)
- Phonation (Schwingungen der Stimmfalten)

9.3.10 Pränatale und postnatale Entwicklung

Entwicklung
- pränatal: Anlage des Larynx aus entodermalem Darmrohr und Schlunddarm
- postnatal: Deszensus und Größenzunahme des Kehlkopfes (»Stimmbruch«)

Kehlkopfanlage

Die Anlage des Larynx erscheint zeitlich nach der Entstehung der Lungenanlage in der 5. Embryonalwoche in Form einer Erweiterung des entodermalen Darmrohres. Aus diesem Abschnitt des Vorderdarmes entwickelt sich die Schleimhaut des Larynx. Die Kehlkopfanlage ragt kranial in den Bereich des Schlunddarms. Dessen Derivate liefern Teile des **Kehlkopfskeletts,** die **Muskulatur** sowie die Blutgefäße und Nerven. Im ventralen Teil der Kehlkopfanlage entwickeln sich der **Epiglottiswulst** und in den Seitenwänden die sagittal ausgerichteten paarigen **Arytenoidwülste,** die das T-förmige Kehlkopflumen derart einengen, dass es zu einer physiologischen Epithelverklebung (Atresie, 9.23) kommt. Nach Auflösung der Epithelverklebung entstehen die **Stimmfalten.** Taschenfalten und Morgagni-Ventrikel sind am Ende des 3. Fetalmonats erkennbar.

Das knorplige **Kehlkopfskelett** ist am Ende des 4. Fetalmonats ausgebildet. Die Schildknorpelanlage entstammt dem 4. und 5. Schlund-(Pharyngeal-)Bogen, die Anlagen von Stellknorpel und Ringknorpel dem 6. Schlundbogen. Die Zuordnung der Epiglottisanlage ist nicht geklärt.

Stimmbruch – Mutation

Der vergleichsweise große **Kehlkopf des Kindes** steht höher als der des Erwachsenen. Beim Säugling ragt der Kehldeckel in den Epipharynx. Im Laufe der Kindheit kommt es zu einem Deszensus, der nach der Pubertät abgeschlossen ist. Mit Einsetzen der **Geschlechtsreife** nimmt die Größe des Kehlkopfes bei beiden Geschlechtern in unterschiedlichem Ausmaß zu. Die Zunahme der Stimmfaltenlänge beträgt bei Jungen ca. 1 cm, so dass sich die Stimmlage während dieser Zeit des **Stimmbruchs** (Stimmwechsel, Mutation) um ca. 1 Oktave nach unten verschiebt. Der Wachstumsschub ist bei Mädchen weniger stark ausgeprägt, die Stimmfaltenlänge nimmt nur ca. 3–4 mm zu. In der Pubertät entsteht die geschlechtsspezifische Form des Kehlkopfskeletts, die sich vor allem im Schildknorpel, z.B. Schildknorpelwinkel ausprägt. Die Stimmstörungen während der Mutation beruhen auf einer vorübergehenden Koordinationsstörung der an der Stimmbildung beteiligten Strukturen.

9.23 Fehlbildungen des Kehlkopfes

Bei vollständigem oder partiellem Verbleib der zunächst physiologischen Atresie können lebensbedrohliche Fehlbildungen beim Neugeborenen in Form vollständiger oder partieller Verschlüsse im glottischen oder subglottischen Raum (kongenitale Diaphragmen, Stenosen) auftreten. Störungen bei der Entwicklung der Epiglottis führen zu Aplasien, Hypoplasien sowie Spalt- und Doppelbildungen.

In Kürze

Pränatale Entwicklung:

- **5. Embryonalwoche:** Kehlkopfanlage aus dem oberen Abschnitt des Vorderdarms (Schleimhaut) und Derivaten der Schlundbögen, Entwicklung der Epiglottis- und Arytenoidwülste im ventralen Teil der Kehlkopfanlage.
  Nach Auflösung der Epithelverklebung Entstehung der **Stimmfalten.**
- **3. Fetalmonat:** Entstehung von Taschenfalten und Morgagni-Ventrikeln.
- Ende des **4. Fetalmonats:** Ausdifferenzierung des knorpligen Kehlkopfskeletts.

Postnatale Entwicklung:

- **Kindheit:** vergleichsweise großer Kehlkopf steht höher als beim Erwachsenen.
  Im Laufe der Kindheit Deszensus des Kehlkopfes.
- **Pubertät:** Abschluss des Deszensus, Zunahme der Kehlkopfgröße und der Stimmfaltenlänge (Geschlechtshormone): Stimmbruch.

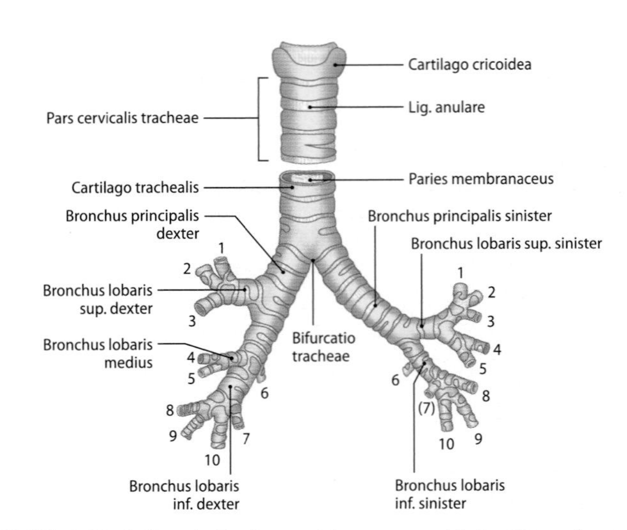

Abb. 9.19. Aufbau der Trachea und der an sie anschließenden großen Bronchien (Ansicht von ventral). Zu beachten sind die dichotome Teilung und der Paries membranaceus an der dorsalen Wand. Die Ziffern kennzeichnen die Lungenlappen [3]

9.4 Luftröhre und Bronchien

U. Schumacher

 **Einführung**

Luftröhre und Lungen dienen der äußeren Atmung (Respiration), bei der Sauerstoff aus der Luft mit dem Kohlendioxid aus dem Blut ausgetauscht wird. Bei der Atmung sind zwei ineinander übergehende Prozesse, der Gastransport und der Gasaustausch, zu unterscheiden. Trachea und die sich daran anschließenden Bronchien dienen dem Gastransport. Der Gasaustausch findet in den Alveolen der Lunge statt. Der letzte Abschnitt der Bronchien, die Bronchioli respiratorii dienen dem Gastransport und dem Gasaustausch. Im Gegensatz zu anderen Austauschsystemen im Körper, wie zum Beispiel dem in der Niere, ist das Gasaustauschsystem der Lunge so konstruiert, dass unverbrauchte und sauerstoffreiche Luft durch das gleiche Röhrensystem fließt wie verbrauchte, sauerstoffarme und kohlendioxidreiche Luft. Da selbst bei maximaler Ausatmung (Expiration) nicht die gesamte verbrauchte Luft aus der Lunge und den Atemwegen ausgeatmet wird, verbleibt immer ein Rest im System (Totraum). Bevor die Luft in die Trachea gelangt, wird sie in den oberen Atemwegen angefeuchtetet, erwärmt und von größeren Partikeln gereinigt. Die ausgeatmete Luft ist ebenfalls wassergesättigt und dient außerdem zur Phonation.

9.4.1 Aufbau und Lage

Die Luftröhre, *Trachea*, ist ein etwa 10–12 cm langes elastisches Rohr, das unterhalb des Ringknorpels des Kehlkopfes beginnt und mit der Aufteilung der Trachea, *Bifurcatio tracheae*, in den linken und rechten Stammbronchus, *Bronchus principalis dexter* und *sinister* endet (Abb. 9.19). An der Teilungsstelle entsteht ein Sporn, *Carina tracheae*. Der im Durchmesser größere rechte Stammbronchus setzt dabei nahezu geradlining die Verlaufsrichtung der Trachea fort (9.24). Der im Durchmesser kleinere linke Stammbronchus ist abgewinkelt (kleinere linke Lunge). Die beiden Hauptbronchien teilen sich innerhalb des Lungenparenchyms dichotomisch weiter auf. Die Bronchien weisen prinzipiell den gleichen Bau wie die Trachea auf, passen sich jedoch mit zunehmender Entfernung von der Bifurcatio tracheae morphologisch und funktionell dem Einbau in die Lunge an.

9.24 Apsirationspneumonie
Aufgrund des steileren Verlaufes des rechten Stammbronchus gelangen Fremdkörper häufiger in die rechte Lunge als in die linke. Durch Fremdkörper in der Trachea und den Bronchien kann eine Aspirationspneumonie entstehen.

Das Skelett der Trachea wird aus 15–20 hufeisenförmigen Knorpelspangen, *Cartlagines tracheales*, gebildet. Sie bestehen aus hyalinem Knorpel, der von einem dicken Perichondrium überzogen wird. Die Öffnung des Hufeisens weist nach dorsal, die beiden Enden des Hufeisens werden durch eine bindegewebig muskulöse Schicht, *Paries membranaceus*, verschlossen. Glatte Muskelfaserzüge, *M. trachealis*, ziehen dabei von einem Hufeisenende zum anderen, die bei Kontraktion das Lumen der Trachea verengen können. Zwischen den Knorpelspangen befindet sich ein an elastischen Fasern reiches Bindegewebe, die Ringbänder, *Ligg. anularia*, die in das Perichondrium der Knorpelspangen übergehen. Das Band zwischen Trachea und Ringknorpel wird als *Lig. cricotracheale* bezeichnet. Somit steht die Trachea unter Quer- und Längsspannung und kann sich elastisch ihrer Umgebung anpassen. Beim Schlucken wird der Kehlkopf nach kranial gezogen, die Trachea kann dieser Bewegung aufgrund ihrer Dehnbarkeit folgen. Umgekehrt wird sie bei tiefer Inspiration mit der Lunge nach kaudal gezogen.

Durch die glatte Muskulatur des Paries membranaceus kann die Trachea aktiv bis zu einem Viertel in ihrer Weite eingeengt werden. Passiv kann ein Speisebolus im Ösophagus die Trachea verengen. Bei Kindern kann der Querschnitt aufgrund der größeren Elastizität der Trachea bis auf 1/10 des Ruhetonus eingeengt werden.

Die Trachea wird wie folgt unterteilt:

- **Halsabschnitt** *(Pars cervicalis)*: Die Trachea beginnt etwa auf der Höhe des 7. Halswirbelkörpers. In der *Pars cervicalis* liegt die Trachea mit ihrem Paries membranaceus auf dem Ösophagus, mit dem sie durch Bindegewebe verbunden ist. Die Gefäß-Nerven-Straße mit der *A. carotis communis, V. jugularis interna* und dem *N. vagus* verläuft in einer Bindegewebescheide, *Vagina carotica,* die beidseits der Trachea und dem Ösophagus anliegt.
- **Brustabschnitt** *(Pars thoracica)*: Dieser beginnt in Höhe der oberen Thoraxapertur und endet mit der Aufteilung in der Bifurcatio tracheae, die in Höhe des 4. Brustwirbels und des *Angulus sterni* liegt. In diesem Bereich ist die Trachea innerhalb des *Mediastinum superius* gegenüber dem Ösophagus nach rechts verlagert, da die Aorta den Platz links neben der Speiseröhre einnimmt. Der Aortenbogen umschlingt dabei den linken Hauptbronchus und ruft die *Impressio aortica* hervor (sichtbar bei der Tracheobronchoskopie).

9.4.2 Histologie

Die dem Lumen der Trachea angrenzende Schleimhaut besteht aus mehrreihigem respiratorischem Epithel, das Kinozilien an seiner Oberfläche trägt. Die basal gelegenen Zellen, die nicht die Oberfläche erreichen, stellen z. T. die Stammzellpopulation dar, die der Regeneration des Epithels dient (9.25). In das respiratorische Epithel sind Becherzellen eingelagert, die Schleim produzieren. Das Epithel ruht auf einer besonders prominenten Basalmembran, darunter liegt das lockere Bindegewebe der Lamina propria. Die Grenze zur Submukosa ist in Routinepräparaten nicht genau zu definieren. In der Submukosa sind seromuköse *Glandulae tracheales* eingelagert, die Schleim produzieren. Dieser bildet mit dem Schleim der Becherzellen auf den Zilien eine wässrig-schleimige Phase, die mit dem Zilienschlag nach außen transportiert wird. Diese sog. *mukoziliäre Clearance* ist ein wichtiger Teil des unspezifischen Abwehrmechanismus des Respirationstraktes (9.26).

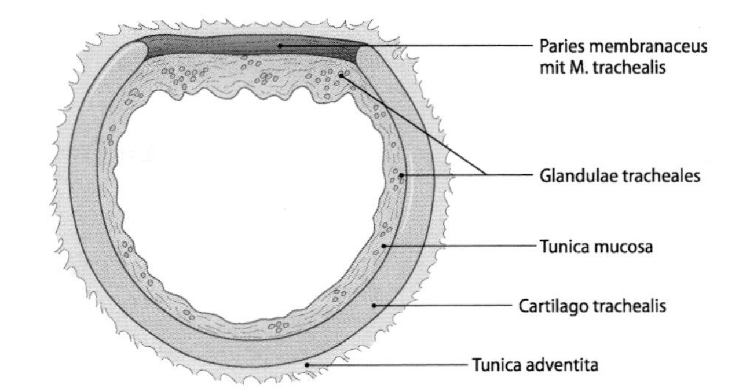

Abb. 9.20. Querschnitt durch die Trachea [4]

Epithel und Lamina propria bilden die *Tunica mucosa* der Trachea. Die daran anschließende Schicht ist die *Tunica fibromusculocartilaginea*, welche die glatten Muskelzellen des Paries membranaceus und die Knorpelspangen umschließt. Sie ist reich an elastischen Fasern, die eine Längselastizität der Trachea ermöglichen. Eine aus lockerem Bindegewebe bestehende *Tunica adventitia* baut die Trachea verschieblich in die umliegenden Organe ein. Paratracheale Lymphknoten sind in die Tunica adventitia eingelagert (Abb. 9.20).

9.25 Auswirkung des Rauchens
Bei starken Rauchern kann die Regeneration anstelle des Flimmerepithels mit Plattenepithel erfolgen. Die Folge sind plattenepitheliale Metaplasien der Bronchialschleimhaut.

9.26 Atemwegsinfekte bei Mukoviszidose
Die gestörte mukoziliäre Clearance führt bei Patienten mit Mukoviszidose zu rezidivierenden Atemwegsinfekten.

9.4.3 Gefäßversorgung und Lymphabfluss

Die **arterielle Hauptversorgung** der Trachea erfolgt durch die *Rr. tracheales* aus der A.thyreoidea inferior. Daneben bestehen Anastomosen zur A. thyreoidea superior und zu den Rr. bronchiales aus der Aorta. Der **venöse Abfluss** erfolgt über *Vv. tracheales*, die linksseitig über den Plexus thyroideus impar in die linke V. thyroidea inferior münden, die ihrerseits in die linke V. brachiocephalica mündet. Rechtsseitig fließen die Vv. tracheales direkt in die V. brachiocephalica dextra.

Die **Lymphabfluss** der Trachea erfolgt über die neben der Trachea liegenden *Nodi paratracheales* und über die *Nodi pretracheales.* Nach kaudal stehen diese Lymphwege mit den Lymphknoten der Bifurcatio tracheae (»Bifurkationslymphknoten«), *Nodi tracheobronchiales superiores* und *inferiores*, in Verbindung welche die Lymphe aus dem Lungenparenchym dränieren (Metastasierungsweg des Bronchialkarzinoms). Nach kranial bestehen Verbindungen zu den *Nodi cervicales profundi.*

9.4.4 Innervation

Parasympatische Fasern, die bei Stimulation zu einer Verengung der Trachea und zu einer gesteigerten Schleimsekretion führen, stammen aus dem *N. laryngeus recurrens*, einem Ast des N. vagus (► Kap. 9.3.8). Sympathische Fasern für die Trachea stammen aus dem Plexus, der die zuführenden Arterien umgibt.

In Kürze

Trachea
- elastisches Rohr: Knorpelspangen (halten das Rohr offen)
- Funktion: Luftleitung

Aufbau: 3 Schichten vom Lumen ausgehend:
- Tunica mucosa (respiratoria): mehrreihiges repiratorisches Flimmerepithel (Zilien befördern inhalierte Partikel und Keime nach außen)
- Tunica fibromusculocartilaginea mit glatten Muskelzellen und elastischen Fasern
- Tunica adventitia: lockeres Bindegewebe

Das mehrreihige repiratorische Flimmerepithel trägt an seiner Oberfläche Zilien, deren Schlag eingeatmete Partikel nach außen befördert (unspezifisches Abwehrsystem des Körpers).

Gefäßversorgung:
- arterielle Hauptversorgung: Rr. tracheales aus der A.thyreoidea inferior.
- venöser Abfluss: über Vv. tracheales

Lymphabfluss: über die Nodi paratracheales und Nodi pretracheales

9.4.5 Entwicklung

Embryonale Entwicklung der Trachea ► Kap. 9.5.6.

9.5 Lungen (Pulmones)

U. Schumacher

9.5.1 Lage und Aufbau

Die paarig angelegten etwa pyramidenförmigen Lungen, *Pulmo dexter* und *Pulmo sinister*, füllen den Großteil des Raumes innerhalb des Brustkorbes aus. In situ fixiert, stellen sie einen Ausguss dieses Binnenraumes dar, während die Lunge beim Lebenden ein schwammiges Gebilde ist. Mit ihrer Lungenspitze, *Apex pulmonis*, ragen beide Lungen über die obere Thoraxapertur hinaus in das laterale Halsdreieck. Die *A.* und *V. subclavia* (9.27) sowie der *Plexus brachialis* ziehen unterhalb des Schlüsselbeins über die Lungenspitze.

9.27 Pneumothorax durch Subklaviakatheter
Beim Legen eines Zentralvenenkatheters über die V. subclavia (Subklaviakatheter) kann es bei einer Fehllage zur Entwicklung eines Pneumothorax kommen.

Die Unterseite der Lungen, *Basis pulmonis*, passt sich der konkaven Form des Zwerchfells an und wird als *Facies diaphragmatica* bezeichnet. Als *Facies costalis* bezeichnet man die den Rippen anliegende Seite der Lungen. Die mediale Fläche der Lunge, *Facies medialis* wird in 2 Anteile unterteilt:
- Pars mediastinalis: vor dem Lungenhilus
- Pars vertebralis: hinter dem Lungenhilus

Der vom Herzen ausgefüllte Raum wird in der Lunge als *Impressio cardiaca* sichtbar (links naturgemäß größer als rechts). Der Abdruck der Aorta ist nur in der linken Lunge sichtbar. Der Ösophagus sowie die *V. cava superior* und die *V. azygos* sind als Abdrücke in die rechte Lunge erkennbar (Abb. 9.21).

Im Lungenhilus, *Hilus pulmonis*, treten folgende Strukturen in die Lunge ein oder verlassen diese: Hauptbronchus, *Bronchus principalis, A. pulmonalis, Vv. pulmonales, Rr. bronchiales* der Aorta, Vasa lymphatica und vegetative Nerven. Sie werden zusammenfassend auch als Lungenwurzel, *Radix pulmonis*, bezeichnet. Das Zentrum der Lungenwurzel wird durch die *Aa. pulmonales* gebildet, die *Vv. pulmonales* liegen am weitesten kaudal ventral, während die beiden Hauptbronchien am weitesten dorsal liegen.

Die Lungen werden an ihrer Oberfläche von der *Pleura visceralis (pulmonalis)* bedeckt. Vom Lungenhilus zieht eine Pleuraduplikatur, *Lig. pulmonale*, kaudal zum Zwerchfell. In diesem Bereich schlägt die *Pleura visceralis* in die *Pleura parietalis* um. Die Oberfläche der Pleura besteht aus einem einschichtigen Plattenepithel (Mesothel), dessen Basalmembran die Grenze zum schmalen Saum des submesothelialen Bindegewebes darstellt. An seiner apikalen Oberfläche trägt das Mesothel der Pleura Mikrovilli (Resorption von Luft bei Pneumothorax, »Ausschwitzen« von Plasmaeiweißen bei Entzündungen und Tumoren).

Rechte und linke Lunge unterscheiden sich in der Anzahl der Lungenlappen und der Lungensegmente (Abb. 9.21 und Tab. 9.3):
- **Rechte Lunge:** Sie ist aus **3 Lappen** aufgebaut. Ihr **Unterlappen,** *Lobus inferior*, wird durch die *Fissura obliqua* von dem keilförmigen **Mittellappen,** *Lobus medius*, abgetrennt, der seinerseits durch die *Fissura horizontalis* vom **Oberlappen,** *Lobus superior*, abgetrennt wird. Die *Fissura obliqua* verläuft in der Projektion auf die Thoraxwand vom Kopf der 4. Rippe nach ventral kaudal bis zur Knorpel-Knochen-Grenze der 6. Rippe. Die Fissura horizontalis verläuft etwa parallel zur 4. Rippe.
- **Linke Lunge:** Sie hat ein kleineres Volumen als die rechte Lunge und teilt sich in **2 Lappen,** den **Oberlappen,** *Lobus superior* und **Unterlappen,** *Lobus inferior*. Beide werden durch die von dorsal oben nach ventral unten schräg verlaufende *Fissura obliqua* getrennt. Diese schräge Trennung der Lappen bedingt, dass der Oberlappen die Ventralseite des Thoraxes ausfüllt und bis an das Zwerchfell reicht, während der Unterlappen im wesentlichen den dorsalen Abschnitt des Brustraumes ausfüllt und somit auf den Rücken projeziert wird (wichtig für die Auskultation der Lunge!). Der linke Oberlappen weist an der Stelle, wo er an das Herz grenzt, eine *Incisura cardiaca* auf. Unterhalb der Incisura cardiaca weitet sich die Lunge zur *Lingula pulmonis sinistri*, die bis an das Zwerchfell heranreicht.

Beide Lungen werden weiterhin in **Segmente,** *Segmenta bronchopulmonalia*, unterteilt, die eine funktionelle Untereinheit der Lunge darstellen (Abb. 9.22). Die Segmente ergeben sich dabei aus der weiteren Aufteilung der Lappenbronchien (Tab. 9.3). Die rechte Lunge untergliedert sich in 10, die linke variabel in 8–10 Segmente. Die sich aufteilenden Bronchien werden von den Ästen der *A. pulmonalis* begleitet. Die Gliederung der Lunge in Segmente wird als **bronchoarterielle Einheit** bezeichnet, die sich ähnlich wie bei einem Baum in immer weitere Äste und Ästchen unterteilt, wobei der Bronchus den Stamm darstellt. Im Gegensatz zu den Arterien verlaufen die Lungenvenen im Segmentbereich nicht an den Stamm des Bronchialbaumens angelehnt, mit Ausnahme im Bereich der Haupt- und Lappenbronchien, sie füllen vielmehr den Raum zwischen den Lungensegmenten aus, d.h. verlaufen intersegmental (Abb. 9.22b). Innerhalb der Segmente wird das Lungengewebe in Läppchen, *Lobuli*, aufgeteilt, die als ein polygonales Mosaik mit einer Kantenlänge bis ca 3 cm an der Lungenoberfläche sichtbar sind.

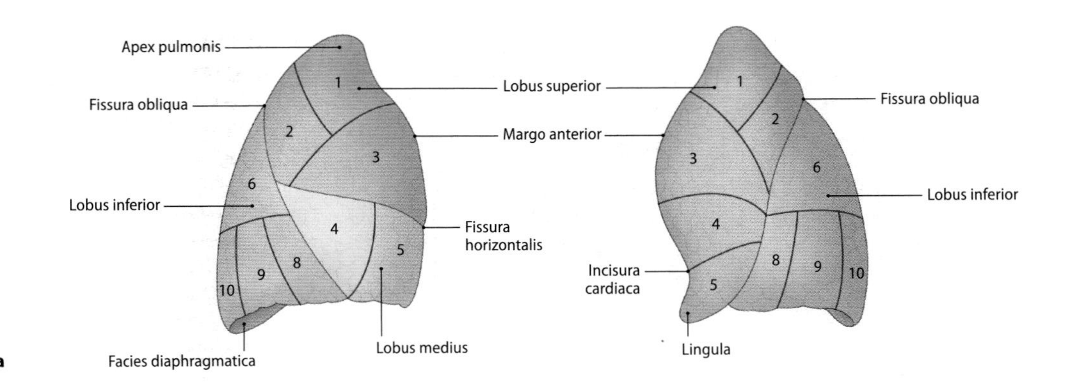

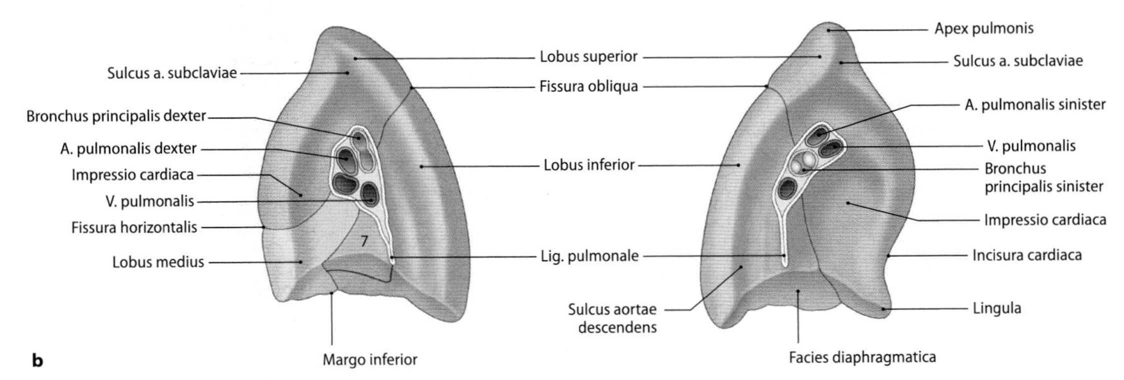

Abb. 9.21a, b. Lungen. a Rechte und linke Lunge von lateral (Facies costalis). Die Segmente sind beziffert und ihre Grenzen in rot eingezeichnet. Segment 7 ist nur auf der mediastinalen Seite der rechten Lunge (**b**) zu sehen. Die Lobuli treten als Felderung hervor. **b** Rechte und linke Lunge von medial (Facies medialis). Lungenhilus mit Pulmonalarterien (rot), Pulmonalvenen (blau) und Bronchien [3]

Tab. 9.3. Lungensegmente und zugeordnete Bronchien

Lungenflügel	Lungenlappen und -segmente	Bronchien
Rechter Lungenflügel	**Lobus superior:** – Segmentum apicale (1) – Segmentum posterius (2) – Segmentum anterius (3)	**Bronchus lobaris superior dexter:** – Bronchus segmentalis apicalis – Bronchus segmentalis posterior – Bronchus segmentalis anterior
	Lobus medius: – Segmentum laterale (4) – Segmentum mediale (5)	**Bronchus lobaris medius dexter:** – Bronchus segmentalis lateralis – Bronchus segmentalis medialis
	Lobus inferior: – Segmentum superius (6) – Segmentum basale mediale (7) – Segmentum basale anterius (8) – Segmentum basale laterale (9) – Segmentum basale posterius (10)	**Bronchus lobaris inferior dexter:** – Bronchus segmentalis superior – Bronchus segmentalis basalis medialis – Bronchus segmentalis basalis anterior – Bronchus segmentalis basalis lateralis – Bronchus segmentalis basalis posterior
Linker Lungenflügel	**Lobus superior:** – Segmentum apicoposterius (1 + 2) – Segmentum anterius (3) – Segmentum lingulare superius (4) – Segmentum lingulare inferius (5)	**Bronchus lobaris superior sinister:** – Bronchus segmentalis apicoposterior – Bronchus segmentalis anterior – Bronchus lingularis superior – Bronchus lingularis inferior
	Lobus inferior: – Segmentum superius (6) – Segmentum basale anterius (8) – Segmentum basale laterale (9) – Segmentum basale posterius (10) (Segment 7 fehlt meist)	**Bronchus lobaris inferior sinister:** – Bronchus segmentalis superior – Bronchus segmentalis basalis anterior – Bronchus segmentalis basalis lateralis – Bronchus segmentalis basalis posterior

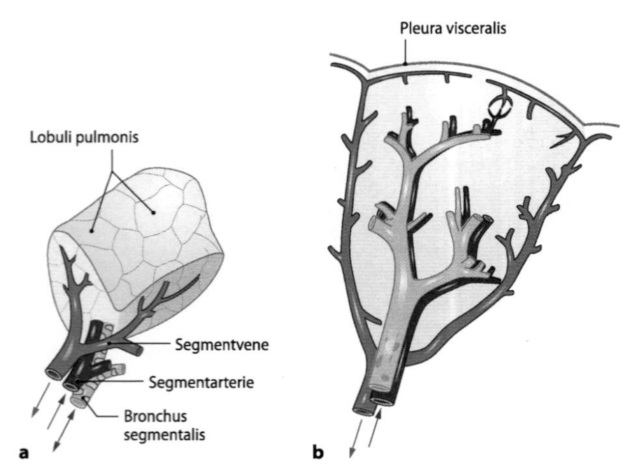

■ **Abb. 9.22a, b. Lungensegment. a** Die Segmentarterie und der Bronchus segmentalis treten in das Segment ein. **b** Schmematische Darstellung des Verlaufes der Lungenvenen (blau) und Bronchien in einem Lungensegment [3]

Der **Bronchialbaum** dient dem Gastransport zu den Gasaustauschflächen in der Lunge. Um eine große Austauschfläche versorgen zu können – bei Expiration etwa 80 m², bei Inspiration etwa 120 m² –, muss er sich dementsprechend aufteilen (■ Abb. 9.23). Der **Aufteilungsweg des Bronchialsystems** erfolgt nach dem Prinzip der **dichotomen Teilung:** Sie beginnt an der Bifurcatio tracheae mit der Aufteilung in den linken und rechten Stammbronchus, *Bronchus principalis dexter* und *sinister*. Der **rechte Stammbronchus** teilt sich entsprechnend der Anzahl der Lungenlappen in **3 Lappenbronchien,** *Bronchi lobares*, während sich der **linke Stammbronchus** entsprechend in **2 Lappenbronchien** teilt. Aus den Lappenbronchien gehen die **Segmentbronchien,** *Bronchi segmentales*, hervor, die jeweils ein Segment mit Atemluft versorgen (■ Tab. 9.3). Innerhalb eines Segmentes teilen sich die **Bronchiolen** für mehrere Generationen in subsegmentale Bronchien auf, bis sie in den *Bronchioli terminales* enden (15. Generation der Aufteilung des Bronchialbaumes seit seinem Beginn). Mit den Bronchioli terminales endet der rein gasleitende Bronchialbaum. An die terminalen Bronchioli schließen sich die *Bronchioli respiratorii* an, die den Übergang des gasleitenden in den gasaustauschenden Abschnitt darstellen. **Bronchioli respiratorii** (3 Generationen) verzweigen sich weiter in *Ductuli alveolares*, die in *Sacculi alveolares* enden. Als Sacculi alveolares bezeichnet man den Raum, in den mehrere traubenartig zusammengelagerte **Alveolen** münden.

! Die Alveolen bilden die Endabschnitte des Lungenparenchyms, in denen der Hauptanteil des Gasaustausches stattfindet.

In Kürze

Lunge

Rechter und **linker Lungenflügel** unterteilen sich in:
- **Lungenlappen** (rechts 3, links 2) und diese in:
  - **Lungensegmente:** rechts 10, links 9 (das 7. Segment fehlt meist)

Bronchialbaum

Teilung der Atemwege nach dichotomen Prinzip. Bei der Aufteilung der Bronchien lagern sich Arterienäste an, die **bronchoarterielle Einheiten** bilden, die **Lungensegmente.**

Im letzten Abschnitt des Bronchialbaumes, den Bronchioli respiratorii, erfolgt der Übergang von den gasleitenden zu den gasaustauschenden Abschnitten des Respirationstraktes.

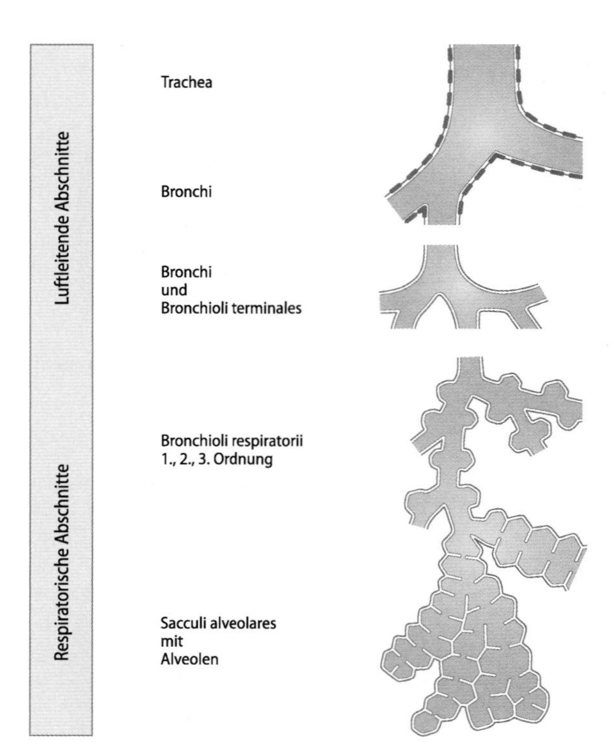

■ **Abb. 9.23.** Schematische Darstellung der dichotomen Aufteilung der Atemwege. Die Größen sind nicht maßstabsgerecht. Mit jeder Teilung vergrößert sich die Querschnittsfläche des Atemrohres; damit vermindert sich auch die Geschwindigkeit des Luftstromes. Bronchioli respiratorii stellen den Übergang zwischen luftleitenden und respiratorischen Abschnitten dar [3]

9.5.2 Histologie

Im histologischen Schnittpräparat der Lunge fällt in der Übersichtsvergrößerung zunächst das schwammartige Bild des Lungenparenchyms auf, welches von den Alveolen hervorgerufen wird. Zwischen den Alveolen sind die Aufzweigungen des Bronchialbaumes mit den begleitenden Ästen der Pulmonalarterie eingelagert. Anschnitte von Venen

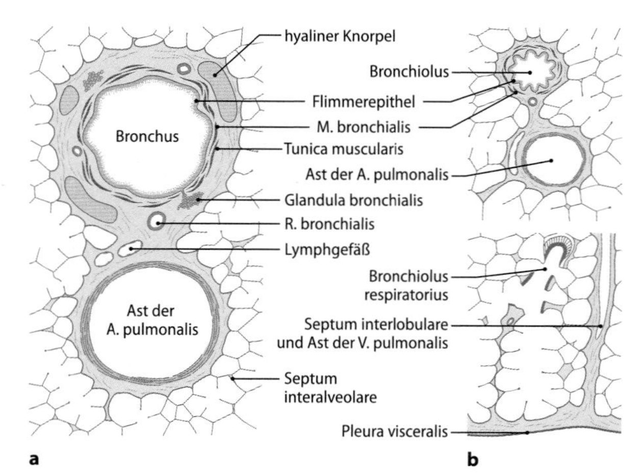

■ **Abb. 9.24a, b. Histologie der Lunge. a** Bronchius, **b** Bronchiolus. Zwischen den Alveolen sind die luftleitenden Bronchien und die zuführenden arteriellen Gefäße eingelagert. Aufgrund der Kontraktur der glatten Muskelzellen in der Bronchialwand bei der Gewebenentnahme (Fortfall des Unterdruckes im Thorax) erscheint das Lumen der Bronchien im histologischen Präparat oft sternförmig [3]

Tab. 9.4. Histologische Differenzierung der verschiedenen Abschnitte des Bronchialbaumes

Abschnitt	Epithel	Knorpel	Muskulatur	Drüsen
Trachea und Hauptbronchien	mehrreihiges Flimmerepithel, Bechcherzellen	hufeisenförmige Knorpelspangen	nur in dem Paries membranaceus	Glandulae tracheales und bronchiales
Große Bronchien, Segmentbronchien	mehrreihiges Flimmerepithel, Becherzellen	einzelne Knorpelplättchen	konzentrisch angeordnet	Glandulae tracheales in der Tunica fibrocartilaginea
Bronchioli und Bronchioli terminales	einschichtiges prismatisches Flimmerepithel, wenige Becherzellen, die im Bronchiolus terminalis fehlen	fehlt	schraubig, scherengitterartig	fehlen
Bronchioli respiratorii	kubisches Epithel, distal ohne Zilien, keine Becherzellen	fehlt	scherengitterartig (M. bronchialis)	fehlen

findet man meistens in den größeren bindegewebigen Septen. Der histologische Bau der **Bronchi principales** entspricht noch dem der Trachea mit einem mehrreihigen Flimmerepithel, das neben den kinozilientragenden Zellen auch Becherzellen enthält. Es sitzt einer relativ dicken Basalmembran auf. Das unter der Basalmembran liegende lockere Bindegewebe bildet eine bindegewebige Verschiebeschicht, die ihrerseits an die hufeisenförmigen Knorpelspangen oder an die sie verspannende glatte Muskulatur des Paries membranaceus angrenzt. In das Bindegewebe können kleine gemischte seromuköse Drüsen eingelagert sein. Als freie Zellen des Bindegewebes kommen Mastzellen und Plasmazellen vor. Die hufeisenförmigen Knorpelspangen bilden sich mit der weiteren Aufzweigung des Bronchialbaumes zurück. In den Bronchi lobares und segmentales kommen nur noch unregelmäßig geformte Knorpelplättchen als wesentliche Strukturelemente des Wandaufbaus vor (Abb. 9.24a). Die Knorpelplättchen werden zur Peripherie des Bronchialbaumes hin zunehmend kleiner. In den Bronchiolen (Abb. 9.24b) wird die Wand von einer geschlossenen Schicht glatter Muskelzellen gebildet, sog. M. bronchialis (Tab. 9.4). Der rein gasleitende Bronchialbaum endet mit den *Bronchioli terminales*, auf sie folgen die *Bronchioli respiratorii*, in denen der Gasaustausch in der Lunge beginnt. Die Weite dieses Muskelschlauches wird durch das autonome Nervensystem gesteuert. Bei übermäßiger Stimulation durch den Parasympathikus kann es zu einer Verengung der kleinen Bronchien kommen in deren Folge die Luft unvollkommen ausgeatment werden kann, so dass es zur Überblähung der Lunge kommt (Asthma bronchiale).

Im Verlauf des Bronchialbaumes von der Trachea zu den Alveolen ändert sich nicht nur der tragende Wandaufbau, sondern auch das bedeckende respiratorische Epithel. In den oberen Abschnitten befindet sich ein **mehrreihiges Flimmerepithel** mit eingestreuten **Becherzellen,** welches in den tieferen Abschnitten in ein einreihiges Flimmerepithel ohne Becherzellen übergeht. Im Bereich der Bronchioli respiratorii wandelt sich das hochprismatische Epithel in ein kubisches Epithel ohne Kinozilien um. Dieses **Epithel ohne Kinozilien** setzt sich aus mehreren Zellarten zusammen:

- unbewimperten Epithelzellen einschließlich Clara-Zellen
- seröse Zellen
- Pneumozyten Typ II.

Der **Gasaustausch** findet im Bereich der Alveolen statt, die den Hauptanteil des Parenchyms der Lunge bilden (Abb. 9.25). Das Lumen der Alveolen wird von 2 morphologisch und funktionell verschiedenen Zellarten ausgekleidet (Abb. 9.26):

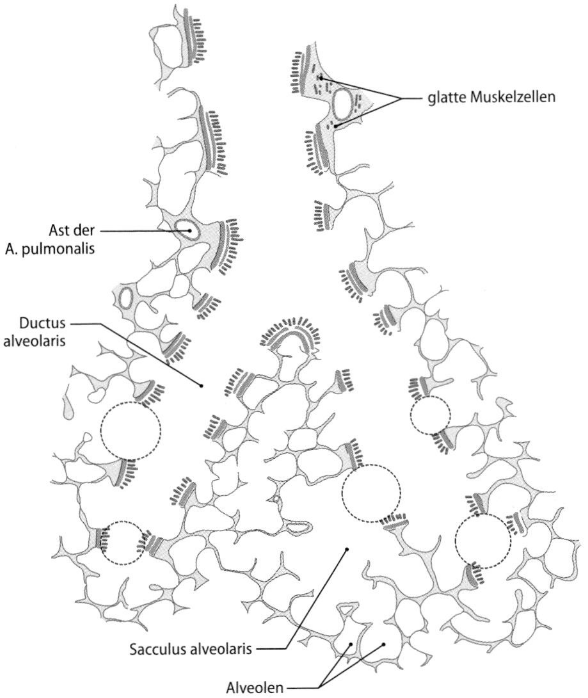

Abb. 9.25. Histologischer Bau des gasaustauschenden Systems in der Lunge. Der Gasastausch beginnt im respiratorischen Bronchiolus. Dieser teilt sich in 2 Ductus alveolares, in welche sich die Alveolen eröffnen [4]

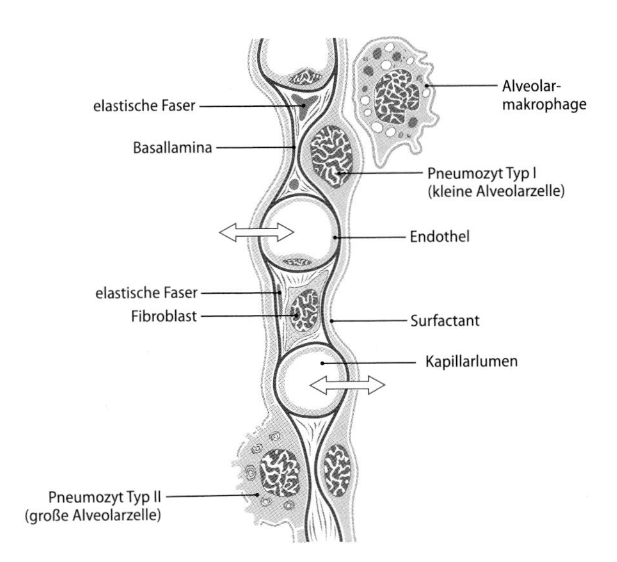

Abb. 9.26. Aufbau eines Interalveolarseptums. Die Basallaminae (rot) von Endothel und Alveolarepithel können zu einer gemeinsamen Basallamina verschmelzen. Die roten Pfeile deuten den Gasaustausch an [3]

- **Pneumozyten Typ I** oder **kleine Alveolarzellen:** Flache, plattenepithelähnliche Zellen, die etwa 90% des Alveolarraumes auskleiden. Nur in der Region des Zellkern ragen sie in das Lumen vor. Entsprechend ihrer Funktion werden sie auch Alveolardeckzellen bezeichnet.
- **Pneumozyten Typ II** oder **große Alveolarzellen:** Sie sind die Stammzellpopulation des Lungenparenchyms und überkleiden nur etwa 10% des Alveolarraumes. Ihr Zellleib wölbt sich in das Alveolarlumen vor. An der Oberfläche tragen sie kurze Mikrovilli. In ihrem Zytoplasma befinden sich **sekretorische Lamellenkörperchen.** Diese enthalten zwiebelschalenartig geschichtete Phospholipide, die durch Exozytose in das Alveolarlumen freigesetzt werden und ein wichtiger Bestandteil des **Surfactants** sind.

An ihrer apikalen Seite sind die das Alveolarlumen bedeckenden Zellen unabhängig von ihrem Zelltyp durch mehrere Reihen von Tight Junctions miteinander verbunden. Somit wird ein parazellulärer Stofftransport vom Alveolarlumen zu den darunter liegenden Strukturen verhindert. Betrachtet man statt der Größe der Fläche, welche die Pneumozyten in den Alveolen auskleiden, die Anzahl der Zellen (Nuclei), welche die Alveolarwand auskleiden, so ergibt sich eine Verhältnis der beiden Zelltypen von etwa 1:1. Beide Zellarten sitzen einer Basalmembran auf, unter der sich ein schmaler Streifen Bindegewebe befinden kann. In dieses Bindegewebe des Septums sind die Kapillaren der Austauschstrecke eingelagert. An der anderen Seite der Kapillare grenzt die benachbarte Alveole an. Das Endothel der Kapillaren ist nicht fenestriert. Die Endothelzellen sind untereinander mit 2–3 Reihen von Tight Junctions verbunden (► 9.28). Die Endothelzellen der Kapillaren enthalten außerdem das **Angiotensin Converting Enzyme (ACE),** welches bei der Regulation des Blutdruckes eine wichtige funktionelle Rolle spielt.

9.28 Lungenödem

Die Pneumozyten werden apikal von etwa 5 Reihen Tight Junctions miteinander verbunden, bei den Endothelzellen sind es nur etwa 3 Reihen von Tight Junctions. Bei Flüssigkeitseinlagerungen in die Lunge lösen sich zuerst die Tight Junctions der Kapillaren auf, die der Pneumozyten – falls überhaupt – erst später. Die Anzahl der Tight Junctions bedingen die Unterschiede zwischen interstitiellem und intraalveolärem Lungenödem.

Das Bindegewebe in den Alveolarsepten wird von lokalen Fibroblasten gebildet. Es besteht aus Kollagenfasern und zusätzlich zu einem beträchtlichen Anteil aus **elastischen Fasern**. Die elastischen Fasern sorgen für die Rückholwirkung der Lungen bei der Expiration. Das Bindegewebe dient als Transitstrecke für Monozyten, die in das Alveolarlumen einwandern und sich dort zu **Alveolarmakrophagen** differenzieren (Abb. 9.26). Die mit Partikeln beladenen Makrophagen können wieder in das Bindegewebe zurückwandern und dort eingelagert sein. Dies ist zumeist bei den größeren bindegewebigen Septen der Fall, die mit den Interalveolarsepten in Verbindung stehen und die Lobuli voneinander trennen. In das Septum können stellenweise Mastzellen eingelagert sein. Sie spielen eine wichtige Rolle bei allergischen Erkrankungen der Atemwege, z.B. dem Asthma bronchiale.

9.29 Lungenemphysem

Bei einem Lungenemphysem kommt es zu einer Verminderung der Interalveolarsepten und der elastischen Fasern in der Lunge.

In Kürze

Auskleidung der Bronchien:
- initial mehrreihiges hochprismatisches Flimmerepithel
- mit zunehmender Verkleinerung des Durchmessers einschichtig
- letzte Bronchialabschnitte: kubisches Epithel ohne Kinozilien
- Bronchioli respiratorii: vorwiegend Clara-Zellen

Auskleidung der Alveolen:
- Pneumozyten Typ I oder kleine Alveolarzellen (Deckzellen)
- Pneumozyten Typ II oder große Alveolarzellen mit sekretorische Lamellenkörperchen (Surfactantproduzenten)

9.5.3 Blut-Luft-Schranke und Interalveolarseptum

Der Gasaustausch findet in den Bronchioli respiratorii und den Alveolen statt. Im Folgenden wird der Aufbau der Blut-Luft-Schranke beschrieben, wie sie typischerweise in den Interalveolarsepten vorliegt:
- Die Grenzfläche zur Luft wird vom **Surfactant** gebildet, der zumeist aus den Phospholipiden besteht, die von den Pneumozyten Typ II (und vielleicht auch teilweise von den Clara-Zellen) sezerniert werden. Surfactant hat die **Funktion,** die Oberflächenspannung herabzusetzen, so dass die Alveolen am Ende der Expiration nicht kollabieren. Ferner enthält der Surfactant noch etwa 10% Glykoproteine, die mit den Lipiden interagieren. Der Surfactant »schwimmt« auf einer sehr dünnen wässrigen Schicht, die zwischen dem Surfactant und der apikalen Membran der Pneumozyten Typ I und II zwischengelagert ist (9.30).
- Die Pneumozyten Typ I und II sind der nächste Abschnitt der Blut-Luft-Schranke. Beide Zellarten sitzen ihrerseits basal auf einer Basallamina, auf die das kollagene Bindegewebe des Alveolarseptums folgt. Dieses grenzt wiederum an die Basallamina des Endothels. An vielen Stellen fehlt das kollagene Bindegewebe des Septums, so dass in diesen Abschnitten die Basallaminae von Pneumozyten und Endothelzellen miteinander verschmelzen.
- Endothelzelle, Blutplasma in den Kapillaren und die Erythrozytenmembran stellen die letzten Barrieren dar, die der Sauerstoff zu überwinden hat, bevor er an das Hämoglobin im Erythrozyt gebunden werden kann.

Trotz des relativ komplexen strukturellen Aufbaus der Blut-Luft-Schranke ist diese im Mittel nur etwa 2,2 µm dick.

9.30 Surfactantmangel bei Geburt

Ist bei der Geburt die Produktion des Surfactants ungenügend ausgebildet, resultiert ein kindliches Atemnotsyndrom. Surfactant kann über Inhalation supplemeniert werden.

In Kürze

Blut-Luft-Schranke: Sauerstoff aus der Atemluft muss bis zum Hämoglobin in den Erythrozyten folgende Schranken passieren:
- Surfactant, Wasserschicht der Alveolen
- Pneumozyten und deren Basallaminae, zumeist verschmolzen mit Basallamina des Endothels
- Endothel selbst, Blutplasma und Erythrozytenmembran

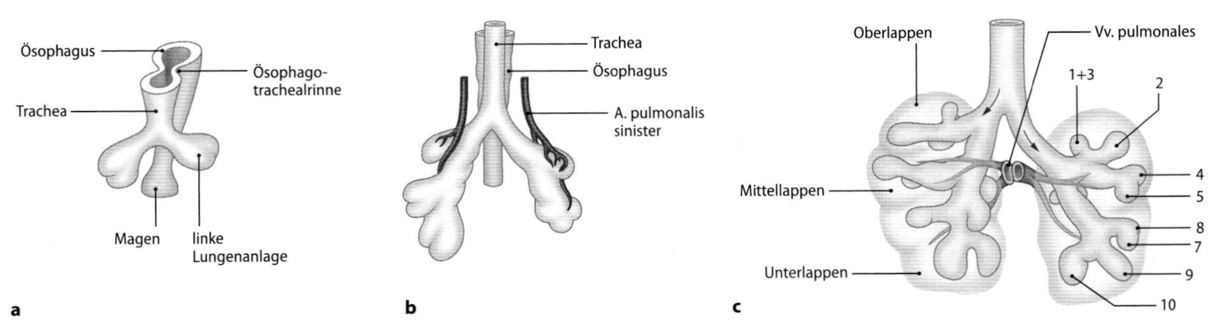

Abb. 9.27a–c. Entwicklung von Trachea und Lunge aus dem Vorderdarm. **a** Die Trachea faltet sich aus dem Ösophagus ab, man beachte die dabei entstehende Ösophagotrachealrinne. **b** Nach erfolgter Abschnürung der Trachea bilden sich rechts drei und links zwei Lungenknospen, die sich weiter abschnüren, um die Lungensegmente zu bilden. **c** Die Lunge entwickelt sich analog einer exokrinen Drüse durch weitere Ausknospungen. Alle 10 Segmente sind bereits angelegt (apikales Sechsersegment verdeckt), die mesenchymalen Anteile sind schattiert. Die Pfeile zeigen die Umschlagstelle von parietalem zu viszeralem Pleurablatt [3]

9.5.4 Gefäßversorgung und Lymphabfluss

Bei der Lunge liegt eine **doppelte arterielle Blutversorgung** vor. Der Bronchialbaum selbst wird aus den *Rr. bronchiales* (Vasa privata der Lunge, arteriell) versorgt, die aus der Aorta stammen. Bei der rechten Lunge gehen einige Rr. bronchiales aus der dritten und vierten Interkostalarterie hervor. Das Blut für den Gasaustausch stammt aus den beiden Pulmonalarterien (Vasa publica der Lunge, venös). Diese doppelte Blutversorgung der Lunge ist von großer klinischer Bedeutung. Wird ein Ast der Pulmonalarterie durch einen Thrombus verschlossen, so reicht die Blutversorgung über Anastomosen mit den Vasa privata aus, das übrige Lungengewebe am Leben zu erhalten. Wird der Thrombus abgebaut, kann dieses Ereignis ohne Untergang von Lungengewebe überlebt werden.

Das Blut aus den Vasa publica fließt in die Vv. pulmonales, die in den linken Vorhof münden. Ein geringer Teil des Blutes aus den Vasa privata fließt in die Vv. bronchiales, die in die Vv. pulmonales münden. Dieses Shuntblut ist eine Ursache dafür, dass die Sauerstoffsättigung des Blutes in den Vv. pulmonales keine 100% erreicht. Hilusnah fließt das Blut aus den Vasa privata in die V. azygos oder in die V. hemiazygos.

Intrapulmonal kommen vereinzelt Lymphknoten, *Nodi intrapulmonales*, vor. Die **Lymphe** fließt innerhalb der Lunge hiluswärts und gelangt in die Hiluslymphknoten, *Nodi bronchopulmonales*, die in die *Nodi tracheobronchiales superior* und *inferior* dränieren (9.31). Die Nodi tracheobronchiales dränieren in die paratrachealen Lymphknoten, *Nll. paratracheales*. Auf der linken Seite gelangt die Lymphe über das Ligamentum pulmonale auch zur kontralateralen Seite (Metastasierungsweg beim Bronchialkarzinom).

9.31 Bedeutung der Hiluslymphknoten

Hiluslymphknoten und paratracheale Lymphknoten sind wichtige Filterstationen bei der Tuberkulose und beim Bronchialkarzinom.

9.5.5 Innervation

Die **vegetative Innervation** der Lunge erfolgt über den Plexus pulmonalis, der seine Fasern sowohl vom parasympathischen N. vagus, als auch vom sympathischen Grenzstrang erhält. Diese vegetativen Fasern innervieren die glatte Muskulatur der Bronchien und die seromukösen Drüsen. Bei Stimulation des Parasympathikus kontrahieren sich die glatten Muskelzellen des M. bronchialis und es wird ein zäher Schleim aus den Drüsenzellen abgegeben (9.32). Der Sympathikus bewirkt das Gegenteil: die Muskulatur erschlafft und die Sekretion versiegt.

Das vegetative Nervensystem wirkt auch auf die Blutgefäße in der Lunge. Der Parasympathikus bewirkt eine Weitstellung der A. pulmonalis und ihrer Äste, während der Sympathikus ihre Engstellung hervorruft.

9.32 Asthma bronchiale

Bei übermäßiger Stimulation durch den Parasympathikus kann es zur Verengung der kleinen Bronchien mit einer unvollkommenen Ausatmung der Luft kommen. Die Folge ist eine Überblähung der Lunge.

9.5.6 Entwicklung von Trachea und Lunge

Die Trachea entwickelt sich aus dem Vorderdarm und schnürt sich aus dem Ösophagus ab (Abb. 9.27a). Bei der Abschnürung entsteht vorübergehend ein *Septum oesophagotracheale*. Zu diesem Zeitpunkt ist das Epithel der Trachea dicker als beim Ösophagus. Die Wand der Trachea (Knorpel, glatte Muskulatur, Gefäße) bildet sich ab dem 2. Embryonalmonat aus dem viszeralen Mesoderm.

Das Epithel der Trachea, Bronchien und Lungen entstammt dem Vorderdarm. Während der Entwicklung spaltet sich der untere Abschnitt der Trachea in einen linken und einen rechten Schenkel. Die Endabschnitte verdicken sich zu den beiden Lungenknospen, aus denen sich die Lungen mit den Bronchien entwickeln. Entsprechend der Anzahl der Lungenlappen der postnatalen Lunge bilden sich rechts drei und links zwei Tochterknospen (Abb. 9.27b). Die Lungenanlage wächst in das Mesenchym hinein, während dieser embryonalen Phase der Lungenentwicklung werden die Lappen und Segmente gebildet (Abb. 9.27c). Im Laufe des weiteren Wachstums teilen sich die Epithelstränge dichotom in etwa 15–20 Teilungsschritten. Das Wachstumsmuster entspricht dem einer exokrinen Drüse, weshalb diese Periode als pseudoglanduläre Phase des Lungenwachstums bezeichnet wird (Abschluss etwa 19. SSW). In der anschließenden kanalikulären Phase, die etwa von der 15. bis zur 28. SSW dauert, kommt er zu einer weiteren Teilung der kleinsten Gänge, der Kanalikuli. Mit der Aussprossung der Alveolen ab etwa der 23. SSW beginnt die alveoläre Phase der Lungenentwicklung. In der letzten Phase kommt es zur Ausbildung der Alveolarsepten. Bei der Septenbildung lagern sich zunächst zwei Alveolen zusammen, so dass eine doppelte Blutversorgung der Alveolarsepten besteht. Erst nachgeburtlich wird diese zu einer Einzelkapillare pro Alveolarseptum reduziert.

Erst bei der Geburt wird die Lunge entfaltet und belüftet, so dass es zu einer Änderung des spezifischen Gewichts der Lunge kommt. So kann bei der Sektion mittels der Schwimmprobe festgestellt werden, ob ein Neugeborenes geatmet hat oder nicht. Hat das Neugeborene bereits geatmet und sind damit die Lungen entfaltet, so schwimmt die Lunge auf dem Wasser, hat es nicht geatmet, geht die Lunge unter.

In Kürze

Entwicklung

Trachea: aus dem Vorderdarm und durch Abschnürung aus dem Ösophagus.

Lunge: Epithelknospen aus den Vorderdarm bilden das Ausgangsgewebe der Lungenknospen, die sich in ihrem Wachstum ähnlich einer exokrinen Drüse entfalten.

Die Belüftung der Lunge erfolgt erst unmittelbar nach der Geburt.

10 Organe des Verdauungssystems

F. Paulsen, Y. Cetin, R. Hildebrand

10.1 Mundhöhle und Zähne

F. Paulsen

 Einführung

Die Mundhöhle nimmt die Nahrung auf. Diese wird mit Hilfe von Zähnen, Lippen, Wangen und Zunge in einen halbflüssigen Speisebrei mechanisch zerkleinert und in Richtung Schlund transportiert. Dabei wird die Nahrung durch das Sekret der Speicheldrüsen gleitfähig gemacht. Gleichzeitig leiten Speichelenzyme bereits im Mund die Kohlenhydratverdauung ein. Beim Kauen wird die chemische Beschaffenheit durch Freisetzung flüchtiger Komponenten aus der Nahrung sowie durch Auflösung fester Bestandteile im Speichel mittels Geschmacksrezeptoren kontrolliert. Im Verlauf der Phylogenese haben die beweglichen Organe der Mundhöhle zusätzlich bei der Lautbildung wichtige Aufgaben erlangt.

10.1.1 Mundhöhle (Cavitas oris)

Die **Mundöffnung,** *Rima oris,* bildet den Eingang in den Verdauungstrakt. Daran schließt sich die **Mundhöhle,** *Cavitas oris,* an, die sich in den **Mundvorhof,** *Vestibulum oris,* und in die eigentliche Mundhöhle, *Cavitas oris propria,* gliedert. Das Vestibulum oris wird außen von Lippen und Wangen und innen von Alveolarfortsätzen und Zähnen begrenzt. Bei geschlossener Zahnreihe besteht jeweils hinter dem letzten Zahn eine Verbindung zur Mundhöhle *(Spatium retromolare).*

Die Mundhöhle wird vorn von den Lippen, seitlich von den Wangen, unten durch den muskulären Mundboden und oben durch den Gaumen begrenzt. Im Bereich der **Schlundenge,** *Isthmus faucium,* geht die Mundhöhle in die *Pars oralis* des Pharynx (Oropharynx) über. In das Vestibulum und in die Cavitas oris münden die Ausführungsgänge zahlreicher kleiner und der 3 paarigen großen Speicheldrüsen, *Glandulae salivariae oris.* Das Innere der Mundhöhle wird zum größten Teil vom Zungenkörper, *Corpus linguae,* ausgefüllt.

Lippen (Labia)

Oberlippe, *Labium superius,* und Unterlippe, *Labium inferius,* sind seitlich am Übergang zur Wange im Mundwinkel, *Angulus oris,* über die *Commissurae labiorum* miteinander verbunden. Die schräg von den Nasenflügeln nach laterokaudal verlaufende Nasolabialfalte, *Sulcus nasolabialis,* trennt die Oberlippe von der Wange. Die Grenze der Unterlippe zum Kinn liegt in der Lippen-Kinn-Furche, *Sulcus mentolabialis.* Die Oberlippe besitzt eine unterhalb der Nase liegende Vertiefung, das *Philtrum,* das als Lippenwulst, *Tuberculum labii superioris* endet.

Der quergestreifte *M. orbicularis oris* bildet mit seiner *Pars labialis* die muskuläre Grundlage der Lippe (► Kap. 4.2.2, ◼ Abb. 4.32 und 4.33). Die *Pars marginalis* biegt unter dem Lippenrot nach außen unter die Haut um. Der Muskel ist u.a. für das Saugen, Sprechen und Kauen von Bedeutung. In die Lippenmuskulatur strahlen weitere mimische Muskeln ein.

Histologie

Der aus mehrschichtig verhorntem Plattenepithel bestehende äußere Bereich der Lippe, *Pars cutanea,* besitzt Talg- und Schweißdrüsen sowie Haare und geht am Lippenrot, *Pars intermedia,* in die im Mundvorhof liegende *Pars mucosa* über (◼ Abb. 10.1). Die Grenze zum Lippenrot tritt als Lippenrand hervor. Der Lippenrand kommt durch eine nach außen gerichtete Verlängerung der *Pars labialis* des *M. orbicularis oris, Pars marginalis,* zustande. Das Lippenrot wird von

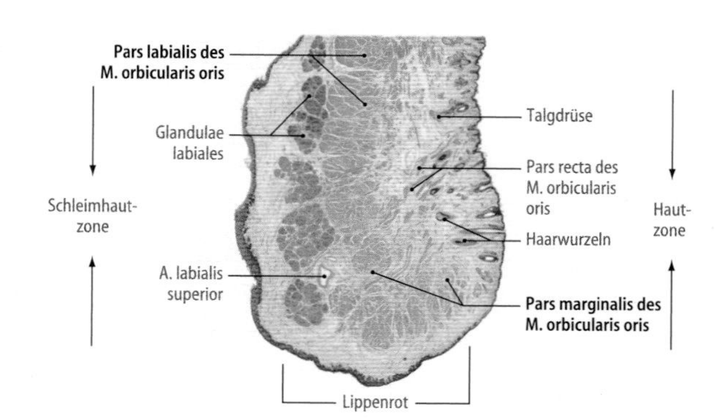

◼ **Abb. 10.1.** Sagittalschnitt von der Lippe

mehrschichtigem, schwach verhorntem Plattenepithel bedeckt, in das sich reich kapillarisierte Bindegewebepapillen bis nahe an die freie Oberfläche erstrecken. Aufgrund der fehlenden Pigmentierung schimmert das Blut in den Papillen durch die Haut und bedingt die Rotfärbung der Mundöffnung. Als einzige Drüsen kommen im Lippenrot freie Talgdrüsen vor, Haare fehlen. Der innere Bereich der Lippen ist pigmentlos und reich kapillarisiert. Er besteht aus mehrschichtig unverhorntem Plattenepithel. In der Tela submucosa liegen kleine, gemischte seromuköse Speicheldrüsen, *Glandulae labiales.* Die Lippenschleimhaut geht fließend in die Mundschleimhaut, *Tunica mucosa,* des Mundvorhofs über. Hier verbindet jeweils eine freie Schleimhautfalte, *Frenulum labii superoris* und *Frenulum labii inferioris,* in der Mittelinie Ober- und Unterlippe mit dem Zahnfleisch.

Gefäßversorgung und Lymphabfluss

Die **arterielle Versorgung** erfolgt aus der *A. facialis* über die *Aa. labiales superior* und *inferior,* die im Bereich der Lippe einen Gefäßkranz bilden. Das **venöse Blut** wird hauptsächlich zur *V. facialis* dräniert. Im Bereich der Oberlippe bestehen über die *V. angularis* Verbindungen zu den Orbitavenen.

Der **Lymphabfluss** erfolgt aus der Unterlippe in die *Nodi submentales* und *Nodi submandibulares.* Aus der Oberlippe wird die Lymphe zu den *Nodi buccinatorii, Nodi mandibulares* und *Nodi submandibulares* geleitet. Die gesamte Lymphe wird schließlich in die Halslymphknoten dräniert.

Innervation

Die Oberlippe wird sensibel vom *N. infraorbitalis* (V2) versorgt, die Unterlippe vom *N. mentalis* (V3). Der mimische M. orbicularis oris wird von Ästen des N. facialis innerviert. Seine Rr. buccales innervieren den Mundwinkel, Rr. zygomatici die Oberlippe und Rr. marginales mandibulae die Unterlippe.

Entwicklung von Oberlippe und Wange

An der Entwicklung der Oberlippe sind die medialen Nasenwülste (Philtrum) und die Oberkieferwülste (seitlicher Lippenanteil) beteiligt. Die Unterlippe entsteht aus den Unterkieferwülsten.

Der Wangenabschnitt oberhalb der Mundspalte entwickelt sich aus dem Obekieferwulst und aus seitlichen Anteilen des lateralen Nasenwulstes. Unterhalb der Mundspalte beteiligt sich der Unterkieferwulst an der Wangenbildung (► Kap. 9, ◼ Abb. 9.9).

10.1 Ausbreitung von Infektionen

Bei entzündlichen Veränderungen im Bereich der Oberlippe ist eine Keimverschleppung über die venösen Verbindungen zwischen Gesicht und Orbita bis in den Sinus cavernosus möglich. Eine Sinus-cavernosus-Thrombose kann die Folge sein.

10

Wange (Bucca)

Die Wangen, *Buccae*, bilden die seitliche Begrenzung des Mundvorhofs. Die Lamina propria enthält zahlreiche kleine seromuköse Speicheldrüsen, *Glandulae buccales*. Muskuläre Grundlage ist der *M. buccinator*, der gemeinsam mit dem M. orbicularis oris beim Saugen und Schlucken hilft und beim Kauen die Nahrung zwischen die Zähne schiebt. Zwischen dem M. buccinator und dem M. masseter liegt ein Wangenfettkörper, *Corpus adiposum buccae* (Bichat-Fettpfropf), der für eine gleichmäßige Gesichtskontur sorgt. Der M. buccinator, der über Rr. buccales des N. facialis innerviert wird und als einziger mimischer Muskel eine Faszie besitzt, wird im dorsalen Drittel vom **Ausführungsgang** der **Ohrspeicheldrüse,** *Ductus parotideus*, durchbrochen.

10.2 Schwund des Wangenfettkörpers

Der Abbau des Bichat-Fettpfropfes, z.B. bei der Abmagerung durch eine Tumorerkrankung (Tumorkachexie) oder im fortgeschrittenen Stadium von AIDS, lässt die Wangen eingefallen aussehen (»Facies Hippocratica«).

Histologie

Die Wangen werden außen von Epidermis mit Haaren, Schweiß- und Talgdrüsen bedeckt. In der Mundhöhle befindet sich ein mehrschichtig unverhorntes Plattenepithel mit hohen Bindegewebepapillen. In der Tela submucosa liegen seromuköse Speicheldrüsen, *Glandulae buccales*.

In Kürze

Lippe und Wange
- Große aktive Verformbarkeit aufgrund ihrer Muskulatur.
- Funktionell dienen Lippen und Wangen der Nahrungsaufnahme.

10.1.2 Zähne

Die Zähne, *Dentes*, sind in 2 Zahnreihen im Ober- und Unterkiefer verankert und bilden das **Gebiss:**
- oberer Zahnbogen: *Arcus dentalis maxillaris* oder *superior*
- unterer Zahnbogen: *Arcus dentalis mandibularis* oder *inferior.*

Das Gebiss ist beim Menschen *heterodont*; die Zähne sind als **Schneide-, Eck-, Backen-** und **Mahlzähne** unverwechselbar unterschiedlich geformt und auf verschiedene Aufgaben spezialisiert:
- **Schneidezähne,** *Dentes incisivi*, dienen dem Abbeißen von Nahrung.
- Mit den **Eckzähnen,** *Dentes canini*, können feste Nahrungsbestandteile festgehalten und abgerissen werden.
- Die **Backenzähne,** *Dentes praemolares* und die **Mahlzähne,** *Dentes molares*, zermahlen die Nahrung.

Schneide- und Eckzähne werden auch als Frontzähne, Backen- und Mahlzähne als Seitenzähne bezeichnet. Im klinischen Sprachgebrauch werden die Molaren meist als Backenzähne und die Prämolaren als Vorbackenzähne benannt. Das Dauergebiss wird häufig als bleibendes Gebiss bezeichnet.

Tab. 10.1. Zahnformel

Milchgebiss	Dauergebiss
In jeder Kieferhälfte von außen nach innen	
2 Schneidezähne, *Dentes incisivi* (i)	2 Schneidezähne, *Dentes incisivi* (I)
1 Eckzahn, *Dens caninus* (c)	1 Eckzahn, *Dens caninus* (C)
	2 Backenzähne, *Dentes premolares* (P)
2 Mahlzähne, *Dentes molares* (m)	3 Mahlzähne, *Dentes molares* (M)
Kurzfassung: i2-c-m2 (2-1-2)	Kurzfassung: I2-C-P2-M3 (2-1-2-3)

Die Ausbildung, Stellung und Verankerung der Zähne im Ober- und Unterkiefer ist für die Gestalt des Gesichtsschädels von entscheidender Bedeutung.

Zahnformel

Das Gebiss des Menschen ist *diphydont*; es tritt in 2 Dentitionen auf: als **Milch-** und als **Dauergebiss.** Zunächst entwickeln sich beim Kind **20 Milchzähne,** *Dentes decidui*. Beim Milchgebiss trägt jeder Kiefer 10 Zähne. Nach dem Zahnwechsel besteht das Gebiss aus bis zu **32 bleibenden Zähnen,** *Dentes permanentes*, auf jedem Kiefer 16. Die Zähne werden mittels einer sog. Zahnformel bezeichnet. Dabei wird das Gebiss in 4 Quadranten mit der Grenze zwischen den Schneidezähnen unterteilt (Tab. 10.1). Die Kurzfassung der Zahnformel drückt Anzahl und Folge der Einzelzähne aus. Sie wird bei symmetrischer Ausprägung nur für eine Kieferhälfte angegeben.

Für die zahnmedizinische Praxis hat sich eine **internationale Nomenklatur** (Fédération Dentaire Internationale: FID) durchgesetzt. Dabei werden die Kieferhälften (Quadranten) mit einer Zahl versehen. Für das Dauergebiss:
- Oberkiefer: rechts 1, links 2
- Unterkiefer: links 3, rechts 4

Die Zähne des Dauergebisses werden, von der Mittellinie ausgehend, nach hinten fortlaufend von 1–8 durchnummeriert. Die Ziffer des Quadranten wird vorangesetzt, es folgt die Ziffer des Zahns (Tab. 10.2). Die Quadranten des Milchgebisses werden durch die Ziffern: 5 = rechter Oberkiefer, 6 = linker Oberkiefer, 7 = linker Unterkiefer und 8 = rechter Unterkiefer gekennzeichnet. Die einzelnen Zähne werden von der Mittellinie ausgehend von 1–5 durchnummeriert.

10.3 Bedeutung der Zähne in der forensischen Medizin

Da die Zähne die widerstandsfähigsten Organe des Körpers und damit besonders dauerhaft sind, spielen sie in der forensischen Medizin bei der Identifikation von Opfern eine wichtige Rolle.

Tab. 10.2. Zahnschemata (FID)

Dauergebiss		Milchgebiss	
Rechter Oberkiefer: 1 18 17 16 15 14 13 12 11	Linker Oberkiefer: 2 21 22 23 24 25 26 27 28	Rechter Oberkiefer: 5 55 54 53 52 51	Linker Oberkiefer: 6 61 62 63 64 65
Rechter Unterkiefer: 4 48 47 46 45 44 43 42 41	Linker Unterkiefer: 3 31 32 33 34 35 36 37 38	Rechter Unterkiefer: 8 81 82 83 84 85	Linker Unterkiefer: 7 71 72 73 74 75

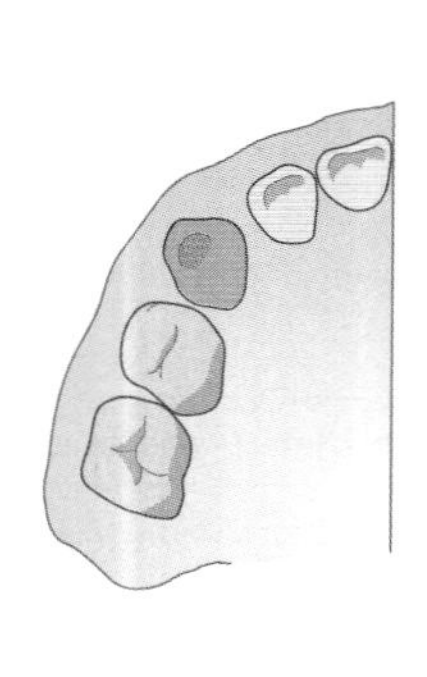

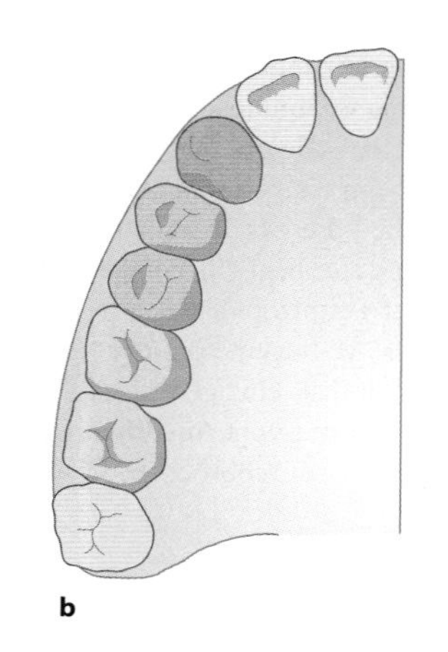

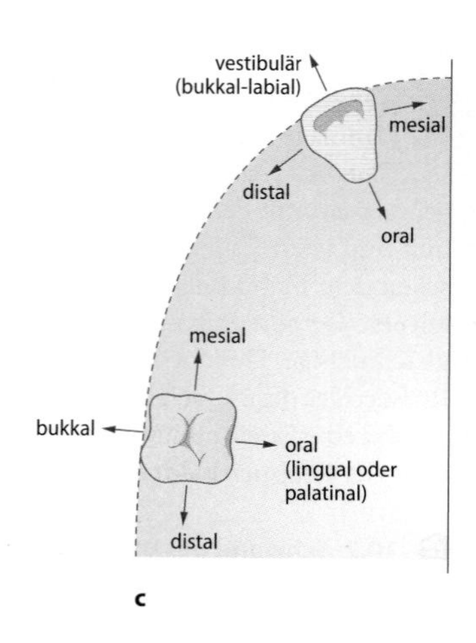

a b c

Abb. 10.2a–c. Milch- und Dauergebiss. a Rechter oberer Quadrant des Milchgebisses (Dentes decidui, Arcus dentalis superior): gelb = Schneidezähne, rot = Eckzahn, blau = Milchmolaren. **b** Rechter oberer Quadrant des Dauergebisses (Dentes permanentes, Arcus dentalis superior): gelb = Schneidezähne, rot = Eckzahn, grün = Prämolaren, blau = Molaren, hellblau = 3. Molar (Dens serotinus, Weisheitszahn). **c** Richtungsbezeichnungen im Gebiss

10

Lagebezeichnungen

Zur Orientierung an den Zähnen werden die in Tab. 10.3 und Abb. 10.2 aufgeführten Lagebezeichnungen verwendet.

Zahnaufbau

Jeder Zahn besteht aus (Abb. 10.3):
- Zahnkrone *(Corona dentis)*
- Zahnhals *(Collum dentis)*
- Zahnwurzel *(Radix dentis)*

Im Inneren des Zahnes befindet sich die Pulpahöhle, *Cavitas dentis.*

Zahnkrone. Sie ist der sichtbare Teil des Zahns und überragt das Zahnfleisch, *Gingiva.* Sie wird von Schmelz, *Enamelum,* überzogen. Jede Zahnkrone wird in folgende Flächen unterteilt:
- Kaufläche: *Facies occlusalis*
- Außenfläche: *Facies vestibularis (buccalis, labialis)*
- Innenfläche: *Facies lingualis*
- dem Nachbarzahn zugekehrte Fläche, *Facies contactus,* unterteilt in:
  - vordere vertikale Kontaktfläche: *Facies mesialis*
  - hintere vertikale Kontaktfläche: *Facies distalis*

Zahnhals. Das ist der Bereich, an dem Schmelz und Zement aneinanderstoßen. Hier ist die Gingiva am Zahn befestigt.

Zahnwurzel. Die Zahnwurzel steckt in der Alveole, *Alveolus dentalis,* dem Wurzelfach, einer Vertiefung im Processus alveolaris der Maxilla oder der Mandibula und ist von Zement, *Cementum,* überkleidet.

Tab. 10.3. Lagebezeichnungen an den Zähnen

bukkal (vestibulär)	der Wange zugewandt
labial (vestibulär)	den Lippen zugewandt
lingual	der Zunge zugewandt (Unterkieferzähne)
palatinal	dem Gaumen zugewandt (Oberkieferzähne)
mesial	dem Scheitelpunkt des Zahnbogens zugewandt
distal	dem Ende des Zahnbogens zugewandt
apikal	zur Wurzelspitze hin
zervikal	zum Zahnhals hin
okklusal	zur Kaufläche hin

Über das *Periodontium* (Wurzelhaut), häufig auch als Desmodontium bezeichnet, ist die Zahnwurzel im Alveolarknochen verankert. Der tiefste Punkt der Zahnwurzel ist die **Wurzelspitze,** *Apex radicis dentis.* Die Wurzelpapille, *Papilla dentis,* wird am *Foramen apicis dentis* vom **Wurzelkanal,** *Canalis radicis dentis,* durchbohrt. Durch diesen Kanal ziehen Gefäße und Nerven zur Pulpahöhle, *Cavitas dentis.* Die Anzahl, Stärke und Form der Wurzeln *(Radices)* ist funktionell auf die Zahnkrone abgestimmt. Dabei ist die Morphologie der Wurzeln der einzelnen Zähne des Milchgebisses und des bleibenden Gebisses recht unterschiedlich und variabel. Anzahl der Zahnwurzeln:
- 1 Wurzel: Inzisivi, Canini und Prämolaren
- 2 Wurzeln: erster oberer Prämolar und untere Molaren
- 3 Wurzeln: obere Molaren

Pulpahöhle. Die Pulpahöhle wird unterteilt in die *Cavitas pulparis* im Wurzelbereich und die *Cavitas coronae* im Kronenbereich. Innerhalb der Pulpahöhle liegt die Zahnpulpa, *Pulpa dentis,* ein Blutgefäße, Lymphgefäße und Nerven enthaltendes Bindegewebe, das den Zahn

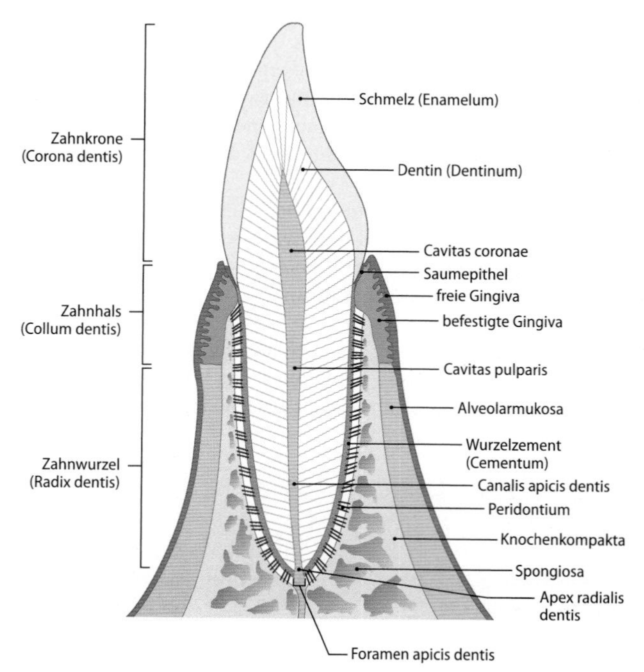

Abb. 10.3. Schneidezahn im Längsschnitt

Tab. 10.4. Vergleich der Zusammensetzung von Knochen und Zahnhartsubstanzen in Prozent

Substanz	Organische Substanz (%)	Anorganische Substanz (%)	Wasser (%)
Knochen (Erwachsener)	30	45	25
Dentin	20	70	10
Schmelz	1	95	4
Zement	27	61	12

ernährt. Auch hier unterscheidet man zwischen *Pulpa coronalis* (Kronenbereich) und *Pulpa radicularis* (Wurzelbereich).

Anordnung der Zähne, Okklusion und Artikulation

Die Zähne sind im Ober- und Unterkiefer jeweils in einer Reihe, dem Zahnbogen, angeordnet. Beim Zusammenbeißen der Zähne (Schlussbissstellung), greifen die Vorderzähne im Oberkiefer vor die Vorderzähne im Unterkiefer. Die Zähne im Seitenbereich treffen aufeinander, wobei die Zähne des Oberkiefers die Zähne des Unterkiefers etwas überragen. Diese Verzahnung und Kontakt der Zähne wird als **Okklusion** bezeichnet. Die Verschiebung der oberen gegen die untere Zahnreihe unter Zahnkontakt wird als **Artikulation** (oder als dynamische Okklusion) bezeichnet.

Zahnhartsubstanzen

Am Zahn kommen 3 mineralisierte Gewebe vor (Tab. 10.4):
- Zahnschmelz *(Enamelum)*
- Zahnbein *(Dentinum)*, synonym: Dentin
- Zement *(Cementum)*

Zahnschmelz

Der Zahnschmelz *(Enamelum)* überzieht die gesamte Zahnkrone. Er ist die härteste Substanz des Körpers. Der Wassergehalt beträgt im ausgereiften Schmelz 4% und ist größtenteils an Apatitkristalle gebunden. Die organische Matrix des ausgereiften Schmelz setzt sich vorwiegend aus Proteinen sowie geringen Mengen Kohlenhydraten und Lipiden zusammen. Der anorganische Anteil des Schmelzes besteht vorwiegend aus Calcium und Phosphor. Schmelzmineral liegt im allgemeinen als Hydroxylapatit vor.

Zahnschmelz besitzt weder Nerven noch Kollagenfibrillen und kann nach Verletzungen nicht regenerieren, da sich die Ameloblasten zurückgebildet haben.

Zahnbein (Dentin)

Das Dentin bildet den größten Anteil des Zahns und schließt die Pulpa ein. Überzogen wird das Dentin koronal vom Schmelz, im Wurzelbereich vom Zement. Dentin besteht zu 70% aus organischen Bestandteilen, davon sind 91–92% Kollagen und 8–9% Chondroitinsulfat, Muko- und Sialoproteine, Lipide, Zitrat sowie Laktat. Die mineralisierte Matrix besteht im Wesentlichen aus Calcium und Phosphor, die Hydroxylapatitkristalle bilden. Innerhalb des Dentins liegen die Odontoblastenfortsätze (Tomes-Fasern). Der Fortsatz ist das wichtigste funktionelle Element des Dentins und bildet die Pulpa-Dentin-Einheit *(Peridontium)*.

Das Dentin enthält Nervenfasern, Verletzungen lösen deshalb Schmerzen aus.

Zement

Hauptbestandteile des Zements sind Zementozyten, Kollagen und mineralisierte extrazelluläre Matrix. Die mineralisierte Matrix besteht größtenteils aus Calcium und Phosphor. Hauptvertreter der Spurenelemente ist Fluor. Sein Anteil im Zement ist viel größer als im Schmelz oder Dentin.

10.4 Gabe von Fluoridionen

Die systemische Gabe von Fluoridionen während der Hartsubstanzbildung der bleibenden Zähne führt teilweise zur Bildung von Fluorapatit anstelle von Hydroxylapatit. Fluorapatit ist in Säuren schwerer löslich und erhöht dadurch die Kariesresistenz.

Zahnhalteapparat

Zum Zahnhalteapparat *(Parodontium)* gehören:
- *Peridontium* (Wurzelhaut, Desmodont)
- Alveolarknochen
- Gingiva (Zahnfleisch)
- Wurzelzement

Peridontium

Das Peridontium nimmt den Raum zwischen Zahnwurzel und Alveolenwand, den Peridontalspalt, ein (Abb. 10.4). Es besteht aus Kollagenfibrillen, durch die der Zahn federnd in der Alveole befestigt ist *(Articulatio dentoalveolaris, Gomphosis)*. Die Kollagenfibrillen, **Sharpey-Fasern,** sind im Bindegewebe der Gingiva, im Knochen und Periost der Alveolen sowie im Zement der Zahnwurzel verankert. Zwischen den Kollagenfibrillen verlaufen Blut- und Lymphgefäße sowie sensible Nerven. Die Lymphgefäße leiten die Lymphe aus dem Peridontium zungen- und wangenwärts zu regionären submandibulären Lymphknoten. Die Wurzelhaut wird in Richtung des Zahnhalses vom Saumepithel der Gingiva bedeckt. Das Peridontium und die mit ihm entstehenden Hartgewebe (Wurzelzement und Alveolarknochen) bilden eine funktionelle Einheit (Syndesmose).

Alveolarknochen

Der Alveolarknochen besteht aus einer durchgehend dünnen, glatten und kompakten Knochenwand, die das Zahnfach (Alveole) begrenzt und von den Knochenbälkchen des benachbarten, spongiösen Knochens gestützt wird. Am Alveolarknochen sind die Sharpey-Fasern verankert, die den Zahn im Zahnfach federnd befestigen.

Gingiva

Das Zahnfleisch (Gingiva) ist Teil der Mundschleimhaut und bedeckt die Abschnitte des Alveolarfortsatzes, überzieht den Alveolarknochen und die interdentalen Knochensepten, umschließt den Zahnhals und geht am *Margo gingivalis* in die Mundschleimhaut über. Die Gingiva trägt zur **Verankerung der Zähne** und der Stabilisierung ihrer Position im Alveolarknochen bei, *Pars fixa gingivae* (► 10.5). Als Bestandteil der Mundschleimhaut bildet sie das **Saumepithel,** das sich der Zahnoberfläche anheftet (Abb. 10.3). Das Saumepithel, das am Zahn den Oberrand des Alveolarknochens überragt, ist nur locker mit der Lamina propria verbunden, *Pars libera gingivae.* Es wird auf der dem Zahn zugewandten Seite vom niedrig unverhornten zweischichtigen Saumepithel bedeckt, das über den *Sulcus gingivalis* (Sulcusepithel) scharfkantig an der Zahnoberfläche des Zahnhalses ausläuft. Apikal geht das Saumepithel am Zahnfleischsaum in das **Gingivaepithel** über, das durch hohe **Bindegewebepapillen,** *Papillae gingivales* bzw. *Papillae interdentales* (zwischen den Zähnen) charakterisiert ist. Im Zahnfleisch der Molaren kommen kleine Speicheldrüsen, *Glandulae molares*, vor.

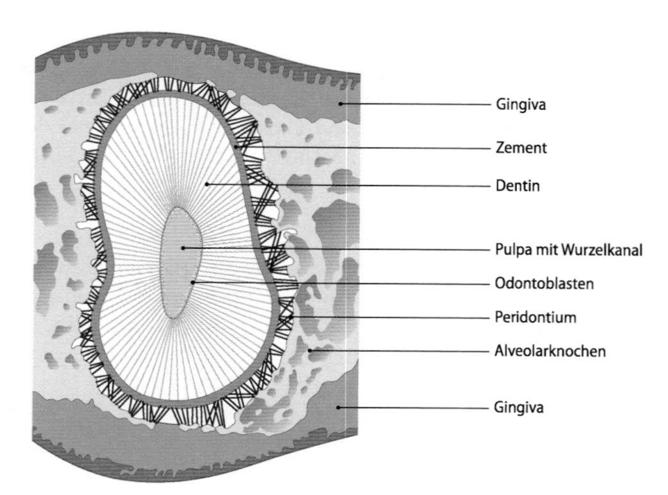

Abb. 10.4. Zahnhalteapparat. Querschnitt durch die Zahnwurzel eines Eckzahns

Zahnschutz

Alle im Mundhöhlenmilieu exponierten Zahnoberflächen werden innerhalb kurzer Zeit von einer Schicht aus adsorbierten Speichelproteinen, der **Pellikel** *(Pellicula dentis)*, überzogen. Nach Komplettierungs- und Reifungsprozessen werden der Pellikel säureprotektive Eigenschaften zugeschrieben.

10.5 Erkrankungen des Zahnhalteapparates

Erkrankungen des Zahnhalteapparates werden als **Parodontopathien** bezeichnet. Außer den entzündlichen Formen wie **Gingivitis** und **Parodontitis** gibt es hyperplastische (gewebewuchernde) und atrophische (geweberückbildende) Formen.

Bei der chronischen, degenerativen Form, der **Parodontose,** kommt es zu einem Schwund des Zahnhalteapparates mit Zahnlockerung und später Zahnverlust mit Atrophie des Alveolarfortsatzes.

Gefäßversorgung und Lymphabfluss

Die **oberen Seitenzähne** werden von der *A. maxillaris* über die *A. alveolaris superior posterior*, die **oberen Frontzähne** über die *A. infraorbitalis*, **Zähne** und **Gingiva des Unterkiefers** von der in der Mandibula verlaufenden *A. alveolaris inferior* mit Blut versorgt. Die **Venen** begleiten die Arterien und leiten das Blut in den *Plexus pterygoideus* (▶ Kap. 4, ◘ Abb. 4.45).

Die **Lymphbahnen** aus den Alveolen und der Gingiva des Oberkiefers dränieren zunächst in die *Nodi buccinatorii* und von dort in die *Nodi submandibulares* und *Nodi cervicales profundi*. Die Lymphe der Frontzähne des Unterkiefers wird in die *Nodi submentales*, die Lymphe der Seitenzähne in die *Nodi submandibulares* und von dort in *Nodi cervicales profundi* geleitet (▶ Kap. 4.2.6, ◘ Abb. 4.47).

Innervation

Die sensible Innervation der Zähne und des Zahnfleisches erfolgt über den N. maxillaris (V2) und über den N. mandibularis (V3) des N. trigeminus. Die Oberkieferzähne und die angrenzende Gingiva werden über den *Plexus dentalis* sensibel innerviert, der sich aus *den Nn. alveolares superiores posteriores, medii* und *anteriores* des N. infraorbitalis zusammensetzt. Der vordere Anteil des Plexus erhält zusätzlich Fasern aus den *Nn. nasales laterales* (Äste des N. ethmoidalis anterior aus dem N. nasociliaris des N. ophthalmicus). Die palatinale Gingiva wird durch *Nn. palatini majores* und *Nn. nasopalatini* (im Frontzahngebiet) innerviert. Die Zähne und die Gingiva des Unterkiefers werden von *Rr. dentales inferiores* des N. alveolaris inferior versorgt. Zusätzlich wird das Frontzahngebiet am Unterkiefer vom *N. mentalis*, die vestibuläre Gingiva vom *N. buccalis* und das linguale Zahnfleisch von Endästen des *N. lingualis* erreicht.

10.6 Betäubung der Zähne

Aufgrund der unterschiedlichen Innervation der Zähne und der Gingiva im Oberkiefer muss zur Lokalanästhesie der zu betäubende Zahn einzeln umspritzt werden (Infiltrationsanästhesie). Zur Betäubung der Zähne des Unterkiefers führt man eine Leitungsanästhesie durch. Dabei wird der N. alveolaris inferior kurz vor seinem Eintritt in den Canalis mandibulae betäubt. Durch Mitbetäubung des N. lingualis kommt es zur Anästhesie der jeweiligen Zungenhälfte und der lingualen Gingiva.

In Kürze

Die Zähne sind in jeweils einer Zahnreihe im Ober- und Unterkiefer verankert (Gebiss).

Zähne:

- **Unterscheidung nach Form und Funktion:** Schneide-, Eck-, Backen- und Mahlzähne
- **Zahnaufbau:** Zahnkrone, -hals und -wurzel
- **Zahnmaterial:** Hartgewebe:
  - Dentin
  - Schmelz
  - Zement
- **Zahnhalteapparat:**
  - Periodontium
  - Alveolarknochen
  - Gingiva (Zahnfleisch)

Gebiss:

- Milchgebiss beim Kind: 20 Zähne
- Dauergebiss: nach Zahnwechsel bis zu 32 bleibende Zähne

10.1.3 Zahnentwicklung

Die Milchzahnbildung und Entwicklung bleibender Zähne laufen zeitlich versetzt nacheinander ab. Am Beginn der 6. embryonalen Entwicklungswoche proliferiert das Stratum basale im Epithel des Stomodeums und bildet im Ober- und Unterkiefer jeweils eine bogenförmige **Zahnleiste.** An der zur Mundhöhle zugewandten Seite jeder Zahnleiste sprossen in der 8. Entwicklungswoche entsprechend der Anzahl der Milchzähne knopfförmige Epithelverdickungen, **Zahnknospen,** aus (◘ Abb. 10.5a). Jede Zahnknospe ist die Anlage eines Schmelzorgans. In der 9. Entwicklungswoche stülpen sich die Zahnknospen von unten ein und weisen eine Kappenform (Kappenstadium) auf (◘ Abb. 10.5b). Eine Kappe besteht aus einer äußeren Schicht, dem äußeren Schmelzepithel, aus einer inneren Schicht, dem inneren Schmelzepithel, und aus einer zentralen Matrix, der Schmelzpulpa. In die Einsenkung der Kappe wächst Mesenchym ein, das aus der Neuralleiste stammt. Es verdichtet sich zur Zahnpapille, aus der später Dentin und Zahnpulpa hervorgehen. Die Zahnpapille wird vom inneren Schmelzepithel begrenzt. Zwischen beiden Strukturen bildet sich eine dicke Basalmembran, *Membrana praeformativa*, die schließlich das gesamte Schmelzorgan umgreift. Durch weiteres Wachstum der Zahnkappe nimmt die Zahnanlage die Form einer Glocke an (Glockenstadium) und orientiert sich mit ihrer Längsachse parallel zur Zahnleiste (◘ Abb. 10.4c). Dadurch weist die zukünftige Kaufläche des Zahns in Richtung auf das Mundhöhlenepithel.

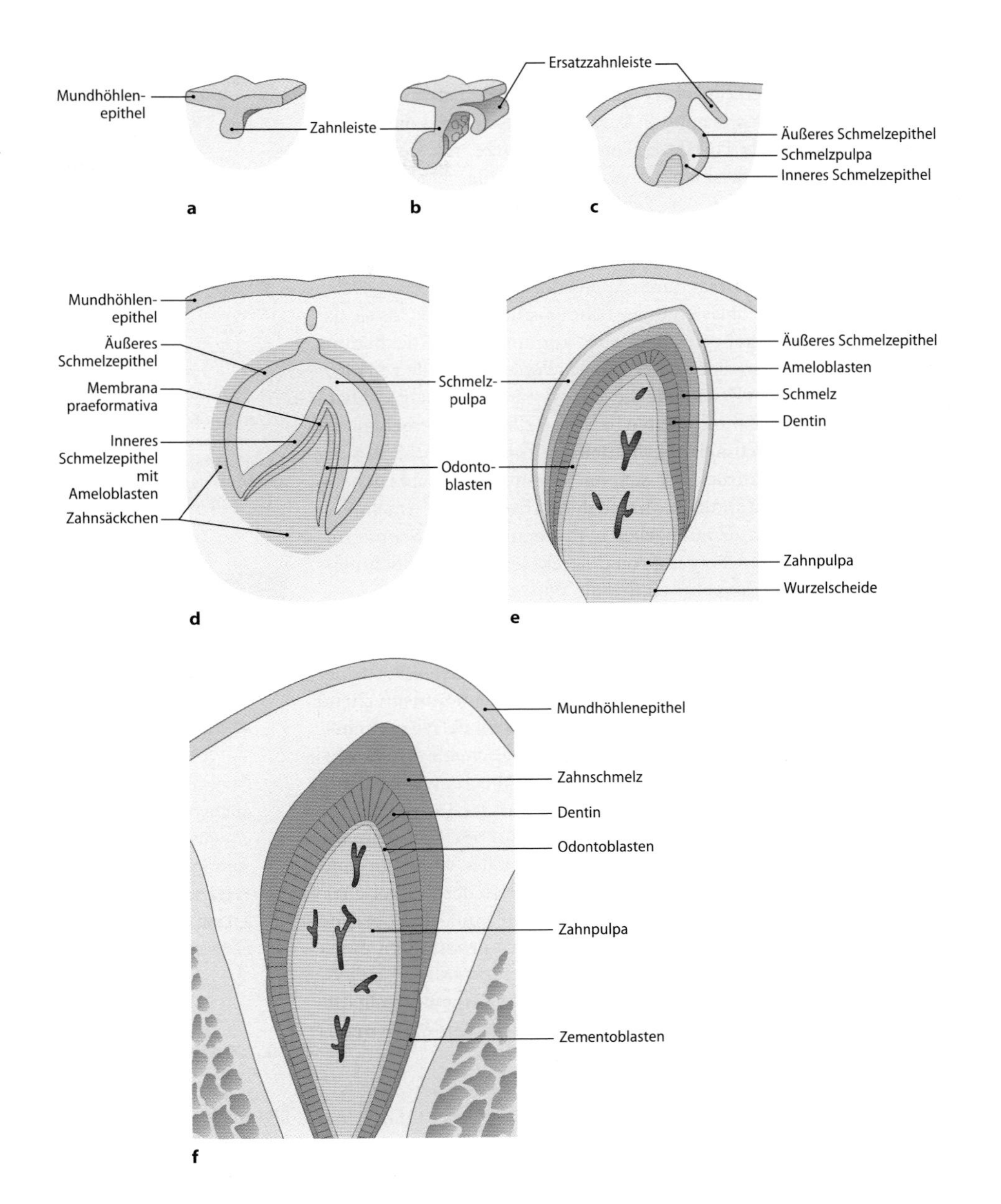

Abb. 10.5a–f. Zahnentwicklung. **a** Zahnknospe (8. Woche). **b** Kappenstadium (9. Woche). **c** Glockenstadium (10. Woche). **d** Glockenstadium (3. Monat). **e** Stadium 6. embraonaler Monat. **f** Kurz vor der Geburt

Das umgebende Mesenchym bildet um die Zahnanlage das **Zahnsäckchen,** *Saccus dentis.* Im 4. pränatalen Monat beginnt die Harzsubstanzbildung. Die Verbindung zwischen Zahnleiste und Zahnanlage geht verloren. Die Zahnleiste bildet sich bis auf die laterale Zahnleiste, aus der die Ersatzzahnleiste entsteht, zurück (Abb. 10.5d–f). Von der Ersatzzahnleiste geht später die Bildung der bleibenden Zähne aus. Die Anlagen für die distal vom Milchgebiss gelegenen, zusätzlichen drei bleibenden Molaren entstehen dadurch, dass die generelle Zahnleiste unter dem Mundhöhlenepithel weiter nach distal verlängert wird.

Dentinbildung

Das Zahnbein, *Dentinum,* entstammt dem Gewebe der Zahnpapille. Die Mesenchymzellen der Zahnpapille differenzieren sich im 3. Entwicklungsmonat zu Dentinbildnern, **Odontoblasten.** Zunächst produzieren die Odontoblasten eine Dentinvorstufe mit dicken Kollagenfibrillenbündeln (Korff-Fasern), die als **Manteldentin** bezeichnet wird. Das Manteldentin wird unmittelbar unter dem inneren Schmelzepithel abgelagert. Sobald die Odontoblasten ausgereift sind, bilden sie Prädentin. Dabei beginnt die Mineralisation im äußeren Bereich des Manteldentins und schreitet nach zentral zum Prädentin fort, aus dem durch Einlagerung von Hydroxylappatitkristallen reifes **Dentin** ensteht. Die Odontoblasten ziehen sich in die Zahnpapille zurück, produzieren dabei weiterhin Prädentin, lassen jedoch im Dentin und Prädentin einen dünnen Zytoplasmafortsatz **(Tomes-Faser)** zurück. Die Tomes-Fasern verlängern sich durch Rückzug der Zellen und werden vom Dentin eingemauert, wodurch sie in radiär gerichteten **Dentinkanälchen** liegen. Die **Odontoblastenschicht** bleibt zeitlebens erhalten und kann Prädentin abscheiden, das über die Tomes-Fasern mit Mineralstoffen versorgt wird und zu Dentin umgewandelt werden kann. Außerdem ziehen mit den Tomes-Fasern marklose Nervenfasern, die den »Zahnschmerz« im Zuge eines kariösen Defekts vermitteln. Die übrigen Zellen der Zahnpapille bilden die **Zahnpulpa.**

Schmelzbildung

Schmelz, *Enamelum,* entstammt dem Epithel der Zahnleiste. Die Zellen des inneren Schmelzepithels, die direkt der *Membrana praeformativa* benachbart sind, reifen über Präameloblasten zu nicht mehr teilungsfähigen **Ameloblasten** (Enameloblasten, Adamantoblasten) heran. Sie sezernieren zunächst organische Schmelzmatrix sowie später Calcium und Phosphat. Nach kurzer Zeit bekommen die Ameloblasten lange apikale Fortsätze, **Tomes-Fortsätze,** mit deren Hilfe die Zellen Schmelzprismen (Apatitkristalle), die Baueinheit des Schmelzes, bilden. Bei der Schmelzbildung sind verschiedene Schmelzmatrixproteine (Amelogenine, Ameloblastin, Tuftelin, Enamelin) als Kristallisationskeime für Hydroxylappatit von Bedeutung. Die Schmelzbildung erfolgt durch Apposition neuer Schichten. Dabei ziehen sich die Ameloblasten in die Schmelzpulpa zurück, bis sie das äußere Schmelzepithel erreichen. Hier kommt es zur Rückbildung mit Verlust des Tomes-Fortsatzes. Die Ameloblasten werden zu niedrigen resorbierenden Zellen, die die Reste der Schmelzmatrix abbauen. Im Bereich der Zahnkrone bleiben die Zellen vorübergehend als dünne Membran, **Schmelzoberhäutchen** *(Cuticula dentis),* auf der Schmelzoberfläche zurück, die sich nach dem Zahndurchbruch ablöst. Im Bereich des Zahnhalses treten die rückgebildeten Ameloblasten am fertigen Zahn als Saumzellen in Erscheinung. Das Schmelzorgan selbst wächst am Übergang von innerem und äußerem Schmelzepithel weiter und bildet eine epitheliale Wurzelscheide.

Bildung von Zahnwurzel, Zement und Zahnhalteapparat

Der Umschlagrand von äußerem und innerem Schmelzepithel dringt tief in das darunterliegende Mesenchym ein und bildet entsprechend der Anzahl der Wurzeln eine oder mehrere **epitheliale Wurzelscheiden** (Hertwig-Wurzelscheiden). An einer Wurzelscheide differenzieren sich auf der Innenseite neue Odontoblasten, die das Wurzeldentin produzieren. Durch die Dentinproduktion auf der Innenseite der Wurzelanlage verengt sich der Pulparaum, bis nur noch ein schmaler Kanal besteht, durch den Blutgefäße und Nerven des Zahns ein- und austreten. Die Schmelzepithelien gehen im Bereich der Wurzelscheiden zugrunde. An ihre Stelle treten die inneren Bindegewebezellen des Zahnsäckchens, die **Zementoblasten.** Diese produzieren einen geflechtartigen zellarmen Knochen, **Zement,** *Cementum,* der schließlich das gesamte Wurzeldentin bedeckt. Über der Zementschicht differenzieren sich die äußeren Zellen des Zahnsäckchens zur **Wurzelhaut,** *Periodontium,* und zum **Alveolarknochen.**

10.7 Zahnanomalien
Sowohl genetische Faktoren als auch Umwelteinflüsse können die Zahnentwicklung beeinflussen. Zahnanomalien betreffen Größe, Form und Anzahl der Zähne.

Erste und zweite Dentition

Durch Verlängerung der Zahnwurzel und Rückbildung des Schmelzorgans kommt es zum **Zahndurchbruch (1. Dentition)**. Dabei gehen die über der Zahnkrone liegenden Gewebe zugrunde, eine Wunde entsteht nicht. Das Schmelzoberhäutchen bleibt noch eine zeitlang erhalten. Zement, Wurzelhaut, Alveolarknochen und Teile der Gingiva, das **Parodontium**, bilden sich größtenteils erst nach dem Zahndurchbruch. Entwicklung und Durchbruch der **1. und 2. Dentition** sind zeitlich auf das Körperwachstum abgestimmt (Tab. 10.5). Milchzähne und Ersatzzähne unterliegen den gleichen Enstehungsmechanismen, sie bilden sich nur in unterschiedlichen Zeitintervallen. Dabei sind die Durchbruchszeiten und die Reihenfolge, in der die Milchzähne in der Mundhöhle erscheinen individuell sehr unterschiedlich. Mit 30 Monaten ist das Milchgebiss normalerweise vollständig. Die bleibenden Molaren brechen stets in gleicher Reihenfolge durch: erste Molaren mit 6 Jahren (6-Jahres-Molar), zweite Molaren mit 12 und dritte mit 18 Jahren oder später. Der dritte Molar, *Dens molaris tertius,* ist der sog. Weisheitszahn. Dieser ist oft nicht voll ausgebildet, er fehlt oder es treten Störungen beim Durchbruch auf, z.B. bei Platzmangel.

Tab. 10.5. Zahndurchbruch und Zahnwechsel

Zahn	Milchgebiss (Monate)	Dauergebiss (Jahre)
Dens incisivus 1	6–8	7–8
Dens incisivus 2	8–12	8–9
Dens caninus	16–20	11–13
Dens premolaris 1	12–16 (1. Milchmolar)	9–11
Dens premolaris 2	20–24 (2. Milchmolar)	11–13
Dens molaris 1	–	6–7
Dens molaris 2	–	12–14
Dens molaris 3	–	18–40

In Kürze

Zahnentwicklung:
- **Schmelz:** Bildung von Ameloblasten des inneren Schmerzepithels
- **Dentin:** Bildung von Odontoblasten der Zahnpulpa.
- **Zement:** Bildung vom Zahnsäckchen.

Odontoblasten und Zementoblasten als Abkömmlinge des Mesenchyms bleiben erhalten, solange ein Zahn vital ist.

Ameloblasten als Abkömmlinge des Ektoderms bilden sich zum Saumepithel zurück.

1. Dentition: Entwicklung des Milchgebisses (20 Zähne)
2. Dentition: Durchbruch der bleibenden 32 Zähne (Dauergebiss), beginnt mit dem 1. Molar im 6. Lebensjahr (6-Jahres-Molar)

10.1.4 Gaumen

Der Gaumen, *Palatum*, bildet das Dach der Mundhöhle und den Boden der Nasenhöhle. Er grenzt damit Mundhöhle und Nasenhöhle voneinander ab. Der Gaumen besteht aus 2 Anteilen:
- *Palatum durum:* harter Gaumen
- *Palatum molle:* weicher Gaumen

Der harte Gaumen spielt bei der Lautbildung von Konsonanten eine Rolle und dient der Zunge beim Zerquetschen von Nahrung als Widerlager. Der weiche Gaumen trennt den Nasenrachen *(Nasopharynx)* beim Schluckakt (► Kap. 10.2.6) vom Speiseweg, indem er sich der Rachenhinterwand anlegt (Abb. 10.6).

Harter Gaumen (Palatum durum)

Knöcherne Grundlage des harten Gaumens sind der *Processus palatinus* der Maxilla, der vom meist unpaaren *Foramen incisivum* und den paarigen *Foramina palatina majora* und *minora* durchbrochen wird und die Horizontalplatte des Gaumenbeins. Die *Fossa incisiva* der Maxilla ist eine leichte Vertiefung direkt hinter dem mittleren Schneidezahn (► Kap. 4, Abb. 4.24).

Der Knochen wird von einer dicken Schleimhaut überzogen, die unverschieblich mit dem Periost verwachsen ist. In der Mittellinie wirft die Schleimhaut eine Leiste auf, *Raphe palati,* die vorn in einer kleinen Erhebung, *Papilla incisiva,* endet. Häufig wird eine Verdickung der sagittalen Naht zwischen beiden Gaumenbeinen beobach-

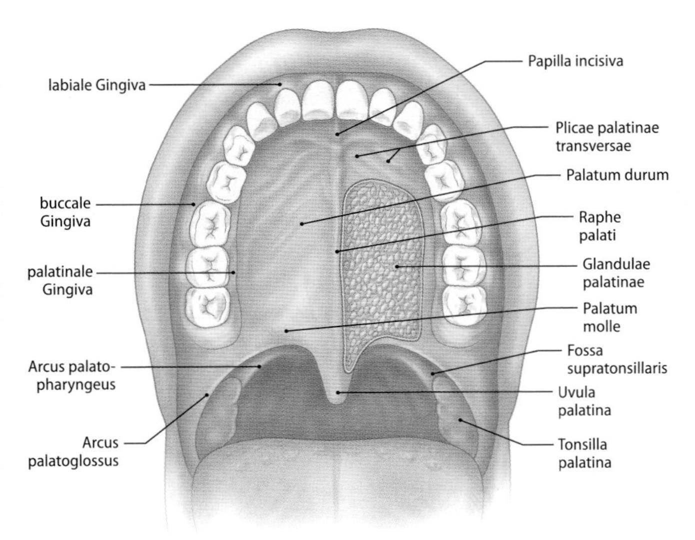

Abb. 10.6. Harter und weicher Gaumen. Auf der linken Seite ist die Schleimhaut entfernt

tet, die bei allen Rassen vorkommt. Sie macht sich als *Torus palatinus* des Oberflächenreliefs bemerkbar. Beiderseits der Raphe bildet die Schleimhaut mehrere flache Querleisten, *Plicae palatinae transversae (Rugae palatinae)*. Sie dienen dem Zerreiben und Halten von Nahrung. Subepithelial liegen Pakete kleiner rein muköser Speicheldrüsen, *Glandulae palatinae* (Abb. 10.6).

Weicher Gaumen (Palatum molle)

Das Palatum molle ist das bewegliche hintere Drittel des Gaumens mit dem Gaumensegel, *Velum palatinum*. Der weiche Gaumen besteht im vorderen Abschnitt aus einer derben Bindegewebeplatte, *Aponeurosis palatina*, die am Hinterrand des Palatum durum ansetzt (10.8). Die Aponeurose geht dorsal in den fibromuskulären Hinterrand des weichen Gaumens über, an dem das **Zäpfchen,** *Uvula palatina*, herabhängt (Abb. 10.6). Lateral strahlen je 2 Falten, die Gaumenbögen, *Arcus palati*, in die Uvula ein (10.9). Die Gaumenbögen einer Seite umrahmen eine Nische, *Fossa tonsillaris (Sinus tonsillaris)*, in der beiderseits die **Gaumenmandel,** *Tonsilla palatina*, liegt. Im spitzen Winkel oberhalb der Tonsille verbleibt eine kleine Grube, *Fossa supratonsillaris*, die kranial von einer bogenförmig vom vorderen zum hinteren Gaumenbogen verlaufenden Schleimhautfalte, *Plica semilunaris*, begrenzt wird. Der vordere Gaumenbogen, *Arcus palatoglossus*, zieht zum Seitenrand der Zunge. Sein freier Hinterrand kann als *Plica triangularis* die Tonsilla palatina von vorn etwas überdecken. Der hintere Gaumenbogen, *Arcus palatopharyngeus*, strahlt in die Wand des Schlundes ein (Abb. 10.6). Durch die Gaumenbögen entsteht die **Rachenenge,** *Isthmus faucium*. Sie ist der muskulär verschließbare Eingang zum Rachen, *Pharynx*. Als Schlund, *Fauces*, bezeichnet man den Übergang von der Mundhöhle in den Rachen.

10.8 Schwellung der Schleimhaut des weichen Gaumens

Allergische Reaktionen im Bereich des weichen Gaumens können zum starken Anschwellen der Schleimhaut führen, die bei Verlegung des Racheneingangs lebensbedrohlich wird.

10.9 Schnarchen

Schnarchen ist ein Atemgeräusch, das während des Schlafs im Rachenraum durch flatternde Bewegungen des infolge der Entspannung erschlafften Gaumens und Zäpfchens entsteht. Ursachen sind oft eine behinderte Nasenatmung. Zum Schnarchen kann es beim Ein- und Ausatmen kommen.

Gaumenmuskulatur

In die bindegewebige Platte des weichen Gaumens, die *Aponeurosis palatina*, strahlen 4 paarige Muskeln ein und bilden den Gaumenbogen, sowie ein unpaarer Muskel, *M. uvulae*, der das Gaumenzäpfchen bildet (Abb. 10.7 und Tab. 10.6):

- vorderer Gaumenbogen: *Mm. tensor veli palatini, levator veli palatini, palatoglossus*
- hinterer Gaumenbogen: *M. palatopharyngeus*.

10.10 Lähmungen der Gaumenmuskulatur

Durchblutungsstörungen des Hirnstammes gehen häufig mit Lähmungen der Gaumenmuskulatur einher, in deren Folge es zu Schluckstörungen und Tubenventilationsstörungen kommt. Bei den Patienten kann eine Gaumensegelparese auffallen (Schädigung der Kerngebiete von N. glossopharyngeus und N. vagus). Aufgrund der Lähmung des M. levator veli palatini hängt das Gaumensegel auf der betroffenen Seite herab. Die Uvula weicht zur gesunden Seite aus. Entwicklungsstörungen des Gaumens können zu Gaumenspalten führen.

Gefäßversorgung und Lymphabfluss

Die **arterielle Hauptversorgung** stammt aus der *A. palatina descendens*, einem Endast der *A. maxillaris*. Die *A. palatina descendens* zieht aus der *Fossa pterygopalatina* durch den *Canalis palatinus major* und das *Foramen palatinum majus* zur Gaumenschleimhaut und setzt sich als *A. palatina major* auf dem Gaumen nach vorn bis zur Gingiva der Frontzähne fort. Über das *Foramen incisivum* des harten Gaumens besteht eine arterielle Verbindung zu den *Rr. septales posteriores* der *A. sphenopalatina*. *Aa. palatinae minores* entspringen im Kanal aus

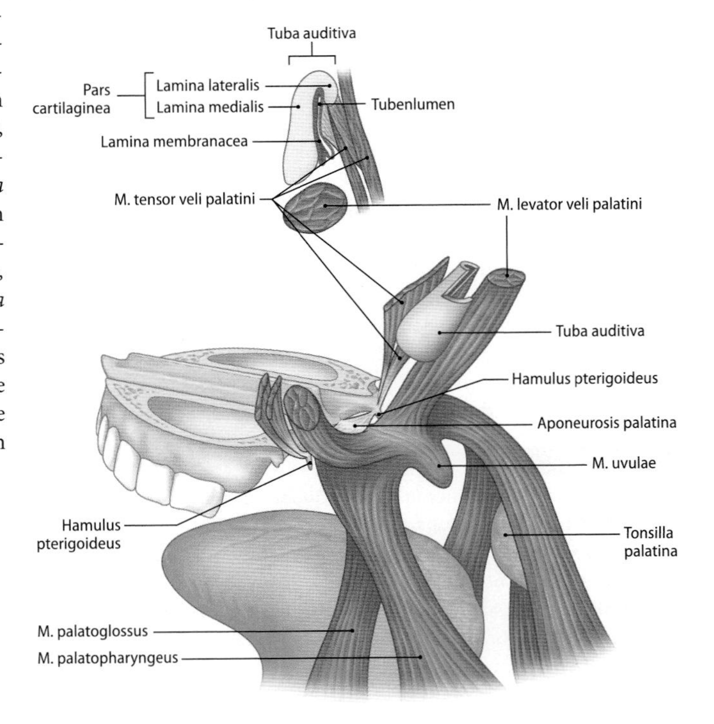

Abb. 10.7. Muskeln des weichen Gaumens

Tab. 10.6. Muskeln des weichen Gaumens

Muskel	Ursprung (U) Ansatz (A)	Innervation	Funktion
M. tensor veli palatini	**Ursprung** Fossa scaphoidea der Ala major ossis sphenoidalis und Lamina membranacea tubae auditivae **Ansatz** zieht mit einer kleinen Zwischensehne um den Hamulus pterygoideus und strahlt in die Aponeurosis palatina ein	N. tensoris veli palatini (aus N. V3)	– hebt und senkt das Gaumensegel bis in Hamulushöhe – öffnet die Tuba auditiva
M. levator veli palatini	**Ursprung** entspringt seitlich und hinter dem M. tensor veli palatini an der Cartilago tubae auditivae und Facies inferior partis petrosae **Ansatz** die Sehnen der Muskeln beider Seiten durchflechten sich und bilden Muskelschlingen zur Aponeurosis palatina	Plexus pharyngeus (N. glossopharyngeus, N. vagus) variabel auch über den N. facialis	– hebt das Velum palatinum und zieht es an die hintere Pharynxwand – öffnet die Tuba auditiva
M. palatoglossus	**Ursprung** Aponeurosis palatina **Ansatz** Seitenrand der Radix linguae	Plexus pharyngeus (N. glossopharyngeus, N. vagus)	verengt den Isthmus faucium, hebt die Zungenbasis und zieht den weichen Gaumen zur Zunge
M. palatopharyngeus	**Ursprung** Aponeurosis palatina, Hamulus pterygoideus, Lamina medialis processus pterygoidei **Ansatz** laterale Pharynxwand, Oberrand der Cartilago thyreoidea	Plexus pharyngeus (N. glossopharyngeus, N. vagus)	spannt den weichen Gaumen, zieht während des Schluckens die Pharynxwand nach vorn, oben und medial
M. uvulae	**Ursprung** entspringt paarig an der Aponeurosis palatina **Ansatz** Spitze der Uvula	Plexus pharyngeus (N. glossopharyngeus, N. vagus)	verkürzt die Uvula und zieht sie nach kranial

der A. palatina descendens und ziehen durch die *Foramina palatina minora* zum weichen Gaumen und zu angrenzenden Strukturen. Weitere Blutzuflüsse erfolgen über die *A. palatina ascendens* aus der *A. facialis* und über die *A. pharyngea ascendens* aus der *A. carotis externa*. Das **venöse Blut** wird in den *Plexus pterygoideus* in der *Fossa infratemporalis* abgeleitet (► Kap. 4, Abb. 4.45).

Regionale Lymphknotenstationen sind die *Nodi cervicales profundi* (► Kap. 4.2.6, Abb. 4.47).

Innervation

Die sensible Innervation der **Gaumenschleimhaut** erfolgt über Äste des *N. trigeminus*. Der **harte Gaumen** wird größtenteils über Äste des *N. palatinus major*, das **Gaumensegel** durch *Nn. palatini minores* innerviert. Das Areal hinter den Schneidezähnen wird ebenfalls von Ästen des N. trigeminus, den *Nn. nasopalatini* innerviert. Sie ziehen von der Nase durch eine variable Anzahl von *Canales* und *Foramina incisiva* zur *Fossa incisiva*. Die postganglionäre parasymphatische Innervation der **Glandulae palatinae** erfolgt über den N. facialis.

In Kürze

Gaumen (Palatum): Trennt die Mundhöhe von der Nasenhöhle.
- harter Gaumen: Palatum durum
- weicher Gaumen: Palatum molle

Funktion: Mitwirkung bei der Lautbildung und beim Schluckakt.

10.1.5 Zunge (Lingua)

Die Zunge, *Lingua*, ist ein von Schleimhaut überzogenens muskuläres Transportorgan, das sich vielfältig verformen und zahlreiche Positionen einnehmen kann. Der größte Teil der Zunge liegt in der Mundhöhle und füllt diese nahezu aus. Funktionell ist die Zunge am Kauen, Saugen, Schluckakt und an der Reinigung der Mundhöhle beteiligt. Sie trägt Sinnesorgane für die Geschmacks- und Tastempfindung. Außerdem spielt sie eine wichtige Rolle bei der Sprachbildung.

Die Zunge wird unterteilt in:
- Zungenwurzel: *Radix linguae* (oberhalb der Epiglottis)
- Zungenkörper: *Corpus linguae*
- Zungenspitze: *Apex linguae*

Zungenoberfläche

Auf dem Zungenrücken, *Dorsum linguae*, trennt der *Sulcus medianus linguae* die Zunge in eine rechte und eine linke Zungenhälfte. Er setzt sich in die Tiefe als *Septum linguae* fort. Der *Sulcus terminalis linguae* (eine V-förmige Furche), bildet die Grenze zwischen Corpus und Radix linguae und teilt die Zunge in einen vorderen *(Pars praesulcalis)* und hinteren *(Pars postsulcalis)* Abschnitt. An der Spitze des Sulcus terminalis linguae senkt sich das Oberflächenepitehl zum *Foramen caecum linguae* ein (Abb. 10.8). Das Foramen kennzeichnet den Ort, an dem sich die Schilddrüse, *Glandula thyreoidea*, aus dem Mundboden-Ektoderm auf dem Weg in ihre endgültige Position vor dem Larynx abgesenkt hat (Abgangsstelle des *Ductus thyreoglossalis*).

Die **Schleimhaut,** *Tunica mucosa linguae*, ist im vorderen Abschnitt des Zungenrückens rau, da sie zahlreiche kleine, teils makroskopisch sichtbare Papillen, *Papillae linguae*, trägt, die zur Tast- und Geschmacksempfindung dienen.

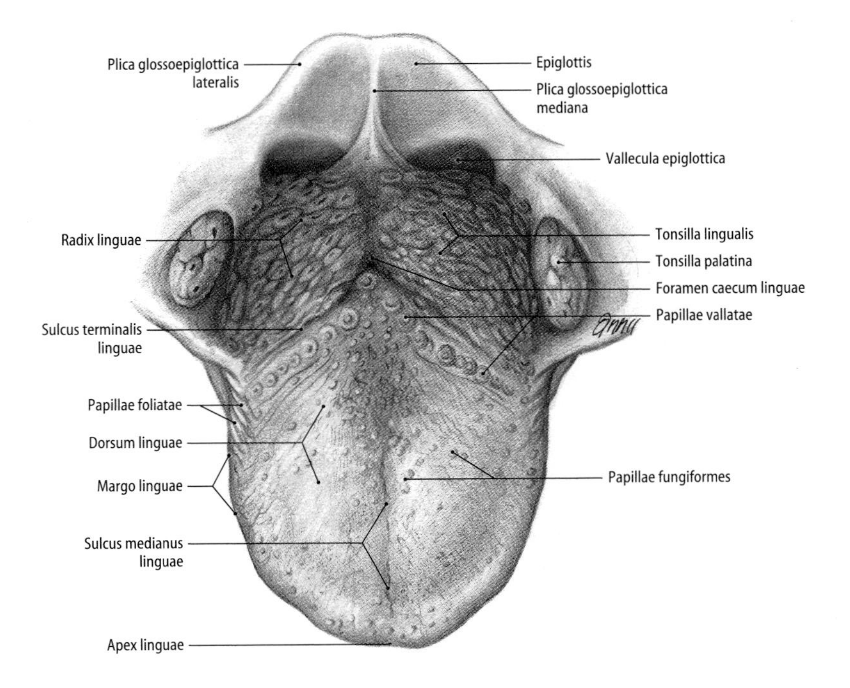

Abb. 10.8. Zungenrücken und Zungenwurzel, Ansicht von oben [1]

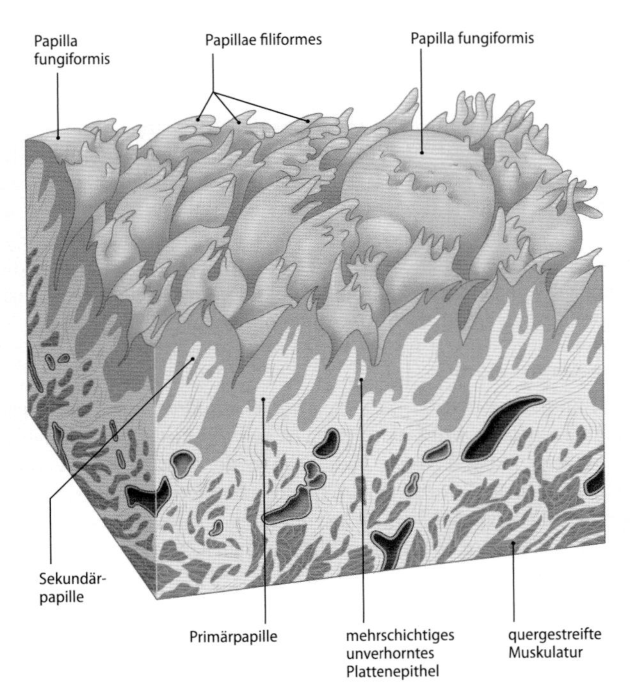

Abb. 10.9. Schematische Darstellung eines Ausschnitts des Zungenrückens in Lupenbetrachtung [2]

Zungenpapillen

Fadenpapillen *(Papillae filiformes).* Sie sind sehr zahlreich über den gesamten Zugenrücken verteilt. Fadenpapillen dienen vor allem der **Tast-, Tiefen-, Temperatur-** und **Schmerzempfindung** (Abb. 10.9). Ihr Nervenapparat vermittelt eine um den Faktor 1,6 vergrößerte Wahrnehmung ertasteter Gegenstände (Stereognosis).

Pilzpapillen *(Papillae fungiformes).* Ihre Anzahl ist geringer. Sie liegen am Dorsum linguae sowie an der Zungenspitze und dem Zungenrand und sind makroskopisch als kleine Punkte sichtbar. Die Pilzpapillen besitzen wenige Geschmacksknospen und dienen als Thermo- und Mechanorezeptoren (Abb. 10.8 und 10.9).

Blattpapillen *(Papillae foliatae).* Sie liegen als quere Schleimhautfalten am hinteren Margo linguae (Abb. 10.8). In der Wand der blattförmigen Schleimhautfalten kommen zahlreiche **Geschmacksknospen** vor. In den Falten münden Spüldrüsen (von-Ebner-Drüsen).

Wallpapillen *(Papillae vallatae).* Sie sind die größten Zungenpapillen. Die ca. 6–12 Wallpapillen liegen unmittelbar vor dem Sulcus terminalis und sind deutlich sichtbar (Abb. 10.8). Jede Papille wird ringförmig von einem tiefen Graben umgeben, in den die Aufführungsgänge seröser Spüldrüsen, *Glandulae gustatoriae* (von-Ebner-Spüldrüsen), einmünden. In das Epithel des Grabens sind auf beiden Seiten zahlreiche Geschmacksknospen integriert (Abb. 10.10).

Geschmacksknospen (Caliculi gustatorii)

Die Geschmacksknospen der Zunge werden als Geschmacksorgan, *Organum gustus*, zusammengefasst. Sie haben ein zwiebelschalenartiges Aussehen und kommen außerhalb der beschriebenen Zungenpapillen am weichen Gaumen, der Pharynxhinterwand und der Epiglottis vor. Es können 5 Geschmacksqualitäten wahrgenommen werden: süß, sauer, salzig, bitter und umami. Letztere Geschmacksqualität vermittelt den Geschmack für Glutamat. Die einzelnen Geschmacksqualitäten sind nicht bestimmten Papillen oder einer bestimmten Lokalisation auf dem Zungenrücken zugeordnet.

! Alle Geschmacksqualitäten können von den Geschmacksknopsen auf der gesamten Zunge wahrgenommen werden.

Die Geschmackszellen tragen apikal das »Geschmacksstiftchen«, einen aus Mikrovillibüscheln bestehenden Zytoplasmafortsatz (Tight junction), der in den Geschmacksporus hineinragt (Abb. 10.11). Ferner kommen Stütz- und Ersatzzellen vor.

Durch das Zusammenwirken von Geschmacksorgan und Geruchssinn erfährt man die **Geschmacksempfindung.** Außer Geschmacksknospen kommen sensible Nerven vor, über die Berührungs-, Temperatur-, Schmerz- und Vibrationsempfindungen wahrgenommen werden.

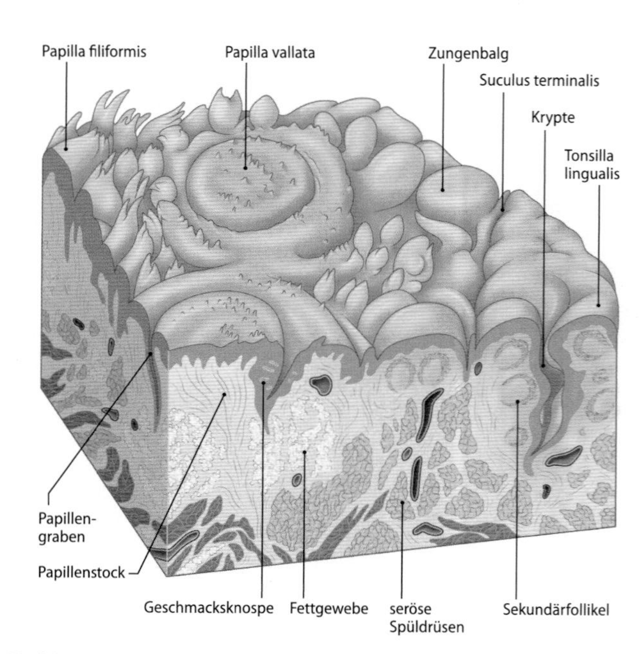

Abb. 10.10. Schematische Darstellung der Zungenoberfläche an der Grenze zwischen Zungenrücken und Zungengrund [2]

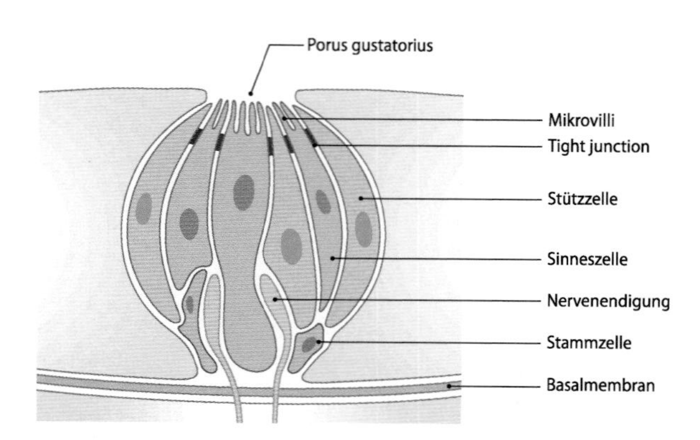

Abb. 10.11. Schematische Darstellung einer Geschmacksknospe

10

Zungenunterfläche

Zungenrücken und Unterfläche der Zunge, *Facies inferior linguae,* gehen am Zungenrand, *Margo linguae,* ineinander über. Auch die glatte Zungenunterfläche wird von Schleimhaut, *Tunica mucosa linguae,* ausgekleidet. Man kann hier eine mediane Schleimhautfalte, *Frenulum linguae* (Zungenbändchen), und zwei gezackte vom Zungenrand zur Zungespitze verlaufende Schleimhautfalten, *Plicae fimbriatae,* abgrenzen. Seitlich münden an der Zungenspitze die Ausführungsgänge der *Glandulae linguales anteriores* (Blandin-Nuhn-Drüsen). Diese seromukösen Drüsen liegen zwischen der Zungenmuskulatur. Auf beiden Seiten der Frenulumbasis mündet auf der *Caruncula sublingualis,* der gemeinsame Endabschnitt der Ausführungsgänge von *Glandula submandibularis* und *Glandula sublingualis.* Hinter der Caruncula liegt ein Schleimhautwulst, *Plica sublingualis,* der durch die Glandula sublingualis hervorgerufen wird (Abb. 10.12).

Zungenwurzel

Hinter dem Sulcus terminalis schließt sich die Zungenwurzel mit der Zungenmandel, *Tonsilla lingualis,* an. Der von mehrschichtig unverhorntem Plattenepithel überzogene Zungengrund besitzt flache weit auseinanderliegende Krypten. In die Krypten münden die Ausführungsgänge muköser *Glandulae linguales (Glandulae radices linguae).* Die Tonsilla lingualis ist Teil des Waldeyer-Rachenringes. Von der Zungenwurzel ziehen die unpaare *Plica glossoepiglottica mediana* und die paarigen *Plicae glossoepiglotticae laterales* zum Kehldeckel, *Epiglottis,* und begrenzen die *Valleculae epiglotticae* (Abb. 10.8).

10.11 Zungenverletzungen

Die Zunge ist oftmals erster Schädigungsort bei Verätzungen und Verbrühungen. Am Zungenrand treten potenzielle Präkanzerosen in Form von Hyperkeratosen oder Leukoplakien auf.

Zungenmuskulatur (M. linguae)

Die Zungenmuskulatur besteht aus **Binnenmuskeln** (Eigenmuskulatur) und **Außenmuskeln,** die am Skelett entspringen und in den Zungenkörper einstrahlen. Äußere Zungenmuskeln verändern die Lage der Zunge, innere Zungenmuskeln verändern ihre Form. Die Zungenmuskulatur inseriert zum größten Teil an der *Aponeurosis linguae,* einer derben Bindegewebeplatte unter der Schleimhaut des Zungenrückens. In der Medianebene trennt das *Septum linguae* die Zunge unvollständig in 2 Hälften. Die Bewegungsvielfalt der Zunge entsteht durch agonistische und antagonistische Muskelkräfte.

Binnenmuskulatur

Die inneren Zungenmuskeln, die *Mm. longitudinalis superior, longitudinalis inferior, transversus linguae,* und *verticalis linguae* haben ihren Ursprung und Ansatz in der Zunge (Tab. 10.7). Die Muskeln stehen in den 3 Raumebenen senkrecht aufeinander und durchflechten sich. Die starke Verformbarkeit der Zunge ermöglicht Funktionen wie Kauen, Saugen, Singen, Sprechen und Pfeifen.

Außenmuskulatur

Ansatz, Ursprung, Innervation und Funktion der paarig angelegten äußeren Zungenmuskeln, *Mm. genioglossus, hyoglossus* und *styloglossus,* sind in Tab. 10.8 zusammengefasst. Die äußeren Zungenmus-

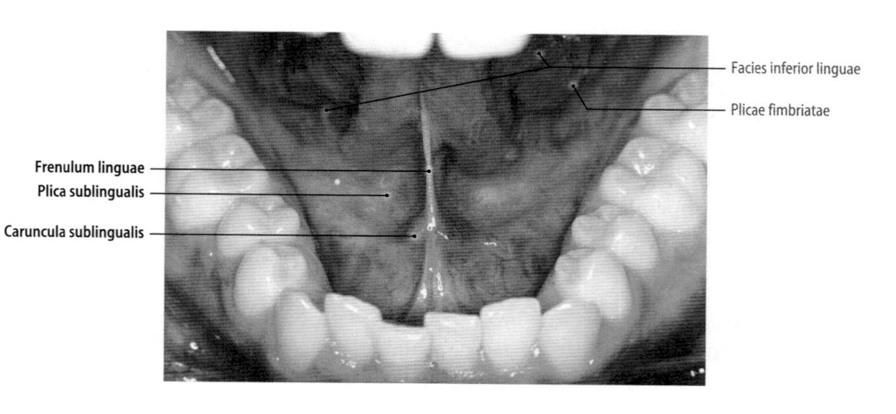

Abb. 10.12. Strukturen des Mundbodens bei angehobener Zunge [1]

■ Tab. 10.7. Innere Zungenmuskulatur

Muskel	Ursprung/Ansatz	Innervation	Funktion
M. longitudinalis superior	einheitlicher Faserzug unter der Zungenaponeurose von der Zungenwurzel bis zur Zungenspitze	N. hypoglossus	beide Muskeln verkürzen die Zunge, der obere krümmt die Zunge konkav, der untere krümmt sie konvex
M. longitudinalis inferior (tiefer Längsmuskel)	verläuft an der Unterfläche in der ganzen Länge der Zunge		
M. transversus linguae	kommt vom Zungenrand und heftet sich zum großen Teil am Septum linguae an, zum kleineren Teil ziehen Fasern durch das Septum zum gegenläufigen Zungenrand	N. hypoglossus	nähert die Zungenränder einander und führt zur Streckung der Zunge, einzelne Fasern beteiligen sich an der Krümmung des Zungenrückens
M. verticalis linguae	steigt in entspanntem Zustand mit leicht gebogenen Faserbündeln durch die Maschen der longitudinalen und transversalen Fasersysteme zur Aponeurosis linguae auf	N. hypoglossus	kann die Zunge abflachen oder – bei partieller Verkürzung – eine Rinne im Zungenrücken hervorrufen

■ Tab. 10.8. Äußere Zungenmuskeln

Muskel	Ursprung (U) Ansatz (A)	Innervation	Funktion
M. genioglossus	**Ursprung** Spina mentalis mandibulae **Ansatz** Aponeurosis linguae	N. hypoglossus	streckt die Zunge aus dem Mund, zieht die Zunge nach vorn und unten, Zungenbein und Epiglottis können geringfügig nach vorn gezogen werden
M. hyoglossus	**Ursprung** Cornu majus und Corpus ossis hyoidei (Zungenbein) **Ansatz** Aponeurosis linguae am Zungenrand	N. hypoglossus	zieht die Zunge nach hinten und unten, senkt die Zunge zur gleichen Seite bei einseitiger Kontraktion
M. styloglossus	**Ursprung** Processus styloideus **Ansatz** Margo linguae bis Apex linguae	N. hypoglossus	zieht die Zunge nach hinten und oben, einseitige Kontraktion bewirkt eine Biegung zur selben Seite, gleichzeitig wird der Zungenrücken zur Gegenseite geneigt

keln strahlen in die Zunge ein. Außerdem gehört der *M. palatoglossus* zu den äußeren Zungenmuskeln. Der M. hyoglossus kann funktionell von einem *M. chondroglossus* unterstützt werden, der vom kleinen Horn des Zungenbeins, *Os hyoideum*, ausgeht.

10.12 Erschlaffung der Zunge bei Bewusstlosigkeit
Herausstrecken der Zunge ist nur bei intaktem M. genioglossus möglich. Bei tiefer Bewusstlosigkeit erschlafft der M. genioglossus. In Rückenlage fällt die Zunge dabei in den Pharynx und kann den Atemweg verlegen. Daher müssen Bewusstlose immer in eine stabile Seitenlage gebracht werden.

Gefäßversorgung und Lymphabfluss

Die **arterielle Versorgung** der Zunge erfolgt durch die *A. lingualis*, aus der A. carotis externa. Die A. lingualis teilt sich auf in *Rr. dorsales linguae* zur Zungenwurzel und mit einem kleinen Ast zur Tonsilla palatina, ferner in eine *A. profunda linguae*, die tief in die Muskulatur der Zunge eindringt und hauptsächlich den mittleren und vorderen Zungenabschnitt versorgt und in eine *A. sublingualis* zur Glandula sublingualis und zum Mundboden. Die dorsalen Zungenarterien können miteinander in Verbindung stehen, alle anderen Äste werden durch das Septum linguae voneinander getrennt und versorgen nur eine Zungenhälfte (■ Abb. 10.13). Der **venöse Blutabfluss** erfolgt über die *V. lingualis*. Sie liegt dem M. hyoglossus außen auf und leitet das Blut der Zunge in die *V. jugularis interna*. Die V. lingualis erhält Blut über die *V.* sublingualis, die *V. profunda linguae, Vv. dorsales linguae* sowie eine kleine *V. comitans nervi hypoglossi* (■ Abb. 10.14).

Regionale **Lymphknoten** der Zunge sind die *Nodi submandibulares* und *submentales*. Überregional folgen die tiefen Halslymphknoten, *Nodi cerviales profundi*. Die Lymphe aus der Zungenwurzel fließt größtenteils zum *Nodus jugulodigastricus* unter dem M. digastricus (▶ Kap. 4.2.6, ■ Abb. 4.47).

10.13 Sublinguale Verabreichung von Medikamenten
In der Schleimhaut unter der Zunge befindet sich ein subepitheliales Venennetz. Sublingual verabreichte Medikamente werden schnell resorbiert.

Innervation

Die **motorische Innervation** erfolgt durch den *N. hypoglossus* (10.14) mit Ausnahme des M. palatoglossus, der aus dem Plexus pharyngeus versorgt wird. Die **sensible Innervation** erfolgt im ventralen Abschnitt über den *N. lingualis*, einen Ast des N. mandibularis (V3), im Bereich des Sulcus terminalis durch den *N. glossopharyngeus* und am Zungengrund durch den *N. laryngeus superior*, einen Ast des *N. vagus* (■ Abb. 10.14). Geschmackseindrücke der vorderen zwei Drittel der Zunge gelangen über Äste des *N. facialis* (*Chorda tympani, N. intermedius*) zum oberen Teil des *Tractus solitarius* im Hirnstamm. Geschmackseindrücke des hinteren Drittels der Zunge werden über den *N. glossopharyngeus* und *N. vagus* (■ Abb. 10.15) zum unteren Teil des *Tractus solitarius* im Hirnstamm übermittelt. Die Perikarya dieser Nervenfasern liegen im *Ganglion inferius* des N. glossopharyngeus oder des N. vagus (▶ Kap. 17.5.1).

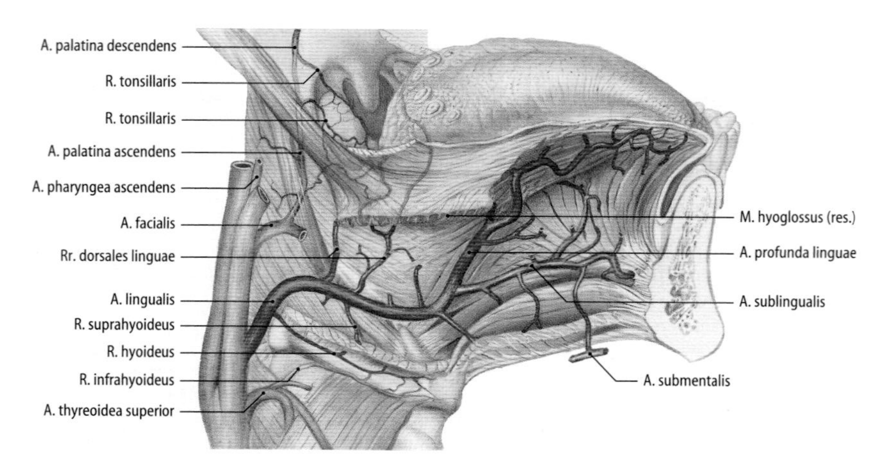

Abb. 10.13. Arterielle Versorgung der Zunge und der Mundbodenregion, Ansicht von seitlich rechts [1]

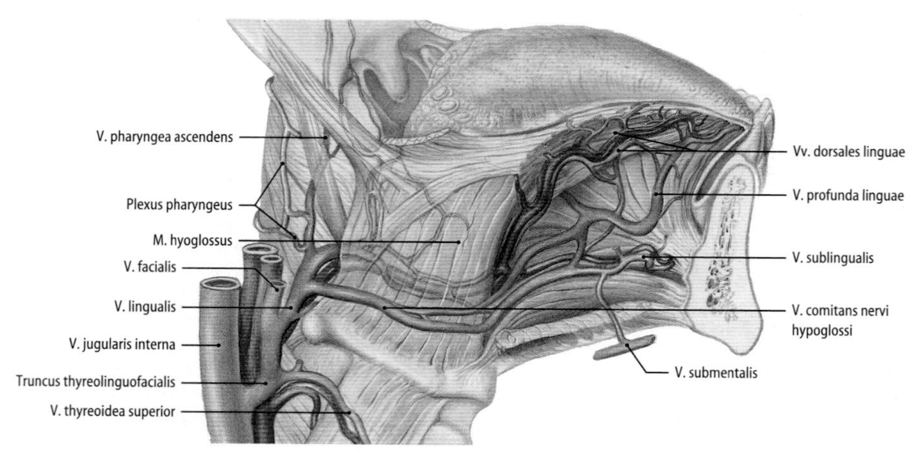

Abb. 10.14. Venöser Abfluss und Innervation der Zunge, Ansicht von seitlich rechts [1]

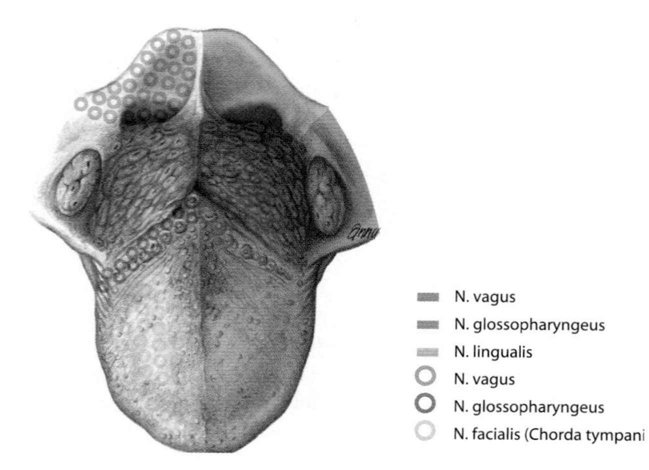

Abb. 10.15. Sensible Innervation de Zunge [1]

10.14 Verletzung des N. hypoglossus

Bei Schädigung des N. hypoglossus einer Seite weicht die Zunge beim Herausstrecken zur betroffenen Seite ab. Auf der gelähmten Seite kommt es zur Muskelatrophie.

10.15 Auslösung des Schluck-/Würgereflexes

Das Berühren des Zungengrundes, der Gaumenbögen oder der Rachenhinterwand löst entweder den Schluckreflex oder einen Würgereflex aus. An den Reflexen sind die Muskulatur der Zunge, des Pharynx, des Larynx und des Ösophagus beteiligt.

Mundhöhlenboden (Diaphragma oris)

Den Boden der Mundhöhle bildet das muskuläre *Diaphragma oris*, das aus den beiden *Mm. mylohyoidei* besteht. Außerdem beteiligen sich die *Mm. geniohyoidei, digastrici* und *stylohyoidei* am Aufbau des Mundbodens. Da alle Muskeln direkt oder indirekt mit dem Zungenbein, *Os hyoideum*, in Verbindung stehen, werden sie als *Mm. suprahyoidei* bezeichnet (Abb. 4.36, 4.37). Funktionell ist der Mundboden ein verstellbares Widerlager der Zunge.

Entwicklung der Zunge

Beim 4 Wochen alten Embryo gehen aus dem 1. Schlundbogen zwei laterale Zungenwülste und ein mediales Höckerchen, das *Tuberculum impar,* hervor. Die Strukturen bilden die vorderen zwei Drittel der Zunge. Das hintere Drittel der Zunge, die Zungenwurzel, entwickelt sich aus einem zweiten in der Medianebene liegenden Wulst, der Copula oder dem Hypobranchialkörper, der aus dem Mesoderm des 2., 3. und teilweise des 4. Schlundbogens hervorgeht.

In Kürze

Zunge
Sie ist ein Muskelkörper mit großer Verformbarkeit (muskuläres Transportorgan) und von Schleimhaut überzogen. Die Zungenbasis gehört zum Pharynx.

Funktionen:
- Unterstützung beim Kauen, Saugen und Schlucken
- Reinigung der Mundhöhle
- Schmecken
- Tasten
- Lautbildung

10.1.6 Speicheldrüsen (Glandulae salivariae oris)

In der Mundhöhle kommen beidseits je 3 große Speicheldrüsen, *Glandulae salivariae majores,* und zahlreiche kleine Speicheldrüsen, *Glandulae salivariae minores,* vor. Die 3 großen Speicheldrüsen sind:
- Ohrspeicheldrüse: *Glandula parotidea*
- Unterkieferspeicheldrüse: *Glandula submandibularis*
- Unterzungenspeicheldrüse: *Glandula sublingualis*

Die langen Ausführungsgänge der großen Drüsen sind mit der Mundschleimhaut verbunden (◘ Abb. 10.16).

Das **Sekret** der großen und kleinen Speicheldrüsen ist der **Speichel,** täglich werden bis zu 1,5 l sezerniert. Das Sekret von den Glandulae sublinguales und den kleinen Speicheldrüsen dient zur Anfeuchtung der Mundhöhle. Von den Glandulae parotideae und submandibulares wird der Speichel reflektorisch abgesondert. Dabei wird die Nahrung durch den Speichel, der vor allem Elektrolyte und Schleimsubstanzen (Muzine) enthält, gleitfähig gemacht. Gleichzeitig wird durch Speichelenzyme (α-Amylase) bereits im Mund die Kohlenhydratverdauung eingeleitet. Der Mundspeichel wirkt antimikrobiell aufgrund seines pH-Wertes von 7–8 (Bikarbonat), dem Gehalt an Lysozym und anderen antimikrobiell wirksamen Substanzen sowie Immunglobulinen (hauptsächlich IgA).

10.16 Kalkabscheidungen aus dem Speichel
Bei Nierenerkrankungen können harnpflichtige Stoffe im Speichel ausgeschieden werden. Kalkabscheidungen aus dem Speichel können zur Bildung von Zahnstein (besonders an der lingualen Seite der unteren Schneidezähne) oder zu Speichelsteinen (Sialolithen) in den Ausführungsgängen der Speicheldrüsen mit Speichelsteinkolik (besonders Glandula submandibularis), Obstruktion des Speichelganges, Schwellung der Drüse als sog. *Tumor salivaris* führen.

10.17 Folgen bei Strahleneinwirkung in der Kopf-Hals-Region
Bestrahlung im Rahmen einer Therapie von Tumoren der Kopf-Hals-Region oder radioaktive Strahlung kann zum Syndrom des »trockenen Mundes« mit Schluck- und Sprachschwierigkeiten führen. Entzündungen der Speicheldrüsen können akut oder chronisch verlaufen.

Histologie

Alle großen Mundspeicheldrüsen sind von einer Bindegewebekapsel umgeben. Von dieser ziehen Septen ins Innere, die das Drüsenparenchym in Lappen und Läppchen unterteilen. Die Läppchen bestehen aus Endstücken mit sezernierenden Drüsenzellen, in denen Primärspeichel gebildet wird, sowie ableitenden Drüsengängen mit intralobulären **Schaltstücken** und **Streifenstücken.** Zwischen den Läppchen liegen *Ductus interlobulares* und *interlobares,* die sich schließlich in einen *Ductus excretorius* fortsetzten. Beim Transport durch die einzelnen Abschnitte wird der Primärspeichel verändert, insbesondere wirken Rückresorptionsvorgänge im Streifenstück auf die Elektrolytzusammensetzung ein (◘ Abb. 10.17).

Ohrspeicheldrüse (Glandula parotidea)

Die rein seröse *Glandula parotidea* (synonym Parotis) ist die größte Mundspeicheldrüse (◘ Abb. 10.16). Sie besteht aus einem oberflächlichen und einem tiefen Teil. Der oberflächliche Teil, *Pars superficialis,* liegt unmittelbar vor dem äußeren Ohr. Er ist von einer derben Bindegewebefaszie, *Fascia parotidea,* umgeben. Die Fascia parotidea ist die Fortsetzung der *Lamina superficialis* der *Fascia cervicalis.* In der Tiefe setzt sich die Drüse mit dem größeren faszienlosen Teil, *Pars profunda,* in die Fossa retromandibularis fort. Der Drüsenausführungsgang, *Ductus parotideus* (Stenon-Gang), tritt am Vorrderrand

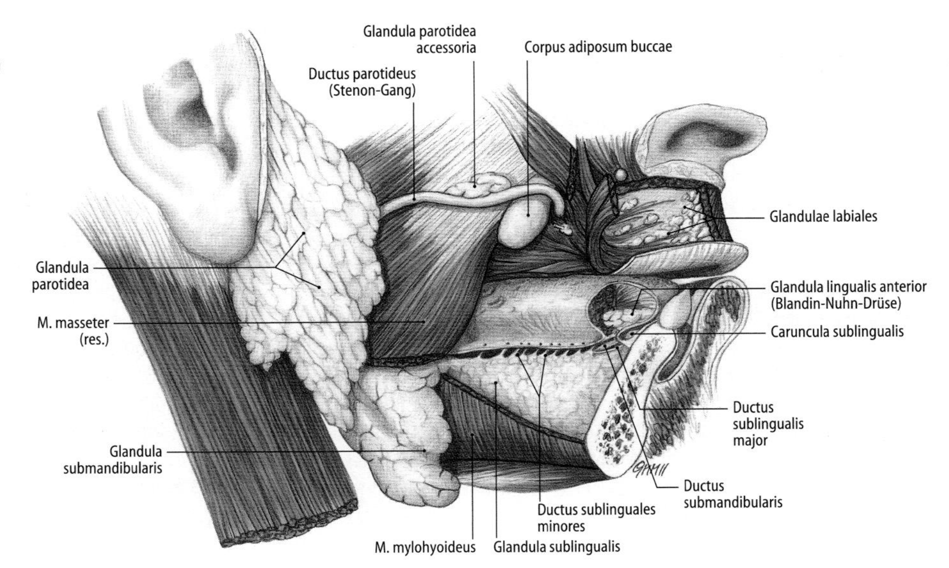

◘ **Abb. 10.16.** Speicheldrüsen der rechten Seite in der Ansicht von lateral. Zur Darstellung der Unterzungendrüse wurde ein Teil des Unterkiefers entfernt [1]

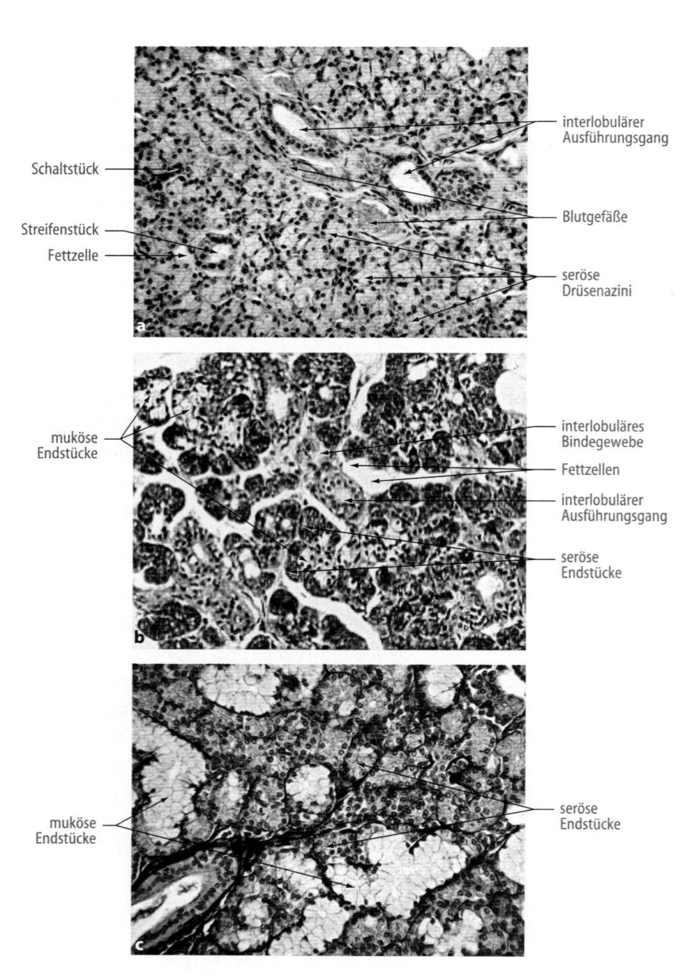

Abb. 10.17a–c. Histologie der Speicheldrüsen. **a** Glandula parotidea. **b** Glandula submandibularis. **c** Glandula sublingualis

aus, verläuft horizontal über die obere Hälfte des M. masseter hinweg nach vorn zum M. buccinator, durchbohrt den Muskel und mündet gegenüber dem 2. oberen Molaren auf der *Papilla ductus parotidei* in das Vestibulum oris (Abb. 10.16). Die Parotis ist eine rein seröse, azinöse Drüse (Abb. 10.17a). Der Speichel ist dünnflüssig, protein- und enzymreich.

Gefäßversorgung und Lymphabfluss

Die Parotis wird **arteriell** durch die *A. transversa faciei* sowie durch kleine Äste aus der A. temporalis superficialis und der A. carotis externa versorgt. Der **venöse Abfluss** erfolgt über die V. retromandibularis. Die **Lymphe** wird über die *Nodi parotidei superficiales* und *profundi* in die *Nodi cervicales superficiales* dräniert.

Innervation

Parasympathische Fasern nehmen ihren Ausgang vom **unteren Speicheldrüsenkern,** *Nucleus salivatorius inferior* (► Kap. 17.5.1) und gelangen über die *Nn. glossopharyngeus, tympanicus*, den *Plexus tympanicus* und *N. petrosus minor* zum *Ganglion oticum*. Die Verbindung wird als **Jacobson-Anastomose** bezeichnet. Im Ganglion oticum erfolgt die Umschaltung auf das 2. Neuron, die postganglionären Fasern schließen sich dem *N auriculotemporalis* (Ast des N. mandibularis) an und erreichen über ihn das Drüsenparenchym. Postganglionäre symphatische Fasern bilden nach Umschaltung im *Ganglion cervicale superius* einen Plexus um die *Aa. carotis externa* und *maxillaris* und schließen sich im Bereich des N. auriculotemporalis den parasymphatischen Fasern zum Drüsenparenchym an.

10.18 Mumps

Mumps (Parotitis epidemica) oder »Ziegenpeter« ist eine akute systemische Viruserkrankung, die zur Entzündung der Parotis führt. Sie ist sehr schmerzhaft, da sich das Drüsengewebe bei Schwellung innerhalb der Organfaszie nicht ausdehnen kann. Bösartige Parotistumoren können zur peripheren Fazialisschädigung führen. Im Gegensatz hierzu zerstören gutartige Tumoren der Parotis den N. facialis üblicherweise nicht. Als Komplikation kann bei Jungen eine Orchitis mit resultierender Sterilität auftreten (► 12.3).

Unterkieferdrüse (Glandula submandibularis)

Die *Glandula submandibularis* füllt das *Trigonum submandibulare* innerhalb der Loge der *Lamina superficialis der Fascia cervicalis* aus (Abb. 10.16). Der kaudale Drüsenanteil umgreift hakenförmig den Hinterrand des *M. mylohyoideus* und setzt sich oberhalb des Muskels in den *Ductus submandibularis* (Wharton-Gang) fort. Auf dem *M. hyoglossus* vereinigt sich der Aufführungsgang mit dem *Ductus sublingualis major* und mündet auf der *Caruncula sublingualis* in die *Cavitas oris propria*.

Die gemischt seromuköse Glandula submandibularis besitzt mehr seröse als muköse Endstücke (Abb. 10.17b). Kommen muköse Tubuli vor, sitzen ihnen halbmondförmige, seröse Endstücke (von-Ebner-Halbmonde) auf.

Unterzungendrüse (Glandula sublingualis)

Die *Glandula sublingualis* liegt auf dem M. mylohyoideus lateral vom M. genioglossus (Abb. 10.16), sie durchbricht oftmals den Mundboden. Der Drüsenkörper wölbt die Mundbodenschleimhaut als *Plica sublingualis* vor (Abb. 10.12). Auf der Falte münden zahlreiche kleinere Ausführungsgänge, *Ductus sublinguales minores*, des dorsalen Drüsenabschnitts. Der ventrale Drüsenabschnitt besitzt einen einzelnen größeren Ausführungsgang, *Ductus sublingualis*, der gemeinsam mit dem Ductus submandibularis auf der Caruncula sublingualis mündet.

Die Glandula sublingualis ist eine gemischte, vorwiegend muköse Speicheldrüse (Abb. 10.17c). Es überwiegen tubulöse Endstücke mit mukösen Zellen. Seröse Anteile der Endstücke liegen teilweise einzeln, meistens jedoch in Form von serösen Halbmonden vor. Schalt- und Streifenstücke fehlen fast vollständig.

Gefäßversorgung, Lymphabfluss und Innervation von Glandulae submandibularis und sublingualis

Die **arterielle Gefäßversorgung** beider Drüsen erfolgt durch die *A. facialis* (aus der *A. carotis externa*) und die *A. submentalis* (aus der *A. facialis*). Das **venöse Blut fließt** über die *V. sublingualis* und *V. submentalis* in die *V. facialis* oder direkt in die *V. jugularis interna*. **Regionale Lymphknoten** sind die *Nodi submentales* und *submandibulares*. **Parasympathische Fasern** nehmen ihren Ausgang vom **oberen Speicheldrüsenkern,** *Nucleus salivatorius superior* (► Kap. 17.5.1) und gelangen über den *N. intermedius* (parasympathischer Anteil des N. facialis), die *Chorda tympani*, und den *N. lingualis* (Ast des N. mandibularis) zum *Ganglion submandibulare* und variabel zum *Ganglion sublinguale*. Nach Umschaltung erreichen postganglionäre Fasern das Drüsenparenchym. Postganglionäre symphatische Fasern bilden nach Umschaltung im *Ganglion cervicale superius* einen Plexus um die A. facialis und die A. lingualis.

Kleine Speicheldrüsen (Glandulae salivariae minores)

Zu den kleinen Speicheldrüsen gehören zahlreiche Drüsen in den Lippen *(Glandulae labiales)*, Wangen *(Glandulae buccales)*, im Gau-

10

men *(Glandulae palatinales)* und im Bereich der Mahlzähne *(Glandulae molares)*. In der Zunge (► Kap. 10.1.5) münden im Bereich der Papillae foliatae und vallatae seröse Spüldrüsen, *Glandulae gustatoriae* (von-Ebner-Drüsen) und an der Zungenspitze die seromukösen *Glandulae linguales anteriores* (Blandin-Nuhn-Drüsen).

Entwicklung der Speicheldrüsen

Die Speicheldrüsen entstehen während der 6.–7. Woche als solide Epithelsprossen aus der ektodermalen Mundbucht.

10.19 Fehlbildung

Fehlbildungen im Aufführungsgangsystem, besonders des Ductus submandibularis, können zum Bild der Ranula (mit Speichel gefüllte Retentionszyste) führen.

In Kürze

Speicheldrüsen

Mehrere kleine, in der Mundschleimhaut gelegene Speicheldrüsen (Glandulae labiales, buccales, palatinae, molares und linguales) sowie 3 große, paarig angelegte Speicheldrüsen:
- **Ohrspeicheldrüse:** Glandula parotidea
- **Unterkieferspeicheldrüse:** Glandula submandibularis
- **Unterzungenspeicheldrüse:** Glandula sublingualis

Zusammen produzieren die Drüsen täglich ca. 1,5 l **Speichel,** der folgende **Funktionen** erfüllt:
- schützt die Mundhöhlenschleimhaut vor Austrocknung
- sorgt dafür, dass die Nahrung gleitfähig wird
- leitet die Kohlenhydratverdauung ein
- löst Geschmacksstoffe und spült diese weg
- reinigt die Mundhöhle
- wehrt Erreger ab

10.2 Rachen (Pharynx)

F. Paulsen

Einführung

Die Nasen- und Mundhöhle münden in einen gemeinsamen Raum, den Rachen oder Schlund, der in die Speiseröhre und den Kehlkopf übergeht. Der Rachen ist Bestandteil der Halsorgane. Im mittleren Bereich des Pharynx kreuzen sich der Luft- und Speiseweg. Im Rachen befindet sich lymphatisches Gewebe, das der Immunabwehr dient. Ferner ist der Rachen am Schluckakt beteiligt.

Etagen des Pharynx
- **obere Etage:** Epipharynx oder Nasopharynx *(Pars nasalis pharyngis)*
- **mittlere Etage:** Mesopharynx oder Oropharynx *(Pars oralis pharyngis)*
- **untere Etage:** Hypopharynx oder Laryngopharynx *(Pars laryngea pharyngis)*

Der Rachen, *Pharynx,* ist ein muskulärer Schlauch, der vor der Wirbelsäule liegt und sich von der Schädelbasis bis zum Ringknorpel des Kehlkopfs erstreckt, wo er in die Speiseröhre, *Oesophagus,* übergeht. Offene Verbindungen der Rachenlichtung, *Cavitas pharyngis,* bestehen vorn zur Nasen- und Mundhöhle sowie zum Kehlkopfein-

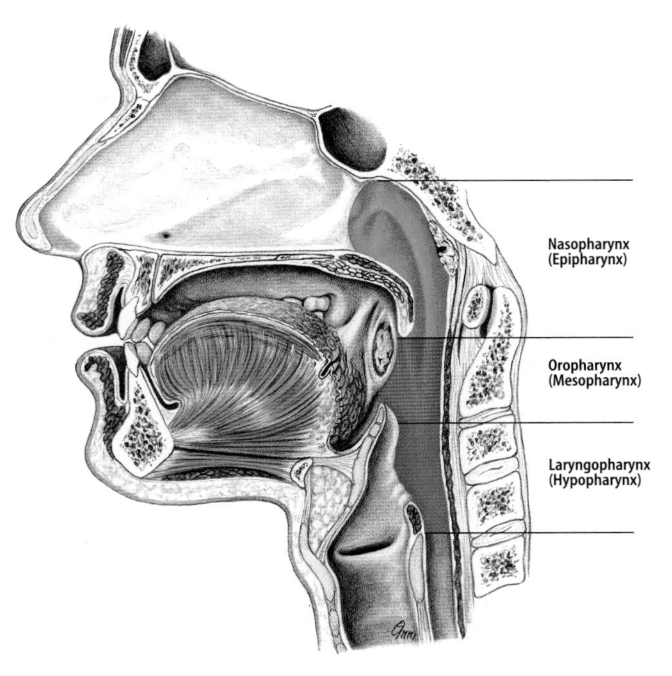

Abb. 10.18. Pharynxetagen. Median-Sagittal-Schnitt durch den Kopf und Hals, Teilansicht der rechten Schnittfläche von medial [1]

gang, seitlich über die *Tuba auditiva* zum Mittelohr und kaudal zur Speiseröhre.

Der Pharynx wird entsprechend seiner Öffnungen in **3 Etagen** gegliedert (Abb. 10.18):
- Die **obere Etage,** *Pars nasalis pharyngis* (Epi- oder Nasopharynx), steht über die Choanen mit der Nasenhöhle und über die Tuba auditiva mit dem Mittelohr in Verbindung.
- Die **mittlere Etage,** *Pars oralis pharyngis* (Meso- oder Oropharynx), stellt den Übergang zwischen oberer und unterer Etage her und ist über den *Isthmus faucium* mit der Mundhöhle verbunden.
- Die **untere Etage,** *Pars laryngea pharyngis* (Hypo- oder Laryngopharynx), steht vorn mit dem Kehlkopf über den *Aditus laryngis* in Verbindung und setzt sich kaudal in die Speiseröhre fort.

Innerhalb des Rachens kreuzen der Luft- und Speiseweg.

10.2.1 Epipharynx

Die Pars nasalis pharyngis beginnt direkt unterhalb der Schädelbasis (Abb. 10.18). Dieser Abschnitt wird als **Rachengewölbe,** *Fornix pharyngis,* bezeichnet. Die Rachenwand besteht hier aus einer derben Bindegewebeplatte, *Fascia pharyngobasilaris,* und Schleimhaut. Über die *Fascia pharyngobasilaris* ist der Pharynx an der Schädelbasis aufgehängt. Gleichzeitig dient sie dem oberen Schlundschnürer, *M. constrictor pharyngis superior,* als Anheftungszone. Dorsal ist die Faszie am *Tuberculum pharyngeum* angeheftet und setzt sich in einen medianen Bindegewebestreifen, *Raphe pharyngis,* fort, der allen Schlundschnürern als Punctum fixum dient und sich nach kaudal bis zur *Pars cricopharyngea* des unteren Schlundschnürers erstreckt.

Im Rachengewölbe enthält die Schleimhaut eine dünne Schicht **lymphatischen Gewebes,** das sich im Kindesalter blumenkohlartig als **Rachenmandel,** *Tonsilla pharyngea,* vorwölbt (Abb. 10.19). Die Rachenmandel bildet den oberen Anteil des lymphatischen Rachenringes (Waldeyer-Rachenring) (► Kap. 7.3.6). Vor der Tonsilla pharyngea kann an der Unterfläche des Keilbeins im Bindegewebe die Rachendachhypophyse, *Hypophysis pharyngealis,* als Rest der embryonalen Rathke-Tasche liegen (10.22). Der **Lymphabfluss** erfolgt in die *Nodi pharyngeales.*

10.20 Adenoide

Hyperplasien der Rachenmandel (Adenoide) sind im Kindesalter häufig und führen nicht selten aufgrund einer Verlegung des Tubenostiums zu rezidivierenden Mittelohrentzündungen. Folgen können eine Einschränkung des Hörvermögens und daraus resultierende Entwicklungsverzögerungen sein. In solchen Fällen ist eine Entfernung der Rachenmandel, Adenektomie, angezeigt.

Etwa in Höhe des unteren Nasenganges liegt in der Seitenwand der *Pars nasalis pharyngis* die Mündung der Ohrtrompete, *Ostium pharyngeum tubae auditivae.* Sie wird hinten und oben sichelförmig vom Tubenwulst, *Torus tubarius,* umrahmt. Kaudal setzt sich der Tubenwulst in eine längliche Schleimhautfalte, *Plica salpingopharyngea,* fort, die durch den *M. salpingopharyngeus* hervorgerufen wird. Vom Tubenwulst entspringt rostral eine schwächere Schleimhautfalte, *Plica salpingopalatina,* und zieht zum Gaumensegel. Der untere Abschnitt des Ostium pharyngeum tubae auditivae wird durch den Levatorwulst, *Torus levatorius,* begrenzt, dessen Grundlage *der M. levator veli palatini* ist. Die Tubenmündung ist der Eingang in die **Ohrtrompete,** *Tuba auditiva* (Tuba Eustachii oder Eustachi-Röhre), die die Pars nasalis mit der Paukenhöhle verbindet. Direkt hinter dem Torus tubarius liegt eine Vertiefung, *Recessus pharyngeus* (Rosenmüller-Grube), die sich kranialwärts bis zum Rachendach ausdehnt.

Ansammlungen lymphatischen Gewebes um die Tubenöffnung werden als Tubentonsille, *Tonsilla tubaria,* bezeichnet. Das lymphatische Gewebe gehört ebenfalls zum Waldeyer-Rachenring und setzt sich seitlich in der Pharynxwand in einer abwärts verlaufenden Leiste, *Crista palatopharyngea,* bis zur Gaumenmandel *(Tonsilla palatina)* fort.

10.21 »Seitenstrangangina«

Krankhafte Schwellungen des lymphatischen Gewebes der seitlichen Pharynxwand werden als »Seitenstrangangina« bezeichnet.

10.22 Kraniopharyngeom

Die Hypophysis pharyngealis kann in der Jugend Ausgangspunkt eines Kraniopharyngioms sein.

10.2.2 Mesopharynx

Die *Pars oralis pharyngis* wird von den Strukturen des Isthmus faucium begrenzt. Vorn liegt der Zungengrund mit der Tonsilla lingualis und seitlich liegen die Gaumenbögen und die Tonsillae palatinae (Abb. 10.19). Vom Zungengrund ziehen 3 Falten zum Kehldeckel, *Epiglottis.* In der Mittellinie liegt die unpaare *Plica glossoepiglottica mediana* und seitlich liegen die paarigen *Plicae glossoepiglotticae laterales.* Zwischen den Falten senkt sich die Schleimhaut zu 2 Gruben, *Valleculae epiglotticae,* ein (► Kap. 10, Abb. 10.8).

Die Pars oralis pharyngis wird beim Schluckakt durch die Anlagerung des Gaumensegels an die hintere Pharynxwand von der Pars nasalis getrennt.

10

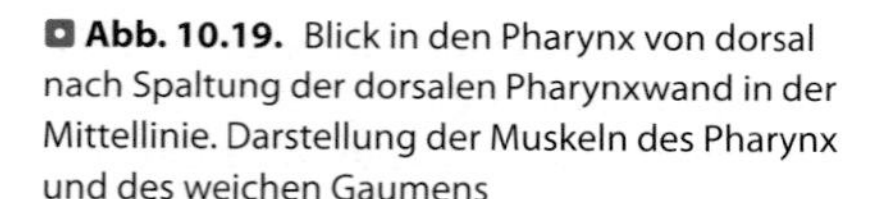

Abb. 10.19. Blick in den Pharynx von dorsal nach Spaltung der dorsalen Pharynxwand in der Mittellinie. Darstellung der Muskeln des Pharynx und des weichen Gaumens

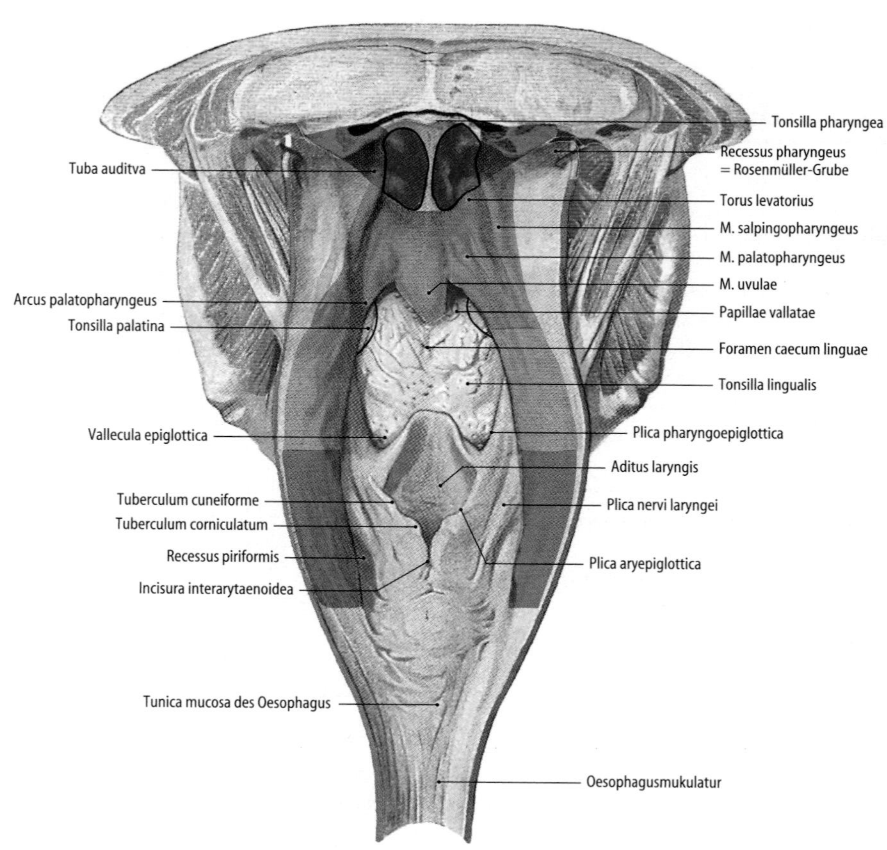

10.2.3 Hypopharynx

Der Hypopharynx enthält den Kehlkopfeingang, *Aditus laryngis* (Abb. 10.18). Auf beiden Seiten liegt eine von der *Plica pharyngoepiglottica* gegen den Zungengrund begrenzte Nische, *Recessus piriformis,* durch die besonders flüssige Nahrungsbestandteile vom Zungengrund zum Ösophaguseingang gelangen. In der Vorderwand des Recessus piriformis liegt parallel zur Plica pharyngoepiglottica eine weitere Schleimhautfalte, die *Plica nervi laryngei.* Sie wird durch den *R. internus* des *N. laryngeus superior* aufgeworfen, der die *Membrana thyreohyoidea* durchbricht und den Kehlkopf erreicht. Der tiefste Abschnitt des Hypopharynx ist der Ösophagusmund.

10.23 Gefahr durch verschluckte Fremdkörper

In den Valleculae epiglotticae und im Recessus piriformis können verschluckte Fremdkörper aller Art hängen bleiben und zu Atemnot bis hin zum Tod (Bolustod) führen, da sie den Kehldeckel über den Kehlkopfeingang drücken.

In Kürze

Pharynx

Im Pharynx überkreuzen sich Luft- und Speiseweg. Sein Lumen wird in 3 Etagen gegliedert:
- Nasopharynx
- Oropharynx
- Hypopharynx

Über den Pharynx stehen Nasenhöhle, Mundhöhle, Kehlkopf/Luftröhre und Speiseröhre miteinander in Verbindung.

10.2.4 Wandaufbau

Die Rachenwand gliedert sich in 4 Schichten:
- Schleimhaut, *Tunica mucosa*
- submuköses Bindegewebe, *Tela submucosa*
- Muskelschicht, *Tunica muscularis*
- umgebendes Bindegewebe, *Tunica adventitia*

Eine Lamina muscularis mucosae fehlt. Im muskelfreien oberen Abschnitt der Rachenwand schließen sich Tela submucosa und Tunica adventitia zur *Fascia pharyngobasilaris* zusammen.

Tunica mucosa pharyngis

Die **Pars nasalis pharyngea** wird größtenteils von mehrreihigem Flimmerepithel ausgekleidet, alle übrigen Anteile sind von mehrschichtig unverhorntem Plattenepithel überzogen. In der gesamten **Lamina propria mucosae** kommen zahlreiche Speicheldrüsen, *Glandulae pharyngeales,* vor. Ferner ist die Lamina propria reich an lymphatischem Gewebe. In der **Pars laryngea** liegen ausgedehnte Gefäßnetze, die gemeinsam mit elastischen Netzen der Tela submucosa und mit dem Ösophagusmund ein Verschlusssystem, *Constrictio pharyngoosoephagealis,* bilden. Kaudal nimmt die Menge an elastischen Fasern zu und trägt zur reversiblen Dehnbarkeit des Pharynx bei.

Tela submucosa pharyngis

Die Tela submucosa besteht aus einer Lage derben Bindegewebes. Ihr oberer Abschnitt ist Teil der Fascia pharyngobasilaris.

Tunica muscularis pharyngis (M. pharyngis)

Die Rachenmuskulatur, *Tunica muscularis pharyngis,* besteht aus den *Schlundschnürern (Mm. constrictores pharyngis),* und aus 3 paarig angelegten *Schlundhebern (Mm. levatores pharyngis).* Schlundschnürer und -heber wirken haupsächlich beim Schluckakt, beim Würgen, sowie beim Sprechen und Singen.

In Kürze

Rachenwand

Aufbau:
- Tunica mucosa pharyngis (Schleimhaut):
  - Pars nasalis pharyngea: mehrreihiges Flimmerepithel
  - alle übrigen Anteile mehrschichtig unverhorntes Plattenepithel
  - zahlreiche Speicheldrüsen und lymphatisches Gewebe
  - Pars laryngea: ausgedehnte Gefäßnetze
- Tela submucosa pharyngis (submuköses Bindegewebe)
- Tunica muscularis (Muskelschicht):
- Tunica adventitia (umgebendes Bindegewebe)

10.2.5 Pharynxmuskulatur

Schlundschnürer (Mm. constrictores pharyngis)

Die *Mm. constrictores pharyngis superior, medius* und *inferior,* bestehen aus verschiedenen Anteilen (Tab. 10.9; Abb. 10.20). Die Muskeln umschließen zirkulär das Rachenlumen und überlappen sich, wobei der untere Muskel den Unterrand des oberen Muskels geringfügig überdeckt. Die Pars cricopharyngea des unteren Schlundschnürers besitzt zwei Muskelanteile, die ein muskelschwaches Dreieck, das Kilian-Dreieck bilden (Abb. 10.20; 10.24).

10.24 Divertikelbildung im Kilian-Dreieck

Das muskelschwache Kilian-Dreieck kann besonders bei Männern im fortgeschrittenen Lebensalter eine Schwachstelle sein. Die Pharynxwand stülpt sich durch die Schwachstelle als Pulsionsdivertikel, Zenker-Divertikel oder pharyngoösophageales Divertikel in den Retropharyngealraum vor und kann mit Speisebrei gefüllt werden. Die Folge ist eine Regurgitation unverdauter Nahrung in die Mundhöhle.

Am Übergang von der Pars fundiformis des unteren Schlundschnürers zum Ösophagus wird dorsal aufgrund der einstrahlenden Speiseröhrenmuskulatur ebenfalls ein Muskeldreieck, das Laimer-Dreieck, gebildet (Abb. 10.20). Dieses steht im Verhältnis zum Kilian-Dreieck auf dem Kopf, die Pars fundiformis bildet für beide Dreiecke die Basis. Das Laimer-Dreieck ist allerdings nicht muskelschwach.

Schlundheber (Mm. levatores pharyngis)

Die Schlundheber, *Mm. levatores pharyngis,* sind die *Mm. stylopharyngeus, salpingopharyngeus* und *palatopharyngeus* (Abb. 10.10 und 10.20; Tab. 10.10).

! Die Schlundschnürer und die Schlundheber sind funktionell am Schluckakt sowie am Würgen, Singen und Sprechen beteiligt.

Tunica adventitia pharyngis

Jeder Pharynxmuskel besitzt eine eigene Faszie. Der gesamte Pharynxschlauch wird von einer gemeinsamen Faszie, *Fascia buccopharyngealis,* umhüllt (allgemeine Organfaszie). Außen schließt sich ein Spaltraum, *Spatium peripharyngeum,* an; dadurch wird der Pharynx gegenüber den umgebenden Strukturen verschiebbar. Sein lateraler

Tab. 10.9. Muskelanteile der Schlundschnürer (Mm. constrictores pharyngis)

Muskel	Pars	Ursprung (U) Ansatz (A)	Funktion
M. constrictor pharyngis superior	Pars pterygopharyngea	**Ursprung** Hinterrand der Lamina medialis des Processus pterygoideus, Hamulus pterygoideus, gelegentlich Unterfläche der Felsenbeinpyramide **Ansatz** – Fascia pharyngobasilaris – Raphe pharyngis	Mitwirkung beim Schluckakt und beim Würgen. Kontraktion der Rachenwand. Das kranial gelegene horizontale Faserbündel des M. palatopharyngeus schnürt die Rachenwand als Passavant-Ringwulst ein und drängt sie dem angespannten und gehobenen Gaumensegel entgegen. Mittlerer und unterer Schlundschnürer können außer einer Konstriktion durch ihren steil aufwärts gerichteten Faserverlauf eine Verkürzung des Rachens mit Anhebung von Zungenbein und Kehlkopf hervorrufen. Veränderungen der Pharynxform führen zur Änderung des Resonanzraums und spielen beim Singen und bei der Phonation eine große Rolle.
	Pars buccopharyngea	**Ursprung** Raphe pterygomandibularis **Ansatz** Raphe pharyngis	
	Pars mylopharyngea	**Ursprung** Linea mylohyoidea der Mandibula **Ansatz** Raphe pharyngis	
	Pars glossopharyngea	**Ursprung** Zungenmuskulatur und Mundschleimhaut **Ansatz** Raphe pharyngis	
M. constrictor pharyngis medius	Pars chondropharyngea	**Ursprung** Cornu minus des Os hyoideum **Ansatz** Raphe pharyngis	
	Pars ceratopharyngea	**Ursprung** Cornu majus des Os hyoideum **Ansatz** Raphe pharyngis	
M. constrictor pharyngis inferior	Pars thyreopharyngea (M. thyreopharyngeus)	**Ursprung** Linea obliqua an der Außenfläche des Schildknorpels **Ansatz** Raphe pharyngis	
	Pars cricopharyngea (M. cricopharyngeus) – Pars obliqua	**Ursprung** Seitenfläche des Ringknorpels und Membrana cricothyreoidea, inkonstant am 1. und 2. Trachealknorpel **Ansatz** Raphe pharyngis	Verengung des Pharynx
	Pars cricopharyngea (M. cricopharyngeus) – Pars fundiformis	**Ursprung** Seitenfläche des Ringknorpels und Membrana cricothyreoidea, inkonstant am 1. und 2. Trachealknorpel **Ansatz** Raphe pharyngis	Verengung des Pharynx

Anteil wird als *Spatium lateropharyngeum (Spatium pharyngeum laterale, Spatium parapharyngeum)* bezeichnet. Der dorsale Anteil, *Spatium retropharyngeum,* liegt zwischen der Fascia buccopharyngealis und der *Lamina prevertebralis* der tiefen Halsfaszie vor der Wirbelsäule. Das Spatium lateropharyngeum erstreckt sich vorn zwischen die Kaumuskeln und entlang des Gefäß-Nerven-Strangs des Halses nach kaudal. Das gesamte Spatium peripharyngeum setzt sich kaudal bis ins **Mediastium** fort. Somit begleitet ein zusammenhängender Bindegewebespaltraum den Pharynx und anschließend die Speiseröhre bis zum Zwerchfell.

10.25 Ausbreitung von Entzündungen und Abzessen
Entzündungen und Abzesse im Bereich des Pharynx können sich in das Spatium peripharyngeum erstrecken und sich hier ungehindert zur Schädelbasis und in das Mediastinum ausdehnen.

Gefäßversorgung und Lymphabfluss

Die **Blutversorgung** erfolgt hauptsächlich über die *A. pharyngea ascendens* einen Ast der A. carotis externa. Die Arterie verläuft im parapharyngealen Bindegewebe medial vom Gefäß-Nerven-Strang des Halses aufwärts bis zur Schädelbasis, ihr Endast, *A. meningea posterior,* tritt meist durch das Foramen jugulare in die hintere Schädelgrube. Zuflüsse bestehen ferner im Bereich der Tubenmündung über die

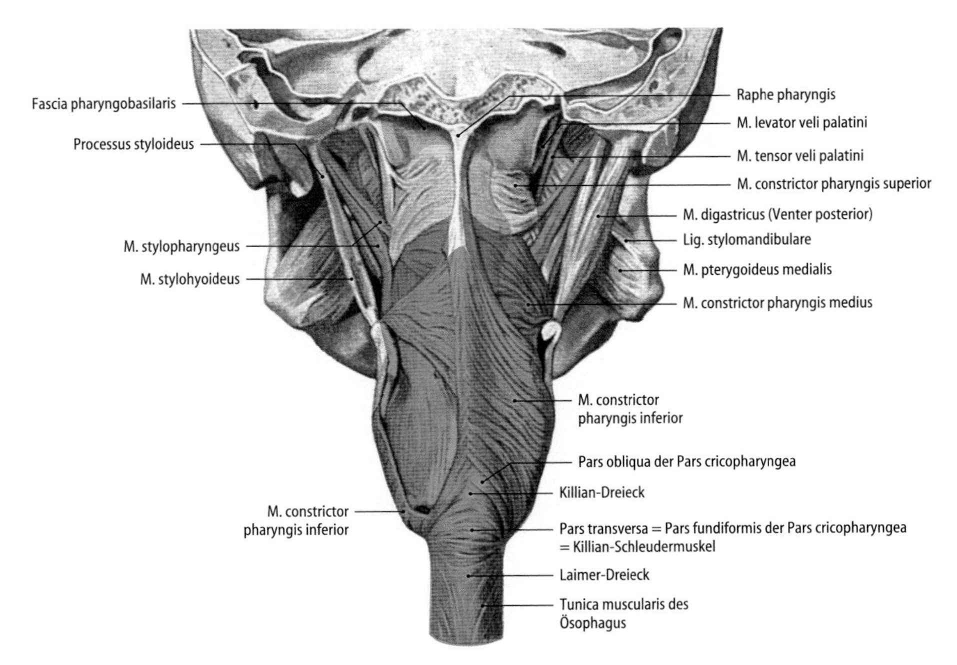

Abb. 10.20. Blick auf den Pharynx von dorsal. Darstellung der Muskeln des Phyrynx, des Kilian- und Laimer-Dreiecks

Tab. 10.10. Schlundheber (Mm. levatores pharyngis)

Muskel	Ursprung	Verlauf	Ansatz	Funktion
M. stylopharyngeus	Hinterrand des Processus styloideus	zwischen oberem und mittlerem Schlundschnürer	gemeinsam mit Fasern des M. palatopharyngeus im submukösen Bindegewebe der Rachenseiten- und -hinterwand sowie Schildknorpel	– wirkt synergistisch mit dem Muskel der Gegenseite – hebt und verkürzt den Pharynx – zieht die Pharynxwand über den Bissen nach oben – horizontale Faserbündel erweitern die Rachenenge
M. salpingopharyngeus	untere Lippe des Tubenknorpes	Plica salpingopharyngea	seitliche Rachenwand	– wirkt synergistisch mit dem Muskel der Gegenseite – hebt und verkürzt den Pharynx – öffnet die Tuba auditiva
M. palatopharyngeus	– Gaumenaponeurose – Hamulus pterygoideus	Arcus palatopharyngeus auf der Innenfläche der Schlundschnürer	– Hinterrand des Schildknorpels – Schlingenbildung mit Muskelfasern der Gegenseite, die die Raphe pharyngis überqueren – Faserbündel die lumenwärts auf dem oberen Schlundschnürer zirkulär in die hintere Pharynxwand ziehen	– wirkt synergistisch mit dem Muskel der Gegenseite – hebt und verkürzt den Pharynx – die Schlinge hebt die dorsale Rachenwand sackförmig an – bei fixiertem Kehlkopf wirkt er antagonistisch zu den Spannern und Hebern des weichen Gaumens

A. palatina ascendens und im Hypopharynx über die *A. threoidea inferior.* Die gesamte Submukosa des Rachens wird von einem **Venenplexus,** *Plexus pharyngeus,* durchzogen. Abflüsse bestehen über *Vv. pharyngeae* in die *V. jugularis interna* und im Bereich des Nasopharynx in die *Vv. meningeae.* **Lymphabflüsse** bestehen von der Tosilla pharyngea und der Rachenwand zu *Nodi retropharyngeales* und zu *Nodi cervicales profundi.*

Innervation

Der Pharynx wird von Ästen des *N. glossopharyngeus* und *N. vagus (N. laryngeus superior)* innerviert. Die Fasern bilden gemeinsam mit vegetativen Fasern des *Truncus symphaticus* (Umschaltung auf das 2. Neuron im Ganglion cervicale superius) außen auf der Rachenwand ein Nervengeflecht, *Plexus pharyngeus.* Zusätzlich sind an der Innervation Fasern des 2. Trigeminusastes *(R. pharyngeus,* ein Ast der *Nn. pterygopalatini* des *N. maxillaris)* beteiligt.

Der *N. glossopharyngeus* innerviert motorisch den oberen und einen Teil des mittleren Schlundschnürers sowie die Schlundheber. Der untere Anteil des mittleren Schlundschnürers und der untere Schlundschnürer werden vom *N. vagus* innerviert.

Die afferenten und efferenten Fasern des *Plexus pharyngeus* sind Glieder des lebenswichtigen Schluck- und Abwehrreflexes, die auch

Tab. 10.11. Phasen des Schluckaktes

Phase	Schluckakt
Phase 1 Vorbereitungsphase	Nach Zerkleinerung und Einspeichelung der Nahrung wird die Mundbodenmuskulatur willkürlich kontrahiert. Die Zunge drückt den Bissen gegen den weichen Gaumen. Die Erregung von Rezeptoren der Gaumenschleimhaut löst den eigentlichen Schluckvorgang aus.
Phase 2 Schluckphase	In der Schluckphase werden die rasch ablaufende reflektorische Sicherung der Atemwege und der Transport des Bissens durch den Pharynx koordiniert.
Phase 3 Reflektorische Sicherung der Atemwege	Durch Verschluss der Atemwege nach oben und unten wird der Luftweg vom Speiseweg getrennt. Das Gaumensegel wird gespannt und legt sich der hinteren Pharynxwand an; gleichzeitig kontrahiert sich der obere Schlundschnürer und bildet als Passavantscher Ringwulst ein Widerlager für den weichen Gaumen. Nasopharynx und Oropharynx sind dann voneinander getrennt. Die Kontraktion der *Mm. mylohyoidei* und *Mm. digastrici* des Mundbodens sowie der *Mm. thyreohyoidei* führt zu einer sicht- und tastbaren Hebung des Zungenbeins und des Kehlkopfs. Dabei wird der Kehldeckel durch den Zungengrund nach unten gedrückt. Gleichzeitig kontrahieren sich die *Mm. aryepiglottici* und ziehen die Epiglottis über den Kehlkopfeingang. Zusätzlich kommt es zum reflektorischen Schluss der Stimmritze; nun sind auch die unteren Luftwege vom Speiseweg getrennt.
Phase 4 Transport des Bissens durch den Pharynx	Parallel zur Hebung des Kehlkopfs kommt es durch Kontraktion der Schlundheber zur Entfaltung des mittleren und unteren Pharynxabschnitts. Die Zunge drückt durch die reflektorische Aktion der *Mm. styloglossi* und *Mm. hyoglossi* den Bissen in die Schlundenge. Dabei wölbt sich der Zungengrund in den Pharynx vor. Die Muskeln im Bereich der Schlundenge, *Mm. palatoglossi, Mm. transversus linguae* und *Mm. palatopharyngei,* pressen reflektorisch einen »Bissen« von der Nahrung ab, die sich in der Mundhöhle befindet. Der Speisebrei gleitet in den entfalteten Rachen und gelangt über die Recessus piriformes zum Speiseröhreneingang. Festere »Bissen« gleiten auch über die Epiglottis und drücken sie zusätzlich über den Kehlkopfeingang. Die Schlundschnürer kontrahieren sich oberhalb des Bissens und schieben diesen kaudalwärts.
Phase 5 Transport des Bissens durch die Speiseröhre	Bei Flüssigkeiten reicht eine ruckartige, kräftige Kontraktion des Mundbodens und des oberen Schlundschnürers bei aufrechter Körperhaltung aus, um die Substanzen als »Spritzschluck« in den Magen zu befördern. Feste Nahrungsbestandteile werden durch fortlaufende Kontraktionswellen (Peristaltik) der Speiseröhre zum Mageneingang transportiert.

im Schlaf erhalten bleiben. Die Koordination der Reflexabläufe erfolgt in der Medulla oblongata (10.26).

Der Pharynx wird sensibel und motorisch über den Plexus pharyngeus innerviert. Über ihn werden auch der lebenswichtige Schluck- und Abwehrreflex vermittelt.

10.26 Gestörter Schluck- und Abwehrreflex

Durchblutungsstörungen des Hirnstammes und Hirnrindeninfarkte im Bereich des Operculum frontale gehen häufig mit Schluckstörungen einher und sind für den Patienten oftmals lebensbedrohlich, da der Schluck- und Abwehrreflex gestört sind.

Entwicklung

Die Pharynxmuskulatur entstammt dem Muskelmaterial des 3.–5. Pharyngealbogens und steht mit den Skelettelementen, die aus diesen Schlundbögen hervorgegangen sind, in Kontakt.

10.2.6 Schluckakt

Beim Erwachsenen überkreuzen sich Luft- und Speiseweg. Um zu verhindern, dass beim Schlucken Speise in die Atemwege gelangt, muss der Kehlkopfeingang kurzfristig verschlossen werden. Hierbei kommt es zum willkürlich eingeleiteten, aber reflektorisch ablaufenden Schluckakt (Tab. 10.11).

Nahrungsaufnahme beim Säugling

Beim Neugeborenen reicht die hochstehende Epiglottis bis in den Nasopharynx und ermöglicht die Nahrungsaufnahme auch ohne Verschluss des Kehlkopfeingangs.

Der Säugling kann gleichzeitig atmen und trinken.

In Kürze

Pharynx

Der Rachen ist ein muskulärer Schlauch, der vor der Wirbelsäule liegt und sich von der Schädelbasis bis zum Ringknorpel des Kehlkopfs erstreckt. Man unterscheidet **3 Etagen:** Naso-, Oro- und Hypopharynx.

Pharynxmuskulatur

- **Schlundschnürer** (Mm. constrictores pharyngis): Mm. constrictores pharyngis superior, medius und inferior
- **Schlundheber** (Mm. levatores pharyngis): Mm. palatopharyngeus, salpingopharyngeus und stylopharyngeus

Im Rachen kreuzen Luft- und Speiseweg. Die Muskulatur des Rachens sorgt im Rahmen der Nahrungsaufnahme beim Schluckakt für einen kurzfristigen Verschluss des Atemwegs.

Der Rachen steht in Verbindung mit:

- Nasen- und Mundhöhle
- Tuba auditiva
- Kehlkopf
- Speiseröhre

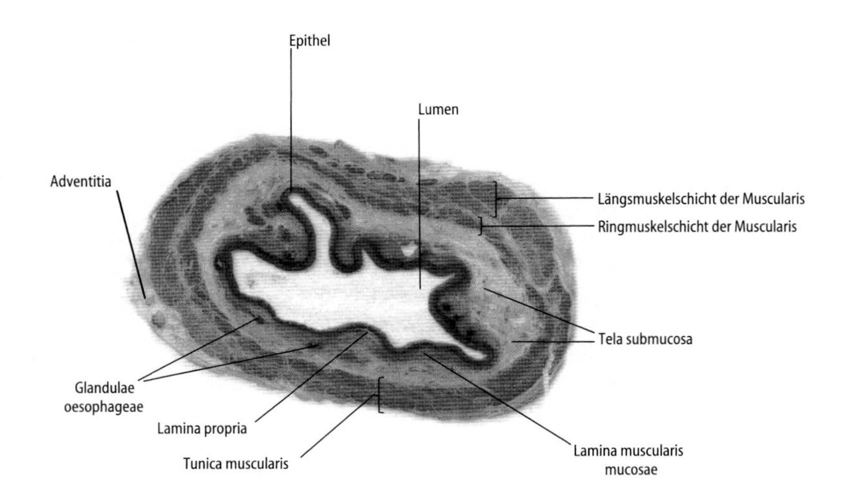

Abb. 10.21. a Horizontalschnitt durch die Speiseröhre einesMenschen im oberen Speiseröhrendrittel. Hematoxilin-Eosin Färbung. Darstellung des typischen Wandaufbaus aus Mukosa (mit Epithel, Lamina propria und Muscularis mucosae),Submukosa (Tela submucosa) und Muscularis (Tunica muscularis mit Ring- und Längsmuskelschicht). Außenschließt sich eine bindegewebige Adventitia an, die den Ösophagus im Mediastinum fixiert. **b** Etagen der Speiseröhre. Blick auf die Speiseröhre von dorsal

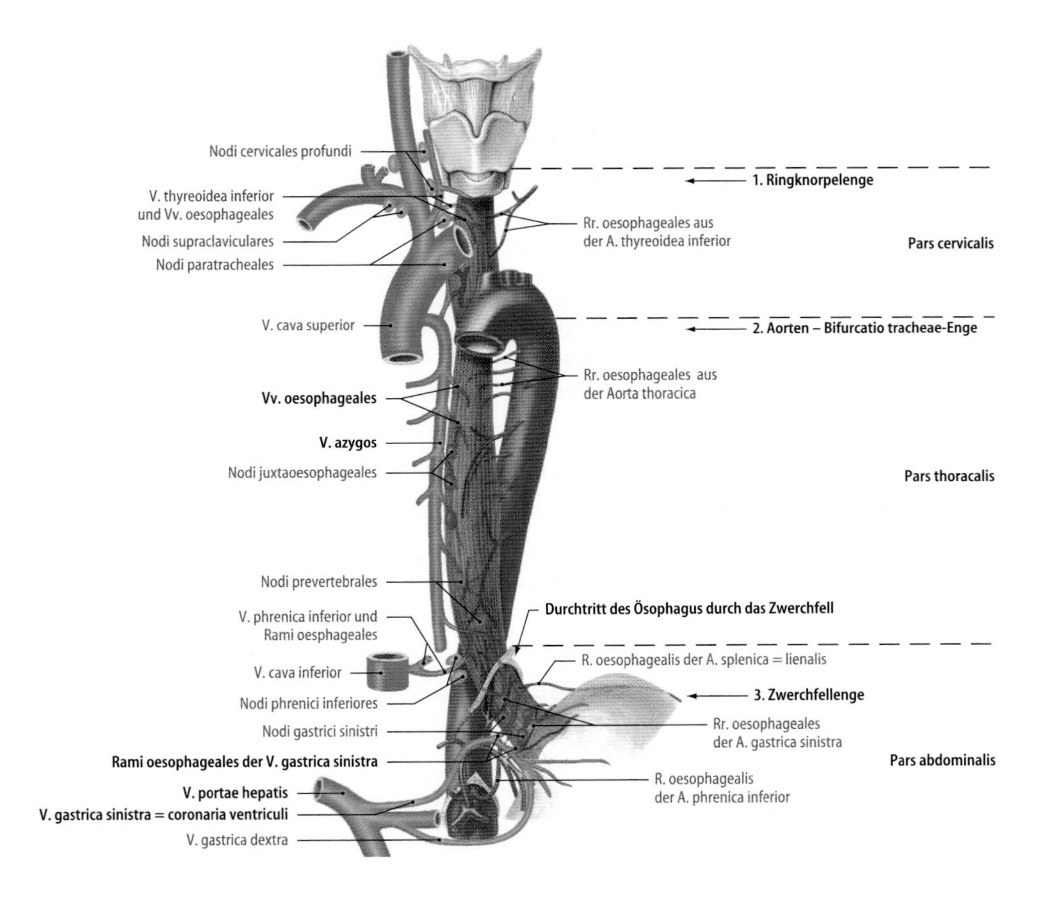

10.3 Speiseröhre (Ösophagus)

F. Paulsen

Einführung

Die Speiseröhre beginnt mit dem Ösophagusmund in Höhe des Ringknorpels (6.–7. Halswirbel). Sie setzt die Pars laryngea des Rachens fort und bildet den obersten Abschnitt des Rumpfdarms. Die Speiseröhre ist wie der Rachen reines Transportorgan, sie transportiert die Nahrung vom Rachen in den Magen.

10.3.1 Gestalt und Lage

Die Länge der Speiseröhre variiert je nach Kontraktionszustand ihrer Muskulatur und der Atemtiefe zwischen 25–30 cm. Die Speiseröhre liegt der Wirbelsäule direkt auf. Man unterscheidet 3 Ösophagusabschnitte (Abb. 10.21):

- **Halsteil:** *Pars cervicalis* (Pars colli, 6. Halswirbel–1. Thorakalwirbel)
- **Brustteil:** *Pars thoracica* (2.–11. Thorakalwirbel), der bis zum Hiatus oesophageus des Zwerchfells reicht
- **Bauchteil:** *Pars abdominalis* (12. Thorakalwirbel), mündet unterhalb des Zwerchfells am Ostium cardiacum in den Magen.

Die Speiseröhre dient ausschließlich dem Nahrungstransport.

Pars cervicalis oesophagi

Die Pars cervicalis des Ösophagus schließt sich kaudal an die Pars laryngea des Pharynx an. Sie beginnt mit dem Ösophagusmund, der direkt hinter dem Ringknorpel liegt und dort fixiert ist. Kaudal setzt sich der Halsteil des Ösophagus zwischen Trachea und Wirbelsäule in das Mediastinum fort. Lateral grenzt die Schilddrüse mit ihren Lappen an die Pars cervicalis.

Pars thoracica oesophagi

Der Brustteil der Speiseröhre setzt sich zwischen Trachea und Wirbelsäule durch das obere Mediastinum in den hinteren Anteil des unteren Mediastinums fort. Er tritt zwischen die Trachealbifurkation oder den linken Hauptbronchus und die Brustaorta. Unterhalb der Trachealbifurkation oder des linken Hauptbronchus verläuft er hinter dem Perikard abwärts bis zum Zwerchfell. Auf Höhe des 10.–11. Brustwirbels durchquert die Speiseröhre den *Hiatus oesophageus* des Zwerchfells. Die dabei entstehende Engstelle des Ösophagus wird als *Constrictio phrenica (Constrictio diaphragmatica)* bezeichnet. Im Hiatus oesophageus ist die Pars thoracica oesophagei durch eine ringförmige, kräftige, stark dehnbare Membran, *Membrana phrenicooesophagealis* (Laimer-Membran), verschieblich mit dem Zwerchfell verbunden. Die Membran verhindert den Durchtritt der Pars abdominalis oesophagei oder des Magens durch den Hiatus oesophageus in den Brustraum (10.27).

10

10.27 Hernien im Bereich des Hiatus oesophageus
Die Membrana phrenicooesophagealis im Hiatus oesophageus ist eine Schwachstelle (Locus minoris resistentiae), durch den Hiatushernien (Gleithernien) und paraösophageale Hernien in den Brustraum eindringen können. Eine Extremvariante einer Paraösophagealhernie ist der »upside-down stomach«. Hierbei liegt der gesamte Magen im Brustraum.

Pars abdominalis oesophagi

Der unterhalb des Hiatus oesophageus beginnende Bauchteil der Speiseröhre (terminaler Ösophagus) ist nur kurz (2–3 cm). Er ist von Peritoneum überzogen. Ventrale und dorsale Peritonealblätter bilden vom Ösophagus ausgehende Duplikaturen, *Lig. gastrophrenicum* und den oberen Teil des *Omentum minus*. Die Pars abdominalis oesophagi mündet am *Ostium cardiacum* in den Magen ein.

10.28 Boerhaave-Syndrom
Nach heftigem Erbrechen oder Würgen kann es zur Ruptur im terminalen Ösophagus kommen.

10.3.2 Wandaufbau

Der Wandaufbau der Speiseröhre ist mit den anderen Abschnitten des Rumpfdarms vergleichbar. Die Wand setzt sich aus der Schleimhaut, *Tunica mucosa,* der darunter liegenden submukösen Bindegewebeschicht, *Tela submucosa,* einer umgebenden Muskulatur, *Tunica muscularis,* und einer außen liegenden adventitiellen Bindegewebeschicht, *Tunica adventitia,* zusammen (Pars cervicalis, Pars thoracalis). Die Pars abdominalis oesophagi ist von einer *Tunica serosa* überkleidet.

Tunica mucosa oesophagi

Das Epithel, *Lamina epithelialis,* des Ösophagus ist ein dickes mehrschichtig unverhorntes Plattenepithel. In Ruhe ist das Epithel in Längsfalten gelegt, die dem Ösophaguslumen ein sternförmiges Aussehen geben.

10.29 Verätzungen des Ösophagus
Verätzungen entstehen im Kindesalter akzidentell durch Trinken laugen- oder säurehaltiger Flüssigkeiten. Bei Erwachsenen liegt meist eine suizidale Absicht vor. Nach Abheilung kommt es häufig zu narbigen Stenosen, aus denen sich später Ösophaguskarzinome entwickeln können. Prädiktionsstellen sind dabei die Ösophagusengen.

Die *Lamina propria* enthält Nerven und Blutgefäße. Die Blutgefäße bilden besonders im unteren Ösophagusdrittel einen dichten venösen Gefäßplexus. Das Gefäßsystem trägt hier zur Verschlusswirkung des »Kardiasphinkters« bei. Nahe des Magens enthält die Lamina propria oftmals muköse Drüsen, die den Kardiadrüsen der Magenschleimhaut vergleichbar sind und als kardiale Ösophagusdrüsen bezeichnet werden. An die Lamina propria schließt sich die *Lamina muscularis mucosae* an.

Die Speiseröhre ist von mehrschichtig verhorntem Plattenepithel ausgekleidet, es findet keine Resorption von Nahrungsbestandteilen statt.

10.30 Ektopische Magenschleimhaut
Versprengte Magenschleimhaut in den unteren Ösophagusanteil bezeichnet man als Magenschleimhautektopie. Ektopische Magenschleimhaut kann alle Veränderungen durchmachen, die auch im Magen selbst vorkommen.

Tela submucosa oesophagi

Die Tela submucosa besteht aus lockerem Bindegewebe, ist gefäßreich und enthält in geringer Menge kleine rein muköse Drüsen, *Glandulae oesophageae*. Sie bilden Gleitschleim. In der Tela submucosa liegt der vegetative Meissner-Plexus, *Plexus submucosus*, der die Lamina muscularis mucosae innverviert.

Tunica muscularis oesophagi

Die aus innerer Ringmuskelschicht, *Stratum circulare,* und äußerer Längsmuskelschicht, *Stratum longituniale,* aufgebaute Tunica muscularis des Ösophagus besteht im oberen Speiseröhrenviertel zum größten Teil aus quergestreifter Muskulatur. Am Übergang von der Pars fundiformis des unteren Schlundschnürers zum Ösophagus liegt das Laimer-Dreieck, in dem die Muskelschicht nahezu nur aus zirkulär verlaufenden Fasern besteht. Im zweiten Ösophagusviertel kommt es zu einem Wechsel von quergestreifter zu glatter Muskulatur, mit mehr glatter Muskulatur, so dass hier beide Muskelarten vorkommen. Spärliche, inkonstante glatte Muskelzüge können die Tunica adventitia durchqueren und als *M. bronchooesophageus* die Ösophaguswand mit dem linken Hauptbronchus oder als *M. pleurooesophageus* mit der linken Pleura mediastinalis verbinden. In der unteren Ösophagushälfte kommt nur noch glatte Muskulatur vor. Kurz vor Eintritt der Speiseröhre in den Magen ändert sich die Anordnung der Muskulatur zu einem gemeinsamen Schlingensystem mit der Magenmuskulatur, das zum Verschluss des »Kardiasphinkters« beiträgt. Zwischen Stratum circulare und Stratum longitudinale der Tunica muscularis liegt der vegetative Auerbach-Plexus, *Plexus myentericus,* der durch Innervation der Tunica muscularis die Peristaltik und den Transport der Nahrung durch den Ösophagus steuert.

Tunica adventitia und Tunica serosa oesophagi

Pars cervicalis und Pars thoracica oesophagi sind über eine Tunica adventitia in die Umgebung eingebaut; die Pars abdominalis oesophagi ist von einer Tunica serosa überzogen, die über eine *Tela subserosa,* mit der Tunica muscularis partis abdominalis oesophagi in Verbindung steht.

Tab. 10.12. Engstellen der Speiseröhre

Engstelle	Beschreibung	Klinik
1. Engstelle Ösophagusmund hinter der Cartilago cricoidea	Die obere Ösophagusenge, der Ösophagusmund, ist in Ruhe verschlossen. Die Engstelle ensteht durch die Fixierung des Ösophagus am Ringknorpel. An dieser Stelle üben der M. constrictor pharyngis inferior gemeinsam mit der zirkulär verlaufenden Ösophagusmuskulatur und dem submukösen Schwellkörpergewebe eine Sphinkterwirkung aus. Während des Schluckaktes erschlafft der Sphinkter kurzfristig für 0,5–1 s.	Fremdkörper bleiben häufig im Hypopharynx oder in der oberen Ösophagusenge stecken und können über eine Vagusreizung mit Herzstillstand zum sog. Bolustod führen.
2. Engstelle Aortenenge an der Kreuzung mit dem linken Hauptbronchus	Die mittlere Ösophagusenge (Aortenenge), *Constrictio partis thoracicae* oder *Constrictio bronchoaortica,* kommt aufgrund des Druchtritts des Ösophagus zwischen Tracheabifurkation und Brustaorta oder zwischen linkem Hauptbronchus und Brustaorta zustande. Die mittlere Enge ist aber insgesamt weiter als die obere und die untere Enge.	Im Rahmen einer Tuberkulose kann es durch mit der Ösophaguswand verbackene (tuberkulöse) Lymphknoten infolge Narbenzug, zur Ausbildung eines Traktionsdivertikels kommen.
3. Engstelle Zwerchfellenge beim Durchtritt durch den Hiatus oesophageus	Die untere Ösophausenge (Zwerchfellenge), *Constrictio phrenica* oder *Constrictio diaphragmatica,* ist mit einer durchschnittlichen Weite von 14 mm ebenso groß wie der Ösophagusmund. Sie liegt im Hiatus oesophageus. Der anschließende abdominale Ösophagusteil bildet den Kardiasphinkter und ist in Ruhe verschlossen.	Eine Insuffizienz des Verschlussmechanismus am Übergang vom Ösophagus in den Magen führt zum Reflux von agressivem Magensaft in die Speiseröhre (Sodbrennen) und zur Schädigung und Entzündung der Mukosa (Refluxösophagitis). Bei chronischem Reflux kann sich das Plattenepithel des distalen Ösophagus in schleimbildendes Zylinderepithel vom Magen- oder Darmtyp umwandeln (Barett-Ösophagus) mit erhöhtem Risiko der malignen Entartung. Ösophaguskarzinome metastasieren früh. Im unteren Abschnitt des Ösophagus können sich epiphrenische Pulsionsdivertikel entwickeln.

10.3.3 Ösophagusengen und Ösophagussphinkter

Aufgrund ihres Verlaufs besitzt die Speiseröhre 3 Engstellen (Tab. 10.12).

Zwischen dem Bauchabschnitt der Speiseröhre und dem Magenfundus ist der His-Winkel (kardiofundaler oder ösophagogastrischer Winkel) ausgebildet. Er wird durch die Funktion von Muskelfasern (Fibrae obliquae – muskulärer Halteapparat des Winkels) vertieft oder abgeflacht.

10.31 Veränderung des His-Winkels bei Fehllagen
Der His-Winkel beträgt bei kardiofundaler Fehlanlage über 90°, bei einer Hiatushernie (► 10.27) ist er stumpf bis verstrichen.

Als »Kardiasphinkter« wird der Verschluss der Pars abdominalis oesophagei am Übergang in den Magen bezeichnet. Der Sphinkter ist in Ruhe verschlossen und öffnet sich nur beim Übertritt von Flüssigkeiten und fester Nahrung. Für die Sphinkterfunktion werden ein unterschiedlicher gastroösophagealer Druckgradient zwischen Kardia und terminalem Ösophagus, die spezielle Anordnung der Muskulatur zwischen terminalem Ösophagus und Kardia, die schräge Einmündung des Ösophagus in den Magen, die Knickung des ventralen Anteils der Speiseröhre durch den rechten Zwerchfellschenkel und das stark ausgebildete Schwellkörpergewebe im Bereich der Pars abdominalis oesophagei verantwortlich gemacht.

10.3.4 Speiseröhrenmotorik

Der Transport von Flüssigkeiten durch den Ösophagus unterscheidet sich von fester Nahrung (bei aufrechter Körperhaltung). Beim »Spritzschluck« gelangen Flüssigkeiten in einer schnellen Bewegung vom Mund in den Magen. Dabei flacht sich die Zunge ab und bildet eine rinnenförmige Einsenkung über die die Flüssigkeit in den Rachen gelangt. Es kommt zu einer schnellen Kontraktion des Mundbodens mit Zurückschnellen der Zunge, die wie ein Spritzenstempel von oben auf die Flüssigkeit drückt. Nach wenigen Millisekunden öffnen sich Ösophagusmund und Kardiasphinkter gleichzeitig. Durch die Kontraktion des Mundbodens wird der am Kehlkopfskelett aufgehängte Ösophagus nach kranial in die Länge gezogen und aufgrund seiner Befestigung am Zwerchfell durch Längsspannung stabilisiert. Damit wird die Flüssigkeit ohne Peristaltik durch die Speiseröhre in den Magen »gespritzt«.

Feste Nahrungsbestandteile oder Flüssigkeiten, die in liegender Postition eingenommen werden, werden durch Peristaltik des Ösophagus transportiert. Die Speise gelangt durch kurzfristige Öffnung des Ösophagusmundes in die Speiseröhre. Hierbei verkürzt sich der obere Speiseröhrenabschnitt erheblich und umschließt durch Erweiterung des Lumens den Bissen. Durch kaudale Muskelerschlaffung und kraniale Muskelkontraktion wird der Bissen anschließend in Richtung Magen geschoben. Nach Eintritt des Bissens in den Magen schließt sich der Kardiasphinkter wieder.

10.3.5 Gefäßversorgung und Lymphabfluss

Arterien

Die arterielle Versorgung erfolgt über *Rr. oesophageales*, die im Halsbereich aus der *A. thyroidea inferior*, im Brustbereich segmental aus der *Pars thoracica aortae* und im Bauchbereich aus der *A. gastrica sinistra* entspringen (Abb. 10.21).

10.32 Dysphagia lusoria
Als anatomische Variante kann die rechte A. subclavia als letztes Gefäß aus dem Aortenbogen entspringen (A. lusoria), den Ösophagus auf ihrem Weg nach rechts kreuzen, ihn einengen und dadurch Schluckbeschwerden (Dysphagia lusoria) hervorrufen. Beim Vorliegen einer A. lusoria fehlt der rechte N. laryngeus recurrens.

Venen

Die gesamte Submukosa der Pars cervicalis oesophagei wird von einem Venenplexus durchzogen. Er bildet die Fortsetzung des Plexus pharyngeus und trägt zum Verschluss des Ösophagusmundes bei. Die Venen, *Vv. oesophageales,* münden hier in die *Vv. thyroideae inferiores.* Im Brustbereich gelangt das Blut in die *V. azygos* und in die *V. hemiazygos* (▣ Abb. 10.21). Diese Venen drainieren über starke muköse und submuköse Venenplexus des unteren Ösophagusabschnitts via *V. gastrica sinistra (V. coronaria ventriculi)* direkt in die *V. portae* (portokavale Anastomose; ► 10.33).

10.33 Ösophagusvarizen bei portaler Hypertension
Bei portaler Hypertension staut sich das Pfortaderblut vor allem über die V. gastrica sinistra in die Rr. oesophageales zurück, und es bilden sich Ösophagusvarizen der Speiseröhre, aus denen es lebensbedrohlich bluten kann.

Lymphabfluss

Lymphabflüsse bestehen im **Halsbereich** zu den Nodi cervicales profundi an der V. jugularis interna, im **Brustbereich** zu den Nodi paratracheales, Nodi tracheobronchiales superiores und inferiores, Nodi bronchopulmonales sowie zu den Nodi mediastinales posteriores sowie im **Bauchbereich** zu den Nodi gastrici sinistri entlang der A. gastrica sinistra (▣ Abb. 10.21).

10.34 Ösophaguskarzinome
Gutartige Tumoren des Ösophagus sind eine Rarität. Meist handelt es sich um Plattenepithelkarzinome bei Alkohol- und Nikotinanamnese. Ösophaguskarzinome werden meist erst im fortgeschrittenen Stadium diagnostiziert, da sie erst spät Symptome wie Dysphagie (Schluckbeschwerden), Regurgitation (Zurückwürgen der Nahrung in die Mundhöhle) oder retrosternale Schmerzen verursachen. Oftmals ist es bei Diagnosestellung bereits zu einer Metastasierung gekommen, so dass nur noch palliativ behandelt werden kann.

10.3.6 Innervation

Der Halsteil wird über *Rr. oesophagei* aus den *Nn. recurrentes* versorgt. Brust- und Bauchteil werden über den *Plexus oesophageus* innerviert, der von beiden *Nn. vagi* gebildet wird und dessen Fasern als *Trunci vagales* am terminalen Ösophagus zum Magen weiterziehen (► Kap. 23, ▣ Abb. 23.11). Postganglionäre Sympatikusfasern kommen vom *Ganglion stellatum,* vom Brustgrenzstrang und vom *Plexus aorticus thoracicus.* Die Regulation der Motorik erfolgt über das enterische Nervensystem (Meissner- und Auerbach-Plexus).

10.29 Achalasie
Eine Degeneration des Plexus myentericus (Auerbach) besonders im unteren Ösophagus führt zur Achalasie (Aperistaltik).

In Kürze

Speiseröhre
- muskuläres Transportorgan
- Verbindung zwischen Pharynx und Magen

Die Speiseröhre wird in **3 Abschnitte** unterteilt: **Hals-, Brust-** und **Abdominalteil.**

▼

Engstellen:
- am Ösophagusmund
- im Bereich des Aortenbogens
- am Zwerchfell

Transport von Nahrung:
- flüssige Nahrungsbestandteile werden in den Magen »gespritzt« (ohne Peristaltik)
- feste Nahrungsbestandteile durch Peristaltik

10.4 Magen-Darm-Trakt

Y. Cetin

Einführung

Der Magen-Darm-Trakt dient der Aufnahme, der Verdauung und dem Weitertransport der Nahrung. Da er dauerhaft mit Antigenen in der Nahrung konfrontiert ist, verfügt der Magen-Darm-Trakt über Abwehrmechanismen. Mit der Bildung verschiedener Hormone übt er darüber hinaus endokrine Funktionen aus. Entwicklung, Topographie und Bau des Magen-Darm-Trakts und der damit verbundenen Krankheiten sind für die Klinik von großer Bedeutung.

Magen-Darm-Trakt

Magen *(Gaster, Ventriculus)*
Dünndarm *(Intestinum tenue)*
- Zwölffingerdarm *(Duodenum)*
- Leerdarm *(Jejunum)*
- Krummdarm *(Ileum)*

Dickdarm *(Intestinum crassum)*
- Blinddarm *(Caecum)*
- Grimmdarm *(Colon)*

Mastdarm *(Rectum)*
Analkanal *(Canalis analis)*

10.4.1 Einteilung und Funktionen

Der Magen-Darm-Trakt wird in folgende **Abschnitte** unterteilt (▣ Abb. 10.22):
- **Magen** *(Gaster, Ventriculus)*: Unter dem Zwerchfell führt der Oesophagus in den intraperitoneal liegenden Magen (► Kap. 10.4.6).
- **Dünndarm** *(Intestinum tenue)*: Er folgt auf den Magen, weist eine Länge von 5–6 m auf und besteht aus den Abschnitten (► Kap. 10.4.7):
  - *Duodenum* (Zwölffingerdarm)
  - *Jejunum* (Leerdarm)
  - *Ileum* (Krummdarm)
- **Dickdarm** *(Intestinum crassum)* (► Kap. 10.4.8) gliedert sich in die Abschnitte:
  - *Caecum* (Blinddarm)
  - *Colon* (Grimmdarm)
- **Mastdarm** *(Rectum)* (► Kap. 10.4.9)
- **Analkanal** *(Canalis analis)*: Nach dem Durchtritt durch den Beckenboden endet der Canalis analis mit dem *Anus* (After).

10

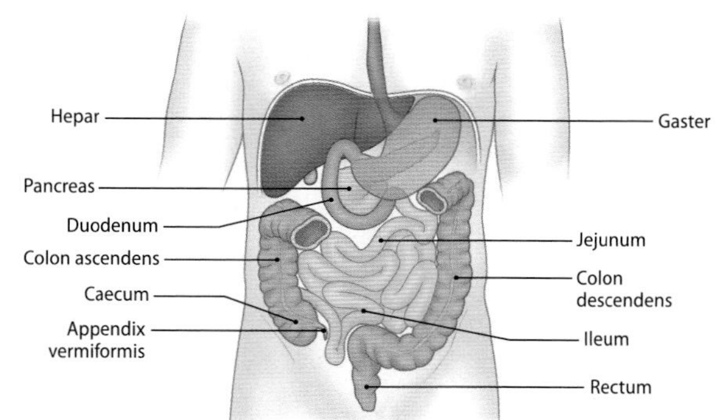

Abb. 10.22. Lage der Organe des Magen-Darm-Trakts

Eine wichtige **Funktion** des Magen-Darm-Trakts ist die **Verdauungstätigkeit.** Die aufgenommene Nahrung gelangt über den Oesophagus in den **Magen,** wo sie mit den von der Magenschleimhaut sezernierten Enzymen, Salzsäure und Schleim mittels durchwälzender Kontraktionen der Magenmuskulatur zu einem Speisebrei *(Chymus)* vermengt wird. Nach 1-3 Stunden wird der Chymus durch die Magenperistaltik in den **Dünndarm** weiterbefördert, wo er innerhalb von 7-9 Stunden die verschiedenen Abschnitte des Dünndarms passiert. In dieser Zeit erfolgt die weitere Verflüssigung und Aufspaltung des Chymus durch Sekretion von pankreatischen Verdauungsenzymen. Wichtigste Aufgabe des Dünndarms ist die Resorption von Nährstoffen. Nach Weitertransport in den **Dickdarm** verweilt der flüssige Chymus 25-30 Stunden in diesem Abschnitt, wo er kontinuierlich durch Wasserentzug zu Kotmassen *(Faeces)* eingedickt wird, um dann im **Rectum** bis zur Entleerung gespeichert (30-120 Stunden) zu werden. Das muskuläre Verschlusssystem des Analkanals regelt die **Defäkation.**

Im gesamten Magen-Darm-Trakt steuert das enterische Nervensystem die **Motilität** der Wandmuskulatur für die Durchmischung und den portionsweisen Transport des Chymus.

Zahlreiche endokrine Zellen in der Schleimhaut produzieren **Enterohormone,** die die Verdauungstätigkeit regulieren.

Verstreute Leukozyten und Lymphfollikel in der Schleimhaut dienen der Infektabwehr. Der Magen-Darm-Trakt kann somit auch Ort allergischer Reaktionen sein.

In Kürze

Abschnitte des Magen-Darm-Kanals:
- **Magen**
- **Dünndarm** mit den Abschnitten: Duodenum, Jejunum, Ileum
- **Dickdarm** mit den Abschnitten Caecum und Colon
- **Mastdarm**
- **Analkanal**

Funktion:
- Beförderung und Durchmischung des Nahrungsbreis
- Verflüssigung/Aufspaltung der Nahrung und Resorption der Nährstoffe
- Hormonproduktion
- Infektabwehr
- Darmentleerung (Defäkation)

10.4.2 Prinzip der Gefäßversorgung

Alle Abschnitte des Magen-Darm-Trakts werden aus drei Ästen der Aorta abdominalis versorgt (Abb. 10.23). Die organnahen Endäste treten an die Magen-Darm-Wand und ziehen in die verschiedenen Wandschichten hinein.

- Der erste Ast, *Truncus coeliacus,* entspringt in Höhe des 1. Lendenwirbels noch im Aortenschlitz *(Hiatus aorticus).* Er ist 1-2 cm lang und wird vom Peritoneum parietale überzogen. Seine Äste versorgen den Magen und anteilig das Duodenum.
- Der zweite Ast ist die *A. mesenterica superior,* der wenige Zentimeter unterhalb des Truncus coeliacus entspringt und mit seinen Ästen die komplette Versorgung des Dünndarms und anteilig des Dickdarms übernimmt.
- Der dritte Ast, *A. mesenterica inferior,* entspringt ca. in Höhe des 3. Lendenwirbels. Mit seinen Ästen übernimmt er die Versorgung der restlichen Anteile des Colon und der oberen Anteile des Rectum. Die mittleren und unteren Abschnitte des Rectum und der Analkanal sowie die Sphinktermuskeln und die Analhaut werden von Ästen der *A. iliaca interna* versorgt.

Das venöse Blut aus dem unteren Oesophagusabschnitt, aus Magen, Dünndarm, Dickdarm und aus den oberen Anteilen des Rectum

Abb. 10.23. Blutversorgung des Magen-Darm-Trakts

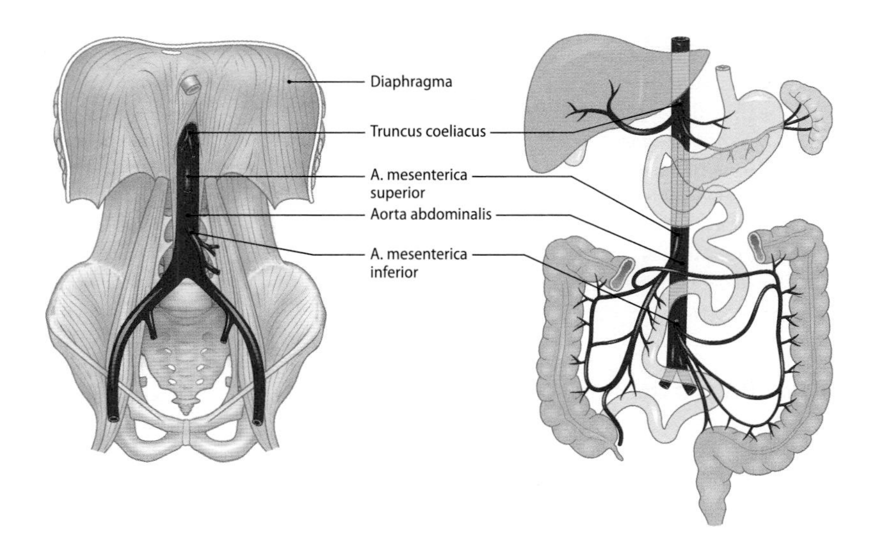

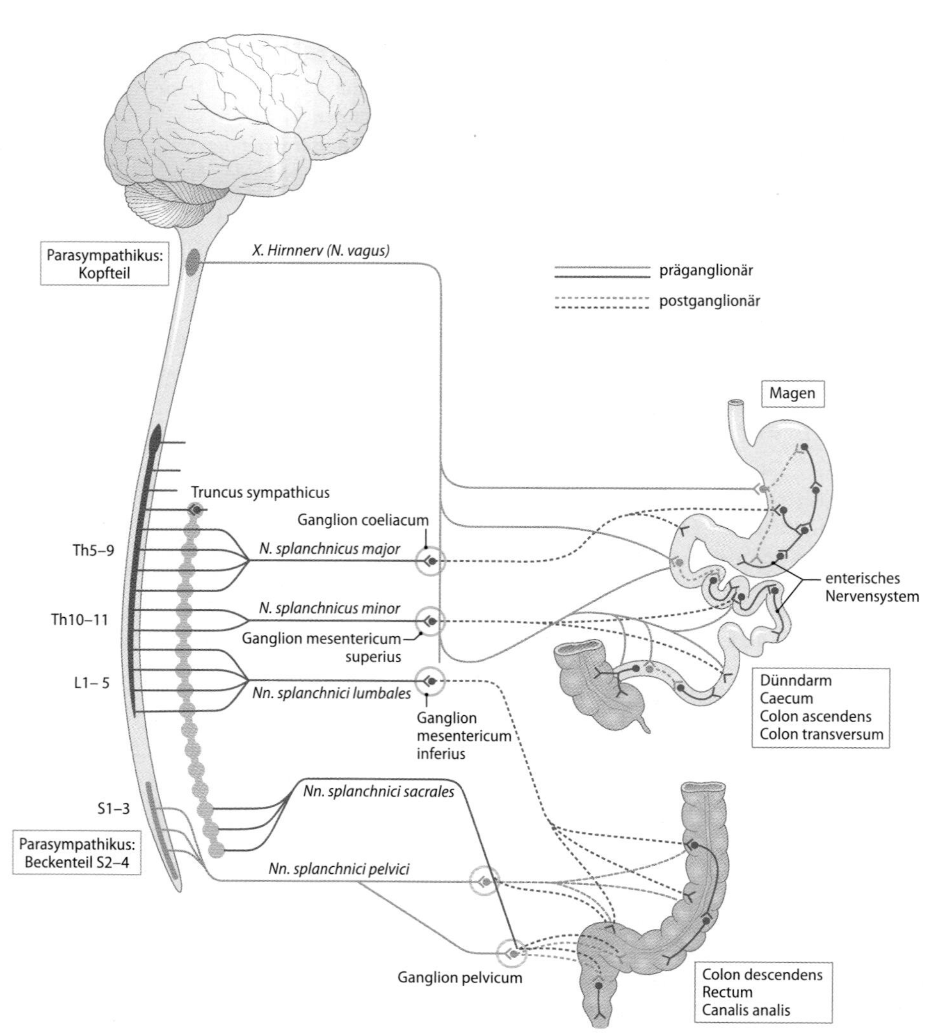

Abb. 10.24. Sympathische und parasympathische Versorgung des Magen-Darm-Trakts

wird über die *V. portae* der Leber zugeführt. Die Venen aus den mittleren und unteren Abschnitten (und teilweise aus den oberen Abschnitten) des Rectum und aus dem Analkanal münden in die *V. iliaca interna*.

In Kürze

Blutversorgung

Über Äste der Aorta abdominalis:
- Truncus coeliacus
- A. mesenterica superior
- A. mesenterica inferior

Venöser Abfluss

Über die V. portae zur Leber

10.4.3 Prinzip der Innervation

Der Magen-Darm-Trakt wird durch ein **extrinsisches** (Parasympathikus, Sympathikus) und ein **intrinsisches** (in der Magen-Darm-Wand liegendes) **Nervensystem** innerviert. Zum intrinsischen Nervensystem gehören der *Plexus myentericus* (Auerbach) und der *Plexus submucosus* (Meissner).

Extrinsisches Nervensystem

Die **efferente parasympathische Versorgung** der Bauchorgane erfolgt durch den N. vagus (Abb. 10.24). Seine Fasern entspringen aus dem dorsalen Vaguskern im Hirnstamm (*Nucleus dorsalis nervi vagi*). Bereits am Oesophagus bilden der rechte und der linke N. vagus den Plexus oesophageus. Aus diesem Geflecht entstehen zwei Bündel von Nerven, *Truncus vagalis anterior* und *Truncus vagalis posterior,* wobei im Zuge der Magendrehung der vordere Truncus die Fortsetzung des linken und der hintere Truncus die des rechten N. vagus darstellen. Beide Trunci innervieren größere Teile des Magen-Darm-Trakts. Für das Colon transversum (etwa ab der Flexura coli sinistra) bis zum Analkanal kommen die parasympathischen Fasern aus dem sakralen Rückenmark (S2–4) und verlaufen als *Nn. splanchnici pelvici* zum *Ganglion pelvicum,* wo sie umgeschaltet werden.

Die **efferente sympathische Versorgung** des Magen-Darm-Trakts erfolgt im Zusammenspiel von Rückenmarkssegmenten, Grenzstrang und prävertebralen Ganglien (Abb. 10.24). Die Perikaryen der präganglionären Neurone des Sympathikus liegen im thorakolumbalen Bereich des Rückenmarks. Sie ziehen zunächst zum Truncus sympathicus, wo ein größerer Teil umgeschaltet wird. Ein anderer Teil erreicht die **prävertebralen Ganglien** *(Ganglia coeliaca, Ganglion mesentericum superius und inferius, Ganglion pelvicum)*, um hier auf postganglionäre Neurone umgeschaltet zu werden. Die prävertebralen Ganglien liegen auf der ventralen Fläche der Aorta und bilden ein dichtes Nervenfasergeflecht *(Plexus aorticus abdominalis)*, über das sie miteinander in Verbindung stehen. Das *Ganglion coeliacum dextrum* liegt hinter der V. cava inferior und dem Pankreaskopf, das *Ganglion coeliacum sinistrum* oberhalb des Pankreaskörpers in der Hinterwand der Bursa omentalis. Das *Ganglion mesentericum superius* befindet sich am Abgang der A. mesenterica superior und das *Ganglion mesentericum inferius* am Abgang der A. mesenterica inferior. Das *Ganglion pelvicum* ist eine Zusammenfassung aus kleineren Beckenganglien, die beim Mann seitlich des Rectum und der Prostata, bei der Frau seitlich des Rectum und Cervix uteri liegen.

Für die Innervation von **Magen, Dünndarm** und **Dickdarm** (etwa bis zur Flexura coli sinistra) liegen die Perikaryen der Fasern im Seitenhorn der Segmente Th5-12 des Rückenmarks. Die Fasern gelangen über den Grenzstrang in den *N. splanchnicus major und minor*, die zum **Ganglion coeliacum** und **Ganglion mesentericum superius** ziehen und dort auf postganglionäre Neurone umgeschaltet werden.

Für die Versorgung des **Colon** (etwa ab der Flexura coli sinistra) bis **Rectum** kommen die Fasern aus den Rückenmarkssegmenten L1-3, durchlaufen den Grenzstrang und werden im **Ganglion mesentericum inferius** umgeschaltet. Ein Teil dieser Fasern läuft als *Nn. hypogastrici* zum **Ganglion pelvicum**. Außerdem gehen aus den vier lumbalen Grenzstrangganglien *Nn. splanchnici lumbales* hervor, die in die prävertebralen Ganglien und Geflechte einstrahlen. Anschließend ziehen die *Nn. splanchnici sacrales* aus den oberen sakralen Ganglien ebenfalls zum Ganglion pelvicum. Die Innervation der unteren Teile des Rectum und des **Analkanals** wird vorrangig vom Ganglion pelvicum übernommen.

Im *Plexus aorticus abdominalis* vermischen sich sympathische und parasympathische Fasern. Die aus der Aoarta abdominalis abgehenden Arterien führen die sympathischen und parasympathischen Nervengeflechte zu ihren Erfolgsorganen. Der mächtigste unter diesen Nervengeflechten ist der *Plexus coeliacus,* der sich mit dem Truncus coeliacus und seinen Ästen ausbreitet. Auf der Aorta abdominalis setzt sich der Plexus coeliacus kaudalwärts in den *Plexus mesentericus superior, intermesentericus* und *Plexus hypogastricus superior* fort. Der letztgenannte Plexus steht mit dem Plexus hypogastricus inferior in Verbindung. Diese Plexus sind für die Innervation des Dünndarms und proximaler Teile des Dickdarms verantwortlich. Die Ausbreitung des Geflechts erfolgt über die jeweiligen Arterien. Die aus dem Ganglion mesentericum inferius hervorgehenden Fasern bilden den *Plexus mesentericus inferior,* der den kaudalen Abschnitt des Dickdarms und den proximalen Teil des Rectum über die entsprechenden Arterien erreicht. Das für die oberen Teile des Rectum zuständige Geflecht wird *Plexus rectalis superior* genannt. Aus den Fasern des Ganglion pelvicum entsteht der *Plexus hypogastricus inferior (Plexus pelvicus)*, der zahlreiche Organe des kleinen Beckens innerviert. Aus diesem Geflecht zweigt sich der *Plexus rectalis medius* ab, der mit dem Plexus rectalis superior den Mastdarm bis zum M. sphincter ani versorgt (◻ Abb. 10.24).

Die Übertragung **parasympathischer Nervenreize** an den ganglionären Umschaltstellen und am Magen-Darm-Trakt erfolgt durch **Acetylcholin (cholinerge Neurone)**. Die Nerven treten an die Magen-Darm-Wand heran und ziehen in den Plexus myentericus und Plexus submucosus, wo sie umgeschaltet werden. Der Parasympathikus aktiviert die Magen-Darm-Motorik und die Drüsensekretion. Die Überträgersubstanz des **Sympathikus** am Magen-Darm-Trakt (postganglionäre Fasern) ist **Noradrenalin (adrenerge Neurone)**. Der Sympathikus hemmt die Magen-Darm-Motorik und die Drüsensekretion.

Viszerosensibilität. Viszerale Afferenzen ziehen zu Perikaryen, die in der Regel in den Spinalganglien thorakolumbaler und sakraler Segmente und im Falle des N. vagus in seinen sensorischen Ganglien liegen. In der Peripherie verlaufen die Fasern in verschiedenen autonomen Nerven (N. vagus, Nn. splanchnici major et minor, Nn. splanchnici pelvici).

Intrinsisches Nervensystem

Das intrinsische Nervensystem enthält Perikaryen und Nervenfasern und liegt in der Wand des Magen-Darm-Trakts (intramurales Nervensystem). Die intrinsische Innervation ist der extrinsischen nachgeordnet, stellt dennoch ein weitgehend autonomes **enterisches Ner-**

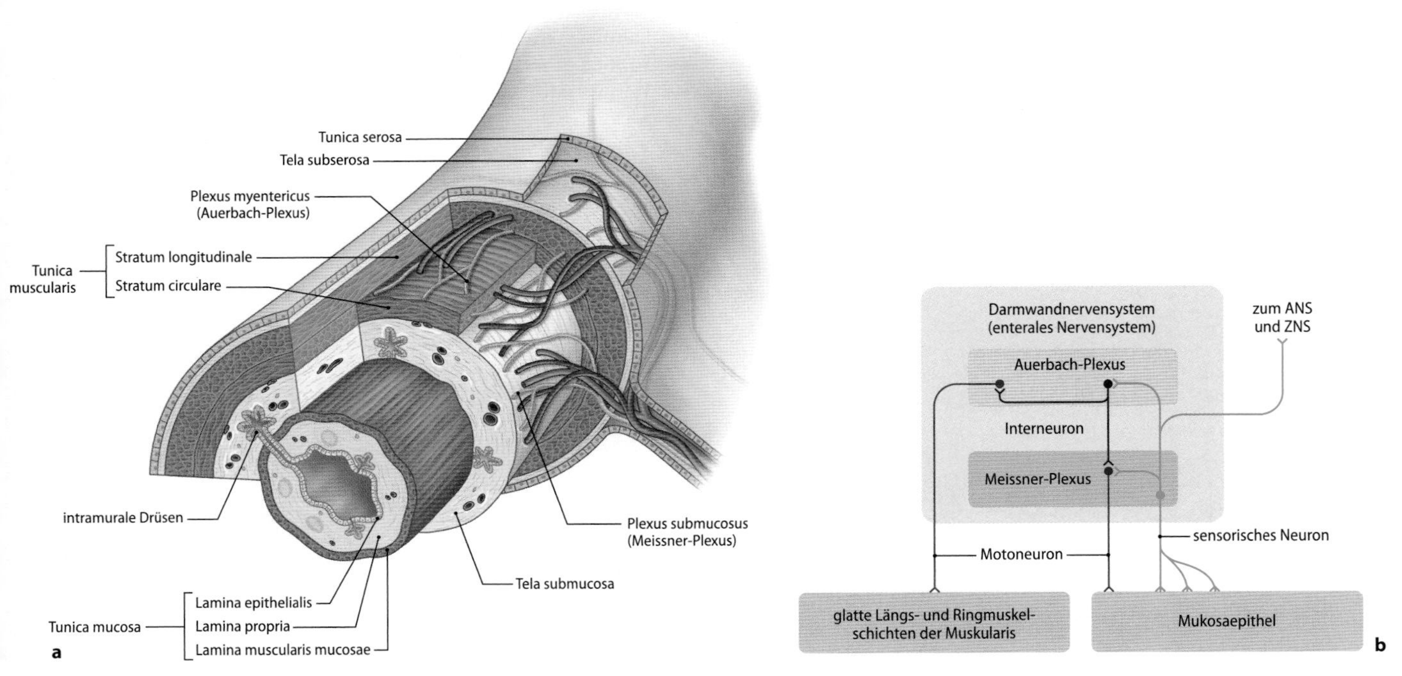

◻ **Abb. 10.25a, b.** Enterisches Nervensystem. **a** Wandschichten. **b** Innervation des Magen-Darm-Kanals

vensystem dar. Es besteht aus dem *Plexus myentericus* (Auerbach) und dem *Plexus submucosus* (Meissner). Beide Plexus sind stark miteinander verwoben und dienen doch unterschiedlichen Funktionen (◻ Abb. 10.25). Der Plexus myentericus steuert die Motorik und der Plexus submucosus hauptsächlich Sekretion und Resorption in der Schleimhaut.

Der **Plexus myentericus** ist in bindegewebigen Nestern zwischen Längsmuskel- und Ringmuskelschicht angesiedelt und bildet dort ein dichtes Geflecht aus Nerven, deren Perikaryen in Gruppen liegen. Bei den Ganglienzellen handelt es sich um afferente Neurone, Interneurone und efferente (motorische) Neurone. **Afferente Neurone** erhalten Informationen von Rezeptoren in der Mukosa über mechanische, thermische, osmotische und chemische Stimuli. In gleicher Weise nehmen Rezeptoren in der Muskulatur Reize über Dehnung und Druck auf. Damit liefern afferente Neurone umfassende Informationen über die Qualität des Speisebreis und über den Zustand der Magen-Darm-Wandung. **Efferente** (motorische) **Neurone** sorgen für die Innervation der Wandmuskulatur und bestimmen somit die gastrointestinale Motilität. Im Plexus myentericus liegen hemmende und erregende motorische Neurone vor. **Interneurone** sind verantwortlich für die integrative Verarbeitung der Informationen aus afferenten Neuronen und deren Übermittlung an efferente Neurone. Dabei finden sich nebeneinander hemmende und erregende Interneurone.

Der **Plexus submucosus** befindet sich in der Tela submucosa. Er enthält kleine Gruppen von meist multipolaren Nervenzellen mit reichlich verzweigten Fortsätzen, die untereinander ein Geflecht bilden und mit dem Plexus myentericus kommunizieren. Afferente Neurone erhalten aus der Mukosa Informationen über die Qualität des Chymus, die über Interneurone auf efferente Neurone verschaltet werden. Efferente Neurone regulieren die epitheliale Resorption und Drüsensekretion. Ferner wird durch die Innervation der Gefäßmuskulatur die Durchblutung der Mukosa und Submukosa bestimmt. Außerdem wird über Interneurone, die im Plexus myentericus verschaltet werden, Einfluss auf die Motorik geübt; die Peristaltik wird somit den lokalen Bedingungen in der Mukosa angepasst.

Das enterische Nervensystem steuert mit den Plexus submucosus und myentericus die Drüsenfunktionen und die Durchblutung in der Mukosa sowie mittels Peristaltik den Vorschub des Speisebreis (Chymus). Dabei kann dieses intrinsische Nervensystem allein peristaltische Kontraktionen ermöglichen und koordinieren. Das extrinsische Nervensystem nimmt aktivierenden (parasympathisch) oder hemmenden (sympathisch) Einfluss auf die Motorik. Außerdem gehen vom intramuralen Nervensystem viszerale Afferenzen aus, die zentrale Reflexe auslösen können.

In Kürze

Innervation
- extrinsisches Nervensystem (Parasympathikus, Sympathikus)
- intrinsisches (in der Magen-Darm-Wand liegendes) Nervensystem

Extrinsisches Nervensystem:
- efferente parasympathische Versorgung: N. vagus, Rückenmarkssegmente S2–4 (→ Nn. splanchnici pelvici)
- efferente sympathische Versorgung: Thorakolumbale Rückenmarkssegmente, Grenzstrang, Nn. splanchnici major, minor, lumlabes, sacrales und prävertebrale Ganglien.

Intrinsisches (enterisches) Nervensystem: Es ist ein weitgehend autonom arbeitendes und in der Wand des Magen-Darm-Trakts liegendes (**intramurales) Nervensystem**. Es besteht aus:
- Plexus myentericus (Auerbach)
- Plexus submucosus (Meissner)

10.4.4 Prinzipieller Aufbau

Der gesamte Magen-Darm-Trakt stellt einen Muskelschlauch dar, der innen mit einer Schleimhaut ausgekleidet ist. Trotz einiger segmentspezifischer Besonderheiten, die mit den jeweiligen Funktionen zusammenhängen, weisen alle Abschnitte (einschließlich Oesophagus) ein gemeinsames Bauprinzip auf. Die Magen-Darm-Wand besteht aus 4 verschiedenen Schichten, von innen nach außen sind es (◻ Abb. 10.26):
- Tunica mucosa
- Tela submucosa
- Tunica muscularis
- Tunica serosa oder Adventitia

Die **Tunica mucosa** kleidet als Schleimhaut die inneren Höhlen aller Magen-Darm-Abschnitte aus. Sie besteht selbst aus den 3 Teilschichten:
- Lamina epithelialis mucosae
- Lamina propria mucosae
- Lamina muscularis mucosae

Die *Lamina epithelialis mucosae* steht für das Oberflächenepithel, dessen Typ sich entlang des Magen-Darm-Trakts ändert. Dieses Deckepithel ist mit der darunter liegenden retikulären Bindegewebeschicht, *Lamina propria mucosae*, zu einer Einheit verbunden. Neben

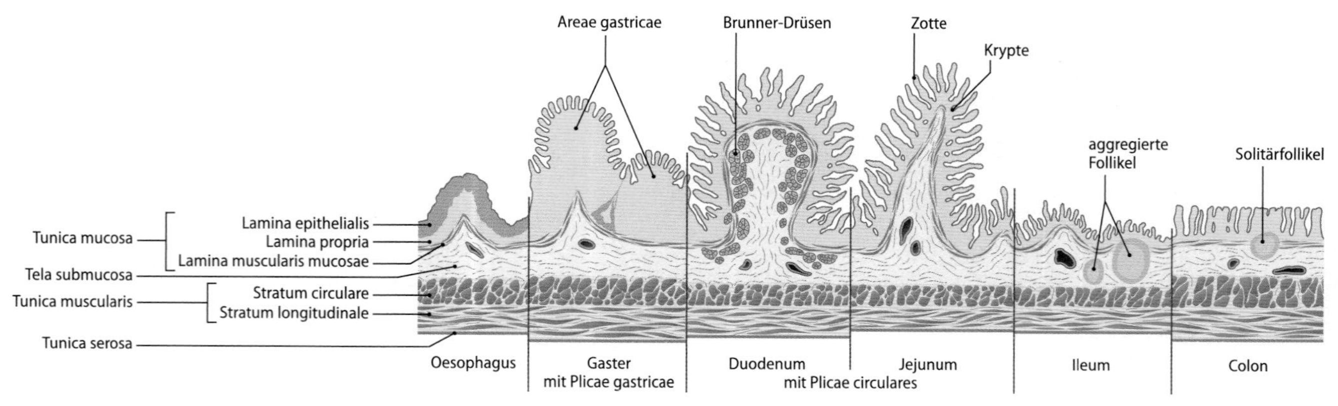

◻ **Abb. 10.26.** Aufbau der verschiedenen Magen-Darm-Abschnitte

10

Bindegewebezellen sowie kollagenen und elastischen Fasern enthält die *Lamina propria mucosae* verschiedene **Zellen des Immunsystems** (Lymphozyten, Plasmazellen, Makrophagen, Granulozyten, Mastzellen), **Kapillaren, Nerven** und **Lymphgefäße.** Die *Lamina propria mucosae* wird gegen die Tela submucosa mit der *Lamina muscularis mucosae,* einer feinen schleimhauteigenen Muskelschicht abgeschlossen, von der einzelne oder Bündel glatter Muskelzellen in die *Lamina propria mucosae* einstrahlen und das Feinrelief der Schleimhaut durch Kontraktionen verändern können.

Die **Tela submucosa** besteht aus lockerem Bindegewebe. Sie dient als **Verschiebeschicht** in der Magen-Darm-Wand und enthält ein dichtes Netz von Blut- und Lymphgefäßen sowie Nervenfaserbündel und den **Plexus submucosus** mit Ganglienzellen (Meissner-Plexus). In einigen Abschnitten befinden sich in der Tela submucosa **Drüsen** und **Lymphfollikel.**

Die **Tunica muscularis** ist die Muskelschicht, die für die **peristaltischen Kontraktionen** des Magen-Darm-Trakts zuständig ist. Sie ist grundsätzlich aus 2 Muskellagen zusammengesetzt, einer inneren zirkulär angeordneten Muskelschicht *(Stratum circulare)* und einer äußeren längs orientierten Muskelschicht *(Stratum longitudinale).* Im Bindegewebe zwischen den beiden Muskelschichten befindet sich der **Pexus myentericus** (Auerbach-Plexus), der aus einem Nervengeflecht und Gruppen von Ganglienzellen besteht.

Die **Tunica serosa** ist die äußerste Schicht der Magen-Darm-Wand. Sie besteht aus dem *Peritoneum viscerale,* einem einschichtigen flachen Epithel *(Mesothel).* Dieser epitheliale Überzug besitzt eine eigene bindegewebige Unterlage *(Tunica propria serosae)* und ist mit der tiefer liegenden Tunica muscularis über eine dünne und lockere Bindegewebeschicht *(Tela subserosa)* verbunden. Jene Abschnitte des Magen-Darm-Trakts, die nicht innerhalb der Bauchhöhle liegen, weisen anstatt einer Tunica serosa eine **Adventitia** auf. Die Adventitia besteht aus lockerem Bindegewebe, das die Organe mit benachbarten Strukturen verbindet und verankert.

Das **Oberflächenrelief** der Magen-Darm-Schleimhaut ist durch **Bildung von Falten** gekennzeichnet, die zu einer enormen **Vergrößerung der inneren Oberfläche** beitragen. Es handelt sich dabei um Aufwerfungen der Tunica mucosa und der Tela submucosa, während die Tunica muscularis sich an der Bildung dieser Falten nicht beteiligt. Die Lamina muscularis mucosae ist als Teil der Tunica mucosa stets ein Bestandteil dieser Falten.

In Kürze

Aufbau

Der Magen-Darm-Trakt ist ein Muskelschlauch mit Schleimhaut. Die **Magen-Darm-Wand** besteht aus **4 Schichten:**

- Tunica mucosa
- Tela submucosa
- Tunica muscularis
- Tunica serosa oder Adventitia

Die Magen-Darm-Schleimhaut ist durch **Bildung von Falten** (Aufwerfungen der Tunica mucosa und Tela submucosa) gekennzeichnet, die zu einer enormen **Vergrößerung der inneren Oberfläche** beitragen.

10.4.5 Motorik und Motilitätsformen

Die Tunica muscularis enthält geschlungene Bündel von glatter Muskulatur. Die einzelnen Muskelzellen im Stratum circulare und longitudinale sind mit benachbarten Muskelzellen über Gap Junctions verbunden, wodurch eine elektrische Kopplung dieser Zellen ermöglicht wird. Damit führt die Depolarisierung einer Muskelzelle zu einer breiten, mehrere benachbarte Muskelzellen umfassenden Erregung. Die Folge ist eine koordinierte Muskelkontraktion innerhalb des Stratum circulare oder Stratum longitudinale, die für eine effektive Durchmischung und Transport des Speisebreis entlang des Magen-Darm-Kanals unverzichtbar ist.

Ein charakteristisches Kontraktionsmuster der glatten Muskulatur ist die **Peristaltik;** dabei wird der Speisebrei durch wandernde ringförmige Kontraktionen der Wandmuskulatur in aboraler Richtung transportiert. Weitere segmentspezifische Kontraktionsmuster (Propulsion, Segmentation, Pendelbewegung, Antiperistaltik, Massenbewegung) kommen in Magen, Dünndam und Dickdarm vor, die die Durchmischung und Transport des Speisebreis in den jeweiligen Abschnitten garantieren. Allen Motilitätsformen liegt zugrunde, dass sich die Längsmuskelschicht und die Ringmuskelschicht vor und nach dem Speisebolus wechselweise kontrahieren und relaxieren können.

In Kürze

Motorik

Koordinierte Muskelkontraktion innerhalb des Stratum longitudinale und circulare sorgen für eine effektive Durchmischung und den Transport des Speisebreis entlang des Magen-Darm-Kanals.

10.4.6 Magen (Gaster, Ventriculus)

 Einführung

Der Magen dient vor allem als vorübergehender Nahrungsspeicher und ist daher gegenüber den anderen Abschnitten des Darmrohres erweitert. Die Speise wird chemisch und mechanisch durch Zugabe von Magensaft und Kontraktionen der Muskulatur zu einem Chymus aufbereitet. Die portionsweise Weiterleitung in das Duodenum erfolgt über den Magenpförtner. In der Magenschleimhaut befinden sich Drüsen mit unterschiedlichen Zellen, die für die Bildung des Magensaftes Salzsäure, Schleim und Pepsinogen (Vorstufe des Pepsins) sezernieren. Die Salzsäure dient der Denaturierung der Speisebestandteile und Abtötung von Bakterien (bakterizide Wirkung). Das Pepsin ist ein Enzym für die Verdauung von Proteinen. Die Schleimproduktion dient dem Selbstschutz der Schleimhaut. Darüber hinaus kommen in der Schleimhaut spezifische endokrine Zellen vor, die Hormone bilden und über die Blutzirkulation die Magensäuresekretion regulieren. Von großer Bedeutung ist die Synthese und Sekretion des Intrinsic Factors, einem Protein, das die Aufnahme von Vitamin B_{12} (Cobalamin) im Ileum ermöglicht.

Lage und Aufbau

Der Magen befindet sich im Oberbauch, unterhalb des Zwerchfells, *Diaphragma,* und oberhalb des Querteils des Dickdarms,*Colon transversum.* Er liegt innerhalb der Peritonealhöhle und wird vollständig vom *Peritoneum viscerale* überzogen. Direkt der Bauchwand anliegend befindet sich der Magen im epigastrischen Winkel, der Hauptteil projiziert sich unter den linken Rippenbogen in die *Regio hypochondriaca sinistra.* Vom Zwerchfell trennen ihn gewöhnlich der linke Leberlappen und die Milz. Die Zwerchfellunterseite erreicht den Magen nur bei starker Füllung. Aufgrund konstitutioneller und funktioneller Gegebenheiten (Füllungsgrad, Haltung) ist die Form des Magens prinzipiell sehr variabel; sie ist stets von der Mittelachse

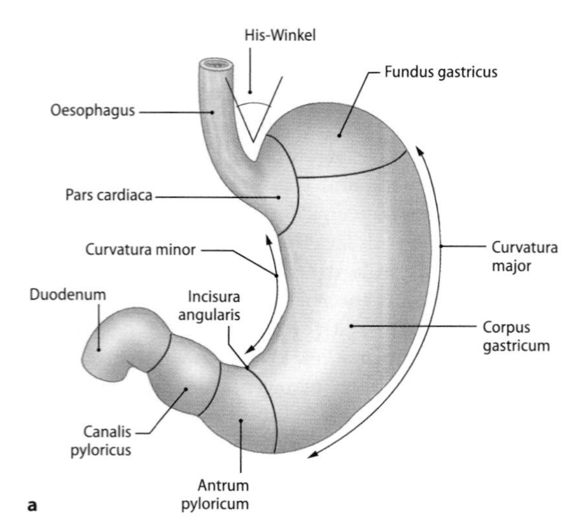

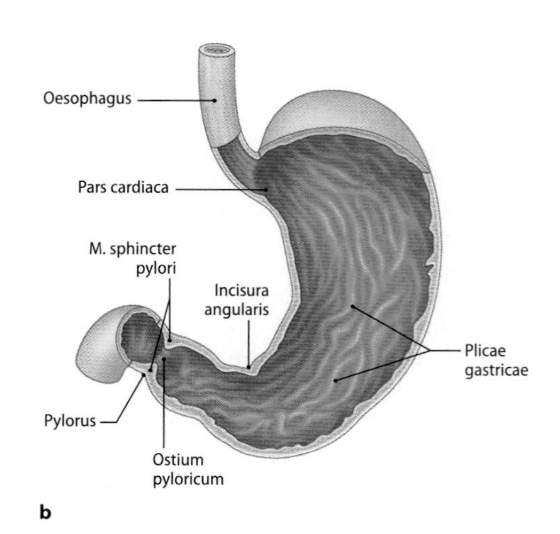

Abb. 10.27a, b. Magen. **a** Form und Gliederung. **b** Innenansicht [2]

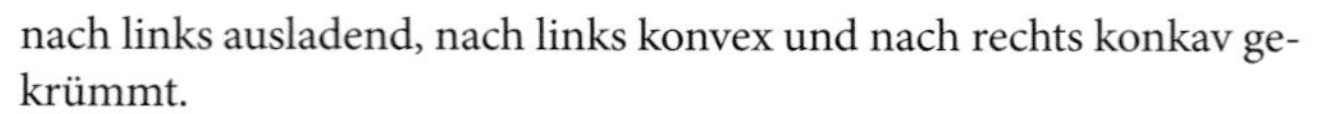

nach links ausladend, nach links konvex und nach rechts konkav gekrümmt.

Am Magen unterscheidet man folgende Anteile: Die Vorder- und Hinterwand *(Paries anterior* und *posterior)* treffen jeweils an der kleinen und der großen Kurvatur, *Curvatura gastrica minor* und *Curvatura gastrica major*, aufeinander. Das an der kleinen Kurvatur ansetzende kleine Netz, *Omentum minus*, und die an der großen Kurvatur entspringenden und in das *Omentum majus* einstrahlenden Bänder, *Lig. gastrosplenicum* und *gastrocolicum*, dienen einer flexiblen Halterung des Magens. Das *Omentum minus* ist eine Peritonealduplikatur, die an der Eingeweidefläche der Leber *(Fissura ligamenti teretis)* und an der kleinen Kurvatur des Magens sowie am Anfangsteil des Duodenum befestigt ist. Es bildet die Vorderwand der *Bursa omentalis*, eines spaltförmigen Nebenraums der Bauchhöhle, der als Gleitspalt die Verschieblichkeit der Oberbauchorgane (z.B. bei wechselnder Magenfüllung) ermöglicht. Der freie Rand des Omentum minus, das *Lig. hepatoduodenale*, bildet zusammen mit der *V. cava inferior*, dem *Lobus caudatus* der Leber und dem Duodenum die Begrenzung des *Foramen omentale (epiploicum)*, des natürlichen Zugangs zur Bursa omentalis (▶ Kap. 24).

10.35 Lebensgefährliche Blutungen durch Magengeschwür

Beim Magengeschwür *(Ulcus ventriculi)* kann es zu lebensgefährlichen Blutungen in die Bursa omentalis kommen, wenn die A. gastrica sinistra oder die A. gastroduodenalis durch penetrierende Prozesse verletzt wird.

Beim großen Netz (Omentum majus) handelt es sich um Bauchfellduplikaturen, die aus dem dorsalen Mesogastrium entstanden sind und sich schürzenförmig über das *Colon transversum* und die Dünndarmschlingen legen. Das innerhalb des Omentum majus liegende *Lig. gastrocolicum* verbindet die *Curvatura major* des Magens mit der *Taenia omentalis* des *Colon transversum*. An der Umschlagstelle des Lig. gastrocolicum auf den Magen verlaufen die der großen Kurvatur folgenden großen Gefäße des Magens *(A. und V. gastroomentalis dextra et sinistra)*. Der seitliche Anteil des Omentum majus verdichtet sich zum Lig. gastrosplenicum und stellt die Verbindung zur Milz her (▶ Kap. 24).

Aus histologischer und funktioneller Sicht werden als Magenabschnitte *Pars cardiaca, Fundus gastricus, Corpus gastricum und Pars pylorica* unterschieden, die ohne scharfen Grenzen ineinander übergehen (◼ Abb. 10.27a). Die *Pars cardiaca* nimmt den Mageneingang um die Öffnung des Oesophagus *(Ostium cardiacum)* ein. Links kraniolateral der Pars cardiaca liegt der *Fundus gastricus*, der sich kuppelförmig erhebt. Als höchste Stelle des Magens befindet sich hier die »Magenblase« zur Aufnahme der verschluckten Luft und der im Magen gebildeten Gase. Zwischen Fundus gastricus und Oesophagus liegt eine Einkerbung, die *Incisura cardiaca;* hier liegt der His-Winkel. Im Erwachsenenalter ist dieser Winkel spitz (ca. 63°) und trägt zum Verschluss am oesophagokardialen Übergang bei. Beim Säugling ist der Winkel stumpf (ca. 95°) und ist wahrscheinlich mit einer der Gründe für den häufigen erleichterten Reflux. An den Fundus gastricus schließt sich nach unten das *Corpus gastricum* an, das den Hauptteil des Magens umfasst. Etwa in Höhe der *Incisura angularis* geht das Corpus gastricum in die *Pars pylorica* über, die den Magenausgang bildet. Die Incisura angularis ist eine durch Muskelkontraktionen hervorgerufene Einkerbung der Magenwand im unteren Drittel der kleinen Kurvatur. Die Pars pylorica besteht aus den Anteilen *Antrum pyloricum* und *Canalis pyloricus*. Der Pyloruskanal endet mit dem *Ostium pyloricum*, wo sich der Pylorus (Magenpförtner) befindet (◼ Abb. 10.27a). Danach folgt das Duodenum.

In der **Innenansicht** zeigt das **Schleimhautrelief** einen unregelmäßigen Aufbau mit zahlreichen Falten, *Plicae gastricae*. Im Bereich der Cardia und teilweise des Fundus sind die Plicae gastricae vergleichsweise flach. In den unteren Abschnitten des Magens jedoch zeigen die Plicae einen geschlängelten und wulstartigen Aufbau (◼ Abb. 10.27b). Aufgrund ihrer nahezu parallelen Anordnung in der kleinen Kurvatur bilden sie typische »Magenstraßen« (zur Schnellpassage von Flüssigkeiten). An der großen Kurvatur ist der Faltenverlauf deutlich unregelmäßiger.

In Kürze

Magen

Lage: im Oberbauch, unterhalb des Zwerchfells, intraperitoneal.
Form: Er besitzt rechts eine kleine und links eine große Kurvatur.
Unterteilung:
- Pars cardiaca (»Cardia«)
- Fundus gastricus (»Fundus«)
- Corpus gastricum (»Corpus«)
- Pars pylorica (»Pylorus«)

Flexible Halterung des Magens: Erfolgt durch das **Omentum minus** an der kleinen Kurvatur mit Leber und oberen Teilen des Duodenum und durch das **Omentum majus** an der großen Kurvatur sowie einstrahlende Bänder (Lig. gastrosplenicum und Lig. gastrocolicum).

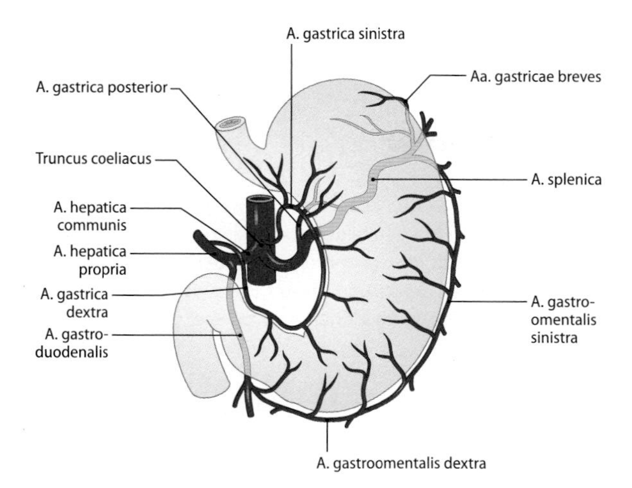

Abb. 10.28. Arterien des Magens

Gefäßversorgung und Lymphabfluss

Der Ursprung aller **Arterien,** die zum Magen führen, ist der *Truncus coeliacus*. Als eine seltene Variante können Zuflüsse aus der *A. mesenterica superior* vorliegen. Die 3 Hauptäste des Truncus coeliacus, *A. hepatica communis, A. gastrica sinistra* und *A. lienalis (splenica)*, versorgen den Magen über die kleine und große Kurvatur (**Abb.** 10.28).

Die aus der *A. hepatica communis* stammende *A. gastroduodenalis* zieht hinter dem Pylorus zum Duodenum und Pankreaskopf. Direkt unterhalb des Pylorus oder des *Bulbus duodeni* entspringt hieraus die *A. gastroomentalis dextra*. Sie verläuft innerhalb des Lig. gastrocolicum und zieht nach links zur großen Kurvatur des Magens. Nach Abgabe kleiner Äste an den Magen verbindet sich der Stamm mit der an der großen Kurvatur absteigenden *A. gastroomentalis sinistra*. Oberhalb des Bulbus duodeni zweigt aus der *A. hepatica propria* die *A. gastrica dextra* ab, zieht am Pylorus zum Magen und verläuft aufsteigend zur kleinen Kurvatur. Sie anastomosiert mit der an der kleinen Kurvatur absteigenden *A. gastrica sinistra*.

Die *A. gastrica sinistra* tritt in der Plica gastropancreatica in Höhe der Cardia an den Magen heran, gibt dort kurze *Rr. oesophagei* an den Oesophagus ab und verläuft dann bogenförmig an der kleinen Kurvatur entlang. Von hier aus versorgt der Arterienstamm die Vorder- und Hinterfläche des Magens mit kleinen Ästen und bildet mit der A. gastrica dextra den Arterienbogen der kleinen Kurvatur.

Die *A. lienalis (splenica)* zieht geschlängelt nach links am Oberrand des Pankreas in Richtung Milz. Aus ihr entspringt die *A. gastroomentalis sinistra*, die im *Lig. gastrocolicum* verläuft und von hinten an die große Kurvatur herantritt. Dort gibt sie kurze *Rr. gastrici* an die Vorder- und Hinterfläche des Magens und *Rr. omentales* in das Omentum majus ab. Der Stamm verbindet sich dann mit der dort aufsteigenden *A. gastroomentalis dextra*. Gleichzeitig entspringen am Milzhilus *Aa. gastricae breves* aus der A. lienalis (splenica), die im *Lig. gastrosplenicum* verlaufen und zum Fundus des Magens ziehen.

Aus den **Gefäßanastomosen** entstehen zwei wichtige Arterienbögen am Magen, für die **kleine Kurvatur** mit *Aa. gastrica dextra et sinistra* und für die **große Kurvatur** mit *Aa. gastroomentalis dextra et sinistra*.

Aus der Magenwand wird das venöse Blut in größere **Venen** geführt, die mit den Arterien als Gefäßbündel verlaufen und wie diese benannt werden. Sie folgen den Arterienbögen an der kleinen und großen Kurvatur und bilden dort Venenbögen. Aus der *V. gastrica sinistra* und *V. gastrica dextra* entsteht in der kleinen Kurvatur ein Gefäßbogen, aus dem das Blut in die *V. portae hepatis* geführt wird. Die *V. gastroomentalis sinistra* (und *Vv. gastricae breves*) zieht zur *V. lienalis (splenica)* und die *V. gastroomentalis dextra* zur *V. mesenterica superior.* Auf diese Weise münden die Magenvenen teils direkt, teils über die *V. lienalis (splenica)* und *V. mesenterica superior* in die *V. portae hepatis*. In der klinischen Nomenklatur wird die V. gastrica sinistra als *V. coronaria ventriculi* bezeichnet.

Die **Lymphe** der Magenschleimhaut sammelt sich zunächst in einem ausgeprägten Lymphgefäßplexus in der Tela submucosa. Von hier aus wird die Lymphe in einen subserösen Plexus dräniert, der die gesamte Magenoberfläche überzieht (**Abb.** 10.29). Die größeren abführenden Lymphgefäße folgen den großen Blutgefäßen. Am Magen lassen sich 3 große Lymphabflussgebiete unterscheiden:

- **Cardia und kleine Kurvatur:** Die Lymphe aus der Pars cardiaca gelangt in die *Nodi cardiaci* und aus dem Bereich der kleinen Kurvatur bis zur Incisura angularis in die *Nodi gastrici sinistri*. Diese Lymphknoten werden über Lymphwege abgeleitet, die entlang der A. gastrica sinistra zu den *Nodi coeliaci* ziehen. Von hier aus gelangt die Lymphe in den Truncus intestinalis oder Truncus lumbalis. Untere Abschnitte der kleinen Kurvatur und obere An-

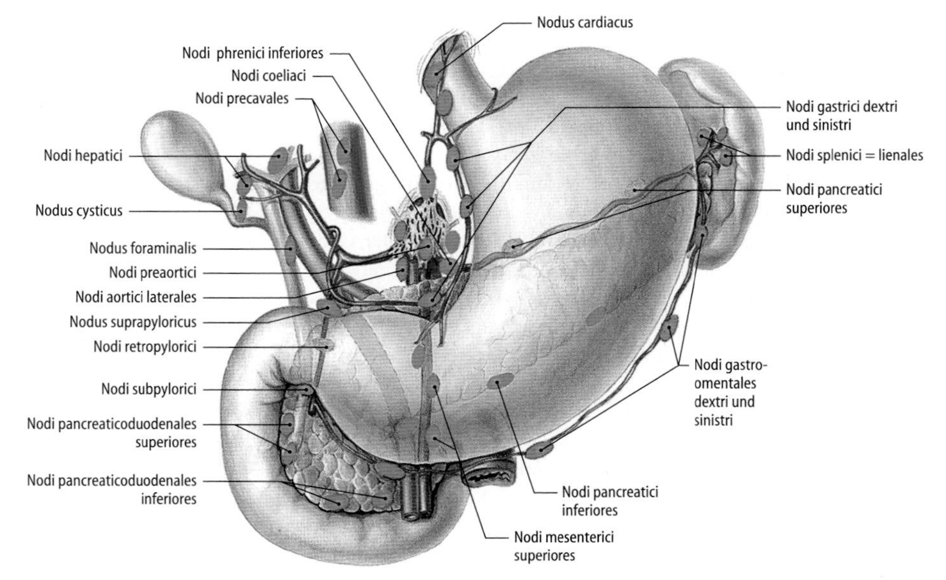

Abb. 10.29. Lymphknoten des Magens und der angrenzenden Organe [1]

teile des Pylorus geben die Lymphe vorwiegend in die *Nodi gastrici dextri* ab. Die Lymphe wird zum großen Teil den *Nodi hepatici* an der Leberpforte zugeleitet.
- **Fundus und oberes Drittel der großen Kurvatur:** Der Lymphabfluss aus dem Fundus und den oberen Anteilen des Corpus erfolgt in die *Nodi lienales (splenici)*, die am Hilus der Milz liegen und in die *Nodi pancreatici superiores*, die sich am Oberrand des Pankreas befinden. Anschließend wird die Lymphe in die *Nodi coeliaci* geleitet.
- **Untere zwei Drittel der großen Kurvatur und Pylorus:** Entlang der großen Kurvatur liegen die *Nodi gastroomentales dextri et sinistri*. Der Hauptanteil der Lymphe aus diesem Bereich fließt in die Nodi gastroomentales dextri, während ein kleiner Teil über die Nodi gastroomentales sinistri in die Nodi lienales (splenici) geleitet wird. Die Nodi gastroomentales dextri führen die Lymphe in die *Nodi subpylorici* und anschließend hauptsächlich in die Nodi coeliaci und teilweise in die Nodi hepatici und Nodi mesenterici superiores.

Entsprechend ihrer Lage werden am Pylorus supra-, sub- und retropylorisch gelegene Lymphknoten unterschieden. Die *Nodi subpylorici et retropylorici* nehmen den Hauptanteil der Lymphe aus dem Pylorus auf. Der *Nodus suprapyloricus* sammelt die Lymphe aus dem oberen Pylorusteil und aus dem unteren Teil der kleinen Kurvatur. Alle *Nodi pylorici* erhalten darüber hinaus Zuflüsse von Bulbus duodeni, Canalis pyloricus und Antrum pyloricum. Die Lymphe aus der gesamten Region wird in die *Nodi coeliaci* und *Nodi hepatici* geleitet.

Innervation

Die parasympathischen Nervenfasern für die Magenvorderwand stammen aus dem *Truncus vagalis anterior*, die sich von Cardia bis Pylorus ausbreiten. Die Magenhinterwand wird vom *Truncus vagalis posterior* innerviert. Die durch das Omentum minus in Richtung Leber entsandten *Rr. hepatici* aus beiden Trunci übernehmen zugleich die Innervation angrenzender Teile des Magens und des Dünndarms. Der Truncus vagalis posterior gibt darüber hinaus einen starken Ast an das Ganglion coeliacum ab, so dass sich parasympathische Fasern mit sympathischen vermischen und in den *Plexus coeliacus* münden. Der Plexus coeliacus strahlt in weitere Nervengeflechte aus, die die Arterienäste des Truncus coeliacus umspinnen. So verläuft mit der A. gastrica sinistra der *Plexus gastricus sinister*, der die Bereiche an der kleinen Kurvatur einschließlich des Pylorus innerviert. Der Pylorus erhält zudem Äste aus dem Plexus gastroduodenalis. Die Bereiche an der großen Kurvatur werden vom Nervengeflecht um die A. gastroomentalis dextra und sinistra versorgt. Die Region des Magenfundus und obere Bereiche der großen Kurvatur werden von Nervengeflechten innerviert, die aus dem *Plexus splenicus* stammen und mit den Arterien zum Magen gelangen.

Der **Parasympathikus** induziert am Magen eine gesteigerte Durchblutung, vermehrte Sekretion und verstärkte motorische Aktivität. Der **Sympathikus** führt dagegen zur Verengung der Gefäße, sowie zur Hemmung der Motilität und Abnahme der Sekretion. Der Pylorussphinkter hat physiologischerweise einen hohen Tonus; der Übertritt des Chymus in das Duodenum erzeugt eine verstärkte parasympathische Aktivierung hemmender Neurone, so dass dann der Sphinkter erschlafft.

Neben efferenten Fasern enthält der Sympathikus afferente Fasern (z.B. für die Schmerzleitung), die vom Magen zu den Spinalganglien der Segmente Th5–9 ziehen. Auch der Parasympathikus enthält viszeroefferente und viszeroafferente Nervenfasern, so dass auf eine Reizung des N. vagus der Magen mit erhöhter Säuresekretion und verstärkter Peristaltik reagiert.

Die **Magenwand** enthält zudem das **intrinsische Nervensystem** in Form des *Plexus myentericus* (Auerbach) und des *Plexus submucosus* (Meissner).

In Kürze

Gefäßversorgung
Der Magen wird aus den Ästen des Truncus coeliacus versorgt, die am Magen Arterienbögen bilden. In der kleinen Kurvatur anastomosieren A. gastrica dextra und sinistra, in der großen Kurvatur A. gastroomentalis dextra und sinistra. Die gleichnamigen und gleichverlaufenden Venen ziehen zur V. portae.

Lymphabfluss
Die Lymphknoten liegen meist in der kleinen und großen Kurvatur, sie leiten die Lymphe in größere Lymphstationen der Nodi coeliaci und Nodi hepatici.

Innervation
Die Magenvorderwand wird parasympathisch vom Truncus vagalis anterior und die Magenhinterwand vom Truncus vagalis posterior innerviert. Die sympathischen Fasern kommen aus dem Plexus coeliacus, der auch die parasympathischen Fasern aufnimmt. Der Plexus coeliacus setzt sich als Nervengeflechte um die Magenarterien fort und erreicht so die verschiedenen Magenabschnitte.

Der Parasympathikus stimuliert und der Sympathikus hemmt die Magensäuresekretion und Peristaltik.

Histologie

Tunica mucosa

Am *Ostium cardiacum* endet die Oesophagusschleimhaut mit einer scharfen Grenze, wo die wenige Millimeter dicke Magenschleimhaut beginnt. Die Schleimhaut ist in stabile, nicht verstreichbare Falten *(Plicae gastricae)* aufgeworfen, die das Schleimhautrelief wesentlich prägen (▪ Abb. 10.27b). Die Plicae gastricae werden mit den verschiedenen Teilschichten der Tunica mucosa überzogen. Die Tela submucosa zieht als stützende Schicht in die Faltenaufwerfungen hinein. Auf der Oberfläche der Plicae gastricae sind ca. 1 cm große Magenfelder, *Areae gastricae*, erkennbar, die als kleinste »Schleimhauthügel« zur weiteren Vergrößerung der Schleimhautoberfläche beitragen. Die Areae gastricae werden durch ein einschichtiges hochprismatisches Oberflächenepithel bedeckt. Unter dem Epithel befindet sich die Lamina propria mucosae. Sie enthält ein dichtes Netz von fenestrierten Kapillaren, die von Arteriolen aus der Tela submucosa gespeist werden. Außerdem kommen hier zahlreiche Zellen des Immunsystems vor. Die Lamina propria enthält regelmäßig einzeln verstreute Lymphfollikel (Solitärfollikel), die insbesondere an den Übergangsstellen (Oesophagus/Cardia und Pylorus/Duodenum) vermehrt auftreten. Die Lymphfollikel sind meist nahe der nach unten folgenden Lamina muscularis mucosae angesiedelt, wodurch die sonst klare Abgrenzung zur Tela submucosa aufgelockert erscheinen kann.

Die Areae gastricae weisen ihrerseits zahlreiche Magengrübchen *(Foveolae gastricae)* auf, wobei sich die Oberfläche mit ca. 0,2 mm kleinen rundlichen Öffnungen in die Tiefe der Lamina propria mucosae einstülpt. Die trichterförmigen Einsenkungen sind mit einschichtigem hochprismatischem Deckepithel (Foveolaepithel) überzogen und führen unmittelbar in die in der Lamina propria mucosae angesiedelten Magendrüsen. Die Foveolae gastricae bilden quasi die Ausführungsgänge mehrerer Magendrüsen.

Die **hochprismatischen Zellen** des **Oberflächenepithels** besitzen ein helles Zytoplasma mit einem basal liegenden Kern. Das apikale Zytoplasma enthält zahlreiche Muzingranula; auf der basalen Seite befinden sich Golgi-Apparat, Mitochondrien und raues endoplasmatisches Retikulum. Die Zellen produzieren einen **hochviskösen neutralen Schleim,** der sich als ca. 100 µm dicker Film auf der Epitheloberfläche ausbreitet und der Schleimhaut Resistenz und Schutz gegenüber der aggressiven Magensalzsäure und Proteasen verleiht. Die **Schutzwirkung** wird durch den Einbau von Fucoseresten erreicht, die mit hochmolekularen Muzinmolekülen und vernetzenden Proteinen eine widerstandsfähige Schicht bilden. Muzine sind stark glykosylierte Proteine, die mit Hilfe ihrer Glykanketten ein hohes Quellvermögen besitzen und damit eine Diffusionsschranke zwischen Oberflächenepithel und Magensaft bilden. Auch die Zellen des Foveolaepithels bilden Schleim, der in Muzingranula gespeichert wird und nach deren Exozytose die Epitheloberfläche bedeckt.

Neben den Muzinen geben die Epithelzellen Bikarbonationen unter die Schleimschicht ab (Bikarbonatschutz, s. unten), wodurch eine Pufferwirkung gegenüber den aus den Magendrüsen sezernierten H^+-Ionen erzielt wird. Jene H^+-Ionen der Magensäure, die die Schleimbarriere und die Bikarbonatschicht dennoch überwinden, werden von den Oberflächenepithelzellen aufgenommen und basal in die Kapillaren der Lamina propria mucosae (im Austausch gegen Na^+-Ionen) abgegeben. Dieser Antiport wird durch sog. Na^+/H^+-Austauscher-Proteine in der basolateralen Membran der Epithelzellen bewerkstelligt. Insgesamt wird dadurch ein verträgliches »Mikroklima« an der Epitheloberfläche mit nahezu neutralen pH-Werten geschaffen.

Magendrüsen

Den regionalen und funktionellen Gegebenheiten im Magen entsprechend sind die Magendrüsen unterschiedlich gebaut. So können in der Magenschleimhaut (◘ Abb. 10.26) aufgrund der unterschiedlichen Länge der Foveolae gastricae, des unterschiedlichen Drüsenbaus und der beteiligten Drüsenzelltypen **3 Drüsenregionen** (Haupt-, Cardia- und Pylorusdrüsen) unterschieden werden (◘ Abb. 10.30; ◘ Tab. 10.13).

Hauptdrüsen (Glandulae gastricae propriae)

Hauptdrüsen sind tubulöse Drüsen in der Lamina propria mucosae. Sie kommen typischerweise in Fundus und Corpus des Magens vor. In diesen Abschnitten sind die Foveolae gastricae relativ kurz und entsprechen ca. ¼ der Mukosadicke. Sie führen in der Tiefe der Schleimhaut in die ca. 1,5 mm langen wenig verzweigten tubulösen Drüsen, die bis zur Lamina muscularis mucosae reichen. Die Drüsenschläuche bestehen aus einem einschichtigen Epithel, das mindestens 3 unterschiedliche Zelltypen enthält. Die Drüsen werden in 3 Abschnitte unterteilt:

- **Isthmus:** Übergangszone zwischen den Foveolae gastricae und dem Beginn der Drüsenschläuche
- **Cervix** (Halsteil): gestreckter Teil der Drüsenschläuche
- **Pars principalis** (Hauptteil): wenig verzweigter und gewundener Drüsenabschnitt.

Die Epithelzellen im Isthmus ähneln weitgehend denen der Foveolae gastricae. Auch sie sind an der Produktion und Sekretion von Schleim beteiligt, sind jedoch durch die Engstellung der Drüsen kleiner und schmaler. Der restliche tiefere Teil der Drüsen wird durch die epitheliale Anordnung von **Nebenzellen, Parietalzellen** (Belegzellen) und **Hauptzellen** gebildet, wobei diese Zelltypen ein grobes mikrotopographisches Verteilungsmuster entlang eines Drüsenschlauchs aufweisen. Die Nebenzellen sind hauptsächlich auf den Isthmus und die Cervix der Drüsen beschränkt, während die Parietalzellen vorwiegend in der Cervix und mit einer wechselnden Häufigkeit auch in den oberen und unteren Drüsenabschnitten vorkommen. Die Hauptzellen sind meist tiefer im Hauptteil der Drüsen lokalisiert. Weil die

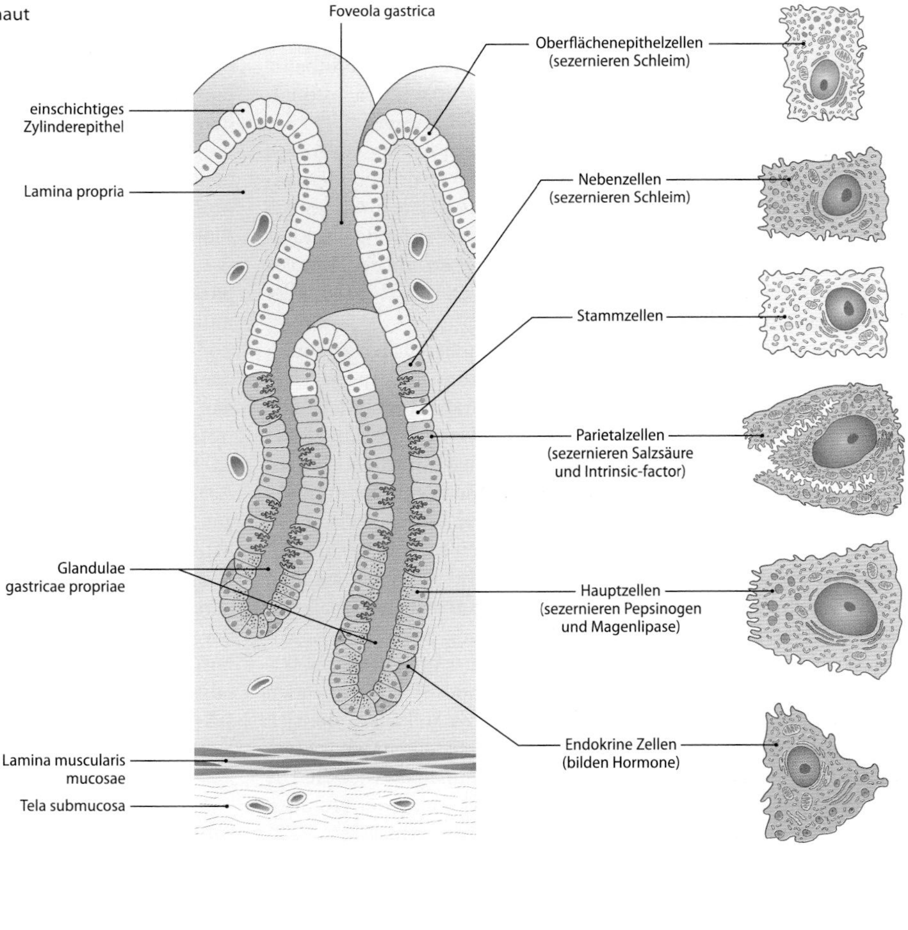

◘ Abb. 10.30. Schnitt durch die Magenschleimhaut mit Magendrüsen und Darstellung der Zelltypen

Tab. 10.13. Drüsen des Magens

Region	Magendrüsen	Drüsenzellen	Wichtigste Produkte
Cardia	Glandulae cardiacae: – unregelmäßige, tiefe Foveolae – stark verzweigte und gewundene Tubuli – weitlumige, homokrine Drüsen	mukoide Zellen	Muzine, Lysozym, Bikarbonat
		endokrine Zellen: – EC-Zellen – D-Zellen	 – Serotonin – Somatostatin
Fundus/Corpus	Hauptdrüsen (Glandulae gastricae propriae): – untiefe Foveolae – langgestreckte, wenig verzweigte Tubuli – englumige, heterokrine Drüsen	Nebenzellen Parietalzellen Hauptzellen	Muzine, Bikarbonat HCl, Intrinsic factor Pepsinogen
		endokrine Zellen: – ECl-Zellen – EC-Zellen – D-Zellen – A-Zellen – X-Zellen	 – Histamin – Serotonin – Somatostatin – Glucagon-Variante – Ghrelin
Pylorus	Glandulae pyloricae: – regelmäßige, tiefe Foveolae – kurze, gewundene Tubuli mit verzweigten Endteilen – weitlumige, homokrine Drüsen	mukoide Zellen	Muzine, Bikarbonat, Lysozym
		endokrine Zellen: – G-Zellen – D-Zellen – EC-Zellen	 – Gastrin – Somatostatin – Serotonin

Nebenzellen, Parietalzellen und Hauptzellen gemeinsam das Epithel der Magendrüsen bilden, sind zwischen diesen Zelltypen ausgeprägte Zell-Zell-Verbindungen (Zonulae occludentes, Zonulae adhaerentes, Desmosomen, Nexus) nachweisbar, die zur Bildung einer epithelialen Barriere (gegenüber dem aggressiven Magensaft) und zur Kommunikation zwischen den Zellen beitragen. Die Lamina propria weist zahlreiche fenestrierte Kapillaren auf, die einen raschen Stoffaustausch zwischen Zellen und Blut ermöglichen, z.B. Bikarbonat zum Schutze der Schleimhaut und Aufnahme von Hormonen in die Blutbahn. Diese Kapillaren umspinnen einzelne Magendrüsen und anastomosieren mit Kapillarsystemen benachbarter Magendrüsen.

Nebenzellen sind kleine, vielgestaltige, meist halbmondförmige Zellen mit einem abgeplatteten Zellkern, die im Drüsenepithel zwischen den Parietalzellen eingeengt erscheinen. Sie produzieren Schleim, wobei deren Muzine durch die hohe Sulfatierung des Kohlenhydratanteils saurer sind als die des Deckepithels und der Foveolae gastricae. Zusätzlich sezernieren sie Bikarbonat, das als Schutz des Epithels gegenüber der Magensäure dient.

Parietalzellen sind große Zellen mit einem deutlichen Zytoplasma und einem zentral gelegenen Kern, die aufgrund ihrer spiegeleiförmigen Erscheinung in den Drüsen unschwer erkennbar sind. Häufig finden sich auch Parietalzellen mit 2 Kernen. Das Zytoplasma dieser Zellen reagiert eosinophil, was auf die zahlreichen Mitochondrien zurückzuführen ist. Dieser Reichtum an Mitochondrien steht in direktem Zusammenhang mit den hohen ATP-verbrauchenden Leistungen dieser Zellen. Ultrastrukturelle Untersuchungen zeigen, dass die Parietalzelle auf der apikalen Membran zahlreiche Mikrovilli aufweist und intrazellulär ein ausgeprägtes System von Kanälchen (Canaliculi) besitzt, die mit dem Drüsenlumen in Verbindung stehen. Das Kanälchensystem verleiht der Parietalzelle eine enorm vergrößerte Kontaktfläche mit dem Drüsenlumen (Abb. 10.30 und 10.31). In ruhenden Parietalzellen erscheinen die Canaliculi nahezu kollabiert, die sich nach Stimulation zu einem erweiterten tubulovesikulären Gangsystem mit stark erweiterten Mündungen gegen das Lumen entwickeln. Die kanalikulären Membranen sind der Ort der Sekretion von Protonen mittels aktiver, energieverbrauchender Transportsysteme.

Für die **Herstellung** der **Salzsäure** kommt dem in den Parietalzellen vorliegenden Enzym Carboanhydrase eine besondere Bedeutung zu (Abb. 10.31). Dieses Enzym stellt aus dem im Zytoplasma der Parietalzellen vorhandenen CO_2 und H_2O Kohlensäure (H_2CO_3) her, die intrazellulär in H^+ und HCO_3^- dissoziiert. Eine in den kanalikulären Membranen lokalisierte H^+-K^+-ATPase (**H^+-Pumpe**) befördert unter ATP-Hydrolyse H^+-Ionen in das Drüsenlumen. Die in der Zelle verbliebenen HCO_3^--Ionen verlassen die Parietalzelle an ihrer basolateralen Membran. Die im Gegenzug (über das Cl^-/HCO_3^--Austauscherprotein AE-2) in die Zelle aufgenommenen Cl^--Ionen werden über die Canaliculi in die Lichtung der Drüsen abgegeben, wodurch dort HCl entsteht. Die an der basolateralen Membran abgegebenen HCO_3^--Ionen gelangen in die lokalen Blutgefäße der Lamina propria mucosae und werden zum Schutze der Schleimhaut mit dem Blutfluss in Richtung Schleimhautoberfläche transportiert.

Die **Säuresekretion** wird durch **neuronale, hormonale** und **parakrine** (lokal wirkende) **Faktoren** gefördert. Die wichtigsten Stimulanzien sind **Acetylcholin, Gastrin** und **Histamin.** Der N. vagus und Nervenfasern aus dem Plexus coeliacus stellen den Hauptanteil der extrinsischen Innervation der säureproduzierenden Schleimhaut dar. Die postganglionären Neurone sind vorwiegend cholinerg und treten in der Schleimhaut an die Parietalzellen, ohne sie direkt zu kontaktieren. Das an den Nervenendigungen ausgeschüttete Acetylcholin erreicht die Parietalzellen durch Diffusion (Innervation auf Distanz), um sie über 2 muskarinische Rezeptoren (M_1- und M_2-Rezeptoren) zu stimulieren. Das biogene Amin Histamin (vorwiegend lokal wirksam) und das Peptidhormon Gastrin (endokrin wirksam) stammen aus 2 unterschiedlichen endokrinen Zelltypen der Magenschleimhaut, d.h. ECl- und G-Zellen. Andere Enterohormone wie **Somatostatin** und **Sekretin** sowie **Adrenalin** aus den postganglionären Neuronen des Sympathikus **hemmen die Säuresekretion.**

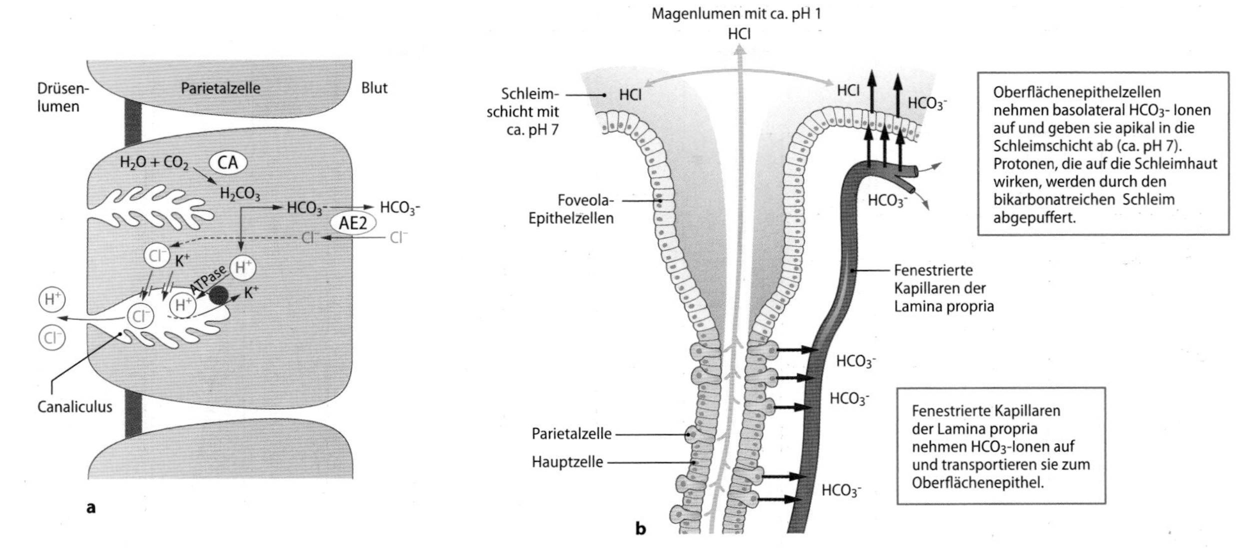

Abb. 10.31a, b. Parietalzellen: Bildung und Sekretion von Salzsäure und Bikarbonat. **a** Bildung und Sekretion von Salzsäure und Bikarbonat in den Parietalzellen (CA = Carboanhydrase; AE2 = Anionenaustauscher Typ 2). **b** Sekretion von Salzsäure aus den Parietalzellen über die Drüsenlichtung in das Magenlumen. Parietalzellen geben zugleich basal Bikarbonat in die Kapillaren der Lamina propria ab.

10.36 Hemmung der Säuresekretion im Magen

Bei extremer Übersäuerung des Magens sowie bei Ulcus ventriculi oder duodeni wird die Säuresekretion aus den Parietalzellen durch Gabe von Histaminrezeptorblockern (z.B. Cimetidin) gehemmt. Eine spezifische Hemmung der H^+-K^+-ATPase der Parietalzellen (z.B. mit Omeprazol) führt zu einer wesentlich effizienteren Hemmung der Säuresekretion.

Ein weiteres Produkt der Parietalzellen ist der **Intrinsic Factor,** ein Glykoprotein, das in den Magensaft sezerniert wird und somit die Resorption von Vitamin B_{12} (Cobalamin) ermöglicht. Das mit der Nahrung aufgenommene Vitamin B_{12} wird zunächst unter der Wirkung von Salzsäure und Pepsin von Nahrungsproteinen freigelegt; es bindet mit hoher Affinität an das R-Protein, das über den Speichel in den Magen gelangt und wird dann komplexiert. Im oberen Dünndarm (Duodenum, oberer Teil des Jejunum) wird dieser Komplex durch die Verdauungsenzyme des Pankreas gespalten, so dass sich das freie Vitamin B_{12} direkt mit dem Intrinsic Factor verbindet, um dann im Ileum über einen spezifischen Rezeptor aufgenommen zu werden. Die Sekretion des Intrinsic Factors aus den Parietalzellen wird wie die HCl-Sekretion reguliert.

10.37 Folgen einer reduzierten Resorption von Vitamin B_{12}

In vielen sich vermehrenden Zellen ist Vitamin B_{12} für die DNA-Synthese wichtig, z.B. für die Vermehrung und Reifung der vielen Erythrozyten. Die reduzierte Resorption von Vitamin B_{12} aufgrund einer Minderproduktion des Intrinsic Factors wie bei Magenschleimhauterkrankungen und Magenresektionen kann zur perniziösen Anämie führen. Eine häufige Ursache ist eine Autoimmungastritis bei der der Patient Antikörper gegen seine H^+-K^+-ATPase produziert, wodurch auch die Salzsäuresekretion eingeschränkt ist (Achlorhydrie).

Die **Hauptzellen** sind iso- bis hochprismatische Zellen, die im Hauptteil der Magendrüsen vorkommen. In der basalen Hälfte der Zellen liegen der Zellkern und ein ausgeprägtes raues endoplasmatisches Retikulum, das sich färberisch in einer **basalen Basophilie** der Zellen widerspiegelt. Hier ist der Syntheseort eines Hauptproduktes dieser Zellen, das Pepsinogen. **Pepsinogen** stellt ein inaktives Proenzym dar, das zunächst in **Zymogengranula** verpackt in der apikalen Hälfte der Hauptzellen gespeichert wird. Nach einem Stimulus wird Pepsinogen über Exozytose der Zymogengranula in die Magendrüsen abgegeben, wo es bereits im Drüsenhals unter der Wirkung von HCl in das aktive Enzym **Pepsin** umgewandelt wird. Das Pepsin kann als Protease seinerseits durch Abspaltung eines kurzen Peptids aus dem Pepsinogen das aktive Pepsin herstellen. Da das pH-Optimum des Enzyms im sauren Bereich liegt, führt Pepsin im Magenlumen (pH-Wert < 2) eine Proteinverdauung durch, in der aus Nahrungsproteinen kurze Peptide entstehen.

Im Gegensatz zum Erwachsenen stellt beim Neugeborenen Chymosin die vorherrschende Protease dar, die die Milchproteine effizienter verdaut.

Cardiadrüsen (Glandulae cardiacae) und Pylorusdrüsen (Glandulae pyloricae)

Am Übergang vom Oesophagus zum Magen beginnt mit scharfer Grenze das einschichtige hochprismatische Oberflächenepithel der Cardia. Die Foveolae gastricae sind hier tief und nehmen eine Länge von ca. $^1/_3$ der Mukosadicke ein. Sie stellen die Verbindung zu den stark verzweigten tubulösen Drüsen von weitgehend unregelmäßiger Gestalt her, die in der Mukosatiefe teils ampullär erweitert, teils zystisch aufgetrieben erscheinen (Glandulae cardiacae). Die Drüsenzellen bestehen aus einem einheitlichen Zelltyp (homokrine Drüsen), die alkalische Schleimstoffe zur Abpufferung der Magensäure am Übertritt zum Oesophagus sezernieren. Die Cardiadrüsen werden histochemisch als **mukoide Drüsen** eingestuft, da sie sich nicht – wie für muköse Drüsen üblich – mit spezifischen Schleimfarbstoffen wie Muzikarmin anfärben lassen. Zusätzlich bilden die Drüsenzellen Lysozym, ein Enzym mit bakteriolytischer Wirkung.

Die in der Pylorusschleimhaut angesiedelten Pylorusdrüsen nehmen eine größere Oberfläche ein als die Cardiadrüsen, was auf eine höhere Schleimproduktion am Magenausgang deutet. Im Aufbau sind die Pylorusdrüsen den Cardiadrüsen sehr ähnlich. Die Foveolae sind sehr tief und nehmen die Hälfte der Schleimhautdicke ein. Daran schließen sich Drüsen mit kurzen, gewundenen Tubuli und verzweigten Endteilen an, die ein größeres Lumen aufweisen als die der Cardiadrüsen. Die Drüsen bestehen aus einem einheitlichen Zelltyp (homokrine mukoide Drüsen) mit basal liegendem Zellkern und hel-

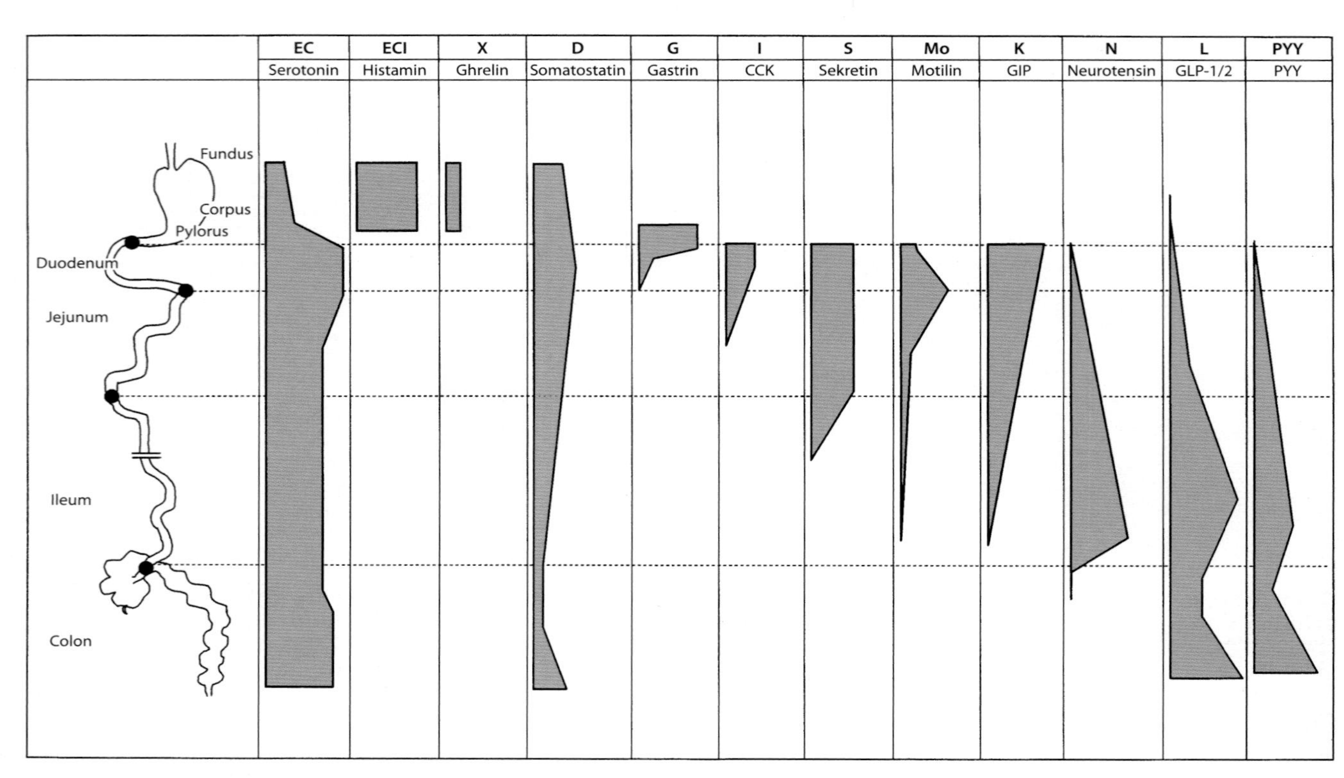

Abb. 10.32. Verteilung der endokrinen Zelltypen und ihrer Hauptprodukte im Magen-Darm-Trakt

lem Zytoplasma. Sie produzieren einen stark alkalischen Schleim, der zur Abpufferung der Magensäure am Übertritt zum Duodenum dient. Zusätzlich wird Lysozym sezerniert.

Endokrine Zellen

In der **Magenschleimhaut** kommen viele verstreut liegende endokrine Zellen vor, die in den verschiedenen Regionen des Magens unterschiedlich verteilt sind (Abb. 10.32). Hervorzuheben sind jene zahlreichen Zellen, die die Hormone **Gastrin** (G-Zellen), **Somatostatin** (D-Zellen), **Histamin** (ECl-Zellen) und **Serotonin** (EC-Zellen) bilden. Seltener anzutreffen sind A-Zellen, die eine Glucagon-Variante enthalten; diese Zellen sind häufiger im fetalen Magen. Darüber hinaus kommen X-Zellen vor, die das appetitanregende Peptidhormon **Ghrelin** produzieren, das als »**G**rowth **H**ormone **Rel**ease **in**ducing Peptide« die Sekretion vom Wachstumshormon stimuliert. Im Magen steuert dieses Hormon die Verdauungstätigkeit.

Im **Antrum** und **Pylorus** (bis einschließlich Bulbus duodeni) liegen im Epithel der mukoiden Drüsen G-Zellen, die das Hormon Gastrin bilden und in ihren Sekretgranula speichern. Die Zellen erreichen das Drüsenlumen über kurze Mikrovilli (offener Zelltyp). Die Somatostatin produzierenden D-Zellen kommen in allen Abschnitten des Magens, vorwiegend in Haupt- und Pylorusdrüsen vor, wo sie in das Epithel der Drüsen eingelagert sind. In den Säure sezernierenden Magenabschnitten gehören die D-Zellen zum geschlossenen Zelltyp (sie erreichen das Drüsenlumen nicht), in der Pylorusregion dagegen zum offenen Zelltyp.

Die Enterochromaffin-like (ECl-)Zellen (geschlossener Zelltyp) sind auf das Epithel der Corpus- und Fundusdrüsen beschränkt, wo sie vorwiegend im unteren Drittel der Glandulae gastricae angesiedelt sind. Sie produzieren und sezernieren das Histamin. Die enterochromaffinen (EC-)Zellen kommen in den Drüsen aller Regionen des Magens vor, jedoch vorzugsweise der unteren Magenabschnitte. Das Produkt der EC-Zellen, Serotonin, führt – über Aktivierung sog. Interneurone des intrinsischen Nervensystems – zur Erhöhung der Peristaltik und bewirkt eine lokale Vasokonstriktion.

G-Zellen, D-Zellen und ECl-Zellen hingegen gelten als Regulatoren der Magensäuresekretion (Abb. 10.33). So können bestimmte Bestandteile der Nahrung (Aminosäuren, angedaute Proteine) die G-Zellen über ihre luminalwärts gerichteten Rezeptoren in den Mikrovilli aktivieren. Das daraufhin in die lokalen Gefäße der Lamina propria sezernierte Gastrin stimuliert (über endokrinen Wirkmechanismus) in Fundus und Corpus die Parietalzellen zur Sekretion von HCl und gleichzeitig die Sekretion von Histamin aus den ECl-Zellen. Auch dieses biogene Amin aktiviert die benachbarten Parietalzellen direkt (parakrin) und die entfernten über den Blutweg (endokrin). Diese konzertierte Aktion von Gastrin und Histamin führt zu einer massiven Salzsäuresekretion und löst gleichzeitig Gegenregulationen aus. Die sezernierten H^+-Ionen stimulieren die D-Zellen über ihre Mikrovilli, so dass die Zellen das Somatostatin gefäßwärts nach basolateral abgeben. Dieses Hormon hemmt die G-, ECl- und Parietalzellen und drosselt die übermäßige Säuresekretion.

Barrierefunktion der Schleimhaut

Die Magenschleimhaut sezerniert zum einen **aggressive Faktoren** als Produkte der Parietal- und Hauptzellen (HCl und Pepsin) und zum anderen **schützende Faktoren** als Produkte der Deck-, Foveolaepithel- und Nebenzellen (Bikarbonat, Schleim). Während die protektiven Faktoren für die Schleimhaut dauerhaft durch konstitutive Sekretion zur Verfügung stehen, werden die aggressiven Faktoren vermehrt bedarfsorientiert (nach Nahrungsaufnahme) freigesetzt. Dabei gewährleistet der visköse und stark glykosylierte Magenschleim einen neutralen pH auf der Schleimhautoberfläche. Die Sekretion aus den Deck- und Foveolaepithel- und Nebenzellen erfolgt aktiv unter Beteiligung eines luminalen Cl^-/HCO_3^-- und eines basolateralen Na^+/H^+-Austauschers. HCO_3^--Ionen, die von Parietalzellen gebildet und in die fenestrierten Kapillaren der Lamina propria mucosae abgege-

Abb. 10.33. Endokrine und parakrine Regulation der Salzsäuresekretion aus Parietalzellen durch D-, G- und ECl-Zellen in der Schleimhaut von Corpus/Fundus und Pylorus. Die endokrinen Zellen in den Pylorusdrüsen sind offenen, jene in den Hauptdrüsen geschlossenen Typs. Rezeptoren für Somatostatin = rot, für Gastrin = grün, für Histamin = blau

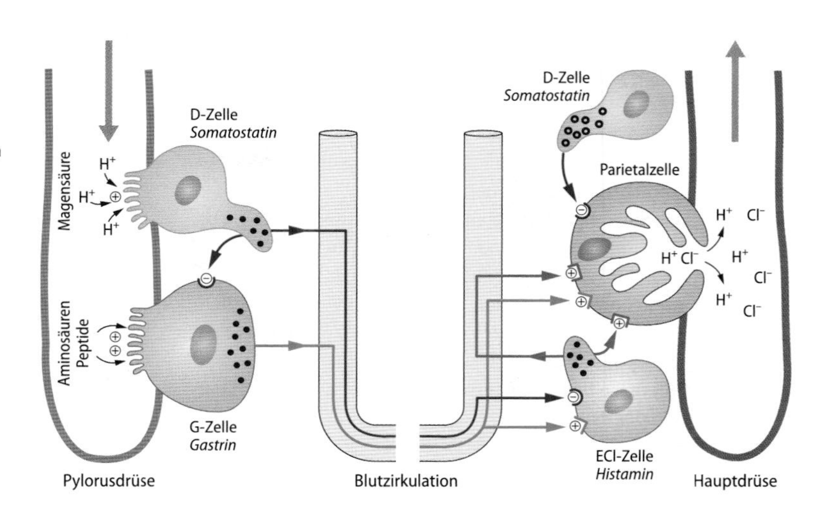

ben werden, erreichen die Schleimhautoberfläche. Foveola- und Oberflächenepithelzellen nehmen die HCO_3^--Ionen an der basolateralen Membran auf und geben sie apikal unter die Schleimschicht ab. Somit werden in die Schleimhaut eindringende H^+-Ionen des Magensaftes neutralisiert, bevor sie die Oberflächenepithelzellen erreichen und schädigen können **(Bikarbonatschutz)**.

10.38 Schädigung der Schleimheit und Folgen

Die schützende Schleimschicht wird durch **verschiedene Noxen** wie Alkohol, Gallensaft, Essig und Acetylsalicylsäure (Aspirin) oder Corticosteroide geschädigt, so dass unter der Wirkung des salzsäure- und enzymhaltigen Magensaftes das Oberflächenepithel Schaden nimmt (Erosion). Durchbricht die Schädigung der Schleimhaut die Lamina muscularis mucosae und erreicht die Tela submucosa, entsteht ein Ulkus mit eventuell starken Blutungen aus den lokalen Gefäßen.

Die Schleimhaut kann mit Bakterien des Typs **Helicobacter pylori** befallen sein. Diese können Ulzera und Adenokarzinome des Magens hervorrufen.

Eine **übermäßige Salzsäureproduktion** kann zur Bildung eines Ulkus im Magen, Duodenum und Jejunum führen, so auch als Folge eines Gastrin produzierenden Tumors (Gastrinom) im Pankreas (Zollinger-Ellison-Syndrom).

Regeneration der Magenschleimhaut

Das Oberflächenepithel hat einen hohen Zellumsatz. Abgeschilferte Zellen werden laufend in das Lumen des Magens abgegeben. Neue Zellen entwickeln sich aus pluripotenten Stammzellen, die sich im Isthmusepithel der Drüsen befinden. In diesem Abschnitt teilen sich die Zellen (Mitosezentrum), woraus 2 Zelllinien hervorgehen. Die eine Zelllinie wandert luminalwärts und entwickelt sich zu Oberflächenepithelzellen, die wiederum nach ca. 5 Tagen erneuert werden. Die andere Zelllinie wandert in die Tiefe des Drüsenepithels und dient zum Ersatz der spezialisierten Drüsenzellen (Neben-, Parietal- und Hauptzellen). Ihre Erneuerungsrate kann mehrere Monate bis Jahre dauern.

10.39 Heilung von Defekten der Magenschleimhaut

Die Epithelzellen weisen eine hohe Regenerationsfähigkeit auf. Schleimhautdefekte werden rasch durch Einwanderung undifferenzierter Epithelzellen aus den tieferen Teilen der Foveolae gastricae wieder geschlossen.

10.40 Entstehung von epithelialen Tumoren im Magen

In der Magenschleimhaut ist der Isthmus der Drüsen als Bereich hoher Proliferation oft der Ort, wo epitheliale Tumore (Adenokarzinome) des Magens entstehen.

Zusammensetzung und Sekretion von Magensaft

Der Magensaft setzt sich aus den Sekreten der Magenschleimhaut (Salzsäure, Schleim, Pepsinogen, Lysozym, Intrinsic Factor und Elektrolyte) und Zelltrümmern abgeschilferter Epithelien zusammen. Auch ohne Nahrungszufuhr werden dem Magensaft kontinuierlich Sekrete aus den Speicheldrüsen wie Enzyme (α-Amylase, Proteasen, Lysozym), andere Proteine (z.B. IgA) und Wachstumsfaktoren (z.B. EGF) beigemengt.

Insgesamt beträgt die Produktion an Magensaft 2–3 Liter am Tag, der pH-Wert liegt bei 1–2,5. Im Normalfall besteht ein Gleichgewicht zwischen der Produktion von aggressiver Salzsäure und Pepsin einerseits und schützender Schleimschicht andererseits. Auch bei Nüchternheit wird Magensaft produziert (Basalsekretion); im Bedarfsfall kann die Sekretion um das 10-fache gesteigert werden.

Die stimulierte Sekretion des Magensafts unterliegt verschiedener Phasen. Ausgelöst durch Anblick, Geruch oder Geschmack der Speise wird die Sekretion zentralnervös über vagale Efferenzen stimuliert **(kephale Phase)**. Der Eintritt des Speisebreis in den Magen leitet die **gastrale Phase** der Sekretion ein, die durch Dehnungsreize (Füllung des Magens mit vagalen Afferenzen) und chemische Reize (Aminosäuren, Kaffee, Alkohol, Cola, usw.) ausgelöst werden.

Mit Erreichen des Duodenum tritt die **intestinale Phase** ein, in der zunächst stimulierende, dann vor allem hemmende Einflüsse auf die Magensaftsekretion ausgeübt werden. Insbesondere der saure Magenbrei im Duodenum induziert eine hormonell gesteuerte Hemmung der Magensaftsekretion.

In Kürze

Magenschleimhaut

Relief der Magenschleimhaut: zahlreiche Falten (Plicae gastricae), tragen dieTunica mucosa. Auf den Falten befinden sich **Areae gastricae,** überzogen mit einem einschichtigen hochprismatischen Deckepithel. Auf den Areae gastricae senkt sich das Epithel porenartig in die **Foveolae gastricae,** die die Ausführungsgänge der tieferliegenden Magendrüsen bilden.

In **Fundus** und **Corpus** sind die Magendrüsen langgestreckt tubulös (Hauptdrüsen). Sie bestehen aus 3 Zelltypen:

- **Nebenzellen** produzieren schützenden Schleim.
- **Parietalzellen** bilden HCl und den Intrinsic Factor.
- **Hauptzellen** liefern Pepsinogen.

▼

In **Cardia** und **Pylorus** liegen stark verzweigte oder gewundene tubulöse Drüsen vor. Die mukoiden Cardia- und Pylorusdrüsen bestehen aus einem Zelltyp (homokrine Drüsen). Sie produzieren alkalischen Schleim zur Abpufferung der Salzsäure am Übergang zum Oesophagus und zum Duodenum.

Im **Isthmusepithel der Magendrüsen** befinden sich pluripotente Stammzellen. Aus ihnen entwickeln sich Oberflächenepithelzellen und die verschiedenen Zelltypen in den Drüsen.

Wichtige **endokrine Zellen** der Magenschleimhaut sind:

- **ECl-Zellen:** Sie produzieren Histamin und kommen in Drüsen von Fundus und Corpus vor.
- **G-Zellen:** Sie bilden Gastrin und kommen in den mukoiden Drüsen des Pylorus vor.
- **D-Zellen:** Sie bilden Somatostatin und kommen in Drüsen von Cardia, Fundus, Corpus und Pylorus vor.

Histamin und Gastrin sind starke Stimulatoren und Somatostatin ein Inhibitor der HCl-Sekretion aus Parietalzellen.

Aggressive und schützende Faktoren stehen im Gleichgewicht.

Tela submucosa

Das lockere Bindegewebe führt zahlreiche Blut- und Lymphgefäße sowie Nervenfasern, die für die Versorgung der Tunica mucosa wichtig sind. Mit ihrer Beteiligung an der Bildung der Plicae gastricae werden die jeweiligen Strukturen bis in die Spitze der Faltenaufwerfungen geleitet.

Tunica muscularis

Die Wand des Magens besteht aus kräftiger Muskulatur, der *Tunica muscularis,* die für die Motorik zuständig ist (Abb. 10.34). Sie folgt auf die Tela submucosa und wird außen von der Tunica serosa überzogen. Die äußere Schicht der Tunica muscularis bilden Längsbündel glatter Muskulatur, *Stratum longitudinale,* die eine Kontinuität aus der Längsmuskelschicht des Oesophagus darstellen. Das Stratum longitudinale ist an der großen und kleinen Kurvatur besonders kräftig ausgebildet. Nach innen folgt die Ringmuskelschicht, *Stratum circulare.* Sie ist in allen Abschnitten kräftig ausgeprägt, am Magenausgang bildet sie den *M. sphincter pylori.* Schräg verlaufende Züge glatter Muskulatur, *Fibrae obliquae,* liegen am weitesten innen. Sie beginnen an der *Incisura cardiaca,* ziehen gestreckt nach kaudal und setzen sich in regelmäßigen Abständen bogenartig in die Ringmuskulatur der großen Kurvatur fort, die kleine Kurvatur bleibt hierbei ausgespart. An den kaudalen Anteilen der Fibrae obliquae befindet sich der Abschluss des funktionellen *Saccus digestorius* (Verdauungssack) des Magens, ab hier beginnt der *Canalis egestorius,* dessen primäre Aufgabe die Austreibung des Chymus in das Duodenum ist. Er beginnt im Antrum und endet mit dem Pylorus.

Am Magenausgang gewährleistet der kräftige Ringmuskel M. sphincter pylori den Verschluss gegen das Duodenum. Ein derartiger Sphinktermuskel existiert am Mageneingang jedoch nicht. Am oesophagokardialen Übergang wird der Verschluss des Magens gegen die Speiseröhre durch besondere Mechanismen gewährleistet. Im terminalen Oesophagus verlaufen die Muskelbündel des Stratum circulare nicht ringförmig, sondern in gegenläufigen Spiraltouren nach unten. Die in der Ruhestellung vorliegende Längsdehnung des Oesophagus führt dazu, dass die Muskelspirale lang und somit der »Spiraldurchmesser« eng gezogen wird und folglich das Lumen des Oesophagus eingeengt wird. Erst die schlucksynchronisierte Verkürzung des Oesophagus führt zu einem bauchigen Spiralverlauf der Muskelbündel (weiter »Spiraldurchmesser«) und damit zur Weitstellung des Lumens. Darüber hinaus spielen für den Verschluss Venenpolster in der Lamina propria mucosae und Tela submucosa der Oesophaguswand sowie die spitzwinklige Einmündung des Oesophagus in den Magen (His-Winkel) eine wichtige Rolle.

Motilität des Magens

Im Hinblick auf die Motilität wird der Magen funktionell in den »Magenspeicher« und in die »Magenpumpe« eingeteilt. Diese Einteilung entspricht nicht unmittelbar den anatomischen Regionen des Magens. Der **Magenspeicher** besteht aus Fundus und Corpus, während die **Magenpumpe** den distalen Teil des Corpus und das Antrum einnimmt. Der Magenspeicher ist in der Lage, tonische Kontraktionen auszuführen (Erhöhung des intragastralen Drucks). Dieser Bereich entwickelt jedoch keine peristaltischen Wellen. Die Magenpumpe hingegen erzeugt phasische Aktivitäten mit peristaltischen Kontraktionswellen, die den Chymus zum Pylorus vorantreiben und ihn mit Magensaft durchmischen können.

Die Passage der Nahrung durch den Mund und Pharynx verursacht zunächst durch vagovagale Reflexe eine Muskelrelaxierung des Magenspeichers. Mit der zunehmenden Füllung des Magenspeichers werden Mechano- und Chemorezeptoren in der Magenwand stimuliert, die eine weitere Relaxierung der Muskulatur einleiten. Damit

Abb. 10.34. Muskelschichten des Magens

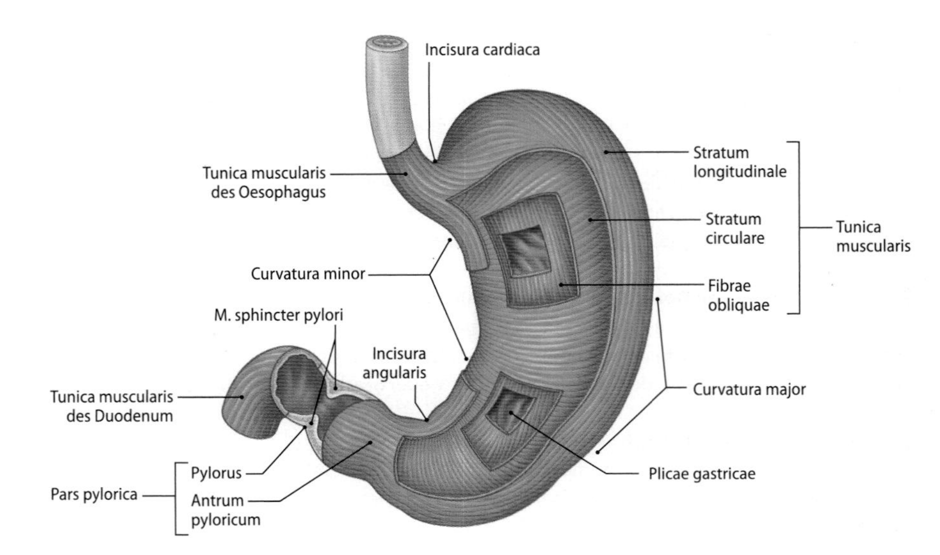

10

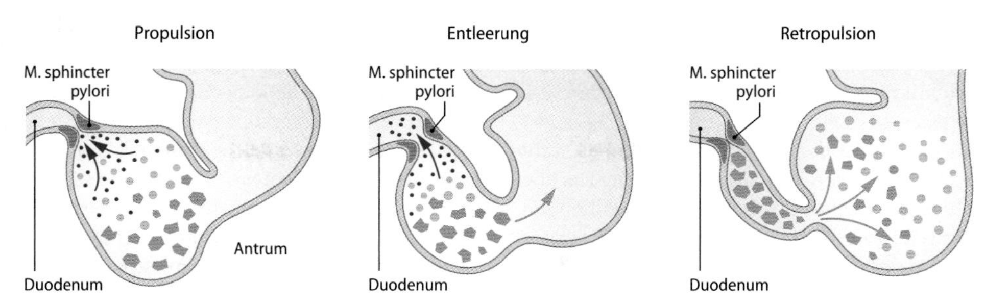

Abb. 10.35. Phasen der Magenpumpe (antroduodenale Koordination)

wird eine verlängerte Speicherung der Nahrung im Magenspeicher zur verbesserten Verdauung erreicht.

Die **Entleerung des Magenspeichers** geschieht durch **tonische Kontraktionen** der Wandmuskulatur mit Aufbau eines intragastralen Drucks. Für das Austreiben von Flüssigkeiten durch den offenen Pylorus reicht diese tonische Aktivität bereits aus. Zudem tragen peristaltische Kontraktionswellen, die am distalen Ende des Corpus beginnen und in Richtung Pylorus wandern, mit zur Entleerung des Magenspeichers bei. Tonische Kontraktionen und peristaltische Wellen werden durch cholinerge enterische Neurone stimuliert.

Die **Magenpumpe** basiert auf peristaltische Kontraktionswellen der Wandmuskulatur, die durch das Netz spezieller Zellen (interstitielle Zellen nach Cajal) in der Tunica muscularis generiert werden. Diese Zellen produzieren als Schrittmacher elektrische Potenziale, die über das Antrum zum Pylorus wandern. Sie bestimmen die Maximalfrequenz und die Ausbreitungsgeschwindigkeit der peristaltischen Kontraktionswellen. Diese elektrischen Potenziale können für sich keine Kontraktionen auslösen, denn sie sind auch bei fehlender Magenaktivität vorhanden. Eine Kontraktion der Muskulatur erfolgt erst bei gleichzeitiger Ausschüttung des Neurotransmitters Acetylcholin aus den Nervenendigungen. Die Aktionen der Magenpumpe werden in 3 verschiedene Phasen eingeteilt (Abb. 10.35):

- Propulsion
- Entleerung
- Retropulsion und Zermahlung.

Aufgrund der regelmäßig wiederkehrenden Schrittmacherpotenziale werden diese Phasen zyklisch durchlaufen. Eine vom proximalen Antrum kommende Kontraktionswelle treibt den Chymus zum distalen Ende des Antrum voran **(Propulsion)**. Sobald der Chymus den Pylorus erreicht hat, erschlafft der M. sphincter pylori und es wird eine kleine Portion Chymus durch den Pyloruskanal in das Duodenum ohne Druckaufwand transportiert **(Entleerung)**. Da Flüssigkeiten und kleine Nahrungspartikel leichter in das Duodenum übertreten können, bleiben visköse Inhalte und gröbere Nahrungspartikel im Pylorus zurück. Dadurch wird am Magenausgang ein Siebeffekt wirksam. Nach Übertreten des Chymus kontrahiert sich der M. sphincter pylori ruckartig mit hohem Tonus. Die fortschreitende Kontraktionswelle im terminalen Antrum presst den verbleibenden Chymus derart gegen den verschlossenen Pyloruskanal, dass der Inhalt retrograd gegen das Antrum zurückgeschleudert wird **(Retropulsion und Zermahlung)**. Retropulsive Bewegungen erhöhen die Durchmischung und ermöglichen eine Feinzermahlung der Nahrung. Damit finden im Antrum, Pylorus und Bulbus duodeni sequenziell koordinierte Kontraktionen statt, weshalb diese Abschnitte im Rahmen der Peristaltik eine funktionelle Einheit bilden (antroduodenale Koordination).

10.41 Erbrechen

Erbrechen (Emesis) wird nicht durch »umgepolte« Peristaltik, sondern durch Kontraktionen von Zwerchfell und Bauchmuskulatur hervorgerufen. Unter verstärktem Verschluss am Pylorus kommt es dann oralwärts zum Austritt von Chymus, da die Cardia keinen eigenen Sphinktermuskel besitzt.

10.42 Pylorusspasmus bei Säuglingen

Der angeborene Magenpförtnerkrampf betrifft überwiegend männliche Säuglinge und beruht auf einer Hypertrophie der Pylorusmuskulatur. Typischerweise kommt es einige Zeit nach dem Füttern zum »Erbrechen im Schwall«.

In Kürze

Wandmuskulatur des Magens

Sie besteht aus 3 Schichten:

- Stratum longitudinale
- Stratum circulare
- Fibrae obliquae

Die Ringmuskulatur ist am stärksten entwickelt und bildet am Magenausgang den M. sphincter pylori.

Motorik des Magens

Peristaltische Kontraktionen der Tunica muscularis sorgen für die Durchmischung und Transport des Chymus.Typische Motilitätsmuster des Magens sind Propulsion, Entleerung und Retropulsion.

10.4.7 Dünndarm (Intestinum tenue)

Einführung

Der Dünndarm bildet mit 5–6 m Länge den wichtigsten Abschnitt des Darmrohres zur Resorption der Nahrungsbestandteile (Proteine, Kohlenhydrate, Fette, Vitamine). Dazu wird der Chymus mit Sekreten der Leber (Galle), des Pankreas (Enzyme, Elektrolyte) sowie den Sekreten der Darmschleimhaut selbst (Enzyme, Elektrolyte, Schleim) versetzt und mittels eigener Wandmuskulatur durchmischt und weitertransportiert. Neben der breiig bis festen Nahrung gelangen insgesamt täglich ca. 9 Liter Flüssigkeit in den Dünndarm, wo sie größtenteils durch die Schleimhaut wieder aufgenommen wird. Lediglich 1,5 Liter Flüssigkeit erreichen den Dickdarm.

Funktion

Nach enzymatischer Spaltung der Nahrungskomponenten werden die Einzelbestandteile (Dipeptide, Aminosäuren, Monosaccharide, Fettsäuren und Monoglyceride) durch die Dünndarmschleimhaut resorbiert und über das Pfortadersystem zur Leber transportiert. Eine Ausnahme bilden die Fettsäuren, die noch im Darmepithel zu Lipoproteinpartikeln (Chylomikronen) verbunden und anschließend in die Darmlymphe abgegeben werden.

Neben diesen Aufgaben bildet die Dünndarmschleimhaut zahlreiche Hormone zur Steuerung der Verdauungstätigkeit. Darüber hinaus verfügt der Dünndarm über ein darmassoziiertes lymphatisches Gewebe zur Abwehr von Keimen (▶ Kap. 7). Der Transport des Chymus erfolgt durch peristaltische Kontraktionen der Darmmuskulatur.

Lage und Aufbau

Der Dünndarm liegt nahezu komplett innerhalb der Bauchhöhle und ist weitgehend am Mesenterium der hinteren Bauchwand aufgehängt (◻ Abb. 10.36).

Der Dünndarm wird in 3 unterschiedlich lange Abschnitte unterteilt:
- Duodenum
- Jejunum
- Ileum

Duodenum (Zwölffingerdarm)

Das Duodenum hat eine Länge von 20–30 cm und weist eine hufeisenförmige, links konkave Gestalt auf; die Biegung (»Duodenal-C«) umfasst den Pankreaskopf. Mit Ausnahme des Anfangsteils liegt das Duodenum sekundär retroperitoneal, rechts von der Wirbelsäule in Höhe des 1.–3. Lendenwirbels. Aufgrund seiner Lage und seiner topographischen Beziehungen zu anderen Organen wird das Duodenum in verschiedene Abschnitte unterteilt (◻ Abb. 10.37).

Die **Pars superior duodeni** ist ca. 5 cm lang, schließt an den Pylorus an und verläuft zunächst leicht ansteigend nach dorsal. Etwa in Höhe des 1. Lendenwirbels beginnt sie mit einem erweiterten Anfangsteil, *Ampulla duodeni (Bulbus duodeni)*, der vollständig intraperitoneal liegt und damit lageverschieblich ist (Atemexkursion, Magenfüllung). Unmittelbar vor Beginn der Pars descendens duodeni an der Flexura duodeni superior fixiert das *Lig. hepatoduodenale* die Pars superior duodeni an der Leber. Hier wird die Pars superior duodeni vom rechten Leberlappen überlagert und berührt den Lobus quadratus der Leber und den Gallenblasenhals. Dorsal der Pars superior duodeni verlaufen Ductus choledochus und der von links kommende Stamm der V. portae sowie die A. gastroduodenalis, die sich aus der

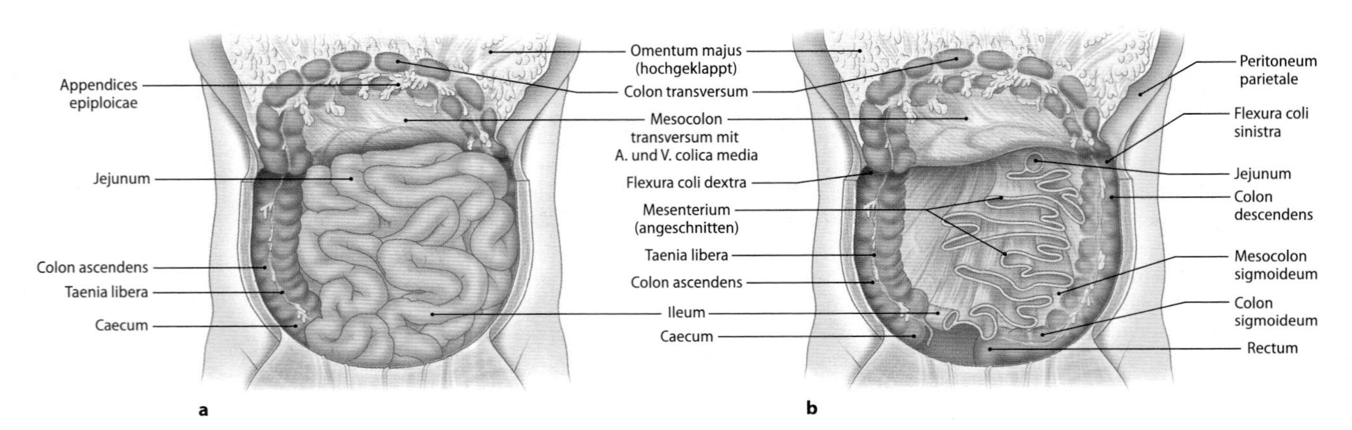

◻ **Abb. 10.36a, b.** Dünndarm. **a** Jejunum und Ileum in situ. **b** Mesenterium, Omentum majus hochgeklappt, Dünndarm entfernt

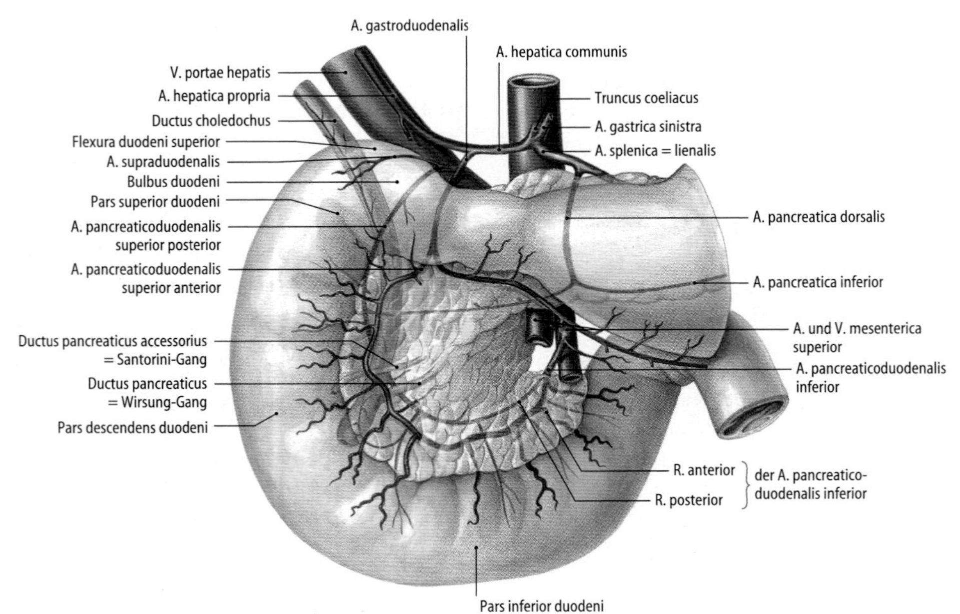

◻ **Abb. 10.37.** Gliederung und arterielle Versorgung des Duodenum [1]

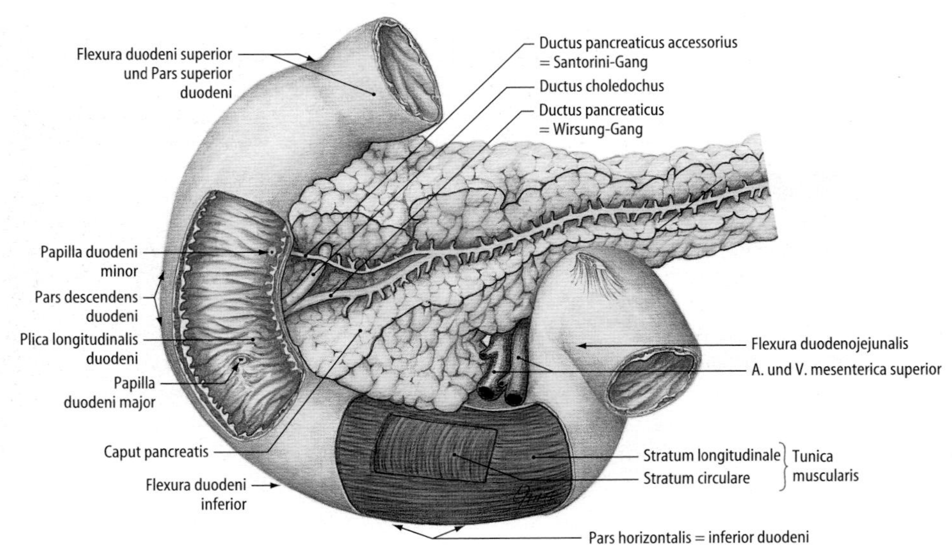

Abb. 10.38. Wandaufbau des Duodenum und einmündende Gangsysteme [1]

A. hepatica communis abzweigt und zum Unterrand der Pars duodeni superior zieht (Abb. 10.37).

Die **Pars descendens duodeni** beginnt an der *Flexura duodeni superior* und verläuft rechts der Wirbelsäule und vor dem rechten Nierenhilus absteigend. Dieser Abschnitt ist ca. 10 cm lang. Er liegt sekundär retroperitoneal und wird zusätzlich von dem mit der hinteren Bauchwand verbundenen Anfangsteil des Mesocolon transversum bedeckt. In ihrem Verlauf berührt die Pars descendens dorsal die rechte Nebenniere, überzieht den medialen Teil der rechten Niere vom oberen zum unteren Pol und umlagert nach links hin den Pankreaskopf. Dieser Bereich ist funktionell und klinisch von großer Bedeutung, da hier die Ausführungsgänge von Leber und Pankreas münden (Abb. 10.38). Der Gallengang *(Ductus choledochus)* verläuft im *Lig. hepatoduodenale* abwärts, zieht zunächst hinter, dann unter die Pars superior duodeni. Anschließend steigt er im Duodenal-C in einer Rinne zwischen Pars descendens duodeni und Pankreaskopf ab und zieht im Gewebe des Pankreaskopfes mit einem kurzen Bogen zum Duodenum und durchbohrt schräg dessen Wand. An dieser Stelle verbindet sich der *Ductus choledochus* spitzwinklig mit dem *Ductus pancreaticus major* (Wirsung-Gang). Die Vereinigungsstelle kann in der Schleimhaut (21%), am Eintritt in die Darmwand (46%) oder vor der Duodenalwand (3%) liegen.

Der Durchtritt dieses gemeinsamen Gangs durch die Wand der Pars duodeni descendens wirft in der Schleimhaut eine etwa 2 cm lange Längsfalte *(Plica longitudinalis duodeni)* auf, die mit einer ringförmigen warzenartigen Erhebung, *Papilla duodeni major* (Vater-Papille), die Mündungsstelle beider Drüsenausgänge markiert. Die Papilla duodeni major liegt somit in der dorsomedialen Wand im mittleren Drittel der Pars descendens duodeni, etwa 7–10 cm vom Pylorus entfernt. An der Mündungsstelle befindet sich ein kräftiger Schließmuskel, *M. sphincter ampullae hepatopancreaticae* (Sphincter Oddi), der aus zirkulär angeordneter glatter Muskulatur besteht.

Etwa 2 cm oberhalb der Papilla duodeni major befindet sich vielfach eine *Papilla duodeni minor*. Auf dieser mündet der *Ductus pancreaticus minor (Ductus pancreaticus accessorius)*, auch als Santorini-Gang bezeichnet.

10.43 Auswirkungen eines Pankreaskopfkarzinoms

Aufgrund der engen Nachbarschaftsbeziehung wird die Pars descendens duodeni besonders bei Pankreaskopfkarzinomen in Mitleidenschaft gezogen. Häufig kommt es zu Deformitäten des Duodenal-C, die sich nach Gabe eines Kontrastmittelbreis röntgenologisch feststellen lassen.

Das Pankreaskopfkarzinom kann eine Einengung des Ductus choledochus verursachen. Der dadurch behinderte Abfluss der Gallenflüssigkeit führt zu einem Ikterus (Gelbsucht).

10.44 ERCP

Die Papilla duodeni major oder minor kann endoskopisch (Gastroduodenoskopie) aufgesucht werden. Bei einer ERCP (endoskopische retrograde Cholangiopankreatikographie) wird über die Papille Kontrastmittel eingespritzt, um so den Gallengang und Pankreasgang hinsichtlich Form und Durchgängigkeit sichtbar zu machen.

Die **Pars horizontalis duodeni** beginnt an der *Flexura duodeni inferior* und besitzt eine Länge von ca. 6 cm. Sie verläuft sekundär retroperitoneal am Unterrand des Pankreaskopfes über die Wirbelsäule nach links. Hierbei wird die Pars horizontalis duodeni an ihrer Vorderfläche durch die A. und V. mesenterica superior überlagert. Die Gefäße treten im Bereich der Incisura pancreatis zwischen Processus uncinatus und dem unteren Rand des Pankreaskopfes in Erscheinung und ziehen in der Radix mesenterii abwärts. Hinter der Pars horizontalis duodeni läuft die V. cava inferior.

Die ca. 6 cm lange **Pars ascendens duodeni** geht an der *Flexura duodeni inferior sinistra* ohne scharfe Grenze aus der Pars horizontalis hervor. Nach medial ansteigend führt die Pars ascendens duodeni zu der auf Höhe des 2. Lendenwirbels liegenden *Flexura duodenojejunalis,* einer scharfen nach ventralwärts und links gerichteten Biegung, an der das Jejunum beginnt. Die Pars ascendens duodeni verläuft sekundär retroperitoneal. Mit der *Flexura duodenojejunalis* beginnt der intraperitoneale Teil des Dünndarms. Die Pars ascendens duodeni wird durch den glatten *M. suspensorius duodeni* und durch kräftige Bindegewebelamellen (Lig. suspensorium duodeni) mit der A. mesenterica superior an ihrem Abgang aus der Aorta verbunden (Treitz-Muskel oder -Band). Die Muskel- und Kollagenfaserbündel strahlen in die Tela subserosa und Längsmuskulatur der Duodenalwand ein und fixieren das Organ. Unmittelbar oberhalb der Pars ascendens duodeni liegt das Pankreas, dorsal die Aorta abdominalis.

10.45 Treitz-Hernie

An der Flexura duodenojejunalis kann durch den Übergang von retroperitoneal fixiertem Duodenum zum frei beweglichen intraperitonealen Jejunum eine Peritonealnische entstehen, die sich ausweiten und zu einem Bruchsack für Dünndarmschlingen entwickeln kann.

In Kürze

Duodenum
- intraperitoneal:
  - Pars superior
- sekundär retroperitoneal:
  - Pars descendens
  - Pars horizontalis
  - Pars ascendens

In die Pars descendens münden an der Papilla duodeni major die Ausführungsgänge von Leber (Ductus choledochus) und Pankreas (Ductus pancreaticus).

Jejunum und Ileum

Jejunum und Ileum bilden das Dünndarmkonvolut, das mäanderartig mit 14–16 Darmschlingen verschieblich in der Peritonealhöhle liegt (■ Abb. 10.36). Die Jejunalschlingen befinden sich hauptsächlich im linken oberen Bauchraum und nehmen etwa 2/5 der Gesamtlänge des Dünndarms ein. Die Ilealschlingen mit 3/5 der Gesamtlänge liegen rechts unten im Bauchraum und reichen teilweise in die Beckenhöhle hinein. Jejunum und Ileum sind mit der Rückwand der Bauchhöhle durch das Mesenterium verbunden, das als Aufhängeapparat und Leitstruktur für Gefäße und Nerven des Dünndarms dient. In der eröffneten Bauchhöhle bildet das Colon mit seinen Abschnitten einen nach kaudal offenen Rahmen für den Dünndarm. Zur vorderen Bauchwand hin wird der Dünndarm von dem vom *Colon transversum* herabhängenden *Omentum majus* bedeckt.

Das **Jejunum** beginnt an der *Flexura duodenojejunalis*, die links von der Wirbelsäule in Höhe des 2. Lendenwirbelkörpers liegt. Diese Stelle markiert den Übergang der retroperitoneal gelagerten und damit an der hinteren Bauchwand fixierten Pars ascendens duodeni in die nunmehr intraperitoneal liegenden mobilen Dünndarmteile. Durch den Übergang und durch die Änderung der Peritonealverhältnisse entstehen variable Faltenbildungen des Bauchfells der dorsalen Bauchwand, *Plica duodenalis superior* und *inferior*, mit Peritonealnischen, *Recessus duodenalis superior* und *inferior*, die sich ausweiten können (Entwicklung eines Bruchsackes für Darmschlingen). Ohne scharfe Grenze setzt sich das Jejunum in das **Ileum** fort. In der Fossa iliaca dextra mündet das Ileum in das Caecum. An der Übergangsstelle liegt die *Valva ileocaecalis* (Bauhin-Klappe, ■ Abb. 10.45b), die aus 2 in das Caecum hineinragende Schleimhautfalten (mit verstellbaren Venenplexus) besteht. Zum Verschluss der Öffnung befinden sich in diesen Falten schräge Muskelzüge, die mit der Längsmuskulatur von Ileum, Caecum und Colon ascendens in Verbindung stehen. Die *Valva ileocaecalis* bildet eine mechanische Barriere zwischen Dünn- und Dickdarm und verhindert den Rückfluss von Fäkalmassen sowie das Aufsteigen von Bakterien aus dem Dickdarm.

Die Dünndarmschlingen sind in ihrem gesamten Verlauf am Mesenterium aufgehängt, das mit der hinteren Bauchwand über die *Radix mesenterii* befestigt ist. Die Mesenterialwurzel hat eine Länge von 15–18 cm. Sie entspringt in einem schräg nach unten rechts gerichteten Verlauf aus der dorsalen Bauchwand zwischen der Flexura duodenojejunalis und der Mündungsstelle von Ileum in das Colon. Am Anfang und am Ende des Dünndarms ist das Mesenterium sehr kurz, sein mittlerer Teil dagegen lang (ca. 15 cm). Darmabschnitte mit längerem Mesenterium erreichen in der Bauchhöhle eine größere Beweglichkeit.

In Kürze

Jejunum und Ileum
- **Länge:** ca. 5,5 m; Jejunum (2/5 der Gesamtlänge), Ileum (3/5 der Gesamtlänge)
- **Beginn:** Flexura duodenojejunalis (Jejunum)
- **Ende:** Valva ileocaecalis (Ileum)

In der Peritonealhöhle sind die Dünndarmschlingen in ihrem gesamten Verlauf am Mesenterium befestigt.

Das Mesenterium, das mit der hinteren Bauchwand über die Radix mesenterii verwachsen ist, enthält alle Leitungsstrukturen des Dünndarms.

Gefäßversorgung

Arterien

Die Versorgung des Dünndarms erfolgt über Arterien aus dem *Truncus coeliacus* und der *A. mesenterica superior* (■ Abb. 10.35). Pars superior, descendens und horizontalis des Duodenum sowie der Pankreaskopf werden über 2 Arterienbögen (einen vorderen und einen hinteren) versorgt, die aus einer Anastomose zwischen Truncus coeliacus und A. mesenterica superior hervorgehen (Bühler-Anastomose). Am Oberrand des Pankreaskopfes teilt sich die *A. gastroduodenalis* (Ast der *A. hepatica communis*) in *A. gastroomentalis dextra* und *A. pancreaticoduodenalis superior anterior*. Die A. pancreaticoduodenalis superior anterior zieht in der kleinen Kurvatur des Duodenum auf der Ventralseite des Pankreaskopfes abwärts und bildet einen Versorgungsbogen mit dem hier aufsteigenden *R. anterior* der *A. pancreaticoduodenalis inferior* (vorderer Arterienbogen). Gleichzeitig geht am Bulbus duodeni die *A. pancreaticoduodenalis superior posterior* aus der *A. gastroduodenalis* hervor, die auf der Dorsalseite des Pankreaskopfes, dem medialen Rand der Duodenalkrümmung folgend, abwärts verläuft. Sie bildet eine Arterienarkade mit dem hier aufsteigenden *R. posterior* der *A. pancreaticoduodenalis inferior* (hinterer Arterienbogen). R. anterior und posterior gabeln sich kurz nach Abgang der A. pancreaticoduodenalis inferior aus der A. mesenterica superior ab. Die aus dem vorderen und hinteren Arterienbogen entspringenden zahlreichen *Rr. duodenales* versorgen die jeweiligen Duodenalabschnitte. Die Pars ascendens duodeni und die Flexura duodenojejunalis gehören zum Versorgungsgebiet der oberen Jejunalarterien.

Für die Versorgung von **Jejunum** und Ileum ist allein die *A. mesenterica superior* zuständig (■ Abb. 10.23 und ■ Abb. 10.39). Die A. mesenterica superior gibt zahlreiche Äste ab, die den Stamm auf ihrer linken Seite verlassen. Lediglich die *A. pancreaticoduodenalis inferior, die A. colica media und dextra* sowie die *A. ileocolica* zweigen rechts aus dem Stamm ab. Da eine klare Grenze zwischen Jejunum und Ileum nicht festgelegt werden kann, werden im Allgemeinen die oberen 4–5 Äste als *Aa. jejunales*, die unteren 12–14 Äste als *Aa. ileales* bezeichnet. Die Anzahl der einzelnen Äste kann stark variieren.

Ein Charakteristikum dieser Arterien ist die Bildung von **anastomosierenden Arkaden,** die die Blutversorgung trotz wechselnder Lage und Länge des Dünndarms gewährleisten. So bilden die Aa. jejunales ca. 5 cm vor der Darmwand Querverbindungen aus, wo Arkaden 1. Ordnung entstehen. Die aus diesen Arterienbögen entspringenden Äste bilden ca. 3 cm vor der Darmwand wiederum mit benachbarten Ästen Arkaden 2. Ordnung. Aus ihnen entwickeln sich in der Regel Arterienarkaden 3. Ordnung. Als Endäste gehen aus ihnen die *Aa. rectae* hervor, die geradlinig zur Darmwand ziehen.

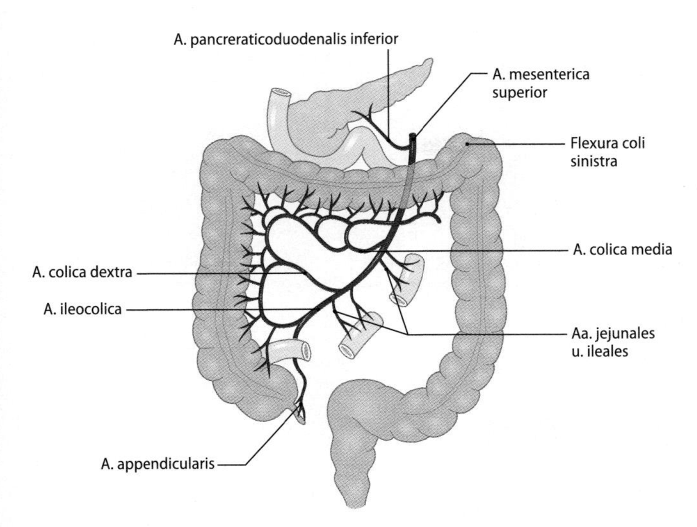

Abb. 10.39. Astfolge der A. mesenterica superior

Die Versorgung des **Ileum** wird ebenso durch Arkadenbildungen der Aa. ileales gewährleistet. Im Unterschied zu den Jejunalarkaden sind die Arkaden im Ileum stärker ausgebildet, so dass Arterienarkaden bis zur 5. Ordnung vorliegen können.

Venen

Die Venen des Dünndarms verlaufen am Darm und im Mesenterium parallel zu den Arterien und werden entsprechend benannt. Der Stamm der *V. mesenterica superior* liegt rechts von der Arterie. Hinter dem Pankreaskopf vereinigt sich die V. mesenterica superior mit der *V. lienalis (splenica)* und mit der *V. mesenterica inferior* zur *V. portae hepatis* (Abb. 10.40).

Lymphabfluss

Die Lymphe entstammt aus den Lymphkapillaren der Dünndarmschleimhaut und wird über die Darmwand an die regionären Lymphknoten geleitet. Für das Duodenum existieren 2 Abflusswege:
- zu den Lymphknoten um die Äste des Truncus coeliacus *(Nodi coeliaci)* und
- zu den regionären Lymphknoten um den Stamm der A. mesenterica superior *(Nodi mesenterici superiores)*.

Am Jejunum und Ileum wird die Lymphe in nahezu 200 mesenteriale Lymphknoten dräniert, die als *Nodi mesenterici juxtaintestinales* darmnah und etagenweise an Gefäßarkaden angesiedelt sind. Von hier aus wird die Lymphe in die zunächst zentral, dann in entfernter liegende und an Gefäßen organisierte *Nodi mesenterici superiores* geleitet. In den unteren Abschnitten kommt die Lymphe aus den gefäßorientierten *Nodi ileocolici, colici dextri* und *medii*. Der Abfluss erfolgt dann weiter über den *Truncus intestinalis* entweder direkt in die *Cisterna chyli* oder in den linken *Truncus lumbalis*.

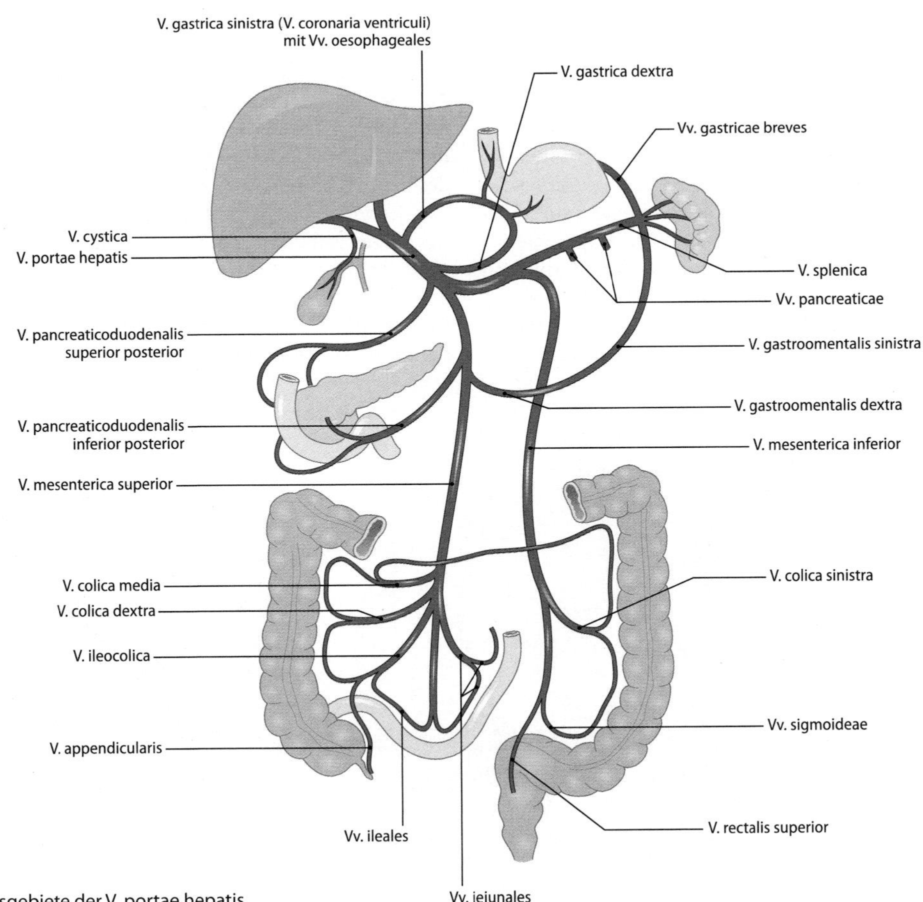

Abb. 10.40. Zuflussgebiete der V. portae hepatis

In Kürze

Blut- und Lymphgefäße des Dünndarms
Blutversorgung:
- Truncus coeliacus und A. mesenterica superior
- Äste des Truncus coeliacus und der A. mesenterica superior bilden in der kleinen Kurvatur des Duodenum ventral und dorsal des Pankreaskopfes einen vorderen und einen hinteren Arterienbogen für die Versorgung der Pars superior, descendens und horizontalis duodeni.
- Die A. mesenterica superior ist alleiniger Versorger von Jejunum und Ileum.
- Die aus diesem Stamm abgehenden Aa. jejunales und ileales bilden mehrere nachgeschaltete darmnahe Arkaden und versorgen über die Endäste, Aa. rectae, die Darmwand.

Venöser Abfluss
Das venöse und mit resorbierten Stoffen beladene Blut wird über die V. mesenterica superior und V. portae der Leber zugeleitet.

Lymphabfluss
Aus dem **Duodenum** über die Nodi coeliaci und Nodi mesenterici superiores, die entlang der versorgenden Gefäße liegen.

Aus **Jejunum** und **Ileum** wird die Lymphe – den Gefäßen folgend – über die Nodi mesenterici superiores, Nodi ileocolici sowie über die Nodi colici dextri und medii in den Truncus intestinalis weitergeleitet.

Innervation

Der Dünndarm wird parasympathisch vom *Truncus vagalis anterior* und vorwiegend vom *Truncus vagalis posterior* innerviert. Das Duodenum wird bis zur Papilla duodeni major vorzugsweise aus dem *Truncus vagalis anterior* versorgt. Die Fasern breiten sich über die Rr. hepatici aus. Der *Plexus coeliacus* und der *Plexus mesentericus superior*, die parasympathische und sympathische Fasern führen, erreichen über die Äste des Truncus coeliacus und der A. mesenterica superior Duodenum, Jejunum und Ileum. In der Dünndarmwand treten sie an den *Plexus myentericus* und *submucosus* heran.

Neben diesen Efferenzen verfügen Vagus und Sympathikus über afferente Fasern für Schmerz, Dehnung und Schleimhautreize.

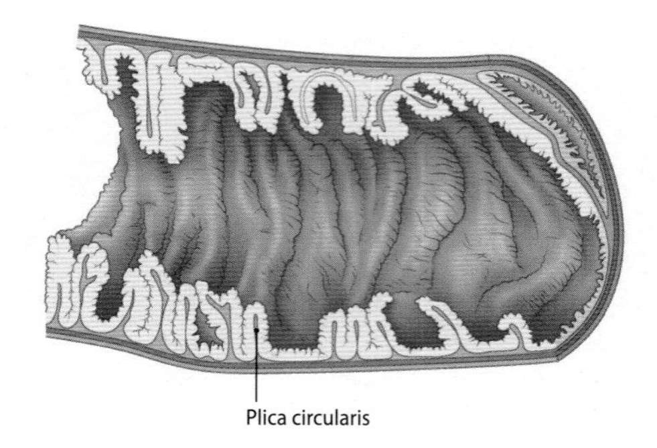

Abb. 10.41. Jejunum mit Plicae circulares [3]

In Kürze

Innervation des Dünndarms
Vom Plexus coeliacus und vom Plexus mesentericus superior:
- Bis etwa zur Mitte der Pars descendens duodeni stammt der parasympathische Anteil der Fasern vorwiegend aus dem Truncus vagalis anterior.
- Für die restlichen Dünndarmabschnitte ist der Truncus vagalis posterior zuständig.

Histologie

Tunica mucosa

Kurz hinter dem *Ostium pyloricum* beginnt die Dünndarmschleimhaut mit einer scharfen Grenze zur Magenschleimhaut. Das Schleimhautrelief ist durch das Vorliegen zahlreicher *Plicae circulares* (Kerckring-Falten) geprägt (Abb. 10.41). Es sind bis zu 1 cm hohe, halbmondförmig, zirkulär oder spiralig angeordnete Schleimhautfalten, die quer zur Längsrichtung des Dünndarms stehen. Sie vergrößern die Schleimhautoberfläche um das 1,5-fache und verbessern damit die Resorptionsleistungen. Die Höhe der Falten nimmt in Richtung des Ileum kontinuierlich ab.

Die Plicae circulares sind Träger der Mukosa. In die Faltenaufwerfungen zieht basal die Tela submucosa hinein. Auf den Plicae circulares befinden sind zahlreiche eng gelagerte **Zotten** *(Villi intestinales)* und **Krypten** *(Cryptae)*, die mit Dünndarmepithel bedeckt sind (Abb. 10.42). In Tab. 10.14 sind die Baumerkmale aller Abschnitte des Dünndarms dargestellt.

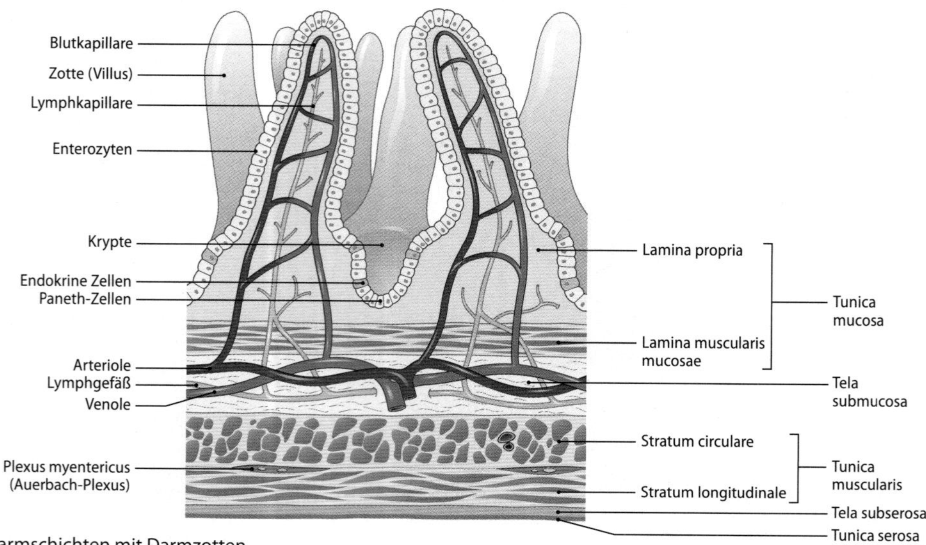

Abb. 10.42. Dünndarmschichten mit Darmzotten

Tab. 10.14. Merkmale im Aufbau von Dünn- und Dickdarm

Region	Tunica mucosa			Tela submucosa	Tunica muscularis
	Falten	Zotten/Krypten	Epithelzellen		
Duodenum	– hohe, breite Plicae circulares – stabile (nicht wegdrückbare) Faltenbildung	– hohe, blattförmige Zotten – untiefe Krypten	– Enterozyten – Becherzellen – Panethzellen Bürstenzellen – endokrine Zellen	– Glandulae duodenales (Brunner-Drüsen) – Plexus submucosus	**innen:** Stratum circulare **außen:** Stratum longitudinale **dazwischen:** Plexus myentericus
Jejunum	– hohe, schlanke Plicae circulares – stabile Faltenbildung	– lange, fingerförmige Zotten – tiefer werdende Krypten	– Enterozyten – Becherzellen (zunehmend) – Panethzellen Bürstenzellen – endokrine Zellen	– Plexus submucosus	**innen:** Stratum circulare **außen:** Stratum longitudinale **dazwischen:** Plexus myentericus
Ileum	– kontinuierlich abflachende, plumpe Plicae circulares – stabile Faltenbildung	– kurze, plumpe Zotten – zunehmend tiefer werdende Krypten	– Enterozyten – Becherzellen (zunehmend) – Panethzellen Bürstenzellen – endokrine Zellen – M-Zellen	– Folliculi lymphatici aggregati (Peyer-Plaques) – Plexus submucosus	**innen:** Stratum circulare **außen:** Stratum longitudinale **dazwischen:** Plexus myentericus
Colon	plumpe, mobile und verstreichbare Plicae semilunares	keine Zotten, nur tiefe Krypten	– Enterozyten – Becherzellen (sehr viele) – Bürstenzellen (selten) – endokrine Zellen Keine Panethzellen!	Plexus submucosus	**innen:** Stratum circulare **außen:** Stratum longitudinale in den Taenien verdichtet **dazwischen:** Plexus myentericus
Appendix vermiformis	keine ausgeprägten Scheimhautfalten	unregelmäßige, kurze Krypten	– Enterozyten – Becherzellen – endokrine Zellen – Panethzellen fakultativ	– Folliculi lymphatici aggregati an der Mukosa-/Submukosa-Grenze – Plexus submucosus	**innen:** Stratum circulare **außen:** Stratum longitudinale als geschlossene Muskelschicht **dazwischen:** Plexus myentericus
Rectum	hohe, halbmondförmig fixierte Querfalten (Plicae transversae recti, Kohlrausch-Falte)	zunächst tiefe, dann zunehmend abflachende Krypten	kontinuierlicher Übergang von einem einschichtigen Zylinderepithel (mit Enterozyten, vielen Becherzellen und endokrinen Zellen) in ein ein- bis mehrschichtiges Zylinderepithel	Plexus submucosus	**innen:** Stratum circulare **außen:** Stratum longitudinale als geschlossene Muskelschicht **dazwischen:** Plexus myentericus
Canalis analis	Längsfalten (Columnae anales), Querfalten (Valvae anales), taschenförmige Einsenkungen (Sinus anales)	zunehmend kryptenfrei	kontinuierlicher Übergang in ein mehrschichtiges unverhorntes Plattenepithel. Am Übergang zum Anus: mehrschichtiges verhorntes Plattenepithel		**glatte Muskulatur:** – M. canalis ani – M. sphincter ani internus – M. corrugator ani **quergestreifte Muskulatur:** Mm. sphincter ani externus profundus, superficialis et subcutaneus

Die **Zotten** sind fingerförmige Ausstülpungen der Schleimhaut, die der Schleimhautoberfläche eine samtartige Erscheinung verleihen. Mit einer Länge von bis zu 1,5 mm tragen sie zu einer weiteren 5-8-fachen Vergrößerung der Schleimhautoberfläche bei. Im Duodenum sind die Zotten weitgehend lang und blattförmig, werden in Richtung Jejunum zunehmend schlanker. Im Ileum sind sie kürzer, plumper and spärlicher. An der Basis der Zotten liegen seitlich enge, fingerhutförmige Einsenkungen, die **Krypten**, die als **Lieberkühn-Krypten** oder, wegen ihres drüsenartigen Charakters, als *Glandulae intestinales* bezeichnet werden. Da sich in der Regel mehr als eine Krypte zwischen den Zotten befindet, ist die Zahl der Krypten weitaus höher als die der Zotten. Die Kryptentiefe mit ca. 0,2–0,4 mm nimmt in Richtung Ileum und Colon kontinuierlich zu.

Das Dünndarmepithel der Zotten *(Lamina epithelialis mucosae)* liegt auf einer lockeren Bindegewebeschicht *(Lamina propria mucosae)*, die die Basis der Zotten bildet (◘ Abb. 10.42). Das Oberflächenepithel der Zotten setzt sich kontinuierlich nach unten in das Epithel der Krypten fort. Die *Lamina muscularis mucosae* schließt an der Basis der Krypten die *Tunica mucosa* ab und markiert damit die Grenze zu der darunter liegenden *Tela submucosa*. Im Dünndarm enthält die Lamina propria mucosae ein sehr engmaschiges Netzwerk von Kapillaren, die von Arteriolen aus der Tela submucosa gespeist werden. Dabei entstehen zwei Kapillargeflechte: Das erste Geflecht versorgt die Zotten (Zottenbasis bis Zottenspitze) und obere Abschnitte der Krypten. Das zweite Kapillargeflecht versorgt die unteren Abschnitte der Krypten.

Das venöse und mit Nährstoffen beladene Blut sammelt sich in einer großen, meist zottenzentral liegenden Venule, die zu größeren Venen der Tela submucosa führt. Die Kapillardichte in den Zotten ist Ausdruck der Resorptionsleistungen der Schleimhaut, die zu Resorptionsphasen stark durchblutet wird. Außerdem enthält das Zottenstroma Lymphkapillaren, über die die resorbierten Fette dräniert und über ein zottenzentrales Chylusgefäß aus der Zotte in größere Lymphgefäße der Tela submucosa geleitet werden.

Die Zotten enthalten außerdem glatte Muskelzellen, die sich aus der *Lamina muscularis mucosae* abzweigen und bis zur Zottenspitze ziehen. Kontraktionen dieser Muskelzellen führen zu rhythmischen Verkürzungen der Zotte **(Zottenpumpe)**, wodurch Zottendurchblutung und Abtransport der resorbierten Stoffe gefördert werden.

In Kürze

Dünndarmschleimhaut

Sie bildet **Plicae circulares** (Kerckring-Falten). Die Tunica mucosa besitzt **Zotten** und **Krypten** (Vergrößerung der Oberfläche).

Die **Zotten** sind:

- im Duodenum lang und blattförmig
- im Jejunum lang und schlank
- zum Ileum hin werden sie kürzer und plumper.

Die **Krypten** werden in Richtung Ileum kontinuierlich tiefer.

Die **Lamina propria mucosae** enthält ein enges Netzwerk von Kapillaren. Das venöse und nährstoffreiche Blut wird über eine Venule abgeleitet. Resorbierte Fette werden in die Lymphkapillaren aufgenommen und über ein zottenzentales Chylusgefäß abgeführt.

Aus der **Lamina muscularis mucosae** in die Zotten ausstrahlende glatte Muskelzellen kontrahieren sich regelmäßig zur Steigerung der Durchblutung und zum Abtransport des nährstoffreichen Blutes (Zottenpumpe).

Dünndarmepithel

Das Dünndarmepithel der Zotten und Krypten enthält verschiedene Zelltypen (Enterozyten, Becherzellen, Panethzellen und endokrine Zellen). Sie unterscheiden sich in ihrer Lage, Anzahl und Verteilung im Dünndarm.

Enterozyten

Der vorherrschende Zelltyp im Dünndarmepithel ist der Enterozyt. Enterozyten sind hochprismatische (20–30 µm) Zellen mit basal liegenden runden bis ovalen Zellkernen (◘ Abb. 10.42 und 10.43). Sie sind auf der Lamina propria mucosae aufgereiht; Hemidesmosomen verankern die basale Zellmembran mit der Basallamina der extrazellulären Matrix. Zwischen den Enterozyten bilden sich im apikalen Drittel Zell-Zell-Verbindungen mit dem **Schlussleistenkomplex** (Tight Junctions, Zonulae adhaerentes, Desmosomen, Gap Junctions) aus, die die Zellen untereinander stabilisierend verankern, gleichzeitig die Interzellularräume abdichten sowie die Kommunikation zwischen den Zellen ermöglichen.

Aufgrund der Zell-Zell-Verbindungen zwischen den Enterozyten entsteht eine **epitheliale Barriere** zwischen Darmlumen und dem unter dem Epithel fließenden Blut. Gleichzeitig wird durch die Tight Junctions eine Polarisierung der Enterozyten erreicht. Die unterhalb der Tight Junctions liegende seitliche Membran sowie die basale Membran der Enterozyten werden als basolaterale Membran zusammengefasst, da sie sich – auf der Blutseite liegend – funktionell gleich verhält. Die apikale Membran (Oberfläche der Enterozyten bis seitlich zu den Tight Junctions) ist zum Darmlumen gerichtet und kommt mit Darmsäften in Berührung. Der apikale Zellpol ist mit einem **Bürstensaum** ausgestattet, der aus einem Rasen von **Mikrovilli** besteht. Ein Enterozyt ist mit ca. 3000 Mikrovilli ausgestattet, die die Epitheloberfläche um das 20-fache vergrößern und somit die hier stattfindende Resorption enorm verbessern. Die komplizierte Verankerung der Mikrovilli am Zytoskelett der Enterozyten durch eine Reihe von Proteinen (Aktin, Fimbrin, Villin, Calmodulin, Fodrin) verleiht ihnen zudem die Möglichkeit, sich vor- und rückwärts zu biegen, wodurch die Stoffaufnahme in die Zellen zusätzlich erleichtert wird. Bedeckt werden die Mikrovilli von einer PAS-positiv reagierenden Glykokalix, die aus einem Netzwerk von Zuckergruppen und Membranproteinen besteht und reich an hydrolytischen Verdauungsenzymen (Bürstensaumenzymen) wie Disaccharidasen und Peptidasen (Aminopeptidasen, Carboxypeptidasen, Endopeptidasen) ist. Die Enzyme stellen aus Disacchariden resorbierbare Monosaccharide und aus Peptiden einzelne Aminosäuren und kurze, aus 2 bzw. 3 Aminosäuren bestehende Di- und Tripeptide her. Derartig kleine Moleküle können durch die Enterozyten aufgenommen werden. Ferner gehören alkalische Phosphatase und ATPase zu den typischen Enzymen des Bürstensaums im Dünndarm.

Becherzellen

Im Epithel der Zotten und Krypten liegen eingestreute Becherzellen (◘ Abb. 10.42 und 10.43), die für die Bildung und Sekretion eines **Gleitschleims** wichtig sind. Ihre Zahl nimmt vom Duodenum in Richtung Ileum kontinuierlich zu. Die meisten Becherzellen kommen schließlich im Colon vor. Die analwärts zunehmende Zahl an Becher-

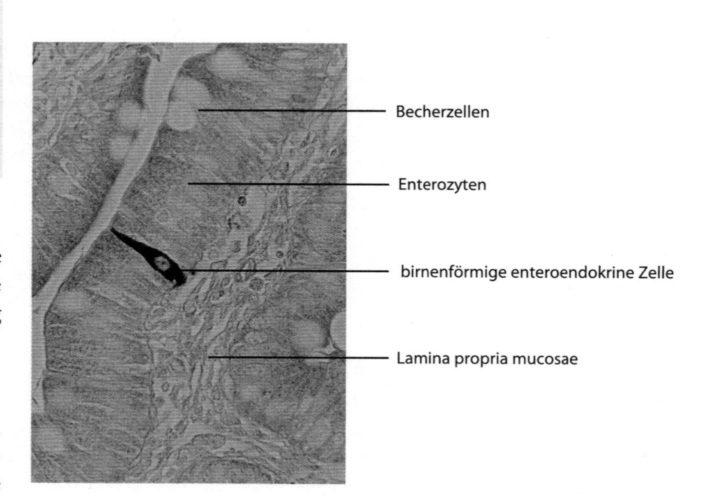

◘ **Abb. 10.43.** Epithel einer Zotte aus dem Duodenum

zellen und die damit steigende Produktion an Gleitschleim geht mit der entlang des Darms zunehmenden Eindickung des Chymus durch Wasserentzug einher. Die Qualität des Schleims innerhalb der Darmabschnitte ändert sich hinsichtlich Zusammensetzung mit unterschiedlichen Muzinen und unterschiedlichen Kohlenhydratanteilen.

Die Becherzellen haben einen kleinen ovalen Zellkern, der im schmalen basalen Pol der Zellen liegt. Becherzellen besitzen nur wenige Mikrovilli mit einer spärlich ausgebildeten Glykokalix. Nach Synthese der Muzine in den Becherzellen werden sie in Sekretgranula **(Muzingranula)** verpackt, die am apikalen Pol der Zellen in die Lichtung des Darms entleert werden. Die Becherzellen weisen eine kontinuierliche und eine stimulierte (durch Transmitter, Hormone, Bakterientoxine) Sekretion auf. Neben der Funktion als Gleitschleim dienen die sezernierten Muzine als schleimhautschützende Barriere gegenüber körpereigenen und körperfremden aggressiven Enzymen, Mikroorganismen (Bakterien, Protozoen, Pilze) und Toxinen.

Panethzellen

Typischerweise kommen die Panethzellen am Grund der Krypten des gesamten Dünndarms vor (■ Abb. 10.42). Ihre Zahl nimmt allerdings ileumwärts kontinuierlich zu. Panethzellen enthalten stark eosinophile Granula im apikalen Zellpol. Der Golgi-Apparat und das ausgeprägte raue endoplasmatische Retikulum sind supranukleär lokalisiert. Insgesamt bieten die Zellen das Bild typischer Drüsenzellen mit hoher biosynthetischer und sekretorischer Aktivität. Ihre Lebenserwartung beträgt ca. 20 Tage. Panethzellen dienen vorwiegend dem antimikrobiellen Schutz. Sie sezernieren Lysozym, ein bakteriolytisches Enzym, das die Zellwand der Bakterien durch Abbau verschiedener Peptidoglykankomponenten schädigt. In gleicher Weise werden verschiedene Defensinpeptide mit antimikrobieller Wirkung sezerniert, die eine Kolonisierung des Epithels mit pathogenen Mikroorganismen verhindern. Insbesondere werden von den Panethzellen Cryptidinpeptide (mit Defensinen verwandt) abgegeben, die an benachbarten Enterozyten in die luminale Membran eindringen und dort durch Komplexierung Kanäle bilden. Über derartige Kanäle werden vermehrt Ionen und Wasser in die Lichtung der Krypten sezerniert, wodurch Mikroorganismen und deren Toxine aus den Krypten herausgespült werden können.

! Die Panethzellen tragen durch ihre sekretorischen Produkte zum Aufbau einer Abwehrbarriere im Dünndarmepithel bei und üben eine modulierende Funktion auf die mikrobiologische Darmflora aus.

Bürstenzellen

Bürstenzellen kommen im Epithel der Zotten und Krypten von Duodenum, Jejunum, Ileum, seltener im Colon vor.

Bürstenzellen haben eine flaschenförmige Gestalt mit einem engen Apex und einer breiten Basis. Ihre Oberfläche besitzt breite und sehr lange Mikrovilli, die in die Lichtung des Darms ragen. Der apikale Zellpol enthält zahlreiche Caveolae und Mitochondrien. Bürstenzellen sind reichlich mit Enzymsystemen zur Produktion von Stickstoffmonoxid (NO) ausgestattet, das als lokaler Mediator wirkt. Bürstenzellen sind in Dehnungs- und Chemorezeption der Magen-Darm-Schleimhaut involviert.

Endokrine Zellen

Es handelt sich dabei um hormonbildende Zellen, die in das Epithel der Zotten und Krypten eingestreut sind (enteroendokrine Zellen) und der Regulation der Verdauungstätigkeit dienen (■ Abb. 10.42 und 10.43). In der Regel sind es hochprismatische, breitbasig der Basallamina aufsitzende birnenförmige Zellen mit einem hellen Zytoplasma und infranukleär gelagerten hormonbeladenen Sekretgranula (basal gekörnte Zellen). Der Anteil der einzeln verstreuten enteroendokrinen Zellen beträgt ca. 1–3% aller Epithelzellen. Weil sie in ihrer Gesamtheit funktionell von Bedeutung sind, werden die endokrinen Zellen unter dem Begriff **diffuses neuroendokrines System (DNES)** zusammengefasst. Bei Berücksichtigung der Gesamtlänge des Magen-Darm-Trakts und seiner großen Schleimhautoberfläche bilden alle endokrinen Zellen zusammengefasst ein endokrines Organ von der Größe eines Tennisballs. Damit ist der Darm das größte endokrine Organ.

Die enteroendokrinen Zellen bestehen aus zahlreichen verschiedenen Zelltypen, die sich durch die gebildeten Hormone, die charakteristische Form ihrer Sekretgranula und durch ihr Verteilungsmuster entlang des Magen-Darm-Kanals unterscheiden (■ Abb. 10.32). Zurzeit sind nahezu 20 verschiedene enteroendokrine Zelltypen bekannt. Die Mehrzahl der endokrinen Zelltypen bildet mehr als ein Hormon; allen gemein ist jedoch der Gehalt an Chromograninen, sauren Glykoproteinen der Granulamatrix, die heute als Marker für diese Zellen gelten, insbesondere für die histopathologische Diagnostik.

! Zahlreiche in den endokrinen Zellen des Magen-Darm-Trakts produzierten Hormone werden auch in anderen Organen, vor allem im ZNS, gebildet. Dort wirken sie als Neurotransmitter oder Neuromodulatoren.

Aufgrund ihrer Lage und Anordnung im Epithel werden 2 Formen von enteroendokrinen Zellen unterschieden. Die meisten endokrinen Zellen (ca. 80%) erreichen das Darmlumen über Mikrovilli (offener Zelltyp), während ein kleiner Teil als abgerundete Zellen zwischen den Enterozyten liegt und keinen Zugang zum Darmlumen hat (geschlossener Zelltyp). Daraus ergeben sich entsprechende Funktionsmodi der enteroendokrinen Zellen. Nach heutigen Kenntnissen agieren die endokrinen Zellen des offenen Typs als »Sinneszellen«: Spezifische Nahrungsbestandteile können die Zellen an ihrem apikalen Pol stimulieren, so dass die Zellen über basalwärts gerichtete Exozytose der Sekretgranula ihre Hormone in die Lamina propria mucosae sezernieren. Die Hormone können hier **parakrin** wirken, indem sie die Funktion der direkt benachbarten Zellen (Enterozyten, Nervenzellen, Muskelzellen, Immunzellen) regulieren. Andererseits können die Hormone in das Blutgefäßsystem eintreten und ihre **endokrine** Wirkung an entfernten Zellen entfalten. Zunehmend wird auch eine **luminokrine** Sekretion diskutiert, in der die Zellen in umgekehrter Richtung ihre Hormone in das Darmlumen abgeben und so die Funktion von nahen und entfernten Epithelzellen auf luminalem Wege regulieren.

Die endokrinen Zellen des geschlossenen Typs werden über Signalstoffe aus der Lamina propria mucosae (Hormone aus dem Blut, Mediatoren benachbarter Zellen) aktiviert. Sie geben ihre Hormone wiederum in Richtung Lamina propria mucosae ab, wo die Hormone ebenfalls über parakrine und endokrine Mechanismen wirken. Im Folgenden werden exemplarisch einige endokrine Zelltypen des Magen-Darm-Epithels beschrieben, die für die Klinik bedeutsam sind (■ Abb. 10.32):

- **Gastrin- (G-)Zellen:** Diese Zellen kommen im Magen in den Pylorusdrüsen vor (s.o.). Zusätzlich können sie im Duodenum bis zum Bulbus duodeni vorhanden sein. Über einen endokrinen Wirkmechanismus erhöht Gastrin die Magensäuresekretion und besitzt zudem trophische Wirkungen auf die Magenschleimhaut. Gleichzeitig wird die Insulinsekretion aus dem Pankreas stimuliert. Im Chymus vorkommende Aminosäuren (Phenylalanin, Tryptophan) und Ca^{++} wirken stimulierend auf die Gastrinsekretion, ein Magensäure-pH < 3 hemmend.
- **Cholecystokinin- (CCK- oder I-)Zellen.** Die CCK-Zellen gehören zum Epithel von Duodenum und beginnendem Jejunum. Cholecystokinin (CCK) wirkt endokrin und leitet die Verdauung

ein. Mizellarisierte Fettsäuren, Aminosäuren (Phenylalanin, Tryptophan) und Glucose im Darmlumen erhöhen die Freisetzung von CCK. Dieses Hormon bewirkt einerseits die Kontraktion der Gallenblasenmuskulatur mit Ausschüttung von Galle und gleichzeitig eine Relaxierung des Sphincter Oddi (zur Förderung des Gallenflusses) und Hemmung der gastralen Phase der Magensekretion. Zudem wird parallel die Produktion und Sekretion von pankreatischen Verdauungsenzymen angeregt und im ZNS das Sättigungsgefühl induziert.

- **Sekretin- (S-)Zellen.** Diese Zellen sind besonders zahlreich im Duodenum und Jejunum. Gelangt der saure Chymus aus dem Magen in das Duodenum oder Oleate und Galle in den oberen Dünndarm, wird die Freisetzung von Sekretin stimuliert. Seine Hauptwirkung entfaltet das Hormon im Pankreas, wo es an den Ausführungsgängen die Sekretion einer bikarbonatreichen Flüssigkeit stimuliert. Gleichzeitig wird die Gastrinfreisetzung und damit die Magensäuresekretion gehemmt.
- **Somatostatin- (D-)Zellen.** In allen Abschnitten des Magen-Darm-Trakts findet man den gleichen Typ von D-Zellen. Magensäure mit $pH < 3$ sowie Fette und Proteine im Chymus wirken als Stimuli für die Sekretion von Somatostatin, das eine generell hemmende Funktion auf verschiedene Hormone ausübt. So wird im Magen über parakrine und endokrine Wirkwege die Freisetzung von Gastrin und Histamin und damit die Magensäuresekretion sowie die Pepsinfreisetzung inhibiert. Die Darmmotorik wird herabgesetzt und zusätzlich die Enzymsekretion aus dem Pankreas unterdrückt.
- **Enterochromaffine (EC-)Zellen.** Sie kommen im gesamten Magen-Darm-Trakt vor und bilden die größte Population unter den enteroendokrinen Zellen. Die EC-Zellen sind hochprismatisch oder rundlich, besitzen einen rundlichen Kern. Die meisten EC-Zellen gehören zum offenen Zelltyp. Das Hauptprodukt der EC-Zellen ist das Serotonin, das in typischen Sekretgranula gespeichert wird. Im Chymus vorhandene Zucker und Aminosäuren sowie ein erhöhter Druck im Darmlumen stimulieren die EC-Zellen zur basolateralen Sekretion von Serotonin, das über parakrine Wege die Funktion der benachbarten Enterozyten moduliert, über erhöhte Kontraktionen der glatten Muskulatur die Darmmotorik steigert und zu einer Vasokonstriktion der lokalen Gefäße führt. Die EC-Zellen enthalten zusätzliche bioaktive Peptide.
- **Enteroglucagon- (L-)Zellen.** Die L-Zellen sind vorwiegend im Jejunum, Ileum und Colon anzutreffen und bilden zahlenmäßig nach den EC-Zellen den zweithäufigsten enteroendokrinen Zelltyp. Sie bilden wie die A-Zellen der Pankreasinseln das gleiche Vorläufermolekül für Glucagon (Proglucagon), das jedoch in den L-Zellen abweichend enzymatisch gespalten wird. Daraus gehen Glicentin/Oxyntomodulin, GLP-1 (Glucagon-like Peptide-1) und GLP-2 hervor. Nahrungsbestandteile, insbesondere Fette und Kohlenhydrate, bilden einen starken Reiz für die Sekretion dieser L-Zellprodukte in die Blutbahn. GLP-1 wirkt als der stärkste bisher bekannte Stimulator der Insulinsekretion und trägt somit zur Regulation des Blutglucosespiegels bei. GLP-1 und GLP-2 hemmen die Magenmotilität und Magensäuresekretion und zudem die Sekretion der Verdauungsenzyme aus dem Pankreas. Damit gelten beide Hormone als die wichtigsten physiologischen Inhibitoren der gastroenteropankreatischen Funktionen. GLP-2 besitzt zudem einen trophischen Effekt auf das Epithel von Dünn- und Dickdarm, indem es die Proliferation der Epithelzellen stimuliert und ihre Apoptose hemmt.

10

In Kürze

Endokrine Zellen im Magen-Darm-Trakt

Vorkommen: Nahezu 20 verschiedene endokrine Zelltypen kommen im Epithel des Magen-Darm-Trakts vor. Sie sind entlang des Magen-Darm-Kanals unterschiedlich verteilt.

Funktion: Sie produzieren verschiedene Hormone zur Regulation und Koordination der Verdauung (Sekretion von Verdauungssäften, Resorption und Peristaltik).

Regeneration des Dünndarmepithels

Im Dünndarmepithel schilfern laufend Zellen (ca. 200–300 g pro Tag) in das Darmlumen ab. An den Spitzen der Zotten, wo die Abschilferungsrate am höchsten ist, wird das Epithel (Enterozyten und Becherzellen) in 5–6 Tagen komplett erneuert. Die Kryptenzellen, insbesondere die Panethzellen, werden dagegen alle 20–30 Tage ersetzt. Endokrine Zellen haben eine Lebensdauer von mehreren Monaten. In der unteren Hälfte der Krypten befinden sich im Epithel hochprismatische Stammzellen mit basal gelegenen Zellkernen und spärlichen Mikrovilli. Diese Zellen haben eine hohe mitotische Aktivität und können sich während ihrer zottenwärts gerichteten Wanderung in spezialisierte Zelltypen des Epithels differenzieren. Die Zellerneuerung wird durch direkte Faktoren, z.B. Abschilferung der Zellen, Nahrungsbestandteile, Epidermal Growth Factor (EGF), sowie indirekte Faktoren wie verschiedene gastrointestinale Hormone und Peptide und nervale Reize angeregt.

Resorptions- und Sekretionsleistungen des Epithels

Dem aus dem Magen kommenden Chymus werden Sekrete der Leber (Galle) und des Pankreas (bikarbonatreicher Pankreassaft, Verdauungsenzyme) zugesetzt und mit dem alkalischen Schleim der duodenalen Brunner-Drüsen vermischt. Die im Magen begonnene Verdauung wird im Dünndarm mittels pankreatischer Enzyme und Mikrovillus-assoziierter Enzyme der Enterozyten fortgesetzt, bis kleinste resorbierbare Nahrungbestandteile entstehen. Die Hauptfunktion des Dünndarmepithels besteht nun in der Resorption von **Kohlenhydraten, Aminosäuren und kurzen Peptiden, Fetten, Vitaminen, Elektrolyten** sowie **Wasser.** Dazu verfügen die Enterozyten über verschiedene Aufnahme- und Transportmechanismen.

Die **Resorptionseigenschaften** der Dünndarmabschnitte für verschiedene Nährstoffe sind jedoch unterschiedlich ausgeprägt (◘ Tab. 10.15):

- **Kohlenhydrate:** Sie bestehen hauptsächlich aus Stärke, Saccharose und Lactose. Unter der Wirkung von α-Amylase (aus Speichel und Pankreassaft) und von Bürstensaumenzymen entsteht aus Stärke Glucose. Weitere Bürstensaumenzyme setzen Saccharose und Lactose in Glucose, Fructose und Galactose um. Diese Zucker werden über spezialisierte Cotransporter-Proteine (z.B. SGLT1) in der Mikrovillusmembran in die Enterozyten aufgenommen und an der basolateralen Membran über andere Transporterproteine (z.B. GLUT2, GLUT5) aus den Enterozyten in die Kapillaren der Lamina propria mucosae abgegeben (▶ 10.46).
- **Aminosäuren und kurze Peptide:** Proteine und größere Peptide können nicht ohne weiteres durch die Enterozyten resorbiert werden. Proteine werden durch Proteasen der Verdauungssäfte zu Peptiden abgebaut. Diese werden durch Mikrovillus-assoziierte Peptidasen der Enterozyten in kleine Peptide und Aminosäuren umgewandelt. Dabei werden neutrale und saure Aminosäuren (Prolin, Phenylalanin, Methionin) und basische Aminosäuren (Arginin, Lysin) und Cystin über unterschiedliche Transportsysteme aufgenommen. Die Mikrovilli der Enterozyten verfügen

Tab. 10.15. Absorption verschiedener Nährstoffe und Mineralien im Dünndarm

Absorptionsgut	Ort und relative Absorptionsrate		
	Duodenum	Jejunum	Ileum
Lipide, Fettsäuren	+++	++	+
Fettlösliche Vitamine	+++	++	+
Wasserlösliche Vitamine	+++	++	–
Glucose, Galactose, Fructose	++	+++	++
Aminosäuren	++	+++	++
Gallensäuren	–	+	+++
Vitamin B_{12} (Cobalamin)	–	+	+++
Calcium	+++	++	+
Eisen	+++	++	+
Phosphat	+++	++	+
Sulfat	+	++	+++

darüber hinaus über Transportsysteme (PEPT-1, PEPT-2) für kurze Peptide, die in der Zelle durch zytoplasmatische Peptidasen zu Aminosäuren abgebaut werden. Die in den Enterozyten angereicherten Aminosäuren werden an ihrer basolateralen Membran über ein spezielles Transportsystem in die Blutbahn sezerniert. Während bisher die Epithelzellschicht als eine Barriere für größere Moleküle (Proteine und große Peptide) galt, ergeben sich zunehmend Hinweise für eine gezielte Absorption von Makromolekülen über Endozytose, Pinozytose und teilweise über den Interzellularspalt durch nicht hinreichend dichte Tight junctions zwischen den Enterozyten.

- **Fette und Vitamine:** Die Fetttropfen in der Nahrung werden bereits im Duodenum durch die sezernierten Gallensäuren emulgiert, so dass sich kleine Tröpfchen (Mizellen) bilden. In die Mizellen werden auch die **fettlöslichen Vitamine** (Vitamin A, D, E, K) eingelagert. Die pankreatischen Lipasen spalten die Mizellen, so dass Monoglyceride, Glycerin, freie Fettsäuren und Cholesterin freigesetzt werden. Die Moleküle passieren die Mikrovillusmembran durch einen Fettsäuretransporter (FATP4) in Wechselwirkung mit Fettsäure-bindenden Proteinen (I-FABP, H-FABP) und gelangen so in die Enterozyten, wo dann eine Resynthese von Triglyceriden erfolgt. Diese durchlaufen das glatte endoplasmatische Retikulum unter Komplexierung mit Lipid-bindenden Proteinen (Apoproteinen), die dann im Golgi-Apparat in Transportvesikel verpackt und als **Chylomikronen** in die Lymphgefäße der Lamina propria mucosae abgegeben werden. Cholesterin und die fettlöslichen Vitamine wandern mittels erleichterter Diffusion aus den Mizellen in die Mikrovillusmembran, um dann anschließend in die Chylomikronen überzutreten. Die Absorption der wasserlöslichen Vitamine (z.B. Vitamin B, C, Biotin) erfolgt durch spezifische Transportmechanismen der Enterozyten.
- **Elektrolyte und Wasser:** Pro Tag gelangen ca. 9 l Flüssigkeit (2 l orale Aufnahme, 7 l aus Speichel, Magensaft, Galle, Pankreassaft und intestinale Sekretionen) in den Darm, die hier zu 85% resorbiert wird. Hierzu werden Salze resorbiert, die die Grundlage für die osmotische Wasserresorption (passiv) entlang des Darmes bilden. Im Dünndarm werden mittels zahlreicher spezieller Proteine in der apikalen Membran der Enterozyten verschiedene Ionen (Na^+, Cl^-, K^+, HCO_3^-) über Transport-, Cotransport- und Austauschersysteme in die Enterozyten aufgenommen und an ihrer basolateralen Seite dem Blut zugeführt. Die Na^+-K^+-ATPase, die an der basolateralen Membran der Enterozyten lokalisiert ist, stellt eine treibende Kraft für die Resorption verschiedener Elektrolyte dar. Eine zentrale Rolle spielt hierbei das »Cystic fibrosis transmembrane conductance regulator«-(CFTR-)Protein, das in der apikalen Membran der Enterozyten lokalisiert ist und die Funktion verschiedener Ionentransportsysteme in der apikalen Membran der Enterozyten reguliert, insbesondere luminale Sekretion von Cl^- und HCO_3^- (► 10.47).
- **Ca^{2+}-Ionen** werden durch Calciumkanäle der apikalen Membran in die Enterozyten aufgenommen und im Zytoplasma durch Calcium-bindende Proteine (z.B. Calbindin) abgefangen. Ihre Abgabe in das Blut erfolgt an der basolateralen Membran über Ca^{2+}-Pumpen und Na^+-Ca^{2+}-Austauscher-Proteine.
- **Eisen:** Im Chymus liegt das Eisen in seiner oxidierten Form (Fe^{3+}) vor, das schlecht löslich ist und durch die Enterozyten kaum aufgenommen werden kann. Durch die Bindung an Trägerproteine entstehen Eisen-Protein-Komplexe, die im Duodenum über Transportproteine aufgenommen werden. Zugleich werden ungebundene Fe^{3+}-Ionen durch das Enzym **Ferrioxidoreduktase** (liegt im Bürstensaum der Enterozyten vor) zu Fe^{2+}-Ionen reduziert, die dann durch den Divalenten-Kationentransporter (DCT1) in die Enterozyten aufgenommen werden. DCT1 sorgt darüber hinaus für die Aufnahme von Zn^{2+}, Cu^{2+} und Mn^{2+}. In den Enterozyten werden die aufgenommenen Fe^{2+}-Ionen an **Apoferritin** gebunden und als Ferritinpartikel gespeichert. Für die Sekretion in das Blut werden Fe^{2+}-Ionen wiederum zu Fe^{3+} oxidiert (mittels Hephaestin) und durch einen in der basolateralen Membran lokalisierten Fe^{3+}-Transporter (Ferroportin) in die Blutbahn abgegeben, wo sie an ein Transportprotein (Transferrin) gebunden und über einen Transferrinrezeptor in die Zielzellen aufgenommen werden. Das neu entdeckte Peptidhormon Hepcidin reguliert die Aufnahme von Eisen im Dünndarm, in dem es in den Enterozyten durch Bindung an Ferroportin den Fe^{3+}-Transport in die Blutbahn hemmt.

10.46 Lactasemangel

Ein oft genetisch bedingter Mangel an Lactase führt dazu, dass Lactose nicht abgebaut werden kann und im Darmlumen verbleibt. Dadurch kommt es zum Rückhalt eines großen Volumens von Wasser im Darmlumen und somit zum Durchfall (osmotische Diarrhö).

10.47 Störungen der Elektrolytsekretion und des Transports durch Gendefekte

Gendefekte können zu einem Funktionsverlust von CFTR führen und damit das Krankheitsbild einer **zystischen Fibrose** (Mukoviszidose) verursachen. Neben einer gestörten Elektrolytsekretion in verschiedenen Organen kommt es im Darm aufgrund von Dysregulationen im Elektrolyttransport in Enterozyten zu einer Verhärtung des Stuhls und damit zum Verschluss des Darms (Mekoniumileus), der operativ versorgt werden muss.

10.48 Durchfall auf Reisen in südliche Länder

Toxine der Choleraerreger, *Vibrio cholerae,* oder der pathogenen Kolibakterien, *Escherichia coli,* die in das Darmlumen gelangen, können über Anlagerung an Bindungsstellen (Rezeptoren) in der Mikrovillusmembran der Enterozyten eine Überaktivierung von CFTR und damit eine massive sekretorische Diarrhö verursachen (typischer Durchfall bei Reisen in den südlichen Ländern).

In Kürze

Dünndarmfunktion

Resorption von lebenswichtigen Stoffen (Kohlenhydrate, Aminosäuren und kurze Peptide, Fette, Vitamine, Salze und Wasser):

- Die Enterozyten verfügen dafür über zahlreiche Aufnahme- und Transportmechanismen. Die einzelnen Stoffe werden an der apikalen Membran der Enterozyten (Mikrovilli) über spezialisierte Membranproteine in die Zellen aufgenommen und an der basolateralen Membran in die Gefäße der Lamina propria mucosae abgegeben.
- Kohlenhydrate, Aminosäuren, wasserlösliche Vitamine und Salze werden über Venen abtransportiert.
- Fette und fettlösliche Vitamine werden über Lymphgefäße weitergeleitet.

Zellen und Strukturen der Abwehr

Der Magen-Darm-Trakt ist permanent mit Antigenen in Kontakt, so dass sich in der Schleimhaut Zellen und Strukturen der Abwehr befinden, die insgesamt unter dem Begriff »gut-associated lymphoid tissue« (**GALT**) subsumiert werden (► Kap. 7.3.7). Zusätzlich zu den zahlreichen Lymphozyten und Makrophagen in der Lamina propria mucosae kommen stets Lymphozyten innerhalb des Epithels vor. Es sind überwiegend (ca. 80%) aus der Lamina propria mucosae stammende T-Lymphozyten, von denen wiederum 70% dem Suppressortyp angehören. Außer den einzeln verstreuten Zellen kommen entlang der Schleimhäute regelmäßig Lymphfollikel vor, die als Solitärfollikel meist in der Lamina propria mucosae liegen. Ihre Bildung und Auflösung (je nach Abwehrlage) führt zu Verschiebungen und Auflockerungen der Lamina propria und der Lamina muscularis mucosae.

Massive Ansammlungen von Lymphfollikeln kommen im gesamten Dünndarm, jedoch vorwiegend im terminalen Ileum vor. Sie schließen sich zu größeren aggregierten Paketen von Lymphfollikeln *(Folliculi lymphatici aggregati)* zusammen und bilden die **Peyer-Plaques.** Peyer-Plaques sind stets an der dem Mesenterium gegenüberliegenden Seite des Dünndarms angesiedelt. Ihre Lymphfollikel werden hier so groß, dass sie die Struktur der gesamten Tunica mucosa verändern, die Lamina muscularis mucosae durchbrechen und bis in die Tela submucosa vordringen können. Über den Peyer-Plaques fehlen die Zotten; die Schleimhaut wölbt sich domartig über das Darmlumen (Domareal) vor. Das Domepithel (oder Follikel-assoziiertes Epithel) unterscheidet sich vom normalen Saumepithel durch das Fehlen oder durch den Mangel an Becherzellen sowie durch Einlagerung domspezifischer Zellen, den **M-Zellen.** Das Domepithel ist, besonders nahe den M-Zellen, stark mit Lymphozyten durchsetzt. Die **Hauptfunktion** der M-Zellen besteht in einem gerichteten transepithelialen Transport von Antigenen unter Umgehung einer abschirmenden epithelialen Barriere. Die luminalen Antigene (Makromoleküle, Viren, Bakterien) werden über Endozytose in die M-Zellen aufgenommen und über den Weg der Transzytose durch die Zellen transportiert und an der basolateralen Membran durch Exozytose abgegeben. An der basolateralen Membran besitzen die M-Zellen Membrantaschen, in die sich Lymphozyten und teilweise Makrophagen hinein legen und so einen direkten Kontakt zu Antigenen aufnehmen. Die subepithelial liegenden immunkompetenten Zellen initiieren die Kaskade der Immunreaktionen. Die sensibilisierten B-Lymphoblasten vermehren sich im Keimzentrum der Lymphfollikel. Sie differenzieren sich nicht vor Ort zu Antikörper produzierenden Plasmazellen, sondern verlassen die Region über die Lymphgefäße, regionale Lymphknoten und Ductus thoracicus, um dann in das Blut zu gelangen. Über die Blutzirkulation besiedeln sie wiederum die Schleimhaut nicht nur ihres Ausgangsortes, sondern verschiedenster Darmabschnitte, wo sie sich zu IgA produzierenden Plasmazellen differenzieren und vermehren. Die IgA-Antikörper werden vielerorts von Enterozyten basolateral aufgenommen und nach der Transzytose auf die Epitheloberfläche zur Inaktivierung des jeweiligen Antigens abgegeben. Damit wird die ursprünglich an einem Ort ausgelöste Immunreaktion zum Schutz der gesamten Schleimhaut ausgebaut.

10.49 Morbus Crohn

Als Morbus Crohn wird eine chronisch-entzündliche Erkrankung des Dünndarms, insbesondere des terminalen Ileum bezeichnet. Dabei wandern Entzündungszellen (neutrophile Granulozyten, Lymphozyten und Makrophagen) in die Schleimhaut ein und infiltrieren den Bereich der Krypten. Sie sezernieren Zytokine und zerstören den mukosalen Feinbau mit Ausbildung atrophischer und ulzerativer Areale. Der entzündliche Prozess setzt sich in tiefere Schichten (Tela submucosa und Tunica muscularis) fort, so dass krankheitstypische knötchenartige Aggregate von Entzündungszellen (Granulome) entstehen.

In Kürze

Abwehrfunktion des Magen-Darm-Trakts

Zahlreiche Zellen der spezifischen und unspezifischen Abwehr durchwandern die Lamina propria mucosae aller Schleimhautabschnitte.

Die Schleimhaut enthält regelmäßig Lymphfollikel (Solitärfollikel).

Ansammlungen von Lymphfollikeln kommen imgesamten Dünndarm vor, jedoch vorwiegend im terminalen Ileum, wo sie sich zu aggregierten Follikeln, **Peyer-Plaques**, zusammenschließen.

Im Domareal der Schleimhaut über den Pleyer-Plaques enthält das Epithel **M-Zellen,** die sich auf Aufnahme und Weiterleitung von Antigenen spezialisiert haben. Sie initiieren lokale und entfernt liegende Immunreaktionen mit dem Erfolg, dass IgA-produzierende Plasmazellen die Schleimhaut des gesamten Magen-Darm-Trakts besiedeln und für eine generalisierte Abwehr sorgen.

Tela submucosa

Typischerweise enthält das Duodenum in der Tela submucosa **Brunner Drüsen** *(Glandulae duodenales)* (■ Abb. 10.26). Es handelt sich dabei um Pakete von gewundenen und verzweigten Drüsenschläuchen, die mit bläschenförmigen Auftreibungen enden. Sie durchbrechen die Lamina muscularis mucosae und münden in die Krypten des Duodenum. Die weitlumigen mukösen Drüsen bestehen aus einschichtigen, kubisch bis hochprismatischen Zellen mit basal liegenden Zellkernen. Die Zellen produzieren einen alkalischen Schleim, der zur Abpufferung des aus dem Magen kommenden sauren Chymus dient und ein alkalisches Milieu für die pankreatischen Verdauungsenzyme schafft. Die Sekretion eines Trypsinaktivators aus diesen Drüsen unterstützt die Einleitung der Verdauung. Zudem bilden die mukösen Drüsen Wachstumsfaktoren (z.B. EGF, Urogastron), die die Zellproliferation in der Schleimhaut anregen.

Tunica muscularis und Motorik

Der Muskelapparat von Duodenum, Jejunum und Ileum ist weitgehend gleich. Er besteht aus einer inneren Ringmuskelschicht *(Stratum circulare)* und einer äußeren Längsmuskelschicht *(Stratum longitudinale)*. Die Ringmuskulatur ist durchweg kräftiger ausgebildet als die Längsmuskulatur. Kontraktionen der Ringmuskulatur führen zur Verengung des Darmlumens und damit zum Weitertransport des Inhaltes, während Kontraktionen der Längsmuskulatur eine Verkürzung und Erweiterung des Darmes bewirken. Durch unterschiedliche Kontraktionsmuster entstehen spezifische Motilitätsformen: **Peristaltik, rhythmische Segmentationen und Pendelbewegungen** (■ Abb. 10.44):

- Die **Peristaltik** entsteht durch lokale Reflexe in der Darmwand (■ Abb. 10.44a). Dabei entwickelt die Stelle des Speisebolus, der Darmabschnitt vor (oralwärts) und nach (analwärts) dem Speisebolus ein stereotypes Kontraktionsmuster, das beliebig in allen Darmsegmenten vorkommen kann. An der Stelle des Nahrungsbreis aktiviert dieser Dehnungs- und Druckrezeptoren in der Darmwand und löst zudem mukosale Reize (mechanische, thermische, osmotische und chemische Stimuli) aus. Diese afferenten Informationen gelangen in den Plexus myentericus, wo eine Verschaltung von hemmenden (in oraler Richtung) und erregenden (in analer Richtung) Interneuronen auf beidseits hemmende und erregende motorische Neurone stattfindet. Diese integrative Verschaltung führt dazu, dass im Darmabschnitt vor dem Speisebolus sich die Ringmuskulatur kontrahiert, während die Längsmuskulatur relaxiert. Gleichzeitig erfolgt im Darmabschnitt am und nach dem Speisebolus eine Relaxierung der Ringmuskulatur sowie eine Kontraktion der Längsmuskulatur. Auf diese Art und Weise werden durch Kontraktion der Ringmuskulatur analwärts wandernde Schnürringe gebildet, die den Speisebolus kontinuierlich vorschieben. Aufgrund der Kontraktion der Längsmuskulatur am und nach dem Speisebolus schiebt und stülpt sich gleichzeitig die Darmwand oralwärts über den ankommenden Speisebolus hinweg. Diese peristaltischen Aktionen sind periodisch wiederkehrende Kontraktionswellen, die sich mit einer Geschwindigkeit von 6-8 cm/min in distaler Richtung ausbreiten. Diese Wellen bewirken die Durchmischung und den Weitertransport des Chymus.
- **Rhythmische Segmentationen** entstehen durch abwechselnde Kontraktionswellen und Erschlaffungsphasen der Ringmuskulatur (12-18-mal pro Minute), wobei gleichzeitig mehrere nachgelagerte Schürringe entstehen und verschwinden. Diese Segmentationen führen zu wechselnden Portionierungen der Chymussäule und verbessern damit die Durchmischung. Sie werden alternierend durch peristaltische Wellen abgelöst, die den Chymus langsam analwärts voranschieben (■ Abb. 10.44b).
- **Pendelbewegungen** entstehen durch oral und aboral gerichtete Kontraktionen der Längsmuskulatur (etwa 10-mal pro Minute). Dabei kommt es abwechselnd zu einer Verkürzung und dann zu einer Verlängerung eines Dünndarmabschnitts, wodurch sich der Darm wiederholt über die Chymussäule hinweg und wieder zurück schieben kann (■ Abb. 10.44b).

Zwischen den Mahlzeiten ist der Darm meist leer. Diese Zeit wird dazu genutzt, »Rückstände« in der Darmlichtung zu beseitigen und somit eine »Grundreinigung« durchzuführen. Dazu dienen wandernde **myoelektrische Motorkomplexe** (MMK) in der interdigestiven Phase. Dabei handelt es sich um peristaltische Kontraktionen von etwa 30 Minuten Dauer mit rasch steigender Frequenz, die im Magen anfangen (der Pylorus bleibt hierbei geöffnet) und den gesamten Dünndarm durchlaufen. In dieser Zeit steigt die Sekretion von Magensaft, Galle und Pankreassaft, wodurch wahrscheinlich der Reinigungseffekt der myoelektrischen Motorkomplexe erhöht und eine Bakterienbesiedelung der oberen Abschnitte des Magen-Darm-Trakts verhindert wird. Flüssigkeiten vermengt mit Gasen aus dem Magen, die durch myoelektrische Motorkomplexe peristaltisch bewegt werden, lösen die typischen Magen-Darm-Geräusche (»Knurren«) im Hungerzustand aus.

Diese motorischen Aktivitäten werden jeweils durch 45-60 Minuten dauernde Ruhephasen unterbrochen. Gesteuert werden myoelektrischen Motorkomplexe durch das enterische Nervensystem unter Einbeziehung des Darmhormons Motilin.

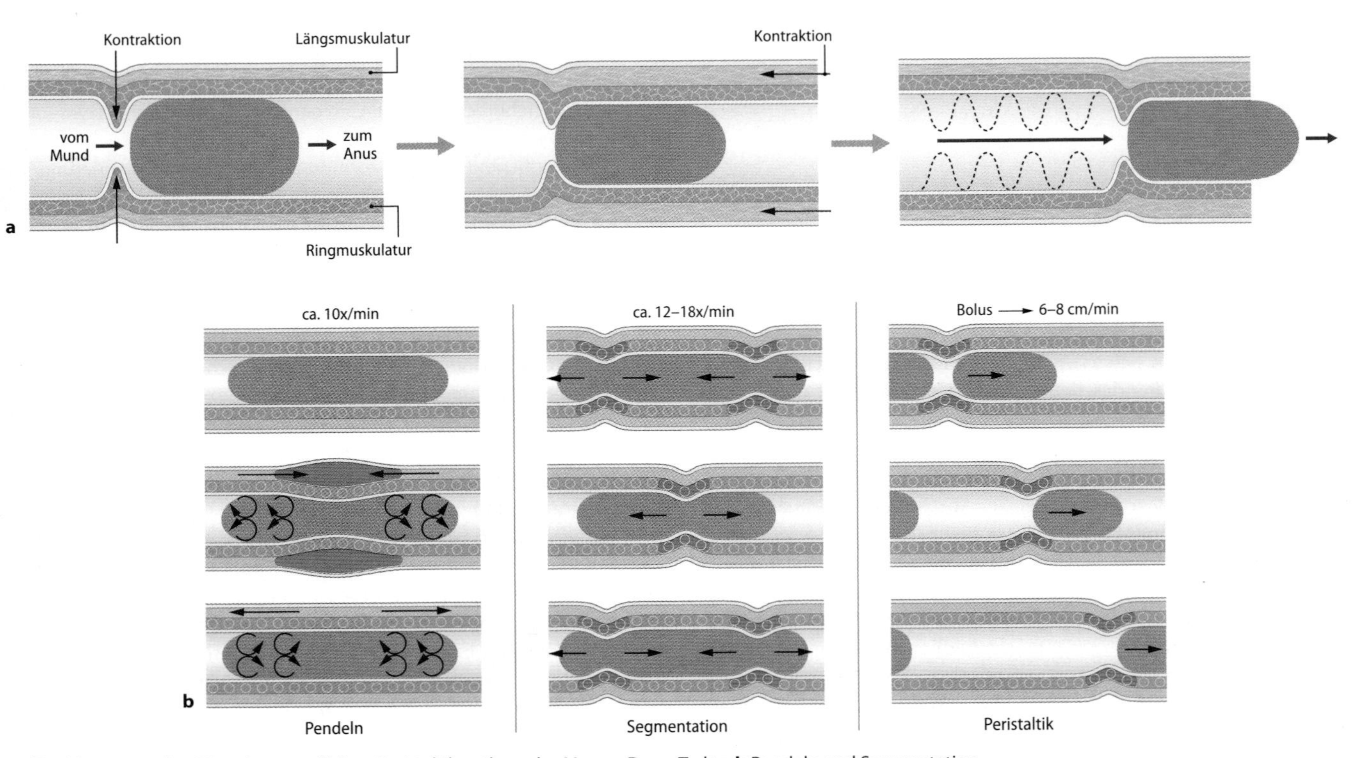

■ **Abb. 10.44a, b.** Dünndarmmotilität. **a** Peristaltik entlang des Magen-Darm-Trakts. **b** Pendeln und Segmentation

In Kürze

Darmmotorik
Duodenum, Jejunum und Ileum zeigen einen einheitlichen Bau der Wandmuskulatur.

Unter der Regie des intramuralen Nervensystems (Plexus myentericus und submucosus) entwickelt die Tunica muscularis verschiedene Motilitätsformen des Dünndarms:
- Peristaltische Kontraktion
- rhythmische Segmentationen
- Pendelbewegungen

Sie sorgen für Durchmischung und Weitertransport des Chymus. In der interdigestiven Phase sorgen wandernde myoelektrische Motorkomplexe mit peristaltischen Kontraktionen für die »Säuberung« von Magen und Dünndarm.

10.4.8 Dickdarm (Intestinum crassum)

  Einführung

Der Dickdarm verwandelt den aus dem Dünndarm übertretenden Chymus durch Entzug von durchschnittlich 1,5 l Wasser in Kot. Eine Resorption von Nährstoffen wie im Dünndarm findet nicht mehr statt. Die für den Weitertransport erforderliche Gleitfähigkeit wird durch Beimengung von Schleim gewährleistet. Eine weitere wichtige Funktion des Dickdarms besteht in der Entleerung des Stuhls (Defäkation). Im Gegensatz zu den anderen Darmabschnitten besitzt der Dickdarm eine physiologische Darmflora, die sich hauptsächlich aus anaeroben Bakterien sowie aus aeroben Bakterien zusammensetzt. Ihr Anteil an der täglichen Stuhlmenge beträgt etwa 3%. Die Bakterien führen Gärungs- und Fäulnisprozesse durch und ermöglichen den Abbau von Zellulosebestandteilen der Nahrung. Dabei entstehen die typischen Darmgase.

Dickdarm
Er gliedert sich in:
- *Caecum* (Blinddarm) mit *Appendix vermiformis* (Wurmfortsatz)
- *Colon ascendens*
- *Colon transversum*
- *Colon descendens*
- *Colon sigmoideum*
- *Rectum* (Mastdarm)
- Canalis analis (Analkanal)

Lage und Aufbau

Der Dickdarm ist ca. 1,5 m lang und beginnt in der Fossa iliaca dextra mit der Einmündung des Ileum in das Caecum (■ Abb. 10.22 und 10.45).

Caecum und Appendix vermiformis

Das **Caecum** ist mit ca. 7 cm Länge der Abschnitt des Dickdarms, der unterhalb der Einmündungsstelle des Ileum, *Valva ileocaecalis* (Bauhin-Klappe), in der *Fossa iliaca dextra* auf dem M. iliacus liegt. Es besitzt ein weites Lumen, das sich mediokaudal zur *Appendix vermiformis* verengt (■ Abb. 10.45b). Das Caecum liegt im Regelfall intraperitoneal, zeigt jedoch aufgrund seiner topographischen Beziehungen zur Becken- und hinteren Bauchwand peritoneale **Lagevariationen:**
- *Caecum mobile*: Das Caecum liegt intraperitoneal und erlangt durch die mangelnde Verklebung des Colon ascendens mit der dorsalen Bauchwand größere Beweglichkeit.
- *Caecum liberum*: Das Caecum liegt intraperitoneal; es besitzt ein eigenes Mesocaecum.
- *Caecum fixum*: Das Caecum liegt sekundär retroperitoneal; es ist fest mit der Faszie des M. iliacus verwachsen.

Die Taenien des Caecum (siehe Colon) konvergieren allseits auf die Appendix vermiformis zu, so dass sie eine geschlossene Längsmuskelschicht in der Wand erhält. Durchschnittlich beträgt die Länge des Wurmfortsatzes 10 cm, sein Durchmesser 6 mm. Die **Appendix vermiformis** besitzt einen Bauchfellüberzug, der in eine Duplikatur übergeht und als *Mesoappendix* bezeichnet wird. Dadurch ist die Appendix vermiformis frei beweglich. Ihre topographische Lage hängt jedoch von der des Caecum ab, so dass folgende Lagevarianten der Appendix vermiformis unterschieden werden:
- **Retrozäkalposition:** Die Appendix vermiformis befindet sich in 65% der Fälle hinter dem Caecum nach oben geschlagen und liegt im *Recessus retrocaecalis.*
- **Kaudalposition:** In etwa 30% der Fälle ragt die Appendix vermiformis in das kleine Becken hinein. Dabei kann sie bei der Frau in enge Nachbarschaft zum rechten Ovar treten.
- **Anterozäkale Kranialposition:** In 2% der Fälle ist die Appendix vermiformis vor dem Caecum nach oben geschlagen.
- **Medialposition:** Die Appendix vermiformis ist nach medial verlagert und liegt prä- oder retroiliakal zwischen den Dünndarmschlingen (2%).
- **Lateralposition:** Die Appendix vermiformis liegt zwischen der lateralen Bauchwand und dem Caecum.

Die Appendix vermiformis nimmt als »Darmtonsille« strategisch eine wichtige Position zwischen dem keimarmen Dünndarm und dem keimreichen Dickdarm ein. An dieser Übergangsstelle wird die mechanische Barriere zwischen Dünn- und Dickdarm (Valva ileocaecalis) durch eine immunologische Barriere (aggregierte Lymphfollikel der Appendix, Peyer-Plaques des terminalen Ileum) verstärkt (10.50).

10.50 Appendizitis
Die Appendizitis ist eine Entzündung des Wurmfortsatzes, die in die freie Bauchhöhle durchbrechen und eine folgenschwere Peritonitis hervorrufen kann. Das **Punctum maximum** des Druckschmerzes bei einer Appendizitis ist abhängig von ihrer Position, zur allgemeinen Orientierung dienen besonders 2 Punkte (■ Tafel VII, S. 923):
- **McBurney-Punkt:** Die Mitte der Strecke zwischen *Spina iliaca anterior superior* und Nabel (markiert eher die Lage des Caecum).
- **Lanz-Punkt:** Rechter Drittelpunkt auf der Verbindungslinie zwischen rechter und linker *Spina iliaca anterior superior* (markiert eher die Lage der Appendix). Bei retrozäkaler Lage kann die entzündete Appendix wegen ihrer Nähe zum M. iliopsoas Schmerzen beim Anheben des (gestreckten) Beines verursachen (»Psoaszeichen«).

Colon

Die verschiedenen Abschnitte des Colon und der jeweiligen Peritonealverhältnisse sind in ■ Abb. 10.36 dargestellt.

Charakteristisch für das Colon sind *Taenien, Haustren, Plicae semilunares* und *Appendices epiploicae* (■ Abb. 10.45b). **Taenien** sind längsverlaufende, bis zu 1 cm breite und etwa 1 mm dicke Streifen gebündelter Längsmuskelfasern des Colon. Sie beginnen am Caecum und erstrecken sich bis zum Colon sigmoideum. Die *Taenia libera* ist die kräftigste und bleibt in ihrem gesamten Verlauf auf der Mitte des Colon sichtbar. Am Colon sigmoideum vereinigt sie sich mit der *Taenia omentalis*, die sich auf der Rückseite des Colon an der Ansatzstelle des großen Netzes befindet. Die *Taenia mesocolica* verläuft

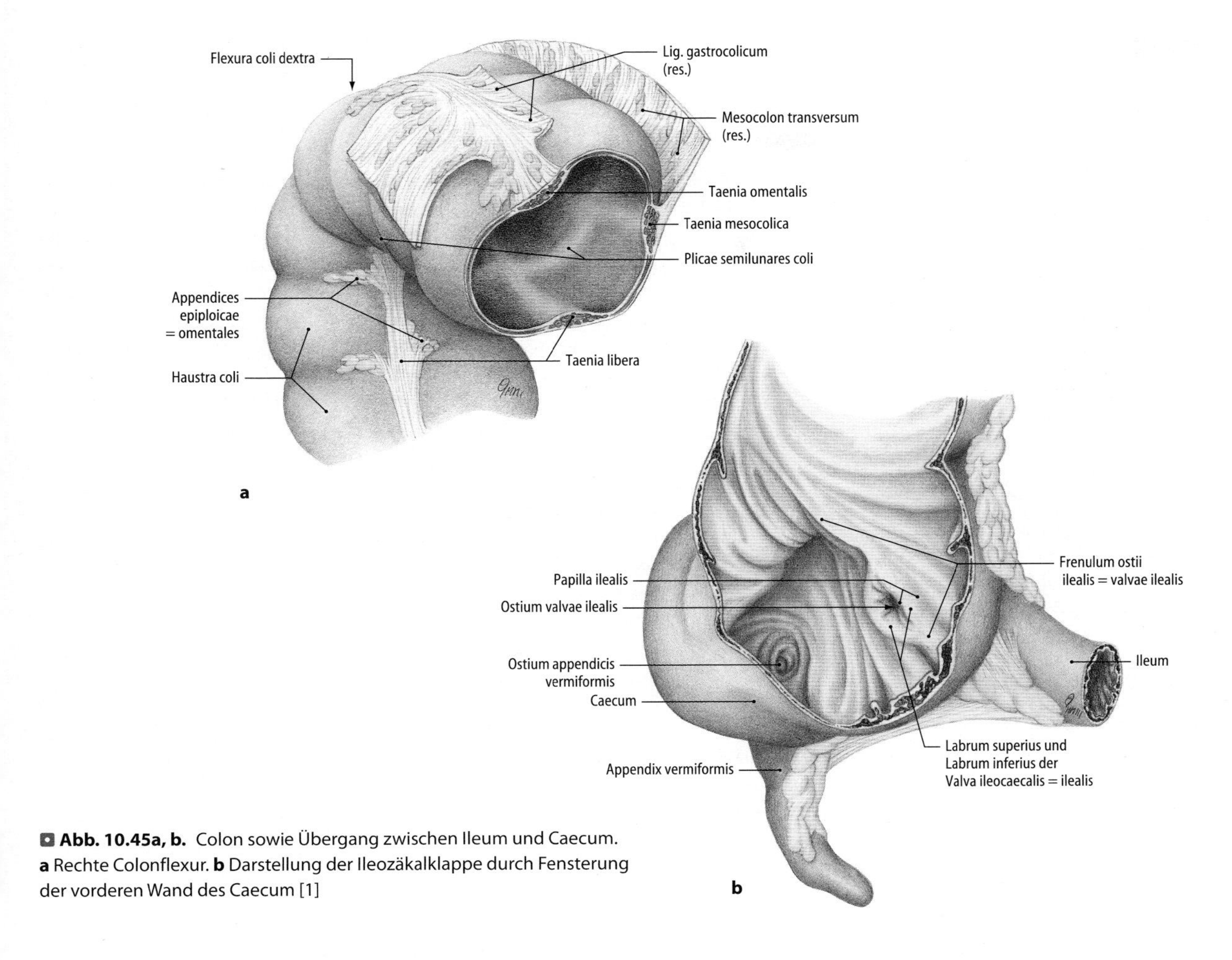

Abb. 10.45a, b. Colon sowie Übergang zwischen Ileum und Caecum. **a** Rechte Colonflexur. **b** Darstellung der Ileozäkalklappe durch Fensterung der vorderen Wand des Caecum [1]

ebenfalls auf der Colon-Rückseite an der Ansatzstelle des Mesocolon. **Haustren** sind die äußerlich sichtbaren Wölbungen der Colonwand, die zwischen den *Plicae semilunares* liegen. Sie treten als funktionelle Ausbuchtungen an der nur von Ringmuskulatur umgebenen Dickdarmwand hervor. *Plicae semilunares* stellen kontrahierte Abschnitte vor allem der Ringmuskulatur dar, sie sind demnach nicht statisch, sondern tauchen an wechselnden Stellen auf. Als **Appendices epiploicae** werden Fettanhängsel bezeichnet, die sich aus läppchenförmigen Aussackungen der Tela subserosa des Bauchfells bilden. Sie fehlen an der Appendix vermiformis, am Caecum und am Rectum.

Colon ascendens. Oberhalb der Mündungsstelle des Ileum in das Colon beginnt das ca. 15 cm lange Colon ascendens. In sekundär retroperitonealer Lage steigt es bis zur *Flexura coli dextra* am unteren Pol der rechten Niere auf und hinterlässt durch die Berührung mit der Unterfläche des rechten Leberlappens hier die *Impressio colica.*

Colon transversum. An der Flexura coli dextra geht das sekundär retroperitoneale Colon ascendens in das intraperitoneal liegende Colon transversum über, das quer durch die Bauchhöhle zieht und an der *Flexura coli sinistra* endet. Es besitzt ein individuell unterschiedlich langes *Mesocolon transversum*, wodurch eine unterschiedlich große Beweglichkeit erreicht wird. Rechts stehen Leber und Gallenblase und in der Mitte der Magen in seiner unmittelbaren Nachbarschaft. Der mittlere Abschnitt ist in seiner Form größeren individuellen Variationen unterworfen, so dass die Länge des Colon transversum zwischen 15 und 25 cm variieren kann. Das *Lig. gastrocolicum* verbindet das Colon transversum mit der großen Kurvatur des Magens. Die Flexura coli dextra wird über das *Lig. hepatocolicum* und über das *Lig. phrenicocolicum dextrum* in ihrer Position gehalten. Hierbei handelt es sich um Peritonealzügel zwischen Flexura coli dextra und Omentum majus und dem Peritoneum an der Zwerchfellunterseite. Die *Flexura coli sinistra* wird von einer vom Zwerchfell ausstrahlenden bindegewebigen Bauchfellfalte *(Lig. phrenicocolicum sinistrum)* gehalten. Die Lage der Flexura coli sinistra kann dementsprechend variieren.

Colon descendens. Das 15 cm lange Colon descendens liegt sekundär retroperitoneal und reicht von der *Flexura coli sinistra* bis zum Beginn des Colon sigmoideum in der linken Fossa iliaca.

Colon sigmoideum. Das Colon sigmoideum geht in Höhe der linken Crista iliaca aus dem Colon descendens hervor. Es besitzt ein *Mesocolon sigmoideum* und liegt demzufolge intraperitoneal. Das Colon sigmoideum zeigt einen S-förmigen Verlauf. Seine Länge (35–45 cm) und Lage können individuell und altersabhängig sehr variieren. Bei der Frau kann es bis in den Douglas-Raum oder zwischen Uterus und Harnblase reichen, bei Neugeborenen sogar bis zum Caecum und zur Appendix. In seinem Verlauf überquert das Colon sigmoideum den Ureter und die Iliakalgefäße und endet nach einem scharfen Winkel am zweiten oder dritten Sakralwirbel.

In Kürze

Dickdarm

Typisch für das **Colon** sind:

- Taenien: Die 3 Taenien (Taenia libera, omentalis und mesocolica) sind gebündelte Längsmuskeln.
- Haustren
- Appendices epiploicae.

Caecum: Am blinden Teil des Caecum liegt die Appendix vermiformis. Die Taenien des Caecum konvergieren zur geschlossenen Muskelschicht der Appendix vermiformis. Das Caecum liegt meistens intraperitoneal. Appendices epiploicae fehlen im Caecum. Die **Appendix vermiformis** besitzt ein eigenes Meso (Mesoappendix). Ihre Lage ist variabel.

Colon: Unterteilung in Colon ascendens, transversum, descendens und sigmoideum.

Colon ascendens und **descendens** liegen sekundär retroperitoneal.

Colon transversum und **sigmoideum** besitzen ein Mesocolon und liegen intraperitoneal. Das Mesocolon transversum steht über verschiedene Bänder mit benachbarten Organen in Verbindung.

Gefäße und Lymphabfluss

Arterien. Der Dickdarm wird über 2 Äste aus der Bauchaorta, *A. mesenterica superior* und *A. mesenterica inferior* versorgt (◘ Abb. 10.46). Die aus der A. mesenterica superior hervorgehende *A. ileocolica* zieht zum rechten Unterbauch und versorgt hier über Äste den terminalen Teil des Ileum (über *Aa. ileales*), Caecum und Appendix vermiformis. Die *A. caecalis anterior* und die *A. caecalis posterior* breiten sich an der vorderen und hinteren Wand des Caecum aus. Die meist direkt aus der A. ileocolica (seltener aus den A. caecales) entspringende *A. appendicularis* verläuft im Mesoappendix und versorgt als Endast eigens die Appendix vermiformis.

Colon ascendens und Colon transversum erhalten ebenfalls Blut aus der *A. mesenterica superior*. Während die dem Caecum nahen Abschnitte des Colon ascendens Zufluss über die A. ileocolica (R. colicus) erhalten, werden Hauptanteile des Colon ascendens, Flexura coli dextra und größere Anteile des Colon transversum arkadenartig über die *A. colica dextra* und *media* versorgt. Die *A. colica dextra* geht in der Regel direkt aus der A. mesenterica superior (seltener aus der A. colica media) hervor und tritt über einen *R. ascendens* und *descendens* an das Colon heran. Die *A. colica media* entspringt aus der A. mesenterica superior oberhalb der A. colica dextra; sie verläuft innerhalb des Mesocolon transversum und versorgt über ihre breitgefächerten Endäste das Colon transversum (etwa bis zur Flexura coli sinistra). Hierbei anastomosiert die A. colica media nach beiden Seiten mit der A. colica dextra und mit der A. colica sinistra aus der A. mesenterica inferior (Riolan-Anastomose).

Etwa ab der Flexura coli sinistra obliegt die arterielle Versorgung des Dickdarms im Wesentlichen den Ästen der *A. mesenterica inferior*. Die *A. colica sinistra* zieht zur Flexura coli sinistra und versorgt arkadenartig über aufsteigende und absteigende Äste breite Teile des Colon descendens. Die *Aa. sigmoideae* verlaufen im Mesosigmoideum, verzweigen sich zum Colon sigmoideum und anastomosieren mit absteigenden Ästen der A. colica sinistra.

◘ **Abb. 10.46.** Arterielle Versorgung des Dickdarms [1]

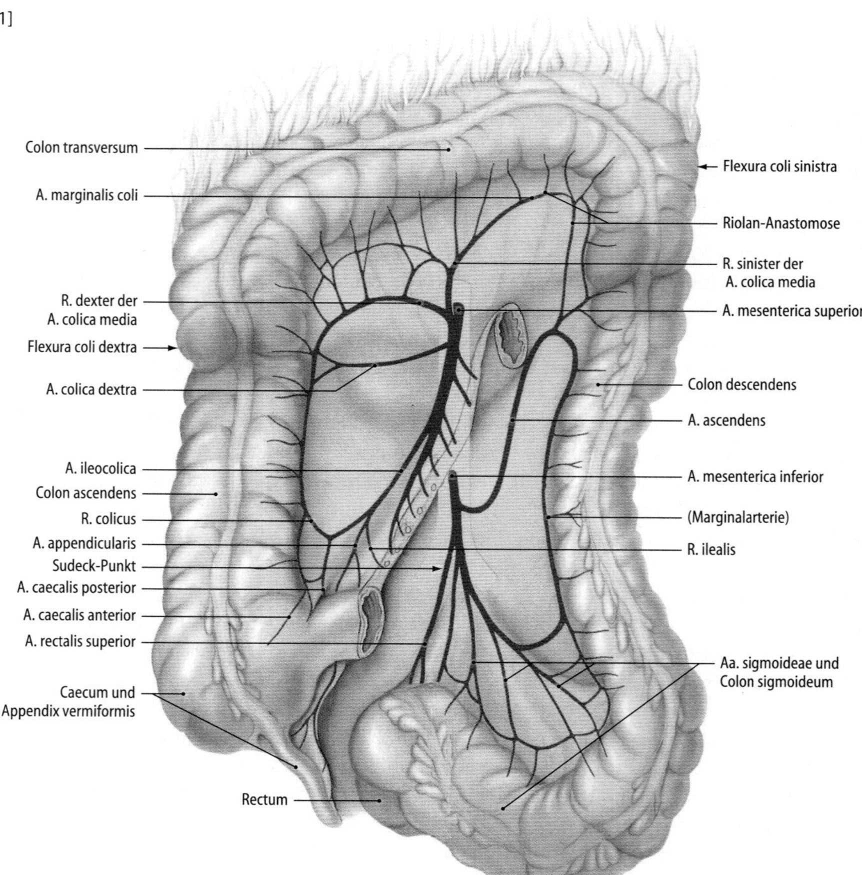

Venen. Die Venen verlaufen wie die Arterien und werden gleich benannt. Die *V. mesenterica superior* sammelt somit das Blut aus dem Stromgebiet der *A. mesenterica superior*; sie verläuft intraperitoneal, steigt rechts neben der Arterie leberwärts auf und überkreuzt Duodenum und Pankreaskopf, um sich kurz vor der Leber mit der *V. splenica* zur *V. portae* zu vereinigen. In Höhe des Duodenum nimmt sie die *Vv. pancreaticoduodenales inferiores* und die *Vv. pancreaticae* aus dem Pankreaskopf sowie die *V. gastroomentalis dextra* aus der großen Magenkurvatur auf. Die *V. mesenterica inferior* verläuft retroperitoneal und entsorgt das Stromgebiet der gleichnamigen Arterie; sie zieht nach oben und verläuft hinter dem Pankreas, um in die *V. splenica* nahe der *V. portae* oder in die *V. mesenterica superior* zu münden (◻ Abb. 10.40).

Lymphabfluss. Die Lymphe aus Caecum und Appendix vermiformis fließt zu Lymphknoten, die unmittelbar neben und hinter dem Caecum liegen. Die nächste Station bilden die entlang der A. ileocolica angesiedelten *Nodi ileocolici.* Aus dem Colon ascendens und transversum gelangt die Lymphe in die entlang der A. colica dextra und media aufgereihten *Nodi colici dextri* und *medii.* Die Lymphe aus diesen Regionen wird dann in 200–300 im Mesenterium liegende *Nodi mesenterici superiores* dräniert, aus denen dann der *Truncus intestinalis* hervorgeht. Aus dem Colon descendens und sigmoideum gelangt die Lymphe in die entlang der A. colica sinistra angelegten *Nodi colici sinistri* und fließt über die *Nodi mesenterici inferiores* in den *Truncus intestinalis.*

In Kürze

Gefäße und Lympgabfluss des Dickdarms

Die Blutversorgung des Dickdarms erfolgt über die A. mesenterica superior und inferior.

Die **A. mesenterica superior** mit ihren Hauptästen (A. ileocolica, A. colica dextra und media) übernimmt die Blutversorgung von Caecum und Appendix vermiformis, Colon ascendens und große Teile des Colon transversum (bis nahe der Flexura coli sinistra).

Die **A. mesenterica inferior** versorgt mit den Ästen (A. colica sinistra und Aa. sigmoideae) den restlichen Anteil des Colon transversum, Colon descendens und sigmoideum.

Venen: Aus den arteriellen Versorgungsgebieten ziehen die gleichnamigen Venen in die V. mesenterica superior und inferior. Das venöse Blut beider Gefäße zieht über die V. portae zur Leber.

Lymphabfluss: Dieser erfolgt parallel zu den Gefäßen in die größeren Lymphstationen der Nodi mesenterici superiores und inferiores und schließlich in den Truncus intestinalis.

Innervation

Die extrinsische Innervation des Dickdarms erfolgt durch den *Plexus mesentericus superior* und *inferior*. Caecum, Appendix vermiformis, Colon ascendens und Colon transversum (bis nahe der Flexura coli sinistra) werden über efferente Fasern des Plexus mesentericus superior versorgt, wobei die sympathischen Fasern aus den *Nn. splanchnici* und die parasympathischen Fasern aus dem *Truncus vagalis posterior* entstammen.

Der letzte Abschnitt des Colon transversum (nahe der Flexura coli sinistra), Colon descendens und Colon sigmoideum werden aus dem Plexus mesentericus inferior versorgt, wobei die sympathischen Fasern aus den 4 lumbalen Grenzstrangganglien über die *Nn. splanchnici lumbales* kommen. Die parasympathischen Fasern stammen aus dem sakralen Rückenmark (S2–4) und verlaufen als Nn. splanchnici pelvici zum **Ganglion pelvicum**.

An der Stelle am Colon transversum nahe der Flexura coli sinistra (CANNON-BÖHM-Punkt) erfolgt somit ein Wechsel der parasympathischen Innervation vom Truncus vagalis posterior zum sakralen Rückenmark.

Aus den entstehenden Nervengeflechten ziehen die jeweiligen Nerven in Begleitung mit den Blutgefäßen zur Darmwand und treten an das intramurale Nervensystem *(Plexus myentericus* und *submucosus)* des Dickdarms heran.

Die afferenten Fasern (Dehnung, Schmerz) ziehen über den Sympathikus und Parasympathikus zu den segmental zugehörigen Spinalganglien und zu sensorischen Ganglien des N. vagus.

In Kürze

Innervation des Dickdarms

Bis nahe der Flexura coli sinistra wird der Dickdarm durch den Plexus mesentericus superior innerviert. Die parasympathischen Anteile stammen aus dem Truncus vagalis posterior und die sympathischen aus den Nn. splanchnici.

Die restlichen Abschnitte des Dickdarms werden durch den Plexus mesentericus inferior innerviert. Die parasympathischen Anteile kommen aus dem sakralen Rückenmark (Nn. splanchnici pelvici) und die sympathischen aus den Nn. splanchnici lumbales.

Histologie

Tunica mucosa

Nach der Valva ileocaecalis beginnt mit scharfer Grenze die Dickdarmschleimhaut, die in allen Abschnitten des Dickdarms gleichartig gebaut ist. Für das Schleimhautrelief sind die halbmondförmigen *Plicae semilunares* charakteristisch, die durch Kontraktionen der Ringmuskulatur als mobile und verstreichbare Falten aufgeworfen werden (◻ Abb. 10.45). Die Tela submucosa zieht in die Faltenaufwerfungen hinein. Die die Falten überziehende Tunica mucosa enthält typischerweise keine Zotten, sondern eng beieinander liegende **Krypten,** die ca. 0,5 mm lange tubulöse Vertiefungen bilden (◻ Abb. 10.47).

Das einschichtige hochprismatische Oberflächenepithel wird durch Enterozyten mit einem Mikrovillibesatz (Saumzellen) gebildet und ist mit der darunter liegenden *Lamina propria mucosae* verankert. Unterhalb der Krypten markiert die *Lamina muscularis mucosae* die Grenze zur Tela submucosa.

Neben den Enterozyten kommen im Epithel der Krypten zahlreiche *Becherzellen* vor, die für die immer fester werdende Kotsäule reichlich Gleitschleim produzieren. Darüber hinaus sind zahlreiche endokrine Zellen in das Epithel eingestreut. Abweichend von den Krypten im Dünndarm kommen in den **Colonkrypten** typischerweise **keine Paneth-Zellen** vor. In den unteren zwei Dritteln der Krypten enthält das Epithel Stammzellen, die durch mitotische Teilungen für die Regeneration des Oberflächenepithels sorgen.

Appendix vermiformis. Der Wurmfortsatz besitzt ein enges Lumen und weist den gleichen Aufbau wie der Dickdarm auf (◻ Abb. 10.48). Die Tunica mucosa enthält kurze und unregelmäßige Krypten, die aus einem einschichtigen Saumepithel mit zahlreichen eingestreuten Becherzellen bestehen. Am Grund der Krypten können Panethzellen vorkommen. In der Lamina propria mucosae sind typischerweise zahlreiche Lymphfollikel angesiedelt, die aufgrund ihrer verdrängenden Größe die Kryptenanordnung in der Tunica mucosa bestimmen und durch die Lamina muscularis mucosae in die Tela submucosa durchbrechen können. Im Gegensatz zum Colon besitzt die Tunica muscularis neben der inneren Ringmuskelschicht eine äußere geschlossene Längsmuskelschicht. Den Abschluss der Appendixwand bildet die Tunica serosa.

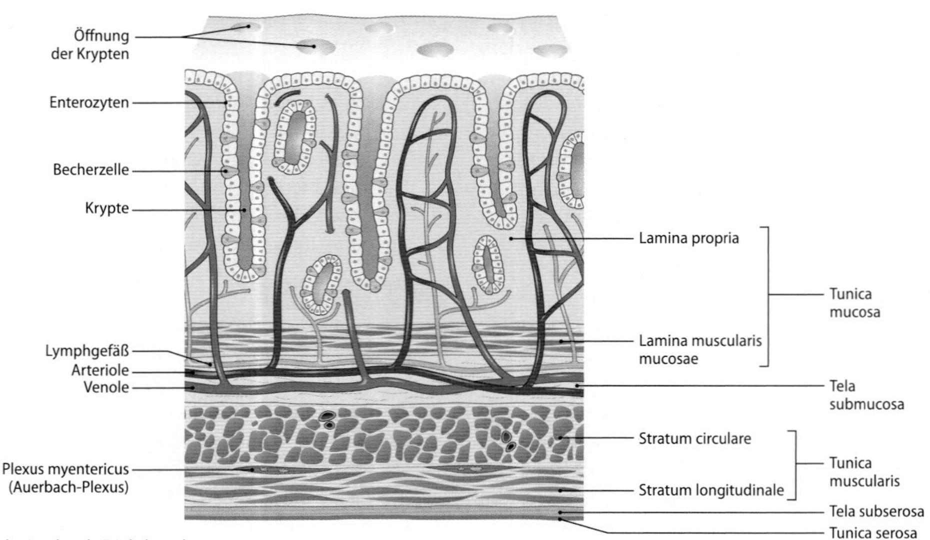

Abb. 10.47. Längsschnitt durch Dickdarmkrypten

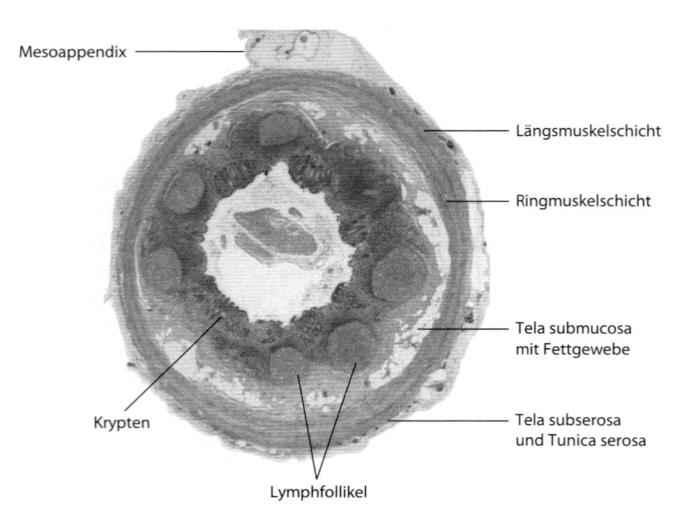

Abb. 10.48. Querschnitt durch die Appendix vermiformis. Schleimhaut mit kurzen Krypten. Die zahlreichen Lymphfollikel reichen bis in die Tela submucosa

Eine vergleichende Zusammenstellung der Baumerkmale von Colon und Appendix vermiformis und anderen Darmabschnitten ist in Tab. 10.14 zusammengetragen.

In Kürze

Histologie des Dickdarms

Alle Abschnitte des Dickdarms weisen den gleichen Bau auf. Kontraktionen der Ringmuskulatur verursachen typische mobile Faltenaufwerfungen (Plicae semilunares).

Die **Schleimhaut** enthält keine Zotten, sondern nur **Krypten.**

Das **Epithel** der Krypten enthält neben den **Enterozyten** viele **Becherzellen** (produzieren den nötigen Gleitschleim) und endokrine Zellen. Die im Dünndarm üblichen Panethzellen fehlen im Dickdarm gänzlich.

Histologisch ist die **Appendix vermiformis** ein Colon in Kleinformat. Sie besitzt jedoch eine geschlossene Muskelschicht und enthält keine Plicae semilunares. Charakteristisch sind die aggregierten Lymphfollikel am Boden der Tunica mucosa, die die Lamina muscularis mucosae durchbrechen können.

Regeneration des Dickdarmepithels

Die Epithelzellen im Colon weisen eine Lebensdauer von etwa 3 Tagen auf. Am Boden der tubulösen Krypten befinden sich im Epithel Stammzellen. Diese Zellen differenzieren sich während ihrer Wanderung nach oben in Enterozyten, Becherzellen und endokrine Zellen. Nach Erreichen der luminalen Oberfläche schilfern die Epithelzellen ab und gelangen in die Lichtung des Darms.

Die Lage der Stammzellen sowie das Muster ihrer Wanderung ist vom Abschnitt des Dickdarms abhängig. Während in den distalen Abschnitten des Colon die Stammzellen an der Basis der Krypten lokalisiert sind und sich differenzierend aufwärts in Richtung Oberflächenepithel bewegen, befinden sich in proximalen Abschnitten des Colon die Stammzellen etwa in der Mitte der Krypten. Von dort aus wandert ein Teil der Zellen zur Basis der Krypten, der andere Teil orientiert sich in Richtung Oberflächenepithel des Dickdarms. Die Zellerneuerung in beiden Abschnitten wird durch verschiedene Faktoren (EGF, gastrointestinale Hormone, faserige Nahrungsbestandteile) angeregt.

Resorptions- und Sekretionsleistungen des Dickdarmepithels

Die vorwiegende Aufgabe des Dickdarms ist die Absorption des restlichen Wassers im Chymus. Hierzu wird über verschiedene Mechanismen NaCl in die Zellen aufgenommen.

Die Na^+-Absorption erfolgt überwiegend elektroneutral durch Na^+/H^+-Austauscherproteine an der apikalen Membran von Enterozyten im Colon ascendens, transversum, descendens und sigmoideum. Für aufgenommene Na^+-Ionen sezerniert das Epithel H^+-Ionen in das Darmlumen. Im Colon descendens und sigmoideum werden die im Darmlumen noch verbliebenen Na^+-Ionen elektrogen durch epitheliale Na^+-Kanäle (ENaC) unter Energieverbrauch absorbiert.

In allen Colonabschnitten erfolgt die Absorption von Cl^--Ionen durch Enterozyten elektroneutral durch Cl^-/HCO_3^--Austausch (Anionenaustauscherproteine). Für aufgenommene Cl^--Ionen sezerniert das Epithel HCO_3^--Ionen in das Darmlumen.

Na^+- und Cl^--Ionen werden an der basolateralen Membran der Enterozyten in die Blutbahn abgegeben. Das Kochsalz bildet aufgrund des entstandenen Ionengradienten die Triebkraft für die (passive) Absorption von Wasser. Auch epitheliale Wasserkanäle (Aquaporine) tragen zur Absorption von Wasser bei. Die Tight Junctions zwischen den Enterozyten sind im Colon besonders dicht, weshalb das Epithel sehr effizient Ionen und Wasser transportieren kann. Die Enterozyten im Colon verfügen auch über K^+-Kanäle, worüber K^+-Ionen sezerniert und teilweise reabsorbiert werden.

Das in der apikalen Membran der Enterozyten lokalisierte »Cystic fibrosis transmembrane conductance regulator«-(CFTR-)Protein nimmt im Colonepithel eine zentrale Stellung ein und reguliert die Funktion verschiedener Ionentransportsysteme in Enterozyten. Das Ergebnis der epithelialen Ionentransportvorgänge im Colon ist ein leicht alkalischer Stuhl mit weniger als 5 mM Na^+, 2 mM Cl^- und 9 mM K^+. Ionenzusammensetzung und pH bestimmen das Milieu im Darmlumen und bilden wichtige Faktoren für den Erhalt der physiologischen Dickdarmflora.

Dickdarmflora und Gasproduktion

Im Lumen des Colon befinden sich große Mengen aerober und anaerober Bakterien, deren Aufgabe darin besteht, unverdauliche Nahrungsbestandteile (z.B. Zellulose, komplizierte Zuckermoleküle) durch Produktion von Enzymen zu fermentieren. Als wesentliche Endprodukte der bakteriellen Verdauung von Zellulose und Zuckermolekülen entstehen kurzkettige Fettsäuren wie Butyrat, Proprionat, Azetat und Laktat, die passiv und aktiv in die Zellen transportiert und dort als Energieträger der ß-Oxydation der Zellen zugeführt werden.

Im Zuge der bakteriellen Fermentierung entstehen die Darmgase Methan, Schwefelwasserstoff, Stickstoff und Kohlendioxid, die durch den Anus entlassen werden.

In Kürze

Funktion des Dickdarmepithels

Resorptions- und Sekretionsleistungen:

- Absorption des restlichen Wassers im Chymus durch epitheliale Aufnahme von NaCl über verschiedene Mechanismen.
- Sekretion von H^+-, K^+- und HCO_3^--Ionen in das Darmlumen. Stuhl ist leicht alkalisch.

Dickdarmflora

Im Colon sind große Mengen aerober und anaerober Bakterien vorhanden. Sie fermentieren unverdauliche Nahrungsbestandteile (z.B. Zellulose, komplizierte Zuckermoleküle) durch Enzyme. Dabei entstehen Darmgase (Methan, Schwefelwasserstoff, Stickstoff und Kohlendioxid), die über den Anus entweichen.

Tunica muscularis und Motorik

In allen Abschnitten des Dickdarms bleibt die Zweischichtung der Tunica muscularis erhalten. Die äußere Längsmuskulatur ist in den Taenien gebündelt; lediglich die Appendix vermiformis weist eine geschlossene äußere Längsmuskelschicht auf. Abgesehen von den Taenien erscheint die Ringmuskelschicht gegenüber der Längsmuskelschicht stets dicker. Die Kontraktionen der Ringmuskulatur rufen die *Plicae semilunares* hervor, die zwischen den Haustren angeordnet sind.

Der Übergang des Ileum in das Caecum ist durch die Valva ileocaecalis und durch die Kontraktion der an ihr ansetzenden schrägen Muskelzüge verschlossen. Die Muskelzüge fungieren als Sphinkter, der einen hohen Ruhetonus aufweist. Öffnung und Verschluss werden durch das intramurale Nervensystem gesteuert. Wird der Chymus an den Übergang herangeführt, erschlafft der Sphinkter unter dem im terminalen Ileum entstandenen Druck. Sobald eine Portion Chymus in das Caecum gepresst worden ist, verschließt sich der Sphinkter unter dem im Lumen des Caecum ansteigenden Druck. Auf diese Weise passieren ca. 1–2 l Chymus pro Tag in kleinen Portionen den ileozäkalen Übergang. Gleichzeitig wird ein Reflux in das Ileum und ein Aufsteigen der Dickdarmbakterien in den Dünndarm verhindert.

Bei der **Motorik des Dickdarms** stehen **Segmentationen** und **Peristaltik** im Vordergrund. Da hier keine dünndarmspezifischen Resorptionen stattfinden, werden faktisch keine Pendelbewegungen durchgeführt (■ Abb. 10.44). **Segmentationen** und **Peristaltik** erfolgen als Schnürringe zwischen den Haustren (hervorgerufen durch die Kontraktionen der Ringmuskulatur) in aboraler Richtung. Im aufsteigenden und querverlaufenden Teil des Colon finden zudem **antiperistaltische Kontraktionen** statt, die den Darminhalt zurück in Richtung Caecum transportieren. Die dadurch erhöhte Verweildauer der Faeces im Dickdarm trägt zur Effizienz der Wasser- und Salzresorption des Dickdarms bei.

Im distalen Teil des Colon treten täglich 1–3 größere Kontraktionen auf. Dabei werden mit einer großen peristaltischen Welle in einer kurzen Zeit große Mengen Faeces in Richtung Rectum vorgeschoben (**Massenbewegung**). Massenbewegungen lassen Defäkationsdrang entstehen.

Nahrungsaufnahme in den Magen und das Vorliegen von Fetten im proximalen Dünndarm sowie die lokale Dehnung der Colonwand stellen wichtige Stimuli für die Auslösung von Kontraktionen der Colonmuskulatur dar (»gastrokolischer Reflex«).

Im Gegensatz zum Magen und Dünndarm, in denen myoelektrische Motorkomplexe peristaltische Aktivitäten in der interdigestiven Phase auslösen, finden sich im Colon in den interdigestiven Phasen keine motorischen Aktivitäten.

In Kürze

Tunica muscularis des Dickdarms und Motilität

Die Tunica muscularis bewirkt die Motilität des Dickdarms. Motilitätsformen sind:

- Peristaltik und
- Segmentationen.

Im Colon ascendens und transversum finden zusätzliche antiperistaltische Kontraktionen statt, die die Faeces regelmäßig in Richtung Caecum zurück transportieren (Steigerung der Verweildauer).

Große peristaltische Kontraktionen im distalen Teil des Colon führen zu Massenbewegungen der Faeces.

10.4.9 Mastdarm (Rectum) und Analkanal (Canalis analis)

Einführung

Trotz ihrer unterschiedlichen embryonalen Herkunft (▶ Kap. 10.4.10) sind Mastdarm und Analkanal als funktionelle Einheit anzusehen. Mastdarm und Analkanal bilden die Endabschnitte des Darms, der mit dem Anus abgeschlossen wird. Zusammen sind sie 12–15 cm lang. Das Rectum beteiligt sich an den Resorptions- und Sekretionsaufgaben des Colon. Sein kranialer Anteil dient als Speicherorgan. Der kaudale Anteil geht in den Analkanal über, der durch das Diaphragma pelvis hindurch tritt. Unter Beteiligung verschiedener Sphinktermuskeln entsteht hier das Kontinenz- und Defäkationsorgan. Der unterschiedliche Bau beider Abschnitte geht auf ihre Entwicklung zurück. Das Rectum entwickelt sich hauptsächlich aus dem Enddarm, während der Analkanal ein Abkömmling der Kloake ist.

Lage und Aufbau

Das Rectum geht am Oberrand des 3. Sakralwirbels aus dem Colon sigmoideum hervor. Es ist S-förmig gebogen. Sein oberer Teil voll-

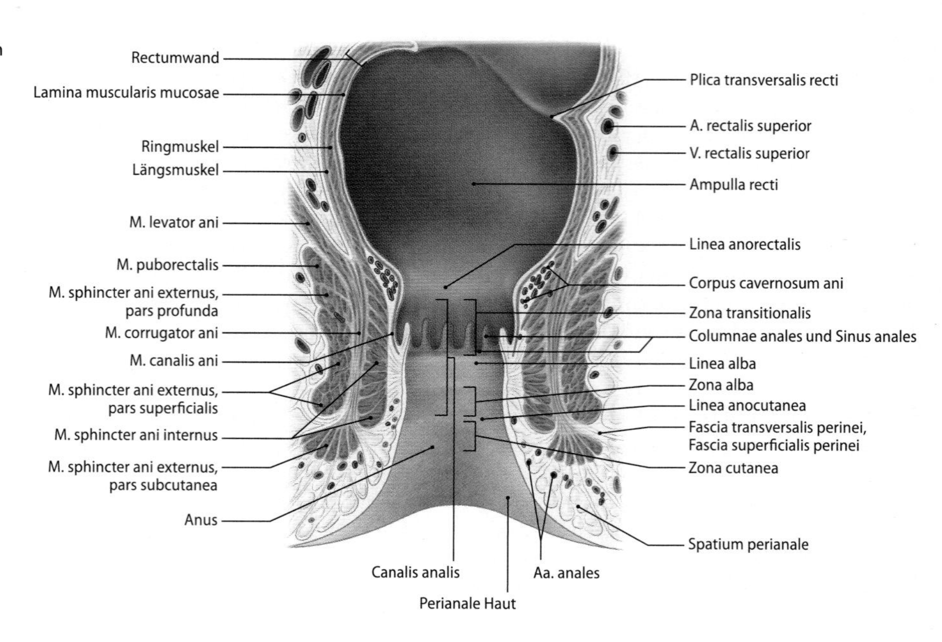

Abb. 10.49. Frontalschnitt durch das Becken mit Ampulla recti und Canalis analis [1]

zieht die erste Biegung *(Flexura sacralis)*, die der Konkavität des Os sacrum folgt. Hier liegt das Rectum zunächst retroperitoneal, weiter kaudal nimmt es eine extraperitoneale Lage ein. Der dem Os sacrum anliegende Teil des Rectum ist stark erweiterungsfähig und dient als Speicherorgan *(Ampulla recti)*. Die Ampulla recti ist in ein lockeres Bindewebe eingebettet und wird durch Beckenfaszien fixiert. Die Vorderfläche der Ampulla recti wird noch vom Peritoneum überzogen. Der untere Teil des Rectum zieht dann nach vorn, biegt vor der Spitze des Steißbeins nach hinten unten ab *(Flexura perinealis)* und durchdringt hierbei die Beckenbodenmuskulatur (M. levator ani). Die Beckenfaszien strahlen in die Faszie des Diaphragma pelvis ein und stabilisieren gemeinsam den Durchtritt.

An diesen Biegungen entwickelt das Rectum innen hohe und halbmöndförmig fixierte Querfalten, *Plicae transversae recti*. Die unterste Querfalte (Kohlrausch-Falte) ist kräftig ausgebildet und ragt von rechts in die Darmlichtung. Sie liegt ca. 7 cm über dem Anus und bildet eine wichtige Orientierungsstruktur für rektale Untersuchungen. Die Falten tragen zur Verlangsamung der Stuhlbewegungen bei.

Mit dem Durchtritt des Rectum durch das *Diaphragma pelvis* beginnt der rund 3 cm lange Analkanal, *Canalis analis*, der mit dem Anus endet. Der Analkanal ist durch längsverlaufende Schleimhautfalten, *Columnae anales*, charakterisiert, die nach unten durch querverlaufende Falten, *Valvae anales*, miteinander verbunden werden und so taschenförmige Einsenkungen des Innenreliefs, *Sinus anales* (Morgagni-Taschen), verursachen. Die Columnae anales werden durch Längsmuskelzüge bedingt, die der Ringmuskulatur innen aufgelagert sind. Sie werden von einem Schwellkörper, *Corpus cavernosum ani*, unterlagert.

Der Übergang von Rectum zum Canalis analis beinhaltet verschiedene Zonen (Abb. 10.49). Die **anorektale Verbindung** liegt auf Höhe der Oberfläche des Beckenbodens. Die *Linea anorectalis* markiert diesen Übergang. Hier befindet sich ein tastbarer Schleimhautwulst, der anorektale Ring. Die Schleimhaut schimmert rosa. Darunter liegt die *Zona transitionalis*, eine Übergangszone, die bis zum unteren Ende der Columnae und Sinus anales reicht. Diese Zone weist eine rote bis dunkelrote Schleimhaut auf, in der noch rosa schimmernde Schleimhaut der anorektalen Region vorhanden ist. Am Boden der Columnae und Sinus anales liegt die *Linea alba* (Hilton-Linie). Danach beginnt die pergamentartig glänzende *Zona alba* (Hilton-Zone). Die Zona alba endet an der Intersphinkterenfurche, eine palpable Rinne zwischen dem Unterrand des M. sphincter ani internus und M. sphincter ani externus subcutaneus. Hier liegt die *Linea anocutanea*. Dieser Bereich ist sehr dehnbar und ist fest mit der Unterlage am unteren Teil des M. sphincter ani internus verwachsen. Ab hier formt sich der Anus zur kaudalen äußeren Öffnung des Verdauungstraktes mit einer Verbindungszone zur äußeren Haut. Diese *Zona cutanea* der perianalen Region geht kontinuierlich in die pigmentierte Analhaut über. Bindegewebefasern, die den M. sphincter ani externus subcutaneus durchbrechen, legen die stark pigmentierte Haut in feine radiäre Falten. Die Haut enthält verschiedene Drüsen und Haare. Aufgrund einer starken sensiblen Innervation ist der gesamte Bereich sehr schmerzempfindlich.

In Kürze

Rectum und Analkanal

Rectum und Analkanal sind unterschiedlicher embryonaler Herkunft.

Funktion: Sie bilden den Endabschnitt des Darms und sind für Speicherung und Entleerung der Faeces zuständig.

Lage und Aufbau:

- Das Rectum geht aus dem Colon sigmoideum hervor. Sein oberer Teil liegt retroperitoneal, hier beginnt der erweiterungsfähige Abschnitt, die Ampulla recti (Speicherorgan).
- Das Rectum taucht in eine extraperitoneale Lage ab und tritt mit dem Analkanal durch den Beckenboden und endet mit dem Anus. Die klinisch bedeutsame und tastbare unterste Querfalte der Rectumschleimhaut (Kohlrausch-Falte) befindet sich ca. 7 cm über dem Anus.
- Die Schleimhaut weist verschiedene prominente Falten auf.
- Der kontinuierliche Übergang der Schleimhaut wird in Linien und Zonen unterteilt:
  - Auf Höhe der Oberfläche des Beckenbodens liegt die Linea anorectalis, die den Übergang von Rectum zum Canalis analis markiert.
  - Es folgen Zona transitionalis, Linea alba, Zona alba, Linea anocutanea und Zona cutanea.
- In den Zonen wechselt die Schleimhautfarbe von rosa, über rot zu weißlich-pergamentartig.
- Die Analhaut ist pigmentiert.

Gefäßversorgung und Lymphabfluss

Arterien. Die Blutversorgung des Rectum erfolgt durch die *A. rectalis superior*, dem Endast der *A. mesenterica inferior* (Abb. 10.46). Die A. rectalis superior zieht unter dem Bauchfell in das kleine Becken und gelangt hinter das Rectum, wo ihre kleinen Endäste *(R. dexter, R. sinister* und *R. dorsalis)* die Darmwand versorgen und das als arteriellen Schwellkörper dienende *Corpus cavernosum ani* und *recti* speisen. Die unpaare *A. rectalis superior* steht am Rectum mit den paarigen *Aa. rectales mediae* und *Aa. rectales inferiores* in Verbindung. Aa. *rectales mediae* sind Äste der rechten und linken A. iliaca interna. Sie verlaufen oberhalb des M. levator ani und treten lateral an das Rectum heran. Die *Aa. rectales inferiores* zweigen im Alcock-Kanal aus der *A. pudenda interna* ab und ziehen durch die Fossa ischioanalis zum Analkanal, zu Sphinktermuskeln und zur Analhaut.

Venen. Die venöse Entsorgung aus dem Rectum und Analkanal erfolgt geflechtartig einerseits über die *V. mesenterica inferior* in die *V. portae* und andererseits über die *V. iliaca interna* in die *V. cava inferior*. Der *Plexus venosus rectalis* verbindet somit beide Abflusssysteme. Aus diesem Venengeflecht zieht die unpaare *V. rectalis superior* zur V. mesenterica inferior. Ampulla recti und obere Teile des Corpus cavernosum werden in die V. rectalis superior dräniert.

Das Blut aus dem Analkanal und unteren Teilen des Corpus cavernosum wird über die paarigen *Vv. rectales mediae* in die V. iliaca interna geleitet. Im Bereich des Anus liegt ein subkutanes Venengeflecht vor *(Plexus venosus subcutaneus)*, das über die paarigen *Vv. rectales inferiores* entsorgt wird. Sie führen das Blut über die V. pudenda interna in die V. iliaca interna und schließlich in die V. cava inferior.

10.51 Rektale Applikation von Medikamenten

Der Abfluss des venösen Blutes aus dem Analkanal in die V. cava inferior hat den klinischen Vorteil, dass eingeführte Zäpfchen wegen der späteren Passage und Abbau durch die Leber eine bessere Wirksamkeit zeigen als die orale Gabe und enterale Resorption des Medikaments.

Lymphabfluss. Aus dem Rectum und den oberen Anteilen des Analkanals fließt die Lymphe parallel zu den A. und V. rectalis superior in die *Nodi rectales superiores* und *Nodi colici sinistri* und schließlich in die *Nodi mesenterici inferiores*. Die Lymphe aus dem Canalis analis zieht zum großen Teil zu paraanorektalen Lymphknoten, die an der Analkanal-/Rectumgrenze ober- und unterhalb des M. levator ani liegen. Sie führen in die Nodi iliaci interni. Die Lymphaufnahme aus den unteren Abschnitten des Analkanals erfolgt durch die *Nodi inguinales superficiales*.

In Kürze

Gefäße und Lymphabfluss von Rectum und Canalis analis

Die **Blutversorgung** von Rectum, Canalis analis und Analhaut erfolgt über Äste der A. mesenterica inferior und A. iliaca interna:

- A. rectalis superior (aus der A. mesenterica inferior): obere Abschnitte des Rectum
- Aa. rectales mediae (aus der A. iliaca interna): mittlere und untere Rectumabschnitte
- die Aa. rectales inferiores (aus der A. iliaca interna): Canalis analis und Analhaut.

Die Gefäße stehen untereinander in Verbindung.

Die **venöse Entsorgung** aus den jeweiligen Abschnitten erfolgt über gleichnamige Venen in die V. mesenterica inferior und V. iliaca interna. Die Venen am Rectum und Analkanal stehen über den Plexus venosus rectalis in Verbindung.

Der **Lymphabfluss** orientiert sich am Verlauf der Gefäße. Der untere Teil des Analkanals und Analhaut geben die Lymphe in die Nodi inguinales superficiales ab.

Innervation

Die **efferente parasympathische** Innervation des Rectum und des Analkanals erfolgt über Fasern, die aus dem sakralen Rückenmark (S2–4) als *Nn. splanchnici pelvici* kommen. Sie gelangen zum *Ganglion pelvicum*.

Die **efferente sympathische** Versorgung erfolgt über lumbale und sakrale Grenzstrangnerven, *Nn. splanchnici lumbales* und *Nn. splanchnici sacrales*, die zum *Ganglion mesentericum inferius* ziehen. Ein Teil dieser Fasern (*Nn. splanchnici sacrales*) gelangt zum Ganglion pelvicum.

Parasympathische und sympathische Fasern ziehen in den *Plexus mesentericus inferior* und in den *Plexus hypogastricus inferior (Plexus pelvicus)*. Aus beiden Plexus gehen Nervengeflechte hervor *(Plexus rectalis superior* und *Plexus rectalis medius)*, die mit den Gefäßen zum Rectum und zum Analkanal ziehen.

Die **viszeralen Afferenzen** werden über Nervengeflechte zum sympathischen (Th11–L3) und parasympathischen (S2–5) Reflexzentrum des Rückenmarks weitergeleitet.

In Kürze

Innervation von Rectum und Analkanal

Rectum und Analkanal werden parasympathisch und sympathisch innerviert.

Wichtige Umschaltstationen sind:

- Ganglion mesentericum inferius
- Ganglion pelvicum.

Die parasympathischen Fasern kommen aus dem sakralen Rückenmark, die sympathischen aus den Nn. splanchnici lumbales und sacrales.

Histologie

Tunica mucosa

Der Wandaufbau des Rectum gleicht dem des Colon. Haustren und Plicae semilunares sind jedoch nicht vorhanden.

Das **Schleimhautrelief** ist durch die *Plicae transversae recti* charakterisiert. Es sind nicht verstreichbare Faltenaufwerfungen, deren Grundlage eine verdickte Tela submucosa mit ausgeprägten elastischen Fasernetzen ist. Die Ringmuskulatur ist an diesen Stellen verstärkt. Die Schleimhaut weist **sehr tiefe Krypten** auf, die mit einem einschichtigen Zylinderepithel und eingestreuten Becherzellen ausgekleidet sind. Die Schleimhaut enthält zahlreiche Solitärfollikel.

Am Übergang von Rectum zum Canalis analis wechselt die Schleimhaut kontinuierlich. Die tiefen Krypten flachen zunehmend ab. Die Lamina muscularis mucosae, die am Boden der Krypten liegt, begleitet die Schleimhaut über die zahlreichen Falten. Sie zieht im Analkanal als *M. canalis ani* bis zum Boden der Sinus anales.

Vom Rectum bis zum Anus wechselt das Epithel mehrfach. Oberhalb der *Linea anorectalis* liegt das typische Dickdarmepithel vor. Unterhalb der Linea anorectalis beginnt die *Zona transitionalis*, die bis zur Linea alba am Boden der Columnae und Sinus anales reicht. In der Zona transitionalis liegt zunächst ein unregelmäßiges Zylinderepithel vor, das in Richtung Linea alba in ein ein- bis mehrschichtiges hochprismatisches Epithel wechselt. In die Sinus und Falten münden schlauchförmige Gänge von Schleimdrüsen, Glandulae anales und Proktodealdrüsen (10.52). Die Endstücke der Proktodealdrüsen liegen in bindegewebigen Septen zwischen den Sphinktermuskeln.

Nach der *Linea alba* befindet sich die *Zona alba*, die bis zur Linea anocutanea reicht. In der Zona alba ändert sich das Epithel zunehmend in ein mehrschichtiges unverhorntes Plattenepithel. Unterhalb der *Linea anocutanea* beginnt die *Zona cutanea*, die sich bis zur äußeren Haut ausdehnt. Hier liegt zunächst ein mehrschichtiges leicht verhorntes Plattenepithel vor. Das Bindegewebe unter dem Epithel enthält Vater-Pacini-Lamellenkörperchen und Talgdrüsen. Es ist reich an elastischen Fasern und ist fest mit der Unterlage am unteren Teil des M. sphincter ani internus verwachsen. Die dadurch hervorgerufene Unverschieblichkeit dieser Region bei gleichzeitiger Dehnbarkeit der Öffnung ermöglicht den Durchtritt der Kotsäule. Das Epithel wechselt kontinuierlich in ein mehrschichtiges verhorntes Plattenepithel der äußeren Haut. Durch Pigmentierung entsteht die typische Analhaut. Das Bindegewebe enthält Duftdrüsen und Schweißdrüsen (*Glandulae circumanales)* sowie Talgdrüsen und Haare.

Eine vergleichende Zusammenstellung der Baumerkmale von Rectum und Analkanal und anderen Darmabschnitten ist in Tab. 10.14 zusammengetragen.

10.52 Entzündungen der Proktodealdrüsen
Bakterielle Entzündungen der Proktodealdrüsen können zu Abszessen und Analfisteln führen.

Tela submucosa

Die Tela submucosa enthält weitgehend lockeres Bindegewebe. In den Plicae transversae recti ist sie verdickt und bildet mit verstärkten elastischen Fasernetzen deren bindegewebige Grundlage. Zwischen den Plicae transversae recti enthält die Tela submucosa ausgedehnte **Venenplexus** und zahlreiche **arteriovenöse Kurzschlüsse,** die eine regulatorische Wirkung auf den Blutfluss ausüben. Dabei handelt es sich um den *Plexus venosus rectalis internus* und *externus*. Im Bereich der Sinus anales nimmt der weitlumige *Plexus venosus rectalis internus* ohne Zwischenschaltung von Kapillaren das Blut aus den Endästen der A. rectalis superior auf. Daraus entstehen größere Venenstämme, die die glatte Muskulatur der Rektalwand durchbohren und in den subfaszial gelegenen *Plexus venosus rectalis externus* einmünden. Daraus bilden sich die abführenden Rektalvenen (V. rectalis superior, media und inferior).

Im Bereich der Columnae und Sinus anales befindet sich das von der A. rectalis superior gespeiste *Corpus cavernosum ani*, dessen Abfluss hauptsächlich über tiefe Rektalvenen in die V. mesenterica inferior erfolgt. Die abführenden tiefen Venen durchqueren den M. sphincter ani internus, so dass der Füllungszustand des Schwellkörpers im Wesentlichen durch Kontraktionen des inneren Sphinktermuskels bestimmt wird. Zusammen mit den Sphinktermuskeln dient das Corpus cavernosum ani dem Verschluss des Analkanals.

Tunica muscularis und Sphinktersystem

Das Rectum führt die Zweischichtung der Tunica muscularis des Colon fort. Die innere Ringmuskulatur ist insbesondere in den Plicae transversae recti verstärkt. Die Längsmuskulatur bildet stets eine geschlossene Schicht in der Wand des Rectum. Die einzelnen Muskelschichten setzen sich in das **Sphinktersystem** des Analkanals fort.

Sphinktersystem

Der Analkanal besitzt ein ausgefeiltes Sphinktersystem, das sich aus glatter und quergestreifter Muskulatur zusammensetzt (Abb. 10.49). Dabei sind die glatten Muskelfasern Fortsetzungen aus dem Rectum, die quergestreiften gehören zur Beckenbodenmuskulatur.

Glatte Muskulatur. Die Lamina muscularis mucosae des Rectum setzt sich hier in den M. canalis ani fort und bedeckt innen das Corpus cavernosum ani. Die **Ringmuskelschicht** des Rectum zieht in den Analkanal und bildet den kräftigen *M. sphincter ani internus*. Die **Längsmuskulatur** des Rectum liegt dem M. sphincter ani internus außen an und begleitet ihn ab den Columnae anales als *M. corrugator ani* nach unten. Der M. corrugator ani enthält zahlreiche elastische Sehnen und strahlt aufgefächert in die perianale Haut ein. Unterhalb der Columnae anales ist der M. sphincter ani internus fest mit der Haut und Schleimhaut verwachsen und weist üblicherweise eine Dauerkontraktion auf. Der Muskel wird sympathisch und parasympathisch innerviert. Das enterische Nervensystem in der Wand des Analkanals, die dem M. sphincter ani internus unmittelbar anliegt, enthält nicht die üblichen Ganglienzellen, sondern vorwiegend sogenannte Typ-3-Neurone und inhibitorische Neurone. Das Zusammenspiel dieser Neurone sorgt für die Dauerkontraktion des M. sphincter ani internus. Die Erschlaffung des Muskels erfolgt lediglich während der Defäkation.

Quergestreifte Muskulatur. Der ca. 4 cm lange, unter der Perianalhaut angelegte *M. sphincter ani externus* umgreift den Analkanal zylinderförmig. Er besteht aus 3 Abschnitten. Der *M. sphincter ani externus subcutaneus* befindet sich im subkutanen Gewebe und bildet einen ringförmigen Wulst um den Anus. Er erscheint durch die im M. corrugator ani nach unten verlaufenden Bindegewebesepten gekammert. Weiter tiefer liegt der *M. sphincter ani externus superficialis* und der *M. sphincter ani externus profundus*, die dorsal vom *Lig. anococcygeum* entspringen. Sie umgeben den Analkanal bogenartig und konvergieren nach ventral zum *Centrum tendineum perinei* des Beckenbodens.

Der M. sphincter ani externus wird insgesamt durch Äste des *N. pudendus* innerviert, der hier durch den Alcock-Kanal verläuft. Funktionell von Bedeutung ist auch der *M. puborectalis*, der den vorderen und medialen Teil des *M. levator ani* bildet und über dem M. sphincter ani externus profundus liegt. Er zieht beiderseits vom Os pubis kommend über den M. obturator internus nach hinten und umgreift schlingenartig den oberen Teil des Analkanals. Bei einer Kontraktion zieht die Muskelschlinge diesen Teil des Analkanals nach vorn und erzeugt hier einen verschließenden Knick. Damit ist der Muskel für die Stuhlkontinenz sehr wichtig. Der M. puborectalis wird durch Nervenfasern aus dem *Plexus coccygealis* (S5-Co1) innerviert.

In Kürze

Histologischer Aufbau von Rectum und Anus

Tunica mucosa

Rectum: Besitzt fixierte Plicae transversae recti (Grundlage sind Verdickungen der Tela submucosa).

Übergang zum Analkanal: Auftreten von Analfalten. Die Tunica mucosa überzieht alle Falten.

Das Oberflächenepithel wechselt kontinuierlich vom typischen Dickdarmepithel zur äußeren Analhaut. Die anfangs tiefen Krypten der Rectumschleimhaut werden kontinuierlich flacher. Die Oberfläche wechselt vom Dickdarmepithel, über ein mehrschichtiges hochprismatisches, mehrschichtiges unverhorntes und schließlich zum verhornten Plattenepithel der äußeren pigmentierten Analhaut. Die unter den Krypten liegende Lamina muscularis mucosae wird im Analkanal zum M. canalis ani.

▼

Tunica muscularis
Die zweischichtige Tunica muscularis des Rectum setzt sich in das Sphinktersystem des Analkanals fort. Das Sphinktersystem besteht aus glatten und quergestreiften Muskeln.

Aus der Ringmuskelschicht des Rectum entsteht der glatte M. sphincter ani internus und aus der Längsmuskelschicht der glatte M. corrugator ani. Der Analkanal wird durch den quergestreiften M. sphincter ani externus zylinderförmig umgeben.

Die **Sphinktermuskeln** verursachen einen ringförmigen Zusammenschluss des Analkanals. Für die Stuhlkontinenz ist außerdem der M. puborectalis wichtig (bildet einen verschließenden Knick des Analkanals).

Kontinenz und Defäkation

Das koordinierte Zusammenspiel der am Analkanal wirksamen Muskeln ermöglicht das sichere Halten **(Kontinenz)** sowie die Entleerung **(Defäkation)** des Stuhls. Alle an diesen Funktionen beteiligten Strukturen werden zum »**Kontinenzorgan**« zusammengefasst.

Kontinenz. Die glatten Muskelfasern des M. sphincter ani internus und die quergestreiften Muskelfasern des M. sphincter ani externus umgreifen den Analkanal am Oberrand manschettenartig, die dorsal durch die quergestreiften Muskeln *M. puborectalis* und *M. levator ani* schlingenartig verstärkt werden. Der **M. sphincter ani internus** sorgt durch dauerhafte Kontraktion wesentlich für den Verschluss des Analkanals. Der Verschluss wird durch den *M. puborectalis* unterstützt. Er bildet einen anorektalen Kontraktionsring am Übergang von Rectum zum Canalis analis und verursacht bei Kontraktion einen verschließenden Knick zwischen Rectum und Analkanal. Der **M. sphincter ani externus** dient durch Kontraktion als Schnür- und Tamponverschluss und sorgt so für einen anhaltenden Verschlusstonus am Analkanal. Dieser Tonus ist beim aufrechten Gang kräftig, wird im Schlaf jedoch minimiert. Da bei aufgeblähter Füllung des Rectum der M. sphincter ani internus reflektorisch relaxiert, bleibt der M. sphincter ani externus der für die Aufrechterhaltung der Kontinenz zuständige Muskel. Dabei ist festzuhalten, dass sowohl der M. sphincter ani externus als auch der M. puborectalis einer somatischen Innervation aus dem zweiten, dritten und vierten Sakralmark über den N. pudendus unterliegen; eine autonome Innervation dieser quergestreiften Muskeln ist bisher nicht bekannt. Den **gasdichten Verschluss** ermöglicht das **Corpus cavernosum ani.** Dieser Verschlussmechanismus wird durch ableitende Venen unterstützt, die zum Teil durch die unter Dauerkontraktion stehenden Schließmuskeln verlaufen und somit gestaute Schleimhautpolster bilden.

Defäkation. Erreicht die Kotsäule durch peristaltische Kontraktionen und Massenbewegungen des Dickdarms die Ampulla recti, entsteht Stuhldrang. Dabei stellen Stuhlbewegungen auf der Schleimhaut und die Aufblähung der Ampulle einen Reiz für Mechanorezeptoren dar; die viszeroafferenten Impulse gehen zum sympathischen (Th11-L3) und parasympathischen (S2-5) Reflexzentrum des Rückenmarks. Folglich erschlafft der M. sphincter ani internus, so dass eine Portion Faeces in den Canalis analis gelangt. Nun werden auch M. sphincter ani externus und M. levator ani gelockert und der Inhalt ausgetrieben **(Defäkation)**.

Die durch Füllung und Aufblähung der Ampulla recti reizartig eingeleitete Relaxierung der Muskulatur am Analkanal wird als »**anorektaler Reflex**« bezeichnet. Nicht selten wird bei dem komplizierten Mechanismus der Defäkation der gesamte linke Teil des Colon ab der Flexura coli sinistra mit entleert. Damit ist der Defäkationsreflex an der Ampulla recti ein Teil einer konzertierten Aktion unter Beteiligung peristaltischer Kontraktionen nicht nur am Rectum selbst, sondern auch am Colon descendens abwärts. Soll die Defäkation zeitlich verschoben werden, wird der Analkanal durch willentliche Kontraktion des äußeren Schließmuskels wieder nach oben in die Ampulle entleert.

Der abgesetzte Stuhl ist zu 75% Wasser und zu 25% aus festen Bestandteilen zusammengesetzt, die aus abgeschilferten Zellen, Darmbakterien, Calcium, Phosphaten, Fetten und nicht verdaulichen Speiseresten bestehen. Zudem werden Darmgase durch den Anus entlassen *(Flatus)*. Die Menge ist nahrungsabhängig und beträgt 200-2000 ml pro Tag.

10.4.10 Entwicklung des Magen-Darm-Trakts

In der 4. Woche der Embryonalentwicklung liegt der Magen-Darm-Trakt (Verdauungskanal) als ein nahezu gestrecktes Darmrohr vor, das sich in der Medianebene der Bauchhöhle befindet. Hierbei formen viszerales Mesoderm und Entoderm das Darmrohr. Die anfänglich breite Verbindung mit der dorsalen Bauchwand wird zunehmend schmaler und entwickelt sich zum dorsalen Mesenterium, das sich in die parietale Mesodermschicht fortsetzt. Die Deckzellschichten des viszeralen und parietalen Mesoderms entwickeln sich später zur Tunica serosa. Das Wachstum von Darmrohr und dorsalem Mesenterium geht schneller voran als das der Leibeshöhle und gliedert sich in Vorder-, Mittel- und Enddarm. Der **Vorderdarm** differenziert sich zum Oesophagus, Magen und oberen Teil des Duodenum (bis zur Mündungsstelle des Ductus choledochus). Der **Mitteldarm** reicht bis zum distalen Drittelpunkt am späteren Colon transversum; aus ihm entwickeln sich untere Teile des Duodenum, Jejunum, Ileum, Caecum mit Appendix vermiformis, Colon ascendens und die ersten zwei Drittel des Colon transversum. Aus dem **Enddarm** gehen die restlichen Anteile des Colon transversum, Colon descendens, Colon sigmoideum und Rectum hervor. Die segmentale Anordnung von Vorder-, Mittel- und Enddarm entspricht den drei späteren arteriellen Versorgungsgebieten (Truncus coeliacus, A. mesenterica superior, A. mesenterica inferior). Auch das Mesenterium dorsale gliedert sich entlang des Verdauungsrohres in *Mesogastrium*, *Mesoduodenum*, *Mesenterium* des Dünndarms und *Mesocolon*. Im Bereich des unteren Oesophagus, des Magens und des oberen Abschnitts des Duodenum liegt zudem ein *Mesenterium ventrale* vor, das die genannten Abschnitte mit der vorderen Leibeswand verbindet.

Umbildungen und Verschiebungen des Darmrohres bestimmen die Lage der Mesenterien und damit die Topographie der Magen-Darm-Abschnitte in der Peritonealhöhle. Sekundäre Verklebungen bestimmter Darmabschnitte mit der dorsalen Rumpfwand sorgen für eine retroperitoneale Lage dieser Organe, während die mit einem Mesenterium ausgestatteten Darmabschnitte eine frei bewegliche und intraperitoneale Lage bekommen.

Vorderdarm

In der 5. Entwicklungswoche zeigt sich eine spindelförmige Erweiterung des Vorderdarms, die Magenanlage. Durch das **ventrale** und **dorsale Mesogastrium** ist der Magen an der vorderen und hinteren Körperwand befestigt. In den folgenden Wochen nimmt er durch unterschiedlich schnelles Wachstum einzelner Abschnitte und Lageveränderungen von Nachbarorganen seine typische Form und Position ein. Dabei dreht sich der Magen um 90° in der Längsachse im Uhrzeigersinn, so dass die ehemalige linke Seite des Magens zur Vorderwand und die rechte Seite zur Hinterwand werden (◘ Abb. 10.50). Die den Oesophagus rechts und links absteigend begleitenden Vagusstämme

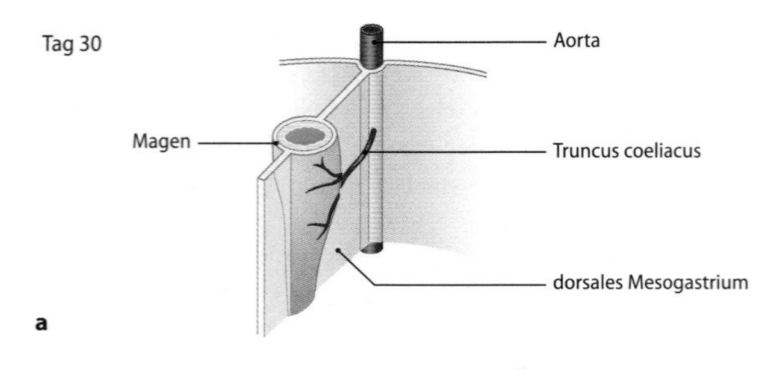

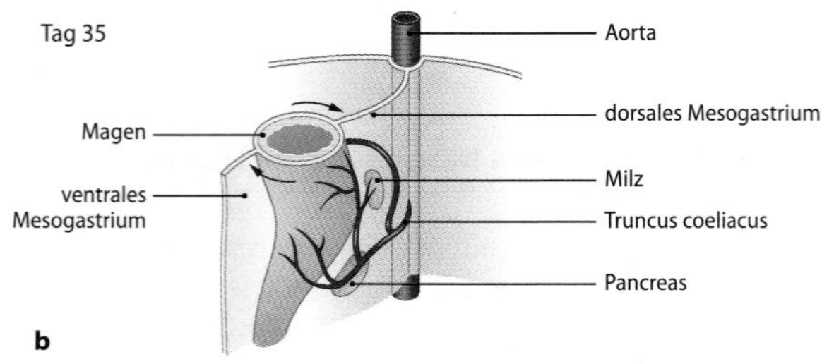

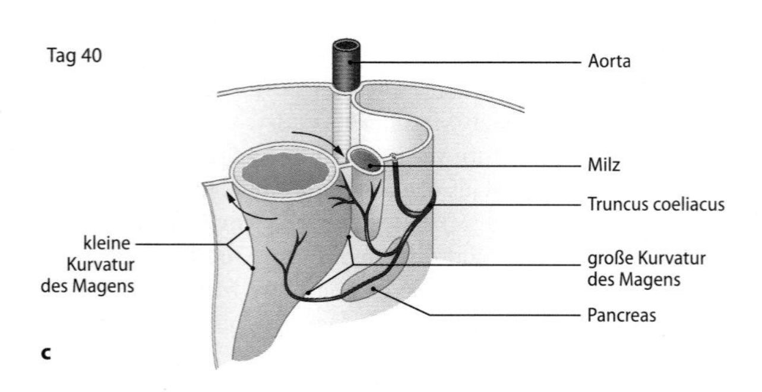

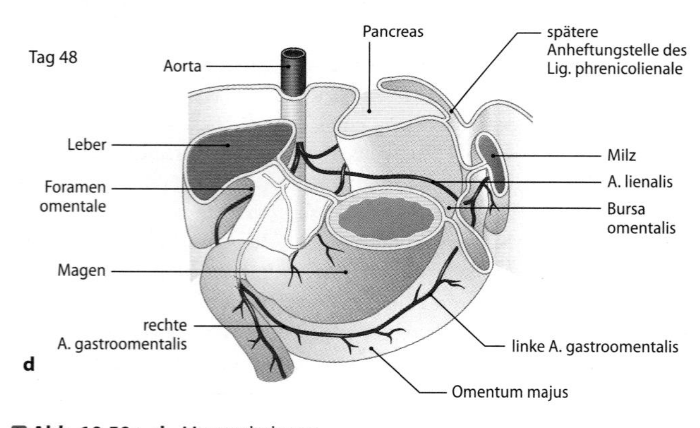

Abb. 10.50a–d. Magendrehung

werden mit der Magendrehung gleichsinnig verlagert, so dass an der Magenvorderwand der *Truncus vagalis anterior* mit Fasern überwiegend aus dem linken N. vagus und an der Hinterwand der *Truncus vagalis posterior* mit Fasern aus dem rechten N. vagus vorzufinden sind. Der ursprünglich dorsal gelegene Anteil des Magens wächst schneller als der ehemals ventrale Anteil, wodurch es links zur Ausbildung der großen, rechts der kleinen **Magenkurvatur** kommt. Von der Medianlinie aus wandert außerdem das kraniale Ende des Magens, die Cardia, etwas nach links und unten, das kaudale Ende, der Pylorus, nach rechts und oben. Damit bildet sich die Hakenform des Magens aus. Die dem Magen anliegenden Mesenterien folgen den Umbildungen des Magens im Zuge seiner Drehung. Das dorsale Mesogastrium wird blasenartig nach links verlagert, während das ventrale Mesogastrium nach rechts mobilisiert wird. Dazwischen entsteht ein Recessus der Peritonealhöhle, die *Bursa omentalis* (Abb. 10.50).

Mit zunehmendem Wachstum dehnt sich dieser Spaltraum in transversaler und kranialer Richtung aus und nimmt die Lage dorsal und rechts vom Magen und Oesophagus ein. Der kraniale Abschnitt der Bursa omentalis wird zurückgebildet, während der kaudale Teil als Recessus superior der Bursa omentalis erhalten bleibt. Das dorsale Mesogastrium wächst von der großen Magenkurvatur aus nach unten und bildet das *Omentum majus* aus. Mit der Drehung des Magens und Auswachsen des Mesogastrium dorsale zum Omentum majus vergrößert sich die Bursa omentalis nach unten. Sie dehnt sich mit der Bildung eines Recessus inferior in das Omentum majus aus, der später durch Aneinanderlagerung von vorderem und hinterem Blatt des Omentum majus obliteriert. Das hintere Blatt des Omentum majus verschmilzt auch mit dem Mesocolon transversum und mit oberen Teilen des Colon transversum. Dadurch entwickelt sich ventral das *Lig. gastrocolicum*, das eine feste Verbindung zwischen Magen und Colon transversum ermöglicht. Aus dem ventralen Mesogastrium entsteht das *Omentum minus*, das Leber mit Magen *(Lig. hepatogastricum)* und Duodenum *(Lig. hepatoduodenale)* verbindet.

Oberhalb der zukünftigen Papilla duodeni major bildet sich das Duodenum aus dem Vorderdarm, unterhalb derselben aus dem Mitteldarm aus. Entsprechend wird der obere Teil des Duodenum aus den Ästen des *Truncus coeliacus* und der untere Teil aus den Ästen der *A. mesenterica superior* versorgt. Als Fortsetzung aus der Magenregion besitzen die oberen Anteile des Duodenum ein dorsales und ventrales Mesogastrium, der untere Teil weist lediglich ein dorsales Mesenterium in Form einer zarten bindegewebigen Brücke auf. Im ventralen Mesogastrium entwickeln sich die Leber und die ventrale Pankreasanlage, in das dorsale Mesogastrium wächst die dorsale Pankreasanlage hinein.

Mit der Rechtsdrehung des Magens bildet das Duodenum einen rechtskonvexen C-förmigen Bogen. Im Zuge dieser Drehung und der dorsalwärts gerichteten Bewegung der Pankreasanlagen sowie der entgegengesetzten Drehung des übrigen Dünndarms und Großteilen des Dickdarms rückt das Duodenum zunehmend aus seiner intraperitonealen Lage nach rechts und dorsalwärts. Seine ehemals rechte Seite wird zur hinteren Seite und legt sich der dorsalen Bauchwand an. Dabei verschmilzt das dorsale Mesogastrium mit dem Peritoneum parietale, so dass das Duodenum mit dem Pankreas in eine retroperitoneale Lage gelangt.

Mitteldarm

Die Darmabschnitte vom distalen Anteil des Duodenum bis einschließlich der proximalen zwei Drittel des Colon transversum entwickeln sich aus dem Mitteldarm. Am Mitteldarm entsteht die **Nabelschleife,** an deren Scheitelpunkt (dem späteren terminalen Ileum) der *Ductus omphaloentericus* (Dottergang) abgeht und die Verbindung mit dem Dottersack herstellt (Abb. 10.51). Im dorsalen Mesenterium verläuft die aus der Bauchaorta abgehende *A. mesenterica superior* nahezu gestreckt nach ventral zum Scheitelpunkt der Nabelschleife. Die Arterie stellt gleichsam die **Achse der Schleife** dar und teilt den Mitteldarm in einen **oberen wegführenden** und einen **unteren zurücklaufenden Schenkel.** Aus dem oberen Schenkel gehen der distale Anteil des Duodenum, Jejunum und der größte Teil des Ileum hervor. Der untere Schenkel liefert den distalen Abschnitt des Ileum, das Caecum mit Appendix vermiformis, das Colon ascendens und das Colon transversum. Die übrigen Dickdarmabschnitte entstehen aus dem Enddarm.

Aufgrund eines im Vergleich zur Bauchhöhle überproportional schnellen Wachstums des Darmrohrs, insbesondere des oberen Schen-

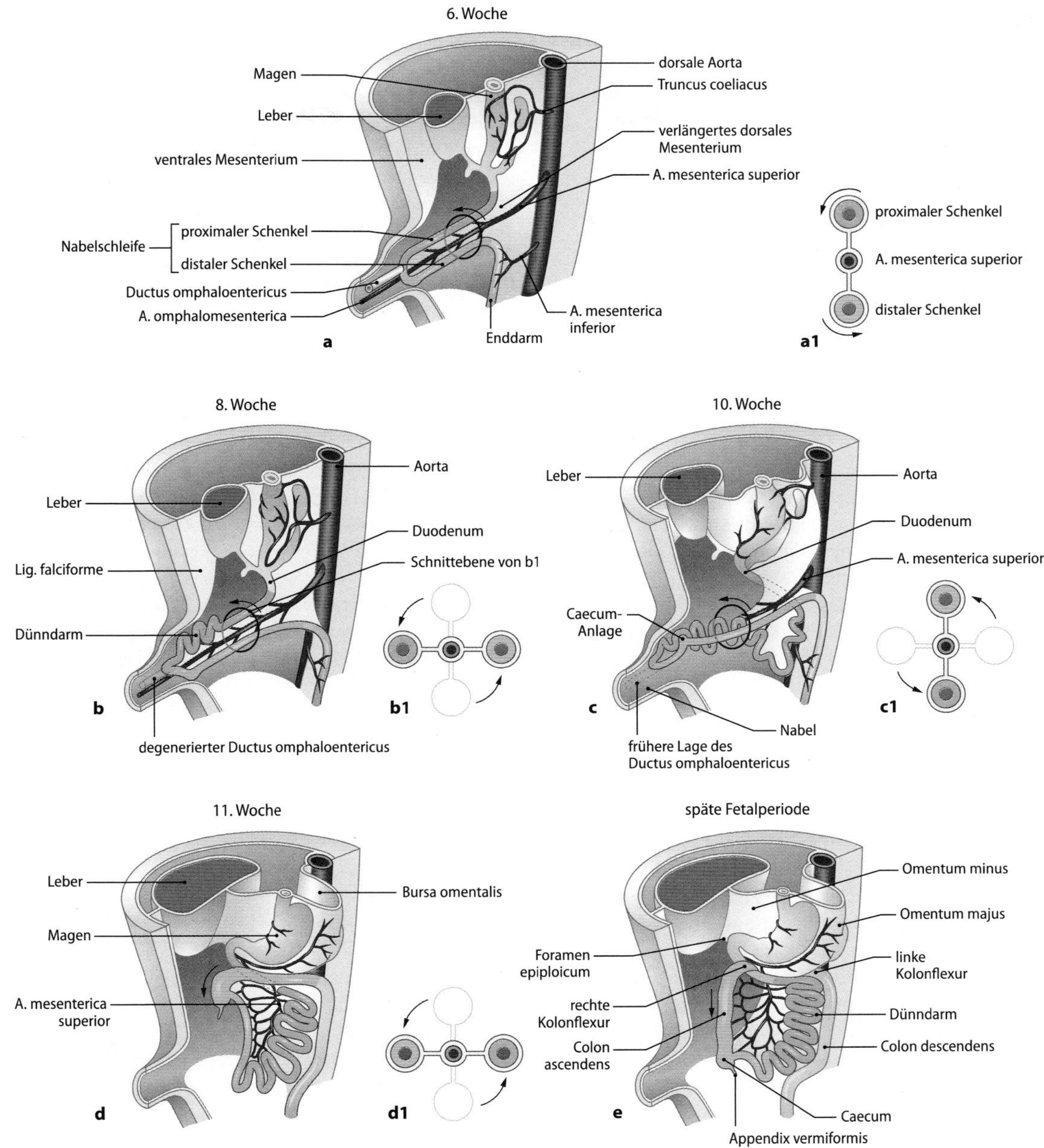

Abb. 10.51a–e. Mitteldarmdrehung

kels der Nabelschleife, kommt es zu Schlingenbildungen und asymmetrischen Verlagerungen einzelner Darmabschnitte, die mit einer Darmdrehung verbunden sind. Dabei dreht sich die Nabelschleife insgesamt um 270° gegen den Uhrzeigersinn um die durch die A. mesenterica superior vorgegebene Achse. Da sich die Leberanlage gleichzeitig rasch vergrößert und in der Bauchhöhle viel Platz einnimmt, wird der an der Nabelschleife in die Länge wachsender Darm kurzzeitig in das **extraembryonale Coelom** der Nabelschnur ausgelagert **(physiologischer Nabelschnurbruch)**. Bei genauer Betrachtung erfolgen die ersten 90° der Drehung außerhalb der Bauchhöhle, die restlichen 180° beim Wiedereinziehen der Darmschlingen in die Bauchhöhle. Bei dieser Rückverlagerung werden die jeweiligen Darmabschnitte streng nach ihrer Folge eingelagert. Die einzelnen Dünndarmanteile werden als erste zurückverlagert; sie gleiten hinter der A. mesenterica superior vorbei und nehmen den zentralen Bereich der Bauchhöhle ein. Als letzter Darmabschnitt kehrt das *Caecum* in die Bauchhöhle zurück und zieht zunächst unter den rechten Leberlappen. Das Caecum mit seinem in der Größe variablen Divertikel (Appendix vermiformis) wandert als intraperitoneal gelegener Darmabschnitt in die rechte Fossa iliaca. Der nächstfolgende Colonabschnitt, Colon ascendens, wird bei dieser Caecumwanderung nachgezogen. Seine linke Seite legt sich der rechten dorsalen Bauchwand an, das Mescolon ascendens verwächst mit dem Peritoneum parietale, so dass das Colon ascendens letztlich eine sekundär retroperitoneale Lage bekommt. Das Colon transversum kreuzt das Duodenum ventral und erhält eine intraperitoneale Lage. Aufgrund der Caecumwanderung nach unten entsteht zwischen Colon ascendens und Colon transversum die Flexura coli dextra. Das Mesocolon transversum überzieht das Duodenum, und seine Oberseite verklebt mit der Rückseite des Mesogastrium dorsale und bildet die hintere Wand des unteren Teils der Bursa omentalis. Die Verdickung und Bündelung der Längsmuskulatur zu den drei Taenien beginnt in der 11. Woche der Embryonalentwicklung und nimmt kontinuierlich zu.

10.53 Meckel-Divertikel

Das Meckel-Divertikel ist eine das Ileum betreffende Anomalie. Es handelt sich dabei um eine ca. 5 cm lange Aussackung der Wand des Ileum, etwa 50 cm oberhalb der Valva ileocaecalis. Es entsteht bei inkompletter Rückbildung der Verbindung zwischen Darm und Dottersack. Das Divertikel kann mit dem Nabel durch einen Bindegewebestrang oder durch eine Fistel verbunden sein. Entzündungen des Divertikels können Symptome einer Appendizitis verursachen. Das Divertikel kann ebenso versprengte Magenschleimhautareale enthalten, die zu Blutungen und Ulzerationen führen können.

10.54 Omphalozele

Die Omphalozele ist eine Fehlbildung, die auf eine inkomplette Rückverlagerung der Darmschlingen in die Bauchhöhle zurückzuführen ist, so dass ein Nabelschnurbruch entsteht. Der Nabelring ist dabei die Bruchpforte und das Amnion der Bruchsack. Der Bruchinhalt sind die Darmschlingen.

Enddarm und Kloake

Aus dem Enddarm, der von der hinteren Darmpforte bis zur Kloakenmembran reicht, entstehen das distale Drittel des Colon transversum, das Colon descendens, das Colon sigmoideum, das Rectum und der proximale Anteil des Analkanals.

Mit seinem Mesocolon zieht das Colon transversum quer über den absteigenden Anteil des Duodenum und den Unterrand des Pankreaskopfes nach links und bekommt eine intraperitoneale Lage. Gegen Ende der Darmdrehung orientiert sich das Colon descendens nach links zur Rückwand der Bauchhöhle, so dass sich seine linke Seite der dorsalen Bauchwand anlegt und sein Mesenterium mit dem Peritoneum parietale verschmilzt. Damit nimmt das Colon descendens eine sekundär retroperitoneale Lage ein. Zwischen Colon transversum und Colon descendens bildet sich die Flexura coli sinistra aus. Nach unten in Höhe der linken Crista iliaca löst sich das mit der hinteren Bauchwand verwachsene Mesocolon descendens, so dass das Colon sigmoideum mit seinem in Länge und Form sehr variablen Mesocolon sigmoideum eine flexible intraperitoneale Lage bekommt.

Der kaudale Teil des Enddarms erweitert sich zur Kloake, einer von Entoderm ausgekleideten Höhle, die mit dem Oberflächenektoderm an der Kloakenmembran in Verbindung steht. Die Kloakenmembran liegt am Boden einer Grube (Analgrube), die als Proctodaeum bezeichnet wird. Die Kloake wird durch eine mesenchymale Schicht, das Septum urorectale, in einen vorderen (Sinus urogenitalis) und hinteren (Canalis anorectalis) Abschnitt unterteilt. In der 7. Woche erreicht das Septum urorectale die Kloakenmembran und teilt sie in die ventral liegende Urogenitalmembran und in die dorsale Analmembran. An der Verschmelzungszone von Septum urorectale und Kloakenmembran entsteht die zentrale perineale Sehne (primitives Perineum) als primitiver Damm, in die zahlreiche Muskeln im Beckenboden einstrahlen.

Am Canalis analis entwickeln sich die oberen zwei Drittel aus dem entodermalen Enddarm, während das untere Drittel aus dem ektodermalen Proctodaeum hervorgeht. Diese duale Entstehung des Analkanals spiegelt sich in der Blutversorgung wider. Der obere Teil erhält Zufluss über die A. rectalis superior (aus der A. mesenterica inferior), der untere Teil wird über die A. rectalis media (aus der A. iliaca interna) und über die Aa. rectales inferiores (aus der A. pudenda interna) versorgt. An der Verbindungsstelle beider Teile werden sich später die *Columnae anales* bilden. Die **Analfalten** entstehen aus den vorgewölbten Mesenchympolstern, die sich am Proctodaeum ringsherum aufgebaut haben. In der 9. Embryonalwoche reißt die Analmembran ein, so dass die offene Verbindung zwischen Rectum und Körperoberfläche hergestellt ist.

Mit abgeschlossener Entwicklung wird die Bauchhöhle, *Cavitas abdominalis,* von einer serösen Haut, Peritoneum, ausgekleidet, so dass der Bauchraum Peritonealhöhle, *Cavitas peritonealis*, genannt wird. Das Peritoneum besitzt 2 Blätter, *Peritoneum parietale* und *viscerale*. Das Peritoneum parietale überzieht die innere Wand der Bauchhöhle, und das Peritoneum viscerale bedeckt die in der Bauchhöhle liegenden Organe.

Der weitaus größere Teil des Magen-Darm-Trakts liegt innerhalb der Peritonealhöhle (intraperitoneale Lage). Organe, die während der Entwicklung aus ihrer intraperitonealen Lage nach dorsal in den **Retroperitonealraum** verlagert wurden, nehmen eine **sekundär retroperitoneale Lage** ein. Hierbei wird lediglich die Vorderwand der Organe vom Peritoneum überzogen.

In Kürze

Entwicklung

Der Magen entwickelt sich aus dem Vorderdarm. Im Zuge der Magendrehung bilden sich kleine und große Kurvaturen aus. Hinter dem Magen entsteht die Bursa omentalis zwischen dem ventralen und dorsalen Mesogastrium. Das dorsale Mesogastrium wächst von der großen Magenkurvatur aus nach unten und bildet das Omentum majus aus. Aus dem ventralen Mesogastrium entsteht das Omentum minus. Das Duodenum geht aus den unteren Teilen des Vorderdarms und aus den oberen Teilen des Mitteldarms hervor. Die restlichen Darmabschnitte bis zu den proximalen zwei Dritteln des Colon transversum entwickeln sich aus dem Mitteldarm. Große Teile des Dünn- und Dickdarms vollziehen eine Darmdrehung. Aus dem Enddarm entstehen das distale Drittel des Colon transversum und alle folgenden Darmabschnitte bis zum proximalen Anteil des Analkanals. Der kaudale Teil des Analkanals ist ein Abkömmling der Kloake.

10.5 Leber und exokrines Pankreas

R. Hildebrand

Einführung

Die Leber und das exokrine Pankreas sind die beiden großen Anhangsdrüsen des Darms. Sie entstehen in unmittelbarer Nachbarschaft zueinander aus dem Zwölffingerdarm. Über ihre Ausführungsgänge, die in der Regel gemeinsam in das Duodenum einmünden, halten sie Verbindung zum Ursprungsort ihrer Entwicklung. Innerhalb des Verdauungstraktes liegt dieser Ort am Anfang der für die Resorption der Nährstoffe wichtigen Darmabschnitte, wo die Galle der Leber und das an Enzymen und Bikarbonat reiche Sekret der Bauchspeicheldrüse ihre Funktionen bei der Verdauung des Speisebreis am wirkungsvollsten entfalten können. Im Unterschied zu den anderen inneren Organen besitzt die Leber einen **doppelten afferenten Gefäßanschluss.** Über die A. hepatica propria und die V. portae wird ihr sauerstoffreiches und auf direktem Wege aus dem Magen-Darm-Trakt nährstoffreiches Blut zugeführt.

10.5.1 Leber

Funktionen der Leber

Die Leber ist das **zentrale Organ des Stoffwechsels**, das den Intermediärstoffwechsel kontrolliert. Sie produziert die Galle und erfüllt außerdem wichtige Aufgaben zum **Schutz des Körpers.** Schädliche oder nicht mehr verwertbare körpereigene und körperfremde Substanzen werden von ihr durch enzymatische Reaktionen entgiftet und für die Ausscheidung über die Galle und die Nieren vorbereitet. Ebenso sind die Zellen ihrer sinusoidalen Kapillaren durch ihre Fähigkeit zu phagozytieren und zytolytische Moleküle zu sezernieren an **Abwehrvorgängen** mitbeteiligt.

In der Embryonal- und Fetalperiode wird die Leber auch zu einem Ort der **Blutbildung.** In dem rasch heranwachsenden Organ treten während der 6. Woche Blutbildungsstätten auf. Die in den ersten Wochen nach der Geburt erlöschende Fähigkeit zur Blutbildung kann unter bestimmten pathologischen Bedingungen wieder erwachen.

Gestalt

Die Leber ist ein braunrotes, intraperitoneal gelegenes Organ mit einer glatten, spiegelnd feuchten Oberfläche, das größtenteils im Schutz des knöchernen Thorax liegt und vom Zwerchfell bedeckt wird. Ihr Gewicht beträgt beim Mann um 1600 g, bei der Frau etwas über 1400 g. Die Parenchymmasse der Leber wird von einer bindegewebigen Kapsel sowie den Blutgefäßen und Gallengängen, die das Organ durchziehen, und dem sie begleitenden perivaskulären Bindegewebe zusammengehalten. Wegen ihrer weichen Konsistenz wird ihre Gestalt von der Form der Wandung des oberen Bauchraumes, vom Füllungszustand und von der Verformbarkeit der ihr benachbarten Organe sowie der Körperhaltung und der Atmung wesentlich mitbestimmt.

Sie ist von abgerundet dreieckiger, keilförmiger Gestalt. Nach links und nach vorn zum unteren Rand hin verschmälert sich ihre Parenchymmasse deutlich. An ihr lassen sich eine konvexe diaphragmale und eine konkave viszerale Oberfläche unterscheiden. Sie gehen an dem vorn und unten gelegenen *Margo inferior* in einer scharfen Kante, hinten oben und rechts mit einer Rundung ineinander über.

Die Oberfläche der Leber ist größtenteils von *Peritoneum viscerale* überzogen. Nur wo die Leber mit dem Zwerchfell (Area nuda), der Gallenblase (Fossa vesicae biliaris) und der V. cava inferior verwachsen ist, und an den Anheftungslinien ihrer Bänder sowie in der Leberpforte fehlt ein entsprechender Überzug. Über die Bauchfellduplikatur des *Lig. falciforme hepatis* ist die Facies diaphragmatica der Leber mit der vorderen Bauchwand und der Unterfläche des Zwerchfells verbunden (◻ Abb. 10.52). Am konkaven unteren Rand des Bandes schließen seine beiden Blätter das *Lig. teres hepatis* und die kleinen paraumbilikalen Venen vom Nabel bis zu einer deutlichen Einkerbung am unteren Leberrand ein. Diese *Incisura ligamenti teretis* setzt sich auf der Viszeralfläche der Leber in die gleichnamige *Fissura* fort. In ihr zieht die obliterierte Nabelvene als *Lig. teres hepatis* bis zur Wand des linken Pfortaderastes in der Leberpforte hoch. Zum Zwerchfell hin weichen die Bauchfellblätter des Lig. falciforme hepatis auseinander und gehen rechts und links in die Bandzüge des *Lig. coronarium hepatis* über, die seitlich zu je einem *Lig. triangulare dextrum* und *sinistrum* zusammenlaufen. Das Lig. coronarium hepatis umsäumt die *Area nuda*. Es bildet eine Umschlagfalte vom viszeralen in das parietale Peritoneum der Zwerchfellunterfläche. Wo diese sich auf den oberen Teil der Vorderfläche der rechten Niere erstreckt, wird sie *Lig. hepatorenale* genannt. Zwischen der Zwerchfelloberfläche der Leber und dem Zwerchfell selbst entstehen kranial durch die Umschlagfalten Taschen. Diese *Recessus subphrenici* werden rechts und links durch die Blätter des Lig. falciforme voneinander geschieden. An das hintere Blatt des Lig. coronarium gewinnt das *Omentum minus* über seine Anheftung entlang der *Fissura ligamenti venosi* Anschluss, in der als bindegewebiger Rest des Ductus venosus das *Lig. venosum* vom linken Pfortaderast zur V. cava inferior verläuft (◻ Abb. 10.53). Das außerdem noch an der Porta hepatis befestigte kleine Netz verbindet die Leber mit der kleinen Kurvatur des Magens und der Pars superior des Duodenums *(Lig. hepatogastricum* und *hepatoduodenale)*. Die **Befestigung der Leber** erfolgt vor allem durch die Verwachsungsfläche der Area nuda und die Fixierung des Organs über die oberen Lebervenen, die direkt in die V. cava inferior münden. Auch sind die nach oben gerichteten Rückstellkräfte der elastischen Fasern der Lungen, die auf die Leber übertragen werden und der Tonus der Bauchmuskeln für die Lageerhaltung des Organs bedeutsam.

Die konvexe *Facies diaphragmatica* der Leberoberfläche (◻ Abb. 10.52) füllt die rechte Zwerchfellkuppel fast ganz, die linke teilweise aus und ist im Wesentlichen kranialwärts, weiter unten auch nach ventral gerichtet. Durch die über sie hinweg ziehende Anheftungslinie des *Lig. falciforme hepatis* wird die Leber äußerlich in einen voluminöseren rechten und einen flacher auslaufenden linken Lappen, *Lobus dexter* und *sinister*, geteilt. An der Facies diaphragmatica werden verschiedene Oberflächenbereiche unterschieden. Ihre *Pars dextra* ist der Pars costalis des Zwerchfells zugewandt. Sie geht vorn in die *Pars anterior* über, die zur vorderen Bauchwand hin ausgerich-

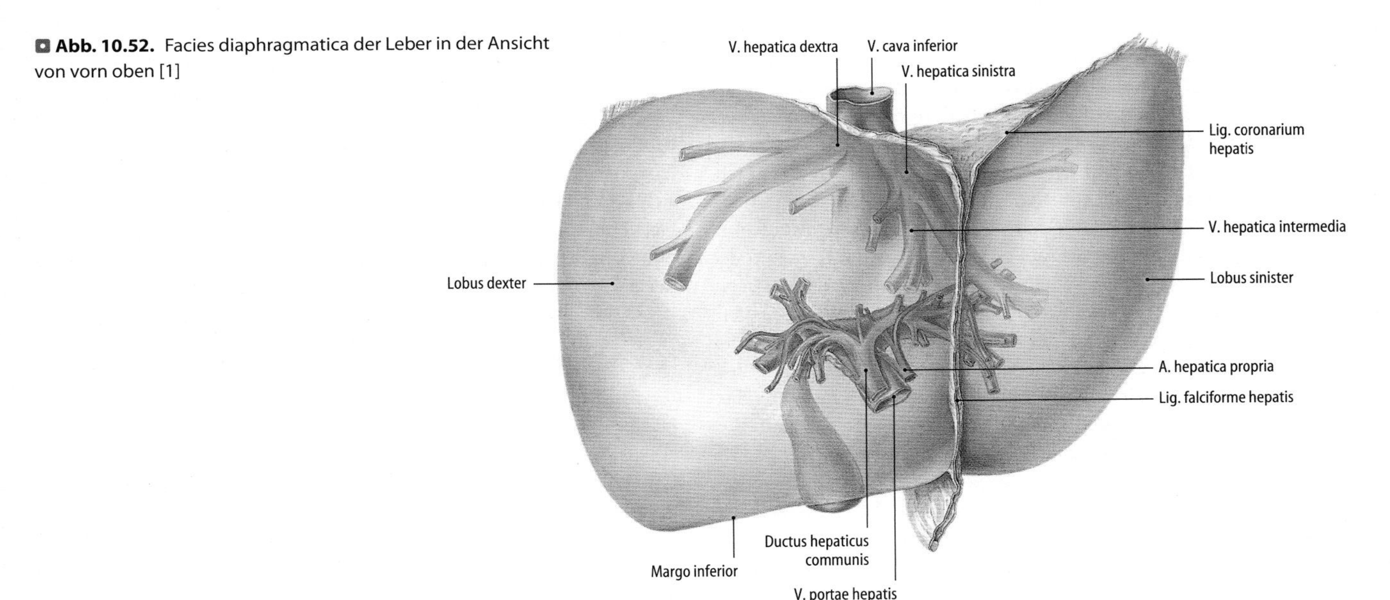

◻ **Abb. 10.52.** Facies diaphragmatica der Leber in der Ansicht von vorn oben [1]

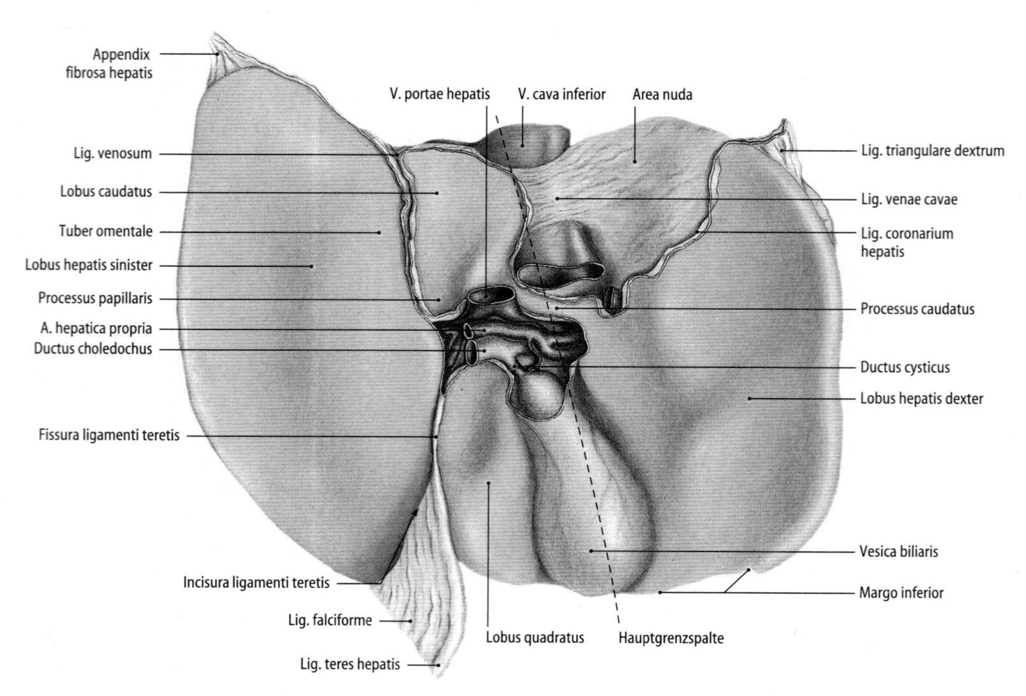

Abb. 10.53. Facies visceralis der Leber in der Ansicht von unten hinten [1]

tet ist und weitgehend zum Zwerchfell Kontakt hat. Der untere Rand dieser beiden Bereiche, der *Margo inferior*, wird beim Erwachsenen zunächst vom rechten Rippenbogen bedeckt. Er zieht dann schräg durch das Epigastrium und verläuft unter dem linken Rippenbogen bis etwa zur Medioklavikularlinie. Die *Pars superior* der diaphragmalen Fläche wird von Teilen des rechten und linken Leberlappens und dem dreieckigen kleinen Feld der Area nuda im Bereich der auseinanderweichenden Blätter des Lig. falciforme gebildet. Zwischen den stark konvex gebogenen Lappenanteilen hinterlässt das Herz unterhalb der Verwachsungsstelle des Herzbeutels mit dem Zwerchfell eine muldenförmige *Impressio cardiaca*. Nach hinten zu schließt sich an die Pars superior die *Pars posterior* an, die im Übergangsbereich zur Eingeweidefläche der Leber liegt. Sie weist median eine tiefe Konkavität auf, die der Konvexität der Wirbelsäule nach vorn entspricht. Der hier gelegene retrohepatische Abschnitt der V. cava inferior kann von Lebergewebe umschlossen oder durch einen bindegewebigen Bandzug *(Lig. venae cavae)* in seiner Position gehalten werden. Durch die von der Eingeweidefläche der Leber kommende *Fissura lig. venosi* wird der *Lobus caudatus* vom linken Leberlappen abgegrenzt.

Die *Facies visceralis* (Abb. 10.53) blickt dorsokaudalwärts und ist im Wesentlichen konkav geformt. Sie ist durch Spalten und rinnenförmige Vertiefungen, die sich H-förmig anordnen, territorial stärker gegliedert und wird durch die Abdrücke der Eingeweide modelliert, auf denen die Leber wie auf einem Kissen ruht. Die sagittalen Längsbalken des »H« setzen sich links aus der *Fissura lig. teretis hepatis* und der *Fissura lig. venosi* und rechts aus der Grube für die Gallenblase und der Furche der unteren Hohlvene zusammen. Durch den tiefen, grubenförmig erweiterten Spalt der Leberpforte werden diese Längsbalken der Quere nach miteinander verbunden. Die beiden Fissuren markieren zusammen mit der ihnen in etwa gegenüberliegenden Anheftungslinie des Lig. falciforme hepatis die Grenze zwischen *Lobus dexter* und *sinister*. Rechts von dieser Grenzlinie werden vom rechten Leberlappen durch die Fossa vesicae biliaris noch der *Lobus quadratus* und durch den Sulcus venae cavae inferioris der *Lobus caudatus* abgegrenzt. Der vorn unten liegende, abgerundet rechteckige Lobus quadratus wird von dem hinten oben gelegenen Lobus caudatus durch die Leberpforte getrennt. Gegen diese ist der Rand des Lobus caudatus eingebuchtet, so dass an ihm mit dem *Processus caudatus* eine brückenartige Verbindung in den Lobus dexter ausgebildet ist, die sich zwischen Leberpforte und untere Hohlvene schiebt. Im Winkel von Leberpforte und Fissura lig. venosi springt der *Processus papillaris* des Lobus caudatus vor. Ihm gegenüber buckelt sich links vom Lig. venosum das *Tuber omentale* des linken Leberlappens gegen die Bursa omentalis vor, von der es durch das Lig. hepatogastricum des Omentum minus getrennt wird.

Die *Porta hepatis* ist der Hilus des Organs, an dem bis auf die Lebervenen die Leitungsbahnen der Leber ein- und austreten (Abb. 10.53). Die beiden Blätter des Omentum minus schlagen an Vorder- und Rückseite der Pforte in das die Leber überziehende viszerale Peritoneum um und lassen zwischen sich den Zugang für die im Lig. hepatoduodenale des kleinen Netzes verlaufenden Leitungsbahnen frei. In der Porta hepatis liegen die *A. hepatica propria* und die *V. portae* mit ihrem *R. dexter* und *sinister*. Aus der Leber heraus treten von den die Galle ableitenden Wegen der *Ductus hepaticus dexter* und *sinister*, die sich noch im Pfortenbereich zum *Ductus hepaticus communis* vereinigen. Leberarterien-, Pfortader- und Gallengangsast bilden innerhalb der Leber eine Trias (Glisson-Trias), die sich bis in die Endverästelungen hinein fortsetzt und von vegetativen Nervenfasern und Lymphgefäßen begleitet wird. Die *Vv. hepaticae* fehlen in der Porta hepatis. Sie treten im Bereich der Pars posterior der Facies diaphragmatica in die untere Hohlvene ein.

! Die Vv. hepaticae sind die einzigen Leitungsbahnen, die nicht in der Porta hepatis zu finden sind. Sie treten auf kurzem Wege in die V. cava inferior ein.

Dieser durch Furchen und Spalten bestimmten Lappengliederung entspricht jedoch nicht der für die Klinik wichtigen **funktionellen Gliederung** des Organs. Sie richtet sich vielmehr nach dem Verzweigungsmuster der Trias von Pfortader, Leberarterie und Gallengang, deren Äste im Zentrum von *Divisiones* und deren *Segmenta* verlaufen, ohne in der Regel miteinander zu anastomosieren. Aus den Segmenta wird das Blut über Lebervenen und deren Äste abgeleitet, die

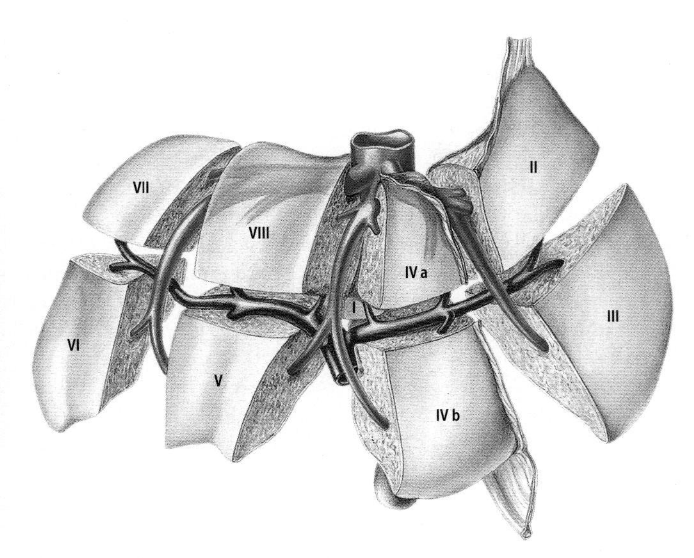

Abb. 10.54. Segmentgliederung der Leber nach Couinaud: I = Segmentum posterius (Lobus caudatus), II = Segmentum posterius laterale sinistrum, III = Segmentum anterius laterale sinistrum, IV = Segmentum mediale sinistrum, V = Segmentum anterius mediale dextrum, VI = Segmentum anterius laterale dextrum, VII = Segmentum posterius laterale dextrum, VIII = Segmentum posterius mediale dextrum; Lebervenen und Vena cava inferior sind blau dargestellt, V. portae hepatis und deren Äste violett [1]

bogenförmig im Grenzbereich zwischen benachbarten Funktionseinheiten verlaufen und sich auch ihrerseits zu venösen Entsorgungseinheiten, den Lebervenensegmenten, zusammenfassen lassen. Bestimmend für die segmentale Gliederung der Leber ist das Verzweigungsmuster der Pfortader als dem von Kaliber und Funktion her dominierenden Gefäß. Darum sind in der Regel die Bezeichnungen Pfortader- und Lebersegment synonyme Begriffe. Vor diesem Hintergrund liegt die Grenze zwischen dem funktionellen rechten und linken Leberlappen, der *Pars hepatica dextra* und *Pars hepatica sinistra*, etwa in der Cava-Gallenblasen-Linie, die sich auf der Facies diaphragmatica in der über sie hinwegziehende Verbindung zwischen der Mitte des Gallenblasenscheitels zur V. cava inferior verfolgen lässt. Sie ist die Hauptgrenzspalte der Leber, *Fissura portalis principalis*, während die anatomisch-deskriptive Grenze zwischen rechtem und linkem Lappen durch die Verläufe der Leberbänder nur noch eine Nebengrenzspalte innerhalb des funktionellen linken Leberlappens darstellt. Die Segmenta entsprechen keilförmigen, auf die Leberpforte zu gerichteten Parenchymbezirken. Sie werden mit römischen Ziffern von I-VIII bezeichnet (Abb. 10.54). Der ursprüngliche Lobus caudatus, das Segmentum posterius, gilt als unabhängiges Segment I. Mit dem Segmentum posterius laterale sinistrum beginnend werden dann die übrigen Segmente im Uhrzeigersinn von II-VIII durchnumeriert.

In Kürze

Leberflächen

- **Facies diaphragmatica:** der Zwerchfellkuppel zugewandte konvexe Fläche mit dem Verwachsungsfeld der Area nuda
- **Facies visceralis:** auf Eingeweidekissen ruhende konkave Unterseite mit der Porta hepatis, der Ein- und Austrittspforte der Leitungsbahnen mit Ausnahme der Vv. hepaticae

Portale Trias: A. hepatica propria, V. portae, Ductus hepaticus communis

Gefäßversorgung und Lymphabfluss

Die Leber ist ein bedeutendes Blutreservoir des Körpers. Die in ihr vorhandene Blutmenge beträgt bei einem Erwachsenen etwa 700-900 g. Die gesamte Leberdurchblutung entspricht etwa 25% des Herzzeitvolumens. Dabei werden 75% der Blutversorgung von der Pfortader und die restlichen 25% von den Leberarterien erbracht. Am Sauerstoffangebot sind beide mit je 50% beteiligt.

Pfortader. Die Pfortader, *V. portae*, führt der Leber das Blut aus den unpaaren Organen der Bauchhöhle zu (► Kap. 6.4.2, Abb. 6.15). Ihr Quellgebiet entspricht dem arteriellen Versorgungsgebiet von Truncus coeliacus sowie A. mesenterica superior und inferior. Sie entsteht hinter dem Pankreashals aus dem Zusammenfluss von *V. mesenterica superior* und *V. splenica* und zieht im Lig. hepatoduodenale begleitet von der A. hepatica propria und dem Ductus choledochus zur Leberpforte. Am Leberhilus teilt sie sich in der Regel intrahepatisch in einen *R. dexter* und einen *R. sinister*, die sich dann weiter verzweigen und über ihr intrahepatisches Verteilungsmuster Lage, Anzahl und Größe der Pfortadersegmente vorgeben. Wird der Blutfluss der Pfortader durch eine Verkleinerung des Gefäßbettes in der Leber behindert, steigt der Blutdruck in ihr an, und das Blut sucht sich Wege, die Leber über Anastomosen zwischen den Venenwurzeln der Pfortader und den Venen, die in die Hohlvenen ableiten, zu umgehen. Solche portokavalen Anastomosen (► Kap. 6.4.2, Abb. 6.15), die sich wegen der erhöhten Belastung varikös erweitern können, bilden sich:

- an der Grenze von Magen und Speiseröhre (Ösophagus- und Magenfundusvarizen)
- an der Grenze von Mastdarm und Analkanal (Hämorrhoiden)
- seltener im Übergangsbereich der Paraumbilikalvenen zu den Hautvenen um den Nabel (Caput Medusae).

Arterien. Die *A. hepatica propria* ist der im Lig. hepatoduodenale zur Leberpforte ziehende Endast der *A. hepatica communis*. Dort spaltet sie sich nach vorheriger Abgabe der A. gastrica dextra Y-artig in eine rechte und linke Leberarterie auf, die jeweils den rechten bzw. linken funktionellen Leberlappen versorgen und sich weiter den territorialen Lebersegmenten entsprechend bis zu ihren Endästen hin aufgliedern. Hinzu kommt noch eine *A. hepatica media*, die den Lobus quadratus bzw. die Divisio medialis sinistra (das Segmentum mediale sinistrum) des linken Leberlappens versorgt und zu je 45% ein Ast der linken oder rechten Leberarterie sein kann.

Venen. Die intrahepatischen großen Lebervenen, die in den Intersegmentalspalten verlaufen, drainieren das Blut aus benachbarten Segmenten und sammeln sich schließlich in zwei Gruppen von Lebervenen, eine obere, die subdiaphragmal in die *V. cava inferior* einmündet und eine sehr variable untere Gruppe, die über den retrohepatischen Verlauf der Hohlvene verteilt in sie münden. Bei den oberen Lebervenen lassen sich die *Vv. hepaticae dextra*, *intermedia* und *sinistra* unterscheiden, die untere Venengruppe wird von sehr engkalibrigen Venen gebildet, deren Zahl stark variiert.

Lymphabfluss. Der Lymphabfluss der Leber erfolgt über oberflächliche, subperitoneale und tiefe, intraparenchymatöse Wege, die auch untereinander verknüpft sind. Im subperitonealen Lymphgefäßnetz wird die Lymphe der Facies diaphragmatica durch das Zwerchfell hindurch in die *Nodi phrenici superiores*, *pericardiaci laterales* und *parasternales* abgeleitet. Die Lymphe der Facies visceralis sowie der Gallenblase wird in die *Nodi hepatici* an der Leberpforte und im Lig. hepatoduodenale drainiert. Das tiefe lymphatische System der Leber gliedert sich in auf- und absteigende Abflusswege. Die aufsteigenden Anteile begleiten die Lebervenen und gehen in die *Nodi phrenici superiores* im Endabschnitt der V. cava inferior über. Die absteigende Lymphgefäße ziehen im periportalen Bindegewebe in die *Nodi hepatici*.

Innervation

Die aus dem *Plexus coeliacus* kommenden postganglionären sympathischen Nervenfasern verlaufen als arterielle Nervengeflechte *(Plexus hepaticus)* mit der A. hepatica propria zur Leberpforte. Die parasympathischen *Rr. hepatici* entstammen hauptsächlich dem *Truncus vagalis anterior*. Zusammen mit dem Gefäß-Gallengang-Bündel treten die vegetativen Fasern an der Leberpforte in das Organ ein. Die vegetativen Nerven enthalten efferente und afferente aminerge, cholinerge, peptiderge und nitrerge Anteile, die intralobulär unterschiedliche Strukturen innervieren. Dabei spielen die efferenten Nerven eine bedeutende Rolle in der Hämodynamik und dem Stoffwechsel der Leber. Sensible Nervenfasern aus dem zwerchfellnahen Teil der Leberkapsel und der Area nuda ziehen in den *Rr. phrenicoabdominales* der *Nn. phrenici*. Der über sie vermittelte Leberkapselschmerz kann in die Haut der rechten Schulterregion projiziert werden.

Feinbau der Leber

Klassisches Leberläppchen (Zentralvenenläppchen). Die dicht gepackten, polygonalen *Lobuli hepatis* (◘ Abb. 10.55) werden beim Menschen von einem nur sehr spärlich ausgebildeten Bindegewebe voneinander abgegrenzt. Es leitet sich von der äußeren Leberkapsel ab, deren Bindegewebe als perivaskuläre Scheide, *Capsula fibrosa perivascularis*, mit der Trias aus Pfortader, Leberarterie und Gallengang in das Organ eindringt und den Leitungsbahnbündeln folgt. Die Leitungsbahnen laufen mit dem sie umhüllenden Bindegewebe entlang den Kanten der etwa 1 mm breiten und 2 mm langen Leberläppchen. An den Eckpunkten der fünf-, seltener auch sechseckigen Läppchen erscheint das perivaskuläre Bindegewebe im Schnittbild als ein sternförmiger oder mehr abgerundeter Bindegewebezwickel, der neben kleinen Lymphgefäßen und Nervenästchen Anschnitte der Trias aus mindestens je einer *V. interlobularis* (Pfortaderast), einer *A. interlobularis* (Leberarterienast) sowie einem kleinen Gallengang, *Ductus interlobularis*, in sich einschließt. Diese Bindegewebezwickel,

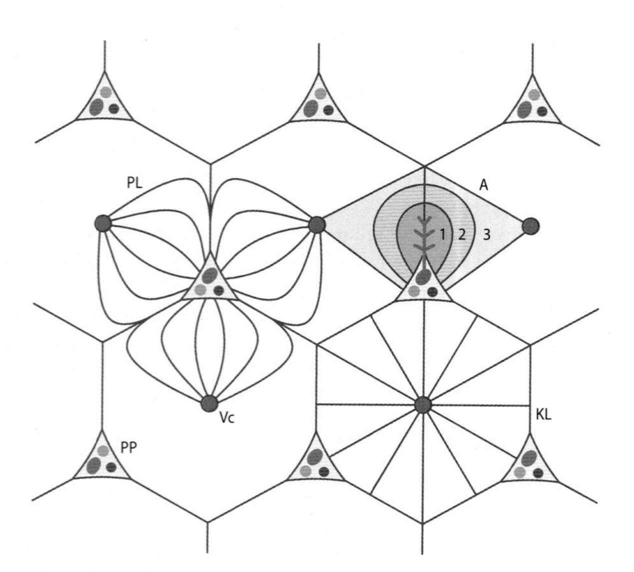

◘ Abb. 10.55. Schematische Darstellung der Lebereinheiten. KL = klassisches Leberläppchen mit radiär verlaufenden Sinusoiden; PL = Portalläppchen mit bogigem Verlauf der Sinusoide; A = Azinus mit Zonierung; PP = periportales Feld; Vc = V. centralis [4]

von denen in der Regel im Schnittbild nur drei zu finden sind, werden periportale Felder *(Canales portales)* genannt. Aus ihnen schiebt sich Bindegewebe zwischen die benachbarten Läppchen und dringt mit zarten retikulären Fasern auch in das Läppcheninnere vor. Dort begleiten die Fasern die sinusoidalen Kapillaren (Lebersinusoide) und liegen als feines Gerüstwerk zwischen ihnen und den Hepatozyten im perisinusoidalen Raum (Disse-Raum). Sie gehen dann in die nur schwach entwickelte bindegewebige Hülle der ableitenden Lebervenen über, die etwa im Zentrum des Läppchens mit der *V. centralis* beginnen. Das Parenchym der aneinander stoßenden Läppchen wird von terminalen Pfortadervenolen und Leberarteriolen versorgt, die aus der V. und A. interlobularis abgehen und entlang den Läppchengrenzen ziehen. Von dort geben sie ihr Blut an die Sinusoide ab, die es nach Passage entlang den radiär ausgerichteten Leberzellsträngen in die Zentralvene drainieren, die sich dann zu sublobulären Venen sammeln. Räumlich betrachtet sind die Leberzellstränge untereinander zusammenhängende, gebogene Epithelzellplatten von der Dicke einer Zelllage, zwischen denen die röhrenförmigen Sinusoide verlaufen und die sie stellenweise siebartig durchbrechen. Die schon in der makroskopischen Gliederung des Gefäßsystems der Leber sichtbar gewordene Trennung zwischen zuführenden und ableitenden Gefäßen bleibt also auch auf der mikroskopischen Ebene bestehen.

Portalläppchen. Der am Gefäßsystem orientierte Bau des Zentralvenenläppchens wird dem Charakter der Leber als einer exokrinen Drüse, bei der sich das sezernierende Parenchym um das Gangsystem anordnet, zu wenig gerecht. Darum wurden im Modell des Portalläppchens das periportale Feld mit Ductus, A. und V. interlobularis ins Zentrum gestellt und die ableitenden Vv. centrales an Eckpunkte gerückt (◘ Abb. 10.55). Diese Anordnung entspricht aber nicht den Verhältnissen der hepatischen Mikrozirkulation; denn die Hepatozyten werden hauptsächlich von den terminalen Gefäßen versorgt, die aus den Aa. und Vv. interlobulares abzweigen. Außerdem wäre bei dem in diesem Modell angenommenen stark bogigen Verlauf der Sinusoide eine koordinierte sinusoidale Durchblutung nicht möglich.

Leberazinus. Im Leberazinus ist unter besonderer Berücksichtigung der Endaufzweigungen der afferenten Gefäße das Konzept des Portalläppchens weiterentwickelt worden. Danach legt sich um ein kleines Bündel aus terminaler Pfortadervenole und terminaler Leberarteriole, die in Begleitung eines kleinen Gallenganges sowie von Lymphgefäßen und Nerven auf der Grenze benachbarter klassischer Leberläppchen verlaufen, eine beerenförmige Parenchymmasse, deren Sinusoide ihr Blut in terminale Lebervenolen (sonst Zentralvenen genannt) drainieren (◘ Abb. 10.55). Mit dem an Sauerstoff und Substraten reichen Blut werden die Hepatozyten der periportalen Zone 1 am besten versorgt. Sie liegen in enger Nachbarschaft um das terminale Gefäßbündel. Die Zellen der perivenösen Zone 3 erhalten dagegen Blut, das die Zone 1 und die intermediäre Übergangszone 2 bereits passiert hat und das an Sauerstoff und Nährstoffen weitgehend ausgeschöpft ist.

Diese spezifische Gliederung des Parenchyms unter mikrozirkulatorischem Aspekt bietet die Möglichkeit, strukturelle und funktionelle Unterschiede der Hepatozyten und der sinusoidalen Zellen in einer funktionsmorphologischen Einheit darzustellen. Sie bildete die Grundlage für das Konzept der metabolischen Zonierung des Leberparenchyms, wonach prinzipiell zwischen einer periportalen und einer perivenösen Zone etwa gleicher Größe mit jeweils hohen Enzymaktivitäten in der einen und entsprechend niedrigen in der anderen unterschieden wird. Beide Bereiche müssen indes noch weiter unterteilt werden, da das Schlüsselenzym für die Cholesterinbiosynthese nur im ersten Viertel und das für die Glutaminsynthese aus

Ammoniak nur im letzten Viertel des Azinus exprimiert werden. Der endoxydative Energiestoffwechsel und die Glukoneogenese sowie der Abbau des Glykogens zu Glukose sind vornehmlich periportal, die Glukoseaufnahme und die Glykolyse sowie die Liponeogenese vor allem perivenös lokalisiert. Hier finden auch Entgiftungsprozesse (Biotransformation) statt. Dagegen läuft die Harnstoffbildung aus Aminosäuren im periportalen sowie im proximalen perivenösen Kompartiment ab. Diese Zonierung ist mit Ausnahme der Ammoniakverstoffwechselung »dynamisch« und nicht »statisch« zu verstehen. Je nach den Bedingungen können dieselben Hepatozyten nämlich ein periportales oder ein perivenöses Enzymmuster exprimieren. Die Zonierung ist offenbar Ergebnis verschiedener humoraler und neuraler Signale (u.a. Sauerstoff, Substrate, Hormone, Mediatoren) sowie von Zell-zu-Zell- und Zell-zu-Biomatrix-Interaktionen. Hauptort der Gallebildung ist der periportale Bereich.

Aufgrund von Rekonstruktionen der Angioarchitektur der menschlichen Leber ist aber auch dies Azinus-Modell nicht unwidersprochen geblieben, so dass es bisher keine allgemeine Übereinkunft bezüglich der strukturellen und funktionellen Einheit der Leber gibt.

Hepatozyten. Die Hepatozyten machen 80% des Volumens der Leber und 60% von deren Zellzahl aus. Die polyedrischen Zellen mit einem Durchmesser von 20–30 µm sind in anastomisierenden, gebogenen Platten zu einem parenchymatösen Schwammwerk angeordnet, in dessen Maschen die Sinusoide verlaufen. Um die periportalen Felder ordnen sie sich zu einer Grenzplatte an. Aufgrund ihrer vielfältigen Funktionen besitzen sie nahezu jede im Tierreich vorkommende Zellorganelle und werden darum oft zur Beschreibung des allgemeinen Baus einer Zelle herangezogen (► Kap. 2, ■ Abb. 2.1 und ■ Abb. 10.56). Untereinander sind sie vor allem durch Gap Junctions verbunden, über die Signale zur interzellulären Kommunikation geleitet und die Aktivitäten der Zellen koordiniert werden. Aufgrund ihrer spezifischen Leistungen sind die Hepatozyten funktionell polarisiert. Ihre den Sinusoiden zugewandten Flächen sind ihre »Gefäßpole«, ihre Kontaktflächen untereinander die »Gallepole«. Darüber hinaus lässt sich eine funktionelle Differenzierung und Organisation auch an den Zellorganellen in Bezug auf ihre Lage innerhalb des Parenchyms und selbst auf subzellulärer Ebene innerhalb der Zelle beschreiben.

Die kugeligen Zellkerne mit ihren 1–2 Nucleoli werden in ihrer Größe vom Grad ihrer Ploidie, die im Laufe des Lebens zunimmt, und der Zellfunktion bestimmt. Die Leberzellkerne sind beim Erwachsenen zu 30–40% mit einem diploiden, zu 50–60% mit einem tetraploiden und 5–10% mit einem oktoploiden Chromosomensatz ausgestattet. Zwei Kerne besitzen 25% der Leberzellen.

Die Mitochondrien sind am Beginn der Sinusoide kürzer und größer und werden zum perivenösen Ende hin zunehmend länger und dünner. Ihr mittleres Volumen ist periportal mehr als doppelt so groß wie perivenös. Dagegen ist das glatte endoplasmatische Retikulum reichlich in perivenösen Hepatozyten zu finden, wo auch die Detoxifikationsprozesse ablaufen. Das raue endoplasmatische Retikulum, das die Plasmaproteine synthetisiert, die dann vom Golgi-Apparat weiterverarbeitet werden, weist keine spezifischen Unterschiede auf. Die Golgi-Komplexe stehen in Beziehung zur Gallebildung und liegen daher besonders am Gallepol im perikanalikulären Zytoplasma. Die von ihnen abgeschnürten Lysosomen, die 80% der autophagischen Proteolyse durchführen, sind in größerer Zahl eher im perivenösen Bereich zu finden. Dagegen steigt die Zahl der Peroxisomen zur Zentralvene hin zwar an, doch lassen sich keine Unterschiede zwischen den Hepatozyten in der Volumendichte der Peroxisomen feststellen.

Von den Elementen des Zytoskeletts bilden die Mikrofilamente ein besonderes Netzwerk um die Gallekanälchen. Während die intermediären Filamente für Stabilität und die räumliche Anordnung der Zellorganellen innerhalb der Hepatozyten wichtig sind, spielen die Mikrotubuli eine Rolle bei der Sekretion der Plasmaproteine.

Charakteristisch für die Leberzellen sind Synthese und Speicherung von Glykogen, das bei Bedarf zur Aufrechterhaltung des Blutzuckerspiegels mobilisiert wird.

! Hepatozyten sind polar organisiert: ihre den Sinusoiden zugewandten Flächen sind ihre »Gefäßpole«, ihre Kontaktflächen untereinander die »Gallepole«.

Struktur der Sinusoide. Die Sinusoide in der Leber (■ Abb. 10.56) entsprechen zwar den Kapillaren in den anderen Organen, doch weisen sie eine diesen gegenüber einzigartige Architektur sowie funktionelle Besonderheiten auf. Sie führen das Mischblut aus den terminalen Pfortader- und Leberarterienästen und leiten es nach der Passage durch das Leberparenchym in die Zentralvenen ab. Entlang ihrer Wandung verläuft die Austauschstrecke zwischen dem Blut und den Hepatozyten, von deren Gefäßpol Mikrovilli in einen etwa 0,3 µm breiten, flüssigkeitsgefüllten perisinusoidalen Raum hineinragen, der sie als Disse-Raum von den Endothelzellen der Sinusoide trennt. Die sinusoidale Wand ist aus 4 »konzentrischen« Schichten aufgebaut. Ganz innen liegen Elemente des mononukleären Zelltyps, wie Kupffer-Zellen, Makrophagen aus dem Knochenmark und Pit-Zellen, denen die zusammenhängende, doch von Poren durchbrochene Schicht der Endothelzellen hepatozytenwärts folgt. Diesen liegen außen die Sternzellen als Perizyten der Sinusoide an. Die äußerste Schicht wird schließlich von einem Retikulum von Kollagenfibrillen und gelegentlichen Nervenfasern gebildet. Der Anteil der sinusoidalen Zellen am Volumen der Nonparenchymzellen beträgt bei den Endothelzellen 44%, den Kupffer-Zellen 33%, den Sternzellen 10–25% und den Pit-Zellen 5%. Die Herkunft und der Ersatz dieser Zel-

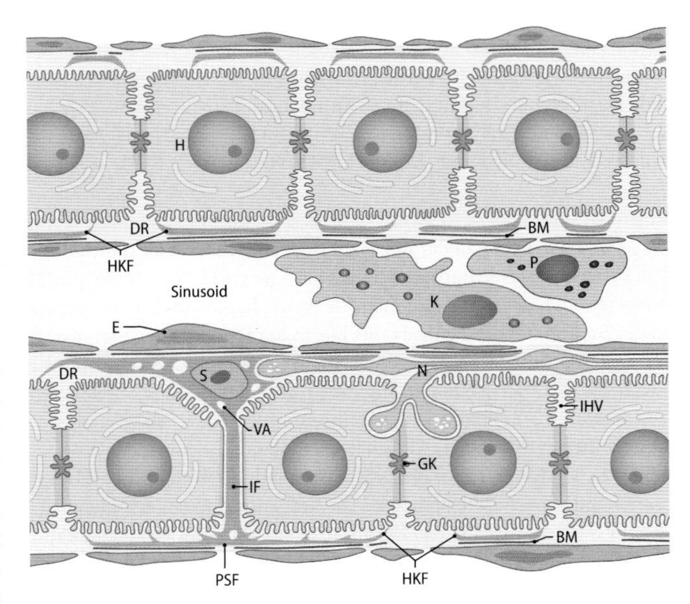

■ Abb. 10.56. Schematische Darstellung der Wand eines Lebersinusoids. Kupffer-Zellen (K) und Pit-Zellen (P) ruhen auf fenestrierten Endothelzellen (E), die ihrerseits in Kontakt zu Sternzellen (S) stehen. Zwischen beiden Zelltypen liegen nur spärlich entwickelte Bestandteile einer Basallamina (BM). Die Sternzelle (S) speichert Vitamin A (VA) und streckt interhepatozelluläre (IF) und perisinusoidale oder subendotheliale Fortsätze (PSF) aus, die das Endothelrohr umschließen. Mikrofortsätze (HKF) treten mit Hepatozyten (H) in Kontakt; Disse-Raum (DR) mit Sternzelle und ihren Fortsätzen sowie Kollagenfibrillen und Nervenfasern (N); Vertiefungen zwischen Hepatozyten (IHV) und Gallenkapillaren (GK) [5]

len ist noch nicht eindeutig geklärt, da sich Endothelzellen, Sternzellen und selbst Kupffer-Zellen in der Leber mitotisch teilen können. Doch stammt wenigstens ein Teil von ihnen aus dem Knochenmark. Innerhalb des Parenchyms sind die 9–12 µm weiten Sinusoide im periportalen Bereich mehr gewunden und schmaler, perivenös dagegen gerade verlaufend und weiter. Auch die einzelnen Elemente der sinusoidalen Wandung selbst weisen eine Heterogenität auf, die insgesamt mit einer metabolischen Differenzierung und heterotopen Verteilung bestimmter Funktionen entlang der 350–500 µm langen sinusoidalen Austauschstrecke in Beziehung gebracht wird.

Endothelzellen. Die flachen Endothelzellen (◘ Abb. 10.56), denen eine typisch ausgebildete Basallamina fehlt, buckeln sich leicht gegen das Lumen der Sinusoide vor. Sie besitzen dünne, ausgebreitete Zytoplasmafortsätze mit Poren, die zu sog. Siebplatten als einem dynamischen Biofilter angeordnet sind. Die Poren mit einem mittleren Durchmesser von 100–150 nm sind offene Verbindungen zwischen dem Lumen der Sinusoide und dem Disse-Raum. Durch sie erfolgen der Transport und der Austausch von Flüssigkeiten sowie gelösten Stoffen und Partikeln. Diese Transportmechanismen können durch Veränderungen von Größe und Zahl der Poren beeinflusst werden. Durch Erythrozyten, die enge Sinusoide passieren, wird das Einströmen von Flüssigkeit und Chylomikronen in den Disse-Raum durch ein forciertes Sieben gefördert. Die großen Leukozyten pressen den Disse-Raum zusammen und führen durch diese Endothelmassage zu Flüssigkeitsverschiebungen. Membraninvaginationen und Vesikel sowie viele andere lysosomenartige Vakuolen deuten auf eine hohe endozytotische Kapazität der Endothelzellen hin. Sie sind zu einer rezeptorvermittelten Endozytose und zu lysosomalem Abbau aufgenommener Moleküle befähigt. Darüber hinaus geben die Endothelzellen verschiedene Signalmoleküle oder Mediatoren zur autokrinen Stimulierung und parakrinen Kontrolle von Hepatozyten und den anderen sinusoidalen Zellen ab. Die von den Endothelzellen gebildeten Prostanoide beeinflussen nicht nur kurzfristig die sinusoidale Hämodynamik durch eine Vasodilatation sowie den Stoffwechsel der Hepatozyten, sondern haben immunologisch anscheinend eine protektive Wirkung auf die Hepatozyten.

Kupffer-Zellen. Diese in ihrem Umriss sehr variablen Makrophagen (◘ Abb. 10.56) liegen in der Regel auf oder zwischen den Endothelzellen. Innerhalb des Leberparenchyms sind sie vornehmlich periportal anzutreffen. Dort sind sie auch größer und phagozytotisch aktiver als in der Region um die Zentralvene. Die in der Region gelegenen Kupffer-Zellen produzieren dagegen vermehrt Zytokine und zytotoxische Produkte. Kupffer-Zellen können sehr unterschiedliche Substanzen wie Bakterien, Zelltrümmer, Immunkomplexe usw. phagozytieren. Durch ihre zytotoxische Aktivität vermögen sie besonders Tumorzellen zu zerstören. In ihrem Zytoplasma fällt der Reichtum an Lysosomen auf, durch deren Enzyme die aufgenommenen Antigene abgebaut werden. Ein Teil des Eisens aus dem Hämoglobinabbau kann als Hämosiderin in den Lysosomen gespeichert werden. Die Aktivierung der Kupffer-Zellen bei einer Entzündung führt über mitotische Teilungen zu einer Hyperplasie ihrer Zellpopulation, die noch durch Makrophagen aus Blutmonozyten ergänzt wird. Der durch Antigene und Entzündungssignale hervorgerufene Aktivierungsprozess wird durch Zytokine gesteuert, die die Immun- und Entzündungsreaktionen modulieren. Sie werden von den Kupffer-Zellen und Entzündungsmakrophagen gebildet. Die aktivierten Kupffer-Zellen geben auch zytotoxische Produkte ab, zu denen reaktive Stickstoff- (NO, Peroxinitrit) und Sauerstoffverbindungen (Sauerstoffradikale) sowie bioaktive Lipide (Eikosanoide) zählen.

Pit-Zellen. Die auch im peripheren Blut und in anderen Organen vorkommenden, im Durchmesser etwa 7 µm messenden Pit-Zellen sind leberspezifische natürliche Killerzellen mit der Morphologie großer granulärer Lymphozyten, von denen sie abstammen. Die nach ihren dichten, Obstkernen (»pit«) ähnelnden Granula benannten Zellen liegen in der Regel auf der Seite des Blutstroms den Endothel- und Kupffer-Zellen an (◘ Abb. 10.56). Die zytotoxischen Zellen binden sich an Tumorzellen und geben lytische Moleküle an diese ab, um sie zu zerstören.

Sternzellen (Ito-Zellen). Diese sternförmig verzweigten, regionale Struktur- und Funktionsunterschiede aufweisenden Zellen mesenchymaler Abkunft liegen im Disse-Raum (◘ Abb. 10.56). Ihr Perikaryon liegt gewöhnlich in Vertiefungen zwischen Hepatozyten, während ihre Ausläufer die röhrenförmigen Sinusoide wie Perizyten umgreifen und mit interhepatozellulären Fortsätzen sogar benachbarte Sinusoide erreichen. Aufgrund dieser Lage und durch ihre Fähigkeit, sich zu kontrahieren und zu erschlaffen, regulieren sie den Tonus der Sinuswandung und damit die sinusoidale Mikrozirkulation. Auffallend sind im Zytoplasma der Sternzellen die charakteristischen Vitamin-A speichernden Fetttröpfchen, die 80% des gesamten Retinols der Leber enthalten. In der Leber sind die Sternzellen die Hauptproduzenten des Kollagens (Typ I, III und IV). Sie können jeden Typ der extrazellulären Matrixproteine in der normalen und fibrotischen Leber bilden und die Matrix durch entsprechende Enzyme ab- und umbauen. Ruhende Sternzellen werden durch parakrine Stimuli geschädigter Zellen zu einer proliferierenden, myofibroblastenartigen Zelle aktiviert, die vermehrt extrazelluläre Matrix und Kollagenfibrillen sezerniert. Es kommt zu deren Anhäufung in der geschädigten Leber und kann zur Fibrose bis hin zur Leberzirrhose führen. Mit ihrer Aktivierung schwinden die perinukleären Vitamin-A-Tröpfchen, die Zellen werden spindelförmig und in ihnen wird glattmuskuläres α-Actin und Myosin verstärkt exprimiert.

10.55 Leberzirrhose
In der zirrhotischen Leber behindern aktivierte Sternzellen den portalen Blutfluss, indem sie die Sinusoide und durch kollagene Bandzüge, die aktivierte Zellen enthalten, das ganze Organ zusammenziehen.

Gallesekretion

Eine der Hauptfunktionen der Leber ist die Bildung der Galle, einer wässrigen Lösung von Elektrolyten, konjugierten Gallensalzen und Gallenfarbstoffen sowie Cholesterin, Phospholipiden und Abbauprodukten. Sie ist notwendig für die Verdauung der Fette und die Eliminierung entgifteter Stoffe und Metaboliten. Nur 1–10% der sezernierten Gallensalze werden von den Hepatozyten neu aus Cholesterin synthetisiert, 90% und mehr werden über den enterohepatischen Kreislauf aus dem sinusoidalen Blut von den Hepatozyten rückgewonnen. Über eine erleichterte Diffusion mittels zytosolischer Carrierproteine bzw. transzellulären Vesikeltransports werden die Salze zum perikanalikulären Zytoplasma befördert. Hier werden sie über einen ATP-abhängigen Gallensalzexportcarrier in die 0,5–1 µm weiten Gallekanälchen ausgeschieden. Aufnahme und Ausscheidung der Gallensalze erfolgen vornehmlich in der periportalen Region des Parenchyms. Bei den *Canaliculi biliferi* handelt es sich um tubuläre Spalträume, die vom Plasmalemm benachbarter Hepatozyten an deren Gallepol je zur Hälfte geliefert werden und mit zunehmendem Durchmesser in einem Zickzackkurs in periportaler Richtung laufen. In die Kanälchen, die mit Tight Junctions und Desmosomen seitlich hermetisch gegen einen Durchtritt der Gallensäuren abgedichtet werden, stülpen die Hepatozyten kurze Mikrovilli vor. Für die Sekretion der Gallensalze ist das perikanalikuläre Mikrofilamentskelett von besonderer Bedeutung. Es sorgt für den Tonus der Gallekanälchen, übt eine kontraktile Kraft aus, die den Gallefluss erleichtert, und hält den hohen Druck aufrecht, der im Gallengangsbaum festgestellt wurde. HCO_3^--Ionen werden vermutlich über einen Cl^--HCO_3^--Antiport-Mechanismus in den interlobulären Gallengängen in die Galle transportiert. Der größte Teil des Wassers und der Elektrolyte wird dagegen passiv auf parazellulärem Wege in die Galle abgegeben. Über kurze Schaltstücke, die **Hering-Kanälchen,** wird die Galle aus den Canaliculi biliferi dann in größere perilobuläre Ductuli und die *Ductus interlobulares* in den periportalen Feldern abgeleitet. Während die Schaltstücke von flachen, wenig differenzierten Zellen ausgekleidet werden, die als Leberstammzellen gelten, wird die Wand der kleinen Gallengänge von einem kubischen bis hochprismatischen Epithel mit deutlich hervortretenden kugeligen Kernen gebildet. Diese interlobulären Gänge vereinigen sich dann zu größeren Gängen, die dem Verzweigungsmuster der Pfortader und Leberarterienäste nach dem Prinzip der segmentalen Gliederung folgen.

In Kürze

Gliederung des Leberparenchyms

- **Klassisches Leberläppchen:** fünf- bis sechseckig mit zentral gelegener kleiner Vene und in der Regel 3 periportalen Feldern auf den Ecken.
- **Portalläppchen:** Periportales Feld mit Ductus interlobularis im Zentrum; betont den Charakter der Leber als einer exokrinen Drüse.
- **Leberazinus:** Beerenförmige (im Schnittbild rautenförmige) funktionsmorphologische Einheit mit metabolischer Zonierung um eine terminales Gefäß-Gallengang-Bündel, das aus einem interlobulären periportalen Feld entspringt und entlang der Grenze zweier benachbarter Läppchen verläuft.

Nonparenchymzellen

- **Endothelzellen:** diskontinuierliches Endothel mit Siebplatten
- **Kupffer-Zellen:** Makrophagen in der Wandung der Sinusoide
- **Pit-Zellen:** natürliche Killerzellen
- **Sternzellen:** Vitamin A-speichernde Zellen im Disse-Raum, Bindegewebeproduktion, Gefäßweitenregelung

Gallesekretion

Bildung von **Galle** ist eine der Hauptfunktionen der Leber:

- wässrige Lösung von Elektrolyten, konjugierten Gallensalzen und Gallenfarbstoffen sowie Cholesterin, Phospholipiden und Abbauprodukten
- notwendig für die Verdauung der Fette und die Eliminierung entgifteter Stoffe und Metaboliten.

10.5.2 Extrahepatische Gallenwege und Gallenblase

Extrahepatische Gallenwege

Lebergallengänge. Die aus dem funktionellen rechten und linken Leberlappen kommenden *Ductus hepatici dexter* und *sinister* (■ Abb. 10.57) haben sich rechts aus einem *R. dexter* und *sinister*, links aus einem *R. lateralis* und *medialis* mit ihren jeweiligen Zuflüssen aus den Segmenten und dem Lobus caudatus gebildet. In der Leberpforte vereinigen sich rechter und linker Lebergallengang zum *Ductus hepaticus communis*. Mit diesem Namen wird definitionsgemäß der Abschnitt der Gallenwege bezeichnet, der sich zwischen dieser Vereinigungsstelle und dem Mündungsort des Ductus cysticus aus der

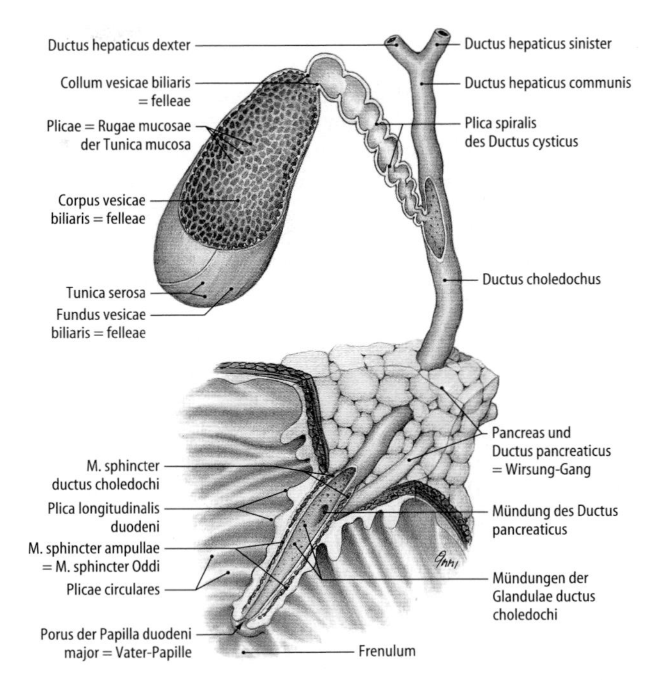

■ **Abb. 10.57.** Gallenblase und extrahepatische Gallenwege mit Mündung von Gallen- und Pankreasgang im Duodenum [1]

Gallenblase erstreckt (■ Abb. 10.57). Der Gang ist etwa 3 cm lang und hat ein Kaliber von 4–6 mm. Er liegt im Lig. hepatoduodenale rechts von der Leberarterie und vor der Pfortader. Hier mündet von rechts kommend relativ spitzwinklig der Gang der Gallenblase ein.

Gallenblasengang. Der in seiner Länge stark variable *Ductus cysticus* ist zumeist 2–4 cm lang und besitzt einen Durchmesser von 3–4 mm (■ Abb. 10.57). Häufig ist er in seinem Verlauf steil kaudalwärts gerichtet und senkt sich erst weiter distal in den Lebergallengang ein, den er auch umschlingen kann. Im Ductus cysticus und im Hals der Gallenblase ist die Schleimhaut zu einer schraubenförmigen *Plica spiralis* aufgeworfen, die als ein Verschlussmechanismus eine Entleerung der Gallenblase bei Druckanstieg im Bauchraum verhindern soll.

Gallenblase

Die *Vesica biliaris* oder *Vesica fellea* ist ein länglicher, birnenförmiger Sack, der in *Fundus*, *Corpus*, *Infundibulum* und *Collum* gegliedert ist (■ Abb. 10.57). Sie ist an der Viszeralfläche der Leber im Bereich zwischen Lobus quadratus und Lobus dexter in eine seichte Vertiefung, *Fossa vesicae biliaris*, eingebettet und ist dort durch Bindegewebe mit der Oberfläche der Leber verwachsen. Der übrige Bereich wird vom viszeralen Peritoneum der Leber bedeckt. Manchmal kann sie allerdings vom Peritoneum auch ganz umschlossen werden und sich ein kleines Meso ausbilden. Dann ist sie beweglich und wird als »Pendelgallenblase« bezeichnet. Mit ihrem blindsackartigen Fundus überragt die Gallenblase den vorderen, unteren Leberrand und hat mit der vorderen Bauchwand in Höhe der rechten 10. Rippe Kontakt. Der Hauptabschnitt der Gallenblase ist das mit deren Bett verwachsene Corpus, das sich zum trichterförmigen Infundibulum verengt. Dieses geht in den engen Gallenblasenhals (Collum) über, aus dem dann ohne scharfe Grenze der Ductus cysticus hervorgeht. Infundibulum, Collum und Gallenblasengang zeigen einen charakteristischen Verlauf. Durch Abwinkelungen der einzelnen Abschnitte gegeneinander entsteht insgesamt eine S-förmige Biegung wie bei einem Siphon.

Hauptgallengang. Der zwischen der Vereinigung des Ductus cysticus in den Ductus hepaticus communis bis zur Öffnung der Papilla duodeni major gelegene Abschnitt der extrahepatischen Gallenwege wird *Ductus choledochus* genannt (▣ Abb. 10.58). Je nach Lage der Mündung des Ductus cysticus kann er von nur wenigen Millimetern bis zu 10 cm lang sein und auch in seinem Durchmesser stark variieren (0,4–0,9 cm). Er liegt mit der A. hepatica und der V. portae im Lig. hepatoduodenale und verläuft schräg hinter der Pars superior duodeni abwärts. Er zieht an der Rückseite des Pankreaskopfes zur dorsomedialen Seite der Pars descendens duodeni, um von oben nach schräg unten die Duodenalwand zu durchsetzen. Dabei wirft er die *Plica longitudinalis duodeni* auf, an deren Ende er auf der Erhebung der *Papilla duodeni major* mündet. In etwa 70% der Fälle vereinigt er sich zuvor mit dem *Ductus pancreaticus,* dem er sich von oben und rechts spitzwinklig nähert, zum gemeinsamen Mündungsgang auf der Papille. Dieser kann dabei zu einer *Ampulla hepatopancreatica (biliaropancreatica)* erweitert sein. Wenn Pankreas- und Gallengang gesondert auf der Papilla duodeni major münden, sind sie durch eine Schleimhautmembran voneinander getrennt.

Im intraduodenalen Endabschnitt der Ductus choledochus und pancreaticus sowie der Ampulla ist ein **Sphinkterenkomplex** aus den *Mm. sphincteres ductus choledochi, ductus pancreatici* und *ampullae hepatopancreaticae* (M. sphincter Oddi) ausgebildet (▣ Abb. 10.58), dessen einzelne Muskeln unabhängig voneinander arbeiten und den Abfluss der Galle und des Bauchspeichels regulieren sowie deren Rückstrom in das jeweilige andere Gangsystem verhindern.

Füllung und Entleerung. Von der Leber des Erwachsenen werden täglich etwa 600–800 ml Galle sezerniert. Deren Sekretionsdruck ist der Motor des Gallenflusses. Um die Gallenblase zu füllen, muss sich die Sphinkterenkomplex längere Zeit verschließen, damit der Druck im Ductus choledochus, der sich auf etwa das 2,5-fache seines Durchmessers erweitern kann, so ansteigt, dass er höher als im Ductus cysticus und in der Gallenblase ist. Das **Füllvolumen der Gallenblase** liegt bei 20–50 ml. Während 50% der Lebergalle direkt in das Duodenum abfließen, wird die andere Hälfte in der Gallenblase gespeichert und kann durch eine Resorption von Wasser und Elektrolyten bis auf 1/10 der Ausgangsmenge zu einer dunkleren und visköseren Blasengalle eingedickt werden. Die **Entleerung der Gallenblase** wird über Cholezystokinin und über den N. vagus gesteuert. Sie beginnt mit einer Erschlaffung des Verschlusssystems, die von einer konzentrischen oder ruckartigen Kontraktionen der Gallenblasenmuskulatur gefolgt ist. Die Abgabe der Galle in das Duodenum wird über Öffnungs- und Schließphasen der Sphinkteren mit dazwischen liegenden Ruhepausen geregelt.

Feinbau von Gallenblase und extrahepatischen Gallengängen. Die **Tunica mucosa** der nur 1–2 mm dicken **Gallenblasenwand** ist bei leerer Gallenblase zu hohen Falten aufgeworfen, die sich untereinander zu einem unregelmäßig wabenartigen Muster verbinden und dabei taschenartige Vertiefungen umgrenzen, von denen sich stellenweise Krypten tief in die Lamina propria einstülpen können. Das einschichtige hochprismatische Epithel mit seinem charakteristischen Schlussleistennetz weist zahlreiche Mikrovilli auf. Basolateral sind die Interzellularspalten erweitert, und der Basalmembran schließen sich reichlich Kapillaren an. Die Gallekonzentrierung erfolgt über einen Na^+- H^+- und HCO_3^-- Cl^--Austauscher an der luminalen sowie durch eine Na^+- K^+-ATPase an der basolateralen Zellmembran. Darüber hinaus sind die Epithelzellen, deren Zellkern im unteren Drittel liegt und die supranukleär einen gut ausgebildeten Golgi-Apparat aufweisen, zur Schleimbildung und -sekretion befähigt und können auch Gallenbestandteile lysosomal abbauen. Vereinzelt kommen auch enterochromaffine Zellen im Epithel vor. Die **Lamina propria** ist locker strukturiert und zellreich. Zahlreiche Blutgefäße und vegetative Nerven breiten sich in ihr aus. Sie ist mit der fibromuskulären **Tunica muscularis** verbunden, deren lockere glatte Muskelfasern in scherengitterartigen Zügen angeordnet sind. Innen verlaufen die Muskelfasern mehr längs, außen spiralig ausgerichtet. In diese Verläufe sind kollagene und elastische Fasern eingewoben. Lockeres Bindegewebe verbindet die Gallenblase als subseröse Schicht mit dem Peritoneum und als **Adventita** mit der Oberfläche der Leber.

Einen der Galleblase ähnlichen Wandbau zeigen auch die **großen Gallengänge**. Sie werden von einem einschichtigen hochprismatischen Epithel ausgekleidet, das zur Wasser- und Elektrolytresorption sowie zur Schleimsekretion befähigt ist und in dem auch somatostatinhaltige Zellen vorkommen. Die **Lamina propria** ist recht dünn. Die dickste Schicht der Gallengangswandung ist die **Tunica fibromuscularis.** In ihr sind glatte Muskelzellbündel in kollagene und elastische Fasern eingelagert. In der Wandung der Gänge liegen viele tubuloalveoläre schleimbildende Drüsen.

Gefäßversorgung und Innervation der Gallenblase und extrahepatischen Gallengänge

Die Gallenblase wird **arteriell** von der *A. cystica* versorgt, die zumeist aus der *A. hepatica dextra* entspringt. Die Gallenblasenarterie spaltet sich in einen oberflächlichen Zweig auf, der subperitoneal verläuft, und in einen tiefen Zweig, der außer der Gallenblase auch deren Bett mit dem angrenzenden Leberparenchym versorgt. Der **venöse Abfluss** der oberflächlichen, peritonealen Seite erfolgt über eine unpaare, rechts von der Arterie gelegene *V. cystica*, die ihr Blut der *V. portae* zuführt. Auf der Seite des Gallenblasenbettes wird das Blut der Gallenblase über zahlreiche kleine Venen abgeleitet, die Anschluss an das intraparenchymatöse Venensystem der Leberläppchen gewinnen. Die **Lymphe** der Gallenblasenwand wird den Hiluslymphknoten sowie den Lymphknoten im Lig. hepatduodenale zugeleitet. Die **vegetative Innervation** der Gallenblase erfolgt über die *Plexus hepatici*, von denen auch die Gallenwege innerviert werden. Mit den vegetativen Fasern ziehen auch **sensible Fasern** aus dem rechten *N. phrenicus*, was den ausstrahlenden Schmerz in die rechte Schultergegend bei Affektionen der Gallenblase erklären würde.

Der Ductus choledochus wird arteriell von Zweigen aus den *Aa. cystica, gastroduodenalis* und *pancreaticoduodenalis superior posterior* versorgt.

In Kürze

Extrahepatische Gallenwege und Gallenblase

- Ductus hepaticus dexter und sinister vereinigen sich zum Ductus hepaticus communis
- Gallenblase gegliedert in: Fundus, Corpus, Infundibulum und Collum
- Ductus cysticus der Gallenblase mündet in den Ductus hepaticus communis
- Ductus choledochus, ab dieser Vereinigungsstelle so bezeichneter Hauptgallengang, der auf der Papilla duodeni major mündet.

Füllvolumen der Gallenblase: ca. 20–50 ml.

10.5.3 Entwicklung von Leber, extrahepatischen Gallengängen und Gallenblase

Leberanlage. Im Bereich der vorderen Darmpforte am Übergang zum Dottersack proliferiert am 18. Schwangerschaftstag ventrales Vorderdarmentoderm und verdickt sich zu einer Knospe. Aus ihr geht als eine taschenartige Ausbuchtung des Vorderdarms das Leberdivertikel hervor. Es dringt in eine breite, horizontale Platte von splanchnischem Mesoderm ein, das als Septum transversum Perikard- und Peritonealhöhle unvollständig voneinander trennt. Entodermale Zellen der kranialen Pars hepatica des Leberdivertikels sprossen in das Mesenchym des Septum transversum ein und entwickeln sich durch dessen Induktion zu Hepatoblasten, aus denen dann die Hepatozyten und die Gallengangsepithelzellen des intrahepatischen Gangsystems hervorgehen (◘ Abb. 10.58).

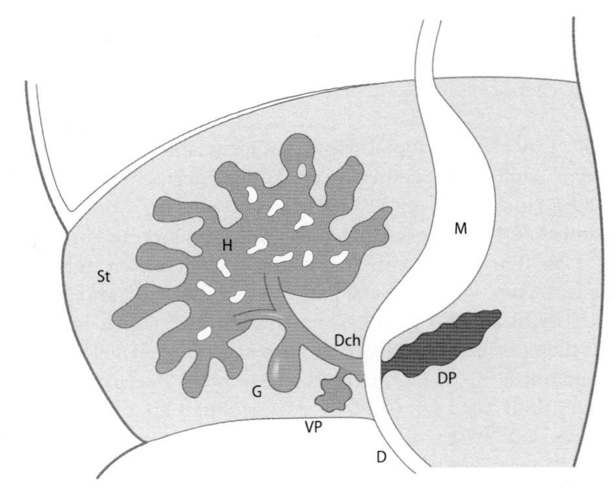

◘ **Abb. 10.58.** Entwicklung von Leber, Gallenwegen und Pankreas. In das Septum transversum (St) einsprossende Zellen des kranialen Teils des Leberdivertikels (H) und Anlage der Gallenblase (G) aus dem kaudalen Teil des Leberdivertikels; Dch = Ductus choledochus; VP = ventrale Pankreasanlage; DP = dorsale Pankreasanlage; M = Magen; D = Duodenum [4]

Sinusoide und venöses System. Die aussprossenden Hepatoblastenstränge treten von vornherein in enge Beziehung zu geschlossenen, von Endothel gesäumten Bläschen, aus denen die Sinusoide entstehen. Diese Sinusoide, deren Auskleidung ebenso wie die Kapsel und das Bindegewebe der Leber vom Mesenchym des Septum transversum abstammen, verbinden sich untereinander und gewinnen Anschluss an das kapilläre Netzwerk zwischen den Dottersackvenen, die der Leber Blut zuführen (► Kap. 6, ◘ Abb. 6.21a). Deren ringförmige Queranastomosen um das Duodenum werden zu einem einheitlichen Gefäßstamm reduziert. Dieses Gefäß ist die *V. portae*. Von den kranialen Abschnitten der Dottersackvenen bleiben nur Reste des rechten Abschnitts als *Vv. hepaticae* übrig. Von den beiden Nabelvenen hat nur die linke Anschluss an die zunächst nur von den Dottersackvenen gespeisten Sinusoide. Von ihr bildet sich eine starke Gefäßverbindung zur Mündungsstelle der Lebervenen in die untere Hohlvene aus, die *Ductus venosus* genannt wird. Über ihn wird der größte Teil des an Sauerstoff und Nährstoffen reichen Blutes aus der Plazenta an der Leber vorbeigeführt. Nach der Geburt obliterieren die linke Nabelvene und der Ductus venosus und bleiben nur als *Lig. teres hepatis* und *Lig. venosum* erhalten.

Hepatozyten und parenchymatöse Organisation. In dem Schwammwerk von Leberzellsträngen und Sinusoiden tritt eine erste parenchymatöse Organisation auf, wenn sich Hepatozyten zu azinösen, gangartigen Strukturen wie bei einer Drüse anordnen. Mit der Strukturierung des Parenchyms prägt sich auch zunehmend **eine hepatozelluläre Polarität** mit einem Gefäß- und Gallepol aus. Die Ausbildung ihrer typischen Läppchenstruktur ist von der Gefäßarchitektur der Leber abhängig. Die Verzweigungen der zuführenden und ableitenden Venen greifen mit der Entwicklung weiterer Pfortaderäste und der *Vv. centrales* alternierend immer mehr ineinander und zerlegen das Parenchym in Läppchen. Deren Hepatozyten haben sich dann im Alter von 5 Jahren zu den Zellplatten der erwachsenen Leber formiert. Kurz vor der Geburt beginnt schließlich auch eine endgültige funktionelle Gliederung des Läppchenparenchyms, in dem dann eine metabolische Heterogenität nachweisbar wird.

Peritonealverhältnisse und Ligamenta. Die Leber hat sich in das dem Mesenterium ventrale angehörende Mesenchym des Septum transversum hinein entfaltet. Durch ihr rasches Wachstum wölbt sie sich bald weit in die Leibeshöhle vor. Dadurch wird das Septum transversum zwischen der vorderen Leibeswand und der Leber zum *Lig. falciforme hepatis* verdünnt und der Abschnitt zwischen Leber und Darmkanal zum *Omentum minus* ausgezogen. Das Mesoderm an der Leberoberfläche entwickelt sich bis auf ein kleines Areal, in dem die Leber mit dem kranialen Abschnitt des Septum transversum verbunden bleibt, zu einem peritonealen Überzug. Das Verwachsungsfeld, in dem die peritoneale Bedeckung fehlt, wird *Area nuda* genannt. Sie wird von dem *Lig. coronarium hepatis* umgrenzt, das aus den mehr lateral gelegenen Verbindungen zur Bauchwand hervorgegangen ist.

Intrahepatische Gallengänge. Die intrahepatischen Gallengänge stammen von den Hepatoblasten ab, die um Zweige der Pfortaderäste lokalisiert sind und in Kontakt mit dem periportalen Mesenchym stehen. Sie bilden in der 7. Schwangerschaftswoche Gangplatten, die sich zu Gallengängen ausformen. Diese Prozesse beginnen am Leberhilus und breiten sich von dort in das Innere der Leber hin aus.

Extrahepatische Gallengänge und Gallenblase. Unterhalb der Pars hepatica des Leberdivertikels lässt sich am 29. Schwangerschaftstag ein kleineres kaudales Divertikel *(Pars cystica)* erkennen, aus dem sich die Gallenblase mit dem *Ductus cysticus* entwickelt (◘ Abb. 10.58). Der Gang der Gallenblase gewinnt Anschluss an den *Ductus hepaticus communis*, der aus dem kranialen, hepatischen Anteil des Leberdivertikels entstanden ist und sich in den *Ductus choledochus* fortsetzt. Dieser steht als Verlängerung des darmnahen Abschnitts des Leberdivertikels mit dem Duodenum in Verbindung.

In Kürze

Leberentwicklung

Die Leber entwickelt sich aus dem ventralen Vorderdarmentoderm. In das Mesenschym des Septum transversum einsprossende entodermale Zellen wandeln sich zu Hepatoblasten, aus denen die Hepatozyten und intrahepatischen Gallengangsepithelien hervorgehen.

10.5.4 Exokrines Pankreas

Die Bauchspeicheldrüse, *Pankreas*, ist eine grau-rosa farbene exo- und endokrine Drüse, deren exokriner Anteil als rein seröse Drüse etwa 90% des Pankreas umfasst (zum endokrinen Anteil ► Kap. 8.6). Das

Organ zeigt eine mit bloßem Auge sichtbare **Läppchengliederung.** Es wird von keiner typischen Organkapsel umschlossen und hat daher eine eher brüchige Konsistenz.

Gestalt. Das in die Hauptabschnitte Kopf (Caput), Hals (Collum), Körper (Corpus) und Schwanz (Cauda) gegliederte, etwa 16 cm lange und 65–80 g schwere Organ erstreckt sich von der Konkavität der C-förmigen Duodenumschlinge nach links hinüber bis zur Milz. Es besitzt die **Form** eines im Kopfbereich **nach unten gebogenen Hakens,** dessen längerer Schenkel von Hals, Körper und Schwanz gebildet wird (◘ Abb. 10.59). Diese Abschnitte steigen nach links zum Milzhilus leicht geschlängelt an und verjüngen sich dabei zur Schwanzspitze hin. Sie können aber auch mehr quer und gestreckt verlaufen und fast rechtwinkelig zum Kopfteil abknicken. Krümmung und kurzer Schenkel des Hakens bilden zusammen den relativ platten Pankreaskopf, *Caput pancreatis,* der sich in den Bogen des Duodenums einschmiegt. Sein hakenförmiger Fortsatz, der *Processus uncinatus,* greift caudal hinter die V. mesenterica superior und bei kräftiger Ausbildung auch hinter die gleichnamige Arterie. Die genannten Mesenterialgefäße treten durch die *Incisura pancreatis* von der Rückfläche der Bauchspeicheldrüse nach vorn. Dort, wo sie hinter dem Pankreas herabziehen und es zu einer Rinne leicht eindellen, die sich in die genannte Inzisur am Unterrand der Drüse fortsetzt, liegt unmittelbar ventral von ihnen ein etwa 2 cm breiter Streifen von Pankreasgewebe. Dieser Gewebestreifen wird *Collum pancreatis* genannt und verbindet als Halsabschnitt den Kopf mit dem Körper der Drüse.

Das sich anschließende *Corpus pancreatis* biegt um die obere Lendenwirbelsäule in Höhe des 1.-2. Lendenwirbelkörpers herum und geht in Nähe des Milzhilus in den Pankreasschwanz über. Wo das Corpus die Lendenwirbelsäule in einem Bogen überlagert, wölbt es sich mit dem *Tuber omentale* kranialwärts in die Bursa omentalis vor. Aufgrund seiner Ähnlichkeit mit einem dreiseitigen Prisma lassen sich am Körper drei durch Kanten getrennte Flächen unterscheiden. Die *Facies anterosuperior* ist nach vorn und oben gerichtet. Sie wird von der nach vorn und unten weisenden *Facies anteroinferior* durch den *Margo anterior* abgegrenzt. Diese Kante entspricht der Anheftungslinie des Mesocolon transversum. Da sie zugleich die Grenzlinie zwischen Ober- und Unterbauch bildet, ist die Facies anteroinferior dem Unterbauch zugewandt. Die nach hinten gerichtete *Facies posterior* folgt der Rückfläche der Bauchhöhle. Die Facies posterior wird oben durch den *Margo superior* und unten durch den *Margo inferior* von den jeweils benachbarten beiden vorderen Flächen geschieden..

An den im Querschnitt dreieckigen Pankreaskörper schließt sich ohne scharfe Grenze der oval abgeplattete Schwanzteil an. Die in Form und Ausdehnung variable *Cauda pancreatis* steigt zum Milzhilus an und schiebt sich zwischen die *Ligg. splenorenale* und *phrenicosplenicum.* Da die äußerste Schwanzspitze zumeist intraperitoneal verbleibt, macht dieser beweglichste Teil des Pankreas die atemsynchronen Bewegungen der Milz mit.

Im übrigen wird die Bauchspeicheldrüse durch das dorsale Peritoneum parietale, das die Drüse überzieht, und durch Bindegewebe gesichert, das mit der dorsalen Bauchwand verbunden ist. Auch wird sie durch ihren engen Kontakt zum Duodenum mit den dort mündenden Ausführungsgängen und durch die Gefäße, die sie durchdringen, in ihrer Position gehalten.

Ihrer Entwicklung aus einer dorsalen und ventralen Anlage entsprechend besitzt die Bauchspeicheldrüse zwei **Ausführungsgänge,** die im Bereich des Pankreaskopfes miteinander anastomosieren (◘ Abb. 10.59). Der leicht wellenförmig verlaufende Hauptausführungsgang ist der *Ductus pancreaticus.* Dieser 18–19 cm lange Gang mit einem mittleren Kaliber von 3 mm leitet das Sekret aus Schwanz, Körper, Hals und unterem Kopfbereich ab, das ihm über kürzere und größere Seitenäste zufließt. Er mündet meist gemeinsam mit dem Ductus choledochus auf der *Papilla duodeni major* (◘ Abb. 10.59). Der *Ductus pancreaticus accessorius* (◘ Abb. 10.59) sammelt das Sekret aus dem vorderen oberen Gebiet des Pankreaskopfes und führt es in 60% der Fälle über die *Papilla duodeni minor* in den Zwölffingerdarm ab. In 27% leitet er es in den Hauptgang ein, ohne direkt in das Duodenum zu drainieren.

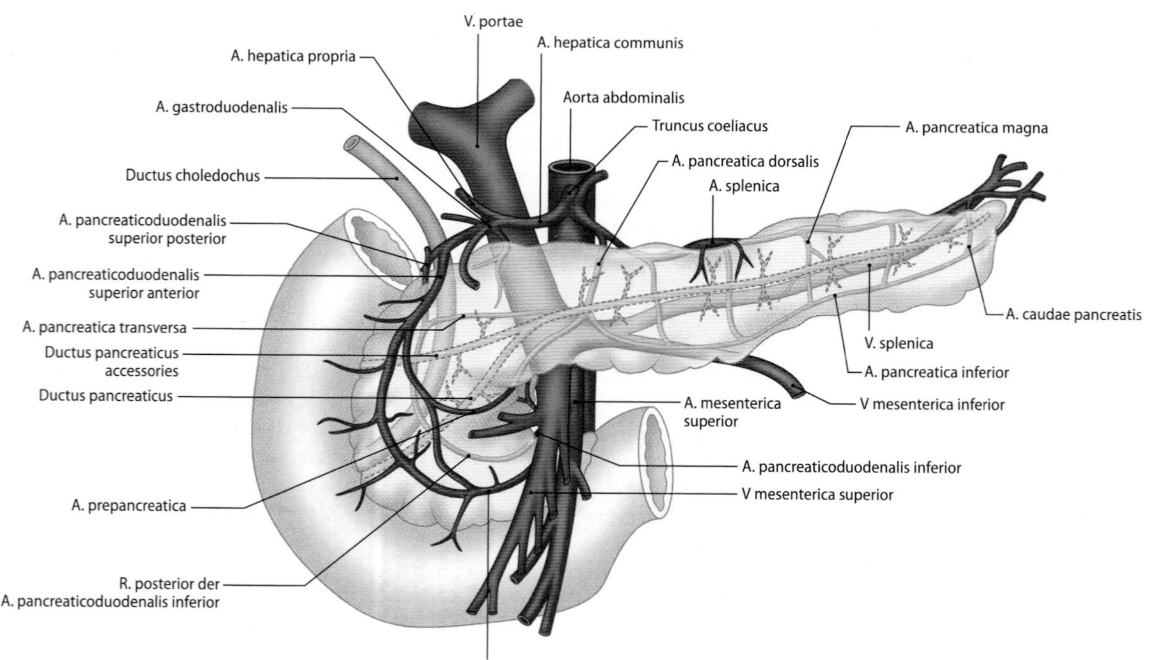

◘ **Abb. 10.59.** Pankreas mit Gangsystem und Gefäßversorgung [6]

Gefäßversorgung. Die **arterielle Versorgung** des Pankreas (◘ Abb. 10.59) erfolgt von kranial aus dem Stromgebiet des Truncus coeliacus über Äste aus der *A. gastroduodenalis* und der *A. splenica* und von kaudal her aus der *A. pancreaticoduodenalis inferior*, die ihren Ursprung von der A. mesenterica superior nimmt. Während gerade im Bereich des Pankreaskopfes kraniale und kaudale Zuflüsse über vielfältige Anastomosen in Form von Arkaden miteinander verbunden sind, werden Körper und Schwanz der Drüse vor allem aus Ästen der A. splenica versorgt.

Die aus der A. gastroduodenalis stammenden *Aa. pancreaticoduodenales superiores anterior* und *posterior* verbinden sich bei regelhaftem Verlauf mit dem jeweils ihnen entsprechenden *R. anterior* und *posterior* aus der *A. pancreaticoduodenalis inferior* und bilden die vordere und hintere Arkade. Doch sind Zahl und Ausgestaltung dieser **Arterienbögen** einschließlich des Ursprungs, Verlaufs und Durchmessers der sie bildenden Arterien äußerst variabel.

Die arteriellen Äste für Körper und Schwanz des Pankreas entstammen der *A. splenica*. Auch hier kommen zahlreiche Ursprungsvarianten vor. Die kräftige Milzarterie zieht in wellenförmig gewundenem Verlauf am oberen Rand des Organs entlang und gibt neben ihren größeren Ästen auch kürzere *Rr. pancreatici* ab. In ihrem proximalen Abschnitt entspringt von ihr die *A. pancreatica dorsalis*, die in den Bereich der Incisura pancreatis zieht und einen mit der A. pancreaticoduodenalis superior anterior anastomosierende *A. praepancreatica* abgibt. Am Unterrand der Bauchspeicheldrüse geht aus ihr ein horizontal nach links herüberlaufender Ast ab, der *A. pancreatica inferior* genannt wird. Falls dieser Ast fehlt, kann er durch eine horizontal und dorsal über die Mitte von Körper und Schwanz verlaufende *A. pancreatica magna* aus der Milzarterie ersetzt werden. Der Schwanz des Pankreas wird von der *A. caudae pancreatis* versorgt, die milzhilusnah aus der Milzarterie oder auch aus der A. gastroomentalis sinistra abzweigt. Die hier zur Versorgung von Körper und Schwanz genannten Arterien stehen über ein peripankreatisches Arterien- und ein intraglanduläres Kapillarnetz untereinander in Verbindung.

Der **venöse Abfluss** aus dem Pankreaskopf erfolgt ebenfalls durch eine vordere und hintere, von den *Vv. pancraticoduodenales* gebildete Venenarkade. Dabei entsteht vorn eine *V. gastropancreatica*, die das Blut quer über den Kopf in die V. mesenterica superior ableitet. Das Blut aus der hinteren Venenarkade wird kranialwärts am oberen Rand des Kopfes in die V. portae und nach kaudal in die V. mesenterica superior eingeleitet. Die Venen von Pankreaskörper und -schwanz drainieren ihr Blut in die V. splenica sowie die Vv. mesentericae superior und inferior (◘ Abb. 10.59). Eine in 60% der Fälle vorkommende *V. pancreatica inferior* mündet in der Regel in die Mesenterialvenen.

Lymphabfluss. Auch beim Lymphabfluss lassen sich zwischen Pankreaskopf und den übrigen Hauptabschnitten der Drüse zunächst getrennte Abflusswege beschreiben. Die Lymphe des Kopfes fließt zu den *Nodi pancreaticoduodenales anteriores* und *posteriores* sowie *gastroduodenales* und *mesenterici superiores*. Aus dem Körper wird die Lymphe den *Nodi pancreatici superiores* und *inferiores* zugeleitet. Im Pankreasschwanz schließlich fließt die Lymphe hauptsächlich über die *Nodi splenici* ab. Sekundäre Lymphstationen sind dann für den Kopf und die obere Hälfte von Körper und Schwanz die *Nodi hepatici* und *coeliaci* und für deren untere Hälfte hauptsächlich die *Nodi mesenterici superiores*.

Innervation. Die Innervation des Pankreas erfolgt über sympathische und parasympathische Nervenfasern, denen parallel viszerosensible Fasern ziehen, die einen oft gürtelförmig empfundenen Pankreasschmerz mit Ausstrahlung in die linke Schulter vermitteln. Die sympathischen Nervenfasern werden im *Plexus coeliacus* auf das 2. Neuron umgeschaltet. Deren postganglionäre Fasern ziehen auf direktem Wege oder periarteriell zur Drüse. Auf denselben Wegen und über direkte Äste, die noch vor den Plexus abzweigen, erreichen auch die Fasern der *Nn. vagi* das Organ.

Feinbau des exokrinen Pankreas

Von einer dünnen Lage lockeren Bindegewebes, das die Bauchspeicheldrüse kapselartig umhüllt, strahlen zarte, feinfaserige Septen in die Tiefe und grenzen die mit bloßem Auge sichtbaren **Läppchen** gegeneinander ab. In den Septen verlaufen die Nerven und Gefäße sowie die interlobulären Ausführungsgänge.

Innerhalb der Läppchen liegen dicht aneinandergepackt die von lockerem Bindegewebe umgrenzten beerenförmigen Drüsenendstücke (Azini) zusammen mit ihren intralobulären Gangabschnitten, an denen sie endständig oder seitlich hängen.

Die pyramidenförmigen **Azinuszellen** dienen als Modell für protoeinsynthetisierende und –sezernierende Zellen (▶ Kap. 8.6, ◘ Abb. 8.11), in denen die Dynamik des Sekretionsprozesses in subzellulären Funktionsbereichen mikrotopographisch erfasst werden kann. Der rundliche Zellkern mit den deutlich sichtbaren Nucleoli liegt leicht exzentrisch, zum Basisabschnitt der Zelle hin verschoben. Den sub- und paranukleären Raum füllen eng gepackt die dicht mit Ribosomen besetzten Zisternenstapel des rauen endoplasmatischen Retikulums, das bis zu 20% des Zellvolumens ausmacht. Hier werden die Verdauungsenzyme des Pankreas synthetisiert. Wegen des hohen RNA-Gehalts lässt sich dieser Bereich mit basischen Farbstoffen intensiv anfärben. Von speziellen, ribosomenfreien Stellen des endoplasmatischen Retikulums schnüren sich dann Bläschen ab, in denen die Enzyme zum Golgi-Apparat transportiert werden. Er wird von 3–5 Diktyosomen mit den ihnen assoziierten Vakuolen und Vesikeln gebildet und ist supranukleär gelegen. Die auf der konvexen cis-Seite eines Golgi-Stapels aus den Transportvesikeln aufgenommenen Enzyme werden auf der trans-Seite zu typischen, lichtmikroskopisch azidophilen Zymogengranula konzentriert. Nach ihrer Ablösung werden die Granula im apikalen Zytoplasma dicht gepackt oder zu Ketten verbunden gelagert, wenn die Zellen sehr aktiv sind. Auf einen vagalen oder durch Cholezystokinin vermittelten Sekretionsreiz werden die noch inaktiven Enzyme durch den Prozess der Exozytose in den Hohlraum der Azinuskammer ausgeschleust. Untereinander sind die Azinuszellen durch ein Schlussleistennetz verbunden, so dass enzymreiches Sekret nicht in die Interzellularräume eindringen kann. Die Aktivität der Zellen wird über die Verknüpfung durch Gap Junctions koordiniert. Auf diese Weise werden sie zu einer funktionellen Einheit verbunden.

Das abgegebene Sekret mit seinen Proteasen (Trypsin, Chymotrypsin, Carboxypeptidase A und B) und die Phospholipase A, die bis auf die Nukleasen, Lipasen und die α-Amylase zunächst in ihren inaktiven Vorstufen vorliegen, so dass sich das Organ durch seine Enzyme nicht selbst verdaut, wird von einem englumigen **Schaltstück** weitergeleitet, das mit seinem Anfangssegment in den Azinus eingestülpt ist, so dass seine Epithelien als **zentroazinäre Zellen** innerhalb von dessen Lichtung erscheinen.

Die Schaltstücke gehen direkt in **intralobuläre Ausführungsgänge** über. Streifenstücke wie in der Glandula parotidea kommen im exokrinen Pankreas nicht vor. Doch sind die Epithelien der intralobulären Gangabschnitte als ionen- und flüssigkeitstransportierende Zellen charakterisiert. In ihnen lassen sich hohe Konzentrationen des Enzyms Karboanhydrase und in ihrer basaolateralen Zellmembran hohe Aktivitäten der Na^+- K^+-ATPase nachweisen. Beide Enzyme sind an der Bikarbonatsekretion beteiligt, die durch Sekretin aus der Dünndarmschleimhaut stimuliert wird. Im Übrigen sind die Epithelien aller innerhalb eines Läppchens gelegener Gangabschnitte niedrig, organellenarm und blass. Sie tragen auch Kinozilien, die möglicherweise das Sekret durchmischen und weiterbefördern.

Im Gegensatz zur Glandula parotidea enthält das Pankreas zentroazinäre Zellen aber keine Streifenstücke.

Die intralobulären Gänge sammeln sich zu größeren **interlobulären Gängen,** die von zunächst kubischen, dann zunehmend hochprismatischen Zellen ausgekleidet werden, zwischen denen vereinzelt auch Becherzellen und enterochromaffine Zellen vorkommen. Die eigentlichen Gangepithelien sind mit kurzen Mikrovilli besetzt und tragen gelegentlich auch eine einzelne Zilie, die zur Erleichterung des Sekretstromes, aber auch als Chemorezeptor dienen könnte. Apikal enthalten die Zellen reichlich Sekretgranula mit einem neutralen sialomuzinreichen Schleim. Das pankreatische Gangsystem gibt also neben Schleim eine alkalische (pH 8,7), bikarbonatreiche Flüssigkeit ab, die den sauren Chymus aus dem Magen neutralisiert, wenn er in das Duodenum befördert worden ist. Die von dichtem Bindegewebe umhüllten **Hauptausführungsgänge** des Pankreas, in die auch kleine mukoide Drüsen einmünden, sind dem geschilderten Wandbau ähnlich. Das ganze Gangsystem des exokrinen Pankreas ist von einem dichten **Gefäßplexus** umgeben, über den bestimmte Stoffe aus dem Bauchspeichel wieder aufgenommen werden können, die dann zu den Drüsenzellen rezirkulieren. Der Plexus könnte also im Dienste einer Rückkoppelungskontrolle der Sekretion stehen. Pro Tag werden etwa 1,5 l Pankreassekret abgegeben.

10.56 Pankreatitis

Werden die Enzyme des Pankreassaftes vorzeitig aktiviert, wie dies bei einer akuten Pankreatitis der Fall ist, kann sich das Organ unter rascher Zerstörung selbst verdauen. Um eine unzeitige Aktivierung der Proenzyme der Proteasen zu verhindern, wird von den Azinuszellen ein Trypsininhibitor mit sezerniert. Er ist bei der Pankreatitis jedoch nicht in der Lage, das Organ vor der Selbstverdauung zu schützen.

In Kürze

Pankreas (Bauchspeicheldrüse)

Gestalt: Hauptabschnitte Kopf (Caput), Hals (Collum), Körper (Corpus) und Schwanz (Cauda) mit sichtbarer **Läppchengliederung,** innerhalb der Läppchen seröse Azini und intralobuläre Gänge.

Form: Im Kopfbereich nach unten gebogener Haken, dessen längerer Schenkel: Hals, Körper und Schwanz.

Arterielle Versorgung:

- A. gastroduodenalis: A. pancreaticoduodenalis superior posterior und anterior
- A. pancreaticoduodenalis inferior: R. anterior und posterior (Arkadenbildung)
- A. splenica: Rr. pancreatici, A. pancreatica dorsalis, A. praepancreatica, A. pancreatica inferior, A. pancreatica magna, A. caudae pancreatis

Funktion: Produziert einen an Verdauungsenzymen reichen, alkalischen Saft, der über den Ductus pancreaticus major ins Duodenum abgegeben wird.

10.5.5 Entwicklung

Pankreasanlagen

Das Pankreas entwickelt sich aus zwei entodermalen Knospen des Vorderdarms in dichtem Kontakt zu dem sie umgebenden Mesenchym etwa in der 4.–5. Schwangerschaftswoche (Abb. 10.60). Die eine bildet die kleinere ventrale Anlage und sitzt im Winkel zwischen der Gallenblasenanlage und der vorderen Duodenalwand. Sie steht in enger Beziehung zum Ductus choledochus. Die andere ist die dorsale Anlage und liegt der Leberanlage gegenüber. Sie erstreckt sich in das Mesoduodenum dorsale und dann weiter kranial in das Mesogastrium dorsale. Sie wächst schneller und wird auch größer als die ventrale Anlage. Beide Knospen sind eigentlich Ausstülpungen des Darmrohres, denn sie besitzen eine Lichtung, die den jeweils zentral verlaufenden Hauptausführungsgang bilden wird.

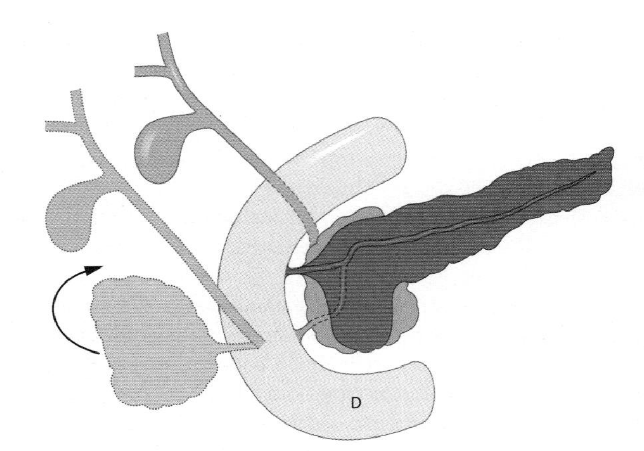

Abb. 10.60. Verschmelzung der ventralen (rosa) und der dorsalen Pankreasanlage (rot) und Vereinigung ihrer Gänge. Gallenblase und Gallenwege (grün); D = Duodenum [7]

Gangsystem und Drüsenazini

Die proliferierenden entodermalen Zellen dieser Ausstülpungen entwickeln knospenartig verzweigte Digitationen, zwischen die sich Mesenchymzellen schieben, so dass sich allmählich das charakteristische Bild der Läppchengliederung des erwachsenen Pankreas formt. Die Zellstränge der Digitationen sind epitheliale Tubuli; denn auch sie besitzen ein Lumen, das mit der Differenzierung der Zelltypen des Pankreas deutlicher hervortritt. Es wird als Lichtung eines stark verzweigten Gangsystems sichtbar, das sich vom Hauptgang bis zur Organperipherie hin ausbreitet. Die endständigen Zellen des Gangnetzes differenzieren sich zu Drüsenazini (am Anfang der Fetalperiode), in denen auch Enzyme nachgewiesen werden können.

Verschmelzung der Pankreasanlagen

Durch ein rasches, auf die linke Wandhälfte beschränktes Wachstum des Duodenums wird die ventrale Pankreasanlage zusammen mit dem sich entwickelnden Ductus choledochus nach hinten verlagert. Dabei gerät sie in so enge Nachbarschaft zur dorsalen Anlage, dass beide miteinander verschmelzen (Ende der 7. Woche) (Abb. 10.60). Am fertig ausgebildeten Organ lassen sich dessen einzelne Abschnitte den primären Anlagen zuordnen. Der vordere Teil des Kopfes leitet sich wahrscheinlich von der dorsalen, der hintere Teil von der ventralen Anlage her. Der Processus uncinatus scheint sich erst nach der Fusion der beiden Pankreasanlagen zu bilden und entwickelt sich ausschließlich oder größtenteils aus der ventralen Anlage. Körper und Schwanz stammen von der dorsalen Anlage ab.

Anastomosierung der Hauptausführungsgänge

Auch die Ausführungsgänge der beiden Knospen anastomosieren. Dabei wird der endgültige *Ductus pancreaticus*, der auf der *Papilla duodeni major* mündet, vom gesamten ventralen Pankreasgang sowie dem distalen Anteil des dorsalen Pankreasganges gebildet. Dessen proximaler Abschnitt obliteriert oder öffnet sich als kleiner *Ductus pancreaticus accessorius* auf der *Papilla duodeni minor*. Nur in 10% der Fälle fehlt eine Vereinigung der beiden Ausführungsgänge (sog. Pancreas divisum).

Lage des Pankreas

Die endgültige Lage des Pankreas wird durch Wachstums- und Umlagerungsprozesse in der Bauchhöhle bestimmt. Der Magen verlagert sich mit seiner Drehung nach links und das Duodenum entsprechend nach rechts. Dadurch werden das Mesogastrium dorsale und das Mesoduodenum dorsale mit dem Pankreas an die rückwärtige Bauchwand gedrückt, wo sie mit deren Peritoneum verschmelzen. Das ursprünglich intraperitoneal gelegene Pankreas ist in eine sekundär retroperitoneale Position geraten. Nur sein Schwanz bewahrt zumeist eine intraperitoneale Lage.

Das Pankreas ist infolge der Magendrehung ein sekundär retroperitoneales Organ geworden.

In Kürze

Pankreasentwicklung

Das Pankreas entwickelt sich aus einer dorsalen und einer ventralen entodermalen Knospe des Vorderdarms. Wenn die beiden Anlagen miteinander verschmelzen, anastomosieren auch ihre Ausführungsgänge.

11 Niere, Ureter, Harnblase, Harnröhre

S. Bachmann

Einführung

Niere, Ureter, Harnblase und -röhre werden als Harnorgane bezeichnet. Aufgrund der entwicklungsgeschichtlichen, anatomischen und funktionellen engen Bezüge werden die Harnorgane mit den inneren und äußeren Geschlechtsorganen in dem Begriff Urogenitalsystem zusammengefasst. In der Niere bestehen verglichen mit anderen Organen komplexere Bezüge zwischen den morphologischen Eigenheiten und Funktionen.

Niere (Harnbildung):
- Rindensubstanz
- Nierenparenchym:
  - Nephrone
  - Sammelrohre

Harnwege (Harnableitung)
- Nierenbecken *(Pelvis renalis)*
- Harnleiter *(Ureter)*
- Harnblase *(Vesica urinaria)*
- Harnröhre *(Urethra)*

11.1 Niere (Ren)

Einführung

Die beiden Nieren sind Ausscheidungsorgane, die den Harn bilden. Funktionen der Nieren sind die Regulation des Wasser-, Säure-Basen- und Salzhaushalts und die Ausscheidung harnpflichtiger Stoffwechselprodukte. Außerdem bilden die Nieren das Hormon Erythropoetin und nehmen Einfluss auf den systemischen Blutdruck.

11.1.1 Lage und Aufbau

Die Niere, *Ren,* ist paarig im retroperitonealen Bindegewebelager (Retroperitonealraum, *Spatium retroperitoneale*) angeordnet. Dieser Raum liegt zwischen der Rückwand der Peritonealhöhle und der Rückwand der Bauchhöhle und erstreckt sich vom Zwerchfell bis zum Beckenkamm, um dann weiter kaudal in das subperitoneale Bindegewebelager überzugehen. Er ist in der Medianebene aufgrund der sich vorwölbenden Wirbelsäule flach, seitlich durch die beiden *Fossae lumbales,* die von der 12. Rippe bis zur *Crista iliaca* reichen und seitlich durch den lateralen Rand des *M. quadratus lumborum* begrenzt sind, muldenförmig vertieft. In den *Fossae lumbales* liegen die **Nieren** und die **Nebennieren**, die hier in primär retroperitonealer Lage entstanden sind. Eine sekundär retroperitoneale Lage haben die benachbarten Abschnitte des jeweiligen **Hemikolons,** rechts zusätzlich ein Großteil des **Duodenums** (▣ Abb. 11.1).

Die Niere wird unterteilt in einen oberen und unteren Pol sowie in eine Vorder- und Rückseite. Die Rückseite geht gerundet in den lateralen Rand über. Der laterale Rand bildet einen konvexen Bogen, der mediale Rand ist durch eine Einkerbung (**Nierenhilus,** *Hilus renale*) gekennzeichnet (▣ Abb. 11.2). Über den Nierenhilus gelangen die Leitungsbahnen in den *Sinus renalis,* einen von Nierenparenchym umgebenen Raum, der von den Leitungsstrukturen, dem Nierenbecken und seinen Kelchen sowie von Fettgewebe vollständig ausgefüllt ist. Die Niere des Erwachsenen wiegt 120–200 g, ist 10–12 cm lang, 5–6 cm breit und etwa 4 cm dick. Die rechte Niere kann kleiner und leichter sein als die linke.

Die **Längsachsen** der Nieren konvergieren nach kranial, so dass die unteren Nierenpole weiter voneinander entfernt sind als die oberen. Ihre **Querachsen** konvergieren nach ventral, so dass ihre Vorderflächen ventrolateralwärts ausgerichtet sind. Diese Lageverhältnisse ergeben sich aufgrund der Position der Niere in der Rinne zwischen *M. psoas* und *M. quadratus lumborum.*

Die Nieren verschieben sich bei der Atmung und treten außerdem im Stehen tiefer als im Liegen (▣ Abb. 11.3). Der untere Nierenpol steht während der Einatmung und bei aufrechter Körperhaltung 3 cm tiefer als im Exspirium und im Liegen.

! Die rechte Niere liegt wegen der mächtigen Entfaltung der Leber um eine halbe Wirbelhöhe tiefer als die linke (▣ Abb. 11.4a).

Hüllen und Faszien

Hüllen der Niere
- bindegewebige Organkapsel *(Capsula fibrosa)*
- Nierenfettkapsel *(Capsula adiposa)*
- bindegewebiger Fasziensack *(Fascia renalis)*

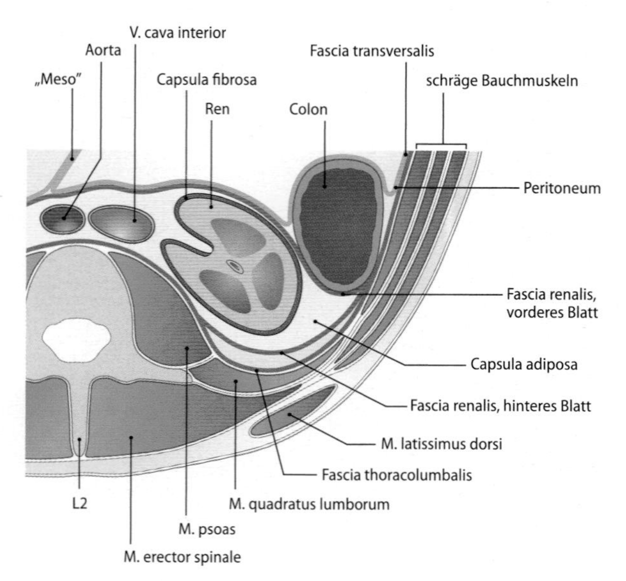

▣ **Abb. 11.1.** Lage der Nieren im Retroperitonealraum

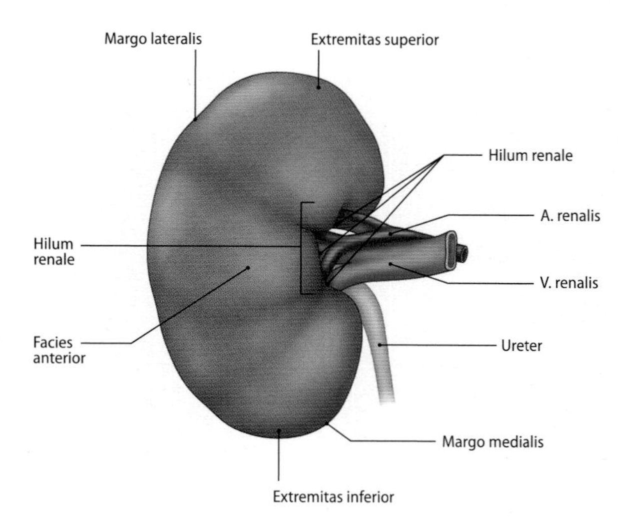

▣ **Abb. 11.2.** Ventrale Fläche der rechten Niere [1]

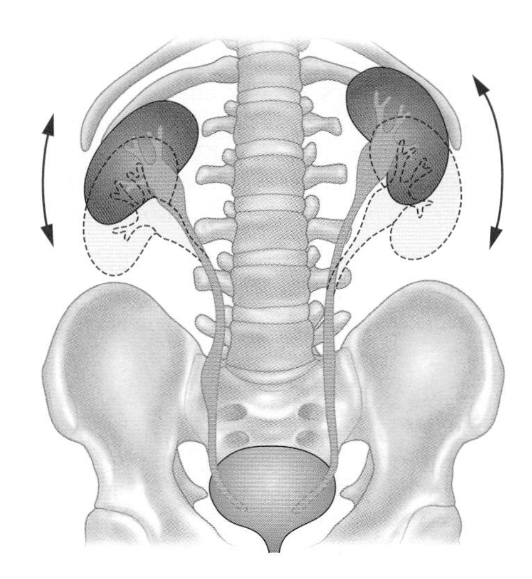

■ **Abb. 11.3.** Verlagerung beider Nieren bei tiefer Inspiration und Exspiration im Liegen [1]

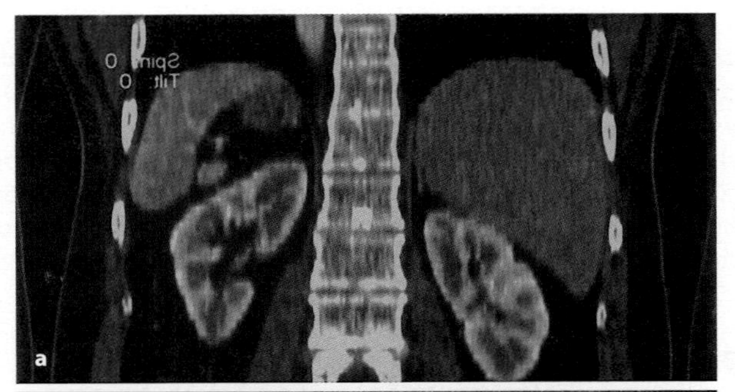

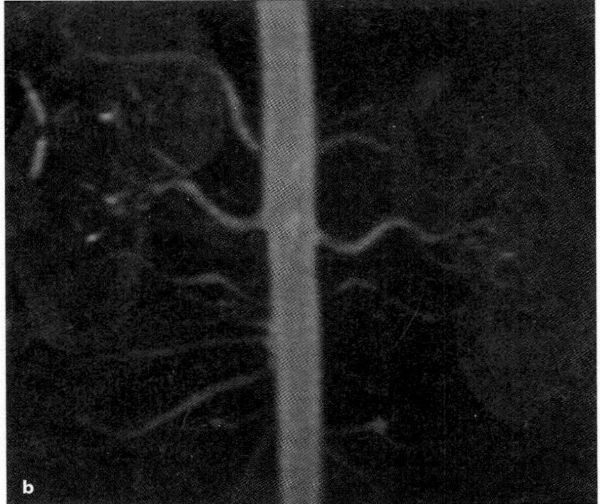

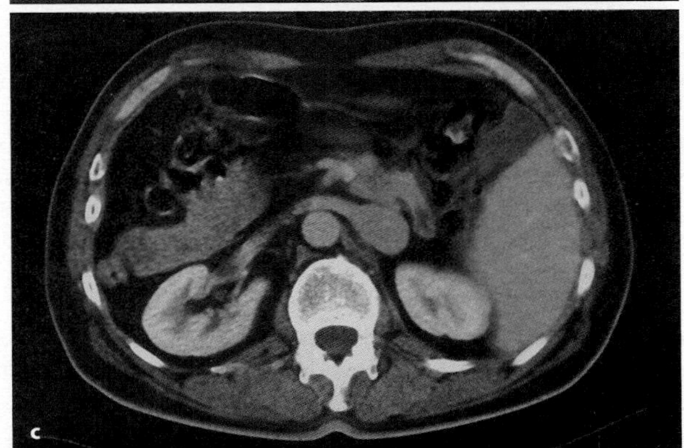

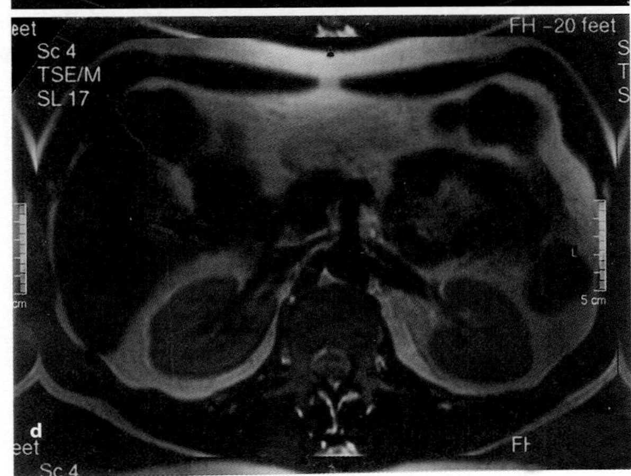

■ **Abb. 11.4a–d.** Darstellungen der Niere und des Retroperitonealraumes mit Hilfe bildgebender Verfahren. **a** Frontal-kortikoarterielle Darstellung. **b** Gefäßdarstellung. **c** Transversalschnitt. **d** Fettdarstellung

Die Niere besitzt eine derbe aus straffem kollagenfaserigen Bindegewebe bestehehnde Organkapsel, *Capsula fibrosa*. Diese ist mit dem Nierenparenchym locker verbunden und kann nach Spaltung abgezogen werden. Nieren und Nebennieren werden von weiteren Hüllen eingeschlossen, die zusammen mit den Gefäßen zur Erhaltung ihrer Lage beitragen. Beide Organe werden gemeinsam von einer *Capsula adiposa*, der **Nierenfettkapsel,** umschlossen und liegen in einem **Fasziensack** (■ Abb. 11.1). Das Fettgewebe ist hinter den Nieren und entlang ihrer Seitenränder besonders stark entwickelt, während es an der Vorderfläche häufig eine nur dünne Schicht bildet (■ Abb. 11.4d). Kaudal setzt sich das Nierenfettlager als Keil zwischen Kolon und Bauchwand zu beiden Seiten bis zum Beckenkamm fort. Der Fasziensack besteht aus 2 Blättern, der **prärenalen** und der **retrorenalen Faszie.** Die beiden Faszienblätter verschmelzen lateral und kranial an der Unterseite des Zwerchfells miteinander. Unten und medial ist der Fasziensack der Niere offen. Medial haben die Leitungsstrukturen freien Zutritt zur Niere (■ Abb. 11.4b, c, d).

11.1 Senk- und Wanderniere

Die fettreiche Ausgestaltung des Fasziensacks der Niere erlaubt eine Beweglichkeit des Organs. Die bei Kachexie und Schwund der Capsula adiposa beobachtete Neigung zu einem *Descensus* der Niere **(Senkniere)** kann die Organfunktion gefährden: Durch Änderung der Längsachse der Niere kann es zur Abknickung des Harnleiters und zur Drehung des Gefäßstiels kommen. Daraus können ein Rückstau des Harns in das Nierenbecken und eine beeinträchtigte Blutversorgung der Niere resultieren. Die Senkniere kommt häufiger rechts als links und häufiger bei der Frau als beim Mann vor. Ähnlich kann eine an ihrem Gefäßstiel abnorm bewegliche Niere als **»Wanderniere«** kaudal aus ihrem Fasziensack gleiten.

Lagebeziehungen

Dorsale Nachbarschaft der Nieren

Im Liegen erstreckt sich die linke Niere von der 11. Rippe bis zur Oberkante des 3. Lendenwirbels, die rechte von der 12. Rippe bis zur Unterkante des 3. Lendenwirbels (■ Abb. 11.3). Die unteren Nierenpole liegen durchschnittlich 2–3 Querfinger von der *Crista iliaca* entfernt. Nach dorsal projiziert sich die Niere auf beiden Seiten auf den *M. psoas* (Nierenhilus) und den *M. quadratus lumborum*, lateral auf den *M. transversus abdominis* und oben auf das Zwerchfell. Parallel zum Verlauf der 12. Rippe ziehen dorsal von der Niere, bedeckt von der *Fascia transversalis* und der retrorenalen Faszie, auch die Bauchwandnerven *N. subcostalis* (12. Interkostalnerv), *N. iliohypogastricus* und *N. ilioinguinalis*, die bei Schäden der Niere mitbetroffen sein können. Bei **Kindern** sind die Nieren bezogen auf den Körper größer als beim Adulten und reichen beim Säugling noch bis zum Darmbeinkamm. Vom Säuglingsalter bis zum Erwachsenen verschiebt sich das Nierengewicht bezogen auf das Körpergewicht von 0,75% nach 0,46%.

11.2 Operativer Zugang zur Niere

Der obere Nierenpol liegt häufig dem **Bochdalek-Dreieck** an, einer nur von Zwerchfellfaszien verschlossenen Muskellücke des Zwerchfells. Durch diese können **entzündliche Prozesse** erleichtert in den **Pleuraraum** vordringen. Da der *Recessus costodiaphragmaticus* der Pleurahöhle bis zu dieser Höhe herabreicht, hat das obere Drittel der Nierenhinterfläche auch mit diesem topographische Beziehungen. Die geschilderten Verhältnisse haben Bedeutung bei chirurgischen Eingriffen. Zur Eröffnung des Nierenbeckens, etwa zur Entfernung von Steinen aus dem Nierenbecken oder einer verkleinerten Niere (»Schrumpfniere«), wird das Organ im Allgemeinen von dorsal her freigelegt **(retroperitonealer Zugang)**, wobei das *Cavum peritonei* nicht eröffnet wird. So kann ein interkostaler Zugang zwischen der 11. und 12. Rippe, ein subkostaler unterhalb der 12. Rippe erfolgen. Ein weiterer Zugang kann durch Längsspaltung des *M. quadratus lumborum* geschaffen werden. Bei einer gewöhnlichen Nephrektomie wird die Niere von ventral her dargestellt **(transperitonealer Zugang)**, um ausreichend Platz für den Eingriff zur Verfügung zu haben. Die Anwendung von endoskopischen Techniken ist bei beiden Zugängen möglich.

Ventrale Nachbarschaft der Nieren

Die primär retroperitoneal entstandenen Nieren weisen rechts und links eine unterschiedlich große Nachbarschaft zum *Peritoneum parietale* auf (Abb. 11.1). Die rechte Niere ist an ihrem Kontaktbereich mit der Leber sowie am unteren Nierenpol im Kontaktbereich mit dem Darmbauch von Peritoneum überzogen, bei der linken Niere sind es die Kontaktfelder von Milz, Magen und Darmbauch.

Kontaktflächen mit anderen Organen

Die **rechte Niere** liegt unter dem **rechten Leberlappen** und ruft dort die *Impressio renalis* hervor. Der mediale Nierenrand mit dem *Hilus renalis* steht mit der ebenfalls retroperitoneal liegenden *Pars descendens duodeni* in Kontakt, der untere Teil wird vom *Colon ascendens* und der *Flexura coli dextra* bedeckt. Dem oberen Nierenpol sitzt die **rechte Nebenniere** kappenförmig auf. Die *Radix mesocolica* kreuzt die rechte Niere (Abb. 11.5).

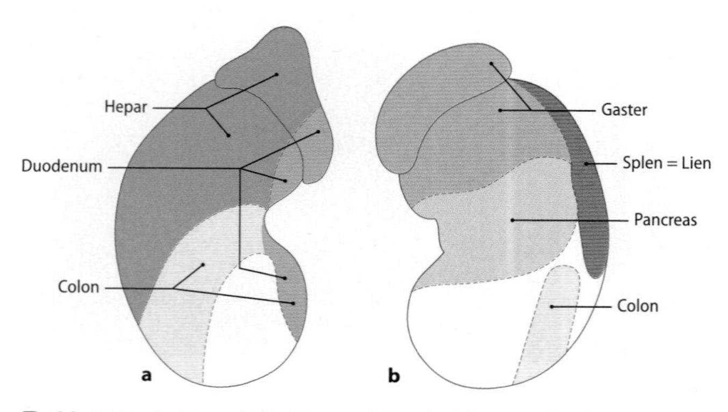

Abb. 11.5a, b. Ventrale Berührungsfelder der Nieren und Nebennieren. Ansicht von vorn. **a** Rechte Niere, **b** linke Niere [2]

Die **linke Niere** besitzt einschließlich der dem oberen Pol aufsitzenden **linken Nebenniere** ein Berührungsfeld mit dem **Magen.** Seitlich liegt ihr die **Milz** an. Direkt vor dem linken Nierenhilus liegt der **Pankreasschwanz,** der sich lateral in das *Lig. splenorenale* fortsetzt, um darin zur Milz zu ziehen. Die untere Nierenhälfte berührt lateral das *Colon descendens*, vorn unten besteht Kontakt mit dem Dünndarmkonvolut der *Fossa mesentericocolica sinistra* (Abb. 11.5).

Aufgrund der vielfältigen nachbarschaftlichen Beziehungen der Nieren zu anderen Organen der Bauchhöhle können diese bei Erkrankungen der Niere mitbetroffen sein und umgekehrt die Nieren einbezogen werden.

Gliederung der Niere

Niere

- Nierenrinde *(Cortex renalis)*
- Nierenmark *(Medulla renalis)*
  - Markpyramide *(Pyramis renalis)*
  - Nierenpapille *(Papilla renalis)*
- Nierenbecken *(Pelvis renalis)*
  - Nierenkelche *(Calices renales)*

Im Längs- oder Querschnitt der **multipapillären** menschlichen Niere zeigt sich eine heterogene Vielfalt von angeschnittenen Strukturen. Die Betrachtung von einpapillären Nieren, wie sie bei kleineren Säugern vorkommen, hilft, den Bau der multipapillären Niere leichter zu verstehen. Die einpapilläre Niere zeigt grundsätzlich eine Gliederung in **Nierenrinde,** *Cortex renalis*, und **Nierenmark,** *Medulla renalis* (Abb. 11.6a). Die Nierenrinde umhüllt das Nierenmark wie ein Becher mit eingerollten Rändern. Das **Mark** hat etwa die **Form einer Pyramide,** *Pyramis renalis,* und ist zum Nierenbecken hin als **Nierenpapille,** *Papilla renalis,* ausgezogen. Das Nierenbecken umschließt mit seinen Nierenkelchen die Papillen. Nierenbecken sowie die großen Gefäße, Nerven und Lymphgefäße liegen gemeinsam in dem von Nierenparenchym umschlossenen *Sinus renalis,* der sich am Nierenhilus öffnet.

Größere Säuger benötigen – mit wenigen Ausnahmen – zusammengesetzte, multipapilläre Nieren, die durch Zusammenwachsen und Verschmelzen von Einzelnieren (Nierenlappen, *Lobi renales,* fetal auch: *Renculi*) entstanden sind (Abb. 11.6b). Diese gruppieren sich als keilförmige Bausteine um den Sinus renalis (Abb. 11.6c). Beim Menschen wachsen aus bis zu 14 Lobi renales (in der Regel 8) pro Seite durch Verschmelzung Gebilde heran, die – wie die Einzelnieren – wieder Nierenform annehmen und eine mehr oder minder einheitliche, glatte Oberfläche bilden. Im Unterschied zum Erwachsenen ist bei Feten und Neugeborenen noch eine deutliche Gliederung in Nierenlappen zu beobachten, die in den ersten Lebensjahren verstreichen. Oberflächliche Furchen können häufig auch über das 4.–6. Lebensjahr hinaus persistieren. Eine deutlich gefurchte Niere wird als *Ren lobatus* (Häufigkeit 7%) bezeichnet.

11.3 Fehlbildungen der Niere

Unter den angeborenen Fehlbildungen sind abweichende Ausbildungsformen der Nieren nicht selten. Als Varietäten der Form kommen eine runde **Kuchenniere** mit einem breitflächig geöffneten Hilus sowie die **Hufeisenniere** (Abb. 11.7) vor. Die Hufeisenniere ensteht durch Verschmelzung der unteren Pole vor der Aorta als Folge eines gestörten Aszensus.

Bei Aplasie einer Seite ist die kontralaterale Niere hypertrophiert ausgebildet. Überzählige Nieren sind selten und lassen sich auf eine Spaltung des Ureters zurückführen.

11

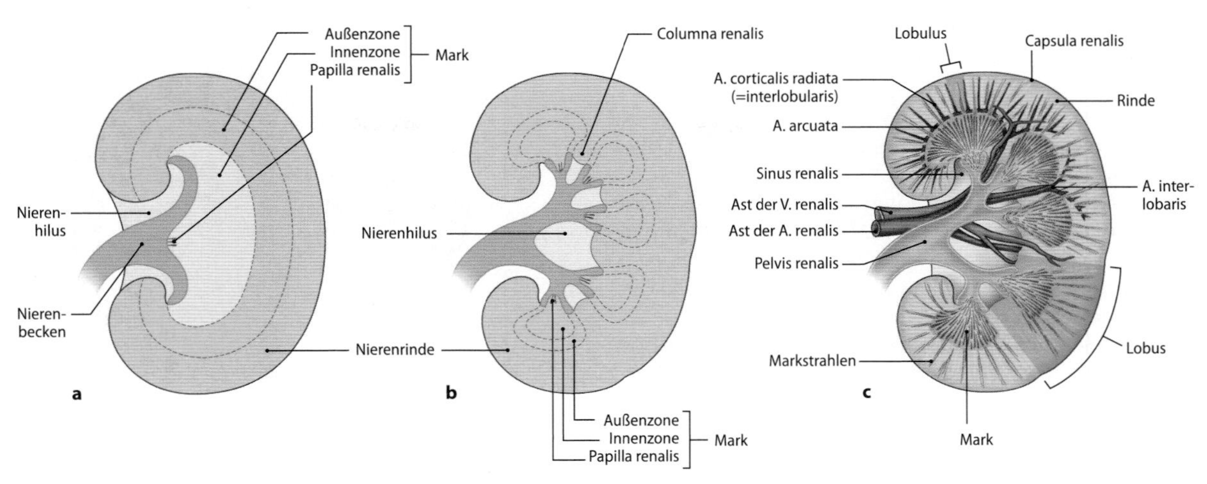

Abb. 11.6a–c. Makroskopie der Niere. a Einpapilläre Niere, **b** Multipapilläre Niere. **c** Frontaler Längsschnitt mit Gliederung in Rinden- und Markzone. Die Nierenkelche und die übrigen Hilusstrukturen sind im Sinus renalis gelegen, dessen übrige Bereiche mit Fettgewebe ausgefüllt sind [1]

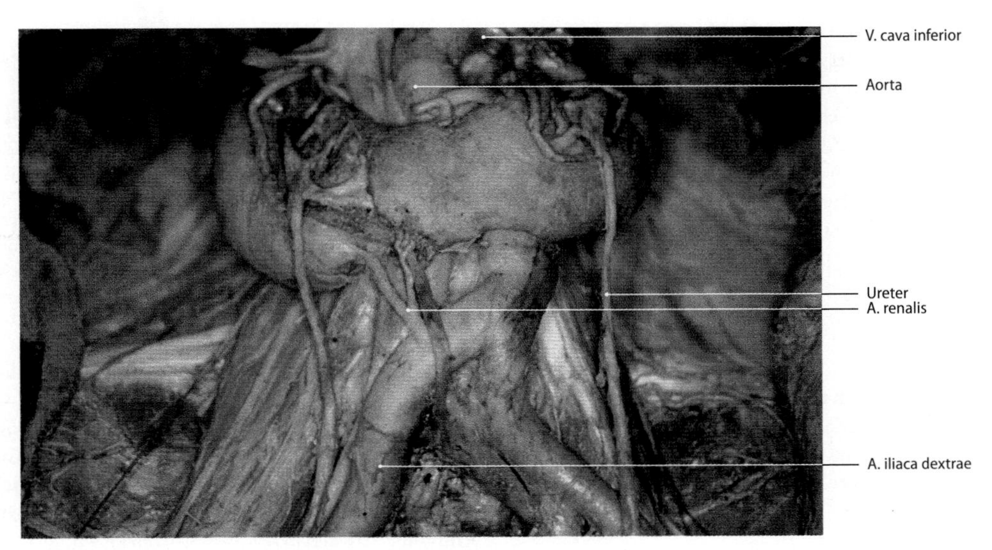

Abb. 11.7. Hufeisenniere. Diese Nierenform bildet sich durch Verschmelzen des nephrogenen Blastems der rechten und der linken Seite. Die Hufeisenniere liegt aufgrund eines unvollständigen Aszensus weiter kaudal als normal

Einteilungen des Nierenparenchyms

Das Nierenparenchym besteht aus:
- Nephronen
- Sammelrohren
- Blut- und Lymphgefäßen
- Nerven
- Interstitium

Die feinkörnig erscheinende Rindensubstanz (Breite ca. 6–10 mm) erstreckt sich zum einen zwischen der Basis der Markpyramiden und der Capsula fibrosa der Niere, zum anderen erreichen die miteinander verwachsenen Rindenanteile benachbarter Anlagen als **Bertini-Säulen** *(Columnae renales)* den Nierensinus (Abb. 11.6c). Auch die Markanlagen verwachsen miteinander und ragen einzeln oder in Form zusammengesetzter Papillenleisten in die Kelche des Nierenbeckens hinein. Die Papillenspitzen sind durch die Ausmündungen der harnableitendenden *Ductus papillares* gekennzeichnet, die hier eine siebförmige *Area cribrosa* bilden. Im Mark verlaufen die Nierenkanälchen und Gefäße parallel.

11.1.2 Gefäße der Niere

Die Nierenarterien beider Seiten entspringen fast rechtwinklig aus der Aorta unterhalb des Abgangs der *A. mesenterica superior* in Höhe des 1.–2. Lendenwirbels, die rechte gewöhnlich etwas tiefer als die linke (Abb. 11.4b). Die längere *A. renalis dextra* ist 3–5 cm lang und zieht hinter der *V. cava inferior* zur rechten Niere. Die sie begleitende *V. renalis dextra* liegt vor und etwas unterhalb der Arterie. Beide sind bedeckt vom Pankreaskopf und der Pars descendens des Duodenum. Die *A. renalis sinistra* ist 2–3 cm lang. Die *V. renalis sinistra* ist 6–7 cm lang, liegt ebenfalls vor der Arterie, überkreuzt unmittelbar unterhalb des Abgangs der A. mesenterica superior die Aorta und ist – wie ein Teil der Arterie – vom Corpus pancreatis bedeckt. Gelegentlich wird ein retroaortärer Verlauf der linken Nierenvene beobachtet. Beide Nierenvenen münden nahezu rechtwinkling in die V. cava inferior. Die Nierenarterien geben Äste zur Nebenniere *(A. suprarenalis inferior)*, zum Ureter und zur Nierenfettkapsel ab. Bedingt durch die parallele Lage von V. cava inferior und Aorta abdominalis sind die Arterien und Venen beider Seiten jeweils ungleich lang.

Organnah sind die Leitungsbahnen der Niere von vorn nach hinten in der Reihenfolge: Vene – Arterie – Ureter (VAU-Regel) angeordnet.

Kurz vor Eintritt in den Nierenhilus teilt sich die A. renalis auf. Dabei können 2 Versorgungstypen entstehen:

- **Typ 1:** Die vorderen Nierenanteile und der untere Nierenpol wird vom *R. principalis anterior*, die Rückseite und der obere Pol vom hinter dem Nierenbecken zum Hilus gelangenden *R. principalis posterior* versorgt. Die Versorgung des oberen Pols kann von beiden Zuflüssen anteilig erfolgen.
- **Typ 2:** Bei diesem Typ kommt lediglich ein *R. principalis inferior* hinzu, der den unteren Pol separat anstelle des vorderen Arterienastes versorgt.

Die *Rr. principales* und die sich anschließenden *Aa. interlobares* sind **Endarterien.**

Variationen der Nierenarterien

Im Gegensatz zu den renalen Venen weisen die Nierenarterien hinsichtlich Zahl, Ursprung und Verlauf **zahlreiche Varianten** auf. Am häufigsten sind überzählige oder **akzessorische Arterien**, die den R. principalis posterior, den R. principalis inferior oder Sekundäräste von diesen ersetzen. Als Polarterien werden die häufig vorkommenden **aberranten Arterien** bezeichnet, die nicht in den Hilus, sondern direkt ins Nierenparenchym des unteren oder oberen Nierenpols ziehen. Ursprung solcher Arterien können die Aorta abdominalis sowie andere, dem Organ benachbarte Arterien sein. z.B. die A. iliaca, A. mesenterica superior oder A. hepatica propria.

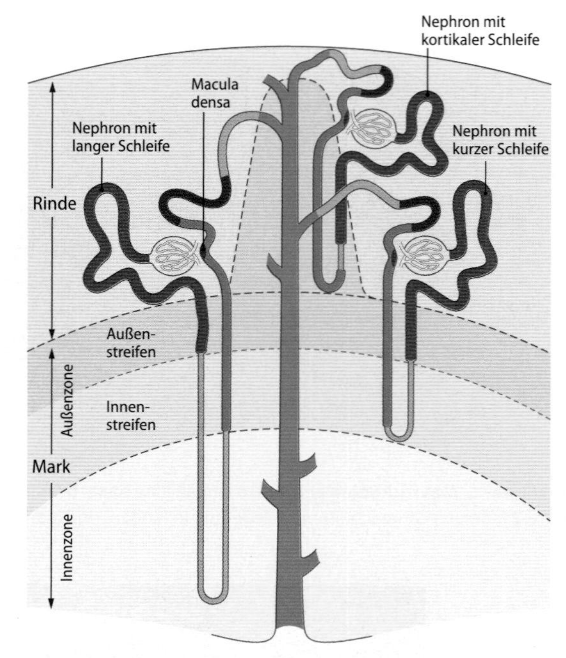

Abb. 11.8. Bau des Nephrons. Links ein Nephron mit langer, in der Mitte mit kortikaler und rechts mit kurzer Henle-Schleife. Der proximale Tubulus ist rot, der intermediäre absteigende Tubulus violett, der aufsteigende hellblau und der distale Tubulus mit seiner Pars recta blau sowie mit seiner Pars convoluta dunkelblau dargestellt. Der sich anschließende Verdindungstubulus ist hellgrün und das Sammelrohr dunkelgrün. Die Gliederung in Rinde und Markzonen ergibt sich durch die Verteilung der unterschiedlichen Nephronabschnitte. Die gestrichelte Linie zeigt die Abgrenzung eines Markstrahls an

11.1.3 Histologie

Der Feinbau der Niere wird durch die strenge Anordnung von einem System epithelial ausgekleideter Kanälchen und von den zugehörigen kleinen, im Parenchym liegenden Gefäßen bestimmt. Grundbaustein und funktionelle Einheit der Niere ist das Nephron, jede Niere besitzt etwa 1 Million.

Nephron

Ein Nephron besteht aus einem **Nierenkörperchen** *(Corpusculum renale)*, das ein Kapillarknäuel mit Epithelüberzug *(Glomerulus)* enthält, und aus einem sich anschließenden langen, heterogen gebauten **Kanälchen** (*Tubulus nephroni)*, da sich schließlich in ein **Sammelrohr** *(Tubulus renalis colligens)* entleert. Das **Sammelrohrsystem** gehört streng genommen nicht zum Nephron, das diese beiden Strukturen entwicklungsgeschichtlich von unterschiedlicher Herkunft sind: Ursprung des Nephrons ist das nephrogene Blastem, das Sammelrohr entstammt der Ureterknospe. Beide werden von einem Übergangssegment, dem Verbindungstubulus, miteinander verknüpft. Viele Nephrone münden letztlich in ein Sammelrohr. Tubulus und Sammelrohr sind zusammen etwa 5–6 cm lang.

Zu jedem Nierenkörperchen führt eine *Arteriola afferens*, die sich im Glomerulus in ein Knäuel speziell gestalteter Kapillaren verzweigt, aus dem eine *Arteriola efferens* wieder hinausführt. Der Tubulus beginnt mit einer blinden Aussackung (**Bowman-Kapsel**), in die sich das Kapillarknäuel hineinstülpt, so dass ein das Kapillarknäuel umgebendes **viszerales Blatt** entsteht. Zwischen beiden erstreckt sich der **Kapselraum,** in den der Primärharn als Ultrafiltrat des Plasma abgegeben wird. Der Umschlag der Epithelien beider Blätter liegt am Gefäßpol des Nierenkörperchens. Am Harnpol geht das **parietale Blatt** in den proximalen Tubulus über.

Die **Nierentubuli** bestehen aus Segmenten, die entweder aufgeknäuelt (Konvolute; *Tubuli contorti*) oder gerade verlaufend *(Tubuli recti)* angeordnet sind (Abb. 11.8). Am Nierenkörperchen beginnt der gewundene proximale Tubulus (**proximales Konvolut**), dem sich Tubulussegmente in der Anordnung einer **haarnadelförmigen Schleife (Henle-Schleife)** anschließen. Auf diese folgt ein zweites, **distales Konvolut,** das sich in das Sammelrohrsystem fortsetzt. Die genaue Bezeichnung der Nephronsegmente ist in Tab. 11.1 wiedergegeben.

Gliederung der Nierenrinde

Alle Glomeruli liegen in der Nierenrinde *(Cortex renalis)*. Dieser kann in ein (größeres) **Rindenlabyrinth** und in (kleinere) **Markstrahlen** untergliedert werden. Glomeruli, proximales und distales Konvolut, Verbindungstubuli und Anfangsstücke der Sammelrohre liegen im **Labyrinth.** Das proximale Konvolut hat den größten Anteil am Labyrinth. In diesem liegen auch die *Aa. interlobulares*. Nach deren Lage kann eine Gliederung in Rindenläppchen, die sich um die Markstrahlen anordnen, vorgenommen werden. Die **Markstrahlen** sind senkrecht zur Nierenoberfläche orientiert, enthalten die geraden Anteile der proximalen und distalen Tubuli von maximal 40–60 Nephronen und die zugehörigen Sammelrohre (ca. 4–6) und setzen sich in gleicher Zusammensetzung ins Mark fort. Obwohl die Strukturen in der Nierenrinde liegen, werden sie deshalb als Markstrahlen bezeichnet. Das Gebiet zwischen den Interlobulararterien wird als *Lobulus corticalis* oder **Rindenläppchen** bezeichnet, wodurch das Rindenparenchym in Einheiten unterteilt wird, die sich jeweils um einen Markstrahl gruppieren.

Zonierung des Marks

Die Mark-Rinden-Grenze liegt am markseitigen Abschluss des Rindenlabyrinths und markiert den Übergang zum **Außenstreifen** der

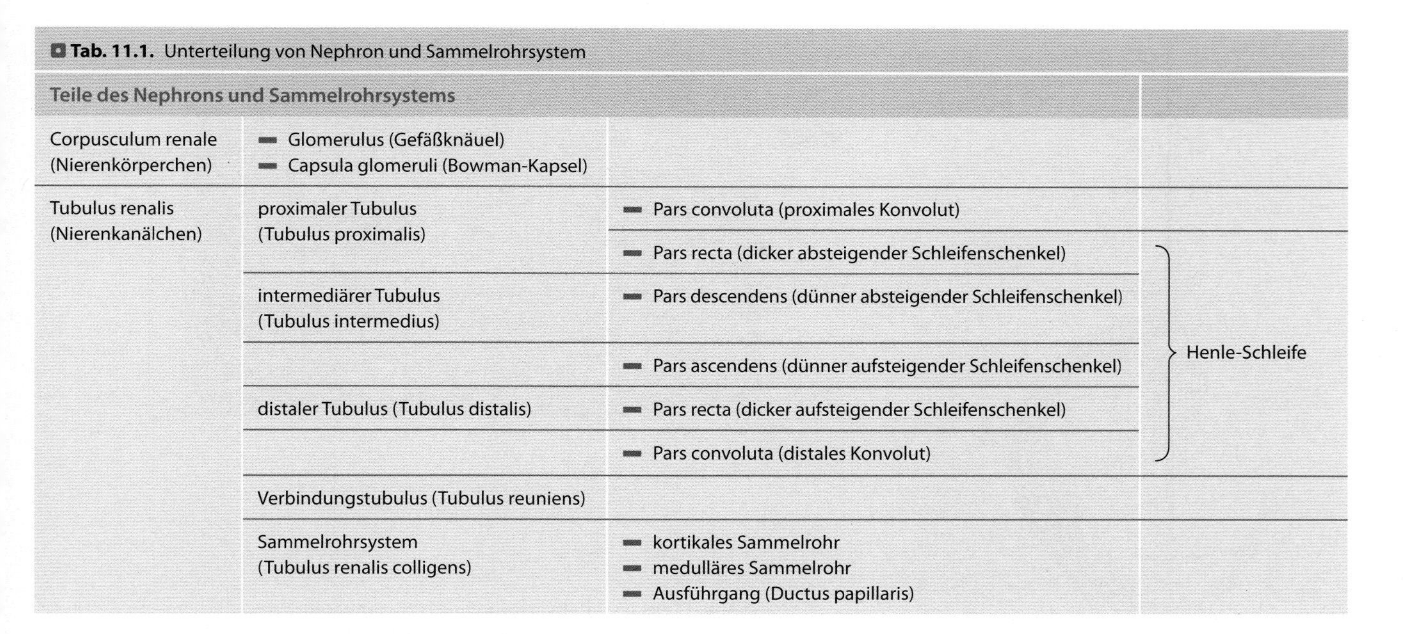

Tab. 11.1. Unterteilung von Nephron und Sammelrohrsystem

Teile des Nephrons und Sammelrohrsystems			
Corpusculum renale (Nierenkörperchen)	– Glomerulus (Gefäßknäuel) – Capsula glomeruli (Bowman-Kapsel)		
Tubulus renalis (Nierenkanälchen)	proximaler Tubulus (Tubulus proximalis)	– Pars convoluta (proximales Konvolut)	
		– Pars recta (dicker absteigender Schleifenschenkel)	Henle-Schleife
	intermediärer Tubulus (Tubulus intermedius)	– Pars descendens (dünner absteigender Schleifenschenkel)	Henle-Schleife
		– Pars ascendens (dünner aufsteigender Schleifenschenkel)	Henle-Schleife
	distaler Tubulus (Tubulus distalis)	– Pars recta (dicker aufsteigender Schleifenschenkel)	Henle-Schleife
		– Pars convoluta (distales Konvolut)	Henle-Schleife
	Verbindungstubulus (Tubulus reuniens)		
	Sammelrohrsystem (Tubulus renalis colligens)	– kortikales Sammelrohr – medulläres Sammelrohr – Ausführgang (Ductus papillaris)	

Markaußenzone. In diesem schmalen Bereich liegen die gleichen geraden Tubulusabschnitte, wie sie in den Markstrahlen vorkommen, sowie Gefäßbündel mit auf- und absteigenden *Vasa recta* zur Blutversorgung der Medulla. An der Grenze zum **Innenstreifen** der Markaußenzone gehen die proximalen Tubuli in die dünnen intermediären Tubuli (dünne absteigende Schleifenschenkel) über, die hier zusammen mit den geraden Anteilen der distalen Tubuli (dicke aufsteigende Schleifenschenkel), den Sammelrohren und den sich fortsetzenden Gefäßbündeln diesen etwas breiteren Bereich ausmachen. Die **Innenzone** des Marks ist durch ab- und aufsteigende dünne Schleifenschenkel von Nephronen mit langen Schleifen gekennzeichnet, neben denen die Sammelrohre sowie die zahlenmäßig sich zur Papillenspitze stark verringernden Markgefäße liegen. Dicke aufsteigende Schleifenschenkel fehlen in der Innenzone. Die Sammelrohre konvergieren in diesem Bereich mehrfach, um als ca. 20–80 *Ductus papillares* die Papillenspitze zu erreichen.

Nephrontypen

Nach ihrer Lage im Kortex lassen sich oberflächliche (superfizielle), in der Mitte des Kortex gelegene (mediokortikale), und marknahe (juxtamedulläre) Glomeruli unterscheiden. Die Lage der Glomeruli hat einen Bezug zur Position der ihnen zugehörigen Henle-Schleife und deren Umkehrpunkt (Schleifenscheitel): juxtamedulläre Glomeruli besitzen die längsten Schleifen, die durchweg in der Innenzone umkehren und bis zur Papillenspitze reichen können. Die Schleifen mittlerer und superfizieller Glomeruli hingegen kehren in der Markaußenzone (Innenstreifen) um. Einen Sonderfall bilden die für die menschliche Niere typischen kortikalen Nephrone, eine Art Miniaturnephrone, deren Glomeruli oberflächlich, und deren Schleifenscheitel im Kortex liegen. Diese Nephrone weichen von der sonst allgemein geltenden, nach Zonen geordneten Segmentierung ihrer Tubuli erheblich ab (Abb. 11.8). Die Gesamtheit von Nephronen mit kurzen Schleifen soll sich gegenüber solchen mit langen Schleifen im Zahlenverhältnis 7:1 bewegen. Die Anordnung der Nephrone lässt sich ontogenetisch davon ableiten, dass zuerst die marknahen entstanden sind, deren Schleifen dann auch am längsten auswachsen. Spätere Generationen von Nephronen lagern sich anschließend kapselwärts über die schon entstandenen. Die Schleifen dieser Nephrone steigen aber nicht mehr über die Markaußenzone hinaus ab. An einem festgesetzten Zeitpunkt im mittleren Schwangerschaftsdrittel endet dieser Vorgang.

Gefäßversorgung des Nierenparenchyms

Die Nieren erhalten mit ca. 20% des Herzminutenvolumens – das entspricht ca. 1500 l Blut pro Tag – eine große Menge an Blutzufluss. Parenchymversorgung und Harnbereitung werden von denselben Gefäßen besorgt, die zugleich *Vasa privata* und *Vasa publica* sind. Durch den stark rot gefärbten Kortex fließt 90% der Blutmenge, die heller gefärbte Markaußenzone erhält etwa 7%, die Innenzone etwa 1% der Blutmenge. Der Architektur des Kanälchensystems der Niere ist funktionell eine systematisch strukturierte Gefäßarchitektur zugeordnet, die morphologisch und funktionell im unmittelbaren Bezug steht. In der Rinde bilden die Gefäße den Harnfilter sowie den Transportweg für im Tubulussystem resorbierte und sezernierte Stoffe. Im Mark stehen die Gefäße zum einen aufgrund ihrer Gegenstromanordnung im Dienst des renalen Konzentrierungsmechanismus, zum andern sorgen sie auch hier für den Transport resorbierter Stoffe.

Die *Rr. principales* des Nierenhilus zweigen sich auf und geben die *Aa. interlobares* ab, die an den *Columnae renales* zwischen benachbarten Markpyramiden ins Parenchym eindringen. Sie teilen sich hier dichotom in *Aa. arcuatae,* die an der Mark-Rinden-Grenze je einer Hälfte eines Lobus verlaufen und die *Aa. corticales radiatae (interlobulares)* in den Kortex abgeben (Abb. 11.9a). Sie bilden keine Bögen mit den *Aa. arcuatae* der Gegenseite, sondern sind – wie die Interlobulararterien – Endarterien. Die meisten Interlobulararterien enden im äußeren Kortex, nur wenige erreichen als *Aa. perforantes* die Nierenkapsel. Die Interlobulararterien können sich weiter dichotom teilen. Von ihnen gehen in regelmäßigen Intervallen nach lateral die **afferenten Arteriolen** zu den Glomeruli ab, diese können aber auch direkt von den Aa. arcuatae entspringen. Die afferenten Arteriolen teilen sich intraglomerulär in ca. 30 Kapillarschlingen auf, welche wiederum in einer postkapillären Arteriole, der **efferenten Arteriole,** zusammenlaufen, die den Glomerulus verlässt. Die Glomeruluskapillaren liegen somit im arteriellen Schenkel des örtlichen Kreislaufs und bilden ein »**arterielles Wundernetz**«. Die Kapillarversorgung für das gesamte Nierenparenchym geht von den efferenten Arteriolen aus und ist somit **postkapillär**. Sofern die efferenten Arteriolen von mittleren und superfiziellen Glomeruli ent-

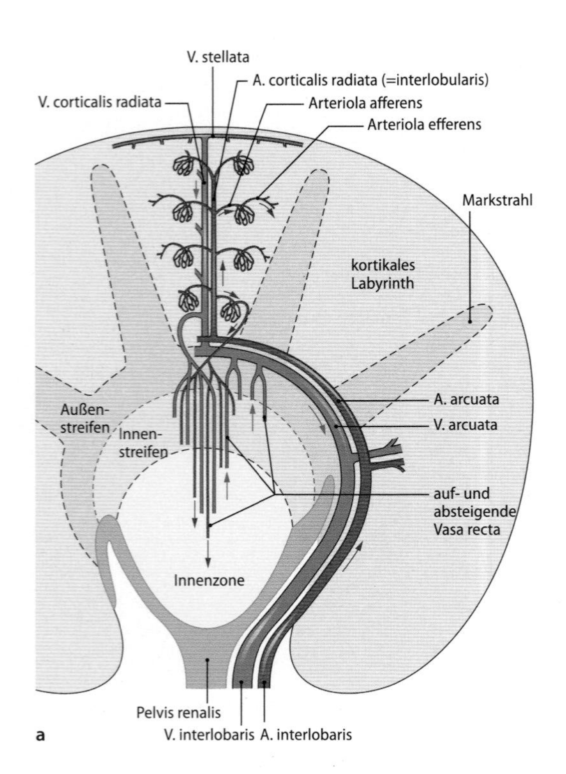

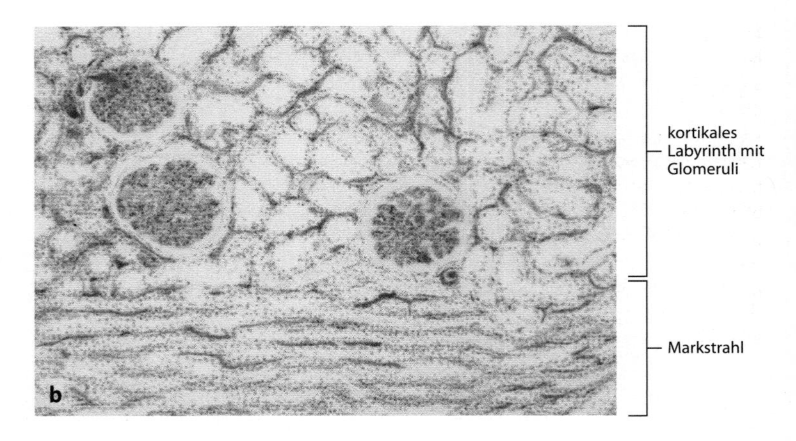

Abb. 11.9a, b. Gefäßversorgung des Nierenparenchyms. a Schema der Gefäßversorgung am Beispiel der einpapillären Niere. Die arteriellen Wege sind rot, die venösen blau dargestellt. **b** Peritubuläre Kapillaren im Rindenlabyrinth (oben) und in einem Markstrahl der Rinde (unten). Durch Tuscheinjektion sind die peritubulären ebenso wie die glomerulären Kapillaren dargestellt

springen, teilen sie sich in Kapillaren, die als peritubuläre Netze den Kortex versorgen (Abb. 11.9b). Efferente Arteriolen aus marknah liegenden Glomeruli steigen dagegen ins Nierenmark ab und teilen sich an der Mark-Rinden-Grenze in die absteigenden Vasa recta auf, die zusammen mit den aufsteigenden venösen Vasa recta die Gefäßbündel des Marks bilden. Diese haben an der Basis der Markpyramiden einen breiten Durchmesser, zur Papillenspitze hin werden sie durch sukzessives Ausscheren einzelner Vasa recta in die Kapillargebiete des Marks immer dünner.

Die **Kapillargebiete der Rinde** dränieren in die *Vv. corticales radiatae (Vv. interlobulares)*, gelegentlich auch über subkapsulär liegende *Vv. stellatae,* die sternförmige Zuflüsse bilden. Die Vv. corticales radiatae fließen zur Mark-Rinden-Grenze, wo sie in *die Vv. arcuatae* münden, die ihrerseits venöse Bögen zwischen zwei abführenden Vv. interlobares bilden. **Kapillaren** des **Marks** dränieren über aufsteigende Vasa recta, die eng zusammen mit den absteigenden Vasa recta gruppiert sind und aufgrund ihres kapillaren Wandbaus mit diesen in Stoffaustausch stehen (Gegenstromaustauschprinzip). Nach Durchlaufen von Innenzone und Innenstreifen bilden die aufsteigenden Vasa recta dilatierte Einzelgefäße im Außenstreifen, welche die dort spärlichen Kapillaren ersetzen sollen, und münden in die Vv. arcuatae. Die Vv. interlobares vereinigen sich mit Anastomosenringen, die um die Nierenkelche angeordnet sind, und ziehen zum Nierenhilus.

Wandbau der Nierengefäße

Die Arterien und Arteriolen des Nierenparenchyms gleichen in ihrem Aufbau denen anderer Gewebe und zeigen bis auf den terminalen Abschnitt der afferenten Arteriole, der die granulierten, reninproduzierenden Zellen beinhaltet, keine nierenspezifischen Besonderheiten. Efferente Arteriolen der marknah liegenden Glomeruli haben eine deutlich stärkere Wandstruktur als die efferenten Arteriolen der übrigen Glomeruli. Diese Besonderheit hängt mit ihrer Aufgabe zusammen, die gesamte Markversorgung zu gewährleisten. Mit der Tiefe ihres Eindringens ins Mark wird die Muskelschicht dünner und setzt sich in einen Besatz einzelner, kontraktiler Perizyten fort, der bis zur Aufspaltung in die Kapillargebiete reicht.

Die afferenten Nierenarteriolen spielen funktionell eine zentrale Rolle als Widerstandsgefäße zur Regulation des glomerulären Blutflusses. Peritubuläre Kapillaren und ein Großteil der Venen des Parenchyms haben ein fenestriertes Endothel. Diese Gefäße zeigen eine relativ hohe Durchlässigkeit für Proteine und können interstitielle Flüssigkeit aufnehmen. Den fenestrierten Glomeruluskapillaren, Bestandteil des Filterapparates (s. u.), fehlt hingegen ein Diaphragma.

Die **Kapillaren** sind vom **fenestrierten Typ.** Jede Pore besitzt ein Diaphragma. Ein Großteil der Venen (Vv. corticales radiatae; aufsteigende Vasa recta des Marks) sind ebenfalls vom Wandbau her fenestrierte Kapillaren. Ihr Lumen kann allerdings beträchtliche Weite annehmen. Ein typischer venöser Wandbau mit Adventitia bildet sich erst im Verlauf der Vv. arcuatae.

Nierenkörperchen

Am Anfang eines jeden Nephrons liegt ein Nierenkörperchen, *Corpusculumrenale,* das einen Durchmesser von 200–300 µm besitzt. Es umfasst das **Kapillarknäuel,** *Glomerulus,* eine umgebende Kapsel **(Bowman-Kapsel)**, einen **Gefäßpol** und einen **Harnpol.** Der Begriff Glomerulus wird häufig auch für das ganze Nierenkörperchen verwendet (11.4). Das Kapillarknäuel wird auch als **Schlingenkonvolut** bezeichnet und hat im Schnitt einen Durchmesser von ca. 170 µm. Am Gefäßpol liegen die afferente und die efferente Arteriole. Die afferente Arteriole teilt sich unmittelbar nach Eintritt in das Nierenkörperchen in 4–8 Kapillaren auf. Diese bilden Lobuli, aus denen weitere Kapillaren abzweigen, die untereinander anastomosieren. Der Gefäßwiderstand im Glomerulus ist deshalb gering. Niedrig ist auch das Druckgefälle zwischen afferenter und efferenter Arteriole. Die **Bowman-Kapsel** ist durch Invagination des Gefäßknäuels aus dem blindsackförmigen Anfangsteil des Nephrons hervorgegangen, so dass ein doppelwandiger Becher entsteht (Abb. 11.10). Der epi-

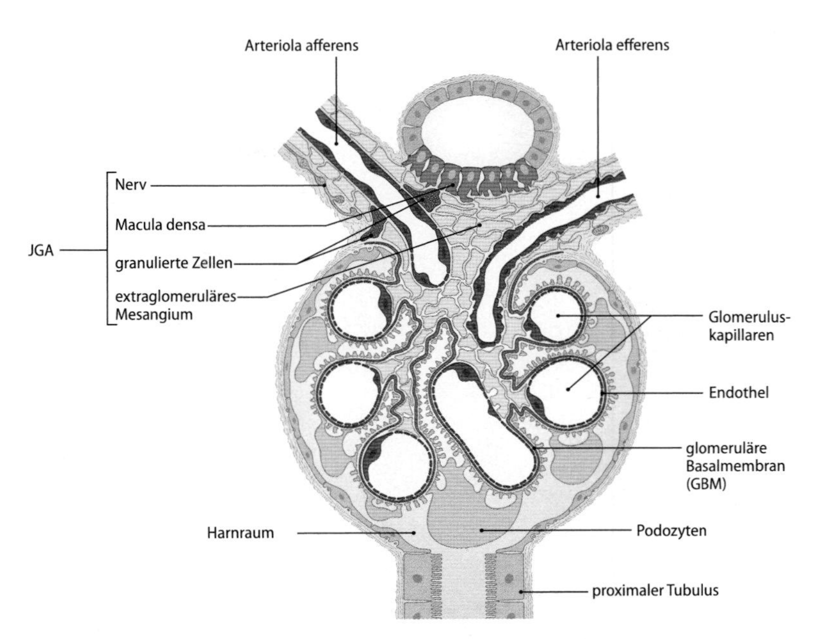

Abb. 11.10. Übersicht über die Struktur des Glomerulus mit juxtaglomerulärem Apparat (JGA). Am Gefäßpol mündet die afferente Arteriole in den Glomerulus, die efferente verlässt ihn hier. Nerven begleiten die afferente Arteriole, ihre Muskelzellen sind teilweise als granulierte, reninproduzierende Zellen differenziert. Zwischen den Arteriolen steht das extraglomeruläre Mesangium in Kontakt mit der Macula densa des distalen Tubulus. Das Kapillarschlingenkonvolut wird vom Mesangium und der kontinuierlich das Konvolut umscheidenden glomerulären Basalmembran (GBM) gehalten. GBM, Porenendothel und Podozyten bilden die Filtrationsbarriere. Der gebildete Primärharn fließt über den Harnraum am Harnpol in den proximalen Tubulus ab

theliale Überzug über dem Kapillarknäuel ist dabei das »viszerale Blatt« der Bowman-Kapsel geworden, die innere Auskleidung der Kapselwand das »parietale Blatt«. Die Zellen des viszeralen Blattes heißen **Podozyten** (Abb. 11.11 und 11.12a, b). Zwischen beiden Blättern bleibt ein schmaler **Harnraum** erhalten, in den das aus den Kapillarschlingen gepresste Ultrafiltrat des Blutes gelangt, um dann am Harnpol in den Tubulus abzufließen (Abb. 11.12c). Das Schlingenkonvolut wird durch das zentral gelegene **Mesangium** in seiner Lage gehalten, dessen Zellen als Fortsetzung der Muskelzellen der arteriolären Gefäßwand in den Glomerulus anzusehen sind. Die äußere **Kapselwand** besteht aus einer Basalmembran und dem abgeflachten parietalen Epithel. An zwei Stellen schlägt sie um: Am **Gefäßpol** geht das parietale in das viszerale Blatt, also in die Lage der Podozyten einschließlich der glomerulären Basalmembran über. Am **Harnpol** setzt sich die Kapselwand in den proximalen Tubulus fort.

Der Glomerulus setzt sich aus 3 verschiedenen Zelltypen (Endothelzellen, Mesangiumzellen und Podozyten) und der glomerulären Basalmembran zusammen.

Endothelzellen. Die Kapillaren sind von fenestriertem Endothel ausgekleidet, das – anders als bei fenestrierten Endothelien sonst – kein Diaphragma, sondern offene Poren von 50–100 nm Durchmesser besitzt (Abb. 11.13). Ebenso kommen die sonst üblichen Mikropinozytosevesikel kaum vor. Luminal sind die Endothelzellen einschließlich ihrer Poren von einer negativ geladenen Glykokalyx überzogen. Diese besteht aus verschiedenen polyanionischen Glykoproteinen.

Glomeruläre Basalmembran (GBM). Sie ist eine äußerst widerstandsfähige, zugfeste Matte aus verschiedenen Kollagenformen und anderen, integrierten Glykoproteinen. Sie ist ein wichtiger Bestandteil der Filtrationsbarriere und dient außerdem als mechanisch festigendes Gerüst für die Bestandteile des Glomerulus. Am Harnpol schlägt sie von der äußeren Kapselwand auf das Schlingenkonvolut um, umfasst von hier ab jede Glomeruluskapillare und einen Großteil ihres Perimeters, um dann allerdings auf die jeweilig benachbarte Kapillare umzuschlagen (Abb. 11.10). Kapillarendothelien sind hier nicht rundum von der GBM eingefasst, ein Anteil der Endothelien hat immer direkten Kontakt zum Aufhängeapparat des Schlingenkonvoluts, dem Mesangium. Umgekehrt hat die GBM im Bereich ihres Umschlags auch direkten Kontakt zum Mesangium. Die GBM ist ca. 300 nm dick und stellt sich im elektronenmikroskopischen Schnittbild mit einer starken Mittelschicht *(Lamina densa)* sowie innen und außen angrenzenden schmalen Übergangsschichten *(Laminae rarae)* zu den in ihr verankerten Zellen dar. Zu den herausragenden **Baubestandteilen der GBM** gehören eine Anzahl von Isoformen des nichtfibrillären Typ-IV-Kollagens, spezifische Proteine (Fibronektin, Laminin, Entaktin, Integrine und andere Zelloberflächenrezeptorproteine), die die zugehörigen Zelltypen in der GBM verankern und hochgradig hydrierte Eiweiße (polyanionische Proteoglykane), die einen elektronegativen Schutzschild gegen anionisch geladene Plasmaproteine bilden. Die GBM wird von beiden benachbarten Zelltypen, von den Endothelzellen und Podozyten synthetisiert.

Mesangium. Das Mesangium besteht aus den **Mesangiumzellen** und einer umgebenden Grundsubstanz, der **mesangialen Matrix.** Herkunftsbedingt sind Mesangiumzellen ein Verband modifizierter Gefäßmuskelzellen, der am Gefäßpol als schmaler Stiel des Schlingenkonvoluts zusammenläuft. Dieser Stiel geht in das extraglomeruläre Mesangium über, dessen Zellen sich dann wiederum in die Wandzellen der glomerulären Arteriolen fortsetzen. Das Mesangium hat eine stark verzweigte, im Schnittbild unübersichtliche Gestalt und hält mit seinen zahlreichen Ausläufern die Kapillarschlingen, indem es die GBM an ihren Umschlagsbereichen über Mikrofibrillen (Durchmesser 15 nm) oder über direkte Kontaktnahme verankert (Abb. 11.11b, c). Diese verlaufen extrazellulär in der Matrix und sind den Zonulafasern des Linsenaufhängeapparates ähnlich. Mesangialzellen besitzen gemäß ihrem glattmuskulären Charakter kontraktile Mikrofilamente, die vermutlich der dehnenden Kraft des Kapillarinnendruckes entgegenwirken. Die Mikrofilamente verlaufen gehäuft innerhalb der Zellausläufer, die zu den Verankerungsstellen der GBM ziehen. Der Tonus der Mesangiumzellen kann offenbar von einer Vielzahl vasoaktiver Wirkstoffe beeinflusst werden. Mesangiumzellen können auch Stoffe phagozytieren und halten so das Milieu innerhalb der GBM konstant. Unterstützt werden sie dabei von aus dem Knochenmark stammenden Makrophagen, die sich im Mesangium niederlassen können. Die mesangiale Matrix enthält Kollagene des Typs III–VI sowie Proteoglykane.

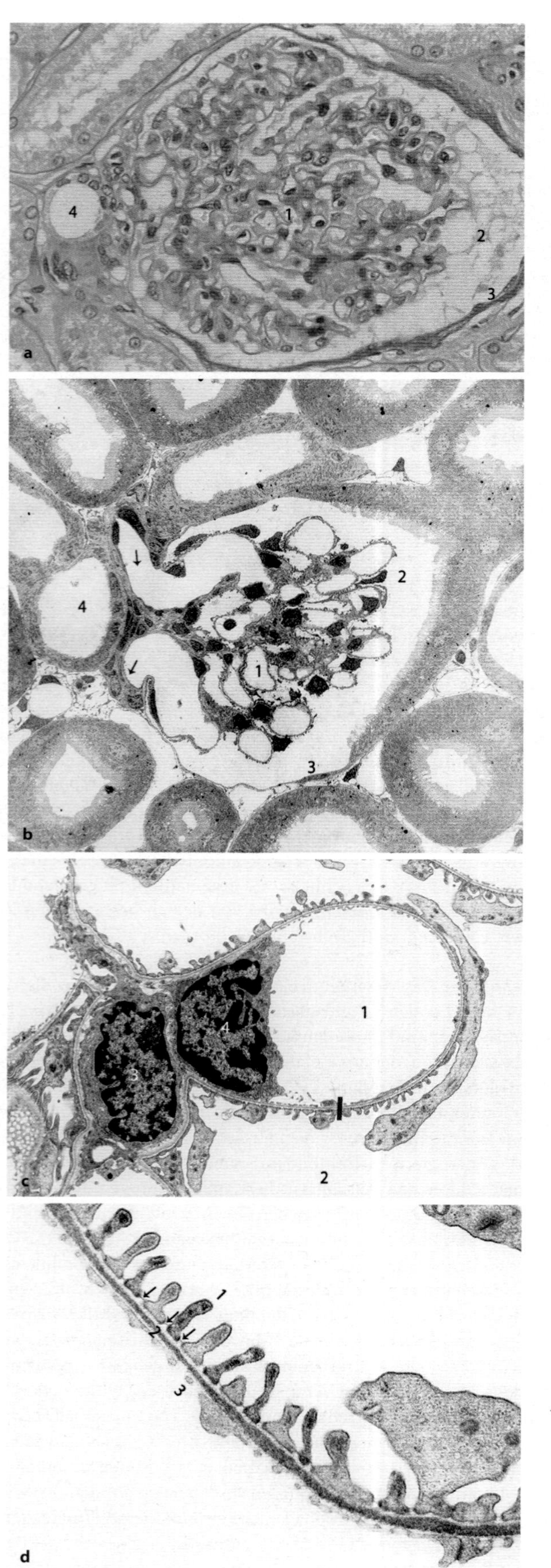

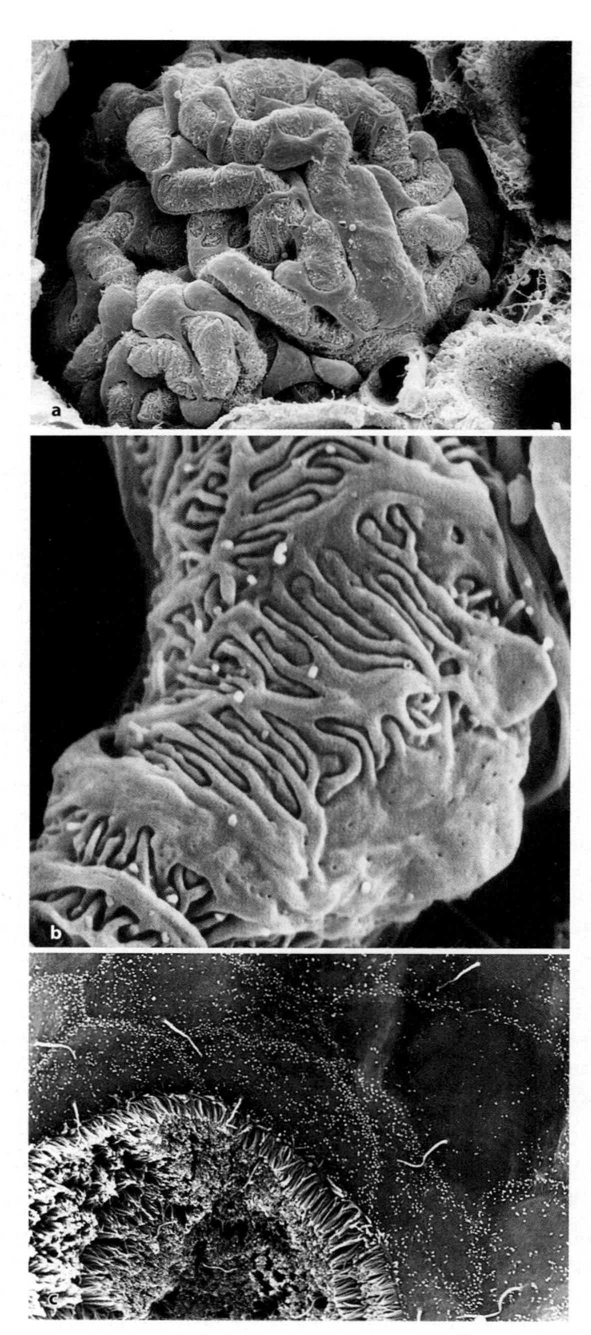

Abb. 11.12a–c. Struktur des Glomerulus aus der Sicht des Rasterelektronenmikroskopes. **a** Ansicht des Schlingenkonvolutes nach Entfernung der Bowman-Kapsel. **b** Darstellung der Fußfortsätze der Podozyten mit zwischen ihnen befindlichem Filtrationsschlitz. **c** Harnpol aus der Sicht des Harnraums mit Übergang des parietalen Kapselepithels (einzelne Zilien und Mikrovilli an den Zellgrenzen) in den proximalen Tubulus (Bürstensaum)

◄ **Abb. 11.11a–d. Struktur des Glomerulus und seiner Teile.** **a** Histologie (PAS-Färbung) und **b** Elektronenmikroskopie des Glomerulus mit Kapillarschlingenkonvolut (1), Harnraum (2), Bowman-Kapsel (3) und Macula densa am Gefäßpol (4). **c** Feinstruktur einer einzelnen Kapillarschlinge im Querschnitt mit Kapillarlumen (1), Filtrationsbarriere (Balken), Harnraum (2), Mesangiumzelle (3) und Endothelzelle (4). **d** Detail der Filtrationsbarriere mit Fußfortsätzen der Podozyten (1), Schlitzmembran-Diaphragma (Pfeile), GBM (2) und Porenendothel (3)

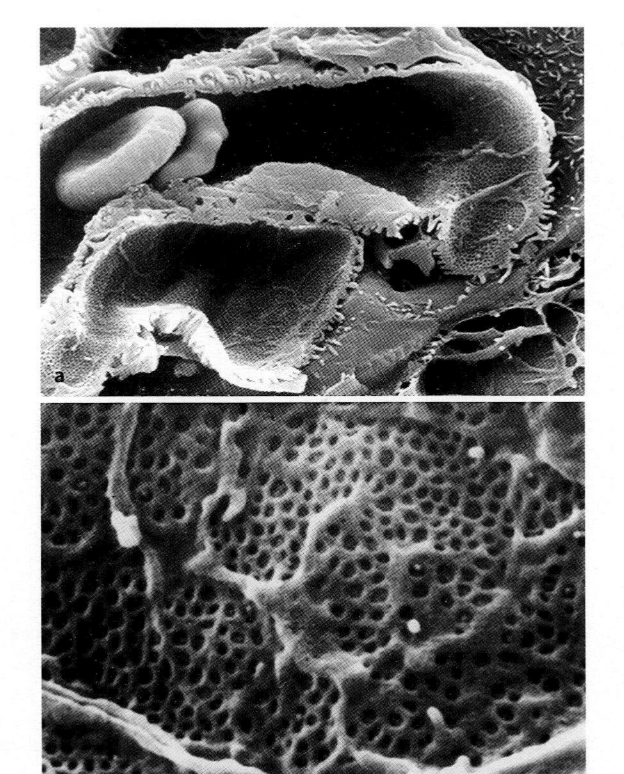

◘ Abb. 11.13a, b. Struktur des Glomerulus im Rasterelektronenmikroskop. **a** Geöffnete Kapillarschlingen in der Übersicht mit Porenendothel und 2 Erythrozyten. **b** Detail des Porenendothels

11.4 Glomeruläre Erkrankungen

Veränderungen des Mesangiums spielen in einer Reihe von glomerulären Erkrankungen eine bedeutende Rolle. So ist die **mesangioproliferative Glomerulonephritis** eine Form der glomerulären Entzündung, bei der das Mesangium sich vergrößert und Immunglobuline einlagert.

Zu den Kollagentypen, die die GBM konstituieren, gehören verschiedene, für die GBM spezifische Formen nichtfibrillären Typ-IV-Kollagens. **Autoimmunreaktionen** gegen diese Kollagenformen oder gegen Mutationen dieser Isoformen können Ursache für Defekte der GBM sein, die zum Verlust der glomerulären Funktionen führen. Veränderungen der elektronegativ geladenen Proteoglykane der GBM können zu einer Adsorption der anionisch geladenen Plasmaproteine und damit zu einer Verlegung des freien Wasserflusses durch die GBM führen.

In Kürze

Die Glomeruluskapillaren stehen gegenüber dem Harnraum unter einem hohen Perfusionsdruck. Die bestehende hydrostatische Druckdifferenz entspricht der einer Arteriole mit solidem Wandbau. Die Wand der Glomeruluskapillaren wird jedoch nur durch die glomeruläre Basalmembran (GBM) und durch den Aufhängeapparat Mesangium gefestigt. Die Aufhängung der Glomeruluskapillaren und die damit verbundene Dämmung des intrakapillären hydrostatischen Drucks lässt sich mit dem Bau eines Autorades vergleichen: Die GBM umfasst das Endothelrohr unvollständig wie der Reifen den Schlauch, das Mesangium vervollständigt und stützt innen den freigebliebenen Bereich wie eine Felge und verankert dabei die GBM, ähnlich wie sich Reifen und Felge verbinden.

Podozyten. Das viszerale Epithel des Kapillarknäuels besteht aus den Podozyten. Diese sind sehr differenzierte Zellen mit zahlreichen Fortsätzen, so dass man zwischen einem Zellkörper, primären sowie sekundären (Fuß-)Fortsätzen unterscheiden kann. Die **Fußfortsätze** greifen kammartig ineinander und umfassen die GBM (◘ Abb. 11.12a, b). Sie sind mit dieser über eine Anzahl von Bindeproteinen (Vinculin, Talin, Integrine) verbunden. Diese Proteine halten auch den Kontakt zu den reich ausgebildeten Mikrotubuli und kontraktilen Mikrofilamenten im Inneren der Fußfortsätze. Zwischen den Interdigitationen der Fußfortsätze bleibt ein mäanderförmig verlaufender, 30–40 nm breiter Schlitz frei, der sog. **Filtrationsschlitz** (◘ Abb. 11.11d). Nahe der GBM verläuft in diesem Schlitz eine modifizierte Zellverbindung, die **Schlitzmembran.** In der Aufsicht besitzt die Membran das Muster eines Reißverschlusses, in dem 4×14 nm große Rechtecke zu beiden Seiten eines zentralen Grates liegen.

11.5 Schädigung der Podozyten in der Fetalzeit

Podozyten sind **postmitotische Zellen,** die sich schon in der späten Fetalzeit nicht mehr teilen können. Eine spätere Schädigung dieser Zellen ist somit oft irreparabel.

Filtrationsbarriere

Die glomeruläre Filtration beschreitet einen extrazellulären Weg, der durch die **Poren des Endothels,** die **GBM** und die **Filtrationsschlitze** zwischen den Podozytenfortsätzen führt (◘ Abb. 11.11d). Dem Filtrat wird auf 2 Arten Widerstand geboten:

- **Hydraulische Barriere:** Diese hält den Durchtritt des Filtrats in Grenzen. Gebildet wird sie hauptsächlich durch die GBM und die Podozyten.
- **Selektive Schranke für Makromoleküle:** Sie sorgt dafür, dass der überwiegende Teil der Plasmaproteine auf der Blutseite zurückgehalten wird. Diese sind überwiegend negativ geladen und werden durch einen **elektronegativen Schutzschild,** der aus spezifischen Glykoproteinen besteht und die Oberflächen von Endothelien und Epithelien überzieht, am Durchtreten der Barriere gehindert.

Die **Schlitzmembran** stellt eine zusätzliche größenselektive Komponente des Filters dar, durch die Moleküle ab einem effektiven Radius von 3–4 nm (Albumin: 3,6 nm) zurückgehalten werden, ihre Passage wird von Ladung und Radius zusammen bestimmt.

Nierenkanälchen

Die Epithelien der Nierenkanälchen zeigen axial im Verlauf des Nephron und des Sammelrohrsystems zwar einen sehr heterogenen Bau, doch sind alle in der Regel einschichtig und zeigen die typischen Merkmale transportierender Epithelien (◘ Abb. 11.14). Sie ruhen auf einer als Schlauch ausgebildeten Basalmembran und besitzen zum Tubuluslumen hin **Zellverbindungskomplexe,** die u.a. eine wichtige Voraussetzung für gerichteten, aktiven Transport von basal nach luminal oder umgekehrt sind. Während die Passage von Stoffen im Glomerulus zwar selektiv nach Größe, sonst aber ohne Substanzspezifität nach dem physikalischen Prinzip der Druckdifferenz erfolgt, zeigen die Epithelien der Nierenkanälchen sehr **spezifische Transportleistungen**: Je nach Tubulusabschnitt werden durch Resorption oder durch Sekretion bestimmte Stoffe von luminal nach basal und umgekehrt geleitet. Hierbei sind grundsätzlich 2 Wege möglich:

- **Parazellulärer Transportweg:** Stoffe nehmen den Weg über die Zellverbindungskomplexe und die lateralen Interzellularräume. Limitierender Faktor des Durchtritts sind hier – wie sonst auch – die unterschiedlich gebauten *Zonulae occludentes* (Tight Junctions).

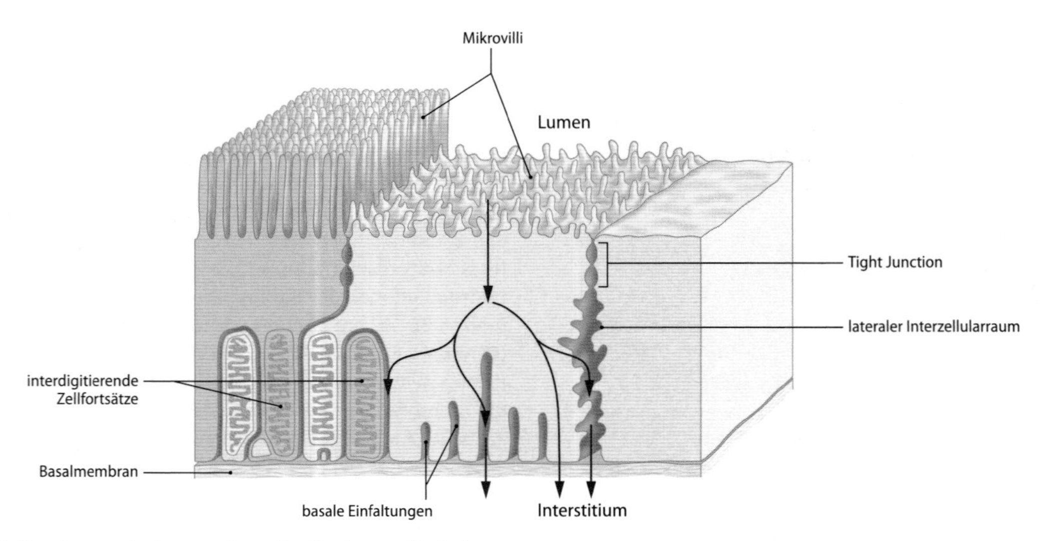

Abb. 11.14. Aufbauformen der transportierenden Nephronepithelzellen

- **Transzellulärer Transportweg:** Die Passage erfolgt über die luminale und basolaterale Membran. Hierzu sind in den Membranen Eiweiße (Pumpen, Kotransport- und Gegentransportcarrier, Kanäle) in asymmetrischer Weise eingesetzt, um einen vektoriellen Transport zu ermöglichen.

11

Proximaler Tubulus

Der proximale Nierentubulus liegt im Kortex mit seinem gewundenen Anteil *(Pars convoluta)* und mit seinen geraden Abschnitten *(Pars recta)*. Die Pars recta setzt sich von der Rinde in das äußere Mark bis zur Grenze zum Innenstreifen fort. Mit über 80% Volumenanteil dominiert die Pars convoluta im Rindenlabyrinth. Die Pars recta verläuft in den Markstrahlen des Kortex und nimmt auch im sich anschließenden Außenstreifen deutlich über die Hälfte des Volumens ein.

Der proximale Nierentubulus ist sehr leistungsfähig. Allein in seinem gewundenen Anteil werden täglich 700 g Natrium und 100 l Wasser aus dem Filtrat durch **Resorption** dem Körper wieder zugeführt. Andere filtrierte Ionen und Makromoleküle müssen transportiert bzw. aufgespalten und verarbeitet werden. Hinzu kommt ein nur hier eingerichteter Apparat zur **Sekretion** von Abfall-, Fremd- und Giftstoffen, die die Niere und damit den Körper verlassen müssen. Durch in Anfangsabschnitten erbrachte Leistungen verschiebt sich im Verlauf des proximalen Tubulus die Zusammensetzung der Tubulusflüssigkeit, und damit auch das Spektrum spezifischer Transportfunktionen und metabolischer Aufgaben. Daher wird zwischen »frühproximal« und »spätproximal« unterschieden. Damit gehen auch morphologische Unterschiede des Epithels einher.

Die **proximale Tubuluszelle** trägt als einzige des gesamten Nephrons einen geschlossenen Bürstensaumbesatz. Die langen, sehr eng zusammenstehenden Mikrovilli sind mit einer Glykokalix überzogen, die reich an Glykoproteinen ist. In dieser Glykokalix und in der Bürstensaummembran liegt eine große Zahl von Eiweißen, deren spezifische Aufgabe der Transport und Austausch von Stoffen ist, und die z. T. als Rezeptoren fungieren. Auch eine Reihe von Enzymen (Hydrolasen) sind im Bürtensaum lokalisiert und sorgen hier für die Aufspaltung von Makromolekülen aus der Tubulusflüssigkeit.

An der Basis der Mikrovilli bildet die luminale Membran der proximalen Tubuluszelle auffällige, von Glykokalix überzogene Einsenkungen ins Zellinnere (»Invaginationen«). Diese gehören, wie auch die zahlreichen Vakuolen im apikalen Zellinneren, zum endozytotischen Apparat. Im proximalen Tubulus zeigt dieser ein ausgebreitetes, apikales Endosomenkompartiment (»vakuolärer Apparat«), das neben Lysosomen und Vesikeln mit und ohne Stachelsaum auch ortstypische, elektronenoptisch dunkle Miniaturkanälchen besitzt, die speziell für den Endozytosevorgang und den Abbau von Makromolekülen ausgebildet sind. Über Endozytose internalisiertes Material wird durch einen von Mikrotubuli vermittelten Transport von Vesikeln den Lysosomen zugeführt und dort auf dem zellbiologisch üblichen Weg degradiert und umgebaut. Ein Teil der hier zahlreichen Endosomen dient unter anderem als Zwischenlager für zelleigene Membranproteine. Ein reich ausgebildeter Golgi-Apparat und raues ER spiegeln den regen Proteinumsatz dieser Zellen wider. Ein ebenfalls gut ausgebildetes glattes ER weist auf die hier reichlich vorhandenen Enzyme zum Abbau körperfremder Stoffe hin.

Die Schlussleisten (Tight Junctions) zeigen meist nur eine Membranverschmelzungslinie, die unterbrochen sein kann. Das Epithel ist damit »leck«, d.h. die laterale Abdichtung des Epithels ist gering. Funktionell spiegelt sich dieser Umstand in einer besonders hohen Rate für passiven, parazellulär geführten lonentransport durch das Epithel wider. Benachbarte Zellen sind überdies durch **Nexus** elektrotonisch miteinander verknüpft.

Ein basales Labyrinth bietet erhebliche Oberflächenvergrößerung der Zellen durch Einfaltungen der basolateralen Zellmembran und Interdigitation mit der der Nachbarzellen. Dies weist auf die intensive Tätigkeit der in diese Membran eingelassenen Einheiten der **Natriumpumpe** (Na^+-K^+-ATPase) hin, die den primär aktiven Part des epithelialen Transports stellt, indem sie Natriumionen nach basal pumpt. In den Einfaltungen liegen von innen her zahlreiche Mitochondrien der Membran an, die auf kurzem Weg die notwendige Energie durch ATP bereitstellen. Ferner trägt auch die basolaterale Zellmembran eine Vielzahl von Proteinen, die als Kanäle, Rezeptoren und Carrier den Stofftransport auf dieser Seite sicherstellen. Ein Beispiel für Kanäle, die luminal und basal eingebaut werden, sind **Aquaporine.** Sie gehören zu den mengenmäßig bedeutendsten Membranproteinen der Niere.

11.6 Gestörter Harnkonzentrierungsmechanismus

Fehlt Aquaporin 1 im proximalen Tubulus, kann Wasser nur zu 20% resorbiert werden und der Harnkonzentrierungsmechanismus ist gestört. Das bedeutet, dass die Passage von Wasser im proximalen Nephron überwiegend transzellulär, und nicht parazellulär erfolgt.

Intermediärer Tubulus

Die dünnen Teile der ab- und aufsteigenden Henle-Schleife sind die intermediären Tubuli. Sie stellen die Verbindung zwischen den Abschnitten der Pars recta des proximalen und des distalen Tubulus her. Der proximale Tubulus geht meist abrupt und histologisch gesehen auf einheitlicher Höhe in den intermediären Tubulus über (Ausnahme: Nephrone mit Rindenschleifen). Der Übergang stellt daher die im Übersichtsbild leicht erkennbare Grenze zwischen Außen- und Innenstreifen der Markaußenzone dar.

Wichtig ist, dass die intermediären Tubuli bei Nephronen mit kurzen Schleifen nur einen **absteigenden dünnen Schleifenschenkel** *(Pars descendens)* besitzen, während der aufsteigende Schleifenschenkel aus der Pars recta des distalen Tubulus besteht. Nephrone mit langen Schleifen besitzen neben einem absteigenden zusätzlich auch einen **aufsteigenden dünnen Schenkel** *(Pars ascendens)*, der seinerseits in die Pars recta übergeht.

Alle Übergänge der intermediären Tubuli in die Pars recta liegen etwa auf gleicher Höhe. Der Bereich entspricht histologisch der Grenze zwischen Markaußen- und Markinnenzone. Von diesem Schema ausgenommen sind die Nephrone mit einer Rindenschleife, deren kurzer Intermediärtubulus im Markstrahl liegt.

Das Epithel der dünnen Teile kurzer und langer Schleifen ist im Vergleich mit den übrigen Nephronepithelien flach und kann lichthistologisch leicht mit den Vasa recta der medullären Blutversorgung verwechselt werden. Die dünne Pars descendens kurzer Schleifen ist mit ihrem platten, geringfügig verzahnten Epithel einfacher gebaut als die langer Schleifen. Das Epithel dieser weist initial eine hohe Verzahnung auf und kann offenbar spezifische Transportaufgaben aktiv wahrnehmen. Das Epithel der dünnen Pars ascendens ist flach, jedoch aufgrund der mäanderförmigen Zellgrenzen für parazellulären Ionentransport stark durchlässig.

Distaler Tubulus

Der distale Tubulus umfasst 2 Segmente:
- den dicken, aufsteigenden Schleifenschenkel *(Pars recta)* und
- das distale Konvolut *(Pars convoluta)*.

Die **Pars recta** besitzt einen medullären Anteil, der die Markaußenzone durchmisst, und einen je nach Lage des zugehörigen Glomerulus unterschiedlich langen kortikalen Abschnitt. Das Epithel zeigt besonders im medullären Abschnitt starke, basolaterale Interdigitationen, in deren Fortsätzen zahlreiche große, flache Mitochondrien lagern. Der kortikale Abschnitt ist prinzipiell ähnlich gebaut, das Epithel ist jedoch flacher (Abb. 11.15a). Jede Pars recta trifft auf den ihr zugehörigen Glomerulus, indem sie eine spezielle Kontaktzone zwischen der Macula densa, einer Ansammlung von etwa 20 speziell geformter Tubulusepithelzellen mit engstehenden Zellkernen und wenig Zytoplasma, und dem extraglomerulären Mesangium bildet (Abb. 11.11b, c). Nach einem kurzen Abschnitt jenseits der Macula densa geht das Epithel der aufsteigenden Schleife abrupt in das **distale Konvolut** über, dessen Epithel wiederum ähnlich gebaut ist wie das der medullären Pars recta, allerdings erreichen die Zellen hier eine größere Höhe und sind noch etwas reicher an großen, im Schnitt palisadenhaft angeordneten Mitochondrien. Die basolaterale Membran der genannten Abschnitte trägt in reichem Maße Einheiten der **Natriumpumpe**, die hier wie andernorts im Nephron die treibende Kraft für den Transport ist. Die luminale Membran weist zahlreiche unscheinbare Mikrovilli auf, die an den Zellgrenzen gehäuft sind. Sie trägt in der Pars recta einen für dieses Segment spezifischen Na^+-K^+-$2Cl^-$-Kotransporter, der durch das Diuretikum Furosemid gehemmt wird, während im distalen Konvolut an dieser Stelle ebenso spezifisch ein Na^+-Cl^--Kotransporter lokalisiert ist, der durch Thiaziddiuretika gehemmt werden kann. Die Pars recta produziert außerdem das **Tamm-Horsfall-Protein** (ca. 60 mg werden pro Tag mit dem Urin ausgeschieden), das vor Harnwegsinfektionen schützen soll (antibakterielle Funktion).

Funktion. In Hinblick auf den renalen **Konzentrierungsmechanismus** ist der **dicke aufsteigende Schleifenschenkel** von zentraler Bedeutung und wird deshalb auch als **Verdünnungssegment** bezeichnet, da er sehr effektiv Natrium rückresorbiert, zugleich aber wasserundurchlässig ist (es fehlen hier die Aquaporine). Somit kommt es zu einer Verdünnung des Tubulusharns, die für die spätere Wasserresorption bedeutungsvoll ist. Gleichzeitig spielt das resorbierte Kochsalz interstitiell eine entscheidende Rolle im Aufbau des medullären Konzentrationsgradienten. Das **distale Konvolut** ist dagegen für eine Feineinstellung der tubulären Ionenkonzentration wichtig. Außerdem wird der Kalziumhaushalt abgestimmt, indem eine Kalzium-ATPase und ein basolateraler, membranständiger Na^+/Ca^{++}-Austauscher für den transzellulären Kalziumtransport zusammenarbeiten (11.7).

11.7 Defekte im Aufbau der Transportproteine des distalen Tubulus

Erbliche Störungen im Bau der Transportproteine der Pars recta, z.B. beim Bartter-Syndrom und der Pars convoluta, z.B. beim Gitelman-Syndrom haben mittel- bis hochgradige Elektrolythaushaltstörungen zur Folge.

Verbindungstubulus

Der Verbindungstubulus, *Tubulus reuniens,* nimmt – wie das distale Konvolut – einen gewundenen Verlauf und mündet entweder direkt in das Sammelrohr ein, oder die Verbindungstubuli mehrerer Nephrone vereinigen sich und bilden vor den Übergängen in das Sammelrohr sogenannte Arkaden aus. Der Verbindungstubulus entsteht an der Schnittstelle zwischen **Nephronanlage** und dem der **Ureterknospe** entstammenden Sammelrohr. Sein Epithel trägt somit Kennzeichen des distalen Tubulus (hohe, mitochondrienreiche Zellen) und des Sammelrohres (kubisches Epithel, basale Einfaltungen statt Interdigitationen). Der Verbindungstubulus enthält wie das Sammelrohr einzelne eingestreute Schaltzellen (s. unten).

Sammelrohr (Tubulus renalis colligens)

Sammelrohre beginnen innerhalb der Rinde in den Markstrahlen, in denen sich die Verbindungstubuli anderer Nephrone (in der Regel 11) zusammenschließen (Abb. 11.15b–d). Pro Markstrahl sind meist 6 Sammelrohrprofile vorhanden. Die Sammelrohre haben anfangs einen Durchmesser von 40 µm. Sie durchlaufen den Kortex sowie die Markaußenzone ohne weitere Verzweigungen. Wenn sie in die Innenzone eintreten, nehmen sie über Anastomosen andere Sammelrohre auf, so dass größere Gebilde (bis 200 µm Durchmesser) entstehen. Diese werden in der Papillenspitze zu *Ductus papillares,* aus denen sich dann über die *Area cribrosa* der Harn in die Kelche des Nierenbeckens ergießt.

Die Sammelrohrhauptzellen zeigen, verglichen mit dem vorangehenden Epithel, weniger und kleinere Mitochondrien sowie eine geringgradigere Einfaltung der basolateralen Plasmamembran (Abb. 11.15b). Die lateralen Zellgrenzen sind im Gegensatz zum distalen Tubulus deutlich sichtbar. Feinstrukturell fallen Interzellularspalten auf, deren Weite je nach Funktionszustand veränderlich ist. Das medulläre Sammelrohr zeigt gegenüber dem kortikalen verringerte Membranamplifikation, organellenarmes Zytoplasma und eine größere Epithelhöhe. Die luminale Membran trägt den sog. epithelialen Natriumkanal, der aus 3 Untereinheiten besteht und in Abhängigkeit vom Nebennierenrindenhormon Aldosteron verstärkt in die Membran eingebaut wird. Der Natriumtransport durch diesen Kanal wird durch das Diuretikum Amilorid gehemmt. Neben den **Hauptzellen** sind – wie im Verbindungstubulus – **Schaltzellen** eingestreut, die reich an kleinen Mitochondrien sind (◘ Abb. 11.15c). Diese Zellen besitzen die Fähigkeit, den Säure-Basen-Haushalt zu regeln, da ein Teil von ihnen in die luminale Membran eine Protonenpumpe einsetzen kann, die zur Harnansäuerung beiträgt. Basal wird in solchen Zellen dann ein Anionenaustauscher (Cl^-/HCO_3^-) gefunden.

Funktion. Das Sammelrohr ist nicht nur Leitungsrohr für den Tubulusharn, sondern erfüllt wichtige transepitheliale Transportfunktionen:
- Über die basale **Natriumpumpe** und den luminalen Natriumkanal wird Kochsalz resorbiert und Kalium dabei sezerniert. Das Nebennierenrindenhormon **Aldosteron** steuert diesen Vorgang und kann insgesamt die Aktivität des Epithels beeinflussen.
- ADH (antidiuretisches Hormon) steuert die **Wasserdurchlässigkeit** der Sammelrohrhauptzelle über basolaterale Rezeptoren. Die Sammelrohrzelle kann pro Sekunde ein **mehrfaches ihres Volumens** an Wasser ADH-abhängig durch ihr Zytosol hindurchschleusen. Dabei bedient sie sich der **Aquaporine** (AQP2 und AQP3), die durch das Hormon in rasch wechselnder Menge in die Membran eingesetzt werden können.
- **Harnstofftransport** ist ebenfalls von in die Membran eingelassenen Transporterproteinen abhängig und ebenso wie die Aquaporine können Harnstofftransporter in die Zellmembran der Sammelrohrzelle eingesetzt oder ins Zytosol rückgeführt werden. Diese Vorgänge sind im inneren Mark lokalisiert, wo die interstitielle Harnstoffkonzentration für den renalen Konzentrierungsmechanismus von entscheidender Bedeutung ist.
- Die **Schaltzellen** sind wichtige Elemente für die Feineinstellung des Säure-Basen-Gleichgewichts.

11.8 Diabetes insipidus

Beim Diabetes insipidus (bedeutet geschmackloser Harnfluss, gegenüber dem Diabetes mellitus, bei dem der zuckerhaltige Harn süß schmeckt) ist die Wasserpassage durch das Sammelrohr gestört. Ursache kann ein zentraler Synthesemangel von ADH in der Hypophyse sein (zentraler Diabetes insipidus) oder ein ADH-Rezeptordefekt im Sammelrohr (nephrogener Diabetes insipidus).

Juxtaglomerulärer Apparat (JGA)

Der JGA kontrolliert die Filtratbildung durch einen Rückkoppelungsmechanismus. Er befindet sich an der Kontaktstelle zwischen der Pars recta des distalen Tubulus, die hier die Macula densa ausbildet, und dem zugehörigen Glomerulus. Seine Teile sind die **Macula densa,** das ihr unmittelbar anliegende **extraglomeruläre Mesangium** und der **terminale Abschnitt der afferenten Nierenarteriole,** bevor diese in

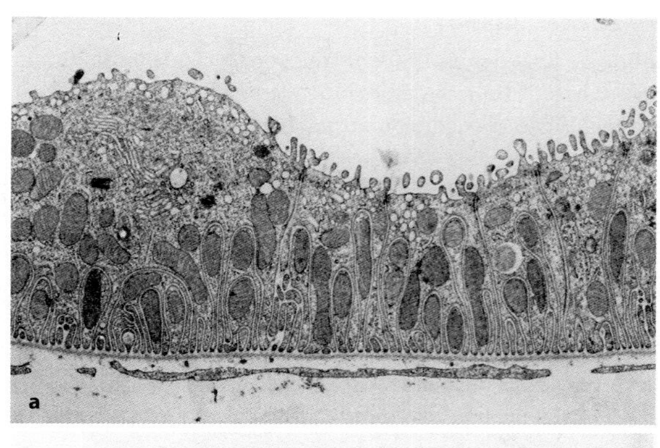

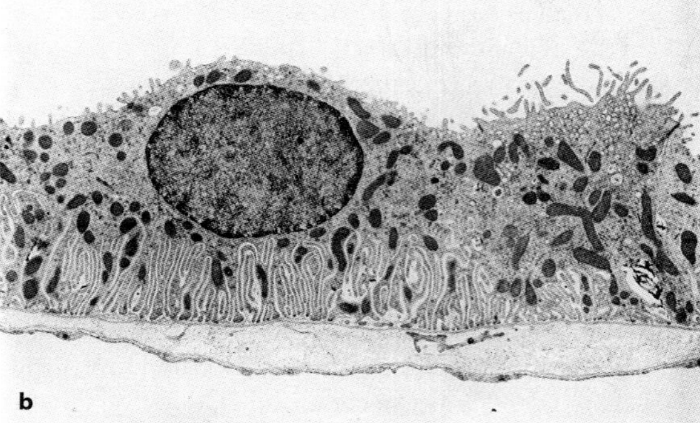

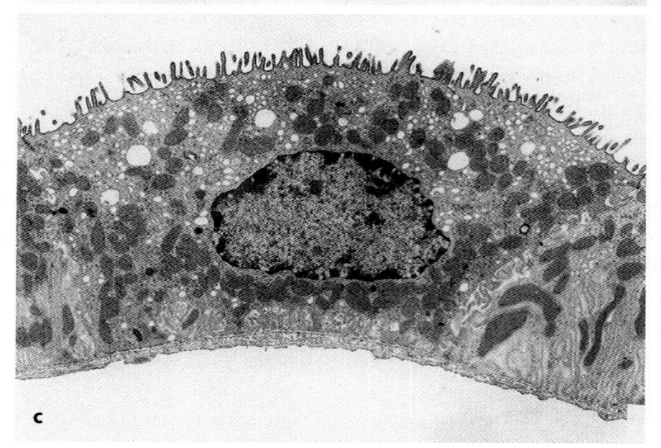

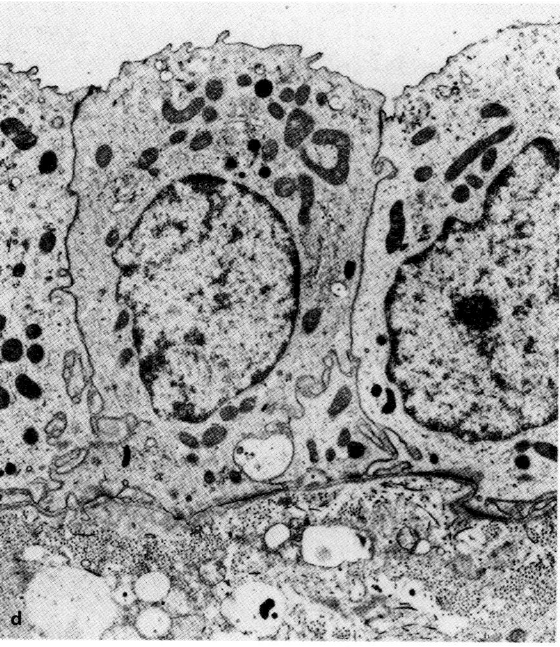

◘ Abb. 11.15a–d. Feinstruktur von distalem Tubulus und Sammelrohr. ► **a** Pars recta des distalen Tubulus: Durch zelluläre Interdigitation kommt es zu einer hohen basolateralen Membrandichte. Zwischen den Verzahnungen sind zahlreiche Mitochondrien. Apikal liegen kurze Mikrovilli, zahlreiche Anschnitte von Zelljunktionen und ein Vesikelkompartiment. **b** Kortikale Sammelrohrhauptzelle: Sie ist polygonal und zeigt eine basale Auffaltung der Membran. **c** Sammelrohrschaltzelle mit reichlicher luminaler Exposition von Mikrovilli. Im Zytosol befinden sich besonders zahlreiche runde Mitochondrien und apikale Vesikel. **d** Medulläre Sammelrohrzelle: Sie ist ärmer an Organellen und zeigt einen linearen Verlauf ihrer Plasmamembran

den Glomerulus eintritt. Die Macula densa besteht aus 20–30 eng stehenden Zellen mit großen Kernen und geringem Zytoplasmaanteil, eine basale Streifung fehlt (▣ Abb. 11.10 und 11.11a, b). Das extraglomeruläre Mesangium besteht aus einigen Lagen einer Art glatter Muskelzellen, die den Mesangiumzellen ähnlich sind und durch *Gap Junctions* untereinander in Verbindung stehen. Die afferente Arteriole besitzt hier eine Ansammlung modifizierter Wandzellen (granulierte Zellen der Tunica media), die große Mengen lysosomenartiger Granula bilden und speichern. Diese enthalten neben anderen Proteasen das Enzym **Renin**, das von hier geregelt an das Interstitium abgegeben wird.

Funktion. Der JGA empfängt an der Macula densa Informationen über die Harnzusammensetzung des distalen Tubulus. Diese verarbeitet er zu 2 verschiedenen Reaktionen:
- Die **Weite der afferenten Arteriole** wird verstellt und somit die glomeruläre Durchblutung (tubuloglomerulärer Feedback-Mechanismus).
- Die Intensität der **Bildung und Freisetzung von Renin** wird angepasst (11.9).

Renin ist das Schlüsselenzym des Renin-Angiotensin-Systems. Das Enzym bestimmt die Höhe des Angiotensin-Plasmaspiegels. Die Macula densa erzeugt Stickstoffmonoxyd und Prostaglandine, die die Reninfreisetzung beeinflussen.

11.9 Bluthochdruck
Eine überschießende Reninproduktion kann die Ursache für eine Bluthochdruckerkrankung sein.

Interstitium
Ein nur geringer Anteil des Nierenparenchyms wird vom Interstitium eingenommen, das jedoch als Passageraum zwischen den Tubuli und den peritubulären Kapillaren von großer Bedeutung ist. Umgeben von interstitieller Flüssigkeit befinden sich hier **Fibroblasten** mit feinen Zellfortsätzen sowie dünne Kollagenfaserbündel und weitere Matrixproteine (11.10). Vereinzelt kommen **dendritische Zellen** mit einer abgerundeten Gestalt vor, die der Abwehr dienen. **Kortikale Fibroblasten** produzieren das Hormon **Erythropoetin,** das die Erythropoese im Knochenmark aufrechterhält und bei Sauerstoffmangel, der von der Niere wahrgenommen wird, die Erythrozytenbildung stimuliert (11.11). Das Markinterstitium des Marks enthält Fibroblasten, die wie Leitersprossen zwischen den Tubuli angeordnet sind. In der Innenzone enthalten diese zahlreiche Lipideinschlüsse. Die **Fibroblasten** synthetisieren außerdem Prostaglandine.

11.10 Interstitielle Entzündungsreaktionen und renale Fibrose
Die Fibroblasten der Niere spielen bei **interstitiellen Entzündungsreaktionen** der Niere eine führende Rolle. Monozyten/Makrophagen und Lymphozyten können ins Interstitium einwandern. Die Produkte der Fibroblasten sind Matrixkomponenten, die bei der **renalen Fibrose** eine entscheidende Rolle spielen.

11.11 Erythropoetin als Mittel zur Leistungssteigerung
Unter Sauerstoffmangel wird die Erythropoetinproduktion der renalen Fibroblasten angeregt. Das Hormon wird an die Blutbahn abgegeben und stimuliert im Knochenmark die Erythropoese. Die Leber synthetisiert dieses Hormon ebenfalls, doch kann ihre Produktion die der Niere nicht ersetzen. Eine Steigerung der Erythropoetinproduktion in der Niere bei erhöhter körperlicher Leistung und bei Höhenanpassung spielt funktionell eine bedeutende Rolle. Bei Sportlern dient die Einnahme von Erythropoetinpräparaten zur Leistungssteigerung (Doping).

11.1.4 Funktionelle Aspekte der Nierenmorphologie

Die Bildung des Harns erfolgt in verschiedenen Schritten nach strenger, räumlicher Gliederung im Nierenparenchym. Die Unterteilung in Rinde und Mark spiegelt eine Arbeitsteilung in der Harnbereitung, in der die Blutgefäße und die Nierenkanälchen als zentrale »Spieler« agieren. In der **Rinde** wird in den **Glomeruli** ein Ultrafiltrat des Plasmas, der **Primärharn** (180 l pro Tag) gebildet, der über die Bowman-Kapsel in den Tubulus fließt. In den kortikalen proximalen *Tubuli contorti* entsteht ein **intermediärer Harn** durch Resorption und Sekretion, der ins Mark gelangt. Aus dem Mark zurückkehrender Harn wird in den distalen Tubuli contorti weiter modifiziert. Im **Mark** liegen die geraden Abschnitte der Tubuli *(Tubuli recti)*, die bereits in den kortikalen Markstrahlen angetroffen werden und sich ins Mark fortsetzen. Parallel zu den geraden Tubuli des Marks verlaufen gebündelt angeordnete zu- und abführende Gefäße (Gefäßbündel). Mithilfe dieser Anordnung von Gefäßen, Tubuli und Sammelrohren (»5-Röhren-System« mit auf- und absteigenden Gefäßen, auf- und absteigenden Schleifenschenkeln und Sammelrohren) werden nach den funktionellen Prinzipien des **Gegenstromaustausches** und der **Gegenstrommultiplikation** die wichtigen Funktionen des Marks ermöglicht, ein örtlich hochosmolares Kompartiment zu schaffen, den intermediären Harn zu verdünnen und durch weitere Resorption, im wesentlichen von Wasser und Harnstoff, den **Sekundärharn** zu bilden.

11.1.5 Innervation

Die Versorgung der Nieren durch das autonome Nervensystem wird im Wesentlichen vom **Sympathikus** gewährleistet. Die Nerven gelangen als *Plexus renalis* neben der A. renalis in die Niere. Im Plexus wie auch im Sinus renalis liegen vegetative Ganglien. Als feine, postganglionäre Sympathikusfasern begleiten und innervieren die Nerven abzweigende kleinere Arterien und ziehen mit diesen ins Parenchym bis zum Gefäßpol des Glomerulus (▣ Abb. 11.10). Die Nierentubuli des Kortex werden über zahlreiche Axonvarikositäten erreicht. Eine parasympathische Innervation des Nierenparenchyms besteht allem Anschein nach nicht. Afferente Fasern sind vorhanden, betreffen aber in der Hauptsache das Nierenbecken.

Funktion. Die sympathische Innervation des juxtaglomerulären Apparats steuert über β-Rezeptoren die Sekretion von Renin. Über »Spillover«, d.h. Freisetzung von Neurotransmittern ohne Synapsen in das Interstitium wird auch die tubuläre Funktion nerval beeinflusst.

11.1.6 Lymphgefäße

Das Lymphgefäßsystem beginnt mit Lymphkapillaren um die Arterien der Rinde. Diese nehmen ihren Anfang im Bereich der afferenten Arteriolen. Sie verlaufen im perivaskulären Bindegewebe und verlassen mit den großen Gefäßen den Hilus. Das Nierenmark ist frei von Lymphgefäßen. Die Lymphstämme des Nierenhilus erreichen auf der rechten Seite die Nodi postcavales, auf der linken Seite die Nodi aortici laterales sowie beidseitig auch die Nodi lumbales.

11.1.7 Anpassung und Regeneration

Die Niere kann ihre Leistung an sich veränderte Anforderungen anpassen. Im Gegensatz zu anderen Organen wie die Leber ist sie allerdings nur begrenzt regenerationsfähig. Die endgültige Anzahl der Nephrone ist bereits vor der Geburt erreicht (32. Schwangerschaftswoche). Danach können neue Nephrone nicht mehr entstehen. Eine Zerstörung ganzer Nephrone ist nicht reversibel, im einzelnen Nephron kann aber ein z.B. durch Pharmaka geschädigter Epithelbereich über mitotische Vermehrung benachbarter Zellen (Hyperplasie) in seiner Funktion wiederhergestellt werden. Außerdem kann die Niere insgesamt hypertrophieren. So nimmt nach einseitiger Nephrektomie (Entfernung der Niere) die verbleibende Niere nach einigen Wochen durch eine **kompensatorische Hypertrophie** um 50 % ihres Gewichts zu. Diese Zunahme entsteht durch Hypertrophie, aber auch durch Hyperplasie der Nephronepithelien. Auch metabolische Faktoren (z.B. Proteingehalt der Nahrung) bewirken Änderungen des Epithelvolumens und Fläche der Zellmembran.

In Kürze

Die Niere ist paarig im Retroperitonealraum angelegt. Umgeben ist sie von 3 Hüllen:
- Organkapsel (Capsula fibrosa)
- Fettkapsel (Capsula adiposa)
- Fasziensack

Sie wird unterteilt in:
- oberen und unteren Pol
- Vorder- und Rückseite

Der mediale Rand besitzt eine Einkerbung, den Nierenhilus (Hilus renalis), über diesen gelangen die Leitungsbahnen in den Sinus renalis.

Die Niere besteht aus dem **Nierenparenchym,** das sich aus Nephronen (Grundbausteine als funktionelle Einheiten), Sammelrohren, Blut- und Lymphgefäßen, Nerven und dem Interstitium zusammensetzt.

Unterteilt wird das Parenchym in die Nierenrinde (Cortex renalis) und das Nierenmark (Medulla renalis).

Ein **Nephron** besteht aus:
- Nierenkörperchen, das ein Kapillarknäuel mit Epithelüberzug enthält (Glomerulus) und
- Harnkanälchen (Tubuli renales)

Die **Tubuli** gehen in die **Sammelrohre** über.
Ein **Nierenkörperchen** besteht aus:
- Kapsel (Capsula glomeruli oder Bowman-Kapsel)
- Glomerulus
- Gefäßpol
- Harnpol

Die **Harnkanälchen** setzen sich zusammen aus:
- Tubulus proximalis:
  - Pars convoluta proximalis (knäuelartig gewunden)
  - Pars recta proximalis
- Tubulus intermedius (Überleitungsstück mit Henle-Schleife)
- Tubulus distalis (Pars recta, Macula densa, Pars convoluta distalis)
- Verbindungstubulus (Tubulus reuniens)
- Sammelrohr (Tubulus renalis colligens)

Juxtaglomerulärer Apparat: Er besteht aus Macula densa, extraglomerulären Mesangiumzellen und terminalem Abschnitt der afferenten Nierenarteriole. Seine Funktion ist die Kontrolle der Filtratbildung durch Rückkoppelungsmechanismen und die Bildung von Renin.

Interstitium: Passageraum zwischen Tubuli und peritubulären Kapillaren. Er besteht aus Fibroblasten und dendritischen Zellen. Die Fibroblasten bilden das Hormon Erythropoetin.

11.2 Ableitende Harnwege

 Einführung

Das Nierenbecken, der Harnleiter sowie Harnblase und Harnröhre gehören zu den ableitenden Harnwegen. Sie sind Hohlorgane, die eine kontraktile, glattmuskuläre Wandschicht haben und mit dem für sie typischen Urothel (► Kap. 2) ausgekleidet sind.

11.2.1 Nierenbecken (Pelvis renalis)

Das Nierenbecken (griech. Pyelon) entsteht aus dem Zusammenfluss der **Nierenkelche,** *Calices renales* (Einzahl: *Calix*), die jeweils einzelne Nierenpapillen umfassen und mit dem Nierenparenchym an der Mark-Rinden-Grenze verwachsen sind. Die Zahl der Kelche ist meist kleiner als die der Papillen, da Papillen miteinander verwachsen und in einen einzigen Kelch einmünden können. Die **Muskelwand** der Kelche und des Beckens besteht innen aus längsverlaufenden Muskelzügen, die nach außen in einen zirkulären Verlauf übergehen. Die Muskulatur hat vermutlich die Aufgabe, durch rhythmische Kontraktionen den Harn aus den Nierenpapillen in die Kelche »auszumelken«. Kontraktionen des übrigen Nierenbeckens dienen dazu, den Harn dem Ureter zuzuführen. Länge und Zahl der Nierenkelche sowie das Beckenvolumen bestimmen, ob das Nierenbecken eine **ampulläre** oder eine **dendritische** (oder ramifizierte) **Form** annimmt (◘ Abb. 11.16). Das Fassungsvermögen des Nierenbeckens schwankt dabei zwischen 3 und 8 ml. Häufig kommen Mischtypen zwischen beiden Formen sowie Unterschiede zwischen rechtem und linken Nierenbecken vor. Das Nierenbecken liegt dorsal der Stämme von A. und V. renalis im *Sinus renalis* eingebettet, der Übergang in den Ureter projiziert sich etwa auf Wirbelhöhe L2. An dieser Stelle verschmälert sich das Nierenbecken konusartig.

Innervation. Das Nierenbecken wird autonom efferent über den Plexus renalis innerviert. Sensible Fasern (für die Dehnungswahrnehmung des Nierenbeckens) verlaufen in den *Nn. splanchnici* zu den Hinterwurzeln mehrerer Rückenmarksegmente (Th12–L3).

11.12 Radiologische Darstellung des Nierenbeckens

Das Nierenbecken kann durch Verabreichung von Kontrastmittel dargestellt werden. Bei Verabreichung des Kontrastmittels über den Blutweg wird die Untersuchung als **Ausscheidungspyelogramm** (auch Urogramm), bei Verabreichung in den Ureter (retrograde Verabreichung) als **retrogrades Pyelogramm** bezeichnet.

11.13 Harnsteine, Harnstauungsniere

Harnsteine können sich in der Nierenpapille, in den Kelchen und im Nierenbecken bilden. An den Engstellen kann als Folge der Harnfluss dauerhaft zum Erliegen kommen und es entsteht eine **Harnstauungsniere,** die im Endstadium in eine **Hydronephrose** mündet. Diese ist mit einer irreversiblen Nierenparenchymschädigung gleichzusetzen.

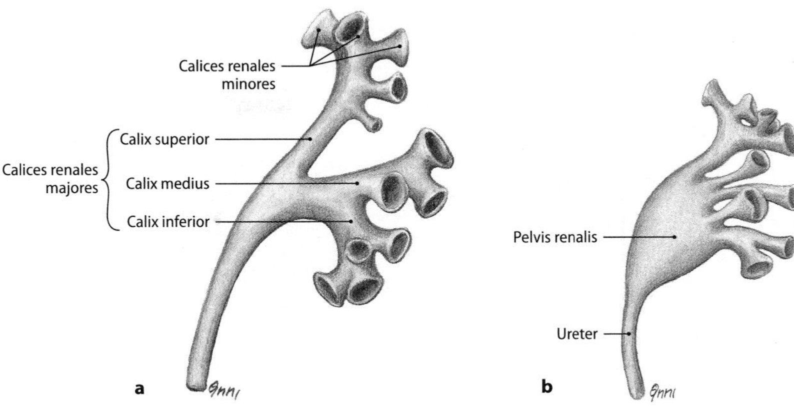

Abb. 11.16a, b. Nierenbeckenformen. a Ampullärer Typ. **b** Dentritischer Typ [2]

11.2.2 Harnleiter (Ureter)

Der Ureter leitet den Harn vom Nierenbecken in die Blase. Seine Gestalt gleicht einem abgeplatteten Schlauch mit einer Länge von 25–30 cm und einem Durchmesser von 4–7 mm. Seine Einbettung in lockeres adventitielles Bindegewebe lässt Lageverschiebungen zu. Über weite Bereiche ist er vom Peritoneum parietale überzogen. Der Harn wird durch peristaltische Bewegungen der Ureterwandmuskulatur portionsweise (1- bis 4-mal pro Minute) transportiert.

Der Ureter wird in eine *Pars abdominalis, Pars pelvica* und *Pars intramuralis* unterteilt. Die **Pars abdominalis** liegt auf der Psoasfaszie und kann dorsal einen engen Bezug zum *N. genitofemoralis* haben. Auf der rechten Körperseite verläuft sie in geringem Abstand parallel zur V. cava inferior und liegt ventral unterhalb des Duodenums. Auf beiden Seiten unterkreuzt sie die Aa. u. Vv. testiculares bzw. ovaricae und weiter kaudal rechts die A. iliocolica sowie links die A. mesenterica inferior und die Radix des Mesosigmoideum. Nach der ventralen Überkreuzung der A. iliaca communis (oder A. iliaca externa) in Höhe des Iliosakralgelenks beim Übertritt ins kleine Becken liegt der Ureter mit der **Pars pelvica** auf beiden Seiten vor der A. iliaca interna. Im **kleinen Becken** der **Frau unterkreuzt** der Ureter in der Basis des Lig. latum uteri die A. uterina (11.15). Beim **Mann unterkreuzt** der Ureter den Samenleiter. Auf beiden Seiten biegen die Ureteren im subserösen Bindegewebe in Höhe der Spina ischiadica in Richtung auf die Harnblase um, deren Wand sie als **Pars intramuralis** in schrägem Verlauf über eine Strecke von ca. 2 cm hinweg durchziehen. Ihre Mündungsostien im *Trigonum vesicae* sind ca. 3 cm weit voneinander entfernt.

Von besonderer klinischer Bedeutung sind die 3 physiologischen Ureterengen:
- **am Übergang vom Nierenbecken in den Ureter**
- **an der Überkreuzung der Vasa iliaca beim Übergang ins kleine Becken**
- **beim Durchtritt durch die Blasenwand (engste Stelle).**

Nicht selten kommen **Varietäten** in der Ausbildung des **Ureters** vor. Gelegentlich wird **ein doppelter Ureter** (Ureter duplex, Ureter fissus) beobachtet, der in wechselnder Höhe in einen einzelnen Harnleiter übergeht. Auch **getrennte Einmündungen** in die **Harnblase** sind möglich. Solchen Anomalien kommt in der Regel keine krankhafte Bedeutung zu.

Gefäßversorgung

Die Gefäßversorgung des Ureters wird durch **kleine Äste der benachbarten Arterien** gewährleistet.

- Pars abdominalis: Aa. renalis, testicularis/ovarica, iliaca communis
- Pars pelvica: Aa. iliaca interna, vesicalis inferior und bei der Frau auch die A. uterina

Die **Venen** münden in die Vv. testiculares/ovaricae, iliaca interna und in den Plexus vesicalis. Die Versorgungsäste anastomosieren untereinander in der Bindegewebescheide des Ureters. Sie müssen bei operativen Eingriffen geschont werden, um Nekrosen zu verhindern.

Innervation

Die Innervation des Ureters erfolgt durch autonome Fasern des Parasympathikus für die Muskelwand, und durch den Sympathikus für die Gefäßwand. Die Peristaltik funktioniert aber offenbar auch ohne extrinsische Innervation. Sensible Afferenzen laufen wie beim Nierenbecken in den Nn. splanchnici.

11.14 »Nierenkolik«

Im Nierenbecken oder im Ureter eingeklemmte Harnsteine können Spasmen der örtlichen Muskulatur hervorrufen. Solche Dehnungsschmerzen (Kolik) gehören in diesem Bereich zu den intensivsten des Körpers. Die *Nn. subcostalis, iliohypogastricus* und *ilioinguinalis* können hierbei irritiert werden. Entsprechend projizieren sich Schmerzen in die zugehörigen Hautareale. Die sensible Versorgung dieser Areale entspricht segmentbezogen der von Nierenbecken und Ureter – ihre sensiblen Fasern haben die Eintritte in die Rückenmarksegmente Th12–L3 gemeinsam.

11.15 Veränderungen des Ureters in der Schwangerschaft

Bei der Frau ist die Lage und Länge des Ureters in der Schwangerschaft variabel. Die topographisch enge Nachbarschaft des Ureters zur *Cervix uteri* und zum vorderen Scheidengewölbe ist hier von Bedeutung. Der Ureter kann durch die vordere Scheidenwand getastet werden.

11.16 Pyelitis und Megaureter

Von der Harnblase aus können über den Ureter Erreger in das Nierenbecken aufsteigen und eine Nierenbeckenentzündung, **Pyelitis,** hervorrufen.

Ein Rückstau von Blasenharn kann zur abnormen Erweiterung des Ureters führen, es entsteht ein sekundärer **Megaureter.**

Histologie

Das **Lumen** des Ureters ist **sternförmig** und wird von 4–6 Zellreihen des typischen Übergangsepithels ausgekleidet (Abb. 11.17). Zwischen Muskelwand und Epithel liegt eine Lamina propria. Die ins

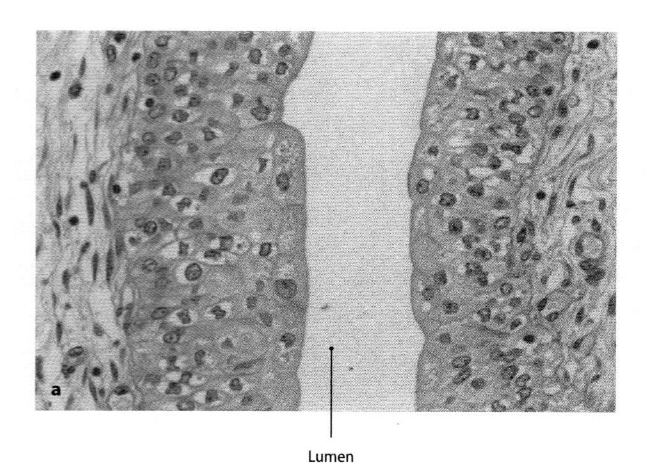

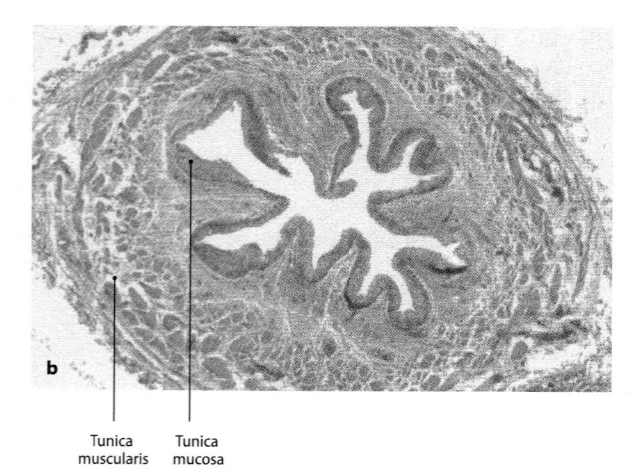

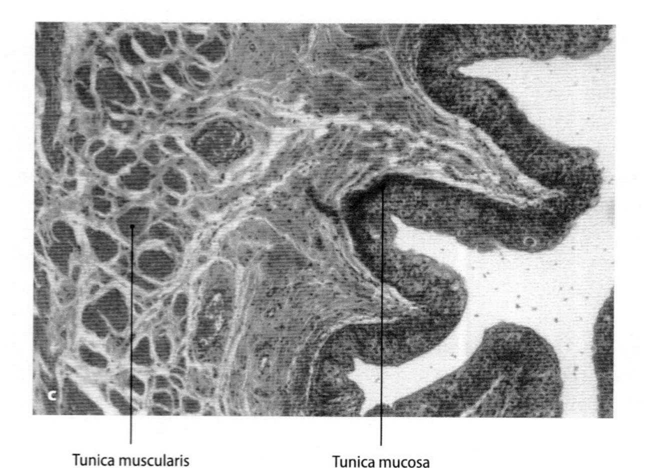

Abb. 11.17a–c. Ableitende Harnwege. **a** Nierenbeckenepithel mit Lumen und typischem Übergangsepithel. **b** Ureter mit innerer Längs- und äußerer Ringmuskulatur und sternförmigem Lumen. **c** Typischer Wandbau des Ureters (HE-Färbung)

Lumen ragenden Schleimhautfalten können bei Dehnung verstreichen. Die Muskelwand *(Tunica muscularis)* zeigt eine **innere Längs-** und eine **äußere Ringmuskelschicht.** Im distalen Drittel kommt eine **äußere fibromuskuläre Schicht** (Waldeyer-Scheide) verstärkend hinzu. Auf die Muskulatur folgt nach außen adventitielles Bindegewebe.

11.2.3 Harnblase

Aufbau, Gestalt und Lage

Die Harnblase, *Vesica urinaria,* liegt beim Erwachsenen subperitoneal hinter der Symphyse auf dem Beckenboden. Sie erhält portionsweise den Harn über die beiden Ureteren und portioniert ihrerseits dessen endgültige Ausscheidung über die Harnröhre. Der Blasenkörper, *Corpus vesicae,* besitzt nach oben einen Scheitel, *Apex vesicae,* von welchem sich der obliterierte Urachus, *Lig. umbilicale medianum,* bis zum Nabel erstreckt. Nach hinten und unten dehnt sich der Blasengrund, *Fundus vesicae,* aus, in den seitlich die Ureteren einmünden. Nach unten bildet sich der Blasenhals, *Collum vesicae,* aus, an dessen Ende beginnt die Harnröhre. Als Hohlorgan besitzt die Harnblase eine Muskelschicht, *M. detrusor vesicae* (»Austreiber«), der den Inhalt in die Harnröhre befördert, und eine Schleimhaut, welche den Harnraum zur Wand hin dicht abschließt (◘ Abb. 11.18).

Die leere Blase erscheint nach hinten-oben napfförmig eingesunken. Bei Füllung dehnt sich der Blasenkörper und wölbt sich gegen die Peritonealhöhle vor. Ihr normales Fassungsvermögen beträgt 500 ml. Das maximales Fassungsvermögen liegt etwa bei 1,5 l. Bei mehr als 300 ml entsteht Harndrang, jedoch ist eine individuelle Streuung zu beachten. In der gefüllten Blase steigt der Apex zwischen Peritoneum und Bauchwand nach oben. Beim Neugeborenen ragt wegen der anfangs bestehenden räumlichen Enge die Blase über den Rand des kleinen Beckens hinaus.

11.17 Blasenpunktion

Die stark gefüllte Harnblase kann ohne Verletzung des Peritonealraums oberhalb der Symphyse durch die Bauchwand hindurch punktiert werden.

Die Harnblase ist in das sub- bzw. präperitoneale Bindegewebelager eingebettet. Verstärkungszüge einer Bindegewebescheide (viszerales Blatt der *Fascia pelvis*) hüllen die Blase und andere Beckenorgane ein. Der Harnblase vorgelagert ist ein *Spatium retropubicum* (Retzius-Raum) aus lockerem Bindegewebe, das sich nach oben bis zum Nabel fortsetzt und der Blase auch als Verschiebelager dient. In diesem Spatium binden Züge als *Lig. pubovesicale* die Blase an die Symphysenhinterwand. Nach dorsal ist ein *Lig. rectovesicale* paarig ausgebildet. Das lateral von der Blase liegende Bindegewebe wird als **Paracystium** bezeichnet. Beim Mann ist die Harnblase nach unten durch die mit ihr verwachsene Prostata fixiert, bei der Frau liegt die Harnblase dem Beckenboden (hier: *Diaphragma urogenitale*) auf. Dahinter bestehen bei beiden Geschlechtern im Bereich des Levatortors seitliche Verwachsungen der Blasenwand mit der oberen Faszie des *Diaphragma pelvis.* Dorsal liegt eine etwa frontal gestellte Bindegewebewand, das *Septum rectovesicale* beim Mann oder das *Septum rectovaginale* bei der Frau. Glattmuskuläre Züge strahlen zusätzlich festigend als *M. pubovesicalis* und *M. rectovesicalis* in die Blasenwand ein.

Zur **Lage** ergeben sich **Unterschiede** zwischen **Mann und Frau** aus der Nachbarschaft der inneren Genitalien:

- Beim Mann ist neben der Verwachsung von Collum und Fundus der Blase mit der **Prostata** eine Nachbarschaft ihrer seitlichen Rückwand mit den **Bläschendrüsen** *(Vesiculae seminales)* gegeben. Medial von diesen liegen jeweils die Ampullen des *Ductus deferens* dem Blasengrund an. Zwischen diesen liegt eine drei-

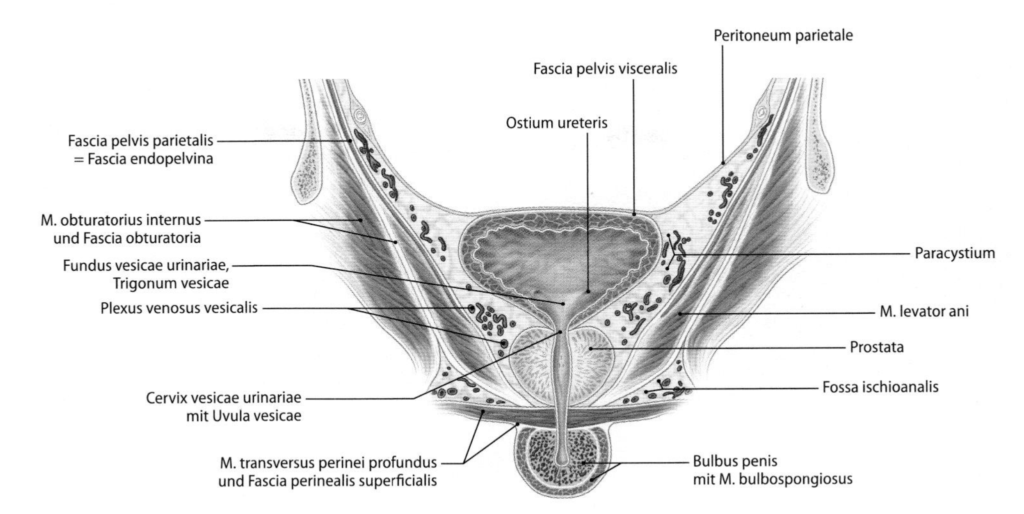

Abb. 11.18. Frontalschnitt durch die Harnblase, Urethra und Prostata

eckige Nachbarzone zum **Rektum.** Der Peritonealraum steht hier durch die *Excavatio rectovesicalis* in enger Nachbarschaft zur Blasenhinterwand. Lateral liegt die Überkreuzungsstelle des *Ductus deferens* über den Ureter nahe seiner Einmündung in die Blase ebenfalls unmittelbar unter einem peritonealen Überzug.

- Bei der Frau wird der hinter der Blase liegende Umschlag des Peritoneums als *Excavatio vesicouterina* bezeichnet, da **Uterus** und **Cervix uteri** dorsal von der Blase liegen.

Im Gegensatz zu der sonst faltenreichen Oberfläche der Schleimhaut des Blasengrundes weist das **Blasendreieck** oder *Trigonum vesicae* eine glatte Oberfläche auf (Abb. 11.18).

Das Blasendreieck wird von den beiden Uretermündungen (Einzahl: *Ostium ureteris internum*) und der nach vorn unten orientierten Mündung in die Urethra *(Ostium urethrae internum)* begrenzt. Zwischen den Uretermündungen entsteht als dorsaler Abschluss des Blasendreiecks die *Plica interureterica*. An der Spitze des Blasendreiecks liegt an der Urethramündung ein längsgestelltes Zäpfchen, *Uvula vesicae*, das durch die Prostata aufgeworfen wird.

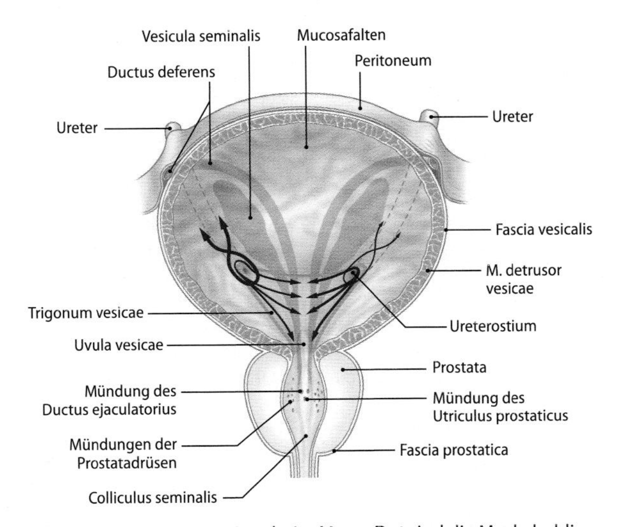

Abb. 11.19. Trigonum vesicae beim Mann. **Rot** sind die Muskelschlingen für das Öffnen (links) und den Verschluss (rechts) der Ureterostien eingezeichnet. Die Lage der Vesicula seminalis und das Ductus deferens sind angedeutet (grau)

Anordnung der Blasenmuskulatur

Der *M. detrusor vesicae* kann in 3 Schichten gegliedert werden, deren **äußere** sagittal, deren **mittlere** ringförmig, und deren **innere Schicht** wiederum längs orientiert sind. Im Bereich des **Blasendreiecks** ist die Muskulatur **zweischichtig.** Die innere Schicht setzt die Längsmuskelzüge der Ureteren fort und erstreckt sich über das ganze Trigonum bis zur Harnröhrenmündung oder beim Mann bis in die *Pars prostatica* der Harnröhre fort. Zur Blasenwand hin folgt die äußere Schicht, die gleichzeitig die äußere Uretermuskulatur (Waldeyer-Scheide) fortsetzt und die *Plica interureterica* aufwirft. Die Anordnung dieser Schicht verankert somit gleichzeitig den Ureter in der Blasenwand. Der **Zufluss zur Blase** über die **Ureterostien** ist normalerweise geschlossen. Bei Ankunft einer peristaltischen Welle öffnen sich die Ostien, indem die Kontraktion der Ureterlängsmuskulatur letztlich die Pars intramuralis erfasst und somit der Durchtritt von Urin in die Blase möglich wird (Abb. 11.19).

11.18 Bedeutung des Verschlusses der Ureterostien

Der dichte Verschluss der Ureterostien ist von großer klinischer Relevanz. Der schräge Verlauf der Pars intramuralis des Ureters ist für die Dichtigkeit bedeutsam. Der Verschluss verhindert das Aufsteigen von Bakterien (Entzündungen) und Urin (Refluxnephropathie), deren Folge die Zerstörung des Nierenparenchyms sein kann.

11.19 Prostatavergrößerung

Eine Abflussbehinderung des Harns, z.B. durch Prostatavergrößerung, bewirkt eine Hypertrophie der Blasenmuskulatur. In Spätstadien kommt es zur Atrophie mit Dilatation der Blase (Balkenblase).

Verschluss und Füllung sowie Öffnung und Entleerung (Miktion)

Zur Kontrolle von Verschluss und Öffnung des Abflusses der Harnblase nach außen muss zwischen **unwillkürlichen** und **willkürlichen Komponenten** unterschieden werden. Grundsätzlich werden diese Vorgänge reflektorisch über das Rückenmark und über ein Koordinationszentrum im Hirnstamm gesteuert. Der Apparat für den unwillkürlichen Verschluss der Harnblase besteht aus glatten Muskelzügen, die schwer abgrenzbar in der Muskelwand des Blasenhalses liegen *(Lissosphincter)*.

Der willkürliche Verschlussmechanismus liegt in der Harnröhre und nicht in der Blase.

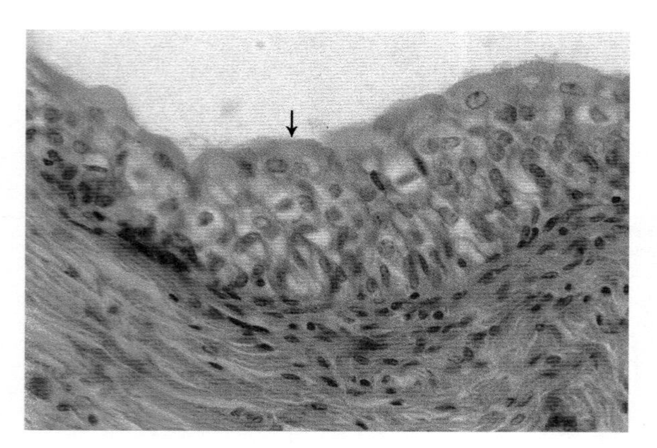

Abb. 11.20. Blasenepithel mit typischem Übergangsepithel und darunterliegender Lamina propria

Im *Diaphragma urogenitale* sind zirkuläre quergestreifte Muskelzüge *(Rhabdosphincter)* ausgebildet, die vom *N. pudendus* innerviert werden. Für die **Einleitung der Miktion** und für die Öffnung des Blasenhalses ist von Bedeutung, dass der Muskeltonus des Diaphragma urogenitale gesenkt wird, um ein Tiefertreten der Blase und eine gleichzeitig einsetzende Kontraktion der Blasenwandmuskulatur *(M. detrusor vesicae)* zu ermöglichen. Der M. detrusor vesicae schließt sich dann konzentrisch um die Blase, die hierdurch Kugelform annimmt. Die über dem Ostium internum urethrae liegende Uvula soll bei gleichzeitiger Kontraktion des Trigonum von der Mündung der Urethra zurückgezogen werden können. Bei der Miktion steigt auch der Blaseninnendruck. Dadurch wird die Pars intramuralis der Ureteren stärker komprimiert, so dass ein Rückfluss von Harn in die Ureteren normalerweise nicht möglich ist.

Histologie

Ausgekleidet ist die Blasenwand von typischem Übergangsepithel (Urothel), das sich den unterschiedlichen Dehnungszuständen anpasst (Abb. 11.20). Zwischen der Muskelwand und dem Epithel liegt gefäßführendes Schleimhautbindegewebe, das auch als Verschiebeschicht zwischen den beiden Lagen fungiert.

Gefäßversorgung und Lymphabfluss

Die **Arterien** der Harnblase stammen aus der *A. iliaca interna* beider Seiten. Die *A. vesicalis superior* wird von der später obliterierten *A. umbilicalis* abgegeben. Die *A. vesicalis inferior* entspringt direkt aus dem vorderen Stamm der A. iliaca interna. Die **Venen** der Harnblase, *Vv. vesicales*, leiten das Blut über Zusammenflüsse im venösen *Plexus vesicalis* der *V. iliaca interna* zu.

Die **Lymphgefäße** ziehen zu den *Nodi lymphatici iliaci interni*. Diese liegen entlang der A. iliaca interna und den Aa. umbilicales.

Innervation

Parasympathische und **sympathische Fasern** ziehen aus dem *Plexus hypogastricus inferior* als *Plexus vesicalis* zum Grund der Harnblase und bilden einen intrinsischen Nervenplexus in ihrer Wand. Parasympathische Fasern zur Kontraktion der Blasenmuskulatur stammen aus den Segmenten S2–4 *(Nn. splanchnici pelvici)*. Der Sympathikus hat u.a. die Funktion, die Detrusorkontraktion zu hemmen. **Afferenzen** aus der Blasenwand werden über die Nn. splanchnici pelvici dem sakralen Rückenmark zugeführt. Von dort bestehen über auf- und absteigende Bahnen Verbindungen mit einem **pontinen Miktionszentrum** in der Pons, das die Blasenfunktion im Sinne eines supraspinalen Reflexes steuert.

11.2.4 Harnröhre

Die Harnröhre, *Urethra*, ist bei der Frau nur 3–5 cm lang. Beim Mann misst sie 20–25 cm und dient als Harn-Samen-Röhre (▶ Kap. 12.8).

Die **weibliche Urethra** beginnt in der Blase mit dem *Ostium urethrae internum* und verläuft in der Nachbarschaft der Vagina zum Ostium externum im Bereich des Vestibulum vaginae. Die Schleimhaut ist streckenweise stark gefaltet. Sie ist anfangs mit dem typischen Urothel ausgekleidet, welches dann in mehrschichtiges prismatisches Epithel übergeht und im Mündungsabschnitt zu einem mehrschichtigen Plattenepithel wird. Schleimdrüsen der Lamina propria *(Glandulae urethrales)* feuchten das Lumen der Harnröhre an. Sie münden in Schleimhautbuchten *(Lacunae urethrales)*. Seitlich abgehende, blind endende kleine Hohlräume bezeichnet man als *Lacunae urethrales*.

11.20 Blasen- und Nierenbeckenentzündung

Aufgrund der kurzen weiblichen Harnröhre können Bakterien leicht in die Harnblase aufsteigen. Deshalb kommen Blasen- und Nierenbeckenentzündungen bei der Frau häufiger als beim Mann vor.

In Kürze

Zu den ableitenden Harnwege gehören:
- Nierenbecken (Pelvis renalis)
- Harnleiter (Ureter)
- Harnblase (Vesica urinaria)
- Harnröhre (Urethra)

Nierenbecken: Es entsteht aus dem Zusammenfluss der Nierenkelche. Die Form kann ampullär oder dendritisch sein. Das Nierenbecken liegt im Sinus renalis dorsal von A. u. V. renalis und geht etwa auf Höhe des 2. Lendenwirbels in den Harnleiter über.

Harnleiter: Leitet den Harn vom Nierenbecken in die Blase. Er ist im Querschnitt sternförmig, liegt retroperitoneal und wird in 3 Abschnitte unterteilt:
- Pars abdominalis
- Pars pelvica
- Pars intramuralis

Harnblase: Muskulöses Hohlorgan, das im kleinen Becken liegt. Anteile sind:
- Apex vesicae (Blasenscheitel)
- Corpus vesicae (Blasenkörper)
- Fundus vesicae (Blasengrund)

Auf der Innenseite des Fundus vesicae befindet sich das Trigonum vesicae. Dessen Eckpunkte sind die beiden Einmündungsstellen der Harnleiter und die Austrittsstelle der Harnröhre.

Harnröhre: Länge abhängig vom Geschlecht: die weibliche ist etwa 3–5 cm und die männliche (Harn-Samen-Röhre) etwa 20–25 cm lang. Innen wird die Harnröhre mit Schleimhaut ausgekleidet, die teilweise stark gefaltet ist.

11.3 Embryonale Entwicklung von Niere und Blase

11.3.1 Entwicklung der Nieren

Die Niere entwickelt sich ebenso wie das Genitalsystem aus Bereichen der Ursegmente des intermediären Mesoderms. Diese bilden einen nephrogenen Strang beiderseits der Wirbesäulenanlage. Aus diesem Strang entwickeln sich – in überlappender Zeitabfolge – drei Genera-

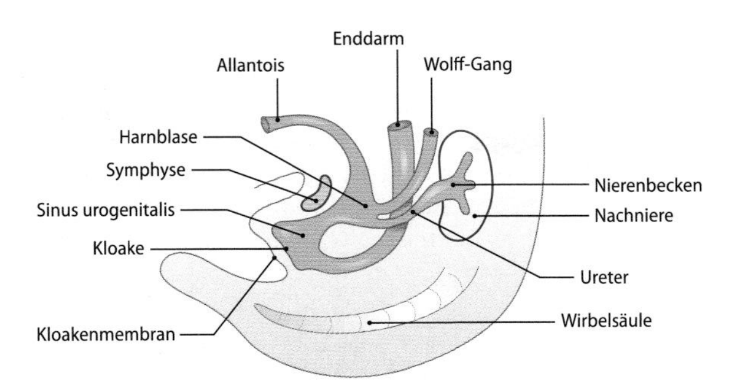

Abb. 11.21. Sinus urogenitalis, Blase, Ureter und Wolff-Gang in der 7. Embryonalwoche

tionen von Nierenanlagen. Die ersten zwei Nierenanlagen können als phylogenetisch ältere Typen von Ausscheidungsorganen angesehen werden. Aus einem kranialen Bereich (Halssegmente) entsteht die funktionell bedeutungslose, rudimentäre **Vorniere** (Pronephros und Vornierengang), die mit der 5. Schwangerschaftswoche bereits wieder zurückgebildet ist. Parallel und in den folgenden Wochen entwickelt sich die **Urniere** (Mesonephros) mit dem Urnierengang (Wolff-Gang), der sich mit dem Ende des primitiven Darmes, der **Kloake,** verbindet. Über 40 Urnierennephronpaare entstehen im Bereich der thorakalen Segmente und sind mit dem Wolff-Gang verbunden. Sie besitzen Kanälchen sowie Nierenkörperchen (Glomeruli) und erreichen evtl. vorübergehend sogar eine harnbildende Funktion. Zum Teil bilden sich diese Strukturen ab der 7. Embryonalwoche bereits wieder zurück oder werden in die Anlage des Genitaltraktes integriert, wo sie bei der Ausbildung der männlichen Gonaden eine entscheidende Rolle spielen (▶ Kap. 12). Bei weiblichen Feten bilden sie sich weitgehend zurück, doch können Rudimente bestehen bleiben (Görtner-Gang, Epoophoron, Paroophoron) (▶ Kap. 13).

Die **Nachniere** entwickelt sich unabhängig von der Urniere ab der 6. Schwangerschaftswoche, indem ein Abzweig des Wolff-Ganges die **Ureterknospe** bildet (Abb. 11.21). Diese verbindet sich mit dem kaudalen Teil des nephrogenen Strangs **(metanephrogenes Blastem),** wird zum primitiven Sammelrohr und induziert als solches die Bildung von Nephronen durch immer neue dichotome Verzweigungen, die – über unterschiedliche Stadien – nach einem differenzierten Muster in mehreren Perioden ablaufen. Am Ende des aussprossenden Sammelrohres bilden sich jeweils kleine, blind endende Aufweitungen, **Ampullen** (Abb. 11.22), die im metanephrogenen Blastem zuerst die Bildung einer mesenchymalen Zellansammlung und danach eines epithelialen Bläschens induzieren. Dieses wächst zum **S-förmigen Körperchen** aus, in welches Gefäße einsprossen. Es differenzieren sich das **Kapillarschlingenkonvolut,** ein das Konvolut umgebendes Epithel (die zukünftigen Podozyten), der **proximale Tubulus** und die **Henle-Schleife.** Auch die Macula densa ist früh angelegt. Die Henle-Schleife wächst markwärts weiter aus, und über ein **Verbindungstubulussegment** wird der Anschluss an das **Sammelrohrsystem** hergestellt. Hat eine Sammelrohrampulle Anschluss an ein Nephron gefunden, so teilt sich diese in der Folge 7–8-mal in einer ersten Periode von Nephrogeneseschritten. Hierbei entstehende terminale Ampullen erzeugen weitere Nephrongenerationen, die in sog. Arkaden (als Bögen angelegte Verbindungstubuli) münden. Diese gehen wiederum in die Sammelrohre über. Die Vorgänge laufen bis zum Erreichen der endgültigen Nephronanzahl (etwa 1 Million pro Niere) um die 32. Schwangerschaftswoche ab. In der folgenden Zeit nehmen die Nephrone lediglich an Größe zu.

11.3.2 Entwicklung der Blase

Die Kloake bildet in der 4.–7. Embryonalwoche einen ventralen Abschnitt. Dieser wird zum primitiven Sinus urogenitalis, der sich

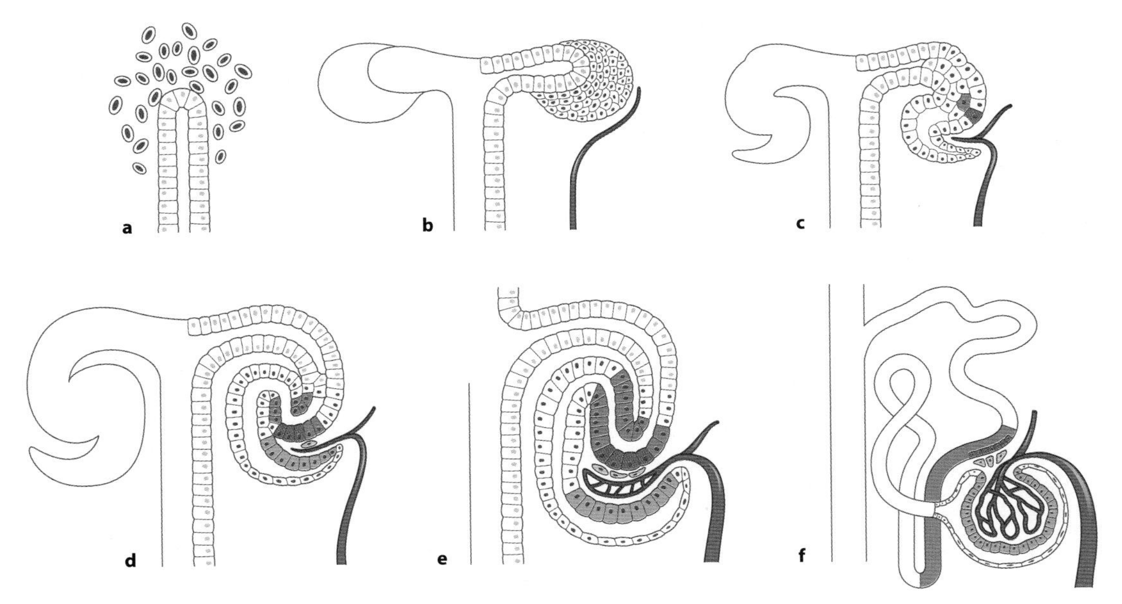

Abb. 11.22a–f. Entwicklung des Nephrons. Verschiedene Stadien zeigen, wie sich durch wechselseitige Induktion Sammelrohrsystem und Nephron der Niere entwickeln. **a** Das aussprossende Sammelrohr induziert im nephrogenen Blastem einen lockeren Verband von Mesenchymzellen, die sich zusammenfinden. **b** Durch dichotome Verzweigung entstehen zwei Sammelrohrampullen mit assoziierten Blastemzellen, ein Gefäß (rot) gelangt in die nephrogene Zone. **c** Das werdende Nephron bildet einen epithelial ausgekleideten Spaltraum. Künftige Macula densa-Zellen (braun) und distale Tubuluszellen (blau) differenzieren sich. **d** und **e** S-förmiges Körperchen: Die Tubulusepithelien differenzieren sich weiter. Glomeruläre Epithelzellen, die Podozyten (grün), bilden sich aus. Ein Kapillargebiet entsteht. **f** Die definitiven Nephronabschnitte sind erkennbar, die Henle-Schleife wächst zum Mark hin aus, ein Glomerulum mit Kapillargebiet und afferenter und efferenter Arteriole zeichnet sich ab

oberhalb der Einmündung der Wolff-Gänge zur Harnblase und zu einem hinteren anorektalen Bereich erweitert. Die Anlage der definitiven Harnblase hat eine Verbindung zur embryonalen Harnblase (Allantois, ◘ Abb. 11.21). Diese Verbindung obliteriert bzw. bleibt als Relikt (Urachus) in der *Plica umbilicalis mediana* erhalten. Die dorsale Sinuswand empfängt die Einmündungen der Ureteren. Die Einmündung des Wolff-Ganges wandert nach kaudal, um beim Mann im Gebiet der Prostata die Einmündung des aus ihm gebildeten Ductus deferens zu bilden. Der untere Beckenanteil des Sinus urogenitalis formt sich bei beiden Geschlechtern zur Urethra aus.

12 Männliche Geschlechtsorgane

S. G. Haider

Einführung

Die männlichen Geschlechtsorgane dienen der Fortpflanzung. Im Hoden werden nach der Pubertät zeitlebens befruchtungsfähige Samenzellen gebildet und an den Nebenhoden weitergeleitet. Im Nebenhoden werden die Spermien vorübergehend gespeichert und erwerben hier die Fähigkeit zur Eigenbewegung (Motilität) sowie die notwendigen molekularen Mechanismen, um die äußere Eizellhülle durchdringen und mit dem Kern der Eizelle verschmelzen zu können. Die Spermien können bei sexueller Erregung über Samenleiters vom Nebenhoden bis zum *Ductus ejaculatorius* in der Vorsteherdrüse *(Prostata)* transportiert werden. Dieser Vorgang ist der Beginn der Freisetzung der Samenzellen (Ejakulation). Im Ductus ejaculatorius wird den Spermien ein besonderes Sekret (Seminalplasma) aus den Epitheldrüsen des Samenbläschens und der Prostata zugefügt, welches sowohl die Wanderung der Spermien im weiblichen Genitaltrakt als auch die Fertilisierungsvorgänge an der Eizelle unterstützt. Das aus Spermien und Seminalplasma bestehende Sperma wird in die gemeinsame Harnsamenröhre abgegeben und schließlich an der Spitze des männlichen Gliedes *(Penis)* freigesetzt. In der Klinik werden die Begriffe »Sperma« und »Ejakulat« synonym verwendet (◘ Abb. 12.1).

12.1 Hoden (Testes)

Einführung

Die Hoden liegen gemeinsam mit den Nebenhoden außerhalb des Abdominalraumes im Hodensack, dem Skrotum. Mit Eintritt der Geschlechtsreife werden im Hoden die Samenzellen (Spermien) gebildet.

12.1.1 Hodensack (Skrotum)

In dem sackförmigen Gebilde, dem Skrotum, liegen die Hoden (lat. *Testis*, griech. *Orchis*) und Nebenhoden *(Epididymis)*. Der Hodensack weist **mehrere Schichten (Hodenhüllen)** auf, die aus den Schichten der Rumpfwand entstehen (◘ Abb. 12.2). Die Hodenhüllen von außen nach innen sind:

- Skrotalhaut mit *Tunica dartos* (Ursprung: Haut)
- *Fascia spermatica externa* mit *M. cremaster* (Ursprung: Fascia abdominis superficialis bzw. Fascia M. obliqui externi abdominis. Einzelne Muskelfasern für den M. cremaster stammen auch aus den M. obliquus internus abdominis und M. transversus abdominis)
- *Fascia spermatica interna* (Ursprung: Fascia transversalis)
- *Lamina parietalis* der *Tunica vaginalis testis* (bildet das Periorchium, Ursprung : Peritoneum)
- seröser Spaltraum *(Cavum serosum testis)*
- *Lamina visceralis* der *Tunica vaginalis testis* (bildet das Epiorchium, Ursprung: Peritoneum)

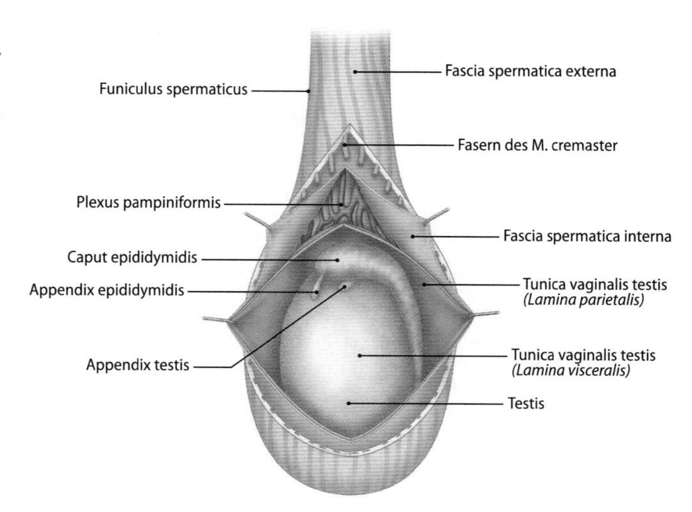

◘ **Abb. 12.2. Hüllen um Hoden und Samenstrang.** Hoden und Nebenhoden sind von der Tunica vaginalis testis (Lamina parietalis) umgeben

Eine bindegewebige Scheidewand, *Septum scroti*, trennt den Hodensack in eine rechte und linke Kammer. Die Skrotalhaut eines Erwachsenen weist eine dunkle Pigmentierung, eine ausgeprägte Faltenbildung, *Tunicadartos*, ein fast vollständiges Fehlen des subkutanen Fettgewebes und eine große Anzahl von Talgdrüsen auf. Die Tunica dartos besteht aus Bindegewebe und zahlreichen, verstreut liegenden glatten Muskelzellen. Sie reguliert die Temperatur im Hodensack: Bei Kälte kontrahieren sich die glatten Muskelzellen, die Skrotalhaut runzelt sich und die Wärmeabgabe durch die Haut wird gehemmt. Bei steigender Wärme erschlaffen die glatten Muskelzelln, die Falten verschwinden und die Wärmeabgabe durch die geglättete Skrotalhaut wird erleichtert.

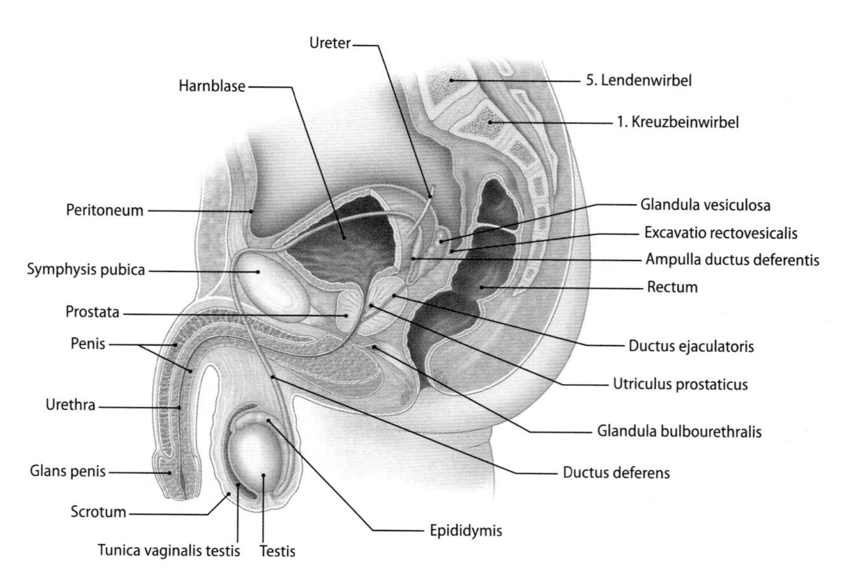

◘ **Abb. 12.1.** Schematische Übersicht zur Lage der männlichen Genitalorgane. Die Skizze zeigt einen Mediansagittalschnitt durch das kleine Becken. Das Peritoneum ist grün dargestellt

Der Hodensack wird versorgt durch die Äste der *A. pudenda interna*, der *Vv. pudendae internae* und des *N. pudendus*. Der Lymphabfluss des größten Teils des Skrotalgewebes erfolgt zu den oberflächlichen Lymphknoten in der Leistengegend *(Nn. lymphatici superficiales)*.

Kremasterreflex

Streicht man über die Haut auf der Innenseite des Oberschenkels, kontrahiert sich der *M. cremaster* und der Hoden wird angehoben. Gesteuert wird dieser Reflex vom R. femoralis als sensorischer und vom R. genitalis als motorischer Ast des N. genitofemoralis. Da der Ort der Reizapplikation, die Haut des Oberschenkels, und der Ort der Reaktion, der M. cremaster, zwei verschiedenen Organen zuzurechnen sind, ist der Kremasterreflex ein klassiches Beispiel für einen **Fremdreflex.**

12.1 Hydrocele testis
Im serösen Spaltraum zwischen den beiden Peritonealblättern (Tunica vaginalis testis) kann es durch eine erhöhte Flüssigkeitsansammlung zur auffälligen Schwellung (»Wasserbruch im Hodensack«) kommen. Ursachen können Verletzungen, eine Infektion oder ein Tumor sein.

In Kürze

Das **Skrotum (Hodensack)** besteht aus mehreren Schichten (Hodenhüllen). Eine bindegewebige Scheidewand **Septum scroti,** trennt den Hodensack in eine rechte und linke Kammer. Im Skrotum befinden sich die Hoden und Nebenhoden. Die **Skrotalhaut (Tunica dartos)** weist beim Erwachsenen eine dunkle Pigmentierung und eine ausgeprägte Faltenbildung auf. Sie reguliert die Temperatur im Hodensack.

12.1.2 Testis (Hoden)

Lage

Die beiden Hoden *(Testes)* liegen im Skrotum und sind gut verschiebbar. An der dorsalen Seite des Hodens befindet sich die **Anheftungszone für den Samenstrang** in kraniokaudaler Verlaufsrichtung. Diese Zone wird als *Mesorchium* bezeichnet. Einer der beiden Hoden, meist der linke, kann physiologischerweise etwas tiefer positioniert sein.

Makroskopie

Die Hoden sind 2 längsellipsoide Körper, die bei einem erwachsenen Mann durchschnittlich 40–45 mm lang sind und einen Durchmesser von 25–30 mm aufweisen. Ein Hoden wiegt zusammen mit dem Nebenhoden (► Kap. 12.3) ca. 20–30 g. Der Hoden ist von einer derben bindegewebigen Organkapsel, der *Tunica albuginea* fest umschlossen. Die dehnungsresistente Tunica albuginea hält den Hodenbinnendruck aufrecht, der die prall-elastische Konsistenz des Hodens bedingt.

Gefäßversorgung und Lymphabfluss

Die *A. testicularis* versorgt den Testis mit arteriellem Blut. Diese Arterie entspringt aus der Aorta abdominalis und zieht im Funiculus spermaticus zum Hoden. Der relative hohe Abgang aus der Aorta erinnert an den ursprünglichen Ort der Hodenposition während der Ontogenese und den Descensus testis (► Kap. 12.10.1). Der Testis zieht die Blutgefäße während des Descensus mit nach unten. Die A. testicularis tritt am Hinterrand des Hodens *(Mediastinum testis)* in die Tunica albuginea ein. Die venösen Gefäße aus dem Hoden bilden am Mediastinum testis ein dichtes, mit zahlreichen Anastomosen ausgestattetes Venengeflecht, den *Plexus pampiniformis*. Hier liegt die A. testicularis

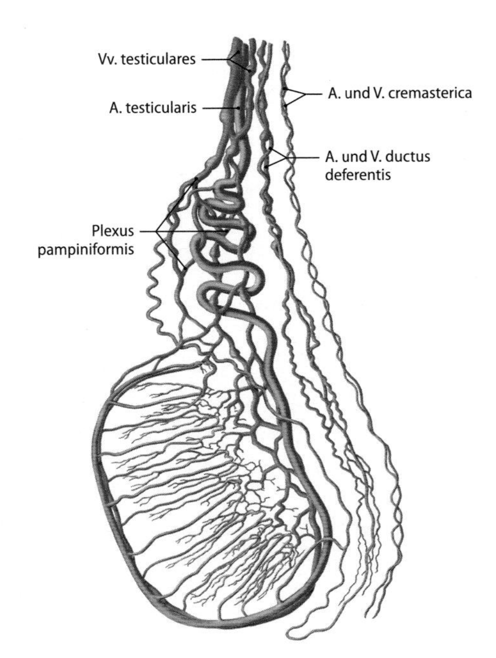

Abb. 12.3. Arterien und Venen des Hodens, Samenstrangs und der Hodenhüllen [1]

von zahlreichen Venen umgeben (Abb. 12.3). Diese enge Nachbarschaft von Arterie und Venen führt nach dem Gegenstromprinzips zur Senkung der Bluttemperatur in der Arterie. Das venöse Blut fließt über die rechte *V. testicularis* in die *V. cava inferior* und über die linke *V. testicularis* in die *V. renalis sinistra*.

Dee **Lymphabfluss** erfolgt über die testikulären Lymphgefäße in die *Nodi lymphatici lumbales* in der Bauchhöhle.

Innervation

Die vegetativen Nerven aus dem Plexus coeliacus innervieren das Hodengewebe. Der Verlauf dieser Nerven ist topographisch eng mit dem Verlauf der A. testicularis verbunden.

12.2 Hodentorsion
Ist das Mesorchium sehr schwach oder schmal bzw. die Fixierung des Hodens durch das Gubernaculum testis unvollständig, kann es bei einer abrupten Bewegung zur Drehung des Hodens um seine Längsachse kommen. Die Torsion kann vollständig oder unvollständig sein. Bei der Torsion werden die Blutgefäße stranguliert und die Blutversorgung des Hodens schwer behindert oder unterbunden. Als Folge kann ein irreversibler Schaden des Hodengewebes auftreten. Die Hodentorsion tritt akut auf, ist sehr schmerzhaft und muss sofort chirurgisch behandelt werden.

Histologischer Aufbau und Funktionen

Die Organkapsel, *Tunica albuginea,* besteht aus mehreren Schichten von derbem faserigem Bindegewebe und enthält zahlreiche glatte Muskelzellen. Die inneren Schichten dieser Organkapsel beherbergen viele große Blut- und Lymphgefäße sowie Nerven. Aus der Tunica albuginea entspringen mehrere bindegewebige Septen *(Septula testis)*, die den Innenraum des Hodens in ca. 270–370 Läppchen *(Lobuli testis)* einteilen (Abb. 12.4). Die Septen enthalten Äste der Arterien, Venen, Lymphgefäße und Nerven. Die Septen laufen radiär auf das *Rete testis* zu. Das Rete testis befindet sich am Mediastinum testis und bildet die »Nahtstelle« zum Nebenhoden. In jedem Lobulus testis befinden sich einige gewundene Hodenkanälchen *(Tubuli seminiferi contorti)*, einige dieser Tubuli seminiferi contorti zeigen jedoch in

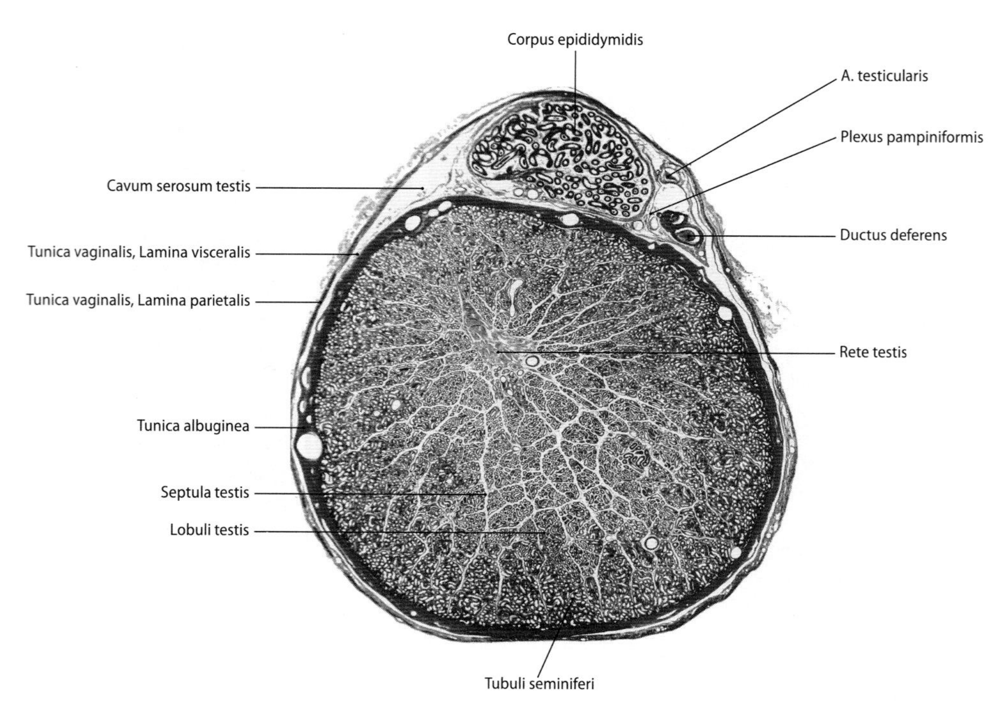

Abb. 12.4. Histologischer Schnitt durch Hoden und Nebenhodenkopf (HE-Färbung, Vergr. 5-fach)

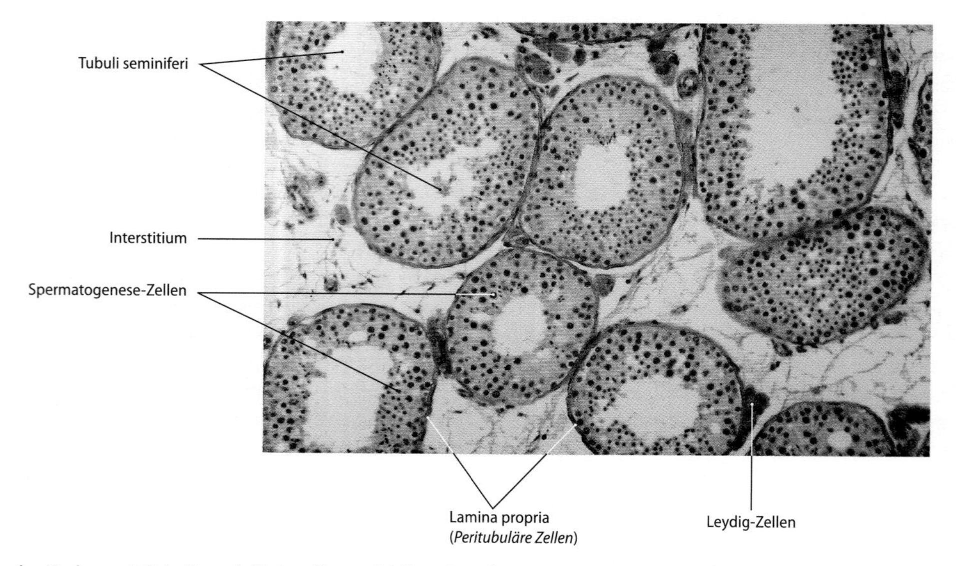

Abb. 12.5. Feinbau des Hodens mit Tubuli seminiferi und interstitiellem Gewebe (HE-Färbung, Vergr. 120-fach)

der Nähe des Rete testis einen geraden Verlauf. Die Tubuli seminiferi contorti sind in Schlaufen angeordnet, die im Rete testis beginnen und enden. In den Tubuli seminiferi, deren Länge ca. 60–80 cm beträgt, findet die Samenzellbildung **(Spermatogenese)** statt (► Kap. 12.1.3). Hodenkanälchen *(Tubuli seminiferi)* haben einen Durchmesser von ca. 200–280 µm und enthalten in ihrem Inneren die **Keimepithelzellen (Spermatogenese-Zellen)** und die **Sertoli-Zellen.** Ihre Wand *(Lamina propria)* besteht aus 4–5 Schichten, die sich aus glatten Muskelzellen (Myoidzellen), Fibroblasten, Kollagenfasern und dünnen Blutkapillaren zusammensetzen. Zwischen dieser Lamina propria und dem Inneren des Hodenkanälchens befindet sich eine Basalmembran, die Keimepithelzellen und Sertoli-Zellen umgibt. Die Zellen in und unmittelbar um die Lamina propria werden in ihrer Gesamtheit als **peritubuläre Zellen** bezeichnet, denen eine parakrine sowie eine endokrine Bedeutung zukommt. Das **Interstitium,** der Raum zwischen den Hodenkanälchen, enthält lockeres Bindegewebe, testosteronbildende **Leydig-Zellen**, Makrophagen, Blut- und Lymphgefäße, lymphatische Räume Abb. 12.5) sowie Nerven. Das *Rete testis* (»Hodennetz«) ist ein kleines histologisch auffälliges und scharf abgegrenztes Testisareal unter der Tunica albuginea auf der dorsalen Seite des Hodens. **Histologische Merkmale** des **Rete testis** sind:

- bizzar geformte längliche Spalträume in einem länglichen Bindegewebekörper und
- Auskleidung der Spalträume durch ein einschichtiges isoprismatisches Epithel.

In das Rete testis münden die Tubuli seminiferi ein und geben die Spermien und die sich in den Lumina der Hodenkanälchen befindliche Hodenflüssigkeit ab. Das Rete testis setzt sich in den Nebenhodenkopf fort.

Die A. testicularis in der Tunica albuginea sendet Äste, die ohne Verzweigung in den Septulae testes bis vor das Rete testis laufen (»Septenarterien«). Danach ziehen sie rückläufig als Aa. recurrentes in die Lobuli testes und versorgen das Gewebe (◻ Abb. 12.3).

12.3 Orchitis

Die Ursache einer Hodenentzündung (Orchitis) kann eine bakterielle oder virale Infektion oder eine autoimmune Erkrankung sein. Eine postpubertär auftretende hämatogen ausgelöste Form ist die sog. Mumpsorchitis. Die Orchitis geht mit einm starken Druck- und Berührungsschmerz einher.

In Kürze

Die **Hoden (Testes)** sind 2 längsellipsoide Körper. Die einzelnen Hoden (Testis) sind von einer derben bindegewebigen Organkapsel **Tunica albuginea** fest umschlossen.
Die 3 wichtigsten **Zelltypen** im Hodengewebe sind:
- **Spermatogenesezellen** (im Inneren eines Hodenkanälchens): Sie dienen der Spermienbildung.
- **Sertoli-Zellen** (im Inneren eines Hodenkanälchens): Diese unterstützen die Spermienbildung.
- **Leydig-Zellen** (im Interstitium, d.h im Raum zwischen den Tubuli seminiferi): Sie bilden das Hormon Testosteron.

12.1.3 Spermatogenese

Die **Spermatogenese,** der **Vorgang der Samenzellbildung,** schreitet von der Lamina propria zum Lumen eines Tubulus seminiferus hin fort. Dieser Vorgang kann in drei Phasen eingeteilt werden: 1. **Vermehrung (Mitose)**, 2. **Reifung (Meiose)**, 3. **Differenzierung**. Die Spermatogenesezellen, auch als **Keimepithelzellen** oder **Geschlechtszellen** bezeichnet, werden in einem histologischen Schnitt je nach Entwicklungs- und Differenzierungsgrad in verschiedene Zelltypen unterteilt (◻ Abb. 12.6). Um die Lage dieser Zellen im Inneren eines Tubulus seminiferus genau zu beschreiben, unterscheidet man ein **basales** (tubuluswandnahes) **Areal** und ein **adluminales** (lumennahes) **Areal.** Die Grenze zwischen diesen beiden Arealen wird durch Tight Junctions gebildet, die zwischen benachbarten Sertoli-Zellen vorkommen. Die **histologischen Merkmale der Spermatogenesezellen** sind:

- **Spermatogonien A:** Das sind große ovale bis runde Zellen, die im basalen Areal direkt an der Lamina propria liegen. Durch **mitotische Teilung** sorgen diese Zellen für eine Stammzellerneuerung, daher auch die Bezeichnung »Stammzellen« des Hodens.
- **Spermatogonien B:** Sie gehen nach mehreren Teilungsschritten aus den Spermatogonien A hervor. Die Zellen haben große rundliche Zellkerne, die jeweils mehreren Nukleoli enthalten und sich im basalen Areal befinden.
- **Spermatozyten I:** Sie liegen im adluminalen Areal. Die Spermatozyten I sind die größten männlichen Geschlechtszellen. Sie haben eine runde Form und einen großen runden Kern (◻ Abb. 12.7). Der Grund für ihre Größe ist die DNS-Duplikation und eine erhöhte RNA-Synthese. Diese Zellen sind diploid (46 Chromosomen). Es kommt zur **1. meiotischen Teilung (Meiose I = Reduktionsteilung)**. Am Ende der 1. meiotischen Teilung sind aus einer Spermatozyte I zwei Spermatozyten II entstanden.

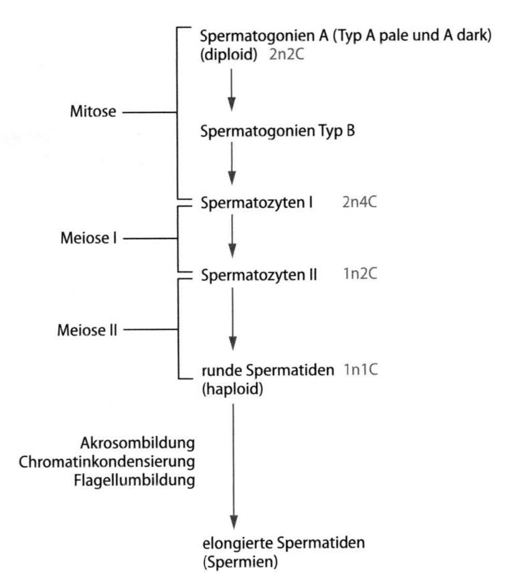

◻ **Abb. 12.6.** Ablauf der Spermatogenese. n = Zahl der Chromosomensätze. C = Zahl der Chromatiden pro Chromosomenpaar bzw. (bei n=1) pro Chromosom

- **Spermatozyten II:** Sie liegen im adluminalen Areal. Diese Zellen sind kleiner als ihre Mutterzellen und im histologischen Schnitt nur selten sichtbar, weil ihre Lebensphase sehr kurz ist. Ein Spermatozyt II teilt sich in der **2. meiotischen Teilung (Meiose II = Äquationsteilung)** weiter und es entstehen 2 haploide (23 Chromosomen) runde Spermatiden. Danach ist die Meiose abgeschlossen. Nach der Teilung differenzieren sie sich wie folgt weiter:
  - **Runde Spermatiden:** Sie liegen im adluminalen Areal in Gruppen. Die Kerne sind rund bis oval und anfangs dunkel. Jetzt beginnt die Phase der **Differenzierung**. Aus dem Golgi-Apparat entsteht zunächst ein **Akrosombläschen** an einem Pol des Zellkerns unmittelbar an der Außenseite der Kernmembran. Aus diesem Bläschen wird eine **Akrosomkappe** gebildet (◻ Abb. 12.8a). Gleichzeitig nehmen die Zellen in der Länge zu **(Elongation)**: Die Bildung des **Flagellums** (Spermienschwanz) beginnt.
  - **Elongierte Spermatiden (Spermien):** Die Spermatiden sind jetzt ausgereift. Sie liegen sowohl im Lumen als auch im adluminalen Areal. Ganz dicht zum Lumen hin liegen diejenigen, deren Bildung abgeschlossen ist. Sie stehen kurz vor der Freisetzung aus dem Hoden in den Nebenhoden. Im adluminalen und gelegentlich im basalen Areal liegen die elongierten Spermatiden, die in den Verzweigungen der Sertoli-Zellen verankert sind und von ihnen »ernährt« werden. Dabei zeigen die Köpfe der Spermatiden Richtung Lamina propria und die Schwänze lumenwärts. Lichtmikroskopisch kann man bei einer höheren Vergrößerung zwischen Kopf, Mittelstück und Schwanz unterscheiden (◻ Abb. 12.8b).
- Die Abkömmlinge aus einer Stamm-Spermatogonie sind bis zur Stufe der runden Spermatiden über Zytoplasmabrücken miteinander verbunden; dies führt zur Bildung eines **Klons** (◻ Abb. 12.7). Die Entwicklung der Zellen innerhalb eines Klons läuft synchron ab. Das histologische Bild der Spermatogenese-Zellen im Querschnitt der Hodenkanälchen erscheint heterogen, da die dreidimensionale Organisation der Spermatogenese-Zellen u.a. eine spiralige Architektur aufweist.

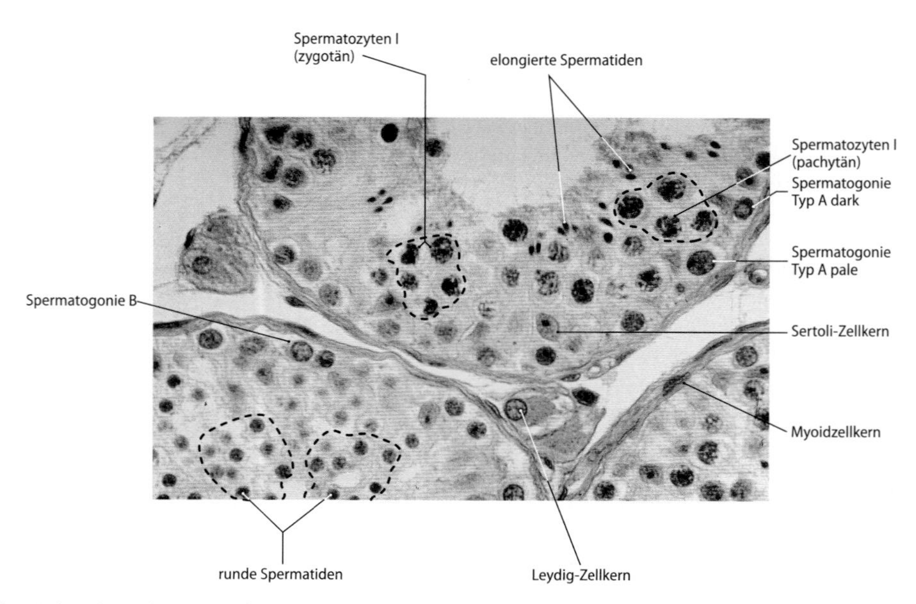

Abb. 12.7. Feinbau des Hodens (Ausschnittvergrößerung von Abb. 12.5). Vier Geschlechtszellklone sind mit schwarzen Punkten markiert (Vergr. 540-fach)

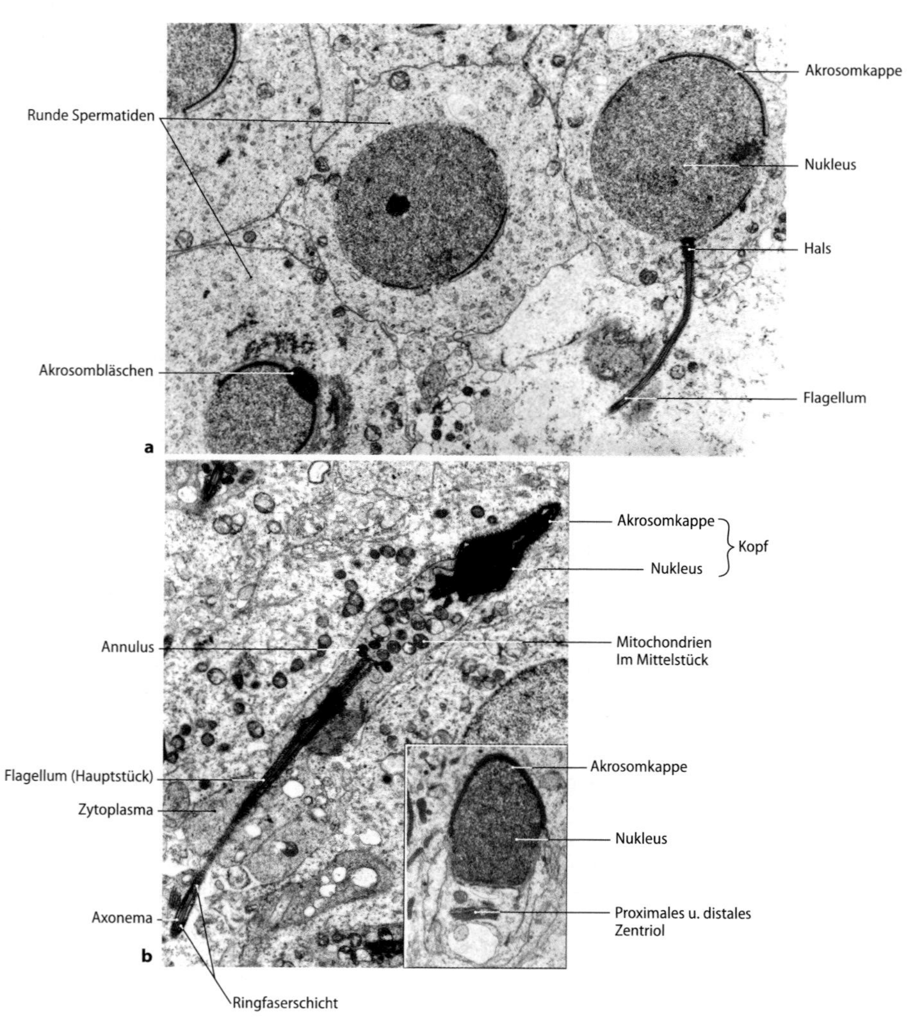

Abb. 12.8a, b. Elektronenmikroskopische Aufnahmen von runden und elongierten Spermatiden in der Hodenbiopsie eines 32-jährigen Mannes. **a** Runde Spermatiden (Vergr. 4800-fach). b Elongierte Spermatide (Spermium) (Vergr. 6000-fach). In der Auschnittsvergrößerung Übergang zwischen runder und elongierter Spermatiden (Vergr. 4800-fach)

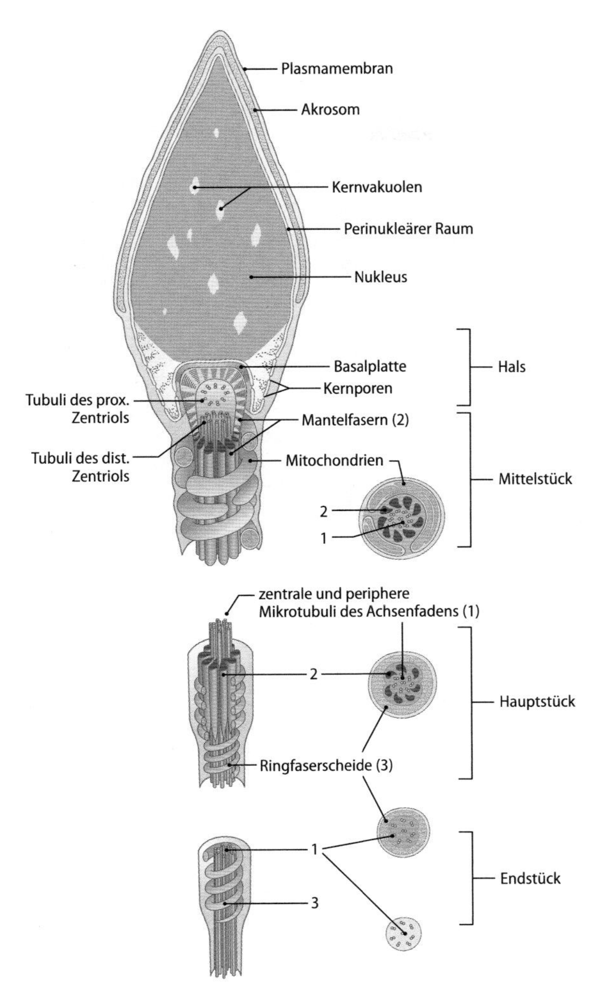

Abb. 12.9. Schematische Darstellung der Feinstruktur eines Spermiums [5]

Aufbau eines Spermiums

Das Spermium, eine reife elongierte Spermatide, ist ca. 55–65 µm lang und besteht aus einem Kopf, Hals, Mittelstück, Hauptstück und Endstück. Der **Kopf** enthält den Kern mit kondensiertem Chromatin und die Kernvakuole. Bei der Kondensierung werden die Histone im Nukleus durch Protamine ersetzt, was zur starken Bündelung der Chromatinfäden führt. Durch die **Chromatinkondensierung** verkleinert sich der Kern auf 1/10 seiner Ursprungsgröße. Diese Kondensierung ist für den sicheren Transport der DNS zur Eizelle wichtig. Etwa zwei Drittel des Kopfes sind von einer **Akrosomkappe** umhüllt. Sie entsteht aus dem Golgi-Apparat, der nach der Fertigstellung der Akrosomkappe abgebaut wird. Die Akrosomkappe enthält lytische Enzyme, z.B. das Akrosin, das die Zona pellucida um die Eizelle proteolytisch auflöst und das Eindringen des Spermiumkopfes in das Eizellzytoplasma (Penetration) ermöglicht. Der untere freie Abschnitt des Kopfes wird als postakrosomale Region bezeichnet. **Hals, Mittelstück, Hauptstück** und **Endstück** werden gemeinsam als **Spermienschwanz** (Flagellum oder auch Geißel) bezeichnet Abb. 12.9 und Abb. 12.21) und ist für die **Spermienmotilität** verantwortlich. Am **Hals** sind Kopf und Mittelstück beweglich miteinander verbunden. Im Hals liegen proximales Zentriol und ein Rest des distalen Zentriols; das proximale Zentriol berührt die Kernmembran und das distale Zentriol bildet den Achsenfaden des Spermienschwanzes *(Axonema)*. Das Axonema besteht aus 9 peripheren Doppelmikrotubuli und 2 zentralen Mikrotubuli. Das Axonema durchzieht das gesamte Flagellum.

Im Mittelstück ordnen sich die Mitochondrien um den Achsenfaden. Die Mitochondrien liefern Energie in Form von ATP für die Bewegung der Spermien.

Spermiation

Nachdem die Bildung des Spermiums abgeschlossen ist, bleibt ein Rest des Zytoplasmas mit Zellorganellen (Residualkörperchen) übrig. Dieses **Residualkörperchen** wird unmittelbar vor der Freisetzung des Spermiums ins Tubuluslumen abgegeben. Das Residualkörperchen wandert in das Zytoplasma der Sertoli-Zelle und wird von ihr phagozytiert. Den Vorgang der **Freisetzung der Spermien** aus dem Hodenkanälchen nennt man **Spermiation.** Die Spermien werden erst nach dieser Freisetzung als *Spermatozoen* (singular: Spermatozoa) bezeichnet.

12.4 Spermatogenese-Zyklus

Die Entwicklung von der Spermatogonie A bis zur elongierten Spermatide vollzieht sich in 74 Tagen. Danach vergehen noch 2–11 Tage für den Transport durch den Nebenhoden. Bei einer medikamentösen Therapie mit dem Ziel einer vollständig ablaufenden Spermatogenese muss diese Zeitspanne von 74 + 10 = 84 Tagen vom Arzt berücksichtigt werden. Alle 3 Tage findet eine neue Generation von Spermatogonien B den Anschluss an den Spermatogenese-Zyklus, d.h. es wird alle 3 Tage eine neue Gruppe von Spermien an den Nebenhoden weitergeleitet. Wird eine Befruchtung erwünscht, ist deshalb beim Geschlechtsverkehr die Einhaltung einer »Karenzzeit« von 4–6 Tagen empfehlenswert.

Sertoli-Zellen

Die **Sertoli-Zellen**, früher auch als Stützzellen bezeichnet, sind somatische Zellen mesenchymalen Ursprungs. Sie unterstützen die Samenzellbildung. Nach der Pubertät findet keine mitotische Teilung der Sertoli-Zelle mehr statt.

Histologie

Histologisches Erkennungsmerkmal der Sertoli-Zelle ist der chromatinarme, auffällig helle Zellkern mit einem Kernkörperchen und einer auffälligen Kernmembran. Die Zelle erstreckt sich von der Lamina propria bis zur lumennahen Schicht der Geschlechtszellen. Ihre sehr variable Größe und Form passt sich an die Räumlichkeiten an, die von den benachbarten Spermatogenesezellen freigelassen werden. Daher zeigen sie auch mehrere verzweigte zytoplasmatische Fortsätze, die ständig auf- und abgebaut werden. Die Sertoli-Zelle enthält zahlreiche Mikrotubuli sowie Zytokeratin- und Aktin-Filamente, die der Zelle diese **Plastizität** verleihen. Elektronenmikroskopisch beobachtet man Tight Junctions *(Zonulae occludentes)* zwischen den benachbarten Sertoli-Zellen. Daraus ergibt sich eine besondere Einteilung (Kompartimentierung) des Raums im Hodenkanälchen: Der Raum unterhalb der Tight Junctions wird als »**basales Areal**« und der lumenwärts gerichtete Raum oberhalb der Tight Junctions wird als »**adluminales Areal**« bezeichnet. Diese Barriere der Tight Junctions zwischen den benachbarten Sertoli-Zellen wird auch **Blut-Hoden-Schranke** genannt (Abb. 12.10). Das basale Areal enthält Spermatogonien und Spermatozyten I. Die übrigen Spermatogenesezellen (d.h. in der Meiose befindliche Spermatozyten und alle Spermatiden) liegen im adluminalen Areal. Die **funktionelle Bedeutung** dieser räumlichen Einteilung liegt darin, dass die empfindlichen Keimzellen im adluminalen Areal ein besonderes physiologisches Milieu benötigen (nur bestimmte Stoffe gehen durch die Tight Junctions vom basalen ins adluminale Areal hinein, hochmolekulare Eiweiße z.B. Albumine oder Globuline werden zurückgehalten). Bewegt sich eine Keimzelle vom basalen ins adluminale Areal, werden die Tight Junctions schleusenartig vor ihr geöffnet und hinter ihr geschlossen. Die besonderen Strukturen an der Zellmembran im apikalen Bereich der Sertoli-Zelle

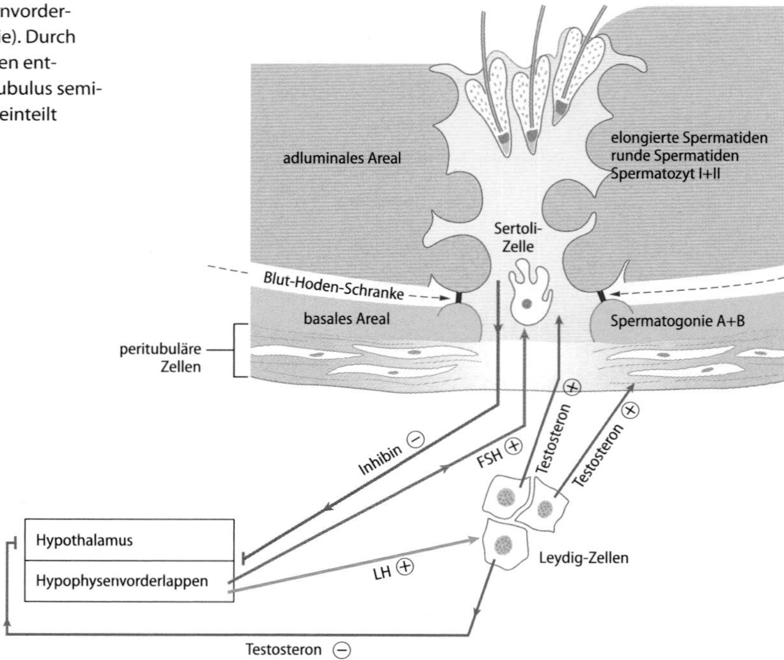

Abb. 12.10. Hormonelle Achse (Hypothalamus-Hypophysenvorderlappen-Testis) und **Blut-Hoden-Schranke** (rote gestrichelte Linie). Durch Tight Junctions (rote Pfeile) zwischen benachbarten Sertoli-Zellen entsteht die Blut-Hoden-Schranke, die den Raum innerhalb eines Tubulus seminiferus in ein basales (grün) und ein adluminales (orange) Areal einteilt

werden als **»junctional specialization«** bezeichnet. Diese ermöglichen das »Eintauchen« der Spermatiden in die Sertoli-Zelle während der Reifung der elongierten Spermatiden. Nach dem die Spermienbildung abgeschlossen ist, werden sie vom Sertoli-Zellzytoplasma durch die »junctional specialization« ins Lumen des *Tubulus seminiferus* hinausbefördert. Außerdem befinden sich je nach Funktionszustand Lipidtropfen, glattes und rauhes ER und gelegentlich Eiweißkristalle (Charcot-Böttcher-Kristalle) im Zytoplasma der Sertoli-Zelle.

Funktion

Die Sertoli-Zelle bietet für die Keimzellen einen mechanischen Halt **(Stützfunktion)**. Die Spermien werden während ihres Aufenthalts in der Sertoli-Zelle von dieser ernährt **(Ernährungsfunktion)**. Je höher die Anzahl der Sertoli-Zellen ist, um so höher ist auch die Anzahl der reifen Spermien, die ein Hodenkanälchen verlassen. Eine weitere Aufgabe der Sertoli-Zellen ist die **Phagozytose,** d.h. der Abbau von Residualkörperchen, Zelltrümmern der Keimzellen, die den Anschluss an den Spermatogenesezyklus verpasst haben. Die Sertoli-Zellen **unterstützen** den **Vorgang der Spermatogenese endokrin** und **parakrin.** Die Sertoli-Zelle bilden ein **Androgen-bindendes Protein (ABP)**, das für die Steuerung der Spermiogenese von Bedeutung ist. Sie haben Rezeptoren für verschiedene Hormone (Androgene, FSH, Transferrin, Activin), sezernieren das Hormon Inhibin (Abb. 12.10) und das Anti-Müller-Hormon (► Kap. 12.10.2). Das Hormon Inhibin hemmt die FSH-Bildung im Vorderlappen der Hypophyse. Activin und Inhibin werden auch als Wachstumsfaktoren betrachtet.

Leydig-Zellen

Diese Zellen liegen vereinzelt oder in Gruppen zwischen den Hodenkanälchen (Abb. 12.4).

Histologie

Histologische Erkennungsmerkmale der Leydig-Zellen sind:
- große runde bis ovale Zelle
- großer runder Kern mit 1–3 Kernkörperchen
- helles azidophiles Zytoplasma mit kleinen Lipidtropfen.

Die Gruppen oder »Cluster« der Leydig-Zellen werden häufig von einem Fibrozytensaum umgeben (Abb. 12.10). Elektronenmikroskopisch beobachtet man reichlich glattes endoplasmatisches Retikulum, Mitochondrien vom tubulovesikulären Typ sowie besondere Eiweißkristalle, die sog. Reinke-Kristalle. Die Vorläufer der Leydig-Zellen sind Fibroblasten, die überwiegend um die Hodenkanälchen liegen.

Funktion

Die Bedeutung der Leydig-Zellen liegt in der Bildung des männlichen Geschlechtshormons **Testosteron,** das u.a. die Spermatogenese unterstützt, insbesondere bei der Entstehung der runden und der elongierten Spermatiden.

Hormonelle Steuerung der Spermatogenese

Der Vorgang der Spermatogenese wird hauptsächlich von 4 Hormonen gesteuert (Abb. 12.10):
- **LH (luteinisierendes Hormon):** Das LH aus dem Hypophysevorderlappen regt die Leydig-Zellen zur Bildung von Testosteron an.
- **FSH (follikelstimulierendes Hormon):** Das FSH aus dem Hypophysenvorderlappen stimuliert die Sertoli-Zelle zur Bildung von ABP (androgenbindendes Protein). Über das ABP vermittelt die Sertoli-Zelle den Androgeneinfluss auf die Spermatogenese.
- **Testosteron:** Unterstützt die Bildung von runden und elongierten Spermatiden.
- **Inhibin:** Dieses Hormon wird in der Sertoli-Zelle gebildet und steuert über eine Rückkopplung die FSH-Freisetzung aus dem Vorderlappen der Hypophyse.

12.5 Hodentumor

Zirka 90% aller Hodentumoren entstehen aus dem Keimepithel und werden als Keimzelltumor (oder Seminom) bezeichnet. Die Hodenoberfläche wird dabei höckerig derb bzw. hart. Die Metastasen breiten sich primär über die Lymphe retroperitoneal entlang der V. testicularis aus.

12.6 Weitere Wirkungen von Testosteron

Neben der Aufrechterhaltung der Spermatogenese hat Testosteron folgende Wirkungen:

- Bewirkt während der fetalen Entwicklung die Bildung hodenspezifischen Gewebes in der männlichen Keimdrüse (Gonade).
- Unterstützt den Aufbau und die Funktionen von Nebenhoden, Samenleiter, Samenbläschen, Prostata und Penis.
- Führt zur Ausbildung der sekundären Geschlechtsmerkmale (Körperbehaarung, Barthaare, tiefe Stimme).
- Steigert das sexuelle Verlangen (Libido) und Zeugungsfähigkeit (Potenz). Es »prägt« das Gehirn auf männliche Verhaltensweisen.
- Beteiligt sich an der hormonellen Hypothalamus-Hypophysen-Testis-Achse (◻ Abb. 12.10)
- Bewirkt in den Talgdrüsen der Haut die Talgbildung (kann während der Pubertät durch verstärkte Testosteronbildung zur Akne führen).
- Auf den Stoffwechsel hat es eine anabole, d.h. muskelaufbauende Wirkung (Dopingmittel zur Leistungssteigerung).

Ein **Mangel an Testosteron** wird als **Hypogonadismus** bezeichnet und kann angeboren oder erworben (z.B. durch Trauma, Bestrahlung, Zytostatika, bilaterale Hodentorsion) sein. Die Folgen eines angeborenen oder vor der Pubertät erworbenen Mangels sind eunuchoider Großwuchs, Ausbleiben der sekundären Geschlechtsmerkmale, unterentwickelte Muskulatur. Entsteht der Mangel nach der Pubertät, sind die Symptome u.a. Abnahme der Libido und Potenz, Rückbildung der Muskelkraft und Osteoporose.

In Kürze

Die **Spermatogenese** bezeichnet den **Vorgang der Samenzellbildung.** Die Spermatogenesezellen, (Keimepithelzellen oder Geschlechtszellen) werden je nach Entwicklungs- und Differenzierungsgrad in verschiedene Zelltypen unterteilt:

- **Spermatogonien A:** Durch **mitotische Teilung** sorgen diese Zellen für eine Stammzellerneuerung, daher auch die Bezeichnung »Stammzellen« des Hodens.
- **Spermatogonien B:** Sie gehen nach mehreren Teilungsschritten aus den Spermatogonien A hervor.
- **Spermatozyten I:** Sie sind die größten männlichen Geschlechtszellen. Es kommt zur **1. meiotische Teilung (Meiose I)**. Am Ende der 1. meiotischen Teilung sind aus einer Spermatozyte I zwei Spermatozyten II entstanden.
- **Spermatozyten II:** Ein Spermatozyt II teilt sich in der **2. meiotischen Teilung (Meiose II)** weiter und es entstehen 2 haploide (23 Chromosomen) runde Spermatiden. Danach ist die Meiose abgeschlossen. Nach der Teilung differenzieren sich die Spermatiden bis **elongierten Spermatide (Spermium).** Die Spermatiden sind jetzt weiter ausgereift. Das Spermium besteht aus einem Kopf, Hals, Mittelstück, Hauptstück und Endstück.

Sertoli-Zellen unterstützen die Samenzellbildung indem sie folgende Funktionen erfüllen:

- Stützfunktion
- Ernährungsfunktion
- Phagozytose
- Bildung des Androgen-bindenden Proteins (ABP)

Leydig-Zellen bilden das männliche Geschlechtshormon **Testosteron,** das eine wichtige Rolle in der Regulation der Spermatogenese einnimmt.

Die **Regulation der Spermatogenese** erfolgt durch **4 Hormone:**

- **LH** aus dem Hypophysevorderlappen regt die Leydig-Zellen zur Bildung von Testosteron an.
- **FSH** aus dem Hypophysenvorderlappen stimuliert die Sertoli-Zelle zur Ernährung der elongierten Spermatiden.
- **Testosteron** fördert die Bildung von runden und elongierten Spermatiden.
- **Inhibin** reguliert die FSH-Freisetzung aus dem Vorderlappen der Hypophyse.

12.2 Nebenhoden (Epididymis)

Einführung

Die Nebenhoden liegen den Hoden auf und stehen mit dem zugehörigen Hoden in Verbindung. Der Nebenhoden geht in den Samenleiter über. Im Nebenhoden reifen die Samenzellen und werden gespeichert.

12.2.1 Lage und Aufbau

Der Nebenhoden hat die Form einer Tabakspfeife und besteht aus Kopf *(Caput epididymidis)*, Körper *(Corpus epididymidis)* und Schweif *(Cauda epididymidis)*. Der Kopf befindet sich am Mediastinum testis (Hodenhilus) auf der oberen dorsalen Seite des Hodens. Der Körper erstreckt sich über den Hoden entlang einer kraniokaudalen Linie (◻ Abb. 12.2). Daran schließt sich der Schweif an, der sich in den Samenleiter fortsetzt. Die Organkapsel (Tunica albuginea) des Nebenhodens ist erheblich dünner als die des Hodens. Im Kopfbereich kommen 12–18 *Ductuli efferentes testis* vor, die ca. 20–40 cm lang sind und den Übergang zwischen dem Rete testis und dem Nebenhodengang *(Ductus epididymidis)* darstellen. Der stark aufgeknäuelte Nebenhodengang beginnt im Kopfbereich, setzt sich im Korpus- und Kaudabereich fort und weist eine Länge von ca. 5–6 m auf (◻ Abb. 12.11). Histologische Bilder des Nebenhodens können, je nachdem aus welchem Abschnitt des Nebenhodens der Schnitt stammt, sehr verschieden erscheinen.

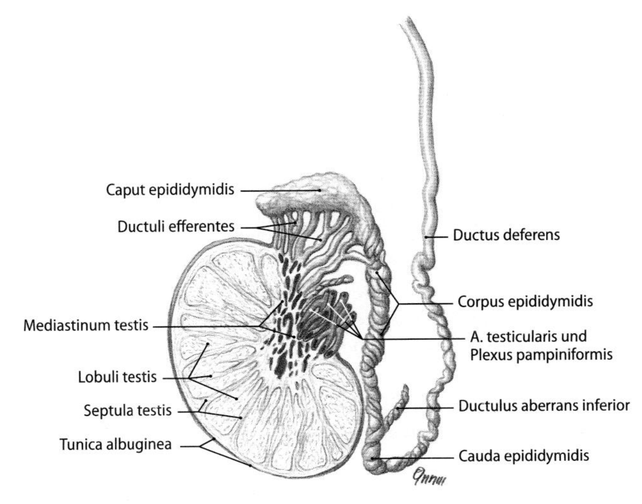

◻ **Abb. 12.11.** Sagittalschnitt durch Hoden, Nebenhoden und Samenleiter [1]

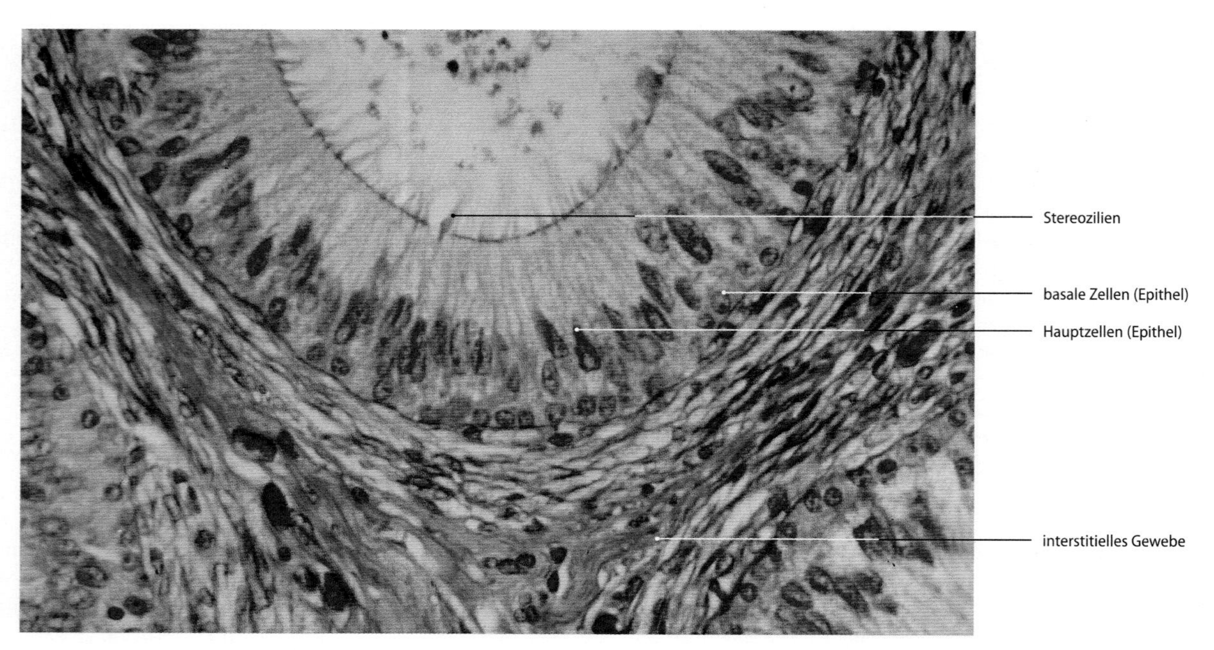

Abb. 12.12. Histologischer Schnitt vom Ductus epididymidis (Nebenhodengang) (Azan-Färbung Vergr. 330-fach)

12.2.2 Histologie

Die Epithelzellen in den Ductuli efferentes und im Ductus epididymidis sind von einer bindegewebigen Lamina propria mit ringförmig angeordneten glatten Muskelzellen umgeben. Sowohl die Ductuli efferentes als auch der Ductus epididymidis sind in ein feinfaseriges gefäßreiches Bindegewebe (Stroma des Nebenhodens) eingebettet. Zum Ende des Nebenhodenschweifs hin nimmt die Höhe des Epithels generell ab, die Wanddicke und die Größe der Lichtung dagegen zu. Die Lumina der Ductuli efferentes und des Ductus epididymidis enthalten Spermien sowie Flüssigkeit aus dem Hoden und Nebenhoden.

Die histologischen Unterscheidungsmerkmale zwischen Ductuli efferentes und Ductus epididymidis sind:

- **Ductuli efferentes testis:** Das Epithel ist unterschiedlich hoch. Die Abgrenzung zum Lumen hin zeigt sich deshalb wellenförmig. Wo das Epithel hoch ist, handelt es sich um ein **hochprismatisches mehrreihiges Epithel,** das mit **Kinozilien** und **Mikrovilli** reichlich ausgestattet ist. Das niedrige Epithel wird dagegen von 1–2 Lagen eines **kubischen Epithels** mit **Mikrovilli** gebildet. Die Zellen mit Kinozilien transportieren die noch unbeweglichen Spermatozoen.
- **Ductus epididymidis:** Die Abgrenzung zum Lumen hin ist glatt, ohne Wellenbildung und besteht aus hohem zweireihigem Epithel (Abb. 12.12). Das Epithel weist 2 Typen von Zellen auf:
  - **Basalzellen:** Sie sitzen der Basalmembran auf und enthalten meist einen kugeligen Kern.
  - **Hauptzellen:** Diese hochprismatischen Zellen liegen den Basalzellen auf, enthalten einen ellipsoiden Kern und an ihrer Oberfläche zum Lumen hin *Stereozilien*. Eine Stereozilie ist ein Schopf von verzweigten langen Mikrovilli, die büschelförmig angeordnet und miteinander verbunden sind.

Ductuli efferentes kommen nur im Nebenhodenkopf vor. Der Ductus epididymidis befindet sich im gesamten Nebenhoden.

12.2.3 Gefäßversorgung, Lymphabfluss und Innervation

Die Äste der A. testicularis und der A. ductus deferentis versorgen den Nebenhoden. Das venöse Blut fließt über den Plexus paminiformis zur V. testicularis und die Lymphe zu den Nodi lymphatici lumbales ab.

Das Organ wird sympathisch und parasympathisch über den Plexus testicularis aus dem Plexus renalis und dem Plexus aorticus abdominalis versorgt.

12.2.4 Funktion

Die im Hoden freigesetzten Spermien sind noch bewegungsunfähig. Sie werden durch die Peristaltik der glatten Muskelzellen in der Wand der Hodenkanälchen und durch den Strom der Hodenflüssigkeit zum Rete testis und danach zu den Ductuli efferentes in den Nebenhodenkopf hineinbefördert. Die Hodenflüssigkeit wird teilweise von den Epithelzellen der Ductuli efferentes resorbiert. Die Kinozilien des Epithels bewegen den Inhalt des Lumens mit den Spermien zum Ductus epididymidis hin. Die Hauptaufgaben des Epithels im Ductus epididymidis sind Sekretion und Resorption. Die Epithelzellen bilden und sezernieren verschiedene Moleküle in das Lumen. Einige von ihnen gelten als Marker der Nebenhodenfunktion: L-Carnitin, Glyzerophosphocholin, Myoinositol und neutrale α-Glukosidase, Carbonyl-Reduktase, und HE2 (humanes epididymales Protein). Die Stereozilien dienen der Sekretion. Sie nehmen auch Stoffe aus den Spermien, insbesondere Enzyme der Akrosomkappe, und aus der Lumenflüssigkeit auf, modifizieren sie und geben sie wieder zurück. Einige Moleküle der Lumenflüssigkeit werden von den Epithelzellen endgültig resorbiert. Die Stoffe, mit denen die Spermien im Nebenhoden ausgestattet werden, haben folgende Funktionen:

- Sicherung der Motilität der Spermien
- Erkennung der Eizelle
- Penetration des Spermiums in die Eizelle
- Fertilisierung.

Spermien benötigen 2-11 Tage für die Passage durch den Nebenhoden und können hier bis zur Ejakulation aufbewahrt werden.

In Kürze

Die Nebenhoden liegen in Form einer Tabakspfeife auf den Hoden und bestehen aus Kopf, Körper und Schweif, der sich in den Samenleiter fortsetzt.

Im Kopfbereich befinden sich 12–18 Ductuli efferentes testis (ca. 20–40 cm lang). Sie bilden den Übergang zwischen dem Rete testis und dem Nebenhodengang (Ductus epididymidis). Der stark geknäuelte Ductus epididymidis hat eine Länge von ca. 5–6 m. Er beginnt im Kopfbereich. Der Schweif geht in den Samenleiter über.

In den Nebenhoden reifen die Spermien bis zur Befruchtungsfähigkeit heran und werden bis zu Ejakulation aufbewahrt.

12.3 Samenleiter (Ductus deferens)

Einführung

Der Samenleiter stellt die Verbindung zwischen Nebenhodengang und männlicher Harnsamenröhre her. Bei der Ejakulation werden die Spermien vom Samenleiter durch kräftige Kontraktionen transportiert.

12.3.1 Lage und Aufbau

Der Samenleiter hat eine Länge von 35–40 cm und einen Durchmesser von 3 mm. Er nimmt die Spermien aus dem Nebenhodenschweif auf und leitet sie bis zur gemeinsamen Harnsamenröhre in der Prostata weiter (Abb. 12.13). Im Verlauf des Samenleiters werden 4 Abschnitte unterschieden:

- *Pars scrotalis* im Hodensack
- *Pars funicularis* im Samenstrang
- *Pars inguinalis* im Leistenkanal
- *Pars pelvica* im kleinen Becken

Wichtig sind die Lagebeziehungen zur Harnblase und zum Beckenboden. In der Pars pelvica läuft der Samenleiter vom inneren Leistenring aus medial im Retroperitonealraum an der seitlichen Wand des kleinen Beckens vorbei und überkreuzt den Harnleiter. Unmittelbar vor dem Erreichen der Prostata zeigt dieser Abschnitt (Pars pelvica) eine ovale Erweiterung *(Ampulla ductus deferentis)*. Diese Ampulla, die auch als Spermienspeicher dient, nimmt den Ausführungsgang des Samenbläschens auf (▶ Kap. 12.5) und tritt als *Ductus ejaculatorius* in die Prostata ein. Der Ductus ejaculatorius ist ca. 2 cm lang und mündet am *Colliculus seminalis* in die *Pars prostatica urethrae* (gemeinsame Harnsamenröhre) ein.

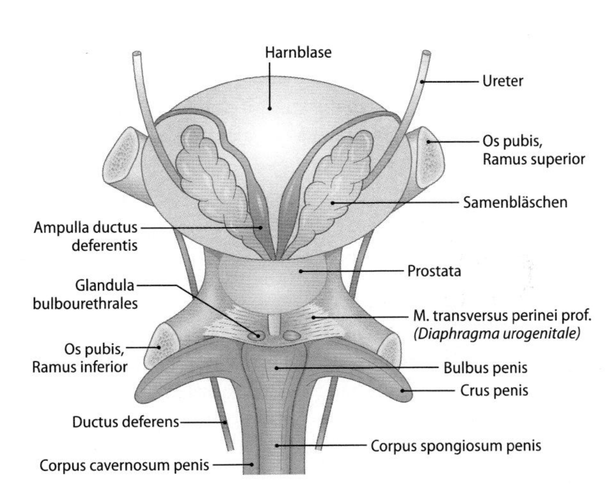

Abb. 12.13. Schematischen Darstellung der Lage von Samenleiter, Samenbläschen und Prostata (Ansicht von dorsal)

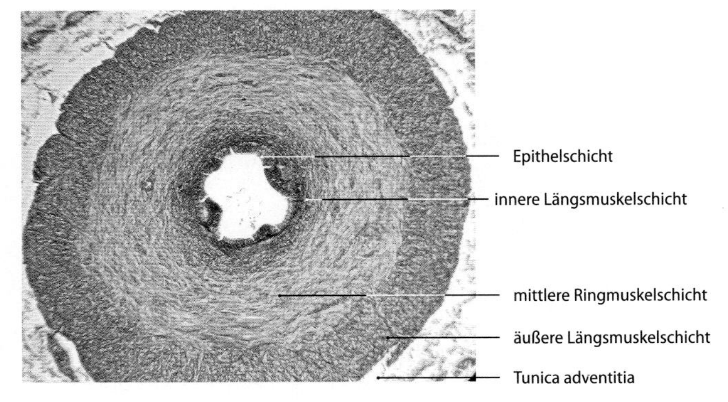

Abb. 12.14. Histologischer Querschnitt durch den Samenleiter (Hämatoxylin-van-Gieson-Färbung, Vergr. 50-fach)

12.3.2 Histologie

Die histologischen Merkmale des Samenleiters im Querschnitt von innen nach außen sind (Abb. 12.14):

- Innen befindet sich ein zweireihiges kubisch bis hochprismatisches Epithel. Die Stereozilien sind im Anfangsabschnitt kurz und im späteren Abschnitt nicht mehr deutlich sichtbar.
- Daran schließt sich eine auffällig starke 1–1,5 mm dicke Schicht der glatten Muskulatur (Tunica muscularis) an. Diese Muskelschicht besteht aus 3 Unterschichten:
  - innere Längsschicht
  - mittlere Ringschicht
  - äußere Längsschicht
- Nach außen hin ist die Muskelschicht von einer bindegewebigen Tunica adventitia umgeben, in der Blut- und Lymphgefäße und vegetative Nerven eingebettet sind.

Bei einer dreidimensionalen Rekonstruktion zeigen die **Muskelfasern** einen **spiralartigen Aufbau,** der eine erhöhte mechanische Kraft verleihen soll. Das Lumen ist beinahe rund mit einer nur leichten Wellung und enthält Spermien. Das Bindegewebe zwischen dem Epithel und der glatten Muskulatur ist reich an elastischen Fasern.

Vor einer Ejakulation transportiert der Ductus deferens durch eine ruckartige kräftige Kontraktion der glatten Muskulatur Spermien vom Nebenhoden bis zur gemeinsamen Harnsamenröhre, die in der Prostata beginnt.

12.3.3 Gefäßversorgung, Lymphabfluss und Innervation

Der Samenleiter wird von der A. ductus deferentis, die von der A. iliaca interna abzweigt, versorgt. Die venöse Entsorgung erfolgt über den Plexus pampiniformis zur V. testicularis. Die Lymphe fließt zu den Nodi lymphatici iliaci und lumbales ab.

Die Nn. splanchnici pelvini liefern parasympathische Fasern. Für die Ejakulation erfolgt die Innervation mit adrenergen Fasern über den Plexus hypogastricus, der vor der Bauchaorta liegt.

12.3.4 Funktion

Der Samenleiter befördert für den Ejakulationsvorgang die Spermien aus den Nebenhoden und die Flüssigkeit aus dem Nebenhodengang bis zum Ductus ejakulatorius in der Prostata. Dabei wirken die kräftigen glatten Muskeln in der Wand des Samenleiters wie eine Saug- und Druckpumpe.

In Kürze

Der Samenleiter hat eine Länge von 35–40 cm. Er nimmt die Spermien aus dem Nebenhodenschweif auf und leitet sie bis zur gemeinsamen Harnsamenröhre in der Prostata weiter.

Der Querschnitt des Samenleiters beträgt etwas 3 mm und ist innen mit einem zweireihigen kubisch bis hochprismatischen Epithel ausgekleidet, das z.T. Stereozilien besitzt. Daran schließt sich eine auffällig starke 1–1,5 mm dicke Schicht der glatten Muskulatur (Tunica muscularis) an, die aus 3 Muskelschichten besteht (innere Längsschicht, mittlere Ringschicht und äußere Längsschicht). Der Samenleiter ist im Samenstrang dorsal tastbar.

12.4 Samenstrang (Funiculus spermaticus)

 Einführung

Der Samenstrang verbindet den Inhalt des Skrotums (Hoden und Nebenhoden) über den äußeren Leistenring mit der Bauchhöhle.

Makroskopie

Die Wandschichten des Samenstrangs *(Funiculus spermaticus)* bilden auch die Hodenhüllen (◘ Abb. 12.2). Diese Wand umhüllt folgende Strukturen des Samenstrangs:
- Samenleiter *(Ductus deferentis)*
- *A. ductus deferentis*
- 2 *Aa. testiculares*
- das Venengeflecht des *Plexus pampiniformis*
- *V. testicularis*
- Lymphgefäße
- vegetative Nerven

Der Raum zwischen diesen Strukturen wird von lockerem Bindegewebe bzw. Fettgewebe ausgefüllt. Zwischen den Muskelfasern des M. cremaster in der Wand des Samenstrangs liegen die A. cremasterica, der R. genitalis n. genitofemoralis und der R. scrotalis n. ilioinguinalis. Der Samenleiter liegt hautnah ganz dorsal im Samenstrang und ist hier gut tastbar.

Plexus pampiniformis

Die venösen Gefäße aus den Hoden und Nebenhoden münden in die Venen des *Plexus pampiniformis*. Im Samenstrang liegen die zahlreichen Venen um die Äste der *Aa. testiculares*. Mehrere dieser Venen enthalten Venenklappen und weisen vielfältige Anastomosen auf. Der Plexus pampiniformis steuert möglicherweise die Temperatur im Hoden: Bei einer Erhöhung der Temperatur wird die Blutausströmung aus dem Hoden beschleunigt, bei einer Senkung jedoch verlangsamt.

12.7 Vasektomie

Eine Unterbindung des Samenleiters (Vasektomie) ist bisher die effektivste Verhütungsmethode für den Mann (Sterilisation). Da der Samenleiter im Samentrang dorsal hautnah gut tastbar liegt, ist das der ideale operative Zugang für eine Vasektomie. Die mikrochirurgische Unterbindung des Samenleiters kann ggf. auch rückgängig gemacht werden.

12.8 Varikozele

Durch Blutstau in den Venen des Plexus pampiniformis kommt es zur Erweiterung und Verdickung der Venen. Diese »Krampfaderbildung« ist im Bereich des Samenstrangs und des Skrotums makroskopisch sichtbar. In einem hohen Prozentsatz tritt die Varikozele linksseitig auf.

Eine fortgeschrittene Varikozele kann die Spermatogenese durch eine Temperaturerhöhung am Testis beeinträchtigen. Manchmal treten auch symptomatische Varikozelen, z.B. durch einen Nierentumor bedingt, auf.

In Kürze

Der Samenstrang verbindet den Inhalt des Skrotums mit der Bauchhöhle. Die Wandschichten des Funiculus spermaticus entsprechen den Hodenhüllen. Die venösen Gefäße aus den Hoden und Nebenhoden bilden im Samenstrang den Plexus pampiniformis.

12.5 Samenbläschen (Glandula vesiculosa)

 Einführung

Die Samenbläschen sind paarig angelegt und gehören wie die Vorsteherdrüse (► Kap. 12.6) und die Cowper-Drüse (► Kap. 12.7) zu den akzessorischen Geschlechtsdrüsen. Diese Drüsen produzieren verschiedene Sekrete, die den Hauptteil der Spermaflüssigkeiten bilden.

12.5.1 Lage und Aufbau

Die paarige Bläschendrüse, *Glandula vesiculosa*, früher *Vesicula seminalis* genannt, befindet sich zwischen der dorsalen Wand der Harnblase und dem Rektum (◘ Abb. 12.1). Lateral liegen die Ampullen des Samenleiters und darunter die Vorsteherdrüse (◘ Abb. 12.13). Die Glandula vesiculosa besteht aus einem einzigen, ca. 15 cm langen Drüsengang, der starke Windungen aufweist, so dass die Form eines Farnblatts von 5 cm Länge, 1–2 cm Breite und 1 cm Dicke entsteht. Der Drüsengang mündet gemeinsam mit der Ampulla ductus deferentis in der Prostata in den Ductus ejaculatorius.

12.5.2 Histologie

Der Drüsengang wird in einem histologischen Schnitt auf Grund der Windungen mehrfach getroffen (◘ Abb. 12.15). Die Epithelschicht ist in **Drüsenkammern** angeordnet, die durch eine schmale Scheidewand voneinander getrennt sind. Durch diese Anordnung wird die Oberfläche des sezernierenden Epithels stark vergrößert. Die Schleimhaut besteht aus tubuloalveolären Drüsen und zeigt ein bizarres Faltenrelief sowie **Epithelbrücken**. Das Epithel besteht aus 1–2 Reihen von prismatisch bis hochprismatischen Zellen. Zwischen dem Epithel und der Tunica muscularis befindet sich eine bindegewebige Lamina propria. Die Tunica muscularis ist auffallend stark. Die

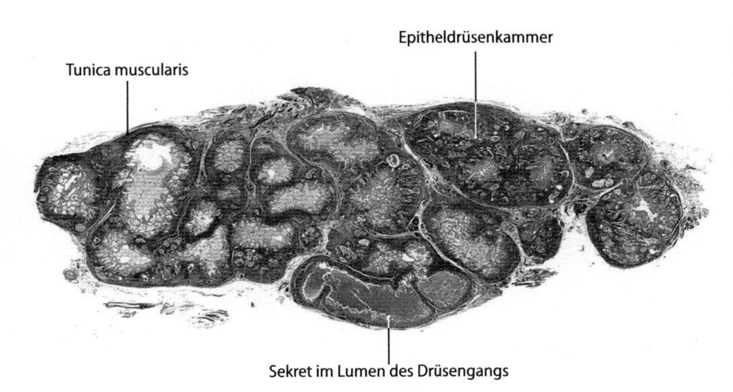

Abb. 12.15. Mikroskopische Anatomie eines Samenbläschens (Azan-Färbung, Vergr. 3,5-fach)

gebündelten glatten Muskelzellen liegen in zwei entgegengesetzten Verlaufsrichtungen. Nach außen hin ist die Wand von einer Tunica adventitia (lockeres Bindegewebe, Leitungsbahnen) und von einer Organkapsel umgeben. Das Lumen enthält Sekret, gelegentlich Spermien und abgestoßene Epithelzellen.

12.5.3 Gefäßversorgung, Lymphabfluss und Innervation

Zur Versorgung mit Blut ziehen zu den Samenbläschen Äste der *A. vesicalis inferior, A. rectalis media* und *A. ductus deferentis*. Die Venen münden in den *Plexus vesicoprostaticus*. Die Lymphe fließt zu den *Nn. lymphatici iliaci interni et externi.*

Die **Innervation** erfolgt über den *Plexus pelvicus* und *Plexus hypogastricus inferior* und ist überwiegend sympathisch.

12.5.4 Funktion

Die Samenbläschen sezernieren ein Sekret. Das Bläschendrüsensekret ist eine zähe, gelbliche, alkalische Flüssigkeit, die u.a. Fructose, Fibrinogen, Vitamin C, Prostaglandine und Seminogelin enthält. Fructose dient den Spermien als Energiespender für die Motilität. Seminogelin ist für die Koagulation des Ejakulats verantwortlich (► Kap. 12.8). Das Sekret, dessen Bildung testosteronabhängig ist, stellt den Hauptanteil der Samenflüssigkeit (Seminalplasma) dar.

Die Bläschendrüse (Glandula vesiculosa) ist paarig angelegt und befindet sich an der Hinterwand der Blase. Sie besteht aus einem ca. 15 cm langen Gang, der stark gewunden ist. Der Ausführungsgang mündet innerhalb der Prostata in den Ductus ejaculatorius. Das alkalische Bläschendrüsensekret enhält Stoffe, die den Spermien als Energiequelle dienen und ihre Beweglichkeit erhöhen.

12.6 Prostata (Vorsteherdrüse)

Einführung

Die kastaniengroße Vorsteherdrüse ist die größte der akzessorischen Drüsen. Bei der rektalen Untersuchung ist sie ca. 4 cm vom After entfernt tastbar. Dabei kann ihre Größe beurteilt werden. Das Prostatasekret löst die Spermienmotilität aus.

12.6.1 Lage und Aufbau

Betrachtet man die Organe im kleinen Becken von dorsal (Abb. 12.13), entsteht der Eindruck die Prostata »stehe vor« der Harnblase, daher die Bezeichnung »Vorsteherdrüse«. Die Prostata hat die Form und Größe einer Kastanie (3 cm lang, 4 cm breit, 2 cm dick) und wiegt ca. 20–25 g. Sie besteht aus 30–50 Einzelepitheldrüsen, die ihr Sekret über 15-20 Ausführungsgänge *(Ductuli prostatici)* am Samenhügel *(Colliculus seminalis)* in die Harnröhre *(Pars prostatica urethrae)* abgeben.

Die Prostata liegt unmittelbar unterhalb der Harnblase auf der Faszie des *M. transversus perinei profundus* Abb. 12.12) und umschließt die Harnröhre *(Pars prostatica urethrae)* (Abb. 12.16). Die

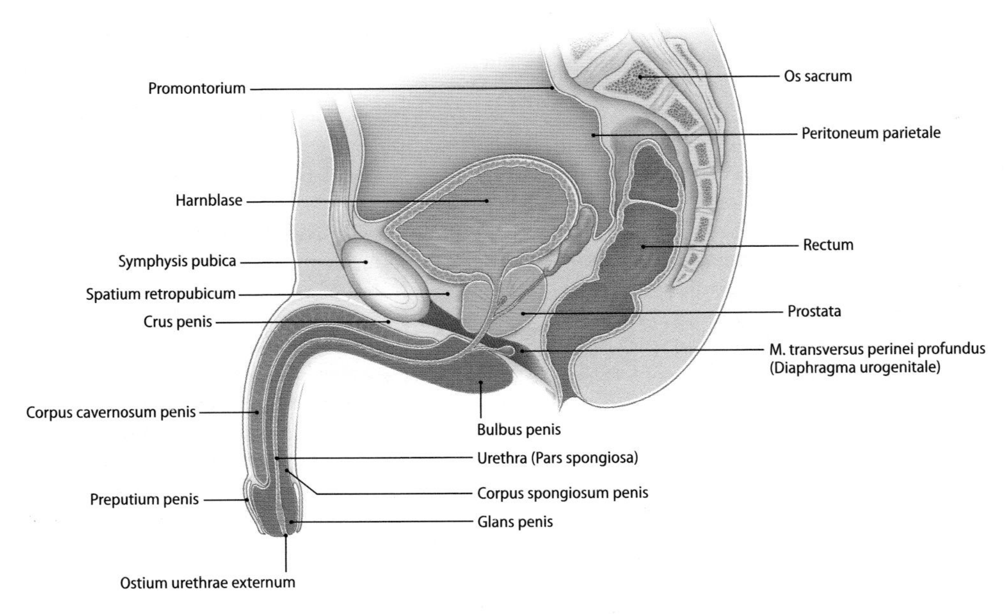

Abb. 12.16. Schematische Darstellung des männlichen Beckens und des Penis in einem Mediansagittalschnitt

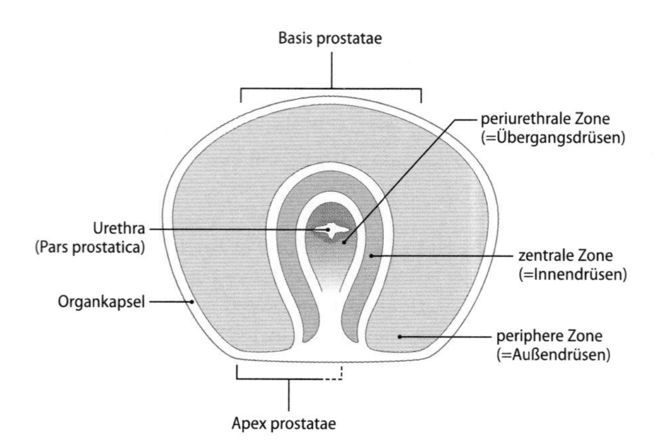

Abb. 12.17. Schematischer Prostataquerschnitt mit Zoneneinteilung. Die verschiedenen Zonen enthalten Epitheldrüsen

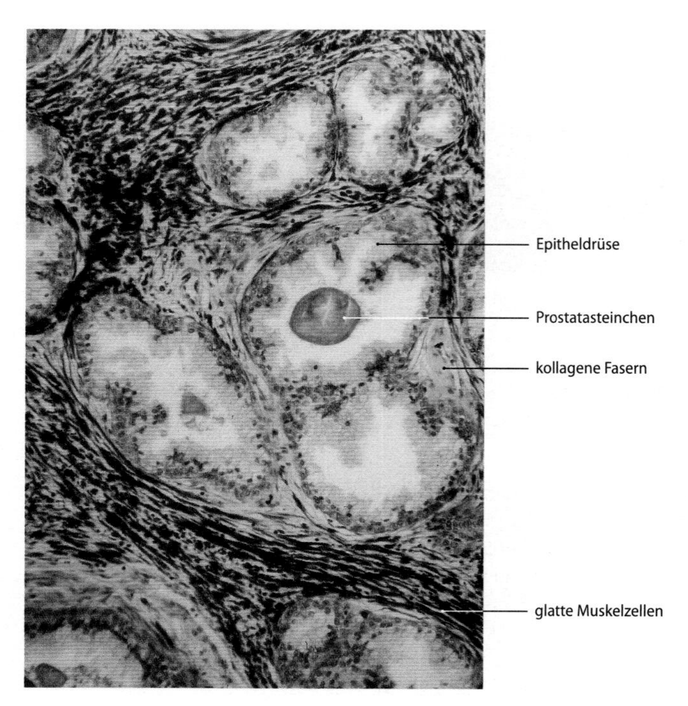

Abb. 12.18. Mikroskopische Anatomie der Prostata (Goldner-Färbung, Vergr. 130-fach)

zwischen dem rechten und linken *Ramus inferior ossis pubis* quer gelegene Muskelplatte (M. transversus perinei profundus, M. transversus perinei superficialis und die dazugehörigen Faszien) wurden früher als *Diaphragma urogenitale* bezeichnet. Die Basis des Organs *(Basis prostatae)* liegt dem Harnblasengrund und die untere Spitze *(Apex prostatae)* dem Diaphragma urogenitale an (Abb. 12.16). Ventral wird die Prostata vom Lig. puboprostaticum begrenzt. Dorsal zum Rektum hin bildet eine flache Bindegewebeplatte (Denonvillier-Faszie) die Grenze, die sich von der Excavatio rectovesicalis bis zum Sehnenzentrum der Dammgegend *(Centrum tendineum perinei)* erstreckt.

Die Prostata wird nach funktionellen und klinischen Gesichtspunkten in 3 Zonen eingeteilt (Abb. 12.17):
- periurethrale Zone (um die Harnröhre, auch Übergangszone genannt)
- zentrale Zone mit Ductus ejakulatorius (»Innendrüse«)
- periphere Zone (»Außendrüse«).

Östrogen regt das Wachstum der zentralen Zone (»Innendrüsen«) an. Die periphere Zone (»Außendrüse«) steht unter dem Einfluss von Testosteron und Dihydrotestosteron.

12.6.2 Histologie

Die Prostata besteht aus verzweigten tubuloalveolären **Epitheldrüsen.** Diese enthalten kubische bis hochprismatische Epithelzellen. Im Lumen der Drüsen befindet sich das **Prostatasekret,** das hier bis zum Zeitpunkt der Ejakulation aufbewahrt wird . Im Lumen können durch Eindickung und Verkalkung des Sekrets **Prostatasteine** entstehen (Abb. 12.18). Der Raum zwischen den Epitheldrüsen, das **Interstitium,** wird von kollagenfaserigem Bindegewebe und von einem Flechtwerk glatter Muskelzellen gebildet (Abb. 12.18). Die **glatten Muskelzellen,** die in der Prostata auffallend zahlreich vorkommen, sind ein wichtiges Erkennungsmerkmal der Prostata im histologischen Schnitt.

12.6.3 Gefäßversorgung und Lymphabfluss

Die Prostata wird über die A. vesicalis inferior, A. pudenda interna und A. rectalis media versorgt. Der venöse Abfluss erfolgt über das Venengeflecht des Plexus venosus prostaticus, der mit der V. dorsalis penis profunda in Verbindung steht. Die Lymphe fließt in die Nodi lymphatici iliaci externi und interni und in die perivesikalen und präsakralen Lymphknoten ab.

12.6.4 Funktion

Bei einer Ejakulation wird die rasche Abgabe des Sekrets in die Harnröhre durch eine Kontraktion der glatten Muskelzellen im interstitiellen Gewebe der Prostata bewirkt. Das milchige dünnflüssige Prostatasekret ist sauer (pH 6,4) und enthält u.a. Prostaglandine, saure Phosphatase, Zink, Zitronensäure, Cholesterin, Phospholipide, Fibrinolysin, Fibrinogenase, hydrolytische Enzyme, Spermin, Spermidin und ein prostataspezifisches Antigen (PSA). Das Prostatasekret löst die Motilität der Spermien aus. Spermin stabilisiert die DNS-Struktur der Samenzellen, auch der charakteristische Geruch der Samenflüssigkeit ist auf Spermin zurückzuführen. Das PSA verflüssigt das Ejakulat in 20–30 Minuten.

12.9 Rektale Untersuchung der Prostata

Vom Mastdarm aus kann man Samenbläschen und Prostata abtasten und ihre Größe und Konsistenz untersuchen. Dabei wird der Zeigefinger ins Rektum eingeführt und vom Anus aus nach 4–5 cm um etwa 45° zum Tasten der Prostata angehoben. Für diagnostische Zwecke kann das Sekret der Samenbläschen durch Druck mit dem Zeigefinger in die gemeinsame Harnsamenröhre (Pars prostatica urethrae) ausgepresst werden. Die Bedeutung der digitalen rektalen Untersuchung liegt in der **Früherkennung eines Prostatakarzinoms oder -adenoms.** Das Prostatakarzinom ist der häufigste bösartige Tumor des Urogenitaltrakts. Bei Männern zwischen dem 60. und 70. Lebensjahr ist es der dritthäufigste maligne Tumor. Beim Prostatakarzinom ist der PSA-Wert im Blut erhöht.

12.10 Prostatahyperplasie

Eine Hyperplasie (Zellvermehrung) von Prostatagewebe entsteht häufig bei älteren Männern in der Zone um die Urethra und in der Innenzone. Als Folge wird die Harnröhre eingeengt und der Abfluss des Harns aus der Blase behindert. Das führt zur unvollständigen Blasenentleerung. Der Nachweis kann durch die Bestimmung der Restharnmenge, z.B. mit Hilfe der Sonographie erbracht werden.

In Kürze

Die Prostata ist eine etwas kastaniengroße Drüse, die unterhalb der Harnblase liegt und die Harnröhre umschließt. Sie besteht aus 30–50 Einzelepitheldrüsen, die ihr Sekret über 15–20 Ausführungsgänge (Ductuli prostatici) am Samenhügel (Colliculus seminalis) in die Harnröhre abgeben. Das Prostatasekret dient der Motilität der Spermien.

12.7 Cowper-Drüse (Glandulae bulbourethrales)

Diese paarigen erbsengroßen Drüsen liegen im Beckenboden im Bereich des *M. transversus perinei profundus* jeweils seitlich der Harnröhre im *Pars intermedia urethrae* (Abb. 12.13 und 12.19). Die Drüsen bestehen aus Tubuli, die außen von Septen aus glatten Muskelzellen umgeben sind. Vor einer Ejakulation wird das visköse Sekret über die ca. 5 cm langen Ausführungsgänge in die Harnröhrenerweiterung am Anfang der *Pars spongiosa urethrae* abgegeben. Das schleimhaltige Sekret erhöht vermutlich die Alkalisierung der Epithelfläche der Harnröhre und der Glans penis. Dadurch wird die Spermapassage erleichtert.

In Kürze

Die paarigen, erbsengroßen Cowper-Drüsen liegen in der Beckenbodenmuskulatur jeweils seitlich der Harnröhre. Vor der Ejakulation wird ein schleimiges Sekret abgegeben. Das Sekret ändert die Epithelfläche der Pars spongiosa urethrae für eine sichere Passage der Spermien.

12.8 Penis (Männliches Glied)

Äußerlich sind am Penis 3 Abschnitte zu unterscheiden:
- Peniswurzel *(Radix penis)*
- Penisschaft *(Corpus penis)*
- Eichel *(Glans penis)*

12.8.1 Aufbau

Die Oberseite des herabhängenden Penis wird als Penisrücken *(Dorsum penis)* bezeichnet, die hintere Seite oder Unterseite als *Facies urethralis.*

Die Form des Penis wird von 3 Schwellkörper bestimmt. Die beiden Schwellkörper an der Oberseite werden als Penisschwellkörper *(Corpora cavernosa penis)* bezeichnet. Der Schwellkörper an der Unterseite ist der Harnröhrenschwellkörper *(Corpus spongiosum penis)*. Das Corpus spongiosum liegt in einer Rinne, die an der Unterseite des Penis von den beiden Corpora cavernosa gebildet wird

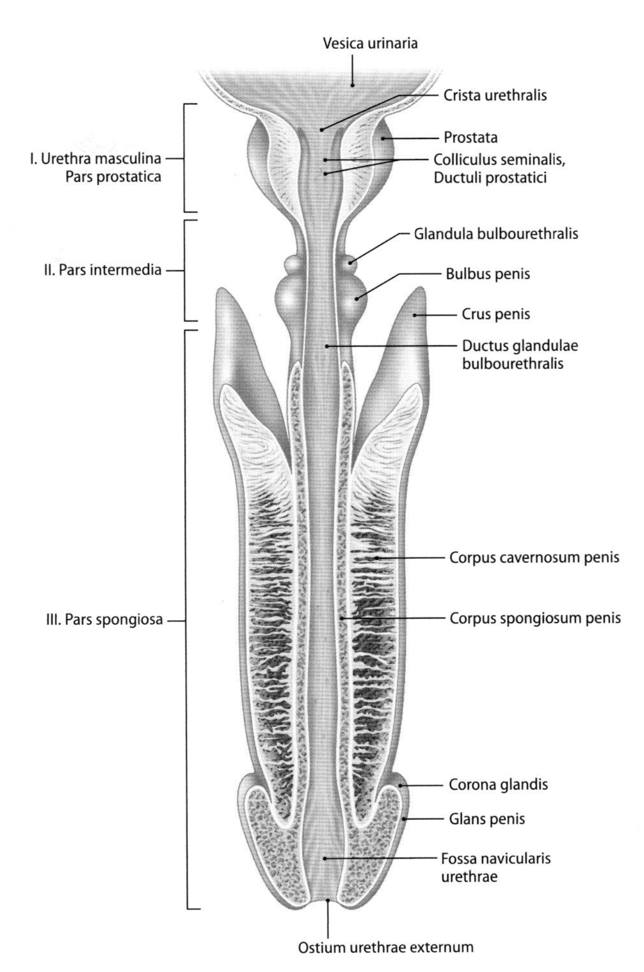

Abb. 12.19. Penis, Harnröhre und Prostata im Längsschnitt [9]

Abb. 12.19). Das Corpus spongiosum enthält die Harnröhre *(Pars spongiosa urethrae)*. Bei sexueller Erregung füllen sich die Schwellkörper mit Blut, es kommt zur Versteifung und Aufrichtung (Erektion) des Penis.

Dem Corpus spongiosum sitzt vorn am distalen Ende die **Eichel** *(Glans penis)* wie ein Hut auf. In der Eichel zeigt die Harnröhre eine Lumenerweiterung *(Fossa navicularis urethrae)*, die sich in die äußere Harnröhrenmündung *(Ostium urethrae externum)* fortsetzt (Abb. 12.16). Die Eichel wird von der Vorhaut *(Preputium penis)* bedeckt. Die Vorhaut ist ein Doppelblatt, dessen Unterseite zum Vorschein kommt, wenn man die Vorhaut auf den Schaft zurückzieht. Die distalen Enden der Corpora cavernosa schieben sich in eine ovale Einsenkung der Eichel hinein.

Die rumpfnahen Enden aller 3 Schwellkörper bilden gemeinsam die **Peniswurzel**. Das proximale Ende des Corpus spongiosum ist kolbenartig verdickt *(Bulbus penis)*, steht in enger topographischer Beziehung zu den Glandulae bulbourethrales und wird von den *Mm. bulbospongiosi* umhüllt. Die proximalen Enden beider Corpora cavernosa sind V-förmig am Os pubis, Pars inferior und am M. transversus perinei profundus befestigt. Diese Verankerung geschieht durch den *M. ischiocavernosus*, der das proximale Ende des Corpus cavernosum wie einen Mantel umgibt. Am Übergang zwischen unbeweglicher Peniswurzel und beweglichem Penisschaft befinden sich elastische Bänder, die zur Symphyse und zur vorderen Rumpfwand ziehen und der Aufhängung dienen. Das *Lig. fundiforme penis* ist eine Fortsetzung des vorderen Blatts der Rektusscheide und das tiefer

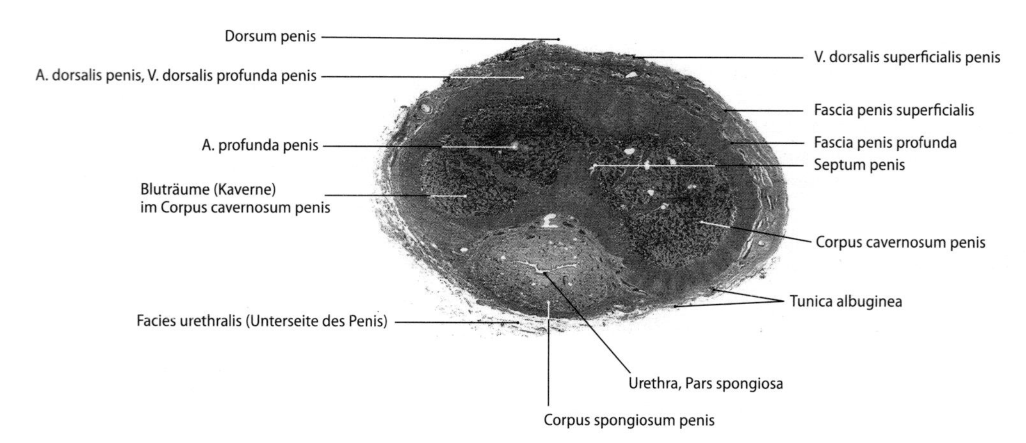

Abb. 12.20. Querschnitt durch den Penisschaft (Corpus penis) (Azan-Färbung, Vergr. 4-fach)

gelegene *Lig. suspensorium penis* zieht von der Symphyse und den Schambeinästen zum Penisrücken

Alle 3 Schwellkörper werden durch eine *Fascia penis profunda* (Buck-Faszie) umhüllt und zum **Penisschaft** vereinigt. Unmittelbar unter der Penishaut befindet sich die *Fascia penis superficialis* (Colle-Faszie).

12.11 Phimose

Bei einer **Phimose** kann eine zu enge Vorhaut nicht über die Eichel zurückgezogen werden. Die Reinigung der Eichel ist nicht möglich und die Folge sind entzündliche Prozesse in der Tasche zwischen der Vorhaut und der Eichel. Die Entzündung der Eichel wird als **Balanitis** bezeichnet. Eine chronische Balanitis kann zum **Peniskarzinom** führen.

12.8.2 Histologie

Das Corpus cavernosum penis ist von einer kollagenfaserigen 0,5–2 mm dicken Kapsel (Tunica albuginea) umgeben (Abb. 12.20). Die Fasern aus dieser Kapsel bilden außerdem eine unvollständige Scheidewand (Septum penis) zwischen den einzelnen Schwellkörpern. Das Corpus cavernosum enthält zahlreiche mit Endothel ausgekleidete Hohlräume (Kavernen), die durch ein Flechtwerk aus Bindegewebe und glatter Muskulatur voneinander getrennt sind. Im erschlafften Zustand erscheinen die Kavernen wie dünne Spalträume, im erigierten Glied sind sie prall mit Blut gefüllt. Die Tunica albuginea des Corpus spongiosum ist relativ dünn. Das Schwellgewebe besteht aus kavernösen Venen, die miteinander verbunden sind. Diese Venen sind in ein lockeres Bindegewebe mit einzelnen Faserbündeln der glatten Muskulatur eingebettet. In der Glans penis sind die kavernösen Venen stark geschlängelt, hier kommen wenig glatte Muskeln und mehr Bindegewebe vor.

12.8.3 Gefäßarchitektur und Funktion

Für den Vorgang des Versteifens und des Aufrichtens **(Erektion)** des Penis ist ein spezielles System der Gefäßarchitektur im Penis verantwortlich. An diesem System beteiligen sich mehrere Arterien, Venen, ihre Äste, Anastomosen sowie Sperrvorrichtungen.

Die Arterien aus der *A. pudenda interna* teilen sich in 3 Gefäße auf:

- *A. dorsalis penis*, die auf dem Dorsum penis zur Glans penis zieht.
- *A. bulbourethrales*, die das Corpus spongiosum und die Harnröhre (Pars spongiosum urethrae) versorgt.
- *Aa. profundae penis*, die für das Corpus cavernosum zuständig sind.

Die Aa. profundae penis laufen durch die Mitte des Corpus cavernosum und geben zahlreiche zirkulär verlaufende Äste, die *Aa. helicinae* (Rankenarterien) ab. Die Aa. helicinae sind bei der Erschlaffung des Glieds gewunden und durch ein Intimapolster verschlossen (»Sperrarterien«). Während der Erektion sind sie gestreckt und offen. Es bestehen zahlreiche Anastomosen zwischen *A. dorsalis penis* und *A. profunda penis*. Vor einer Erektion öffnen sich die Hohlräume der Corpora cavernosa durch die parasympathisch bedingte Erschlaffung der glatten Muskulatur. Gleichzeitig kommt es durch den Parasympathikus zur Vasodilatation der Aa. helicinae. Während der Füllung der Corpora cavernosa werden die Drosselvenen und die arteriovenösen Anastomosen geschlossen. Die Venen werden komprimiert, da in den Corpora cavernosa durch das arterielle Blut ein hoher Binnendruck (ca. 1000–1200 mmHg) herrscht. Dies führt dazu, dass während der Füllung der Corpora cavernosa durch das arterielle Blut gleichzeitig der venöse Abfluss gedrosselt wird. Das Glied wird steif und hart. Nach der Erektion fließt das Blut aus den Räumen der Corpora cavernosa über die *Vv. cavernosae* (auch *Vv. circumflexae* genannt, da sie den Penisschaft ringförmig umgreifen) zur *V. dorsalis profunda penis* ab. Die *V. dorsalis profunda penis* befindet sich unter der tieferen Penisfaszie (Buck-Faszie) und mündet schließlich in ein größeres Gefäß, die *V. dorsalis superficialis penis*, die unter der Penishaut als gut sichtbare Vene verläuft. Am Ende fließt das venöse Blut zum *Plexus venosus prostaticus* bzw. zur *V. pudenda interna.*

12.8.4 Lymphabfluss

Die Lymphgefäße aus dem Penis münden hauptsächlich in die Nodi lymphatici inguinales ein.

12.8.5 Innervation

Die Erektion wird hauptsächlich durch die vasodilatatorische Wirkung des Parasympathikus aus dem Sakralbereich, *N. pudendus* und *Nucleus intermedialis* der Segmente S2–S4 des Rückenmarks (sog. Reflexzentrum für Erektion) gesteuert. Das Ende der Erektion, die **Detumeszenz,** wird durch die vasokonstriktive Wirkung des Sympasthikus *(Plexus pelvinus und Plexus hypogastricus inferior)* eingeleitet. Höhere kortikale Zentren des Gehirns können die Erektion anregen oder hemmen.

Die sensible Innervation (Schmerz, Temperatur, Tastsinn, Vibration) erfolgt über den *N. dorsalis penis* aus dem N. pudendus.

12.12 Erektionsstörungen

Zirka 80% der Erektionsstörungen haben organische Ursachen. Ein Fehlen der Erektion wird als **Impotentia coeundi** bezeichnet.

Eine schmerzhafte Dauererektion wird als **Priapismus** bezeichnet. Ursachen sind hier u.a. Rückenmarksläsionen oder Thrombosen der Schwellkörper im Penis. Ein Priapismus ist als Notfall anzusehen und rasch zu behandeln (urologische Notfallambulanz oder Klinik).

In Kürze

Am Penis sind 3 Abschnitte zu unterscheiden:

- **Radix penis** (Peniswurzel): Sie wird von den rumpfnahen Enden aller 3 Schwellkörper gebildet und ist mit dem Lig. fundiforme penis an der Rektusscheide und dem tiefer gelegenen Lig. suspensorium am Os pubis befestigt.
- **Corpus penis** (Penisschaft): Die Form des Penis wird von 3 Schwellkörper bestimmt:
  - An der Oberseite liegen die beiden Penisschwellkörper (Corpora cavernosa penis).
  - An der Unterseite befindet sich der Harnröhrenschwellkörper (Corpus spongiosum penis) und enthält die Harnröhre.
- **Glans penis** (Eichel): Sie sitzt dem Corpus spongiosum am distalen Ende auf und wird von einer Vorhaut, dem Preputiom bedeckt.

Alle 3 Schwellkörper werden durch eine Faszie (Fascia penis profunda) umhüllt und zum **Penisschaft** vereinigt.

Bei sexueller Erregung füllen sich die Schwellkörper mit Blut, es kommt zur Versteifung und Aufrichtung (Erektion) des Penis.

12.9 Sperma (Ejakulat)

 Einführung

Der **Erektion des Penis** folgt die Phase der **Emission,** d.h. der Transport der Spermien aus dem Nebenhoden und der Flüssigkeiten aus Nebenhoden, Samenbläschen und Prostata zur penilen Urethra (Corpus spongiosum urethrae). Dieser Vorgang wird vom Sympathikus gesteuert. Gleichzeitig wird die Harnblase durch den inneren Schließmuskel zur Urethra verschlossen. Danach wird vom Parasympathikus der Vorgang der **Ejakulation,** d.h. die eigentliche Freisetzung des Ejakulats durch das Ostium urethrae externum, ausgelöst. Durch kräftige und rhythmische Kontraktionen des M. bulbocavernosus und M. ischiocavernosus wird das Ejakulat hinausgepresst.

Das Sperma (◘ Abb. 12.21) besteht aus **zellulären** (Spermien, unreifen Keimzellen, abgeschilferte Epithelzellen, Leukozyten und Makrophagen) und **flüssigen Anteilen** (Seminalplasma). Die ◘ Tab. 12.1 zeigt die Normwerte eines Ejakulats. Zirka 25–30% der Spermien in einem normalen Ejakulat sind unreif und unbeweglich. Im weiblichen Genitaltrakt bewegen sich die Spermien etwa 3-3,5 mm pro Minute. Durch die Drehbewegung des Flagellums (◘ Abb. 12.8) wird eine vorwärts gerichtete Motilität erreicht. Die Lebensdauer der befruchtungsfähigen Spermien im weiblichen Genitaltrakt beträgt in der Regel ca. 3-5 Tage.

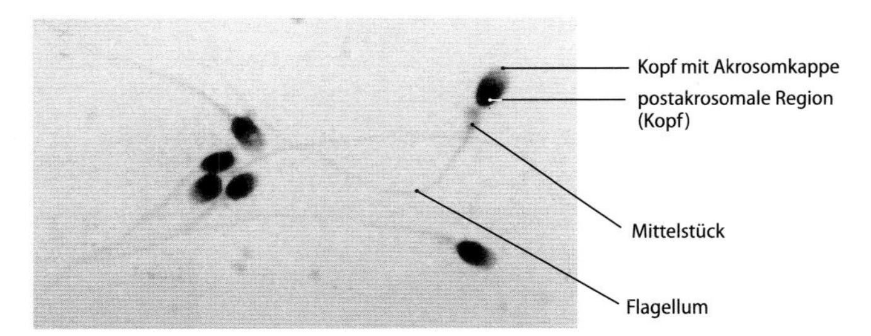

◘ **Abb. 12.21.** Ausstrichpräparat von Sperma eines 34-jährigen Mannes. Normale Form der Spermien im Ejakulat (Papanicolaou-Färbung, Vergr. 1120-fach) [13]

12.13 Fertilität und Infertilität

Fertilität bedeutet die Fähigkeit Nachkommen hervorzubringen. Der Hauptfaktor der Unfruchtbarkeit des Mannes (männliche Infertilität) ist die Qualität des Spermas, d.h. dass entweder zu wenige bzw. keine Spermien produziert werden oder die produzierten Samenzellen geschädigt sind. Ursachen dafür können neben Krankheiten wie Mumps auch Umweltschadstoffe, Alkohol- und Drogenmissbrauch oder ionisierende Strahlung (z.B. Röntgenstrahlen) sein. Zur Behandlung gibt es heute Methoden, die eine künstliche Befruchtung von Eizellen mit Spermien im Labor (IVF = In-vitro-Fertilisierung) ermöglichen. Außerdem kann ein Spermium durch eine Mikroinjektion unter mikroskopischer Kontrolle in die Eizelle hineingeführt werden (ICSI = intrazytoplasmatische Spermieninjektion). Die Spermien werden aus dem Ejakulat oder operativ aus dem Nebenhoden bzw. aus dem Hoden gewonnen. Diese Methode wird dann bevorzugt, wenn die Spermien eines Patienten unbeweglich sind bzw. eine fehlerhafte Akrosomkappe enthalten.

In Kürze

Das Sperma besteht aus **zellulären** (Spermien, unreifen Keimzellen, abgeschilferte Epithelzellen, Leukozyten und Makrophagen) und **flüssigen Anteilen** (Seminalplasma). Die Lebensdauer der befruchtungsfähigen Spermien im weiblichen Genitaltrakt beträgt in der Regel ca. 3–5 Tage.

12.10 Embryonalentwicklung

12.10.1 Entstehung des Testis

Das Zölomepithel verdickt sich in der 5. SSW am medialen Rand der **Urogenitalfalte** zur **Gonaden**- oder **Genitalleiste.** Die Urogenitalfalte liegt jeweils lateral vom dorsalen Mesenterium. In die Genitalleiste wandern einerseits die mesenchymalen Fibroblasten aus der Urniere **(Mesonephros)** und andererseits die **primordialen Geschlechtszellen** (Urgeschlechtszellen = Urkeimzellen) ein (◘ Abb. 12.22a). Dadurch entsteht die **»indifferente« Gonadenanlage** (s.u.). Die primordialen Geschlechtszellen trennen sich schon früh von den somatischen Zelllinien und stellen die Ausgangszellen der »Keimbahn« dar. Sie entstehen im Epiblast (Ektoderm) und wandern zunächst über die Primitivrinne in den extraembryonal gelegenen Dottersack. Von dort erreichen sie während der 5. und 6. SSW über den Hinterdarm entlang dem Zölomepithel die Urogenitalfalte und besiedeln die Genitalleiste. Die Bezeichnung **»indifferente« Gonadenanlage** deutet daraufhin, dass das Geschlecht der Gonade noch nicht festgelegt ist, und dass hier die notwendigen Strukturen für die Bildung sowohl des Testis als auch des Ovars vorhanden sind. Erst am Ende der 7. SSW kann man auf Grund der morphologischen Differenzierung zwischen Hoden und

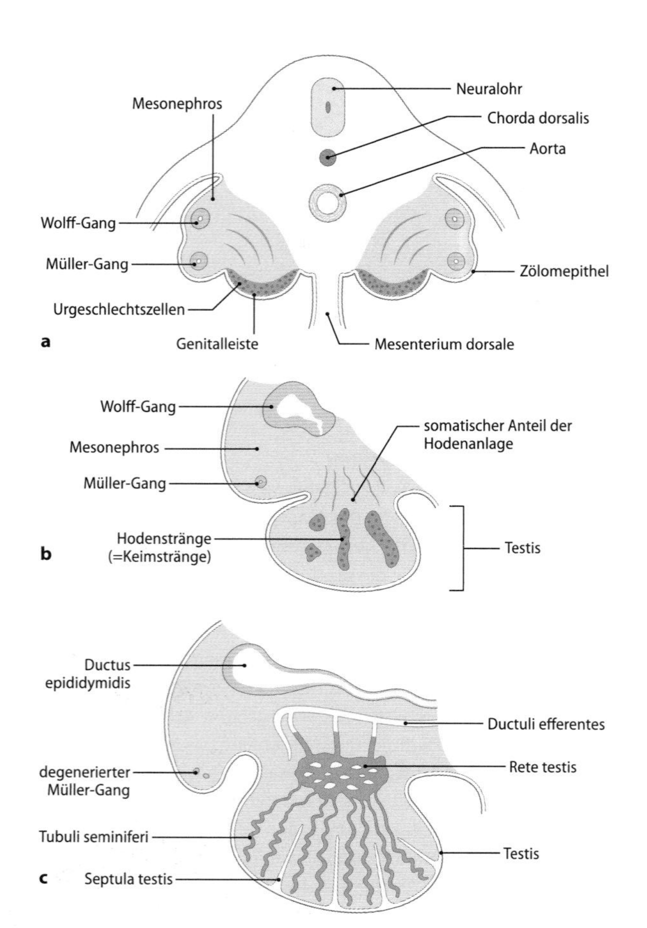

Abb. 12.22a–c. Schematische Darstellung der Embryonalentwicklung des Hodens. **a** Querschnitt eines Embryos in Höhe des Hinterdarms in der 5. Schwangerschaftswoche. Die Genitalleiste enthält die Urgeschlechtszellen (primordialen Geschlechtszellen). Die Gonadenanlage ist »indifferent«. **b** In der 8.–10. Schwangerschaftswoche Übergang von indifferenter Gonadenanlage zum Testis. Die Urniere (Mesonephros) liefert den somatischen Anteil der Hodenanlage. **c** Geschlechtsspezifische Differenzierung des Hodens

Ovar unterscheiden. Das chromosomale Geschlecht ist bereits bei der Befruchtung durch die Chromosomen XX (weiblich) bzw. XY (männlich) festgelegt. Das Y-Chromosom ist entscheidend für die Festlegung des gonadalen Geschlechts: ein Testis-determinierender Faktor, der vom Gen SRY (sex determining region, Y Chromosom) kodiert wird, bildet aus einer indifferenten Gonade einen Testis. Fehlt bei einer XY-Kombination das Gen SRY oder der Testis-determinierende Faktor, entsteht aus der indifferenten Gonade ein Ovar.

In der Hodenanlage entstehen zwischen der 8. und 10. SSW die Hodenstränge, die primordiale Geschlechtszellen und Vorläufer der Sertoli-Zellen enthalten. Die mesenchymalen Fibroblasten aus der Urniere (Mesonephros) stellen u.a. die Vorläufer für die Sertoli- und der Leydig-Zellen zur Verfügung. Zwischen den Hodensträngen entwickeln sich zeitgleich die testosteronbildenden Leydig-Zellen im Interstitium Abb. 12.22b, c). Das Hormon **Testosteron** aus den fetalen Leydig-Zellen fördert die Bildung des Hodengewebes. Im 4. Schwangerschaftsmonat weisen die Hodenstränge erstmals zentrale Hohlräume auf; daher werden sie jetzt als Hodenkanälchen (Tubuli seminiferi) bezeichnet.

Descensus testis

Der Entstehungsort und der Ort der endgültigen Position des Hodens sind nicht identisch. Deshalb muss der Hoden während der Ontogenese eine Wanderung zurücklegen, die als »Descensus«, d.h. »Herabsteigen« bezeichnet wird. Der Hoden entsteht auf Höhe des 1. Lendenwirbels. Im 7. Schwangerschaftsmonat beginnt der Descensus, der Hoden wandert aus seiner intraabdominalen Lage nach unten in den Hodensack (Skrotum) aus.

Die Wegstrecke dieses Descensus testis umfasst den intraabdominalen Raum seitlich der Lendenwirbel, die Leistengegend, den Leistenkanal und schließlich – normalerweise kurz vor der Geburt – die spätere Skrotalhöhle.

Durch eine Bandstruktur, *Gubernaculum testis,* am unteren Pol des Hodens wird er an der Skrotalwand befestigt. Gubernaculum und Testis wandern gemeinsam. Das Gubernaculum entsteht aus dem kaudalen Abschnitt des Mesonephros, durchsetzt die Bauchwand am Leistenkanal – dabei entsteht eine trichterförmige Aussackung des Peritoneums, *Processus vaginalis,* und zieht mit den übrigen Schichten der Bauchwand in die Skrotalhöhle. Nach Abschluss des Descensus bildet sich der Processus vaginalis zum größten Teil zurück, bis auf einen Spaltraum, der als Periorchialhöhle oder *Periorchium* den Testis umgibt. Die Wand dieser Höhle wird von der *Tunica vaginalis* gebildet. Der Vorgang des Descensus wird von Testosteron, HCG (humanes Choriongonadotropin), Insulin-like Peptide 3 (INSL3) und vom Gubernaculum gesteuert.

Im Hodensack herrscht eine Temperatur von 33–34,5 °C. Diese niedrige Temperatur ist eine Vorbedingung für die Samenzellbildung und die Speicherung vitaler Spermien. Nur durch den Descensus testis wird diese Bedingung erreicht, da im Bauchraum eine deutlich höhere Temperatur herrscht.

12.14 Kryptorchismus und Maldescensus

Das Vorhandenseins des Hodens im Skrotum ist ein Reifezeichen des Neugeborenen. Bleibt der Hoden in der Bauchhöhle (»versteckter Hoden«), liegt ein **Kryptorchismus** vor.

Ein gestörter Hodenabstieg wird als **Maldescensus testis** bezeichnet. Es gibt verschiedene Formen. Bei einem **Leistenhoden** ist der Testis während des Descensus nur bis in den Leistenkanal gelangt (Abb. 12.23). Bei einem **Hodenhochstand** befindet sich der Testis im Bereich des Samenstrangs zwischen dem äußeren Leistenring und dem Skrotum.

Diese Lageanomalien des Hodens führen nach der Pubertät zur gestörten Spermatogenese. Für eine operative Korrektur eines Maldescensus testis muss bis zum Ende des 2. Lebensjahrs abgewartet werden.

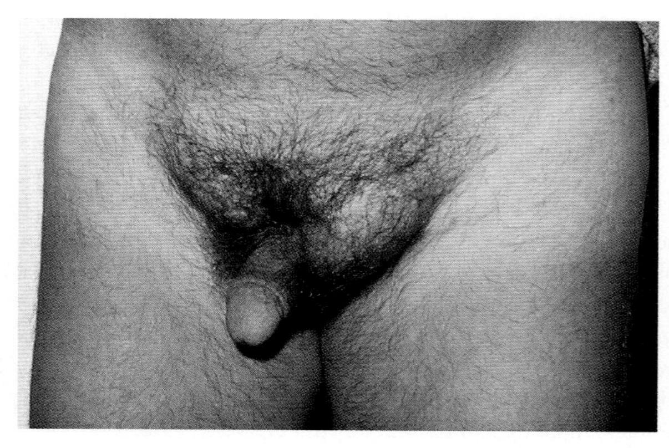

Abb. 12.23. Leistenhoden. Auf beiden Seiten befinden sich die Hoden bei diesem 32-jährigen Mann aufgrund einer Störung beim Descensus testis in der Leistengegend [10]

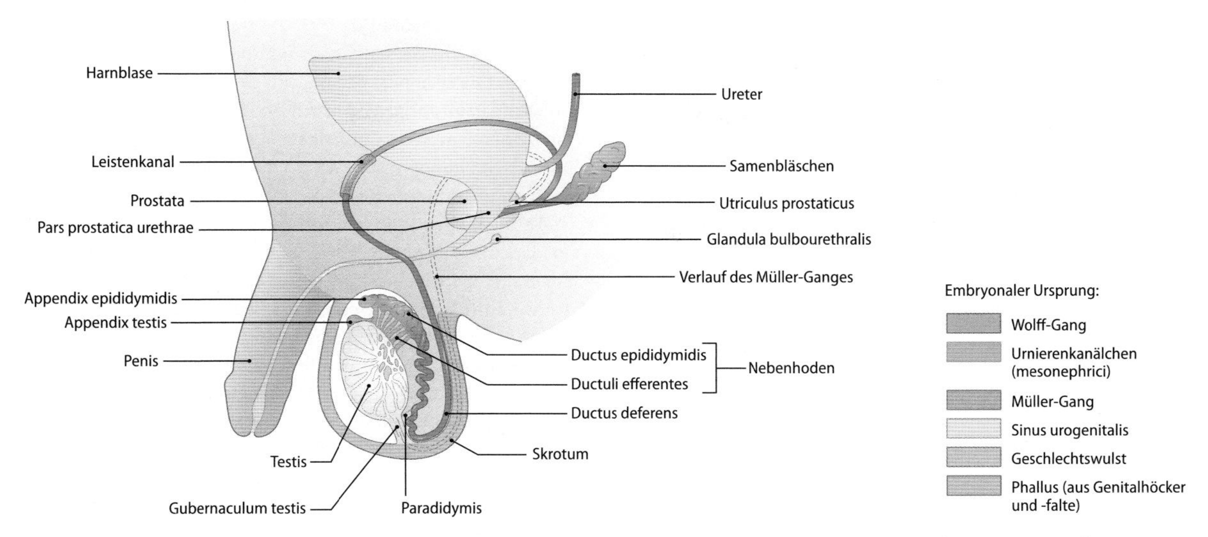

Abb. 12.24. Entwicklungsstand der männlichen Genitalorgane nach der Geburt. Der Müller-Gang wird unter dem Einfluss des Anti-Müller-Hormons aus den Sertoli-Zellen fast vollständig zurückgebildet. [modifiziert nach 11]

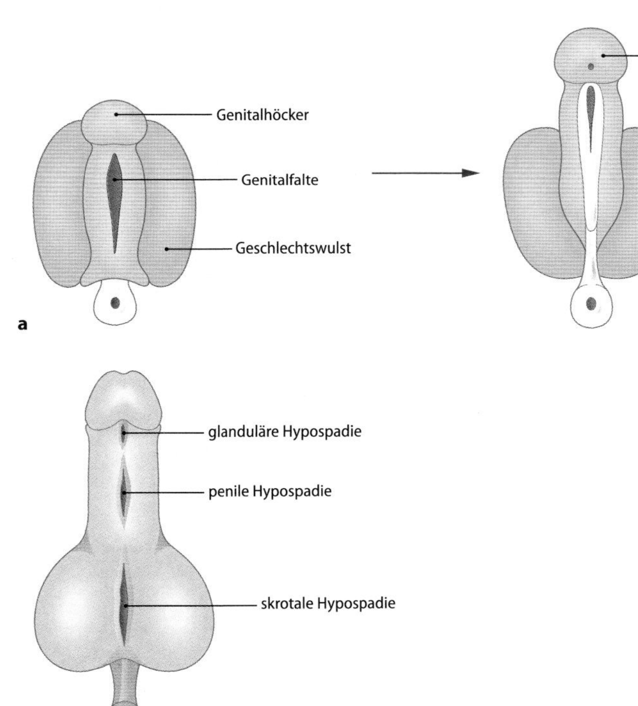

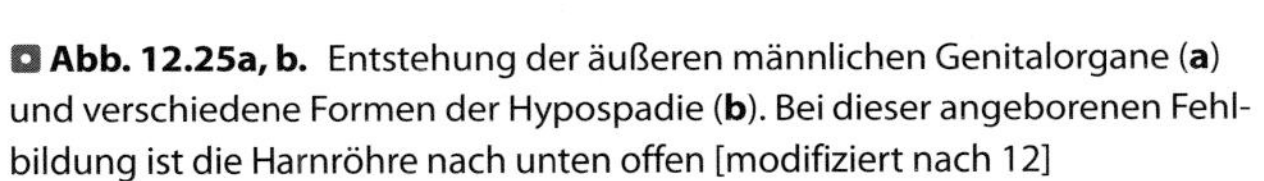

Abb. 12.25a, b. Entstehung der äußeren männlichen Genitalorgane (**a**) und verschiedene Formen der Hypospadie (**b**). Bei dieser angeborenen Fehlbildung ist die Harnröhre nach unten offen [modifiziert nach 12]

12.10.2 Entstehung des männlichen Genitaltrakts

Im Mesonephros (Urniere) werden zwischen der 4. und 7. SSW 3 Strukturen in einem indifferenten Zustand angelegt:

- **Wolff-Gang** *(Ductus mesonephricus)*
- **Müller-Gang** *(Ductus paramesonephricus)*
- **Urnierenkanälchen** *(Tubuli mesonephrici)*

Aufgrund der Einwirkung des Testosterons aus dem fetalen Hoden und der Nebennierenrinde entwickelt sich der Wolff-Gang weiter und aus ihm entstehen (Abb. 12.24):

- Nebenhodengang (Ductus epididymidis)
- Samenleiter (Ductus deferens)
- Samenbläschen (Glandula vesiculosa)
- Ductus ejaculatorius

Aus den Urnierenkanälchen (Tubuli mesonephrici) gehen die Ductuli efferentes für den **Nebenhoden** hervor. Als »Restgewebe« der Urnierenkanälchen bleiben später Appendix epididymidis und paradidymidis übrig. Unter dem Einfluss des Anti-Müller-Hormons (AMH), das von den Sertoli-Zellen des fetalen Hodens sezerniert wird, bildet sich der Müller-Gang fast vollständig zurück. Der Rest des Müller-Gangs wird als Appendix testis bezeichnet (Abb. 12.2).

Aus Epithelknospen der Harnröhre und aus dem umliegenden Mesenchym am Sinus urogenitalis entwickelt sich die **Prostata**. Die Glandulae bulbourethrales (Cowper-Drüsen) gehen ebenfalls aus Epithelzellen der Harnröhre hervor. Die Anlage für die äußeren Genitalorgane (Penis, Skrotum) bleibt bis zur 9. SSW sexuell indifferent und besteht aus dem Genitalhöcker, den Genitalfalten und Geschlechtswülsten (Abb. 12.25a). Danach geht aus dem Genitalhöcker und den Genitalfalten der Phallus und später aus ihm der **Penis** hervor. Die Genitalfalten verschmelzen teilweise und bilden aus der Urogenitalspalte die **Harnsamenröhre**. Verschmelzen die

Geschlechtsfalten unvollständig, bleibt die Unterseite des Penis gespalten und die Harnröhre ist nach unten offen (◘ Abb. 12.25b). Diese Fehlbildung wird als Hypospadie bezeichnet. Die seitlich gelegenen Geschlechtswülste bilden die Skrotalwülste, deren Verschmelzung schließlich zum **Skrotum** führt.

Die morphologische und funktionelle Differenzierung von Nebenhoden, Samenleiter, Samenbläschen und Prostata, Penis und Skrotum ist testosteronabhängig.

12.15 Intersexualität

Anomalien bei der Sexualdifferenzierung können zu verschiedenen Fehlbildungen führen. Einige Beispiele dazu:

Männliche Pseudohermaphroditen (Chromosomensatz 46,XY) sind Knaben, deren äußeres Genitale nicht regelrecht männlich ausgeprägt wurde. Es ist phänotypisch zwittrig oder weiblich. Ursache ist ein Testosteronmangel während der fetalen Periode.

Weibliche Pseudohermaphroditen (Chromosomensatz 46,XX) sind Mädchen mit weiblichen inneren Genitalorganen, die äußeren Genitalien sind jedoch maskulinisiert. Zwei Drittel dieser Fälle weisen ein **Adrenogenitales Syndrom** auf. Die Ursache ist ein Enzymdefekt, der zur Überproduktion von Testosteron in der fetalen Nebennierenrinde führt.

Echte Hermaphroditen (Chromosomensatz meistens 46,XX) haben testikuläres und ovarielles Gewebe in einer Gonade (Ovotestis). Ein Ovotestis kann einseitig oder beidseitig auftreten. Die äußeren Genitalorgane sind weiblich, jedoch mit einer vergrößerten Clitoris. Die genaue Ursache ist bis jetzt unbekannt, die Hinweise sprechen für einen Defekt der Geschlechtschromosomen.

13 Weibliche Genitalorgane

K. Spanel-Borowski

Einführung

Die äußere Genitalorgane kennzeichnen mit dem Schamberg und den großen und kleinen Schamlippen den weiblichen Phänotyp. Zu den inneren Genitalorgane gehören die Eierstöcke, Eileiter, Gebärmutter und Scheide. Sie liegen geschützt im kleinen Becken. Die inneren weiblichen Geschlechtsorgane stehen im Dienst der Reproduktion, d.h. der Bereitstellung der haploiden Eizelle, der Befruchtung, dem Transport von Zygote und Morula, der Implantation der Blastozyste, der Entwicklung des Feten sowie seiner Geburt. Der Uterus gilt als Fruchthalter und »Geburtsmotor«. Gebärmutterhals, Scheide und Beckenboden werden zum Weichteilrohr des Geburtskanals.

Die Eierstöcke produzieren als endokrine Drüse Sexualhormone (Östrogene und Progesteron), die für die Entwicklung und den Erhalt des weiblichen Phänotyps verantwortlich sind.

13.1 Äußere weibliche Genitalorgane

Äußere weibliche Genitalorgane (Vulva)

Schamlippen
- große Schamlippen *(Labia majora)*
  - Schamhügel *(Mons pubis)*
  - hintere Kommissur *(Commissura labiorum posterior)*
  - Damm *(Perineum)*
- kleine Schamlippen *(Labia minora)*
  - Clitoris
  - Schamlippenzügel *(Frenulum labiorum pudendi)*

Scheidenvorhof mit Jungfernhäutchen *(Hymen)*

13.1.1 Bau

Die äußeren weiblichen Genitalorgane (Abb. 13.1) beginnen mit dem Scheidenvorhof, *Vestibulum vaginae*. Ventral mündet die Harnröhre, *Ostium urethrae externum*, dorsal die Scheide *(Vagina)*. Der Scheideneingang, *Ostium vaginae* wird von *Caruncułae hymenales*, den Resten des Jungfernhäutchens *(Hymen)*, begrenzt.

Um das *Vestibulum vaginae* ordnen sich 2 jeweils paarige und ventrodorsal orientierte Hautlippen an, welche die Schamlippenspalte, *Rima pudendi*, umschließen. Die kleinen Schamlippen, *Labia minora*, sind dünn und ventral durch 2 feine Falten, *Preputium clitoridis* und *Frenulum clitoridis*, verbunden, die reich an Tastkörperchen sind. Die großen Schamlippen, *Labia majora*, haben eine fettgewebereiche Subkutis, sind außen stark behaart und tragen innen Talg- und Duftdrüsen. Die großen Labien gehen im Bereich der Symphyse in den behaarten Schamhügel, *Mons pubis*, über. Im dorsalen Bereich liegt die hintere Kommissur der Schamlippen, *Commissura labiorum posterior* mit dem *Frenulum labiorum pudendi*. Den Bereich zwischen hinterer Kommissur und Analöffnung bezeichnet man als Damm, *Perineum*.

Im ventralen Anteil der Labia minora liegt der Kitzler, *Clitoris*, ein »Miniaturpenis« ohne Urethra und ohne Corpus spongiosum. Die Clitoris besteht aus zwei 3–4 cm langen Schenkeln, *Crura clitoridis*, die den Crura cavernosa des Penis entsprechen und unter dem Arcus pubis zum *Corpus clitoridis* und zur Eichel, *Glans clitoridis*, zusammen wachsen. In den Labia majora und lateral vom Vestibulum liegt der ebenfalls paarige *Bulbus vestibuli*, entwicklungsgeschichtlich vergleichbar mit dem unpaaren Corpus spongiosum des Penis. Am hinteren Ende des Bulbus vestibuli befinden sich die erbsgroßen, paarigen *Glandula vestibuli major* als muköse **Bartholin-Drüse**. Der Ausführungsgang ist 2 cm lang und mündet in das hintere Vestibulum. Die zahlreichen, ebenfalls mukösen *Glandulae vestibuli minores* sind um das Ostium urethrae externum anzutreffen.

13.1 Vollständiger Verschluss der Vagina

Wird das Ostium vaginae durch das Hymen vollständig verschlossen, muss es für den ungehinderten Abfluss des Menstrualblutes inzidiert werden.

Ein perforiertes Hymen ist kein Zeichen fehlender Jungfräulichkeit, weil das Hymen bei starker sportlicher Aktivität einreißen kann.

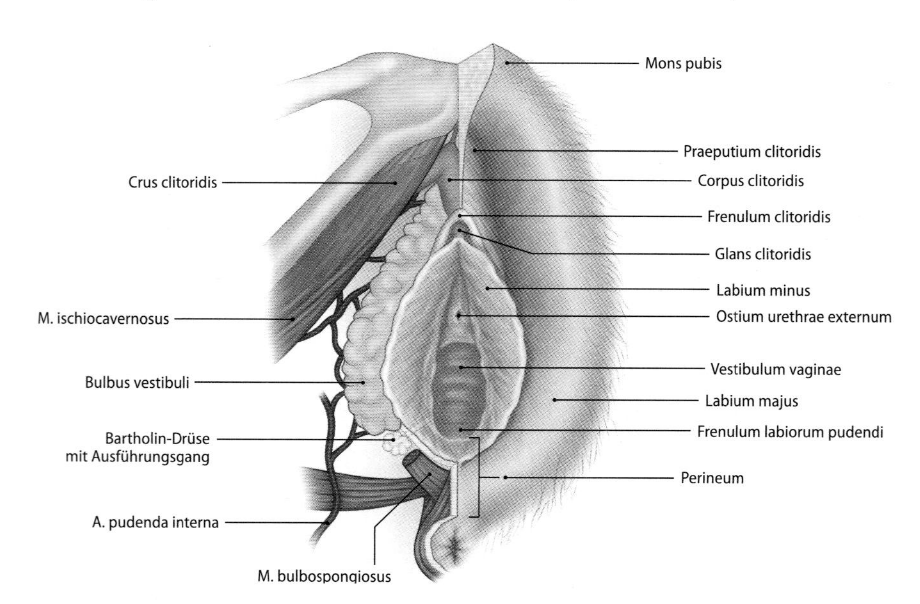

Abb. 13.1. Äußere weibliche Genitalorgane. Der M. bulbospongiosus, der den Bulbus vestibuli bedeckt, ist abgetragen. Auf dem Diaphragma urogenitale verlaufen die Endäste der A. pudenda interna, die hauptsächlich die Vulva versorgen

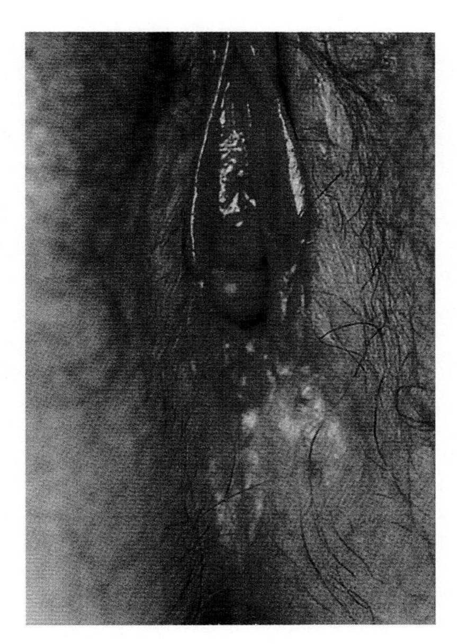

Abb. 13.2. Primäre akute Vulvitis mit ödematös geschwollener und geröteter Vulva [14]

13.2 Vulvitis und Vaginitis

Eine Entzündung der Vulva **(Vulvitis)** (Abb. 13.2) tritt meistens mit einer Entzündung der Vagina **(Vaginitis)** auf. Das Leitsymptom ist Juckreiz **(Pruritus vulvae)**. Infektionen mit Trichomonas vaginalis, einem Protozoon, oder mit dem Pilz Candida albicans sind häufige Ursachen. Zysten und Entzündungen der Bartholin-Drüse **(Bartholinitis)** machen sich als schmerzhafte Schwellung im Bereich der hinteren Kommissur bemerkbar.

13.3 Vulvakarzinom

Das Vulvakarzinom ist ein seltener Tumor, der vorwiegend bei älteren Frauen vorkommt. Er beginnt als kleiner Knoten, der später ulzeriert. Die Patientin klagt über Ausfluss und Wundgefühl im Bereich der Vulva.

13.1.2 Blutversorgung und Lymphabflusswege

Die **Blutversorgung** des Mons pubis und Anteile der Schamlippen erfolgt über die *Rr. labiales anteriores* und *posteriores* der paarigen *A. pudenda externa* (aus der paarigen A. femoralis). Den Hauptteil der Vulva versorgen die Äste der *A. pudenda interna:*

- *A. bulbi vestibuli vaginae:* Bulbus vestibuli
- *A. dorsalis clitoridis:* Corpus und Glans clitoridis sowie die Schamlippen
- *A. profunda clitoridis:* Crura clitoridis

Der tiefe **venöse Abfluss** erfolgt hauptsächlich über die *V. pudenda interna* zur V. iliaca interna. Die ventrale und oberflächliche Region des äußeren weiblichen Genitales bildet ausgiebige Anastomosen über die *V. pudenda externa* zur *V. femoralis,* die in die *V. iliaca externa* mündet.

Die **Lymphabflusswege** erreichen die *Nll. inguinales superficiales et profundi.* Von dort fließt die Lymphe zu den *Nll. iliaces externi.*

13.1.3 Innervation

Die Vulva wird sensibel von peripheren Nerven des Plexus sacralis innerviert:

- Vom *N. ilioinguinalis* ziehen Äste als *Nn. labiales anteriores* zum vorderen Abschnitt der Vulva.
- Vom *N. genitofemoralis* verläuft der *R. genitalis* zum Bereich des Ostium urethrae externum.
- Die seitlichen und hinteren Abschnitte der Vulva und der Damm werden von den Ästen des *N. pudendus* versorgt.

Die ersten beiden gehören zum Plexus lumbalis, der dritte Nerv zum Plexus sacralis.

Sexueller Erregungsablauf

Die sexuelle Erregung läuft über den Reflexbogen bei der Frau und dem Mann gleich ab:

- Die **erste Phase der Erregung** wird **parasympathisch** von den **Rückenmarkssegmenten S2–S4** gesteuert. Dabei füllen sich die Sinus von Clitoris und Bulbus vestibuli sowie der pelvine Venenplexus mit Blut. Die Vagina weitet, verlängert und streckt sich um einige Zentimeter. Die Drüsen des Vestibulums sezernieren verstärkt schleimartiges Sekret. In die Vagina wird vermehrt Transsudat abgegeben.
- Durch mechanische Stimulation des äußeren Genitales kommt es zur **zweiten Phase der Erregung (Orgasmus),** die **sympathisch** von den **Rückenmarkssegmenten L1–L2** gesteuert wird. Die Muskulatur von Uterus und Vagina kontrahieren sich rhythmisch.

Nach dem Sexualakt fließt das Blut aus den Schwellkörpern in den pelvinen Gefäßplexus ab.

In Kürze

Zu den äußeren weiblichen Genitalorganen gehören:

- große Schamlippen (Labia majora) mit Schamhügel (Mons pubis), hintere Kommissur und Damm (Perineum)
- kleine Schamlippen (Labia minora) mit Clitoris und Schamlippenzügel
- Scheidenvorhof mit Jungfernhäutchen (Hymen).

Im Scheidenvorhof mündet ventral die Harnröhre und dorsal die Scheide.

Die Blutversorgung erfolgt über die Äste der paarigen A. pudenda interna und die Rr. labiales der A. pudenda externa. Der venöse Abfluss erfolgt über die V. pudenda interna zur V. iliaca interna.

13.2 Innere weibliche Genitalorgane

Zu den innere weiblichen Genitalorganen gehören:

- Scheide *(Vagina)*
- Gebärmutter *(Uterus)*
- paarig angelegter Eileiter *(Tuba uterina, Salpinx)*
- paarig angelegter Eierstock *(Ovarium)*

13.2.1 Lage und Peritonealverhältnisse

Die inneren weiblichen Geschlechtsorgane befinden sich mit den paarigen Eierstöcken (Ovarien) und Eileitern (Tuben), der Gebärmutter (Uterus) sowie der Scheide (Vagina) im kleinen Becken zwischen

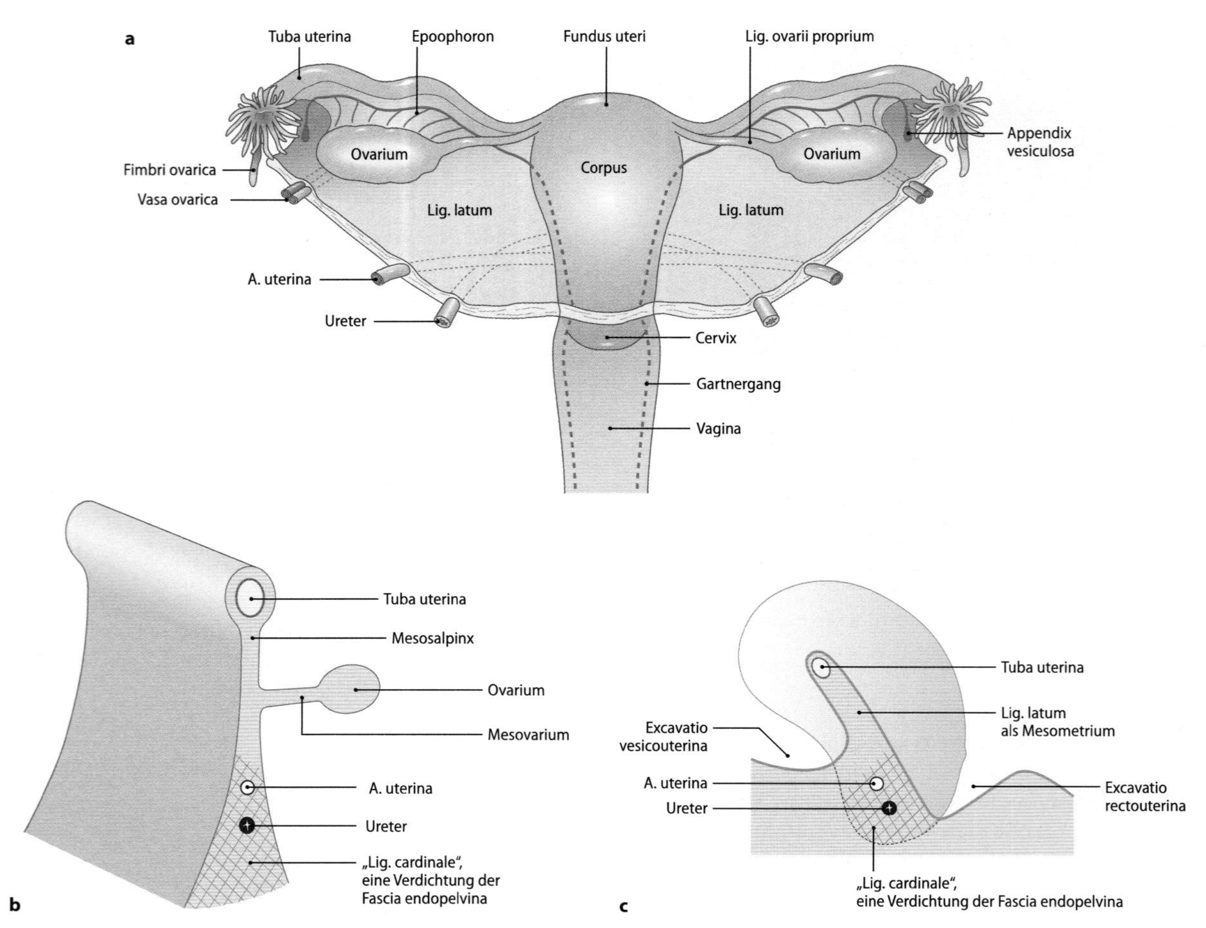

13

◘ Abb. 13.3a–c. Innere weibliche Genitalorgane. a Dorsalansicht von Uterus mit Tuben, Ovarien und Vagina, frontal gestellt. Die Vasa ovarica verlaufen im Lig. suspensorium ovarii (nicht gezeichnet). Der Gartner-Gang entspricht entwicklungsgeschichtlich Resten des Wolff-Ganges. **b** Sagittalschnitt durch das Lig. latum in Höhe des Eileiteristhmus. In der Basis vom Lig. latum befindet sich die bindegewebige Verdichtung, früher als Lig. cardinale bezeichnet, mit der A. uterina, die vom Ureter unterkreuzt wird. **c** Sagittalschnitt durch das Mesometrium des Lig. latum zur Darstellung des parametranen Halteapparates mit A. uterina und Ureter (schraffiert). Das vordere Blatt des Lig. latum geht an der Schmalseite des Uterus in das hintere Blatt über. Zu beachten ist, dass die Excavatio rectouterina im Vergleich zur Excavatio vesicouterina tiefer liegt

Harnblase und Rektum. Uterus und Vagina sind in der Median-Sagittal-Ebene ausgerichtet. Ovarien und Tuben, die zusammen auch als *Adnexe* bezeichnet werden, liegen seitlich des Uterus (◘ Abb. 13.3a).

Der Eierstock, auch als Ovar bezeichnet, entspricht dem primären Geschlechtsorgan. Tuben, Uterus und Vagina gehören zu den sekundären Geschlechtsorganen.

Das innere Genitale wird vom breiten Muttermundband, *Lig. latum uteri*, bedeckt. Dieses Band ist eine zeltartige, annähernd horizontal ausgerichtete Duplikatur des Beckenperitoneums, die sich von der lateralen Beckenwand zu den beiden Schmalseiten des Uterus erstreckt und als *Mesometrium* die versorgende Gefäß-Nerven-Straße aufnimmt (◘ Abb. 13.3b, c). Das vordere Blatt des Lig. latum geht am *Fundus uteri* und den dort seitlich einmündenden Tuben in das hintere Blatt über, welches das Ovar taschenartig mit *Mesovarium* und *Mesosalpinx* einschließt. Das *Perimetrium* ist der Teil vom Lig. latum, der als Serosa den Uterus bedeckt. Das *Parametrium* befindet sich außerhalb vom Lig. latum als bindegewebige Schicht um den Uterushals.

Durch das Lig. latum wird im Beckenraum eine ventrale Vertiefung,die *Excavatio vesicouterina*, von einer dorsalen, *Excavatio rectouterina*, abgegrenzt. Die dorsale Vertiefung wird klinisch auch als **Douglas-Raum** bezeichnet. Die Seitenwände beider Vertiefungen entsprechen sagittal gestellten, paarigen Peritonealfalten. Ventral liegt die *Plica vesicouterina*, welche von der Harnblase zum Uterushals zieht, und dorsal die *Plica rectouterina*, die das Rektum mit dem Uterus verbindet.

13.4 Douglas-Punktion

Bei einer Entzündung des Bauchfells (Peritonitis) können sich Flüssigkeiten wie Eiter oder Blut bilden, die sich dann in der Excavatio rectouterina (Douglas-Raum) als tiefstem Punkt des Bauchraumes ansammeln. Durch das hintere Scheidengewölbe ist dieser Raum gut zu punktieren. Diese Punktion kann als Therapiemaßnahme oder zur Diagnostik durchgeführt werden.

In Kürze

Scheide (Vagina), Gebärmutter (Uterus), paarige Eierstöcke (Ovarien) und paarige Eileiter Salpinx) bilden die inneren weiblichen Genitalorgane. Sie liegen im kleinen Becken und werden vom breiten Band (Lig. latum) bedeckt. Das Lig. latum ist eine Bauchfellduplikatur, die sich von der lateralen Beckenwand zum Uterus erstreckt und dabei die ventrale Excavatio vesicouterina und die tiefere gelegene dorsale Excavatio rectouterina bildet.

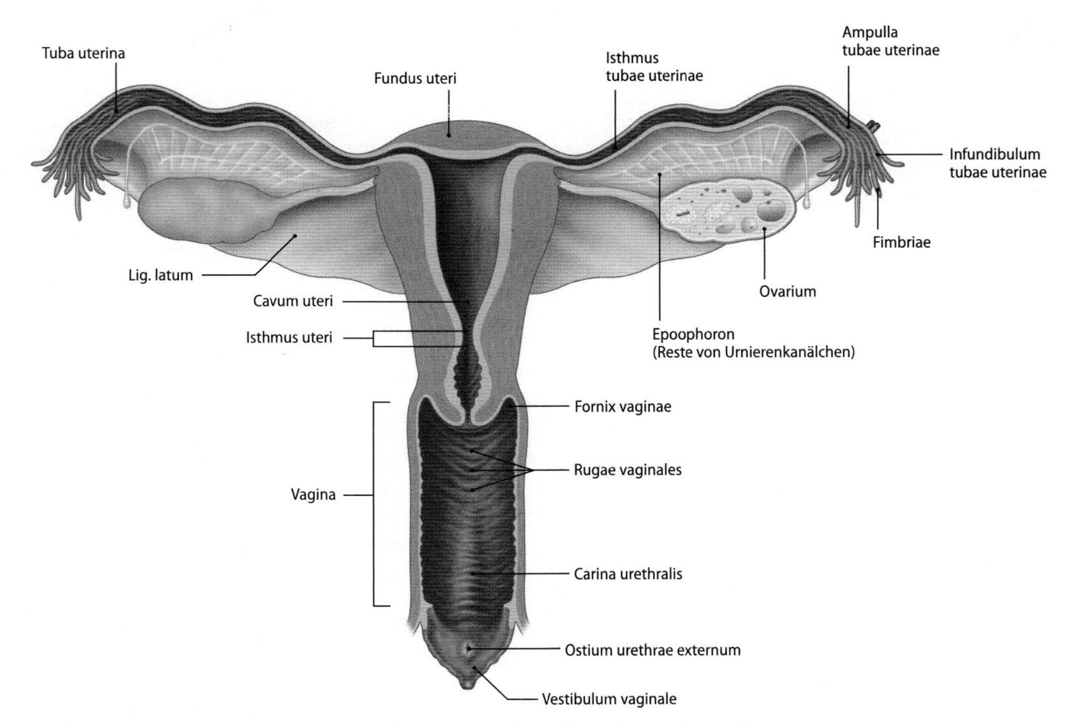

Abb. 13.4. Innere Genitalorgane. Ansicht frontal aufgeschnitten und aufgestellt mit Resten des Lig. latum

13.2.2 Scheide (Vagina)

 Einführung

In der Scheide (Vagina) findet der Geschlechtsverkehr (Kohabitation) statt. Die Vagina bildet den letzten Teil des Geburtskanals.

Makroskopie und Halteapparat

Die Vagina entspricht einem dünnwandigen, abgeplatteten Muskelschlauch von etwa 6–8 cm Länge an der Vorderwand und 8–11 cm an der Hinterwand (Abb. 13.4). Die Vagina beginnt kranial mit dem Scheidengewölbe, *Fornix vaginae*, als grabenartige Vertiefung um die Portio vaginalis. Wegen der Schräglage der Vagina von dorsokranial nach ventrokaudal ist die *Fornix vaginae posterior* tiefer als die *Fornix vaginae anterior*. Das hintere Gewölbe nimmt den Samen auf *(Receptabulum seminis)*. Die Vagina mündet am *Ostium vaginae* in den Scheidenvorhof, *Vestibulum vaginae*. Beide Räume sind durch das Jungfernhäutchen, *Hymen*, oder seinen Resten, *Carunculae hymenales*, getrennt. Die Lichtung der Vagina besteht aus einem quer gestellten Spalt, begrenzt durch je eine Längsfalte, *Columna rugarum anterior et posterior*, die durch mehrere Querfalten, *Rugae vaginales*, verbunden sind. Die Scheidenvorderwand hat kranial Kontakt zum Harnblasenfundus und den einmündenden Ureteren, kaudal wölbt sich die Urethra als *Carina urethralis* in die ventrale Wand der Vagina vor. An der Scheidenhinterwand liegt das Rektum. Der bindegewebige Halteapparat der Vagina, *Paracolpos*, strahlt kranial in das Parametrium der Zervix ein und kaudal in die *Fascia urogenitalis superior*, die obere Faszie des Diaphragma urogenitalis. Die Paracolpos ist nach ventral mit dem *Lig. pubovaginale* und nach dorsal mit dem *Lig. rectovaginale* verbunden.

Histologie

Die Schleimhaut der Vagina, *Tunica mucosa vaginalis*, besteht aus mehrschichtigem unverhorntem Plattenepithel:

- Basalschicht: Stratum basale
- Parabasalschicht: Stratum parabasale
- Intermediärschicht: Stratum intermedium
- Superfizialschicht: Stratum superficiale

Die glykogenreichen Superfizialzellen des Stratum superficiale sind ein guter Nährboden für die physiologische Besiedlung mit Milchsäurebakterien, sog. **Döderlein-Bakterien.** Da die Laktobazillen aus Glykogen Milchsäure bilden, entwickelt sich ein saures Milieu (pH 4–4,5), das pathogene Keime am Aufsteigen hindert. Die physiologische Scheidenflora aus Döderlein-Bakterien hat somit eine wichtige Schutzfunktion gegen Infektionen. Das »Scheidensekret« setzt sich aus abgeschilferten Epithelzellen, dem Sekret der Zervixdrüsen und dem Transsudat lokaler Blutgefäße zusammen.

Die *Tunica muscularis* besteht aus gebündelten glatten Muskelzellen und Bindegewebe. Die gitterartig angeordneten Muskelbündel bilden zusammen mit elastischen Fasern im kollagenen Bindegewebe ein etwa 2 mm dickes Netzwerk. Die Lichtung der Vagina wird passiv durch sich kontrahierende, quergestreifte Muskelfasern des Beckenbodens wie den Levatorenschenkeln des Diaphragma pelvis (*M. puborectalis, M. pubococcygeus*) und dem *M. bulbospongiosus* (Beckenbodenmuskulatur, ▶ Kap. 24.22) eingeengt.

In der bindegewebigen *Tunica adventitia* verlaufen seitlich der Vagina Leitungsbahnen.

In Kürze

Die Vagina ist ein dünnwandiger schräg von dorsokranial nach ventrokaudal verlaufender Muskelschlauch. Kranial liegt um die Portio vaginalis das Scheidengewölbe (Fornix vaginae). Die Vagina mündet in den Scheidenvorhof. Das Jungfernhäutchen (Hymen) trennt beide Räume voneinander.

Die Wand der Vagina besteht aus 3 Schichten:

- Innen liegt die **Schleimhaut (Tunica mucosa vaginalis).** Auf ihr befinden sich physiologische Milchsäurebakterien (Döderlein-Bakterien), die für ein saures Milieu (pH 4–4,5) sorgen, das vor pathogener Keimbesiedlung schützt.
- Die mittlere **Muskelschicht (Tunica muscularis)** setzt sich aus mit Bindegewebefasern vernetzten glatten Muskelzellen zusammen.
- In der äußeren Bindegewebeschicht, **Tunica adventitia,** verlaufen Leitungsbahnen und ein kräftiges Venengeflecht.

13.2.3 Gebärmutter (Uterus)

 Einführung

Der Uterus gilt als Fruchthalter und als Geburtsmotor. Form und Gewicht des Uterus ändern sich mit dem Lebensalter. Beim Neugeborenen ist er 3–5 cm lang, walzenförmig und gestreckt. Der über 9 cm lange, birnenförmige Uterus der geschlechtsreifen Frau wiegt 50–70 g. Der atrophische Uterus der alten Frau hat ein Gewicht von etwa 30 g. In der Schwangerschaft ist eine Gewichtszunahme von über 1 kg zu beobachten.

Aufbau des Uterus

- Gebärmutterkörper: *Corpus uteri*
- Gebärmutterhöhle: *Cavitas uteri*
- Gebärmutterhals: *Cervix uteri*

Lage

Anteflexio-Anteversio-Position

Makroskopie

Der Uterus besteht aus dem Gebärmutterkörper, *Corpus uteri,* mit der Gebärmutterhöhle,*Cavitas uteri*, und dem Gebärmutterhals, *Cervix uteri,* mit dem sich innen befindenden Gebärmutterhalskanal, *Canalis cervicis.* Zum kugeligen Corpus uteri, auch oberes Uterinsegment genannt, gehört der *Fundus uteri.* Er wird kaudal vom Tubenwinkel mit den einmündenden Eileitern begrenzt (Abb. 13.4).

! Am Tubenwinkel entspringen 3 Strukturen:

- **nach dorsolateral das Lig. ovarii proprium**
- **nach lateral der Eileiter**
- **nach ventral das Lig. teres uteri**

Den Übergangsbereich zwischen Corpus uteri und Cervix uteri wird als *Isthmus* bezeichnet. Diese etwa 1 cm lange Uterusenge entspricht dem unteren Uterinsegment und trägt den inneren Muttermund, *Ostiumuteri internum*. Die Cavitas uteri zeigt sich im Frontalschnitt dreieckig mit den beiden Tubenmündungen und der Zervix als Eckpunkte. Der zylindrisch geformte Uterushals nimmt bei der geschlechtsreifen Frau etwa ein Drittel der Uteruslänge und bei jungen Mädchen zwei Drittel ein (Abb. 13.4 und 13.5). Der obere Zervixanteil, *Portio supravaginalis cervicis* oder *Endocervix*, ist kranial vom Perimetrium (als Teil des Lig. latum) bedeckt. Der untere Zervixanteil, *Portio vaginalis cervicis* oder *Exocervix*, von etwa 1 cm Länge ragt in die Vagina hinein und liegt somit extraperitoneal. Die Portio vaginalis, in der klinischen Praxis »Portio« genannt, trägt den äußeren Muttermund *(Ostium uteri externum)* mit einer vorderen und hinteren Muttermundslippe, *Labium anterius* und *Labium posterius* (Abb. 13.6). Dort endet der *Canalis cervicis.* Er wird von palmwedelartigen, zur Mitte gerichteten Schleimhautfalten, *Plicae palmares,* ausgekleidet.

Lage

Der Uterus liegt in der Median-Sagittal-Ebene in einer **Anteflexio-Anteversio-Position:**

- **Flexio:** Längsachsen von Corpus und Zervix bilden einen nach ventral offenen **Anteflexio-Winkel.**
- **Versio:** Der Gebärmutterkörper liegt der Harnblase auf (Abb. 13.5). Die Achsen von Zervix und Vagina ergeben den **Anteversio-Winkel.**

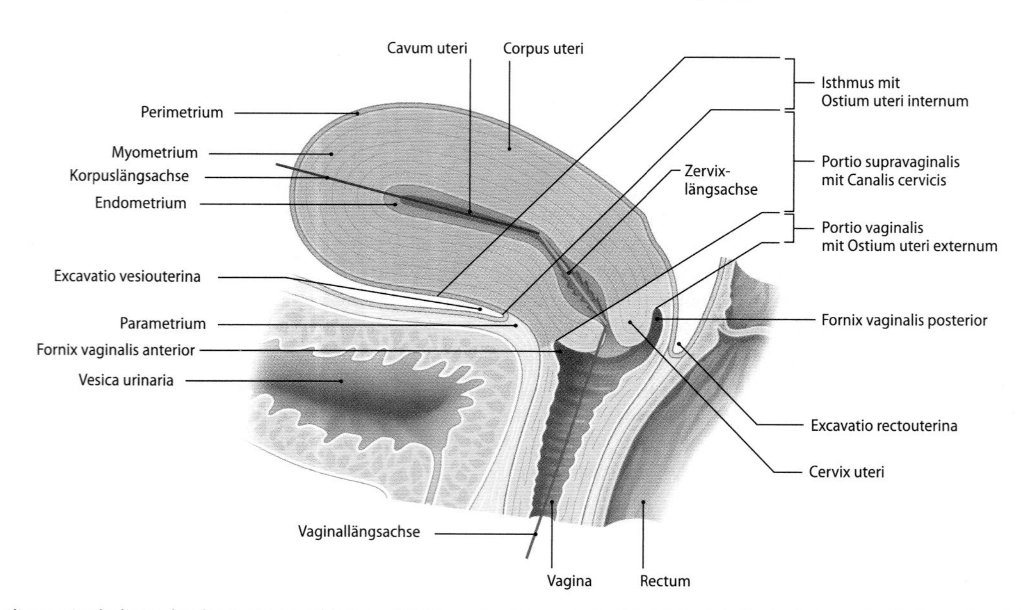

Abb. 13.5. Mediansagittalschnitt durch Uterus, Harnblase und Rektum. Der Uterus befindet sich in Anteflexio-Anteversio-Stellung. Beachte die Excavatio rectouterina als tiefsten Punkt der Bauchhöhle

13

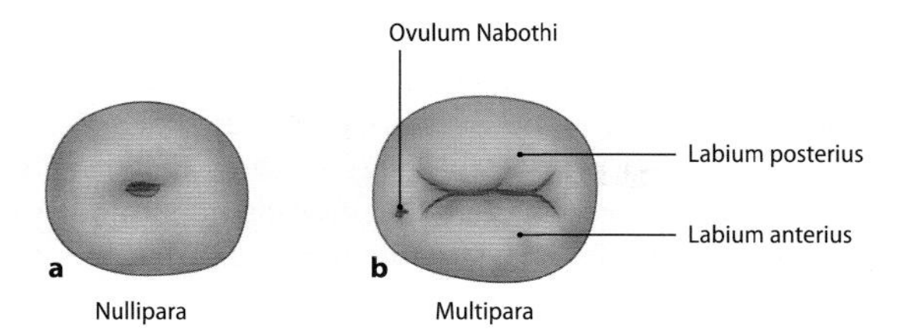

Abb. 13.6a, b. Aufsicht auf die Portio vaginalis cervicis mit Ostium uteri externum. **a** Runde Form bei Frauen, die nicht geboren haben (Nullipara). **b** Quere Form bei Frauen, die geboren haben (Multipara)

13.5 Lageabweichungen des Uterus

Abweichungen der Uterusposition von der Mittellage können nach rechts **(Dextro-**) oder nach links (**Sinistropositio)** vorkommen. Bei der Abweichung nach hinten, der **Retroflexio-Retroversio-Stellung,** öffnet sich der Anteflexio-Anteversio-Winkel nach dorsal, was bei 10% der Frauen gegeben ist. Der dabei mögliche Druck des Uterus auf den Plexus sacralis kann »Kreuzschmerzen« verursachen.

Parametraner Halteapparat

Die Lage des Uterus ändert sich, bedingt durch wechselnde Füllungen der Harnblase und des Rektums. Bei einer Schwangerschaft dehnt sich der Uterus kranialwärts aus. Das am Tubenwinkel befestigte runde Muttermundband, *Lig. teres uteri,* verläuft subperitoneal im Lig. latum vom Tubenwinkel zum *Anulus inguinalis profundus* und weiter durch den Leistenkanal zu den Labia majora. Das Lig. teres uteri (entspricht wie das *Lig. ovarii proprium* entwicklungsgeschichtlich dem unteren Anteil des Keimdrüsenbandes, dem Gubernaculum) soll die Anteflexio-Anteversio-Stellung wie ein Zügel unterstützen. Die wesentliche Befestigung erfolgt an der Zervix und über das obere Scheidendrittel. Es sind Verdichtungen des Beckenbindegewebes, *Fascia pelvis* oder *Fascia endopelvina* (Abb. 13.7). In ihnen verlaufen Blut- und Lymphgefäße sowie vegetative Nerven. Sie ziehen fächerartig von der seitlichen Beckenwand zur Zervix und werden als Bänder des parametranen Halteapparates bewertet. Als *Lig. cardinale* (Mackenrodt-Band) bezeichnete man den transversalen Bindegewebezug in der Basis des Lig. latum auf Höhe der Zervix**.** Dieses Band ist präparatorisch mit modernen Methoden nicht nachweisbar. In median-sagittaler Ausrichtung werden von ventral nach dorsal paarig auftretende Bänder unterschieden: *Lig. pubovesicale* und *Lig. vesicouterinum* sowie *Lig. rectouterinum* und *Lig. rectovaginale*. Die Bänder, die subperitoneal in der *Plica vesicouterina* und *Plica rectouterina* liegen, werden klinisch auch als Blasen- und Rektumpfeiler bezeichnet. Das *Lig. sacrouterinum* kommt von der Regio sacroiliaca und zieht zum Bindegewebe der Zervix.

13.6 Senkung der Uterus (Descensus uteri)

Erschlafft der parametrane Halteapparat aufgrund von Bindegewebeschwäche z.B. im Senium und bei Frauen, die mehrfach geboren haben (Multipara), senkt sich die Zervix tiefer in die Vagina. Beim **Prolaps uteri** ist die Portio in der Scheidenöffnung zwischen den Labien zu sehen, verbunden mit der Vorwölbung von Harnblase (Zystozele) und Rektum (Rektozele). Bei einer starken Senkung des Uterus und beim Prolaps besteht Harnträufeln als Zeichen der Harninkontinenz und der Stuhlgang ist behindert. Die Therapie erfolgt operativ mit Straffung des Halteapparates.

Histologie

Die **Wand des Uterus** von **Fundus** und **Corpus** gliedert sich von außen nach innen in **3 Schichten:**

- Perimetrium
- Myometrium
- Endometrium

Die Gesamtwanddicke beträgt bei der geschlechtsreifen Frau etwa 2,5 cm.

Das **Perimetrium** entspricht einer Tunica serosa und Tela subserosa. An beiden Schmalseiten des Uterus geht das Perimetrium in das Mesometrium des Lig. latum über.

Das **Myometrium** besteht aus mehreren Schichten glatter Muskelzellen. Sie verlaufen überwiegend längs in der äußeren *(Stratum supravasculosum)* und inneren *(Stratum submucosum)* Schicht und sind jeweils einige Millimeter dick. Längszüge der inneren Schicht bilden um die uterine Tubenöffnung den sog. Tubensphinkter. Er ist

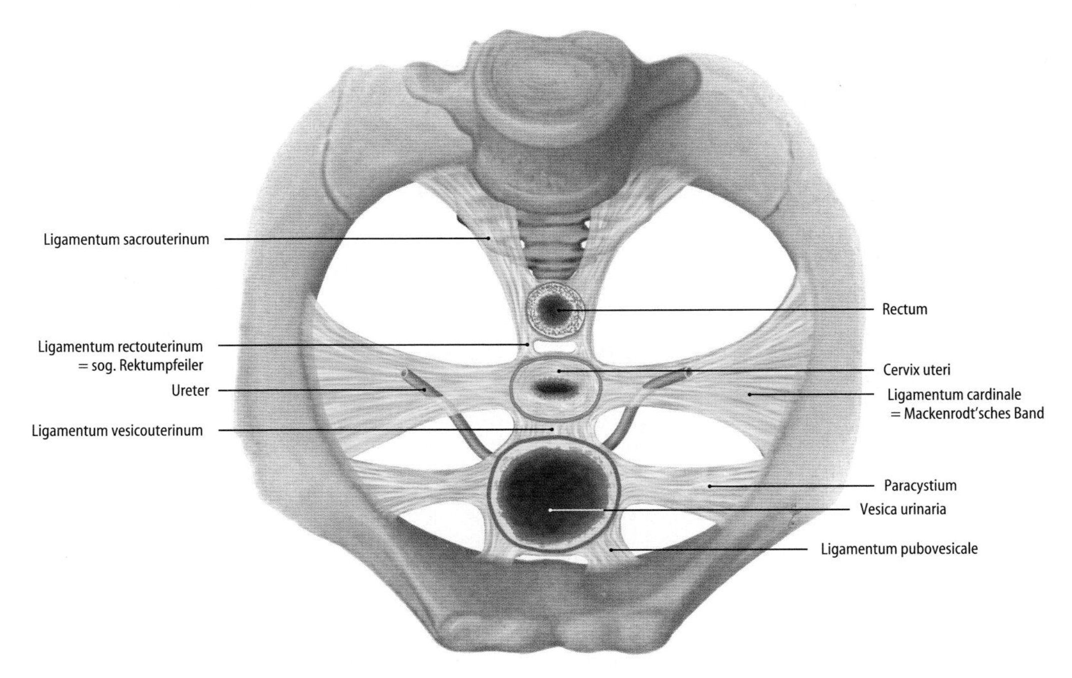

Abb. 13.7. Halteapparat des Uterus. Horizontaler Schnitt in Höhe der Zervix

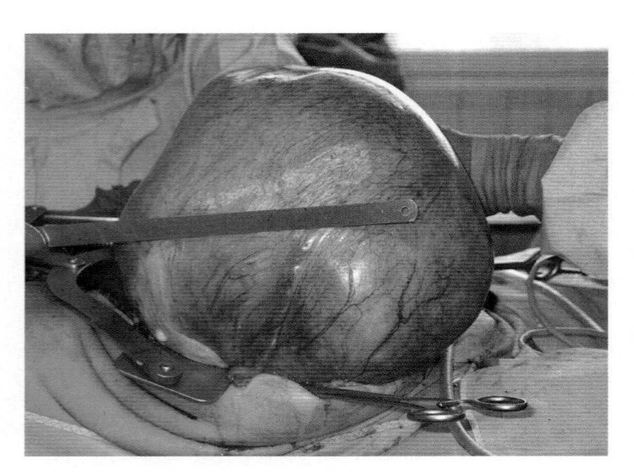

Abb. 13.8. Großer vor die Bauchdecke luxierter Uterus myomatosus (Durchmesser 25 cm). An der rechten Seite ist die Tuba uterina zu erkennen [14]

unter der Geburt kontrahiert, damit keine Keime in die Tuben eindringen. Die mittlere, ca. 2 cm dicke, gefäßreiche Schicht *(Stratum vasculosum)* besteht aus dreidimensional angeordneten, spiralig verlaufenden Muskelbündeln.

Das Myometrium unterstützt durch Kontraktion die Abstoßung der Gebärmutterschleimhaut bei der Menstruation und durch Wehen den Geburtsvorgang.

Das **Endometrium** entspricht der Schleimhaut des Corpus uteri mit sich verzweigenden tubulären Drüsen, die sich vom Oberflächenepithel in das Stroma bis zum *Stratum subvasculosum* des Myometriums senken. Das Endometrium verändert sich während des Ovarialzyklus (ovarieller Zyklus) sowohl strukturell als auch funktionell (► Kap. 13.3.2). Das Endometrium besteht aus dem *Stratum functionale,* klinisch auch als **Funktionalis** bezeichnet und dem *Stratum basale,* auch **Basalis** genannt. Die Funktionalis wird während der Mestruation abgestoßen und anschließend von der Basalis als Regenerationszone wieder aufgebaut.

Bei einer Schwangerschaft wird der mütterliche Teil der Plazenta aus Stromazellen des Endometriums gebildet (► Kap. 15).

Die Wand des **Gebärmutterhalses** (Cervix uteri) ist etwa halb so dick wie die des Corpus uteri. In der Zervix gibt es mehr kollagenes und elastisches Bindegewebe als glatte Muskulatur.

Die **Schleimhaut von Isthmus und Zervix** hat keine Funktionalis und Basalis, es wird nur das Oberflächenepithel bei der Menstruation abgestoßen. Die **Isthmusschleimhaut** ähnelt dem Endometrium, abgesehen von kurzen und weniger dicht stehenden Drüsen. Im Fall einer Schwangerschaft ist eine Implantation im Bereich des Isthmus möglich. In der **Zervixschleimhaut** sind stark verzweigte, tubuläre Drüsen mit einreihigem Zylinderepithel vorhanden, die ein muköses Sekret produzieren und den Gebärmutterhals mit einem viskösen Schleimpfropf ausfüllen. Um den Zeitpunkt des Eisprungs wird er dünnflüssig und dadurch für die Spermien passierbar.

Das Zervixkarzinom entsteht im Bereich der Umwandlungszone.

Physiologische Veränderungen der Portio vaginalis

Vor der Pubertät sieht die Portio vaginalis makroskopisch weißlich aus, weil sie von mehrschichtigem unverhornten Plattenepithel bedeckt ist. Mit der Pubertät verändert sich die Form der Zervix, die Schleimhaut mit dem einschichtigen, prismatischen Zylinderepithelpithel wird an die Portiooberfläche verlagert (»ausgestülpt«). Diese physiologische **Ektopie,** auch als **Ektropion** bezeichnet, erscheint zunächst als scharf markierte Übergangszone zwischen zwei Epithelarten mit einem Farbwechsel von weißlich nach rot. Mit der Geschlechtsreife wandelt sich das Zylinderepithel im Bereich der Ektopie nach und nach in Plattenepithel um (Metaplasie) und die Umwandlungszone wird unscharf. Im gebährfähigen Alter der Frau liegt die Umwandlungszone im Bereich des äußeren Muttermundes, im Alter verlagert sich die Ektopie in den Gebärmutterhals (Abb. 13.9). Im Bereich der Umwandlungs- oder Übergangszone können sich durch Sekretretention bis zu linsengroße Zysten bilden, sog. Ovula Nabothi (vom Leipziger Chirurgen Naboth [1675-1721] wurden diese für Eizellen gehalten).

13.10 Jod-Probe (Schiller-Probe) als Vorsorgeuntersuchung

Mit Hilfe eines Scheidenspekulums und eines Kolposkops (Kolpos: griech. = Scheide) lässt sich die Portio inspizieren und die Umwandlungszone mit jodhaltiger Lugol-Lösung betupfen. Die glykogenhaltigen, oberflächlich gelegenen Zellen des Plattenepithels nehmen eine braune Farbe an (positive Jodprobe). Sie färben sich jedoch nicht bei pathologischen Veränderungen des Plattenepithels (negative Jodprobe). Bei der **Krebsvorsorgeuntersuchung** werden Zellen aus der Umwandlungszone sorgfältig abgestrichen, weil dort eine erhöhte Gefahr für die Entwicklung eines Portio-
▼

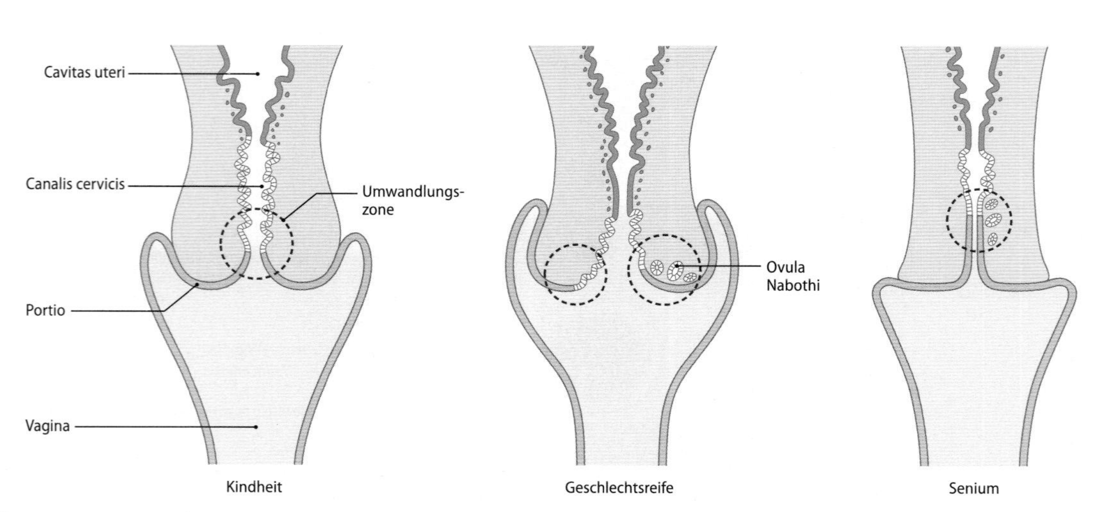

Abb. 13.9. Portio vaginalis cervicis mit Umwandlungszone vom Zylinderepithel zum mehrschichtig unverhornten Plattenepithel. Die Umwandlungszone verlagert sich während der Geschlechtsreife auf die Portiooberfläche

zervixkarzinoms gegeben ist. Wenn in dem nach Angaben des Pathologen Papanicolaou [1883–1962] gefärbten Abstriches bösartige Zellen auftreten, wird ein Gewebekonus von der Zervix zur weiteren Diagnostik entnommen **(Konisation)**. Durch diese Vorsorgeuntersuchung kann ein Zervixkarzinom im Frühstadium diagnostiziert und erfolgreich therapiert werden.

In Kürze

Die Gebärmutter (Uterus) ist ein birnenförmiges, muskulöses Hohlorgan und besteht aus:
- Gebärmutterkörper: **Corpus uteri** mit **Fundus uteri**
- Gebärmutterhöhle: **Cavitas uteri**
- Gebärmutterhals: **Cervix uteri** mit der **Portio vaginalis**

Der Übergang vom Körper zum Hals wird als **Isthmus** bezeichnet.

Der Uteruskörper liegt im kleinen Becken in einer **Anteflexio-Anteversio-Position.** Die Stellung variiert in Abhängigkeit von der Blasen- und Mastdarmfüllung. Gehalten wird der Uterus von Verstärkungen des Beckenbindegewebes und von Bändern:
- rundes Mutterband: Lig. teres uteri
- Ligg. sacrouterina, vesicouterinum und rectouterinum

Die **Wand des Uterus** besteht aus 3 Schichten:
- äußere Schicht:
  - **Perimetrium** (Serosa am Fundus und Corpus uteri)
  - **Parametrium** (bindegewebige Schicht an der Cervix)
- mittlere Schicht: **Myometrium** (Muskelwand)
- innere Schicht: **Endometrium** (Schleimhaut), bestehend aus:
  - Stratum basale oder Basalis: baut regelmäßig die Funktionalis auf
  - Stratum functionale oder Funktionalis: wird durch die Menstruation abgestoßen

In der Zervixschleimhaut befinden sich tubuläre Drüsen, die ein muköses Sekret produzieren.

13.2.4 Eileiter (Tuba uterina)

 Einführung

Die *Tuba uterina (griech. Salpinx)* stellt die Verbindung zwischen Ovar und Uterus her. Im Eileiter wird die Eizelle befruchtet, die Zygote teilt sich und wird als Morula im Zeitraum von 3–4 Tagen zum Uterus transportiert.

Tuba uterina
- *Infundibulum tubae uterinae (mit Fimbriae tubae)*
- *Ampulla tubae uterinae*
- *Isthmus tubae*
- *Pars uterina tubae*

Makroskopie

Die *Tuba uterina* ist ein etwa 10–15 cm langer, bleistiftdicker Muskelschlauch, der über die *Mesosalpinx* gering beweglich ist (Abb. 13.3). Die **äußeren zwei Drittel** bestehen aus dem kurzen, trichterartigen *Infundibulum* tubae uterinae und der *Ampulla tubae uterinae*. Am Trichtergund des Infundibulums liegt das *Ostium abdominale tubae uterinae*. Der Trichterrand trägt etwa 15 mm lange, fransenartige Fortsätze, die Fimbrien *(Fimbriae tubae)*. Eine überlange *Fimbria ovarica* steht mit dem Ovar in Kontakt (Abb. 13.10). Die Fimbrien

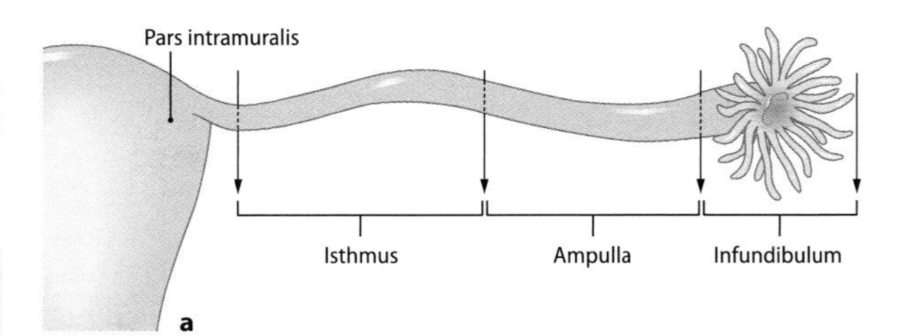

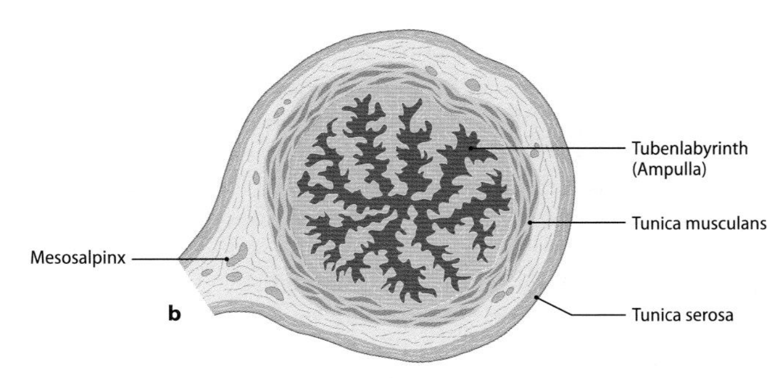

Abb. 13.10a, b. Eileiter (**a**) und Querschnitten durch die Ampulla (**b**)

stülpen sich, vermutlich chemotaktisch vom ovariellen Oberflächenepithel gesteuert, über den präovulatischen Follikel (ovarieller Zyklus ► Kap. 15.3.2), damit die Eizelle über das Infundibulum in die Ampulle gleiten kann. Die Eizelle wird in Richtung Uterus transportiert, unterstützt durch die tubare Peristaltik und vom Sekretstrom. Das **innere Drittel** der Tuba uterina besteht aus dem *Isthmus tubae,* so bezeichnet wegen der engen Lichtung, und der etwa 1 cm langen *Pars uterina tubae*. Sie beginnt am Tubenwinkel des Uterus, durchquert dessen Wand und endet am engen *Ostium uterinum tubae uterinae*.

Histologie

Die Wand des Eileiters besteht von innen nach außen aus 3 Schichten (Abb. 13.10b):
- Schleimhaut: *Tunica mucosa*
- Muskelschicht: *Tunica muscularis*
- Bindegewebeschicht: *Tunica serosa und Tela subserosa*

Die **Tunica mucosa** als innere Wandschicht bildet Längsfalten, *Plicae tubariae,* zwischen abdominalem und uterinem Ende des Eileiters. In der Ampulle treten Sekundär- und Tertiärfalten auf, die die Lichtung zum Tubenlabyrinth umgestalten. Das einschichtige Flimmerepithel mit sekretorischen Epithelzellen ändert sich zyklisch. Unter dem Einfluss des **präovulatorisch** hohen **Östrogenspiegels** (ovarieller Zyklus ► Kap. 15.3.2) bilden sich in der Ampulle vermehrt Zellen mit Kinozilien (Flimmerzellen), die sowohl zum *Ostium abdominale* als auch zum *Ostium uterinum* schlagen. Deshalb ist ungeklärt, ob der Kinozilienschlag den Transport der Eizelle wirklich unterstützt. In der **Corpus-luteum-Phase** (► Kap. 13.3.2) differenzieren sich unter **Progesteroneinfluss** verstärkt **sekretorische Zellen** für die Ernährung der potenziell befruchteten Eizelle. Stiftchenzellen mit kompaktem Zellkern treten als untergehende Epithelzellen auf. Das Epithel ist über die Basalmembran mit der *Lamina propria* verbunden.

Die **Tunica muscularis** ist die mittlere Schicht der Tubenwand mit 3 unscharf begrenzte Zonen. Die innere und äußere Zone besteht aus einer inneren Längs- und einer äußeren Ringmuskulatur. Beide sind im Infundibulum schwach entwickelt und nehmen an Dicke vom Infundibulum zum Isthmus deutlich zu. Die uteruswärts gerichtete Peristaltik ist periovulatorisch verstärkt. Die mittlere, gefäßreiche Zone entwickelt perivaskuläre Muskelzüge für die Regelung der Durchblutung.

Die **Tunica serosa** als äußere Wandschicht besteht aus Peritonealepithel und Lamina propria. Sie ist im lockeren kollagenen Bindegewebe der *Tela subserosa* verankert. In ihr finden sich längs- und schräg verlaufende Muskelzüge, die die Bewegung der Fimbrien zum präovulatorischen Follikel steuern.

13.11 Tubargravidität

Bei einer **Tubargravidität** (Tubarschwangerschaft) hat sich ein implantationsfähiger Keim im Eileiter eingenistet. Ursachen können ein überlanger Eileiter, eine Entzündung der Tube oder eine verminderte Kontraktilität sein. Ohne rechtzeitigen operativen Eingriff kann es zu schweren Komplikationen kommen, z.B. zur Ruptur von lokalen Blutgefäßen mit starken inneren Blutungen, die zum Tod der Schwangeren führen.

13.12 Entzündung des Eileiters (Salpingitis)

Als Folge von Infektionen können sich die Eileiter entzünden und anschließend verkleben. Dadurch wird die Tube für Eizellen und Spermatozoen undurchlässig. Sind beide Eileiter verklebt, ist eine Schwangerschaft auf natürlichem Wege nicht mehr möglich.

13.13 Tubensterilisation

Besteht eine medizinische Indikation oder ein begründeter persönlicher Wunsch zur Sterilisation, können durch Unterbrechung der Tuben die Spermatozoen nicht mehr passieren und eine Befruchtung wird somit verhindert. Zur Unterbrechung der Tuben gibt es verschiedene Möglichkeiten, z.B. die Elektrokoagulation, das Zuklemmen, das Durchtrennen bzw. die Tubenresektion.

In Kürze

Die paarigen Eileiter stellen eine Verbindung zwischen den Eierstöcken und der Gebärmutter her. Das äußere Ende des etwa 10–15 cm langen Muskelschlauches des Eileiters (Tuba uterina) trägt fransenartige Fortsätze (Fimbrien). Das innere Ende mündet in den Uterus.

Die Wand des Eileiters besteht von innen nach außen aus 3 Schichten:
- *Tunica mucosa* (Schleimhaut)
- *Tunica muscularis* (Muskelschicht)
- *Tunica serosa* und *Tela subserosa* (Bindegewebeschicht)

13.2.5 Eierstock (Ovarium)

 Einführung

Die Eierstöcke sind paarig angelegt. Im Eierstock (auch als Ovar bezeichnet) reifen die Eizellen (weibliche Keimzellen) heran, und er dient somit als Reproduktionsorgan. Da im Ovar aber auch Sexualhormone produziert werden, ist es gleichzeitig ein endokrines Organ.

Makroskopie und Lage

Das mandelförmige Ovar hat bei der geschlechtsreifen Frau eine Größe von etwa 3×2×1 cm. Es liegt intraperitoneal und ist an Bändern schwebend aufgehängt (Abb. 13.3).
- Das *Lig. suspensorium ovarii* zieht von der seitlichen Beckenwand zum tubaren Pol, dient als Gefäß-Nerven-Straße und mündet in den *Hilus ovarii.*

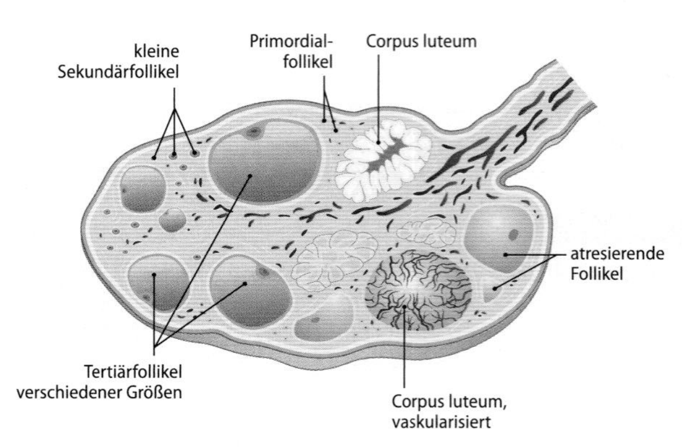

Abb. 13.11. Schematische Darstellung des Ovars

- Das *Lig. ovarii proprium,* ein entwicklungsgeschichtliches Rudiment des kaudalen Keimdrüsenbandes, *Gubernaculum*, verbindet den uterinen Pol des Ovars mit dem Tubenwinkel des Uterus.

Feinbau

Beim Ovar ist die Rindenzone, *Cortex ovarii,* von der Markzone, *Medulla ovarii,* zu unterscheiden.

Die **Rindenzone** besteht aus zellreichem, straffem Bindegewebe, *Tunica albuginea,* und einem einschichtigen platten bis kubischen Oberflächenepithel. Es entspricht entwicklungsgeschichtlich dem Coelomepithel der Genitalleiste, das früher als Müller-Keimepithel bezeichnet wurde, weil die Herkunft der Urgeschlechtszellen dem Coelomepithel zugeschrieben wurde. Die Rindenzone des kindlichen Ovars enthält bereits Eifollikel in verschiedenen Stadien des Wachstums, vom **Primordialfollikel** über den **Primär-** und **Sekundärfollikel** zum **Tertiärfollikel** (Follikelwachstum, ► Kap. 13.3.1). Da Tertiärfollikel wie Bläschen aussehen, werden sie auch Bläschenfollikel, *Folliculi ovarici vesiculosi,* genannt. Im geschlechtsreifen Ovar entwickelt sich ein Tertiärfollikel zum präovulatorischen Follikel (ovarieller Zyklus, ► Kap. 13.3.2). Beim **Eisprung (Ovulation)** rupturiert dieser Follikel und transformiert sich in den dottergelben Gelbkörper, Corpus luteum, eine endokrine Drüse von begrenzter Lebenszeit. Aus den Resten des Gelbkörpers entsteht der *Corpus albicans,* ein weißlich aussehendes, derbes Bindegewebe. Zwischen den Follikeln und Gelbkörpern liegen in der Rindenzone die **interstitiellen Drüsenzellen** (Abb. 13.11).

Die **Markzone** ist reich an Blut- und Lymphgefäßen sowie vegetativen Nerven. Sie enthält keine Follikel.

 **13.14 Ovarialtumoren**

Zu unterscheiden sind gutartige Ovarialtumoren von den bösartigen Karzinomen. Beim Ovarialkarzinom liegt der Erkrankungsgipfel im 60. Lebensjahrzehnt. Die Diagnose erfolgt aufgrund fehlender Frühsymptome in der Regel erst im fortgeschrittenen Stadium. Es gibt bisher keine geeignete Vorsorge.

In Kürze

Die Ovarien sind paarig angelegte Reproduktionsorgane, in denen die weiblichen Keimzellen (Eizellen) heranreifen.

Das Ovar besteht aus 2 Zonen:
- Markzone (Medulla ovarii), die reich an Blut- und Lymphgefäßen ist
- Rindenzone (Cortex ovarii), in der die Follikel heranreifen

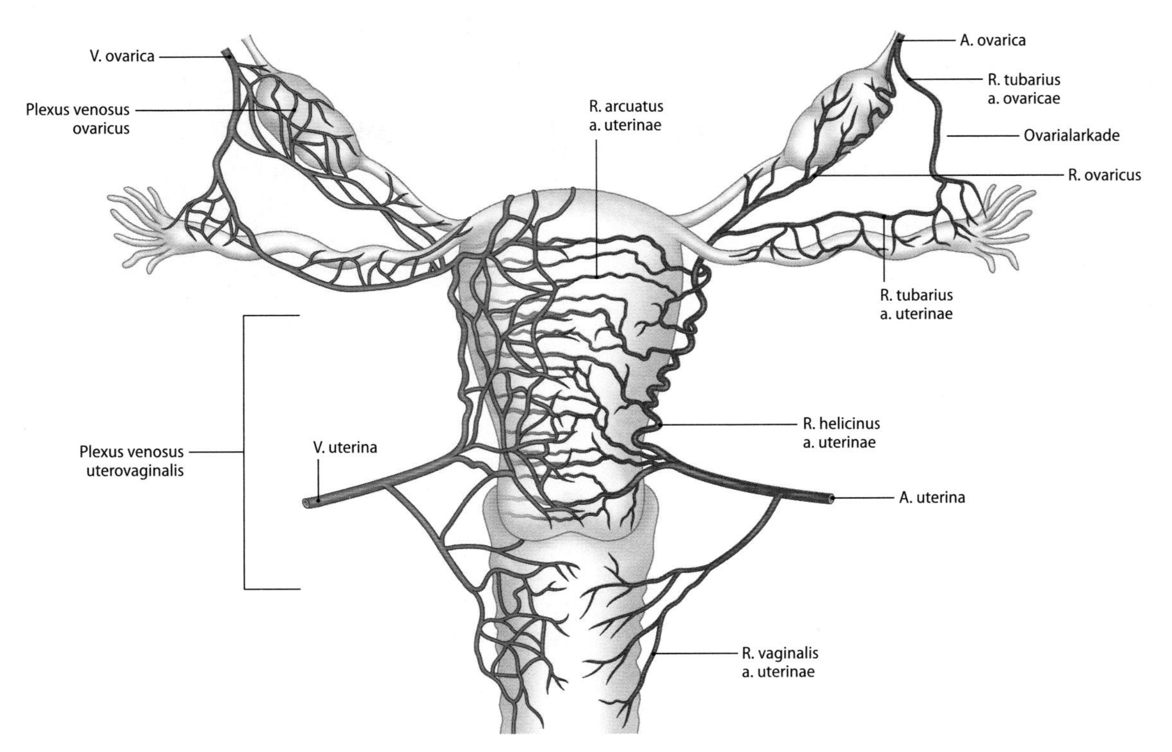

Abb. 13.12. Die arterielle Gefäßversorgung der inneren Genitalorgane mit der Ovarialarkade als Anastomose zwischen A. ovarica und A. uterina. Der venöse Abfluss beginnt als venöser Plexus

13.2.6 Blutgefäße und Lymphabflüsse der inneren Genitalorgane

Einführung

Die Arterien, Venen und Lymphabflüsse der inneren Genitalorgane sind sowohl lumbaler als auch pelviner Herkunft. Das erklärt sich aus der entwicklungsgeschichtlichen Herkunft des Ovars aus der Lumbalgegend und dem späteren Deszensus in das Becken.

Arterien

Die Ovarien werden aus der paarigen *A. ovarica* und der paarigen *A. uterina* mit Blut versorgt. Die **A. ovarica** entspringt aus der Aorta unterhalb des Abgangs der *A. renalis* und verläuft im *Lig. suspensorium ovarii* zum Hilus ovarii. Vor dem Eintritt in die Markzone gibt die A. ovarica den *R. tubarius* ab, der in der Mesosalpinx mit dem gleichnamigen Ast aus der A. uterina anastomosiert (Abb. 13.12). Die Gefäßanastomosen zwischen A. ovarica und A. uterina bezeichnet man als **Ovarialarkade.** Die **A. uterina** entspringt aus der *A. iliacae interna* und verläuft in der bindegewebigen Verdichtung (früher Lig. cardinale) von der seitlichen Beckenwand zur lateralen Seite der Zervix. Die **A. uterina überkreuzt** den **Ureter** vor seiner Einmündung in den Harnblasenfundus und teilt sich danach T-förmig: nach **kranial** in den stark gewundenen *R. helicinus* mit Verlauf im Mesometrium und nach **kaudal** in einen im Parakolpos liegenden *R. vaginalis.* Aus beiden Ästen entwickeln sich konzentrisch angeordnete »Ringe« von Blutgefäßen, *Rr. arcuatae,* für die **Versorgung** von **Uterus** und **Vagina** (Abb. 13.10). Die Äste werden im Endometrium zu **Spiralarterien.**

Venen

Am Hilus ovarii entsteht aus einem stark gewundenen venösen Geflecht *(Plexus venosus ovaricus)* die *V. ovarica.* Diese mündet **rechtsseitig** in die *V. cava inferior,* weil diese rechts der Wirbelsäule liegt und die kurzstreckige V. renalis dextra bereits aufgenommen hat. **Linksseitig** fließt die V. ovarica in die langstreckige *V. renalis sinistra.* Der venöse Abfluss von Uterus und Vagina beginnt mit dem gut entwickelten, paarigen *Plexus uterovaginalis,* der seitlich von Uterus und Vagina im Parametrium und Parakolpos liegt (äußere Schicht der Scheide). Der Plexus mündet über die *V. uterina* in die *V. iliaca interna.*

Lymphabflusswege

Die 3 Hauptwege des Lymphabflusses von den Ovarien und Tuben sowie dem Uterus ergeben sich aus unterschiedlichen Nachbarschaftsbeziehungen (Abb. 13.13):

- Lymphwege aus dem Ovar, den Tuben und dem Fundus laufen im Lig. suspensorium ovarii enlang den Vasa ovarica zu lumbalen Lymphknoten, *Nll. lumbales.*
- Lymphwege aus Tubenwinkel und Corpus uteri reichen vom Lig. teres uteri über den Anulus inguinalis profundus zu den Lymphknoten in der Leistenbeuge, *Nll. inguinales superficiales* und weiter zu den Nll. iliaci externi.
- Lymphwege der Cervix uteri ziehen zu Lymphknoten den großen Beckengefäßen und ihren Abgängen: *Nll. iliaci interni et externi, Nll. obturatoria, Nll. sacrales.* Die nachfolgende Lymphknotenkette liegt um die gemeinsame Beckenarterie und die Bauchaorta, *Nll. iliaci communes* sowie *Nll. lumbales.*

Der Abfluss der Lymphe aus dem Bereich der Vagina erfolgt über 2 Hauptwege (Abb. 13.13):

- aus dem oberen und mittleren Drittel der Vagina gelangen Lymphwege in die *Nll. iliaci interni* und *externi*
- aus dem unteren Drittel der Vagina münden Lymphwege in die *Nll. inguinales profundi et superficiales,* über die *Nll. iliaci externi* in die *Nll. iliaci communes.*

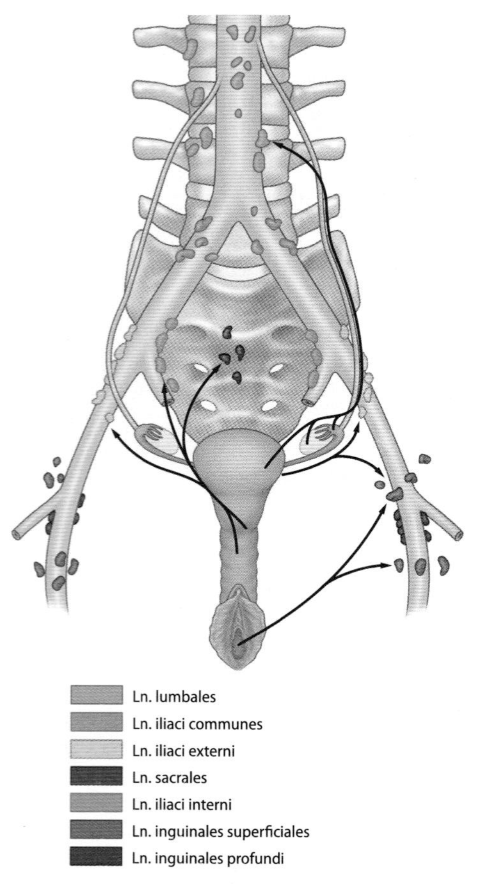

Abb. 13.13. Lymphabflusswege und regionäre Lymphknoten des inneren weiblichen Genitalsystems

13.2.7 Innervation der inneren Geschlechtsorgane

Die inneren Genitalorgane werden **sympathisch** und **parasympathisch** innerviert. Die vegetativen Systeme sind unterschiedlich in den Organen verteilt. Im **Ovar** überwiegt der **Sympathikus,** in den **Tuben**, dem **Uterus** und der **Vagina** der **Parasympathikus** (Abb. 13.14).

Sympathische Fasern

Von den Rückenmarkssegmenten L1–L2 kommen präganglionäre Fasern vom Seitenhorn. Die Fasern passieren lumbale Grenzstrangganglien und erreichen prävertebrale Ganglien. Dort erfolgt die Umschaltung auf postganglionäre Neurone. Es sind 2 prävertebrale Hauptganglien mit Nervengeflechten zu unterscheiden:

- Vom *Ganglion ovaricum* geht der *Plexus ovaricus* aus, der die A. ovarica umspinnt und sich bis in die Follikelwand verzweigt.
- Das *Ganglion mesentericum inferius* liegt mit dem *Plexus mesentericus inferior* am Abgang der A. mesenterica inferior. Das sich kaudal anschließende unpaare Nervengeflecht wird *Plexus hypogastricus superior* oder *N. presacralis* genannt. Aus diesem entstehen zwei sagittal orientierte Platten, *Nn. hypogastrici inferiores*, die zum paarigen *Plexus pelvicus (Plexus hypogastricus inferior)* werden. Er liegt seitlich der Beckenorgane und bildet in Zervixnähe den *Plexus uterovaginalis*. Seine sympathischen Fasern versorgen Uterus und Vagina.

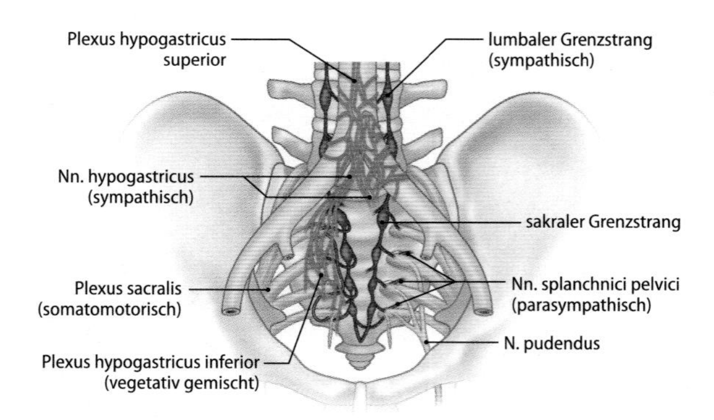

Abb. 13.14. Innervation der weiblichen inneren Genitalorgane und des Beckenbodens. Autonomer und somatischer Nervenplexus im Becken. Nur der N. pudendus des Plexus sacralis innerviert den Beckenboden, während andere Plexusäste zum Bein ziehen

Parasympathische Fasern

Sie kommen von präganglionären Neuronen des sakralen Parasympathikus aus den Rückenmarksegmenten **S2–S4** und bilden als präganglionäre Nervenfasern die *Nn. splanchnici pelvici.* Diese werden in postganglionären Neuronen des *Plexus pelvicus* und *Plexus uterovaginalis* auf postganglionäre Fasern umgeschaltet (Abb. 13.14).

13.3 Pränatale Entwicklung der Eizellen, basales Follikelwachstum und Sexualzyklus

Einführung

Die Entwicklung der Eizellen (Oogenese) durchläuft mehrere Stadien. Sie beginnt in der Fetalzeit (pränatale Periode) und reicht bis in das geschlechtsreife Alter (postnatale Periode).

In der pränatalen Periode vermehren sich die Oogonien mitotisch. In der pränatalen und frühen postnatalen Periode treten primäre Oozyten in die 1. Reifeteilung ein und werden dort arretiert (1. Arrest). Eine Oozyte beendet in der Zeit vor der Ovulation die 1. Reifeteilung, geht als sekundäre Oozyte in den 2. Arrest und differenziert sich in der 2. Reifeteilung, die erst nach der Befruchtung abgeschlossen wird, zur haploiden Eizelle.

Die Eizellen sind von sog. Follikelzellen umgeben, die gemeinsam den Ovarialfollikel bilden. Kleinste Follikel (Primordialfolikel) bilden sich bereits in der Fetalzeit. In der postnatalen Periode reifen die Follikel bis zum Tertiärfollikel heran. Nach der Pubertät beginnt der monatliche **Sexualzyklus** und mit ihm der **ovarielle Zyklus** für die Bereitstellung einer befruchtungsfähigen Eizelle, der wiederum auf den **endometrialen Zyklus** der Gebärmutterschleimhaut einwirkt.

Bezogen auf etwa 400.000 Eizellen (in beiden Ovarien zusammen) in der Pubertät, werden während einer 40-jährigen Geschlechtsreife etwa 400 Eizellen befruchtungsfähig, 99% aller Eizellen gehen zugrunde (Follikelatresie).

13.3.1 Pränatale Entwicklung der Eizellen und basales Follikelwachstum

Entwicklung der Eizelle

Pränatale Periode
- 1. Wachstumsperiode als pränatale Vermehrungsperiode (Oogenese)
- Primordialfollikel mit primärer Oozyte im 1. Arrest der 1. Reifeteilung: prä- und perinatal, bis zur Pubertät
- Oozytenatresie: pränatal bis Menopause

Postnatale Periode I (Kindheit bis Menopause)

Follikelwachstum (Follikulogenese, 2. Wachstumsperiode)
- Primordialfollikel
- Primärfollikel
- Sekundärfollikel
- Tertiärfollikel

Postnatale Periode II (Pubertät bis Menopause)
- Follikelreifung (ovarieller Zyklus, ► Kap. 13.3.2)
- sekundäre Oozyte im 2. Arrest der 2. Reifeteilung, 1. Polkörperchen

Die Differenzierung der Oogonien aus den Urkeimzellen sowie ihre pränatale Vermehrung ist mit dem 7. Fetalmonat abgeschlossen (1. Wachstumsphase). Bei der Geburt sind die Eizellen (primäre Oozyten) in der Prophase der 1. Reifeteilung (im Diplotän) im Primordialfollikel arretiert (1. Ruhephase). Der **Meiosearrest** wird vom **Oozyten-Meiose-Inhibitor** kontrolliert, der pränatal vermutlich von Urnierenkanälchen und vom Follikelepithel gebildet wird.

Follikelwachstum

Ein Follikel besteht aus der primären Eizelle, auch als Oozyte I. Ordnung bezeichnet, und dem sie umgebenden Follikelepithel. Das Wachstum der primären Eizelle von 30 auf 110 µm Durchmesser entspricht dem basalen Follikelwachstum (◘ Abb. 13.15). Diese **basale Follikulogenese** ist in der Rindenzone des Ovars lokalisiert und dauert von der frühen Kindheit bis zur Menopause (◘ Tab. 13.1). Unterschieden werden verschiedene Follikeltypen als aufeinander folgende Stadien des Follikelwachstums (◘ Abb. 13.16):

- **Primordialfollikel** (bis 40 µm Durchmesser) bilden sich in der pränatalen und frühen postnatalen Periode. Sie zeigen eine Oozyte mit bläschenförmigem Nukleus (Keimbläschen) und prominentem Nukleolus. Die Oozyte wird von einschichtigen, platten Follikelepithelzellen unvollständig umgeben.

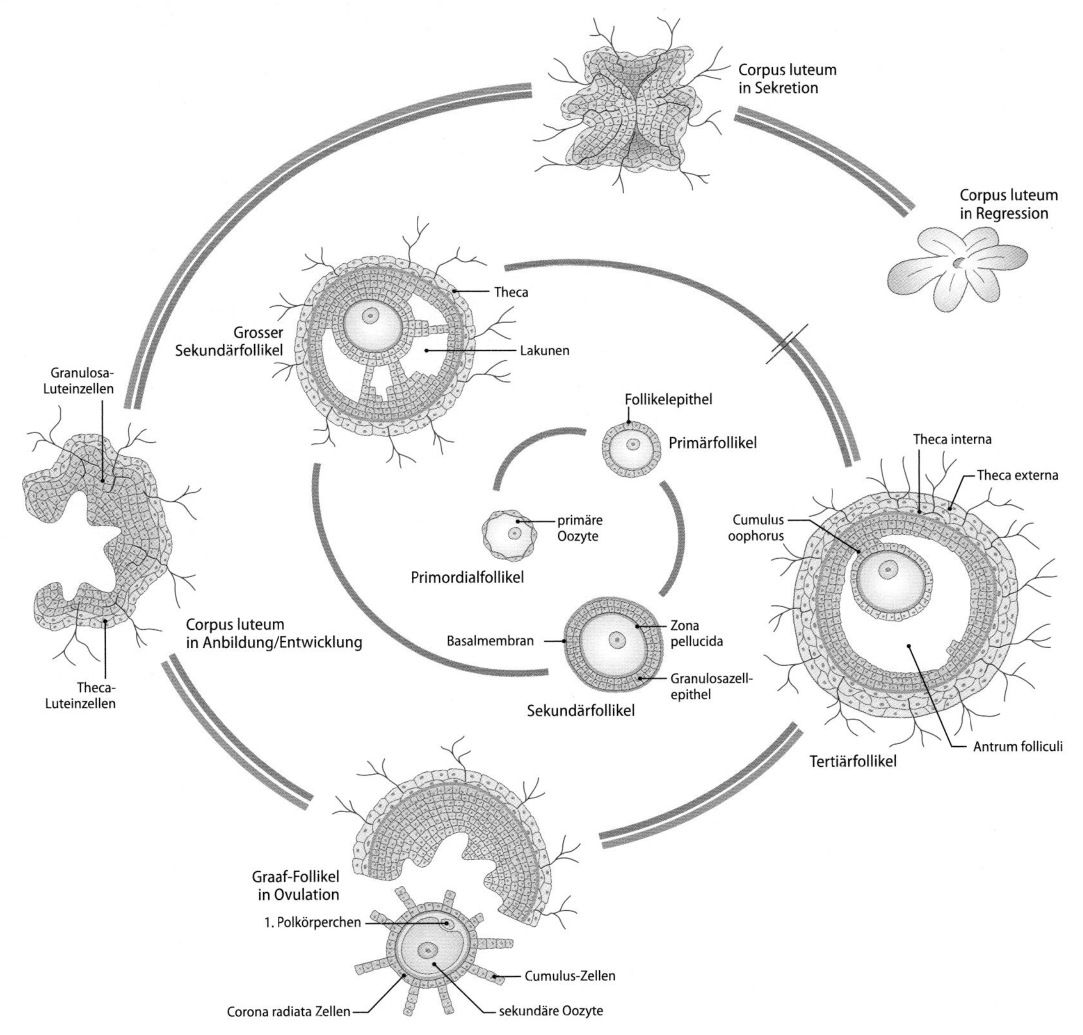

◘ **Abb. 13.15. Basales Follikelwachstum.** Das basale Follikelwachstum (schwarzer Pfad) erstreckt sich über mehrere ovarielle Zyklen. Der ovarielle Zyklus (grüner Pfad) beginnt mit einer Kohorte Tertiärfollikel und endet mit einem Gelbkörper in Regression

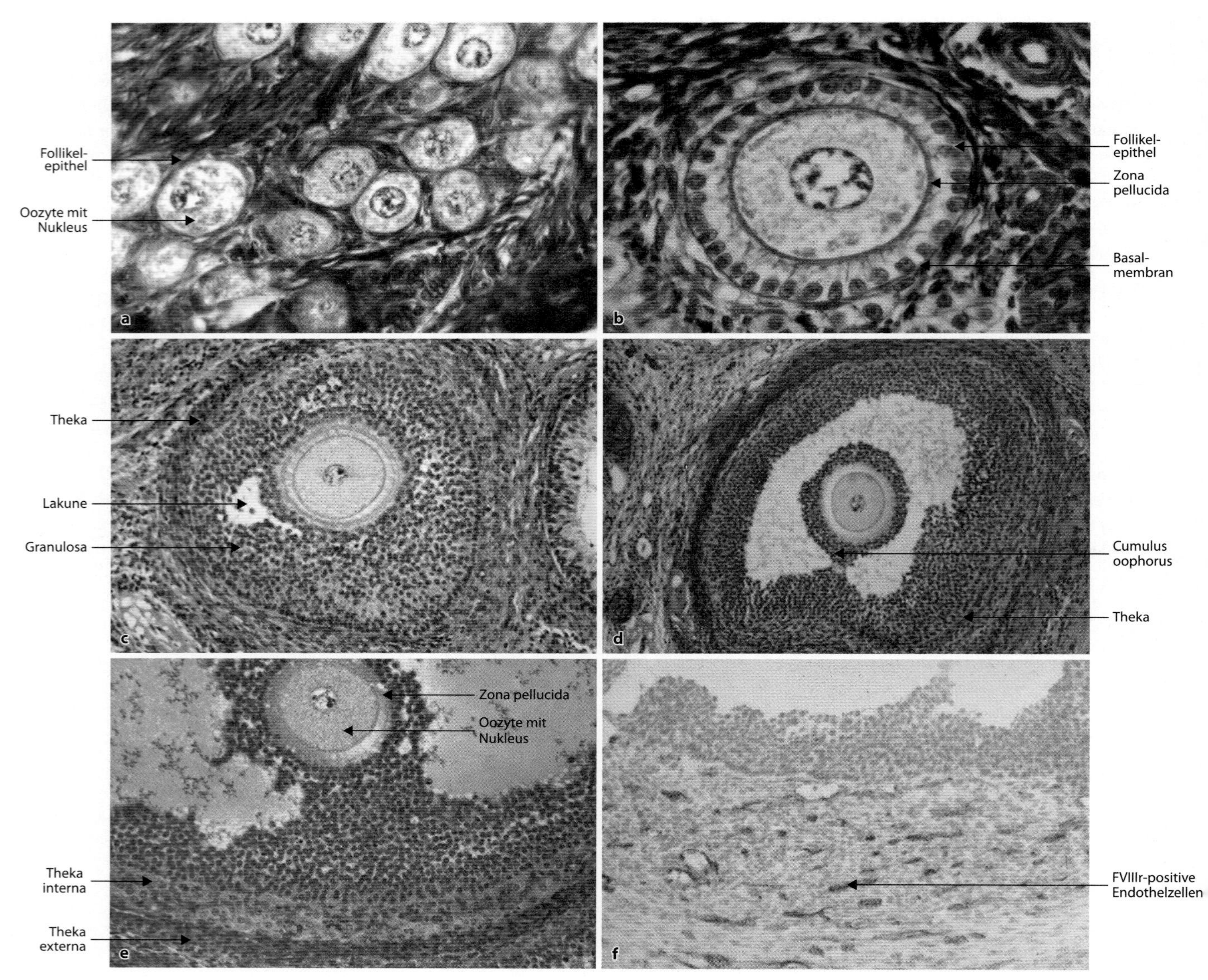

Abb. 13.16a–f. Histologische Bilder vom basalen Follikelwachstum. **a** Primordialfollikel mit flachem einschichtigem Follikelepithel (Azan-Färbung). **b** Primärfollikel mit einschichtigem kubischen Epithel, zarter Zona pellucida und Basalmembran (Azan-Färbung). **c** Großer Sekundärfollikel mit Lakune zwischen mehrschichtiger Granulosa als Beginn des späteren Antrum folliculare (HE-Färbung). **d** Antraler Follikel mit Cumulus oophorus. **e** Wand des großen Follikels. Die Theka interna ist gegenüber der Theka externa breiter und heller gefärbt (HE-Färbung). **f** Die Theka ist vaskularisiert, die Granulosa ist avaskulär (Immunhistologische Färbung für das Faktor-VIIIr-Antigen der Endothelzellen)

- **Primärfollikel** mit bis zu 70 μm Durchmesser besitzen um die Eizelle einen geschlossenen Kranz einschichtiger kubischer Follikelepithelzellen, die an einer Basalmembran verankert sind, welche den Follikel gegenüber dem umgebenden Stroma abgrenzt. Zwischen Eizelle und Follikelepithel entsteht eine homogene Schicht, die *Zona pellucida*, die später über Verankerungsproteine zum Spermienrezeptor wird. Sie schützt den Keim bei seiner Wanderung durch den Eileiter und verhindert die vorzeitige Einnistung. Das Ovar des Neugeborenen enthält bereits Primärfollikel.
- **Sekundärfollikel** erreichen Durchmesser über 300 μm. Bedingt durch eine kräftige Zellproliferation, entstehen 8 und mehr Schichten eines kubischen Epithels, weshalb zwischen kleinen, mittleren und großen Sekundärfollikeln unterschieden wird. Wegen des kleinen Durchmessers der Epithelzellen im Vergleich zur deutlich größeren Oozyte entsteht ein »granuläres« Bild, das die Bezeichnung **Granulosazellen** anstatt Follikelepithelzellen erklärt. Die an die Oozyte angrenzenden Granulosazellen senden Mikrovilli durch die Zona pellucida bis zur Zellmembran der Oozyte, dem **Oolemm**, das seinerseits Mikrovilli ausschickt. Mikrovilli der Granulosazellen und der Eizellen kommunizieren über Gap Junctions als morphologisches Zeichen einer regen Oozyten-Granulosazell-Interaktion. Die äußersten Granulosazellen sitzen der Basalmembran auf. Das kortikale Stroma um den Follikel bildet Hüllenzellen, **Thekazellen,** die konzentrisch um die Basalmembran angeordnet sind und von Kapillaren begleitet werden.
- **Tertiärfollikel** (Durchmesser 0,3–1 cm) entstehen aus großen Sekundärfollikeln. Innerhalb der Epithelschicht bilden sich erweiterte Interzellularräume, die mit Follikelflüssigkeit, *Liquor folliculi,* gefüllt sind, und **Lakunen** genannt werden. Der Liquor besteht aus Sekret der Granulosazellen und dem Transsudat aus Blutge-

Tab. 13.1. Chronologie des Lebenszyklus von der Urkeimzelle zur haploiden Eizelle

Periode	Stufen der Entwicklung
6. SW	ca. 1700 Urkeimzellen in indifferente Genitalleiste, *Plica genitalis*
9. SW bis 7. SM	Oogenese
ab 12. SW	– Oogenese – Meiose I mit primären Oozyten im Leptotän der Prophase, gefolgt vom Zygotän, Pachytän und Diplotän
4. bis 6. SM	Entwicklung der Primordialfollikel aus Eiballennestern
6. SM	– 7×10^6 Eizellen, Abnahme der Oogenese – Meiose I mit primären Oozyten im Pachytän – Oozytenatresie
Geburt	– 2×10^6 Eizellen – Meiose I mit primären Eizellen im Diplotän – 1. Arrest – Oozytenatresie
Kindheit bis Menopause	– basales Follikelwachstum – Follikelatresie (99,9% der Follikel)
Pubertät	ca. 400.000 Eizellen
Pubertät bis Menopause	– ovarieller Zyklus – Kohorte, Selektion, dominanter Follikel, Graaf-Follikel – Ende von Meiose I (23 Chromosomen mit doppeltem DNS-Satz = 1c2n); sekundäre Oozyte; 1. Polkörperchen – 2. Arrest – Meiose II bei Fertilization; haploide Eizelle (1c1n); 2. Polkörperchen – 300–400 Ovulationen

SW = Schwangerschaftswoche, SM = Schwangerschaftsmonat

fäßen. Durch Konfluenz der Lakunen bildet sich eine gemeinsame Höhle, das *Antrum folliculare*, dessen Ausdehnung zunimmt und die Größe eines kleinen, mittleren und großen Tertiärfollikels bestimmt. Durch die Vergrößerung des Antrums wird die Eizelle mit den sie umgebenden Granulosazellen in eine exzentrische Position gedrängt, und es entsteht der **Eihügel,** *Cumulus oophorus*. Die **Follikelwand** gliedert sich von innen nach außen in die mehrschichtige, avaskuläre Granulosa, die Basalmembran und die vollständig ausgebildete vaskularisierte Theka. Sie besteht aus einer inneren Schicht, *Theca interna*, mit endokrinen Zellen, und einer äußeren Schicht, *Theca externa*, die Myofibroblasten enthält. Im ovariellen Zyklus (► Kap. 13.3.2) entwickelt sich aus dem Tertiärfollikel der **präovulatorische** oder **Graaf-Follikel.**

- Kohortenfollikel werden im ovariellen Zyklus (► Kap. 13.3.2) erklärt.

Aufgaben von Granulosa- und Thekazellen

Granulosazellen bilden den Oozyten-Meiose-Inhibitor, der über Gap Junctions in die Oozyte gelangt. Da das Granulosaepithel gefäßlos ist, wird es durch Diffusion aus den Blutgefäßen der Theka ernährt. In der gefäßreichen Theca interna befinden sich endokrine Zellen, welche Androgene (Androstendion, Testosteron) produzieren. Von den Granulosazellen werden diese Androgene durch das Enzym Aromatase in Östrogene (Östradiol, Östron) umgewandelt. Granulosa- und Thekazellen bilden während der

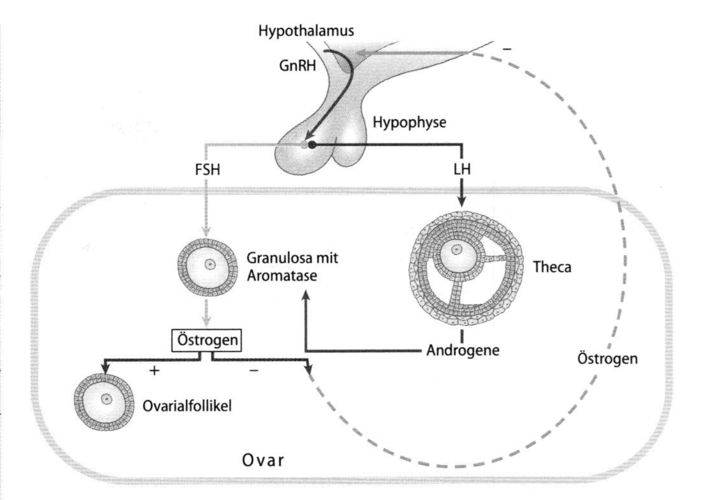

Abb. 13.17. Das basale Follikelwachstum von Primär- Sekundär- und kleinen Tertiärfollikeln wird durch intraovarielle Faktoren geregelt. Die Entwicklung wird durch positiv und negativ rückkoppelnde Mechanismen zwischen Hypothalamus, Hypophyse und Ovar unterstützt.
GnRH = Gonadotropin-Releasing-Hormon, FSH = follikelstimulierendes Hormon, LH = luteinisierendes Hormon

Follikulogenese außerdem zahlreiche Zytokine, die das Heranwachsen und die Reifung der Tertiärfollikel bewirken und auch kontrollieren.

Follikelatresie

Auf jeder Stufe der Follikulogenese gehen Follikel zugrunde. Bei Primordial-, Primär- und kleinen Sekundärfollikeln beginnt der Prozess an der Eizelle und schont zunächst die Granulosazellen. Bei großen Sekundär- und Tertiärfollikel ist es umgekehrt. Eine Follikelzyste entspricht einem atresierenden Tertiärfollikel.

Steuerung des basalen Follikelwachstums

Die Initiation vom Primordial- zum Primärfollikel wird durch intraovarielle Faktoren (Zytokine) geregelt. Neue Erkenntnisse weisen Neurotransmittern (Norepinephrin, vasointestinales Peptid) hierbei eine wichtige Funktion zu. Das Heranwachsen zu Sekundär- und Tertiärfollikeln ist primär von Gonadotropinen unabhängig, aber von ihnen beeinflussbar.

Die Entwicklung vom Primär- zum kleinen Tertiärfollikel dauert etwa 6 Monate. Die hormonelle Steuerung erfolgt auf 3 Ebenen (Abb. 13.17). Auf der **ersten Ebene** wirkt der Hypothalamus über das Steuerhormon **GnRH (Gonadotropin-Releasing-Hormon).** Es wird in den Kapillarplexus der *Eminentia mediana* als Region des Hypothalamus sezerniert und gelangt von dort in das portale Gefäßsystem der Hypophyse zur **zweiten Ebene,** den basophilen Zellen der **Adenohypophyse.** Über einen rezeptorvermittelten Mechanismus werden das **follikelstimulierende Hormon (FSH)** und das **luteinisierende Hormon (LH)** ausgeschüttet. Sie heißen Gonadotropine, weil sie auf der **dritten Ebene,** dem **Ovar,** als Gonade auf die Follikel- und Granulosazellen wachsender Follikel wirken. **FSH** bindet an FSH-Rezeptoren der **Granulosazellen,** bildet und aktiviert Östrogenrezeptoren, die ihrerseits die Proliferation von Granulosazellen verstärken. FSH fördert die Konvertierung von Androgenen zu Östrogenen. Dagegen bindet **LH** an LH-Rezeptoren, die nur in der **Theka** exprimiert werden. LH bewirkt in Thekazellen eine verstärkte Produktion von Androgenen. Mit dem Wachstum der Follikel ist eine steigende Östrogensekretion verbunden, die auf auto- und parakrinem Weg die Proliferation der

Granulosa- und Thekazellen ebenso wie die Sekretion von Sexualhormonen und von Zytokinen verstärkt (innere positive Rückkopplung). Da Östrogene auch an die Blutbahn abgegeben werden, beeinflussen sie den Gesamtorganismus und hemmen in niedrigen Dosen die Abgabe von GnRH (äußere negative Rückkopplung).

In Kürze

Die Entwicklung der Eizellen durchläuft mehrere Stadien. Pränatal entwickeln sich aus Urkeimzellen die Oogonien (Oogenese). Diese teilen sich durch Mitose zu **primären Eizellen** (Oozyten I. Ordnung). Daran schließt sich das **Follikelwachstum an.** Zuerst entsteht aus der primären Eizelle mit dem umgebenden Follikelepithel ein **Primordialfollikel.** In den weiteren Entwicklungsphasen entstehen Primärfollikel, Sekundärfollikel und Tertiärfollikel. Diese **Follikulogenese** findet in der Rindenzone des Ovars statt und dauert von der frühen Kindheit bis zur Menopause. Auf jeder Stufe der Follikulogenese gehen Follikel zugrunde, dieser Prozess wird als **Follikelatresie** bezeichnet.

Die Entwicklung vom Primär- zum kleinen Tertiärfollikel wird **hormonell gesteuert** und dauert etwa 6 Monate. Der Hypothalamus bildet **GnRH-Hormon,** das zur Hypophyse gelangt. Diese schüttet das **follikelstimulierende Hormon (FSH)** und das **luteinisierende Hormon (LH)** aus. Diese Hormone wirken auf das Ovar und fördern die Bildung von Östrogen und Androgenen. Mit dem Wachstum der Follikel ist eine steigende Östrogensekretion verbunden. Da Östrogene auch an die Blutbahn abgegeben werden, beeinflussen sie den Gesamtorganismus.

13.3.2 Sexualzyklus

Sexualzyklus
- **Ovarieller Zyklus**
  - Follikelphase
  - Ovulationsphase
  - Gelbkörperphase
- **Endometrialer Zyklus**
  - Desquamation
  - Proliferationsphase
  - Sekretionsphase
  - Ischämie
- **Vaginaler Zyklus**

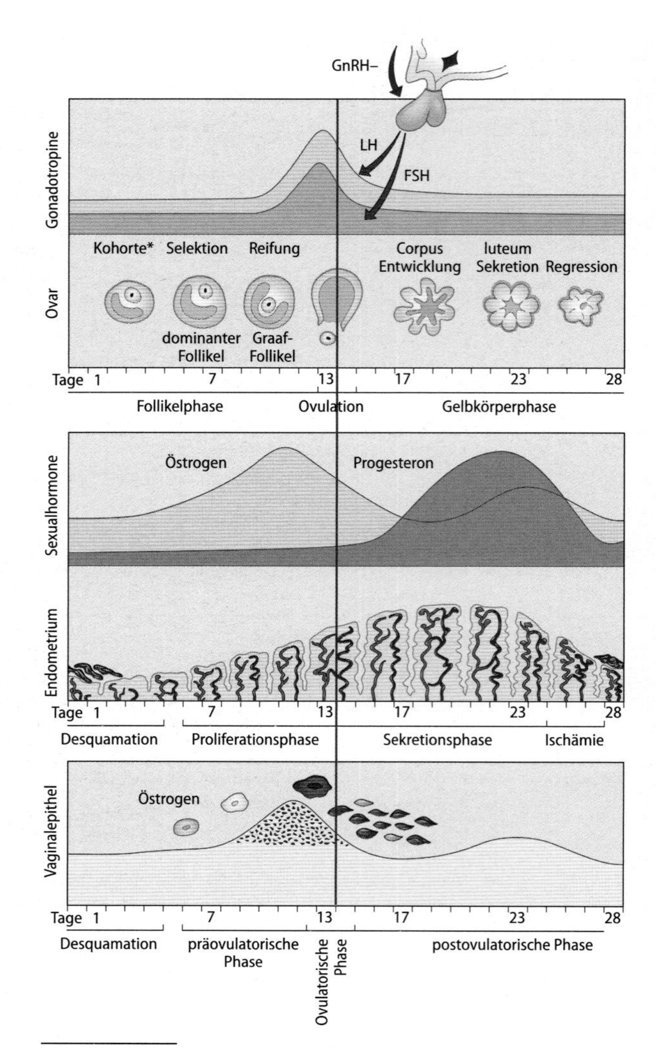

Kohorte = 6 kleine Tertiärfollikel; 1 kleiner Tertiärfollikel wurde gezeichnet

Abb. 13.18. Weiblicher Sexualzyklus. Er wird durch die pulsatile Sekretion des Steuerungshormons GnRH dirigiert. Die monatliche pulsartige Freisetzung hoher Gonadotropinwerte (FSH, LH) über die Hypothalamus-Hypophysenachse ist für den ovariellen Zyklus verantwortlich, der den endometrialen und vaginalen Zyklus steuert

Der Sexualzyklus kennzeichnet die Geschlechtsreife der Frau mit monatlich ablaufenden **ovariellen Zyklen** (Abb. 13.18). Mit jedem neuen ovariellen Zyklus reift der präovulatorische Follikel aus einer Gruppe Tertiärfollikel heran und stößt bei der Follikelruptur die Eizelle aus, **Ovulation.** Der Follikel transformiert anschließend zum Gelbkörper, *Corpus luteum.* Diese endokrine Drüse entsteht und ihre Funktion vergeht mit jedem ovariellen Zyklus. Nur während der Schwangerschaft bleibt der Gelbkörper erhalten und sichert vor allem während den ersten 3 Monaten die Implantation und Entwicklung des Keimlings. Der ovarielle Zyklus steuert seinerseits den **endometrialen Zyklus** mit den zyklischen Veränderungen der Gebärmutterschleimhaut und den **vaginalen Zyklus** mit der zyklischen Proliferation des Vaginalepithels (Abb. 13.18).

Ovarieller Zyklus

Innerhalb 1 Woche wird aus einer Gruppe (Kohorte) kleiner Tertiärfollikel der dominante Follikel selektioniert. In einer weiteren Woche reift der präovulatorische Follikel (Graaf-Follikel) heran. Die Eizelle wird nach Ruptur des präovulatorischen Follikels in den Eileiter ausgestoßen. Der Follikelrest transformiert zum Gelbkörper, der für weitere 2 Wochen das Geschehen im Reproduktionstrakt bestimmt. Der ovarielle Zyklus, der sich in präziser Regelmäßigkeit jeden Monat von der Pubertät bis zur Menopause wiederholt, verläuft in 3 Phasen (Abb. 13.19):

- In der etwa 13-tägigen **Follikelphase** wird der dominante Follikel aus der Kohorte selektioniert. Um den 12. Zyklustag hat sich der dominante zum **präovulatorischen Follikel (Graaf-Follikel, sprungreifer Follikel)** mit einem Durchmesser von 2–2,5 cm gewandelt (Abb. 13.19a u. b). Die Eizelle beendet die 1. Reifeteilung mit dem 1. Polkörperchen. Die jetzt sekundäre Oozyte (Oozyte 2. Ordnung) stoppt die 2. Reifeteilung erneut im Diplotän. Die Follikelphase wird vom Hormon **Östrogen** gesteuert.
- In der eintägigen **Ovulationsphase** rupturiert der präovulatorische Follikel und die Eizelle wird in den Eileiter ausgestoßen (Abb. 13.19c–e). Der Mechanismus der Ruptur wird hauptsäch-

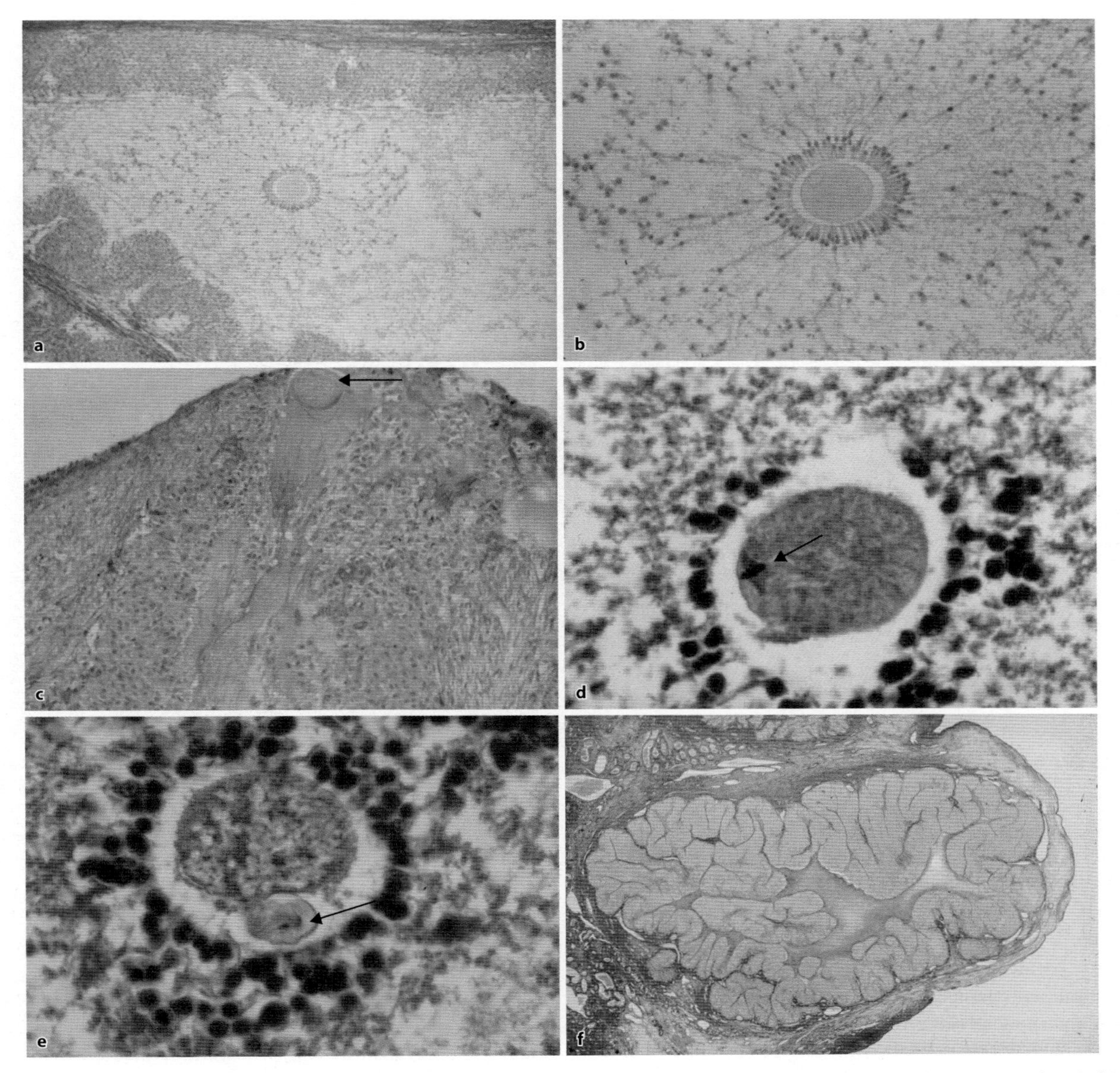

Abb. 13.19a–f. Ovulatorischer Zyklus. a Im präovulatorischen Follikel »schwimmt« die Eizelle im Liquor folliculi, die Granulosa ist gefaltet (HOPA-Färbung). **b** Die Eizelle des präovulatorischen Follikels zeigt die inneren, hochzylindrischen Corona-radiata-Zellen und die Expansion der äußeren Kumulus-Zellen (HOPA-Färbung). **c** Nach der Follikelruptur luteinisiert die ehemalige Granulosa. Beachte die Eizelle (Pfeil) im Moment des Expulsion (HOPA-Färbung). **d** Die Mitosespindel (Pfeil) in der Eizelle ist Ausdruck der aufgenommenen 1. Reifeteilung (HE-Färbung). **e** Nach asymmetrischer 1. Reifeteilung hat sich das 1. Polkörperchen gebildet (Pfeil) (HE-Färbung). **f** Ein junger Gelbkörper mit Resten des ehemaligen Antrum folliculare ist zu sehen (van-Gieson-Färbung)

lich durch eine LH-bedingte Kollagenaseaktivierung zum Abbau der Follikelwand erklärt. Er entspricht einem umschriebenen, zeitlich streng kontrolliertem Entzündungsgeschehen. Im gerissenen Follikel kann es zu Einblutungen kommen, es bildet sich das **Corpus rubrum haemorrhagicum.** Auslöser der **Ovulation** ist ein pulsartiger Anstieg des Hormons LH **(LH-Gipfel)**, das aus der Adenohypophyse freigesetzt wird.

- Nach der Ovulation folgt die 14-tägige **Gelbkörperphase (Corpus-luteum-Phase).** Der Gelbkörper entwickelt sich innerhalb von 2 Tagen aus dem rupturierten Graaf-Follikel (Abb. 13.19f). Im **Stadium der Entwicklung** wird die Basalmembran vollständig enzymatisch abgebaut (Abb. 13.20). Kapillaren sprossen aus der vaskularisierten Theka in die bisher avaskuläre Granulosa. Gleichzeitig mit der Gefäßneubildung (Angiogenese) transformieren sich Granulosazellen und Thekazellen in große **Granulosaluteinzellen** und peripher gelegene, kleine Thekaluteinzellen. Beide sezernieren vor allem das Gestagen **Progesteron,** aber auch Östrogene. Für die Hormonsynthese speichern Lutealzellen Lipidtröpfchen, deren Lipochrome die makroskopisch dottergelbe Farbe des Organs bedingen. Der Gelbkörper verweilt im **Stadium der Sekretion** etwa 8 Tage. Er hat einen Durchmesser von etwa 3 cm erreicht. Die weitere Entwicklung hängt davon ab, ob eine Befruchtung eintreten ist oder nicht.
  - Bei ausbleibender Schwangerschaft kommt es ab dem 23. Zyklustag zur Vasokonstriktion, und das **Stadium der funktionellen Luteolyse** mit akutem Abfall der Progesteronsekretion wird eingeleitet. Während der morphologischen Luteolyse wandern Makrophagen ein und phagozytieren untergehende Zellen. Es entsteht innerhalb mehrer nachfolgender ovarieller Zyklen das weißlich aussehende **Corpus albicans.**

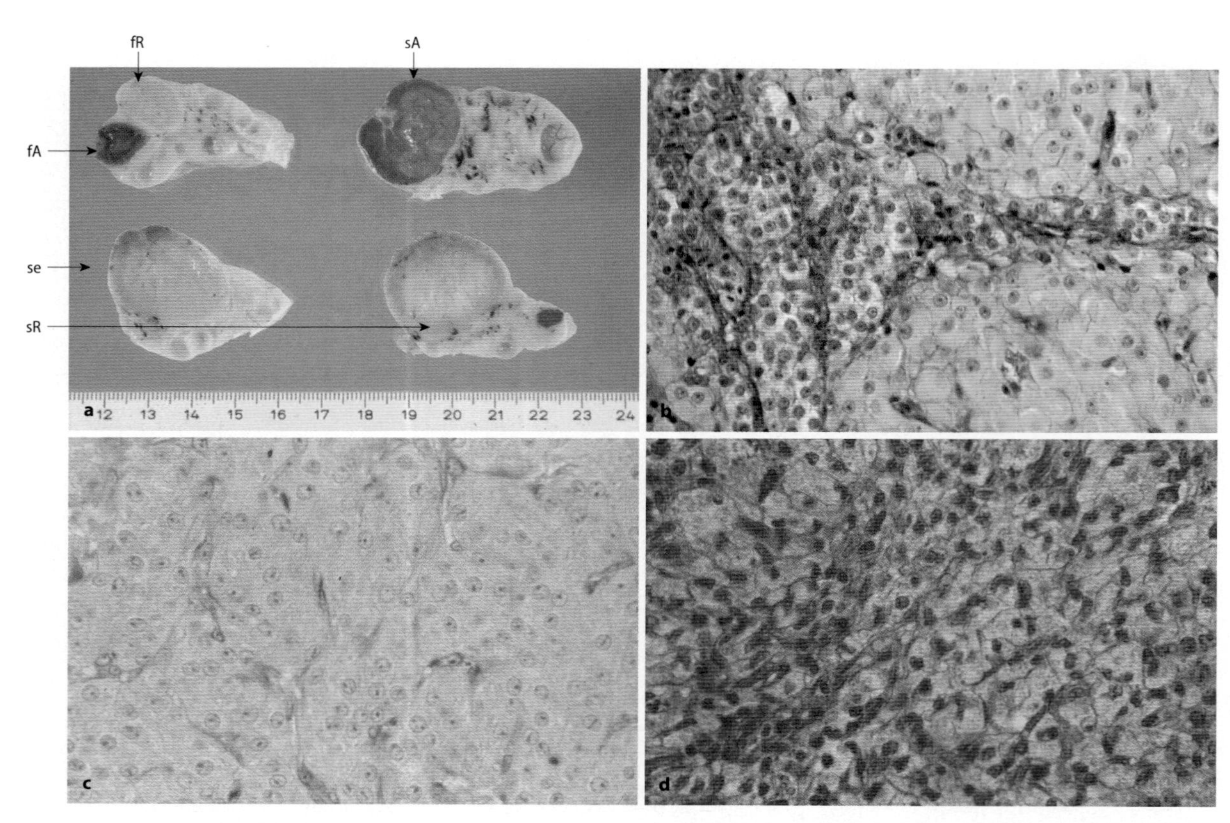

Abb. 13.20a–d. Lebenszyklus des Gelbkörpers. a Makroskopie der Entwicklung (Anbildung), Sekretion und Regression: Die Anschnitte der Gelbkörper entsprechen der Phase der Entwicklung (oben links), der Sekretion (oben rechts und unten links) sowie der Phase der frühen und späten Rückbildung (unten rechts). **b–d** Mikroskopie: **b** Im Stadium der Entwicklung sind kleine Thekazellen (links) und große Granulosazellen zu sehen. **c** Der Gelbkörper der Sekretion ist stark vaskularisiert. Immunhistologische Färbung für das Faktor-VIIIr-Antigen der Endothelzellen (in braun). **d** Im Gelbkörper der Regression fehlen Kapillaren, die Lutealzellen degenerieren (HE-Färbung)
fA = frühe Anbildung, sA = späte Anbildung/frühe Sekretion, se = Sekretion, sR = späte Regression

- Bei einer Befruchtung bleibt der Gelbkörper nach dem 23. Zyklustag sekretorisch aktiv, weil die Blastozyste einen **antiluteolytischen Faktor** (Trophoblast-Interferon) und den **luteotrophen Faktor hCG** (humanes Choriongonadotropin) mit LH-Wirkung bildet. Das Corpus luteum ist bis zum 3. Monat zum Erhalt einer Schwangerschaft notwendig. Danach bildet es sich zum Corpus albicans zurück. Die Funktion wird von der Plazenta übernommen.

Eine Befruchtung ist 2 Tage vor und 1 Tag nach der Ovulation möglich. Eine gesprungene Eizelle überlebt 6 bis höchstens 12 Stunden. Spermien bleiben 2–3 Tage im weiblichen Genitaltrakt vital. Postovulatorisch liegt die rektal gemessene Aufwachtemperatur 0,5 °C höher als präovulatorisch, weil Progesteron positiv auf das Wärmezentrum im Hypothalamus wirkt.

Steuerung des ovariellen Zyklus

Voraussetzung für den ovariellen Zyklus sind das basale Follikelwachstum und die pulsatile Freisetzung des Hormons GnRH im Hypothalamus (Nucleus arcuatus). Mit Reifung des dominanten Follikels im Ovar steigt die **Östrogenkonzentration** im Blut an. Das Östrogen stimuliert die Abgabe von **GnRH** aus dem **Hypothalamus.** Dadurch wird in der Adenohypophyse **FSH** und **LH** verstärkt gebildet und unter dem hemmenden Einfluss von Inhibin (von den Granulosazellen) gespeichert. Die akute Freisetzung der Gonadotropine führt zum LH-Gipfel (LH-Peak), der für die Ovulationsphase unverzichtbar ist.

Nach der Follikelruptur entwickelt sich der Gelbkörper und produziert **Progesteron.** Über die Blutbahn gelangt das Progesteron zum Hypothalamus und **stoppt** sofort die **LH- und FSH-Sekretion** der Adenohypophyse. Progesteron hemmt außerdem auf einem zweiten, indirekten Weg die GnRH-Freisetzung, indem es die Sekretion von **Prolaktin** aus der Adenophyophyse stimuliert. Prolaktin seinerseits **hemmt** die **GnRH-Freisetzung** im Hypothalamus. Progesteron ist für den abrupten Abfall der LH- und FSH-Serumwerte verantwortlich. Dadurch wird das Reifen weiterer Follikel vorübergehend unterdrückt.

13.15 Hormonale Kontrazeptiva

Hormonale Kontrazeptiva, auch als Antibabypille oder nur »die Pille« bezeichnet, wirken als Ovulationshemmer und beruhen auf dem inhibitorischen Effekt des Progesterons auf die Hypothalamus-Hypophysen-Achse. Es sind dabei unterschiedliche Wirkstoffkombinationen und Wirkweisen zu unterscheiden wie Einphasen-, Zweistufen-, Dreistufen- oder Depotpräparate. Da Ovulationshemmer die Follikelentwicklung bremsen, beginnt nach dem Absetzen der Antibabypille der reguläre ovarielle Zyklus oft erst einige Monate später.

Endometrialer Zyklus (Menstruationszyklus)

Mit Beginn der Geschlechtsreife wird durch den Einfluss des ovariellen Zyklus jeden Monat in der Gebärmutter eine implantationsbereite Schleimhaut für die Aufnahme der Blastozyte bereitgestellt (Abb. 13.18). Während eines **Menstruationszyklus** von durchschnittlich 28 Tagen durchläuft das Endometrium 4 Phasen, die in Tab. 13.2 dargestellt sind.

Tab. 13.2. Phasen des endometrialen Zyklus

Phase	Zeitraum	Veränderungen des Endometriums
Proliferationsphase (Östrogenphase)	6.–14. Tag	Die Schleimhaut des Uterus wird nach der Menstruation wieder aufgebaut. Von den Kohortenfollikeln wird vermehrt Östrogen sezerniert, was zur verstärkten Proliferation tubulärer Drüsen in der sich neu bildenden Funktionalis der Uterusschleimhaut führt. Sie bilden ein zwei- bis mehrreihiges Zylinderepithel mit vielen **Mitosen.** Die **Drüsen** sind **gestreckt.** Das Oberflächenepithel des Endometriums trägt Zellen mit Kinozilien und mit Mikrovilli. Die **frühe Proliferationsphase** (bis zum 8. Tag) unterscheidet sich von der **mittleren** (bis zum 11. Tag) und **späten** (bis zum 13. Tag) durch ein zunehmendes Ödem im Stroma. Die Proliferationsphase endet in der Regel am 14. Tag mit der Ovulation.
Sekretionsphase (Progesteron- oder Gestagenphase)	15.–24. Tag	Das **Progesteron** vom **Gelbkörper** wandelt das proliferierende in ein sekretorisches Endometrium um. Da die endgültige Höhe der Schleimhaut von 8 mm erreicht ist, wird der weitere Oberflächenzuwachs über **Schlängelung** der Tubuli erreicht. In der **frühen Sekretionsphase** (bis zum 16. Tag) bilden sich Epithelzellen mit sog. retronukleären, an Glykogen reichen Sekretkugeln, die die Zellkerne nach apikal schieben. Die **mittlere Sekretionsphase** (bis zum 19. Tag) zeigt wieder basalständige Kerne, die basalen Sekretkugeln fehlen. In der **späten Sekretionsphase** (bis zum 24. Tag) faltet sich die Wand infolge erhöhter Sekretion, die Tubuli geben im Längsschnitt ein sägeblattartiges Bild. Das Stroma der **Funktionalis** weist **2 Schichten** auf: – In den unteren zwei Dritteln ist es ödematös aufgelockert, wirkt schwammartig (spongiös) und wird als *Stratum spongiosum* bezeichnet. – Im Stroma des oberen Drittels der Funktionalis bildet sich das *Stratum compactum.* In dieser entstehen Gruppen epithelartiger Zellen, sog. Pseudodeziduazellen, die Lipide und Glykogen speichern. Beim Eintreten einer Schwangerschaft werden Pseudodeziduazellen zu **Deziduazellen,** die den mütterlichen Teil der Plazenta bilden. Stark geschlängelt verlaufende **Spiralarterien** verzweigen sich bis in das Stratum compactum als Endäste der A. uterina.
Ischämiephase	bis zum 28. Tag	Wenn die Eizelle bis zum 23. Zyklustag unbefruchtet geblieben ist, tritt der Gelbkörper in die funktionelle Luteolyse infolge akut abfallender Progesteronwerte. Dazu wird das vasokonstriktive Prostaglandin F2α im Endometrium aktiviert. Mit einsetzender Mangeldurchblutung schrumpft die Funktionalis von 8 auf 4 mm Dicke. Leukozyten infiltrieren das Stroma.
Desquamationshase (Menstruation, Periode)	1.–5. Tag	Ischämisch geschädigte Spiralarterien des Endometriums rupturieren, es blutet in die Funktionalis. Untergehende Zellen setzen Enzyme frei, die das Menstrualblut (etwa 50 ml) ungerinnbar machen. Die Funktionalis wird schrittweise und asynchron von verschiedenen Regionen der Cavitas uteri abgestoßen. Die Regeneration der Drüsenstümpfe erfolgt von der Basalis des Endometriums vom 4.–6. Tag unter dem Anstieg des Östrogens.

13.16 Störungen der Menstruation

Krampfartige Unterleibschmerzen vor und mit der Menstruation enstehen durch starke Kontraktionen des Myometriums. Das Krankheitsbild wird als **Dysmenorrhö** bezeichnet. Ursachen können Myome, Uterusfehlbildungen, Entzündungen des Endometriums oder auch psychische Faktoren sein.

Eine verstärkte Blutung **(Hypermenorrhö)** liegt vor, wenn der Blutverlust mehr als 80 ml beträgt. Ein noch stärkerer Blutverlust und eine zeitlich verlängerte Menstruation (zwischen 7 und 14 Tagen) wird **Menorrhagie** genannt. Ursache kann eine Corpus luteum Persistenz mit verlängerter Sekretionsphase des Endometriums sein, aber auch pathologische Veränderungen der Uterusmuskulatur z.B. durch Myome oder entzündliche Prozesse.

Schleimhaut von Isthmus und Zervix

Die Schleimhaut des Isthmus und der Zervix unterliegt keinen zyklischen Veränderungen, abgesehen von Abschilferungen des Oberflächenepithels. Allerdings ändert sich die Beschaffenheit des Zervixsekrets vom zähgallertigen, trüben **Schleimpfropf** (Kristeller-Schleimpfropf) außerhalb der Ovulationsphase zum flüssigen, klaren, »spinnbaren« Sekret zum Zeitpunkt der Ovulation. Unter »Spinnbarkeit« versteht man einen bis zu 12 cm langen Schleimfaden, der sich aus dem Zervixsekret ausziehen lässt. Das Zervixsekret bewirkt die Reifung der Spermien, die dadurch die Fähigkeit zur Befruchtung erlangen (Kapazitation).

Ein weißliche Ausfluss kennzeichnet die fruchtbaren Tage der Frau. Zur Nutzung als physiologische Empfängnisverhütung ist er wegen großer individueller Schwankungen nur eingeschränkt tauglich.

Vor eine aufsteigenden Keimbesiedlung vom Vestibulum vaginae zum Ostium abdominale tubae schützen wirkungsvoll:
- saures Vaginalmilieu
- Verschluss des äußeren Muttermundes durch den Zervixpropf
- Verschluss des inneren Muttermundes durch die Muskulatur des Isthmus
- sphinkertartiger Verschluss des Ostium uterinum tubae durch die innere Längsmuskulatur des Myometriums

Vaginaler Zyklus

Unter dem Einfluss der während des ovariellen Zyklus produzierten Östrogene verändert das mehrschichtige Plattenepithel der Vaginalschleimhaut seine Höhe. Im zytologischen Abstrich aus dem hinteren Scheidengewölbe werden 3 Phasen der Epitheldifferenzierung beurteilt:
- **Phase 1: 13-tägige präovulatorische und östrogenabhängige Phase:** Sie entspricht der frühen und mittleren Proliferationsphase des Endometriums. Von der frühen, über die mittlere bis zur späten präovulatorischen Phase entsteht aus dem Stratum intermedium mit Intermediärzellen unter dem Einfluss von Östrogenen das *Stratum superficiale* mit schwach verhornenden Superfizialzellen.
- **Phase 2: 2-tägige ovulatorische Phase:** Diese korreliert mit der späten Proliferationsphase des Endometriums und der frühen

Sekretionsphase. Die Superfizialzellen sind in der ovulatorischen Phase flach ausgebreitet und eosinophil. Im Zellabstrich liegt der Eosinophilieindex bei 98% in bezug auf basophile Superfizialzellen. Der größere Anteil der Superfizialzellen besitzt einen pyknotischen Zellkern (Pyknoseindex von 60%).

- **Phase 3: 13-tägige postovulatorische Phase:** Diese ist als Östrogenmangelphase zu verstehen und unbeeinflusst vom Progesteron der Gelbkörperphase. In der frühen postovulatorischen Phase verlieren die Superfizialzellen ihren Turgor wegen des Östrogenabfalls und sind lichtmikroskopisch gefaltet. Die basophilen Intermediärzellen nehmen zu. In der mittleren und späten postovulatorischen Phase sind Intermediärzellen, Leukozyten und Erythrozyten im Ausstrich anzutreffen.

Allgemeinveränderungen während des Sexualzyklus

Sexualhormone beeinflussen den Gesamtorganismus. Die Follikelphase gilt als vom Sympathikus dominiert. Die Haut ist verstärkt durchblutet. Die Anzahl der Leukozyten ist im peripheren Blut erhöht. Die Progesteronphase soll verstärkt vom Parasympathikus bestimmt sein. Blutflecken (Hämatome) können wegen erhöhter Fragilität von Kapillaren auftreten. Manche Frauen klagen über verstärkte Reizbarkeit und Stimmungslabilität als Ausdruck des präemenstruellen Syndroms.

In Kürze

Kennzeichen der Geschlechtsreife der Frau ist der monatlich ablaufende **ovarielle Zyklus.** Der ovarielle Zyklus steuert seinerseits den **endometrialen Zyklus** mit den zyklischen Veränderungen der Gebärmutterschleimhaut und den **vaginalen Zyklus** mit der zyklischen Proliferation des Vaginalepithels.

Phasen des **ovariellen Zyklus:**

- **Follikelphase:** Follikelreifung zum präovulatorischen Follikel (Graaf-Follikel).
- **Ovulationsphase:** am 13.–14. Zyklustag erfolgt die Ovulation (Eisprung).
- **Gelbkörper- oder Corpus-luteum-Phase:** Aus dem rupturierten Graaf-Follikel entwickelt sich der Gelbkörper. Durch Umbau entstehen Granulosa- und Thekaluteinzellen. Diese produzieren Progesteron und Östrogen.

Wenn **keine Befruchtung** der Eizelle eingetreten ist, bildet sich das Corpus luteum zurück, und es entsteht das aus Bindegewebe bestehende **Corpus albicans.**

Gesteuert wird der ovarielle Zyklus von im Ovar gebildeten Hormonen (Progesteron und Östrogen) und der pulsatilen Freisetzung des Hormons GnRH im Hypothalamus.

Phasen des **endometrialen Zyklus:**

- **Proliferationsphase (Östrogenphase):** Vom 6.–14. Tag sezernieren im Ovar die sich entwickelnden Follikel verstärkt Östrogen. Dadurch wird der **Aufbau der Uterusschleimhaut (Funktionalis)** veranlasst.
- **Sekretionsphase (Progesteron- oder Gestagenphase):** Vom 15.–24. Tag wird durch das Progesteron aus dem Gelbkörper das Endometrium weiter aufgebaut, die **Funktionalis** bildet 2 Schichten: **Stratum spongiosum** und **Stratum compactum** mit **Pseudodeziduazellen.**
- **Ischämiephase:** Ist keine Befruchtung bis zum 23. Tag eingetreten, beginnt die Ischämiephase, die bis zum 28. Tag dauert. Aufgrund der funktionellen Luteolyse stoppt die Progesteronbildung. Vasokonstriktive Faktoren sind aktiviert und bedingen die Mangeldurchblutung der Funktionalis.
- **Desquamationsphase (Menstruation):** Die geschrumpfte Funktionalis wird vom 1.–5. Zyklustag abgestoßen. Die Regeneration erfolgt anschließend von der Basalis des Endometrium unter ansteigenden Östrogenwerten.

Während des ovariellen Zyklus verändert sich durch den Einfluss der Östrogene auch das Vaginalepithel **(vaginaler Zyklus)** in seiner Höhe.

13.3.3 Menarche und Menopause

Einführung

Der weibliche Organismus wird in seiner Entwicklung und in seinen Lebensphasen wesentlich von Hormonen beeinflusst. Bedeutende Umstellungen erfolgen während der Pubertät und der Menopause.

Menarche

In der **Pubertät** wird die rhymthmische GnRH-Freisetzung im Hypothalamus zusammen mit monatlich einmal hohen LH-Werten aufgebaut. Die Brüste, die weibliche Geschlechtsbehaarung und das innere Genitale entwickeln sich. Im Ovar beginnt die zyklische Reifung der Follikel bis hin zum Graaf-Follikel und die erste Monatsblutung **(Menarche)** tritt ein. Bei den ersten Blutungen handelt es sich allerdings meist um anovulatorische Hormonentzugsblutungen.

Menopause

Das Zyklusgeschehen wird um das 45. Lebensjahr zunehmend unregelmäßiger. Die letzte Monatsblutung kündigt sich mit anovulatorischen Zyklen an. Die Zeitspanne von etwa 5 Jahren vor und 5 Jahren nach der Menopause wird unter dem Begriff **Klimakterium** zusammengefasst. Im Klimakterium, auch als Wechseljahre bezeichnet, verlöscht die rythmische GnRH-Sekretion aufgrund fehlender Follikulogenese. Im Ovar sind die Eizellen verbraucht, die Östrogenbildung erlischt. Die Menstruationsblutungen bleiben aus. Wegen des Fortfalls des Rückkopplungsmechanismus zum hypothalamo-hypophysären Systems steigt der FSH-Wert im Blut, der Östrogenspiegel sinkt. Die auch als **Postmenopause** bezeichnete Phase ist von Östrogenmangel gekennzeichnet. Diese **hormonelle Umstellung** ist oft mit Beschwerden wie Hitzewallungen verbunden, die durch plötzliche Erweiterung von Hautgefäßen ausgelöst wird, d.h. es fließt mehr Blut durch die Gefäße. Das kann zur Erhöhung der Hauttemperatur führen, was wiederum zum Schweißausbruch führt. Im Übergang zum **Senium** atrophieren nach und nach die sekundären Geschlechtsorgane.

In Kürze

Die **Menarche** (erste Monatsblutung) zeigt den Eintritt der Geschlechtsreife an, wobei die ersten Blutungen meist anovulatorisch ablaufen.

Mit der **Menopause** um das 45. Lebensjahr geht der Vorrat an Eizellen im Ovar zu Ende und eine hormonale Umstellung **(Klimakterium oder Wechseljahre)** beginnt, die durch einen Mangel an Östrogen gekennzeichnet ist. Die zyklischen Regelblutungen bleiben aus und die Geschlechtsorgane bilden sich im Übergang zum Senium zurück.

13.4 Schwangerschaft

  Einführung

Eine Schwangerschaft dauert von der Befruchtung bis zur Geburt 266 Tage. In der Geburtshilfe wird die Schwangerschaftsdauer vom Tag der letzten Menstruation bis zur Geburt mit 280 Tagen (40 Schwangerschaftswochen) berechnet. Die Schwangerschaft wird in das erste, zweite und dritte Trimenon von jeweils 3 Monaten eingeteilt.

13.4.1 Pränatale Entwicklung

Die kurzlebige (6–12 Stunden) haploide Eizelle *(Gamet)* wird im Infundibulum oder in der Ampulle des Eileiters befruchtet (*Zygote*) und durch Muskelkontraktionen sowie den Sekretstrom in Richtung Uterushöhle bewegt. Der Kinozilienschlag wirkt unterstützend. Auf einer 3- bis 4-tägigen Reise teilt sich die *Zygote* 5- bis 6-mal. Die kompakte Zellmasse wird ab dem 16-Zell-Stadium *Morula* genannt. Während weiterer 2–3 Tage der Akkomodation in der Uterushöhle entsteht die *Blastozyste* mit einer inneren Zellmasse, dem *Embryoblast,* und der äußeren Zellmasse, dem *Trophoblast*. Der Trophoblast haftet am Oberflächenepithel des Endometriums an **(Adhärenz)** und dringt am 6. Entwicklungstag in das Endometrium ein, und es kommt zur Implantation der Blastozyste (▶ Kap. 3.2.2). Aus dem Trophoblast und dem endometrialen Stroma entsteht die Plazenta (▶ Kap. 15). Sie ist über die Nabelschnur mit dem heranwachsenden Embryo verbunden. Dieser wird von transparenten Eihäuten, *Amnion* und *Chorion,* umgeben und entwickelt sich in der Flüssigkeit der Amnionhöhle. Ab der 9. Entwicklungswoche wird der Embryo als **Fetus** bezeichnet.

13.17 Pränatalen Diagnostik
Zur Früherkennung von Fehlbildungen wird die pränatale Diagnostik eingesetzt.. Routinemäßig werden heute **Ultraschalluntersuchungen** in der **16. Schwangerschaftswoche** durchgeführt, mit denen Entwicklungsstörungen des Neuralrohrs (Anencephalus, Spina bifida), des Herzens, der Niere und des Skeletts diagnostiziert werden können. Bei der **Amniozentese** wird zwischen dem 15.–20. Schwangerschaftsmonat durch transabdominelle Punktion Fruchtwasser gewonnen. Die Amnionzellen werden kultiviert und zur Proliferation angeregt. Bis zur Chromosomenanalyse zum Ausschluss genetischer Störungen vergehen 14 Tage. Bei der **Chorionzottenbiopsie** sind die Zellen mitotisch und der Befund liegt innerhalb von 2 Tagen vor.

In Kürze

Die kurzlebige haploide Eizelle (Gamet) heißt nach der Befruchtung Zygote. Sie teilt sich auf dem Weg zur Uterushöhle 5- bis 6-mal. Ab dem 16-Zell-Stadium liegt die Morula vor. In der Uterushöhle entsteht die Blastozyste mit einer inneren (Embryoblast) und äußeren (Trophoblast) Zellmasse. Am 6. Entwicklungstag kommt es zur Implantation der Blastozyste

Die Schwangerschaftsdauer wird vom Tag der letzten Menstruation bis zur Geburt mit 280 Tagen (40 Schwangerschaftswochen) berechnet.

Die Phasen der Schwangerschaft werden in das erste, zweite und dritte Trimenon von jeweils 3 Monaten eingeteilt.

13.4.2 Schwangerschaft (Graviditas)

  Einführung

Eine Schwangerschaft ist für den weiblichen Körper mit tiefgreifenden Umstellungen des Stoffwechsels sowie Belastungen des Atem- und Herz-Kreislauf-Systems verbunden.

Endokrines System

Wegen der erhöhten Produktion von Thyreotropin, ACTH (adrenocorticotrophes Hormon) und Prolaktin verdoppelt sich das Gewicht der **Hypophyse.** Aufgrund der Stimulation durch die hypophysären und plazentaren Hormone vergrößert sich die Schilddrüse und Nebenschilddrüse. Die erhöhte Funktion der **Schilddrüse** steigert die Stoffwechselrate von Mutter und Fetus. Die vermehrt sezernierende **Nebenschilddrüse** aktiviert Osteoklasten zum Abbau der anorganischen Knochenmatrix für die Erhöhung des Kalziumspiegels. Die **Nebennierenrinde** produziert verstärkt Glukokortikoide, um Aminosäuren für die fetale Proteinsynthese zu mobilisieren. Das vermehrt sezernierte Aldosteron führt zur Na^+-Retention und starken Flüssigkeitseinlagerung. **Prolaktin** ist zusammen **mit Östrogen** und Progesteron für die **Entwicklung der Brustdrüse** auf das Doppelte ihres Gewichtes verantwortlich.

Hormone

 **Das humane Choriongonadotropin (hCG), Östrogene (17β-Östradiol als Hauptvertreter) und Gestagene (Progesteron) sind für den normalen Verlauf einer Schwangerschaft entscheidend.**

Bereits am 8. Tag wird **hCG** vom Trophoblasten sezerniert und im Urin der Mutter ausgeschieden. Darauf beruht der immunologische Frühschwangerschaftstest. Gipfelwerte von hCG treten Mitte bis Ende des ersten Trimenons auf. Das hCG hat die Wirkung von LH und die Aufgabe, die Funktion des Gelbkörpers solange zu unterstützen, bis ausreichend Östrogene und Progesteron von der Plazenta produziert werden. In der **Plazenta** wird aus der Nebenniere stammendes Androgen zu **Östriol** verwandelt sowie **Progesteron** aus Cholesterin gebildet. Beide Sexualhormone erreichen im dritten Trimenon Höchstwerte (bis 30-fach höher als Normalwerte).

Unter dem Einfluss der **Östrogene** wächst der Embryo bzw. Fetus. Bei der Schwangeren nimmt der Uterus von 50 auf über 1000 g bis zum Ende der Schwangerschaft zu. Die Vergrößerung der Gebärmutter beruht eher auf einer Größenzunahme (Hypertrophie) glatter Muskelzellen, weniger auf einer Vermehrung (Hyperplasie) der Muskelzellen. Außerdem proliferieren unter dem Östrogeneinfluss die Ausführungsgänge der Brustdrüse.

Das **Progesteron** wirkt zusammen mit Prolaktin auf die Entwicklung der Acini in der Brustdrüse. Progesteron ist mitverantwortlich für die Transformation endometrialer Stromazellen in Deziduazellen. Progesteron hemmt die Sekretion von GnRH, somit indirekt von FSH und LH. Dadurch werden das Heranwachsen und die Reifung von Tertiärfollikeln sowie Uteruskontraktionen unterdrückt.

Veränderungen des Körpers

Anhand des Uterusstandes (Stand des Fundus uteri = Fundusstand) lässt sich durch manuelle Palpation die Dauer der bestehenden Schwangerschaft abschätzen. Am Ende des 6. Monats befindet sich der Fundus uteri in Nabelhöhe, im 8. Monats zwischen Processus xiphoideus und Nabel und im 9. Monat unterhalb des Processus xiphoideus. Im 10. Monat sinkt der Fundus uteri wegen des Eintretens des Feten in das große Becken.

Tab. 13.3. Gewichtszunahme während der Schwangerschaft

Anteil	Gewicht in kg
Fetus	3
Plazenta, Fruchtblase und Fruchtwasser	1,8
Neu gebildetes Blut und erhöhte Flüssigkeitsretention	2,7
Fettgewebe	1,4
Uterus und Brustdrüsen	1,8

Wenn der kindliche Kopf auf große Beckenvenen drückt, ist der venöse Blutrückfluss aus Beinen und Becken ebenso behindert wie der Zufluss zur Pfortader. Als Folge können sich die Venen des Anus erweitern und Varizen an den Beinen entstehen. Sie bilden sich bevorzugt linksseitig, weil die V. iliaca communis sinistra lateral der gleichnamigen Beckenarterie liegt und vom kindlichen Kopf komprimiert wird. Rechtsseitig befindet sich die V. iliaca communis dextra hinter der zugehörigen Beckenarterie.

Während der Schwangerschaft kommt es im Bereich des Abdomens aufgrund der verstärkten Gewichtszunahme im Bereich der Brust, Hüften und Oberschenkel der Schwangeren zur Dehnung der Haut. Die elastische Unterhaut wird dünner und kann einreißen. Es entstehen bläulich-rote Streifen, *Striae gravidarum*, die später zu gelblich-weißen Hautstreifen vernarben.

Durch erhöhte Aktivität der Melanozyten dunkelt der Warzenhof, *Areola*, der Brustdrüse nach und die *Linea alba* der Bauchwand zwischen Nabel und Symphyse kann als dunkler Streifen, *Linea nigra*, sichtbar werden.

Bei einer bewusst gesunden Ernährung nimmt eine Frau während der Schwangerschaft etwa 11 kg zu (Tab. 13.3).

In Kürze

Schwangerschaft bedeutet für den weiblichen Körper tiefgreifende Umstellungen.

Die Hypophyse, Schilddrüse, Nebenschilddrüse und Nebennierenrinde sezernieren verstärkt Hormone. Entscheidend für den normalen Schwangerschaftsverlauf sind das humane choroidale Gonadotropin (hCG), Östrogene und Progesteron.

Anhand des Fundusstandes der Gebärmutter kann die Dauer der Schwangerschaft abgeschätzt werden.

Die Gewichtszunahme der Frau während der Schwangerschaft beträgt bei gesunder Ernährung etwa 11 kg.

13.4.3 Geburt

Für eine normale Geburt ist die regelrechte Gestalt des Beckens eine wichtige Voraussetzung. Am Ende der Schwangerschaft ist die Muskulatur des Uterus maximal entwickelt. Die Geburt wird durch regelmäßige Uteruskontraktionen, d.h. die Wehentätigkeit eingeleitet.

Für den **Geburtsbeginn** sind mehrere Faktoren verantwortlich.

- Die Uterusmuskulatur wird als Folge höchster Östrogenwerte erregbar, d.h. ihre bisherige Hemmung durch Progesteron wird überwunden.
- Je stärker die Zervix durch den tiefer tretenden Kopf gedehnt wird, desto höher ist das positiv rückkoppelnde Signal für die Neurohypophyse, mehr Oxytocin zu sezernieren. Oxytocin fördert über einen Rezeptor-gekoppelten Mechanismus die Bildung von Gap Junctions im Myometrium. Ihre hohe Dichte macht das Myometrium zu einem mächtigen funktionellen Synzytium mit hoher Kontraktionskraft. Oxytocin fördert ebenso die Sekretion von myokontraktilen **Prostaglandinen** aus den Eihäuten der Fruchtblase.
- Hohe **ACTH-Werte** des Fetus wirken indirekt unterstützend auf die Uteruskontraktion, weil dadurch die Nebennierenrinde des Feten zur starken Produktion von **Corticosteroiden** angeregt wird, die in der Plazenta zu Östrogenen umgewandelt werden.

Die an Häufigkeit und Stärke zunehmende Uteruskontraktionen (Wehen) sind durch die kontraktionsbedingte Hypoxie bedingt, die zur Erregung nozizeptiver Nervenfasern führt, sehr schmerzhaft. Hinzu kommt die Dehnung des Myometriums, der Druck auf die Beckenbodenmuskulatur und die Weitung der Zervix, die zusammen einen Dehnungsschmerz über afferente Nervenfasern verursachen.

Anatomie des Geburtskanals und Drehung des Feten

Der knöcherne Geburtskanal gliedert sich in das große und das kleine Becken mit einer kraniokaudalen Verjüngung. (▶ Kap. 4.5, S. 250). Die Beckenbodenmuskulatur (▶ Kap. 24.2.2) wird zur Ansatzmanchette des Weichteilrohrs umgeformt. Unter der Geburt wird der ventrale Anteil des **Beckenbodens** (M. bulbocavernosus, Mm. transversi perinei profundus et superficialis, M. pubococcygeus des M. levator ani) aus der Horizontalebene in die Wand des Weichteilkanals **gedreht** und zur äußeren Muskelmanschette des stark erweiterten Vestibulums. Zusammen mit der Cervix uteri und Vagina entsteht das **Weichteilrohr** im knöchernen Geburtskanal (Abb. 13.21).

Unter der Geburt »dreht« sich der Fetus durch den Geburtskanal. Bei Regellage, der Hinterhauptslage, tritt der Fetus mit gebeugtem Körper sowie gekreuzten Armen und Beinen in den Beckeneingangsraum ein. Der Kopf führt und stellt sich mit seinem größten, dem sagittalen Durchmesser in den Beckeneingangsraum. Je nach Lage im ersten oder zweiten schrägen Durchmesser dreht beim Tiefertreten der kindliche Kopf rechts-oder linksseitig um 90° mit dem Gesicht nach dorsal (**1. Drehung**). Beim Durchtritt durch den längsovalen Beckenausgangsraum wird der Hinterkopf unter dem Symphysenunterrand entwickelt, wobei sich der zuvor gebeugte Kopf nach dorsal streckt. Der »geborene« Kopf dreht sich in gleicher Richtung ein zweites Mal (**2. Drehung**), weil bei der Entwicklung des Körpers sich die Schulterbreite erst quer in den Beckeneingangsraum einstellt und danach in die Längsachse des Ausgangsraums dreht.

Phasen des Geburtsverlaufs

Eröffnungsphase

Sie beginnt mit dem Eintreten des Kopfes in die Beckeneingangsebene (Abb. 13.22). Die **Eröffnungswehen** breiten sich peristaltisch im Abstand von wenigen Minuten vom Fundus uteri in Richtung Cervix uteri aus. Zirkuläre Muskelzüge orientieren sich longitudinal. Die Wand von Isthmus und Zervix wird gedehnt und durch enzymatischen Abbau des Bindegewebes so dünn, dass sie mit der Wand der Vagina verstreicht (**Zervixreifung**). Bei Erstgebärenden (Nullipara) mit einer mehrstündigen Eröffnungsphase schreitet der Reifungsprozess vom inneren zum äußeren Muttermund fort, bei Mehrgebärenden mit rascher Eröffnungsphase weiten sich beide Regionen gleichzeitig. Durch die Eröffnungswehen werden Eihäute (Amnion und Chorion) und Fruchtwasser vor den kindlichen Kopf gepresst. Die »**stehende Fruchtblase**« ist im eröffneten Zervikalkanal tastbar. Beim »**Blasensprung**« rupturiert die Fruchtblase und die Eröffnungsphase ist beendet.

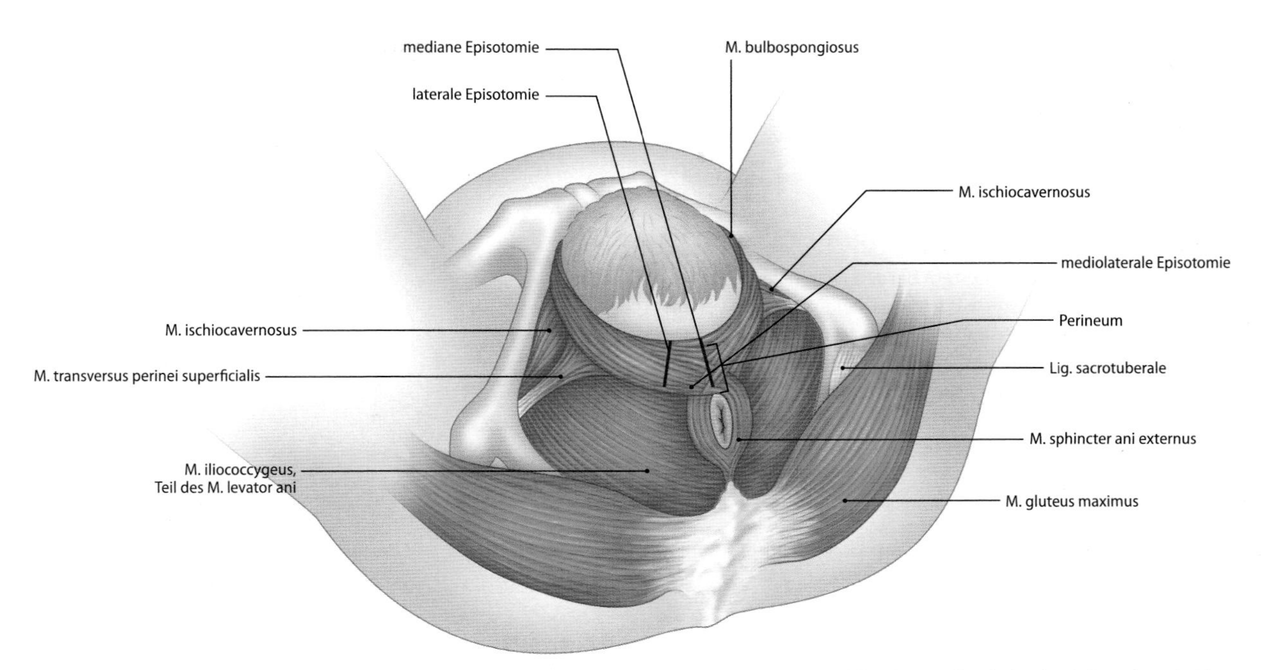

Abb. 13.21. Lageänderung des Beckenbodens unter der Geburt. Das Diaphragma urogenitale und die Levatorenschenkel (M. pubococcygeus, M. puborectalis) werden von der Horizontal- in die Sagittalebene gedreht. So entsteht das Ansatzstück für das Weichteilrohr des Geburtskanals. Blau gekennzeichent sind im Perineum (Damm) die Stellen, wo häufig Dammrisse auftreten

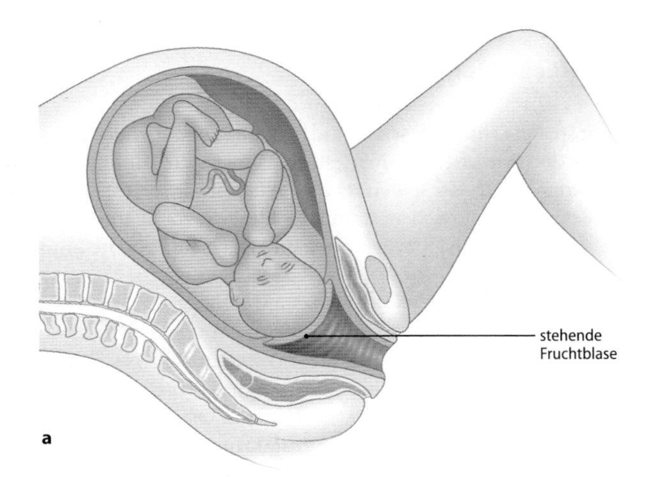

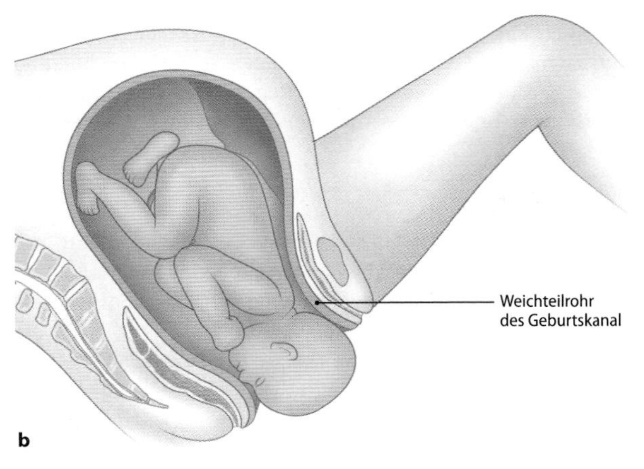

Abb. 13.22a, b. Geburtsverlaufs. a Eröffnungsphase: Kopf steht im schrägen Durchmesser. **b Austreibungsphase:** Nach 1. Drehung des Gesichts nach dorsal wird das Hinterhaupt unter der Symphyse entwickelt. In der 2. Drehung in gleicher Richtung werden die Schultern geboren. Cervix uteri und Vagina bilden den Hauptanteil des Weichteilrohrs vom Geburtskanal

Mit dem Sprung der Fruchtblase ist die Eröffnungsphase beendet und die Austreibungsphase beginnt.

Austreibungsphase

Bei Erstgebärenden sollte die Austreibungsphase nicht länger als 1 Stunde, bei Mehrgebärenden etwa 30 Minuten dauern. Der Kopf des Kindes gelangt durch rasche **Austreibungswehen** in den oberen Abschnitt der Vagina. Eine weitere **Hilfseinrichtung** in der Austreibung ist die **Bauchpresse.** Die Muskeln der Bauchwand kontrahieren sich bei festgestelltem Zwerchfells und der intraabdominelle Druck erhöht sich. Den Beckenausgang passiert der Kopf des Kindes nach der 2. Drehung um 90° in sagittaler Richtung.

Starke Druckbelastung des Weichteilrohrs können Risse in der Vagina und im Beckenboden verursachen. Zur **Prophylaxe** eines **Dammrisses** kann ein Dammschnitt (Episiotomie) je nach Situation in medianer, mediolateraler oder lateraler Richtung durchgeführt werden.

Nach der Geburt wird die Nabelschnur des Neugeborenen durchtrennt. Die erste Atmung und damit verbunden der erste Schrei des Neugeborenen wird durch angereicherte Kohlensäure im Atemzentrum ausgelöst. Der fetale Kreislauf stellt sich aufgrund der geänderten Druckverhältnisse auf den postfetalen Kreislauf um. Die **Reifezeichen (APGAR-Werte) des Neugeborenen** werden von dem Geburtshelfer beurteilt.

Nachgeburtsphase

In der letzten Phase des Geburtsvorganges löst sich durch weitere Kontraktion der Uterusmuskulatur die Plazenta unter Verlust von etwa

350 ml Blut. Sie wird mit den Eihäuten als Nachgeburt etwa 20 Minuten nach der Geburt des Kindes ausgestoßen und von der Hebamme bzw. dem Arzt auf Vollständigkeit überprüft. Beim Verbleiben von Plazentaresten im Uterus kann es zu postpartalen Blutungen kommen.

Die Plazenta wird zusammen mit den Eihäuten als Nachgeburt ausgestoßen.

13.18 Kaiserschnitt (Sectio caesarea)

Bei 16% aller Schwangerschaften besteht bei einer vaginalen Entbindung für die Mutter und den Fetus aus verschiedenen Gründen Lebensgefahr, weshalb eine abdominale Entbindung (Schnittentbindung) notwendig wird. Üblicherweise wird unter Anästhesie ein Hautschnitt meist quer im Schamhaarbereich (Pfannenstielschnitt) angelegt. Danach wird das untere Uterinsegment quer eingeschnitten, ohne die Bauchhöhle zu eröffnen.

Wochenbett (Puerperium)

Im Wochenbett bildet sich der Uterus zurück. Es beginnt unmittelbar nach Ausstoßung der Plazenta und dauert 6–8 Wochen.

Nachwehen, eingewanderte Leukozyten und Lysozyme glatter Muskelzellen bedingen die rasche Rückbildung **(Involution)** des Uterus während des Wochenbetts. Im Normalfall ist der Fundus am 10. postpartalen Tag in Höhe der Symphyse tastbar. Das Endometrium hat sich nach Lösung der Plazenta und der Eihäute in eine große Wundfläche verwandelt und wird von Bakterien besiedelt, die von der Vagina aszendiert sind. Es kommt zum Wochenfluss, der zuerst gelbliche Konsistenz hat, *Lochia flava,* und nach einigen Tagen hell und dünnflüssig wird, *Lochia alba.* Mit der Regeneration des Endometriums meistens um den 10. postpartalen Tag hört der Wochenfluss auf.

In Kürze

Für eine normale Geburt ist die regelrechte Gestalt des Beckens eine wichtige Voraussetzung. Das Weichteilrohr des Geburtskanals beginnt an der Cervix uteri und setzt sich in der Vagina fort.

Die Geburt beginnt mit dem Einsetzen der Wehen und verläuft in 3 Phasen:

- **Eröffnungsphase:** Peristaltische Eröffnungswehen breiten sich vom Fundus des Uterus in Richtung Zervix aus. Bei Erstgebärenden dauert diese Phase länger (mehrere Stunden) als bei Mehrgebärenden. Mit dem Blasensprung ist die Eröffnungsphase beendet.
- **Austreibungsphase:** Der Kopf des Kindes gelangt durch Austreibungswehen und unterstützt von der Bauchpresse in den oberen Abschnitt der Vagina. Nach Geburt des Kindes wird die Nabelschnur durchtrennt.
- **Nachgeburtsphase:** Durch weitere Wehen wird die Plazenta mit den Eihäuten (Nachgeburt) ausgestoßen und muss auf Vollständigkeit überprüft werden.

Daran schließt sich das **Wochenbett (Puerperium)** an, das etwa 6–8 Wochen dauert. In diesem Zeitraum bildet sich der Uterus zurück.

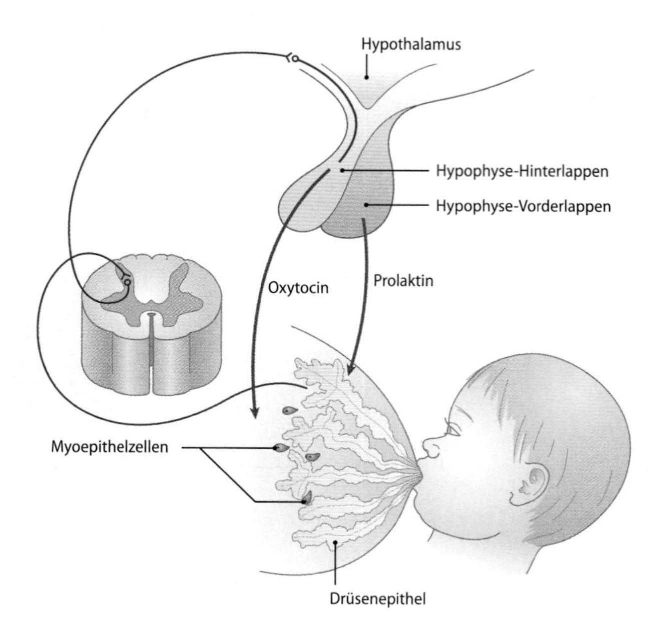

Abb. 13.23. Hormone der Laktation und Saugreflex. Durch Saugen an der Mamille wird ein afferentes Signal zu den Oxytocin produzierenden Neuronen des Hypothalamus geschaltet. Deren Axone erreichen die Neurohypophyse, wo Oxytocin sezerniert wird. Es induziert die Kontraktion der periglandulären Myoepithelzellen in der Brustdrüse. Prolaktin kommt von der Adenohypophyse und stimuliert die Milchproduktion

13.4.4 Laktation

In der späten Schwangerschaft und bis zum 2. postpartalen Tag sezernieren die Brustdrüsen eine fettarme Vormilch (Kolostrum), die mengenmäßig 1% der späteren Milchsekretion entspricht (► Kap. 14). Das Kolostrum ist reich an Immunglobulinen, vor allem an IgA, das vom Dünndarm phagozytiert wird und das Neugeborene immunologisch schützt.

Der **Prolaktinspiegel** steigt ab der 5. Schwangerschaftswoche an und führt zur Entwicklung der Brustdrüse. Am Ende der Schwangerschaft werden 10- bis 12-fach höhere Werte erreicht. Nach dem Ausstoßen der Plazenta sinken die Hormonspiegel von Prolaktin, Östrogen und Progesteron signifikant ab. Niedrige Östrogenwerte begünstigen den erneuten Anstieg des **Prolaktins.** Außerdem wirkt der **Saugreflex (Saugreiz)** auf die Adenohypophyse und bewirkt eine verstärkte Freisetzung von Prolaktin. Die Sekretion von vollwertiger Milch kommt in Gang (»die Milch schießt ein«). Zwischen jedem Saugreiz sinkt der Prolaktinwert auf basale Werte. Der Saugreflex führt aber auch zur Sekretion von **Oxytocin,** das auf die myoepithelialen Zellen der Brustdrüse wirkt. Das Milchsekret gelangt unter Druck in die Ausführungsgänge der Brustdrüse. Das afferente Signal des **Saugreflexes** stammt aus Nervenendigungen der Brustwarze und des Warzenhofs (Abb. 13.23).

Die Sekretion der Brustdrüse, Laktation, wird durch das Stillen in Gang gehalten.

In Kürze

Die **Milchsekretion (Laktation)** wird während der Schwangerschaft durch das Hormon Prolaktin aus der Hypophyse vorbereitet. Es sondert sich eine Vormilch, das Kolostrum, ab. Nach der Geburt wird die Milchsekretion besonders durch den Saugreflex des Säuglings angeregt.

13.5 Embryonale Entwicklung

13.5.1 Entwicklung des äußeren Genitales

Die paarigen Kloakenfalten aus verdichtetem Mesenchym liegen lateral der Kloakenmembran. Die Falten vereinigen sich vor der Membran zum unpaaren Genitalhöcker, *Tuberculum genitale*. Etwa in der 6. Woche, dem Ende der indifferenten Periode der Genitalentwicklung, haben sich aus beiden Kloakenfalten die jeweils paarigen **Genitalfalten** und die **Genitalwülste** gebildet. Danach erfolgt die geschlechtsspezifische Entwicklung. Das Tuberculum genitale bildet Glans und Crura clitoridis, die Genitalfalten werden zu den Labia minora mit Bulbus vestibuli; aus den Genitalwülsten entstehen die Labia majora. Die Kloakenmembran wird zur Urethralplatte, die sich über die Urethralrinne zur Urethra formt.

13.5.2 Entwicklung der inneren Genitalorgane

Die inneren Geschlechtsorgane werden von der 3. Entwicklungswoche bis zum 4. Entwicklungsmonat in der paarigen Plica urogenitalis angelegt. Sie entsprechen jeweils zwei Längsfalten, der medialen *Plica genitalis* und der lateralen *Plica mesonephrica* an der hinteren Rumpfwand. Das System entwickelt sich prä- und postnatal. Mit der Pubertät wird es aktiviert.

Entwicklung des Ovars

In der indifferenten Periode von der 3.–6. Entwicklungswoche trägt die paarige Plica genitalis bei beiden Geschlechtern verdicktes Coelomepithel. In der differenten Periode Ende der 6. Woche entwickeln sich geschlechtspezifische Veränderungen. Es wandern Urgeschlechtszellen von der dorsalen Dottersackwand über das dorsale Mesenterium in das Mesenchym der Plica genitalis ein und besiedeln das Coelomepithel. Der medulläre Anteil der Epithelstränge geht in der 8. Woche zugrunde, weshalb keine Fusion der Stränge mit den benachbarten Kanälchen der Urniere eintritt. Ab der 9. Entwicklungswoche proliferieren die Urgeschlechtszellen, die jetzt Oogonien heißen. Der kortikale Anteil der Epithelstränge zerfällt in Eiballennester. Reste des Wolff-Gangs und der Urnierenkanälchen sind das Epoophoron in der *Mesosalpinx*, die *Appendix vesiculosa* als kleine Zyste zwischen den Fimbrien des Eileiters sowie das Paroophoron im Mesovar.

Entwicklung der Eileiter

In der 6. Entwicklungswoche hat sich lateral vom paarigen Wolff-Gang *(Ductus mesonephricus)* der paarige Müller-Gang *(Ductus parameronephricus)* als trichterartige Ausstülpung eines soliden Epithelsprosses von lumbal nach beckenwärts entwickelt und bildet 3 Gangabschnitte: den oberen vertikalen, den mittleren horizontalen und den unteren vertikalen Abschnitt. Der horizontale Abschnitt überkreuzt den Wolff-Gang, und der untere vertikale mündet von dorsal in den *Sinus urogenitalis*. Im 4. Fetalmonat hat sich der Wolff-Gang zurückgebildet. Der obere vertikale und der horizontale Abschnitt des Müller-Gangs werden zum Eileiter.

Entwicklung der Gebärmutter

In der 6. Woche mündet der kaudale Abschnitt des paarigen Müller-Gangs getrennt in die dorsale Wand des Sinus urogenitalis. In den folgenden Wochen verschmelzen die unteren vertikalen Abschnitte und werden zur Uterusanlage. Lateral von ihr verlaufen mit dem 4. Fetalmonat Rudimente des Wolff-Gangs, jetzt Gartner-Gang genannt.

Entwicklung der Scheide

Die oberen zwei Drittel der Scheide entwickeln sich aus dem **Müller-Hügel,** der dort entsteht, wo die distalen Pole des paarigen Müller-Gangs dorsal in den Sinus urogenitalis einmünden und miteinander verschmelzen. Der Hügel wächst als **Müller-Platte** kaudalwärts hinter die primitive Harnröhre. Das untere Drittel der Scheide bildet sich aus dem unteren Anteil der Müller-Platte, die mit der Anlage des Scheidenvorhofs verschmilzt und später zum Hohlorgan wird.

14 Mamma und Milchdrüse

U. Schumacher

Einführung

Die Brust und Brustdrüse sind aus 3 Gründen von außerordentlichem Interesse in der klinischen Medizin: Erstens wird durch das Sekretionsprodukt der Brustdrüse, die Milch, die Ernährung des Säuglings sichergestellt, zweitens ist das von der Brustdrüse ausgehende Mammakarzinom der häufigste Tumor der Frau (eine von 7 Frauen in Deutschland ist von Brustkrebs betroffen) und drittens spielen plastische Operationen an der Brust eine immer größere praktische Rolle.

14.1 Lage und Aufbau

Die halbkugel- oder kegelförmige Vorwölbung der Brüste, *Mammae*, liegen beiderseits im Bereich der 2.–6. Rippe. An der Spitze der Mamma liegt die runzelige dunkel pigmentierte Brustwarze, *Papilla mammaria*, auch als *Mammille* bezeichnet. Das sie umgebende ebenfalls stärker pigmentierte Gewebe bildet den Warzenhof, *Areola mammae*, in den die Montgomery-Drüsen, *Glandulae areolares mammae*, in kleineren ringförmig um die Mammille angelegten Erhebungen münden (■ Abb. 14.1). Zwischen beiden Brüsten liegt der Busen, *Sulcusintermammarius.*

Die Größe der natürlichen weiblichen Brust schwankt etwa zwischen 150 und 400 ml (g) und wird im Wesentlichen durch die Ausdehnung des Fettgewebes bestimmt, welches sich um den Drüsenkörper, *Corpus mammae,* lagert. Der fast kreisrunde Drüsenkörper kann einen Fortsatz in Richtung auf die Axilla aufweisen, *Processus axillaris (lateralis).* Der Drüsenkörper liegt mit seiner Basis locker der Fascia pectoralis auf. Mit ihr wird er durch bindegewebige Zügel, die *Ligg. suspensoria mammaria* verschieblich verbunden. Dieser verschiebliche Spalt wird in der Klinik als retromammärer Raum bezeichnet.

14.1 Hinweis auf ein Mammakarzinom
Ist die Verschieblichkeit der Brustdrüse auf der Fascia pectoralis eingeschränkt, muss ein Mammakarzinom in einem fortgeschritteneren Stadium angenommen werden.

Erschlaffen die Bindegewebezüge (nach dem Stillen, beim Altern), entwickelt sich eine Hängebrust. Andere bindegewebige Faserzüge, die Cooper-Ligamente, verbinden den Drüsenkörper mit dem Corium der bedeckenden Haut. Entsprechend der Anzahl der Milchgänge ist der Drüsenkörper aus 12–25 Lappen, *Lobi glandulae mammariae*, aufgebaut. Die durch Bindegewebe getrennten Lappen stehen radiär zur Brustwarze und untergliedern sich in unterschiedlich große Läppchen, *Lobuli glandulae mammariae*.

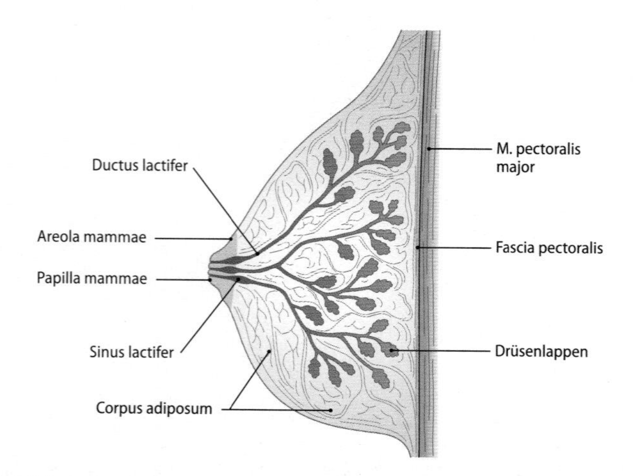

■ **Abb. 14.1.** Medianschnitt durch die Mamma mit Darstellung der Drüsenlappen [1]

In Kürze

Brust (Mamma)
Aufbau: An der Spitze der Mamma befindet sich die Brustwarze, *Papilla mammaria* mit Warzenhof, *Areola mammae*, in den die Montgomery-Drüsen, *Glandulae areolares mammae*, münden.

Größe: zwischen 150 und 400 ml (g), bestehend aus Fettgewebe, das sich um den Drüsenkörper, *Corpus mammae,* lagert.

Drüsenkörper: besteht aus 12–25 Lappen, *Lobi glandulae mammariae*, die sich in Läppchen, *Lobuli glandulae mammariae*, aufgliedern.

14.2 Histologie

 Einführung

Die Funktion der Milchdrüse hat einen entscheidenden Einfluss auf ihre mikroskopische Gestalt. Bei der Frau befindet sich die Milchdrüse während der meisten Zeit des Lebens in Funktionsruhe (**nichtlaktierende** oder **ruhende Milchdrüse**). Nur gegen Ende der Schwangerschaft und während der Laktationsperiode wird bzw. ist die Drüse voll funktionsfähig (**laktierende Milchdrüse**).

Die Milchdrüse (■ Abb. 14.2) ist eine zusammengesetzte tubuloalveoläre Drüse, bei der jeder Drüsenlappen nur einen Ausführungsgang, den Milchgang, *Ductus lactiferus,* enthält, der von einem einschichtigen kubischen Epithel ausgekleidet wird. Entsprechend der Lappenzahl ziehen 12–25 Milchgänge zur Mammille, wo sie den *Ductus excretorius* bilden. Dieser wird in 3 Abschnitte eingeteilt: Zunächst findet man den *Sinus lactiferus*, der eine Erweiterung des Lumens darstellt. Das Lumen verengt sich in der anschließenden *Pars infundibularis*, an den der Milchporus, *Porus excretorius,* auf der Brustwarze folgt.

Die größeren Milchgänge bestehen aus einem zweischichtigen kubischen Epithel, dessen obere Schicht als luminales Epithel bezeichnet wird, die untere Schicht besteht aus Myoepithelzellen. Die terminalen Gänge und Läppchen weisen ein einreihiges Epithel auf, dessen Höhe von hochprismatisch zu kubisch in der Peripherie variiert. In der ruhenden Drüse sind nur die Milchgänge erkennbar, bei denen oft die Epithelzellen aufeinander liegen, so dass diese verschlossen erscheinen. Am Ende der Milchgänge sitzen solide Epithelknospen auf, aus denen sich die milchproduzierenden Drüsenzellen entwickeln. Besonders die luminale Schicht der Gänge kann zyklusabhängige Veränderungen aufweisen. Zwischen Basallamina und dem luminalen Epithel ist die Schicht des Myoepithels eingeschaltet, welches durch Oxytocin zur Kontraktion stimuliert wird und damit wesentlich zum Auspressen der Milch beiträgt. Die enge Verwandtschaft des Gangepithels mit den Myoepithelzellen wird auch daraus ersichtlich, dass beide sich aus einer hellen basalen Stammzellpopulation regenerieren. Dieses Epithel unterliegt einer ständigen Erneuerung, Mitosen (Maximum 25. Tag) und Apoptosen (Maximum 28. Tag) nehmen in der zweiten Zyklushälfte zu und sind somit hormonell gesteuert.

Aus pathologisch-anatomischer Sicht stellen die terminalen Gangsegmente (Ductuli) und die sie fortsetzenden Drüsenläpp-

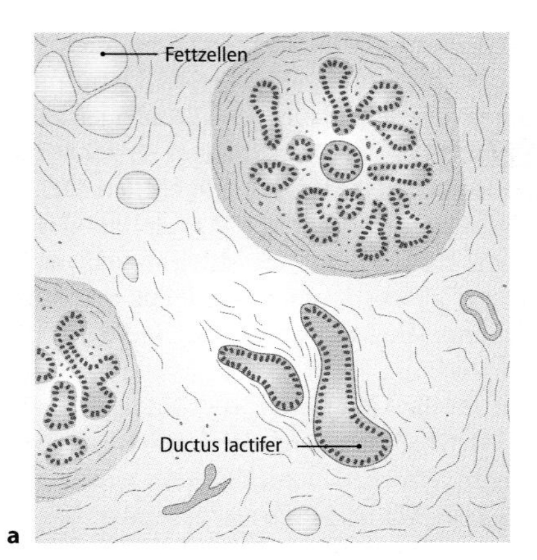

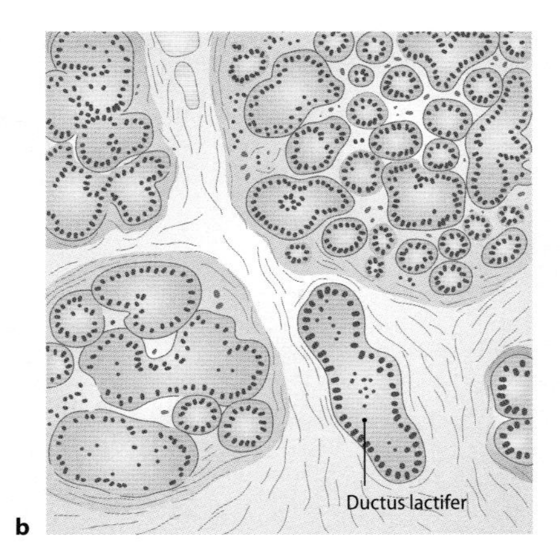

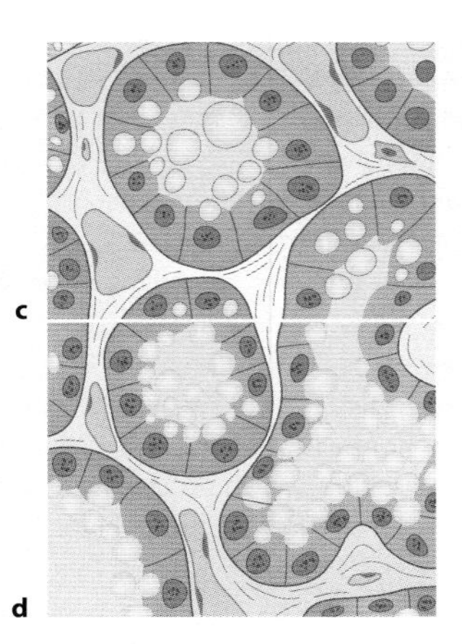

Abb. 14.2a-d. Histologie der weiblichen Brustdrüse in verschiedenen Funktionsstadien. **a** Nichtlaktierende (ruhende) Mamma. Beachte das Mantelgewebe um die terminalen duktulolobulären Einheiten. **b** Laktierende Brustdrüse in der Übersichtsvergrößerung, der alveoläre Charakter der Drüse ist gut zu erkennen. **c** Laktierende Mamma in hoher Vergrößerung, Fettfärbung. Die apikalen Fetttröpfchen sind gut sichtbar. **d** In der HE-Färbung ist das Fett herausgelöst und die Fetttröpfchen erscheinen als lumennahe wabige Strukturen [1]

chen eine funktionelle Einheit dar, die terminale duktulolobuläre Einheit (TDLU) (Abb. 14.3). Sie umfasst den endständigen Abschnitt des peripheren Ductus, den extralobulären terminalen Ductus, den intralobulären terminalen Ductus und die Ductuli (Acini). Die letzteren 3 Abschnitte werden vom Mantelgewebe umgeben.

Porus excretorius
Mammilla
Areola
Pars infundibularis
Sinus lactifer (4–6 mm Ø)
Ductus excretorius (2–4 mm Ø)
Ductus lactifer (0,5 mm Ø)
Lobulus
peripherer Ductus (D)
Stützgewebe (interlobuläres Stroma)
extralobulärer terminaler Ductus (ETD)
intralobulärer terminaler Ductus (ITD)
terminale ductulobuläre Einheit (TDLU)
ITD
Ductuli (Azini)
Ductuli (Azini)
Mantelgewebe (intralobuläres Stroma)

Abb. 14.3. Schematische Darstellung der terminalen duktulolobulären Unit (TDLU) und ihrer Untereinheiten. Diese Einheit ist für das Verständnis der Histologie des Mammakarzinoms von besonderer Bedeutung. Beachte, dass die meisten Teile der TDLU von Mantelgewebe umgeben sind [2]

14.2 Mammakarzinom

Die meisten Mammakarzinome leiten sich von den Epithelzellen der terminalen duktulolobulären Einheit her.

Im Verlaufe der Schwangerschaft wandelt sich die ruhende Drüse in die laktierende Drüse um. Die Endknospen fangen an zu proliferieren und bilden schlauch- bis bläschenförmige Erweiterungen, die Alveolen, deren Lumen deutlich sichtbar ist und an vielen Stellen Milch enthält. Die Alveolen werden von einer einschichtigen Mammaepithelzellschicht ausgekleidet. Je nach Sekretionszustand ist das Epithel kubisch bis prismatisch. Im Gegensatz zum Gangsystem ist die Myoepithelzellschicht nicht mehr durchgängig vorhanden; Myoepithelzellen sind nur noch locker zwischen Epithel und Basallamina eingestreut (Abb. 14.4).

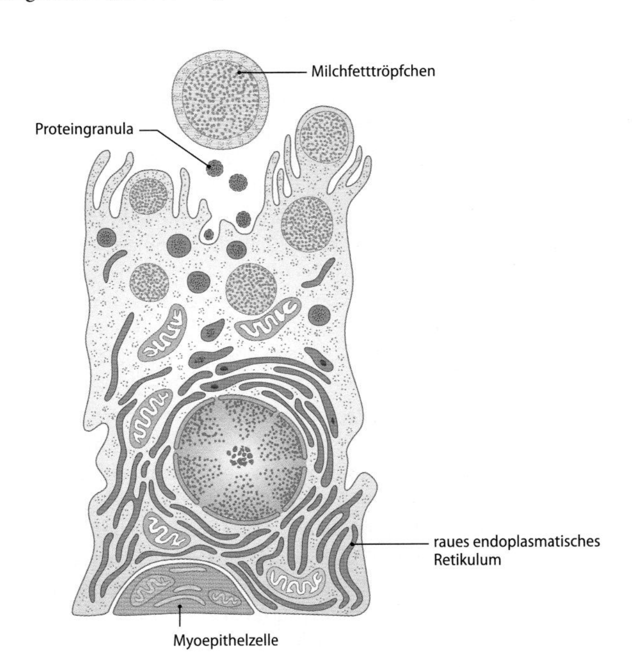

Abb. 14.4. Elektronenmikroskopisches Schema einer laktierenden Mammaepithelzelle. Apokrine Sekretion des Milchfetts (von Milchfettkugelmembran umschlossen) und Exozytose der in der Milch enthaltenden Proteine (u.a. Kasein). Raues endoplasmatisches Retikulum und der Golgi-Apparat sind sehr ausgeprägt vorhanden [1]

In Kürze

Milchdrüse

Tubuloalveoläre Drüse aus 12–25 Drüsenlappen. Jeder Drüsenlappen hat 1 Ausführungsgang, den Milchgang *(Ductus lactiferus)*, der zur Mammille zieht.

Die größeren Milchgänge bestehen aus einem zweischichtigen kubischen Epithel:
- obere Schicht: luminales Epithel
- untere Schicht: Myoepithelzellen (werden durch Oxytocin zur Kontraktion stimuliert).
- Duktuli und an sie anschließende Drüsenabschnitte bilden die terminale duktulobuläre Einheit (TDL).

14.3 Funktion der Milchdrüse

 Einführung

Die Ausbildung der Milchdrüse zur Laktation erfolgt aufgrund hormoneller Einflüsse.

Wachstum und Differenzierung der Drüse steuern Östrogen und Progesteron aus dem Ovar und der Plazenta. Die Plazentahormone hemmen die Milchbildung. Nach der Geburt schießt die Milch unter dem Einfluss von Prolactin (Syntheseleistung) und Oxytocin (Myoepithelzellen werden zur Kontraktion veranlasst) ein. Neben diesen systemischen Faktoren dürften auch lokale Faktoren eine Rolle spielen. Durch ständiges Absaugen der Milch wird ihre Sekretion aufrechterhalten, fällt diese fort, kommt es zu einer Rückbildung der laktierenden Epithelien, deren Reste von Makrophagen lokal resorbiert werden.

Die laktierende Milchdrüse besitzt 2 Arten der **Sekretion:**
- apokrin
- ekkrin oder merokrin

Das Fett wird im Zytoplasma der Milchrüsenepithelzelle synthetisert und läuft apikal zu größeren Fetttropfen zusammen. Diese werden im Zytoplasma nicht von einer Membran umschlossen. Bei der Abgabe des Fettes in das Lumen der Alveolen nimmt der Fetttropfen die apikale Zellmembran mit und wird von ihr umschlossen (Milchfetttröpfchen). Dieser Sekretionsmechansimus wird als **apokrin** bezeichnet, da der apikale Teil der sezernierenden Epithelzelle Zytoplasma und Zellmembran verliert, die mit der Milchfettkugel abgeschnürt werden. Da das Fett in der Milchfettkugel von einer Zellmembran umschlossen wird, kann es in die wässrige Lösung der Milch abgegeben werden, ohne dass es zu Verklumpungen des Fettes kommt (Emulsion).

Neben dem Fett sezerniert die Milchdrüse eine Reihe von Proteinen, die als wasserlösliche Produkte über Vesikel aus der Zelle ausgeschleust werden (Exozytose, **ekkrine** oder **merokrine** Sekretion). Zusätzlich zu den in der Epithelzelle selbst gebildeten Kaseinen werden Immunglobuline vom Typ IgA in die Milch abgegeben, die vermutlich aus lokalen Plasmazellen in der Milchdrüse stammen und die über Transzytose in die Milch gelangen. Die laktierende Milchdrüsenepithelzelle ist deshalb reich an allen Organellen, die der (Protein)Sekretion dienen (raues endoplasmatisches Retikulum, Golgi-Apparat und apikal gelegene Transportvesikel).

Die **Zusammensetzung der Milch** verändert sich im Laufe der Laktation. Sie besteht aus einem proteinhaltigen Milchserum und den Milchfettkugeln. Die Milch der ersten Tage, die **Vormilch** oder **Kolostrum,** ist besonders reich an Immunglobulinen. Da der Säugling in der gleichen Keimumwelt wie die Mutter lebt, gewährleistet dieser Transfer der passiven Immunität einen besonderen Schutz für den Säugling. Das Kolostrum ist dickflüssiger als die normale Milch und enthält besonders viele fettbeladene Makrophagen, die Kolostrumkörperchen, und Leukozyten. In geringerer Anzahl finden sich beide Bestandteile jedoch auch in der normalen Milch. Der Energiegehalt der Milch liegt relativ konstant bei 70 kcal/100 ml. Ein Säugling nimmt im 1. Monat etwas 650 ml/Tag Milch zu sich, im 4. Monat etwa 750 ml/Tag. Dabei gibt es große individuelle Schwankungen. Laktose, Fett, Kasein und Milchserumproteine sind dabei die wichtigsten Energielieferanten.

Das unmittelbar um die Gänge gelegene Bindegewebe ist zellreicher, lockerer und weicher als das relativ straffe Bindegewebe des Drüsenkörpers, enthält vermehrt Blutgefäße und wird als **Mantelgewebe** bezeichnet. Dieses Mantelgewebe ist besonders bei den eben geschilderten Umbauvorgängen von Bedeutung und reagiert auf die weiblichen Geschlechtshormone und dürfte für die Brustspannungen während des Menstruationszyklus eine Bedeutung haben.

Die männliche Brustdrüse ähnelt der ruhenden weiblichen Drüse; die Gänge sind jedoch vergleichsweise enger; Endknospen sind, wenn überhaupt, nur ganz vereinzelt zu finden.

In Kürze

Laktierende Milchdrüse

Sekretion:
- apokrin
- ekkrin oder merokrin

Zusammensetzung der Milch: Die Milch der ersten Tage, die **Vormilch** oder **Kolostrum** ist besonders reich an Immunglobulinen (passiver Schutz des Säuglings). Die wichtigsten Energielieferanten der Milch sind Laktose, Fett, Kasein und Milchserumproteine. Der Energiegehalt beträgt etwa 70 kcal/100 ml.

14.4 Gefäßversorgung, Lymphabfluss und Innervation

14.4.1 Gefäßversorgung

Die **arterielle Versorgung** erfolgt aus den *Rr. mammarii mediales*, die über Rr. perforantes aus den vorderen Interkostalarterien stammen, die ihrerseits aus der A. thoracica interna entspringen. Die *Rr. mammarii laterales* entspringen aus Rr. cutanei laterales, die aus der hinteren Interkostalarterie stammen. Einige Rr. mammarii laterales entspringen zusätzlich aus der A. thoracica lateralis, einem Ast der A. axillaris. Diese Gefäße anastomosieren untereinander; unter dem Warzenhof bildet sich ein Arterienring.

Das **oberflächliche Venennetz** mit seinem *Plexus venosus areolaris* drainiert in die V. thoracica lateralis, die ihrerseits in die V. axillaris drainiert. Das **tiefe Venennetz** drainiert über die vorderen Interkostalvenen in die V. thoracica interna, die in der V. brachiocephalica mündet.

14.4.2 Lymphabflusswege

Die Lymphabflusswege der Mamma sind von besonderer praktischer Bedeutung, weil sich das Mammakarzinom in ihnen ausbreiten kann. Der Lymphabflussweg richtet sich zum Teil nach der Region der Mamma, die man zu diesem Zweck in **4 Quadranten** unterteilt: oberen äußeren, oberen inneren, unteren äußeren und unteren inneren.

Es existieren **3 Hauptwege** des Lymphabflusses der Mamma (▣ Abb. 14.5):
- axillär
- interpektoral
- retrosternal

Der axilläre Lymphabfluss hat die größte Bedeutung.

Die **Einteilung der Lymphknotenstationen** variiert unter praktisch-chirurgischen Gesichtspunkten. Nach der **klassichen Darstellung** ziehen die Lymphbahnen von dem oberen und unteren äußeren Quadranten am lateralen Rand des M. pectoralis major über die *Nodi lymphatici axillares pectorales* (pektorale oder Sorgius-Gruppe) zu den zentralen axillären Lymphknoten, *Nodi lymphatici axillares centrales* (axilläre Gruppe), diese drainieren in die *Nodi lymphatici axillares apicales* (apikal axillär), die sich um die V. subclavia gruppieren. Es gibt insgesamt etwa 40 axilläre Lymphknoten. Von den beiden oberen Quadranten sowie aus der Tiefe der Brustdrüse drainiert die Lymphe zu Lymphknoten, die zwischen dem M. pectoralis major und minor liegen (interpektorale Gruppe, Rotter-Lymphknoten), die Anschluss an die höchsten apikalen Lymphknoten der Axilla finden. Die Lymphe aus den beiden inneren Quadranten kann zu Lymphknoten, die sich entlang der A. thoracica (mammaria) interna befinden, drainiert werden (retrosternaler Weg). Hinter der Clavicula vereinigt sich dieser Abflussweg mit dem aus der Axilla. Der lymphatische Abfluss zur gegenüberliegenden Mamma und entlang der Rektusscheide sind von untergeordneter Bedeutung. Diese Lymphabflussgebiete stehen über viele Anastomosen miteinander in Verbindung, so dass es im Einzelfall schwierig sein kann, bei einer Patientin den Lymphabflussweg eines Mammakarzinoms genau vorherzusagen.

Man versucht dieses Problem dadurch zu lösen, indem man einen Tracer (Farbstoff, Radionuklid) in die Umgebung eines Mammakarzinoms spritzt und dessen Drainage durch die lokalen Lymphgefäße verfolgt. Der erste betroffene Lymphknoten (sentinel node, Wächterlymphknoten) wird dann aufgesucht und auf Karzinombefall hin untersucht.

Eine andere neuere **Einteilung** fasst den Lymphabfluss aus der Brustdrüse in 3 verschiedene **Schichten (Level)** zusammen, wobei der M. pectoralis minor als zentrale Leitstruktur dient.
- **Level I:** Lymphknoten die lateral vom M. pectoralis minor liegen: *Nodi lymphatici paramammarii, Nodi lymphatici pectorales, Nodi lymphatici subscapulares, Nodi lymphatici laterales* (humerales brachiales).
- **Level II:** Diese Schicht umfasst folgende Lymphknotenstationen: *Nodi lymphatici interpectorales* (Rotter-Gruppe), *Nodi lymphatici centrales.*
- **Level III** wird aus der Gruppe gebildet, die medial des medialen Rand des M. pectoralis minor liegen: *Nodi lymphatici parasternales* entlang der Vasa thoracica interna (Verbindungen zur Gegenseite über retrosternale Lymphbahnen) sowie die *Nodi lymphatici apicales*, die ihrerseits mit den *Nodi lymphatici supraclaviculares* in Verbindung stehen.

14.4.3 Nervale Versorgung

Sensible und sympathische Fasern erreichen die Mamma über die *Rr. mammariae mediales* (Th2–4) und *Rr. mammarii laterales* (Th4–6) aus den Interkostalnerven. Beim Saugen vermitteln afferente Fasern über diese Nervenfasern den Erektionsreflex der Brustwarze. Die daraufhin erfolgende Erektion der Brustwarze wird über das Oxytocin vermittelt (Neurosekretion, Hypophysenhinterlappen). Parasympathische Fasern erreichen die Mamma über perivaskuläre Geflechte.

In Kürze

Gefäße und Nerven

Die **arterielle Versorgung** erfolgt ausgehend von der A. thoracica interna über die Rr. mammarii mediales und laterales. Diese Gefäße anastomosieren ausführlich untereinander; unter dem Warzenhof bildet sich ein Arterienring.

Das **oberflächliche Venennetz** drainiert in die V. thoracica lateralis und diese in die V. axillaris. Das **tiefe Venennetz** drainiert über die vorderen Interkostalvenen in die V. thoracica interna, die in der V. brachiocephalica mündet.

Lymphabfluss: Es existieren **3 Hauptwege:**
- axillär (hat die größte Bedeutung)
- interpektoral
- retrosternal

Nervale Versorgung: Sensible und sympathische Fasern erreichen die Mamma über die Rr. mammariae mediales (Th2–4) und Rr. mammarii laterales (Th4–6) aus den Interkostalnerven.

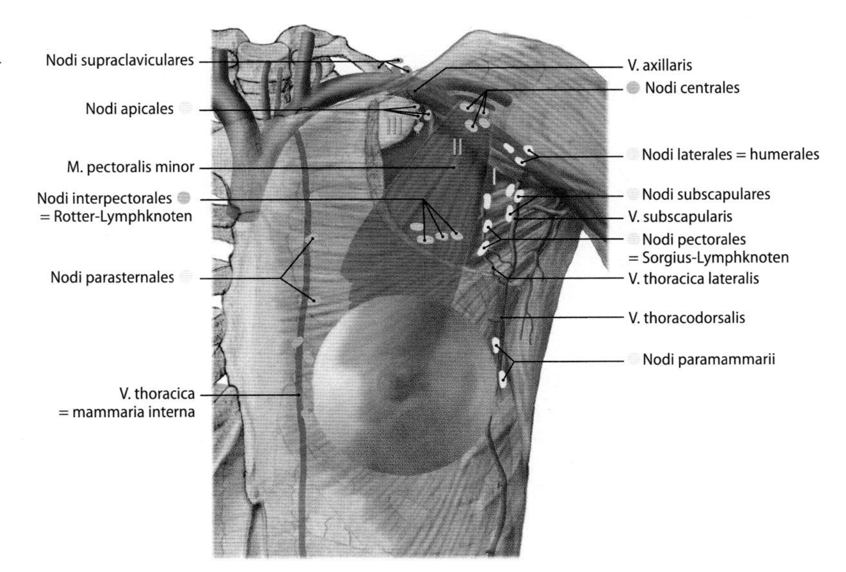

▣ **Abb. 14.5.** Lymphabflusswege der Mamma. Drei Lymphknotenstationen besitzen eine besondere Bedeutung: axilläre, interpektorale und (para)sternale Lymphknotengruppen [3]

14.5 Prä- und postnatale Entwicklung

Brust und Brustdrüse sind ektodermaler Herkunft. Die Brust- oder Milchdrüse, *Glandula mammaria*, bildet sich aus einer durchgehenden epithelialen Leiste, der **Milchleiste**, die sich im Embryo des Menschen von der Achselhöhle bis zur Inguinalregion erstreckt. Ähnlich wie bei der Zahnleiste bilden sich bei der Milchleiste epitheliale Knospen, aus denen sich die Milchdrüse entwickelt, während sich die Milchleiste zurückbildet.

14.3 Akzessorische Drüsen
Im Bereich der Milchleiste können akzessorische Drüsen vorkommen.

Im Bereich der späteren Brustdrüse bildet die Knospe 12–25 Milchgänge aus, an deren Spitzen in der Tiefe des Mesenchyms epitheliale Endknospen sitzen. Kurz vor der Geburt stülpen sich diese Gänge nach außen vor (Eversion der Brustwarze). Diese Entwicklung verläuft bei beiden Geschlechtern bis zur Geburt gleichartig ab, jedoch kommt es nur bei der Frau unter dem Einfluss der mammotropen Hormone zu einer Weiterentwicklung der Brust und Brustdrüse, während die Brust des Mannes auf dem präpubertären Stadium der Entwicklung stehenbleibt.

Bedingt durch die hormonelle Umstellung während der Pubertät wächst beim weiblichen Geschlecht das Fettgewebe und das in ihm enthaltene Drüsengewebe zu den Brüsten heran; dieser Prozess wird als Mammogenese bezeichnet.

15 Plazenta

P. Kaufmann

15.1 Entwicklung

 Einführung

Alle lebendgebärenden Wirbeltiere entwickeln zum Schutz und zur Ernährung ihrer Embryonen ein Hüllsystem von Membranen, die Eihäute. Lokal verschmelzen sie mit der Uterusmukosa, um einen intensivierten Stoffaustausch zwischen Mutter und Kind zu ermöglichen. Diese aus fetalen und mütterlichen Geweben aufgebaute Verschmelzungszone der Eihäute ist die Plazenta. Sie unterscheidet sich in mehreren Punkten von allen anderen Organen unseres Körpers:

- Sie besitzt 2 von einander getrennte Kreislaufsysteme, den fetalen und den mütterlichen Blutkreislauf. Beide sind durch eine nur wenige Mikrometer dicke Gewebslage, die Plazentabarriere, getrennt.
- Die Plazenta erlebt nie eine stabile Phase voller Funktionsreife. Vielmehr finden in ihr Wachstum und Differenzierung parallel zu voller Funktionsreife bis zum Geburtstermin statt.
- Die Plazenta übernimmt während der Schwangerschaft fast alle Funktionen der noch nicht funktionstüchtigen fetalen Organe.

- Implantation der Blastozyste am Tag 6–7
- Bildung mütterlicher Blutlakunen zwischen Tag 8 und 13
- Umwandlung des endometrialen Stromas in Dezidua zwischen Tag 8 und 13

Die Entwicklung der Plazenta beginnt mit der Implantation der **Blastozyste** in die mütterliche Dezidua. Die Blastozyste besteht zu diesem Zeitpunkt aus 107–256 Zellen und hat einen Durchmesser von ca. 0,3 cm. Die Mehrzahl der Zellen bildet eine einschichtige Lage (den Trophoblasten), der einen flüssigkeitsgefüllten Hohlraum umgibt. Innen liegt dem **Trophoblasten** ein kleiner Zellhaufen, der **Embryoblast** an.

Der Trophoblast wird später große Teile von Plazenta und Eihäuten bilden. Der Embryoblast ist der Vorläufer des Embryos, der Nabelschnur und des Amnions.

15

15.1.1 Implantation (Tag 6–7 post conceptionem)

Die Implantation läuft in mehreren Schritten ab:

- Die **Apposition** der Blastozyste an das Uterusepithel ist der erste Schritt. In der Mehrzahl der Fälle findet sie im oberen Teil der Korpushinterwand statt. Meist nimmt der **Embryonalpol** der Blastozyste (dem innen der Embryoblast anliegt) zuerst Kontakt zur Uteruswand auf und stellt damit auch den **Implantationspol** dar.
- Die **Adhäsion** der Blastozyste an der Epitheloberfläche folgt der Apposition. Die hierfür benötigten Zelladhäsionsmoleküle (bestimmte Integrine und ihre Liganden) werden nur für ca. 24 Stunden des weiblichen Zyklus von Blastozyste und Endometrium exprimiert. Nur in diesem Zeitfenster (»Implantationsfenster«) ist die Einnistung der Frucht möglich (wichtig z.B. bei In-Vitro-Fertilisationen).
- Die **Invasion** als dritter Schritt beginnt erst nach stabiler Adhäsion: Der Trophoblast des Embryonalpoles dringt unter Verdrängung bzw. Zerstörung der mütterlichen Epithelzellen in das Endometrium ein (Abb. 15.1a).

Im Rahmen der Invasion verschmelzen alle Trophoblastzellen, die Kontakt zu mütterlichen Zellen bekommen, synzytial miteinander und bilden den *Synzytiotrophoblasten*. Die verbleibenden, nicht fusionierten Trophoblastzellen werden fortan als *Zytotrophoblast* bezeichnet. Sie stellen die proliferierenden *Stammzellen* des Trophoblasten dar, die durch spätere synzytiale Fusion das weitere Wachstum des Synzytiotrophoblasten ermöglichen.

15.1 Fehlimplantation der Blastozyste und der Plazenta
Abweichungen vom üblichen Implantationsort sind Anlass für schwerste Abnormitäten der Schwangerschaft, z.B. Implantation der Blastozyste im Peritoneum der Umgebung des Ovars (Bauchhöhlenschwangerschaft) oder in der Tuba uterina (Tubargravidität, ► 13.11). Formvarianten der Plazenta sind Folgen eines abnormen Implantationsortes, z.B. tiefe Implantationen über dem inneren Muttermund (Placenta praevia) oder die Implantation teils in die Vorderwand, teils in die Hinterwand des Uterus (Placenta biloba).

15.1.2 Kompakte und lakunäre Periode (Tag 8–13 post conceptionem)

Der Implantationsvorgang dauert bis zum 12. Tag post conceptionem (pc), wenn die Blastozyste so tief in die Gebärmutterschleimhaut eingedrungen ist, dass das Uterusepithel sich wieder über ihr schließt.

Dezidualisierung

In der gleichen Phase werden die Stromazellen des Endometriums großenteils unter erheblicher Volumenzunahme in die schwangerschaftstypischen Deziduazellen umgewandelt. Man unterscheidet nach der Lage folgende Arten der Dezidua (Abb. 15.2a, b):

- *Decidua basalis:* zwischen Blastozyste und Myometrium
- *Decidua capsularis:* zwischen Blastozyste und Uterushöhle
- *Decidua parietalis*: Auskleidung der restlichen Uterushöhle seitlich vom und gegenüber dem Implantationsort.

Mit zunehmender Größe des Embryos/Feten werden *Decidua capsularis* und *Decidua parietalis* unter weitgehender Verödung der Uteruslichtung zu einer einheitlichen *Decidua parietalis* miteinander verschmelzen (Abb. 15.2d).

Abb. 15.1a–f. Stadien der Plazentaentwicklung. a 8 Tage alter Keim, zu mehr als der Hälfte implantiert; am Implantationspol verschmilzt der Zytotrophoblast (dunkelblau umrandet) zum Synzytiotrophoblasten (hellblau), in dem durch Einschmelzung die ersten Hohlräume (Lakunen) auftreten. Vom Embryoblasten abstammende Gewebe sind grau, alle mütterlichen Gewebe rot dargestellt. **b** Ausschnitt aus dem Implantationspol der in Abbildung a dargestellten Blastozyste, mit ausgedehntem Lakunensystem (lakunäre Periode, Tag 9–11). **c** Tag 12–13 der lakunären Periode: Der Zytotrophoblast dringt in die zwischen den Lakunen verbleibenden Trabekel aus Synzytiotrophoblast vor, mütterliches Blut strömt aus eröffneten endometrialen Blutgefäßen in die Lakunen. **d** Primärzottenstadium, Tag 13–15: fingerförmige Trophoblastausläufer, sog. Primärzotten sprossen von den Trabekeln in die Lakunen, die damit zum intervillösen Raum werden. **e** Sekundärzottenstadium, Tag 15–21: Mesenchym dringt in die Zotten vor und gibt ihnen einen bindegewebigen Kern. **f** Tertiärzottenstadium, ab Tag 18: Im bindegewebigen Zottenkern werden fetale Blutgefäße gebildet, die Tertiärzotten verzweigen sich zunehmend. Die Überreste der Trabekel, die Chorionplatte und Basalplatte verbinden, werden zu Haftzotten. Die Durchdringungszone aus mütterlichen und kindlichen Geweben besteht aus 2 Teilen: Die Basalplatte, die bei der Geburt mit der Plazenta ausgestoßen wird, und das Plazentabett, das im Uterus verbleibt. Beide werden durch die Lösungsfläche der Plazenta (gestrichelte Linie) getrennt [modifiziert nach 1] ►

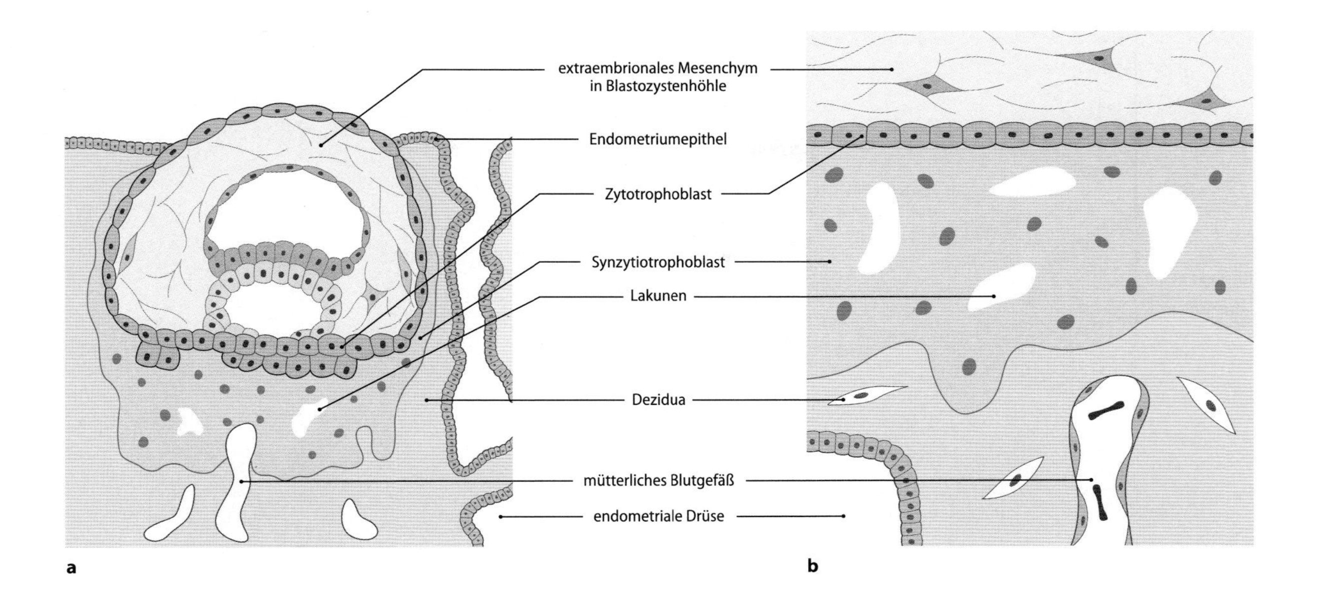
extraembrionales Mesenchym
in Blastozystenhöhle
Endometriumepithel
Zytotrophoblast
Synzytiotrophoblast
Lakunen
Dezidua
mütterliches Blutgefäß
endometriale Drüse
a
b

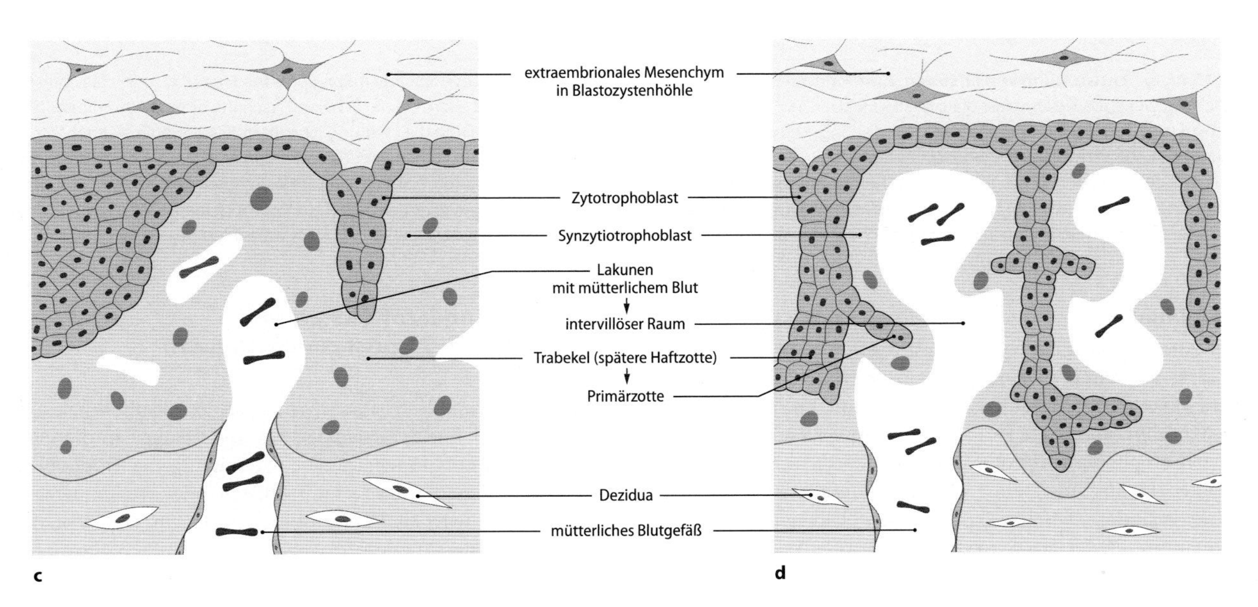
extraembrionales Mesenchym
in Blastozystenhöhle
Zytotrophoblast
Synzytiotrophoblast
Lakunen
mit mütterlichem Blut
intervillöser Raum
Trabekel (spätere Haftzotte)
Primärzotte
Dezidua
mütterliches Blutgefäß
c
d

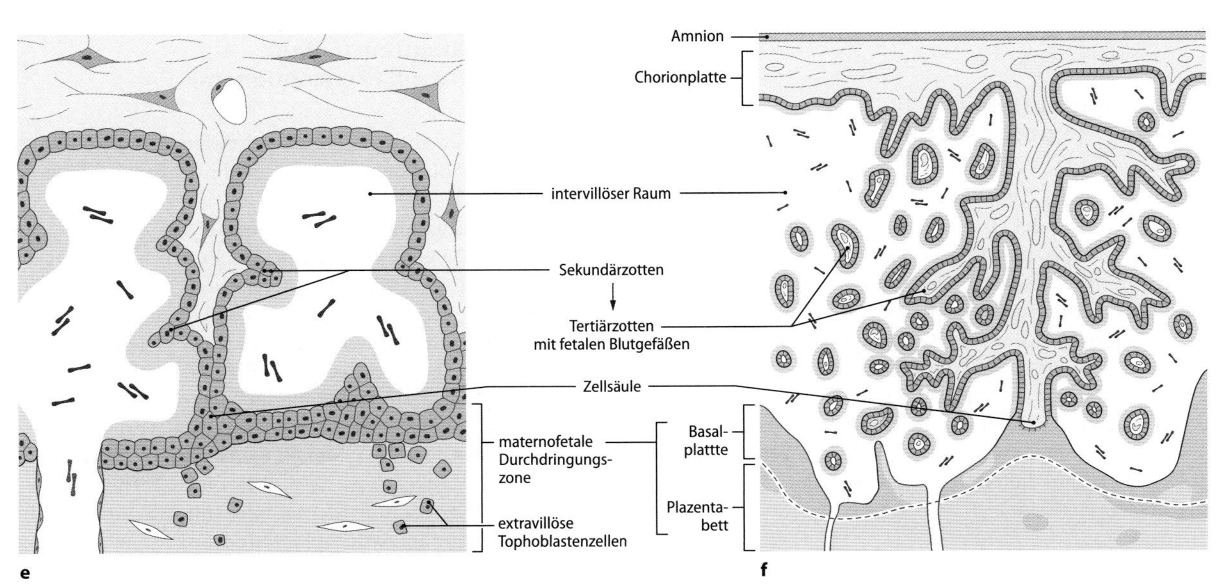
Amnion
Chorionplatte
intervillöser Raum
Sekundärzotten
Tertiärzotten
mit fetalen Blutgefäßen
Zellsäule
maternofetale
Durchdringungs-
zone
extravillöse
Tophoblastenzellen
Basal-
plattte
Plazenta-
bett
e
f

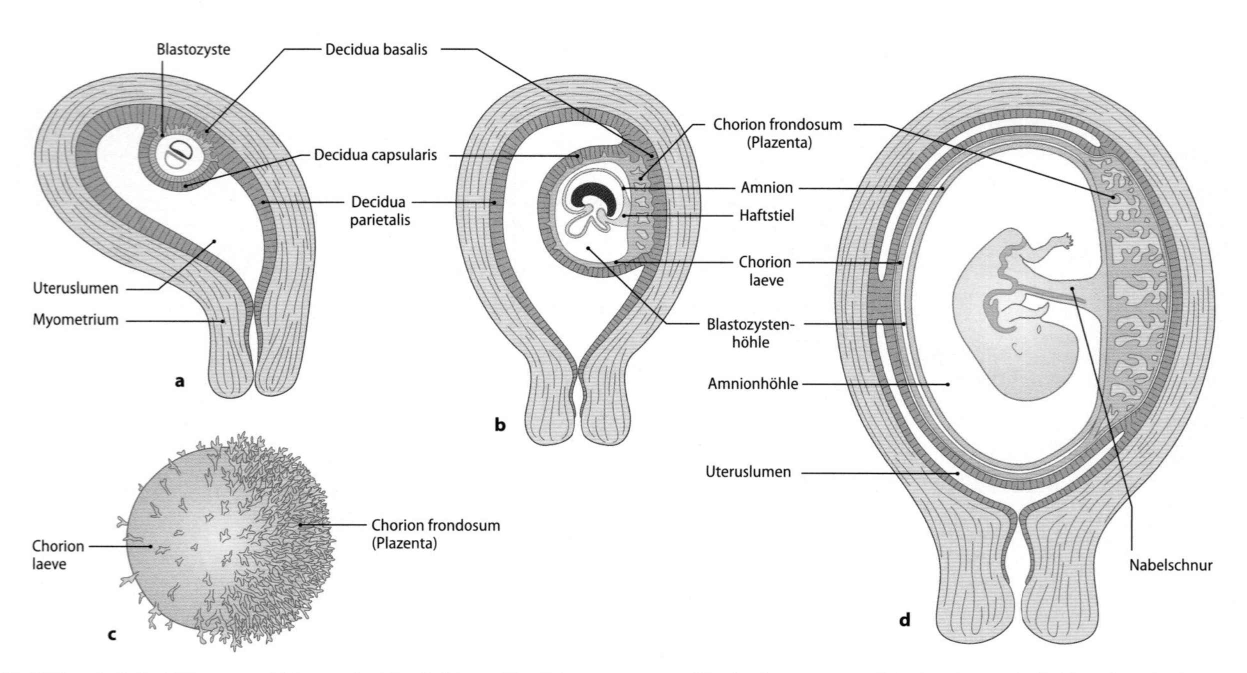

Abb. 15.2a–d. Entwicklung von Eihäuten, Amnionhöhle und Dezidua. Mütterliche Gewebe rot, Trophoblast blau, fetales Ektoderm schwarz, fetales Mesenchym grau, fetales Entoderm grün. **a** Uterus an Tag 12 p.c. mit vollständig implantierter Blastozyste (blau). **b** Uterus am Anfang des 3. Monats. Zu beachten ist die Ausdehnung der Amnionhöhle und Differenzierung der Fruchtblase in das dickere Chorion frondosum (Plazenta) und das dünnere Chorion laeve. **c** Darstellung der Untergliederung in die zottenreiche Plazenta und das zottenarmes Chorion laeve an einer freipräparierten Fruchtblase des gleichen Stadiums wie in b. **d** Uterus in der Schwangerschaftsmitte. Die Amnionhöhle ist voll entfaltet und füllt die ursprüngliche Blastozystenhöhle weitgehend aus. Die Umhüllung des Haftstieles durch Amnion macht aus diesem die Nabelschnur. Das Uteruslumen beginnt unter Verschmelzung von Decidua capsularis und Decidua parietalis zu veröden [1]. Die Embryonen in Abbildungen a und b sind aus Gründen der Deutlichkeit stark vergrößert gezeichnet

Lakunenbildung

Parallel zur tieferen Invasion der Blastozyste nimmt der Synzytiotrophoblast vor allem am Implantationspol durch kontinuierliche Proliferation und nachfolgende synzytiale Fusion des Zytotrophoblasten an Masse zu (kompakte Periode). Ab dem späten Tag 8 pc treten im Synzytiotrophoblasten große Vakuolen auf, die schnell zu einem verzweigten Hohlraumsystem (Lakunen) konfluieren (Beginn der lakunären Periode). Zwischen den Lakunen bleiben vorwiegend radiär orientierte Pfeiler aus Synzytiotrophoblast (Trabekel) erhalten (◻ Abb. 15.1b, c). Die proliferierenden Trophoblastzellen liegen anfangs nur an der Grenze zur Blastozystenhöhle. Ab Tag 12 pc dringen sie allmählich in die Trabekel vor.

15.1.3 Primärzottenstadium (Tag 12–15 post conceptionem)

Durch Proliferation des Zytotrophoblasten in den Trabekeln werden fingerförmige Sporne der Trabekel in die Lakunen vorgetrieben (◻ Abb. 15.1d). Diese Trophoblastsporne sind die **Primärzotten.** Die zwischen ihnen verbleibenden Reste des Lakunensystems werden fortan als **intervillöser Raum** (Zotten = villi) bezeichnet. Zeitgleich eröffnet der tiefer invadierende Synzytiotrophoblast mütterliche Blutgefäße des Endometriums (die Spiralarterien = *Rr. helicini der Aa. uterinae,* die damit zu uteroplazentaren Arterien werden). Deren Blut ergießt sich nach Eröffnung direkt in den intervillösen Raum und wird über gleichfalls eröffnete endometriale Venen wieder abgeleitet. Damit beginnt die mütterliche Durchblutung der Plazenta (uteroplazentarer Kreislauf).

15.1.4 Sekundärzottenstadium (Tag 15–21 post conceptionem)

Am Tag 14 pc wandern Mesenchymzellen (extraembryonales Mesenchym) aus der Embryonalanlage aus und dringen in die Plazentaanlage vor (◻ Abb. 15.1e). Das aus Vereinigung von Trophoblast und extraembryonalem Mesenchym entstehende maternofetale Austauschgewebe wird als *Chorion* bezeichnet. Am Tag 15 pc dringen Mesenchymzellen über die Trabekel in die Primärzotten vor, höhlen sie zentral aus und es entstehen **Sekundärzotten.**

15.1.5 Tertiärzottenstadium (Tag 18 post conceptionem)

Vom 18. Tag pc an laufen in den einzelnen Wandabschnitten der implantierten Blastozyste unterschiedliche Entwicklungsprozesse ab:

- **Entwicklung am Implantationspol:** Am 18. Tag pc entstehen aus den Mesenchymzellen in den Zotten hämangiogenetische Stammzellen. Aus ihnen differenzieren sich innerhalb weniger Tage die ersten fetalen Kapillaren und in ihnen die ersten fetalen Blutkörperchen (◻ Abb. 15.1f). Die fetal vaskularisierten Zotten werden als **Tertiärzotten** bezeichnet. Die entstehenden Kapillarnetze nehmen ab Tag 28 pc über den **Haftstiel** (Mesenchymbrücke zwischen Embryo und Plazenta, Vorläufer der Nabelschnur, ◻ Abb. 15.2b) Kontakt zu **Allantoisgefäßen** aus dem Feten auf. Ab Tag 35 pc wird über diese Gefäßverbindung, die künftige **Nabelschnur,** der **fetoplazentare Kreislauf** etabliert.
- **Entwicklung am Antiimplantationspol:** In allen anderen, später implantierten Abschnitten der Blastozystenoberfläche laufen die

gleichen Entwicklungsschritte mit einigen Tagen Verzögerung ab. Dadurch entstehen zunächst an der gesamten Oberfläche der Fruchtblase Plazentazotten (Entstehung des *Chorion frondosum*). Bereits in der 4. Woche pc beginnen diese verspätet entstandenen Zotten schon wieder zu degenerieren (◘ Abb. 15.2b–d). Bis zu 12. Woche pc werden 70% der Fruchtblasenoberfläche (Durchmesser ca. 8 cm) zum zottenfreien *Chorion laeve* zurückgebildet (◘ Abb. 15.2c). Nur an ca. 30% der Oberfläche des Chorions (in der Umgebung des früheren Implantationspoles) bleiben die Plazentazotten erhalten. Dieses verbleibende Chorion frondosum stellt die eigentliche **Plazenta** dar (◘ Abb. 15.2c, d).

- **Amnionentwicklung:** Parallel zu diesen Prozessen löst sich von der Oberfläche des Embryoblasten eine mesenchymverstärkte, einschichtige Epithelblase, das Amnion (◘ Abb. 15.2a, b). Durch Sekretion von Fruchtwasser in den Spalt zwischen Embryo und Amnionepithel (Amnionhöhle) entfernt sich das Amnion weiter vom Feten. Es legt sich schließlich der Oberfläche von *Chorion laeve* und Plazenta sowie der Oberfläche des Haftstieles an, der damit zur Nabelschnur wird (◘ Abb. 15.2c, d). Die aus Vereinigung von Amnion und Chorion laeve hervorgehende Wände der Fruchtblase werden als Eihäute bezeichnet.

In Kürze

Stadien der Plazentaentwicklung:
- Implantation der Blastozyste 6–7 Tage nach der Befruchtung.
- Beginn der mütterlichen Durchblutung durch Entstehung blutgefüllter Hohlräume (anfangs Lakunen, später intervillöser Raum) im Trophoblasten.
- Primärzotten: erste Anlage von Plazentazotten, die zwischen den mütterlichen Blutlakunen liegen und aus baumartig verzweigten Trophoblastbalken bestehen.
- Sekundärzotten: Einwachsen eines bindegewebigen Kernes vom Embryo in die Primärzotten.
- Tertiärzotten: Differenzierung fetaler Blutgefäße im bindegewebigen Zottenkern ab Tag 18. Damit kann der Stofftransport zwischen mütterlichem und kindlichem Blut aufgenommen werden.

Differenzierung in Plazenta und Eihäute:
- Entstehung der Plazenta: Massive Bildung von Zottenbäumen an einer Seite der Fruchtblase.
- Entstehung der Eihäute: Rückbildung der Zotten an der gegenüberliegenden Seite der Fruchtblase.

15.2 Aufbau

Baubestandteile der Plazenta
- Chorionplatte
- Zottenbäume
- intervillöser Raum
- Basalplatte
- Plazentabett

Mit Rückbildung der Zotten am Antiimplantationspol und Entstehung des zottenfreien Chorion laeve im 4. Monat der Schwangerschaft erhält die Plazenta ihre definitive scheibenförmige (diskoidale) Gestalt (◘ Abb. 15.3a). Plazenta zum Zeitpunkt der Geburt:
- Durchmesser ca. 20 cm, Dicke 3–4 cm
- Gewicht je nach Blutgehalt 350–700 g.

15.2.1 Chorionplatte

Sie stellt die fetale Oberfläche des Organs dar (◘ Abb. 15.3b, c). Durch den Überzug mit Amnionepithel erscheint sie glänzend. An ihr inseriert zentral oder exzentrisch die Nabelschnur. Die Äste der Nabelschnurgefäße verzweigen sternförmig in der Chorionplatte. Am Plazentarand geht die Chorionplatte in das Chorion laeve über.

15.2.2 Basalplatte

Sie liegt der Chorionplatte gegenüber und stellt den Boden der Plazenta und die Grenze zur Uteruswand dar (◘ Abb. 15.3a, b). Sie besteht aus einer mütterlich-fetalen Mischung von Geweben (◘ Abb. 15.3d). Da die maternale Oberfläche der Basalplatte erst unter der Geburt (durch Rissbildung) vom Plazentabett gelöst wird, ist sie unregelmäßig strukturiert. Diese **Lösungsfläche** wird von einem System unregelmäßiger Furchen durchzogen. Sie begrenzen 10–30 Plazentalappen *(Kotyledonen)*, die als mütterliche Durchblutungseinheiten jeweils von einer oder wenigen mütterlichen Spiralarterien *(R. helicinus)* (◘ Abb. 15.3b) versorgt werden. Im Inneren der Plazenta entsprechen diese Furchen flachen Vorwölbungen der Basalplatte in den intervillösen Raum, die als Septen bezeichnet werden.

15.2.3 Intervillöser Raum

Der intervillöse Raum ist der Spaltraum zwischen Chorion- und Basalplatte (◘ Abb. 15.3b). In ihm zirkuliert das mütterliche Blut (◘ Abb. 15.4). Da der intervillöse Raum durch die Zottenbäume auf einen im Mittel 30 μm weiten Spalt eingeengt wird, ist er makroskopisch kaum als Hohlraum erkennbar.

! Das mütterliche Blut im intervillösen Raum verlässt mit Eintritt in die Plazenta die mütterlichen Blutgefäße und zirkuliert im intervillösen Raum frei zwischen den Plazentazotten im direkten Kontakt mit deren fetalen Trophoblastüberzug.

15.2.4 Zottenbäume

Von der Chorionplatte hängen 30–50 baumartig verzweigte Zottenbäume mit jeweils 1–4 cm Durchmesser in den blutgefüllten intervillösen Raum. Im Zotteninneren befinden sich fetale Blutgefäße, die periphere Äste der Nabelschnurgefäße sind (◘ Abb. 15.3b und 17.5). Durch die Trophoblastoberfläche der Zotten erfolgt der Stoffaustausch zwischen mütterlichem und kindlichem Blut.

15.2.5 Plazentabett

Die Basalplatte setzt sich als Plazentabett in die Uteruswand fort. Es ist derjenige Teil des uteroplazentaren Grenzgebietes, der nach Lösung der Plazenta vorerst in der Gebärmutter verbleibt (◘ Abb. 15.1f, 15.3b und 17.4). Es besteht, wie die Basalplatte, aus mütterlichen und kindlichen Geweben. In den Tagen nach der Geburt wird dieses Gewebe unter Blutung *(Lochien)* aus der Gebärmutter ausgestoßen und danach durch neues Endometrium ersetzt.

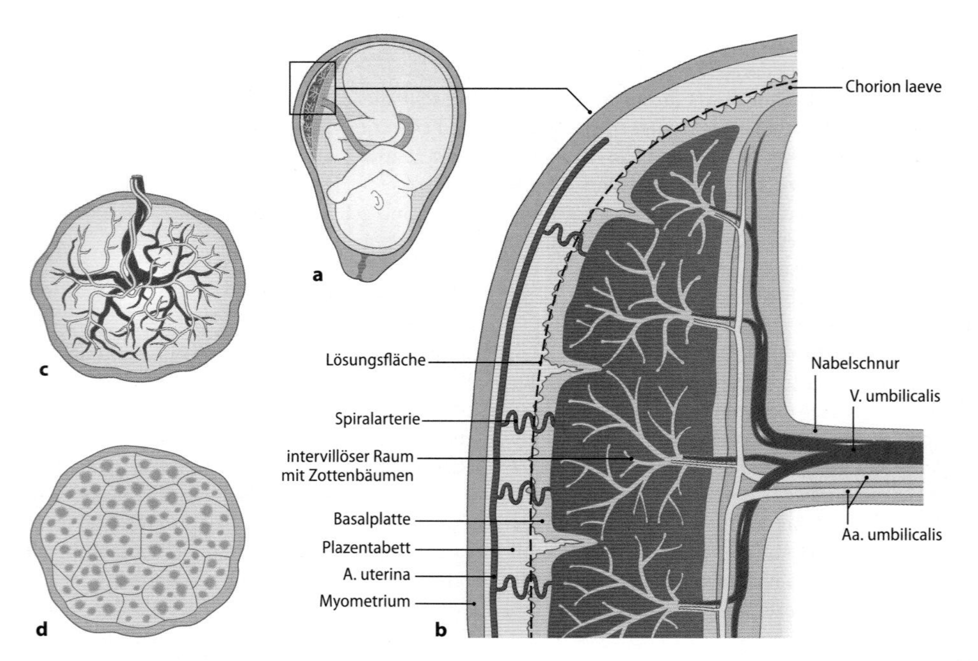

Abb. 15.3a–d. Schema der reifen Plazenta. Mütterliche Gewebe rot, fetale Gewebe grau-schwarz, Trophoblast blau. **a** Lage der Plazenta. **b** Sektor des Organs mit 6 Zottenbäumen. **c** Aufsicht auf die fetale Oberfläche der geborenen menschlichen Plazenta mit Verzweigungen der Nabelschnurgefäße in der Chorionplatte. **d** Basalansicht der geborenen Plazenta mit Gliederung der Basalplatte in Plazentalappen (Kotyledonen, dunkelblau umrandet). Beachte die weitgehend zufällige Mischung der Basalplatte aus mütterlichen (rot) und fetal-trophoblastären Anteilen (blau) [modifiziert nach 2]

15.2.6 Eihäute

Am Plazentarand verschmelzen Chorionplatte und Basalplatte unter Degeneration von Zotten und intervillösem Raum zum *Chorion laeve* (Abb. 15.2d und 15.3b). Das Chorion laeve besteht aus Bindegewebe, Fibrinoid und extravillösen Trophoblastzellen. Es ist breitflächig mit der *Decidua capsularis* verwachsen (Abb. 15.2d). Zur Fruchthöhle hin ist dem Chorion laeve als zweite Eihaut das dünne *Amnion* (Amnionepithel und Bindegewebe) locker angelagert (Abb. 15.2d). Die *Amnionhöhle* enthält am Geburtstermin ca. 1 Liter Fruchtwasser. Es wird durch Sekretion des Amnions und Urinieren des Feten gebildet. Das Fruchtwasser wird durch Resorption vom Amnionepithel und durch Schlucken vom Feten wieder aufgenommen und somit kontinuierlich rezirkuliert.

15.2 Zunahme der Fruchtwassermenge

Eine Zunahme der Fruchtwassermenge (Hydramnion) kann durch einen Verschluss der Speiseröhre des Feten (Ösophagusatresie) entstehen, da der Fetus kein Fruchtwasser mehr schlucken kann.

15.2.7 Nabelschnur

Die Nabelschnur verbindet Chorionplatte und Fetus miteinander und ist am Geburtstermin im Mittel 50 cm lang. Sie enthält 2 *Aa. umbilicales*, die spiralig um eine zentral *gelegene V. umbilicalis* gewunden sind (Abb. 15.3c). Diese Nabelgefäße sind in gallertiges Bindegewebe eingebettet. Die Oberfläche der Nabelschnur wird von Amnionepithel bedeckt. Zusätzlich kann sie rudimentäre Reste des *Ductus omphaloentericus* (Dottergang) und der *Allantois* (Urharnblase) enthalten.

In Kürze

Bestandteile der Plazenta sind:
- Chorionplatte (der »Deckel« über dem intervillösen Raum), an der die Nabelschnur mit den fetalen Gefäßen ansetzt.
- Zottenbäume, die vom mütterlichen Blut im intervillösen Raum umspült werden.
- Basalplatte: Bildet den Boden des intervillösen Raums.
- Plazentabett, das die maternofetale Gewebemischung an der Grenze von Uterus zu Plazenta umfasst.

15.3 Histologie

15.3.1 Bauplan der Plazentazotten

 Einführung

Die Plazentazotten haben einen bindegewebigen Kern, der die fetalen Blutgefäße enthält. Ihre epitheliale Oberfläche aus Trophoblast wird von mütterlichem Blut umspült. Der Austausch von Atemgasen und Nährstoffen zwischen beiden Kreisläufen wird vom Trophoblasten kontrolliert.

Gewebebestandteile der Plazentazotten von außen nach innen
- Synzytiotrophoblast
- Zytotrophoblast (Langhans-Zellen)
- fetales Zottenbindegewebe
- Makrophagen (Hofbauer-Zellen)
- fetale Blutgefäße

Alle Tertiärzotten zeigen unabhängig vom Schwangerschaftstadium und Zottenkaliber den gleichen Bauplan (◻ Abb. 15.5):

- Die Zottenoberfläche wird von einem ein- bis zweischichtigen **Zottenepithel** gebildet, dem Zottentrophoblasten, der die Grenze zum mütterlichen Blut darstellt. Es besteht aus einer oberflächlichen Lage **Synzytiotrophoblast** und einer darunter gelegenen unvollständigen Lage von Trophoblastzellen **(Zytotrophoblast)**.
- Der Zottentrophoblast umhüllt den bindegewebigen Kern der Zotten, das **Zottenstroma.** Es besteht aus **Zottenbindegewebe** mit **Fibroblasten, Makrophagen** und **fetalen Blutgefäßen**.

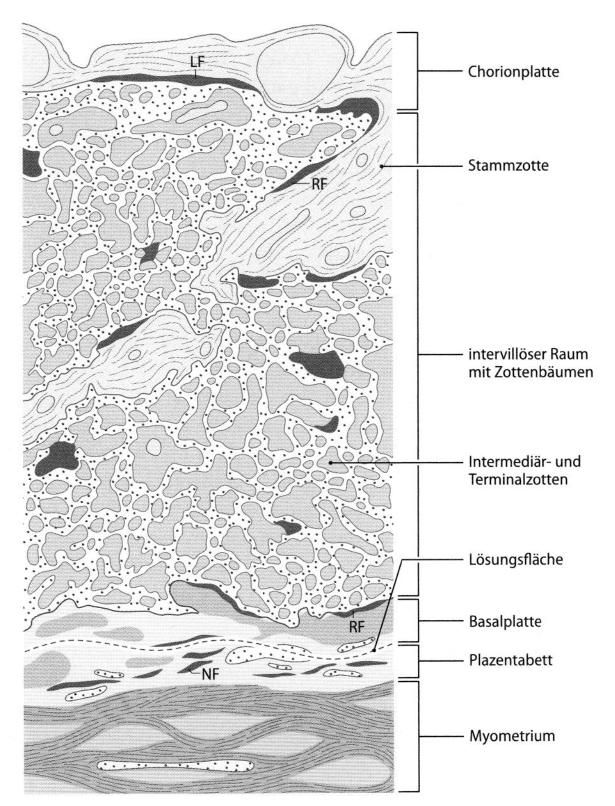

◻ **Abb. 15.4. Histologischer Schnitt einer fast reifen Plazenta im Uterus.** Von der Mutter abstammende Gewebe rot. Vom Feten abstammende Gewebe grau-schwarz, Trophoblast blau. Fibrinoid ist wegen seiner gemischt maternofetalen Herkunft violett dargestellt [1]
LF = Langhans-Fibrinoid; RF = Rohr-Fibrinoid; NF = Nitabuch-Fibrinoid

Synzytiotrophoblast

Der Synzytiotrophoblast ist ein einziges, ununterbrochenes, vielkerniges Synzytium, mit > 10 m^2 Oberfläche, das alle Zotten überzieht (◻ Abb. 15.2b). Er ist die entscheidende Barriere zwischen mütterlichem und kindlichen Blut und kontrolliert alle maternofetalen Transportvorgänge. Zusätzlich finden die meisten metabolischen und endokrinen Leistungen der Plazenta im Synzytiotrophoblasten statt. Je nach lokalen Transporterfordernissen besteht er aus 1–2 µm dicken, kernlosen synzytiokapillären Membranen, die sich über fetale Kapillaren spannen (Diffusion von Atemgasen und Wasser), und aus dicken kernhaltigen Abschnitten (aktiver Transport und Synthese-Leistungen) (◻ Abb. 15.5). Lokal auftretende Defekte im Synzytiotrophoblasten werden durch Blutgerinnsel (Fibrinoid) geschlossen (◻ Abb. 15.4). Der Synzytiotrophoblast ist genetisch weitgehend tot und zeigt keine DNA-Synthese und kaum noch Transkription von Genen (RNA-Synthese). Für sein Wachstum und den Erhalt seiner Funktionstüchtigkeit ist er auf die kontinuierliche synzytiale Fusion seiner Stammzellen, den Zottenzytotrophoblasten, angewiesen. Auf diese Weise gelangen auch die laufend benötigte mRNA und Proteine in das Synzytium. **Synzytialknoten** sind pilzförmig in den intervillösen Raum vorspringende Ansammlungen von Synzytiumkernen (◻ Abb. 15.5). In der Literatur werden sie zum Teil immer noch als Proliferationsknoten oder Synzytiumssprossen bezeichnet, das sind irreführende Begriffe, da sie mit Proliferation nichts zu tun haben. Dort werden die durch synzytiale Fusion in großer Zahl in das Synzytium gelangten genetisch toten Kerne angehäuft und durch Apoptose (programmierter Zelltod) in die mütterliche Zirkulation abgeschnürt. Täglich werden auf diese Weise bis zu 3 g Trophoblast in das mütterliche Blut abgegeben und in der Lunge durch Phagozytose eliminiert.

Zytotrophoblast (Langerhans-Zellen)

Langerhans-Zellen sind die Stammzellen des Synzytiotrophoblasten der Plazentazotten. Sie liegen zwischen Synzytium und Zottenstroma auf der Basalmembran des Trophoblasten (◻ Abb. 15.5). Ihre **Hauptfunktion** ist die **Proliferation** mit anschließender Differenzierung (Synthese von mRNA, Proteinen und Zellorganellen). Die hochdifferenzierten Langhans-Zellen **fusionieren synzytial** mit dem Synzytiotrophoblasten und »transplantieren« so mRNA, Proteine und Zellorganellen in das Synzytium. Auf diese Weise wächst der Synzytiotrophoblast ohne eigene proliferative Aktivität und wird trotz weitgehend fehlender Transkription für 9 Monate als höchst effektive Stoffwechselbarriere zwischen Mutter und Kind am Leben erhalten.

Die relative **Menge an Zottenzytotrophoblast** nimmt im Laufe der Schwangerschaft ab. Während in den ersten 3 Monaten noch eine geschlossene Lage Zytotrophoblast zwischen Synzytiotrophoblast und Trophoblastbasalmembran liegt, ist am Geburtstermin nur noch an 10–20% der Zottenoberfläche Zytotrophoblast unter dem Synzytium zu finden.

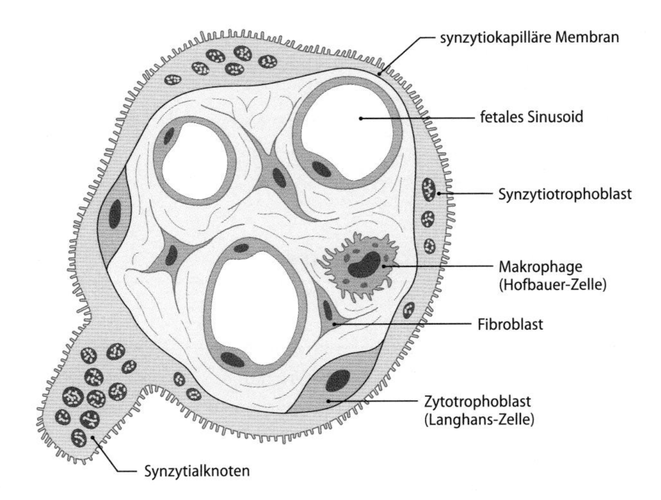

◻ **Abb. 15.5.** Querschnitt durch eine Terminalzotte am Ende der Schwangerschaft. Trophoblast blau. Bestandteile des Zottenstromas grau-schwarz: [1]

Zottenbindegewebe

Das Zottenbindegewebe ist lockeres faseriges Bindegewebe, in Stammzotten auch straffes Bindegewebe. Es besteht überwiegend aus **Fibroblasten,** die die für die mechanische Stabilität der Zotten wichtigen Kollagenfibrillen produzieren. In Stammzotten kommen zudem Myofibroblasten vor, die für die Erektion der Zotten im Blutstrom und für die Regulation der Weite des intervillösen Raumes (mütterliche Durchblutungsregulation) wichtig sind.

Makrophagen (Hofbauer-Zellen)

Die Hofbauer-Zellen des Zottenstromas (Abb. 15.5) sind Makrophagen mit phagozytierender und parakriner Aktivität. Sie kontrollieren als zweite mobile Barriere unter dem Synzytiotrophoblasten den Proteintransport zwischen mütterlichem und kindlichem Blut. In der Regel können nur Immunglobuline (IgG) ungehindert das kindliche Blut erreichen. Außerdem sezernieren sie viele Zytokine für die Steuerung der Zottenreifung, der Trophoblastdifferenzierung und der fetoplazentaren Gefäßbildung.

Fetale Blutgefäße

Je nach Zottentyp kommen im Zottenstroma unterschiedliche Arten von fetalen Gefäßen vor. In den Stammzotten sind dies Arterien, Arteriolen, Venulen und Venen. In den Intermediärzotten, verzweigen sich die Stammgefäße zu kleinsten Arteriolen und Venulen und geben die ersten Kapillaren ab. In den peripher im Zottenbaum gelegenen Terminalzotten liegen nur noch Kapillarschleifen vor. Sie bestehen aus nichtfenestriertem Endothel, das erst in den letzten Schwangerschaftsmonaten eine Basalmembran bildet. Lokal sind sie zwecks Widerstandsreduktion zu weiten **Sinusoiden** (bis 40 µm weit) dilatiert.

In Kürze

Synzytiotrophoblast:
- äußerste Hülle der Plazentazotten
- echtes, kontinuierliches Synzytium ohne laterale Zellgrenzen
- aktiv selektierende Transportbarriere zwischen mütterlichem und kindlichem Blut.

Zytotrophoblastzellen (Langhans-Zellen) sind:
- proliferierende Stammzellen des genetischen toten Synzytiums.

Das **Zottenstroma** enthält:
- bindegewebigen Kern der Zotten
- fetale Blutgefäße
- Hofbauer-Zellen (phagozytierende und parakrin aktive Makrophagen).

15.3.2 Typen von Plazentazotten

 Einführung

Die reife Plazenta enthält 30–50 Zottenbäume. Nach topographischen und strukturellen Gesichtspunkten werden sie in verschiedene Zottentypen eingeteilt.

Wichtige Zottentypen
- Stammzotten
- Intermediärzotten
- Terminalzotten

Stammzotten

Stammzotten sind die **zentralen Stämme** der Zottenbäume. Sie haben Durchmesser von 100–2000 µm. Bei ihren fetalen Gefäßen handelt es sich vorwiegend um Arterien und Venen sowie um größere Arteriolen und Venulen. Da maternofetaler Stoffaustausch in Stammzotten kaum stattfindet, ist der Trophoblast an den meisten Stellen degeneriert und durch Fibrinoid (mütterliches Blut-Fibrin) (Abb. 15.4) ersetzt, das die Zotten zusammen mit dem straffen kollagenen Bindegewebe im Zottenstroma mechanisch versteift. **Haftzotten** sind diejenigen Stammzotten, die unter völliger Durchquerung des intervillösen Raums an der Basalplatte verankert sind (Abb. 15.3b). Auch sie dienen der **mechanischen Stabilität** des Organs.

Intermediärzotten

Intermediärzotten sind nur wenig fibrosierte, meist schlanke Zotten mit 100–200 µm Kaliber. Ihrer intermediären Lage im Zottenbaum entsprechend sind sie **Wachstumszonen** für Stammzotten (Frühschwangerschaft) und Bildungsorte für die Terminalzotten (Spätschwangerschaft).

Terminalzotten

Sie sind die periphersten Verzweigungen der Zottenbäume, haben ein Kaliber zwischen 60 und 80 µm und machen ca. 50 Vol% der reifen Zottenbäume aus. Sie besitzen ca. 50% fetalen Gefäßlumen-Anteil und den im Mittel dünnsten Trophoblastüberzug (viele synzytiokapilläre Membranen). Terminalzotten sind der Hauptort für den **materno-fetalen** und **feto-maternalen Transport**.

In Kürze

Je nach Lage im Zottenbaum unterscheidet man:
- **Stammzotten** (enthalten fetale Arterien und Venen)
- **Intermediärzotten** (mit Arteriolen und Venolen) und
- **Terminalzotten** (mit Kapillaren für den Stoffaustausch).

15.3.3 Extravillöser Trophoblast und Dezidua

 Einführung

Außerhalb der Plazentazotten kommen mütterliche Zellen (Deziduazellen) und fetale Zellen (extravillöser Trophoblast) in bunter Mischung vor (Abb. 15.1e, f).

Zellen des maternofetalen Plazentabettes
- fetal: invasive, extravillöse Trophoblastzellen
- maternal: Dezidua

Extravillöse Trophoblastzellen

Alle Trophoblastzellen außerhalb der Zottenbäume, z.B. in Chorionplatte, Basalplatte, Plazentabett und Chorion laeve werden als extravillöse Trophoblastzellen zusammengefasst. Dies sind große, polygonale, meist basophile Zellen, die in Gruppen in eine selbstsezernierte extrazelluläre Matrix (Matrixtyp-Fibrinoid) eingebettet sind. Es handelt sich um invasive Zellen, die durch proteolytische Aktivität tief in das mütterliche Wirtsgewebe vordringen. Mit Hilfe ihrer extrazellulären Matrix (ECM), an die sie und die mütterlichen Deziduazellen mit ECM-Rezeptoren (Integrinen) binden, garantieren sie die Verankerung der Plazenta in der Uteruswand.

Die invasiven extravillösen Trophoblastzellen infiltrieren auch die Wände der mütterlichen uteroplazentaren Arterien, ersetzen das mütterliche Endothel und stellen die Arterien maximal weit. Damit steigern sie die Durchblutung der Plazenta und **entziehen der Mutter die Durchblutungskontrolle** über die Plazenta.

15.3 Intrauterine Wachstumsretardierung durch mangelhafte Trophoblastinvasion

In 10% aller Schwangerschaften werden als Folge einer mangelhaften Trophoblastinvasion die uteroplazentaren Arterien nicht ausreichend weit gestellt und die Plazenta damit unzureichend durchblutet. Als Folge kommt es zum mangelhaften Wachstum des Feten (intrauterine Wachstumretardierung) und in der Hälfte dieser Fälle zusätzlich durch eine Schädigung des Trophoblasten zu einer Präeklampsie (Gestose).

Dezidua

Dies ist eine bunte Mischung von mütterlichen (endometrialen) Bindegewebszellen und ihren Derivaten. Hierzu zählen endometriale Stromazellen und viele freie Bindegewebszellen, wie Makrophagen und Lymphozyten. Viele der endometrialen Stromazellen (■ Abb. 15.1e) werden im Laufe der Schwangerschaft durch gewaltige Volumenzunahme in **Deziduazellen** umgewandelt. Dies sind große, wenig basophile, spindelförmige Zellen, die von einer Basalmembran umgeben sind. Sie sind **endokrin aktiv** (z.B. Prolaktin) und regulieren zusammen mit den freien Bindegeweszellen die Invasivität der extravillösen Trophoblastzellen.

In Kürze

Extravillöse Trophoblastzellen invadieren (durchdringen) von der Plazenta die mütterlichen Gewebe, verankern die Plazenta im Uterus und steigern die mütterliche Durchblutung der Plazenta durch Erweiterung der uteroplazentaren Arterien.

Mütterliche Deziduazellen kontrollieren die Trophoblastinvasion.

15.3.4 Fibrinoid

Einführung

Sonderformen extrazellulärer Matrix der Plazenta sind das Fibrin und Matrixtyp-Fibrinoid.

Fibrinoid ist eine plazentatypische, **homogen anfärbbare, azidophile extrazelluläre Matrix.** Es besteht aus 2 unterschiedlichen Komponenten:

- **Fibrin (oder Fibrintyp-Fibrinoid),** das aus dem mütterlichen Blut ausgefällt wird und meist als Ersatz für degenerierten Synzytiotrophoblasten an Zottenoberflächen fungiert (■ Abb. 15.4).
- **Matrixtyp-Fibrinoid** (aus ECM-Molekülen): Das ist ein Sekretionsprodukt des extravillösen Trophoblasten, in das die sezernierenden Zellen eingebettet werden.

Da beide nur mit speziellen histologischen Techniken zu unterscheiden sind, wird Fibrinoid meist nur nach seiner Lokalisation benannt.

- **Langhans-Fibrinoid** bedeckt die intervillöse Unterseite der Chorionplatte und ist überwiegend Fibrintyp-Fibrinoid (■ Abb. 15.4).
- **Rohr-Fibrinoid** liegt lokal der intervillösen Oberfläche von Basalplatte und Zotten auf (■ Abb. 15.4) und ist ebenfalls meist ein Fibrintyp-Fibrinoid. Es wird überall dort aus dem mütterlichen Blut als maternofetale Ersatzbarriere ausgefällt, wo der Synzytiotrophoblast defekt wird.
- **Nitabuch-Fibrinoid** dominiert um extravillöse Trophoblastzellen und an der Grenze zur Dezidua (■ Abb. 15.4) und besteht überwiegend aus Matrixtyp-Fibrinoid.

Funktionen des Fibrinoids

Das Fibrinoid hat folgenden Funktionen:

- mechanische Verstärkung der Stützstrukturen der Plazenta (Chorionplatte, Stammzotten, Basalplatte)
- Ersatzfilter zwischen Mutter und Kind, dort wo der Synzytiotrophoblast defekt ist
- dient als »Klebstoff«, mit dem invasive Trophoblastzellen die Plazenta in der mütterlichen Dezidua verankern.

In Kürze

Das Fibrinoid der Plazenta besteht aus 2 verschiedenen Komponenten:

- Fibrin, das aus dem mütterlichen Blut ausfällt.
- Matrixtyp-Fibrinoid, das vom Trophoblasten sezerniert wird.

Beide haben vorwiegend mechanische Funktionen.

15.4 Funktionen der Plazenta

Einführung

Während der Schwangerschaft übernimmt die Plazenta fast alle Aufgaben der noch nicht funktionstüchtigen embryonalen und fetalen Organe:

- Gasaustausch für die Lunge
- Exkretionsaufgaben, Wasserhaushalt und pH-Regulation für die Niere
- Resorptionsaufgaben des Magen-Darm-Kanals
- innersekretorische Leistungen der meisten endokrinen Drüsen
- metabolische Leistungen der Leber
- Hämatopoese, bevor das fetale Knochenmark diese übernimmt (nur Frühschwangerschaft)
- fetale Wärmeregulation anstelle der Haut.

- maternofetaler Stoffaustausch
- Hormonproduktion
- Stärkung der Immuntoleranz
- Blutbildung

15.4.1 Maternofetaler und fetomaternaler Transport

Der Transport zwischen Mutter und Fetus dient der fetalen Aufnahme von Atemgasen und Nährstoffen, aber auch der Exkretion von fetalen Ausscheidungsprodukten (CO_2, Laktat, H^+-Ionen, Harnstoff, Harnsäure, Milchsäure). Der Transport wird vorwiegend durch die Eigenschaften des Synzytiotrophoblasten bestimmt, der eine nur lokal durch Fibrinoid unterbrochene Barriere ohne laterale Interzellularspalten darstellt.

- Per **Diffusion** (vom Ort der höheren zum Ort der niederen Konzentration) werden Atemgase (CO_2, H_2O), Wasser, und lipophile Substanzen wie Harnstoff, Steroidhormone und viele Vitamine transportiert.
- Die **erleichterte Diffusion** unter energetisch neutraler Zuhilfenahme von Transporter-Molekülen gilt z.B. für Glucose, Milchsäure und einige Aminosäuren.
- Durch **aktiven Transport**, ggf. auch gegen einen Konzentrationsgradienten, werden viele Aminosäuren, Ionen und wasserlösliche Vitamine transportiert.

- Mütterliche Proteine werden in der Regel vesikulär per **Endozytose** aufgenommen und im Synzytiotrophoblasten zu fetalen Proteinen umgebaut.

Wegen Unreife seines Immunsystems produziert das Kind intrauterin und in den ersten postpartalen Monaten keine Antikörper. Stattdessen werden (als einziges mütterliches Protein) Immunglobuline (IgG) durch spezifische Rezeptoren intakt durch den Trophoblasten in das kindliche Blut transportiert. Das Kind erhält dadurch für ca. 1 Jahr passive Immunität gegen alle Krankheiten, gegen die auch die Mutter immun ist.

15.4.2 Endokrine Funktionen

Die Plazenta besitzt keine Nerven und ist deswegen für die Kommunikation mit der Mutter auf endokrine Interaktionen angewiesen. Folgende von der Plazenta sezernierte Hormone sind wichtig:

- **Humanes Choriongonadotropin (hCG)** wird im Trophoblasten gebildet und kompensiert nach dem 28. Zyklustag der Wegfall der hypophysären Gonadotropine. Es erhält das Corpus luteum und verhindert die am 28. Zyklustag zu erwartende Regelblutung. Der Nachweis seiner Sekretion wird als Schwangerschaftstest genutzt.
- **Progesteron** und **Östrogene** werden nicht nur im Corpus luteum gebildet sondern mit zunehmender Schwangerschaftsdauer auch im Trophoblasten. Sie sind für die Dezidualisierung des Endometriums, für das Größenwachstum des Uterus und seine gesteigerte Durchblutung wichtig.
- **Humanes Plazenta-Laktogen (hPL)** ist das in den größten Mengen (> 1 g/Tag) sezernierte Plazentahormon. Seine funktionelle Rolle ist unklar.

15.4.3 Immuntoleranz in der Schwangerschaft

Plazenta und Fetus sind von der Mutter genetisch partiell unterschiedlich (Semi-Allotransplantate). Dennoch unterbleibt die zu erwartende Abstoßungsreaktion in den meisten Fällen. Hierfür wird eine Summation von Faktoren verantwortlich gemacht:

- immunsuppressive Wirkung der plazentaren Hormone
- gesteigerte Immuntoleranz der Mutter durch langsam einschleichende Konfrontation mit den kindlichen Antigenen
- sorgfältige **Trennung der beiden Organismen** durch Synzytiotrophoblast und Fibrinoid
- Expression von **nichtpolymorphen MHC-I-Molekülen** (z.B. HLA-G) durch die fetalen Trophoblastzellen.

15.4.4 Blutbildung

Das zur Füllung des fetalen Gefäßsystems benötigte Blut wird anfangs in der Plazenta selbst gebildet. Ab dem 18. Tag pc differenziert es sich aus einzelnen hämatopoetischen Stammzellen in den Zotten (»megaloblastische Periode« der Blutbildung); wenig später beteiligen sich auch Stammzellen des in der Nabelschnur gelegenen Restes des Dottersackes. Erst ab dem 3. Schwangerschaftsmonat wird die Hämatopoese vom Feten selbst übernommen. Zuerst von Leber und Milz (»hepatolienale Periode«); im letzten Drittel der Schwangerschaft zunehmend vom Knochenmark (»medulläre Periode«).

In Kürze

Wesentliche Funktionen der Plazenta sind unter anderem:

- **Maternofetaler Transport:** Der Synzytiotrophoblast stellt dabei eine aktive Barriere dar, die selektierend, ab- und wieder aufbauend in den Transport eingreift.
- **Fetomaternale Transport:** Ausscheidung fetaler Stoffwechselprodukte wie Harnstoff, Harnsäure, Laktat, H-Ionen.
- **Endokrine Funktionen:** Sicherung der Schwangerschaft durch Synthese und Sekretion zahlreicher Hormone wie u.a. hCG, hPL, Östrogene und Progesteron.
- **Immunfunktionen:** Gewährleistung der Toleranz des Feten durch das mütterliche Immunsystem.
- **Blutbildung** in der Frühschwangerschaft.

16 Haut und Hautanhangsorgane

J. Reifenberger, T. Ruzicka

16.1 Kutis und Subkutis

 **Einführung**

Die Hautdecke *(Integumentum commune)* bildet die äußere Körperoberfläche und ist somit die physikalische Barriere des Organismus zur Außenwelt. Ihre Oberfläche beträgt beim Erwachsenen in Abhängigkeit von Körpergröße und -gewicht 1,5–2 m².

16.1.1 Aufbau und Funktion

Aufbau

- Haut *(Cutis)*
  - epitheliale Oberhaut *(Epidermis)*
  - innere Lederhaut *(Dermis, Corium)*
    - Bindegewebeschicht *(Stratum papillare)*
    - straffe Schicht *(Stratum reticulare)*
- Unterhaut (Subkutis, *Tela subcutanea*)

Die Hautdecke ist aus aus 2 Anteilen aufgebaut: der Haut in engerem Sinne *(Cutis)* und der Unterhaut oder Subkutis *(Tela subcutanea)*. Die Kutis wiederum gliedert sich in eine äußere epitheliale Oberhaut *(Epidermis)* und eine innere bindegewebige Schicht, die Lederhaut *(Dermis, Corium)*. Die *Dermis* besteht aus einer oberen lockeren Bindegewebeschicht (*Stratum papillare*), die Gefäße und Nervenfortsätze beherbergt, und einer tiefen, straffen Schicht (*Stratum reticulare*), die der Haut die mechanische Festigkeit verleiht. Die Subkutis besteht aus Fettgewebe, welches von Bindegewebezügen läppchenartig unterteilt und hierdurch an tieferen Strukturen wie Faszien und Periost verankert wird (◘ Abb. 16.1).

Als äußere Begrenzung des Organismus kommen der Haut sowohl Sinnes- als auch Schutzfunktionen zu. Die Sinnesreize werden durch verschiedene Rezeptoren für Wärme-, Kälte- und Schmerzreize und mechanische Reize vermittelt. Die Schutzfunktionen sind komplex und beruhen auf einem Zusammenspiel verschiedener Strukturen.

16.1.2 Epidermis

  **Einführung**

Die Epidermis ist ein mehrschichtiges verhorntes Plattenepithel ektodermaler Herkunft, das einer ständigen Erneuerung unterworfen ist. Sie besteht zu rund 90% aus Keratinozyten. Dazwischen sind Melanozyten, Langerhans- und Merkel-Zellen eingestreut.

Aufbau

Die Keratinozyten entstehen durch Teilung in der Basalschicht und durchlaufen während ihrer Wanderung zur Hautoberfläche streng regulierte Differenzierungsvorgänge. Am Ende ihres Weges sterben sie ab, wandeln sich in kernlose Korneozyten um, verbacken mittels einer zementartigen Kittsubstanz zu Lamellen und bilden die funktionell wichtige Hornschicht (Sitz der Barrierefunktion). Die Abgrenzung der Epidermis zur Dermis bildet die Basalmembran. Diese Zone wird dermoepidermale Verbindungszone genannt und verläuft wellenartig (verbesserte Haftung durch Vergrößerung der Oberfläche und Reservekapazität bei Dehnung). Die Einstülpungen der Epidermis in die Dermis werden Retezapfen genannt, die dazwischen liegenden Ausstülpungen der Dermis dermale Papillen *(Papillae)*.

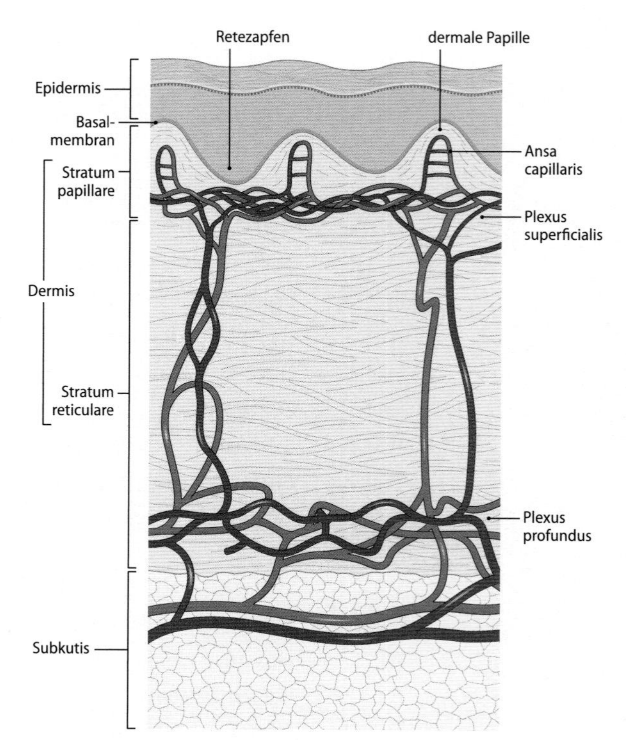

◘ **Abb. 16.1.** Schnitt durch die Haut und Unterhaut mit Darstellung des Gefäßsystems

In der Epidermis wird in 4 Schichten mit unterschiedlich differenzierten Zellen unterteilt (◘ Abb. 16.2):

- **Stratum basale:** Der Basalmembran sitzt das einschichtige aus hochprismatischen Zellen bestehende Stratum basale, die Matrixschicht, auf. Es beherbergt die Zellen, die noch zur Zellteilung fähig sind und dadurch die ständige Erneuerung der Epidermis ermöglichen.
- **Stratum spinosum:** Die **Stachelzellschicht** folgt auf dem Stratum basale und besteht aus 2–5 Zelllagen. Die polygonalen Zellen dieser Schicht sind größer und lassen eine allmähliche horizontale Umorientierung der Zellachse erkennen. Sie sind durch zahlreiche Desmosomen (*Maculae adhaerentes,* Haftplättchen) und Adhäsionskontakte *(Zonula adhaerentes)* miteinander verbunden. Die Desmosomen tragen die Hauptlast der Zelladhäsion. Ihre transmembranen Verankerungsproteine im Bereich des Interzellularraums sind aus der Familie der Desmocolline und Desmogleine. Deren intrazellulärer Anteil ist dabei mit dem Plaque-Protein Plakoglobin verankert. An der zytoplasmatischen Seite der Desmosomen sind die Keratinfilamente, die hauptsächlichen epidermalen Strukturproteine, verankert. Die Keratinfilamente binden dabei an die Polypeptide Desmoplakin I und II. Bei den Adhäsionskontakten sind an ihrer zytoplasmatischen Seite die Aktinfilamente durch Bindung an α-Catenin verankert. Die Verbindung zwischen zwei gegenüberliegenden Adhäsionskontakten wird von den Cadherinen gebildet, die mit ihrer intrazellulären Domainen an β-Catenin und Plakoglobin binden.

  Bei Erweiterung der Interzellularräume (z.B. durch Schrumpfung des Zellleibs während der histologischen Gewebebehandlung) treten diese Verankerungsstellen deutlich hervor; die Zellen scheinen mit Stacheln besetzt zu sein (namensgebend). Im oberen Stratum spinosum treten Odland-Körperchen (Lamellenkörperchen) auf. Es handelt sich hierbei um kleine, im Golgi-Apparat gebildete Zellorganellen, die Lipide und Enzyme enthalten. Im

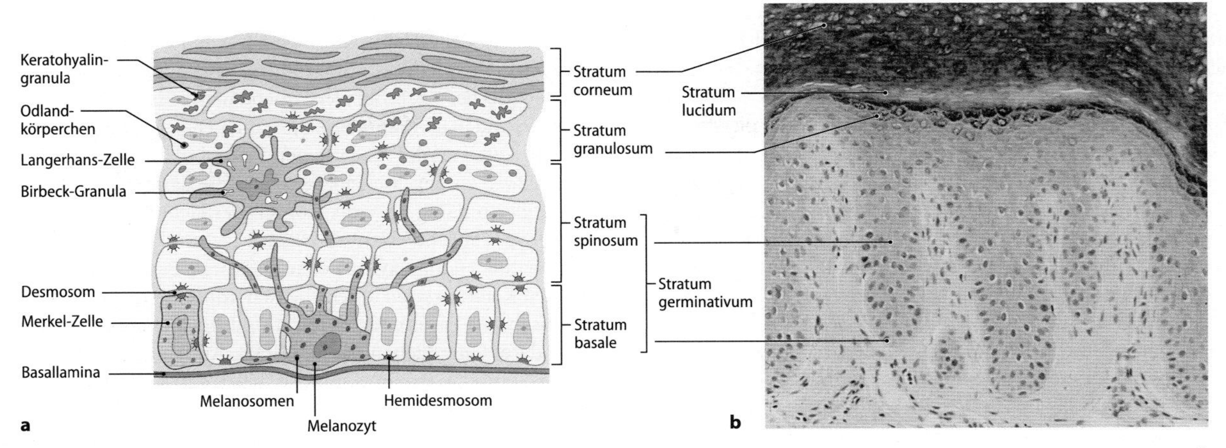

Abb. 16.2a. b. Epidermis. **a** Schematische Darstellung der Zellen und Schichten. **b** Histologischer Schnitt durch die Epidermis und das Stratum papillare an der Handinnenfläche

Stratum granulosum werden sie mittels Exozytose in den Interzellularraum ausgestoßen und bilden dort eine undurchlässige zementartige Kittsubstanz, das Barrierelipid. Stratum basale und Stratum spinosum werden als *Stratum germinativum* **(Regenerationsschicht)** zusammengefasst.

- **Stratum granulosum:** Auf das Stratum spinosum folgt das aus 1–3 Zelllagen bestehende Stratum granulosum **(Körnerschicht)**. Den Namen gaben dieser Schicht die zahlreichen zytoplasmatischen basophilen Keratohyalingranula. Dabei handelt es sich um amorphe, elektronendichte Strukturen, die hauptsächlich aus dem Protein Filaggrin bestehen. Filaggrin lagert sich an die Keratinfilamente an und bewirkt deren irreversible Aggregation und Polymerisation. Dadurch wird abrupt die Verhornung der Keratinozyten ausgelöst. Diese ist durch eine Abplattung der Zellen, Verlust des Zellkerns und der Zellorganellen, Dehydration sowie die Umwandlung des Zytoplasmas in ein dichtes amorphes Material gekennzeichnet. Die Zellen gehen in die äußerste Zellschicht, die Hornschicht *(Stratum corneum)* über.

  An Handflächen und Fußsohlen lässt sich in der Leistenhaut zwischen Stratum granulosum und Hornschicht noch eine lichtmikroskopisch helle, eosinophile Schicht, das dünne *Stratum lucidum* abgrenzen. Es enthält Zwischenformen von in Hornzellen übergehenden Keratinozyten.
- **Stratum corneum:** Die **Hornschicht** besteht aus 15–25 Zelllagen (an Fußsohlen mehr als 100 Zelllagen) plättchenartiger, kernloser Hornzellen (Korneozyten*)*. Die Korneozyten besitzen als typische Struktur den sogenannten »cornified envelope«, der sich in tieferen Schichten der Epidermis noch nicht findet. Es handelt sich hierbei um Ablagerungen des bereits im Stratum spinosum synthetisierten unlöslichen Proteins Involukrin an der Innenseite der Zellmembran, das beim Eintritt der Keratinozyten ins Stratum corneum dort mit anderen Proteinen vernetzt wird. Die Zellmembran wird dadurch starr. Die fertige Hornschicht kann mit einer Ziegelmauer verglichen werden: Bausteine sind die starren und kompakten Korneozyten (bedingt durch den »cornified envelope« an der Zellmembran und den kompakten Zellleib bestehend aus der Aggregation von Filaggrin mit Keratinfilamenten), als Mörtel dient das undurchlässige Barrierelipid (Produkt der Odland-Körperchen). An der Hautoberfläche werden die Hornzellen schließlich unmerklich abgestoßen. Durch enzymatischen Zerfall des Barrierelipids und Abbau der Desmosomen lösen sich die einzelnen Korneozyten aus dem Verband und werden abgeschilfert.

16.1 Schuppenflechte

Die Hornschicht ist relativ widerstandsfähig gegen physikalische und chemische Noxen, aber empfindlich gegen organische Lösungsmittel (Extraktion des Barrierelipids) und Detergenzien (Zerstörung der Zellmembran). Ist das Gleichgewicht zwischen Epidermisneubildung und -abbau gestört, lösen sich die Hornzellen in größeren Verbänden, die als Schuppen sichtbar werden. Ein Beispiel ist die Schuppenflechte (Psoriasis), die durch eine stark beschleunigte Zellteilungsrate und mangelnde Differenzierung der Keratinozyten gekennzeichnet ist.

Epidermale Kinetik

Die Epidermis ist einer ständigen Erneuerung unterworfen, bei der Zellgewinn (Mitosen) und Zellverlust (terminale Differenzierung und Apoptose) in einem Gleichgewicht stehen. Mitosen finden normalerweise nur im Stratum basale statt. Die Teilungsfähigkeit bleibt prinzipiell bis ins Stratum spinosum erhalten; hierauf wird jedoch nur unter bestimmten Umständen (z.B. Wundheilung) zurückgegriffen. Die Mitoserate der normalen Epidermis liegt unter 1% der Basalzellen. Nach heutiger Auffassung bilden die epidermalen Stammzellen den Pool für die ständige Erneuerung der Keratinozyten. Man geht davon aus, dass bei der Stammzellteilung eine Tochterzelle weiterhin Stammzelle bleibt, während die andere in das Stadium der sogenannten Amplifikationszelle übertritt. Letztere durchläuft 3–4 Teilungen, wobei jeweils neue Amplifikationszellen entstehen. Nach der letzten Mitose differenzieren sich die Amplifikationszellen zu Keratinozyten. Aus einer Amplifikationszelle entstehen somit zwischen 8–16 Keratinozyten. Diese lösen sich aus dem Stratum basale und durchwandern aktiv und individuell das Stratum spinosum in etwa 14 Tagen. Im Stratum granulosum erfolgt dann die terminale Differenzierung der Keratinozyten synchron und der weitere Aufstieg im Verband. Der sogenannte Turnover der Hornschicht beträgt etwa 2 Wochen. Die Epidermis erneuert sich folglich alle 4 Wochen.

16.2 Hyperkeratose

Auf chemische und physikalische Noxen inklusive UV-Licht reagiert die Epidermis zum Schutz mit einer Hyperplasie (Verbreiterung des Epithels) und Hyperkeratose (Verdickung der Hornschicht). Es bildet sich eine Schwiele (nach UV-Bestrahlung eine sogenannte Lichtschwiele).

Spezielle epidermale Zelltypen

Melanozyten

Melanozyten sind dendritische Zellen neuroektodermaler Herkunft, die Melaninpigment produzieren. Sie liegen als einzelne Zellen gleichmäßig getreut zwischen den Keratinozyten im Stratum basale der Epidermis und im Haarbulbus (s.u.). Die Gesamtzahl der Melanozyten ist bei allen Menschen unabhängig von der Rasse etwa gleich. Je nach Körperregion variiert ihre Anzahl jedoch zwischen 500–2000/mm^2 Hautoberfläche. Am dichtesten stehen sie dabei in physiologisch dunkler pigmentierten Regionen (anogenital, Brustwarzen) und in lichtexponierten Arealen (Gesicht, Handrücken). Im histologischen Präparat haben die Melanozyten ein helles Zytoplasma, weil ihr spezifisches Produkt, das tiefbraune Melanin, noch überwiegend als farblose Vorstufe vorliegt. Die Hauptaufgabe der Melanozyten besteht in der Melaninsynthese zum Schutz des Genoms vor der schädigenden Wirkung des UV-Lichts.

Unter normalen Umständen behalten die Melanozyten den Kontakt zur Basalmembran immer bei. Eine langsame Seitwärtsbewegung ist ihnen zwar möglich (z.B. bei der Wundheilung), doch folgen sie nicht den Keratinozyten bei deren Aufwärtsbewegung im Rahmen der Epithelerneuerung. Mit den Keratinozyten sind die Melanozyten durch verschiedene Adhäsionsmoleküle, nicht aber durch Desmosomen verbunden. Jeder Melanozyt entsendet 10–20 dendritische Fortsätze in den Interzellularraum, die sich durch die Epithelschichten bis ins mittlere Stratum spinosum winden und dabei mit rund 30 Keratinozyten in Kontakt treten (epidermale Melanineinheit). Wesentlicher Stimulus für die Steigerung der Melaninsynthese ist das UV-Licht. Die Melaninsynthese läuft in speziellen Zellorganellen, den Melanosomen, ab. Dort wird aus dem Grundbaustein, der Aminosäure Tyrosin, durch enzymatische Vorgänge das Melanin hergestellt. Die Melaninsynthese verläuft auf einem Haupt- und einem Nebenweg. Das Produkt des Hauptweges ist das braun-schwarze Eumelanin. Auf dem Nebenweg entsteht das rötliche Phäomelanin.

Das Melanin wird in die Proteinmatrix der Melanosomen eingelagert und unterliegt dort Reifungsprozessen. Dabei wandern die Melanosomen langsam peripherwärts in die dendritischen Fortsätze. Von dort werden sie schließlich in das Zytoplasma benachbarter Keratinozyten abgegeben (Pigmenttransfer). Anzahl, Größe und Verteilungsmuster sowie der Gehalt an Eu- bzw. Phäomelanin der Melanosomen sind entscheidend für die Hautfarbe, nicht die Anzahl der Melanozyten. So ist ethnisch dunkle Haut durch zahlreiche große, einzeln liegende Melanosomen und einen hohen Gehalt von Eumelanin gekennzeichnet. Bei weißhäutigen Menschen (Kaukasier) werden stattdessen wenige kleine Melanosomen gebildet, die sich in Melanosomenkomplexen zusammenlagern und kappenartig dem Zellkern der Keratinozyten aufsitzen. Der Melaningehalt ist in den unteren Epidermisschichten am dichtesten und nimmt nach oben hin ab. Bei Kaukasiern ist der Melaninabbau physiologischerweise im oberen Stratum spinosum abgeschlossen. Bei Dunkelhäutigen lassen sich hingegen Reste von Melanin bis ins Stratum corneum nachweisen.

16.3 Albinos

Albinos besitzen zwar Melanozyten in normaler Anzahl, doch wird aufgrund eines Enzymdefekts kein Melanin gebildet. Der fehlende Pigmentschutz an Haut und Augen macht Albinos extrem lichtempfindlich. Während das Eumelanin ein sehr potenter Lichtschutzfaktor ist, bildet das Phäomelanin nur einen ungenügenden Schutz und kann sogar bei UV-Bestrahlung durch Freisetzung von Sauerstoffradikalen selbst entzündungsfördernd wirken.

16.4 Malignes Melanom

Beim malignen Melanom (schwarzer Hautkrebs), einem von den Melanozyten ausgehenden bösartigen Tumor, verlassen die melanozytären Tumorzellen das Stratum basale und steigen in höhere Epithelschichten auf. Dieses Phänomen ist ein histopathologisches Kriterium für die Diagnose eines malignen Melanoms.

Langerhans-Zellen

Langerhans-Zellen sind immunkompetente dendritische Zellen mesodermaler Herkunft. Sie stammen aus dem Knochenmark und wandern ab der 14. Embryonalwoche in die Haut ein. Dort sind sie überwiegend in den suprabasalen Schichten der Epidermis nachweisbar. Ihr Anteil an der epidermalen Zellpopulation beträgt 4–5%. Im Unterschied zu den Melanozyten sind die Langerhans-Zellen dabei relativ gleichmäßig über die Körperoberfläche verteilt. Ihre Anzahl beträgt ca. 700/mm^2 Hautoberfläche. Lichtmikroskopisch lassen sie sich an mit Hämatoxylin-Eosin gefärbten Paraffinschnitten nicht von den Keratinozyten unterscheiden. Ihre Darstellung erfolgt histochemisch (ATPase) oder durch immunhistochemischen Nachweis besonderer Oberflächenmarker (CD1a-Antigen). Durch elektronenmikroskopische Untersuchungen wird das hochcharakteristische Merkmal der Langerhans-Zellen, die Birbeck-Granula, sichtbar. Dabei handelt es sich um tennisschlägerartige Organellen im Zytoplasma, deren Funktion mit der Endozytose bei der Antigenverarbeitung assoziiert wird. Desmosomen besitzen die Langerhans-Zellen nicht.

Langerhans-Zellen sind im Immunsystem der am weitesten peripher liegende Posten. Durch die Expression ihrer verschiedenen Oberflächenmoleküle (u.a. MHC-Klasse II, Rezeptoren für Immunglobuline IgG und IgE) sind sie befähigt Antigene zu erkennen, diese zu verarbeiten und schließlich anderen Immunzellen zu präsentieren. Langerhans-Zellen spielen somit eine wichtige Rolle bei physiologischen, aber auch pathologischen Immunreaktionen (Kontaktallergie, Neurodermitis).

Nach Kontakt mit dem Antigen durchlaufen die Langerhans-Zellen in der Epidermis verschiedene Reifungsprozesse. Schließlich verlassen sie die Epidermis und gelangen über afferente Lymphbahnen in die regionalen Lymphknoten, wo sie als interdigitierende dendritische Zellen die Immunantwort auslösen. Nachschub erhält die Epidermis, indem neue Langerhans-Zellen vom Knochenmark über den Blutweg einwandern.

16.5 Nickelallergie

Nickel ist das häufigste Kontaktallergen. Die Metallionen dringen in die Epidermis ein und werden dort von Langerhans-Zellen als fremd erkannt, aufgenommen und weitergeleitet. An Körperstellen, wo die Hornschicht am durchlässigsten für die Metallionen ist, tritt die Nickelallergie am stärksten auf, z.B. Ohrläppchen, Bauchnabel. Mit der Hand können nickelhaltige Gegenstände wie Türkliniken, Scheren usw. dagegen meist problemlos angefasst werden.

16.6 UV-Strahlen zur Behandlung bei Neurodermitis

Langerhans-Zellen sind ausgesprochen empfindlich gegen UV-Strahlung. So nimmt ihre Dichte in der Epidermis nach UV-Exposition deutlich ab. Dieses Phänomen wird gezielt therapeutisch genutzt, z.B. zur Behandlung einer schweren Neurodermitis.

Merkel-Zellen

Merkel-Zellen sind einzeln oder gruppiert im Stratum basale liegende neuroendokrine Zellen, die sich lichtmikroskopisch nicht von basalen Keratinozyten unterscheiden lassen. Ihre Identifizierung erfolgt immunhistochemisch: Merkel-Zellen exprimieren neben neuroendokrinen Markern (neuronenspezifische Enolase, Synaptophysin, Chromogranin A) auch das für sie spezifische Zytokeratin 20. Elektronenmikroskopisch weisen sie charakteristische sekretorische Granula und Desmosomen auf, die sie mit den Keratinozyten verbinden. Merkel-Zellen sind ungleichmäßig (5–100/mm^2) über die gesamte Körperoberfläche und die hautnahen Schleimhäute verteilt. Die höchste Dichte findet sich an Handinnenflächen, Fußsohlen, Lippen, Gaumen und an lichtexponierten Arealen. Bis heute ist die Herkunft der Merkel-Zellen nicht eindeutig geklärt. Früher war man der Ansicht, dass sie von der Neuralleiste in die Epidermis einwandern. Neuere Erkenntnisse sprechen jedoch dafür, dass die Merkel-Zellen ihren Urprung von den epidermalen Stammzellen nehmen, die sich postmitotisch neuroendokrin differenzieren. Sie gelten als langsam adaptierende Mechanorezeptoren und sind durch eine Synapse mit afferenten Typ-1-Nervenfasern in der Dermis verbunden. Der Komplex aus Merkel-Zelle und Nervenendigung wird auch **Merkel-Scheibe** genannt; größere Strukturen im Bereich von Haarfollikeln werden als **Pinkus-Haarscheibe** bezeichnet. Merkel-Zellen produzieren neben verschiedenen Neurotransmittern eine Reihe anderer Peptide, die die Proliferation und Differenzierung von Keratinozyten beeinflussen. Sie sind ferner in der Lage, biogen aktive Substanzen (Substanz P, vasoaktives intestinales Polypeptid u.a.) zu synthetisieren.

16.1.3 Dermoepidermale Verbindungszone

 Einführung

Die dermoepidermale Verbindungzone (Basalmembran) ist eine komplex aufgebaute Grenzfläche zwischen Epidermis und Dermis, welche die Verankerung der beiden sehr unterschiedlichen Gewebearten vermittelt. Da sie mechanisch besonders stark beansprucht wird, ist sie durch ein mehrgliedriges Haltesystem gesichert.

Aufbau

Die Basalzellen sitzen der Basallamina *(Lamina densa)* auf. Es handelt sich hierbei um eine bandartige Schicht, die überwiegend aus Kollagen Typ IV und dem Glykoprotein Laminin I besteht. Die Basalzellen sind durch Halb- oder Hemidesmosomen (Haftplättchen) mit der Basallamina verbunden. Die Hemidesmosomen dienen an ihrer zytoplasmatischen Seite als Ankerregion für die Keratinfilamente. Verankert sind die Keratinfilamente dabei an den Proteinen Plektin und dem bullösem Pemphigoid-Antigen 1 (BPGA1). An der plasmamembranösen Seite der Hemidesmosomen befinden sich bestimmte Zelladhäsionsmoleküle, das α6β4-Integrin und das bullöse Pemphigoid-Antigen 2 (BPAG2). An diesen Zellandhäsionsmolekülen inserieren die Ankerfilamente, die die Brücke zur Basallamina bilden. Die Schicht der Ankerfilamente stellt sich elektronenmikroskopisch hell dar und wird als *Lamina lucida* bezeichnet. Die Verankerung der Basallamina am Kollegennetzwerk der Dermis erfolgt durch spezielle Ankerfibrillen. Diese aus Kollagen VII bestehenden Ankerfibrillen bilden ein dichtes Schlaufenwerk, durch dessen Maschen sich dermale Kollagenfasern fädeln. Dadurch wird die Basalmembranzone fest an das dermale Kollagenfasernetz verknüpft (◘ Abb. 16.3).

16.1.4 Dermis

Die Dermis oder Lederhaut *(Corium)* ist ein fibroelastisches Bindegewebe mesenchymalen Ursprungs, das der Haut ihre Reißfestigkeit und Elastizität verleiht. Gleichzeitig ist sie Träger der Gefäß- und Nervenversorgung und beherbergt die Haarwurzeln und Drüsen. Sowohl die kollagenen als auch die elastischen Fasern werden von Fibroblasten gebildet. Bei den Kollagenen handelt es sich um eine Familie nahe verwandter fibrillärer Proteine (mehr als 17 Typen sind bekannt). Sie stellen die wesentlichsten extrazellulären Stütz- und Strukturproteine des Organismus dar. Elastische Fasern setzen sich ultrastrukturell aus einem amorphen Elastinkern zusammen, der von Mikrofibrillen umgeben ist.

Zwischen dem Fasernetzwerk sind Fibroblasten, Mastzellen, Makrophagen und andere immunkompetente Zellen ansässig. Eingebettet sind die Fasern und Zellen in eine gelartige Grundsubstanz bestehend aus Glykosaminoglykanen und Proteoglykanen, die als Wasserspeicher dient und eine Kissenfunktion hat. Darüber hinaus nimmt die Grundsubstanz wichtige Funktionen bei Zell-Zell-Interaktionen, Hämostase, Zellmigration und Wundheilung ein.

Die Dermis gliedert sich in 2 Etagen, die papilläre Dermis, *Stratum papillare*, und die retikuläre Dermis, *Stratum reticulare*.

Stratum papillare

Das Stratum papillare **(Papillarschicht)** grenzt unmittelbar an die Epidermis an. Beide sind miteinander verzahnt. Höhe und Anzahl der Papillen hängen von der lokalen mechanischen Beanspruchung der Haut ab. Die höchsten Papillen besitzt dabei die **Leistenhaut** (s.u.). Die Papillarschicht besteht aus einem relativ zellreichen lockeren Bindegewebe *(Textus connectivus laxus)*, in das die kutanen Blut- und Lymphgefäße sowie Nerven und Sinnesorgane (z.B. Meissner-Tastkörperchen in der Leistenhaut) eingebettet sind. Im Vergleich zum Stratum reticulare sind nur wenige, zarte Kollagenfasern vorhanden. In den Papillen befindet sich überwiegend Typ-III-Kollagen, das von den Ankerfibrillen durchzogen wird.

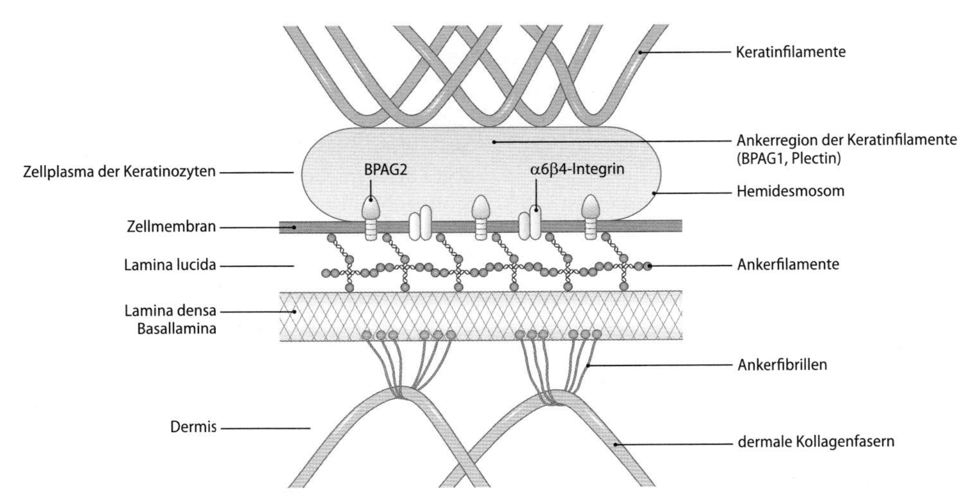

◘ **Abb. 16.3.** Dermoepitheliale Verbindungszone [modifiziert nach 1]

Stratum reticulare

Das Stratum reticulare **(Geflechtschicht)** ist eine derbe, relativ zellarme Bindegewebeschicht (Stratum fibrosum, straffes geflechtartiges Bindegewebe), die dem Stratum papillare folgt und zur Tiefe an die Subkutis grenzt. Sie besteht aus kräftigen Kollagenfasern (überwiegend Typ-I-Kollagen), die der Haut die Reißfestigkeit verleihen. Zwischen den Kollagenfasern liegt netzartig verzweigt ein Geflecht aus elastischen Fasern. Diese entsenden vertikale Ausläufer in das Stratum papillare. Wird die Haut gedehnt, richten sich die Kollagenfasern nach einem regionalen Schema parallel aus. Die größte Dehnbarkeit wird erlangt, wenn der Zug parallel zur Faserausrichtung erfolgt, die geringste, wenn er rechtwinkelig ausgeübt wird. Damit bestimmt die Parallelausrichtung der Kollagenfasern den Verlauf der sogenannten Langer-Hautspaltlinien *(Lineae distractiones)*.

16.7 Hautschnitt bei chirurgischen Eingriffen
Bei chirurgischen Eingriffen sollte der Hautschnitt in den Verlauf der Hautspaltlinien gelegt werden, da sonst die Wunde klafft.

16.1.5 Felder- und Leistenhaut

Die Verzahnung zwischen Epidermis und Dermis schwankt regional stark in der Höhe und Dichte der Papillen entsprechend der mechanischen Beanspruchung. Dadurch bilden sich typische Muster, die an der Oberfläche der Haut in Form von Aufwerfungen *(Cristae cutis)* bzw. Einsenkungen *(Sulci cutis)* der Epidermis sichtbar werden. Zu unterscheiden sind die Felder- und die Leistenhaut.

Felderhaut

Der größte Teil des Körpers wird von Felderhaut bedeckt. Die Haut ist durch feine Rinnen in polygonale Felder unterteilt. Die Verzahnungen von Epidermis und Dermis, d.h. die Höhe und Anzahl der Papillen, ist auf die mechanische Beanspruchung des betreffenden Körperteils abgestimmt. So ist über Knie und Ellenbogen die Epidermisverzahnung stärker als beispielsweise am Augenlid. Haare sowie Talg- und apokrine Schweißdrüsen münden in den Furchen, Schweißdrüsen auf der Höhe der Felder.

Leistenhaut

Die Leistenhaut ist nur an den Handinnenflächen und Fußsohlen einschließlich der Beugeseiten von Fingern und Zehen zu finden. Die Hautoberfläche weist parallel ausgerichtete Leisten und Furchen auf, deren Muster auf den Papillarkörper zurückgeht. Die Leisten entstehen durch in Zweierreihen angeordnete Bindegewebepapillen. Dazwischen münden auf der Höhe der Leisten die Ausführungsgänge der Schweißdrüsen. Die Furchen entstehen durch die tief ausgezogenen Retezapfen. Haare, Talg- und Duftdrüsen kommen nicht vor.

16.8 Fingerabdruck
Die Leisten sind genetisch festgelegt und einmalig. Ihr Muster lässt sich im Erkennungsdienst verwenden (Fingerabdruck, Daktyloskopie).

16.1.6 Subkutis

Die Subkutis oder Unterhaut *(Tela subcutanea)* besteht aus Fettgewebe, das von Bindegewebesepten *(Retinacula cutis)* steppkissenartig durchzogen wird. Die Bindegewebesepten entspringen dem Stratum reticulare und verankern die Haut mit tiefer liegenden Strukturen (Faszien, Periost). Dieser Aufbau ermöglicht die regional unterschiedliche Verschieblichkeit der Haut. Die Fettgewebeschicht *(Panniculus adiposus)* dient ferner der Isolierung (Wärme, Druck). Man unterscheidet dabei Bau- und Depotfett. Baufett kommt beispielsweise an der Fußsohle vor, wo es den Druck beim Auftreten abfedert. Depotfett findet sich nahezu am gesamten Körper. Es dient neben der Energie- und Wasserspeicherung auch der Wärmespeicherung und -isolierung sowie dem Schutz tiefer Strukturen vor Verletzungen. Im Bereich der mimischen Muskulatur und am Kapillitium ist die Subkutis nur spärlich ausgebildet. Die Haut liegt hier direkt der Muskulatur *(Stratum musculosum)* bzw. der bindegewebigen Galea aponeurotica *(Stratum membranosum)* auf und folgt deshalb unmittelbar den Muskelbewegungen (Mimik).

16.1.7 Blut- und Lymphgefäße

 Einführung

Die Hautdecke ist stark vaskularisiert, wobei die Gefäßdichte für die bloße Versorgung der Haut überproportioniert ist. Die zahlreichen Blutgefäße bilden ein verzweigtes Mikrozirkulationssystem, dessen Hauptaufgabe in der Thermoregulation besteht. Die hauptsächlich in Muskulatur und Leber erzeugte Wärme wird dabei mit dem Blut in die Haut geleitet und an der Körperoberfläche teilweise abgegeben. Im Bedarfsfall (Hitze, Fieber) kann die Durchblutung der Haut auf das 10- bis 20-fache gesteigert werden.

Arterien

Größere Arterien kommen nur in der Subkutis vor. An der Grenze zwischen Subkutis und Dermis verzweigen sich die Arterien zu Arteriolen und bilden einen weitmaschigen Plexus, den tiefen dermalen Gefäßplexus (Plexus profundus). Dieser Plexus versorgt vor allem die Hautanhangsgebilde (Haare, Drüsen), die über eigene, direkt aus dem arteriolären Gefäßplexus gespeiste Kapillarnetze verfügen. Aus dem Plexus profundus steigen kleine Arteriolen in die retikuläre Dermis auf *(Vasa communicantia)*. An der Grenze zwischen retikulärer und papillärer Dermis bilden sie einen weiteren Plexus, den oberflächlichen dermalen Gefäßplexus (Plexus superficialis). Von hier aus ziehen kleine Arteriolen und Kapillarschlingen in die Bindegewebepapillen (Ansa capillaris intrapapillaris).

Die arteriellen Gefäße der Haut weisen einige Besonderheiten auf. So sind die Basallaminae besonders dick und es fehlt den kleinen dermalen Arteriolen eine zirkuläre Elastica interna. Stattdessen haben sie lediglich einzelstehende längsverlaufende Elastikastränge, die am Übergang in die Kapillaren verschwinden.

Kapillaren

Die Dichte der Kapillarschlingen weist lokale und altersabhängige Unterschiede auf (Oberschenkelinnenseite ca. 30/mm^2, im Gesicht ca. 150/mm^2 Körperoberfläche). Der Blutdruck in den Kapillaren liegt über dem Gewebedruck, so dass die Kapillaren normalerweise geöffnet bleiben.

16.9 Dekubitus
Ein länger anhaltender Auflagedruck (z.B. beim bewegungslosen Liegen) führt zur Unterbindung der Blutzirkulation und damit zur Nekrose (Dekubitus).

Venen

Das venöse Kapillarblut wird von den dünnwandigen Venulen des Plexus superficialis aufgenommen. Sie beeinflussen durch ihre unterschiedliche Kaliberweite die Wärmeabgabe an die Körperoberfläche erheblich. Zwischen ihren Endothelzellen können hier Lücken entstehen, die von Plasma und Zellen passiert werden können. Aus diesen Gründen sind sie der Hauptort entzündlicher Reaktionen der Haut. Das Blut wird schließlich über den tiefen dermalen Plexus in Sammelvenen drainiert und fließt über großlumige Hautvenen ab, die größtenteils epifaszial verlaufen.

Durchblutungssteuerung

Durch die Muskulatur der Arteriolen (Widerstandsgefäße) und durch arteriovenöse Anastomosen werden das Ausmaß der Durchblutung und die Strömungsgeschwindigkeit und damit die Wärmeabgabe reguliert. An einigen vorstehenden Körperteilen, insbesondere den Akren (z.B. Fingerspitzen) bilden die arteriovenösen Anastomosen kleine Organe, die Glomusorgane. Die Weite der zuführenden Arteriolen wird durch die sympathische Innervation eingestellt.

Lymphgefäße

Lymphkapillaren beginnen blind in der papillären Dermis. Die ableitenden Lymphgefäße bilden ebenfalls einen oberflächlichen und einen tiefen Plexus, die miteinander in Verbindung stehen. Die aus dem tieferen Netz hervorgehenden größeren Lymphgefäße besitzen Klappen und vereinigen sich zu Lymphsträngen, die zu den regionalen Lymphknoten ziehen.

16.1.8 Farbe, Altersveränderungen, Regeneration

Farbe

Die Hautfarbe hängt weitgehend von der Durchblutung und der Melaninpigmentierung ab. Eine verstärkte Melaninpigmentierung zeigt die Haut des Gesichtes, der Axilla und des Anogenitalbereiches sowie der Brustwarze. Eine verstärkte Rötung der Haut wird durch eine gesteigerte Durchblutung mit sauerstoffreichem Blut hervorgerufen. Eine rot-blaue Hautfarbe (Zyanose) wird durch sauerstoffarmes Blut hervorgerufen.

Alterung

Betroffen ist vor allem das Bindegewebe. Es wird atrophisch und verarmt durch Abnahme der Wasserspeicherungskapazität an Flüssigkeit. Die elastischen Fasern nehmen ab und büßen an Elastizität ein. Die Kollagenfasern im oberen Stratum reticulare werden teilweise fragmentiert und homogenisiert. Die Papillen werden flacher. Auch die Epidermis wird atrophisch und bekommt ein papierartiges Aussehen. Es kommt ferner zur unregelmäßigen Pigmentierung. Beschleunigt werden die Alterungsvorgänge durch UV-Strahlung.

16.10 Verstärkte Hautalterung durch UV-Strahlung
Insbesondere die langwellige UVA-Strahlung (Sonnenbank!) ist für die verstärkte Hautalterung mit ihrer Faltenbildung verantwortlich.

Regeneration

Beim Gesunden zeigt die Haut eine gute Regenerationsfähigkeit. Sie geht vom Epithel und vom Bindegewebe aus. Wird nur das Epithel beschädigt (Erosion), heilt die Haut narbenlos. Sind jedoch Dermis und Subkutis mitverletzt, entsteht eine Narbe. Zunächst bildet sich hierbei im Wundgebiet ein zellreiches Bindegewebe, das zahlreiche Gefäßeinsprossungen enthält (Granulationsgewebe). Die Narbe hat daher ein rötliches Aussehen. Mit zunehmender Ausbildung von Kollagenfasern in der Dermis wird die Narbe weißlich. Vom Wundrand her erfolgt die Reepithelialisierung. In der Narbe entstehen keine Hautanhangsgebilde mehr.

16.11 Diagnostische Hinweise des Hautbildes
Die Untersuchung der Haut ist nicht nur bei speziellen Hauterkrankungen von Bedeutung, sondern sie liefert auch wertvolle diagnostische Hinweise bei zahlreichen Allgemeinerkrankungen. Beispiele sind u.a. die Gelbfärbung der Haut bei Leber- und Gallenerkrankungen, Hautausschlag bei Infektionskrankheiten (z.B. Masern oder Scharlach) sowie Ödeme bei Herz- und Nierenerkrankungen.

In Kürze

Haut: äußere Körperoberfläche mit Schutz- und Sinnesfunktion (Temperatur, Druck, Schmerz). Sie besteht aus mehreren Schichten:

Epidermis (Oberhaut): Besteht aus 4 Schichten:
- Stratum basale (Basalmembran)
- Stratum spinosum (Stachelzellschicht)
- Stratum granulosum (Körnerschicht)
- Stratum corneum (Hormschicht)

Zellen der Epidermis: Keratinozyten, Melanozyten, Langerhans- und Merkel-Zellen.

Dermis (Lederhaut): Besteht aus 2 Schichten:
- Stratum papillare (Papillarschicht)
- Stratum reticulare (Geflechtschicht)

Subkutis (Unterhaut): Fettgewebe mit Bindegewebe.
Die **Hautfarbe** ist abhängig von Durchblutung und Melaninpigmentierung.

16.2 Hautanhangsorgane

 Einführung

Die Anhangsgebilde der Haut (Drüsen, Haare und Nägel) sind Abkömmlinge der Epidermis und damit ektodermalen Ursprungs. Sie entstehen durch in die Tiefe wachsende Epithelzapfen, die sich anschließend differenzieren.

16.2.1 Drüsen (Glandulae cutis)

In der Hautdecke befinden sich Talgdrüsen sowie ekkrine und sogenannte apokrine Schweißdrüsen. Ekkrine Schweißdrüsen münden stets unabhängig von Haaren auf der freien Hautoberfläche, apokrine Schweißdrüsen immer im Haartrichter, die meisten Talgdrüsen ebenfalls in Haartrichtern (Abb. 16.4).

Ekkrine Schweißdrüsen

Ekkrine Schweißdrüsen *(Glandulae sudoriferae eccrinae)* befinden sich am gesamten Integument mit Ausnahme des Lippenrots und des inneren Blattes der Vorhaut *(Praeputium penis)*. Ihre Gesamtzahl beträgt 2–4 Millionen, wobei ihre Dichte mit ca. 600/cm^2 Körperoberfläche an den Fußsohlen am höchsten ist.

Die Verdunstung des Schweißes dient in erster Linie der Wärmeregulierung.

Die ekkrinen Schweißdrüsen fungieren auch als Ausscheidungsorgan für verschiedene Stoffe, u.a. Kochsalz, Harnstoff und Laktat. Unter Ruhebedingungen liegt die Schweißproduktion bei ca. 200–500 ml/Tag, die maximale Schweißproduktion bei 10 l/Tag. Obwohl

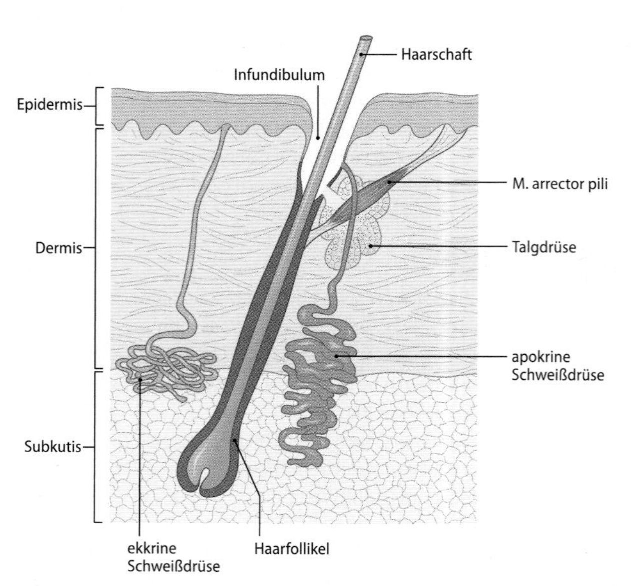

Abb. 16.4. Haut mit Hautanhangsorganen: Haar, Talgdrüse, ekkrine und apokrine Schweißdrüse

die Schweißdrüsen bereits bei der Geburt angelegt sind, erlangt das Neugeborene erst nach der ersten Lebenswoche die Fähigkeit zum schwitzen.

Aufbau

Die Schweißdrüsen sind **unverzweigte tubuläre Drüsen,** die aus einem sekretorischen Endstück und einem Ausführungsgang bestehen.

Das **sekretorische Endstück** befindet sich an der Grenze von Dermis und Subkutis und ist knäuelartig aufgewickelt. In diesem zweireihigen Epithel lassen sich 2 Arten von Epithelzellen unterscheiden:

- Helle Zellen: Sie sind reich an Mitochondrien sowie Na^+- und K^+-ATPase, sitzen vorwiegend an der Basalmembran und produzieren den Primärschweiß, ein Ultrafiltrat des Blutes, das isoton bis leicht hyperton ist.
- Dunkle Zellen: Sie enthalten ein PAS-positives Glykoprotein und kleiden fast das gesamte Lumen aus. Ihre Funktion ist nicht hinreichend geklärt. Das sezernierende Endstück ist von Myoepithelzellen umgeben.

Der **Ausführungsgang** wird von einem zweischichtigen, kubischen Epithel ausgekleidet. Die Basalzellen sind wiederum reich an Mitochondrien sowie Na^+- und K^+-ATPase. Die luminalen Zellen sind an ihrer Oberfläche mit einer *Cuticula* aus longitudinalen Tonofilamenten ausgestattet und dienen der Rückresorption, vor allem von Natriumionen. Der »endgültige« Schweiß ist stark hypoton und schwach sauer. Die **Epidermisendstrecke** ist ohne Zellauskleidung korkenzieherartig geschlängelt *(Akrosyringeum)* und mündet ohne Beziehung zu den Haaren.

Innervation

Die Innervation der ekkrinen Schweißdrüsen erfolgt über den Sympathikus mit cholinergen Terminalen.

16.12 Natriumionenverlust bei starkem Schwitzen

Da die Natriumrückresorption gleichförmig und unabhängig von der Durchflussmenge erfolgt, kann es bei starkem Schwitzen zu einem bedrohlichen Natriumionenverlust kommen.

Im Schweiß können auch Alkohol und einige Drogen nachgewiesen werden.

Apokrine Schweißdrüsen

Die apokrinen Schweißdrüsen *(Glandulae sudoriferae apocrinae)* oder **Duftdrüsen** kommen nur in bestimmten behaarten Körperregionen wie den Achseln, den Areola mammae sowie dem Genital- und Perianalbereich vor. Ihre Sekretion setzt mit der Pubertät ein und unterliegt hormonellen Schwankungen. Ihre Funktion ist nur teilweise bekannt. Sie produzieren Duftstoffe mit pheromonartiger Wirkung.

Sonderformen der Duftdrüsen sind die:

- *Glandulae ceruminosae* des äußeren Gehörgangs und
- *Glandulae ciliares* (Moll-Drüsen) des Augenlides.

Histologischer Aufbau

Die Duftdrüsen sind **verzweigte tubuläre Drüsen** und bestehen ähnlich wie die ekkrinen Schweißdrüsen aus einem **geknäuelten sekretorischen Endstück** und einem **gestreckten Ausführungsgang,** der jedoch ins Infundibulum der Haarfollikel einmündet. Das sekretorische Endstück liegt in der oberen Subkutis. Es ist von einem einschichten Epithel unterschiedlicher Höhe ausgekleidet, das zahlreiche große, PAS-positive Granula enthält. Lumenwärts sind die Zellen zipfelartig ausgezogen und scheinen lichtmikroskopisch Anteile des Zelleibs abzuschnüren und diese ins Lumen abzugeben. Elektronenmikrokopisch konnte nachgewiesen werden, dass es sich dabei um Exozytosevorgänge handelt. Früher wurde diese Sekretion als sogenannte »Dekapitationssekretion« bezeichnet, worauf der Name »apokrin« zurückzuführen ist. Zahlreiche spindelförmige Myoepithelzellen umgeben die Endstücke. Das Sekret ist neutral bis leicht alkalisch und von visköser, milchiger Beschaffenheit.

Innervation

Die Innervation der apokrinen Schweißdrüsen erfolgt über den Sympathikus. Der Transmitter ist Noradrenalin.

Talgdrüsen

Talgdrüsen *(Glanulae sebaceae)* sind mit wenigen Ausnahmen an die Haarfollikel gebunden. Freie, d.h. nicht an Haarfollikel gebundene Talgdrüsen kommen in folgenden Körperregionen vor: Lippenrot, Wangenschleimhaut, Brustwarze, Naseneingang, Augenlid, Anus, Glans penis, Praeputium und Labia minora vor. Ihr Sekret, der Talg *(Sebum)*, macht Haut und Haare geschmeidig. Durch bakterielle Spaltung entstehen aus den Lipiden freie Fettsäuren, die zum **Säureschutzmantel** der Haut beitragen. Die Talgdrüsen sind relativ gleichmäßig über den Körper verteilt, doch sind sie in ihrer Größe sehr verschieden. Das größte Kaliber weisen sie in den sogenannten seborrhoischen Arealen auf, d.h. im Bereich des behaarten Kopfes, des Gesichtes und der Brust. Die Talgproduktion ist starken individuellen, regionalen und altersabhängigen Schwankungen unterworfen. Wichtigster Stimulus sind dabei die Androgene: Sie fördern das Wachstum der Drüsen und beschleunigen die Talgproduktion.

Histologischer Aufbau

Die Talgdrüsen sind **beerenförmige Einzeldrüsen.** Sie bestehen aus einem vielschichtigen Epithel, in dessen Peripherie durch mitotische Teilung der Basalzellen ständig neue Zellen (Sebozyten) entstehen. Diese werden lumenwärts vorgeschoben und immer stärker von Fettvakuolen durchsetzt. Schießlich konfluieren die Fettvakuolen, der Zellkern wird pyknotisch, und durch die Auflösung der Zellmembran entsteht der Talg (holokrine Sekretion).

16.13 Reduktion der Talgproduktion bei Akne
Zur Drosselung der Talgproduktion, z.B. im Rahmen einer Akne, werden orale hormonelle Kontrazeptiva (Pille) mit antiandrogener Wirkung sehr wirkungsvoll eingesetzt.

16.2.2 Haare

Haare *(Pili)* sind komplex aufgebaute Keratinfäden, die einem intrinsischen Zyklus von Wachstums- und Ruhephasen unterliegen. Das abortive Haarkleid des Menschen ist nur noch in begrenztem Maß von funktioneller Bedeutung. So vermittelt es Berührungsreize, bietet mechanischen Schutz (v.a. Augenbrauen und Wimpern) und verteilt an der großen Oberfläche der Haare das Sekret der apokrinen Schweißdrüsen. Hingegen kommt dem Haarkleid eine große soziale Bedeutung zu, da es durch seine Optik einen entscheidenden Betrag zur Attraktivität des Individuums leistet. Lediglich Handinnenflächen, Fußsohlen und einige Areale um die Körperorifizien (Lippenrot, Teile des Genitals) sind unbehaart. Zu unterscheiden ist zwischen Lanugo- und Terminalhaaren.

Lanugohaare

Unter Lanugo wird fetal gebildetes Flaum- und Wollhaar zusammengefasst. Das Flaumhaar wird ab dem 4. Fetalmonat gebildet. Es ist kurz, dünn und nicht pigmentiert und hat seine Wurzeln in der Dermis. Das Wollhaar, *Vellus,* ersetzt ab dem 6. Lebensmonat das Flaumhaar. Es ist etwas gröber, wenig pigmentiert und marklos. Bei Frauen bleibt es auf 65% der Körperoberfläche lebenslang erhalten. An den verbleibenden Körperstellen und beim männlichen Geschlecht wird es durch hormonelle Einflüsse fast vollständig durch Terminalhaar ersetzt.

Terminalhaare

Die Terminalhaare (Langhaare) sind markhaltig, länger und dicker als Lanugohaare und pigmentiert. Sie stecken schräg zur Hautoberfläche in der Haarwurzelscheide und reichen in die obere Subkutis. Haarstrich *(Flumina pilorum)* und Haarwirbel *(Vortices pilorum)* entstehen dadurch, dass Gruppen von Haaren eine gleich ausgerichtete Schrägstellung haben. Die Haardichte ist regional stark unterschiedlich. So beträgt die Anzahl der Haarfollikel am Scheitel ca. 300/cm^2, am Mons pubis dagegen ca. 30/cm^2. Es lassen sich *Capilli* (Kopfhaare), *Cilia* (Wimpern), *Supercilia* (Augenbrauen), *Vibrissae* (Nasenhaare), *Tragi* (Haare des äußeren Gehörgangs), *Pubes* (Schamhaare), *Barbae* (Barthaare) und *Hirci* (Haare der Axilla) unterscheiden.

Geschlechtsspezifität des Haarkleides

In der Pubertät beginnt sich das individuelle und geschlechtsspezifische Haarkleid zu entwickeln. Für den Mann sind die Bartbehaarung, die rautenförmige, zum Nabel aufsteigende Schambehaarung, die Behaarung der Brust sowie der Innenseite der Oberschenkel charakteristisch. Für die Frau ist die dreieckige Schambehaarung typisch.

16.14 Veränderungen der Behaarung
Störungen im Hormonhaushalt oder Organerkrankungen können zu Veränderungen der Behaarung führen (z.B. Bauchglatze bei Männern mit Lebererkrankungen).

Histologischer Aufbau

Den größten Teil des Haares bildet der über das Epidermisniveau herausragende Haarschaft *(Pilum)*. Das Haar steckt schräg zur Hautoberfläche in einer Einstülpung der Epidermis, dem Haarfollikel, *Folliculus pili* (Abb. 16.4). Der Haarfollikel besteht aus der röhrenförmigen epithelialen Wurzelscheide, die in der Tiefe in den zwiebelartigen Haarbulbus übergeht. Im Bulbus liegen undifferenzierte epitheliale Zellen, die sich rasch teilen: Matrixzellen oder Haarmatrix. Von der Haarmatrix geht das Haarwachstum aus. Die Matrix bildet den Haarschaft und die innere, aber nicht die äußere Wurzelscheide. Die im Bulbus befindlichen Melanozyten bewirken die Pigmentierung des Haares. Umgeben ist die epitheliale Wurzelscheide von kollagenem Bindegewebe, der bindegewebigen Wurzelscheide. Der Haarbulbus sitzt in der Tiefe glockenartig der gefäßreichen bindegewebigen Haarpapille auf, die der Ernährung des Bulbus dient. Im mittleren Drittel ist der Haarfollikel verengt (Abb. 16.5). Im Bereich dieses Isthmus inseriert der *M. arrector pili*. Am Übergang des mittleren zum äußeren Drittel mündet der Talgdrüsenausführungsgang in den Haarfollikel. Oberhalb erweitert sich der Haarfollikel zum Haartrichter, dem Infundibulum. Hier mündet – wenn vorhanden – die apokrine Schweißdrüse.

Die einzelnen Bestandteile des Haares und der Haarfollikel weisen folgende besondere Merkmale auf:

- **Haarschaft:** Der Haarschaft der Terminalhaare ist der komplett verhornte Teil des Haares und wird in das zentrale Haarmark (Medulla), die periphere Haarrinde (Kortex) und die ganz außen aufgelagerte Haarkutikula unterteilt. Die Medulla besteht aus locker angeordneten Hornzellen, in deren Zwischenräumen sich kleine luftgefüllte Hohlräume befinden, die Rinde aus dicht gepackten, Melanosomen enthaltenden Hornzellen. Die äußere Hülle des Haares (Haarkutikula) wird aus mehreren Lagen einander dachziegelartig überlappender Hornzellen gebildet.
- **Haarwurzel:** Als Haarwurzel wird der noch nicht verhornten Anteil des Haares bezeichnet, also die Fortsetzung des Haarschaftes in die Tiefe. Sie besteht grundsätzlich aus den gleichen Schichten wie der Haarschaft. Im Übergangsbereich von Haarwurzel zum Haarschaft liegt die keratogene Zone, in der die Verhornung abrupt einsetzt. An der Basis des Follikels verdickt sich die Haarwurzel zum kolbig geformten Haarbulbus.
- **Haarbulbus:** Der Haarbulbus (Haarzwiebel) ist eine glockenartige Aufwerfung des Stratum basale der Epidermis am Boden des Follikels. Der Bulbus enthält die sich teilenden Zellen der Haarmatrix, die für das Wachstum des Haares verantwortlich sind. Aus den Matrixzellen gehen hervor: Haarmark, -rinde, -kutikula und innere Wurzelscheide. Wie im Stratum basale der Epidermis sind Melanozyten mit Basalmembrankontakt zwischen den Matrixzellen eingelagert. Die Melanosomen werden von Zellen der späteren Haarrinde aufgenommen. Typ und Menge des Melanins bestimmen die Haarfarbe.
- **Haarpapille:** Der glockenförmige Haarbulbus sitzt der darunter gelegenen Haarpapille (dermale Papille) auf. Die Haarpapille ist ein zapfenförmiger Fortsatz der Dermis und besteht aus zellreichem lockeren Bindegewebe und einer Kapillarschlinge. Die Papille ist die Versorgungseinrichtung des Bulbus.
- **Wurzelscheiden:** Das sich bildende Haar wird in seinem infrainfundibulären Teil von weiteren konzentrischen Strukturen umfasst, den Wurzelscheiden: der inneren epithelialen Wurzelscheide, der äußeren epithelialen Wurzelscheide und der bindegewebigen Wurzelscheide. Die innere epitheliale Wurzelscheide besteht als Produkt der Matrixzellen wiederum aus 3 Lagen, die bulbusnah verhornen: innen aus der Scheidenkutikula, mittig aus der mehrschichtigen Huxley-Schicht, außen aus der einschichtigen Henle-Schicht. Am Übergang des infrainfundibulären in den infundibulären Teil des Haarfollikels schuppen die Schichten der inneren epithelialen Wurzelscheide, die mit dem Haarschaft herauswachsen, von der Haarkutikula ab, sind also nicht Bestandteile des die Epidermis überragenden Teiles des Haares. Die

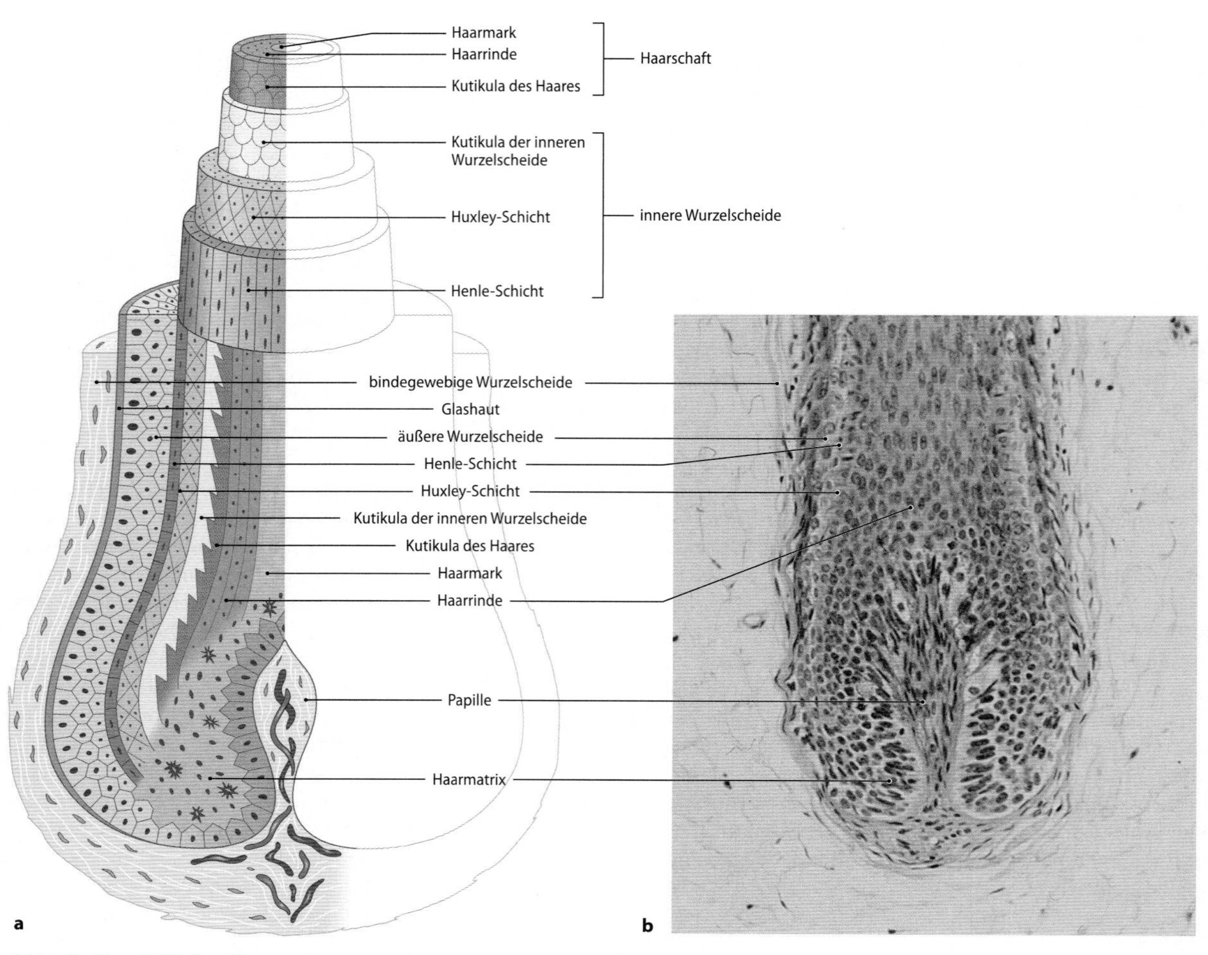

Abb. 16.5a, b. Haarfollikel und Haar mit seinen Schichten. a Schematische Darstellung. **b** Histologischer Schnitt durch einen Haarfollikel der Kopfhaut

äußere epitheliale Wurzelscheide ist als mehrschichtiges Plattenepithel die trichterförmige Fortsetzung der Epidermis in die Tiefe. Im infundibulären Teil ist das Epithel wie die angrenzende Epidermis verhornt, im infrainfundibulären Teil des Haarfollikels dagegen nicht verhornt. An der Haarbildung nimmt die äußere epitheliale Wurzelscheide nicht aktiv teil, sie dient zusammen mit der inneren epithelialen Wurzelscheide der Verankerung des sich bildenden Haares in der Dermis. Die äußere epitheliale Wurzelscheide wird durch eine kräftige Basalmembran (Glashaut) unterlagert, ihr schließt sich außen die bindegewebige Wurzelscheide an.

Funktionelle Unterteilung des Haarfollikels

Der Einmündungspunkt der Talgdrüse bildet die Grenze zwischen dem oberen infundibulären und den unteren infrainfundibulären Anteil des Haarfollikels. Sie ist von anatomischer und funktioneller Relevanz. Im infrainfundibulären Anteil bewirkt die gegenläufige Ausrichtung der Cuticulae von innerer Wurzelscheide und Haarschaft die feste Verankerung des noch nicht voll differenzierten Haares. Das Auswachsen des Haares ist aufgrund dieser Verzahnung ohne ein Mitwachsen der inneren Wurzelscheide nicht möglich. Nach distal verjüngt sich die innere Haarwurzelscheide jedoch immer mehr und verschwindet schließlich in Höhe des Talgdrüsenmündungsganges. Im distalen Abschnitt, dem Infundibulum, liegt der Haarschaft erstmalig frei und wird nur noch von der äußeren Haarwurzelscheide umkleidet.

16.15 Entzündungen im Bereich des Haares
Das trichterförmig erweiterte Infundibulum ist mit Drüsensekret und Debris gefüllt. Die Anzahl der Hautkeime ist in diesem Bereich am höchsten. Außerdem besitzt das Infundibulum keine funktionstüchtige Hornschicht, die es vor dem Eindringen von Fremdsubstanzen hinreichend geschützt. Als Locus minoris resistentiae ist es daher häufig Ausgangspunkt für Entzündungen.

Haarzyklus

Haare haben eine begrenzte Lebensdauer (Kopfhaare 2–6 Jahre, Wimpern 3–6 Monate). Sie unterliegen einem zyklischen Wachstum, das jedoch asynchron verläuft. Man unterscheidet 3 Phasen: die Wachstums-*(Anagen-)*, Rückbildungs-*(Katagen-)* und Ruhe-*(Telogen-)*Phase. Die Länge der einzelnen Phasen ist je nach Haartyp unterschiedlich. Je länger seine Anagenphase dauert, desto länger wird das Haar. Das Haar wächst in dieser Phase etwa 1 cm/Monat. Nach einer Faustregel dauert die Anagenphase beim Kopfhaar durchschnittlich 3 Jahre, die Katagenphase 3 Wochen und die Telogenphase 3 Monate. Am Kapillitium befinden sich rund 10% der Haare in der Telogenphase. Täglich fallen physiologischerweise 60–100 Kopfhaare aus.

Die Wachstumsphase wird durch das Sistieren der Zellteilungen im Haarbulbus terminiert. Die Matrix löst sich vom Rest des Haarfollikels ab. Sie bleibt mitsamt der Papille zurück und bildet den Haarwurzelkeim für das neue Haar. Die verbliebenen Anteile des Haarfollikels bilden einen aus den Wurzelscheiden bestehenden Blindsack, in dem locker das sogenannte Kolbenhaar steckt. Der Blindsack wandert langsam aufwärts in Richtung des Infundibulums. Durch einen bindegewebigen Strang bleibt er jedoch mit dem Haarwurzelkeim stets verbunden. Der Strang wird vom dermalen Haarbalg gebildet und dient als Leitschiene für das neue Haar.

16.2.3 Hautmuskeln

M. arrector pili

Unterhalb der Talgdrüsenmündung entspringt auf der Seite, zu der das Haar geneigt ist, ein kleines Bündel glatter Muskelzellen, der Haarmuskel (*M. arrector pili*). Er fußt in der bindegewebigen Wurzelscheide des Haares und zieht schräg aufwärts bis ins *Stratum papillare*, wo er an Kollagenfasern ansetzt. Durch seine Kontraktion richtet er das Haar auf (Haarsträuben) und zieht gleichzeitig die Haut ein (»Gänsehaut«). Außerdem komprimiert er die Talgdrüse. Die Haarmuskeln werden sympathisch innerviert.

Zusätzlich befinden sich glatte Muskelzellen im *Stratum reticulare* und in der Subkutis des Skrotums (als *Tunica dartos* bezeichnet), der Labia majora sowie der Brustwarzen und Warzenvorhöfe. Sie beeinflussen die Spannung der Haut und sind für die Erektilität verantwortlich. In der Subkutis der Haut von Gesicht und Hals ziehen quergestreifte mimische Muskeln, die den Gesichtsausdruck vermitteln.

16.2.4 Nägel

Der Nagel *(Unguis)* ist eine Schutzeinrichtung für die Endglieder der Finger und Zehen. Er bildet gleichzeitig ein Widerlager für den Druck auf die Tastballen des Endgliedes. Geht ein Nagel verloren, ist die Tastempfindung deutlich eingeschränkt.

Aufbau

Ein Nagel besteht aus Nagelplatte, Nagelwurzel, Nagelmatrix, Nagelbett, Nagelfalz, Nagelwall und Nagelhäutchen (◘ Abb. 16.6).

Die **Nagelplatte** *(Corpus unguis)* ist annähernd rechteckig und leicht konvex gebogen. Sie ist etwa 0,5 mm dick und besteht aus mehreren Lagen kernloser, stark komprimierter Korneozyten, die durch eine kittartige Lipidsubstanz miteinander verbunden sind. Das harte Nagelkeratin zeichnet sich chemisch durch einen hohen Schwefelgehalt aus. Die Nagelplatte liegt dem **Nagelbett** *(Hyponychium)* fest auf. Am distalen Ende endet die Nagelplatte frei *(Margo liber)* und wölbt sich über das Nagelbett. An den Seiten *(Margo lateralis)* ist die Nagelplatte taschenartig in die Haut des **Nagelwalls** *(Paronychium, Vallum unguis)* eingefalzt. Die **Nagelfalz** dient als Schiene für den herauswachsenden Nagel. An der proximalen Seite *(Margo occultus)* ist die Nagelfalz mit ca. 0,5 cm tiefer als an den Seiten und Sitz der **Nagelmatrix** *(Matrix unguis)*. Dieser Teil wird auch als **Nagelwurzel** bezeichnet. Die über der Matrix liegende Haut, das *Eponychium*, setzt sich distal als dünnes Nagelhäutchen *(Cuticula)* fort. Es dient als Infektionsschutz der Matrix. Distal ist ein kleiner weißer halbmondförmiger Anteil der Matrix durch die Nagelplatte sichtbar, die *Lunula*. Die Dermis des Nagelbettes besitzt längsgestellte leistenartige Bindegewebepapillen. Die Blutkapillaren dieser dermalen Papillen schimmern durch die Nagelplatte hindurch und bewirken seine rosa Farbe. Das *Stratum reticulare* der Dermis des Nagelbettes ist mit dem Periost des Endgliedes durch starke Bindegewebezüge fest verbunden. Eine Subkutis fehlt in diesem Bereich.

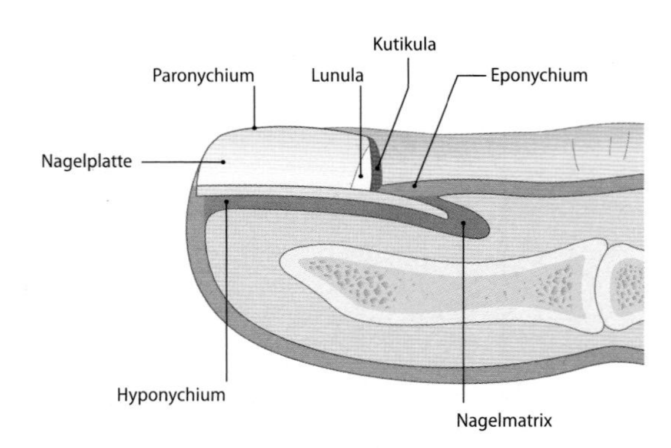

◘ **Abb. 16.6.** Schematische Darstellung eines Fingerendgliedes mit Nagelorgan

Wachstum

Die Nagelneubildung erfolgt in der Nagelmatrix. Die Dicke des Nagels hängt dabei von der Anzahl der Matrixzellen, nicht von der Teilungsgeschwindigkeit ab. Während des Wachstums wird der Nagel zum freien Ende vorgeschoben. Die Wachstumsgeschwindigkeit beträgt 0,5–1,2 mm/Woche, wobei es starke individuelle Unterschiede gibt. Generell gilt jedoch, dass Fußnägel nur halb so schnell wachsen wie Fingernägel. Außerdem nehmen sowohl Wachstumsgeschwindigkeit als auch Dicke des Nagels im Alter ab.

16.16 Uhrglasnägel

Die Nagelplatte zeigt bei einigen Erkrankungen charakteristische Veränderungen. Ein Beispiel sind die Uhrglasnägel bei langanhaltender verminderter Sauerstoffversorgung (z.B. bei angeborenen Herzfehlern oder chronischen Lungenerkrankungen).

In Kürze

Hautanhangsorgane sind:
- **Drüsen:** Talgdrüsen, ekkrine und apokrine Schweißdrüsen .
- **Haare:** Lanugohaare (fetal gebildetes Flaum- und Wollhaar) und Terminalhaare (Langhaare). Bestandteile des Haares: Haarschaft, -wurzel, -bulbus, -papille und Wurzelscheiden.
- **Nägel:** Finger- und Zehennägel. Bestandteile eines Nagels: Nagelplatte, -bett, -falz und -matrix.

17 Nervensystem und Sinnesorgane

K. Amunts, I. Bechmann, R. Nitsch, F. Paulsen, O. Schmitt, A. Wree, K. Zilles

17.1 Neurone und Glia

I. Bechmann, R. Nitsch

  Einführung

Das Nervensystem wird in ein zentrales und ein peripheres Nervensystem gegliedert. Unter dem Begriff zentrales Nervensystem (ZNS) werden Rückenmark und Gehirn zusammengefasst. Das periphere Nervensystem (PNS) beinhaltet die Nerven und Ganglien außerhalb des ZNS. Davon abgegrenzt wird noch ein enterisches Nervensystem, das Nervensystem der Eingeweide.

Das Nervengewebe im ZNS und PNS setzt sich aus den ubiquitären Gewebebestandteilen (Blutgefäße, Bindegewebe) und den spezifischen Zellen des Nervensystems, den Neuronen und der Neuroglia, zusammen. Diese spezifischen Bestandteile des Nervensystems werden im Folgenden erörtert.

17.1.1 Neurone

Neurone (Nervenzellen) haben die Aufgabe, Informationen aufzunehmen, zu integrieren und weiterzuleiten. Ort der Informationsaufnahme und Weiterleitung von einer Zelle zur nächsten ist die **Synapse**. Über Synapsen können Nervenzellen untereinander, aber auch mit Zielzellen wie Muskelzellen oder Drüsenzellen verbunden sein. Die Information wird größtenteils über zahlreiche, oft weit verzweigte Fortsätze, die **Dendriten,** aufgenommen und entlang des Hauptfortsatzes, dem **Axon,** zur nächsten Zelle weitergeleitet. Mit dem Begriff **Neurit** werden meist Axone angesprochen. Die Gesamtheit der axonalen, dendritischen und glialen Zellfortsätze wird als **Neuropil** bezeichnet.

Grundlage des Informationsflusses ist die **elektrische Erregbarkeit** von Neuronen, d.h. die durch Ionenströme ausgelöste Veränderung ihres Ruhepotenzials (ca. -70 mV). Erreicht das Membranpotenzial durch erregende Stimuli einen gewissen **Schwellenwert (ca. -55 mV)**, kommt es zur Bildung eines **Aktionspotenzials,** d.h. einer schnellen **Depolarisation** an der Zellmembran, die entlang des Axons zur Synapse weitergeleitet wird. Dort bewirkt das Aktionspotenzial die Freisetzung von **Neurotransmittern**, die im **Synapsenspalt** zur Zielzelle diffundieren, wo sie an **Rezeptoren** binden und damit eine Veränderung der Ionenströme bewirken (► Kap. 17.2). Auf diese Weise werden in der Synapse elektrische Signale (Aktionspotenziale) in chemische (Freisetzung von Transmittern) und an der Zielzelle wieder in elektrische (Potenzialveränderung) Signale umgewandelt.

Dabei bewirken in der Regel **inhibitorische Neurotransmitter** eine Potenzialveränderung vom Schwellenwert weg **(IPSP: inhibitorisches postsynaptisches Potenzial)** und **exzitatorische Neurotransmitter** eine Potenzialveränderung zum Schwellenwert hin **(EPSP: exzitatorisches postsynaptisches Potenzial)**.

Ein Neuron empfängt in der Regel über zahlreiche (bis zu 10.000) Synapsen inhibitorische und exzitatorische Signale verschiedener Transmitter. Überwiegt der inhibitorische Input (IPSPs), wird die Signalweiterleitung unterdrückt, überwiegt der exzitatorische Input (EPSPs), kann es zur Ausbildung eines Aktionspotenzials kommen, das sich in der nächsten Zelle wieder als EPSP oder IPSP manifestiert. Nur wenn auch am nachgeschalteten Neuron die Summe der EPSPs die der IPSPs übersteigt, kann dort ebenfalls ein Aktionspotenzial generiert werden. So integriert ein Neuron die Summe aller synaptischen Information zu einer einzigen Aktivität, dem Aktionspotenzial oder der Unterdrückung der Bildung eines Aktionspotenzials **(Alles-Oder-Nichts-Prinzip)**.

Morphologie und Einteilung von Nervenzellen

Neurone. Neurone entstammen dem Neuralrohr oder der Neuralleiste (► Kap. 17.19), dessen Relikt als Auskleidung der Ventrikel (Ependym) noch das ganze Leben zur Neurogenese fähig zu sein scheint. Ausdifferenzierte Nervenzellen sind **postmitotisch,** teilen sich also nicht mehr (17.1). Neurone kommen in der grauen Substanz von Gehirn und Rückenmark sowie in den Ganglien des peripheren und vegetativen Nervensystems vor. Ihre Gesamtzahl im ZNS wird auf 10^{10} bis 10^{13} geschätzt. Die Morphologie von Neuronen ist äußerst vielfältig. Ihre Größe variiert um den Faktor 24 zwischen etwa 5 µm (Körnerzellen des Kleinhirns) bis etwa 120 µm (Betz-Riesenpyramidenzellen des motorischen Cortex). Neurone ähnlicher Morphologie liegen in bestimmten Regionen des Gehirns in Schichten zusammen, was eine zytoarchitektonische Gliederung des Cortex erlaubt (► Kap. 17.3).

Charakteristisch für Neurone sind ein ausgeprägtes raues endoplasmatisches Retikulum sowie der große perinukleäre Golgi-Apparat als Zeichen der lebhaften Proteinsynthese. Diese Zellorganellen färben sich mit basischen Anilinfarbstoffen wie Kresylviolett deutlich an und ergeben dann eine an ein Tigerfell erinnernde Struktur (Tigroidsubstanz), die man in der Nissl-Färbung als **Nissl-Schollen** oder **Nissl-Substanz** bezeichnet. Diese **Nissl-Substanz** findet man auch in den Abgängen der Dendriten vom Perikaryon, während der Abgang des Axons als **Ursprungskegel** oder **Axonhügel** frei bleibt (17.2).

Im Alter sammeln sich Abbauprodukte in Neuronen als **Lipofuscin** (Alterspigment) an, das durch seine Autofluoreszenz leicht erkennbar und für Neurone spezifisch ist.

! 17.1 Neuronale Tumoren
Aufgrund des postmitotischen Charakters der Neurone sind neuronale Tumoren sehr selten.

! 17.2 Schädigungen des Axons
Bei Schädigung des Axons kommt es als Zeichen der zur Reparatur massiv gesteigerten Proteinbiosynthese im dazu gehörenden Perikaryon zur charakteristischen Auflösung der Nissl-Substanz (Tigrolyse). Ähnliches sieht man in den Motoneuronen des Rückenmarks nach übermäßiger Beanspruchung der Muskulatur.

Das organellenarme Axoplasma enthält charakteristische, zum Zytoskelett zählende **Neurofilamente** und **Neurotubuli** (entsprechend den Mikrotubuli anderer Zellen), die dem Transport dienen. Dabei lässt sich ein **anterograder Transport** (vom Perikaryon nach distal) von einem **retrograden Transport** (von den Endverzweigungen zum Perikaryon) unterscheiden (17.3).

Mit dem anterograden Transport werden Membranproteine und Bausteine für die Plasmamembran des Axons (Axolemm) im **langsamen Fluss (0,2–8 mm/Tag)** sowie die Vesikel mit Transmittern im **schnellen Fluss (50–400 mm/Tag)** nach distal gebracht. Der langsame Transport findet oberflächennah, der schnelle Transport im Zentrum des Axons statt.

Mit dem langsamen retrograden Fluss werden Moleküle in Vesikeln zum Abbau in den Lysosomen des Perikaryons transportiert.

! 17.3 Transport von Viren über den retrograden Fluss
Über den retrograden Fluss werden auch Viren zum Perikaryon gebracht, wo sie ein Leben lang persistieren können. Das Varicella-Zoster-Virus überlebt in den Spinalganglienzellen und kann lebenslang Entzündungen im zum Ganglion gehörenden segmentalen Nerv verursachen **(Herpes zoster: Gürtelrose)**.

17.4 Störungen des axonalen Flusses
Störungen im axonalen Fluss, z.B. durch Quetschung, können zu Missempfindungen (Dysästhesien) wie dem Gefühl einer »eingeschlafenen« Extremität führen.

Axon. Nervenzellen besitzen in der Regel zahlreiche Dendriten, aber nur ein Axon. Das Axon kann sehr lang (größer als 1 m) sein und eine **Markscheide** aus **Myelin** besitzen. Die Struktur der Markscheide im Mikroskop ist namengebend für das Axon, weil sie wie ein Achsenzylinder aussieht. Eine Sonderform stellen die Dendriten der Spinalganglienzellen dar, die sensible Informationen aus der Peripherie (z. B. aus einer Fußzehe) zum Perikaryon im Spinalganglion (für die große Fußzehe zum Spinalganglion L4, also auch über mehr als 1 m) bringen und ebenfalls myelinisiert sind. Da sie deshalb mikroskopisch wie Axone aussehen, von der Richtung der Informationsleitung aber Dendriten sind, werden sie als **dendritische Axone** bezeichnet.

Im peripheren Nervensystem kommen Neurone nur in Ganglien vor. Die Nerven enthalten ausschließlich (dendritische) Axone.

Das **Axon** kann sich aufzweigen (Kollaterale), so dass ein Neuron mit seinen **Kollateralen** verschiedene Hirnareale erreicht. Nicht selten treten **rekurrente Kollaterale** mit dem eigenen Perikaryon in synaptische Verbindung **(Autapse)**. Die myelinisierten Kollateralen teilen sich am Ende in nichtmyelinisierte **Endverzweigungen (Telodendron)** auf, so dass eine Kollaterale zahlreiche synaptische Verbindungen eingehen kann. Diese Endverzweigungen sind **plastisch**, sie können ein Leben lang neue Synapsen ausbilden **(Sprossung, Synaptogenese)**.

Dendriten. Dendriten sind erregbare Strukturen, über die eine Nervenzelle tausende von synaptischen Verbindungen eingehen kann. In der Golgi-Versilberung oder im Elektronenmikroskop sieht man besondere Ausstülpungen im Dendritenverlauf, die als Dornen (Spines) bezeichnet werden. Sie dienen der Oberflächenvergrößerung und der Regulation der Reizbarkeit.

Die Dendriten eines Neurons können sich weiter aufteilen, wobei der Durchmesser des Dendriten immer weiter abnimmt. So entstehen bei einigen Nervenzellen weit ausladende **Dendritenbäume**. Je nachdem, in welche Regionen sich ein Dendrit erstreckt, können aus unterschiedlichen Hirnregionen kommende Axone erreicht werden. Das bedeutet auch, dass entlang des Dendriten verschiedene Afferenzzonen enstehen: So können am proximalen Abschnitt des Dendriten (nahe dem Perikaryon) Axone aus einer anderen Hirnregion terminieren als am distalen Abschnitt **(schichtenspezifische Innervation)**. Schädigungen in einer Ursprungszone dieser Axone führen deshalb zur selektiven Denervation bestimmter Dendritenabschnitte, die mit Veränderungen der Dendritenmorphologie einhergehen. Die verlorenen Synapsen werden dann durch Sprossung der verbleibenden Axone in diesem Abschnitt ersetzt **(reaktive Synaptogenese)**. Weder die Dendriten noch die axonalen Endverzweigungen sind also statisch, sondern können im Verlauf des Lebens umgebaut werden.

Einteilung von Nervenzellen

Nach der Zahl und Morphologie der Fortsätze kann man Nervenzellen einteilen in **unipolare, pseudounipolare, bipolare** und **multipolare Neurone** (Abb. 17.1):
- **Unipolare Nervenzellen** besitzen keine Dendriten. Sie kommen u.a. in der Retina vor.
- **Pseudounipolare Nervenzellen** besaßen ursprünglich 2 Fortsätze, die sich perikaryonnah vereint haben. Sie kommen als sensorische Neurone im Spinalganglion vor. Das dendritische Axon leitet die Information aus der Peripherie zum Perikaryon im Spinalganglion, das Axon leitet sie dann weiter ins ZNS. Beide **Fortsätze** sind **myelinisiert.**
- **Bipolare Nervenzellen** besitzen ein Axon und vom gegenüberliegenden Zellpol abgehend einen Dendriten. Sie kommen u.a. im Ganglion spirale des Hörorgans vor.
- **Multipolare Nervenzellen** sind bei weitem die häufigsten Neurone des Nervensystems. Sie besitzen zahlreiche unterschiedlich weit verzweigte Dendriten. Sie werden unterteilt in:
  - **Golgi-Typ-I-Neurone** mit 1–2 dicken Dendriten und einem langen Axon und
  - **Golgi-Typ-II-Neurone** mit vielen, verzweigten Dendriten und einem kurzen Axon.

Aufgrund der Verschaltung unterscheidet man:
- **Prinzipalzellen** oder **Projektionsneurone,** die mit ihrem Axon Information in andere Hirnareale oder in die Peripherie leiten. Eine Sonderform der Prinzipalzellen sind die nach ihrer Form benannten **Pyramidenzellen.**
- **Interneurone,** die den Erregungsfluss der Prinzipalzellen regulieren und häufig sehr kurze Axone besitzen.

Nach der morphologischen Klassifikation sind Prinzipalzellen Neurone vom Golgi-Typ I. Interneurone gehören dagegen meist zum

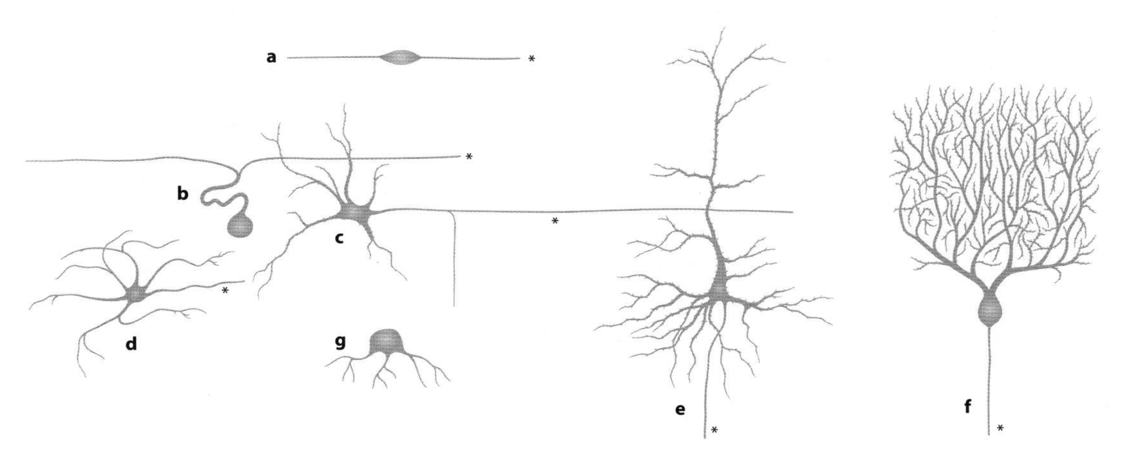

Abb. 17.1a–g. Verschiedene Nervenzelltypen. a Bipolare Nervenzelle. **b** Pseudounipolare Nervenzelle. **c, d** Multipolare Nervenzellen (**d** = multipolare Nervenzelle vom Golgi-Typ-II). **e, f** Nervenzellen vom Golgi-Typ-I (**e** = Pyramidenzelle des Cortex; **f** = Purkinje-Zelle des Kleinhirns). **g** Amakrine Zelle der Retina [1]
* = Axon, K = Kollaterale

Golgi-Typ II. Hinzu kommen zahlreiche Sonderformen wie die **anaxonischen Nervenzellen** (z.B. amakrine Zellen der Retina), **primäre Sinneszellen** (z.B. in der Riechschleimhaut), die einen Reiz in der Peripherie aufnehmen und weiterleiten können, sowie **neuroendrokrine Zellen** (z.B. in der Hypophyse), die zur Bildung und Sekretion von Hormonen fähig sind.

Die **klinisch wichtigste Einteilung** richtet sich **nach** dem verwendeten **Neurotransmitter,** z.B. glutamaterge, GABAerge, cholinerge, dopaminerge, serotoninerge Neurone (Tab. 17.1).

Ein Neuron verwendet in der Regel einen klassischen Neurotransmitter, nach dem es benannt werden kann (z.B. GABAerge Neurone). Es erhält allerdings synaptischen Input von anderen Nervenzellen über verschiedene Neurotransmitter. Die Bildung, Freisetzung, Rezeptorbindung sowie der enzymatische Abbau von Neurotransmittern kann durch Pharmaka therapeutisch beeinflusst werden. Dadurch können bestimmte funktionelle Systeme, etwa die Extrapyramidalmotorik, durch Beeinflussung der Dopaminsynthese bzw. des Dopaminabbaus reguliert werden.

Neurotransmitter und Synapse

Neurotransmitter und Synapsen

Chemische und elektrische Synapsen
Axoaxonale, axodendritische und axosomatische Synapsen
Neuromuskuläre, neuroglanduläre Synapsen und Synapsen en passant
Grey-I- und Grey-II-Synapsen
Dornsynapsen, komplexe und glomerulusartige Synapsen

Synapsen dienen der Weitergabe einer Information von einem Neuron zum nächsten Neuron (**Neurotransmission**). Man unterscheidet chemische und elektrische Synapsen:

- **Elektrische Synapsen** bestehen aus Porenproteinen. Sechs Connexinmoleküle bilden dabei ein Connexon mit einem Porenkanal, der 2 Neurone als sog. **Gap Junction** (► Kap. 2) miteinander verbindet. Membranpotenzialänderungen in einer Zelle werden so direkt auf die andere Zelle übertragen. Auf diese Weise werden Nervenzellen elektrisch gekoppelt, wie es z.B. zwischen den Rezeptorzellen der Retina der Fall ist.

Chemische Synapsen sind der häufigste Synapsentyp beim Menschen. Sie bestehen aus einer **präsynaptischen Membran** der Senderzelle, einem **synaptischen Spalt** (20–30 nm) zwischen den beiden Nervenzellen und einer **postsynaptischen (subsynaptischen) Membran** der Empfängerzelle. Die Endigung des präsynaptischen Axons, *Endkolben* oder *Bouton,* mit der präsynaptischen Membran kann mit einem Durchmesser von ca. 0,5 µm auch lichtmikroskopisch dargestellt werden (Abb. 17.2).

Boutons können synaptische Verbindungen eingehen mit:

- **Dendriten:** axodendritische Synapse
- **Axonen:** axoaxonale Synapse
- **Somata:** axosomatische Synapse

Synaptische Verbindungen werden als konvergent bezeichnet, wenn ein Neuron von vielen anderen innerviert wird. Sie werden als divergent bezeichnet, wenn ein Neuron zahlreiche andere Neurone innerviert. Konvergenz und Divergenz sind wichtige Prinzipien der Informationsverarbeitung.

Synapsen zwischen Nervenzellen und anderen Zelltypen lassen sich einteilen in:

- **Neuromuskuläre Synapsen.** Sie bilden an quergestreifter Muskulatur motorische Endplatten, die Muskelkontraktionen auslösen können.
- **Neuroglanduläre Synapsen** dienen der nervös gesteuerten Freisetzung von Drüsensekreten.
- **Synapsen en passant** findet man insbesondere zwischen vegetativen Nervenfasern und glatten Muskelzellen sowie Herzmuskelzellen. Die Axone umgeben perlschnurartig die Muskelzellen und bilden über zahlreiche **Varikositäten** Synapsen aus.

Das Prinzip der **chemischen Synapse** ist die Umwandlung elektrischer Information in eine chemische, indem durch das Aktionspotenzial eine Entleerung der Transmittervesikel in den synaptischen Spalt ausgelöst wird.

Das Aktionspotenzial bewirkt im Bouton eine Erhöhung der intrazellulären Kalziumkonzentration, durch den Einstrom von Ca^{++}-Ionen durch spannungsabhängige Kalziumkanäle. Daraufhin kommt es unter Mitwirkung Kalzium-bindender Proteine, vor allem *Synaptotagmin,* zum Verschmelzen der Transmittervesikel mit der präsynaptischen Membran und zur Freisetzung des Vesikelinhaltes (Trans-

Tab. 17.1. Die wichtigsten Neurotransmitter

Transmitter		Wirkung	Syntheseenzym	Abbauenzym
Acetylcholin (ACh)		vorwiegend exzitatorisch	Cholinacetyltransferase (ChAT)	Acetylcholinesterase (AChE)
Glutamat		exzitatorisch	Glutaminase (?)	Re-Uptake (?)
Aspartat (N-Methyl-D-Aspartat: NMDA)		exzitatorisch	Aspartattransaminase (?)	Re-Uptake (?)
GABA		inhibitorisch	Glutamatdecarboxylase (GAD)	GABA-Transaminase (GABA-T)
Glycin		inhibitorisch	Serinhydroxymethyltransferase (SHMT)	(?)
Katecholamine	Dopamin	inhibitorisch/exzitatorisch	DOPA-Decaboxylase	Monoaminooxidase (MAO)
	Noradrenalin (Norephedrin, NE)	exzitatorisch	Dopamin-β-Hydroxylase (DBH)	Monoaminooxidase (MAO)
	Adrenalin	exzitatorisch	Phenylethanolamin-N-Methyltransferase (PNMT)	Monoaminooxidase (MAO)
Indolamine	Serotonin (5-Hydroxytryptamin: 5-HAT)	vorwiegend exzitatorisch	Tryptophan-5-Hydroxylase	Monoaminooxidase (MAO)
	Histamin	(?)	Histidin-Decarboxylase, Histamin-Methyltransferase	(?)

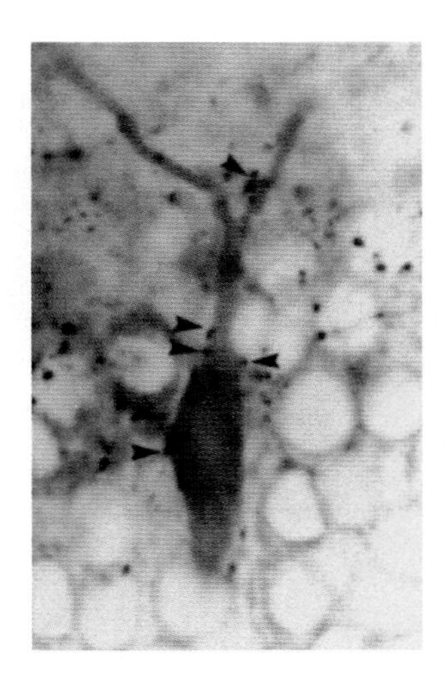

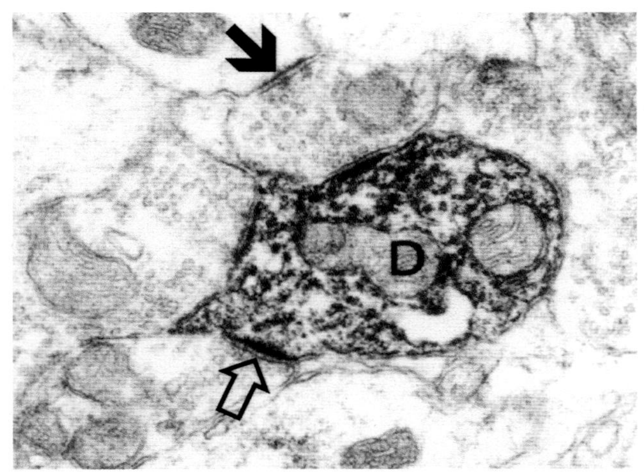

◘ Abb. 17.2. Licht- und elektronenmikroskopische Darstellung von Synapsen. Schon im Lichtmikroskop (links) können Boutons (Pfeilköpfchen) erkannt werden, die am Soma und den Dendriten der braun angefärbten Nervenzelle enden. Im Elektronenmikroskop (rechts) sieht man die synaptischen Verdichtungen symmetrischer (Gray-II, Pfeil) und asymmetrischer (Gray-I, offener Pfeil) Synapsen am schwarz gefärbten Dendriten. Die schwarze Färbung zeigt einen Marker GABAerger Neurone, das calciumbindende Protein Parvalbumin. Die hellen Kreise in den Boutons repräsentieren die Vesikel [2]

mitter) in den Synapsenspalt. Die Bindung der Transmittermoleküle an *ionotrope Rezeptoren* (▶ Kap. 17.2) der postsynaptischen Membran kann dann eine Änderung der Membrandurchlässigkeit für Ionen bewirken, so dass die chemische Information wieder in eine elektrische umgewandelt wird. Durch Transmitterbindung an *metabotrope Rezeptoren* wird im postsynaptischen Neuron eine Second-Messenger-Kaskade ausgelöst (▶ Kap. 17.2). Exzitatorische Transmitter erhöhen die Na^+-Leitfähigkeit der postsynaptischen Membran und bewirken dadurch einen Na^+-Einstrom: Es entsteht ein *exzitatorisches postsynaptisches Potenzial* (EPSP). Inhibitorische Transmitter bewirken dagegen in der Regel eine Hyperpolarisation, die als *inhibitorisches postsynaptisches Potenzial* bezeichnet (IPSP) wird. EPSPs begünstigen, IPSPs behindern die Ausbildung eines Aktionspotenzials, das vor allem am Axonhügel des Neurons entsteht.

Die **synaptische Neurotransmission** kann durch Modifizierung der Rezeptormoleküle und durch Bindung eines Transmitters an verschiedene Rezeptortypen fein moduliert werden kann. Weiterhin tragen sog. **Kotransmitter** oder **Modulatoren,** die neben den Neurotransmittern mit in den synaptische Spalt freigesetzt werden und lange wirksam sind, zur Modifizierung der Neurotransmission bei. Zu ihnen gehören neben vielen anderen die **Opioide** (◘ Tab. 17.2). Darüber kann die Transmission durch **präsynaptische Rezeptoren** gehemmt werden, die eine Freisetzung von Transmittern, sogenannter *Release*, aus der präsynaptischen Axonendigung reduzieren. Dieser Vorgang schützt die postsynaptische Zelle als negative Rückkopplung vor Übererregung. Anders als bei elektrischen Synapsen erfolgt die Neurotransmission an der chemischen Synapse meist nur in eine Richtung, nämlich von prä- nach postsynaptisch. Allerdings gibt es auch **reziproke Synapsen**, an denen zusätzlich zu dieser anterograden auch eine retrograde Informationsübertragung stattfindet.

Die Unterscheidung zwischen (schnell wirksamen) Neurotransmittern (»klassische Transmitter«) und (langsam wirksamen) Neuromodulatoren ist nicht immer genau einzuhalten, wird aber aus historischen Gründen weiterhin benutzt. Trennschärfer ist eine Unterteilung nach direkt auf Ionenkanäle wirksamen **ionotropen Transmitter/Rezeptorsystemen** und den über intrazelluläre Signalkaskaden (Second-Messenger) indirekt wirksamen **metabotropen Transmitter/Rezeptorsystemen.** Für viele Neurotransmitter, z.B. Glutamat, gibt es sowohl metabotrope als auch ionotrope Transmitter.

◘ Tab. 17.2. Die wichtigsten Neuromodulatoren

Peptide	Opioide
Adrenocorticotropes Hormon (ACTH) Atrialer natriuretischer Faktor (ANF) Angiotensin II Bradykinin Cholecystokinin Calcitonin Calcitonin Gene-related Peptide (CGRP) Corticotropin-releasing Faktor (CRF) Galanin (GAL) Gastrin Glucagon Insulin Leptin Neuropeptid Y (NPY) Neurotensin Orexin (Hypocretin) Oxytocin und Vasopressin Somatostation Tachykinin-Familie: – Neurokinin A – Neurokinin B – Substanz P	**Prodynorphin-Peptid-Familie:** – Dynorphin A – Dynorphin B – α-Neoendorphin β-Neoendorphin **Proenkephalin-Peptid-Familie:** – Metenkephlin – Leuenkephalin **Proopiomelancortin-Peptid-Familie:** – β-Endorphin – α-melanozytenstimulierendes Hormon (α-MSH) – γ-melanozytenstimulierendes Hormon (γ-MSH)

Neuropeptide werden im Perikaryon synthetisiert und gelangen in Vesikeln über den axonalen Transport in die präsynaptische Endigung. Azetylcholin, als Transmitter wirksame Aminosäuren und Monoamine werden dagegen in der Präsynapse synthetisiert und dort in Vesikel verpackt. Nach der Ausschüttung werden Transmitter recycelt, indem sie wieder in die Präsynapse aufgenommen und erneut in Vesikel verpackt werden (Re-uptake).

Ultrastrukturell (d.h. im Elektronenmikroskop) unterscheiden sich Synapsen beträchtlich. Nach Gray (1959) werden 2 Typen differenziert:

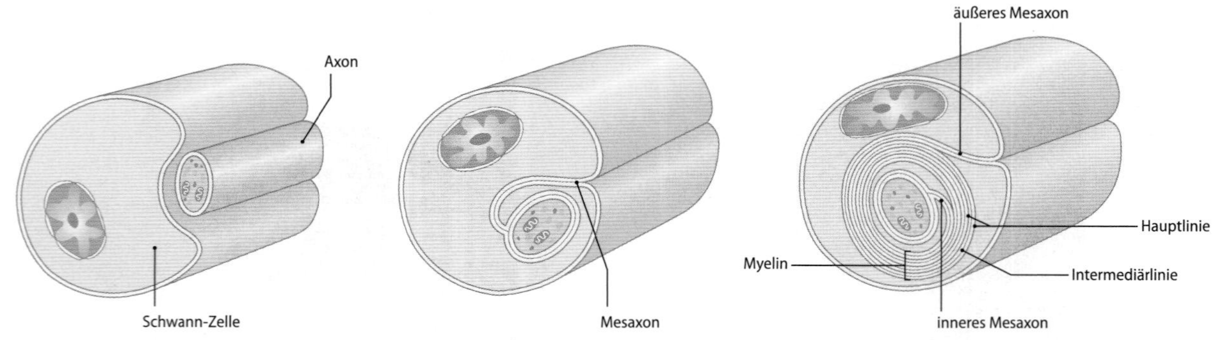

Abb. 17.3. Entwicklung der Markscheide eines peripheren Nervs. Zunächst umgreift die Schwann-Zelle das Axon, so dass eine Einfaltung mit Verbindung nach außen entsteht, das **Mesaxon.** Die Schwann-Zelle wickelt sich weiter um das Axon, wobei es zum Verschmelzen der gegenüberliegenden Membranen kommt, es entsteht die Intermediärlinie. Durch Verschmelzung der ursprünglich dem Zytoplasma zugewandten Seiten der Membran entstehen die dicken Hauptlinien [1]

- **Gray-Typ-I-Synapsen,** die einen etwa 30 nm breiten synaptischen Spalt sowie durchgängige prä- und postsynaptische Membranverdickungen aufweisen. Da die präsynaptische Verdichtung dicker als die postsynaptische ist, werden sie auch als **asymmetrische Synapsen** bezeichnet. **Typ I Synapsen sind in der Regel inhibitorisch.**
- **Gray-Typ-II-Synapsen** haben einen schmäleren synaptischen Spalt (etwa 20 nm) und unterbrochene synaptische Membranverdickungen, die symmetrisch erscheinen. **Typ II Synapsen sind in der Regel exzitatorisch.**

Darüber hinaus gibt es zahlreiche Übergangsformen und Spielarten:
- **Dornsynapsen** nennt man Synapsen an den dendritischen Dornen.
- Ist der Dorn unterteilt und erhält er mehrere Synapsen, spricht man von **komplexen Synapsen.**
- **Glomerulusartige Synapsen** nennt man Komplexe mehrerer Axone und Dendriten, die untereinander in synaptischem Kontakt stehen.

Nervenfasern

Eine Nervenfaser ist die schon lichtmikroskopisch als Achsenzylinder sichtbare Einheit von Axon (oder dendritischem Axon) und Markscheide. Diese Scheide wird von Gliazellen gebildet:
- im ZNS von Oligodendrozyten
- im peripheren Nervensystem von Schwann-Zellen.

Beide Gliazellen sind neuroektodermaler Herkunft. Der wesentliche Unterschied besteht darin, dass ein Oligodendrozyt mehrere Axone umhüllt, während eine Schwann-Zelle immer nur ein Axon umscheidet. Dies gilt nicht für marklose Fasern, von denen mehrere von einer Schwann-Zelle umgeben sein können.

Oligodendrozyten und Schwann-Zellen können sich in mehreren Schichten um ein Axon wickeln, so dass Lamellen entstehen, die das **Myelin** beinhalten (Abb. 17.3). Myelin ist ein Lipoprotein, das im polarisierten Licht doppelbrechend erscheint. Im Routinepräparat wird das Myelin durch die Dehydrierung im Alkohol herausgewaschen, so dass vormals myelinhaltige Strukturen durchsichtig erscheinen.

Nach der Dicke der Myelinhülle, die die Anzahl der Lamellen widerspiegelt, unterscheidet man:
- markreiche Nervenfasern mit vielen Lamellen
- markarme Nervenfasern mit wenigen Lamellen
- marklose Nervenfasern von Hüllzellen umgeben, die keine Lamellen ausbilden
- markfreie Fasern des ZNS, die ohne Hüllzellen verlaufen.

Die Markscheide ist in regelmäßigen Abständen (1–3 mm) von einer Einschnürung, dem **Ranvier-Schnürring**, unterbrochen, der dem Zwischenraum zwischen 2 Hüllzellen entspricht. Der Abstand zwischen 2 Schnürringen wird als **Internodium** bezeichnet. Im Axolemm des Schnürrings liegen zahlreiche Na^+-Kanäle, während die Internodien frei davon sind. Dadurch wird die **saltatorische Erregungsleitung** von Schnürring zu Schnürring ermöglicht. Die Erre-

Tab. 17.3. Einteilung der Nervenfasern nach Kaliber und Leitungsgeschwindigkeit

Gruppe	Nervenfaserdurchmesser in µm	Leitungsgeschwindigkeit (Warmblüter) in m/s	Beispiele
Markhaltige Nervenfasern			
Ia Aα	10–20	60–120	Efferenzen zu quergestreiften Muskelfaser (Skelettmuskulatur Afferenzen aus Muskelspindeln
Ib Aβ	6–12	30–70	Sehnenorgan
II	9	25–70	Afferenzen aus der Haut und von Haarfollikeln (Berührungsempfindung, Vibration)
III Aγ	4–8	15–30	Efferenzen zu intrafusalen Muskelfasern von Muskelspindeln
III Aδ	3–5	12–30	Afferenzen aus der Haut (freie Nervenendigungen, Wärme-, Kälte- und Schmerzleitung
B	1–3	3–15	präganglionäre vegetative Nervenfasern
Marklose Nervenfasern			
IV C	0,3–1	0,5–2	postganglionäre vegetative Nervenfasern, Schmerz- und Temperaturleitung

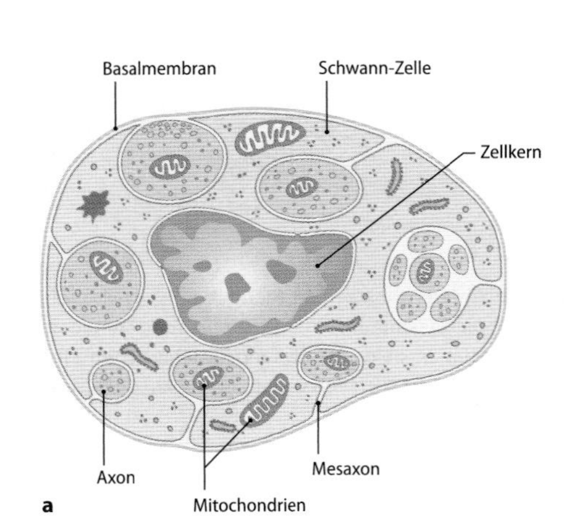

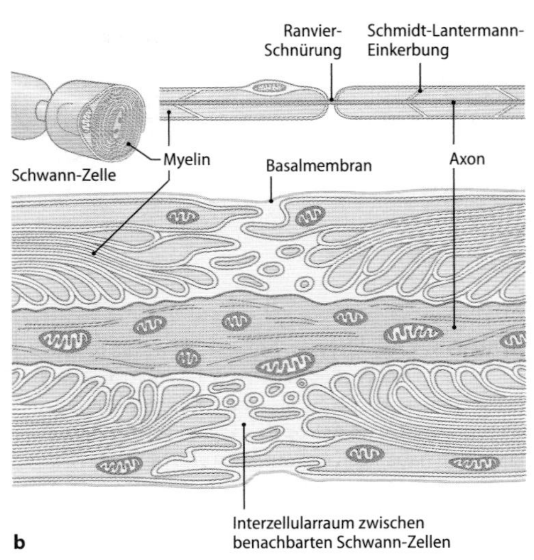

Abb. 17.4a, b. Marklose und markhaltige Nervenfaser. a Die marklosen Axone sind entweder einzeln oder zu mehreren von einer Schwann-Zelle umgeben. Über das Mesaxon besteht eine Verbindung nach außen. Anders als Oligodendrozyten sind Schwann-Zellen von einer Basalmembran umgeben (Zeichnung nach einer elektronenmikroskopischen Aufnahme). **b** Im markhaltigen Nerven erkennt man den Ranvier-Schnürring und die Schmidt-Lantermann-Einkerbung bei geeigneter Färbung schon im Lichtmikroskop. Im Elektronenmikroskop (unten) stellt sich die Verzahnung zweier Schwann-Zellen am Ranvier-Schnürring dar. Die Erregungsausbreitung erfolgt saltatorisch von Schnürring zu Schnürring [1].

gungsleitungsgeschwindigkeit steigt mit der Länge der Internodien, der Dicke der Markscheide und dem Kaliber des Axons (Tab. 17.3). Im Längsschnitt durch einen markhaltigen Nerven sieht man Zytoplasmabrücken, die schräg die Markscheide durchqueren: **Schmidt-Lantermann-Einkerbungen** (Abb. 17.4).

Marklose Fasern, die im PNS meist zum vegetativen Nervensystem gehören, sind einzeln oder in Gruppen von einer Hüllzelle umgeben, wobei auch mehrere Axone ein gemeinsames Mesaxon besitzen können. Durch das Fehlen der Markscheide gibt es keine saltatorische Erregungsleitung, sondern eine kontinuierliche, langsame Ausbreitung der Erregung.

 **17.5 Autoimmunerkrankungen des Myelins**

Myelin kann Ziel autoimmuner Attacken werden. Da sich zentrales und peripheres Myelin unterscheiden, können dabei selektiv Fasern des PNS oder des ZNS betroffen sein. Dabei kommt es zur Demyelinisierung der Nervenfasern und damit zu einer behinderten oder gänzlich unterbrochenen Erregungsleitung, die je nach Ort des Herdes zu verschiedenen neurologischen Ausfällen führt. Die häufigste Form solcher Autoimmunerkrankungen gegen Myelin ist im ZNS die Multiple Sklerose (MS), im PNS das Guillain-Barré Syndrom.

17.1.2 Neuroglia

Einführung

Die weitaus größte Zellpopulation im Nervengewebe wird unter dem Begriff Neuroglia zusammengefasst. Das Verhältnis von Gliazellen zu Neuronen im ZNS wird mit etwa 10 : 1 angegeben. Der Begriff Neuroglia wurde 1846 von Virchow geprägt. Glia bedeutet Leim, was nahelegt, die Neuroglia sei eine Art Kittsubstanz (oder Bindegewebe) für das Nervengewebe. Mittlerweile sind jedoch vielfältige Funktionen für Gliazellen beschrieben, die für die geregelte Informationsweiterleitung, aber auch für immunologische Vorgänge im ZNS unabdingbar sind.

Nach embryonaler Herkunft, Morphologie und Funktion lassen sich **Astrozyten (Makroglia)**, **Mikrogliazellen**, **Ependymzellen** und die Myelinscheiden bildenden **Oligodendrozyten** des ZNS sowie die **Schwann-Zellen** des PNS unterscheiden (Abb. 17.5).

Sonderformen der Neuroglia sind u.a. die **Pituizyten** der Neurohypophyse, die **Bergmann-Glia** des Kleinhirns und die **Tanyzyten** des Hypothalamus. Während der Morphogenese des Gehirns dient die **radiale Glia** als Wegweiser bei der Migration von Nervenzellen aus der Proliferationszone des Neuralrohres in die Zielgebiete.

Astrozyten

Astrozyten sind ektodermaler Herkunft und finden sich ubiquitär im ZNS. Sie kommen als protoplasmatische Astrozyten mit wenigen Fortsätzen vorwiegend in der grauen Substanz, als fibrilläre Astrozyten mit langen Fortsätzen vorwiegend im Mark vor. Astrozyten besitzen hohe Mengen des glialen fibrillären sauren Proteins (GFAP), einem Intermediärfilament des Zytoskeletts.

Astrozyten sind wichtig für die **Homöostase** im ZNS, indem sie den pH regulieren und als K^+-Puffer dienen. Zudem sezernieren sie antiinflammatorische Substanzen, die Entzündungsreaktionen im ZNS unterdrücken und hemmend auf die Mikroglia wirken. Dies ist wichtig, um den Verlust von Neuronen durch Entzündung vorzubeugen, da Nervenzellen wegen ihres postmitotischen Charakters unersetzbar sind. Nach Verletzungen im Gehirn proliferieren Astrozyten stark und bilden das Narbengewebe.

Sonderfomen von Astrozyten sind die **Tanyzyten**, die paraventrikulär um den 3. Ventrikel vorkommen, die **Bergmann-Glia** des Cerebellums, die während der Ontogenese des Kleinhirns nachweisbar und für die Migration der unreifen Neurone von entscheidender Bedeutung ist, sowie die **radiale Glia (Radiärfaserglia),** die sich in der Morphogenese des Zentralnervensystems von der ventrikulären Zone bis zur Oberfläche des Neuralrohres und der Hemisphärenblasen erstreckt und so den ebenfalls aus der Proliferationszone kommenden unreifen Neuronen den Weg zu ihrer endgültigen Position weist (► Kap. 17.19).

Fortsätze von Astrozyten umgeben Synapsen, wo sie Transmitter aus dem Synapsenspalt aufnehmen. Als *Membrana limitans gliae su-*

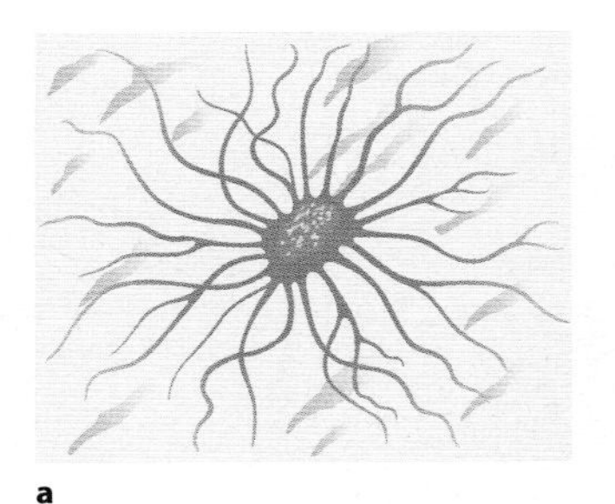
a

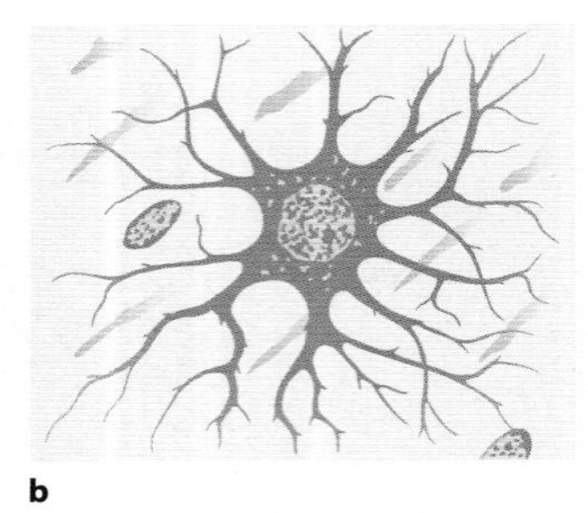
b

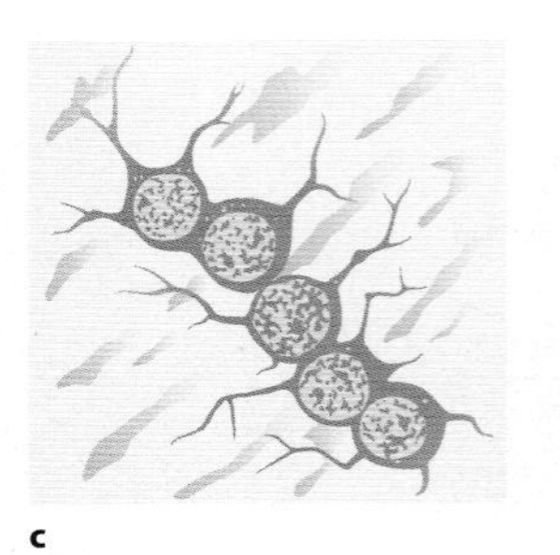
c

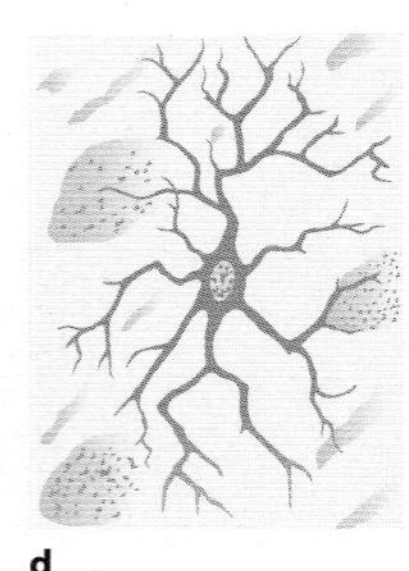
d

Abb. 17.5a–d. Verschiedene Gliazelltypen. Astrozyten sind die größten Gliazellen mit einem runden bis ovalen hellen Zellkern. **a Faserastrozyten, fibrilläre Astrozyten** liegen in der weißen Substanz und besitzen lange, schmale Fortsätze. **b Protoplasmatische Astrozyten** kommen vorwiegend in der grauen Substanz vor und haben kurze, dicke, reich verzweigte Fortsätze. **c Oligodendrozyten** zeigen deutlich kleinere Zellkerne als Astrozyten. Sie bilden mit ihren Fortsätzen die Markscheide jeweils mehrerer Axone, sind jedoch in ihrer Gesamtausdehnung nur unzureichend darzustellen. **d Mikrogliazellen** haben kleine, häufig längsoval bis sichelförmige Zellkerne. Im Ruhezustand sind sie reich verzweigt und stellen die residenten Gewebemakrophagen im ZNS dar [1]

perficialis bilden Astrozytenfortsätze eine Grenzschicht von Gehirn und Rückenmark gegen die weiche Hirnhaut und als *Membrana limitans gliae perivascularis* eine die Blutgefäße umscheidende Schicht. Beide Formen werden kurz *Glia limitans* genannt (17.6). Ihnen liegt eine Basalmembran auf, die den Abschluss des Nervengewebes gegen den Liquor und die Blutgefäße bildet (Abb. 17.6).

17.6 Astrozytom

Außer Kontrolle geratene Proliferation von Astrozyten stellt als Astrozytom einen häufigen und wegen der Raumforderung gefährlichen Tumor im ZNS dar.

Oligodendrozyten und Schwann-Zellen

Oligodendrozyten und Schwann-Zellen bilden die Markscheiden der Axone und der dendritischen Axone der sensorischen Ganglienzellen. Beide Zelltypen sind neuroektodermalen Ursprungs und bleiben ein Leben lang teilungsfähig. Im Gegensatz zu Schwann-Zellen, die immer nur ein Axon im PNS umhüllen, bilden Oligodendrozyten die Markscheiden mehrerer Axone im ZNS. Ein weiterer Unterschied ist, dass Schwann-Zellen von einer Basalmembran umgeben sind, Oligodendrozyten aber nicht. Oligodendrozyten sind deutlich kleiner als Astrozyten und zeigen nur kurze Fortsätze. Oligodendrozyten liegen in Gruppen von 3–5 Zellen zusammen.

Abb. 17.6. Astrozyten. Sichtbar werden lange dünne Fortsätze von Faserastrozyten (linke Bildhälfte). Um das Blutgefäß (rechter oberer Bildausschnitt) sieht man die Membrana limitans gliae perivascularis sowie die Perykaryen einiger an ihrer Bildung beteiligten Astrozyten (Fluoreszenzmikroskopie: immunzytochemische Färbung von GFAP im Gehirn des Menschen) [2]

Mikroglia

Mikrogliazellen, die auch als Stäbchenzellen, Mesoglia oder Hortega-Zellen (nach Pio del Rio Hortega, der sie 1921 als erster beschrieb) bezeichnet werden, sind mesenchymaler Herkunft und wandern embryonal ins ZNS ein. Sie stellen **Gewebemakrophagen** dar, die ein Leben lang aus Blutmakrophagen/Monozyten rekrutiert werden können. Unter physiologischen Bedingungen sind sie unter dem Einfluss astrozytärer Einwirkung deaktiviert und zeigen einen ovalen bis sichelförmigen Zellkern mit schmalem Zytoplasmasaum. Oft gehen bipolar von den schmalen Seiten des Kerns Fortsätze mit Sekundär- und Tertiärverzweigungen aus. Unter pathologischen Bedingungen verlieren sie die Aufzweigungen und entwickeln die typische Morphologie von Makrophagen. Die Mikrogliazellen proliferieren dann, migrieren zum Ort der Schädigung, wo sie phagozytieren und den T-Lymphozyten Antigene präsentieren. Die Mikroglia gehört somit zum **mononukleären Phagozytosesystem** (MPS, ► Kap. 7).

17.7 Aktivierung von Mikroglia als histopathologisches Merkmal

Die Aktivierung von Mikroglia, d.h. die Transformation von der ramifizierten in die amöboide Form ist ein histopathologisches Merkmal aller degenerativen und entzündlichen Erkrankungen des ZNS.

Ependymzellen

Ependymzellen kleiden die Hohlräume (Ventrikel und Canalis centralis) des ZNS als flach bis hochprismatische Zellschicht aus. Ihre apikale, häufig von Kinozilien besetzte Oberfläche liegt dem inneren Liquorraum zugewandt. Basal besitzen sie Fortsätze, die in der Entwicklung bis an die Oberfläche der umgebenden Hirnstrukturen reichen. Das Ependym ist weder apikal noch basal von einer Basalmembran überzogen. Der Stoffaustausch zwischen Interstitium des Parenchyms und dem inneren Liquorraum ist möglich, wird aber durch Desmosomen unter den Ependymzellen beeinflusst.

Das Ependym ist auch beim Erwachsenen noch ein Ort von **Stammzellen** (17.8).

17.8 Isolierung von Stammzellen

Der Isolierung von Stammzellen gilt derzeit großes Interesse, weil man sich erhofft, mit ihrer Hilfe degenerativen Erkrankungen im ZNS entgegenzuwirken. Wie die Stammzellen an den Schädigungsort gebracht werden und ob sie dort dauerhafte, sinnvolle synaptische Kontake ausbilden, ist dabei aber noch völlig offen.

In Kürze

Neurone

Neurone kommunizieren untereinander oder mit Muskelzellen an Synapsen. Durch ankommende Aktionspotenziale (AP) werden Vesikel mit Neurotransmittern in den synaptischen Spalt freigesetzt, die eine postsynaptische Potenzialänderung bewirken. Sie kann hyper- (IPSP) oder depolarisierend (EPSP) sein. Die Summe der eingehenden IPSPs und EPSPs bestimmt, ob die Zielzelle ebenfalls ein AP generiert.

Gliazellen

Gliazellen haben vielfältige Funktionen. Olidendrozyten bilden die Myelinscheide zentraler, Schwann-Zellen die von peripheren Axonen. Astrozyten erhalten das ZNS-typische Milieu und begrenzen als Glia limitans die Oberfläche des Neuropils gegenüber der Hirnhaut und den Blutgefäßen. Mikrogliazellen sind die immunkompetenten Makrophagen des zentralen Nervengewebes.

17.2 Transmitter und Rezeptoren: Molekulare Grundlagen der Neurotransmission

K. Zilles

 Einführung

Transmitter und ihre Rezeptoren werden von Neuronen gebildet und stellen die molekulare Grundlage der Erregungsübertragung, Neurotransmission, im Nervensystem dar. Gliazellen bilden ebenfalls Rezeptoren und sind außerdem am Transmitterstoffwechsel beteiligt. Die Bindung eines Transmitters an seinen spezifischen Rezeptor löst eine lokale Membranpotenzialänderung, exzitatorisches oder inhibitorisches postsynaptisches Potenzial (EPSP bzw. IPSP), in der nachgeschalteten Zielzelle aus.

17.2.1 Transmitter

Transmitter, Überträgersubstanzen oder Botenstoffe, werden entweder überall im Nervensystem, z.B. Glutamat, γ-Aminobuttersäure (GABA), oder nur in spezifischen Regionen gebildet, von wo sie über Axone in ihre zum Teil weit entfernten Zielstrukturen gelangen (z.B. Acetylcholin, Dopamin, Noradrenalin, Serotonin).

Transmitter werden bei der synaptischen Erregungsübertragung durch ein Aktionspotenzial, das einen Ca^{++}-vermittelten Mechanismus auslöst, aus Vesikeln im präsynaptischen Axonende, **Bouton,** in den Synapsenspalt freigesetzt und binden dann nichtkovalent an die für den jeweiligen Botenstoff spezifischen Transmitterrezeptoren (◻ Abb. 17.7). Kleine Moleküle, z.B. Acetylcholin, Aminosäuren und Monoamine, können als klassische **Transmitter** wirken, aber auch größere Moleküle, z.B. **Neuropeptide**, und sehr kleine Moleküle, z.B. Stickstoffmonoxyd, sind an der Modulation der Erregungsübertragung beteiligt. Transmitter vermitteln über **ionotrope Rezeptoren** (siehe unten) eine rasche und kurz andauernde Erregungsübertragung oder bewirken über **metabotrope Rezeptoren** (siehe unten) eine langsamer eintretende und länger anhaltende Wirkung.

In einer präsynaptischen Struktur eines Neurons können verschiedene Transmitter und/oder Modulatoren auftreten **(Kolokalisation)**. So ist z.B. Acetylcholin mit Galanin im Tractus septohippocampalis und mit Enkephalin in präganglionären Neuronen des Sympathikus kolokalisiert. Der inhibitorisch wirkende Transmitter GABA ist in der Amygdala und dem Corpus striatum mit β-Endorphin oder Enkephalin, im Cortex cerebri mit VIP, Somatostatin oder Cholecystokinin (CCK) und im Hippocampus mit Somatostatin und CCK kolokalisiert. Zahlreiche weitere Transmitter und Neuropeptide weisen Kolokalisationen auf.

Transmitter werden entweder ubiquitär (z.B. Glutamat, GABA) oder nur in bestimmten Kerngebieten gebildet, von wo aus sie über Axone in weit entfernte Bezirke des Nervensystems gelangen (◻ Abb. 17.7 und ◻ Tab. 17.4).

Acetylcholin

Aus Cholin und Acetyl-Coenzym A wird mit Hilfe des Enzyms Cholinacetyltransferase (ChAT) der Transmitter Acetylcholin in Neuronen gebildet. Acetylcholin wird nach Freisetzung in den Synapsenspalt schnell durch das Enzym Acetyl-Cholinesterase (AChE) in Cholin und Acetat gespalten und damit inaktiviert. Während das Acetat von Astrozyten aufgenommen wird, gelangt Cholin über den Cholintransporter wieder in die Nervenzelle und steht dort für die Acetylcholinsynthese zur Verfügung. Mit Antikörpern gegen Cholinacetyltransferase kann immunhistochemisch die Fähigkeit eines Neurons zur Synthese des Transmitters Acetylcholin **(cholinerges Neuron)** nachgewiesen werden.

Im Prosencephalon liegen cholinerge Neurone in 4 Regionen (Ch1–4), die zum **basalen Vorderhirn** gehören (◻ Tab. 17.4). Ch1 und Ch2 senden ihre Axone über den **Fornix** zum Hippocampus. Über die **Stria medullaris** und den **Tractus habenulo-interpeduncularis** gelangen cholinerge Projektionen aus Ch1–3 in den Ncl. in-

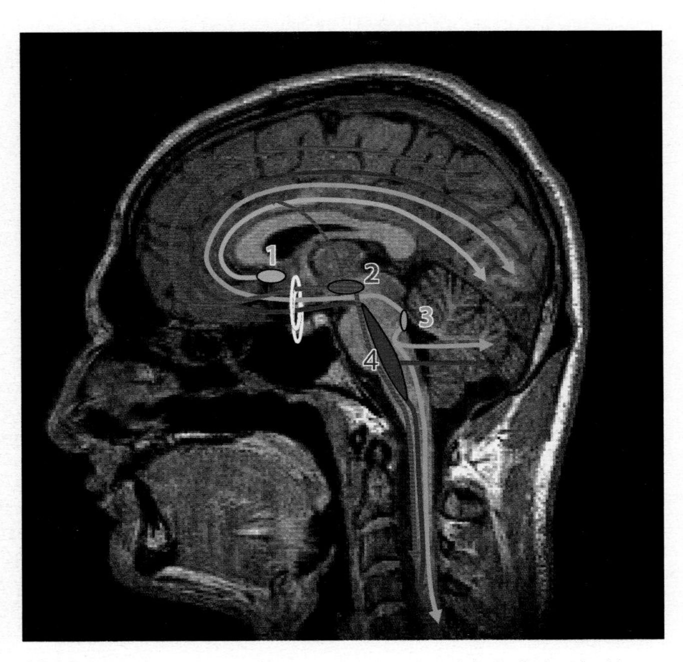

◻ **Abb. 17.7.** Syntheseorte für die Transmitter Acetylcholin (1: basales Vorderhirn, Ch1–4), Dopamin (2: Substantia nigra und Area tegmentalis ventralis, A 9–10), Noradrenalin (3: Locus coeruleus und Ncl. subcoeruleus, A6–7) und Serotonin (4: Ncll. raphe, B1–3 und 5–8)

Tab. 17.4. Häufig vorkommende Transmitter, wichtigste Syntheseorte und Zielgebiete

Transmitter	Syntheseorte	Zielgebiete
Acetylcholin	Ncl. septalis medialis (Ch1) diagonales Band von Broca (Ch2 + Ch3)	Hippocampus, Bulbus olfactorius, Ncl. interpeduncularis
	Ncl. basalis MEYNERT (Ch4)	Neocortex
	Ncl. tegmenti pedunculopontinus (Ch5)	Thalamus, Corpus geniculatum laterale, Hypothalamus
	Ncll. periolivares	äußere und innere Haarzellen des Corti-Organs
	somato- und viszeromotorische Hirnnervenkerne	äußere Augenmuskeln, postganglionäre Neurone der parasympathischen Hirnnervenganglien
	präganglionäre Neurone des Sympathikus im Seitenhorn des Rückenmarks	postganglionäre Neurone des Sympathikus im Grenzstrang
	präganglionäre Neurone des Parasympathikus im sakralen Rückenmark	postganglionäre Neurone der peripheren parasympathischen Ganglien
	α- und γ–Motoneurone des Vorderhorns im Rückenmark	Skelettmuskulatur und intrafusale Fasern der Muskelspindeln
Monoamine		
Dopamin	Substantia nigra pars compacta (A9)	Corpus striatum, Globus pallidus, Ncl. accumbens
	Area tegmentalis ventralis (A10)	Hirnrinde
	dienzephale Kerngruppen (A11–15)	Rückenmark, Ncll. raphe, Eminentia mediana, Hypophyse, Hypothalamus
	Bulbus olfactorius (A16)	Bulbus olfactorius
Noradrenalin	Locus coeruleus (A6)	Hypothalamus, Thalamus, Amygdala, gesamte Hirnrinde, Septum, Cerebellum, Tectum, sensorische Hirnnervenkerne, Ncll. pontis
	Ncl. subcoeruleus (A7)	Rückenmark, somato- und viszeromotorische Kerne im Hirnstamm
Serotonin (5-Hydroxytryptamin, 5-HT)	**kaudale Kerngruppe:** Ncl. raphe pallidus (B1), Ncl. raphe obscurus (B2), Ncl. raphe magnus (B3)	Vorderhorn und Ncl. intermediolateralis des Rückenmarks, Hinterhorn und Zona intermedia des Rückenmarks, Cerebellum, Hirnnervenkerne
	rostrale Kerngruppe: Ncl. raphe pontis (B5), Ncl. raphe dorsalis (B6 u. 7) Ncl. raphe medianus (= Ncl. centralis superior Bechterew, B8)	Cerebellum, Locus coeruleus, Ncl. interpeduncularis, Substantia nigra, Hypothalamus, Thalamus, Ncl. Subthalamicus, Corpus striatum, Septum, Amygdala, gesamte Hirnrinde
Aminosäuren		
Glutamat	Zahlreiche Neurone im gesamten ZNS, u.a. Spinalnervenganglien und sensorische Hirnnervenganglien, Kleinhirnrinde (Körnerzellen) und Kleinhirnkerne, Griseum centrale, Ganglienzellen der Retina	gesamtes ZNS
γ-Aminobuttersäure (= GABA)	v.a. Interneurone, aber auch einige Projektionsneurone im gesamten ZNS, u.a. Ncl. reticularis thalami, Corpus striatum, Globus pallidus, Ncl. subthalamicus, Substantia nigra pars reticulata, mediales Septum und diagonales Band von Broca, Ncl. accumbens, Amygdala; Purkinje-, Golgi-, Korb- und Sternzellen der Kleinhirnrinde	gesamtes ZNS
Glycin	Renshaw-Zellen im Vorderhorn des Rückenmarks, Griseum centrale	Motoneurone im Vorderhorn, Interneurone

terpeduncularis und die Area tegmentalis ventralis. Der Bulbus olfactorius erhält aus Ch3 über den **Tractus olfactorius** cholinerge Afferenzen. Im vorderen und lateralen Teil von Ch4 liegen cholinerge Neurone, die über das **ventrale amygdalofugale Bündel** ihre Axone zur Amygdala schicken. Aus Ch4 gelangen schließlich cholinerge Projektionen zur gesamten Hirnrinde. Neben weiteren wichtigen cholinergen Systemen im Hirnstamm und Rückenmark (Tab. 17.4) soll hier nur noch das aus den Ncll. periolivares entspringende Rasmussen-Bündel erwähnt werden, das im N. vestibulocochlearis zu den äußeren und inneren Haarzellen des Innenohrs zieht. Wahrscheinlich wird über dieses System die Empfindlichkeit der Sinneszellen reguliert.

17.9 Alzheimer-Krankheit

Bei der **Alzheimer-Krankheit,** die mit einem zunehmenden Verlust kognitiver Fähigkeiten, Demenz, einhergeht, kommt es zu einer ausgeprägten Degeneration des cholinergen Systems mit deutlicher Degeneration der Nervenzellen im basalen Vorderhirn. Typisch sind die mit dem Krankheitsverlauf zunehmenden Nervenzelluntergänge im Ncl. basalis Meynert. Allerdings finden sich auch in anderen Kerngebieten (Locus coeruleus, Ncll. raphe, Area tegmentalis ventralis) degenerierende Nervenzellen, die andere Transmitter bilden.

Katecholamine

Die Transmitter **Dopamin** und **Noradrenalin** zählen zu der Gruppe der Katecholamine. Kerngebiete, in denen Katecholamin synthetisierende Neurone vorkommen, sind am ungefärbten Hirnschnitt an ihrer dunklen Färbung erkennbar, die durch einen hohen **Melaninpigmentgehalt** bedingt ist. Dies gilt vor allem für den **Locus coeruleus,** wo Neurone Noradrenalin als Transmitter synthetisieren, und die **Substantia nigra,** wo der Transmitter Dopamin gebildet wird (Abb. 17.7).

Noradrenalin. Das **ventrale noradrenerge Bündel** aus der Formatio reticularis (A1), dem Ncl. solitarius (A2), dem Locus coeruleus (A6), der Oliva superior (A5) und dem Ncl. subcoeruleus (A7) liegt in der zentralen Haubenbahn und schließt sich dem Fasciculus telencephalicus medialis, **mediales Vorderhirnbündel,** an. Auf diesem Weg gelangt es zur Hirnrinde. Das noradrenerge System steigert die Aufmerksamkeit **(Arousal-Reaktion)** der gesamten Hirnrinde.

Dopamin. Wichtige dopaminerge Projektionen kommen aus der *Area tegmentalis ventralis* (A10, VTA) und gelangen über das mediale Vorderhirnbündel zum gesamten Neokortex, Hippocampus, Septum und zur Amygdala.

17.10 Klinischer Hinweis zur Dopaminwirkung und Reward-Mechanismus

Dopamin ist ein Transmitter, der nach emotionalen Ereignissen oder nach der Einnahme von Suchtdrogen verschiedener Art neuronale Mechanismen ermöglicht, die ein Gefühl der Befriedigung und Belohnung **(Reward-Mechanismus)** vermitteln. Die anatomischen Grundlagen für den dopaminergen Reward-Mechanismus sind im mesokortikolimbischen System zu sehen, das von der Area tegmentalis ventralis zum *Ncl. accumbens* und dem *medialen präfrontalen Kortex* aufsteigt. Stimulierung dieser Hirngebiete z.B. durch erhöhte Dopaminfreisetzung steigert den Effekt dieses Mechanismus. In VTA werden dopaminerge Neurone normalerweise durch GABAerge Interneurone gehemmt. Die Interneurone besitzen μ-Rezeptoren für Opioide, die auf diesem Weg die Interneurone hemmen. Dies führt zu einer Disinhibition der dopaminergen Neurone und damit zum Auslösen des **Reward-Mechanismus.** Kokain hemmt die Wiederaufnahme von Dopamin aus dem synaptischen Spalt und steigert so die dopaminerge Erregungsübertragung. Alkohol erhöht die Aktivität der dopaminergen Neurone in VTA und den extrazellulären Dopaminspiegel im Ncl. accumbens.

Dopamin spielt eine wichtige Rolle im extrapyramidalen System. Neurone in der Substantia nigra, pars compacta (A9) bilden Dopamin, das über den **Tractus nigrostriatalis** zum Corpus striatum gelangt und dort – je nach Rezeptor – exzitatorisch oder inhibitorisch wirkt.

17.11 Parkinson-Erkrankung

Die häufigste Erkrankung der Extrapyramidalmotorik ist die **Parkinson-Erkrankung.** Sie beruht auf einer Degeneration der Dopamin synthetisierenden Nervenzellen in der Substantia nigra, pars compacta und führt zu typischen Bewegungungsstörungen (Rigor, Tremor, Akinese).

Serotonin

Serotoninerge Neurone kommen in der Medianebene des Rhombenzephalons in den Ncll. raphe vor. Für die Hirnrinde sind die wichtigsten Quellen serotoninerger Afferenzen der Ncl. centralis superior Bechterew (= Ncl. raphe medianus; B8), der seine serotoninergen Projektionen zum Hippocampus schickt, und der Ncl. raphe dorsalis (B6 u. 7), der zur gesamten übrigen Hirnrinde seine Axone sendet.

Das **ventrale serotoninerge Bündel** mündet im lateralen Hypothalamus in das mediale Vorderhirnbündel ein. Weitere Fasern des ventralen Bündels ziehen via **Ansa peduncularis** zur Amygdala und zum Corpus striatum und gelangen durch die Capsula externa zum Neokortex. Andere Fasern ziehen durch die **Stria terminalis** zur Amygdala und über Cingulum und Fornix zum Hippocampus. Das **dorsale serotoninerge Bündel** schickt Fasern in die **Fasciculi longitudinales dorsalis und medialis** und in das **mediale Vorderhirnbündel.**

17.12 Klinischer Hinweis zum serotoninergen System

Das serotoninerge System spielt bei der häufigsten psychiatrischen Erkrankung, der **Depression**, eine wichtige Rolle. Bei dieser Erkrankung werden eine zu niedrige Serotoninkonzentration im Liquor sowie Veränderungen der Serotoninrezeptoren und -transporter gefunden. Da Serotonin aus dem Synapsenspalt nach der Freisetzung wieder von den serotoninergen Neuronen durch Serotonintransporter aufgenommen wird, kann durch Medikamente, die diesen **»Serotonin-Reuptake«** hemmen, die Serotoninkonzentration an der Synapse erhöht und die Symptome der Depression bekämpft werden.

Glutamat

Glutamat ist der wichtigste exzitatorische Transmitter und kommt in den meisten Projektionsneuronen des ZNS vor. Glutamat gelangt in die synaptischen Vesikel und wird bei Neurotransmission in den Synapsenspalt freigesetzt. Post- und präsynaptisch bindet es an verschiedene Rezeptortypen (siehe unten) und löst über ionotrope Rezeptoren einen exzitatorisch wirksamen Einstrom von Kalzium- und Natriumionen in die postsynaptische Zelle aus. Über metabotrope Rezeptoren werden verschiedene Second-Messenger-Systeme aktiviert. Das im Synapsenspalt vorliegende Glutamat wird über **Glutamattransporter** in **Astrozyten** aufgenommen, dort durch die **Glutaminsynthetase** in Glutamin umgewandelt und wieder in den Interzellularraum abgegeben. Von dort gelangt das Glutamin in axonale Boutons glutamaterger Neurone, wird in Glutamat umgewandelt und in den synaptischen Vesikeln gespeichert. Der gesamte Glutamat-Glutamin-Kreislauf, an dem Neurone und Astrozyten beteiligt sind,

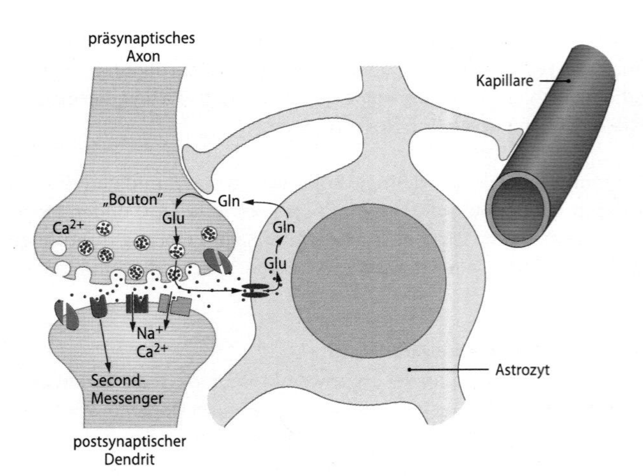

Abb. 17.8. Glutamaterge Synapse und Glutamat-Glutamin-Shuttle. In der postsynaptischen Membran befinden sich ionotrope NMDA (**N**-**m**ethyl-**D**-**a**spartate)- und AMPA-(α-**a**mino-3-hydroxy-5-**m**ethylisoxazole-4-**p**ropionic-**a**cid-)Rezeptoren, durch deren Ionenkanäle Ca^{++}- und Na^{+}-Ionen in die postsynaptische Zellen gelangen und exzitatorisch wirksam sind. Ionotrope Kainatrezeptoren finden sich sowohl prä- als auch postsynaptisch. Außerdem kommen in der postsynaptischen Membran auch metabotrope Glutamatrezeptoren vor, die über Second-Messenger-Systeme vielfältige Reaktionen im postsynaptischen Neuron auslösen. Der Glutamat-(Glu-)Glutamin-(Gln-)Shuttle, an dem Neurone und Astrozyten beteiligt sind, ermöglicht eine Aufnahme des freien Glutamats in den Astrozyten (weitere Informationen siehe Text). ***Rot:*** AMPA-Rezeptor; ***Hellgrün:*** NMDA-Rezeptor; Kainatrezeptor; ***Dunkelgrün:*** metabotrope Glutamatrezeptoren; ***Grau:*** Glutamattransporter in Astrozyten; ***Gln:*** Glutamin; ***Glu:*** Glutamat

wird als **Glutamat-Glutamin-Shuttle** bezeichnet (Abb. 17.8). Er erlaubt einerseits ein Recycling des Glutamats und verhindert andererseits einen Anstieg des synaptischen Glutamatspiegels, der bei zu hohen Konzentrationen zu einem zu starken Einstrom von Kalzium-Ionen über ionotrope Glutamatrezeptoren und zu zytotoxischen Effekten führt.

Wichtige glutamaterge Neurone sind die Pyramidenzellen der Hirnrinde, die u.a. alle großen kortikofugalen Bahnen (Pyramidenbahn, Tractus corticopontinus, corticobulbaris und corticostriatalis) bilden. Der **Tractus perforans** wird von glutamatergen Neuronen gebildet, die von der Area entorhinalis in den Hippocampus ziehen und an den Dendriten der Körnerzellen der Fascia dentata enden. Diese bilden mit ihren Axonen die glutamatergen **Moosfasern,** die im Stratum lucidum an den Pyramidenzellen der CA3-Region enden. Die Axone der ebenfalls glutamatergen CA3-Pyramidenzellen ziehen mit den **Schaffer-Kollateralen** zu den Pyramidenzellen der CA1-Region. Weitere glutamaterge Projektionen gelangen vom Hippocampus via **Fornix** zum lateralem Septum und vom Subiculum zum Ncl. striae terminalis, diagonalen Band von Broca, Corpus striatum, Ncl. accumbens und Hypothalamus.

GABA

Die γ-Aminobuttersäure (GABA: γ-**a**mino-**b**utyric-**a**cid) ist der wichtigste inhibitorische Transmitter und wird überwiegend von Interneuronen, aber auch von Projektionsneuronen im gesamten ZNS gebildet. Die Hauptwirkung von GABA besteht in einer Hyperpolarisation und damit Hemmung der Zielzelle. GABA bindet an ionotrope und metabotrope Rezeptoren.

Im gesamten ZNS, v.a. aber in den Hirnrindenregionen, kommen zahlreiche GABAerge **Interneurone** vor. Im medialen Septum und im diagonalen Band von Broca finden sich GABAerge **Projektionsneurone,** die über die Fornix den Hippocampus und die Area entorhinalis erreichen, die somit unter inhibitorischer Kontrolle des Septumkomplexes stehen. Auch die Purkinje-Zellen des Kleinhirns sind GABAerge Projektionsneurone.

Neuropeptide

Neuropeptide kommen im gesamten Nervensystem als signalübertragende Moleküle vor. Es können hier nur einige wichtige, an der Neurotransmission beteiligte Peptide besprochen werden.

Substanz-P-(SP-)haltige Neurone kommen besonders häufig in der Amygdala, dem Bulbus olfactorius und dem Neokortex vor. SP ist an nozizeptiven, barorezeptiven und chemorezeptiven Funktionen beteiligt.

Das **vasoaktive intestinale Polypeptid (VIP)** kommt vor allem in den **bipolaren Interneuronen** des Kortex vor. Es ist häufig mit GABA kolokalisiert und bewirkt eine Inhibition nachgeschalteter Neurone. Außerdem wurden auch vasodilatatorische Wirkungen beschrieben.

Cholecystokinin (CCK) ist im Neokortex am höchsten konzentriert. Hier kommt es in Inter- und Projektionsneuronen vor. Wie bei den bisher beschriebenen Peptiden kann CCK aber auch in vielen anderen Regionen des ZNS gefunden werden.

Zu weiteren Peptiden und ihrer Lokalisation siehe Tab. 17.5.

17.2.2 Rezeptoren

> Transmitterrezeptoren sind Membranproteine in Neuronen und Gliazellen. Die Bindung des Transmitters an den Rezeptor ist das für die Neurotransmission entscheidende Ereignis. Rezeptoren können einen integralen Ionenkanal enthalten, **ionotrope Rezeptoren**, oder sie sind als **metabotrope Rezeptoren** über G-Proteine an unterschiedliche intrazelluläre Signalkaskaden gekoppelt. Ein bestimmter Rezeptor bindet nur einen, d.h. seinen spezifischen Transmitter mit hoher Affinität.

Transmitterrezeptoren sind große Proteinkomplexe, die aus mehreren Untereinheiten bestehen. Für die Verankerung eines Rezeptors in der Zellmembran ist das Brückenprotein **Gephyrin** von Bedeutung. Es vermittelt eine Verbindung zwischen Rezeptormolekül und Tubulin, einem Bestandteil des Zytoskeletts. Die Wirkung eines Transmitters wird durch Rezeptormoleküle in der Zellmembran seiner Zielzelle definiert.

Enthalten Rezeptoren Ionenkanäle als integrale, die Zellmembran perforierende Strukturen, spricht man von **ionotropen Rezeptoren.** Diese beeinflussen rasch und effektiv das Membranpotenzial. Beispielsweise bewirkt Glutamat die Öffnung von Glutamatrezeptor-assoziierten Kanälen, so dass Na^{+} und Ca^{++}-Ionen aus dem Extrazellularraum in das Zellinnere einströmen und K^{+}-Ionen aus der Zelle ausströmen. Rezeptoren, die auf die Bindung ihres jeweils spezifischen Transmitters eine lokale Depolarisation der Zielzelle bewirken oder die Frequenz der Aktionspotenziale erhöhen, werden als **exzitatorisch,** solche die zu einer Hyperpolarisation führen, als **inhibitorisch** bezeichnet.

Ionenkanäle kommen auch außerhalb von Rezeptoren in der Zellmembran vor und werden im Gegensatz zu den **ligandengesteuerten Kanälen der ionotropen Rezeptoren** als **nichtligandengesteuerte Kanäle** bezeichnet. Schließlich bilden Neurone und Gliazellen auch Moleküle, sog. **Transporter,** die einen freigesetzten Transmitter durch die Zellmembran wieder zurück in den intrazellulären

Tab. 17.5. Häufig im Nervensystem vorkommende Neuropeptide und wichtige Orte der Synthese

Neuropeptide	Lokalisation (Syntheseorte und Faserbahnen)
Substanz P	Hippocampus, Amygdala, Corpus striatum, Hypothalamus, Formatio reticularis, Griseum centrale, Rückenmark (v. a. Laminae I–III und X, Ncl. intermediolateralis und sakraler Parasympathikus), Spinalganglien
Neurotensin	Amygdala, Hypothalamus, Griseum centrale
Somatostatin	Amygdala, Hypothalamus, Griseum centrale, Rückenmark (v.a. Lamina II)
Oxytocin und Vasopressin	Amygdala, Hypothalamus, Griseum centrale
Vasoaktives intestinales Polypeptid VIP	Allo- und Neokortex, Rückenmark (v.a. Lamina I, sakraler Parasympathikus)
Neuropeptid Y	Hippocampus, Amygdala, Corpus striatum, Rückenmark (v.a. Laminae I-II, VIII)
Cholecystokinin (CCK)	Allo- und Neocortex, Amygdala, Rückenmark (v.a. Laminae I, V–VI, VIII, Nucl. intermediolateralis)
Opioide	
Dynorphine	Amygdala, Corpus striatum, Hypothalamus
Endorphine	Thalamus, Hypothalamus, Formatio reticularis, Rückenmark
Enkephaline	Amygdala, Globus pallidus, Substantia nigra, Griseum centrale, Rückenmark (v.a. Laminae II, V–VI und X, Ncl. intermediolateralis, sakraler Parasympathikus)

Raum transportieren **(Reuptake).** Sie regulieren so die Konzentration eines Transmitters im Synapsenspalt.

Metabotrope Rezeptoren enthalten keine Ionenkanäle. Sie sind stattdessen über G-Proteine an intrazelluläre **Second-Messenger-Systeme** gekoppelt, die den Metabolismus, andere Ionenkanäle oder die Genexpression von Neuronen und Gliazellen beeinflussen können. Durch metabotrope Prozesse kann selektiv die Leitfähigkeit der Membran für Ionen verändert werden. Dies geschieht unter anderem über die Phosphorylierung von Membrankanälen, über die Beeinflussung der Synthese von Neuropeptiden oder die Veränderung des Zytoskeletts. Metabotrope Rezeptoren können auch die intrazelluläre Kalziumkonzentration verändern, die nicht nur zur Depolarisation der Zelle beiträgt. Kalziumionen sind auch intrazelluläre Botenstoffe **(Second-Messenger)**, die weitere metabolische Prozesse auslösen. Sie können Enzyme wie Adenylatcyclase, Phosphodiesterase, Proteinphosphatase 2B (= **Calcineurin**) oder Calmodulin-Proteinkinase aktivieren. Für eine maximale Aktivierung ist die Bindung von 4 Ca^{++}-Ionen an **Calmodulin** (CaM) erforderlich. Metabotrope Rezeptoren wirken über Rezeptor-assozierte Proteine, **G-Proteine (GTP hydrolysierende Proteine)**, auf **Second-Messenger** (Ca^{++}, zyklisches Adenosinmonophosphat [cAMP], Diacylglyzerol [DAG], Triphosphoinositol [IP3]).

Eine der wichtigsten Funktionen intrazellulärer Signalübertragung ist die Regulation der **Phosphorylierung** von Membrankanälen. Dabei wird die Phosphorylierung eines Kanalproteins durch die relative Aktivität von Proteinkinasen und Phosphoproteinphosphatasen bestimmt. Die Phosphorylierung von Kalziumkanälen geht mit einer Erhöhung der Leitfähigkeit für Ca^{++} einher, während ihre Dephosphorylierung das Gegenteil bewirkt. Es wird vermutet, dass die Veränderung der Rezeptorphosphorylierung und die Aktivierung der Proteinkinase an der **Langzeitpotenzierung** (LTP) synaptischer Übertragung und damit an Lernprozessen beteiligt sind.

Präsynaptische Rezeptoren kommen an Axonendigungen, **postsynaptische Rezeptoren** an Dendriten, am Zellkörper oder Axonhügel vor. **Autorezeptoren** finden sich als Zielstrukturen in der Zellmembran des den Transmitter freisetzenden Neurons. So können z.B. die Freisetzung von Serotonin durch Bindung dieses Transmitters an Autorezeptoren der serotoninergen Neurone in den Raphekernen, oder die Freisetzung von Glutamat durch Glutamatbindung an Kainatrezeptoren der Axonterminalen glutamaterger Neurone (Abb. 17.8) gehemmt werden. **Präsynaptische Heterorezeptoren** finden sich dagegen auf Axonterminalen anderer Neurone. Ein Beispiel für die Wirkung von Heterorezeptoren ist die Regulation der Abgabe von Steuerhormonen in der Eminentia mediana durch dopaminerge Neurone.

17.13 Klinischer Hinweis zur Bindung von Pharmaka an Rezeptoren

Wegen ihrer selektiven Bindungseigenschaft an Rezeptoren können auch synthetisch hergestellte Moleküle (z.B. bestimmte Psychopharmaka) als **Liganden** (Lat. ligare = binden) Wirkungen an Rezeptoren entfalten. Wirken sie wie der natürliche Transmitter an den entsprechenden Rezeptoren, spricht man von **Agonisten,** blockieren sie die Rezeptorwirkung von **Antagonisten**.

Rezeptoren kommen wie Transmitter in allen Regionen des Nervensystems vor und zeigen wie diese eine ausgeprägte inhomogene, regionale Verteilung. Corpus striatum, Hippocampus und Neokortex sind Regionen mit besonders hoher Dichte an Acetylcholinrezeptoren. Glutamatrezeptoren werden vor allem im Neokortex, Hippocampus, Corpus striatum, Cerebellum und Rückenmark, GABA-Rezeptoren in der Hirnrinde und dem Corpus striatum gefunden. Dopaminrezeptoren zeigen höchste Konzentrationen im Corpus striatum (Abb. 17.9), Noradrenalinrezeptoren im Neokortex und Hippocampus und Serotoninrezeptoren in der Hirnrinde, Hippocampus, Corpus striatum und den Ncll. raphe. Opioidrezeptoren erreichen ihre höchste Dichte in der Substantia gelatinosa des Rückenmarks und des Ncl. spinalis n. trigemini.

Der Transmitter Glutamat wirkt in der Hirnrinde exzitatorisch über verschiedene Glutamatrezeptoren, die in ionotrope AMPA-, NMDA-, und Kainatrezeptoren und in metabotrope Rezeptoren eingeteilt werden (Abb. 17.8). Die Bindung von Glutamat an den AMPA-Rezeptor öffnet den vom Rezeptor gebildeten Ionenkanal, durch den dann ein starker Na^{+}-Einstrom und ein schwacher K^{+}-Ausstrom stattfindet. Insgesamt kommt es durch die Aktivierung des AMPA-Rezeptors zu einer schnellen lokalen Depolarisation, **exzitatorisches postsynaptisches Potenzial (EPSP)**. Die Glutamatbindung an NMDA-Rezeptoren führt im Gegensatz zu der an AMPA-

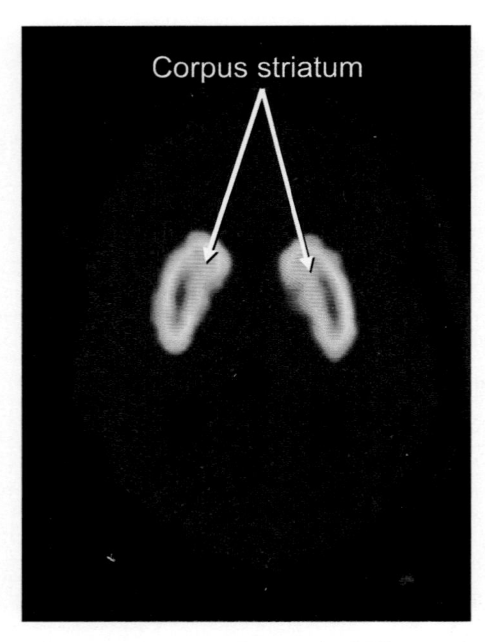

■ **Abb. 17.9.** Positronen-Emmissions-Tomographie (PET) zum Nachweis des Dopamin-D2-Rezeptors mit dem Liganden ^{11}C-Racloprid im Gehirn beim lebenden Menschen. In einem Horizontalschnitt ist die hohe D2-Rezeptorkonzentration an der gelben und roten Färbung im Corpus striatum erkennbar, während das übrige Gehirn eine nur niedrige Rezeptordichte (dunkelblau) zeigt

Rezeptoren zu einer langsameren Depolarisation durch Einstrom von Na^+- und Ca^{++}-Ionen. Glutamat bewirkt daher ein biphasisches depolarisierendes Potenzial mit einer schnellen AMPA- und einer langsamen NMDA-Komponente. Die Funktion der Kainatrezeptoren ist noch nicht völlig geklärt. Die metabotropen Glutamatrezeptoren wirken indirekt via G-Proteine durch ihr Second-Messenger-System auf nicht durch Liganden gesteuerte Ionenkanäle (Erhöhung des Ca^{++}-Einstroms und des K^+-Ausstroms) und dadurch auch auf das Membranpotenzial ein. Jeder dieser ionotropen und metabotropen Glutamatrezeptortypen bildet durch Variationen der Zusammensetzung aus verschiedenen Untereinheiten noch einmal verschiedene Rezeptorsubtypen. Dadurch wird insgesamt eine hohe funktionelle Differenzierung der Glutamatwirkung ermöglicht. γ-Aminobuttersäure (GABA) bindet spezifisch an verschiedene Rezeptortypen ($GABA_A$, $GABA_B$ und $GABA_C$ Rezeptoren). Der ionotrope $GABA_A$-Rezeptor öffnet den Kanal für Cl^--Ionen für einen relativ kurzen Zeitraum, während der ebenfalls ionotrope und mit einem Cl^--Kanal ausgestattete $GABA_C$-Rezeptor mit einer länger andauernden Kanalöffnung reagiert. Diese Erhöhung der Membranleitfähigkeit für Cl^- verringert den Effekt depolarisierender Transmitter, kann die Aktionspotenzialfrequenz herabsetzen und wirkt daher **inhibitorisch.** Der langsamer arbeitende metabotrope $GABA_B$-Rezeptor dagegen kann nicht nur die Leitfähigkeit der Membran für Ca^{++}-Ionen verringern, sondern auch über die Öffnung von K^+-Kanälen eine direkte Hyperpolarisation der Zelle bewirken, **inhibitorisches postsynaptisches Potenzial IPSP.**

Die Rezeptoren für Acetylcholin können durch die Acetylcholinagonisten **Nikotin** und **Muskarin** in **nikotinische** und **muskarinische Acetylcholinrezeptoren** eingeteilt werden. Außerdem kann auch durch Antagonisten, z.B. **Curare** für nikotinische und **Atropin** für muskarinische Rezeptoren, eine Unterscheidung zwischen diesen zwei Rezeptortypen vorgenommen werden. In der Hirnrinde kommen in hoher Konzentration muskarinische und in niedriger Konzentration nikotinische Rezeptoren vor.

17.3 Makroskopische und mikroskopische Anatomie von Gehirn und Rückenmark

K. Amunts, K. Zilles

 Einführung

Das Zentralnervensystem (ZNS) besteht aus Gehirn, *Encephalon*, und Rückenmark, *Medulla spinalis* (■ Abb. 17.10; ■ Tab. 17.6). Das Gehirn des Mannes wiegt im Mittel ca. 1450 g, das der Frau ca. 1300 g. Das Gehirn setzt sich über die Medulla oblongata kontinuierlich in das Rückenmark fort. Die Grenze zwischen Gehirn und Rückenmark liegt definitionsgemäß auf Höhe des Foramen magnum.

17.3.1 Lage und Unterteilung von Gehirn und Rückenmark

Das **Gehirn** befindet sich in der Schädelkapsel und besteht aus 2 großen Abschnitten, dem **Vorderhirn** oder *Prosencephalon* und dem **Rautenhirn**, *Rhombencephalon*, mit Kleinhirn, *Cerebellum*. Das im Wirbelkanal befindliche **Rückenmark** kann in 8 Zervikal-, 12 Thorakal-, 5 Lumbal-, 5 Sakral- und wenige Coccygealsegmente gegliedert werden. Am unteren Ende des Rückenmarks bilden die Wurzeln der Spinalnerven die *Cauda equina* (■ Abb. 17.10; ■ Tab. 17.6). Zu beachten ist die nach kaudal zunehmende Höhendifferenz zwischen Wirbeln und den jeweiligen dazugehörigen Rückenmarksegmenten. Diese Differenz, Aszensus des Rückenmarks, entsteht während der prä- und postnatalen Ontogenese durch die unterschiedliche Wachstumsgeschwindigkeit und -dauer von Wirbelsäule und Rückenmark.

Met- und Myelencephalon werden auch unter dem Begriff *Rhombencephalon* (Rautenhirn) im engeren Sinne zusammengefasst. Gelegentlich werden Diencephalon, Mesencephalon und Rhombencephalon (ohne Cerebellum) zusammen als **Stammhirn** bezeichnet.

17.3.2 Äußere Form des Gehirns, Hirnrinde, Kerngebiete, Faserbahnen und Kleinhirn

Der größte Teil des Gehirns wird vom *Telencephalon* gebildet, das aus den beiden **Hemisphären** besteht und eine gefaltete Oberfläche mit **Furchen,** *Sulci*, und **Windungen,** *Gyri*, aufweist. Der tiefe, in der Sagittalebene sich erstreckende Einschnitt zwischen den beiden He-

■ **Tab. 17.6.** Gliederung von Gehirn und Rückenmark

A. Encephalon (Gehirn) (■ Abb. 17.11 und 17.12)
1. Prosencephalon (Vorderhirn)
- Telencephalon (End- oder Großhirn)
  - Basalganglien
  - Pallium (Hirnmantel mit grauer [Hirnrinde: Cortex cerebri] und weißer [Mark] Substanz)
- Diencephalon (Zwischenhirn)
  - Thalamus (dorsalis) mit Metathalamus
  - Hypothalamus mit Hypophyse
  - Subthalamus
  - Epithalamus mit Epiphyse

2. Truncus encephali (Hirnstamm)
- Mesencephalon (Mittelhirn) mit Tectum (Dach)
- Metencephalon (Nachhirn) mit Cerebellum (Kleinhirn) und Pons (Brücke)
- Myelencephalon (Medulla oblongata: verlängertes Mark)

B. Medulla spinalis (Rückenmark)

17

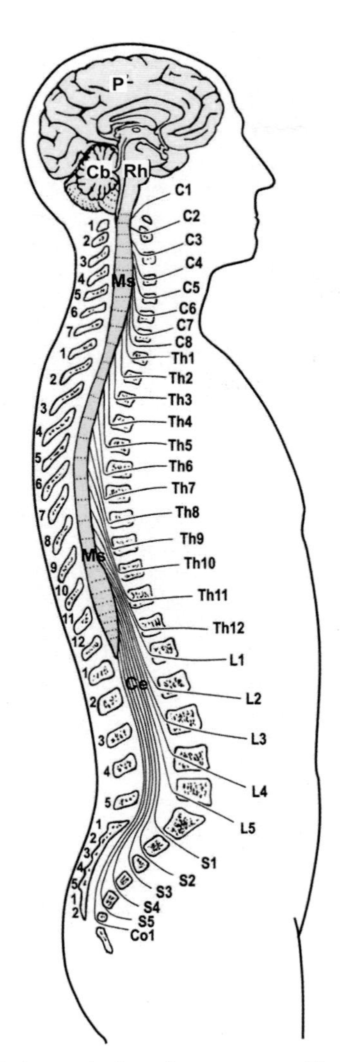

◻ Abb. 17.10. Gliederung des Zentralnervensystems. Cb = Cerebellum; Ce = Cauda equina; Ms = Medulla spinalis; P = Prosencephalon; Rh = Rhombencephalon. Die arabischen Ziffern bezeichnen die Wirbel, die Buchstaben mit Ziffern die Rückenmarksegmente und Spinalnerven

misphären wird als *Fissura longitudinalis cerebri* bezeichnet. Das Telencephalon überwölbt in der Lateralansicht vollkommen das *Diencephalon*, das erst nach einer Durchtrennung des Gehirns in der Mediansagittalebene (◻ Abb. 17.12) sichtbar wird. Telencephalon und Diencephalon bilden zusammen das *Prosencephalon*. Es wird durch das Tentorium cerebelli (► Kap. 17.4) vom **Kleinhirn** getrennt *(Fissura transversa cerebri)*. In der hinteren Schädelgrube liegt der **Hirnstamm,** bestehend *aus Mes-*, *Met-* und *Myelencephalon*.

Eine auffallende Struktur in der Mediansagittalansicht (◻ Abb. 17.12) ist der **Balken,** *Corpus callosum*, eine mächtige, die beiden Hemisphären verbindende **Faserbahn** (Kommissurenbahn). Eine weitere wichtige Faserbahn, *Fornix*, erstreckt sich in einem Bogen von kaudal nach rostral. Zwischen Corpus callosum und Fornix spannt sich das *Septum pellucidum* auf. Das Telencephalon enthält die ersten beiden **Ventrikel**(Seitenventrikel), das Diencephalon umfasst den III. Ventrikel, das Mesencephalon den **Aquädukt**, der den III. mit dem IV. Ventrikel verbindet. Das Metencephalon enthält den IV. Ventrikel. Näheres zu den Ventrikeln ► Kap. 17.4.

In der Basalansicht des Gehirns werden neben Teilen des Tel- und Diencephalons und des Hirnstamms auch **Austrittsstellen von Hirnnerven** (► Kap. 17.5), insbesondere die Sehnervenkreuzung, *Chiasma opticum*, sichtbar. Weiterhin sind die Kleinhirnhemisphären zu erkennen, zwischen denen der Kleinhirnwurm, *Vermis cerebelli*, liegt.

Telencephalon (Endhirn)

Einige, besonders tiefe und während der Ontogenese früh entstandene Sulci erlauben eine Untergliederung des Telencephalons in 5 große Regionen: *Lobus frontalis, Lobus parietalis, Lobus occipitalis, Lobus temporalis* und *Lobus insularis*. Die Lobi frontalis und parietalis sind durch den Sulcus centralis getrennt (◻ Abb. 17.11a, b). Dieser Sulcus markiert auch funktionell unterschiedliche Bereiche, da die kortikalen Regionen für die Steuerung der Motorik auf dem *Gyrus precentralis* und für die Somatosensorik auf dem *Gyrus postcentralis* liegen. Der Lobus temporalis wird durch die Sylvische-Furche, *Fissura lateralis Sylvii*, von Frontal- und Parietallappen getrennt (◻ Abb. 17.11a). Der Okzipitallappen, der Regionen für das Sehen enthält, wird auf der Mediananansicht zum Parietallappen hin durch den *Sulcus parietooccipitalis* begrenzt (◻ Abb. 17.11b und 17.12); die Grenze zwischen Okzipital- und Parietal- sowie Temporallappen auf der lateralen Oberfläche des Gehirns ist nicht eindeutig durch Sulci definierbar, sondern kann nur annähernd durch gedankliche Projektion des Sulcus parietooccipitalis auf die Lateralansicht sowie die Incisura occipitotemporalis (◻ Abb. 17.11a) beschrieben werden. Der Lobus insularis ist von der lateralen Oberfläche aus nicht einsehbar, da er in der Tiefe der Fissura lateralis von Frontal-, Parietal- und Temporallappen überdeckt ist. Diese Überdeckung wird als **Operkularisierung** bezeichnet und entsteht während der Ontogenese durch das relativ geringere Wachstum der Insula im Vergleich zu den umgebenden Lobi (► Kap. 17.19).

! 17.14 Diagnostik von Hirnerkrankungen

Besonders seit der Entwicklung nichtinvasiver bildgebender Verfahren wie der Magnetresonanztomographie (MRT) sind Kenntnisse der makroskopischen Anatomie des Gehirns von besonderer Bedeutung für die Diagnostik von Hirnerkrankungen. Durch diese Verfahren kann das lebende Gehirn in verschiedenen Schnittrichtungen (horizontal/axial, koronal/frontal, sagittal) untersucht werden. Für die Orientierung im stereotaktischen Raum haben die *Commissura anterior* (CA) und die *Commissura posterior* (CP) eine besondere Bedeutung. Die gedachte Verbindung zwischen oberem Rand der CA und dem unteren Rand der CP (CA-CP-Linie) definiert die Lage der drei orthogonal zueinander stehenden kanonischen Schnittrichtungen (frontal, horizontal, sagittal); der Schnittpunkt zwischen oberem Rand von CA und der Interhemisphärenebene ist der Ursprung dieses räumlichen (stereotaktischen) Koordinatensystems. Dieses Koordinatensystem ermöglicht eine Vergleichbarkeit von Positionen bestimmter Hirnregionen zwischen verschiedenen Gehirnen in einem gemeinsamen Referenzraum (◻ Abb. 17.12).

Jede Hemisphäre wird außen von einem »Mantel«, *Pallium*, bestehend aus der Hirnrinde, *Cortex cerebri*, mit ihren Nervenzellkörpern und deren Zellfortsätzen sowie Gliazellen, und der darunter liegenden weißen Substanz, Mark oder *Substantia alba*, gebildet, die aus von Myelin- oder Markscheiden umhüllten Nervenfasern und Gliazellen besteht, die ihr ein weißes Aussehen geben. Das Pallium nimmt ca. 82% der gesamten Hirngröße des Menschen ein. Wegen der in der Hirnrinde liegenden Nervenzellkörper, die im frischen Hirnschnitt graubraun erscheinen, spricht man auch von grauer Substanz, *Substantia grisea*. In der weißen Substanz liegen subkortikale Kerngebiete, Teile der Basalganglien, eingebettet. Im Zentrum der Hemisphären befinden sich die Seitenventrikel.

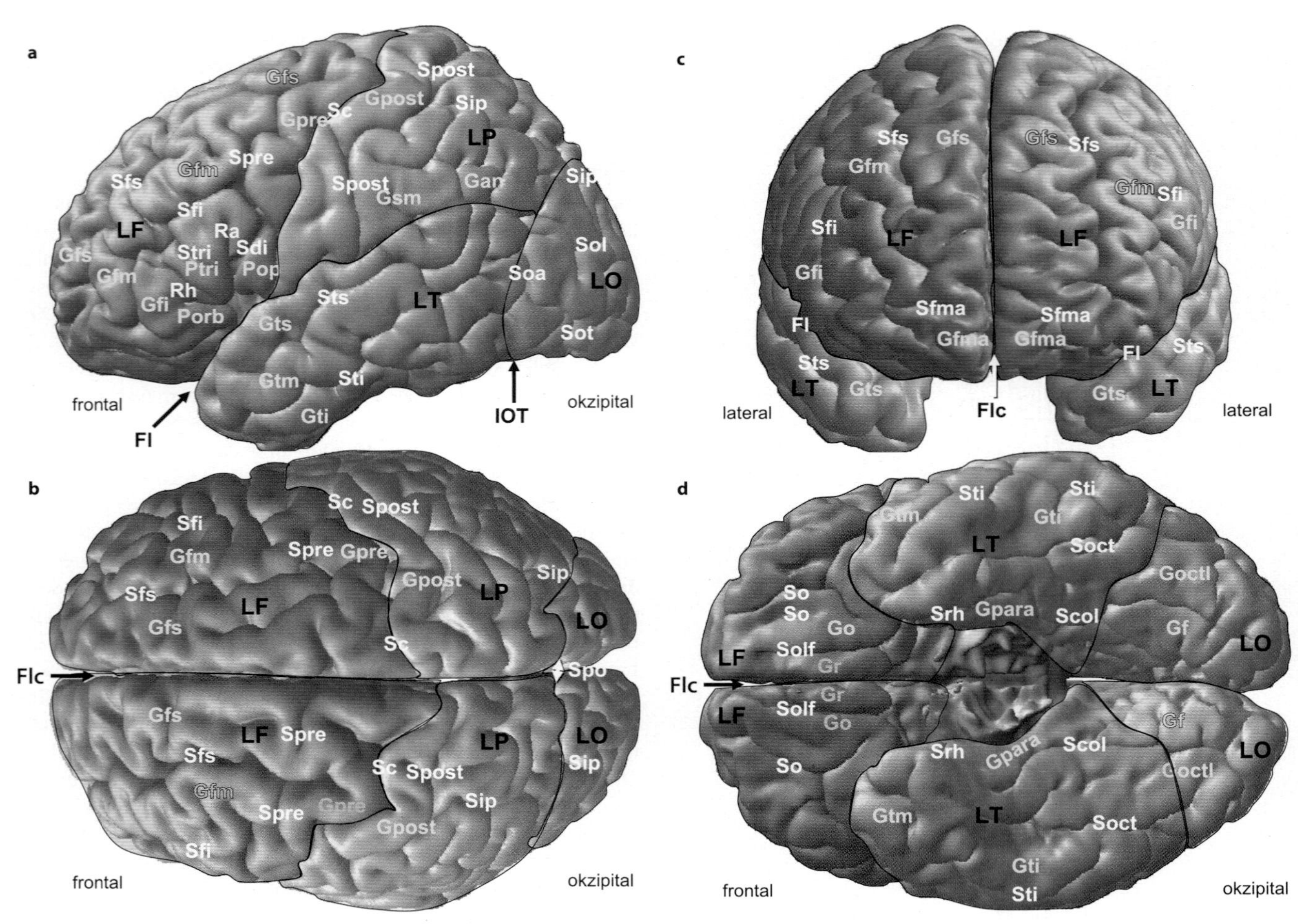

Abb. 17.11a–d. Lateral- (**a**), Dorsal- (**b**), Rostral- (**c**), Basalansicht (**d**) eines menschlichen Gehirns. Lobus frontalis (LF), Lobus parietalis (LP), Lobus occipitalis (LO), Lobus temporalis (LT)
Sulci: Fl = Fissura lateralis Sylvii, Flc = Fissura longitudinalis cerebri; IOT = Incisura occipitotemporalis; Ra = Ramus ascendens der Fisssura lateralis; Rh = Ramus horizontalis der Fisssura lateralis; Sc = Sulcus centralis; Scol = Sulcus collateralis; Sdi = Sulcus diagonalis; Sfi = Sulcus frontalis inferior; Sfma = Sulcus frontomarginalis; Sfs = Sulcus frontalis superior; Sip = Sulcus intraparietalis; So = Sulcus orbitalis; Soa = Sulcus occipitalis anterior; Soct = Sulcus occipitotemporalis; Sol = Sulcus occipitalis lateralis; Solf = Sulcus olfactorius; Sot = Sulcus occipitalis transversus; Spo = Sulcus parietooccipitalis; Spost = Sulcus postcentralis; Spre = Sulcus precentralis; Srh = Sulcus rhinalis; Sti = Sulcus temporalis inferior; Stri = Sulcus triangularis; Sts = Sulcus temporalis superior;
Gyri: Gan = Gyrus angularis; Gf = Gyrus fusiformis (Gyrus occipitotemporalis medialis); Gfma = Gyrus frontomarginalis; Gfi = Gyrus frontalis inferior; Gfm = Gyrus frontalis medius; Gfs = Gyrus frontalis superior; Go = Gyrus orbitalis, Goctl = Gyrus occipitotemporalis lateralis; Gpara = Gyrus parahippocampalis; Gpost = Gyrus postcentralis; Gpre = Gyrus precentralis; Gr = Gyrus rectus; Gsm = Gyrus supramarginalis; Gti = Gyrus temporalis inferior; Gtm = Gyrus temporalis medius; Gts = Gyrus temporalis superior; Pop = Pars opercularis; Porb = Pars orbitalis; Ptri = Pars triangularis

Sulci und Gyri cerebrales

Die Sulci des Telencephalon variieren in Bezug auf ihre Form, die Anzahl ihrer Segmente und ihr Vorkommen sowohl zwischen den beiden Hemisphären als auch zwischen verschiedenen Individuen. Eine Reihe von Sulci und Gyri ist jedoch in jedem Gehirn nachweisbar.

Der **Lobus frontalis** lässt 3, in rostrokaudaler Richtung parallel verlaufende Gyri erkennen, *Gyri frontales superior, medius* und *inferior*, die durch 2 Sulci, *Sulci frontales superior* und *inferior*, voneinander getrennt werden (◘ Abb. 17.11a–c). Die 3 Gyri laufen rechtwinklig auf den Sulcus precentralis zu, der oft aus mehreren Segmenten besteht. Parallel dazu liegt hinter dem Gyrus precentralis der Sulcus centralis. Er verläuft von medial kaudal nach lateral rostral. Der Sulcus centralis schneidet häufig in die Mantelkante des Gehirns nach medial ein und erreicht so den Interhemisphärenspalt (◘ Abb. 17.11b und 17.12). Lateral endet er in der Regel oberhalb der Fissura lateralis Sylvii. Zwischen den Sulci centralis und precentralis liegt der Gyrus precentralis mit der motorischen Hirnrinde (► Kap. 17.13). Die rostrale Spitze des Lobus frontalis wird als Frontalpol bezeichnet.

Der hintere Teil des Gyrus frontalis inferior kann in eine *Pars opercularis*, die kaudal durch den *Sulcus precentralis* begrenzt wird, eine Y-förmige *Pars triangularis*, die durch die *Rami ascendens* bzw. *horizontalis* begrenzt wird, und eine ventrorostral gelegene *Pars orbitalis* untergliedert werden, die dem Orbitadach aufliegt (◘ Abb. 17.11a). Pars opercularis und Pars triangularis enthalten die **Broca-Region,** die für unser Sprachvermögen eine entscheidende Rolle spielt (► Kap. 17.18).

Als **präfrontaler Cortex** wird der rostral des Sulcus precentralis gelegene Bereich des Frontallappens bezeichnet. Hier wird ein **dorsolateraler** und ein **ventrolateraler präfrontaler Cortex** (oberhalb bzw. unterhalb des Sulcus frontalis inferior) sowie ein **mesialer** und ein **orbitoventraler präfrontaler Cortex** unterschieden. Die Broca-Region wird mitunter zum ventrolateralen präfrontalen Cortex dazu gerechnet. Der präfrontale Cortex insgesamt ist wichtig für kognitive

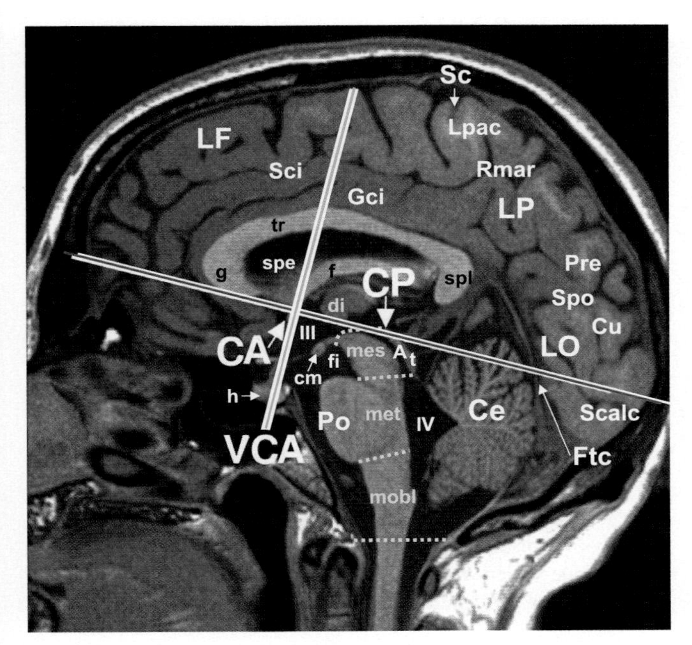

Abb. 17.12. Mediansagittalschnitt eines MRT-Datensatzes mit Gliederung des Gehirns.
CA = Commissura anterior; CP = Commissura posterior. Die VCA-Linie steht vertikal (V) auf der CA-CP-Linie und auf der Höhe von CA. Durch den hinteren Rand der Commissura anterior verläuft senkrecht zur CA-CP-Linie die VCA-Linie (blau): Diese definiert eine frontale Schnittebene. Der Schnittpunkt der CA–CP und der VCA-Linien in der Ebene der Fissura longitudinalis cerebralis definiert den Ursprung des stereotaktischen Referenzraums.
A = Aquaeductus cerebri; Ce = Cerebellum; cm = Corpus mammillare; Cu = Cuneus; di = Diencephalon; f = Fornix; fi = Fossa interpeduncularis; Ftc = Fissura transversa cerebri; g = Genu corporis callosi; Gci = Gyrus cinguli; h Hypophyse; LF = Lobus frontalis; LO = Lobus occipitalis; LP = Lobus parietalis; Lpac = Lobulus paracentralis; mes = Mesencephalon; met = Metencephalon; mobl = Medulla oblongata; Po = Pons; Pre = Precuneus; Rmar = Ramus marginalis sulci cinguli; Sc = Sulcus centralis; Scalc = Sulcus calcarinus; Sci = Sulcus cinguli; spe = Septum pellucidum; spl = Splenium corporis callosi; Spo = Sulcus parietooccipitalis; t = Tectum; tr = Truncus corporis callosi; III = dritter Ventrikel; IV = vierter Ventrikel

und emotionale Funktionen und unterscheidet sich von motorischen Funktionsbereichen im Bereich des Gyrus precentralis.

Drängt man die Frontal- und Parietallappen nach oben und den Temporallappen nach unten, wird die Rindenoberfläche des **Lobus insularis** sichtbar. Die Insula wird ringförmig durch einen *Sulcus circularis* von den umgebenden Lobi abgegrenzt. *Sulci insulares centralis, precentralis* und *breves* untergliedern die Oberfläche der Inselrinde weiter, die an auditorischen, somatosensorischen, motorischen, olfaktorischen, emotionalen und sprachlichen Funktionen beteiligt ist.

Im **Lobus parietalis** verläuft parallel zum Sulcus centralis eine tiefe Furche, der *Sulcus postcentralis* (Abb. 17.11a, b). Zwischen den Sulci centralis und postcentralis liegt der *Gyrus postcentralis* mit der somatosensorischen Rinde (► Kap. 17.9 bis 17.11). Fast rechtwinklig zum Sulcus postcentralis zieht der tiefe *Sulcus intraparietalis* nach kaudal, der einen *Lobulus parietalis superior* von einem *Lobulus parietalis inferior* trennt. Der Lobulus parietalis inferior enthält rostral den *Gyrus supramarginalis* und weiter kaudal den *Gyrus angularis*, der über dem kaudalen Ende des Sulcus temporalis superior liegt (Abb. 17.11a). Auf der mesialen Hemisphärenoberfläche erstreckt sich der Parietallappen vom Sulcus centralis bis zum Sulcus parietooccipitalis. Der um die Einkerbung des Sulcus centralis herumliegende Teil der mesialen Hirnrinde des Lobus frontalis und des Lobus parietalis wird als *Lobulus paracentralis*, der kaudal anschließende Teil als *Precuneus* bezeichnet. Beide werden durch den *Ramus marginalis* des *Sulcus cinguli* voneinander getrennt (Abb. 17.12).

Der unterhalb der Fissura lateralis gelegene **Lobus temporalis** weist eine Dreiteilung in die *Gyri temporales superior, medius* und *inferior* auf (Abb. 17.11a, c, d). Zwischen den Gyri liegen die *Sulci temporales superior* und *inferior*. Die dorsale Fläche des Gyrus temporalis superior bildet die Heschl-Querwindung, *Gyrus temporalis transversus*, mit der Hörrinde (► Kap. 17.8). Rostral schließt der Temporallappen mit dem Temporalpol ab.

Der **Lobus occipitalis** ist der am weitesten kaudal gelegene Teil des Telencephalon. Hier sind die Sulci, besonders auf der lateralen Oberfläche, flach und sehr variabel, die Gyri sind schmal. Auf der Medianseite kann man regelmäßig den tiefen *Sulcus calcarinus* finden (Abb. 17.12). Im Sulcus calcarinus befindet sich die primäre Sehrinde (► Kap. 17.7). Der Bereich zwischen Sulcus calcarinus und Sulcus parietooccipitalis wird als *Cuneus* bezeichnet. Die Windung unterhalb des Sulcus calcarinus ist der *Gyrus lingualis*.

In der Mediananansicht (Abb. 17.12) lassen sich noch weitere wichtige Sulci erkennen. Der *Sulcus cinguli* verläuft bogenförmig oberhalb des Corpus callosum von rostral nach kaudal und endet mit einem *Ramus marginalis*, der bis an die Mantelkante heranreicht. Der Sulcus centralis liegt rostral vom Ramus marginalis. Von manchen Autoren wird auch ein *Lobus limbicus* definiert, der auf der Medianseite des Gehirns das Corpus callosum umfasst und aus dem Gyrus cinguli, dem Gyrus parahippocampalis (Abb. 17.11d) und dem Gyrus paraterminalis besteht.

Cortex cerebri

Der Cortex lässt sich in den 6-schichtigen *Neocortex (Isocortex)* und den *Allocortex*, bestehend aus *Paleocortex* und *Archicortex*, untergliedern (Abb. 17.13). Der Neocortex ist der phylogenetisch jüngste Teil des Cortex; er ist beim Menschen besonders groß und nimmt die gesamte laterale Oberfläche und große Teile der mesial gelegenen Oberfläche der Hemisphären ein. Der Paleocortex ist der phylogenetisch älteste Teil. Er liegt frontobasal und bildet das Riechhirn *(Rhinencephalon)*. Im einzelnen bilden folgende Strukturen den Paleo- bzw. Archicortex:

- **Paleocortex:**
  - Bulbus olfactorius
  - Regio retrobulbaris
  - Regio amygdalaris (kleiner kortikaler Anteil und Kerngruppen innerhalb der Amygdala)
  - Tuberculum olfactorium
  - Septum mit Regio periseptalis und Regio diagonalis
  - Regio prepiriformis
- **Archicortex:**
  - Hippocampus retrocommissuralis (Cornu ammonis, Fascia dentata, Subiculum)
  - Hippocampus supra- und precommissuralis
  - Presubiculum und Parasubiculum
  - Regio entorhinalis
  - Regio retrosplenialis
  - Regio cingularis

Während die Begriffe Neo-, Archi- und Paleocortex die Entwicklungsgeschichte widerspiegeln, bezeichnen die Begriffe Isocortex und Allocortex den histologischen Aufbau. Der Isocortex ist 6-schichtig angelegt. Im Allocortex ist die Zahl der Schichten eine andere. Es gibt allokortikale Regionen mit weniger Schichten (z.B. Hippocampus: 3 Schichten), aber auch Regionen, die mehr Schichten aufweisen, z.B. der entorhinale Cortex.

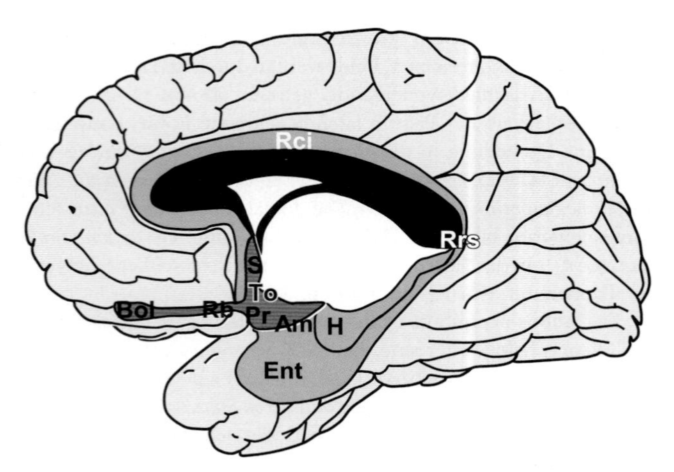

■ **Abb. 17.13.** Medianansicht einer rechten Hemisphäre mit Teilen des Neo- (gelb), Archi- (blau) und Paleocortex (rot). Am = Regio amygdalaris; Bol = Bulbus olfactorius; Rci = Regio cingularis; Ent = Regio entorhinalis; H = Hippocampus retrocommissuralis; Pr = Regio prepiriformis; Rb = Regio retrobulbaris; Rrs = Regio retrosplenialis; S = Septum; To = Tuberculum olfactorium [3]

Zwischen Allocortex und Isocortex lassen sich Übergangsregionen erkennen, der *Proisocortex* als Teil des Isocortex am Übergang zum Allocortex, und der *Periallocortex* als Teil des Allocortex am Übergang zum Isocortex.

Der **Neocortex** oder Isocortex umfasst, mit Ausnahme des zum Allocortex gehörenden Riechhirns, alle primären Hirnrindenareale für die Repräsentation der sensorischen Afferenzen, die Ursprungsgebiete für die absteigenden motorischen Bahnen, weitere unimodale Rindenregionen und – im menschlichen Gehirn besonders große – multimodale Assoziationsgebiete. Die primären sensorischen Rindenareale empfangen ihre Afferenzen überwiegend aus den spezifischen Thalamuskernen. Sie sind die kortikalen Endigungsorte der jeweiligen Bahn (z.B. Sehbahn, Hörbahn) **eines Sinnessystems (unimodale Repräsentationsgebiete)**. Die primäre motorische Rinde im Gyrus precentralis sendet direkt Efferenzen in tiefer gelegene Kerngebiete bzw. das Rückenmark. Zwischen diesen Primärregionen befinden sich Areale, die mit der Analyse spezieller Aspekte **einer** bestimmten **Modalität** (z.B. Farbe, Kontrast, Form, Bewegung eines visuellen Stimulus) befasst sind (**unimodale Rindenareale**). In den **multimodalen Assoziationsarealen** werden verschiedene Modalitäten zu einem holistischen Bild für die Planung und Initiation bestimmter Verhaltensweisen zusammengeführt.

Es ist oft unmöglich einzelnen Assoziationsarealen eine bestimmte kognitive Funktion zuzuschreiben (z.B. Sprache, Schreiben), da bei komplexen Funktionen viele Areale in einem Netzwerk zusammen wirken. Das bedeutet jedoch nicht, dass die Funktion dieser Areale beliebig ist, sondern dass wir oft die tatsächlichen neuronalen Funktionen eines kortikalen Areals im Netzwerk noch nicht ausreichend verstehen.

Der Isocortex hat eine Dicke von ca. 2–4 mm. Die Sehrinde ist mit 2 mm eines der schmalsten Rindengebiete, die motorische Rinde mit 4 mm dagegen besonders breit. An der Kuppel von Gyri ist der Cortex breiter als in der Tiefe von Sulci. Der Isocortex weist zwei Organisationsprinzipien auf:
- vertikale Säulen (Kolumnen)
- horizontale Schichten (kortikale Schichten, Laminae)

Die **vertikalen Säulen** der Hirnrinde bestehen aus synaptisch miteinander verbundenen, senkrecht zur Oberfläche übereinander stehenden Neuronen, die funktionelle Module bilden und mit benachbarten Säulen verschaltet sind. Sie haben einen Durchmesser von 30–1000 µm (siehe auch ► Kap. 17.1).

Die **horizontalen Schichten** der Hirnrinde unterscheiden sich voneinander bezüglich der Größe und Form der Neurone, aber auch hinsichtlich deren Packungsdichte und räumlicher Anordnung (■ Abb. 17.14). Diese Merkmale definieren die **Zytoarchitektonik** eines kortikalen Areals. Man unterscheidet im Isocortex 6 Schichten, die von der pialen Oberfläche bis zur Rinden/Mark-Grenze mit römischen Ziffern bezeichnet sind:

I. Lamina molecularis (Molekularzellschicht)
II. Lamina granularis externa (äußere Körnerzellschicht)
III. Lamina pyramidalis externa (äußere Pyramidenzellschicht)

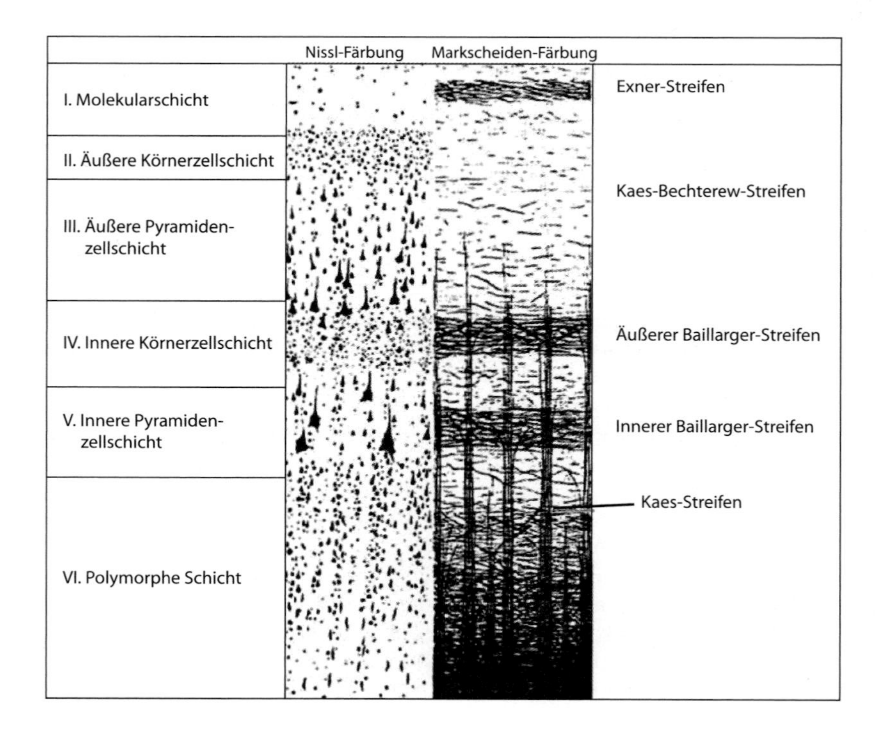

■ **Abb. 17.14.** Schematische Übersicht der laminären Gliederung im Cortex cerebri mit Darstellung einzelner Neurone für die Zytoarchitektonik nach Zellkörperfärbung (Nissl-Färbung) sowie für die Myeloarchitektonik nach Markscheidenfärbung

IV. Lamina granularis interna (innere Körnerzellschicht)
V. Lamina pyramidalis interna (innere Pyramidenzellschicht)
VI. Lamina multiformis (multiforme (polymorphe) Schicht)

Die Zytoarchitektonik der Hirnrinde variiert regional (z.B. in Bezug auf die Ausprägung der Schichten: die Lamina IV ist in der primären Sehrinde besonders differenziert und besteht aus 3 Unterschichten, ► Kap. 17.7, oder das Vorhandensein der Betz-Pyramidenzellen im primär motorischen Cortex, ► Kap. 17.12). Auch wenn die genaue Verschaltung der kortikalen Schichten im menschlichen Gehirn noch nicht vollständig verstanden ist, sind doch einige allgemeine Aspekte der Konnektivität und ihr Zusammenhang mit der Zytoarchitektonik bekannt. So enden thalamische Afferenzen überwiegend in der Lamina IV; Projektionsneurone, die ihre Axone in tiefer gelegene Kerngebiete und das Rückenmark senden, liegen in den Laminae V und VI. Efferente Fasern, die zu ipsi- und kontralateralen Kortexarealen ziehen, stammen besonders häufig aus den Laminae II und III (◘ Abb. 17.15).

Beobachtungen über regionale zytoarchitektonische Besonderheiten führten zu zytoarchitektonischen und myeloarchitektonischen Karten der Hirnrinde. Die bekannteste Karte ist die von Korbinian Brodmann aus dem Jahre 1909 (◘ Abb. 17.16). Brodmann projizierte die Felder (= Areale) auf die schematische Lateral- bzw. Medianansicht eines »typischen« Gehirns. Aus heutiger Sicht ist diese Karte in vielen Regionen, z.B. dem extrastriären visuellen Kortex, nicht zutreffend. Sie wird deshalb durch neue Karten ersetzt, die einen direkten Vergleich mit bildgebenden Untersuchungen ermöglichen.

Aufgrund zytoarchitektonischer Unterschiede in der Ausprägung der Lamina IV kann man folgende isokortikale Rindentypen unterscheiden:

- **granulärer Cortex** (tyischer 6-schichtiger Aufbau mit breiter Lamina IV; z.B. sensorische Areale)
- **dysgranulärer Cortex** (6-schichtiger Aufbau, die Lamina IV ist jedoch nicht durchgehend als eigenständige Schicht zu erkennen, z.B. die Area 44 der Broca-Region (► Kap. 17.18))
- **agranulärer Cortex** (die Lamina IV fehlt im erwachsenen Gehirn; diese Schicht wurde während der Ontogenese angelegt und löst sich später in den benachbarten Laminae III und V auf, z.B. der primär motorische Cortex, Area 4 (► Kap. 17.13)

Weiße Substanz des Telencephalon und ihre Faserbahnen

Die weiße Substanz des Telencephalons enthält myelinisierte und nichtmyelinisierte Nervenfasern, die in 3 Gruppen von Faserbahnen organisiert sind:

- Projektionsbahnen
- Kommissurenbahnen
- Assoziationsbahnen

Projektionsbahnen. Projektionsbahnen verbinden Hirnrindenregionen mit subkortikalen Kerngebieten. Sie ziehen durch die *Capsula interna*, die im horizontalen Schnittbild einen vorderen Schenkel, *Crus anterius*, das Knie, *Genu capsulae internae*, und einen hinteren Schenkel, *Crus posterius*, erkennen lässt. Durch die Capsula interna verlaufen sowohl vom Thalamus aufsteigende als auch zum Thalamus, Hirnstamm und Rückenmark absteigende Bahnen (◘ Abb. 17.17 und 17.18). Sie fächern sich oberhalb der Capsula interna in einem »Stabkranz«, *Corona radiata*, auf. Zu den wichtigsten **zum Cortex cerebri aufsteigenden Projektionsbahnen** zählen:

- **Sehstrahlung,** *Radiatio optica*, aus dem Corpus geniculatum laterale zur primären Sehrinde
- **Hörstrahlung,** *Radiatio acustica*, aus dem Corpus geniculatum mediale zur primären Hörrinde
- **somatosensorische Bahn,** *Pedunculus thalami dorsalis*, die aus den Ncll. ventrales posteriores medialis und lateralis zum Gyrus postcentralis gelangt.

Vom Cortex absteigende Projektionsbahnen sind:

- *Tractus frontopontinus*, der Lobus frontalis und Pons verbindet
- *Pedunculus thalami anterior*, der vom Ncl. mediodorsalis thalami zum Frontallappen und v.a. zum präfrontalen Cortex zieht
- *Fibrae corticonucleares* (auch Tractus corticonuclearis oder corticobulbaris genannt) vom motorischen Cortex zu motorischen Hirnnervenkerngebieten

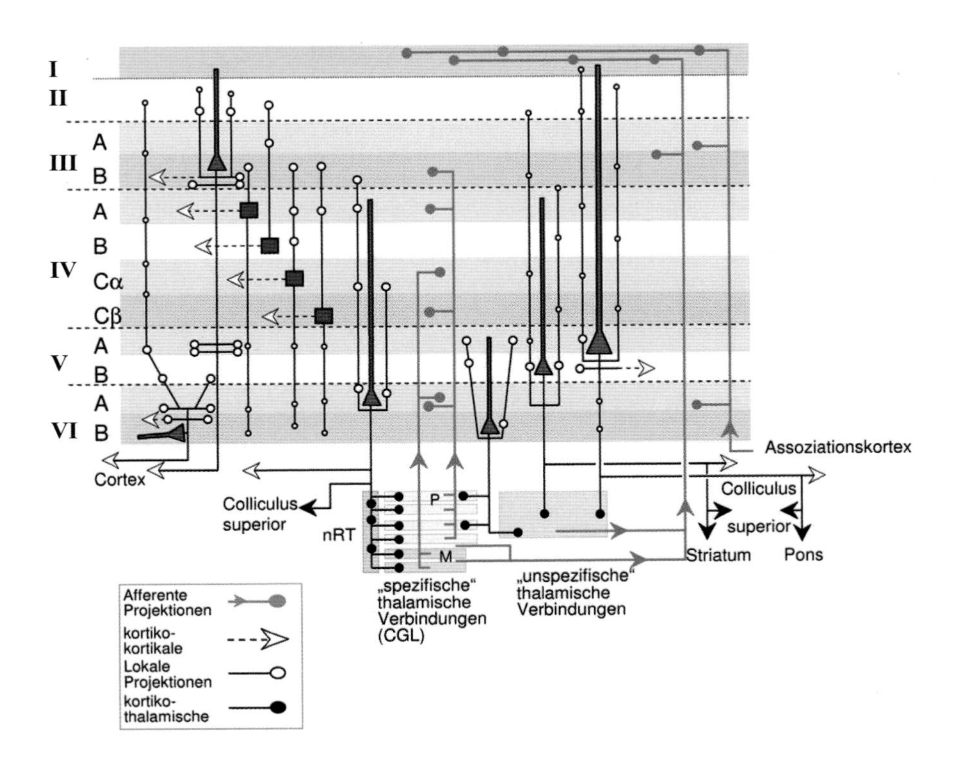

◘ **Abb. 17.15.** Laminäre Verschaltungen im primär visuellen Areal des Isocortex. Das Schema illustriert allgemein Aspekte der unterschiedlichen Konnektivität der Neurone in den verschiedenen kortikalen Schichten. CGL = Corpus geniculatum laterale; nRT = Ncl. reticularis thalami. Rot Pyramidenzellen, blau Interneurone

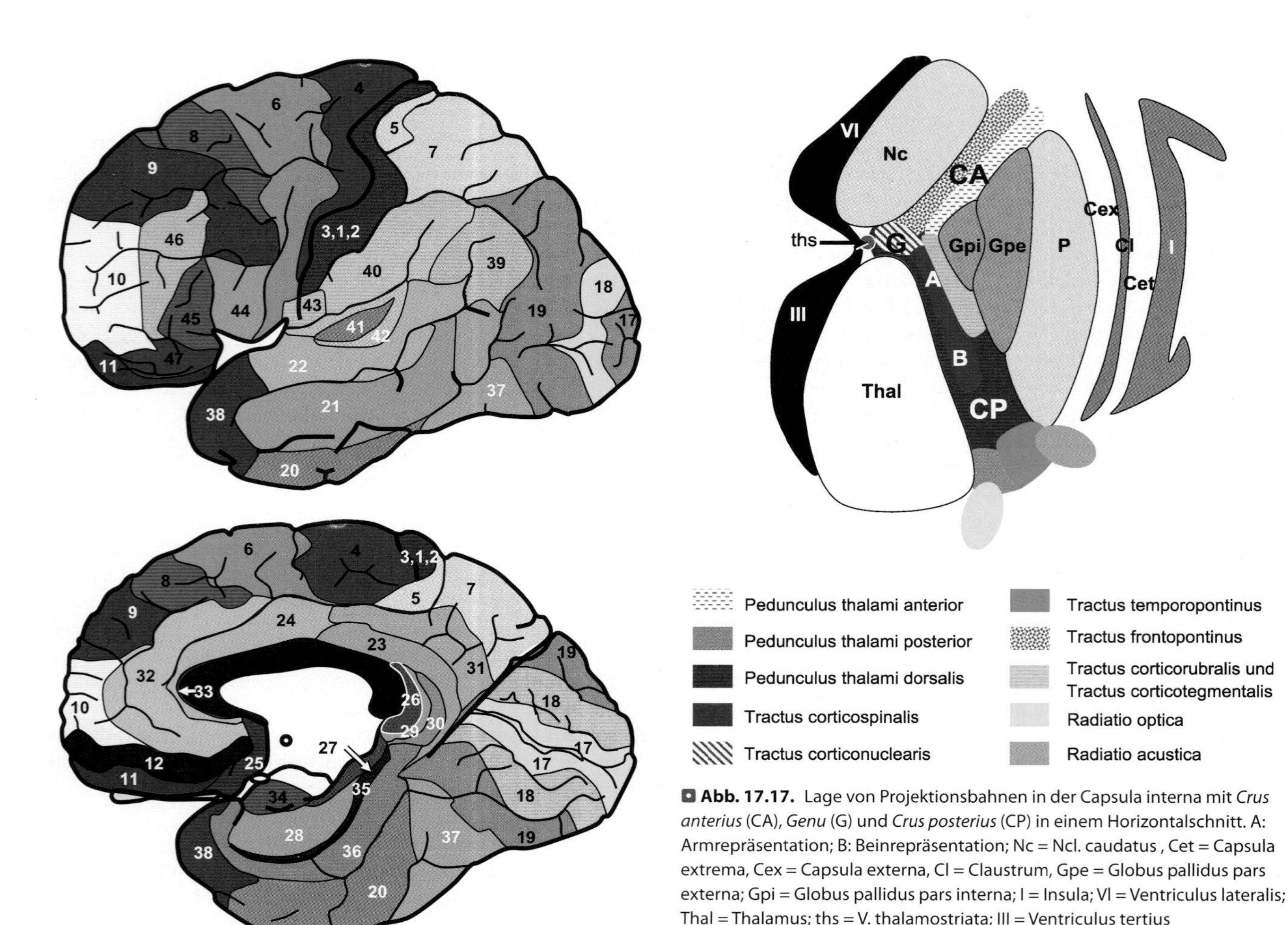

Abb. 17.16. Hirnkarte der Areale der menschlichen Hirnrinde nach Brodmann (1909 und 1910). Die einzelnen Areale sind durch arabische Ziffern bezeichnet. Sensorische und motorische Primärareale: 3, 1, 2 = primärer somatosensorischer Cortex; 4 = primärer motorischer Cortex; 17 = primärer visueller Cortex; 41 = primärer akustischer Cortex. Lobus frontalis: 6 = prämotorischer Cortex; 8+9+10+46+47+11+12 = präfrontaler Cortex; 44+45 = Broca-Region. Lobus parietalis: 1+2+3+43 = vorderer parietaler Cortex; 5+7+39+40 = hinterer parietaler Cortex. Lobus occipitalis: 17+18+19 = primärer, sekundärer und tertiärer visueller Cortex. Lobus temporalis: 41+42 = primärer und sekundärer akustischer Cortex; 20+21+22+38 = temporaler Cortex; 36 = Area ectorhinalis; 37 = temporooccipitale Übergangsregion. Areale des iso- und allokortikalen zingulären Cortex: 23+24+31+32 = zingulärer Cortex. Allokortikale Areale: 25 = Area subgenualis; 33 = Area pregenualis; 26+29+30 = granulärer und agranulärer retrosplenialer Cortex. 27 = Presubiculum; 28 = Area entorhinalis; 34 = Area entorhinalis dorsalis; 35 = Area perirhinalis

Abb. 17.17. Lage von Projektionsbahnen in der Capsula interna mit *Crus anterius* (CA), *Genu* (G) und *Crus posterius* (CP) in einem Horizontalschnitt. A: Armrepräsentation; B: Beinrepräsentation; Nc = Ncl. caudatus , Cet = Capsula extrema, Cex = Capsula externa, Cl = Claustrum, Gpe = Globus pallidus pars externa; Gpi = Globus pallidus pars interna; I = Insula; VI = Ventriculus lateralis; Thal = Thalamus; ths = V. thalamostriata; III = Ventriculus tertius

- *Tractus corticospinalis* vom motorischen Cortex zum Rückenmark
- *Tractus corticorubralis* zum Ncl. ruber
- *Tractus corticotegmentalis* zum Tegmentum
- *Pedunculus thalami posterior* zum Lobus occipitalis
- *Tractus temporopontinus*, der Lobus temporalis und Pons verbindet.

Zur klinisch wichtigen Lage der verschiedenen Projektionsbahnen in der Capsula interna Abb. 17.17. Eine weitere Projektionsbahn ist der *Fornix*, der den Hippocampus mit verschiedenen Hirnregionen verbindet.

17.15 Schädigung der Projektionsbahnen

In der Capsula interna verlaufen auf engstem Raum auf- und absteigende Projektionsbahnen. Die Blutgefäße der Capsula interna sind besonders häufig von Durchblutungsstörungen betroffen. Bei Blutungen oder Ischämie kann es u.a. zu einer Schädigung der kortikonukleären und kortikospinalen Bahnen kommen. Die Folge ist eine Lähmung auf der kontralateralen Körperseite (wegen der Kreuzung der Fasern im Hirnstamm). Wegen der hohen Packungsdichte der Fasern in der Capsula interna betreffen die Lähmungen oft große Teile des Körpers, und es kommt zu **Halbseitenlähmungen.**

Kommissurenbahnen. Die größte Kommissurenbahn ist das *Corpus callosum*. Es werden Genu, Truncus und Splenium corporis callosi unterschieden (Abb. 17.12). Das Corpus callosum enthält **homotope Kommissurenbahnen,** die gleiche Hirnrindenareale in beiden Hemisphären verbinden, und **heterotope Kommissurenbahnen,** die ein Areal einer Hemisphäre mit einem anderen Areal der kontralateralen Hemisphäre verbinden. Homotope Faserbahnen verbinden auch die bilateralen Repräsentationsfelder der gleichen Körperteile in den beiden Hemisphären (z.B. vertikaler Meridian des Gesichtsfeldes). Die zweite wichtige Kommissurenbahn ist die *Commissura anterior* (Abb. 17.12). Sie verbindet allo- und neokortikale Areale beider Hemisphären (Teile des präfrontalen Cortex, vorderer und mittlerer Abschnitt des Lobus temporalis). Eine dritte Kommissurenbahn, *Commissura fornicis*, verbindet die beiden Schenkel des Fornix und damit archikortikale Gebiete beider Hemisphären.

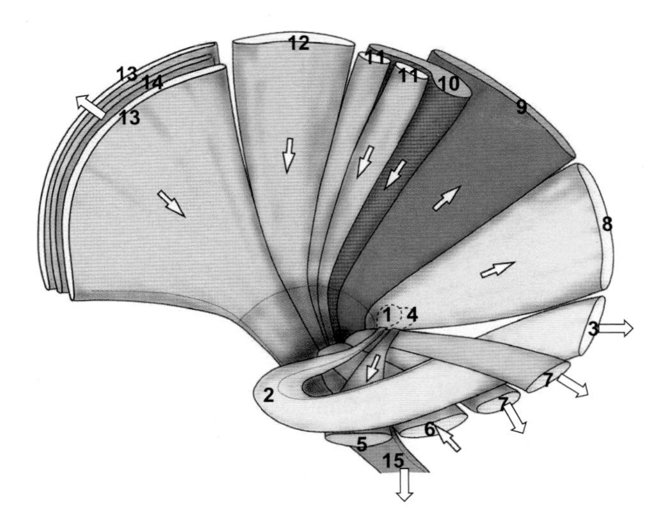

Abb. 17.18. Corona radiata und Lage der Projektionsbahnen in der Capsula interna. 1 = Position des Corpus geniculatum laterale; 2 = Knie der Sehstrahlung; 3 = Sehstrahlung (= Radiatio optica) ; 4 = Position des Corpus geniculatum mediale; 5 = Hörstrahlung (= Radiatio acustica) ; 6 = Tractus temporopontinus; 7 = Fibrae corticotectales und corticotegmentales; 8 = Pedunculus thalami posterior inferior; 9 = Pedunculus thalami posterior superior; 10 = Tractus corticospinalis; 11 = Fibrae corticorubrales und corticotegmentales; 12 = Tractus corticonuclearis; 13 = Tractus frontopontinus; 14 = Pedunculus thalami anterior; 15 = Crus cerebri

Assoziationsbahnen. Diese Faserbahnen verlaufen zwischen verschiedenen Bereichen des Cortex **einer Hemisphäre**. Sie bilden einen großen Teil der weißen Substanz. **Kurze Fasern,** *Fibrae arcuatae cerebri* oder **U-Fasern,** werden von Axonen von Pyramidenzellen gebildet und verbinden meist zwei benachbarte Gyri miteinander. **Lange Assoziationsfasern** verknüpfen weit voneinander entfernte Rindenregionen (Abb. 17.19). Die wichtigsten Assoziationsbahnen sind:

- *Cingulum*: im Gyrus cinguli, verläuft vom Lobus frontalis bogenförmig zum Lobus temporalis
- *Fasciculus uncinatus:* zwischen Temporalpol und ventroorbitalem präfrontalen Cortex
- *Fasciculus arcuatus:* zwischen Frontal- und Okzipitallappen
- *Fasciculus longitudinalis inferior:* zwischen Temporal- und Okzipitallappen
- *Fasciculus longitudinalis superior*: zwischen Frontal- und Okzipitallappen
- *Fasciculus occipitofrontalis* (auch als Fasciculus longitudinalis medialis oder Fasciculus subcallosus bezeichnet): zwischen Frontal- und Okzipitallappen

Subkortikale Kerngebiete des Telencephalon

In der Tiefe des Telencephalon liegen subkortikale Kerngebiete (Abb. 17.20). Zu diesen zählen die **Basalganglien.** Da die Basalganglien neben vielen anderen Aufgaben bei kognitiven Funktionen in der Klinik v.a. wegen ihrer Bedeutung für die Extrapyramidalmotorik besonders wichtig sind, sei für eine detaillierte Übersicht über die Kerne, ihre Konnektivität und funktionelle Neuroanatomie auf Kap. 17.13 verwiesen. Zu den Basalganglien im engeren Sinne zählen:

- Ncl. caudatus (Schweifkern)
- Putamen (Schalenkörper)
- Globus pallidus (Pallidum)
  - Pars interna
  - Pars externa

Im weiteren Sinn werden auch der Ncl. subthalamicus und die Substantia nigra, mitunter auch der Ncl. ruber des Mesencephalon zu den Basalganglien gerechnet.

Ncl. caudatus und Putamen sind aufgrund ihrer gemeinsamen Anlage (lateraler **Ganglienhügel**), ihres Baues und ihrer Funktion als eine Einheit aufzufassen. Die zunächst einheitliche Anlage des Corpus striatum wird während der Ontogenese durch die Fasern der Capsula interna in Ncl. caudatus und Putamen geteilt. Im adulten Gehirn sind Ncl. caudatus und Putamen bis auf ihren rostralen Teil nur durch Zellbrücken verbunden. Beide Kerne werden als *Corpus striatum* (Striatum: Streifenkörper) zusammengefasst.

Der **Ncl. caudatus** ist ein langgestreckter Kern, der bogenförmig den lateralen Thalamus umgreift und mit den Seitenventrikeln bis ins Unterhorn gelangt (Abb. 17.20 und 17.21). Der vordere Anteil, *Caput ncl. caudati*, ist wulstförmig. Der mittlere und hintere Anteil, *Corpus und Cauda ncl. caudati*, werden zunehmend schlanker und biegen nach ventral um. Die Cauda ncl. caudati liegt im Dach des Unterhorns des Seitenventrikels. Das **Putamen** erstreckt sich auf Frontalschnitten etwa bis auf Höhe des Beginns des Pulvinar nach okzipital. Medial des Putamens befindet sich der Globus pallidus, lateral das Claustrum (Abb. 17.20 und 17.21).

Der **Globus pallidus** (Abb. 17.20 und 17.21) besteht aus zwei Teilen, der *Pars interna* und der *Pars externa*, die sich in ihrem zellulären Bau und in ihren Verbindungen unterscheiden. Der Globus pallidus ist reziprok mit dem Ncl. subthalamicus verbunden. Die Afferenzen aus diesem Kern enden in der Pars interna, die auch Afferenzen aus der Substantia nigra erhält. Die Efferenzen des Globus pallidus zum Ncl. subthalamicus kommen aus der Pars externa. Der Globus pallidus ist aber im Gegensatz zum Corpus striatum ein Abkömmling des medialen Ganglienhügels. Auch funktionell unterscheidet er sich wegen seiner Verbindungen mit anderen Hirnregionen vom Corpus striatum (▶ Kap. 17.13).

Als *Ncl. lentiformis* wird die Kombination aus Globus pallidus und Putamen bezeichnet. Diese Begriffsbildung ist jedoch aufgrund der unterschiedlichen Funktion und embryonalen Herkunft beider Teile wenig sinnvoll. Im klinischen Bereich kommt auch der Begriff **Stammganglien** zur Anwendung, der Ncl. caudatus, Globus pallidus, Putamen, Claustrum und Corpus amygdaloideum umfasst.

Das **Claustrum** ist ein schmales Gebiet grauer Substanz, das zwischen dem Putamen und der Inselrinde gelegen ist (Abb. 17.19e und 17.21). Sein ventraler Ausläufer reicht bis in den Temporallappen und endet dorsal der Amygdala. Das Claustrum unterhält reziproke Verbindungen zum Cortex cerebri. Zwischen Claustrum und Putamen befindet sich die Capsula externa, zwischen Claustrum und Inselrinde die Capsula extrema. Sowohl in der Capsula externa als auch in der Capsula extrema liegen Assoziationsbahnen der Hirnrinde.

Der **Ncl. accumbens** (Abb. 17.20 und 17.21) liegt ganz rostral, an der von der Capsula interna nicht unterbrochenen, ventralen Vereinigungsstelle von Putamen und Ncl. caudatus. Er wird deshalb auch als **ventrales Striatum** bezeichnet. Der größte Teil dieses Kerngebiets liegt auch ventral der Commissura anterior. Im Unterschied zum größeren dorsalen Striatum unterhält der Ncl. accumbens neben Verbindungen zum dorsalen Striatum auch Verbindungen zum limbischen System (mesialer präfrontaler Cortex, zingulärer Cortex, Amygdala) und erhält Afferenzen u.a. aus dem Hippocampus. Der Ncl. accumbens ist eine subkortikale Region für die Umsetzung von Emotion in Motorik und spielt bei Belohnungsempfindung und Suchtverhalten eine Rolle.

Das **basale Vorderhirn** (Abb. 17.22) umfasst heterogene Kerngebiete, die nahe an der medialen und basalen Oberfläche des Vorderhirns und unterhalb der Commissura anterior liegen. Sie sind für kognitive Prozesse (Aufmerksamkeit, Lernen, Gedächtnis), Beloh-

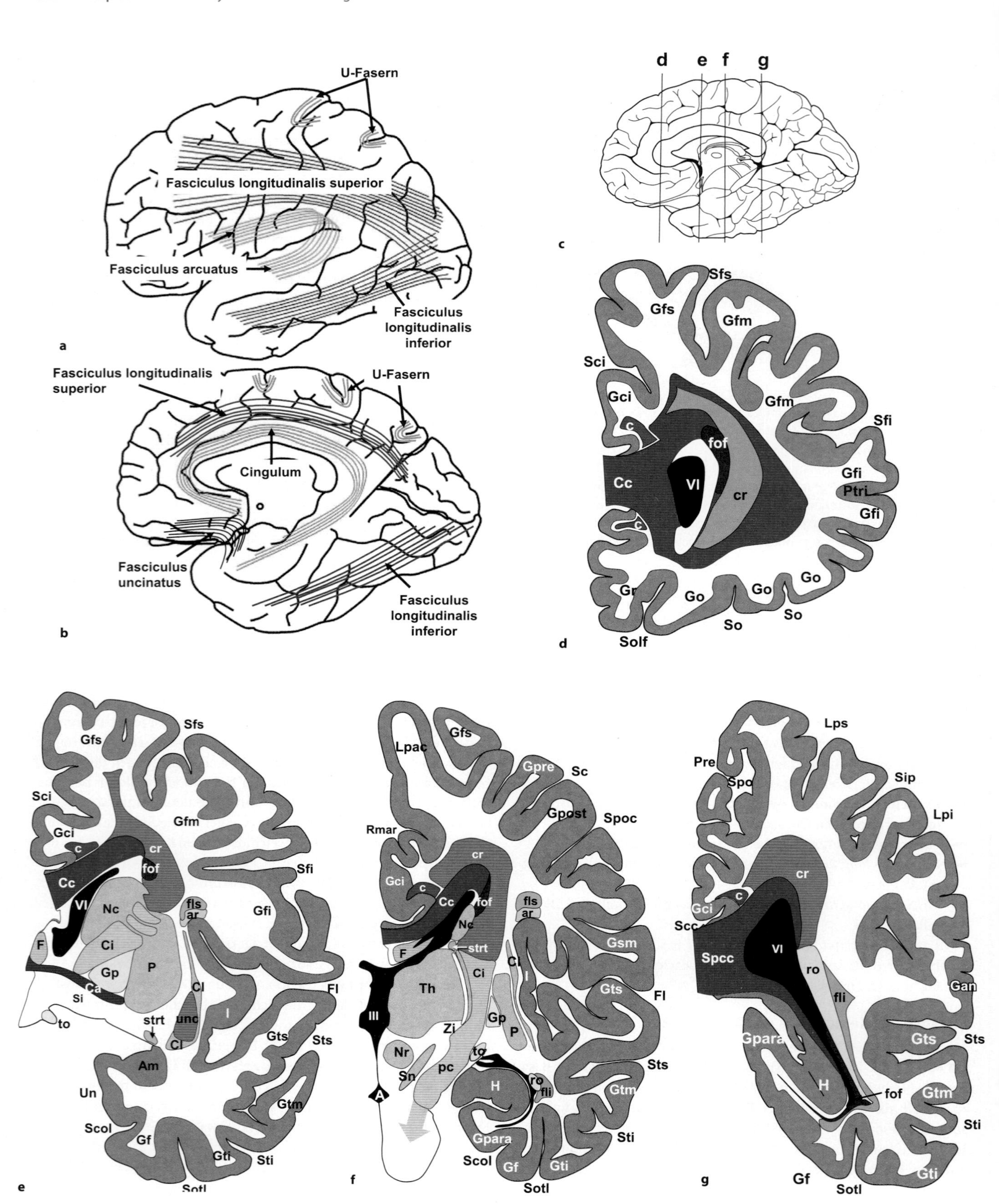
U-Fasern
Fasciculus longitudinalis superior
Fasciculus arcuatus
Fasciculus longitudinalis inferior
a
Fasciculus longitudinalis superior
U-Fasern
Cingulum
Fasciculus uncinatus
Fasciculus longitudinalis inferior
b
d e f g
c
Sfs Gfs Gfm Sci Gci Gfm Sfi c fof Cc Vl cr Gfi Ptri Gfi c Go Gr Go Go So So Solf
d
Sfs Gfs Sci Gfm Gci c cr fof Cc Sfi Vl Nc fls ar Gfi F Ci Gp P Ca Si Cl Fl to strt unc Cl I Gts Sts Am Un Gtm Scol Gf Gti Sti Sotl
e
Gfs Lpac Gpre Sc Gpost Spoc Rmar cr Gci c Cc fof fls ar Nc Gsm F strt Cl Ci Th I Gts Fl III Gp Zi P Nr to Sts Sn pc H ro fli Gtm Gpara Sti Scol Gf Gti Sotl
f
Lps Pre Spo Sip Lpi cr Gci c Scc Vl Spcc ro Gan fli Gts Sts Gpara H fof Gtm Sti Gti Gf Sotl
g
17

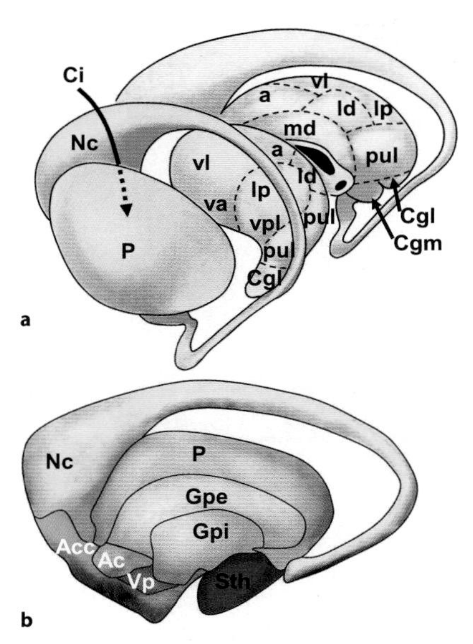

◘ Abb. 17.20a, b. Topographische Beziehung zwischen Ncl. caudatus, Putamen und Kerngebieten des Thalamus. **a** Ansicht von links, schräg lateral und hinten. **b** Ansicht von medial.
a = Ncl. anterior thalami; Ac = Commissura anterior; Acc = Ncl. accumbens; Cgl = Corpus geniculatum laterale; Cgm = Corpus geniculatum mediale; Ci = Capsula interna; Gpe = Globus pallidus pars externa; Gpi = Globus pallidus pars interna; ld = Ncl. laterodorsalis thalami; lp = Ncl. lateroposterior thalami; md = Ncl. mediodorsalis thalami; Nc = Ncl. caudatus; P = Putamen; pul = Pulvinar thalami; Sth = Ncl. subthalamicus; va = Ncl. ventralis anterior thalami; vl = Ncl. ventrolateralis thalami; Vp = ventrales Pallidum; vpl = Ncl. ventralis posterolateralis thalami

nungsempfindung und -reaktion sowie kortikale Plastizität von Bedeutung. Zum basalen Vorderhirn rechnet man das **Diagonale Band von Broca,** den **Ncl. basalis Meynert** der *Substantia innominata,* den *Ncl. accumbens* (ventrales Striatum) und große Neurone, die als » Bed nucleus der Stria terminalis« unterhalb des Ncl. caudatus und medial des Globus pallidus liegen (◘ Abb. 17.19). Die großen, Azetylcholin-bildenden Neurone (cholinerge Neurone) des basalen Vorderhirns sind wegen ihres Absterbens bei der **Alzheimer-Erkrankung** von besonderer Bedeutung.

Nach einer neuen Nomenklatur werden die magnozellulären Kerngebiete mit ihren Azetylcholin-bildenden Zellen in die Kerngruppen CH1-4 eingeteilt (► Kap. 17.2). Neben den cholinergen Neuronen finden sich im basalen Vorderhirn aber auch zahlreiche Neurone die GABA, Glutamat und verschiedene Neuropeptide als Transmitter bilden.

Diencephalon (Zwischenhirn)

Das Diencephalon (Zwischenhirn) schließt sich kaudal dem Telencephalon an, umgibt den III. Ventrikel, und grenzt seinerseits kaudal an das Mesencephalon, wo die Grenze vom rostralen Ende der Vierhügelplatte (Lamina tecti) zu den Crura cerebri verläuft (◘ Abb. 17.12). Die Grenze zum Telencephalon ist schwieriger zu bestimmen, weil das Telencephalon während der Fetalentwicklung das Diencephalon überwölbt und dieses im adulten Gehirn in der Lateralansicht nicht mehr sichtbar ist. In Frontalschnitten markiert die *V. thalamostriata* (◘ Abb. 17.17) die Grenze zwischen Tel- und Diencephalon. Die Thalami beider Seiten sind meist durch eine schmale Brücke aus Gliazellen, *Adhesio interthalamica,* miteinander verbunden.

Das Diencephalon besteht aus folgenden Abschnitten, die ihrerseits weiter untergliedert werden:

- Epithalamus
- Thalamus (Thalamus dorsalis) mit Metathalamus (◘ Abb. 17.23)
- Subthalamus
- Hypothalamus

Epithalamus

Der Epithalamus liegt medial am dorsalen und hinteren Ende des III. Ventrikels. Er hat Verbindungen zum limbischen und olfaktorischen System, sowie zum Hypothalamus und dem Mesencephalon (► Kap. 17.15 und 17.16). Zum Epithalamus gehören:

- Habenula (Zügel), eine Region mit zwei Kerngebieten am Ende der rechten und linken Stria medullaris thalami
- Glandula pinealis (Epiphyse, Zirbeldrüse, Corpus pineale, Pinealorgan)
- Commissura posterior (Commissura epithalamica: CP)

Die **Habenula** (◘ Abb. 17.24b) besteht aus 2 Kerngebieten: *Ncl. habenulae medialis* und *Ncl. habenulae lateralis.* Die *Striae medullares thalami* enthalten Axone aus dem Septum, dem Riechhirn, dem Corpus amygdaloideum (über die Stria terminalis), dem Hypothalamus (laterale präoptische Region) und dem Ncl. anterior thalami. Die Efferenzen der Habenula ziehen über den *Tractus habenulotectalis* zum Colliculus superior, über den *Tractus habenulotegmentalis* zum Ncl. tegmentalis dorsalis (von dort über den Fasciculus longitudinalis dorsalis zu Kerngebieten für Schlucken und Speichelbildung) und dem *Tractus habenulointerpeduncularis* (auch *Fasciculus retroflexus Meynert*) zum Ncl. interpeduncularis.

Die **Epiphyse** ähnelt in der Form einem Pinienzapfen und liegt an der Hinterwand des III. Ventrikels über dem Tectum (◘ Abb. 17.12). Sie wird aus epitheloiden Pinealozyten gebildet, die im Laufe der Phylogenese aus Photorezeptorzellen des Parietalauges niederer Vertebraten entstanden sind. Die Pinealozyten des Menschen haben jedoch keine Außensegmente mehr. Sie produzieren das Hormon **Melatonin.** Die Melatoninsynthese wird bei Helligkeit gebremst, bei

◄ **◘ Abb. 17.19a–g.** Lange und kurze (U-Fasern) Assoziationsbahnen in der weißen Substanz des Telencephalon in Ansichten von lateral (**a**) und medial (**b**). Die Abbildungen **d–g** zeigen auf Frontalschnitten die Lage der einzelnen Assoziationsbahnen. Die Position der Frontalschnitte ist in Abbildung **c** dargestellt.
A = Aquaeductus mesencephali; Am = Amygdala; ar = Fasciculus arcuatus; c = Cingulum; Ca = Commissura anterior; Cc = Corpus callosum; Ci = Capsula interna; Cl = Claustrum; cr = Corona radiata; F = Fornix; Fl = Fissura lateralis Sylvii; fli = Fasciculus longitudinalis inferior; fls = Fasciculus longitudinalis superior; fof = Fasciculus occipito-frontalis; Gan = Gyrus angularis; Gci = Gyrus cinguli; Gf = Gyrus fusiformis (Gyrus occipitotemporalis medialis); Gfi = Gyrus frontalis inferior; Gfm = Gyrus frontalis medius; Gfs = Gyrus frontalis superior; Gl = Gyrus lingualis; Go = Gyrus orbitalis; Gp = Globus pallidus; Gpara = Gyrus parahippocampalis; Gpost = Gyrus postcentralis; Gpre = Gyrus precentralis; Gr = Gyrus rectus; Gsm = Gyrus supramarginalis; Gti = Gyrus temporalis inferior; Gtm = Gyrus temporalis medius; Gts = Gyrus temporalis superior; H = Hippocampus; I = Insula; Lpac = Lobulus paracentralis; Lpi = Lobulus parietalis inferior; Lps = Lobulus parietalis superior; Nc = Ncl. caudatus; Nr = Ncl. ruber; P = Putamen; pc = Pedunculus cerebri; Pre = Precuneus; Ptri = Pars triangularis; Rmar = Ramus marginalis sulci cinguli; ro = Radiatio optica; Sc = Sulcus centralis; Scc = Sulcus corporis callosi; Sci = Sulcus cinguli; Scol = Sulcus collateralis; Sfs = Sulcus frontalis superior; Si = Substantia innominata; Sip = Sulcus intraparietalis; Sn = Substantia nigra; So = Sulcus orbitalis; Solf = Sulcus olfactorius; Spcc = Splenium corporis callosi; Spo = Sulcus parieto-occipitalis ; Sti = Sulcus temporalis inferior; strt = Stria terminalis; Sts = Sulcus temporalis superior; to = Tractus opticus; Un = Uncus; unc = Fasciculus uncinatus; Vl = Ventriculus lateralis; Zi = Zona incerta; III = Ventriculus tertius

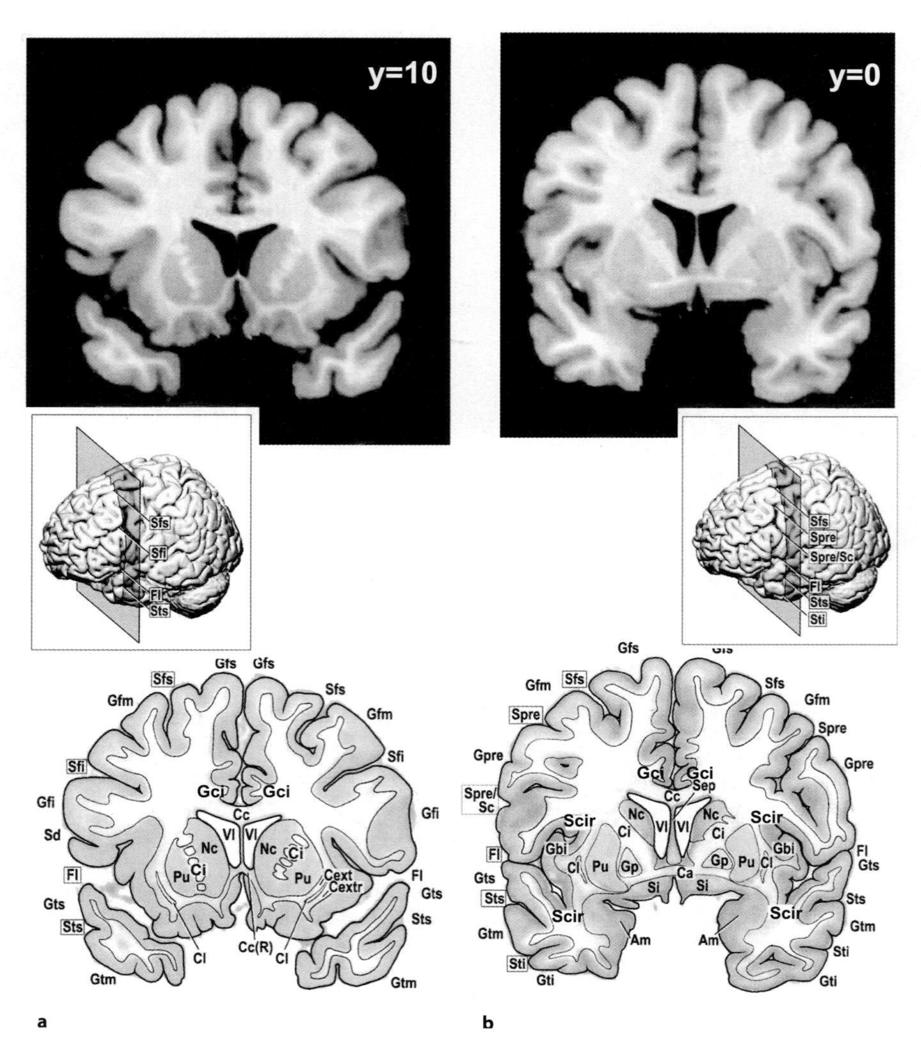

Abb. 17.21a–l. Frontal- (**a–g**), Horizontal- (**h–j**) und Sagittalschnitte (**k–l**) senkrecht (**a–g** und **k–l**) oder parallel (**h–j**) zur CA-CP-Ebene. Die jeweils oberen Abbildungen sind magnetresonanztomographische Aufnahmen.
A = Aquaeductus mesencephali; Am = Amygdala; Ca = Commissura anterior; Cc = Corpus callosum; Cc(R) = Rostrum corporis callosi; Cc(S) = Splenium corporis callosi; Ce = Cerebellum; Cext = Capsula externa; Cextr = Capsula extrema; Ci = Capsula interna; Cin = Colliculus inferior; Cl = Claustrum; Cm = Corpus mammillare; Cu = Cuneus; f = Fornix; Fl = Fissura lateralis Sylvii; Gbi = Gyrus brevis insulae; Gci = Gyrus cinguli; Gfi = Gyrus frontalis inferior; Gfm = Gyrus frontalis medius; Gfs = Gyrus frontalis superior; Go = Gyrus orbitalis; Gotl = Gyrus occipitotemporalis lateralis; Gotm = Gyrus occipitotemporalis medialis (Gyrus fusiformis); Gp = Globus pallidus; Gpara = Gyrus parahippocampalis; Gpost = Gyrus postcentralis; Gpre = Gyrus precentralis; Gsm = Gyrus supramarginalis; Gti = Gyrus temporalis inferior; Gtm = Gyrus temporalis medius; Gts = Gyrus temporalis superior; H = Hippocampus; Hy = Hypothalamus; I = Insula; Lps = Lobulus parietalis superior; Na = Ncl. accumbens; Nc = Ncl. caudatus; Nc(C) = Cauda ncl. caudati; Nd = Ncl. dentatus; Nr = Ncl. ruber; P = Pons; Pc = Pedunculus cerebri; Pcm = Pedunculus cerebellaris medius; Plex = Plexus choroideus; Pre = Precuneus; Pu = Putamen; Pul = Pulvinar; Ro = Radiatio optica; Sc = Sulcus centralis; Scal = Sulcus calcarinus; Sci = Sulcus cinguli; Sci(m) = Sulcus cinguli ramus marginalis; Scir = Sulcus circularis insulae; Scol = Sulcus collateralis; Sd = Sulcus diagonalis; Sep = Septum pellucidum; Sfi = Sulcus frontalis inferior; Sfs = Sulcus frontalis superior; Si = Substantia innominata (basales Vorderhirn); Sip = Sulcus intraparietalis; Sn = Substantia nigra; Soa = Sulcus occipitalis anterior; Spo = Sulcus parietooccipitalis; Spost = Sulcus postcentralis; Spre = Sulcus precentralis; Sti = Sulcus temporalis inferior; Sts = Sulcus temporalis superior; Tc = Tonsilla cerebelli; Te = Tectum; Th = Thalamus; Th(p) = Nucll. pulvinares thalami; To = Tractus opticus; Ve = Vermis; Vt = dritter Ventrikel; Vl = Seitenventrikel

Dunkelheit verstärkt. Die Epiphyse ist für die zirkadiane Rhythmik von großer Bedeutung (► Kap. 17.7).

Die **Commissura posterior** ist keine Kommissuren- sondern eine Projektionsbahn. Sie liegt unterhalb der Epiphyse, am Übergang des III. Ventrikels in den Aquaeductus cerebri (◘ Abb. 17.12 und 17.26) und enthält kreuzende Faserbahnen von der Habenula zum Colliculus superior *(Tractus habenulotectalis)*, sowie Faserbahnen aus dem akzessorischen optischen System (► Kap. 17.7), dem vestibulären System und den Ncll. interstitialis Cajal und Darkschewitsch (◘ Abb. 17.26).

Thalamus

Der Thalamus umfasst den größten Anteil des Diencephalon. Die Signale, die in den Sinnesorganen entstehen und in den Cortex cerebri weitergeleitet werden, werden alle (Ausnahme: olfaktorisches System; ► Kap. 17.14) im Thalamus und Metathalamus umgeschaltet. Der Thalamus hat damit eine Schlüsselfunktion für die Verarbeitung epikritischer, propriozeptiver und nozizeptiver sowie auditorischer, gustatorischer und visueller Informationen (► Kap. 17.7) und ist wesentlich an der motorischen Steuerung beteiligt. Letztlich sind Kerngebiete des

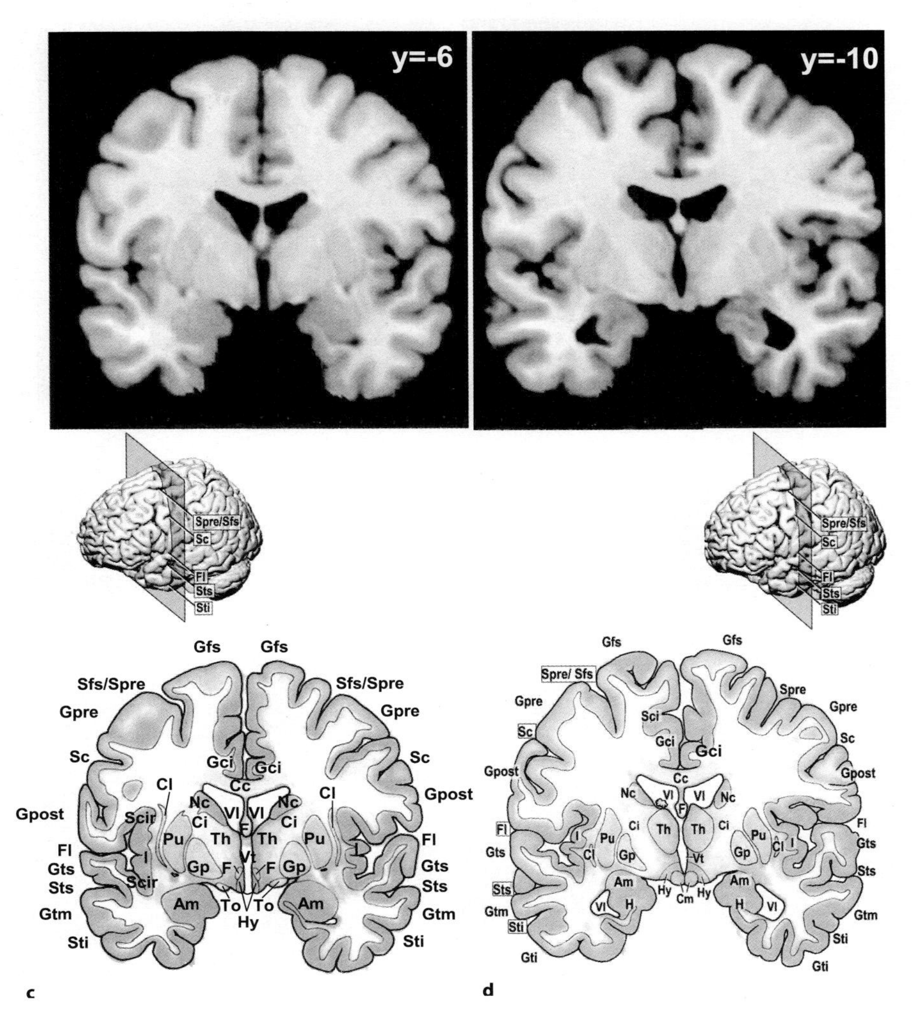

Abb. 17.21c, d (Fortsetzung)

Thalamus auch in Bahnen des limbischen Systems eingeschaltet. Über die Stabkranzfaserung, *Radiatio thalami*, die durch die Capsula interna verläuft, ist der Thalamus mit dem Cortex cerebri verbunden. Die Radiatio thalami besteht aus dem *Pedunculus thalami anterior* zum Lobus frontalis, dem *Pedunculus thalami superior* zum Lobus parietalis, dem *Pedunculus thalami posterior* zum Lobus occipitalis und dem *Pedunculus thalami inferior* zum Lobus temporalis (Abb. 17.17 und 17.19).

Der Thalamus besteht aus zahlreichen Kerngebieten (Abb. 17.29), die überwiegend Projektionsneurone, aber auch eine große Anzahl von Interneuronen enthalten. Dorsal des Thalamus befindet sich der Ncl. caudatus (Abb. 17.21). In der Furche zwischen beiden Kerngebieten liegen die *Vena thalamostriata* und die *Stria terminalis* (Abb. 17.17), eine Verbindung der Amygdala zum vorderen Hypothalamus. Über der Substantia nigra und unter dem Thalamus findet sich der *Ncl. subthalamicus.*

Kerngruppen des Thalamus werden durch Lamellen weißer Substanz, *Laminae medullares interna et externa,* voneinander getrennt:

- **Lamina medullaris externa:** Diese Marklamelle liegt an der Außenseite des Thalamus zwischen dem Ncl. reticularis thalami und den lateralen und ventralen Thalamuskernen (Abb. 17.23 und 17.24).
- **Lamina medullaris interna:** Sie gabelt sich Y-förmig nach rostral zwischen den Ncll. mediales und laterales auf und enthält die Ncll. intralaminares thalami (Abb. 17.23 und 17.24). In der Lamina medullaris interna liegen Kerngebiete, die als *Ncl. intralaminaris* (Abb. 17.24) zusammengefasst werden.

Die Thalamuskerne werden traditionell in sogenannte **»spezifische«** und **»unspezifische« Kerne** eingeteilt. Die »spezifischen« Kerne sind Umschaltstationen für subkortikale Afferenzen, projizieren reziprok auf umschriebene Hirnrindenareale und sind meist somatotop gegliedert. Sie erhalten ihre kortikalen Afferenzen aus der Lamina VI des Isocortex. »Unspezifische« Kerne sind mit dem Rhombencephalon, Diencephalon, Striatum und dem Cortex cerebri verbunden. Ihre kortikalen Afferenzen stammen aus der Lamina V des Isocortex. Die wichtigsten Kerngruppen im Thalamus sind:

- **Spezifische Thalamuskerne:**
  - **Ncll. anteriores thalami** (Abb. 17.24): Sie werden von den *Ncll. anterodorsalis, anteromedialis* und *anteroventralis* gebildet. Die Ncll. anteromedialis und anteroventralis werden zusammen auch als *Ncl. anteroprincipalis* bezeichnet. Zusammen mit dem *Ncl. laterodorsalis* liegen sie in der Gabelung der Lamina medullaris interna und haben reziproke Verbin-

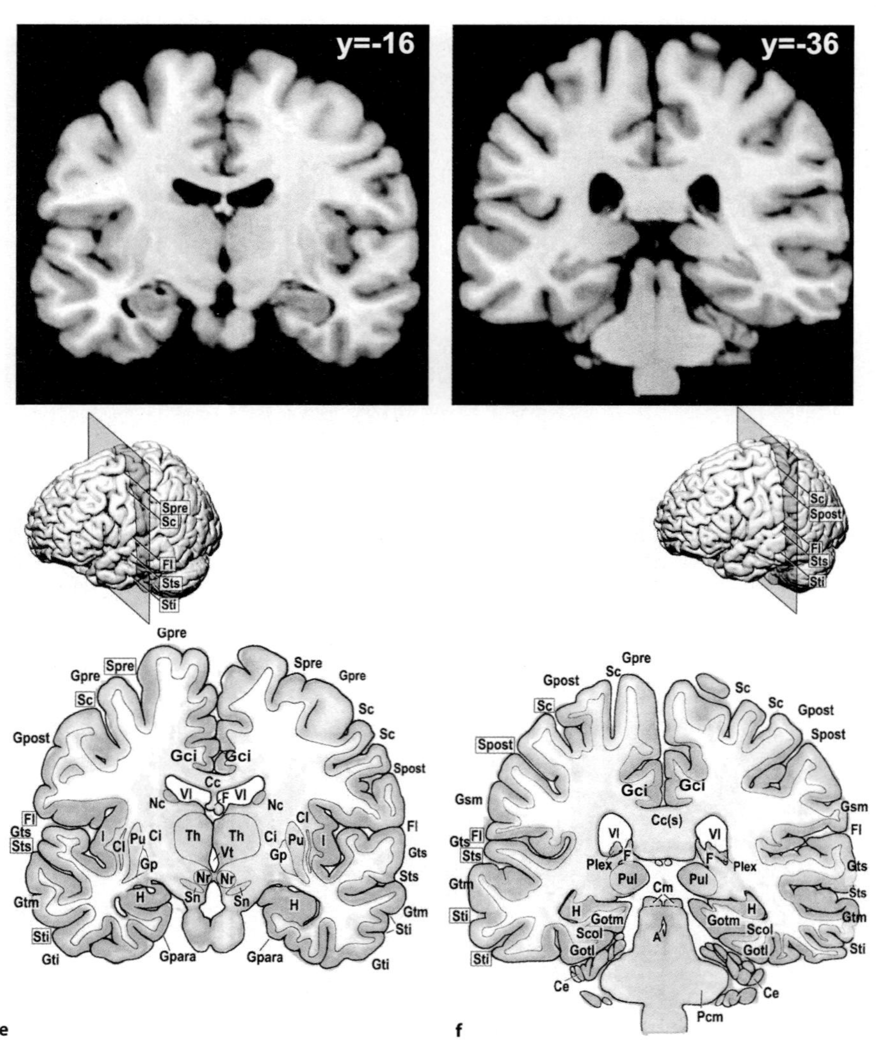

Abb. 17.21e, f (Fortsetzung)

dungen mit dem Gyrus cinguli, der Area retrosplenialis, sowie dem Pre- und Parasubiculum. Sie erhalten Afferenzen aus dem Corpus mammillare über den *Tractus mammillothalamicus* (Vicq-d'Azyr-Bündel; Abb. 17.26a).

- **Ncl. mediodorsalis thalami** (Abb. 17.24): Er ist medial der Lamina medullaris interna gelegen. Sein medialer magnozellulärer Teil ist mit dem medialen prä- und orbitofrontalen Cortex verbunden und erhält Afferenzen aus der Amygdala und dem Hypothalamus. Der laterale parvozelluläre Teil ist mit dem frontalen Augenfeld und dem präfrontalen Cortex verbunden. Er erhält Fasern aus dem Ncl. accumbens und verbindet so das ventrale Striatum mit dem präfrontalen Cortex.
- **Ncll. ventrales thalami** (Abb. 17.24): Diese Kerne liegen zwischen den beiden Marklamellen des Thalamus. Sie haben eine zentrale Bedeutung für das somatosensorische System ► Kap. 17.9. Der *Ncl. ventralis posterior* (VP) (Abb. 17.23) ist somatotop gegliedert und besteht aus den beiden Kerngebieten *Ncll. ventrales posteromedialis* (VPM) und *posterolateralis* (VPL). Der VP schickt Fasern in den Gyrus postcentralis mit seinen somatosensorischen Arealen (Areale 3b, 2, 1) und zum parietalen Operculum. Afferenzen aus dem Tractus trigeminothalamicus lateralis, der im Ncl. sensorius principalis beginnt, und gustatorische Afferenzen aus dem Ncl. parabrachialis medialis enden im VPM, spinothalamische Fasern enden über den Lemniscus medialis im VPL. Die *Ncll. ventrales anterior* und *lateralis* erhalten Afferenzen aus dem Cerebellum über den Peduculus cerebellaris superior, sowie aus dem Tegmentum mesencephali, der Substantia nigra, dem Pallidum und den Nucll. vestibulares. Sie projizieren zur Area 4 (primär motorischer Cortex), Area 6 und zum supplementär-motorischen Cortex SMA (► Kap. 17.12).
- **Ncll. posteriores thalami**: Die posteriore Gruppe besteht aus dem *Ncl. lateralis posterior* und dem *Pulvinar* (Abb. 17.23, 17.24 und 17.26a) und ist mit visuellen Hirnrindengebieten im Lobulus parietalis superior, aber auch mit den Lobi temporalis und occipitalis verbunden. Weitere Verbindungen kommen aus dem Colliculus superior und der Area praetectalis (► Kap. 17.7).
- **Metathalamus:** Der Metathalamus besteht aus dem **Corpus geniculatum laterale** (lateraler Kniehöcker) und dem **Corpus geniculatum mediale** (medialer Kniehöcker) (Abb. 17.23, 17.24 und 17.26a, b). Das *Corpus geniculatum laterale* ist eine wichtige Station im visuellen System (► Kap. 17.7), die Afferenzen über den Tractus opticus aus der Retina erhält und

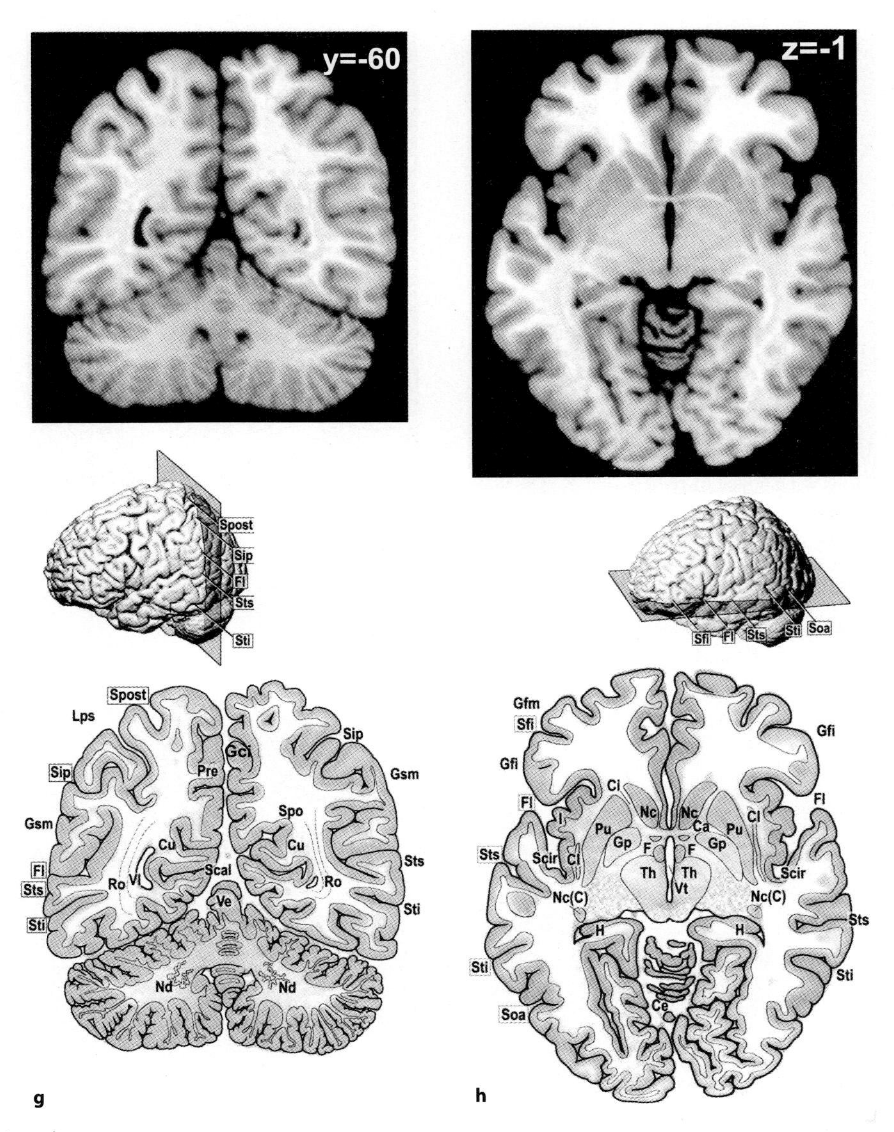

Abb. 17.21g, h (Fortsetzung)

Efferenzen an die primäre Sehrinde (BA 17) schickt. Das *Corpus geniculatum mediale* ist ein spezifischer Kern des auditorischen Systems (▶ Kap. 17.8), das Afferenzen aus dem Colliculus inferior über das Bracchium colliculi inferioris erhält und Efferenzen zum primären akustischen Cortex (BA 41) auf der Heschl-Querwindung im Lobus temporalis sendet.

- **Unspezifische Thalamuskerne:**
  - **Ncll. mediani** (Abb. 17.24): Zu diesen Kernen gehören die *Ncll. reuniens, parataenialis* und *paraventricularis thalami*. Über ihre genauen Verbindungen ist wenig bekannt. Sie sind wahrscheinlich in das aufsteigende Aktivierungssystem (siehe unten) eingebunden.
  - **Ncll. intralaminares** (Abb. 17.24): Diese Kerne haben Verbindungen mit dem Cortex cerebri, Striatum, Cerebellum und der Formatio reticularis. Der größte Kern innerhalb dieser Gruppe ist der *Ncl. centromedianus* (Centre médian von Luys), der Projektionen aus dem ipsilateralen Tractus spinothalamicus, der Formatio reticularis, dem kontralateralen Ncl. emboliformis des Cerebellum und der Pars medialis des Pallidum über den Fasciculus lenticularis erhält. Kortikale Afferenzen kommen aus den Areae 4 und 6, sowie dem präfrontalen Cortex. Efferenzen erreichen Thalamuskerne, das Corpus striatum sowie den vorderen zingulären Cortex. Dem Kern wird, wie auch den anderen Kernen dieser Gruppe, eine wichtige Rolle bei der Schmerzleitung, der Extrapyramidalmotorik und im aufsteigenden Aktivierungssystem (siehe unten) zugeschrieben.
- **Ncl. reticularis thalami** (Abb. 17.24): Diese schmale Kerngruppe, die überwiegend GABAerge Neurone enthält, umgibt lateral der Lamina medullaris externa schalenförmig (Abb. 17.23 und 17.24) den gesamten Thalamus dorsalis. An dessen ventraler Seite setzt sich der Ncl. reticularis in die Zona incerta des Subthalamus fort. Der Ncl. reticularis erhält Afferenzen aus dem gesamten Cortex cerebri über die Capsula interna, sowie aus dem Pallidum, Subthalamus, Hypothalamus, der Formatio reticularis und Thalamuskernen. Seine Efferenzen erreichen zahlreiche Kergebiete des Thalamus.

Das aufsteigende retikuläre Aktivierungssystem ARAS, das in serotoninergen (Raphekerne) und noradrenergen (Locus coeruleus)

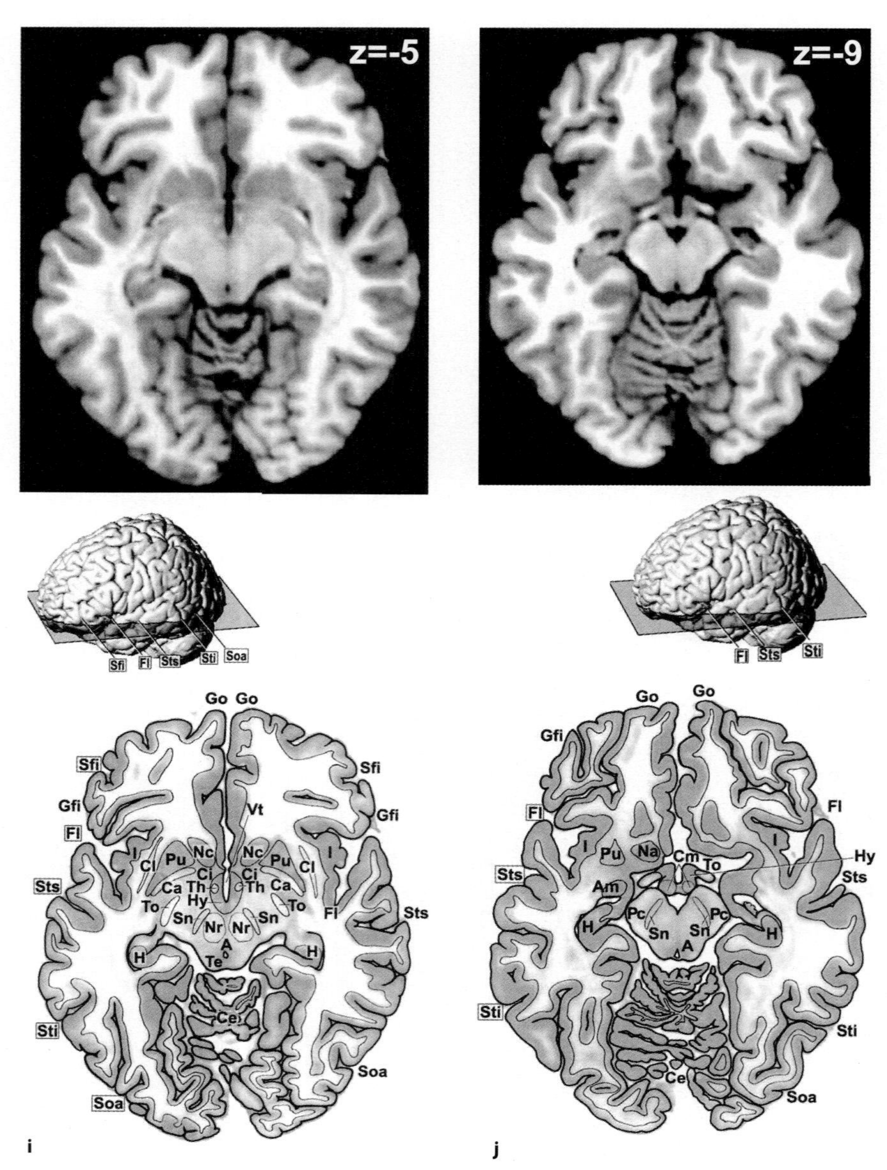

Abb. 17.21i, j (Fortsetzung)

Kerngebieten im Hirnstamm seinen Ursprung hat, wird in den unspezifischen Thalamuskernen umgeschaltet und moduliert. Von dort ziehen Efferenzen in spezifische Thalamuskerne und dann in die gesamte Hirnrinde. Das ARAS bewirkt eine Intensivierung kognitiver, perzeptiver und emotionaler Aktivierungen der Hirnrinde und damit eine Steigerung des Wachheitszustandes.

17.16 Tiefenhirnstimulation zur Behandlung des Morbus Parkinson

Der Ncl. subthalamicus und der Ncl. ventrointermedius (VIM) sind die beiden häufigsten Zielgebiete für stereotaktische Eingriffe im Rahmen der Behandlung des Morbus Parkinson durch Tiefenhirnstimulation (► Kap. 17.13).

Subthalamus

Der Subthalamus liegt ventral des Thalamus und lateral vom Hypothalamus. Er ist an der Steuerung der Motorik beteiligt (► Kap. 17.13). Es gehören folgende Gebiete zum Subthalamus:

- Zona incerta
- Ncl. subthalamicus (Corpus Luysi)
- Forel-Feld (Forel-Haubenfelder)
- Globus pallidus

Die **Zona incerta** (Abb. 17.24) liegt **zwischen** den **Forel-Haubenfeldern H1 und H2** und besteht aus verstreuten kleinen Nervenzellen zwischen denen Faserbündel liegen. Sie erhält Kollateralen aus den Tractus corticonuclearis und corticospinalis sowie dem Globus pallidus. Weitere Afferenzen kommen aus dem Ncl. subthalamicus, der Area pretectalis und dem Forel-Haubenfeld H2. Efferenzen ziehen zum Tectum, Tegmentum und wahrscheinlich zu motorischen Hirnnervenkernen. Somit ist die Zona incerta in das extrapyramidalmotorische System eingebunden.

Der **Ncl. subthalamicus** (Abb. 17.20 und 17.24) ist ein linsenförmiges, großes Kerngebiet, das medial der Capsula interna, unter dem Forel-Feld H2 und über der *Ansa lenticularis* liegt. Die Ansa lenticularis entsteht in der Pars interna des Globus pallidus und vereinigt sich

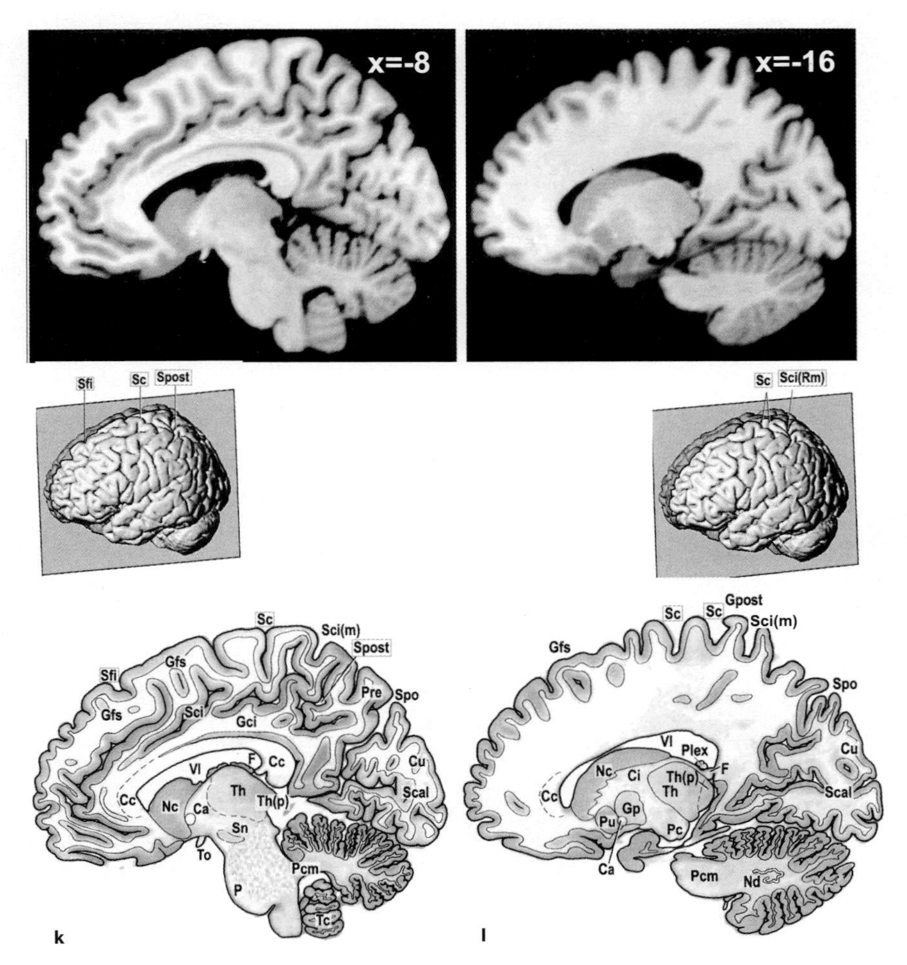

Abb. 17.21k, l (Fortsetzung)

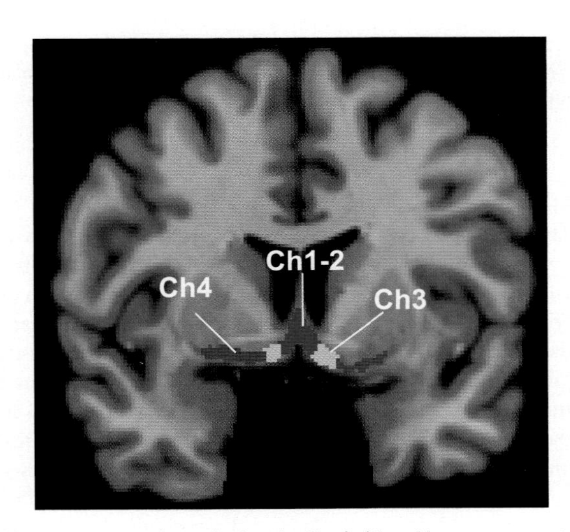

Abb. 17.22. Kerngebiete des basalen Vorderhirns. Magnetresonanztomographische Darstellung des Telencephalon (Frontalschnitt) mit den verschiedenen magnozellulären Neuronengruppen des basalen Vorderhirns, die farbig markiert sind. Ch1–2 (rot) = mediales Septum und vertikaler Teil des Diagonalen Bands von Broca; Ch3 (grün) = horizontaler Teil des Diagonalen Bands von Broca; Ch4 = (blau) Substantia innominata mit Ncl. basalis Meynert

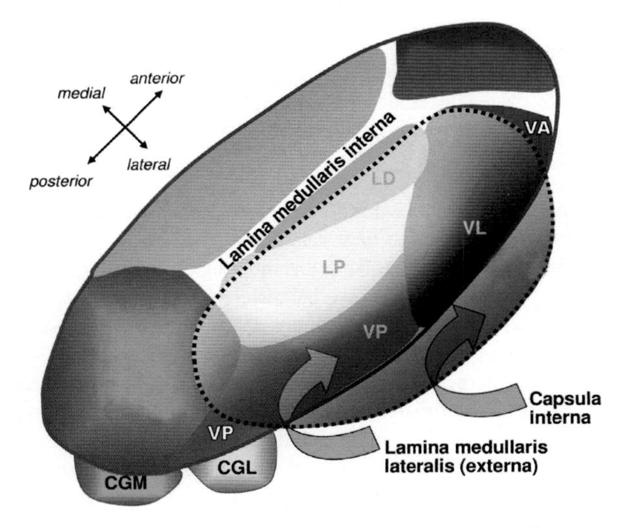

Abb. 17.23. Oberflächenansicht des Thalamus und seiner größeren Kerngebiete. A = Ncl. anterior; CGL = Corpus geniculatum laterale; CGM = Corpus geniculatum mediale; LD = Ncl. laterodorsalis; LP = Ncl. lateroposterior; M = Ncl. medialis; P = Pulvinar; R = Ncl. reticularis; VA = Ncl. ventralis anterior; VL = Ncl. ventralis lateralis; VP = Ncl. ventralis posterior

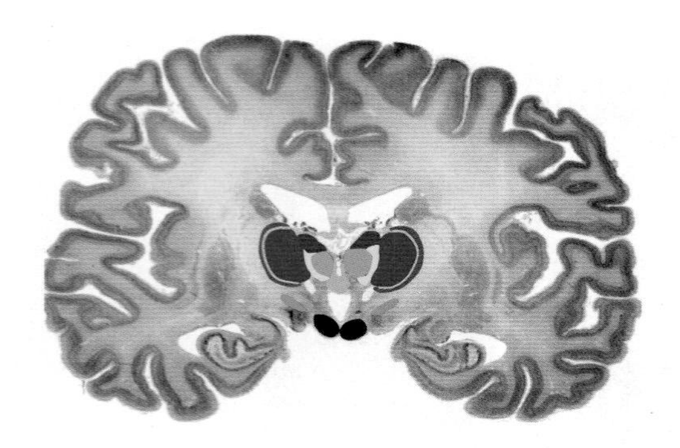

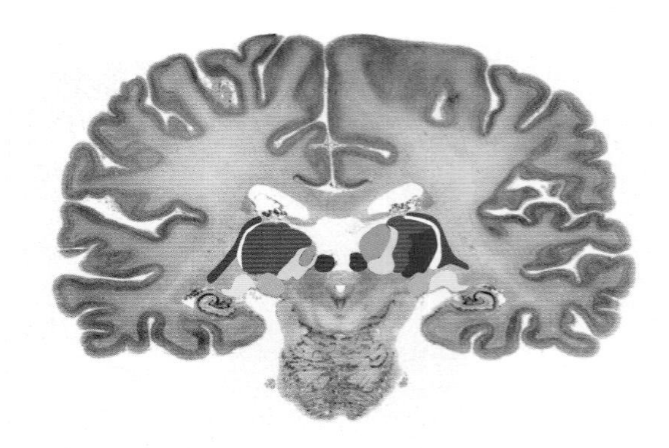

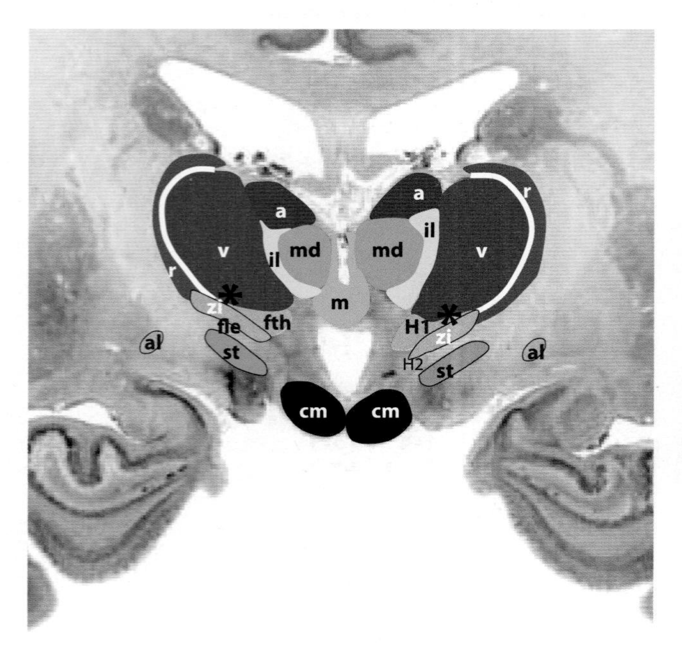

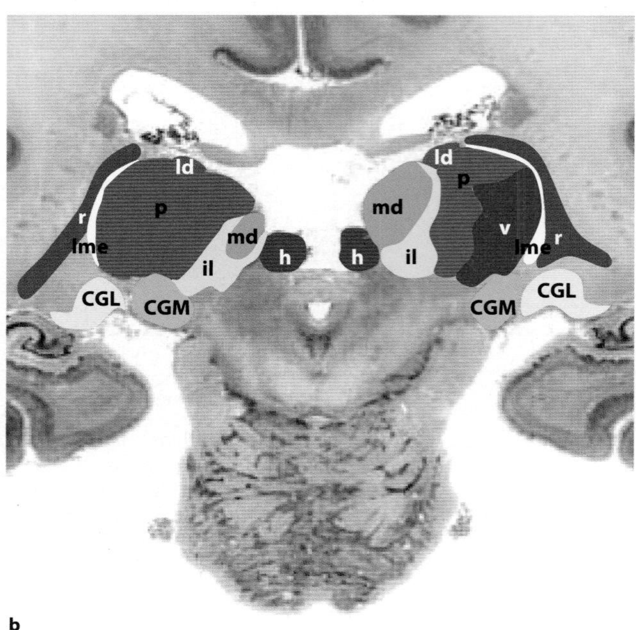

Abb. 17.24a, b. Lage thalamischer Kerngebiete auf zellkörpergefärbten Frontalschnitten. Die beiden Schnitte (**a:** rostral, **b:** kaudal) sind ca. 12 mm voneinander entfernt.
a = Ncl. anterior thalami; al = Ansa lenticularis; CGL = Corpus geniculatum laterale; CGM = Corpus geniculatum mediale; fle = Fasciculus lenticularis; fth = Fasciculus thalamicus; h = Ncl. habenulae; H1 = Forel-Haubenfeld H1; H2 = Forel-Haubenfeld H2; il = Ncll. intralaminares thalami; ld = Ncl. laterodorsalis thalami; lme = Lamina medullaris externa; m = Ncll. mediani thalami; md = Ncl. mediodorsalis thalami; p = Ncl. posterior thalami; r = Ncl. reticularis thalami; v = Nucl. ventralis lateralis thalami; zi = Zona incerta. Die Sterne markieren die Lage des Ncl. ventrointermedius VIM im Ncl. ventralis des Thalamus.

mit dem *Fasciculus lenticularis* zum *Fasciculus thalamicus*. Am Übergang zum Mesencephalon liegt der Ncl. subthalamicus lateral vom Ncl. ruber und dorsolateral der Substantia nigra. Er ist in die Basalganglienschleifen integriert und erhält Afferenzen über den *Fasciculus subthalamicus* aus dem Globus pallidus, Putamen und der Substantia nigra, sowie Fasern aus den dorsalen serotoninergen Raphe-Kernen und dem cholinergen Ncl. pedunculopontinus. Kortikale Afferenzen kommen aus dem primären, prämotorischen und präfrontalen Cortex. Er projiziert in den Globus pallidus und die Pars reticulata der Substantia nigra. Der Kern hat über GABAerge Projektionen eine inhibitorische Wirkung auf den Globus pallidus (▶ Kap. 17.13).

Das **Forel-Haubenfeld H1** hat die Form einer Platte und liegt zwischen Thalamus und Zona incerta (Abb. 17.24). Es enthält stark myelinisierte Fasern des *Fasciculus thalamicus*, der afferente Fasern zur ventrolateralen Kerngruppe des Thalamus führt. Das **Forel-Haubenfeld H2** liegt zwischen Ncl. subthalamicus und Zona incerta und wird vom *Fasciculus lenticularis* gebildet, der in der Pars interna des Globus pallidus entsteht.

Hypothalamus und Hypophyse

Der Hypothalamus (Abb. 17.25) befindet sich an der Basis des Diencephalons und umschließt den rostralen Teil des III. Ventrikels. Die *Lamina terminalis* bzw. die *Commissura anterior* bilden seine vordere Grenze. Nach ventral schließen sich das *Chiasma opticum* und das *Tuber cinereum* an, das in den Hypophysenstiel, *Infundibulum*, übergeht. Die Hypophyse bildet mit dem Hypothalamus eine funktionelle Einheit; sie wird in ▶ Kap. 17.16. besprochen. Im kaudalen, markscheidenreichen Bereich des Hypothalamus liegen die *Corpora mammillaria* (Abb. 17.25), die die Grenze zwischen Diencephalon und Mesencephalon markieren. Nach dorsal erfolgt die Abgrenzung zum Thalamus im *Sulcus hypothalamicus*, nach lateral reicht der Hypothalamus bis zum Ncl. subthalamicus.

Der Hypothalamus ist **das Kontrollzentrum** vegetativer Funktionen (z.B. Wasserhaushalt, Körpertemperatur, Reproduktion, Nahrungsaufnahme) und ist mit dem limbischen System verbunden. Der Hypothalamus steuert direkt und indirekt das endokrine System unseres Körpers (▶ Kap. 17.16).

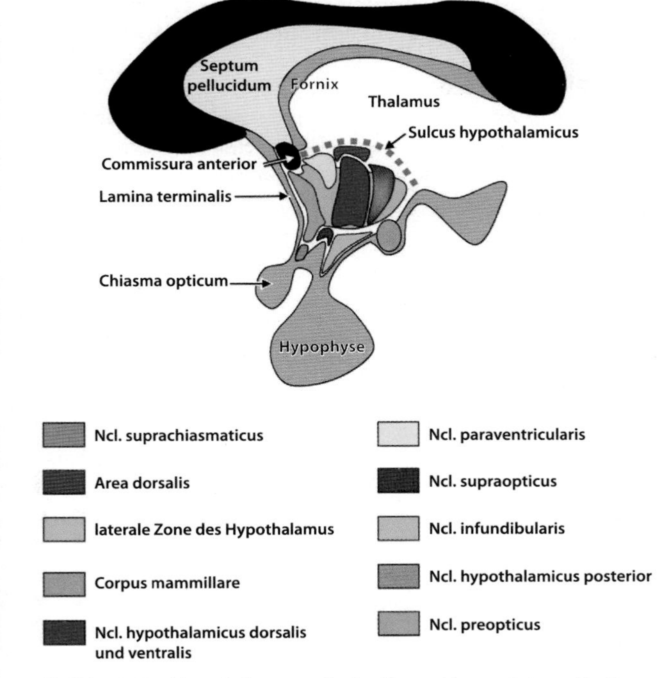

Abb. 17.25. Hypothalamus und seine Kerngebiete auf einem Mediansagittalschnitt durch das Diencephalon

Der Hypothalamus wird in die folgenden Regionen und Kerngebiete (Abb. 17.25) unterteilt:

- **Regio hypothalamica anterior** mit den Ncll. praeopticus, suprachiasmaticus, paraventricularis und supraopticus.
- **Regio hypothalamica intermedia** mit den Ncll. ventromedialis, dorsomedialis und infundibularis.
- **Regio hypothalamica posterior** mit den Corpora mammillaria und dem dorsal davon gelegenem Ncl. hypothalamicus posterior.
- **Regio hypothalamica lateralis** mit dem Ncl. tuberalis und weiteren, verstreut liegenden Zellgruppen. Zwischen den ersten, mehr medial gelegenen Gebieten und der Regio hypothalamica lateralis verläuft eine Faserbahn (Fornix).

Einige Kerngebiete des Hypothalamus enthalten Neurone, die **Effektorhormone** und **Steuerhormone** bilden. Effektorhormone wirken direkt in der Peripherie des Körpers; Vasopressin (ADH) und Oxytocin gehören zu dieser Gruppe. Steuerhormone wirken auf die endokrinen Zellen des Hypophysenvorderlappens, die ihrerseits Hormone produzieren, die endokrine Organe steuern. Eine Auflistung der hypothalamischen Hormone mit Produktionsort, Zielorganen und Funktion wird in ► Kap. 17.16 gegeben.

Efferente und afferente Fasern von und zum Hypothalamus finden sich im *Fasciculus longitudinalis dorsalis* (posterior) (Abb. 17.26), Schütz-Bündel, der den Hypothalamus mit zahlreichen Kerngebieten im Hirnstamm (Ncll. Edinger-Westphal, salivatorii superior und inferior, dorsalis n. vagi, solitarius, motorius n. trigemini, facialis, hypoglossi), der Formatio reticularis und dem Seitenhorn des Rückenmarks verbindet. Außerdem erreichen olfaktorische Fasern über die Habenula, den *Ncl. interpeduncularis* (Abb. 17.26) und den *Ncl. dorsalis tegmenti* das Schütz-Bündel und ermöglichen so eine Integration von olfaktorischen und parasympathischen Funktionen. Speziell die Speichelsekretion wird so in einen funktionellen Zusammenhang mit hypothalamischen und olfaktorischen Funktionen gebracht.

Der *Fasciculus telencephalicus medialis* (mediales Vorderhirnbündel) enthält afferente und efferente Fasern, die den Hypothalamus mit der Formatio reticularis und dem Hirnstamm verbinden und bis in den Paleocortex und das kortikale limbische System ziehen.

Eine schon makroskopisch gut sichtbare Faserbahn ist der **Fornix.** Der Fornix verlässt die Hippocampi beider Hemisphären und zieht zunächst mit seinen 2 Schenkeln im Bogen nach dorsal und rostral in Richtung des III. Ventrikels. Über dem Dach des III. Ventrikels treffen sich die beiden Schenkel des Fornix und tauschen Fasern aus, *Commissura fornicis*. Noch weiter rostral trennen sich die Schenkel wieder und erreichen in bogenförmigem Verlauf die beiden *Corpora mammillaria* (Abb. 17.25 und 17.26a). Vor der Commissura anterior verläuft ein kleinerer Teil der Fornixfasern zu den Tuberkernen und der Regio preoptica. Der Fornix enthält auch Fasern aus dem Septum, die zum Hippocampus ziehen.

Die *Stria terminalis* enthält afferente und efferente Fasern, die die Regio preoptica und den Ncl. ventromedialis hypothalami mit der Amygdala verbinden.

Mesencephalon (Mittelhirn)

Das Mittelhirn (Abb. 17.12, und 17.26a–d) schließt sich kaudal an das Zwischenhirn an. Die Längsachse des Prosencephalon, Forel-Achse, ist gegen die Längsachse des Mittelhirns mit kaudal anschließendem Metencephalon und Medulla oblongata, Meynert-Achse, nach vorne abgeknickt (Abb. 17.12). Die kaudale Begrenzung des Mesencephalon erfolgt basal durch den Beginn des Pons und dorsal durch das Ende des Colliculus inferior. Das Mittelhirn umfasst den *Aqueductus cerebri*, der den III. mit dem IV. Ventrikel verbindet. Es kann in drei übereinanderliegende Etagen gegliedert werden. Die dorsale Etage bildet die *Lamina quadrigemina* (Lamina tecti, Tectum, Vierhügelplatte), die mittlere Etage das *Tegmentum* mit der Formatio reticularis, in die Kerngebiete und Faserbahnen eingelagert sind, die ventrale Etage bilden schließlich die *Crura cerebri* mit den basal angelagerten, neencephalen Faserbahnen (z.B. Tractus corticospinalis).

Die wichtigsten **Kerngebiete** des Mesencephalon sind:

- Colliculus superior und Colliculus inferior (zusammen Lamina quadrigemina)
- Area pretectalis
- Ncl. ruber
- Substantia nigra
- Ncl. n. oculomotorii und Ncl. Edinger-Westphal
- Griseum centrale
- Formatio reticularis

Die wichtigsten **Faserbahnen** des Mesencephalon sind:

- Brachium colliculi superioris und Brachium colliculi inferioris
- Crus cerebri mit Tractus pyramidalis, Fibrae corticonucleares, Tractus frontopontinus und Tractus parieto-temporopontinus
- Lemniscus medialis und Lemniscus lateralis
- Fasciculus longitudinalis medialis und Fasciculus longitudinalis dorsalis
- Tractus tegmentalis centralis
- Tractus mesencephalicus n. trigemini
- Pedunculus cerebellaris superior

Die **Lamina quadrigemina** besteht aus 2 oberen und 2 unteren Hügeln – *Colliculi superiores* und *inferiores* (Abb. 17.26a–d). Colliculi superior und inferior sind mit dem Thalamus durch Faserbündel im *Brachium colliculi superioris* und *Brachium colliculi inferioris* (Abb. 17.26a–c) verbunden. Der Colliculus superior erhält Afferenzen über das Brachium colliculi superioris ohne Umschaltung im Corpus geniculatum laterale aus dem *Tractus opticus*, aus dem Cortex cerebri über den *Tractus corticotectalis* (insbesondere aus dem frontalen Augenfeld), und aus dem Rückenmark über den *Tractus spinotectalis*. Efferenzen ziehen zu Hirnnervenkernen, zur Formatio recticularis, ins Rückenmark und in die Sehrinde. Die Colliculi superiores sind Umschaltstation für wichtige Augenreflexe (▶ Kap. 17.7). Sie dienen auch der Koordination von Orientierungsbewegungen (z.B. Wendebewegungen des Kopfes in Richtung eines Geräusches). Die Colliculi inferiores sind eine obligatorische Umschaltstation für Fasern der Hörbahn aus dem *Lemniscus lateralis*. Über das Brachium colliculi inferioris verlassen die Fasern der Hörbahn den Colliculus inferior hin zum Corpus geniculatum mediale. Unterhalb der Colliculi inferiores tritt der *N. trochlearis* als einziger der 12 Hirnnerven auf der **dorsalen Seite** des Hirnstamms an die Oberfläche (▶ Kap. 17.5).

Vor dem Tectum und unterhalb der Commissura posterior im Übergangsbereich zwischen Epithalamus und Mesencephalon befindet sich die **Area pretectalis** (◘ Abb. 17.26a). Näheres zur Area pretectalis (▶ Kap. 17.7).

Der **Ncl. ruber** (◘ Abb. 17.26a, b), dessen Namen von seiner rötlichen Färbung abgeleitet wurde, die auf seinen hohen Eisengehalt zurückzuführen ist, wird in eine *Pars magnocellularis* und eine beim Menschen besonders große *Pars parvocellularis* gegliedert. Er ist Teil des extrapyramidal-motorischen Systems. Der parvozelluläre Teil erhält Afferenzen aus der ipsilateralen Hirnrinde *(Tractus corticorubralis)* und dem kontralateralen Cerebellum. Der magnozelluläre Teil sendet Efferenzen in das Rückenmark, *Tractus rubrospinalis*. Weitere Efferenzen des Ncl. ruber ziehen zur Formatio reticularis, *Tractus rubroreticularis*, und über den *Tractus tegmentalis centralis* **(zentrale Haubenbahn)** zur Oliva inferior, *Tractus rubroolivaris*. Siehe auch ▶ Kap. 17.12.

Ventral und lateral des Ncl. ruber liegt die **Substantia nigra.** Sie gliedert sich in eine *Pars compacta* und eine *Pars reticulata* (◘ Abb. 17.26a–c). Auch dieses Kerngebiet wird dem extrapyramidal-motorischen System zugeordnet (▶ Kap. 17.12). Afferenzen erreichen die Substantia nigra u.a. aus dem Striatum und dem Cortex cerebri, insbesondere aus dem motorischen und prämotorischen Kortex. Efferenzen ziehen aus der Pars compacta u.a. in das Striatum, die Formatio reticularis, den Thalamus und die Amygdala. Dopamin wird als Neurotransmitter in der Pars compacta gebildet.

Ebenfalls im Tegmentum mesencephali liegen die Kerne des III. Hirnnerven, **Ncl. n. oculomotorii** und **Ncl. accessorius n. oculomotorii (Ncl. Edinger-Westphal)** (◘ Abb. 17.26b und 17.28). Der Ncl. n. oculomotorii schickt seine Efferenzen zu den äußeren Augenmuskeln (außer M. rectus lateralis und M. obliquus superior) und steuert Augenbewegungen (▶ Kap. 17.5). Der Ncl. Edinger-Westphal sendet parasympathische Fasern zum Ganglion ciliare. Von dort ziehen postganglionäre Fasern zu den inneren Augenmuskeln. Die **Nucll. Darkschewitsch** und **interstitialis Cajal** im Mesencephalon (◘ Abb. 17.26a, b) sind in den Fasciculus longitudinalis medialis eingeschaltet und spielen eine Rolle bei der Steuerung von Blickbewegungen.

Das **Griseum centrale** (zentrales Höhlengrau, periaquäduktales Grau: PAG) besteht aus Neuronen, die sich um den Aqueductus mesencephali herum lagern (◘ Abb. 17.26a–d). Diese Gebiet hat u.a. Bedeutung für die Wahrnehmung von Schmerz (▶ Kap. 17.11).

Die **Formatio reticularis** (◘ Abb. 17.26) ist ein Bereich locker gepackter Nervenzellen, die im Mesencephalon und in weiter kaudal gelegenen Bereichen des Hirnstamms zu finden ist. Sie wird im Abschnitt »Medulla oblongata« besprochen.

Auf der basalen Seite des Mesencephalon liegen die beiden **Crura cerebri** (Pedunculi cerebri, Hirnschenkel) (◘ Abb. 17.26a–c). Zwischen ihnen liegt die **Fossa interpeduncularis**. Über ihr findet sich der dem limbischen System zuzurechnende *Ncl. interpeduncularis*. Die Crura cerebri enthalten Faserbahnen, die vom Neokortex in den Hirnstamm und das Rückenmark ziehen. In der Fossa interpeduncularis tritt der *N. oculomotorius* aus dem Mittelhirn aus (▶ Kap. 17.5).

Metencephalon

Das Metencephalon erstreckt sich von der rostralen bis zur kaudalen Grenze des Pons (◘ Abb. 17.12). Dorsal befindet sich das **Cerebellum** (Kleinhirn), ventral der **Pons** (Brücke) und zwischen beiden die **Formatio reticularis** und **Hirnnervenkerne.** Im Metencephalon liegt der **IV. Ventrikel**.

Cerebellum

Das Cerebellum (Kleinhirn) ist nach dem Telencephalon der größte Hirnanteil. Es liegt dorsal über dem IV. Ventrikel und besteht aus der oberflächlich gelegenen grauen Substanz, *Cortex cerebelli* oder **Kleinhirnrinde**, sowie der darunter gelegenen weißen Substanz, **Kleinhirnmark,** in die verschiedene Kerngebiete, *Ncll. cerebellares*, eingebettet sind. Über dem Cerebellum befindet sich der Lobus occipitalis, der vom Cerebellum durch das *Tentorium cerebelli* getrennt ist. Das Cerebellum liegt somit infratentoriell in der **hinteren Schädelgrube** *(Fossa cranialis posterior)*.

17.17 Hirndruck in der hinteren Schädelgrube

Die Kleinhirntonsillen (◘ Abb. 17.27) sind Teile des Kleinhirns, die bei Druckentwicklung in der hinteren Schädelgrube, z.B. durch Blutungen, Hirnödeme oder Tumore im infratentoriellen Raum, in des Foramen magnum hineingepresst werden und dabei massiven Druck auf die darunterliegende Medulla oblongata mit den Herz-Kreislauf- und Atmungszentren ausüben.

Das Cerebellum ist über dünne Platten weißer Substanz, *Velum medullare superius*, mit dem Mesencephalon, und das *Velum medullare inferius* mit der Medulla oblangata, sowie durch 3 Kleinhirnstiele, *Pedunculi cerebellares*, mit Hirnstamm und Rückenmark verbunden.

- Im **Pedunculus cerebellaris superior,** *Brachium conjunctivum*, ziehen efferente Fasern von den Kleinhirnkernen zum Mesencephalon und afferente propriozeptive (▶ Kap. 17.10) Fasern aus der unteren, *Tractus spinocerebellaris anterior Gower*, und oberen ipsilateralen Körperhälfte, *Tractus spinocerebellaris superior*, zur Kleinhirnrinde.
- Im **Pedunculus cerebellaris medius,** *Brachium pontis,* liegen die afferenten *Fibrae pontocerebellares* aus den kontralateralen Ncll. pontis. Diese Fasern bilden die größte Kleinhirnbahn beim Menschen.
- Der **Pedunculus cerebellaris inferior,** *Corpus restiforme,* enthält afferente Fasern aus der Oliva inferior, *Tractus olivocerebellaris*, den Ncll. vestibulares, *Tractus vestibulocerebellaris*, der Formatio reticularis, *Tractus reticulospinalis*, und dem Rückenmark, *Tractus spinocerebellaris posterior Flechsig* (ipsilaterale untere Körperhälfte) und *Tractus cuneocerebellaris* (ipsilaterale obere Körperhälfte).

Makroskopisch lässt sich das Cerebellum in den *Vermis* (Wurm) und die beiden Kleinhirnhemisphären unterteilen (◘ Abb. 17.27). Die Oberfläche des Cerebellums zeigt zahlreiche kleine Furchen, *Fissurae cerebelli*, mit Windungen, *Folia cerebelli* . Besonders tiefe Furchen gliedern es in Lappen, *Lobi*: Die *Fissura prima* trennt einen *Lobus posterior* von einem *Lobus anterior*. Der Lobus posterior ist der phylogenetisch jüngere Teil, *Neocerebellum*, während der Lobus anterior ein phylogenetisch älterer Teil ist, *Paleocerebellum*. Die *Fissura posterolateris* (◘ Abb. 17.27d) trennt den *Lobus flocculonodularis* vom Lobus posterior.

Das vom Vermis und angrenzenden paramedianen Teilen des Cerebellums, *Pars intermedia*, gebildete *Spinocerebellum* erhält Afferenzen aus dem Rückenmark und der Formatio reticularis

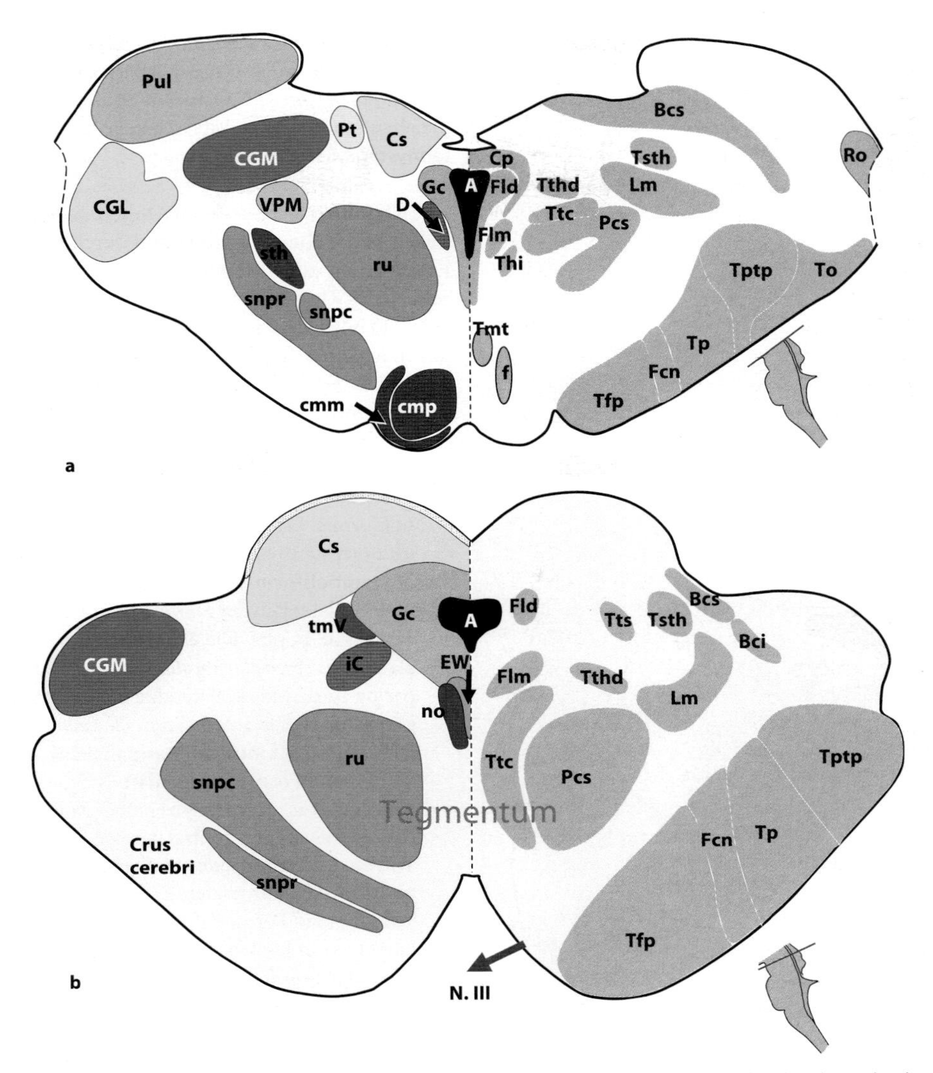

Abb. 17.26a–j. Die linke Seite der Abbildungen zeigt jeweils die Kerngebiete, die rechte Seite die Faserbahnen. Die Abbildungen **a–j** sind in einer rostrokaudalen Reihenfolge angeordnet, die Lage der verschiedenen Schnittebenen ist auf dem Hirnstammumriss markiert. In Abbildung **e** ist das **innere Facialisknie** über dem Ncl. n. abducentis zu erkennen, das durch die bogenförmig, zunächst nach dorsal und dann nach ventral umbiegenden Axone der Motoneurone des Ncl. n. facialis gebildet wird.
A = Aquaeductus mesencephali; amb = Ncl. ambiguus; Ap = Area postrema; arc = Ncl. arcuatus; Bci = Brachium colliculi inferioris; Bcs = Brachium colliculi superioris; CGL = Corpus geniculatum laterale; CGM = Corpus geniculatum mediale; Cinf = Colliculus inferior; cmm = Corpus mammillare pars magnocellularis; cmp = Corpus mammilare pars parvocellularis; cod = Ncl. cochlearis dorsalis; cov = Ncl. cochlearis ventralis; Cp = Commissura posterior; Cs = Colliculus superior; Ctr = Corpus trapezoideum; ctr = Ncl. corporis trapezoidei; cul = Ncl. cuneatus lateralis; cum = Nucl. cuneatus medialis; D = Ncl. Darkschewitsch; d = Ncl. dentatus; Dp = Decussatio pyramidum; e = Ncl. emboliformis; EW = Ncl. Edinger-Westphal (accessorius n. III); f = Fornix; Fae = Fibrae arcuatae externae; Fcn = Fibrae corticonucleares; Fcu = Fasciculus cuneatus; Fgr = Fasciculus gracilis; Fld = Fasciculus longitudinalis dorsalis; Flm = Fasciculus longitudinalis medialis; Fpc = Fibrae pontocerebellares; g = Ncl. globosus; Gc = Griseum centrale; gr = Ncl. gracilis; iC = Ncl. interstitialis Cajal; ipd = Ncl. interpeduncularis; Ll = Lemniscus lateralis; Lm = Lemniscus medialis; lc = Locus coeruleus; N. VII = N. facialis; N. VIII = N. vestibulocochlearis; N. IX = N. glossopharyngeus; N. X = N. vagus; N. XI = N. accessorius; N. XII = N. hypoglossus; na = Ncl. n. abducentis; nf = Ncl. n. facialis; nh = Ncl. n. hypoglossi; no = Ncl. n. oculomotorii; nt = Ncl. n. trochlearis; nv = Ncl. dorsalis n. vagi; oms = Ncl. medialis olivae superioris; olad = Ncl. olivaris accessorius dorsalis; olam = Ncl. olivaris accessorius medialis; oli = Ncl. olivaris inferior; ols = Ncl. lateralis olivae superioris; Pci = Pedunculus cerebellaris inferior; Pcm = Pedunculus cerebellaris medius; Pcs = Pedunculus cerebellaris superior; Pm = Pedunculus mammillaris; po = Ncll. pontis; prB = Prä-Bötzinger-Komplex; prp = Ncl. prepositus hypoglossi; Pt = Area pretectalis; Pul = Pulvinar; ra = Ncll. raphes; ramb = Ncl. retroambiguus; Ro = Radiatio optica; ru = Ncl. ruber; sn = Substantia nigra; snpc = Substantia nigra pars compacta; snpr = Substantia nigra pars reticulata; so = Ncl. tractus solitarii; spV = Ncl. spinalis n. trigemini; sth = Ncl. subthalamicus; Tfp = Tractus frontopontinus; Thi = Tractus habenulointerpeduncularis; Tmt = Tractus mammillothalamicus; tmV = Ncl. tractus mesencephalicus n. trigemini; TmV = Tractus mesencephalicus n. trigemini; To = Tractus opticus; Tp = Tractus pyramidalis; Tpc = Tractus pontocerebellaris; tpp = Ncl. tegmentalis pedunculopontinus; Tptp = Tractus parietotemporo-pontinus; Tsca = Tractus spinocerebellaris anterior; Tscp = Tractus spinocerebellaris posterior; TspV = Tractus spinalis n. trigemini; Tso = Tractus solitarius; Tsth = Tractus spinothalamicus; Ttc = Tractus tegmentalis centralis; Tthd = Tractus trigeminothalamicus dorsalis; Tts = Tractus tectospinalis; Tvs = Tractus vestibulospinalis; vi = Ncl. vestibularis inferior; vl = Ncl. vestibularis lateralis; vm = Ncl. vestibularis medialis; VPM = Ncl. ventralis posteromedialis thalami; vs = Ncl. vestibularis superior; IV = IV. Ventrikel

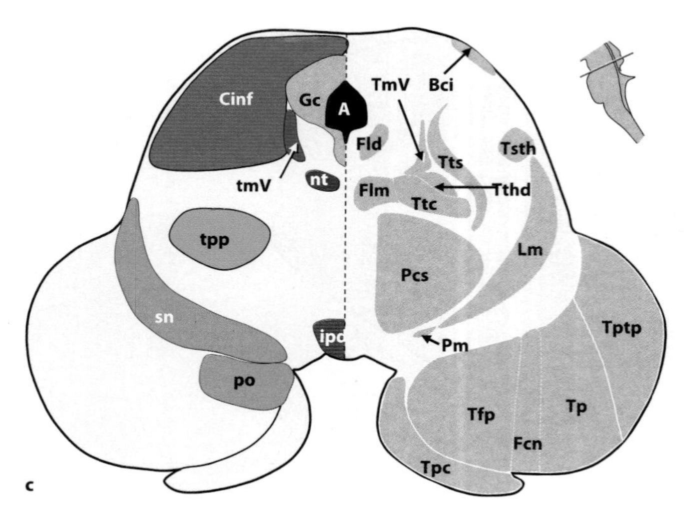

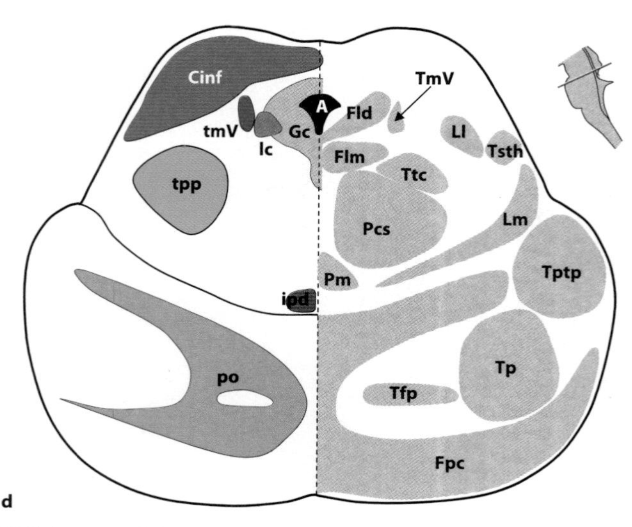

Abb. 17.26c, d (Fortsetzung)

(► Kap. 17.13). Seine Efferenzen tragen dazu bei, den Muskeltonus des Körpers zu kontrollieren. Das Spinocerebellum stimmt nur annähernd mit dem sogenannten *Paleocerebellum* (Abb. 17.27) überein, das einen phylogenetisch alten Teil des Kleinhirns bildet.

Das *Pontocerebellum*, das von den Kleinhirnhemisphären gebildet wird, erhält Afferenzen aus den Ncll. pontis, die vom Neocortex über den Tractus coticopontinus Afferenzen erhalten. Das Pontocerebellum trägt zur Feinabstimmung von Bewegungen und zu kognitiven Leistungen bei. Auch hier stimmen die als Pontocerebellum bezeichneten Kleinhirnanteile nur teilweise mit denen des Neocerebellum (Abb. 17.27) überein.

Das *Archi-* oder *Vestibulocerebellum*, das dem Lobus flocculonodularis entspricht (Abb. 17.27) erhält Fasern aus den Vestibulariskernen (► Kap. 17.8).

17.18 Kleinhirnläsion

Bei Läsionen des Cerebellums ist die Willkürmotorik zwar erhalten, jedoch treten Störungen der Bewegungskoordination auf **(Ataxie)**. Die Bewegungen sind nicht flüssig, es kommt zu einer mangelnden Koordination von Agonisten und Antagonisten v.a. bei schnellen, alternierenden Bewegungen **(Adiadochokinese)**, zu Gangstörungen **(Gangataxie)** und zu Störungen beim Stehen und Sitzen **(Rumpfataxie)**. Außerdem ist der **Muskeltonus** herabgesetzt. Schließlich können auch die **Blickfolgebewegungen** gestört sein (ruckartige Sprünge –Sakkaden – bei der Blickfolgebewegung) oder es kann schon in Ruhe ein Augenzittern **(Spontannystagmus)** auftreten.

Alle **Kleinhirnkerne** erhalten Afferenzen durch Axone der Purkinje-Zellen in der Kleinhirnrinde und durch Kollateralen der afferenten Faserbahnen zum Kleinhirn. Sie sind **Ursprungsorte aller Efferenzen** des Kleinhirns (► Kap. 17.13).

Man unterscheidet in der Reihenfolge von medial nach lateral die folgenden 4 paarig angelegten Kleinhirnkerne (Abb. 17.26e–f):

- **Ncl. fastigii** mit Afferenzen aus dem Lobulus flocculonodularis und über Kollateralen des *Tractus vestibulospinalis* sowie direkt aus dem Vestibularisorgan. Die Efferenzen des Ncl. fastigii ziehen zu den Ncll. vestibulares und der Formatio reticularis.
- **Ncl. globosus** mit vergleichbaren Verbindungen wie der Ncl. emboliformis. Daher werden Ncl. emboliformis und Ncl. globosus oft unter der Bezeichnung *Ncl. interpositus* zusammengefasst.
- **Ncl. emboliformis** mit Afferenzen aus der Pars intermedia sowie über Kollateralen der *Fibrae pontocerebellares* aus den kontralateralen Ncll. pontis. Die Efferenzen des Ncl. emboliformis ziehen als *Tractus cerebellorubralis* über den Pedunculus cerebellaris superior zu den kontralateralen Zielgebieten Ncl. ruber pars magnocellularis, als *Tractus cerebellothalamicus* zu den Ncll. ventralis lateralis und intralaminares thalami, sowie zu Augenmuskelkernen und Formatio reticularis.
- **Ncl. dentatus** mit Afferenzen über Kollateralen der *Fibrae pontocerebellares* aus den kontralateralen Ncll. pontis, sowie Efferenzen als *Tractus cerebellorubralis* über den Pedunculus cerebellaris superior zu den kontralateralen Zielgebieten Ncl. ruber, Augenmuskelkerne und Formatio reticularis sowie als *Tractus cerebellothalamicus* zum kontralateralen Ncl. ventralis lateralis thalami und den Augenmuskelkernen.

Pons

Der **Pons** (Brücke) bildet an der basalen Seite des Metencephalon eine Vorwölbung, die median eine Furche für die *A. basilaris* aufweist. Dorsal liegt vom Kleinhirn bedeckt der IV. Ventrikel, der hier und in der Medulla oblongata die Rautengrube, *Fossa rhomboidea*, bildet. Der IV. Ventrikel hat über die unpaare *Apertura mediana* (Magendius) und die paarigen *Aperturae laterales* (Luschka) Verbindung zum äußeren Liquorraum (► Kap. 17.4).

Es lassen sich längs und quer verlaufende Faserzüge im Pons nachweisen. Die längs verlaufenden Fasern sind die Fortsetzung der Fasern aus den Crura cerebri, die aus dem Cortex stammen, *Fibrae corticopontinae*. Sie enden in der Brücke an den *Ncll. pontis* (Abb. 17.26). Die zahlreichen quer verlaufenden Fasern ziehen zur jeweils gegenüber liegenden Seite der Brücke und erreichen als *Pedunculi cerebellares medii* die Kleinhirnhemisphären.

Das *Tegmentum pontis* liegt dorsal der eigentlichen Brücke. Hier befindet sich der metenzephale Teil der Formatio reticularis sowie Hirnnervenkerne und durchziehende Faserbahnen (Abb. 17.26). Auch das *Corpus trapezoideum*, die Kreuzung der Hörbahn, liegt auf Höhe des Pons (► Kap. 17.8).

Medulla oblongata

Die Medulla oblongata ist der am weitesten kaudal gelegene Teil des Rhombencephalon. Sie setzt sich ohne scharfe Grenze in das Rückenmark fort. In der Ansicht von ventral befindet sich in der Mittellinie die *Fissura mediana anterior*, die sich vom Unterrand des Pons bis zum Rückenmark (Abb. 17.26) erstreckt. Parallel zur Fis-

Abb. 17.26e, g (Fortsetzung)

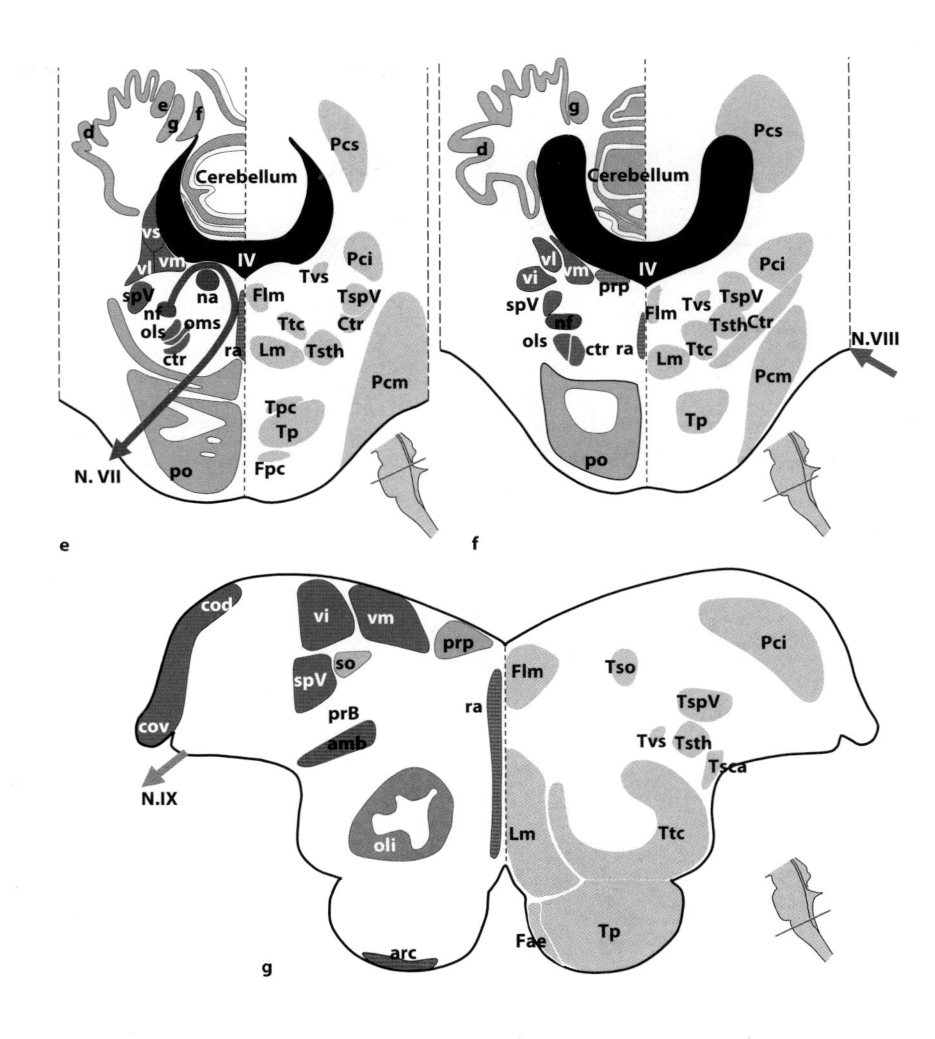

sur liegt auf jeder Seite der *Tractus corticospinalis,* der eine Vorwölbung, die **Pyramide,** bildet. Der Tractus corticospinalis kreuzt mit seinem größten Faseranteil im kaudalen Bereich der Medulla oblongata zur Gegenseite, *Decussatio pyramidum.* Nur ein kleiner Teil des Tractus corticospinalis zieht auf der ipsilateralen Seite ins Rückenmark. Lateral der Pyramide befindet sich eine weitere Vorwölbung, die **Olive** mit dem *Ncl. olivaris inferior.* Auf der dorsalen Seite der Medulla oblongata treten unmittelbar unterhalb der Rautengrube auf jeder Seite 2 Vorwölbungen auf, das *Tuberculum gracile* (medial) und das *Tuberculum cuneatum* (lateral). Unter diesen Vorwölbungen liegen die gleichnamigen Kerngebiete, *Ncl. gracilis* und *Ncl. cuneatus,* in denen die Hinterstrangbahnen aus dem Rückenmark, *Fasciculus gracilis* und *Fasciculus cuneatus,* enden (► Kap. 17.9).

Blickt man nach Entfernung des Cerebellum von dorsal in die Fossa rhomboidea, kann man Vorwölbungen ihrer Oberfläche erkennen, unter denen Hirnnervenkerngebiete und Faserbahnen liegen. Vor den querverlaufenden *Striae medullares,* die die Rautengrube in einen vorderen und hinteren Abschnitt teilen, liegt der *Colliculus facialis,* unter dem das innere Facialisknie über dem Ncl. n. abducentis (■ Abb. 17.26e) zu finden ist. Hinter den Striae wölben sich von lateral nach medial die *Area vestibularis* und das *Trigonum n. vagi* vor, davor das *Trigonum n. hypoglossi.*

Im Tegmentum, befinden sich **Hirnnervenkerngebiete** (■ Abb. 17.28). Sie lassen sich zu funktionellen Gruppen zusammen fassen, die in den 4 **His-Herrick-Längszonen** angeordnet sind (■ Tab. 17.7):

- Die beiden lateral gelegenen Längszonen sind Derivate der **Flügelplatte;** sie sind Zielort für **Afferenzen** aus der Körperperipherie und damit **sensorisch.**
- Die beiden medial gelegenen Längszonen sind Derivate der **Grundplatte;** sie sind Ursprungsgebiet für **Efferenzen** hin zur Körperperipherie und damit **motorisch.**

Zwischen den viszeromotorischen und viszerosensorischen Längszonen kann man wie auch im Rückenmark (► Kap. 17.19) einen *Sulcus limitans* erkennen, der eine funktionell wichtige Grenze zwischen den sensorischen und motorischen Kerngebieten darstellt.

Eine Beschreibung der einzelnen Hirnnerven ist im ► Kap. 17.5 zu finden.

Im kaudalen Bereich der Medulla oblongata liegen der *Ncl. olivaris inferior* mit den *Ncll. olivares accessorii medialis* und *posterior* (■ Abb. 17.26e–f). Die Olivenkerne sind für die motorische Steuerung von großer Bedeutung. Der Ncl. olivaris inferior ist Umschaltstation der **zentralen Haubenbahn** vom Ncl. ruber zum Cerebellum (► Kap. 17.13).

Die **Formatio reticularis** erstreckt sich über den gesamten Hirnstamm und reicht von den Ncll. intralaminares des Thalamus bis zur Zona intermedia des Rückenmarks.

Nervenzellgruppen in der Formatio reticularis bilden u.a. Monoamine als Transmitter, die über lange efferente Axone alle Bereiche des Zentralnervensystems erreichen. Nach den synthetisierten Transmittern unterscheidet man:

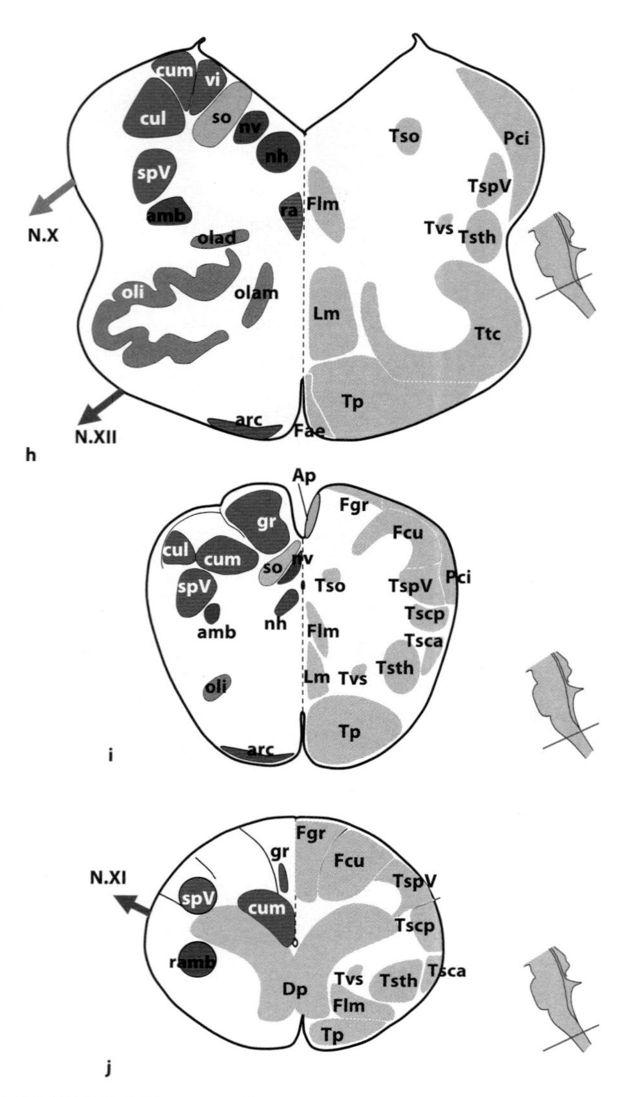

Abb. 17.26h, j (Fortsetzung)

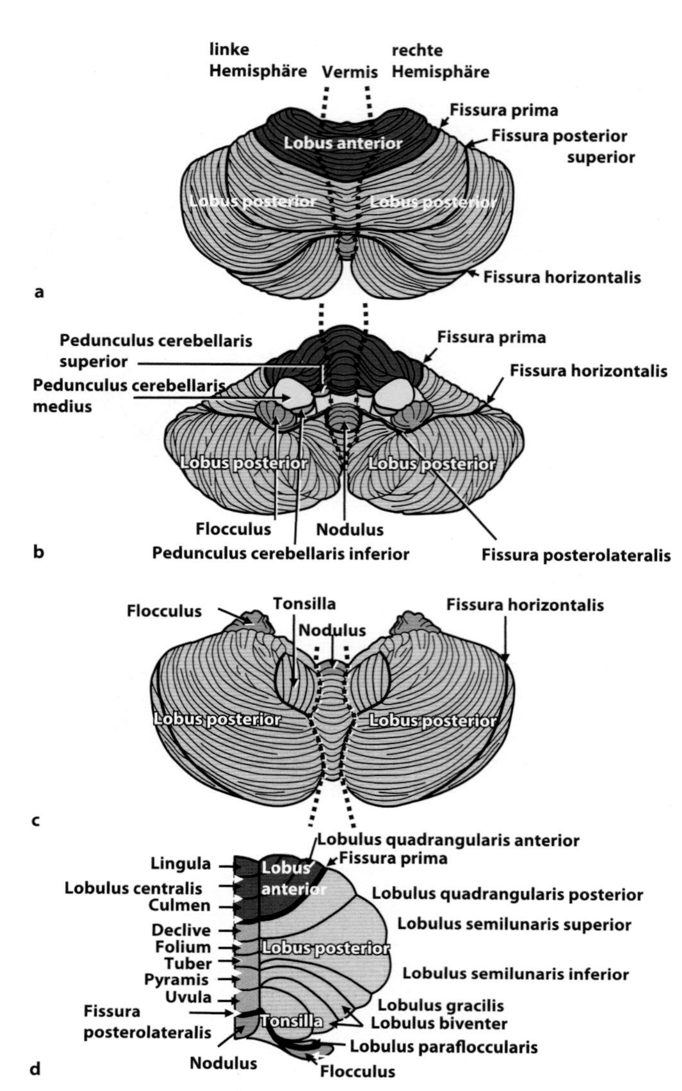

Abb. 17.27a–d. Gliederung des Cerebellums von dorsal (**a**), von ventral (**b**), von posterior (**c**) und verschiedene Abschnitte des Vermis cerebelli mit angrenzenden Anteilen der Kleinhirnhemisphären (**d**). Das Neocerebellum ist gelb, das Paleocerebellum rot und das Archicerebellum blau dargestellt

- noradrenerge Gebiete (Kerngruppen A1–A7)
- dopaminerge Gebiete (Kerngruppen A8–A16): die Substantia nigra pars compacta entspricht der Kerngruppe A9, die Gebiete A11–A15 liegen im Diencephalon, das Gebiet A16 im Bulbus olfactorius)
- serotonerge Gebiete (Kerngruppen B1–B9)
- adrenerge Gebiete (Kerngruppen C1–C3) (► Kap. 17.2)

In der Fomatio reticularis lassen sich 3 Regionen unterscheiden:
- mediane Zone
- mediale (magnozelluläre) Zone
- laterale (parvozelluläre) Zone

In der **medianen Zone** liegen unmittelbar rechts und links der Mittellinie die *Ncll. raphes* (B1–B8; ► Kap. 17.2). Sie bestehen aus serotonergen Neuronen, die ihre Axone in das gesamte Zentralnervensystem schicken. Die Afferenzen der medianen Zone kommen aus der Formatio reticularis, dem präfrontalen Cortex, limbischen System, Hypothalamus und Cerebellum.

Die **mediale Zone** enthält im Unterschied zur lateralen Zone viele große Nervenzellen (magnozellulär). Wichtige Kerngebiete sind hier die *Nucll. reticulares gigantocellularis* (mesenzephale lokomotorische Region), *pontis* und *paragigantocellularis* (enthält serotonerge und adrenerge Neurone). Afferenzen kommen aus sensorischen Hirnnervenkernen und dem *Ncl. tractus solitarii,* dem Rückenmark über den *Tractus spinoreticularis* und den *Lemniscus medialis* sowie aus dem prämotorischen Cortex, der Area pretectalis und dem Cerebellum. Aufsteigende Efferenzen der medialen Zone erreichen über den *Tractus tegmentalis centralis* intralaminäre Thalamuskerne und die Hirnrinde. Sie bilden dabei einen großen Teil des **aufsteigenden retikulären aktivierenden Systems (ARAS).** Weitere Zielgebiete der Efferenzen sind die Basalganglien, der Hypothalamus, das *Griseum centrale,* die Augenmuskelkerne und über den *Tractus reticulospinalis* das Rückenmark.

Die **laterale Zone** enthält kleinere Nervenzellen, die in die benachbarte mediale Zone und in motorische Hirnnervenkerne projizieren. Kerngebiete dieser Zone sind u.a. der *Locus coeruleus* (A6), der *Ncl. subcoeruleus* (A7) und der *Ncl. parabrachialis.* Afferenzen

Abb. 17.28. Kerngebiete des Rhombencephalon in der Ansicht von dorsal. Links sind die His-Herrick-Längszonen dargestellt. Rechts sind die Kergebiete in den verschiedenen Längszonen abgebildet

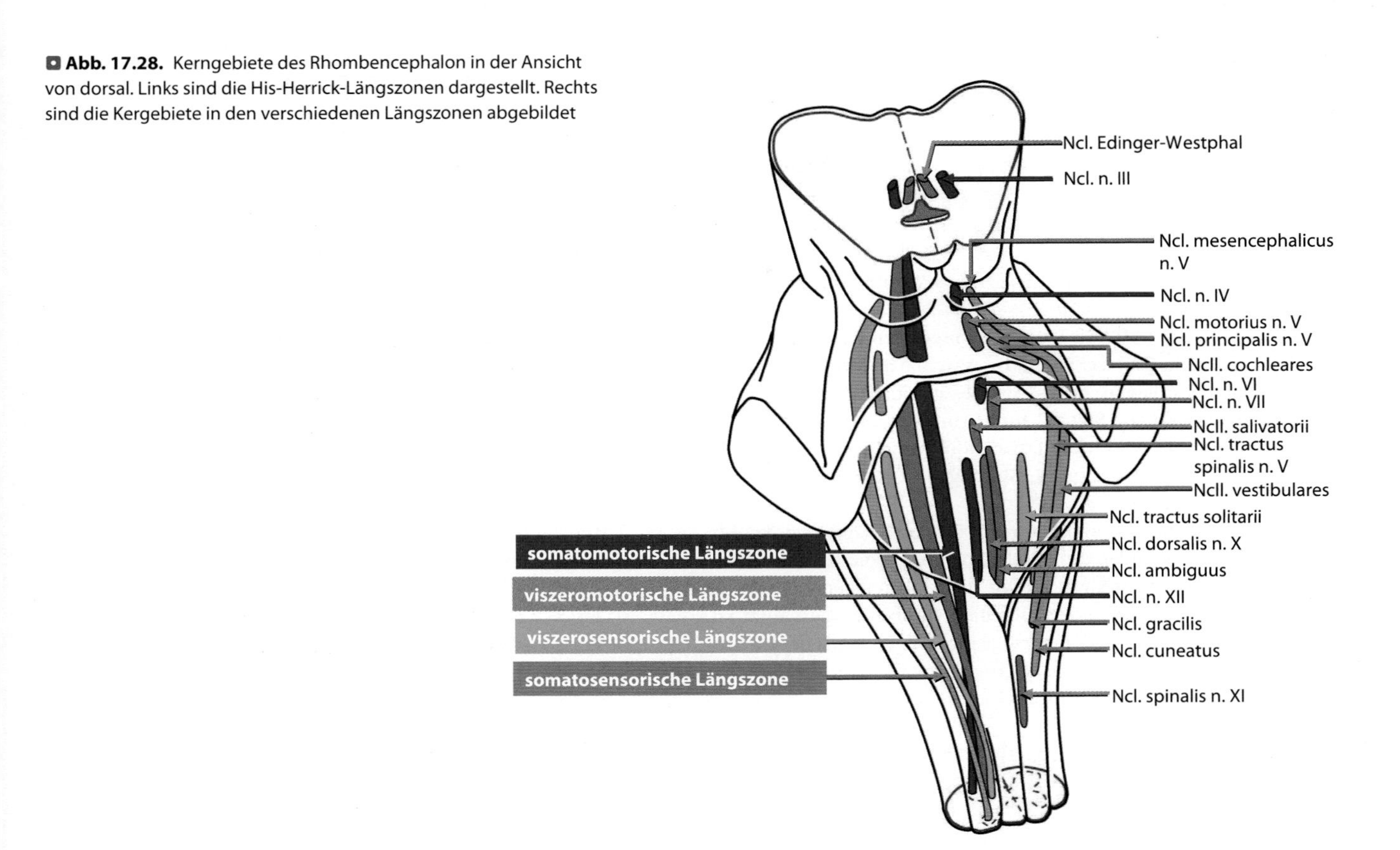

Tab. 17.7. Hirnnervenkerne des Hirnstamms, angeordnet in 4 Längszonen. Reihenfolge von medial nach lateral

Modalität	Richtung	Kerne und ihre Hirnnerven
Somatomotorik	**efferent**	Ncl. n. oculomotorii (III. Hirnnerv) Ncl. n. trochlearis (IV. Hirnnerv) Ncl. n. abducentis (VI. Hirnnerv) Ncl. n. hypoglossi (XII. Hirnnerv)
Viszeromotorik	**efferent**	
– allgemein viszeromotorisch		Ncl. n. oculomotorii accessorius Edinger-Westphal (III. Hirnnerv) Ncl. salivatorius superior (VII. Hirnnerv) Ncl. salivatorius inferior (IX. Hirnnerv) Ncl. dorsalis n. vagi (X. Hirnnerv)
– speziell viszeromotorisch		Ncl. motorius n. trigemini (V. Hirnnerv) Ncl. n. facialis (VII. Hirnnerv) Ncl. ambiguus (IX., X. und XI. Hirnnerven) Ncl. n. accessorii (XI. Hirnnerv)
Viszerosensorik	**afferent**	
– allgemein und speziell viszerosensorisch		Ncl. tractus solitarii (superiorer Abschnitt: 2. Neuron der Geschmacksbahn; kaudaler Abschnitt: allgemeine Sensibilität aus Versorgungsgebiet des N. vagus)
Somatosensorik	**afferent**	
– allgemein somatosensorisch		Ncl. mesencephalicus n. trigemini (V. Hirnnerv) Ncl. principalis (pontinus) n. trigemini (V. Hirnnerv) Ncl. spinalis n. trigemini (V. Hirnnerv)
– speziell somatosensorisch		Ncll. cochleares und vestibulares (VIII. Hirnnerv)

Zur Lage der Kerngebiete: Abb. 17.26 und 17.28

stammen v.a. aus dem sensomotorischen Cortex, der Amygdala und dem Hypothalamus, aber auch aus dem Cerebellum, Rückenmark und sensorischen Hirnnervenkernen. Efferenzen ziehen zu den motorischen Hirnnervenkernen.

Die Formatio reticularis ist insgesamt eine entscheidende Hirnregion für die Regulation von lebenswichtigen Funktionen, wie Atmung, Herz-Kreislauf-System, Schluck-, Brech- und Hustenreflexe sowie andere Abwehrreflexe, Schlaf-Wach-Rhythmus, Bewusstseinszustand und Muskeltonus. Folgende »Zentren« können lokalisiert werden:

- **Weckzentrum (ARAS):** Der in der **medialen Zone des Mittelhirns gelegene Teil der Formatio reticularis** integriert den sensorischen (v.a. akustische und Schmerzempfindungen) Input und sendet aktivierende Signale zur Hirnrinde. Dadurch wird eine Intensivierung des Wachheitszustandes erreicht. Eine Zerstörung des ARAS durch Läsionen, Blutungen, Tumore etc. führt zu einem tiefen Koma.
- **Brechzentrum:** Die *Area postrema* (◘ Abb. 17.26i) und der *Ncl. tractus solitarii* bilden das Brechzentrum. Da die Area postrema als **zirkumventrikuläres Organ** nicht ausreichend durch die Blut-Hirn-Schranke gegenüber dem Blutmilieu geschützt ist, können Pharmaka bei Überdosierung (z.B. Digitalis bei Herzinsuffizienz) den Brechreflex auslösen. Auch Chemotherapie und Toxine (Lebensmittelvergiftung) können zu einer Reaktion des Brechzentrums führen.
- **Atemzentrum und Hustenreflex:** Das Atemzentrum liegt im ventrolateralen Teil der Formatio reticularis in der Medulla oblongata. Es besteht aus dem **Prä-Bötzinger-Komplex** (◘ Abb. 17.26g) als Rhythmusgenerator der Atmung und Neuronen der Formatio reticularis in der unmittelbaren Umgebung der *Ncll. ambiguus, retroambiguus* und *tractus solitarii* als inspiratorische und exspiratorische Steuerungszentren (◘ Abb. 17.26g–j). Es erhält Afferenzen aus den IX. und X. Hirnnerven, die im Glomus caroticum und Glomus aorticum gemessene O_2- und CO_2-Partialdrücke an das Atemzentrum melden. Es steuert auf der Grundlage dieser Information über den Tractus reticulospinalis Motoneurone im Rückenmark für die inspiratorische und exspiratorische Atemmuskulatur (u.a. N. phrenicus, Interkostalnerven).
- **Kreislaufzentrum:** Das Kreislaufzentrum besteht aus einem Blutdruck- und Herzaktivität senkenden (»Depressorzentrum«) und einem diese Funktionen steigernden Teil (»Pressorzentrum«), die in der lateralen Formatio reticularis der Medulla oblongata liegen. Über die IX. und X. Hirnnerven gelangen Informationen über den aktuellen Herz-Kreislauf-Status an den Ncl. tractus solitarii. Von dort sowie von der Hirnrinde und dem Hypothalamus erhält das Kreislaufzentrum Afferenzen und sendet Efferenzen zum Ncl. dorsalis n. vagi (Parasympathikus) und über den Tractus reticulospinalis ins Seitenhorn des Rückenmarks (Sympathikus).
- **Miktionszentrum:** In der lateralen Formatio reticularis auf Höhe des Pons liegt eine Neuronengruppe, die unter dem Einfluss der Hirnrinde und anderer rhombenzephaler Kerngebiete die Blasenentleerung über Verbindungen zum sakralen Rückenmark steuert.
- **Lokomotorische Zentren:** In der medialen Zone der Formatio reticularis des Mesencephalon, des Pons und der Medulla oblongata liegen Neurone, die unter dem Einfluss von prämotorischem Cortex, limbischem System und Cerebellum über den ipsi- und kontralateralen Tractus reticulospinalis den Muskeltonus von Extremitäten und Rumpf sowie Muskeleigenreflexe steuern.
- **Blickzentrum:** Die koordinierten Bewegungen beider Augen werden durch die Interaktion zwischen verschiedenen Blickzentren in der Hirnrinde (u.a. frontales Augenfeld: FEF), den **motorischen Augenmuskelkernen** (über den Fasciculus longitudinalis medialis; ◘ Abb. 17.28) und den ihnen vorgeschalteten **präokulomotorischen Gebieten in der Formatio reticularis,** die von der Hirnrinde, dem Colliculus superior und dem Vestibulocerebellum gesteuert werden, ermöglicht. Von diesen Gebieten aus erreichen Afferenzen die für die jeweilige Augenbewegung zuständigen motorischen Augenmuskelkerne. Zu den präokulomotorischen Zentren rechnet man:
  - Gebiete in der medianen Formatio reticularis des Pons für horizontale Blickbewegungen zur ipsilateralen Seite hin
  - in der mesenzephalen Formatio reticularis über die Commissura posterior zum kontralateralen Ncl. n. oculomotorii für vertikale Blickbewegungen
  - in den *Ncll. vestibulares* (◘ Abb. 17.26e–h) zu ipsi- und kontralateralen Augenmuskelkernen für Blickbewegungen in Gegenrichtung zu Kopf- und Rumpfbewegungen **(vestibulookulärer Reflex)**
  - im Ncl. prepositus hypoglossi (◘ Abb. 17.26f–g) für schnelle horizontale und vertikale Blickbewegungen. Die Ncll. vestibulares und der Ncl. prepositus hypoglossi erreichen die Augenmuskelkerne über den Fasciculus longitudinalis medialis.

Faserbahnen der Medulla oblongata sind in den ◘ Abb. 17.26 und ◘ Abb. 17.28 dargestellt. Zu ihren Ursprungs- und Zielgebieten sowie zu ihren Verläufen ► Kap. 17.7 bis 17.13.

17.3.3 Rückenmark (Medulla spinalis), graue und weiße Substanz

Der Medulla oblongata schließt sich nach kaudal das Rückenmark, die *Medulla spinalis,* an. Das Rückenmark versorgt Teile des Halses, den Rumpf und die Extremitäten über **Spinalnerven.** Es befindet sich im Wirbelkanal. Wie auch das Gehirn, ist das Rückenmark von Liquor cerebrospinalis umgeben. Es reicht vom Foramen magnum bis zum 1. oder 2. Lumbalwirbelkörper (◘ Abb. 17.10).

Das Rückenmark ist ca. 45 cm lang und weist 2 Anschwellungen, *Intumescentiae,* auf. Die *Intumescentia cervicalis* besteht aus den Rückenmarkssegmenten C5–Th1, die *Intumescentia lumbosacralis* aus den Segmenten L2–S2. Von den Neuronen in den Intumescentiae werden die Extremitäten innerviert. Nach kaudal läuft das Rückenmark in den *Conus medullaris* aus und setzt sich als *Filum terminale,* das aus Glia besteht, bis zum Ende des Wirbelkanals fort.

Das Rückenmark kann in die folgenden Abschnitte gegliedert werden:

- Zervikalmark: 8 Segmente (C1–8)
- Thorakalmark: 12 Segmente (Th1–12)
- Lumbalmark: 5 Segmente (L1–5)
- Sakralmark: 5 Segmente (S1–5)
- Kokzygealmark: 2 bis3 Segmente (Co1–3)

Jeder Abschnitt wird in Segmente unterteilt, wobei **ein Segment** dem Rückenmarkabschnitt entspricht, aus dem Fasern für **ein Spinalnervenpaar** austreten. Da das Rückenmark in der Ontogenese sein Wachstum früher beendet als die Wirbelsäule, kommt es zu einer Verschiebung zwischen den Segmenten und den gleichnamigen Wirbelsäulenabschnitten. Das bedeutet, die Spinalnervenwurzeln müssen in den unteren Abschnitten des Wirbelkanals erst noch eine Strecke innerhalb des Wirbelkanals nach abwärts ziehen, ehe sie im

Foramen intervertebrale der entsprechenden Wirbel den Wirbelkanal verlassen können. So bildet sich unterhalb des ersten Lendenwirbels, dem Niveau der Endigung des Rückenmarks, ein immer dünner werdender Schweif von Spinalnervenwurzeln, *Cauda equina* (◘ Abb. 17.10).

Auf der Vorderseite des Rückenmarks findet man in der Medianebene eine tiefe Einbuchtung, *Fissura mediana anterior*, der auf der Hinterseite ein flacher *Sulcus medianus posterior* gegenüberliegt (◘ Abb. 17.29d). Rechts und links vom Sulcus medianus posterior, bzw. der Fissura mediana anterior befinden sich flache Einbuchtungen, die als *Sulcus intermedius posterior*, *Sulcus posterolateralis* (Eintrittsstelle der Hinterwurzeln des Spinalnerven, s.u.), bzw. *Sulcus anterolateralis* (Austrittsstelle der Vorderwurzel) bezeichnet werden.

Die Benennung der austretenden Spinalnervenwurzeln unterhalb des ersten Thorakalwirbels erfolgt nach dem jeweils darüber liegenden Wirbel. Oberhalb von Th1, im Zervikalmark, wird die jeweilige Spinalnervenwurzel und ihr zugehöriges Rückenmarkssegment nach dem darunter liegenden Wirbel benannt. Der erste Spinalnerv tritt somit zwischen Os occipitale und dem Atlas aus dem Wirbelkanal aus (◘ Abb. 17.10), d.h. der zervikale Abschnitt des Rückenmarks besteht aus 8 Segmenten bei 7 zervikalen Wirbeln.

Rückenmarkquerschnitt

Der Rückenmarksquerschnitt zeigt eine zentral gelegene **graue** und peripher gelegene **weiße Substanz** (◘ Abb. 17.29). In der grauen Substanz befinden sich die Perikarya der Neurone, in der weißen Substanz deren Axone, die in andere Gebiete des Rückenmarks ziehen, **Eigenapparat,** oder zum Gehirn als afferente Faserbahnen aufsteigen, sowie aus dem Gehirn als efferente Faserbahnen, **Verbindungsapparat,** absteigen.

Graue Substanz. Die graue Substanz hat die Form eines Schmetterlings, die sich in Abhängigkeit von der Segmenthöhe ändert (◘ Abb. 17.29a–c). Die graue Substanz ist im Thorakalmark verhältnismäßig schmal, im Bereich der Intumescentiae dagegen sehr groß. Der vordere, breitere Teil der »Schmetterlingsflügel« wird als **Vorderhorn,** *Cornu anterius (ventrale),* bezeichnet. Es enthält motorische Nervenzellen, α- und γ-**Motoneurone,** deren Axone die motorischen **Vorderwurzeln,** *Radices anteriores (ventrales)* der Spinalnerven bilden und zur Skelettmuskulatur ziehen. Der hintere, schmalere Teil der grauen Substanz wird als **Hinterhorn,** *Cornu posterius (dorsale),* bezeichnet. Hier bilden die zentralen Fortsätze der Spinalganglienzellen vor ihrem Eintritt in das Rückenmark die rein sensiblen **Hinterwurzeln,** *Radices posteriores (dorsales).* Hinter- und Vorderwurzeln jedes Segments vereinigen sich außerhalb des Rückenmarks zum **Spinalnerv** (► Kap. 17.5).

Im Bereich des Thorakalmarks ist von C8–L2 zwischen Hinter- und Vorderhorn eine weitere Vorwölbung der grauen Substanz, das **Seitenhorn,** *Cornu laterale,* zu erkennen (◘ Abb. 17.29b). Es enthält die präganglionären viszeromotorischen Neurone des **sympathischen Nervensystems** im *Ncl. intermediolateralis,* und die viszerosensorischen Neurone im *Ncl. intermediomedialis.* Beide Kerngebiete kommen auch in den Segmenten S2–4 des Sakralmarks vor, bilden dort aber einen Teil des **parasympathischen Nervensystems (sakraler Parasympathikus).**

Zwischen den beiden Schmetterlingsflügeln des Rückenmarks befindet sich die *Commissura grisea,* in ihrer Mitte der *Canalis centralis.* Ebenso wie die Ventrikel des Gehirns ist er mit *Liquor cerebrospinalis* gefüllt, jedoch ist er nicht immer über die gesamte Länge durchgängig.

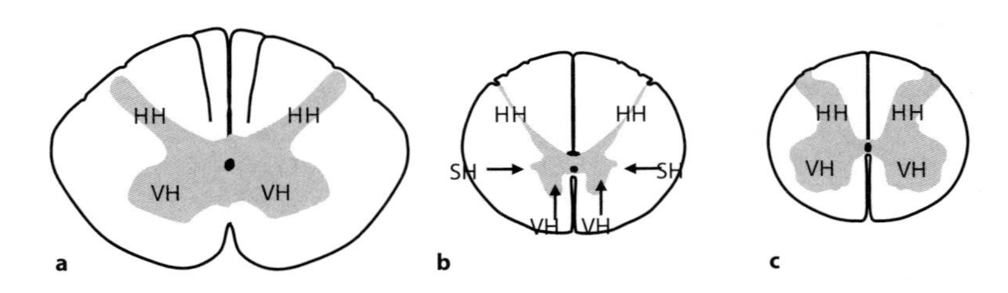

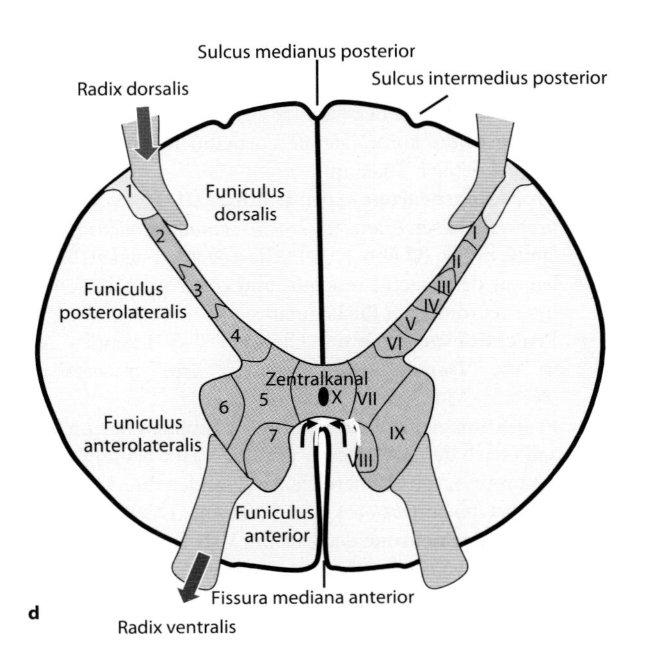

◘ **Abb. 17.29a–d.** Rückenmarkquerschnitte auf verschiedenen Segmenthöhen. **a** Zervikalmark C6. **b** Thorakalmark Th6. **c** Sakralmark S3. **d** Zervikalmark: In der linken Bildhälfte ist die anatomische Gliederung (Bereiche 1–7) dargestellt. In der rechten Bildhälfte das Rexed-Schema (Laminae I–X). Die beiden schwarzen Pfeile in Abb. **d** markieren die Lage der Commissura alba. Zum Rexed-Schema ► Kap. 13
HH = Hinterhorn; SH = Seitenhorn; VH = Vorderhorn.
1 = Lissauer-Randzone, *Tractus posterolateralis;* 2 = Zona marginalis; 3 = Substantia gelatinosa; 4 = Ncl. proprius; 5 = Zona intermedia lateralis; 6 und 7 = laterale und mediale Zellsäulen des Vorderhorns

Die Nervenzellen des Rückenmarks können unter funktionellen Gesichtspunkten systematisch dargestellt werden:

- **Wurzelzellen** sind Neurone, deren Axone in die Vorderwurzeln ziehen.
  - **α-Motoneurone:** Sie liegen als große multipolare Neurone in der Rexed-Lamina IX und innervieren die Skelettmuskulatur des Halses (nicht die Branchialmuskeln!), des gesamten Rumpfes und der Extremitäten. In der medialen Gruppe, die sich über das ganze Rückenmark ausdehnt, finden sich die Neurone für die autochthone Rücken- und Nackenmuskulatur. In der lateralen Gruppe, die v.a. in den Intumescentiae deutlich vergrößert ist, liegen die Neurone für die Extremitätenmuskeln. Dabei innervieren die am weitesten dorsolateral gelegenen Neurone die distalen Muskeln, die ventromedial gelegenen Neurone die mehr proximalen Muskeln. Als zentrale Gruppe kommen in den Segmenten C3–5 Motoneurone vor, die den *Ncl. n. phrenici* für die Zwerchfellinnervierung bilden, und in den Segmenten C1–5 die Neurone, die den *Ncl. spinalis n. XI* bilden und sich mit Axonen aus dem Ncl. ambiguus (◻ Abb. 17.28) der Medulla oblongata zum XI. Hirnnerv vereinigen. In den Segmenten S2–3 liegen im ventralen Teil des Vorderhorns die mittelgroßen Neurone des *Ncl. Onuf*, der die Beckenbodenmuskulatur und die Mm. sphincter ani externus und sphincter urethrae innerviert.
  - **γ-Motoneurone:** Sie liegen als kleine multipolare Neurone in der Rexed-Lamina IX und innervieren die intrafusalen Fasern der Muskelspindeln (▶ Kap. 17.10).
  - **Präganglionäre sympathische, viszeromotorische** und **viszerosekretorische Neurone:** Sie liegen im Seitenhorn (C8–L2) im lateralen Bereich der Lamina VII. Ihre Axone enden in den vegetativen Ganglien des Grenzstrangs (▶ Kap. 17.18).
  - **Präganglionäre parasympathische, viszeromotorische** und **viszerosekretorische Neurone:** Sie liegen in den Segmenten S2–4 im lateralen Bereich der Lamina VII. Ihre Axone enden in den vegetativen Ganglien des Parasympathikus (▶ Kap. 17.18).
- **Strangzellen**: sind Neurone, deren Axone die Leitungsbahnen des Eigenapparats oder zum Gehirn aufsteigende Projektionsbahnen bilden. Sie erhalten ihre Afferenzen durch die zentralen Fortsätze der pseudounipolaren Spinalganglienzellen. Wichtige Projektionsneurone sind:
  - **Waldeyer-Zellen** der Lamina I senden nozizeptive Projektionen in die kontralaterale Formatio reticularis und den kontralateralen Thalamus.
  - **Projektionsneurone** in den **Laminae III–IV** bilden den *Ncl. proprius*, dessen Axone im *Tractus spinothalamicus* zum Thalamus ziehen (◻ Abb. 17.30). Afferenzen erreichen diese Zellen aus den Tractus reticulo- und corticospinalis sowie aus Interneuronen des Rückenmarks.
  - **Projektionsneurone** der **Laminae V–VII** senden Axone in die *Tractus spinothalamicus* und *spinoreticularis* (◻ Abb. 17.30).
  - **Projektionsneurone** der **Lamina VII** bilden nur im Thorakalbereich den *Ncl. dorsalis* (Stilling-Clark-Säule). Sie erhalten propriozeptive Afferenzen und senden ihre Axone in den *Tractus spinocerebellaris dorsalis* (◻ Abb. 17.30).
  - **Projektionsneurone** der **Lamina VIII** erhalten retikulospinale und vestibulospinale Afferenzen, senden ihre Axone durch die Commissura alba zur Gegenseite und steigen im *Tractus spinothalamicus* zum Gehirn auf (◻ Abb. 17.30).
- **Binnen-** oder **Schaltzellen** sind Interneurone des Eigenapparates, deren Axone in der grauen Substanz des Rückenmarks in gleichen, höheren oder tieferen Segmenten derselben **(Assoziationszellen)** oder der kontralateralen Seite **(Kommissurenzellen)** enden. Vertreter der Binnenzellen sind z.B. die **Renshaw-Zellen.** Sie bilden den Transmitter Glycin, liegen in der Lamina IX, erhalten Afferenzen von rückläufigen Kollateralen der α-Motoneurone und innervieren diese inhibitorisch.

17.19 Poliomyelitis

Bei der Kinderlähmung, die durch Viren ausgelöst wird, werden die motorischen Neuronengruppen befallen. Es kommt zu einer Lähmung der von den jeweiligen Segmenten versorgten Muskeln, die Sensibilität bleibt jedoch erhalten.

Weiße Substanz. Die weiße Substanz besteht aus auf- und absteigende Faserbahnen, die Rückenmark und Gehirn miteinander verbinden, sowie aus den Faserbahnen des Eigenapparats, die im Rückenmark verbleiben. Im Sakralmark ist die weiße Substanz am geringsten, im Zervikalmark am stärksten ausgeprägt. Gliazellen bilden mit ihren Fortsätzen auf der Oberfläche des Rückenmarks eine *Membrana limitans gliae* und um die Blutgefäße herum eine *Membrana perivascularis gliae*. Die Lage der wichtigsten Leitungsbahnen im Rückenmarkquerschnitt ist in ◻ Abb. 17.30 dargestellt. Ihr Verlauf, Funktion und Umschaltstationen werden jeweils im Kontext der ihnen zugeordneten funktionellen Systeme beschrieben (▶ Kap. 17.7 bis 17.13).

Die Faserbündel des Rückenmarks werden als *Tractus* oder *Fasciculi* bezeichnet. Sie liegen im Vorder- *(Funiculus anterior)*, Seiten- *(Funiculi antero-* und *posterolateralis)* oder Hinterstrang *(Funiculus posterior)*. Viele der Bahnen sind somatotop organisiert. So lagern sich z.B. mit zunehmender Segmenthöhe im Tractus spinobulbaris die neu hinzugekommenen Fasern aus der oberen Körperhälfte lateral als *Fasciculus cuneatus* an die Fasern aus der unteren Körperhälfte an, die den *Fasciculus gracilis* bilden (◻ Abb. 17.30).

Die weiße Substanz beider Seiten wird durch die *Commissura alba* überbrückt. Zwischen Hinter- und Seitenstrang befindet sich an der Spitze des Hinterhorns die dem Eigenapparat zuzurechnende Lissauer-Randzone *(Zona terminalis, Tractus dorsolateralis*; ◻ Abb. 17.29d und 17.30).

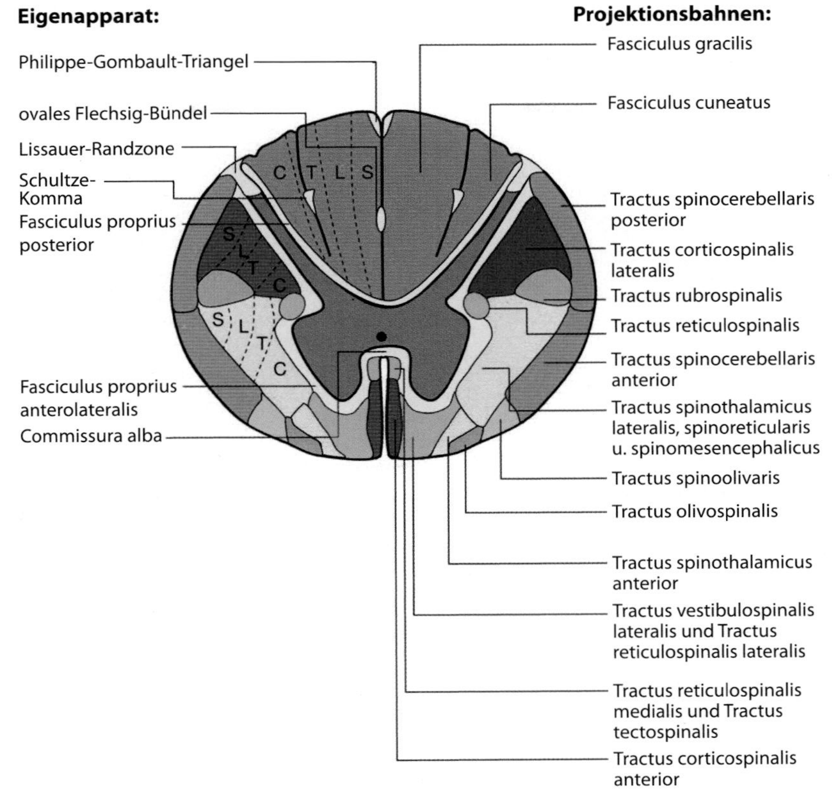

Abb. 17.30. Projektionsbahnen und Bahnen des Eigenapparats in der weißen Substanz des Rückenmarks. Die Faserbahnen des Eigenapparats (Philippe-Gombault-Triangel, ovales Flechsig-Bündel, Schultze-Komma, Lissauer-Randzone und die Grundbündel, Fasciculi proprii posterior und anterolateralis) sind gelb markiert. Körperregionen, die durch zervikale Spinalnerven innerviert werden sind in C, durch thorakale in T, durch lumbale in L und durch sakrale in S in den jeweiligen Faserbahnen repräsentiert (somatotope Gliederung der Faserbahnen)

17.4 Innerer und äußerer Liquorraum, Hirn- und Rückenmarkshäute

I. Bechmann

 **Einführung**

Aus dem Canalis centralis des Neuralrohres entwickelt sich der mit einer Flüssigkeit, dem *Liquor cerebrospinalis* (kurz Liquor), gefüllte innere Liquorraum. Während im Rückenmark nur ein schmaler, beim Erwachsenen meist obliterierter Zentralkanal übrig bleibt, entstehen im Gehirn ausgedehnte Hohlräume (Ventrikel), die in ihrer Form die Morphogenese des Gehirns widerspiegeln. Bildungsort des Liquors ist der *Plexus choroideus*, ein epithelüberzogenes Gefäßkonvolut, das in allen Ventrikel zu finden ist. Über Öffnungen im untersten, dem IV. Ventrikeln, fließt der Liquor aus dem inneren in den äußeren Liquorraum ab, der von den beiden Blättern der weichen Hirnhaut (Leptomeninx) umgeben wird. Auf diese Weise entsteht ein Polster, das Gehirn und Rückenmark vor mechanischen Einwirkungen schützt und in die knöcherne Umgebung einpasst. Fixiert wird das Gehirn durch Duplikaturen der harten Hirnhaut (Dura mater oder Pachymeninx), die stellenweise untrennbar mit dem Periost der Schädelknochen verwachsen ist.

Innerer Liquorraum
- Gliederung des inneren Liquorraumes in 4 Ventrikel
- Plexus choroideus

Liquor cerebrospinalis

Hüllen des ZNS und äußerer Liquorraum
- Weiche Hirnhaut (Leptomeninx)
- Perivaskuläre (Virchow-Robin-)Räume
- Neurothel
- Cisternae subarachnoideae
- Arachnoidalzotten (Granulationes arachnoideae)
- Harte Hirnhaut (Dura mater oder Pachymeninx)
- Duplikaturen der Dura (Sinus durae matris)
- Rückenmarkhäute

17.20 Klinischer Hinweis
Die topographische Anatomie der Liquorräume und Blutgefäße im Bezug zu den Hirnhäuten ist für zahlreiche Krankheiten, aber auch für diagnostische Verfahren wie der Liquorpunktion von großer Bedeutung.

17.4.1 Innerer Liquorraum und Liquor cerebrospinalis

Gliederung des inneren Liquorraumes

Gehirn und Rückenmark umgeben einen flüssigkeitsgefüllten Raum, der nach seinem Inhalt als innerer Liquorraum bezeichnet wird. Der

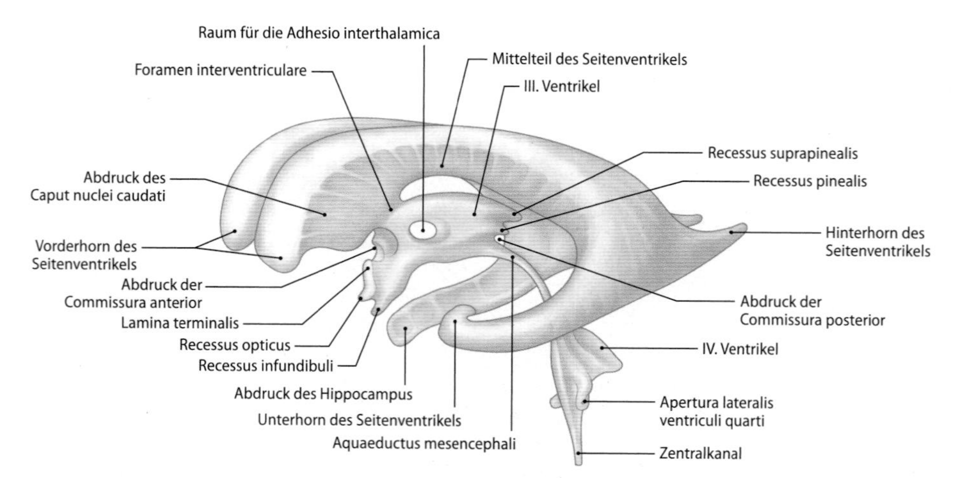

Abb. 17.31. Im Ventrikelausgusspräparat lassen sich die Konturen der Ventrikel darstellen. Man unterscheidet die telenzephalen Seitenventrikel (I. und II. Ventrikel), den dienzephalen III. Ventrikel und den rhombenzephalen IV. Ventrikel. Die Ventrikel III und IV sind über den schmalen Aquaeductus mesencephali verbunden [1]

Liquor wird im *Plexus choroideus* gebildet, einem epithelüberzogenen Gefäßkonvolut, das in allen Ventrikeln verläuft.

Der innere Liquorraum (Abb. 17.31, 17.32 und 17.33) wird unterteilt in:

- die paarigen I. und II. Ventrikel (Seitenventrikel) im Telencephalon
- den unpaaren III. Ventrikel im Diencephalon
- den unpaaren IV. Ventrikel im Rhomencephalon
- den *Aquaeductus mesencephali (cerebri):* die Verbindung vom III. zum IV. Ventrikel im Rhombencephalon
- den *Canalis centralis* des Rückenmarks (beim Erwachsenen größtenteils obliteriert).

I. und II. Ventrikel. Die Seitenventrikel, *Ventriculi laterales,* ziehen bogenförmig durch alle Lappen des Endhirns und sind mit dem III. Ventrikel über die paarigen *Foramina interventricularia* (Monroi) verbunden. Durch das bogenförmige Wachstum der Hirnlappen entstehen 4 Abschnitte:

- Voderhorn, *Cornu frontale (anterius),* im Lobus frontalis
- Mittelteil, *Pars centralis,* im Lobus parietalis
- Hinterhorn, *Cornu posterius (occipitale),* im Lobus occipitalis
- Unterhorn, *Cornu inferius (temporale),* im Lobus temporalis

Das **Cornu frontale** ist im Frontalschnitt dreieckig. Beginnend am *Foramen interventriculare* dringt es etwa 3 cm weit in den Stirnlappen vor. Das Dach wird vom Corpus callosum, die mediale Wand vom *Septum pellucidum* und der *Columna fornicis* und die laterale Wand vom *Caput nuclei caudati* gebildet.

Die **Pars centralis** reicht etwa 4 cm vom Foramen interventriculare bis zum Ende des Thalamus, durch dessen Vorwölbung sie zur radiologisch sichtbaren »Thalamustaille« verengt wird. Der Boden wird lateral vom Corpus nuclei caudati, medial von der *Lamina affixa* gebildet. In der Rinne zwischen Corpus nuclei caudati und Thalamus erkennt man von oben die *V. thalamostriata* und die *Stria terminalis,* die die Grenze zwischen Diencephalon und Telencephalon markieren. Medial davon wölbt sich der aus dem III. Ventrikel durch das Foramen interventriculare kommende *Plexus choroideus ventriculi lateralis* vor. Das Dach bildet das *Corpus callosum,* bis zu dessen *Splenium* die Pars centralis reicht. Dort teilt sie sich in das Hinter- und Unterhorn.

Das **Cornu posterius** erstreckt sich individuell unterschiedlich weit in den Hinterhauptslappen hinein. An seiner medialen Wand wölbt sich der *Sulcus calcarinus* als *Calcar avis* vor. Das Dach wird von Ausstrahlungen des Corpus callosum gebildet.

Das **Cornu inferius** ist 3–4 cm lang und erstreckt sich in einem schwach nach lateralo-kaudal gerichteten Bogen in den Schläfenlappen, dessen rostralem Pol es sich bis auf 2 cm nähert. An seiner Spitze liegt das *Corpus amygdaloideum.* Im Dach liegt die *Cauda nuclei caudati.* An seiner medialen Wand befindet sich der *Hippocampus,* dessen Oberfläche vom Alveus überzogen ist, dessen Fasern zur Fimbria ziehen. Diese bildet mit dem Plexus choroideus und seiner Aufhängung, der Taenia choroidea, die medial obere Wand.

III. Ventrikel. Der III. Ventrikel ist ein unpaarer spaltförmiger Raum, der rostrolateral durch die *Foramina interventricularia* (Monroi) mit den Seitenventrikeln und dorsal durch den *Aquaeductus mesencephali* (Sylvii) mit dem IV. Ventrikel in Verbindung steht. Seine Seitenwände werden von hinten oben vom Epithalamus und Thalamus, im rostralen Abschnitt vom Hypothalamus gebildet. Die beiden Thalami sind meist durch eine *Adhesio interthalamica* verbunden. Sie besteht aus Gliazellen. In der Seitenansicht erkennt man eine Furche zwischen dem Foramen interventriculare und dem Aquaeductus mesencephali, den *Sulcus hypothalamicus.* Die vordere Wand bilden die Columna fornicis, die *Commissura anterior* und die *Lamina terminalis.*

Im Bereich des Hypothalamus finden sich 2 Ausbuchtungen:

- *Recessus opticus* oberhalb des Chiasma opticum
- *Recessus infundibuli,* der in den oberen Teil des Hypophysenstiels hinein ragt.

Im Bereich des Epithalamus liegen:

- *Recessus suprapinealis* oberhalb der Glandula pinealis
- *Recessus pinealis* am Abgang der Glandula pinealis.

Oberhalb des Recessus pinealis wölbt sich die *Commissura habenularum,* unterhalb des Recessus die *Commissura posterior* hervor.

Das Dach des III. Ventrikels bildet die Bindegewebeplatte der *Tela choroidea ventriculi tertii,* an der der *Plexus choroideus ventriculi tertii* befestigt ist. Die Tela ist zwischen den *Striae medullares thalami* ausgespannt und mit der *Taenia thalami* an der Oberfläche des Thalamus befestigt. Sie wird nach Ausreißen der Tela choroidea sichtbar. Auf der Tela choroidea des III. Ventrikels verlaufen die paarigen *Vv. cerebri internae,* die sich dorsal zur *V. cerebri magna* vereinigen. Aus der Morphogenese des Gehirns erklärt sich die Verbindung der

Tela choroidea ventriculi tertii mit der Tela choroidea des Seitenventrikels. Der dünnwandige Boden wird von der *Substantia perforata posterior*, von den *Corpora mamillaria*, dem *Tuber cinereum* und dem *Chiasma opticum* gebildet.

Der **Aquaeductus mesencephali (cerebri)**, die Sylvius-Wasserleitung, verbindet den III. und IV. Ventrikel miteinander und ist der engste Teil des Ventrikelsystems. Er durchsetzt zwischen Vierhügelplatte und Haube das Mittelhirn.

IV. Ventrikel. Der IV. Ventrikel hat die Form eines Zeltes, dessen Boden die Rautengrube bildet. Der rostrale Abschnitt des Dachs wird von den oberen Kleinhirnstielen und vom *Velum medullare superius* gebildet, das zum Kleinhirnwurm aufsteigt. Das kaudale Dach bildet das *Velum medulare inferius*, das nach medial in die *Tela choroidea ventriculi quarti*, einer Verschmelzung von Ependym und weicher Hirnhaut, übergeht. Beim Entfernen der Tela choroidea entstehen an den Rissrändern die Taenia ventriculi quarti. Im lateralen oberen Rand der *Tela choroidea ventriculi quarti* liegt der *Plexus choroideus ventriculi quarti*, der weiter medial nach unten abbiegt, um an die **unpaare** *Apertura mediana ventriculi quarti* **(Magendi)** zu gelangen, wo er sich mit dem Plexus der anderen Seite trifft. Zusammen haben die Plexus also eine M-Form und ragen lateral als von außen sichtbare Bochdalek-Blumenkörbchen durch die paarigen *Aperturae ventriculi quarti laterales* **(Luschke)** in den äußeren Liquorraum der *Cisterna cerebellomedulearis*. Über die 3 *Aperturae ventriculi quarti* fließt der Liquor aus dem inneren Liquorraum in den äußeren ab.

Apertura Mediana: Magendi
Aperturae laterales: Luschke

Plexus choroideus

Bildungsort des *Liquor cerebrospinalis* ist der *Plexus choroideus*, der aus einer Aussackung der Ventrikelwände entsteht. Das Ventrikelependym spezialisiert sich zum Plexusepithel, das die arteriovenösen Gefäßkonvolute des Plexus überzieht. Das einschichtige, kubische Plexusepithel mit Bürstensaum ist für die Produktion des Liquor cerebrospinalis aus dem Blut der von ihm umgebenden Gefäße zuständig. Da die Epithelzellen mit Tight Junctions eng mtieinander verbunden sind, besteht eine Diffusionbarriere, die als **Blut-Liquor-Schranke** und umgekehrt als **Liquor-Blut-Schranke** bezeichnet wird. Dagegen bildet das Ventrikelependym keine Barriere zwischen Liquorraum und der interstitiellen Flüssigkeit des Gehirnparenchyms, so dass die interstitielle Flüssigkeit des Neuropils über den Liquor drainiert wird, so dass ein funktioneller Lymphabfluss besteht, auch wenn es im Neuropil keine Lymphgefäße gibt.

17.21 Klinischer Hinweis
Da keine Diffusionsbarriere zwischen dem Neuropil und dem Liquor besteht, können durch die Messung der Konzentration bestimmter Substanzen (z.B. Transmitter) im Liquor Rückschlüsse auf Vorgänge im ZNS geschlossen werden.

Der *Plexus choroideus* befindet sich in allen Ventrikeln (Abb. 17.34). Der Plexus des I.–III. Ventrikels, *Plexus choroideus prosencephali*, ensteht im Dach des Voderhirnbläschens aus einer gemeinsamen Anlage, der *Lamina epithelialis*, die als Dach des III. Ventrikels und als mediale Wand im Unterhorn später erhalten bleibt. Am Dach des III. Ventrikels zieht er nach rostral, wo er sich teilt und durch die *Foramina interventricularia* als paariger *Plexus choroideus ventriculi lateralis* verläuft. Durch die U-förmige Wachstumsrichtung des Telencepahlon liegt er zunächst am Boden der Pars centralis, um dann in den medial oberen Winkel des Cornu inferius zu gelangen.

Der Plexus choroideus verläuft durch die Pars centralis ins Unterhorn. Im Vorder- und im Hinterhorn gibt es keinen Plexus choroideus.

Liquor cerebrospinalis

Der *Liquor cerebrospinalis* ist eine klare, eiweiß- und zellarme Flüssigkeit, die in einer Menge von etwa 150 ml innere und äußere Liquorräume ausfüllt. Das Volumen wird etwa dreimal pro Tag ausgetauscht, so dass etwa 500 ml täglich gebildet werden. Er fließt aus den proenzephalen Ventrikeln über den *Aquaeductus* in den IV. Ventrikel und gelangt von dort über die *Aperturae ventriculi quarti* in den äußeren Liquorraum. Über die *Granulationes arachnoideae* (s.u.)

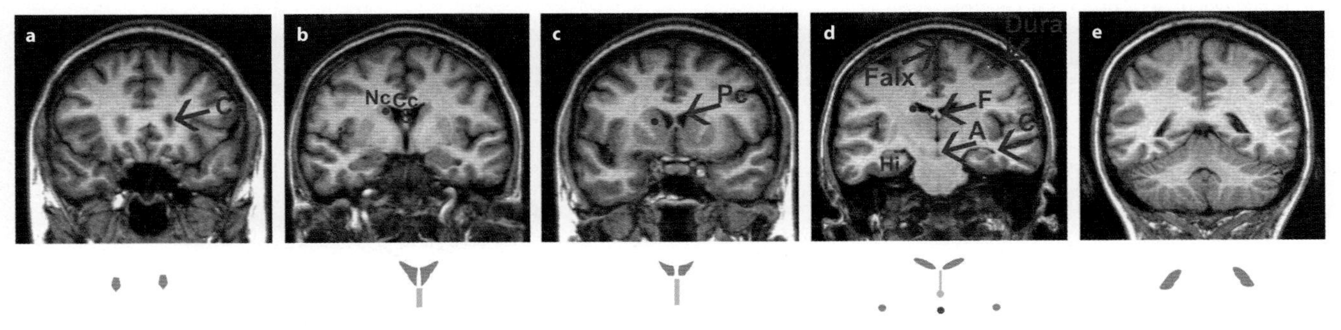

Abb. 17.32a–e. Kernspintomographie der inneren Liquorräume, Frontalschnitte in anterior-posteriorer Richtung. Die Schnittflächen der inneren Liquorräume (schwarz) sind unter den Bildern in blauer Farbe nachgezeichnet. **a** Zunächst erscheint das Cornu anterius der Seitenventrikel (Ca). **b** Die dreieckige Schnittfläche am Übergang vom Vorderhorn zur Pars centralis wird begrenzt durch den Nucleus caudatus (Nc mit Punkt markiert) von lateral, das Corpus callosum (Cc) von kranial und durch das Septum pellucidum (S) von medial. Unter dem Septum sieht man die spaltförmige Öffnung des III. Ventrikels. (i) markiert die Insel. **c** In die Pars centralis (Pc) wölbt sich das Corpus nuclei caudati vor. **d** Weiter dorsal erkennt man die Fornices (F) am Dach des III. Ventrikels. Unterhalb des III. Ventrikels liegt der schmale Aquaeductus mesencephali (A) und lateral davon das englumige Cornu inferius (Ci) neben dem Hippocampus (Hi). Pfeile zeigen auch auf die Falx cerebri, die die Hemisphären trennt, sowie auf einen parietalen Abschnitt der Dura mater, unter dem der liquorgefüllte Subarachnoidalraum (äußerer Liquorraum markiert mit einem Sternchen) schwarz deutlich zu sehen ist. **e** Schließlich erscheint das Ende der Pars centralis auf der Höhe des Cerebellum, wo sie sich in Hinter- und Unterhorn aufteilt [4]. Bilder mit freundlicher Genehmigung: DiaCura, Coburg, Dr. Jürgen und Vera Romahn

horizontal

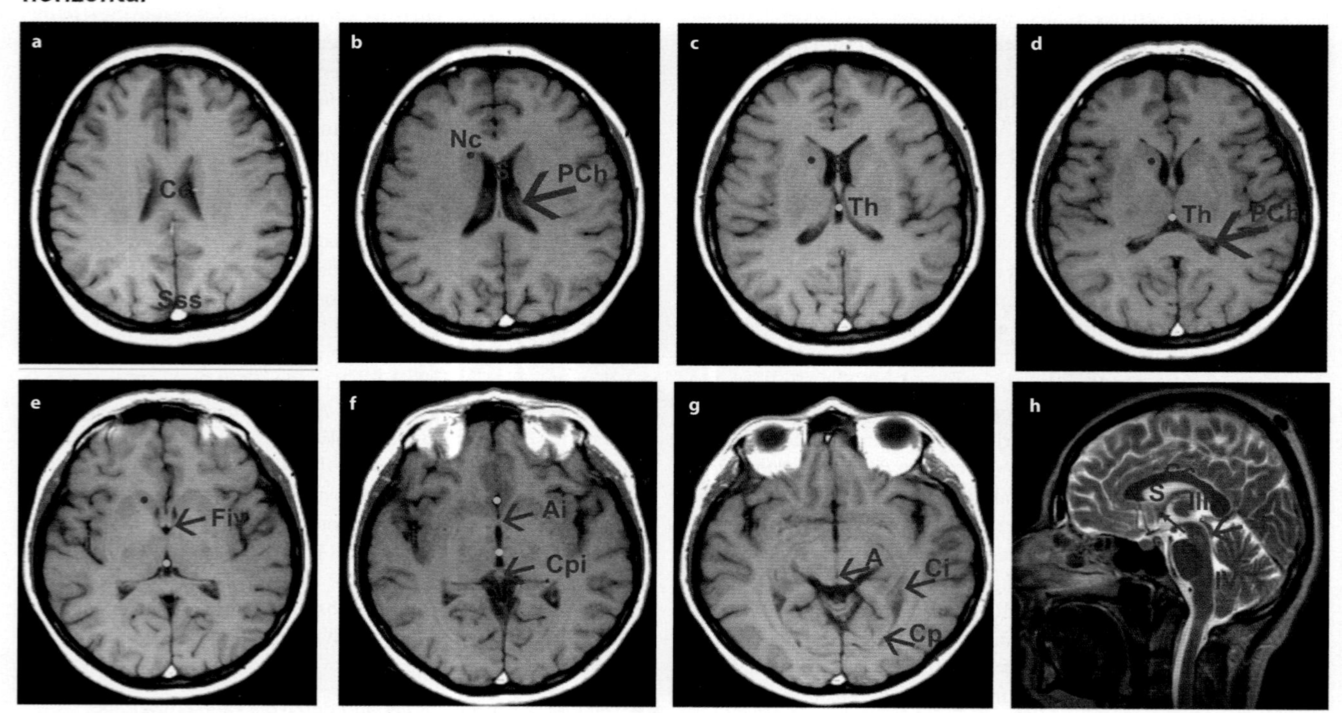

Abb. 17.33a–h. Kernspintomographie der inneren Liquorräume, Horizonalschnitte in kraniokaudaler Richtung. **a** Zunächst erscheint das Corpus callosum (Cc) als Dach der Seitenventrikel. Der Sinus sagittalis superior (Sss) ist als weißes Dreieck auch in den folgenden Abbildungen sichtbar. **b** Es erscheint die Pars centralis mit dem am Boden liegenden Plexus choroideus (PCh). Das Septum pellucidum (S) trennt die beiden Seitenventrikel. Lateral liegt der mit einem Punkt markierte Nucleus caudatus. **c** Nun erscheint der III. Ventrikel (grüner Punkt) dorsal der Fornices unterhalb des Septum pellucidum (S). Die Seitenwand bildet beidseitig der Thalamus (Th). **d** Im Unterhorn des Seitenventrikels im Temporallappen erkennt man den Plexus choroideus. **e** Auf beiden Seiten erscheinen die Foramina interventricularia (Fiv) als Verbindung der Seitenventrikel mit dem III. Ventrikel. Mit (i) ist die Inselregion markiert. **f** Die dorsale Wand des III. Ventrikels bildet nun der Epithalamus mit dem Corpus pineale (Cpi) in der Cisterna venae magnae cerebri. Weiter rostral erkennt man die Adhaesio interthalamica (Ai) zwischen den mit einem grünen Punkt markierten Anschnitten des III. Ventrikels. **g** Im Okzipitallappen erscheint das Cornu posterius (Cp), im Temporallappen das Cornu inferius (Ci). Der Aquaeductus cerebri (A) liegt ventral der Lamina tecti. **h** Noch deutlicher ist der Aquaeductus cerebri in dieser **Sagittalaufnahme** zu sehen. Kranial davon der III., kaudal davon der IV. Ventrikel. Die dünne Linie markiert den Eingang ins Foramen interventriculare hinter der Fornix, die sich als grauer Boden unterhalb des weißen Septum pellucidum (S) abhebt. Die weiße Färbung kommt durch den davor liegenden Liquor zustande, der in dieser Aufnahmetechnik hell erscheint, so dass sich der Liquorraum deutlich demarkiert [4]. Bilder mit freundlicher Genehmigung: DiaCura, Coburg, Dr. Jürgen und Vera Romahn

Abb. 17.34. Übersicht über die Liquorräume. Der Plexus choroideus ist rot dargestellt. Die Pfeile zeigen die Zirkulationsrichtung des Liquors an. Beachte die Lage des Plexus choroideus einmal am Boden der Pars centralis des Seitenventrikels, dann am Dach des Cornu inferius [1]

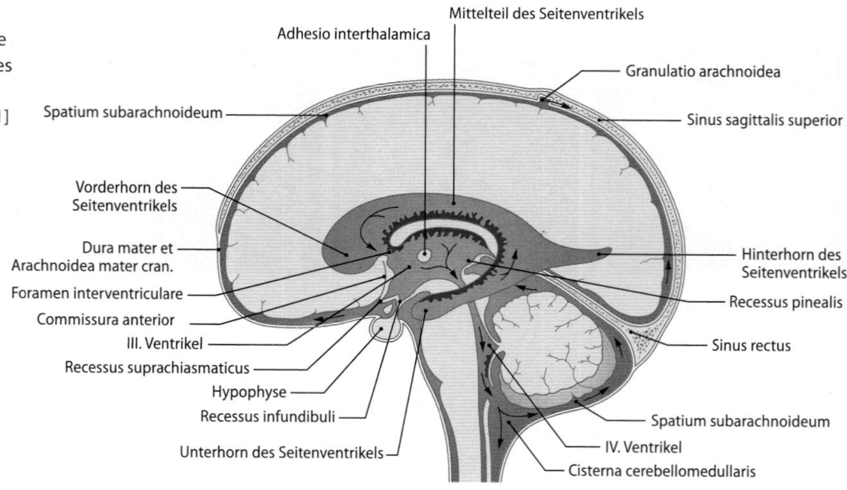

fließt er teilweise in die venösen Sinus ab oder gelangt über die *Lamina cribrosa* des Siebbeins und über die Perineuralscheiden der Hirn- und Spinalnerven zu den zervikalen bzw. paraaortalen Lymphknoten. Obwohl das Gehirn selbst keine Lymphgefäße besitzt, können Antigene und Leukozyten auf dieser Route in die Lymphknoten gelangen, um Immunreaktionen im Gehirn zu initiieren.

Der Liquor hat 2 Hauptfunktionen:
- Er polstert wie ein Wasserkissen mechanische Einwirkungen von außen ab.
- Er reduziert das Gewicht des Gehirns, so dass es eher im Schädelinneren schwebt, als mit seinem gesamten Gewicht der Schädelbasis aufzuliegen.

Bei Hirnatrophie im Alter kann das verlorene Volumen durch Liquor ausgeglichen werden, so dass das Gehirn weiterhin gut gelagert ist.

17.22 Hydrozephalus

Übersteigerte Liquorbildung oder Liquorabflussstörungen (z.B. bei einer Stenose des Aquäduktes) führen zum **Wasserkopf** (Hydrozephalus). Durch den gesteigerten intrakraniellen Druck kommt es zunächst zu Kopfschmerzen, Übelkeit und Erbrechen, später zu Bewusstseinstrübung und zum Tode. Da beim Kind die Schädelnähte noch nicht verwachsen sind, können solche Störungen zur massiven Vergrößerung des Kopfes führen. Bei einer Gehirnatrophie (z.B. Alzheimer-Erkrankung) wird das verlorene Gehirnvolumen durch Vergrößerung der Liquorräume ausgeglichen, die als **Hydrocephalus e vacuo** bezeichnet wird und nicht mit gesteigertem Hirndruck einhergeht.

17.4.2 Hüllen des ZNS und äußerer Liquorraum

Gehirn und Rückenmark sind von Häuten umgeben in ihre Umgebung eingepasst. Von Innen nach Außen folgen (Abb. 17.35):
- Pia mater
- Arachnoidea mater
- Neurothel
- Dura mater
- knöcherne Strukturen

Zunächst werden die Häute des Gehirns besprochen, danach die Besonderheiten der Häute des Rückenmarks.

Weiche Hirnhaut (Leptomeninx)

Pia mater
Arachnoidea mater
Subarachnoidalraum (äußerer Liquorraum)

Die weiche Hirnhaut besteht aus 2 Blättern: **Pia mater** und **Arachnoidea mater**. Sie sind über radial verlaufende Bindegewebsbrücken, *Trabeculae arachnoideae*, miteinander verbunden. Zwischen den beiden Blättern befindet sich der mit Liquor cerebrospinalis gefüllte **äußere Liquorraum**, der auch als **Subarachnoidalraum**, *Spatium subarachnoideum*, bezeichnet wird. Namensgebend für die Pia mater ist ihre Eigenschaft, den Sulci bis in die Tiefe getreulich zu folgen (lat. pius: treu), für die Arachnoidea mater das spinnenwebartige Aussehen der *Trabeculae arachnoideae* (gr. αράχγη für Spinne). Die flachen, verzweigten Bindegewebezellen der Pia und Arachnoidea mater liegen in mehreren Schichten übereinander und umgeben auch die meningealen Blutgefäße. Dazwischen kommen verschieden Leukozyten wie Makrophagen, Mastzellen und T-Zellen vor.

Perivaskuläre (Virchow-Robinsche) Räume

Blutgefäße, die von der Oberfläche ins Gehirn eintreten, nehmen dabei eine Schicht pialer Zellen mit in die Tiefe. Zwischen der Basalmembran, der *Lamina limitans gliae perivascularis*, und der Basalmembran um die Perizyten der Gefäße entsteht so ein teilweise mit Liquor gefüllter Raum, der **Virchow-Robin-Raum.** Dort liegen zahlreiche Makrophagen, die an der Antigenpräsentation bei Entzündungen im Gehirn beteiligt sind. In der Tiefe des Gehirns verschmelzen die beiden Basalmembranen der Gefäße und der Glia limitans, so dass hier normalerweise keine Virchow-Robin-Räume mehr auftreten.

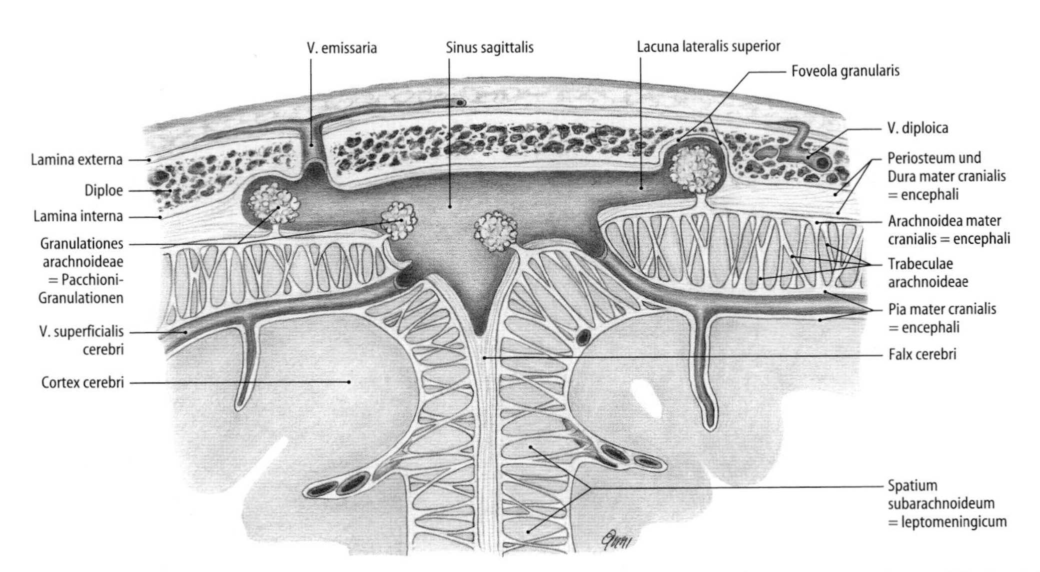

Abb. 17.35. Schema zur Gliederung der Meningen. Die Blutgefäße, die zunächst im subarachnoidalen Raum verlaufen, dringen in das Nervengewebe ein, wobei sie eine Schicht pialer Zellen mitnehmen. Nicht eingezeichnet ist die dünne Schicht des Neurothels, das den subduralen Raum zwischen Dura mater cerebri und Arachnoidea mater cerebri ausfüllt. Er wird durchquert von den Venae cerebri superiores, Brückenvenen, die von der Oberfläche in den Sinus sagittalis superior drainieren [5]

17.23 Klinische Hinweise

Erweiterung der perivaskulären Räume in der Kernspintomographie kann ein Hinweis auf eine Hirnatropie z. B. bei der Alzheimer-Erkrankung sein.

Bei Entzündungen im Gehirn, z.B. multipler Sklerose, treten perivaskuläre Infiltrate auf.

Neurothel

Zwischen Arachnoidea mater und der Dura mater liegt der **subdurale Raum**, der normalerweise vom **Neurothel** ausgefüllt wird. Es besteht aus mehreren Schichten flacher Zellen, die nicht fest miteinander verbunden sind und zwischen denen sich eine gallertartige Interzellularsubstanz ausbreitet. Deshalb lässt sich dass Neurothel leicht von der darunterliegenden Arachnoidea mater trennen, was den Blick in Subduralraum und auf den äußeren Liquorraum erlaubt (Abb. 17.36).

Cisternae subarachnoideae

Während die Pia mater bis in die Tiefe der Sulci hinein der Lamina limitans gliae superficialis als abschließender Schicht des Gehirnparenchyms folgt und damit das Relief der Gehirnoberfläche nachzeichnet, zeichnet die Arachnoidea mater durch ihre Verbindung über das Neurothel mit der Dura das Innenrelief der Schädelkapsel nach. Krümmungen der Gehirnoberfläche folgt die Arachnoidea mater deshalb in großem Bogen, so dass weite Räume zwischen ihr und der Pia mater entstehen, die als Zisternen bezeichnet werden.

Unterschieden werden paarige laterale und unpaare mediane Zisternen der Hirnbasis sowie dorsale Zisternen. Alle Zisternen sind durch Septen unvollständig voneinander getrennt.

Die wichtigsten basalen Zisternen sind:

- Die paarige *Cisterna cerebellomedullaris* zwischen Kleinhirnunterseite und Dorsalseite der Medulla oblongata über dem Foramen magnum. Hier mündet die Apertura mediana ventriculi quarti. Aus ihr kann durch eine Subokzipitalpunktion durch das Formanen magnum Liquor gewonnen werden.
- Nach kranial folgt die paarige *Cisterna pontocerebellaris,* in die am Unterrand der Brücke im Bereich des Kleinhirnbrückenwinkels die beiden Aperturae laterales ventriculi quarti münden.
- Die unpaare *Cisterna interpeduncularis,* die vor die Fossa interpeduncularis bis ans Dorsum sellae reicht.
- Nach dorsal folgt die paarige *Cisterna ambiens* bis zur Vierhügelplatte.
- Nach ventral schließt sich der *Cisterna interpeduncularis* die unpaare *Cisterna chiasmatis* an, die das Chiasma opticum umschließt. Eine Ausstülpung der Arachnoidea mater begleitet hier den Nervus opticus in die Orbita.
- Lateral am Temporallappen liegt die *Cisterna fossae lateralis cerebri* (Inselzisterne), die zwischen Insel und den die Inselrinde bedeckenden Abschnitten des Frontal-, Parietal und Temporallappens liegt.

Wichtige dorsale Zisternen sind:

- *Cisterna corporis callosi,* die über dem Balken beidseits der Falx cerebri verläuft.
- Nach kaudal folgt die *Cisterna venae magnae cerebri* (Galeni-Zisterne), die über die Vierhügelplatte und das Corpus pineale bis zum Velum medullare superius reicht (Abb. 17.34).

Arachnoidealzotten (Granulationes arachnoideae)

Liquorgefüllte Aussackungen der Arachnoidea mater ragen durch die Dura hindurch als **Arachnoidalzotten,** *Granulationes arachnoideae* oder **Pacchioni-Granulationen** (Abb. 17.36), in den blutgefüllten Sinus sagittalis superior hinein. Lateral des Sinus sagittalis können sie auch die in den Schädelknochen liegenden **Diploe-Venen** erreichen. Sie spielen eine wichtige Rolle bei der Resorption des Liquor cerebrospinalis.

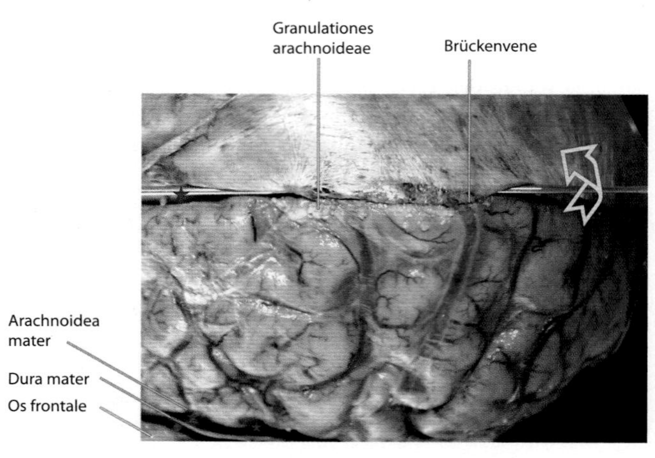

Abb. 17.36. Sicht von oben auf den von der Arachnoidea mater umspannten äußeren Liquorraum (Subarachnoidalraum). Die Dura mater wurde zurückgeklappt (Pfeil). Zwischen Arachnoidea mater und Falx cerebri erkennt man den subduralen Raum (Sonde und Stern), der physiologischerweise von den lockeren Zellschichten des Neurothels ausgefüllt wird, die sich aber unschwer von der Dura einerseits und der Arachnoidea andererseits ablösen lassen. Durch den Subduralraum ziehen die Brückenvenen zu den Sinus. Der Sinus sagittalis superior wird auch von den Granulationes arachnoideae erreicht. Unten links wird die Schichtung der Hirnhäute und der dazwischen liegenden Räume ebenfalls deutlich. Zwischen Arachnoidea und Dura mater liegt der Subduralraum (Sterne). Zwischen Dura und Knochen sieht man Epiduralraum (Punkt). Da die Dura insbesondere an der Schädelbasis mit dem Periost der Schädelknochen verwachsen sein kann, ist der Epiduralraum physiologisch nicht darstellbar [2]

17.24 Verkleben von Arachnoidalzotten

Verklebung der Arachnoidalzotten nach Hirnhautentzündungen können durch Störung der Liquorresorption zum Hydrozephalus aresorptivus führen.

Harte Hirnhaut (Dura mater oder Pachymeninx)

Dem Neurothel liegt das straffe kollagene Bindegewebe der *Dura mater* (lat. durus: hart) unmittelbar auf. Sie erscheint als eine derbe, reißfeste, glänzende Haut, welche die Schädelkapsel auskleidet. Die Dura ist stellenweise fest mit dem Periost der Schädelknochen verwachsen. Sie bildet große **Duplikaturen** aus, die ins innere der Schädelkapsel reichen und in denen venöse Blutleiter, die *Sinus durae matris,* verlaufen. An der Schädelbasis überzieht sie Teile der Hirnnerven und deren Ganglien.

Drei Duplikaturen, in denen große venöse Blutleiter verlaufen, fixieren das Gehirn:

- Die *Falx cerebri* liegt in der Mediansagittalebene und trennt die Großhirnhemisphären bis fast hinunter zum Balken. Sie ist rostral an der *Crista galli*, dorsal an den Rändern der *Sutura sagittalis* und der *Protuberantia occipitalis interna* befestigt. In der oberen Kante der Falx verläuft der *Sinus sagittalis superior*, am unteren Rand der *Sinus sagittalis inferior*. Dorsal spannt die Falx das First des *Tentorium cerebelli*. Es liegt in der Fissura transversa, trennt also den Okzipitallappen des Großhirns vom darunterliegenden Kleinhirn. Das Tentorium cerebelli ist jeweils lateral an der Felsenbeinoberkante und rostral an den *Processus clinoidei anteriores* befestigt. Zwischen den beiden Ansätzen und dem

Giebel bleibt eine große Lücke zum Durchtritt des Hirnstammes, die *Incisura tentorii*. Darüber liegt der **supratentorielle,** darunter der **infratentorielle Raum.**

- Im First verläuft der *Sinus rectus,* der Blut aus der *Vena cerebri magna* (Galeni), erhält. Er endet über der *Protuberantia occipitalis interna* im *Confluens sinuum,* wo auch der in der lateralen Anheftung des Tentorium liegende Sinus transversus mündet.
- Die *Falx cerebelli* ist eine inkonstante kleine Duraplatte kaudal des Tentorium cerebelli, zwischen den Kleinhirnhemisphären. In Ihrer dorsalen Anheftung liegt der *Sinus occipitalis.*

In ◘ Abb. 17.37 sind die Sinus schematisch dargestellt.

Auf der Vorderseite der Felsenbeinpyramide bildet die Dura 2 abgeflachte Taschen aus, die die austretenden Fasern des N. trigeminus begleiten, das *Cavum trigeminale (Meckeli),* das das *Ganglion trigeminale (Gasseri)* umkleidet. Eine horizontale Duraplatte bedeckt als *Diaphragma sellae* die Fossa hypophysialis des **Türkensattels** und wird vom **Hypophysenstiel** *(Infundibulum)* durchbohrt. Lateral vom Türkensattel bildet die Dura beidseits die *Sinus cavernosi* aus. Durch den Sinus cavernosus werden die Pulsationen der A. carotis interna in ihrem Verlauf durch den Sulcus caroticus wie durch ein Polster aufgefangen. Die durale Wand des Sinus cavernosus sowie der Sinus cavernosus selbst beinhalten Hirnnerven.

17.25 Klinischer Hinweis zum Verlauf der Hirnnerven

Die Kenntnis der topographischen Verläufe der Hirnnerven III, IV, V1 und V2 (N. ophtalmicus und N. maxillaris) in der Dura sowie des Hirnnervs VI frei im Sinus ist wichtig, um neurologische Komplikationen bei Läsionen in diesem Bereich (z.B. Sinus-cavernosus-Thrombose) verstehen zu können.

Folgende **Arterien** verlaufen in der Dura mater:

- kleine *A. meningea anterior* aus der *A. ethmoidalis anterior*
- *A. meningea media* aus der *A. maxillaris*
- kleine *A. meningea posterior* aus der *A. pharyngea ascendens*

Diese Gefäße hinterlassen im Schädelknochen die *Sulci arteriosi.* Der **venöse Abfluss** erfolgt über die *Vv. diploicae* (die in der Diploe zwischen Lamina interna und externa der Schädelknochen verlaufen)

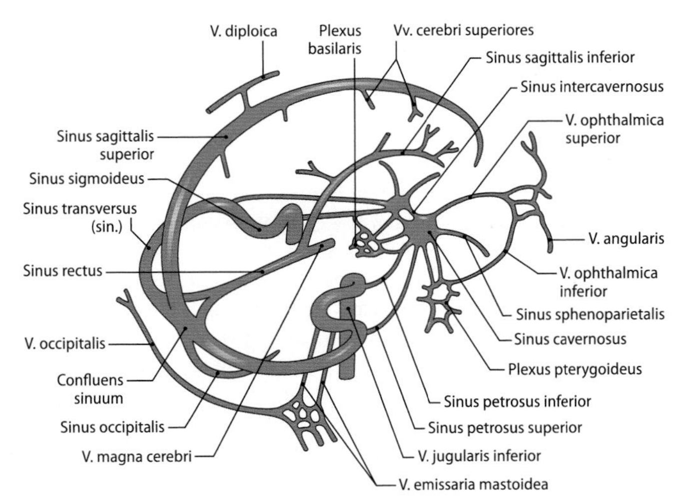

◘ **Abb. 17.37.** Schema der venösen Abflüsse aus dem Schädelinnenraum. Blick von posterolateral rechts auf das Venensystem. Der Plexus pterygoideus und die Vv. emissariae mastoideae sind nur rechts dargestellt. Von der Großhirnoberfläche fließt das Blut im Wesentlichen über die Vv. cerebri superiores (Brückenvenen) in den Sinus sagittalis superior, aus der Tiefe des Gehirns führt der Abfluss über die V. cerebri magna (Galeni) zum Sinus rectus [1]

und die **Emissarien** (die alle 3 Schichten des Schädelknochens durchbrechen, also Venen der Kopfschwarte mit Venen des Gehirns verbinden).

17.26 Blutungen zwischen den Hirnhäuten

In allen Räumen zwischen den Hirnhäuten können Blutungen auftreten:

- **Subarachnoidalblutung:** Häufig durch angeborene Gefäßaussackungen (Aneurysmen) im Circulus arteriosus kombiniert mit Bluthochdruck verursacht. Dabei kommt es durch die Reizung (Druck) der Leptomeningen zu apoplektiform auftretenden Vernichtungsschmerzen.
- **Subduralblutung:** Nach Abriss der Brückenvenen, die den Subduralraum durchqueren, kommt es zu chronischen Sickerblutungen ins Neurothel. Bei alten Menschen kann dies spontan geschehen, bei Kindern sind Subduralblutungen oft Folge von Misshandlungen. Bei Erwachsenen sind die Symptome oft wenig charakteristisch (Depression, Verlangsamung, chronische Kopfschmerzen). Bei Kindern kann die Blutung duch akute Raumforderung tödlich enden.
- **Epidurale Blutung**: Durch mechanische Einwirkung wie Schläge auf den Schädel kann es zur Ruptur der A. meningea media kommen. Da sich die Dura zunächst vom Knochen ablösen muss, besteht zunächst ein beschwerdefreies Intervall. Es droht dann die Einklemmungen von Hirnarealen unter die Falx cerebri oder das Tentorium cerebelli.

Die **nervale Versorgung** der Hirnhäute ist komplex. Sympathische Fasern aus den Halsganglien gelangen mit den Blutgefäßen in die Meningen.

Die Hirnhäute sind stark sensibel und vegetativ innerviert.

Die sensible und parasympathische Innervation stammt aus den *Rr. meningei* des *N. ophtalmicus, N. maxillaris, N. mandibularis, N. glossopharyngeus* und *N. vagus*.

Vereinfacht gilt:

- vordere Schädelgrube: R. meningeus aus dem N. ethmoidealis anterior (N. V1)
- mittlere Schädelgrube: Rr. meningei aus Nn. V1 und V2
- hintere Schädelgrube: Rr. meningei aus Nn. IX und X

17.27 Hirnhautreizungen

Meningeale Reizungen führen zu heftigen, durch Bewegung verstärkten Schmerzen. Reizung vegetativer Fasern der Hirnhäute kann zu Gefäßerweiterung und migräneartigen **Kopfschmerzen** führen.

Rückenmarkshäute

Auch das Rückenmark ist von 3 Häuten, der Dura, der Arachnoidea und der Pia mater spinalis, umgeben, die kontinuierliche Verlängerungen der Hirnhäute darstellen (◘ Abb. 17.38). Die Dura mater teilt sich am Foramen magnum in 2 Blätter, von denen das dünnere äußere das Endost des Wirbelkanales bildet, während das dickere innere Blatt als Sack den äußeren Liquorraum und das Rückenmark umgibt. Zwischen den beiden Blättern der Dura liegt der mit Fettgewebe und vielen großen Venen *(Vv. vertebrales interni)* gefüllte **Epiduralraum,** der in der Klinik auch als **Periduralraum** bezeichnet wird. Aufgrund seiner Lage zwischen zwei Durablättern müsste er strenggenommen **Interduralraum** heißen. Zwischen Arachnoidea und Pia mater spinalis befindet sich der **Subarachnoidalraum.**

Die große subarachnoidale *Cisterna lumbalis* entsteht zwischen dem Ende des Rückenmarkes, also kaudal des *Conus medullaris* auf der Höhe der Wirbelsegmente L1–2 und dem Ende des Durasackes auf der Höhe der Os sacrum (S2–3). Dort verjüngt sich der Durasack zum *Filum terminale (externum),* das am kaudalen Ende des Wirbel-

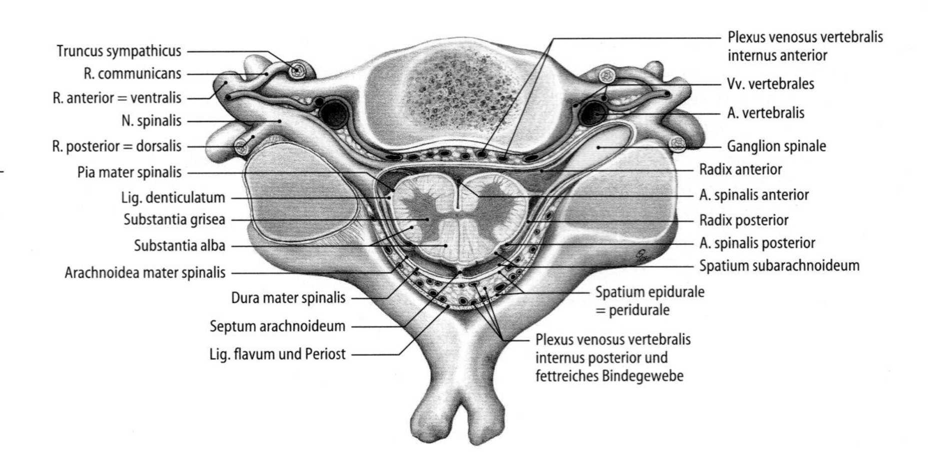

Abb. 17.38. Schema der Rückenmarkhäute. Das mit Liqour cerebrospinalis ausgefüllte Spatium subarachnoideum dehnt sich bis in die Foramina intervertebralia aus. Das Spinalganglion liegt im Liquorraum. Der Epiduralraum enthält reichlich Fett- und Bindegewebe sowie die Plexus venosi vertebrales interni, wodurch das Rückenmark geschützt wird [5]

kanals befestigt ist. Vom Durasack gehen segmental sackförmige Ausstülpungen, *Recessus durae matris spinalis,* bis in die Foramina intervertebralia ab. Sie umhüllen die **vordere** und die **hintere Wurzel** sowie das **Spinalganglion** und gehen in die bindegewebigen Nervenscheiden, *Perineurium,* über. Diese **Durataschen** verankern den Durasack in der Frontalebene. Zusätzlich erfolgt eine Befestigung durch **epidurales Bindegewebe,** das Durasack und Periost des Wirbelkanals verbindet. Das Rückenmark ist durch die in der Mitte zwischen Vorder- und Hinterwurzel liegenden, von der Pia gebildeten *Ligg. denticulata* freischwebend aufgehängt.

Die **sensible Innervation** der Dura und des Periostes erfolgt über die *Rr. meningei* der Spinalnerven, die rückläufig durch die Foramina intervertebralia ziehen. Sie teilen sich in einen auf- und einen absteigenden Ast, die sich mit benachbarten Ästen zu einem Geflecht verbinden.

17.28 Meningismus

Durch die Befestigung des Durasacks am Foramen magnum und am Steißbein kommt es bei Kopfbeugung oder Beugung der Beine zum Zug auf die Wurzeln und die Rückenmarkshäute. Bei Entzündungen der Meningen verursachen solche Bewegungen starke Schmerzen. Der Patient vermeidet daher jede Bewegung, er liegt »stocksteif« **(Meningismus)**. Dieser typische Bewegungsschmerz wird diagnostisch genutzt (Anheben des Beines:Lasègue-Zeichen; Anheben des Kopfes:Brudzinski-Zeichen).

17.29 Liquorpunktion und Spinalanäshesie

Der Subarachnoidalraum kann zu diagnostischen Zwecken mit einer Nadel punktiert werden. Um das Rückenmark zu schonen, wählt man den Zugang kaudal des Conus medullaris mit einem Sicherheitsabstand entweder zwischen L3/L4 oder zwischen L4/L5. Ähnlich geht man bei der **Spinalanäshesie** vor, bei der Anästhetika in den Liquorraum um das Rückenmark injiziert werden. Um ein Aufsteigen der Anästhetika nach kranial zu den lebenswichtigen Zentren des Hirnstammes zu verhindern, müssen die Patienten besonders gelagert und Pharmaka mit hohem spezifischen Gewicht verwendet werden. Bei der **Periduralanästhesie (PDA)** oder Epiduralanästhesie wird das Betäubungsmittel in das peridurale Fettgewebe injiziert.

In Kürze

Zwischen der knöchernen Schädelkapsel und der Gehirnoberfläche liegen die weichen Hirnhäute, Pia mater und Arachnoidea mater, mit dem von ihnen eingeschlossenen Subarachnoidalraum. Er ist von Liquor ausgefüllt, der vom Plexus choroideus gebildet und von der Extrazellularflüssigkeit des Neuropils ergänzt wird. Die Arachnoidea folgt der Dura und diese dem Periost der Schädelkapsel, so dass Zisternen entstehen, wo Gehirnoberfläche und knöcherne Begrenzung im großen Bogen voneinander abweichen. Zwischen Arachnoidea und Dura liegt der subdurale Raum, der erst bei subduralen Blutungen aus Brückenvenen klar hervortritt. Das gilt auch für den epiduralen Raum zwischen Dura und Periost. Kaudal des Foramen magnum ergibt sich durch die Aufteilung der Dura in ein periostales, dem knöchernen Spinalkanal folgendes, und ein den Durasack bildendes Blatt ein von Fett und großen Venen ausgefülltes, interdurales Kompartment, das klinisch als Epi- oder Periduralraum bezeichnet wird. Die Topographie dieser Räume ist für das Verständnis von Blutungen und therapeutischen Interventionen von enormer klinischer Bedeutung.

17.5 Hirn- und Spinalnerven

K. Zilles

Einführung

Die 12 Hirn- und 31 Spinalnerven jeder Seite entspringen mit ihren motorischen Anteilen im ZNS oder enden dort mit ihren sensorischen Anteilen. Sie dienen als periphere Leitungsbahnen der Aufnahme von Signalen aus allen Bereichen des Körpers (afferente Bahnen) und der Übertragung von Signalen an alle Organe (efferente Bahnen).

Zu den afferenten Bahnen gehören:

- allgemein-somatosensorische Afferenzen aus der Haut und dem Bewegungsapparat
- speziell-somatosensorische Afferenzen aus der Retina und dem Innenohr
- allgemein-viszerosensorische Afferenzen aus den inneren Organen
- speziell-viszerosensorische Afferenzen aus den Geruchs- und Geschmacksrezeptoren.

▼

17

Zu den efferenten Bahnen gehören:
- somatomotorische Efferenzen zur Skelettmuskulatur
- allgemein-viszeromotorische Efferenzen zum Grenzstrang (sympathisches Nervensystem) und zu den parasympathischen Ganglien (parasympatisches Nervensystem)
- speziell-viszeromotorische Efferenzen zur Gesichts-, Kau-, Schlund- und Kehlkopfmuskulatur.

Die efferenten Anteile der Hirnnerven haben ihren Ursprung im Rhombencephalon, die afferenten Anteile erreichen das Tel-, Di- oder Rhombencephalon. Sie innervieren den Kopf- und Halsbereich. Hirnnerven können rein sensorisch, rein motorisch oder gemischt sensomotorisch sein. Die Spinalnerven haben ihr erstes Neuron im Vorderhorn des Rückenmarks (Efferenzen), bzw. im Spinalganglion (Afferenzen). Sie innervieren Hals (mit Hirnnerven teilweise überlappende Innervationsgebiete), Rumpf und Extremitäten.

17.5.1 Hirnnerven

Die 12 Hirnnerven haben ihre Ein- und Austrittsstellen im Gehirn. Sie leiten sensorische Informationen aus dem Kopf- und Halsbereich zum Gehirn und innervieren quergestreifte und glatte Muskulatur sowie Drüsen (Tab. 17.8). Nur der N. vagus hat ein Innervationsgebiet, das außer der Kopf-Hals-Region alle inneren Organe bis hin zur Flexura coli sinistra umfasst. Die Hirnnerven unterscheiden sich in ihrem Aufbau grundsätzlich von den Spinalnerven. Die Hirnnerven I und II haben ihren Ursprung bzw. ihre Endigung im Telencephalon (I) bzw. Diencephalon (II), während alle anderen Hirnnerven aus dem Mesencephalon bzw. Rhombencephalon entspringen oder dort enden. Eine Reihe von Hirnnerven (V, VII, IX, X und XI) innervieren Muskulatur, die sich aus Material der Viszeralbögen ableitet. Diese Nerven werden auch als **Branchialnerven** bezeichnet. Die Hirnnerven III, IV und VI dienen ausschließlich der Innervation der äußeren und inneren Augenmuskeln.

N. olfactorius (N. I)

Der *N. olfactorius* besteht aus den *Fila olfactoria*, den zentralen Fortsätzen der **primären Sinneszellen** in der Schleimhaut der *Regio olfactoria* in der oberen Nasenmuschel. Die Fila olfactoria ziehen durch die Lamina cribrosa des Os ethmoidale zum *Bulbus olfactorius*. Weiteres siehe ► Kap. 17.14.

17.30 Schädigung des N. olfactorius

Bei einer Schädelbasisverletzung kann es zu einer Läsion der Fila olfactoria kommen. Die Patienten können nicht mehr riechen, **Anosmie**, oder leiden unter einer Minderung der Geruchsempfindung, **Hyposmie.** Wichtig für die Differenzialdiagnostik einer Läsion des N. olfactorius (I) ist die Unterscheidung zwischen den Signalen, die durch aromatische Gerüche hervorgerufen und vom N. olfactorius zum Gehirn geleitet werden, und Signalen, die durch schleimhautreizende Chemikalien (z.B. Ammoniak) ausgelöst und über den N. trigeminus (V) zum Gehirn geleitet werden. Nur bei einem selektiven Ausfall oder einer Minderung der Empfindung für aromatische Gerüche kann daher von einer selektiven Läsion des N. olfactorius ausgegangen werden.

N. opticus (N. II)

Der N. II besteht aus den Axonen der Ganglienzellen der Retina. Die Axone vereinigen sich in der *Papilla n. optici*, **blinder Fleck** oder *Discus n. optici*, zum N. II. Den N. II begleiten außerdem sympathische Nervenfasern, die zu den Mm. orbitales, tarsales superior et inferior und dilatator pupillae ziehen. Der N. opticus zieht zusammen mit der A. ophthalmica durch den *Canalis opticus* und gelangt in das Schädelinnere. Dort kreuzen vor der Sella turcica die meisten Fasern auf die Gegenseite und bilden das *Chiasma opticum*. Als zentrale Fortsetzung entsteht danach der *Tractus opticus*, der an der Basis des Diencephalons das Corpus geniculatum laterale sowie im Mesencephalon den Colliculus superior erreicht. Näheres zum N. opticus und dem visuellen System siehe ► Kap. 17.7.

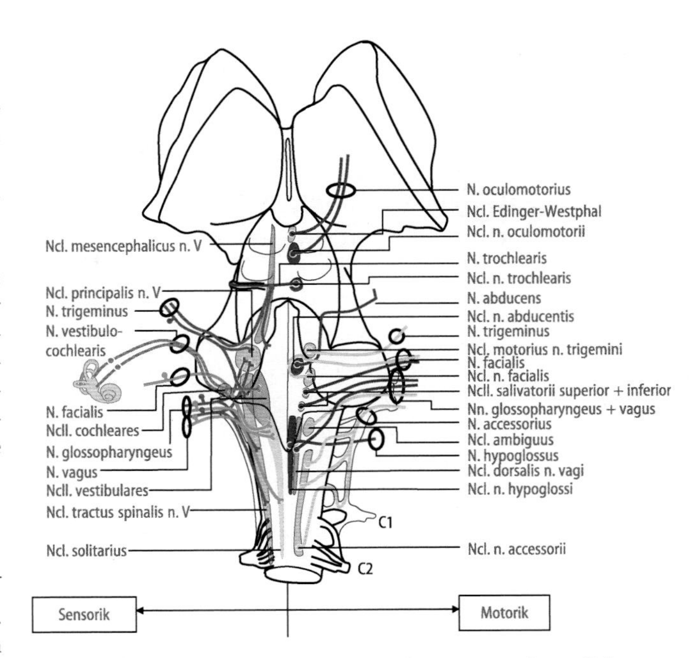

Abb. 17.39. Hirnnerven und ihre motorischen Ursprungskerne (linke Hälfte der Abbildung) sowie ihre sensorischen Kerngebiete (rechte Hälfte der Abbildung)

N. oculomotorius (N. III)

Die somatomotorischen Neurone des N. III liegen im *Ncl. n. oculomotorii*, die präganglionären parasympathischen Neurone im *Ncl. accessorius n. oculomotorii Edinger-Westphal* (Abb. 17.39 und 17.40). Die Axone des N. III treten in der *Fossa interpeduncularis* aus dem Mesenzephalon aus, ziehen zwischen A. cerebri posterior und A. superior cerebelli hindurch, liegen dann lateral der A. communicans posterior und gelangen durch die Dura mater hindurch in den *Sinus cavernosus*. Sie verlassen im medialen Bereich den Sinus und treten durch die *Fissura orbitalis superior* in die Orbita ein. Dort bilden sie einen *R. superior* zu den *Mm. rectus superior* und *levator palpebrae superioris*, und einen *R. inferior* zu den *Mm. recti medialis* und *inferior* sowie zum *M. obliquus inferior*.

Die parasympathischen präganglionären Neurone des Ncl. Edinger-Westphal begleiten die somatomotorischen Axone über den gesamten Verlauf des N. III bis zum *Ganglion ciliare*, das lateral vom N. opticus in der Orbita liegt. Dort werden sie auf die postganglionären parasympathischen Neurone umgeschaltet, die als *Nn. ciliares breves* durch die Sklera hindurch in das Augeninnere gelangen und dort aus glatter Muskulatur bestehende innere Augenmuskeln, *Mm. ciliaris* und *sphincter pupillae*, innervieren. Der M. ciliaris wirkt bei der **Akkomodation** mit, der M. sphincter pupillae löst eine Verengung der Pupille, **Miosis**, aus.

Dem Ganglion ciliare und den Nn. ciliares breves lagern sich postganglionäre sympathische Fasern aus dem Grenzstrang, *Nn. cilares longi*, und sensorische Fasern aus dem *N. nasociliaris* an, ohne jedoch im Ganglion umgeschaltet zu werden. Die sympathischen Fasern erreichen den *M. dilatator pupillae* (Pupillenerweiterung: **Mydriasis**).

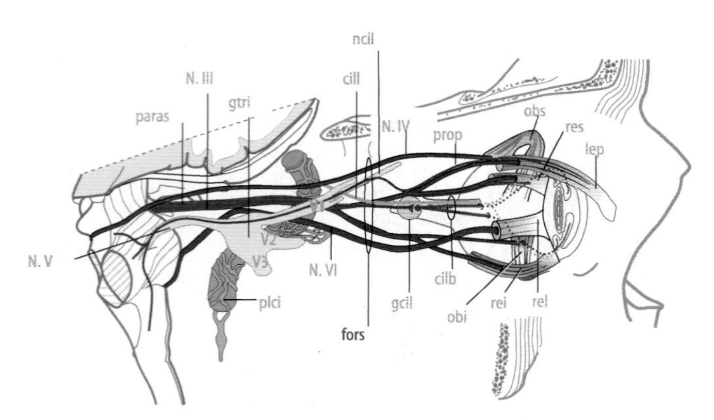

■ **Abb. 17.40.** Die Augenmuskelnerven und ihre Aufzweigungen
cilb = Nn. ciliares breves; cill = Nn. ciliares longi; fors = Fissura orbitalis superior; gcil = Ganglion ciliare; gtri = Ganglion trigeminale; lep = M. levator palpebrae superioris; ncil = N. nasociliaris; N. III = N. oculomotorius; N. IV = N. trochlearis; N. V = N. trigeminus; N. VI = N. abducens; obi = M. obliquus inferior; obs = M. obliquus superior; paras = präganglionärer parasympathischer Teil des N. oculomotorius; plci = Plexus caroticus internus; prop = propriozeptive Afferenzen aus der äußeren Augenmuskulatur; rei = M. rectus inferior; rel = M. rectus lateralis; res = M. rectus superior; V1 = N. ophthalmicus; V2 = N. maxillaris; V3 = N. mandibularis

Die sensorischen Fasern des N. nasociliaris ziehen zur Conjunctiva, Cornea, Iris und zum Corpus ciliare. Näheres siehe ► Kap. 17.7.

N. trochlearis (N. IV)

Die somatomotorischen Neurone des *N. trochlearis* (N. IV) liegen im *Ncl. n. trochlearis* (■ Abb. 17.39 und 17.40). Als einziger Hirnnerv verlässt der N. IV den Hirnstamm auf der Dorsalseite zwischen dem Colliculus inferior und dem Velum medullare anterius. Er verläuft dann intradural am Hirnstamm nach vorn, tritt in Höhe des Tentoriums in die Dura ein, passiert den Sinus cavernosus und tritt durch die *Fissura orbitalis superior* in die Orbita ein. Dort legt sich ihm der R. superior des N. oculomotorius an, der die Mm. levator palpebrae superioris und rectus bulbi superior innerviert. Der N. trochlearis innerviert dagegen den *M. obliquus superior* des Auges.

17.31 Läsion des N. trochlearis

Eine Läsion des N. trochlearis (N. IV) führt zu einem Einwärts- und Aufwärtsschielen. Der Patient berichtet über Doppelbilder wegen der unterschiedlichen Stellung des rechten und linken Auges. Da die Blickwendung nach unten und auswärts bei einer Trochlearisläsion nicht mehr möglich ist, kommt es auch zu Unsicherheiten beim Treppengehen.

N. trigeminus (N. V)

Der *N. trigeminus* ist der Nerv des **ersten Viszeralbogens (Mandibularbogen)**. Seine Kerngebiete sind die sensorischen *Ncll. principalis (pontinus) n. V, mesencephalicus n. V* und *spinalis n. V*, die die *Radix sensoria* bilden, sowie der motorische *Ncl. motorius n. V* (■ Abb. 17.39 und 17.40 sowie ► Kap. 17.3, ■ Abb. 17.28 und 17.30), der die *Radix motoria* bildet. Der N. trigeminus tritt aus dem Hirnstamm auf Höhe des Pons aus, vorher durchstößt er intrazerebral die mächtigen Faserbündel des Pedunculus cerebellaris medius. Durch eine Öffnung in der Dura tritt er zusammen mit dem ihn umgebenden Subarachnoidalraum in das *Cavum Meckeli (= Cavum epiptericum Gaupp)* ein. Die Durchtrittsöffnung ist bindegewebig verstärkt (»*Trigeminusbrücke*«) und kann auch verknöchern. Seine afferenten Fasern, die in den sensorischen Kerngebieten (s.o.) enden, kommen aus den pseudounipolaren Perikarya des *Ganglion trigeminale Gasseri (= Ganglion semilunare*, wegen des halbmondförmigen Aussehens). Es liegt im

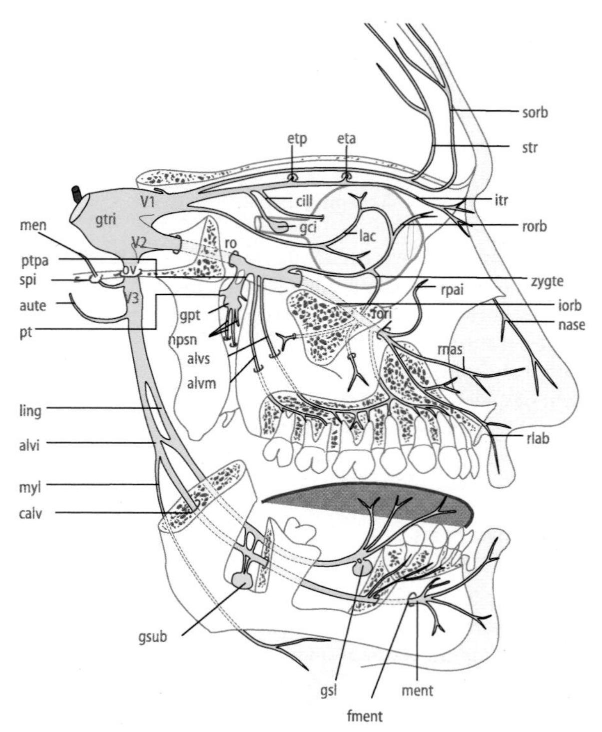

■ **Abb. 17.41.** N. trigeminus und seine Aufzweigungen
alvi = N. alveolaris inferior; alvm = R. alveolaris medius; alvs = R. alveolaris superior; aute = N. auriculotemporalis; calv = Canalis alveolaris; cill = Nn. ciliares longi; eta = N. ethmoidalis anterior; etp = N. ethmoidalis posterior; fment = Foramen mentale; fori = Fissura orbitalis inferior; gcil = Ganglion ciliare; gptr = Ganglion pterygopalatinum; gsl = Ganglion sublinguale; gsub = Ganglion submandibulare; gtri = Ganglion trigeminale; iorb = N. infraorbitalis; itr = N. infratrochlearis; lac = N. lacrimalis; ling = N. lingualis; men = R. meningeus; ment = N. mentalis; myl = N. mylohyoideus; nase = R. nasalis externus; npsn = Nn. nasopalatinus und nasalis superior ; ov = Foramen ovale; pt = N. pterygoideus; ptpa = N. pterygopalatinus; rnas = R. nasalis; ro = Foramen rotundum; rorb = R. orbitalis; rpai = R. palpebralis inferior; rlab = R. labialis; sorb = N. supraorbitalis; spi = Foramen spinosum; str = N. supratrochlearis; V1 = N. ophthalmicus; V2 = N. maxillaris; V3 = N. mandibularis; zygte = N. zygomaticotemporalis

Cavum Meckeli, das zwischen der Dura und dem Periost der Impressio trigemini der Pars petrosa ossis temporalis gefunden wird. Die Radix motoria zieht am *Ganglion trigeminale* vorbei und vereinigt sich mit dem dritten Ast des N. trigeminus, dem *N. mandibularis*.

Jenseits des Ganglions teilt sich der Nerv in 3 (»**tri**geminus«) Äste auf:

- sensorischer *N. ophthalmicus* (V1)
- sensorischer *N. maxillaris* (V2)
- motorischer und sensorischer *N. mandibularis* (V3).

Der **N. ophthalmicus** zieht in der seitlichen Wand des *Sinus cavernosus*, wo er einen *R. tentorii* zum Tentorium cerebelli abgibt, zur *Fissura orbitalis superior*. Vor dem Durchtritt durch die Fissur teilt er sich in die *Nn. lacrimalis, frontalis* und *nasociliaris* auf, die insgesamt die Gesichtsregion oberhalb der Lidspalten sensorisch versorgen.

- Der *N. lacrimalis* zieht vom lateralen Orbitarand durch die Tränendrüse zur Haut und Conjunctiva des Oberlids und zum lateralen Augenwinkel. In der Orbita bildet er eine Brücke mit dem N. zygomaticus, der parasympathische Fasern für die Gl. lacrimalis an den N. lacrimalis abgibt.

Tab. 17.8. Hirnnerven mit Zielorganen und Funktionen

Hirnnerv	Ziel oder Ursprung	Funktion
N. olfactorius (N. I)	Bulbus olfactorius	Riechen
N. opticus (N. II)	Corpus geniculatum laterale Colliculus superior	Sehen
N. oculomotorius (N. III)	Mm. rectus superior, rectus inferior, rectus medialis, obliquus inferior, levator palpebrae superioris	Augenbewegung
	M. sphincter pupillae	Pupillenmotorik
	M. ciliaris	Akkomodation
N. trochlearis (N. IV)	M. obliquus superior	Augenbewegung
N. trigeminus (N. V)	Haut im Gesichtsbereich, Kaumuskulatur, Nasenhöhle und -nebenhöhlen, Mundhöhle, Gingiva, Zähne, Conjunctiva, Cornea, Iris, Corpus ciliare, Dura und Leptomeninx	Sensorik
	Kaumuskulatur, Mm. tensor tympani, tensor veli palatini, pterygoidei medialis und lateralis, mylohyoideus, digastricus venter anterius	Motorik
N. abducens (N. VI)	M. rectus lateralis	Augenbewegung
N. facialis (N. VII)	mimische Muskulatur, Mm. stapedius, digastricus venter posterius, stylohyoideus, orbitalis	Motorik
	Ganglion pterygopalatinum → Tränendrüse	Sekretion
	Ganglion submandibulare → Gl. submandibularis und Gl. sublingualis, Drüsen in Gaumen, Pharynx, Tuba auditiva, Nasenschleimhaut	Sekretion
	Zunge (vordere zwei Drittel), Gaumen	Geschmack
N. vestibulocochlearis (N. VIII)	Ganglion vestibulare	Gleichgewicht
(N. statoacusticus)	Ganglion cochleare (spirale)	Hören
N. glossopharyngeus (N. IX)	(zusammen mit N. X) Pharynxmuskulatur, die aus **Schlundschnürern** (Mm. constrictores pharyngis superior, medius und inferior) und **Schlundhebern** (Mm. palatopharyngeus und stylopharyngeus) besteht	Motorik
	Ganglion oticum → Gl. parotis, Gll. linguales	Sekretion
	Zunge (hinteres Drittel), Pharynx	Geschmack
	Pharynx, weicher Gaumen, Tuba auditiva, Mittelohr, Gaumenbögen,Tonsillen, Zunge	Sensorik
	Afferenzen aus dem Sinus caroticus und dem Glomus caroticum	Blutdruck- und Atemregulation
N. vagus (N. X)	Kehlkopfmuskeln, Pharynx, Mm. palatoglossus, palatopharyngeus, levator veli palatini, Ösophagus, Herz, Bronchien, Magen, Darm bis zur Flexura coli sinistra, Leber, Gallenblase, Pankreas, Niere	Motorik
	Kehlkopf, Pharynx, Ösophagus, Herz, Bronchien, Magen, Darm bis zur Flexura coli sinistra, Leber, Gallenblase, Pankreas, Niere, Hirnhäute, äußerer Gehörgang	Sensorik
	Geschmacksknospen (Pharynx, Epiglottis)	Geschmack
N. accessorius (N. XI)	Mm. sternocleidomastoideus und trapezius	Motorik
N. hypoglossus (N. XII)	Binnenmuskulatur der Zunge, Mm. styloglossus, genioglossus und hyoglossus	Motorik

- Der *N. frontalis* verzweigt sich in die *Nn. supraorbitalis* und *supratrochlearis*.
  - Der *N. supraorbitalis* zieht mit seinem R. lateralis durch die Incisura supraorbitalis zur Conjuctiva des Auges, zur Schleimhaut des Sinus frontalis und zur Kopfhaut in der Stirnregion. Sein R. medialis verlässt das Schädelinnere über die Incisura frontalis und innerviert die Gesichtsregion über dem Auge.
  - Der *N. supratrochlearis* endet im inneren Augenwinkel, der Haut der Nasenwurzel und der angrenzenden Stirnhaut.
- Der *N. nasociliaris* verläuft durch den Anulus tendineus, überkreuzt den N. opticus nach medial und zweigt sich in die *Nn. ethmoidales anterior* und *posterior*, die durch die Foramina ethmoidalia anterius und posterius ziehen, den *N. infratrochlearis* und die *Nn. ciliares longi* auf.

- Der *N. ethmoidalis anterior* teilt sich in den R. nasalis externus und den R. nasalis internus, die durch die Lamina cribrosa zur Schleimhaut der Nasenhöhle und der vorderen Siebbeinzellen sowie zur Haut der Nase ziehen.
- Der *N. ethmoidalis posterior* erreicht die Schleimhaut der Keilbeinhöhle und der hinteren Siebbeinzellen.
- Der *N. infratrochlearis* zieht unter der Trochlea zum medialen Augenwinkel, zum Tränensack und zur Caruncula lacrimalis.
- Die *Nn. ciliares longi* enthalten neben den sensorischen Fasern postganglionäre sympathische Fasern, die vom *Plexus caroticus internus* kommend über eine Brücke zum N. ophthalmicus und N. nasociliaris gelangen. Die Nn. ciliares longi ziehen am Ganglion ciliare vorbei zusammen mit den Nn. ciliares breves zum Auge. Hier innervieren sie sensorisch die Cornea, Iris und das Corpus ciliare, sowie viszeromotorisch den M. dilatator pupillae.

Der **N. maxillaris** zieht durch den Sinus cavernosus und verlässt den Schädel durch das *Foramen rotundum*, nachdem er vorher einen *R. meningeus* abgegeben hat, der die Meningen in der mittleren und hinteren Schädelgrube sensorisch innerviert. Er teilt sich dann in die *Nn. pterygopalatini (Rr. ganglionares), zygomaticus* und *infraorbitalis* auf.

- Die *Nn. pterygopalatini* ziehen zum *Ganglion pterygopalatinum* und versorgen sensorisch über die *Nn. palatini* den Gaumen und durch Aufzweigungen, die durch den *Canalis pterygopalatinus* laufen, die Nasenhöhle, *Rr. nasales posteriores inferiores.*
- Der *N. zygomaticus* zweigt in der *Fossa pterygopalatina* ab und gelangt durch die *Fissura orbitalis inferior* zusammen mit dem N. infraorbitalis in die Orbita und zu den *Canales zygomatici.* Der N. zygomaticus verzweigt sich in den *N. zygomaticofacialis* und den *N. zygomaticotemporalis* auf, die durch die gleichnamigen Kanäle die Haut des Gesichts in der Umgebung des lateralen Augenwinkels und der Schläfenregion erreichen.
- Der *N. infraorbitalis* bildet mit den sensorischen *Rr. alveolares superiores posterior, medialis* und *anterior* den *Plexus dentalis superior.* Dieser versorgt sensorisch die Schleimhaut des Sinus maxillaris, die Zähne (auf die Schneidezähne der kontralateralen Seite übergreifend) und die Gingiva. Nach der Passage des N. infraorbitalis durch den *Canalis infraorbitalis* und das *Foramen infraorbitale* trennen sich die *Rr. palpebrales inferiores, nasales externi* und *interni* sowie *labiales superiores*, um die Haut der entsprechenden Gesichtsregionen zu innervieren.

Der **N. mandibularis** gelangt durch das *Foramen ovale* an die Schädelbasis. Nach dem Durchtritt zieht ein *R. meningeus* durch das *Foramen spinosum* zurück zu den Hirnhäuten der mittleren Schädelgrube. Die Aufzweigungen des N. mandibularis sind die *Nn. masticatorius, auriculotemporalis, lingualis* und *alveolaris inferior.* Das größere Kontingent der motorischen Fasern des N. trigeminus ist im N. masticatorius enthalten.

- Der gemischt motorische und sensorische *N. masticatorius* zweigt sich in die *Nn. massetericus, temporales profundi, pterygoidei medialis* und *lateralis* sowie *buccalis* auf. Die Nerven – außer dem N. buccalis – innervieren motorisch die gleichnamigen Muskeln, wobei der N. pterygoideus medialis auch die Mm. tensor veli palatini und tensor tympani innerviert. Er zieht dabei durch den *Canalis musculotubarius*, um ins Innere der Paukenhöhle zu gelangen. Propriozeptive Fasern aus den Muskelspindeln der quergestreiften Zielmuskeln des N. massetericus ziehen ohne synaptische Umschaltung zum Ncl. mesencephalicus n. V, wo die entsprechenden pseudounipolaren Neurone liegen. Der N. buccalis ist der einzige sensorische Ast des N. masticatorius und innerviert als Abzweigung aus dem N. massetericus die Haut und Schleimhaut der Wange sowie das Zahnfleisch um den ersten Molaren.
- Der *N. auriculotemporalis* zieht vom Foramen ovale nach hinten um die A. meningea media herum, durch die Parotis hindurch und innerviert sensorisch die Haut vor dem Ohr sowie Schläfenregion mit den *Rr. temporales superficiales* und den *Nn. auriculares anteriores.* Als *N. meatus acustici externi* erreichen Fasern den Meatus acusticus externus und das Trommelfell. Parasympathische Fasern aus dem Ganglion oticum schließen sich dem N. auriculotemporalis an und innervieren die Parotis.
- Der sensorische *N. lingualis* zieht in Richtung auf die Schlundenge und versorgt diese und die Tonsillen, *Rr. isthmi faucium,* sowie die Schleimhaut des Mundbodens, *R. sublingualis,* und die Zunge, *R. lingualis.* Der N. lingualis erhält aus der *Chorda tympani* präganglionäre parasympathische Fasern, die im *Ganglion submandibulare* enden. Außerdem erhält er aus den vorderen zwei Dritteln der Zunge Geschmacksfasern, die er an die Chorda tympani abgibt.
- Der gemischt motorische und sensorische *N. alveolaris inferior* zieht durch das Foramen mandibulare in den Canalis mandibularis, nachdem er vorher den motorischen *N. mylohyoideus* zum gleichnamigen Muskel und zum Venter anterius m. digastrici abgegeben hat. Er bildet im Canalis mandibularis den *Plexus dentalis inferior* zur Versorgung der Gingiva und Zähne des Unterkiefers. Über das Foramen mentale gelangt er wieder an die Oberfläche des Gesichts und spaltet sich hier in die *Rr. labiales mandibulae* und *Rr. mentales* auf.

17.32 Trigeminusdruckpunkte

Die 3 Austrittsstellen des N. trigeminus aus dem Schädel, *Incisura supraorbitalis, Foramen infraorbitale* und *Foramen mentale,* werden als **Trigeminusdruckpunkte** bezeichnet, da bei leichtem Druck auf diese Punkte bei Erkrankungen der Nasennebenhöhlen oder der Meningen eine starke Schmerzempfindung auftritt.

N. abducens (N. VI)

Die somatomotorischen Neurone des *N. abducens* liegen im *Ncl. n. abducentis* (Abb. 17.39 und 17.40). Der Nerv tritt unmittelbar kaudal des Pons aus und durchbohrt auf halber Höhe des *Clivus* die Dura mater. Es schließt sich ein sehr langer extraduraler, aber intrakranialer Verlauf über den Clivus durch den Sinus cavernosus bis in die *Fissura orbitalis superior* an. In der Orbita gelangt er durch den Anulus tendineus, der Ursprung aller Augenmuskeln, zum M. rectus bulbi lateralis. Die Nn. III, IV und VI erhalten auch propriozeptive Afferenzen aus den Muskelspindeln der äußeren Augenmuskeln. Diese Fasern sind die peripheren Fortsätze der pseudounipolaren Neurone des Ncl. mesencephalicus n. V. Zu diesem Kerngebiet gelangen die Fasern über eine Brücke mit dem N. ophthalmicus.

17.33 Läsion des N. abducens bei einem Schädelbasisbruch

Der lange extradurale Verlauf macht diesen Nerv bei Frakturen der Schädelbasis für Funktionsstörungen und Läsionen sehr anfällig. Durch den Funktionsausfall seines Zielorgans, des M. rectus bulbi lateralis, zeigt der Augenbulbus dann eine Schielstellung nach medial.

N. facialis (N. VII)

Der *N. facialis* ist der Nerv des **zweiten Viszeralbogens (Hyoidbogen)**. Er besteht aus 2 Anteilen:

- dem eigentlichen *N. facialis* aus dem *Ncl. n. facialis*, der die mimische Muskulatur innerviert, und

- dem *N. intermedius* aus dem *Ncl. salivatorius superior* (▶ Kap. 17.3) mit:
  - viszeroefferenten Fasern für die Innervation von Speicheldrüsen und Tränendrüse sowie
  - mit Fasern für die sensorische Innervation der vorderen zwei Drittel der Zunge und des Ohrs
  - und mit Geschmacksfasern.

Die Neurone des Ncl. n. facialis (▶ Kap. 17.3) des Rhombencephalon bilden Axone, die zunächst im Bogen nach dorsal, dann um den Ncl. n. abducentis herum nach ventral ziehen, *Genu n. facialis* oder **inneres Fazialisknie**. Sie wölben dabei den Boden der Rautengrube als *Colliculus facialis* vor. Der N. facialis tritt dann zusammen mit seinem Intermediusanteil im **Kleinhirnbrückenwinkel** aus dem Rhombencephalon aus. Der N. vestibulocochlearis verlässt hier ebenfalls das Gehirn. Nach dem Durchtritt durch die Dura gelangt der VII. Hirnnerv in den *Porus acusticus internus* der Pars petrosa ossis temporalis. Am *Ganglion geniculi* l biegt er im *Canalis n. facialis* nach hinten und lateral um, **äußeres Fazialisknie,** und zieht in der Hinterwand der Paukenhöhle zum *Foramen stylomastoideum*, wo er aus dem Schädel austritt.

Innerhalb des Canalis n. facialis zweigen verschiedene Äste vom Hauptstamm des N. facialis ab:

- *N. petrosus major*: Er zieht vom äußeren Facialisknie mit seinen präganglionären parasympathischen Fasern aus dem *Ncl. salivatorius superior* durch den *Hiatus canalis n. petrosi majoris* unter der Dura zum *Foramen lacerum* und durch dieses hindurch in den *Canalis pterygoideus*. Hier bildet er zusammen mit dem aus dem sympathischen *Plexus caroticus internus* kommenden *N. petrosus profundus* den *N. canalis pterygoidei Vidianus*. An der Unterfläche des Schädels gelangt dieser Nerv zum *Ganglion pterygopalatinum* in der *Fossa pterygopalatina*, wo die parasympathischen Fasern umgeschaltet werden, während die sympathischen Fasern des N. petrosus profundus und die sensorischen Fasern aus dem neben dem Ganglion vorbei ziehenden N. maxillaris ohne Umschaltung zu Blutgefäßen bzw. dem Innervationsgebiet des N. maxillaris gelangen. Postganglionäre parasympathische Fasern ziehen in den/im:
  - *Rr. orbitales* durch die *Fissura orbitalis inferior* zur Tränendrüse und dem M. orbitalis
  - *Rr. nasales posteriores superiores* durch das *Foramen sphenopalatinum* zur Schleimhaut der Meatus nasi superior und medius
  - *N. nasopalatinus* durch den *Canalis incisivus* zum Nasenseptum und zur Schleimhaut des Gaumens
  - *Nn. palatini* durch den *Canalis palatinus* zum Gaumen und über *Rr. nasales posteriores inferiores* zur Schleimhaut des Meatus nasi inferior und zur Tuba auditiva
  - *N. palatinus* durch den *Canalis palatinus* zum harten Gaumen
  - *Nn. palatini minores* zum weichen Gaumen und der Tonsilla palatina
  - *R. pharyngeus* zum Epipharynx.
- *N. stapedius*: Er zieht zum gleichnamigen Muskel.
- *Chorda tympani*: Die Chorda tympani ensteht aus den peripheren Fortsätzen der pseudounipolaren Neurone des *Ganglion geniculi* und enthält Fasern für Geschmacks- und Berührungsempfindungen. Sie zieht, von einer Schleimhautfalte umgeben, medial vom Trommelfell durch die Paukenhöhle. Durch die *Fissura sphenopetrosa* verlässt sie den Schädel und bildet eine *Brücke zum N. lingualis*, über die Geschmacksfasern und taktile Fasern zu den Geschmacksknospen bzw. zur Haut der vorderen zwei Dritteln der Zunge ziehen. Die von den Geschmacksknospen des Gaumens kommenden Afferenzen ziehen über die Nn. palatini und den N. petrosus major zum Ganglion geniculi. Die zentralen Fortsätze der Neurone des Ganglions gelangen im N. intermedius ins Gehirn und erreichen im *Tractus solitarius* das gleichnamige Kerngebiet (▶ Kap. 17.3). Die Chorda tympani führt auch präganglionäre parasympathische Fasern aus dem *Ncl. salivatorius superior*, die über den N. lingualis zum *Ganglion submandibulare* und nach Umschaltung zu den Glandulae submandibularis und sublingualis ziehen.
- *N. auricularis posterior*: Dieser Nerv zweigt erst nach Durchtritt durch die Schädelbasis mit sensorischen Fasern in die Ohrregion ab. Motorisch innerviert er die Mm. frontooccipitalis, stylohyoideus und den Venter posterius des M. digastricus.
- **Nerven zur mimischen Muskulatur**: An der Schädelunterseite bildet sich unter der Glandula parotidea der *Plexus intraparotideus*, von dem aus die *Rr. temporales, zygomatici, buccales* und *marginalis mandibulae* die mimische Muskulatur einschließlich des *Platysmas* versorgen. Der *R. colli nervi facialis* beteiligt sich gemeinsam mit dem *N. transversus colli* aus dem Plexus cervicalis an der Bildung der *Ansa cervicalis superficialis* (◘ Abb. 17.42).

N. vestibulocochlearis (N. VIII)

Der *N. vestibulocochlearis* führt nahezu ausschließlich sensorische Fasern. Sie leiten Signale aus dem Gleichgewichts- und Hörorgan. Ihre Perikarya liegen in den *Ganglia vestibulare und cochleare (spirale)*. Die zentralen Fortsätze ziehen durch den *Porus acusticus internus*

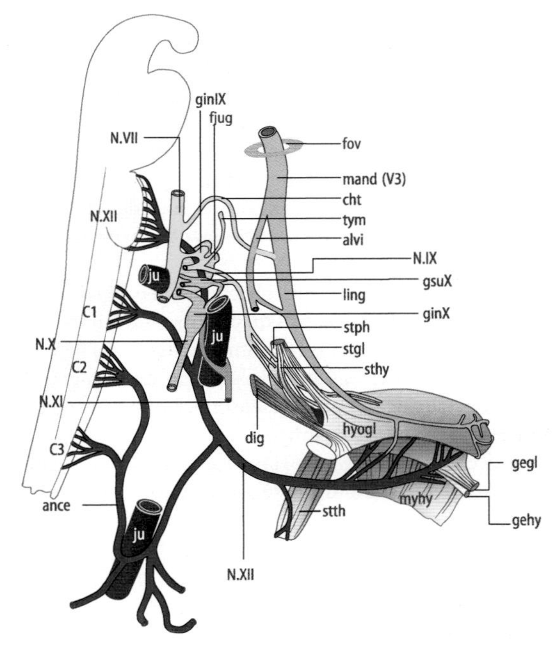

◘ **Abb. 17.42.** Hirnnerven IX-XII und topographische Beziehungen zum N. facialis und den Spinalnerven C1–3
alvi = N. alveolaris inferior; ance = Ansa cervicalis; cht = Chorda tympani; C1–3 = Wurzeln der Spinalnerven C1-3; dig = M. digastricus venter anterius; fjug = Foramen jugulare; fov = Foramen ovale; gegl = M. genioglossus; gehy = M. geniohyoideus; ginIX = Ganglion inferius n. glossopharyngei; ginX = Ganglion inferius n. vagi; gsuX = Ganglion superius n. vagi; hyogl = M. hyoglossus; ju = V. jugularis interna; ling = N. lingualis; mand = N. mandibularis; myhy = M. mylohyoideus; N. VII = N. facialis; N. IX = N. glossopharyngeus; N. X = N. vagus; N. XI = N. accessorius; N. XII = N. hypoglossus; stgl = M. styloglossus; sthy = M. stylohyoideus; stph = M. stylopharyngeus; stth = M. sternothyroideus; tym = N. tympanicus

und enden in den *Ncll. vestibulares* und *cochleares* des Rhombencephalon (► Kap. 17.3). Zusammen mit dem N. facialis erreichen sie im **Kleinhirnbrückenwinkel** das Gehirn. Cholinerge efferente Fasern, *Tractus olivocochlearis* oder **Rasmussen-Bündel,** aus den *Ncll. periolivares* ziehen im N. vestibulocochlearis zum Innenohr. Sie verlaufen zunächst mit dem N. vestibularis, um als **Oort-Anastomose** auf den N. cochlearis überzuwechseln, mit dem sie dann in die Schnecke gelangen. Näheres zum N. vestibulocochlearis sowie zum vestibulären und akustischen System siehe ► Kap. 17.8.

17.33 Symptome bei Tumoren im Kleinhirnbrückenwinkel

Die gemeinsame Lage der Aus- bzw. Eintrittsstellen der Hirnnerven VII und VIII im **Kleinhirnbrückenwinkel** ist für das Verständnis der Symptome bei Tumoren an dieser Stelle von besonderer Bedeutung. Schon früh können bei diesen Patienten Drehschwindel, Ohrgeräusche und Paresen der mimischen Muskulatur getrennt oder gemeinsam auftreten.

N. glossopharyngeus (N. IX)

Der *N. glossopharyngeus* (■ Abb. 17.39 und 17.42) ist der **dritte Viszeralbogennerv.** Seine Fasern verlassen den Hirnstamm kaudal des N. vestibulocochlearis und dorsal der Olive. Die Austrittsstelle dieses Hirnnervs und die des N. vagus sind eng benachbart. Sie verlassen durch das *Foramen jugulare* den Schädel. Das sensorische *Ganglion superius* liegt im Foramen jugulare, das größere *Ganglion inferius (petrosum)* befindet sich unterhalb des Foramens. Beide Ganglien enthalten pseudounipolare Nervenzellen. Der N. glossopharygeus verzweigt sich wie folgt:

- *N. tympanicus*, der seine sensorischen Fasern aus dem Ganglion inferius erhält. Er zieht durch den *Canaliculus tympanicus* in die Paukenhöhle und bildet zusammen mit präganglionären parasympathischen Fasern aus dem *Ncl. salivatorius inferior* (► Kap. 17.3) und Fasern aus dem sympathischen *Plexus caroticus internus* den *Plexus tympanicus*, aus dem der *N. petrosus minor* hervorgeht. Der N. petrosus minor zieht durch die Felsenbeinpyramide und das Foramen lacerum zum *Ganglion oticum*. Dieser Weg vom N. glossopharyngeus über den N. tympanicus zum Ganglion oticum wird auch **Jacobson-Anastomose** genannt.
- *R. musculi stylopharyngei* zum gleichnamigen Muskel
- *Rr. pharyngei* zur Pharynxmuskulatur und -schleimhaut
- *Rr. tonsillares* zum Isthmus faucium und den Tonsillen
- *Rr. linguales* zu den Geschmacksknospen des hinteren Drittels der Zunge, zur Schleimhaut (sensorisch) und zu den kleinen Zungendrüsen (parasympathisch)
- *R. sinus carotici* zum Sinus caroticus und Glomus caroticum. Dieser Ast dient der Blutdruckregistrierung und der Messung der O_2/CO_2-Partialdrücke.

N. vagus (N. X)

Der *N. vagus* (■ Abb. 17.39 und 17.42) ist ein Derivat der **4.–6. Viszeralbogennerven.** Sein Name »vagus = weitschweifend« leitet sich aus seinem extrem großen Innervationsgebiet ab, das die inneren Organe bis zur *Flexura colica sinistra* **(Cannon-Böhm-Punkt)** umfasst. Präganglionäre parasympathische viszeromotorische sowie viszerosensorische Fasern bilden den größten Teil des N. vagus. Die viszeromotorischen Fasern entspringen aus dem *Ncl. dorsalis n. vagi* (präganglionäre parasympathische Fasern) und dem *Ncl. ambiguus* (Kehlkopfmuskulatur). Alle Fasern verlassen zusammen mit dem N. accessorius und getrennt vom N. glossopharyngeus den Hirnstamm durch das *Foramen jugulare.*

Im Foramen jugulare liegt das *Ganglion superius (Ganglion jugulare)* mit seinen pseudounipolaren Nervenzellen, von dem ein *R. meningeus* zurück zu den Meningen und ein *R. auricularis* durch den *Canaliculus mastoideus* zur Innenwand des Meatus acusticus internus zieht. Unterhalb des Foramen jugulare liegt das ebenfalls sensorische *Ganglion inferius (Ganglion nodosum)*, von dem der größte Teil der sensorischen Vagusfasern abgeht.

Die peripheren Vagusäste und ihre Versorgungsgebiete werden im ► Kap. 17.18 dargestellt, die Verläufe der verschiedenen Vagusäste in den Kapiteln zur topographischen Anatomie der Körperregionen (► Kap. 19–26).

N. accessorius (N. XI)

Die motorischen Neurone des *N. accessorius* liegen im *Ncl. ambiguus* des Rhombencephalon und im *Ncl. n. accessorii* im zervikalen Rückenmark (► Kap. 17.3 und ■ Abb. 17.39 und 17.42). Die Axone aus dem *Ncl. spinalis n. accessorii* bilden eine *Radix spinalis*, die durch das *Foramen magnum* in die hintere Schädelhöhle aufsteigt, sich in der hinteren Schädelgrube mit der *Radix cranialis* zum N. accessorius vereint, der schließlich durch das *Foramen jugulare* die Schädelhöhle wieder verlässt. Danach spaltet sich der kraniale Anteil wieder ab und vereinigt sich mit dem N. vagus. Der spinale Anteil zieht über den Querfortsatz des Atlas hinweg ins laterale Halsdreieck und innerviert den M. sternocleidomastoideus und den M. trapezius. Da beide Muskeln sich aus Viszeralbogenmaterial ableiten **(Branchialmuskulatur)**, wird der N. accessorius (XI) als **Branchialnerv** klassifiziert.

17.34 Läsion des N. accessorius

Bei einer Läsion des N. accessorius auf einer Seite, z.B. durch eine Schädelbasisverletzung oder einen Tumor im Bereich des Foramen jugulare, aber auch durch eine unvorsichtige Lymphknotenentfernung im lateralen Halsdreieck kann es zu einer Behinderung der Elevation des Arms und einer abstehenden Scapula, *Scapula alata*, auf der betroffenen Seite kommen. Weiterhin kommt es zu einer Schiefhaltung des Kopfs hin zur kontralateralen Seite und einer Drehung des Gesichts zur ipsilateralen Seite, da der nichtbetroffene, kontralaterale M. sternocleidomastoideus einen stärkeren Tonus entfaltet als der gelähmte Muskel der betroffenen Seite.

N. hypoglossus (N. XII)

Der N. hypoglossus ist eigentlich ein erster Spinalnerv, dessen sensorische Komponente in der Ontogenese zurückgebildet wurde. Seine somatomotorischen Neurone liegen im *Ncl. n. hypoglossi* (► Kap. 17.3 und ■ Abb. 17.39 und 17.42). Der N. XII besteht aus Fasern, deren Austrittsstellen aus der Medulla oblongata in kontinuierlicher Fortsetzung der Austrittsstellen der Vorderwurzeln der Spinalnerven gelegen sind. Sie treten zwischen Pyramide und Olive aus der Medulla oblongata aus, ziehen durch den *Canalis n. hypoglossi* und gelangen extrakranial hinter dem N. vagus und zwischen A. carotis interna und V. jugularis interna mit *Rr. linguales* zur Binnenmuskulatur der Zunge und mit einem weiteren Ast zum M. geniohyoideus. Fasern aus den Spinalnerven C1 und C2 lagern sich dem N. hypoglossus vorübergehend an und bilden nach Abzweigung von diesem Nerv die *Radix superior* der *Ansa cervicalis.* Diese vereinigt sich dann mit Fasern aus C2 und C3, *Radix inferior ansae cervicalis* zur *Ansa cervicalis.* Einzelne Fasern des N. hypoglossus beteiligen sich direkt oder nach Bildung der Ansa cervicalis (zusammen mit Ästen aus dem Plexus cervicalis) an der Innervation der infra- und suprahyalen Muskulatur.

17.35 Läsion des N. hypoglossus

Bei einer Läsion des N. hypoglossus auf einer Seite kommt es zur verwaschenen Sprache, zu Schluckbeschwerden und längerfristig auf der betroffenen Seite zur Atrophie der Zungenmuskulatur. Beim Herausstrecken weicht die Zunge zur betroffenen Seite ab, da die Muskulatur der kontralateralen Seite die Zunge weiter nach vorn bewegen kann.

17.5.2 Spinalnerven

Die Spinalnerven zeigen mit Ausnahme des ersten Spinalnervs eine in allen Segmenten des Rückenmarks identische Organisation. Ein Spinalnerv, *N. spinalis*, entsteht aus einer ausschließlich motorischen *Radix ventralis* und einer ausschließlich sensorischen *Radix dorsalis*, in der das Spinalganglion mit seinen pseudounipolaren Nervenzellen für die somatosensorischen und viszerosensorischen Afferenzen zum Rückenmark zu finden ist (◘ Abb. 17.43). Jeder Spinalnerv teilt sich in mehrere Äste auf. Der dünne *R. meningeus* zieht zurück zu den Rückenmarkhäuten. Der *R. communicans* stellt mit viszeralen (vegetativen) Fasern die Verbindung zum *Truncus sympathicus* (Grenzstrang) des vegetativen Nervensystems her (▶ Kap. 18 und ◘ Abb. 17.43). Ein *R. communicans* kann in 2 Äste aufgeteilt sein, einen, der vom Spinalnerv zum Grenzstrang hinzieht, *R. albus*, und einen, der nach Umschaltung im Grenzstrang wieder zum Spinalnerv zieht, *R. griseus*. Der R. albus enthält myelinisierte präganglionäre Fasern aus dem Seitenhorn des Rückenmarks, der R. griseus nichtmyelinisierte Fasern aus den Grenzstrangganglien. Bereiche von Kopf und Hals, vor allem aber der Rumpf und die Extremitäten werden von den gemischt motorisch-sensorischen *Rr. dorsales* und *ventrales* des N. spinalis innerviert. Die Rr. dorsales versorgen mit motorischen Fasern die Nacken- und autochthone Rückenmuskulatur. Die sensorischen Fasern der Rr. dorsales führen Informationen aus der darüber liegenden Haut zum Rückenmark. Das weitaus größte Kontingent an Fasern stellen die Rr. ventrales, deren Ziele die nicht von Hirnnerven innervierten Bereiche in der Kopf- und Halsregion sowie die gesamte Rumpfwand und die Extremitäten sind. Der N. spinalis verlässt den Wirbelkanal im *Foramen intervertebrale*. Während die Hirnnerven die Innervation fast der gesamten Haut und Muskulatur sowie der Drüsen im Kopfbereich und von Teilen der Halsmuskulatur übernehmen, sind die Nn. spinales für die Innervation von Rumpf und Gliedmaßen zuständig.

Die Rr. ventrales der Nn. spinales aus den Segmenten C1–4 bilden ein Flechtwerk, das als *Plexus cervicalis* bezeichnet wird. Auf die gleiche Weise entstehen aus den Segmenten C5(C4)–Th1(Th2) der *Plexus brachialis*, aus den Segmenten L1(Th12)–L3(L4) der *Plexus lumbalis*, aus den Segmenten L5(L4)–S3(S4) der *Plexus sacralis* und aus den Segmenten S4–Co1(Co2) der *Plexus coccygeus*. Aus den Plexus gehen die peripheren Nerven hervor. Jeder dieser **peripheren Nerven** kann motorische und sensorische Fasern aus mehreren Rückenmarksegmenten enthalten und ist somit multiradikulär und multisegmental, während die **Wurzeln der Spinalnerven** streng unisegmental sind. Die Rr. ventrales der nicht an der Bildung von Plexus beteiligten Nn. spinales (z.B die *Nn. intercostales*) sowie die nicht an der Bildung von Plexus beteiligten Faseranteile der Rr. ventrales (für bestimmte Muskeln an Hals und Rumpf) und alle Rr. dorsales sind auch als periphere Nerven monoradikulär und unisegmental.

Der R. dorsalis des ersten Spinalnervs bildet den *N. suboccipitalis*. Dieser nimmt eine Sonderstellung ein, weil er meist nur aus motorischen Fasern besteht. Er innerviert die Mm. recti capitis posteriores major und minor und die Mm. obliqui capitis superior und inferior.

Distal des Plexus treten sensorische **Fasern gleichen radikulären/spinalen Ursprungs** aus verschiedenen peripheren Nerven wieder zusammen, um gemeinsam monoradikulär ein **Hautwurzelfeld, Dermatom** oder **Hautsegment** zu innervieren. Ein Dermatom muss daher prinzipiell von einem **Hautnervenfeld** unterschieden werden, das das Innervationsgebiet eines multiradikulären peripheren Nervs ist und von **allen,** aus verschiedenen Segmenten des Rückenmarks stammenden sensorischen Nervenfasern **eines** peripheren Nervs versorgt wird. Daher ist **ein peripherer Nerv** wegen seiner Nervenfasern unterschiedlichen segmentalen Ursprungs an der Innervation **mehrerer Dermatome** beteiligt, gleichzeitig tragen aber **mehrere** solcher **Nerven** mit Nervenfasern gleichen segmentalen Ursprungs zur Innervation **eines Dermatoms** bei. Die **periphere Innervation** ist daher von der **radikulären Innervation** zu unterscheiden.

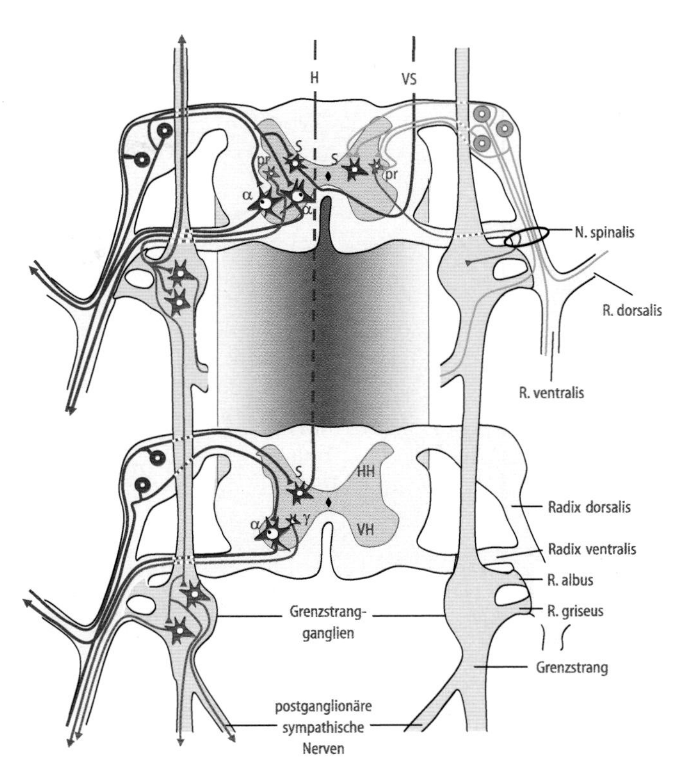

◘ **Abb. 17.43.** Ursprung und Aufbau der Spinalnerven und ihre Verbindung mit dem Sympathischen Nervensystem
H = ungekreuzte Hinterstrangbahn; HH = Hinterhorn; pr präganglionäres sympathisches Neuron im Seitenstrang; S = Strangzelle im Hinterhorn; VH = Vorderhorn; VS = gekreuzte Vorderseitenstrangbahn; α = α-Motoneuron im Vorderhorn; γ = γ-Motoneuron im Vorderhorn

Für die Haut werden diese beiden Organisationsprinzipien durch Kartierung der Dermatome oder durch die Kartierung der Hautnervenfelder dargestellt (◘ Abb. 17.44). Für die Muskulatur werden sie dagegen wegen der erheblich komplexeren Verteilung radikulär einheitlicher Fasern auf verschiedene periphere Nerven und auf verschiedene Muskeln in ggf. unterschiedlichen Muskelgruppen durch Tabellen von sogenannten **Kennmuskeln** erfasst.

17.36 Dermatome

Dermatome, Hautnervenfelder und Kennmuskeln sind für die neurologische Differenzialdiagnostik **radikulärer versus peripher Nervenläsionen** von großer Bedeutung.

In Bereichen, in denen der periphere Nerv direkt, d.h. ohne Passage durch einen Plexus aus den Rr. ventrales oder dorsales gebildet wird, sind wegen der erhaltenen monoradikulären Zusammensetzung des peripheren Nervs die radikulären und peripheren Innervationsgebiete identisch. Für den Hautbereich muss diese Organisation allerdings noch weiter differenziert werden, da für einen N. spinalis zwar nur ein Dermatom, aber wegen der Teilung des peripheren Nervs in einen R. dorsalis mit abzweigenden Rr. medialis und lateralis und eines R. ventralis mit abzweigenden Rr. cutanei lateralis und ventralis jederseits 4 Hautnervenfelder innerhalb eines Dermatoms entstehen. In denjenigen Bereichen, die multiradikulär über Plexus innerviert werden, überschneiden sich Hautnervenfelder und Dermatome.

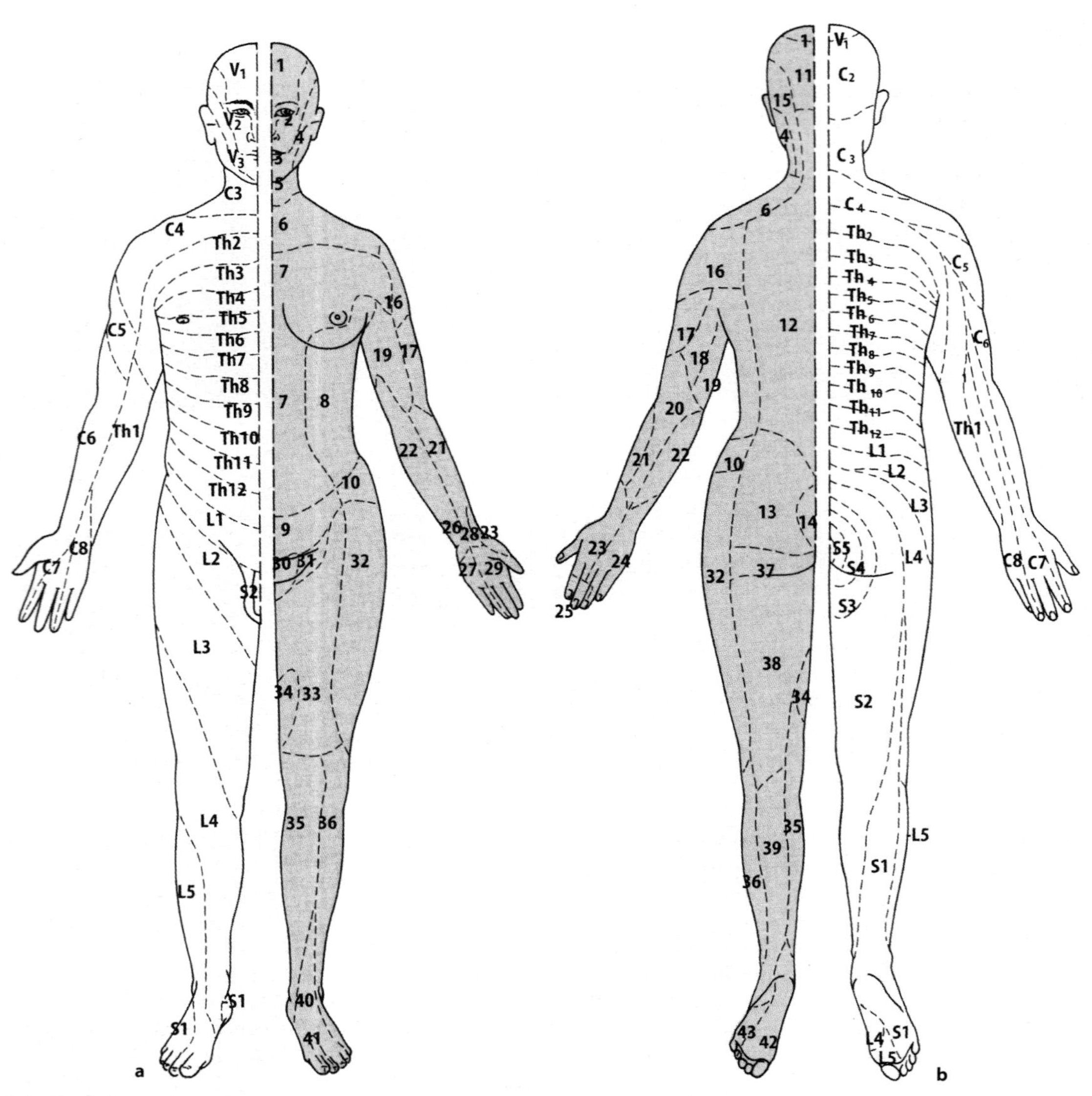

■ **Abb. 17.44a, b.** Radikuläre und periphere Innervation der Haut. **a** Ventralansicht (Dermatome links, Hautfelder rechts). **b** Dorsalansicht (Dermatome rechts, Hautfelder links)

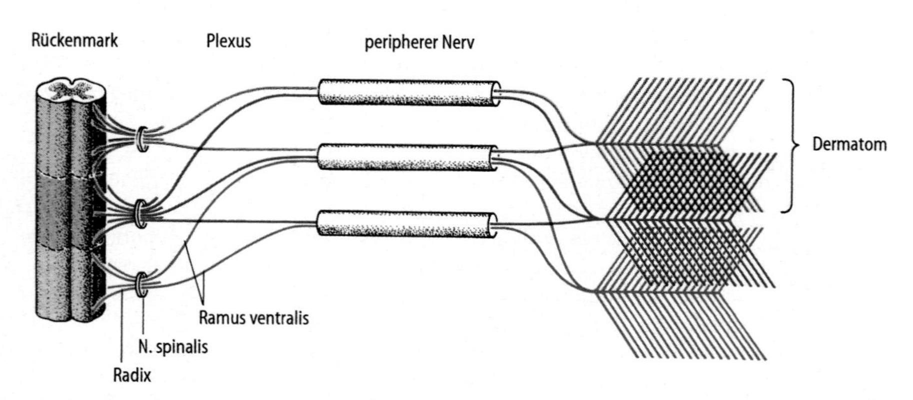

■ **Abb. 17.45.** Plexusbildung, periphere und radikuläre Innervation. Die dorsalen und ventralen Wurzelfasern eines Rückenmarksegments bilden einen N. spinalis. Die Fasern einer dorsalen Wurzel versorgen ein Dermatom (radikuläre Innervation); ein peripherer Nerv entsteht durch Plexusbildung der Rr. ventrales mehrerer Nn. spinales und enthält daher Fasern aus verschiedenen Rückenmarksegmenten. Der periphere Nerv erreicht daher mehrere Dermatome (periphere Innervation). Man beachte die breite, aber nicht vollständige Überlappung der Dermatome

◄ **Abb. 17.44a, b** (Fortsetzung)

Kopf, Hals und Rumpf:

Nr.	Nerv		Herkunft
1	N. frontalis	aus	N. trigeminus
2	N. maxillaris	aus	N. trigeminus
3	N. mandibularis	aus	N. trigeminus
4	N. auricularis magnus		
5	N. transversus colli		
6	Nn. supraclaviculares		
7	Rr. cutanei anteriores	aus	Nn. intercostales
8	Rr. cutanei laterales	aus	Nn. intercostales
9	R. cutaneus anterior	aus	N. iliohypogastricus
10	R. cutaneus lateralis	aus	N. iliohypogastricus
11	N. occipitalis major	aus	N. spinalis cervicalis II, R. dorsalis
12	Rr. dorsales	aus	Nn. spinales cervicales et thoracici
13	Nn. clunium superiores	aus	Nn. spinales lumbales I–III, Rr. laterales der Rr. dorsales
14	Nn. clunium medii	aus	Nn. spinales sacrales I–III, Rr. laterales der Rr. dorsales
15	N. occipitalis minor		

Obere Extremität:

Nr.	Nerv		Herkunft
16	N. cutaneus brachii lateralis superior	aus	N. axillaris
17	N. cutaneus brachii lateralis inferior	aus	N. radialis
18	N. cutaneus brachii posterior	aus	N. radialis
19	N. cutaneus brachii medialis mit Nn. intercostobrachiales		
20	N. cutaneus antebrachii posterior	aus	N. radialis
21	N. cutaneus antebrachii lateralis	aus	N. musculocutaneus
22	N. cutaneus antebrachii medialis		
23	R. superficialis mit Nn. digitales dorsales	aus	N. radialis
24	R. dorsalis n. ulnaris mit Nn. digitales dorsales	aus	N. ulnaris
	und Nn. digitales palmares proprii	aus	R. superficialis n. ulnaris über Nn. digitales palmares communes
25	Nn. digitales palmares proprii	aus	N. medianus über Nn. digitales palmares communes
26	R. palmaris n. ulnaris	aus	N. ulnaris
27	Nn. digitales palmares communes	aus	R. superficialis n. ulnaris
	mit Nn. digitales palmares proprii	aus	N. ulnaris
28	R. palmaris n. mediani	aus	N. medianus
29	Nn. digitales palmares communes mit Nn. digitales palmares proprii	aus	N. medianus

Untere Extremität:

Nr.	Nerv		Herkunft
30	Nn. scrotales anteriores oder Nn. labiales anteriores	aus	N. ilioinguinalis
31	R. femoralis	aus	N. genitofemoralis
32	N. cutaneus femoris lateralis		
33	Rr. cutanei anteriores	aus	N. femoralis
34	R. cutaneus	aus	N. obturatorius über R. anterior
35	N. saphenus mit R. infrapatellaris und Rr. cutanei cruris mediales	aus	N. femoralis
36	N. cutaneus surae lateralis	aus	N. peroneus (fibularis) communis
37	Nn. clunium inferiores	aus	N. cutaneus femoris posterior
38	N. cutaneus femoris posterior		
39	N. suralis mit N. cutaneus dorsalis lateralis und Rr. calcanei laterales	aus	N. peroneus (fibularis) communis über R. communicans fibularis sowie aus N. tibialis über N. cutaneus surae medialis
40	N. cutaneus dorsalis medialis mit Nn. digitales dorsales pedis und	aus	N. peroneus (fibularis) superficialis
	N. cutaneus dorsalis intermedius mit Nn. digitales dorsales pedis und	aus	N. peroneus (fibularis) superficialis
	Nn. digitales plantares proprii und	aus	N. tibialis über N. plantaris lateralis, N. plantaris medialis und Nn. digitales plantares communes
41	Nn. digitales dorsales, hallucis lateralis	aus	N. peroneus (fibularis) profundus
	et digiti secundi medialis und Nn. digitales plantares proprii	aus	N. tibialis über N. plantaris medialis und Nn. digitales plantares communes
42	Rr. calcanei mediales und	aus	N. tibialis
	N. plantaris medialis mit Nn. digitales plantares communes und Nn. digitales plantares proprii	aus	N. tibialis
43	N. plantaris lateralis	aus	N. tibialis
	mit Nn. digitales plantares communes mit Nn. digitales plantares proprii und R. superficialis	aus	N. tibialis, N. plantaris lateralis

Überlagerungen dieser Art sind nicht mit Überlappungen von jeweils benachbarten Hautnervenfeldern (Autonom- und Maximalgebiete der Hautinnervation) oder von jeweils benachbarten Hautwurzelfeldern (■ Abb. 17.45) zu verwechseln, die in ihren Ausmaßen von der Art der überprüften Empfindungsqualität (Schmerz, Berührung, Druck) abhängig sind.

17.6 Blutgefäße des Gehirns und Rückenmarks

K. Zilles

 Einführung

Das Zentralnervensystem ist wie kaum ein anderes Organ von einer ständig ausreichenden Sauerstoffversorgung abhängig und verbraucht weit mehr Sauerstoff als jedes andere Organ entsprechender Größe. Jede Hirn- oder Rückenmarkarterie hat einen eigenen Versorgungsbereich, der nur unvollkommen oder gar nicht von benachbarten Arterien mitversorgt werden kann. Ein Verschluss oder eine Ruptur einer Arterie führt daher sofort zu einem ischämischen bzw. hämorrhagischen Gewebeschaden (Schlaganfall, Apoplex).

17.6.1 Hirnarterien

Die Blutversorgung des Gehirns wird durch 4 große Arterien, die rechte und linke *A. carotis interna*, die aus der jeweiligen *A. carotis communis* entspringen, und die rechte und linke *A. vertebralis* ermöglicht, die als erster Ast aus der *A. subclavia* entspringt. Die *Aa. vertebrales* beider Seiten bilden die *A. basilaris*. A. basilaris und die beiden Aa. carotides internae bilden dann im Schädelinneren den *Circulus arteriosus cerebri* (Willisi). Von den Aa. vertebrales, der A. basilaris und dem Circulus arteriosus zweigen alle Arterien zur Blutversorgung des Gehirns ab.

Die beiden **Aa. carotides internae** und **Aa. vertebrales** sichern zusammen die Blutversorgung des Gehirns. Die beiden Aa. vertebrales vereinigen sich auf dem Clivus zur **A. basilaris**. Aufzweigungen der A. carotis interna und A. basilaris bilden an der Hirnbasis den

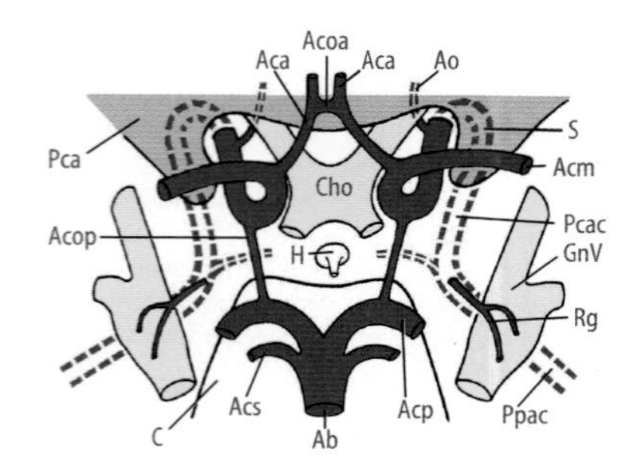

▪ Abb. 17.46. Circulus arteriosus Willisi und seine Zuflüsse
Ab = A. basilaris; Aca = A. cerebri anterior; Acm = A. cerebri media; Acoa = A. communicans anterior; Acop = A. communicans posterior; Acp = A. cerebri posterior; Acs = A. cerebelli superior; Ao = A. ophthalmica; C = Clivus; Cho = Chiasma opticum; GnV = Ganglion n. trigemini; H = Hypophysenstiel; Pcac = Pars cavernosa a. carotidis; Pca = Processus clinoideus anterior; Ppac = Pars petrosa a. carotidis; Rg = R. ganglionaris; S = Karotissiphon

Circulus arteriosus cerebri (Willisi) (▪ Abb. 17.46). Die beiden Aa. carotides internae sind über die *Aa. communicantes posteriores* mit den *Aa. cerebri posteriores,* die aus der A. basilaris entspringen, verbunden. Rostral stehen rechte und linke *A. cerebri anterior,* die aus den Aa. carotides internae entspringen, über die *A. communicans anterior* miteinander in Verbindung.

Die **A. carotis interna** zieht durch den *Canalis caroticus* in das Schädelinnere und gelangt, vom *Ganglion n. trigemini* nur durch eine Durafalte getrennt, über das Foramen lacerum in den *Sinus cavernosus.* Hier beginnt die *Pars cavernosa* der A. carotis interna mit einer nach dorsal gerichteten konvexen Biegung (hinteres oder 1. Knie) lateral vom *Processus clinoideus posterior.* Sie verlässt dann unterhalb des *Processus clinoideus anterior* in einem nach vorn unten gerichteten konvexen Bogen (vorderes oder 2. Knie) den Sinus cavernosus. Hier beginnt die *Pars cerebralis* der A. carotis interna, aus der in ca. 80% der Fälle die *A. ophthalmica* entspringt. Erst danach tritt die A. carotis interna durch die Dura mater hindurch und gelangt in die

▪ Tab. 17.9. Kerngebiete und Faserbahnen im Rhombencephalon und ihre arterielle Blutgefäßversorgung

Kerngebiete und Faserbahnen	Arterie
Cerebellum: Flocculus	A. cerebelli inferior anterior (AICA)
Hemisphären: Oberfläche	A. cerebelli superior (SCA)
Hemisphären: Unterfläche	A. cerebelli inferior posterior (PICA), A. cerebelli inferior anterior (AICA)
Nucl. dentatus und andere Kleinhirnkerne	A. cerebelli inferior posterior (PICA), A.cerebelli superior (SCA)
Tonsilla	A. cerebelli inferior posterior (PICA)
Vermis	A. cerebelli inferior posterior (PICA), A. cerebelli superior (SCA)
Colliculi superior und inferior	A. quadrigemina, A.choroidea posterior medialis, A. cerebelli superior (SCA), A. centrales posterolaterales
Fasciculus anterolateralis	A. cerebelli inferior posterior (PICA), Aa. pontis, A. quadrigemina
Fasciculus longitudinalis dorsalis	A. quadrigemina, A. choroidea posterior medialis
Fasciculus longitudinalis medialis	A. spinalis anterior, Aa. pontis, Aa. centrales posteromediales
Formatio reticularis	A. cerebelli inferior posterior (PICA)
Griseum centrale mesencephali	A. quadrigemina, A.choroidea posterior medialis
Lemniscus medialis	A. cerebelli inferior posterior (PICA), Aa. pontis, A. quadrigemina, A. choroidea anterior
Lemniscus lateralis	Aa. pontis
Ncl. ambiguus	A. cerebelli inferior posterior (PICA)
Ncl. dorsalis n. vagi	A. cerebelli inferior posterior (PICA)
Ncl. tractus mesencephalicus n. V	A. cerebelli inferior anterior (AICA), Aa. centrales posterolaterales
Ncl. motorius n. V	Aa. pontis, A. cerebelli inferior anterior (AICA)
Ncl. n. III und Ncl. Edinger-Westphal	Aa. centrales posteromediales
Ncl. n. XII	A. spinalis anterior, A. cerebelli inferior posterior (PICA)
Ncl. olivaris inferior	A. cerebelli inferior posterior (PICA), A. spinalis anterior
Ncl. ruber	A. quadrigemina, A. choroidea anterior
Ncl. sensorius principalis n. V	A. cerebelli inferior anterior (AICA)
Ncl. und tractus solitarius	A. cerebelli inferior posterior (PICA)
Ncl. und tractus spinalis n. V ▼	A. cerebelli inferior posterior (PICA), A. cerebelli inferior anterior (AICA)

Tab. 17.9 (Fortsetzung)

Ncll. gracilis und cuneatus	A. cerebelli inferior posterior (PICA)
Ncll. pontis	Aa. pontis, A. cerebelli inferior anterior (AICA)
Ncll. raphes pontis	Aa. pontis
Ncll. vestibulares	Aa. pontis, A. cerebelli inferior anterior (AICA), A. cerebelli inferior posterior (PICA)
Pedunculus cerebellaris inferior	A. cerebelli inferior posterior (PICA)
Pedunculus cerebellaris superior	A. cerebelli inferior anterior (AICA), A. cerebelli superior (SCA), Aa. centrales posteromediales
Crus cerebri	A. quadrigemina, A. cerebri posterior (Pars postcommunicalis), A. choroidea posterior medialis, A. choroidea anterior
Plexus choroideus ventriculi IV	A. cerebelli inferior posterior (PICA), A. cerebelli inferior anterior (AICA)
Substantia nigra	A. quadrigemina, A. choroidea posterior medialis, A. choroidea anterior
Tegmentum pontis	Aa. pontis
Tractus corticobulbaris	Aa. pontis
Tractus frontopontinus	Aa. pontis, A. quadrigemina
Tractus olivocerebellaris	A. spinalis anterior, A. cerebellaris inferior posterior (PICA)
Tractus opticus	Aa. choroideae anterior und posterior medialis
Tractus parietotemporopontinus	Aa. pontis
Tractus pyramidalis	A. spinalis anterior, A. cerebelli inferior posterior (PICA), A. cerebelli inferior anterior (AICA), Aa. pontis, choroideae anterior und posterior medialis
Tractus reticulospinalis	A. spinalis anterior
Tractus rubrospinalis	Rr. mesencephalici aus den Aa. communicans posterior und quadrigemina
Tractus spinocerebellaris anterior	A. cerebelli inferior posterior (PICA), Aa. pontis
Tractus spinocerebellaris posterior	A. cerebelli inferior posterior (PICA)
Tractus spinothalamicus	A. cerebelli inferior posterior (PICA)
Tractus tectospinalis	A. quadrigemina
Tractus tegmentalis centralis	A. cerebelli inferior posterior (PICA), Aa. pontis, Aa. centrales posteromediales

Cisterna carotica (Tab. 17.9). Dort zweigt sich die Pars cerebralis in die *Aa. cerebri anterior* und *media* auf. Der nach vorn konvexe Bogen der Pars cavernosa wird mit dem Anfangsteil der Pars cerebralis auch als **Karotissiphon** bezeichnet (Abb. 17.47).

Aus der **Pars cavernosa** zweigen die *A. hypophysealis inferior* zur Neurohypophyse sowie kleine Äste zu benachbarten Abschnitten des Tentorium und der Dura, und der *R. ganglionaris* zum Ganglion Gasseri und benachbarten Duraabschnitten ab.

Aus der **Pars cerebralis** entspringen die:

- *A. ophthalmica*, die unter dem N. opticus durch den Canalis opticus in die Orbita zieht, wo sie sich in der *A. centralis retinae* zur Versorgung der Netzhaut fortsetzt.
- Kleinen, paramedianen Äste, die als *Aa. tuberohypophyseales* zum Chiasma opticum, Tuber cinereum und zum Hypophysenvorderlappen gelangen.
- *A. hypophysealis superior*, die durch die Cisternae carotica und chiasmatica zum Hypophysenstiel, dem Tuber cinereum und Hypophysenvorderlappen sowie zum N. opticus und Chiasma zieht.
- *A. communicans posterior*, die den Tractus opticus überkreuzt, durch die Cisterna interpeduncularis nach hinten zu ihrer Vereinigung mit dem P_1-Segment der A. cerebri posterior zieht und dabei Seitenäste zum Chiasma, Tractus opticus, Tuber cinereum, Corpus mammillare, Subthalamus, hinteren Hypothalamus sowie vorderen und ventralen Teil des Thalamus abgibt.
- *A. choroidea anterior*, die nach posteromedial zum Tractus opticus zieht und dann die Cisterna cruralis erreicht. Hier gibt sie Äste zum Chiasma opticum, Tractus opticus, Corpus amygdaloideum, Hippocampus, Globus pallidus, Ncl. caudatus, Genu der Capsula interna, Pedunculus cerebri, zur Substantia nigra, zum Ncl. ruber und Ncl. subthalamicus und zu den Ncll. ventrales anterior und lateralis des Thalamus ab. Der Hauptast der A. choroidea anterior erreicht durch die Cisterna ambiens hindurch den Plexus choroideus des Unterhorns des Seitenventrikels. Vorher gibt sie noch Seitenäste zum Corpus geniculatum laterale, Crus posterius der Capsula interna, zur Radiatio optica und zum retrolentikulären Teil der Capsula interna ab.

Die **A. cerebri media** besteht aus einem Hauptstamm, **M_1-Segment,** der am vorderen Ende der Fissura lateralis Sylvii beginnt. Er zweigt sich in der Sylvi-Fissur in das **M_2-Segment** auf, das aus den *Trunci inferior* und *superior* besteht.

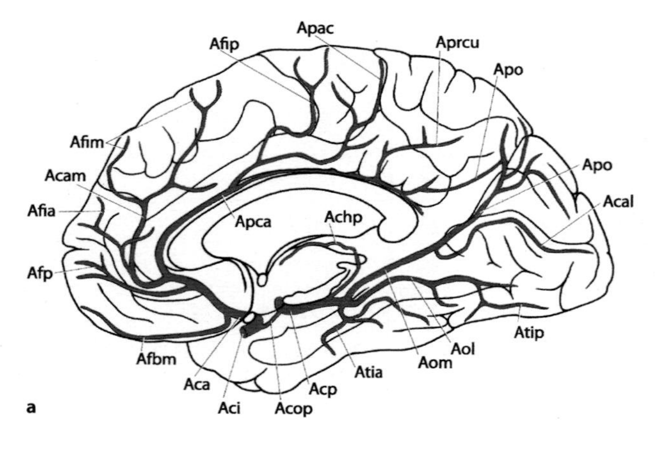

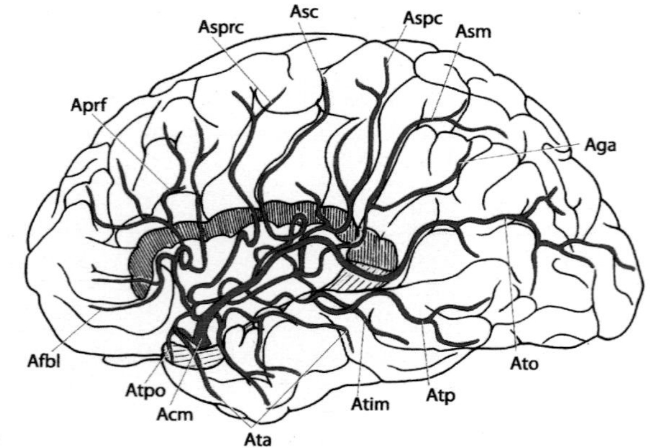

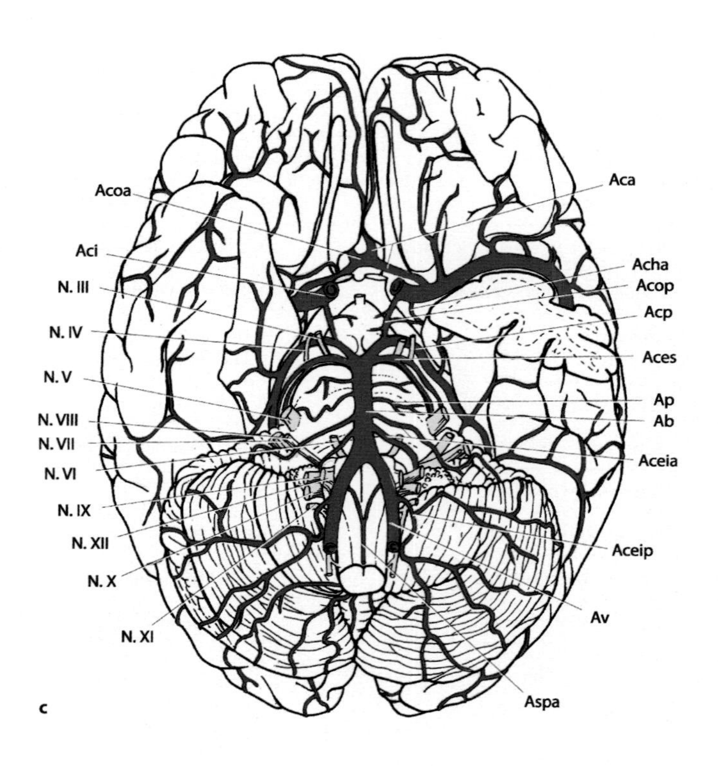

▫ Abb. 17.47a–c. Hirnarterien in der Ansicht von mesial (**a**), lateral (**b**) und basal (**c**) [7]
Ab = A. basilaris; Aca = A. cerebri anterior; Acal = A. calcarina; Acam = A. callosomarginalis; Aceia = A. cerebelli inferior anterior; Aceip = A. cerebelli inferior posterior; Aces = A. cerebelli superior; Acha = A. choroidea anterior; Achp = A. choroidea posterior; Aci = A. carotis interna; Acm = A. cerebri media; Acoa = A. communicans anterior; Acop = A. communicans posterior; Acp = A. cerebri posterior; Afbl = A. frontobasalis lateralis; Afbm = A. frontobasalis medialis; Afia = A. frontalis interna anterior; Afim = A. frontalis interna medialis; Afip = A. frontalis interna posterior; Afp = A. frontopolaris; Aga = A. gyri angularis; Aol = A. occipitalis lateralis; Aom = A. occipitalis medialis; Ap = A. pontis; Apac = A. paracentralis; Apca = A. pericallosa; Apo = A. parietooccipitalis; Aprcu = A. praecunea; Aprf = A. praefrontalis; Asc = A. sulci centralis; Asm = Aa. supramarginalis; Aspa A. spinalis anterior; Aspc A. sulci postcentralis; Asprc = A. sulci praecentralis; Ata = A. temporalis anterior; Atia = A. temporalis inferior anterior; Atim = A. temporalis intermedia; Atip = A. temporalis inferior posterior; Ato = A. temporooccipitalis; Atp = A. temporalis posterior; Atpo = A. temporopolaris; Av = A. vertebralis; N. III = N. oculomotorius; N. IV = N. trochlearis; N. V = N. trigeminus; N. VI = N. abducens; N. VII = N. facialis; N. VIII = N. vestibulocochlearis; N. IX = N. glossopharyngeus; N. X = N. vagus; N. XI = N. accessorius; N. XII = N. hypoglossus

Äste des M_1-Segments sind (▫ Abb. 17.47 und 17.48):

- *A. uncalis* (meist jedoch aus der A. carotis interna oder der A. choroidea anterior), die die Regio praepiriformis, vorderen Hippocampus, Cauda ncl. caudati und die posteromediale Amygdala versorgt.
- *A. temporopolaris*, die den Temporalpol erreicht.
- *A. temporalis anterior*, die auch aus dem M_2-Segment entspringen kann und den an das Versorgungsgebiet der A. temporopolaris anschließenden Teil des Temporallappens versorgt.
- 2–15 *Aa. lenticulostriatae (Aa. centrales anterolaterales)*, die durch die Substantia perforata anterior (rostralis) in das Gehirn eindringen und die Substantia innominata mit dem Ncl. basalis Meynert, das Corpus striatum und den Globus pallidus, die Capsula interna mit Corona radiata und die Commissura rostralis erreichen.

Äste des M_2-Segments (▫ Abb. 17.47) sind:

- als **Abzweigungen des Truncus superior** die Aa. frontobasalis lateralis, praefrontalis, sulci praecentralis (A. frontalis ascendens oder A. praerolandica), sulci centralis (A. rolandica), sulci postcentralis (A. parietalis anterior oder A. ascendens), supramarginalis (A. parietalis posterior) und gyri angularis
- als **Abzweigungen des Truncus inferior** die Aa. temporales anterior (evtl. auch aus dem M_1-Segment entspringend), intermedia und posterior, temporooccipitalis sowie Rr. insulares.

Die Äste des M_2-Segments versorgen die gleichnamigen Bereiche der lateralen Hemisphärenfläche in den Frontal-, Parietal- und Temporallappen (▫ Abb. 17.48). Die S-förmig gekrümmten und auf der Inseloberfläche liegenden proximalen Teile der kortikalen Gefäße werden auch als *Ansae insulares* oder Sylvi-Gefäßgruppe bezeichnet.

Der proximale Teil der **A. cerebri anterior**, A_1-Segment, zieht von der Bifurkation der A. carotis interna aus nach rostral und ist vor dem Chiasma opticum über die *A. communicans anterior* mit der A. cerebri anterior der kontralateralen Seite verbunden (▫ Abb. 17.46). An das A_1-Segment schließt sich das A_2-Segment der A. cerebri anterior an, auch *A. pericallosa* bzw. *callosomarginalis* genannt (▫ Abb. 17.47). Es beginnt in der Cisterna laminae terminalis, zieht nach dorsal, tritt in die Cisterna callosa ein und erstreckt sich dann um das Genu corporis callosi in der Fissura interhemispherica auf die

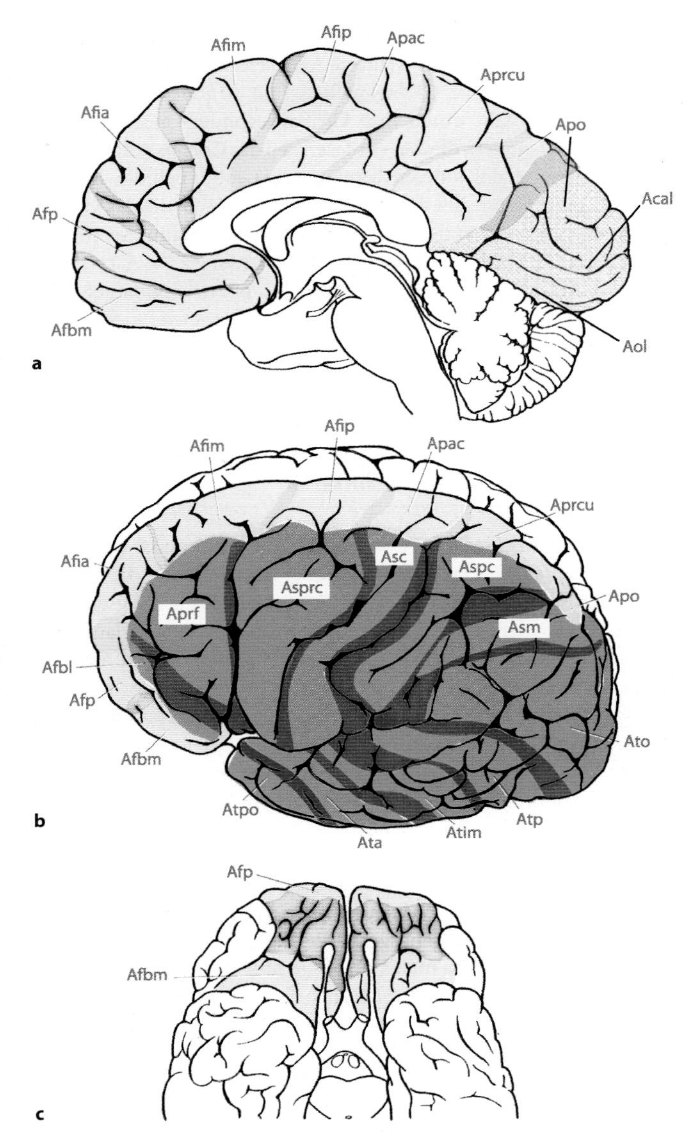

◘ Abb. 17.48a–c. Versorgungsgebiete der Aa. cerebri anterior, media und posterior und ihrer wichtigsten Äste in Mesial- (**a**), Lateral- (**b**) und Basalansicht (**c**). Stromgebiete der A. cerebri anterior sind in gelber, die der A. cerebri media in roter und die der A. cerebri posterior in blauer Farbe dargestellt. Überlappungsbereiche zweier benachbarter Arterien sind durch stärkere Färbung markiert [8] Acal = A. calcarina; Afbl = A. frontobasalis lateralis; Afbm = A. frontobasalis medialis; Afia = A. frontalis interna anterior; Afim = A. frontalis interna medialis; Afip = A. frontalis interna posterior; Afp = A. frontopolaris; Aol = A. occipitalis lateralis; Apac = A. paracentralis; Apo = A. parietooccipitalis; Aprcu = A. praecunea; Aprf = A. praefrontalis; Asc = A. sulci centralis; Asm = Aa. supramarginalis; Aspc = A. sulci postcentralis; Asprc = A. sulci praecentralis; Ata = A. temporalis anterior; Atim = A. temporalis intermedia; Ato = A. temporooccipitalis; Atp = A. temporalis posterior; Atpo = A. temporopolaris

Dorsalseite des Corpus callosum. Sein Versorgungsgebiet ist die mediale Hemisphärenfläche vom Frontalpol bis in den Sulcus parietooccipitalis hinein und reicht etwa einen Zentimeter weit nach lateral über die Mantelkante hinweg (◘ Abb. 17.48).

Äste des A_1-Segments der A. cerebri anterior sind die:

- *Aa. perforantes*, die zum Septum pellucidum, Commissura anterior, Columna fornicis, Chiasma opticum, Area subcallosa (parolfactoria), Crus anterius der Capsula interna, Corpus striatum und Hypothalamus ziehen
- *A. communicans anterior*, die in der Cisterna laminae terminalis abzweigt und die A_1-Segmente beider Seiten verbindet. Seitenäste dieser Arterie erreichen das Infundibulum und Chiasma opticum, die Area subcallosa und die Area praeoptica des Hypothalamus.

Das A_2-Segment der A. cerebri anterior ist die *A. pericallosa*, die um das Genu corporis callosi herum im Sulcus corporis callosi bis zum Splenium corporis callosi zieht. Kommt das A_2-Segment doppelt vor, dann wird der Ast im Sulcus corporis callosi als *A. pericallosa* bezeichnet, der Ast im Sulcus cinguli als *A. callosomarginalis*.

Die A. cerebri anterior versorgt außerdem den medialen Teil der Basalfläche des Lobus frontalis über die *A. frontobasalis medialis (A. orbitofrontalis)* und die mediale Hemisphärenfläche der Frontal- und Parietallappen bis über die Mantelkante hinweg durch die *Aa. frontopolaris, frontales internae* und *parietalis interna* (◘ Abb. 17.48), die sich in die *Aa. paracentralis, praecunea* und *parietooccipitalis* aufzweigen kann (◘ Abb. 17.47). Im Sulcus parietooccipitalis bildet die A. parietooccipitalis Anastomosen mit der A. cerebri posterior, an der Mantelkante kommt es zu Anastomosen mit der A. cerebri media. Die A. parietooccipitalis kann auch aus der A. cerebri posterior entspringen.

Die **A. recurrens Heubneri** *(A. centralis longa)* ist eine Arterie, die entweder aus der A. communicans anterior, der A. cerebri anterior, der A. carotis interna oder aus der A. cerebri media entspringt. Sie zieht zu den Basalganglien, zu Teilen der Capsula interna und zur Substantia perforata rostralis.

Die **A. vertebralis** gelangt durch das Foramen magnum in die hintere Schädelgrube und Cisterna cerebellomedullaris. Abzweigungen der A. vertebralis sind die *A. meningea posterior* zur Dura in der hinteren Schädelgrube, und die *Aa. cerebelli inferior posterior* (◘ Abb. 17.47) und *spinalis anterior* (◘ Abb. 17.50). Die *A. cerebelli inferior posterior (PICA)* zieht zwischen dem N. hypoglossus und den Nn. glossopharygeus, vagus und accessorius zwischen Cerebellum und Medulla oblongata hindurch. Die PICA erreicht dann die Cisterna magna. Zu den Versorgungsgebieten siehe ◘ Tab. 17.9.

Mit dem Eintritt in die Cisterna pontis entsteht aus den beiden Aa. vertebrales die A. basilaris, die sich rostral in der Cisterna interpeduncularis in die beiden *Aa. cerebri posteriores* aufzweigt. Diese Arterien münden in den *Circulus arteriosus cerebri* (◘ Abb. 17.47).

Die **A. basilaris** verzweigt sich in die *A. cerebelli inferior anterior (AICA)* und *A. cerebelli superior* (◘ Abb. 17.47). Die erste, am weitesten kaudal gelegene Abzweigung der A. basilaris ist meist die *A. cerebelli inferior anterior*, die Anastomosen mit der A. cerebelli inferior posterior und A. cerebelli superior bildet. Die AICA kreuzt auf ihrem Weg den N. trochlearis und gelangt in die Cisterna pontocerebellaris inferior. Sie zweigt sich oft im Ursprungsbereich der Wurzeln der Nn. facialis und statoacusticus in zwei Äste auf, die die untere Fläche des Kleinhirns und den Pedunculus cerebellaris medius erreichen. Aus der AICA, seltener direkt aus der A. basilaris geht die *A. labyrinthi* hervor. Zu den Versorgungsgebieten siehe (◘ Tab. 17.9).

Die vordersten Abzweigungen aus der A. basilaris sind die **Aa. cerebelli superior** und **cerebri posterior** beider Seiten (◘ Abb. 17.47). Die A. cerebelli superior ist die größte Kleinhirnarterie und zieht durch die Cisternae interpeduncularis und ambiens zum Cerebellum (Versorgungsgebiete siehe ◘ Tab. 17.9). Der Abschnitt zwischen der Abzweigung der A. cerebri posterior in der Cisterna interpeduncularis und der Vereinigung mit der A. communicans posterior wird als P_1-Segment oder Pars praecommunicalis bezeichnet. Das P_2-Segment oder Pars postcommunicalis schließt sich bis zum Abgang der A. temporalis inferior an und liegt in der Cisterna ambiens. Danach folgt in der Cisterna quadrigemina die Pars quadrigemina oder P_3-Segment. Der letzte Abschnitt der A. cerebri posterior ist die Pars terminalis oder P_4-Segment.

Es entstehen aus dem

- P_1-Segment die Aa. perforantes interpedunculares, thalamoperforantes anteriores und posteriores (Aa. centrales posteromedialis und posterolateralis), circumferentiales breves sowie die A. quadrigemina. Zu den Versorgungsgebieten siehe ◻ Tab. 17.9,
- P_2-Segment die A. thalamogeniculata, A. choroidea posterior medialis, und die A. choroidea posterior lateralis. Zu den Versorgungsgebieten siehe ◻ Tab. 17.9,
- P_3-Segment die *A. occipitalis lateralis (A. occipitotemporalis;* ◻ Abb. 17.47) für die Unterfläche der Lobi occipitalis und temporalis einschließlich Hippocampus, und aus dem
- P_4-Segment die *A. pericallosa posterior (R. corporis callosi dorsalis)* für das Splenium corporis callosi, die *A. parietooccipitalis* (◻ Abb. 17.47) für Cuneus und Praecuneus und die *A. calcarina* für den oberen und medialen Teil des Okzipitallappens. A. parietooccipitalis und A. calcarina können auch aus einem gemeinsamen Ast entspringen, der *A. occipitalis medialis (A. occipitalis interna).*

17.37 Verlust der Sehfähigkeit durch Arterienverschluss

Bei einem Verschluss der (z.B. linken) A. cerebri posterior tritt eine **homonyme Hemianopsie**, d.h. ein Verlust der Sehfähigkeit für die kontralaterale (hier die rechte) Gesichtsfeldhälfte auf (▸ Kap. 17.7), da durch diesen Gefäßverschluss die Sauerstoffversorgung sowohl für die Radiatio optica als auch für die Sehrinde unterbunden wird. Bei einem Verschluss der A. cerebri posterior oder der A. calcarina kann eine Erhaltung des zentralen Sehfeldes festgestellt werden, da die Makularepräsentation in der primären Sehrinde oft nicht von der Ischämie betroffen ist. Die Ursache für den Erhalt des zentralen Sehfeldes ist die Tatsache, dass der Bereich der Makularepräsentation durch Kollateralen aus den Aa. cerebri anterior und/oder media mitversorgt werden kann.

Der **Hippocampus** erhält seinen arteriellen Zufluss aus der *A. cerebri posterior* und zu einem geringeren Teil aus der *A. choroidea anterior.* Die A. cerebri posterior liegt am Rand des Gyrus parahippocampalis in der Cisterna ambiens. Aus dem P_2-Segment oder aus der A. occipitalis lateralis entspringt die *A. temporalis inferior*, die sich in die *Aa. temporales inferiores anterior, intermedia* und *posterior* aufteilen kann, sowie die *A. choroidea posterolateralis* und die *A. splenialis*. Die A. choroidea anterior aus der A. carotis interna gibt oft eine *A. uncalis* zum vorderen Teil des Hippocampus ab. Alle diese zuführenden Arterien münden in die Stromgebiete der *Aa. hippocampales anterior, media* und *posterior*, die über ein im Sulcus hippocampi liegendes und in rostrokaudaler Richtung verlaufendes Blutgefäß untereinander verbunden sind. Die Aa. hippocampales media und posterior geben kurze Äste zum Cornu Ammonis und zum Gyrus dentatus ab, die als *Aa. rectae* bezeichnet werden. Die A. hippocampalis anterior bildet häufig Anastomosen mit der *A. uncalis* und zieht zum vorderen Teil des Hippocampus und zur Area entorhinalis.

17.38 Hippocampussklerose

Eine pathologische Veränderung des **Hippocampus**, die sog. **Hippocampussklerose**, kann Ursache einer Schläfenlappenepilepsie mit Aura, Angstgefühl, automatischen Mund-, Kau- und Schluckbewegungen, stereotypen Handbewegungen, anderen komplexen Haltungsanomalien von Körperteilen oder des Körpers, länger anhaltendem Verwirrtheitszustand und Lern- und Verhaltensstörungen sein. Dabei kann eine mangelnde Sauerstoffversorgung des Hippocampus mit Hippocampussklerose eine wichtige ursächliche Rolle spielen.

Wegen der klinischen Bedeutung soll hier zusammenfassend die **arterielle Blutversorgung** des **Corpus striatum** und **Globus pallidus** dargestellt werden. Diese werden aus den *Aa. cerebri anterior* und *media* versorgt. Beide Arterien haben Äste, *Aa. perforantes*, die in die Tiefe des Gehirns gelangen. Mehrere Aa. perforantes aus der A. cerebri anterior ziehen zum Globus pallidus, *Aa. striatae mediales*. Eine dieser Arterien fällt durch ihre Größe besonders auf. Es ist die *A. recurrens Heubneri*, die den vorderen Teil des Corpus striatum und einen kleinen Teil des äußeren Segments des Globus pallidus erreicht. Die A. cerebri media gibt die *Aa. lenticulostriatae* ab, die das Corpus striatum und das laterale Segment des Globus pallidus versorgen. Eine laterale Gruppe der *Aa. lenticulostriatae* (der größte Ast wird als **Charcot-Arterie** bezeichnet) versorgt das Caput ncl. caudati und das Putamen. Letztlich ziehen auch Äste der *A. choroidea anterior* zum Corpus striatum.

Zu den Arterien im Rhombenzephalon gibt die ◻ Tab. 17.9 eine Übersicht.

17.6.2 Arterien des Rückenmarks

Die *A. vertebralis* (aus der A. subclavia) gibt intrakranial zwei nach unten verlaufende Äste, die *Aa. spinales anteriores* ab, die sich an der Ventralseite des Rückenmarks zu einem unpaaren Längsgefäß in der Fissura mediana anterior vereinigen. Im weiteren Verlauf nach unten geben Abzweigungen der *A. cervicalis profunda* (Äste aus dem Truncus costocervicalis), *A. cervicalis ascendens* (Äste aus dem Truncus thyreocervicalis) und einiger *Aa. intercostales* (aus der Aorta thoracica) und *lumbales* (aus der Aorta abdominalis) Äste ab, *Rr. spinales,* die über weitere Abzweigungen, *Aa. nervomedullares anteriores* und *posteriores,* Rückenmark, Spinalganglien, Spinalnervenwurzeln und Rückenmarkshäute erreichen. Alle Rr. spinales ziehen durch die Foramina intervertebralia in den Wirbelkanal, versorgen über *Rr. anteriores* und *posteriores canalis spinalis* Wirbel und Bänder, und bilden über *Aa. radiculomedullares anteriores* (siehe unten) zusammen mit dem unpaaren Längsgefäß aus der A. vertebralis eine Anastomosenkette in der Pia mater, die insgesamt als *A. spinalis anterior* bezeichnet wird. Ihr schließen sich auch Äste der *Aa. iliolumbalis* und *sacralis lateralis* aus der A. iliaca interna an, aus denen die Cauda equina versorgt wird (◻ Abb. 17.49). Die ursprünglich segmentalen Aa. nervomedullares werden im Laufe der Entwicklung stark reduziert und umgebildet, so dass kurze *Aa. radiculares* für Spinalganglien und Spinalnervenwurzeln, *Aa. radiculopiales* für die Pia und die periphere weiße Substanz des Rückenmarks sowie *Aa. radiculomedullares anteriores* und *posteriores* für die tiefe weiße Substanz und graue Substanz des Rückenmarks entstehen. Besonders deutlich entwickelt ist eine den Lumbosakralbereich versorgende A. radiculomedullaris anterior, die als *A. radicularis magna* **(Adamkiewicz-Arterie)** bezeichnet wird (◻ Abb. 17.49a).

Die rechten und linken *Aa. radiculares posteriores,* die aus der A. vertebralis und den Segmentalarterien der Aorta abzweigen, bilden je eine längsverlaufende, geflechtartig verzweigte Anastomosenkette neben dem Eintritt der Hinterwurzeln der Spinalnerven im Sulcus posterolateralis des Rückenmarks, die rechte und linke *A. spinalis posterior* (◻ Abb. 17.49b).

Zwischen der A. spinalis anterior und den beiden Aa. spinales posteriores bildet sich ein Queranastomosennetz aus, das als *Corona vasorum* oder *Vasocorona medullaris* bezeichnet wird (◻ Abb. 17.49b). Die Vasocorona versorgt oberflächlich gelegene Bereiche des Vorder- und Seitenstrangs der weißen Substanz des Rückenmarks, die Hinterstränge und die mehr peripher gelegenen Teile des Hinterhorns.

Aus der A. spinalis anterior zweigen schließlich funktionelle Endarterien ab, die als *Aa. sulci* das Vorderhorn, die Basis des Hinterhorns, die tieferen Teile des Vorder- und Seitenstrangs und die Commissurae grisea und alba versorgen (◻ Abb. 17.49b).

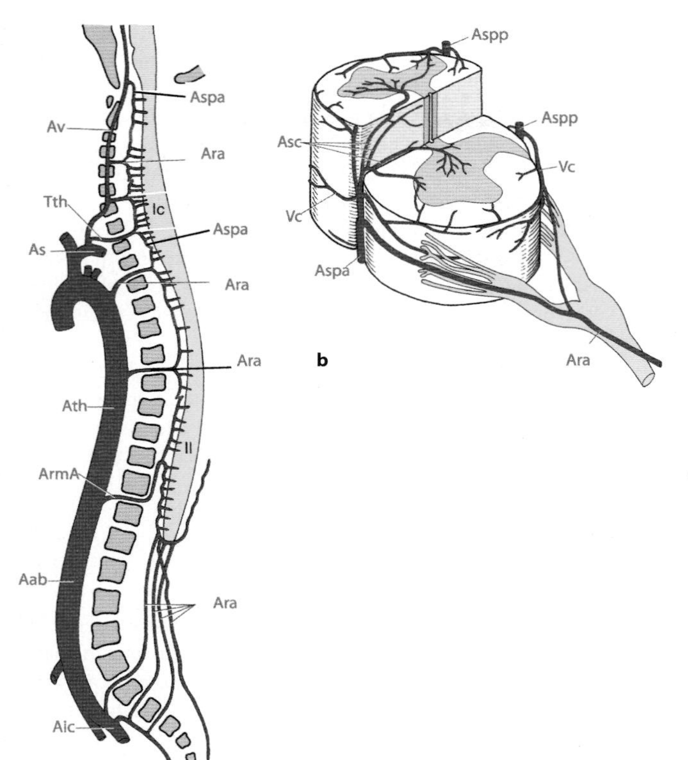

Abb. 17.49a, b. Arterielle Blutversorgung des Rückenmarks in der Ansicht von lateral (**a**) und im Querschnitt durch das Rückenmark (**b**) [8]
Aab = Aorta abdominalis; Aic = A. iliaca communis; Ara = A. radicularis anterior; ArmA = A. radicularis magna Adamkiewicz; As = A. subclavia; Asc = A. sulci (sulcocommissuralis); Aspa = A. spinalis anterior; Aspp = A. spinalis posterior; Ath = Aorta thoracica; Av = A. vertebralis; Ic = Intumescentia cervicalis; II = Intumescentia lumbalis; Tth = Truncus thyreocervicalis; Vc = Vasocorona medullaris (Corona vasorum)

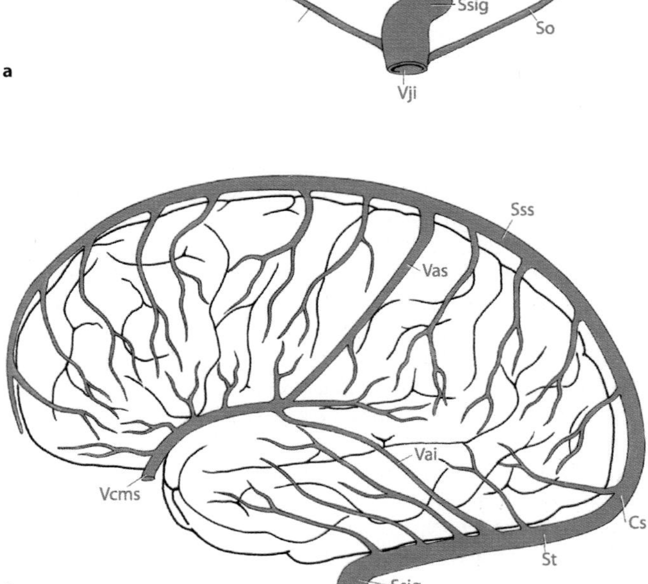

Abb. 17.50a, b. Sinus durae matris und Venen in der Ansicht auf die mesiale (**a**) und laterale (**b**) Hirnoberfläche [8]
Cs = Confluens sinuum; Sc = Sinus cavernosus; So = Sinus occipitalis; Spi = Sinus petrosus inferior; Sps = Sinus petrosus superior; Sr = Sinus rectus; Ssi = Sinus sagittalis inferior; Ssig = Sinus sigmoideus; Sss = Sinus sagittalis superior; St = Sinus transversus; Vai = V. anastomotica inferior (Labbé); Vas = V. anastomotica superior (Trolard); Vb = V. basalis (Rosenthal); Vcm = V. cerebri magna (Galen); Vcms = V. cerebri media superficialis; Vji = V. jugularis interna

17.39 Spinalis-anterior-Syndrom

Bei einem Verschluss der A. spinalis anterior sind die Vorderhörner des Rückenmarks, die Pyramidenbahn und der Vorderseitenstrang von der Blutversorgung abgeschnitten. Die Folge ist das **Spinalis-anterior-Syndrom,** das durch eine schlaffe Lähmung, v.a. der oberen Extremität durch Ausfall der Motoneurone im Vorderhorn, Beeinträchtigung der Schmerz- und Temperaturempfindung durch Läsion des Vorderseitenstrangs und erhaltener epikritischer Sensibilität und Propriozeption (da die Hinterstränge von den Aa. spinales posteriores versorgt werden) charakterisiert ist.

17.6.3 Hirnvenen, Sinus und Venen des Rückenmarks

Aus dem Kapillarbett gelangt das Blut über **zerebrale Venen** letztlich in die *Sinus durae matris,* die von Dura mater und Periost gebildet werden und starrwandige, venöse, von Endothel ausgekleidete Blutleiter ohne Venenklappen darstellen. Die Venen sind über Kollateralen miteinander verbunden. Die größeren Venen nehmen im Gegensatz zur Situation in anderen Organen von den Arterien unabhängige Verläufe. Die Sinus nehmen nicht nur Blut aus dem Gehirn, sondern auch aus den Hirnhäuten, der Augenhöhle und dem Schädeldach auf. Der größte Teil des venösen Blutes wird aus den Sinus über die V. jugularis interna in die V. cava superior abgeleitet. Ein kleiner Teil des Blutes erreicht über Anastomosen das Abflussgebiet der V. jugularis externa.

Die Venen des Vorderhirns lassen sich in 2 große Gruppen gliedern:
- *Vv. cerebri superficiales,* die das Blut aus der Hirnrinde und dem Marklager aufnehmen
- *Vv. cerebri profundae,* die Blut aus den tieferen Anteilen des Marklagers, Basalganglien, Diencephalon und Plexus choroidei der Seitenventrikel und des 3. Ventrikels führen.

Die Vv. cerebri superficiales münden in den *Sinus sagittalis superior* und in die mehr basal gelegenen *Sinus transversus, cavernosus, petrosus superior* und *sphenoparietalis,* die Vv. cerebri profundae in die *V. cerebri magna Galeni.* Die Endstrecke beider Venensysteme ist die *V. basalis (Rosenthal),* die um den Tractus opticus und den Pedunculus cerebri herum nach hinten in die V. cerebri magna Galeni einmündet und im *Sinus rectus* endet (Abb. 17.50).

Die wichtigsten Anastomosen der oberflächlichen Venen werden von der *V. anastomotica superior* (Trolard) und der *V. anastomotica inferior* (Labbé) gebildet (▣ Abb. 17.50). Die Trolard-Anastomose verbindet die Sinus sagittalis superior und sphenoparietalis. Die Labbé-Anastomose mündet in den Sinus transversus.

Die Venen der vorderen Schädelgrube münden zum Teil in den *Sinus sagittalis inferior*, zum Teil vereinigen sie sich mit der *V. cerebralis medialis profunda* aus der Inselregion zur V. basalis (Rosenthal) (▣ Abb. 17.50). Venen aus dem Bereich des Septums, der Basalganglien und des Thalamus vereinigen sich zur *V. cerebri interna*, die in die *V. cerebri magna* (Galeni) einmündet.

Die *Vv. cerebelli* leiten das Blut aus dem Kleinhirn in die V. cerebri magna, den Sinus rectus, das Confluens sinuum und den Sinus transversus. Ein Teil der Kleinhirnvenen kann auch in die *V. petrosa superior* (Dandy) einmünden, die venöses Blut aus dem Metenzephalon und der Medulla oblongata aufnimmt und in den *Sinus petrosus superior* mündet.

Die **obere Gruppe** der Sinus durae matris (► Kap. 17.4) besteht aus den *Sinus sagittales superior* und *inferior, rectus* und *occipitalis* (▣ Abb. 17.50). Der Sinus sagittalis superior nimmt auch Blut aus Venen des Schädeldachs, *Vv. diploicae*, und aus den Hirnhäuten, *Vv. meningeae*, auf. Außerdem ragen in diesen Sinus gefäßlose Arachnoidalzotten hinein, *Granulationes arachnoideales* (Pacchioni-Granulationen), die den Liquorabfluss in die Sinus ermöglichen. Der Sinus sagittalis inferior verläuft im unteren Rand der Falx cerebri und mündet auf dem Tentorium cerebelli in den Sinus rectus. Die Sinus der oberen Gruppe vereinigen sich auf Höhe der Protuberantia occipitalis interna im *Confluens sinuum*. Von dort fließt das Blut über die *Sinus transversus* und *sigmoideus* in die V. jugularis interna. Ein weiterer Abflussweg zieht vom Confluens sinuum in den *Sinus occipitalis*, der sich in zwei *Sinus marginales* teilt, die zur V. jugularis interna am Foramen jugulare führen.

Die **untere Gruppe** der Sinus durae matris wird von den *Sinus cavernosus, sphenoparietalis, petrosus superior* und *petrosus inferior* gebildet (▣ Abb. 17.50). Der Sinus petrosus superior zieht an der Pyramidenkante nach kaudal und mündet in den Sinus sigmoideus. Er überquert in seinem Verlauf den N. trigeminus und den N. abducens und mündet u. a. in die Labbé-Anastomose. Der Sinus petrosus inferior liegt in der Fissura petrooccipitalis und endet nach Durchtritt durch das Foramen jugulare extrakranial in der V. jugularis interna. In den Sinus cavernosus münden die V. ophthalmica superior und der Sinus sphenoparietalis sowie weitere kleinere Venen. Durch den Sinus cavernosus ziehen die A. carotis interna und die Nn. ophthalmicus, oculomotorius, trochlearis und abducens. Der Sinus cavernosus setzt sich in die Sinus petrosi superior und inferior fort. Zahlreiche *Vv. emissariae* durchbohren den Schädelknochen und verbinden an verschiedenen Stellen die intrakranialen Sinus mit extrakranialen Venen.

Die **obere und untere Gruppe** der Sinus wird durch den *Sinus sphenoparietalis* verbunden, der vom Sinus sagittalis superior zwischen Os parietale und Os frontale nach lateralo-basal verläuft und sich auf den Rand der Ala minor ossis sphenoidalis fortsetzt. Er mündet in den Sinus cavernosus.

Blutgefäße und Hirnnerven haben enge topographische Beziehungen zu den Zisternen des Subarachnoidalraums, die von großer praktischer Bedeutung sind. Die ▣ Tab. 17.10 gibt eine kurze Übersicht.

Im Rückenmark sammeln *Vv. sulci* das venöse Blut aus dem Versorgungsgebiet der Aa. sulci und münden in der Fissura mediana anterior in die *V. spinalis anterior.* Im Sulcus medianus posterior liegt die *V. spinalis posterior*. Ein dichtes piales Venennetz bildet sich auf der Oberfläche des Rückenmarks aus, die *Vv. perimedullares*. Im Bereich der Spinalnervenwurzeln findet sich je eine Anastomosenkette, die als *V. spinalis posterolateralis*, bzw. *anterolateralis* bezeichnet wird.

Alle diese Venen erreichen über *Vv. radiculares anteriores* und *posteriores* den *Plexus vertebralis internus*, die *Vv. basivertebrales* und die *Vv. intervertebrales*, die in die *Vv. vertebrales*, die tiefen Halsvenen, und die Vv. intercostales, lumbales und sacrales lateralis und mediana münden.

▣ Tab. 17.10. Zisternen, Lage zu Gehirnregionen und die in ihnen vorkommenden Blutgefäße und Hirnnerven

Zisterne	Benachbarte Strukturen	Blutgefäße, Hirnnerven
Cisterna cerebellomedullaris (= Cisterna magna)	Medulla oblongata Tela choroidea des 4. Ventrikels, Vermis und Tonsilla cerebelli	A. cerebelli inferior posterior Venen
Cisterna venae cerebri magnae (quadrigemina)	Tectum Splenium corporis callosi	V. cerebri magna A. cerebri posterior
Cisterna corporis callosi	Corpus callosum Falx cerebri	A. cerebri anterior
Cisterna laminae terminalis	Genu corporis callosi Chiasma opticum	A. cerebri anterior A. communicans anterior A. recurrens Heubneri
Cisterna pontis	Clivus basale Oberfläche der Brückenregion	A. basilaris A. cerebelli inferior anterior A. cerebelli superior N. abducens
Cisterna interpeduncularis	Fossa interpeduncularis	N. oculomotorius A. communicans posterior A. cerebri posterior A. cerebelli superior
Cisterna chiasmatis ▼	Chiasma opticum	Arterien zum Chiasma N. opticus

Tab. 17.10 (Fortsetzung)

Zisterne	Benachbarte Strukturen	Blutgefäße, Hirnnerven
Cisterna cerebellomedullaris lateralis	lateral und ventral der Medulla oblongata	A. vertebralis A. cerebelli inferior posterior Nn. glossopharygei, vagi, accessorii, hypoglossi
Cisterna pontocerebellaris superior	laterale Seite auf Brückenhöhe	N. trigeminus Ganglion n. trigemini
Cisterna pontocerebellaris inferior	Kleinhirnbrückenwinkel	A. cerebelli inferior anterior A. labyrinthi Nn. trigeminus, facialis, statoacusticus
Cisterna ambiens	seitliches Mesencephalon	A. cerebri posterior A. cerebelli superior A. choroidea posteriores A. choroidea anterior V. basalis (Rosenthal) N. trochlearis
Cisterna cruralis	Crus cerebri	A. choroidea anterior
Cisterna carotica	A. carotis interna	A. carotis interna A. ophthalmica A. communicans anterior A. choroidea anterior A. hypophysealis superior

17.7 Auge und visuelles System

17.7.1 Peripherer Teil des visuellen Systems

F. Paulsen, A. Wree

 Einführung

Das Sehorgan wird aus unterschiedlichen Bauteilen gebildet. Die rezeptiven Strukturen für elektromagnetische Wellen im Bereich von ca. 400–750 nm Länge (Licht) und der dioptrische Apparat sind Bestandteile des Augapfels (Bulbus oculi), die neuronalen Efferenzen des Bulbus bilden den Sehnerven (N. opticus). Hinzu kommen die äußeren Augenmuskeln (Mm. externi bulbi oculi) als Bewegungsapparat des Bulbus, und als Schutzeinrichtungen die Lider (Palpebrae) mit der Augenbindehaut (Tunica conjunctiva) sowie der Tränenapparat (Apparatus lacrimalis). Bis auf die Lider sind alle Strukturen in einer pyramidenförmigen Knochenkapsel (Augenhöhle: Orbita) gelegen und damit beweglich fixiert und zugleich mechanisch geschützt. Alle spezifischen Strukturen der Orbita sind in den orbitalen Fettkörper (Corpus adiposum orbitae) eingelagert.

Augapfel und Augenhäute

Der **Augapfel** (Abb. 17.51) hat die Funktion einer Kamera mit einem in Grenzen einstellbaren Linsensystem (dioptrischer Apparat, Gesamtheit der lichtbrechenden Medien) und einem lichtempfindlichen rezeptiven Apparat *(Retina)*. Der Bulbus hat nahezu die Form einer Kugel (äußerer transversaler Durchmesser ca. 24 mm), in die vorn die *Cornea* wie ein durchsichtiges Uhrglas mit einem Durchmesser von ca. 11 mm eingelassen ist. Die Cornea ist ein Oberflächenausschnitt einer Kugel, deren Radius 7–8 mm beträgt. Den Übergangsbereich von Cornea und *Sclera* markiert der *Sulcus sclerae*. Formal werden am Bulbus der *Equator bulbi* als Zone des größten in der Frontalebene stehenden Durchmessers und die Bulbusachse, *Axis bulbi*, als Verbindungslinie des ventralen und dorsalen Bulbuspoles unterschieden (Länge der Achse bei normalsichtigem Auge ca. 24 mm). Die optische Achse, *Axis opticus*, ist eine Linie, die die Krümmungsmittelpunkte der im Strahlengang liegenden Grenzflächen (vordere und hintere Hornhaut- und Linsenflächen) und die *Fovea centralis* verbindet.

Die Wand des *Bulbus oculi* besteht aus 3 Schichten:

- **äußere Augenhaut,** *Tunica fibrosa bulbi,* mit undurchsichtiger Sclera und durchsichtiger Cornea
- **mittlere Augenhaut,** *Tunica vasculosa bulbi,* mit Aderhaut, *Choroidea*, Strahlenkörper, *Corpus ciliare*, und Regenbogenhaut, *Iris*
- **innere Augenhaut,** *Tunica interna bulbi,* mit *Retina.* Die Linse, *Lens*, wird weder einer der Augenhäute noch einem der Binnenräume zugeordnet.

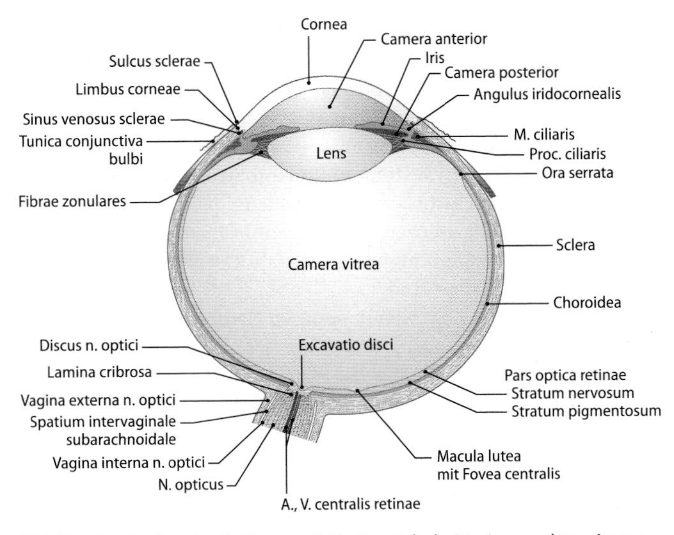

Abb. 17.51. Bau des Bulbus oculi, Horizontalschnitt eines rechten Auges

Im Bulbus werden 3 Binnenräume abgegrenzt:
- **vordere Augenkammer,** *Camera anterior*, zwischen Cornea, Kammerbucht, Irisvorderfläche und der nicht von der Pupille bedeckten Vorderfläche der Linse
- **hintere Augenkammer,** *Camera posterior*, zwischen Hinterfläche der Iris, Strahlenkörper, Linse und Vorderfläche des Glaskörpers (vordere Grenzmembran)
- **Glaskörperraum,** *Camera vitrea*, vorn begrenzt durch die hintere Augenkammer und die Rückfläche der Linse, seitlich durch Teile des Strahlenkörpers sowie seitlich und hinten durch die lichtunempfindlichen und lichtempfindlichen Teile der Retina. Gefüllt sind vordere und hintere Augenkammer mit Kammerwasser, *Humor aquosus*, der Glaskörperraum mit dem den Glaskörper, *Corpus vitreum*, bildenden gallertigen *Humor vitreus*.

17.40 Kurz- und Weitsichtigkeit

Bei einer Verlängerung der Bulbusachse kommt es zu einer Kurzsichtigkeit (Achsen-Myopie), bei einer Verkürzung zu einer Weitsichtigkeit (Achsen-Hyperopie).

Tunica fibrosa bulbi

Die **äußere Augenhaut** aus Sclera und Cornea bildet das relativ formstabile Exoskelett des Bulbus. Sie hält Größe und Form des Bulbus gemeinsam mit dem intraokulären Druck (ca. 16–18 mmHg) konstant. Wichtigster Baustoff beider Gewebe sind Bündel zugfester Kollagenfibrillen.

Cornea. Die Cornea ist glasklar und durchsichtig und von einer derben hornartigen Konsistenz (Dicke im Zentrum ca. 0,5 mm, am Rand ca. 0,7 mm; die Hornhauthinterfläche ist stärker gekrümmt als die Vorderfläche). Ihre Formstabilität ist besonders wichtig, weil die Cornea im dioptrischen Apparat den größten Anteil an der Lichtbrechung aufweist (ca. 43 Dioptrien bei einer Gesamtbrechkraft des Auges von 59 Dioptrien beim Blick in die Ferne). Die Cornea besitzt keine Blutgefäße, aber zahlreiche Nerven, die bis in das vordere Hornhautepithel hineinreichen (Äste der *Nn. ciliares longi*). Das Epithel ist sehr berührungs- und schmerzempfindlich.

Die Cornea ist aus **5 Schichten** aufgebaut.
- Das **vordere Hornhautepithel,** *Epithelium anterius*, ist ein 5- bis 6-schichtiges unverhorntes Plattenepithel, dessen Stratum superficiale Mikroplicae und Mikrovilli mit einer Glykokalyx besitzt, die zur Haftung des präkornealen Tränenfilms dient. Das Epithel wird wöchentlich erneuert.
- Die *Lamina limitans anterior* **(Bowman-Membran)**, ist eine 10–20 µm dicke, aus Kollagenfibrillen bestehende, zellfreie Schicht unbekannter Funktion.
- Das **Corneastroma,** *Substantia propria*, nimmt ca. 90% der Hornhautdicke ein und besteht aus Fibrozyten (Keratozyten) und ca. 200 Lagen schichtweise angeordneter, parallel verlaufender, sich rechtwinklig kreuzender Kollagenfibrillenbündel, die in eine amorphe glykosaminoglykanreiche, wasserbindende Grundsubstanz eingebettet sind.
- Die folgende *Lamina limitans posterior* **(Descemet-Membran)** ist eine Basalmembran, die von dem sie unterlagernden hinteren Hornhautepithel gebildet wird.
- Das **hintere Hornhautepithel,** *Epithelium posterius*, ist ein einschichtiges plattes Epithel. Die mitochondrienreichen transportierenden Epithelzellen sind reich an Na^+-K^+-ATPase, ihre Pumpfunktion dient der Entwässerung der Substantia propria und wirkt dem hydrostatisch bedingten Wassereinstrom aus der vorderen Augenkammer aktiv entgegen. Erhöht sich der Wassergehalt der *Substantia propria* und des *Epithelium anterius* (Corneaödem), wird die Cornea trüb.

Sclera. Die 0,5–1 mm dicke Sclera wird durch ein gefäßarmes straffes kollagenfaseriges Bindegewebe aufgebaut und ist undurchsichtig; die unter der *Tunica conjunctiva bulbi* liegenden sichtbaren Anteile erscheinen weiß. Die dicken Kollagenfibrillenbündel sind als unregelmäßiges Netzwerk angeordnet. Die Sclera dient den extraokulären Muskeln als Ansatz und dem Ziliarmuskel als Ursprung. Im Bereich des Abganges des *N. opticus* gehen die äußeren Teile der Sclera in die Durascheide des N. opticus über, die inneren Teile bilden die *Lamina cribrosa*. Im *Limbus corneae* verflechten sich die Kollagenfibrillensysteme von Sclera und Cornea. Im inneren Limbusbereich der Sclera liegt der *Sinus venosus sclerae* (Schlemm-Kanal). Er steht über das Trabekelwerk, *Retinaculum trabeculare*, mit der vorderen Augenkammer in offenem Kontakt (► Kammerwasserzirkulation, S. 669).

17.41 Klinische Hinweise

Oberflächliche Hornhautverletzungen heilen schnell. Tiefere Läsionen, die bis in die Substantia propria reichen, können eine Gefäßeinsprossung aus der Konjunktiva induzieren und werden durch undurchsichtiges Narbengewebe ersetzt. Es bleibt als Therapie nur der Ersatz der Cornea durch ein Transplantat (Keratoplastik).

Durch teilweises Abtragen der vorderen Hornhautschichten mittels Laser (refraktäre Chirurgie) kann die Gesamtbrechkraft eines fehlsichtigen Auges korrigiert werden.

Als Astigmatismus bezeichnet man durch ungleiche Krümmungen der Hornhaut bedingte Brechkraftunterschiede in verschiedenen Raumrichtungen. Eine optische Korrektur ist durch eine Brille (Zylindergläser) oder durch Kontaktlinsen möglich.

Aufgrund der Ernährung des Hornhautepithels durch die Tränenflüssigkeit dürfen konventionelle Kontaktlinsen nicht permanent getragen werden.

Tunica vasculosa bulbi

Als mittlere Augenhaut, *Tunica vasculosa bulbi*, werden **Aderhaut,** *Choroidea*, **Strahlenkörper,** *Corpus ciliare*, und **Regenbogenhaut** *Iris* zusammengefasst (◘ Abb. 17.52, ◘ Abb. 17.53 und ◘ Abb. 17.54).

Choroidea. Sie ist eine zwischen Sclera und *Pars optica retinae* gelegene gefäßführende Bindegewebeschicht mit zahlreichen Melanozyten und gliedert sich in 4 Unterschichten:
- *Lamina suprachoroidea*, sie grenzt an die Sclera, es folgen
- *Lamina vasculosa*,
- *Lamina choroidocapillaris* und
- *Lamina basalis* (Bruch-Membran).

Die schmale **Lamina suprachoroidea** besteht aus lockerem Bindegewebe und vermittelt den Kontakt zur Sclera. In ihr verlaufen die zum *Circulus arteriosus iridis major* ziehenden *Aa. ciliares posteriores longae* und die *Nn. ciliares longae* et *breves* nach vorn. In der **Lamina vasculosa** finden sich die *Aa. ciliares posteriores breves* sowie die Zuflussgebiete der *Vv. vorticosae*. Die **Lamina choroidocapillaris** besteht aus einem sehr engmaschigen Kapillarnetz, das der Ernährung der äußeren Retinaschichten dient. Die 2–3 µm dicke **Bruch-Membran** stellt die mit elastischen Fasern verstärkten verschmolzenen Basallaminae des Pigmentepithels und des Endothels der Kapillarschlingen der Choroidokapillaris dar. Die Bruch-Membran strahlt an der *Ora serrata* in den Ziliarmuskel ein und dient ihm als Punctum fixum (s. Akkommodation).

Corpus ciliare. Der Strahlenkörper erstreckt sich von der Ora serrata bis zur Iriswurzel. Er gliedert sich in:

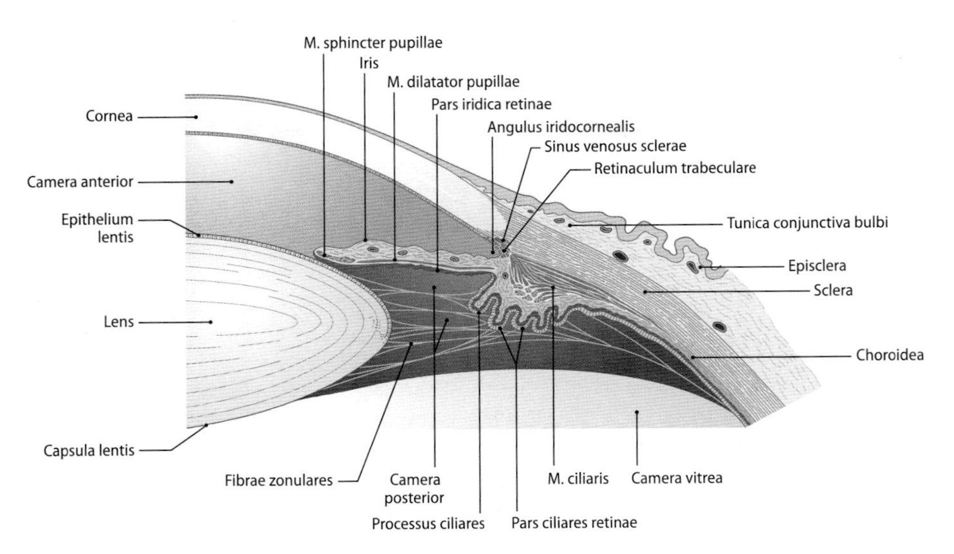

Abb. 17.52. Bau des vorderen Augenabschnittes, Teil eines Horizontalschnittes

- *Orbiculus ciliaris* (Pars plana, glatte Oberfläche, 4 mm breiter Ring vor der Ora serrata) und
- *Corona ciliaris* (Pars plicata, anschließender 2 mm breiter Ring bis zur Iriswurzel, bestehend aus 70–80 vorspringenden, radiär angeordneten *Processus ciliares*).

In beiden Abschnitten liegt der Ziliarmuskel.

M. ciliaris. Der Ziliarmuskel entspringt an der Sclera und lässt unterschiedliche Faserverläufe erkennen: Die außen liegenden *Fibrae meridionales* et *longitudinales* (Brücke-Muskel) setzen sich nach hinten in die Bruch-Membran fort und können bei Kontraktion den Strahlenkörper leicht nach vorn ziehen. Innen liegende, einen sphinkterartigen Ringmuskel bildende *Fibrae circulares* (Müller-Muskel) verringern bei Kontraktion den Durchmesser des Ziliarmuskels, führen dadurch zur Entspannung der Zonulafasern und ermöglichen die Abkugelung der Linse. Der Ziliarmuskel wird motorisch ausschließlich parasympathisch innerviert, die zugehörigen postganglionären Neurone liegen im *Ganglion ciliare*.

Zonulaapparat. Viele hundert Zonulafasern, *Fibrae zonulares*, übertragen den Kontraktionszustand des Ziliarmuskels auf die Linse und bilden gleichzeitig ihren Aufhängeapparat. Die aus Fibrillin-Mikrofibrillen bestehenden feinen Zonulafasern entspringen der Basalmembran des inneren Epithels des Strahlenkörpers, durchziehen die hintere Augenkammer und inserieren äquatornah an den vorderen und hinteren Bereichen der Linsenkapsel.

Pars ciliaris retinae. Den epithelialen Abschluss des Strahlenkörpers zur hinteren Augenkammer bilden **2 einschichtige epitheliale Zelllagen** (aus den beiden Blättern des embryonalen Augenbechers), die fest aneinander haften. Das **äußere Blatt** besteht aus kubischen **pigmentierten Epithelzellen,** es entspricht dem Pigmentepithel der Retina. Das **innere unpigmentierte Blatt** wird aus zylindrischen sekretorischen Epithelzellen aufgebaut, die Tight Junctions besitzen und die Blut-Kammerwasser-Schranke bilden. Im Bereich der *Processus ciliares* produziert das Epithel kontinuierlich das Kammerwasser.

Iris. Die Regenbogenhaut stellt eine Lochblende dar. Ihr Durchmesser beträgt ca. 12 mm, der Pupillendurchmesser kann zwischen 1,5–9 mm verändert werden. Den Hauptbestandteil der Iris bildet das Stroma, *Stroma iridis*, das aus sehr lockerem Bindegewebe mit eingelagerten Melanozyten besteht und Blutgefäße und glatte Muskulatur beinhaltet. Die Vorderfläche besitzt ein lückenhaftes Pseudoepithel aus Bindegewebezellen des Stromas, das von mit Kammerwasser gefüllten Kanälen durchzogen ist. Die Rückfläche ist von einem zwei-

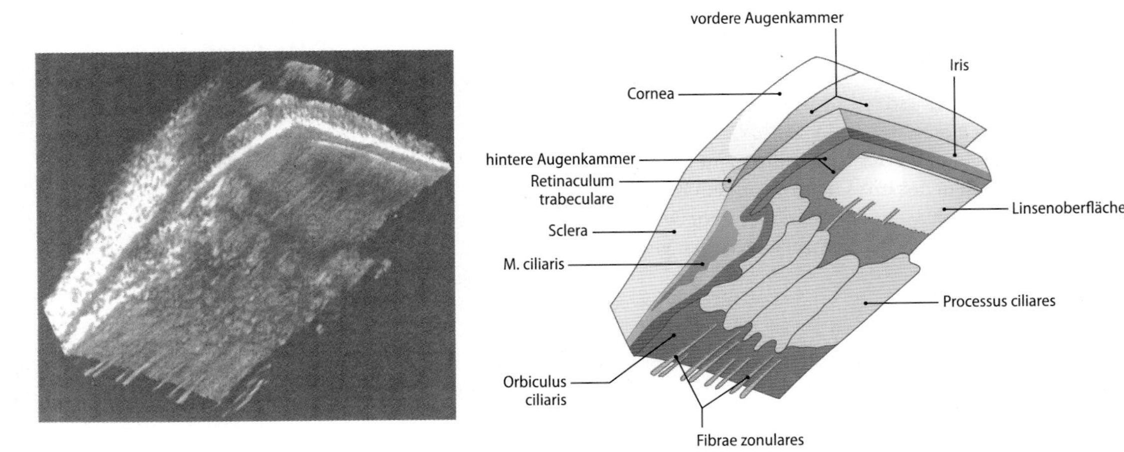

Abb. 17.53. Ultraschallbiomikroskopie des vorderen Augenabschnittes, dreidimensionale Rekonstruktion aus 160 Einzelbildern [9]

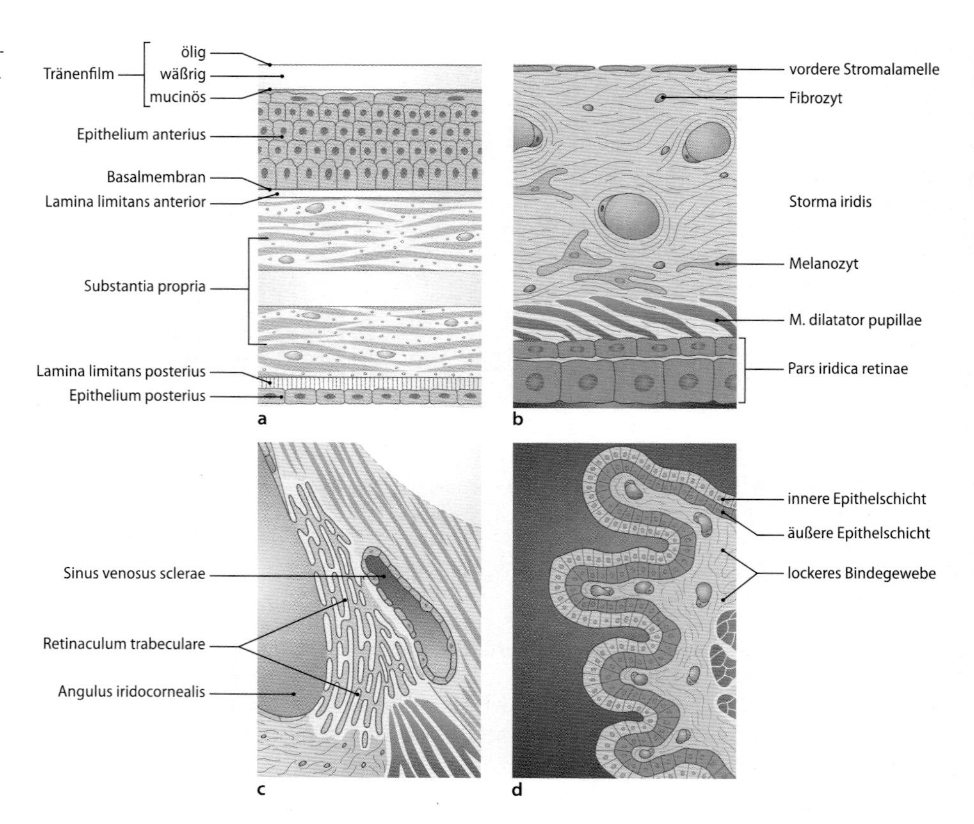

Abb. 17.54a–d. Schematische Ausschnittvergrößerungen von Cornea (**a**), Iris (**b**), Iridokornealwinkel (**c**) und Processus ciliaris (**d**)

schichtigen Epithel bedeckt, *Pars iridica retinae*. Beide Epithelien sind stark pigmentiert und lassen sich deshalb histologisch nur schwer voneinander abgrenzen.

Muskeln. Für die Einstellung des Pupillendurchmessers sind glatte Muskeln wichtig, deren Namen ihre Funktionen bezeichnen. Der *M. sphincter pupillae* liegt als ringförmige schmale Platte glatter Muskelzellen nahe der Pupille. Der *M. dilatator pupillae*, der aus schwanzartigen Fortsätzen der dem Stroma zugewandten Epithelzellen gebildet wird (Myoepithel), hat einen radiären Verlauf und liegt peripher des M. sphincter pupillae. Der M. sphincter pupillae wird parasympathisch innerviert (1. Neuron: *Nucl. accessorius n. oculomotorii* → *N. oculomotorius* → *Radix oculomotoria* → *Ganglion ciliare* [2. Neuron] → *Nn. ciliares breves*), der M. dilatator pupillae wird sympathisch innerviert (1. Neuron: thorakales Rückenmark [Segmente C8–Th2] → Grenzstrang → *Ganglion cervicale superius* [2. Neuron] → periarterielle sympathische Geflechte der A. carotis interna und der *A. ophthalmica* → *Radix sympathica* → Ganglion ciliare → Nn. ciliares breves).

Gefäße. In der Nähe des Pupillenrandes liegt als unvollständiger Ring der *Circulus arteriosus iridis minor*, der Zuflüsse des *Circulus arteriosus iridis major* erhält. Der Circulus arteriosus iridis major liegt nicht, wie der Name vermuten lässt, in der Iris, sondern vor dem *M. ciliaris* im Strahlenkörper. Der Circulus arteriosus iridis major wird aus *Aa. ciliares posteriores longae* und *Aa. ciliares anteriores* gespeist (Abb. 17.55).

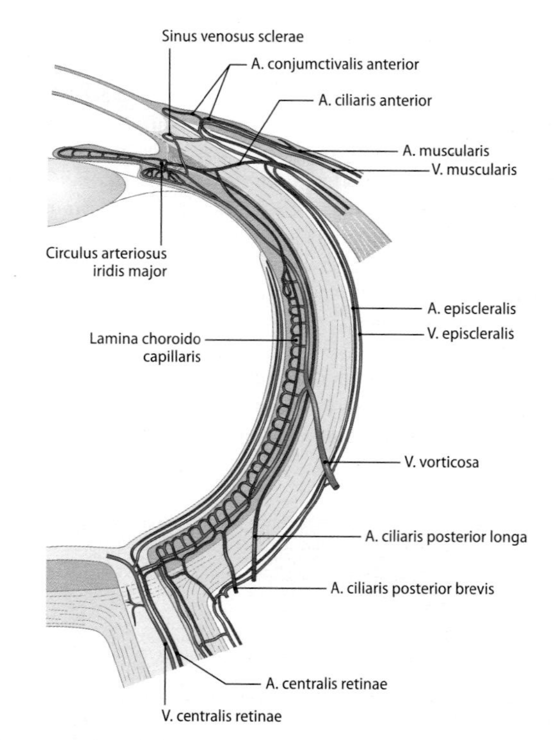

Abb. 17.55. Blutgefäße des Bulbus oculi

17.42 Horner-Syndrom

Nach Unterbrechungen des Sympathikusweges resultieren eine Miosis (Engstellung der Pupille aufgrund des Überwiegens des M. sphincter pupillae) und eine leichte Ptosis (Herabhängen des Oberlides durch Ausfall des M. tarsalis superior). Der zur Horner-Trias gehörende Enophthalmus (Zurücksinken des Bulbus) ist selten nachweisbar und klinisch irrelevant.

17.43 Okulomotoriuslähmung
Mydriasis der Pupille (lichtstarre und weite Pupille aufgrund des Überwiegens des M. dilatator pupillae).

17.44 Regulierung der Pupillenweite
Durch Verabreichen von Tropfen in den Bindehautsack, die Agonisten oder Antagonisten der Transmitter von Sympathikus (Noradrenalin) oder Parasympathikus (Azetylcholin) enthalten, kann die Pupillenweite eingestellt werden: **Mydriasis** durch Sympathikomimetika und Parasympathikolytika, **Miosis** durch Parasympathikomimetika.

Linse. Die Linse, *Lens*, der einzige Bulbusanteil, der seine Brechkraft ändern kann, ist ein bikonvexes, gefäß- und nervenfreies, rein epitheliales Organ mit einem Durchmesser von ca. 9 mm, einer Dicke von 4–5 mm und einer unterschiedlichen Krümmung der Vorder- und Hinterfläche (bei Ferneinstellung Krümmungsradius der Vorderfläche 10 mm, der Hinterfläche 6 mm). Sie wird außen von der dicken Linsenkapsel, *Capsula lentis*, umgeben. Unter der Kapsel der Linsenvorderfläche liegt das einschichtige prismatische Linsenepithel, *Epithelium lentis*. Diese Epithelzellen bilden keine Linsenzellen, sie dienen als transportierende Epithelien der Ernährung der Linse aus dem Kammerwasser. Die übrige Masse der Linse wird durch kompliziert dreidimensional angeordnete Linsenzellen (Linsenfasern, *Fibrae lentis*) eingenommen. Linsenzellen sind langgestreckt (bis zu 10 mm lang), helikal gewunden, im Querschnitt sechseckig und enthalten zunächst in ihrem Zentrum einen Zellkern und wenige Organellen. Sie sind untereinander durch druckknopfartige Interdigitationen intensiv mechanisch verhaftet und durch Gap Junctions metabolisch gekoppelt. Das innere 9/10 der Linse (Linsenkern) besteht aus kern- und organellenfreien Linsenfasern. Auf der geometrischen Anordnung der Linsenzellen beruhen die Durchsichtigkeit und die Elastizität der Linse; sie hat das Bestreben, sich abzukugeln. Durch einen Wasserverlust im Alter schrumpft der Linsenkern. Dieser Volumenverlust wird aber durch permanent ablaufende Mitosen des Epithels im Äquatorbereich und Bildung neuer Linsenzellen überkompensiert; daher wird die Linse mit dem Alter stetig größer.

Akkommodation. Als Akkommodation wird die Fähigkeit des dioptrischen Apparates des Auges bezeichnet, durch Brechkraftänderung der Linse den Strahlengang des Lichtes so zu verändern, dass auch Gegenstände näher als 6 m vom Auge entfernt scharf auf der Netzhaut abgebildet werden (Naheinstellung). Der aktive Partner ist der Ziliarmuskel, der passive Partner die Linse.

- **Naheinstellung:** bei Kontraktion bewegt sich der Ziliarmuskel nach vorn und innen (die Bruch-Membran wird gespannt), die Zonulafasern werden entspannt, der Zug auf die Linsenkapsel wird reduziert und die Linse kann der ihr innewohnenden Tendenz zur Abkugelung nachgeben. Dabei wird vor allem ihr vorderer Krümmungsradius von 10 auf 6 mm verringert, ihre Brechkraft nimmt zu.
- **Ferneinstellung.** Entspannt der Ziliarmuskel, zieht die vorgedehnte Bruch-Membran den Ziliarmuskel wieder in seine Ausgangslage, der Zonulaapparat wird gespannt und dehnt durch Zug die Linsenkapsel, die Linse flacht ab, ihre Brechkraft wird reduziert.

17.45 Altersfernsichtigkeit (Presbyopie)
Bei der Ferneinstellung hat die jugendliche Linse eine Brechkraft von ca. 16 Dioptrien, die um ca. 15 Dioptrien (Akkommodationsbreite) bei Naheinstellung gesteigert werden kann. Ab dem 45. Lebensjahr verringert sich die Akkommodationsbreite (Altersfernsichtigkeit: Presbyopie). Die Korrektur erfolgt durch eine Lesebrille (Sammellinse).

17.46 Grauer Star (Katarakt)
Bei der Entstehung des grauen Stars (Katarakt) kommt es zur Eintrübung unterschiedlicher Linsenanteile, meist zentral. Im Rahmen der Katarakt-Chirurgie werden die veränderten Linsenfasern entfernt und eine Kunstlinse in den erhaltenen Kapselsack eingebracht.

Kammerwasserzirkulation. Das Kammerwasser ist eine wasserklare Flüssigkeit, deren Ionenzusammensetzung der des Plasmas weitgehend entspricht, aber deutlich weniger Proteine enthält. Das Kammerwasser dient der Ernährung der gefäßlosen Linse und von Teilen der Hornhaut. Ein Auge beinhaltet insgesamt ca. 250 µl Kammerwasser in der hinteren und vorderen Augenkammer, täglich werden ca. 3 ml Kammerwasser produziert und resorbiert. Das ausgewogene Verhältnis von Kammerwasserproduktion und -abfluss hält den Innendruck des Auges konstant (16–18 mmHg). Das in den Epithelien des Strahlenkörpers produzierte Kammerwasser fließt durch die Pupille in die vordere Augenkammer. Die Resorption erfolgt im *Retinaculum trabeculare* (Fontana-Räume), das den Sclera-Cornea-Übergang im *Angulus iridocornealis* (Iridokornealwinkel, Kammerbucht) unterlagert. Die **Fontana-Räume** stellen ein von Kanälen durchzogenes, lockeres, offenporiges Gewebe dar, das das Kammerwasser in den *Sinus venosus sclerae* **(Schlemm-Kanal)** ableitet. Der ringförmige intraskleral gelegene Sinus besitzt im Bereich der Fontana-Räume ein lückenhaftes Endothel und leitet das Kammerwasser über zahlreiche intraskleral ableitende Venen (Außenkanäle) in das episklerale Venensystem ab.

17.47 Grüner Star, Weitwinkel-Glaukom, Engwinkel-Glaukom und Glaukomanfall
Verdichten sich die Fontana-Räume, resultiert eine **Abflussbehinderung** des Kammerwassers und in der Folge eine Steigerung des intraokulären Druckes (grüner Star, Weitwinkel-Glaukom).

Bei kurz gebauten Bulbi kann sich die Iriswurzel vor die Fontana-Räume legen und den Zugang verlegen (Engwinkel-Glaukom). Der erhöhte intraokuläre Druck (über 20 mmHg, Messung des Druckes durch Tonometrie) schädigt oft erst nach Jahren seines Bestehens den Sehnerven, es resultieren Gesichtsfeldausfälle und bei Fortschreiten der Erkrankung Erblindung. Die Therapie des Glaukoms erfolgt medikamentös oder operativ, indem die Kammerwasserproduktion eingeschränkt wird oder alternative Abflusswege für das Kammerwasser geschaffen werden.

Ein **Glaukomanfall** (Innendruck über 50 mmHg) ist ein **medizinischer Notfall** (Kopfschmerzen, steinharter Bulbus, Sehstörungen, Hornhautödem).

Glaskörper. Das *Corpus vitreum* füllt den ca. 4 ml umfassenden Glaskörperraum, *Camera vitrea*, zwischen Linse und Retina aus. Die Glaskörperflüssigkeit ist ein Hydrogel mit hoher Viskosität, es besteht aus Wasser (99%) und Hyaluronsäurekomplexen. Der Glaskörper ist gefäß-, nerven- und zellfrei. Zur hinteren Augenkammer und zur Linsenrückfläche ist er durch Kollagenfibrillen verstärkt (Grenzmembran), zur Retina bezeichnet man die Verdichtung als *Membrana vitrea*. Der Glaskörper hat »Stoßdämpferfunktion«.

17.48 Mouches volantes (»Mückensehen«)
Im Alter kann der Glaskörper seine homogene Struktur durch Kollagenverdichtungen und Lakunenbildungen verlieren, die resultierenden beweglichen Trübungen werden als »Mückensehen« bemerkt.

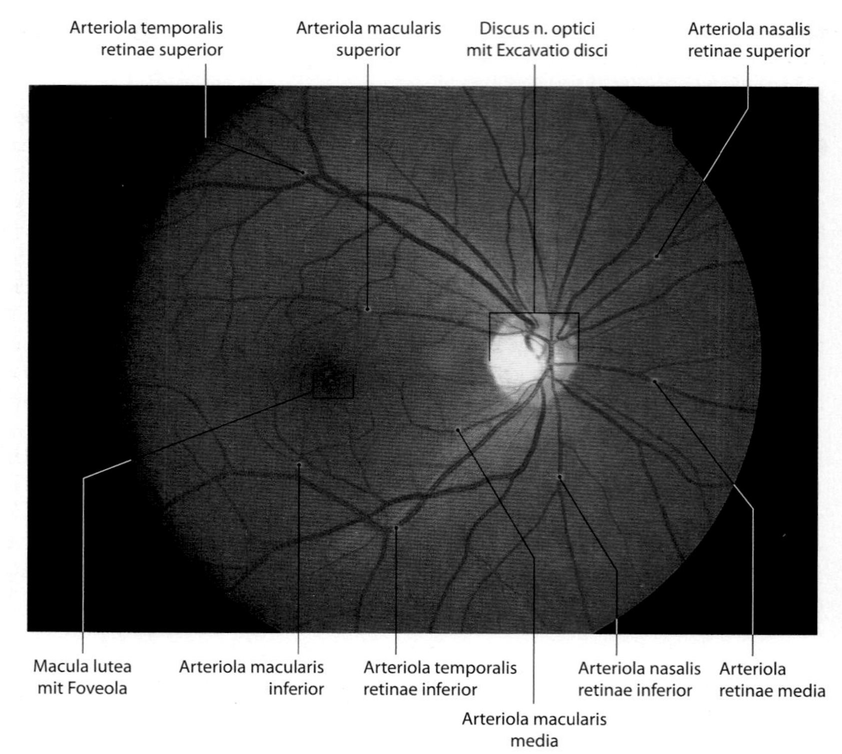

Abb. 17.56. Ophthalmoskopisches Bild eines normalen rechten Augenhintergrundes (Venulae sind nicht bezeichnet) [9]

Tunica nervosa bulbi

Die *Tunica nervosa bulbi* ist untergliedert in:
- einen **blinden Teil,** *Pars caeca retinae* mit:
  - *Pars iridica retinae* und
  - *Pars ciliaris retinae,* und
- einen **lichtwahrnehmenden Teil,** *Pars optica retinae.*

Die Grenze bildet die *Ora serrata.*

Pars optica retinae. Durch Augenspiegelung werden Strukturen des Augenhintergrundes sichtbar (Abb. 17.56 und Abb. 17.57). Die intraokulären Äste der *A.* und *V. ophthalmica*, die für die Versorgung der inneren Zweidrittel der *Pars optica retinae* zuständig sind, verzweigen sich, weitgehend parallel verlaufend und bedeckt vom *Stratum limitans internum* in einem charakteristischen Muster. Arteriolen verlaufen geschlängelt, Venulen gerade. Die Gefäßstämme treten in der Mitte des *Discus n. optici* (blinder Fleck im Gesichtsfeld) in die Retina ein. Vier stärkere Gefäße erreichen die oberen und unteren temporalen und nasalen Quadranten (Tab. 17.11). Drei kleinere Gefäße versorgen den Bereich der *Macula lutea*, die 3–4 mm temporal des *Discus n. optici* liegt. Innerhalb der Retina kommen zwei flächenhaft ausgebreitete Kapillarnetze vor: das innere im *Stratum neurofibrarum*, das äußere an der Grenze zwischen *Stratum plexiforme externum* und *Stratum nucleare internum*. In der Macula lutea fehlen Arteriolen und Venulen, hier ist nur ein Kapillargeflecht ausgebildet. Die *Foveola* (der zentralste Bereich der Macula lutea, Stelle des schärfsten Sehens aufgrund der hohen Zapfenzelldichte), ist komplett gefäßfrei. Dieser Teil der Retina wird ausschließlich durch Diffusion aus der Choroidokapillaris versorgt.

17.49 Untersuchung des Augenhintergrundes
Da die retinalen Arteriolen die einzigen direkt sichtbaren arteriellen Gefäße des Körpers sind, ist ihre Untersuchung bei generalisierten Gefäßerkrankungen (z.B. Arteriosklerose) wichtig. Auch lassen sich gestaute Venen deutlich erkennen.

Die Beurteilung von Farbe und Form des Discus n. optici hat Bedeutung bei demyelinisierenden Erkrankungen (Optikus-Atrophie), Glaukom und Hirndrucksteigerung (Stauungspapille).

Die **Pars optica retinae** besteht aus 2 Anteilen (Abb. 17.57 und Tab. 17.12):
- dem **Pigmentepithel,** *Stratum pigmentosum*, und
- der **Nervenschicht,** *Stratum nervosum.*

Beide Strata sind nur an der Ora serrata und am Rand der Lamina cribrosa miteinander verwachsen, ansonsten werden sie nur, getrennt

Tab. 17.11. Äste der A. ophthalmica (Pars intraocularis) und ihre Versorgungsgebiete

Gefäß	Versorgungsgebiet
Arteriola temporalis retinae superior – Arteriola macularis superior	temporaler oberer Quadrant der Pars optica retinae oberer Bereich der Macula lutea
– Arteriola temporalis retinae inferior – Arteriola macularis inferior	temporaler unterer Quadrant der Pars optica retinae unterer Bereich der Macula lutea
Arteriola macularis media	medialer Bereich der Macula lutea
Arteriola retinae media	medialer Bereich der Pars optica retinae
Arteriola nasalis retinae superior	nasaler oberer Quadrant der Pars optica retinae
Arteriola nasalis retinae inferior	nasaler unterer Quadrant der Pars optica retinae

Tab. 17.12. Bestandteile der Schichten der Pars optica retinae (entsprechend der Terminologia Anatomica)

Schicht		Bestandteile
Stratum pigmentosum		Pigmentepithelzellen
Stratum nervosum	Stratum segmentorum externorum et internorum	Innen- und Außensegmente der Photorezeptoren
	Stratum limitans externum	Zonulae adhaerentes zwischen Innensegmenten der Photorezeptoren und Endfüßen von Müller-Gliazellen
	Stratum nucleare externum	Perikarya der Rezeptorzellen, Fortsätze der Müller-Gliazellen
	Stratum plexiforme externum	Fortsätze von Rezeptorzellen, bipolaren Zellen, Horizontalzellen mit synaptischen Kontakten, Fortsätze der Müller-Gliazellen
	Stratum nucleare internum	Perikarya von bipolaren Zellen, Horizontalzellen, amakrinen Zellen, kernhaltige Abschnitte der Müller-Gliazellen, terminale Äste der A. et V. centralis retinae
	Stratum plexiforme internum	Fortsätze von bipolaren und amakrinen Zellen und Ganglienzellen mit synaptischen Kontakten, Äste der A. et V. centralis retinae
	Stratum ganglionicum	Perikarya von Ganglienzellen, Fortsätze der Müller-Gliazellen, Äste der A. et V. centralis retinae
	Stratum neurofibrarum	unbemarkte Axone von Ganglienzellen, Astrozyten, Mikrogliazellen, Fortsätze der Müller-Gliazellen, Aufzweigung der A. et V. centralis retinae
	Stratum limitans internum	terminale Fortsätze von Müller-Gliazellen

durch den Subretinalspalt, durch den Augeninnendruck aneinander gepresst.

Stratum pigmentosum. Das Pigmentepithel ist ein einschichtiges isoprismatisches, durch Zonulae occludentes verhaftetes Epithel (Blut-Retina-Schranke), dessen platten- und fingerförmige Fortsätze viele Melaningranula besitzen und sich in funktionell wechselndem Ausmaß zwischen die Endglieder der Stäbchen- und Zapfenzellen schieben (Abb. 17.57). Für die Beweglichkeit der Zellfortsätze ist ein ausgeprägtes Aktin-Gerüst verantwortlich. Das Pigmentepithel hat physikalisch-optische (Reduktion von Streulicht, Verhinderung von Lichtreflexionen) und metabolische Funktionen. Die Spitzenbereiche der Außenglieder der Stäbchenzellen werden am Morgen, die der Zapfenzellen am Abend von den Fortsätzen der Pigmentepithelzellen phagozytiert. Man findet deshalb zahlreiche Phagosomen. Verbrauchte Photopigmente der Rezeptorzellen werden vom Pigmentepithel aufgenommen, resynthetisiert und den Rezeptorzellen wieder zur Verfügung gestellt. Ferner vermittelt das Pigmentepithel die Ernährung der retinalen Photorezeptoren aus der Choroidokapillaris.

! 17.50 Albinos
Albinos sind aufgrund des genetisch bedingten fast völligen Fehlens von Melanin (Iris und Pigmentepithel) sehr lichtempfindlich. Sie haben rote Augen, weil das einfallende Licht vom roten Augenhintergrund reflektiert wird und die Blutgefäße der Iris sichtbar sind. Da die Fovea centralis nicht korrekt ausgebildet wird, besteht auch eine schlechte Sehschärfe.

! 17.51 Netzhautablösung
Netzhautablösungen heben den funktionell wichtigen Kontakt der Pars nervosa mit dem Pigmentepithel auf und führen sekundär zu einer Degeneration der Photorezeptoren der Retina und zu Gesichtsfeldausfällen. Abgelöste Netzhautabschnitte werden thermisch, meist durch punktförmige Laserkoagulation, mit dem Pigmentepithel verschweißt. An den Schweißpunkten wird die Retina zerstört.

Stratum nervosum. Das Stratum nervosum ist eine durchsichtige, beim Lebenden leicht rötliche Haut mit einer Dicke von ca. 350 µm. Im Bereich der *Foveola* der *Macula lutea* ist die Dicke auf ca. 100 µm reduziert. Der Mensch hat ein inverses Auge, d.h. das Licht muss die Retina durchdringen, um von den außen liegenden Rezeptoren in ein elektrisches Signal transduziert zu werden. Das Stratum nervosum lässt sich **histologisch in 9 Schichten** untergliedern, die die geometrische Anordnung von Zellen und neuropilreichen Zonen widerspiegeln. Der **grundsätzliche Aufbau** besteht aus **3 hintereinander geschalteten Neuronen:**

- **Rezeptorzellen** (Stäbchen- und Zapfenzellen, primäre Sinneszellen = 1. Neuron; Abb. 17.58)
- **bipolare Zellen** (2. Neuron)
- **Retinaganglienzellen** (3. Neuron)

Zusätzlich dienen weitere Neurone (Horizontalzellen, amakrine Zellen) der intraretinalen Informationsverarbeitung. Als Gliazellen kommen Müller-Gliazellen hinzu, deren plattenartige Ausläufer die innere und äußere Gliagrenzmembran bilden und das Stratum nervosum beidseitig begrenzen, Astrozyten im Stratum neurofibrarum und Mikrogliazellen in der gesamten Retina.

Die Rezeptorzellen lassen sich in **Stäbchenzellen** (ca. 110–120 Millionen) und **Zapfenzellen** (ca. 6–7 Millionen) gliedern (Abb. 17.58; Tab. 17.13). Stäbchen- und Zapfenzellen sind unterschiedlich verteilt. In der Retinaperipherie kommen fast ausschließlich Stäbchenzellen vor, in der Foveola der Macula lutea ausschließlich Zapfenzellen. In einer ringförmigen Zone um die Macula sind beide Rezeptortypen gemischt. Der Discus n. optici enthält keine

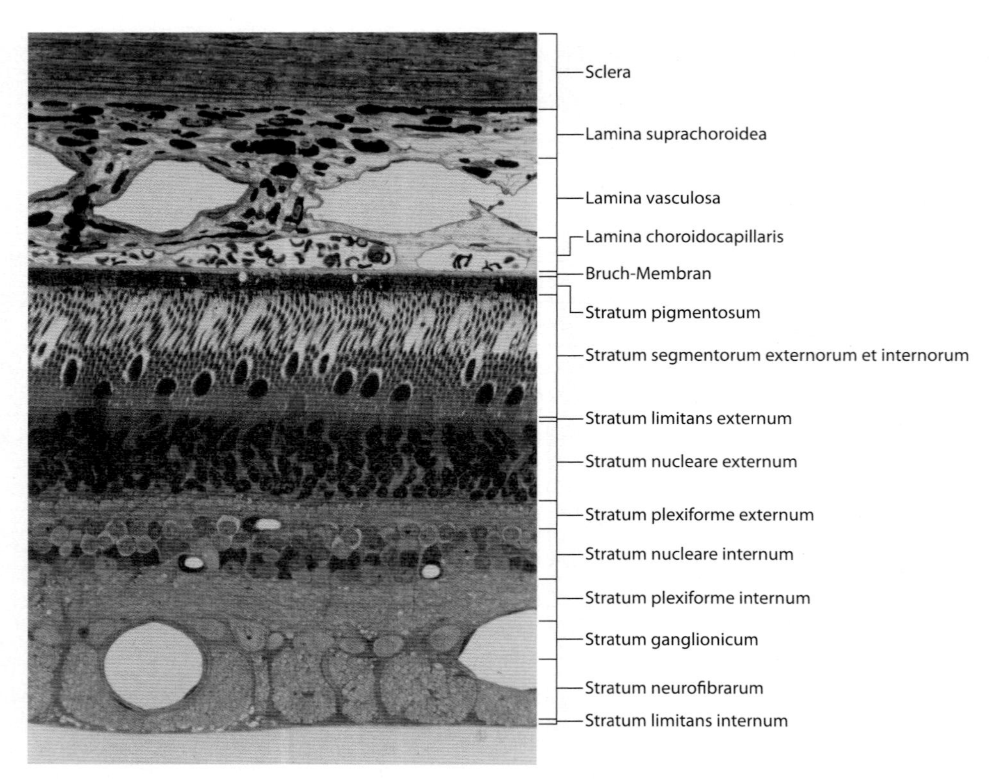

Abb. 17.57. Semidünnschnitt der Bulbuswand, Rhesusaffe (Vergr. ca. 500-fach) [10]

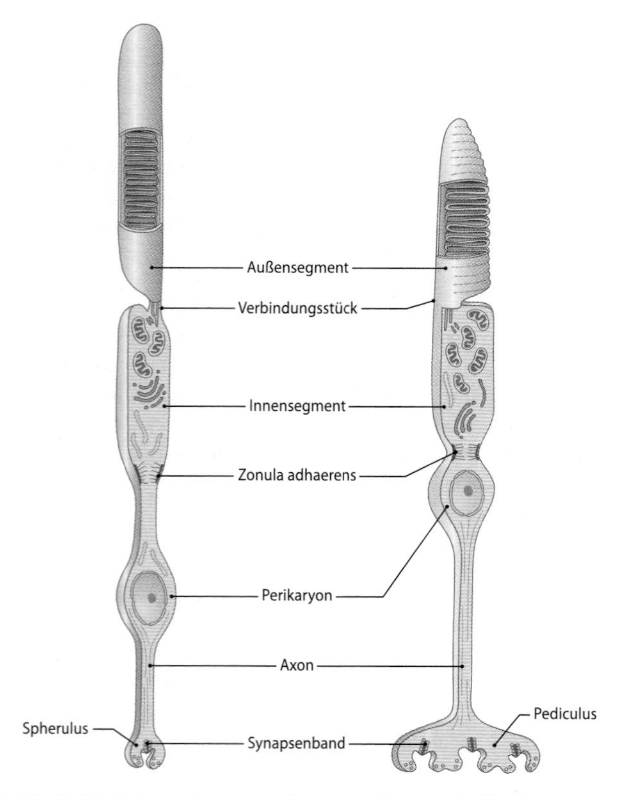

Abb.17.58. Schema der Ultrastruktur der Stäbchenzelle (links) und Zapfenzelle (rechts)

Retina. Für das Auflösungsvermögen ist die Rezeptordichte entscheidend. Sie ist für die Zapfenzellen am höchsten in der Fovea centralis, für die Stäbchenzellen in der parafoveolären Zone. **Stäbchenzellen** dienen dem **Hell-Dunkel-Sehen (skotopisches Sehen)**, haben eine hohe Lichtempfindlichkeit (Dämmerungssehen) und werden hochkonvergent verschaltet (geringe Sehschärfe). **Zapfenzellen** dienen dem **photopischen Sehen (Farbsehen, Hell-Dunkel-Bewertung)**, sind relativ lichtunempfindlicher (Tagessehen) und werden geringkonvergent verschaltet (hohe Sehschärfe).

Beide Rezeptorzelltypen haben ein Außen- und ein Innensegment, verbunden durch eine Einschnürung (Verbindungsstück). Die Innensegmente der Zapfenzellen sind dicker und mitochondrienreicher als die der Stäbchenzellen (Abb. 17.58). Innen- und Außensegmente bilden das *Stratum segmentorum externorum et internorum*. Im Bereich des Überganges von Innensegmenten zu ihren Perikarya werden die Rezeptorzellen untereinander und mit den Ausläufern der Müller-Gliazellen durch Zonulae adhaerentes und Desmosomen miteinander verbunden *(Stratum limitans externum)*, die kernhaltigen Perikarya der Rezeptorzellen liegen im *Stratum nucleare externum*.

Hinsichtlich Feinstruktur und Funktion unterscheiden sich die Rezeptortypen. Die schlanken **Stäbchenzellen** enthalten in ihren langen Außensegmenten ca. 800–1000 geldrollenartig aufgestapelte membranumhüllte Scheibchen (Disci), die von Zytoplasma umgeben sind (Abb. 17.58). Als Fotopigment dient Rhodopsin (Rezeptormolekülkomplex), dessen spezifische Proteinkomponente (Stäbchen-Opsin) als Transmembranprotein in der Membran der Disci lokalisiert ist, und als prosthetische Gruppe das lichtabsorbierende 11-cis-Retinal (Chromophor) enthält.

Die plumperen **Zapfenzellen** enthalten in ihren kurzen, konischen Außensegmenten regelhafte plattenartige Einstülpungen der Plasmamembran, die als Fotopigment Iodopsin enthalten (Abb. 17.58). Es gibt jeweils ein Zapfen-Opsin für Rot-, Grün- oder Blau-Zapfen). Die Opsin-Komponente legt das Absorptionsmaximum eines Rezep-

Tab. 17.13. Morphologische und funktionelle Merkmale von Stäbchen- und Zapfenzellen

Stäbchenzellen	Zapfenzellen
Konzentriert in der Retinaperipherie	Konzentriert in der Fovea centralis
Schmale lange Außensegmente mit intrazellulären Disci	Plumpe konische Außensegmente mit Einfaltungen des Plasmalemms
Sehfarbstoff Rhodopsin	Sehfarbstoffe Iodopsine
Hohe Lichtempfindlichkeit → Dämmerungssehen	Geringe Lichtempfindlichkeit → Sehen bei hoher Lichtintensität
Keine Farbselektivität → Schwarz-Weiß-Sehen	Farbselektivität (Rot, Grün, Blau) → Farbsehen
Hohe Konvergenz der Verschaltung → geringes Auflösungsvermögen	Geringe Konvergenz der Verschaltung → hohes Auflösungsvermögen
Axon bildet Spherulus	Axon bildet Pediculus

tors fest. Belichtung führt zu einer Hyperpolarisation des Membranpotenzials der Rezeptorzellen und an deren axonalen Terminalen zur Reduktion der Transmitterfreisetzung (Glutamat).

Die axonalen Fortsätze der Rezeptorzellen enden im *Stratum plexiforme externum* mit präsynaptischen Boutons an bipolaren Zellen und Horizontalzellen. Im *Stratum nucleare internum* liegen die Perikarya von bipolaren Zellen, Horizontalzellen, amakrinen Zellen und die kernhaltigen Abschnitte der Müller-Gliazellen. Im folgenden *Stratum plexiforme internum* finden sich die Synapsen zwischen den Interneuronen und den Ganglienzellen (retinale Projektionsneurone), deren Perikarya das *Stratum ganglionicum* bilden. Die in der Retina noch unbemarkten Axone der Ganglienzellen verlaufen im *Stratum neurofibrarum* zum Discus n. optici. Das *Stratum limitans internum* begrenzt die Retina zum Glaskörper und wird durch die verbreiterten Endfüße der Müller-Gliazellen gebildet, die keine spezifischen Zellkontakte aufweisen. Zum Glaskörper hin bilden die Müller-Gliazellen eine kontinuierliche Basalmembran.

Die von den ca. 120 Millionen Rezeptorzellen aufgenommene Information verlässt das Auge über ca. 1,2 Millionen Ganglienzellaxone. Aus dem Zahlenvergleich ergibt sich die große Signalkonvergenz und intensive intraretinale Informationsverarbeitung. Die Vermittlung der Informationen aus den Rezeptorzellen zu den Optikusganglienzellen erfolgt über bipolare Zellen, teilweise moduliert durch Horizontalzellen und amakrine Zellen. Die Verarbeitung von Informationen aus Stäbchen- und Zapfenzellen ist jedoch unterschiedlich (▪ Abb. 17.59).

Das Zapfenzellaxon endet in einen Pediculus, einem fußartigen mehrfach invaginierten Bouton (cone pedicle). Innerhalb des Pediculus befinden sich mehrere Synapsenbänder (synaptic ribbon). Ein Synapsenband besteht aus einer zentralen Lamelle und beidseitig aufgereihten synaptischen Vesikeln mit Glutamat als Transmitter. Die Ribbon-Synapse der Zapfenzelle besitzt als postsynaptisches Element zentral einen dendritischen Fortsatz einer On-bipolaren Zelle, der von 2 Horizontalzellfortsätzen flankiert wird (Triade). Die Triade wird aber bei **Rot- oder Grün-Zapfenzellpedikeln** immer ergänzt durch an den Umschlagsrändern der Invagnation gelegenen synaptischen Kontakten zu einer Off-bipolaren Zelle. Der synaptische Output eines Rot- oder Grün-Zapfenpediculus wird deshalb immer

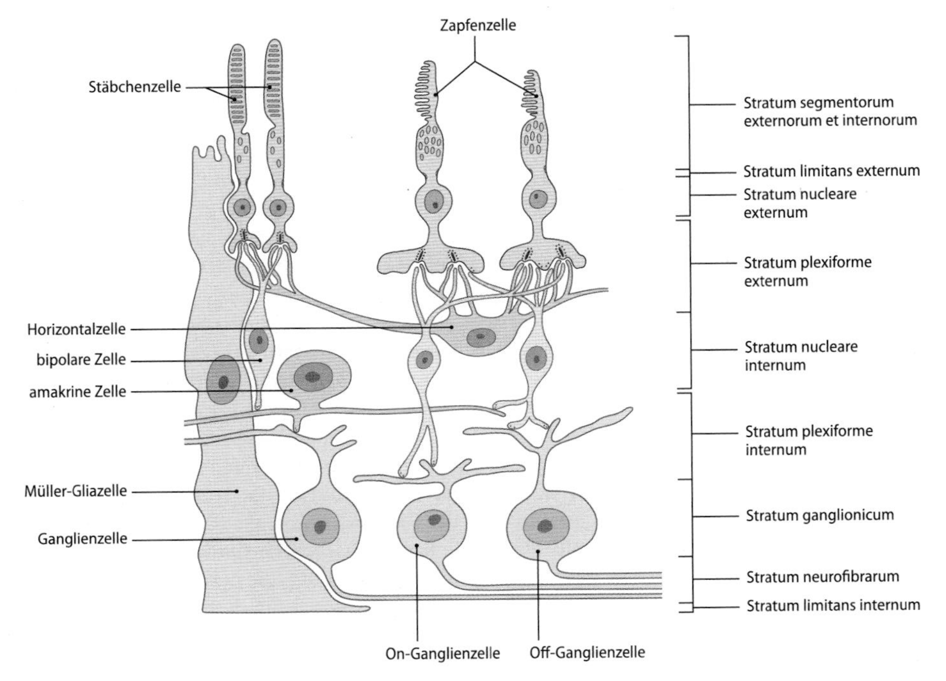

Abb. 17.59. Verschaltung wichtiger Zelltypen der Retina. Links: Stäbchenzellverknüpfung, rechts: Zapfenzellverknüpfung des On-Weges und des Off-Weges (stark vereinfachtes Schema)

sowohl auf einem On-Weg als auch auf einem Off-Weg geschaltet. Die an der Triade beteiligten Fortsätze der Horizontalzellen sind keine reinen Dendriten (postsynaptische Elemente), sie enthalten auch synaptische Vesikel (Transmitter: GABA). Wird eine Horizontalzelle über einen Pediculus synaptisch angesprochen, hyperpolarisiert sie und verändert mit ihrem weit verzweigten Fortsatzbaum die synaptische Übertragung in benachbarten Pedikeln, aber auch in benachbart liegenden Stäbchenzellspherulen. Die Axone der Rot- oder Grün-Zapfenbipolaren erreichen meist direkt oder seltener indirekt, nach Zwischenschaltung von amakrinen Zellen, die entsprechenden farbspezifischen On- oder Off-Ganglienzellen. Amakrine Zellen sind eine sehr heterogene Zellpopulation, ihre exakten Funktionen in der intraretinalen Informationsverarbeitung sind noch nicht vollständig geklärt (◘ Abb. 17.59).

Das Blausehen ist anders organisiert. Nur **ca. 5%** aller Zapfenzellen sind **Blauzapfen,** die Fovea centralis besitzt keine Blauzapfen. Ein Blauzapfen gibt seine Information an eine On-Blauzapfenbipolare weiter (Off-Blauzapfenbipolare sind für den Menschen nicht bekannt), zahlreiche On-Blauzapfenbipolare erregen On-Blauganglienzellen, die aufgrund ihres großen Dendritenbaumes große rezeptive Felder besitzen. Aufgrund dieser Spezifika können blaue Strukturen schlecht und nicht hochauflösend scharf gesehen werden.

Signale aus den Stäbchenzellen erreichen die Ganglienzellen über einen indirekten Weg. Das Stäbchenzellaxon endet in einem knopfartigen Spherulus, einem invaginierten Bouton (rod spherule) mit einem Synapsenband, als postsynaptischer Partner ist eine Triade ausgebildet. Die Stäbchenzelltriade besitzt als zentrales Element einen Dendriten einer Stäbchenbipolare (es gibt nur einen On-Typ), flankiert von 2 Horizontalzellfortsätzen. Zahlreiche (15–50) Stäbchenzellen werden auf eine Stäbchenbipolare aufgeschaltet (starke Konvergenz). Die Stäbchenbipolaren bilden in der inneren plexiformen Schicht Synapsen mit amakrinen Zellen, nie direkt mit Ganglienzellen. Die amakrinen Zellen können ihre Information auf 2 Wegen an Ganglienzellen weitergeben: entweder direkt oder indirekt über ihre synaptischen Verknüpfungen mit den Axonen der Zapfenbipolaren, die wiederum Ganglienzellen erreichen. Es werden nur Ganglienzellen vom M-Typ erreicht. Damit empfängt eine M-Ganglienzelle Informationen sowohl aus Stäbchenzellen als auch aus Zapfenzellen und leitet diese komplexe Information an das ZNS weiter. Aufgrund der massiven Konvergenz (bis zu 75000 Stäbchenzellen werden auf eine M-Ganglienzelle aufgeschaltet) ist die Empfindlichkeit des Systems sehr groß, das Auflösungsvermögen dagegen sehr gering. Aufgrund des komplexen Verschaltungsmusters ist das System auch langsamer als beim Tagessehen. So ist das Spielen mit kleinen Bällen in der Dämmerung nur schlecht möglich, Reaktionszeiten beim Autofahren sind in der Nacht verlängert.

Eine Ganglienzelle hat ein rezeptives Feld, dessen Beleuchtung oder Nichtbeleuchtung ihr elektrisches Verhalten kodiert. Als rezeptives Feld einer Ganglienzelle wird der Bereich der Retina (theoretisch ein Rezeptor in der Fovea centralis oder viele tausend Rezeptoren der Retinaperipherie) bezeichnet, dessen Stimulation zu einer Aktivitätsänderung der spontan aktiven Ganglienzelle führt. Ein rezeptives Feld ist kreisrund und wird in ein Zentrum und eine Peripherie unterteilt. Aufgrund des funktionellen Verhaltens werden On-center-Ganglienzellen (Belichtung des Zentrums des rezeptiven Feldes führt zu ihrer Erregung) und Off-center-Ganglienzellen (Belichtung des Zentrums des rezeptiven Feldes führt zu ihrer Hemmung) unterschieden. Aufgrund dieser Organisation werden vor allem Helligkeitsunterschiede (Kontraste) von benachbarten Lichtpunkten klar registriert.

Ganglienzellen sind multipolare Projektionsneurone der Retina. In der Retinaperipherie werden Informationen aus Rot- und Grün-Zapfenzellen auf eine Ganglienzelle geschaltet. Diesen Weg nutzen auch Stäbchenzellen. Blau-Zapfen haben eigene Ganglienzellen. Völlig anders ist die Verknüpfung der Zapfenzellen der Fovea centralis und der für sie zuständigen Zwergganglienzellen (migdet ganglion cells), die von einer Zapfenzelle über kleine Zapfenbipolare ihre Information erhalten. In der Fovea centralis ist jede einzelne Rot- oder Grün-Zapfenzelle mit zwei bipolaren Zellen verbunden, einer On-Bipolaren und einer Off-Bipolaren. Die On-Bipolare ist mit einer On-Ganglienzelle verknüpft, eine Off-Bipolare mit einer Off-Ganglienzelle. Damit gibt ein Zapfen seine Information an zwei Ganglienzellen weiter.

Ganglienzellen können weiter eingeteilt werden: Die wichtigsten Klassen sind M- und P-Neurone. Große magnozelluläre M-Neurone mit großem Dendritenbaum und großem rezeptiven Feld nehmen Bewegungen von Objekten wahr. Ihre dicken Axone erreichen mit weit verzweigten Axonbäumen die magnozellulären Schichten des *Corpus geniculatum laterale,* Kerngebiete des akzessorischen optischen Systems und den *Colliculus superior.* Kleine parvozelluläre P-Neurone mit einem sehr kleinen Dendritenbaum vermitteln die Wahrnehmung von Form und Farben von Objekten. Sie erhalten die Informationen aus einer bis wenigen Zapfenzellen der Fovea und der parafoveolären Region und haben ein sehr kleines rezeptives Feld mit einer hohen Ortsauflösung. Zu dieser Klasse gehören die für die Fovea-Zapfenzellen zuständigen Zwergganglienzellen, die ca. 50% der menschlichen Ganglienzellen bilden. Ihre dünnen Axone erreichen mit wenig verzweigten Axonbäumen die parvozellulären Schichten des Corpus geniculatum laterale und den Colliculus superior. Zu den kleinzelligen Neuronen gehört noch eine weitere Klasse, die zwar ein kleines Perikaryon, aber einen großen Dendritenbaum aufweist (W-Zellen). Ihre Axone enden in Kerngebieten des akzessorischen optischen Systems, der *Area pretectalis* und dem *Nucl. suprachiasmaticus,* und dienen dem Bewegungssehen, der Pupillomotorik und vegetativen Funktionen (z.B. Beeinflussung des Endokriniums, Tag-Nacht-Rhythmus).

Sehnerv

Der an der *Lamina cribrosa sclerae* beginnende Sehnerv, *N. opticus,* hat einen Durchmesser von ca. 4 mm. Der Sehnerv wird aufgrund seiner topographischen Lage in 4 Teile untergliedert:

- *Pars intraocularis* (in der Bulbuswand, 2 mm)
- *Pars orbitalis* (28 mm)
- *Pars canalis* (im *Canalis n. optici,* 5 mm)
- *Pars intracranialis* (bis zum *Chiasma opticum,* 12 mm).

Der N. opticus enthält myelinisierte Axone der Ganglienzellen des ipsilateralen Auges. Die Markscheiden werden von Oligodendrozyten gebildet. Die Nervenfasern des N. opticus können in verschiedene Größenklassen eingeteilt werden: ca. 90% sind dünn (Durchmesser ca. 1 μm), die restlichen sind dicker mit einem Durchmesser von 2–10 μm. Die durch bindegewebige Septen in Bündel gegliederten Nervenfasern aus der Retina nehmen im N. opticus eine bestimmte Lage ein. Die Fasern aus der Macula lutea findet man nach kurzem Verlauf im Zentrum (papillomakuläres Bündel).

Da der N. opticus entwicklungsgeschichtlich zum Hirnteil gehört, ist er von Hirnhäuten umgeben. Die Durascheide, *Vagina externa n. optici,* die eine durch den Canalis opticus reichende Fortsetzung der *Dura mater encephali* ist, umgibt den Sehnerv und strahlt in das kollagene Fasersystem der Sclera ein. Innen wird die Dura von Arachnoidea unterlagert, die nur durch einen sehr schmalen Subarachnoidalraum, *Spatium intervaginale subarachnoidale,* von der Pia mater, *Vagina interna n. optici,* getrennt ist. Die Pia mater zieht mit bindegewebigen Septen in den N. opticus hinein und gliedert ihn in Nervenfaserbündel. Der Subarachnoidalraum des N. opticus kommuniziert mit dem des Cavum cranii.

17

In einer Entfernung von 15 mm hinter dem Bulbus treten *A.* und *V. centralis retinae* an der Unterseite in den Sehnerv ein und erreichen inmitten des Sehnervs die *Papilla n. optici*.

Die Papilla n. optici (*Discus n. optici, Pars intraocularis n. optici*, = blinder Fleck des Gesichtsfeldes) kann bei einer Spiegelung des Augenhintergrunds untersucht werden. Sie liegt 3 mm nasal des hinteren Augenpoles. Der Diskus hebt sich als rosa bis gelblich gefärbte, scharfrandig begrenzte Scheibe vom roten Augenhintergrund ab. In der Mitte des Diskus befindet sich eine physiologische Vertiefung, *Excavatio disci*, die normalerweise nicht bis an den Diskusrand heranreicht. Im Diskuszentrum treten die retinalen Gefäße ein und aus (◘ Abb. 17.56).

17.52 Sehstörungen als Hinweis auf multiple Sklerose

Da die multiple Sklerose eine Erkrankung der Oligodendrozyten darstellt, sind Sehstörungen aufgrund einer Demyelinisierung des N. opticus oft erstes Symptom dieser Erkrankung.

In Kürze

Durch die **brechenden Medien des Bulbus oculi – Cornea, Kammerwasser, Linse, Glaskörper** – wird **Licht auf** die rezeptiven Strukturen der **Retina** gelenkt.

Die **äußere Augenhaut** (Tunica fibrosa bulbi) aus undurchsichtiger **Sclera** und lichtdurchlässiger **Cornea** bildet die mechanisch feste Außenhülle.

Die **Tunica vasculosa bulbi** des hinteren Augenabschnittes **(Aderhaut)** dient der **Versorgung** der äußeren Retinaabschnitte, die des vorderen Abschnittes bilden die nichtepithelialen Teile von Strahlenkörper und Iris einschließlich ihrer Muskulatur.

Die **Iris** funktioniert abhängig von der Lichtintensität als **Lochblende,** der M. ciliaris beeinflusst die Form der über Zonulafasern mit ihm verbundenen Linse und damit die Brennweite des Auges (Akkommodation).

Das innere Epithel des Ziliarkörpers produziert Kammerwasser, das im seitlichen Bereich der vorderen Augenkammer (Iridokornealwinkel) drainiert wird.

Die **primären Sinneszellen** der Pars optica retinae der Tunica interna bulbi – **Stäbchenzellen** für Hell-Dunkel-Wahrnehmung, **Zapfenzellen** für Farbsehen – **registrieren Lichtsignale** und leiten sie **über Interneurone** (bipolare Zellen, Horizontalzellen, amakrine Zellen) **an die Retinaganglienzellen** weiter. Ihre **Axone** bilden den **N. opticus.**

Augenlider

Als Lider werden die epithelbedeckten Bindegewebe-Muskel-Platten bezeichnet, die den Eingang in die Augenhöhle, *Aditus orbitalis*, bedecken (◘ Abb. 17.60).

Die **oberen** und **unteren Augenlider** sind bewegliche Hautfalten, die die Lidspalte, *Rima palpebrarum*, begrenzen. Sie dienen als Licht- und Blendschutz und schützen Sclera und Cornea vor Abtrocknung und Verletzungen, indem vor allem das Oberlid, *Palpebra superior*, ca. 12-mal pro Minute den Tränenfilm in Richtung auf dem medialen Augenwinkel wischt. Das **Oberlid** wird durch die Oberlidfurche in eine obere *Pars orbitalis* und eine vor dem Tarsus gelegenen *Pars tarsalis* (Oberlid im engeren Sinn) untergliedert. Bei geöffnetem Auge

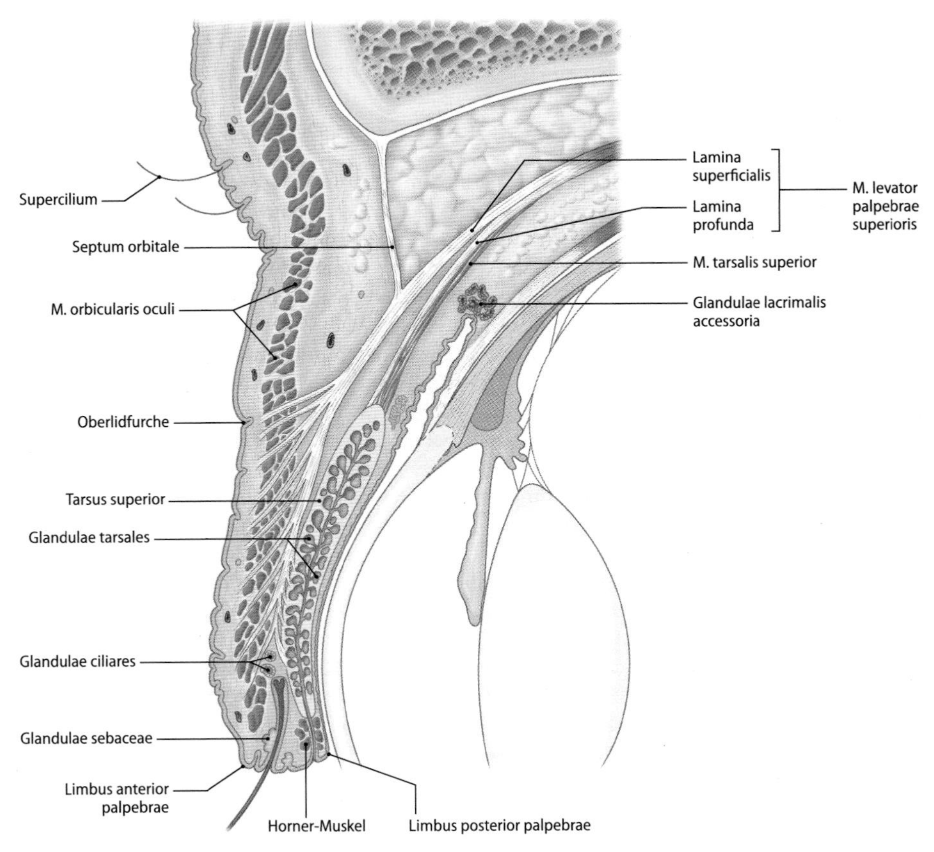

◘ **Abb.17.60.** Sagittalschnitt des Oberlides und der vorderen Bulbusabschnitte

hängt die Pars orbitalis als Deckfalte über die Pars tarsalis. Die Unterlidfurche ist weniger deutlich ausgeprägt. Ober- und Unterlid gehen am medialen und lateralen Augenwinkel, *Angulus oculi medialis* et *lateralis*, ineinander über. Über die *Ligg. palpebrale mediale* et *laterale*, die die Tarsi von Oberlid und Unterlid medial und lateral am knöchernen Orbitarand befestigen, sind die Lider in der Horizontalebene gespannt und legen sich dadurch dem Bulbus passgenau an.

Das **Oberlid** wird durch die **Augenbraue,** *Supercilium*, gegen die Stirn, das **Unterlid** durch die **Wangen-Lid-Furche** gegen die Wange abgegrenzt. Die Lider werden in den Teilen, die dem *Margo supraorbitalis* und *Margo infraorbitalis* benachbart sind, orbitawärts von *Septum orbitale* begrenzt. Die Lider im engeren Sinne, deren bulbuswärtige Seite, *Facies posterior palpebrae*, den Konjunktivalsack vorn begrenzt und durch Umklappen (Ektropionierung) auch sichtbar gemacht werden kann, werden innen durch ein unverhorntes mehrschichtiges prismatisches Epithel, *Tunica conjunctiva palpebrarum*, bedeckt, außen, *Facies anterior palpebrae*, und im Bereich des Lidrandes durch mehrschichtiges, schwach verhorntes Plattenepithel. Die Lidränder gehen vorn mit einer gerundeten Kante, *Limbus anterior palpebrae*, in die Außenfläche, hinten mit scharfer Kante, *Limbus posterior palpebrae*, in die Innenfläche über. Im Bereich des **vorderen Lidrandes** stehen in mehreren Reihen dicke **Wimpernhaare,** *Cilia*. Den Haarfollikeln sind kleine Talgdrüsen (*Glandulae sebaceae*, Zeis-Drüsen) und modifizierte apokrine Schweißdrüsen (*Glandulae ciliares*, Moll-Drüsen) assoziiert (► 17.53).

Mechanische Stabilität wird den Lidern durch schalenförmige, 8–10 mm hohe, halbmondförmige, derbe kollagenfaserige Bindegewebeplatten, *Tarsus superior* et *inferior*, verliehen. In die Tarsi sind je 20–30 senkrecht zur Lidkante stehende baumartige *Glandulae tarsales* (Meibom-Drüsen) eingelagert. **Meibom-Drüsen** sind verzweigte holokrine Talgdrüsen, deren Ausführungsgänge anterior der hinteren Lidkante enden. Das **lipidreiche Sekret** verhindert zum einen den Übertritt der Tränenflüssigkeit über die Lidkante (Tränen der Augen), zum anderen bildet es den oberflächlichsten Teil des 3-geschichteten Tränenfilms auf der Cornea (► 17.53).

Weite der Lidspalte. Der Lidschluss wird von der ringförmig angeordneten, quergestreiften *Pars palpebralis* des *M. orbicularis oculi* bewirkt, die Grobeinstellung der Oberlidhebung vom quergestreiften *M. levator palpebrae superioris*, die Feineinstellung der Oberlidhebung vom glatten *M. tarsalis superior* (Müller-Muskel).

Die Pars palpebralis liegt als flächenhafter ringförmiger Muskel in der Subkutis vor dem Tarsus und hat Ursprung und Ansatz in den *Ligg. palpebrale mediale* et *laterale*. Von der *Pars palpebralis* wird die *Pars profunda* (Pars lacrimalis, Horner-Muskel) abgegrenzt. Sie liegt am hinteren Lidrand, zieht die hinteren Lidränder nach innen und drückt sie an die Hornhaut. Zusätzlich hat der Horner-Muskel, der die *Canaliculi lacrimales* einscheidet, eine wichtige Funktion für den Tränenabfluss. Alle Teile des *M. orbicularis oculi* werden von *Rr. temporales* des *N. facialis* motorisch innerviert.

M. levator palpebrae superioris. Der Muskel entspringt am Oberrand des *Canalis opticus* und an der sich ventral anschließenden Unterseite der *Ala minor ossis sphenoidalis*. Sein flacher, sich nach ventral verbreiternder Bauch liegt oberhalb des *M. rectus superior* und geht oberhalb des Tarsus in eine flächenhafte breite Sehne über, die sich in zwei Lamellen, *Lamina superficialis* et *profunda*, aufspaltet. Die kräftige obere kollagenfaserige Lamelle inseriert in der Dermis unterhalb der Lidfurche und an der Vorderseite des *Tarsus*. Der *M. levator palpebrae superioris* wird durch den *R. superior* des *N. oculomotorius* innerviert.

M. tarsalis superior. Die untere, aus elastischen und kollagenen Fasern bestehende Lamelle der Sehne des *M. levator palpebrae superioris* inseriert am Oberrand des *Tarsus*. In ihr sind glatte Muskelzellen eingelagert. Dieser *M. tarsalis superior* hat damit einen mobilen Ursprung an der Unterseite des Muskel-Sehnen-Übergangs des *M. levator palpebrae superioris* und ist in der Lage, die durch den *M. levator palpebrae superioris* vorgegegebene Lidspaltenweite um wenige Millimeter zu vergrößern. Die Innervation des *M. tarsalis superior* erfolgt durch den Sympathikus.

Gefäße und Nerven der Lider. Die medialen Teile der Lider werden von Ästen der *A. ophthalmica* versorgt *(A. supratrochlearis* mit *Aa. palpebrales mediales)*, die lateralen Teile von Ästen der *A. temporalis superficialis* oder der *A. lacrimalis (Aa. palpebrales laterales)*. Beide Stromgebiete bilden im Bereich der Lidkanten ausgedehnte Anastomosen, *Arcus palpebralis superior* et *inferior.* Die sensible Innervation des Oberlides erfolgt durch Äste des *N. ophthalmicus (N. supratrochlearis, N. infratrochlearis, N. lacrimalis)*, die des Unterlides überwiegend durch Äste des *N. maxillaris (N. infraorbitalis)*.

Die Gefäßversorgung der tarsalen Bindehaut erfolgt durch die oben erwähnten Lidarterien, die *Tunica conjunctiva bulbi* wird durch Äste der *Aa. ciliares anteriores* versorgt. Letztere sind gut sichtbar, da sie durch das transparente Epithel hindurch scheinen. Die Bindehaut ist wie die Cornea sehr schmerzempfindlich und intensiv innerviert (Innervation erfolgt über *Nn. ciliares longi*).

17.53 Klinische Hinweise

Eine **Läsion des N. facialis** hat zur Folge, dass das geöffnete Auge nicht geschlossen werden kann und der Lidschlag erloschen ist (Hasenauge = Lagophthalmus), zusätzlich Ectropium paralyticum. Eine **Lähmung des N. oculomotorius** resultiert in einer kompletten Ptosis (vollständiges Herabhängen des Oberlides). Eine **Sympathikusläsion** führt zu einer leichten Ptosis, sichtbar als Asymmetrie der Lidspaltenweiten (Teilsymptom des Horner-Syndroms). Durch Verkürzung der Sehne des M. levator palpebrae superioris kann eine Ptosis operativ korrigiert werden, die Folgen der peripheren Fazialisparese sind chirurgisch nur begrenzt korrigierbar.

Als **Entropion** bezeichnet man das Einrollen des Lidrandes zum Bulbus oculi hin, als **Ektropion** das Abstehen des Lidrandes vom Bulbus.

Entzündungen: schmerzlose chronische Entzündung der Meibom-Drüsen = Hagelkorn (Chalazion), schmerzhafte Entzündung der Zeis- oder Moll-Drüsen = Gerstenkorn (Hordeolum).

Die **Augenbindehaut** bedeckt als *Tunica conjunctiva palpebrarum* die Innenfläche der Lider, als *Tunica conjunctiva bulbi* mit Ausnahme der Hornhaut den sichtbaren Anteil des *Bulbus oculi.* Beide Tunicae gehen im *Fornix conjunctivae superior* et *inferior* ineinander über. Die Gesamtheit des von Bindehaut und Cornea ausgekleideten Spaltraumes ist der Konjunktivalsack, *Saccus conjunctivalis.* Das faltenreiche Epithel der Fornices erlaubt als Reservefalten eine ausgedehnte Beweglichkeit der Lider und des Bulbus.

Die *Tunica conjunctiva* besteht aus einem mehrschichtigen prismatischen Epithel, in das Becherzellen insbesondere im Bereich der Fornices eingelagert sind. Die Lamina propria enthält außer zahlreichen Blutgefäßen und Nerven reichlich lymphatisches Gewebe. Im Fornixbereich kommen zusätzlich akzessorische Tränendrüsen vor, deren Sekretionsleistung der der Tränendrüse entspricht (► 17.54).

17

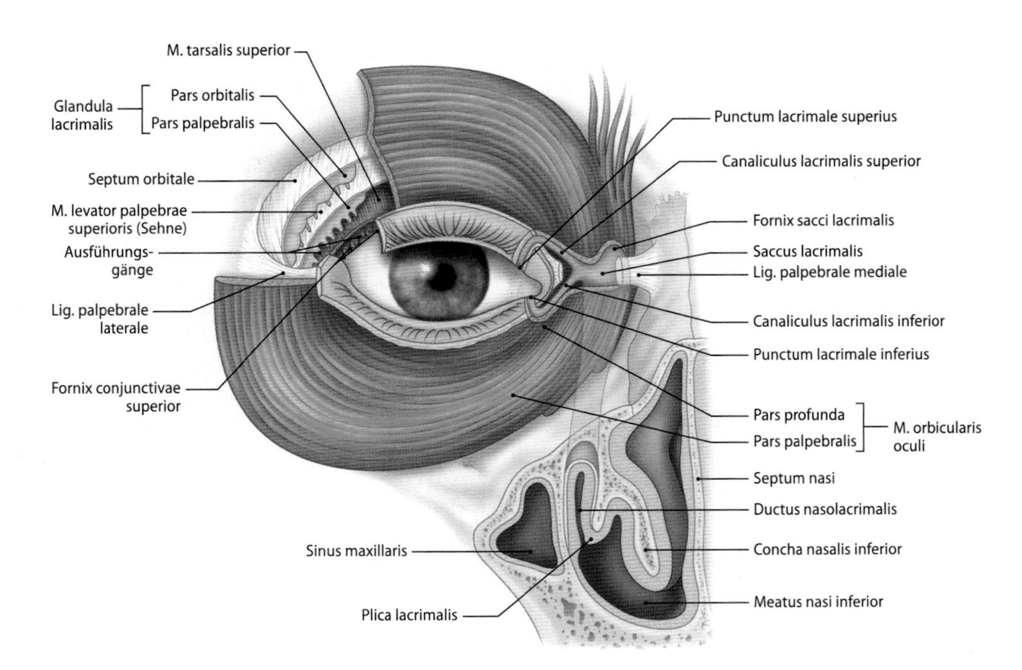

Abb. 17.61. Tränenapparat. Das laterale Oberlid ist entfernt, Nasenhöhle und Kieferhöhle sind eröffnet

17.54 Bindehautentzündung

Bei Entzündungen der Bindehaut und Schädigungen der Cornea kommt es zu einer starken Erweiterung der konjunktivalen Gefäße (= konjunktivale Injektion), verbunden mit Rötung und Schwellung der Schleimhaut und Schmerzen.

Tränenapparat

Zum Tränenapparat werden die **Tränendrüse,** *Glandula lacrimalis*, und die **ableitenden Tränenwege** zusammengefasst (Abb. 17.61).

Tränendrüse

Die **Tränendrüse** wird durch die Aponeurose des *M. levator palpebrae superioris* in eine obere größere *Pars orbitalis*, die teilweise in der *Fossa glandulae lacrimalis* des Stirnbeins liegt, und eine untere kleine *Pars palpebralis* unvollständig geteilt. Sie ist eine in Läppchen gegliederte, verzweigte tubuloazinöse Drüse, deren Sekret über ca. 10 Ausführungsgänge temporal im *Fornix conjunctivae superior* abgegeben wird. Die Zellen der Drüsenendstücke haben die Baucharakteristika seröser Drüsenzellen. Zusätzlich sind sie PAS-positiv und produzieren Muzine (MUC1, MUC5B, MUC7). Zusammen mit den sie umgebenden Myoepithelzellen werden die Endstücke von einer Basalmembran eingescheidet. Da Schaltstücke und Streifenstücke fehlen, münden die verzweigten Endstücke direkt in weitlumige intralobuläre Ausführungsgänge mit flachem einschichtigen Epithel, letztere in größere interlobuläre Ausführungsgänge mit einem 2- bis mehrreihigen Epithel, in das Becherzellen eingelagert sind. Im Bindegewebe der Drüse kommen zahlreichliche lymphatische Zellen, insbesondere Plasmazellen (Bildung von Immunglublin A) vor.

Die **Tränenflüssigkeit** ist ein farbloses, isotones, leicht alkalisches, eiweißarmes, lichtbrechendes Sekret. Pro Tag werden ca. 3–5 ml gebildet. Im Schlaf ist die Produktion stark eingeschränkt, Stimulation kann die Sekretion um das 20–30-fache erhöhen. Tränenflüssigkeit benetzt das Hornhaut- und Bindehautepithel und dient ihrer Ernährung. Durch den Gehalt an Immunglobulin A, Lysozym, Laktoferrin sowie zahlreichen anderen Abwehrpeptiden und -proteinen wirkt die Tränenflüssigkeit antimikrobiell.

Der ca. 3 µm dicke **präkorneale Tränenfilm** besteht aus **3 Komponenten:**

- Die **äußere Lipidkomponente** enthält verschiedene Lipide, die von den Meibom-Drüsen sezerniert werden und die Verdunstung des Tränenfilms vermindern.
- Die **wässrige Komponente** wird von der Tränendrüse und den akzessorischen Tränendrüsen gebildet. Die Becherzellen der Konjunktiva sezernieren das Muzin MUC5AC, das sich mit der wässrigen Komponente mischt.
- Epithelzellen der Cornea und der Konjunktiva produzieren die **membrangebundenen Muzine** MUC1, MUC4 und MUC16, die die Glykokalyx der Microplicae überragen und den Tränenfilm an den Epithelien fixieren.

Für die Sekretionsleistung der Tränendrüse ist ihre parasympathische Innervation verantwortlich. Die Perikarya der 1. Neurone liegen im *Nucl. salivatorius superior* des Rhombencephalon. Ihre Axone treten aus dem Hirnstamm als Teil des N. facialis aus. Als *N. petrosus major* verlassen sie im Bereich des *Ganglion geniculi* den N. facialis, um nach Durchquerung des *Foramen lacerum* und Passage des *Canalis pterygoideus* (zusammen mit sympathischen Fasern des *N. petrosus profundus* bilden die parasympathischen Fasern den *N. canalis pterygoidei*) das *Ganglion pterygopalatinum* zu erreichen, wo sie auf das 2. Neuron umgeschaltet werden. Von hier entspringen zahlreiche feine Nerven *(Rr. lacrimales)*, die über die *Fissura orbitalis inferior* in die Orbita gelangen und auf verschiedenen Wegen durch die Orbita die Tränendrüse erreichen. Daneben lässt sich eine sympathische Innervation nachweisen (2. Neurone im *Ganglion cervicale superius*). Die sympathischen Fasern erreichen über periarterielle Geflechte der A. lacrimalis die Tränendrüse. Die sensible Innervation der *Gl. lacrimalis* erfolgt durch den *N. lacrimalis*.

17.55 Läsionen des N. facialis

Durch den Ausfall der parasympathischen Innervation der Tränendrüse und der akzessorischen Tränendrüsen versiegt die Tränenproduktion

▼

weitgehend. Aufgrund des Unvermögens, das Auge zu schließen, reißt nach kurzer Zeit der präkorneale Tränenfilm ab. In der Folge kann es zu Hornhauterosionen bis hin zu Perforationen der Hornhaut kommen.

17.56 Trockenes Auge
Das Trockene Auge (Keratokonjunktivitis sicca) ist eine der weltweit häufigsten, chronischen Erkrankungen der Augenoberfläche (12 Mio. Betroffene allein in Deutschland). Jeder zweite Patient, der einen niedergelassenen Augenarzt aufsucht, leidet daran.

Ableitende Tränenwege

F. Paulsen

Zu den ableitenden Tränenwegen zählen **Tränenkanälchen,** *Canaliculi lacrimales,* **Tränensack,** *Saccus lacrimalis,* und **Tränennasengang,** *Ductus nasolacrimalis.* Sie haben die Funktion, Tränenflüssigkeit vom Tränensee in den unteren Nasengang zu drainieren.

Tränenkanälchen. Die Abflusswege beginnen mit den *Puncta lacrimalia,* die auf den *Papillae lacrimales* am nasalen Ende von Ober- und Unterlid liegen (Abb. 17.62). Über die *Puncta lacrimalia* gelangt die Tränenflüssigkeit beim Lidschluss aus dem Tränensee, *Lacus lacrimalis,* in die ca. 2 mm lange *Pars verticalis* des oberen und unteren Tränenkanälchens, die sich jeweils in einem Winkel von 90° in die ca. 8 mm lange *Pars horizontalis* fortsetzt. Die Canaliculi sind von Muskelfasern der *Pars lacrimalis* des M. orbicularis oculi (Horner-Muskel) umgeben. Beide Canaliculi durchbohren zu einem kurzen gemeinsamen Gang vereinigt (80%) oder getrennt (20%) die laterale Wand des Tränensacks.

Tränensack. Der Tränensack erweitert sich in seinem apikalen Anteil zu einer Kuppel, *Fornix sacci lacrimalis.* Seine mediale Wand liegt in der *Fossa sacci lacrimalis,* die vom *Processus frontalis maxillae* und vom *Os lacrimale* gebildet wird. Lateral trennt die *Fascia sacci lacrimalis* den Tränensack von der Orbita. Kaudal verschmälert sich der Tränensack und geht in den *Ductus nasolacrimalis* über.

Tränennasengang. Der 20–25 mm lange *Ductus nasolacrimalis* ist in einem knöchernen Kanal, *Sulcus lacrimalis,* eingebettet, der vom Os lacrimale und von der *Maxilla* gebildet wird. Er grenzt an die Nasenhöhle und an den *Sinus maxillaris.* Kaudal mündet der Tränennasengang über die *Plica lacrimalis* (Hasner-Klappe) in den unteren Nasengang, *Meatus nasi inferior.*

Mikroskopie. Die Tränenkanälchen besitzen ein mehrschichtig unverhorntes Plattenepithel. Tränensack und Tränennasengang werden von einem zwei- oder mehrreihigen Epithel ausgekleidet. Zwischen den Epithelzellen findet man Becherzellen. Subepithelial besteht die Lamina propria aus lockerem Bindegewebe mit zahlreichen lymphatischen Zellen und enthält Schwellkörpergewebe, das kaudal in das Schwellgewebe der unteren Nasenmuschel übergeht.

Tränenabfluss. Beim Lidschluss wird die Tränenflüssigkeit vergleichbar einem »Scheibenwischer« zum inneren Lidwinkel transportiert. Die Tränenpünktchen tauchen dann in den Tränensee ein und nehmen die Tränenflüssigkeit über Kapillarkräfte auf. Durch Zug der *Pars profunda* des *M. orbicularis oculi* am Tränensackfundus entsteht beim Lidschluss ein Unterdruck im Tränensack, der die Tränenflüssigkeit aus den Tränenkanälchen in den Tränensack saugt. Für den Tränenabfluss durch Tränensack und Tränennasengang kommen dem Schwellkörpergewebe, dem spiralförmig angeordneten umgebenden Bindegewebe sowie epithelialen Sekretionsprodukten (z.B. Muzinen) Bedeutung zu. Einige Bestandteile der Tränenflüssigkeit werden in der Tränenpassage zurückresorbiert. Über die Hasner-Klappe gelangt die Tränenflüssigkeit schließlich in den unteren Nasengang.

Bewegungsapparat des Augapfels und orbitaler Fettkörper

Zum Bewegungsapparat des Bulbus oculi gehören als aktive Komponenten die 6 äußeren Augenmuskeln (Abb. 17.63) und als passive Anteile der als Pfanne für den kugeligen Bulbus oculi dienende Fettkörper der Orbita einschließlich seiner bindegewebigen Verstärkungen und die Sclera. Der Bewegungsapparat dient letztlich zur Aus-

Abb.17.62. Tränenwege, rechtes Auge, Ansicht von vorn [5]

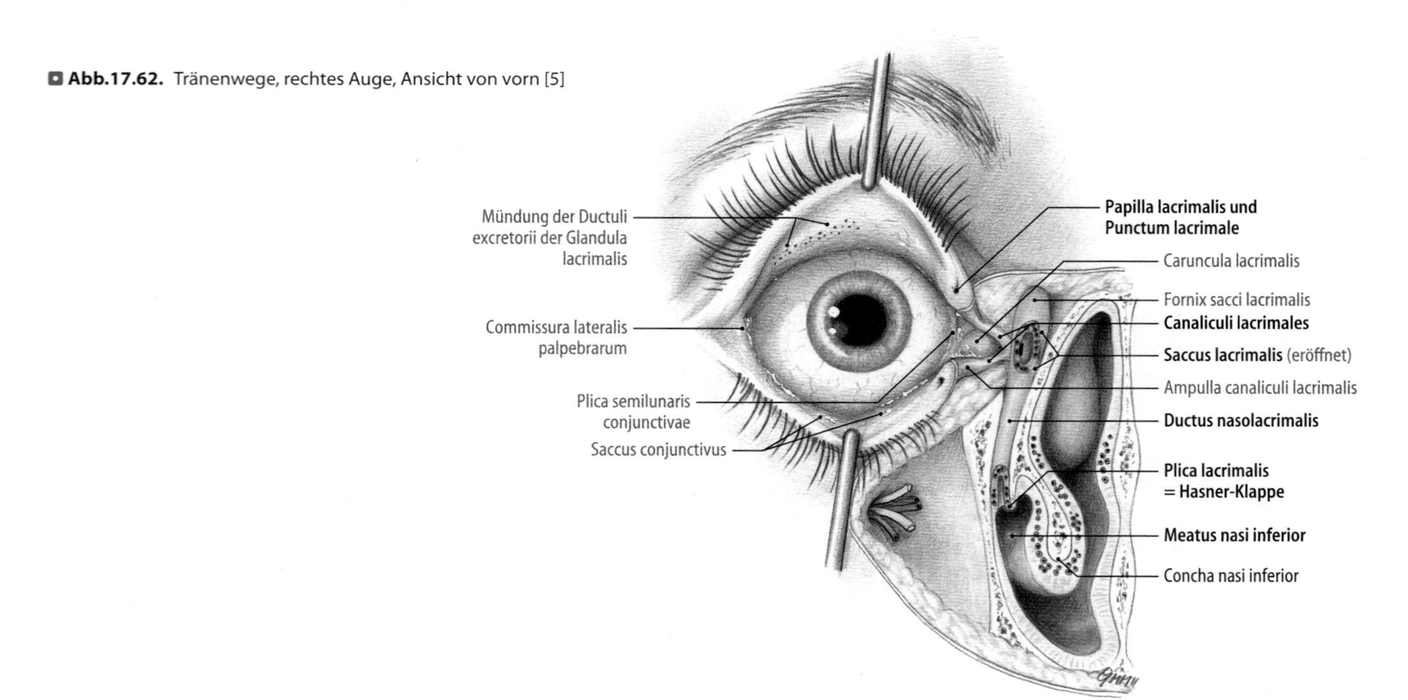

17

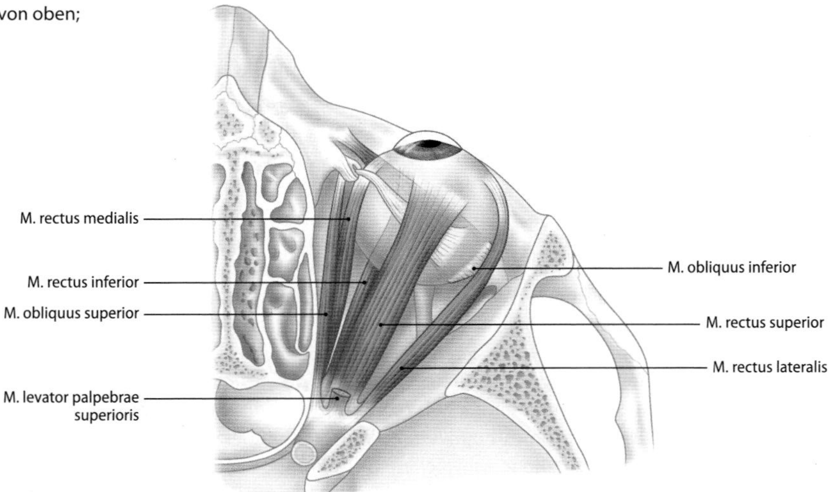

Abb. 17.63. Muskeln des rechten Bulbus oculi, Ansicht von oben; die Muskeln sind zum Teil durchscheinend dargestellt

richtung der Blickachsen beider Augen und der Fokussierung der Bilder auf den Maculae luteae der Retina (Abb. 17.64). Die Augenmuskeln müssen, um die mechanische Komponente des Binokularsehens sicher zu stellen, sehr präzise arbeiten. Sie sind reich innerviert, ihre motorischen Einheiten sind mit 4–6 Muskelfasern pro Neuron sehr klein.

Die Bewegungen des Bulbus werden auf die Ortsänderung eines bei 12 Uhr liegenden Punktes am Oberrand der Pupille bezogen. Der Bulbus oculi kann um eine von medial nach lateral verlaufende horizontale Achse gehoben und gesenkt, um eine von kranial nach kaudal verlaufende vertikale Achse ab- und adduziert und um eine von anterior nach posterior verlaufende sagittale Achse innen- und außenrotiert werden (Abb. 17.64). Alle Achsen schneiden sich rechtwinklig in der Mitte des Glaskörpers ca. 13,5 mm hinter der Hornhautmitte. Für die 6 Bewegungsmöglichkeiten aus der Primärstellung heraus gibt es je einen hauptsächlich verantwortlichen äußeren Augenmuskel.

Die **4 geraden Augenmuskeln,** *Mm. recti superior*, *inferior*, *lateralis* und *medialis*, entspringen gemeinsam von unterschiedlichen Abschnitten des *Anulus tendineus communis* (Zinn-Sehnenring), der die orbitale Öffnung des *Canalis opticus* und den medialen Bereich der *Fissura orbitalis superior* umfasst. Der Sehnenring ist mit der Periorbita und der Vagina externa n. optici verwachsen. Die 4 geraden Muskeln bilden in der Orbita einen pyramidalen Muskelkegel, der durch bindegewebige Retinakula ergänzt wird und den orbitalen Fettkörper in einen intrakonischen und einen extrakonischen Anteil gliedert. Die nach vorne sich verbreiternden abgeplatteten Muskeln inserieren breitflächig vor dem Äquator des Bulbus, indem sich ihre Sehnen 6–8 Millimeter vom Limbus entfernt mit den Fasern der Sclera verweben. Die **2 schrägen Augenmuskeln,** *M. obliquus superior* et *inferior*, inserieren im hinteren äußeren oberen Quadranten des Bulbus. Der *M. obliquus superior* entspringt medial und oberhalb vom gemeinsamen Sehnenring vom *Corpus ossis sphenoidalis,* sein rundlicher gestreckter Muskelbauch verläuft oberhalb des *M. rectus medialis* und geht posterior der Trochlea, einer am oberen medialen Orbitarand ausgebildeten bindegewebigen Schlaufe (befestigt in der *Fovea trochlearis* des *Os frontale*), in seine drehrunde Endsehne über. Nach Passage der Trochlea biegt die Sehne in einem Winkel von 50° nach hinten lateral um, verbreitert sich und inseriert flächenhaft am hinteren äußeren oberen Quadranten des Bulbus, indem sie den *M. rectus superior* unterkreuzt. Der M. obliquus inferior entspringt an der *Facies orbitalis corporis maxillae*, lateral der *Incisura lacrimalis.* Der Muskel umgreift den Bulbus von unten und setzt ebenfalls an seinem hinteren äußeren oberen Quadranten an, gegenüber der Insertion des M. obliquus superior. Über die Innervation der Muskeln informiert Tab. 17.14.

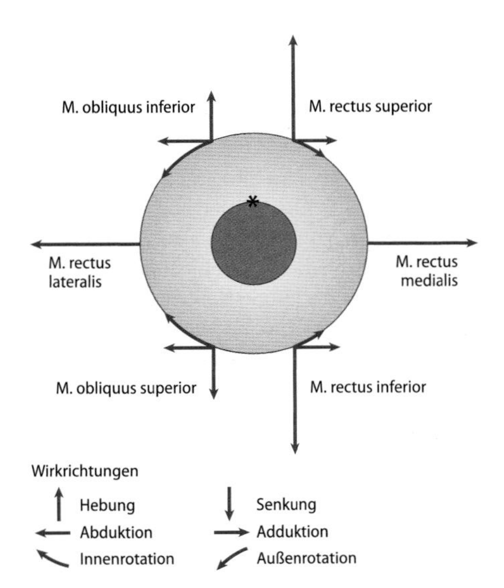

Abb.17.64. Wirkungsrichtungen der äußeren Augenmuskeln bezogen auf die Lageänderung des Pupillenoberrandes (*), rechter Bulbus von vorn. Die Pfeile geben die Richtung und durch ihrer Länge die Kraft an, mit der die einzelnen Muskeln den Bulbus aus seiner Ruhelage (Blick geradeaus) bewegen

Tab. 17.14. Innervation der äußeren Augenmuskeln

Nerv		Muskel
N. trochlearis		M. obliquus superior
N. oculomotorius	R. superior	M. levator palpebrae superioris M. rectus superior
	R. inferior	M. rectus inferior M. rectus medialis M. obliquus inferior
N. abducens		M. rectus lateralis

Die **funktionelle Wirkung** der Muskeln lässt sich nur unter Beachtung von 2 Bedingungen verstehen:

1. Der Ursprung der geraden Augenmuskeln liegt nicht direkt hinter dem Bulbus, sondern hinten medial.
2. Die Krafteinleitung der wirksamen Endstrecken der Muskeln am Bulbus (Wirkungsrichtung) muss mit der Lage der Bewegungsachsen des Bulbus verglichen werden.

Es lassen sich je 2 Horizontalmotoren (M. rectus medialis et lateralis), Vertikalmotoren (M. rectus superior et inferior) und Rotatoren (M. obliquus superior et inferior) unterscheiden. Aus der Ruhelage (Blick geradeaus) können die Horizontalmotoren den Bulbus abduzieren (M. rectus lateralis) oder adduzieren (M. rectus medialis) ohne weitere Nebenfunktionen. Die Vertikalmotoren sind im Wesentlichen Heber (M. rectus superior) oder Senker (M. rectus inferior) des Bulbus. Da sie von hinten medial kommend den Bulbus schräg überziehen, erhalten sie noch zusätzliche schwächere Wirkkomponenten. Die beiden Rotatoren sind im Hinblick auf die Rotationswirkung Antagonisten: Der M. obliquus superior führt eine Innenrotation aus, der M. obliquus inferior eine Außenrotation. Da Muskelfaserverlauf bzw. Sehnenverlauf der Rotatoren den Bulbus von vorn medial nach hinten lateral überziehen und damit alle Bewegungsachsen kreuzen, besitzen die Rotatoren zusätzliche Nebenfunktionen. Dass eine effektive Rotation des Bulbus möglich ist, kann man beim Neigen des Kopfes zur Seite und gleichzeitigem Blick in den Spiegel erkennen – eine willkürliche Rotation des Bulbus ist jedoch nicht möglich.

Es ist zu beachten, dass die Wirkung der Muskeln zunächst immer, wie oben dargestellt, bezogen wird auf die Augenstellung beim Blick geradeaus. Bei Bewegungen des Bulbus verändern sich die Drehmomente der Muskeln bezüglich der Achsen, und die beschriebenen Wirkungen eines Muskels können sich verstärken oder abschwächen oder aufgehoben werden. Beispiele: es ist eine reine Vertikalbewegung der Vertikalmotoren nur dann gegeben, wenn die Blickachse mit der Verlaufsrichtung der Muskelfasern von M. rectus superior et inferior übereinstimmt (Bulbus 25° abduziert). Nur bei einer Adduktion des Bulbus von 30°, und damit einer Parallelität von Blickachse und Zugrichtungen der Rotatoren, werden diese zu einem reinen Heber (M. obliquus inferior) oder einem reinen Senker (M. obliquus superior) des Bulbus, bei einer Abduktion des Bulbus von 40° zu einem reinen Innen- (M. obliquus superior) oder Außenrotator (M. obliquus inferior).

Der **orbitale Fettkörper** füllt alle Räume der Orbita aus, die nicht von spezifischen Strukturen beansprucht werden (◻ Abb. 17.65). Lidwärts wird der Fettkörper vom *Septum orbitale* begrenzt. Der Fettkörper wird durch bindegewebige Septen in kleine Läppchen gegliedert. Neben seiner passiven Füll- und Haltefunktion dient der Fettkörper als Widerlager des Bulbus und damit als Gelenkpfanne, wenn der Bulbus oculi als Gelenkkopf angesehen wird. Der Bulbus gleitet dabei in einem von lockerem Bindegewebe ausgefüllten Spalt (*Spatium episclerale*, Tenon-Spalt) gegenüber dem von kräftigem Bindegewebe verstärkten bulbusnahen Abschnitt des Fettkörpers, der *Vagina bulbi* (Tenon-Kapsel). Die Vagina bulbi verschmilzt nahe dem *Limbus corneae* mit der Sclera und ist nur im Bereich des *Limbus corneae* und der *Lamina cribrosa sclerae* mit der Sclera verwachsen. Das *Spatium episclerale* und die Vagina bulbi werden von allen in den Bulbus oculi eintretenden Strukturen perforiert (N. opticus, Vv. vorticosae, Nn. ciliares, Aa. ciliares, Muskelsehnen).

17.57 Lähmung der Augenmuskelnerven

Lähmungen der Augenmuskelnerven führen zu charakteristischen Fehlstellungen des Bulbus und damit beim Blick geradeaus oder bei bestimmten Blickrichtungen zu Doppelbildern. Bei rechtsseitiger Abduzensparese kann das rechte Auge nicht mehr über die Geradestellung abduziert werden. Bei rechtsseitiger Trochlearisparese steht die Pupille des betroffenen Auges zu hoch, und das rechte Auge kann beim Blick nach links (nasal) unten nicht mehr ausreichend gesenkt werden. Bei kompletter rechtsseitiger Okulomotoriuslähmung entsteht eine rechtsseitige Ptosis. Hebt man das Augenlid passiv an, fällt eine weite (Mydriasis) und lichtstarre Pupille auf. Heben und Adduzieren des rechten Bulbus sind nicht mehr möglich. Seiten- und höhenverschobene Doppelbilder treten in allen Blickrichtungen auf.

In Kürze

Zum **Hilfsapparat des Sehorgans** gehören: **Palpebrae (Lider), Tunica conjunctiva (Bindehaut), Apparatus lacrimalis (Tränenapparat).**

Als **Bewegungsapparat** des Auges dienen die **Mm. bulbi** und der **orbitale Fettkörper** (Corpus adiposum orbitae) mit seinen **bindegewebigen Verdichtungen** (Vagina bulbi). Durch **4 gerade** und **2 schräge Augenmuskeln** kann der **Bulbus** und damit die Blickachse **in allen Richtungen bewegt werden.** Dabei dreht sich der Bulbus in einem pfannenartigen Widerlager (Vagina bulbi).

Die **beweglichen** und durch Tarsus superior und inferior gestützten **Lider dienen dem Schutz** des Auges und verwischen die Tränenflüssigkeit. Der **Tränenfilm** ist für die optischen Eigenschaften der Hornhaut wichtig. Das Epithel der Bindehaut kleidet den Konjunktivalsack aus und dient als Verschiebeschicht.

Einzige **versorgende Arterie** der Orbita ist die **A. ophthalmica.**

Innervierende Nerven sind: **N. oculomotorius, trochlearis, ophthalmicus und abducens.**

Knöcherne Orbita und ihre Nachbarschaftsbeziehungen

Die knöcherne Orbita hat die Form einer liegenden vierseitigen Pyramide, deren Spitze im Eingang des Canalis opticus des kleinen Keilbeinflügels liegt und deren Basis nach vorn zeigt und den *Aditus orbitalis* bildet. Die periostale Auskleidung der Orbita wird als *Periorbita* bezeichnet. Die Osteologie der Orbita ist in ► Kap. 4.2.1 beschrieben. Hier werden die Nachbarschaftsbeziehungen der Orbita dargestellt.

Das Dach der Orbita wird im hinteren Bereich vom kleinen Keilbeinflügel, in den restlichen Abschnitten von der *Pars orbitalis* des *Os frontale* gebildet. Hier grenzt die Orbita an die vordere Schädelgrube und im vorderen Bereich an die Stirnhöhle. Als laterale Wand trennen das *Os zygomaticum* und der große Keilbeinflügel *Orbita* und *Fossa temporalis*. Den Boden der Orbita bildet außer der lateral vorn gelegenen *Facies orbitalis* des *Os zygomaticum* im Wesentlichen die dünnwandige *Facies orbitalis corporis maxillae*, die Orbita und Kieferhöhle voneinander abgrenzen. Die mediale Wand der Orbita bauen von hinten nach vorn das *Corpus ossis sphenoidalis*, die teilweise extrem dünne *Lamina orbitalis* des *Os ethmoidale* und das *Os lacrimale* auf. Die *Lamina orbitalis* des *Os ethmoidale* trennt Orbita und Siebbeinzellen, das *Os lacrimale* trennt Orbita und mittleren Nasengang.

17.58 Blow-out-Fraktur

Gewalteinwirkungen auf den Bulbus können so heftig sein, dass der nicht komprimierbare Orbitainhalt sich einen Ausweg durch den dünnen Orbitaboden sucht und in die Kieferhöhle einbricht (Blow-out-Fraktur).

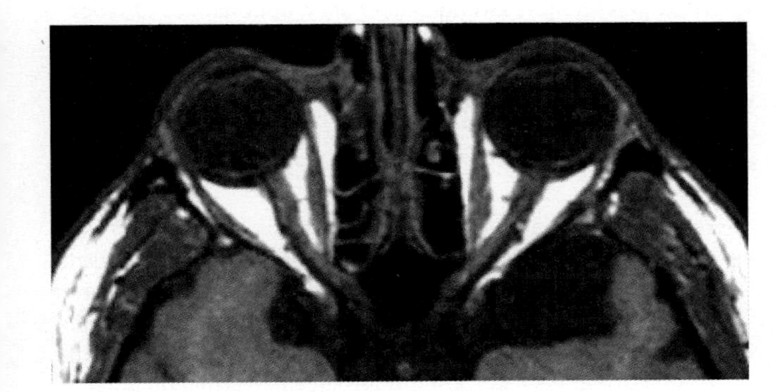

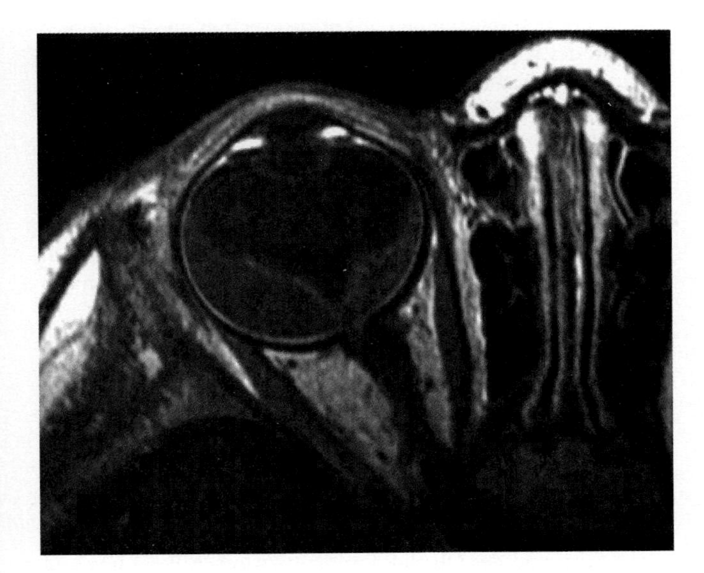

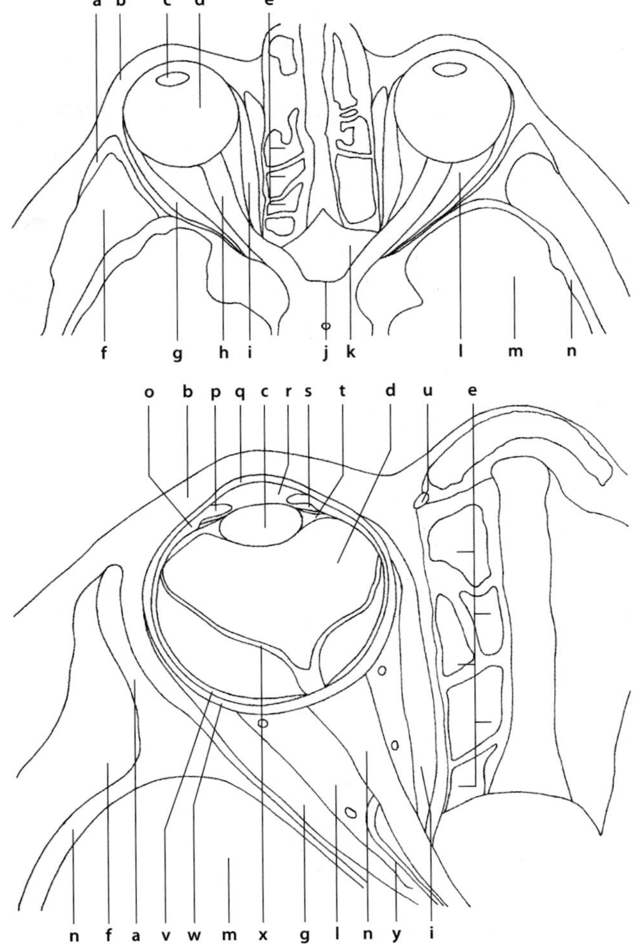

◘ Abb. 17.65. Übersicht der Orbitae. Oben links: Magnet-Resonanztomographische Darstellungen (Horizontalschnitte, T1 gewichtet, 3 mm Schichtdicke) [11]. Oben rechts: Nachzeichnung. Unten links: Detailaufnahme des Bulbus nach intravenöser Kontrastmittelgabe, stark kapillarisierte Gebiete erscheinen hell; als pathologischer Befund ist eine Netzhautablösung erkennbar [12]. Unten rechts: Nachzeichnung

a = Os zygomaticum; b = Lid mit Tarsus, c = Linse, d = Glaskörper, e = Cellulae ethmoidales; f = M. temporalis; g = M. rectus lateralis; h = N. opticus; i = M. rectus medialis; j = Chiasma opticum; k = Sinus sphenoidalis; l = Corpus adiposum orbitae; m = Temporallappen; n = Schädelknochen und Subarachnoidalraum; o = Corpus ciliare; p = Iris; q = Cornea; r = vordere Augenkammer; s = hintere Augenkammer; t = Zonulaapparat; u = Saccus lacrimalis; v = Choroidea; w = Sclera; x = Retina (abgelöst); y = A. ophthalmica

Öffnungen der Orbita

Über zahlreiche Verbindungswege ist die Orbita mit benachbarten Bereichen verbunden. Die in die Orbita ein- und austretenden Nerven und Gefäße dienen nicht nur zur Versorgung des Augenhöhleninhalts, sondern nutzen die Orbita teilweise nur als Durchgangsweg. Die entsprechenden Fissuren und Foramina mit den durchtretenden Gefäßen und Nerven sind im ► Kap. 4.2.1, ◘ Tab. 4.1 aufgeführt.

Die durch die Fissura orbitalis superior ziehenden Strukturen ordnen sich entsprechend ihrer topographischen Beziehung zum *Anulus tendineus communis* an. Durch den lateral und ventral des Anulus liegenden Teil der Fissura orbitalis superior ziehen als Äste des *N. ophthalmicus* der *N. frontalis* und der *N. lacrimalis*, begleitet vom *N. trochlearis* und der *V. ophthalmica superior*. Durch den medial und hinten liegenden, vom *Anulus tendineus communis* überspannten Bereich der Fissur ziehen der *N. oculomotorius* mit seinen *Rr. superior* et *inferior*, der *N. nasociliaris* und der *N. abducens* in das Innere des durch die geraden Augenmuskeln gebildeten Muskelkegels.

Gefäße und Nerven der Orbita

Arterien. Die in der Orbita anzutreffenden Gefäße sind alle Äste der *A. ophthalmica*, die die Orbita nach Passage des Canalis opticus, hier unterhalb des N. opticus gelegen, erreicht (◘ Abb. 17.66). Der Hauptstamm der A. ophthalmica liegt zunächst unter dem N. opticus, wendet sich in einem bogigen Verlauf zunächst nach lateral, dann dorsal um den N. opticus, um schließlich nach vorn zwischen den *Mm. obliquus superior* et *rectus medialis*, begleitet durch den *N. nasociliaris*, bis in die Nähe der Trochlea zu verlaufen, wo sie sich in ihre Endäste, *A. dorsalis nasi* (unter der Trochlea) und *A. supratrochlearis* (über der Trochlea) aufspaltet. Innerhalb der Orbita werden folgende Äste abgegeben:

- *A. centralis retinae:* Eintritt in den N. opticus ca. 12 mm vom Bulbus entfernt
- *A. lacrimalis:* sie zieht, begleitet vom *N. lacrimalis*, am Oberrand des *M. rectus lateralis* zur Tränendrüse und zum lateralen Augenwinkel
- *Aa. ciliares posteriores longae:* die beiden Arterien liegen medial und lateral des N. opticus, dringen in den Bulbus ein und verlaufen in der Choroidea zum *Circulus arteriosus iridis major*

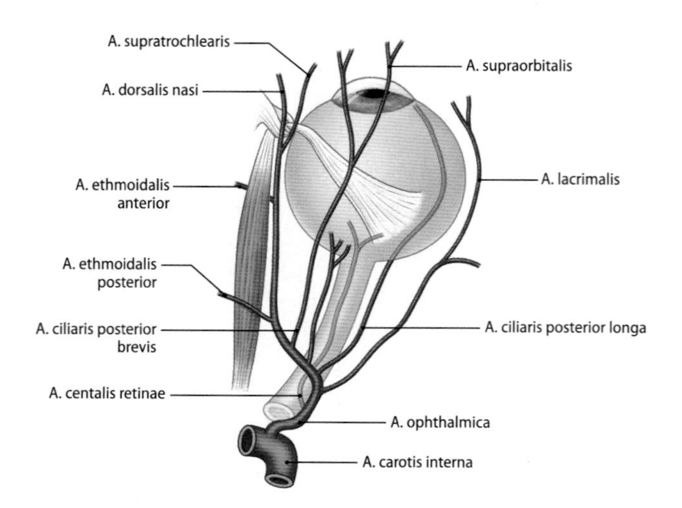

Abb.17.66. Äste der A. ophthalmica, rechte Orbita von oben. Zu beachten ist, dass jeweils nur eine A. ciliaris posterior longa und brevis eingezeichnet sind, Aa. musculares sind nicht dargestellt

- *Aa. ciliares posteriores breves:* die 6–7 kleinen Arterien begleiten den N. opticus, perforieren die Sclera außerhalb der Lamina cribrosa und speisen das Kapillargeflecht der Choroidea
- *A. supraorbitalis:* sie zieht, begleitet vom *N. supraorbitalis*, zwischen Periorbita und *M. levator palpebrae superioris* nach vorn, um sich meist in einen R. medialis und R. lateralis zur Stirnhaut aufzuteilen
- *A. ethmoidalis posterior* und *A. ethmoidalis anterior:* sie zweigen rechtwinklig von der A. ophthalmica ab und ziehen nach kurzem Verlauf in der Orbita durch die gleichnamigen Foramina
- *Aa. musculares:* sie ziehen zu den äußeren Augenmuskeln, ihre Äste bilden zahlreiche *Aa. ciliares anteriores*, die zusammen mit den *Aa. ciliares posteriores longae* den *Circulus arteriosus iridis major* speisen
- *A. infraorbitalis*: als Ast der *A. maxillaris* tritt die A. infraorbitalis, begleitet durch die gleichnamige Vene, zwar durch die Fissura orbitalis inferior in die knöcherne Orbita ein, liegt dann aber außerhalb der Periorbita im Sulcus infraorbitalis, im weiteren Verlauf nach vorn im Canalis infraorbitalis. Sie gibt keine Äste zu Strukturen innerhalb der Orbita ab.

Venen. Der venöse Abfluss aus den Bereichen, die von der A. ophthalmica versorgt werden, erfolgt vorwiegend durch die *V. ophthalmica superior*, in geringerem Maße über eine inkonstant auftretende schwache *V. ophthalmica inferior*. Die V. ophthalmica superior bildet sich aus dem Zusammenfluss der *V. angularis*, einem Ast der *V. facialis*, und der *V. supraorbitalis* im Bereich des medialen Augenwinkels. Als großes weitlumiges Gefäß zieht sie schräg, meist zwischen M. rectus superior und N. opticus gelegen, durch die Orbita in Richtung auf die Fissura orbitalis superior außerhalb des *Anulus tendineus communis*. Während ihres Verlaufes nimmt sie die *Vv. vorticosae* aus dem Bulbus oculi und solche Venen auf, die parallel der gleichnamigen Arterien verlaufen. Das venöse Drainagegebiet der V. ophthalmica superior entspricht damit weitgehend den durch die A. ophthalmica versorgten Bereichen. Der Abfluss erfolgt in den intrakraniell gelegenen Sinus cavernosus (17.59).

17.59 Infektionsausbreitung über die V. ophthalmica superior
Aufgrund der Verbindung von Gesichtsvenen über die V. ophthalmica superior mit dem Sinus cavernosus können bei Eiterungen in der Gesichtshaut Erreger in den intrakraniell gelegenen Sinus cavernosus verschleppt werden und eine Thrombophlebitis und Meningitis verursachen (Sinusthrombose).

Nerven. In der Orbita liegen folgende Nerven:

- **N. oculomotorius:** Er teilt sich meist kurz vor seinem Durchtritt durch den *Anulus tendineus communis* in einen *R. superior* et *inferior*. Der schwächere *R. superior* verläuft unter dem *M. rectus superior*, gibt einen Muskelast zum *M. levator palpebrae superioris* und dringt nach kurzem infraorbitalem Verlauf von unten in den M. rectus superior ein. Der stärkere *R. inferior* unterkreuzt von lateral kommend den N. opticus, verläuft an der lateralen Kante des *M. rectus inferior* nach vorn und dringt rechtwinklig in die hintere Kante des *M. obliquus inferior* ein. Rr. musculares erreichen den *M. rectus inferior*, den *M. rectus medialis* und den *M. obliquus inferior*. Vor der Unterkreuzung des N. opticus verlässt die *Radix oculomotoria ganglii ciliaris* den *R. inferior* des N. oculomotorius.
- **N. trochlearis:** Nach Passage der Fissura orbitalis superior oberhalb des Sehnenringes überkreuzt er den *M. palpebralis superior*, wendet sich nach medial und zieht nach kurzem Verlauf in den lateralen hinteren Abschnitt des M. obliquus superior.
- **N. abducens**: Nach Durchtritt durch den Sehnenring lagert sich der N. abducens an die Innenseite des *M. rectus lateralis* und dringt im mittleren Drittel des Muskels in ihn ein.
- **N. ophthalmicus:** Bereits vor dem Eintritt in die Fissura orbitalis superior teilt sich der N. ophthalmicus in seine 3 orbitalen Äste, wobei der *N. frontalis* und der *N. lacrimalis* oberhalb des Sehnenringes verlaufen, der *N. nasociliaris* durch den Sehnenring in die Orbita eintritt. Der N. frontalis, ein sensibler Nerv für die Haut der Stirn und des Oberlides, verläuft zwischen Periorbita und M. levator palpebrae superioris bis zur Orbitamitte, wo er sich in den *N. supraorbitalis* und den *N. supratrochlearis* aufteilt. Der dickere N. supraorbitalis teilt sich nochmals in einen *R. medialis* und einen *R. lateralis*. Der N. lacrimalis, ein sensibler Nerv für die Tränendrüse und die temporalen Bereiche der Lider und der Konjunktiva, verläuft an der Oberkante des M. rectus lateralis in Richtung auf die Tränendrüse, durchbricht sie mit mehreren Ästen und erreicht seine Zielgebiete. Der N. nasociliaris, ein sensibler Nerv für Haut und Konjunktiva des medialen Augenwinkels, Tunica conjunctiva bulbi, Cornea, Nasenrücken, obere und vordere Teile der Nasenschleimhaut und der Schleimhaut von Nasennebenhöhlen *(Cellulae ethmoidales, Sinus sphenoidalis)*, liegt nach Eintritt in die Orbita zunächst lateral des N. opticus, um ihn dann zusammen mit der A. ophthalmica zu überkreuzen und zwischen M. obliquus superior und M. rectus medialis nach vorn zu laufen. Als Äste werden abgegeben:
  - *Radix nasociliaris ganglii ciliaris,*
  - mehrere *Nn. ciliares longi* (die hinten in den Bulbus eintreten und Choroidea, Corpus ciliare, Iris und Cornea versorgen),
  - *N. ethmoidalis posterior* (für Schleimhäute der Siebbeinzellen, Keilbeinhöhle),
  - *N. ethmoidalis anterior* (für Schleimhäute der Siebbeinzellen, die Dura der vorderen Schädelgrube, vordere und obere Nasenschleimhaut und über seinen Endast, R. nasalis externus, den Nasenrücken) und als Endast der
  - *N. infratrochlearis.*
- **N. infraorbitalis:** Der Hauptstamm des N. infraorbitalis tritt zwar durch die Fissura orbitalis inferior in die knöcherne Orbita

ein, liegt aber außerhalb der Periorbita im Sulcus infraorbitalis, im weiteren Verlauf nach vorn im Canalis infraorbitalis.

- Als weiterer Ast des *N. maxillaris* gelangt auch der *N. zygomaticus* durch die Fissura orbitalis inferior in die knöcherne Orbita, verbleibt in seinem Verlauf an der lateralen Orbitawand, aber ebenfalls außerhalb der Periorbita. Durch das *Foramen zygomaticoorbitale* verlässt der Nerv die Orbita, um sich innerhalb des *Os zygomaticum* in seine Endäste aufzuteilen und das Jochbein durch gleichnamige Foramina in Richtung Schläfenhaut *(R. zygomaticotemporalis)* und Haut im Jochbeinbereich *(N. zygomaticofacialis)* wieder zu verlassen.
- **Ganglion ciliare:** Das Ganglion ciliare ist zuständig für die Innervation glatter Muskeln des Bulbus oculi. Es liegt lateral des N. opticus, am Übergang des hinteren zum mittleren Drittel seiner Pars orbitalis. Es wird aus multipolaren Nervenzellen, Mantelzellen, hindurchtretenden Nervenfasern und einer perineuralen Kapsel aufgebaut. Es hat eine sternförmige Gestalt und die Größe eines Drittels eines Reiskornes. Das Ganglion hat 3 Radices, über die unterschiedliche Faserqualitäten in das Ganglion gelangen:
  - *Radix oculomotoria (Radix parasympathica)*
  - *Radix sympathica*
  - *Radix nasociliaris (Radix sensoria).*

  Über die **Radix oculomotoria** erreichen präganglionäre parasympathische Fasern das Ganglion (1. Neurone liegen im Nucl. accessorius n. oculomotorii), über die **Radix nasociliaris** sensible Fasern (zugehörige pseudounipolare sensible Perikarya liegen im Ganglion trigeminale) und über die **Radix sympathica** postganglionäre sympathische Fasern (1. Neurone liegen im Nucl. intermediolateralis der Rückenmarksegmente C8–Th2, 2. Neurone im Ganglion cervicale superius). Die Radix sympathica ist ein kleiner Nerv, der aus dem periarteriellen sympathischen Gefäßplexus der A. ophthalmica ausschert und das Ganglion erreicht. Nur die parasympathischen Fasern werden im Ganglion ciliare auf das 2. Neuron umgeschaltet, die anderen Fasern laufen hindurch. Die das Ganglion nach vorn verlassenden 15–20 dünnen *Nn. ciliares breves* legen sich um den N. opticus, dringen in den Bulbus ein und erreichen die glatte Muskulatur des Bulbus oculi (spezifische Innervation der Muskeln ► S. 668).

Entwicklung der Augenanteile

Die verschiedenen Augenanteile sind entwicklungsgeschichtlich von unterschiedlicher Herkunft. Beteiligt sind Neuroektoderm, Hautektoderm und mesenchymales Material. Letzteres entsteht aus Mesoderm und aus Material der Neuralleiste (Ektomesenchym).

Die **Retina** ist eine Ausstülpung des Gehirns. In der seitlichen Wand des Vorderhirnbläschens (späterer Hypothalamus) entwickelt sich ein fingerförmiger Fortsatz (primäre Augenblase), der sich unter das Ektoderm schiebt. Das Ektoderm an dieser Kontaktstelle wird zur Linsenplakode. Die Augenblase umgibt ein mesenchymaler Mantel. Zwischen der 4. und 7. Woche wandelt sich die primäre Augenblase in den Augenbecher (sekundäre Augenblase) um. Die distale Wand der Augenblase stülpt sich konkav in den Hohlraum der Augenblase (Sehventrikel) ein und verdickt sich. Im mittleren Bereich der Augenblase entwickelt sich vom Augenbecherrand bis zum Augenbecherstiel eine Einfaltung (Augenbecherspalte). Durch die Augenbecherspalte gelangt die *A. hyaloidea* in das Augeninnere. Sie versorgt zwischenzeitlich die rasch wachsende Linse und degeneriert später, ihre Reste werden zum Cloquet-Kanal im Glaskörper. Die *A. centralis retinae* entwickelt sich durch Aussprossung aus dem proximalen Teil der A. hyaloidea. Die aus den Retinaganglienzellen aussprossenden Axone gelangen durch das eingestülpte innere Blatt des Augenbecherstiels ins Gehirn. Die »Lippen« der Augenbecherspalte verschließen sich in der 6.–7. Schwangerschaftswoche (Abb. 17.67).

17.60 Entstehung eines Koloboms

Unterbleibt die Fusion der Augenbecherspaltenlippen, entsteht ein Kolobom, in seiner schwächsten Form sichtbar als keilförmige Aussparung der Iris bei 6 Uhr.

Zeitgleich mit der Bildung des Augenbechers senkt sich die ektodermale Linsenplakode ein. Schließlich umgreift der Augenbecher das gestielte eingefaltete Linsen-Bläschen, der Stiel degeneriert, und Ektoderm und Augenbecher werden durch Mesenchym getrennt.

Augenbecher. Der eingestülpte innere Teil des Augenbechers entwickelt sich ungleich weiter. Hinter der *Ora serrata* entsteht das *Stratum nervosum* der *Pars optica retinae,* vor der Ora serrata das den Strahlenkörper *(Pars ciliaris retinae)* und die Iris *(Pars iridica retinae)* einwärts bedeckende einschichtige Epithel. Der äußere Teil des Augenbechers entwickelt sich zum Pigmentepithel. Hinter der Ora serrata entsteht das *Stratum pigmentosum* der *Pars optica retinae,* vor der Ora serrata die äußere Zelllage des den Strahlenkörper und die Iris bedeckenden zweischichtigen Epithels. Der Pupillenrand stellt somit den Umschlagsbereich beider Augenbecherblätter dar. Der ehemalige Sehventrikel bleibt im Bereich der Pars optica retinae erhalten und wird zum Subretinalspalt eingeengt, im Bereich der *Pars caeca retinae* verschwindet er. Die Ausdifferenzierung der Pars optica retinae ist mit der Geburt im Wesentlichen abgeschlossen, jedoch wird erst im 1. Lebenshalbjahr die *Macula lutea* mit ihren Photorezeptoren vollständig angelegt. Mit Ende des 1. Lebensjahres ist das Größenwachstum des Bulbus und seiner Teile weitgehend abgeschlossen.

Mesenchymale Strukturen. Aus dem mesenchymalen Mantel entstehen Orbita, Choroidea, Sclera, Stroma von Iris und Strahlenkörper einschließlich des Ziliarmuskels, Schlemm-Kanal und Trabekelwerk, quergestreifte Muskulatur der Orbita, orbitaler Fettkörper, Gefäße der Orbita, Hornhautstroma und -endothel. Das Mesenchym, das den Augenbecher direkt umschließt, differenziert sich in eine äußere gefäßarme faserreiche Lamelle (Sclera, Substantia propria corneae) und eine innere gefäßreiche faserarme Lamelle (Choroidea, Bindegewebe und Muskulatur des Corpus ciliare, Stroma iridis). Die vordere Augenkammer entsteht sekundär durch Spaltbildungen im Mesenchym zwischen Hornhaut und Irisvorderfläche, die hintere Augenkammer durch Spaltbildungen zwischen Strahlenkörper, Irisrückfläche und Linse.

Die Linse ist zunächst als Bläschen angelegt, dessen zentraler Hohlraum von einem einschichtigen ektodermalen Epithel umschlossen wird. Das vordere Linsenepithel bleibt zeitlebens erhalten, die Epithelzellen des Äquators und der Linsenrückfläche wachsen stark in die Länge (Bildung von Linsenzellen), ihre Kerne rücken in das Zentrum der Linse, und das Lumen der Linse wird reduziert. Während des starken Wachstums ist die Linse vollständig von einem gefäßreichen Bindegewebe umgeben (Tunica vasculosa lentis, vorn als Pupillarmembran bezeichnet), das von der A. hyloidea gespeist wird. Von der Tunica vasculosa lentis bleibt als Rest nur die Linsenkapsel erhalten. Das Wachstum der retinalen Blutgefäße ist erst im 9. Schwangerschaftsmonat abgeschlossen.

Vom Ektoderm leiten sich neben der Linse (Linsenplakode) das vordere Hornhautepithel, das Konjunktivalepithel, die Lidhaut und alle auf ihren Oberflächen endenden Drüsen ab. In frühen Entwicklungsstadien sind Cornea und Tunica conjunctiva bulbi Teile des Oberflächenektoderms. Im 3. Schwangerschaftsmonat wird dieser

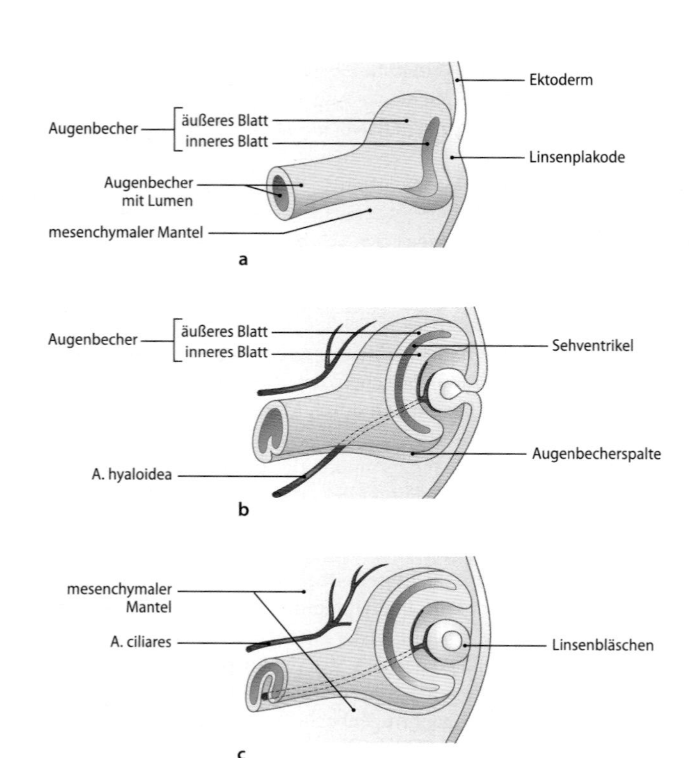

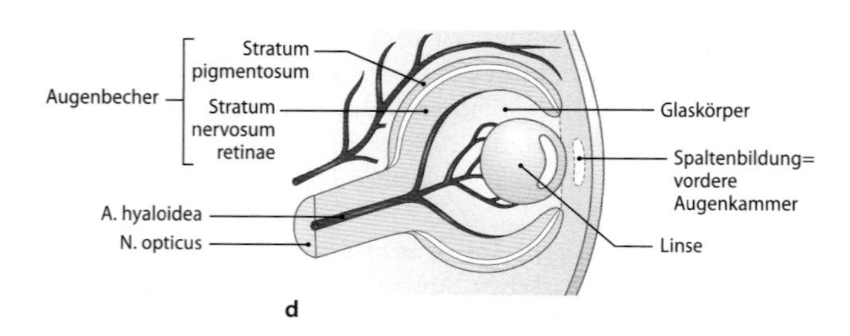

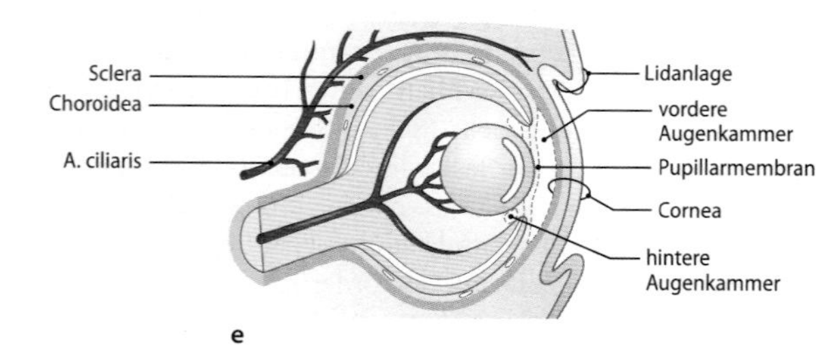

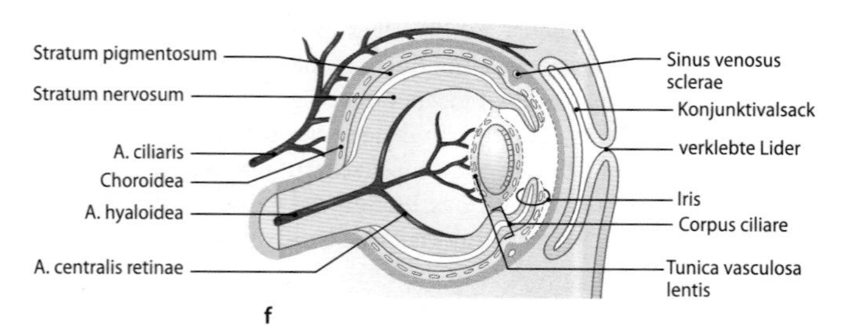

Abb.17.67a–f. Schematische Darstellung der Augenentwicklung im Alter von 4 (**a–c**), 5 (**d**), 6 (**e**) und 20 (**f**) Graviditätswochen (rot = neuroektodermale Derivate, blau = ektodermaler Derivate, Punktraster = mesenchymale Derivate)

Bereich von den Ober- und Unterlidanlagen faltenartig überwachsen, ihre innere Epithelbedeckung wird später zur *Tunica conjunctiva palpebrarum*. Im 4. Schwangerschaftsmonat verschmelzen die Lidränder, im 7. Monat wird die Verklebung wieder gelöst. In dieser Zeit existiert ein vollständig abgeschlossener Konjunktivalsack.

17.61 Entstehung von Sehstörungen bei Frühgeborenen

Frühgeborene entwickeln selten eine Retinopathia praematurorum. Die Reifung der Retina ist bei diesen Kindern gestört. Inflammationen unbekannter Genese und die oft notwendige Sauerstoffbehandlung des Frühgeborenen verursachen dann die nicht zu vermeidende Bildungsstörung der retinalen Gefäße und der Macula lutea. Die Folgen können Visusstörungen bis hin zur Blindheit sein.

Tränenabflusswege. Im Bereich der Tränennasenfurche zwischen lateralem Nasenwulst und Oberkieferwulst bildet sich um die 6. Entwicklungswoche ein solider epithelialer Strang. Durch sekundäre Kanalisation erweitert sich das obere Ende zum Tränensack und zu den Tränenkanälchen; der kaudale Abschnitt wird zum Tränennasengang, der im 5. Fetalmonat Anschluss an den unteren Nasengang gewinnt.

17.62 Epiphora

Angeborene Stenosen oder eine Aplasie zwischen Ductus nasolacrimalis und unterem Nasengang führen beim Neugeborenen oder Säugling zum Rückstau von Tränenflüssigkeit und zu Tränenträufeln (Epiphora).

17.7.2 Zentraler Teil des visuellen Systems

K. Zilles

Der zentrale Teil des visuellen Systems lässt sich in 5 anatomische Teilsysteme mit jeweils unterschiedlichen Funktionen gliedern:
- retino-genikulo-kortikales System
- retino-tektales System
- retino-prätektales System
- retino-hypothalamisches System
- akzessorisches optisches System

Gesichtsfeld, N. opticus, Chiasma opticum, Tractus opticus und zentrale Repräsentation

Das visuelle System des Menschen beginnt in der **Retina,** auf die die verschiedenen Sektoren des Gesichtsfeldes projiziert werden. Die Ganglienzellen der Retina und ihre Axone sind das **erste Neuron der Sehbahn.** Die Axone bilden den **N. opticus**, das **Chiasma opticum** und den **Tractus opticus** als Verbindung zwischen Auge und Gehirn. Der größte Teil der Nervenfasern endet im **Corpus geniculatum laterale.** Von dort zieht das retino-genikulo-kortikale System zum **primären visuellen Cortex** im Lobus occipitalis des Endhirns.

Der Gesichtsfeldbereich eines Auges (Hemifeld) erstreckt sich etwa 90° nach temporal und 60° nach nasal. Durch weitgehende Überlappung der Hemifelder beider Augen entsteht ein großer, zentraler Abschnitt, der **binokuläre Teil des Gesichtsfeldes** (Abb. 17.68). Innerhalb des binokulären Teils kann noch ein **zentraler, fovealer Teil des Gesichtsfeldes** unterschieden werden, der auf die Fovea centralis der Retina projiziert wird. Die am weitesten temporal gelegenen Abschnitte jedes Hemifeldes werden jeweils nur vom ipsilateralen Auge im peripheren Teil der nasalen Retinahälfte erfasst, **monokuläre Teile des Gesichtsfeldes** (Abb. 17.68). Das obere Gesichtsfeld ist auf der unteren Netzhauthälfte, das untere Gesichtsfeld auf der oberen Netzhauthälfte und das Hemifeld auf der nasalen Retinahälfte des ipsilate-

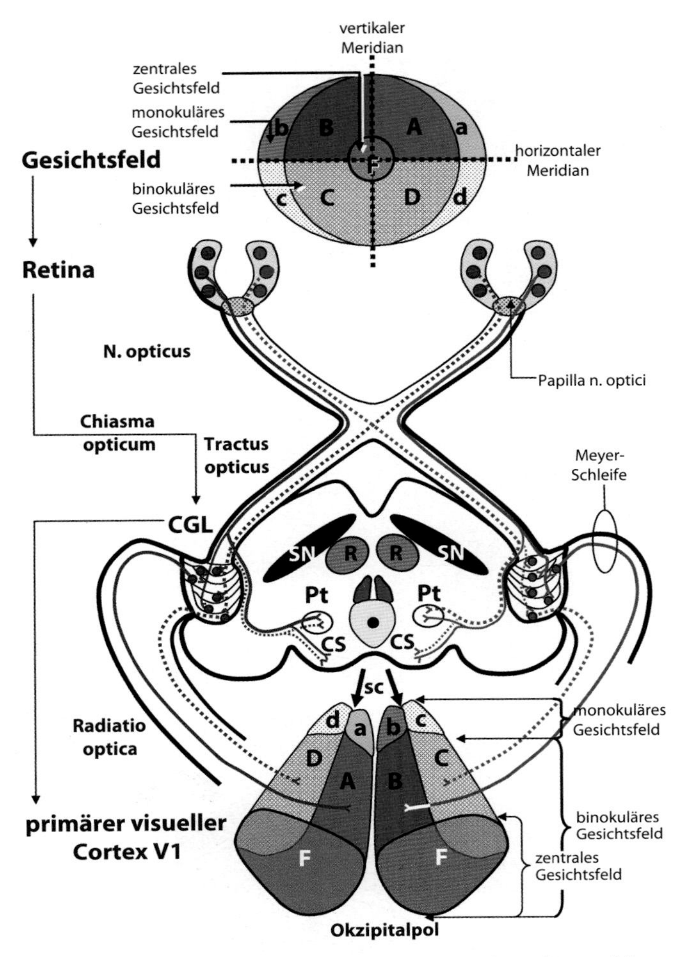

Abb. 17.68. Gesichtsfeld, retinale Repräsentation und Projektion auf den primären visuellen Cortex (V1). Eine Hälfte des Gesichtsfelds (Hemifeld) wird auf der temporalen Retinahälfte des kontralateralen und der nasalen Retinahälfte des ipsilateralen Auges abgebildet. Von dort ziehen die Ganglienzellaxone der entsprechenden Retinahälften beider Augen über die Nn. optici zum Chiasma opticum, wo die Kreuzung der Axone aus dem ipsilateralen Auge zur Gegenseite stattfindet. Im kontralateralen Tractus opticus, der jetzt Ganglienzellaxone aus beiden Augen enthält, gelangt die visuelle Information aus beiden Augen zum Corpus geniculatum laterale. Nach synaptischen Umschaltungen im CGL erreicht schließlich der Hauptweg der Sehbahn beim Menschen (retino-genikulo-kortikales System) den primären visuellen Cortex, der im Bereich des Sulcus calcarinus liegt. Auf dem gesamten Weg von der Retina bis zum visuellen Cortex bleiben die verschiedenen Gesichtsfeld- und Retinaabschnitte getrennt, aber in ihren korrekten topologischen Beziehungen zueinander erhalten (Retinotopie). Erst in V1 werden die Informationen aus den ipsi- und kontralateralen Retinahälften zusammengeführt. Der untere Teil der kontralateralen Gesichtsfeldhälfte wird in V1 oberhalb des Sulcus calcarinus, der obere Teil unterhalb des Sulcus calcarinus abgebildet
A, B, C und D = Quadranten des binokulären Teils des Gesichtsfelds; a, b, c und d = Quadranten des monokulären Teils des Gesichtsfelds; CGL = Corpus geniculatum laterale; CS = Colliculus superior; F = fovealer (zentraler) Teil des Gesichtsfelds; Pt = Area pretectalis; R = Ncl. ruber; SN = Substantia nigra; sc = Sulcus calcarinus

ralen und der temporalen Retinahälfte des kontralateralen Auges repräsentiert. Dieser als **Retinotopie** bezeichnete räumliche Bezug zwischen jedem Punkt im Gesichtsfeld und seiner retinalen Abbildung bleibt auch im N. opticus und Gehirn erhalten.

Der zentrale Teil des visuellen Systems beginnt mit den Ganglienzellen der Retina, deren Axone in der **Papilla nervi optici,** dem sog.

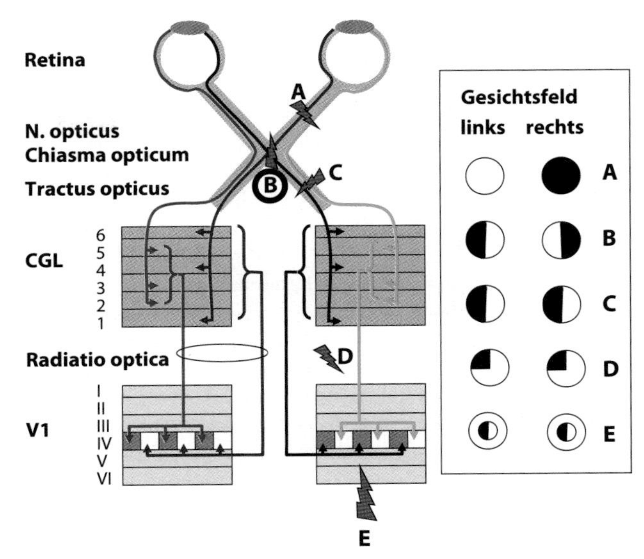

Abb. 17.69. Ausfallsymptome im Gesichtsfeld bei Läsionen (A–D) im retino-genikulo-kortikalen System. A = Läsion des rechten N. opticus → Amaurose rechts (monokuläre Erblindung rechts) und Verlust des räumlichen Sehens; B = Läsion des Chiasma opticum z.B. durch wachsenden Hypophysentumor → heteronyme, bitemporale Hemianopsie (»Scheuklappenphänomen«); C = Läsion des rechten Tractus opticus z.B. durch Schädelfraktur → homonyme, kontralaterale Hemianopsie; D = Läsion im Bereich der Meyer-Schleife der Radiatio optica → homonyme, kontralaterale Anopsie des oberen Quadranten; E = Läsion des rechten Okzipitalpols z.B. durch Hirnkontusion bei Autounfall → homonymes, hemianopisches Zentralskotom

blinden Fleck, das Auge verlassen und den **N. opticus** bilden. Ein N. opticus enthält ca. 1 Million myelinisierte und nichtmyelinisierte Nervenfasern ausschließlich aus dem ipsilateralen Auge. Nach einem Verlauf von etwa 50 mm kreuzen die Nervenfasern, die von der nasalen Retinahälfte kommen, im **Chiasma opticum** zur Gegenseite. Die Axone der temporalen Retinahälfte verbleiben auf der gleichen Seite. Unmittelbar hinter dem Chiasma opticum befindet sich in der Mittellinie der Hypophysenstiel, eine topographische Beziehung von klinischer Bedeutung (siehe unten).

Der **Tractus opticus** ist der Teil der visuellen Leitungsbahn, der sich zentralwärts an das Chiasma opticum anschließt. Im Gegensatz zum N. opticus enthält er wegen der partiellen Kreuzung im Chiasma Ganglienzellaxone aus beiden Augen. Der Tractus opticus liegt der Hirnbasis im Hypothalamusbereich eng an und zieht zum Metathalamus. Dort wird das **Corpus geniculatum laterale** als wichtigstes Zielgebiet der retinofugalen Fasern erreicht. Die Afferenzen aus beiden Augen bleiben dabei nach ipsi- und kontralateralem Auge getrennt (Abb. 17.68).

In Abb. 17.69 sind lokalisierte Läsionen im Verlauf des retino-genikulo-kortikalen Weges sowie deren klinische Ausfallerscheinungen dargestellt. Als Hemianopsie wird der Ausfall einer Hälfte eines Gesichtsfelds bezeichnet. Zeigen die Ausfälle in den beiden Hemifeldern jeweils zur gleichen Seite, spricht man von einer homonymen Hemianopsie, zeigen sie nach verschiedenen Seiten von einer heteronymen Hemianopsie. Ein bitemporaler Ausfall in beiden Hemifeldern ist daher eine heteronyme Hemianopsie (z.B. bei einer Läsion des Chiasma opticum in der Mittellinie durch einen Hypophysentumor; Abb. 17.69 Fall B), liegt dagegen ein nasaler Gesichtsfeldausfall bei Prüfung des rechten Auges und ein temporaler Gesichtsfeldausfall bei Prüfung des linken Auges vor, spricht man von einer homonymen Hemianopsie (z.B. bei Durchtrennung des rechten Tractus opticus; Abb. 17.69 Fall C). Als Zentralskotom wird ein Ausfall im zentralen, fovealen Gesichtsfeld bezeichnet. Er kommt z.B. bei Läsionen des Okzipitalpols zustande, da die Repräsentation dieses Teils des Gesichtsfeldes im Bereich des Okzipitalpols zu finden ist (vgl. ◻ Abb. 17.69). Die genaue klinische Untersuchung der verschiedenen Formen der Gesichtsfeldausfälle und die Kenntnis der retinotopen Repräsentation sowie der Lage der verschiedenen Faserbündel erlauben in den meisten Fällen eine präzise Bestimmung des Läsionsortes.

17.63 Sehstörungen bei Hypophysentumoren

Hypophysentumore können neben anderen Symptomen wegen der Lage der Hypophyse zum Chiasma opticum charakteristische Störungen der Sehfunktion verursachen. Der Tumor wird auf die am weitesten medial liegenden Fasern im Tractus opticus und vor allem auf das Chiasma durch sein Wachstum Druck ausüben. Es sind daher Axone der nasalen Retinahälften beider Augen betroffen. Bei Patienten kann daher ein Ausfall der am weitesten lateral gelegenen Teile des Gesichtsfeldes festgestellt werden (heteronyme, bitemporale Hemianopsie oder »Scheuklappenphänomen«, siehe auch ◻ Abb. 17.69)

In Kürze

Verschiedene Sektoren des Gesichtsfeldes projizieren sich auf verschiedene Bereiche der Retina eines Auges (kleiner, monokulärer Teil des Gesichtsfelds) oder beider Augen (größerer, binokulärer Teil des Gesichtsfelds). Da die Axone der Ganglienzellen der verschiedenen Retinabereiche in topologisch korrekter Position, getrennt im N. opticus, dem Chiasma opticum, dem Tractus opticus und der Radiatio optica liegen, sowie im Corpus geniculatum laterale und der primären Sehrinde ebenfalls retinotop repräsentiert sind, ist die Kenntnis dieser Lagebeziehung von großer Bedeutung für die neurologische Diagnostik.

Retino-genikulo-kortikales System

Der retino-genikulo-kortikale Weg vermittelt den bewussten Seheindruck und verbindet die Retina über das Corpus geniculatum laterale mit dem primären visuellen Cortex, Area striata oder V1 (◻ Abb.17.68).

Die überwiegende Mehrheit der ipsi- und kontralateralen Ganglienzellaxone im Tractus opticus endet im **Corpus geniculatum laterale** (◻ Abb. 17.70). Da der Tractus opticus einer Seite Nervenfasern aus der ipsilateralen, temporalen und der kontralateralen, nasalen Retinahälfte enthält, ist der kontralaterale Teil des Gesichtsfeldes im Corpus geniculatum laterale einer Seite repräsentiert.

Das **Corpus geniculatum laterale (CGL)** besteht aus 6 Schichten,
- die Terminalgebiete für kontra- oder ipsilaterale Retinaafferenzen sind,
- das kontralaterale Hemifeld repräsentieren und
- Zielgebiete für funktionell unterschiedliche Ganglienzellen der Retina sind.

Die erste, großzellige Schicht liegt ventral nahe der Hirnbasis. Dorsal folgt ihr die zweite, ebenfalls großzellige Schicht. Beide Schichten werden von Axonen magnozellulärer Ganglienzellen (M-Zellen) der Retina erreicht. In den kleinzelligen Schichten 3–6 enden Axone der parvozellulären Ganglienzellen (P-Zellen) der Retina. Die Schichten 1, 4 und 6 erhalten Afferenzen aus dem kontralateralen, die Schichten 2, 3 und 5 aus dem ipsilateralen Auge (◻ Abb. 17.69 und ◻ Abb. 17.70). Zwischen diesen 6 Schichten liegen in relativ zellarmen Zwischenschichten sehr kleine Nervenzellen, die ebenfalls Afferenzen aus der Retina erhalten.

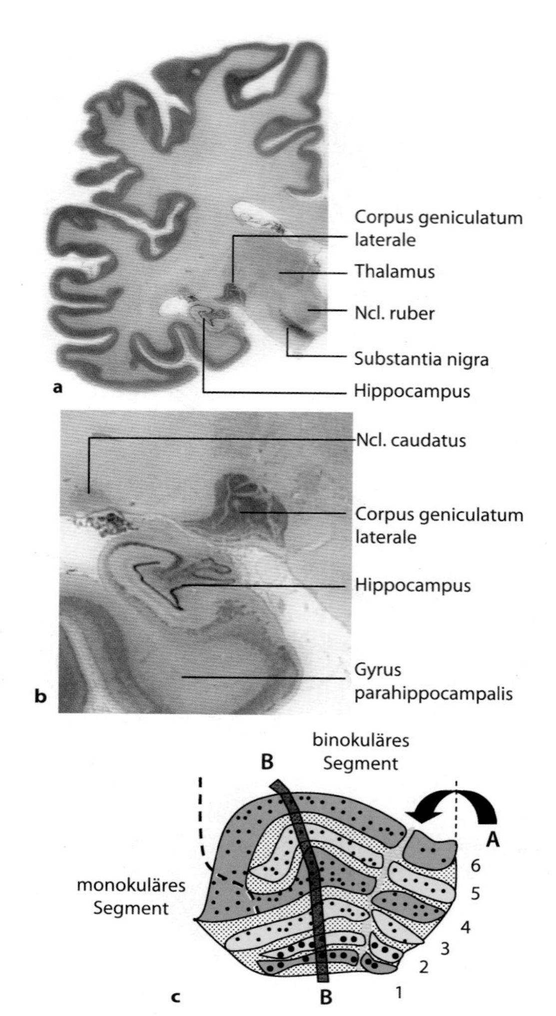

◻ **Abb.17.70a–c.** Das Corpus geniculatum laterale (CGL) auf einem Frontalschnitt durch eine Hemisphäre (oben) und schematische Darstellung seiner Architektonik (unten). Die Schichten 1 und 2 sind großzellig, die Schichten 3–6 von kleinen bis mittelgroßen Nervenzellen besiedelt. Die zellarmen Bereiche dazwischen enthalten sehr kleine Neurone. Die Schichten 1, 4 und 6 erhalten vom kontralateralen, die Schichten 2, 3 und 5 vom ipsilateralen Auge ihren Input. Der Pfeil A markiert eine zellarme Unterbrechung der Schichten, die der Repräsentation des »blinden Flecks« im CGL entspricht. Die Markierung B zeigt an, dass senkrecht zur Verlaufsrichtung der Schichten und durch alle Schichten hindurch Nervenzellen übereinander liegen, die Afferenzen aus beiden Augen enthalten und damit identische Stellen im Gesichtsfeld repräsentieren. Die gestrichelte Linie trennt das monokuläre Segment der Schichten 4 und 6 vom weit größeren binokulären Teil des CGL ab

Alle Nervenzellen des CGL, die eine Stelle im Gesichtsfeld abbilden, liegen auf einer Linie, die sich senkrecht über alle Schichten überkreuzt. Diese Nervenzellen sind untereinander synaptisch verbunden und erhalten ihren retinalen Input aus korrespondierenden Stellen der ipsi- und kontralateralen Retina und damit aus identischen Positionen im Gesichtsfeld (B in ◻ Abb. 17.70). Da in der Papilla n. optici (»blinder Fleck«) keine Retinazellen zu finden sind, sind die Bereiche der Repräsentation des blinden Flecks im CGL als die Schichten durchquerende, zellfreie Lücken zu erkennen (A in ◻ Abb. 17.70). Die ganz lateralen Abschnitte der Schichten 4 und 6 werden von Afferenzen ausschließlich aus dem kontralateralen Auge erreicht, und repräsentieren daher das monokuläre Gesichtsfeld (◻ Abb. 17.70).

Das CGL erhält nicht nur **Afferenzen** aus der Retina, sondern auch kortikofugale Projektionen aus V1 und aufsteigende Afferenzen

17

aus der Formatio reticularis des Rhombencephalon. Das CGL ist daher und wegen der neben den Schaltneuronen im CGL vorkommenden Interneuronen nicht ein einfacher Relaiskern auf dem Weg von der Retina zum primären visuellen Cortex, sondern ein Hirngebiet, in dem die retinale Information moduliert wird.

Die weitaus meisten **Efferenzen** aus dem CGL erreichen durch die Sehstrahlung, *Radiatio optica,* V1, ein kleinerer Teil zweigt zum Colliculus superior ab. Die Sehstrahlung zieht nach Verlassen des CGL zunächst nach vorn und lateral im hinteren Schenkel der Capsula interna, biegt dann im sogenannten **Knie der Sehstrahlung** nach hinten um und gelangt in der Wand des Seitenventrikels in den Lobus occipitalis des Endhirns. Der den kontralateralen oberen Quadranten des Gesichtsfeldes repräsentierende Teil der Sehstrahlung durchläuft dabei die stärkste Biegung nach vorn, **Meyer-Schleife,** und reicht bis in den Temporallappen (◘ Abb. 17.68), während die anderen Teile auf ihrem Weg in den Okzipitallappen durch den Lobus parietalis ziehen.

17.64 »Pie-in-the-sky«-Defekt

Läsionen oder Tumore im Temporallappen, die den Bereich der Meyer-Schleife erreichen, können eine homonyme Hemianopsie im kontralateralen oberen Quadranten des Gesichtsfelds verursachen. Wegen der kuchenstückartigen Form des Gesichtsfeldausfalls, wird dieser Ausfall auch als »Pie-in-the-sky«-Defekt bezeichnet (Fall D in ◘ Abb. 17.69).

Der **primäre visuelle Cortex V1 (Area striata, Area 17)** liegt im Sulcus calcarinus, erstreckt sich bis auf die freie mediale Oberfläche der Hemisphäre und erreicht den Okzipitalpol (◘ Abb. 17.71). V1 ist durch eine auch mit bloßem Auge erkennbare und parallel zur Oberfläche im Cortex gelegene Schicht, **Gennari-** oder **Vicq-d'Azyr-Streifen**, charakterisiert. Der **Gennari-Streifen,** von dem sich der Name der *Area striata* (»**gestreiftes Areal**«) ableitet, besteht aus stark myelinisierten intrakortikalen Axonen in der Lamina IVB (◘ Abb. 17.72). Alle anderen visuellen Cortexareale werden wegen des Fehlens dieses Streifens auch als **extrastriärer visueller Cortex** bezeichnet.

In der hochdifferenzierten Architektonik der Area striata drückt sich anatomisch die besondere Bedeutung des visuellen Systems für den Menschen aus. Die Lamina IV der Area striata ist im Gegensatz zum übrigen Neocortex in 3 Unterschichten, IV A, IV B und IV C gegliedert (◘ Abb. 17.72). Die Lamina IV C kann zudem in die Sublaminae IV Cα und IV Cβ unterteilt werden.

Die **Lamina IV Cβ** zeichnet sich durch die höchste Nervenzelldichte im gesamten Neocortex aus. Die kleinzelligen Schichten 3–6 des Corpus geniculatum laterale senden als Teil des **parvozellulären Systems** Axone zur Lamina IV Cβ, aber auch in die Laminae IV A und I. Spine-tragende Neurone (»bedornte Sternzellen«) der **Lamina IV Cβ** senden ihre Axone in die Laminae II–III, deren Pyramidenzellen ihrerseits Efferenzen in extrastriäre Areale der ipsi- und kontralateralen Hemisphären schicken. Außerdem gehen diese Pyramidenzellen durch Axonkollateralen innerhalb von V1 synaptische Verbindungen mit den Pyramidenzellen der Laminae V–VI ein. Aus der Lamina V der Area striata ziehen Efferenzen zum Colliculus superior, Pulvinar und Pons. Aus der Lamina VI gelangen Efferenzen zurück

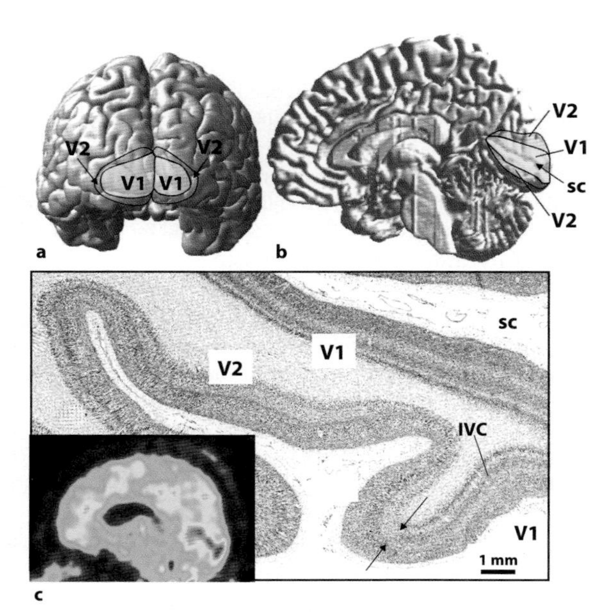

◘ **Abb. 17.71a–c.** Lage und Ausdehnung des primären (V1) und sekundären visuellen (V2) Cortexareals in der Ansicht auf den Okzipitalpol (**a**) und auf die mediale Hemisphärenoberfläche (**b**). Abbildung **c** zeigt bei kleiner Vergrößerung Bereiche von V1 und V2 in einem histologischen Präparat (Silberfärbung der Zellkörper nach Merker). Die beiden Pfeile markieren die zytoarchitektonisch bestimmbare Grenze zwischen V1 und V2. Ein wichtiges Merkmal für die Grenzbestimmung ist das Verschwinden der Lamina IV C der Area striata (V1) am Übergang zu V2. Auch die Lamina VI zeigt eine deutliche Veränderung ihrer Struktur an dieser Grenze; sc = Sulcus calcarinus.
Unten links ist V1 in einem Sagittalschnitt durch besonders intensiven Metabolismus (festgestellt durch Positronenemissionstomographie PET) erkennbar (rote Farbkodierung)

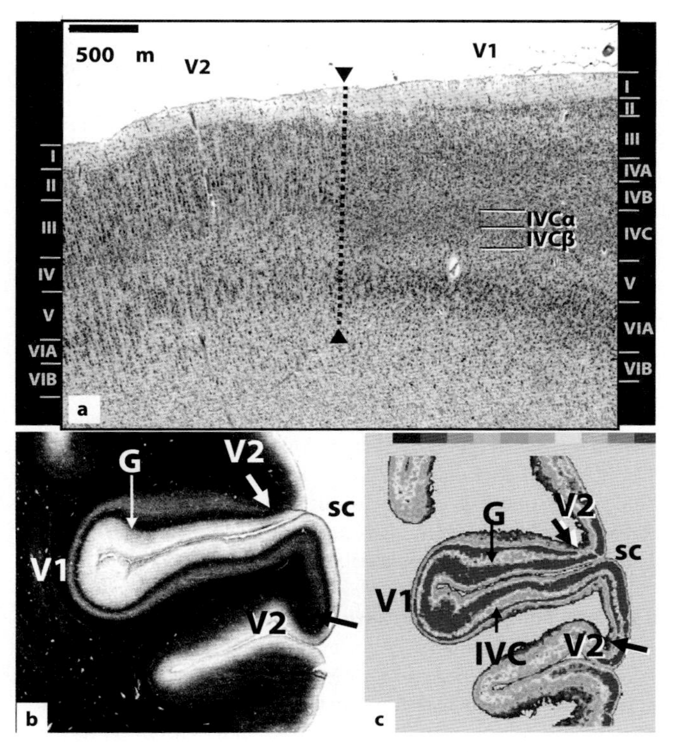

◘ **Abb.17.72a–c.** Laminäre Struktur des primären (V1) und sekundären visuellen (V2) Cortexareals in einem histologischen Schnitt mit Zellkörperfärbung (**a**), Markscheidenfärbung (**b**) und Darstellung der inhibitorisch wirksamen GABA$_A$-Rezeptoren (**c**). An der Grenze zwischen V1 und V2 ändern sich die Lamina IV (**b** und **c**) und Lamina VI (**a**). Das Verschwinden der Lamina IVB, die den Gennari-Streifen enthält, ist am deutlichsten im Markscheidenpräparat (**b**) zu erkennen. Die Abbildung **c** zeigt in einem zu Abbildung **b** benachbarten Schnitt die laminäre Verteilung der GABA$_A$-Rezeptoren, die ebenfalls die hochdifferenzierte laminäre Struktur des primären visuellen Cortex widerspiegeln. GABA$_A$-Rezeptoren sind in besonders hoher Konzentration in den Laminae II–IVA und in der Lamina IVC zu finden, ein Hinweis auf die intensive inhibitorische intrakortikale Informationsverarbeitung; G = Gennari-Streifen; sc = Sulcus calcarinus

zum Corpus geniculatum laterale und über Axonkollateralen zu dornenlosen Sternzellen der Lamina IV C. Efferenzen aus der Lamina VI enden auch im Claustrum.

Die großzelligen Schichten 1–2 **(magnozelluläres System)** des Corpus geniculatum laterale projizieren in die **Lamina IV Cα**. Dornentragende Sternzellen dieser Schicht senden stark myelinisierte Axone in die Lamina IV B, bilden dort den Gennari-Streifen und enden an Pyramidenzellen, deren Axone in benachbarte extrastriäre Areale ziehen. Außerdem projizieren die Neurone der **Lamina IV Cα** in die Laminae II–III der Area striata.

Damit sind im retino-genikulo-kortikalen System 2 parallele Leitungsbahnen vorhanden. Das schnell und phasisch reagierende magnozelluläre System dient vor allem der **Bewegungsdetektion** und dem **niedrigauflösenden achromatischen Sehen,** während das langsam und tonisch reagierende parvozelluläre System für das **hochauflösende Sehen** und das **Farbsehen** zuständig ist. Diese beiden funktionell unterschiedlichen Systeme nehmen auch im nachgeschalteten extrastriären visuellen Cortex getrennte Verläufe (◘ Abb. 17.74).

In der Area 17 kommen wie in allen anderen neokortikalen Arealen noch weitere Afferenzen aus dem Rhombencephalon (z.B. Locus coeruleus (Transmitter Noradrenalin), den Raphekernen (Transmitter Serotonin), dem ventralen Teil des Tegmentum mesencephali (Transmitter Dopamin), thalamischen Kerngebieten (z.B. Pulvinar), dem basalen Vorderhirn (Transmitter Acetylcholin) und anderen kortikalen Arealen an.

Die wichtigste Afferenz des primären visuellen Cortex V1 kommt aus dem ipsilateralen Corpus geniculatum laterale. Dieser Input besteht aus 2 Kanälen, dem magno- und dem parvozellulären System, die sich hinsichtlich ihrer Funktion unterscheiden.

Neben den magno- und parvozellulären Systemen kann man noch ein interlaminäres **I-System** unterscheiden, das von den kleinen Nervenzellen der Zwischenschichten des Corpus geniculatum laterale direkt zu den Laminae II–III des primären visuellen Cortex zieht. Die Endbäume dieser Axone verzweigen sich dort innerhalb eines »Blobs« (siehe unten).

V1 ist **retinotop** organisiert. Die Fovea centralis der Retina ist am Okzipitalpol und seiner Umgebung auf der medialen Hemisphärenoberfläche repräsentiert (◘ Abb. 17.68). Am weitesten rostral findet sich in V1 die Abbildung des monokulären Teils des Gesichtsfelds. Der obere Teil der Retina und damit der untere Teil des Gesichtsfelds sind in dem oberhalb des Sulcus calcarinus gelegenen Abschnitt der Area striata repräsentiert. Das obere Gesichtsfeld (untere Retinahälfte) wird auf dem unteren Teil der Area striata abgebildet.

17.65 Blindheit und Area striata

Bei einer partiellen Läsion der Area striata ensteht ein **Skotom,** d.h. eine blinde Stelle im Gesichtsfeld. Bei einer kompletten Zerstörung der Area striata ist keine bewusste Wahrnehmung von Gegenständen im gesamten Gesichtsfeld mehr möglich, die Patienten sind blind, obwohl Retina und Corpus geniculatum laterale erhalten sind. Dennoch können manchmal Orientierungen von Lichtbalken oder die Lage bewegter Lichtreize wahrgenommen werden. Diese Fähigkeit trotz kompletten Ausfalls der Area striata bezeichnet man als **Blind-sight-Effekt.** Er deutet darauf hin, dass die Area striata zwar entscheidend für das normale Sehen ist, aber neben der retino-genikulo-kortikalen Bahn noch andere Teile des visuellen Systems für bestimmte Aspekte des Sehens von Bedeutung sind.

V1 ist **modulär** organisiert. Ein funktionell wichtiger Aspekt dieser modulären Organisation ist die nach ipsi- oder kontralateralem Auge getrennte Endigung der genikulokortikalen Afferenzen in sog. **Augendominanzsäulen** in der Lamina IV C der Area striata. In einer okulären Dominanzsäule liegen über eine Ausdehnung von etwa 1 mm (beim Menschen) in der Lamina IV Cβ Neurone, die nur von einem Auge Input erhalten; daran schließt sich eine gleich große Gruppe von Neuronen an, die ihre Afferenzen vom kontralateralen Auge erhalten. Diese vom ipsi- oder kontralateralen Auge dominierten Bereiche (»Zellsäulen«) der Lamina IV Cβ erscheinen auf Schnitten senkrecht durch den Cortex als alternierende Module, d.h. als vertikal zur Cortexoberfläche gestellte Zellsäulen. So erklärt sich die ursprüngliche Benennung als »ocular dominance columns«. Auf Schnitten durch die Lamina IV C, die parallel zur Cortexoberfläche liegen, zeigt sich jedoch, dass diese »Säulen« zusammenhängende Streifen bilden, die sich verzweigen und fusionieren können (◘ Abb. 17.73).

17.66 Postnatale Entwicklung der Sehfunktion

Augendominanzsäulen entstehen in einer Phase der postnatalen Entwicklung (»plastische oder vulnerable Phase«) bei normaler Funktion beider Augen. Ist jedoch z.B. durch eine angeborene Schielstellung oder eine einseitige Linsentrübung während dieser Phase kein normales binokuläres Sehen möglich, werden die für das pathologisch veränderte Auge zuständigen Neurone im Corpus geniculatum laterale und V1 regressive Veränderungen zeigen. Augendominanzsäulen werden dann nicht regelrecht ausgebildet. Die dem gestörten Auge zugeordneten Dominanzsäulen sind in ihrer Größe reduziert und dafür die dem funktionierenden Auge zugeordneten Dominanzsäulen stark vergrößert. Dies führt dazu, dass die Sehkraft eines Auges erheblich eingeschränkt ist oder völlig fehlt **(Amblyopie).** Wird nicht rechtzeitig eine Korrektur des Augenfehlers in der Kindheit durchgeführt, kommt es zu einer bleibenden Reduktion des Sehvermögens, insbesondere zu einer erheblichen Einschränkung oder einem völligen **Verlust des räumlichen Sehens.**

Neben den Augendominanzsäulen treten in V1 noch weitere moduläre Strukturen auf, die weitere anatomische und funktionelle Aspekte der Cortexorganisation widerspiegeln. In den Laminae II–III treten periodisch angeordnete, isolierte Flecken, »**Blobs**«, hoher Zytochromoxidase-Aktivität auf, die auf Gruppen besonders stoffwechselaktiver Neurone hinweisen. Die Blobs sind voneinander durch Bereiche geringer Enzymaktivität getrennt, »**Interblobs**«. Blobs und Interblobs erhalten ihren Input aus dem **parvozellulären System**. Blobs enthalten ausschließlich farbselektive Neurone, Interblobs bestehen aus Neuronen für Form-, Tiefen- und Farbwahrnehmung, aber nicht für Bewegungsdetektion. Die periodisch in Richtung der Längsausbreitung der Augendominanzsäulen aufeinanderfolgenden Blobs sind jeweils über dem Zentrum einer Augendominanzsäule zu finden. Diese Anordnung wird durch den monokulären Input zu einem Blob verständlich.

Die ◘ Abb. 17.73a zeigt an einer oberflächenparallelen Scheibe aus der Lamina III:
- **Blobs** und **Interblobs,** die zentral über Augendominanzsäulen liegen,
- durchscheinend aus Lamina IV C kontra- (schwarz) und ipsilaterale (rot) Augendominanzbereiche,
- senkrecht zur Verlaufsrichtung von zwei benachbarten Augendominanzsäulen ausgerichtete **Orientierungssäulen** sowie
- den Cortexbereich, den man als **Hypersäule** bezeichnet. Die Balken im Bereich der rechten Schnittkante der Hypersäule markieren Orientierungssäulen mit wechselnder Spezifität für die Orientierung visueller Stimuli.

Die orientierungsselektiven Zellgruppen kreuzen annähernd rechtwinklig über 2 Augendominanzsäulen hinweg, da die **Orientierungssäulen** Input aus beiden Augen erhalten. Die Zellen einer Orientierungssäule sprechen selektiv auf Lichtstimuli einer bestimmten, aber immer gleichen Orientierung an. Die Neurone in den folgenden

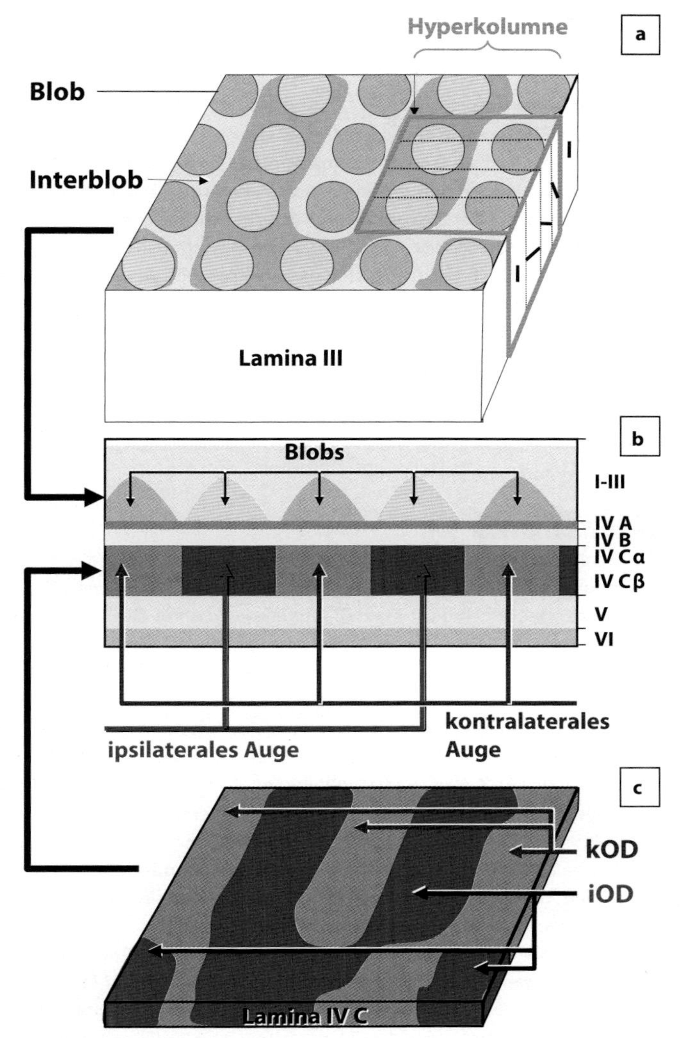

Abb.17.73a–c. Module im primären visuellen Cortex V1. Abbildung **a** und **c** zeigen in oberflächenparalleler Ansicht die Laminae III und IV C. Abbildung **b** zeigt einen senkrecht zur Cortexoberfläche gerichteten Schnitt durch V1. In Abbildung **b** sind die Augendominanzsäulen in der Lamina IV C, die ihren Input entweder aus dem kontra- (blaue Pfeile) oder ipsilateralen (rote Pfeile) Auge erhalten, sowie die farbsensitiven Blobs in Lamina III dargestellt. Wie in Abbildung **c** gezeigt, erscheinen die Augendominanzsäulen als »Säulen« an der vorderen Schnittkante, in der oberflächenparallelen Aufsicht auf die Lamina IV C ist jedoch ihre tatsächliche Form erkennbar; iOD = Augendominanzbereich mit Input vom ipsilateralen Auge; kOD = Augendominanzbereich mit Input vom kontralateralen Auge

Orientierungssäulen zeigen eine schrittweise Veränderung ihrer Orientierungsselektivität.

Die moduläre Superstruktur, die aus 2 okulären Dominanzsäulen und allen Orientierungssäulen, die zusammen einen kompletten Durchgang (180°) durch alle Orientierungsrichtungen bieten, sowie den in diesem Bereich auftretenden Farbsäulen besteht, wird als **Hypersäule** bezeichnet (Abb. 17.73).

V1 zeigt eine moduläre Organisation, die durch Augendominanzsäulen und parallel verlaufende und über den Augendominanzsäulen zentrierte magno- und parvozelluläre Terminalgebiete für Farb-, Orientierungs-, Form- und Bewegungswahrnehmung, sowie senkrecht zu den Augendominanzbereichen verlaufende Orientierungssäulen geprägt ist.

Wenn man als visuellen Cortex die Gesamtheit aller neokortikalen Areale bezeichnet, die durch optische Stimuli aktiviert werden, ist der visuelle Cortex nicht nur auf den Okzipitallappen beschränkt, sondern erstreckt sich nach rostral über den Sulcus parietooccipitalis in den Parietallappen und in den ventralen Teil des Temporallappens (Abb. 17.74). Die in vielen Lehrbüchern immer noch gezeigte klassische Einteilung des visuellen Cortex in 3 okzipitale Areale (Areae 17, 18 und 19 nach Brodmann) ist daher falsch und entspricht nicht dem heutigen Wissensstand. Der visuelle Cortex wird heute in einen **striären Cortex** (Area striata, auch Area 17 oder V1 genannt) und einen **extrastriären Cortex** eingeteilt, der ein Sammelbegriff für über 20 funktionell und anatomisch unterschiedliche Areale ist. Im Rahmen dieses Lehrbuchs kann näher nur auf die extrastriären Areale V2, V4 und V5 (auch MT = **m**id**t**emporal area genannt) eingegangen werden.

Die verschiedenen Gebiete des extrastriären Cortex erhalten ihren wichtigsten visuellen Input aus V1. Auch aus dem Pulvinar thalami, das seinerseits von Faserbahnen aus dem Colliculus superior und V1 erreicht wird, und über das Corpus callosum vom kontralateralen visuellen Cortex der anderen Hemisphäre gelangen Afferenzen in den extrastriären Cortex.

Die Efferenzen der extrastriären Areale ziehen wiederum in andere, z.T. weit entfernte Gebiete, z.B. in das frontale Augenfeld, aber auch in subkortikale Regionen wie den Thalamus, zur Area pretectalis, zum Colliculus superior und in die Formatio reticularis. Wichtig für die Konnektivität des visuellen Cortex ist, dass nicht nur Signale von V1 stufenweise durch die Hierarchie der extrastriären Areale bis in multimodale Assoziationsgebiete (»bottom-up«) übertragen werden, sondern auch umgekehrt aus den hierarchisch höchststehenden Assoziationsgebieten (»top-down«) in Richtung V1 Signale rückvermittelt werden. Basis für diese Organisation sind reziproke Verbindungen zwischen den verschiedenen Arealen des gesamten visuellen Cortex.

Es ist wichtig festzustellen, dass trotz aller reziproken Verbindungen

- vom primären visuellen Cortex zu nachgeschalteten extrastriären Arealen hin, eine hierarchische Organisation mit zunehmender funktioneller Komplexität besteht, und
- zwei parallele, funktionell unterschiedliche Hauptwege (**ventraler Strom** oder »**What-System**«, bzw. **dorsaler Strom** oder »**Where-System**«) von V1 zu den extrastriären Arealen und von diesen zu den nachgeschalteten Arealen im inferotemporalen, bzw. parietalen Cortex ziehen (Abb.17.74).

Um die Bedeutung der Einteilung in einen ventralen und dorsalen Strom verstehen zu können, muss auf die Organisation der parallelen von der Retina über das Corpus geniculatum laterale zum primären visuellen Cortex führenden magno- und parvozellulären Systeme im extrastriären Areal V2 näher eingegangen werden. Auch dort haben sich wie in V1 moduläre Strukturen herausgebildet, die getrennt die Informationen aus beiden Systemen verarbeiten. Durch die lokal unterschiedliche Zytochromoxidaseaktivität können in V2 kontinuierliche, das ganze Areal durchziehende, parallel angeordnete Bereiche hoher und niedriger Enzymaktivität nachgewiesen werden. Die Bereiche hoher Enzymaktivität sind entweder als **breite** oder als **schmale Streifen** erkennbar, die Bereiche niedriger Enzymaktivität werden als **blasse Streifen** bezeichnet.

Die Neurone in den **breiten Streifen** erhalten ihre Afferenzen via Lamina IV B aus der Lamina IV Cα von V1. Sie gehören daher zum magnozellulären System. Dieses System ist orientierungsselektiv und kann Bewegungen von visuellen Stimuli detektieren. Die Neurone der dicken Streifen senden ihre Efferenzen vor allem in das Areal V5 und von dort wird die Information in parietale Cortexareale weiter-

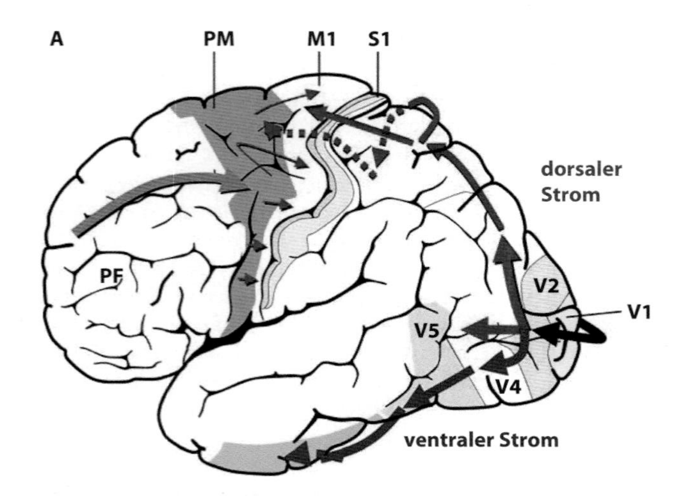

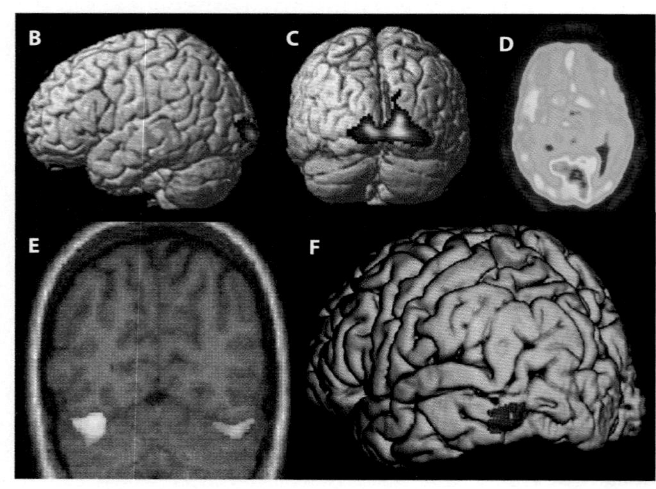

Abb. 17.74A–F. Visuelle, somatosensorische, motorische und präfrontale Cortexareale und ihre Verbindungen. **A** Schematische Darstellung, die dorsalen (Where-System) und ventralen (What-System) visuellen Ströme sind hervorgehoben. **B** (Seitenansicht) und **C** (Ansicht von okzipital) zeigen das Areal V1 in der funktionellen Magnetresonanztomographie (fMRT), **D** Areal V1 auf einem Horizontalschnitt in der Positronen-Emissions-Tomographie (PET), **E** Areal V4 auf einem Frontalschnitt in der fMRT, **F** Areal V5 in der funktionellen Magnetresonanztomographie (fMRT) [13]
M1 = primär motorischer Cortex; PF = präfrontaler Cortex; PM = prämotorischer Cortex; S1 = primärer somatosensorischer Cortex; V1 = primärer visueller Cortex; V2, V4, V5 = extrastriäre visuelle Cortexareale

geleitet, die eine visuell vermittelte räumliche Orientierung ermöglichen. Dieser gesamte Verschaltungsweg des magnozellulären Systems nimmt damit einen primär nach dorsal gerichteten Verlauf (dorsaler Strom) und erlaubt die Lokalisation von Gegenständen im Raum (Where-System) und damit auch visuell gesteuerte Greifbewegungen. Die Neurone in den **schmalen Streifen** erhalten ihre Afferenzen aus den Blobs in V1 und gehören daher zum parvozellulären System. Die Blobs in V1 und schmale Streifen in V2 sind überwiegend farbselektiv. Aus den schmalen Streifen führen die Efferenzen aus V2 nach ventral in das extrastriäre Areal V4 (ventraler Strom), das für Farbwahrnehmung von entscheidender Bedeutung ist. Die Neurone der **blassen Streifen** erhalten ihre Afferenzen aus den Interblobs, die orientierungs- und formselektiv sind. Die blassen Streifen sind ebenfalls dem parvozellulären System zuzuordnen. Ihre Efferenzen ziehen nach ventral (ventraler Strom) und erreichen Areale im inferotemporalen Cortex, die z.B. für die Erkennung von Gesichtern oder für die Identifizierung bestimmter Objekte von entscheidender Bedeutung sind (What-System).

17.67 Agnosien

Patienten mit Läsionen in einzelnen Arealen des extrastriären visuellen Cortex zeigen kognitive Störungen, **Agnosien.** Diese Agnosien sind unterschiedlich je nach betroffenem extrastriären Areal. Läsionen im Areal V5 führen zu einer **Bewegungsagnosie,** d.h. für Patienten mit dieser Läsion erscheinen alle Bewegungen von Objekten und Personen wie eingefroren und bewegte Objekte scheinen sprunghaft, wie aneinandergereihte Standbilder ihre Position und Form zu verändern (Störung im Where-System). Patienten mit einer Läsion im Areal V4 werden an einer **Farbagnosie** leiden (Störung im What-System), d.h. sie sind farbenblind, obwohl keine Störungen an den Zapfenzellen der Retina vorliegen. Bei einer **Prosopagnosie** können wegen einer Läsion im inferotemporalen Cortex keine Gesichter als bekannt oder unbekannt erkannt werden (Störung im What-System).

In Kürze

Das **Corpus geniculatum laterale** besteht aus 6 Schichten, die entweder vom ipsi- (Schichten 2, 3 und 5) oder vom kontralateralen Auge (Schichten 1, 4 und 6) Afferenzen erhalten. Die Axone der magnozellulären Ganglienzellen der Retina enden in den Schichten 1–2, die der parvozellulären Ganglienzellen in den Schichten 3–6 des Corpus geniculatum laterale.

Der **primäre visuelle Cortex V1** hat eine besonders hochdifferenzierte laminäre Struktur und ist durch den **Gennari-Streifen** charakterisiert. Aus den magnozellulären Schichten des CGL gelangen Axone v.a. in die Lamina IV Cα, deren Efferenzen den Gennari-Streifen bilden. Aus den parvozellulären Schichten des CGL gelangen Axone v.a. in die Lamina IV Cβ. **Augendominanzsäulen, Blobs** und **Interblobs** sowie **Orientierungssäulen** sind funktionell wichtige Organisationsstrukturen in V1.

Der **visuelle Cortex** besteht aus der **Area striata (V1)** und **extrastriären visuellen Cortexgebieten** im Okzipital- und Temporallappen. Die visuellen Hirnrindenareale sind untereinander reziprok verknüpft. Sie bilden im extrastriären Cortex Glieder paralleler Informationsverarbeitungssysteme (What- und Where-Systeme), die verschiedene Submodalitäten (Farbe, Orientierung, Form, Bewegung, usw.) repräsentieren. Extrastriäre visuelle Areale ermöglichen spezifische und je nach Areal unterschiedliche kognitive Leistungen.

Retino-tektales System

Das retino-tektale System spielt eine entscheidende Rolle bei der Wahrnehmung bewegter visueller Stimuli. Es vermittelt willkürliche, sakkadische Augeneinstellbewegungen, sowie Augen-, Kopf- und Rumpfbewegungen zur Fixierung dieser Reize in der Fovea der Retina (»Foveationsreflex«).

Retinale Ganglienzellen mit weitreichenden Dendritenbäumen schicken ihre Axone über den Tractus opticus, ohne Umschaltung im Corpus geniculatum laterale, durch das Brachium colliculi superioris direkt in den Colliculus superior, wo sie mit weit verzweigten Axonen enden. Eine Ganglienzelle der Retina kann daher Signale aus zahlreichen Rezeptorzellen der Retina aufnehmen und auf zahlreiche Zielzellen im Colliculus superior übertragen. Diese Dendritenmorphologie bedeutet zwar geringe Ortsauflösung in der Retina und im Colliculus superior, ist aber eine geeignete anatomische Differenzierung, um Stimuli, die sich über benachbarte Rezeptorzellen der Retina bewegen, zu registrieren.

Der **Colliculus superior,** der aus beiden Augen Afferenzen erhält, zeigt eine Gliederung in **zellkörperreiche** (2., 4. und 6. Schicht) und **faserreiche** (1., 3., 5. und 7. Schicht) **Schichten:**

- 1. Stratum zonale
- 2. Stratum griseum superficiale
- 3. Stratum opticum
- 4. Stratum griseum medium
- 5. Stratum medullare medium
- 6. Stratum griseum profundum
- 7. Stratum medullare profundum

Die Signale aus dem rechten und linken Auge enden in Analogie zu den Augendominanzsäulen getrennt in nebeneinander liegenden Zellsäulen in den oberen 3 Schichten. Die tieferen Schichten des Colliculus superior erhalten Informationen aus der Hirnrinde (Tractus corticotectalis), dem Rückenmark (Tractus spinotectalis) und dem Colliculus inferior, sowie den aufsteigenden somatosensorischen (Lemniscus medialis) und akustischen (Lemniscus lateralis) Systemen. Der Colliculus superior ist daher wegen der Informationen aus verschiedenen Sinnessystemen nicht nur ein optisches Reflexzentrum, sondern eine multimodale Hirnregion. Der **Colliculus superior** sendet seine Efferenzen zu den präokulomotorischen Kerngebieten (Ncll. vestibulares, Ncl. prepositus hypoglossalis, Formatio reticularis), direkt zu den Augenmuskelkernen, dem Ncl. n. facialis, den Ncll. pontis, dem Rückenmark, dem kontralateralen Colliculus superior, der Area pretectalis, dem Pulvinar und dem Corpus geniculatum laterale.

17.68 Schutzreflexe

Bei der Annäherung von Objekten an das Auge wird der **Lidschlussreflex** über die Verbindung Colliculus superior – Ncl. n. facialis – mimische Muskulatur, das reflexartige **Abwenden des Kopfes** über die Verbindung Colliculus superior – Rückenmark – Nackenmuskulatur ermöglicht.

Retino-prätektales System

Das retino-prätektale System vermittelt Pupillen- und Akkommodationsreflexe sowie Konvergenzreaktion.

Pupillenreflex. Die Area pretectalis erhält über den Tractus opticus direkte Afferenzen aus der Retina. Ihre Efferenzen erreichen den **Ncl. accessorius n. oculomotorii (Ncl. Edinger-Westphal)** der ipsilateralen und – über eine Kreuzung in der Commissura epithalamica – der kontralateralen Seite. Von dort ziehen Axone als präganglionäre parasympathische Fasern im N. oculomotorius zum Ganglion ciliare. Dessen Efferenzen ziehen schließlich als postganglionäre parasympathische Fasern in den Nn. ciliares breves zum M. sphincter pupillae (siehe auch ► Kap. 17.5). Lichteinfall ins Auge löst durch Freisetzung von Acetylcholin eine Kontraktion dieses Muskels und damit eine Verengung der Pupillen **(Miosis)** aus.

Weitere Efferenzen der Area pretectalis ziehen über das Griseum centrale zum Seitenhorn des Rückenmarks (»**Centrum ciliospinale**«). Von dort gelangen präganglionäre sympathische Fasern zum Ganglion cervicale superius. Nach synaptischer Umschaltung im Ganglion ziehen postganglionäre sympathische Fasern im Plexus caroticus internus in die Schädelhöhle und dann in den Nn. ciliares longi am Ganglion ciliare in der Orbita vorbei zum M. dilatator pupillae (siehe auch ► Kap. 17.5). Hier bewirken sie bei Dunkelheit durch Freisetzung von Adrenalin eine Erweiterung der Pupille **(Mydriasis)**.

Akkomodationsreflex. Die Area pretectalis erhält auch Afferenzen aus dem primären visuellen Cortex V1. Nach synaptischer Umschaltung ziehen die Efferenzen der Area pretectalis über die Commissura epithalamica zu den Ncll. Edinger-Westphal beider Seiten. Von dort führt eine Faserbahn als präganglionärer parasympathischer Teil des Reflexbogens zum Ganglion ciliare und nach synaptischer Umschaltung im Ganglion zum M. ciliaris im Corpus ciliare des Auges. Hier kann eine Kontraktion dieses Muskels ausgelöst werden, die zu einer Entspannung der über die Zonulafasern aufgehängten Augenlinse führt, die sich dann abrundet und dadurch ihre Krümmung und somit ihre Brechkraft erhöht. Dies ermöglicht die Akkommodation, d. h. Gegenstände in der Nähe werden auf der Retina scharf abgebildet **(Akkommodationsreflex)**. Wird dagegen die Linse bei relaxiertem M. ciliaris durch Zug der elastischen Choroidea am Corpus ciliare gespannt, flacht die Linse sich ab, die Brechkraft nimmt ab und eine scharfe Abbildung weit entfernter Objekte wird ermöglicht.

Konvergenzreaktion. Ein weiterer Reflexbogen wird beim Akkommodationsreflex immer mitaktiviert. Nach partieller Kreuzung in der Commissura epithalamica ziehen die Efferenzen der Area pretectalis zum Ncl. centralis Perlia (ein unpaares Kerngebiet in der Mitte des Edinger-Westphal-Kerns), der beim Auftreten des Akkomodationsreflexes eine Konvergenz der Augen, d.h. Adduktion beider Augenbulbi durch Kontraktion der Mm. recti mediales beider Seiten auslöst. Durch Akkommodation wird synergistisch auch eine Verengung der Pupillen bewirkt. Diesen gesamten Vorgang bezeichnet man als Konvergenzreaktion.

17.69 Klinische Hinweise zu Pupillen-, Akkommodations- und Konvergenzreaktionen

Da die Faserbahnen für Pupillen-, Akkommodations- und Konvergenzreaktion nach Umschaltung in der Area pretectalis bilateral zu ihren Zielgebieten ziehen, kommt es bei Stimulation eines Auges nicht nur zu einer Reflexantwort im ipsilateralen **(direkte Reaktion)**, sondern auch zu einer gleichzeitigen Reflexantwort im kontralateralen Auge **(konsensuelle Reaktion)**.

Bei Ausfall des N. opticus eines Auges fehlt bei Belichtung dieses Auges sowohl die direkte als auch die konsensuelle Reaktion, **amaurotische Pupillenstarre.** Wird dagegen das intakte Auge belichtet, so kommt es zu normalen direkten und konsensuellen Reaktionen, da die von der Area pretectalis ausgehenden Bahnen eine bilaterale Versorgung sichern. Die Konvergenzreaktion ist in diesem Fall erhalten.

Fallen direkte und konsensuelle Pupillenreaktionen zusammen mit der Konvergenzreaktion aus, dann muss mit einer traumatischen Schädigung des Auges, einer peripheren Parese des N. oculomotorius oder mit einer Mittelhirnschädigung im Bereich des efferenten Schenkels der Reflexbögen, die im Kernkomplex des Ncl. n. oculomotorii beginnen, gerechnet werden. Dieser Ausfall wird als **absolute Pupillenstarre** bezeichnet.

Ein Ausfall der direkten und konsensuellen Pupillenreaktionen auf beiden Augen zusammen mit erhaltenen übrigen Funktionen der Konvergenzreaktion wird als **reflektorische Pupillenstarre** bezeichnet. Besteht gleichzeitig eine Miosis, spricht man vom **Argyll-Robertson-Phänomen**. In diesem Fall liegt eine Störung im zentralen Bereich der Pupillenreflexbahn vor. Die Verbindung zwischen Area pretectalis und Ncl. Edinger-Westphal ist durch eine Erkrankung (z.B. Lues) zerstört, während die von dieser Bahn separat verlaufende Verbindung zwischen Area pretectalis und Ncl. centralis Perlia erhalten ist.

Schließlich kann noch bei entzündlichen Erkrankungen des Ganglion ciliare ein typisches Pupillensyndrom, die **Pupillotonie,** definiert werden. Kennzeichen sind verlangsamte Kontraktion oder Erweiterung der Pupille und gestörte Konvergenzreaktion.

Außerdem können aber Miosis oder Mydriasis direkt am Auge durch Medikamente ausgelöst werden, die eine Acetylcholinwirkung nachah-

▼

men (Miosis) oder hemmen (Mydriasis). So werden z.B. die Pupillen im Rahmen einer augenärztlichen Untersuchung durch Eintropfen von Atropin, einem Acetylcholin-Antagonisten, weitgestellt. Die dadurch erzeugte Mydriasis erlaubt dann beim Spiegeln des Augenhintergrundes eine Sicht auf die komplette Retina.

Retino-hypothalamisches System

Das retino-hypothalamische System steuert über den Ncl. suprachiasmaticus im Hypothalamus die zirkadiane Rhythmik.

Der Ncl. suprachiasmaticus wird direkt von Axonen der vor allem kontralateralen, retinalen Ganglienzellen erreicht. Der Ncl. suprachiasmaticus liegt am vorderen Ende des Hypothalamus, unterhalb des III. Ventrikels und unmittelbar über dem Chiasma opticum.

Die Efferenzen des Ncl. suprachiasmaticus ziehen zum Ncl. paraventricularis des Hypothalamus und von dort zum Rückenmark. Nach Umschaltung im Ncl. intermediolateralis des Seitenhorns gelangen präganglionäre Axone zum Ganglion cervicale superius und von dort zur Epiphyse, Corpus pineale. Die Epiphyse zeigt eine lichtabhängige und damit tageszeitabhängige Freisetzung des Hormons **Melatonin.** Das Melatonin beeinflusst wieder den Ncl. suprachiasmaticus. Dieses Kerngebiet wirkt auch über den Ncl. paraventricularis bei der Synchronisation von zirkadianen Rhythmen und neuroendokrinen Funktionen (Freisetzung von Steuerhormonen wie Luliberin und Kortikoliberin) mit.

In Kürze

Die von der Retina über den Ncl. suprachiasmaticus, den Ncl. paraventricularis, das Seitenhorn des Rückenmarks und das Ganglion cervicale superius zur Epiphyse ziehenden Faserbahnen steuern den Tag-Nacht-Rhythmus des gesamten Organismus durch Ankopplung an die Retina.

Akzessorisches optisches System

Das akzessorische optische System trägt zur Steuerung des optokinetischen Nystagmus bei.

Die Faserbahn des akzessorischen optischen Systems beginnt mit den magnozellulären Ganglienzellen der Retina und legt sich nach überwiegender Kreuzung im Chiasma opticum basal dem Tractus opticus an. Diese Faserbahn endet überwiegend kontralateral in 4 verschiedenen Kerngebieten des Tegmentum mesencephali, den **Ncll. terminales medialis, lateralis, dorsalis** und **interstitialis tractus optici**.

Hauptaufgabe dieses Systems ist es, Eigenbewegungen des Körpers relativ zu einem unbewegten Gesichtsfeld zu registrieren. Damit ist es Teil des visuomotorischen Systems, das den **optokinetischen Nystagmus** steuert. Zu diesem System gehören auch die Ncll. vestibulares, mit denen die Kerne des akzessorischen optischen Systems verbunden sind.

In Kürze

Das akzessorische optische System ist ein Teil der Hirnstrukturen für die Visuomotorik. Es besteht aus einer Bahn von der Retina zu mesenzephalen Kerngebieten, die u.a. die Ncll. vestibulares erreichen.

Verschiedene visuelle Systeme im Überblick

Die verschiedenen visuellen Systeme (retino-genikulo-kortikales, retino-tektales, retino-prätektales, retino-hypothalamisches und akzessorisches optisches System) wirken bei der visuellen Wahrnehmung der Welt zusammen. Abschließend soll daher eine vereinfachte Übersicht durch ein Blockdiagramm gegeben werden (Abb. 17.75).

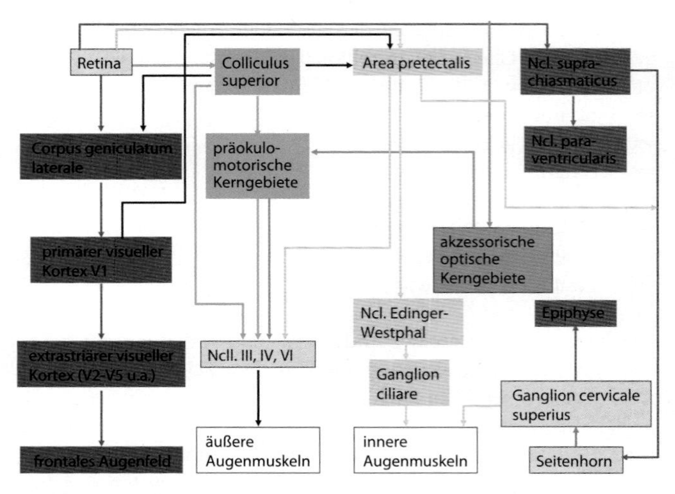

Abb.17.75. Blockdiagramm aller visuellen Systeme

17.8 Akustisches und vestibuläres System mit Ohr

A. Wree

Einführung

Das *Organum vestibulocochleare* enthält die Sinneszellen und den Hilfsapparat zur Perzeption unterschiedlicher mechanischer Reize: Schallwellen werden im Hörorgan verarbeitet, Lage und Bewegungen des Kopfes im Gleichgewichtsorgan. Die Reizverteilung und Reiztransformation beider Sinnesqualitäten erfolgt in eng benachbart liegenden Sinnesepithelien des Innenohres, die jeweils Bestandteile des Epithels des häutigen Labyrinthes sind. Die enge Nachbarschaft der ähnlich gebauten Rezeptorzellen ergibt sich aus der Tatsache, dass im Laufe der Phylogenese der ursprünglich angelegte Gleichgewichtsapparat durch den Hörapparat ergänzt wurde.

Zum Ohr im weiteren Sinne gehören das äußere Ohr, das Mittelohr und das Innenohr.

Das **äußere Ohr** besteht aus Ohrmuschel, *Auricula*, äußerem Gehörgang, *Meatus acusticus externus*, und Trommelfell, *Membrana tympanica*. Das **Mittelohr** ist ein durch das Trommelfell vom äußeren Gehörgang abgegrenztes System luftgefüllter, mit Schleimhaut ausgekleideter Räume. Hierzu gehört als Hauptraum die im Felsenbein gelegene Paukenhöhle, *Cavitas tympani*, mit den Gehörknöchelchen, *Ossicula auditus*. Äußeres Ohr und Mittelohr dienen ausschließlich dem Hören. Im Mittelohr erfolgt die Fortleitung der Schallenergie durch Schwingungen des Trommelfells und der Gehörknöchelchen. Durch die Gehörknöchelchen wird das Schallsignal selektiv auf das ovale Fenster, *Foramen ovale*, appliziert. Das **Innenohr** wird durch das knöcherne Labyrinth, *Labyrinthus osseus*, gebildet, das ein häutiges Labyrinth, *Labyrinthus membranaceus*, umschließt. Letzteres besteht aus dem geschlossenen System der Endolymphräume, die von mit Perilymphe gefüllten Spalträumen vom knöchernen Labyrinth getrennt werden (Abb. 17.76). In das Epithel der Endolymphräume sind sekundäre Sinneszellen eingelassen, wobei Epithelabschnitte von

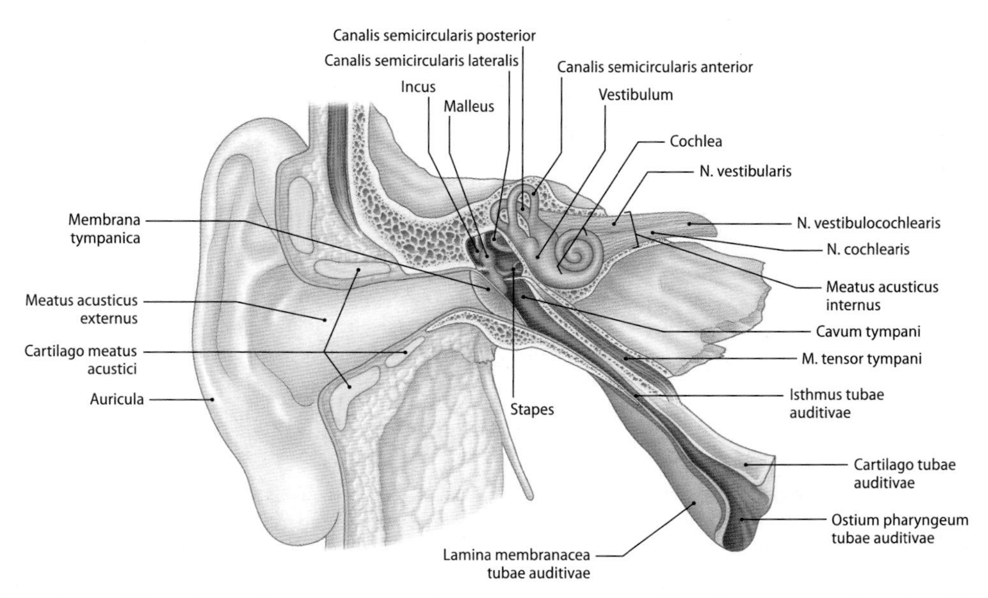

Abb. 17.76. Äußeres Ohr, Mittelohr und Innenohr, rechte Seite, Ansicht von vorn (schematische Übersicht). Beim Innenohr ist die äußere Ansicht eines Ausgusses des knöchernen Labyrinthes dargestellt

Sacculus, *Utriculus* und *Ductus semicirculares* dem Gleichgewichtsapparat, die des *Ductus cochlearis* dem Hören dienen.

17.8.1 Äußeres Ohr

Das äußere Ohr fungiert als Trichter, der die Schallwellen in den äußeren Gehörgang reflektiert und damit zum Trommelfell leitet. Zum äußeren Ohr zählen Ohrmuschel, äußerer Gehörgang und Trommelfell.

Auricula. Die Ohrmuschel, *Auricula,* steht in einem Winkel von 25–45° vom Schläfenbein ab. Ihre Formstabilität beruht auf den elastischen Knorpeln, *Cartilago auriculae,* die kontinuierlich in den Knorpel des äußeren Gehörganges übergehen (Abb. 17.77). Die kleinen Muskeln der Ohrmuschel und die an das Ohr vom Schädel angreifenden mimischen Muskeln sind beim Menschen funktionell ohne Bedeutung. Das Ohrläppchen, *Lobulus auriculae,* enthält nur Fettgewebe.

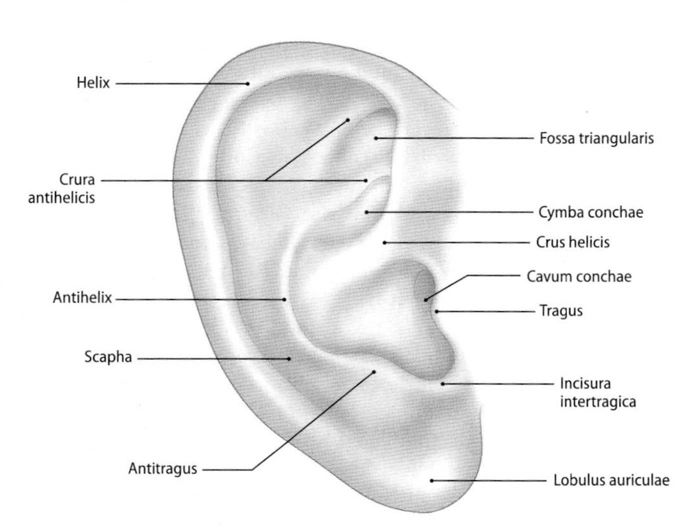

Abb. 17.77. Ohrmuschel, rechte Seite

Meatus acusticus externus. Der am Grund der *Cavitas conchae* mit dem *Porus acusticus externus* beginnende ca. 24 mm lange äußere Gehörgang, *Meatus acusticus externus,* gliedert sich in eine laterale knorpelige Hälfte *(Pars fibrocartilaginea, Cartilago meatus acustici)* und eine mediale knöcherne Hälfte, *Pars ossea,* die vorn, unten und hinten von der *Pars tympanica* des *Os temporale,* oben von der *Pars squamosa ossis temporalis* gebildet wird. Da das Trommelfell nach medial, vorn und unten abgekippt ist, ist der äußere Gehörgang vorn unten (27 mm) länger als hinten oben (22 mm). Der knorpelige Teil ist gegenüber dem knöchernen leicht nach vorn unten abgeknickt. Aus diesem Grund muss die Ohrmuschel nach hinten oben gezogen werden, um einen Ohrtrichter einzuführen und das Trommelfell zu betrachten. Der äußere Gehörgang hat ein mehrschichtig verhorntes Plattenepithel, das über eine Lamina propria und ein dichtes Corium fest mit der knorpeligen oder knöchernen Unterlage verbunden ist und das im lateralen Abschnitt Haare *(Tragi)* sowie Talgdrüsen und apokrine tubulöse *Glandulae ceruminosae* enthält. Das *Cerumen* (Ohrschmalz) ist ein Gemisch aus abgeschilferten Epithelien und Drüsensekreten.

17.70 Klinische Hinweise

Vermehrtes eingedicktes Ohrschmalz kann als Zeruminalpfropf den äußeren Gehörgang verschließen und eine Schalleitungsschwerhörigkeit hervorrufen. Entzündungen im Gehörgang (z.B. Furunkel) sind äußerst schmerzhaft, weil die Haut fest und unverschiebbar mit dem unterlagernden Knorpel und Knochen verwachsen ist und durch Schwellungen starke Spannungen entstehen.

Membrana tympanica. Das Trommelfell trennt äußeren Gehörgang und Paukenhöhle (Abb.17.78). Das leicht ovale, perlmuttgraue und teilweise durchsichtige Trommelfell hat einen vertikalen Durchmesser von ca. 1 cm, einen horizontalen von ca. 0,85 cm, eine Fläche von ca. 65 mm^2 und eine Dicke von ca. 0,1 mm. Es hat im oberen Bereich eine kleine, schlaffe *Pars flaccida* (Shrapnell-Membran), die in der *Incisura tympanica* der Pars squamosa ossis temporalis befestigt ist, und eine größere, für die Schallübertragung wichtige gespannte *Pars tensa.* Die Pars tensa ist über einen fibrokartilaginären Ring *(Anulus fibrocartilagineus)* in einer Rinne *(Sulcus tympanicus)* der

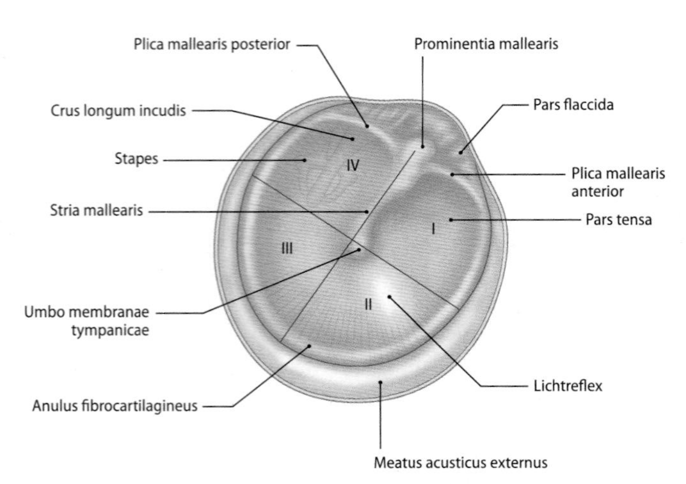

Abb. 17.78. Ansicht des Trommelfells von lateral, rechte Seite, Teile von Incus und Stapes durchscheinend dargestellt. I = vorderer oberer Quadrant; II = vorderer unterer Quadrant; III = hinterer unterer Quadrant; IV = hinterer oberer Quadrant

Pars tympanica eingelassen und gespannt. Die Grenze der beiden Partes bilden die *Plica mallearis anterior* und *posterior*, an der Trommelfellinnenseite liegende Schleimhautfalten. Die Pars tensa ist nach innen trichterförmig eingezogen und kann durch 2 senkrecht aufeinander stehende Linien in 4 Quadranten eingeteilt werden. Die schräg von oben vorn nach unten hinten ziehende Linie geht durch die *Stria mallearis*, der Verwachsungszone des *Manubrium mallei* mit dem Trommelfell, die zweite Linie schneidet die erste senkrecht im Bereich des Trommelfellnabels, *Umbo membranae tympanicae*. Der Umbo liegt exzentrisch dem vorderen unteren Rand angenähert. Histologisch besteht das Trommelfell aus 2 Epithelien, die im Bereich der Pars tensa durch eine derbe Lamina propria getrennt werden. Die Außenseite ist als Fortsetzung der Gehörgangshaut haar- und drüsenfrei und von einem mehrschichtig verhornten Plattenepithel bedeckt, die Innenseite von einschichtigem Plattenepithel. Die Lamina propria der Pars tensa, das Stratum fibrosum, zeigt charakteristische Verlaufsrichtungen der in verschiedenen Schichten liegenden kollagenen Fasern, die für den Spannungszustand und die Schallübertragung wichtig sind: es werden radiäre (außen), zirkuläre (innen), parabolische und transversale Fasersysteme unterschieden. Die Befestigung dieser Fasern erfolgt über den *Anulus fibrocartilagineus* am Sulcus tympanicus und am Periost von *Manubrium* und *Processus lateralis mallei.*

17.71 Otoskopie

Beim Aufblick auf das Trommelfell (Otoskopie) ist ein dreieckiger Lichtreflex sichtbar, dessen Form und Lage Rückschlüsse auf Spannung und Stellung des Trommelfells zulässt.

17.72 Trommelfellperforation

Die häufigste Ursache für eine traumatische Trommelfellperforation ist ein Druckwellentrauma, z.B. verursacht durch Ohrfeigen.

Leitungsbahnen des äußeren Ohres. Die Arterien der Auricula entstammen Ästen der *A. auricularis posterior* (aus der *A. carotis externa*) und der *A. temporalis superficialis* (aus der *A. carotis externa*), der Meatus acusticus externus wird neben diesen noch von der *A. auricularis profunda* (aus der A. maxillaris) erreicht. Das Trommelfell wird entsprechend seiner Entwicklung von außen versorgt von Ästen der A. auricularis profunda, die Innenfläche erreichen Äste der *A. tympanica anterior* (aus der A. maxillaris) und der *A. stylomastoidea* (aus der A. auricularis posterior). Die Innervation des äußeren Ohres erfolgt durch Äste des *N. auriculotemporalis* (Vorderfläche der Auricula, größter Teil des äußeren Gehörganges, Teil des Trommelfells), des *N. auricularis magnus* (Hinterfläche der Auricula) und durch den *R. auricularis* des N. vagus (Hinterfläche und Boden des trommelfellnahen Anteils des äußeren Gehörganges, Teil des Trommelfells). Die Innenfläche des Trommelfells wird wie die gesamte Schleimhaut der *Cavitas tympani* sensibel vom *Plexus tympanicus* des N. glossopharyngeus innerviert.

17.73 Manipulation im Gehörgang

Aufgrund der Innervation durch den N. vagus können Manipulationen im Gehörgang heftigen Brech- oder Hustenreiz auslösen.

17.8.2 Mittelohr

Das Mittelohr ist ein abgegrenztes System pneumatisierter, mit gefäß- und nervenführender Schleimhaut ausgekleideter Räume im Felsenbein.

Zum Mittelohr gehören: **Paukenhöhle,** *Cavitas tympani,* **Ohrtrompete,** *Tuba auditiva, Cellulae mastoideae,* und in variabler Ausprägung weitere **pneumatisierte Räume des Os temporale.** Die Paukenhöhle enthält die Gehörknöchelchen, *Ossicula auditus,* die sie fixierenden Bänder und die Sehnen der an ihnen inserierenden Muskeln. Die Paukenhöhle wird von der *Chorda tympani* durchquert.

Cavitas tympani

Die Paukenhöhle steht über die Ohrtrompete mit der *Pars nasalis pharyngis* und über den *Aditus ad antrum mastoideum* mit dem *Antrum mastoideum* und den *Cellulae mastoideae* in offener Verbindung (Abb.17.79). Sie ist ca. 20 mm hoch, 10 mm lang und an ihrer schmalsten Stelle zwischen Umbo und *Promontorium tympani* nur 2 mm breit. Der von den 6 Wänden begrenzte Raum gliedert sich in **3 vertikale Stockwerke,** deren Abgrenzungen sich auf die Ausdehnung des Trommelfells beziehen: **Epitympanon** oberhalb des Trommelfells, **Mesotympanon** in Höhe des Trommelfells, **Hypotympanon** unter dem Niveau des Trommelfells. Das Epitympanon enthält zusammen mit dem *Recessus epitympanicus* den Hammerkopf und den Ambosskörper, Ausgang ist der Aditus ad antrum mastoideum. Das Mesotympanon enthält die übrigen Anteile der Gehörknöchelchen.

Die Namensgebung der Wandabschnitte und ihr Relief sind nur verständlich durch die Erörterung der benachbart liegenden Strukturen.

- Laterale Wand, *Paries membranaceus*: Sie wird weitgehend durch das Trommelfell gebildet und durch umrahmende Knochenteile ergänzt.
- Mediale Wand, *Paries labyrinthicus*: Das Relief erhält dieser Abschnitt durch das medial liegende Labyrinth. Zu erkennen sind: *Promontorium*, eine durch die basale Schneckenwindung bedingte Vorwölbung; ovales Fenster, *Fenestra vestibuli*, ein durch die Steigbügelplatte und das *Lig. anulare stapediale* verschlossener Zugang zum *Vestibulum*; rundes Fenster, *Fenestra cochleae*, ein durch die *Membrana tympanica secundaria* verschlossener Zugang zur *Scala tympani*; vor und über dem Promontorium Abdrücke des *Semicanalis m. tensoris tympani* und des *Semicanalis tubae auditivae* (die beiden Halbkanäle werden zum *Canalis musculotubarius* zusammengefasst und durch eine Knochenlamelle, *Septum canalis musculotubarii,* voneinander getrennt); das Ende dieses Septums bildet den *Processus cochleariformis*, er dient der an dieser Stelle rechtwinklig nach lateral umbiegenden Sehne des *M. tensor tympani* als Hypomochlion; *Prominentia canalis facialis*, ein durch den *Canalis facialis* aufgeworfener Wulst dorsal

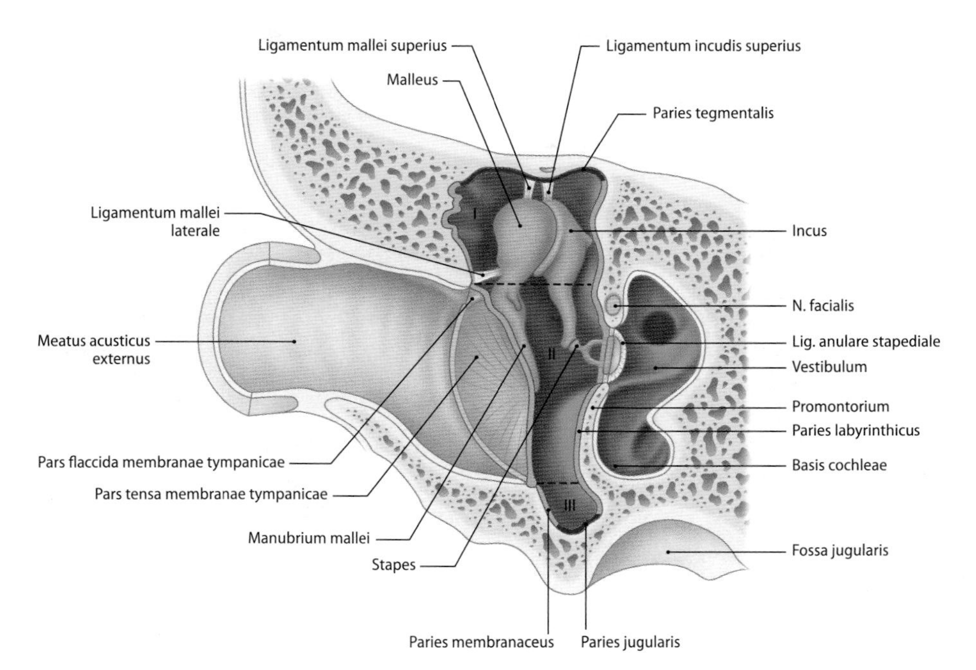

Abb. 17.79. Paukenhöhle im Frontalschnitt, rechte Seite, Ansicht von vorn. I = Epitympanon, II = Mesotympanon, III = Hypotympanon

der *Fenestra vestibuli*; *Prominentia canalis semicircularis lateralis*, eine dorsal der *Prominentia canalis facialis* sichtbare Vorwölbung des seitlichen Bogenganges.

- Obere Wand, *Paries tegmentalis* oder *Tegmen tympani*: Die dünne Knochenplatte lateral der *Eminentia arcuata* trennt als Dach die Paukenhöhle von der mittleren Schädelgrube.
- Untere Wand, *Paries jugularis*: Der Boden grenzt an die *Fossa jugularis*, die den *Bulbus superior venae jugularis* enthält.
- Vordere Wand, *Paries caroticus*: Sie grenzt an den aufsteigenden Teil und das Knie des *Canalis caroticus* und enthält die *A. carotis interna*. Im epi- und mesotympanalen Bereich mündet das *Ostiumtympanicum tubae auditivae*.
- Hintere Wand, *Paries mastoideus*: Sie grenzt an den *Processus mastoideus* des *Os temporale*. Der hinten oben gelegene *Aditus ad antrum mastoideum* ist der Zugang zum luftgefüllten *Antrum mastoideum* und zu den *Cellulae mastoideae*. Weiter ist zu erkennen die *Eminentia pyramidalis*, die den *M. stapedius* beherbergt und an deren Spitze die Stapediussehne heraustritt.

17.74 Chirurgischer Zugangsweg zum Mittelohr

Da Epitympanon und Dach des äußeren Gehörganges nur durch eine Knochenschuppe getrennt sind, ergibt sich ein möglicher chirurgischer Zugangsweg zum Mittelohr oberhalb des Trommelfells.

17.75 Ausbreitung von Infektionen des Mittelohres

Infektionen des Mittelohres können sich auf benachbarte Strukturen ausbreiten: Trommelfell (Perforation), Cochlea (Innerohrschwerhörigkeit bis zur Ertaubung), vestibuläres Labyrinth (Schwindel), Sinus sigmoideus (Sinusthrombose mit Sepsis), Hirnhaut (Meningitis), Gehirn (otogener Hirnabszess), N. facialis (Lähmung), V. jugularis interna (Thrombophlebitis).

Gehörknöchelchen. Die Kette der Gehörknöchelchen, *Ossicula auditus*, wird gebildet aus **Hammer,** *Malleus*, **Amboss,** *Incus*, **Steigbügel,** *Stapes* (Abb.17.80).

Der Handgriff des Hammers, *Manubrium mallei*, ist mit dem Trommelfell verwachsen und über den Hammerhals, *Collum mallei*, mit dem Hammerkopf, *Caput mallei*, verbunden. Der Hammerkopf grenzt mit einer sattelartig geformten Gelenkfläche an den komplementär geformten Bereich des Ambosskörpers, *Corpus incudis*. Der Amboss besitzt neben einem *Crus breve*, das dem Ansatz des *Lig. incudis posterius* dient, einen langen Fortsatz, *Crus longum*, dessen rechtwinklig abgeknicktes kurzes Ende, *Processus lenticularis*, die Verbindung zum Steigbügelkopf, *Caput stapedis*, herstellt. Der Steigbügelkopf ist über die beiden Schenkel, *Crus anterius* und *Crus posterius*, mit der Stapesfußplatte, *Basis stapedis*, verbunden. Hammer, Amboss und Steigbügel sind straff syndesmotisch miteinander verbunden, gelegentlich sind Gelenkspalten nachweisbar. Die Verbindungen werden als Gelenke bezeichnet: *Articulatio incudomallearis* zwischen Caput mallei und Corpus incudis, *Articulatio incudostapedialis* zwischen Processus lenticularis des Crus longum incudis und Caput stapedis. In der *Syndesmosis tympanostapedialis* ist die Stapesfußplatte über das *Lig. anulare stapediale* in die Fenestra vestibuli eingelassen. Die Gehörknöchelchen sind mit Schleimhaut überzogen und mit Schleimhautduplikaturen am Dach und an der medialen, hinteren und lateralen Wand der Paukenhöhle verankert. Die Schleimhautduplikaturen sind mit straffem Bindegewebe verstärkt und werden als Ligamente, *Ligg. ossicularum auditus*, bezeichnet. Es werden am Hammer 3 (*Lig.*

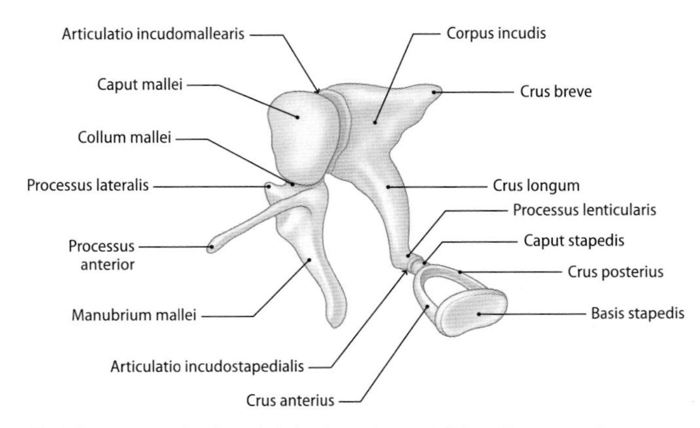

Abb. 17.80. Gehörknöchelchenkette im natürlichen Zusammenhang, rechte Seite, Ansicht von oben medial

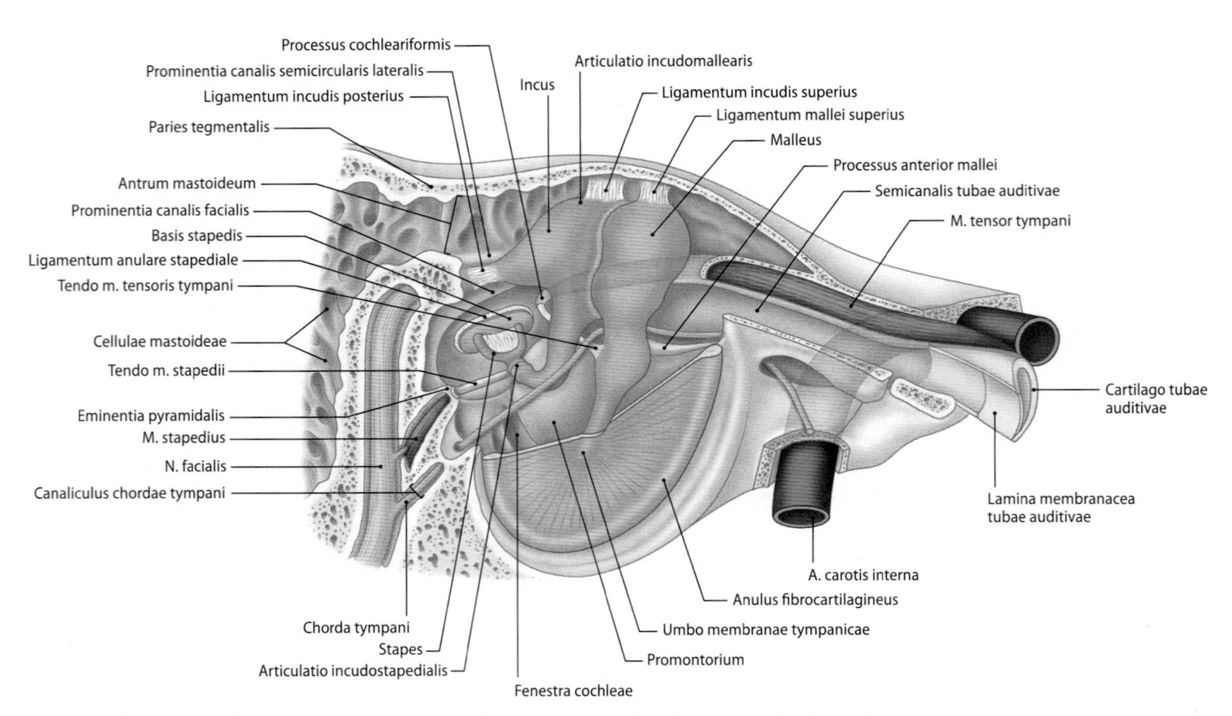

Abb. 17.81. Blick in das Mittelohr, rechte Seite, Ansicht von lateral. Trommelfell und Knochen teilweise entfernt

mallei superius, anterius, laterale) und am Amboss 2 Ligamente *(Lig. incudis superius, posterius)* unterschieden.

Mittelohrmuskeln. Die beiden Mittelohrmuskeln, *M. tensor tympani* und *M. stapedius*, sind quergestreifte doppelt gefiederte Muskeln (Abb.17.81).

Der **Trommelfellspanner,** M. tensor tympani, entspringt als ca. 2 cm langer, bleistiftminendicker Muskel im *Semicanalis m. tensoris tympani,* die Sehne biegt am *Processus cochleariformis* rechtwinklig nach lateral und inseriert am Manubrium mallei nahe des Collum mallei. Der Muskel zieht den Hammergriff nach innen und spannt damit das Trommelfell. Die Innervation erfolgt durch einen Ast des *N. pterygoideus medialis* (aus N. trigeminus). Der **Steigbügelmuskel,** M. stapedius, ist der kleinste quergestreifte Muskel des Körpers. Er entspringt als ca. 7 mm langer Muskel im *Cavum m. stapedii,* die Sehne verlässt die *Eminentia pyramidalis* und inseriert am Stapes am Übergang vom Caput stapedis zum Crus posterius. Der nach hinten gerichtete Muskelzug bewirkt eine Kippbewegung der Stapesfußplatte: ihr hinterer Teil wird in das ovale Fenster gedrückt, ihr vorderer Teil dagegen herausgezogen. Die Innervation erfolgt durch den N. facialis.

Funktion der Muskeln. Sie versetzen die Gehörknöchelchenkette in einen für die Schallübertragung optimalen Spannungszustand. Durch Kontraktion können sie die Steifheit erhöhen und damit die Exkursionsintensität der Gehörknöchelchen mindern. Durch die Muskelkontraktion werden tiefe Frequenzen stärker gedämpft als hohe. Eine Schutzfunktion des Innenohres vor überlauten, plötzlich auftretenden Tönen (Knalltrauma) können die Muskeln nicht erfüllen, da ihre Kontraktion zu lange Latenzzeiten besitzt.

17.76 Hyperakusis bei Lähmung des N. facialis

Eine Lähmung des N. facialis kann aufgrund des Funktionsverlustes des M. stapedius zu einer Hyperakusis (schmerzhafte Empfindung lauter Töne) führen.

Schleimhautverhältnisse. Eine gefäßreiche zarte Schleimhaut, *Tunica mucosa cavitatis tympanicae,* bedeckt nicht nur die Wände der Paukenhöhle, sondern überzieht auch ihren Inhalt (Gehörknöchelchen, Muskelsehnen, Ligamente, Chorda tympani). Daraus resultieren Falten (Plicae) und Schleimhautbuchten (Recessus). Die *Plica mallearis anterior* und *posterior* inserieren vorn und hinten am Manubrium mallei und am Trommelfell (Grenze zwischen *Pars flaccida* und *Pars tensa*), ihre freien Ränder umschließen die Chorda tympani. Die hintere Plica enthält die *A. tympanica posterior,* die vordere die *A. tympanica anterior,* den Processus anterior mallei und das Lig. mallei anterius. Die Hammerfalten begrenzen zusammen mit der Pars tensa des Trommelfells jeweils eine vor und hinter dem Manubrium mallei nach medial unten offene Tasche, *Recessus anterior et posterior membranae tympanicae.* Der Recessus superior membranae tympanicae (Prussak-Raum) liegt medial der Pars flaccida des Trommelfells. Die *Plica stapedialis* umhüllt die Stapediussehne sowie Caput und Crura des Stapes.

Das Epithel besteht überwiegend aus einem einschichtigen platten bis kubischen Epithel mit einer dünnen gefäßreichen Lamina propria. Im Hypotympanon und am Tubeneingang finden sich zahlreiche Kinozilien tragende Epithelzellen und vermehrt Becherzellen (modifiziertes respiratorisches Epithel).

Leitungsbahnen der Paukenhöhle. Die arterielle Versorgung der Wände der Paukenhöhle, der pneumatisierten Räume und der Gehörknöchelchen erfolgt aus Ästen der *A. carotis externa* (Tab. 17.15). Die venösen Abflusswege laufen meist den Arterien parallel und führen in die *Plexus pharyngeus* und *pterygoideus*, zu den *Vv. meningea media, jugularis externa, auricularis profunda* und zu den *Sinus durae matris (Sinus sigmoideus, petrosi inferior* und *superior).* Nerven der Paukenhöhle sind der *Plexus tympanicus* und die *Chorda tympani*, sie liegen in der Lamina propria der Schleimhaut. Die Schleimhaut von Paukenhöhle und *Cellulae mastoideae* werden durch den Plexus tympanicus sensibel und sympathisch innerviert. Das auf dem Promontorium liegende Geflecht des Plexus tympanicus wird durch mehrere Faserkomponenten gespeist. Der vom *Ganglion inferius* des

Tab. 17.15. Arterien der Paukenhöhle

Arterie	Arterienast von	Eintrittsstelle	Versorgungsgebiet
Aa. caroticotympanicae	A. carotis interna	Canaliculi caroticotympanici	vordere Wand, Tube
A. tympanica superior	A. meningea media	Canalis n. petrosi minoris	M. tensor tympani, Stapes, Epitympanon
A. petrosa superficialis	A. meningea media	Canalis n. petrosi majoris	N. facialis, Ganglion geniculi, Stapes
A. stylomastoidea	A. auricularis posterior	Canalis n. facialis	Cellulae mastoideae, hintere Wand, M. stapedius, Stapes
A. tympanica posterior	A. stylomastoidea	Canaliculus chordae tympani	Chorda tympani, Hammer, Trommelfell
A. auricularis profunda	A. maxillaris	(ohne Namen)	Hypotympanon, Trommelfell
A. tympanica inferior	A. pharyngea ascendens	Canaliculus tympanicus	Hypotympanon, Promontorium
A. tympanica anterior	A. maxillaris	Fissura petrotympanica	Epitympanon, Antrum mastoideum, Hammer, Amboss

N. glossopharyngeus ausgehende *N. tympanicus* verläuft zusammen mit der *A. tympanica inferior* durch den *Canaliculus tympanicus* in die Paukenhöhle und führt sensible Fasern zum Plexus. Postganglionäre sympathische, vasomotorische Fasern aus dem *Plexus nervosus caroticus externus* (zugehörige Perikarya im *Ganglion cervicale superius*) erreichen den Plexus über die *Nn. caroticotympanici* (Durchtritte vom Karotiskanal in die Paukenhöhle durch die *Canaliculi caroticotympanici*). Andere Teile des Plexus tympanicus dienen nur als Durchgangsstation für präganglionäre parasympathische Fasern auf ihrem Weg zum *Ganglion oticum* und weiter zur *Glandula parotis*. Diese aus dem *Nucl. salivatorius inferior* stammenden Fasern verlaufen im *N. tympanicus* in die Paukenhöhle, nehmen an der Geflechtbildung teil und sammeln sich unter der *Paries tegmentalis* als *N. petrosus minor*. Der N. petrosus minor durchtritt den *Canalis n. petrosi minoris* auf seinem Weg in die mittlere Schädelgrube. Die Chorda tympani durchquert die Paukenhöhle nur. Als letzter im Fazialiskanal abgehender Ast des *N. facialis* (Intermediusanteil) betritt die *Chorda tympani* durch den *Canaliculus chordae tympani* die Paukenhöhle und verläuft bogenförmig im freien Rand der *Plicae mallearis posterior* und *anterior* nach vorn oben. Sie verlässt die Paukenhöhle durch die *Fissura petrotympanica* (Glaser-Spalte).

Die Chorda tympani führt unterschiedliche Faserqualitäten: Geschmacksfasern aus den vorderen Zweidritteln der Zunge (zugehörige Perikarya im Ganglion geniculi) und sekretomotorische präganglionäre parasympathische Fasern des Nucl. salivatorius superior zum Ganglion submandibulare.

Tuba auditiva

Die Ohrtrompete verbindet *Cavitas tympani* und *Pars nasalis pharyngis*. Sie hat **3** wichtige **Aufgaben:**
- Druckregulierung der Mittelohrräume
- Drainage des Mittelohres
- Protektion gegen aufsteigende Keime

Der Druckausgleich zwischen dem äußeren Gehörgang und der *Cavitas tympani* via Nasenhöhle, Epipharynx und Tube ist für die freie Schwingungsfähigkeit des Trommelfells wichtig. Die Tube ist ca. 40 mm lang und teilt sich in einen knöchernen Teil, *Pars ossea*, und einen knorpeligen Teil, *Pars cartilaginea*. Der ca. 15 mm lange knöcherne Anteil beginnt mit dem *Ostium tympanicum tubae auditivae* und stellt den *Semicanalis tubae auditivae* des *Canalis musculotubarius* dar. Am *Isthmus tubae auditivae* (engste Stelle der Tube) schließt sich pharynxwärts der leicht s-förmig gekrümmte knorpelig-membranöse Teil an, der sich am *Ostium pharyngeum tubae auditivae* auf Höhe des unteren Nasenganges in die seitliche Epipharynxwand öffnet. Die Tube verläuft von oben lateral und hinten nach unten medial und vorn zum Epipharynx, so dass die tympanale Öffnung ca. 2 cm oberhalb der pharyngealen liegt. Der in seinem Querschnitt handstockförmige Tubenknorpel wird in einen schmalen oberen Abschnitt, *Lamina lateralis*, und einen dicken medialen Abschnitt, *Laminamedialis*, unterteilt. Das pharynxseitige Ende der dicken Lamina medialis wölbt den *Torus tubarius* auf. Die knorpelfreie laterale Wand wird durch die *Lamina membranacea* bindegewebig ergänzt, so dass ein spaltförmiges Tubenlumen entsteht. Das Lumen der *Pars ossea* ist immer offen. Die spaltförmige Lichtung der *Pars cartilaginea* ist bis auf einen sehr kleinen Bereich zwischen Lamina lateralis und medialis meist verschlossen (Sicherheitsrohr), kann aber durch Schlucken aktiv geöffnet werden. Im Wachzustand wird die Tube ca. 1×/min geöffnet. Die Öffnung erfolgt vor allem durch die Kontraktion des *M. tensor veli palatini*: Die an der knorpeligen Lamina lateralis und der Lamina membranacea entspringenden Fasern führen bei Kontraktion des Muskels zu einer Entfaltung der Knorpelplatte und zu einem Abheben der Lamina membranacea.

17.77 Ausgleich von Druckdifferenzen

Druckdifferenzen zwischen äußerem Gehörgang und Mittelohr können durch forciertes Schlucken und damit Öffnung der Tube ausgeglichen werden, z.B. beim Fliegen und Tauchen.

Die Tube besitzt einen elastischen Knorpel und ist wie der Epipharynx von respiratorischem Epithel ausgekleidet. Der Kinozilienschlag ist rachenwärts gerichtet. In der Lamina propria der Schleimhaut der Pars cartilaginea finden sich mukoseröse Drüsen. Die hier verschiebbare Schleimhaut liegt in Längsfalten, die bei Öffnung verstreichen. Rachenwärts sind in der Lamina propria vermehrt Lymphfollikel eingelagert (Tubentonsille, Teil des lymphatischen Rachenringes).

17.78 Entzündungen des Nasen-Rachen-Raumes und Mittelohres

Entzündungen des Nasen-Rachen-Raumes greifen häufig auf die Tube über und führen aufgrund der Schleimhautschwellung zur Tubenverlegung. Da die Belüftung des Mittelohres nicht mehr gewährleistet ist, führt die Resorption der Luft zu einem Unterdruck in der Paukenhöhle, das Trommelfell wird eingezogen, es resultiert eine Schallleitungsschwer-
▼

hörigkeit. Die beim Kind kürzere, weitere und horizontal liegende Tube bedingt zusammen mit einer Verlegung des Tubeneinganges durch übergroße Rachendachtonsillen die Häufigkeit von Mittelohrentzündungen. Eine Entzündung der Paukenhöhlenschleimhaut (Mittelohrentzündung, Otitis media) führt zu einem eitrigen Paukenhöhlenerguss, das Trommelfell ist gerötet und vorgewölbt.

Mechanik der Schalleitung, Funktion des Mittelohres. Die Gehörknöchelchen übertragen als dreigliedrige Kette die Schwingungen des Trommelfells (Schwingungsamplitude im Bereich von Ångström) auf die Perilymphe des Labyrinthes. Durch die unterschiedlichen Flächen von Trommelfell und Stapesbasis und der Anwendung der Hebelgesetze wird der Druck ca. 22-fach verstärkt auf die Perilymphe übertragen (Impedanzanpassung). Wird das Trommelfell mit dem Hammergriff eingedrückt, bewegen sich Hammerkopf und Ambosskörper nach außen, das Crus longum incudis nach innen und damit der Stapes in das ovale Fenster hinein. Hammer und Amboss schwingen als einheitliche Masse. Die Schwingungsachse verläuft etwa vor dem Hammer-Amboss-Gelenk durch Processus anterior mallei, Collum mallei und Corpus und Crus breve incudis. Da der lange Ambossfortsatz an den Steigbügel gekoppelt ist, kommt es letztlich frequenzabhängig zu Ein- und Austauchbewegungen und/oder Querauslenkungen (Abwinkelungen) der Stapesfußplatte und zur Druckübertragung auf die Perilymphe.

17.79 Ursachen der Schallleitungsschwerhörigkeit
Alle Beeinträchtigungen des Schalleitungsapparates führen zur Herabsetzung des Hörvermögens, zur Schallleitungsschwerhörigkeit. Ursachen können sein: Verlegungen des äußeren Gehörganges (Zeruminalpfropf), Trommelfellperforationen, Unterdruck im Mittelohr bei Tubenkatarrh, Überdruck im Mittelohr (z.B. beim Aufwärtsfahren mit einer Seilbahn), Flüssigkeitsansammlung in der Paukenhöhle bei akuter Mittelohrentzündung, Veränderungen der Gehörknöchelchen, Unterbrechungen der Gehörknöchelchenkette, Fixierung der Stapesfußplatte im ovalen Fenster (Otosklerose).

In Kürze

Zum **äußeren Ohr** gehören:
- Ohrmuschel
- äußerer Gehörgang
- Trommelfell

Das **Trommelfell** kann betrachtet werden, wenn die Abknickung des äußeren Gehörganges durch Zug des Ohres nach hinten oben ausgeglichen wird.

Das **Mittelohr** wird gebildet:
- aus der Paukenhöhle mit der sie auskleidenden Schleimhaut,
- aus der Ohrtrompete
- aus den Cellulae mastoideae.

Der Luftraum der Paukenhöhle steht über die Tuba auditiva mit dem Pharynx in Verbindung. Schallbedingte Schwingungen des Trommelfells werden über die Gehörknöchelchenkette auf die Perilymphe des Innenohres übertragen.

17.8.3 Innenohr

Das Innenohr, *Auris interna*, liegt in der Felsenbeinpyramide (Abb.17.82) und besteht aus einer knöchernen Kapsel, dem knöchernen Labyrinth, *Labyrinthus osseus*, in die das häutige Labyrinth, *Labyrinthus membraneceus*, eingeschlossen ist (Abb.17.83).

Das knöcherne Labyrinth gliedert sich in Vorhof, *Vestibulum*, Schneckengang, *Canalis spiralis cochleae*, und in 3 Bogengänge, *Canales semicirculares*. (Abb.17.83). Das häutige Labyrinth, ein geschlossenes, mit Endolymphe gefülltes Schlauchsystem, ist wesentlich kleiner als seine knöcherne Kapsel und zeigt ihr gegenüber deutliche Formunterschiede. Zum häutigen Labyrinth gehören: *Utriculus*, *Ductus semicirculares anterior*, *posterior* und *lateralis*, *Sacculus*, *Ductus utriculosaccularis*, *Ductus endolymphaticus*, *Ductus reuniens* und *Ductus cochlearis*. Die Endolymphe des häutigen Labyrinthes wird überwiegend in der *Stria vascularis* des *Ductus cochlearis* gebildet und über den *Ductus endolymphaticus* in den blind endenden *Saccus endolymphaticus* abgeleitet, wo die Endolymphe in die Lymphspalten der *Dura mater* übertritt (Tab. 17.16). Zwischen dem häutigen und knöchernen Labyrinth liegt der lokal unterschiedlich breite Perilymphraum, *Spatium perilymphaticum*. Er besteht aus weitmaschigem Bindegewebe und ist mit Perilymphe durchtränkt. Ein quasi geschlossener Perilymphraum entsteht dadurch, dass die dem Knochen und dem häutigen Labyrinth angelagerten Bindegewebezellen des perilymphatischen Gewebes einen epithelähnlichen Zellverband formen. Gebildet wird die Perilymphe als Exsudat perilymphatischer Kapillaren und soll im Bereich von postkapillären Venolen des Perilymphraumes resorbiert werden oder gelangt durch den *Aqueductus cochleae*, der im knöchernen *Canaliculus cochleae* gelegen ist, in den Liquor cerebrospinalis (Tab. 17.16). Das häutige Labyrinth »schwimmt« nicht im knöchernen Labyrinth, sondern ist an einigen Bereichen über strafferes Bindegewebe fest am knöchernen Labyrinth verhaftet (ein Viertel der Zirkumferenz der Bogengänge, der Ampullenbereich der Bogengänge, Teile von Sacculus und Utriculus). Auffällige Form- und Größenabweichungen zwischen häu-

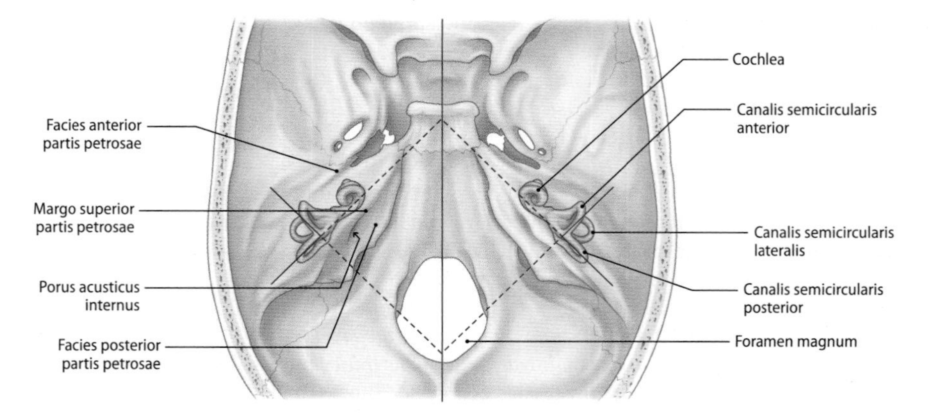

Abb. 17.82. Schematische Übersicht der Lage des knöchernen Labyrinthes (Ausgusspräparat) im durchscheinend gedachten Felsenbein und der räumlichen Orientierung der Canales semicirculares, Ansicht von oben

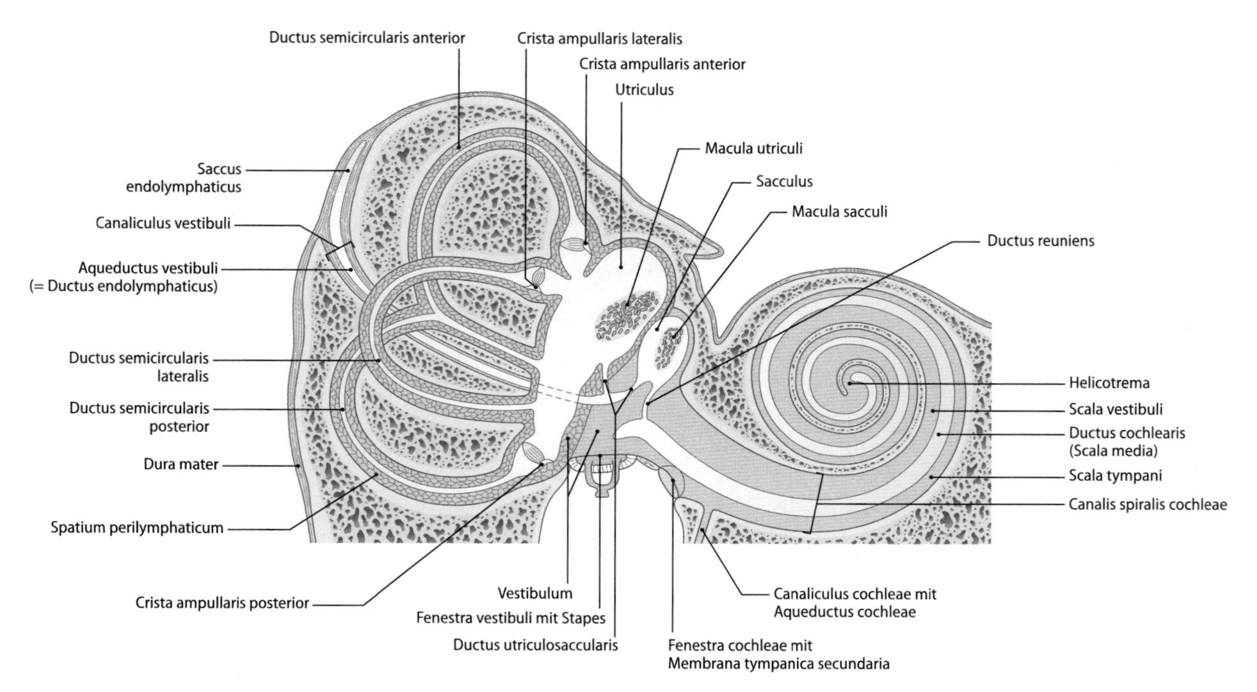

Abb. 17.83. Schematische Übersicht des knöchernen und häutigen Labyrinths

tigem und knöchernem Labyrinth betreffen den Vorhof des knöchernen Labyrinthes (hier liegen Sacculus, Utriculus und Anfang der basalen Schneckenwindung), und den *Canalis spiralis cochleae* (der *Ductus cochlearis* der Schnecke grenzt an die Perilymphräume *Scala vestibuli* und *Scala tympani*). Die Scalen sind weite Schläuche frei von Bindegewebesträngen. Zur Lagebeziehung von Strukturen des häutigen und knöchernen Labyrinthes siehe Tab. 17.17).

Die Blutgefäßversorgung des knöchernen Labyrinthes erfolgt durch Äste der *A. meningea media*, *A. carotis interna* und *A. pharyngea ascendens*, die des häutigen Labyrinthes einschließlich der Sinneszellbereiche ausschließlich durch die *A. labyrinthi* (aus der *A. basilaris* oder der *A. inferior anterior cerebelli*).

Vestibulärer Anteil des Innenohres

Das Gleichgewichtsorgan besteht aus Sacculus, Utriculus und 3 Ductus semicirculares.

Sacculus und Utriculus dienen der Perzeption von Linearbeschleunigungen einschließlich der Gravitation, Ductus semicirculares der Perzeption von Winkel- oder Drehbeschleunigungen.

Die an umschriebenen Bereichen des häutigen Labyrinthes lokalisierten Sinnesepithelien umfassen sekundäre Sinneszellen, einen Stützapparat (Stützzellen) und einen Hilfsapparat. Die Sinnesepithelien von Sacculus und Utriculus einerseits und der Bogengänge andererseits unterscheiden sich insbesondere im Aufbau des Hilfsapparates, der für die Transduktion von Linear- oder Winkelbeschleunigungen entscheidend ist (Abb. 17.84).

Sinneszellen, Haarzellen. Es finden sich 2 Haarzelltypen, beide sind Mechanorezeptoren: bauchige oder flaschenförmige Haarzellen vom Typ I, zylindrische oder schlanke vom Typ II; Mengenverhältnis beider ca. 1:1 (Abb. 17.84c und Abb. 17.85). Die funktionelle Bedeutung ihrer Bauunterschiede ist nicht bekannt. Beide Typen tragen am apikalen Pol ca. 80 Stereovilli und ein Kinozilium. Die Stereovilli sind untereinander durch feine Spitzenfäden (Tip links) ähnlich den Haarzellstereovilli der Cochlea verbunden. Das Kinozilium ist der längste Fortsatz, er steht an einer Zellseite. Die sich anschließenden in Reihen stehenden Stereovilli ordnen sich treppenartig in absteigender Länge an (Abb. 17.85). Außer der Form unterscheiden sich die Haarzelltypen hinsichtlich ihrer afferenten und efferenten Innervation. Typ-I-Haarzellen werden

Tab. 17.16. Unterschiede zwischen Endolymphe und Perilymphe

		Endolymphe	Perilymphe
Ort der Bildung		Stria vascularis des Ductus cochlearis	Exsudat der Kapillaren des Perilymphraumes
Ort der Resorption		Saccus endolymphaticus	Venulen des Perilymphraumes Abfluss in den Subarachnoidalraum über den Aqueductus cochleae
Zusammensetzung	K^+ (mmol/l)	150	5
	Na^+ (mmol/l)	5	150
	Cl^- (mmol/l)	130	130
	Protein (mg/100 ml)	15	200

Tab. 17.17. Lagebeziehungen von knöchernem und häutigem Labyrinth

Abschnitt des knöchernen Labyrinths	Teile des häutigen Labyrinths, die enthalten sind
Vestibulum	Sacculus, Utriculus, Beginn des Ductus cochlearis, Ductus reuniens, Ductus utriculosaccularis mit abgehendem Ductus endolymphaticus (Beginn)
Canalis semicircularis anterior mit Ampulla ossea anterior	Ductus semicircularis anterior mit Ampulla membranacea anterior
Canalis semicircularis posterior mit Ampulla ossea posterior	Ductus semicircularis posterior mit Ampulla membranacea posterior
Canalis semicircularis lateralis mit Ampulla ossea lateralis	Ductus semicircularis lateralis mit Ampulla membranacea lateralis
Crus osseum commune	Crus membraneceum commune
Canalis spiralis cochleae	Ductus cochlearis (Scala media)
Canaliculus vestibuli	Ductus endolymphaticus

von einem Fortsatz des 1. afferenten Neurons (Perikarya im Ganglion vestibulare) kelchartig umgriffen. Zwischen Typ-I-Haarzelle und Dendritenkelch bestehen zahlreiche, chemischen und elektrischen Synapsen ähnliche Kontakte. An die Dendritenkelche treten von außen meist inhibitorische synaptische Kontakte von Axonterminalen, die aus den Nucl. vestibularis lateralis und medialis und aus der Formatio reticularis stammen (efferente Innervation). Typ-II-Haarzellen bilden mit mehreren dendritischen Enden eines 1. afferenten Neurons (Perikarya im Ganglion vestibulare) chemische Synapsen. Der Transmitter der Haarzellen ist Glutamat. Darüber hinaus werden Typ-II-Haarzellen direkt von überwiegend inhibitorischen Efferenzen aus den oben genannten Gebieten innerviert. Ein afferentes Neuron des Ganglion vestibulare greift die Informationen von mehreren Typ-I- und Typ-II-Haarzellen eines Sinnesepithels ab.

Stützzellen. Die Stützzellen bilden eine Schicht hochprismatischer Zellen, zwischen die die Sinneszellen eingelagert sind. Ihr apikales Zytoplasma enthält zahlreiche Vesikel. Apikale Zellkontakte zu den Haarzellen bestehen aus Zonulae occludentes, Zonulae adhaerentes und Desmosomen. Dadurch entsteht ein mechanisch stabiler Einbau der Haarzellen und zugleich eine Abdichtung des Endolymphraumes (■ Abb. 17.84c).

Hilfsapparat, akzessorische Strukturen. Die Bereiche der Sinnesepithelien sind überlagert durch gallertige Massen. Die Sinneshaare ragen bis auf halbe Höhe in die Gallerte hinein. Im Bereich der *Cristae ampullares* wird die Gallerte als *Cupula ampullaris* bezeichnet (■ Abb. 17.84b). Sie besteht aus Mukopolysacchariden und Glykoproteinen. Ihr spezifisches Gewicht gleicht dem der Endolymphe. Im Bereich der *Macula sacculi* und *Macula utriculi* formt die gelatinöse

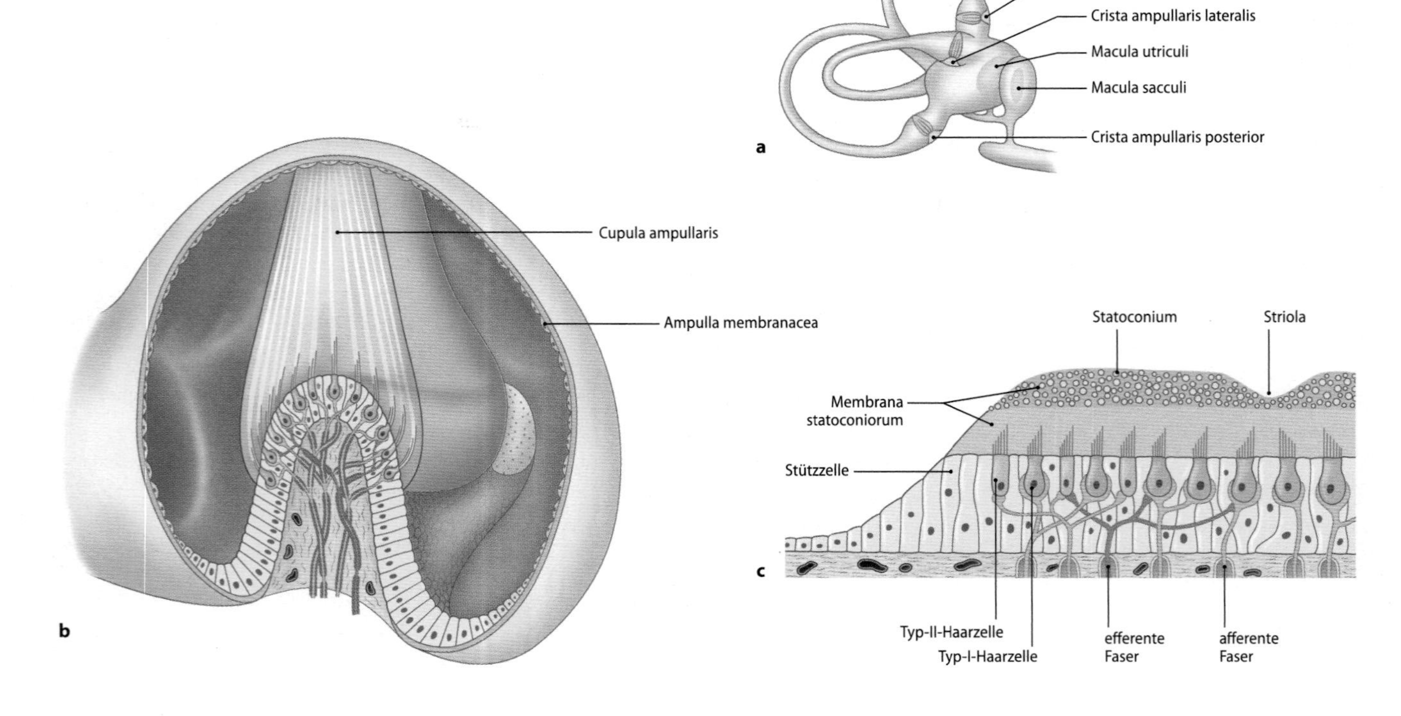

Abb. 17.84a–c. Maculae utriculi et sacculi und Cristae ampullares: **a** Lage der Rezeptororgane im häutigen Labyrinth. **b** Übersicht über die Strukturen einer Crista ampullaris. **c** Übersicht über die Strukturen einer Macula

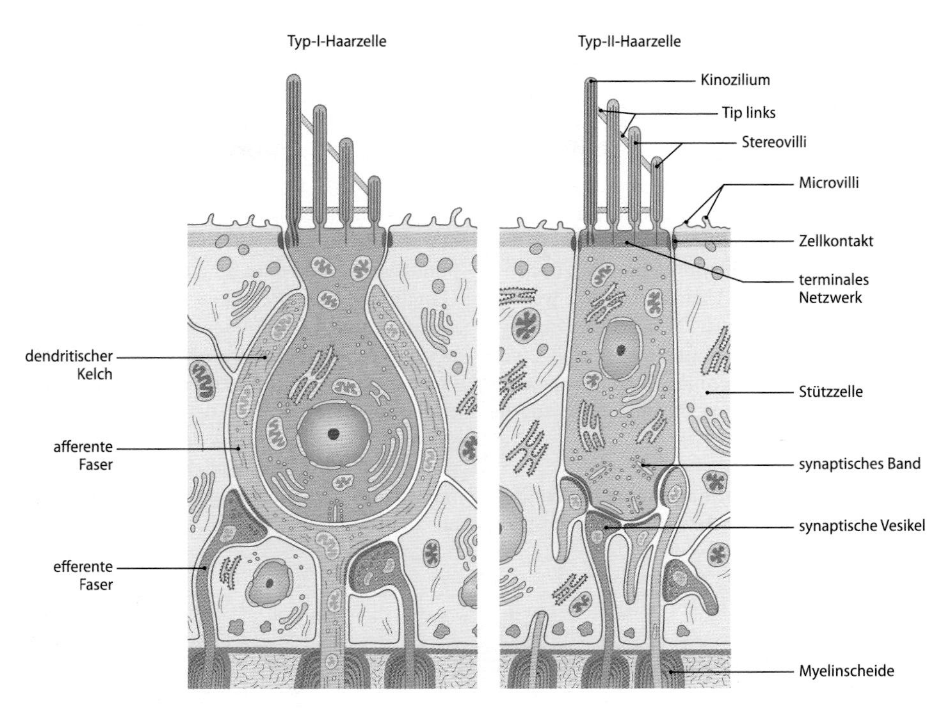

Abb. 17.85. Bau der Rezeptorzellen (Typ-I-Haarzelle, Typ-II-Haarzelle) in den Maculae und den Cristae

Masse die Statokonienmembran, *Membrana statoconiorum*. Sie besitzt in ihren oberflächlichen Abschnitten zahlreiche, in die Gallerte eingelagerte Statokonien (Otolithen, Otokonien), fassförmige Calciumcarbonatkristalle in Form von Calcit mit einer Länge von 0,1–25 µm. Dadurch erhält die Statokonienmembran ein höheres spezifisches Gewicht.

Registrierung der Linearbeschleunigung (Schwerkraft). Macula sacculi (Durchmesser ca. 1–2 mm) und Macula utriculi (Durchmesser ca. 2–3 mm) sind jeweils ovale, leicht erhabene Sinnesfelder im Epithel von Sacculus bzw. Utriculus. Die Macula sacculi liegt ungefähr in der Ebene des vorderen Bogenganges, also senkrecht im aufrecht stehenden Kopf, die Macula utriculi fast senkrecht dazu in der Ebene des horizontalen Bogenganges.

Auf die Statokonienmembran mit ihrem relativ hohen spezifischen Gewicht wirkt die Schwerkraft (Linearbeschleunigung) und führt entsprechend der Kopfbewegung zu einer Verschiebung der Gallerte gegenüber der Unterlage. Es resultiert eine Scherung der Stereovilli und Kinozilien der Haarzellen.

Die Haarzellen sind durch die Position des Kinoziliums funktionell polarisiert. Eine Abknickung oder Scherung der Stereovilli weg vom/hin zum Kinozilium führt zu einer Hyperpolarisation/Depolarisation der Haarzellen und damit zu einer Hemmung/Verstärkung der Erregungsübertragung auf die ableitenden Dendriten. Aufgrund der räumlichen Anordnung der Sinnesfelder reagiert die Macula utriculi überwiegend auf horizontal gerichtete Beschleunigungen (Anfahren oder Abbremsen mit dem Auto), die Macula sacculi überwiegend auf vertikal gerichtete Beschleunigungen (Beginn und Ende einer Fahrstuhlfahrt).

Registrierung der Winkelbeschleunigung. Die 3 Bogengänge stellen halb- oder zweidrittelkreisförmige Gänge unterschiedlicher Länge (lateral 15 mm, hinten 22 mm) dar, die im Utriculus beginnen und enden. Sie haben einen Durchmesser von ca. 0,4 mm und liegen exzentrisch in der äußeren konkaven Wand der entsprechenden, im Querschnitt (Durchmesser 0,8–1,5 mm) deutlich weiteren knöchernen *Canales semicirculares*. In jedem Bogengang werden ein einfacher Abschnitt, *Crus membranaceum simplex*, und ein ampullentragender Endabschnitt, *Crus membranaceum ampullare*, unterschieden. Die einfachen Abschnitte des oberen und hinteren Bogenganges vereinigen sich und bilden das *Crus membranaceum commune*. Somit enden die 3 Bogengänge mit 5 Öffnungen im Utriculus. Für das funktionelle Verständnis ist die Lage der Bogengangsebenen im Raum wichtig: Die drei Bogengänge sind in 3 nahezu senkrecht aufeinander stehenden Ebenen angeordnet. Der vordere und hintere Bogengang stehen vertikal und bilden mit der Mediansagittalebene je einen Winkel von ca. 45°, d.h. der obere Bogengang einer Schädelseite steht in einer Ebene, die parallel zu der des hinteren Bogenganges der anderen Seite verläuft. Die Ebene des lateralen Bogenganges ist aus der Horizontalen um ca. 30° nach hinten unten geneigt. Kurz vor seiner Einmündung ist jeder Bogengang aufgeweitet und bildet die *Ampulla membranecea anterior, posterior* et *lateralis*. Am Boden jeder Ampulle erhebt sich, fußend auf der konvexen Seite und quer zur Verlaufsrichtung des Bogenganges, eine kammartige Aufwölbung, *Crista ampullaris*, auf der das Sinnesepithel lokalisiert ist. Die Haarzellfortsätze der Sinneszellen sind polar ausgerichtet, d.h. in der lateralen Ampulle liegen die Kinozilien in Richtung des Utriculus, in den oberen und hinteren Ampullen ist die Polarisierung umgekehrt. Die dem Sinnesepithel aufsitzende *Cupula ampullaris* reicht bis an das Dach der Ampulle. Ob die *Cupula ampullaris* am Dach der Ampulle befestigt ist oder sich fahnenartig mit der Endolymphströmung bewegen kann, ist für den Menschen noch nicht eindeutig geklärt. Da das spezifische Gewicht der Cupula ampullaris dem der Endolymphe entspricht, erfährt sie durch Linearbeschleunigungen keine Auslenkung. Die Position der in die Cupula ampullaris hineinreichenden Haarzellfortsätze kann nur durch Winkelbeschleunigungen beeinflusst werden. Der adäquate Reiz ist die Drehung des Kopfes. Dabei bewegen sich das knöcherne Labyrinth und die in ihm fixierte Wand des Bogenganges, in dessen Richtung gedreht wird. Aufgrund ihrer Trägheit bleibt die Endolymphe zunächst in ihrer alten Position »stehen« und setzt sich erst verzögert in Bewegung. Da die Haarzellen Bestandteil der Wand sind und die Cupula ampullaris die Position der Endolymphe widerspiegelt, kommt es bei einer Relativbewegung der Endolymphe gegenüber der Bogengangswand zu einer Abscherung der Cupula ampullaris, und zwar zu einer Auslenkung gegen die Bewegungsrichtung. Bei anhaltender Bewegung erreicht die Endolymphströmung die Geschwindigkeit der Bewegung – der adäquate Reiz für die Auslenkung geht verloren. Wird eine länger andauernde Bewegung abrupt gestoppt, setzt sich die Endolymphströmung zunächst noch fort – die Cupula ampullaris und die Haarzellfortsätze werden in die entgegengesetzte Richtung ausgelenkt. Da die 3 Bogengänge praktisch in einem dreidimensionalen Raumgitter stehen, führt jede Drehbeschleunigung zumindest in demjenigen Bogengang jeder Schädelhälfte zu einer Endolymphströmung, in dessen Ebene die Drehbeschleunigung ausgeführt wird.

Neuronale Verschaltung vestibulärer Informationen. Das Vestibularissystem vermittelt Informationen über Bewegung und Position des Kopfes im Raum. Die Information aus den Sinneszellen der Maculae und Cristae werden von den Dendriten der primär afferenten Neurone abgegriffen. Es sind zehnmal mehr Rezeptorzellen vorhanden als primär afferente Neurone. Die unbemarkten bipolaren Perikarya liegen im labyrinthären Ende (Fundus) des *Meatus acusticus internus* in dem zweigeteilten *Ganglion vestibulare.* Der hintere obere Teil des Vestibularganglions ist verknüpft mit den *Ampullae anterior* et *posterior* und dem Utriculus, der vordere untere Teil mit der *Ampulla lateralis* und dem Sacculus. Im inneren Gehörgang, jenseits des Ganglion vestibulare, fügen sich die Axone zum N. vestibularis zusammen und fusionieren mit dem N. cochlearis zum VIII. Hirnnerven, N. vestibulocochlearis. Der VIII. Hirnnerv tritt am Kleinhirnbrückenwinkel in den Hirnstamm ein, die vestibulären Fasern enden überwiegend in 3 der 4 Nucl. vestibulares: *Nucl. vestibularis superius, inferius* et *medius*; der *Nucl. vestibularis lateralis* erhält neben wenigen vestibulären Afferenzen überwiegend propriozeptive Afferenzen über den *Tractus spinocerebellaris posterior* und Informationen aus dem Kleinhirn (◻ Abb. 17.86). Einige Fasern des N. vestibularis

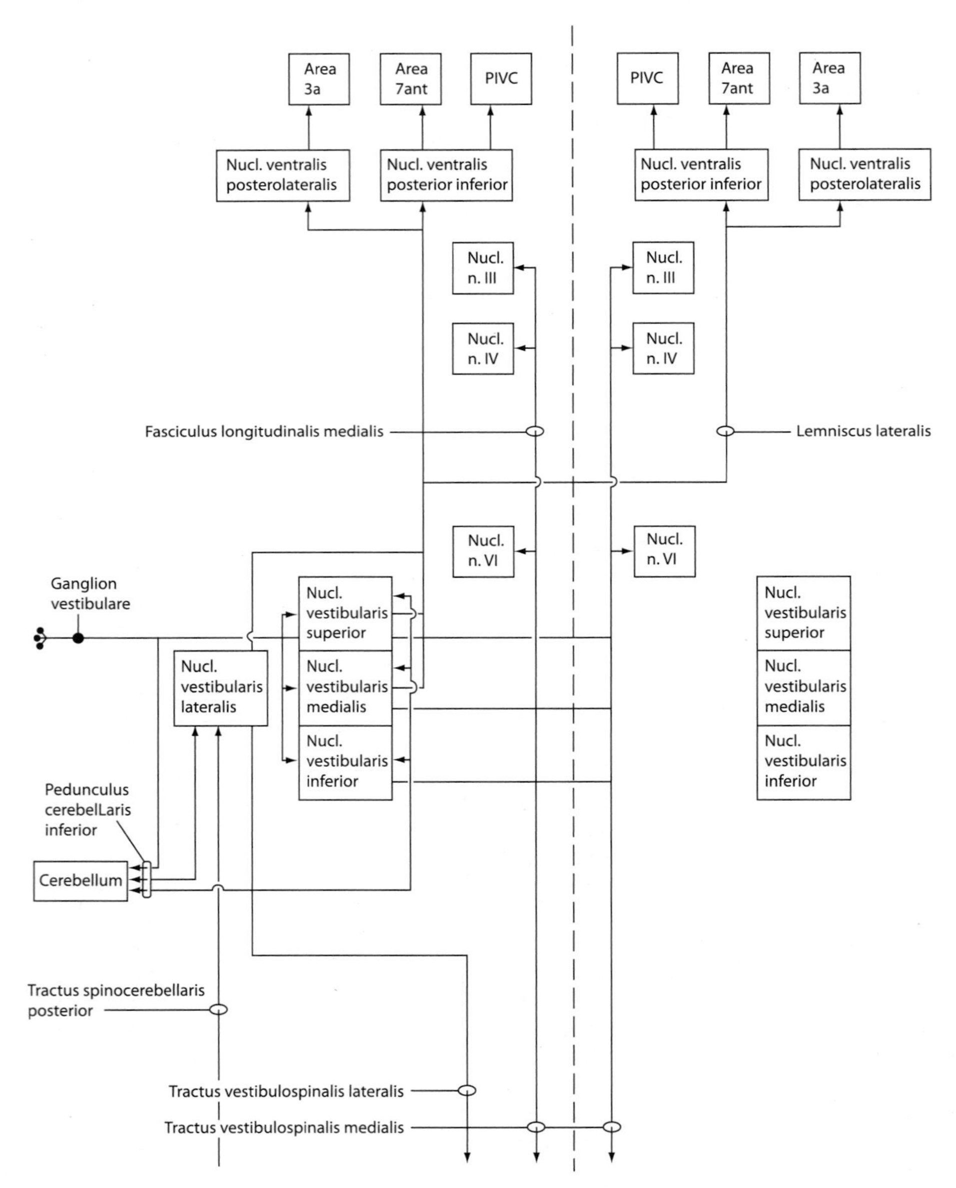

◻ **Abb. 17.86.** Schematische Darstellung der wichtigsten zentralen Leitungsbahnen des Gleichgewichtssystems. Vom Cortex zu den Vestibulariskernen absteigende Bahnen sind nicht eingetragen

ziehen jedoch direkt durch den *Pedunculus cerebellaris inferior* als »direkte sensorische Kleinhirnbahn« und Moosfasern in das Cerebellum (Vestibulocerebellum = Nodulus vermis, Uvula vermis, Flocculus), einige weitere direkt in die Formatio reticularis.

Die **Nucl. vestibulares** liegen als Teil der somatosensorischen Kernsäule medial der Kochleariskerne unter der *Area vestibularis* der Rautengrube. Die 3 vom VIII. Hirnnerven innervierten Kerne bilden die **2. Neurone des vestibulären Systems.** Informationen aus den Cristae der Bogengänge erreichen vor allem die Nucl. vestibulares superior et medialis, die der *Maculae sacculi* et *utriculi* vor allem den Nucl. vestibularis inferior. Die Efferenzen der Vestibulariskerne projizieren zu Kerngebieten des Hirnstammes, zum Cerebellum und ins Rückenmark. Darüber hinaus sind sie untereinander und mit den Kernen der Gegenseite verknüpft. Sie erhalten neben den vestibulären Afferenzen auch Projektionen aus Kerngebieten des Hirnstamms, vom Cerebellum und aus dem Rückenmark.

Die Vestibulariskerne sind somit nicht nur Empfänger vestibulärer Informationen, sondern aufgrund ihrer äußerst komplexen Verknüpfung gleichzeitig Integratoren spinaler und zerebellärer Informationen im Dienste des Gleichgewichtes.

Funktionell dienen die Verbindungen vor allem der Kontrolle der Augenbewegungen im Verhältnis zu Kopfbewegungen und der Kopf- und Körperhaltung im Verhältnis zur Schwerkraft (statische und dynamische Körperbalance).

Das Vestibularissystem arbeitet überwiegend reflektorisch und unbewusst. Nur wenige Efferenzen der Vestibulariskerne gelangen im *Lemniscus lateralis* aufsteigend in den Thalamus (Pars oralis des Nucl. ventralis posterolateralis und Nucl. ventralis posterior inferior). Nach Umschaltung ziehen Projektionen weiter in den somatosensorischen Cortex des *Gyrus postcentralis*, Area 3a, und den anterioren Bereich der Area 7 (7ant), die am rostralen Ende des *Sulcus intraparietalis* liegt (Abb.17.87). In funktionellen bildgebenden Verfahren wird nach kalorischer oder galvanischer vestibulärer Stimulation zusätzlich eine deutliche Aktivierung im parietoinsulären vestibulären Cortex (PIVC) gefunden, ein Übergangsbereich vom *Operculum parietale* zum posterioren insulären Cortex. Durch die kortikale Präsentation wird eine bewusste Wahrnehmung der Körperstellung und Orientierung im Raum möglich, Dreh- und Kippempfindungen werden bewusst realisiert: ein Taucher orientiert sich im Wasser; man weiß, wo einem der Kopf steht.

Einige wichtige Verbindungen der Vestibulariskerne werden nachfolgend genauer erläutert:

Kontrolle der äußeren Augenmuskeln: Ziel ist es, die beiden Bulbi so zu positionieren, dass immer ein aufrechtes Bild auf den Retinae entsteht und die korrespondierenden Retinaabschnitte beider Augen von Signalen identischer Bildpunkte erreicht werden. Äußere Augenmuskeln sind (1) *M. rectus superior*, (2) *M. rectus inferior*, (3) *M. rectus medialis*, (4) *M. rectus lateralis*, (5) *M. obliquus inferior* und (6) *M. obliquus superior*. Die Muskeln 1, 2, 3 und 5 werden aus dem gleichseitigen Nucl. n. oculomotorii über den N. oculomotorius innerviert, der Muskel 4 aus dem gleichseitigen Nucl. n. abducentis über den N. abducens und der Muskel 6 aus dem gegenseitigen Nucl. n. trochlearis über den N. trochlearis. Die komplexe Verknüpfung des Vestibularissystems mit den ipsi- und kontralateralen Kerngebieten der äußeren Augenmuskeln gewährleistet, dass zur Durchführung einer konjugierten Augenbewegung, d.h. einer gleichsinnigen Bewegung der Blickachsen beider Augen

- ein Muskel eines Auges und sein Synergist des anderen Auges gleichzeitig aktiviert werden und
- bei Kontraktion eines Muskels eines Auges sein Antagonist desselben Auges gleichzeitig erschlaffen muss.

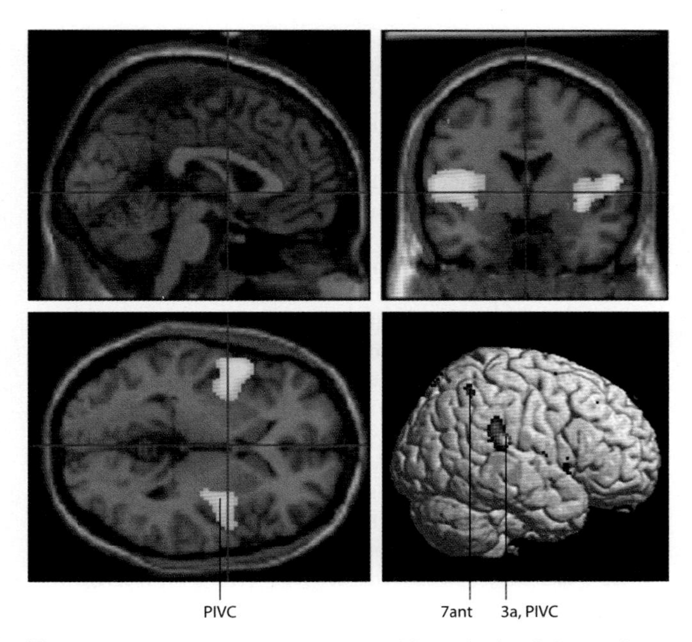

Abb. 17.87. Eine vestibuläre Stimulation führt in den kortikalen Arealen 7 (anteriorer Teil, 7ant) und 3a und im parietoinsulären vestibulären Cortex (PIVC) zu einer Aktivierung. Funktionelle magnetresonanztomographische Darstellung unter beidseitiger galvanischer vestibulärer Stimulation [14]

Das von den Vestibulariskernen zu den Augenmuskelkernen ipsi- und kontralateral aufsteigende Bahnensystem ist der *Fasciculus longitudinalis medialis*. Es muss jedoch betont werden, dass zur Koordinierung der Aktivität der Augenmuskelkerne neben dem vestibulären Input bedeutende Informationszuflüsse auch aus dem frontalen Augenfeld (umgeschaltet im *Nucl. prepositus*) und über mechanorezeptive Bahnen aus dem Halsbereich (aufsteigender *Tractus spinoreticularis*, umgeschaltet in der *Formatio reticularis*) kommen.

Bahnen zum und vom Rückenmark: In das Rückenmark steigt als Verlängerung des *Fasciculus longitudinalis medialis* der *Tractus vestibulospinalis medialis* ab. Die Bahn hat ihren Ursprung in den ipsi- und kontralateralen Nucl. vestibulares superior, inferior et medialis. Es werden α- und γ-Motoneurone des Zervikalmarks erreicht, von wo aus Nacken- und Halsmuskeln zur Fixierung der Stellung des Kopfes innerviert werden. Ein anderer Weg in die oberen Rückenmarksabschnitte verläuft über die *Formatio reticularis* und dem aus ihr absteigenden *Tractus reticulospinalis*. Der Nucl. vestibularis lateralis nimmt eine Sonderstellung unter den Vestibulariskernen ein. Seine Hauptafferenzen kommen aus dem Kleinhirn, und zwar von den Purkinje-Zellen der paramedianen Kleinhirnrinde. Damit ist er quasi ein verlagerter Kleinhirnkern. Weitere Afferenzen erhält dieses Kerngebiet aus dem Rückenmark über den *Tractus spinocerebellaris posterior*. Aus dem Nucl. vestibularis lateralis entspringt der ipsilateral absteigende *Tractus vestibulospinalis lateralis*. Er endet in allen Rückenmarkssegmenten vor allem an den γ-Motoneuronen, die die Muskelspindeln der Extensoren derselben Körperseite erreichen, und erhöht damit den Extensorentonus (Antagonisten der Schwerkraft).

Bahnen zum und vom Kleinhirn: Neben der direkten sensorischen Kleinhirnbahn erreichen vestibuläre Afferenzen das Kleinhirn nach Umschaltung in den Nucl. vestibulares superior, medius et inferior (indirekte sensorische Kleinhirnbahn, Tractus vestibulocerebellaris). Zielgebiet dieser Moosfasersysteme ist das *Vestibulocerebellum*. Daneben projizieren diese 3 Vestibulariskerne zum *Nucl. olivaris* *inferior*, dessen Axone als Kletterfasern in den hinteren Wurmbereich des Kleinhirns aufsteigen. Damit verfügt das Kleinhirn für seine Aufgaben in der motorischen Koordination auch über vestibuläre Informationen. Die Projektionen des Kleinhirns zu den Vestibulariskernen sind umfänglich. Sie entstammen dem Vestibulocerebellum und erreichen als Axone der Purkinje-Zellen und als im *Nucl. fastigii* umgeschaltete Fasern die oberen, unteren und medialen Vestibulariskerne.

Efferente Projektionen im N. vestibularis: Sie entstammen kleinen Kerngruppen der Formatio reticularis und der Vestibulariskerne; ihre Projektionen sind bilateral. Es werden in den Maculae und Cristae ampullares die Dendritenkelche der Typ-I-Zellen, bei Typ-II-Zellen die Sinneszellen direkt erreicht. Über die Funktion ist wenig bekannt.

17.80 Klinische Prüfung des vestibulären Systems

In klinischen Prüfungen des vestibulären Systems werden v.a. Augenbewegungen (vestibulookulärer Reflex) und Veränderungen der Körperbewegungsmuster (Steh- und Gehverhalten) getestet.

Störungen des peripheren oder zentralen Gleichgewichtssystems und des Vestibulocerebellums haben Beeinträchtigungen des Stehens, des Gehens und der Bewegungskoordination der Extremitäten zur Folge. Ein möglicher Test ist der **Unterberger-Tretversuch:** Der Patient tritt mit horizontal nach vorn gestreckten Armen und mit geschlossenen Augen 50 Schritte auf der Stelle, wobei die Oberschenkel jeweils bis zur Horizontalen gehoben werden. Ist ein Labyrinth gestört, dreht der Patient während des Schreitens deutlich zur Seite der Läsion.

17.81 Schwindel

Schwindel ist ein Zeichen gestörter Raumorientierung, er ist das Ergebnis eines »intersensorischen Konfliktes«. Ist das Vestibularorgan einer Seite gestört, erhält das ZNS zwei unterschiedliche Informationen, eine richtige aus der gesunden Seite, eine »falsche« aus der gestörten. Eine eindeutige Verrechnung der beiden unterschiedlichen Informationen kann im ZNS nicht erfolgen. Ähnliches geschieht bei unphysiologischen Reizungen (Schiff- oder Karussellfahren). Hierbei kommt hinzu, dass die Eigenbewegungsidentifikation durch vestibuläre, visuelle und somatosensorische Sinnesempfindungen nicht mehr zu einem adäquaten Bewegungseindruck verrechnet werden kann.

In Kürze

Das **Innenohr** besteht aus dem **knöchernen Labyrinth** (Labyrinthus osseus), das ein **häutiges Labyrinth** (Labyrinthus membranaceus) umschließt. Die epitheliale Auskleidung des mit **Endolymphe** gefüllten häutigen Labyrinthes enthält spezialisierte Sinnesfelder mit sekundären Sinneszellen und Stützzellen, ergänzt durch einen Hilfsapparat.

Zum **Vestibularapparat** gehören **Sacculus, Uriculus** und die vom Utriculus abgehenden **3 Bogengänge.**

Die Maculae von Sacculus und Utriculus verfügen über eine **Statokonienmembran,** deren durch Linearbeschleunigung verursachte Abscherung die Sinneszellen beeinflusst. Die **Haarzellen** der Cristae ampullares werden durch Flüssigkeitsverschiebungen in den Bogengängen erregt (Perzeption von Winkelbeschleunigung).

Das vestibuläre System arbeitet überwiegend reflektorisch und kontrolliert die Stellung von Kopf, Hals und Rumpf gegenüber der Schwerkraft und die Stellung der Augen gegenüber dem Kopf. Die Nuclei vestibulares erhalten Afferenzen von den bipolaren Ganglienzellen des Ganglion vestibulare, aus dem Rückenmark und aus dem Vestibulocerebellum und senden Efferenzen via Fasciculus longitudinalis medialis zu Motoneuronen des oberen Rückenmarkes und zu Augenmuskelkernen, via Tractus vestibulospinalis lateralis zu Motoneuronen des gesamten Rückenmarkes (Extensorentonus). Körperstellung und Orientierung im Raum wird bewusst empfunden und ist kortikal in Areae 3 und 7 repräsentiert.

Kochleärer Anteil des Innenohres

Der akustische Teil des Innenohres wird durch die **knöcherne Schnecke,** *Cochlea,* mit ihrem Inhalt repräsentiert (Abb. 17.88). Die Schnecke enthält ein ca. 35 mm langes, spiralig gewundenes Rohr, den Schneckengang, *Canalis spiralis cochleae* (Durchmesser ca. 1,5 mm). An der Schnecke werden

- die **Schneckenbasis,** *Basis cochleae,* die zum inneren Gehörgang weist,
- die **Schneckenspitze,** *Cupula cochleae,* die nach vorn unten und außen zeigt, und

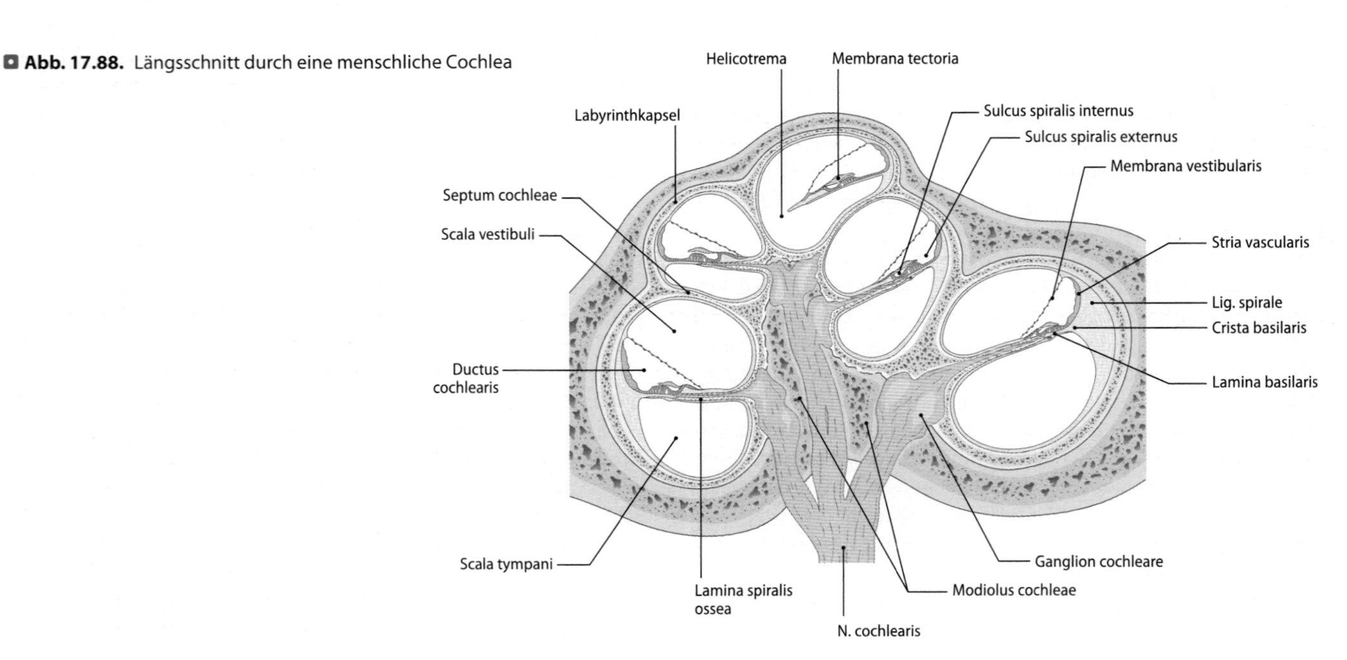

Abb. 17.88. Längsschnitt durch eine menschliche Cochlea

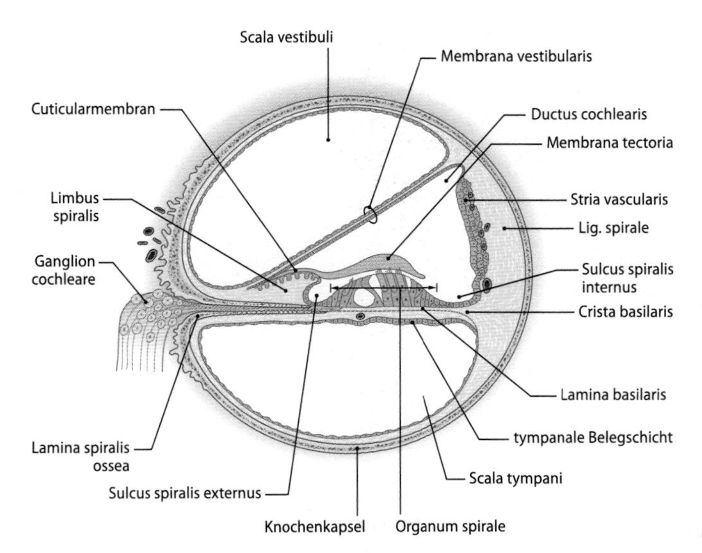

Abb. 17.89. Gliederung und histologischer Bau des Canalis spiralis cochlea, Querschnitt

- der sich zur Cochleaspitze verjüngende kegelartige Knochen, *Modiolus cochleae,* um den sich der Schneckengang windet, unterschieden.

Der Mensch hat zweieinhalb Windungen, die, von den Schneckenbasen betrachtet, in der linken Cochlea gegen den Uhrzeigersinn, in der rechten im Uhrzeigersinn laufen. Vom Modiolus entspringt die ca. 1 mm breite **Spirallamelle,** *Lamina spiralis ossea.* Zwischen ihr und dem an der Außenseite des Schneckenganges befestigten *Lig. spirale* spannt sich die Basilarmembran, *Lamina basilaris,* aus (Abb. 17.89).

> Das häutige Labyrinth der Schnecke (Labyrinthus cochlearis) wird durch den *Ductus cochlearis* **gebildet.**

Der Ductus cochlearis endet beidseitig blind, das *Caecum vestibulare* ragt in das Vestibulum hinein, das *Caecum cupulare* endet im Bereich der Schneckengangsspitze. Der Endolymphraum des Ductus cochlearis ist kurz vor dem vestibulären Ende über den dünnen *Ductus reuniens* mit dem *Sacculus* verbunden. Der Ductus cochlearis füllt nur einen Teil des Schneckenganges aus. Über ihm liegt, getrennt durch die Reissner-Membran *(Membrana vestibularis),* die *Scala vestibuli,* unter ihm, getrennt durch die Basilarmembran und die tympanale Belegschicht, die *Scala tympani.* Im Bereich der Schneckenspitze gehen die Skalen ineinander über, *Helicotrema.* Das basale Ende der Scala tympani stößt an das runde Fenster, das mit der *Membrana tympanica secundaria* verschlossen ist.

Ductus cochlearis. Der mit Endolymphe gefüllte Ductus cochlearis hat im Querschnitt eine dreieckige Form. Das seine verschiedenen Wandabschnitte auskleidende einschichtige Epithel zeigt beträchtliche Unterschiede.

Obere Wand: Der *Paries vestibularis (Membrana vestibularis)* grenzt die Scala vestibuli und den Ductus cochlearis voneinander ab. Er besteht aus einer Basallamina und zwei einschichtigen Epithelien: Ein plattes Mesothel grenzt an den Perilymphraum der Scala vestibuli, ein kubisches Epithel an den Endolymphraum.

Äußere Wand: Der *Paries externus* wird durch derberes Bindegewebe unterlagert, *Lig. spirale,* das in Höhe der Basilarmembran zu dessen Fixierung als *Crista basilaris* verstärkt ist. Die epitheliale Bedeckung wird durch die *Stria vascularis* gebildet, ein mehrschichtiges Epithel mit eingelagerten Kapillarschlingen. Die in der obersten Zellschicht (Marginalzellen) zahlreich zu findenden Kaliumionenpumpen sind für die hohe K^+-Konzentration der Endolymphe verantwortlich und gleichzeitig Teil des K^+-Ionen-Rezirkulationssystems.

Untere Wand: Der *Paries tympanicus* des Ductus cochlearis wird unterlagert durch die *Lamina spiralis ossea* und die Basilarmembran, *Lamina basilaris.* Der Basilarmembran kommt für die Umwandlung von Schallenergie in die Erregung der Sinneszellen eine herausragende Bedeutung zu. Breite, Dicke und Steifheit der Basilarmembran ändern sich im Verlauf der Schnecke. Die ca. 34 mm lange Basilarmembran verbreitert sich von ca. 100 µm (basal) bis auf ca. 360 µm (nah an der Cupula). Zudem ist sie basal dicker und steifer, nah an der Cupula dünner und flexibler. Die Basilarmembran wird unterlagert durch die epitheliale Auskleidung der Scala tympani, als tympanale Belegschicht bezeichnet. Die tympanale Belegschicht ist ein »offener« epithelähnlicher Belag, der für Ionen keine Barriere darstellt. Deshalb befindet sich im Raum zwischen der *Membrana reticularis* und Basilarmembran das Ionenmilieu der Perilymphe (= Corti-Lymphe).

> Auf der Basilarmembran liegt der zum Sinnesepithel differenzierte Wandabschnitt des Ductus cochlearis, das *Organum spirale* **oder Corti-Organ.**

Das **Corti-Organ** (Abb. 17.90) wird von
- sekundären Sinneszellen (Haarzellen),
- einem Stützapparat (verschiedene Stützzellen, die ein einschichtiges Epithel bilden) und
- einem Hilfsapparat *(Membrana tectoria)* gebildet.

Es werden, beginnend am *Sulcus spiralis internus* bis zum *Sulcus spiralis externus,* folgende Zelltypen unterschieden: Der *Sulcus spiralis internus* wird durch **innere Sulkuszellen** ausgekleidet, es folgt die Reihe der **inneren Phalangenzellen,** danach die Reihen der **inneren** und **äußeren Pfeilerzellen,** dann die **äußeren Phalangenzellen.** Vor allem die Pfeilerzellen sind durch massive Bündel aus Mikrotubuli und Tonofilamenten mechanisch versteift. Die dann folgenden Stützzellen (Hensen-Zellen, Claudius-Zellen) nehmen an Höhe ab und gehen in das Epithel des Sulcus spiralis externus über. Die apikalen, dem Endolymphraum zugewandten Abschnitte der Stützzellen (Phalangenfortsätze, Kopfplatten der Pfeilerzellen) sind plattenartig verbreitert und miteinander fest durch Zellkontakte verhaftet. Sie bilden die mechanisch stabile Retikularmembran, *Membrana reticularis,* in deren »Löcher« wiederum die apikalen Abschnitte der Haarzellen eingelassen sind. Auch zwischen den Komponenten der Retikularmembran und den Haarzellen stellen Desmosomen die mechanische Fixierung sicher, Zonulae occludentes die Ionenbarriere. Das bedeutet für das Ionenmilieu um die Haarzelle, dass der apikale Haarzellbereich an die Endolymphe grenzt, die übrigen Haarzellabschnitte jedoch von Perilymphe umspült werden. Für die sog. Elektroanatomie der Cochlea ist das entscheidend (Zusammensetzung von Endolymphe und Perilymphe siehe Tab. 17.16).

Haarzellen sind sekundäre Sinneszellen, die quasi auf den Phalangenzellen sitzen. Topographisch und funktionell werden **innere** und **äußere Haarzellen** unterschieden (Abb. 17.91).

Die flaschenförmigen **inneren Haarzellen** (Anzahl ca. 3.500 pro Ohr) bilden eine einfache Reihe. Sie sitzen über der unbeweglichen äußeren Kante der *Lamina spiralis ossea,* ihre Stereovilli erreichen die Tektorialmembran nicht. Die schlanken äußeren Haarzellen (Anzahl ca. 12.000) stehen in 3 (Basalwindung) oder 4 parallelen Reihen (Spitzenwindung) auf Lücke. Sie sitzen auf dem beweglichen Teil der Basilarmembran. Ihre längsten Stereovilli sind in die Tektorialmembran eingelassen. Innere Haarzellen tragen auf ihrer apikalen Oberfläche 50–60 Stereovilli, äußere ca. 60–120. Ein Kinozilium fehlt. Die Stereovilli sind in der Aufsicht U- oder W-förmig (die Öffnungen der U und

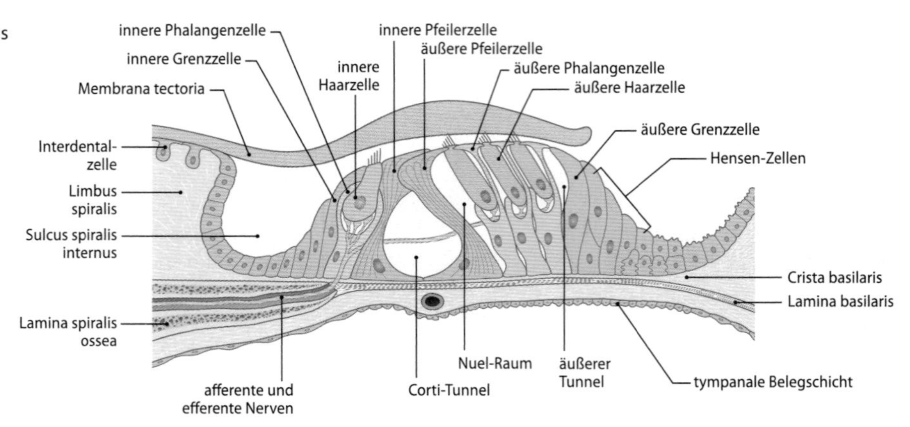

Abb. 17.90. Histologischer Bau des Corti-Organs

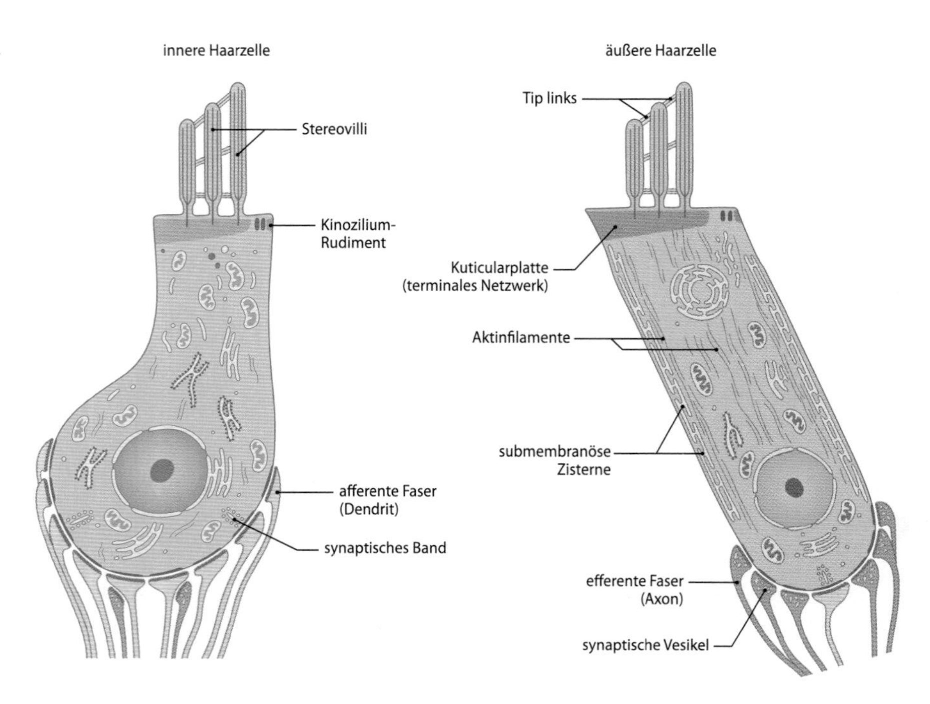

Abb. 17.91. Bau der Rezeptorzellen des Corti-Organs: äußere und innere Haarzelle

W weisen nach medial), in der Seitenansicht in aufsteigender Länge treppenartig angeordnet. Die Stereovilli sind durch Spitzenfäden aneinander gekoppelt (Tip links), wobei die Spitze der kürzeren Stereovilli über die Tip links mit der nächsten längeren verbunden ist. Werden die Stereovilli in Richtung auf die längsten abgelenkt, entsteht ein Zug an den Tip links, K^+-Ionenkanäle der Stereovillusmembran werden geöffnet und die Haarzelle depolarisiert (mechanoelektrische Kopplung). **Äußere Haarzellen** enthalten außerdem ein die Zelle durchziehendes longitudinales Aktinfasersystem. Die Membran der äußere Haarzelle enthält dicht gepackt das »Motorprotein« Prestin, das die Elektromotilität der Haarzelle vermittelt: Depolarisation führt über schlagartige Konformationsänderung des Prestins zu einer Verkürzung der äußeren Haarzelle, Hyperpolarisation zu einer Elongation. Das Ergebnis der Kontraktion und Elongation ist ein sekundäres Schallphänomen (otoakustische Emission), das von den äußeren Haarzellen durch oszillierende Längenänderungen erzeugt wird. Die otoakustische Emission kann als eine ortsspezifische Modulation des Schallreizes im Sinne einer aktiven Verstärkung durch die äußeren Haarzellen angesehen werden und wirkt als lokale Schwingung auf die direkt benachbarten inneren Haarzellen, deren Stereovilli nun ausgelenkt werden. Die Depolarisation der inneren Haarzellen wird auf afferente Neurone übertragen.

Innere und äußere Haarzellen zeigen neben auffälligen Bauunterschieden auch ein differentes Innervationsmuster. An den Basen der inneren Haarzellen liegen große afferente Synapsen (Dendritenenden von Perikarya des *Ganglion cochleare*), die Haarzellen sind das präsynaptische Element. Ihr Transmitter ist Glutamat. An den afferenten Dendriten endigen auch efferente Axone aus dem oberen Olivenkernkomplex. An den Basen der äußeren Haarzellen finden sich neben wenigen afferenten vor allem efferente Synapsen, die Haarzellen sind das postsynaptische Element. Die Perikarya der an den äußeren Haarzellen endenden Axone liegen im oberen Olivenkernkomplex.

In Kürze

Die äußeren Haarzellen werden durch die im Mittelohr verstärkte Schallwelle zunächst ortsspezifisch erregt und senden die otoakustische Emission aus, die von den assoziierten inneren Haarzellen registriert und auf afferente Neurone übertragen wird.

Die *Membrana tectoria* ist über Limbuszellen am *Limbus laminae spiralis ossei* medial und oberhalb des *Sulcus spiralis internus* fixiert. Sie besteht u. a. aus Kollagen Typ II und Glykoproteinen. Sie hat Kontakt zu den langen Stereovilli der äußeren Haarzellen. Die Tektorialmembran ist am Transduktionsprozess der Cochlea entscheidend beteiligt.

17.82 Hörprüfungen

Durch zahlreiche Hörprüfungen (Audiometrie) lassen sich Hörschädigungen erkennen, lokalisieren und quantitativ beschreiben. Lärmschäden betreffen zuerst die Stereovilli der äußeren Haarzellen, es resultiert eine Innenohrschwerhörigkeit zunächst im Hochtonbereich, bei fortschreitender Erkrankung mit einem Verlust der Sprachdiskrimination. Altershörigkeit ist eine Hochtonschwerhörigkeit mit Atrophie oder Schwund von inneren Haarzellen (Basalwindung) und äußeren Haarzellen (in der ganzen Cochlea) und Degeneration von Perikarya im Ganglion cochleare. Ototoxische Arzneimittel schädigen v.a. die äußeren Haarzellen.

17.83 Elektronische Innenohrprothese bei Schädigung des Innenohrs

Eine direkte elektrische Reizung des Hörnervs unter »Umgehung« des Innenohres ist möglich, Cochlea-Implantate arbeiten nach diesem Prinzip.

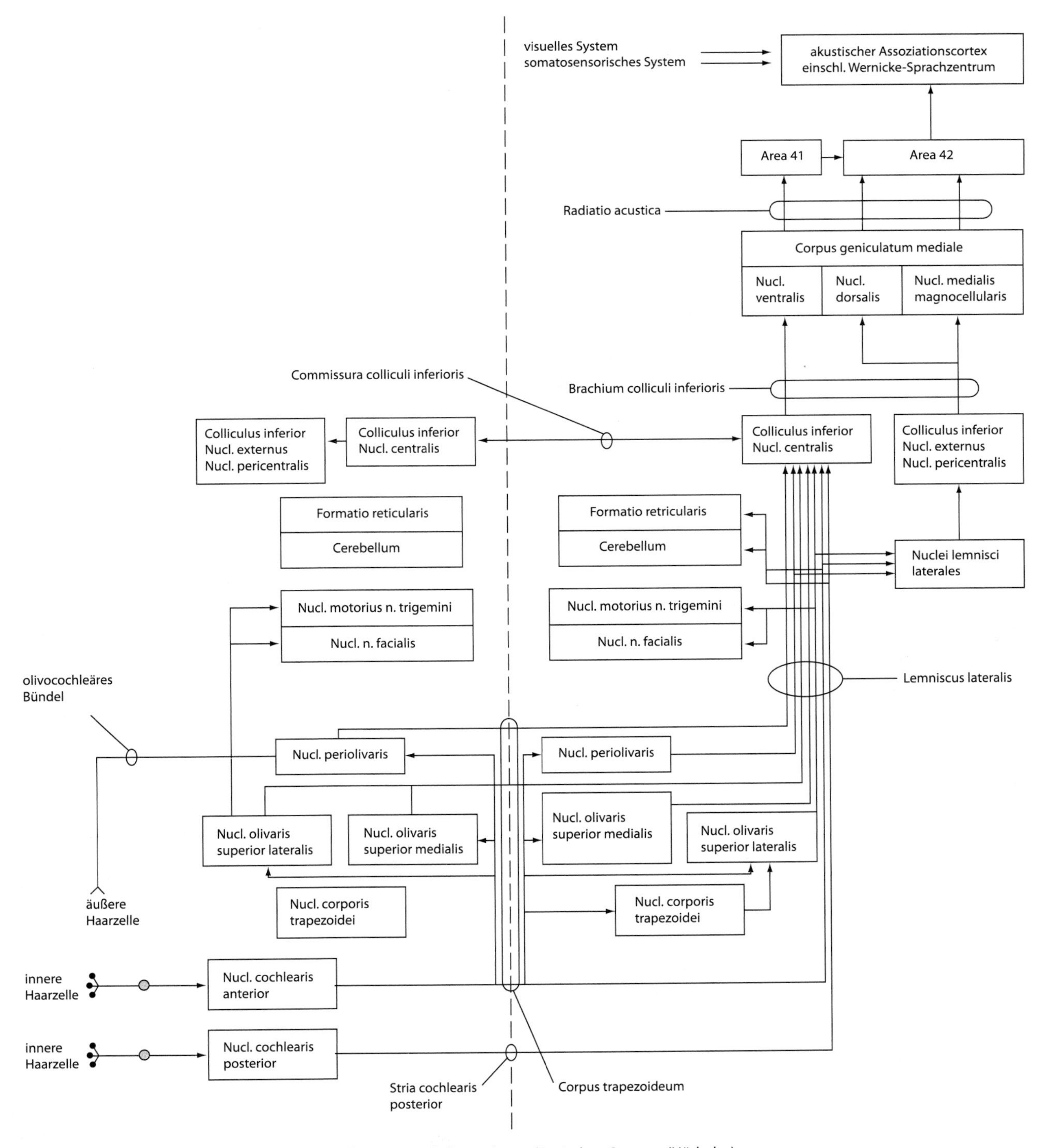

Abb. 17.92. Schematische Darstellung der zentralen Leitungsbahnen des auditorischen Systems (Hörbahn)

Neuronale Verschaltung kochleärer Informationen

Vor allem die inneren Haarzellen haben Kontakt zu den primär afferenten Neuronen, die als bipolare, teilweise bemarkte große Nervenzellen im Ganglion cochleare (= *Ganglion spirale cochleae*) im Modiolus liegen. Über 90% der bemarkten Axone im N. cochlearis führen Informationen von den inneren Haarzellen. Da es ca. 3.500 innere Haarzellen gibt und ca. 36.000 Axone im N. cochlearis, wird die Information jeder Haarzelle von ca. 10 afferenten Neuronen an das ZNS weitergeleitet (◘ Abb. 17.92). Nur ca. 5% kleiner Perikarya des Ganglion cochleare greifen Informationen von äußeren Haarzellen ab; ihre Funktion ist nicht bekannt.

Jenseits des Ganglion cochleare legen sich die Axone der Perikarya zum N. cochlearis zusammen und bilden mit den noch im inneren Gehörgang hinzukommenden Axonen aus dem *Ganglion vestibulare* den VIII. Hirnnerven. Der N. vestibulocochlearis tritt im Kleinhirnbrückenwinkel in den Hirnstamm ein, die kochleären Axone erreichen die ipsilateralen *Ncll. cochleares*, die die zweiten Neurone der Hörbahn enthalten. Der kleinere *Ncl. cochlearis posterior* wird durch den *Pedunculus cerebellaris inferior* vom größeren *Ncl. cochlearis anterior* getrennt (◘ Abb. 17.93).

Die Nucl. cochleares sind obligatorische Umschaltstellen der Hörbahn.

Die in den Ncll. cochleares liegenden Neurone reagieren zum Teil auf reine Töne, zum Teil auf komplexe Reize. Die Mustererkennung beginnt damit schon auf dem Niveau der Cochleariskerne, vor allem des Nucl. cochlearis posterior. Die Efferenzen des hinteren Cochleariskerns kreuzen im Bereich der *Stria cochlearis posterior* zur Gegenseite und steigen dann im *Lemniscus lateralis* zum *Colliculus inferior* auf. Die Efferenzen des vorderen Cochleariskerns kreuzen im Bereich des *Corpus trapezoideum* überwiegend zur Gegenseite, einige steigen direkt im *Lemniscus lateralis* auf. Die meisten Efferenzen des Ncl. cochlearis anterior erreichen jedoch Kerngebiete der kontralateralen Seite: *Ncll. olivares superiores medialis* et *lateralis*, *Ncll. corporis trapezoidei*, *Ncll. periolivares*. Die Efferenzen des beim Menschen großen *Ncll. olivaris superior medialis* ziehen dann im *Lemniscus lateralis* zum *Colliculus inferior*.

Der **Ncl. olivaris superior medialis erhält neben den Fasern aus dem kontralateralen Ncl. cochlearis anterior auch solche aus dem ipsilateralen Kern, er erhält damit als erstes Kerngebiet des akustischen Systems Informationen aus beiden Cochleae.**

Da die Efferenzen des Ncl. olivaris superior medialis ipsi- und kontralateral aufsteigen, enthält der Lemniscus lateralis einer Seite aufsteigende akustische Informationen aus beiden Ohren. Durch Verrechnung von Zeit- und Intensitätsdifferenzen eines identischen Schallereignisses, das im rechten und linken Ohr wahrgenommen wird, dient der Ncll. olivares superior medialis vor allem dem Richtungshören.

Von den *Ncll. periolivares* entspringen neben Efferenzen, die im Lemniscus lateralis aufsteigen, das olivocochleäre Bündel, das zurück in die Cochlea zieht.

Die überwiegende Menge der im Lemniscus lateralis aufsteigenden Bahnen endet im *Colliculus inferior*, wobei ein Teil der Lemniscusfasern in den Lemniscuskernen, *Ncll. lemnisci*, umgeschaltet wird. Kollateralen der Lemniscusfasern erreichen noch weitere Gebiete im Hirnstamm: Formatio reticularis (Weckreaktion), Cerebellum (akustische Beeinflussung der Motorik), motorischer Trigeminus- und Facialiskern (Innervation des M. tensor tympani, M. stapedius).

Der Colliculus inferior ist eine obligatorische Umschaltstation des aufsteigenden Lemniscus lateralis.

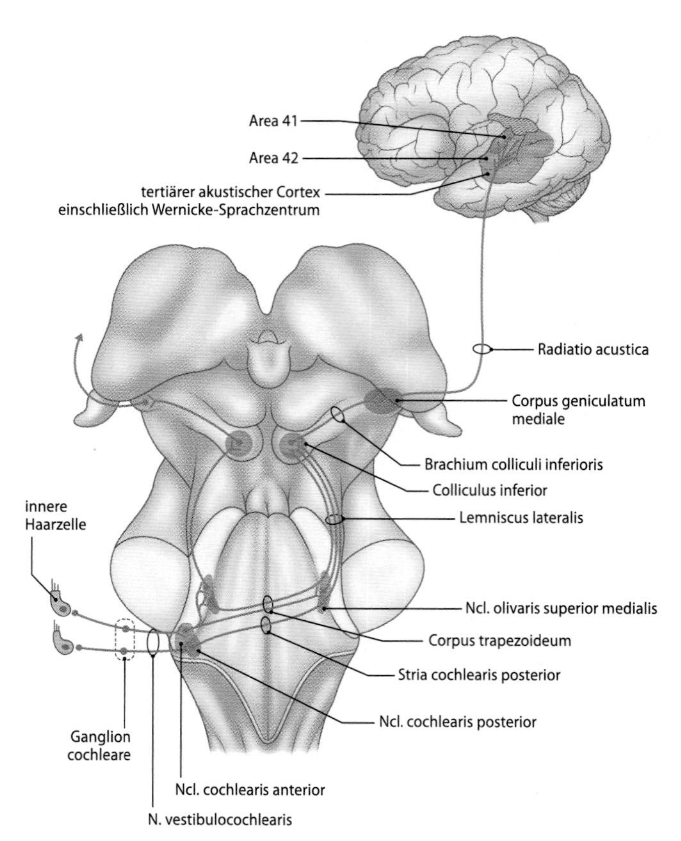

◘ **Abb. 17.93.** Darstellung der wichtigsten Anteile der Hörbahn im räumlichen Zusammenhang

Neben seiner bedeutenden akustischen Funktion ist der Colliculus inferior auch ein multimodales Integrationszentrum, in dem auch andere Afferenzen verarbeitet werden (visuell, somatisch, viszeral). Der rein akustische Anteil des Colliculus inferior ist der *Ncl. centralis colliculi inferioris*. Er ist tonotop in bandartige Bereiche gegliedert und wird umrahmt vom *Ncl. externus colliculi inferioris* und vom *Ncl. pericentralis colliculi inferioris*.

Die Efferenzen des Colliculus inferior steigen im *Brachium colliculi inferioris* zum Diencephalon auf und erreichen den akustischen Relaiskern im Metathalamus, das *Corpus geniculatum mediale*. Die Projektion ist überwiegend ipsilateral.

Das *Corpus geniculatum mediale* gliedert sich in 3 Unterkerne: die parvozelluären *Ncll. ventralis* et *dorsalis* und den großzelligen *Ncl. medialis magnocellularis*. Rein auditorisch ist der kleinzellige Nucl. ventralis. Auch er ist tonotop gegliedert. Seine Efferenzen gelangen über die Hörstrahlung, *Radiatio acustica*, die im sublentikulären Teil der *Capsula interna* lokalisiert ist, zum *Gyrus temporalis superior*. Auf dem *Planum temporale* in der Tiefe des *Sulcus lateralis cerebri* finden sich die schräg von lateral vorn nach medial hinten verlaufenden *Gyri temporales transversus anterior* et *posterior* (Heschl-Querwindungen).

Die Projektion aus dem rein akustischen Kern des medialen Kniehöckers erfolgt in den primären auditorischen Cortex, Area 41.

Area 41 nimmt den medialen Teil der vorderen Querwindung ein (◘ Abb. 17.94) und weist die zytoarchitektonischen Merkmale eines primären sensorischen Cortex auf: hohe Dichte kleiner Perikarya in einer ausgeprägten Lamina IV. Area 41 ist tonotop in Frequenzbänder gegliedert: tiefe Frequenzen anterolateral, hohe Frequenzen postero-

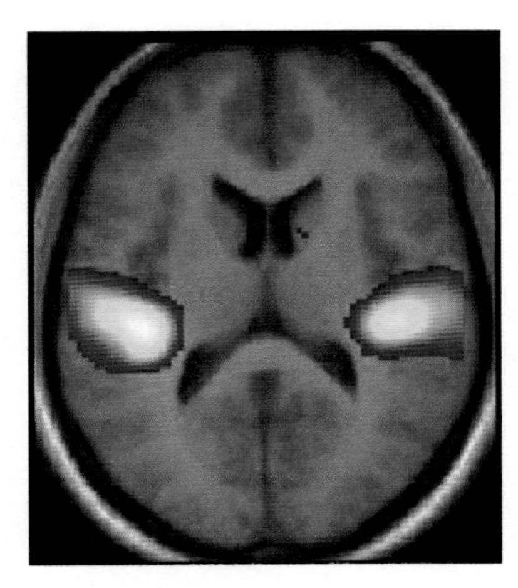

Abb. 17.94. Aktivierung des auditorischen Cortex (Area 41, Area 42) nach breitbandigem Rauschen im Vergleich zu Stille, dargestellt durch funktionelle Magnetresonanztomographie, Horizontalschnitt durch das Planum temporale [15]

medial. Isofrequente Projektionsbereiche aus beiden Ohren liegen als säulenartig angeordnete Cortexabschnitte nebeneinander. Neben Neuronen, die nur auf reine Töne ansprechen, finden sich auch zahlreiche, die nur auf komplexe akustische Reize antworten. Letztere dienen der Mustererkennung.

Die übrigen Kerne des medialen Kniehöckers projizieren über die Hörstrahlung zur Area 42, die als sekundäres akustisches Rindenfeld die Area 41 vorn und lateral umgibt. Neben den Afferenzen aus dem Corpus geniculatum mediale erhält die Area 42 zahlreiche Informationen aus der Area 41. Area 42 weist keine tonotope Gliederung auf, ihre Aufgabe besteht in dem Vergleich der eingehenden Informationsmuster mit auditiven Erinnerungen. An die Areae 41 und 42 schließt sich auf der Dorsal- und Lateralfläche des Gyrus temporalis superior der tertiäre akustische Cortex an, der auch das Wernicke-Zentrum beinhaltet. Als sensorisches Sprachzentrum dient das Wernicke-Zentrum dem Sprachverständnis bzw. der Begriffsinterpretation, indem es das Kodieren oder Dekodieren von Sprache durchführt. Bei 95% der Bevölkerung ist das Wernicke-Zentrum in der linken Hemisphäre ausgeprägt (Lateralisation der Sprachfunktion).

17.84 Folgen der Zerstörung des Wernicke-Zentrums

Eine Zerstörung des Wernicke-Zentrums in der dominanten Hemisphäre führt zu einer sensorische Aphasie, dem Unvermögen Worte zu verstehen und Worte richtig zu wählen.

Absteigende Bahnen des akustischen Systems

Das auditorische System besitzt eine große Zahl absteigender Projektionen, die prinzipiell von der Hirnrinde bis zur Cochlea ziehen. Die absteigenden Projektionen verlaufen in der Nähe der aufsteigenden. Die Areae 41 und 42 senden Projektionen zum *Colliculus inferior*, die teilweise im *Corpus geniculatum mediale* umgeschaltet werden. Der Colliculus inferior entsendet Axone zu den oberen Olivenkernen und den periolivären Kernen. Das hier entspringende olivocochleäre Bündel (Rasmussen-Bündel) zieht zurück in die Cochlea. Es verläuft zunächst im vestibulären Anteil des VIII. Hirnnervs und tritt am Ende des inneren Gehörganges in den N. cochlearis über. Diese efferenten Axone sind cholinerg oder GABAerg, sie bilden zu über 90% die massive efferente axosomatische Innervation der äußeren Haarzellen. Hierdurch kann ihr Kontraktionszustand moduliert und damit die von ihnen ausgesandte otoakustische Emission verändert werden. Durch die efferente Innervation der afferenten Fasern der inneren Haarzellen kann die Weiterleitung des akustischen Inputs zu den Cochleariskernen reduziert werden (Schutz vor Übererregung). Das gesamte absteigende System soll so zu einer Rauschunterdrückung in den verschiedenen Ebenen des aufsteigenden Systems führen (Hinhören, Heraushören wichtiger »Nutzsignale« aus dem Umgebungslärm).

In Kürze

Der **Ductus cochlearis** als Teil des häutigen Labyrinths liegt im **Canalis spiralis cochleae**.

Die schallaufnehmenden Sinneszellen bilden zusammen mit den Stützzellen und der Tektorialmembran das **Corti-Organ**. Entsprechend der Schallfrequenz kommt es an eng umschriebenen Orten des Corti-Organs zu Abscherungen der Stereovilli der äußeren Haarzellen gegenüber der Tektorialmembran. Durch ihre Kontraktion erzeugen die so stimulierten äußeren Haarzellen eine **otoakustische Emmission,** die von den assoziierten inneren Haarzellen gehört und als Signal an die Dendriten der primär afferenten Neurone geleitet wird.

Wichtige Gebiete der **Hörbahn** sind Ganglion cochleare, Nuclei cochleares anterior et posterior, Ncll. olivares superiores, Colliculus superior, Corpus geniculatum mediale und primäre und sekundärer auditorischer Cortex auf den Gyri temporales transversi.

Von der Cochlea bis zur Areas 41 ist die Hörbahn tonotop gegliedert. Das nachgeschaltete Wernicke–Zentrum dient der Begriffsinterpretation.

Meatus acusticus internus

Der innere Gehörgang gehört formal zum Innenohr. Das ovale Rohr ist ca. 1 cm lang. Es verläuft annähernd quer und bildet mit der Facies posterior des Felsenbeines einen Winkel von ca. 40°. Der innere Gehörgang beginnt an der Facies posterior des Felsenbeines mit dem *Porus acusticus internus*, sein stumpfes Ende wird von der vielfach perforierten Wand des *Fundus meatus acustici interni* gebildet. Am Fundus lassen sich knöcherne Aufwerfungen (Cristae) und verschiedene Löcher für den Durchtritt von Leitungsbahnen erkennen. Die horizontal verlaufende *Crista transversa* trennt die Funduswand in einen oberen und einen unteren Anteil. Im oberen Abschnitt liegt vorn die *Area n. facialis*, eine große runde Öffnung für den Eintritt des N. facialis, und hinten die *Area vestibularis superior*, ein Gebiet mit zahlreichen kleinen Öffnungen für den Austritt der Fasern des *N. utriculoampullaris*. Im unteren Abschnitt befinden sich vorn die *Area cochlearis* mit dem *Tractus spiralis foraminosus*, ein den Schneckenwindungen entsprechendes durchlöchertes Feld für den Austritt der Fasern des N. cochlearis, dahinter die *Area vestibularis inferior* für den Austritt der Fasern des *N. saccularis*, ganz hinten das kleine *Foramen singulare* für den Austritt der Fasern des *R. ampullaris posterior*.

Die Wände des inneren Gehörganges sind mit Dura mater ausgekleidet. Der Gang enthält: N. facialis, N. vestibulocochlearis, Perikarya des Ganglion vestibulare, *A.* und *Vv. labyrinthi*. Diese Strukturen sind von Pia mater überzogen und vom *Spatium subarachnoideum* mit Liquor cerebrospinalis umgeben.

17.85 Akustikusneurinome

Akustikusneurinome sind Tumoren des N. vestibulocochlearis, die von Schwann-Zellen ausgehen. Wenn sie im Meatus acusticus internus liegen, führen sie frühzeitig zu Störungen des Hörens und zu Schwindel, später auch zu einer Facialisparese.

17.8.4 Entwicklung

Es entwickeln sich (▣ Abb. 17.95):
- äußeres Ohr aus 1. Kiemenfurche und umgebenden Ohrmuschelhöckern des 1. und 2. Kiemenbogens
- Mittelohr aus der 1. Schlundtasche und aus Material des 1. und 2. Kiemenbogens
- Innenohr aus der ektodermalen Ohrplakode.

Äußeres Ohr

Die Ohrmuschel entwickelt sich aus 6 Mesenchymverdichtungen (Ohrmuschelhöcker), die in den dorsalen Spitzen des 1. und 2. Kiemenbogens auftreten und die 1. Kiemenfurche umgeben. Die *Pars ossea* des äußeren Gehörgangs entsteht aus dem dorsalen Abschnitt der 1. Kiemenfurche, der als solider Strang (Gehörgangstrang) in die Tiefe wächst, bis er die entodermale primitive Paukenhöhle erreicht. Im 7. Schwangerschaftsmonat erhält der Epithelstrang eine Lichtung, *Meatus acusticus externus*. Das Trommelfell wird damit aus mehreren Anlagen gebildet: ektodermales äußeres Epithel, Zwischenschicht aus Bindegewebe mesenchymalen Ursprungs und entodermales inneres Epithel.

Mittelohr

Die 1. Schlundtasche stülpt sich als *Recessus tubotympanicus* seitlich aus und bildet die Anlage der Schleimhaut der Ohrtrompete, Tuba auditiva, und mit ihrem aufgeweiteten blinden Ende die primitive Paukenhöhle. Die zunächst englumige primitive Paukenhöhle kommt mit einer Mesenchymverdichtung, in der die knorpeligen Anlagen der Gehörknöchelchen liegen, und dem Boden der ektodermalen Kiemenfurche in Kontakt. Mit der Reduktion des die Gehörknöchelchen umgebenden Mesenchyms kann sich die epitheliale Auskleidung der primitiven Paukenhöhle in den sich jetzt vergrößernden Raum ausbreiten und seine Wände samt Inhalt überziehen. Schleimhaut überzieht: Gehörknöchelchen, zwischen Paukenhöhlenwand und Gehörknöchelchen ausgespannte Ligamente, Muskelsehnen, Innenseite des Trommelfells und alle übrigen Wandabschnitte einschließlich der sich nachgeburtlich ausbildenden pneumatisierten Nebenräume der Paukenhöhle (z.B. Cellulae mastoideae).

Die Gehörknöchelchen entwickeln sich aus Teilen der Knorpelspangen des 1. Kiemenbogens (Malleus und Incus, die Articulatio incudomalleris ist dem primären Kiefergelenk niederer Vertebraten homolog) und des 2. Kiemenbogens (Stapes). Entsprechende Herkunft haben die an Malleus und Stapes angreifenden Muskeln und deren Innervation: Malleus mit M. tensor tympani, innerviert vom N. trigeminus, Stapes mit M. stapedius, innerviert vom N. facialis.

Innenohr

Am ca. 22. Tag sind beidseits der Rhombencephalonanlage Ektodermverdickungen als Ohrplakoden zu erkennen, die sich später als Ohrbläschen einsenken und den Kontakt zur Oberfläche verlieren. Aus den Ohrbläschen bildet sich: das komplette häutige Labyrinth, die bipolaren Ganglienzellen von Ganglion vestibulare und cochleare. Jedes Ohrbläschen schnürt sich ein und bildet einen ventralen, *Pars sacculocochlearis*, und einen dorsalen Abschnitt, *Pars utriculovestibularis*, der Einschnürungsbereich bleibt zeitlebens als *Ductus utriculosaccularis* erhalten.

Derivate des dorsalen Abschnitts: Utriculus, Bogengänge, Ductus endolymphaticus. Während der 6. Woche bilden sich die Bogengangsanlagen als abgeflachte taschenförmige Aussackungen des Utriculus. Die zentralen Abschnitte dieser 3 Aussackungen legen sich aneinander und werden später aufgelöst, die aufgeweiteten peripheren Anteile bleiben als Bogengänge, *Ductus semicirculares*, erhalten.

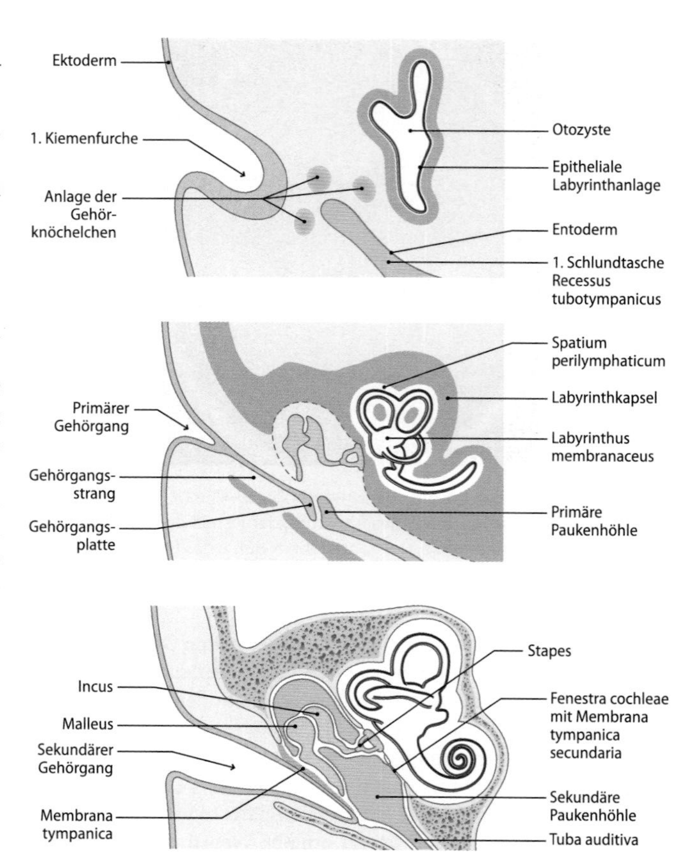

▣ **Abb. 17.95.** Entwicklung des äußeren Gehörganges, der Paukenhöhle mit Inhalt und des Innerohres [nach Kubik]

Jeweils das utriculusnahe Ende eines Bogenganges weitet sich zum *Crus membranaceum ampullare* auf, in dem in einer leistenartigen Erhebung, *Crista ampullaris*, sekundäre Sinneszellen differenzieren. Von den 3 abampullären Enden verschmelzen die des oberen und hinteren Bogenganges miteinander, *Crus membranaceum commune*, so dass die 3 Bogengänge schließlich mit 5 Öffnungen in den Utriculus münden. In kleinen Arealen der epithelialen Wand des Utriculus wie auch des Sacculus differenzieren sich sensorische Areale mit sekundären Sinneszellen, *Macula utriculi* und *Macula sacculi*.

Derivate des ventralen Abschnittes: Sacculus und Ductus cochlearis. Während der 6. Woche bildet der Sacculus eine schlauchartige, sich spiralig windende Ausstülpung, den *Ductus cochlearis*. Die Verbindung des Ductus cochlearis mit dem Rest des Sacculus bleibt zeitlebens als *Ductus reuniens* erhalten. Aus dem die Anlage des häutigen Labyrinthes direkt umgebenden Mesenchym entstehen durch Spaltbildungen die perilymphatischen Räume, die sich nach außen anschließenden Mesenchymanlagen differenzieren sich später über Knorpel (knorpelige Labyrinthkapsel) zu Knochen (Geflechtknochen).

Auf komplexere Weise entstehen *Scala vestibuli* und *Scala tympani:* Das zusammengedrängte Mesenchym oberhalb des Ductus cochlearis (Scala media) liefert einen Teil der Membrana vestibularis (Reissner-Membran), das Mesenchym unterhalb des Ductus cochlearis das Material der Lamina basilaris und des Lig. spirale. Seitlich bleibt der Ductus cochlearis mit der Stria vascularis über dichtes Bindegewebe am Knochen fixiert. Die epitheliale Auskleidung des Ductus cochlearis bildet zwei Leisten; die dem Modiolus zugewandte innere Leiste differenziert zu den Epithelien des späteren Limbus spiralis, die äußere Leiste zu den Haarzellen samt Stützapparat (Phalangenzellen, Pfeilerzellen). Alle Labyrinthanteile wie auch die Paukenhöhle und die Gehörknöchelchen haben bereits zum Geburtszeitpunkt ihre endgültige Form und Größe erreicht.

17.9 Epikritische Sensibilität und Sinnesorgane

K. Zilles

 Einführung

Aufgabe der somatosensorischen (somatosensiblen) Systeme ist die bewusste und unbewusste Wahrnehmung, Perzeption, von mechanischen, thermischen und chemischen Reizen, die auf die Körperoberfläche, Muskeln, Gelenke oder inneren Organe einwirken. Adäquate Reize sind dabei:
- Berührung, geringer Druck, Dehnung oder Vibration in der Haut (epikritische Sensibilität oder Oberflächensensibilität)
- Kontraktion und Dehnung von Muskeln, Zug an Sehnen und Bewegungen in Gelenken (propriozeptive Sensibilität oder Tiefensensibilität)
- schmerzhafte mechanische (grober Druck), thermische und chemische Reize (protopathische Sensibilität oder Schmerz- und Temperatursinn).

Die verschiedenen somatosensiblen Systeme ermöglichen die Wahrnehmung von Berührungen der Haut, Stellung der Glieder, Schmerz, Temperatur und die Steuerung von Bewegungen.

Somatosensible Systeme bestehen immer aus:
- **Sinnesorganen** in der Haut, Organen des Bewegungsapparats und inneren Organen (Viszerosensibilität),
- **pseudounipolaren ersten Neuronen** in den Spinalganglien, im Ganglion semilunare Gasseri oder Ncl. mesencephalicus n. trigemini,
- **multipolaren zweiten Neuronen** im Rückenmark oder Rhombencephalon und
- weiteren nachgeschalteten **Neuronen im Rombencephalon, Diencephalon (Thalamus)** oder **Cerebellum** sowie
- den terminalen Projektionsgebieten in der **Hirnrinde**.

Die aus dem Rückenmark **aufsteigenden Signale** werden in **2 Faserbahnsystemen** zum Rhombencephalon, Cerebellum und Diencephalon geleitet:
- **Hinterstrang-mediales-Lemniscus-System** und
- **anterolaterales System**.

Diese beiden anatomischen Systeme können nicht ausschließlich nur einer Modalität, d.h. der epikritischen **oder** propriozeptiven **oder** protopathischen Sensibilität zugeordnet werden, da in einem anatomischen System verschiedene Modalitäten repräsentiert sind. Die wichtigsten Bahnen der epikritischen Sensibilität liegen im Hinterstrang-medialen-Lemniscus-System, der propriozeptiven Sensibilität im lateralen Teil des anterolateralen Systems und der protopathischen Sensibilität im medialen Teil des anterolateralen Systems.

Die Sinnesorgane, Rezeptororgane, der somatosensiblen Systeme bestehen immer aus Nervenendigungen pseudounipolarer Neurone und umgebenden Gliazellfortsätzen sowie in vielen Fällen aus einer bindegewebigen Kapsel. Die Kapsel kann außerdem Muskelfasern oder kollagene Fasern enthalten. An den freien Nervenendigungen werden Reize in elektrische Signale, **Rezeptorpotenziale,** umgewandelt. Im Falle der Merkel-Nervenendigung (◘ Abb. 17.96) ist nicht geklärt, ob die Merkelzelle selbst oder die assoziierte Nervenendigung das Rezeptorpotenzial generieren. Die Muskel- und Sehnenspindeln haben einen besonderen anatomischen Aufbau. Schmerzrezeptoren bestehen zum großen Teil nur aus freien Nervenendigungen nichtmyelinisierter Fasern, C-Fasern.

Das Rezeptorpotenzial entsteht durch die reizinduzierte Öffnung von Ionenkanälen, durch die Na^+-Ionen in das Innere der Nervenendigungen gelangen (**Transduktion**). Das Rezeptorpotenzial breitet sich elektrotonisch aus. Sind die weiterleitenden Nervenfasern des ersten Neurons myelinisiert, löst ein überschwelliges Rezeptorpotenzial am ersten Ranvier-Schnürring ein Aktionspotenzial aus. Dieser Vorgang wird als **Transformation** bezeichnet. Das Aktionspotenzial wird vom Na^+-Ionen-Einstrom durch spannungssensitive Ionenkanäle generiert. Das Aktionspotenzial breitet sich dann durch saltatorische Erregungsleitung bis zur ersten synaptischen Umschaltung im Zentralnervensystem aus.

Die Sinnesorgane der epikritischen Sensibilität (Oberflächensensibilität) sind Mechanorezeptoren. Die Aktionspotenziale der Oberflächensensibilität werden immer über Aβ-Fasern der peripheren Nerven, deren Zellkörper in den Spinalganglien liegen, zum Rückenmark (Signale aus den Innervationsgebieten der Spinalnerven) oder aus dem Kopfbereich über den N. trigeminus und das Ganglion semilunare (Signale aus dem Innervationsgebiet des N. trigeminus) zum Rhombencephalon weitergeleitet. Vom Rückenmark und Rhombencephalon gelangen die Signale nach synaptischen Umschaltungen im Rhombencephalon und Thalamus zur Hirnrinde, wo sie als Berührung, Druck, Dehnung oder Vibration bestimmter Bereiche der Haut wahrgenommen werden.

17.9.1 Sinnesorgane

Die wichtigsten Sinnesorgane der epikritischen Sensibilität sind:
- Merkel-Nervenendigung und Merkel-Tastscheibe
- Meissner-Körperchen
- Ruffini-Körperchen
- Vater-Pacini-Körperchen,
- freie Nervenendigungen an Haarfollikeln

Die **Merkel-Nervenendigung** (◘ Abb. 17.96a) liegt im Stratum basale des mehrschichtigen Plattenepithels der unbehaarten Haut und in der Schleimhaut direkt der Basallamina auf. Die Nervenendigung ist über Desmosomen an Epithelzellen fest verankert. Der Zellkern der Merkel-Zelle ist gelappt, das Zytoplasma erscheint hell. Am basalen Zellpol enthält sie zahlreiche neurosekretorische Granula. Mit einer flachen Auftreibung nimmt das Axonende einer pseudounipolaren Ganglienzelle Kontakt mit der Merkel-Zelle auf. Der Komplex Merkel-Zelle/Axonende wird von der Basallamina einer Schwann-Zelle auf der axonalen Seite und von der Basallamina der Epidermis auf der den Keratinozyten zugewandten Seite umhüllt. Die beiden Basallaminae verschmelzen miteinander. Die scheibenförmige, aus Merkelzelle, Axonende und Basallaminae bestehende Struktur in der behaarten Haut wird als **Merkel-Tastscheibe** und eine ähnliche Struktur an Haarfollikeln als **Pinkus-Iggo-Haarscheibe** bezeichnet. Eine Aβ-Faser kontaktiert mit ihren terminalen Aufzweigungen bis zu 12 Merkel-Tastscheiben.

Die Merkel-Nervenendigung ist ein langsam adaptierender SA(**s**lowly **a**dapting)-Mechanorezeptor (◘ Tab. 17.18), der auf phasische und statische Reize reagiert und die höchste räumliche Auflösung aller Mechanorezeptoren aufweist. Er ist besonders leistungsfähig bei der Erfassung der Form und Textur eines Objekts.

Das ca. 0,07 auf 0,15 mm große, länglich-ovale **Meissner-Tastkörperchen** (◘ Abb. 17.96b) gehört morphologisch zur Gruppe der Lammellenkörperchen ohne perineurale Kapsel, d.h. perineurale Zellen umgeben das Tastkörperchen nur basal und lassen die glialen und neuronalen Strukturen seiner apikalen Hälfte unbedeckt. Es ist senkrecht zur Hautoberfläche ausgerichtet und wird von bis zu 7 myelinisierten Nervenfasern gebildet, die innerhalb des Tastkörperchens allmählich ihre Markscheidenhülle verlieren und nur noch von zytoplasmatischen Lamellen der Schwann-Zellen umhüllt werden. Die Axonterminalen bilden schraubenförmige Windungen, die Zellkerne der Schwann-Zellen liegen an der Peripherie des Tastkörperchens und erwecken so den Eindruck einer Kapsel. Das Meissner-Körperchen ist über kollagene Mikrofibrillen mit den basalen Epithelzellen der Epidermis verbunden. Es befindet sich im Stratum papillare der Leistenhaut und kommt vor allem in den Fingerkuppen in besonders hoher Dichte (bis zu 24 Tastkörperchen pro mm^2) vor. Es wird aber auch in der Haut der Zehen, an Haarfollikeln, der Mundschleimhaut und Lippe, dem Kehlkopf, Augenlid, Penis und Anus gefunden. Die Dichte der Meissner-Tastkörperchen nimmt mit dem Alter ab. Eine Aβ-Faser versorgt mit ihren Aufzweigungen bis zu 20 Meissner-Tastkörperchen.

Das Meissner-Körperchen reagiert auf Druck und gehört zu den schnell adaptierenden RA(**r**apidly **a**dapting)-Mechanorezeptoren (◘ Tab. 17.18). Es registriert die Bewegung eines Objekts auf der Haut und wirkt so an der Kontrolle der Griffkraft mit, wenn Gegenstände dem Griff nicht entgleiten sollen.

Das **Ruffini-Körperchen** (◘ Abb. 17.96c) kommt im Stratum reticulare der behaarten und unbehaarten Haut, an Haarfollikeln und im Stratum fibrosum der Gelenkkapsel vor. Es besitzt eine perineurale Kapsel. Kollagene Fasern durchziehen das Körperchen und verankern es in der Dermis. Eine myelinisierte Nervenfaser tritt in das Körperchen ein und endet dort mit nichtmyelinisierten Terminalen. Eine Aβ-Faser versorgt dabei nur ein Ruffini-Körperchen. Im Periodontium der Zähne haben die den Ruffini-Körperchen ähnlichen Strukturen keine perineurale Kapsel.

Ruffini-Körperchen sind langsam adaptierende Mechanorezeptoren (◘ Tab. 17.18) und reagieren auf Dehnung.

Das **Vater-Pacini-Körperchen** (◘ Abb. 17.96d) ist ein Lamellenkörperchen mit perineuraler Kapsel, liegt in der Tiefe der Haut und erstreckt sich bis in die Subcutis hinein. Es kann eine Größe von 0,5 bis zu einigen Millimetern erreichen und ist damit das größte Sinnesorgan der Haut. Ein myelinisiertes Axon (Aβ-Faser) tritt in ein Vater-Pacini-Körperchen ein, verliert im Bereich der terminalen Strecke oder deren Verzweigungen seine Markscheide und wird von mehreren Lagen aus Lamellen einer Schwann-Zelle, die den Innenkolben bilden, umhüllt. Der Innenkolben seinerseits wird von mehreren Lagen perineuraler Kapselzellen umgeben. Die Kapsel ist die direkte Fortsetzung der Perineuralscheide der peripheren Nerven. Vater-Pacini-Körperchen kommen auch im Peritoneum und in der Pleura, im Mesenterium und vielen inneren Organen vor sowie in Gelenkkapseln, dem Periost und den Muskelsepten. Ein Vater-Pacini-Körperchen enthält die Axonendigungen meist nur einer myelinisierten Nervenfaser und damit einen Innenkolben. Enthält es mehr als einen Innenkolben, spricht man auch von **Golgi-Mazzoni-Körperchen**. Weitere Synonyma für Lamellenkörperchen mit perineuraler Kapsel und ähnlicher Morphologie sind **Krause-Endkolben** und **Dogiel-Körperchen**.

Vater-Pacini-Körperchen sind schnell adaptierende Beschleunigungsdetektoren (◘ Tab. 17.18). Sie reagieren auf Vibration und damit auf sehr schnelle Druckveränderungen.

Die **freien Nervenendigungen an Haarfollikeln** ähneln den Meissner-Körperchen und sind die Terminale von 10–20 myelinisierten Nervenfasern, die an einem Haarfollikel enden. Die Nervenendigungen bilden einen Kranz von Terminalen unterhalb der Talgdrüse des Follikels und sind von Schwann-Zellen umgeben. Sie sind schnell adaptierende Mechanorezeptoren (◘ Tab. 17.18).

Verschiedene Sinnesorgane der epikritischen Sensibilität spielen auch bei der propriozeptiven Sensibilität (Tiefensensibilität) eine wichtige Rolle. Vater-Pacini- und Ruffini-Körperchen kommen im Stratum fibrosum der Gelenkkapsel vor. Die Ruffini-Körperchen können dort auch als eine Variante ohne perineurale Kapsel gefunden werden oder sie ähneln sehr stark den Golgi-Sehnenorganen.

17.9.2 Erstes Neuron der epikritischen Sensibilität

Erstes Neuron des epikritischen Systems

Das erste Neuron des epikritischen Systems wird von pseudounipolaren Neuronen der Spinalganglien oder des Ganglion semilunare Gasseri gebildet. Das erste Neuron besteht aus:
- einem peripheren (»dendritischen«), myelinisierten Fortsatz, der sich durch periphere Nerven bzw. durch den N. trigeminus bis zum jeweiligen Ganglion erstreckt,
- einem Zellkörper im Ganglion und
- einem zentral gerichteten (»axonalen«), myelinisierten Fortsatz, der durch die Radix dorsalis in das Rückenmark oder Rhombencephalon gelangt.

◘ **Tab. 17.18.** Sinnesorgane der Oberflächensensibilität

Sinnesorgan	Lage	Adäquater Reiz	Physiologisches Verhalten	Funktion
Merkel-Tastscheibe	Stratum basale des mehrschichtigen Plattenepithels, Haarfollikel	phasische und statische Komponente des Drucks und der Dehnung	langsam adaptierend (SA)	Form und Textur eines Objekts, Vibration (5–15 Hz)
Meissner-Tastkörperchen und freie Nervenendigungen an Haarfollikeln	Stratum papillare der Leistenhaut, Haarfollikel	phasische Komponente der Berührung und Vibration	schnell adaptierend (RA)	Hautberührung, niederfrequente Vibration (20–50 Hz)
Ruffini-Körperchen	Stratum reticulare der behaarten und unbehaarten Haut, Haarfollikel	phasische und statische Komponenten des Drucks und der Dehnung	langsam adaptierend (SA)	Druck, Scherkräfte
Vater-Pacini-Körperchen	tiefe Cutis und v.a. Subcutis	phasische Komponente der Vibration	sehr schnell adaptierend (RA)	hochfrequente Vibration (40–1000 Hz)

17

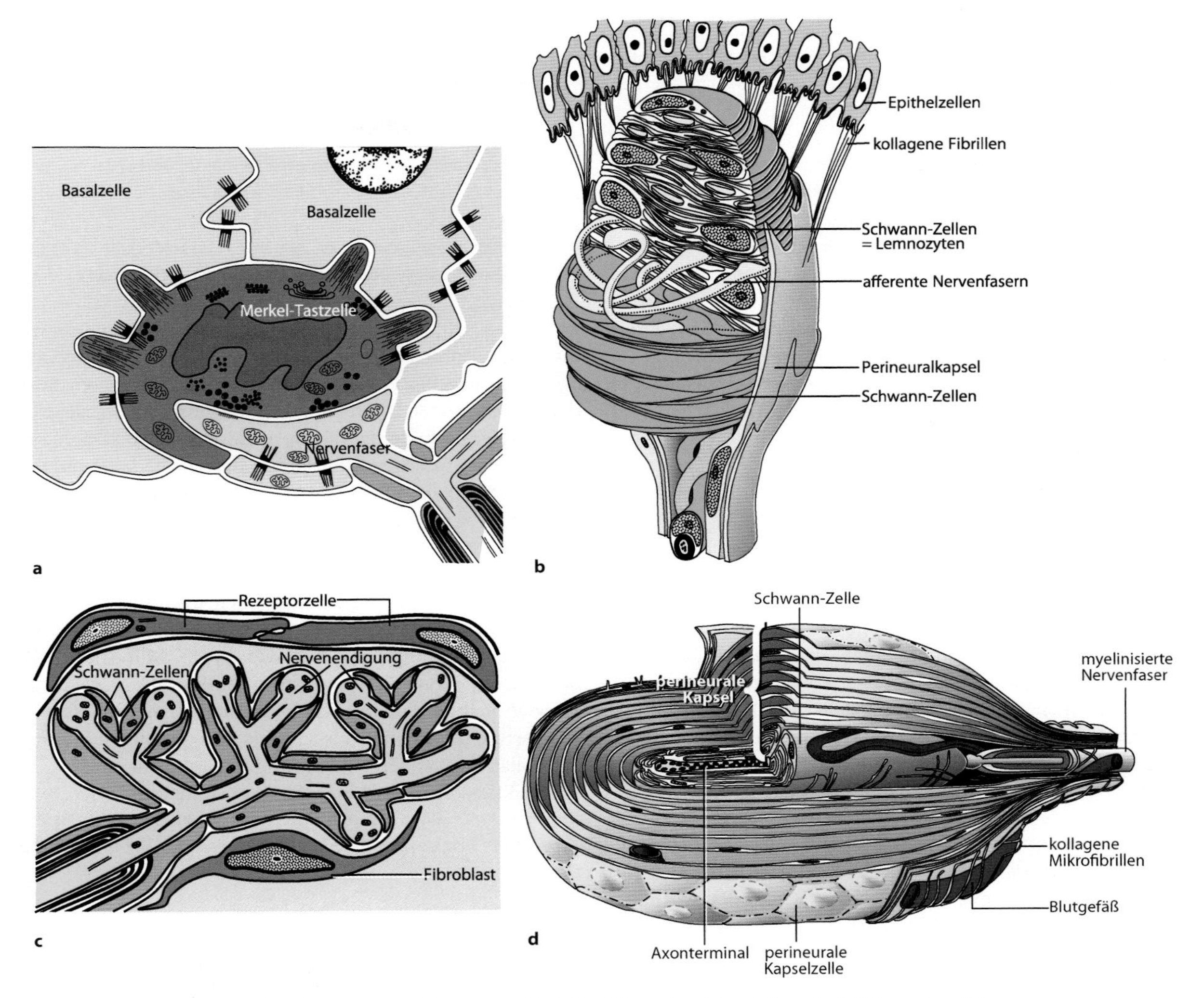

Abb. 17.96a–d. Merkel-Tastscheibe (**a**), Meissner-Tastkörperchen (**b**), Ruffini-Körperchen (**c**) und Vater-Pacini-Körperchen (**d**)

Die peripheren Fortsätze der pseudounipolaren Neurone des somatosensiblen Systems sind stark myelinisierte Aβ-Fasern mit einer Leitungsgeschwindigkeit von 60 m/s und einem mittleren Faserdurchmesser von ca. 9 µm. Die Hinterwurzeln mit den zentralen Fortsätzen der Spinalganglienzellen ziehen von dorsal und medial in das Hinterhorn. Die somatosensiblen Nervenfasern können sich teilen. Die meisten Äste steigen im **ipsilateralen Hinterstrang,** *Funiculus dorsalis,* zum Rhombencephalon auf und bilden den wichtigsten Teil des Systems der epikritischen Sensibilität (siehe Abb. 17.98). Die Fasern aus der unteren und oberen Körperhälfte bilden dabei im Hinterstrang jeweils einen Fasciculus, den *Fasciculus gracilis Goll* mit den Fasern aus der unteren und den *Fasciculus cuneatus Burdach* mit den Fasern aus der oberen Körperhälfte. Auf Höhe des Halsmarkes ist dann die gesamte Körperperipherie durch somatosensible Fasern auf einem Rückenmarkquerschnitt repräsentiert. Dabei trennt ein Septum den medial gelegenen Fasciculus gracilis von dem lateral gelegenen Fasciculus cuneatus. Von medial nach lateral findet man im Hinterstrang somit zwiebelschalenförmig aufeinander folgend die Repräsentationsgebiete der unteren Extremität, der unteren Rumpfhälfte, der oberen Rumpfhälfte, der oberen Extremität und schließlich des Halses (Abb. 17.97). Die topographisch korrekte Repräsentation der Körperperipherie im Zentralnervensystem bezeichnet man als **Somatotopie.**

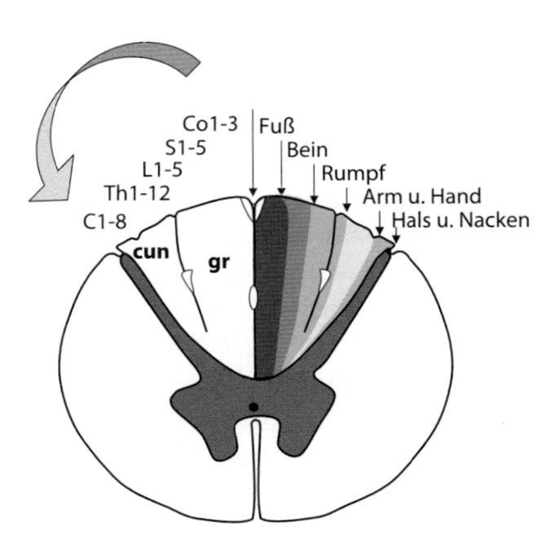

Abb. 17.97. Somatotopie im Hinterstrang des Rückenmarks. Die rechte Seite zeigt die Zuordnung zu den Körperregionen, die linke Seite die Zuordnung zu den Rückenmarksegmenten. cun = Fasciculus cuneatus; gr = Fasciculus gracilis

Neben Fasern der epikritischen Sensibilität, die den größten Teil des Hinterstrangs ausmachen, enthält er auch Fasern der Tiefensensibilität (propriozeptives System, siehe unten).

17.86 Degeneration des Hinterstrangs

Verschiedene Erkrankungen (z.B. multiple Sklerose, Tabes dorsalis als Spätfolge einer unbehandelten Lues, Rückenmarkverletzungen) können zur Degeneration des Hinterstrangs führen. Dies geht mit einem Verlust der epikritischen Sensibilität auf der ipsilateralen Körperseite einher. Vibrationsempfinden, Zwei-Punkt-Diskrimination und Erkennen von mit dem Finger auf die Haut geschriebenen Zahlen oder Buchstaben bei geschlossenen Augen sind beeinträchtigt. Außerdem treten z.B. Gangunsicherheiten wegen der Störung des Lagesinns durch Beeinträchtigung von Hinterstrangkollateralen auf, die an spinalen Interneuronen enden (Hinterstrangataxie).

Eine Kollaterale des primär afferenten Neurons zieht in die graue Substanz und endet hier am zweiten Neuron, das im *Ncl. proprius* (Laminae IV und V der grauen Substanz) liegt. Nach der Kreuzung zur Gegenseite ziehen diese somatosensiblen Fasern als Teil des kontralateralen **Tractus spinothalamicus anterior** im **Vorderseitenstrang,** *Funiculus lateralis,* hirnwärts. Die somatosensiblen Fasern übertragen Erregungen, die durch grobe Berührung und Bewegungen ausgelöst werden. Somit enthält der überwiegend der Schmerzleitung dienende Vorderseitenstrang auch einen mechanorezeptiven Anteil, der von seiner Qualität her (grobe Berührung) auch als schmerzhaft empfunden werden kann. Andere Kollateralen des primär afferenten Neurons enden an Interneuronen des Rückenmarks und sind in spinale Reflexmechanismen eingebunden, die dem Lagesinn dienen.

Die peripheren Fortsätze aller Spinalganglienzellen, die in **einem Ganglion** liegen und somit durch **eine Radix dorsalis** ins Rückenmark ziehen, innervieren einen umschriebenen Hautbezirk, den man als **Dermatom** bezeichnet. Wegen der strikten Zuordnung **einer Hinterwurzel** zu **einem Dermatom,** spricht man auch von der **radikulären** oder **segmentalen Innervation.**

17.87 Unterscheidung einer peripheren von einer zentralen Läsion

Die Feststellung einer Beeinträchtigung der sensiblen Innervation der Haut ist von großer Bedeutung für die Unterscheidung einer peripheren von einer zentralen Läsion. Grundlage ist dabei die unterschiedliche Form und Ausdehnung der Dermatome (radikuläre oder segmentale Innervation) im Vergleich zu den Innervationsgebieten peripherer Nerven. Letztere enthalten Nervenfasern, die in verschiedene Radices dorsales ziehen und damit verschiedene Segmente des Rückenmarks erreichen. Ergibt sich bei der Prüfung der Schmerz- und Berührungssensibilität der Haut ein Ausfallsmuster, das der Form und Ausdehnung von einem Dermatom oder mehreren Dermatomen entspricht, kann eine zentrale (radikuläre) Läsion durch Entzündung oder Druck (z.B. Bandscheibenvorfall, Wirbelfraktur, Tumor oder Ischämie) auf eine oder mehrere Radices dorsales oder durch Bandscheibenvorfall, Wirbelfraktur, Tumor oder Ischämie im Bereich eines oder mehrerer Rückenmarksegmente vermutet werden. Entspricht dagegen das Ausfallsmuster dem Innervationsgebiet eines peripheren Nervs, muss die Ursache (z.B. Nervendurchtrennung oder periphere Nervenentzündung) auf der Strecke der peripheren Fortsätze der pseudounipolaren Nervenzellen gesucht werden. Da benachbarte Dermatome hinsichtlich ihrer Innervation bis zu einem gewissen Grad überlappen, führt die Schädigung einer einzigen Hinterwurzel nur zu einem auf den zentralen Bereich eines Dermatoms beschränkten Ausfall der Funktion. Die Läsion eines peripheren Nervs führt dagegen zu einem das ganze Innervationsgebiet umfassenden Ausfall.

17.9.3 Zweites Neuron der epikritischen Sensibilität

Zweites Neuron des epikritischen Systems

Die zweiten Neurone für den Rumpf- und Extremitätenbereich liegen im

- Ncl. gracilis (für die untere Körperhälfte) und
- Ncl. cuneatus (für die obere Körperhälfte)

unmittelbar am Ende des IV. Ventrikels in der Medulla oblongata. Die Neurone dieser Kerngebiete bilden den Lemniscus medialis.

Das zweite Neuron des Hauptweges der epikritischen Sensibilität liegt in den **Ncll. gracilis** oder **cuneatus** im Rhombencephalon, die unmittelbar lateral und kaudal am Ende des IV. Ventrikels zu lokalisieren sind. In diesen Kernen findet eine **Konvergenz** der Erregungsleitung statt, da die Anzahl der Fasern im Hinterstrang die Anzahl der Neurone in den Kerngebieten übertrifft. Dennoch bleibt die Somatotopie des Hinterstrangs auch in den Kerngebieten des zweiten Neurons erhalten.

Neben den Afferenzen aus der Hinterstrangbahn erhalten die Ncll. gracilis und cuneatus auch Afferenzen über Kollateralen der Pyramidenbahn und der Formatio reticularis. Innerhalb der beiden Kerne werden neben den Projektionsneuronen (zweite Neurone des Systems der epikritischen Sensibilität) auch zahlreiche GABAerge Interneurone gefunden. Insgesamt sind damit die Ncll. gracilis und cuneatus nicht nur durchleitende Relaiskerne, sondern Kerngebiete, in denen die Information aus dem Rückenmark durch Interneurone und Kollateralen anderer Systeme moduliert werden.

Die Efferenzen der Hinterstrangkerne kreuzen in der *Decussatio lemniscorum (Fibrae arcuatae internae)* des Hirnstamms und bilden den auf der kontralateralen Seite aufsteigenden *Lemniscus medialis* (Abb. 17.98).

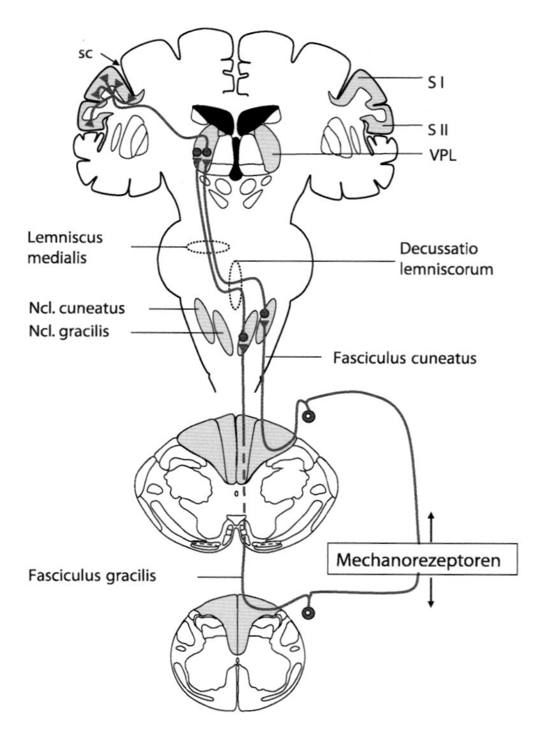

Abb. 17.98. Schematische Darstellung des Hauptweges der epikritischen Sensibilität. sc = Sulcus centralis; SI = primärer somatosensorischer Cortex; SII = sekundärer somatosensorischer Cortex; VPL = Ncl. ventralis posterolateralis thalami

17.9.4 Drittes Neuron der epikritischen Sensibilität

Drittes Neuron des epikritischen Systems

Die dritten Neurone für den Rumpf- und Extremitätenbereich liegen im Ncl. ventralis posterolateralis des Thalamus.

Die Neurone bilden eine durch die Capsula interna aufsteigende Faserbahn zur Hirnrinde.

Die Efferenzen der Ncll. gracilis und cuneatus gelangen im Lemniscus medialis zum dritten Neuron der epikritischen Sensibilität, das im Ncl. ventralis posterolateralis (VPL) des Thalamus liegt (◻ Abb. 17.98). Wie in den Hinterstrangbahnen und den Ncll. gracilis und cuneatus bleibt auch im VPL die somatotope Repräsentation erhalten. Hier ist von lateral nach medial die Sequenz Bein → Rumpf → Arm der kontralateralen Körperseite abgebildet.

Interneurone des VPL und absteigende kortikothalamische Afferenzen modulieren die Information aus dem Lemniscus medialis. Zudem erhält der VPL Fasern aus dem Tractus spinothalamicus, die der protopathischen Sensibilität dienen (► Kap. 17.11.3).

Über die Radiatio thalami laufen die glutamatergen thalamofugalen Projektionen im Crus posterius der Capsula interna zum somatosensorischen Cortex im Gyrus postcentralis und zum sekundären somatosensorischen Cortex im Operculum parietale (◻ Abb. 17.98).

17.9.5 Somatosensorischer Cortex

Somatosensorischer Cortex

Der somatosensorische Cortex besteht aus verschiedenen kortikalen Gebieten mit unterschiedlicher Architektonik und Funktion:
- primärer somatosensorischer Cortex SI (Areae 3a, 3b, 1 und 2)
- sekundärer somatosensorischer Cortex SII

In rostrokaudaler Reihenfolge finden sich die Areale des **primären somatosensorischen Cortex SI** auf dem Gyrus postcentralis, die Area 3a am Boden des Sulcus centralis, gefolgt von der Area 3b in der Hinterwand des Sulcus centralis, der Area 1 auf der Kuppe des Gyrus postcentralis und der Area 2 in der Vorderwand und am Boden des Sulcus postcentralis (◻ Abb. 17.99). Der **sekundäre somatosensorische Cortex SII** liegt auf dem *Operculum parietale*. Nur ein geringer Anteil von SII erreicht die freie kortikale Oberfläche, der größte Teil ist in der Tiefe der Fissura lateralis verborgen.

Die Rindengebiete von SI und SII zeigen mit einer deutlich ausgebildeten Lamina granularis interna (Lamina IV) den typischen Aufbau eines sensorischen Cortex (Koniocortex). SI erhält seine somatosensible Information aus der kontralateralen Körperhälfte, SII aus beiden Körperhälften.

Jedes der 4 Areale von SI enthält eine somatotopische Repräsentation der gesamten Körperoberfläche in Form eines **Homunculus** (◻ Abb. 17.100). Innerhalb der SI-Region findet man zudem eine nach Submodalitäten (Berührung, Druck, Vibration, Propriozeption) getrennte Repräsentation, die den einzelnen Arealen zugeordnet werden kann. In Area 3a sind die Muskelspindeln des propriozeptiven Systems (► Kap. 17.10.2) repräsentiert. Area 3b erhält Afferenzen von SA- und RA-Rezeptoren der Haut. In Area 1 sind vor allem RA-Rezeptoren repräsentiert, Area 2 verarbeitet Erregungen aus Druck- und Gelenkrezeptoren.

Innerhalb der primär somatosensorischen Cortexareale geht die somatotope Ordnung mit einer vertikalen (Kolumnen) und einer horizontalen (Laminae) Organisation der Hirnrinde einher. Die vertikale Differenzierung gliedert die Hirnrinde innerhalb eines Areals in streifenförmige Bereiche, die ca. 200–800 μm breit und senkrecht zur Hirnoberfläche ausgerichtet sind. Diese Funktionseinheiten werden als **kortikale Kolumnen** bezeichnet.

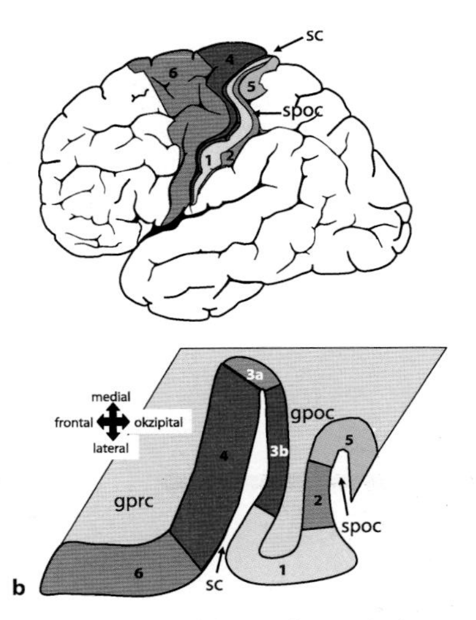

◻ **Abb. 17.99a, b.** Lage und Ausdehnung der Areale des primären somatosensorischen Cortex. **a** In der Seitenansicht. **b** In einem schrägen Horizontalschnitt durch die Zentralregion. gpoc = Gyrus praecentralis; gprc = Gyrus praecentralis; sc = Sulcus centralis; spoc = Sulcus postcentralis. Die arabischen Ziffern bezeichnen einzelne architektonische Areale des somatosensorischen Cortex (1–3b); 4 = Area 4 (primärer motorischer Cortex); 5 = Area 5 (oberer parietaler Cortex; 6 = Area 6 = prämotorischer Cortex)

Am Beispiel der Repräsentation von RA- und SA-Rezeptoren der Finger in der Area 3b ist die kolumnäre Organisation gut darstellbar (◻ Abb. 17.101).

Die kortikalen Kolumnen sind Zielgebiete verschiedener Hautrezeptoren. Die RA-Afferenzen, deren Rezeptoren kleine rezeptive Felder haben, sind breiten Kolumnen zugeordnet. Den SA-Afferenzen, deren rezeptive Felder groß sind, entsprechen schmale Kolumnen. Die jeweiligen RA- und SA-Kolumnen liegen direkt nebeneinander, so dass die Somatotopie erhalten bleibt. Die große Kolumnenbreite der RA-Afferenzen repräsentiert die höhere räumliche Auflösung der Rezeptoren in der Haut (z.B. gute Zweipunktdiskrimination). Sie ist Grundlage der taktilen Mustererkennung durch RA-Rezeptoren. Wegen ihrer großen rezeptiven Felder sind die SA-Rezeptoren dagegen nicht für eine differenzierte Mustererkennung geeignet und verfügen nur über eine schmale kortikale Kolumne.

Kolumnäre, laminäre und somatotope Aspekte des somatosensorischen Cortex sind verschiedene, sich überlagernde Ordnungsprinzipien. Die kortikalen Kolumnen des somatosensorischen Cortex sind rezeptorspezifisch, wobei kleine rezeptive Felder in der Haut durch eine breite und große rezeptive Felder durch eine kleine kortikale Kolumne repräsentiert sind.

Die horizontale Differenzierung gliedert die Hirnrinde in einzelne Schichten, Laminae, die sich senkrecht zu den Kolumnen ausbreiten. Die Lamina IV ist die Zielschicht der spezifischen thalamischen Afferenzen. Die Laminae II/III projizieren in die ipsilaterale SII-Region, den ipsilateralen primären motorischen Cortex (Area 4) und zum hinteren parietalen Cortex, der für die Steuerung von gezielten Bewegungen eine wichtige Rolle spielt. Die Lamina V entsendet Axone zu den Basalganglien, der Zona incerta, den Ncll. pontis und dem Rückenmark. Kortikothalamische Projektionen zu intralaminären Thalamuskernen und VPL haben ihren Ursprung in der Lamina VI. Die Areae 3a und 3b sind mit den Areae 1 und 2 reziprok verbunden. Aus

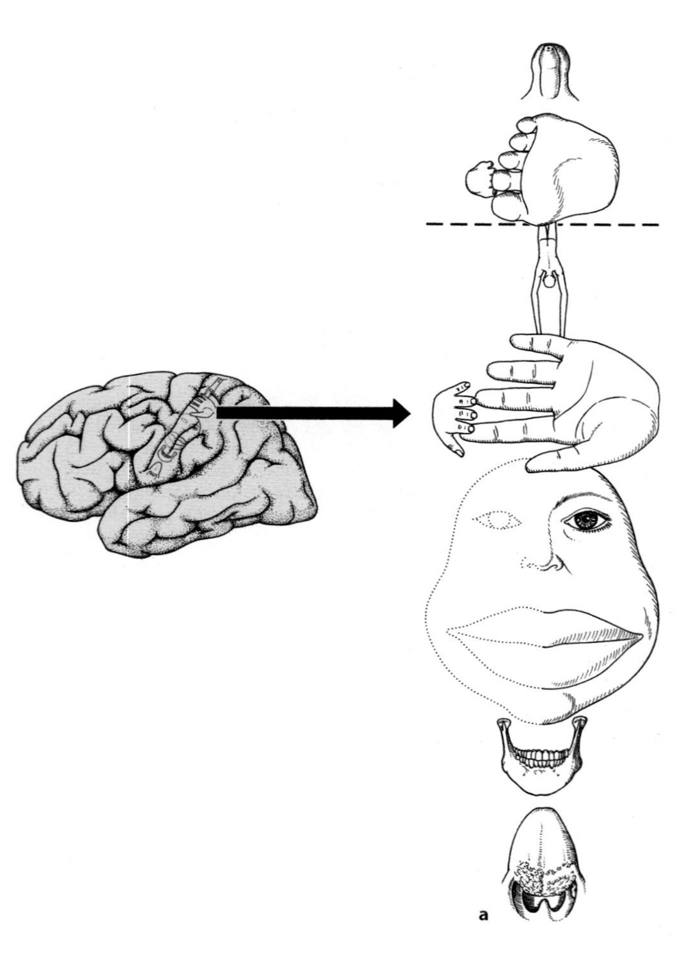

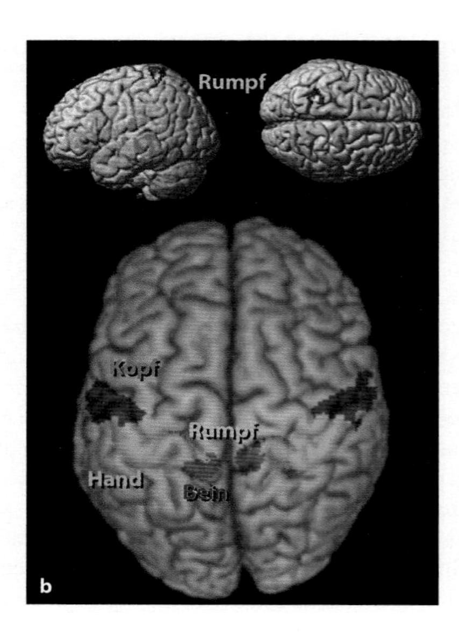

Abb. 17.100a, b. Sensorischer Homunculus. **a** Somatotope Gliederung der sensorischen Hirnrinde im Gyrus postcentralis. Der Cortex ist flächenhaft ausgebreitet dargestellt. Man beachte die disproportionale Abbildung der einzelnen Körperregionen mit einer starken Betonung von Fingern und Mund, die auch die höchsten Hautrezeptordichten aufweisen, während Körperregionen mit niedrigen Rezeptordichten nur kleine Cortexbereiche einnehmen [6]. **b** Funktionelle Magnetresonanztomographie der sensorischen Hirnrinde nach Stimulation verschiedener Körperregionen durch Berührung [16]

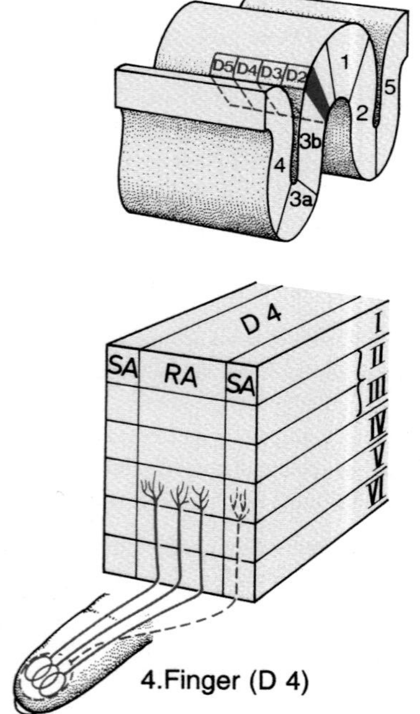

Abb. 17.101. Kortikale Repräsentation von SA-(Ruffini-) und RA-(Meissner-) Körperchen-Mechanorezeptoren der Fingerbeere in Area 3b. D2–D5 markieren die Repräsentationsfelder der Finger (D = digit) 2 bis 5. Die römischen Ziffern bezeichnen die kortikalen Schichten I–VI. SA = slowly adapting; RA = rapidly adapting [6]

den Areae 3b, 1 und 2 ziehen Efferenzen zum supplementär-motorischen Cortex, von dem aus dann eine Projektion zur Area 4 führt. Zu der bereits erwähnten Verbindung in den hinteren parietalen Cortex kommen Anbindungen an den präfrontalen Cortex über den *Fasciculus frontooccipitalis inferior* hinzu. Kommissurenbahnen über das Corpus callosum verknüpfen die somatosensorischen Areale der beiden Hemisphären miteinander.

17.9.6 Epikritische Sensibilität im Kopfbereich

Epikritische Sensibilität im Kopfbereich

Das System der epikritischen Sensibilität im Kopfbereich besteht neben den Hautsinnesorganen aus den Neuronen

- des Ganglion trigeminale, die ihre peripher gerichteten Fortsätze in alle 3 Äste des N. trigeminus senden,
- des Ncl. (sensorius) principalis n. trigemini (Ncl. pontinus n. trigemini) im Rhombencephalon,
- des Ncl. ventralis posteromedialis des Thalamus und
- der primären und sekundären somatosensorischen Hirnrindenareale.

Die verbindenden Faserbahnen sind:

- Lemniscus trigeminalis
- Tractus trigeminothalamicus dorsalis
- die durch die Capsula interna zur Hirnrinde aufsteigende thalamokortikale Faserbahn.

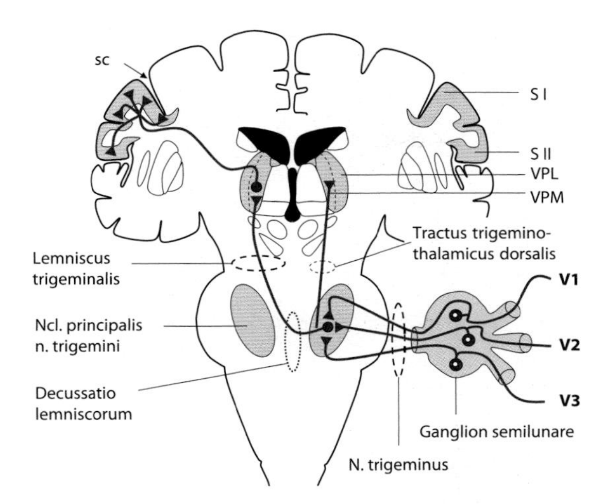

Abb. 17.102. Schematische Darstellung der epikritischen Sensibilität aus dem Innervationsgebiet des N. trigeminus. sc = Sulcus centralis; SI = primärer somatosensorischer Cortex; SII = sekundärer somatosensorischer Cortex; VPL = Ncl. ventralis posterolateralis thalami; VPM = Ncl. ventralis posteromedialis thalami; V1 = N. opthalmicus; V2 = N. maxillaris; V3 = N. mandibularis

Der N. trigeminus enthält neben Fasern anderer Modalitäten in allen 3 Ästen periphere Fortsätze der ersten Neurone der epikritischen Sensibilität aus dem Kopfbereich (► Kap. 17.5). Die Perikarya dieser afferenten Neurone finden sich im Ganglion trigeminale (semilunare) Gasseri. Dessen pseudounipolare Neurone schicken ihre zentralwärts gerichteten Axone zum *Ncl. (sensorius) principalis n. trigemini* und sind dort somatotop geordnet. (Abb. 17.102).

Der Ncl. (sensorius) principalis n. trigemini ist als zweites Neuron des somatosensiblen Systems der Kopfregion mit den Ncll. gracilis und cuneatus als zweite Neurone des somatosensiblen Systems der von Spinalnerven innervierten Körperregionen vergleichbar.

Die meisten Efferenzen aus dem Ncl. (sensorius) principalis (Abb. 17.102) kreuzen auf die kontralaterale Seite und legen sich als **Lemniscus trigeminalis** dem Lemniscus medialis von medial an. Der kleinere Teil der Efferenzen verbleibt ipsilateral und zieht im **Tractus trigeminothalamicus dorsalis** nach rostral (Abb. 17.102).

Der Lemniscus trigeminalis als Leitungsbahn der somatosensiblen Informationen aus der Gesichtsregion ist mit dem Lemniscus medialis als Leitungsbahn der somatosensiblen Informationen aus dem Spinalnerveninnervationsbereich vergleichbar.

Der **Ncl. ventralis posteromedialis (VPM)** des Thalamus ist das Zielgebiet der Fasern des Lemniscus trigeminalis und Tractus trigeminothalamicus dorsalis (Abb. 17.102). Auch hier sind die Endigungen der Afferenzen ähnlich dem VPL somatotop geordnet mit der Gesichtsrepräsentation lateral, dann folgt die Repräsentation der Lippen und ganz medial die der Schlundregion. Gemeinsam mit den Efferenzen aus dem VPL ziehen die Efferenzen aus dem VPM in der **Radiatio thalami** und dem Crus posterius der Capsula interna zum **somatosensorischen Cortex** im unteren Bereich des Gyrus postcentralis und im Operculum parietale (Abb. 17.102).

In Kürze

Das System der **epikritischen Sensibilität** dient der Perzeption mechanischer Reize auf der Haut. Die wichtigsten Sinnesorgane sind:
- Merkel-Nervenendigung
- Merkel-Tastscheibe
- Meissner-Körperchen
- Ruffini-Körperchen
- Vater-Pacini-Körperchen
- freie Nervenendigungen an Haarfollikeln

Epikritische Sensibilität für Rumpf und Extremitäten: Die **ersten Neurone** senden ihre zentralwärts gerichteten Axone über die Radix dorsalis in den Hinterstrang der weißen Substanz des Rückenmarks. Der Hinterstrang besteht aus den **Fasciculi gracilis** und **cuneatus**, ist somatotop geordnet, und zieht ipsilateral zu den zweiten Neuronen in der Medulla oblongata.

Die **zweiten Neurone** liegen in den **Ncll. gracilis** und **cuneatus**. Die Neurone dieser Kerngebiete senden ihre zentralwärts gerichteten Axone nach der Kreuzung in der **Decussatio lemniscorum** auf der kontralateralen Seite im **Lemniscus medialis** zum Thalamus.

Die **dritten Neurone** liegen im **Ncl. ventralis posterolateralis VPL** des Thalamus und senden ihre zentralwärts gerichteten Axone durch die **Capsula interna** zur Hirnrinde. Die Axone der dritten Neurone enden somatotop und modalitätsspezifisch in verschiedenen Cortexarealen der **primären (SI)** und **sekundären (SII) somatosensorischen Hirnrinde.** SI liegt auf dem **Gyrus postcentralis**, SII auf dem **Operculum parietale**. SI weist eine kolumnäre, submodalitätsspezifische (getrennte SA- und RA-Rezeptor-Repräsentation) Cortexorganisation auf.

Epikritische Sensibilität im Gesichtsbereich: Die ersten Neurone bilden den **N. trigeminus**. Ihre Zellkörper liegen im **Ganglion semilunare Gasseri** und projizieren zum **Ncl. (sensorius) principalis n. trigemini.** Von dort zieht als Hauptweg der **Lemniscus trigeminalis** nach Kreuzung zur Gegenseite zum **Ncl. ventralis posteromedialis VPM** des Thalamus. Nach Passage durch die Capsula interna gelangen die Axone dieser Thalamusneurone zur **primären (SI) und sekundären (SII) somatosensorischen Hirnrinde.**

17.10 Propriozeption und Sinnesorgane

K. Zilles

 **Einführung**

Das System der Propriozeption vermittelt Informationen über die Lage und Stellung der Körperteile im Raum, die Bewegung (Kinästhesie) in den Gelenken und die Kraftentfaltung der Muskulatur. Es besteht aus Sinnesorganen (v.a. Muskelspindeln und Golgi-Sehnenorgane) und ersten Neuronen in den Spinalganglien für den Bereich Rumpf und Extremitäten sowie im Ncl. mesencephalicus n. trigemini für die Kaumuskeln. Die Spinalganglienzellen senden ihre Axone überwiegend zum ipsilateralen Cerebellum. Ein kleinerer Anteil zieht nach Umschaltung und Kreuzung im Rückenmark zum kontralateralen Thalamus. Über Cerebellum und Thalamus erreichen propriozeptive Informationen die Areale 3a und 2 des primären somatosensorischen Cortex (SI) sowie den sekundären somatosensorischen Cortex (SII).

17.10.1 Sinnesorgane

Sinnesorgane der propriozeptiven Sensibilität

Die wichtigsten sind:
- Muskelspindeln in der Skelettmuskulatur und Muskelsepten
- Golgi-Sehnenorgane in Sehnen und Muskelsepten
- Andere langsam und schnell adaptierende Mechanorezeptoren:
  - Ruffini-Körperchen in Gelenkkapseln
  - Vater-Pacini-Körperchen in Muskelsepten, Membrana interossea cruris, Periost und periartikulärem Bindegewebe.

Die **Muskelspindel,** *Fusus neuromuscularis* (◻ Abb. 17.103), ein ca. 2–10 mm langes und 0,2 mm breites Organ, gehört zu den Dehnungsrezeptoren und ist in der quergestreiften Skelettmuskulatur parallel zu den Fasern der Arbeitsmuskulatur ausgerichtet. Die Muskelspindel misst nicht nur das Ausmaß der Dehnung, sondern auch die Geschwindigkeit der Dehnungsänderung. Im Einzelnen besteht die Muskelspindel aus
- einer **Kapsel,** die aus mehreren Schichten flacher Bindegewebezellen gebildet wird und in das Perineurium der afferenten Axone übergeht,
- **intrafusalen Muskelfasern,** die von Zellen des Endomysiums umgeben sind,
- mehreren myelinisierten **sensorischen Axonen** der pseudounipolaren, afferenten Neurone, die nach dem Eintritt in die Kapsel ihre Markscheiden verlieren und sich den intrafusalen Fasern anlegen und
- mehreren myelinisierten **motorischen Axonen** vom Aβ- und Aγ-Typ, die peripher der sensorischen Endigungen an die intrafusalen Fasern herantreten.

Die sensorischen Axone lassen sich in die **Ia-Fasern,** die in der Äquatorialzone an den intrafusalen Fasern Terminale (annulospirale Endigungen) bilden, und in die **Ib-Fasern** einteilen, die peripher der Ia-Endigungen in den sogenannten »Flower-spray«-Endigungen an intrafusale Fasern herantreten. Die motorischen Fasern können die Länge und dadurch die Vorspannung der intrafusalen Fasern verändern. Dies führt zu einer Änderung der Empfindlichkeit der Muskelspindeln auf Dehnung. Bei den **intrafusalen Muskelfasern** unterscheidet man:
- kurze und dünne, **langsam adaptierende Kernkettenfasern** (»Nuclear-chain«-Fasern), die zahlreiche Zellkerne in einer Kette hintereinander angeordnet enthalten, und
- lange und dicke, **schneller adaptierende Kernsackfasern** (»Nuclear-bag«-Fasern), deren Zellkerne in der Äquatorialregion der Muskelspindel akkumulieren.

Die **Golgi-Sehnenorgane** sind spindelförmige (ca. 1,6 mm lang, 0,1 mm breit), langsam adaptierende Mechanorezeptoren, die die Kraftentfaltung im Muskel auch bei isometrischer Kontraktion messen. Sie liegen in Serie angeordnet am Übergang von Muskel- zu Sehnenfasern und bestehen aus
- einer **perineuralen Kapsel,** die ihrerseits aus mehreren Schichten flacher Bindegewebezellen besteht und in das Perineurium der afferenten Axone übergeht,
- durch das Sehnenorgan ziehende **Sehnenfasern,**
- mehreren myelinisierten **sensorischen Axonen** (Ib-Fasern), die nach dem Eintritt in die Kapsel ihre Markscheiden verlieren und sich in der Kapsel um die Sehnenfasern schlingen, und
- Lamellen von Schwann-Zellen, die die Nervenendstrecken umgeben.

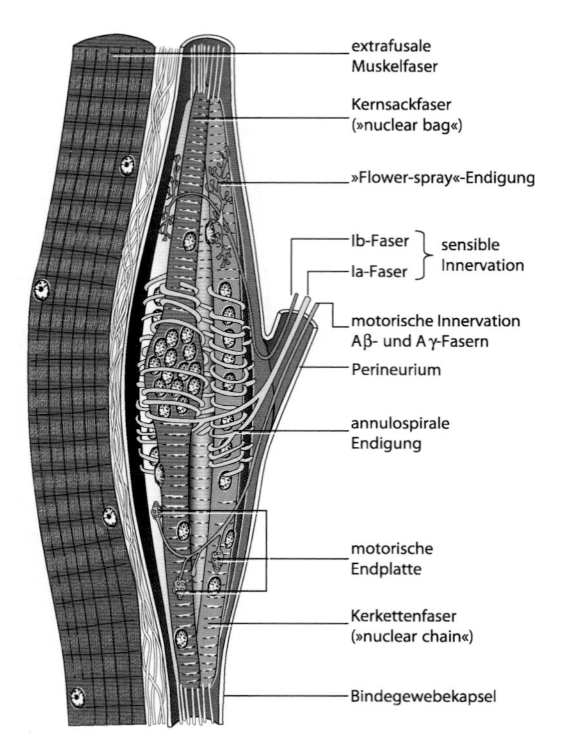

◻ **Abb. 17.103.** Muskelspindel

Die **Ruffini-Körperchen** (◻ Abb. 17.96c) im Stratum fibrosum der Gelenkkapsel sind langsam adaptierende Mechanorezeptoren. Sie reagieren auf Dehnung (Beschreibung der Struktur siehe ► Kap. 17.9).

Die **Vater-Pacini-Körperchen** (◻ Abb. 17.96d) in Gelenkkapseln, Periost und Muskelsepten sind schnell adaptierende Beschleunigungsdetektoren (Beschreibung der Struktur siehe ► Kap. 17.9).

In Kürze

Wichtige **Sinnesorgane der propriozeptiven Sensibilität** sind **Muskelspindeln** und **Golgi-Sehnenorgane.** Sie bestehen aus sensorischen Nerven- sowie Muskel- oder Sehnenfasern, einer perineuralen Kapsel und bei Muskelspindeln auch aus motorischen Nervenfasern. Ihre Aufgabe besteht in der Registrierung des Dehnungszustands der Muskulatur und seiner Veränderung sowie der Registrierung der Kraftentfaltung bei isometrischer Kontraktion und der Stellung der Glieder (Lageempfindung).

17.10.2 Erstes Neuron der propriozeptiven Sensibilität

Erstes Neuron des propriozeptiven Systems

Das erste Neuron des propriozeptiven Systems wird von pseudounipolaren Neuronen der Spinalganglien und des Ncl. mesencephalicus n. trigemini gebildet und besteht aus:
- einem peripheren (»dendritischen«), myelinisierten Fortsatz, der sich von den Sinnesorganen durch periphere Nerven, bzw. durch den N. trigeminus bis zum jeweiligen Spinalganglion, bzw. mesenzephalen Trigeminuskern erstreckt,

▼

- einem Zellkörper im Spinalganglion, bzw. Ncl. mesencephalicus n. trigemini und
- einem zentral gerichteten (»axonalen«), myelinisierten Fortsatz, der durch die Radix dorsalis ins Rückenmark gelangt, bzw. im Hirnstamm den motorischen Trigeminuskern erreicht.

Die peripheren Fortsätze der ersten propriozeptiven Neurone sind stark myelinisierte Ia- und Ib-(Aα-) sowie II-(Aβ-)Fasern mit einem Durchmesser von bis zu 20 µm (Ia-Fasern), bzw. zwischen 6–15 µm (II-Fasern). Sie erreichen eine Leitungsgeschwindigkeit von 40–120 m/s. Die Hinterwurzeln mit den zentralen Fortsätzen dieser Spinalganglienzellen ziehen von dorsal und medial in das Hinterhorn und enden

- an den **α-Motoneuronen** des Vorderhorns,
- aus der unteren Extremität und Rumpfhälfte kommend im **Ncl. proprius** (Laminae IV–V) und im **Ncl. dorsalis (thoracicus) Stilling-Clark** (Lamina VII; Pars intermedia) des Hinterhorns,
- aus der oberen Extremität und Rumpfhälfte kommend ohne synaptische Umschaltung im Rückenmark im **Ncl. cuneatus externus** des Rhombencephalon, im **Ncl. centrobasalis** (Lamina VI) und im **Ncl. cervicalis centralis** (Lamina X; Pars intermedia)
- an zweiten Neuronen im Rhombencephalon **(Ncl. olivaris accessorius, Nucll. vestibulares).**

17.88 Eigenreflexe

Zentrale Fortsätze von Spinalganglienzellen, deren Input aus Muskel- und Sehnenspindeln kommt, ziehen ins Vorderhorn und sind mit den α-Motoneuronen direkt synaptisch verschaltet. Diese Verbindung ist als afferenter Schenkel von Eigenreflexen (z.B. Patellarsehnenreflex) von großer klinischer Bedeutung.

Der **N. trigeminus** enthält neben Fasern der epikritischen und der Schmerzsensibilität sowie der Motorik in seinem dritten Ast, **N. mandibularis,** die Fortsätze der ersten propriozeptiven Neurone, die ihr Innervationsgebiet in der **Kaumuskulatur** haben. Die Signale aus den Sinnesorganen ziehen ohne synaptische Umschaltung durch das **Ganglion semilunare Gasseri** zum **Ncl. mesencephalicus n. trigemini.**

Der Ncl. mesencephalicus n. trigemini ist das einzige Kerngebiet im Zentralnervensystem, das aus pseudounipolaren Neuronen besteht.

Die pseudounipolaren Neurone des Ncl. mesencephalicus n. trigemini schicken ihre zentralwärts gerichteten Fortsätze durch den **Tractus mesencephalicus n. trigemini** zum **Ncl. motorius n. trigemini.** (► Kap. 17.5), der wiederum die Kaumuskulatur motorisch innerviert. Afferenter und efferenter Schenkel dieses Bahnsystems sind die Grundlage des **Masseter-Reflexes**.

Die **äußeren Augenmuskeln** senden aus ihren Muskelspindeln und Golgi-Sehnenorganen propriozeptive Signale durch die Augenmuskelnerven entweder direkt zu den Augenmuskelkernen und/oder über Anastomosen in den N. ophthalmicus des N. trigeminus. Es ist nicht klar, wo die ersten propriozeptiven Neurone dieser Afferenzen liegen.

17.10.3 Zweites Neuron der propriozeptiven Sensibilität

Zweites Neuron des propriozeptiven Systems

Die **Zellkörper** der zweiten Neurone der propriozeptiven Sensibilität liegen im:

- Ncl. proprius (für die untere Körperhälfte)
- Ncl. dorsalis (thoracicus) (für die untere Körperhälfte)
- Zona intermedia (für die untere Körperhälfte)
- Ncl. centrobasalis (für die obere Körperhälfte)
- Ncl. cervicalis centralis (für den Nackenbereich)
- Ncl. cuneatus externus (für die obere Körperhälfte)
- Ncl. olivaris accessorius
- Ncll. vestibulares

Die **efferenten Bahnen** der zweiten Neurone liegen im:

- kontralateralen Tractus spinothalamicus anterior (ventralis) (aus dem Ncl. proprius)
- ipsilateralen Tractus spinocerebellaris posterior (dorsalis) (aus dem Ncl. dorsalis)
- ipsi- und kontralateralen Tractus spinocerebellaris anterior (aus Zona intermedia)
- ipsilateralen Tractus spinocerebellaris superior (rostralis) (aus dem Ncl. centrobasalis)
- ipsilateralen Tractus cuneocerebellaris (aus dem Ncl. cuneatus externus)
- ipsilateralen Tractus spinocerebellaris centralis (aus dem Ncl. cervicalis centralis)
- kontralateralen Tractus olivocerebellaris (aus dem Ncl. olivaris accessorius)
- kontralateralen Tractus vestibulocerebellaris (aus Ncll. vestibulares)

Repräsentation der unteren Extremitäten und unteren Rumpfhälfte

Kerngebiete im lateralen und medialen Teil des Hinterhorns sind erste Umschaltstationen für die propriozeptive Afferenzen aus der unteren Rumpfhälfte und der unteren Extremität.

Vom **Ncl. proprius (Laminae IV–V)** kreuzen die efferenten Fasern zur Gegenseite und ziehen als Teil des kontralateralen **Tractus spinothalamicus anterior** im **Vorderseitenstrang,** *Funiculus anterolateralis,* zum Thalamus. Die Fasern übertragen Erregungen, die durch grobe Berührung und Bewegungen ausgelöst werden. Somit enthält der überwiegend der Schmerzleitung dienende Vorderseitenstrang auch einen propriozeptiven Anteil (Abb. 17.104 und 17.105).

Das Vorkommen des **Ncl. dorsalis (thoracicus)** ist auf die Segmente Th1-L4 des Rückenmarks beschränkt. Er erhält aber seinen Muskel- und Sehnenspindel-Input aus der unteren Extremität und der unteren Rumpfhälfte. Deshalb steigen die zentralen Fortsätze aus der unteren Körperhälfte zunächst im Hinterstrang durch zahlreiche Segmente aufwärts, bevor sie mit ihren Terminalen den ipsilateralen Ncl. dorsalis erreichen.Seine Neurone senden Axone über den ipsilateralen **Tractus spinocerebellaris posterior Flechsig** zum Cerebellum. Über den **Pedunculus cerebellaris inferior** erreichen die Axone das Stratum granulosum des Cortex cerebelli und Kleinhirnkerne. Kollateralen des Tractus spinocerebellaris posterior ziehen auch zum **Ncl. Z,** einem Kerngebiet, das rostral vor dem Ncl. gracilis liegt (Abb. 17.104 und 17.105).

Eine weitere Bahn beginnt mit den zweiten Neuronen im **lateralen Teil des Hinterhorns** und in der **Zona intermedia.** Die Axone

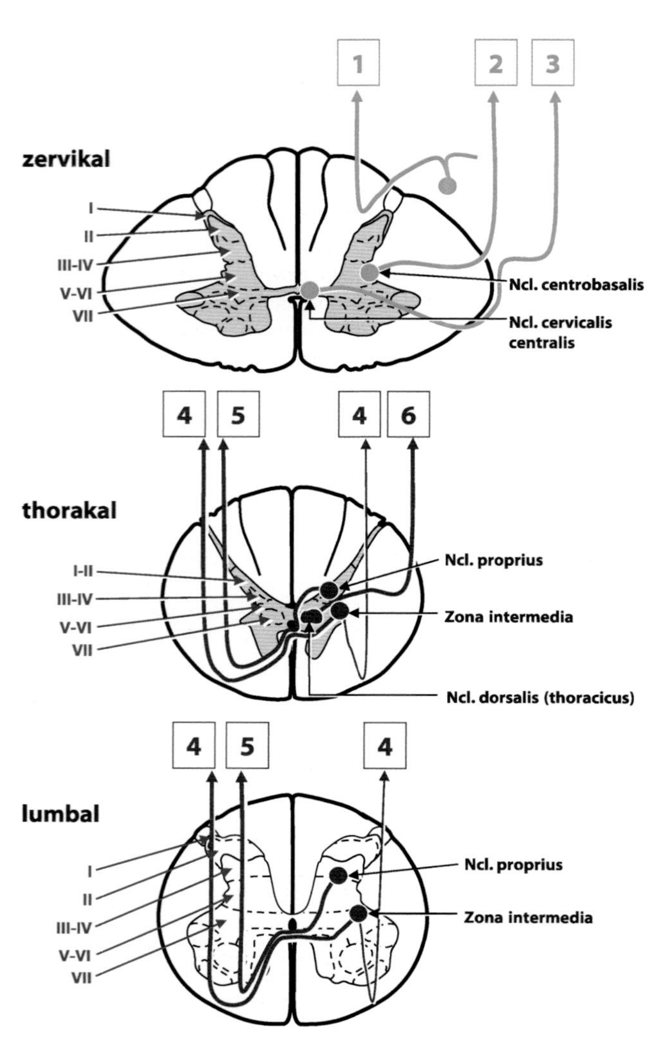

1 Fasciculus cuneatus
2 Tractus spinocerebellaris superior
3 Tractus spinocerebellaris centralis
4 Tractus spinocerebellaris anterior
5 Tractus spinothalamicus anterior
6 Tractus spinocerebellaris posterior

Abb. 17.104. Rückenmarksquerschnitt mit propriozeptiven Bahnen

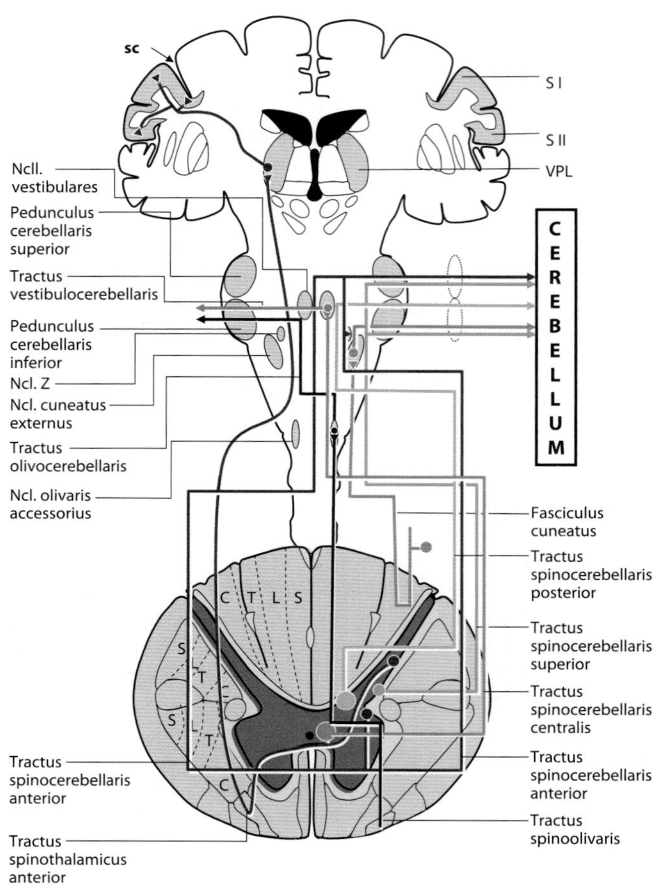

Abb. 17.105. Schematische Darstellung des propriozeptiven Systems für Rumpf und Extremitäten im Gehirn

dieser Neurone gelangen in den **Tractus spinocerebellaris anterior Gowers,** kreuzen meist sofort im Rückenmark zur Gegenseite und erreichen über den **Pedunculus cerebellaris superior** das Kleinhirn. Hier kreuzen die kontralateralen Fasern wieder zurück und enden zusammen mit den ipsilateralen Fasern in der Kleinhirnrinde und an Kleinhirnkernen (Abb. 17.104 und 17.105).

Repräsentation der oberen Extremitäten und oberen Rumpfhälfte

Die Ncll. cuneatus externus, centrobasalis und cervicalis centralis enthalten Perikarya der zweiten Neurone für propriozeptive Afferenzen aus der oberen Rumpfhälfte und oberen Extremität.

Zentrale Fortsätze der ersten Neurone ziehen ohne Umschaltung im Fasciculus cuneatus zum **Ncl. cuneatus externus (lateralis) Monakow,** um von dort nach synaptischer Umschaltung als **Tractus cuneocerebellaris** über die **Fibrae arcuatae externae dorsales** und den **Pedunculus cerebellaris inferior** in das Cerebellum zu gelangen (Abb. 17.104 und 17.105).

Eine weitere Bahn für propriozeptive Afferenzen beginnt mit dem zweiten Neuron **(Ncl. centrobasalis)** in Höhe der Intumescentia cervicalis und zieht auf der ipsilateralen Seite als **Tractus spinocerebellaris superior (rostralis)** teils über den **Pedunculus cerebellaris superior,** teils aber auch über den **Pedunculus cerebellaris inferior** zum Cerebellum (Abb. 17.104 und 17.105).

Unklar ist, ob auch beim Menschen speziell für propriozeptive Afferenzen aus der Nackenmuskulatur und den Gelenkkapseln der Wirbelgelenke ein **Tractus spinocerebellaris centralis** ausgebildet ist. Er hat sein zweites Neuron im **Ncl. cervicalis centralis,** der nahe dem Zentralkanal in den oberen Zervikalsegmenten (C1–4) des Rückenmarks zu finden ist. Diese Neurone projizieren zu den **Vestibulariskernen** und über den **Pedunculus cerebellaris superior** zum Vermis der kontralateralen Kleinhirnseite. Durch reziproke Verbindungen stehen die Neurone des Ncl. cervicalis centralis auch unter der Einwirkung der Vestibulariskerne, die über den absteigenden Teil des Fasciculus longitudinalis medialis Signale zum Ncl. cervicalis centralis senden (Abb. 17.104 und 17.105).

Neben diesen direkten Bahnen zum Kleinhirn gibt es den **Tractus spinoolivaris,** der von den Axonen der zweiten Neuronen in den tiefen Laminae der grauen Substanz des Rückenmarks gebildet wird und zum ipsilateralen **Ncl. olivaris accessorius** propriozeptive Informationen schickt. Nach synaptischer Umschaltung in diesem Kerngebiet kreuzen die Efferenzen der dritten Neurone zur Gegenseite und gelangen durch den **Pedunculus cerebellaris inferior** zum Cerebellum (Abb. 17.105).

17.10.4 Drittes Neuron der propriozeptiven Sensibilität

Drittes Neuron des propriozeptiven Systems

Die dritten Neurone der propriozeptiven Sensibilität liegen
- ipsilateral (überwiegend) und kontralateral (gering) in Kleinhirnrinde und Kleinhirnkernen,
- im ipsilateralen Ncl. Z, und
- im kontralateralen Thalamus (Ncl. ventralis posterolateralis VPL).

Die afferenten Bahnen zu den dritten Neuronen verlaufen
- im Pedunculus cerebellaris superior
  - aus dem ipsilateralen Ncl. centrobasalis via Tractus spinocerebellaris superior,
  - aus der Pars intermedia via ipsi- und kontralateralem Tractus spinocerebellaris anterior,
- im Pedunculus cerebellaris inferior aus dem
  - ipsilateralen Ncl. centrobasalis via Tractus spinocerebellaris superior,
  - ipsilateralen Ncl. dorsalis via Tractus spinocerebellaris posterior,
  - ipsilateralen Ncl.cuneatus externus via Tractus cuneocerebellaris,
  - kontralateralen Ncl. olivaris accessorius via Tractus olivocerebellaris,
  - kontralateralen Ncl. cervicalis centralis via Tractus spinocerebellaris centralis und Ncll. vestibulares,
- im ipsilateralen Tractus spinocerebellaris anterior aus der Zona intermedia zum Ncl. Z,
- im Tractus spinothalamicus anterior aus dem kontralateralen Nucl. proprius zum Thalamus.

In den Pedunculi cerebellares superior und inferior gelangen Axone der dritten Neurone des propriozeptiven Systems meist als **Moosfasern** zu den Körnerzellen der Kleinhirnrinde und über Kollateralen zu Kleinhirnkernen. Die Terminationsgebiete der propriozeptiven Kleinhirnafferenzen sind somatotop geordnet.

Der **Tractus spinocerebellaris anterior** und ein Teil des **Tractus spinocerebellaris superior** ziehen dabei durch den **Pedunculus cerebellaris superior** zum **Vermis cerebelli** (von der Lingula bis zum Culmen des Vermis) und der **Pars intermedia** des **Lobus cerebelli anterior** sowie über Kollateralen zu den **Nucll. globosus** und **emboliformis.**

Der **Tractus spinocerebellaris posterior** und ein Teil des **Tractus cerebellaris superior** sowie der **Tractus cuneocerebellaris** ziehen durch den **Pedunculus cerebellaris inferior** zur **Pyramide** des **Vermis** und zur **Zona intermedia** des **Lobus cerebelli posterior** sowie über Kollateralen zu den **Nucll. globosus** und **emboliformis**.

Der **Tractus vestibulocerebellaris** gelangt mit der Fortsetzung seiner spinovestibulären Afferenzen durch den **Pedunculus cerebellaris inferior** zum **Lobus flocculonodularis** und zur **Uvula vermis** und über Kollateralen zum **Ncl. fastigii** des Kleinhirns. Die Axone des **Tractus olivocerebellaris** sind die einzigen propriozeptiven Afferenzen, die als **Kletterfasern** direkt an den Dendriten der **Purkinje-Zellen** enden und auf ihrem Weg Kollateralen zum **Ncl. dentatus** abgeben. Aus dem ipsilateralen Ncl. mesencephalicus n. trigemini sollen propriozeptive Fasern die Kleinhirnrinde im Vermis und rostralen Teil des Lobus cerebelli posterior erreichen.

Die Efferenzen der dritten propriozeptiven Neurone im Ncl. ventralis posterolateralis VPL gelangen durch die Capsula interna zur primären (SI) und sekundären (SII) somatosensorischen Hirnrinde (◘ Abb. 17.105). Vom Ncl. Z erreichen Efferenzen den VPL des Thalamus.

17.10.5 Somatosensorischer Cortex und propriozeptives System

Somatosensorischer Cortex

Der somatosensorische Cortex weist 3 Areale auf, in denen propriozeptive Informationen aus subkortikalen Gebieten ankommen:
- primärer somatosensorischer Cortex SI
  - Area 3a
  - Area 2
- sekundärer somatosensorischer Cortex SII

Über die **Radiatio thalami** laufen die glutamatergen propriozeptiven Projektionen aus dem VPL im Crus posterius der Capsula interna zum **primären somatosensorischen Cortex (SI)** im Gyrus postcentralis (Areae 3a und 2) und zum **sekundären somatosensorischen Cortex (SII)** im Operculum parietale (◘ Abb. 17.105). Im somatosensorischen Cortex liegt auch für die propriozeptive Repräsentation eine Somatotopie der kontralateralen Körperseite mit der Sequenz (von medial nach lateral) Bein → Rumpf → Arm → Kopf vor.

In Kürze

Die **ersten Neurone** der propriozeptiven Sensibilität aus den **Muskelspindeln und Golgi-Sehnenorganen** des **Rumpfs** und der **Extremitäten** sind pseudounipolare Nervenzellen der **Spinalganglien.** Wichtige Ziele der zentralwärts gerichteten Fortsätze sind die α-Motoneurone des Vorderhorns und Strangzellen (zweite Neurone) in der grauen Substanz des Rückenmarks. Das erste Neuron der propriozeptiven Sensibilität der **Kaumuskulatur** liegt im **Ncl. mesensephalicus n. trigemini.** Seine pseudounipolaren Neurone schicken Efferenzen zum Ncl. motorius n. trigemini.

Die **zweiten Neurone** liegen für die untere Körperhälfte in den Ncll. proprius und dorsalis (thoracicus) sowie der Zona intermedia der grauen Substanz des Rückenmarks, für die obere Körperhälfte in den Ncll. centrobasalis und cervicalis centralis sowie in den Ncll. cuneatus externus, olivaris accessorius und vestibulares des Rhombencephalon. Die spinalen Strangzellen senden ihre Efferenzen **ipsilateral** in den **spinozerebellären Faserbahnen** des **Vorderseitenstrangs (Anterolaterales System)** und im **Hinterstrang** (nach Umschaltung im Ncl. cuneatus externus) zum **Cerebellum.** Ein kleinerer Anteil gelangt nach Umschaltung im Ncl. proprius und Kreuzung im Rückenmark im **Tractus spinothalamicus anterior** zum **kontralateralen Thalamus.**

Die **dritten Neurone** des Systems der propriozeptiven Sensibilität für Rumpf und Extremitäten liegen in der **Kleinhirnrinde** und den **Kleinhirnkernen** und werden meist ipsilateral über die **Pedunculi cerebellares superior** und **inferior** erreicht. Ein weiteres Kerngebiet mit dritten Neuronen des propriozeptiven Systems liegt im **Ncl. ventralis posterolateralis** des Thalamus.

Die propriozeptive Sensibilität ist letztlich in somatotoper Organisation im kontralateralen **primären (SI)** und **sekundären (SII) somatosensorischen Cortex** repräsentiert.

17.11 Schmerzsystem mit Nozizeptoren

A. Wree

17.11.1 Schmerzcharakterisierung

Die Schmerzwahrnehmung ist eine für das Überleben des Gesamtorganismus essenzielle Funktion im Sinne eines vitalen Schutzreflexes. Schmerzen können ausgelöst werden, wenn Reizungen zu einer Schädigung des Gewebes führen oder führen könnten. Als auslösende Reize wirken mechanische, thermische und chemische Noxen. Die verschiedenen schmerzauslösenden Modalitäten werden durch Nozizeptoren rezipiert (◻ Abb. 17.106), die aufgrund ihrer Sensorspezifität als mechanisch, thermisch oder mechanothermisch (polymodal) klassifiziert werden.

17.11.2 Schmerzmodalitäten

Aufgrund seines Entstehungsortes kann Schmerz als somatisch oder viszeral klassifiziert werden. Somatische Schmerzen haben ihren Ursprung in der Haut (Oberflächenschmerz) oder in Muskeln, Knochen, Gelenken, Sehnen und anderem Bindegewebe (Tiefenschmerz). Der **Oberflächenschmerz,** z.B. nach einem Nadelstich, wiederum gliedert sich in einen 1. Schmerz, der einen »hellen« scharfen Charakter mit guter Lokalisation und einem schnellen Abklingen nach Reizentfernung aufweist, und in einen folgenden 2. Schmerz, der einen »dumpfen«, brennenden oder bohrenden Charakter mit schlechter Lokalisation und einem langsamen Abklingen nach Reizentfernung hat. Der **Tiefenschmerz** ist wie der 2. Schmerz dumpf, schlecht lokalisiert und neigt zur Ausstrahlung in die Umgebung. Vor allem der 2. Schmerz und der Tiefenschmerz haben in der klinischen Medizin eine große Bedeutung, da sie zu einer lang anhaltenden und quälenden Wahrnehmung führen, die mit einem unangenehmen Gefühlserlebnis verbunden ist. **Viszerale Schmerzen** (Eingeweideschmerzen) entstehen in Hohlorganen durch übermäßig starke oder schnelle Dehnung, starke Kontraktion glatter Muskulatur, unterkritische Durchblutung oder Entzündung (z.B. Gallengangskolik, Harnleiterkolik, Hernieneinklemmung, Ulkus, Appendizitis).

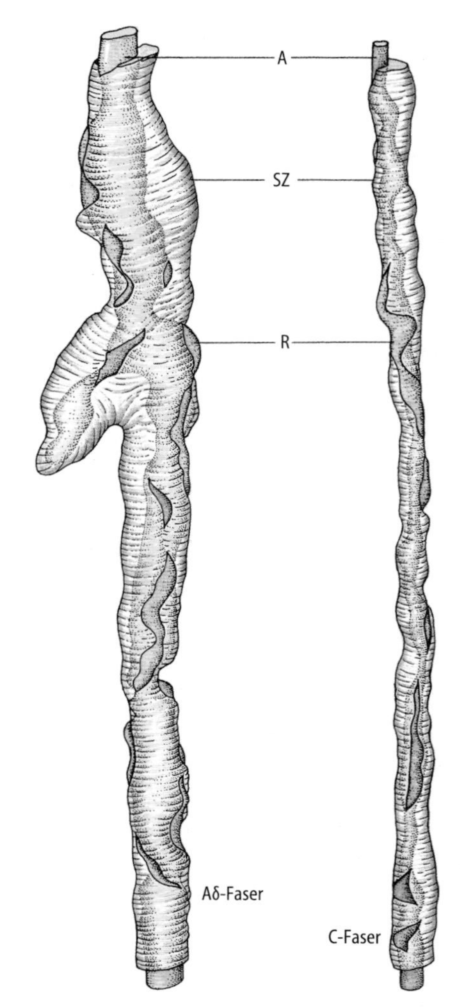

◻ **Abb. 17.106.** Sensorische Endstrecken von nozizeptiven Aδ- und C-Fasern bestehen jeweils aus dem Ende eines dendritischen Axons (A), das nur teilweise von Schwann-Zellen (SZ) umhüllt wird. Die Fasern besitzen spindelförmige Auftreibungen, die mit Einschnürungen abwechseln. Die aufgetriebenen Abschnitte, die nicht von Schwann-Zellen bedeckt sind, gelten als rezeptive Bereiche (R, kräftig gelb gefärbt) (modifiziert nach Heppelmann et al.)

17.11.3 Schmerzempfindung

Ein subjektives Schmerzerlebnis ist meist mit einer neurophysiologisch nachweisbaren Aktivierung des Schmerzsystems verbunden. Schmerzen können auch empfunden und geschildert werden, ohne dass eine Gewebeschädigung vorliegt oder Nozizeptoren gereizt wurden. Eine Schmerzempfindung ohne objektivierbare körperliche Ursache wird als psychogener Schmerz bezeichnet.

17.11.4 Schmerzauslösung

Neben starken **mechanischen Reizen** führen **elektrische, thermische** (Hitze über 45 °C, Kälte unter 15°C) und **chemische Reize** (Azetylcholin, Bradykinin, Histamin, Prostaglandine, Serotonin, Adenosin, Leukotriene, Lactat, H^+-Ionen, K^+-Ionen) zu einer Nozizeption. Sowohl mechanische, thermische als auch chemische Reize werden überwiegend von identischen polymodalen Nozizeptoren aufgenommen. Die Erregungsschwelle der Nozizeptoren ist so hoch, dass sie unter Normalbedingungen erst durch gewebeschädigende oder gewebebedrohende Noxen aktiviert werden. Die Noxe muss nicht primär zu einer direkten Erregung des Nozizeptors führen, sondern löst oft erst eine Kaskade von Zell- und Gewebereaktionen aus, an deren Ende die Freisetzung des eigentlichen den Nozizeptor erregenden Mediators steht (◻ Abb. 17.106).

17.11.5 Sinnesorgane (Nozizeptoren)

Histologisch handelt es sich bei den Nozizeptoren um **nichtkorpuskuläre dendritische Nervenendigungen.** Diese freien Nervenendigungen kommen in allen Abschnitten und Organen des Körpers vor, vor allem in der Adventitia kleiner Blut- und Lymphgefäße, in inneren und äußeren Epithelien, in Bindegeweberäumen, Organkapseln, Gelenkkapseln, im Periost. Die Dichte der Nozizeptoren ist mit der Schmerzempfindlichkeit korreliert. Sehr schmerzempfindliche Körperabschnitte wie Haut, Cornea, Trommelfell, parietales Peritoneum und Zahnpulpa verfügen über entsprechend zahlreiche Schmerzrezeptoren. Die afferenten dendritischen Fortsätze der kleinen, in

Spinalganglien bzw. im *Ganglion trigeminale* liegenden pseudounipolaren Nervenzellen (in der Physiologie oft als afferente Axone bezeichnet) sind marklos (Gruppe-IV-Fasern oder C-Fasern) oder dünn markhaltig (Gruppe-III-Fasern oder Aδ-Fasern). Die in ihrer Zahl überwiegenden C-Fasern, die oft komplex verzweigte sensorische Endbäumchen bilden, haben einen mittleren Durchmesser von ca. 1 µm, zahlreiche variköse Auftreibungen und einen unvollständigen Belag von Schwann-Zellen. Im Bereich der varikösen Auftreibungen, der eigentlichen »sensorischen Endstrecke«, wechseln spindelförmige Auftreibungen und die sie trennenden Einschnürungen. Den Auftreibungen fehlt teilweise die Bedeckung durch Schwann-Zellen, und es werden hier Vesikel, zahlreiche Mitochondrien und Glykogengranula beschrieben. Der Inhalt der Vesikel (Substanz P, Calcitonin-gene-related Peptide) dient jedoch nicht der afferenten Leitung, sondern vermittelt nach Freisetzung eine neurogene lokale Entzündungsreaktion auf noxische Reize. Nozizeptive Aδ-Fasern haben einen mittleren Durchmesser von ca. 1–3 µm, die übrigen Baumerkmale ihrer sensorischen Endstrecke entsprechen denen der C-Fasern. Es wird davon ausgegangen, dass beim Oberflächenschmerz der 1. Schmerz über die schneller leitenden Aδ-Fasern (mittlere Leitungsgeschwindigkeit ca. 15–20 m/s), der 2. Schmerz über langsam leitende C-Fasern (mittlere Leitungsgeschwindigkeit ca. 1 m/s) vermittelt wird. C-Fasern leiten auch den viszeralen Schmerz.

17.11.6 Nozizeption in Hals, Rumpf und Extremitäten

Die Schmerzempfindung wird in einer Kette hintereinander geschalteter Neurone von der Peripherie bis in den Cortex geleitet (◘ Abb.17.107).

1. Neuron

Die Schmerzsensoren tragenden dendritischen Fortsätze gehören zu kleinen pseudounipolaren Perikarya, die in Spinalganglien und im Ganglion trigeminale lokalisiert sind. In routinegefärbten Präparaten erscheinen die kleinen Perikarya meist dunkel, als Besonderheit weisen sie einen hohen Gehalt an Azetylcholinesterase und fluoridresistenter alkalischer Phosphatase (FRAP) auf. Der zentrale Fortsatz erreicht über den lateralen Teil der *Radix posterior* das Rückenmark und gelangt lateral des Hinterhorns *(Cornu posterius medullae spinalis)* in den Lissauer-Trakt, *Tractus posterolateralis*. Innerhalb des Lissauer-Traktes teilen sich die Afferenzen T-förmig, um sowohl im Eintrittssegment als auch in den kranial und kaudal angrenzenden 2–3 Segmenten zu enden. Boutons afferenter nozizeptiver Neurone finden sich in den *Laminae spinales I–III* des Hinterhorns. Besonders hoch ist die Dichte der C-Faserendigungen in Lamina II, *Substantia gelatinosa Rolandi*, die mit einem FRAP-Nachweis sichtbar gemacht wird. In den Laminae I–III bilden die 1. Neurone Synapsen mit Dendriten der 2. Neurone der Schmerzbahn, d.h. mit Strangzellen und/oder Interneuronen. An den axonalen Boutons werden neben dem Transmitter Glutamat zahlreiche Neuropeptide freigesetzt. Substanz P ist regelmäßig zu finden, weitere Neuropeptide werden in Abhängigkeit des schmerzauslösenden Reizes zusätzlich ausgeschüttet (mechanischer Reiz: Calcitonin-gene-related peptide = CGRP, Neurokinin A; thermischer Reiz: CGRP, Neurokinin A, Somatostatin, vasoaktives intestinales Polypeptid = VIP). In den Laminae I–II finden sich die für die hier freigesetzten Transmitter entsprechenden Rezeptoren in hoher Dichte. Neben glutamatergen Rezeptoren sind Tachikininrezeptoren (für Substanz P, Neurokinine) und Opiatrezeptoren charakteristisch.

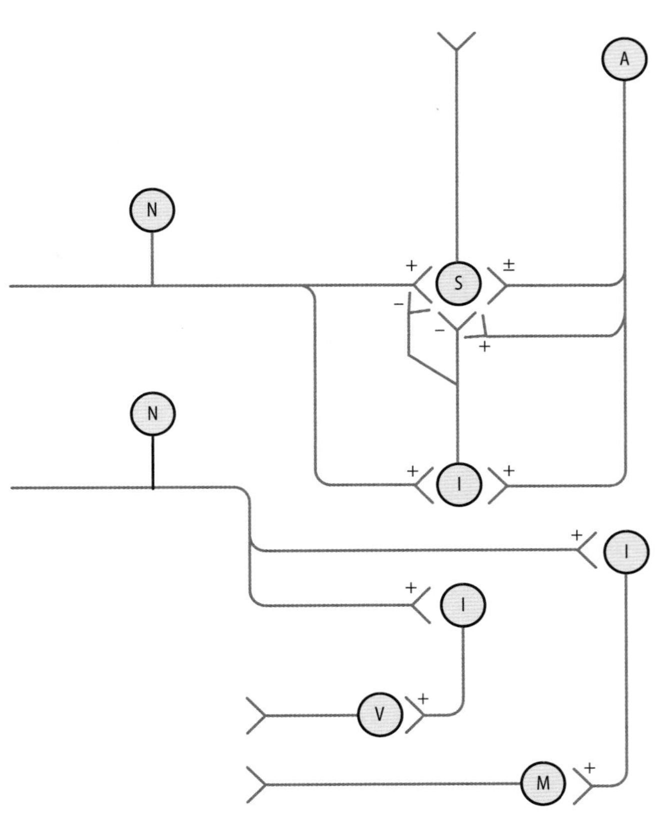

◘ **Abb. 17.107.** Schematische Darstellung der Verschaltung primär afferenter nozizeptiver Fasern (N) mit Strangzelle (S), Interneuron (I), vegetativer Wurzelzelle (V) und motorischer Wurzelzelle (M); modulierendes absteigendes Fasersystem (A); Exzitation (+) und Inhibition (-) an den Synapsen sind eingetragen; ± zeigt an, dass unterschiedliche Strangzellen entsprechend ihres Rezeptorbesatzes von absteigenden Fasersystemen exzitiert oder inhibiert werden können

Die Perikarya des 1. Neurons der Nozizeption liegen in Spinalganglien oder im Ganglion trigeminale, an den sensiblen Endstrecken ihrer peripheren Fortsätze (Aδ- und C-Fasern) werden Schmerzreize aufgenommen, ihre zentralen Fortsätze erreichen über die Radix posterior das Hinterhorn des Rückenmarks oder den spinalen Trigeminuskern und enden an Strangzellen oder Interneuronen.

2. Neuron

Die 2. Neurone der Schmerzbahn sind entweder Strangzellen, deren Axone das Rückenmark in Richtung Rhombencephalon, Mesencephalon oder Diencephalon verlassen, oder Interneurone, deren Axone im Rückenmark verbleiben (◘ Abb. 17.108). Die laminäre Lokalisation dieser Perikarya im Rückenmark entspricht meist nicht der Terminationszone der Axone der 1. Neurone, da sowohl Strangzellen als auch Interneurone über große dendritische Felder verfügen, die sich über zahlreiche Laminae spinales erstrecken. Obwohl die Perikarya der Strangzellen praktisch in allen Laminae vorkommen, sind sie in Laminae III, IV und V, die den *Nucleus proprius* enthalten, und in Lamina I gehäuft. Die Axone der Strangzellen bilden schwach bemarkte aufsteigende Bahnen des anterolateralen Systems *(Tractus anterolateralis)*. Es können unterschieden werden:

- *Tractus neospinothalamicus* zur Fortleitung des 1. Schmerzes und
- *Tractus palaeospinothalamicus* zur Fortleitung des 2. Schmerzes.

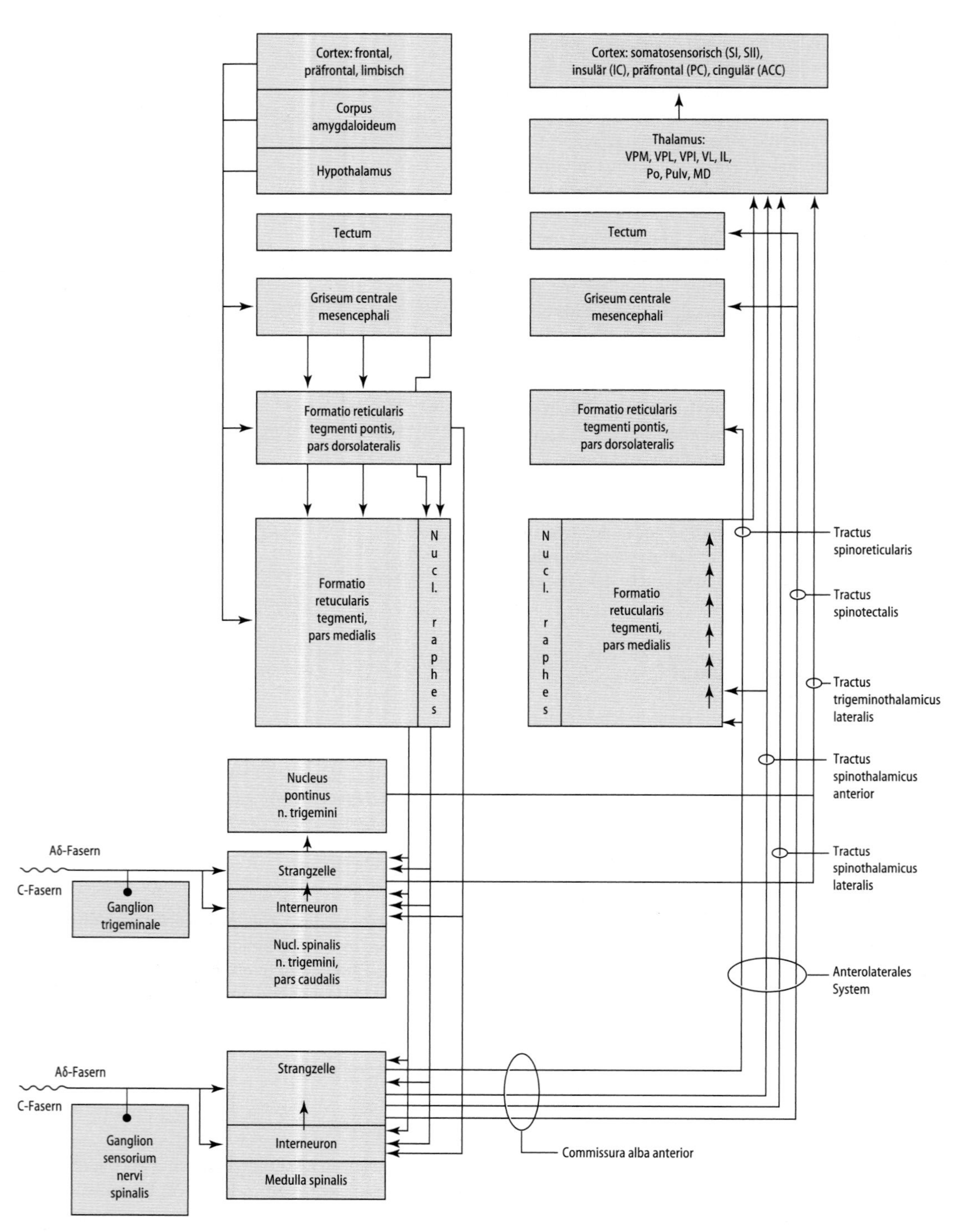

Abb. 17.108. Schmerzbahnen im Rückenmark und Gehirn. Rechts: aufsteigende Bahnen (nur die gekreuzten Anteile sind dargestellt), links: absteigende Bahnen zur Modulation der Schmerzfortleitung (nur die ungekreuzten Anteile sind dargestellt). SI = primärer somatosensorischer Cortex; SII = sekundärer somatosensorischer Cortex; IC = insulärer Cortex; PC = präfrontaler Cortex; ACC = anteriorer cingulärer Cortex; IL = Nuclei intralaminares thalami; MD = Nucleus mediodorsalis thalami; Pulv = Pulvinar thalami; Po = Nuclei posteriores thalami; VL = Nucleus ventralis lateralis thalami; VPI = Nucleus ventralis posteroinferior thalami; VPL = Nucleus ventralis posterolateralis thalami; VPM = Nucleus ventralis posteromedialis thalami

Die Perikarya des Tractus neospinothalamicus (= *Tractus spinothalamicus lateralis*) liegen überwiegend in der Lamina I des Hinterhorns, ihre Axone kreuzen auf Segmentebene in der *Commissura alba anterior* zur Gegenseite und steigen im vorderen Abschnitt des Seitenstranges auf. Die Bahn ist grob somatotop gegliedert: die Fasern aus den kaudalen Segmenten liegen lateral und oberflächlich, die Fasern aus den kranialen Segmenten legen sich medial und innen an. In der *Medulla spinalis* liegt der *Tractus spinothalamicus lateralis* schalenförmig zwischen den *Tractus spinocerebellaris anterior* und *spinoolivaris* und dem ventrolateralen Umfang des Vorderhorns. Die Perikarya des Tractus palaeospinothalamicus (= *Tractus spinothalamicus anterior*) sind überwiegend in den Laminae V–VIII lokalisiert, ihre Axone kreuzen auf Segmentebene durch die *Commissura alba anterior* zur Gegenseite und steigen im Vorderstrang auf. Dieser Trakt schließt sich ventromedial dem Tractus spinothalamicus lateralis an.

Zum anterolateralen System gehören als weitere Bahnen, die mit Schmerzleitung befasst sind, noch:
- Tractus spinoreticularis
- Tractus spinotectalis
- Tractus spinoolivaris.

Diejenigen Perikarya, deren Axone den Tractus spinoreticularis bilden, liegen ebenfalls in den intermediären Schichten (Laminae V–VIII). Ihre Axone kreuzen zur Gegenseite und steigen vermischt mit den Fasern des Tractus spinothalamicus anterior im Rückenmark auf, enden jedoch im medialen Bereich der Formatio reticularis des Rhombencephalon. Erst nach teilweise mehrfacher synaptischer Umschaltung in der Formatio reticularis steigt diese Bahn weiter auf in den Thalamus *(Nuclei intralaminares)*. Der Tractus spinotectalis entspringt überwiegend aus Perikarya der Laminae I und V, kreuzt zur kontralateralen Seite und liegt im Vorderseitenstrang medial des Tractus spinothalamicus lateralis. Endigungsbereiche dieser Bahn sind die *Colliculi inferiores* und *superiores*, hier vor allem die tiefen Schichten. Aufsteigende nozizeptive Axone des anterolateralen Systems enden auch in der *Substantia grisea centralis*. Zusätzlich werden nozizeptive spinothalamische Fasern noch verstreut im dorsolateralen Teil des Seitenstranges gefunden. Sie terminieren in denjenigen thalamischen Kerngebieten, die auch vom anterolateralen System erreicht werden. Das anterolaterale System soll der Wahrnehmung der Intensität des Schmerzes dienen, das dorsolaterale System zur Wahrnehmung der Lokalisation des Schmerzes beitragen (◘ Abb. 17.109 und 17.110).

Lage der Bahnen in der Medulla oblongata. Der Tractus spinothalamicus lateralis liegt in oberflächlicher Position am lateralen Rand der Medulla oblongata dorsal der unteren Olive. Die Position des Tractus spinothalamicus anterior ist beim Menschen nicht eindeutig geklärt. Dieser Trakt soll sich entweder medial dem Tractus spinothalamicus lateralis anschließen oder dorsal des *Lemniscus medialis* liegen.

Lage der Bahnen im Metencephalon und im Mesencephalon. In der Pons lagern sich die Tractus spinothalamici den Fasern des Lemniscus medialis laterodorsal an, in dieser Position verbleiben sie auch im Mesencephalon.

> **Im Rückenmark kreuzen die Axone der Strangzellen auf die Gegenseite, steigen in unterscheidbaren Faserbahnen des anterolateralen Systems auf und enden in verschiedenen Bereichen des Rhombencephalon und im Diencephalon.**

3. Neuron

Die Perikarya der 3. Neurone der Schmerzbahn liegen in unterschiedlichen Hirnbereichen, und zwar:
- im medialen Bereich der Formatio reticularis (Tractus spinoreticularis, Tractus spinothalamicus anterior)
- in den Colliculi superiores und inferiores (Tractus spinotectalis)
- in der *Substantia grisea centralis* des Mesencephalon (verschiedene Bahnen des anterolateralen Systems)
- in Kerngebieten des Thalamus (Tractus spinothalamici lateralis und anterior).

Aus der *Formatio reticularis* ziehen Efferenzen in die medialen und intralaminären Thalamuskerne. Die Formatio reticularis moduliert die Schmerzleitung und übt integrative Funktionen aus. Efferenzen der Substantia grisea centralis ziehen zu den *Nuclei mediales thalami*

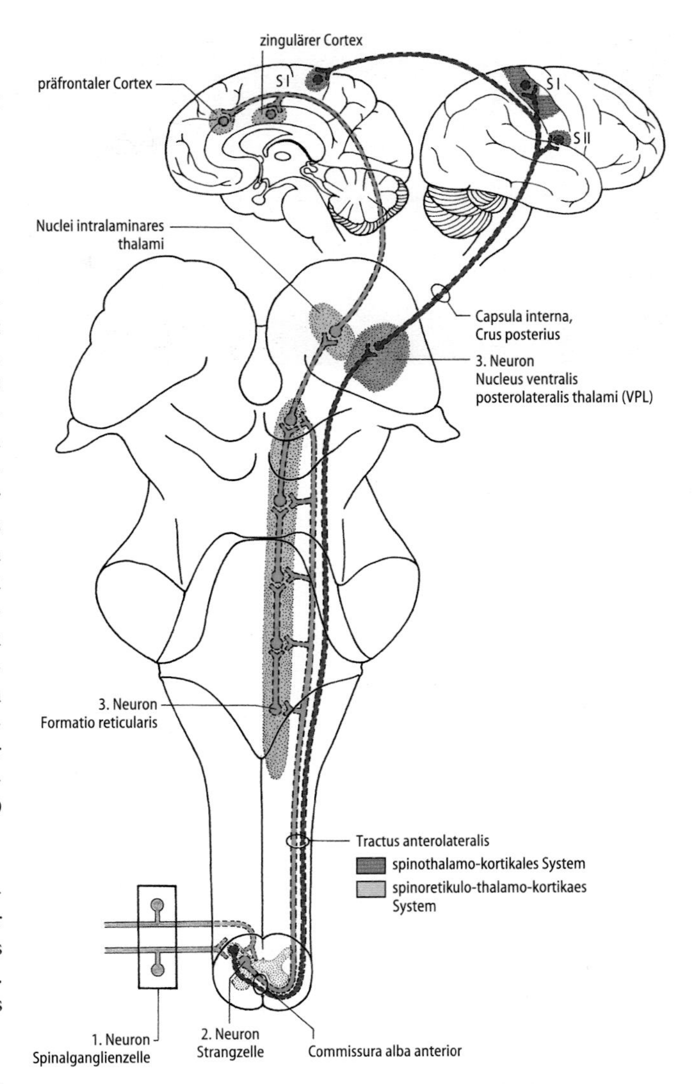

◘ **Abb. 17.109.** Schmerzinformationen aus Hals, Rumpf und Extremitäten erreichen den primären (SI) und sekundären (SII) somatosensorischen Cortex über das spinothalamo-kortikale System, die präfrontalen und cingulären Rindenfelder über das spinoretikulo-thalamo-kortikale System. Der insuläre Cortex ist nicht dargestellt

und in den Hypothalamus. Über diesen Weg kann Schmerz in die Steuerung vegetativer Reaktionen eingreifen. Absteigende Bahnen aus der Substantia grisea centralis erreichen als Teil des körpereigenen Schmerzunterdrückungssystems den spinalen Trigeminuskern und das Hinterhorn des Rückenmarks nach Umschaltung in der Formatio reticularis.

Im Thalamus werden zahlreiche Kerngebiete erreicht: hauptsächlich der *Nucleus ventralis posterolateralis* und die *Nuclei intralaminares*.

> **Die 3. Neurone der Schmerzbahn liegen vor allem im Nucleus ventralis posterolateralis thalami, der zum somatosensorischen Cortex projiziert, und in den intralaminären Kernen, die zu insulären, präfrontalen und cingulären Cortexarealen projizieren.**

4. Neuron, kortikale Repräsentation

Die aus dem *Nucleus ventralis posterolateralis thalami* zur Hirnrinde aufsteigenden Projektionen gelangen zum primären somatosenso-

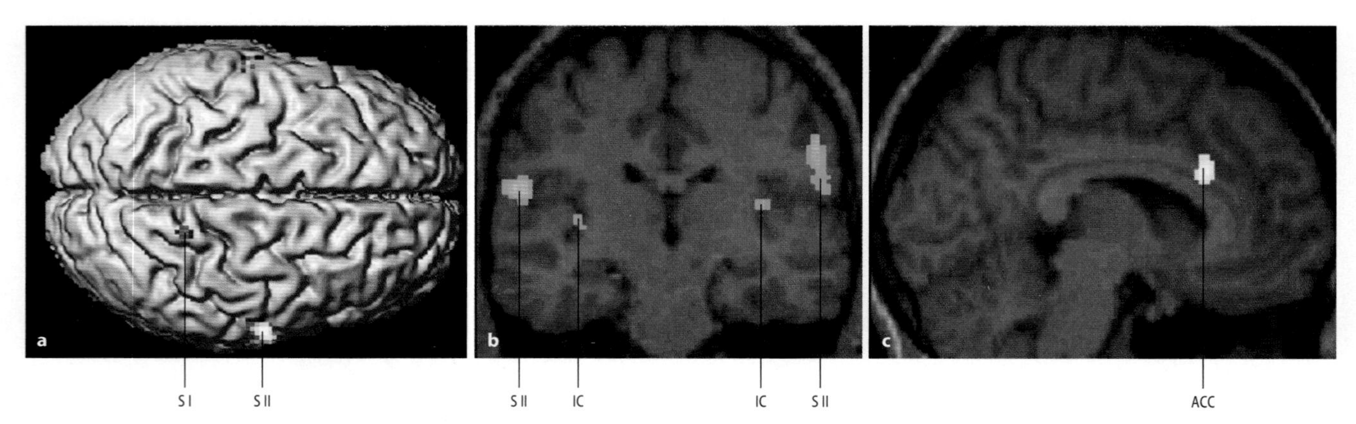

Abb. 17.110. Aktivierung kortikaler Areale nach schmerzhafter Reizung am linken Fuß. Neben den primären (SI) und sekundären (SII) somatosensorischen Cortices zeigen der insuläre (IC) und der anteriore cinguläre Cortex (ACC) eine Aktivierung. In der funktionellen magnetresonanztomographischen Darstellung erkennt man die Aktivierung als Zunahme des Anteils oxygenierten Hämoglobins und des regionalen Blutflusses, dargestellt als farbige Markierungen [17]

rischen Cortex (SI) im *Gyrus postcentralis* und sekundären somatosensorischen Cortex (SII) im *Operculum parietale*. Die Schmerzrepräsentation ist wie die Mechanosensibilität somatotop gegliedert (Homunculus) und im SI im Übergangsbereich der Areale 3b und 1 lokalisiert. Diese Areale dienen der sensorisch-diskriminativen Bewertung des Schmerzes (Lokalisation, Intensität, Dauer, Qualität). Weitere, von Schmerzafferenzen aus den intralaminären, posterioren ventromedialen und mediodorsalen Thalamuskernen erreichte Cortexgebiete liegen in der *Insula* (insulärer Cortex), im *Gyrus cinguli* (anteriorer cingulärer Cortex) und im präfrontalen Cortex. Da diese Gebiete zum kortikalen limbischen System gehören, dienen sie der affektiv-motivationalen und kognitiv-evaluativen Bewertung des Schmerzes und der Beeinflussung des vegetativen Systems nach schmerzhaften Stimuli. Die mehrfache kortikale Repräsentation des Schmerzes hat zur Folge, dass kortikale Läsionen Schmerzwahrnehmungen oft nur wenig beeinflussen bzw. eine operative kortikale Schmerztherapie nicht gelingt.

17.11.7 Nozizeption im Kopfbereich

Für die Schmerzwahrnehmung im Kopfbereich ist praktisch allein der *N. trigeminus* zuständig. Sehr wenige Fasern laufen in den Hirnnerven VII, IX und X; diese werden im Folgenden nicht weiter berücksichtigt.

1. Neuron

Nozizeptive Aδ-Fasern und C-Fasern des N. trigeminus liegen in der Haut des Gesichts und in den Schleimhäuten von Mundhöhle, Nasenhöhlen und Nasennebenhöhlen. Die 1. Neurone der trigeminalen Schmerzleitung sind kleine pseudounipolare Perikarya im *Ganglion trigeminale*. Ihre zentralen Fortsätze steigen nach Eintritt in das Metencephalon (Austrittsstelle des N. trigeminus) im *Tractus spinalis n. trigemini* ab und erreichen ipsilateral den kaudalen Teil des *Nucleus spinalis n. trigemini*. Der grundsätzliche Aufbau des Nucleus spinalis n. trigemini gleicht dem des Hinterhorns des Rückenmarks; es finden sich Strukturen, die der *Substantia gelatinosa* und dem *Nucleus proprius* einschließlich der beschriebenen Verknüpfungsbesonderheiten entsprechen (siehe ► Kap. 17.11.6). Im Nucleus spinalis n. trigemini bilden die 1. Neurone Synapsen mit Dendriten der 2. Neurone der Schmerzbahn, d.h. mit Strangzellen und/oder Interneuronen.

2. Neuron

Die im Nucleus spinalis n. trigemini liegenden 2. Neurone entsenden ihre Axone noch in der Medulla oblongata zur Gegenseite, auf der sie im *Tractus trigeminothalamicus lateralis* zum Thalamus aufsteigen. Dabei legt sich der Tractus trigeminothalamicus lateralis im Bereich des Mesencephalon dem ebenfalls nozizeptiven Tractus spinothalamicus lateralis an. Wenige Efferenzen des Nucleus spinalis n. trigemini ziehen zum ipsilateralen *Nucleus principalis n. trigemini,* dessen Axone zur Gegenseite kreuzen und sich dem Tractus trigeminothalamicus lateralis anschließen. Zahlreiche Efferenzen des spinalen Trigeminuskerns enden auch in der Formatio reticularis und in den tiefen Schichten des *Tectum mesencephali*.

3. und 4. Neuron, kortikale Repräsentation

Der Tractus trigeminothalamicus lateralis endet überwiegend im *Nucleus ventralis posteromedialis thalami*. Seine kortikalen Efferenzen enden im Bereich der Gesichts- und Zungenrepräsentation von SI und in SII. Die weiteren thalamischen Verbindungen entsprechen weitgehend denen des anterolateralen Systems.

17.11.8 Nozizeption im Eingeweidebereich

C-Fasern für die Schmerzwahrnehmung der Thorax-, Bauch- und Beckenorgane verlaufen zunächst in Strukturen des vegetativen Nervensystems. Nozizeptive Reize aus dem Thorax und dem Abdomen werden fast ausschließlich über das sympathische Nervensystem, d.h. nach Verlauf in *Nn. splanchnici*, in *Nn. cardiaci* und im Grenzstrang über die *Radices posteriores* von Th1 bis L2 in das Rückenmark geleitet. Die primär afferenten Neurone (1. Neuron) liegen als pseudounipolare Nervenzellen in den entsprechenden Spinalganglien. Die Position der 2. Neurone im Rückenmark und ihre aufsteigenden Projektionen im *Tractus spinothalamicus lateralis* zum 3. Neuron entsprechen denen des kutanen Schmerzes. Schmerzreize vom Ösophagus, von der Trachea, vom Pharynx und auch von Teilen des Herzens verlaufen im *N. vagus*. Die zugehörigen primär afferenten Neurone liegen im *Ganglion inferius n. vagi* (nodosum), die 2. Neurone im *Nucleus spinalis n. trigemini*. Weitere 2. Neurone sollen im *Nucleus tractus solitarii* liegen, deren Neurone auf die *Nuclei posteriores thalami* projizieren. Schmerzen aus den Beckenorganen gelangen über die *N. splanchnici pelvici* und die in den *Radices posteriores* von S2–4 gelegenen primär afferenten Neurone (1. Neuron) in das Hinterhorn des Rückenmarks (2. Neuron). Die 3. Neurone für die Leitung des viszeralen Schmerzes liegen im Thalamus. Mithilfe funktioneller bildgebender Verfahren konnte jedoch gezeigt werden, dass Eingeweideschmerzen andere Bereiche des cingulären Cortex aktivieren als somatische Schmerzen, die kortikale Präsentation des viszeralen Schmerzes sich also von der somatischer Schmerzen unterscheidet.

Die schmerzleitenden Fasern der Eingeweide verlaufen zunächst in Strukturen des vegetativen Nervensystems, die entsprechenden Perikarya der 1. Neurone liegen jedoch in Spinalganglien oder im Ganglion inferius n. vagi.

17.11.9 Modifikation der Nozizeption

Schmerzen sind ein ausgesprochen subjektives Phänomen. Bekannt sind körpereigene Schmerzunterdrückungssysteme, die im Hinterhorn des Rückenmarks und im Nucleus spinalis n. trigemini wirksam werden. Hierbei spielen Interneurone eine entscheidende Rolle. Auch Interneurone im Hinterhorn des Rückenmarks und im Nucleus spinalis n. trigemini werden von primären nozizeptiven Afferenzen erreicht und erregt. An den Interneuronen enden darüber hinaus absteigende Bahnsysteme. Diese Bahnen haben ihren Ursprung u.a. im *Nucleus raphes magnus*, der angrenzenden ventromedialen *Formatio reticularis* und im lateralen *Tegmentum pontis*, führen die Transmitter Serotonin, Noradrenalin und Histamin und wirken erregend auf Interneurone. Diese Ursprungsgebiete werden ihrerseits afferent innerviert aus dem Hypothalamus, der *Substantia grisea centralis*, dem Mandelkernkomplex und Teilen des frontalen Cortex. Die einerseits über primäre nozizeptive Afferenzen und andererseits über absteigende Bahnen erregten Interneurone projizieren auf Strangzellen. Durch die Ausschüttung ihrer Transmitter (Dynorphine, Enkephaline, GABA, Glycin, Galanin, Somatostatin) führen Interneurone zu einer Hemmung nozizeptiver Strangzellen. Interneurone können daher die Fortleitung des Schmerzreizes durch die Strangzellen inhibieren oder modulieren. Das endogene analgetische System wird durch weitere synaptische Verknüpfungen ergänzt: absteigende serotoninerge und noradrenerge Bahnen enden direkt an Strangzellen, Interneurone enden mit axo-axonalen Synapsen an Substanz-P-haltigen Terminalen primär afferenter Neurone. Diese Substanz-P-führenden Terminale haben einen hohen Besatz an Opiatrezeptoren, so dass über die Freisetzung von Dynorphinen und Enkephalinen aus den Interneuronen die Freisetzung von Substanz P gehemmt und damit auch an dieser Stelle in die Schmerzfortleitung eingegriffen werden kann.

Da die Formatio reticularis und die Substantia grisea centralis über das anterolaterale System aufsteigende nozizeptive Informationen erhalten und von diesen Gebieten absteigende Bahnen zu den nozizeptiven Neuronen des Rückenmarks und des spinalen Trigeminuskerns gelangen, existiert eine Neuronenkette im Sinne einer negativen Rückkopplung.

Im Rückenmark und im spinalen Trigeminuskern existiert ein körpereigenes Schmerzunterdrückungssystem, an dem Interneurone und aus dem Rhombencephalon absteigende Faserbahnen entscheidend mitwirken.

17.89 Analgetische Wirkung von Opiaten
Der analgetische Effekt von Opiaten, z.B. Morphin, ist durch die Bindung an Opiat-Rezeptoren im Hinterhorn des Rückenmarks und im Nucleus spinalis n. trigemini und der resultierenden Unterdrückung der Schmerzfortleitung zu erklären.

17.11.10 Schmerzbedingte Aktivierung der Formatio reticularis

Nozizeptive Informationen gelangen auf verschiedenen Wegen in die Formatio reticularis, einem wichtigen übergeordneten Integrationszentrum. Damit kann der Schmerz wichtige Funktionen der Formatio reticularis beeinflussen, z.B. Veränderungen der Bewusstseinslage, Auslösung einer Weckreaktion oder motorischer Bewegungsmuster, vegetative Reaktionen wie Veränderungen des Blutdruckes.

17.11.11 Schmerzbedingte Reflexmechanismen auf Rückenmarksniveau

Schmerzen verursachen häufig vegetative und motorische Reflexe. Durch die über Interneurone vermittelte Beeinflussung von spinalen Motoneuronen kommt es zum Wegziehen der betroffenen Extremität aus dem noxischen Bereich. Viszerale und tiefe somatische Schmerzen bewirken wahrscheinlich ebenfalls durch Zwischenschaltung von segmentalen Interneuronen reflektorische Kontraktionen benachbarter Skelettmuskulatur. Ein bekanntes Beispiel ist die Kontraktion der platten Bauchmuskulatur bei Appendizitis (Abwehrspannung). Schmerzen führen auch zu vegetativen Reaktionen wie Durchblutungsveränderungen.

17.11.12 Neurochirugische Schmerztherapie

Aufgrund der Kenntnis der nozizeptiven Bahnen ist eine auf Durchschneidungen beruhende Schmerztherapie prinzipiell möglich (Tab. 17.19).

17.90 Laterale Chordotomie
Die größte praktische Bedeutung hat die laterale Chordotomie, bei der der Tractus spinothalamicus lateralis durchtrennt wird. Es resultiert eine Analgesie der kontralateralen Körperhälfte kaudal der Läsion. Teilweise treten Schmerzen nach der Durchschneidung wieder auf, was zurückgeführt werden kann auf nicht durchtrennte schmerzleitende Bahnen im dorsolateralen Teil des Funiculus lateralis und einer geringen Zahl nicht kreuzender Anteile des Tractus spinothalamicus lateralis.

Tab. 17.19. Möglichkeiten neurochirurgischer Schmerztherapie

Maßnahme	Ort	Durchtrennte Struktur
Sympathektomie	Grenzstrang Th1–4	1. Neuron (viszerale Afferenz)
Posteriore Rhizotomie	lateraler Teil der Radix posterior	1. Neuron (somatische Afferenz)
Anteriore Myelotomie	Commissura alba anterior	Tractus spinothalamicus lateralis Tractus spinothalamicus anterior
Chordotomie	anterolaterale Substantia alba	Tractus spinothalamicus lateralis
Trigeminale Traktotomie	laterale Medulla oblongata	Tractus spinalis n. trigemini
Mesencephale Traktotomie	laterales Mesencephalon	Tractus spinothalamicus lateralis Tractus spinothalamicus anterior Tractus trigeminothalamicus lateralis
Thalamotomie	Nucl. ventralis posterolateralis	3. Neuron

17.11.13 Übertragener Schmerz, Head-Zonen

Erkrankungen innerer Organe können von dumpfen oder ziehenden Schmerzen in Hautbereichen der Extremitäten oder des Rumpfes begleitet sein. Das bekannteste Beispiel sind in den linken Arm ausstrahlende Schmerzen bei ischämischen Herzerkrankungen. Dabei löst der viszerale Schmerz, dessen Ursache in der Durchblutungsstörung des Herzens liegt, ein Schmerzphänomen in der Haut, einer somatischen Region aus. Der Schmerz wird also vom Herzen auf die Haut »übertragen«. Aufgrund klinischer Erfahrungen sind umschriebene Hautregionen, die **Head-Zonen,** bekannt, die bei einer Erkrankung eines bestimmten inneren Organes als schmerzhaft empfunden werden (◻ Tab. 17.20). Der betroffene Hautbereich entspricht meist der Ausdehnung eines Dermatoms oder mehrerer Dermatome (siehe ◻ Abb. 17.44b). Für das Phänomen des »übertragenen« Schmerzes können folgende Erklärungen dienen: Auf nozizeptive Rückenmarkneurone (Strangzellen) können mehrere nozizeptive Afferenzen aus verschiedenen Organen konvergieren, z.B. aus der Haut und aus inneren Organen. Möglich ist auch, dass ein primär afferentes Neuron zwei periphere Fortsätze besitzt, einen somatischen zur Haut und einen viszeralen zu einem inneren Organ. Beide Hypothesen führen dazu, dass die **innervierte Strangzelle des Rückenmarks** und die nachgeschalteten Zentren den Ort der Schmerzentstehung nicht mehr differenzieren können. Aufgrund der praktischen Erfahrung, dass die Schmerzreize überwiegend von der Haut kommen, wird das viszerale Schmerzphänomen als aus der Haut kommend interpretiert.

17.91 Hyperalgesie als diagnostischer Hinweis
Die Hyperalgesie in einem Dermatom oder in mehreren Dermatomen kann wichtige diagnostische Hinweise auf die Erkrankung eines inneren Organes liefern.

◻ Tab. 17.20. Head-Zonen: Erkrankungen bestimmter innerer Organe führen zu schmerzhaften Empfindungen in definierten Dermatomen

Erkranktes Organ	Schmerzhafte(s) Dermatom(e)
Diaphragma	C3–4
Herz	Th1–4
Speiseröhre	Th4–5
Leber, Gallenblase	Th6–8
Magen	Th6–9
Pankreas	Th7–9
Dünndarm	Th9–10
Appendix	Th10
Testes, Ovarien	Th10–12
Prostata	Th10–12
Uterus	Th10–12
Niere	Th10–L1
Harnblase	Th11–L1
Dickdarm	Th11–L2
Nierenbecken und Harnleiter	L1–2
Rektum	S2–4

17.11.14 Temperaturwahrnehmung

Temperatur wird an speziellen Rezeptoren wahrgenommen (Kälterezeptoren, Wärmerezeptoren). Die Weiterleitung und Verarbeitung der Temperatursignale erfolgt weitgehend parallel zur Schmerzbahn. Aus den Bereichen von Hals, Rumpf und Extremitäten enden die Axone der rezeptortragenden pseudounipolaren Nervenzellen in den *Laminae I–III* indirekt über Interneurone oder direkt an den Strangzellen der *Lamina V*. Nach Kreuzung auf Segmentebene erfolgt die Weiterleitung im anterolateralen System zum *Nucleus ventralis posterolateralis thalami* und von dort in SI. Aus dem Kopfbereich wird die Temperaturempfindung über Aδ-Fasern und C-Fasern des N. trigeminus in den kaudalen Anteil des *Nucleus spinalis n. trigemini* geleitet und steigt nach Kreuzung in der *Medulla oblongata* im *Tractus trigeminothalamicus lateralis* zum *Nucleus ventralis posteromedialis* auf und von dort ebenfalls nach SI.

Die Lokalisation von Temperaturreizen ist relativ ungenau. Ein großer Teil der zum Diencephalon aufsteigenden Fasern endet in der Formatio reticularis und dient reflektorischen Steuerungen (Abwehr und Fluchtverhalten, motorische Bewegungsmuster).

17.12 Gustatorisches System und Sinnesorgane

K. Zilles

Einführung

Geschmacksreize werden über Rezeptorzellen (sekundäre Sinneszellen) auf der Zunge, im Gaumen und Pharynx und auf der Epiglottis perzipiert. Die *Nn. facialis, glossopharyngeus* und *vagus* leiten über erste, pseudounipolare Neurone im *Ganglion geniculi, Ganglion inferius (petrosum) n. IX* bzw. *Ganglion inferius (nodosum) n. X* die Signale über den *Tractus solitarius* in das rostrale Drittel des *Ncl. solitarius* und den *Ncl. ovalis* im Rhombencephalon. Diese Kerngebiete enthalten die Perikarya der zweiten Neurone, die über den ipsi- und kontralateralen *Tractus trigeminothalamicus dorsalis* den *Ncl. ventralis posteromedialis* des Thalamus erreichen. Die dort liegenden dritten Neurone des gustatorischen Systems projizieren in die Hirnrinde am Fuß des *Gyrus postcentralis*, das frontoparietale *Operculum* und die Grenzregion zur Inselrinde.

17.12.1 Sinnesorgane

Die Geschmacksknospen sind die Sinnesorgane des gustatorischen Systems. Sie liegen in den Geschmackspapillen, von denen man beim Menschen drei Formen unterscheidet, die Papillae fungiformes, vallatae und foliatae. Die Geschmacksknospen enthalten die sekundären Sinneszellen.

Die Geschmackswahrnehmung ist eine komplexe kognitive Leistung, die zu einem großen Teil, aber keineswegs ausschließlich über chemorezeptive Zellen der Geschmacksknospen ermöglicht wird. Von erheblicher Bedeutung für die Geschmackswahrnehmung sind auch die Sinneszellen des olfaktorischen Systems (► Kap. 17.14) und die Assoziationsleistungen des Gehirns.

Im Epithel der Zunge, des weichen Gaumens, der Epiglottis, des Pharynx und des Larynxeingangs sind Sinnesorgane, **Geschmackspapillen,** ausgebildet, die **Geschmacksknospen** tragen (siehe

◘ Abb.10.11). Diese bestehen aus einem in die Tiefe des Epithels verlagerten Zellverband aus **Sinneszellen, afferenten Nervenfasern, Stützzellen** und **Stammzellen** (siehe ► Kap. 10.1.5).

Die Geschmackspapillen kommen beim Menschen in 3 verschiedenen Formen vor:

- den pilzförmigen *Papillae fungiformes* im vorderen Bereich der Zunge,
- den Wallpapillen, *Papillae vallatae*, im Bereich des Zungengrundes und
- den *Papillae foliatae* seitlich an der Basis des Zungenrückens.

Durch die Sinneszellen der Geschmacksknospen können vier Submodalitäten wahrgenommen werden: **süß, sauer, bitter** und **salzig.** Gelegentlich wird eine fünfte Submodalität aufgeführt, **umami** (japanisch: köstlich schmeckend), die dem Geschmack von Glutamat entspricht.

Obwohl vier verschiedene Typen von Sinneszellen beschrieben werden, ist eine eindeutige Zuordnung zu den Submodalitäten nicht möglich, sondern wird u.a. von der Reizstärke bestimmt. Es könnte sich bei den verschiedenen Typen auch um unterschiedliche Entwicklungsstadien heranreifender Sinneszellen handeln. Dieser Reifungsprozess hängt mit der kurzen Lebensdauer der Geschmackssinneszellen zusammen, die ständig durch neue Zellen ersetzt werden.

In Kürze

Geschmacksknospen mit Sinneszellen kommen in den Papillae fungiformes, vallatae und foliatae vor.

17.12.2 Erstes Neuron des gustatorischen Systems

Das erste Neuron des gustatorischen Systems wird von pseudounipolaren Neuronen im Ganglion geniculi des N. facialis und den Ganglia inferiora der Nn. glossopharyngeus und vagus gebildet. Der N. facialis innerviert mit Geschmacksfasern die vorderen zwei Drittel der Zunge, der N. glossopharyngeus die hinteren zwei Drittel, der N. vagus den weichen Gaumen und den Pharynx.

Im Unterschied zu den Riechzellen (primäre Sinneszellen) haben die **Geschmackszellen** kein eigenes Axon. Sie werden deshalb als **sekundäre Sinneszellen** bezeichnet. Sie bilden Rezeptorpotenziale, deren Signale über Synapsen an marklose Endigungen myelinisierter afferenter Nervenfasern weitergeleitet werden. Diese Nervenfasern sind die peripheren Fortsätze der ersten pseudounipolaren Neurone, die in sensorischen Hirnnervenganglien liegen. Über drei Hirnnerven wird die Geschmacksinformation zum Gehirn geleitet (◘ Abb. 17.111). Der Bereich vom Larynx bis zur Epiglottis wird über sensorische Fasern des *N. vagus* versorgt. Deren erste Neurone liegen im *Ganglion inferius (= nodosum).* Die Geschmacksknospen der Papillae vallatae im hinteren Drittel der Zunge erhalten ihre Nervenfasern aus dem *N. glossopharyngeus.* Deren Perikarya liegen im *Ganglion inferius (= petrosum).* Die vorderen zwei Drittel der Zunge und der Gaumen mit den Papillae fungiformes und foliatae sind die Einzugsgebiete afferenter Fasern des *N. facialis (N. intermedius* mit *Chorda tympani),* deren Perikarya im *Ganglion geniculi* lokalisiert sind. Die Afferenzen der Chorda tympani ziehen auf dem Weg von der Zunge zum Ganglion geniculi zunächst zusammen mit dem *N. lingualis* als Leitstruktur, ohne jedoch Geschmacksafferenzen an diesen abzugeben. Die Chorda tympani trennt sich im weiteren Verlauf wieder vom N. lingualis und vereinigt sich mit dem Hauptstamm des N. facialis.

Die zentralen Fortsätze der ersten Neurone erreichen in diesen drei Hirnnerven das Rhombencephalon und ziehen im *Tractus solitarius* zum vorderen Drittel des *Ncl. solitarius.*

In Kürze

Die Perikarya der ersten Neurone des gustatorischen Systems liegen in sensorischen Ganglien der Hirnnerven VII, IX und X.

17.12.3 Zweites Neuron des gustatorischen Systems

Die Zellkörper der zweiten Neurone des gustatorischen Systems liegen im *Ncl. solitarius* und im *Ncl. ovalis,* der rostral vor dem Ncl. solitarius liegt und von den Afferenzen des N. facialis erreicht wird.

Die efferenten Bahnen der zweiten Neurone ziehen im ipsilateralen *Tractus trigeminothalamicus dorsalis* zum Thalamus.

Die Geschmacksfasern erreichen über die zentralen Fortsätze der ersten Neurone das Rhombencephalon. Sie ziehen im Tractus solitarius in ihr Zielgebiet, das rostrale Drittel des langgestreckten *Ncl. solitarius* und den an der Spitze des Ncl. solitarius liegenden *Ncl. ovalis* (◘ Abb. 17.111, ◘ Abb. 17.18 und ◘ Abb. 17.39). Dort werden die Fasern aus den Nn. VII, IX und X auf das zweite Neuron synaptisch umgeschaltet.

Der Ncl. solitarius liegt in der Zone der viszeralen Sensorik (► Kap. 17.5). Er reicht nach kranial mit einem schmalen Ausläufer bis

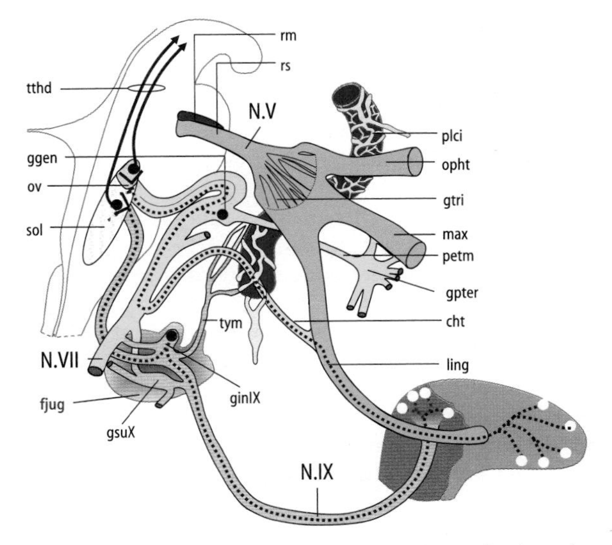

◘ **Abb. 17.111.** Verlauf der Geschmacksafferenzen der Nn. facialis und glossopharyngeus (Vagusanteile sind nicht dargestellt) sowie Lage der Kerngebiete mit den zweiten Neuronen und ihrer efferenten Faserbahnen. cht = Chorda tympani; fjug = Foramen jugulare; ggen = Ganglion geniculi; ginIX = Ganglion inferius n. glossopharyngei; gptr = Ganglion pterygopalatinum; gsuX = Ganglion superius n. vagi; gtri = Ganglion trigeminale; ling = N. lingualis; max = N. maxillaris; N.V = N. trigeminus; N.VII = N. facialis; N.IX N. glossopharyngeus; opht = N. ophthalmicus; ov = Ncl. ovalis; petm = N. petrosus major; plci = Plexus caroticus internus; rm = Radix motoria n. trigemini; rs = Radix sensoria n. trigemini; sol = Ncl. solitarius; tthd = Tractus trigeminothalamicus dorsalis; tym = N. tympanicus

auf die Höhe des Ncl. principalis n. trigemini. Nach kaudal zieht er bis zum Ende des IV. Ventrikels. Dort verschmilzt er mit seinem kontralateralen Kerngebiet. Als *Pars gustatoria* des Ncl. solitarius erhält nur der rostrale Teil des Kerns Afferenzen aus dem Geschmackssystem. Sein kaudaler Teil erhält kardiorespiratorische Afferenzen aus dem N. vagus. An der rostralen Spitze des Ncl. solitarius liegt der *Ncl. ovalis*. In ihm enden die Geschmacksafferenzen aus der Chorda tympani.

Vom Ncl. solitarius und Ncl. ovalis ziehen die efferenten Axone mit dem *Tractus trigeminothalamicus dorsalis,* der Nervenfasern der allgemeinen Somatosensorik aus der Mundhöhle enthält, zu den dritten Neuronen der Geschmacksbahn.

In Kürze

Die Perikarya der zweiten Neurone des gustatorischen Systems liegen im **Ncl. solitarius** und im **Ncl. ovalis.** Die Efferenzen schließen sich dem ipsilateralen **Tractus trigeminothalamicus dorsalis** an.

17.12.4 Drittes Neuron des gustatorischen Systems

Die dritten Neurone des gustatorischen Systems liegen im *Ncl. ventralis posteromedialis* des Thalamus, aus dem Efferenzen die Hirnrinde erreichen. Ein weiteres Zielgebiet von Efferenzen aus dem Ncl. solitarius soll der *Ncl. parabrachialis medialis* sein. Seine gustatorischen Efferenzen erreichen den Hypothalamus und die Amygdala.

Die Efferenzen aus der Pars gustatoria des Ncl. solitarius erreichen den Thalamus. Viele Fasern verbleiben dabei im ipsilateralen Tractus trigeminothalamicus dorsalis und enden im kleinzelligen, medialen Anteil des ipsilateralen *Ncl. ventralis posteromedialis*. Dort liegen die dritten Neurone des Hauptwegs des gustatorischen Systems, die ihre Efferenzen in den ventralen Teil des **Gyrus postcentralis,** zur vorderen **Inselrinde** und zur Hirnrinde des frontoparietalen **Operculum** senden.

Axonkollateralen der Efferenzen der Pars gustatoria steigen zu den *Ncll. salivatorii* und dem *Ncl. dorsalis nervi vagi* ab und initiieren die bei Geschmackswahrnehmung reflektorisch auftretende Speichel- und Magensaftsekretion.

Eine weitere Bahn soll vom Ncl. solitarius zunächst zum *Ncl. parabrachialis medialis* im rostralen Rhombencephalon ziehen. Dieses Kerngebiet ist mit dem Hypothalamus und der Amygdala verbunden. So kann die Geschmacksinformation auch affektives Verhalten beeinflussen. Es wird angenommen, dass die wichtigste Funktion des Ncl. parabrachialis die Vermittlung viszeraler und somatomotorischer Reflexe ist, die durch gustatorische Stimuli ausgelöst werden.

In Kürze

Kortikale Repräsentationsgebiete des gustatorischen Systems liegen am Fuß des Gyrus postcentralis, im Operculum frontoparietale und im Grenzbereich zur vorderen Inselrinde. Außerdem werden auch Verbindungen zum Hypothalamus und zur Amygdala beschrieben. Geschmacksinduzierte Speichel- und Magensaftsekretion wird über einen viszeralen Reflexbogen vermittelt, der von der Pars gustatoria des Ncl. solitarius zu den viszeromotorischen Ncll. salivatorii und zum Ncl. dorsalis n. vagi führt.

17.13 Motorisches System, Kleinhirn und extrapyramidal-motorisches System

K. Zilles

 Einführung

Das motorische System besteht aus zahlreichen Hirnrindenregionen, subkortikalen Kerngebieten des Gehirns, Kerngebieten des Rückenmarks und absteigenden Faserbahnen, die unsere willkürlichen und unwillkürlichen Bewegungen und damit letztlich unser Verhalten steuern.

Willkürlichen Bewegungen gehen aus sensorischen und assoziativen Hirnregionen kommende Signale voraus, die im motorischen Cortex enden. Die **unwillkürlichen** motorischen **Aktionen** sind **Reflexe.**

Im Fall der Willkürmotorik geht der Bewegung ein **Entschlussprozess** voraus, der durch neuronale Aktivitäten in Assoziationsgebieten der Hirnrinde repräsentiert ist. Der Entschluss führt dann zu einem **Planungsprozess,** der in kortikalen und subkortikalen motorischen Regionen durchgeführt wird. Diesem Schritt folgt ein **Selektionsprozess,** bei dem die für eine bestimmte Bewegung notwendigen Hirnregionen, wie motorischer Cortex sowie absteigende Projektionssysteme aktiviert werden, die im eigentlichen **Bewegungsprozess** zur Aktivierung der motorischen Neurone in Kerngebieten des Hirnstamms oder im Vorderhorn des Rückenmarks führen. Diese Neurone wiederum senden Signale über die **gemeinsame motorische Endstrecke** zu den Muskeln. Der Ablauf dieser Prozesse ist immer mit einer Rückmeldung, **Reafferenz,** über somatosensorische und andere sensorische Systeme verbunden, denn nur so können motorische Aktionen an wechselnde Situationen angepasst werden.

Die Unterscheidung des **pyramidalen** vom **extrapyramidalen System** als den beiden Hauptkomponenten des motorischen Systems ist unter anatomischen, funktionellen und klinischen Gesichtspunkten sinnvoll, obwohl beide Systeme immer zusammen wirken. Bei Erkrankungen (z.B. Schlaganfall, multiple Sklerose, neurodegenerative Prozesse, Rückenmarkverletzungen) kann es zu selektiven Schädigungen einzelner Strukturen und bestimmter Funktionen des motorischen Systems kommen, die als pyramidale oder extrapyramidale Funktionsstörungen klassifiziert werden.

Zum **pyramidalen System** gehören u.a. die **motorischen Regionen der Hirnrinde,** die über absteigende Faserbahnen, *Tractus corticonuclearis (corticobulbaris)* und *Tractus corticospinalis,* ohne synaptische Umschaltungen zu ihren Zielgebieten, **motorische Kerngebiete** des **Hirnstamms** und des **Rückenmarks,** ziehen. Sie ermöglichen schnelle, willkürliche Präzisionsbewegungen. Daneben gibt es ein phylogenetisch älteres System, das von der motorischen Hirnrinde ausgehend über zahlreiche synaptische Umschaltungen im Hirnstamm Reflexe vermittelt und die Körperhaltung steuert. **Cerebellum** und **Basalganglien** erhalten Signale aus der Hirnrinde und senden ihrerseits Signale via **Thalamus** zur Hirnrinde zurück. Sie wirken auch bei der Steuerung von Hirnstammkernen und motorischen Neuronen des Vorderhorns durch erregende oder hemmende Signale mit. Das Kleinhirn moduliert das motorische System, koordiniert Augen-, Körper- und Gliedmaßenbewegungen, steuert die Körperhaltung und spielt eine wichtige Rolle beim Lernen motorischer Abläufe und kognitiver Funktionen. Die Basalganglien sind nicht nur für die Willkürmotorik, sondern auch für kognitive Funktionen wichtig.

17.13.1 Motorischer Cortex

Der motorische Cortex besteht aus dem
- primären motorischen Cortex (Brodmann-Area 4, BA 4, oder M1),
- prämotorischen Cortex (PMC, lateraler Teil der BA 6),
- supplementär-motorischen Cortex (SMA, medialer Teil der BA 6),
- prä-supplementär-motorischen Cortex (pre-SMA, medialer Teil der BA 6) und dem
- cingulär-motorischen Cortex (CMC).

In den motorischen Hirnrindengebieten findet sich eine Somatotopie, besonders differenziert ausgeprägt in BA 4 (»motorischer Homunculus«).

Die *Tractus corticospinalis* und *corticonuclearis* sind direkte, schnelle Verbindungen zwischen Hirnrinde und Rückenmark, bzw. Hirnrinde und motorischen Hirnnervenkerngebieten.

Der *Tractus corticostriatalis* verbindet kortikale Regionen mit dem *Corpus striatum*.

Der motorische Cortex erhält wichtige Afferenzen aus präfrontalen und parietalen Assoziationsgebieten, sowie aus dem Thalamus.

Pyramidales System und Tractus corticonuclearis (corticobulbaris)

Der **primäre motorische Cortex** liegt im Sulcus centralis in der Hinterwand des Gyrus praecentralis. Nur ganz dorsal erstreckt er sich auf die freie Oberfläche des Gyrus praecentralis und reicht über die Mantelkante hinweg auf die mediale Hemisphärenoberfläche oberhalb des Sulcus cinguli (◘ Abb. 17.112). Auf der lateralen Hemisphärenoberfläche liegt vor der Area 4 der **prämotorische Cortex PMC** (◘ Abb. 17.112), der an der Mantelkante an den auf der medialen Hemisphärenfläche gelegenen **supplementär-motorischen Cortex SMA** angrenzt. Dort erstreckt sich SMA bis zum Sulcus cinguli. Kaudal wird SMA von der Area 4, rostral vom **prä-supplementär-motorischen Areal pre-SMA** begrenzt (◘ Abb. 17.112). Im Sulcus cinguli liegt auf der Höhe von pre-SMA und SMA das **cingulär-motorische Areal CMC** (◘ Abb. 17.112).

Das gemeinsame histologische Merkmal aller Areale des motorischen Cortex ist die **agranuläre** Rindenschichtung, d.h. das Fehlen einer *Lamina granularis interna*. BA 4 unterscheidet sich wiederum von anderen motorischen Arealen durch das Auftreten besonders großer Pyramidenzellen, den **Betz-Riesenpyramidenzellen,** in der Lamina V (◘ Abb. 17.113). Der große Zellkörper ist für die Versorgung seines extrem langen und verzweigten Axons notwendig, das bis in die untersten Segmente des Rückenmarks reichen kann. Das stark myelinisierte Axon zieht von der Hirnrinde ohne synaptische Umschaltung bis in den Hirnstamm oder das Rückenmark, wo es an einem Motoneuron endet, das mit seinem Axon die **gemeinsame motorische Endstrecke** bildet. Zudem hat die Betz-Riesenpyramidenzelle nicht nur den für Pyramidenzellen typischen apikalen und einige basale Dendriten, sondern zahlreiche, rund um den Zellleib entspringende weitere Dendriten. So wird eine große Membranoberfläche für Synapsen bereit gestellt, die eine starke Konvergenz der afferenten Signale ermöglicht.

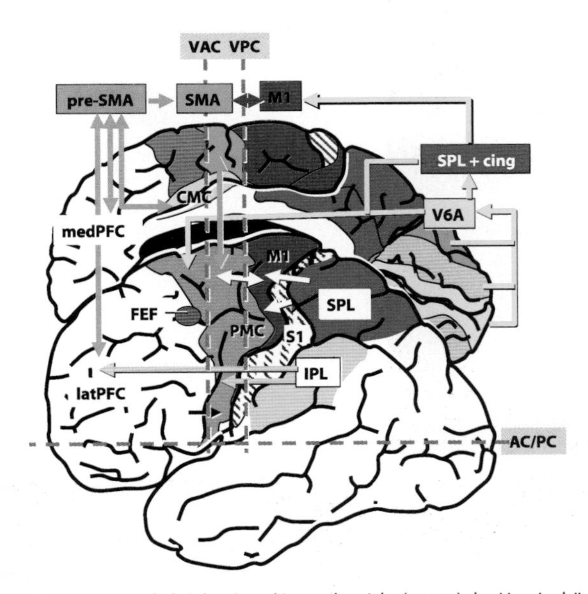

◘ **Abb. 17.112.** Medial- (oben) und Lateralansicht (unten) der Hemisphären mit den wichtigsten motorischen Cortexarealen (BA 4 [M1], PMC, SMA, pre-SMA, CMC) und ihren Verbindungen. AC/PC = Linie zwischen Commissura anterior und Commissura posterior; cing = Teil des cingulären Cortex; IPL = Lobulus parietalis inferior; latPFC = lateraler präfrontaler Cortex; medPFC = medialer präfrontaler Cortex; S1 = primärer somatosensorischer Cortex; SPL = Lobulus parietalis superior (hinterer Parietalcortex); V6A = visuelles Areal; VAC = Senkrechte auf die AC/PC-Linie durch die Commissura anterior; VPC = Senkrechte auf die AC/PC-Linie durch die Commissura posterior. AC/PC; VAC und VPC sind wichtige Orientierungen in einem Koordinatensystem, wie es in der stereotaktischen Atlanten und der Neurochirurgie verwendet wird

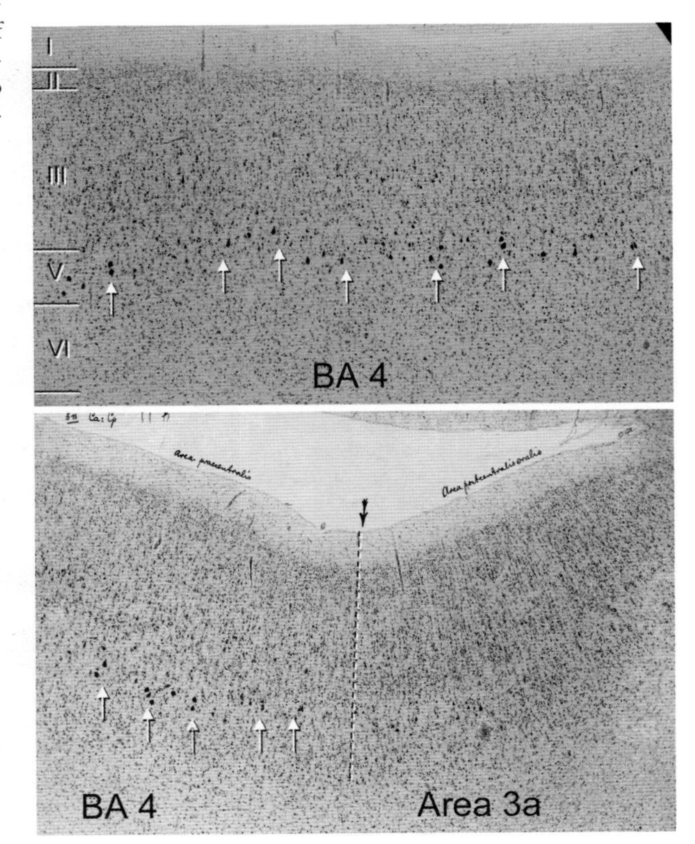

◘ **Abb. 17.113.** Originalmikrophotographien und -bezeichnungen der Area 4 (oben) und der Grenze zwischen Area 4 und Area 3a (unten) von Korbinian Brodmann, die deutlich das Vorkommen der Betz-Riesenpyramiden in der Lamina V der Area 4 zeigen. Markierungen der Betz-Riesenpyramiden (Pfeile), der Laminae (römische Ziffern) und der Grenze (gestrichelte Linie) zwischen BA 4 und der Area 3a wurden nachträglich eingefügt [18] (Mit Erlaubnis des C. & O. Vogt-Archivs, Universität Düsseldorf)

! **Der gesamte motorische Cortex wird wegen des Fehlens der Lamina IV (Lamina granularis interna) als agranulärer Cortex bezeichnet. Er steht damit im Gegensatz zum stark granulären Cortex, Koniocortex, der sensorischen Hirnrindenareale.**

Der **primäre motorische Cortex, BA 4** oder **M1,** ist **somatotop** organisiert (▫ Abb. 17.114). Die Pyramidenzellen der Lamina V für die Steuerung der Bewegungen der unteren Körperhälfte liegen auf der medialen Hemisphärenfläche in der *Fissura interhemisphaerica* und auf der Mantelkante, während die Neurone zur Steuerung der Hand dorsolateral (▫ Abb. 17.114), die für die Kopfmuskulatur ventrolateral in der Vorderwand des Sulcus centralis zu finden sind. Je differenzierter Bewegungen sind – z.B. feine Fingerbewegungen im Vergleich zu groben Rumpfbewegungen –, desto größer ist das kortikale Repräsentationsgebiet. Die Hand mit den einzelnen Fingern nimmt daher einen überproportional großen Rindenbereich ein, entsprechend der besonderen Bedeutung der Handmotorik beim Menschen. Ebenfalls überproportional groß ist das kortikale Repräsentationsgebiet für Gesicht, Lippen und Zunge, die beim Sprechen oder der Mimik differenzierte Bewegungen ausführen.

BA 4, SMA und der obere Teil des PMC sind direkt und reziprok miteinander verbunden (▫ Abb. 17.112). Sie initiieren und bereiten eine Bewegung vor (SMA, PMC) und steuern schließlich die Motoneurone des Hirnstamms und des Rückenmarks (BA 4).

Auch der **supplementär-motorische Cortex, SMA oder F3** (▫ Abb. 17.112) ist somatotop gegliedert. Von rostral nach okzipital finden sich die Repräsentationen von Gesicht, Arm und Bein. Das supplementär-motorische Areal einer Seite sendet absteigende Projektionen zu ipsi- und kontralateralen Motoneuronen. Motoneurone für die proximale Muskulatur können von SMA über die Formatio reticularis erreicht werden, mehr distale Muskelgruppen, z.B. Motoneurone zur Steuerung der Handmuskulatur, werden dagegen nach synaptischer Umschaltung im primären motorischen Cortex über die Pyramidenbahn angesteuert.

Der **prämotorische Cortex PMC** (▫ Abb. 17.112) ist ebenfalls somatotop gegliedert und reziprok mit dem primären motorischen Cortex, SMA und dem cingulär-motorischen Cortex verbunden. Wie in BA 4 finden sich die Bein-, Arm- und Gesichtsrepräsentation in einer Sequenz von dorsal nach ventral. PMC bereitet Bewegungen vor und steuert sie. Der ventrale Teil von PMC wirkt v.a. bei visuell geleiteten Bewegungen, z.B. gezieltes Ergreifen eines Objekts mit. Von besonderem Interesse ist dabei, dass Neurone im ventralen PMC, die während der Greifbewegung aktiv sind, auch bei der Beobachtung vergleichbarer Greifbewegungen aktiviert sind. Es handelt sich daher um Nervenzellen, die sowohl motorische als auch kognitive Leistungen vollbringen. Diese nur in bestimmten Regionen des Cortex vorkommenden Nervenzellen bezeichnet man als **»Mirror-(Spiegel-) Neurone«.**

Der **prä-supplementär-motorische Cortex, pre-SMA** (▫ Abb. 17.112), der auf der freien medialen Cortexoberfläche oberhalb des Sulcus cinguli liegt, und der **cingulär-motorische Cortex, CMC,** (▫ Abb. 17.112), der im Sulcus cinguli unterhalb von SMA und

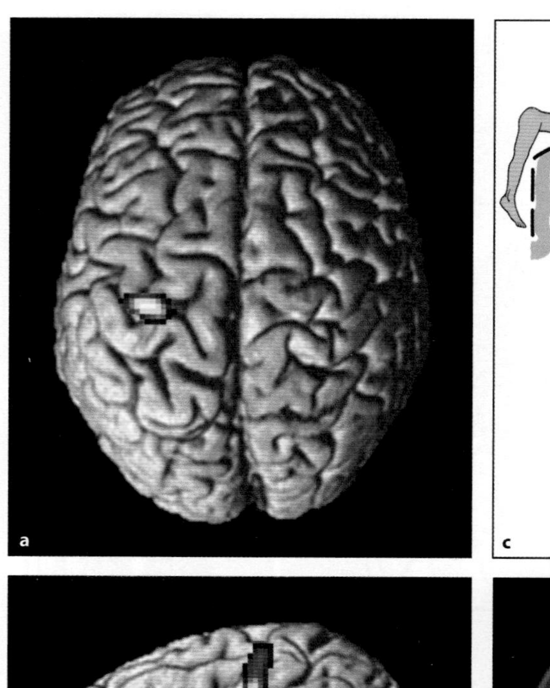

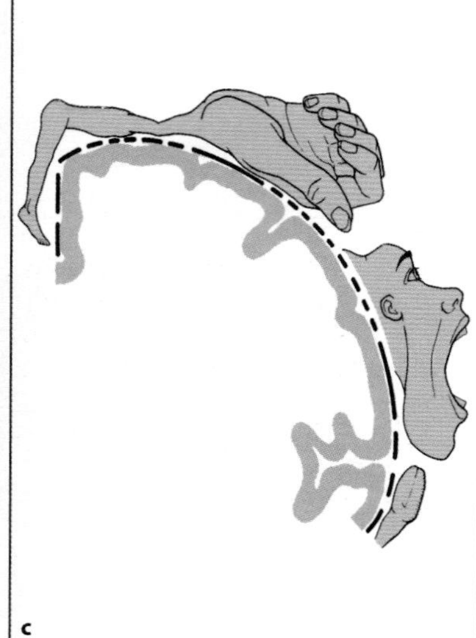

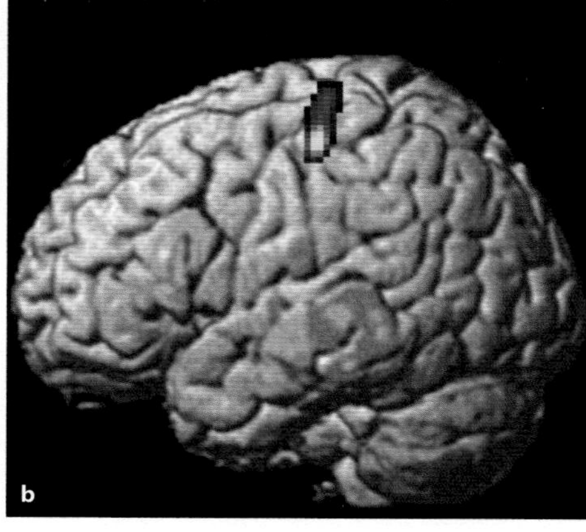

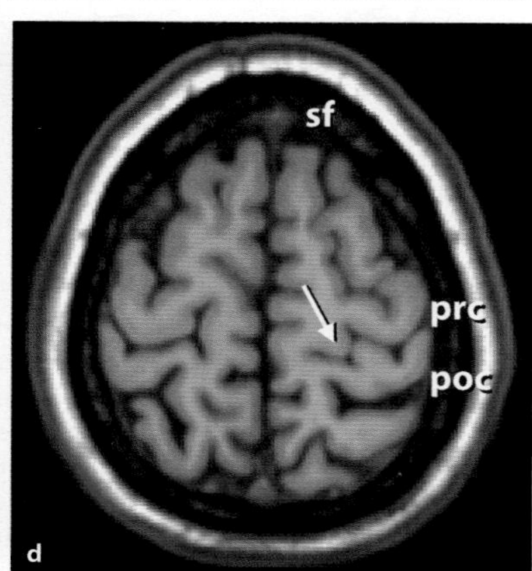

▫ **Abb. 17.114a–d.** Somatotopie und »hand knob«. **a, b** Funktionelle Magnet-Resonanz-Tomographie (fMRT) bei Bewegungen der Hand und der Finger (Faustschluss) mit Aktivierung des entsprechenden Repräsentationsgebiets in BA 4. **c** Somatotopie und motorischer Homunculus mit der funktionsbedingten, überproportional großen Repräsentation von Hand, Fingern und Gesicht [6]. **d** Horizontalschnitt. Die überproportionale Repräsentation der Hand und der Finger führt zu einer lokalen Vergrößerung der Hirnrindenoberfläche, die sich als sog. »hand knob« (Pfeil), einer auf der Seite liegenden Ω-förmigen Vorbuchtung des Gyrus praecentralis in den Sulcus centralis, bemerkbar macht und in magnetresonanztomographischen Untersuchungen des Gehirns sichtbar ist. poc = Sulcus postcentralis; prc = Sulcus praecentralis; sf = Sulcus frontalis superior

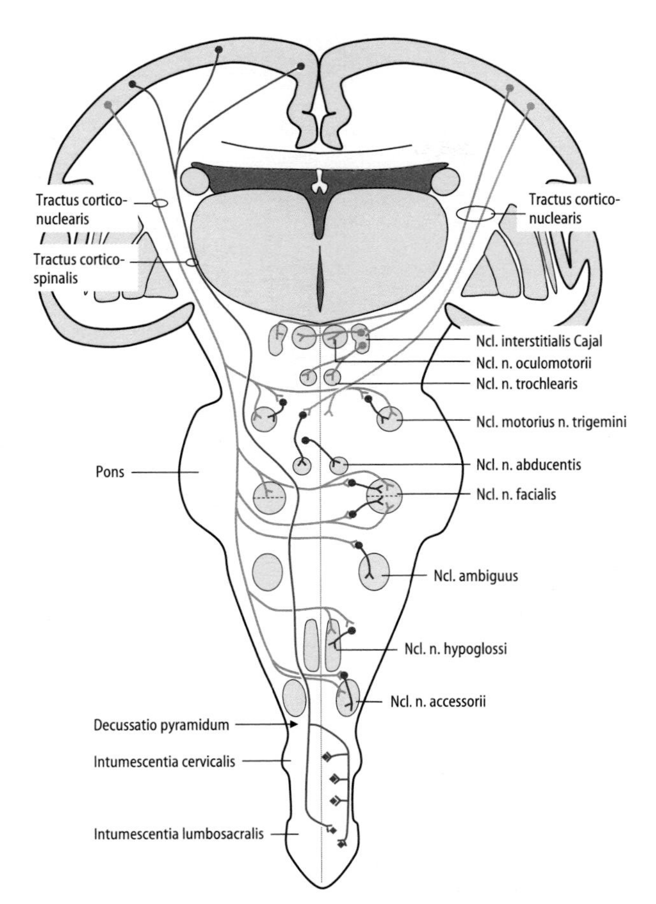

◻ Abb. 17.115. Ursprung, Verlauf und Endigungen der Tractus corticospinalis und corticonuclearis (corticobulbaris)

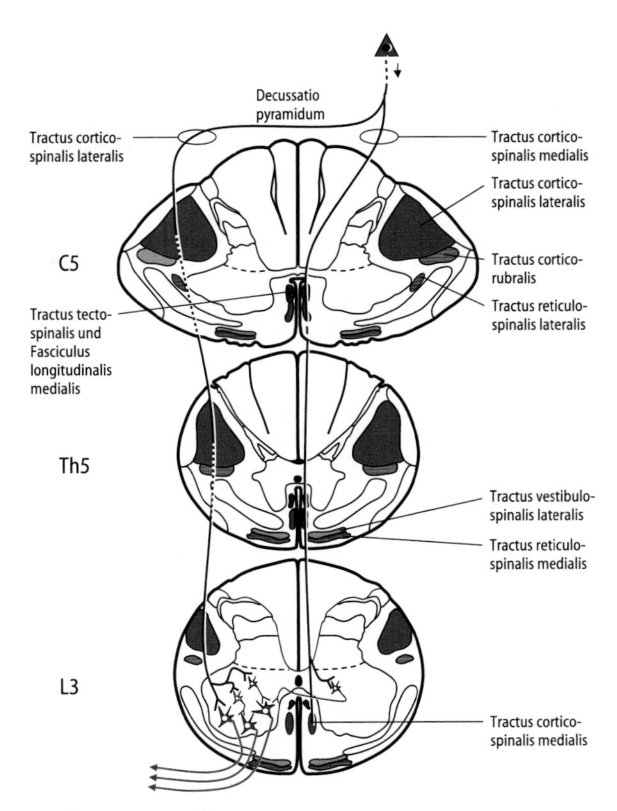

◻ Abb. 17.116. Verlauf und Endigungen der Tractus corticospinalis im unteren Hirnstamm und im Rückenmark. C5 = Zervikalsegment 5; Th5 = Thorakalsegment 5; L3 = Lumbalsegment 3

pre-SMA zu finden ist, sind ebenfalls somatotop organisiert. Der pre-SMA ist vor dem Auftreten von Bewegungen aktiv und hat im Gegensatz zu SMA keine Verbindungen mit M1 und keine direkten Projektionen ins Rückenmark, dafür aber starke Verbindungen mit dem präfrontalen Cortex, SMA und dem cingulär-motorischen Cortex. Der pre-SMA ist in kognitive Aspekte von Bewegungen involviert, aktualisiert die Planung von Bewegungsabläufen und ermöglicht das Erlernen neuer motorischer Abläufe. Der zingulär-motorische Cortex sendet direkte Efferenzen in das primäre motorische Areal und das Rückenmark. Er ist vor und während der Bewegungen aktiv und überwacht sowohl die Durchführung als auch die Ergebnisse von Bewegungen.

Primär motorische, prämotorische, supplementär-motorische, prä-supplementär-motorische und cingulär-motorische Cortexregionen bilden zusammen den motorischen Cortex, die hierarchisch höchste Ebene des motorischen Systems. Im supplementär-motorischen Cortex wird die Bewegung geplant und eingeleitet, durch den prämotorischen Cortex werden komplexere Bewegungsabläufe gesteuert, im hinteren parietalen Cortex wird die Information über räumliche Aspekte für das Ergreifen von Objekten bereitgestellt. Die Einleitung einer Bewegung in SMA kann als sog. Bereitschaftspotenzial ca. 500 ms vor der Muskelkontraktion in der Elektroenzephalographie (EEG) registriert werden.

Neben Regionen, die vor dem motorischen Cortex im Lobus frontalis liegen, ist die Hirnrinde des *Lobulus parietalis superior* und des *Sulcus intraparietalis* ein weiteres Gebiet, das für die Vorbereitung und Durchführung von gezielten motorischen Aktionen (z.B. Greif- und Zeigebewegungen) von entscheidender Bedeutung ist (◻ Abb.17.112). Es erhält u.a. Input aus der visuellen Hirnrinde und erlaubt so eine präzise Führung der Hand und Finger auf ein Ziel. Durch die Verknüpfung verschiedener sensorischer Modalitäten wird eine Lokalisation von Objekten im Raum hinsichtlich ihrer Lage zum Beobachter erreicht.

Der **Tractus corticospinalis, Pyramidenbahn,** ist eine direkte und schnelle Verbindung zwischen Hirnrinde und Rückenmark. Aus der Area 4, aber auch aus prämotorischen und parietalen Rindengebieten kommend, ziehen efferente Fasern als **Tractus corticospinalis** (◻ Abb. 17.115), **Pyramidenbahn,** durch das Crus posterius der Capsula interna und den Pedunculus (Crus) cerebri ohne synaptische Umschaltung zu den α-Motoneuronen der kontralateralen Vorderhörner des Rückenmarks. Der größte Teil dieser Bahn kreuzt in der *Decussatio pyramidum* auf die Gegenseite und bildet danach den *Tractus corticospinalis lateralis* im Funiculus lateralis des Rückenmarks. Der kleinere Teil, *Tractus corticospinalis ventralis (medialis)*, verläuft zunächst ungekreuzt im Funiculus ventralis nach kaudal. Seine Nervenfasern kreuzen erst auf dem Niveau ihrer Zielneurone im Rückenmark zur Gegenseite. Axone der Pyramidenbahn können auch ihre Information indirekt nach einer synaptischen Umschaltung an spinalen Interneuronen an die α-Motoneurone übermitteln (◻ Abb. 17.116).

17.92 Lähmungen

Da die absteigenden Bahnen des Tractus corticospinalis (pyramidalis) und des Tractus corticonuclearis im Crus posterius und dem Genu der Capsula interna auf engstem Raum konzentriert sind, können selbst kleinste Läsionen in dieser Region zu erheblichen Funktionsausfällen ▼

führen. Die Kreuzung der Pyramidenbahn im Hirnstamm erklärt, warum nach Läsionen der Area 4 Lähmungen, **Paresen,** auf der kontralateralen Körperseite auftreten.

Bei Läsionen der Pyramidenbahn kommt es zunächst zu einer **schlaffen Lähmung,** die durch Hypotonie der Muskulatur gekennzeichnet ist. Bald jedoch wandelt sich die schlaffe in eine **spastische Lähmung** der Muskulatur um. Bei Läsionen im Bereich der gemeinsamen motorischen Endstrecke kommt es dagegen immer zu einer bleibenden schlaffen Lähmung.

Wichtigstes diagnostisches Zeichen bei einer Pyramidenbahnläsion ist der **Babinski-Reflex**. Außerdem treten bei Spastik **Muskelkloni** auf, die z.B. in rhythmischen Zuckungen der Patella durch Kontraktionen des M. quadriceps bestehen, wenn die Patella ruckartig nach distal geschoben wird. Ein Klonus kann auch am Fuß ausgelöst werden, wenn der Fuß nach dorsal flektiert und damit die Achillessehne gedehnt wird. Es kommt dann zu Zuckungen des Fußes nach plantar.

Den α-Motoneuronen des Rückenmarks vergleichbare Motoneurone in den Kerngebieten der Hirnnerven III–VII und IX–XII erhalten über den *Tractus corticonuclearis* (■ Abb. 17.115) Afferenzen aus kontralateralen, in einigen Fällen auch aus ipsilateralen motorischen Hirnrindengebieten zur Steuerung der quergestreiften Muskulatur der Kopf- und Halsregion. Die Fasern des Tractus corticonuclearis kreuzen auf der Höhe ihrer Zielgebiete zur Gegenseite und ziehen direkt oder nach synaptischer Umschaltung an Interneuronen zu den Motoneuronen.

Die Aktivität der äußeren Augenmuskulatur wird von den Nucll. nn. III, IV und VI gesteuert. Dabei spielt das **frontale Augenfeld des Hirnrindenareals BA 8**, »frontal eye field« **FEF,** das vor dem lateralen prämotorischen Cortex im dorsalen Bereich des Frontallappens liegt, eine wichtige Rolle (■ Abb. 17.112). Aus FEF ziehen Efferenzen zur *Area pretectalis,* dem *Colliculus superior* und der medialen Zone der Formatio reticularis in Höhe der Brücke sowie dem *Ncl. prepositus hypoglossi* (■ Abb. 17.118). Der Ncl. prepositus hypoglossi sendet als »präokulomotorisches Zentrum« efferente Fasern zu allen Augenmuskelkernen. Aus der Hirnrinde, der Area pretectalis und dem Colliculus superior ziehen Fasern zum ipsi- und kontralateralen *Ncl. interstitialis Cajal,* der ipsi- und kontralaterale Efferenzen zu den *Ncll. n. oculomotorii* und *trochlearis* sendet (■ Abb. 17.115). Auf diesem Weg wird die Information für **konjugierte** (gleichgerichtete Bewegungen beider Augen) **Augenbewegungen** in die Kerngebiete der Hirnnerven III–IV und VI weitergeleitet.

17.93 Prevost-Zeichen

Bei einer Läsion des frontalen Augenfelds ist eine willkürliche Bewegung der Augen zur betroffenen Seite hin nicht mehr möglich. Das **Prevost-Zeichen** (konjugierte, d.h. gleichsinnige Bewegungen beider Augen [deviation conjugée] zur Gegenseite [= gesunde Seite]) kann diagnostiziert werden.

Die Formatio reticularis projiziert ihrerseits auf den ipsilateralen *Ncl. interstitialis rostralis fasciculi longitudinalis medialis,* den ipsilateralen *Ncl. n. abducentis* und den *Ncl. prepositus hypoglossi* (■ Abb. 17.118). Der *Ncl. interstitialis rostralis fasciculi longitudinalis medialis* erreicht schließlich mit Efferenzen den ipsilateralen Ncl. n. oculomotorii und vermittelt **vertikale Augenbewegungen.**

Der *Ncl. n. abducentis* projiziert in den ipsilateralen *Ncl. n. oculomotorii* (■ Abb. 17.117) und hemmt dort die Neurone, die den *M. rectus medialis* innervieren. So können die Aktivitäten der antagonistisch wirkenden *Mm. recti lateralis* (aus dem Ncl. n. abducentis) und *medialis* (aus dem Ncl. n. oculomotorii) koordiniert werden.

Der **Ncl. motorius n. trigemini** sendet seine Efferenzen in den dritten Ast des N. trigeminus, *N. mandibularis.* Er innerviert die gesamte Kaumuskulatur und weitere Muskeln, die aus dem Material des ersten Branchialbogens stammen (■ Abb.17.117). Dieser Kern erhält direkt oder über Interneurone aus dem motorischen Cortex stammende Afferenzen durch die *Tractus corticonucleares* beider Seiten (■ Abb. 17.115).

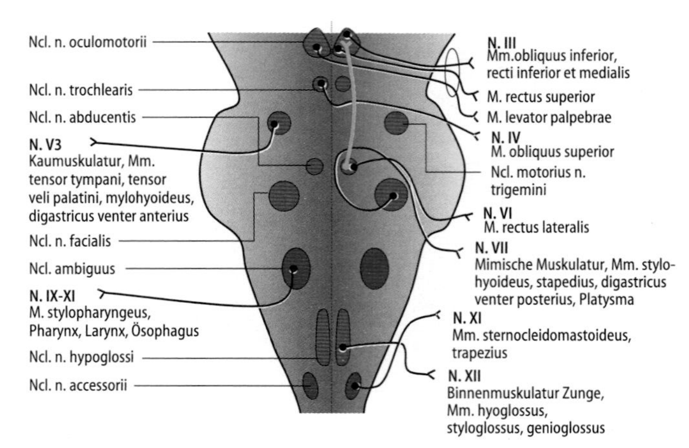

■ **Abb. 17.117.** Motorische Hirnnervenkerngebiete und ihre peripheren Zielorgane im Hirnstamm

Der **Ncl. n. facialis** bildet die gemeinsame motorische Endstrecke für die **mimische Muskulatur.** Der Kern ist von rostral nach kaudal untergliedert in je eine Zellgruppe für den Stirn-, den mittleren und den unteren Gesichtsbereich. Die Zellgruppe des Stirnbereichs wird sowohl vom ipsi-, als auch vom kontralateralen Tractus corticonuclearis erreicht. Die kaudalen zwei Drittel werden ausschließlich vom kontralateralen Cortex innerviert (■ Abb. 17.115).

17.94 Parese des N. facialis

Bei einer **peripheren Parese des N. facialis** kommt es zu einer schlaffen Lähmung aller mimischen Muskeln auf der betroffenen Seite. Bei einer **zentralen Parese des N. facialis** durch eine Läsion des Tractus corticonuclearis oder des für die mimische Muskulatur zuständigen Cortexbereichs wird die mimische Muskulatur des kontralateralen Stirnbereichs noch vom ipsilateralen Tractus corticonuclearis im rostralen Drittel des Ncl. n. facialis innerviert. Die anderen Teile der kontralateralen mimischen Muskulatur zeigen dagegen eine schlaffe Lähmung, weil die zuständigen Motoneurone im Ncl. n. facialis nur vom kontralateralen Tractus corticonuclearis erreicht werden können.

Der **Ncl. ambiguus,** dessen efferente Fasern mit den Hirnnerven IX, X und XI in die Peripherie ziehen (■ Abb. 17.117), erhält Afferenzen aus den ipsi- und kontralateralen Tractus corticonucleares (■ Abb. 17.115). Die Zielgebiete der efferenten Fasern des Ncl. ambiguus sind Schlund- und Kehlkopfmuskulatur, der *M. stylopharyngeus* sowie die quergestreifte Muskulatur im Ösophagus.

Die Afferenzen zum **Ncl. n. hypoglossi** kommen ausschließlich aus dem kontralateralen Tractus corticonuclearis (■ Abb. 17.115). Seine Zielgebiete sind die Binnenmuskulatur der Zunge und die *Mm. hyoglossus, styloglossus* und *genioglossus.*

17.95 Hypoglossusparese

Bei einer **peripheren Läsion des N. hypoglossus** zeigt die Zunge wegen der ipsilateralen Muskelatrophie beim Vorstrecken zur Seite der Läsion hin. Im Fall einer zentralen Schädigung des zuständigen Cortexbereichs oder des Tractus corticonuclearis, **zentrale Hypoglossusparese,** weist die Zunge von der Seite der zentralen Läsion weg, da die kontralaterale Muskulatur wegen der Kreuzung der Afferenzen aus dem

▼

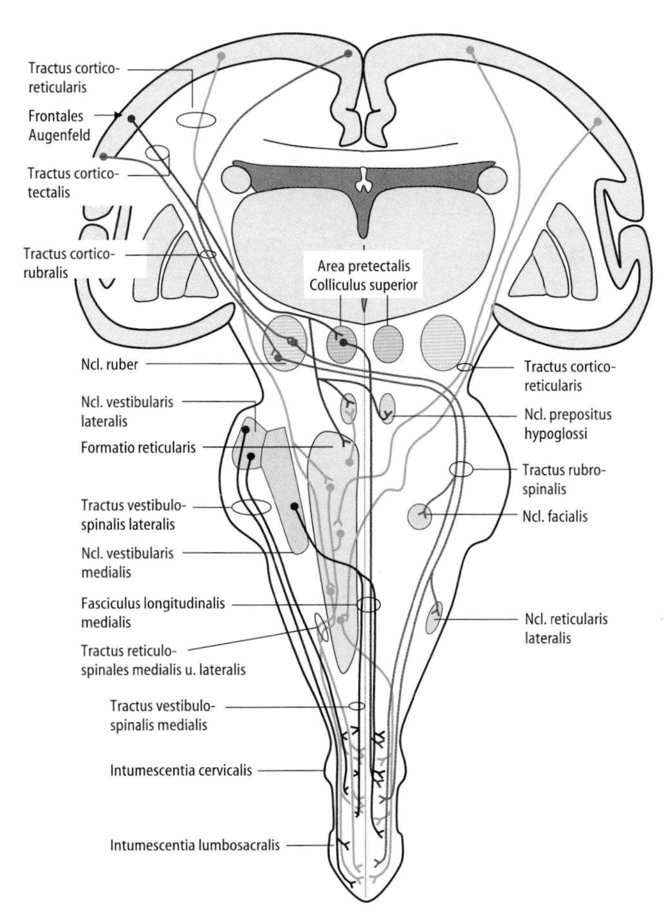

Abb. 17.118. Vom Cortex zum Hirnstamm (Tractus corticorubralis, corticotectalis, corticoreticularis) und von Hirnstamm zum Rückenmark absteigende Faserbahnen (Tractus rubrospinalis, vestibulospinales medialis und lateralis, reticulospinales medialis und lateralis und Fasciculus longitudinalis medialis)

Tractus corticonuclearis gelähmt ist; im Gegensatz zur peripheren Parese fehlt aber eine deutliche Muskelatrophie, weil die motorische Endstrecke erhalten bleibt.

Der **Ncl. accessorius,** der sich über die Rückenmarkssegmente C1 bis C7 erstreckt, erhält Afferenzen aus dem ipsi- und kontralateralen motorischen Cortex. Er innerviert die branchiogenen Mm. *trapezius* und *sternocleidomastoideus* über den *N. accessorius* (Abb. 17.117). Der Ncl. accessorius erhält nach Kreuzung auf die Gegenseite Afferenzen aus dem Tractus corticonuclearis (Abb. 17.115).

In Kürze

Die aus der Großhirnrinde absteigenden Faserbahnen lassen sich übersichtlich nach ihren zentralen Zielgebieten ordnen:
Tractus corticospinalis → α-Motoneurone und Interneurone des Vorderhorns im Rückenmark
Tractus corticonuclearis → α-Motoneurone und Interneurone der Hirnnerven III–VII und IX–XII
Tractus corticoreticularis → Formatio reticularis
Tractus corticopontinus → Ncll. pontis
Tractus corticorubralis → Ncl. ruber
Tractus corticothalamicus → Thalamus
Tractus corticostriatalis → Basalganglien

17.13.2 Kleinhirn

Das Kleinhirn, *Cerebellum*, ist wichtig für die Ausführung von Bewegungen unter Führung sensorischer Information (z.B. unter visueller Kontrolle) und für die Anpassung der Körperhaltung beim Stehen und Gehen. Dies wird ermöglicht durch Afferenzen zum Cerebellum aus praktisch allen Bereichen der Hirnrinde, Kerngebieten im Hirnstamm und dem Rückenmark. Das Kleinhirn ist auch an kognitiven Leistungen beteiligt und kann heute nicht mehr ausschließlich als motorische Hirnregion verstanden werden. Zur Entwicklung des Kleinhirns siehe ► Kap. 17.19.

Struktur des Kleinhirns

Das Cerebellum besteht aus der **Kleinhirnrinde,** *Cortex cerebelli*, der darunter liegenden **weißen Substanz,** dem **Kleinhirnmark,** die afferente und efferente Faserbahnen enthält, und mehreren **Kleinhirnkernen,** *Ncll. cerebellares*, die in der weißen Substanz liegen. Die Kleinhirnrinde ist aus drei Schichten zusammengesetzt, einem breiten *Stratum moleculare* an der freien Oberfläche, einem schmalen *Stratum ganglionare* mit den Purkinje-Zellen, und dem *Stratum granulosum* (Abb. 17.119).

Alle Afferenzen zum Cerebellum sind exzitatorisch wirksam und erreichen direkt als **Moosfasern** oder **Kletterfasern** die Kleinhirnrinde. Auf dem Weg zur Kleinhirnrinde bilden sie durch Axonkollateralen Synapsen mit den multipolaren Neuronen der Kleinhirnkerne (Abb. 17.119 und ► Kap. 17.3).

Die **Kletterfasern** werden ausschließlich von den Neuronen des jeweils kontralateralen *Ncl. olivaris inferior* gebildet und gelangen über den *Pedunculus cerebellaris inferior (Corpus restiforme)* zur Kleinhirnrinde. Sie erreichen dort im *Stratum moleculare* die Den-

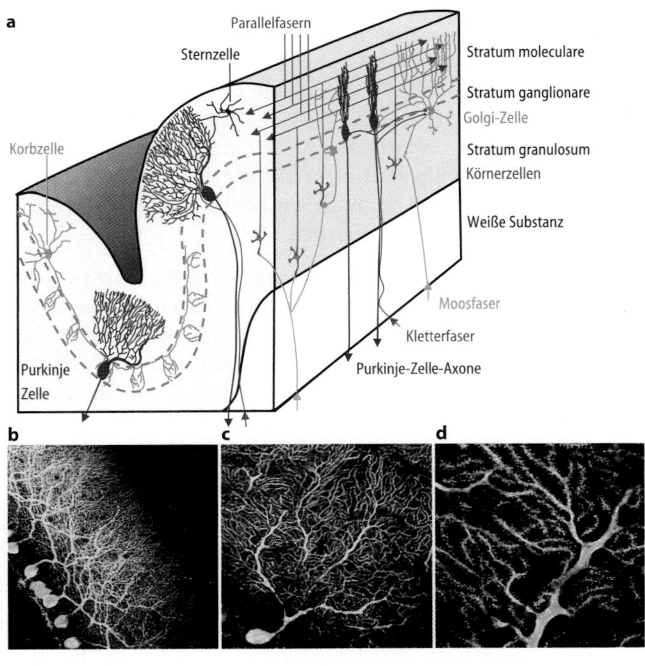

Abb. 17.119a–d. Cortex cerebelli mit den 3 Schichten, den wichtigsten Neuronentypen und ihren synaptischen Kontakten. **a** Schematische Darstellung. **b–d** Purkinje-Zellen des Kleinhirns in einer immunhistochemischen Doppelfärbung mit Antikörpern gegen die α2-Untereinheit der Guanylylzyklase (rot), die durch Stickstoffmonoxid (NO) aktiviert wird und eine Erniedrigung der intrazellulären Kalziumkonzentration bewirkt, und dem Kalzium-bindenden Protein Calbindin (grün). Die gelbe Färbung zeigt Orte in der Purkinje-Zelle, an denen beide Moleküle kolokalisiert sind [19]

driten der Purkinje-Zellen (■ Abb. 17.119) und der Golgi-Zellen. An beiden inhibitorisch wirksamen Zellen enden sie mit exzitatorischen glutamatergen Synapsen. Die Kletterfasern bilden mit den Purkinje-Zellen parallele, von rostral nach kaudal verlaufende Längszonen, die senkrecht zu den Fissuren des Kleinhirns ausgerichtet sind.

Die **Moosfasern** haben ihren Ursprung vor allem im Rückenmark, Pons und Kerngebieten des Hirnstamms (z.B. Ncll. vestibulares, Ncl. cervicalis centralis) und gelangen durch alle 3 Pedunculi cerebellares zur Kleinhirnrinde. Weitere Moosfasern werden von Neuronen der Kleinhirnkerne und von den seltenen Bürstenzellen im Stratum granulosum gebildet. Die Moosfasern erreichen zunächst die innere und zelldichteste Schicht der Kleinhirnrinde, das **Stratum granulosum** (■ Abb. 17.119). Die Moosfasern verzweigen sich dort und enden in den *Glomeruli cerebellares*, von Gliazellen umhüllte synaptische Komplexe aus Moosfaserendigungen, Dendriten der Körnerzellen und Axonendigungen der Golgi-Zellen, deren Zellkörper im Stratum granulosum liegen (■ Abb. 17.119). Die Moosfasern wirken in diesem Komplex durch die Freisetzung von Glutamat exzitatorisch auf Körnerzelldendriten und Golgi-Zellen. Die Golgi-Zellaxone inhibieren durch GABA Körnerzelldendriten. Die nichtmyelinisierten Axone der Körnerzellen ziehen in das **Stratum moleculare** und verzweigen sich dort dichotom. Als **Parallelfasern** ziehen sie dann parallel zur Oberfläche der Kleinhirnrinde durch die Molekularschicht. Sie laufen dabei durch zahlreiche, zur Richtung der Parallelfasern senkrecht stehende und in einer Ebene ausgerichteten (»Spalierobst«-ähnlich) Dendritenbäume der **Purkinje-Zellen**, die in der Molekularschicht liegen und deren Perikarya das **Stratum ganglionare** bilden (■ Abb. 17.119). Die Parallelfasern setzen den Transmitter Glutamat frei und wirken so exzitatorisch auf die Dendriten der Purkinje-Zellen. Die **Sternzelle** ist ein Interneuron in der Molekularschicht, deren Axon inhibitorische Synapsen an den Dendriten der Purkinje-Zellen bildet. Ein weiteres Interneuron ist die **Korbzelle**, die in der Molekularschicht nahe dem Stratum ganglionare liegt. Durch Freisetzung von GABA in terminalen Faserkörben, die Zellkörper von Purkinje-Zellen wie ein Flechtwerk umhüllen, bilden sie inhibitorische Synapsen mit den Purkinje-Zellen. Diese senden ihre Axone zu den Ncll. cerebellares, wo sie GABAerge, inhibitorische Synapsen mit den multipolaren Neuronen der Kleinhirnkerne bilden. Axonkollateralen der Purkinje-Zellen bilden außerdem inhibitorische Synapsen mit den Körnerzellen.

Die Kletterfasern enden mit glutamatergen exzitatorischen Synapsen an Purkinje-Zellen. Die Moosfasern enden mit ebenfalls glutamatergen exzitatorischen Synapsen an Körnerzellen. Diese bilden glutamaterge exzitatorische Synapsen über ihre Parallelfasern an den Purkinje-Zellen, die ihrerseits inhibitorische Synapsen mit den Neuronen der Ncll. cerebellares und den Körnerzellen bilden.

Golgi-, Stern- und Korbzellen sind GABAerge inhibitorische Interneurone in den Strata granulosum und moleculare der Kleinhirnrinde.

Afferente Bahnen zum Kleinhirn

Neben den beim Menschen besonders zahlreichen Efferenzen aus dem Neocortex, die über den *Tractus corticopontinus* zu den *Ncll. pontis* derselben Seite gelangen, erhält das Cerebellum auch Informationen über die Stellung des Kopfs im Raum via *Ncll. vestibulares* und die Stellung der Körperteile zueinander aus Muskelspindeln und Sehnenorganen via Tractus spinocerebellares (■ Abb. 17.120). Diese Projektionen zeigen eine topische Gliederung in der Kleinhirnrinde. Der mittelständige Wurmteil, *Vermis cerebelli*, und seine Derivate, *Flocculus* und *Paraflocculus*, stehen mit dem vestibulären System in Beziehung. Die *Pars intermedia* der Hemisphären ist Zielgebiet von spinozerebellären Fasern mit Informationen aus dem propriozeptiven System. Die *Pars lateralis* steht dagegen vorwiegend unter dem Einfluss der Großhirnrinde.

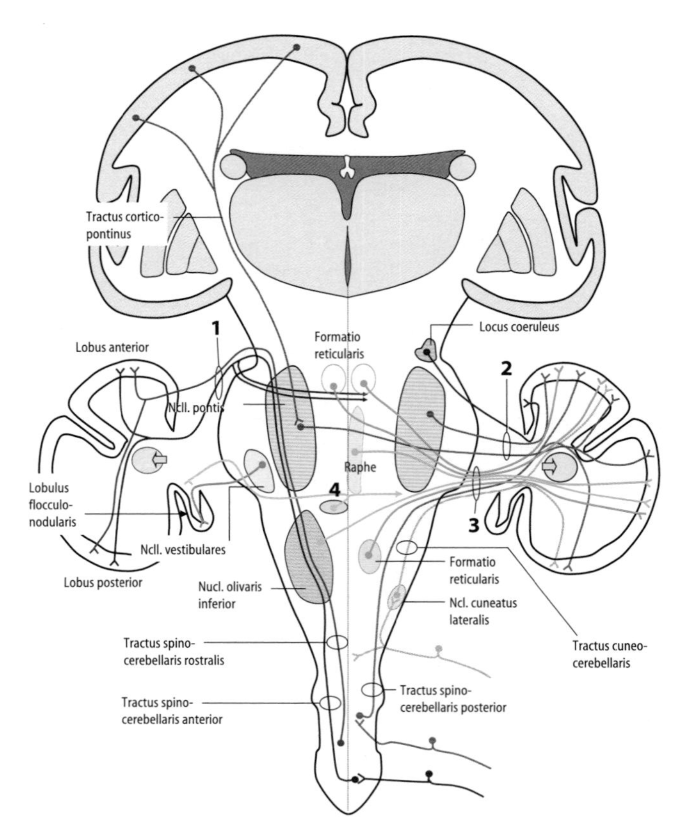

■ **Abb. 17.120.** Afferente Bahnen des Kleinhirns. 1 = Pedunculus cerebellaris superior, Brachium conjunctivum; 2 = Pedunculus cerebellaris medius, Brachium pontis; 3 = Pedunculus cerebellaris inferior, Corpus restiforme; 4 = Ncl. arcuatus mit Striae medullares und Tractus arcuatocerebellaris. Gelbe Pfeile markieren den Input in die Ncll. cerebellares aus den Axonkollateralen aller Afferenzen

Die wichtigsten afferenten Faserbahnen zum Cerebellum sind in ► Kap. 17.3 besprochen.

Der *Tractus olivocerebellaris* besteht ausschließlich aus Kletterfasern und hat seinen Ursprung im kontralateralen *Ncl. olivaris inferior* und zieht durch den Pedunculus cerebellaris inferior zum Cerebellum. Die Endigungsgebiete liegen im lateralen Teil des Lobus anterior, Vermis und Lobulus flocculonodularis. Der mediale Hemisphärenabschnitt und der Vermis werden von Kletterfasern erreicht, die aus den kontralateralen *Ncll. olivares accessorii dorsalis* und *medialis* stammen. Der Ncl. olivaris inferior erhält Afferenzen aus zahlreichen Regionen des Zentralnervensystems:

- den überwiegend kontralateralen Rexed Laminae IV–VIII des Rückenmarks über den **Tractus spinoolivaris**
- den Ncll. vestibulares, dem Tractus spinalis n. trigemini und dem akzessorischen optischen System,
- dem ipsilateralen **Ncl. ruber** über die *Fibrae rubroolivares* der **zentralen Haubenbahn,** *Tractus tegmentalis centralis,*
- der ipsilateralen Formatio reticularis und dem Griseum centrale über die Fibrae reticuloolivares der **zentralen Haubenbahn,**
- dem Corpus striatum, Globus pallidus und der Zona incerta (alle ipsilateral) über die *Fibrae pallidoolivares* der **zentralen Haubenbahn** und
- dem motorischen Cortex BA 4.

Der Ncl. olivaris inferior ist damit eine zentrale Umschaltstation für zerebelläre Afferenzen, da motorische, visuelle, vestibuläre und somatosensorische Informationen hier integriert und über die Kletterfasern ins Cerebellum weitergeleitet werden.

Der *Tractus spinocerebellaris anterior (ventralis) Gower* (◘ Abb. 17.120) wird zum größten Teil von Axonen gebildet, deren Perikarya als »border cells« am Rand der grauen Substanz des lumbosakralen Rückenmarks in der kontralateralen Rexed Lamina IX liegen. Außerdem finden sich auch Fasern aus den Rexed Laminae V–VII im Tractus spinocerebellaris anterior, der somit propriozeptive Informationen aus der unteren Körperhälfte leitet. Ein entsprechendes Fasersystem für die obere Körperhälfte entspringt aus der *Intumescentia cervicalis* und wird als *Tractus spinocerebellaris rostralis (superior)* bezeichnet (◘ Abb. 17.120). Außerdem unterscheidet man noch einen *Tractus spinocerebellaris centralis,* dessen Perikarya in der Rexed Lamina VII des zervikalen Rückenmarks liegen und propriozeptiven Afferenzen aus der Nackenmuskulatur erhalten. Diese drei spinozerebellären Bahnen gelangen über den Pedunculus cerebellaris superior ins Kleinhirn.

Der *Tractus spinocerebellaris dorsalis (posterior) Flechsig* (◘ Abb. 17.120) aus dem *Ncl. thoracicus* des Rückenmarks gelangt ipsilateral durch den Pedunculus cerebellaris inferior zum Lobus anterior und zur Pyramis. Er erhält seine propriozeptive, aber auch exterozeptive Informationen aus der unteren Extremität und Rumpfhälfte. Dem Tractus spinocerebellaris dorsalis entspricht für den oberen Rumpfabschnitt und die obere Extremität der *Tractus cuneocerebellaris* aus dem *Ncl. cuneatus lateralis (externus)* des unteren Hirnstamms. Er gelangt ebenfalls ipsilateral durch den Pedunculus cerebellaris inferior zur Kleinhirnrinde.

Aus dem *Ncl. arcuatus,* der auf Höhe des Ncl. olivaris inferior basal und medial der Pyramidenbahn zu finden ist, entspringen die *Fibrae arcuatae externae.* Diese ziehen genau in der Mittellinie der Medulla oblongata nach dorsal, biegen dort unmittelbar unter dem Boden des IV. Ventrikels als *Striae medullares* nach lateral und ziehen dann im *Tractus arcuatocerebellaris* durch den Pedunculus cerebellaris inferior zum ipsi- und kontralateralen Lobulus flocculonodularis.

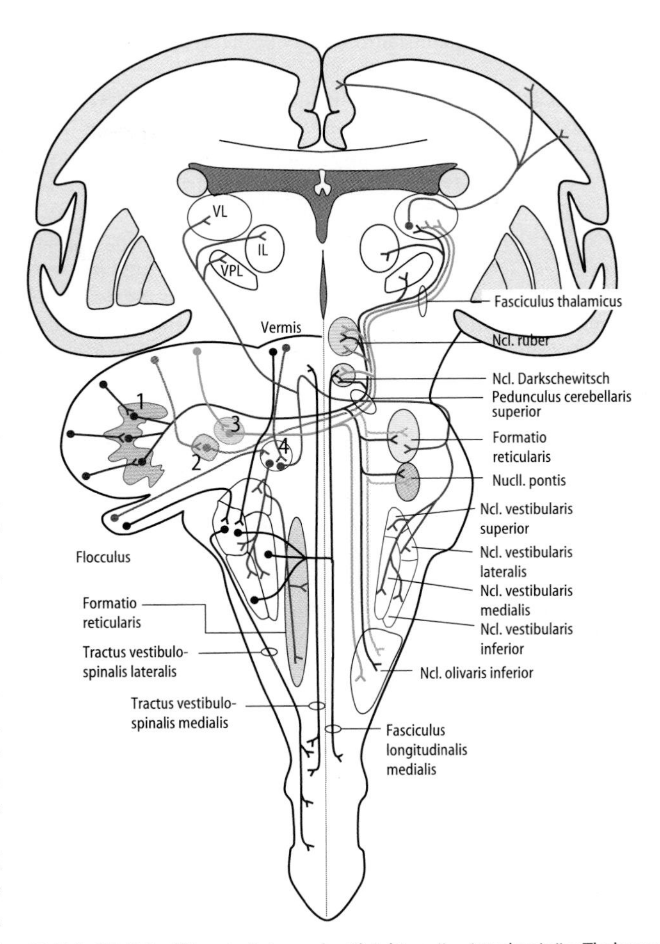

◘ **Abb. 17.121.** Efferente Bahnen des Kleinhirns. IL = intralaminäre Thalamuskerne; VL = Ncl. ventrolateralis thalami; VPL = Ncl. ventralis posterolateralis thalami; 1 = Ncl. dentatus; 2 = Ncl. emboliformis; 3 = Ncl. globosus; 4 = Ncl. fastigii

Efferente Bahnen des Kleinhirns

Die Axone der Purkinje-Zellen enden in den Kleinhirnkernen und bilden das efferente Fasersystem der Kleinhirnrinde. Sie wirken durch GABA als inhibitorischen Transmitter hemmend auf die Neurone der *Ncl. cerebellares* (◘ Abb. 17.121). Axone der Purkinje-Zellen des Vermis ziehen aber auch direkt, d.h. ohne Umschaltung in den Kleinhirnkernen, zum Ncl. vestibularis lateralis, der damit eine den Kleinhirnkernen vergleichbare Stellung einnimmt.

Die meisten efferenten Bahnen kreuzen zur kontralateralen Seite und verlassen das Kleinhirn über den Pedunculus cerebellaris superior. Nur die Bahnen vom *Ncl. fastigii* zu den Vestibulariskernen ziehen durch den Pedunculus cerebellaris inferior. Zu den efferenten Faserbahnen beachte auch ► Kap. 17.3.

Die **Pars lateralis der Kleinhirnhemisphäre** projiziert auf den *Ncl. dentatus,* die *Pars intermedia* auf die angrenzenden *Ncll. emboliformis* und *globosus.* Der *Ncl. fastigii* erhält seinen Input aus dem Vermis. Der laterale Abschnitt des Vermis und der Flocculus senden Efferenzen direkt in den ipsilateralen *Ncl. vestibularis lateralis (Deiters),* aus dem der *Tractus vestibulospinalis lateralis* entspringt und zum Rückenmark absteigt (◘ Abb. 17.121).

Der Ncl. dentatus erhält seine Afferenzen aus den Kleinhirnhemisphären, der Ncl. interpositus aus der Pars intermedia und der Ncl. fastigii aus dem Vermis. Die efferenten Bahnen der Kleinhirnkerne ▼ verlassen das Kleinhirn weit überwiegend über den Pedunculus cerebellaris superior. Nur ein kleiner Teil der efferenten Bahnen zieht durch den Pedunculus cerebellaris inferior.

Die **größte efferente Bahn** entspringt aus den **Ncll. dentatus, emboliformis** und **globosus,** zieht nach Kreuzung im Pedunculus cerebellaris superior als *Tractus cerebellothalamicus* in die kontralateralen *Ncll. ventralis lateralis, ventralis posterolateralis* und *intralaminares* sowie absteigend in den *Ncl. olivaris inferior* (◘ Abb. 17.121). Da der Ncl. ventralis lateralis auch Teil der kortiko-striato-pallido-thalamo-kortikalen Basalganglienschleife des extrapyramidalen Systems ist, gewinnt das Kleinhirn durch diese Verbindung Einfluss auf die extrapyramidale Motorik. Alle drei genannten Kleinhirnkerne senden auch Efferenzen im *Tractus cerebellorubralis* zum kontralateralen *Ncl. ruber* (◘ Abb. 17.121), der seinerseits Afferenzen aus der Großhirnrinde über den *Tractus corticorubralis* erhält. Informationen aus dem Cortex cerebri und dem Cortex cerebelli konvergieren somit im Ncl. ruber. Die *Pars magnocellularis* des Ncl. ruber ist der Ursprung des *Tractus rubrospinalis,* der in den Seitenstrang des Rückenmarks zieht und in der *Substantia intermedia* auf Interneurone umgeschaltet wird, die dann die α-Motoneurone erreichen. Die *Pars parvocellularis* des Ncl. ruber ist der Ursprung des *Tractus rubroolivaris,* der im Ncl. olivaris inferior endet. Es wird vermutet, dass der *Tractus corticospinalis* primär beim »Einüben« neuer Bewegungsmuster aktiviert ist, während der *Tractus rubrospinalis* automatisch ablaufende Bewegungsmuster zu den Motoneuronen des Rückenmarks leitet.

Der **Nucleus fastigii** erhält Afferenzen aus der am weitesten medial gelegenen Längszone des Vermis und aus dem Folium und Tuber cerebelli. In Abhängigkeit von diesen drei Quellen von Afferenzen sendet er Efferenzen teils bilateral, teils nur kontralateral über den Pedunculus cerebellaris inferior zu den Ncll. vestibulares, die Formatio reticularis, das Griseum centrale, den Colliculus superior und den Thalamus. Der *Tractus vestibulospinalis medialis* entspringt in Vestibulariskernen und zieht im *Fasciculus longitudinalis medialis* zum Rückenmark. Die Kollateralen dieser Faserbahn steigen auf zu den Ncll. oculomotorii. Außerdem gelangen vestibuläre Efferenzen aufsteigend im Fasciculus longitudinalis medialis zu den *Ncll. Darkschewitsch* (◘ Abb. 17.121) und *interstitialis Cajal* (◘ Abb. 17.121), von denen wiederum eine Bahn, *Tractus interstitiospinalis,* ins zervikale Rückenmark absteigt.

Durch seine afferenten und efferenten Verschaltungen ist das Cerebellum in der Lage, den zeitlichen Ablauf von Bewegungen zu registrieren. Aus den kortikofugalen Bahnen erhält es eine Efferenzkopie, die mit einer Afferenzkopie aus dem propriozeptiven und vestibulären Input verglichen werden kann. Das Cerebellum ist somit über den Istzustand der Muskulatur und damit über die Stellung des Körpers und seiner Teile im Raum informiert. Aus den Endigungsbereichen der verschiedenen Bahnen in der Kleinhirnrinde ergibt sich eine Funktionsteilung: die Vermisregion ist vor allem mit Gleichgewichtsaufgaben (Vestibulocerebellum), die Pars intermedia mit der Stützmotorik (Spinocerebellum) und die Pars lateralis der Hemisphären mit der Feinmotorik (Cerebrocerebellum) beschäftigt.

Da das Cerebellum über die Körperstellung durch die propriozeptiven Afferenzen in den Tractus spinocerebellares informiert ist und durch die kortiko-pontino-zerebelläre Bahn »weiß, was die Großhirnrinde vorhat«, kann es Bewegungsabläufe koordinieren. Schädigungen und Funktionsausfälle des Kleinhirns zeigen sich daher nicht in einer generellen schlaffen oder spastischen Parese, sondern in einer fehlerhaften Koordination von Bewegungsabläufen.

17.96 Funktionsausfälle des Kleinhirns

Ausfälle von Kleinhirnfunktionen zeigen sich in einem unkoordinierten Zerfall der Bewegungsabläufe, zerebelläre **Ataxie**. Zum Beispiel führen gezielte Willkürbewegungen den Zeigefinger zu kurz oder zu weit, **Dysmetrie.** Wird der Widerstand, gegen den ein Arm gebeugt wird, plötzlich weggenommen, schießt die Bewegung unkontrolliert über, **Rebound-Phänomen.** Bei Kleinhirnläsionen kann der Sprachfluss gestört sein, **Dysarthrie.** Ebenso kann es zu einem **Intentionstremor** kommen.

17.13.3 Extrapyramidal-motorisches System

Alle Hirnstrukturen, die nicht direkt in die Pyramidenbahn eingebunden sind und motorische Funktionen ausüben, werden als **extrapyramidal-motorisches System, EPS,** bezeichnet. Dazu gehören die sog. **Basalganglien** im engeren Sinne, **Corpus striatum** (durch die Capsula interna in **Ncl. caudatus** und **Putamen** getrennt) und **Globus pallidus,** aber auch zahlreiche weitere Hirnregionen wie der **Ncl. olivaris inferior,** der **Nucl. ruber,** die **Substantia nigra,** der **Ncl. subthalamicus** und **motorische Thalamuskerne** sowie die alle Gebiete verknüpfenden Faserbahnen. Zu einem erheblichen Teil kann auch das **Cerebellum** dazu gerechnet werden. EPS und pyramidales System wirken aber bei Bewegungen immer zusammen, so dass diese Unterscheidung nicht im Sinne völlig separater neuronaler Systeme verstanden werden darf. Die **Basalganglienschleife,** Cortex–Basalganglien–Thalamus–Cortex, wird durch den Ncl. subthalamicus, die Substantia nigra und weitere Thalamuskerne ergänzt.

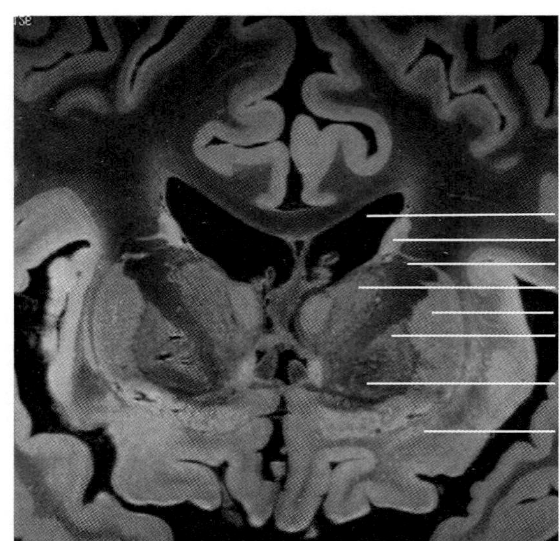

◘ **Abb. 17.122.** Basalganglien mit Ncl. caudatus, Putamen und Globus pallidus in der Magnet-Resonanz-Tomographie. Frontalschnitt durch das Gehirn des Menschen

Corpus striatum und Globus pallidus werden in dorsale und ventrale Regionen unterteilt. Das dorsale Striatum erhält direkte Afferenzen, das dorsale Pallidum nach Umschaltung im dorsalen Striatum, aus allen Teilen des Neocortex. Diese beeinflussen die Häufigkeit und Feinabstimmung motorischer Aktivität. Sie sind aber auch für kognitive Leistungen von großer Bedeutung. Die ventralen Regionen werden als Teile des basalen Vorderhirns angesehen und spielen z.B. bei emotionalen Funktionen eine wichtige Rolle.

Die Motoneurone des Hirnstamms und des Vorderhorns des Rückenmarks erhalten nicht nur aus dem motorischen Cortex über den *Tractus corticonuclearis* **(pyramidales System: PS)** und den *Tractus corticospinalis* ihren Input, sondern werden auch direkt oder über mehrere synaptische Umschaltungen von den Basalganglien (◘ Abb. 17.122), dem Cerebellum und von weiteren Regionen des Rhomb- und Diencephalons innerviert **(extrapyramidal-motorisches System: EPS)**. Das EPS ist somit integraler Bestandteil des gesamten motorischen Systems und ermöglicht durch Interaktion mit dem pyramidalen System normale Bewegungsabläufe.

Die Basalganglien sind Stationen in einem Schaltkreis, **Basalganglienschleife**, über den der gesamte Cortex in das Corpus striatum und von dort über mehrere Umschaltstationen auf Hirnrindengebiete des Frontallappens zurück projiziert. Die efferenten Bahnen aus den verschiedenen Cortexarealen zum Corpus striatum werden als *Tractus corticostriatalis* zusammengefasst. Die synaptischen Umschaltstationen der Basalganglienschleife liegen im *Corpus striatum* (durch die Capsula interna getrennt in Ncl. caudatus und Putamen), *Globus pallidus* und **motorischen Thalamus** (◘ Abb. 17.123). Die *Substantia nigra* und der *Ncl. subthalamicus* sind ebenfalls wichtige Hirnregionen des EPS. Dessen Funktion ist die Feinabstimmung der Initiierung und sequentiellen Ausführung von spontanen Bewegungen.

Die funktionelle Gliederung der Hirnrinde (visuell, motorisch, somatosensorisch, auditorisch, limbisch) spiegelt sich in unterschiedlichen kortikostriatalen Faserbahnen wider. Diese Differenzierung setzt sich auch in der Basalganglienschleife fort. So etablieren sich **parallele Schaltkreise** zwischen einzelnen Cortexregionen, Basal-

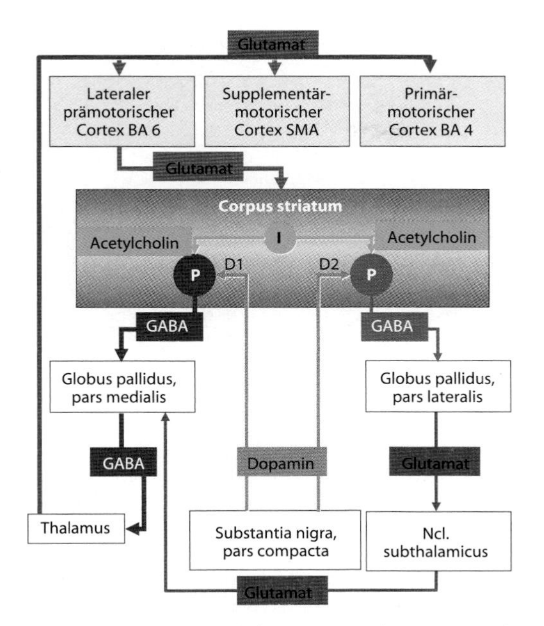

Abb. 17.123. Basalganglienschleife mit motorischen Cortexarealen, Corpus striatum, Globus pallidus pars interna und Ncll. ventrales lateralis und anterior thalami sowie weitere Verschaltungen und dabei beteiligte Transmittersysteme. Die Signalübertragung durch Dopamin von der Substantia nigra zum Corpus striatum, Tractus nigrostriatalis, wirkt exzitatorisch, wenn über Dopaminrezeptoren vom Typ D1 im Corpus striatum vermittelt wird, oder inhibitorisch, wenn es sich um Dopaminrezeptoren vom Typ D2 handelt. D1 = Dopaminrezeptoren vom Typ1; D2 = Dopaminrezeptoren vom Typ D2; I = cholinerge Interneurone im Corpus striatum; P = GABAerge Projektionsneurone zum Globus pallidus

ganglien, Thalamus und wieder zurück zum frontalen Cortex, die unterschiedlichen Aufgaben dienen (z.B. Schleifen für Rumpf- und Extremitätenmotorik, Schleife für Augenmotorik, usw.).

Der Tractus corticostriatalis verbindet alle kortikalen Regionen mit dem Corpus striatum. Daher ist die Basalganglienschleife auch an kognitiven und emotionalen Prozessen neben der herausragenden Bedeutung für die Motorik beteiligt.

Die Organisation der Basalganglienschleife (Abb. 17.123) ermöglicht durch die inhibitorischen Efferenzen vom Corpus striatum zum Globus pallidus und zur Pars reticularis der Substantia nigra eine Disinhibition der motorischen Thalamuskerne. Exzitatorische Projektionen zum frontalen Cortex und damit motorische Aktivierungen werden so verstärkt. Dieser Mechanismus führt zu einer Stimulation der Bewegungsvorbereitung im prämotorischen Cortex durch selektive Durchschaltung thalamischer Signale und bewirkt letztlich eine fließende Durchführung sukzessiver Bewegungen. Eine reduzierte Disinhibition des Thalamus hat dann Bewegungsarmut, **Hypokinese,** eine gesteigerte Disinhibition eine vermehrte motorische Aktivität, **Hyperkinese,** zur Folge.

17.97 Funktionsstörungen der Basalganglien

Die unterschiedlichen Funktionen der Basalganglien werden bei Erkrankungen dieser Hirnregionen deutlich, da häufig neben motorischen Störungen auch kognitive und emotionale Defizite in Form einer **»subkortikalen Demenz«** auftreten können. Umgekehrt besteht ein Zusammenhang zwischen kognitiven oder emotionalen und motorischen Störungen. So können bei Schizophrenie **katatone Haltungsstereotypien** (bizarre Körperhaltungen, die stereotyp immer wieder eingenommen werden) beobachtet werden. Die unterschiedliche Ausprägung der verschiedenen Symptome wird in Zusammenhang mit der jeweils unterschiedlichen Beeinträchtigung bestimmter Bereiche der Basalganglien gebracht.

Corpus striatum

Pyramidenzellen der Laminae II/III und V aller Cortexareale senden Axone im *Tractus corticostriatalis* zum ipsilateralen *Corpus striatum.* Sie bilden mit den dendritischen Dornen striataler **Hauptneurone** synaptische Kontakte. Die Axone aus dem sensomotorischen Cortex ziehen überwiegend in das Putamen, die anderer Hirnrindenbereiche in den *Ncl. caudatus.* Im Putamen folgen Bein-, Arm- und Gesichtsrepräsentation von dorsal nach ventral. Der Tractus corticostriatalis benutzt Glutamat als Transmitter und wirkt so erregend auf die Zielzellen im Corpus striatum (Abb. 17.123).

Die Zielzellen des Tractus corticostriatalis sind mittelgroße Neurone und repräsentieren mehr als 70% der Nervenzellen im Corpus striatum. Sie werden daher auch als striatale **Hauptneurone** bezeichnet. Jedes Hauptneuron bildet synaptische Kontakte mit mehreren tausend Axonen des Tractus corticostriatalis. Hauptneurone haben eine geringe Aktivität, da sie nur Aktionspotenziale bilden, wenn viele afferente Axone gleichzeitig aktiv sind. Die Hauptneurone projizieren zum Globus pallidus und zur Substantia nigra. Sie wirken dort inhibitorisch durch Freisetzung des Transmitters GABA. Axone von Hauptneuronen, die in der Pars lateralis des Globus pallidus endigen, enthalten neben GABA auch Enkephalin. Endigungen in der Pars medialis des Globus pallidus und in der Pars reticularis der Substantia nigra weisen außer GABA auch Substanz P auf.

Die langen Axone der striatalen Hauptneurone projizieren durch die Lamina medullaris externa auf die Substantia nigra und den gesamten Globus pallidus (kurz Pallidum), der durch die Lamina medullaris interna in eine Pars lateralis und eine Pars medialis getrennt wird. Substantia nigra und Pallidum enthalten ebenfalls GABAerge Neurone, die aber im Gegensatz zum Striatum eine hohe Spontanaktivität aufweisen. Daher bewirkt die Aktivierung striataler Hauptneurone eine kurzdauernde Inhibition hemmender Neurone im Globus pallidus und der Substantia nigra.

Die Hauptneurone des Corpus striatum werden nur durch Koinzidenz vieler afferenter Signale erregt. Striatale Hauptneurone inhibieren durch synaptische Freisetzung von GABA die Spontanaktivität von Neuronen im Globus pallidus und der Substantia nigra.

Außer den Hauptneuronen findet man im Corpus striatum deutlich weniger mittelgroße **Interneurone,** die Somatostatin, Neuropeptid Y oder GABA und Parvalbumin enthalten. Nur ganz wenige Neurone sind sehr groß und bilden den Transmitter **Acetylcholin.** Sie beeinflussen als Interneurone die Hauptneurone, so dass cholinerge Antagonisten als Antiparkinsonmittel (s.u.) wirksam sind. Die cholinerge Funktion der sehr großen Interneurone ist auch für ein charakteristisches Merkmal des Corpus striatum verantwortlich, seine hohe Aktivität des Enzyms Acetylcholinesterase. Der größte Teil des Corpus striatum, **Matrix,** zeigt dieses Merkmal. Innerhalb des Striatums lassen sich aber auch fleckenartige Bereiche niedrigerer Enzymaktivität erkennen, **Striosomen.** Sie bilden ein zusammenhängendes Gerüst, welches in die Matrix eingebettet ist. Diese enzymhistochemische Organisation ist durch die räumliche Verteilung der Endigungen unterschiedlicher Afferenzen zu den Striosomen und der Matrix bedingt: Afferenzen zur Matrix stammen aus den supragranulären Schichten des Neocortex, Afferenzen zu den Striosomen kommen aus den infragranulären Schichten des präfrontalen Cortex und des Allocortex.

Das Corpus striatum ist in Striosomen und Matrix gegliedert, die unterschiedliche Afferenzen erhalten.

17.98 Chorea Huntington

Die Chorea Huntington ist eine autosomal dominant vererbte Erkrankung des Corpus striatum, die durch häufige, kurze und unwillkürliche Muskelzuckungen, **Hyperkinese,** im Frühstadium charakterisiert ist. Gleichzeitig besteht ein verminderter Muskeltonus. Im Spätstadium der Erkrankung tritt dagegen eine Bewegungsarmut, **Hypokinese,** auf und der Muskeltonus steigt an.

Im Frühstadium der Erkrankung zeigen die striatalen Hauptneurone verlängerte Dendriten und damit mehr Platz für Synapsen mit den absteigenden kortikalen Axonen, die exzitatorisch auf die Hauptneurone wirken. Im Spätstadium degenerieren die Hauptneurone. Diese Befunde deuten auf eine pathologisch gesteigerte Erregung striataler Hauptneurone im Frühstadium hin. Dies äußert sich in überschießenden, durch den Patienten nicht zu kontrollierenden choreatischen Bewegungen. Die Übererregung führt schließlich zu einer Degeneration der Hauptneurone im Spätstadium, die eine Hypokinese und einen Verfall kognitiver Leistungen zur Folge hat.

Globus pallidus

Der Globus pallidus besteht aus einem lateralen und einem medialen Teil, *Globus pallidus pars lateralis (externa)* und *Globus pallidus pars medialis (interna),* die durch eine schmale, myelinisierte *Lamina medullaris interna* voneinander getrennt sind und sich durch ihre Konnektivität unterscheiden. Die Neurone des Globus pallidus weisen einen hohen Gehalt an Eisen auf, der auch in anderen Gebieten des EPS (z.B. Substantia nigra, Ncl. ruber) gefunden wird.

Mit den Begriffen Striatum und Pallidum werden im engeren Sinne nur die dorsalen Anteile des Corpus striatum und des Globus pallidus bezeichnet (Ncl. caudatus und Putamen als **dorsales Striatum** oder **Neostriatum;** Pars lateralis und Pars medialis des Globus pallidus als **dorsales Pallidum**). Diesen größeren dorsalen Anteilen wird das **ventrale Striatum** bzw. **ventrale Pallidum** gegenübergestellt. Zum ventralen Striatum zählt man den *Ncl. accumbens,* zum ventralen Pallidum Teile der *Substantia innominata.* Die ventralen Strukturen haben umfangreiche Verbindungen mit der Amygdala, dem präfrontalen Cortex und dem Gyrus cinguli sowie dem medialen Thalamuskern, d.h. Gebieten des sog. limbischen Systems. Aus dieser Dichotomie wird eine Bedeutung der dorsalen Anteile für Motorik und Kognition, der ventralen Anteile für emotionale Funktionen abgeleitet.

Corpus striatum und Globus pallidus werden jeweils in dorsale und ventrale Abschnitte unterteilt. Die kleineren ventralen Abschnitte umfassen den Nucl. accumbens, bzw. die Substantia innominata.

Die Pars lateralis des Globus pallidus sendet exzitatorische Efferenzen zum Ncl. subthalamicus und zur Pars reticularis der Substantia nigra, die Pars medialis wirkt inhibitorisch auf Thalamuskerne ein (■ Abb.17.123 und ■ Abb.17.124).

Substantia nigra und Thalamus

Die *Substantia nigra* besteht aus zwei, strukturell und funktionell verschiedenen Anteilen: einem sehr zelldichten Bereich, *Pars compacta,* und einem relativ zellarmen Bereich, *Pars reticularis.* Während die **Pars reticularis** GABAerge, inhibitorisch wirksame Neurone besitzt, die auf die motorischen Thalamuskerne und den Colliculus superior projizieren, enthält die **Pars compacta** überwiegend große dopaminerge Neurone, die das Striatum über den *Tractus nigrostriatalis* sowie den Ncl. subthalamicus und die Amygdala erreichen (■ Abb. 17.124).

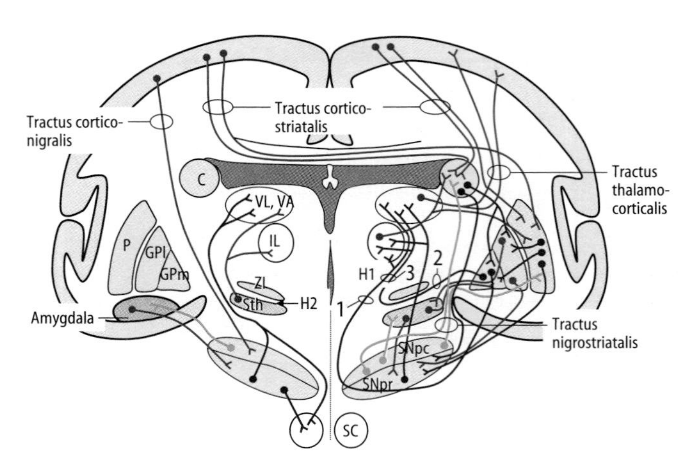

■ **Abb. 17.124.** Verbindungen zwischen Hirnrinde, Corpus striatum, Globus pallidus, Ncl. subthalamicus und Thalamuskernen. Die Thalamuskerne erhalten GABAerge Afferenzen (blau) aus der Pars medialis des Globus pallidus über die Ansa lenticularis (1) und den Fasciculus lenticularis (2), die sich auf der Endstrecke zum Thalamus zum Tractus pallidothalamicus (3) vereinen. C = Ncl. caudatus; GPl = Globus pallidus pars lateralis; GPm = Globus pallidus pars medialis; H1 = Forel-Feld H1; H2 = Forel-Feld H2; IL = Ncll. Intralaminares thalami; P = Putamen; SC = Collicus superior; SNpc = Substantia nigra pars compata; SNpr = Substantia nigra pars reticularis; Sth = Ncl. subthalamicus; VL = Ncl. ventrolateralis thalami; ZI = Zona incerta

17.99 Störungen der Augenbewegungen aufgrund von Veränderung der Pars reticularis

Eine pathologische Veränderung der Pars reticularis der Substantia nigra kann zu Störungen der Augenbewegungen führen, da dieser Teil der Substantia nigra eine wichtige Projektion zum Colliculus superior aufweist.

Exzitatorische Afferenzen zur Pars reticularis stammen aus dem Ncl. subthalamicus und der Amygdala, während inhibitorische GABAerge Afferenzen aus dem Corpus striatum kommen. Exzitatorische Afferenzen ziehen von der Hirnrinde durch den *Tractus corticonigralis* zur Pars compacta (■ Abb. 17.124).

Die Neurone in der *Pars medialis* des *Globus pallidus* und in der Pars reticularis der Substantia nigra senden Axone über die *Ansa lenticularis* und den *Fasciculus lenticularis,* die sich beide im weiteren Verlauf im *Fasciculus thalamicus* vereinen, zu motorischen Thalamuskernen *Ncl. ventralis lateralis,* (VL), *Ncl. ventralis anterior,* (VA), und intralaminären Kernen des Thalamus (■ Abb. 17.124). Die Ansa lenticularis kreuzt in ihrem Verlauf die Capsula interna, der Fasciculus lenticularis zieht zwischen *Zona incerta* und *Ncl. subthalamicus* durch das **Forel-Feld H2.** Der Fasciculus thalamicus liegt im **Forel-Feld H1.** Aufgrund der hohen Spontanaktivität der Pallidum- und Substantia-nigra-Neurone mit Freisetzung des Transmitters GABA inhibieren sie die Erregungsübertragung im motorischen Thalamus. Werden sie jedoch ihrerseits durch die kortikale Aktivierung striataler Hauptneurone inhibiert, dann wird ihre inhibitorische Wirkung auf den Thalamus reduziert und es kommt zu einer **Disinhibition** der motorischen Thalamusneurone. Dadurch wird die Weiterleitung erregender Signale (z.B. vom Rückenmark) im Thalamus erleichtert.

Der hohe Melaningehalt der Neurone in der Pars compacta führt zu einer schwarzen Färbung, der für den Namen der Substantia nigra verantwortlich ist. Die Neurone zeigen eine synchrone Aktivität, die auf lokale Freisetzung von Dopamin zurückgeführt wird, das eine Autoinhibition der Neurone bewirkt. Bei starker Aktivierung der Pars-compacta-Neurone treten salvenartige Entladungen auf, die zu einer massiven Dopaminfreisetzung im Corpus striatum führen. Die

Wirkungen des Transmitters Dopamin sind teils exzitatorisch und teils inhibitorisch. Diese gegensätzlichen Wirkungen desselben Transmitters werden durch das Vorkommen verschiedener Dopaminrezeptoren im Striatum erklärt. Man unterscheidet zwei Typen von Dopaminrezeptoren, wovon die Typ-1-Rezeptoren (D1 und D5) exzitatorisch, Typ-2-Rezeptoren (D2 bis D4) inhibitorisch wirken.

17.100 Morbus Parkinson

Der Morbus Parkinson ist eine Erkrankung, bei der die Symptomentrias **Rigor** (krankhaft gesteigerte Tonuserhöhung in der Muskulatur), **Tremor** (Zittern) und **Akinesie** (Bewegungsarmut) die Leitsymptome sind. Der Parkinson-Erkrankung liegt eine Degeneration der dopaminergen Neurone der Pars compacta der Substantia nigra zugrunde. Diese führt zu einer Reduktion der Dopaminbildung in der Substantia nigra und als Konsequenz zu einer Schwächung der dopaminergen Signalübertragung im Corpus striatum. Letztlich kommt es zu einer Atrophie der striatalen Hauptneurone, deren Dendriten kürzer werden und ihre Spines verlieren. Die Therapie mit dem die Blut-Hirn-Schranke passierenden Dopaminvorläufer L-DOPA bessert die Symptomatik des Morbus Parkinson, verhindert jedoch nicht das langfristige Fortschreiten der Degeneration dopaminerger Neurone in der Substantia nigra.

Die glutamatergen, exzitatorischen Projektionsneurone der motorischen **Thalamuskerne VA** und **VL** ziehen im *Tractus thalamocorticalis* zum Lobus frontalis der Hirnrinde (■ Abb. 17.124) und hier insbesondere zum lateralen **prämotorischen** und **supplementärmotorischen Cortex.** Die Disinhibition thalamischer Neurone durch die GABAergen, inhibitorischen Afferenzen aus dem Striatum und der Substantia nigra pars reticularis zu den Thalamuskernen führt daher zu einer Erregung der motorischen Cortexareale. Außerdem sind auch die **intralaminären Thalamuskerne (IL)** in diesen Schaltkreis eingebunden.

Das Corpus striatum bewirkt über den Globus pallidus pars medialis und die Substantia nigra pars reticularis eine Disinhibition motorischer Thalamuskerne und somit eine Exzitation motorischer Cortexareale.

Nucleus subthalamicus und Thalamus

Der *Nucl. subthalamicus* ist eine weitere wichtige Struktur des extrapyramidalen Systems. Fast alle kortikalen Regionen senden unter Beibehaltung der Somatotopie Projektionen zum Ncl. subthalamicus. Ihre Axone entspringen aus glutamatergen Pyramidenzellen der Lamina V und enden an den ebenfalls glutamatergen Projektionsneuronen des Ncl. subthalamicus, die ihrerseits Axone zum Globus pallidus, pars medialis (■ Abb. 17.123) und zur Pars reticularis der Substantia nigra senden.

Im Gegensatz zu den Hauptneuronen im Corpus striatum zeigen die glutamatergen Neurone des Ncl. subthalamicus eine ausgeprägte Spontanaktivität, die unter kortikalem Einfluss noch gesteigert wird. In ihren Zielgebieten (motorische Thalamuskerne, Globus pallidus, Substantia nigra (■ Abb. 17.124), die mit denen der Projektionen aus dem Corpus striatum überlappen, stellen sie daher ein Gegengewicht zu den inhibitorischen Projektionen des Corpus striatum dar.

17.101 Hemiballismus

Als Hemiballismus wird das halbseitige Auftreten unwillkürlicher, schleudernder Bewegungen von Arm oder Bein bezeichnet. Ursache sind Läsionen des kontralateralen Ncl. subthalamicus. Die exzitatorische Wirkung des Ncl. subthalamicus kontrolliert die Aktivität von Globus pallidus und Pars reticularis der Substantia nigra, die über ihre inhibitorischen Efferenzen die motorischen Thalamuskerne und damit die thalamokortikale Erregung hemmen. Wenn die subthalamische Erregung reduziert ist oder ganz wegfällt, überwiegt im Pallidum und der Pars reticularis die hemmende Aktivität des Striatums, wodurch es zu einer Disinhibition der motorischen Thalamuskerne kommt. Die daraus resultierende vermehrte Aktivierung motorischer Rindenfelder kann das vermehrte Auftreten von unwillkürlichen Bewegungen in der kontralateralen Körperhälfte auslösen.

Hirnstamm, Rückenmark und gemeinsame motorische Endstrecke

Efferenzen aus dem extrapyramidalen System erreichen aus der Formatio reticularis die gemeinsame motorische Endstrecke im Hirnstamm und Rückenmark, die von den Motoneuronen der Hirnnerven und des Vorderhorns gebildet wird.

Die meisten Gebiete des motorischen Cortex projizieren über den *Tractus corticoreticularis* zur Formatio reticularis beider Seiten des Hirnstamms. Von dort aus kann über die *Tractus reticulospinales medialis* und *lateralis* (■ Abb. 17.116 und ■ Abb. 17.118) via Eigenapparat des Rückenmarks Einfluss auf **α-** und **γ-Motoneurone** genommen werden. Von diesen Neuronen führt die **gemeinsame motorische Endstrecke** ins periphere Nervensystem (motorische Anteile der Hirnnerven und Spinalnerven). Periphere Ziele sind v.a. die Rumpfmuskulatur und die proximale Extremitätenmuskulatur. Stand- und Gangmotorik werden über diesen Weg kontrolliert.

Über weitere Wege erreichen extrapyramidale Bahnen die gemeinsame motorische Endstrecke. Ncl. subthalamicus, Globus pallidus und Substantia nigra pars reticularis ziehen nach Umschaltung im *Ncl. tegmentalis pedunculopontinus* in den Tractus reticulospinalis. Die Substantia nigra projiziert auf den Colliculus cranialis, der seinerseits einen *Tractus tectospinalis* in das Rückenmark schickt. Dazu kommen *Tractus vestibulospinalis* und der *Tractus rubrospinalis.*

An der motorischen Endstrecke endet auch die Pyramidenbahn, *Tractus corticospinalis.* Jede Erregung in der motorischen Endstrecke ist daher das Ergebnis der Einwirkung pyramidaler und extrapyramidaler Projektionen.

Über die Endigungen der Tractus cortico-, reticulo-, tecto-, vestibulo- und rubrospinalis erfolgt in den Motoneuronen der gemeinsamen motorischen Endstrecke eine Integration von pyramidal- und extrapyramidalmotorischen Signalen.

Im Vorderhorn des Rückenmarks wird direkt oder indirekt von allen absteigenden Faserbahnen die gemeinsame motorische Endstrecke der postkranialen Muskulatur erreicht. Die gemeinsame motorische Endstrecke für die Muskulatur im Kopf- und Halsbereich beginnt in den Kerngebieten der motorischen Hirnnerven, der postkranialen Muskulatur im Vorderhorn des Rückenmarks, das die großen Perikarya der α-Motoneurone enthält. Die absteigenden Bahnen liegen in den lateralen und ventralen Funiculi des Rückenmarks.

Im lateralen Funiculus des Rückenmarks liegt der große *Tractus corticospinalis lateralis,* an den sich ventral der *Tractus rubrospinalis* anschließt, der beim Menschen nur den oberen Abschnitt des Rückenmarks erreicht. Diese beiden Bahnen werden zusammen auch als das **laterale motorische System** bezeichnet (■ Abb. 17.116). Der ventrale Funiculus birgt Anteile des *Tractus reticulospinalis,* die aus dem pontinen Teil der Formatio reticularis stammen, sowie den *Tractus tectospinalis.* Sehr weit medial ist der ungekreuzte *Tractus corticospinalis ventralis* gelegen. Hinzu kommt in einer Übergangszone zwischen ventralem und lateralem Funiculus der *Tractus vestibulospi-*

nalis lateralis. Alle zusammen bilden das **mediale motorische System** (◘ Abb. 17.116).

Die Anordnung der Motoneurone im Vorderhorn lässt eine Somatotopie erkennen. Die Neurone für die Flexoren liegen mehr lateral, die für die Extensoren mehr medial. Diese Zellgruppen bilden die **Ncll. laterales** und **mediales** im **Vorderhorn** des Rückenmarks.

Die α-Motoneurone können direkt mit den Endigungen des Tractus corticospinalis Synapsen bilden. In der Regel werden die Motoneurone aber von den absteigenden Bahnen über Interneurone erreicht. Im Fall des **lateralen Systems** liegen die Interneurone im dorsolateralen Teil der **Substantia intermedia, Lamina VII**. Das **mediale System** erreicht Interneurone der **ventromedialen Substantia intermedia,** die ebenfalls mit ipsilateralen Motoneuronen synaptische Kontakte bilden oder auch als Kommissurenzellen eine Verschaltung auf die kontralaterale Seite durchführen.

17.14 Olfaktorisches System und Sinnesorgane

K. Zilles

Einführung

Riechen ist wie Schmecken ein Prozess der Chemorezeption. Über die Atemluft gelangen Duftmoleküle in eine mit Sinnesepithel ausgestattete Zone, *Regio olfactoria,* der Nasenhöhle. Dort lagern sie sich an verschiedene Rezeptormoleküle in der Zellmembran von Sinneszellen an. Diese Interaktion führt zur Bildung eines Rezeptor- und nachfolgend eines Aktionspotenzials durch die primären Sinneszellen, das über die Axone dieser Zellen an den *Bulbus olfactorius* weitergeleitet wird. Nach Modulation der Signale im Bulbus olfactorius gelangt die Information über den *Tractus olfactorius* in verschiedene Regionen des Riechhirns, *Rhinencephalon* oder *Palaeocortex*. Hier findet im Zusammenwirken mit anderen Hirnregionen die Geruchswahrnehmung statt.

17.14.1 Sinnesorgan

Das Sinnesepithel des Geruchssystems liegt in der *Regio olfactoria* auf der *Concha nasalis superior* der Nasenhöhle. Es besteht aus primären Sinneszellen, Stützzellen und Basalzellen. Die Sinneszellen bilden Axone, die als *Fila olfactoria* bezeichnet werden und den *N. olfactorius* bilden.

Das olfaktorische System des Menschen ist im Vergleich zu dem anderer Säugetiere deutlich weniger differenziert und gemessen an der Hirngröße stark reduziert. Die Fähigkeit Gerüche wahrzunehmen und zu unterscheiden ist beim Menschen entsprechend geringer ausgeprägt, **Mikrosmatiker,** als beim Hund oder der Ratte, die man deshalb als **Makrosmatiker** bezeichnet. Dennoch können wir hunderte verschiedener Gerüche unterscheiden, da – wie bei der Geschmackswahrnehmung – auch die Geruchswahrnehmung nicht nur von den Rezeptormolekülen, an die Duftmoleküle binden, sondern auch von der intrazerebralen Informationsverarbeitung moduliert wird. Obwohl es schwer ist Geruchswahrnehmungen zu objektivieren, scheint die strukturelle Grundlage der Geruchsperzeption in der unterschiedlichen Gestalt der Duft- und ihrer entsprechenden Rezeptormoleküle (Schlüssel-Schloss) zu liegen. Bisher kennt man beim Menschen etwa 350 verschiedene Gene, die entsprechend unterschiedliche Duftrezeptoren kodieren.

Der Nasenraum wird insgesamt von einer respiratorischen Schleimhaut ausgekleidet. Auf der **Concha nasalis superior** der Nasenhöhle befindet sich ein kleiner, spezialisierter Epithelbereich, die **Regio olfactoria,** die das eigentliche Sinnesepithel, **Riechepithel,** trägt und damit der Ort der Geruchsperzeption ist. Das Riechepithel entsteht während der Ontogenese aus der **Riechplakode** (siehe ► Kap. 17.19).

Im **Riechepithel** sind 3 Zelltypen zu erkennen (◘ Abb. 17.125):

- **Sinneszellen (Rezeptorzellen)**, die zwischen den Stützzellen liegen, deren apikale Fortsätze als Dendriten angesehen werden können und bis über die Oberfläche des Epithels reichen. Hier ist der apikale Fortsatz zu einem kleinen **Riechkolben** verdickt.
- An der Basis liegende undifferenzierte **Basalzellen,** die ständig neue Sinneszellen bilden.
- **Stützzellen,** die an ihrer Oberfläche einen Mikrovillisaum tragen.

Die Riechkolben der Rezeptorzellen bilden zahlreiche **Zilien (Riechhärchen)**. Die Oberfläche des Epithels ist mit einem Schleimfilm bedeckt, der von tubulösen, verzweigten *Glandulae olfactoriae* der Schleimhaut sezerniert wird und in den die Riechhärchen hineinra-

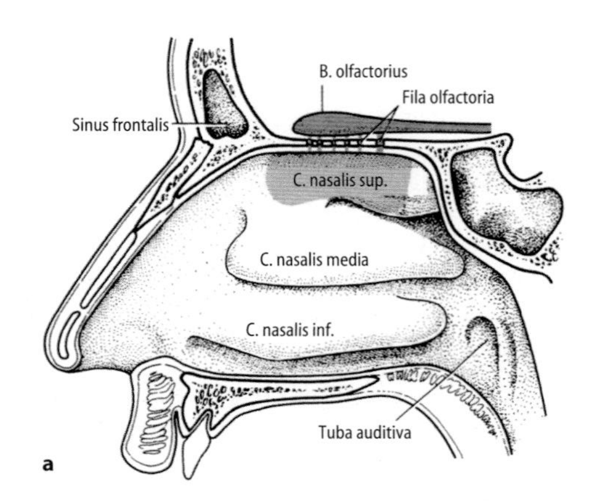

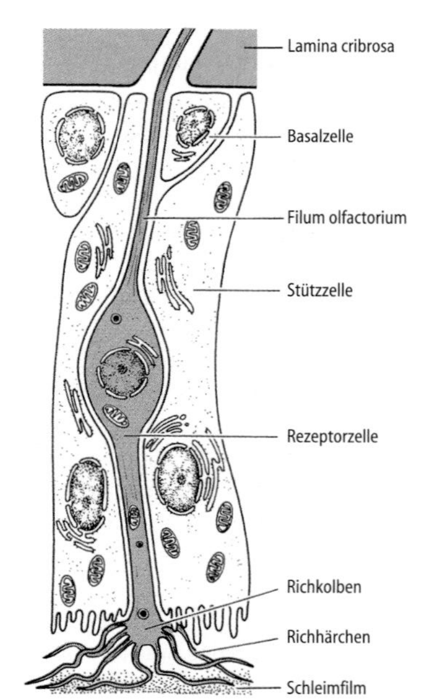

◘ **Abb. 17.125a, b.** Regio olfactoria und Sinnesepithel. **a** Lage der Regio olfactoria (gelb) auf der Choncha nasalis superior und des Bulbus olfactorius auf der Lamina cribrosa (braun). **b** Ausschnitt aus der Regio olfactoria mit Rezeptorzelle (rot), Stützzellen und Basalzellen [6]

gen. Die Riechhärchen sind der Ort, an dem mit der Atemluft herangebrachte Duftmoleküle an Rezeptormoleküle in der Zellmembran der Sinneszellen gebunden werden. Jede Sinneszelle exprimiert ein bestimmtes Rezeptormolekül. Da Duftmoleküle an verschiedene Rezeptoren und damit an verschiedene Sinneszellen binden, wird jeder Duft durch ein jeweils spezifisches Muster aus verschiedenen Sinneszellen kodiert. Der basale Fortsatz einer Rezeptorzelle ist das zentralwärts gerichtete Axon. Axon und apikaler dendritischer Fortsatz erlauben damit eine Klassifizierung der Rezeptorzellen als **bipolare Neurone** und **primäre Sinneszellen.** Die Gesamtheit der Rezeptorzellaxone wird als *Fila olfactoria* bezeichnet. Sie bilden den *N. olfactorius*. Die nichtmyelinisierten Fila werden von der Regio olfactoria bis in den Bulbus olfactorius hinein von einer besonderen Gliazellpopulation umgeben, den **olfaktorischen Hüllzellen.** Sie nehmen hinsichtlich ihrer Morphologie und molekularen Eigenschaften eine Position zwischen Schwann-Zellen (periphere Glia) einerseits und Astrozyten (zentrale Glia) andererseits ein und sollen eine wichtige Rolle bei der Fähigkeit zur lebenslangen Regeneration der primären Sinneszellen des olfaktorischen Systems spielen. Die Fila olfactoria ziehen durch die *Lamina cribrosa* in die vordere Schädelgrube und enden im *Bulbus olfactorius*.

17.14.2 Bulbus olfactorius

> Im Bulbus olfactorius enden die meisten Axone des N. olfactorius. Hier findet nicht nur eine Umschaltung der ersten Neurone (Sinneszellen) auf die zweiten Neurone (Projektionsneurone) statt, sondern auch eine durch Interneurone vermittelte Modulation des sensorischen Inputs.

Der Bulbus olfactorius liegt über dem Dach der Nasenhöhle, das von der Lamina cribrosa des Os ethmoidale gebildet wird. Der Bulbus ist eine Region des Palaeocortex. An ihn schließt sich der *Tractus olfactorius* an, der den Bulbus mit weiteren paläokortikalen Gebieten des Telencephalon verbindet.

Der Bulbus olfactorius ist nicht nur eine einfache Umschaltstation der Efferenzen des olfaktorischen Sinnesepithels, sondern eine Hirnregion, in der auch eine durch Interneurone bewirkte lokale Modulation des sensorischen Inputs stattfindet. Zusätzlich wird der Bulbus noch durch Afferenzen aus der Zona incerta, der Substantia innominata, dem Hypothalamus und rückläufig aus seinen paläokortikalen Zielgebieten beeinflusst (siehe ◘ Abb. 17.129). Als morphologisches Korrelat dieser komplexen Aufgabe zeigt der Bulbus olfactorius eine Schichtengliederung (◘ Abb. 17.126a):

- An der Oberfläche liegt das zellkörperarme *Stratum fibrosum externum*, in dem die Fasern des N. olfactorius in den Bulbus eintreten.
- Das *Stratum glomerulosum* ist durch runde, zellkörperarme Neuropilbezirke, *Glomeruli*, charakterisiert, die von dicht gepackten Nervenzellkörpern, **periglomerulären Zellen** und anderen **Interneuronen,** umrahmt werden. Dies ist besonders deutlich beim Vergleich zwischen Mikro- und Makrosmatikern zu erkennen (◘ Abb. 17.126). Sinneszellen mit denselben Duftrezeptoren konvergieren mit ihren Axonen in jeweils **einem Glomerulus.** Unterschiedliche Duftwahrnehmungen sind mit der Aktivierung unterschiedlicher Kombinationen von Glomeruli verbunden. Verschiedene Glomeruli interagieren über periglomeruläre Zellen.
- Das *Stratum plexiforme externum* ist zellarm. Es enthält die Zellkörper der **Büschelzellen.**

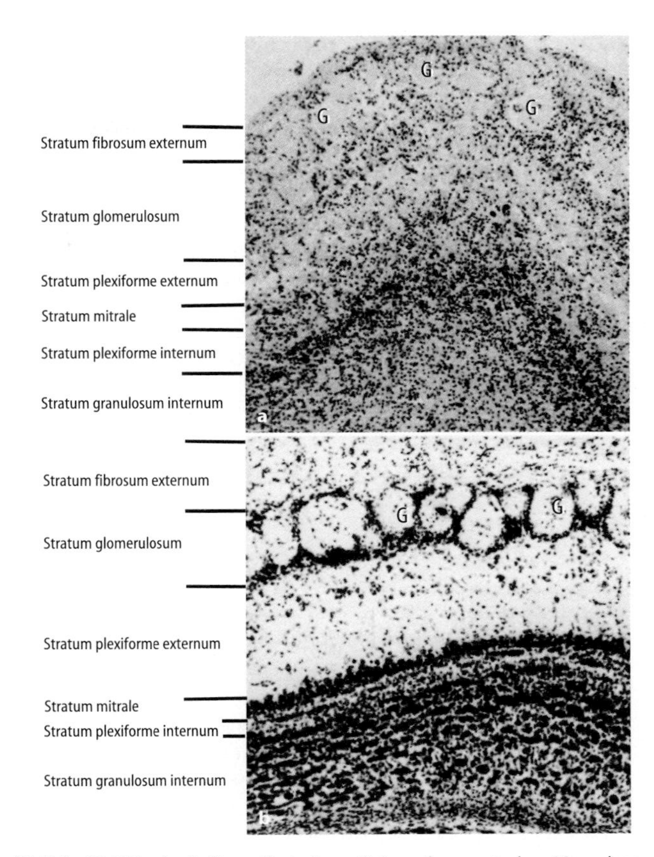

◘ **Abb. 17.126a, b.** Bulbus olfactorius. **a** Beim mikrosmatischen Menschen. **b** bei der makrosmatischen Ratte. Die Schichten beim Menschen sind deutlich weniger differenziert als bei der Ratte. Dieselbe Schichtengliederung ist jedoch bei beiden Arten erkennbar. G = Glomerulus

- Im *Stratum mitrale* liegen die großen Neurone der **Mitralzellen.**
- Das *Stratum plexiforme internum* enthält Interneurone, die als **Vertikal-** und **Horizontalzellen** bezeichnet werden.
- Das zellreiche *Stratum granulosum* enthält die ebenfalls interneuronalen **Körnerzellen, Golgi-Zellen** und **Blane-Zellen.**

Die Zellen der verschiedenen Schichten stehen miteinander in Verbindung (◘ Abb. 17.127). Die Axone der primären Sinneszellen enden im Stratum fibrosum externum und Stratum glomerulosum. Hier bilden sie Synapsen mit den Dendritenbäumen der Mitralzellen bzw. der Büschelzellen. Die perikaryafreien Glomeruli im Stratum glomerulosum sind die Regionen der synaptischen Kontakte. Am Rand der Glomeruli liegen Periglomerularzellen, deren Dendriten ebenfalls im Glomerulus primäre Afferenzen aus den Sinneszellen erhalten, aber auch dendro-dendritische Synapsen mit den Dendriten der Büschel- und Mitralzellen bilden.

Die Mitralzellen des Bulbus olfactorius sind glutamaterg (exzitatorisch), die meisten Interneurone GABAerg (inhibitorisch). Weiterhin enthält der Bulbus olfactorius als einzige Endhirnregion **dopaminerge Neurone**. Es sind nicht-GABAerge Periglomerularzellen sowie Büschelzellen. Daneben werden zahlreiche Neuropeptide im Bulbus olfactorius nachgewiesen.

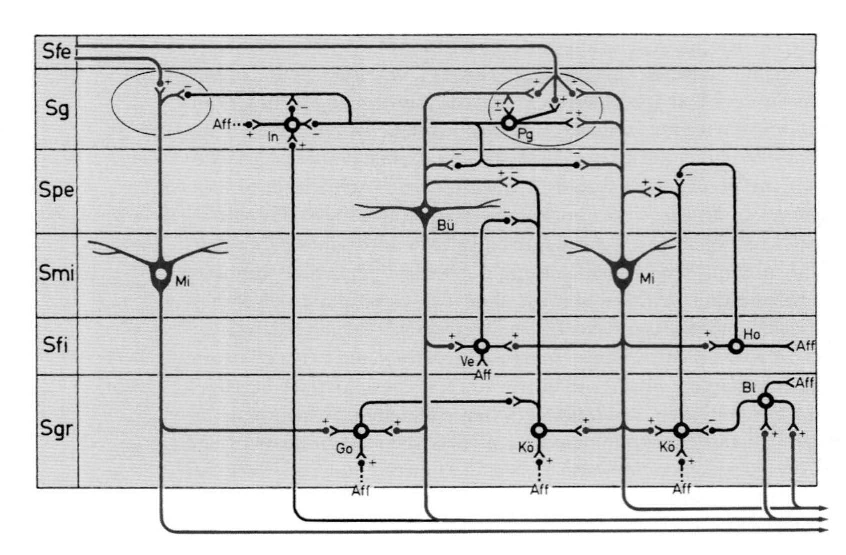

Abb. 17.127. Verschaltung in den Schichten des Bulbus olfactorius. Mitralzellen und Büschelzellen (beide rot) sind die Projektionsneurone, deren Axone aus dem Bulbus heraus zum Palaeocortex ziehen. + = Exzitation; – = Inhibition; Aff = Afferenzen zu Interneuronen des Bulbus olfactorius; Bl = Blane-Zelle; Bü = Büschelzelle; Go = Golgi-Zelle; Ho = Horizontalzelle; In = interneuronale Zelle; Kö = Körnerzelle; Mi = Mitralzelle; Pg = periglomeruläre Zelle; Sfe = Stratum fibrosum externum; Sg = Stratum glomerulosum; Spe = Stratum plexiforme externum; Smi = Stratum mitrale; Sfi = Stratum fibrosum internum; Sgr = Stratum granulosum (internum); Ve = Vertikalzelle [6]

In Kürze

Die **Glomeruli** des **Bulbus olfactorius** sind die Stelle der synaptischen Umschaltung zwischen den Axonen der Rezeptorzellen der Regio olfactoria, erste Neurone, und den Dendriten der zweiten Neurone (Projektionsneurone) des olfaktorischen Systems, **Mitralzellen** und **Büschelzellen**. Zahlreiche **Interneurone** (Blane-Zelle, Golgi-Zelle, Horizontalzelle, Körnerzelle, periglomeruläre Zelle und Vertikalzelle) wirken hemmend auf die Büschel- und Mitralzellen. Die Efferenzen der Projektionsneurone erreichen verschiedene Regionen des Palaeocortex.

17.14.3 Riechhirn, Palaeocortex

Zum Riechhirn, *Rhinencephalon*, rechnet man neben dem Bulbus olfactorius weitere Regionen des *Palaeocortex*, die von den Axonen der Mitral- und Büschelzellen über den *Tractus olfactorius* und die *Striae olfactoriae medialis* und *lateralis* erreicht werden. Über die Stria olfactoria medialis gelangen olfaktorische Signale in das *Tuberculum olfactorium* und *Septum*, über die Stria olfactoria lateralis zur *Regio praepiriformis* und zum *Corpus amygdaloideum*.

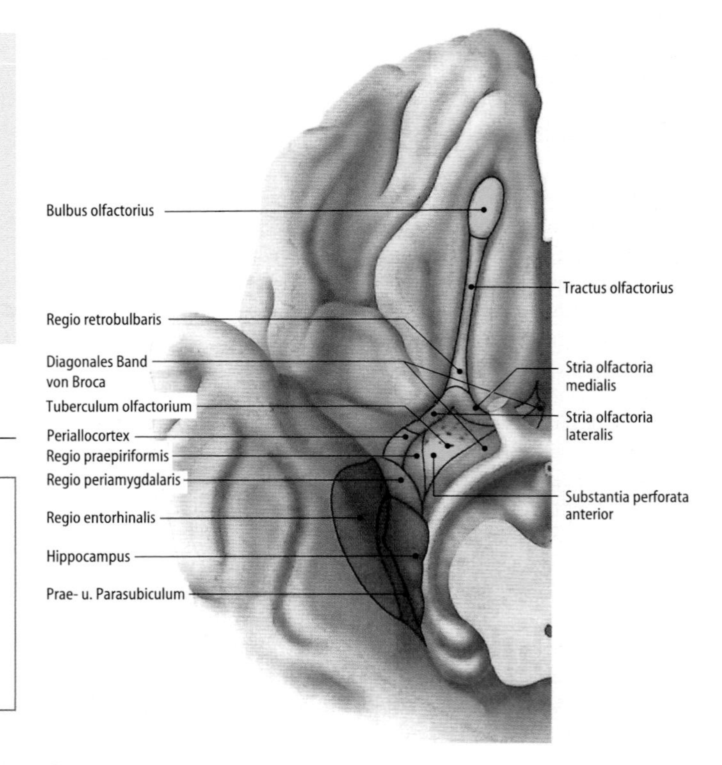

Abb. 17.128. Lage paläokortikaler (gelb) und benachbarter archikortikaler (blau) Hirnregionen an der Basis des Telencephalon

Regio retrobulbaris

Hinter dem Bulbus olfactorius liegt im Verlauf des Tractus olfactorius die *Regio retrobulbaris*, die von den Bulbusefferenzen, aber auch direkt von Endigungen der Sinneszellen erreicht wird (Abb. 17.128 und Abb. 17.129). Die Regio retrobulbaris stellt eine Verbindung zum kontralateralen Bulbus olfactorius über die *Commissura anterior* her. Außerdem projiziert sie zu Arealen des ipsilateralen Palaeocortex und in das Diencephalon (Thalamus, Hypothalamus). Der Tractus olfactorius teilt sich in seinem weiteren Verlauf in einen medialen und lateralen Anteil, *Striae olfactoriae medialis* und *lateralis*. Zielgebiete des medialen Anteils sind das *Tuberculum olfactorium* und Kerngebiete im Septum. Zielgebiete des lateralen Anteils sind die *Regio prepiriformis* und das *Corpus amygdaloideum*.

Tuberculum olfactorium

Das *Tuberculum olfactorium* nimmt den vorderen Teil der *Substantia perforata anterior* ein, die vor dem Chiasma opticum an der Basis des Endhirns liegt (Abb. 17.128 und Abb. 17.129). Es ist ein dreischichtiger Cortex, dessen zweite Schicht die charakteristischen, zelldichten **Calleja-Inseln** bildet. Das Tuberculum olfactorium erhält direkt Afferenzen aus dem Bulbus und anderen Gebieten des Palaeocortex sowie aus dem Hippocampus. Gleichzeitig ist es mit diesen Gebieten rückläufig verbunden.

Septum

Das *Septum, Ncll.septales*, liegt in der vorderen, medialen Hemisphärenwand und ist Ziel olfaktorischer Afferenzen. Gleichzeitig schickt das Septum rückläufige Fasern zum Bulbus olfactorius (Abb. 17.128 und Abb. 17.129).

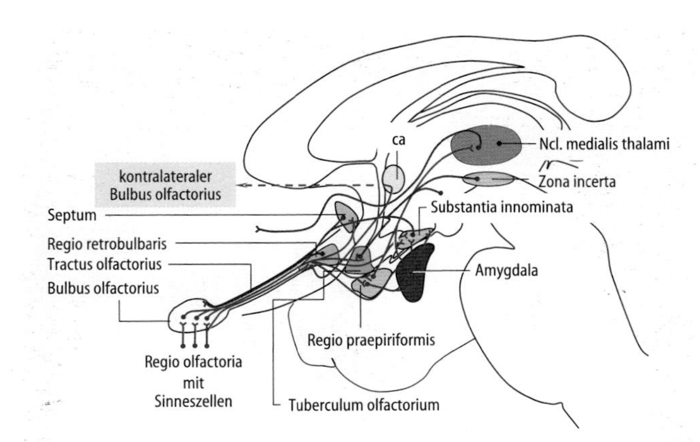

Abb. 17.129. Wichtige Verbindungen zwischen den verschiedenen Gebieten des Riechhirns. Afferente Projektionen sind rot, rückläufige efferente Verbindungen blau markiert. ca = Commissura anterior

Regio praepiriformis

Die *Regio praepiriformis* ist ein dreischichtiger Cortex und liegt auf dem *Gyrus ambiens* (Abb. 17.128 und Abb. 17.129). Sie wird auch als **primäre Riechrinde** bezeichnet und ist bei Makrosmatikern sehr groß. Beim mikrosmatischen Menschen dagegen ist sie nur klein und schließt sich kaudolateral an das Tuberculum olfactorium an. Sie ist ein Ziel bulbärer Efferenzen, die über die Stria olfactoria lateralis ankommen. Auch die anderen olfaktorisch dominierten Gebiete stehen mit der Regio praepiriformis in Verbindung.

Die Efferenzen der Regio praepiriformis ziehen zu den anderen olfaktorischen Gebieten, aber auch zum *Corpus amygdaloideum*, *Hippocampus* und zur *Regio entorhinalis*, die ihrerseits wieder in den Hippocampus projiziert. Die *Substantia innominata*, die *Area preoptica* des Hypothalamus sowie der *Ncl. medialis thalami* und der *Ncl. lateralis habenulae* sind weitere subkortikale Zielgebiete. So gelangt die Geruchsinformation in das limbische System und den Hypothalamus und kann hier vegetative Funktionen direkt beeinflussen.

Corpus amygdaloideum

Ein Teil des *Corpus amygdaloideum* (▶ Kap. 17.15), insbesondere der kortikale Anteil, der auf dem *Gyrus semilunaris* liegt, erhält Afferenzen über die *Stria olfactoria lateralis* (17. 129). Seine Efferenzen erreichen über die **ventrale Mandelkernstrahlung** und die *Stria terminalis* den *Ncl. medialis thalami* und den **Hypothalamus.** Außerdem ziehen efferente Fasern in der ventralen Mandelkernstrahlung zum hinteren Teil des **orbitalen präfrontalen Cortex.** Damit wird eine Interaktion von paläokortikalen Regionen, die dem olfaktorischen System zuzuordnen sind, und dem Isocortex ermöglicht.

17.15 Limbisches System

A. Wree, O. Schmitt, K. Zilles

Einführung

Der Begriff »limbisches System« wird kontrovers diskutiert. Anatomische, physiologische oder psychologische Betrachtungsweisen resultieren in jeweils unterschiedlichen Definitionen.

In einer ursprünglich morphologischen Sicht stellt der Limbus einen Bereich von Hirnregionen dar, die den Isocortex gürtelformig vom Corpus callosum und dem Hirnstamm abgrenzen. Nach funktionellen und psychologischen Gesichtspunkten werden als limbische Hirngebiete solche Regionen bezeichnet, die vegetative, neuroendokrine und viszerale Reaktionen beeinflussen einschließlich Stressverarbeitung, Emotionen (Angst, Furcht, Wut, Aggression, Traurigkeit, Abscheu, Überraschung), Motivation, Lernen und Gedächtnis, Aufmerksamkeit, Antrieb und Sexualität. Neuroanatomisch können die limbischen Strukturen in kortikale Areale, Kerngebiete und entsprechende Verknüpfungssysteme gegliedert werden.

17.15.1 Limbischer Cortex

Der limbische Cortex kann in zwei ringförmige Hirnrindenbereiche unterteilt werden. Der innere, archikortikale Ring wird vom *Hippocampus retro-*, *supra-* und *precommissuralis* (▶ Kap. 17.17), gebildet, die das *Corpus callosum* umgreifen. Zum äußeren, periarchikortikalen Ring werden der *Gyrus cinguli* mit der *Regio retrosplenialis* und der *Gyrus parahippocampalis* mit *Pre-* und *Parasubiculum* sowie der *Area entorhinalis* gerechnet.

17.102 Alzheimer-Erkrankung
Extrazelluläre Ablagerungen in Form von β-Amyloid-Plaques und pathologische Veränderungen der intrazellulären Neurofibrillen (sog. »tangles«) in einem Teil der Area entorhinalis, der transentorhinalen Region, bilden die frühesten pathologischen Anzeichen der Alzheimer-Erkrankung, ohne dass in diesem Stadium schon spezifische kognitive Defizite zu erkennen wären.

17.15.2 Limbische Kerngebiete

Als limbische Kerngebiete im Telencephalon werden das *Corpus amygdaloideum*, die *Ncll. septales* und der *Ncl. accumbens* angesehen. Im Zentrum der emotionalen Abstufung unseres Verhaltens und der verhaltensabhängigen Steuerung des vegetativen Systems steht als Teil der Achse »Septum – Mandelkern – Hypothalamus« das Corpus amygdaloideum. Der Ncl. accumbens bildet zusammen mit der Area tegmentalis ventralis die strukturelle Grundlage des sog. Belohnungssystems, »reward sytem« oder **mesolimbisches dopaminerges System.**

17.103 Störungen in der Struktur des mesolimbischen dopaminergen Systems
Bildgebende Studien haben gezeigt, dass Veränderungen der Struktur und Funktion des Belohnungssystems zu den neurobiologischen Ursachen der Depression und der Suchtkrankheiten, wie den Abusus von Nikotin oder Alkohol sowie zahlreichen Formen der Drogenabhängigkeit (Amphetamin, Heroin, Kokain) beitragen.

Wichtige limbische Kerngebiete des Zwischenhirns sind als Glieder des Papez-Kreises (▶ Kap. 17.17) das *Corpus mammillare* und die *Ncll. anteriores thalami.*

Im Mesencephalon und Rhombencephalon werden dem limbischen System u.a. zugerechnet der *Ncl. interpeduncularis*, der *Ncl. tegmentalis dorsalis* und die *Area tegmentalis ventralis* (VTA), und Teile der den ganzen Hirnstamm durchziehender *Formatio reticularis.*

Aus der Gruppe der zentralen Schaltstationen des limbischen Systems soll hier das *Corpus amygdaloideum* näher beschrieben werden.

Corpus amygdaloideum (Amygdala oder Mandelkernkomplex)

Die **Amygdala** liegt im medialen Temporallappen, dort als kirschgroße Struktur im rostralen Bereich des *Gyrus parahippocampalis* vor

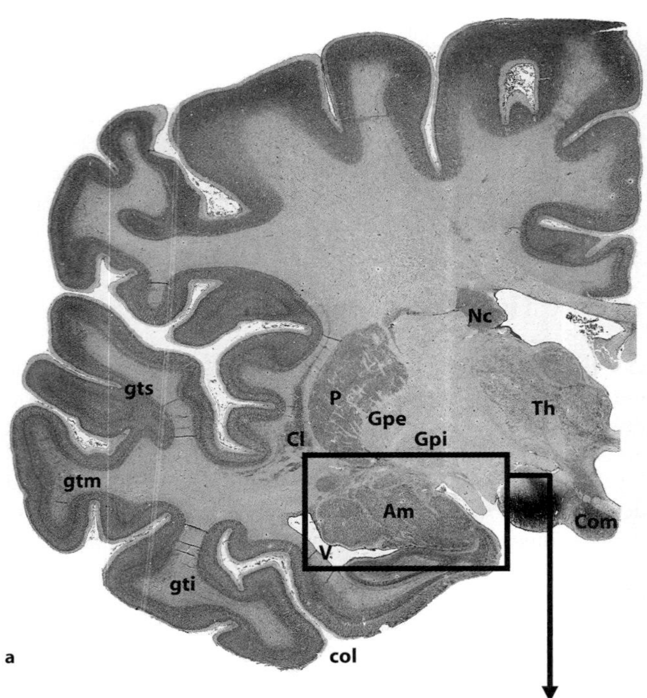

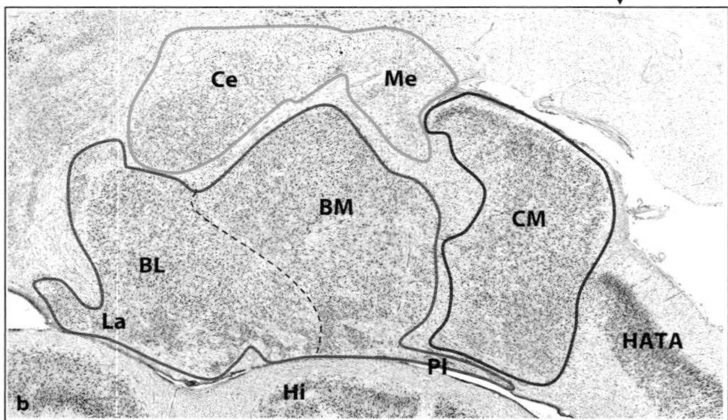

Abb. 17.130a, b. Frontalschnitt der linken Hemisphäre: **a** Übersicht. **b** Lage und Kerngebiete der Amygdala [20]. Rot: Pars basolateralis; Blau: Pars corticomedialis; Grün: Pars centromedialis; Am = Amygdala; BL = Ncl. basolateralis; BM = Ncl. basomedialis; Ce = Ncl. centralis; Cl = Claustrum; CM = Pars corticomedialis; col = Sulcus collateralis; Com = Corpus mammillare; Gpe = Globus pallidus pars externa; Gpi = Globus pallidus pars interna; gti = Gyrus temporalis inferior; gtm = Gyrus temporalis medius; gts = Gyrus temporalis superior; HATA = Hippocampus-Amygdala Übergangszone; Hi = Hippocampus; La = Ncl. lateralis; Me = Ncl. medialis; Nc = Nucleus caudatus; P = Putamen; Pl = Ncl. paralaminaris; Th = Thalamus; V = Unterhorn des Seitenventrikels

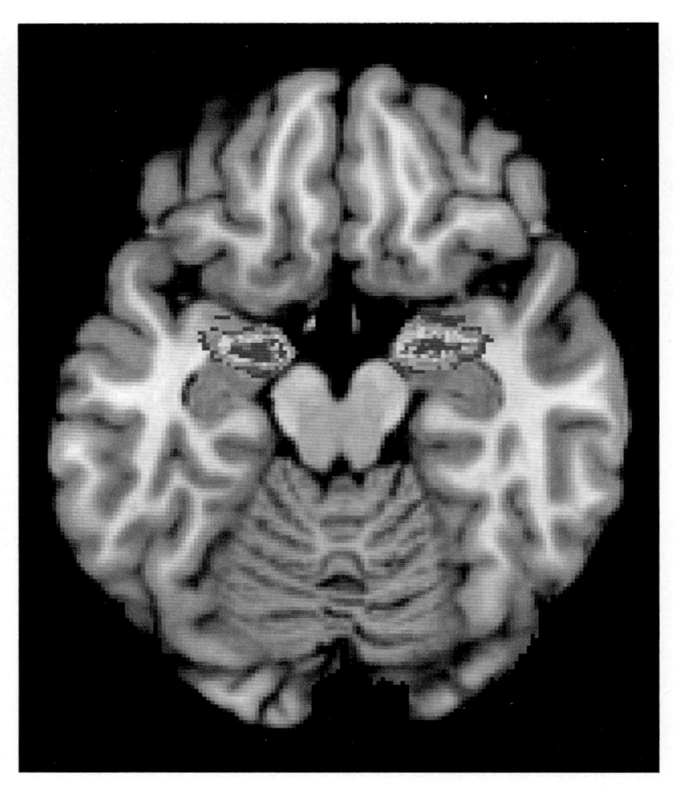

Abb. 17.131. Lage und Ausdehnung der Amygdala mit interindividueller Variabilität in einem Horizontalschnitt. Kombination von Magnet-Resonanz-Tomographie und zytoarchitektonischer Untersuchung. Die Variabilität zwischen verschiedenen Individuen ist durch Farbkodierung dargestellt. Rot: Bereiche geringer Variabilität; Blau: Bereiche hoher Variabilität. Die anderen Farben symbolisieren in der Sequenz von Rot nach Blau die Zwischenstufen der Variabilität [20]

dem Hippocampus bzw. dem Ende des Unterhorns des Seitenventrikels (Abb. 17.130 und Abb. 17.131). Teile des Kernkomplexes bilden die Hirnoberfläche als *Gyrus semilunaris* und *ambiens*. Die Amygdala gliedert sich aufgrund der Lage, des Zellaufbaus und der Verknüpfungen in 3 Kerngruppen: oberflächliche (kortikomediale), basolaterale und zentromediale Gruppe (weitere Gliederung in Kerngebiete siehe Tab. 17.21). Zusätzlich kann der Ncl. striae terminalis zur erweiterten Amygdala gerechnet werden.

Alle Kerngebiete der Amygdala sind untereinander reziprok verschaltet. Afferenzen erreichen die Amygdala aus dem *Ncl. basalis Meynert* (Transmitter Acetylcholin), den *Ncll. raphes* (Transmitter Serotonin), der *Area tegmentalis ventralis* (Transmitter Dopamin), dem *Locus coeruleus* (Transmitter Noradrenalin) und der ventrolateralen Medulla oblongata (Transmitter Adrenalin). Da diese Transmittersysteme modulierend in die Funktion der Amygdala eingreifen, ist es verständlich, dass viele psychiatrische Erkrankungen bzw. zu deren Therapie eingesetzte Psychopharmaka Emotionen bzw. emotionales und motivationales Verhalten auf der Stufe der amygdalären Verarbeitung beeinflussen können.

Für die einzelnen Kerngruppen sind unterschiedliche Verbindungen mit olfaktorischen, viszeralen sowie neokortikalen und archikortikalen Regionen der Hirnrinde bekannt, dazu Verbindungen mit dem Corpus striatum, Thalamus, Hypothalamus, Epithalamus, Mesencephalon und Rhombencephalon (Tab. 17.22 und Abb. 17.132).

Die **oberflächliche Kerngruppe** ist mit **olfaktorischen Arealen** reziprok verschaltet. Efferenzen dieser Kerne gelangen in den **Hypothalamus** und in die **viszeralen Hirnstammkerne** via **ventrale Mandelkernstrahlung,** *Fibrae amygdalofugales ventrales*.

Tab. 17.21. Gliederung des Corpus amygdaloideum in Kerngebiete

Oberflächliche (kortikomediale) Kerngruppe	Ncll. amygdalae corticales Area amygdaloidea anterior
Basolaterale Kerngruppe	Ncl. amygdalae lateralis Ncl. amygdalae basalis lateralis Ncl. amygdalae basalis medialis
Zentromediale Kerngruppe	Ncl. amygdalae centralis Ncl. amygdalae medialis

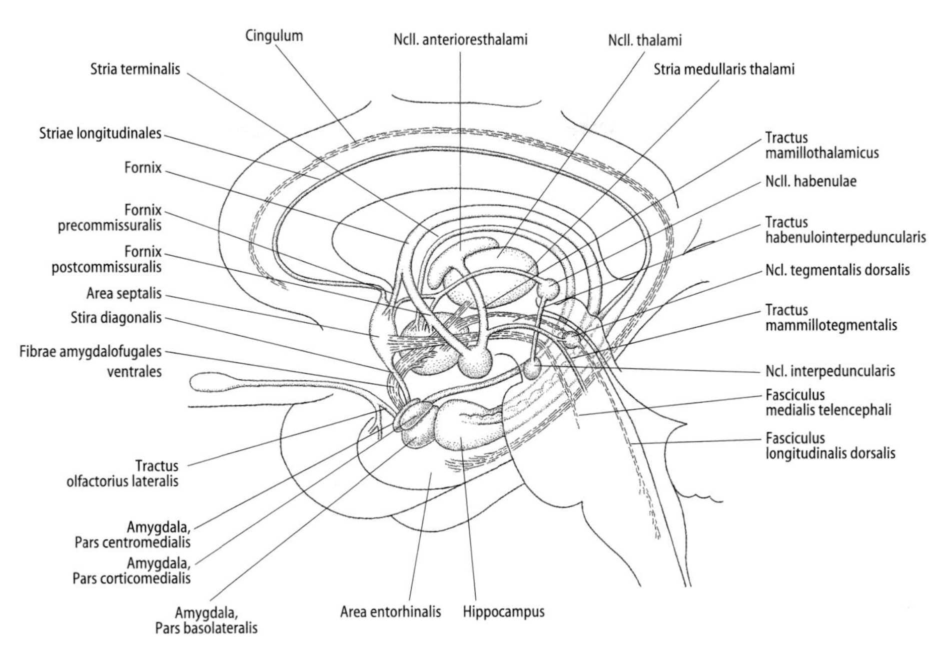

Abb. 17.132. Kerngebiete und Bahnsysteme des limbischen Systems, Ansicht eines durchscheinenden Gehirns von der Mediansagittalebene [7]

Tab. 17.22. Wichtige Faserbahnverbindungen im limbischen System

Faserbahn	Von	Nach
Fornix praecommissuralis	CA3, Subiculum Area septalis	Area septalis Hippocampus
Fornix postcommissuralis	Subiculum	Corpus mammillare
Tractus perforans	Area entorhinalis	Fascia dentata
Stria terminalis	Corpus amygdaloideum	Hypothalamus
Fibrae amygdalofugales ventrales (ventrale, bzw. basale Mandelkernstrahlung)	Corpus amygdaloideum	orbitofrontaler Cortex Hypothalamus
Fasciculus mammillothalamicus (Vicq-d'Azyr-Bündel)	Corpus mammillare	Ncll. anteriores thalami
Fasciculus longitudinalis dorsalis (Schütz)	Hypothalamus	viszerale Kerngebiete im Hirnstamm
Commissura hippocampi	Hippocampus	Hippocampus
Commissura anterior	Amygdala	Amygdala
Tractus mammillotegmentalis	Corpus mammillare	Formatio reticularis, Ncl. tegmentalis dorsalis, VTA
Stria medullaris (thalami)	Ncll. septales Ncll. habenulae	Ncll. habenulae Ncll. septales
Tractus habenulointerpeduncularis (Fasciculus retroflexus)	Ncll. habenulae	Area tegmentalis ventralis, VTA
Fasciculus medialis telencephali (mediales Vorderhirnbündel)	Ncll. septales, Hypothalamus, Kerne im Tegmentum	Kerne des Tegentum, Ncll. septales, Hypothalamus
Cingulum	cingulärer Cortex	retrosplenialer Cortex, Area entorhinalis

Die **basolaterale Kerngruppe** empfängt Afferenzen aus allen **neokortikalen Assoziationsarealen**, entweder direkt oder nach Vorverarbeitung im cingulären oder insulären Cortex. Auch **Hippocampus** sowie intralaminäre und sensorische **thalamische Kerne** projizieren hierher. Aufgrund der direkten Afferenzen aus thalamischen Kernen zur Amygdala, z.B. bei visuellen Wahrnehmungen, ist es verständlich, dass eine Angst- oder Schreckreaktion in der Amygdala ausgelöst werden kann, bevor eine entsprechende bewusste Wahrnehmung in den primären sensorischen Cortices und nachfolgenden Assoziationsarealen bearbeitet wird. Efferenzen der basolateralen Kerne erreichen multiple kortikale Areale, den **mediodorsalen Thalamuskern** und damit nach Umschaltung den orbitofrontalen Cortex, den Ncl. basalis Meynert und das Corpus striatum. Über Efferenzen zum Striatum erfolgt die Beeinflussung der Ausführung emotionsbedingter Bewegungsabläufe. Es ist z.B. an der Mimik erkennbar, wie man sich fühlt, oder »man ist starr vor Furcht«. Über die Stria terminalis verlassen Efferenzen die basolateralen Kerne zu den Ncll. septales. Von dort gelangen Efferenzen via *Stria medullaris thalami* zu den Ncll. habenulae, die via *Tractus habenulointerpeduncularis (tegmentalis)* wiederum zum *Ncl. interpeduncularis* des Mesencephalon und den monaminergen Kernen des Hirnstammes projizieren. Über das **amygdalofugale Bündel** werden aus der basolateralen Amygdala die *Area entorhinalis* und damit der Papez-Kreis erreicht: das emotionale Befinden beeinflusst dadurch Lernen und Gedächtnis.

Die **zentromedialen Kerne** erhalten Afferenzen aus **gustatorischen** und **viszeralen Cortexarealen** und der **Area entorhinalis.** Efferenzen werden via Stria terminalis und ventraler Mandelkernstrahlung insbesondere an Kerngebiete des Hypothalamus (u.a. *Ncl. paraventricularis*) zur Beeinflussung des Neuroendokriniums und vegetativer neuronaler Efferenzen gesendet. Im *Ncl. paraventricularis* entspringen Teile des *Fasciculus longitidinalis dorsalis* und steigen zu den präganglionären Neuronen des Parasympathikus im Hirnstamm und im Sakralmark und zum *Ncl. intermediolateralis* des Rückenmarks (C8–L2, präganglionäre Neurone des Sympathikus) ab. Weitere Efferenzen der zentromedialen Kerngruppe gelangen in den Ncl. basalis Meynert, dessen cholinerge Terminale den gesamten Neocortex erreichen und Aufmerksamkeit steuern. Umfangreiche Efferenzen der zentromedialen Kerne erreichen im Hirnstamm u.a. das *Griseum centrale mesecephali,* die *Substantia nigra,* den *Ncl. solitarius* und den *Ncl. dorsalis n. vagi.*

17.104 Folgen der Zerstörung der Amygdala (beidseits)
Entfernung oder Zerstörung der Amygdala (beidseits) führt zu einem Verlust der Interpretationsmöglichkeit von Gesichtsausdrücken, insbesondere Furcht ausdrückender Gesichter und zu einer generellen Unfähigkeit Empathie zu empfinden.

17.16 Neuroendokrines System

A. Wree

17.16.1 Hypothalamus

Der Hypothalamus als zentrale Steuerungseinheit kann das Vegetativum auf zwei Wegen beeinflussen, über neuronale Efferenzen an nachgeschaltete Hirngebiete (neuronales System) und über Hormone, die das Gefäßsystem als Übertragungsweg nutzen (humorales System). **Botenstoffe** wären im **neuronalen System** als **Transmitter,** im **humoralen System** als **Hormone** zu bezeichnen. Aufgrund der engen morphologischen und funktionellen Verknüpfung von Teilen des Hypothalamus mit Adeno- und Neurohypophyse wird auch vom neuroendokrinen System bzw. Hypothalamus-Hypophysen-System gesprochen.

17.16.2 Hypophyse

Die kirschgroße, ca. 0,6–0,9 g schwere *Hypophysis* ist über den trichterförmigen **Hypophysenstiel** (*Infundibulum*, das formal zur Neurohypophyse gezählt wird) mit dem **Hypothalamus** verbunden und besteht aus einem größeren *Lobus anterior* (**Adenohypophyse**) und einem kleineren *Lobus posterior* (Hypophysenhinterlappen, *Pars nervosa*, **Neurohypophyse**).

Die **Neurohypophyse** (◘ Abb. 17.133) ist als Ausstülpung des Zwischenhirnbodens ein Hirnteil und enthält neben spezialisierten Gliazellen (Pituizyten) die Axone und Axonterminale von Perikarya, die in den magnozellulären *Nuclei supraopticus* und *paraventricularis* liegen und die Neurohypophyse durch den marklosen *Tractus hypothalamohypophysialis* erreichen. Beide Kerngebiete enthalten jeweils Perikarya, die entweder **Oxytocin** oder **Vasopressin** bilden. Das in den Kerngebieten synthetisierte Neurosekret wird vesikulär verpackt, axonal transportiert und durch Exozytose freigesetzt. Die sekretorischen Vesikel enthalten Oxytocin, das an das Trägerprotein Neurophysin I gebunden ist, oder Vasopressin, gebunden an Neurophysin II, und können aufgrund ihrer Größe innerhalb der Axone lichtmikroskopisch als Herring-Körper dargestellt werden. Die Axonterminale enden in der Neurohypophyse »blind« im perivaskulären Raum von erweiterten Kapillaren ohne Blut-Hirn-Schranke (neurohämale Region), die die hier freigesetzten Effektorhormone Oxytocin und Vasopressin aufnehmen und über den Blutweg fortleiten.

Die **Adenohypophyse** (◘ Abb. 17.133) ist eine Ausstülpung des ektodermalen Mundbuchtepithels (Rathke-Tasche), die sich dem Boden des III. Ventrikels, der späteren Neurohypophyse, ventral anlegt und als endokrine Drüse den epithelialen Charakter behält. Die unterschiedliche entwicklungsgeschichtliche Herkunft von Hypothalamus und Adenohypophyse bedingt, dass die Kommunikation zwischen Hypothalamus und Adenohypophyse nur indirekt ist, und zwar über das portale Gefäßsystem. Kleine peptiderge Perikarya, die überwiegend verstreut subependymal in der periventrikulären Zone des Hypothalamus liegen und die nur im *Nucl. periventricularis* und *Nucl. infundibularis* (*arcuatus*) als Kerngebiete abgrenzbar sind, erreichen mit ihren Axonen die *Eminentia mediana* (markloser *Tractus tuberoinfundibularis,* Hypothalamus-Infundibulum-System). Die Eminentia mediana ist ein Teil des Infundibulum. Hier enden die Axonterminale wiederum »blind« im perivaskulären Raum von erweiterten Kapillaren ohne Blut-Hirn-Schranke (neurohämale Region). Darüber hinaus enden in der Eminentia mediana weitere, unterschiedliche Transmitter führende Projektionen, die die Freisetzung der Steuerhormone an den Axonterminalen modifizieren können. In den Axonterminalen des Tractus tuberoinfundibularis werden Steuerhormone freigesetzt, die als Releasing Factors (Liberine) oder Inhibiting Factors (Statine) auf dem Blutweg zur Adenohypophyse gelangen und dort die Hormonproduktion der jeweiligen Hypophysenvorderlappenzellen aktivieren oder hemmen (◘ Tab. 17.23). Für die Reaktion der Vorderlappenzellen ist wichtig, dass die Steuerhormone pulsativ und episodisch freigesetzt werden. Die Freisetzungen der Steuerhormone und der Effektorhormone sind in neuronale und hormonale Regelkreise eingebunden.

17.16.3 Gefäßarchitektur von Eminentia mediana und Hypophse

Eminentia mediana und Hypophyse zeigen eine besondere Gefäßarchitektur (◘ Abb. 17.134). Den kapillären Bereichen fehlt eine Blut-Hirn-Schranke (neurohämale Region). Linke und rechte *A. hypophysialis superior* (Äste der *Pars cerebralis* der *A. carotis interna*, Eintritt in das Infundibulum oberhalb des *Diaphragma sellae*) bildet im Bereich der Eminentia mediana ein primäres Kapillarnetz, in dessen perivaskulären Räumen die hypothalamischen Steuerhormone freigesetzt werden. Diese Kapillaren sammeln sich in Portalvenen, die in die Adenohypophyse absteigen und sich erneut in ein Kapillargeflecht um die Drüsenzellen aufspalten (Sekundärplexus des Pfortadersystems). Die Adenohypophyse besitzt praktisch keine direkte arterielle Blutversorgung. In den weitlumigen adenohypophysären

◘ Abb. 17.133. Medianer Sagittalschnitt durch das Corpus callosum und den III. Ventrikel, rechte Hemisphäre, a und b bezeichnen die Position der abgebildeten Frontalschnitte; **a** und **b** = mikroskopische Übersicht hypothalamischer Kerngebiete (Pigment-Nissl-Färbung) [21]

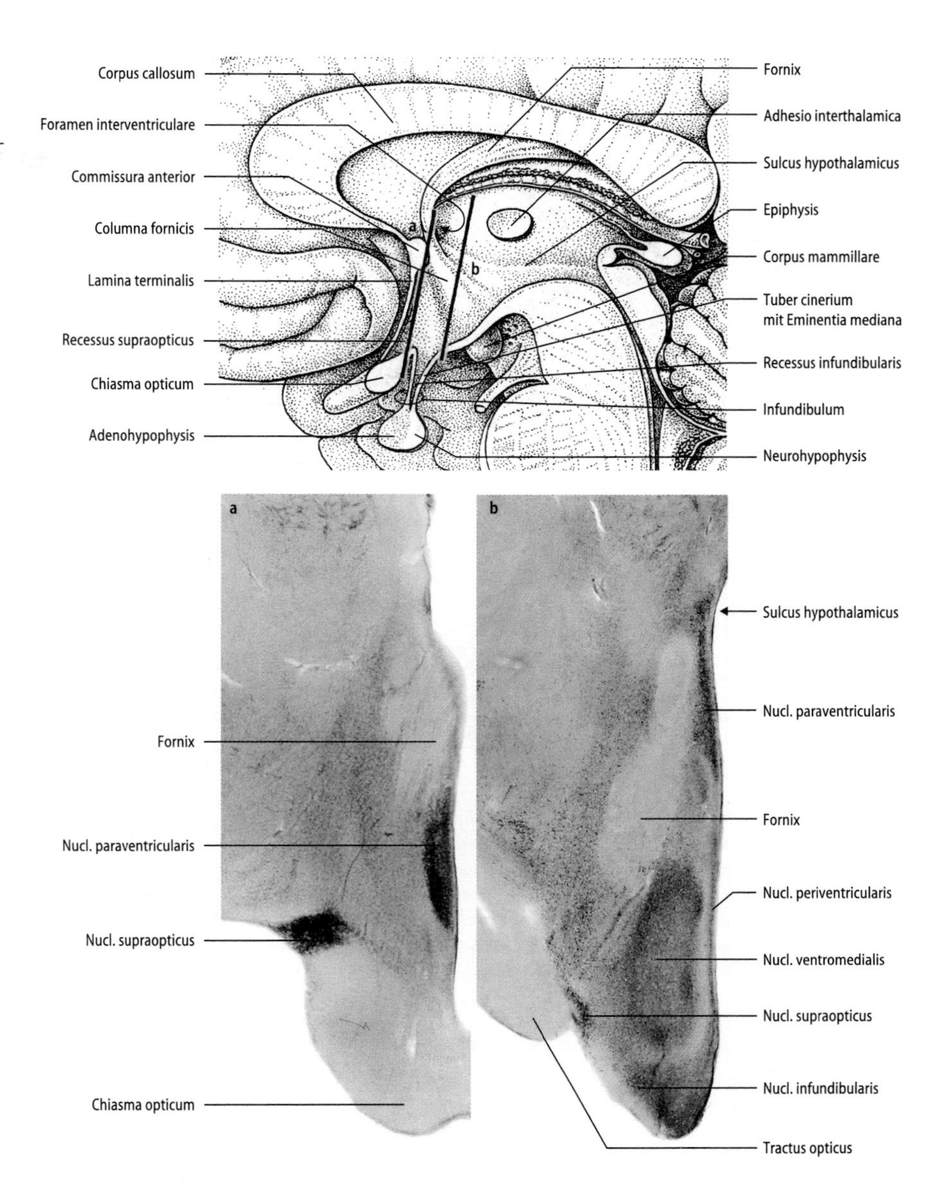

Kapillaren können einerseits die hypothalamischen Steuerhormone die Strombahn verlassen, andererseits die in der Adenohypophyse gebildeten Hormone (glandotrop, effektorisch) in die Strombahn eintreten. Das Blut der adenohypophysären Kapillaren sammelt sich erneut in Venulen, die über die Vv. hypophysiales superiores und inferiores Anschluss gewinnen an die *Sinus cavernosus* oder *intercavernosus*. Das Kapillarnetz des Hypophysenhinterlappens ist nicht Bestandteil des Pfortadersystems, es wird gespeist zum kleineren Teil aus beidseitigen Ästen der *A. hypophysialis superior* (A. trabecularis) und zum größeren Teil aus linker und rechter *A. hypophysialis inferior* (Äste der *Pars cavernosa* der *A. carotis interna*, Eintritt unterhalb des *Diaphragma sellae* in den Hypophysenhinterlappen). Der Abfluss erfolgt über Vv. hypophysiales inferiores in den *Sinus cavernosus* oder *Sinus intercavernosus* oder zu einem kleineren Teil in das Kapillarbett der Adenohypophyse.

17.16.4 Adenohypophyse

Die glandotropen, auf nachgeordnete endokrine Drüsen wirkende Hormone und die Effektorhormone sind mit ihren wesentlichen Funktionen in ◘ Tab. 17.23 bis ◘ Tab. 17.25 zusammengefasst. Die eingehende Besprechung der glandotropen adenohypophysären Hormone erfolgt mit den entsprechenden endokrinen Drüsen.

17.16.5 Neurohypophyse

In der Neurohypophyse werden **Oxytocin** und **Vasopressin** (Adiuretin = antidiuretisches Hormon: ADH) gespeichert und abgegeben. Oxytocin fördert die Kontraktion der glatten Muskulatur des wehenbereiten **Uterus** unter der Geburt, die Rückbildung des Uterus in der postpartalen Phase und die Kontraktion der Myoepithelzellen der laktierenden **Mamma.** Vasopressin wirkt in physiologischen Dosen auf die distalen Tubuli und Sammelrohre der Niere und fördert die Wasserretention durch den Einbau von Aquaporin 2 in die apikale Zellmembran der Epithelzellen.

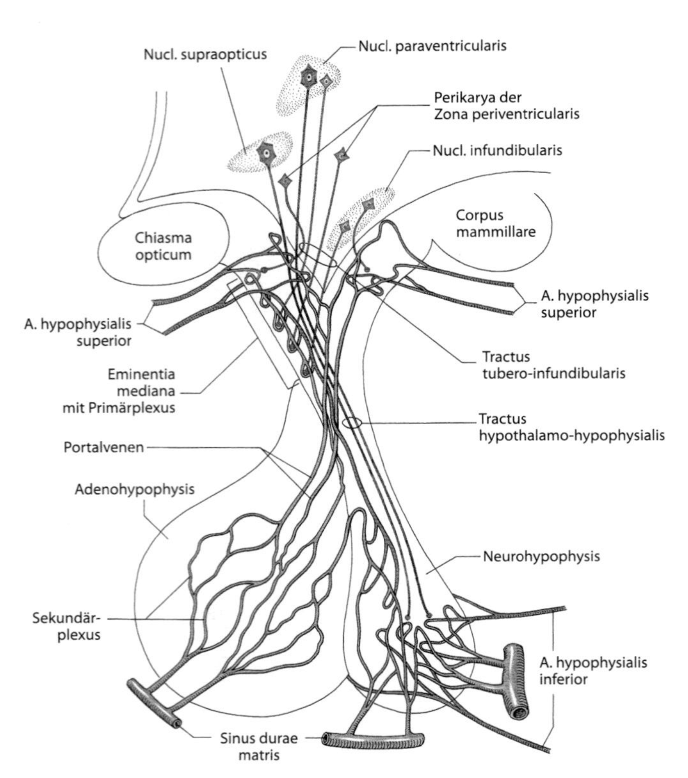

Abb. 17.134. Hypothalamus-Hypophysen-Systeme und Gefäßversorgung der Hypophyse. Grüne Neurone: Große Perikarya, deren Axone den Tractus hypothalamohypophysialis bilden und im Hypophysenhinterlappen enden. Rote Neurone: Kleine Neurone, deren Axone den Tractus tuberoinfundibularis bilden und in der Eminentia mediana enden. Die in die Kapillaren der Eminentia mediana aufgenommenen Steuerhormone gelangen über das portale Gefäßsystem in das Kapillarbett der Adenohypophyse

17.105 Hypophysenadenome

Adenome der Hypophyse sind histologisch gutartige Tumoren, deren Symptomatik entweder auf der Verdrängung normalen Gewebes und damit funktionellen Beeinträchtigung des Restgewebes (verminderte Syntheseleistung von glandotropen und effektorischen Hormonen = primäre Hypophyseninsuffizienz, Sehstörungen aufgrund von Druckläsionen des Chiasma opticum) oder auf der ungeregelten Überproduktion einzelner glandotroper oder effektorischer Hormone (z.B. Akromegalie, Hyperprolaktinämie, hypophysärer Morbus Cushing) beruht.

17.16.6 Epiphyse

Die Epiphyse *(Glandula pinealis, Corpus pineale)* stellt eine zapfenförmige Ausstülpung des dorsalen Zwischenhirndaches von ca. 0,2 g dar, aufgebaut aus gefäßreichem Bindegewebe mit noradrenergen Nerven, Astrozyten und Pinealozyten. Die Pinealozyten sind in Strängen oder Ballen angeordnet. Als rudimentäre Photorezeptoren lassen die Pinealozyten noch entsprechende Strukturmerkmale erkennen, es fehlt jedoch ein Außenglied. **Pinealozyten** bilden neben verschiedenen Polypeptiden vor allem **Melatonin.** Seine Freisetzung erfolgt am Ende der axonalen Fortsätze der Pinealozyten, die im perivaskulären Bindegewebe der Epiphyse enden, der Abtransport über den Blutweg oder über den Liquor cerebrospinalis.

Für die Steuerung der Melatoninproduktion ist das Lichtangebot von großer Bedeutung. Längere Lichtphasen führen zur Hemmung, kürzere Lichtphasen bzw. Dunkelphasen zur Steigerung der Melatoninproduktion.

Die Information über die Länge der Photoperiode gelangt über die Neuronenkette Retina – Nucleus suprachiasmaticus – Nucleus paraventricularis – Substantia grisea centralis – Nucleus intermediolateralis medullae spinalis (1. Neuron des Sympathicus, Rückenmarkseg-

Tab. 17.23. Ausschüttungsregelung adenohypophysärer glandotroper Hormone

Hypothalamus	Adenohypophyse	Zielorgan/Zielzellen	Hormone des Zielorgans (HZ)	Hauptwirkung der HZ
Folliberin	Follitropin (FSH)	Ovar Thekazellen Follikelepithel Testes Sertolizellen	Östrogene	Ovulation, Sekundärzyklen zahlreicher weiblicher Organe, Wachstum der weiblichen Sexualorgane; Spermatogenese
Luliberin	Lutropin (LH)	Ovar Corpus luteum	Progesteron	Sekundärzyklen zahlreicher weiblicher Organe
	(ICSH)	Testes interstitielle Zellen	Testosteron	Spermatogenese, anabole Effekte, Wachstum der männlichen Sexualorgane
Corticoliberin	Corticotropin (ACTH)	Nebennierenrinde	Mineralokortikoide*, z.B. Aldosteron	Na^+- und H2O-Retention, K^+-Ausscheidung
			Glukokortikoide, z.B. Cortisol	Glukoneogenese, Proteolyse, Lipolyse, Entzündungshemmung
			Androgene, z.B. Dehydroepiandrosteron	männliche Geschlechtsmerkmale
Thyroliberin	Thyrotropin (TSH)	Schilddrüse	Thyroxin (T4) Trijodthyronin (T3)	Steigerung der O_2-Aufnahme, Steigerung von Proteinsynthese, Lipid- und Kohlenhydratstoffwechsel, Wachstumsförderung

* Die Mineralokortikoidproduktion unterliegt kaum der Kontrolle durch ACTH.

Tab. 17.24. Ausschüttungsregelung adenohypophysärer Effektorhormone

Hypothalamus	Adenohypophyse	Zielorgan/Zielzellen	Hauptwirkung
Somatoliberin Somatostatin	Somatotropin (STH)	Leber, Knochen, Muskulatur	Knochenwachstum, Proteinsynthese, Lipolyse, Hemmung der Glukoseaufnahme
Prolactoliberin Prolactostatin	Prolaktin (PRL, LTH)	Mamma	Milchproduktion
Melanoliberin Melanostatin	Melanotropin (MSH)	Epidermis, Melanozyten	Hautpigmentierung

Tab. 17.25. Neurohypophysäre Effektorhormone

Hormon	Ort der Bildung	Ort der Abgabe	Zielorgan	Hauptwirkung
Oxytocin	Nucleus paraventricularis Nucleus supraopticus	Neurohypophyse	Uterus Mamma	Uteruskontraktion Milchauspressung
Vasopressin (ADH)	Nucleus supraopticus Nucleus paraventricularis	Neurohypophyse	Niere	Wasserretention

mente C8–Th1) – Ganglion cervicale superius (2. Neuron des Sympathicus) zur Epiphyse. Die bei Tag niedrigen und bei Nacht hohen Melatoninkonzentrationen im Plasma sind wichtig für die Aufrechterhaltung des zirkadianen Rhythmus. Ausreichende Melatoninspiegel sind bedeutsam für einen erholsamen Schlaf. Weitere Funktionen des Melatonins scheinen seine hemmende Wirkung auf den Hypothalamus und seine antigonadotrope Wirkung zu sein.

17.106 Kalkkonkremente in der Epiphyse

Bei Erwachsenen treten in der Epiphyse Kalkkonkremente auf (Acervulus, Hirnsand). Dadurch stellt die Glandula pinealis in bildgebenden Verfahren einen wichtigen topographischen Orientierungspunkt dar.

17.17 Gedächtnis

K. Zilles

Einführung

Der *Hippocampus*, eine archikortikale Region im medialen Temporallappen, spielt eine entscheidende Rolle beim Lernen und der Gedächtnisbildung. Neben dem Hippocampus sind noch zahlreiche weitere Hirnregionen für die verschiedenen Formen des Gedächtnisses von Bedeutung.

Der **Hippocampus** ist ein Teil des Archicortex (Abb. 17.135). Für die Funktionen **Lernen und Gedächtnis** spielt er eine entscheidende Rolle. Er wird aber auch zusammen mit weiteren Hirnregionen dem **limbischen System** (► Kap. 17.15) zugerechnet.

Der weitaus größte Teil des Hippocampus befindet sich beim Menschen im Lobus temporalis, und erstreckt sich von medial bis zum Boden und zur medialen Wand des Unterhorns des Seitenventrikels (Abb. 17.136). Dieser Teil des Hippocampus wird als *Hippocampus retrocommissuralis* bezeichnet. Wenn in der Kurzform vom Hippocampus gesprochen wird, ist der Hippocampus retrocommissuralis gemeint. Er liegt im *Gyrus dentatus* und im medialen Teil des *Gyrus parahippocampalis*. Seine rostrale Ausdehnung erstreckt sich auf den *Uncus* (Abb. 17.135). Der Abschnitt des Hippocampus, der unter dem *Splenium corporis callosi* in den *Gyrus fasciolaris* übergeht und nach dorsal auf das Corpus callosum zieht, wird als *Hippocampus supracommissuralis* oder *Indusium griseum* bezeichnet. Der suprakommissurale Hippocampus besteht nur aus einer dünnen Schicht von Neuronen, die von zwei schmalen Faserbahnen flankiert werden, den *Striae longitudinales medialis* und *lateralis*. Sie verbinden den Hippocampus mit der Area subcallosa (BA 25). Der Hippocampus endet rostral unter dem Genu corporis callosi als *Hippocampus precommissuralis* (Abb. 17.135).

Der Hippocampus grenzt lateral an die periarchikortikalen Gebiete des *Presubiculum* (BA 27) und des *Parasubiculum*. Letzteres wird lateral von der *Area entorhinalis* (**B**rodmann **A**real: BA 28) umgeben (Abb. 17.135). Die Area entorhinalis geht dann auf dem Gyrus parahippocampalis, der lateral vom *Sulcus collateralis* (Abb. 17.136) begrenzt wird, in die isokortikalen Gebiete des Tem-

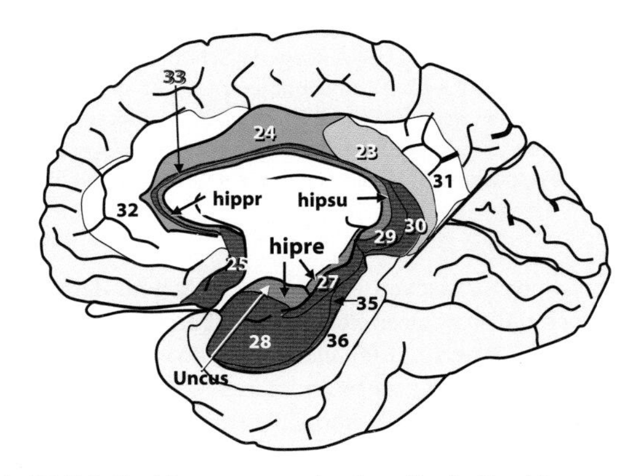

Abb. 17.135. Der Hippocampus mit seinen Abschnitten Hippocampus retrocommissuralis (hipre), Hippocampus supracommissuralis (hipsu; auch *Taenia tecta* genannt) und Hippocampus precommissuralis (hippr) bilden den **Archicortex** (blau). Der Archicortex wird lateral vom **Periarchicortex** (rot) begrenzt, der aus den Areae entorhinalis (28), perirhinalis (35), ectorhinalis (36), pre- und parasubicularis (27), dem retrosplenialen Cortex (26, 29–30), und den Areae pregenualis (33) und subgenualis (25) besteht. Der Periarchicortex wird lateral vom **Proisocortex** (grün) mit den vorderen (24) und hinteren (23) cingulären Arealen umgeben und geht in den angrenzenden **Isocortex** (weiß und hellgrau) mit vorderen (32) und hinteren (31) cingulären Arealen über. (Die Nummerierung der Areale entspricht der in der Hirnkarte von Brodmann (1909) verwendeten Nomenklatur.)

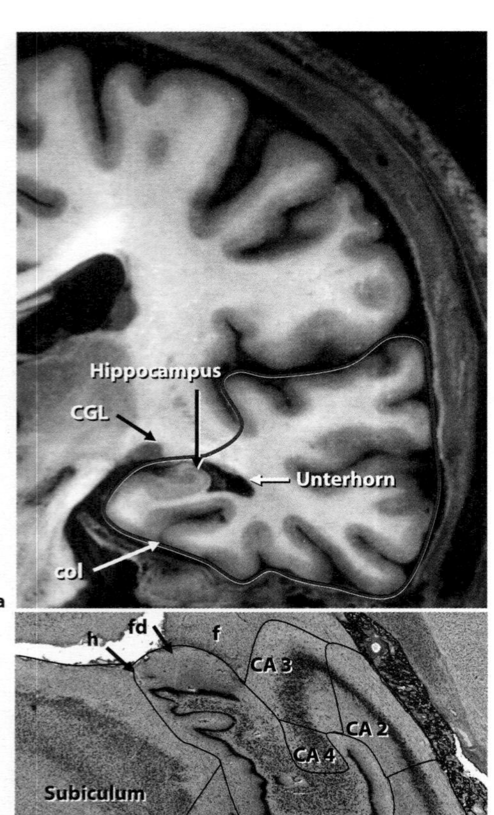

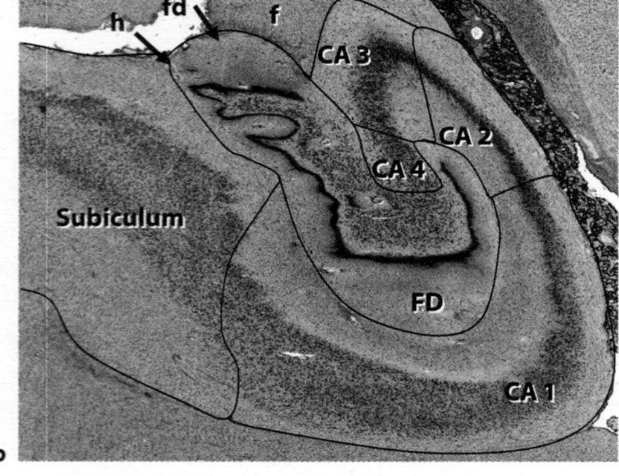

■ **Abb. 17.136a, b.** Hippocampus. **a** Lagebeziehungen des Hippocampus auf einem Frontalschnitt. Die rote Linie markiert die Ausdehnung des Lobus temporalis. **b** Zytoarchitektonik des Hippocampus auf einem Frontalschnitt. Subiculum, Cornu Ammonis mit den Regionen CA 1–4 und die Fascia dentata können aufgrund des unterschiedlichen Aufbaus der Schichten aus vorwiegend Pyramidenzellen (Subiculum und Cornu Ammonis) oder Körnerzellen (Fascia dentata) unterschieden werden. Weitere Schichten des Hippocampus sind ebenfalls erkennbar. CGL = Corpus geniculatum laterale; col = Sulcus collateralis; f = Fimbria hippocampi; fd = Sulcus fimbriodentatus; h = Sulcus hippocampi

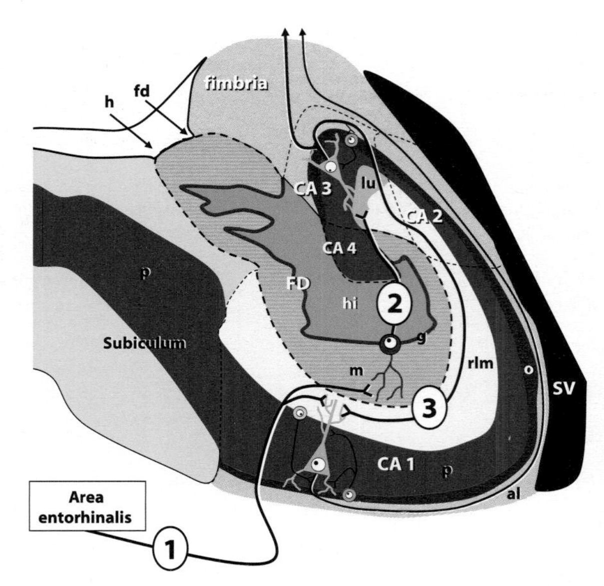

■ **Abb. 17.137.** Regionen und Schichten des Hippocampus mit Tractus perforans (1) und seinen intrahippokampalen Verschaltungen über Moosfasern (2) und Schaffer-Kollateralen (3). CA1–CA4 = Regionen des Cornu Ammonis; FD = Fascia dentata; al = Alveus; fd = Sulcus fimbriodentatus; g = Stratum granulosum; h = Sulcus hippocampi; hi = Hilus mit Stratum multiforme; lu = Stratum lucidum; m = Stratum moleculare; o = Stratum oriens; p = Stratum pyramidale; rlm = Stratum radiatum-lacunosum-moleculare; sv = Unterhorn des Seitenventrikels. Hellblau: glutamaterge Pyramidenzellen der CA1- und CA3-Region; hellgrün: GABAerge Interneurone (Kandelaberzelle, Korbzelle) des Hippocampus; violett: glutamaterge Körnerzelle der Fascia dentata

porallappens über. Zwischen Area entorhinalis und dem Isocortex liegen die periallo- bzw. proisokortikalen Übergangsregionen *Areae perirhinalis* (BA 35) und *ectorhinalis* (BA 36). Zwischen Isocortex und Hippocampus supra- bzw. precommissuralis schiebt sich hinter dem Splenium corporis callosi die periallokortikale *Regio retrosplenialis* (BA 26, 29 und 30) und über, bzw. vor dem Corpus callosum die Areae pregenualis (BA 33) und subgenualis (BA 25) sowie der cinguläre Kortex als proisokortikale (BA 23–24) und isokortikale (BA 31–32) Regionen des Gyrus cinguli (■ Abb. 17.135).

Im Hippocampus retrocommissuralis ist die Differenzierung in Subregionen und kortikale Schichten am deutlichsten erkennbar (■ Abb. 17.137). Der Hippocampus kann in die großen Regionen (■ Abb. 17.136 und ■ Abb. 17.137):

- *Subiculum,*
- *Cornu Ammonis* (CA), Ammonshorn, mit den Subregionen CA1–CA4 und
- *Fascia dentata* gegliedert werden.

Das **Ammonshorn,** das von der Fascia dentata durch den *Sulcus hippocampi* abgegrenzt wird, ist wegen seiner lokal unterschiedlichen Architektonik und Verschaltung in die Subregionen **CA1–CA4** gegliedert. An seiner dem Seitenventrikel zugewandten Seite ist das Ammonshorn vom *Alveus* (■ Abb. 17.137) bedeckt, der aus afferenten und efferenten Fasersystemen besteht und die weiße Substanz des Hippocampus darstellt. Der Alveus setzt sich in die *Fimbria hippocampi* fort, die von der Fascia dentata durch den *Sulcus fimbriodentatus* getrennt wird (■ Abb. 17.136). Die Fimbria geht in den *Fornix* über, der bogenförmig unter dem Corpus callosum nach dorsal und rostral zieht und den Hippocampus mit zahlreichen kortikalen und subkortikalen Gebieten verbindet.

Das **Cornu Ammonis** lässt 3 Hauptschichten erkennen (■ Abb. 17.137):

- *Stratum oriens* mit den basalen Dendriten der Pyramidenzellen und Interneuronen,
- *Stratum pyramidale* mit den Pyramidenzellkörpern und Interneuronen und das
- *Stratum radiatum-lacunosum-moleculare* mit den apikalen Dendriten der Pyramidenzellen und afferenten Fasern.

In der **Fascia dentata** ist die oberflächliche Schicht das *Stratum moleculare,* in dem sich die Dendriten der Körnerzellen und afferente Fasern befinden. Darunter liegt das *Stratum granulosum* mit den Zellkörpern der Körnerzellen. Die tiefste Schicht ist das *Stratum multiforme,* das mit der CA4-Region als *Hilus fasciae dentatae* zusammengefasst werden kann (■ Abb. 17.137).

Die Fähigkeit der Pyramidenzellen der CA1-Region bei wiederholter, tetanischer Reizung das Phänomen der **Langzeitpotenzierung (LTP)** zu zeigen, ist ein Modell für die **synaptische Plastizität** beim Lernen und der Gedächtnisbildung. Es kommt dabei trotz gleichstarker Stimulation derselben Synapsen zu einer stärkeren Reizantwort, **Potenzierung.** Die Potenzierung der Reizantwort ist noch nach Tagen und evtl. Wochen zu beobachten. Offensichtlich haben die Synapsen ihre Übertragungseigenschaften in einem Lernprozess anhaltend gesteigert. Die Langzeitpotenzierung kann nicht nur im Hippocampus, sondern auch in anderen Hirnregionen nachgewiesen werden. Eine wichtige Rolle bei der LTP spielen die glutamatergen NMDA Rezeptoren (◻ Abb. 17.138) der hippokampalen Synapsen, die somit keine passiven Schalter, sondern sich dynamisch an »Erfahrungen« anpassende Strukturen sind.

Die Konnektivitätsstruktur des Hippocampus ist außerordentlich komplex. Die wichtigsten Verbindungen lassen 5 Gruppen erkennen:

- Die **Verbindung zwischen Neocortex und Hippocampus** (◻ Abb. 17.139) ist beim Menschen das größte Verbindungssystem. Es beginnt in den beim Menschen besonders großen multimodalen Assoziationsgebieten des Neocortex. Deren Efferenzen konvergieren entweder direkt oder indirekt über eine Umschaltung im Subiculum in der Area entorhinalis. Sie gelangen nach synaptischer Umschaltung von dort im *Tractus perforans* zur Fascia dentata und zum Ammonshorn. Vom Hippocampus führen ebenfalls umfangreiche Faserverbindungen nach Umschaltung im Subiculum und der Area entorhinalis zurück zu den multimodalen Assoziationsgebieten des Neocortex.
- Der **trisynaptische glutamaterge intrahippocampale Weg** aus der Area entorhinalis über den Tractus perforans in den Hippocampus (Nr. 1 in ◻ Abb. 17.137): Der Tractus perforans endet an den Dendriten der Körnerzellen im Stratum moleculare der Fascia dentata. Die Körnerzellen senden ihre Axone vor allem zu den Dendriten der Pyramidenzellen in der **Region CA3.** Die Körnerzellaxone, die als **Moosfasern** bezeichnet werden (Nr. 2 in ◻ Abb. 17.137), enden im Hilus und zwischen den Strata pyramidale und radiatum in einer auf die Region CA 3 begrenzten Schicht, dem *Stratum lucidum*. Typisch für diese Synapsen ist das Vorkommen glutamaterger Kainat-Rezeptoren in besonders hoher Dichte (◻ Abb. 17.138). Die Pyramidenzellaxone der CA3-Region verlassen den Hippocampus über Alveus, Fimbria hippocampi und Fornix, geben aber vorher Kollateralen ab, die **Schaffer-Kollateralen.** Sie enden an den Dendriten der Pyramidenzellen der CA1-Region (Nr. 3 in ◻ Abb. 17.137).
- Der **Papez-Kreis** (◻ Abb. 17.139) verbindet das Subiculum, das aus dem Cornu Ammonis und der Area entorhinalis Afferenzen erhält, über den *Fornix* mit dem *Corpus mammillare* im Hypothalamus. Von dort zieht der *Tractus mammillothalamicus,* das **Vicq-d'Azyr-Bündel,** zu den *Ncll. anterior* und *medianus thalami.* Diese Kerne senden Efferenzen in das Telencephalon, die sich dem Cingulum (► Kap. 17.3) anschließen. Gegenüber früheren Anschauungen gibt es keine starke Verbindung zwischen diesen Thalamuskernen und dem cingulären Cortex, der in der ursprünglichen Konzeption des Papez-Kreises eine wichtige Rolle als Teil des limbischen Cortex mit Aufgaben bei der Steuerung von Emotionen spielte. Durch das Cingulum erreichen die Fasern v.a. das Subiculum und die Area entorhinalis, nur eine schwache Verbindung zieht direkt in das Cornu Ammonis. Die Area entorhinalis erreicht schließlich über den Tractus perforans die Fascia dentata und das Cornu Ammonis. Das Corpus mammillare ist über den *Tractus mammillotegmentalis* und *Pedunculus mammillaris* reziprok mit limbischen Kerngebieten, die in der Formatio reticularis des Mesencephalons liegen, dem *Ncl. tegmentalis dorsalis Gudden* und dem *Ncl. reticularis tegmenti pontis Bechterew*, verbunden.
- Das **septohippokampale System** (◻ Abb. 17.139): Efferenzen des Hippocampus (v.a. CA1-Region) gelangen über den Fornix in das Septum. Sie enden dort überwiegend in Kerngebieten des diago-

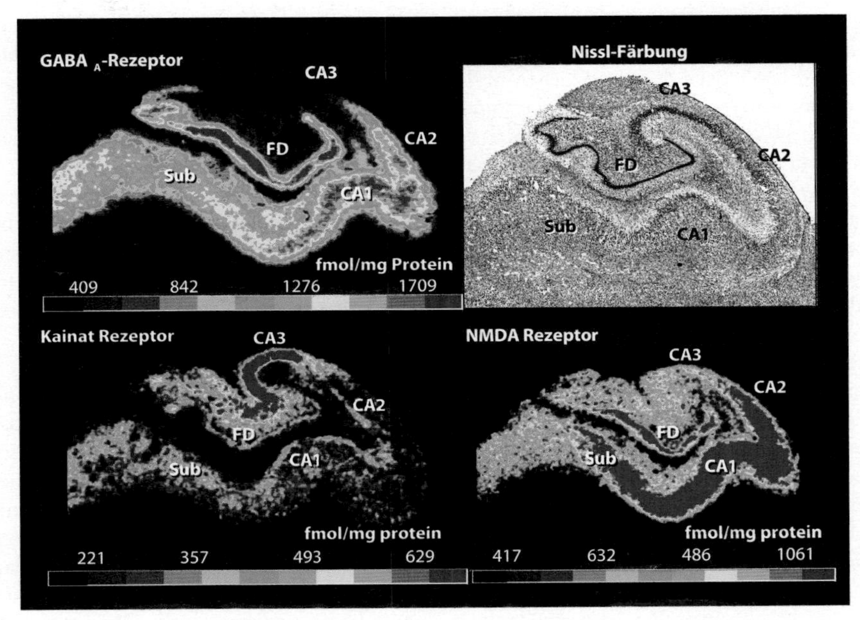

◻ **Abb. 17.138.** Verteilung der inhibitorisch wirksamen $GABA_A$-Rezeptoren (A) für den Transmitter GABA und der exzitatorisch wirksamen Kainat-Rezeptoren (C) und NMDA-Rezeptoren (D) für den Transmitter Glutamat im Hippocampus des Menschen. Ein Vergleich mit der Nissl-Färbung (B) erlaubt die Zuordnung der Rezeptoren zu den verschiedenen Regionen und Subregionen sowie zu den kortikalen Schichten. Die Farbskalen (in A, C und D) zeigen die Farbkodierung der Rezeptordichten in fmol/mg Protein. Besonders hohe $GABA_A$-Rezeptordichten werden im Stratum moleculare der Fascia dentata (FD) und in den Strata pyramidale und radiatum der CA1-Region erreicht. Besonders hohe Kainat-Rezeptordichten finden sich im Hilus und dem Stratum lucidum der CA3-Region an den Synapsen der Moosfasern, während die ebenfalls glutamatergen NMDA-Rezeptoren höchste Dichten in denselben Bereichen wie die $GABA_A$-Rezeptoren erreichen (zu den Transmittersystemen und Rezeptoren siehe auch ► Kap. 17.2). CA 1–CA 3 = Regionen des Cornu Ammonis; FD = Fascia dentata; Sub = Subiculum

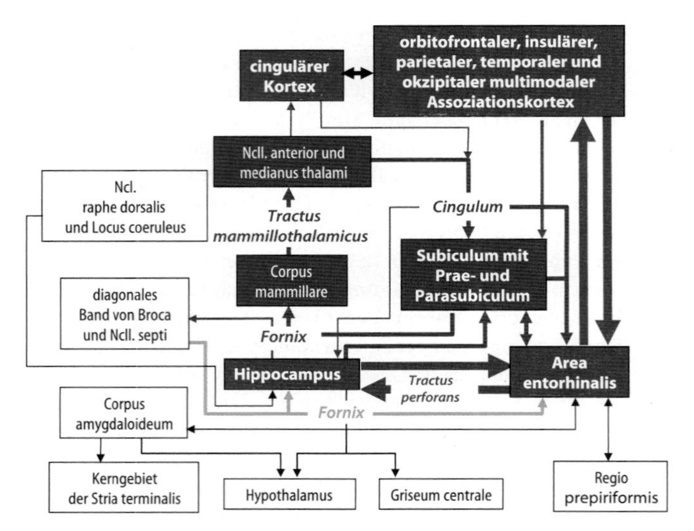

Abb. 17.139. Zusammenfassende Darstellung der wichtigsten afferenten und efferenten Verbindungen des Hippocampus. Die Regionen und Faserbahnen, die zum Papez-Kreis gerechnet werden, sind blau markiert. Die beim Menschen besonders wichtige Verbindung mit dem Neocortex über die Area entorhinalis ist rot, und die afferenten cholinergen Verbindungen mit dem diagonalen Band von Broca und Septumkernen (Teile des basalen Vorderhirns) sind grün markiert

nalen Bands von Broca und Septumkernen. Aus cholinergen und GABAergen Neuronen des diagonalen Bands ziehen dann die meisten Fasern durch den Fornix zurück zum Hippocampus und zur Area entorhinalis.

- Das **kommissurale System** verbindet die Hippocampi beider Seiten. Die kommissuralen Fasern verlassen den Hippocampus im Fornix einer Seite, *Columna fornicis*, und gelangen unter dem Corpus callosum zur Vereinigungsstelle der Columnae fornicis beider Seiten, *Commissura fornicis* oder *Psalterium*. Hier treten die Fasern auf die kontralaterale Seite über und ziehen in der kontralateralen Columna fornicis zurück zum Hippocampus. Vor dem Psalterium bilden die vereinigten Columnae fornicis das *Corpus fornicis*, das sich vor dem Foramen interventriculare des III. Ventrikels wieder in zwei Kolumnen aufteilt. Der kleinere Teil jeder Kolumne zieht als **präkommissuraler Fornix** vor der Commissura anterior zum Septum, zur Regio praeoptica und zum Hypothalamus, der größere Teil hinter der Commissura anterior als **postkommissuraler Fornix** zum Corpus mammillare.

Um die Rolle des Hippocampus und anderer Hirnregionen bei der Gedächtnisbildung besser verstehen zu können, sollen kurz die verschiedenen Formen des Gedächtnisses und die unterschiedliche Rolle, die der Hippocampus bei diesen verschiedenen Formen spielt, dargestellt werden. Grundsätzlich werden **implizites** und **explizites Gedächtnis** unterschieden.

Das **implizite Gedächtnis**, auch **prozedurales** oder **nichtdeklaratives Gedächtnis** genannt, ermöglicht geschickte Bewegungen und Abfolgen von komplexen Bewegungen unabhängig von expliziter kognitiver Kontrolle. Es ermöglicht z.B. einem Pianisten eine komplizierte Tonfolge zu spielen, ohne sich bewusst jede Note oder einzelne Fingerbewegung vorzustellen.

Beim **expliziten Gedächtnis** unterscheidet man mehrere Formen:

- Semantisches und episodisches Gedächtnis werden auch manchmal unter dem Begriff **deklaratives Gedächtnis** zusammengefasst und dem prozeduralen Gedächtnis gegenüber gestellt. Das **semantische Gedächtnis** enthält allgemeines, meist abstraktes Faktenwissen, z.B. Grammatik, Arithmetik oder Geschichtsdaten. Der Begriff **episodisches Gedächtnis** bezeichnet das bewusste Erinnern von selbst erlebten Ereignissen. Eine Zerstörung beider Hippocampi führt beim Menschen zum Verlust der Möglichkeit, sich Namen oder Gesichter zu merken, bzw. sich an Daten und Ereignisse zu erinnern (deklaratives Gedächtnis), die **nach** der Zerstörung der Hippocampi erlernt wurden, bzw. stattgefunden haben **(anterograde Amnesie)**.
- Das **Arbeitsgedächtnis** speichert Informationen für einen kurzen Zeitraum. Das Arbeitsgedächtnis wird von manchen Autoren auch als **Kurzzeitgedächtnis** bezeichnet und dem, manchmal über viele Jahre zurückreichenden **Langzeitgedächtnis** gegenübergestellt. Das Kurzzeitgedächtnis ist vom Hippocampus unabhängig. Ein Langzeitgedächtnis kann zwar nur bei einem normal funktionierenden Hippocampus aufgebaut werden, der Abruf lange zurückliegender Gedächtnisinhalte hängt jedoch vom Neocortex ab. Das Aufbauen (»encoding«) eines Gedächtnisses ist somit von der Hippocampusfunktion abhängig.

17.107 Gedächtnisstörungen

Nach Unfällen mit Hirnschädigungen können sich Patienten oft nicht mehr an die Ereignisse unmittelbar vor und während des Unfalls erinnern, **retrograde Amnesie.**

Patienten mit **Alzheimer-Krankheit**, die in ihren Spätstadien zu einem generellen Abbau des Hirngewebes in praktisch allen Regionen führt, zeigen zunächst einen Verlust des deklarativen (semantischen + episodischen) Gedächtnisses. Sie können sich nicht mehr an Ereignisse erinnern, keine neuen Fakten speichern und finden sich nicht mehr in ihrer üblichen oder neuen Umgebung zurecht, **retrograde** und **anterograde Amnesie.**

Patienten, bei denen selektiv die Basalganglien pathologisch verändert sind, zeigen Symptome eines gestörten **prozeduralen Gedächtnisses,** während das deklarative Gedächtnis meist normal funktioniert.

Bei einer Zerstörung beider Hippocampi bleibt das Langzeitgedächtnis für Ereignisse und Dinge, die lange vor der Zerstörung auftraten oder gelernt wurden, weitgehend erhalten. Vom Zeitpunkt der Läsion an können jedoch keine deklarativen Gedächtnisinhalte mehr gespeichert werden, **anterograde Amnesie.**

Patienten mit **Korsakow-Syndrom** zeigen neben einer Störung der zeitlichen und örtlichen Orientierung einen schweren Defekt der Lernfähigkeit und des Gedächtnisses. Dieses Syndrom kann z.B. bei chronischem Alkoholismus beobachtet werden. Dabei ist eine ausgeprägte Zerstörung der Neurone im Corpus mammillare, einer wichtigen Schaltstation im Papez-Kreis, nachweisbar.

Manchmal wird mit dem Begriff des **emotionalen Gedächtnisses** eine weitere Gedächtnisform bezeichnet, da das Gedächtnis stark vom emotionalen Gehalt des erinnerten Ereignisses oder von früher konditionierten Aversionen und Präferenzen beeinflusst wird. Entsprechend spielen bei dieser Gedächtnisform neben dem Assoziationscortex und dem Hippocampus v.a. der cinguläre Cortex, das Corpus amygdaloideum und der Hypothalamus eine entscheidende Rolle. Beim Erinnern an Ereignisse aus dem eigenen Leben ist somit episodisches und emotionales Gedächtnis gleichzeitig aktiv. Diese Gedächtnisform bezeichnet man als **autobiographisches Gedächtnis.**

In Kürze

Hippocampus, Neocortex, Basalganglien, Thalamus und Corpus mammillare bilden zusammen mit weiteren Hirnregionen ein neurales System, das für Lernen, Gedächtnisbildung und Erinnern von entscheidender Bedeutung ist. Verschiedene Gedächtnisformen werden durch die Aktivierung verschiedener, anatomisch spezifischer Hirnregionen ermöglicht.

Die wichtigste Verbindung aus dem Neocortex zum Hippocampus wird in der Area entorhinalis synaptisch umgeschaltet. Von dort zieht der **Tractus perforans** in die Fascia dentata, nach Umschaltung in die CA3-Region des Ammonshorns und nach erneuter Umschaltung in die CA1-Region. Von dort verlassen die Efferenzen den Hippocampus auf verschiedenen Wegen. Besonders erwähnt werden soll die Verbindung zum Subiculum. Von dort ziehen Efferenzen in den Neocortex, v.a. zum Assoziationscortex, Corpus amygdaloideum und in das Corpus mammillare.

17.18 Sprache

K. Amunts

Einführung

Entscheidende anatomische Grundlagen für unser Sprachvermögen sind ein vorderes, »motorisches« Sprachzentrum, Broca-Region, und ein hinteres, »sensorisches« Sprachzentrum, Wernicke-Region, sowie die Faserverbindungen zwischen beiden Regionen. Eine Schädigung der linken, nicht jedoch der rechten Hemisphäre führt bei den meisten Menschen zum Sprachverlust (Sprachdominanz der linken Hemisphäre).

Unter Sprache wird die Fähigkeit verstanden, bedeutungshaltige, regelbasierte Kombinationen und Verknüpfungen von Phonemen (kleinste sinntragende Einheiten der Sprache) über Morpheme (grammatische oder funktionstragende Einheiten der Sprache, z.B. Vorsilben, Endungen), Phrasen, Sätze oder Diskurs zu bilden und zu verstehen. Die Sprache wird auf verschiedene Weise praktiziert (Sprechen, Lesen, Hören, Zeichensprache, usw.) und dient der Kommunikation zwischen Individuen.

Die meisten der sprachrelevanten Areale sind um die *Fissura lateralis Sylvii* herum angeordnet. Sie gehören zum Frontal-, Temporal-, und Parietallappen sowie zur Inselrinde. Schädigungen dieser Areale können zum Sprachverlust, Aphasie, führen. Schlüsselregionen für die Sprachverarbeitung und das Sprechen sind:

- Broca-Region im Lobus frontalis
- Wernicke Region im Lobus temporalis
- Faserverbindungen zwischen Lobus temporalis und Lobus frontalis
- Inselrinde
- Teile der Basalganglien und des Thalamus
- prämotorischer und supplementär-motorischer Cortex
- bestimmte Hirnnerven (Nn. V, VII, IX–XII) und Teile ihrer Kerngebiete.

17.18.1 Broca-Region

Die Broca-Region befindet sich im hinteren Abschnitt des Gyrus frontalis inferior (◘ Abb.17.140). Sie umfasst die Pars opercularis und die Pars triangularis dieses Gyrus. Die Broca-Region wird durch den Sulcus frontalis inferior (nach dorsal), den Sulcus precentralis (nach kaudal) und die Fissura lateralis Sylvii mit ihrem Ramus horizontalis (nach ventral) begrenzt.

17.108 Broca- und Wernicke-Region

Der Begriff der Broca-Region (ebenso wie der der Wernicke-Region) ist weder funktionell noch anatomisch klar definiert und wird in der Literatur uneinheitlich verwendet. Er wurde im Zusammenhang mit klinisch-anatomischen Beobachtungen eingeführt, wenn bei Patienten nach Schlaganfall das Sprachvermögen beeinträchtigt war (◘ Abb.17.141). Durch solche Untersuchungen ist jedoch keine genaue Zuordnung der Funktionsstörung zu den betroffenen zytoarchitektonischen Arealen möglich. Außerdem sind Läsionen in Bezug auf Lage, Ausdehnung und neurologische Symptomatik nicht auf einzelne Areale begrenzt.

Die zytoarchitektonisch definierten Areale 44 und 45 entsprechen der funktionell definierten Broca-Region; sie nehmen die *Pars opercularis* und die *Pars triangularis* ein. Beide Areale sind Bestandteil des Isocortex und zeigen den typischen 6-schichtigen Aufbau. Im unteren Bereich der Lamina III kommen in beiden Arealen besonders große Pyramidenzellen vor. Eine Besonderheit der Area 44 ist der Bau der Lamina IV; diese wird immer wieder von Pyramidenzellen aus der unteren Lamina III und der oberen Lamina V durchdrungen, so dass die Lamina IV nicht als kontinuierliches, aus kleinen Körnerzellen bestehendes Zellband erscheint. Die Area 44 ist deshalb dysgranulär. Dagegen zeigt die Area 45 durchgängig eine gut entwickelte Lamina IV (granuläres Areal).

Die Areale 44 und 45 werden sowohl in der sprachdominanten, meist linken Hemisphäre, als auch der kontralateralen, meist rechten Hemisphäre gefunden. Sie sind in ihrer Größe sehr variabel und unterscheiden sich zwischen verschiedenen Gehirnen in Bezug auf die genaue Lage der Arealgrenzen und der sie umgebenden Sulci und Gyri, die ebenfalls variabel sind. So kann z.B. der Sulcus diagonalis innerhalb der Area 44 liegen, er kann jedoch auch deren vordere Grenze markieren oder ganz fehlen (in ca. 50% der Hemisphären). In der Regel liegt jedoch die Area 44 nicht vor dem Ramus ascendens und nicht hinter dem Sulcus precentralis. Dorsal erreichen die Areae 44 und 45 nicht die freie Oberfläche des Gyrus frontalis medius, sondern enden meist im Sulcus frontalis inferior. Die ventrale Grenze der Area 45 ist meist der Ramus horizontalis (◘ Abb.17.140).

Funktionell bildgebende Untersuchungen haben gezeigt, dass die Broca-Region der sprachdominanten Hemisphäre u.a. bei Aufgaben zur syntaktischen und phonologischen Verarbeitung, aber auch bei semantischer Verarbeitung und Zweitsprachenkontrolle aktiviert wird.

17.109 Aphasien

Aphasien sind erworbene Sprachstörungen infolge einer Erkrankung des ZNS, z.B. nach Schlaganfall, die sprachrelevante Areale in der meist linken perisylvischen Region betreffen (◘ Abb.17.141). Bei einer **globalen Aphasie** ist häufig das gesamte Versorgungsgebiet der A. cerebri media betroffen, bei einer **Broca-Aphasie** das vordere Versorgungsgebiet, bei einer **Wernicke-Aphasie** das hintere. Klinisch lassen sich 4 Standardsyndrome unterscheiden: globale Aphasie, Broca-Aphasie, Wernicke-Aphasie und **amnestische Aphasie.** Daneben gibt es noch weitere Aphasieformen. Die Broca-Aphasie kann u.a. durch Agrammatismus und Dysarthrie (Störung der Sprechmotorik) gekennzeichnet sein, die Wernicke Aphasie durch semantische Paraphrasien (fehlerhaftes Auftreten von Worten und Wortverwechslungen), sowie die amnestische Aphasie durch Wortfindungsstörungen. Aphasien können sich im Verlauf einer Erkrankung verändern, z.B. von einer globalen zu einer Broca-Aphasie.

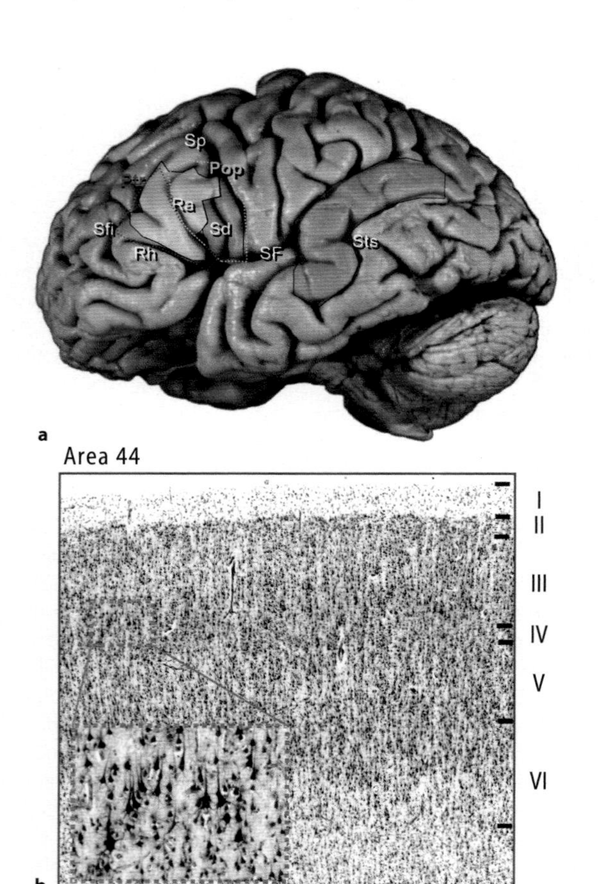

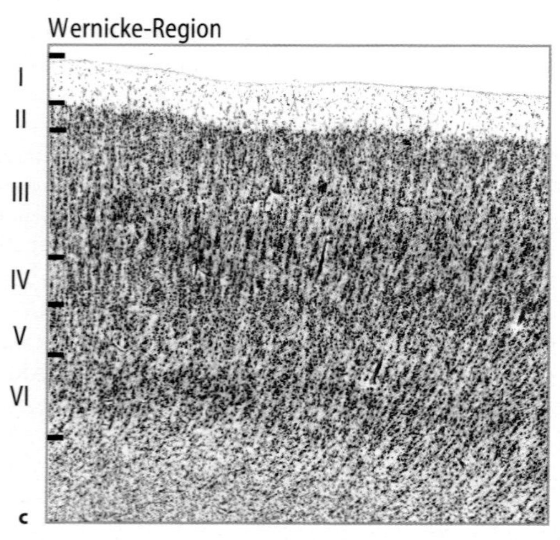

◻ Abb. 17.140a–c. Sprachrelevante Areale. **a** Lateralansicht eines Gehirns mit den wichtigsten Sulci in der Broca- und der Wernicke Region; die Areale 44 und 45 gehören zur Broca-Region (rot bzw. gelb), der hintere Abschnitt des Gyrus temporalis superior und Teile benachbarter Areale gehören zur Wernicke-Region (grün). **b, c** Die mikroskopischen Aufnahmen zeigen die zytoarchitektonische Struktur der Area 44 auf der Pars opercularis (**b**) mit den charakteristischen großen Pyramidenzellen (Ausschnittsvergrößerung) in der tiefen Lamina III sowie Teile aus dem Gyrus temporalis superior aus der Wernicke-Region (**c**). Ptr = Pars triangularis; Pop = Pars opercularis; Ra = Ramus ascendens; Rh = Ramus horizontalis der Sylvische-Fissura (SF); Sd = Sulcus diagonalis; Sfi = Sulcus frontalis inferior; Sp = Sulcus praecentralis; Sts = Sulcus temporalis superior

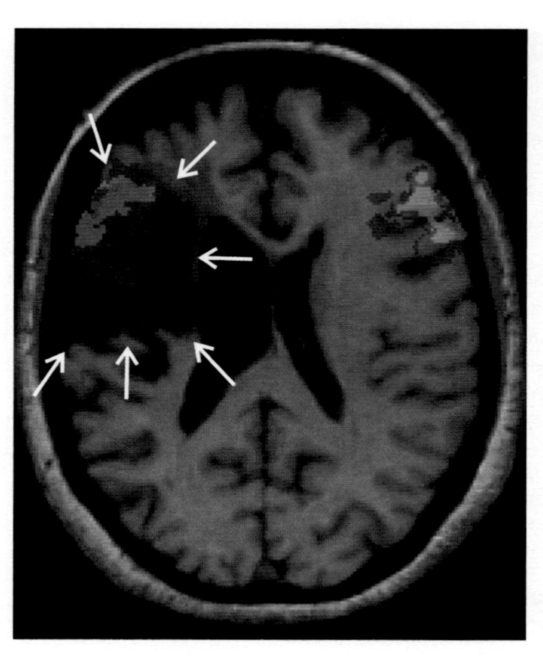

◻ Abb. 17.141. Horizontalschnitt einer MR-Aufnahme bei einem Patienten mit Broca-Aphasie nach Hirnläsion (weiße Pfeile) durch Schlaganfall. Eine Karte der zytoarchitektonisch definierten Area 45, die ihre wahrscheinlichste Ausdehnung angibt (blau – geringe Wahrscheinlichkeit, orange/rot – hohe Wahrscheinlichkeit), wurde über die Läsion projiziert. Beachte, dass die Läsion sehr viel größer als das Areal ist und auch Anteile der weißen Substanz und benachbarter kortikaler Areale umfasst

17.18.2 Wernicke-Region

Die Wernicke-Region befindet sich im hinteren Bereich des **Gyrus temporalis superior,** hinter dem Heschl-Gyrus, der den primär auditorischen Cortex enthält. Klinische und funktionell bildgebende Untersuchungen lassen vermuten, dass neben dem Planum temporale auch ventrale Anteile des Lobulus parietalis inferior (Teile des Gyrus angularis und Gyrus supramarginalis) sowie lateral gelegene Bereiche des Gyrus temporalis superior zur Wernicke-Region gehören. Zytoarchitektonisch wird die Wernicke-Region durch die Area 22, möglicherweise auch noch durch Teile der Areale 42, 39, 40 und 37 gebildet (◻ Abb. 17.140). Neben der Zytoarchitektur unterscheiden sich auch die Faserverbindungen dieser Anteile voneinander. Die Wernicke-Region steht in enger Verbindung mit den Arealen 41 und 42 (primärer und sekundärer akustischer Cortex), erhält aber auch Projektionen aus dem visuellen und somatosensorischen System.

Funktionell ist die Wernicke Region u.a. in die Verarbeitung semantischer Information, visueller Worterkennung und syntaktischer Integration sowie als phonologischer Wortformspeicher eingebunden.

17.18.3 Weitere kortikale und subkortikale Regionen zur Verarbeitung von Sprache und Sprechen

Hierzu gehören Regionen des motorischen und prämotorischen Cortex, deren Bedeutung für unser Sprachvermögen schon sehr früh erkannt wurde. Der prämotorische Cortex (▶ Kap. 17.13) spielt darüber hinaus eine Rolle bei der Planung sowie bei der semantischen Verarbeitung und Kategorisierung. Der supplementär-motorische

Cortex SMA (► Kap. 17.13) ist für motorische Planung und Artikulation von Bedeutung. Der dorsolaterale präfrontale Cortex, das frontale Operculum und die Insula gehören im weiteren Sinn ebenfalls zu den sprachverarbeitenden Regionen; sie sind in allgemeine kognitive Prozesse wie z.B. das Arbeitsgedächtnis eingebunden.

Subkortikale Kerngebiete, z.B. der Ncl. caudatus und der Thalamus sind ebenfalls an der Sprachfunktion beteiligt. Ein weiterer wichtiger Aspekt ist die Steuerung der Sprechmotorik über die Hirnnerven und ihre Kerne (z.B. N. vagus über N. recurrens).

17.18.4 Faserverbindungen

Traditionell wird der *Fasciculus arcuatus*, der im Bereich der Wernicke-Region beginnt und zur Broca-Region führen soll, als wichtige Faserbahn für Sprachverarbeitung bezeichnet. Hintergrund dafür sind Beobachtungen bei Patienten mit Läsionen im Bereich des Fasciculus arcuatus und anschließender Leitungsaphasie. Der Fasciculus arcuatus liegt in der Nähe des *Fasciculus longitudinalis superior*, weshalb diese beiden Begriffe häufig synonym verwendet werden. Es ist jedoch nicht nachgewiesen, dass der Fasciculus arcuatus beim Menschen wirklich die Broca- und Wernicke-Region direkt miteinander verbindet. Außerdem betrafen die Läsionen bei Patienten mit Leitungsaphasie niemals nur den Fasciculus arcuatus, sondern auch benachbarte Faserbahnen. Es wird deshalb heute angenommen, dass ein Teil des Fasciculus longitudinalis superior, der den Gyrus supramarginalis mit der Area 44 der Broca-Region verbindet, sowie Faserbündel der Capsula extrema und andere Faserzüge die für die Sprachverarbeitung relevanten Bahnen sind.

17.18.5 Interhemisphärische Unterschiede und Sprachdominanz

Im Verlauf der postnatalen Entwicklung kommt es zur Herausbildung der Sprachdominanz, die in ca. 95% der Bevölkerung linkshemisphärisch ist. Ausgehend von einer relativen Häufigkeit von ca. 64% für konsistente Rechtshänder, 33% für Beidhänder und 4% für konsistente Linkshänder bedeutet das, dass auch bei den meisten Linkshändern – ebenso wie bei den Rechtshändern – die sprachrelevanten Areale in der linken Hemisphäre liegen. Aphasie tritt nur nach einer Schädigung der sprachdominanten Hirnhälfte auf. Die meisten Sprachprozesse laufen in der dominanten Hirnhälfte ab, einige Sprachfunktionen sind aber auch rechts lateralisiert (z.B. Satzmelodie, Prosodie). Die strukturellen Grundlagen der Sprachdominanz sind noch nicht ausreichend verstanden. Eine Betrachtung der Hirnoberfläche oder histologischer Schnitte erlaubt keine Rückschlüsse auf die Lateralisierung der Sprachdominanz. Es wurden jedoch quantitative Unterschiede in Bezug auf die Zytoarchitektur der Areale 44/45, das Volumen und die Zellanzahl der Area 44 (links > rechts) sowie die Größe des Planum temporale gefunden. Diese Unterschiede sind mögliche anatomische Korrelate funktioneller Sprachdominanz.

17.110 Wada-Test
Im Vorfeld von Operationen am Gehirn ist es mitunter notwendig, die sprachdominante Hemisphäre zu bestimmen. Das kann mit dem Wada-Test geschehen. Dabei wird ein schnell wirkendes Barbiturat in eine A. carotis interna injiziert während der Patient spricht. Ein darauf folgendes Aussetzen des Sprachvermögens zeigt, dass die jeweils ipsilateral zur Injektion gelegene Hemisphäre die sprachdominante ist. Inzwischen werden auch Befunde aus funktionell bildgebenden Untersuchungen zur Bestimmung der Sprachdominanz herangezogen.

In Kürze

Sprache wird vornehmlich in einem linkshemisphärischen Netzwerk verarbeitet, zu dem die »klassischen« Sprachregionen von Broca und Wernicke gehören.

Diese Sprachregionen bestehen jeweils aus mehreren zytoarchitektonisch definierten Arealen, die sich auch hinsichtlich ihrer Verbindungen und Funktion unterscheiden.

Die Areale der nichtdominanten, meist rechten Hirnhälfte sind ebenfalls für das Sprachvermögen von Bedeutung, z.B. Prosodie.

Sprachrelevante Areale zeigen eine hohe Variabilität in ihrer Größe und Lagebeziehung zu den sie umgebenden Sulci und Gyri.

Es gibt strukturelle Unterschiede zwischen den sprachrelevanten Arealen der linken und der rechten Hemisphäre, die mit funktioneller Sprachdominanz korrelieren.

Wichtige Faserverbindungen zur Sprachverarbeitung sind Teile des Fasciculus longitudinalis superior und die Capsula extrema.

17.19 Entwicklung des Nervensystems

K. Zilles

Einführung

Die Entwicklung des Nervensystems aus dem Ektoderm beginnt unter dem Einfluss des embryonalen Mesenchyms. Aus dem Neuroektoderm, das sich aus dem Ektoderm entwickelt und zur **Neuralplatte** differenziert, entstehen während der Neurulation **Neuralrohr** und **Neuralleiste**. Das Neuralrohr wird zum Zentralnervensystem (Rückenmark und Gehirn), die Neuralleiste liefert u.a. Zellen für die Spinalganglien, sensorischen Hirnnervenganglien und das vegetative Nervensystem. Im Kopfbereich wird die Neuralplatte von verdicktem Ektoderm, der **Kopfplakode** umgeben, aus der sich primäre und sekundäre Sinneszellen und Zellen für sensorische Kopfganglien entwickeln.

17.19.1 Neurulation

Unter dem Einfluss des darunter liegenden Mesenchyms, aus dem die *Chorda dorsalis*, *Notochord*, entsteht, differenziert sich das Ektoderm in der Mittellinie der dreiblättrigen Keimscheibe in das **Neuroektoderm,** aus dem sich die **Neuralplatte** entwickelt. Dabei wird die Differenzierung des Ektoderms in Epidermis lokal durch Proteine wie Noggin, Chordin und Follistatin, die vom Mesenchym des Notochords sezerniert werden, verhindert und die Differenzierung in neuroektodermale Zellen und die Neuralplatte ermöglicht. Aus ihr entsteht nahezu das gesamte Nervensystem.

Die Zellen der **Neuralplatte** bilden Zelladhäsionsmoleküle aus der Familie der **Cadherine,** die Zell-Zell-Kontakte zwischen den Neuralplattenzellen ermöglichen. Diese zeigen in der Folge Form- und Lageänderungen, die zur Entstehung einer längs verlaufenden Rinne führen, **Neuralrinne.** Die Ränder der Neuralrinne am Übergang zum Ektoderm werden als **Neuralleisten** bezeichnet. Das gesamte Neuroektoderm faltet sich schließlich ab, **Neurulation,** liegt dann unter dem Ektoderm und beginnt etwa am 25. Tag der Schwangerschaft mit dem Verschluss zum **Neuralrohr.** Er beginnt in der Gegend des Rhombencephalons und schreitet von dort nach rostral und kaudal fort. Aus dem Neuralrohr entsteht das Zentralnervensystem (■ Abb. 17.142a–d).

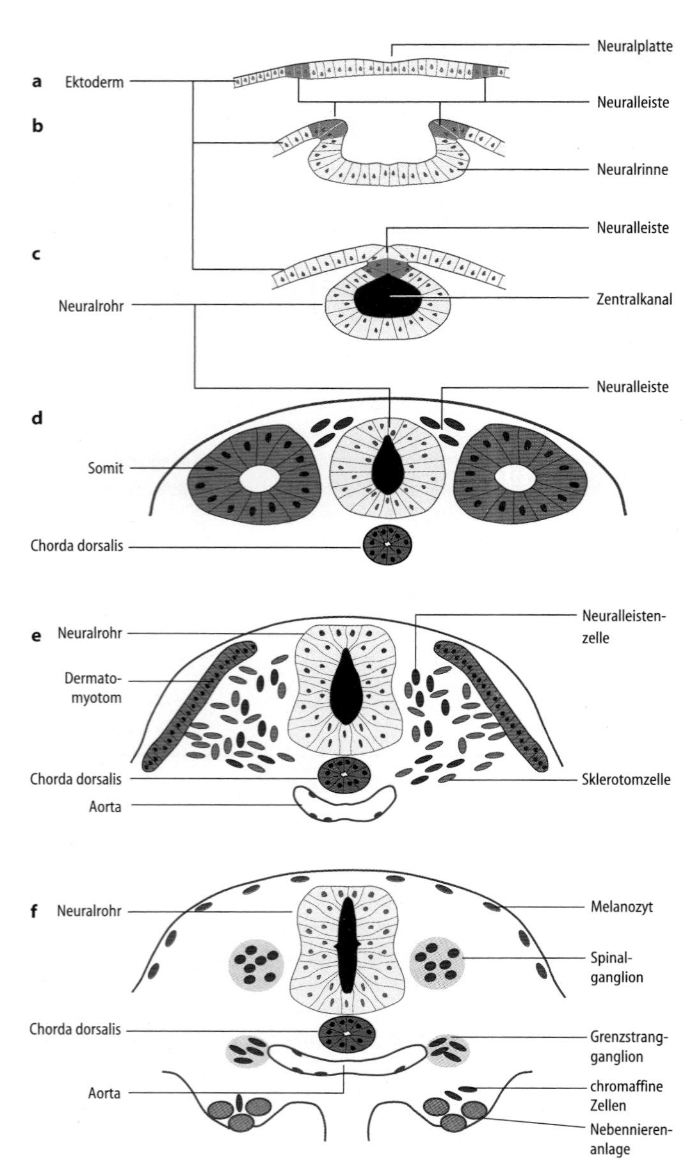

Abb. 17.142a–f. Querschnitte durch einen menschlichen Embryo während der Neurulation

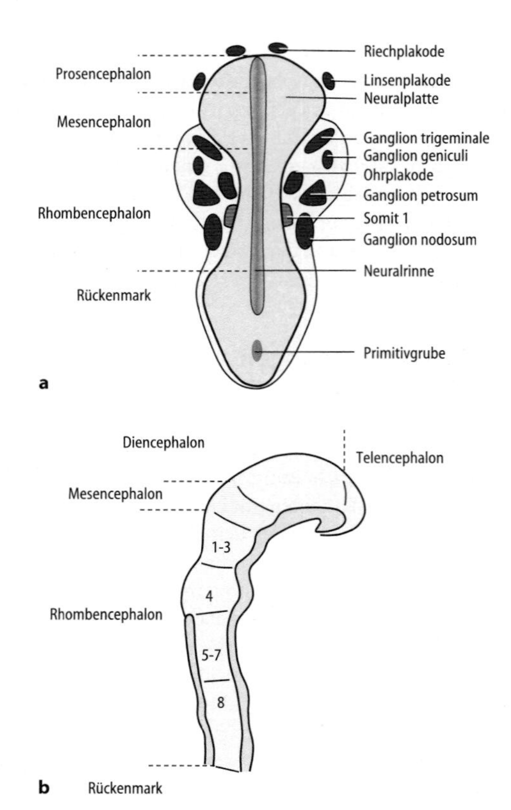

Abb. 17.143a, b. Neuralplatte und Neuralrohr. **a** Dorsalansicht der Neuralplatte während der 4. Woche. Die Neuralrinnenbildung ist weit fortgeschritten und die Anlagen von Prosencephalon, Mesencephalon und Rhombencephalon sind sichtbar. Die Ohrplakode und der 1. Somit sind ebenfalls schon erkennbar. **b** Mediansagittalschnitt durch das Neuralrohr während der 5. Woche. Neben den einzelnen Hirnabschnitten ist jetzt auch die Gliederung des Rhombencephalon in die Rhombomere 1–8 ausgebildet

Die Zellen der **Neuralleiste** bilden keine Cadherine, haften somit nicht aneinander und wandern während der Neuralrohrbildung in das umgebende Mesenchym aus. Aus ihnen entstehen die pseudounipolaren Neurone des **Ncl. mesencephalicus n. trigemini** und der **Spinalganglienzellen,** pseudounipolare Neurone **sensorischer Kopfganglien** (Ganglia trigeminale, geniculi, superius n. IX, superius n. X [jugulare]) sowie multipolare Neuronen der **Ganglien** des **Sympathikus** und **Parasympathikus**, multipolare Nervenzellen des **enterischen Nervensystems** und die peripheren **Gliazellen** (Schwann-Zellen). Auch **chromaffine Zellen des Nebennierenmarks** und andere endokrine Zellen, Melanozyten, Teile der Hirnhäute, des Bindegewebes, Knorpels, Knochens und der Muskulatur des Kopfes, sowie Dentin entstehen aus Neuralleistenzellen (Abb. 17.142a–f).

Neben der Neuralleiste liefern auch **Plakoden,** die transiente lokale Verdickungen des Ektoderms während der Ontogenese sind, Zellen für bestimmte Strukturen unseres Nervensystems. Aus der **Riechplakode** (Abb. 17.143 und Abb. 17.146) entstehen die primären Sinneszellen, sekretorische Zellen und Gliazellen der Regio olfactoria. Aus der **Ohrplakode** (Abb. 17.143 und Abb. 17.146) stammen die Vorläuferzellen der Sinneszellen und sekretorischen Zellen des Innenohrs sowie der Neurone der Ganglia spirale und vestibulare. Die **Epibranchialplakode** steuert Zellen für sensorische Hirnnervenganglien, Ganglia trigeminale, geniculi, petrosum (inferius n. IX) und nodosum (inferius n. X) bei (Abb. 17.146). Nur die **Linsenplakode** ist an der Bildung nichtneuronaler Strukturen beteiligt.

Durch regional unterschiedliche mitotische Aktivität der Neuralrohrzellen kommt es zu charakteristischen lokalen Formände-

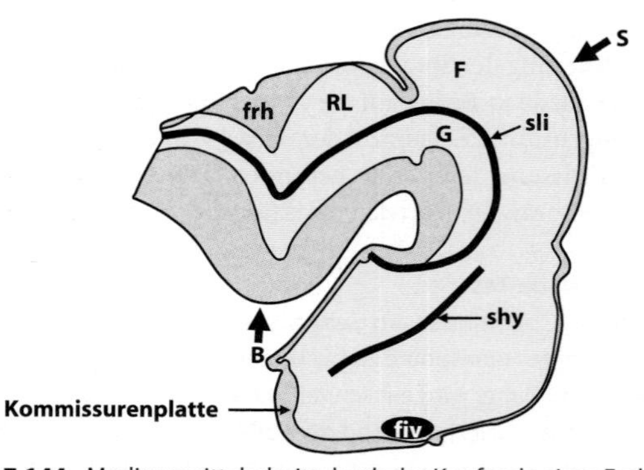

Abb. 17.144. Mediansagittalschnitt durch das Kopfende eines Embryos in der 8. Woche. B = Brückenbeuge; F = Flügelplatte; fiv = Foramen interventriculare; frh = Fossa rhomboidea; G = Grundplatte; RL = Rautenlippe; S = Scheitelbeuge; shy = Sulcus hypothalamicus; sli = Sulcus limitans

rungen des Neuralrohres mit 3 Auftreibungen am kranialen Ende (◘ Abb. 17.143): den Anlagen des **Vorderhirns (Prosencephalon), Mittelhirns (Mesencephalon)** und **Rautenhirns (Rhombencephalon)**.

Wegen des schnellen Längenwachstums des Neuralrohrs kommt es außerdem zu Krümmungen (◘ Abb. 17.144) am Übergang zwischen der Anlage des Rautenhirns und des Rückenmarks, *Flexura cervicalis* (Nackenbeuge), im Bereich der Pons, *Flexura pontis* (Brückenbeuge), und im Bereich des Mittelhirns, *Flexura mesencephali* (Scheitelbeuge).

In Kürze

Aus dem Ektoderm entsteht unter dem Einfluss von Faktoren aus dem Mesenchym das **Neuroepithel,** das sich über **Neuralplatte** und **Neuralrinne** zum **Neuralrohr** entwickelt. Zusammen mit Zellen aus der **Neuralleiste** und den **Plakoden** bildet es das zentrale und periphere Nervensystem.

17.19.2 Entwicklung des Neuralrohrs

Das Neuralrohr besteht zunächst aus **einer Schicht Neuroepitelzellen,** die den Zentralkanal umgeben. Das Neuralrohr wird außen von einer Basalmembran, *Membrana limitans externa,* umgeben. Die *Membrana limitans interna,* die das Neuralrohr gegen den Zentralkanal abgrenzt, wird von Interzellularkontakten gebildet.

In der Wand des Neuralrohrs findet eine intensive Proliferation durch Mitose in der ventrikelnahen Zone statt. In der G1-Phase des Mitose-Zyklus (► Kap. 2) wandern die Zellkerne der Neuroepithelzellen, die zunächst nur eine einschichtige Zelllage als Wand des Neuralrohrs bilden, von der ventrikulären zur pialen Oberfläche, wo sie die S-Phase durchlaufen. Danach wandern sie wieder nach innen, in Richtung der Membrana limitans interna, wo sie die G2-Phase durchlaufen. Diese intrazelluläre Migration des Zellkerns wird **intermitotische Kernwanderung** genannt. Da die Mitose aller Neuroepithelzellen nicht synchronisiert abläuft, stehen die Zellkerne der verschiedenen Zellen zu jedem Zeitpunkt auf einer unterschiedlichen Höhe in der Wand des Neuralrohrs, die jetzt als mehrreihiges Epithel erscheint. Zu Beginn dieser Proliferationsphase sind die Mitosespindeln so zur Oberfläche ausgerichtet, dass nach Abschluss einer Mitose die Tochterzellen nebeneinander liegen und ihre Kontakt zur äußeren und inneren Oberfläche des Neuralrohrs behalten. Dies führt zu einer Zunahme des Neuralrohrumfangs.

Bald zeigen sich jedoch auch senkrecht dazu orientierte Mitosespindeln, d.h. die Tochterzellen liegen nach Abschluss der Mitose übereinander und es bildet sich ein mehrschichtiges Epithel mit einer inneren, dem Zentralkanal zugewandten Zone, **ventrikuläre Zone,** in der Mitoseaktivität zu beobachten ist, und einer äußeren Zone, **Marginalzone,** in der keine Mitosen stattfinden. Dadurch kommt es zu einer Zunahme der Wanddicke des Neuralrohrs. Die beiden übereinanderliegenden Tochterzellen haben unterschiedliche Potenzen. Die ventrikelnahe Zelle, **Neuroblast,** behält die Fähigkeit für weitere Mitosen, die ventrikelferne Zelle, **Proneuron,** ist postmitotisch und kann sich nicht mehr teilen. Sie ist eine unreife Nervenzelle. Die Bildung neuer Nervenzellen ist beim Menschen um die Geburt herum weitgehend abgeschlossen.

Seit kurzem weiß man allerdings, dass auch in bestimmten Regionen des adulten Nervensystems von Säugetieren und wahrscheinlich auch beim Menschen neue Nervenzellen gebildet werden können. Neurone des Bulbus olfactorius und des Hippocampus können aus Bereichen in der Nähe des Ventrikelsystems in ihre Zielgebiete einwandern und sich dort differenzieren, bzw. in die schon bestehenden Schaltkreise einfügen.

17.111 Therapieaussichten bei neurodegenerativen Erkrankungen

Die aus Tierexperimenten gewonnene Erkenntnis, dass sich unreife Neurone in adulte neuronale Schaltkreise einfügen, eröffnet eine neue therapeutische Option. Gegenwärtig wird untersucht, ob unreife Neurone aus embryonalem Gewebe oder Stammzellen bei bestimmten neurodegenerativen Erkrankungen, z.B. Morbus Parkinson, in das Gehirn von Patienten transplantiert werden und als Ersatz für untergegangene Nervenzellen fungieren können.

Neuroepithelzellen können sich auch in Vorläuferzellen der Glia, **Glioblasten,** differenzieren. Aus den Glioblasten entwickelt sich zunächst die **Radialglia, Radiärfaserglia,** die aus Zellen besteht, die im Bereich des Rückenmarks und der Endhirnhemisphären die ganze Breite der Neuralrohrwand überspannen. Die Radiärfaserglia ist eine multipotente Vorläuferzelle, die sich später in Neurone und Astrozyten differenzieren kann. Im weiteren Verlauf entstehen aus Glioblasten **Astrozyten, Oligodendrozyten, Mikroglia-Zellen** und die **Bergmann-Glia** (Gliazelle während der Entwicklung der Kleinhirnrinde, siehe unten).

Unter dem Einfluss eines von medial nach lateral gerichteten Gradienten des Proteins »Sonic Hedgehog«, das von den unter dem Neuralrohr liegenden Mesenchymzellen des Notochords sezerniert wird, kommt es in der Mittellinie der Neuralplatte zur Differenzierung einer Gliazellpopulation, die später die **Bodenplatte** des Neuralrohrs bildet. Im weiteren Verlauf bildet diese Gliazellpopulation selbst das Sonic-Hedgehog-Protein und baut so einen von ventral nach dorsal gerichteten Gradienten im Neuralrohr auf. Die Neuroepithelzellen im ventralen Teil des Neuralrohrs, **Grundplatte,** differenzieren sich in motorische Neurone, jene im dorsalen Teil, **Flügelplatte,** die einer geringeren Sonic-Hedgehog-Konzentration ausgesetzt sind, entwickeln sich in sensorische Neurone. Die Grenze zwischen den funktionell wichtigen Zonen der Grund- (motorisch) und Flügelplatte (sensorisch) ist nach der dritten Woche in der Wand des Zentralkanals als *Sulcus limitans* zu erkennen. Der Sulcus limitans endet im Bereich des Zwischenhirns (◘ Abb. 17.144). Der *Sulcus hypothalamicus* ist keine Fortsetzung des Sulcus limitans, sondern eine rein topographische Grenze zwischen Thalamus und Hypothalamus. Rostral des Sulcus limitans sind somit sensorische und motorische Hirnregionen topographisch nicht mehr durch eine makroskopisch erkennbare Struktur getrennt. Dorsal verbindet eine dünne **Deckplatte** die Flügelplatten beider Seiten, ventral sind die Grundplatten beider Seiten durch die dünne Bodenplatte verbunden (◘ Abb. 17.145).

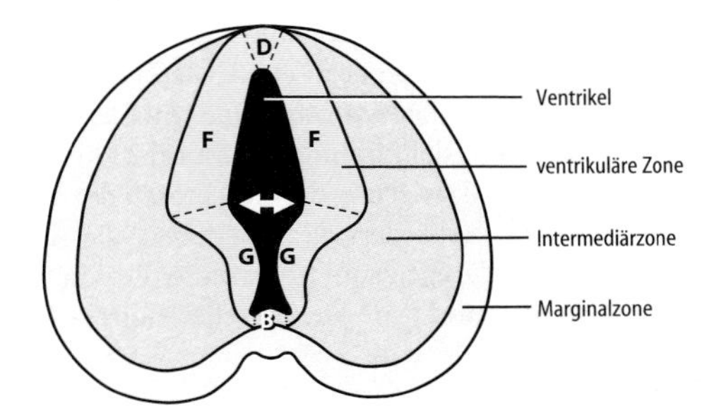

◘ **Abb. 17.145.** Gliederung des Neuralrohrs in ventrikuläre Zone, Intermediärzone und Marginalzone während der 6. Entwicklungswoche. B = Bodenplatte; D = Deckplatte; F = Flügelplatte; G = Grundplatte. Der Sulcus limitans (Doppelpfeil) trennt die späteren sensorischen von den motorischen Regionen

17.112 Spina bifida aperta und Holoprosencephalie
Mutationen im Sonic-Hedgehog-Signaltransduktionsweg führen zu Fehlbildungen, z.B. der **Spina bifida aperta** (mangelnder Verschluss der Neuralrinne) und der **Holoprosencephalie** (das Prosencephalon teilt sich nicht in zwei Hemisphären, sondern bleibt ein Hohlraum, der vom Pallium umgeben ist und dem das Corpus striatum fehlt).

»Bone-Marrow-Proteins« (BMP-Proteine), die von Ektodermzellen gebildet werden, induzieren im dorsalen Neuralrohr in der Mittellinie die Bildung der Gliazellen der **Deckplatte** und der Neuralleistenzellen. Insgesamt entstehen so sich über die Länge des Neuralrohrs ausdehnende und in ventrodorsaler Richtung übereinandergeschichtete, funktionell unterschiedliche Zellpopulationen, die unter dem Konzept der **His-Herrick-Längszonengliederung** beschrieben werden (► Kap. 17.3).

Die segmentale Gliederung des **Rückenmarks** entsteht unter dem Einfluss der **Somiten.** In der 4. und 5. Schwangerschaftswoche sind im Rhombencephalon acht regelmäßige Auftreibungen, **Rhombomere,** sichtbar (◘ Abb. 17.143). Die weitere Differenzierung der Rhombomere wird von **Homeobox-Genen** gesteuert.

Das Prosencephalon des Erwachsenen ist nicht segmentiert. Es gibt aber in der Embryonalentwicklung eine transiente segmentale Gliederung in sechs **Prosomere.** Das Telencephalon und der rostrale Anteil des Diencephalons entwickeln sich aus den Prosomeren 4 bis 6. Die Prosomere 1 bis 3 bilden den kaudalen Teil des Diencephalons. Innerhalb der telenzephalen Anlage kommt es dorsolateral zur Entstehung der **Isocortexanlage** und ventrolateral zum **lateralen** und **medialen Ganglienhügel** (siehe ◘ Abb. 17.149). In der Cortexanlage entstehen glutamaterge Projektionsneurone (Pyramidenzellen), im lateralen Ganglienhügel GABAerge und im medialen Ganglienhügel sowohl GABAerge als auch cholinerge Projektions- und Interneurone. Die meisten Projektionsneurone wandern radial, d.h. senkrecht zur Hirnoberfläche aus der Ventrikulärzone aus. Die Neurone aus den medialen und lateralen Ganglienhügeln wandern dagegen tangential, d.h. parallel zur Hirnoberfläche in die sich entwickelnde Hirnrinde ein.

Während der Entwicklung des Nervensystems stirbt normalerweise eine große Anzahl von Nervenzellen, da sie keine synaptischen Kontakte finden. Es wurde gefunden, dass Zielorgane peripherer Nervenzellen einen für das Überleben dieser Zellen essenziellen **Nervenwachstumsfaktor NGF** (**n**eural **g**rowth **f**actor) abgeben, der ein Protein ist, das in den Zielorganen gebildet wird. Zahlreiche weitere Proteine wurden inzwischen gefunden, die ebenfalls das Überleben von Nervenzellen auch im adulten peripheren und zentralen Nervensystem regulieren.

Diese Faktoren steuern nicht nur die Proliferation von Neuroblasten und die Differenzierung von Nervenzellen, sondern auch die Bildung von Dendriten und Synapsen. Dazu gehören u.a. **BDNF** (**b**rain **d**erived **n**eurotrophic **f**actor), sowie die Transmitterfreisetzung und die Funktion von Ionenkanälen. Wachstumsfaktoren aus der Gruppe der **Neurotrophine** können aber auch ein Absterben von Neuronen bewirken. Welche Wirkung die Neurotrophine entfalten – Überleben oder Absterben – hängt von der Bindung an bestimmte membranständige Rezeptoren ab. Die Aktivierung der Rezeptoren der Trk-Familie (**T**yrosin-**R**ezeptor-**K**inase) fördert das Überleben, die Aktivierung des p75-Rezeptors führt dagegen zum Ablauf einer Reaktionskaskade, die zum Absterben, **Apoptose,** von Nervenzellen führt.

In Kürze

Aus dem Neuralrohr entwickelt sich das Zentralnervensystem. Wachstumsfaktoren regeln das Überleben, die Differenzierung und die funktionelle Plastizität von Nervenzellen.

17.19.3 Entwicklung des Rückenmarks

Das Rückenmark entwickelt sich aus dem kaudalen Abschnitt des Neuralrohrs. Die Flügelplatte wird zum sensorischen **Hinterhorn,** die Grundplatte zum motorischen **Vorderhorn.** Aus Grund- und Flügelplatte entstehen die **präganglionären sympathischen Neurone,** die das **Seitenhorn** der thorakalen Rückenmarksegmente bilden. Dabei liegen die viszerosensorischen Neurone nahe der Flügelplatte, die viszeromotorischen Neurone nahe der Grundplatte. Es finden sich somit im Rückenmark wie auch im Rhombencephalon funktionell definierbare Längszonen, **His-Herrick-Längszonen.**

Die Wand des Rückenmarks besteht in der 5.–6. Schwangerschaftswoche aus drei, konzentrisch angeordneten Zonen (◘ Abb. 17.145), der:
- zelldichten **ventrikulären Zone**, in der die Mitosen stattfinden,
- initial nur wenige Zellkörper enthaltenden **Intermediär-** oder **Mantelzone** und
- zellkörperfreien **Marginalzone.**

Zahlreiche Proneurone wandern an den radiär ausgerichteten Radialgliazellen von der ventrikulären Zone in die Mantelzone, wo erste lokale Ansammlungen von unreifen Nervenzellen als **Kerngebiete, Nuclei,** erkennbar sind. Die Neurone des Vorderhorns schicken erstmals Axone als **Vorderwurzel** gebündelt aus dem Rückenmark heraus und die Spinalganglienzellen senden ihre zentral gerichteten Fortsätze, **Hinterwurzel,** in das Hinterhorn hinein. Erste axodendritische Synapsen erscheinen zwischen der 10. und 13. Woche zunächst im Vorderhorn, dann auch im Hinterhorn. Im 3. Schwangerschaftsmonat ist die Ventrikulärzone weitgehend erschöpft. Es bleibt bald nur noch die Ependymschicht um das Ventrikellumen erhalten. Die Mantelzone wird durch die Vorder- und Hinterhörner in die Hinterstränge, Vorder-Seiten-Stränge und Vorderstränge gegliedert. Die **Myelinisierung der Faserbahnen** durch Oligodendrozyten beginnt ab der 14.–15. Woche. Der *Tractus corticospinalis* ist als erste Faserbahn ab der 14. Woche identifizierbar und erreicht die Motoneurone des Vorderhorns zwischen der 17. bis 29. Woche. Die Myelinisierung dieser Faserbahn ist jedoch erst zwischen dem ersten und zweiten Lebensjahr weitgehend beendet.

17.113 Babinski-Reflex
Beim Neugeborenen ist der **Babinski-Reflex** noch nachweisbar, der durch Bestreichen der lateralen Fußsohle ausgelöst werden kann. Dieser Reiz wird mit einer tonischen Dorsalflexion der Großzehe und häufig einer Plantarflexion und dem Spreizen der übrigen Zehen beantwortet. Beim Erwachsenen ist dieser Reflex ein Anzeichen für eine Pyramidenbahnläsion, beim Neugeborenen jedoch physiologisch, denn er verschwindet erst mit der Myelinisierung der Pyramidenbahn.

In Kürze

Das Rückenmark entsteht aus dem kaudalen Abschnitt des Neuralrohrs. Während der Embryonalentwicklung weist es eine **ventrikuläre Zone** auf, aus der die graue Substanz des adulten Rückenmarks entsteht, und eine **Marginal-** und **Mantelzone**, die zur weißen Substanz werden.

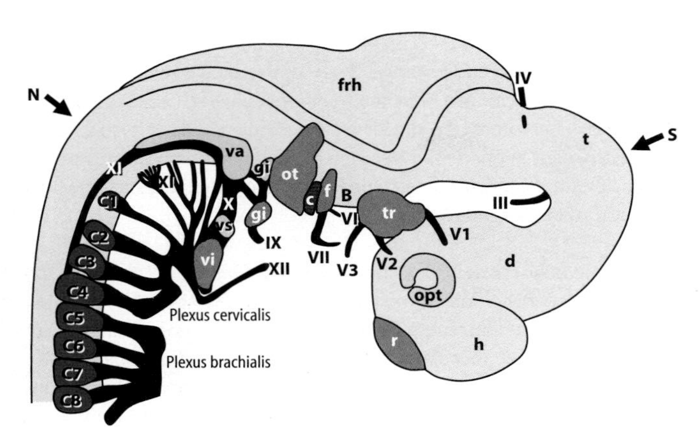

Abb. 17.146. Rhombencephalon und Prosencephalon in der 12.-13. Schwangerschaftswoche. B = Brückenbeuge; c = Ncll. cochleares; C1–8 = motorische Nervenzellen der Vorderhörner des Rückenmarks in den Segmenten C1–8; d = Diencephalon; f = Ncl. n. facialis; frh = Fossa rhomboidea; gi = Ganglion inferius n. glossopharyngei; gs = Ganglion superius n. glossopharyngei; h = Hemisphärenblase; N = Nackenbeuge; opt = Augenbecher; ot = Ohrplakode; r = Riechplakode; S = Scheitelbeuge; t = Tectum; tr = Ganglion trigeminale; va = Ncl. dorsalis n. vagi; vi = Ganglion inferius n. vagi; vs = Ganglion superius n. vagi; III = N. oculomotorius; IV = N. trochlearis; V1 = N. ophthalmicus; V2 = N. maxillaris; V3 = N. mandibularis; VI = N. abducens; VII = N. facialis; IX = N. glossopharyngeus; X = N. vagus; XI = N. accessorius; XII = N. hypoglossus

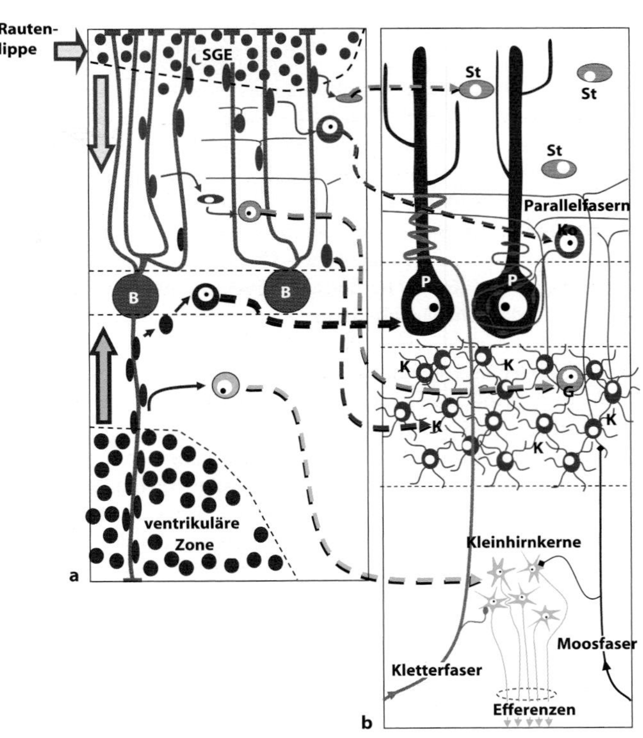

Abb. 17.147a, b. Entwicklung der Kleinhirnrinde und der Kleinhirnkerne. **a** Situation während der Ontogenese. **b** Situation im adulten Zustand. Die Neurone der adulten Kleinhirnrinde und Kleinhirnkerne stammen aus zwei verschiedenen Proliferationszonen und gelangen über unterschiedliche Wege in ihre endgültigen Positionen. Die Neurone (Purkinje-Zellen und multipolare Neurone der Kleinhirnkerne; in blauen Farbtönen markiert) stammen aus der ventrikulären Zone, alle anderen Neurone (durch rote Farbtöne markiert) aus der sekundären Proliferationszone, dem Stratum granulosum externum. B = Bergmann- Glia; G = Golgi-Zelle; K = Körnerzelle; Ko = Korbzelle; P = Purkinje-Zelle; SGE = Stratum granulosum externum; St = Sternzelle

17.19.4 Entwicklung von Hirnstamm und Cerebellum

Das **Rhombencephalon** zeigt dieselbe Gliederung in Längszonen wie das Rückenmark. Durch die Bildung des 4. Ventrikels kommt es jedoch zu einer Verlagerung der Zonen aus einer ventrodorsalen (siehe oben) in eine mediolaterale Abfolge (somatomotorisch-viszeromotorisch-viszerosensorisch-somatosensorisch) (siehe auch ► Kap. 17.3 und 17.5).

Die Proneurone des Rhombencephalon wandern aus der ventrikulären Zone sowohl in radialer, als auch longitudinaler und an der Oberfläche tangentialer Richtung. Durch diese komplizierten Wanderungsrichtungen und durch die in das Rhombencephalon in verschiedenen Richtungen (meist longitudinal) einwachsenden Faserbahnen kommt es zudem noch zu Modifikationen der Lage einzelner motorischer und sensorischer Kerngebiete (■ Abb. 17.146).

Im Bereich der Flexura pontis wird der Zentralkanal sehr weit. Dabei entsteht mit ihrem charakteristischen Umriss die **Rautengrube, Fossa rhomboidea,** aus der sich der IV. Ventrikel entwickelt. Sie ist dorsal von Neuroepithel überdeckt. Es wandelt sich in der Folge in eine dünne Epithelschicht um, die das **Velum medullare** und den **Plexus choroideus** des IV. Ventrikels bildet. Die an das Velum medullare angrenzende dicke Neuroepithelschicht bezeichnet man als **Rautenlippe** (■ Abb. 17.144). Aus dem rostralen Bereich der Rautenlippe entsteht das **Cerebellum,** dessen Entwicklung u.a. durch Wnt-1- und PAX-5-Gene gesteuert wird. Aus ihrem kaudalen Bereich entwickeln sich Kerngebiete des Hirnstamms, insbesondere die Oliva inferior und Ncll. pontis.

In der Rautenlippe findet eine starke Proliferation von Neuroblasten statt, die nach rostral wandern und ab der 10.–11. Woche eine oberflächlich gelegene, sehr zelldichte **Lamina granularis externa** in der Kleinhirnanlage bilden, in der die Neuroblasten weiter proliferieren. Die Proliferation wird u.a. durch das Sonic-Hedgehog-Protein stimuliert. Die Proneurone aus dieser Schicht wandern ab der 12.–13. Woche an den radiär ausgerichteten **Bergmann-Gliazellen von außen nach innen** und bilden als **Körnerzellen** die innere Körnerzellschicht, **Stratum granulosum** des adulten Cerebellum (■ Abb. 17.147). Außerdem entstehen aus der äußeren Körnerzellschicht die **Sternzellen** und **Korbzellen** des **Stratum moleculare.** Nachdem alle Proneurone aus dem Stratum granulosum externum ausgewandert sind, verschwindet diese Schicht während des zweiten Lebensjahrs völlig.

Der Körnerzellmigration von außen nach innen steht eine zweite Migrationswelle von Proneuronen aus der ventrikulären Schicht, d.h. **von innen nach außen** entgegen (■ Abb. 17.147). Die Proneurone werden zu den **Purkinje-Zellen** des **Stratum ganglionare** und den **multipolaren Neuronen** der **Kleinhirnkerne** (► Kap. 17.13). Im Cerebellum beginnen die Synaptogenese und das Einwachsen afferenter Faserbahnen zwischen der 16. und 26. Woche.

In Kürze

Die Kleinhirnrinde entsteht aus der **Rautenlippe.** Aus den Proneuronen der ventrikulären Zone entstehen in einer von innen nach außen gerichteten Migration zerebelläre **Projektionsneurone** (Purkinje-Zellen und Neurone der Kleinhirnkerne). Die zerebellären **Interneurone** (Körner-, Stern-, Korb- und Golgi-Zellen), deren Vorläufer sich in einer sekundären Proliferationszone, **Stratum granulosum externum,** vermehren, wandern dagegen von außen nach innen.

17.19.5 Entwicklung der Hirnrinde

Im rostralen Bereich des Neuralrohrs wächst seitlich je eine **Hemisphärenblase** aus (◘ Abb. 17.146). Die Wand dieser Blase zeigt eine Schichtenbildung, die sich in der Ontogenese durch die Migration unreifer Nervenzellen und einwachsender Faserbahnen ständig verändert (◘ Abb. 17.148). Zunächst wird die Wand von der sog. »**preplate**«, Vorplatte, gebildet, die während der 6. Schwangerschaftswoche aus zwei Schichten besteht (◘ Abb. 17.148a), der inneren zelldichten **periventrikulären Zone** und der äußeren, unter der Pia mater liegenden zellarmen **Marginalzone.** In der Marginalzone sind erste Neurone zu erkennen, die horizontal orientierten, bipolaren **Cajal-Retzius-Zellen** und die **multipolaren Neurone** (siehe unten). Ab der 7. Woche beginnt die Migration von Proneuronen entlang der **Radiärfaserglia,** die von der pialen Oberfläche bis zur ventrikulären Oberfläche die gesamte Hemisphärenwand überspannt. Die periventrikuläre Zone kann dann in eine **ventrikuläre** (extrem zelldichte) und eine **subventrikuläre** (etwas weniger zelldichte) **Zone** unterteilt werden. In beiden Zonen findet Zellproliferation statt. Außerdem ist durch erste einwandernde Proneurone zwischen subventrikulärer Zone und Marginalzone eine **Mantelzone, Intermediärzone,** entstanden (◘ Abb. 17.148b). Aus der Marginalzone werden dabei die unten liegenden multipolaren Neurone abgetrennt, kommen unter die kortikale Platte zu liegen und bilden dort die sog. Lamina VII, ein Gerüst für die sich entwickelnde kortikale Platte.

Während der 8. Woche entsteht zwischen Intermediärzone und Marginalzone die **kortikale Platte** (◘ Abb. 17.148c). Da immer mehrere Proneurone an einem Radiärfaserglia-Fortsatz »hochklettern«, bilden sich in der kortikalen Platte Zellsäulen von vertikal übereinander stehenden Neuronen. Diese Säulen- oder Kolumnenbildung ist noch im adulten Cortex zwischen den Laminae II bis VI zu erkennen (◘ Abb. 17.148d). Eine Säule ist die kleinste Einheit der Hirnrinde, die sog. »**Minikolumne**«. Aus den radiär, **von innen nach außen** auswandernden Proneuronen entwickeln sich später die Projektionsneurone der Hirnrinde, die **Pyramidenzellen.** Wichtig ist, dass die zuerst gebildeten und damit die führenden Zellen einer Reihe migrierender Proneurone an **einer Radiärfaser** in den tieferen Schichten des adulten Cortex liegen, die folgenden, d.h. später entstandenen Proneurone zunehmend höhere Schichten einnehmen. Folglich müssen die später in der kortikalen Platte ankommenden Zellen zwischen den früher angekommenen Proneuronen hindurch bis in die oberen Schichten der Platte wandern. Die Hirnrindenschichten entstehen daher in einer Sequenz von innen nach außen, ein Entwicklungsprozess, den man als »**inside-outside-layering**« bezeichnet.

Unreife Nervenzellen erreichen ihre endgültige Position in der Hirn- und Kleinhirnrinde, aber auch in anderen Regionen des zentralen und peripheren Nervensystems erst nach ausgedehnten Wanderungen aus ihren Proliferationszonen in die definitiven Lokalisationsgebiete.

Um bei der Migration der Proneurone eine kortikale Platte **unterhalb** der **Marginalzone** entstehen zu lassen und zu verhindern, dass die Proneurone in die Marginalzone einwandern, muss es einen molekularen Mechanismus geben, der dies kontrolliert. Dabei spielen die ersten Neurone in der Marginalzone, die **Cajal-Retzius-Zellen,** eine wichtige Rolle. Sie bilden ein Protein, **Reelin,** das wichtig für die Bildung der kortikalen Platte ist. Beim Ausfall der Reelin-Bildung kommt es zu einer Störung der kortikalen Schichtenbildung.

17.114 Lissenzephalie

Der **Lissenzephalie** (Hirnrinde ist glatt, Gyri und Sulci sind nicht ausgebildet) liegt ein gestörter zellulärer Mechanismus der neuronalen Migration zugrunde. Folgen dieser Fehlbildung sind geistige Retardierung, spastische Lähmung und Epilepsie. Zwei Formen dieser Fehlbildung werden durch Mutationen in Genen – Lisssencephalie-1- bzw. Doublecortin-Gen – hervorgerufen, die für Proteine kodieren, die ihrerseits mit dem Zytoskelett migrierender Neurone interagieren. Die gestörte Interaktion könnte der bei der Lissenzephalie beobachteten neuronalen Migrationsstörung zugrundeliegen.

Ab der 9. Woche entsteht zwischen kortikaler Platte und Intermediärzone eine weitere Schicht, die »**subplate**«-**Zone** (◘ Abb. 17.148c). Aus dem **medialen** und **lateralen Ganglienhügel** (siehe unten) migrieren Proneurone – jetzt aber nicht radiär wie die kortikalen Projektionsneurone, sondern parallel zur Oberfläche von ventral nach dorsal – in die Anlage des Cortex cerebri (◘ Abb. 17.149). Diese Proneurone entwickeln sich zu den zahlreichen verschiedenen Formen der **kortikalen Interneurone** im adulten Cortex.

Zwischen der 25. und 34. Schwangerschaftswoche beginnt die Differenzierung der eingewanderten Proneurone in der kortikalen Platte mit Dendritenwachstum und Synaptogenese, die gemäß dem »inside-outside-layering« in den tiefsten Schichten der kortikalen Platte beginnt und langsam in die oberflächennahen Schichten vo-

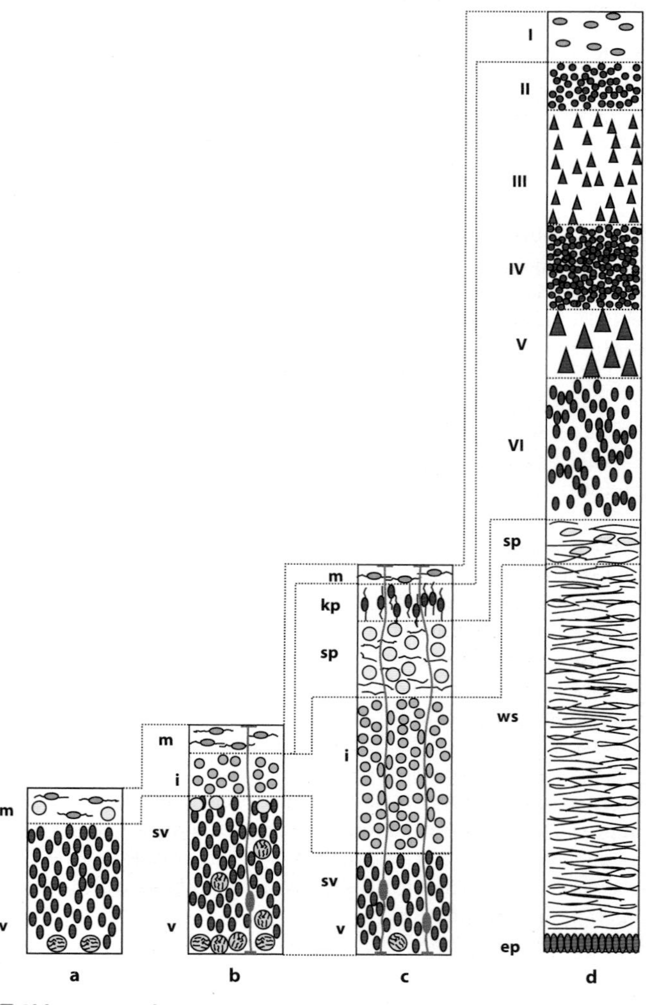

◘ **Abb. 17.148a–d.** Ontogenese des Cortex cerebri und der weißen Substanz in der 6. (**a**), 7. (**b**) und 8.-9. (**c**) Schwangerschaftswoche sowie im adulten Stadium (**d**). ep = Ependym; i = Intermediärzone; kp = kortikale Platte; m = Marginalzone; sp = »subplate«; sv = subventrikuläre Zone; v = ventrikuläre Zone; ws = weiße Substanz; I–VI = Schichten des adulten Cortex cerebri

17

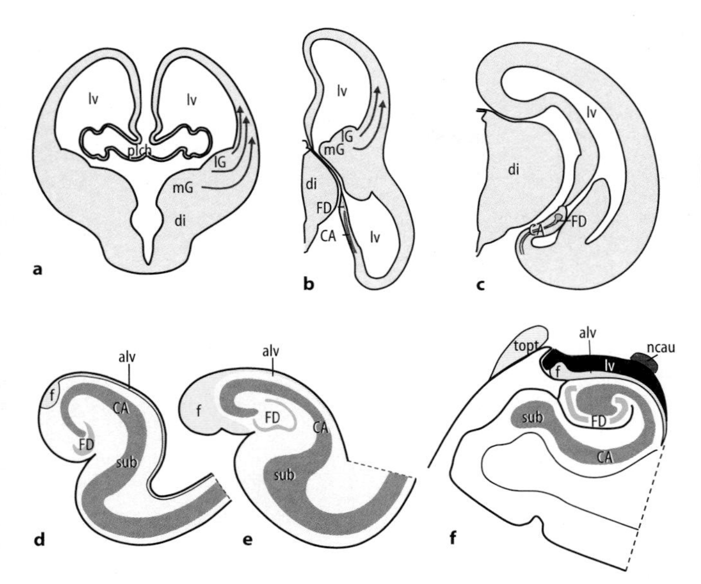

Abb. 17.149a–f. Entwicklung der Endhirnhemisphären zwischen der 8. (**a**), 10. (**b**) und 13. (**c**) Schwangerschaftswoche und Entwicklung der Gestalt des Hippocampus zwischen der 18. (**d**) und 22. (**e**) Woche sowie das adulte Stadium (**f**). alv = Alveus; CA = Cornu Ammonis; di = Diencephalon; f = Fimbria hippocampi; FD = Fascia dentat; lG = lateraler Ganglienhügel; lv = Seitenventrikel; mG = medialer Ganglienhügel; ncau = Ncl. caudatus; plch = Plexus choroideus; sub = Subiculum; topt = Tractus opticus

ranschreitet. Um den Geburtszeitpunkt können überall im Isocortex 6 Schichten, **Laminae,** erkannt werden. Nur im Bereich des motorischen Cortex (BA4 und BA6) verschwindet sekundär die kleinzellige Lamina granularis interna. Es entsteht somit in diesen beiden motorischen Arealen des Isocortex sekundär ein fünfschichtiger, **agranulärer Hirnrindentyp**. Kurz vor der Geburt lösen sich auch die »subplate«-Zone sowie die ventrikulären und subventrikulären Zonen auf. Der Rest der ventrikulären Zone trägt zur Bildung des **Ventrikelependyms** bei (▣ Abb. 17.148d).

Im **mediodorsalen Segment** der Hemisphärenwand ist die Marginalzone besonders dick und die kortikale Platte schmal. Hier entsteht der **Archicortex** (▣ Abb. 17.149). Das mediobasale Segment, aus dem sich der **Palaeocortex** entwickelt, hat ebenfalls eine besonders dünne kortikale Platte. Das basolaterale Segment besteht aus einer sehr umfangreichen subventrikulären Zone. Aus ihr entsteht der **mediale** und **laterale Ganglienhügel,** der die Anlage des Corpus striatum, der Amygdala und des Septum darstellt. Außerdem sind die Ganglienhügel Quelle der Interneurone der Hirnrinde.

Der Hippocampus entwickelt sich als Teil des Archicortex aus dem mediodorsalen Segment der Hemisphärenwand (▣ Abb. 17.149). Dabei verändert sich die zunächst gestreckte Anlage (▣ Abb. 17.149b, c) durch Oberflächenwachstum so, dass Ammonshorn und Subiculum sich nach medial umbiegen (▣ Abb. 17.149d, e). Das Ammonshorn wächst mit seiner CA-4-Region in die Anlage der Fascia dentata hinein. Diese sitzt dann im adulten Stadium (▣ Abb. 17.149f) wie eine Kappe unter dem medialen Ende des Ammonshorns. Der Hippocampus wird wie der Isocortex durch radiale Migration (Pyramidenzellen) aus der ventrikulären Zone und durch tangentiale Migration (Interneurone) aus dem medialen Ganglienhügel mit Nervenzellen besiedelt.

Die Synaptogenese ist während des ersten Lebensjahres maximal, kann aber noch im adulten Gehirn, wenn auch in viel geringerem Umfang stattfinden. Die Faserbahnen des vestibulären Systems sind kurz nach der Geburt weitgehend myelinisiert, die der somatosensorischen, visuellen, auditorischen, pyramidalen und extrapyramidalen Systeme bis zum Ende des dritten Lebensjahres. Die Faserbahnen der multimodalen Assoziationssysteme beenden die **Myelinisierung** erst während des zweiten Lebensjahrzehnts.

In Kürze

Während der Entwicklung der Hirnrinde bilden sich vorübergehende Zonen in der Wand der Hemisphärenblasen aus. Es sind dies von der ventrikulären zur pialen Oberfläche hin:

- **Ventrikulärzone** und **subventrikuläre Zone,** in denen die Zellproliferation stattfindet, aus der Pyramiden- und Gliazellen hervorgehen.
- **Intermediärzone,** die zur weißen Substanz wird.
- **»subplate«-Zone,** die stark reduziert wird und für das geregelte Einwachsen kortikaler Afferenzen und Migration von Proneuronen wichtig ist.
- **Kortikale Platte,** aus der die Laminae II–VI des Isocortex entstehen.
- **Marginalzone,** aus der die Lamina I des Isocortex entsteht.

Die **Interneurone** des Isocortex und Hippocampus entstehen im **medialen** und **lateralen Ganglienhügel,** die Neurone des Corpus striatum im lateralen Ganglienhügel.

17.19.6 Form der Hemisphären und Gyrifizierung

Während der Entwicklung der Endhirnhemisphären kommt es zur Ausprägung einer regional unterschiedlichen Wachstumsdynamik. Die Anlage des späteren Lobus insularis zeigt dabei die geringste Dynamik. Dies führt dazu, dass dieser Teil des Palliums von den Lobi frontalis, parietalis und temporalis ab der 8. Fetalwoche überwachsen wird und von der freien Oberfläche aus nicht mehr zu sehen ist. Diesen Vorgang bezeichnet man als **Operkularisation.** Während dieses Prozesses bilden sich die **Fissura lateralis** zusammen mit den **Sulci hippocampalis** und **rhinalis** als erste Sulci des Cortex cerebri aus.

Da der Cortex der parieto-okzipito-temporalen Assoziationsgebiete beim Menschen besonders stark entwickelt ist, dehnt sich der **Lobus temporalis** im Bogen nach unten und vorn aus. Dabei werden die zunächst dorsomedial gelegenen Anlagen des Hippocampus und Ncl. caudatus in diese Wachstumsrichtung einbezogen und erstrecken sich ebenfalls im Bogen nach unten und vorn. So entsteht die adulte Position des **Hippocampus retrocommissuralis** und der **Cauda ncl. caudati** sowie der bogenförmige Verlauf des Seitenventrikels mit seinem Unterhorn im Temporal- und dem Hinterhorn im Okzipitallappen.

Die Bildung von Sulci, Gyri und einer gefurchten, **gyrenzephalen** Oberfläche aus der ursprünglich glatten, **lissenzephalen** Oberfläche des Palliums ist bei der Geburt abgeschlossen. Wichtige Sulci erscheinen in folgender zeitlichen Sequenz:

- zwischen 14. und 17. Woche → Sulci cinguli, parieto-occipitalis, und calcarinus
- zwischen 18. und 21. Woche → Sulci centralis, collateralis und temporalis superior
- zwischen 22. und 25. Woche → Sulci precentralis, postcentralis, frontalis superior, temporalis inferior, intraparietalis und occipitalis lateralis
- zwischen 26. und 29. Woche → Sulci frontalis inferior und occipitotemporalis
- zwischen 30. Woche und Geburt → Sulci frontalis medius und temporalis medius sowie stark variable sekundäre und tertiäre Sulci.

Die Gyrifizierung erlaubt es, die beim Menschen besonders starke Vergrößerung der Hirnrindenoberfläche in einem möglichst kleinen Volumen unterzubringen. Das vom Hirnvolumen determinierte Schädelvolumen ist daher zum Geburtszeitpunkt nicht zu groß für die Geburtswege.

In Kürze

Die Windungen und Furchen des menschlichen Gehirns entstehen vor der Geburt unter genetischer Kontrolle.

18 Vegetatives Nervensystem

W. Kummer

Einführung

Das vegetative Nervensystem innerviert und steuert die Eingeweide. Der Begriff »Eingeweide« wird hierbei sehr weit gefasst, denn alle efferenten Neurone, die keine Skelettmuskelfasern innervieren, gehören zum vegetativen Nervensystem. Zielgebiet der Nervenfasern sind insbesondere glatte Muskelzellen, Herzmuskelzellen und Drüsenzellen, aber es wird auch die Mehrzahl der übrigen Körperzellen erreicht, z.B. Fettzellen sowie verschiedene Zellen des Abwehrsystems und des Periosts. Das vegetative Nervensystem integriert und beantwortet äußere Reize (z.B. Temperaturänderung), innere Reize (z.B. Blutdruckänderung) und Anforderungen des ZNS (z.B. Steuerung der Herz-Kreislauf-Funktion bei Kampf- oder Fluchtbereitschaft) und hält somit das innere Milieu konstant (Homöostase). Diese Regulation erfolgt weitgehend unbewusst und unwillkürlich, daher wird auch der Begriff autonomes Nervensystem verwendet.

18.1 Einleitung

Nach Lage, Verschaltung und Funktionsweise gliedert sich der efferente Abschnitt des vegetativen Nervensystems in:

- Sympathikus
- Parasympathikus
- enterales Nervensystem

Sympathikus und Parasympathikus beginnen mit ihrem jeweils 1. Neuron im ZNS. Auf dem Weg zum Erfolgsorgan erfolgt – mit Ausnahme des Nebennierenmarks – mindestens eine synaptische Umschaltung in einem **vegetativen Ganglion**. Das zum Ganglion ziehende 1. Neuron wird auch **präganglionäres Neuron** genannt, das im Ganglion liegende und von dort in die Peripherie projizierende 2. Neuron wird als **postganglionäres Neuron** bezeichnet.

Das enterale Nervensystem liegt ausschließlich in der Darmwand, besitzt viele synaptische Umschaltungen und wird vom ZNS über Parasympathikus und Sympathikus gesteuert (Abb. 18.1).

Zusätzlich zu diesen Viszeroefferenzen steuert auch eine Gruppe von **Viszeroafferenzen** direkt die Eingeweidefunktionen. Diese Nervenfasern leiten bei einer Reizung in der Peripherie nicht nur die Information zum ZNS weiter, sondern setzen gleichzeitig auch aus ihrer peripheren Endigung Botenstoffe, meist Neuropeptide, frei. Diese können beispielsweise direkt Blutgefäße erweitern. Wegen der **lokalen Effektorfunktion sensorischer Neurone** werden solche Viszeroafferenzen auch zum vegetativen Nervensystem gezählt.

18.2 Viszeroafferenzen

Alle Eingeweide werden sensorisch durch pseudounipolare Neurone innerviert. Die Perikarya dieser viszeroafferenten Neurone liegen gemeinsam mit denen der Somatoafferenzen in Spinalganglien und sensorischen Ganglien der Hirnnerven V, VII, IX und X. Ihr peripherer Fortsatz verläuft mit den jeweiligen Hirnnerven (die Mehrzahl der Axone im *N. vagus* ist nach Abzweig des *N. laryngeus recurrens* viszerosensorisch!) oder schließt sich im Falle der Spinalganglien über einen Verbindungsast vom Spinalnerv den vegetativen Nerven an (Abb. 18.2).

Mit ihrem peripheren Fortsatz können die viszeroafferenten Neurone Schmerzreize, Dehnung oder spezifische chemische Reize, wie z.B. Sauerstoffgehalt oder pH-Wert des Blutes wahrnehmen. Die Mehrzahl der Dehnungsrezeptoren besitzt myelinisierte Axone, die Schmerzfasern sind schwach myelinisiert (Aδ-Fasern) oder unmyelinisiert (C-Fasern). Der zentrale Fortsatz endet im Hinterhorn des Rückenmarks oder im *Ncl. tractus solitarii* des Hirnstamms (▶ Kap. 17.3). Dort erfolgt über Interneurone die Verschaltung mit:

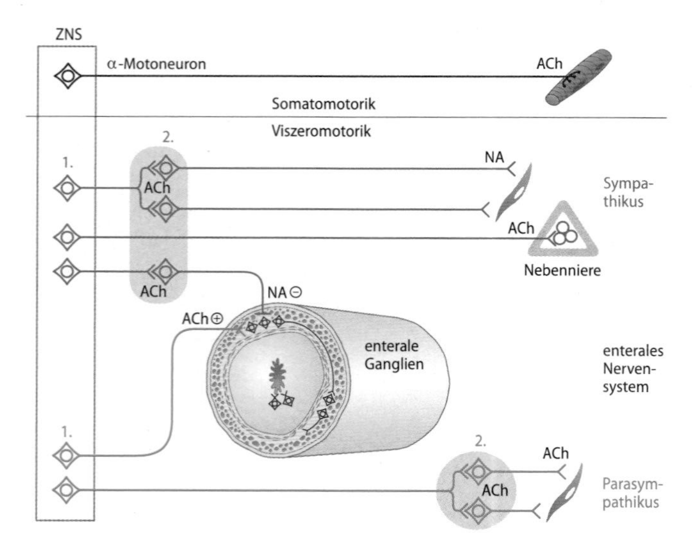

Abb. 18.1. Verschaltungsschema der Viszeromotorik im Vergleich zur Somatomotorik. Bei Sympathikus und Parasympathikus schaltet auf dem Weg zur Zielzelle ein 1. Neuron aus dem ZNS auf ein 2. Neuron in einem peripheren Ganglion um. Ausnahme: Nebennierenmarkzellen werden direkt vom 1. sympathischen Neuron erreicht. Innerhalb der Ganglien kommt es zu einer divergenten Verschaltung, denn ein Axon kann mehrere Neurone erreichen. Das weitgehend eigenständige enterale Nervensystem wird von parasympathischen Neuronen stimulierend (+) und von sympathischen Neuronen hemmend (-) gesteuert. ACh = Azetylcholin, NA = Noradrenalin

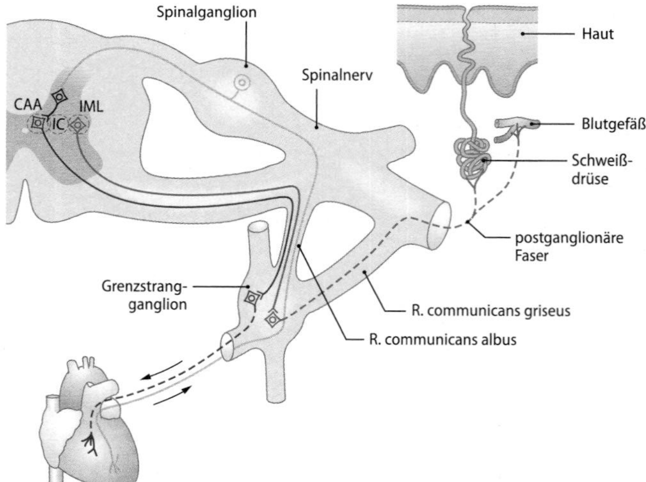

Abb. 18.2. Verschaltungsmuster paravertebraler sympathischer Ganglien. Sympathische Ursprungskerne im Rückenmark sind der Ncl. intermediolateralis (IML), der Ncl. intercalatus (IC) (in diesem Schema kein Perikaryon eingezeichnet) und das zentrale autonome Areal (CAA). Präganglionäre Fasern sind durchgehend blau und rot, postganglionäre unterbrochen blau und rot dargestellt. Axone viszeroafferenter Neurone mit einem Zellkörper im Spinalganglion (gelb) begleiten in ihrem Verlauf sympathische Axone. Viszeroafferenzen können über spinale Interneurone (schwarz) die Viszeroeffenzen beeinflussen

- sympathischen und parasympathischen viszeroefferenten Ursprungskernen
- höheren vegetativen Steuerungszentren, z.B. Atemzentrum im Hirnstamm
- übergeordneten Hirnstrukturen, z.B. Thalamus und Cortex cerebri.

Eine Gruppe viszeroafferenter Neurone erfüllt eine **duale Funktion**:

1. Sie nehmen Schmerz oder hochschwellige mechanische Reize wahr und leiten diese Information zum ZNS **(afferente Funktion)**.
2. Die Stimulation ihrer peripheren Endigung führt direkt zu einer Freisetzung von Botenstoffen, die unmittelbar die Funktion des Erfolgsorgans steuern und beispielsweise eine Gefäßerweiterung oder eine Drüsensekretion bewirken **(lokale Effektorfunktion)**.

Bei dieser lokalen Effektorfunktion ist kein Reflexbogen über das ZNS beteiligt, sie erfolgt autonom und lokal begrenzt in der Nähe des Reizortes. Sie wird vorwiegend über Neuropeptide, insbesondere **Substanz P** und **Calcitonin Gene-Related Peptide** (CGRP), vermittelt. Diese Peptide werden im Perikaryon gebildet, in Vesikel von 90–120 nm Durchmesser (dense core vesicles) verpackt und über axonalen Transport in die periphere Nervenfaserendigung gebracht. Die Perikarya solcher Neurone sind überwiegend klein und ihre Axone meist marklos.

18.1 Neurogene Entzündung

Durch Neuropeptidfreisetzung aus den peripheren Endigungen lokaleffektorischer sensorischer Neurone kommt es zur bekannten Hautrötung durch Gefäßerweiterung beim Kratzen und zum Ödem der Atemwegsschleimhaut beim Inhalieren von reizenden Gasen.

18.3 Sympathikus

Das rein efferente sympathische Nervensystem innerviert fast alle Bereiche des Körpers. Es gewährleistet die Temperaturregulation des Körpers (Schweißsekretion, Hautdurchblutung), vermittelt die Flucht- und Kampfreaktion (Tachykardie, Blutdruckerhöhung, erhöhte Muskeldurchblutung, Schweißsekretion auf Hand- und Fußflächen, Mydriasis) und hält die Homöostase durch eine Anpassung der Organdurchblutung und anderer Funktionen an die jeweiligen äußeren und inneren Erfordernisse aufrecht. Hierbei reagieren oft gleiche Zielgewebe in räumlich weit auseinander liegenden Körperregionen, z.B. Schweißdrüsen an Kopf und Beinen, gleichsinnig (»sympathisch«) mit.

18.2 Totalausfall des Sympathikus

Beim Totalausfall des Sympathikus aufgrund einer Degeneration der sympathischen Neurone (Shy-Drager-Syndrom) kommt es zum tödlichen Kreislaufversagen durch die generelle Gefäßerweiterung.

18.3.1 Sympathische Ursprungskerne und präganglionärer Verlauf

Die Perikarya der präganglionären sympathischen Neurone liegen im thorakalen Rückenmark und den unmittelbar angrenzenden Segmenten (von C8 bis L2/3, thorakolumbales System) (► Kap. 17.3 und 17.5).

Sie bilden 3 Kerngebiete (Abb. 18.3; ► Kap. 17, Abb. 17.29):

- *Ncl. intermediolateralis* im Seitenhorn
- *Ncl. intercalatus* in der Rexed-Lamina VII
- das zentrale autonome Areal (mediodorsal des Zentralkanals) in der Rexed-Lamina X.

Von dort zieht ihr Axon über die Vorderwurzel zum Spinalnerven und nach kurzem Verlauf im ventralen Ast – im Brustbereich ist dies der *N. intercostalis* – über einen *R. communicans albus* zum neben der Wirbelsäule längsverlaufenden Grenzstrang. Dieser Ast ist weißlich (»albus«), weil die Axone meist myelinisiert sind (Durchmesser: 1,5–4 µm). Bis hier verlaufen die Axone in der Höhe desjenigen Segments, in dem ihr Perikaryon liegt.

! Nur im Segmentbereich C8–L3 gibt es Rr. communicantes albi.

Die Axone des R. albus ziehen zu einem sympathischen Ganglion, das

- im Grenzstrang auf gleicher Segmenthöhe liegt,
- kranial oder kaudal des Segments zu finden ist. In diesen Fällen haben die Axone einen längeren Verlauf innerhalb des Grenzstrangs, oder
- außerhalb des Grenzstrangs (prävertebral oder im Becken) liegt. In diesem Fall ziehen sie ohne Umschaltung durch den Grenzstrang hindurch.

Innerhalb eines Ganglions bildet das präganglionäre Axon echte Synapsen mit dem postganglionären Neuron.

! Alle präganglionären Neurone benutzen Azetylcholin als Transmitter.

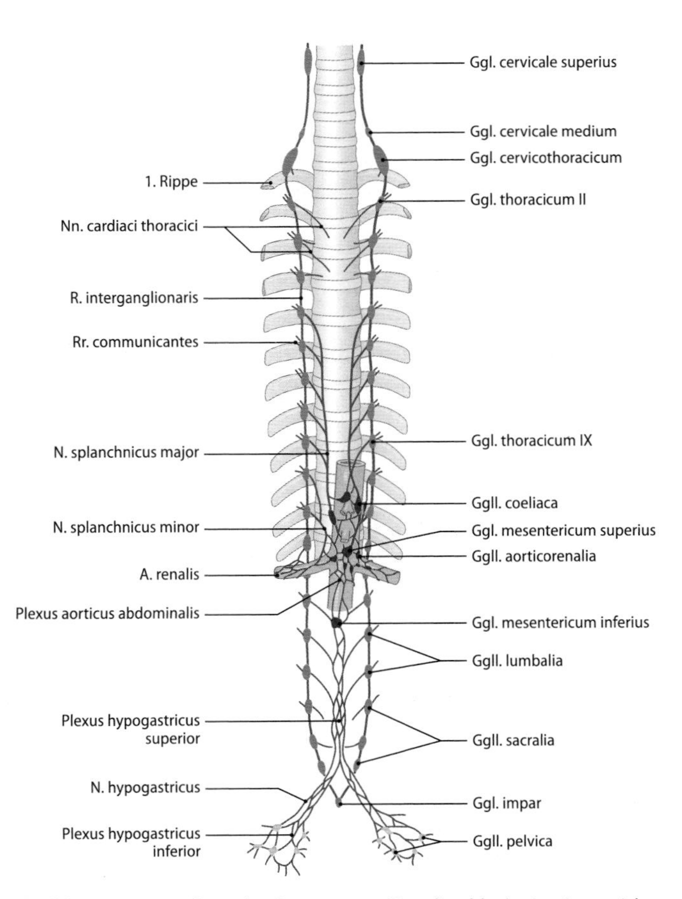

Abb. 18.3. Darstellung des Grenzstrangs (Ganglien blau) mit seinen wichtigsten Ästen, der prävertebralen Ganglien (rot), Beckenganglien (gelb) und der sie verbindenden Geflechte [1]

Die schnelle Erregungsübertragung erfolgt dabei über **Azetylcholinrezeptoren vom nikotinischen Typ.** Die präganglionären Neurone setzen teilweise zusätzlich Neuropeptide und NO (Stickstoffmonoxid) frei und beeinflussen damit die allgemeine Erregbarkeit der postganglionären Neurone.

18.3 Selektive Relaxation der quergestreiften Skelettmuskulatur
Obwohl sowohl an der motorischen Endplatte als auch im sympathischen Ganglion die Erregungsübertragung über Azetylcholin und nikotinische Rezeptoren erfolgt, können beide Vorgänge unabhängig voneinander pharmakologisch beeinflusst werden, da es sich um unterschiedliche Subtypen nikotinischer Rezeptoren handelt. Dies ermöglicht unter anderem eine vollständige und selektive Relaxation der quergestreiften Skelettmuskulatur während operativer Eingriffe, ohne gleichzeitig den Sympathikus zu lähmen.

Innerhalb der Ganglien gibt ein präganglionäres Axon Kollateralen zu mehreren postganglionären Neuronen ab **(Divergenz)**. Andererseits erhält ein einzelnes postganglionäres Neuron Synapsen von verschiedenen präganglionären Axonen **(Konvergenz)**, dabei ist funktionell aber ein einzelnes Axon gegenüber den anderen dominierend. Trotz der komplexen Verschaltung bleiben klare anatomische und funktionelle Wege erhalten. Die einzelnen Projektionen zu den Zielorganen sind anatomisch getrennt und werden prinzipiell unabhängig voneinander gesteuert, es gibt daher keinen generellen »Sympathikotonus«. Vereinfacht gilt, dass Blutgefäße und Drüsen der Leibeswand und der Extremitäten von weit lateral in den spinalen Ursprungskernen *(Ncl. intermediolateralis)* gelegenen präganglionären Neuronen gesteuert werden und Bauch- und Beckeneingeweide vorwiegend von medial (zentrales autonomes Areal) gelegenen präganglionären Neuronen (◻ Abb. 18.2). Eine Ausnahme stellt die Innervation des Nebennierenmarks dar (◻ Abb. 18.1). Die Drüsenzellen des Nebennierenmarks sind aus den gleichen Vorläuferzellen wie postganglionäre sympathische Neurone entstanden, haben sich aber nicht zu Neuronen, sondern zu Adrenalin und Noradrenalin sezernierenden Drüsenzellen entwickelt. Entsprechend ihrer Herkunft werden sie von präganglionären sympathischen Neuronen innerviert und über eine cholinerge Synapse zur Sekretion angeregt.

18.3.2 Sympathische Ganglien und postganglionärer Verlauf

Die Perikarya postganglionärer sympathischer Neurone liegen in:
- paravertebralen Ganglien (Grenzstrangganglien: *Ganglia trunci sympathici*)
- prävertebralen Ganglien
- Beckenganglien

Paravertebrale Ganglien

Rechts und links neben der Wirbelsäule (paravertebral) bilden postganglionäre sympathische Neurone jeweils eine längsverlaufende Kette von Ganglien, den **Grenzstrang** *(Truncus sympathicus)*. Die einzelnen *Ganglia trunci sympathici* sind durch *Rr. interganglionares* verbunden. Kaudal vereinigen sich der rechte und linke Grenzstrang im unpaarigen *Ggl. impar*. Im Brustabschnitt liegt vor jedem Rippenköpfchen ein Ganglion, in den übrigen Abschnitten sind weniger Ganglien als Wirbel vorhanden. Die individuellen Ganglien, ihre Lage und ihre Äste sind in ◻ Abb. 18.3 und ◻ Abb. 18.4 zusammengestellt. Die größten Ganglien sind mit 3 cm Länge das *Ggl. cervicale superius*, das sich von der Schädelbasis bis in Höhe des 2. Halswirbels erstreckt, und das *Ggl. cervicothoracicum (Ggl. stellatum)*, welches aus der Verschmelzung von oberstem Brust- und unterem Halsganglion entsteht. Von diesem Ganglion zweigen Äste zur *A. vertebralis* ab und begleiten diese als *Plexus vertebralis* bis in die hintere Schädelgrube. In diesem Verlauf liegen weitere Ganglien, ein besonders großes nahe des Ursprungs der *A. vertebralis* wird *Ggl. vertebrale* genannt.

Da der Grenzstrang von der Schädelbasis bis zum Os coccygis reicht, die präganglionären Axone aber nur zwischen C8 und L3 über *Rr. comunicantes albi* eintreten, besteht der Grenzstrang im Halsteil und kaudal von L3 im Wesentlichen aus präganglionären Axonen, die zu ihren Umschaltstellen in den darüber und darunter gelegenen Ganglien ziehen.

18.4 Augensymptome beim Ausfall des Sympathikus
Der aufsteigende Verlauf der präganglionären Fasern im Halsgrenzstrang ist bei der Suche nach dem Schädigungsort bei sympathischen Ausfallserscheinungen zu berücksichtigen. Am Auge bewirkt ein Sympathikusausfall den Horner-Symptomenkomplex: **Miosis** (durch Lähmung des M. dilatator pupillae), **Ptosis** (durch Lähmung des M. tarsalis; eigentlich enge Lidspalte, da eine Ptosis durch Parese des Musculus levator palpebrae verursacht wird) sowie ein geringes Zurücksinken des Auges in die Orbita **(Enophthalmus)**. Dies kann auf einer Schädigung des Grenzstrangs im gesamten Halsbereich und auch in Höhe der oberen Thoraxapertur, z.B. durch Druck eines Tumors, beruhen.

Die marklosen Axone der postganglionären Neurone ziehen über eigens benannte Äste zum Kopf und den inneren Organen oder über einen *R. communicans griseus* zum nächstgelegenen Spinalnerv, um mit ihm die Haut und die Blutgefäße der Leibeswand und der Extremitäten zu erreichen (◻ Abb. 18.4).

Von jedem Grenzstrangganglion gehen Rr. communicantes grisei ab.

In den Rr. communicantes kommen zusätzliche, teils mikroskopisch kleine *Ganglia intermedia* vor.

Prävertebrale Ganglien

Sie liegen retroperitoneal in einem dichten Nervengeflecht *(Plexus aorticus abdominalis* und *Plexus intermesentericus)* vor der Aorta in der Nähe der Abgänge der Aa. renales und der Äste zu den Bauchorganen (◻ Abb. 18.3). Entsprechend ist die Namensgebung:
- Ggll. coeliaca
- Ggl. mesentericum superius
- Ggl. mesentericum inferius
- Ggll. aorticorenalia

In dem dichten Nervengeflecht fällt die Abgrenzung einzelner Ganglien oft schwer und sie liegen häufig in mehrere kleinere Ganglien untergliedert vor. Die größten können bis zu 4 cm Länge erreichen, sehr kleine, nur mikroskopisch sichtbare kommen regelmäßig in der Umgebung vor.

Die präganglionären Fasern ziehen im Brustbereich zunächst mit den Rr. communicantes albi zum Grenzstrang und verlaufen dann ohne Umschaltung in den Ganglien weiter nach medial, um sich zu zwei größeren Nerven zu vereinigen, dem *N. splanchnicus major,* von den Ganglien Th5–9, und dem *N. splanchnicus minor,* von den Ganglien Th10–11 kommend. Diese treten meist zwischen Crus mediale und Crus laterale durch das Zwerchfell und erreichen so die prävertebralen Plexus und Ganglien.

In den Verlauf der Nn. splanchnici sind besonders in Nähe des Grenzstrangs noch kleine Ganglien eingestreut. Die präganglionären Fasern aus Th12–L3 ziehen als *Nn. splanchnici lumbales* vom Grenz-

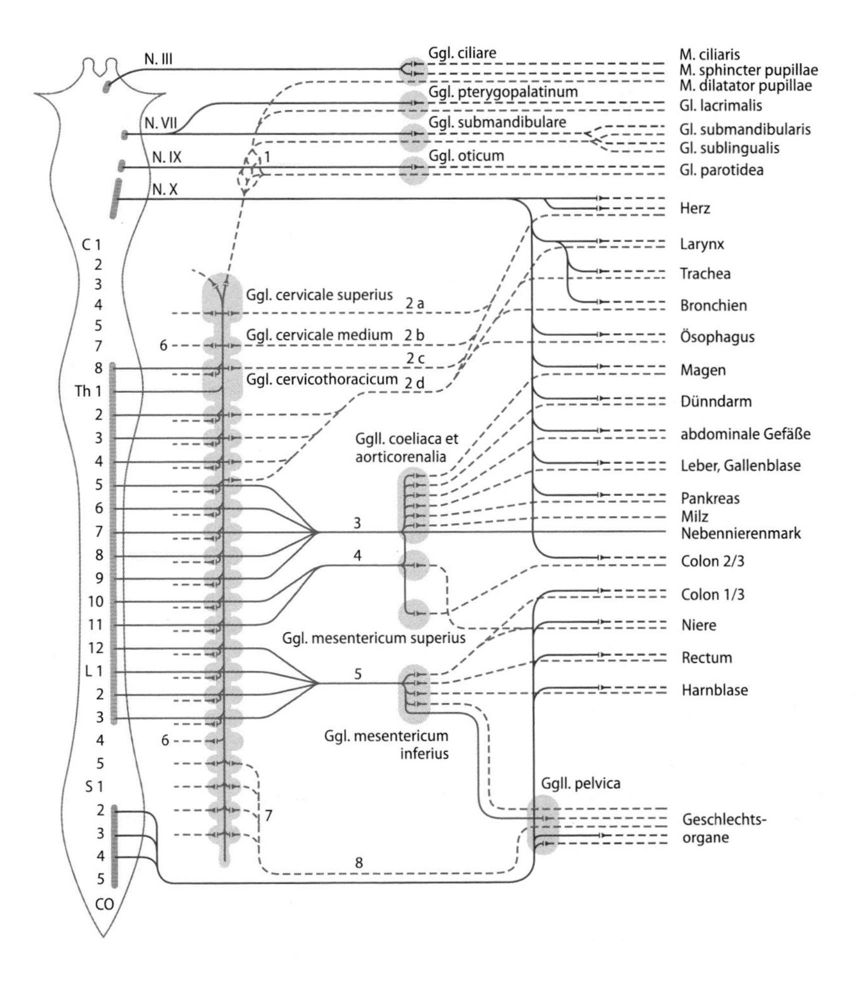

Abb. 18.4. Übersicht über das sympathische und parasympathische Nervensystem. Rote Linie durchgezogen: präganglionäres Neuron des Parasympathikus; rote Linie unterbrochen: postganglionäres Neuron des Parasympathikus; schwarze Linie durchgezogen: präganglionäres Neuron des Sympathikus; schwarze Linie unterbrochen: postganglionäres Neuron des Sympathikus [1]
1 = Plexus caroticus; 2a–d = Nn. cardiaci; 3, 4 = Nn. splanchnici majores et minors; 5 Nn. splanchnici lumbales; 6 = Rr. communicantes grisei zu Spinalnerven, 7 = Nn. splanchnici sacrales, 8 = Nn. splanchnici pelvici (Nn. erigentes)

strang medialwärts zu den prävertebralen Ganglien. Zusätzlich zu diesen präganglionären Fasern verlaufen in den Nn. splanchnici lumbales auch postganglionäre Fasern aus Grenzstrangganglien, die die Blutgefäße des Magen-Darm-Traktes innervieren.

Die postganglionären Fasern ziehen an den entsprechenden Arterien entlang im jeweils gleichnamigen Plexus, *Plexus coeliacus, Plexus hepaticus, Plexus mesentericus superior,* etc., zu den Organen des Magen-Darm-Traktes, der Milz und, in geringerem Maße, vom Ggl. mesentericum inferius auch zu den Beckenorganen. Diejenigen postganglionären Neurone, die die Magen-Darm-Motilität steuern, innervieren nicht direkt die glatte Muskulatur, sondern ihre Axone endigen in den Ganglien des enteralen Nervensystems in der Darmwand. Sie dämpfen die Darmmotilität. Als weitere Besonderheit erhalten diese postganglionäre Neurone in den prävertebralen Ganglien synaptischen Input aus 3 Quellen (Abb. 18.5):

- präganglionäre sympathische Neurone des Rückenmarks (über Nn. splanchnici)
- Neurone des Plexus myentericus des enterischen Nervensystems
- Axonkollateralen viszeroafferenter Neurone der Spinalganglien mit peripherer Endigung in der Darmwand.

Prävertebrale Ganglien dienen bei der Steuerung der Darmmotilität als Integrationszentren zentraler Einflüsse und Rückmeldungen über den Füllungszustand aus dem Darm selbst.

Eine starke Dehnung aboraler Darmabschnitte, z.B. des terminalen Ileums, führt über die myenterischen und viszeroafferenten Neurone zu einer Erregung der sympathischen postganglionären Neurone in den prävertebralen Ganglien, die dann weiter oral über das enterische Nervensystem die Darmaktivität hemmen und damit eine weitere Füllung der bereits gedehnten aboralen Abschnitte verhindern. Der klassische präganglionäre Weg vom ZNS dient dabei der Anpassung an übergeordnete Bedürfnisse, z.B. bei körperlicher Aktivität.

Beckenganglien

Im Becken flankiert ein sagittal gestelltes Nervengeflecht rechts und links die Eingeweide. Beim Mann erstreckt es sich von der Seitenwand des Rektums *(Plexus hypogastricus inferior)* an Prostata *(Plexus prostaticus)* und Ductus deferens *(Plexus deferentialis)* vorbei bis zur Blasenhinterwand *(Plexus vesicalis)*. Bei der Frau verläuft das Nervengeflecht neben Cervix uteri und Fornix vaginae *(Plexus uterovaginalis)* vom Rektum zur Blase. In diesen Plexus sind zahlreiche, unterschiedliche große Ganglien eingelagert, die kollektiv als Beckenganglien, *Ggll. pelvica,* bezeichnet werden. Ein besonders großes und regelhaft neben der Cervix uteri anzutreffendes Ganglion wird als *Ggl. paracervicale uteri* (Frankenhäuser-Ganglion) hervorgehoben.

Im Gegensatz zu den para- und prävertebralen Ganglien, die nur sympathische postganglionäre Neurone enthalten, kommen in den Beckenganglien sowohl sympathische als auch parasympathische postganglionäre Neurone gemeinsam vor.

Obwohl die sympathischen und parasympathischen Neurone in diesen Ganglien Seite an Seite liegen können, stellen sie anatomisch und funktionell getrennte Wege dar. In diesem Abschnitt wird nur der sympathische Anteil besprochen.

Die präganglionären Fasern ziehen im unteren Brust- und oberen Lumbalbereich (bis L3) zunächst mit den Rr. communicantes albi

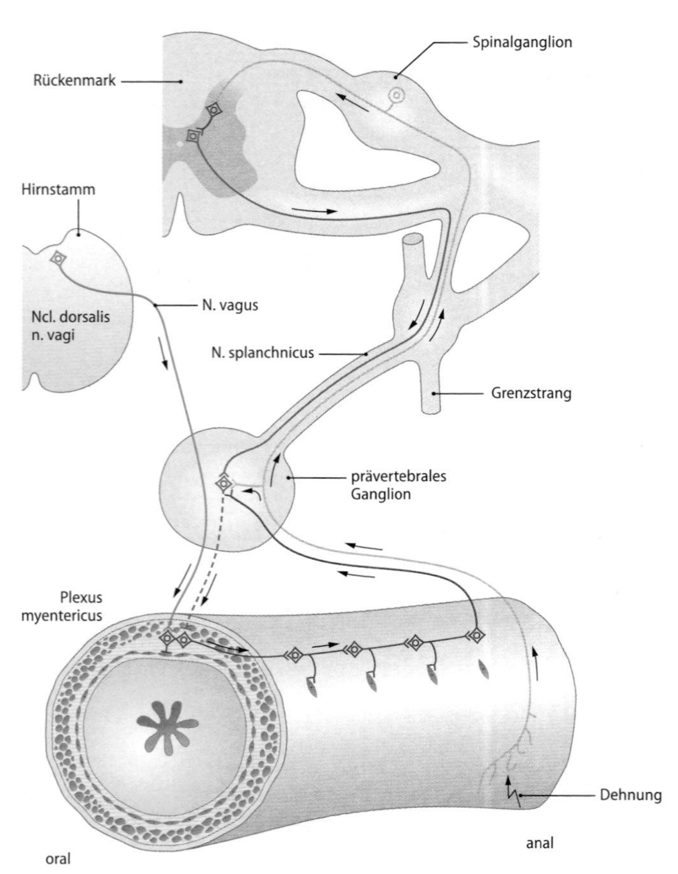

Abb. 18.5. Verschaltung prävertebraler sympathischer Ganglien. Postganglionäre Neurone integrieren den jeweils erregenden Einfluss von präganglionären sympathischen Axonen (blaue durchgehende Linie), Axonkollateralen viszerosensibler Neurone (gelb) und intestinofugalen Neuronen aus dem Plexus myentericus (braun). Sie selbst hemmen über den Plexus myentericus die Darmmotilität (blaue unterbrochene Linie). Präganglionäre Fasern aus dem Ncl. dorsalis n. vagi (grün) erreichen über den N. vagus die prävertebralen Ganglien und ziehen direkt weiter zu den myenterischen Ganglien.

zum Grenzstrang und verlaufen dann ohne Umschaltung in den Ganglien weiter in den *Nn. splanchnici lumbales* nach medial, um sich vor der Aorta kaudal der A. mesenterica inferior zum *Plexus hypogastricus superior* zu vereinigen. Dieser teilt sich nach seinem Übertritt über das Promontorium ins Becken in einen rechten und linken *N. hypogastricus*, der sich nachfolgend zum *Plexus hypogastricus inferior* verzweigt (Abb. 18.3).

Die Beckenganglien liegen so nahe an den Erfolgsorganen, dass kaum makroskopisch sichtbare postganglionäre Verlaufsstrecken zwischen Ganglion und Organ ausgemacht werden können. Ausnahmen bilden mit Einschränkungen folgende Nerven:
- *Nn. anales superiores,*
- *Nn. vaginales* und
- Nerven zu den Schwellkörpern des Genitales, *Nn. cavernosi penis* bzw. *Nn. cavernosi clitoridis*, die weitaus mehr parasympathische als sympathische Fasern enthalten.

Sympathisches Ganglion

Postganglionäre sympathische Neurone sind **multipolar.** Dendriten benachbarter Neurone bilden teilweise miteinander verschlungene Glomeruli, in denen ein Informationsaustausch zwischen den Neuronen angenommen wird. Die **Axone** sind **marklos** (Durchmesser <1 µm) und verlassen die Ganglien, ohne Kollateralen abzugeben. Perikarya und Dendriten werden von **Satellitenzellen**, die Axone von **Schwann-Zellen** umhüllt. Wie in peripheren Nerven werden die Zwischenräume zwischen den Nervenfaserbündeln und den Perikarya von einem zarten **endoneuralen Bindegewebe** ausgefüllt, gegenüber dem die Satelliten- und Schwann-Zellen mit einer Basallamina abgegrenzt sind. In diesem Bindegewebe liegen **Mastzellen, Makrophagen** und **antigenpräsentierende Zellen.** Das Endothel der ebenfalls in diesem Endoneurium verlaufenden **Kapillaren** ist zwar fast ausschließlich vom kontinuierlichen Typ, bildet aber keine so ausgeprägte Schranke aus, wie im Gehirn (Blut-Hirn-Schranke) oder im peripheren Nerven (Blut-Nerven-Schranke). Nach außen werden die Ganglien von einer Fortsetzung des Perineuriums – konzentrische Lagen von beidseits mit einer Basallamina versehenen **Perineuralzellen** – umgeben.

In variabler Zahl – gering oder gar nicht in paravertebralen Ganglien, häufiger in prävertebralen Ganglien – kommen zusätzlich zu den Neuronen kleine (bis 20 µm) Zellen mit kurzen Fortsätzen vor, die aber nicht wie Dendriten oder Axone gebaut sind, sondern die gleichen Organellen wie das Perikaryon enthalten. Sie enthalten in zahlreichen »dense-core vesicles« große Mengen an Monoaminen. In einem fluoreszenzmikroskopischen Nachweisverfahren für Katecholamine (Dopamin, Noradrenalin) und Serotonin leuchten sie daher intensiv, woher ihr Name **SIF-Zellen** (**s**mall **i**ntensely **f**luorescent) rührt. Ihre Funktion ist nicht vollständig geklärt: Einzeln liegende werden als Interneurone angesehen, in größeren Gruppen in prävertebralen Ganglien liegende werden zu den retroperitonealen Paraganglien gezählt, die bei Hypoxie durch Katecholaminausschüttung den Kreislauf stimulieren.

Postganglionäre Endstrecke

Im Zielorgan verzweigen sich die Axone zu Kollateralen, die perlschnurartig in Abständen von wenigen Mikrometern zahlreiche (bis zu 10.000) Anschwellungen **(Varikositäten)** mit einem Durchmesser von 0,5–2 µm aufweisen (Abb. 18.6). Diese Varikositäten enthalten eine Vielzahl kleiner (40–50 nm) sowie einige größere (90–120 nm) Vesikel mit elektronendichtem Inhalt. Sie sind zumindest an einer Seite nicht von einer Schwann-Zelle bedeckt und können einerseits in direkten Kontakt (<20 nm) mit glatten Muskelzellen treten, dann ist nur die verschmolzene Basallamina beider Zellen zwischengeschaltet (autonomic neuroeffector junction), andererseits können sie auch in einem Abstand von mehr als 1 µm von der Zielzelle entfernt liegen (Synapse im Vorübergehen = synapse en passant) (Abb. 18.6). Aus ihnen werden exozytotisch Transmitter freigesetzt.

! Die allermeisten postganglionären sympathischen Neurone benutzen als Transmitter Noradrenalin und ATP, die die Schweißdrüsen innervierenden stattdessen Azetylcholin.

Noradrenalin bewirkt über **α-Rezeptoren** eine Kontraktion glatter Muskulatur, über **β-Rezeptoren** eine Erschlaffung glatter Muskulatur und eine Stimulation der Herzmuskulatur. **ATP** kann über **purinerge P2X-Rezeptoren** eine Depolarisation und damit eine Kontraktion der Muskulatur auslösen.

Die großen Vesikel enthalten, von Zielorgan zu Zielorgan unterschiedlich, verschiedene Neuropeptide. Besonders häufig ist das **Neuropeptid Y** (NPY). Neuropeptide bewirken über spezifische Rezeptoren eine langsamer eintretende, dafür aber teils über Minuten anhaltende Wirkung an der Zielzelle.

18.5 Medikamentöse Beeinflussung der α- und β-Rezeptoren

Da der Sympathikus über noradrenerge α- und β-Rezeptoren nachhaltig die Funktion fast aller Organsystem beeinflusst, ist die pharmakologi-

▼

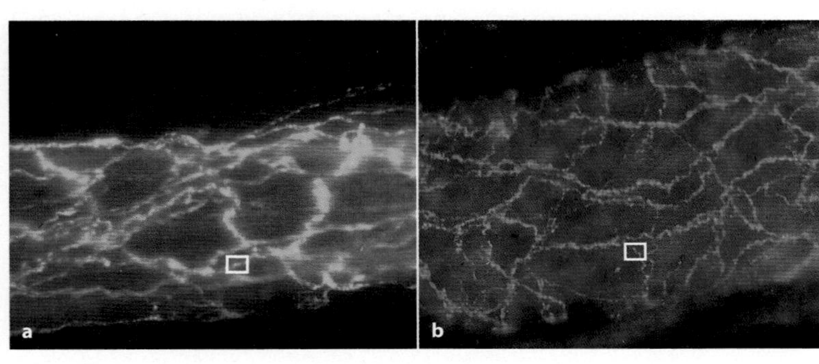

Schwann-Zelle
Axon
BL
glatte Muskelzelle

◘ Abb. 18.6a–c. Sympathische postganglionäre Axonendigungen. **a** und **b** Zupfpräparat mit einer kleinen Arterie in der Ansicht von der Adventitia aus. Durch eine histochemische Technik (aldehydinduzierte Katecholaminfluoreszenz) ist in **a** das Noradrenalin der sympathischen Endigungen und durch Immunhistochemie in **b** das Neuropeptid Y der sympathischen Endigungen dargestellt. In beiden Fällen zeigt sich ein dichtes perivaskuläres Geflecht mit vielen Axonanschwellungen (Varikositäten). **c** Schematische Darstellung, wie die in **a** und **b** mit einem Kästchen markierten Bereiche ultrastrukturell aussehen. Beide Axonvarikositäten (1 und 2) enthalten Noradrenalin in vielen kleinen Vesikeln und Neuropeptide, beispielsweise Neuropeptid Y, in größeren Vesikeln mit elektronendichtem Inhalt. Varikosität 1 bildet mit der glatten Muskelzelle eine »autonomic neuroeffector junction« aus, bei der die Basallaminae (BL) der Nervenfaser und der Muskelzelle verschmelzen. In der »synapse en passant« (Varikosität 2) hingegen wird der Vesikelinhalt in einigem Abstand (ca. 1 µm) von der Zielzelle ausgeschüttet

sche Nachahmung dieser Wirkungen über α- und β-Mimetika oder ihre Hemmung über α- und β-Antagonisten bei vielen Erkrankungen therapeutisch nutzbar, z.B. bei Bluthochdruck (α-Antagonisten) oder Asthma bronchiale (β-Mimetika).

18.4 Parasympathikus

Das rein efferente parasympathische Nervensystem innerviert die Hals-, Brust-, Bauch- und Beckeneingeweide und verschiedene Strukturen im Kopfbereich einschließlich des Auges und der Hirngefäße. Die Extremitäten und die Leibeswand erhalten keine parasympathischen Fasern. Der Parasympathikus wirkt beginnend bei den Speicheldrüsen stimulierend auf den gesamten Verdauungstrakt, stimuliert weitere Drüsen (Atemwegsschleimhaut, männliche und weibliche akzessorische Geschlechtsdrüsen, Anhangsdrüsen des Auges), verengt die Atemwege, dämpft die Herztätigkeit, steuert die Miktion und vermittelt durch Gefäßerweiterung die Erektion der Genitalschwellkörper.

! Die einzelnen Projektionen zu den Zielorganen sind anatomisch getrennt und werden prinzipiell unabhängig voneinander gesteuert, es gibt keinen generellen »Parasympathikotonus«.

Die Wirkung ist häufig antagonistisch zu der des Sympathikus, z.B. am Herzen, obwohl in einigen Funktionsabläufen beide Systeme gleichzeitig aktiv sein müssen. So ist die Erektion des Corpus cavernosum durch den Parasympathikus vermittelt, die für die Ejakulation notwendige Emission der Spermien aus dem Ductus deferens in die Harnröhre hingegen durch den Sympathikus. Wiederum andere Funktionen leistet der Parasympathikus fast ohne Beteiligung des Sympathikus, so die Akkomodation des Auges und die Miktion.

18.4.1 Parasympathische Ursprungskerne und präganglionärer Verlauf

Die Perikarya der präganglionären parasympathischen Neurone liegen in Kernen des Hirnstamms und im Seitenhorn des sakralen Rückenmarks von S2–4 (kraniosakrales System).

Die dünnen markhaltigen Axone verlassen den Hirnstamm über die **Hirnnerven III, VII, IX** und **X**. Die einzelnen Ursprungskerne und ihre Zuordnung zu den Hirnnerven, den parasympathischen Ganglien und den Wegen zu den Zielorganen sind in ◘ Abb. 18.4 und ◘ Abb. 18.7 dargestellt.

Im sakralen Rückenmark liegen die präganglionären parasympathischen Neurone im Seitenhorn an einer Position, die etwa der des sympathischen *Ncl. intermediolateralis* im Brustmark entspricht. Dieses parasympathische Kerngebiet wird als *Ncll. parasympathici sacrales* bezeichnet. Die dünnen markhaltigen und zum Teil marklosen Axone ziehen über die Vorderwurzeln S2–4 in die Spinalnerven und treten mit deren *Rr. ventrales* aus den *Foramina sacralia anteriora* in das Becken ein. Dort zweigen sie als dünne Äste, *Nn. splanchnici pelvici* (wegen ihrer Bedeutung für die Erektion auch *Nn. erigentes* genannt), zum vegetativen Nervengeflecht des Beckens ab.

18.6 Implantation eines Blasenschrittmachers

Die Kenntnis des präganglionären Verlaufs und des Baus der parasympathischen Fasern zu den Beckenorganen erlaubt die Implantation eines Blasenschrittmachers bei querschnittsgelähmten Patienten, die nicht mehr willentlich die Blase entleeren können. Die Stimulationselektroden werden an den Wurzeln S2–4 des Plexus sacralis angebracht. Wegen ihrer im Vergleich zu den Axonen der α-Motoneurone – die ja auch in diesen Plexusanteilen verlaufen (N. ischiadicus!) –, dünneren Myelinscheide ist durch geschickte Wahl der Reizstärke eine selektive Stimulation des parasympathischen Weges zur Harnblase möglich, ohne gleichzeitig Massenkontraktionen der Muskulatur des Beins zu verursachen.

Genauso wie im Sympathikus gilt für die synaptische Umschaltung von prä- auf postganglionär im Parasympathikus:

- Alle präganglionären Neurone benutzen **Azetylcholin** als Transmitter.
- Die schnelle synaptische Übertragung erfolgt über **nikotinische Azetylcholinrezeptoren**.
- Die Erregbarkeit der Neurone wird teilweise durch zusätzliche Freisetzung von **NO** und **Neuropeptiden** beeinflusst.

Es herrschen **Divergenz** (ein Axon innerviert über Kollateralen mehrere Neurone) und **Konvergenz** (ein Neuron erhält Synapsen von mehreren Axonen).

18.4.2 Parasympathische Ganglien und postganglionärer Verlauf

Makroskopisch abgrenzbare Ganglien mit postganglionären parasympathischen Neuronen sind die 4 rein parasympathischen Kopfganglien *(Ggl. ciliare, Ggl. pterygopalatinum, Ggl. oticum, Ggl. submandibulare)* sowie die Beckenganglien, die nebeneinander sowohl parasympathische als auch sympathische Neurone enthalten. Mikroskopisch kleine parasympathische Ganglien finden sich zusätzlich in kleinen Nervenästen unmittelbar an und in der Wand aller parasympathisch innervierten Organe.

Ganglien mit präganglionärem Zufluss über die Hirnnerven III, VII und IX

Hierzu gehören die großen **parasympathischen Kopfganglien:**
- Ggl. ciliare
- Ggl. pterygopalatinum
- Ggl. oticum
- Ggl. submandibulare

Ihre Verbindungen sind in ◘ Abb. 18.7 dargestellt. Unbenannte Mikroganglien liegen entlang der A. lingualis sowie am Circulus arteriosus der Hirnbasis und versorgen die Gefäße mit Vasodilatatorfasern. Mikroganglien in den großen Speicheldrüsen und in den Schleimhäuten tragen zusätzlich zur Drüseninnervation bei.

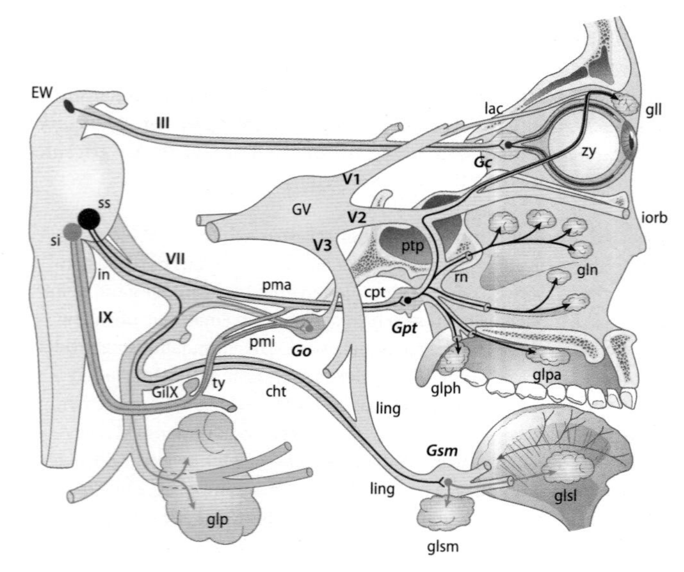

◘ **Abb. 18.7.** Parasympathische Innervation des Kopfes. Die aus dem Edinger-Westphal-Kern (EW) stammenden Fasern verlaufen mit dem N. oculomotorius (III) und schalten im Ggl. ciliare (Gc) um. Aus dem Ncl. salivatorius superior (ss) ziehen Fasern mit dem Intermediusanteil (in) des N. facialis (VII) zu ihrer Umschaltung im Ggl. pterygopalatinum (Gpt) oder im Ggl. submandibulare (Gsm) und aus dem Ncl. salivatorius inferior (si) ziehen präganglionäre Neurone mit dem N. glossopharyngeus (IX) zur Verschaltung im Ggl. oticum (Go). Äste des N. trigeminus werden über Anastomosen als Wege benutzt [2] cht = Chorda tympani; cpt = N. canalis pterygoidei; GiIX = Ggl. inferius n. glossopharyngei; gll = Gl. lacrimalis; gln = Gll. nasales; glp = Gl. parotidea; glpa = Gll. palatinae; glph = Gll. pharygeales; glsl = Gl. sublingualis; glsm = Gl. submandibularis; GV = Ggl. trigeminale; iorb = N. infraorbitalis; lac = N. lacrimalis; ling = N. lingualis; p = Nn. palatini; pma = N. petrosus major; pmi = N. petrosus minor; ptp = Nn. pterygopalatini, rn = Rr. nasales posteriores; ty = N. tympanicus; V1 = N. ophthalmicus; V2 = N. maxillaris; V3 = N. mandibularis; zy = N. zygomaticus

Ganglien mit präganglionärem Zufluss über den N. vagus (X)

Präganglionäre Fasern aus dem *Ncl. ambiguus* und – wahrscheinlich in geringerem Maße – aus dem *Ncl. dorsalis nervi vagi* erreichen über den *N. vagus* kleine parasympathische Ganglien in **Hals-** und **Brustbereich** an
- Schilddrüse,
- Larynx,
- Trachea,
- Bronchi,
- Herz und
- Pulmonalvenen und -arterien,

von denen aus diese Nachbarorgane innerviert werden. Diese Ganglien tragen keinen Eigennamen, sondern werden nach dem jeweiligen Organ benannt: Bronchialganglien *(Ggll. bronchiales)*, Herzganglien *(Ggll. cardiaca)* usw. Sie liegen in Geflechten, die sich aus den Vagusästen auf der Dorsalseite der Trachea *(Plexus trachealis)*, um die Bronchi und herznahen Lungengefäße *(Plexus pulmonalis)*, um die Aorta *(Plexus aorticus thoracicus)* und auf den Herzvorhöfen in Nähe der Veneneinmündungen, im Sulcus coronarius und den Sulci interventriculares bilden *(Plexus cardiacus)*.

Zusätzlich zu den präganglionären Fasern endigen in diesen Ganglien **Axonkollateralen sensorischer Neurone** aus Spinal- oder sensorischen Vagusganglien. Sie setzen Neuropeptide (Substanz P, CGRP) frei und erhöhen die Erregbarkeit der postganglionären Neurone.

In den Herzganglien soll neben den postganglionären parasympathischen Neuronen ein geringer Prozentsatz (5–10%) von Perikarya primär afferenter Neurone liegen.

Im **Bauchraum** liegen entsprechende parasympathische Ganglien an der
- Leberpforte,
- Gallenblase und
- im Pankreas.

Ihr präganglionärer Input stammt vorwiegend aus dem *Ncl. dorsalis n. vagi*.

Präganglionäre Fasern aus diesem Kern ziehen mit dem N. vagus auch zum Ösophagus, Magen und Darm und schalten dort auf **Ganglien des enterischen Nervensystems** in der Submukosa und in der Muskularis um (◘ Abb. 18.4 und ◘ Abb. 18.5).

Ganglien mit präganglionärem Zufluss aus dem Sakralmark

Die präganglionären parasympathischen Fasern aus S2–4 ziehen über die ***Nn. splanchnici pelvici*** zu:
- den **Beckenganglien** im *Plexus hypogastricus inferior* und seinen Ausläufern. Hier liegen parasympathische und sympathische Neurone gemeinsam nebeneinander und
- kleinen, rein parasympathischen Nervenzellansammlungen innerhalb der Wand der innervierten Organe, insbesondere in **Harnblase** und distalem **Ureter**.

Diese Ganglien steuern unter anderem die **Miktion** durch Kontraktion des *M. detrusor vesicae* und die **Erektion** der Genitalschwellkörper durch Vasodilatation. Die postganglionären Verläufe wurden schon gemeinsam mit dem sympathischen Anteil der Beckenganglien behandelt (► Kap. 18.3).

18.7 Nervenverletzungen bei operativen Eingriffen an der Prostata
Beim Mann führt der postganglionäre parasympathische Weg zum Corpus cavernosum penis durch den Plexus prostaticus. Bei operativen Eingriffen an der Prostata kann dieser leicht verletzt werden mit der Folge einer dauerhaften erektilen Dysfunktion.

Parasympathisches Ganglion

Der Aufbau gleicht weitgehend dem sympathischen Ganglion. Es besteht aus:
- **multipolaren Neuronen** mit marklosen **Axonen**
- **Satellitenzellen** und **Schwann-Zellen**
- intraganglionärem Bindegewebe mit **Mastzellen, Makrophagen, antigenpräsentierenden Zellen**
- **Kapillaren**.

Im Gegensatz zu sympathischen Ganglien sind allerdings meist keine SIF-Zellen vorhanden, eine Ausnahme bilden aber hierbei die Herzganglien.

Postganglionäre Endstrecke

Auch im Parasympathikus bilden verzweigte Axonkollateralen vesikelhaltige **Varikositäten** aus, die sowohl direkte »**autonomic neuroeffector junctions**« als auch »**synapsen en passant**« ausbilden.

Alle postganglionären parasympathischen Neurone benutzen Azetylcholin als Transmitter, viele zusätzlich NO und das Neuropeptid VIP (vasoaktives intestinales Peptid).

Azetylcholin wird an der Endigung aus kleinen (40–50 nm) klaren Vesikeln freigesetzt, VIP aus größeren (90–120 nm) mit elektronendichtem Inhalt. Der Freisetzungsmodus von NO aus solchen Endigungen ist noch nicht geklärt. **Azetylcholin** wirkt in der Peripherie vorwiegend über 5 verschiedene **Rezeptoren vom muskarinischen Typ**, die Zielzellen tragen aber auch zusätzlich nikotinische Rezeptoren. **NO** stimuliert in den Effektorzellen die **lösliche Guanylatzyklase** zur Bildung des Second Messengers cGMP.

18.8 Muskarinische und nikotinische Azetylcholinrezeptoren
Die Blockade der muskarinischen Azetylcholinrezeptoren wird pharmakologisch genutzt, um Spasmen der Harnblasenmuskulatur zu lösen oder um eine bradykarde Rhythmusstörung des Herzens zu behandeln. Das zusätzliche Vorhandensein nikotinischer Rezeptoren auf Zielzellen erklärt, warum die Inhalation von Zigarettenrauch (Nikotin) viele direkte Wirkungen, u.a. auf Blutgefäße, ohne zwischengeschaltete Beteiligung des Nervensystems hat.

18.5 Enterales Nervensystem

Das enterale Nervensystem (ENS) steuert die Verdauungstätigkeit, am auffälligsten die Motorik und die Sekretion/Resorption. In seinem Aufbau, Verschaltungsmuster, Vielfalt an Neuronentypen und Grad der Unabhängigkeit vom ZNS unterscheidet es sich stark von Sympathikus und Parasympathikus und wird auch als »Gehirn im Darm« bezeichnet.

18.5.1 Intramurale Geflechte

Innerhalb der Wand (intra muros) des Verdauungskanals erstreckt sich vom Ösophagus bis zum Anus in jeder einzelnen Schicht ein maschenbildendes Netzwerk (Plexus) von Nervenfasern.

Perikarya liegen in kleinen Ganglien im *Plexus myentericus* (Auerbach-Plexus, zwischen Ring- und Längsmuskulatur) und *Plexus submucosus* (Meissner-Plexus, in Tela submucosa).

Ein einzelnes enterales Ganglion enthält nur sehr wenige bis zu 100 Perikarya, wegen der immensen Ausdehnung der Plexus ergeben sich aber insgesamt ca. 10^8 Neurone, dies entspricht der Menge der Nervenzellen im Rückenmark. Der Plexus submucosus wird weiter in *Plexus submucosus internus* (mucosanah gelegen, der eigentliche Meissner-Plexus) und *Plexus submucosus externus* (innen der Ringmuskulatur anliegend, Schabadasch-Plexus) unterteilt. Der Plexus myentericus steuert die Motorik, der Plexus submucosus internus die Schleimhautfunktionen Sekretion und Resorption, der dazwischenliegende Plexus submucosus externus beteiligt sich an beidem.

18.9 Entwicklungsstörungen des enteralen Nervensystems
Wie alle peripheren viszeroefferenten Neurone stammen auch die des ENS von Neuralleistenzellen ab. In den verschiedenen Darmabschnitten hängt ihre Entwicklung allerdings von jeweils verschiedenen Wachstums- und Differenzierungsfaktoren ab. So kann es selektiv zum Ausfall der Ganglienbildung in umschriebenen Abschnitten kommen. Häufiger ist darunter die angeborene Aganglionose im distalen Colon (Morbus Hirschsprung). Hier wurden genetische Defekte im Endothelin-3/Endothelin-B-Rezeptor-Signalweg gefunden. Der aganglionäre Abschnitt ist dabei kontrahiert und es kommt zur Erweiterung des davor liegenden Bereichs (Megacolon).

18.5.2 Neuronentypen

Aufgrund ihrer Morphologie, Funktion, Verschaltung und ihrem Transmittergehalt können mehr als 15 verschiedene Neuronentypen klassifiziert werden.

In den enteralen Ganglien liegen Effektorneurone, primär sensorische Neurone, Interneurone und intestinofugale Neurone (Axon endigt außerhalb des ENS).

Effektorneurone sind:
- **exzitatorische Motoneurone** zur glatten Muskulatur der *Tunica muscularis* und *Lamina muscularis mucosae* (Transmitter: Azetylcholin, Tachykinine)
- **inhibitorische Motoneurone** zur glatten Muskulatur der Tunica muscularis und Lamina muscularis mucosae (Transmitter: NO, VIP)
- **Sekretomotoneurone** zu Drüsen und sekretorischen Epithelien
- **Vasodilatatorneurone** zu den Arteriolen vorwiegend der Submucosa.

In der *Tunica muscularis* endigen die Axone der Motoneurone teils nicht an den glatten Muskelzellen, sondern an schlanken, weit verzweigten Zellen (**interstitielle Zellen von Cajal = ICC**), die ihrerseits sowohl mit den Axonen als auch mit den Muskelzellen Kontakt aufnehmen. Diese ICC haben Schrittmachereigenschaft und synchronisieren durch phasisch wiederkehrende Depolarisationen die Muskelaktivität.

Die **inhibitorischen Motoneurone** relaxieren die Muskulatur, wenn der Darmabschnitt vermehrt Nahrungsbrei aufnehmen soll, so z.B. unmittelbar vor einer peristaltischen Kontraktionswelle oder auch besonders im Magen bei Mahlzeiten (sog. **Akkomodation** des Magens). Weiterhin sind sie zur Öffnung von Sphinkteren (z.B. Pylorus) nötig.

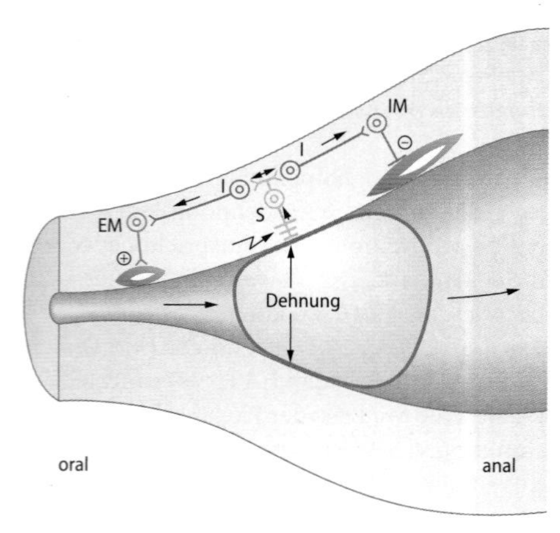

Abb. 18.8. Enterales Nervensystem, Modul zur Steuerung einer peristaltischen Welle. Dehnung durch Darminhalt erregt ein primär sensorisches Neuron (S = gelb), welches über Interneurone (I = blau) oralwärts durch exzitatorische Motorneurone (EM = grün) eine Kontraktion und analwärts durch inhibitorische Motorneurone (IM = lila) eine Relaxation vermittelt. Der Darminhalt wird durch die oralseitige Kontraktion in den analwärts erschlafften Abschnitt gedrückt. Dadurch kommt es analwärts wieder zu einer Dehnung, und ein benachbartes Modul (hier nicht eingezeichnet und mit dem dargestellten räumlich überlappend) bewirkt ein Fortschreiten der Kontraktionswelle

18.10 Angeborene Pylorusstenose

Bei der angeborenen Pylorusstenose mit Behinderung der Entleerung des Magens in das Duodenum liegt ein Defekt der NO-produzierenden inhibitorischen Motoneurone vor.

Die Perikarya **primär sensorischer Neurone** liegen sowohl im **Plexus myentericus** als auch im **Plexus submucosus.** Ihre rezeptiven Endigungen nehmen in der Mukosa chemische und mechanische Reize wahr, in der Muskularis bilden sie Dehnungsrezeptoren. Über ihre Axone leiten sie dann Reflexe innerhalb des ENS ein, z.B. nach Dehnung die Initiierung einer peristaltischen Welle. Aus dem Rektum sollen einige Neurone sogar ihr Axon bis ins Rückenmark schicken (rektospinale Neurone).

Interneurone verbinden verschiedene enterale Ganglien miteinander in aufsteigender (oraler), absteigender (analer) oder zirkulärer Richtung. Es gibt sowohl exzitatorische als auch inhibitorische Interneurone.

Die verschiedenen Neuronentypen liegen in polarisiert angeordneten kleinen Funktionseinheiten, in Modulen vor. In Abb. 18.8 wird das am Beispiel der peristaltischen Welle verdeutlicht.

18.11 Klinischer Hinweis

Die Fortbewegungsrichtung einer peristaltischen Welle ist durch die strukturelle Anordnung der exzitatorischen und inhibitorischen Wege vorgegeben. Wird ein Darmstück operativ entnommen und umgedreht wieder eingesetzt, verzögert es die Darmpassage an dieser Stelle daher erheblich. Dies kann genutzt werden, wenn anstelle eines operativ entfernten Magens ein Reservoir benötigt wird, das die bei den Mahlzeiten aufgenommene Nahrung nicht gleich auf einmal in den Darm weiterbefördert. Hier kann ein Stück Dünndarm antiperistaltisch eingesetzt werden.

Intestinofugale Neurone liegen in den myenterischen Ganglien und senden ihr Axon zu den prävertebralen sympathischen Ganglien. Sie können über deren Vermittlung die Motorik weiter oral gelegener Darmabschnitte hemmen (Abb. 18.2 und Abb. 18.5). Auch wenn dieser Weg zunächst als lang und kompliziert erscheint, ist er in Wirklichkeit doch kürzer als eine multisynaptische Umschaltung innerhalb der Darmwand über eine Distanz von mehr als 1 Meter.

18.5.3 Anbindung an das ZNS

Die wesentliche Koordination der Darmtätigkeit erfolgt über Regelkreise innerhalb des ENS, teilweise unter Beteiligung der prävertebralen sympathischen Ganglien. Das ZNS beeinflusst diese Regelkreise

- **stimulierend** über den **Parasympathikus**
- **inhibierend** über den **Sympathikus**.

Der Parasympathikus erreicht dabei die enteralen Ganglien direkt über präganglionäre parasympathische Neurone aus dem *Ncl. dorsalis n. vagi* und den sakralen parasympathischen Kernen (letztere nur für Colon descendens und Rektum). Der Sympathikus schaltet in den prävertebralen Ganglien um, und die Axone der postganglionären Neurone ziehen in die enteralen Ganglien (Abb. 18.5).

18.6 Paraganglien

Streng genommen gehören die Paraganglien nicht zum autonomen Nervensystem. Sie werden dennoch hier besprochen, da sie die gleiche ontogenetische Herkunft (Neuralleistenmaterial) wie die autonomen Ganglien haben und eng mit dem autonomen Nervensystem verknüpft sind.

Es gibt 2 Arten von Paraganglien:

- Glomera
- retroperitoneale Paraganglien.

Paraganglien bilden ein **Schutzsystem gegen eine Unterversorgung mit Sauerstoff (Hypoxie).** Die **Glomera** sind **Sinnesorgane,** die eine arterielle Hypoxie über Viszeroafferenzen dem Hirnstamm melden und dort reflektorisch eine Atmungs- und Herz-Kreislauf-Aktivierung bewirken, die **retroperitonealen Paraganglien** sind **endokrine Organe,** die bei Hypoxie direkt das kreislaufaktivierende Katecholamin Noradrenalin ins Blut sezernieren.

Das **Nebennierenmark** ähnelt den retroperitonealen Paraganglien und wird häufig als größtes Paraganglion bezeichnet. Prä- und perinatal gleicht es tatsächlich in seiner Funktion den retroperitonealen Paraganglien und sezerniert bei Hypoxie Katecholamine. Postnatal wird die Steuerung seiner endokrinen Tätigkeit jedoch vom Sympathikus übernommen. Weiterhin werden kleine Zellgruppen in autonomen Ganglien mit hohem Katecholamingehalt (**SIF-Zellen**) auch häufig als paraganglionäre Zellen betrachtet, sie sind im ► Kap. 18.3.2 näher beschrieben.

18.6.1 Glomera

In der 7. Woche wandern aus der kranialen Neuralleiste Zellen in Mesenchymverdickungen an der 3. und 4. Schlundbogenarterie ein. Aus den Neuralleistenzellen entstehen die Haupt- und Hüllzellen, aus dem Mesenchym das Bindegewebe und die Blutgefäße. Sensorische Nervenfasern sind bereits in der 12. Woche innerhalb des Organs zu finden. Weit vor der Geburt erscheinen die Glomera aus histologischer Sicht reif, eine reflektorische Stimulation der Atemtätigkeit erfolgt aber bis zu diesem Zeitpunkt nicht.

Glomera sind kleine Sinnesorgane entlang der Äste des N. glossopharyngeus (IX) und des N. vagus (X) (Abb. 18.9).

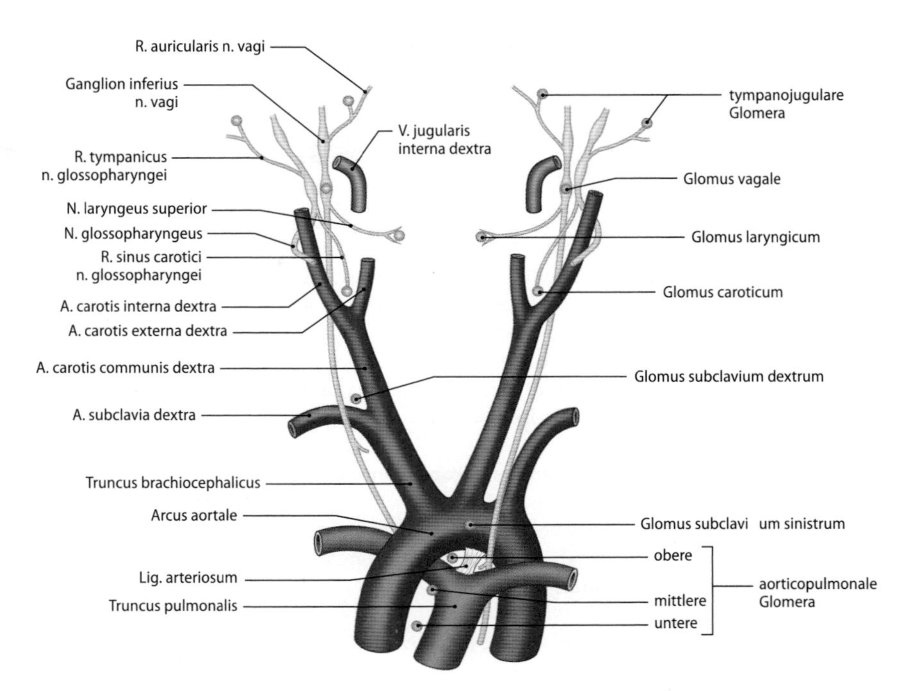

Abb. 18.9. Lage der Glomera im Hals- und Brustbereich. Das Glomus caroticum ist konstant in der Karotisgabel anzutreffen, die anderen können in ihrer Lage variieren. Glomera subclavia und Glomera aorticopulmonalia werden auch als Glomera aortica zusammengefasst

Glomera am N. glossopharyngeus:
- *Glomus tympanicum*
- *Glomus caroticum*

Glomera am N. vagus:
- *Glomus jugulare*
- *Glomera laryngica*
- *Glomera aortica*

Das **Glomus caroticum** ist das größte dieser Glomera (1×2×3 mm, 5–15 mg Gewicht) und knapp oberhalb der Karotisbifurkation anzutreffen. Es besteht aus ca. 20 jeweils 0,25–0,55 mm großen Läppchen. Seine sensorische Innervation erfolgt gemeinsam mit dem benachbarten Sinus caroticus über den **Sinusnerv** (R. sinus carotici n. glossopharyngei).

Die anderen Glomera können in ihrer Lage variieren. Sie zeigen den gleichen Grundaufbau, bestehen aber aus weniger – manchmal nur aus einem – Läppchen und sind daher teils nur mikroskopisch klein.

In den **Läppchen** liegen:
- sensorische Nervenendigungen,
- Hauptzellen und
- Hüllzellen

um fenestrierte Kapillaren. Haupt- und Hüllzellen stammen aus der **Neuralleiste**.

Die **Hauptzellen** (Typ-I-Zellen oder paraganglionäre Zellen) liegen in kleinen Gruppen, messen ca. 15 μm im Durchmesser und können ein bis zwei wesentlich längere Fortsätze besitzen. Sie enthalten zahlreiche 100–200 nm große elektronendichte **Vesikel**, in denen
- das Katecholamin **Dopamin**,
- **Serotonin** und
- **Peptide** (Adrenomedullin, Chromogranin, Enkephaline)

gespeichert sind. Diese werden bei Hypoxie durch Exozytose freigesetzt und wirken parakrin.

Die **Hüllzellen** (Typ-II-Zellen) verhalten sich ähnlich wie die glialen Satellitenzellen in sensorischen oder autonomen Ganglien. Sie umgeben mit flachen (<1 μm) Ausläufern Gruppen von Hauptzellen, dringen aber zwischen unmittelbar benachbarten Hauptzellen nur wenig in die Tiefe. Auf der zum Bindegewebe gewandten Seite sind sie von einer Basallamina bedeckt. An einigen Stellen, insbesondere in Nachbarschaft der fenestrierten Kapillaren, bleibt die Oberfläche der Hauptzellen von Hüllzellen unbedeckt, die Basallamina zieht aber weiter.

Es gibt 2 Arten **sensorischer Nervenfasern** in den Glomera:
- myelinisierte Chemorezeptorafferenzen (A-Fasern)
- nichtmyelinisierte C-Fasern.

Die **myelinisierten Axone** endigen mit großen (bis zu 2 μm) vesikel- und mitochondrienhaltigen Anschwellungen an den Hauptzellen. Sie bilden mit diesen Synapsen und sind dabei präsynaptisch, obwohl es sich um sensorische Nervenendigungen handelt. Sie enthalten sowohl Dopamin als auch Glutamat. Bei einem Abfall des pO_2 oder pH, oder Anstieg des pCO_2 (Chemorezeptorreize) werden diese Fasern erregt und leiten diese Information zum **Ncl. tractus solitarii** im Hirnstamm. Nach derzeitigem Verständnis können sowohl die Nervenendigung als auch die Hauptzelle direkt den Abfall des pO_2 wahrnehmen, die Synapsen und die parakrine Sekretion der Vesikelinhaltsstoffe dienen dann der gegenseitigen Modulation.

Die **C-Fasern** enthalten die Peptide Substanz P und Calcitonin Gene-Related Peptide (CGRP). Sie enden frei und sind wahrscheinlich Chemorezeptorafferenzen mit einer höheren Reizschwelle als die A-Fasern.

Im **Bindegewebe** zwischen den Läppchen liegen neben den zahlreichen Nervenfaserbündeln und größeren Blutgefäßen **Mastzellen** und **Makrophagen.**

18.6.2 Retroperitoneale Paraganglien

Die Hauptzellen entstehen aus Sympathikoblasten der Neuralleiste. Sie enthalten die typischen sekretorischen Vesikel schon ab der 9. Entwicklungswoche.

Der Fetus kann auf Hypoxie nicht mit einer erhöhten Sauerstoffaufnahme durch Atmungssteigerung nach Stimulation der Glomera, sondern nur mit einem erhöhten Sauerstofftransport durch Herz-Kreislauf-Aktivierung über die retroperitonealen Paraganglien reagieren. Diese sind daher pränatal lebenswichtig und nehmen ihre Funktion früh auf.

Beim Neugeborenen liegen neben der Aorta bis zur Niere nach lateral und bis ins kleine Becken nach kaudal 12–26 retroperitoneale Paraganglien. Das größte (10 mm) wird **Zuckerkandl-Organ** genannt und liegt regelmäßig beidseits vor der Aorta kaudal des Ursprungs der A. mesenterica inferior. Nach der Geburt werden die retroperitonealen Paraganglien kleiner, aber es bleiben zeitlebens makroskopisch nicht sichtbare Zellansammlungen bestehen.

18.12 Entwicklung von Tumoren aus retroperitonealen Paraganglien

In jedem Lebensalter können aus retroperitonealen Paraganglien Tumoren (Phäochromozytome) hervorgehen und wegen ihrer Katecholaminausschüttung Blutdruckkrisen verursachen.

Hüllzellen sind selten. Zwischen weiten, **fenestrierten Kapillaren** bilden die **Hauptzellen** Ballen oder Stränge. Ihre sekretorischen Vesikel messen 100-400 nm und enthalten neben Peptiden vorwiegend **Noradrenalin**. Die Hauptzellen werden kaum oder gar nicht innerviert. Der einzige bekannte Reiz zur Exozytose des Vesikelinhalts ist **Hypoxie**. Das so freigesetzte Noradrenalin bewirkt beim Fetus eine Herzfrequenz- und Blutdrucksteigerung und somit eine verbesserte Sauerstoffversorgung der Organe.

III. Topographische Anatomie der Körperregionen

Regionen und Oberflächenrelief des Körpers

Tafel IA: Regionen des Körpers, Ansicht von vorn.

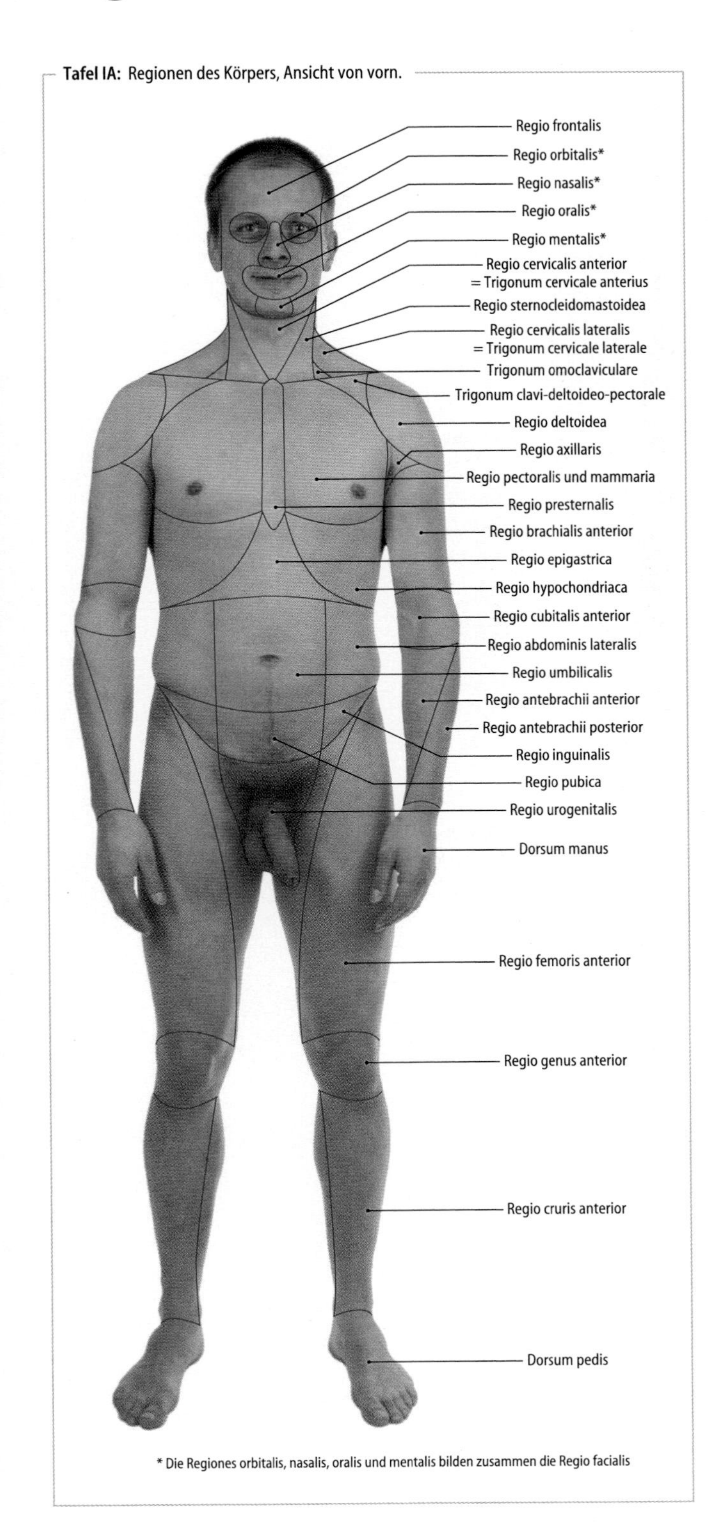

* Die Regiones orbitalis, nasalis, oralis und mentalis bilden zusammen die Regio facialis

Tafel IB: Regionen des Körpers, Ansicht von hinten.

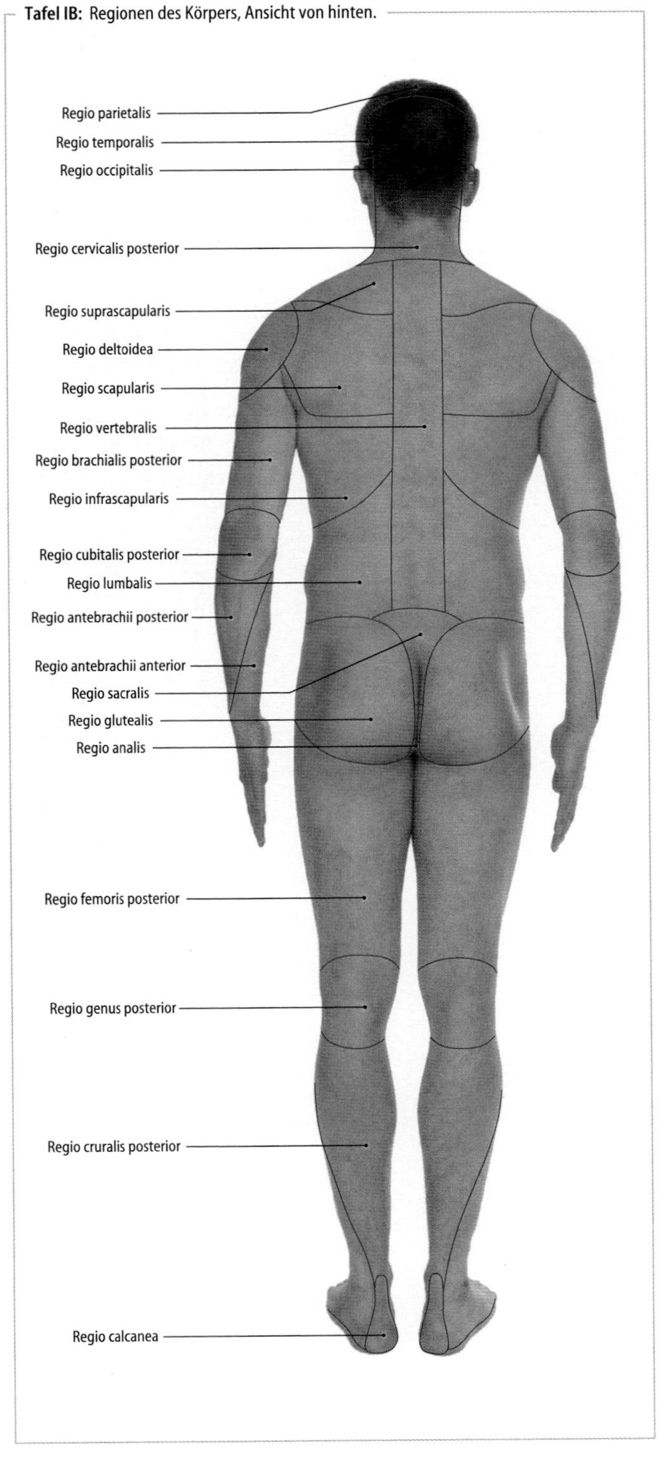

Tafel II: Oberflächenanatomie der Vorderseite.

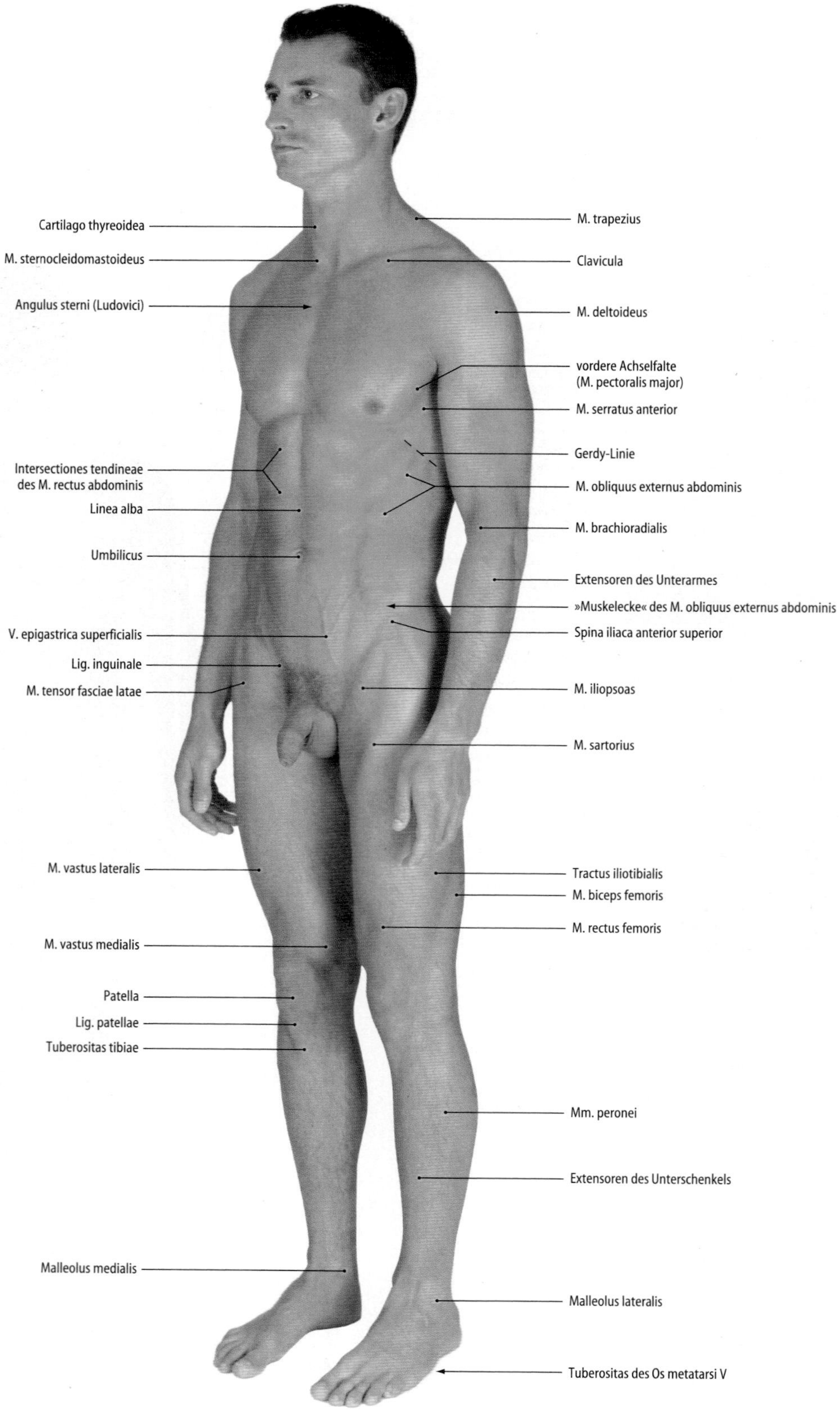

Cartilago thyreoidea
M. sternocleidomastoideus
Angulus sterni (Ludovici)
Intersectiones tendineae des M. rectus abdominis
Linea alba
Umbilicus
V. epigastrica superficialis
Lig. inguinale
M. tensor fasciae latae
M. vastus lateralis
M. vastus medialis
Patella
Lig. patellae
Tuberositas tibiae
Malleolus medialis
M. trapezius
Clavicula
M. deltoideus
vordere Achselfalte (M. pectoralis major)
M. serratus anterior
Gerdy-Linie
M. obliquus externus abdominis
M. brachioradialis
Extensoren des Unterarmes
»Muskelecke« des M. obliquus externus abdominis
Spina iliaca anterior superior
M. iliopsoas
M. sartorius
Tractus iliotibialis
M. biceps femoris
M. rectus femoris
Mm. peronei
Extensoren des Unterschenkels
Malleolus lateralis
Tuberositas des Os metatarsi V

Tafel III: Oberflächenanatomie des Hals-Brust-Bereiches, Teilansicht von ventral.

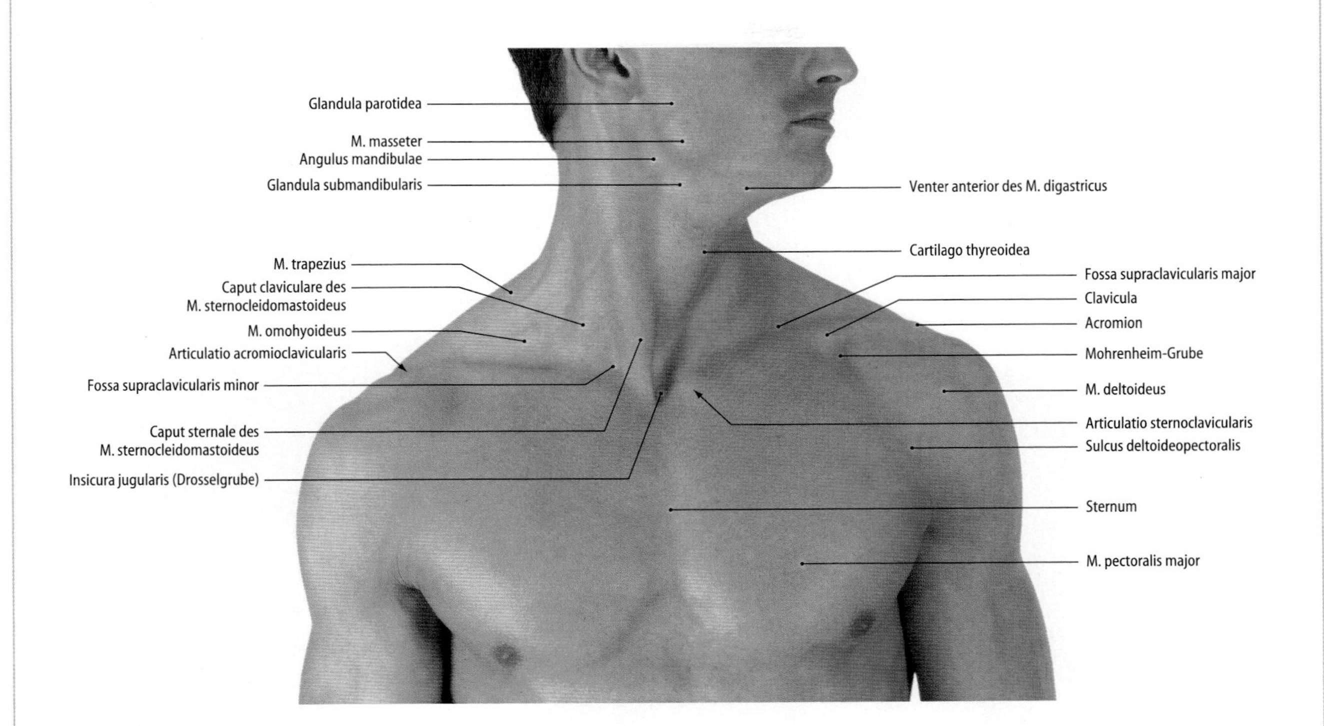

Tafel IV: Oberflächenanatomie der Rückseite, Teilansicht von dorsal.

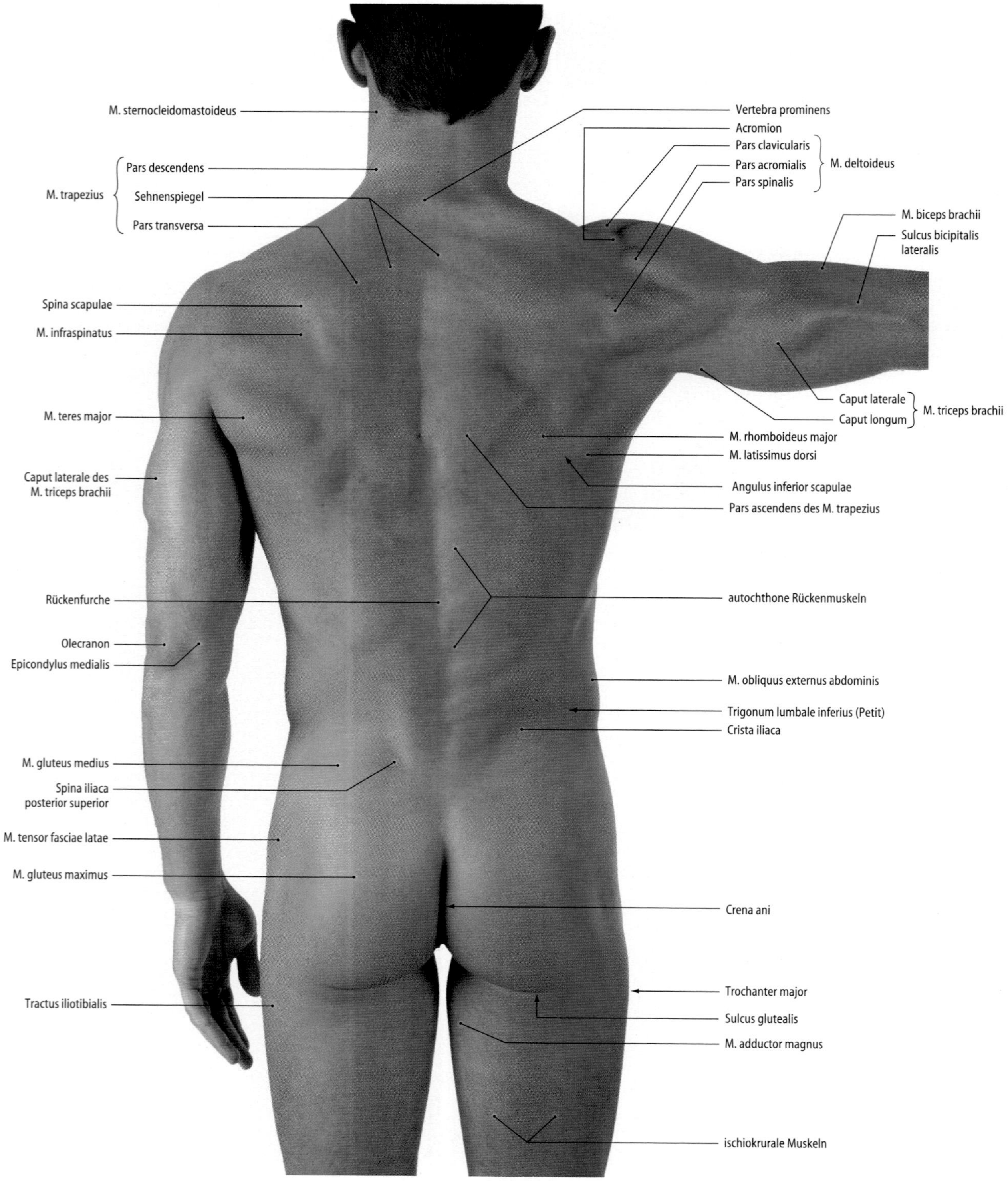

M. sternocleidomastoideus
M. trapezius
Pars descendens
Sehnenspiegel
Pars transversa
Spina scapulae
M. infraspinatus
M. teres major
Caput laterale des M. triceps brachii
Rückenfurche
Olecranon
Epicondylus medialis
M. gluteus medius
Spina iliaca posterior superior
M. tensor fasciae latae
M. gluteus maximus
Tractus iliotibialis
Vertebra prominens
Acromion
M. deltoideus
Pars clavicularis
Pars acromialis
Pars spinalis
M. biceps brachii
Sulcus bicipitalis lateralis
M. triceps brachii
Caput laterale
Caput longum
M. rhomboideus major
M. latissimus dorsi
Angulus inferior scapulae
Pars ascendens des M. trapezius
autochthone Rückenmuskeln
M. obliquus externus abdominis
Trigonum lumbale inferius (Petit)
Crista iliaca
Crena ani
Trochanter major
Sulcus glutealis
M. adductor magnus
ischiokrurale Muskeln

Tafel V: Oberflächenanatomie am rechten Arm in Pronationsstellung. Ansicht von vorn seitlich

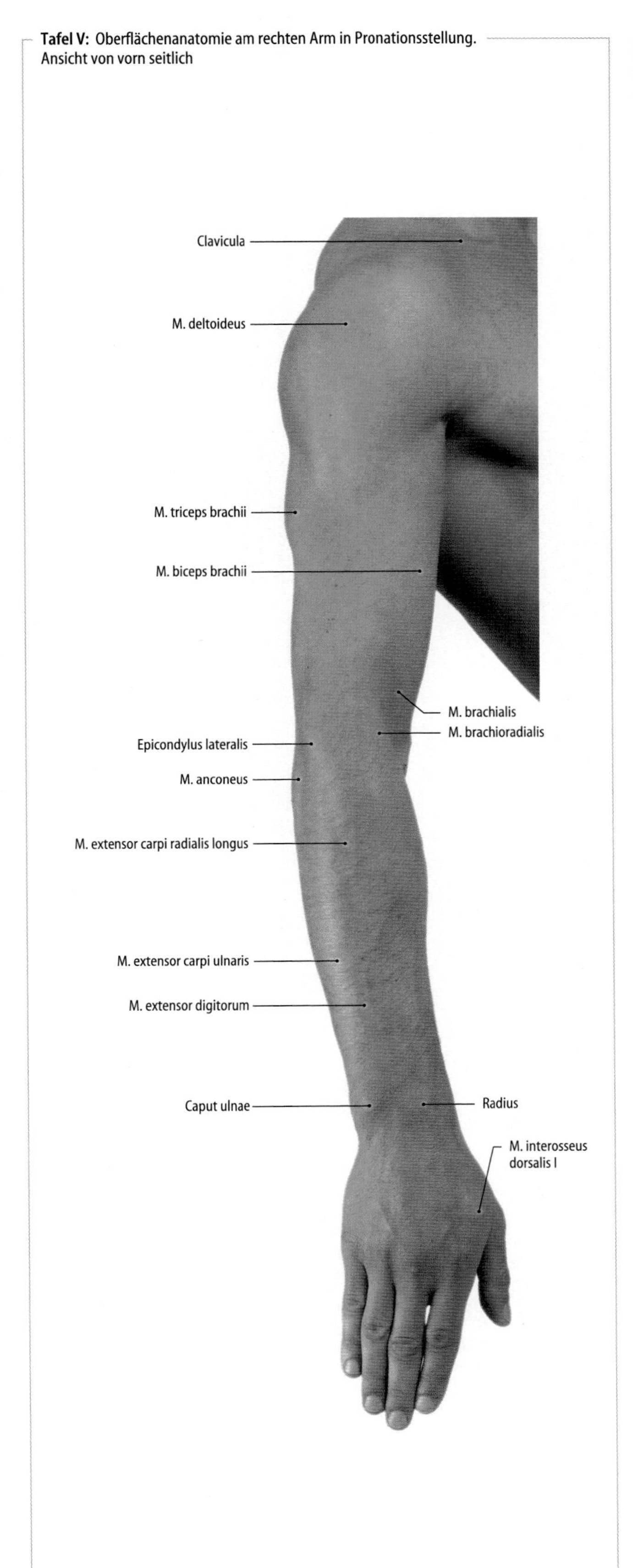

Tafel VI: Oberflächenanatomie am rechten Arm in Supinationsstellung. Ansicht von vorn seitlich

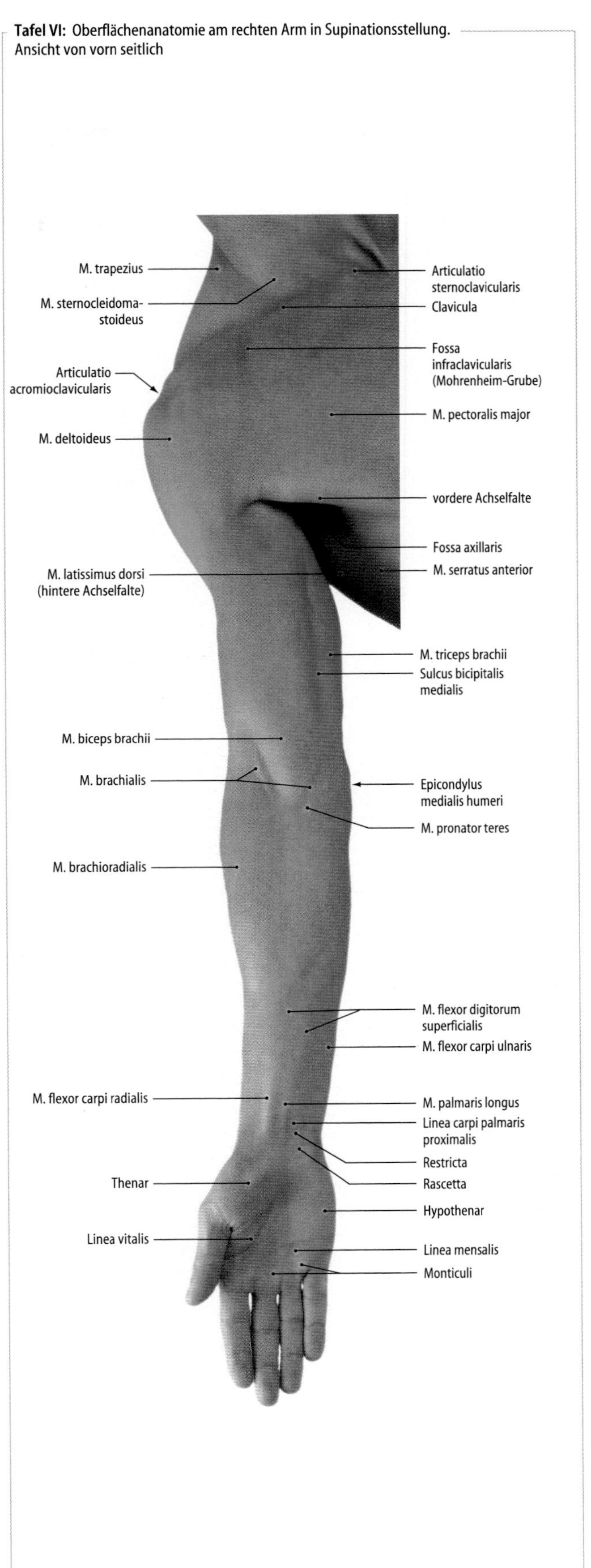

19 Kopf

B. N. Tillmann

Einführung

Zur topographischen Anatomie des Kopfes gehören die oberflächlichen Regionen des Kopfes *(Regiones capitis)*, die Strukturen des Gehirnteiles des Kopfes *(Pars cerebralis cranii)* einschließlich der zugehörigen Sinnesorgane sowie die Nasen- und Mundhöhle. Inhalt des Kapitels sind die zur Kopfschwarte (Skalp) zusammengefassten Stirn-Scheitel- und Hinterhauptregionen *(Regiones frontalis, parietalis* und *occipitalis)*, die Schläfenregion *(Regio temporalis)* und die Gesichtsregion *(Regio facialis)*. Vom Gehirnteil des Kopfes wird die Topographie der Schädelhöhle *(Situs cavi cranii)* beschrieben. Die topographischen Zusammenhänge von Gehirn, Gleichgewichts- und Hörorgan, Auge und Orbita sowie Nasen- und Mundhöhle werden in den speziellen Organkapiteln besprochen.

19.1 Weichteile über dem Schädeldach

Die Weichteile über dem Schädeldach, *Calvaria,* werden aufgrund gemeinsamer Strukturmerkmale als **Kopfschwarte** bezeichnet (Abb. 19.1). Topographisch dehnt sich die Kopfschwarte über die *Regiones frontalis, parietalis* und *occipitalis* sowie über den kranialen Teil der *Regio temporalis* aus.

Die Kopfschwarte besteht aus:

- Cutis
- Subcutis
- M. epicranius mit Galea aponeurotica

Die strukturelle Grundlage der Kopfschwarte bilden die Anteile des *M. epicranius (Mm. occipitofrontalis* und *temporoparietalis)* und deren gemeinsame flächenhafte Sehne,*Galea aponeurotica (Aponeurosis epicranialis)*. Die **Cutis** der Kopfschwarte ist - außer in der Stirnregion – normalerweise behaart. Sie ist reich an Schweiß- und Talgdrüsen. Die Haarwurzeln ragen aus der Lederhaut bis in die Subcutis. Die Haut ist in der unbehaarten Stirnregion deutlich dünner als in den behaarten Bereichen. Der Aufbau der **Subcutis** im Bereich der Kopfschwarte zeigt regionale Unterschiede. Das Unterhautgewebe ist im unbehaarten Bereich dünner als in behaarten Zonen. In der Frontal- und Schläfengegend ist das Unterhautgewebe lockerer als in der Scheitel- und Hinterhauptregion. In der Regio temporalis enthalten die bindegewebigen Kammern der Subcutis vergleichsweise viel Fett.

Der **M. epicranius** und die **Galea aponeurotica** bedecken kappenartig das Schädeldach zwischen den Augenbrauenbögen *(Arcus superciliaris)*, dem Bereich oberhalb der Jochbeinbögen sowie dem Hinterhauptbein bis zur *Linea nuchalis suprema* (Abb. 19.1). Die paarigen vorderen Muskelbäuche *(Venter frontalis)* des *M. occipitofrontalis* ziehen aus dem subkutanen Bindegewebe der Augenbrauen und der Glabella V-förmig scheitelwärts. Sie gehen in Höhe des Tuber frontale in die *Galea aponeurotica* über. Bei fehlendem Kopfhaar (sog. hohe Stirn) ist der Muskel-Sehnen-Übergang häufig sichtbar. Der an der Linea nuchalis suprema entspringende paarige *Venter occipitalis* inseriert in Höhe des Oberrandes der Ohrmuschel an der Galea aponeurotica. Seitlich steht der variable *M. temporoparietalis* mit der Galea aponeurotica in Verbindung. Der hintere Teil des Muskels wird auch als *M. auricularis superior* bezeichnet. Galea aponeurotica und

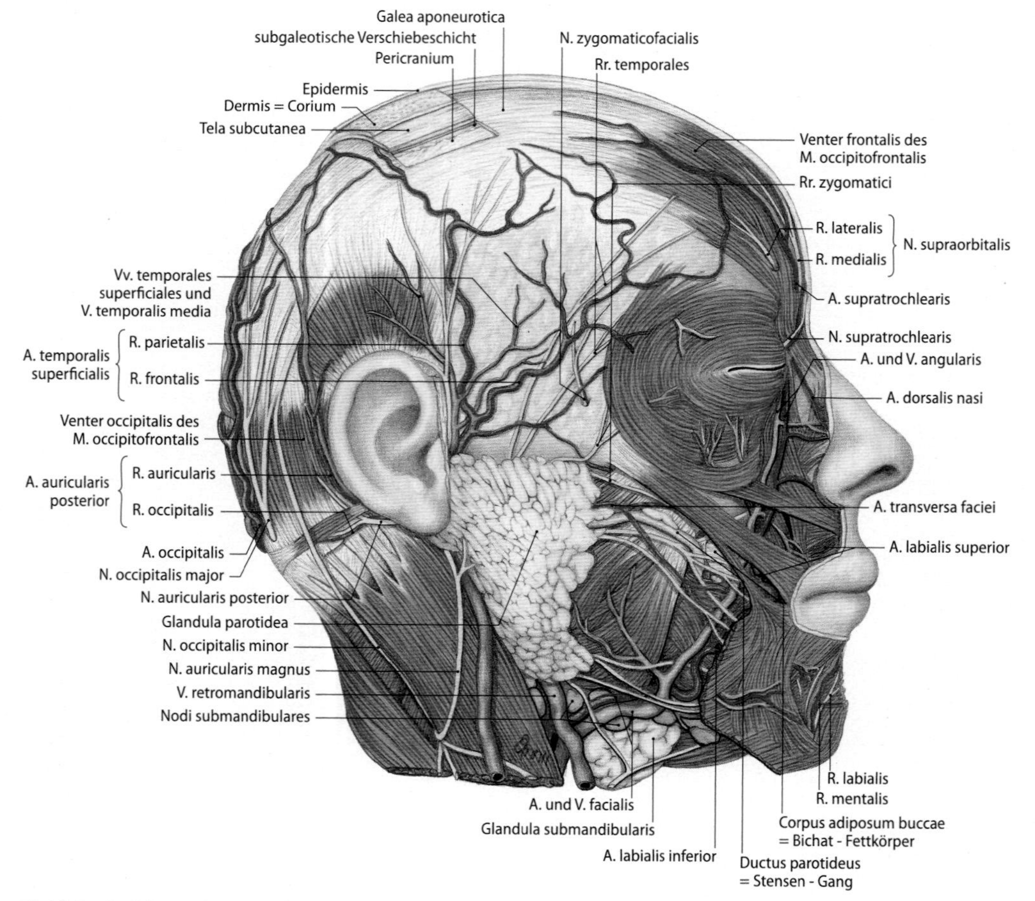

Abb. 19.1. Oberflächliche Gesichtsregion, Hinterhauptsregion und Kopfschwarte. Ansicht von rechts seitlich [1]

das Corium der Kopf- und Stirnhaut sind durch kräftige *Retinacula cutis* unverschiebbar miteinander verbunden (19.1).

Die **Galea aponeurotica** ist an ihrer Unterseite über eine dünne Schicht lockeren Bindegewebes mit dem Periost (Pericranium) des Schädeldaches verschiebbar verbunden. Dieses Gewebe, das den sog. supraperiostalen Raum ausfüllt, wird aufgrund seiner Funktion auch als **subgaleotische (subgaleale) Verschiebeschicht** bezeichnet. Es besteht aus mehreren dünnen Bindegewebelagen und ist gut vaskularisiert. Im Stirnbereich liegen die Leitungsbahnen in dieser Schicht. Das **Periost** (Pericranium) ist fest mit der Lamina externa der Knochen des Schädeldaches sowie mit dem Bindegewebe der Schädelnähte verwachsen (19.1).

19.1 Verletzungen und Entzündungen der Kopfschwarte

Aufgrund der festen Verbindung zwischen Haut, Unterhautgewebe und Galea aponeurotica klaffen Wunden der Kopfschwarte bei einer Verletzung von Cutis und Subcutis wenig. Wird auch die Galea aponeurotica verletzt, so klafft die Wunde.

Aufgrund der festen Einbettung der Venen in das subkutane Bindegewebe kommt es bei Verletzungen der Kopfschwarte zu starken venösen Blutungen, da sich die Gefäßwand nicht zusammenziehen kann.

Die Kopfschwarte kann durch Unfälle an Transmissionsvorrichtungen von Maschinen im Bereich der subgaleotischen Schicht vom Periost abgelöst werden (sog. Skalpierungsverletzung).

Entzündungen oder Blutungen in die Subcutis (»Beule«) können sich im lockeren Bindegewebe der Stirnregion weiter ausdehnen als im festen Bindegewebe der Scheitel- und Hinterhauptregion.

Als Kopfgeschwulst (Caput succedaneum) bezeichnet man ein blutig-seröses Ödem in der Subcutis des Neugeborenen, das aufgrund des engen knöchernen Geburtskanals im vorangehenden Teil des kindlichen Kopfes (Hinterhaupt- und Scheitelregionen) entsteht.

Aufgrund der festen Verbindung zwischen Periost und dem Bindegewebe der Schädelnähte bleiben subperiostale Blutungen auf einen Knochen (z.B. Os parietale) begrenzt (Kephalhämatom). Ein Kephalhämatom kann unter der Geburt am Schädel des Neugeborenen entstehen.

Leitungsbahnen. Die Leitungsbahnen ziehen von frontal, von temporal und von okzipital in die **Kopfschwarte** (Abb. 19.1). Die Hauptstämme laufen größtenteils in der Subcutis. Nur im vorderen Bereich der Stirnregion liegen sie in der subgaleotischen Verschiebeschicht.

Die **Arterien** ziehen in der Subcutis in Bindegewebekanälen, wobei keine feste Verbindung zwischen Arterienwand und Bindegewebe besteht. Sie entstammen der *A. carotis externa* und der *A. carotis interna*. Die Versorgungsgebiete treffen in der Scheitelregion zusammen (Abb. 19.5). Die Arterien einer Seite anastomosieren miteinander. Außerdem bestehen Verbindungen über die Mediane mit den Arterien der kontralateralen Seite. Die Arterien der Kopfschwarte versorgen auch das Periost (Pericranium) und über dieses den äußeren Teil der Lamina externa der Schädelknochen. Über die Suturen anastomosieren sie mit Ästen der A. meningea media.

Die arterielle Versorgung der Stirnregion erfolgt durch die *Aa. supraorbitalis* und *supratrochlearis* aus der *A. ophthalmica (A. carotis interna)* (Abb. 19.5). Die *A. supraorbitalis* gelangt durch das Foramen supraorbitale (oder Incisura supraorbitalis) aus der Orbita in die Stirnregion. Die *A. supratrochlearis* verlässt den Bereich der Orbita durch die Incisura frontalis (oder Foramen frontale). Die Arterien mit ihren Begleitvenen sowie die Äste des *N. supraorbitalis* werden vom M. orbicularis oculi und im Bereich des oberen Augenhöhlenrandes vom Venter frontalis des M. occipitofrontalis bedeckt. Die Leitungsbahnen durchbrechen den Muskel im mittleren Abschnitt und ziehen dann in der Subcutis scheitelwärts.

Aus der seitlichen Gesichtsregion tritt die *A. temporalis superficialis* (A. carotis externa) durch die Schläfenregion in den Bereich der Kopfschwarte. Durch ihre Aufzweigung in die *Rr. parietalis* und *frontalis* wird der M. temporoparietalis in 3 Abschnitte unterteilt. Die in der Fossa retromandibularis aus der A. carotis externa entspringende *A. auricularis posterior* versorgt den Bereich oberhalb und hinter der Ohrmuschel (Abb. 19.7).

Die Kopfschwarte der Hinterhauptregion wird von der *A. occipitalis* (A. carotis externa) versorgt (Abb. 19.1). Die Arterie zieht an der medialen Seite des Processus mastoideus entlang in die Nackenregion, wo sie von den Mm. longissimus capitis und splenius capitis bedeckt wird. Sie durchbohrt den medialen Rand des M. splenius capitis und gelangt durch den medialen Teil der Ursprungssehne des M. sternocleidomastoideus in die Hinterhauptregion.

Die **Venen** der Kopfschwarte laufen größtenteils mit den gleichnamigen Arterien. Im Gegensatz zu diesen besteht jedoch eine feste Verbindung zwischen Venenwand und umgebendem Bindegewebe. Die Venen der Kopfschwarte stehen über die *Vv. emissariae parietalis, occipitalis* und *mastoidea* mit den Sinus durae matris in Verbindung (19.1). Der venöse Abfluss aus der Stirnregion erfolgt über die *Vv. supratrochlearis* und *supraorbitalis*, die über die *V. angularis* in die *V. facialis* und über diese in die *V. jugularis interna* einmünden. Die Venen der Stirnregion anastomosieren mit den Venen der Orbita und der Diploe (V. diploica frontalis; Abb. 4.46). Aus der Scheitel- und Schläfenregion ziehen die Äste der *Vv. temporales superficiales* zur *V. retromandibularis* (Abb. 19.1 und 19.3). Die kleinkalibrige *V. auricularis posterior* mündet in die V. retromandibularis oder in die V. jugularis externa. Die kräftige *V. occipitalis* nimmt das venöse Blut der Hinterhauptregion auf. Sie mündet variabel in die Vv. vertebralis, jugularis externa und jugularis interna und steht mit der *V. diploica occipitalis* in Verbindung.

Die größeren **Lymphbahnen** der Kopfschwarte folgen den Blutgefäßen. Man kann 4 Einzugsgebiete abgrenzen. Von diesen haben die temporale, die parietale und die okzipitale Region ihre regionären **Lymphknoten** im Kopfbereich. Aus der Stirnregion fließt die Lymphe teilweise direkt zu den *Nodi submandibulares* sowie variabel zu den *Nodi faciales*. In der Hinterhauptregion entspricht das Einzugsgebiet der Ausbreitung der A. occipitalis. Die regionären Lymphknoten liegen über dem Ursprungsbereich des M. trapezius *(Nodi occipitales)* und auf dem Warzenfortsatz *(Nodi mastoidei)*. Regionäre Lymphknoten der hinteren Scheitelregion und der Bereiche oberhalb und hinter dem Ohr sind die *Nodi infraauriculares*. Die Lymphe der vorderen Scheitelregion gelangt zu den *Nodi parotidei superficiales*.

Die **sensible Innervation** der Kopfschwarte erfolgt über die 3 Trigeminusäste sowie über dorsale und ventrale Äste der Zervikalnerven (Abb. 19.1 und 19.2). Der aus dem *N. frontalis* des *N. ophthalmicus* (V1) hervorgehende *N. supraorbitalis* versorgt mit seinen Endästen die Stirn- und Scheitelregion. Sein *R. lateralis* tritt durch das Foramen supraorbitale (Incisura supraorbitalis), der *R. medialis* durch die Incisura frontalis aus der Orbita. Der *R. lateralis* zieht in Begleitung der A. supraorbitalis, der *R. medialis* läuft gemeinsam mit der A. supratrochlearis zur Stirn (Abb. 19.6). In den mittleren unteren Stirnbereich gelangen Äste des *N. supratrochlearis* aus dem N. frontalis. Der *N. maxillaris* (V2) versorgt mit dem *N. zygomaticotemporalis* ein kleines Hautareal im temporalen Teil der Kopfschwarte. Aus dem *N. mandibularis* (V3) läuft der *N. auriculotemporalis* mit den Vasa temporalia superficialia aus der seitlichen Gesichtsregion in den behaarten Teil der Schläfenregion und versorgt mit seinen *Rr. temporales* die Kopfschwarte. Die Kopfhaut der Okzipitalregion wird von Zervikalnerven innerviert (► Kap. 20, Abb. 20.13). Der aus dem *Plexus cervicalis* stammende *N. occipitalis minor* zieht über den Ansatzbereich des M. sternocleidomastoideus in die Hinterhauptre-

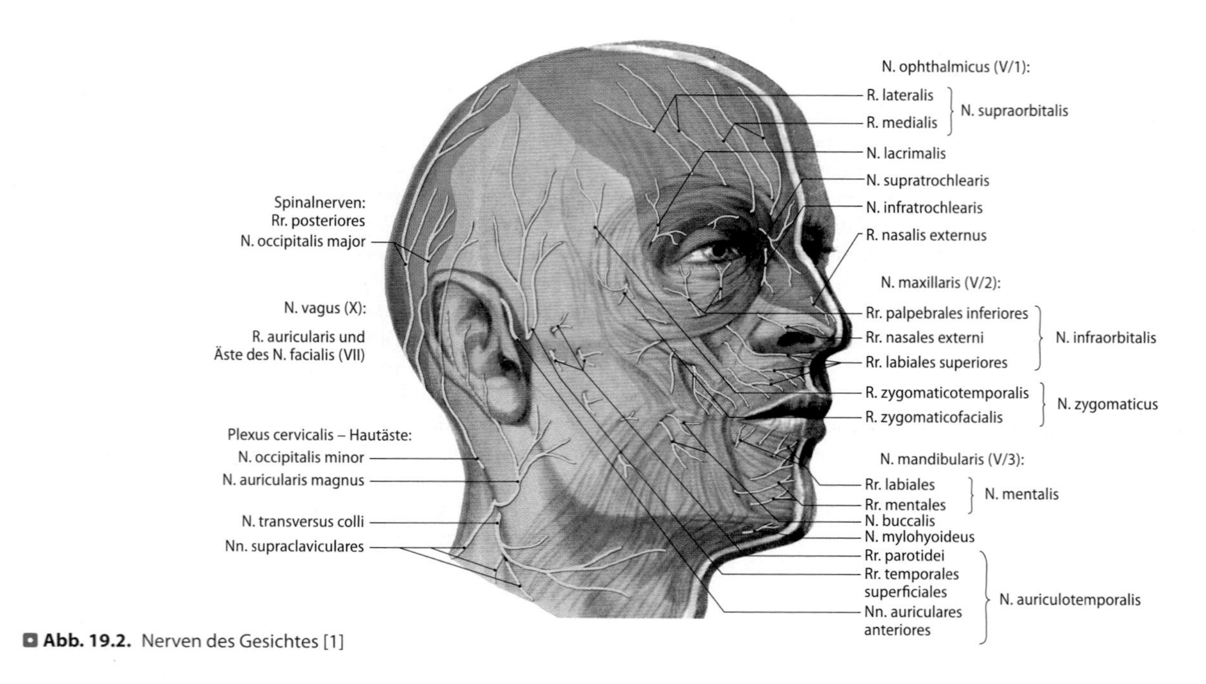

Abb. 19.2. Nerven des Gesichtes [1]

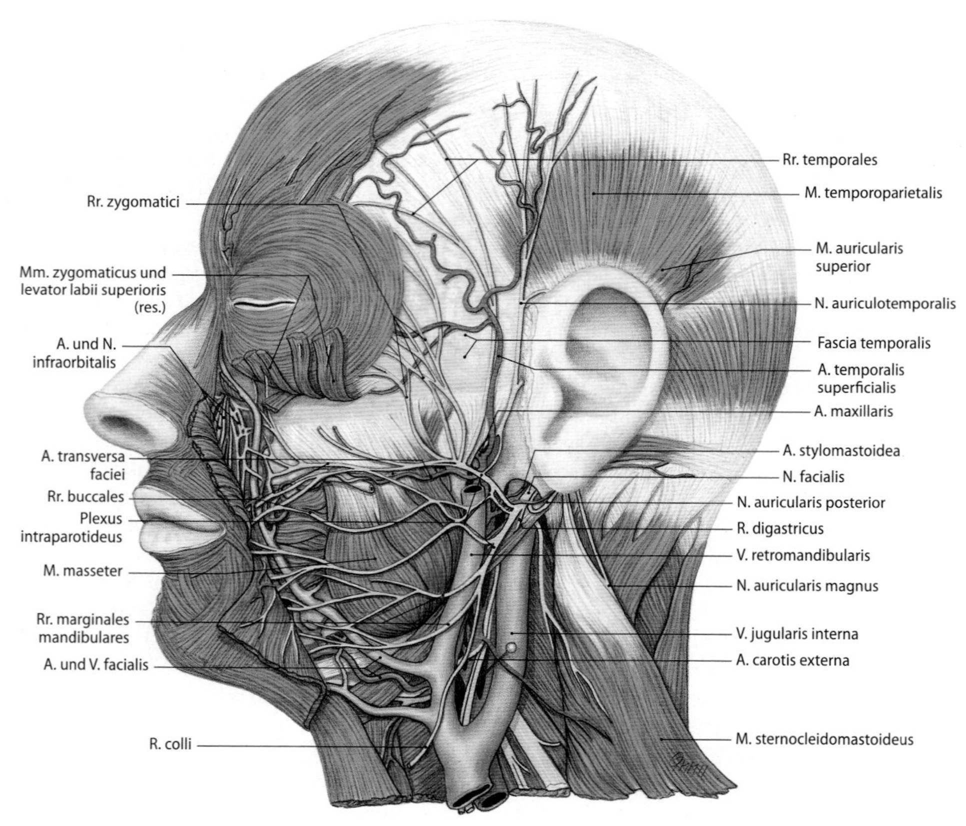

Abb. 19.3. Oberflächliche Gesichtsregion und Fossa retromandibularis. Ansicht von links seitlich. Zur Freilegung der Leitungsbahnen in der Fossa retromandibularis wurde die Glandula parotidea entfernt [1]

gion. Der kräftige *N. occipitalis major* ist der mediale Ast des R. dorsalis des zweiten Spinalnervs. Er durchbohrt den Ursprungsbereich des M. trapezius und zieht von medial in die Hinterhauptregion und breitet sich bis in die Scheitelregion aus. Seine Äste überkreuzen im Regelfall die Vasa occipitalia. Zwischen den Nn. occipitalis major und occipitalis minor gibt es häufig Verbindungen.

Die **motorische Innervation** des M. epicranius erfolgt über Äste des *N. facialis* (Abb. 19.3). Der Venter occipitalis des M. occipitofrontalis wird vom *R. occipitalis* des *N. auricularis posterior* versorgt. Der Venter frontalis und der M. temporoparietalis werden aus den *Rr. temporales* innerviert.

19.2 Schläfenregion und Schläfengrube

Die **Schläfenregion,** *Regio temporalis,* entspricht in ihrer Ausdehnung dem Bereich zwischen Linea temporalis superior des Scheitelbeins (Ansatzzone der Fascia temporalis), Crista infratemporalis der Ala major des Keilbeins und dem unteren Rand des Jochbeins. Die Knochen der Region sind Os parietale, Squama temporalis, Ala major ossis sphenoidalis und Facies temporalis ossis frontalis. Sie werden auch als **Planum temporale** zusammengefasst und bilden den Boden der **Schläfengrube** (Fossa temporalis). Die Fossa temporalis wird vom M. temporalis ausgefüllt. Die laterale knöcherne Begrenzung ist der Arcus zygomaticus.

Die Weichteile im kranialen Bereich der Schläfenregion gehören in ihrer Struktur zur Kopfschwarte (◘ Abb. 19.1 und 19.3). Im nicht behaarten Teil der Schläfenregion ist die Haut dünner, und das subkutane Bindegewebe ist im Vergleich zur Kopfschwarte locker und verschiebbar (◘ Abb. 19.4). Unter der Subcutis liegen auf der Fascia temporalis die *Mm. temporoparietalis* und *auricularis superior,* die in die Galea aponeurotica einstrahlen. Die *Galea aponeurotica* ist über eine dünne Schicht lockeren Bindegewebes mit der Fascia temporalis verbunden (subgaleotische Verschiebeschicht).

Die aus 2 Blättern bestehende **Fascia temporalis** (► Kap. 4.2) bedeckt die Außenfläche des *M. temporalis* bis zum Jochbogen (◘ Abb. 19.3 und 19.4). Der zwischen Jochbogen sowie *Lamina superficialis* und *Lamina profunda* der Fascia temporalis liegende Schläfenfettkörper prägt die Oberflächenkontur der Region. Zwischen tiefem Faszienblatt und M. temporalis liegt lockeres fettreiches Bindegewebe, das sich nach kaudalwärts zwischen M. temporalis und M. masseter in die Fossa infratemporalis ausdehnt.

! Der knöcherne Boden der Fossa temporalis (Planum temporale) und die Fascia temporalis bilden einen osteofibrösen Raum, der vom M. temporalis und seinen Leitungsbahnen sowie von Fettgewebe ausgefüllt wird (◘ Abb. 19.4).

Leitungsbahnen. Die Leitungsbahnen *(A. temporalis superficialis, Vv. temporales superficiales, N. auriculotemporalis)* zur Versorgung der Weichteile treten am Oberrand der Glandula parotis aus der Fossa retromandibularis in die Schläfenregion (◘ Abb. 19.1). Sie ziehen in einer Bindgewebehülle über die Jochbogenwurzel auf der Fascia temporalis und auf dem M. temporoparietalis scheitelwärts. Oberhalb des Jochbogens durchbricht die aus der *A. temporalis superficialis* abgehende *A. temporalis media* die Fascia temporalis und tritt in den M. temporalis. Bei älteren Menschen mit schwach entwickeltem Unterhautgewebe ist die Kontur der A. temporalis superficialis im Schläfen- und Stirnbereich häufig sichtbar.

Die *V. temporalis superficialis* begleitet - häufig paarig - die gleichnamige Arterie. Ihr Hauptstamm läuft dorsal von der Arterie in die Fossa retromandibularis. Die Lymphe der Regio temporalis fließt zu den *Nodi parotidei superficiales.*

Die **sensible Versorgung** erfolgt im vorderen unteren Bereich durch den *R. zygomaticotemporalis* des *N. zygomaticus (V2).* Er tritt aus dem *Foramen zygomaticotemporale* des Os zygomaticum in den M. temporalis, durchbohrt die Fascia temporalis und gelangt dann zur Haut der Schläfenregion. Der übrige Bereich wird von den *Rr. temporales* des *N. auriculotemporalis (V3)* innerviert, dessen Stamm hinter den Gefäßen zur Schläfenregion zieht (◘ Abb. 19.2).

19.3 Gesichtsregionen

Zur Gesichtsregion, *Regio facialis (faciei),* wird im klinischen Sprachgebrauch der gesamte, normalerweise nicht von Kopfhaar bedeckte Bereich der Kopfregionen gerechnet Man unterteilt aus klinischer Sicht den Gesichtsbereich in einen **mittleren** (vorderen) **Abschnitt** *(Regio faciei medialis)* sowie in einen rechten und linken **seitlichen Abschnitt** *(Regio faciei lateralis).*

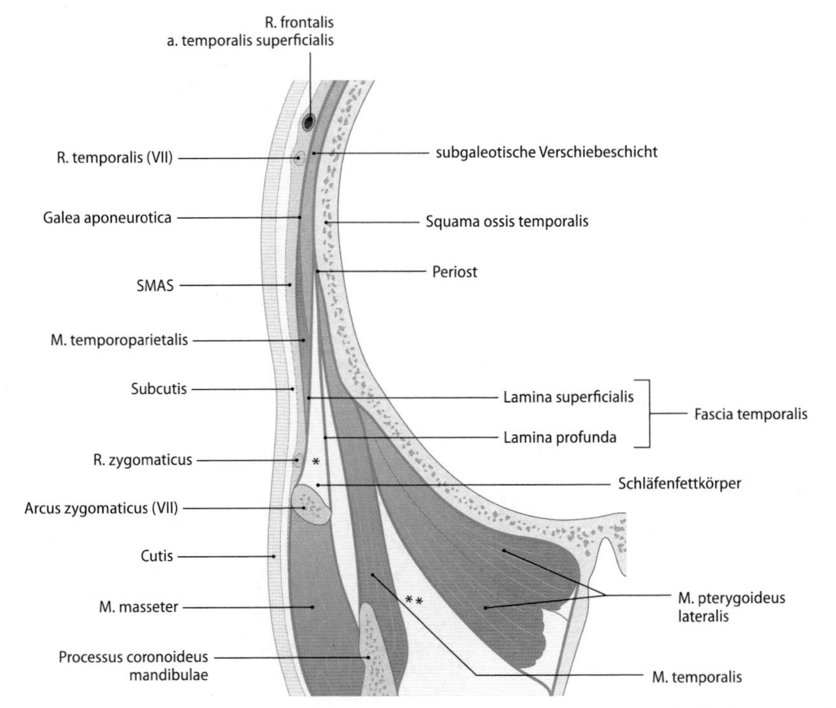

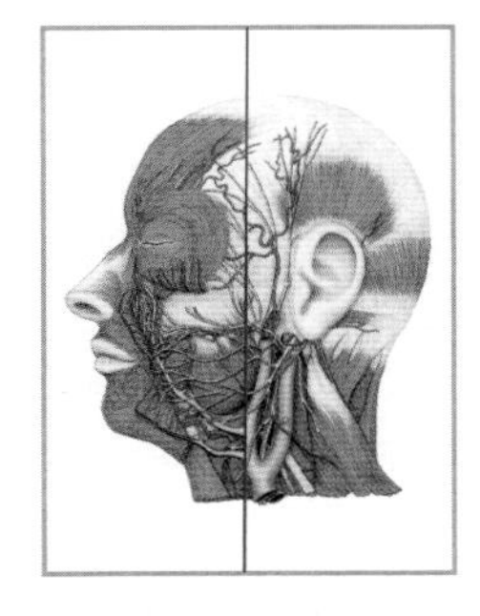

◘ **Abb. 19.4.** Halbschematischer Frontalschnitt durch die Schläfenregion. Man beachte: die Schichtenfolge von der Haut bis zum Periost der Schläfenbeinschuppe, die Lage der Äste des N. facialis zwischen SMAS und Galea aponeurotica oder Fascia temporalis, den von den Laminae superficialis und profunda eingeschlossenen Schläfenfettkörper (*) sowie das fettreiche, lockere Bindegewebe in der Loge (* *) zwischen den Kaumuskeln

Grundlage des Gesichtsskeletts bilden die Knochen des Gesichtsschädels (► Kap. 4.2) und das knorpelige Skelett der Nase (► Kap. 9.1). Die größtenteils tastbaren Skelettanteile werden von vergleichsweise dünnen Weichteilen bedeckt, die von Haut und Unterhautgewebe, von den mimischen Muskeln und einem Teil der Kaumuskeln sowie deren Leitungsbahnen gebildet werden (◻ Abb. 19.1 und 19.3).

19.3.1 Mittlere Gesichtsregion

Die mittlere (vordere) Gesichtsregion, *Regio faciei medialis,* erstreckt sich vom Kinn bis zum Augenbrauenbogen. Die Abgrenzung gegenüber der lateralen Gesichtsregion wird im Oberflächenrelief des Gesichtes durch den *Sulcus nasolabialis* sichtbar. In der Klinik zählt man auch die Stirngegend, *Regio frontalis,* zum Gesicht. Sie wird aus Gründen struktureller Gemeinsamkeiten hier bei den Weichteilen des Schädeldaches beschrieben.

Die **Cutis** der mittleren Gesichtsregion ist im Kinn-, Mund- und Nasenbereich dicker als in den Regiones infraorbitalis und orbitalis. Sie ist beim Mann im Kinn- und Mundbereich mit Barthaaren ausgestattet. Die Dicke der **Subcutis** zeigt regionale und individuelle Unterschiede. Im Bereich um die Augenhöhle und über dem Jochbein fehlt das subkutane Fettgewebe weitgehend. Das subkutane Bindegewebe der Augenlider ist sehr locker und verschiebbar, es enthält kein Fettgewebe (19.3). Die an Talgdrüsen reiche Haut über Nasenspitze und Nasenflügeln ist unverschiebbar mit dem subkutanen Bindegewebe verwachsen. Die Subcutis grenzt unmittelbar an die **mimischen Muskeln,** die keine Faszienbedeckung haben. Die elastischen Sehnen der Muskeln strahlen in das Unterhautgewebe ein und dringen bis zur Lederhaut vor (► Kap. 4.2).

19.2 Operative Eingriffe im Gesicht
Bei operativen Eingriffen im Gesichtsbereich wird zur Vermeidung breiter Narben bei der Schnittführung der Verlauf der natürlichen Spannungslinien der Haut berücksichtigt.

19.3 Lidödem
Im lockeren subkutanen Bindegewebe der Augenlider kann es zu einer starken Schwellung kommen, z.B. bei Schädelbasisfrakturen oder Entzündungen (entzündliches Lidödem). Lidödeme können sich auch bei Herz- oder Niereninsuffizienz bilden.

Die Systematik der **mimischen Muskeln** wird im ◻ Kap. 4.2 beschrieben.

Die **Arterien** des mittleren Gesichtsbereiches stammen aus 2 Quellen, die miteinander anastomosieren (◻ Abb. 19.5): *A. carotis externa* mit *Aa. facialis* und *maxillaris* sowie *A. carotis interna* mit Ästen der *A. ophthalmica*. Der **venöse Abfluss** erfolgt über die *V. facialis* in die *V. jugularis interna* (◻ Abb. 19.3).

Die mimischen Muskeln im vorderen Gesichtsbereich werden über die aus dem Plexus intraparotideus des *N. facialis* hervorgehenden Äste innerviert. Die **sensible Versorgung** der Region erfolgt über die 3 Äste des *N. trigeminus* (◻ Abb. 19.1). Sein Innervationsgebiet wird nach hinten unten durch eine Linie begrenzt, die am Scheitel beginnt, vor dem Ohr entlang nach unten läuft und im Bogen zum Kinn zieht (sog. Scheitel-Ohr-Kinn-Linie, ◻ Abb. 19.2).

Kinnregion

Die Kinnregion, *Regio mentalis,* setzt sich gegenüber der Mundregion durch die transversale Kinn-Lippen-Furche, *Sulcus mentolabialis,* ab. Die individuell unterschiedlich starke Wölbung des mittleren Kinnbereichs beruht weniger auf dem knöchernen Kinnvorsprung, *Protuberantia mentalis,* als vielmehr auf der Fettgewebemenge innerhalb der Subcutis. Grundlage der Weichteile sind die von der Mundspalte in den Kinnbereich oder vice versa ziehenden Muskeln *(Mm. depressor anguli oris, depressor labii inferioris* und *mentalis,* ► Kap. 4.2, ◻ Tab. 4.8) sowie Ausläufer des Platysma. Der in die Haut einstrahlende *M. mentalis* ruft das Grübchen über dem Kinn hervor.

Die **Blutversorgung** der Region erfolgt über den *R. mentalis* der *A. mentalis* sowie über Äste der *A. labialis inferior* und der *A. submentalis* (◻ Abb. 19.1).

An der **Innervation** der Haut des Kinns beteiligen sich *Rr. mentales* des *N. mentalis (V3)* und an der Unterseite der Kinnspitze der *N. mylohyoideus (V3)* (◻ Abb. 19.2).

Mundregion

Die Form der Mundregion, *Regio oralis,* wird durch die Lippen geprägt (Aufbau der Lippen, ► Kap. 10.1). Ihre muskuläre Grundlage bilden der *M. orbicularis oris* sowie die aus der Umgebung in diesen einstrahlenden Muskeln (► Kap. 4.2, ◻ Abb. 4.32):

- von kaudal: *Mm. depressor anguli oris* und *depressor labii inferioris*

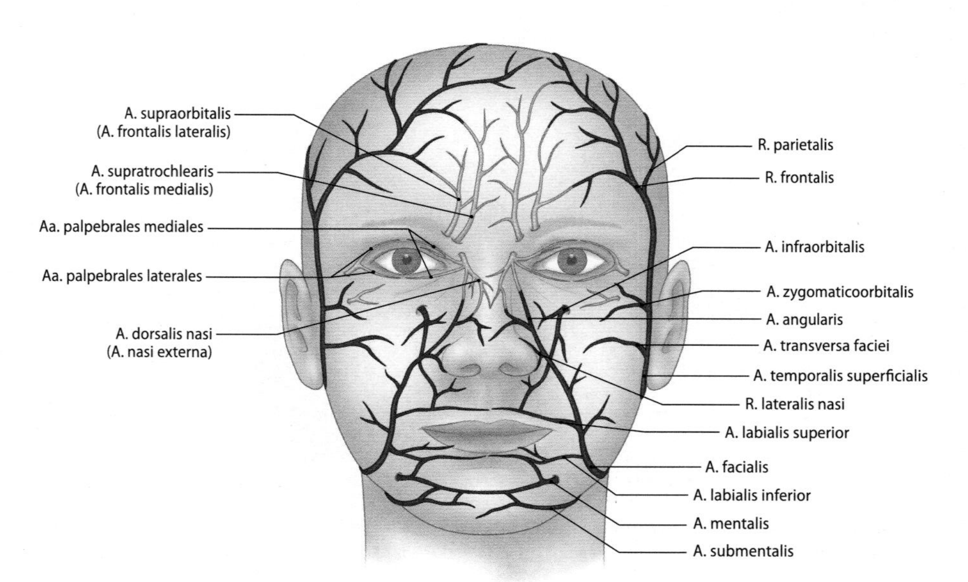

◻ **Abb. 19.5.** Arterien des Gesichtes
Äste der A. carotis externa: dunkelrot
Äste der A. carotis interna: hellrot

19

- von lateral: *Mm. buccalis, zygomaticus major* und *risorius*
- von kranial: *Mm. levator labii superioris, levator anguli oris* und *levator labii superioris alaeque nasi*

Die **arterielle Versorgung** erfolgt durch die *Aa. labiales inferior* und *superior,* die im Bereich des Mundwinkels aus der A. facialis hervorgehen (◻ Abb. 19.5). Sie werden von gleichnamigen Venen begleitet. Die geschlängelt in der Submukosa laufenden Arterien der rechten und linken Seite anastomosieren über einen Gefäßring miteinander. *A.* und *V. facialis* ziehen oberhalb des Mundwinkels vom M. zygomaticus major bedeckt auf dem M. levator labii superioris in die infraorbitale Region. Die Oberlippe erhält außerdem Blut aus Ästen der *A. infraorbitalis.* **Regionäre Lymphknoten** der Mund- und Kinnregionen sind die *Nodi submentales* und *submandibulares.*

Die **Innervation** erfolgt über die aus dem *Plexus intraparotideus* hervorgehenden *Rr. marginalis mandibulares* und *buccales,* die vor ihrem Eintritt in die Muskeln des Mundbereiches die V. und A. facialis überkreuzen (◻ Abb. 19.3). Die sensible Versorgung der Oberlippe erfolgt über *Rr. labiales superiores* des *N. infraorbitalis.* Der Unterlippenbereich wird von *Rr. labiales* des *N. mentalis* innerviert (◻ Abb. 19.2). An der Innervation der Haut im Bereich des Mundwinkels beteiligt sich der *N. buccalis* (V2).

Regio orbitalis

Der die **Augenhöhle bedeckende Teil** des Gesichtes wird als *Regio orbitalis* bezeichnet. Augenlider, Tränenwege sowie Inhalt der Orbita werden im ► Kap. 17.7 besprochen. Die Regio orbitalis geht am Unterlid kontinuierlich in die *Regio infraorbitalis* über. Die Regionen entsprechen weitgehend der Ausdehnung des *M. orbicularis oculi,* dessen *Pars palpebralis* die Augenlider bedeckt (◻ Abb. 19.6). Die **obere Portion** der *Pars orbitalis* dehnt sich bis in den Bereich der Augenbraue, *Supercilium,* aus. Der Augenbrauenwulst entsteht durch eine lokale Fetteinlagerung innerhalb der Subcutis. Die Grenze zwischen Augenhöhlenrand und Oberlid markiert eine Furche *(Sulcus frontopalpebralis).* Die Falte über dem Oberlid bezeichnet man als *Sulcus suprapalpebralis,* die entsprechende Falte am Unterlid ist der *Sulcus infrapalpebralis.* Die **untere Portion** der *Pars orbitalis* reicht bis in die Regio infraorbitalis hinein. Der Unterrand des Muskels hebt sich im Hautrelief durch die sog. Wangenlidfurche, *Sulcus palpebromalaris,* ab.

Die **Leitungsbahnen** der Regiones orbitalis und infraorbitalis stehen in enger topographischer Beziehung zu den Nachbarregionen.

Die **arterielle Versorgung** der Augenlider erfolgt durch die *Aa. palpebrales laterales* und *mediales,* die im Bereich des lateralen und des medialen Augenwinkels durch das Septum orbitale und durch den M. orbicularis oculi treten (◻ Abb. 19.5). Sie versorgen durch die Bildung von ringförmigen Anastomosen als *Arcus palpebralis superior* das Oberlid und als *Arcus palpebralis inferior* das Unterlid.

An der **sensiblen Innervation** beteiligen sich im medialen Bereich der Augenlider die *Rr. palpebrales* aus dem *N. infratrochlearis (V1),* der als Endast des *N. nasociliaris* oberhalb des Lig. palpebrale mediale durch den M. orbicularis oculi tritt (◻ Abb. 19.2 und 19.6). Den lateralen Teil des Oberlides versorgen Äste des *N. lacrimalis (V1).* Die laterale Seite des Unterlides wird von *Rr. palpebrales inferiores* des *N. infraorbitalis (V2)* innerviert. Vom *Plexus intraparotideus* des *N. facialis* ziehen *Rr. temporales* aus der Schläfenregion zum oberen Teil des M. orbicularis oculi. Aus der Regio parotideomasseterica erreichen die *Rr. zygomatici* den Unterlidbereich des Muskels (◻ Abb. 19.3).

Durch das *Foramen infraorbitale* verlassen A. und *N. infraorbitalis* die Augenhöhle und treten in die Gesichtsregion, wo sie vollständig vom M. orbicularis oculi bedeckt werden. Die Äste für die untere Augenhöhlenregion *(Rr. palpebrales)* treten durch den Muskel zur Haut. Die Äste für Nase und Oberlippe *(Rr. nasales externi, Rr. labiales superiores)* ziehen bedeckt von den Mm. orbicularis oculi, levator labii superioris und levator labii superioris alaeque nasi zu ihren Versorgungsgebieten.

Im Bereich des medialen Augenwinkels vereinigen sich die aus der Stirnregion kommenden *Vv. supraorbitalis* und *supratrochlearis* zur *V. angularis,* die eine Verbindung mit den Venen der Orbita und über diese mit dem Sinus cavernosus eingeht (► Kap. 4.2 und ◻ Abb. 4.45). Die klappenlose V. angularis, die weitlumiger als die A. angularis ist, setzt ihren Verlauf zum Unterkiefer als *V. facialis* fort und nimmt das Blut der äußeren Nase *(Vv. nasales externae)* und der Oberlippe *(V. labialis superior)* auf (◻ Abb. 19.1).

Die aus der *A. facialis* hervorgehende *A. angularis* zieht zwischen medialem Rand des M. orbicularis oculi und M. levator labii superioris alaeqe nasi zum Augenwinkel (◻ Abb. 19.3). Sie wird von den Muskeln häufig vollständig bedeckt. Am Augenwinkel anastomosiert sie mit der aus der *A. ophthalmica* abgehenden *A. dorsalis nasi.* Die A. dorsalis nasi tritt oberhalb des Lig. palpebrale mediale durch den M. orbicularis oculi und zieht zum Nasenrücken.

Die Besprechung der äußeren Nase erfolgt im ► Kap. 9.1.

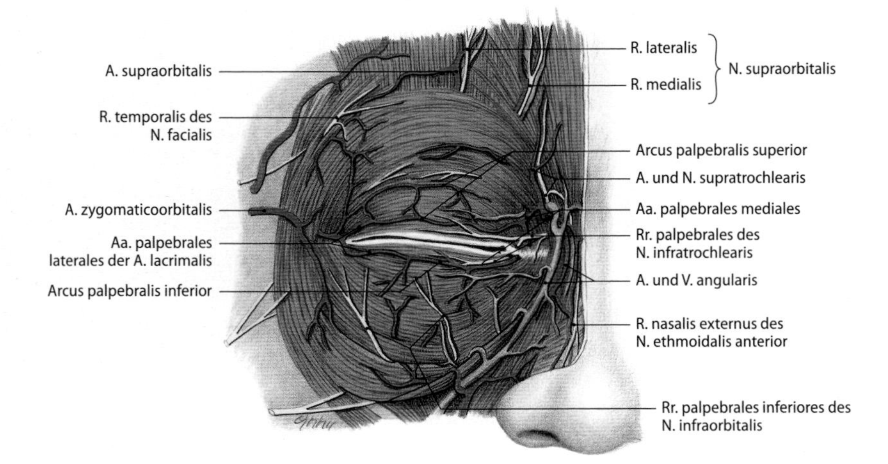

◻ **Abb. 19.6.** Oberflächliche Strukturen der Regio orbitalis der rechten Seite. Ansicht von vorn [1]

19.3.2 Seitliche Gesichtsregion

Die seitliche Gesichtsregion, *Regio faciei lateralis,* dehnt sich zwischen Jochbogen und Unterkieferwinkel sowie zwischen dem Vorderrand des M. buccinator und dem Tragus aus.

Die seitliche Gesichtsregion wird durch den Ramus mandibulae sowie die Mm. temporalis und masseter in einen oberflächlichen *(Regio faciei lateralis superficialis)* und in einen tiefen Abschnitt *(Regio faciei lateralis profunda)* unterteilt. Zur **oberflächlichen seitlichen Gesichtsregion** gehören die *Regio parotideomasseterica* mit der *Fossa retromandibularis* und die *Regio buccalis*. Die *Regio zygomatica* bildet den Übergang zur Regio temporalis. In der **tiefen seitlichen Gesichtsregion** liegen die *Fossa infratemporalis* und die *Fossa pterygopalatina*.

Oberflächliche seitliche Gesichtsregion (Regio faciei lateralis superficialis)

Regio parotideomasseterica und Fossa retromandibularis

Als *Regio parotideomasseterica* bezeichnet man den Bereich zwischen Jochbogen (oben), äußerem Gehörgang und Warzenfortsatz (hinten), sowie Vorderrand des M. masseter (vorn) und Unterrand der Mandibula (unten). Hauptinhalt der Region ist die von der *Fascia parotidea* bedeckte *Glandula parotidea* (◻ Abb. 19.1). Zur Regio parotideomasseterica gehört auch das Kiefergelenk, *Articulatio temporomandibularis* (► Kap. 4.2), dessen Gelenkkapsel von der Ohrspeicheldrüse überlagert wird.

Am Hinterrand des Ramus mandibulae geht die Regio parotideomasseterica in die *Fossa retromandibularis* über (◻ Abb. 19.7). Sie dehnt sich hinter dem Unterkiefer zwischen M. pterygoideus medialis und den am Processus styloideus entspringenden Mm. stylohyoideus, stylopharyngeus und styloglossus nach medial bis zum Spatium parapharyngeum aus. Die Fossa retromandibularis grenzt hinten an den hinteren Bauch des M. digastricus und an den Vorderrand des M. sternocleidomastoideus.

Die **Cutis** über der Regio parotideomasseterica ist beim Mann größtenteils behaart (Barthaare). Sie ist hier dicker als in den unbehaarten Bereichen. Die **Subcutis** besteht oberflächlich aus lockerem, fettreichem Bindegewebe von individuell unterschiedlicher Dicke. Darunter liegt eine Schicht flächenhaften straffen Bindegewebes (Stratum membranosum der Subcutis), das die Verbindung zur Fascia parotidea herstellt. Diese membranartige Bindegewebsschicht wird im angloamerikanischen Sprachgebrauch der plastischen Chirurgie als »superficial muscular aponeurotic system« (SMAS) bezeichnet (◻ Abb. 19.4).

Die Rr. zygomatici des N. facialis liegen zwischen SMAS und Fascia parotidea (◻ Abb. 19.2).

Die **Innervation** der Haut erfolgt größtenteils über Äste des *N. mandibularis (V3),* nur der Bereich über dem Kieferwinkel wird vom *N. auricularis magnus* (Plexus cervicalis) versorgt (◻ Abb. 19.2).

Die **subkutanen Strukturen der Regio parotideomasseterica** werden von den oberflächlichen Blättern der *Fascia parotidea* und der *Fascia masseterica* (Fascia parotideomasseterica) bedeckt. Im Bereich des Unterkieferkörpers liegt zwischen Subcutis und Faszie der Gesichtsteil des Platysma (► Kap. 4.2). Auf dem oberflächlichen Faszienblatt findet man vor dem Tragus die *Nodi parotidei superficiales*.

Das oberflächliche Blatt der **Fascia parotidea** dehnt sich kranial bis zum Arcus zygomaticus aus. Es ist hinten mit der vorderen Wand des äußeren Gehörganges verwachsen und verbindet sich am Vorderrand der Glandula parotidea mit dem oberflächlichen Blatt der Fascia masseterica. Im unteren Abschnitt geht die Parotisfaszie eine feste Verbindung mit der Faszie des M. sternocleidomastoideus ein. Das oberflächliche Faszienblatt ist außerdem fest mit der Glandula parotidea verwachsen. Von der Faszie dringen Bindegewebesepten in das

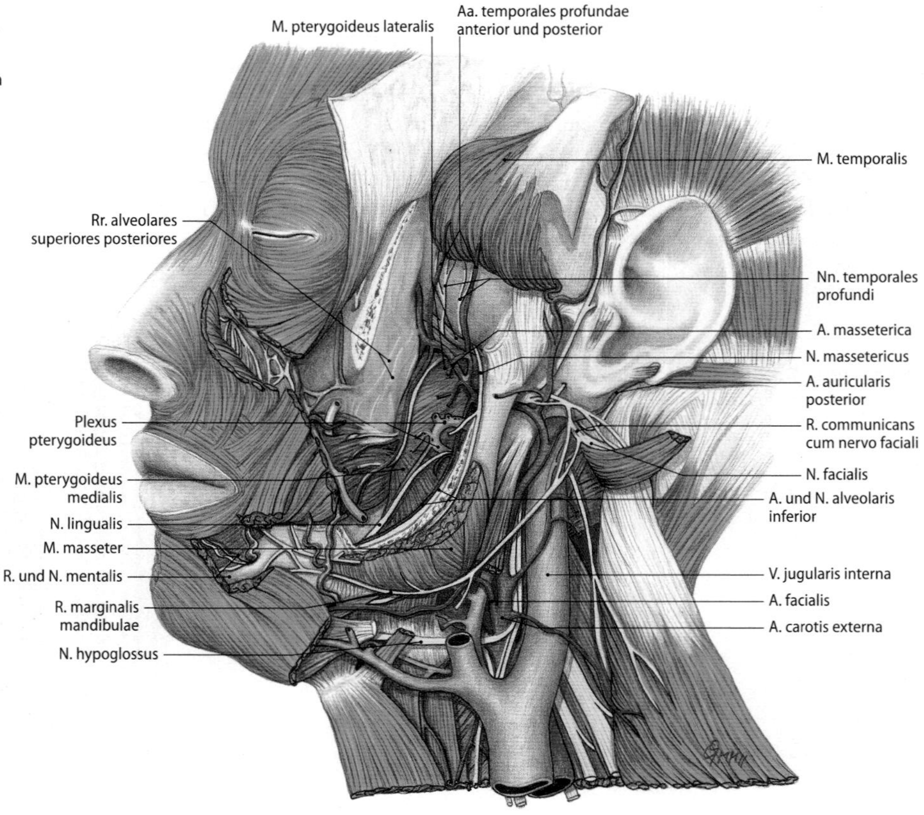

◻ **Abb. 19.7.** Tiefe seitliche Gesichtsregion Ansicht von links seitlich. Freilegung der Strukturen in der Fossa infratemporalis durch Resektion des Jochbogens, von Teilen der Mandibula und des M. masseter, Verlagerung des M. temporalis nach kranial [1]

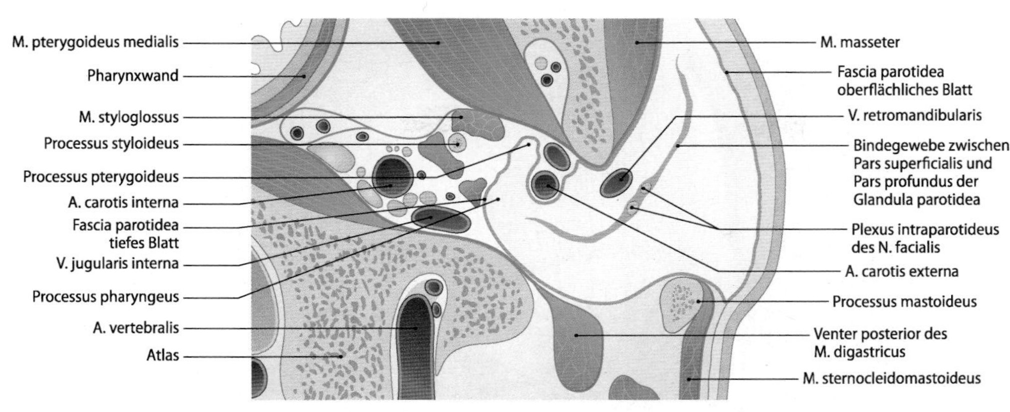

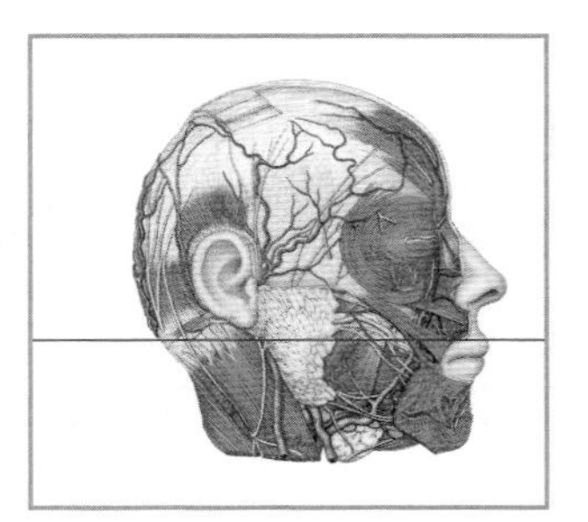

Abb. 19.8. Transversalschnitt in Höhe des Atlas mit Anschnitt der Parotisloge und des Spatium parapharyngeum

Drüsengewebe. Auf diese Weise wird die Ohrspeicheldrüse kapselartig von straffem Bindegewebe in einer nicht dehnbaren Loge eingeschlossen.

Das **tiefe Blatt** der **Fascia parotidea** bedeckt den tiefen Teil der Glandula parotidea von medial und zieht mit diesem in die Fossa retromandibularis (Abb. 19.8). Das tiefe Faszienblatt der Parotis verbindet sich mit den Faszien des M. pterygoideus medialis und des hinteren Digastrikusbauches sowie mit den Faszien der am Processus styloideus entspringenden Muskeln. Man bezeichnet den von der Fascia parotidea eingeschlossenen Bereich der Glandula parotidea als **Parotisloge.**

Die durch die Glandula parotidea ziehenden Äste des N. facialis und das sie begleitende Bindegewebe unterteilen die Ohrspeicheldrüse in einen oberflächlichen, auf den Facialisästen liegenden Teil (Pars superficialis) und in einen tiefen, unter den Facialisästen liegenden Teil (Pars profunda) (Abb. 19.8). Der **oberflächliche Teil** hat Dreiecksform (Abb. 19.1), dessen Spitze in die vordere Halsregion hineinragt (Lobus colli). Der Oberrand der Drüse verläuft etwas unterhalb des Jochbogens. Im hinteren Abschnitt überlagert die Drüse das Kiefergelenk und reicht bis an den Tragus heran. Der vordere Rand der Glandula parotidea überlagert im unteren Abschnitt den Ansatzbereich des M. masseter.

Der **tiefe Teil** der **Glandula parotidea** dehnt sich vom hinteren Abschnitt der lateralen Gesichtsregion in die *Fossa retromandibularis* aus. Hier schiebt sich das vom tiefen Blatt der Fascia parotidea eingeschlossene Drüsengewebe mit einem kleinen Fortsatz zwischen Unterkiefer und M. pterygoideus medialis (Processus pterygoideus). Ein größerer Fortsatz dehnt sich in der Loge zwischen M. pterygoideus medialis und den vom Proceccus styloideus entspringenden Muskeln bis zum Spatium parapharyngeum aus (Processus pharyngeus) (Abb. 19.8).

Die aus der Halsregion in die Fossa retromandibularis ein- und austretenden **Leitungsbahnen** sowie die aus der Fossa retromandibularis in die seitliche und vordere Gesichtsregion ziehenden Gefäße und Nerven stehen in enger Beziehung zum Gewebe der Ohrspeicheldrüse, das die Fossa retromandibularis vollständig ausfüllt.

Die *A. carotis externa* tritt aus dem Trigonum caroticum, bedeckt vom M. stylohyoideus und vom Venter posterior des M. digastricus hinter dem Ramus mandibulae in die Fossa retromandibularis (Abb. 19.8). Hier tritt sie oberhalb des Lig. stylomandibulare in die Parotisloge und läuft im Drüsengewebe nach kranial bis zum Collum mandibulae, wo sie sich in ihre Endäste, *A. maxillaris* und *A. temporalis superficialis,* teilt.

Die *A. maxillaris* zieht rechtwinklig hinter dem Unterkieferhals in die *Fossa infratemporalis* (Abb. 19.9). Sie gibt bei ihrem retromandibulären Verlauf (Pars mandibularis) die *A. auricularis profunda* zur Versorgung von Kiefergelenk, Gehörgang und Trommelfell sowie die *A. tympanica anterior* zum Mittelohr ab. Die kräftige *A. meningea media* tritt medial vom M. pterygoideus lateralis in die Fossa infratemporalis. Die *A. alveolaris inferior* zieht zwischen M. pterygoideus medialis und Ramus mandibulae zum Canalis mandibulae.

Die *A. temporalis superficialis* läuft als schwächerer, oberflächlicher Endast zunächst im Drüsengewebe hinter dem Ramus mandibulae nach kranial. Sie gelangt zwischen Kiefergelenk und äußerem Gehörgang zum oberen Rand der Glandula parotidea. Innerhalb der Parotis entspringen aus der A. temporalis superficialis *Rr. parotidei* für die Ohrspeicheldrüse, *Rr. auriculares anteriores* zur Versorgung der Ohrmuschel und des äußeren Gehörganges sowie die *A. tranversa faciei.* Die A. transversa faciei läuft begleitet von der *V. transversa faciei* horizontal durch die Glandula parotidea. Sie tritt im Regelfall oberhalb des Ductus parotideus aus der Ohrspeicheldrüse und gelangt in die vordere Gesichtsregion (Abb. 19.3).

Die *V. temporalis superficialis* tritt am Oberrand in die Glandula parotidea ein und geht in der Fossa retromandibularis in die *V. retromandibularis* über. Innerhalb des Drüsengewebes münden die *Vv. temporalis media* und *transversa faciei* in die V. temporalis superficialis oder in die V. retromandibularis. Innerhalb der Parotisloge steht der *Plexus pterygoideus* über die *Vv. maxillares* mit der *V. retromandibularis* in Verbindung. Die *V. retromandibularis* läuft im oberen Abschnitt der Fossa retromandibularis gemeinsam mit der *A. carotis externa*; sie liegt oberflächlich zur Arterie im Drüsengewebe (Abb. 19.8). Die *V. retromandibularis* verlässt die Parotisloge in Höhe des Kieferwinkels; ihr Hauptstamm zieht nach vorn und tritt am unteren Rand des Lobus colli an die Oberfläche. Die V. retromandibularis vereinigt sich meistens mit der V. facialis und mündet in die *V. jugularis interna* (Abb. 19.3). Ein variabler hinterer Ast der V. retromandibularis verlässt den Lobus colli am Hinterrand und mündet in die *V. jugularis externa.* Die *Vv. parotideae* verlassen die Glandula parotidea an ihrem vorderen Rand und ziehen zur V. facialis.

Unter dem oberflächlichen Blatt der Fascia parotidea liegt die Gruppe der *Nodi parotidei profundi* mit den *Nodi preauriculares, infraauriculares und intraglandulares,* die in die tiefen seitlichen Halslymphknoten dränieren (► Kap. 4.2).

Der *N. auriculotemporalis (V3)* zweigt innerhalb der Fossa infratemporalis vom *N. mandibularis* ab und betritt die Fossa retromandibularis hinter dem Mandibulahals (Abb. 19.9). Er teilt sich unmittelbar nach seinem Eintritt in die Glandula parotidea in mehrere Äste. Sein Hauptstamm zieht bogenförmig nach kranial und schließt sich der A. temporalis superficialis beim Verlauf in die Schläfenregion an

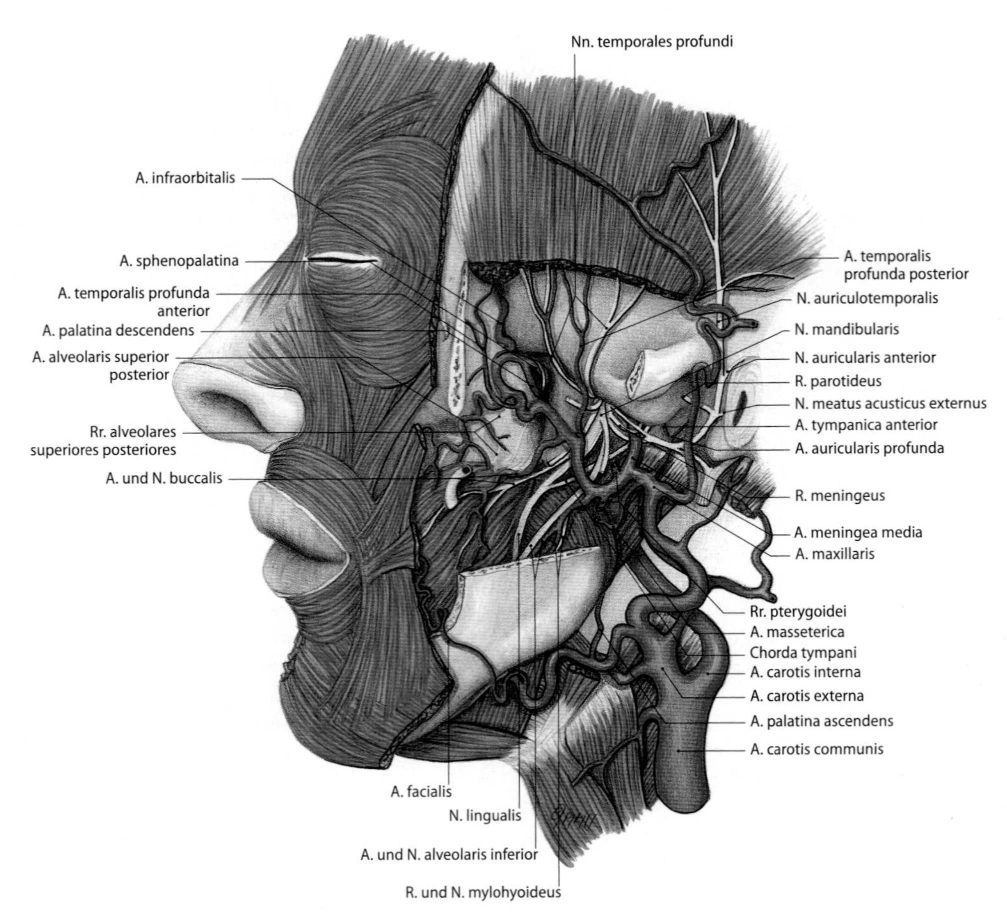

◘ Abb. 19.9. Tiefe seitliche Gesichtsregion, Fossa infratemporalis und Fossa pterygopalatina. Ansicht der linken Seite von lateral. Freilegung der Strukturen durch Resektion des aufsteigenden Unterkieferastes, des Jochbogens sowie des M. pterygoideus lateralis und des Ansatzes des M. temporalis [1]

(Rr. temporales superficialis). Kurze Äste des N. auriculotemporalis versorgen die Kiefergelenkkapsel, die Vorderfläche der Ohrmuschel *(Nn. auriculares anteriores)*, den äußeren Gehörgang *(N. meatus acustici externi)* und das Trommelfell *(Rr. membranae tympani)*. Die *Rr. parotidei* erhalten parasympathische Fasern aus dem N. facialis *(Rr. communicantes cum nervo faciale)* zur Innervation der Ohrspeicheldrüse.

Der N. facialis tritt am Foramen stylomastoideum in die Fossa retromandibularis. Von seinem Stamm zweigen vor seinem Eintritt in die Parotisloge der N. auricularis posterior und die Rr. digastricus und stylohyoideus ab (◘ Abb. 19.3). Der Nerv überkreuzt in der Fossa retromandibularis normalerweise die A. carotis externa und die V. retromandibularis; allerdings kann die Vene auch lateral von ihm verlaufen. Nach seinem Eintritt in die Glandula parotidea teilt sich der Nervenstamm in 2 Äste. Von diesen setzt der als *Pars cervicofacialis* bezeichnete untere Ast die Verlaufsrichtung nach unten vorn fort. Der obere Ast, *Pars temporofacialis,* zieht schräg nach oben vorn. Die beiden Äste verzweigen sich innerhalb des Drüsengewebes und bilden den *Plexus intraparotideus,* der die Grenze zwischen Pars superficialis und Pars profunda der Glandula parotidea bildet (◘ Abb. 19.8; 19.4).

Da die Nervenäste des Plexus intraparotideus von Bindegewebe begleitet werden, kann die Pars superficialis präparatorisch von der Pars profunda abgelöst werden.

! Der Plexus intraparotideus des N. facialis liegt zwischen Pars superior und Pars profunda der Glandula parotidea.

19.4 Operative Eingriffe an der Ohrspeicheldrüse

Bei operativen Eingriffen an der Glandula parotidea kann es zur Schädigung des Plexus intraparotideus und nachfolgend zur Lähmung mimischer Muskeln kommen.

19.5 Schmerzen bei Schwellung der Ohrspeicheldrüse

Da das Bindegewebe der Parotisloge nicht dehnbar ist, sind entzündungsbedingte Schwellungen der Ohrspeicheldrüse sehr schmerzhaft.

Die aus dem Plexus intraparotideus hervorgehenden Nervenäste verlassen die Ohrspeicheldrüse an ihrem oberen und vorderen Rand; sie werden zunächst noch von der Fascia masseterica bedeckt (◘ Abb. 19.1).

Die *Rr. temporales* ziehen vom oberen Rand nach kranial und gelangen über den Arcus zygomaticus zu ihren Versorgungsgebieten (◘ Abb. 19.3; ► Kap. 4.2, ◘ Tab. 4.8). Die *Rr. zygomatici* erscheinen am oberen vorderen Winkel und treten unter den M. zygomaticus major. Die *Rr. buccales* verlassen die Drüse unterhalb des Ductus parotideus. Sie laufen parallel mit ihm über den M. masseter und erreichen den Mundwinkel. Der *R. marginalis mandibularis* – häufig in der Zweizahl – zieht bogenförmig um den Kieferwinkel und läuft dann etwas oberhalb des Unterkieferrandes zu den Muskeln unterhalb des Mundwinkels. In Höhe des Angulus mandibulae zweigt vom R. mandibulae der *R. colli* ab, der steil nach abwärts in das Platysma zieht.

Vom Plexus cervicalis erreicht der *R. anterior* des *N. auricularis magnus* (► Kap. 4.2) über den unteren Rand des Corpus mandibulae im oberflächlichen Faszienblatt den hinteren unteren Bereich der Regio parotideomasseterica zur Innervation der Haut.

Der *Ductus parotideus* (Stensen-Gang) tritt am Vorderrand der Glandula parotidea etwa 1 cm unterhalb des Jochbogens aus (◘ Abb. 19.1). Er wird in variabler Form von Speicheldrüsengewebe begleitet (Glandulae parotideae accessoriae).

Regio buccalis

Grundlage der Wangenregion, *Regio buccalis,* bildet der von einer dünnen Faszie bedeckte *M. buccinator* (► Kap. 4.2, ◘ Abb. 4.32). Unter der Subcutis der Region findet man Ausläufer des Platysma und der Fascia parotideomasseterica. Über den M. buccinator kreuzen die *Rr. buccales* des N. facialis und innervieren die Muskeln im Mundbereich (◘ Abb. 19.3). Im oberen Bereich wird der M. buccinator vom *Corpus adiposum buccae* (Bichat-Wangenfettkörper; ► Kap. 10, 10.2) überlagert, das am Vorderrand des M. masseter erscheint. Über den von einer dünnen Bindegewebekapsel eingeschlossenen Wangenfettkörper zieht der *Ductus parotideus* zum M. buccinator. Er durchbohrt diesen und mündet im Vestibulum oris gegenüber dem zweiten oberen Molaren. Auf dem M. buccinator liegt nahe am Durchtritt des Ductus parotideus das juxtaorale Organ (Chievitz-Organ), zu dem ein Ast des N. buccalis zieht. Aus der Fossa infratemporalis erreichen A. und N. buccalis den M. buccinator (◘ Abb. 19.9). Die A. facialis gelangt in Begleitung der V. facialis vom Unterkieferrand über den M. buccinator nach kranial zum medialen Augenwinkel (◘ Abb. 19.7).

Tiefe seitliche Gesichtsregion (Regio faciei lateralis profunda)

Unterschläfengrube (Fossa infratemporalis)

Die Schläfengrube geht im Bereich des Arcus zygomaticus in die Unterschläfengrube, *Fossa infratemporalis,* über (◘ Abb. 19.7 und 19.9). Die Fossa infratemporalis bildet den tiefen Teil der lateralen Gesichtsregion *(Regio faciei lateralis profunda)* und dehnt sich an der äußeren Schädelbasis nach medial bis zum Processus zygomaticus des Keilbeins aus. Sie ist damit wesentlich tiefer als die Fossa temporalis.

Das Dach der Fossa infratemporalis bilden die kaudale Fläche des großen Keilbeinflügels sowie der untere vordere Teil der Schläfenbeinschuppe. Medial wird sie von der Lamina lateralis des Processus pterygoideus des Keilbeins und vorn von der Facies infratemporalis maxillae mit dem anschließenden Teil des Processus alveolaris begrenzt. Lateral liegt der Ramus mandibulae mit dem Processus coronoideus und dem an ihm ansetzenden M. temporalis.

Die Fossa infratemporalis hat vorn über die *Fissura orbitalis inferior* Beziehungen zur Augenhöhle. Im Bereich des Daches steht die Unterschläfengrube über das *Foramen ovale* (N. mandibularis) und über das *Foramen spinosum* (A. meningea media, R. meningeus des N. mandibularis) mit der mittleren Schädelgrube in Verbindung. Medial mündet die Fossa infratemporalis in die **Flügelgaumengrube** (Fossa pterygopalatina).

Die Fossa infratemporalis wird erst zugänglich, wenn der Jochbogen mit dem daran entspringenden M. masseter nach kaudal und der Processus coronoideus mit dem daran ansetzenden M. temporalis nach kranial verlagert werden.

In der Fossa infratemporalis liegen der M. pterygoideus lateralis, der M. pterygoideus medialis, der intermuskuläre Teil (Pars pterygoidea) der A. maxillaris, der venöse Plexus pterygoideus, der N. mandibularis (V3) mit seinen Ästen sowie das Ganglion oticum.

Die Strukturen in der Fossa infratemporalis werden außen von fettreichem, lockerem Bindegewebe bedeckt, das mit dem Bichat-Wangenfettkörper in Verbindung steht. Hauptinhalt der Unterschläfengrube bilden der *M. pterygoideus lateralis* und die Ursprungsköpfe des *M. pterygoideus medialis.* Die beiden Muskeln werden vom tiefen Blatt der Fascia masseterica bedeckt. Caput superius und Caput inferius des M. pterygoideus lateralis ziehen fächerförmig zwischen Fovea pterygoidea des Unterkieferhalses sowie Ala major und Lamina lateralis processus pterygoidei des Keilbeins durch die Fossa infratemporalis. Der kaudale Teil des M. pterygoideus lateralis schiebt sich zwischen die Ursprungsbereiche von Caput mediale und Caput laterale des M. pterygoideus medialis. Am vorderen Rand des M. pterygoideus medialis wird nach Entfernung des Wangenfettkörpers der von einer dünnen Faszie bedeckte M. buccinator sichtbar.

Die A. maxillaris ist das Hauptgefäß der Unterschläfenregion (◘ Abb. 19.9; ► Kap. 4.2, ◘ Abb. 4.43). Die Arterie zieht aus der Fossa retromandibularis (Pars retromandibularis) zwischen dem Lig. sphenomandibulare und der Rückseite des Collum mandibulae nach vorn und gelangt durch eine dreieckige Lücke zwischen Hinterrand des M. pterygoideus medialis, Unterrand des M. pterygoideus lateralis sowie Collum mandibulae in die Fossa infratemporalis (Pars pterygoidea der A. maxillaris).

Verlauf und Lage des intermuskulären Abschnitts der A. maxillaris variieren: Am häufigsten zieht die Arterie lateral vom M. pterygoideus lateralis durch die Fossa infratemporalis. Sie kann auch medial vom M. pterygoideus lateralis liegen. Sie läuft dann in den meisten Fällen zwischen dem Muskel und den Nn. alveolaris inferior und lingualis des N. mandibularis. Selten ist ein Verlauf zwischen den Ästen des N. mandibularis oder medial von ihnen.

Die aus dem intermuskulären Teil *(Pars pterygoidea)* entspringenden Äste der A. maxillaris versorgen die Kaumuskeln und den M. buccinator. Die *A. masseterica* zieht in Begleitung des N. massetericus (V3) nach lateral durch die Incisura mandibulae zum M. masseter. Rr. pterygoidei laufen nach vorn unten zu den Mm. pterygoidei lateralis und medialis. Die *Aa. temporales profundae anterior* und *posterior* gehen kranial aus der A. maxillaris hervor und treten gemeinsam mit den *Nn. temporales profundi* in den M. temporalis ein. Im vorderen Abschnitt der Pars pterygoidea entspringt die A. buccalis, die mit dem N. buccalis nach vorn abwärts zum M. buccinator gelangt.

Die medial vom M. pterygoideus lateralis liegenden Strukturen (variabel A. maxillaris sowie Aa. meningea media und alveolaris inferior und N. mandibularis mit seinen Ästen) werden erst sichtbar, wenn das im Kiefergelenk exartikulierte Caput mandibulae mit dem Discus articularis und dem M. pterygoideus lateralis nach vorn verlagert werden.

In die Fossa infratemporalis treten auch Äste aus der Pars mandibularis der A. maxillaris.

Die starke *A. meningea media* geht hinter dem Ramus mandibulae aus der A. maxillaris hervor und zieht medial vom M. pterygoideus lateralis zum Dach der Fossa infratemporalis, wo sie in Begleitung der *Vv. meningeae mediae* und des *R. meningeus n. mandibularis (V3)* durch das Foramen spinosum in die mittlere Schädelgrube gelangt (◘ Abb. 19.9). Vor ihrem Eintritt in das Foramen spinosum wird sie von den beiden Wurzeln des N. auriculotemporalis umschlossen. Im Grenzbereich von Fossa infratemporalis und Fossa retromandibularis entspringt die *A. alveolaris inferior.*

Innerhalb der Fossa infratemporalis liegt zwischen den Mm. pterygoidei lateralis und medialis sowie dem Ansatzbereich des M. temporalis der *Plexus pterygoideus* (► Kap. 4.2, ◘ Abb. 4.45). Das kräftige Venennetz nimmt das Venenblut der Kaumuskeln auf und anastomosiert mit den Venen des Gesichtes über die *V. profunda faciei* sowie mit der *V. retromandibularis* über die *Vv. maxillares.* Über die Fissura orbitalis inferior bestehen variable Verbindungen mit der *V. ophthalmica inferior* in der Orbita. Über kleine Venen im Foramen lacerum und im Foramen ovale ist der *Plexus pterygoideus* mit dem Sinus cavernosus und über die *Vv. meningeae mediae* mit den Venen der Dura mater verbunden (19.6).

19.6 Ausbreitung von Infektionen zur inneren Schädelbasis
Über die klappenlosen Venen können sich Infektionen aus dem Bereich der Fossa infratemporalis zu den Strukturen der inneren Schädelbasis (Sinus cavernosus, Meningen) ausbreiten (Gefahr einer basalen Meningitis).

Im Dach der Fossa infratemporalis tritt der *N. mandibularis (V3)* durch das Foramen ovale in die Region (▣ Abb. 19.9). Innerhalb des Foramen ovale legt sich dem Nerv das parasympathische *Ganglion oticum* medial an. Der kurze Stamm des N. mandibularis teilt sich unmittelbar nach dem Eintritt in die Fossa infratemporalis in seine Äste. Der Nerv wird vom M. pterygoideus lateralis bedeckt und liegt im Regelfall am weitesten medial in der Tiefe der Fossa infratemporalis; nur in seltenen Fällen läuft die A. maxillaris noch medial von ihm.

Rückläufig zum Dach der Fossa infratemporalis zieht der kleine *R. meningeus (N. spinosus)*, der durch das Foramen spinosum zur Dura mater der mittleren Schädelgrube gelangt.

Von den nach unten tretenden **motorischen Ästen** des N. mandibularis erreichen die *Nn. pterygoidei lateralis* und *medialis* ihre gleichnamigen Muskeln nach kurzem Verlauf von medial. Vom N. pterygoideus medialis zweigt meistens der *N. musculi tensoris tympani* zur Versorgung des M. tensor tympani ab. Auch der *N. musculi tensoris veli palatini* kann aus dem N. pterygoideus medialis hervorgehen. Der *N. massetericus* zieht über den M. pterygoideus lateralis hinweg nach lateral und dringt mit der *A. masseterica* durch die Lücke zwischen Kiefergelenk und Ansatz des M. temporalis von hinten medial in den M. masseter. Die *Nn. temporales profundi* erscheinen meistens am Oberrand des M. pterygoideus lateralis. Sie laufen auf der Schläfenbeinschuppe nach kranial und treten von innen in den M. temporalis ein. Der vordere Ast gelangt nicht selten durch den M. pterygoideus lateralis zum vorderen Teil des M. temporalis.

Von den **sensiblen Ästen** geht der *N. buccalis* häufig gemeinsam mit dem N. pterygoideus lateralis aus dem vorderen Teil des N. mandibularis hervor. Der Nerv tritt zwischen den Mm. pterygoidei lateralis und medialis oder zwischen den Köpfen des M. pterygoideus lateralis an die Oberfläche. Er überkreuzt meistens die A. maxillaris und läuft auf dem Wangenfettkörper in Begleitung der A. buccalis nach vorn unten zum M. buccinator (▣ Abb. 19.7). Der *N. auriculotemporalis* entspringt im Regelfall mit zwei Wurzeln aus dem hinteren Teil des N. mandibularis, die unterhalb des Foramen spinosum die A. meningea media schlingenförmig umgreifen. Der Nerv tritt unter dem Collum mandibulae in die Fossa retromandibularis. Die *Nn. alveolaris inferior* und *lingualis* werden kranial vom M. pterygoideus lateralis bedeckt. Sie treten in der Lücke zwischen den Mm. pterygoidei medialis und lateralis sowie dem Collum mandibulae aus der Tiefe der Fossa infratemporalis an die Oberfläche.

Der *N. alveolaris inferior* ist der kräftigste Ast des N. mandibularis. Der Nerv läuft in Begleitung der *A. alveolaris inferior* hinter dem *N. lingualis* auf dem M. pterygoideus medialis nach unten, er verlässt den Bereich der Fossa infratemporalis und gelangt zwischen Ramus mandibulae und Lig. sphenomandibulare am Foramen mandibulae in den Canalis mandibulae. Der N. lingualis zieht eine kurze Strecke medial und vor dem N. alveolaris inferior auf dem M. pterygoideus medialis durch die Fossa infratemporalis, bevor er bogenförmig nach vorn zur Mundhöhle läuft. Medial vom M. pterygoideus lateralis lagert sich dem N. lingualis in der Tiefe der Fossa infratemporalis die *Chorda tympani* an. Sie tritt durch die *Fissura sphenopetrosa* oder durch den medialen Abschnitt der *Fissura petrotympanica* in die Fossa infratemporalis und wird auf ihrem Weg zum N. lingualis vom N. alveolaris inferior und von der A. maxillaris überkreuzt.

Flügelgaumengrube (Fossa pterygopalatina)

Die Fossa infratemporalis geht medial in die trichterförmige Flügelgaumengrube, *Fossa pterygopalatina,* über (▣ Abb. 19.19). Den Eingang bildet die vom *Tuber maxillae* und der *Lamina lateralis* des *Processus pterygoideus* des Keilbeins begrenzte *Fissura pterygomaxillaris*, deren Weite variiert.

Die Fossa pterygopalatina ist ein zentraler Knotenpunkt für Gefäße und Nerven in der tiefen seitlichen Gesichtsregion. An der knöchernen Begrenzung des dreieckigen Raumes sind Oberkiefer, Gaumenbein und Keilbein beteiligt.

Die Flügelgaumengrube wird vorn vom *Tuber maxillae* und vom *Processus orbitalis* des *Os palatinum,* medial von der *Lamina perpendicularis* des Os palatinum und hinten von der *Facies (spheno)maxillaris* der *Ala major* sowie vom Vorderrand des *Processus pterygoideus* des *Os sphenoidale* begrenzt (▣ Abb. 19.10). Kranial grenzt der Raum an den Keilbeinkörper und an die Wurzel der Ala major, er ist hier relativ weit und verschmälert sich nach unten.

Als zentrale »Verteilerstelle« für Gefäße und Nerven steht die Fossa pterygopalatina mit der **mittleren Schädelgrube** *(Foramen rotundum)*, mit der **äußeren Schädelbasis,** dem *Canalis pterygoideus* (Vidianus), der **Augenhöhle** *(Fissura orbitalis inferior)*, der **Nasenhöhle** *(Foramen sphenopalatinum)*, und der **Mundhöhle** *(Canalis palatinus major, Canales palatini minores)*, in Verbindung (▣ Abb. 19.10).

Zur Präparation der Leitungsbahnen kann man von lateral oder von medial an die Fossa pterygopalatina herangehen.

Die A. maxillaris zieht aus der Fossa infratemporalis über das Tuber maxillae von lateral in die Flügelgaumengrube. Aus ihrer Endstrecke, *Pars pterygopalatina,* entspringen die *Aa. alveolaris superior posterior, infraorbitalis, canalis pterygoidei, palatina descendens* und *sphenopalatina* (▣ Abb. 19.11a).

Die **Nerven** in der Fossa pterygopalatina sind unterschiedlicher Herkunft und haben unterschiedliche Qualitäten (▣ Abb. 19.11b). Der N. maxillaris (V2) tritt durch das Foramen rotundum in die Flügelgaumengrube. Er gibt bei seinem Verlauf in ihrem **Dach** die *Nn. zygomaticus* und *infraorbitalis* ab. In Höhe des *Foramen sphenopalatinum* liegt medial und unterhalb des N. maxillaris das parasympathische *Ganglion pterygopalatinum*. Es ist kranial über *Rr. ganglionares* mit dem N. maxillaris verbunden. Von dorsal gelangt der *N. canalis pterygoideus* aus dem Canalis pterygoideus zum Ganglion pterygopalatinum. Die aus Nase, Orbita und Rachen kommenden sensiblen Rr. ganglionares ziehen am Ganglion pterygopalatinum vorbei zum N. maxillaris. Ihnen schließen sich postganglionäre parasympathische und sympathische Fasern an.

Die **Hinterwand** der Flügelgaumengrube ist über den *Canalis pterygoideus* mit der äußeren Schädelbasis verbunden. Durch den Kanal ziehen die *A. canalis pterygoidei* mit gleichnamiger Vene sowie der *N. canalis pterygoidei* (N. Vidianus), der durch die Vereinigung von Anteilen des *N. petrosus major* (parasympathisch) und des *N. petrosus profundus* (sympathisch) entsteht. Die *A. canalis pterygoidei* versorgt die *Tuba auditiva* und die angrenzenden Strukturen. Sie kann auch aus der A. palatina descendens hervorgehen. Der *N. pharyngeus* zieht nach hinten zur Schleimhaut des Rachens.

Die gaumenwärts gerichtete **Spitze** der Fossa pterygopalatina geht in den *Canalis palatinus major* über. In den Canalis palatinus major tritt die *A. palatina descendens*, die als *A. palatina major* durch das *Foramen palatinum majus* den harten Gaumen erreicht. Vom Stamm des N. maxillaris zieht der *N. palatinus major* am Ganglion pterygopalatinum vorbei nach unten und läuft im Canalis palatinus major zum Gaumen. Die *Nn. palatini minores* können noch innerhalb der Fossa pterygopalatina am Übergang zum Canalis pterygoideus

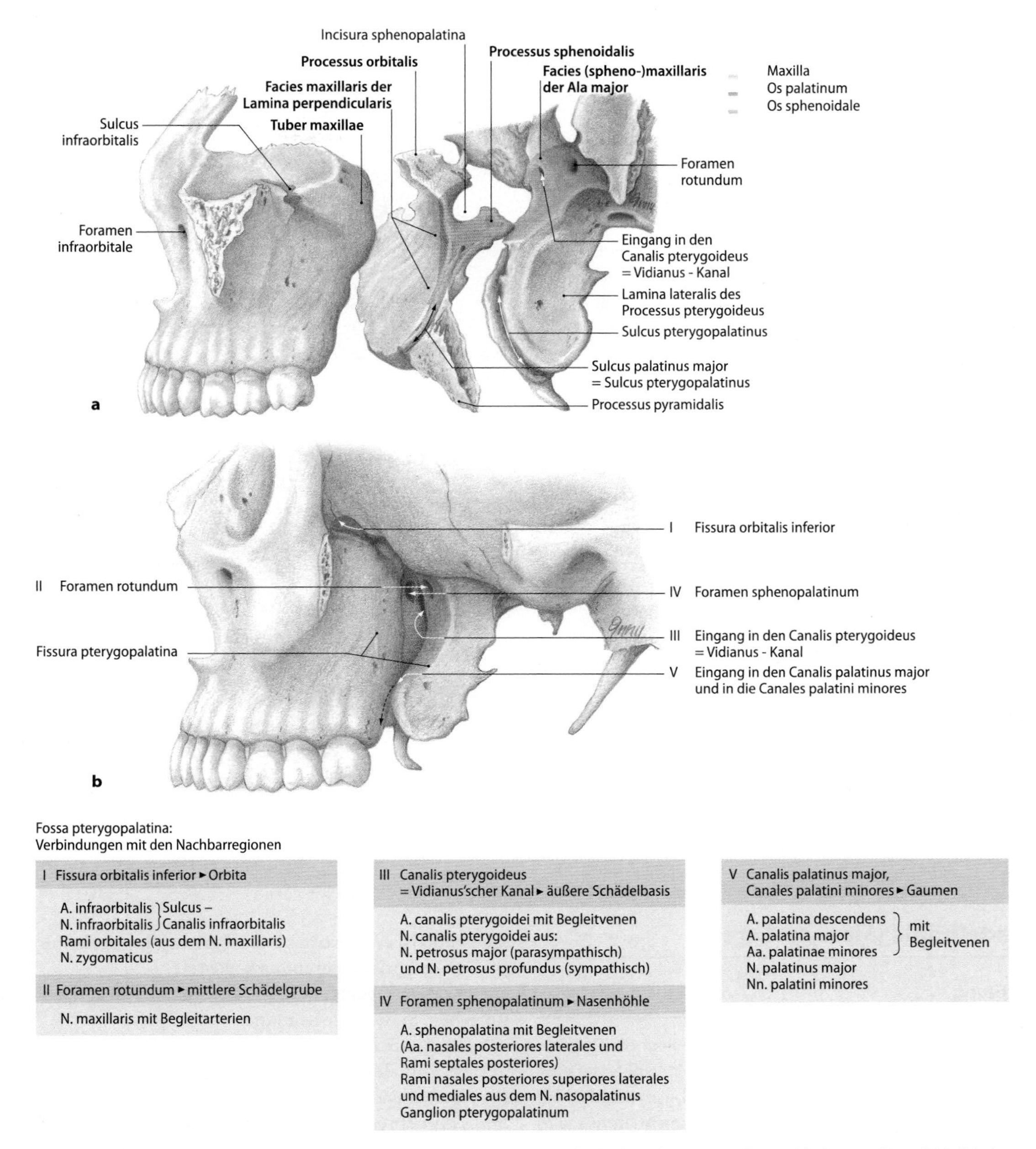

Fossa pterygopalatina:
Verbindungen mit den Nachbarregionen

I Fissura orbitalis inferior ▸ Orbita

A. infraorbitalis } Sulcus –
N. infraorbitalis } Canalis infraorbitalis
Rami orbitales (aus dem N. maxillaris)
N. zygomaticus

II Foramen rotundum ▸ mittlere Schädelgrube

N. maxillaris mit Begleitarterien

III Canalis pterygoideus = Vidianus'scher Kanal ▸ äußere Schädelbasis

A. canalis pterygoidei mit Begleitvenen
N. canalis pterygoidei aus:
N. petrosus major (parasympathisch)
und N. petrosus profundus (sympathisch)

IV Foramen sphenopalatinum ▸ Nasenhöhle

A. sphenopalatina mit Begleitvenen
(Aa. nasales posteriores laterales und
Rami septales posteriores)
Rami nasales posteriores superiores laterales
und mediales aus dem N. nasopalatinus
Ganglion pterygopalatinum

V Canalis palatinus major, Canales palatini minores ▸ Gaumen

A. palatina descendens } mit
A. palatina major } Begleitvenen
Aa. palatinae minores }
N. palatinus major
Nn. palatini minores

Abb. 19.10a, b. Knochen der Flügelgaumengrube (Fossa pterygopalatina) der linken Seite, Ansicht von lateral. **a** Die an der Begrenzung der Fossa pterygopalatina beteiligten Anteile sind farbig markiert. **b** Verbindungen der Flügelgaumengrube mit den Nachbarregionen sind durch Pfeile markiert [1]

aus dem N. palatinus major abzweigen, bevor sie in Begleitung der Aa. palatinae minores in den *Canales palatini minores* zum weichen Gaumen gelangen. Innerhalb des Canalis palatinus major werden die Leitungsbahnen von Bindegewebe umhüllt. Die *A. canalis pterygoidei* zieht nach hinten in den Canalis pterygoideus (Vidianus). Sie kann auch aus der A. palatina descendens hervorgehen.

Über das im kranialen Teil der **medialen Wand** liegende Foramen sphenopalatinum erreichen die *A. sphenopalatina* sowie die *Rr. nasales posteriores superiores laterales* und *mediales* und der *N. nasopalatinus* des N. maxillaris (V2) die Nasenhöhle.

Die *Fissura orbitalis inferior* verbindet im **vorderen oberen Abschnitt** die Fossa pterygopalatina mit der Orbita. Als Endast der A. maxillaris zieht die *A. infraorbitalis* zum Orbitaboden, wo sie im Sulcus und Canalis infraorbitalis zum Gesicht gelangt. Die Arterie wird vom *N. infraorbitalis (V2)* begleitet, der die horizontale Verlaufsrichtung des N. maxillaris innerhalb der Flügelgaumengrube bis zum Orbitaboden fortsetzt. Der *N. zygomaticus (V2)* zweigt unmittelbar unterhalb des Foramen rotundum vom N. maxillaris ab und tritt durch die Fissura orbitalis inferior zur seitlichen Wand der Orbita. Aus der Orbita sowie vom Sinus sphenoidalis und von den Cellulae ethmoidales posteriores kommende *Rr. orbitales* erreichen durch die Fissura orbitalis inferior den Stamm des N. maxillaris in der Fossa pterygopalatina.

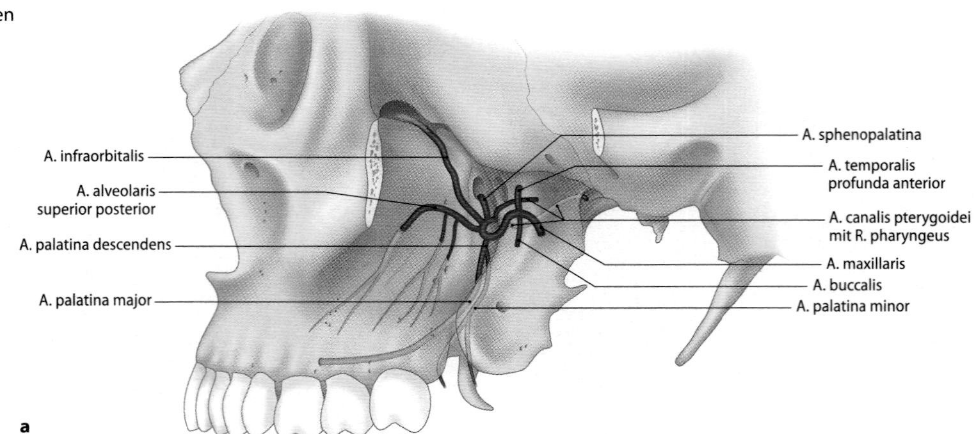

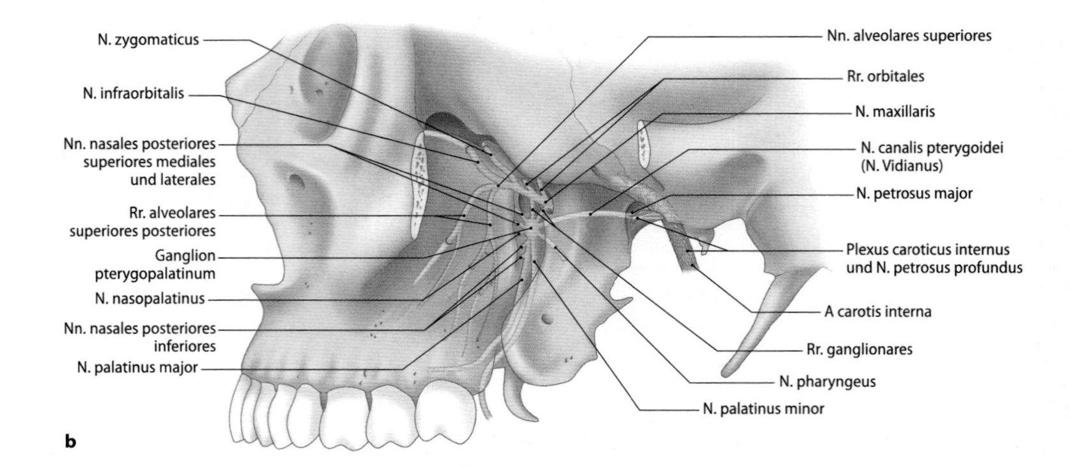

Abb. 19.11a, b. Arterien (**a**) und Nerven (**b**) im Bereich der Fossa pterygopalatina (intraossärer Verlauf hell)

19.4 Schädelhöhle (Situs cavi cranii)

Einführung

Der nachfolgenden Darstellung der Schädelhöhle liegt die Präparationssituation nach Herausnahme des Gehirns mit seinen Gefäßen zugrunde. Die Knochen der inneren Schädelbasis werden im ► Kap. 4.2.1, S. 95 beschrieben. In der systematischen Anatomie wird die innere Schädelbasis in eine vordere, mittlere und hintere Schädelgrube eingeteilt. Unter morphologischen und unter klinischen Gesichtspunkten kann man in den einzelnen Schädelgruben einen mittleren und einen paarigen lateralen Teil unterscheiden. Diese Einteilung liegt der folgenden topographischen Beschreibung der einzelnen Abschnitte zugrunde.

19.4.1 Allgemeine Übersicht

Die Knochen der Schädelhöhle werden vom endokranialen **Periost** bedeckt, das größtenteils mit dem parietalen Blatt der *Dura mater encephali* verwachsen ist, so dass ein **Dura-Periost-Blatt** entsteht (► Kap. 17.4, Abb. 17.35). Die glatte Innenfläche der Dura mater encephali spiegelt das Relief der sie bedeckenden Knochen wider (Abb. 19.12). Beim Erwachsenen lässt sich das Dura-Periost-Blatt an der Calvaria präparatorisch leicht vom Knochen lösen. An der Schädelbasis sind Periost und Dura am Knochen fixiert, besonders fest ist die Verbindung an den Ein- und Austrittsöffnungen von Gefäßen und Nerven, wo das Dura-Periost-Blatt die Leitungsbahnen bis in die zugehörigen Foramina begleitet.

Die **Meningealgefäße** werden vom Bindegewebe des Periostes umgeben. Sie liegen extradural.

Die *Sinus durae matris* liegen zum Teil zwischen Dura und Periost; zum Teil verlaufen sie in Spalten innerhalb der Dura mater (► Kap. 17.4 und 17.6, Abb. 17.50). *A. carotis interna* und *A. vertebralis* durchbrechen die Dura mater und gelangen in den Subarachnoidealraum.

Bei den **Hirnnerven** sind die **primären Austrittstellen** durch die Dura mater und die **sekundären Ausstrittsstellen** durch den Knochen unterschiedlich. Bei den Hirnnerven I, II, VIII, IX, X, XI und XII fallen der Austritt aus Dura und Knochen zusammen. Bei den Hirnnerven III, IV, V, VI und VII liegt zwischen Dura- und Schädelaustritt eine unterschiedlich lange extradurale, aber intrakraniale Verlaufstrecke.

19.4.2 Vordere Schädelgrube (Fossa cranii anterior)

Die knöcherne Grundlage der vorderen Schädelgrube, in der die Frontallappen des Großhirns sowie Bulbus und Tractus olfactorius liegen, bilden das *Os frontale* und das *Os ethmoidale*. Die hintere Begrenzung erfolgt seitlich durch die kleinen Keilbeinflügel und in der Mitte durch die hintere Kante des *Jugum sphenoidale (Limbus sphenidalis)*. An der freien Kante der kleinen Keilbeinflügel ziehen die *Sinus sphenoparietales* zum Sinus cavernosus.

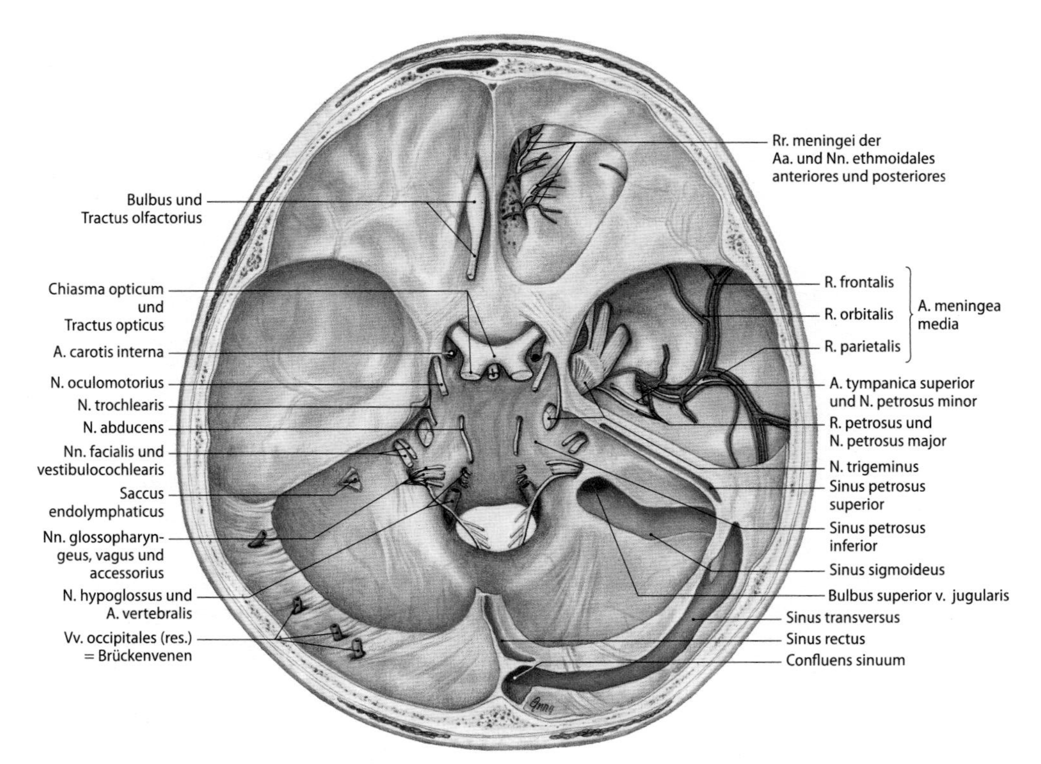

Abb. 19.12. Strukturen der inneren Schädelbasis (Situs cavi cranii). Ansicht von oben. Auf der rechten Seite wurde die Dura mater zur Freilegung der Leitungsbahnen teilweise entfernt, die Sinus durae matris wurden zum Teil eröffnet [1]

Der von der dünnen *Pars orbitalis* des *Os frontale* gebildete **laterale Teil** der vorderen Schädelgrube ist individuell unterschiedlich stark konvex gewölbt. Hier zeichnet sich durch die Dura mater das Relief der *Impressiones digitatae (gyrorum)* – den Stirnlappenwindungen entsprechende Vertiefungen – und der *Juga cerebralia* – den Hirnfurchen entsprechende Erhabenheiten – besonders deutlich ab.

Im **mittleren Abschnitt** der vorderen Schädelgrube liegen *Crista galli* für die Anheftung der Falx cerebri und *Lamina cribrosa* des *Os ethmoidale* sowie der anschließende vordere Teil des Keilbeinkörpers, *Jugum sphenoidale* (Abb. 19.12). Rostral von der Crista galli senkt sich die Dura mater in das normalerweise blind endende variable *Foramen caecum,* über das bei Kindern eine Verbindung zwischen Nasenvenen und *Sinus sagittalis superior* besteht, die beim Erwachsenen nur noch selten erhalten ist. Seitlich von der Crista galli bildet der Knochen der *Lamina cribrosa* die paarige *Fossa olfactoria,* deren Tiefe individuell und im Seitenvergleich variiert. In der Fossa olfactoria liegt der *Bulbus olfactorius*, den die *Fila olfactoria* durch die *Lamina cribrosa* aus der Nase erreichen. Durch den flacheren hinteren Teil der Fossa olfactoria zieht der *Tractus olfactorius* hirnwärts.

Die **Blutversorgung** des Dura-Periost-Blattes und des sie bedeckenden Knochens der mittleren vorderen Schädelbasisregion erfolgt durch die *Aa. ethmoidales anterior* und *posterior* aus der *A. ophthalmica.* Die A. ethmoidalis anterior (► Kap. 9.1) gelangt durch das Foramen ethmoidale anterius aus der Orbita im Canalis ethmoidalis anterior zwischen vorderen Siebbeinzellen unter die Dura mater in den Bereich der Lamina cribrosa. Hier geht der *R. meningeus anterior* aus ihr hervor, die Dura mater und Knochen versorgt. Die A. ethmoidalis posterior tritt durch den Canalis ethmoidalis posterior und versorgt die Dura mater im hinteren Teil der Lamina cribrosa. In den seitlichen Anteil der vorderen Schädelbasis gelangt der *R. frontalis* der *A. meningea media* in einer Knochenrinne oder über ein Foramen im Rand des kleinen Keilbeinflügels. Die Arterien werden von gleichnamigen Venen begleitet.

Die **sensible Versorgung** der Dura mater encephali der vorderen Schädelbasis erfolgt durch *Rr. meningei* des *N. ethmoidalis anterior* und des *N. ethmoidalis posterior* aus dem *N. nasociliaris (V1),* die mit den gleichnamigen Arterien ziehen. In den seitlichen Bereich gelangen auch Äste der *Nn. maxillaris* und *mandibularis.*

Der vordere Abschnitt der Schädelbasis hat topographische Beziehungen zur Augenhöhle, zur Nasenhöhle, zu den Siebbeinzellen und zur Keilbeinhöhle.

19.7 Nasenbluten und Rhinoliquorrhö bei Schädelbasisfraktur

Bei einer Schädelbasisfraktur im Bereich der Lamina cribrosa kann es aufgrund von Verletzungen der Aa. ethmoidales aus der Nase bluten. Bei Mitverletzung von Dura und Arachnoidea mater mit Eröffnung des äußeren Liquorraumes kommt es außerdem zum Ausfluss von Liquor cerebrospinalis aus der Nase (Rhinoliquorrhö).

19.4.3 Mittlere Schädelgrube (Fossa cranii medialis)

Charakteristisch für das Oberflächenrelief des mittleren Abschnittes der inneren Schädelbasis sind die tiefen seitlichen Anteile der mittleren Schädelgrube, die den Temporallappen des Großhirns aufnehmen, sowie die höher liegende Sella turcica im mittleren Bereich.

Der **mittlere Teil der Region** beginnt am *Sulcus prechiasmaticus* des Keilbeins, der die *Canales optici* miteinander verbindet, und endet am *Dorsum sellae.* Im Zentrum der mittleren Region stehen die Strukturen im Bereich der *Fossa hypophysialis*, deren Boden das Dach des Sinus sphenoidalis bildet (Abb. 19.13). Durch den *Canalis opti-*

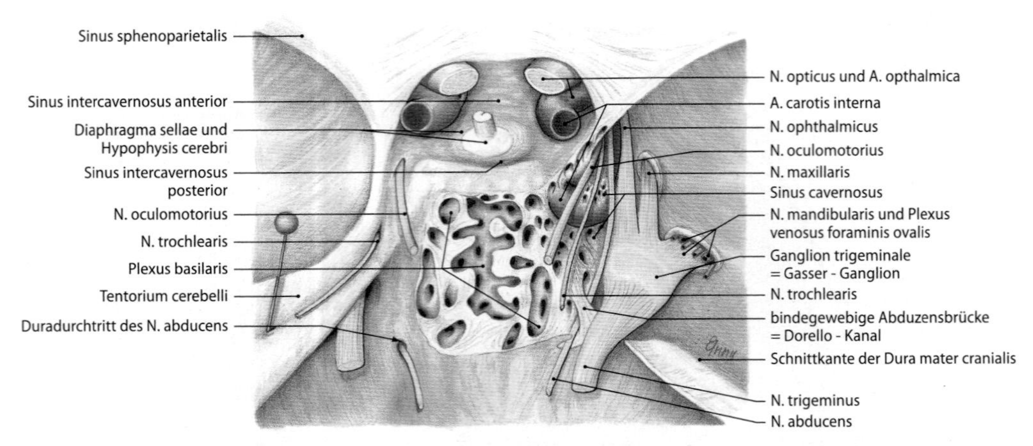

Abb. 19.13. Teilansicht des Situs cavi cranii von oben, Hypophysenregion, Sinus cavernosus und Plexus basilaris. Zur Darstellung der Strukturen wurde die Dura mater teilweise abgetragen [1]

cus verlässt der *N. opticus* die Orbita. Der Sehnerv wird von der *A. ophthalmica* mit dem Plexus sympathicus begleitet. Die A. ophthalmica entspringt aus der Konvexität des Siphon der *A. carotis interna* unmittelbar nach deren Austritt aus dem Sinus cavernosus. Die A. ophthalmica gelangt meistens von medial, gelegentlich auch von lateral an der Unterseite des Sehnervs in die Orbita.

Zu den Organen der mittleren Region gehört die **Hypophyse,** die in der vom Dura-Periost-Blatt ausgekleideten *Fossa hypophysialis* liegt. Zwischen Dorsum sellae und Processus clinoidei posteriores sowie Processus clinoidei anteriores spannt sich das *Diaphragma sellae* aus. Die horizontale Duraplatte enthält eine Lücke für den Durchtritt des Hypophysenstiels *(Infundibulum).*

Infundibulum und Hypophyse haben enge **topographische Beziehungen** zum *Chiasma opticum* (► Kap. 17.7, S. 685). Die Hypophyse ist nur über eine dünne Knochenlamelle im Boden der Sella turcica vom *Sinus sphenoidalis* getrennt (19.8). Lateral grenzt die Fossa hypophysialis an den *Sinus cavernosus* und an die *A. carotis interna*, welche die Hypophyse über die *A. hypophysialis inferior* und *A. hypophysialis superior* mit Blut versorgen. Die Hypophysenarterien bilden Anastomosen miteinander und untereinander. Die Hypophyse wird außerdem von einem Venenring umgeben, der durch die Anastomosen zwischen *Sinus intercavernosus anterior* und *Sinus intercavernosus posterior* zustande kommt.

19.8 Folgen eines Hypophysentumors

Ein Hypophysentumor kann zur Druckschädigung der im Chiasma opticum kreuzenden Fasern des Sehnervs führen, wobei es zu einer bitemporalen Hemianopsie kommt.

Lateral von der Sella turcica liegt der **Sinus cavernosus,** der sich von der *Fissura orbitalis superior* bis zur Spitze der Schläfenbeinpyramide ausdehnt (Abb. 19.13). Das Lumen des Sinus cavernosus wird von Bindegewebesepten durchzogen und dadurch unterkammert.

Über die Fissura orbitalis superior gelangen die *Vv. ophthalmica superior* und *inferior* (var.) in den Sinus cavernosus (Verbindung zur V. angularis). Unter dem Processus clinoideus anterior mündet der *Sinus sphenoparietalis* in den Sinus cavernosus. Über die *Sinus intercavernosi anterior* und *posterior* sind die *Sinus cavernosi* beider Seiten über transversale Anastomosen miteinander verbunden. Der Abfluss aus dem Sinus cavernosus erfolgt über die *Sinus pertrosi superior* und *inferior*. Der Sinus cavernosus steht okzipital mit dem *Plexus basilaris* in Verbindung. Er erhält auch Zuflüsse aus der *V. media superficialis cerebri* und aus den *Vv. inferiores cerebri.*

Durch den Sinus cavernosus ziehen die *A. carotis interna (Pars cavernosa)* und der *N. abducens* (Abb. 19.14). Der N. abducens liegt im vorderen Abschnitt seitlich unterhalb der A. carotis interna. Die *Pars petrosa* der A. carotis interna gelangt nach ihrem Verlauf im Canalis

Abb. 19.14. Frontalschnitt durch den Bereich des Sinus cavernosus der rechten Seite. Ansicht von hinten [1]

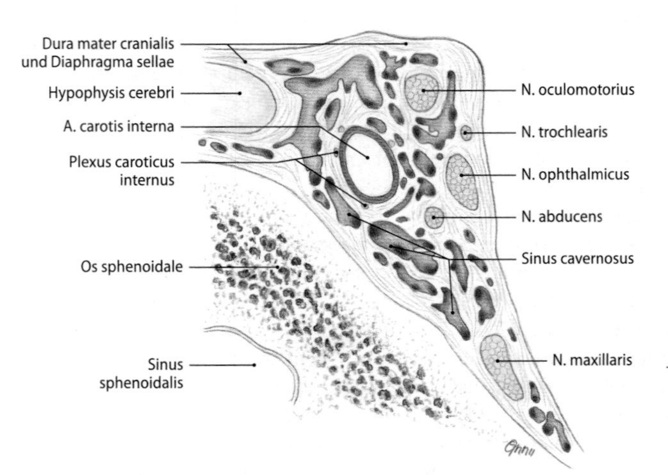

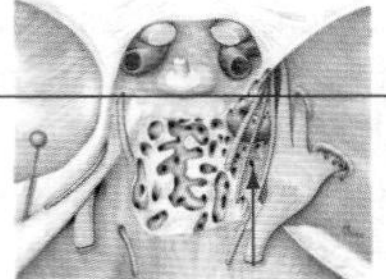

caroticus an der Felsenbeinspitze oberhalb des Foramen lacerum durch die *Apertura interna* des *Canalis caroticus* in die mittlere Schädelgrube zum Sinus cavernosus. Sie liegt hier im *Sulcus caroticus* an der seitlichen Fläche des Keilbeinkörpers. Ihr individuell variierender S-förmiger Verlauf in diesem Abschnitt wird als **Karotissiphon** bezeichnet. Aus der Pars cavernosa der A. carotis interna gehen Äste zu den Hirnhäuten, der Hypophyse *(A. hypophysialis inferior)*, dem Ganglion trigeminale *(Rr. ganglionares trigeminales)* und den Hirnnerven *(Rr. nervorum)*. Die A. carotis interna verlässt den Raum durch die **obere Wand des Sinus cavernosus.** Diese wird von den Ausläufern des *Tentorium cerebelli* gebildete, die an den Processus clinoidei anterior und posterior verankert sind. Aus dem Sinus cavernosus tritt die A. carotis interna in den Subarachnoidealraum (Pars cerebralis, ► Kap. 17.6, S. 658).

In der Dura mater der **lateralen Wand des Sinus cavernosus** ziehen *N. trochlearis*, und *N. oculomotorius* sowie nach ihrem Abgang aus dem Ganglion trigeminale die *Nn. ophthalmicus (V1)* und *maxillaris (V2)* (■ Abb. 19.14).

Die Augenmuskelnerven nehmen schon in der hinteren Schädelgrube Beziehungen zur Dura mater auf, bevor sie in die mittlere Schädelgrube gelangen. Der *N. oculomotorius* zieht lateral vom Processus clinoideus posterior im Winkel zwischen oberer und lateraler Wand zum Sinus cavernosus. Der *N. trochlearis* gelangt an der Unterseite des Tentorium cerebelli in die laterale Wand (■ Abb. 19.13). Er zieht seitlich unterhalb des N. oculomotorius gemeinsam mit diesem zur *Fissura orbitalis superior*, wo er ihn überkreuzt.

Im vorderen Abschnitt des Sinus cavernosus liegt der *N. ophthalmicus (V3)* in dessen lateraler Wand. Der Nerv zieht unterhalb der Nn. oculomotorius und trochlearis zur Fissura orbitalis superior. Im mittleren Abschnitt tritt der N. maxillaris in Beziehung zur unteren seitlichen Wand des Sinus cavernosus.

Durch den Sinus cavernosus ziehen A. carotis interna und N. abducens. In der lateralen Wand laufen die Nn. oculomotorius, trochlearis, ophthalmicus und maxillaris.

19.9 Thrombose und arteriovenöse Fistel des Sinus cavernosus

Eine Thrombose im Sinus cavernosus oder ein Aneurysma der A. carotis interna kann zu Schädigungen der hier verlaufenden Hirnnerven (VI, III, VI und V1 und V2) führen. Bei einer arteriovenösen Fistel zwischen A. carotis interna und Sinus cavernosus kommt es neben einer Druckschädigung der Hirnnerven zum pulsierenden Exophthalmus.

Eine enge Nachbarschaft zur lateralen hinteren Wand des Sinus cavernosus hat das **Cavum trigeminale** (Cavum Meckeli), in dem das *Ganglion trigeminale (semilunare)* – Ganglion Gasseri, und die Anfangsstrecke der 3 Trigeminusäste liegen (■ Abb. 19.13). Der *N. trigeminus* gelangt durch eine Lücke *(Porus trigeminalis)* zwischen der Spitze der Felsenbeinpyramide und der darüber hinwegziehenden Anheftungszone des Tentorium cerebelli, in der der *Sinus petrosus superior* läuft, in das Cavum trigeminale.

Den Boden des Cavum Meckeli bilden Periost und Knochen der *Impressio trigeminalis* an der Vorderwand der Pyramidenbeinspitze. Das Periost geht in ein dünnes Bindegewebeblatt über, das als mediale Wand das Cavum Meckeli vom hinteren Abschnitt des Sinus cavernosus trennt. Lateral wird das Cavum Meckeli durch die Dura mater von der mittleren Schädelgrube abgegrenzt.

Der *N. trigeminus* wird in das Cavum Meckeli bis zum Ganglion trigeminale von einer Ausstülpung des *Spatium subarachnoideum (Cisterna trigemini)* begleitet. Der Subarachnoidealraum endet im Grenzbereich der Aufteilung in die 3 Trigeminusäste, wo die Arachnoidea fest am Ganglion trigeminale fixiert ist. Das Ganglion trigeminale steht in enger topographischer Beziehung zur *A. carotis interna* und zum *N. abducens*.

Der paarige **laterale Teil der mittleren Schädelgrube** erstreckt sich von der Ala minor des Keilbeins bis zum Margo superior partis petrosae des Schläfenbeins (■ Abb. 19.12). Den **Boden** bilden die *Ala major ossis sphenoidalis* und die *Pars squamosa ossis temporalis*, die seitlich in die laterale Wand übergeht. Über 2 Öffnungen im Boden steht die mittlere Schädelgrube mit der Fossa infratemporalis in Verbindung. Durch das **Foramen spinosum** betreten *A. meningea media* mit sympathischen Nervenfasern und der *R. meningeus* des N. mandibularis die Schädelhöhle. Im **Foramen ovale** tritt der *N. mandibularis (V3)* aus.

Der *Plexus venosus foraminis ovalis* hat Verbindungen zum Sinus cavernosus und zum Plexus pterygoideus. Das am mazerierten Schädel sichtbare *Foramen lacerum* ist durch Faserknorpel *(Synchondrosis sphenopetrosa)* verschlossen. Durch das Foramen lacerum verlassen der aus dem Plexus caroticus internus hervorgehende *N. petrosus profundus* und der *N. petrosus major (VII)* die mittlere Schädelgrube. Durch das im vorderen Bereich der Ala major liegende *Foramen rotundum* gelangt der N. maxillaris (V2) in die *Fossa pterygopalatina*. Ala major und Ala minor des Keilbeins begrenzen in der Vorderwand der mittleren Schädelgrube die *Fissura orbitalis superior*, durch welche die Augenmuskelnerven (III, IV, VI) und der N. ophthalmicus (V1) in die Orbita treten. Die Venen der Orbita gelangen durch die Fissura orbitalis superior zum Sinus cavernosus (► Kap. 17.7, S. 682).

Die **hintere Wand** der mittleren Schädelgrube bildet die Vorderfläche des Felsenbeins *(Facies anterior partis petrosae)* (■ Abb. 19.12). Auf ihr wölbt sich die durch den vorderen Bogengang hervorgerufene *Eminentia arcuata* vor. Seitlich vor der Eminentia arcuata liegt das Paukenhöhlendach *(Tegmen tympani)*. Am *Hiatus canalis n. petrosi majoris* tritt der *N. petrosus major*, am *Hiatus canalis n. petrosi minoris* der *N. petrosus minor* aus dem Felsenbein auf dessen Vorderfläche, wo sie von Dura mater bedeckt nach rostral ziehen. Der N. petrosus major (VII) zieht im *Sulcus n. petrosi majoris* zum Foramen lacerum, durch das er zur äußeren Schädelbasis und zum *Canalis pterygoideus* gelangt (N. canalis pterygoideus). Mit dem N. petrosus major zieht der *R. petrosus* (A. meningea media) zum Felsenbein, der über den Hiatus canalis n. petrosi majoris mit der A. stylomastoidea (A. auricularis posterior) anastomosiert. Der N. petrosus minor (IX) zieht im *Sulcus n. petrosi minoris* und gelangt durch die *Fissura sphenopetrosa* zum *Ganglion oticum* (► Kap. 17.5, S. 654). Der Nerv wird von der *A. tympanica superior* (A. meningea media) begleitet, die am Hiatus canalis n. petrosi minoris in die Paukenhöhle tritt.

Die **arterielle Versorgung** von Knochen und Dura-Periost-Blatt der mittleren Schädelgrube erfolgt durch die *A. meningea media* (A. maxillaris), die in Begleitung der *Vv. meningeae mediae* in den *Sulci arteriae meningeae mediae* verläuft (19.10). Das Relief der Meningealgefäße ist durch die Dura erkennbar. Der vordere Ast der Arterie, *R. frontalis*, zieht nach rostral und gelangt in die vordere Schädelgrube. Vom R. frontalis zweigt der *R. orbitalis* ab, der im Regelfall durch die Fissura orbitalis in die Orbita tritt. Der R. orbitalis zieht in einem Drittel der Fälle seitlich von der Fissura orbitalis superior durch ein *Foramen meningoorbitale* in die Augenhöhle, wo er sich über seinen *R. anastomoticus* mit der *A. lacrimalis* verbindet. Sehr selten geht die A. ophthalmica über den R. anastomoticus aus dem frontalen Ast der A. meningea media hervor. Der *R. parietalis* der A. meningea media zieht bogenförmig über das Os parietale zur hinteren Schädelgrube. (R. petrosus). Die Äste der A. meningea media verzweigen sich bis in den Bereich der Calvaria.

Der **venöse Abfluss** erfolgt über die *Vv. meningeae mediae*, die durch das Foramen spinosum den Plexus pterygoideus in der Fossa infratemporalis erreichen.

Die **sensible Versorgung** der Dura mater im mittleren Abschnitt der Schädelbasis erfolgt über den *R. meningeus* des N. maxillaris (V2), der den Nerv vor seinem Eintritt in das Foramen rotundum verlässt. Sein Innervationsgebiet entspricht dem Versorgungsbereich des R. frontalis der A. meningea media. Der *R. meningeus* des N. mandibularis (V3) zweigt unmittelbar nach dem Austritt des Nervs von diesem ab. Er gelangt durch das Foramen spinosum mit der A. meningea media in die mittlere Schädelgrube, deren Dura mater er versorgt. Der R. meningeus n. mandibularis innerviert außerdem die Schleimhaut der Keilbeinhöhle und mit Ästen, die durch die Fissura petrosquamosa treten, die Schleimhaut der Cellulae mastoideae.

19.10 Intrakranielle Blutungen

Zerreißungen der A. meningea media bei einer Schädelfraktur sind die häufigste Ursache für ein epidurales Hämatom (Blutung zwischen Knochen und nicht verletztem Dura-Periost-Blatt), dessen Verlaufsformen (Bewusstseinsstörungen und sog. freies Intervall) von einer Hirnbeteiligung (Hirnkontusion) abhängen.

Beim subduralen Hämatom breitet sich die Blutung zwischen Dura und Arachnoidea mater aus. Häufigste Ursache sind abgerissene Brückenvenen infolge eines Schädeltraumas. Die Blutungen führen zu einer lebensbedrohlichen Erhöhung des intrakraniellen Druckes.

19.4.4 Hintere Schädelgrube (Fossa cranii posterior)

Das knöcherne Relief der hinteren Schädelgrube (Abb. 19.12) prägen im mittleren Abschnitt *Clivus* und *Foramen magnum*, in den seitlichen Anteilen die Hinterfläche des Felsenbeins mit *Porus acusticus internus*, das *Foramen jugulare* sowie die Sulci der *Sinus durae matris*. In der hinteren Schädelgrube liegt das Rautenhirn.

Die knöcherne Grundlage des **mittleren Abschnitts** bildet der von Keilbeinkörper und Pars basilaris des Os occipitale gebildete *Clivus*, der sich vom Dorsum sellae bis zum Vorderrand des Foramen magnum ausdehnt. Unter der Dura mater des Clivus liegt der *Plexus basilaris*, der mit den Sinus cavernosi und petrosi inferiores sowie mit den Venengeflechten des Wirbelkanals anastomosiert.

Die Augenmuskelnerven (III, IV und VI) und der N. trigeminus treten aus dem mittleren Abschnitt der hinteren Schädelgrube durch die Dura mater oder in die Dura mater, und gelangen in die mittlere Schädelgrube (Abb. 19.13). Der *N. abducens* durchbricht in der Mitte des Clivus die Dura mater. Er zieht auf der Clivusrückfläche nach kranial und gelangt über die obere Kante des Felsenbeins, wo er von Bindegewebe (Dorello-Kanal) oder von einer knöchernen Spange überbrückt werden kann (Abduzensbrücke), zur mittleren Schädelgrube in den Sinus cavernosus. Der Nerv hat den längsten extraduralen Verlauf der Hirnnerven (19.11).

19.11 Schädigung von Hirnnerven bei Schädelbasisfrakturen

Der N. abducens ist aufgrund seines langen extraduralen Verlaufes bei Schädelbasisfrakturen besonders gefährdet. Bei Frakturen in der hinteren Schädelgrube, deren Frakturspalt durch den Porus acusticus internus, das Foramen jugulare und den Canalis n. hypoglossi verläuft, können die hier durchtretenden Hirnnerven (VII, VII/IX, X, XI/XII) geschädigt werden.

Die *Nn. trochlearis* und *oculomotorius* treten an der Unterseite des Tentorium cerebelli in die Dura ein. Der N. trigeminus verlässt die hintere Schädelgrube durch den Porus trigeminalis. Über der Pars lateralis des Os occipitale durchsetzen die Wurzelfäden des *N. hypoglossus* in zwei Bündeln die Dura mater und ziehen extradural zum *Canalis n. hypoglossi*. Über den vorderen seitlichen Rand des *Foramen magnum* gelangt die *A. vertebralis* nach ihrem Durchtritt durch die Dura mater in die hintere Schädelgrube. Die Arterien der rechten und linken Seite vereinigen sich auf dem Clivus zur *A. basilaris* (▶ Kap. 17.6, Abb. 17.46). Die A. vertebralis wird oberhalb des Foramen magnum von der hier eintretenden *Radix spinalis* des *N. accessorius* überkreuzt (Abb. 19.12).

Am lateralen Rand des Clivus zieht im *Sulcus sinus petrosi inferioris* der *Sinus petrosus inferior* zum *Foramen jugulare*. Er überkreuzt medial die Nn. IX, X und XI, bevor er in die *V. jugularis interna* mündet.

Die knöcherne Begrenzung des paarigen **lateralen Teiles der hinteren Schädelgrube** erstreckt sich vom Margo superior des Felsenbeins entlang des Sulcus sinus transversi bis zur Protuberantia occipitalis interna. An der Begrenzungslinie ist das *Tentorium cerebelli* angeheftet, das die hintere Schädelgrube überdacht. Im seitlichen Teil der hinteren Schädelgrube liegen die Kleinhirnhemisphären. Die knöchernen Wände bilden die Facies posterior des Felsenbeins und die Fossa cerebellaris der Hinterhauptschuppe. Das knöcherne Relief wird durch die Sinus durae matris und durch die Anheftungen der Durasepten hervorgerufen.

Vom Sinus cavernosus läuft der Sinus petrosus superior im Sulcus sinus petrosi superioris zum Sinus sigmoideus. In den Porus acusticus internus ziehen der N. facialis und der N. vestibulocochlearis mit der A. labyrinthi (A. inferior anterior cerebelli). Die aus dem Meatus acusticus kommenden Vv. labyrinthi münden in den Sinus petrosus inferior. Hinter dem Porus acusticus internus liegt die Öffnung *(Apertura canaliculi vestibuli)* des *Canaliculus vestibuli*, wo der *Ductus endolymphaticus* in den von Durablättern eingeschlossenen *Saccus endolymphaticus* übergeht (▶ Kap. 17.8, Abb. 17.83). Das *Foramen jugulare* wird durch eine Bindegewebebrücke unterteilt. Im hinteren Abschnitt mündet der *Sinus sigmoideus* im vorderen Abschnitt der *Sinus petrosus inferior*. Durch den bindegewebigen Teil des Foramen jugulare verlassen die *Nn. glossopharyngeus, vagus* und *accessorius* die hintere Schädelgrube.

Die *Sinus durae matris* der hinteren Schädelgrube sammeln das Venenblut aus dem Schädelinnern und führen es der *V. jugularis interna* zu. Vom *Confluens sinuum*, wo die *Sinus sagittalis superior, rectus* und *occipitalis* zusammentreffen, wird das Blut über den *Sinus transversus* im Sulcus sinus transversi dem *Sinus sigmoideus* zugeleitet. In den Sinus transversus münden oberflächliche Hirnvenen (Brückenvenen, 19.10). Der im Sulcus sinus sigmoidei liegende *Sinus sigmoideus* mündet im *Bulbus superior* der *V. jugularis interna*.

Um das Foramen magnum liegt der *Sinus marginalis* mit Verbindungen zu den Venen des Wirbelkanals und zum *Sinus occipitalis*. Der Sinus occipitalis zieht entlang der Crista occipitalis interna und mündet in den Confluens sinuum.

An der **arteriellen Versorgung** von Dura-Periost-Blatt und Knochen beteiligen sich der *R. parietalis* der *A. meningea media*, Äste der *A. vertebralis* sowie die *A. meningea posterior* (A. pharyngea ascendens), die im Regelfall durch das Foramen jugulare, variabel durch das Foramen lacerum oder durch den Canalis n. hypoglossi in den Schädel gelangt.

Die Dura mater der hinteren Schädelgrube wird vom *R. meningeus* des *N. vagus* innerviert (19.12). Über die Foramina magnum und jugulare gelangen Äste des ersten und zweiten Zervikalnerven zur Dura mater im unteren Bereich des Clivus. Das Tentorium cerebelli versorgen Äste des N. ophthalmicus (V1).

19.12 Ursache des Erbrechens bei Meningitis

Bei einer Meningitis kommt es aufgrund der Reizung des N. vagus reflektorisch zum Erbrechen.

19

20 Hals

B. N. Tillmann

Einführung

Der Hals verbindet die Luft- und Speisewege sowie die Leitungsbahnen und das Zentralnervensystem zwischen Kopf und Rumpf. Er ist außerdem »Transitstrecke« für die Leitungsbahnen zur und von der oberen Extremität. Zu den Organen des Halses zählen Schilddrüse, Epithelkörperchen, Unterkieferspeicheldrüse sowie der Kehlkopf als spezielle Einrichtung des Atemtraktes. Das Skelett des Halses ist Teil der Wirbelsäule.

Im klinischen Sprachgebrauch werden als Hals (im engeren Sinn, Cervix) die vordere und die seitlichen Halsregionen verstanden. Die hintere Region des Halses wird als Nacken *(Nucha)* bezeichnet. Die kraniale Grenze des Halses liegt auf einer Linie, die den Unterrand der Mandibula, die Spitzen der Warzenfortsätze, die Linea nuchalis superior und die Protuberantia occipitalis externa miteinander verbindet. Die kaudale Abgrenzung gegenüber dem Rumpf bilden der Oberrand von Manubrium sterni und Clavicula sowie die Verbindungslinie zwischen Acromion, Spina scapulae und Dornfortsatz des siebten Halswirbels. Die äußere Form des Halses wird durch die Hals- und Nackenmuskeln, das Skelett von Zungenbein und Kehlkopf, die Halsorgane sowie durch Menge und Verteilung des Unterhautfettgewebes geprägt. Das Erscheinungsbild der Form bildenden Strukturen hängt vom Körperbautypus und vom Alter ab.

Topographische Regionen des Halses (◘ Tafel I A):

Vordere Halsregion (Regio cervicalis anterior):
- Trigonum submandibulare
- Trigonum submentale
- Trigonum caroticum
- Trigonum musculare

Region im Bereich des M. sternocleidomastoideus (Regio sternocleidomastoidea):
- Fossa supraclavicularis minor

Seitliche Halsregion (Regio cervicalis lateralis):
- Trigonum omoclaviculare und
- Fossa supraclavicularis major

Nackengegend (Regio cervicalis posterior)

20.1 Regionen des Halses – Allgemeine Übersicht

20.1.1 Regiones cervicis (colli) anterior, sternocleidomastoidea und cervicis lateralis

Grenzen. Die **vordere Halsregion** *(Regio cervicalis anterior)* hat Dreiecksform *(Trigonum colli anterius)*. Die in der Anatomie gebräuchliche Einteilung in eine rechte und in eine linke vordere Halsregion, deren Grenze die Mittellinie des Halses bildet, findet in der Klinik keine Anwendung. Sie wird von den Vorderrändern der Mm. sternocleidomastoidei und vom Unterrand der Mandibula begrenzt. Die Spitze des Dreiecks bildet die Incisura jugularis des Manubrium sterni (◘ Tafel IA). Die vordere Halsregion (das **vordere Halsdreieck**) wird in mehrere Felder gegliedert. Die *Regio sternocleidomastoidea* umfasst die Strukturen in dem Bereich, der vom M. sternocleidomastoideus bedeckt wird. Die paarige **seitliche Halsregion** *(Regio cervicalis lateralis)* wird aufgrund seiner dreieckigen Form auch als **seitliches Halsdreieck** *(Trigonum colli laterale)* bezeichnet. Seine Grenzen sind der Hinterrand des M. sternocleidomastoideus, der Vorderrand des M. trapezius und die Clavicula. Die Größe der seitlichen Halsregion hängt von der Ausprägung des M. trapezius und des M. sternocleidomastoideus ab.

Oberflächenkontur und tastbare Strukturen. In der **vorderen Halsregion** sind Zungenbeinkörper und große Zungenbeinhörner tastbar. Unterhalb des Zungenbeins ragt die *Prominentia laryngea* des **Schildknorpels** vor, beim Mann deutlicher, sog. Adamsapfel (◘ Tafel III) als bei der Frau. Die *Incisura thyreoidea* und Teile der Schildknorpelplatte sowie der **Bogen des Ringknorpels** mit dem *Lig. cricothyreoideum medianum (Lig. conicum)* können palpiert werden (20.1). Der Umriss der **Schilddrüse** ist nur bei schwach ausgeprägtem Unterhautfettgewebe während des Schluckaktes neben dem Kehlkopf erkennbar. Oberhalb des Manubrium sterni sinkt die Haut zur Drosselgrube *(Fossa jugularis)* ein. Hier kann man die *Trachea* – vor allem bei fehlendem Schilddrüsenisthmus – tasten. Am Skelett der **Halswirbelsäule** lassen sich der *Processus transversus atlantis* zwischen Kieferwinkel und Processus mastoideus sowie das Tuberculum anterius des Processus transversus des 6. Halswirbels (*Tuberculum caroticum*, ► Puls der A. carotis communis, ◘ Tafel VIII, S. 924) palpieren (*Vertebra prominens*, ► Kap. 4, ◘ Abb. 4.57). Der Muskelbauch des in seinem gesamten Verlauf sichtbaren und tastbaren *M. sternocleidomastoideus* tritt besonders deutlich hervor, wenn der Kopf zur Gegenseite gedreht wird. Bei schlanken Individuen sind die *Fossa supraclavicularis minor* zwischen *Caput sternale* und *Caput claviculare* des M. sternocleidomastoideus sowie die Begrenzungen der **seitlichen Halsregion** – Clavicula, Hinterrand des M. sternocleidomastoideus und Vorderrand des M. trapezius – sichtbar.

Oberhalb des Schlüsselbeins sinkt die Haut zur *Fossa supraclavicularis major* ein. Im unteren medialen Abschnitt der seitlichen Halsregion springt der untere Bauch des *M. omohyoideus* bei Kontraktion (Schlucken) leicht vor. Die Ausdehnung des Platysma lässt sich durch kräftige, willkürliche Kontraktion sichtbar machen.

Muskeln. Systematik der Halsmuskeln und der Halsfaszien ► Kap. 4.2.4, S. 124.

Die **Muskeln** der Halsregionen und ihre **Faszien** grenzen unter topographischen Gesichtspunkten »Räume« ab, in denen die Halsorgane und die großen Leitungsbahnen liegen (◘ Abb. 20.1). Die **oberflächliche Umhüllung** bilden die Mm. trapezii und sternocleidomastoidei sowie das sie einschließende oberflächliche Blatt der Halsfaszie (► Kap. 4.2). In einer **mittleren Schicht** bedecken die infrahyoidalen Muskeln mit dem mittleren Halsfaszienblatt die Strukturen im Bereich zwischen Os hyoideum, Claviculae, Manubrium sterni und Mm. omohyoidei. Die **dorsale Begrenzung** der Eingeweide- und Gefäßräume bilden die Wirbelsäule mit den prävertebralen Muskeln und den Mm. scaleni sowie das tiefe Blatt der Halsfaszie. Im **unteren Abschnitt** des Halses begrenzen die Halsmuskeln **Durchtrittspforten,** durch die Leitungsbahnen aus dem medialen in den lateralen Halsbereich (und vice versa) treten. Durch die Lücke zwischen Mm. sternocleidomastoideus und scalenus anterior sowie erster Rippe (sog. **vordere Skalenuslücke**) zieht die *V. subclavia* in Begleitung des *Truncus (lymphaticus) subclavius* aus der seitlichen Halsregion zur *V. brachiocephalica.* Die Mm. scaleni anterior und medius sowie die erste Rippe begrenzen die **(hintere) Skalenuslücke,** durch die die *A. subclavia* und der *Plexus brachialis* in das seitliche Halsdreieck gelangen (◘ Abb. 20.9 und 20.11). Die Skalenuslücke verengt sich nach kranial zu einer **Rinne,** die vorn vom M. scalenus anterior und hinten vom M. scalenus medius sowie von den Mm. longi colli und capitis begrenzt wird. Aus ihr tritt der *Plexus cervicalis* in die seitliche Halsregion.

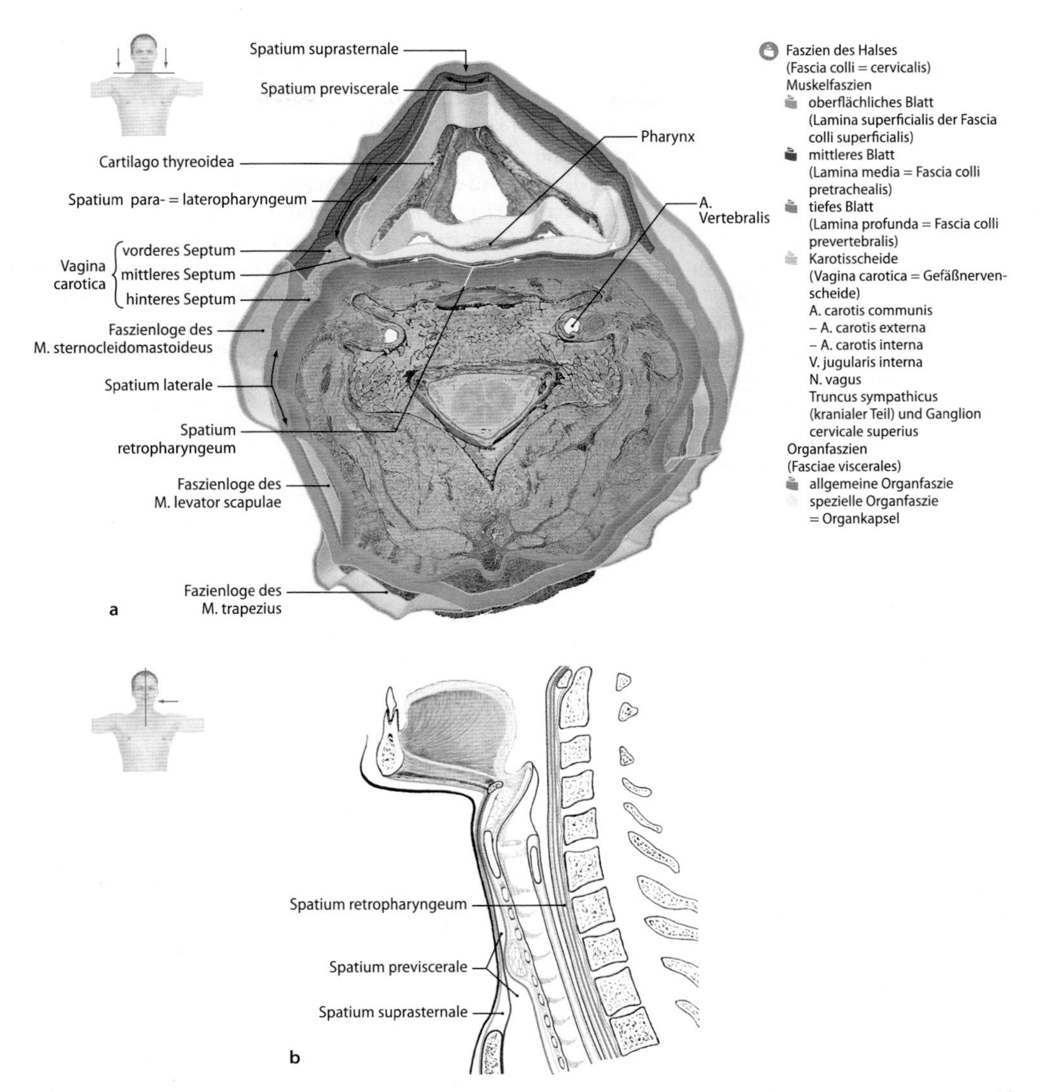

Abb. 20.1a, b. Faszien und Bindegeweberäume des Halses. **a** Histologischer Querschnitt durch den Hals in Höhe des Schildknorpels (Rekonstruktion der Halsfaszienblätter und Bindegeweberäume (► Kap. 4.2, Abb. 4.43). **b** Paramedianer Sagittalschnitt durch Kopf und Hals im Bereich des ersten Schneidezahns (schematische Darstellung, Ansicht der rechten Schnittfläche von medial [1]

Die Muskeln oberhalb des Zungenbeins (Mm. suprahyoidei, ► Kap. 4.2, Abb. 4.36) und das sie bedeckende oberflächliche Halsfaszienblatt bilden die kraniale muskuläre Grenze der mittleren Halsregion und zugleich den Mundhöhlenboden (► Kap. 4.2, Abb. 4.37).

Halsfaszien. Muskeln, Eingeweide und Leitungsbahnen des Halses werden von Bindegewebe umhüllt, das unter dem Sammelbegriff **Halsfaszie** *(Fascia cervicalis* oder *Fascia colli)* zusammengefasst wird (Abb. 20.1a und ► Kap. 4.2, Abb. 4.35). Die **Muskelfaszien** oberflächliches Blatt *(Lamina superficialis)*, mittleres Blatt *(Lamina pretrachealis [media])* und tiefes Blatt *(Lamina prevertebralis [profunda])* werden im ► Kap. 4.2, S. 126 im Zusammenhang mit den Halsmuskeln beschrieben.

Zur Halsfaszie rechnet man auch Bindegewebeblätter, welche die großen Leitungsbahnen *(Vagina carotica)* und die Halsorgane (allgemeine Organfaszie) einhüllen.

Die **Gefäß-Nerven-Scheide** des Halses (Karotisscheide: *Vagina carotica*; Abb. 20.7, 20.10) schließt

- die *A. carotis communis* und ihre Aufzweigungen
- die V. jugularis interna
- den N. vagus
- die Ansa cervicalis (profunda) und
- im kranialen Bereich den *Truncus sympathicus* ein.

Die *V. jugularis interna* ist innerhalb der Gefäß-Nerven-Scheide durch Bindegewebe von der A. carotis communis getrennt. Die **Vagina carotica** bildet einen **Pfeiler** im Fasziensystem des Halses, da ihre septenartigen Ausläufer (Abb. 20.1a) vorn mit dem mittleren, hinten mit dem oberflächlichen und medial mit dem hinteren Faszienblatt in Verbindung stehen (20.1). Die Vagina carotica ist mit der Zwischensehne des M. omohyoideus fest verwachsen (► Kap. 4.2, Abb. 4.35).

Die Halsorgane werden von einer gemeinsamen Bindegewebehülle, die man als **allgemeine Organfaszie** *(Fascia visceralis)* bezeichnet, eingeschlossen. Sie bildet im dorsalen Abschnitt ein zusammenhängendes Blatt, das die Struktur einer Faszie hat (Abb. 20.10). Diese allgemeine Organfaszie ist mit den Bindegewebehüllen, welche die einzelnen Organe als **spezielle Organfaszien** (Organkapsel der Schilddrüse, Adventitia von Pharynx und Ösophagus, Perichondrium [Periost des Kehlkopfskeletts und der Trachea]) umgeben, über lockeres Bindegewebe verbunden. Die allgemeine Organfaszie hat dorsal über flügelförmige Bindegewebezüge (sog. Alarblätter) Verbindungen zum tiefen Halsfaszienblatt. Lateral dorsal grenzt sie an die Vagina carotica.

Bindegeweberäume. Zwischen den Faszien, welche die Muskeln und Organe bedecken, entstehen Spalträume, *Spatia cervicalia (colli)*, die von lockerem Bindegewebe ausgefüllt sind (◘ Abb. 20.1a). Das **lockere Bindegewebe** ermöglicht den Strukturen freie Verschiebbarkeit bei Bewegungen des Halses oder beim Schlucken. Außerdem dient es den Leitungsbahnen als »Transitstrecke« (► 20.1).

Das *Spatium suprasternale* entsteht zwischen den Anheftungen des oberflächlichen und des mittleren Halsfaszienblattes an Manubrium sterni und Claviculae sowie am Zungenbein (◘ Abb. 20.1b). Von seiner Basis am Schultergürtel dehnt sich der dreieckige Bindegeweberaum teilweise hinter dem Ansatzbereich des M. sternocleidomastoideus nach kranial aus und endet mit seiner Spitze am Zungenbein.

Das *Spatium previscerale* des Halses liegt zwischen mittlerem Halsfaszienblatt und dem ventralen Teil der allgemeinen Organfaszie. Es erstreckt sich vom Zungenbein bis in das vordere Mediastinum.

Der Bindegeweberaum hinter sowie neben Pharynx und Ösophagus wird zum *Spatium peripharyngeum* zusammengefasst. Zu ihm gehört das *Spatium retropharyngeum (retroviscerale)*, das von der Lamina prevertebralis und vom dorsalen Teil der allgemeinen Organfaszie begrenzt wird. Das *Spatium retropharyngeum* beginnt an der Schädelbasis und dehnt sich zwischen Wirbelsäule sowie der Hinterwand von Pharynx und Ösophagus über die Halsregion bis in das hintere Mediastinum des Thorax aus (◘ Abb. 20.1 und 20.10). Zum Spatium peripharyngeum zählt man auch das *Spatium lateropharyngeum (parapharyngeum)*, das seitlich des Pharynx und des Ösophagus liegt. Der zwischen mittlerem Halsfaszienblatt und allgemeiner Organfaszie liegende Bindegeweberaum dehnt sich seitlich von Kehlkopf und Trachea nach ventral aus.

Als *Spatium laterale* bezeichnet man den spaltförmigen Bindegeweberaum zwischen Lamina superficialis und Lamina prevertebralis im seitlichen Halsdreieck.

20.1 Klinische Bedeutung der Halsfaszien

Die Halsfaszien und Bindegeweberäume sind Leitstrukturen bei Operationen im Halsbereich. Innerhalb der Bindegeweberäume des Halses können sich Blutungen oder Abszesse ausbreiten, die vom Spatium retropharyngeum und vom Spatium previscerale in das Mediastinum vordringen können (Senkungsabszesse).

Haut und subkutane Strukturen

Die **Haut** der vorderen und der seitlichen Halsregionen ist dünn und locker mit der **Subkutis** verbunden. Haut und Unterhautfettgewebe sind gut verschiebbar und dehnbar; im Alter kommt es zu Faltenbildungen. Bei schwach entwickeltem Unterhautfettgewebe ist der Verlauf der subkutanen Venen bei guter Füllung streckenweise durch die Haut sichtbar. Nach Präparation der Haut und des Unterhautgewebes liegt das *Platysma* frei, das keine Faszienbedeckung hat. Es wird aber von einer sehr dünnen Schicht lockeren Bindegewebes bedeckt, das zur Subkutis gehört und dem epifaszialen Bindegewebe in der seitlichen Gesichtsregion (SMAS, ► Kap. 19, ◘ Abb. 19.4) entspricht. Stärke und Ausdehnung des Platysma nach medial und nach kaudal variieren. Zwischen Platysma und oberflächlichem Halsfaszienblatt liegt eine Lage lockeren Bindegewebes; in ihm laufen die subkutanen Venen *(Vv. jugularis externa* und *anterior)* und die Hautnerven des *Plexus cervicalis*, die nach Ablösen des Platysma freigelegt werden können (◘ Abb. 20.2). Die *V. jugularis externa* gelangt unter dem Lobus colli der Glandula parotidea in die Halsregion und zieht schräg über den M. sternocleidomastoideus nach unten in das seitliche Halsdreieck. Hier tritt sie in das lockere Bindegewebe des oberflächlichen Halsfaszienblattes und durchbohrt dieses im Winkel zwischen Hinterrand des M. sternocleidomastoideus und Clavicula. Die *V. jugularis anterior* zieht meistens am Vorderand des M. sternocleidomastoideus nach kaudal. Sie läuft oberhalb der Drosselgrube eine kurze Strecke intrafaszial und tritt am medialen Rand des M. sternocleidomastoideus durch die Lamina superficialis in die Tiefe.

Die **Hautnerven** des *Plexus cervicalis* treten im mittleren Drittel des Halses am Hinterrand des M. sternocleidomastoideus – *Punctum nervosum* (Erb-Punkt) – durch das oberflächliche Halsfaszienblatt (◘ Abb. 20.2). Nach Abheben des Platysma sind zunächst nur *N. transversus colli* und *N. auricularis magnus* auf der Faszie über dem M. sternocleidomastoideus sichtbar. Der *N. auricularis magnus* zieht auf dem M. sternocleidomastoideus nach kranial und teilt sich unterhalb des Ohres in die *Rr. anterior* und *posterior*. Der *N. transversus colli* läuft quer über den M. sternocleidomastoideus; sein oberer Ast biegt nach kranial und legt sich dem *R. colli* des *N. facialis* an *(Ansa cervicalis superficialis)*, der unterhalb des Halsfortsatzes der Ohrspeicheldrüse in die Halsregion tritt und am Vorderrand des M. sternocleidomastoideus nach kaudal medial zieht. Die *Nn. supraclaviculares* und der *N. occipitalis minor* ziehen größtenteils im Bindegewebe der Lamina superficialis und müssen durch Spalten des Faszienblattes freigelegt werden. Der *N. occipitalis minor* wird im seitlichen Halsdreieck oberhalb des Erb-Punktes erst sichtbar, wenn er aus dem der-

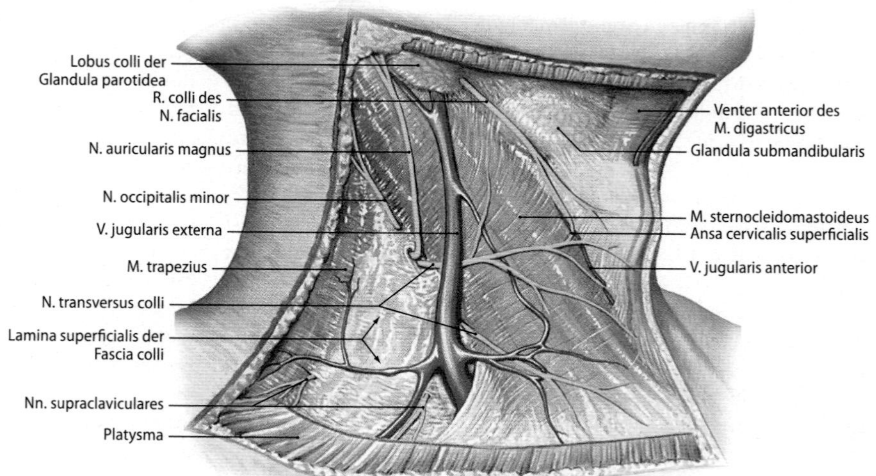

◘ **Abb. 20.2.** Epifasziale Leitungsbahnen des Halses, rechte Körperseite, Ansicht von lateral [1]

ben Bindegewebe am Hinterrand des M. sternocleidomastoideus herausgelöst wird; er zieht an diesem entlang zur Hinterhauptsregion. Die *Nn. supraclaviculares* durchbrechen mit ihren Endästen im Bereich der Clavicula das oberflächliche Halsfaszienblatt sowie das Platysma und ziehen zur Brust- und Schulterregion. Die *Nn. supraclaviculares mediales* verlassen die seitliche Halsregion am Hinterrand des M. sternocleidomastoideus, die *Nn. supraclaviculares intermedii* im mittleren Drittel der Clavicula, und die *Nn. supraclaviculares laterales* treten über den vorderen Rand des M. trapezius zur Schulter.

20.2 Darstellung der einzelnen Halsregionen

20.2.1 Regio cervicalis anterior – Trigonum cervicale (colli) anterius

Die vordere Halsregion, *Regio cervicalis anterior*, wird topographisch in folgende Bereiche unterteilt:
- *Trigonum submandibulare*
- *Trigonum submentale*
- *Trigonum caroticum*
- *Trigonum musculare*

Trigonum submandibulare

Das *Trigonum submandibulare* (■ Abb. 20.3) wird vom Unterrand der Mandibula sowie vom hinteren und vom vorderen Bauch des M. digastricus begrenzt. Mit dem Venter posterior des M. digastricus zieht der M. stylohyoideus zum Zungenbein. Im hinteren oberen Winkel besteht eine Verbindung zwischen Trigonum submandibulare und *Fossa retromandibularis*. Die Abgrenzung gegenüber der Mundhöhle erfolgt im vorderen Abschnitt durch den *M. mylohyoideus* (Diaphragma oris). Im hinteren Teil des Dreiecks fehlt eine geschlossene muskuläre Abgrenzung nach medial, sie erfolgt unvollständig durch den *M. hyoglossus* und durch den *M. styloglossus*. Zwischen *Fossa submandibularis* des Unterkiefers sowie M. mylohyoideus und M. hyoglossus entsteht eine Nische, die im hinteren und mittleren Abschnitt größtenteils von der *Glandula submandibularis* und von den *Nodi submandibulares* ausgefüllt wird.

Außen zieht das *Platysma* über die Region. Darunter bedeckt das oberflächliche Halsfaszienblatt das Trigonum submandibulare. Die

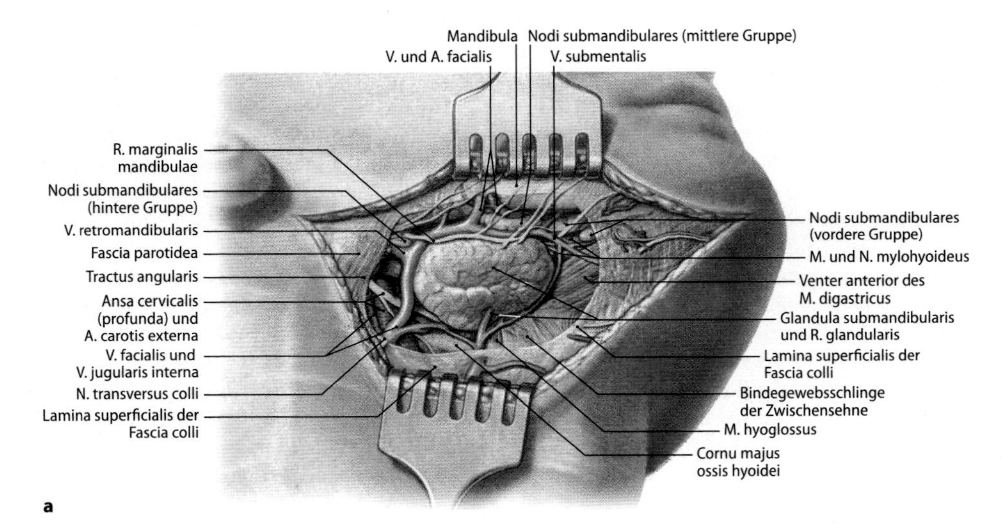

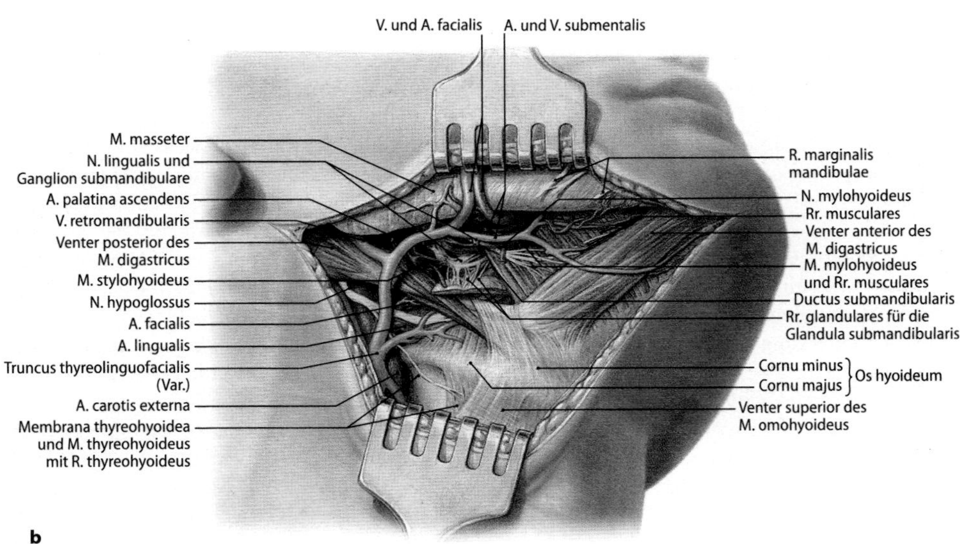

■ **Abb. 20.3a, b.** Trigonum submandibulare der rechten Körperseite, Ansicht von lateral. **a** Glandula submandibularis und subfasziale Leitungsbahnen wurden durch Fensterung des oberflächlichen Halsfaszienblattes sichtbar gemacht. **b** Durch partielle Resektion der Glandula submandibularis wurden die Strukturen in der Tiefe freigelegt [1]

Lamina superficialis der Fascia cervicalis spaltet sich über der Glandula submandibularis auf und schließt die Drüse vollständig in einer Bindegewebeloge ein. Ein am Kieferwinkel in die Tiefe ziehender bogenförmiger Bindegewebezug *(Tractus angularis)* trennt die **Loge der Glandula submandibularis** von der **Loge der Glandula parotis,** die mit ihrem Lobus colli in die Halsregion hineinragt.

Die **Leitungsbahnen** der Region liegen in mehreren Schichten. Nach Ablösen des Platysma liegt auf der Faszie der *R. colli* des N. facialis und sein Verbindungsast zum N. transversus colli (Ansa cervicalis superficialis). Entfernt man das oberflächliche Halsfaszienblatt, wird die *V. facialis* sichtbar, die mit der A. facialis über den Unterkieferrand in das Trigonum submandibulare tritt. Sie zieht oberflächlich um die Glandula submandibularis und gelangt über den hinteren Digastrikusbauch in das Karotisdreieck. Die V. facialis nimmt die *V. submentalis* und meistens auch die *V. retromandibularis* auf. Die *A. facialis* tritt hinter dem Venter posterior des M. digastricus in das Submandibularisdreieck und zieht in der Tiefe der medialen Wand der Submandibularisloge zum Unterkiefer. Die Arterie wird erst am Unterrand der Mandibula sichtbar, bevor sie bogenförmig vor dem Ansatz des M. masseter über das Corpus mandibulae in die Gesichtsregion tritt. Im Trigonum submandibulare gibt die A. facialis die *A. palatina ascendens* ab, die nach ihrem Verlauf zwischen den Mm. stylopharyngeus und styloglossus mit dem M. levator veli palatini zum weichen Gaumen gelangt und diesen sowie das Tonsillenbett versorgt. Die *A. submentalis* entspringt oberhalb der Glandula submandibularis, sie zieht auf dem M. mylohyoideus am Unterkieferrand zum Kinn. Der *N. mylohyoideus* tritt vor dem Unterkieferwinkel in das Trigonum submandibulare; er läuft medial von den Vasa submentalia nach vorn und gibt Muskeläste zum M. mylohyoideus und zum vorderen Digastrikusbauch. Der *N. hypoglossus* und seine Begleitvene werden für eine kurze Strecke im Trigonum submandibulare sichtbar, wenn sie aus dem Trigonum caroticum kommen und hinter der Zwischensehne des M. digastricus auf dem M. hyoglossus zum Hinterrand des M. mylohyoideus ziehen, wo sie in die Regio sublingualis eintreten. Auch der *N. lingualis* ist in der Tiefe des Trigonum submandibulare nur über eine kurze Strecke sichtbar, bevor er am Hinterrand des M. mylohyoideus in die Mundhöhle tritt. Der N. lingualis gibt Fasern an das *Ganglion submandibulare*, das zwischen N. lingualis und Glandula submandibularis liegt.

Trigonum submentale

Als *Trigonum submentale* bezeichnet man die Region unter dem Kinn, die vom Zungenbein und von den vorderen Bäuchen des M. digastricus begrenzt wird. Das dreieckige Feld wird vom oberflächlichen Halsfaszienblatt bedeckt, den Boden bildet der M. mylohyoideus. Im vorderen Bereich liegen die *Nodi submentales*.

Trigonum caroticum

Das *Trigonum caroticum* (Abb. 20.4) wird vom Vorderrand des M. sternocleidomastoideus, vom hinteren Digastrikusbauch und vom Venter superior des M. omohyoideus begrenzt. Im Karotisdreieck liegt der **Gefäß-Nerven-Strang** des Halses, hier erfolgt die **Aufteilung der Halsarterien.**

Die unter dem Platysma liegende *Lamina superficialis* der Halsfaszie ist über dem Karotisdreieck kräftig entwickelt. Epifaszial ziehen über die Region der *N. transversus colli* und die *V. jugularis anterior*. In den hinteren oberen Winkel des Karotisdreiecks sowie auf den M. sternocleidomastoideus ragt der *Lobus colli* der *Glandula parotis*, dessen *Fascia parotidea* fest mit dem oberflächlichen Halsfaszienblatt verwachsen ist.

Nach Abtragen des oberflächlichen Halsfaszienblattes wird der Eintritt des **Gefäß-Nerven-Stranges** in das Karotisdreieck am Hinterrand des M. sternocleidomastoideus sichtbar. Durch Spalten der *Vagina carotica* lassen sich die eingeschlossenen Strukturen freilegen: Die *V. jugularis interna* liegt lateral von der *A. carotis communis*. Vor der A. carotis communis läuft die *Radix superior* der *Ansa cervicalis (profunda)*. Die *Radix inferior* liegt kranial hinter der V. jugularis interna und gelangt bei ihrem Verlauf nach kaudal auf deren Vorderseite. Die Ansa cervicalis liegt häufig weiter kaudal in der Regio sternocleidomastoidea. Die *A. carotis communis* teilt sich in etwa 70% der Fälle in Höhe des 4. Halswirbels (Varianten ▶ Kap. 4.2, S. 130) in die *A. carotis interna* und in die *A. carotis externa*. Die zunächst lateral liegende *A. carotis interna* zieht kranial der Teilungsstelle medianwärts im Spatium parapharyngeum hinter der A. carotis externa zum Canalis caroticus an der Schädelbasis (Abb. 20.10). Sie wird von den Mm. stylohyoideus, styloglossus und stylopharyngeus überlagert. In Höhe des Tonsillenbettes macht die A. carotis interna in ca. 7% der Fälle auf der Pharynxwand eine siphonförmige Schlinge (sog. gefährliche Karotisschleife). Die *A. carotis externa* liegt im vorderen medialen Bereich des Karotisdreiecks und zieht nach Abgabe ihrer **Halsäste** medial vom Venter posterior des M. digastricus und vom M. stylohyoideus nach kranial in die Regio retromandibularis.

Der erste der vorderen Äste der A. carotis externa ist in der Regel die *A. thyreoidea superior*, die bogenförmig zum oberen Pol der Glandula thyreoidea zieht und sich auf deren Vorderseite verzweigt (Abb. 20.4). Aus der oberen Schilddrüsenarterie entspringen die *A. laryngea superior* und der *R. cricothyreoideus* zur Versorgung des Kehlkopfes und als dritter Ast der *R. infrahyoideus*, der unterhalb des Zungenbeins nach medial zieht. Die *A. lingualis* entspringt meistens in Höhe des großen Zungenbeinhornes. Nach kurzer Verlaufsstrecke im Karotisdreieck wird sie von der Zwischensehne des M. digastricus überlagert, bevor sie unter dem M. hyoglossus verschwindet. Die *A. facialis* zieht unmittelbar nach ihrem Abgang aus der Vorderwand der A. carotis externa unter dem hinteren Digastrikusbauch in das Trigonum submandibulare.

Die *A. pharyngea ascendens* kommt meistens aus der medialen Wand der A. carotis externa und läuft hinter der ihr in der Pharynxwand zur Schädelbasis. Aus der Hinterwand der A. carotis externa entspringt die *A. occipitalis*, die am Unterrand des hinteren Digastrikusbauches okzipitalwärts zieht. Ein aus der A. occipitalis oder direkt aus der A. carotis externa abzweigender *R. sternocleidomastoideus (A. sternocleidomastoidea)* zieht im Bogen über den N. hypoglossus und tritt in Begleitung des N. accessorius in den M. sternocleidomastoideus.

Das Lumen der *V. jugularis interna* ist auf der rechten Seite meistens weiter als auf der linken Seite. Die Vene ist nur im oberen hinteren Winkel des Karotisdreiecks am Unterrand des hinteren Digastrikusbauches sichtbar; sie läuft von hier hinter dem M. sternocleidomastoideus nach kaudal. Der Verlauf der *V. jugularis interna* innerhalb des Karotisdreiecks tritt deutlicher hervor, wenn der Kopf zur ipsilateralen Seite gedreht wird. In die V. jugularis münden innerhalb des Karotisdreiecks die *Vv. facialis, lingualis* und *thyreoidea superior*. An der Kreuzungsstelle von V. jugularis interna und Venter posterior des M. digastricus liegt der *Nodus jugulodigastricus*, auf den kaudalwärts *Nodi profundi superiores* entlang der V. jugularis interna folgen.

Löst man das Bindegewebe zwischen A. carotis communis und V. jugularis interna liegt der *N. vagus* frei, der auf der Rückseite in der Rinne zwischen den beiden Gefäßen läuft (Abb. 20.10). Der N. vagus tritt seitlich hinter der A. carotis interna in das Karotisdreieck. Er gibt an seinem *Ganglion inferius* den *N laryngeus superior* ab, der medial von den Halsgefäßen nach unten vorn zieht und sich in Höhe des Zungenbeins in die *Rr. externus* und *internus* teilt. Aus dem Halsteil des N. vagus entspringen außerdem die *Rr. cardiaci cervicales superiores*, die auch aus dem N. laryngeus superior hervorgehen können.

20

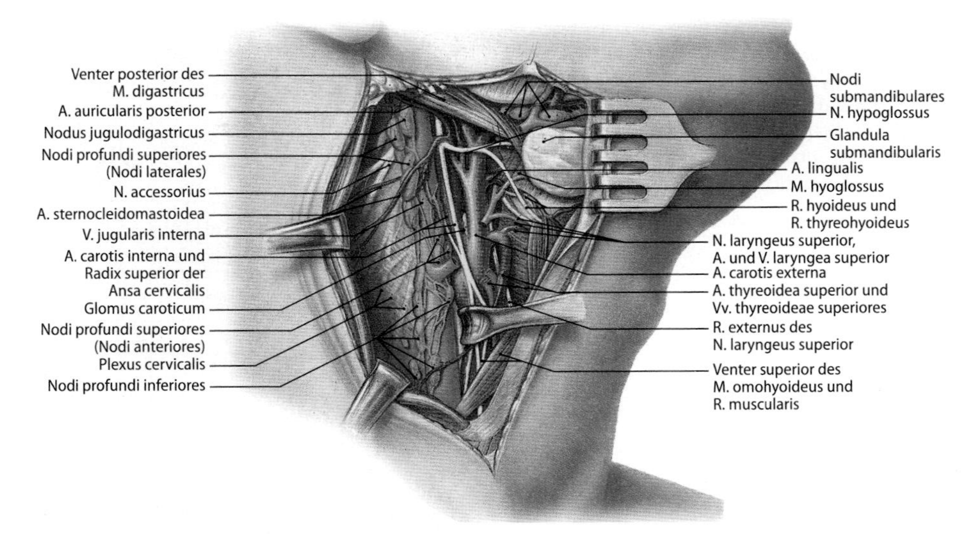

Abb. 20.4. Trigonum caroticum der rechten Körperseite, Ansicht von lateral. Der M. sternocleidomastoideus ist nach hinten verlagert, so dass der Übergang des Karotisdreiecks in die Regio sternocleidomastoidea sichtbar ist [1]

Im hinteren Blatt der Gefäß-Nerven-Scheide zieht der *Truncus symphaticus* mit dem *Ganglion cervicale superius* (Abb. 20.10), der die Vagina carotica dorsal in der Halsmitte verlässt; er durchbricht die allgemeine Organfaszie und gelangt im Spatium retropharygeum in der Lamina prevertebralis zum Thorax (Abb. 20.11).

Von den **Strukturen außerhalb der Gefäß-Nerven-Scheide** gelangt der *N. hypoglossus* unter dem hinteren Digastrikusbauch in das Trigonum caroticum (Abb. 20.4). Er zieht bogenförmig über die A. carotis externa nach vorn oben und gibt den *R. thyreohyoideus* zum gleichnamigen Muskel ab, bevor er unter der Zwischensehne des M. digastricus in das Trigonum submandibulare tritt. Der Nerv wird von der V. facialis überkreuzt. Vom N. hypoglossus löst sich die *Radix superior* der *Ansa cervicalis (profunda)*. Der *N. glossopharyngeus* liegt in der Tiefe im Grenzbereich von Trigonum submandibulare und Trigonum caroticum und hat enge Beziehungen zum Spatium parapharyngeum. Der Nerv zieht am Unterrand des M. stylopharyngeus über die A. carotis interna und läuft auf der lateralen Seite des Muskels nach vorn oben, wo er am Hinterrand des M. hyoglossus zum Zungengrund gelangt.

Zum *N. accessorius* ► Regio sternocleidomastoidea.

Trigonum musculare (omotracheale)

Die Region zwischen Zungenbein, oberem Bauch des M. omohyoideus, medialem Rand des M. sternocleidomastoideus, Incisura jugularis des Manubrium sterni und Mediane wird nach den Nomina anatomica als *Trigonum musculare* bezeichnet. In älteren anatomischen Darstellungen und im klinischen Sprachgebrauch wird der Bereich in Regionen unterteilt, die den darin liegenden **Organen** entsprechen.

Die Systematik von Kehlkopf und Trachea wird in den ► Kap. 9.3 und 9.4 besprochen.

Regio hyoidea (infrahyoidea)

Als *Regio hyoidea* oder infrahyoidea bezeichnet man den Bereich zwischen Zungenbein und oberem Schildknorpelrand (Abb. 20.5 und 20.6). Das in der Muskelschlinge aus infrahyalen und suprahyalen Muskeln aufgehängte *Os hyoideum* liegt in Ruhestellung zwischen 3. und 4. Halswirbel. Zungenbein und Schildknorpel sind über die *Membrana thyreohyoidea* miteinander verbunden, dessen medianen Verstärkungszug *(Lig. thyreohyoideum medianum)* man oberhalb der *Incisura thyreoidea superior* der *Cartilago thyreoidea* bei zurückgeneigter Halswirbelsäule tasten kann. Die *Membrana thyreohyoidea* wird lateral vom *M. thyreohyoideus* sowie von den Ansatzzonen der *Mm. sternohyoideus* und *omohyoideus* überlagert. Zwischen Membrana thyreohyoidea und M. thyreohyoideus liegt lockeres Bindegewebe und häufig eine *Bursa thyreohyoidea*. Nach Teilung des *N. laryngeus superior* in Höhe des großen Zungenbeinhornes läuft sein *R. internus* nach vorn medial und tritt gemeinsam mit der *A. laryngea superior* am Hinterrand des M. thyreohyoideus in den Raum zwischen Muskel und Membrana thyreohyoidea, die sie im seitlichen mittleren Bereich durchdringen und in den Kehlkopfvorhof gelangen. In den M. thyreohyoideus zieht der *R. thyreohyoideus* aus dem N. hypoglossus.

Regio laryngea

Die *Regio laryngea* (Abb. 20.6 und ► Kap. 9.3) umfasst den Bereich vom Oberrand der *Cartilago thyreoidea* bis zum Unterrand der *Cartilago cricoidea*. Das Oberflächenrelief der Region wird durch die Schildknorpelplatten mit der vor allem beim Mann vorspringenden *Prominentia laryngea* geprägt (Tafel III). Der tastbare Bogen des Ringknorpels liegt im mittleren Lebensalter in Ruhestellung in Höhe des 6. Halswirbelkörpers. Seitlich schieben sich die Lappen der *Glandula thyreoidea* mit ihren Gefäßen unterschiedlich weit am Kehlkopf entlang nach kranial. Dorsal vom Kehlkopf liegen die *Pars laryngea* des Pharynx und deren Übergang zum Ösophagus (Abb. 20.8). Die Regiones hyoidea und laryngea werden ventral vom mittleren Halsfaszienblatt und von einem Teil der infrahyoidalen Muskeln bedeckt. Die Organe der Regionen umhüllt die allgemeine Organfaszie (Abb. 20.1a).

Auf und streckenweise in der Pars thyreopharyngea des *M. constrictor pharyngis inferior* gelangt der *R. externus* des *N. laryngeus superior* über die Pars cricopharyngea zum *M. cricothyreoideus* (Abb. 20.4). Der aus der A. thyreoidea superior abzweigende *R. cricothyreoideus* läuft auf dem M. thyreohyoideus nach unten zum Lig. cricothyreoideum und bildet mit dem Ast der Gegenseite eine Gefäßarkade. Seitlich des *Lig. cricothyreoideum medianum (Lig. conicum)* treten Äste durch das Band ins Kehlkopfinnere (Abb. 20.5), wo sie den subglottischen Raum und die Stimmfalten versorgen (► Kap. 9.3, Abb. 9.18). Vom Isthmus der Schilddrüse kann sich ein *Lobus pyramidalis* unterschiedlich weit nach kranial, gelegentlich bis

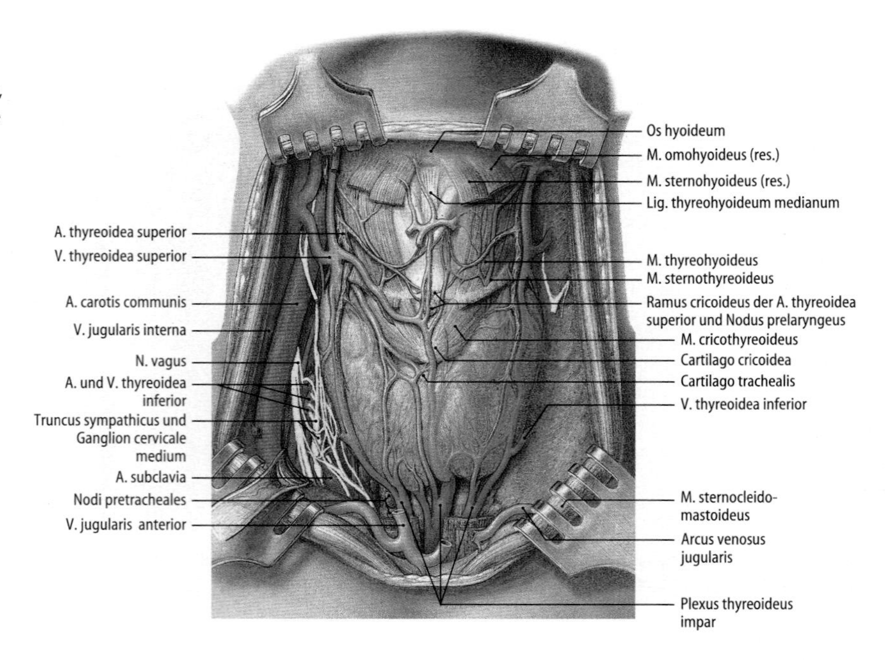

Abb. 20.5. Regiones hyoidea, laryngea und thyreoidea, Ansicht von vorn. Die infrahyoidalen Muskeln wurden mit Ausnahme des M. thyreohyoideus reseziert, so dass die vordere Kehlkopfregion und die Schilddrüse frei liegen. Durch Verlagerung des M. sternocleidomastoideus nach lateral dorsal werden die auf der rechten Körperseite dargestellten Leitungsbahnen sichtbar [1]

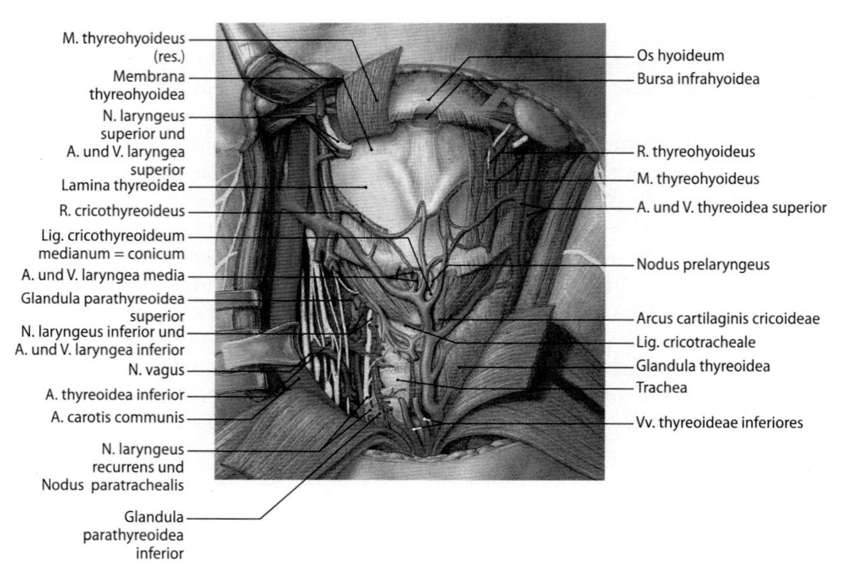

Abb. 20.6. Regiones hyoidea, laryngea und trachealis, Ansicht von vorn. Zur Demonstration der Vasa laryngea superiora und des R. internus des N. laryngeus superior wurde der M. thyreohyoideus auf der rechten Körperseite nach kranial verlagert. Der rechte Schilddrüsenlappen wurde reseziert, so dass der Verlauf von A. thyreoidea inferior und N. laryngeus recurrens sowie die Lage der Epithelkörperchen sichtbar sind [1]

zum Zungenbein, ausdehnen. In der seitlichen Larynxregion ziehen die Vasa thyreoidea superiora. Von kaudal erreicht der *N. laryngeus inferior* zwischen Unterhorn des Schildknorpels und M. cricoarytenoideus posterior den Kehlkopf (Abb. 20.8).

Regio trachealis und Regio thyreoidea

Die *Regio trachealis* (Abb. 20.6 und 20.7) umfasst den Bereich der *Pars cervicalis* der Trachea. Sie reicht kaudal bis zur Incisura jugularis des Manubrium sterni. Vor der Trachea liegen zwei Bindegeweberäume, das *Spatium suprasternale* und das *Spatium previscerale* (Abb. 20.1b). Mit dem mittleren Halsfaszienblatt überlagern die Mm. sternohyoideus und sternothyreoideus Trachea und Glandula thyreoidea. Der *Isthmus* der *Glandula thyreoidea* überbrückt normalerweise zwischen zweitem und drittem Trachealknorpel die Luftröhre (Abb. 20.7). Unterhalb des Isthmus laufen die aus dem *Plexus thyreoideus impar* kommenden *Vv. thyreoideae inferiores (imae)* vor der Trachea zur V. brachiocephalica sinistra (Abb. 20.5). Eine in 8–10% vorkommende *A. thyreoidea ima* zieht vom Truncus brachiocephalicus oder vom Aortenbogen zwischen den Schilddrüsenvenen meistens zum Isthmus der Schilddrüse. Dem Halsteil der Trachea legt sich lateral die A. carotis communis an.

Hinter der Trachea liegt die *Pars cervicalis* des Ösophagus, der am Unterrand der Ringknorpelplatte aus der Pars laryngea des Pharynx hervorgeht, sog. Ösophagusmund (Abb. 20.8 und 20.10). *Paries membranaceus* der Trachea und Ösophagusvorderwand sind über Bindegewebe miteinander verbunden. In der Rinne zwischen Luft- und Speiseröhre läuft der *N. laryngeus recurrens* kehlkopfwärts (Abb. 20.7); der Nerv gibt hier *Rr. tracheales*, *Rr. oesophagei* und *Rr. pharyngei* ab. Der N. laryngeus recurrens hat enge topographische Beziehungen zur Schilddrüse und zur *A. thyreoidea inferior*, aus der die *A. laryngea inferior* entspringt. Die untere Kehlkopfarterie zieht gemeinsam mit dem N. laryngeus inferior hinter der Articulatio cricothyreoidea in den Kehlkopf (Abb. 20.8).

Als *Regio thyreoidea* bezeichnet man den Bereich der *Glandula thyreoidea* (Abb. 20.5 und 20.7). Die mediale Fläche der Schilddrüse legt sich der Trachea eng an. Im Bereich des Isthmus umgreift das

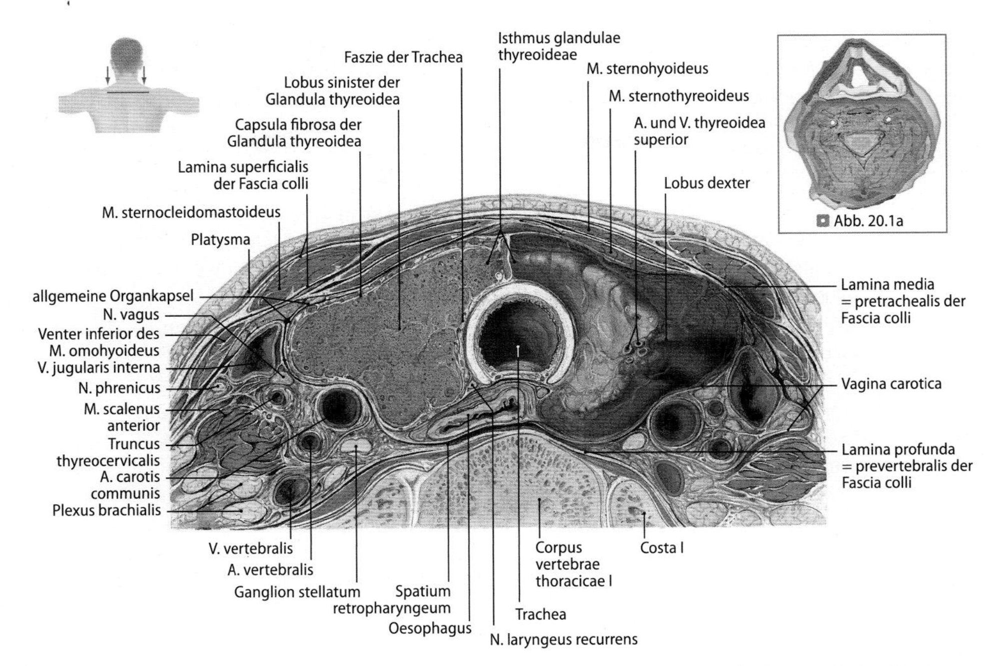

Abb. 20.7. Querschnitt durch den Hals in Höhe der Schilddrüse. Ansicht von kranial. Der rechte Schilddrüsenlappen wurde nicht durchtrennt. Die Schilddrüsengefäße ziehen zwischen Organkapsel und allgemeiner Organfaszie (sog. chirurgische Kapsel der Schilddrüse). Man beachte die Lage des N. laryngeus recurrens in der Rinne zwischen Trachea und Ösophagus und die enge topograhische Beziehung zwischen Schilddrüse und Gefäß-Nerven-Strang [1]

Drüsengewebe ihren gesamten knorpeligen Anteil. Dorsal medial schiebt sich der obere Pol der Schilddrüsenlappen am Ringknorpel entlang nach kranial bis in Höhe der Linea obliqua der Schildknorpelplatte. Über die Vorderfläche der Schilddrüse ziehen die in das mittlere Halsfaszienblatt eingeschlossenen *Mm. sternothyreoideus* und *sternohyoideus* wie ein Gurt (, Abb. 20.7); seitlich überlagert sie das Caput sternale des *M. sternocleidomastoideus.* Der *Isthmusglandulae thyreoideae* ragt in das Spatium previscerale. Die laterale Seite der Schilddrüsenlappen grenzt an den Gefäß-Nerven-Strang. An ihrer Rückseite hat die Glandula thyreoidea Beziehungen zum Oesophagus und zur Lamina prevertebralis. Das Drüsengewebe füllt die Rinne zwischen Trachea und Oesophagus aus und tritt damit in enge Beziehung zum *N. laryngeus recurrens* (). Auf der Rückseite liegen zwischen Organkapsel der Schilddrüse und allgemeiner Organfaszie die *Glandulae parathyreoideae* (Abb. 20.8). Das obere Paar der Epithelkörperchen findet man meistens in Höhe des Ringknorpels in einer Rinne zwischen Pharynx und Schilddrüse. Die Lage der unteren Epithelkörperchen variiert sehr stark; am häufigsten trifft man sie im Bereich des unteren Poles der Schilddrüsenlappen an.

Die Blutgefäße der Schilddrüse laufen zwischen Organkapsel und allgemeiner Organfaszie. Die *A. thyreoidea superior* tritt am oberen Pol auf die Vorderfläche des Lappens und teilt sich im Regelfall in *Rr. glandulares anterior, lateralis* und *posterior* zur Versorgung der vorderen, seitlichen und hinteren Drüsenaneile (Abb. 20.5). Die vorderen Äste beider Seiten bilden arkadenartige Anastomosen miteinander. *Die V. thyreoidea superior* läuft mit der gleichnamigen Arterie und mündet in die V. jugularis interna. Die *A. thyreoidea inferior* gelangt aus der Regio sternocleidomastoidea über die Hinterfläche der Schilddrüse zum unteren Schilddrüsenpol (Abb. 20.6 und 20.8). Sie tritt in enge Beziehung zum *N. laryngeus inferior*, der vor, zwischen oder hinter den Ästen der Arterie zum Kehlkopf ziehen kann (). Die untere Schilddrüsenarterie versorgt mit ihren Rr. glandulares den hinteren und unteren Drüsenteil.

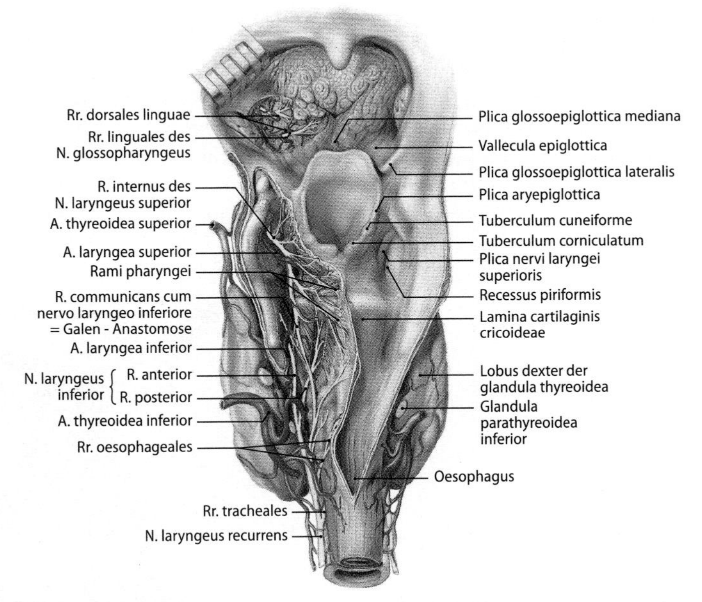

Abb. 20.8. Zungengrund, Kehlkopfeingang, Pars laryngea des Pharynx und Schilddrüse mit Epithelkörperchen, Ansicht von hinten. Zur Demonstration des Schleimhautreliefs (rechte Körperseite) und der Leitungsbahnen unter der Schleimhaut (linke Körperseite) wurde der Pharynx von dorsal eröffnet. Man beachte die enge topographische Beziehung zwischen N. laryngeus recurrens und A. thyreoidea inferior

20.2 Klinische Hinweise zur Regio cervicalis anterior

Die allgemeine Organfaszie im Bereich der Schilddrüse entspricht im klinischen Sprachgebrauch der »chirurgischen Kapsel« oder der »Grenzlamelle«.

Bei einer Strumaoperation wird der N. laryngeus recurrens intraoperativ lokalisiert.

Eine vergrößerte Schilddrüse kann sich im Spatium previscerale in den Brustraum ausdehnen (retrosternale Struma). Eine retrosternale Struma kann zur Einflussstauung der Halsvenen führen.

Mediane Halszysten können auf dem Weg des Deszensus der Schilddrüsenanlage vom Foramen caecum linguae bis zur definitiven Lage der Glandula thyreoidea auftreten, wenn sich der Ducutus thyreoglossus nicht vollständig zurückgebildet hat. Bricht die Zyste nach außen durch, entsteht eine mediane Halsfistel. Ektopisches Schilddrüsengewebe aus dem Ductus thyreoglossus kann wie die Glandula thyreoidea eine Überfunktion zeigen; oder es kann sich daraus ein Karzinom entwickeln.

Laterale Halszysten oder -fisteln werden auf Störungen bei der Umbildung von Pharyngealfurchen und -taschen zurückgeführt (branchiogene Halszysten oder -fisteln). Die äußere Fistelmündung liegt am Vorderrand des M. sternocleidomastoideus. Die Lage der inneren Fistelmündung variiert (Fossa supratonsillaris oder Recessus piriformis), sie hängt davon ab, welche Pharyngealtasche persistiert.

20.2.2 Regio sternocleidomastoidea

Die *Regio sternocleidomastoidea* lässt sich vollständig überschauen, wenn der *M. sternocleidomastoideus* im Ursprungsbereich durchtrennt und nach kranial verlagert wird. Durch die Region zieht der *M. omohyoideus*, der diese in einen oberen und in einen unteren Abschnitt teilt. Kranial tritt der *N. accessorius* aus dem Trigonum caroticum unter dem hinteren Digastrikusbauch in die Region (▫ Abb. 20.4). Der Nerv läuft auf der *V. jugularis interna* nach kaudal und dringt auf der Rückseite in den M. sternocleidomastoideus ein. Der für die Innervation des M. trapezius bestimmte Teil des Nervs zieht häufig nicht durch den M. sternocleidomastoideus, sondern gemeinsam mit dem *R. muscularis (R. trapezius)* aus dem Plexus cervicalis unter dem Muskel in das seitliche Halsdreieck (▫ Abb. 20.9). Entlang der vom M. sternocleidomastoideus bedeckten V. jugularis interna liegen die *Nodi profundi superiores* der seitlichen Halslymphknoten. Hinter der V. jugularis interna treten aus einer Rinne zwischen M. longus colli und M. scalenus anterior die *Rr. anteriores* der *Nn. cervicales* in die Region (▫ Abb. 20.4). Der *N. phrenicus* läuft hinter der Lamina prevertebralis auf dem M. scalenus anterior thoraxwärts; medial von ihm zieht die *A. cervicalis ascendens* nach kranial.

Die Strukturen im unteren Abschnitt der Regio sternocleidomastoidea werden vorn vom mittleren Halsfaszienblatt bedeckt. Hauptinhalt der Region ist der von der Vagina carotica eingeschlossene **Gefäß-Nerven-Strang** mit *A. carotis communis, V. jugularis interna* und *N. vagus*. Die *A. carotis communis* zieht paravertebral seitlich von der Schilddrüse nach kranial(▫ Abb. 20.6); über dem *Tuberculum caroticum* des 6. Halswirbels ist ihr Puls tastbar (⊜). Die *V. jugularis interna* läuft lateral von der A. carotis communis senkrecht nach kaudal; sie liegt oberflächlicher als diese. Entlang der V. jugularis interna ziehen die *Nodi laterales* und *anteriores* der *Nodi profundi inferiores*. An der Überkreuzung durch den M. omohyoideus liegt der *Nodus juguloomohyoideus* (⊜). Der *N. vagus* hat seinen Verlauf aus dem Trigonum caroticum auf der Rückseite zwischen beiden Gefäßen beibehalten; er gelangt auf der rechten Seite zwischen Vene und Arterie vor der A. subclavia dextra zur oberen Thoraxapertur. Der N. vagus sinister tritt zwischen A. carotis communis und A. subclavia sinistra in die Brusthöhle.

Der Gefäß-Nerven-Strang überlagert im unteren Abschnitt die hinter dem M. scalenus anterior aus der A. subclavia entspringende *A. vertebralis* und ihre Begleitvenen sowie die *A. thyreoidea inferior* (▫ Abb. 20.11). Die in das tiefe Halsfaszienblatt eingebettete *A. thyreoidea inferior* zieht nach ihrem Abgang aus dem Truncus thyreocervicalis bogenförmig auf dem M. scalenus anterior bis zum 6. Halswirbel nach kranial, bevor sie die *Rr. glandulares* zur Schilddrüse abgibt (▫ Abb. 20.6). Der in der Lamina prevertebralis laufende *Truncus sympathicus* bildet häufig eine Schlinge um die A. thyreoidea inferior (Ansa thyreoidea); das *Ganglion cervicale medium* liegt hinter

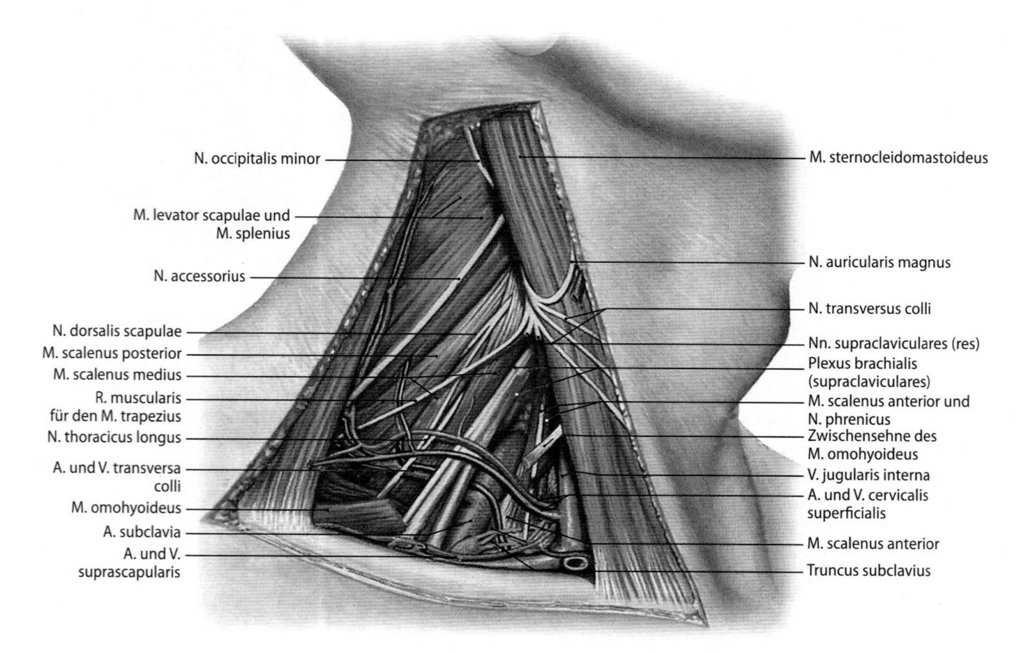

▫ **Abb. 20.9.** Seitliches Halsdreieck der rechten Körperseite, Ansicht von lateral. Zur Freilegung der Strukturen wurden die Halsfaszienblätter entfernt. Man beachte den Austritt von A. subclavia und Plexus brachialis aus der Skalenuslücke [1]

der Arterie in Höhe des 6. Halswirbels. Der Truncus symphaticus zieht vor der A. vertebralis nach kaudal und bildet um die A. subclavia eine konstante Schlinge *(Ansa subclavia)*. Das *Ganglion cervicale inferius* verschmilzt über dem Kopf der ersten Rippe meistens mit dem ersten Brustganglion zum *Ganglion cervicothoracicum* (*Ganglion stellatum*, ◘ Abb. 20.11). Durch die Regio sternocleidomastoidea zieht auf der linken Körperseite der *Ductus thoracicus*, der medial hinter der A. subclavia in die Halsregion tritt, die A. vertebralis überkreuzt und bogenförmig auf dem M. scalenus anterior nach lateral kaudal biegt. Seine Einmündung von hinten in den Venenwinkel wird sichtbar, wenn man die Clavicula im Sternoklavikulargelenk exartikuliert (◘ Abb. 20.11). Der Hauptstamm des Ductus thoracicus kann sich vor der Mündung in mehrere Äste verzweigen. Im Einmündungsbereich liegen *Nodi supraclaviculares* (Virchow-Drüsen). Im Venenwinkel der rechten Seite mündet der *Ductus lymphaticus dexter* mit den *Trunci jugularis* und *subclavius*.

20.2.3 Regio cervicalis lateralis – Trigonum colli (cervicale) laterale

Die Region im Bereich des M. sternocleidomastoideus geht am Hinterrand des Muskels kontinuierlich in die *Regio cervicalis lateralis (Trigonum colli laterale)* über (◘ Abb. 20.9). Die seitliche Halsregion wird vom oberflächlichen Halsfaszienblatt bedeckt, in dem sich die am Erb-Punkt austretenden *Nn. supraclaviculares* fächerförmig ausbreiten. In das seitliche Halsdreieck tritt außerdem die *V. jugularis externa*, die die Faszien im vorderen unteren Winkel durchbricht (◘ Abb. 20.2). Entfernt man das lockere Bindegewebe der *Lamina superficialis*, werden im unteren Bereich der Region der Venter inferior des *M. omohyoideus* und das an ihm befestigte mittlere Halsfaszienblatt (Fascia omoclavicularis) sichtbar. Der untere Bauch des *M. omohyoideus* begrenzt mit dem M. sternocleidomastoideus und der Clavicula das *Trigonumomoclaviculare* innerhalb des seitlichen Halsdreiecks.

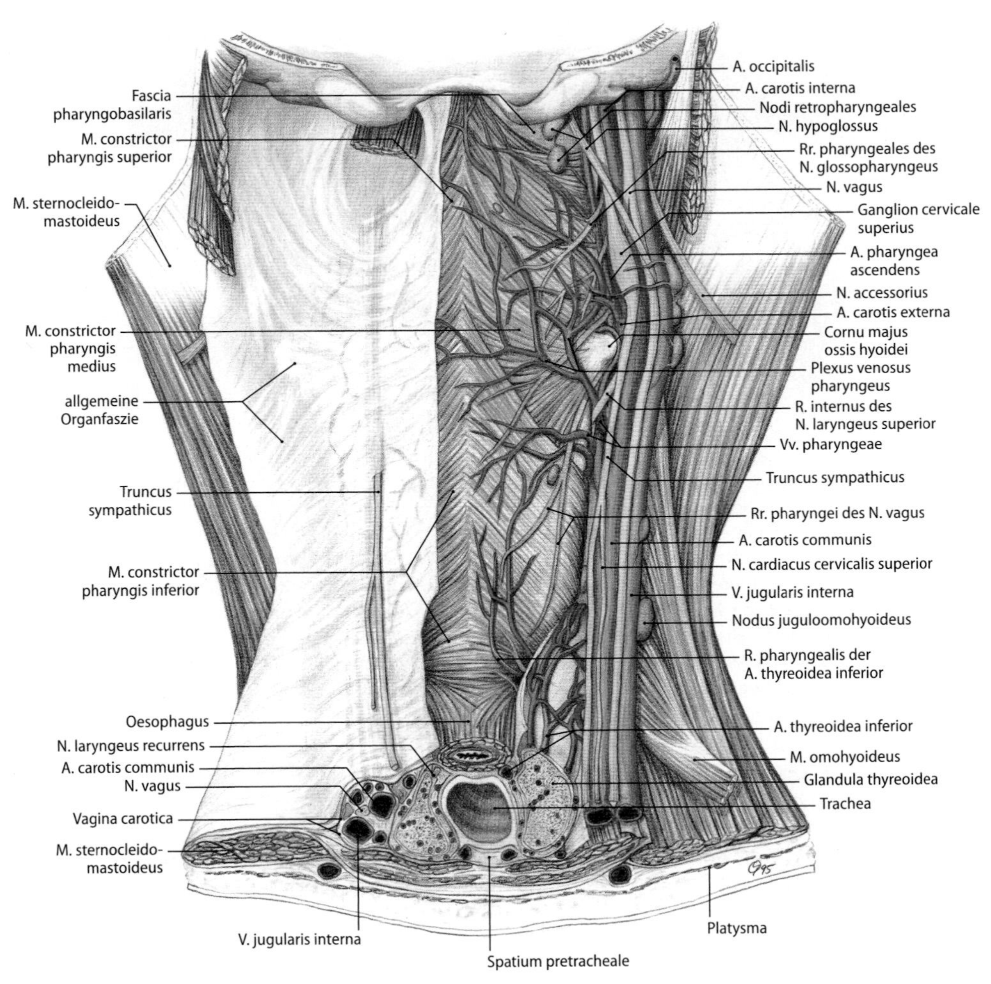

◘ Abb. 20.10. Organe und Leitungsbahnen des Spatium peripharyngeum (Spatium retropharyngeum und Spatium lateropharyngeum). Ansicht von hinten. Auf der linken Körperseite ist die allgemeine Organfaszie erhalten. Der Truncus sympathicus tritt im mittleren Abschnitt aus der Vagina carotica durch die allgemeine Organfaszie in das Spatium retropharyngeum, wo er in der Lamina prevertebralis nach kaudal zieht (◘ Abb. 20.11). Auf der rechten Körperseite wurden die allgemeine Organfaszie, die Adventitia von Pharynx und Ösophagus sowie die Vagina carotica abgetragen. Zum Pharynx ziehen Äste des N. glossopharyngeus und des N. vagus (Rr. pharyngei). Die Blutversorgung erfolgt durch Äste der A. pharyngea ascendens und Aa. thyreoideae superior und inferior. Das Venenblut der Pharyxnwand wird über den Plexus pharyngeus den Vv. pharyngeae und von hier der V. jugularis interna zugeleitet. Im Spatium parapharyngeum ziehen die in der Vagina carotis eingeschlossenen carotis communis (A. carotis externa, A. carotis interna), V. jugularis interna, N. vagus und – im kranialen Abschnitt – Truncus symphaticus mit Ganglion cervicale superius. Vom Canalis nervi hypoglossi läuft der N. hypoglossus bogenförmig zwischen A. carotis interna und V. jugularis interna nach vorn in das Trigonum caroticum (◘ Abb. 20.4). Der N. accessorius kommt ventral von der V. jugularis interna aus dem Foramen jugulare und zieht in den M. sternocleidomastoideus. Die Vasa thyreiodea inferiora liegen zwischen Organkapsel und der eröffneten allgemeinen Organfaszie (sog. chirurgische Kapsel) der Schilddrüse ◘ Abb. 20.7) [1]

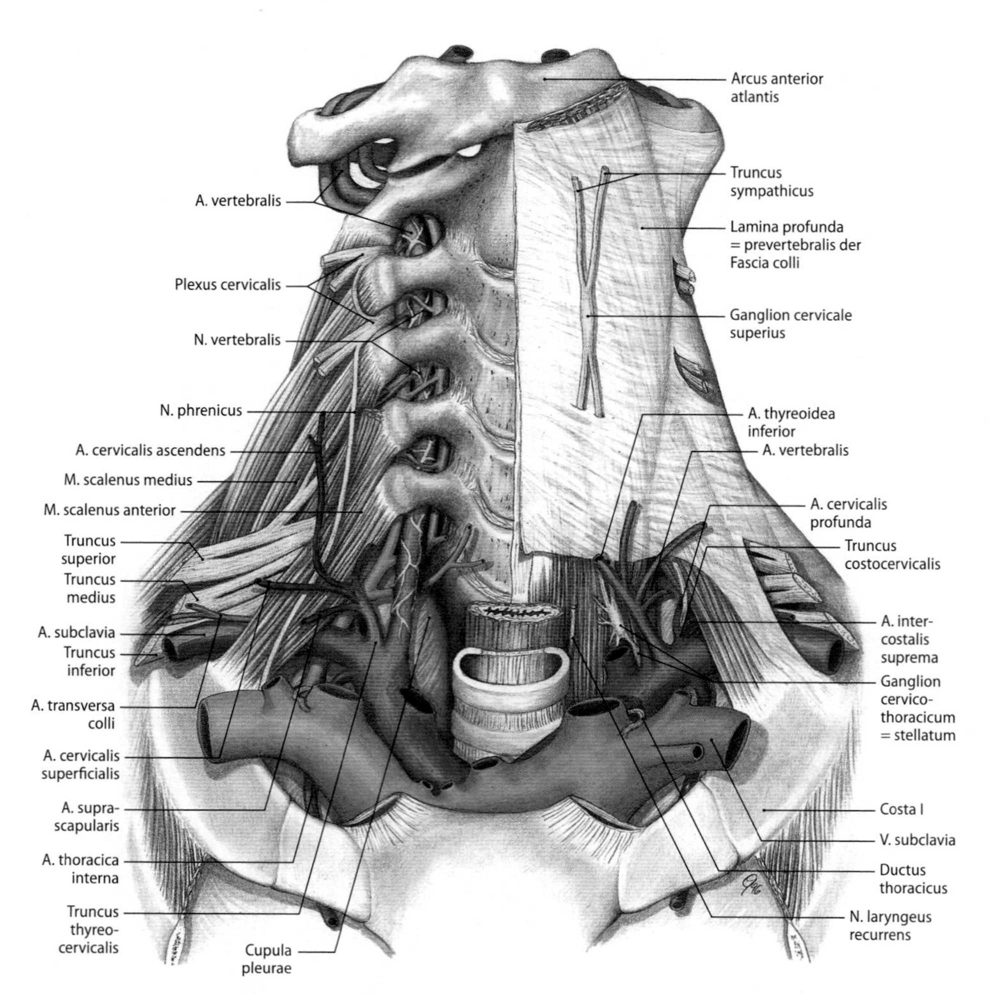

◘ Abb. 20.11. Prävertebrale und paravertebrale Strukturen des Halses und der oberen Thoraxapertur. Ansicht von vorn. Auf der linken Körperseite bedeckt das tiefe Halsfaszienblatt im oberen und mittlerem Abschnitt die prävertebralen Muskeln. In Höhe des 4. Halswirbels tritt der Truncus sympathicus (◘ Abb. 20.10) in die Lamina prevertebralis. Im unteren Halsbereich wurden A. und V. subclavia und ihre Äste freigelegt. Auf dem M. longus colli liegt in Höhe des Kopfes der ersten Rippe das Ganglion stellatum. Im Venenwinkel ist die Mündung des Ductus thoracicus zu sehen. Auf der rechten Körperseite wurden die prävertebralen Musklen zur Freilegung der A. vertebralis, ihrer Begleitvenen und des N. vertebralis abgetragen. Auf dem M. scalenus anterior laufen N. phrenicus und A. cervicalis ascendens. Durch die Skalenuslücke treten die A. subclavia und der Plexus brachialis in die seitliche Halsregion (◘ Abb. 20.9). In die Halsregion ragt die von der Membrana suprapleuralis (Sibson-Faszie) bedeckte Pleurakuppel, die enge topographische Beziehungen zu folgenden Strukturen hat: Ganglion stellatum, A. vertebralis, A. thoracica interna, N. larnygeus recurrens, A. subclavia, Plexus brachialis, V. subclavia und N. phrenicus [1]

Das Trigonum omoclaviculare entspricht weitgehend der im Oberflächenrelief sichtbaren Grube oberhalb der Clavicula, *Fossa supraclavicularis major* (◘ Abb. Tafel III). Die Leitungsbahnen des Trigonum omoclaviculare stehen über den kostoklavikulären Raum mit dem Trigonum clavi(deltoideo)pectorale in Verbindung (► Kap. 21).

Kranial des M. omohyoideus bedeckt die *Lamina prevertebralis* die tiefen Halsmuskeln und den größten Teil der Leitungsbahnen. Der N. accessorius erscheint zwischen den Austritten von N. occipitalis minor und N. auricularis magnus am Hinterrand des M. sternocleidomastoideus, wo er von lateralen Lymphknoten der *Nodi profundi superiores* umlagert wird (◘ Abb. 20.9; ⊜). Er zieht auf dem tiefen Halsfaszienblatt vom Erb-Punkt schräg durch das seitliche Halsdreieck nach dorsal kaudal und verschwindet unter dem Vorderrand des M. trapezius. Unterhalb des N. accessorius zieht parallel zum N. supraclavicularis lateralis der *R. muscularis (R. trapezius)* zum M. trapezius. Hinter dem M. omohyoideus tritt der *R. superficialis* der *A. transversa colli (A. cervicalis superficialis)* mit Begleitvenen auf dem tiefen Halsfaszienblatt in die seitliche Halsregion, der mit seinen *Rr. ascendens* und *descendens* den M. trapezius und die Schulter versorgt.

Trägt man das mittlere und tiefe Halsfaszienblatt ab, liegen die **Strukturen in der Tiefe** der seitlichen Halsregion frei. Es lassen sich der *Venter inferior* des *M. omohyoideus*, die *Mm. scaleni anterior, medius* und *posterior*, der *M. levator scapulae* sowie im oberen Winkel des Dreiecks der *M. splenius capitis* abgrenzen.

Durch den vorderen unteren Winkel des lateralen Halsdreiecks läuft die *V. jugularis externa* zur Mündung in die *V. subclavia*. Die V. jugularis externa nimmt hier oder hinter dem M. sternocleidomastoideus die *Vv. transversae colli* und meistens auch die *V. supraclavicularis* auf. Die V. subclavia zieht unterhalb des seitlichen Halsdreiecks hinter der Clavicula (◘ Abb. 20.11) nach medial; mit ihr läuft der *Truncus subclavius*, um den sich *Nodi supraclaviculares* lagern. Der *M. scalenus anterior* und die auf seiner Vorderseite ziehenden *N. phrenicus* und *A. cervicalis ascendens* treten unter dem M. sternocleidomastoideus in das seitliche Halsdreieck.

20

Im Zentrum des seitlichen Halsdreiecks stehen die aus der **Skalenuslücke** tretenden Strukturen (◘ Abb. 20.9 und 20.11): Die *A. subclavia* zieht am weitesten kaudal zwischen den Ansatzsehnen der Mm. scaleni anterior und medius über den Sulcus arteriae subclaviae der ersten Rippe in die seitliche Halsregion. Sie läuft nach lateral kaudal durch das Trigonum omoclaviculare und verlässt die Halsregion durch den kostoklavikulären Raum. Oberhalb der A. subclavia treten die *Trunci superior, medius* und *inferior* des *Plexus brachialis* aus der Skalenuslücke, die sich bei ihrem Verlauf durch die seitliche Halsregion in die *Fasciculi medialis, lateralis* und *posterior* ordnen und lateral von der Arterie in den kostoklavikularen Raum treten (► Kap. 4.4).

Beim Austritt aus der Skalenuslücke geht das Bindegewebe des tiefen Halsfaszienblattes auf den Plexus brachialis über und schließt die A. subclavia in die Gefäß-Nerven-Scheide ein (◘ Abb. 20.11). Das Bindegewebe setzt sich peripher in die Gefäß-Nerven-Straßen der oberen Extremität fort. Im Halsbereich und in der Achselhöhle liegen die großen Venen außerhalb der Gefäß-Nerven-Scheide.

Vor dem Eintritt in die Skalenuslücke entspringt aus der A. subclavia der Truncus thyreocervicalis mit seinen variablen Abgängen (◘ Abb. 20.11). Der *R. profundus* der *A. transversa colli* (*A. dorsalis scapulae*) zieht durch die Faszikel des Plexus brachialis zur Schulter, der *R. superficialis* läuft über den Plexus. Über den Ansatzbereich des M. scalenus anterior kreuzt die *A. suprascapularis*, die am Oberrand der Clavicula nach dorsal zur Schulter zieht (► Kap. 4.2, ◘ Abb. 4.41).

Durch das seitliche Halsdreieck gelangen die zur *Pars supraclavicularis* des *Plexus brachialis* gehörenden Nerven zur oberen Extremität (► Kap. 4.2). Der *N. dorsalis scapulae* tritt durch den M. scalenus medius und zieht zwischen M. scalenus posterior und M. levator scapulae nach dorsal zu den Mm. rhomboidei. Der *N. thoracicus longus* durchbricht medial vom N. dorsalis scapulae den M. scalenus medius und zieht auf diesem nach kaudal über die erste Rippe in den lateralen Teil des kostoklavikulären Raumes zum M. serratus anterior, wobei er den Plexus brachialis unterkreuzt (⊕). Der *N. suprascapularis* zweigt von Truncus superior ab und läuft zunächst oberhalb des Plexus brachialis bis zum M. omohyoideus, mit dem er zur Incisura scapulae und von dort zu den Mm. supraspinatus und infraspinatus gelangt.

In die Regio cervicalis lateralis und in die Regio sternocleidomastoidea ragt die **Pleurakuppel** (◘ Abb. 20.11), deren Struktur und topographische Beziehungen im ► Kap. 10 beschrieben werden.

⊕ 20.3 Klinische Hinweise zur Regio sternocleidomastoidea

Beim Magenkarzinom können die Nodi supraclaviculares der linken Seite (Virchow-Drüsen) an der Einmündung des Ductus thoracicus von Metastasen befallen sein.

Bei der operativen Entfernung der Halslymphknoten im Rahmen der »neck dissection« sind die Nn. accessorius, hypoglossus, vagus und phrenicus gefährdet.

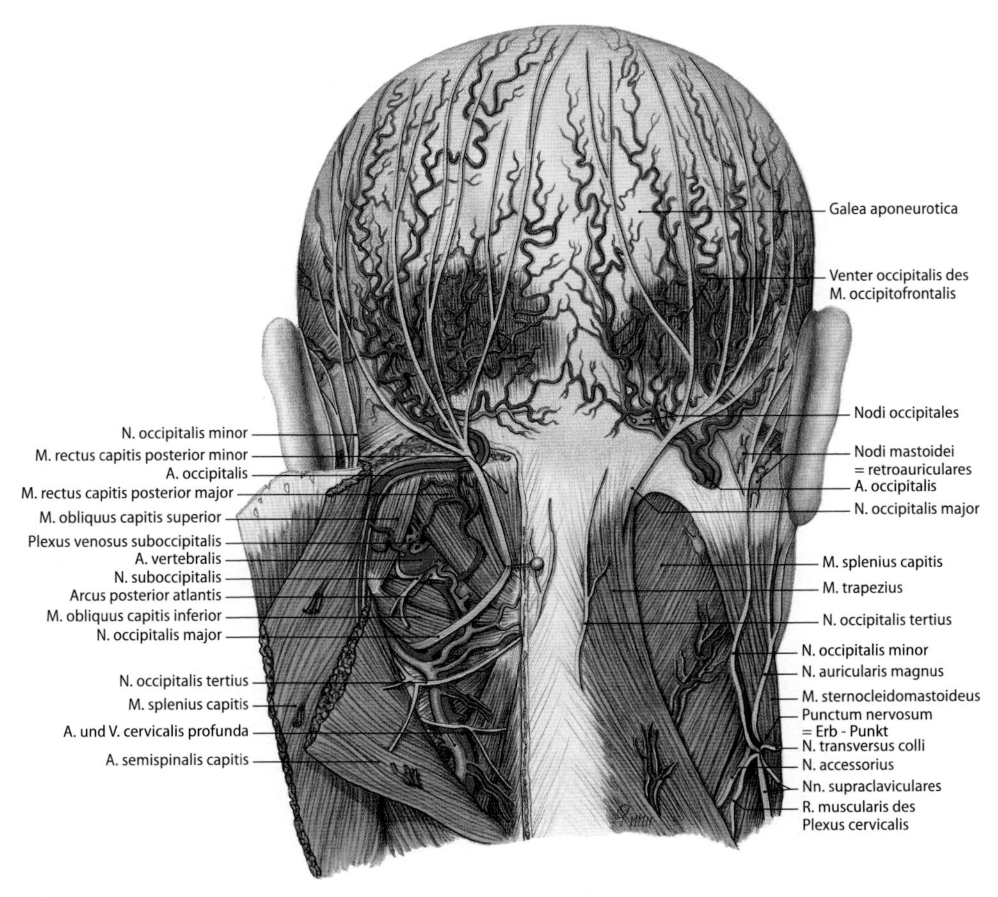

◘ **Abb. 20.12.** Nackenregion (Regio cervicalis posterior) und Hinterhauptregion (Regio occipitalis). Ansicht von hinten Zur Freilegung der Strukturen im tiefen Nackendreieck (Trigonum arteriae vertebralis) wurden auf der linken Seite die Mm. trapezius, sternocleidomastoideus, splenius capitis und semispinalis capitis abgelöst und nach lateral verlagert. Die A. vertebralis liegt auf dem hinteren Atlasbogen; der N. suboccipitalis tritt zwischen A. vertebralis und hinterem Atlasbogen in die tiefe Nackenregion [1]

20.2.4 Regio cervicalis posterior

Oberflächliche Nackenregion

Die **Oberflächenkontur** des Nackens wird durch die **Nackenmuskeln,** vor allem durch die *Mm. semispinales capitis,* geprägt, deren Wülste kranial leicht divergieren, so dass unterhalb der Protuberantia occipitalis eine kleine dreieckige Grube *(Fovea nuchae)* entsteht. Die Spitze des Dreiecks liegt im Bereich des Haaransatzes. **Tastbare Knochenpunkte** sind:

- an der Grenze zwischen Hinterhauptregion und Nacken: *Processus mastoidei* und *Protuberantia occipitalis* externa
- in der Nackenregion: *Processus spinosi* des 6. und 7. Halswirbels *(Vertebra prominens)* sowie bei schlanken Individuen der Dornfortsatz des Axis tastbar.

Haut und subkutane Strukturen. Haut und Unterhautfettgewebe der Nackenregion sind dick und derb. Die Subkutis bildet mit der *Fascia nuchae* quer verlaufende Bindegewebestränge, so dass bei starker Fetteinlagerung transversale Wülste entstehen. Haut und Unterhautfettgewebe werden durch Äste der *R. superficialis* der *A. transversa colli* versorgt. Die Innervation erfolgt über mediale Äste der *Rr. posteriores* der Zervikalnerven III *(N. occipitalis tertius)*, VI, variabel VII–VIII (◘ Abb. 20.12). An der Grenze zur *Regio occipitalis* zieht der *N. occipitalis major* durch die Ursprungssehne des M. trapezius zur Hinterhauptregion. Er geht hier eine Verbindung mit dem *N. occipitalis minor* ein. Der *R. posterior* des *N. auricularis magnus* erreicht die Hinterseite der Ohrmuschel.Die *A. occipitalis* tritt durch den medialen Teil der Ansatzsehne des M. sternocleidomastoideus und verzweigt sich in Begleitung der V. occipitalis in der Kopfschwarte. Über dem Warzenfortsatz liegen *Nodi mastoidei (retroauriculares)*; im Ursprungsbereich des M. trapezius findet man *Nodi occipitales.*

Tiefe Nackenregion

Zur Freilegung der Strukturen der tiefen Nackenregion (◘ Abb. 20.12) müssen 3 Muskelschichten abgelöst und nach lateral kaudal verlagert werden: Nach Abtrennung des Ursprungs der Pars descendens des *M. trapezius* und des Ansatzes des *M. sternocleidomastoideus* an der Linea nuchalis superior liegt der *M. splenius capitis* frei. Löst man den Ansatz des Muskels an der Linea nuchalis und am Processus mastoideus ab, stößt man auf den *M. semispinalis capitis,* über dessen Ansatzbereich die *A. occipitalis* nach medial zieht. Den M. semispinalis capitis durchbrechen die *Nn. occipitalis major* und *occipitalis tertius.* Durch Ablösen des Ansatzes des M. semispinalis capitis werden die **kurzen Nackenmuskeln** und der *M. semispinalis cervicis* erreicht.

Um den Unterrand des M. obliquus capitis inferior schlingt sich der *N. occipitalis major*, der nach Abgabe von Muskelästen zum Hinterhaupt zieht. Auf dem M. semispinalis cervicis erreicht die *A. cervicalis profunda* die tiefe Nackenregion. Die kräftige *V. cervicalis profunda* anastomosiert mit der V. occipitalis, dem Plexus suboccipitalis und der V. emissaria mastoidea (► Kap. 4.2, ◘ Abb. 4.46). Die *Mm. obliquus capitis inferior, obliquus capitis superior* und *rectus capitis posterior major* begrenzen das sog. **tiefe Nackendreieck** *(Trigonum arteriae vertebralis),* in dem der *Arcus posterior atlantis* liegt. Die *A. vertebralis* gelangt durch die Foramina transversaria von Axis und Atlas dorsal vom Atlantookzipitalgelenk zum *Sulcus arteriae vertebralis* des hinteren Atlasbogens (◘ Abb. 20.11); von hier zieht sie nach medial kranial und durchbohrt die *Membrana atlantooccipitalis posterior.* Um die A. vertebralis liegt der kräftige *Plexus suboccipitalis*, der mit den Vv. vertebralis und cervicalis profunda in Verbindung steht. Zwischen hinterem Atlasbogen und A. vertebralis tritt der *N. suboccipitalis* aus. Bei Ausbildung einer knöchernen Brücke über dem Sulcus arteriae vertebralis (Pontikulusbildung) (► Kap. 4.3, ◘ Abb. 4.60b) läuft die A. vertebralis im *Canalis arteriae vertebralis* (☺).

21 Ventrale Rumpfwand

B.N. Tillmann

Einführung

Zur ventralen Rumpfwand gehören die Regionen der vorderen und seitlichen Brustwand sowie die Regionen der vorderen und seitlichen Bauchwand. Die ventrale Rumpfwand beginnt kranial an den Claviculae und an der Incisura jugularis des Manubrium sterni. Die kaudale Grenze erstreckt sich von den Darmbeinkämmen über die Leistenbänder zum Tuberculum pubicum. Den Übergang zwischen Brustwand und Bauchwand bildet der Rippenbogen. Die ventrale Rumpfwand setzt sich kranial in die Halsregionen und kaudal in die Oberschenkelregionen fort. Die Regionen der Brust- und Bauchwand gehen im Bereich der hinteren Axillarlinie in die Regionen der dorsalen Rumpfwand über.

21.1 Allgemeiner Aufbau

Vertikale **Orientierungslinien** (Abb. 21.1) auf der ventralen Rumpfwand sind die *Linea mediana anterior* (Linie durch die Mitte des Sternum), *Linea sternalis* (Linie entlang des Sternalrandes), *Linea parasternalis* (Linie zwischen Linea sternalis und Linea medioclavicularis), *Linea medioclavicularis* (von der Mitte der Clavicula gefällte Linie – entspricht weitgehend der Mammilarlinie). Im Bereich der **Achselgrube** unterscheidet man eine *Linea axillaris anterior* (Linie auf der vorderen Achselfalte), eine *Linea axillaris media* (aus der Mitte der Achselgrube gefällte Linie) und eine *Linea axillaris posterior* (Linie auf der hinteren Achselfalte).

Zur **Höhenlokalisation** der Rippen und der Interkostalräume werden **tastbare Knochenpunkte** herangezogen (▶ Tafel VII, S. 923). An dem insgesamt tastbaren Brustbein springt der Übergang zwischen Manubrium und Corpus sterni als *Angulus sterni* (Ludovici) deutlich vor; er dient als Orientierungsmarke zum **Abzählen der Rippen.** Neben dem *Angulus sterni* liegt die **zweite Rippe,** die erste Rippe ist aufgrund der Überlagerung durch die Clavicula nicht tastbar. Die nachfolgenden zum Sternum und zum Rippenbogen ziehenden Rippen können ebenfalls palpiert werden (Auskultationsstellen, ▶ Kap. 23.14).

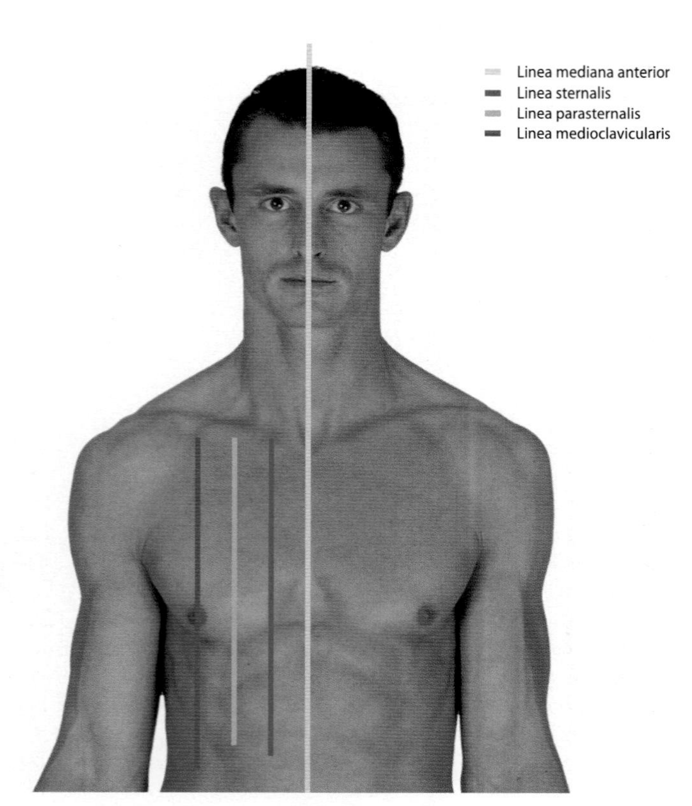

Abb. 21.1. Orientierungslinien auf der vorderen Rumpfwand

! Die zweite Rippe liegt neben dem tastbaren Angulus sterni (Ludovici).

Knöcherne Orientierungsmarken im kaudalen Bereich der ventralen Rumpfwand sind *Crista iliaca, Spina iliaca anterior superior, Tuberculum pubicum* und *Symphysis pubica* (▶ Tafel II).

Als **Orientierungsmarken** auf der Bauchwand zur Lokalisation intraabdomineller Erkrankungen werden der **Lanz-** und **McBurney-Punkt** herangezogen (Tafel VII, S. 923). Das **Oberflächenrelief der vorderen Brustwand** wird durch das Skelett von Thorax und Schultergürtel sowie von den Muskeln des Schultergürtels und des Schultergelenkes geprägt. Die kraniale Begrenzung der Brustwand hebt sich durch das Skelett mit der *Incisura jugularis sterni* und den *Claviculae* sowie den Schultereckgelenken deutlich von den Halsregionen ab. Lateral unterhalb der *Clavicula* senkt sich die Haut zwischen *M. pectoralis major* und *M. deltoideus* zur *Fossa infraclavicularis* (Mohrenheim-Grube) ein, in der die durch die Haut sichtbare *V. cephalica* zum kostoklavikulären Raum zieht (Tafel III, S. 779). Die Kontur des *M. pectoralis major* ist bei kräftig entwickelter Muskulatur beim Mann insgesamt deutlich abgrenzbar. Der Muskel wird bei der Frau zum größten Teil von der *Mamma* überlagert. Die vom lateralen Rand des *M. pectoralis major* aufgeworfene **vordere Achselfalte** und die vom Ansatzbereich des *M. latissimus dorsi* hervorgerufene **hintere Achselfalte** heben sich mit der von ihnen begrenzten **Achselgrube** bei eleviertem Arm deutlich ab. Bei Elevation des Armes werden außerdem die kaudalen Ursprungszacken des *M. serratus anterior* auf der seitlichen Thoraxwand sichtbar, die mit den Ursprüngen des *M. obliquus externus abdominis* an den Rippen V–IX die mäanderförmige **Gerdy-Linie** bilden (▶ Tafel II, S. 778). *Processus xiphoideus* und **Rippenbogen** sind bei normal entwickeltem Unterhautfettgewebe sichtbar. Sie bilden den *Angulus infrasternalis* **(epigastrischer Winkel)**, dessen Größe von Alter, Geschlecht und Körperbautypus abhängig ist. Der epigastrische Winkel ist normalerweise beim Kleinkind und bei Frauen größer als beim Mann (ca. 70°).

Das **Oberflächenrelief der Bauchwand** zeigt große individuelle Unterschiede; es wird im wesentlichen von der Entwicklung des subkutanen Fettgewebes, der Muskulatur sowie von der Menge des intraabdominalen Fettgewebes in Mesenterien und großem Netz (▶ Kap. 24, Abb. 24.2 und 10.4) geprägt. Einfluss auf die Gestalt der Bauchwand haben auch die alters- und geschlechtsspezifischen Formen von Thorax und Becken (▶ Kap. 4.3 und 4.5).

Bei muskelkräftigen, normalgewichtigen Menschen sieht man über der *Linea alba* eine Einsenkung der Haut. Die Konturen des *M. rectus adominis* mit den *Intersectiones tendineae* sowie der Übergang des *M. obliquus externus abdominis* in seine Aponeurose am lateralen Rand der Rektusscheide sind sichtbar. Besonders deutlich hebt sich der Muskel-Aponeurosen-Übergang etwa 3 cm oberhalb der Spina iliaca anterior superior in Form der sog. Muskelecke ab (▶ Tafel II, S. 778). Die subkutanen Venen zeichnen sich bei starker Füllung durch die Haut ab.

21.2 Brustwand (Pectus)

 Einführung

Die Brustwand begrenzt gemeinsam mit dem Zwerchfell die Brusthöhle *(Cavitas thoracis – thoracica)*. Knöcherne Grundlage ist das Thoraxskelett *(Skeleton thoracis)* mit dem Brustbein und mit den 12 Rippenpaaren, die dorsal mit den 12 Brustwirbeln artikulieren. Gemeinsam bilden die Skelettanteile den Brustkorb *(Cavea thoracis)*, in dem die Organe und Leitungsbahnen innerhalb der Brusthöhle eingeschlossen sind.

Regionen der vorderen und seitlichen Brustwand:
Regiones thoracicae anteriores **und** *laterales* ▶ *Tafel IA, S. 777*
- Bereich vor dem Brustbein: *Regio presternalis*
- Grube über dem Trigonum clavi(deltoideo)pectorale (Fossa infraclavicularis: Mohrenheim-Grube)
- Dreieck zwischen M. deltoideus, M. pectoralis major und Clavicula: *Trigonum clavi(deltoideo)pectorale* (▶ Kap. 4.4)
- Bereich über dem M. pectoralis major: *Regio pectoralis*
  - Bereich der Brust: *Regio mammaria*
  - Gebiet unterhalb der Mamma: *Regio inframammaria*
  - Bereich seitlich des M. pectoralis major: *Regio pectoralis lateralis*
- Bereich zwischen den Achselfalten (Regio axillaris)
- Achselgrube: Fossa axillaris (▶ Kap. 4.4)

Die Brustwand lässt sich in **3 Schichten** gliedern:
- **Oberflächliche Schicht:** Sie besteht aus Haut und subkutanem Bindegewebe sowie aus der oberflächlichen Körperfaszie und den epifaszialen Leitungsbahnen. Zur oberflächlichen Schicht zählen außerdem die Brust (Mamma) mit der Milchdrüse (Glandula mammaria).
- **Mittlere Schicht:** In der mittleren Schicht liegen die auf den Thorax verlagerten Muskeln von Schultergürtel und Schultergelenk sowie die Muskelursprünge der Bauchmuskeln mit ihren Leitungsbahnen.
- **Tiefe Schicht:** Die tiefe Schicht bilden das Thoraxskelett mit Rippen und Brustbein sowie die Zwischenrippenmuskeln mit den Leitungsbahnen der Interkostalräume, die innen von der Fascia endothoracica und von der Pleura parietalis bedeckt werden.

21.2.1 Oberflächliche Schicht der Brustwand

Die **Haut** der vorderen Brustregionen ist von mittlerer Dicke; sie ist beim Mann normalerweise behaart. In der seitlichen Brustregion ist die Haut vor allem im Bereich der Achselgrube dünn und aufgrund ihres Faltenreichtums dehnbar. Die **Subkutis** ist vergleichsweise fettreich; bei Frauen ist das subkutane Fettgewebe normalerweise kräftiger entwickelt als beim Mann, so dass die Muskelkonturen nicht so deutlich hervortreten.

Im subkutanen Gewebe liegt ein kräftiges **Venengeflecht,** das vor allem im Bereich der Brustdrüse *(Plexus venosus areolaris)* durch die Haut sichtbar ist. Das Blut der subkutanen Venen fließt größtenteils nach lateral in die *V. thoracoepigastrica*. Die *V. thoracoepigastrica* zieht zwischen vorderer und mittlerer Axillarlinie auf der Faszie des M. serratus anterior kranialwärts zur *V. axillaris*. Sie anastomosiert kaudal mit der *V. epigastrica superficialis* und hat Verbindungen zur *V. thoracica lateralis* und zur *V. thoracodorsalis* ().

Über dem Brustbeinbereich kann variabel eine subkutane Vene *(V. xiphoidea mediana)* verlaufen; sie hat Verbindungen zu den Vv. thoracicae internae und zu den Vv. paraumbilicales. Eine variable Verbindung zwischen V. axillaris und V. jugularis externa bezeichnet man als *V. cervicoaxillaris*.

Die **segmentalen Leitungsbahnen** der Subkutis treten parasternal und im Bereich der hinteren Axillarlinie in die oberflächliche Schicht der Brustwand (◘ Abb. 21.2).

Aus den sechs Interkostalräumen, etwa 1–2 cm neben dem Brustbein, ziehen *Rr. perforantes* aus der *A. thoracica (mammaria) interna* in die Subkutis; starke Äste versorgen als *Rr. mammarii mediales* die Brustdrüse. Die Arterien werden von Venen begleitet, die in die *Vv. thoracicae (mammariae) internae* münden. Vom 2. (oder 3.) bis zum 6. Interkostalraum ziehen mit den Gefäßen die *Rr. cutanei anteriores pectorales* der Interkostalnerven. Die Hautnerven innervieren als *Rr. mammarii mediales* die Regio mammaria. Zur Haut über dem 1. und 2. Interkostalraum der vorderen Brustwand gelangen die vom Platysma bedeckten *Nn. supraclaviculares mediales* und *intermedii* (◘ Abb. 21.2).

An der arteriellen Versorgung der seitlichen Brustwand beteiligen sich die *Rr. cutanei laterales* aus den *Aa. intercostales posteriores*; die *Rr. cutanei laterales II–IV* ziehen als *Rr. mammarii laterales* zur Mamma. Die Region wird außerdem durch Äste aus den *Aa. thoracica lateralis* und *thoracodorsalis* versorgt. Die Innervation der Haut im Bereich der seitlichen Brustwand erfolgt segmental durch die *Rr. cutanei laterales pectorales* der Interkostalnerven, die mit *Rr. mammarii laterales* zur Brustdrüse ziehen (◘ Abb. 21.2).

Das subkutane Bindegewebe einschließlich der Brust (Mamma) sind verschiebbar mit der **oberflächlichen Faszie** verbunden. Im oberen Abschnitt der vorderen Brustwand breiten sich Ausläufer des *Platysma* zwischen Subkutis und Oberflächenfaszie *(Fascia pectoralis)* variabel bis zum 2. oder 3. Interkostalraum aus.

Brust (Mamma) und Milchdrüse (Glandula mammaria) siehe ▶ Kap. 14.

21.2.2 Mittlere Schicht der Brustwand

In der mittleren Schicht der Thoraxwand liegen Muskeln und ihre Faszien sowie die zugehörigen Leitungsbahnen. Die *Regio pectoralis* füllt der *M. pectoralis major* aus, dessen unterer seitlicher Rand die vordere Achselfalte und die Grenze zur *Regio axillaris* bildet (◘ Abb. 21.2). Der *M. pectoralis major* ist lateral durch das *Trigonum clavi(deltoideo)pectorale* und durch den *Sulcus deltoideopectoralis* vom *M. deltoideus* getrennt. Löst man die Ursprünge des M. pectoralis major ab und verlagert ihn nach kranial lateral, wird der in die *Fascia clavi(deltoideo)pectoralis* eingehüllte *M. pectoralis minor* sichtbar (◘ Abb. 21.3). An seinem lateralen Rand liegen *Nodi pectorales*, auf dem Muskel *Nodi interpectorales*. Medial vom *M. pectoralis minor* ziehen die *Rr. pectorales* der *A. thoracoacromialis* und der *N. pectoralis medialis* aus der **Mohrenheim-Grube** in die Unterseite des *M. pectoralis major*. Äste des *N. pectoralis lateralis* treten vom lateralen Rand sowie durch den Ursprungsteil des *M. pectoralis minor* in den *M. pectoralis major*.

Zu den Muskeln der mittleren Schicht zählt auch der *M. serratus anterior*, der die mediale Wand der Achselhöhle bildet (◘ Abb. 21.2). Über seinen Ursprungsbereich zieht die aus der *A. axillaris* kommende *A. thoracica lateralis* mit ihrer Begleitvene am lateralen Rand des *M. pectoralis minor* nach kaudal. Im Bereich der mittleren Axillarlinie läuft der *N. thoracicus longus* dorsal von den Vasa thoracica lateralia auf dem *M. serratus anterior* durch die Achselhöhle (◘ Abb. 21.3 und ▶ Kap. 25, ◘ Abb. 25.1). Der *N. thoracicus longus* wird kranial von der

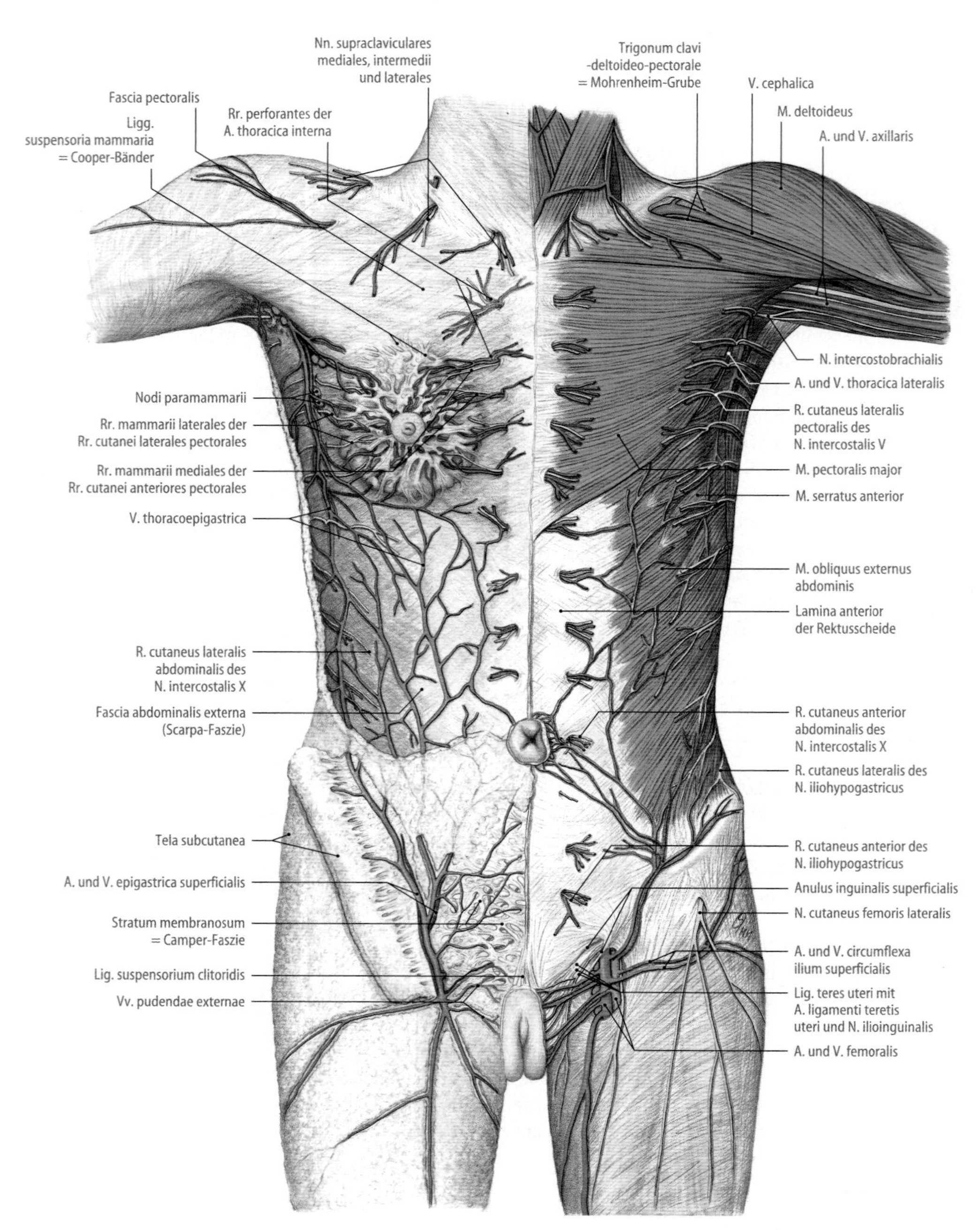

◻ Abb. 21.2. Vordere Rumpfwand einer Frau, oberflächliche Strukturen mit epifaszialen Leitungsbahnen, Ansicht von vorn. Rechte Körperseite: erhaltene Subkutis unterhalb des Nabels, erhaltene Oberflächenfaszie oberhalb des Nabels. Man beachte die Camper-Faszie (Stratum membranosum der Subkutis) [1]

(variablen) *A. thoracica superior* und im kaudalen Abschnitt von Ästen der *Vasa thoracodorsalia* begleitet, die auf der Unterseite des vorderen Randes des *M. latissimus dorsi* gemeinsam mit dem *N. thoracodorsalis* nach kaudal ziehen. *Vasa thoracica lateralia* und *N. thoracicus longus* werden in der Achselhöhle von den sich T-förmig aufzweigenden *Rr. cutanei laterales* der Aa. intercostales posteriores und von den *Rr. cutanei laterales pectorales* der Interkostalnerven überkreuzt. Die Ursprungsbereiche des *M. obliquus externus abdominis* und des *M. rectus abdominis* liegen in der mittleren Schicht der Thoraxwand. Das den *M. rectus abdominis* bedeckende **vordere Blatt der Rektusscheide** ist hier in den meisten Fällen nur schwach ausgebildet.

21.2.3 Tiefe Schicht der Brustwand

Die Grundlage der tiefen Schicht der Brustwand bildet das Thoraxskelett (Brustkorb, ► Kap. 4.3). Die Muskeln und Leitungsbahnen liegen in den **Interkostalräumen**, *Spatium intercostale* (◻ Abb. 21.4). Die Interkostalräume beginnen dorsal an der Wirbelsäule und enden ventral am Brustbein (1.–7. Rippe), am Rippenbogen (8.–10. Rippe) oder frei (11. und 12. Rippe). Sie werden vom unteren und vom oberen Rand benachbarter Rippen begrenzt. Die Interkostalräume sind dorsal enger als ventral. Im hinteren Bereich ist an der Unterkante der Rippen eine Rinne für die Leitungsbahnen *(Sulcus costae)* ausgebildet, die in Höhe der Achselhöhle flacher wird. Die Rippen sind außerhalb der Muskelinsertionszonen von Periost bedeckt.

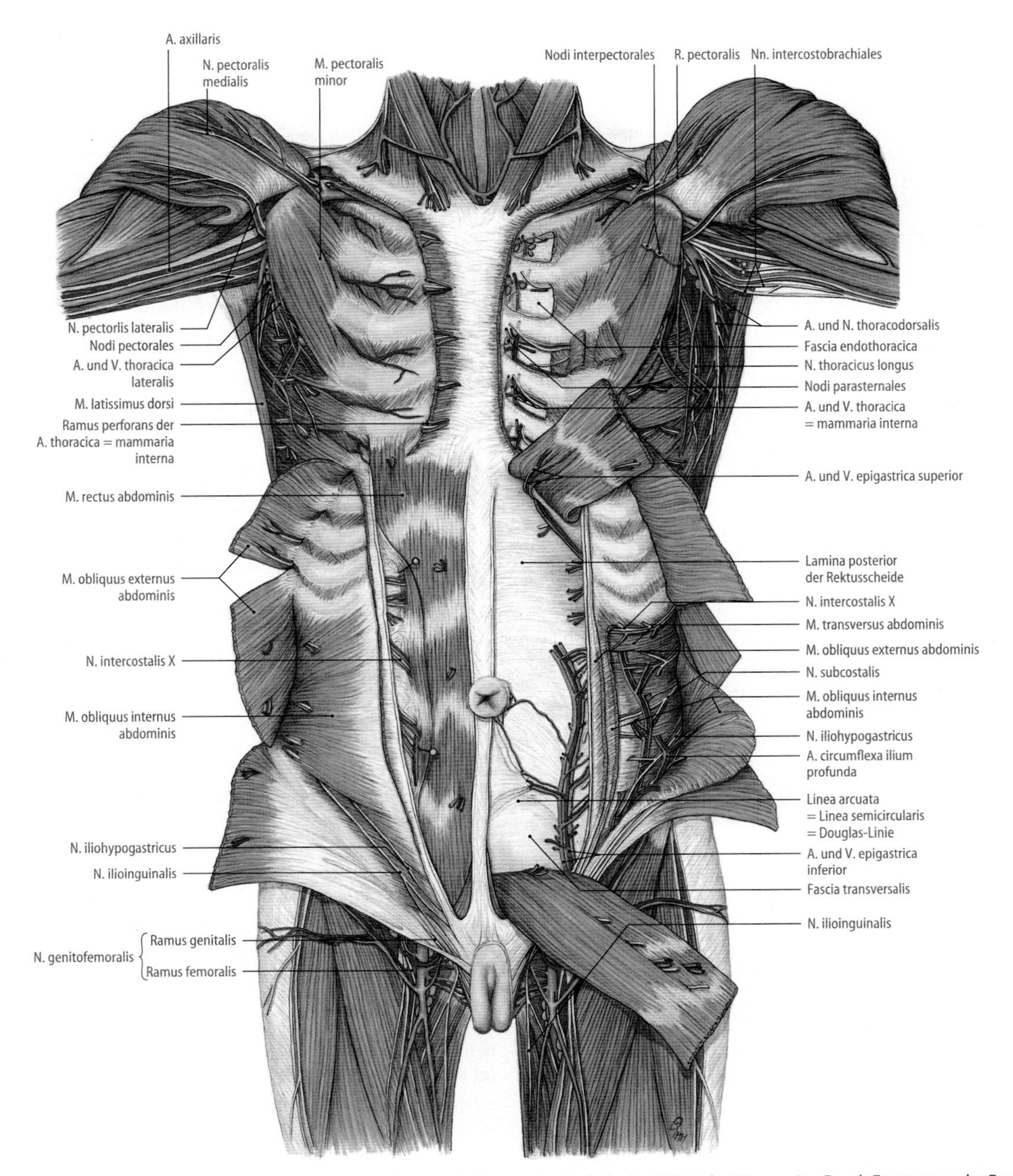

Abb. 21.3. Vordere Rumpfwand einer Frau, Strukturen der mittleren Schicht, Ansicht vorn. Rechte Körperseite: Der M. pectoralis major wurde an seinem Ansatz abgelöst und nach kranial verlagert. Durch Aufklappen des M. obliquus externus abdominis wird der M. obliquus internus abdominis sichtbar. Der M. rectus abdominis wurde durch Abtragen des vorderen Blattes der Rektusscheide freigelegt [1]. Linke Körperseite: Durch Fensterung der Brustwand wurden Vasa thoracica interna und parasternale Lymphknoten freigelegt. Nach Durchtrennung des M. rectus abdominis und Verlagerung seines Ursprungs- und Ansatzbereichs nach kranial und nach kaudal werden das hintere Blatt der Rektusscheide und die Vasa epigastrica superiora und inferiora sichtbar

Die **Muskeln** in den Interkostalräumen liegen in 2 Schichten:
- Mm. intercostales externi
- Mm. intercostales interni

Die **Mm. intercostales externi** ziehen ventral bis zu den Rippenknorpeln; ihre Fortsetzung zwischen den Rippenknorpeln ist die *Membrana intercostalis externa* (▶ Kap. 4.3, ◼ Abb. 4.76). Die Muskeln werden von der dünnen *Fascia thoracica externa* bedeckt. Die **Mm. intercostales interni** bilden die innere Muskellage. Sie füllen die Interkostalräume vom Angulus costae bis zum Sternalrand aus. Die zwischen den Rippenknorpeln liegenden Anteile der Mm. intercostales interni bezeichnet man als *Mm. intercartilaginei*. Die Mm. intercostales interni werden von der *Fascia thoracica interna* eingeschlossen. An der Innenwand des Thorax laufen im Bereich der Anguli costarum die *Mm. subcostales*; auf der Innenseite der vorderen Brustwand liegt der fächerförmige *M. transversus thoracis* (◼ Abb. 21.5).

Die Verbindung der inneren Brustwand mit der *Pleura parietalis* erfolgt über das subseröse Bindegewebe der *Fascia endothoracica*, das zwischen dem Periost der Rippen und der Fascia thoracica (interna) sowie der Pleura parietalis liegt (◼ Abb. 21.4).

Die **Arterien** in den Interkostalräumen stammen aus 3 Quellen:
- A. intercostalis suprema
- Aorta thoracica
- A. thoracica interna

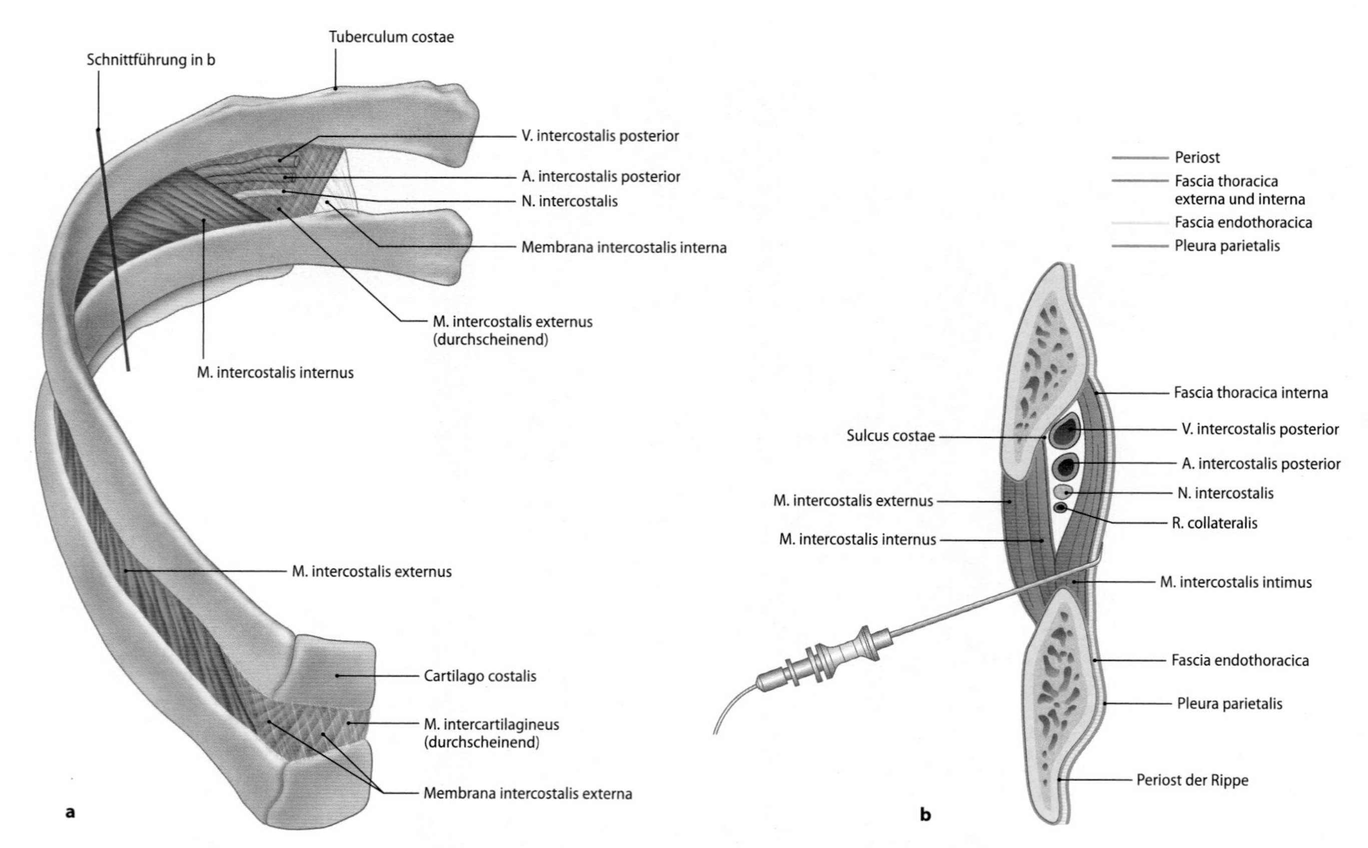

Abb. 21.4a, b. Interkostalraum. **a** Rechte Seite, Ansicht von vorn oben. **b** Querschnitt durch einen Interkostalraum. Man beachte die Lage der Leitungsbahnen im hinteren Abschnitt des Spatium intercostale innerhalb des Canalis intercostalis [2]

In den 1. und 2. Interkostalraum ziehen die *Aa. intercostales posteriores prima* und *secunda* aus der *A. intercostalis suprema*. Die *Aa. intercostales posteriores* der Interkostalräume III–XI kommen direkt aus der *Aorta thoracica*. Die Arterien für den 3. und 4. sowie für den 5. und 6. Interkostalraum entspringen jeweils mit einem gemeinsamen Stamm, der zunächst steil nach kranial zieht und sich dann in je 2 Arterien aufzweigt. Auf der rechten Seite laufen die *Aa. intercostales posteriores* dorsal von Ösophagus, Ductus thoracicus und V. azygos und gelangen über die Wirbelkörper zu den Interkostalräumen; auf der linken Seite ziehen sie hinter der V. hemiazygos. Die Aa. intercostales posteriores werden auf beiden Seiten im Bereich der Rippenkopfgelenke vom *Truncus sympathicus* überkreuzt. Bis zu ihrem Eintritt in den Zwischenrippenraum in Höhe des Tuberculum costae sind die Interkostalgefäße von der Pleura parietalis und der Fascia endothoracica bedeckt (► Kap. 23. ◻ Abb. 23.15, 23.16).

Nach Abgabe des *R. dorsalis* für Rückenmuskeln und Rückenhaut ziehen die *Aa. intercostales posteriores* innerhalb des *Spatium intercostale* zunächst im *Sulcus costae* nach ventral (► Kap. 4.3, ◻ Abb. 4.92). Sie werden bis zum Angulus costae von der *Membrana intercostalis interna* und vom Rippenwinkel an von den *Mm. intercostales interni* bedeckt (◻ Abb. 21.4). In Höhe des Rippenwinkels entspringt aus dem Hauptstamm ein *R. collateralis*, der zur Oberkante der tieferen Rippe zieht und mit der darunter liegenden Interkostalarterie anastomosiert; hier verlässt der Hauptstamm auch den *Sulcus costae* und läuft am Unterrand der Rippe weiter (► S. 178). Im Bereich der mittleren Axillarlinie tritt der *R. cutaneus lateralis* aus dem Interkostalraum zur Haut (◻ Abb. 21.2).

Der ventrale Abschnitt der Interkostalräume wird über *Rr. intercostales anteriores* versorgt, die bis zum 6. Zwischenrippenraum direkt aus der *A. thoracica interna* entspringen; im kaudalen Bereich gehen sie aus der *A. musculophrenica* hervor (◻ Abb. 21.5). Die *Rr. intercostales anteriores* anastomosieren mit den *Aa. intercostales posteriores* (► Kap. 4.3, ◻ Abb. 4.92, S. 178) und mit den Arterien der benachbarten Zwischenrippenräume.

Die *A. thoracica (mammaria) interna* läuft mit ihren Begleitvenen 1–2 cm neben dem Sternum an der Hinterfläche der Brustwand (◻ Abb. 21.5). Bis zur 3. Rippe liegen die Vasa thoracica interna zwischen Pleura parietalis und Brustwand; kaudal legt sich der *M. transversus thoracis* über die Gefäße. Im 6. Interkostalraum teilt sich die A. thoracica interna in die *Aa. musculophrenica* und *epigastrica superior*. Die A. epigastrica superior gelangt im Bereich des *Trigonum sternocostale* über den Ursprung des M. transversus abdominis in die Rektusscheide.

! Aa. intercostales posteriores und Rr. intercostales anteriores bilden innerhalb der Zwischenrippenräume einen Gefäßring, über den Aorta thoracica und A. thoracica interna miteinander in Verbindung stehen (► Kap. 4.3, ◻ Abb. 4.92, S. 178).

Die **Venen** der Interkostalräume entsprechen in ihrem Verlauf weitgehend dem der Arterien. Die Interkostalvenen des 1.–3. Interkostalraumes münden auf der rechten Seite in die *V. intercostalis superior dextra* und auf der linken Seite – variabel – in die *V. hemiazygos accessoria*. Die *Vv. intercostales posteriores* führen das Blut aus den Zwischenrippenräumen IV–XI rechts zur *V. azygos* und links zu den *Vv. hemiazygos* und *hemiazygos accessoria* (► Kap. 4.3, ◻ Abb. 4.95, S. 181) Die *Vv. intercostales* liegen im *Sulcus costae* oberhalb der Interkostalarterien (◻ Abb. 21.4). Ventral anastomosieren die Vv. intercostales posteriores mit den *Vv. intercostales anteriores*, die in die *Vv. thoracicae internae* münden.

21

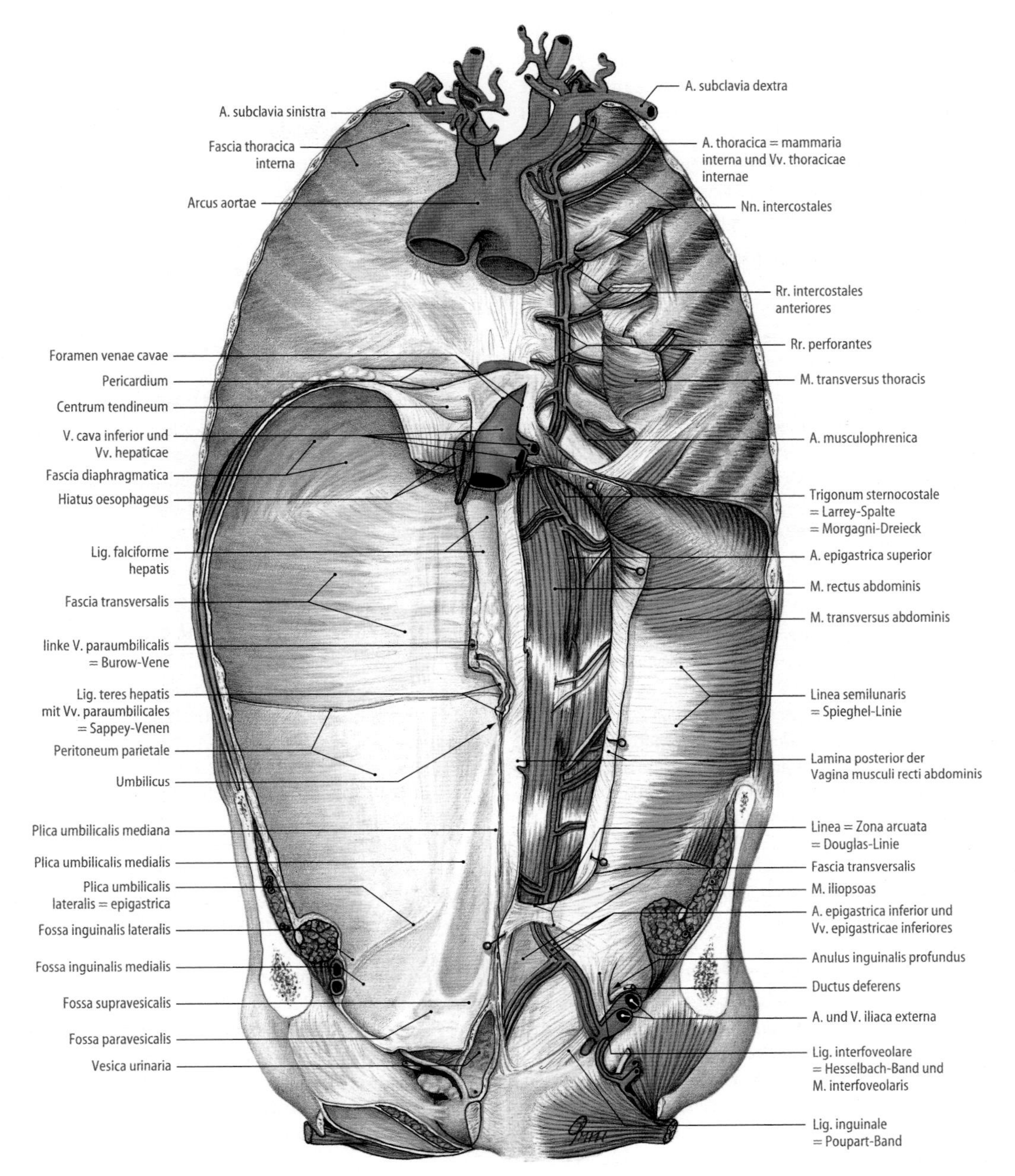

Abb. 21.5. Innenseite der vorderen Rumpfwand, Ansicht von hinten. Linke Körperseite: Im unteren Abschnitt der Bauchwand ist das Peritoneum erhalten. Man beachte das Oberflächenrelief der hinteren Bauchwand. Im oberen Abschnitt der Bauchwand liegen die Fascia transversalis und an der Brustwand die Fascia thoracica interna frei, nachdem das Peritoneum parietale mit der Tela subserose sowie die Pleura parietalis mit der Fascia endothoracia abgetragen wurden. Rechte Körperseite: Durch Ablösen des M. transversus thoracis und der Fascia thoracica interna wurden die Vasa thoracica interna freigelegt, die im Bereich der Larrey-Spalte durch den Ursprung des M. transversus abdominis als Vasa epigastrica superiora in die Rektusscheide gelangen. Die Rektusscheide ist im oberen Bereich bis zur Linea arcuata von hinten eröffnet. Durch Abtragen der Fascia transversalis oberhalb der Linea arcuata liegt der M. transversus abdominis frei [1]

Die **Nerven** der Thoraxwand sind die *Rr. anteriores (ventrales)* der *Nn. thoracici I–XII*. Sie werden ihrem Verlauf entsprechend als **Interkostalnerven** bezeichnet. Die Interkostalnerven ziehen unterhalb der Interkostalarterien im Interkostalraum nach ventral (Abb. 21.4). In der mittleren Axillarlinie treten die *Rr. cutanei laterales pectorales* zur Haut der Achselgrube; *Rr. mammarii laterales* versorgen die Haut der Regio mammaria (Abb. 21.2). Der R. cutaneus lateralis aus dem zweiten (und dritten) Interkostalnerv schließt sich dem N. cutaneus brachii medialis als *N. intercostobrachialis* an, der durch die Achselhöhle zum Arm gelangt. In den Interkostalräumen I–VI treten neben dem Brustbein die *Rr. cutanei anteriores pectorales* in Begleitung der Arterien und Venen zur Haut; von ihnen ziehen *Rr. mammarii mediales* nach lateral in die Brustregion. Innerhalb des Interkostalraumes zweigt vom Hauptstamm ein *R. collateralis* ab, der am Oberrand der kaudalen Rippe nach ventral läuft und zur Haut gelangen kann. Die Interkostalnerven versorgen außer Interkostalmuskeln und Haut auch die Pleura parietalis.

Die Leitungsbahnen der **Interkostalräume** treten in Höhe des Rippenwinkels in die *Mm. intercostales interni*, dadurch wird ein innerer Teil als *Mm. intercostales intimi* von den Mm. intercostales interni getrennt (◘ Abb. 21.4b). Die beiden Muskelanteile bilden mit dem *Sulcus costae* der Rippen einen Kanal (Canalis intercostalis) für die von lockerem Bindegewebe umhüllten Leitungsbahnen. Interkostalvenen, Interkostalarterien und Interkostalnerven laufen bis zur hinteren Axillarlinie im Schutz des *Sulcus costae*.

Innerhalb der Interkostalräume ziehen die Leitungsbahnen in folgender Reihenfolge:
- **kranial die Interkostalvenen**
- **in der Mitte die Interkostalarterien**
- **kaudal die Interkostalnerven.**

21.1 Klinische Hinweise zur ventralen Rumpfwand

Bei einer Punktion der Pleurahöhle wird die Kanüle zur Schonung der interkostalen Leitungsbahnen am Oberrand der Rippe eingeführt (◘ Abb. 21.4b).

Eine Thoraxdrainage (Notfalldrainage – Bülau-Drainage) wird wegen der leichten Zugänglichkeit und aufgrund der vergleichsweise dünnen Thoraxwand im 4. oder 5. Interkostalraum zwischen vorderer und mittlerer Axillarlinie durchgeführt.

Operative Eingriffe am offenen Herzen erfolgen über eine Sternotomie. Für Operationen an Lunge, Speiseröhre oder Mediastinum eignet sich die anterolaterale Thorakotomie im 5. Interkostalraum, bei der die Ursprungszacken des M. serratus anterior im Zugangsbereich abgelöst werden; M. latissimus dorsi und M. pectoralis major werden geschont.

Der M. pectoralis major dient mit seinem Gefäßstiel (R. pectoralis der A. thoracoacromialis und Begleitvenen) als Muskellappenplastik zur Deckung von Defekten im Kopf-Hals- sowie Brustbereich.

21.3 Bauchwand (Abdomen)

 Einführung

Die Bauchwand ist Bestandteil des Bauches und umhüllt die in der Bauchhöhle (Peritonealhöhle, *Cavitas peritonealis*) sowie die im Extraperitonealraum, *Spatium extraperitoneale*, liegenden Organe des Bauchraumes, *Cavitas abdominis*. Die Bauchwand besteht aus den Bauchmuskeln und ihren Aponeurosen, die sich zwischen Thorax und Becken ausspannen. Sie bilden die »Bauchdecke«, deren seitliche weichere Anteile auch als »Flanken« bezeichnet werden. Die Bauchwand geht kontinuierlich in die Beckenwand über.

Vordere und seitliche Bauchregionen:
Regiones abdominales
Die Grenze zwischen den seitlichen Bauchregionen und der vorderen Bauchregion bilden die Medioklavikularlinien.
- vordere Bauchregionen (▶ Tafel IA, S. 777):
  - Gebiet unterhalb des Angulus infrasternalis bis in Höhe der 10. Rippenknorpel *(Regio epigastrica, Epigastrium, Fossa epigastrica)*
  - Bereich oberhalb und unterhalb des Nabels zwischen den 10. Rippenknorpeln und den Darmbeinkämmen *(Regio umbilicalis, Umbilicus)*
  - Bereich oberhalb der Symphyse bis in Höhe der Darmbeinkämme *(Regio pubica, Hypogastrium)*
- seitliche Bauchregionen:
  - Gebiet unterhalb der Rippenbögen bis in Höhe der 10. Rippenknorpel seitlich der Medioklavikularlinien *(Regio hypochondriaca, Hypochondrium)*
  - Bereich lateral der Regio umbilicalis zwischen den 10. Rippenknorpeln und den Darmbeinkämmen *(Regio lateralis)*
  - Bereich unterhalb der Darmbeinkämme zwischen Medioklavikularlinien und Leistenbändern *(Regio inguinalis)*

An der vorderen und seitlichen Bauchwand kann man **3 Schichten** abgrenzen:
- Zur **oberflächlichen Schicht** gehören Haut, Unterhaut und die oberflächliche Faszie *(Fascia abdominis superficialis)*.
- In der **mittleren Schicht** liegen die seitlichen und vorderen Bauchmuskeln mit ihren Aponeurosen.
- Die **innere Schicht** bilden die innere Bauchwandfaszie, *Fascia transversalis (Fascia abdominis interna), Tela subserosa* und *Peritoneum parietale*.

21.3.1 Oberflächliche Schicht der Bauchwand

Die **Haut** der vorderen Bauchwand ist beim Erwachsenen etwa 2 mm dick. Sie ist vergleichsweise elastisch und dehnbar. Die Behaarung zeigt individuelle und geschlechtsspezifische Unterschiede. Die Schambehaarung (Pubes) dehnt sich beim Mann normalerweise bis zum Nabel aus; bei der Frau endet sie oberhalb des Mons pubis auf einer horizontalen Linie.

Die Kollagenfasern der Dermis im Bereich der Bauchwand sind in einer Hauptverlaufsrichtung angeordnet, die den Langer-Spaltlinien der Haut entsprechen; diese stimmen weitgehend mit den Spannungslinien der Haut überein (▶ Kap. 16).

21.2 Klinische Hinweise

Bei Überdehnung der Haut, z.B. in der Schwangerschaft oder bei Fettleibigkeit kann es zu streifenförmigen Einrissen innerhalb der Dermis kommen (sog. Striae).

Bei operativen Zugängen im Bereich der Bauchwand erfolgt die Schnittführung zur Vermeidung breiter Narben möglichst in Richtung der Langer-Spaltlinien der Haut.

Die Fetteinlagerung innerhalb der *Tela subcutanea abdominis* ist ernährungsbedingt individuell verschieden. Verteilung und Dicke des subkutanen Fettgewebes zeigen auch geschlechtsspezifische Unterschiede. Bei der Frau liegt in den mittleren Regionen der Bauchwand normalerweise mehr Fett als beim Mann. Im Nabelbereich fehlt das subkutane Fettgewebe.

Der Aufbau der Subkutis weicht im Bereich der vorderen Bauchwand von dem anderer Regionen ab. Über der Aponeurose des M. obliquus externus abdominis findet man Schichten bindegewebiger Membranen, zwischen denen Fettgewebe eingelagert ist. Man bezeichnet die faszienartigen Strukturen innerhalb der Subkutis als *Stratum membranosum* (Camper-Faszie, ◘ Abb. 21.2). Die Bindegewebeplatten enthalten reichlich elastische Fasern. Sie sind nahe der Medianlinie mit dem äußeren Blatt der Rektusscheide verwachsen, die Fetteinlagerung fehlt hier weitgehend. Vom Stratum membranosum ziehen Faserbündel zur Peniswurzel *(Lig. fundiforme penis)* oder zur Clitoris *(Lig. fundiforme clitoridis)*. Die Bandstrukturen umgreifen schlingenförmig die Unterseite des Penisschafts (das Corpus clitoridis). Das Stratum memb-

21

ranosum der Leistenregion setzt sich über das Leistenband auf den proximalen Teil der Oberschenkelvorderseite fort.

Die **oberflächliche Faszie,** *Fascia abominis superficialis* **(Scarpa-Faszie),** bedeckt den M. obliquus externus abdominis und seine Aponeurose, mit der sie fest verwachsen ist (▣ Abb. 21.2). Die *Fibrae intercrurales* oberhalb des *Anulus inguinalis superficialis* sind Verstärkungszüge der oberflächlichen Faszie. Faserzüge aus der Fascia abdominis superficialis ziehen begleitet von wenigen Anteilen der Externusaponeurose zur Oberseite von Penis *(Lig. suspensorium penis)* oder Clitoris *(Lig. suspensorium clitoridis)* und verbinden diese mit dem Unterrand der Symphysis pubica. Die oberflächliche Faszie der Bauchwand geht kontinuierlich in die oberflächlichen Faszien der Brustwand und der Achselhöhle *(Fascia pectoralis, Fascia axillaris)*, des Rückens sowie des Oberschenkels *(Fascia lata)* über.

Von den **Leitungsbahnen** der oberflächlichen Schicht der Bauchwand haben nur die Nerven eine ausschließlich segmentale Anordnung, die Gefäße weichen teilweise davon ab.

Die segmentalen **Arterien** entstammen den *Aa. intercostales posteriores VII–XI*, ihre *Rr. cutanei laterales* treten im Bereich der Ursprungszacken des M. obliquus externus abdominis zur Haut. Durch das vordere Blatt der Rektuscheide gelangen Äste aus den *Aa. epigastricae superior* und *inferior* zur Haut der vorderen Bauchwand (▣ Abb. 21.2). Den unteren Bereich versorgen die aus der *A. femoralis (communis)* stammenden *A. epigastrica superficialis*, *A. circumflexa ilium superficialis* und *Aa. pudendae externae superficialis* und *profunda*. Die *A. epigastrica superficialis* tritt im Bereich des *Hiatus saphenus* durch die *Fascia (Lamina) cribrosa* und wendet sich nach kranial zur vorderen Bauchwand; hier zieht sie auf der Faszie bis in Nabelhöhe. Distal von der A. epigastrica superficialis oder gemeinsam mit dieser entspringt die *A. circumflexa ilium superficialis*, die parallel zum Leistenband nach lateral zieht und die Haut der Leistenregion versorgt. An der Blutversorgung der Leistenregion beteiligen sich außerdem die *A. pudenda externa superficialis* und *die Rr. inguinales* der *A. pudenda externa profunda*.

Die **Venen** bilden innerhalb der Subkutis ein Geflecht, das in die *V. epigastrica superficialis* und in die *V. thoracoepigastrica* drainiert (▶ Kap. 4.3, ▣ Abb. 4.94, S. 181). Die *V. epigastrica superficialis* nimmt das Blut aus dem Gebiet unterhalb des Nabels auf; das Blut der Leistenregion fließt in die *V. circumflexa ilium superficialis*. Vom Mons pubis und von den äußeren Geschlechtsorganen gelangt das Venenblut über die *Vv. pudendae externae* zur V. saphena magna oder direkt in die V. femoralis. Die *V. thoracoepigastrica* zieht von der seitlichen Bauchwand zur seitlichen Brustregion und mündet in die *V. axillaris*. Die subkutanen Venen der Nabelregion haben über die *Vv. paraumbilicales* Verbindung zur V. portae hepatis (▶ Kap. 4.3, ▣ Abb. 4, S. 94). Vordere und seitliche **segmentale Hautvenen** begleiten die gleichnamigen Arterien und münden in die *Vv. intercostales posteriores* und in die *Vv. epigastricae superior* und *inferior* (▣ Abb. 21.3).

Die **Lymphe** aus Haut und Unterhaut fließt oberhalb des Nabels in die Lymphknoten der Axilla *(Nodi pectorales)*. Regionäre Lymphknoten aus dem Bereich unterhalb des Nabels sind die Leistenlymphknoten *(Nodi inguinales superficiales – Nodi superomediales* und *superolaterales; Tractus horizontalis)* (▶ Kap. 4.3, ▣ Abb. 4.97, S. 182). Ein Teil der Lymphe wird über Lymphgefäße, die mit den interkostalen Leitungsbahnen ziehen, den *Nodi intercostales* zugeführt; in der Regio epigastrica bestehen außerdem Verbindungen zu den kaudalen *Nodi parasternales*.

Die **Hautnerven** entstammen den *Nn. intercostales VI–XI* und dem *N. subcostalis* sowie den *Nn. iliohypogastricus* und *ilioinguinalis* aus dem Plexus lumbalis. Die *Rr. cutanei anteriores* der Interkostalnerven teilen sich im Regelfall in 2 Äste, von denen der mediale neben der Linea alba und der laterale am seitlichen Rand der Rektusscheide austritt (▣ Abb. 21.2). Die *Rr. cutanei laterales* treten im Ursprungsbereich des *M. obliquus externus abdominis* durch die oberflächliche Faszie in die Subkutis und teilen sich in einen vorderen und in einen hinteren Ast; sie versorgen die Haut zwischen Medioklavikularlinie und Skapularlinie.

Die Haut in der Umgebung des *Anulus inguinalis superficialis* und des *Mons pubis* wird vom *R. medialis* des *N. iliohypogastricus* versorgt, der normalerweise 2-4 cm oberhalb des äußeren Leistenringes die Aponeurose des M. obliquus externus abdominis durchbricht (▣ Abb. 21.3). Der oberhalb der Crista iliaca durch die Ursprungssehne des *M. obliquus externus abdominis* tretende *R. lateralis* zieht zur Oberschenkelregion. Der Endast des *N. ilioinguinalis* tritt aus dem *Canalis inguinalis* und innerviert die Haut oberhalb und medial des *Anulus inguinalis superficialis* sowie des *Mons pubis* (21.3). Mit *Rr. scrotales anteriores* versorgt er beim Mann die Vorderseite des Scrotum, bei der Frau mit *Rr. labiales anteriores* den vorderen Bereich der Labia majora.

21.3.2 Mittlere Schicht der Bauchwand

Die mittlere Schicht der Bauchwand bildet mit den **seitlichen** und **vorderen Bauchmuskeln** sowie deren **Aponeurosen** den stabilen und zugleich anpassungsfähigen Teil der Bauchwand. Unter klinischen Gesichtspunkten werden die Faszien, welche die Muskeln außen *(Fascia abdominis superficialis)* und innen *(Fascia tranversalis)* bedecken der oberflächlichen und der tiefen Schicht zugerechnet.

Zur Systematik der Bauchmuskeln ▶ Kap. 4.3, S. 161.

Im seitlichen Bereich legen sich die *Mm. transversus abdominis, obliquus internus abdominis* und *obliquus externus abdominis* schichtweise übereinander (▣ Abb. 21.3). Die Muskeln werden von dünnen Faszien *(Fasciae investientes intermediae)* bedeckt, zwischen denen die Leitungsbahnen ziehen. Die *Mm. transversus abdominis* und *obliquus internus abdominis* gehen über ihre mit der *Fascia thoracolumbalis* verbundenen Ursprungsaponeurosen kontinuierlich in die dorsale Rumpfwand über. Ventral schließen die seitlichen Bauchmuskeln mit ihren Aponeurosen den *M. rectus abdominis* und den *M. pyramidalis* in der **Rektusscheide** ein (▶ Kap. 4.3, ▣ Abb. 4.79, S. 162 und ▣ Abb. 21.2). Da die Aponeurosen der 3 seitlichen Bauchmuskeln unterhalb der *Linea arcuata* ausschließlich das **vordere Blatt** der **Rektusscheide** bilden, ist dieses im kaudalen Bereich der vorderen Rumpfwand kräftiger als kranial. Entsprechend fehlt im **hinteren Blatt** der **Rektusscheide** unterhalb der Linea arcuata eine Verstärkung durch Aponeurosen, so dass der M. rectus abdominis hier unmittelbar an die Fascia transversalis grenzt.

Die **Leitungsbahnen** durchlaufen in segmentaler Anordnung die seitliche Rumpfwand nach ventral. Die *Aa. intercostales VI–XI* verlassen ihren Interkostalraum am Rippenbogen und ziehen zwischen den *Mm. obliquus internus abdominis* und *transversus abdominis* schräg nach ventral kaudal zur Rektusscheide (▣ Abb. 21.3). Sie geben auf ihrem Weg Äste ab, die durch den M. obliquus internus abdominis treten und den *M. obliquus externus abdominis* versorgen. Die Endäste der Interkostalarterien durchbrechen am lateralen Rand die Rektusscheide und gelangen zum M. rectus abdominis; sie anastomosieren mit den *Aa. epigastricae superior* und *inferior* (▣ Abb. 21.5). Die Arterien werden von gleichnamigen **Venen** begleitet.

Die **Lymphe** der mittleren und tiefen Schicht der seitlichen Bauchwand fließt in die *Nodi iliaci communes* und in die *Nodi lumbales*. Die Lymphgefäße aus der vorderen Bauchwand ziehen mit den Vasa epigastrica inferiora zu den *Nodi epigastrici inferiores* sowie mit den Vasa epigastrica superiora und thoracica interna zu den kaudalen *Nodi parasternales*.

Die *Nn. intercostales V–XI* und der *N. subcostalis* laufen gemeinsam mit den Interkostalgefäßen (◘ Abb. 21.3). Sie geben zwischen den *Mm. obliquus internus abdominis* und *transversus abdominis* Äste zu den seitlichen Bauchmuskeln und zur Haut *(Rr. cutanei laterales abdominales)* der seitlichen Bauchwand ab. Die Interkostalnerven gelangen ebenfalls in die Rektusscheide und versorgen den *M. rectus abdominis*, ihre Endäste durchbohren das vordere Blatt der Rektusscheide und innervieren mit *Rr. cutanei anteriores abdominales* die Haut (◘ Abb. 21.2).

Der *N. iliohypogastricus* teilt sich in einen Muskelast und in einen Hautast *(R. cutaneus anterior)*; der Muskelast zieht zwischen den Mm. obliquus internus abdominis und transversus abdominis nach medial zu den *Mm. rectus abominis* und *pyramidalis* (◘ Abb. 21.3). Der *R. cutaneus anterior* tritt 2–3 cm medial von der Spina iliaca anterior superior durch den *M. obliquus internus abdominis* und läuft zwischen ihm und der Aponeurose des *M. obliquus externus abdominis* schräg nach ventral kaudal. Er durchbohrt die Externusaponeurose oberhalb des *Anulus inguinalis superficialis*.

Der *N. ilioinguinalis* zieht am Innenrand des Darmbeinkammes zwischen den Mm. obliquus internus abdominis und transversus abdominis unter Abgabe von Muskelästen nach ventral (◘ Abb. 21.3). Er tritt in Höhe der Spina iliaca anterior superior durch den M. obliquus internus abdominis und läuft von der Externusaponeurose bedeckt parallel zum Leistenband nach ventral kaudal. Im Leistenkanal schließt sich der *N. ilioinguinalis* beim Mann dem Funiculus spermaticus, bei der Frau dem Lig. teres uteri an; er verlässt den Leistenkanal am *Anulus inguinalis superficilis* und teilt sich in seine Endäste *(Nn. scrotales anteriores – Nn. labiales anteriores)*.

Der *R. genitalis* des *N. genitofemoralis* tritt in der *Fossa inguinalis lateralis* in den Leistenkanal. Er gelangt beim Mann zwischen *Fascia spermatica externa* und *Fascia spermatica interna* des *Funiculus spermaticus* zum Scrotum. Bei der Frau zieht der Nerv mit dem *Lig. teres uteri* durch den Leistenkanal zu den Labia majora (◘ Abb. 21.3).

Auf der Hinterwand der Rektusscheide oder innerhalb des M. rectus abdominis laufen die **Vasa epigastrica** (◘ Abb. 21.5). Die durch den Ursprungsbereich des M. transversus abdominis in die Rektusscheide tretende *A. epigastrica superior* ist die Fortsetzung der A. thoracica interna. Sie anastomosiert im Regelfall innerhalb des M. rectus abdominis mit der *A. epigastrica inferior* (aus der A. iliaca externa, ► Kap. 4.3, ◘ Abb. 4.93, S. 179). Die Arterien werden von paarigen Venen begleitet. Die *Vv. epigastricae superiores* gehen in die Vv. thoracicae internae über; die *Vv. epigastricae inferiores* münden in die V. iliaca externa (► Kap. 4.3, ◘ Abb. 4.94, S. 181).

21.3 Infiltrationsanästhesie des N. ilioinguinalis

Der N. ilioinguinalis kann medial von der Spina iliaca anterior superior durch eine Infiltrationsanästhesie blockiert werden. Dabei wird der N. iliohypogastricus aufgrund seiner engen anatomischen Nachbarschaft meistens ebenfalls blockiert (Schmerzbehandlung, Leistenhernienoperation).

21.3.3 Tiefe Schicht der Bauchwand

Die Strukturen der tiefen Schicht *(Fascia transversalis, Tela subserosa* und *Peritoneum parietale)* bilden die innere Auskleidung der Bauchwand.

Namen gebend für die *Fascia transversalis* ist ihre kräftige Struktur über dem Muskelanteil auf der Innenfläche des *M. transversus abdominis*. Darüber hinaus bedeckt die Faszie sämtliche die Bauchwand begrenzenden Muskeln, sie wird aus diesem Grund auch als *Fascia abdominis interna* bezeichnet. Kranial geht sie in die *Fascia diaphragmatica* über. Dorsal zieht sie von der Ursprungsaponeurose des M. transversus abdominis kontinuierlich über die Mm. quadratus lumborum und psoas major sowie über die Lendenwirbelsäule hinweg (► Kap. 4.3, ◘ Abb. 4.85, S. 169). Die *Fascia transversalis* ist ventral bis zur *Linea arcuata* fest mit der Ansatzaponeurose des *M. transversus abdominis* verwachsen. Im Bereich der Linea arcuata trennen sich Fascia transversalis und Transversusaponeurose. Die Transversusaponeurose geht in das vordere Blatt der Rektusscheide über; die *Fascia transversalis* setzt ihren Verlauf nach kaudal fort und bildet damit das **hintere Blatt der Rektusscheide** (► Kap. 4.3, ◘ Abb. 4.79b, S. 162). Die Faszienverstärkung im Bereich des Nabels bezeichnet man als *Fascia umbilicalis*. Die Fascia transversalis ist am *Lig. inguinale* angeheftet *(Tractus iliopubicus)*; sie geht von hier in die Fascia iliaca über. Im **muskelfreien** (Hesselbach-)**Dreieck** oberhalb des Leistenbandes wird die tiefe Schicht der Bauchwand nur von *Fascia transversalis* und *Peritoneum parietale* gebildet; sie wird hier durch das *Lig. interfoveolare* verstärkt (► Kap. 4.3, ◘ Abb. 4.81 und 4.82, S. 163). Am Anulus inguinalis profundus stülpt sich die Fascia transversalis in den Leistenkanal und umhüllt als *Fascia spermatica interna* den Funiculus spermaticus.

Fascia transversalis und *Peritoneum parietale* sind über die *Tela subserosa* miteinander verbunden, die regional unterschiedlich ausgebildet ist. Oberhalb des Nabels ist die Tela subserosa sehr dünn, so dass innere Bauchwandfaszie und Bauchfell fest und unverschieblich miteinander verwachsen sind; besonders fest ist die Anheftung im Bereich der Linea alba und im Nabelbereich. Unterhalb des Nabels wird die Verbindung zwischen Peritoneum parietale und Fascia transversalis aufgrund der vermehrten Einlagerung von Bindegewebe zunehmend lockerer.

Das *Peritoneum parietale* kleidet die vordere und die seitliche Wand der Bauchhöhle aus (◘ Abb. 21.5 und ► Kap. 24). Das parietale Bauchfell überzieht alle Strukturen, die das Relief im Bereich der vorderen Bauchwand bilden.

»Innenrelief der vorderen Bauchwand«: Plica umbilicalis mediana, Plicae umbilicales mediales, Plicae umbilicales laterales (epigastricae); Fossae inguinales mediales, Fossae inguinales laterales (◘ Abb. 21.5 und ► Kap. 4.3, ◘ Abb. 4.82, S. 163).

22 Dorsale Rumpfwand

B. N. Tillmann

Einführung

Die Rückenregionen, erstrecken sich von der Linea nuchalis superior des Os occipitale bis zum Os coccygis. Die Ausdehnung entspricht dem Bereich über der Wirbelsäule und der anschließenden Brust- und Bauchwand. Die Rückenregionen gehen kranial in die Okzipitalregion, kaudal in die Glutealregion und lateral in die Brust- und Bauchregionen der vorderen Rumpfwand über.

Rückenregionen,
Regiones dorsales (Regiones dorsi) (▶ Tafel IB, S. 177)
- Gebiet über der Wirbelsäule: *Regio vertebralis*
- Gebiet über dem Kreuzbein: *Regio sacralis*
- Gebiet über dem Schulterblatt: *Regio scapularis*
- Gebiet unterhalb des Schulterblatts: *Regio infrascapularis*, ▶ Kap. 25
- Gebiet oberhalb des Darmbeinkamms: *Regio lumbalis*
- Nackengegend *(Regio cervicalis posterior – colli posterior)*, ▶ Kap. 20
- Gebiet über dem Hinterhauptsbein *(Regio occipitalis)*, ▶ Kap. 19
- Gebiet über den Gesäßmuskeln *(Regio glutealis)*, ▶ Kap. 26

22.1 Allgemeiner Aufbau

Vertikale **Orientierungslinien** auf der dorsalen Rumpfwand sind (◘ Abb. 22.1):
- *Linea mediana posterior* (mediane Linie über den Dornfortsätzen)
- *Linea paravertebralis* (Linie durch den Bereich der Wirbelquerfortsätze, radiologisch bestimmbar)
- *Linea scapularis* (vertikale Linie durch den Angulus inferior der Scapula)

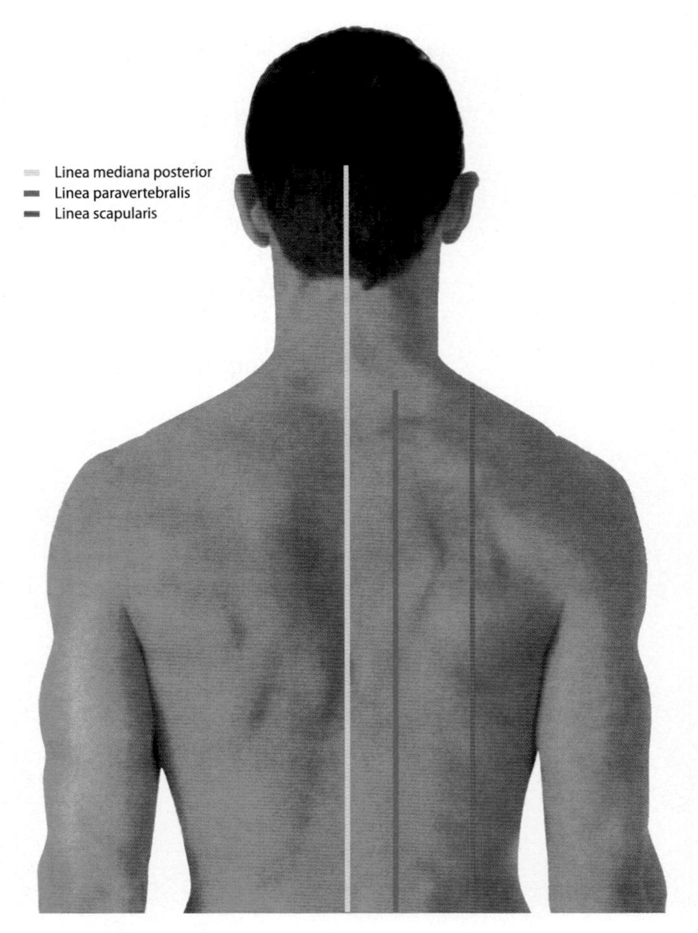

◘ **Abb. 22.1.** Orientierungslinien auf der dorsalen Rumpfwand

Zur **Höhenlokalisation** an der Wirbelsäule dienen **tastbare Knochenpunkte** (◘ Tafel VIII, S. 924): Der **Dornfortsatz des 7. Halswirbels**, *Vertebra prominens*, springt tastbar und meistens sichtbar nach dorsal. In Höhe der *Spinae scapulae* liegt der **Dornfortsatz des 3. Brustwirbels**. Eine horizontale Linie durch die *Anguli inferiores* der Schulterblätter verläuft durch den **Processus spinosus des 7. Brustwirbels.** Unterhalb des Angulus inferior sind lateral von den autochthonen Rückenmuskeln die **8–12. Rippe** tastbar. Der **Processus spinosus des 4. Lendenwirbels** (◘ Abb. 22.2b) liegt auf der Verbindungslinie der höchsten Wölbung der *Cristae iliacae* (Michaelis-Raute).

Das **Oberflächenrelief** der *Regio vertebralis* wird durch die mittlere Rückenfurche und durch die seitlich davon liegenden Muskelwülste der autochthonen Rückenmuskeln geprägt (▶ Tafel IV, S. 780).

Die Rückenfurche beginnt im Übergangsbereich von Hals- und Brustwirbelsäule; sie läuft über dem Kreuzbein in der Michaelis-Raute oder im Sakraldreieck aus. In der Rückenfurche sind die Dornfortsätze der Brust- und Lendenwirbelsäule tastbar. Die sichtbaren Konturen der Schulterblattregionen entstehen durch das Skelett des Schulterblatts und durch die Schultergürtelmuskeln. Bei kräftig entwickelter Muskulatur sind die Anteile des *M. trapezius* und die *Mm. rhomboidei*, sowie lateral die *Mm. latissimus dorsi* und *teres major* sichtbar. Die Bewegung der Scapula bei der Elevation des Armes ist an der Verlagerung des *Angulus inferior scapulae* erkennbar (▶ Tafel IV, S. 780).

Im Übergangsbereich zwischen den Regiones vertebralis und sacralis ist bei Frauen die **Michaelis-Raute** (Venusraute) sichtbar; sie wird von den grübchenförmigen Einziehungen der Haut über dem Dornfortsatz des 4. oder 5. Lendenwirbels sowie über den *Spinae iliacae posteriores superiores* und vom Beginn der Analfurche begrenzt (◘ Abb. 22.2). Beim Mann ist normalerweise ein **Sakraldreieck** zwischen den Kreuzbeingrübchen und dem Beginn der Crena ani erkennbar (▶ Tafel IV, S. 780).

Die **Haut** des Rückens ist vergleichsweise dick und mit einem derben Corium versehen. In den seitlichen Regionen nimmt die Dicke am Übergang zur vorderen Rumpfwand ab. Die kräftig entwickelte **Subkutis** ist mit Ausnahme über den Dornfortsätzen und über dem Kreuzbein gut verschiebbar. Über den *Spinae iliacae posteriores superiores* und über den Dornfortsätzen des 4. und/oder 5. Lendenwirbels fehlt die Einlagerung von Fettgewebe in die Subkutis (22.1). Das subkutane Bindegewebe ist an diesen Stellen fest mit dem Periost verwachsen, so dass umschriebene »Grübchen« in der Haut entstehen (◘ Abb. 22.2).

Die **Muskeln der dorsalen Rumpfwand**, *Mm. dorsi*, sind heterogener Herkunft. Sie werden vom oberflächlichen Blatt der allgemeinen Körperfaszie bedeckt.

Der oberflächlich liegende *M. trapezius* und die von ihm überlagerten *Mm. rhomboidei* und *levator scapulae* gehören funktionell zu den Schultergürtelmuskeln (◘ Abb. 22.3). Die kaudale Hälfte des Rückens bedeckt der zu den Schultergelenkmuskeln zählende *M. latissimus dorsi* und seine Ursprungsaponeurose; ihm schließt sich am Angulus inferior der *M. teres major* an. Von den zu den Brustmuskeln zählenden Mm. serrati posteriores wird der *M. serratus posterior superior* von den Mm. rhomboidei und der *M. serratus poste-*

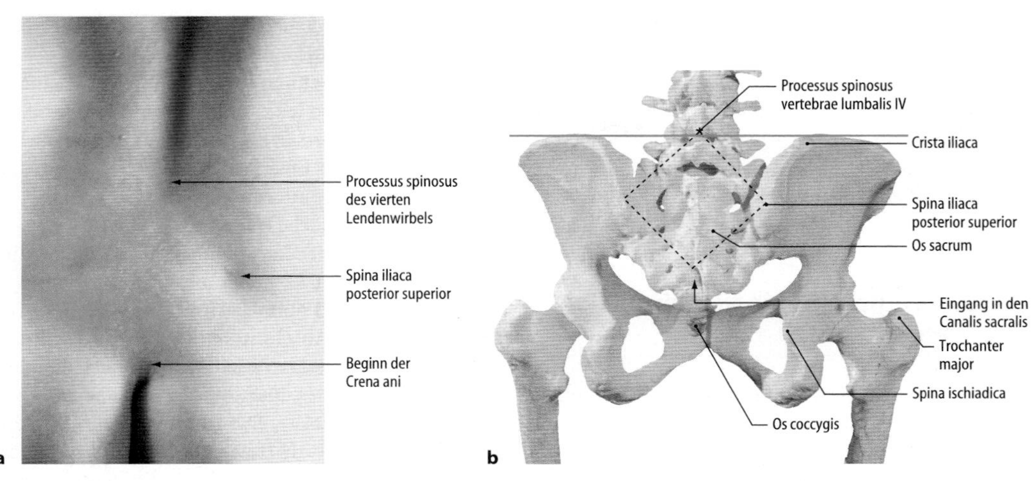

Abb. 22.2a, b. Übergangsbereich zwischen Regiones vertebralis und sacralis. **a** Michaelis-Raute (Venusraute) einer jungen Frau. **b** Beckenring in der Ansicht von dorsal. Tast- und sichtbare Knochenpunkte der Michaelis-Raute sind der Processus spinosus des 4. Lendenwirbels und die Spinae iliacae posteriores superiores. Der Dornforstsatz des 4. Lendenwirbels liegt auf der Verbindungslinie der höchsten Erhebung der Darmbeinkämme. Der 4. Lendenwirbel dient als Orientierungsmarke für die lumbale Liquorentnahme sowie für die intrathekale oder epidurale (peridurale) Anästhesie [1]

Abb. 22.3. Dorsale Rumpfwand (Regiones vertebralis, scapularis und infrascapularis), oberflächliche Strukturen der rechten Körperseite, Ansicht von hinten [1]

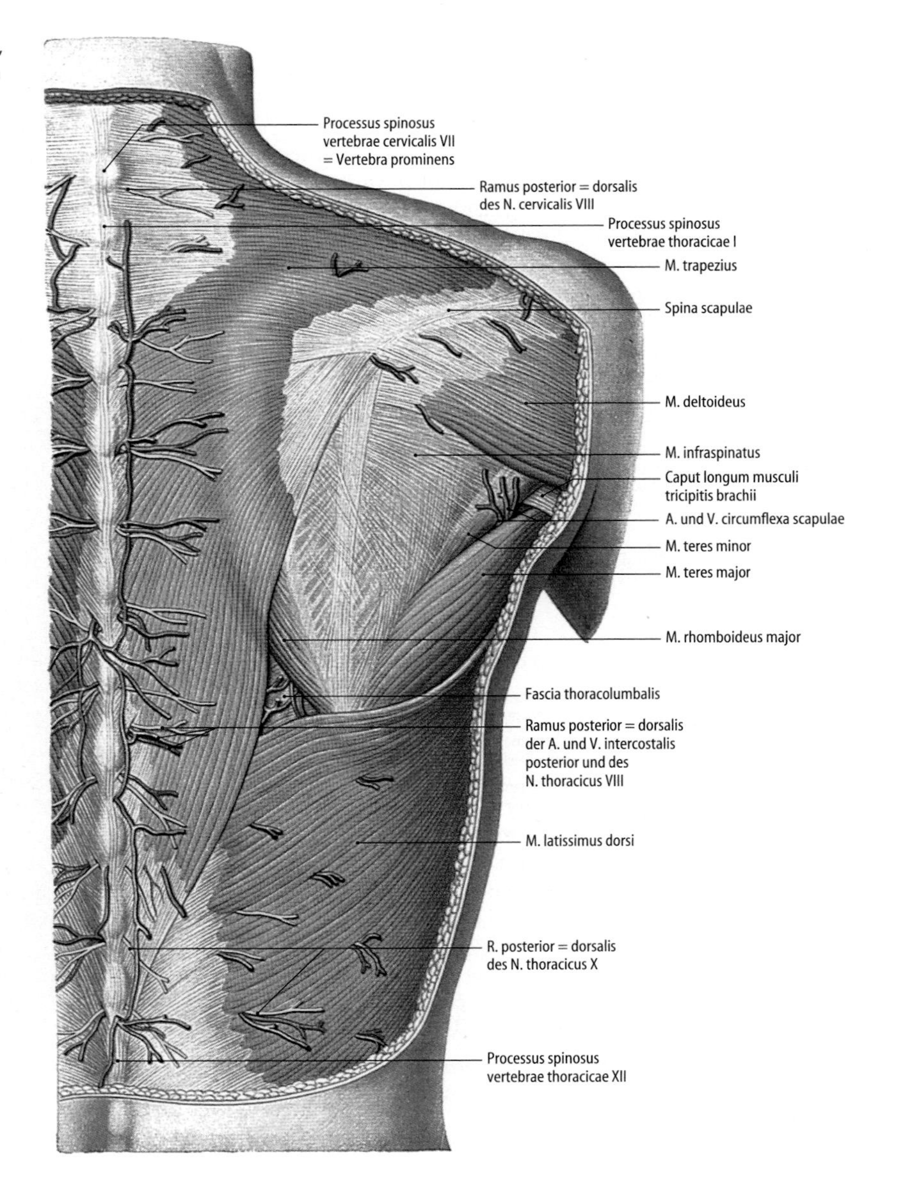

rior inferior vom M. latissimus dorsi bedeckt. In der Lumbalregion überlagert der M. latissimus dorsi einen Teil der **seitlichen Bauchmuskeln.** Die von den Blättern der *Fascia thoracolumbalis* eingeschlossenen **autochthonen Rückenmuskeln** liegen in der Rinne zwischen Dornfortsätzen, Wirbelbögen und Querfortsätzen (► Kap. 4.3, ◘ Abb. 4.85, S. 169). Sie dehnen sich im Brustbereich bis zu den Anguli costarum und im Lendenbereich über die Rippenfortsätze nach lateral aus.

22.2 Wirbelsäulenregion (Regio vertebralis und Regio sacralis)

Der kraniale Abschnitt der Wirbelsäulenregion wird als Nackengegend, *Regio cervicalis (Regio colli* oder *posterior)* bezeichnet. Aufgrund gemeinsamer Strukturen wird die Topographie der Nackengegend im ► Kap. 20 Hals besprochen.

Die Tiefe der ***Regio vertebralis*** wird von den auf der Wirbelsäule liegenden **autochthonen Rückenmuskeln** ausgefüllt. Die genuinen Rückenmuskeln werden von den in die Rückenregion **eingewanderten Muskeln** vollständig bedeckt (◘ Abb. 22.3). Die oberflächliche Schicht bilden *M. trapezius* und *M. latissimus dorsi.* Löst man den M. trapezius an seinem Ursprung ab und verlagert ihn nach lateral, liegen *M. levator scapulae, Mm. rhomboidei major* und *minor* sowie der gesamte Ursprungsbereich des *M. latissimus dorsi* frei. In einer dritten Muskelschicht folgt im kranialen Bereich der *M. serratus posterior superior,* der nach Ablösen der Mm. rhomboidei an der Wirbelsäule und ihrer Verlagerung nach lateral sichtbar wird. Der *M. serratus posterior inferior* lässt sich freilegen, wenn man den M. latissimus dorsi im mittleren Abschnitt durchtrennt und seinen Ansatzbereich nach lateral sowie seinen Ursprungsbereich nach medial klappt. Die Mm. serrati posteriores superior und inferior liegen unmittelbar auf dem oberflächlichen Blatt der *Fascia thoracolumbalis,* das die **authochthonen Rückenmuskeln** bedeckt.

Die **Leitungsbahnen** der *Regio vertebralis* sind segmental angeordnet; sie gelangen bis zum Ende der Brustwirbelsäule unmittelbar neben den Dornfortsätzen durch die Ursprungssehne des M. trapezius und durch die Oberflächenfaszie in die Subkutis. Im kaudalen Abschnitt treten sie am Muskel-Sehnen-Übergang des M. latissimus dorsi an die Oberfläche (◘ Abb. 22.3).

Die autochthonen Rückenmuskeln und die Haut der Wirbelsäulenregion werden von *Rr. posteriores* (dorsales) der Spinalnerven versorgt (► Kap. 4.3, ◘ Abb. 4.84, Abb. 4.98); deren *Rr. cutanei mediales* sind im kranialen Abschnitt stärker entwickelt als die lateralen Hautäste. Umgekehrt ist das Verhalten im Bereich der Lendenwirbelsäule und des Kreuzbeines, hier sind die *Rr. cutanei laterales* kräftiger als die medialen Hautäste. Die lateralen Hautäste der Rr. posteriores der Nn. lumbales I–III treten als *Nn. clunium superiores* durch die Ursprungsaponeurose des M. latissimus dorsi aus den Regiones vertebralis und lumbalis (◘ Abb. 22.4) in die Glutealregion. Die Haut der *Regio sacralis* wird von lateralen Ästen der Rr. posteriores der Nn. sacrales I–III *(Nn. clunium medii)* innerviert.

Die **arterielle Versorgung** der Strukturen in der *Regio vertebralis* erfolgt über *Rr. dorsales* der *Aa. intercostales posteriores* und der *Aa. lumbales.* Die von Venen begleiteten Arterien gelangen mit ihren *Rr. cutanei mediales* und *laterales* bis zur Haut. Die **Hautvenen** bilden häufig Geflechte (◘ Abb. 22.3). Sie stehen mit den *Plexus vertebrales externus* und *internus* in Verbindung und fließen in die Vv. azygos, hemiazygos und hemiazygos accessoria sowie in die Vv. lumbales ascendentes (► Kap. 4.3, ◘ Abb. 4.95, S. 181). **Lymphabfluss** ► Kap. 4.3, ◘ Abb. 4.97, S. 182).

Die *Regiones scapularis* und *infrascapularis* werden aus funktionell-klinischen Gründen sowie aufgrund der Blut- und Nervenversorgung ihrer Muskeln im ► Kap. 25 besprochen.

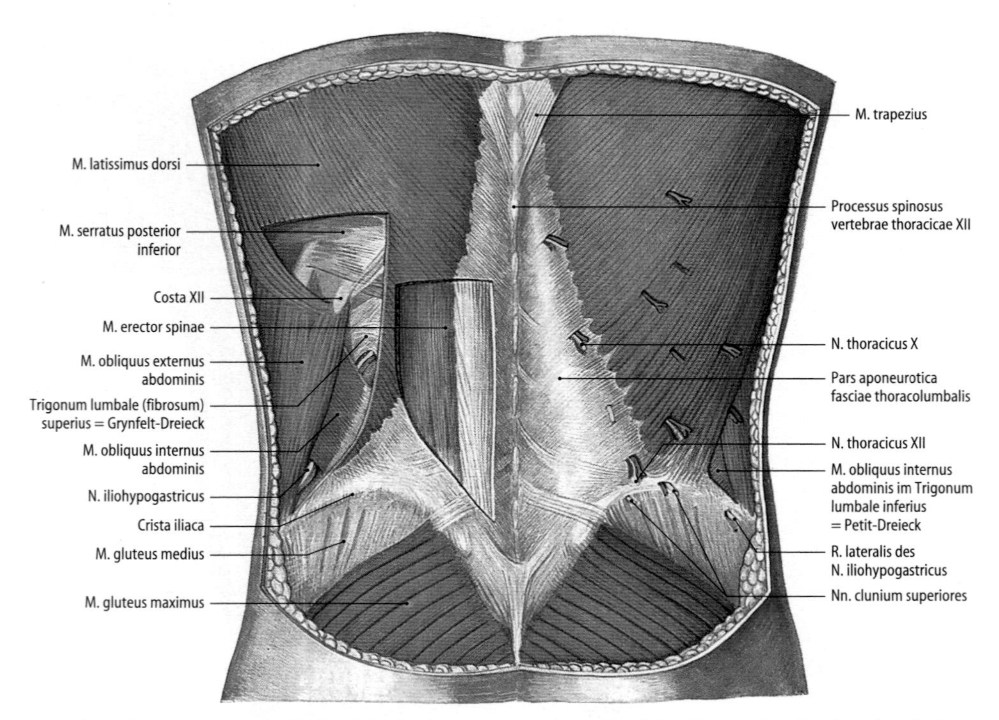

◘ **Abb. 22.4.** Dorsale Rumpfwand (Regiones vertebralis, lumbales und infrascapulares) oberflächliche Schicht (rechte Körperseite); tiefe Schicht der Lendenregion (linke Körperseite). Man beachte das Trigonum lumbale inferius (Petit-Dreieck) und das Trigonum lumbale superius (Grynfelt-Dreieck) [1]

22.3 Lendenregion (Regio lumbalis)

Die Lendenregion, *Regio lumbalis*, wird kaudal von der tastbaren *Crista iliaca* begrenzt; sie geht kranial in die *Regio infrascapularis* über. Unter der oberflächlichen Körperfaszie liegt der *M. latissimus dorsi* mit seiner Ursprungsaponeurose, der die autochthonen Rückenmuskeln und Teile der seitlichen Bauchmuskeln bedeckt (■ Abb. 22.3). Durch den Muskel treten laterale Hautäste der *Aa. intercostales posteriores* und der *Aa. lumbales* sowie die *Rr. posteriores* der *Nn. thoracales* und *lumbales*. Oberhalb des Darmbeinkammes durchbrechen die *Nn. clunium superiores* die *Fascia thoracolumbalis* und ziehen in die Gesäßregion (■ Abb. 22.4).

Die dem Retroperitonealraum zugewandte **innere Seite der dorsalen Rumpfwand** im Bereich der Lumbalregion bilden die *Mm. transversus abdominis* und *obliquus internus abdominis* mit ihren Ursprungsaponeurosen. Die *Nn. subcostalis, iliohypogastricus* und *ilioinguinalis* durchbrechen die Aponeurose, bevor sie in Begleitung der *Vasa intercostalia posteriora* weiter in der Bauchwand nach ventral ziehen. Seitlich der autochthonen Rückenmuskeln schiebt sich der *M. quadratus lumborum* mit seinem lateralen Rand vor die Aponeurose des M. transversus abdominis (► Kap. 4.3, ■ Abb. 4.85, S. 169). Die »Innenauskleidung« erfolgt durch die *Fascia transversalis*.

Im Bereich der Lendenregion gibt es 2 Schwachstellen innerhalb der Rumpfwand (■ Abb. 22.4):

- **Trigonum lumbale inferius (Petit-Dreieck)**: Das untere Lumbaldreieck, *Trigonum lumbale inferius*, wird von der *Crista iliaca*, vom hinteren Rand des *M. obliquus externus abdominis* und vom vorderen Rand des *M. latissimus dorsi* gebildet. Den Boden des Dreiecks bildet der *M. obliquus internus abdominis*; darunter liegen die Ursprungsaponeurose des M. transversus abdominis und die Fascia transversalis mit dem Peritoneum parietale. Die Größe des unteren Lumbaldreiecks variiert und hängt von der Ausbildung der begrenzenden Muskeln ab. Das Dreieck fehlt, wenn sich der Ursprung des M. latissimus dorsi weit nach lateral ventral ausdehnt.
- **Trigonum lumbale superius (Grynfelt- oder Luschka-Dreieck)**: Das obere Lumbaldreieck, *Trigonum lumbale superius (Trigonum lumbale fibrosum – Spatium tendineum lumbale)* wird kranial von der 12. Rippe, medial von den autochthonen Rückenmuskeln und lateral vom *M. obliquus internus abdominis* begrenzt. Das Dreieck wird vollständig vom *M. latissimus dorsi* sowie kranial außerdem vom *M. serratus posterior inferior* bedeckt; seinen »Boden« bildet die Ursprungsaponeurose des M. transversus abdominis.

22.1 Klinische Hinweise

Der Processus spinosus des 4. Lendenwirbels ist die Orientierungsmarke für den Zugang bei der lumbalen Liquorentnahme oder bei der Spinalanästhesie.

In der Regio lumbalis liegt der operative Zugangsweg zur Niere.

Aufgrund des fehlenden Fettgewebes innerhalb der Subkutis kann die ungenügende Abpolsterung über den hinteren oberen Darmbeinstacheln und über dem Kreuzbein bei bettlägerigen Patienten zu Druckulzera führen.

Das Trigonum lumbale inferius kann zur Bruchpforte der unteren Lumbalhernie (Petit-Hernie), das Trigonum lumbale superius zur Bruchpforte der seltenen Grynfelt-Hernie werden.

22.4 Rückenmarksitus (Situs medullae spinalis)

 **Einführung**

Zur Topographie des *Situs medullae spinalis* gehören die Wände des Wirbelkanals und sein Inhalt mit Rückenmark, Rückenmarkshäuten, Spinalnervenwurzeln und Gefäßen sowie Aufbau und Inhalt der Zwischenwirbellöcher.

Die Strukturen im Wirbelkanal lassen sich in situ durch Eröffnen des *Canalis vertebralis* von dorsal studieren (■ Abb. 22.5). Dazu werden die Laminae der Wirbelbögen mit den Dornfortsätzen abgetragen und die einzelnen Räume (Epiduralraum, Subarachnoidealraum) und Strukturen (innerer Venenplexus, Dura mater mit Arachnoidea, Lig. denticulatum, Rückenmark mit Pia mater und Gefäßen, Spinalnervenwurzeln mit Cauda equina) schichtweise dargestellt.

Wirbelkanal (Canalis vertebralis), Kreuzbeinkanal (Canalis sacralis, Hiatus sacralis)
Rückenmarkshäute (Dura mater spinalis, Arachnoidea mater spinalis, Pia mater spinalis)
Epiduralraum (Spatium epidurale), Subarachnoidealraum (Spatium subarachnoideum)
Rückenmark (Medulla spinalis) mit Spinalnervenwurzeln (Radices posteriores und anteriores)

22.4.1 Wirbelkanal (Canalis vertebralis)

Der Wirbelkanal (Spinalkanal) beginnt am *Foramen magnum* des Os occipitale und endet in variabler Höhe am *Hiatus sacralis* des Kreuzbeins. Er entsteht im präsakralen Teil der Wirbelsäule durch die Zusammenfügung der *Foramina vertebralia* der Wirbel und der Zwischenwirbelscheiben; seinen kaudalen Abschnitt bildet der **Kreuzbeinkanal,** *Canalis sacralis*. Der *Canalis vertebralis* folgt den physiologischen Krümmungen der Wirbelsäule in der Sagittalebene.

Die **Begrenzung** des präsakralen Teils des Wirbelkanals erfolgt ventral durch die hintere Fläche der Wirbelkörper und der Zwischenwirbelscheiben, lateral und dorsal durch die Wirbelbögen und die sie verbindenden *Ligg. flava*. Ausgespart bleiben die paarigen seitlichen Zwischenwirbellöcher *(Foramen intervertebrale)*. Die knöchernen Begrenzungen werden von Periost (Endorhachis) bedeckt; über einen Teil der ventralen Wand zieht das *Lig. longitudinale posterius*.

Die knöchernen Wände des Sakralkanals werden von Periost sowie von Ausläufern des Lig. longitudinale posterius ausgekleidet. Der Sakralkanal steht über die *Foramina sacralia anteriora* mit dem Becken und über die *Foramina sacralia dorsalia* mit der Sakralregion in Verbindung (■ Abb. 22.7).

22.4.2 Epiduralraum (Spatium epidurale)

Das Rückenmark und seine Häute füllen den Canalis vertebralis nicht vollständig aus. Der Raum zwischen den Wänden des Wirbelkanals und der der harten Rückenmarkshaut *(Dura mater spinalis)* wird als Epi- oder Periduralraum, *Spatium epidurale (Spatium peridurale – extradurale)* bezeichnet (■ Abb. 22.5). Der Epiduralraum ist dorsal weiter als ventral (■ Abb. 22.6). Er reicht kaudal bis zum Ende Sakralkanals. Der Epiduralraum steht mit den *Foramina intervertebralia* und den *Foramina sacralia* in Verbindung.

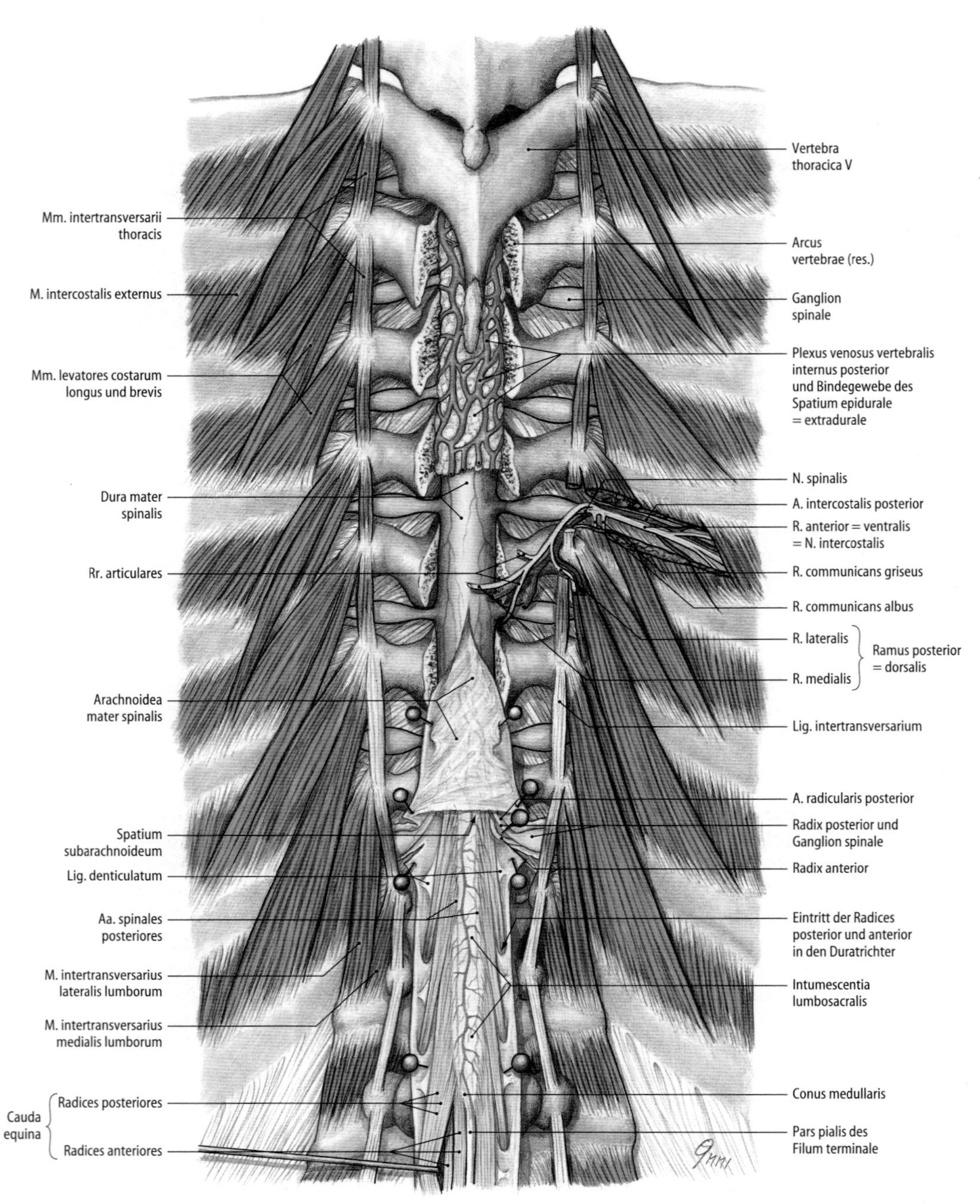

Abb. 22.5. Rückenmarksitus, Ansicht von dorsal. Zur Darstellung von Rückenmark, Spinalnervenwurzeln und Rückenmarkshäuten wurde der Canalis vertebralis schichtweise von dorsal eröffnet [1]

Der Epiduralraum ist von lockerem, fettreichem Bindegewebe ausgefüllt, in das der *Plexus venosus vertebralis internus* eingebettet ist. Durch den Epiduralraum ziehen außerdem Gefäße – *Rr. spinales* der Interkostalarterien und ihre Begleitvenen – und Nerven – *Rr. meningei* der Spinalnerven – sowie Lymphgefäße zur Versorgung der Wandstrukturen des Canalis vertebralis und der Dura mater spinalis.

Fettreiches Bindegewebe und inneres Venengeflecht des Epiduralraumes wirken wie ein Druckpolster und üben eine mechanische Funktion zum Schutz von Rückenmark und Nervenwurzeln bei Bewegungen der Wirbelsäule aus.

Der Epiduralraum wird außen von den Wänden des Wirbelkanals und innen von der Dura mater spinalis begrenzt. Er enthält den in fettreiches lockeres Bindegewebe eingebetteten Plexus venosus vertebralis internus.

22.4.3 Harte Rückenmarkshaut (Pachymeninx, Dura mater spinalis)

Die harte Hirnhaut (Dura mater encephali, ► Kap. 17.4, S. 646) geht am Foramen magnum in die Dura mater spinalis über. Die Dura

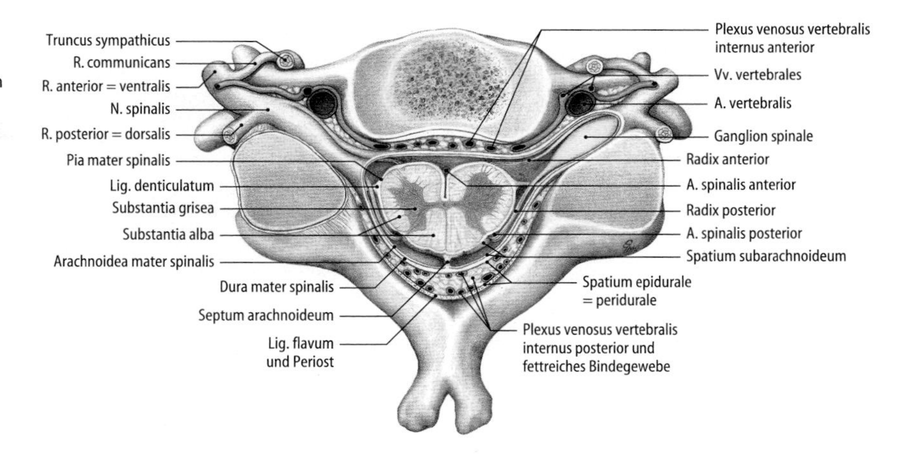

Abb. 22.6. Rückenmarksitus im Bereich der Halswirbelsäule, Ansicht von oben. Epiduralraum, Subarachnoidealraum: Man beachte die Ausdehnung von Dura und Arachnoidea mater spinalis in das Foramen intervertebrale sowie die Lage der A. vertebralis vor den Strukturen des Spinalnervs [1]

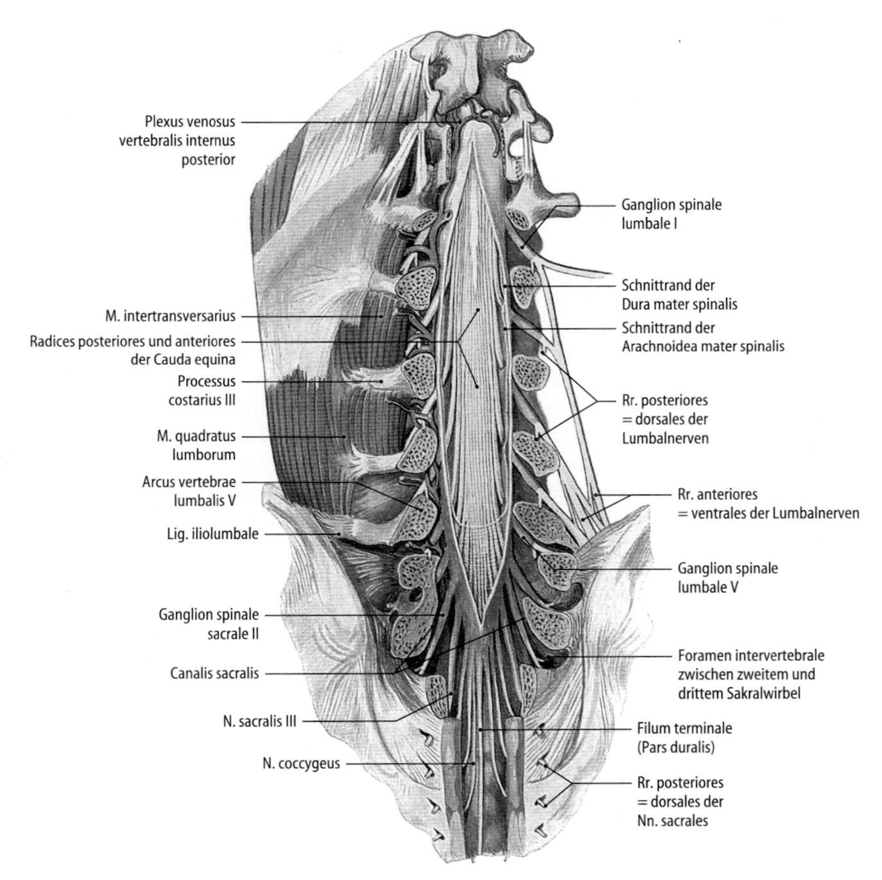

Abb. 22.7. Von dorsal eröffneter lumbaler Wirbelkanal und Sakralkanal, Ansicht von hinten. Durch teilweises Abtragen von Dura und Arachnoidea mater spinalis wurde die Cauda equina in der Cisterna lumbalis freigelegt. Der Liquorraum endet in Höhe des 2. Sakralwirbels. Man beachte die unterschiedliche Lage der Spinalganglien im Bereich der Lendenwirbelsäule und des Kreuzbeins: Im präsakralen Teil der Wirbelsäule liegen die Spinalganglion und die Radices innerhalb der Foramina intervertebralia. Im Bereich des Kreuzbeins liegen die Spinalganglien innerhalb des Sakralkanals und die Radices anteriores und posteriores vereinigen sich noch im Canalis sacralis zum Spinalnerv. Aus den Foramina sacralia dorsalia treten die Rr. posteriores der Sakralnerven. Die Rr. anteriores verlassen den Sakralkanal durch die Foramina sacralia anteriora [1]

mater spinalis ist am inneren Rand des Foramen magnum sowie an der inneren Umrandung von Atlas und Axis über das Periost fest am Knochen verankert. Kaudal vom Axis zieht die Dura losgelöst vom Knochen als geschlossener Sack bis in den Sakralkanal, wo sie im Regelfall in Höhe des 2. Sakralwirbels endet (◘ Abb. 22.7). Das konusförmige Ende geht in die Pars duralis des Filum terminale über, das den Sakralkanal verlässt und nach fächerförmiger Aufspaltung in das Periost des Steißbeins einstrahlt. Die Dura mater spinalis zieht seitlich bis zu den Spinalganglien in die Foramina intervertebralia, wo sie in das Epineurium der Spinalnerven übergeht (◘ Abb. 22.8). Die seitlichen Ausstülpungen des Durasackes tragen zu seiner Fixierung in der Frontalebene bei.

Der Durasack steht ventral stellenweise über Septen mit dem Lig. longitudinale posterius sowie über variable seitliche Bindegewebezüge mit dem Periost des Wirbelkanals und mit den Gelenkkapseln der Wirbelgelenke in Verbindung (◘ Abb. 22.6). Im Sakralkanal ist die Dura mater spinalis teilweise mit der ventralen und dorsalen Wand verwachsen.

22.4.4 Weiche Rückenmarkshaut (Leptomeninx, Arachnoidea und Pia mater spinalis)

Das äußere Blatt der weichen Rückenmarkshaut ist die *Arachnoidea mater spinalis*; sie folgt der Ausdehnung des Durasackes, den sie von innen auskleidet (◘ Abb. 22.6). Die Arachnoidea lagert sich über einen kapillären Spalt (sog. Spatium subdurale) eng an die Dura mater (► Kap. 17.4, S. 646). Sie begrenzt den **Subarachnoidealraum,**

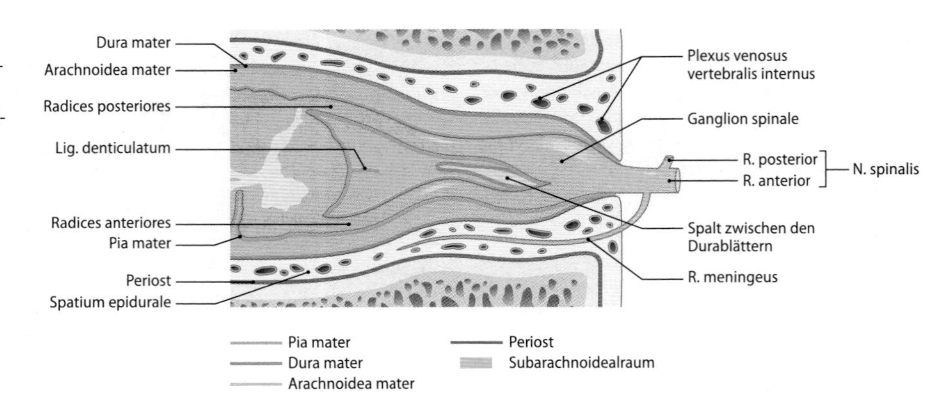

Abb. 22.8. Querschnitt durch Wirbelkanal und Zwischenwirbelloch, schematische Darstellung von Epiduralraum und Subarachnoidealraum. Man beachte den Übergang des Epiduralraumes in das Foramen intervertebrale und die Ausdehnung der Rückenmarkshäute bis zum Spinalganglion

Spatium subarachnoideum (Spatium leptomeningeum), des Wirbelkanals, in dem Rückenmark und Nervenwurzeln von *Liquor cerebrospinalis* umgeben sind (Abb. 22.6). Im kaudalen Abschnitt erweitert sich das Spatium subarachnoideum zur *Cisterna lumbalis* (sog. terminale Zisterne). Im Bereich der Foramina intervertebralia folgt die Arachnoidea der Dura mater bis zum Spinalganglion; dem zufolge dehnt sich der Subarachnoidealraum in die Zwischenwirbellöcher aus (Liquorabfluss) (Abb. 22.8).

Die *Pia mater spinalis* liegt als Gefäß führende dünne Haut dem Rückenmark fest an. Sie dringt mit den Blutgefäßen in die Fissura mediana anterior und bedeckt die Spinalnervenwurzeln (Abb. 22.8). Die Pia mater spinalis läuft am Rückenmarksende als *Pars pialis* des *Filum terminale* aus, die bis zum Ende des Durasackes zieht und hier in die *Pars duralis* des *Filum terminale* übergeht. Zwischen Pia mater und Arachnoidea mater ziehen dünne Trabekel durch den Subarachnoidealraum. Im Bereich des Halsmarks können sich die Verbindungen zwischen den Blättern der Leptomeninx zu einem dorsalen *Septum cervicale intermedium* verdichten. Ein regelhaft vorkommendes paariges laterales Septum zwischen den Blättern der Leptomeninx ist das *Lig. denticulatum*, das in Form einer frontal ausgerichteten Bindegewebeplatte Rückenmark und Dura mater miteinander verbindet (Abb. 22.9).

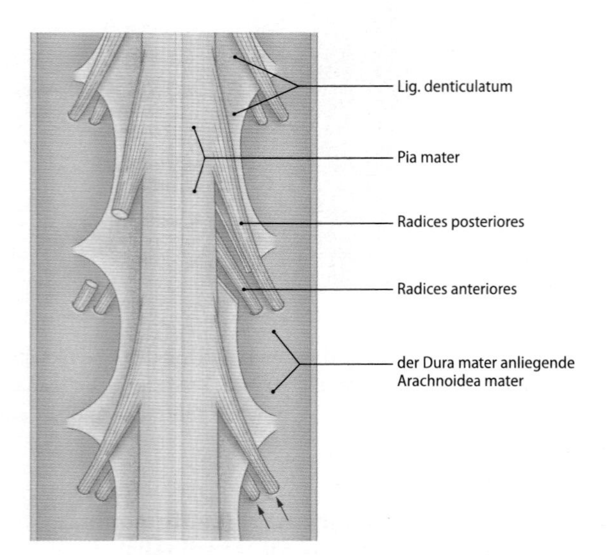

Abb. 22.9. Von Pia mater bedecktes Rückenmark der Thorakalregion, Ansicht von hinten. Darstellung des Lig. denticulatum und der Spinalnervenwurzeln. Dura und Arachnoidea mater spinalis wurden in der Mediane gespalten und nach lateral verlagert. Zur Demonstration vorderer Wurzeln wurde auf der rechten Seite ein Teil des Lig. denticulatum reseziert. Man beachte den getrennten Durchtritt von vorderen und hinteren Wurzeln (Pfeile) durch Arachnoidea und Dura mater spinalis [modifziert nach 2]

Das Band entspringt seitlich zwischen den vorderen und hinteren Spinalnervenwurzeln aus der Pia mater des Rückenmarks und zieht girlandenförmig nach lateral zu Arachniodea und Dura mater, wo es sich punktförmig anheftet. Die Zacken des Bandes liegen im kranialen Abschnitt regelmäßig zwischen zwei Austrittsstellen der Spinalnervenwurzeln; im kaudalen Teil des Rückenmarks überspringen die Anheftungen meistens mehrere Nervenwurzelaustrittsstellen. Das *Lig. denticulatum* erfüllt innerhalb des Subarachnoidealraumes eine mechanische Funktion zur Stabilisierung des Rückenmarks in der Frontalebene.

22.4.5 Rückenmark (Medulla spinalis)

Das Rückenmark, *Medulla spinalis* (systematische Beschreibung ► Kap. 17.3, S. 638), füllt den Wirbelkanal in seiner Breite und in seiner Länge nicht vollständig aus. Aufgrund der unterschiedlichen Wachstumsintensitäten von Zentralnervensystem und Rumpf kommt es zu einem »Missverhältnis« zwischen der Länge des Rückenmarks und des Wirbelkanals (sog. Ascensus medullae spinalis). Das Ende des Rückenmarks, *Conus medullaris*, liegt im Regelfall beim Erwachsenen im Übergangsbereich des Unterrandes des 1. Lendenwirbelkörpers und der Zwischenwirbelscheibe zwischen 1. und 2. Lendenwirbel (Abb. 22.5). Variabel kann der Conus medullaris in Höhe des 12. Brustwirbels enden oder bis zum 2. Lendenwirbel reichen. Beim Neugeborenen endet das Rückenmark in Höhe des 3. Lendenwirbels.

Im Bereich der Ein- und Austrittsstellen der Spinalnervenwurzeln für die Extremitäten kommt es zu Verdickungen des Rückenmarks. Die *Intumescentia cervicalis* für die *Plexus cervicalis* und *brachialis* erstreckt sich vom 3. Halswirbel bis zum 3. Brustwirbel. Die *Intumescentia lumbalis* für den *Plexus lumbosacralis* dehnt sich zwischen 10. Brustwirbel und 1. Lendenwirbel aus.

Der sog. Aszensus des Rückenmarks führt zu **Höhenunterschieden zwischen Rückenmarkssegmenten,** Wirbeln und **Zwischenwirbellöchern,** die im kaudalen Abschnitt am deutlichsten ausgeprägt sind (Tab. 22.1 und ► Kap. 17, Abb. 17.10). Im oberen Halsmark laufen die Spinalnervenwurzeln noch nahezu horizontal vom Rückenmark zum *Foramen intervertebrale*. Vom unteren Halsmark an wird der Verlauf zunehmend steiler, und die Distanz zwischen Ein- und Austrittsstelle der Nervenwurzeln am Rückenmark sowie ihrem Eintritt in das Foramen intervertebrale nimmt beständig zu. Die langen Wurzeln der lumbalen und sakralen Spinalnerven ziehen vertikal nach kaudal zu ihren Zwischenwirbellöchern; sie bilden die *Cauda equina*, die mit der Pars pialis des *Filum terminale* kaudal vom *Conus*

Tab. 22.1. Lagebeziehungen zwischen Rückenmarksegmenten und Wirbelsäule

Rückenmarks-segment	Wirbelkörper	Dornfortsatz
C8	Zwischenwirbelscheibe zwischen 6. und 7. Halswirbel	6. Halswirbel
L1	10. Brustwirbel	10. Brustwirbel
S1–S5	zwischen 12. Brustwirbel und 1. Lendenwirbel	12. Brustwirbel bis 1. Lendenwirbel

medullaris im Liquorraum der *Cisterna lumbalis* liegt (Abb. 22.5 und 22.7). Beim Eintritt in das Zwischenwirbelloch ändert sich die Verlaufsrichtung der Nervenwurzeln, aufgrund der horizontal ausgerichteten Foramina intervertebralia kommt es zu einer nahezu rechtwinkeligen Abknickung. Die Spinalnervenwurzeln treten durch getrennte Öffnungen aus dem Durasack in die Foramina intervertebralia (Abb. 22.9).

Blutversorgung des Rückenmarks ▶ Kap. 17.6, S. 662.

Unterhalb des 2. Lendenwirbels enthält der Subarachnoidealraum die Cauda equina. Sie besteht aus Rr. anteriores und Rr. posteriores der Lumbal- und Sakralsegmente des Rückenmarks sowie aus der Pars pialis des Filum terminale.

22.4.6 Sakralkanal (Canalis sacralis)

Den Sakralkanal unterteilt man entsprechend der Ausdehnung des Durasackes und des Liquorraumes in einen kranialen **intraduralen** (intrathekalen) und in einen kaudalen **extraduralen Abschnitt** (Abb. 22.7). Der *Canalis sacralis* unterscheidet sich im Hinblick auf die Lage der Spinalganglien und der Vereinigungsstelle der Wurzeln zum Spinalnerven vom präsakralen Abschnitt des Wirbelkanals. Im präsakralen Teil liegen die Spinalganglien bis zum 5. Lumbalsegment innerhalb der *Foramina intervertebralia*. Die Spinalganglien vom ersten Sakralsegment bis zum Kokzygealsegment liegen im Sakralkanal; hier vereinigen sich auch die vorderen und hinteren Wurzeln zum Spinalnerven *(Nn. sacrales* und *N. coccygeus)*. Die Spinalnerven teilen sich noch innerhalb des Sakralkanals und verlassen ihn als *Rr. anteriores (ventrales)* durch die *Foramina anteriores* sowie als *Rr. posteriores (dorsales)* durch die *Foramina posteriores*.

22.4.7 Zwischenwirbelloch (Foramen intervertebrale)

Die Zwischenwirbellöcher sind kurze Kanäle, die den Wirbelkanal mit der paravertebralen Region verbinden (Abb. 22.8). Ihre Begrenzung erfolgt kranial durch die Incisura vertebralis inferior des oberen Wirbels, kaudal durch die Incisura vertebralis superior des unteren Wirbels, dorsal durch die Gelenkfortsätze und ventral medial durch die benachbarten Wirbelkörper mit ihrer gemeinsamen Zwischenwirbelscheibe (Abb. 22.10). Im Lendenbereich tritt medial dorsal das Lig. flavum in Beziehung zum Zwischenwirbelloch. Die Foramina intervertebralia sind von Bindegewebe ausgekleidet. Den wichtigsten Inhalt bilden die Strukturen des Spinalnervs, Radix posterior mit Ganglion spinale und Radix anterior. Vordere und hintere Wurzel vereinigen sich am Ausgang des Foramen intervertebrale zum Spinalnervenstamm (Truncus nervi spinalis) (Abb. 22.8). Die Leitungsbahnen sind in lockeres fettreiches Bindegewebe eingebettet, das mit dem Epiduralraum in Verbindung steht. Innerhalb des Bindegewebes liegen **Venengeflechte,** über die Plexus venosus vertebralis externus und Plexus venosus vertebralis internus miteinander anastomosieren. Durch das Foramen intervertebrale treten der R. spinalis der A. intercostalis posterior und der R. meningeus des Spinalnervs in den Wirbelkanal.

Die **Lage** von **Spinalganglion** und Nervenwurzeln innerhalb des *Foramen intervertebrale* ist regional unterschiedlich: Im Bereich der Halswirbelsäule liegen sie zentral, in der Brustwirbelsäule mehr kranial und im Bereich der Lendenwirbelsäule ventral nahe der Zwischenwirbelscheibe. **Weite** und **Länge** der Foramina intervertebralia zeigen ebenfalls regionale Unterschiede. Im Bereich der Lendenwir-

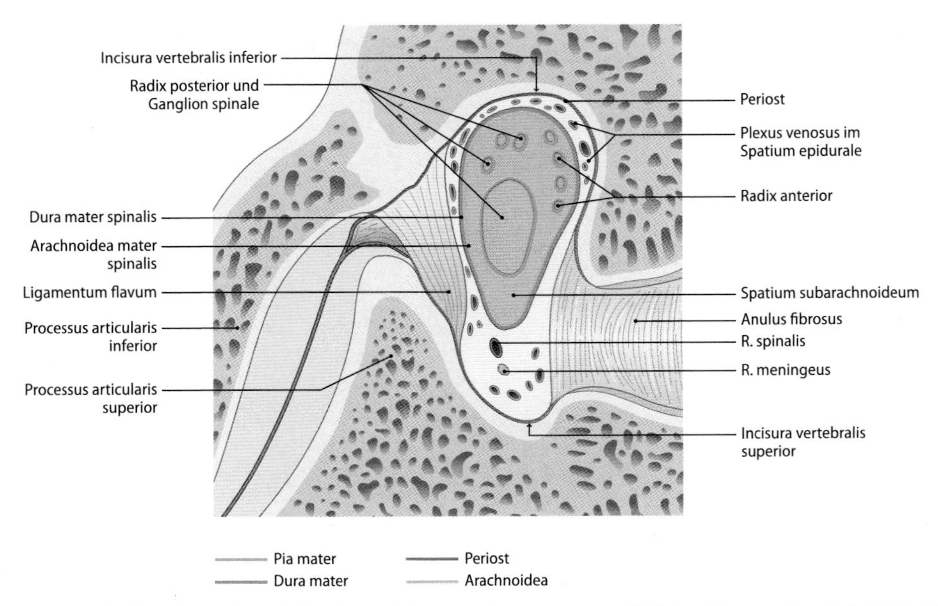

Abb. 22.10. Foramen intervertebrale zwischen 4. und 5. Lendenwirbel, Sagittalschnitt Begrenzungen: Rückfläche der Wirbelkörper, Discus intervertebralis, Incisurae vertebrales superior und inferior, Lig. flavum, Processus articulares superior und inferior. Man beachte die Ausdehnung von Rückenmarkshäuten und Strukturen des Epiduralraumes in das Foramen intervertebrale

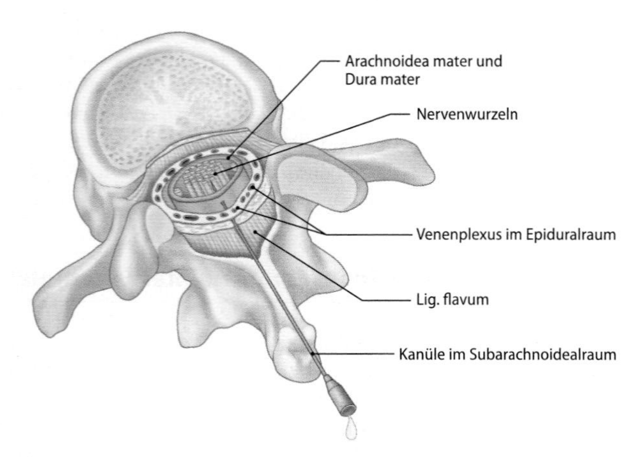

Abb. 22.11. Weg der Kanüle in den Subarachnoidealraum oberhalb des 4. Lendenwirbels zur lumbalen Liquorentnahme oder zur Spinalanästhesie. »Widerstände« bei Einführung der Nadel können am Lig. flavum und an der Dura mater spinalis wahrgenommen werden [3]

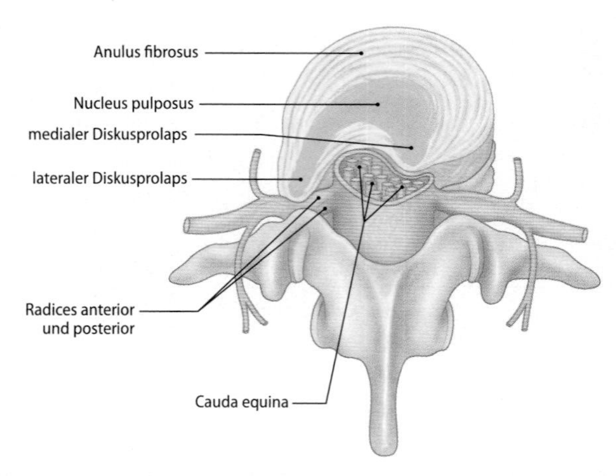

Abb. 22.12. Verschiedene Formen des Diskusprolapses. **a** Medialer und lateraler Diskusprolaps im Bereich der Lendenwirbelsäule, Ansicht von hinten oben. Beim medialen Diskusprolaps kommt es zur Kompression der Wurzeln der Cauda equina. Beim lateralen Diskusprolaps werden die Wurzeln des zugehörigen Bewegungssegmentes am Foramen intervertebrale komprimiert

belsäule z.B. ist das 1. Zwischenwirbelloch am weitesten; am engsten ist der Ausgang zwischen 5. Lendenwirbel und 1. Sakralwirbel. Umgekehrt verhält sich das Kaliber der durchtretenden Nervenstrukturen, das von kranial nach kaudal zunimmt (22.3).

22.3 Klinische Hinweise

Liquorentnahme und Spinalanästhesie Abb. 22.11.

Bei der Kaudalanästhesie (Kinderchirurgie, Geburtshilfe) wird ein Lokalanästhetikum über den Hiatus sacralis in den Sakralkanal appliziert (Periduralanästhesie).

Durch Osteophytenbildungen bei der Wirbelgelenkarthrose oder durch einen lateralen Zwischenwirbelscheibenvorfall kann es zur Kompression der Spinalnervenwurzeln im Foramen intervertebrale kommen.

Eine Einengung des Wirbelkanals (enger Spinalkanal) durch Tumoren, einen medialen Prolaps des Discus intervertebralis (Abb. 22.12) oder dorsale Spondylophyten führt im Bereich der Hals- und Brustwirbelsäule zur Kompression des Rückenmarks, unterhalb des Conus medullaris zur Kompression der Cauda equina.

23 Brusthöhle

W. Kühnel

Einführung

Als Brusthöhle bezeichnet man den von der Brustwand umgebenen Raum. Er enthält die Brusteingeweide, den Brustsitus *(Situs thoracis)*.

23.1 Übersicht

Die Brusthöhle, *Cavitas thoracis,* wird ventral vom Sternum und den Rippenknorpeln, lateral und dorsal von den Rippen, den Rippenzwischenräumen und der Wirbelsäule begrenzt. Kaudal ist sie durch das Zwerchfell (Diaphragma) abgeschlossen, kranial steht sie mit den Halseingeweiden in offener Verbindung. Ihre Wände sind von der *Fascia endothoracica* überzogen. Da sich das Zwerchfell kuppelförmig in die Brusthöhle vorwölbt, fallen die äußerlich sichtbaren Grenzen des Thorax nicht mit den Grenzen der Brusthöhle zusammen. Aus diesem Grund gelangen auch Organe des Oberbauches (Leber, Magen, Milz) in den Schutz der Thoraxflanken.

Die Brusthöhle wird in 3 Räume unterteilt:

- das unpaare Mediastinum (Mittelfellraum) und
- die paarigen Pleurahöhlen oder Brustfellhöhlen *(Cavitates pleurales)*.

Über die Gliederung orientieren am besten ein Frontalschnitt (Abb. 23.1) und ein Horizontalschnitt (Abb. 23.2) durch den Brustkorb.

Die *Pleura parietalis* umschließt rechts und links je einen Raum, das *Cavum pleurae,* in welchem je eine Lunge untergebracht ist. Zwischen den beiden *Pleurae mediastinales*, die sich von der Wirbelsäule bis zur ventralen Brustwand sagittal ausspannen, liegt der Mittelfellraum, das *Mediastinum.* Es enthält das vom Perikard umgebene Herz und die vom Herzen kommenden und zum Herzen ziehenden Gefäße, den Ösophagus, die Trachea, den Thymus, den Ductus thoracicus und Nerven. Das mediastinale Bindegewebe setzt sich über die obere Thoraxapertur hinaus in den zwischen mittlerem und tiefem Blatt der *Fascia colli cervicalis* gelegenen Bindegewebsraum des Halses bis zur Schädelbasis fort.

23.1 Ausbreitung von Entzündungen

Da die Bindegewebsräume des Halses mit dem Mediastinum in breiter Verbindung stehen, sind die Wege vorgezeichnet, auf denen entzündliche Prozesse des Halses auf den Mittelfellraum übergreifen können.

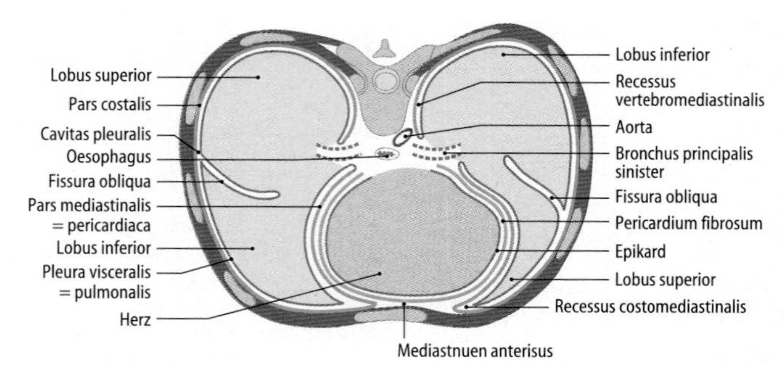

Abb. 23.2. Horizontalschnitt durch den Thorax in Höhe der beiden Hauptbronchien (Höhe des 4. BW). Gelb: Pleura parietalis mit Pars costalis und Pars mediastinalis; Grau: Pleura visceralis; Blau: Perikard [1]

23.2 Thorakoskopie

Die Brusthöhle kann durch die **Thorakoskopie,** einer endoskopischen Untersuchung, direkt betrachtet und inspiziert werden (diagnostische Thorakoskopie). Das Mediastinum kann operativ ohne Eröffnung der Pleurahöhlen erreicht werden **(Mediastinoskopie, Mediastinotomie)**.

23.2 Pleurahöhlen und Pleura parietalis

Einführung

Die beiden Pleurahöhlen, *Cavitas pleuralis dexter* und *sinister*, sind luftdicht abgeschlossene seröse Räume, die bis auf den *Recessus costodiaphragmaticus* von den Lungen ausgefüllt sind. Ihre Wände werden außen von der *Pleura parietalis* (Rippen- oder Brustfell), innen von der *Pleura pulmonalis sive Pleura visceralis* (Lungenfell) gebildet, zwischen denen nur ein kapillarer Spalt bestehen bleibt, der eine geringe Menge Flüssigkeit enthält.

Pleura parietelis

Die Pleura parietelis überzieht als

- *Pleura costalis (Pars costovertebralis pleurae parietalis)* die Seitenflächen der Wirbelkörper, die Rippen, die Interkostalräume und teilweise die hintere Fläche des Sternum,
- *Pleura diaphragmatica (Pars diaphragmatica pleurae parietalis)* die thorakale Seite des Zwerchfells,
- *Pleura mediastinalis (Pars mediastinalis pleurae parietalis)* die beiden lateralen Flächen des Mediastinum.

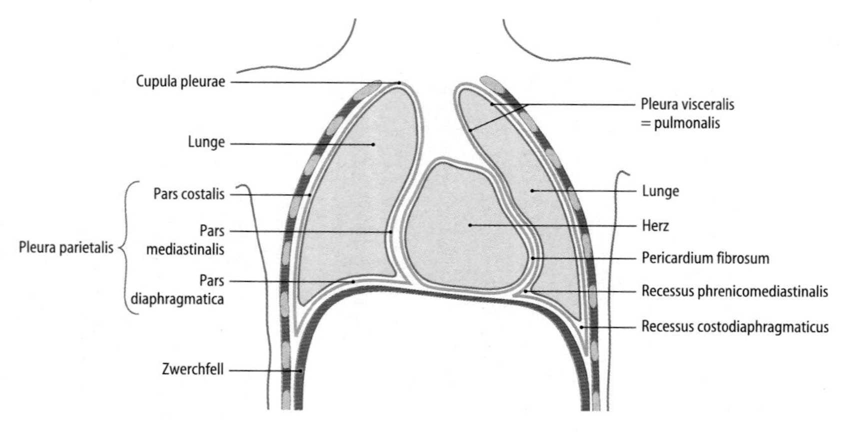

Abb. 23.1. Frontalschnitt durch den Thorax. Gelb: Pleura parietalis mit Pars costalis, Pars mediastinalis und Pars diaphragmatica; Grau: Pleura visceralis; Blau: Perikard [1]

Pleura pulmonalis

Die *Pleura pulmonalis* überzieht die gesamten Lungenoberflächen und ist fest mit ihnen verwachsen. *Pleura parietalis* und *Pleura pulmonalis* gehen jederseits am Lungenhilus ineinander über. Von hier aus zieht eine Pleuraduplikatur, das *Lig. pulmonale*, nach kaudal zum Zwerchfell.

23.3 Recessus pleurales und Pleuragrenzen

 Einführung

Die *Recessus pleurales* sind Komplementärräume, die am Übergang der verschiedenen Abschnitte der Pleura parietalis entstehen. Sie stellen Reserveräume dar, die sich bei Inspiration entfalten und die Lungenränder aufnehmen.

Pleura costalis

Die Pleura costalis erreicht rechts, von der Pleurakuppel kommend, in Höhe der 2. Rippe die Hinterfläche des Sternum und biegt am 6. Rippenknorpel bogenförmig in die *Pleura diaphragmatica* um (■ Abb. 23.3). Auf der ■ Abb. 23.2 sieht man die *Pleura costalis* ventral mit scharfem Winkel in die *Pleura mediastinalis (Pars pericardiaca)* übergehen. Hier bilden die beiden Teile der *Pleura parietalis* den *Recessus costomediastinalis*. Links weicht die *Pleura costalis* ab der 4. Rippe in einem Bogen nach links aus, erreicht den 6. linken Rippenknorpel und geht dann in die untere Umschlagslinie über (■ Abb. 23.3). Aus dem Verlauf der *Pleura costalis* beider Seiten wird deutlich, dass hinter dem Manubrium sterni und vor dem Herzen jeweils ein pleurafreies, dreiseitiges Feld übrigbleibt – *Trigonum thymicum* (oberes pleurafreies Dreieck) und *Trigonum pericardiacum* (unteres pleurafreies Dreieck) (■ Abb. 23.3).

23.3 Operativer Zugang zum Herzen

Im Thymusdreieck liegt bei Erwachsenen der **Thymusrestkörper**; bei Kindern und Jugendlichen mit voll ausgebildetem Thymus ist dieses Dreieck entsprechend größer. Im Trigonum pericardiacum besteht ein operativer Zugang zum Herzen und die Möglichkeit der Punktion der Perikardhöhle zwischen Processus xiphoideus und dem Rippenbogen am Larrey-Punkt ohne Gefahr, die Pleurahöhle zu eröffnen (■ Abb. 23.3). In diesem Dreieck liegt das Parikard der vorderen Brustwand direkt an.

Pleura diaphragmatica

Die Pleura diaphragmatica beginnt in Höhe des 6. Rippenknorpels mit der Umschlagslinie der *Pleura costalis*, die auf beiden Seiten 2 cm oberhalb des Rippenbogens verläuft, in der Medioklavikularlinie den 7. Interkostalraum, in der hinteren Axillarlinie die 10. Rippe überschreitet und schließlich den unteren Rand des 12. Brustwirbels unter Bildung des *Recessus costodiaphragmaticus* erreicht (■ Abb. 23.3 und 23.4). Dieser *Recessus* ist eine ringförmig an der unteren Brustwand entlang laufende spaltförmige Tasche, deren Ausdehnung von der Stellung der beiden Zwerchfellkuppeln abhängt. Er ist in Höhe der Axillarlinien mit 6–8 cm am tiefsten, vorn und hinten verkleinert er sich auf 2–3 cm. Entsprechend ist die Ausdehnungsmöglichkeit der Lungen seitlich am größten.

23.4 Pleuraergüsse und Pneumothorax

Pleuraergüsse (Flüssigkeitsansammlungen) in einer der Pleurahöhlen können bei unterschiedlichen Erkrankungen entstehen, z.B. bei einer **feuchten Rippenfellentzündung (Pleuritis)**. Dabei sammelt sich die Flüssigkeit im Stehen im *Recessus costodiaphragmaticus*. Der Flüssigkeitsspiegel ist durch Perkussion, Röntgen und Ultraschall nachweisbar und kann am sitzenden Patienten mittels einer Punktion im 5.–8. Interkostalraum am oberen Rippenrand, am günstigsten zwischen Skapular- und mittlerer Axillarlinie, abgeleitet werden. Nach einer Pleuritis kann es zu Verwachsungen (Adhäsionen) zwischen *Pleura parietalis* und *Pleura pulmonalis* kommen, wodurch die Lungenbewegungen beeinträchtigt werden.

Wird die Pleurahöhle eröffnet, z.B. durch Messerstiche, dann entsteht ein **Pneumothorax.**

Pleura mediastinalis

Die Pleura mediastinalis erstreckt sich beidseitig vom Ende der Pleura costalis an der Hinterfläche des Sternum nach dorsal bis zur Wirbelsäule und bildet in Form von sagittal gestellten Pleurablättern die Seitenwände des Mediastinum. Kaudal reichen sie bis zum Zwerch-

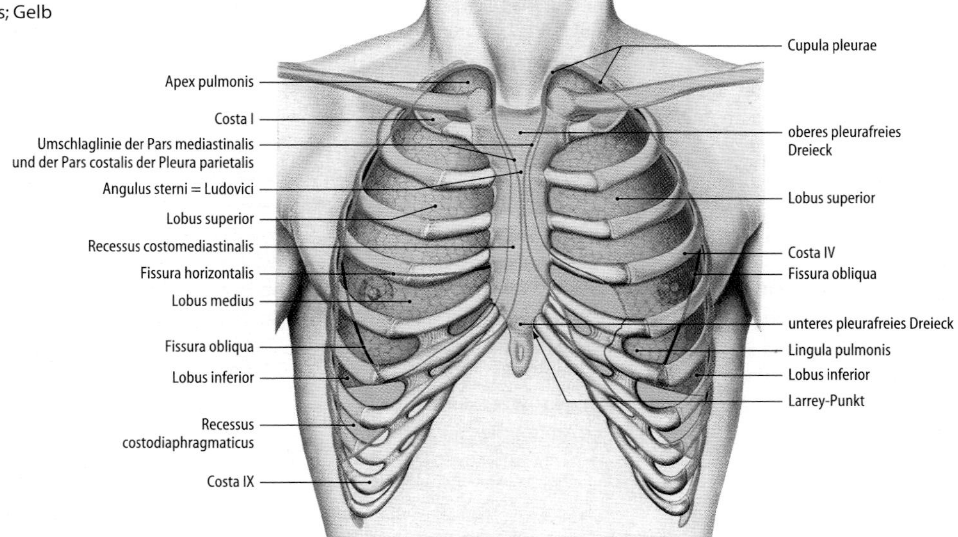

■ **Abb. 23.3.** Lungen- und Pleuragrenzen, Ansicht von vorn. Blau: Grenzen der Pleura parietalis; Gelb Grenzen der Lunge [1]

fell, wo sie unter Bildung des *Recessus phrenicomediastinalis* in die Pleura diaphragmatica übergehen (◘ Abb. 23.1). In Höhe des Lungenhilus umfasst sie kragenförmig die *Radix pulmonis* und geht in die *Pleura pulmonalis* über. Gegen das Diaphragma setzt sie sich als Pleuraduplikatur, *Lig. pulmonale,* fort. Da sich die Organe des Mediastinum unterschiedlich weit gegen die Pleurahöhlen vorwölben, ist die *Pleura mediastinalis* auf beiden Seiten nicht in einer ebenen Fläche ausgebreitet. Vielmehr überkleidet sie die verschiedenen Organvorwölbungen und dringt zwischen ihnen in Bindegewebsbuchten ein. Vorn legt sie sich als *Pleura pericardiaca* dem Herzbeutel an. Zwischen ihr und dem Perikard liegt das *Septum pleuropericardiale,* in dem der *N. phrenicus* in Begleitung der *A. und V. pericardiacophrenica* verläuft. Sie verlassen den Brustraum durch das *Trigonum sternocostale* (Larrey-Spalte) des Zwerchfells. Rechts zieht der N. phrenicus längs der lateralen Wand der oberen Hohlvene und rechtem Vorhof (◘ Abb. 23.16), links hinter der Herzspitze über die linke Kammer hinweg zum Zwerchfell (◘ Abb. 23.15). *Rr. phrenicoabdominales* gelangen rechts durch das *Foramen venae cavae,* links in den meisten Fällen durch den *Hiatus oesophageus* in den Oberbauchraum und innervieren dort sensibel den Peritonealüberzug von Zwerchfell, Leber und Pankreas sowie Abschnitte des Peritoneum der vorderen Bauchwand.

23.5 Beeinträchtigung des N. phrenicus
Der N. phrenicus kann in seinem Verlauf im Septum pleuropericardiale sowohl durch eine Pleuritis als auch durch eine Perikarditis in Mitleidenschaft gezogen werden.

23.4 Pleurakuppel (Cupula pleurae)

Der Pleurasack, kranial ausgefüllt von der kegelförmigen Lungenspitze, *Apex pulmonis,* überragt auf beiden Seiten unter Bildung der Pleurakuppel, *Cupula pleurae,* die obere Thoraxapertur um 3–5 cm und gelangt somit in den Viszeralraum des Halses (laterales Halsdreieck) (◘ Abb. 23.3). Sie wird von der *Membrana sive Fascia suprapleuralis* (Sibson-Faszie), einer Fortsetzung der *Fascia endothoracica,* membranös verstärkt und mit der ersten Rippe verspannt (◘ Abb. 23.4). Hinzu kommen flächenhafte Bandzüge *(Lig. pleurovertebrale),* die von der tiefen Halsfaszie ausgehen, ferner von der ersten Rippe kommende Faserzüge *(Lig. pleurocostale),* die dem Schutz der Pleura dienen und die konstruktive Verspannung der Pleurakuppel im Rippenbogen verstärken. Die *Mm. scaleni* bilden das zeltförmige Dach der Pleurakuppel. In etwa einem Drittel der Fälle kommt ein *M. scalenus minimus* vor, der in die *Fascia suprapleuralis* einstrahlt und deshalb auch als *M. scalenus pleuralis* oder Sibson-Muskel bezeichnet wird. Der Pleurakuppel lagern sich ventral die *A.* und *V. subclavia,* die *A.* und *V. thoracica (mammaria) interna* und der *N. phrenicus* direkt an, unmittelbar benachbart tritt der *Plexus brachialis,* dorsal das *Ganglion cervicothoracicum (stellatum)* mit der Pleurakuppel in Berührung.

23.6 Klinische Hinweise zu den Lungenspitzen
Die Lungenspitze, deren Ventilation infolge der relativ starren Konstruktion der Pleurakuppel gering ist, kann in der *Fossa supraclavicularis* perkutiert und auskultiert werden.

Infiltrativ wachsende Tumoren der Lungenspitze können den Plexus brachialis ummauern und dadurch heftige Armschmerzen auslösen.

23.5 Lungen (Pulmones)

 Einführung

Das Atmungsorgan Lunge besteht aus dem rechten und linken Lungenflügel. Im täglichen Sprachgebrauch wird indessen nur von rechter und linker Lunge, *Pulmo dexter* und *Pulmo sinister,* gesprochen.

23.5.1 Allgemeiner Aufbau

Jeder Lungenflügel füllt seinen von der *Pleura parietalis* ausgekleideten Raum, das *Cavum pleurae,* wie einen Ausguss nahezu vollständig aus. Allerdings fallen seine Grenzen nicht mit den Pleuragrenzen zusammen, weil die **Pleura parietalis** vorn und unten Komplementärräume bildet, die bei der Ausatmung leer sind. Sie entfalten sich erst mit der Einatmung und nehmen dann die Ränder der sich blähenden Lungen auf. Im übrigen ist die Form der Lungenflügel von der Form des Brustkorbes, von der Zwerchfellwölbung und vom Verhalten der Mediastinalorgane abhängig. Die Kenntnis der Lungen- und Pleuragrenzen, d.h. der Begrenzungslinien der Projektionsflächen von Lungen und Pleurahöhlen auf die Brustwand, ist für die klinische Untersuchung von großer praktischer Bedeutung, wobei zu beachten ist, dass die Pleuragrenzen feststehen, die Lungengrenzen dagegen mit der Atemluft um 3–6 cm verschieblich sind.

23.7 Punktion der Pleurahöhle
Die Kenntnis des Abstandes zwischen Lungen- und Pleuragrenzen ist für die Punktion der Pleurahöhle unerlässlich.

Jeder Lungenflügel gleicht einem abgestumpften einseitig eingekehlten Kegel, an dem eine Basis, eine Spitze, eine abgerundete und eine eingekehlte Oberfläche unterschieden werden. Jeder Lungenflügel ist zudem gelappt. Der rechte Lungenflügel hat 3, der linke 2 Lappen (► Kap. 9.5, ◘ Abb. 9.21):

Rechter Lungenflügel:
- Oberlappen: *Lobus superior dexter*
- Mittellappen: *Lobus medius*
- Unterlappen: *Lobus inferior dexter*

Linker Lungenflügel:
- Oberlappen: *Lobus superior sinister*
- Unterlappen: *Lobus inferior sinister*

Die Lungenlappen, *Lobi pulmones,* sind durch tiefe, meistens bis zum Lungenstiel reichende und von *Pleura pulmonalis* ausgekleidete Interlobärspalten, *Fissurae interlobares,* voneinander getrennt (◘ Abb. 23.5).

Rechts ist der Unterlappen vom Mittel- und Oberlappen durch die *Fissura obliqua pulmonis dextri* getrennt, die schräg von hinten oben nach vorn unten verläuft und in die Lungenbasis einschneidet. Sie beginnt dorsal in Höhe der *Spina scapulae* (Processus spinosus Th3/4), verläuft entlang der 5.–6. Rippe und trifft vorn in der Medioklavikularlinie auf die Knorpel-Knochen-Grenze der 6. Rippe. Durch die *Fissura horizontalis* wird aus dem unteren Teil des *Lobus superior* der keilförmige *Lobus medius pulmonis dextri* herausgeschnitten. Die Oberlappen-Mittellappen-Grenze, die Fissura horizontalis, verläuft entlang der 4. Rippe bis zur Ansatzstelle des 4. Rippenknorpels am Sternum (◘ Abb. 23.3). Bei der Perkussion und Auskultation der Lunge bei herabhängenden Armen trifft man dem-

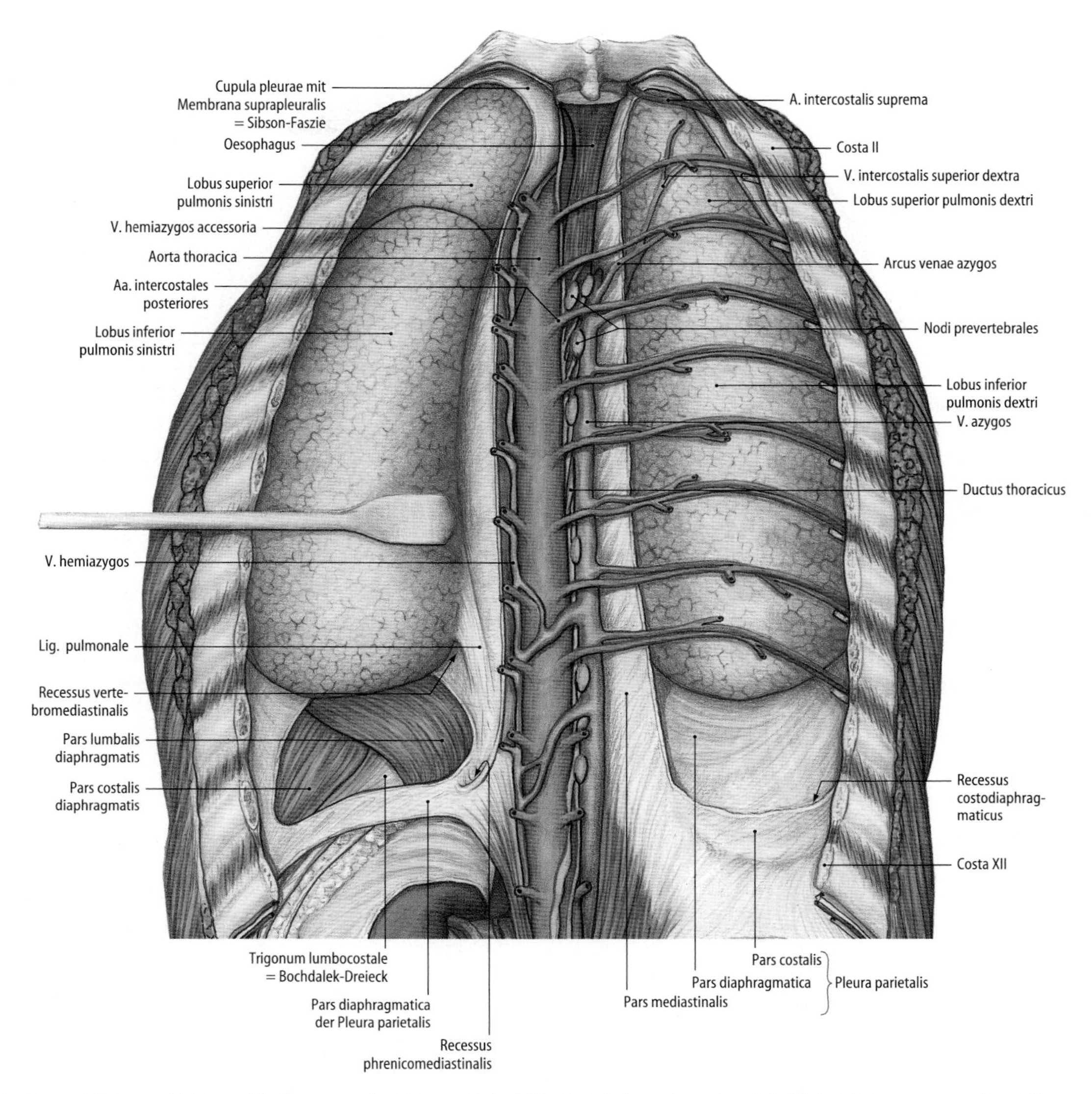

Abb. 23.4. Pleurarhöhlen und hinteres Mediastinum, Ansicht von hinten. Die dorsale Rumpfwand und die Wirbelsäule wurden entfernt [1]

nach rechts neben dem Sternum nur auf den Ober- und Mittellappen, dorsal paravertebral nur auf den Ober- und Unterlappen, d.h. auf das große Feld des Unterlappens und nur auf das relativ kleine Gebiet des Oberlappens. Alle 3 Lappen stoßen in der Axillarlinie zusammen.

Links verläuft die *Fissura obliqua pulmonis sinistri* wie beim rechten Lungenflügel, beginnt aber in der Regel eine Rippe höher als rechts und endet in Höhe des Schnittpunktes der vorderen Axillarlinie mit der 7. Rippe (Abb. 23.3). Bei der Untersuchung der linken Lunge trifft man links neben dem Brustbein nur auf den Oberlappen, der mit der *Lingula pulmonis* bis zum Zwerchfell reicht. Paravertebral liegen Ober- und Unterlappen der Brustwand an (Abb. 23.4).

23.8 Lobärpneumonie

Eine akute Lungenentzündung kann sich an die Lappengrenzen halten und wird deshalb auch als **Lobärpneumonie** bezeichnet.

23.5.2 Lungenoberflächen

An den Lungenflügeln werden verschiedene Flächen und Ränder beschrieben.

Der *Apex pulmonis* (Lungenspitze) ragt in die Pleurakuppel hinein, deren höchster Punkt in Höhe des 1. Rippenköpfchens bzw. des 1. Rippenhalses zu suchen ist. Seine nachbarlichen Beziehungen entsprechen denen der Pleurakuppel (Abb. 23.3).

Die *Basis pulmonis* sive *Facies diaphragmatica pulmonis* hat eine konkave, den Zwerchfellkuppeln angepasste Form und wird links von Ober- und Unterlappen, rechts von Unter- und Mittellappen gebildet. Rechts hat die *Facies diaphragmatica* – durch das Zwerchfell getrennt – Beziehungen zur oberen Fläche des rechten Leberlappens, links zum linken Leberlappen, zum Magenfundus und zur Zwerchfellfläche der Milz (Abb. 23.6). Schließlich werden auf beiden Seiten die retroperitoneal gelegenen Nieren und Nebennieren im Bereich des *Recessus costodiaphragmaticus*, jeweils in Abhängigkeit von Inspiration und Exspiration, mehr oder weniger von dorsal her von den Lungen überlagert (Abb. 23.7).

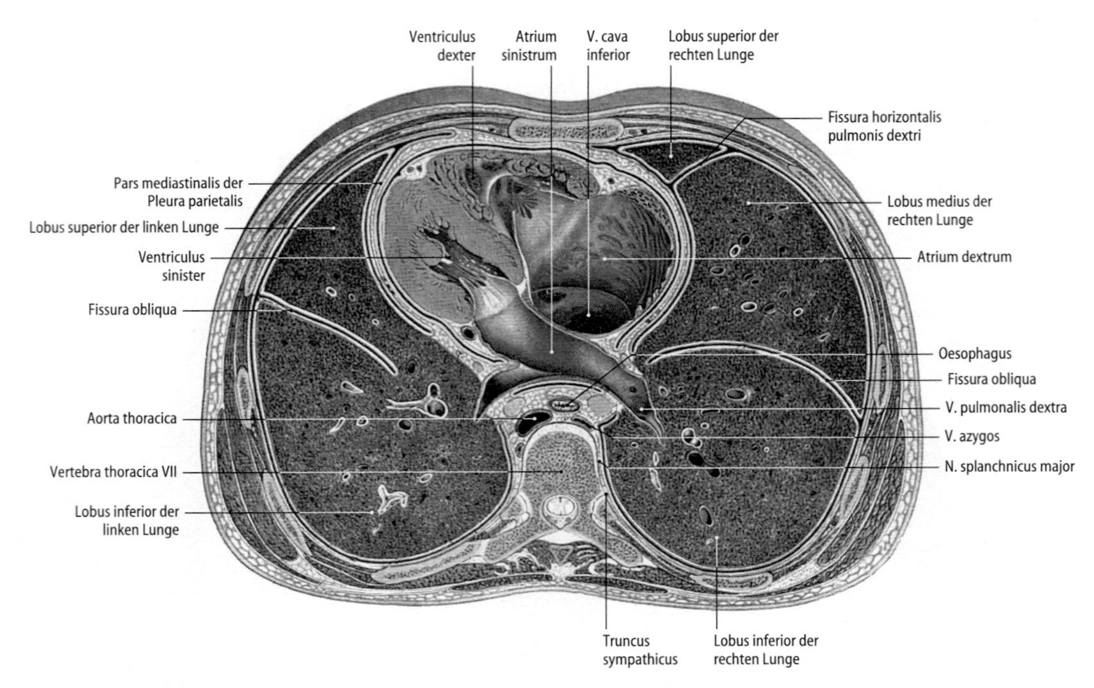

Abb. 23.5. Horizontalschnitt durch den Thorax in Höhe des 7. Brustwirbels, Ansicht von kranial. Anschnitt des unteren Mediastinum [1]

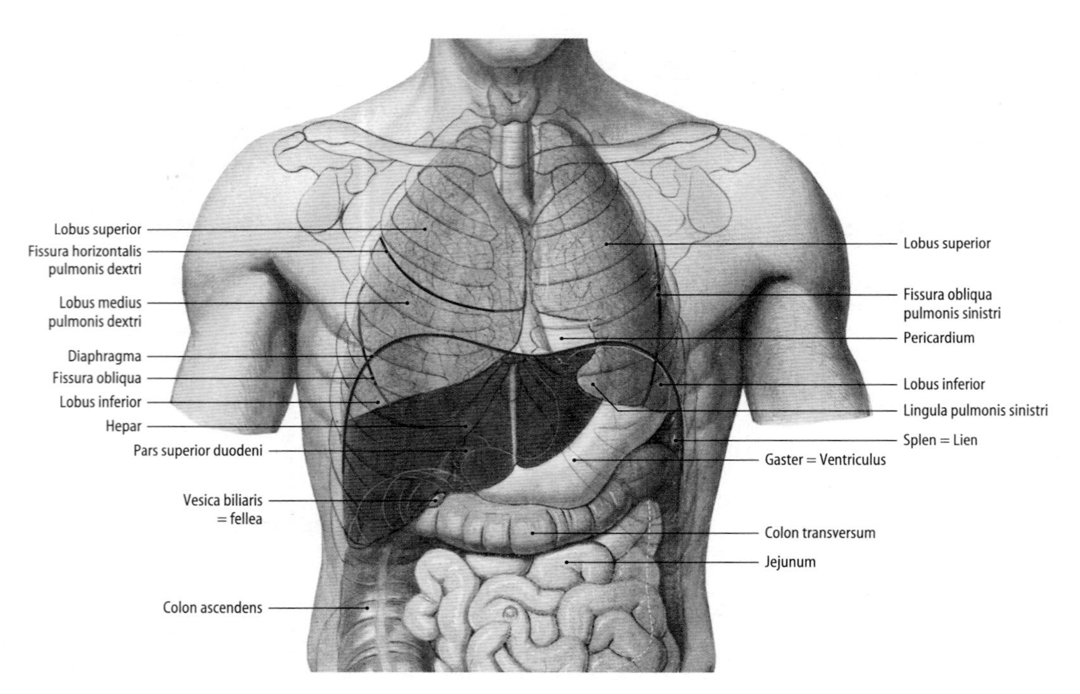

Abb. 23.6. Topographische Beziehungen zwischen Brust- und Oberbauchorganen, Ansicht von vorn [1]

Die *Facies costalis* (Rippenfläche) ist gleichmäßig gewölbt und schmiegt sich der Konkavität der Brustwand an. Dorsal geht sie in die *Pars vertebralis* der *Facies medialis* über, die hinter dem Lungenhilus liegt.

Die *Facies mediastinalis* (Mittelfellfläche) der *Facies medialis* ist am stärksten modelliert (Abb. 23.1 und 23.5). Die beiden mediastinalen Flächen grenzen an das Mediastinum, ihr Relief wird von den (von der Pleura mediastinalis bedeckten) Mediastinalorganen bestimmt; es ist rechts und links verschieden gestaltet. Der größte Unterschied betrifft die Herzbucht, *Impressio cardiaca*, die infolge der Linksverlagerung des Herzens an der linken Lunge eine tiefe Einbuchtung, an der rechten Lunge nur eine flache Mulde hervorruft, in die sich der laterale Umfang des rechten Vorhofs einbettet. Links weicht der Vorderrand der Lunge vor dem Herzen etwas aus und bildet die *Incisura cardiaca pulmonis sinistri*. Unterhalb dieser Incisur läuft der Oberlappen der linken Lunge in einen zungenförmigen Zipfel, *Lingula pulmonis sinistri*, aus, der das Zwerchfell erreicht.

Die wichtigste Stelle an der mediastinalen Fläche ist beiderseits der Lungenhilus, *Hilus pulmonis*, der skeletopisch in Höhe des 5. Brustwirbels liegt und von der kragenförmigen Umschlagsfalte der

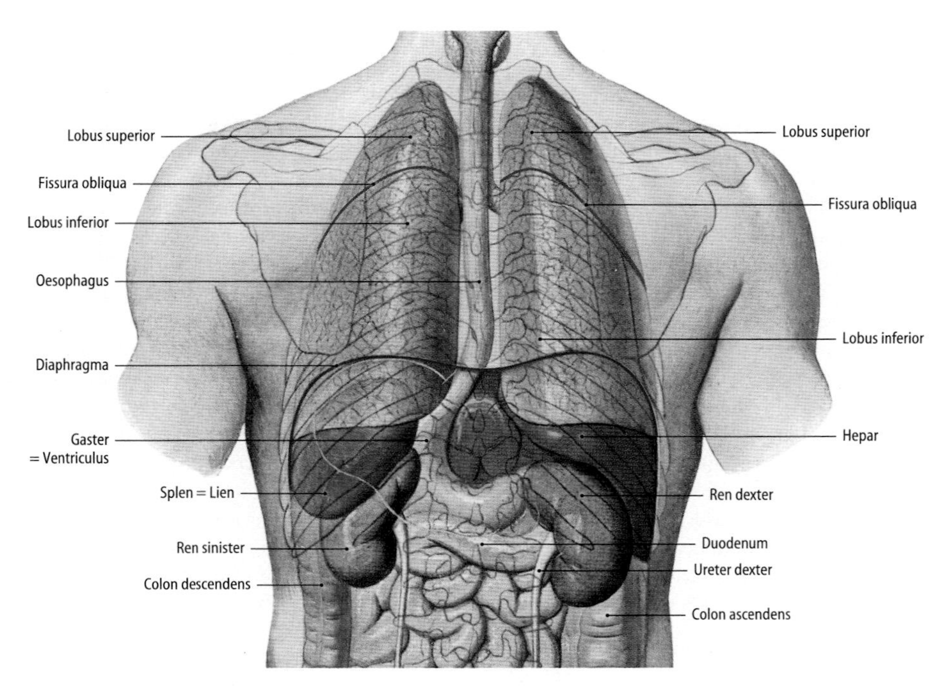

Abb. 23.7. Topographische Beziehungen zwischen Brust- und Oberbauchorganen, Ansicht von hinten [1]

Pleura pulmonalis in die *Pleura mediastinalis* umfasst wird *(Mesopneumonium)*. Die am Hilus pulmonis ein- und austretenden Strukturen (Bronchus principalis, A. pulmonalis, Vv. pulmonales, Rr. bronchiales, Lymphgefäße mit Noduli bronchopulmonales, vegetative Nerven) werden in ihrer Gesamtheit als Lungenwurzel, *Radix pulmonis,* bezeichnet. Im rechten Lungenhilus liegt die A. pulmonalis (und ihre Äste) zentral in der Lungenwurzel, die Vv. pulmonales davor und unten, der Hauptbronchus dahinter und oben (Abb. 23.8). Links nimmt der Hauptbronchus eine zentrale Stellung ein, die A. pulmonalis (und ihre Äste) liegt oben, die Vv. pulmonales hinten und unten (Abb. 23.9). Die Hauptbronchien liegen demnach immer am weitesten dorsal, der rechte epartiell, der linke hyparteriell.

Der linke Lungenhilus (Abb. 23.9) wird oben und hinten von der Aorta umgriffen, die mit ihrem Bogen, *Arcus aortae,* und mit ihrer *Pars thoracica aortae* der *Aorta descendens* wie ein Hirtenstab in die Lunge eingedrückt ist und eine mehr oder weniger tiefe Rinne, *Sulcus aortae,* hervorruft. Dicht unterhalb der *Apex pulmonis sinistri* hinterlässt die A. subclavia einen Abdruck *(Sulcus arteriae subclaviae)*, gelegentlich auch die V. brachiocephalica *(Sulcus venae brachiocephalicae)*. Der rechte Lungenhilus (Abb. 23.8) wird von oben her von der V. azygos umgriffen und erzeugt hier einen entsprechenden Abdruck *(Sulcus venae azygos)*. Dagegen sind Abdrücke der Aorta ascendens und der V. cava superior eher undeutlich und wechselnd. Besonders hervorzuheben ist indessen die enge Nachbarschaft der *Pars mediastinalis dextra* zum Ösophagus *(Sulcus oesophageus)*, und den ihn begleitenden Vagusästen, die hinter dem Lig. pulmonale zwerchfellwärts ziehen.

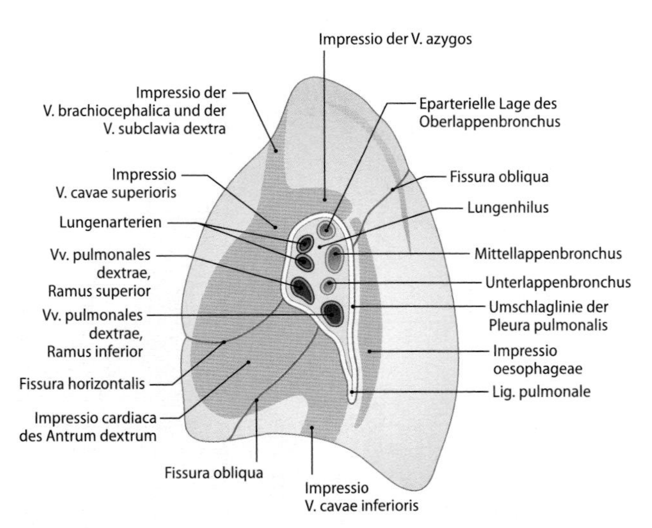

Abb. 23.8. Abdruck des rechten Herzens, der Gefäße und des Ösophagus an der Facies medialis der rechten Lunge

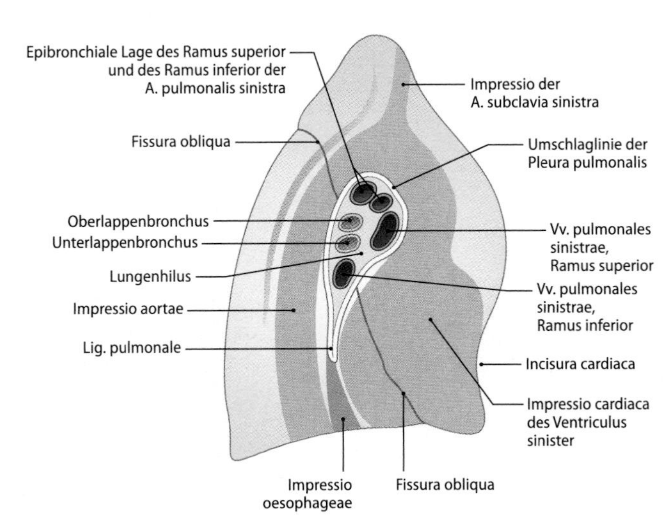

Abb. 23.9. Abdruck des linken Herzens und der Gefäße an der Facies medialis der linken Lunge

23.5.3 Lungenränder

Beide Lungenflügel besitzen einen vertikal verlaufenden vorderen und hinteren Rand, *Margo anterior* und *Margo posterior*, und einen quer verlaufenden unteren Rand, *Margo inferior pulmonis*. Der *Margo anterior* verläuft jederseits parallel zur vorderen Umschlagslinie der *Pleura costalis* in die *Pleura mediastinalis* und liegt im *Recessus costomedialis* (◻ Abb. 23.3). Am sternalen Ansatz der 4. Rippe beginnend weichen die vorderen Lungenränder seitlich aus, links mit einer deutlichen Biegung bis zum 5. Rippenknorpel. Hier liegt die *Lingula*, an der der vordere in den unteren Lungenrand übergeht. Da rechts die *Incisura cardiaca* fehlt, erreicht der vordere Lungenrand in einem leichten Bogen den Knorpel der 6. Rippe. Unterhalb davon geht er in den *Margo inferior* über.

Aus dem Verlauf der vorderen Lungenränder wird deutlich, dass das lungenfreie Feld hinter dem Sternum größer ist als das pleurafreie Feld und dem Feld der absoluten Herzdämpfung entspricht.

Der scharfkantige untere Lungenrand, *Margo inferior pulmonis*, verläuft auf beiden Seiten vom unteren Rand der 6. Rippe nach lateral, schneidet die 8. Rippe in der Axillarlinie und erreicht dorsal den 11. Brustwirbelkörper. Die unteren Pleuragrenzen liegen tiefer.

Beachte: In der Axillarlinie liegen unterer Lungenrand und untere Umschlagstelle der Pleura bei ruhiger Atmung nahezu handbreit (etwa 10 cm) auseinander.

Der hintere Lungenrand, *Margo posterior pulmonis*, ist stumpf und abgerundet und liegt rechts und links neben der Wirbelsäule in der sog. Lungenrinne, *Sulcus pulmonis thoracis*. Er reicht vom Processus spinosus des 2. Brustwirbels bis hinab zum Processus spinosus des 11. Brustwirbels.

23.6 Mediastinum (Mittelfellraum)

Einführung

Als *Mediastinum* bezeichnet man den sagittal gestellten Bindegewebsraum, der nach Entfernung der Lungen noch im Brustraum, also zwischen den Pleurahöhlen, verbleibt (quod in medio stat = was in der Mitte steht).

Das Mediastinum (◻ Abb. 23.10) erstreckt sich von der Rückseite des Brustbeins und der angrenzenden Rippenteile bis zur Vorderfläche der Brustwirbelkörper. Es wird beiderseits von der *Pleura mediastinalis* und unten vom Zwerchfell begrenzt.

Das Mediastinum wird unterteilt in:

- **Oberes Mediastinum**, *Mediastinum superius* (Bereich oberhalb des Herzens), das von der oberen Thoraxapertur bis in Höhe des Unterrandes des 4. Brustwirbels bzw. bis in Höhe des *Angulus sterni* reicht. Es wird durch eine »gedachte Ebene« zwischen Angulus sterni und dem Unterrand des 4. Brustwirbels vom *Mediastinum inferius* abgegrenzt. Hier liegen Arcus aortae, Truncus brachiocephalicus, Anfangsteil der A. carotis communis sinistra, A. subclavia sinistra, Aa. thoracicae (mammariae) internae, oberer Teil der V. cava superior, Vv. brachiocephalicae, Vv. thoracicae (mammariae) internae, Nn. vagi, N. laryngeus recurreus sinister, Nn. cardiaci, Nn. phrenici, Ductus thoracicus (links) und Ductus lymphaticus dexter (rechts), Trunci bronchomediastinales, Noduli mediastinales anteriores und posteriores, Thymus (beim Erwachsenen der retrosternale Thymusrestkörper), kaudale Trachea mit Bifurcatio tracheae und der Ösophagus. Das einzige Organ, das ausschließlich dem oberen Mediastinum angehört, ist der Thymus. Die übrigen hier genannten Organe und Leitungsbahnen durchqueren das obere Mediastinum auf ihrem Weg in oder durch das hintere Mediastinum. Oberes und unteres Medistinum bilden einen einheitlichen Bindegewebsraum, der auch straffere Faserzüge in Form der *Ligg. sternopericardiaca (superius* und *inferius)* enthält.
- **Unteres Mediastinum**, *Mediastinum inferius*, das die kaudale Fortsetzung des oberen Mediastinum bildet. Es wird unterteilt in:
  - **vorderes Mediastinum**, *Mediastinum anterius*, einen schmalen flachen Bindegewebsraum zwischen der Rückseite des Corpus sterni und der Rippenknorpel und der Vorderfläche des Herzbeutels (◻ Abb. 23.2 und 23.5). Es verbreitert und vertieft sich zum oberen Mediastinum hin und enthält nicht nur lockeres Bindegewebe, sondern auch einen verformbaren Fettkörper, *Corpus adiposum retrosternale*, Lymphgefäße zur Lymphdrainage der Brustdrüsen, und Äste der *Vasa thoracica (mammaria) interna*, gelegentlich auch mehrere Lymphknoten;

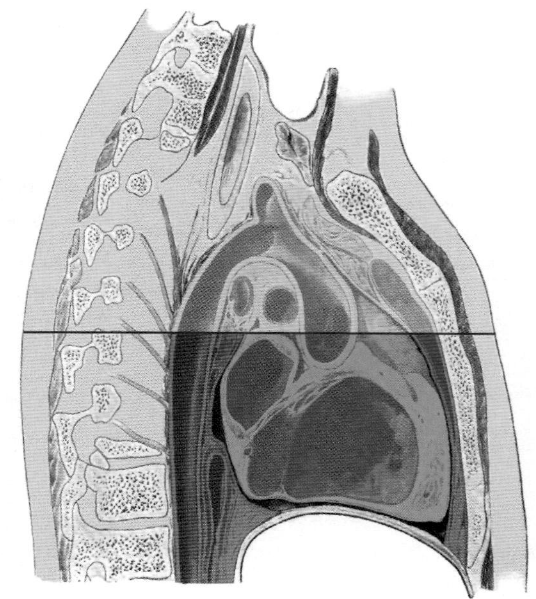

◻ Abb. 23.10. Einteilung des Mediastinum, Sagittalschnitt durch den Thorax [1]

- **mittleres Mediastinum**, *Mediastinum medium,* den breitesten Teil des unteren Mediastinum. Es enthält das Herz mit dem Herzbeutel, die *Aorta ascendens*, Endabschnitte der *V. cava superior* und der *V. azygos*, den *Truncus pulmonalis*, die *Vv. pulmonales* und die *Nn. phrenici* mit den *Vasa pericardiacophrenica*;
- **hinteres Mediastinum**, *Mediastinum posterius,* das sich zwischen den Brustwirbelkörpern 5–12 und der Herzbeutelhinterwand erstreckt (◘ Abb. 23.11). In ihm liegen der Ösophagus, die *Bifurcatio tracheae*, die *Aorta thoracica descendens* mit ihren Ästen, der *Ductus thoracicus*, die *Vv. azygos* und *hemiazygos*, die *Nn. vagi*, der *Truncus sympathicus* und die *Nn. splanchnici majores* und *minores*.

23.9 Mediastinitis und Mediastinaltumore

Eine Entzündung des Mediastinum, eine **Mediastinitis**, kann durch fortgeleitete entzündliche Prozesse aus dem Halsbereich oder aus der unmittelbaren Nachbarschaft, aber auch durch eine Perforation des Ösophagus oder der Trachea hervorgerufen werden.

Unter dem Begriff **Mediastinaltumor** wird eine Vielzahl von Geschwülsten unterschiedlicher geweblicher Herkunft zusammengefasst.

Die **Mediastinoskopie** ermöglicht die direkte Betrachtung des vorderen oberen Mediastinum und damit der **paratrachealen** und **tracheobronchialen Bezirke** des Mediastinum.

In der Klinik wird oft nur von einem **vorderen** und einem **hinteren Mediastinum** gesprochen, wobei die Trachea als Grenze angenommen wird.

23.7 Organe und Leitungsbahnen im Mediastinum

23.7.1 Herz und Herzbeutel

Form und Lage. Das Herz, *Cor,* allseitig vom Herzbeutel, *Pericardium fibrosum* und *Pericardium serosum* der *Lamina parietalis pericardii* umschlossen, gleicht einem abgestumpften Kegel, dessen Oberfläche vom viszeralen Blatt des *Pericardium serosum,* dem Epikard, überzogen ist und dessen Spitze, *Apex cordis,* nach links unten, dessen Basis, *Basis cordis,* nach rechts oben zur rechten Schulter gerichtet ist. Das Herz liegt demnach von ventral gesehen schräg im Mediastinum medium, das es nahezu vollständig ausfüllt. Seine Längsachse, von der Herzbasis zur Herzspitze gelegt, ist um etwa 40–45° gegen die Frontal- und Sagittalebene geneigt. Die Achse verläuft demnach schräg, sowohl von rechts oben nach links unten als auch von hinten oben nach rechts unten zur vorderen Brustwand, der das Herz nur in geringer Ausdehnung, dem Gebiet der **absoluten Herzdämpfung** im *Trigonum pericardiacum* direkt anliegt. So befinden sich zwei Drittel des Herzens links von der *Linea medialis (sternalis)* und ein Drittel rechts davon. Außerdem ist das Herz – entwicklungsgeschichtlich bedingt – um seine Längsachse derart gedreht, dass die linke Herzhälfte nach dorsal gerichtet ist und in der Ansicht von vorn der linke Ventrikel nur einen schmalen Streifen am linken Herzrand einnimmt. Vom linken Vorhof ist nur das Herzohr zu sehen. Die rechte Herzhälfte und das rechte Herzohr weisen demnach nach vorn und sind dadurch der vorderen Brustwand zugewandt.

23.10 Verletzung des Herzens

Stich-, Schuss- oder Splitterverletzungen treffen meistens den rechten Ventrikel oder den rechten Vorhof.

Der Herzbeutel ist mit dem Zwerchfell verwachsen,aber nur locker mit der Pleura mediastinalis verschiebbar verbunden.

Das im Trigonum pericardiacum liegende Perikard wird durch *Ligg. sternopericardiaca* an der Hinterfläche des Sternum fixiert. Der Herzbeutel umschließt nicht nur das Herz, sondern auch die herzbasisnahen Abschnitte der großen Gefäße, an denen die beiden Blätter, *Lamina parietalis* und *Lamina visceralis pericardii*, ineinander übergehen und die *Cavitas pericardiaca* als Spaltraum zwischen sich einschließen (► Kap. 6, 6.4).

23.11 Schmerzausstrahlung bei Perikardreizung

Bei einer Reizung des Perikard können über den N. phrenicus Schmerzen in die supraklavikuläre Schulterregion ausstrahlen.

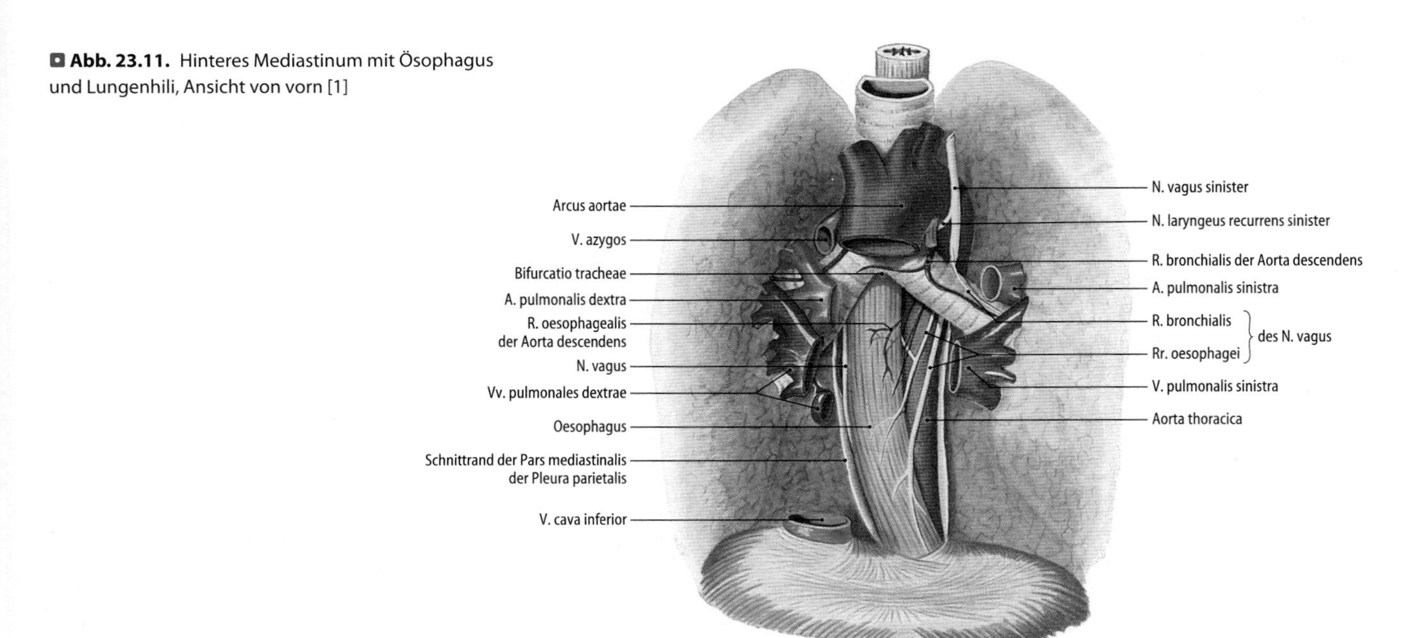

◘ **Abb. 23.11.** Hinteres Mediastinum mit Ösophagus und Lungenhili, Ansicht von vorn [1]

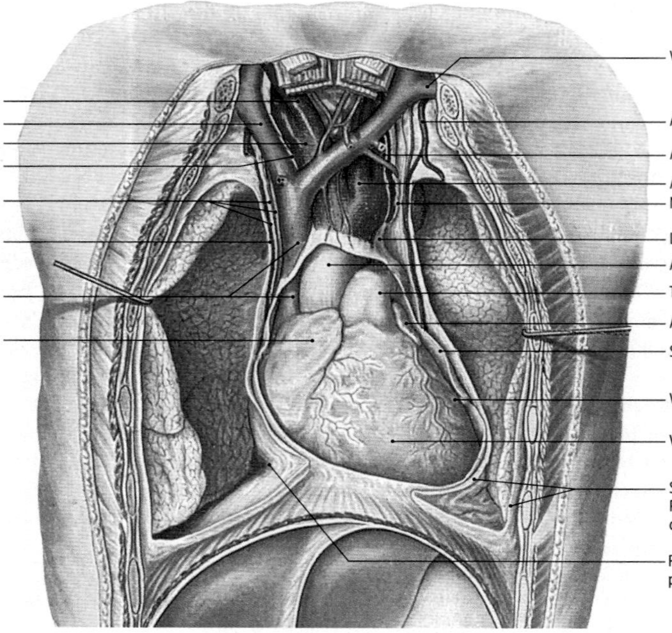

Abb. 23.12. Brustsitus, Ansicht von vorn. Darstellung des Herzens in situ nach Eröffnung des Herzbeutels. Die Lungen sind durch Entfernen der Pleura parietalis freigelegt [1]

Oberfläche des Herzens. Entsprechend der nachbarschaftlichen Beziehungen unterscheidet man am Herzen 4 Flächen:

- *Facies sternocostalis* (Vorderfläche): Sie ist konvex geformt und gegen die Brustwand gerichtet. Sie wird überwiegend von der Vorderwand der rechten Kammer *(Ventriculus dexter)* und rechts vom rechten Vorhof *(Atrium dextrum)* und vom rechten Herzohr *(Auricula dextra)* gebildet (Abb. 23.12). Rechts davon ist auch die *V. cava superior* vor ihrer Einmündung in den rechten Vorhof an der Bildung der Herzvorderfläche beteiligt. Links grenzt an den rechten Ventrikel die linke Kammer, *Ventriculus sinister*, die nur mit einem schmalen Streifen und mit der Herzspitze, *Apex cordis*, die Vorderfläche des Herzens erreicht. Oben legt sich das linke Herzohr *(Auricula sinistra)* dem linken Ventrikel und der Seitenfläche des *Truncus pulmonalis* an. Das linke Herzohr ist der einzige Abschnitt des linken Herzens, der bei Eröffnung des Herzbeutels von vorn deutlich zu sehen ist. Die Grenze zwischen rechtem und linkem Ventrikel wird durch den *Sulcus interventricularis anterior* markiert. Er endet medial der Herzspitze mit der *Incisura apicis cordis*. Auf der Vorderfläche ist an der Vorhof-Kammer-Grenze auch die Kranzfurche, *Sulcus coronarius*, beteiligt, die die Lage der Ventilebene des Herzens kennzeichnet. Die *Facies sternocostalis* geht auf der linken Seite über einen abgerundeten Rand, den *Margo obtusus*, in die *Facies pulmonalis sinistra* über. Auf der rechten Seite endet die *Facies sternocostalis* mit einem scharfen Rand, *Margo acutus sive dexter*, mit dem sie in die *Facies diaphragmatica* übergeht. Der Margo dexter liegt in situ fast horizontal und bildet den unteren Herzrand.
- *Facies pulmonales* (Lungenflächen): Die *Facies pulmonalis dextra* wird vom rechten Vorhof gebildet. Sie überschreitet den rechten Sternalrand nur um 1–2 cm und ruft die flache *Impressio cardiaca* der rechten Lunge hervor. Die *Facies pulmonalis sinistra* wird von der linken Kammer und vom linken Herzohr gebildet; sie legt sich in die tiefe *Incisura cardiaca pulmonis sinistri* hinein, d.h. sie schmiegt sich der Vertiefung der linken Lunge, der *Impressio cardiaca sinistri*, an.
- *Facies posterior* (Hinterfläche): Die Facies posterior ist gegen das hintere Mediastinum gerichtet; ihr gehören die Vorhöfe an, die oben in Beziehung zur *Bifurcatio tracheae* treten. Unten berührt der Ösophagus, nur durch den Herzbeutel getrennt, den linken Vorhof. Hier liegen auch *Nodi lymphatici bronchotracheales*.
- *Facies diaphragmatica* (Unterfläche oder Zwerchfellfläche): Die *Facies diaphragmatica* ist abgeplattet und liegt dem *Centrum tendineum* des Zwerchfells auf. An ihr sind die rechte und linke Kammer und die Einmündungsstelle der V. cava inferior in den rechten Vorhof beteiligt.

23.12 Klinische Hinweise

Ein Vergrößerung des linken Vorhofs, z.B. infolge einer Mitralstenose, kann die Speiseröhre einengen und Schluckbeschwerden **(Dysphagie)** hervorrufen (die Bissen bleiben »im Brustkorb stecken«).

In der klinischen **Diagnostik von Herzinfarkten** werden die Bezeichnungen **Vorderwand** und **Hinterwand** benutzt. Als Vorderwand wird der Teil der linken Kammerwand bezeichnet, der die Facies sternocostalis bildet, und als Hinterwand jener Teil, der die Facies diaphragmatica ausmacht. An der **Vorderwand** werden **anterobasale, anterolaterale** und **apikale Infarkte** unterschieden, an der **Hinterwand** werden **posterobasale, posterolaterale** und **posteroseptale Infarkte** von **posteroinferioren** und **diaphragmalen** Infarkten abgegrenzt.

Unter dem Centrum tendineum des Zwerchfells liegt der linke Leberlappen und benachbart der Magen. Ein übermäßig gefüllter Magen oder Darmerkrankungen, die zu **Oberbauchmeteorismus mit Zwerchfellhochstand** führen, verursachen u.U. eine Herzverlagerung und funktionelle Herzbeschwerden **(gastrokardialer Symptomenkomplex Roemheld)**.

Projektion des Herzens auf die vordere Brustwand. Bei normaler Position des Herzens eines Erwachsenen bilden die Herzgrenzen in der Projektion auf die vordere Brustwand in etwa ein Trapez. Der rechte Herzrand verläuft vom rechten 3. Rippenknorpel abwärts bis zum Knorpel der 6. Rippe parallel mit dem rechten Sternalrand, etwa

2–3 cm von diesem entfernt. Der linke Herzrand zieht, etwa 2 cm lateral vom Ansatz der 2. Rippe beginnend, in einem nach links konvexen Bogen bis zum 5. Interkostalraum, etwa 2 cm medial der Medioklavikularlinie. Hier liegt die Herzspitze.

Die Herzränder werden beiderseits vom *Recessus costomediastinalis* und von Lungengewebe überlagert. Das Feld, das der vorderen Brustwand anliegt und frei von Lunge ist, stellt das Gebiet der **absoluten Herzdämpfung** dar und entspricht in etwa dem Trigonum pericardiacum. Dieses kleine Feld wird nach oben begrenzt vom unteren Rand der linken 4. Rippe, die rechte Grenze läuft dem linken Sternalrand entlang, die laterale zieht in leicht gekrümmten Bogen vom Herzspitzenstoß einwärts. Die untere Grenze ist wegen der Nachbarschaft der Leber perkutorisch meist nicht zu bestimmen.

Dagegen stellt die **relative Herzdämpfung** die Grenzen des auf die Brustwand projizierten Herzens und damit die Herzgröße dar. Dieses Gebiet reicht fingerbreit über den rechten Sternalrand und links 8–10 cm von der Medianlinie entfernt. Geht die relative Herzdämpfung über diese Grenzen hinaus, so muss auf eine Herzvergrößerung geschlossen werden. Der Perkussionsbefund wird durch die Röntgenuntersuchung ergänzt.

Röntgenanatomie. Im anterioposterioren Strahlengang (a.-p. Aufnahme) kann die Herzkontur im Röntgenbild zwischen den beiden luftgefüllten und damit strahlendurchlässigen Lungen abgebildet werden (◘ Abb. 23.13). Man erkennt den sog. **Mittelschatten,** der von Wirbelsäule, Brustbein, Thymus, Ösophagus und Herz mit seinen großen Gefäßen gebildet wird. Der Mediastinalschatten geht oben in den Hals-, unten in den Leberschatten über. Die randbildenden Teile des Herz- und Gefäßschattens sind beiderseits im hellen Lungenfeld sichtbar.

Der rechte Herzrand bildet rechts vom Brustbeinrand einen oberen flachen Bogen, der von der *V. cava superior* hervorgerufen wird **(Kavabogen)**; der untere Bogen entspricht dem Rand des rechten Vorhofs. Bei tiefer Inspiration kann rechts unten, im Winkel zwischen Vorhofbogen und Leberschatten, ein kurzes Stück der *V. cava inferior* vor ihrem Eintritt in den rechten Vorhof sichtbar werden.

Der linke Rand des Herzschattens besitzt 4 Bögen:

- der erste (obere) Bogen entspricht der linken Begrenzung des *Arcus aortae* (A-Bogen oder Aortenknopf)
- der zweite, weniger prominente Bogen, entspricht dem *Truncus pulmonalis* und dem Anfang der linken *A. pulmonalis* (P-Bogen)
- der dritte Bogen, häufig nur schwer abgrenzbar, liegt in Höhe des 3. Rippenknorpels links und wird durch das **linke Herzohr** und den **linken Vorhof** verursacht (**2. und 3. Bogen** werden häufig auch als **Mittelbogen** zusammengefasst)
- der vierte (untere), nach links konvexe Bogen, wird vom linken Rand der linken Kammer gebildet. Die Einschnürung am oberen Rand des Ventrikelbogens wird auch als **Herztaille** bezeichnet.

Projektion der Herzostien (Herzklappen) auf die vordere Brustwand. Alle 4 Herzostien liegen in der **Ventilebene,** die annähernd senkrecht zur Herzachse steht und außen durch den *Sulcus coronarius* markiert wird. Da das Herz nach rechts geneigt und nach links gedreht ist, fällt die Ventilebene vom Sternalansatz der 3. Rippe links zum Sternalansatz der 5. Rippe rechts ab. In ihr sind die **Herzostien** so angeordnet, dass die arteriellen Ostien hintereinander und die Atrioventrikularklappen (AV-Klappen) fast nebeneinander liegen. Zudem gruppieren sich die Klappen nicht genau in einer Ebene, sondern sind in ihren Ausrichtungen gegeneinander versetzt. So nähert sich das linke *Ostium atrioventriculare* (*Valva mitralis:* Mitralklappe) einer Frontalstellung und liegt, auf die Brustwand projiziert, am Ansatz der linken 4. Rippe, das rechte *Ostium atrioventriculare* (*Valva tricuspidalis:* Trikuspidalklappe), dessen Stellung sich mehr der Medianebene nähert, hinter dem Sternum in Höhe der 5. Rippe rechts. Das *Ostium aortae* (*Valva aortae:* Aortenklappe) liegt in der Projektion hinter dem Sternum in Verlängerung des 3. Interkostalraumes, das *Ostium trunci pulmonalis* (*Valva trunci pulmonalis:* Pulmonalklappe) am Ansatz der linken 3. Rippe.

Auskultationsstellen der Herzklappen. Die Auskultationspunkte der Herzklappen entsprechen nicht der anatomischen Lage der Klappen, weil die Klappentöne (Herztöne) mit dem Blutstrom fortgeleitet werden (◘ Abb. 23.14). Die Auskultationspunkte beziehen sich deshalb auf die beste Schallübertragung in Richtung des Blutstromes. Die empirisch ermittelten Stellen für die Auskultation liegen somit in einiger Entfernung von den Klappen:

- Aortenklappe: parasternal im 2. Interkostalraum rechts
- Pulmonalklappe: parasternal im 2. Interkostalraum links

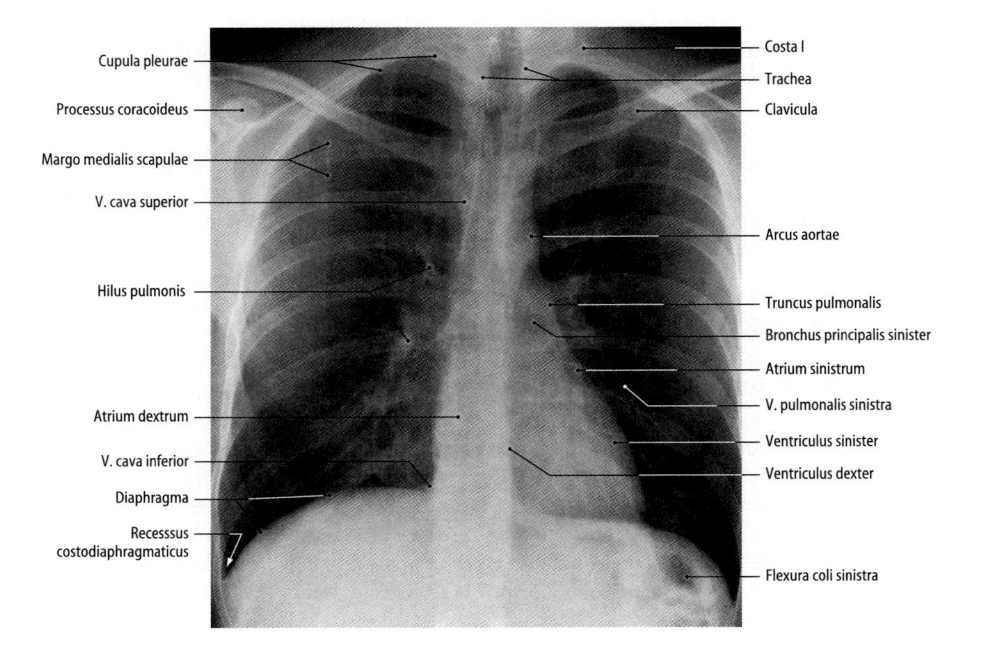

◘ **Abb. 23.13.** Röntgenaufnahme des Brustkorbes eines 35 Jahre alten Mannes im a.-p. Strahlengang. Beachte die randbildenden Abschnitte des Herzens [1]

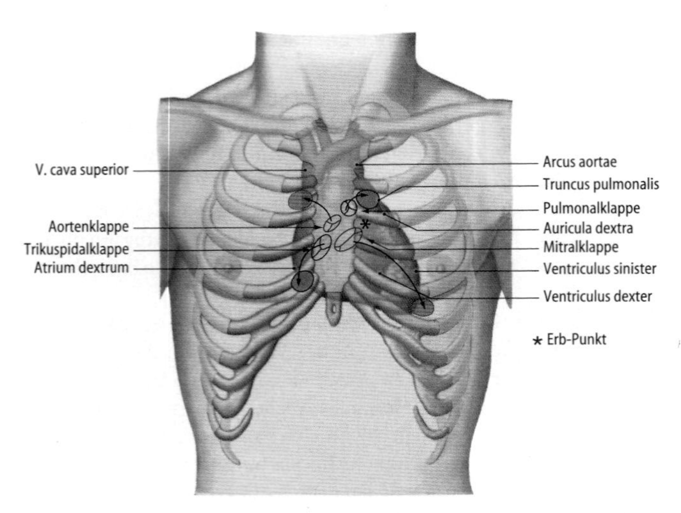

Abb. 23.14. Projektion der Herzklappen und ihrer Auskultationsstellen auf die vordere Brustwand [1]

- Mitralklappe (Bikuspidalklappe): in der Medioklavikularlinie im 5. Interkostalraum links, d.h. nahe der Herzspitze
- Trikuspidalklappe am unteren Ende des Corpus sterni in Höhe des 5. Interkostalraumes rechts.

Der **Erb-Punkt,** der auch als *Punctum quintum* bezeichnet wird, ist der zentrale Auskultationspunkt des Herzens im 3. Zwischenrippenraum links parasternal, an dem fast alle Geräuschphänomene wahrnehmbar sind, besonders die hochfrequenten Töne bei der Aorten- und Pulmonalisinsuffizienz.

23.7.2 Leitungsbahnen im Mediastinum

Die großen axialen Leitungsbahnen ziehen durch das obere und hintere Mediastinum, denen die Herzbasis aus dem mittleren Mediastinum zugewandt ist. Im oberen Mediastinum verlaufen die zum Herzen führenden und die vom Herzen ausgehenden Gefäße (▶ Kap. 6, Abb. 6.10), ferner die zum Herzen ziehenden Nerven. Das hintere Mediastinum enthält die großen Leitungsbahnen, die aus dem Thorax in den Bauchraum ziehen und jene, die in umgekehrter Richtung verlaufen. Sie geben im oberen und hinteren Mediastinum Äste an die Rumpfwand und an die dort untergebrachten Organe ab. Die großen zuführenden und abführenden Gefäße sind, entwicklungsgeschichtlich bedingt, an der Herzbasis zusammengedrängt und liegen zum größten Teil hinter dem Sternum. Am weitesten hinten und rechts liegt die V. cava superior, gefolgt von der Aorta. Der Truncus pulmonalis liegt am weitesten links und vorn.

23.8 Die großen Gefäße der Herzbasis

23.8.1 Obere Hohlvene (V. cava superior)

Die *V. cava superior,* die im oberen Mediastinum aus dem Zusammenfluss der *V. brachiocephalica dextra* und *sinistra* hinter dem ersten rechten Rippenknorpel entsteht, ist etwa 5–6 cm lang und in ihrem Verlauf im Recessus costomedialis von der vorderen Brustwand getrennt (Abb. 23.12). Sie verläuft nahezu senkrecht parallel zum rechten Sternalrand, von dem sie noch teilweise bedeckt wird, herzwärts und mündet in Höhe des 4. Interkostalraumes in den rechten Vorhof. Kurz vor ihrem Eintritt in die Perikardhöhle nimmt sie die von der hinteren Leibeswand kommende *V. azygos* auf. Der vordere Umfang der *V. cava superior* liegt hier intraperikardial, während der hintere Umfang frei von Perikard ist und an die *A. pulmonalis dextra* und die *V. pulmonalis superior dextra* grenzt. Zwischen der Pleura mediastinalis, die sich der *V. cava superior* dicht anlegt, und ihrer lateralen Wand steigt der *N. phrenicus* mit den *Vasa pericardiacophrenica* zum Zwerchfell hin ab.

23.8.2 Untere Hohlvene (V. cava inferior)

Die *V. cava inferior* ist oberhalb des Zwerchfells nur etwa 1 cm lang und mündet in den rechten Vorhof. Ihr Durchmesser beträgt in Höhe des Zwerchfells 30–35 mm.

23.8.3 Körperschlagader (Aorta)

An der Aorta werden 3 Abschnitte unterschieden:
- *Aorta ascendens* (aufsteigende Aorta)
- *Arcus aortae* (Aortenbogen)
- *Aorta descendens* (absteigende Aorta)

Die **Pars ascendens aortae** erscheint in der Ansicht von ventral suprakardial an der linken Seite der V. cava superior, rechts wird sie vom Truncus pulmonalis flankiert.Sie entspringt als Ausflussrohr des linken Ventrikels, steigt innerhalb des Herzbeutels in einem leicht nach rechts und vorn gerichteten Bogen bis zum rechten Sternalrand am Ansatz des 2. Rippenknorpels empor und geht hier im oberen Mediastinum hinter dem Sternum in den nahezu sagittal gestellten Aortenbogen (Arcus aortae) über. Der hirtenstabartige Arcus aortae tritt über die Bifurcatio trunci pulmonalis und über den linken Lungenstiel hinweg – der Arcus aortae »reitet auf dem Bronchus sinister« – und geht im hinteren Mediastinum an der linken Seite des 4. Brustwirbels in die Pars descendens aortae über, die nun als *Aorta thoracica* oder *Pars thoracica aortae* bezeichnet wird (Abb. 23.15). In ihrem zwerchfellwärts gerichteten Verlauf liegt sie zunächst links vom Ösophagus, weiter kaudal hinter ihm, so dass sie in Höhe des 12. Brustwirbels direkt vor der Wirbelsäule liegt und hier durch den Hiatus aorticus des Zwerchfells die Brusthöhle verlässt (▶ 23.13). Sie kreuzt also den Ösophagus (mittlere Ösophagusenge) und drängt ihn dabei immer weiter von der Wirbelsäule ab. Er wendet sich schließlich nach links zum Hiatus oesophageus, der ventral und links vom Hiatus aorticus liegt (▶ Kap. 10.3, Abb. 10.21).

Von der Konvexität des nahezu sagittal gestellten Arcus aortae entspringen die großen Gefäßstämme für Kopf, Hals und Arme. Rechts entspringen die Kopf- und Armschlagader, *A. carotis communis dextra* und *A. subclavia dextra*, aus einem kurzen, etwa 2–3 cm langen gemeinsamen Stamm, dem *Truncus brachiocephalicus,* der am weitesten ventral liegt. Es folgt der Ursprung der *A. carotis communis sinistra* und als letzter, nur in geringem Abstand voneinander, die *A. subclavia sinistra,* die in einem flachen Bogen zur Skalenuslücke hochsteigt. In etwa 10% der Fälle entspringt vom Aortenbogen eine *A. thyroidea ima*, die zur Schilddrüse emporsteigt und bei einem Luftröhrenschnitt beachtet werden muss.

Das untere Ende des Aortenbogens ist durch das derbe *Lig. arteriosum Botalli,* dem bindegewebigen Rudiment des embryonalen *Ductus arteriosus Botalli,* mit der *A. pulmonalis sinistra* verbunden (▶ Kap. 6.5.3).

Die *Pars thoracica aortae* gibt in ihrem Verlauf im hinteren Mediastinum aus ihrem dorsalen Umfang folgende Äste ab: *Aa. inter-*

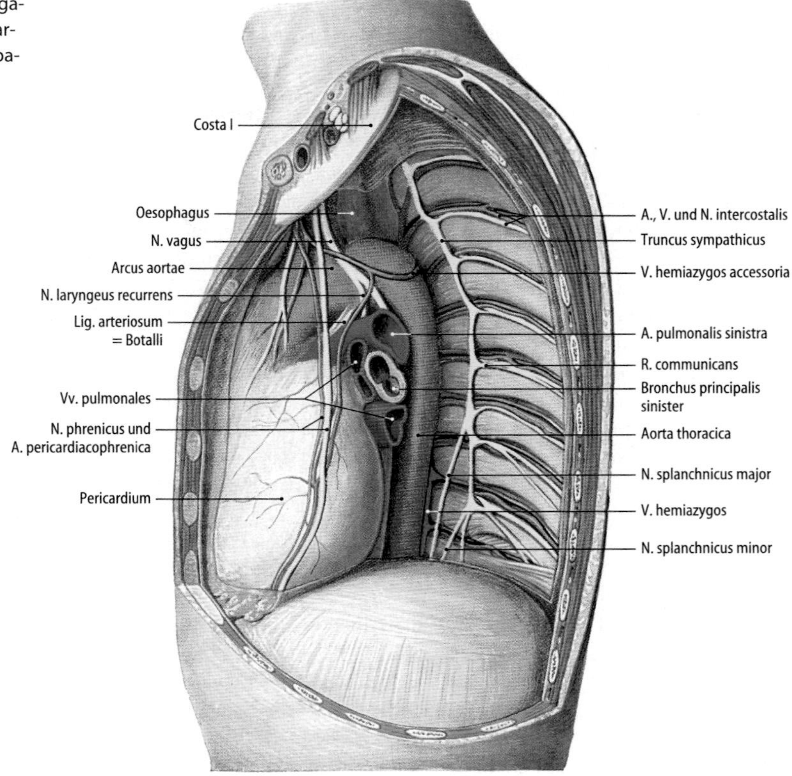

Abb. 23.15. Leitungsbahnen der inneren Brustwand und Organe des Mediastinum, linke Seite, Ansicht von links lateral. Zur Darstellung der Organe und der leitungsbahnen wurde die Pleura parietalis entfernt [1]

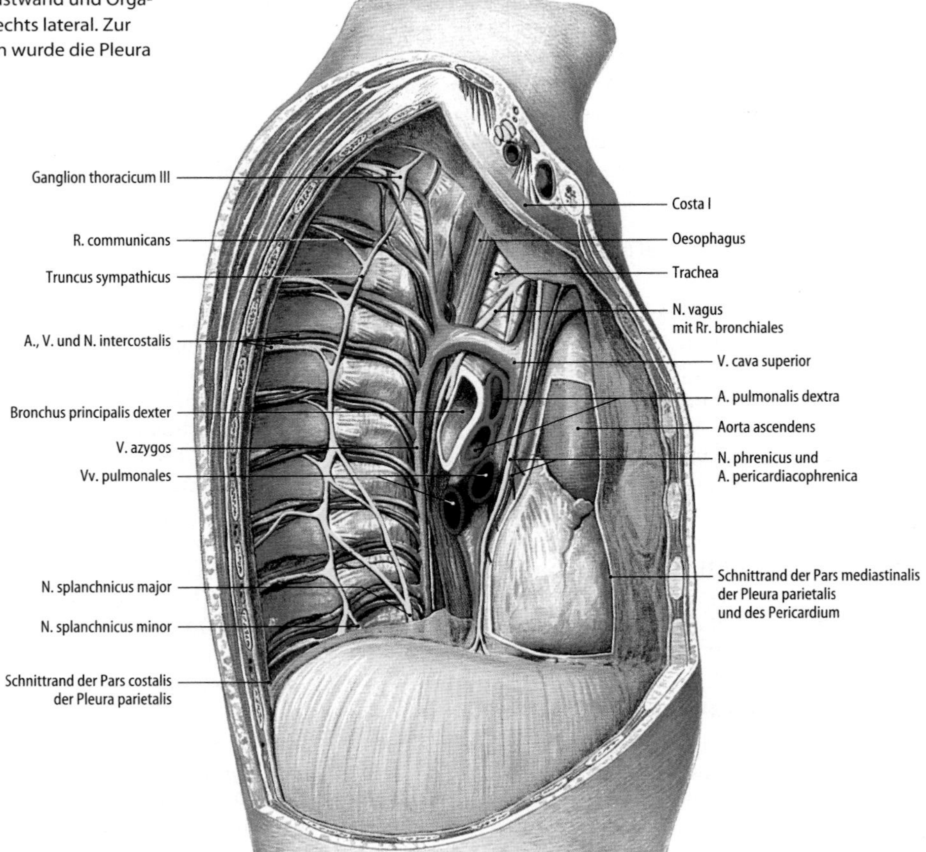

Abb. 23.16. Leitungsbahnen der inneren Brustwand und Organe des Mediastinum, rechte Seite, Ansicht von rechts lateral. Zur Darstellung der Organe und der Leitungsbahnen wurde die Pleura parietalis entfernt [1]

costales posteriores III–XI für die entsprechenden Interkostalräume (■ Abb. 23.4), *Rr. bronchiales* (die Vasa privata der Lungen), *Rr. oesophageales, Rr. mediastinales* für das hintere Mediastinum, *Rr. pericardiaci* für den Herzbeutel und *Aa. phrenicae superiores* für die obere Zwerchfellfläche.

Der *N. vagus*, zwischen *A. subclavia* und *V. brachiocephalica* gelegen, gelangt durch die *Apertura thoracis superior* in das obere Mediastinum. Auf der linken Seite zieht er an der linken Seite des Aortenbogens vorbei und gibt hier den *N. laryngeus recurrens* ab, der um den Aortenbogen und das *Lig. arteriosum* herum nach hinten oben in das *Spatium viscerale colli* zurückläuft (■ Abb. 23.11 und 23.15). Auf der rechten Seite umschlingt er den Truncus brachiocephalicus und läuft zwischen Luft- und Speiseröhre aufwärts (■ Abb. 23.16). Die Nn. vagi beider Seiten gelangen schließlich, hinter dem jeweiligen Hauptbronchus, in das hintere Mediastinum und schließen sich hier in Höhe des 7. Brustwirbels dem Ösophagus als *Plexus oesophagealis* an. Aus ihm gehen der *Truncus vagalis anterior* und der *Truncus vagalis posterior* hervor, die mit der Speiseröhre durch den *Hiatus oesophageus* in den Bauchraum gelangen.

Der *N. phrenicus* zieht vor dem Lungenhilus zwischen Pleura mediastinalis und Perikard zum Zwerchfell, rechts längs der lateralen Wand der oberen Hohlvene und rechtem Vorhof (■ Abb. 23.16), links über die Aorta und hinter der Herzspitze über die linke Kammer hinweg (■ Abb. 23.15). Mit seinen sensiblen Endästen, *Rr. phrenicoabdominales*, erreicht er rechts durch das *Foramen venae cavae*, links durch den Hiatus oesophageus das Peritoneum des Oberbauches.

23.13 Aortenisthmusstenose

Im Bereich der Aorta thoracica, in unmittelbarer Nähe zum Lig. arteriosum Botalli, können umschriebene Engen auftreten, die als **Aortenisthmusstenose** bezeichnet werden. Entsprechend der topographischen Beziehung zum Lig. arteriosum unterscheidet man eine prä- und eine postduktale Form. Die Verengerung der Aorta führt zu einer Drucksteigerung im oberen Körperkreislauf und zu einer Belastung des linken Ventrikels, was zu einer frühen **Linksherzdekompensation** führen kann. Es kommt außerdem zur Ausbildung von Kollateralkreisläufen, u.a. über die Aa. thoracicae (mammariae) internae und die Aa. intercostales, was die Ausbildung von Rippenusuren zur Folge haben kann.

23.8.4 Lungenarterienstamm (Truncus pulmonalis)

Der *Truncus pulmonalis* liegt zunächst innerhalb des Herzbeutels ventral und links von der Aorta ascendens, windet sich um ihren linken Umfang und gabelt sich außerhalb des Herzbeutels in Höhe des 2. Interkostalraumes, unterhalb der Bifurcatio tracheae, in die *A. pulmonalis dextra* und *sinistra* (■ Abb. 23.11). Die Teilungsstelle überragt den Sternalrand nach links und wird vom Pleurasack und der linken Lunge überlagert. Die *A. pulmonalis sinistra* ist kurz, sie verläuft über den Bronchus sinister und erreicht den linken Lungenhilus. Die längere *A. pulmonalis dextra* verläuft bogenförmig um die Aorta ascendens herum zum rechten Lungenhilus.

23.9 Suprakardiale Organe

23.9.1 Thymus (Bries)

Der zweilappige *Thymus* liegt zwischen Sternum, Trachea und Vv. brachiocephalicae im Mediastinum superius. Bei Kindern und Jugendlichen erreichen die beiden Thymuslappen den Herzbeutel, nach oben setzen sie sich gelegentlich über den Rand des Manubrium sterni bis zur Schilddrüse fort *(Pars cervicalis)*. Die *Pars thoracica* reicht seitlich bis an die Schlüsselbeingelenke, unten bis in Höhe des 4. oder 5. Interkostalraumes. Beide Thymuslappen stoßen in der Mittellinie dicht aneinander und werden zu beiden Seiten von der Pleura mediastinalis begrenzt. Ihre vorderen Ränder weichen hier auseinander und lassen das Thymusdreieck frei. Die Rückbildung des Thymus (Altersinvolution) führt zur Entwicklung des retrosternalen Fettkörpers, *Corpus adiposum retrosternale*, der nur noch den oberen Teil des Mediastinum superior im Thymusdreieck hinter dem Manubrium sterni einnimmt.

23.14 Klinische Hinweise

Der Thymus kann auch hinter den Vv. brachiocephalicae liegen und eine Venenstauung verursachen.

Bei **Thymustumoren** machen sich Verdrängungserscheinungen in Form einer venösen Einflussstauung oder von Atemstörungen durch die Einengung der Trachea (Asthma thymicum) bemerkbar.

23.9.2 Luftröhre (Trachea)

Die *Trachea* kann erst nach Entfernung des Herzens in ihrer gesamten Ausdehnung überblickt werden. Es werden ein Halsabschnitt, *Pars cervicalis* (6. Hals- bis 1. Thorakalwirbel), und ein Brustabschnitt, *Pars thoracica* (1.–4. Brustwirbel) unterschieden. Die *Pars thoracica* beginnt am oberen Sternalrand und endet mit ihrer Aufteilung, der *Bifurcatio tracheae,* die sich hinten auf den 4. Brustwirbel (Höhe der Linea interscapularis), vorn auf den Sternalansatz der 3. Rippe projiziert. Im Mediastinum superius verläuft die Trachea mit zunehmenden Abstand von der vorderen Brustwand nicht exakt in der Medianebene, sondern leicht nach rechts verzogen, da die Aorta den Platz links neben der Speiseröhre einnimmt. Der Aortenbogen umschlingt dabei den linken Hauptbronchus und ruft die *Impressio aortica* hervor, die bei der Tracheobronchoskopie sichtbar ist. Oben legen sich auf die Trachea die beiden *Vv. brachiocephalicae* und gelegentlich eine *V. thyroidea ima*, die Bifurcatio wird dagegen ventral vom *Truncus brachiocephalicus* gekreuzt, der dann an ihrer rechten Seitenwand emporsteigt. An der linken Seite der Trachea verläuft die *A. carotis communis sinistra*, hinter ihr der *N. laryngeus recurrens sinister* in einer Rinne zwischen Trachea und Ösophagus.

Der **rechte Hauptbronchus** erscheint als die direkte Verlängerung der Trachea, er verläuft steiler und ist dicker und kürzer als der linke Hauptbronchus.

Entlang der Trachea und im Bereich der Bifurcatio tracheae liegen tracheobronchiale, retro- und paratracheale Lymphknoten, regionäre Filterstationen für Lunge und Herz. Sie stehen mit den **bronchomediastinalen Lymphknoten** (»Hilusdrüsen«) in Verbindung. Die **paratrachealen Lymphknoten** drainieren über den rechten und linken *Truncus bronchomediastinalis* in den rechten und linken Venenwinkel, die unteren über Lymphbahnen im *Lig. pulmonale* zum Zwerchfell und kreuzen zum Teil im Mediastinum zur Gegenseite.

23.15 Klinische Hinweise

Eine **Vergrößerung** der entlang der Trachea liegenden **Lymphknoten** kann durch die enge Nachbarschaft zum Ösophagus Schluckbeschwerden verursachen.

Die **paratrachealen Lymphknoten** stellen einen wichtigen Metastasierungsweg beim Bronchialkarzinom dar, bei dem das Auftreten von **Rekurrens-** oder **Phrenikusschädigungen** als Zeichen einer breiten Metastasierung gilt (Inoperabilität).

▼

Beim **Neugeborenen** und beim **Kleinkind** liegt die **Bifurcatio tracheae** wesentlich höher als beim Erwachsenen, was bei einer Intubationsnarkose berücksichtigt werden muss.

Da der **Bronchus dexter** weitlumiger ist, steiler steht und damit die Verlaufsrichtung der Trachea fortsetzt, gelangen aspirierte Fremdkörper häufiger in den rechten als in den linken Hauptbronchus. Auch **Bronchopneumonien** treten in der rechten Lunge häufiger auf.

23.10 Organe des Mediastinum posterius

Speiseröhre (Ösophagus)

Am Ösophagus unterscheidet man eine *Pars cervicalis*, eine *Pars thoracica* und eine *Pars abdominalis oesophagi*. Der etwa 25 cm lange Ösophagus beginnt in Höhe des 6. Halswirbels und damit in Höhe des unteren Randes des Ringknorpels und endet mit dem Übergang in die Cardia des Magens in Höhe des 12. Brustwirbelkörpers (◻ Abb. 23.7, 23.11 und 23.16). In ihrem Verlauf beschreibt die Speiseröhre Krümmungen bzw. Ausbiegungen in sagittaler und frontaler Richtung. Die **Pars cervicalis** ist kurz, sie legt sich mit ihrer Hinterwand der Wirbelsäule an und grenzt mit ihrer Vorderwand an die Trachea. Die **Pars thoracica** verläuft bis in Höhe des 3. (4.) Brustwirbelkörpers direkt vor der Wirbelsäule, unterhalb davon entfernt sie sich von ihr, am meisten oberhalb des Zwerchfells (etwa 1,5–2 cm). In Höhe des 3. (4.) Brustwirbelkörpers wendet sie sich zunächst nach links und spannt sich dann im hinteren unteren Mediastinum in einem flachen Bogen um die vor ihr liegenden Organe Herz und Luftröhre.

In dieser Höhe entsteht zwischen Aorta und Ösophagus eine »schwache Stelle« im Mediastinum, an der sich die beiden mediastinalen Pleurablätter berühren. In Höhe des 4. Brustwirbelkörpers tritt die Speiseröhre zwischen die Bifurcatio tracheae und den Aortenbogen, der ihr von links dorsal her eine im Röntgenbild deutlich sichtbare Delle eindrückt; dann zieht sie hinter dem linken Hauptbronchus vorbei weiter abwärts und berührt als *Pars retropericardiaca*, durch den Herzbeutel getrennt, den linken Vorhof des Herzens. Kurz vor dem Zwerchfell biegt der Brustteil der Speiseröhre schräg nach links über die Aorta und durchquert in Höhe des 11.–12. Brustwirbels den *Hiatus oesophageus* des Zwerchfells. Der Hiatus oesophageus liegt dorsal vom *Centrum tendineum* links der Medianebene und vor dem *Hiatus aorticus*. Er wird ausschließlich vom muskulären Teil der *Pars medialis* des *Crus dextrum* der *Pars lumbalis diaphragmatis* gebildet, in wenigen Fällen beteiligt sich das Crus mediale sinistrum an seiner Begrenzung. Der Hiatus oesophageus bildet einen Kanal, der von rechts oben hinten nach links unten vorn zieht. Er hat eine kurze Vorderwand (2 cm) und eine längere Hinterwand (bis 4 cm). Im Hiatus ist die Pars thoracica durch eine ringförmige und stark dehnbare Membran, die *Membrana phrenicooesophagealis* (Laimer-Membran), die aus der thorakalen und abdominalen Zwerchfellfaszie entsteht, verschiebbar mit dem Zwerchfell verbunden, d.h. der Ösophagus ist hier frei verschiebbar, aber ohne Spaltraum in den Hiatus eingebaut.

Ösophagusengen

Im Verlauf der Speiseröhre gibt es 3 Engen (▶ Kap. 10.3, ◻ Tab. 10.12 und ◻ Abb. 10.21).

- **Obere Ösophagusenge (Ösophagusmund)** hinter der *Cartilago cricoidea* des Kehlkopfs. Sie wird durch den oberen Rand ihrer Ringmuskulatur und das dort vorhandene Venenpolster hervorgerufen.
- **Mittlere Ösophagusenge (Aortenenge)** in Höhe des 4. Brustwirbels an der Stelle, an der die Aorta descendens von links dorsal und der **linke Hauptbronchus** von ventral die Speiseröhre zwischen sich fassen.
- **Untere Ösophagusenge** am Durchtritt des Ösophagus durch das Zwerchfell, etwa 3 cm von der Cardia des Magens entfernt, bedingt durch die Kontraktion der Ringmuskulatur und durch einen ausgedehnten **Venenplexus** der Ösophagusschleimhaut. Hier kann man röntgenologisch den sog. **epikardialen Stopp** des Kontrastbreies beobachten.

23.16 Klinische Hinweise

Die enge Nachbarschaft der Pars thoracica oesophagi zur Pleura mediastinalis dextra erklärt das leichte Übergreifen von Erkrankungen der Speiseröhre auf die Pleura und die rechte Lunge.

Weitere klinische Hinweise ▶ Kap. 10.3, 10.24, 10.27, 10.28 und 34.

23.11 Organe und Strukturen der prävertebralen Region

23.11.1 Längsvenen des Brustkorbes (V. azygos und V. hemiazygos)

Von der *V. azygos* und der *V. hemiazygos* werden die segmentalen Venen des Rumpfes und die Geflechte der Wirbelsäule aufgenommen. Beide Venen entstehen schon unter dem Zwerchfell aus der Vereinigung der *Vv. lumbales ascendentes dextra et sinistra* mit den *Vv. subcostales dextra et sinistra* (◻ Abb. 23.4 und 23.16).

Die **V. azygos** tritt durch die *Pars lumbalis diaphragmatis* und läuft auf der rechten Seite der Wirbelsäule dorsal oder lateral vom Ösophagus und dicht an der rechten Seite des Ductus thoracicus kranialwärts. Dabei wird sie von Pleura bedeckt. In Höhe des 4.–5. Brustwirbels krümmt sie sich über den N. vagus dexter und den Bronchus dexter hinweg, um in die V. cava superior kurz vor deren Eintritt in den Herzbeutel von hinten her einzumünden. Auf ihrem Verlauf nimmt sie folgende Venen auf: Vv. intercostales dextrae 4–11, V. subcostalis dextra, V. intercostalis superior dextra, V. bronchialis dextra, Vv. oesophageae und die Vv. mediastinales.

Die **V. hemiazygos** ist variabler und von kleinerem Kaliber. Sie steigt nach ihrem Durchtritt durch das Zwerchfell links zwischen der Wirbelsäule und der Aorta descendens empor. In Höhe des 8. (9.) Brustwirbels biegt sie in schräger Richtung hinter Aorta, Ösophagus und Ductus thoracicus nach rechts hinüber zur Mündung in die V. azygos. Meist bildet sich aus den oberen Interkostalvenen noch eine *V. hemiazygos accessoria*, die entweder vor dem 7. Brustwirbel selbständig in die V. azygos mündet oder sich mit der V. hemiazygos verbindet, so dass dann alle linken Interkostalvenen in einen Längsstamm münden.

Da die **Vv. lumbales** einerseits mit der unteren **Hohlvene**, andererseits mit der **V. azygos** in Verbindung stehen, ergibt sich an der dorsalen Rumpfwand ein **venöser Kollateralkreislauf** zur Umgehung der V. cava inferior, der imstande ist, sie zu ersetzen.

Das System der Brustwandvenen anastomosiert nach dorsal auch mit den venösen Geflechten der Wirbelkörper und des Wirbelkanals *(Plexus venosus vertebralis internus* und *externus)*. Die Wirbelgeflechte entleeren sich größtenteils über das **Azygossystem** in die obere Hohlvene, andererseits aber auch über die *Vv. vertebrales* und *Vv. lumbales* in die V. cava inferior.

23.17 Venöse Umgehungskreisläufe (Kollateralkreisläufe)

Bei einem Verschluss oder einer Kompression der V. cava inferior, z.B. bei Hepatopathien, bei einer Vena-cava-inferior-Thrombose, aber auch bei Schwangerschaften, stellen die vertebralen Venenplexus einen wichtigen Umgehungsweg dar: **kavokavale Anastomosen.**

▼

Andererseits stellen die Vv. lumbales ascendentes, die V. azygos und die V. hemiazygos zusammen mit den inneren und äußeren venösen Geflechten der Wirbelsäule eine wichtige Verbindung zwischen V. cava inferior und V. cava superior her, die bei Abflussbehinderung einer der beiden Hohlvenen einen Kollateralkreislauf ermöglicht, sog. **interkavale Anastomosen.**

23.11.2 Milchbrustgang (Ductus thoracicus)

Der Ductus thoracicus sammelt als unpaarer Hauptlymphstamm des Körpers die Lymphe der unteren Körperhälfte, der Brustorgane und des linken Armes (◘ Abb. 23.17). Er beginnt mit der *Cisterna chyli,* die im Hiatus aorticus des Zwerchfells auf dem 1. oder 2. Lendenwirbelkörper liegt und durch den Zusammenfluss der beiden *Trunci (Ductus) lumbales dexter et sinister* und dem unpaaren *Truncus (Ductus) intestinalis* entsteht. Der *Truncus intestinalis,* der die gesamte Lymphe aus den Baucheingeweiden ableitet, kann auch in den *Truncus lumbalis sinister* münden. Der Ductus thoracicus verläuft in der *Regio praevertebralis* des Mediastinum posterior, meistens zwischen Aorta descendens und V. azygos und hinter dem Ösophagus bis etwa in Höhe des 5. Thorakalwirbels, von wo er dann nach links abbiegt, bogenförmig über die linke Pleurakuppel hinweg zieht, um über der *A. subclavia sinistra* an die laterale Seite der *V. jugularis interna* zu gelangen und von oben hinten her vor der *V. vertebralis* in den Venenwinkel (Vereinigung der rechten V. jugularis interna mit der rechten V. subclavia) einzumünden. Hier nimmt er noch den *Truncus jugularis* mit der Lymphe des Kopfes, den *Truncus subclavius* mit der Lymphe des linken Armes und den *Truncus bronchomediastinalis sinister* mit der Lymphe von Brustwand und Teilen der Brustorgane auf.

Der *Ductus lymphaticus (thoracicus) dexter* mündet in ähnlicher Weise wie der Milchbrustgang als kurzer, etwa 1–2 cm langer Stamm in den rechten Venenwinkel. In ihm fließt die Lymphe des rechten Armes durch den *Truncus subclavius dexter,* aus der rechten Seite des Kopfes und Halses durch den *Truncus jugularis dexter,* und aus der rechten Lunge, dem Herzen und der rechten Brustwand durch den *Ductus bronchomediastinalis dexter.*

23.11.3 Grenzstrang (Truncus sympathicus)

Der Grenzstrang, *Truncus sympathicus,* erstreckt sich von der Halswirbelsäule bis zum Os coccygis (◘ Abb. 23.15 und 23.16 und ► Kap. 18). Dementsprechend unterscheidet man eine *Pars cervicalis,* eine *Pars thoracica,* eine *Pars lumbalis* und eine *Pars sacralis trunci sympathici.* Die *Pars thoracica* zieht beiderseits der Wirbelsäule hinter der Pleura costalis und vor den *Vasa intercostalia* senkrecht abwärts und bildet in jedem Segment ein auf den Rippenköpfchen gelegenes Ganglion, das jeweils von der *Fascia endothoracica* bedeckt ist. Das erste Brustganglion ist meist mit dem unteren Halsganglion zum mächtigen *Ganglion cervicothoracicum (stellatum)* (etwa 2 cm lang) verschmolzen. Es liegt über der Pleurakuppel hinter der *A. subclavia* in Höhe des Abgangs der *A. vertebralis.* Die 11 (bis 12) Brustganglien, *Ganglia thoracica,* sind durch *Rr. interganglionares* verbunden. Zu den Interkostalnerven werden jeweils 2–3 *Rr. communicantes* abgegeben. Medial zweigen vom Grenzstrang die *Nn. splanchnici* ab. Der *N. splanchnicus major* bezieht seine Wurzeln aus den Grenzstrangganglien der Segmente Th6–9, der *N. splanchnicus minor* aus Th10–11. Beide durchsetzen die Pars lumbalis des Zwerchfells, der N. splanchnicus major durch das Crus mediale, der N. splanchnicus minor meist zwischen medialen und lateralen Schenkel. Auf diesem Weg erreichen sie die *Ganglia coeliaca* im Bauchraum und bilden hier den *Plexus coeliacus (solaris).* Aus dem Ganglion cervicothoracicum und den Brustganglien 2–4 gehen die *Nn. cardiaci thoracici* für das Herz und die *Rr. pulmonales thoracici* für die Lungen hervor.

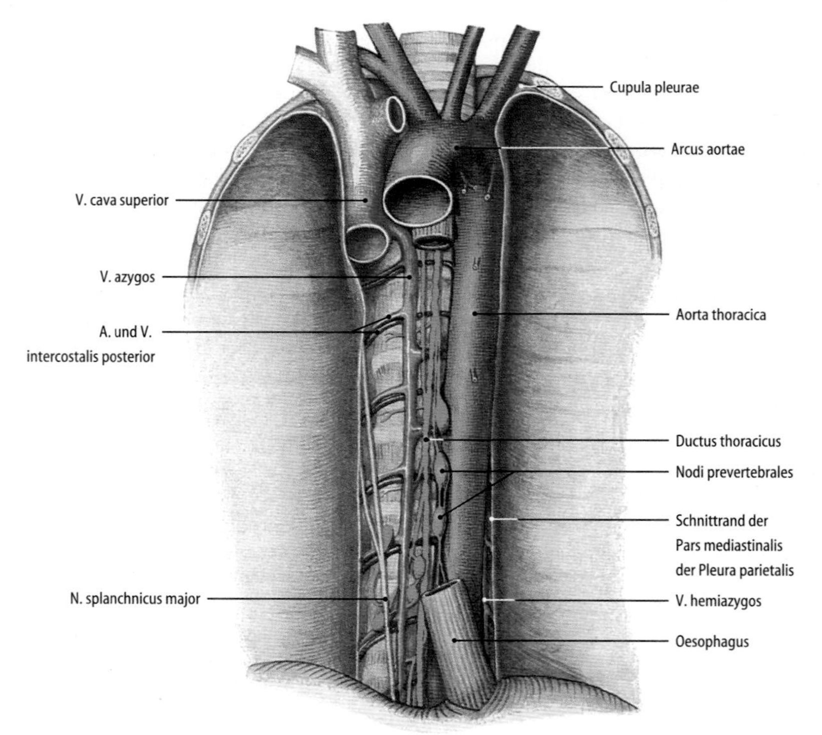

◘ Abb. 23.17. Organe des hinteren Mediastinum, Ansicht von vorn. Zur Demonstration des Verlaufes des Ductus thoracicus wurde ein Teil des Ösophagus reseziert [1]

23.18 Klinische Hinweise

Metastasen eines fortgeschrittenen Bronchialkarzinoms können auch den Grenzstrang erreichen und ein **Horner-Syndrom** (Trias: Miosis, enge Lidspalte und Enophthalmus) hervorrufen.

Ganglioneurome des Grenzstranges sind meistens benigne Ganglienzelltumore, die vorwiegend im unteren Abschnitt des thorakalen Grenzstranges vorkommen und infiltrierend in das untere Mediastinum wachsen.

23.12 Zwerchfell (Diaphragma)

 Einführung

Das kuppelförmige Zwerchfell bildet gleichzeitig den Boden der Brusthöhle und das Dach der Bauchhöhle.

Das Zwerchfell (■ Abb. 4.78) wird brusthöhlenwärts von der *Pleura diaphragmatica* und vom *Pericardium*, bauchhöhlenwärts vom *Peritoneum parietale* bedeckt. Im Bereich des *Centrum tendium* fehlt der Serosaüberzug, da die Zwerchfellsehnenplatte brustwärts mit dem Herzbeutel (Herzsattel), bauchwärts mit der Leber verwachsen ist.

Form und Lage. Form und Lage des Zwerchfells sind von der Atmung abhängig und demzufolge ändert sich seine Projektion auf die Thoraxwand und die Wirbelsäule. Die rechte Zwerchfellkuppel liegt normalerweise einen Interkostalraum höher als die linke (■ Tafel VII, VIII).

Bei maximaler Exspiration im aufrechten Stand projizieren sich die Zwerchfellkuppeln auf die vordere Thoraxwand rechts in den 4., links in den 5. Interkostalraum. Die dorsale Projektion erreicht rechts den 8., links den 9. Brustwirbelkörper. Bei tiefer Inspiration schneidet die rechte Zwerchfellkuppel in der Projektion den Oberrand der 6. Rippe, häufig auch die 7. Rippe, jeweils im Bereich der Knochen-Knorpel-Grenze. Die dorsale Projektion schneidet rechts den 8., links den 9. Brustwirbelkörper. Der Herzsattel des Centrum tendineum liegt in Höhe des 10. Brustwirbels. In Rückenlage steht das Diaphragma insgesamt etwas höher als im aufrechten Stand.

Das **Centrum tendineum** hat in der Aufsicht in etwa die Form eines V, dessen Schenkel allerdings unterschiedlich lang sind. Im rechten V-Schenkel liegt das *Foramen venae cavae*, eine querovale und in der Sehnenplatte fest verspannte Öffnung für den Durchtritt der V. cava inferior und der *Rr. phrenicoabdominales* des *N. phrenicus dexter.* Das Foramen venae cavae projiziert sich auf den 8. Brustwirbelkörper.

Der *Hiatus oesophageus* liegt in der Pars lumbalis des Zwerchfells, überwiegend von Muskelfasern der Pars medialis des Crus dextrum umgeben. Er dient dem Durchtritt des Ösophagus, der Trunci vagales und der Rr. phrenicoabdominales des *N. phrenicus sinister*. Der Hiatus oesophageus projiziert sich auf den 12. Brustwirbelkörper.

Der *Hiatus aorticus*, die Zwerchfellöffnung für den Durchtritt der Pars descendens aortae und des Ductus thoracicus (Cisterna chyli), liegt zwischen den Partes mediales des Crus dextrum et sinistrum in Höhe des 1. Lendenwirbelkörpers.

In der *Pars intermedia* der Pars lumbalis (unbenannter Spalt) verlässt der *N. splanchnicus major*, rechts mit der V. azygos, links mit der V. hemiazygos, den Thorax.

Zwischen der *Pars intermedia* und der *Pars lateralis* der Pars lumbalis (unbenannter Spalt) verlaufen auf beiden Seiten der *Truncus sympathicus* und der *N. splanchnicus minor.* Die Höhe entspricht dem 2. Lendenwirbelkörper.

Gefäßversorgung. *Aa. pericardiacophrenica und musculophrenica* (Äste der A. thoracica (mammaria) interna), *Aa. phrenicae superiores* aus der Aorta descendens zur Pars lumbalis. Die abdominale Fläche des Zwerchfells wird von der *A. phrenica inferior* versorgt. Sie geht im Hiatus aorticus aus der Bauchaorta hervor. Der venöse Abfluss erfolgt von den Begleitvenen der genannten Arterien.

Lymphabfluss. Lymphbahnen zu Lymphknoten hinter dem Processus xiphoideus und der Knorpel-Knochen-Grenze der 7. Rippe – *Nodi lymphatici phrenici superiores*, zu *Nodi lymphatici pericardiales laterales* zwischen Perikard und Pleura mediastinalis, zu *Nodi lymphatici parasternales* längs der *Vasa thoracia (mammaria) interna*, zu *Nodi lymphatici mediastinales posteriores* im hinteren Mediastinum.

Innervation. *N. phrenicus* des Plexus cervicalis aus den Segmenten C3, C4, mit Anteilen aus C5. Seine sensiblen Fasern innervieren den Herzbeutel, die Pleura mediastinalis, das Peritoneum unter dem Zwerchfell, den Peritonealüberzug von Leber, Gallenblase und Pankreas und Teile des Peritoneum der vorderen Bauchwand.

23.19 Loci minoris resistentiae des Zwerchfells

Schwachstellen (Loci minoris resistentiae) des Zwerchfells sind muskelfreie Spalten und Lücken, in denen Pleura und Peritoneum eng benachbart liegen, so dass krankhafte Prozesse leicht von einem in den anderen Raum überwandern können.

 **23.20 Hernien**

Parasternale Hernien entwickeln sich durch das Trigonum sternocostale hindurch (rechts nach **Morgagni**, links nach **Larrey** benannt). Da links Perikard und Herz die Schwachstelle besser abdichten, ist die **Morgagni-Hernie** rechts etwa 10-mal häufiger. Sie kann großes Netz, Dickdarm, Dünndarm oder Magen beinhalten. Kleine Hernien bleiben meist symptomarm (lokale Schmerzen und Hustenreiz wegen Irritationen des N. phrenicus und der Pleura). Große Hernien zeigen pulmonale (Dyspnoe, Pneumonie) und gastrointestinale Symptome (Obstipation, Inkarzeration).

Lumbokostale Hernien (Bochdalek-Hernien) liegen zwischen Pars lumbalis und Pars costalis (sog. Bochdalek-Dreieck) der Niere unter dem Zwerchfell unmittelbar benachbart. Sie kommen links häufiger vor, weil die Leber das rechtsseitige Trigonum lumbocostale abdeckt. Als Inhalt werden Dickdarm, Dünndarm oder Magen gefunden, oft nur peritoneales Fettgewebe. Die Bochdalek-Hernie kann lange Zeit klinisch stumm verlaufen. Die lumbokostale Zwerchfellhernie ist mit 95% der häufigste angeborene Zwerchfelldefekt.

Hiatushernien ► Kap. 10.3, ► 10.27.

24 Bauchhöhle und Becken

W. Kühnel

24.1 Bauch (Abdomen)

24.1.1 Definitionen und Einleitung

Als Bauch, *Abdomen,* wird der zwischen Brustkorb und Becken eingeschaltete Rumpfabschnitt bezeichnet, der oben vom Rippenbogen, unten von der *Crista iliaca* und vom *Sulcus inguinalis* begrenzt wird. **Bauchhöhle,** *Cavitas abdominalis,* wird der Raum genannt, der nach Entfernen aller Bauch- und Beckenorgane übrig bleibt.

Seine Grenzen sind:

- **kranial:** das in die *Cavitas thoracis* kuppelförmig hinein ragende Zwerchfell
- **ventrolateral:** die vordere und seitliche Bauchwand
- **dorsal:** die Lendenwirbelsäule, das Kreuzbein und die hinteren Bauchwandmuskeln
- **kaudal:** die Hüftbeine mit ihren Muskeln und der Beckenboden

Die Cavitas abdominalis setzt sich kaudal in die Beckenhöhle, *Cavitas pelvis,* fort, die unter topographischen und klinischen Gesichtspunkten in das große Becken, *Pelvis major,* und in das kleine Becken, *Pelvis minor,* unterteilt wird. Die Grenze zwischen beiden ist die schräg stehende Beckeneingangsebene, *Apertura pelvis superior,* anatomisch begrenzt durch die *Linea terminalis.* Der unter dieser Ebene gelegene Raum ist das kleine Becken, *Pelvis minor.*

Die **Cavitas abdominalis** wird in 2 Bereiche gegliedert:

- In die vom wandständigen Blatt des Bauchfells, *Peritoneum parietale,* ausgekleidete seröse **Bauchfellhöhle,** *Cavitas peritonealis,* mit den intraperitonealen und sekundär retroperitonealen Organen.
- In den hinter der Bauchfellhöhle liegenden **Retroperitonealraum,** *Spatium retroperitoneale,* der die primär retroperitonealen Organe enthält.

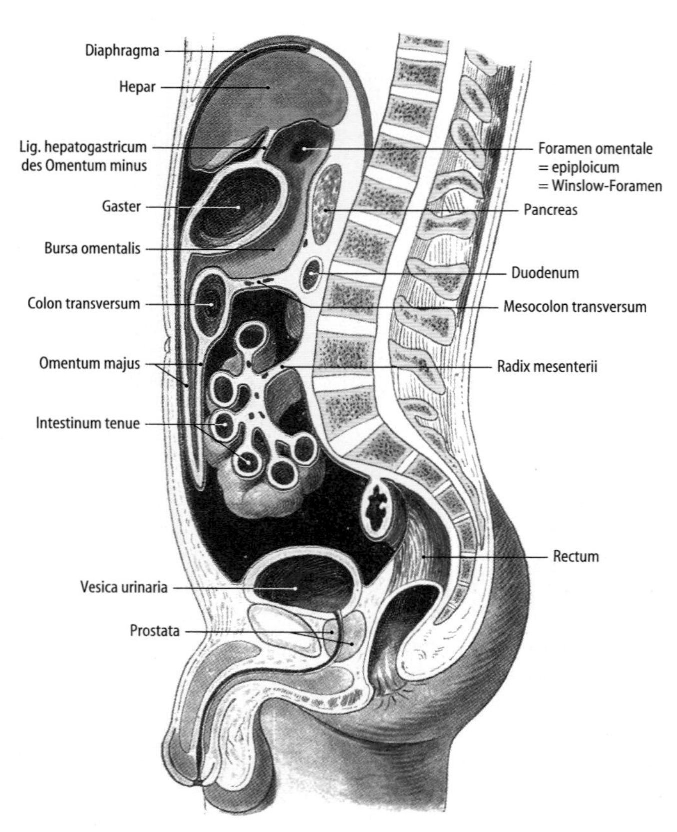

Abb. 24.1. Mediansagittalschnitt durch den Rumpf, Ansicht der rechten Schnittfläche. Peritoneum parietale und Peritoneum viscerale sind rot umrandet [1]

Die **Cavitas peritonealis** wird in einzelne Stockwerke gegliedert:

- *Pars supracolica:* oberhalb des *Colon transversum* und des *Mesocolon transversum* gelegenen Oberbauchsitus (»Drüsenbauch«) mit den Oberbauchorganen
- *Pars infracolica:* unterhalb des Colon transversum bis zur Beckeneingangsebene reichenden Unterbauchsitus (»Darmbauch«) mit den Unterbauchorganen
- *Pars pelvina:* mit den Beckenorganen.

24.1.2 Peritoneum parietale und Peritoneum viscerale

Die Bauchfellhöhle wird vom *Peritoneum parietale* ausgekleidet, die Organe der Bauchhöhle sind vom *Peritoneum viscerale* überzogen. Verbindungen der beiden Peritonealblätter sind Peritonealduplikaturen, die als Gekröse (Mesenterien oder »Mesos«) und Aufhängebänder *(Ligamenta)* bezeichnet werden. Zwischen den Peritonealduplikaturen verlaufen die Gefäße und Nerven zu den Organen (Abb. 24.1).

24.1 Klinische Hinweise

Die Stockwerke der Cavitas peritonealis stehen untereinander in Verbindung. Infektionen an einer Stelle können sich daher über die gesamte Peritonealhöhle ausbreiten und zu einer Bauchfellentzündung **(Peritonitis)** führen. Eine vermehrte Flüssigkeitsansammlung in der freien Bauchhöhle wird **Aszites** (Wassersucht) genannt.

Verfahren zur Diagnostik sind:

- **Pneumoperitoneum:** Nach Einblasen von Luft in die Bauchhöhle können die Bauchorgane mit Hilfe der Bauchfellspiegelung **(Laparoskopie)** inspiziert werden.
- **Pelviskopie:** Die Beckenspiegelung ist eine Sonderform der Laparoskopie.
- **Retropneumoperitoneum:** Das Spatium retroperitoneale wird mit Luft gefüllt.

Nach chirurgischen Eingriffen muss das parietale Bauchfell dicht vernäht werden, um Keimeinschleppungen zu vermeiden.

24.1.3 Eröffnete Bauchhöhle

Nach Eröffnung der Bauchhöhle fällt der Blick auf das Querkolon, *Colon transversum,* das mit dem *Mesocolon transversum* bei regelhafter Lage in Höhe des 1. bis 2. Ledenwirbels den Peritonealsitus in den genannten **Oberbauch-** und **Unterbauchsitus** unterteilt. Der Unterbauchsitus wird weitgehend vom großen Netz, *Omentum majus,* bedeckt, das sich vom Querkolon her fast über das ganze Dünndarmkonvolut ausbreitet (Abb. 24.2). Nicht bedeckt sind in dieser Abbildung einige Jejunumschlingen (links) und einige Ileumschlingen (rechts). Vom Dickdarm haben nur der Blinddarm, *Caecum* (rechts) und das *Colon descendens* (links) Kontakt mit der vorderen Bauchwand. Der Teil des *Omentum majus* zwischen großer Kurvatur des Magens und Querkolon ist das *Lig. gastrocolicum* (Abb. 24.9), die Fortsetzung des großen Netzes nach links bis zum Milzhilus das *Lig. gastrosplenicum (lienale)* (Abb. 24.10). Von den Organen des Oberbauches überragt der untere Rand des rechten Leberlappens, *Lobus dexter hepatis,* und die Kuppe der Gallenblase, *Fundus vesicae biliaris (felleae),* den rechten Rippenbogen. Der kleinere linke Leber-

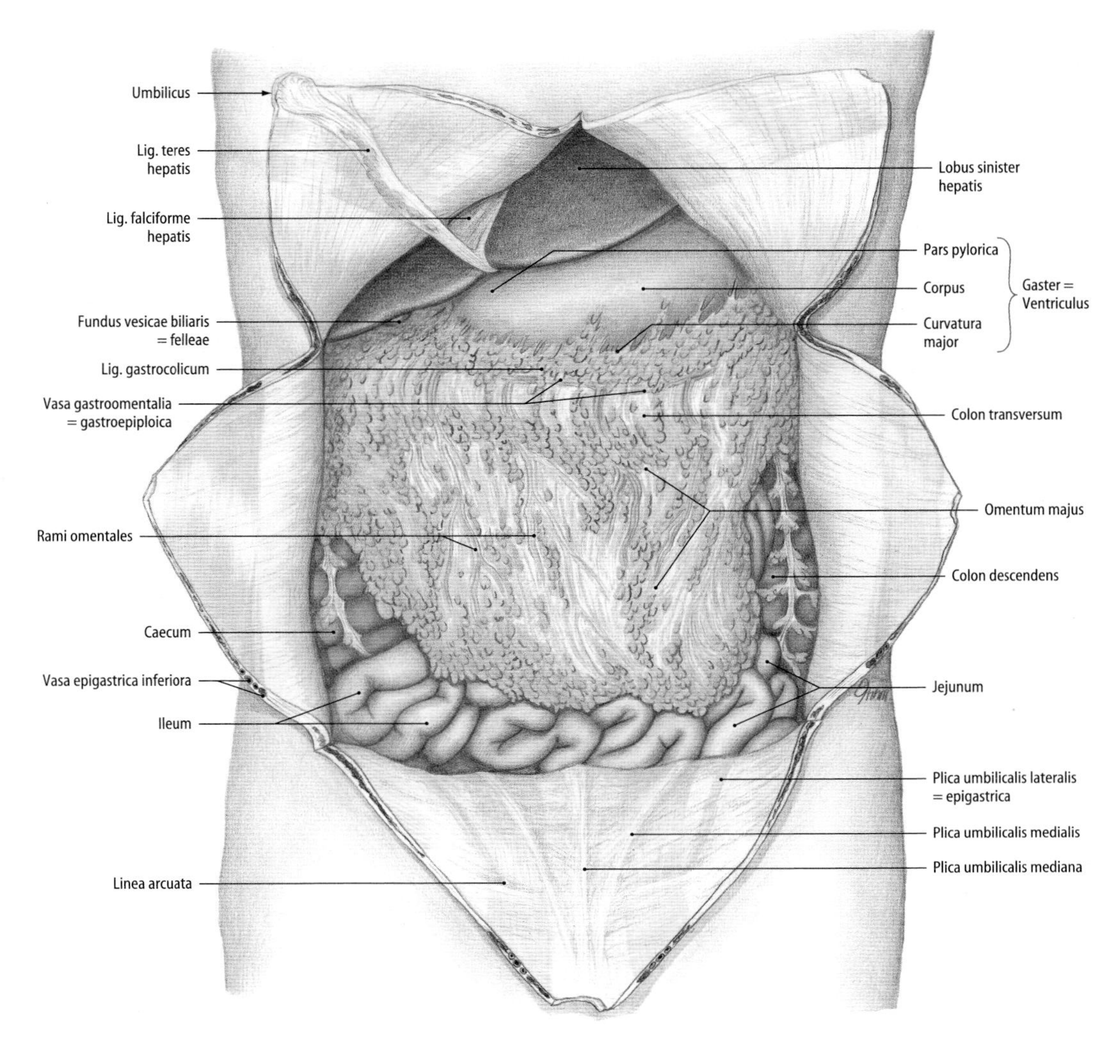

Abb. 24.2. Baucheingeweide, Ansicht von vorn [1]

lappen, *Lobus sinister hepatis,* durchzieht die *Regio epigastrica* und reicht bis in die linke *Regio hypochondriaca.* Unterhalb des linken Leberlappens ist ein Teil der vorderen Magenfläche, *Pars pylorica* und *Corpus gastricus,* sichtbar. Der Oberbauchsitus füllt den Bauchraum bis zur Zwerchfellkuppel (Ebene des 9. Brustwirbels) aus und ist damit weitgehend vom Brustkorb umschlossen.

Schlägt man das große Netz und das Querkolon nach oben und verlagert das Dünndarmkonvolut nach rechts, wodurch die *Flexura duodenojejunalis* zur Ansicht kommt, blickt man auf die **dorsale Peritonealhöhlenwand** (Abb. 24.3). Die *Flexura duodenojejunalis* (Treitz-Flexur) in Höhe des 1. bis 2. Lendenwirbels links der Wirbelsäule wird von Bauchfellfalten, den *Plicae duodenales superior, inferior* und *paraduodenalis,* umgeben, die wiederum kleine Bauchfelltaschen, *Recessus duodenalis superior, inferior* und *paraduodenalis* umgrenzen.

In der rechten Darmbeingrube auf dem *M. iliacus* liegt der Blinddarm, *Caecum,* mit dem Wurmfortsatz, *Appendix vermiformis,* der eine *Mesoappendix (Mesenteriolum)* besitzt.

In Abb. 24.3 ist das *Colon ascendens* und der Anfangsteil des *Colon transversum* durch die nach rechts verlagerten Dünndarmschlingen verdeckt. Sichtbar ist der linke Abschnitt des *Colon transversum,* der nach links bis zur Milz aufsteigt und mit der *Flexura coli sinistra* in das *Colon descendens* übergeht. Es setzt sich in der linken Darmbeingrube in das *Colon sigmoideum* fort, das schließlich mit dem *Mesocolon sigmoideum* in einer Schleife über die *Linea terminalis* hinweg ins kleine Becken zieht. Vor dem 2.oder 3. Kreuzbeinwirbel geht das Sigmoid in den Enddarm, *Rectum,* über.

24.1.4 Oberbauchsitus (Pars supracolica)

Leber (Hepar)

Die Leber (Abb. 24.4) liegt in der *Regio hypochondriaca dextra* und in der *Regio epigastrica.* Ein kleiner Abschnitt des linken Leberlappens ragt in die *Regio hypochondriaca sinistra* hinein. Zwischen den beiden Rippenbögen liegt im *Angulus infrasternalis (Regio epigastrica)* der linke Leberlappen in einem dreieckigen Feld, dem **Leberfeld** oberhalb des **Magenfeldes,** der vorderen Bauchwand an.

Zwerchfellfläche (Facies diaphragmatica)

Die Leber legt sich oben, vorn und rechts mit ihrer *Facies diaphragmatica* dem Zwerchfell und dem Rippenbogen an und gelangt dadurch mit dem *Recessus costodiaphragmaticus* in unmittelbare nachbarschaftliche Beziehung. Erst im Bereich der 9.–11. Rippe liegt sie ventral außerhalb des Pleurafeldes. Dorsal berührt sie die hintere Leibeswand und die ihr hier im Retroperitonealraum anliegenden

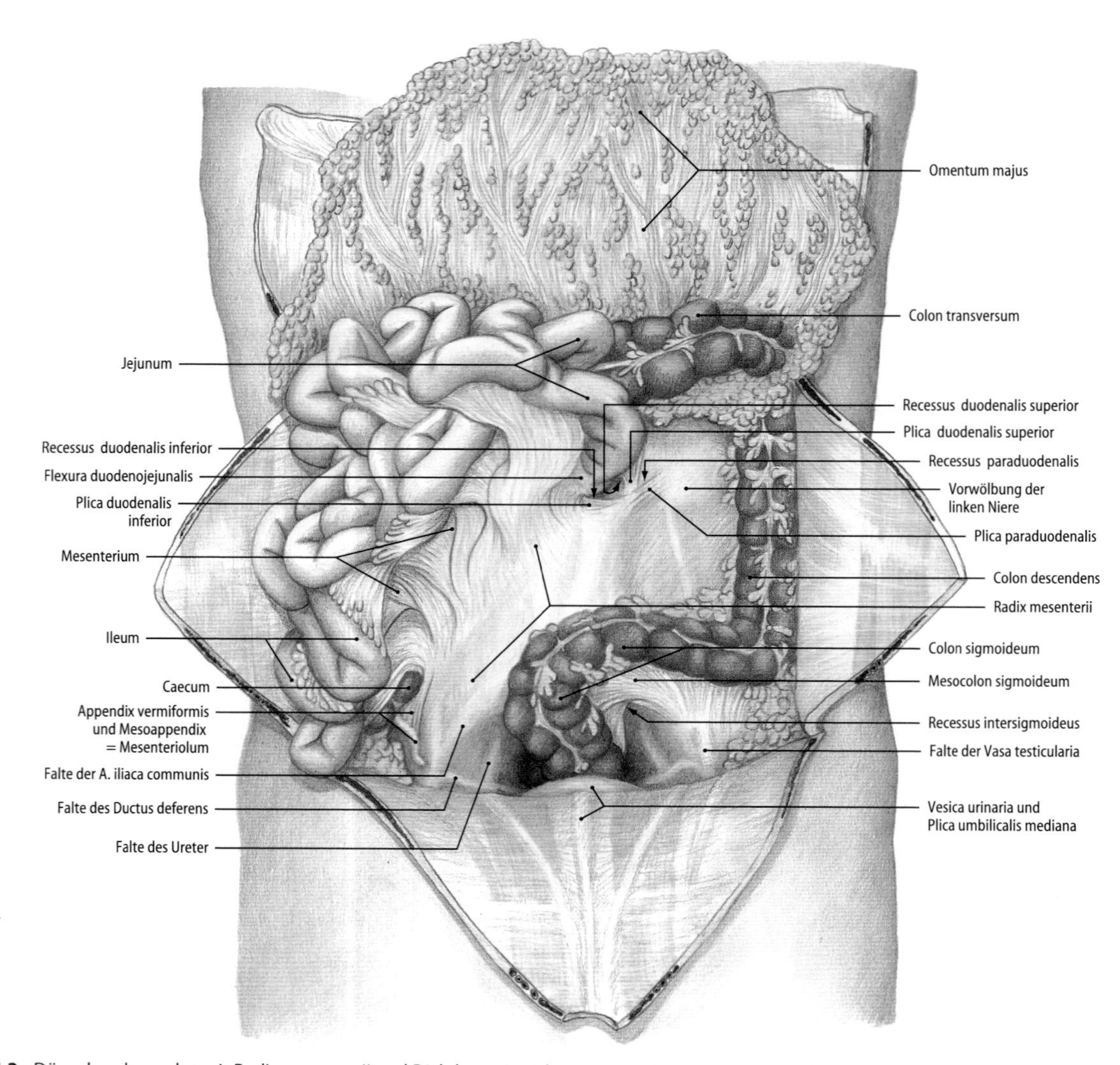

Abb. 24.3. Dünndarmkonvolut mit Radix mesenterii und Dickdarm, Ansicht von vorn. Omentum majus und Colon transversum sind nach oben, der Dünndarm mit seinem Mesenterium nach rechts seitlich verlagert [1]

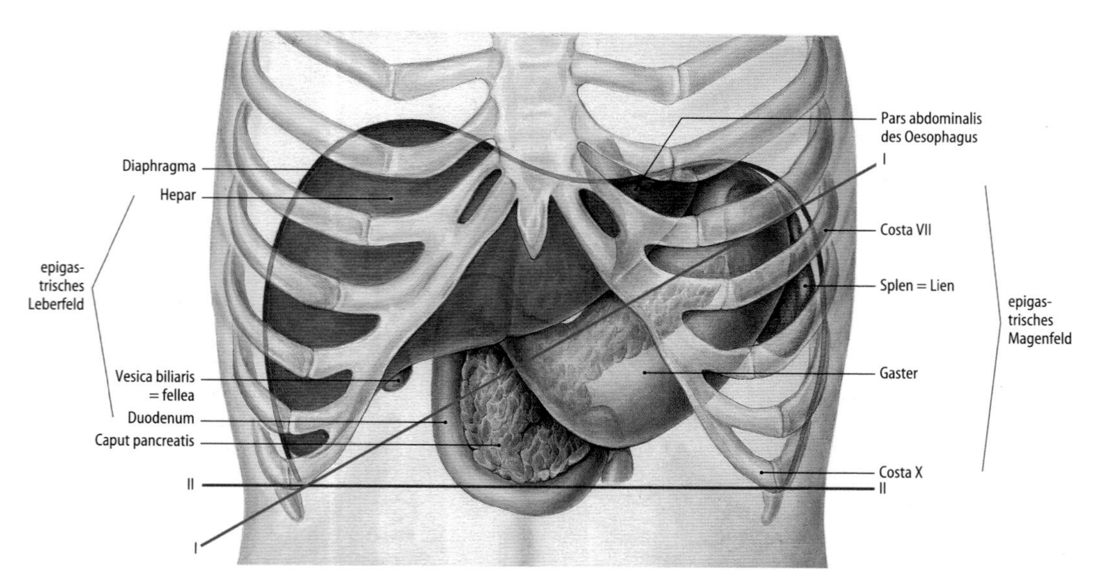

Abb. 24.4. Lage der Oberbauchorgane und ihre Projektion auf die vordere Leibeswand. Begrenzung des epigastrischen Leberfeldes: oben Zwerchfell; unten: Verbindungslinie I zwischen Unterrand der rechten 10. Rippe und der Vereinigung von 7. und 8. Rippenknorpel. Begrenzung des epigastrischen Magenfeldes oben: Verbindungslinie I; unten: Verbindungslinie II zwischen Unterrändern der linken und der rechten 10. Rippe [1]

Organe Nebenniere und Niere. Auf der Vorderseite, *Pars anterior,* unterteilt das sagittal gestellte *Lig. falciforme hepatis* die Leber oberflächlich in einen rechten und einen linken Leberlappen (◘ Abb. 24.9). Das *Lig. falciforme hepatis,* das in seinem Unterrand die obliterierte Nabelvene als *Lig. teres hepatis* enthält, zieht an der vorderen Bauchwand abwärts bis zum Nabelring. Mit dem scharfen Unterrand, *Margoinferior,* geht die *Facies diaphragmatica* in die nach hinten ansteigende Eingeweidefläche, *Facies viceralis,* über. In der Medioklavikularlinie schneidet der *Margo inferor* mit dem Rippenbogen ab. Rechts vom *Lig. falciforme hepatis* überragt der Gallenblasenfundus den *Margo inferior.*

Eingeweidefläche (Facies visceralis)

An der Facies visceralis lagern Gallenblase und untere Hohlvene im *Sulcus venae cavae* der Leber an, wodurch die *Fissura sagittalis dextra* entsteht. Die *Fissura sagittalis sinistra* wird von *der Fissura ligamenti teretis* und der *Fissura ligamenti venosi* gebildet.

In der Mitte dieser Fissuren verläuft eine quere Verbindungsfurche, welche die Leberpforte, *Porta hepatis,* bildet. Sie enthält in regelhafter Anordnung die *V. portae,* die *A. hepatica properia* und die *Ductus hepatici,* die gemeinsam mit vegetativen Nerven und Lymphgefäßen den Leberstiel bilden.

Die Facies visceralis, die mit Ausnahme der Porta hepatis vollständig von Peritoneum überzogen ist, deckt die kleine Kurvatur und einen Teil der ventrokranialen Fläche des Magens, einen Teil der Pars superior und descendens duodeni, die Flexura coli dextra, den kranialen Teil der rechten Niere und der rechten Nebenniere ab. Die benachbarten Organe hinterlassen auf der Facies visceralis Eindrücke, *Impressiones,* die auch als Berührungsfelder bezeichnet werden.

Berührungsfelder der Leber (◘ Abb. 24.5, 24.6, 24.7):

- *Impressio cardiaca:* Herzsattel des Zwerchfells
- *Area nuda (affixa):* dreieckiges Verwachsungsfeld mit dem Zwerchfell
- *Impressio oesophagealis: Pars abdominalis oesophagi* auf dem linken Leberlappen, links von der *Fissura sagittalis sinistra*
- *Impressio vertebralis:* Wirbelsäule und Zwerchfellschenkel
- *Impressio suprarenalis:* rechte Nebenniere auf dem rechten Leberlappen nahe der *V. cava inferior*
- *Impressio renalis:* rechte Niere auf dem rechten Leberlappen
- *Impressio colica: Flexura coli dextra* und Beginn des Quercolon auf dem rechten Leberlappen, rechts von der Gallenblase. (Bei der Leiche ist diese Stelle der Colonwand häufig durch Galle verfärbt.)

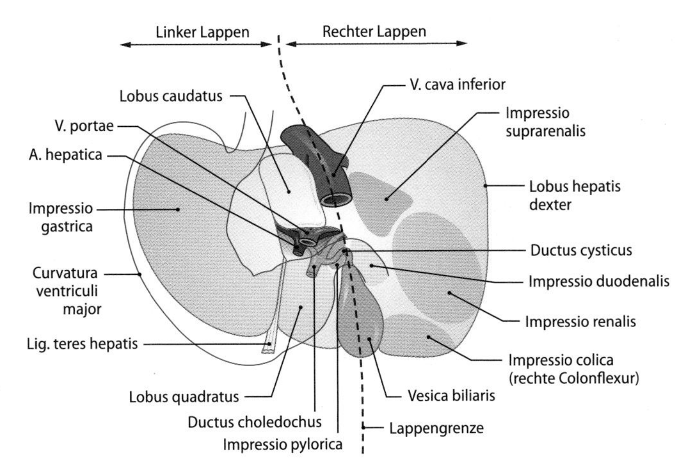

◘ **Abb. 24.5.** Eingeweidefläche der Leber (Facies visceralis); sie ist den Organen des Oberbauches zugekehrt

- *Impressio gastrica:* Magen, schließt an die *Impressio oesophagealis* auf dem linken Leberlappen an
- *Impressio duodenalis:* Zwölffingerdarm auf dem rechten Leberlappen zwischen der Impressio renalis und der Impressio colica unmittelbar neben der Gallenblase. (An der Leiche ist die Wand des Duodenum an dieser Stelle häufig durch Galle verfärbt.)
- *Tuber omentale hepatis:* sanfte Erhebung des linken Leberlappens zwischen Porta hepatis und Impressio gastrica
- *Crista colicorenalis:* stumpfe Querleiste zwischen Impressio renalis und Impressio colica

Furchen (Fissuren) und **Bauchfellduplikaturen (Bänder)** der Leber (◘ Abb. 24.6 und 24.7):

- *Incisura ligamenti teretis:* tiefe Kerbe am Margo inferior hepatis, Beginn der *Fissura ligamenti teretis,* eine sagittal gestellte Furche zwischen *Lobus sinister* und *Lobus quadratus hepatis* zur Leberpforte, setzt sich nach dorsal fort in die *Fissura ligamenti venosi, die* zwischen Lobus sinister und Lobus caudatus hepatis liegt.
- *Lig. teres hepatis:* ist aus der obliterierten Nabelvene entstanden und gelangt an der *Incisura ligamenti teretis* an die Unterfläche der Leber.
- *Lig. venosum* (Arantius Band): liegt in der *Fissura ligamenti venosi* und enthält den dünnen Rest des obliterierten *Ductus venosus.*
- *Lig. falciforme hepatis:* eine zwischen der Mittellinie der vorderen Bauchwand und der Lebervorderfläche ausgespannte Bauchfellduplikatur, markiert auf der *Facies diaphragmatica* die Grenze zwischen rechten und linken Leberlappen. Das Lig. falciforme ist

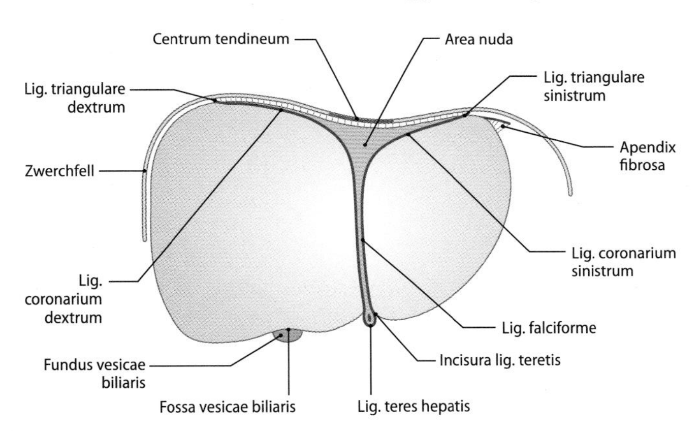

◘ **Abb. 24.6.** Bänder der Leber von ventral

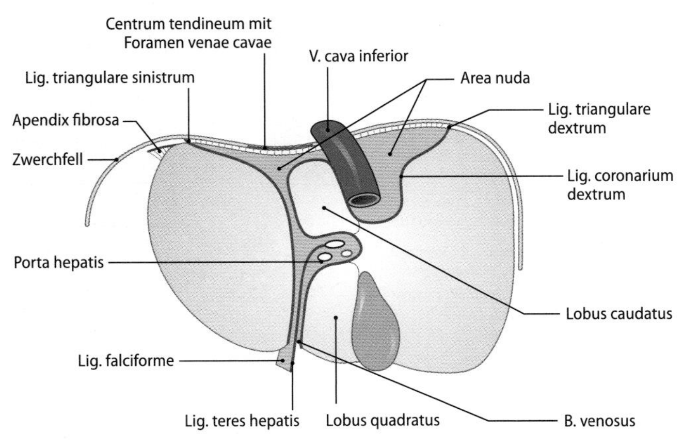

◘ **Abb. 24.7.** Bänder der Leber von dorsal

der vordere Abschnitt des ehemaligen *Mesogastrium ventrale*, reicht bis zum Nabel und enthält in seinem freien Rand das Lig. teres hepatis.
- *Lig. coronarium:* markiert auf der Zwerchfellfläche die Umschlagstellen des viszeralen auf das parietale Peritoneum. Es umrahmt die *Area nuda (affixa)* und läuft nach rechts in das *Lig. triangulare dextrum*, nach links in das *Lig triangulare sinistrum* aus, das mit der bindegewebigen *Pars fibrosa hepatis* endet. Nach vorn laufen beide Schenkel des *Lig. coronarium* zum Lig. falciforme hepatis zusammen.
- *Lig. hepatorenale:* dorsale Lamelle des Lig. coronarium, verbindet die Leber mit dem oberen Pol der rechten Niere und Nebenniere.
- *Lig. hepatoduodenale:* ventrales Gekröse des Zwölffingerdarms, verbindet die *Pars superior duodeni* mit der Leberpforte (■ Abb. 24.9).
- *Lig. hepatogastricum:* ventrales Gekröse des Magens, verbindet die Leberpforte mit der kleinen Kurvatur und stellt das kleine Netz, *Omentum minus*, im engeren Sinne dar (■ Abb. 24.9).
- *Lig. hepatocolicum*: inkonstante Fortsetzung und Verklebung des *Lig. hepatoduodenale* mit dem *Colon transversum*.

Leberpforte (Porta hepatis)

Die Leberpforte (■ Abb. 24.8) liegt zwischen Lobus quadratus und Lobus caudatus hepatis. Der Lobus quadratus liegt präportal zwischen Lig. teres hepatis und Gallenblase, der Lobus caudatus postportal zwischen V. cava inferior und Lig. venosum.

In der Leberpforte haben die Leitungsbahnen eine gesetzmäßige Anordnung und Lage. Am weitesten dorsal tritt die Pfortader mit ihrem *R. dexter* und *R. sinister* in die Leber ein, ventral davon ist die *A. hepatica propria* lokalisiert. Unmittelbar davor vereinigen sich die beiden *Ductus hepatici* zum *Ductus hepaticus communis*, der dann distal von der Einmündung des *Ductus cysticus* als *Ductus choledochus* bezeichnet wird. Die Lebervenen, *Vv. hepaticae*, münden im Bereich der *Pars affixa* der Leber direkt in die untere Hohlvene, *V. cava inferior*.

Gemeinsame Leberarterie (Arteria hepatica communis)

Die *A. hepatica communis* verläuft am oberen Rand des Pankreas fast horizontal nach rechts und teilt sich oberhalb des Pylorus in die *A. hepatica propria* und in die *A. gastroduodenalis* (■ Abb. 24.8 und 24.11). An der Teilungsstelle biegt die *A. hepatica propria* scharf gegen die *Porta hepatis* um und gelangt hier in das *Lig. hepatoduodenale* des kleinen Netzes, in dem sie am linken medialen Rand der *V. portae* zur Leberpforte, *Porta hepatis*, verläuft. Vor der Porta hepatis teilt sie sich in einen *R. dexter* und *sinister*.

Lymphgefäße der Leber

Ein intrahepatisches Lymphgefäßnetz drainiert in Lymphkollektoren, die mit den Ästen der *V. portae* und der *A. hepatica propria* zu *Nodi lymphatici coeliaci* und *paraaortales* ziehen. Ein subseröses, oberflächliches Lymphgefäßsystem drainiert in retrosternale und vordere mediastinale Lymphknoten.

Nerven der Leber

Die Leber erhält ihre Innervation über den *Plexus hepaticus*. Die postganglionären **sympathischen Fasern** ziehen mit der A. hepatica propria zur Leber, **die parasympathischen Fasern** zweigen vom *Truncus vagalis anterior* und *posterior* ab und gelangen als *Rr. hepatici* über das Lig. heptogastricum zur Porta hepatis. **Sensible Fasern** aus der Leberkapsel und dem Peritoneum der Leber ziehen im Plexus

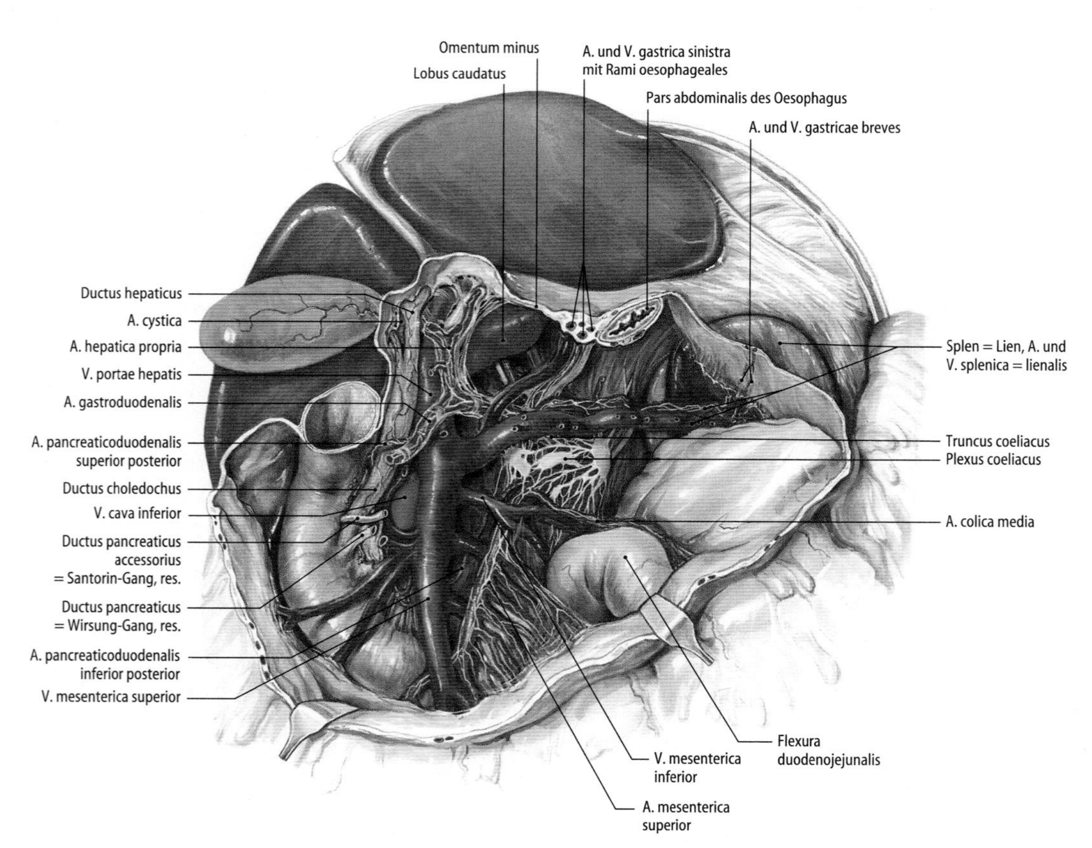

■ **Abb. 24.8.** Strukturen der Leberpforte und Blick auf die Wurzelvenen der V. portae nach Entnahme von Magen, Omentum minus, Pankreas und dorsaler Wand der Bursa omentalis. Das Lig. gastrocolicum ist durchgetrennt. Das Colon transversum mit dem gesamten Omentum majus ist nach kaudal gedrängt [1]

hepaticus zum rechten *N. phrenicus*. Über sie wird der Kapselschmerz in die rechte Schulter projiziert.

Pfortader (Vena portae hepatis)

Die Pfortader führt das Blut aus dem Versorgungsgebiet des *Truncus coeliacus*, der *A. mesenterica superior* und der *A. mesenterica inferior* der Leber zu (◻ Abb. 24.8 und 24.11).

Der 5–8 cm lange **Pfortaderstamm** entsteht hinter dem Pankreaskopf, etwa in Höhe des 2. Lendenwirbels, und zieht hinter der Pars superior duodeni zum Lig. hepatoduodenale. In diesem Leitband liegt sie am weitesten dorsal, links von ihr verläuft die A. hepatica propria, rechts von ihr der Ductus choledochus. Auf dieser Verlaufsstrecke nimmt sie folgende Venen auf:

- *V. coronaria ventriculi* von der kleinen Kurvatur des Magens
- *V. praepylorica* aus der ventralen Pylorusregion
- *V. cystica* von der Gallenblase

In der **Porta hepatis** teilt sich die Pfortader in einen *R. dexter* und in einen *R. sinister*.

Die *V. gastrica sinistra* stellt an der *Cardia* des Magens durch ihre Anastomosen mit den *Vv. oesophageales* die Verbindung zwischen dem **Pfortadergebiet** und den *Vv. azygos und hemiazygos* und damit zur **oberen Hohlvene** her.

Die 3 großen **Wurzelvenen** der Pfortader (◻ Abb. 24.8) sind:

- *V. mesenterica superior* (obere Gekrösevene). Sie zieht in der *Radixmesenterii* kranialwärts über die Pars horizontalis inferior duodeni hinweg, tritt rechts von der A. mesenterica superior durch die *Incisura pancreatis* und gelangt damit hinter den Pankreaskopf, um sich hier mit der *V. splenica (lienalis)* zu verbinden. Ihre Äste sind:
  - *Vv. jejunales* und *Vv. ileales*
  - *V. gastroomentalis (gastroepiploica) sinistra* von der großen Kurvatur des Magens
  - *Vv. pancreaticae*
  - *Vv. pancreaticoduodenales* aus dem Grenzgebiet von Duodenum und Pankreaskopf
  - *V. iliocolica* aus der Ileozäkalregion. Ihr fließt die *V. appendicularis* vom Wurmfortsatz zu
  - *V. colica dextra* vom Colon ascendens
  - *V. colica media* vom Colon transversum.
- *V. mesenterica inferior* (untere Gekrösevene). Sie geht als *V. rectalis superior* aus dem *Plexus venosus rectalis* hervor. Sie steigt links von der *A. mesenterica inferior* auf dem linken *M. psoas* gegen die Flexura duodenojejunalis aufwärts und verbindet sich hinter dem Pankreaskopf mit der Milzvene oder mit der oberen Gekrösevene. Ihre Zuflüsse sind:
  - *Vv. sigmoideae*
  - *Vv. colicae sinistrae* vom Colon descendens

  Die V. mesenterica inferior steht durch die *V. rectalis superior* aus dem *Plexus venosus rectalis*, der mit den *Vv. rectales mediae* und *inferiores* anastomosiert, mit dem Cavasystem in Verbindung.
- *V. splenica (lienalis)*,die sich aus 5–6 Wurzeln am Milzhilus bildet, verläuft an der Hinterfläche des Pankreas in einer Rinne unterhalb der A. splenica (lienalis) und vereinigt sich mit der oberen Gekrösevene. In ihrer Anfangsstrecke erhält die Milzvene Zuflüsse von:
  - *Vv. gastricae breves* vom Magenfundus über das Lig. gastrosplenicum (gastrolienale)
  - *Vv. pancreaticae* aus der Bauchspeicheldrüse
  - *V. gastroomentalis (epiploica) sinistra* von der großen Kurvatur des Magens über das Lig. gastrosplenicum (gastrolienale).

Portokavale Anastomosen

Portokavale Anastomosen sind **Verbindungen** der **Pfortaderzuflüsse** mit dem Einzugsgebiet von *V. cava superior* und *V. cava inferior*. Das Einzugsgebiet der **Pfortader grenzt** an folgenden Stellen an das **Hohlvenensystem:**

- **Ösophagus:** Das Pfortaderblut fließt bei Behinderung des Blutabstroms in der Pfortader ab über die *Vv. gastrica dextra* und *sinistra* und über die *Vv. gastricae breves* zum *Plexus venosus oesophagei* des unteren Ösophagusabschnittes und von hier über die *Vv. azygos* und *hemiazygos* in die V. cava superior.
- **Rectum:** Das Pfortaderblut gelangt aus dem *Plexus venosus rectalis* des Canalis analis in die *Vv. rectalis media* und *inferior*, von hier in die *V. iliaca interna* → *V. iliaca communis* und schließlich in die V. cava inferior.
- **Bauchwand:** Das Pfortaderblut kann bei Pfortaderhochdruck über die *Vv. paraumbilicales* im Lig. teres hepatis zu den *Vv. epigastricae superficialis* und *inferior* abfließen, von hier aus über die *V. femoralis* → *V. iliaca externa* → *V. iliaca communis* zur V. cava inferior; ferner über Verbindungen zur *V. thoracica lateralis* und *V. thoracoepigastrica* und von hier in die V. axillaris → V. subclavia und V. brachiocephalica in die V. cava superior.
- **Retroperitonealraum:** Hier existieren ausgedehnte Verbindungen zwischen den beiden Stromgebieten, vornehmlich über die *Vv. lumbales*, *renales* und *suprarenales* sowie über die *Vv. phrenicae inferiores*, sog. **dorsale portokavale Anastomosen.**

24.2 Portale Hypertension und Leberzirrhose

Wenn der Abfluss des Pfortaderblutes über die Leber zum Herzen behindert ist, entsteht eine **portale Hypertension.** Das Strömungshindernis kann **prähepatisch** liegen und beispielsweise durch ein Blutgerinnsel in der Pfortader oder durch ein Pankreaskopfkarzinom, das die Pfortaderzuflüsse hinter dem Pankreas komprimiert, hervorgerufen werden.

Am häufigsten ist jedoch das **intrahepatische Abflusshindernis** in Form der **Leberzirrhose.** Zeichen der portalen Hypertension sind **Krampfadern (Varizen)** an den **portokavalen Anastomosen,** z.B. Erweiterungen der Speiseröhrenvenen (Ösophagusvarizen) oder Erweiterungen der *Vv. rectales*. Ein Rückstau in die Vv. paraumbilicales führt zur Erweiterung der Venen der vorderen Bauchwand (Medusenhaupt: *Caput Medusae*).

Die **Hauptgefahr des Pfortaderhochdrucks** ist die Blutung aus den Ösophagusvarizen, die schwer zu stillen ist und in etwa 60% der Fälle tödlich verläuft.

Gallenblase (Vesica biliaris sive fellea) und extrahepatische Gallenwege

Die **Gallenblase** liegt in der *Fossa vesicae biliaris* der Leber zwischen *Lobus dexter* und *Lobus quadratus* (◻ Abb. 24.5, 24.8 und 24.9). Der Gallenblasenfundus, *Fundus vesicae biliaris (fellea)*, ist nach kaudal, ventral und rechts gerichtet und überragt den unteren Leberrand in Höhe der Spitze des 9. Rippenknorpels um 1–1,5 cm. Hier erreicht die Kuppe des Gallenblasenfundus am lateralen Rand des *M. rectus abdominis dexter* die vordere Bauchwand. Das *Corpus vesicae biliaris (fellea)* liegt dorsal der *Flexura duodeni superior* und dem *Colon transversum* an und kann mit dem Quercolon verwachsen sein. Der **Gallenblasenhals,** *Collum vesicae biliaris (fellea)*, setzt sich in den 3–4 cm langen **Gallenblasengang,** *Ductus cysticus*, fort, der nie mit der Leber verwachsen ist. Er wendet sich nach links und kaudalwärts, bevor er sich mit dem durchschnittlich 4 cm langen gemeinsamen **Gallengang,** *Ductus choledochus*, vereinigt. Der *Ductus hepaticus communis* entsteht an der Leberpforte durch die Vereinigung des *Ductus hepaticus dexter et sinister*. Er wird vom rechten Ast der *A. hepatica propria*

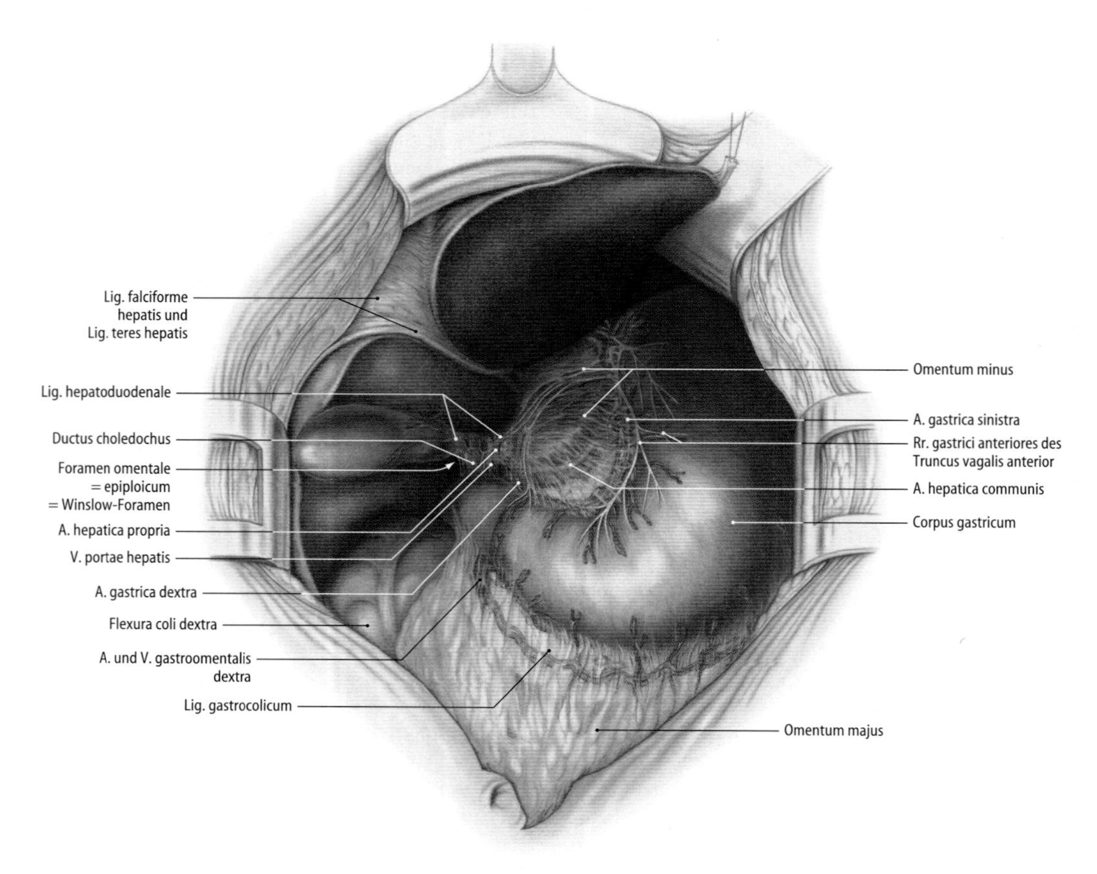

Abb. 24.9. Oberbauchsitus, Ansicht von vorn. Zur Darstellung der Leberpforte (Porta hepatis) und des Omentum minus ist die Leber nach kranial verlagert [1]

unterkreuzt und liegt als *Pars supraduodenalis* im *Lig. hepatoduodenale* ventral und rechts von der V. portae. Seine distale Fortsetzung, der Ductus choledochus, verläuft im freien Rand des Lig. hepatoduodenale schräg absteigend zur *Pars superior duodeni* und gelangt schließlich als *Pars retroduodenalis* hinter das *Duodenum descendens.* In seinem letzten Abschnitt verläuft er durch das Drüsengewebe des Pankreaskopfes *(Pars pancreatica)* zur Hinterwand der *Pars descendens duodeni,* die er als *Pars intraduodenalis* durchdringt, um auf der *Papilla duodeni major* (Vateri) zu münden. In etwa 60% der Fälle vereinigt sich der Ductus choledochus mit dem *Ductus pancreaticus* zu einem gemeinsamen Endstück, der *Ampulla hepatopancreatica.* Für die Vereinigungsart von Ductus choledochus und Ductus pancreaticus major werden 4 Typen unterschieden:

- Beide Gänge münden in eine gemeinsame Ampulle, die als Papille in das Duodenum vorgestülpt ist.
- Eine Ampulle fehlt. Beide Gänge vereinigen sich kurz vor der Mündungsöffnung.
- Beide Gänge bleiben bis zu ihrer Einmündung in das Duodenum getrennt. Die Ampulle hat eine durchgehende Scheidewand.
- Eine Ampulle fehlt. Beide Gänge vereinigen sich vor dem Duodenum zu einem gemeinsamen Endgang.

Gefäßversorgung, Lymphabfluss und Innervation

Die *A. cystica* aus der *A. hepatica propria* tritt hinter dem Ductus hepaticus communis hervor und spaltet sich in Höhe des Gallenblasenhalses in einen vorderen und hinteren Zweig zur Wand der Gallenblase. Der Ductus choledochus wird dagegen von Ästen der *A. pancreaticoduodenalis superior posterior* versorgt. Die *V. cystica* mündet direkt in den rechten Ast der V. portae hepatis.

Die Lymphgefäße ziehen zu *Nodi lymphatici hepatici* an der Leberpforte. Die Nerven stammen aus dem *Plexus hepaticus,* die mit der *A. hepatica propria* zur Gallenblase und zu den Gallenwegen gelangen.

24.3 Klinische Hinweise

Variationen im Verzweigungsmuster der A. hepatica propria und Varianten der extrahepatischen Gallengänge können für die chirurgische Präparation entscheidend sein. Eine exakte Diagnostik der Gallengänge, z.B. bei der operativen Entfernung der Gallenblase vor der Durchtrennung des Ductus cysticus, ist daher unbedingt erforderlich.

Die **Sonographie** ist das wichtigste bildgebende Verfahren in der **Diagnostik von Gallenwegserkrankungen.** Als Korrelat für eine **Cholezystitis (Gallenblasenentzündung)** gilt eine Wandverdickung der Gallenblase.

Eine häufige Erkrankung ist die **Cholezystolithiasis,** die Anhäufung von Konkrementen (Steine) in der Gallenblase. Durch plötzliches Einklemmen von Konkrementen in den ableitenden Gallenwegen tritt der charakteristische **Kolikschmerz** im rechten Oberbauch mit Ausstrahlung in die rechte Flanke und die rechte Schulter auf.

Die **Choledocholithiasis** führt in der Regel zu einem **Ikterus, Gelbsucht,** der durch einen partiellen oder totalen Verschluss der extrahepatischen Gallenwege verursacht wird. Er wird als **posthepatischer Ikterus** oder **Verschlussikterus** bezeichnet.

Magen (Gaster, Ventriculus)

Form, Größe und Lage des Magens sind außerordentlich variabel und vom Lebensalter, dem Konstitutionstyp, dem Kontraktions- und Füllungszustand und von der Körperlage abhängig.

Der Magen steht zu folgenden Organen in naher Beziehung:

- nach oben zum Zwerchfell und zur Leber
- nach links zur Milz
- nach hinten zu Pankreas, linke Niere und Nebenniere
- nach unten zum Mesocolon und Colon transversum
- nach vorn zur Leber und der vorderen Bauchwand

Lage des Magens

Der Magen (▣ Abb. 24.2, 24.4 und 24.9) liegt mit Dreivierteln unter dem linken Rippenbogen in der *Regio hypochondriaca sinistra,* zu einem Viertel in der *Regio epigastrica.* Hier lagert sich seine *Paries anterior* im Magenfeld als *Pars abdominalis* der vorderen Bauchwand an. Nur in diesem Feld kann der Magen abgetastet werden und ist für chirurgische Eingriffe direkt zugänglich. Ein Teil des Magens grenzt auch an die Brustwand, *Pars thoracica,* die dorsal mit dem *Fundus gastricus* die Ursprünge des Zwerchfells und des *M. transversus abdominis* berührt, wodurch Beziehungen zum *Recessus costodiaphragmaticus sinister* und damit auch zum unteren Lungenrand bestehen. Die *Pars thoracica* der vorderen Magenwand ist jener Abschnitt, der sich den unteren Rippen der vorderen Brustwand anlegt (in der Klinik als sog. Traube-Raum bezeichnet).

Der *Fundus gastricus* schmiegt sich der linken Zwerchfellkuppel an und ist vom Herzen nur durch das *Centrum tendineum* getrennt.

Die *Pars cardiaca (Cardia)* liegt links vom *Hiatus oesophageus* in Höhe des 11.–12. Brustwirbels, rechts von ihr der *Lobus caudatus* der Leber, hinten lehnt sie sich an den linken Zwerchfellschenkel und an die Aorta an.

Die *Pars pylorica (Pylorus)* wird in Abhängigkeit der Magenform in verschiedenen Höhen gefunden. In Rückenlage liegt er meistens rechts von der Mittellinie in Höhe des 1. Lendenwirbels und senkt sich im Stand bis zum 4. Lendenwirbel, liegt aber immer vor der *V. cava inferior.* Da sich das distale Ende der Pars pylorica dabei um die rechte Seite der Wirbelsäule wendet, steht seine Ebene fast frontal und wird vorn vom Lobus quadratus hepatis, dorsal von den Lebergefäßen umfasst. Die hintere Fläche berührt außerdem den Pankreaskopf.

Die mesenterialen Verbindungen des Magens sind am besten aus der Entwicklung zu verstehen. Das ehemalige *Mesogastrium ventrale* erstreckt sich als kleines Netz, *Omentum minus,* von der *Curvatura ventriculi minor und* von der *Pars superior duodeni* zur *Fissura ligamenti venosi hepatis.* Wenn man den unteren Rand der Leber nach oben zieht, kann man das nahezu frontal eingestellte *Omentum minus* überblicken (▣ Abb. 24.9).

Der linke konvexe Rand des Magens bildet die große Kurvatur, *Curvatura ventriculi major.* Von ihr entspringt das *Mesogastrium dorsale,* das mit dem frontal eingestellten *Mesocolon transversum* und der vorderen Fläche des *Colon transversum* verwachsen ist. Von da an erstreckt es sich als großes Netz, *Omentum majus,* abwärts und bedeckt das Dünndarmkonvolut (▣ Abb. 24.2). Der zwischen großer Kurvatur des Magens und der Verwachsungsstelle am Quercolon verlaufende Anteil wird als *Lig. gastrocolicum* bezeichnet. Da nicht das gesamte Mesogastrium dorsale mit dem Mesocolon transversum verwachsen ist, resultieren in seinen oberen Anteilen freie Bauchfellduplikaturen, die als *Lig. gastrophrenicum* den Magenfundus mit dem Zwerchfell verbindet und als *Lig. gastrosplenicum (gastrolienale)* von der großen Kurvatur des Magens zum Milzhilus zieht.

Gefäße und Nerven des Magens

Der etwa 1–2 cm lange *Truncus coeliacus* verlässt die Bauchaorta bereits im oder unmittelbar unter dem *Hiatus aorticus* und teilt sich in etwa 25% der Fälle in 3 Äste (▣ Abb. 24.9):

- *A. gastrica sinistra*
- *A. hepatica communis*
- *A. splenica (lienalis)* (Tripus coeliacus [Halleri]: Dreifuß).

Meistens aber entspringt die **A. gastrica sinistra** als direkter Ast aus dem Truncus coeliacus; der verbleibende Hauptstamm teilt sich weiter distal in die gemeinsame Leberarterie und Milzarterie. Die **A. gastrica sinistra** und die **A. gastrica dextra** aus der *A. hepatica propria* bilden an der kleinen Kurvatur einen **Arterienbogen,** der einen vorderen und hinteren Gefäßkranz aufbaut.

Der Arterienbogen an der großen Kurvatur wird von den beiden *Aa. gastroomentales (gastroepiploicae)* gebildet. Die A. gastroomentalis (gastroepiploica) sinistra gelangt als Ast der A. splenica (lienalis) über das Lig. gastrosplenicum (gastrolienale) in das Omentum majus, wo sie der A. gastrosplenicum (lienalis) dextra im Lig. gastrocolicum entgegen läuft und mit ihr anastomosiert. Dieser Arterienbogen entsendet zahlreiche Rr. gastrici zu Vorder- und Hinterwand von Pars pylorica und Corpus gastricum und Rr. omentales in das Omentum majus (▣ Abb. 24.9).

Die *Vv. gastricae sinistra* und *dextra,* die an der kleinen Kurvatur die *V. coronaria ventriculi* bilden, münden nach ihrem Verlauf in der *Plica gastropancreatica* direkt in die *V. portae.* Die Venen der großen Kurvatur münden hingegen als *V. gastroomentalis (gastroepiploica) sinistra* über das *Lig. gastrosplenicum (gastrolienalis)* in die *V. splenica (lienalis).* Die *V. gastroomentalis (gastroepiploica) dextra* begleitet die gleichnamige Arterie nur bis zum Pylorus, wo sie sich in die Tiefe wendet und in die *V. mesenterica superior* mündet (▣ Abb. 24.9).

Die **Lymphe des Magens** fließt in mehrere Richtungen ab; folglich sind die regionären Lymphknoten an verschiedenen Stellen lokalisiert:

- *Nodi lymphatici gastrici dextri* und *sinistri* begleiten die A. gastrica sinistra an der kleinen Kurvatur.
- *Anulus lymphaticus cardiae,* ein Lymphknotenring an der Kardia, leitet die Lymphe zu *Nodi lymphatici praeaortici (coeliaci)* und *aortici laterales* vor und links der Bauchaorta.
- *Nodi lymphatici gastroomentales (gastroepiploicae) dextri* und *sinistri* empfangen Lymphe aus dem Wandbereich der großen Kurvatur.
- *Nodi lymphatici pylorici* erhalten Lymphe aus dem Bereich des Magenausganges.
- *Nodi lymphatici hepatici* im Lig. hepatoduodenale empfangen die Lymphe aus den rechts gelegenen Lymphknoten der großen Kurvatur und aus den *Nodi lymphatici pylorici.*
- *Nodi lymphatici splenici (lienales)* empfangen Lymphe aus dem Fundus und Corpus gastricus.

Der Magen erhält **extrinsische Nervenfasern** für Magenmotorik, Sekretomotorik und Vasomotorik aus den *Trunci vagales* und den *Trunci sympathici.* Mit ihnen verlaufen auch **efferente Nervenfasern** aus dem Magen (▣ Abb. 24.9).

Die **postganglionären sympathischen Nervenfasern** stammen hauptsächlich aus dem *Ganglion coeliacum,* das seine präganglionären Fasern aus den *Nn. splanchnici* erhält.

Die parasymphatischen *Rr. gastrici anteriores* für die Magenvorderwand entstammen dem *Truncus vagalis anterior* (linker N. vagus). Die *Rr. gastrici posteriores* für die Magenhinterwand entstammen dem Truncus vagalis posterior.

Abb. 24.10. Blick von ventromedial auf die Milz mit ihren Peritonealligamenten, den Milzgefäßen und dem Recessus splenicus der Bursa omentalis [1]

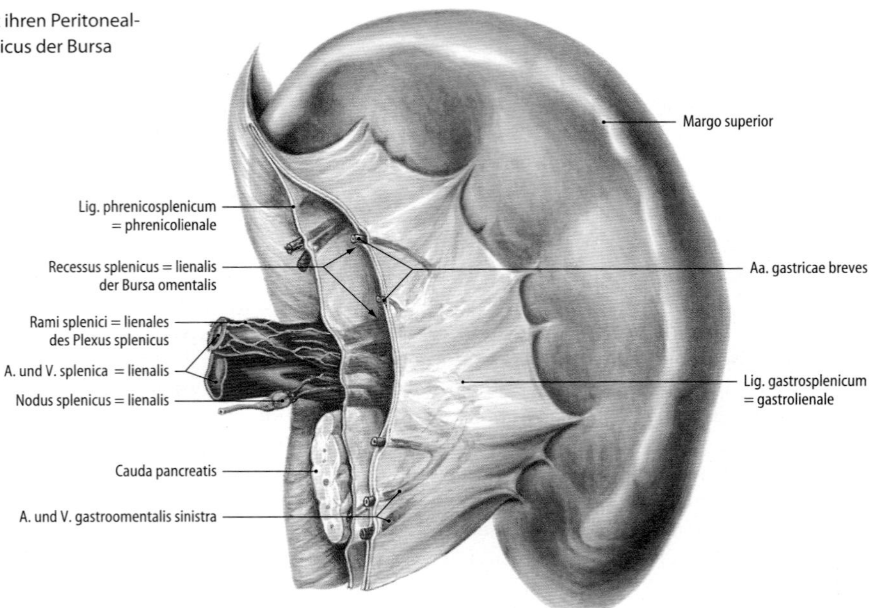

24.4 Erkrankungen des Magens

Magenerkrankungen spielen in der täglichen Praxis eine große Rolle. Die häufigste akute Erkrankung ist die **Gastritis,** bei der man oberflächliche **Schleimhautdefekte** findet. Als Ursache wird heute im Wesentlichen eine Besiedlung mit *Helicobacter pylori* (gramnegatives, spiralig gekrümmtes Bakterium mit Begeißelung) angesehen.

Unter dem Begriff **Ulkuskrankheit** werden verschiedene Formen von Magengeschwüren zusammengefasst.

Maligne Magentumore sind Lymphome, Sarkome und Karzinome. Das **Magenkarzinom** stellt in der Bundesrepublik Deutschland die dritt- bis vierthäufigste Todesursache dar.

Milz (Splen, Lien)

Die Milz (Abb. 24.4 und 24.10) ist durch das *Lig. phrenicosplenicum (phrenicolienale)* an der hinteren Bauchwand fixiert und durch das *Lig. gastrosplenicum (gastrolienale)* mit der großen Kurvatur des Magens verbunden. Beide Bänder, die am Milzhilus befestigt sind, bilden den *Recessus splenicus (lienalis)* der *Bursa omentalis.*

Die Milz ist normalerweise nicht tastbar, da sie verborgen unter dem Rippenbogen in der *Regio hypochondriaca sinistra* hinter dem Magen und unter dem Zwerchfell liegt. Sie schmiegt sich mit der *Facies diaphragmatica* dem Zwerchfell an und wird dorsal von der 9.–11. Rippe überlagert. Ihre Längsachse entspricht dem Verlauf der 10. Rippe. Damit gewinnt die *Facies diaphragmatica* Beziehungen zur linken Pleurahöhle, da der *Recessus costodiaphragmaticus sinister* in der hinteren Axillarlinie die 10., in der Skapularlinie die 11. Rippe erreicht. Ihre *Facies visceralis* wird durch einen länglichen Wulst in zwei Felder geteilt. Das hintere Feld berührt den linken oberen Nierenpol, *Facies renalis,* und die *Cauda* des Pankreas, *Facies pancreatica,* das vordere Feld wird geprägt durch die großflächige *Facies gastrica* und durch den Abdruck der linken Kolonflexur, *Facies colica.*

Milzgefäße und Nerven

Die *A. splenica (lienalis)* folgt dem oberen Rand des Pankreas nach links und gelangt im Lig. phrenicosplenicum (phrenicolienale) zum Milzhilus, in den sie meistens mit 3 *Rr. splenici (lienales)* (Segmentäste, Trifurkation) eindringt (Abb. 24.11). Die *V. splenica (lienalis),* die aus 4–6 Milzvenenästen nahe am Hilus splenicus (lienalis) entsteht, verläuft hinter dem Pankreaskörper unterhalb der Milzarterie nach rechts, vereinigt sich mit der V. mesenterica inferior und bildet eine der beiden Wurzeln der Pfortader.

Die **Lymphgefäße** ziehen entlang der Milzgefäße zu *Nodi lymphatici pancreaticosplenici (pancreaticolienales),* die am oberen Rand des Pankreas angeordnet sind, und von hier aus zu *Nodi lymphatici coeliaci* um den *Truncus coeliacus.*

Die **Nerven** gelangen als *Rr. splenici (lienales)* des *Plexus splenicus (lienalis)* mit der A. splenica (lienalis) zur Milz.

24.5 Klinische Hinweise

Nur eine **stark vergrößerte Milz** kann bei tiefer Inspiration am unteren Rippenrand getastet werden.

Von praktischer Relevanz ist vor allem, dass sich der Recessus costodiaphragmaticus und der Rand des linken unteren Lungenlappens über den oberen Milzpol hinwegschieben, so dass bei Rippenfrakturen, Stich- oder Schussverletzungen Pleura, Lunge, Zwerchfell, Magen und Milz gleichzeitig geschädigt werden können.

Milzrupturen können bei stumpfen Bauchtraumen auftreten.

Die Milz ist zudem bei zahlreichen **System-** und **Speicherkrankheiten** beteiligt.

Zwölffingerdarm (Duodenum)

Das Duodenum, obwohl funktionell zum Dünndarm gehörig, wird wegen seiner topographischen Beziehungen zu Organen der *Pars supracolica* bereits hier erwähnt. Im klinischen Sprachgebrauch wird am Duodenum zudem ein **supra-** und ein **infrapapillärer Abschnitt,** d.h. oberhalb bzw. unterhalb der *Papilla duodeni,* unterschieden (Abb. 24.4 und 24.11). Dies entspricht auch den entwicklungsgeschichtlichen Gegebenheiten, denn die Anlage des Duodenum liegt sowohl oberhalb als auch unterhalb der Einmündung des Gallenganges in den Darm, gehört also teils dem **Vorderdarm,** teils dem **Mitteldarm** an. Dementsprechend wird der suprapapilläre Duodenalabschnitt von Ästen des *Truncus coeliacus,* der Hauptarterie des Vorderdarms, der infrapapilläre von Ästen der *A. mesenterica superior,* der Mitteldarmarterie, versorgt.

Form und Lage

Das Duodenum ist ein nach links offener Dünndarmabschnitt, der den 2. Lendenwirbel umkreist. Es beginnt in Höhe des 1. Lenden-

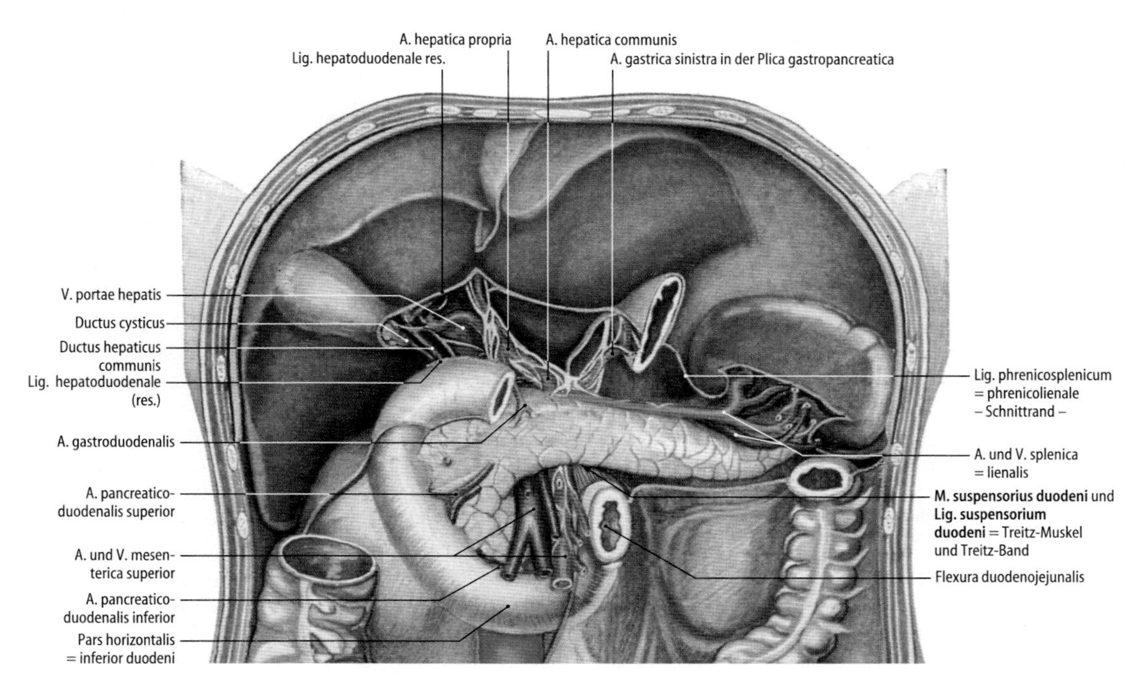

Abb. 24.11. Oberbauchorgane, Ansicht von vorn. Magen, Colon transversum und Jejunum wurden entfernt [1]

wirbels rechts von der Mittellinie und endet links in Höhe des 2. Lendenwirbels mit der *Flexura duodenojejunalis.* Die dazwischen liegenden Abschnitte verlagern sich nach dorsal und verwachsen mit dem retroperitonealen Bindegewebe vor den Zwerchfellpfeilern, dem M. psoas und der rechten Niere. Das Duodenum liegt also zum größten Teil **sekundär retroperitoneal** und ist folglich nur auf den Vorderflächen von Bauchfell überzogen.

Am Duodenum unterscheidet man folgende Abschnitte:

- *Pars superior sive Pars horizontalis superior duodeni:* Sie ist frei beweglich, im Anschluss an den Pylorus eher sagittal gestellt und durch das Lig. hepatoduodenale mit der Leberpforte verbunden. Ihr erster, 3-4 cm langer Abschnitt hat Birnenform und wird *Bulbusduodeni* genannt. Oben legt er sich dem Lobus quadratus hepatis und der Gallenblase an, dorsal wird er von der V. portae und vom Ductus choledochus gekreuzt, links von ihm liegt die *A. gastroduodenalis seiner* Hinterwand an.
- *Pars descendens duodeni:* Sie beginnt mit der *Flexura duodeni superior,* verläuft rechts neben der Wirbelsäule abwärts und liegt hinten der *Fascia praerenalis* auf. In Höhe von LWK4, seltener LWK3 oder LWK5, markiert die *Flexura duodeni inferior* den Übergang in die *Pars horizontalis inferior duodeni.* Die *Pars descendens* ist funktionell der wichtigste Teil, weil hier der retroduodenal verlaufende *Ductus choledochus* und der *Ductus pancreaticus major* (Wirsungi) auf der *Papilla duodeni major* (Vateri) münden. Etwa 2 cm magenwärts von ihr liegt die kleinere *Papilla duodeni minor* für den *Ductus pancreaticus minor.*
- *Pars horizontalis inferior duodeni:* Sie verläuft quer, von rechts nach links bis an die linke Seitenfläche von LWK2 oder LWK3, seltener von LWK4, und kreuzt dabei die Lendenwirbelsäule, die V. cava inferior, die Aorta abdominalis und die A. mesenterica inferior. Ventral wird sie von der *Radix mesenterii* mit den in ihr enthaltenen Stämmen der *A.* und *V. mesenterica inferior* überkreuzt.
- *Pars ascendens duodeni:* Sie ist der letzte und kürzeste Abschnitt, der in Höhe von LWK2, etwa 3-4 cm links von der Mittellinie, mit der *Flexura duodenojejunalis* in das Jejunum übergeht.
- *Flexura duodenojejunalis* (Abb. 24.3): Die Flexura duodenojejunalis ist durch Muskel- und Bindegewebszüge (Treitz-Band), die sich vom *Crus dextrum* des Zwerchfells abspalten und als *M. suspensorius duodeni* (Treitz) fächerförmig in die Flexur einstrahlen, an der hinteren Bauchwand verankert.
  Am Übergang in das intraperitoneal liegende Jejunum kommen Bauchfellnischen, die *Recessus duodenales superior* und *inferior* und die *Recessus retroduodenalis* und *paraduodenalis* vor (Abb. 24.3), in die sich Dünndarmschlingen als innere Hernien (*Herniae retroperitoneales* oder Treitz-Hernien) verirren können.

Bauchspeicheldrüse (Pankreas)

Form und Lage

Das etwa 13–15 cm lange Pankreas hat die Form eines quergestellten Angelhakens, der sich nach links verjüngt (Abb. 24.11). Das Pankreas liegt **retroperitoneal** in Höhe des 2. Lendenwirbels und erstreckt sich vom Duodenum bis zum Milzhilus. Man unterscheidet folgende Abschnitte:

- *Caput pancreatis:* Der Pankreaskopf füllt die rechts der Wirbelsäule gelegene Konkavität der Duodenalschlinge aus. Er umfasst hinten unten mit dem hakenförmigen *Processus uncinatus* rechts die *V. mesenterica superior* und links die *A. mesenterica superior,* bevor sie an der *Incisura pancreatis* in das Mesenterium des Dünndarms eintreten.
- *Corpus pancreatis:* Der horizontal verlaufende Pankreaskörper wölbt sich in Höhe des 2. Lendenwirbels über die Wirbelsäule hinweg auf die linke Bauchseite und überquert dabei die Aorta abdominalis. Sein am weitesten ventralwärts vorspringende Teil ist das *Tuber omentale,* das gegen die *Bursa omentalis* vorragt.
- *Cauda pancreatis:* Der Pankreasschwanz endet unmittelbar am Milzhilus oder berührt die *Flexura coli sinistra.*

Flächen und Ränder

- *Facies anterior*: Sie ist nach vorn und oben gerichtet, von Bauchfell überzogen und reicht bis zum Ansatz des *Mesocolon transversum;* sie bildet die Hinterwand der *Bursa omentalis.*

- *Facies inferior:* Sie ist nach unten und vorn gerichtet, gegen die *Facies anterior* durch den Ansatz des *Mesocolon* begrenzt und reicht von der *Flexura duodenojejunalis* bis zum Schwanzende.
- *Facies posterior:* Sie ist frei von Bauchfell und liegt in der Hinterwand der Bursa omentalis.

Wichtig sind die nachbarlichen **Beziehungen zu den Blutgefäßen,** die fast alle unter der Hinterfläche durchlaufen. Neben der **Aorta abdominalis** und der **V. cava inferior** ist es die **Pfortader,** die am oberen Rand des Pankreaskopfes aus dem Zusammenfluss der *V. mesenterica superior,* der *V. mesenterica inferior* und der *V. splenica (lienalis)* entsteht. Auch die *A. hepatica communis* zieht nahe am oberen Rand des *Tuber omentale* nach rechts und teilt sich am Lig. hepotoduodenale. Die *A. mesenterica superior* verläuft hinter dem Pankreaskörper nach unten rechts, um mit der *V. mesenterica superior* an der *Incisura pancreatis* in die *Radix mesenterii* einzutreten.

Gefäße und Nerven des Duodenum und des Pankreas

Duodenum und Pankreas werden über einen **doppelten Arterienbogen,** der aus Ästen des *Truncus coeliacus* und solchen der *A. mesenterica superior* gespeist wird, versorgt. Die *A. gastroduodenalis* teilt sich am Oberrand des *Bulbus duodeni* in die *A. gastroomentalis dextra* und die *A. pancreaticoduodenalis superior posterior.* Diese gelangt an die Rückfläche des Pankreaskopfes, überkreuzt den Ductus choledochus und versorgt mit *Rr. duodenales* den Zwölffingerdarm, mit *Rr. pancreatici* das *Caput pancreatis.*

Die *A. pancreaticoduodenalis superior anterior* geht am Unterrand der *Pars horizontalis superior duodeni* aus der *A. gastroduodenalis* hervor und verläuft in einer Rinne zwischen der Duodenalschleife und der Vorderfläche des Pankreaskopfes. Auch sie entlässt Äste zum Pankreas. Die beiden *Aa. pancreaticoduodenales superiores* bilden den rechten Schenkel des hinteren und des vorderen Arterienbogens und anastomosieren mit dem *R. posterior* und dem *R. anterior* der *A. pancreaticoduodenalis inferior,* wodurch der Arterienbogen geschlossen wird (Bühler-Anastomose).

Die *A. pancreaticoduodenalis inferior* entspringt in Höhe der Pars horizontalis inferior duodeni aus der *A. mesenterica superior* und teilt sich sogleich in einen vorderen und hinteren Ast, *Aa. pancreaticoduodenales inferiores anterior* und *posterior,* die das Caput pancreatis und die Pars horizontalis inferior duodeni bis zur Papilla duodeni versorgen.

Aus der *A. gastroduodenalis* gehen noch die *A. supraduodenalis* zur Pars horizontalis superior duodeni und die *Aa. retroduodenales* zur Hinterfläche von Duodenum und Pankreas hervor. An der arteriellen Versorgung des Pankreas sind noch folgende Arterien beteiligt:

- *A. pancreatica dorsalis* aus der *A. splenica (lienalis)* zum Pankreaskörper
- *A. pancreatica inferior,* ein Ast der *A. pancreatica dorsalis,* zum Pankreaskörper und zum Pankreasschwanz
- *A. pancreatica magna* aus der A. splenica (lienalis) zur Cauda pancreatis.

Alle Gefäße anastomosieren ausgiebig untereinander, so dass Unterbindungen einzelner Äste schadlos vertragen werden.

Die **Venen** des Duodenum und des Pankreas verhalten sich wie die Arterien. Das venöse Blut des Duodenum wird einerseits direkt in die *V. portae,* andererseits in die *V. mesenterica superior* abgeleitet. Das venöse Blut aus dem Pankreas ergießt sich überwiegend in die *V. splenica (lienalis).*

Duodenum und Pankreas haben ein dichtes **Lymphgefäßnetz,** das in folgende Lymphknoten drainiert: *Nodi splenici (lienales)* im Milzhilus, *Nodi pancreatici* entlang des Corpus pancreatis, *Nodi coeliaci, aortici, mesenterici* entlang der großen Gefäße, aus dem Pankreaskopf zu *Nodi gastroduodenales* und *hepatici* und zu *Nodi pancreaticoduodenales superiores* und *inferiores.*

Die autonome **Innervation** erfolgt aus dem Plexus coeliacus über den Plexus mesentericus superior und den Plexus pancreaticus.

24.6 Klinische Hinweise

Entwicklungsgeschichtlich bedingte Lage- und Formvarianten des Duodenum können große klinische Bedeutung erlangen.

Zellproliferationen des Duodenalepithels bewirken im 2. bis 3. Fetalmonat vorübergehend einen vollständigen Verschluss des Darmlumens. Bleibt die Rekanalisierung im späteren Fetalleben aus, so entsteht eine angeborene **Duodenalstenose** oder eine **Duodenalatresie.** Bei der **Stenose** ist das Lumen des Duodenum lokal eingeengt, bei der **Atresie** ist es vollkommen verschlossen.

Die häufigste Erkrankung des Duodenum ist das **Zwölffingerdarmgeschwür** (Ulcus duodeni). Es tritt in der Regel im Bulbus duodeni auf.

Ein infiltrativ wachsendes **Pankreaskopfkarzinom** kann zu einem Verschluss der Papilla duodeni major und damit zur Abklemmung der extrahepatischen Gallenwege mit Ikterus und zur Stauungsgallenblase führen. Schließlich kann ein Pankreaskopftumor Rückstauungen im Pfortadersystem und in der V. cava inferior hervorrufen, was zu Aszites und Ödembildung in den unteren Gliedmaßen führt. Wird durch den wachsenden Tumor auch der Ductus pancreaticus abgeklemmt, kommt es zu Sekretstauungen im Pankreas; es entsteht eine **Pankreatitis.**

Der **typische Pankreasschmerz** ist oft gürtelförmig unterhalb des linken Rippenbogens mit Ausstrahlung in die linke Schulter.

Da das Pankreas überwiegend versteckt hinter dem Magen liegt, ist es für den Chirurgen schwer zugänglich. Folgende chirurgische Zugangswege sind möglich:

- durch das Omentum minus hindurch über die Bursa omentalis
- nach Durchtrennung des großen Netzes entlang der großen Kurvatur des Magens, d.h. durch das Lig. gastrocolicum
- vom Unterbauch her durch das Mesocolon transversum unter Schonung der A. colica media.

Der günstigste und übersichtlichste Weg führt durch das Lig. gastrocolicum.

Netzbeutel (Bursa omentalis)

Die *Bursa omentalis* liegt hinter dem kleinen Netz und dem Magen und ist nahezu vollkommen abgeschlossen (▣ Abb. 24.9). Seine einzige natürliche Öffnung ist das *Foramen omentale (epiploicum;* Winslow), ein etwa 2 cm langer Kanal, der die *Bursa omentalis* mit der *Cavitas peritonealis* verbindet. Das *Foramen omentale (epiploicum)* wird begrenzt:

- nach vorn vom Lig. hepatoduodenale, das die »Trias der Leberpforte« enthält
- nach hinten vom Peritoneum parietale, das an dieser Stelle von der darunter liegenden V. cava inferior leicht angehoben wird
- nach oben vom Lobus caudatus hepatis
- nach unten von der Pars horizontalis superior duodeni.

In der Nachbarschaft des Foramen omentale (epiploicum) liegen auf engem Raum Leber, Gallenblase, Duodenum und rechte Colonflexur zusammen, so dass entzündliche Prozesse des einen Organs leicht auf eines der Nachbarorgane übergreifen können (»Wetterecke« des Oberbauches).

Vom Foramen omentale (epiploicum) aus gelangt man in das *Vestibulum bursae omentalis,* das sich nach links bis zur *Plica gastropancreatica* und zur *Plica pancreaticoduodenalis* erstreckt. Hinten wird das Vestibulum von der V. cava inferior, der Aorta abdominalis und den Zwerchfellschenkeln begrenzt, von oben ragt der Lobus caudatus hepatis in den Hohlraum hinein, der erst nach Entfernen des Omentum minus sichtbar ist. Die Vorderwand der Bursa ist das Lig. hepatoduodenale und das Lig. hepatogastricum des kleinen Netzes, nach unten ist sie vom Bulbus duodeni abgeschlossen. Der Hauptraum der Bursa omentalis, der mit dem Recessus splenicus (lienalis) bis zum Milzhilus reicht, enthält in seiner Hinterwand Corpus und Cauda pancreatis sowie die A. splenica (lienalis), die das Peritoneum leicht aufwirft, wodurch der Hauptraum topographisch in eine *Pars superior* und eine *Pars inferior bursae omentalis* gegliedert wird. Die Pars superior erstreckt sich nach oben bis an den Fundus ventriculi, in die Pars inferior wölbt sich das Tuber omentale des Pankreaskörpers vor. Nach unten erstreckt sie sich unter Bildung des Recessus inferior über die große Magenkurvatur hinaus bis an das Colon transversum. In nicht seltenen Fällen kann die Verwachsung der beiden Blätter des Omentum majus ausbleiben, so dass sich dann die Bursa omentalis weit in das große Netz hinein ausdehnt.

Begrenzungen der Bursa omentalis sind:

- **vorn:** Omentum minus, Magen und Lig. gastrocolicum
- **unten:** Colon transversum und Recessus inferior bursae omentalis
- **hinten:** Tuber omentale des Corpus pancreatis und Cauda pancreatis, Aorta, Truncus coeliacus, A. und V. splenica (lienalis), Plica gastropancreatica (A. und V. gastrica sinistra), Plica pancreaticoduodenalis (A. hepatica communis, V. gastrica dextra), linke Nebenniere und linker oberer Nierenpol)
- **oben:** Lobus caudatus hepatis und Recessus superior bursae omentalis
- **lateral links:** Milz
- **lateral rechts:** Leber und Bulbus duodeni.

24.1.5 Unterbauchsitus (Pars infracolica)

Dünndarm (Intestinum tenue), Leerdarm (Jejunum) und Krummdarm (Ileum)

Der Unterbauch reicht von der Wurzel des *Mesocolon transversum* bis zur *Linea terminalis* der Beckeneingangsebene. Er enthält die **Jejunum-** und **Ileumschlingen** (Dünndarmkonvolut), die von Abschnitten des **Dickdarms** umrahmt und vom Omentum majus schürzenförmig bedeckt werden (◘ Abb. 24.1, 24.2 und 24.3).

Der **infrakolische Dünndarm** beginnt mit der *Flexura duodenojejunalis* links von der Wirbelsäule in Höhe des 2. Lendenwirbels und endet in der *Fossa iliaca dextra* mit der Einmündung in das *Caecum*.

Jejunum und Ileum hängen frei beweglich an ihrem **Mesenterium** (Dünndarmgekröse), dessen Wurzel, *Radix mesenterii*, links neben dem 2. Lendenwirbel an der *Flexura duodenojejunalis* beginnt und in der *Fossa iliaca dextra* im Ileozäkalwinkel endet. Auf ihrem schräg abwärts gerichteten Verlauf zieht sie über die Aorta, die V. cava inferior, die Pars horizontalis inferior duodeni und den M. psoas hinweg und überkreuzt dabei den rechten Ureter und die Vasa spermatica bzw. ovarica.

24.7 Klinische Hinweise

In 2% der Fälle bleibt ein Rest des embryonalen *Ductus omphaloentericus* als blindsackartiger Anhang (*Diverticulum ilei:* **Meckel-Divertikel**) am unteren Ileum (50–100 cm oberhalb der Ileozäkalklappe) erhalten. In seltenen Fällen bleibt er als dünner Kanal bestehen, der am Nabel mündet und hier eine Kotfistel bildet.

Durch eine **unvollständige Drehung (Malrotation) der Nabelschleife** resultiert häufig eine abnorme Lage des Caecum, das dann relativ weit oben stehen bleibt (Zäkumhochstand).

▼

Als **Volvulus** (Darmdrehung) bezeichnet man eine mit der Drosselung der Blutgefäße verbundene Drehung des Dünndarmkonvoluts am Mesenterialstiel. Eine Torsion von 360° oder mehr löst akute peritoneale Reizerscheinungen aus. Auch der **Ileus**, eine Störung der Darmpassage infolge einer Darmlähmung oder eines Darmverschlusses, ist mit akuten peritonealen Symptomen, darunter Übelkeit und Erbrechen, verbunden.

Eine häufige chronisch entzündliche Darmerkrankung ist der **Morbus Crohn** (Enteritis regionalis Crohn), eine meist in Schüben verlaufende Erkrankung, die alle Abschnitte des Verdauungstraktes befallen kann (► 10.49).

Dickdarm (Intestinum crasseum)

Der Dickdarm beginnt in der *Fossa iliaca dextra* und endet in Höhe des 3. Kreuzbeinwirbels mit dem Übergang in das Rektum (◘ Abb. 24.1, 24.2 und 24.3). Er besteht aus dem Blinddarm, *Caecum*, mit dem Wurmfortsatz, *Appendix vermiformis*, und Grimmdarm, *Colon*, mit seinen Teilen *Colon ascendens*, *Colon transversum*, *Colon descendens* und *Colon sigmoideum*. Die folgenden Darmabschnitte, der Mastdarm, *Rectum*, und der Analkanal, *Canalis analis*, befinden sich im subperitonealen Bindegewebe des kleinen Beckens.

Das Caecum liegt in der rechten *Fossa iliaca* auf dem *M. iliacus* bzw. auf dem *M. iliopsoas* direkt der vorderen Bauchwand an. An der Grenze von Caecum und Colon ascendens mündet das Ileum mit der Dickdarmklappe, *Valva ilealis (iliocaecalis)*, in das Caecum. Es liegt meistens intraperitoneal und ist nur am Übergang in das *Colon ascendens* mit der Bauchrückwand verwachsen. Bleibt die embryonale Verklebung des Peritoneums im Bereich des *Colon ascendens* unvollständig, dann resultiert ein *Colon mobile* und ein *Caecum mobile*. Andererseits kann die Verlötung des *Caecum* an der dorsalen Bauchwand ein größeres Ausmaß annehmen, so dass das *Caecum* in eine sekundär retroperitoneale Lage gerät. Es entsteht ein *Caecum fixum*. Beim *Caecum liberum* ist ein Gekröse, *Mesocaecum*, ausgebildet. Sowohl beim Caecum liberum als auch beim Caecum mobile ist hinter dem Blinddarm ein Spaltraum, *Recessus retrocaecalis*, ausgebildet, in den sich u.a. der Wurmfortsatz hineinlegen kann:

An der Einmündung des Ileum in den Dickdarm sind Bauchfellfalten und Bauchfelltaschen, oft in variabler Form, ausgebildet. Regelmäßig kommen vor:

- *Plica ileocaecalis superior (Plica caecalis vascularis)*, welche die *A. caecalis anterior* einschließt und den *Recessus ileocaecalis superior* bedingt.
- *Plica ileocaecalis inferior* zwischen Ileum und Appendix vermiformis. Sie begrenzt den *Recessus ileocaecalis inferior*, der sich nach unten medial öffnet und ebenfalls als Bruchpforte infrage kommt.

Die etwa 8–10 cm lange und bleistiftdicke *Appendix vermiformis* geht medial unten vom Caecum ab, liegt intraperitoneal und ist an ihrem *Mesenteriolum appendicis vermiformis (Mesoappendix)* frei beweglich. Aufgrund seiner Beweglichkeit sind verschiedene Lagevarianten möglich, die klinisch bedeutsam sein können:

- **Kaudalposition:** Der Wurmfortsatz ragt mit seiner Spitze über die *Linea terminalis* hinaus in das kleine Becken hinein (**absteigender Typ**). In dieser Position kann er bei der Frau in enge Nachbarschaft mit dem Ovar geraten.
- **Retrozäkale Kranialposition:** Diese Position ist mit 65% die häufigste Lage. Die Appendix ist hinter dem Caecum nach oben geschlagen und liegt damit im *Recessus retrocaecalis.*
- **Anterozäkale Kranialposition:** Die Appendix ist vor dem Caecum nach oben geschlagen.
- **Medialposition:** Die Appendix liegt medial vor dem Ileum.
- **Lateralposition:** Die Appendix kreuzt das Caecum horizontal von hinten, sog. **parakolische Lage.**

Für die palpatorische Lagebestimmung der Appendix dienen 2 Projektionspunkte auf der vorderen Bauchwand, die allerdings wegen der relativ häufigen Lagevarianten keinen hohen klinischen Wert besitzen (◘ Tafel VII, S. 923).

- **MacBurney-Punkt:** Er gilt als Projektionsstelle der Basis der Appendix auf die vordere Bauchwand und liegt auf der **Monro-Linie,** der Verbindungslinie zwischen Spina iliaca anterior superior und Nabel zwischen lateralem und mittlerem Drittel.
- **Lanz-Punkt:** Er liegt im rechten Drittel einer Verbindungslinie zwischen den beiden Spinae iliacae anteriores superiores (Interspinallinie) und gibt eher die Spitze der Appendix beim absteigenden Typ an.

24.8 Entzündung des Wurmfortsatzes

Die Entzündung des Wurmfortsatzes **(Appendizitis)** gehört zu den häufigsten Ursachen des akuten Abdomens. Symptome sind unklarer Abdominalschmerz im Epigastrium oder periumbilikal (viszeraler Schmerz), der sich nach wenigen Stunden in den rechten Unterbauch verlagert, wo er als Dauerschmerz persistiert (somatischer Schmerz).

24.9 Schmerz- und Druckpunkte im Unterbauch

Zu den charakteristischen Schmerz- und Druckpunkten gehören:

- **McBurney:** Druckschmerz im Bereich des McBurney-Punktes
- **Lanz:** Druckschmerz im Bereich des Lanz-Punktes
- **Blumberg:** Schmerzen im Bereich des rechten Unterbauches beim plötzlichen Loslassen der eingedrückten Bauchdecke auf der linken Seite
- **Douglas-Schmerz:** Rechtsseitige Schmerzangabe bei rektaler oder vaginaler Untersuchung
- **Psoaszeichen:** Bei retrozäkaler Lage verstärkt sich der Schmerz beim Strecken des Beines oberhalb des Leistenbandes infolge Reizung der Psoasfaszie (Dehnungsschmerz)
- **Défense musculaire:** Abwehrspannung der Bauchdecke

Aufsteigender Schenkel des Dickdarms (Colon ascendens)

Das *Colon ascendens* liegt sekundär retroperitoneal auf den *Mm. quadratus lumborum* und *transversus abdominis* und zieht in einem rechts konvexen Bogen aufwärts bis zur Unterfläche des rechten Leberlappens, an dem es die *Impressio colica* hervorruft. Vor dem Hilus der im Retroperitonealraum liegenden rechten Niere geht der aufsteigende Colonschenkel mit der spitz-, recht- oder stumpfwinkeligen *Flexura coli dextra (hepatica)* in das Querkolon über (◘ Abb. 24.9).

Querkolon (Colon transversum)

Form und Lage des *Colon transversum* (◘ Abb. 24.3) sind außerordentlich variabel. Es liegt **intraperitoneal** und ist durch ein unterschiedlich langes *Mesocolon transversum* beweglich befestigt. Es beginnt an der *Flexura coli dextra*; sein rechter Schenkel zieht anfangs stark nach vorn auf die vordere Bauchwand zu ehe es mit seinem linken Schenkel zur linken Körperseite aufsteigend abbiegt und tief im linken Hypochondrium in Höhe des linken Nierenhilus unter der Milz die immer spitzwinkelige *Flexura coli sinistra (splenica)* bildet. Die linke Colonflexur steht immer höher als die rechte. Sie kann bis zum Zwerchfell aufsteigen und einen aufsteigenden und einen absteigenden Schenkel besitzen, sog. Doppelflintenform. Sie ist zudem durch das *Lig. phrenicocolicum* an das Zwerchfell gebunden und deshalb in ihrer Lage stets fester fixiert als die rechte Colonflexur.

Absteigender Schenkel des Dickdarms (Colon descendens) und S-förmiger Dickdarm (Colon sigmoideum)

Das *Colon descendens* (◘ Abb. 24.3) liegt sekundär retroperitoneal. Seine Haftfläche verläuft lateral neben der linken Niere in die *Fossa iliaca sinistra*. Hier geht es in Höhe des Beckenrandes in das S-förmig gekrümmte *Colon sigmoideum (Sigmoid, S-romanum)* über. Die Haftlinie, *Radix mesosigmoidei* des *Mesocolon sigmoideum* an der hinteren Bauchwand ist mehrfach winklig geknickt und mit ca. 9 cm ziemlich lang, was diesem Dickdarmabschnitt eine hohe Beweglichkeit sichert. Die Haftlinie führt mit einem lateralen Schenkel von der Übergangsstelle des *Colon descendens* in das *Colon sigmoideum* auf dem M. iliacus nach medial unten bis zum lateralen Rand des M. psoas, wobei sie den linken Ureter kreuzt (◘ Abb. 24.3). In Höhe des **Promontorium** ändert die Haftlinie erneut ihre Richtung, indem sie in scharfem Winkel nach abwärts umbiegt und über den M. psoas und die Vasa iliaca ins kleine Becken gelangt. Sie endet vor dem 2.–3. Sakralwirbel am Übergang des Sigmoids in das Rektum.

24.10 Diagnostische Darstellung des Dickdarms

Der Dickdarm kann dargestellt werden durch:

- **Röntgenuntersuchung** nach Kontrastmitteleinlauf
- **eine endoskopische Untersuchung (Darmspiegelung, Koloskopie)**
- **Virtuelle Koloskopie** mittels Computer unterstützter 3-D-Rekonstruktion von CT- oder MRT-Serienaufnahmen der Bauchhöhle.

24.11 Dickdarmerkrankungen

- **Divertikel:** Ausstülpungen der Schleimhaut durch die angrenzenden Wandschichten des Dickdarms. Sie treten mit 95% im Colon sigmoideum auf. Bestehen mehrere Divertikel, dann spricht man von einer **Divertikulose.** Entzündungen der Divertikel führen zur **Divertikulitis.**
- **Colitis ulcerosa:** Eine unspezifische Entzündung unklarer Ätiologie, die ausschließlich die Dickdarmmukosa befällt. Typische Symptome sind Durchfälle mit Schleim- und Blutbeimengungen sowie Bauchschmerzen.
- **Kolonpolypen:** Schleimhautvorwölbungen in das Dickdarmlumen.
- **Kolonkarzinom:** Entwickelt sich häufig aus Polypen. Kolonkarzinome können in benachbarte Organe oder in den Peritonealraum einbrechen. Auf dem Blutweg metastasieren sie am häufigsten in die Leber.

Gefäße und Nerven des Dickdarms

An der **Blutversorgung** des Dickdarmes beteiligen sich die *Aa. mesentericae superior et inferior*. Die Grenze zwischen den beiden Gefäßgebieten liegt nahe der *Flexura coli sinistra* am Cannon-Böhm-Punkt. Die Dickdarmäste der *A. mesenterica superior* sind:

- *A. colica dextra*: Sie zieht retroperitoneal zum Colon ascendens und anastomosiert über einen absteigenden Ast mit dem *R. colicus* der *A. ileocolica*, über einen aufsteigenden Ast mit der *A. colica media*.
- *A. colica media:* Sie zieht im Mesocolon transversum zum Querkolon und verbindet sich rechts mit einem Ast der *A. colica dextra*, links mit einem solchen der *A. colica sinistra* aus der *A. mesenterica inferior*.
- *A. ileocolica:* Sie verläuft hinter dem Peritoneum in schräger Richtung über den rechten Ureter und über die *Vasa testicularia* bzw. *ovarica dextra* hinweg zur Ileozäkalregion. Hier teilt sie sich auf in:
  - den *R. colicus* zum Colon ascendens
  - die *A. caecalis anterior*, die in der Plica caecalis zur Vorderfläche des Caecum gelangt
  - die *A. caecalis posterior*, die hinter der Einmündung des Ileum zur dorsalen Wand des Caecum zieht
  - die *A. appendicularis*, die hinter der letzten Ileumschlinge absteigt und das Mesenteriolum des Wurmfortsatzes erreicht
  - den *R. ilealis* zum terminalen Ileum.

Die Gefäßversorgung der anschließenden Colonabschnitte erfolgt durch die *A. mesenterica inferior*, die aus der Aorta abdominalis unterhalb der Nierenarterien, etwa 3-4 cm oberhalb der *Bifurcatio aortae*, hervorgeht. Sie verläuft zunächst vor der Bauchaorta, dann links von ihr in schräger Richtung über den M. psoas sinister abwärts und gelangt als *A. rectalis superior* über die *Linea terminalis* hinweg ins kleine Becken, um dort die Muskelwand des Rektums im oberen Teil zu versorgen. Auf diesem Weg überkreuzt sie in Höhe des Promontorium die *A.* und *V. iliaca communis*. In der Tiefe der Beckenhöhle anastomosiert sie mit den *Aa. rectales mediales* aus den *Aa. iliacae internae*.

Die *A. mesenterica inferior* entlässt als ersten Ast die

- *A. colica sinistra*, die nach kurzem Verlauf abwärts umbiegt, dann aufwärts ziehend den linken Ureter, die *Vasa testicularia* bzw. *ovarica sinistra* und die *A.* und *V. renalis sinistra* überkreuzt. Sie teilt sich in einen
  - *R. ascendens* zur linken Colonflexur und zum proximalen Colon descendens und anastomosiert mit der *A. colica media* der *A. mesenterica superior* (Riolan-Anastomose). Der zweite Teilungsast ist der
  - *R. descendens* zum distalen Teil des Colon descendens. Er anastomosiert mit der obersten A. sigmoidea.
  - Die *Aa. sigmoideae*, meistens 2-3 Äste, treten in das Mesosigmoideum ein und bilden im *Mesocolon sigmoideum* eine Arkade, die mit der *A. colica sinistra* und mit der *A. rectalis superior* anastomosiert. Sie versorgen das terminale Colon descendens und das Colon sigmoideum.

Die **Venen** des Dickdarmes verlaufen in ihren peripheren Abschnitten mit den gleichnamigen Arterien. Die *V. ileocolica*, *V. colica dextra* und *V. colica media* aus dem Versorgungsgebiet der *A. mesenterica superior* vereinigen sich zur *V. mesenterica superior*, die rechts von der gleichnamigen Arterie liegt. Beide kreuzen die *Pars ascendens duodeni* und ziehen hinter das Pankreas, wo sie sich mit der *V. mesenterica inferior* und der *V. splenica (lienalis)* zur V. portae verbindet.

Die *V. colica sinistra*, *Vv. sigmoideae* und *V. rectalis superior* aus dem Versorgungsgebiet der *A. mesenterica inferior* schließen sich zur *V. mesenterica inferior* zusammen, die zunächst links vom Stamm der *A. mesenterica inferior* liegt, dann links von der *Flexura duodenojejunalis* die *Plica duodenalis superior* erreicht, schließlich hinter den Pankreaskörper gelangt, um sich hier mit der *V. splenica (lienalis)* oder der *V. mesenterica superior* zur Bildung der *V. portae* zu vereinigen.

Die **Lymphgefäße** halten sich an den Verlauf der Dickdarmgefäße. Die *Nodi lymphatici paracolici* liegen in unmittelbarer Nähe des Darms oder auf dem Dickdarmrohr. Von hier gelangt die Lymphe über *Nodi lymphatici colici dextri* und *colici medii* sowie über *Nodi lymphatici ileocolici* in die *Nodi lymphatici mesenterici superiores*. Von den regionären *Nodi lymphatici colici sinistri* und *sigmoidei* gelangt die Lymphe zu den *Nodi lymphatici mesenterici inferiores*. Die gesamte Darmlymphe sammelt sich schließlich im *Truncus intestinalis*, der vor dem 2. Lenden - bis 12. Brustwirbel mit den beiden *Trunci lumbales* in die *Cisterna chyli* mündet.

Nerven

Caecum, Colon ascendens und Colon transversum werden etwa bis zur *Flexura coli sinistra* aus dem *Plexus mesentericus superior* versorgt. Der Plexus führt sympathische Fasern aus den *Nn. splanchnici* und parasympathische Fasern aus dem N. vagus. Das Versorgungsgebiet des N. vagus reicht meistens bis zum linken Drittel des Colon transversum, dem sog. Cannon-Böhm-Punkt. Colon descendens und Colon sigmoideum beziehen ihre Nerven aus dem *Plexus mesentericus inferior*. Die parasymphatischen Fasern zum distalen Colon stammen aus dem sakralen Parasymphatikus, d.h. aus Ästen der *Nn. pelvici splanchnici*, die über den *Plexus hypogastricus inferior (Plexus pelvinus)* und den *Nn. hypogastrici dexter* und *sinister* verlaufen.

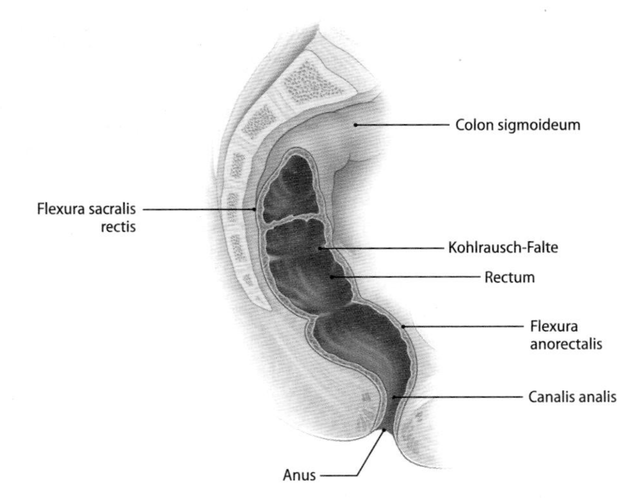

Abb. 24.12. Saggitalschnitt durch das Rektum

Mastdarm (Rectum, Procton) und Afterkanal (Canalis analis) (Abb. 24.1, 24.12, 24.13)

Das etwa 12-15 cm lange Rektum setzt den Dickdarm bis zum **Analkanal** fort und weist 3 Krümmungen auf, zwei in sagittaler und eine in transversaler Richtung (Abb. 24.1 und 24.12).

Form und Lage

In Höhe des 2. oder 3. Sakralwirbels geht das Colon sigmoideum in die *Pars pelvina recti* über. Sie schmiegt sich unter Bildung der nach vorn konkaven *Flexura sacralis recti* in die Konkavität des Kreuzbeines und geht in Höhe der Steißbeinspitze mit der nach vorn konvexen Krümmung, der *Flexura perinealis (anorectalis)*, in den 3-4 cm langen *Canalis analis* über, der mit dem Anus endet.

Die frontale Krümmung ist rechts durch eine tiefe Einziehung der *Pars sacralis recti* äußerlich sichtbar. Ihr entspricht im Inneren die *Plica transversalis recti* (Kohlrausch-Falte), die etwa 5-8 cm vom Anus entfernt in Höhe der tiefsten Stelle der Peritonealhöhle (bei der Frau: *Excavatio rectouterina;* beim Mann: *Excavatio rectovesicalis)* liegt. Die Kohlrausch-Falte dient bei der rektalen Untersuchung als topographische Orientierungsmarke. Ober- und unterhalb der Kohlrausch-Falte kommt noch je eine von links kulissenartig in das Rektum vorspringende Querleiste vor, die äußerlich allerdings nicht oder nur selten sichtbar sind.

Das Rektum ist unterhalb der Kohlrausch-Falte stark erweiterungsfähig und wird als *Ampulla recti* bezeichnet. Bei der Frau hat die von Bauchfell überzogene *Flexura sacralis recti* Beziehungen zum Peritoneum der *Excavatio rectouterina* und damit zum Uterus, zur Hinterwand der Vagina und zu den Darmschlingen, die sich in die Excavatio eingelagert haben. Rechts und links dieser Flexur ist das Bauchfell zu den *Fossae pararectales* leicht eingesunken. Da die *Pars pelvina recti* aus der Sagittalebene nach rechts ausgebogen ist, berührt die *Flexura sacralis recti* das Ovar in der *Fossa ovarica dextra*, die *Vasa iliaca interna*, die *Vasa uterina* und, bei starker Füllung der Ampulla recti, auch den Ureter. Auf der linken Seite liegen in der *Fossa ovarica* und in der *Fossa pararectalis* die terminale Schlinge des Colon sigmoideum und Abschnitte des Ileum.

Beim Mann steht die *Flexura sacralis recti* in Beziehung zum Bauchfell der *Excavatio rectovesicalis* und damit zur Hinterwand der Harnblase und den Kuppen der Samenblasen.

Hinter der *Pars pelvina recti* liegt die *A. sacralis mediana*, begleitet von der gleichnamigen Vene. Lateral folgen im subserösen Bindegewebe die beiden letzten Ganglien des Truncus sympathicus und die *Aa. sacrales laterales* mit ihren Verbindungszweigen.

Der **Analkanal** beginnt am Oberrand der *Columnae anales* mit der *Linea anorectalis*, setzt die Richtung nach hinten fort und tritt, umgeben vom Kontinenzorgan, durch den Beckenboden und endet mit dem Anus, der beim Mann spaltförmig, bei der Frau eher rundlich ist. Der Analkanal liegt völlig außerhalb des Bauchfellbereiches der Beckenhöhle. Seine vordere Wand ist kürzer als die hintere und steht in Kontakt mit dem *Centrum tendineum perinei*, dem *Diaphragma urogenitale* und dem *Bulbus penis* beim Mann, dem unteren Teil der Vagina bei der Frau. Lateral hat der Analkanal Beziehungen zu den *Fossae ischiorectales*.

Gefäße und Nerven des Rektums und des Analkanals

Die **Blutzufuhr** zur *Pars pelvina recti* erfolgt über die unpaare *A. rectalis superior* aus der A. mesenterica inferior. An der Versorgung des Analkanals sind die *A. rectalis media* aus der *A. iliaca interna* und die *A. rectalis inferior* aus der *A. pudenda interna* beteiligt (◘ Abb. 24.13).

Die *A. rectalis superior* verläuft über die *Vasa iliaca communis sinistra*, liegt dann zwischen den beiden Blättern des Mesocolon sigmoideum und zieht retrorektal abwärts. In Höhe des 3. Sakralwirbels teilt sie sich in 3 Äste, welche die Wand der Pars pelvina recti bis in Höhe des *M. levator ani* versorgen.

Die paarigen Aa. rectales mediae verzweigen sich an der Ampulla recti oberhalb des M. levator ani und geben beim Mann Zweige an die Bläschendrüsen, Prostata und den Blasenfundus ab, bei der Frau erreichen *Rr. vaginales* den unteren Teil der Scheide.

Aus den *Aa. pudendae internae*, die Blut zum Endabschnitt des Rektums, zu den äußeren Geschlechtsorganen und zu den Muskeln und der Haut des Damms führen, gehen die paarigen *Aa. rectales inferiores (anales)* hervor, die von den *Fossae ischiorectales* aus den terminalen Abschnitt des Analkanals und die Haut in der Analregion versorgen.

Die **venösen Abflüsse** des Anorektalschlauches beanspruchen ein besonderes praktisches Interesse, weil hier das Pfortadersystem mit dem System der *V. cava inferior* zusammenhängt. Die Venen der Pars pelvina recti sammeln sich aus dem *Plexus venosus rectalis* zu einem einheitlichen unpaaren Stamm, der *V. rectalis superior*, einer Pfortaderwurzel; sie ist das wichtigste venöse Gefäß des Rektums und damit auch des *Corpus cavernosum recti*. Sie setzt sich über die Linea terminalis hinweg in die *V. mesenterica inferior* und damit zur V. portae fort.

Aus dem Canalis analis fließt das Blut über die paarigen *Vv. rectales mediae*, die auch das venöse Blut aus dem M. levator ani, der Prostata, den Bläschendrüsen und der Vagina aufnehmen, zur *V. iliaca interna* und damit zur *V. cava inferior*. Sie liegen zu beiden Seiten des Rektums im *Paraproctium*.

Die paarigen *Vv. rectales inferiores* nehmen das Blut des Anus aus dem *Plexus venosus rectalis* auf, verlaufen im Fettgewebe der *Fossae ischiorectales* über die *Vv. pudendae internae* zur *V. iliaca interna* und gehören damit zum Stromgebiet der V. cava inferior.

Im Bereich des Plexus venosus rectalis anastomosiert das Cava- mit dem Pfortadersystem.

Für den **Lymphabfluss** existieren 3 Drainagewege:

- Aus dem oberen Rektumdrittel zu den *Nodi lymphatici rectales superiores* entlang der *A. rectalis superior*, von hier zu den prä- und paraaortalen Lymphknoten und schließlich in die *Nodi lymphatici mesenterici inferiores*.
- Das mittlere Drittel drainiert entlang der *A. rectalis media* in die *Nodi lymphatici iliaci interni* und schließlich in die *Nodi lymphatici mesenterici inferiores*.
- Lymphe aus dem Analkanal und aus der Haut der Analregion gelangt zu Lymphknoten in der *Fossa ischiorectalis* mit Abfluss zu den *Nodi lymphatici inguinales superficiales*.

Die **nervöse Versorgung** erfolgt sympathisch über den *Plexus hypogastricus inferior (Plexus pelvicus)*. Er erhält die sympathischen Fasern aus den *Nn. hypogastrici*, die aus dem *Plexus hypogastricus superior* hervorgehen, und aus sakralen Grenzstrangganglien. Die parasympathischen Fasern gelangen mit den *Nn. splanchnici pelvici (Radix parasympathica)* zu den Nervengeflechten des kleinen Beckens.

Aus dem Beckengeflecht löst sich der *Plexus rectalis*, der in das Paraproctium eintritt und sich in einen *Plexus rectalis superior, medius* und *inferior* untergliedern lässt. Diese Unterteilung ergibt sich aus seiner Organbeziehung zur *Pars sacralis recti (Plexus rectalis medius)* und zur *Ampulla recti (Plexus rectalis inferior)*. Der *Plexus rectalis* versorgt den Mastdarm bis zum *M. sphincter ani internus*. Der *M. sphincter ani externus* erhält *Nn. rectales inferiores*, Zweige des *N. pudendus* aus dem 3.–4. Sakralsegment, die auch die Analhaut versorgen.

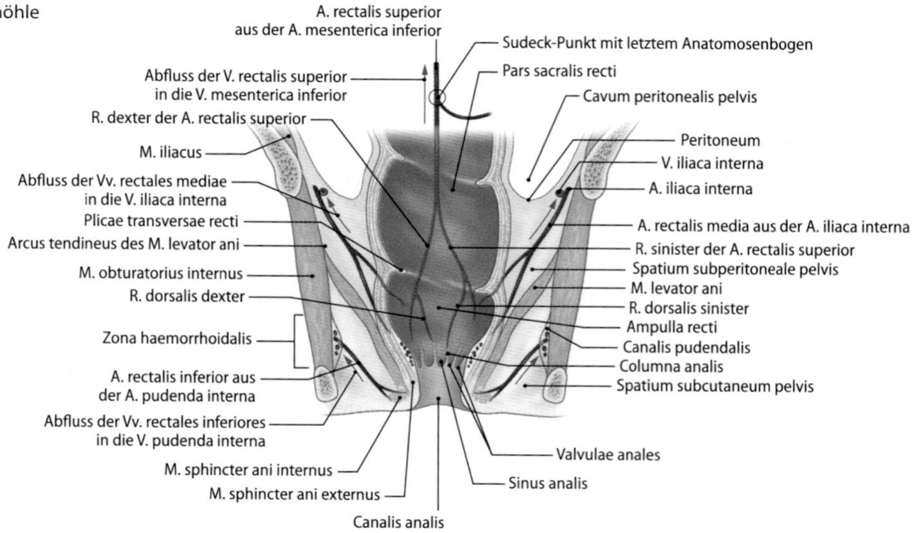

◘ Abb. 24.13. Frontalschnitt durch die Beckenhöhle in Höhe des Rektums

24.12 Digitale Unrersuchung des Rektums
Die **digitale Exploration** des Rektums ist eine unentbehrliche klinische Untersuchungsmethode. Durch die ventrale Rektumwand können Größe und Konsistenz der **Prostata** beurteilt und krankhafte Veränderungen im pararektalen Bindegewebe (Paraproctium) und in den Fossae ischiorectales palpiert werden. Dorsal sind Os sacrum, Os coccygis und eventuell vergrößerte **retrorektale Lymphknoten** tastbar. Bei der Frau kann der eingeführte Finger das *Septum rectovaginale,* die *Cervix uteri*, das *Ostium uteri* und Veränderungen in der *Excavatio rectouterina* fühlen.

24.13 Kolorektales Karzinom
Das Rektum ist häufig Sitz maligner Tumoren. Das kolorektale Karzinom ist einer der häufigsten bösartigen Tumoren, die überwiegend im Rektum und im Sigmoid angesiedelt sind. Hämatogene Fernmetastasen treten in der Leber und in der Lunge auf.

24.14 Hämorrhoiden
Zu den häufigsten Erkrankungen des Analkanals zählen Hämorrhoiden, knotenförmige Vergrößerungen des *Corpus cavernosum recti* mit Fremdkörpergefühl, Schleimabsonderungen und hellroten (arterielle) Blutungen.

24.1.6 Retroperitonealraum (Spatium retroperitoneale)

Das *Spatium retroperitoneale* erstreckt sich vom Zwerchfell bis zum Promontorium und zur Crista iliaca (Retroperitonealraum im engeren Sinne). Tatsächlich aber setzt er sich ohne Grenze in die Fossa iliaca und über die Linea terminalis in den subperitonealen Bindegeweberaum des kleinen Beckens, das *Spatium subserosum pelvis,* fort. Zu beiden Seiten der Wirbelsäule endet das Spatium an der ventrolateralen Bauchwand dadurch, dass sich das Peritoneum parietale der *Fascia transversalis* des *M. transversus abdominis* eng anlegt.

Der Retroperitonealraum enthält die Nieren, die Nebennieren, die Harnleiter und die großen axialen Leitungsbahnen: *Pars abdominalis aortae, V. cava inferior* mit ihren paarigen und unpaaren Ästen, *Trunci lumbales, Truncus intestinalis, Cisterna chyli,* den Lendenteil des *Truncus sympathicus,* große vegetative Nervengeflechte sowie Lymphknoten entlang der Aorta und der V. cava inferior.

24.1.7 Dorsale Bauchwand

Der mittlere Teil der hinteren Bauchwand wird durch die Lendenwirbelsäule gebildet. Zu beiden Seiten schließen sich der *M. psoas major* und der *M. quadratus lumborum* an, weiter lateral folgt das tiefe Blatt der *Fascia thoracolumbalis* mit den Ursprungszacken des *M. transversus abdominis.* Die beiden Muskeln begrenzen tiefe Nischen, *Fossae lumbales,* die sich rechts und links der Wirbelsäule von der 12. Rippe bis zur *Crista iliaca* und zum *Lig. iliolumbale* und lateral bis zum Außenrand des *M. quadratus lumborum* erstrecken. Die Faszie des *M. quadratus lumborum* ist lateral mit der *Fascia thoracolumbalis* verbunden, die des *M. psoas major* vereinigt sich mit der *Fascia iliaca.*

24.1.8 Nieren (Renes)

Die Nieren (Abb. 24.14) liegen in den *Fossae lumbales* annähernd in einer Frontalebene. Man unterscheidet eine *Facies posterior,* eine *Facies anterior,* einen *Margo medialis* und einen *Margo lateralis* sowie eine *Extremitas superior* und eine *Extremitas inferior* (▶ Kap. 11, Abb. 11.2). Der **Nierenhilus** zeigt nach medial ventral. Die Längsachsen der beiden Nieren konvergieren nach kranial, so dass ihre *Extremitates superiores* näher beisammen liegen (7–8 cm) als ihre *Extremitates inferiores* (11–15 cm).

Bezogen auf die Wirbelsäule unterliegt die Höheneinstellung der Nieren einer großen individuellen Schwankungsbreite. So liegt der untere Nierenpol im Inspirium um 3 cm tiefer als in der Ausatmungsphase (▶ Kap. 11, Abb. 11.3). Beim Erwachsenen steht die rechte Niere meistens tiefer als links. Skeletotopisch wichtig ist die Beziehung der Niere zum höchsten Punkt der *Crista iliaca.* Der rechte untere Nierenpol liegt am häufigsten 3 cm kranial vom Darmbeinkamm, der linke etwa 1 cm höher (▶ Tafel 2, Höhenlokalisation).

Nierenhüllen

Die Nieren sind in Hüllen eingeschlossen, die zum Teil ihrer Lageerhaltung dienen. Die **innerste Hülle,** *Capsula fibrosa* (Organkapsel), liegt dem Parenchym eng an und begrenzt ihre Dehnungsfähigkeit. Die **mittlere Hülle,** *Capsula adiposa* (perirenales Fettgewebe), haftet innen an der Capsula fibrosa, außen an der *Fascia renalis,* der **äußeren Nierenhülle.** Die Fascia renalis besteht aus *der Fascia praerenalis* und der *Fascia retrorenalis* (Gerota-Faszie). Die Fascia praerenalis

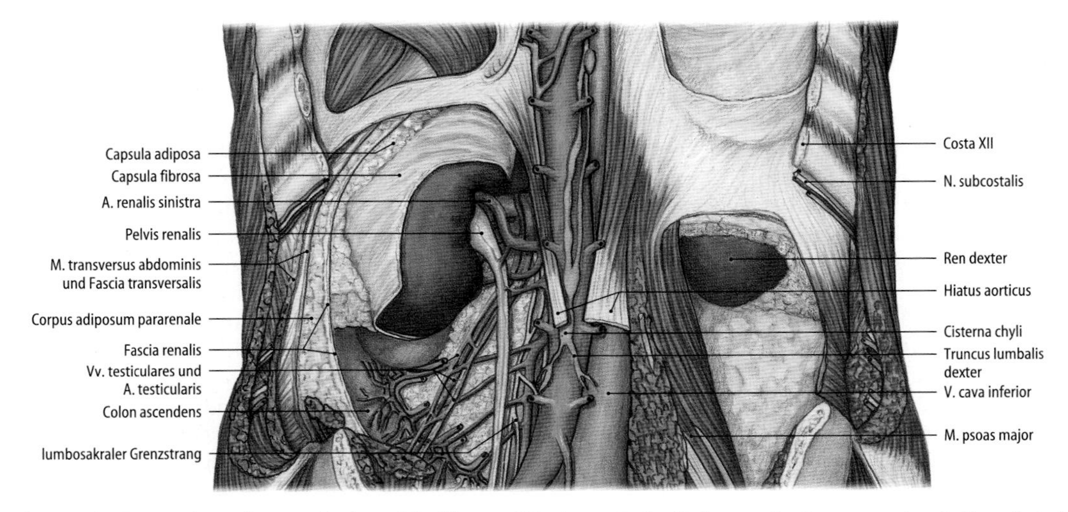

Abb. 24.14. Organe des Retroperitonealraumes, Fettkapsel der Niere und Fascia renalis. Zur Freilegung der Organe wurden die Rumpfwand und der dorsale Teil des Beckens entfernt [1]

überzieht als dünnes Bindegewebeblatt die Vorderfläche und geht medial in das adventitielle Bindegewebe der Aorta und der V. cava inferior über. Die Fascia retrorenalis ist kräftiger gebaut. Kranial ist dieser Fasziensack abgeschlossen und mit der Zwerchfellfaszie verbunden. Lateral vereinigen sich die beiden Blätter, medial öffnet sich der Fasziensack gegen die Regio praevertebralis, so dass den Gefäßen freier Zutritt zur Niere gewährleistet ist. Nach unten verjüngt sich der Fasziensack und ist durch einen Fettpfropfen abgeschlossen.

Da die Nieren eingeschlossen im Fasziensack liegen, stehen sie nur indirekt mit Organen der Bauchhöhle und der hinteren Bauchwand in Beziehung (▶ Kap. 11, ◘ Abb. 11.5a, b).

Lagebeziehungen der Nieren

Die Lagebeziehungen der beiden Nieren nach dorsal sind rechts und links nahezu identisch. Die kraniale Hälfte der *Facies posterior* liegt dem *Crus laterale* der *Pars lumbalis diaphragmatis* auf. Von praktischer Bedeutung sind die Beziehungen der Nieren zum *Trigonum lumbocostale* (Bochdalek-Dreieck), da sie hier nur durch die dünne Bindegewebeschicht der Zwerchfellfaszien von der Pleurahöhle getrennt sind, so dass Erkrankungen des Nierenbettes auf die *Pleura parietalis* übertragen werden können.

Die kaudale Hälfte der *Facies posterior* liegt auf dem *M. quadratus lumborum* und auf dem tiefen Blatt der *Fascia thoracolumbalis* mit den Ursprüngen des *M. transversus abdominis*. Zwischen Niere und dorsaler Bauchwand verlaufen schräg von medial nach lateral absteigend die *Nn. subcostalis, iliohypogastricus und ilioinguinalis*. Die 12. Rippe verläuft bei normaler Lage der Niere über das obere Drittel ihrer Rückfläche in schräg absteigender Richtung von oben medial nach unten lateral. Zwischen 12. Rippe und Niere liegen der *Recessus costodiaphragmaticus* der Pleurahöhle und das Zwerchfell, so dass sich Rippe und Nierenrückfläche nicht berühren.

Der *Margo medialis* liegt in seinem dorsalen Abschnitt jederseits dem *M. psoas major* auf.

24.15 Klinische Hinweise

Entzündliche Erkrankungen können die retrorenal verlaufenden Nerven in Mitleidenschaft ziehen mit ausstrahlenden Schmerzen in die Leistengegend und die äußeren Genitalien.

Der operative Zugangsweg zur Niere liegt in der Regio lumbalis.

Bei Einschmelzung des Fettlagers können die Nieren kaudal in ihrem Fasziensack bis in das kleine Becken verlagert werden *(Ectopia renis)*. Man unterscheidet erworbene **Senknieren,** *Ectopia renis acquisita*, und angeborene ektopische Nieren, *Ectopia renis congenita*. Bei der Nierensenkung kann der Harnleiter abknicken, so dass Harn im Nierenbecken aufgestaut wird. Eine angeborene ektopische Niere ist fixiert, deformiert und hat einen sehr kurzen Ureter. Von einer **Hufeisenniere** spricht man, wenn die beiden unteren Nierenpole miteinander verschmolzen sind. Das Verbindungsstück liegt quer über der Lendenwirbelsäule und den prävertebralen großen Gefäßen (▶ Kap. 11, ◘ Abb. 11.7). Eine **Nierenaplasie** ist das völlige Fehlen einer Niere, eine **Nierenhypoplasie** eine Unterentwicklung (Zwergniere). Vergrößerte Nieren mit doppeltem Becken, doppeltem Ureter oder Gabelureter nennt man **Doppelniere.**

Nierenbecken (Pelvis renalis)

Das Nierenbecken (◘ Abb. 24.14), der erste Abschnitt der harnableitenden Wege, liegt teilweise innerhalb, teilweise außerhalb des *Sinus renalis* und ist deshalb einer direkten Untersuchung nur schwer zugänglich. Der Sinus renalis umschließt die **Nierenkelche** und ihre Vereinigung zum Nierenbecken, die zu- und abführenden Gefäße, Nerven und Fettgewebe.

24.16 Klinische Hinweise

Lage, Form und Größe des Nierenbeckens lassen sich durch **intravenöse Kontrastmittelinjektionen (i.v. Pyelographie, Ausscheidungsurographie)** oder mittels eines Ureterkatheters **(retrograde Pyelographie)** zur Darstellung bringen.

Eine häufige Erkrankung ist die **Nephrolithiasis** (Nierensteinkrankheit). Die Konkremente können im Kelchsystem oder im Nierenbecken sitzen. Ein völliger Ausguss des Nierenbeckens wird als **Korallenstein** bezeichnet.

Bei einer **Nierentransplantation** wird die Spenderniere in die rechte oder linke Fossa iliaca platziert. Die Gefäßanastomosierung erfolgt End-zu-End an die A. und V. iliaca externa, der Spenderureter wird dorsal im Harnblasendach implantiert.

Gefäße und Nerven der Niere

Im Regelfall hat jede Niere eine Arterie und eine Vene. Die beiden *Aa. renales* sind Äste der Aorta abdominalis, die *Vv. renales* münden in die V. cava inferior (▶ Kap. 11.1.2).

Kein Organ zeigt so viele Gefäßvariationen wie die Niere. Etwa 18% haben mehr als eine Arterie, in 2–3% kommen 3 und mehr Nierengefäße vor. Treten größere Äste der Nierenarterien selbständig an die Nierenpole heran, dann spricht man von oberen bzw. unteren **Polarterien** (aberrante Nierenarterien).

Die **Lymphgefäße** haben ihre regionären Lymphknoten rechts zwischen V. cava inferior und Aorta, links am lateralen Rand der Aorta. **Parasympathische** und **sympathische Nerven** ziehen im *Plexus renalis* mit den Nierenarterien, dringen in das Nierenparenchym ein und versorgen die Gefäße und die Glomeruli mit juxtaglomerulären Apparat und die Nierentubuli.

24.17 Klinische Hinweise

Aberrierende und akzessorische Nierenarterien können **Ureterobstruktionen** mit Spasmen und Koliken hervorrufen.

Eine **Nierenarterienstenose** führt kompensatorisch zur Stimulation des Renin-Angiotensin-Systems und damit zu einer arteriellen Hypertonie (renovaskuläre Hypertonie).

Da die Aa. renales und ihre Äste Endarterien sind, führt der Verschluss eines Arterienastes zur Nekrose des von ihm versorgten Gebietes **(Niereninfarkt)**.

Zwischen den ventralen und dorsalen Gefäßterritorien besteht an der dorsolateralen Seite der Niere ein gefäßarmer Bezirk, den der Chirurg als **transrenalen Zugang** zum Nierenbecken, z.B. zwecks Entfernen von Nierensteinen, nutzen kann.

Nebennieren (Glandulae suprarenales)

Die Nebennieren liegen, eingeschlossen im Fasziensack der Niere, in Höhe des 11.und 12. Brustwirbels. Die **rechte Nebenniere** sitzt dem oberen Nierenpol kappenförmig auf. Dorsal legt sie sich dem medialen Zwerchfellschenkel an und überlagert dabei den *N. splanchnicus major* und die rechten Anteile des *Ganglion coeliacum*. Medial grenzt sie an die *V.* cava inferior, die hier die kurze *V. suprarenalis dextra* aufnimmt. Ventral ist sie in das Verwachsungsfeld *(Pars affixa)* des rechten Leberlappens einbezogen. Die **linke Nebenniere** reicht vom oberen Nierenpol bis zum Nierenhilus. Auch sie überlagert den *N. splanchnicus major* und einen Teil des *Plexus solaris*, ist aber ventral – im Gegensatz zur rechten Nebenniere – vollkommen vom Peritoneum der Hinterwand der *Bursa omentalis* bedeckt und hat räumliche Beziehungen zur Hinterwand des Magens.

Die **Blutzufuhr** stammt aus **3 Quellen:**

- *A. suprarenalis superior* aus der *A. phrenica inferior*
- *A. suprarenalis media* aus der Aorta: Sie zieht rechts hinter der unteren Hohlvene, beidseits vor dem *Ganglion coeliacum* zur jeweiligen Nebenniere.

- *A. suprarenalis inferior:* Sie geht jederseits aus der *A. renalis* hervor und steigt zu den Nebennieren auf.

Die hiluswärts abgehende *V. suprarenalis* mündet links in die *V. renalis*, rechts unmittelbar in die *V. cava* inferior.

Die **Lymphgefäße** ziehen zu den *Nodi lymphatici lumbales.*

Beide Nebennieren sind vom *Plexus suprarenalis* umgeben. Seine parasympathischen Fasern kommen vom *Truncus vagalis,* die Sympathikusfasern stammen aus den *Nn. splanchnici.*

24.1.9 Harnleiter (Ureter)

Der etwa 25–30 cm lange Ureter beginnt außerhalb des Nierenhilus in Höhe der Lendenwirbel 2/3. Man unterscheidet 3 Abschnitte: *Pars abdominalis, Pars pelvina* und *Pars intramuralis.*

Pars abdominalis ureteris

Beide Harnleiter verlaufen unmittelbar unter dem Peritoneum auf der Faszie des M. psoas major fast senkrecht neben der Wirbelsäule beckenwärts. Der rechte Ureter wird in seinem Anfangsteil von der *Pars descendens duodeni* überlagert. Kurz bevor er in das kleine Becken absteigt, wird er von der *Radix mesenterii* überkreuzt. Auch ein *Caecum mobile* und eine *Appendix vermiformis* in Medialposition können von ventral her dem rechten Ureter aufliegen. Die *Pars abdominalis* unterkreuzt in ihrem unteren Abschnitt die *Vasa testicularia* bzw. *ovarica* und kommt auf der rechten Seite in Berührung mit der *A. colica dextra* und der *A. iliocolica.* Außerdem kann die *V. cava inferior* dem Ureter dexter unmittelbar anliegen.

Der linke Ureter liegt in seinem Anfangsteil unmittelbar lateral von der *Plica duodenalis superior.* In seinem weiteren Verlauf nach kaudal wird er von der *A. mesenterica inferior* oder deren Ästen, der *A. colica sinistra* und der *A. sigmoidea,* überkreuzt. Wie der rechte Ureter unterkreuzt der linke die *Vasa testicularia* bzw. *ovarica* in wechselnder Höhe. Auf der linken Seite liegen zwischen Ureter und Aorta noch der *Truncus sympathicus* und Lymphknotengruppen. Kurz vor seinem Eintritt in das kleine Becken wird er vom Ansatz des Mesosigmoideum und von der Sigmoidschlinge überlagert. Er ist hier im *Recessus intersigmoideus* unmittelbar unter dem Peritoneum leicht aufzufinden.

Die Pars abdominalis endet vor der *Articulatio sacroiliaca* und geht unter Bildung *der Flexura marginalis ureteris* in die Pars pelvina über.

Pars pelvina ureteris

Der Verlauf des Beckenabschnitts ist bei Mann und Frau prinzipiell gleich, nur die Gefäß- und Organbeziehungen sind geschlechtsspezifisch unterschiedlich. Unmittelbar nach der Flexura marginalis überkreuzt der linke Ureter die *Vasa iliaca communia,* der rechte meistens die *Vasa iliaca externa et interna.* Im Beckenabschnitt beschreibt er einen nach ventral konkaven Bogen und verläuft dabei medial von der *A. iliaca interna.* Er überkreuzt die *Vasa obturatoria,* den *N. obturatorius* und die **obliterierte Nabelarterie,** die zur seitlichen Harnblasenwand zieht. Unmittelbar nach der Überkreuzung der Beckengefäße entfernt er sich vom Peritoneum, tritt in das **pararektale Bindegewebe** ein und erreicht in einem flachen Bogen, direkt an der Abgangsstelle der *Plica rectovesicalis,* die Hinterfläche der Harnblase. Seine Eintrittsstelle in die Blasenwand wird beim Mann vom *Ductus deferens* überkreuzt und von den Kuppen der Samenblasen dorsal bedeckt. Zudem ist in diesem Bereich der Ureter vom *Plexus venosus vesicalis* umgeben. Auch bei der Frau kreuzt der Ureter alle Gefäße der seitlichen Beckenwand und bildet häufig die hintere Begrenzung der *Fossa ovarica.* Er erreicht über das pararektale Bindegewebe mit einem nach kaudal konvexen Bogen (von Gynäkologen als »Ureterknie« bezeichnet) das *Parametrium* und verläuft hier nach vorn und unten zur Einmündung in den *Fundus vesicae.* An der Basis des Lig. latum wird er von der *A. uterina* überkreuzt, die in diesem Bereich regelmäßig Zweige an ihn abgibt. Im Parametrium bleibt der Ureter in der Regel 1,0–2,5 cm von der Cervix uteri entfernt, streift aber die vordere Wand der Vagina unterhalb des *Ostium uteri,* Beziehungen, die für den Operateur von großer praktischer Bedeutung sind. Die letzte Strecke ist von den Venen des *Plexus uterovaginalis* umgeben.

Pars intramuralis ureteris

Schließlich durchsetzen die Ureteren die Blasenwand *(Pars intramuralis)* in schräger Richtung und münden im oberen lateralen Winkel des *Trigonum vesicae* in die Blase ein.

Physiologische Engen

Für den Harnleiter bestehen 3 physiologische Engen:
- am Abgang vom Nierenbecken in den Ureter (sog. Ureterhals)
- an der Kreuzungsstelle mit den Gonadengefäßen und den Ileakalgefäßen
- an der Durchtrittsstelle durch die Harnblasenwandung.

Gefäße und Nerven des Harnleiters

Das obere Harnleiterdrittel wird von Ästen der *A. renalis* und von Zweigen der *Aa. lumbales* erreicht, die Arterien zum mittleren Drittel sind direkte Aortenäste oder Zweige der *A. testicularis* bzw. *ovarica;* an der Versorgung des unteren Drittels sind Äste der *A. ductus deferentis* bzw. der *A. uterina,* der *A. vesicalis inferior* und der *A. iliaca interna* beteiligt. Das **venöse Blut** wird über entsprechende venöse Äste der *V. iliaca interna* und der *V. renalis* zugeleitet. **Regionäre Lymphknoten** sind *Nodi lymphatici lumbales, iliacae communes* und *iliaci interni* an der *A. iliaca interna.*

An der **Innervation** sind Parasympathikusfasern beteiligt, die den *Plexus uretericus* mit Fasern aus dem *Plexus renalis* und dem *Plexus aorticus abdominalis* bilden. Sensible Fasern verlaufen in den *Nn. splanchnici* zum Rückenmark.

24.18 Fehlbildungen des Ureters

Anomalien der Ureteren kommen bei 3–4% der Neugeborenen vor:
- **Ureter fissus:** Spaltung des Harnleiters
- **Ureter duplex:** Komplett voneinander getrennte Nierenbecken und zwei selbständige Ausmündungen in die Harnblase
- **Ureterektopie:** Der Ureter hat eine **extravesikale** oder **ektope Mündung,** z.B. in die Urethra, Vagina, das hintere Scheidengewölbe, oder in den Samenleiter
- **Ureterdystopie:** Der Ureter mündet an anomaler Stelle, z.B. im Trigonum vesicae oder kaudal in die Urethra
- **Megaureter:** Dilatation des Ureters
- **Ureterozele:** Zystische Dilatation des vesikalen Ureterendes

24.19 Infektion und weitere krankhafte Störungen

Unter dem Begriff **Harnweginfektion** fasst man alle durch Bakterien hervorgerufenen Infektionen zusammen: Entzündungen der Nieren **(Pyelonephritis)**, der Harnblase **(Zystitis)**, der Harnröhre **(Urethritis)**.

In den Nierenkelchen oder im Nierenbecken gebildete Steine können im Ureter stecken bleiben, bevorzugt an den Engstellen **(Uretersteine)**. Der Versuch des Ureters, durch Kontraktionen seiner Wandmuskulatur Steine in Richtung Harnblase zu treiben, ist mit heftigen Schmerzen **(Koliken)** verbunden. Verlegt ein Stein das Ureterlumen vollständig, kommt es zum **Harnrückstau** in das Nierenbecken.

▼

Eine **Harnabflussstörung** kann aber auch Folge einer **Ureterabgangsstenose** am Übergang des Nierenbeckens zum Harnleiter sein, z.B. durch **aberrierende Gefäße, Ureterwandverdickungen** oder den sog. hohen Ureterabgang im Nierenbecken. Es resultiert eine starke Erweiterung des Nierenbeckenkelchsystems **(Hydronephrose)**.

Beim **vesikoureteralen Reflux** handelt es sich um ein Zurückfließen des Harns im Ureter und Nierenbecken infolge nicht ausreichender Verschlussfähigkeit des Ureterostiums.

24.1.10 Prävertebrale Ganglien und autonome Nervengeflechte

- Das **Ganglion coeliacum,** in dem der *N. splanchnicus major* (Th5-9) und der *N. splanchnicus minor* (Th10-11) (sympathische Fasern), ferner Äste des *Truncus vagalis posterior* (parasympathische Fasern) und Zweige des *N. phrenicus dexter* enden, liegt am Abgang des *Truncus coeliacus*. Es besteht häufig aus mehreren **Nervenzellknötchen** *(Ganglia coeliaca)*. Meistens liegen rechts 2-3 Knötchen lateral vom *Truncus coeliacus* hinter der *V. cava inferior* und hinter dem Pankreaskopf, links ein Ganglion oberhalb des Pankreaskörpers in der Hinterwand der Bursa omentalis.
- Das **Ganglion mesentericum superius** umfasst als unpaares, kleineres und weniger konstantes Knötchen die *A. mesenterica superior*.
- Die **Ganglia aorticorenalia,** auch als *Ganglion mesentericum inferius* bezeichnet, liegen an den Abgangsstellen der *Aa. renales* direkt auf der Aorta.

Die der ventralen Fläche der Aorta abdominalis aufliegenden Nervengeflechte werden zum *Plexus aorticus abdominalis* zusammengefasst. Er reicht von der Abgangsstelle des Truncus coeliacus bis zur Bifurkation der Aorta und wird in folgende Einzelplexus gegliedert:

- **Plexus coeliacus** (*Plexus solaris,* Sonnengeflecht): Er breitet sich zwischen den Ursprüngen des Truncus coeliacus und der *Aa. phrenicae inferiores*, der *A. mesenterica superior* und den *Aa. renales* aus. Seine postganglionären Fasern bilden die *Plexus gastrici, hepaticus, splenicus (lienalis), pancreaticus, renalis* und *suprarenalis*.
- **Plexus mesentericus superior:** Er zieht mit den Ästen der *A. mesenterica superior* zum Dünndarm und bis zum Quercolon des Dickdarms.
- **Plexus intermesentericus:** Er liegt zwischen den Wurzeln der beiden Aa. mesentericae superior und inferior der Aorta abdominalis direkt auf.
- **Plexus mesentericus inferior:** Er folgt den Verzweigungen der A. mesenterica inferior und versorgt den Dickdarm vom linken Teil des Quercolons bis zum Rektum *(Plexus rectalis superior)*. Das Geflecht erhält Zuflüsse aus dem *Plexus intermesentericus* und parasympathische Fasern aus den *Nn. splanchnici lumbales*.
- **Plexus testicularis:** Er umspinnt die *A. testicularis* und bezieht Fasern aus den Plexus intermesentericus und renalis, weiter kaudal aus den *Plexus hypogastrici superior* und *inferior*.
- **Plexus ovaricus:** Er umspinnt die gleichnamige Arterie zum Ovar.
- **Plexus iliaci:** Sie setzen beidseits die präaortalen Geflechte auf den *Aa. iliacae communes* fort und gehen am Oberschenkel in den *Plexus femoralis* über.

Der Plexus hypogastricus superior bildet die kaudale Fortsetzung des präaortalen Nervengeflechts und verbindet den *Plexus aorticus abdominalis* mit dem zentralen Beckengeflecht, dem Plexus hypogastricus inferior. Das unpaare Geflecht liegt zunächst vor der Bifurcatio aortae, gelangt in Höhe des Promontorium über die *Vasa iliaca communia sinistra* hinweg ins Becken und liegt dann hinter dem *Peritoneum parietale* vor der *A. sacralis mediana* und hinter der *A. rectalis superior.* Der Plexus erhält Zuflüsse aus den beiden Lumbalganglien des Grenzstranges. Etwa 4 cm unterhalb des Promontorium teilt er sich in zwei Äste, den *N. hypogastricus dexter* und *sinister*, die in den Plexus hypogastricus inferior einstrahlen.

24.1.11 Pars lumbalis des Grenzstranges

Die *Pars lumbalis trunci sympathici* besteht meistens aus 4 Ganglien, die im Retroperitonealraum am medialen Rand des M. psoas major liegen, rechts hinter der V. cava inferior, links lateral von der Aorta abdominalis. Hinter den *Aa. iliacae communes* geht sie in den Sakralteil, *Pars sacralis*, über. Ihre langen *Rr. communicantes* verlaufen unter den sehnigen Ursprungsarkaden des M. psoas major hindurch zu den lumbalen Spinalnerven. Aus den lumbalen Grenzstrangganglien gehen die 4 *Nn. splanchnici lumbales* hervor, die in die prävertebralen Geflechte der Aorta abdominalis einstrahlen. Der *N. splanchnicus* vom 4. lumbalen Grenzstrangganglion kreuzt auf seinem Weg zum Plexus hypogastricus superior die A. iliaca communis, an die er Äste abgibt.

Retroperitoneale Paraganglien, bevorzugt entlang der Aorta, nach lateral bis zur Niere, nach kaudal bis ins kleine Becken und in die Harnblasenwand reichend, sind bis zum 3. Lebensjahr gut ausgebildet. Das größte Paraganglion ist das **Zuckerkandl-Organ.** Es liegt paarig unterhalb des Ursprungs der A. mesenterica inferior und ist beim Neugeborenen etwa 10 mm lang.

24.1.12 Bauchaorta und untere Hohlvene

Die **Bauchaorta** *(Pars abdominalis aortae)* verläuft unmittelbar vor der Wirbelsäule abwärts und teilt sich vor dem 4. Lendenwirbelkörper in die paarigen *Aa. iliacae communes (Bifurcatio aortae)*. Ihre direkte Fortsetzung ist die kaliberschwache *A. sacralis mediana*, die hinter der *V. iliaca communis sinistra* ins kleine Becken zieht. Die *Bifurcatio aortae* projiziert sich ventral etwa auf die Nabelregion. Rechts neben der Aorta liegt die **untere Hohlvene** *(V. cava inferior)*, die am unteren Rand des 4. Lendenwirbels durch die Vereinigung der beiden *Vv. iliacae communes* entstanden ist. Im unteren Abschnitt liegen Aorta abdominalis und V. cava inferior dicht beisammen. Kranialwärts entfernt sich die untere Hohlvene mehr und mehr von der Wirbelsäule und weicht gleichzeitig nach rechts aus, so dass die beiden großen Gefäße schräg zueinander stehen und zusammen einen in der Vertikalebene spitzen Winkel bilden *(Spatium intervasculare)*. Durch das Spatium intervasculare verlaufen in querer Richtung die *V. renalis sinistra,* die die Aorta überkreuzt und in die V. cava inferior einmündet, kranial folgen die *A. renalis dextra* und die *A. hepatica communis*. An der breitesten Stelle des Spatium intervasculare legt sich der *Lobus caudatus hepatis* hinein.

Topographisch werden für die beiden großen Gefäße an der Bauchrückwand 3 Abschnitte unterschieden: *Pars coeliaca, Pars duodenopancreatica, Pars lumbalis.*

Pars coeliaca

Die V. cava inferior liegt hier in der dorsalen Wand des *Foramen omentale (epiploicum)* und schließlich im *Sulcus venae cavae hepatis*. Sie überlagert die *A. phrenica inferior dextra,* die *Nn. splanchnici major et minor dextri* und die *Glandula suprarenalis dextra*. Dicht

24

unterhalb des *Foramen venae cavae* nimmt sie die *Vv. hepatici* auf und erreicht durch das *Foramen venae cavae diaphragmatis* die *Cavitas pericardialis*. Auf der Höhe des Zwerchfells hat die untere Hohlvene einen Durchmesser von 30–34 mm.

Die Aorta gibt nach ihrem Durchtritt durch den *Hiatus aorticus* die beiden parietalen *Aa. phrenicae inferiores* für die Zwerchfellunterfläche ab. Sie entlassen beidseits die *A. suprarenalis superior*. Der wichtigste unpaare Ast der Pars coeliaca ist der *Truncus coeliacus*, der mit einem kurzen großkalibrigen Stamm in Höhe des 12. Brustwirbels oder des 1. Lendenwirbelkörpers ventral aus der Aorta hervorgeht und sich unter Bildung des *Tripus Halleri* aufteilt. Der kurze Stamm des *Truncus coeliacus* liegt mitten im Plexus coeliacus.

Pars duodenopancreatica

Dieser Gefäßabschnitt wird ventral vom Pankreas und von der *Pars inferior duodeni* überlagert und verdeckt. Am unteren Pankreasrand nimmt die *A. mesenterica superior* von der Vorderwand der Aorta ihren Ursprung, in Höhe des 1. Lendenwirbels die beiden *Aa. renales et suprarenales mediae*. Kaudal davon entspringen in variabler Höhe die *Aa. testiculares* bzw. *ovaricae*. Der V. cava inferior fließen in diesem Bereich die *V. testicularis* bzw. *ovarica dextra* und die beiden *Vv. renales* zu. Betrachtet man die Gefäßstrecken von ventral, dann erkennt man 2 **Gefäßkreuze:** rechts ein venöses, links ein arterielles, gebildet von der **Aorta, V. cava inferior** und den **Vasa renalia.**

Pars lumbalis

Dieser Gefäßabschnitt reicht vom 2. bis zum 4. Lendenwirbel. Aorta und V. cava inferior liegen direkt hinter dem Peritoneum und werden nicht von anderen Organen überlagert. In Höhe des 3. Lendenwirbelkörpers geht die *A. mesenterica inferior* aus der Bauchaorta hervor. Ihre Äste sind die *A. colica sinistra, Aa. sigmoideae* und *A. rectalis superior*.

Als kleine segmentale Arterien verlaufen die *Aa. lumbales* hinter den Psoasarkaden und geben ventrale Äste zu den Muskeln der hinteren Bauchwand und dorsal in die Rückenregion ab. Je ein *R. spinalis* gelangt in den *Canalis vertebralis*.

Die Äste der V. cava inferior halten sich dicht an die entsprechenden Arterien. Auch die *Vv. lumbales III* und *IV* sind Begleitvenen der entsprechenden Arterien. Die *Vv. lumbales I und II* dagegen werden beidseits direkt von der *V. lumbalis ascendens* aufgenommen. Sie steigt, bedeckt vom M. psoas major, vor den *Processus costales* der Lendenwirbel aufwärts, vereinigt sich mit der *V. subcostalis* und gelangt durch den jeweiligen medialen Zwerchfellschenkel in den Brustraum. Hier findet sie Anschluss an die *V. azygos* und *hemiazygos*, wodurch zwischen unterer und oberer Hohlvene ein Kollateralkreislauf entsteht, der die V. cava inferior ersetzen kann. Schließlich sind die Anastomosen der *Vv. lumbales* mit den Venengeflechten im Bereich der Wirbelsäule, dem *Plexus vertebralis*, zu beachten.

24.1.13 Lendenlymphknoten (Nodi lymphatici lumbales)

Entlang der Aorta und der V. cava inferior liegen die *Nodi lymphatici lumbales dextri et sinistri*, die von der Leistengegend bis zum Zwerchfell eine ununterbrochene Kette bilden und durch zahlreiche Lymphgefäße untereinander verbunden sind.

Ihre *Vasa efferentia* bilden beidseits der Wirbelsäule einen Lymphgefäßstamm, den *Truncus lumbalis dexter et sinister*, die sich zwischen dem 11. Brust- und 2. Lendenwirbelkörper zum *Ductus thoracicus* vereinigen. Diese Vereinigungsstelle ist in etwa 35% der Fälle zur *Cisterna chyli* erweitert. Der *Truncus intestinalis*, der die Lymphe aus den viszeralen Lymphknoten heranführt, mündet von ventral herkommend in den Truncus lumbalis sinister, seltener in die Cisterna chyli. Der Ductus thoracicus tritt aus dem Bauchraum durch den *Hiatus aorticus* in das hintere Mediastinum.

24.2 Becken (Pelvis)

24.2.1 Definition und Einteilung

In der topographischen Anatomie und in der Praxis wird als Becken und Beckenhöhle das kleine Becken und sein Inhalt verstanden.Die Beckenhöhle, *Cavitas pelvis*, ist demnach der im kleinen Becken gelegene Teil des Bauchraumes. Man unterscheidet den Beckeneingang, *Apertura pelvis superior*, den Beckenausgang, *Apertura pelvis inferior*, und die Beckenwände.

Der Beckeneingang wird von der *Linea terminalis* umrundet, die Ebene durch den Beckeneingang wird **Beckeneingangsebene** genannt (► Kap. 4.5). Der Beckenausgang wird durch den *Arcus pubicus*, die *Tubera ischiadica* und die *Ligg. sacrotuberalia* begrenzt und durch den Beckenboden abgeschlossen. Die Cavitas pelvis wird in die Peritonealhöhle des Beckens, *Cavitas peritonealis pelvis*, und in das *Spatium extraperitoneale pelvis* (Subperitonealraum) gegliedert.

Die Cavitas peritonealis pelvis setzt die *Cavitas peritonealis* des Bauchraumes fort. Das *Spatium subperitoneale pelvis* ist zugleich der kaudale Teil des *Spatium retroperitoneale*, das hinter und unterhalb der Peritonealhöhle bis zum Beckenboden reicht. Es steht ventral mit dem *Spatium retropubicum* in Verbindung.

Im kleinen Becken liegen die Harnblase, die Pars pelvica der Harnleiter, das Rektum, der Analkanal und die inneren Geschlechtsorgane *Ductus deferens, Glandula vesiculosa* und *Prostata* beim Mann, *Ovar, Tuba uterina, Uterus* und *Vagina* bei der Frau.

Im subperitonealen Bindegewebe des Beckenraumes verlaufen die *A.* und *V. iliaca interna* mit sie begleitenden Lymphbahnen und die autonomen *Plexus* zur Versorgung der Beckenorgane.

24.2.2 Beckenboden – Weichteilverschluss

Der Ausgang der Beckenhöhle (◘ Abb. 24.15, 24.16 und 24.17) wird durch Muskelplatten und Bindegewebsschichten verschlossen, die zusammen den Beckenboden, *Diaphragma pelvis* und *Diaphragma urogenitale*, bilden. Die innere Weichteilverschlussschicht ist das *Diaphragmapelvis*, das einen nach kaudal gerichteten Trichter bildet, der jederseits aus einem breiten, platten Muskel, dem *M. levator ani dexter et sinister*, und dem *M. ischiococcygeus dexter et sinister* besteht. Die beiden *Mm. levatores ani* mit ihren Faszien weichen von hinten nach vorn auseinander und begrenzen in der Tiefe mit ihren freien Rändern, den Levatorenschenkeln, den *Hiatus levatorius* (Levatortor). Dieser bildet hinten im *Trigonum rectale* den *Hiatus analis*, vorn im *Trigonum urogenitale* den *Hiatus urogenitalis* für den Durchtritt der Urethra beim Mann, der Urethra und der Vagina bei der Frau. Hiatus analis und Hiatus urogenitalis sind durch eine Weichteilbrücke, das *Centrum tendineum perinei*, voneinander getrennt. Hinter dem Hiatus analis vereinigen sich die beiden Levatorenschenkel in der *Raphe anococcygea (Lig. anococcygeum)* und umfassen den Analkanal schlingenförmig von hinten.

Der **M. levator ani** besteht aus 3 gestaffelt angeordneten Muskeln:
- M. pubococcygeus
- M. iliococcygeus
- M. puborectalis

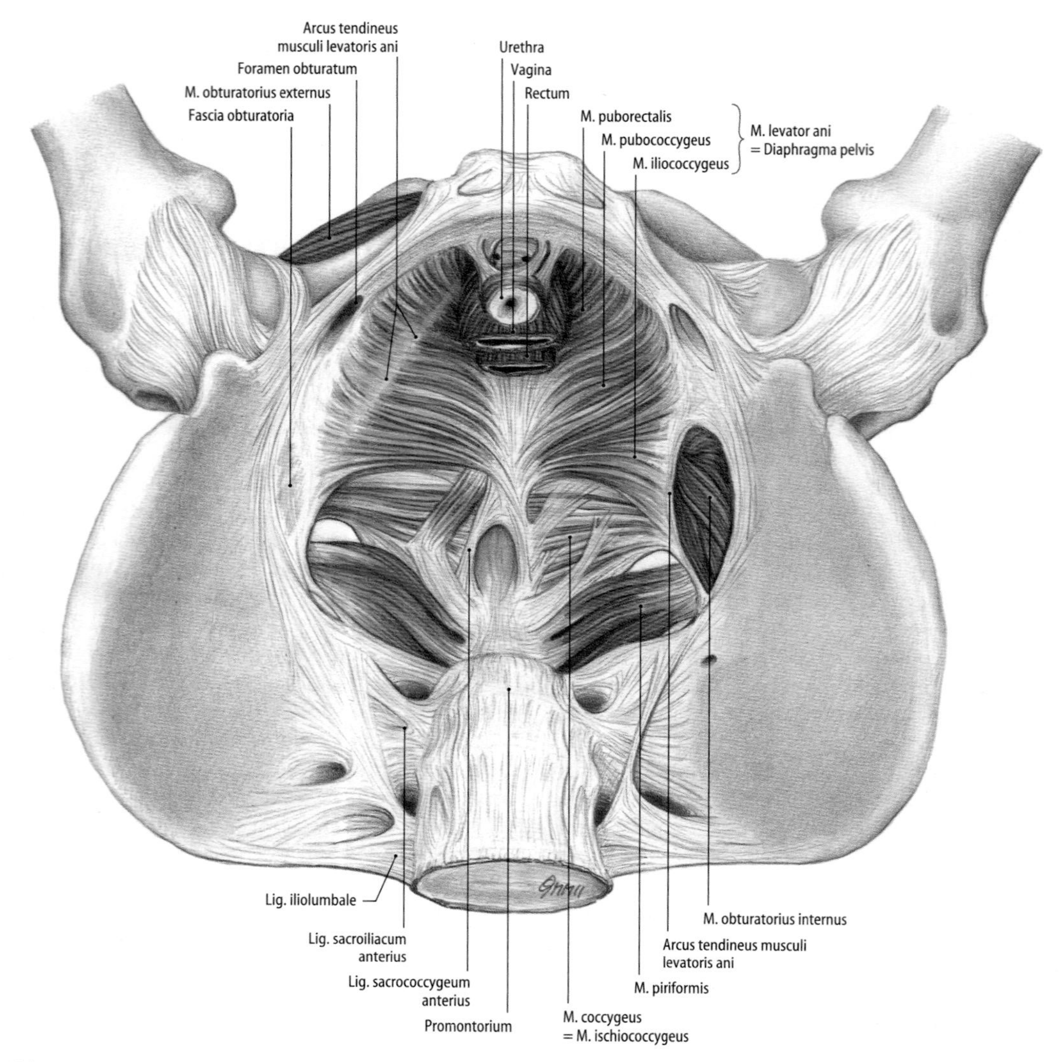

Abb. 24.15. M. levator ani (Diaphragma pelvis) einer Frau, Ansicht von oben. Urethra, Vagina und Rektum sind reseziert, die Fascia obruratoria auf der rechten Seite ist gefenstert [1]

Der kräftige *M. pubococcygeus* entspringt an der Innenfläche des oberen Schambeinastes, seine vordersten Fasern nahe am Schambeinwinkel. Seine medialen Faserzüge der rechten und der linken Seite bilden die bereits erwähnten Levatorenschenkel. Diese ziehen dorsal- und kaudalwärts, verlaufen seitlich am Rektum vorbei nach hinten und erreichen das Steißbein. Einige Fasern gelangen beim Mann als *M. levator prostatae (M. puboprostaticus)* zur Faszie der Prostata, bei der Frau als *M. pubovaginalis* in die Vaginalwand.

Der schwächere *M. iliococcygeus* entspringt vom *Arcus tendineus musculi levatoris ani.* Seine Muskelfasern, die teils schräg, teils senkrecht von oben lateral nach unten medial verlaufen, inserieren hinter dem Anus im *Lig. anococcygeum* und an der Steißbeinspitze.

Der *M. puborectalis* entspringt unterhalb des Ursprungs vom M. pubococcygeus an der Innenfläche des *Os pubis* seitlich der Symphyse. Die Muskelfasern beider Seiten durchflechten sich zu einer nach ventral offenen Muskelschlinge, die in Höhe der *Flexura perinealis recti* das Rektum umgreift. Unterhalb davon beginnt der Analkanal.

Der häufig rudimentäre *M. ischiococcygeus* schließt dorsal an den M. iliococcygeus an. Er entspringt an der Spina ischiadica und am Lig. sacrospinale und inseriert am *Os sacrum* und an den Steißbeinwirbeln.

Der *M. levator ani* wird innen von der *Fascia diaphragmatis pelvis superior* überzogen; sie bildet den Boden des *Spatium subserosum pelvis.* Die *Fascia diaphragmatis pelvis inferior* bedeckt seine Außenfläche und trennt den Muskel vom Fettgewebe der *Fossa ischioanalis (ischiorectalis)* (Abb. 24.18).

Der äußere, aus quergestreifter Muskulatur bestehende Schließmuskel des Afters, *M. sphincter ani externus*, wird in 3 Anteile gegliedert:
- *Pars subcutanea*
- *Pars superficialis*
- *Pars profunda*

Die **Pars subcutanea** liegt direkt unter der Haut des Anus und damit unterhalb des *M. sphincter ani internus.*

Die **Pars superficialis** besteht aus Muskelfaserbündeln, die beidseits vom Canalis analis liegen und vorn in das *Centrum tendineum perinei* einstrahlen; dorsal setzen sie am Steißbein und am *Lig. anococcygeum* an.

Die **Pars profunda** reicht 3–4 cm nach kranial; sie ist ringförmig angeordnet und dorsal eng mit dem *M. puborectalis* verbunden. Die *Pars profunda* ist der wichtigste Teil des Sphincters, der das Analrohr willkürlich verschließt.

Diaphragma urogenitale

Das *Diaphragma urogenitale* ist eine von Bindegewebe durchsetzte dreieckförmige Muskelplatte, die als *M. transversus perinei profundus* das *Spatium perinei profundum* (tiefer Dammraum) zwischen dem *Ramus inferior ossis pubis* und dem *Ramus ossis ischii* beider Seiten ausfüllt (▣ Abb. 24.16). Diese transversale Muskelplatte verschließt mit abgestumpfter, symphysenwärts gerichteter Spitze das Levatortor kaudal vom Diaphragma pelvis und endet in Höhe der Sitzbeinknorren mit freiem Rand. Seine Muskelfasern strahlen in das *Centrum tendineum perinei (Corpus perineale)* ein. Ventralwärts verschließt er den Raum zwischen *Hiatus urogenitalis* und Symphyse mit einer *Membrana perinei*. Der Muskel wird auf seiner Ober- und Unterseite von der *Fascia diaphragmatis urogenitale superior et inferior* begleitet, die sich an seinem vorderen Rand zwischen den beiden unteren Schambeinästen zum *Lig. transversum perinei* vereinigen (▣ Abb. 24.18). Diese bindegewebig-muskulöse Platte erreicht aber die Symphyse nicht. Viemehr bleibt ein schmaler Schlitz bestehen, durch den beim Mann die *V. dorsalis profunda penis* in den *Plexus venosus prostaticus*, bei der Frau die *V. dorsalis profunda clitoridis* in den *Plexus venosus vesicalis* übertritt.

Im *Trigonum urogenitale* durchsetzt die *Pars membranacea urethrae* den M. transversus perinei profundus; sie wird hier vom *M. sphincter urethrae externus* des M. transversus perineus profundus umschlossen. Bei der Frau wird er hinter der Urethra durch den Durchtritt der Vagina unterbrochen. Vom *M. sphincter urethrae externus* der Frau spalten sich Fasern ab, die als *M. sphincter urethrovaginalis* die Mündung der Vagina umfassen. Beim Mann liegen im tiefen Dammraum unter der *Fascia diaphragmatica urogenitalis inferior*, nahe an der Durchtrittsstelle der Urethra, die paarigen, etwa linsenförmigen *Glandulae bulbourethrales* (Cowper), welche in den Anfangsteil der *Pars spongiosa urethrae* einmünden.

Der oberflächliche Dammraum, das *Spatium superficiale perinei*, schließt sich außen an die *Fascia diaphragmatis urogenitalis inferior* an und enthält am hinteren freien Rand des M. transversus perinei profundus den oberflächlichen Dammmuskel, *M. transversus perinei superficialis*. Der oberflächliche Dammraum enthält die Wurzel des Penis bzw. der Clitoris, ferner die Schwellkörpermuskeln *M. ischiocavernosus* und *M. bulbocavernosus*. Der M. bulbocavernosus, der bei der Frau die Scheide umschnürt, entspringt im *Centrum tendineum* und setzt symphysenwärts an der Faszie des *Corpus clitoridis* an. Die Muskeln beider Seiten bedecken seitlich das *Vestibulum vaginae* und damit jederseits den Schwellkörper, *Bulbus vestibuli*. Jederseits liegt eine *Glandula vestibularis major* (Bartholin-Drüse), die über einen Ausführungsgang zwischen *Labium minus* und *Ostium vaginae* in das *Vestibulum vaginae* mündet. Nach hinten setzen sich die Fasern des *M. bulbocavernosus* in jene des *M. sphincter ani externus* fort, so dass After und Scheideneingang von einer Achtertour brillenartig umrahmt werden (▣ Abb. 24.16). Der schwächere *M. ischiocavernosus* der Frau entspringt vom *Ramus ossis ischii* und endet in der *Tunica albuginea* der *Crura clitoridis*.

Der *M. bulbocavernosus* des Mannes, der medial dem *Corpus spongiosum penis* und dem *Corpus cavernosum penis* aufliegt, zieht mit oberflächlichen Fasern vom *Centrum tendineum perinei* in schrägem Verlauf auf die mediane Raphe an der Unterfläche des *Bulbus penis*. Der weitaus größte Anteil dieses Muskels entspringt jedoch von eben dieser Raphe und umkreist den Schwellkörper des Penis ringförmig. Seine Fasern strahlen auf dem Penisrücken in die *Fascia penis* ein.

Der *M. ischiocavernosus* des Mannes entspringt sehnig vom Ramus ossis ischii und vom *Lig. sacrotuberale*. Er bedeckt die paarigen Schwellkörper, die als *Crura penis* an die unteren Schambeinäste angeheftet sind. Die Muskelfasern enden an der *Tunica albuginea* des *Corpus cavernosum penis*.

Im üblichen Sprachgebrauch wird als **Damm,** *Perineum*, nur die **Weichteilbrücke** zwischen **Analkanal** und **Urogenitalorganen** bezeichnet. Sie entspricht dem Centrum tendineum perinei (Corpus perineale). Bei der Frau ist diese Brücke kurz. Sie erstreckt sich vom vorderen Rand der Analöffnung bis zur hinteren Umrandung des *Vestibulum vaginae* (▣ Abb. 24.16). Beim Mann ist diese Weichteilbrücke länger. Sie rechnet vom vorderen Umfang der Analöffnung bis zur Wurzel des Hodensackes (▣ Abb. 24.17). Die Muskeln, die sich am Aufbau dieser Brücke beteiligen, werden als **Dammmuskeln** bezeichnet. Der Damm ist fest und derb, da in dieser Gewebeplatte nicht nur quergestreifte Muskeln, sondern besonders reichlich sehniges

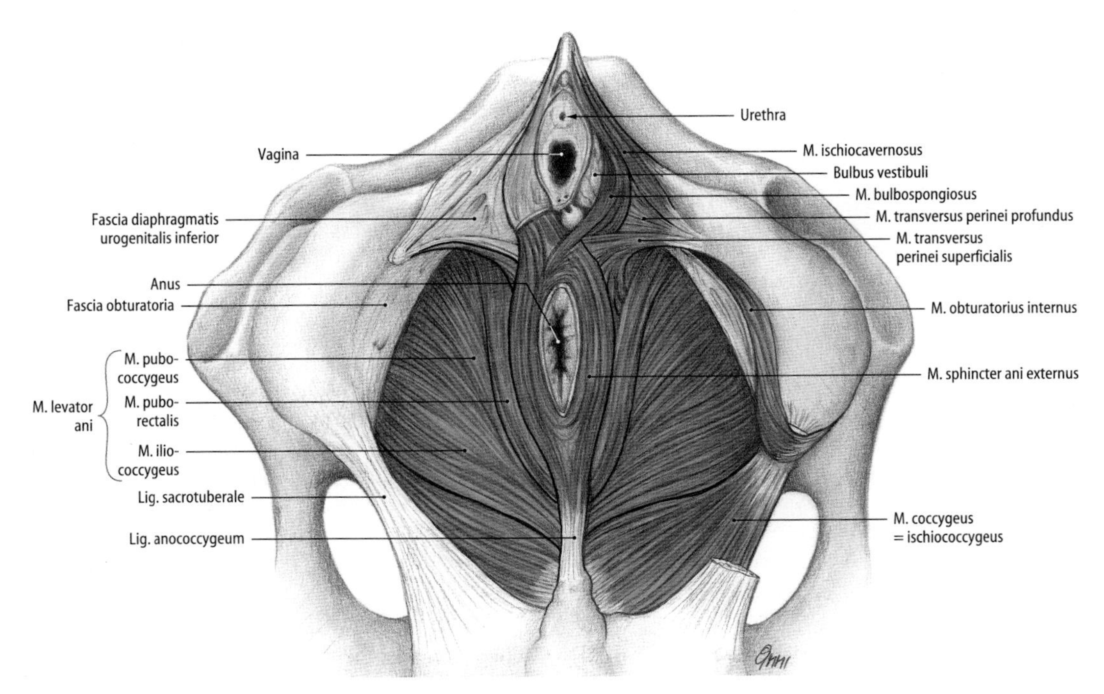

▣ **Abb. 24.16.** Dammregion der Frau, Ansicht von unten hinten [1]

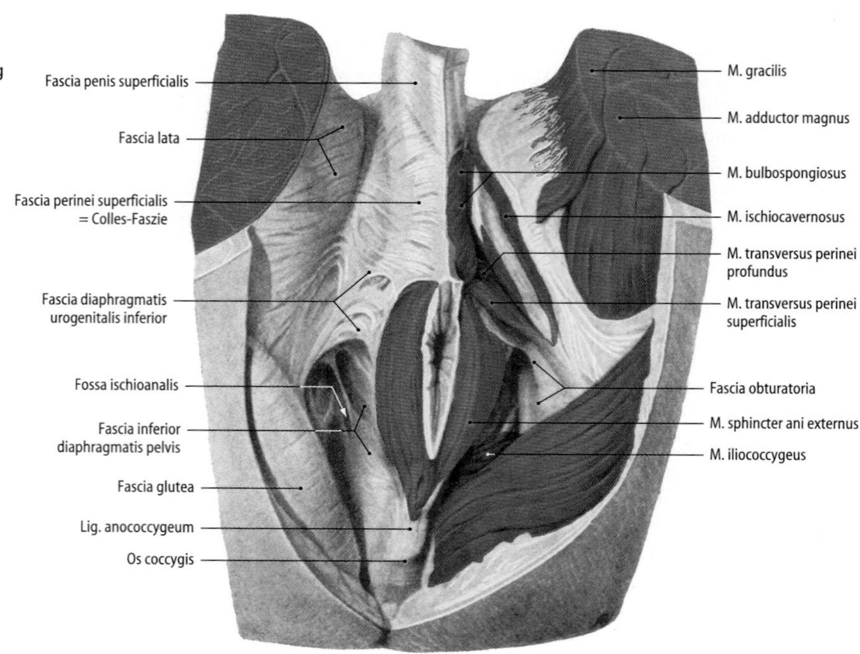

Abb. 24.17. Dammregion beim Mann, Ansicht von unten hinten. Darstellung der Faszien mit der Fossa ischioanalis auf der rechten Körperseite und Freilegung der Muskeln auf der linken Körperseite [1]

Bindegewebe, durchmischt mit glatten Muskelzellen, zusammenlaufen, so dass ein mechanisch bedeutsamer **Knotenpunkt,** der auch *Corpus perineale* genannt wird, entsteht.

Fossa ischioanalis (ischiorectalis)

Durch die Trichterform des Beckenbodens entsteht zwischen Diaphragma pelvis und seitlicher Beckenwand ein im Frontalschnitt dreieckiger Spaltraum, *Fossa ischioanalis*, der von einem Fettkörper, *Corpus adiposum fossae ischioanalis*, ausgefüllt ist (Abb. 24.18 und 24.19). Die *Fossae ischioanales* beider Seiten liegen außerhalb des Beckenbodens und sind auf die *Regio analis* beschränkt, die lateral von der *Fascia obturatoria* des M. obturatorius internus, dorsal vom *M. gluteus maximus* mit der *Fascia glutea*, medial vom Centrum tendineum perinei, vom Anus und vom Lig. anococcygeum begrenzt werden. In der lateralen Wand der Fossa ischioanalis verlaufen die *Vasa pudenda interna* und der *N. pudendus*, geschützt in einer Faszienduplikatur des *M. obturatorius internus*, dem *Canalis pudendalis* (Alcock-Kanal), zur Versorgung der *Regio analis* und *urogenitalis*.

Gefäße und Nerven des Beckenbodens

Die *A. pudenda interna* aus der A. iliaca interna führt Blut zum Endabschnitt des Rektums (Analkanal), zu den äußeren Geschlechtsorganen, zu den Muskeln und zur Haut des Dammes. Sie verlässt zusammen mit dem N. pudendus das kleine Becken durch das *Foramen infrapiriforme*, biegt um die Hinterseite der Spina ischiadica und gelangt durch das *Foramen ischiadicum minus* in die laterale Wand

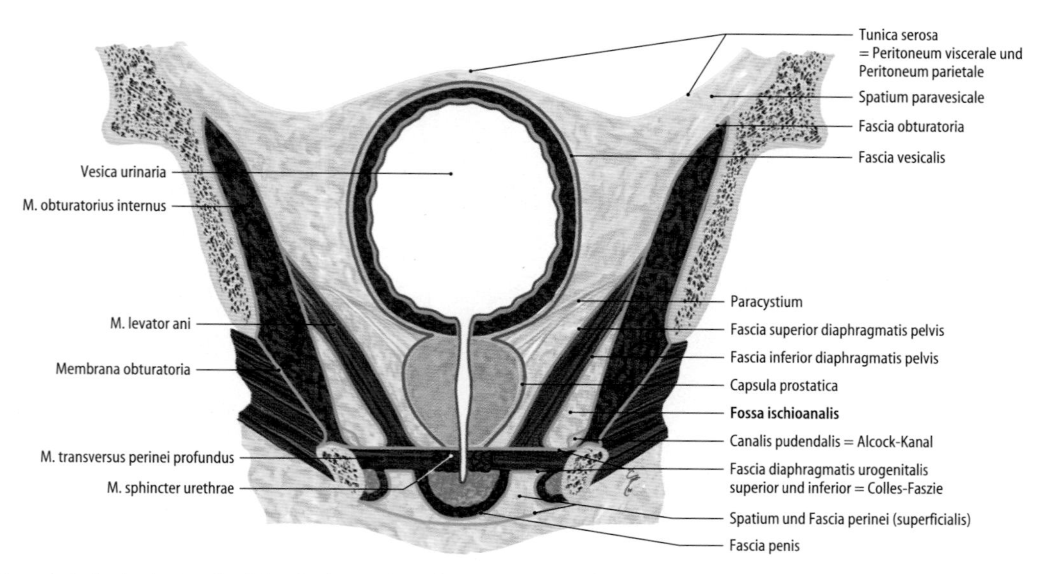

Abb. 24.18. Frontalschnitt durch ein männliches Becken im Bereich der Prostata und der Harnblase mit Darstellung des Diaphragma pelvis (M. levator ani), des Diaphragma urogenitale (M. transversus perinei profundus) sowie der parietalen (grün) und der viszeralen (blau) Faszien und der Bindegeweberäume [1]

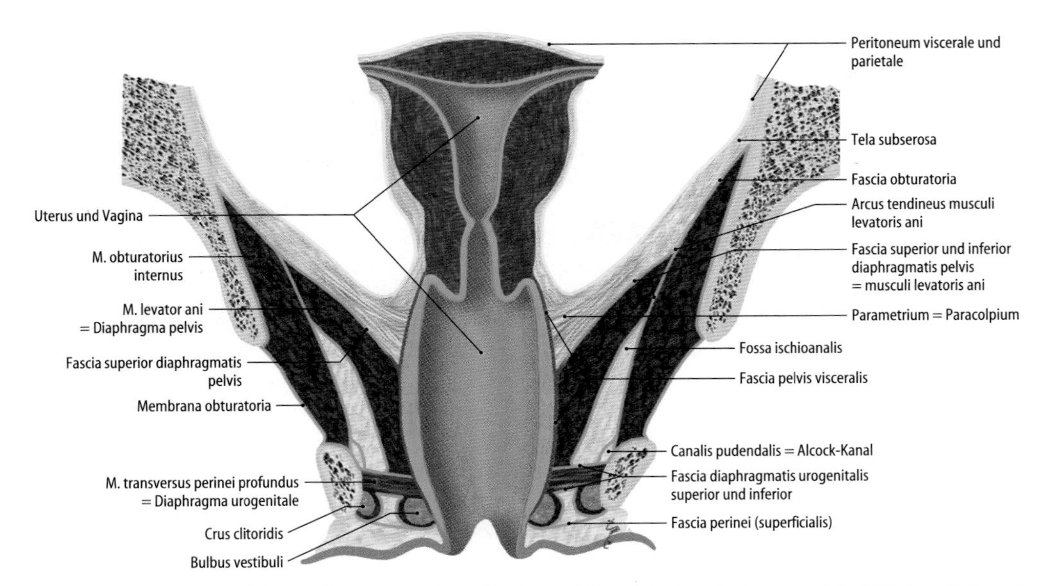

Abb. 24.19. Frontalschnitt durch ein weibliches Becken im Bereich von Vagina und Uterus, Ansicht der hinteren Schnittfläche mit Darstellung der Muskeln, Faszien und Bindegeweberäume [1]

der *Fossa ischioanalis*. Hier läuft sie im Alcock-Kanal an der medialen Seite von *Tuber ischiadicum* und *Ramus ossis ischii* entlang zum *Spatium profundum perinei*. Auf diesem Weg gibt sie die *A. rectalis inferior* ab, die zum terminalen Rektum, zum Analkanal, zum M. levator ani und zur Haut der Analregion zieht. Sie anastomosiert mit der *A. rectalis media*. Am Hinterrand des *Diaphragma* urogenitale entsendet sie die *A. perinealis* (Dammarterie) in das *Spatium superficiale perinei* und versorgt die *Mm. ischiocavernosus, bulbospongiosus* und *transversi perinei*, mit *Rr. scrotales posteriores* die hinteren Bereiche der Scrotalhaut und bei der Frau mit *Rr. labiales posteriores* die großen Schamlippen.

Endzweige der **A. pudenda interna** sind:

- *A. bulbi penis:* Beim **Mann** gelangt sie im Diaphragma urogenitale medialwärts zum Bulbus des Corpus spongiosum penis, versorgt die Schleimhaut der Harnröhre, die Schwellkörper der Harnröhre und des Penis sowie die *Glandula bulbourethralis*.
  Bei der **Frau** entspricht ihr die *A. bulbi vestibuli vaginae*, die zu den gleichnamigen Schwellkörpern und zur *Glandula vestibularis major* zieht.
- *A. urethralis*, die zur Urethra gelangt: Beim Mann zum *Bulbus penis* und *Corpus spongiosum penis*; bei der Frau zum *Bulbus vestibuli*.
- *A. dorsalis penis:* Sie gelangt unter der Symphyse auf den Rücken des Penis und verläuft subfaszial zwischen der unpaaren *V. dorsalis penis (median)* und dem *N. dorsalis penis (lateral)* nach vorn und endet in der *Glans penis*. Sie anastomosiert mit der *A. profunda penis*. Bei der Frau entspricht ihr die deutlich schwächere *A. dorsalis clitoridis*, die *Corpus, Glans* und *Praeputium clitoridis* versorgt.
- *A. profunda penis:* Der stärkste Endast der A. pudenda interna senkt sich im Bereich des Schambogens von medial her in das jeweilige *Crus penis* ein und verläuft im *Corpus cavernosum penis* nach vorn. Bei der **Frau** geht die entsprechende *A. profunda clitoridis* zum *Corpus cavernosum clitoridis*.

Der **venöse Abfluss** aus dem Beckenboden erfolgt in erster Linie über die *V. pudenda interna*, die folgende Venen aufnimmt:

- *Vv. rectales inferiores* aus dem unteren Teil des *Plexus venosus rectalis*, aus der Analregion und vom Damm
- *Vv. scrotales* sive *labiales posteriores* aus dem dorsalen Bereich des Skrotums bzw. der großen Schamlippen
- *V. bulbi penis sive vestibuli* aus dem Bulbus penis sive Bulbus vestibuli
- *Vv. profundae penis* aus den Wurzeln der *Corpora cavernosa* und aus dem *Corpus spongiosum penis*. Ihr entsprechen bei der **Frau** die *Vv. profundae clitoridis* aus den Corpora cavernosa clitoridis
- *V. dorsalis profunda penis*, die von der Glans penis an in einer Rinne zwischen den beiden *Corpora cavernosa penis* liegt und an der Peniswurzel in die Lücke zwischen *Lig. arcuatum pubis* und *Lig. transversum pelvis* dringt und damit auf den Beckenboden gelangt; sie leitet das Blut hauptsächlich über den *Plexus venosus prostaticus* ab
- *V. dorsalis profunda clitoridis* leitet das Blut aus Corpus und Glans clitoridis größtenteils in den Plexus venosus vesicalis ab.

Dagegen sammelt die *V. dorsalis penis sive clitoridis superficialis* das Blut aus den subkutanen Venen, geht in die Venen der Bauchwand über und endet als *V. pudenda externa* in der *V. saphena magna*.

Die **Lymphbahnen** folgen den Venenstämmen zu den *Nodi lymphatici iliaci interni*.

Die **Innervation** erfolgt über den *N. pudendus* (S2–4). Dieser nimmt den gleichen Verlauf wie die A. und V. pudenda interna und führt neben sensiblen Fasern motorische Äste zum *M. sphincter ani externus* und den Muskeln des Diaphragma urogenitale. In der *Fossa ischioanalis* gibt er folgende Äste ab:

- *Nn. rectales (anales) inferiores* zum M. sphincter ani externus und zur Analhaut
- *Nn. perineales* zu den Muskeln und zur Haut des Dammes. *Nn. scrotales posteriores* ziehen zur Haut an der Dorsalfläche des Skrotums, *Nn. labiales posteriores* versorgen die Haut der dorsalen Anteile der großen Schamlippen. Die *Mm. levatores ani et coccygei* hingegen werden direkt aus dem *Plexus sacralis* versorgt.

24.20 Insuffizienz der Beckenbodenmuskeln

Eine Insuffizienz der Beckenbodenmuskeln führt zum Tiefertreten **(Descensus)** der Beckenorgane, die schließlich durch den Hiatus genitalis nach außen vorfallen können **(Vorfall, Prolaps)**. Der Hiatus genitalis wird zur Bruchpforte für die inneren Organe (siehe auch ► Kap. 13).

24.2.3 Beckenhöhle und ihr Inhalt

Peritoneum, Faszien, Bindegewebe

Das **Bauchfell** (Peritoneum) bedeckt die Beckeneingeweide, die sich von unten her in die Beckenhöhle vorstülpen und das Bauchfell quasi emporheben (◻ Abb. 24.1). Dadurch entstehen zwischen den Beckenorganen von Peritoneum ausgekleidete Buchten und Spalten. Subperitoneal setzt sich die *Fascia transversalis* des Bauchraumes als Beckenfaszie, *Fascia pelvis,* kaudal fort und teilt sich in der Beckenhöhle in ein parietales und ein viszerales Blatt. Das parietale Blatt, *Fascia pelvis parietalis*, überzieht als *Fascia obturatoria* den *M. obturatorius internus* und als *Fascia diaphragmatis pelvis superior* den *M. levator ani* und den *M. ischiococcygeus* (◻ Abb. 24.18, 24.19). Das viszerale Blatt, *Fascia pelvis visceralis*, bekleidet die Beckeneingeweide und trägt regionale Bezeichnungen. Allerdings ist eine einheitliche endopelvine oder viszerale Beckenorganfaszie nicht ausgebildet. Muskuläre Hohlorgane, z.B. das Rektum, werden von einer Adventitia umgeben, parenchymatöse Organe, z.B. die Prostata, sind durch eine Kapsel vom umliegenden Bindegewebe getrennt. Die *Adventitia recti* wird im neueren klinischen Sprachgebrauch als »Mesorektum« bezeichnet. Im männlichen Becken ist die *Adventitia recti* der Rektumvorderwand durch eine Bindegewebelamelle von der Prostata getrennt, *Fascia rectoprostaticum* sive *Septum rectoprostaticum* (Denonvillier-Faszie). Im weiblichen Becken trennt eine *Fascia rectovaginalis* die Rektumvorderwand von der Rückwand der Vagina.

Stärkere Bindegewebezüge der *Fascia pelvis parietalis et visceralis*, die mit der Umgebung in Verbindung stehen, werden als **Ligamente** und **Plicae** bezeichnet (◻ Abb. 24.26):

- *Lig. puboprostaticum* mit *M. puboprostaticus*: zieht von der Symphyse zur Prostata und zum Harnblasenhals
- *Lig. pubovesicale*: verbindet bei der Frau die Rückseite der Symphyse mit dem Harnblasenhals und dem Uterus

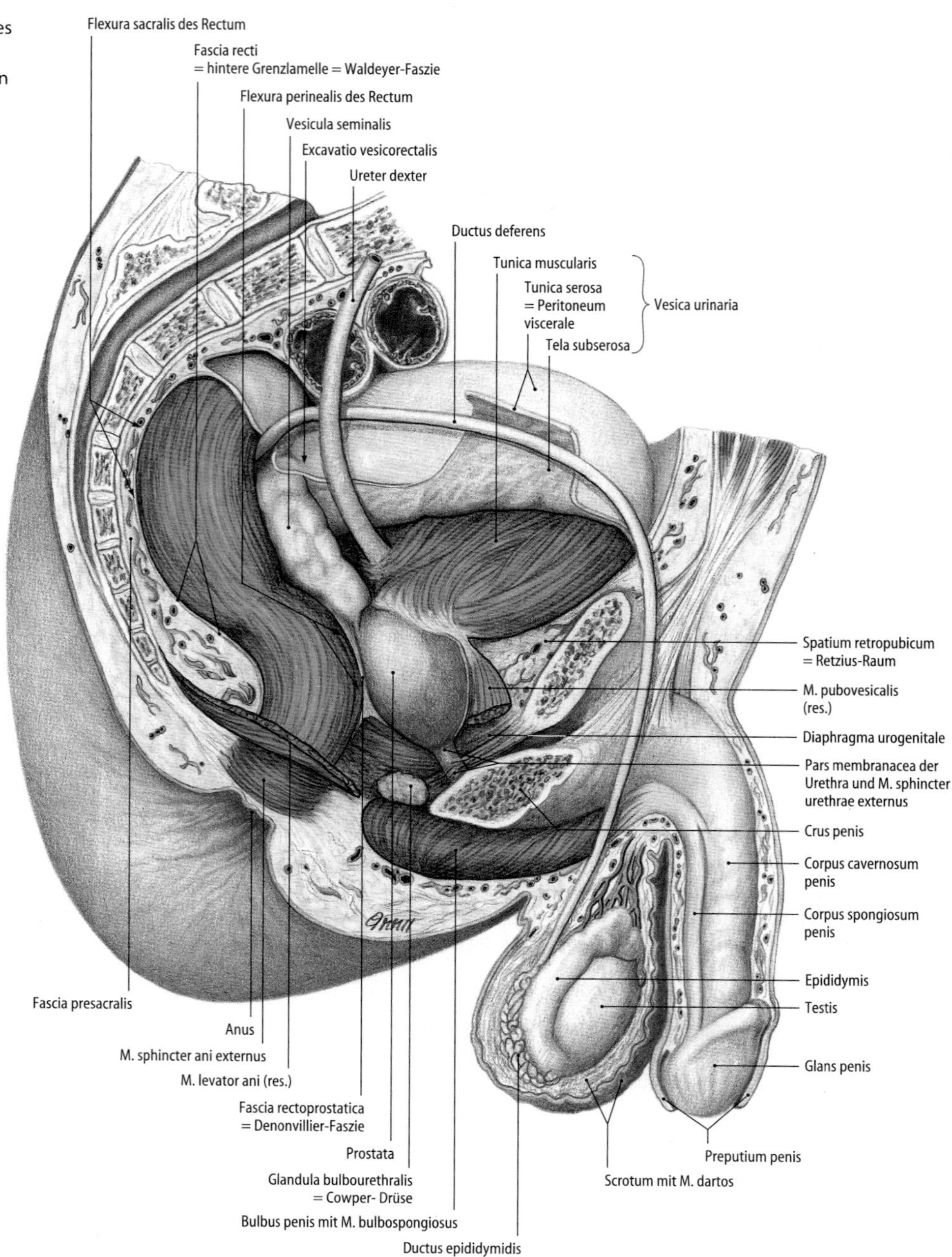

◻ **Abb. 24.20.** Beckenorgane des Mannes und Peritonealverhältnisse des Beckens. Paramedianer Saggitalschnitt, Ansicht von rechts seitlich [1]

- *Lig. teres uteri*: geht vom Tubenwinkel ab und läuft durch den Leistenkanal zu den großen Schamlippen
- *Lig. latum uteri*: eine nerven- und gefäßhaltige Bauchfellduplikatur, in der Bindegewebszüge *(Parametrium)* den Uterus mit der Beckenwand verbinden
- *Lig. rectouterinum* in der *Plica rectouterina*: eine Bauchfellfalte mit Bindegewebszügen und glatten Muskelzellen *(M. rectouterinus)* zwischen *Isthmus uteri* und Rektum
- *Lig. sacrouterinum*: verbindet das Kreuzbein und Rektum mit dem Uterushals
- *Lig. cardinale uteri* (Mackenrodt-Band): alle im subperitonealen Bindegewebe zu beiden Seiten des Uterus im Parametrium ausgebildeten Kollagenenfasern, elastischen Netzen und glatten Muskelzellen, die von der *Portio supravaginalis cervicis* fächerförmig zur Faszie der Wand des kleinen Beckens ausstrahlen
- *Lig. suspensorium ovarii (Lig. infundibulo-pelvicum)*: oberes Aufhängeband, das vom oberen Pol des Ovars zur Beckenwand zieht und die *Vasa ovarica* enthält
- *Lig. ovarium proprium (Chorda utero-ovarice)*: verbindet den unteren Pol des Ovars mit dem Tubenwinkel des Uterus.

Im subperitonealen Raum des Beckens füllt lockeres Bindegewebe alle zur Verfügung stehenden Spalten und Räume aus (◘ Abb. 24.22).

In der Klinik wird es analog zu der Bezeichnung Parametrium als *Parazystium* (neben der Harnblase), neben der Vagina als *Paracolpium* und neben dem Rektum als *Paraproctium* bezeichnet. Krankhafte Prozesse der verschiedenen Organe können auf das jeweils umgebende Bindegewebe übergreifen.

24.2.4 Männlicher Beckensitus

Im männlichen Beckensitus sind Harnblase *(Vesica urinaria)*, Harnleiter *(Ureter)*, Bläschendrüse *(Vesicula seminalis)*, Samenleiter *(Ductus deferens)*, Vorsteherdrüse *(Prostata)*, Rektum *(Rectum)* und Analkanal *(Canalis analis)* untergebracht (◘ Abb. 24.20).

Bauchfellverhältnisse

Das *Peritoneum parietale* setzt sich, von der vorderen Bauchwand kommend, auf den Scheitel der Harnblase, *Apex vesicae*, fort und überzieht die gesamte Hinterwand des *Corpus vesicae*. Bei gefüllter Harnblase hebt sich das Bauchfell von der Bauchwand ab, so dass über der Symphyse ein bauchfellfreies Feld, *Spatium praevesicale (Spatium retropubicum oder Cavum-Retzii)*, entsteht (◘ Abb. 24.20 und 24.21). Dorsal reicht das Bauchfell bis zu den Einmündungen der Ureteren und den Kuppen der Bläschendrüsen, wo es sich unter

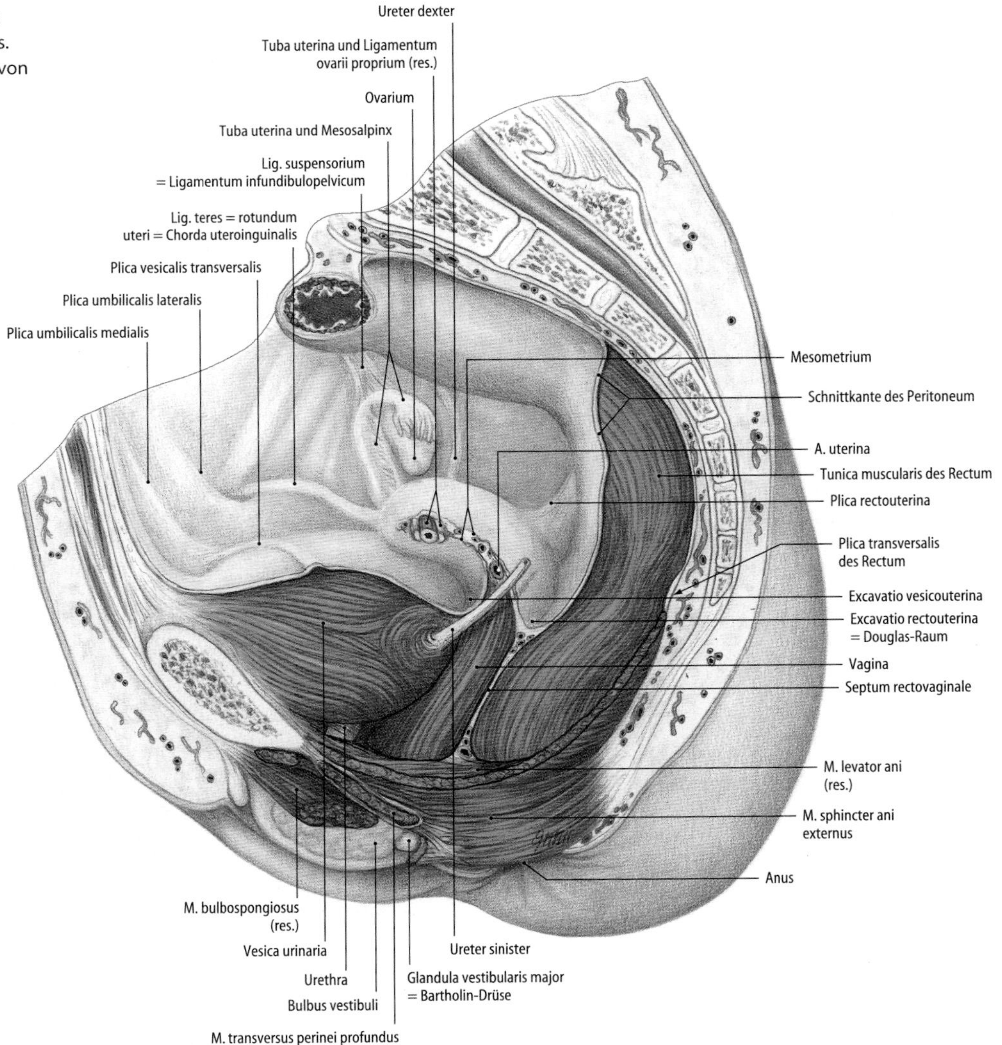

◘ **Abb. 24.21.** Beckenorgane der Frau und Peritonealverhältnisse des Beckens. Paramedianer Saggitalschnitt, Ansicht von link seitlich [1]

Bildung der *Excavatio rectovesicalis* von der Rückwand der Harnblase auf die Vorderwand des Rektums umschlägt, die vordere Wand der *Flexura sacralis recti* überzieht und in Höhe des 3. Sakralwirbels in die Serosa des *Colon sigmoideum* übergeht. Die *Excavatio rectovesicalis* wird auf jeder Seite durch eine annähernd sagittale Falte, *Plica rectovesicalis,* begrenzt. Lateral setzt sich das Peritoneum auf die parietale Beckenwand fort und bedeckt hier die *Vasa iliaca interna* und die Ureteren. Seitlich der Harnblase senkt sich das Peritoneum leicht zur Bildung der *Fossae paravesicales* ein. Vom *Apex vesicae* bis zum Nabel zieht die *Plica umbilicalis mediana.* Schließlich wölben die beiden obliterierten *Aa. umbilicales* als *Plicae umbilicales mediales* das Peritoneum parietale vor. Sie umfassen den Harnblasenkörper und verlaufen in konvergenter Richtung gegen den Nabel.

Harnblase (Vesica urinaria)

Form und Größe der Harnblase (▣ Abb. 24.22) sind in Abhängigkeit von ihrem Füllungszustand verschieden. Eine gefüllte Harnblase ist fast kugelig, bei einer entleerten sinkt das Dach napfförmig ein, wobei das Peritoneum über dem Blasenkörper *Plicae vesicalis transversae* bildet. Die Harnblase liegt subperitoneal verschiebbar zwischen Symphyse, vorderer Bauchwand und Peritoneum auf dem Beckenboden. Der Blasengrund, *Fundus vesicae,* die tiefste Stelle der Harnblase, zeigt nach dorsokaudal. In den Fundus münden die beiden Ureteren. Der Blasenhals, *Cervix (Collum) vesicae,* der Anfangsteil der Harnröhre, durchbohrt beim Mann die Prostata (► Kap. 11, ▣ Abb. 11.18). Dem Blasenfundus liegen beim Mann hinten die *Glandulae vesiculosae* und die beiden Ampullen des *Ductus deferens* an. Der Ductus deferens überkreuzt den Ureter dort, wo er an die Wand der Harnblase herantritt. An dieser Stelle schlägt das Peritoneum unter Bildung der bereits genannten Excavatio rectovesicalis auf die Vorderwand des Rektums um.

Beziehungen der Harnblase zum Beckenbindegewebe beim Mann

Alle Anteile des Beckenbindegewebes *(Fascia pelvis visceralis, Corpus intrapelvinum)* stehen mit der Harnblase in Verbindung. Die **Fascia pelvis visceralis** entsteht an der Durchtrittsstelle der Urethra durch das *Diaphragma urogenitale* aus der *Fascia diaphragmatis urogenitalis superior*, schlägt auf die Prostata um und überzieht als Fascia vesicalis die Harnblase (▣ Abb. 24.22). Das **Corpus intrapelvinum** entsendet mehrere glattmuskuläre Bindegewebezüge zur Blase und zur Prostata, die zur Fixation der Harnblase beitragen. Zwischen rechtem und linkem *Lig. puboprostaticum* liegen die *Plexus venosi vesicalis* und *prostaticus*. Von der seitlichen Beckenwand zieht das Parazystium (Blasenpfeiler) als Bestandteil des Corpus intrapelvinum zur Harnblase.

Das *Spatium praevesicale,* zwischen vorderer Bauchwand und Harnblase gelegen, wird vorn von der *Fascia transversalis* begrenzt, hinten oben durch die *Fascia vesicoumbilicalis,* hinten unten durch die *Fascia vesicalis.* Nach unten geht es in das *Spatium retropubicum* über, das vorn von der Hinterfläche der Symphyse, hinten von der *Fascia prostatica* begrenzt wird. Kaudal wird es durch die *Fascia diaphragmatis urogenitalis superior* abgeschlossen. Lateral steht das *Spatium praevesicale* mit dem *Spatium paravesicale* in Verbindung, das dorsal seine Begrenzung im Parazystium findet.

Beziehungen der Harnblase zum Beckenbindegewebe bei der Frau

Bei der Frau steht die Harnblase aufgrund der fehlenden Prostata etwas tiefer. Das Peritoneum schlägt wie beim Mann auf den *Apex vesicae* um, überzieht allerdings die Hinterfläche des *Corpus vesicae* nur in ihrem obersten Abschnitt. An der Korpus-Zervix-Grenze der Gebärmutter erreicht das Bauchfell die Vorderwand des Uterus, wodurch zwischen Uterus und Blase eine individuell verschieden tiefe Peritonealbucht, die *Excavatio vesicouterina,*entsteht.

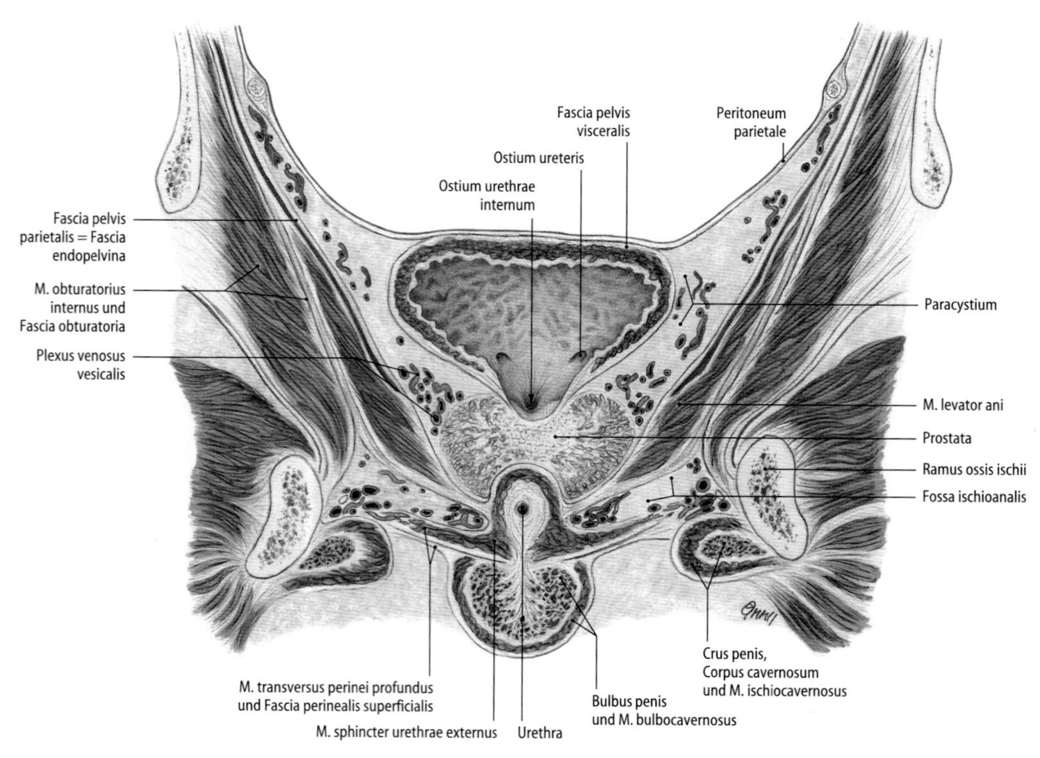

▣ **Abb. 24.22.** Frontalschnitt durch ein männliches Becken im Bereich der Prostata, Ansicht der hinteren Schnittfläche [1]

Die Anteile des *Corpus intrapelvinum* sind die *Ligg. pubovesicalia*, die die Harnblase an der Symphyse befestigen. In das beidseits der Harnblase gelegene Parazystium strahlen straffe Bindegewebsfasern des *Lig. cardinale* ein. Die medialen Anteile werden als *Lig. vesicouterinum (M. vesicouterinus)* bezeichnet (◘ Abb. 24.26). Zwischen *Fundus vesicae* und *Cervix uteri* liegt das *Spatium vesicouterinum*, dessen lockeres Bindegewebe mit den beiden Organfaszien zusammen als *Septum vesicouterinum* oder *Septum supravaginale* bezeichnet wird. Weiter kaudal liegt das *Spatium vesicovaginale*, dessen lockeres Bindegewebe zusammen mit der *Fascia vaginalis* und der *Fascia vesicalis* das *Septum vesicovaginale* bildet.

Gefäße und Nerven der Harnblase

Die **Blutversorgung** der Harnblase stammt direkt aus der *A. iliaca interna* beider Seiten oder aus ihren viszeralen Ästen. Die *A. vesicalis superior* entspringt aus dem nicht obliterierten Teilstück der *A. umbilicalis* und versorgt ein großes Feld am Apex und Corpus vesicae; sie anastomosiert mit Zweigen der *A. ductus deferentis*, die wiederum *Rr. ureterici* zum Harnleiter entsendet. Die *A. vesicalis inferior*, meistens ein direkter Ast der A. iliaca interna, zieht zum Blasengrund, versorgt auch den blasennahen Teil des Ureters und mit Rr. prostatici die Prostata und die *Vesicula seminalis*. Bei der Frau kann sie die *A. vaginalis* zur Scheide abgeben.

Die aus der Harnblasenwand heraustretenden **Venen** bilden seitlich und im Blasenhalsbereich ein dichtes Venengeflecht, *Plexus venosus paravesicalis*, an dem sich folgende Plexus abgrenzen lassen:
- *Plexus venosus vesicalis:* umgibt den Blasengrund und anastomosiert bei der Frau mit den *Vv. uterinae*
- *Plexus venosus prostaticus:* umschließt die Prostata und ist mit den *Plexus venosi vesicalis* und *rectalis* verbunden *(Plexus venosus vesicoprostaticus Santorini)*
- *Plexus venosus vaginalis:* umgibt die Scheide und anastomosiert mit den *Plexus venosi vesicalis, uterinus* und *rectalis.*

Die Plexusvenen sammeln sich in *Vv. vesicales*, die sich vor der Einmündung in die *V. iliaca interna* meist zu einem Stamm vereinigen.

Für den **Lymphabfluss** sind in der Harnblasenwand 3 gestaffelte Plexus ausgebildet, die sich zu einem *Plexus lymphaticus perivesicalis* formieren, von welchem aus die Lymphe den *Nodi lymphatici iliaci interni, externi* und *sacrales* zugeleitet wird.

Die **Innervation** der Harnblase erfolgt durch Parasympathikus- und Sympathikusfasern aus dem dichten *Plexus hypogastricus inferior (Plexus pelvinus).*

24.21 Klinische Hinweise

Bei **Schambeinfrakturen** kann es zu Verletzungen der Harnblase kommen. Gefährlich sind **extraperitoneale Blasenrupturen,** da sich der Harn im lockeren perivesikalen Bindegewebe ungehindert und rasch nach allen Seiten ausbreiten kann. Eine **intraperitoneale Blasenruptur** führt dagegen zu einer **urämischen Peritonitis** mit akutem Abdomen.

Operative Eingriffe an der gefüllten Harnblase (Sectio alta, Blasenpunktion, suprapubischer Zugang zur Prostata) sind unter Schonung des Bauchfellsackes, d.h. ohne Eröffnung der Bauchhöhle (extraperitonealer Zugang) möglich.

Bei **Frauen** kann der Schließmuskel der Harnblase bei einer **schwierigen Geburt** so stark durch den kindlichen Kopf gegen die Symphyse gepresst werden, dass er zerstört wird. Es entsteht eine *Incontinentia urethrae.*

24.2.5 Prostata (Vorsteherdrüse)

Form und Lage

Die Prostata heißt Vorsteherdrüse, weil sie beim präparatorischen oder operativen Zugang vom Damm her »vor der Harnblase« steht (◘ Abb. 24.20 und 24.22). Sie hat die Form und die Größe einer Kastanie, ist zwischen Harnblasenhals und *Diaphragma urogenitale* im Beckenbindegewebe befestigt und wird beidseits von den Levatorenschenkeln flankiert. Die Prostata wird vom Anfangsteil der Urethra, *Pars prostatica urethrae*, durchsetzt. Man unterscheidet:
- *Basis prostatae:* Sie ist nach oben gerichtet und mit dem Blasenfundus verwachsen.
- *Apex prostatae:* Liegt dem Diaphragma urogenitale auf.
- *Facies anterior:* Sie bleibt vom Symphysenrand 2–2,5 cm entfernt *(Cavum Retzii)*. Zwischen Cavum Retzii und Prostata liegen der venöse *Plexus vesicoprostaticus (Santorini)* und die *Ligg. puboprostatica* mit den eingelagerten glatten Muskelzellen der *Mm. puboprostatici*, die die Prostata nach vorn verankern und das *Spatium retropubicum* nach unten abschließen.
- *Facies posterior:* Sie ist die dem Rektum zugekehrte Fläche und vom Rektum durch die Denonvillier-Faszie getrennt.
- *Facies interlaterales*: Das sind die Flächen, die nach seitlich und unten gerichtet sind und von den beiden *Mm. levatores* umfasst werden.

Die Prostata ist von der *Capsula prostatae* umschlossen und von der *Fascia prostatica* umhüllt. Zwischen Organkapsel und Fascia prostatica breitet sich der bereits erwähnte Plexus Santorini aus, der sich mit dem *Plexus venosus vesicalis* zum *Plexus vesicoprostaticus* verbindet, in den auch die Penisvenen einmünden.

Gefäße und Nerven der Prostata

Die Prostata bezieht ihr Blut aus den *Aa. rectales mediae, pudendae internae* und *vesicales inferiores*. Das venöse Blut sammelt sich an ihrer gesamten Oberfläche im *Plexus venosus prostaticus* und fließt in den seitlich und kaudal der Prostata gelegenen *Plexus venosus vesicoprostaticus* und schließlich in die *Vv. iliacae internae* ab. Von praktischer Bedeutung sind die Verbindungen des *Plexus venosus vesicoprostaticus* mit dem *Plexus praesacralis*, der mit dem *Plexus venosus vertebralis externus* verbunden ist. Auf diesem Weg ist eine hämatogene Metastasierung des Prostatakarzinoms in die Wirbelsäule möglich.

Die **Lymphgefäße** gelangen über Begleitgefäße des *Ductus deferens* zu den *Nodi lymphatici iliaci externi*, über *Nodi lymphatici iliaci interni* zu Lymphknoten an der seitlichen Beckenwandung und über *Nodi lymphatici sacrales laterales* zu den rektalen Abflussbahnen.

Die Prostata wird vom *Plexus prostaticus*, einem Ausläufer des *Plexus hypogastricus inferior*, versorgt. Seine Parasympathikusfasern entstammen den Rückenmarksegmenten S2–4 und verlaufen über die *Nn. pelvici splanchnici*, die Sympathikusfasern (Ejakulation) über die *Nn. splanchnici lumbales* aus den Rückenmarksegmenten L1–3.

24.22 Klinische Hinweise

Die Prostata kann vom Rektum aus auf ihre Größe und Konsistenz untersucht werden.

Die **Prostatahyperplasie,** eine **myoglanduläre Wucherung,** ist der häufigste benigne Tumor des alternden Mannes. Wenn sie örtlich umschrieben auftritt, wird sie auch als **Prostataadenom** bezeichnet. In beiden Fällen kann es zur Kompression und folglich zur Einengung und Verlegung der Harnröhre kommen, so dass **Miktionsbeschwerden** auftreten.

▼

Das **Prostatakarzinom** entwickelt sich dagegen harnröhrenfern in der peripheren rektumnahen Zone und verursacht daher im Initialstadium keine Miktionsstörungen. Es ist als isolierter derber Knoten digital vom Rektum her meistens gut tastbar.

Operative Zugangswege zur Prostata sind:

- **Suprapubischer Weg:** Transvesikale Prostatektomie
- **Retropubischer Weg:** Extravesikal, oberhalb der Symphyse, zwischen Harnblase und Becken hindurch (retropubische Prostatektomie)
- **Perinealer Weg:** Vom Damm aus, zwischen Rektum und Bulbus penis durch das Centrum tendineum perinei (perineale Prostatektomie)
- **Transurethraler Weg:** Endoskopisch über die Harnröhre mit speziellen Resektoskopen (Elektrokoagulations- oder Elektroresektionsmethoden)

Samenbläschen (Vesiculae seminales)

Die beiden Samenbläschen sitzen der *Basis prostatae* auf, lagern sich dem Blasengrund an und sind von der *Ampulla recti* durch das *Septum rectovesicale* und die *Fascia prostatoperitonealis* getrennt (◘ Abb. 24.20). Oberhalb der Prostata divergieren die beiden Samenbläschen schräg von medial unten nach lateral oben und erreichen noch die kaudale Umschlagsfalte des Peritoneums in der *Excavatio rectovesicalis* und die beiden Mündungen der Ureteren. Medial grenzen die *Ductus deferentes* mit ihren Ampullen an, lateral liegen die Venen des *Plexus venosus prostaticus*.

Die **arterielle Versorgung** erfolgt über Zweige der *A. vesicalis inferior*, der *A. rectalis media* und der *A. ductus deferentis*. Die **Venen** entleeren sich in den *Plexus vesicoprostaticus*, die **Lymphe** gelangt in die *Nodi lymphatici iliaci interni et externi*.

Die **Nerven** stammen aus dem Plexus hypogastricus inferior.

Samenleiter (Ductus deferens, Vas deferens)

Der Samenleiter (◘ Abb. 24.20) beginnt am unteren Ende des Nebenhodens als Fortsetzung des Nebenhodenganges,steigt rückläufig an der medialen Seite des Nebenhodens aufwärts und gelangt in Höhe des Nebenhodenkopfes in den Samenstrang, *Funiculus spermaticus*. Hier liegt er dorsal von der *A. testicularis* und ist aufgrund seiner harten Wand palpabel und damit von den anderen Strukturen zu unterscheiden. Im Samenstrang verläuft er durch den Leistenkanal und betritt durch den *Anulus inguinalis profundus* extraperitoneal die Bauchhöhle. Hier biegt der Samenleiter fast spitzwinkelig um die *A. epigastrica inferior*, überkreuzt die *Vasa iliaca externa* und tritt damit ins kleine Becken ein. In seinem weiteren Verlauf folgt er der Krümmung der seitlichen Beckenwand und wendet sich dabei nach medial, kaudal und dorsal in Richtung Spina ischiadica. Auf diesem Weg überkreuzt er die *Vasa obturatoria*, den *N. obturatorius* und das *Lig. umbilicale mediale*. Schließlich erreicht er das Parazystium, überkreuzt hier die *Vasa vesicalia* an ihrer medialen Seite und umwandert die Harnblase seitlich bis zum Blasengrund. Hier nähern sich beide Samenleiter und erreichen die Kuppen der Samenbläschen, nachdem sie kurz davor jederseits den Ureter überkreuzt haben. An der medialen Seite der Samenbläschen steigt der Samenleiter schließlich zum *Fundus prostatae* ab, erweitert sich dabei zur *Ampulla ductus deferentis* und vereinigt sich mit dem *Ductus excretorius* der Samenbläschen zum *Ductus ejaculatorius*. Dieser durchzieht die Prostata und mündet am *Colliculus seminalis* der *Urethra masculina* aus.

Gefäße und Nerven des Ductus deferens

Der *Ductus deferens* wird von der *A. ductus deferentis* aus dem proximalen Abschnitt der *A. umbilicalis* versorgt, die ihn in den Leistenkanal begleitet und hier Anastomosen mit der *A. testicularis* eingeht. Am Blasengrund gibt sie *Rr. ureterici* zum Harnleiter ab.

Die intrapelvin gelegenen **Venen** münden in den *Plexus venosus vesicalis*, die **Lymphgefäße** ziehen zu den *Nodi lymphatici iliaci externi* und *interni*.

Die **Nerven** stammen aus dem *Plexus hypogastricus inferior* und begleiten den Samenleiter als *Plexus deferentialis*.

24.23 Vasektomie
Eine Unterbrechung der Verbindung des Samenleiters zwischen Nebenhoden und Harnröhre auf beiden Seiten (Vasektomie) führt zur Zeugungsunfähigkeit des Mannes.

24.2.6 Weiblicher Beckensitus

Peritonealverhältnisse

Die besonderen anatomischen und topographischen Verhältnisse des weiblichen Beckensitus sind durch den **Uterus** und seine **Adnexe** bedingt (◘ Abb. 24.21 und 24.23). Der Uterus hebt das Peritoneum zwischen Harnblase und Rektum vom Beckenboden bis nahe an die Beckeneingangsebene zu einer frontalen Scheidewand nach oben, so dass 2 Bauchfelltaschen, die *Excavatio vesicouterina* und die *Excavatio rectouterina* (Douglas-Raum) entstehen.

Das Peritoneum parietale, von der vorderen Bauchwand kommend, legt sich auf die obere und hintere Fläche der Harnblase und geht an der Korpus-Zervix-Grenze auf die Vorderwand des *Corpus uteri* über, das damit einen Peritonealüberzug (Perimetrium) erhält. Die individuell verschieden tiefe Excavatio vesicouterina ist spaltförmig und steht höher als die hintere Bauchfelltasche, so dass Blasengrund und Cervix uteri *(Isthmus uteri)* keinen peritonealen Überzug besitzen. Die Excavatio rectouterina liegt tiefer, da das Bauchfell hier auch noch die Cervix uteri und das hintere Scheidengewölbe, *Fornix posterior*, überzieht, bevor es auf die Vorderwand des Rektums umschlägt. Die Excavatio rectouterina lässt sich durch die *Plicae rectouterinae* in 2 unvollständig voneinander getrennte Etagen gliedern. Die obere Etage ist breit und enthält neben dem Rektum noch Ileumschlingen und den unteren Schenkel des Colon sigmoideum. Die untere Etage ist eher spaltförmig und entspricht dem in der Klinik als »Douglas« bezeichneten Raum.

Breites Mutterband (Lig. latum uteri)

Die beiden Peritonealblätter, die als Perimetrium die Vorder- und Rückwand des Uterus überziehen, legen sich an den Seitenrändern der Gebärmutter zum *Lig. latum uteri* (breites Mutterband: *Plica lata*) zusammen (◘ Abb. 24.24). Es ist somit eine frontal stehende, breite Peritonealduplikatur, die sich auf jeder Seite zur seitlichen Beckenwand ausspannt und die *Cavitas pelvis* in einen ventralen und einen dorsalen Teil trennt. Der Peritonealduplikatur entsprechend unterscheidet man am Lig. latum ein vorderes und ein hinteres Blatt, einen freien, beweglichen oberen Rand und eine breite Basis. Im oberen freien Rand ist die *Tuba uterina* eingelagert, wodurch das Ligament hier zur *Mesosalpinx* ausgezogen wird. Hinten faltet sich das dünne Aufhängeband des Ovars, das *Mesovarium*, ab. Etwas tiefer, vom Tubenwinkel des Uterus ausgehend, wird das vordere Blatt des breiten Mutterbandes vom *Lig. teres uteri* breit ausgezogen; es steht mit dem Leistenkanal in Verbindung. Das hintere Blatt wird durch das *Lig. ovarii proprium* strangförmig vorgewölbt. Das *Lig. suspensorium ovarii* dagegen steht kranial mit dem Retroperitonealraum in Verbindung, zieht zum tubaren Pol des Ovars und enthält die Vasa ovarica. Tuba uterina, Lig. teres uteri und Lig. ovarii proprium treffen als konvergierende Stränge am lateralen oberen Winkel (Tubenwinkel) des Uterus zusammen; die Tube liegt dabei immer in der Mitte.

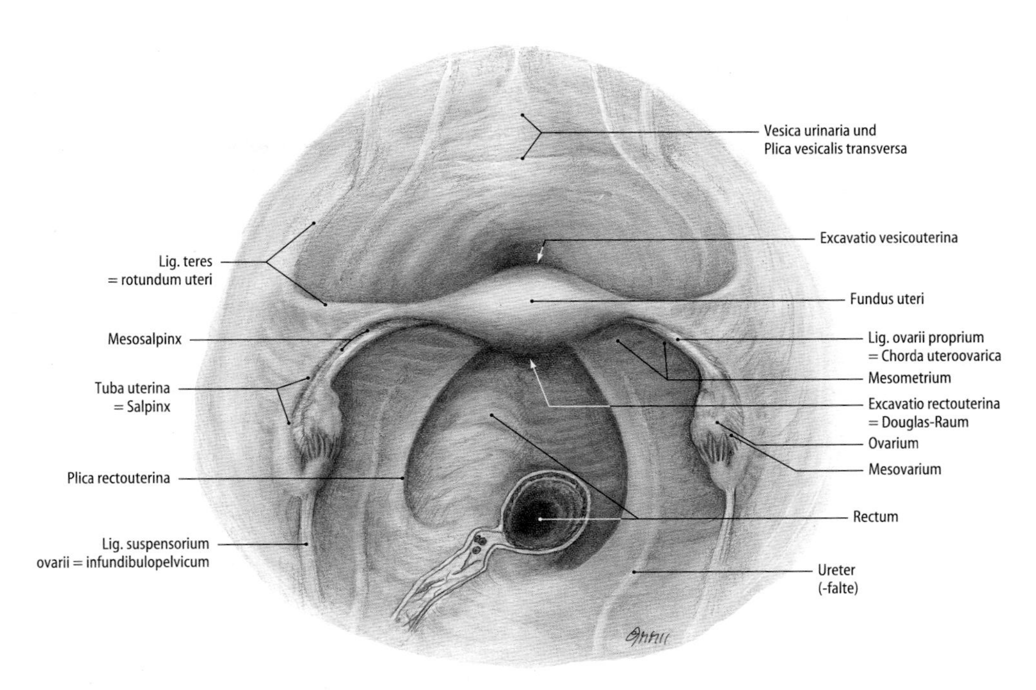

Abb. 24.23. Weibliche Beckenorgane und Peritonealverhältnisse, Ansicht von oben [1]

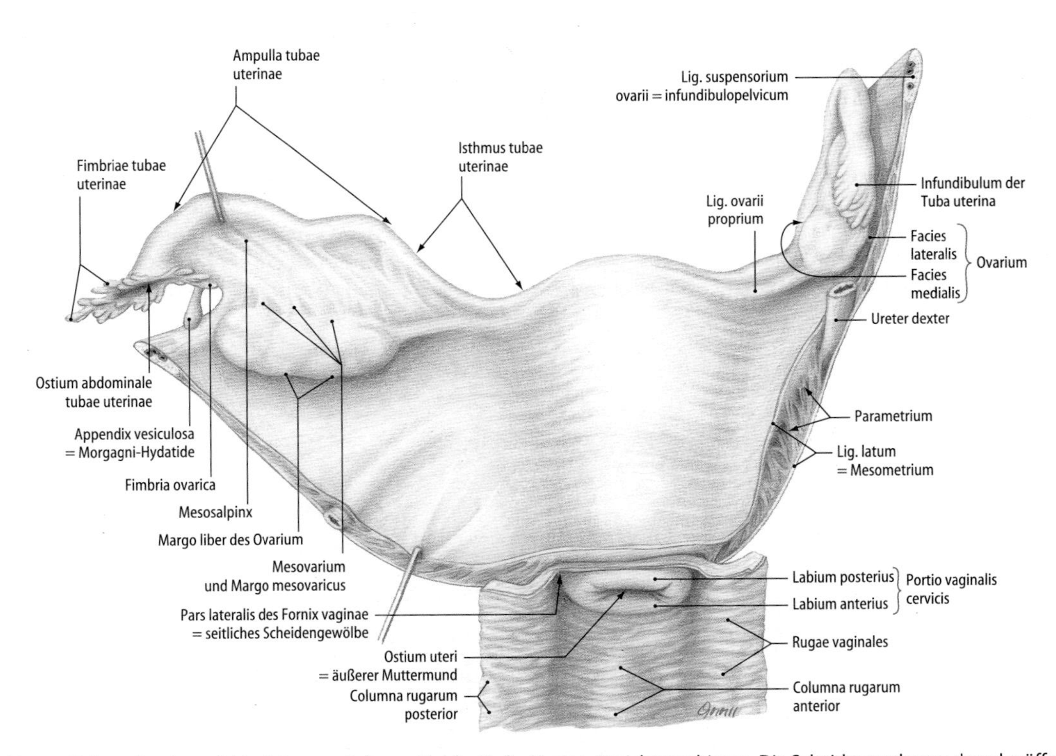

Abb. 24.24. Uterus, Tuben, Ovarien mit Lig. latum und oberer Abschnitt der Vagina. Ansicht von hinten. Die Scheide wurde von dorsal eröffnet [1]

Zwischen den beiden Blättern des Lig. latum liegt lockeres, gefäßreiches Bindegewebe, das *Parametrium*, das an der lateralen Beckenwand mit dem subserösen Bindegewebe zusammenhängt. Basal wird das Lig. latum breiter, da die beiden Peritonealblätter auseinanderweichen. Das vordere Blatt geht in die Serosa der vorderen und seitlichen Beckenwand über, das längere hintere Blatt dringt tiefer hinunter und setzt sich dorsal in das Peritoneum der *Fossae ovarica et pararectalis* fort.

Spatium subperitoneale und Beckenbindegewebe

Der subperitoneale Bindegeweberaum ist bei der Frau größer als beim Mann, da neben Uterus (Parametrium), Harnblase (Parazystium), Rektum (Paraproktium) und Vagina (Parakolpium) umfangreiches, lockeres Bindegewebe vorhanden ist, das die anatomische Grundlage für die Ausbreitungsmöglichkeiten von Entzündungen im weiblichen Becken bildet. Die Gesamtheit dieser Bindegewebsformationen wird als *Corpus intrapelvinum* bezeichnet. Am Beckenboden und an den Organgrenzflächen konzentriert sich das Bindegewebe zu Faszien und Septen. Auf dem *M. levator ani* wird es zur *Fascia pelvis parietalis* sive *Fascia diaphragmatica pelvis superior*, zwischen *Cervix uteri* und Blasenfundus zum *Septum cervicovesicale*, zwischen Vagina und Urethra zum *Septum urethrovaginale*, zwischen Rektum und Vagina zum *Septum rectovaginale* verdichtet. Zwischen Harnblase und Vagina liegt das *Spatium vesicovaginale*, dessen lockeres Bindegewebe mit der *Fascia vaginalis* und der *Fascia vesicalis* das *Septum vesicovaginale* bildet. Das *Septum rectouterinum* verbreitert sich nach kaudal, wodurch das *Trigonum rectovaginale* entsteht. Es geht direkt in das Bindegewebe des Damms über und beteiligt sich am Aufbau des *Centrum tendineum perinei*. Das parametrane Bindegewebe enthält die *Vasa uteroovarica*, den *Plexus hypogastricus inferior*, Lymphgefäße und kaudal den Ureter.

Eierstock (Ovarium)

Das Ovar ist durch das *Mesovarium* am hinteren Blatt des Lig. latum intraperitoneal fixiert (◘ Abb. 24.21, 24.23 und 24.24). Es liegt versteckt in der *Excavatio rectouterina* und kann erst nach Verlagerung der Tube nach vorn ganz überblickt werden. Die Längsachse des etwa 3-5 cm langen Ovars ist schräg von oben lateral nach unten medial gerichtet, so dass ein lateral-oberer Pol, *Extremitas tubaria*, und ein medial-unterer Pol, *Extremitas uterina*, unterschieden werden können. Die *Extremitas tubaria ovarii* wird von vorn oben an dessen medialer Fläche von der *Tuba uterina* umfasst und durch die *Fimbria ovarica* mit ihr verankert. Der lateral-obere Pol ist zudem durch das *Lig. suspensorium ovarii (Plica suspensoria ovarii)* mit der seitlichen Beckenwand verbunden. Es enthält die *Vasa ovarica*. Von der Extremitas uterina ovarii zieht das etwa 3-4 cm lange *Lig. ovarii proprium (Chorda uteroovarica)* im hinteren Blatt des Lig. latum nach medial zum Tubenwinkel am Corpus uteri. In seiner Begleitung findet sich der *R. ovaricus* der *A. uterina*.

Die Lage des Ovars ist durchaus variabel. Es liegt bei der erwachsenen Frau (Nullipara) in der *Fossa ovarica* zwischen den Vorwölbungen der *A. iliaca interna* und *externa*. Am Boden der *Fossa ovarica* liegen subperitoneal die *Vasa obturatoria* und der *N. obturatorius*, hinten wird sie von den *Vasa iliaca externa* begrenzt. Der Ureter liegt hier dem Ovarium eng benachbart und ist von ihm nur durch das Peritoneum parietale getrennt. Bei der Multipara ist das Ovar gewöhnlich etwas tiefer lokalisiert. Hier können sich Darmschlingen von unten her dem Ovar anlagern, auf der linken Seite das Colon sigmoideum, rechts das Caecum und vor allem die Appendix vermiformis.

Eileiter (Tuba uterina, Salpinx)

Der etwa 12–18 cm lange und bleistiftdicke Eileiter liegt intraperitoneal im oberen Rand des Lig. latum und ist hier an das Eileitergekröse, *Mesosalpinx*, angeheftet (◘ Abb. 24.21, 24.23, 24.24 und 24.25). Er beginnt mit dem *Ostium abdominale*, das die Tubenlichtung mit der *Cavitas serosa pelvis* verbindet, und öffnet sich mit dem *Ostium uterinum tubae* in das Uteruslumen. Nach Lage und Form werden verschiedene Abschnitte unterschieden. Die 8-10 cm lange und frei bewegliche *Ampulla tubae uterinae* ist nach hinten oben umgebogen und legt sich um die *Extremitas tubaria ovarii*. Sie endet mit dem am Eierstock gelegenen Anfangsteil, dem trichterförmig erweiterten *Infundibulumtubae uterinae*, dessen Ränder fingerförmig ausgefranst sind. Das letzte Drittel bildet die 4-5 cm lange Eileiterenge, *Isthmus tubae uterinae*, die überwiegend gerade gestreckt ist und am Tubenwinkel mit der *Pars uterina* die Uteruswand durchsetzt.

Vorn berührt die Tube die Hinterwand der gefüllten Harnblase, hinten rechts das Rektum, links das Colon sigmoideum, dessen Mesocolon Tube und Ovar überlagert. Rechts vorn besteht Nachbarschaft zur *Regio ileocaecalis* und zur Appendix vermiformis.

Gefäße und Nerven der Adnexe

Die *A. ovarica* entspringt paarig unterhalb der Nierenarterien aus der Aorta abdominalis, kreuzt auf ihrem Verlauf im *Spatium retroperitoneale* den Ureter und tritt am Eingang des kleinen Beckens in das *Lig. suspensorium ovarii* ein (◘ Abb. 24.25). An der *Linea terminalis* überkreuzt sie gemeinsam mit ihren Begleitvenen die *A. und V. iliaca*

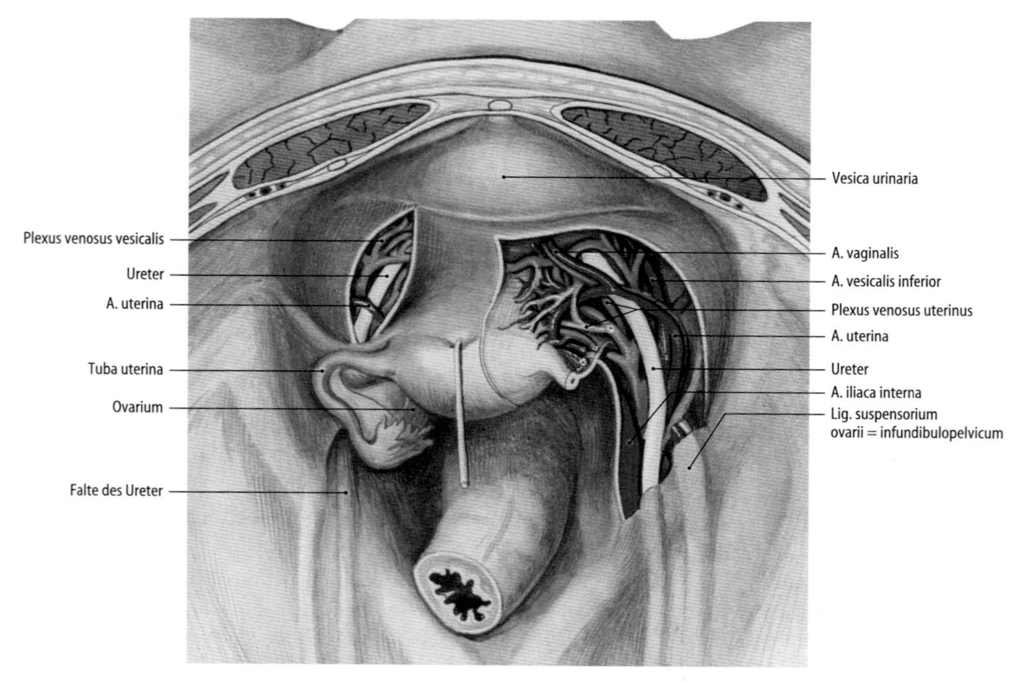

◘ **Abb. 24.25.** Organe des weiblichen Beckens, Ansicht von hinten oben. Zur Darstellung des Verlaufes von A. uterina und Ureter wurden das Lig. latum, das Peritoneum parietale, die Tuba uterina und das Ovar auf der rechten Seite entfernt [1]

externa. Am Mesovar teilt sie sich in einen *R. tubarius* zur *Ampulla tubae uterina,* einen Zweig, der direkt in das Ovar eintritt und einen dritten Ast, der am *Margo mesovaricus* mit dem *R. ovaricus* der *A. uterina* die **Eierstockarkade bildet**. Die zweite Arterie ist der *R. ovaricus* der *A. uterina,* der das Ovar im *Lig. ovarii proprium* erreicht. Die A. uterina entlässt zudem einen *R. tubarius,* der den medialen Abschnitt des Eileiters versorgt.

Die **Venen** verlassen das Ovar im *Hilus ovarii* als *Plexus venosus ovaricus,* aus dem die *V. ovarica dextra* bzw. die *V. ovarica sinistra* hervorgehen. Sie folgen den gleichnamigen Arterien. Die V. ovarica dextra mündet in die *V. cava inferior,* die linke in die *V. renalis sinistra.* Das venöse Blut aus der Tuba uterina wird über kleine Venen abgeführt, die mit dem *Plexus venosus ovaricus* anastomosieren (◻ Abb. 24.25).

Die **Lymphgefäße** verlaufen als *Vasa lymphatica superiora* mit den *Vasa ovarica* im Lig. latum gegen die seitliche Becken- und die hintere Bauchwand und enden in den *Nodi lymphatici lumbales* längs der V. cava inferior und der Pars abdominalis aortae bis in Höhe des unteren Nierenpols.

Parasympathikus- und Sympathikusfasern verlaufen mit efferenten und afferenten Fasern im *Plexus ovaricus* und im *Plexus hypogastricus inferior.* Der *Plexus uterovaginalis,* die Fortsetzung des Plexus hypogastricus inferior, breitet sich im Parametrium aus und enthält mehrere kleinere Nervenzellanhäufungen, die unter dem Begriff **Frankenhäuser-Plexus** oder **Frankenhäuser-Ganglion** zusammengefasst werden (▶ Kap. 18.3.2). Der kraniale Teil dieses Plexus entlässt Nervenäste, die in direktem Verlauf oder entlang den Blutgefäßen die Tuba uterina erreichen.

24.24 Klinische Hinweise

Mit der bimanuellen gynäkologischen Tastuntersuchung kann man den Eierstock palpieren und seine Form, Größe, Konsistenz und Verschieblichkeit fühlen und beurteilen. Mit dieser Tastuntersuchung können auch die Strukturen im Parametrium und im Douglas-Raum festgestellt werden.

Ovarialzysten oder **entzündliche Prozesse** des **Ovars** können in der Fossa ovarica auf den N. obturatorius und seinen R. anterior übergreifen und zu Schmerzen führen, die zur Innenseite des Oberschenkels ausstrahlen. **Ovarialkarzinome** (80–90% der Ovarialtumoren) gehen von der Epithelbedeckung (Peritonealepithel, Müller Epithel) des Ovars aus. Dabei kommt es meist frühzeitig zur **Peritonealkarzinose** und zur **lymphogenenMetastasierung** über das Lig. latum in die **Beckenlymphknoten** sowie in die **paraaortalen Lymphknoten.**

Entzündungen des Eileiters führen häufig zu Verklebungen ihrer Schleimhautfalten, so dass eine befruchtete Eizelle nicht mehr in den Uterus transportiert werden kann (▶ Kap. 13.12). Die befruchtete Eizelle nistet sich in die Eileiterschleimhaut ein, es entwickelt sich eine **Tubargravidität** (ektope Schwangerschaft, Extrauteringravidität), die beim Sitz in der Ampulla tubae mit lebensbedrohlichen Blutungen zum Abort in die Bauchhöhle führt, beim Sitz im Isthmus tubae mit einer Ruptur der Tube endet, da die Tubenschleimhaut nicht in der Lage ist, die Schwangerschaft auszutragen (▶ Kap. 13.11). Geht die Eizelle auf dem Weg zur Tube verloren und wird sie in der Bauchhöhle befruchtet, dann entsteht eine Bauchhöhlenschwangerschaft.

Gebärmutter (Uterus)

Der birnenförmige Uterus, an dem man *Corpus uteri* und *Cervix uteri* (Collum) unterscheidet, erhebt sich zwischen Harnblase und Rektum und ragt in das kleine Becken hinein (◻ Abb. 24.19, 24.21, 24.23 und 24.25). Er ist oben dick und breit, wird nach unten schmaler und ist in dorsoventraler Richtung leicht abgeplattet. Da er beweglich ist, wechselt er seine Lage, *Posito,* in Abhängigkeit vom Füllungszustand der Harnblase oder des Rektums. Seine Vorderseite, *Facies vesicalis,* legt sich an die Hinterwand der Harnblase, seine Rückseite, *Facies intestinalis,* ragt frei in die Beckenhöhle hinein. Ihr lagern Dünndarmschlingen an. Der Uteruskörper steht nach vorn oben und setzt sich in den kuppenförmigen *Fundus uteri* fort, der die seitlichen Einmündungsstellen der beiden Tuben in den Uterus überragt. Das Corpus uteri geht nach unten in den Uterushals (Cervix uteri) über, ist rund (»dünner Teil der Birne«) und nach hinten unten in das Scheidengewölbe eingesenkt. Zwischen Corpus und Cervix uteri liegt die etwa 1 cm lange Uterusenge, *Isthmus uteri* (unteres Uterinsegment). An der Cervix uteri werden topographisch 2 Teile unterschieden:
- Die *Portio supravaginalis cervicis* lehnt sich vorn an den Blasenboden an und grenzt hinten an die *Excavatio rectouterina,* seitlich an die *A. uterina* und den Ureter.
- Die *Portio vaginalis cervicis* (in der Klinik die »Portio«) ist der in die Scheide vorragende, etwa 1 cm lange Zervixteil; er trägt das *Ostium uteri externum,* den äußeren Muttermund, an dem man eine vordere und hintere Muttermundslippe, *Labium anterius* und *Labium posterius,* unterscheidet.

Von praktischer Bedeutung ist die Stellung von Uteruskörper und Uterushals zueinander und die Stellung des Uterus insgesamt im Beckenraum:
- Die **Positio uteri** beschreibt die **mediane sagittale Lage** des Uterus im kleinen Becken.
- Die **Versio uteri** gibt die Neigung zwischen Cervix uteri und Vagina an.
- **Anteversio uteri:** Die **Längsachse** der Cervix uteri steht annähernd senkrecht zur Achse der Vagina, der äußere Muttermund ist dabei dem hinteren Scheidengewölbe zugewandt. Der **Anteversionswinkel** variiert zwischen 70 und 100°. Durch die Füllung der Harnblase wird der Anteversionswinkel vergrößert, der Uterus wird aufgerichtet. Umgekehrt wird bei leerer Harnblase der Winkel kleiner.
- **Flexio uteri:** Sie beschreibt die Abknickung der Längsachse des Uterus zwischen Corpus und Cervix uteri.
- Die **Anteflexio uteri** bedeutet, dass das Corpus uteri gegen die Cervix uteri nach ventral abgeknickt ist. Der nach vorn offene Winkel beträgt etwa 170°.
- Von einer **Retroflexio uteri** spricht man, wenn der Zervix-Korpus-Winkel nach hinten offen ist.
- Fällt die Längsachse des Uterus aus der medianen, axialen Position heraus, spricht man von einer **Lateroposito** und unterscheidet eine **Dextroposito** oder eine **Sinistroposito uteri.**
- Unter **Elevatio uteri** versteht man das Emporheben des Uterus.

! Die normale Lage des Uterus ist die mittelständige Anteversio-Anteflexio uteri.

Scheide (Vagina, Kolpos)

Die Vagina, ein 8–10 cm langer, frontal abgeplatteter bindegewebig muskulöser Schlauch, verbindet den Uterus mit dem *Sinus urogenitalis* und öffnet sich kaudal in das *Vestibulum vaginae.* Die Grenze zwischen Vaginalschlauch und Vestibulum vaginae ist durch den *Hymen* (Jungfernhäutchen) oder dessen Reste, *Caruncula hymenales,* gegeben. Die Längsachse der Vagina ist schräg von oben hinten nach vorn unten gerichtet und durchbricht das *Diaphragma urogenitale* (◻ Abb. 24.19, 24.21 und 24.24).

Ihre Vorderwand ist um 1,5–2 cm kürzer als die Hinterwand, da das untere Ende der Cervix uteri, die *Portio vaginalis,* in die Vorderwand eingestülpt ist und bei normaler Anteversio-Anteflexio-Lage des Uterus auf die Hinterwand der Vagina sieht. Die Portio vaginalis uteri wird dabei von den Vaginalwänden gewölbeartig überragt und ringförmig umfasst, so dass ein vorderes und ein hinteres Scheiden-

Abb. 24.26. Halteapparat (Bandstrukturen im weiblichen Becken, Ansicht von oben)

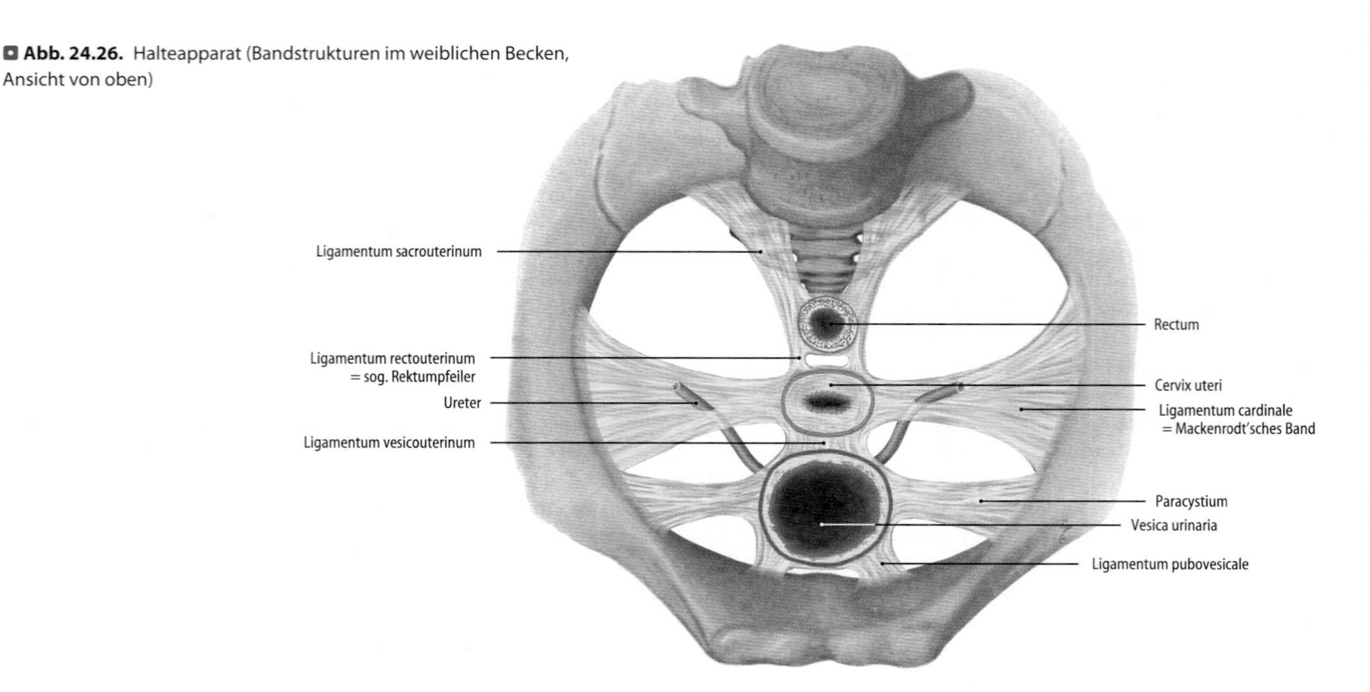

gewölbe, *Fornix vaginae anterior* und *posterior*, entsteht. Das hintere Scheidengewölbe reicht höher hinauf, ist größer und tiefer und steht in topographischer Beziehung zur *Excavatio rectouterina* (Douglas). Auf die nur millimeterdicke, muskelschwache Wand des hinteren Scheidengewölbes reicht auch das Bauchfell hinab. Wird das hintere Scheidengewölbe durchstoßen, z.B. bei Abtreibungsversuchen mit spitzen Gegenständen (Stricknadel), dann gelangt man in die Bauchhöhle. Der dem hinteren Scheidengewölbe kaudal folgende Vaginalabschnitt steht durch das *Septum rectovaginale* mit dem Rektum in lockerer Verbindung.

Die Vorderwand der Vagina, die vollkommen außerhalb des peritonealen Berührungsfeldes liegt, grenzt an den *Fundus vesicae* und an die Ureteren, die seitlichen Vaginalwände grenzen an das subperitoneale parakolpale Bindegewebe. **Topographisch** werden **3 Etagen** unterschieden.

- Die **obere Etage** im Bereich der Scheidengewölbe ist am geräumigsten und in die Basis des Lig. latum, d.h. in das Parametrium einbezogen, wo in einer Entfernung von 1-2 cm die *A. uterina*, der Ureter und große **venöse Geflechte** verlaufen.
- Die **mittlere Etage** lehnt sich beidseits an den *M. levator ani* an und wird von den **Levatorenschenkeln** zangenartig umgeben, die damit einen Scheidenschließmuskel bilden.
- Das **untere Etagendrittel** der Vagina ist fest in das *Diaphragma urogenitale* eingelassen und durchbohrt den *M. transversus perinei profundus.*

Die weibliche Harnröhre, *Urethra feminina*, die in die Vorderwand der Vagina fest eingefügt ist, endet mit der äußeren Harnröhrenöffnung, *Ostium urethrae externum*, im Scheidenvorhof, *Vestibulum vaginae*; sie springt hier als *Carina urethralis* leistenartig vor.

Gefäße des Uterus und der Vagina

Die *A. uterina* geht direkt oder gemeinsam mit der *A. umbilicalis* aus der *A. iliaca interna* hervor, verläuft zuerst auf dem *M. obturatorius internus* nach unten und vorn, biegt dann nach medial um und tritt in der Basis des Lig. latum in das Parametrium ein (Abb. 24.25). Hier kreuzt sie den Ureter ventral und gelangt in Höhe der Cervix uteri an den Seitenrand des Uterus. Die Kreuzungsstelle mit dem Ureter, die nur 2 cm vom seitlichen Uterusrand entfernt liegt, hat chirurgisches Interesse, weil er hier bei der Herausnahme der Gebärmutter leicht verletzt oder versehentlich gar unterbunden werden kann. Nach der Kreuzungsstelle biegt die A. uterina nach kranial um und zieht am lateralen Rand der Gebärmutter, stark geschlängelt, zum Tubenwinkel empor. Ein Endast, der *R. ovaricus*, anastomosiert im *Lig. ovarii proprium* und über das Mesovarium unter Bildung der Eierstockarkade mit der *A. ovarica* aus der Aorta abdominalis, ein anderer, *R. tubarius*, verläuft in der *Mesosalpinx* der Tuba uterina entlang und steht ebenfalls mit einem Ast der A. ovarica in Verbindung.

Die Vagina wird von der *A. vaginalis* versorgt. Sie entspringt direkt nach der Ureterüberkreuzung aus der A. uterina und gelangt mit *Rr. vaginales* an die Vorder- und Hinterwand der Scheide. Diese stehen mit Ästen der *A. vesicalis inferior* und mit den *Aa. rectales media* und *inferior* in Verbindung.

Die *V. uterina* entsteht aus weitmaschigen Venengeflechten, den Plexus venosus vaginalis, Plexus venosus uterinus und Plexus cervicalis uteri, die gemeinsam den Plexus uterovaginalis bilden. Der Abfluss erfolgt durch das Parametrium zur V. iliaca interna. .

Am Uterus ist ein subseröses **Lymphgefäßgeflecht** ausgebildet, an welchem ein *Plexus lymphaticus corporis* und ein *Plexus lymphaticus cervicis uteri* unterschieden werden, deren *Vasa efferentia* verschiedene Wege einschlagen. Aus dem Fundusbereich fließt die Lymphe über *Vasa lymphatica superiora* (Hauptabflussweg) im Lig. latum zum Hilus des Ovars, von hier aus gegen die laterale Becken- und hintere Bauchwand und enden gemeinsam mit den *Vasa efferentia* aus dem Ovar in den *Nodi lymphatici lumbales* in Höhe des unteren Nierenpols. Vom Tubenwinkel und der Uterusvorderwand gehen *Vasa lymphatica anteriora* hervor, die das *Lig. teres uteri* begleiten, den Leistenkanal passieren und in den *Nodi lymphatici inguinales superficiales* (sog. horizontaler Trakt) enden. Von den Uterusseitenwänden gelangen *Vasa lymphatici laterales* über das Parametrium zu den *Nodi lymphatici iliaci interni* und *externi*. Die Lymphe aus der Cervix uteri und dem proximalen Teil der Vagina erreicht die *Nodi lymphatici interni* an der Teilungsstelle der *A. iliaca communis*, dann die *Nodi lymphatici iliaci externi* und auf diesem Weg schließlich die Lymphknoten im Bereich des Promontorium und die latero- und präsakralen Lymphknotengruppen.

Die regionären Lymphknoten der kaudalen Abschnitte der Vagina liegen als *Nodi lymphatici inguinales superficiales* in der Inguinalregion.

24.25 Klinische Hinweise

Häufig wird die Rückwärtsverlagerung der Gebärmutter, **Retroversio-Retroflexio uteri,** beobachtet, wobei der Druck des Corpus uteri auf den Plexus sacralis »tiefsitzende Kreuzschmerzen« verursachen kann. Bei der **Retroflexio uteri mobilis** liegt der Fundus des retroflektierten Uterus frei beweglich in der Beckenhöhle. Andererseits können infolge von entzündlichen Prozessen in der Excavatio rectouterina Verwachsungen zwischen der Serosa des Fundus uteri und des Rektums zu einer **Retroflexio uteri fixata** führen.

Unter **extraperitonealen Lageveränderungen** versteht man die Senkung (Deszensus) des Uterus unter Mitnahme der Harnblase und/oder des Rektums (▶ Kap. 13.6).

Gutartige Uterustumore sind **Myome,** d.h. Tumore der glatten Uterusmuskulatur (Myometrium) (▶ Kap. 13.7).

Bösartige Tumore sind das **Korpuskarzinom** und das **Zervixkarzinom.** Beim Korpuskarzinom handelt es sich um eine maligne Entartung des Endometriums (Endometriumkarzinom). Das **Zervixkarzinom**, das vom Plattenepithel der Portio vaginalis uteri ausgeht, zählt zu den häufigsten bösartigen Genitaltumoren der Frau. Es metastasiert früh in die Beckenlymphknoten und in die aortalen Lymphknoten. In fortgeschrittenen Stadien überschreitet das Karzinom die Organgrenze und wächst in die Parametrien, wo es die Harnleiter ummauert und damit zu einer Harnabflussbehinderung führt.

Die Zervixoberfläche, der äußere Muttermund, die Vaginalwände und die Vulva können mit Hilfe eines Scheidenspekulums und eines Kolposkops (binokulare Lupe mit 10- bis 40-facher Vergrößerung) betrachtet werden.

Äußere weibliche Geschlechtsorgane

Zu den äußeren weiblichen Geschlechtsorganen, die in der Klinik unter der Bezeichnung »Vulva« zusammengefasst werden, gehören der *Mons pubis*, die *Clitoris*, die *Labia majora et minora*, das *Vestibulum vaginae* mit seinen Drüsen, die *Urethra feminina* und der *Introitus vaginae* (▶ Kap. 13).

Die großen Schamlippen, *Labia majora pudendi*, sind zwei sagittale, von Epidermis überzogene Hautfalten, die die Schamspalte, *Rima pudendi*, umgrenzen. Jede Schamlippe hat eine mediale, wenig oder nicht verhornte Oberfläche, und eine laterale Oberfläche, die mit Haaren, Talgdrüsen und apokrinen Duftdrüsen besetzt ist. Beide Schamlippen vereinigen sich im Damm durch die *Commissura labiorum posterior*. Der vordere Zusammenfluss, *Commissura labiorum anterior*, setzt sich in den Schamberg, *Mons pubis*, fort. In das gekammerte Fett- und Bindegewebe der großen Schamlippen strahlt jederseits das *Lig. teres uteri* ein.

Drängt man die großen Schamlippen auseinander, dann blickt man in den Scheidenvorhof, *Vestibulum vaginae*. Der Scheideneingang, *Introitus vaginae*, wird seitlich von den kleinen Schamlippen, *Labia minora pudendi* (Nymphen) begrenzt. Die *Labia minora* sind ebenfalls Hautfalten, bestehen aber aus einem fettlosen, straffen Bindegewebe, das reich an Nerven, Pigmenten und Drüsen ist, aber keine Haarwurzeln besitzt. Das schmale Faltenpaar ist hinten durch das *Frenulum labiorum pudendi* verbunden. Die vorderen Enden umschließen als Hautfalte die *Clitoris*, indem sie auf deren Rücken kapuzenartig das *Praeputium clitoridis* bilden, das nur die *Glans clitoridis* hervorschauen lässt. Unterhalb der Clitoris vereinigen sich die kleinen Schamlippen zum *Frenulum clitoridis*.

In das Vestibulum, das innen vom Hymen abgeschlossen ist, münden Drüsen und die Urethra. Das rundliche oder geschlitzte *Ostium urethrae externum* liegt unterhalb der Clitoris. Neben der Harnröhrenöffnung münden beidseits die *Ductus paraurethrales* (Skene-Gänge), Ausführungsgänge einer Gruppe von paraurethralen Drüsen. Die größten Drüsen des Scheidenvorhofs sind die etwa linsengroßen *Glandulae vestibulares majores* (Bartholin-Drüsen), die an der Basis der kleinen Schamlippen dorsal auf dem *M. transversus perinei profundus* liegen und an die stumpfen Enden der Schwellkörper des Vorhofs grenzen. Ihre etwa 2 cm langen Ausführungsgänge münden am hinteren Drittel der kleinen Schamlippen, nahe der hinteren Kommissur, in das *Vestibulum vaginae*.

Die kleinen Vorhofdrüsen, *Glandulae vestibulares minores,* sind tubulöse Schleimdrüsen, die vornehmlich die Harnröhrenmündung umgeben.

Zu beiden Seiten des Scheidenvorhofs liegen die paarigen Schwellkörper des Vorhofs, *Bulbi venosi vestibuli,* die an ihren dorsalen Enden keulenförmig verdickt sind. Sie verjüngen sich nach ventral und verbinden sich über die Harnröhrenöffnung hinweg mit der *Glans clitoridis*. Jeder *Bulbus vestibuli* ist von einem dünnen *M. bulbospongiosus* überzogen, der am *Centrum tendineum perinei* entspringt.

Weibliche Harnröhre (Urethra feminina)

Die 2,5–4,5 cm lange *Urethra feminina* beginnt mit der inneren Harnröhrenöffnung, *Ostium urethrae internum,* an der unteren Spitze des *Trigonum vesicae* (◘ Abb. 24.21). Sie durchquert das Diaphragma urogenitale in einem nach vorn konkaven Bogen zwischen Symphyse und vorderer Scheidenwand und endet mit der äußeren Harnröhrenöffnung, *Ostium urethrae externum,* im *Vestibulum vaginae*.

Gefäße und Nerven der äußeren weiblichen Geschlechtsorgane

Die Blutgefäße stammen aus den *Vasa pudenda interna* und aus Ästen der *Vasa femoralia*. Die *A. pudenda interna* gibt nach ihrem Austritt aus dem Alcock-Kanal am Hinterrand des Diaphragma urogenitale die starke *A. perinealis* ab, die zunächst im *Spatium perinei profundus* und dann oberflächlich von der *Membrana perinei* symphysenwärts verläuft. Kurz nach ihrem Durchtritt durch das Diaphragma urogenitale gibt sie quer verlaufende Äste, *Aa. labiales posteriores,* zu den dorsalen Teilen der großen Schamlippen ab. Feine Äste ziehen zu den *Mm. ischiocavernosus, bulbospongiosus* und *transversi perinei*. Der Stamm der *A. perinealis* legt sich dem medialen Rand des *M. ischiocavernosus an* und erreicht mit ihm die Region der Clitoris. Auf diesem Verlauf gibt sie die kurze *A. urethralis* zur Urethra, die *A. bulbi vestibuli* zum Bulbus vestibuli, *M. transversus perinei profundus* und zur *Glandula bulbourethralis major* ab. Ihre Endäste sind die *A. dorsalis clitoridis*, die *Corpus, Glans* und *Praeputium clitoridis* versorgt, und die schwache *A. profunda clitoridis* zum *Corpus cavernosum clitoridis*. Die *Aa. pudendae externae* aus der *A. femoralis* ziehen epifaszial zu den großen Schamlippen und entsenden Äste zur Haut der Leistengegend (▶ Kap. 13).

Der **venöse Abfluss** erfolgt größtenteils über die *V. pudenda interna*. Sie nimmt außer den *Vv. rectales inferiores* Venen vom hinteren Anteil der Labia majora, die *Vv. profundae clitoridis* aus den Corpora cavernosa der Clitoris sowie die *V. dorsalis profunda clitoridis* aus Corpus und Glans clitoridis auf. Allerdings fließt der größte Teil dieses Blutes zunächst dem *Plexus venosus vesicalis* zu.

Die epifaszialen *Vv. dorsales superficiales clitoridis* sowie die Venen vom vorderen Anteil der großen Schamlippen münden in *Vv. pudendae externae,* den epifaszialen Zuflüssen der *V. saphena magna* oder der *V. femoralis*. Die Venen des Mons pubis fließen der *V. epigastrica inferior* zu.

Die **Lymphgefäße** ziehen zu den *Nodi lymphatici inguinales superficiales* in der Leistenbeuge und von dort in die *Nodi lymphatici* *inguinales profundi,* insbesondere in den Rosenmüller-Lymphknoten.

Die **Nerven** stammen aus dem *N. pudendus* (S2–4) und aus dem *Plexus lumbalis*. Der *N. perinealis* zweigt vom *N. pudendus* kurz nach dessen Austritt aus dem Alcock-Kanal ab und spaltet sich in einen oberflächlichen und einen tiefen Ast. Der tiefe Ast versorgt das *Perineum femininum* und den *M. sphincter urethrae*. Der oberflächliche Ast entlässt *Nn. labiales posteriores* zur Haut des hinteren Anteils der großen Schamlippen sowie einen dünnen *N. dorsalis clitoridis* zum Rücken der Clitoris. Die *Nn. labiales anteriores* zweigen am äußeren Leistenring vom *N. ilioinguinalis* (Plexus lumbalis, L1) ab und versorgen die Haut des Mons pubis und die vorderen Partien der Labia majora. Der *R. genitalis*, ein Ast des *N. genitofemoralis* (Plexus lumbalis, L1–2), begleitet das Lig. teres uteri durch den Leistenkanal und versorgt die Haut der Außenseite der großen Schamlippen.

24.26 Klinische Hinweise

Entzündliche Veränderungen im Bereich der äußeren weiblichen Genitalorgane werden unter der Bezeichnung **Vulvitis** zusammengefasst. Ursachenunabhängige Symptome einer Vulvainfektion sind **Pruritus** (Juckreiz), brennende Schmerzen, Rötung, Schwellung und Fluor vaginalis (► Kap. 13.2). Besonders häufig ist die bakteriell bedingte **Bartholinitis,** eine Entzündung der Glandulae vestibulares majores mit Ödem und Schwellung der gleichseitigen kleinen Schamlippe.

Unter den **viralen Infektionen** der Vulva spielt die **Herpes-simplex-Virus-Infektion,** eine sexuell übertragbare Erkrankung, eine besondere Rolle. Häufig sind Pilzinfektionen, z.B. durch *Candida albicans*, und die *Trichomoniasis* (Trichomonadenkolpitis), eine Entzündung der Vagina, hervorgerufen durch den pathogenen Flagellat *Trichomonas vaginalis,* dem dritthäufigsten Kolpitiserreger.

24.2.7 Plexus hypogastricus inferior (Plexus pelvinus)

Der *Plexus hypogastricus inferior (Plexus pelvinus)* ist ein aus sympathischen und sakralen parasympathischen Fasern bestehendes dichtes und ganglienreiches Nervengeflecht, das am Grunde des kleinen Beckens eine nahezu sagittal gestellte Platte bildet. Beim Mann liegt er zu beiden Seiten des Rektums, der Samenblasen, der Prostata und des hinteren Anteils der Harnblase. Bei der Frau befindet er sich zu beiden Seiten des Rektums, der Cervix uteri und des Fornix vaginae sowie des hinteren Blasenabschnitts. Er erhält folgende Zuflüsse:

- Aus dem *Plexus hypogastricus superior* über den *N. hypogastricus dexter et sinister*. Es handelt sich um zwei sympathische Nervenstränge, die dorsal des Ureters und medial der Aufteilung der Vasa iliaca interna in Höhe des 4. Sakralwirbels von kranial in den *Plexus hypogastricus inferior* einziehen.
- Aus dem *Truncus sympathicus sacralis* über die sympathischen *Rr. splanchnici*. Der paarige *Truncus sympathicus sacralis* liegt in der *Lamina praesacralis* dem Periost der Sakralwirbelkörper an. Er besteht aus 3–4 Ganglien, die durch *Rr. interganglionares* untereinander verbunden sind. Er zieht tief hinter den *Vasa iliacae communes* medial der *Foramina sacralia* in das kleine Becken. Von den sympathischen Ganglien und von den Rr. interganglionares ziehen sympathische *Rr. splanchnici* in den Plexus hypogastricus inferior ein.
- Aus den Spinalnerven S3 und S4, vor der Vereinigung der Sakralnerven zum Plexus sacralis, über die kurzen *Nn. splanchnici pelvini parasympathici (Radix parasympathica)*. Die Abgangsstellen der *Nn. splanchnici pelvini* aus den Spinalnerven liegen etwa 3 cm distal des Austrittes der Nerven aus den *Foramina sacralia* auf der Faszie des *M. piriformis*.

Der **plattenförmige Plexus hypogastricus inferior** hat eine Ausdehnung von etwa 2×5 cm. Seine Längsachse beginnt an den Levatormuskeln und verläuft schräg nach kranial in Richtung auf das 3. Sakralforamen zu. Er liegt dabei lateral auf der *Pars pelvina* des Ureters *(Plexus uretericus)*, medial der Verästelung der *Vasa iliacae internae* und wird lateral von den *Vasa vesicales mediae et inferiores* überkreuzt, wobei die *A. und V. vesicalis media* den Plexus durchbohren, um an die Harnblasenwand zu gelangen. Sein kaudaler Anteil wird **beim Mann** durch den *R. prostaticus* der *A. vesicalis inferior* in zwei Teile aufgespalten: in einen vorderen Teil, der an den Harnblasengrund zieht *(Plexus vesicalis)*, und einen hinteren Anteil (*Plexus prostaticus*), der in die Prostatakapsel einstrahlt. Der Plexus vesicalis liegt der Harnblase seitlich auf und entsendet Fasern zu den Samenblasen, *Plexus glandulae vesiculosae,* und zu den Samenleitern, *Plexus deferentiales*. Der *Plexus prostaticus* gibt Fasern zu Urethra, Vesicula seminalis, Glandula bulbourethralis und zu den Schwellkörpern des Penis ab, die als *Nn. cavernosi penis* bezeichnet werden. Sie durchsetzen das Diaphragma urogenitale, verbinden sich mit Zweigen des *N. pudendus* und gelangen schließlich unter dem *Arcus pubis* auf die dorsale Seite des Penis, von wo aus Fasern in das Corpus spongiosum und das Corpus cavernosum penis eintreten.

Andere topographische Verhältnisse betreffen den *Plexus rectalis*, der weit kranial aus dem Plexus hypogastricus inferior hervorgeht und in das Paraproktium gelangt. Dabei lässt sich ein *Plexus rectalis medius* für die Pars sacralis recti und ein *Plexus rectalis inferior* für die Ampulla recti und die *Pars perinealis recti* unterscheiden. Die Innervation reicht bis zum *M. sphincter ani internus*.

Bei der **Frau** liegt die ventrokaudale Hälfte des Plexus hypogastricus inferior als *Plexus uterovaginalis* mit Nervenzellanhäufungen (Frankenhäuser-Ganglion) im basalen Teil des Parametrium. Die *Plexus venosi vesicalis, vaginalis* und *uterinus*, die sich zu einem mächtigen venösen Geflecht vereinigen, überlagern lediglich den vorderen, distalen Anteil des Plexus hypogastricus inferior lateral. Der Plexus rectalis entsteht, ähnlich den Verhältnissen beim Mann, aus dem dorsokranialen Anteil des Plexus hypogastricus inferior. Dieser relativ weitmaschige Plexus rectalis zieht in einer Entfernung von etwa 0,5–1 cm von der Pars sacralis recti abwärts und kommt erst im distalen Anteil der Ampulla recti in unmittelbaren Kontakt mit der Rektumwand. Nach Entfernen des venösen Geflechtes lässt sich die gesamte Ausdehnung des Plexus hypogastricus inferior und seine Beziehung zum lateralen Peritoneum der Excavatio rectouterina überblicken. Der *Plexus uterovaginalis* entlässt in seinem kranialen Anteil Äste, die in direktem Verlauf oder mit den Blutgefäßen das Corpus uteri und die Tuba uterina erreichen, während die ventrokaudale Hälfte des Plexus der Cervix uteri und dem Fornix vaginae lateral eng anliegt. Lange absteigende Fasern, *Nn. vaginales*, verlaufen entlang der dorsolateralen Wand der Vagina bis zum Levatorentor *(Plexus vaginalis)*. Sie versorgen nicht nur die Vagina, sondern auch Teile der Harnblase, die Urethra, die Schwellkörper von Bulbus vestibuli und Clitoris *(Nn. cavernosi clitoridis)* und die Glandula vestibularis major.

24.27 Schädigung des Plexus hypogastricus inferior

Eine intraoperative Schädigung des Plexus hypogastricus inferior kann zu mannigfaltigen Funktionsstörungen der Organe des kleinen Beckens führen. Nach abdominaler Resektion des Rektums können **Blasenfunktionsstörungen** (Kontinenz- und Miktionsstörung, inkomplette Harnblasenentleerung) und/oder eine **Incontinentia alvi**, d.h. die Unfähigkeit den Stuhl willentlich zurückzuhalten, auftreten. Auch eine Störung der sexuellen Potenz bei Männern nach Rektumresektion wird beobachtet. Nach einer radikalen abdominalen Hysterektomie kann es bei diesen Patientinnen zu einer Dysfunktion der Harnblase kommen.

25 Arm und Schultergürtelbereich

B. N. Tillmann

Einführung

Der Schultergürtelbereich der oberen Extremitäten gehört topographisch zur ventralen Rumpfwand *(Regio pectoralis, Regio infraclavicularis* mit *Fossa infraclavicularis* und *Regio axillaris)* sowie zur dorsalen Rumpfwand *(Regio scapularis)*. Die freie obere Extremität beginnt im Bereich der *Regio deltoidea*. Den Übergang zwischen Rumpf und freier oberer Extremität bildet die Achselgegend (Regio axillaris) mit der Achselgrube (Fossa axillaris).

Die Leitungsbahnen der oberen Extremität treten aus der seitlichen Halsregion durch den kostoklavikulären Raum zunächst in die *Regio infraclavicularis*.

Der kostoklavikuläre Raum wird kranial ventral von der Clavicula mit dem unter ihr laufenden M. subclavius und medial vom Lig. costoclaviculare begrenzt. Kaudal liegt die erste Rippe mit der an ihr inserierenden oberen Zacke des M. serratus anterior. Die dorsale Grenze bildet die Scapula mit dem auf ihr liegenden M. subscapularis. Den kostoklavikulären Raum passieren *Plexus brachialis* sowie *A.* und *V. subclavia*. Der Plexus brachialis liegt darin am weitesten lateral; darauf folgt die A. subclavia. Plexus brachialis und A. subclavia werden von einer gemeinsamen Gefäß-Nerven-Scheide umhüllt, dessen Bindegewebe sich in den Gefäß-Nerven-Straßen der oberen Extremität fortsetzt. Die am weitesten medial ziehende V. subclavia liegt außerhalb der Gefäßnervenscheide.

Obere Extremität

Zur Rumpfwand gehörende folgende Regionen des Schultergürtelbereichs Tafel IA, S. 777:
- Vordere Rumpfwand: *Regio pectoralis, Regio infraclavicularis*
- Hintere Rumpfwand: *Regio scapularis*
- Achselregion: *Regio axillaris*

25.1 Schultergürtelbereich

25.1.1 Regio infraclavicularis

Die infraklavikuläre Region stellt über den kostoklavikulären Raum die Verbindung zwischen seitlicher Halsregion und Achselhöhle her.

Die **infraklavikuläre Region** grenzt kranial an die Clavicula, medial an das Sternum und lateral an den M. deltoideus; kaudal geht die *Regio infraclavicularis* in die Brustregion (*Regio pectoralis*, ▶ Kap. 21, ◘ Abb. 21.2) über.

Innerhalb der Regio infraclavicularis ist die dreieckige **Mohrenheim-Grube** *(Fossa infraclavicularis)* im Oberflächenrelief meistens deutlich sichtbar (▶ Tafel III, S. 777). Sie entspricht der Ausdehnung des kranial von der Clavicula, medial vom M. pectoralis major und lateral vom M. deltoideus begrenzten *Trigonum clavi(deltoideo)pectorale*, in das der *Sulcus deltoideopectoralis* mit der darin verlaufenden *V. cephalica* einmündet (▶ Kap. 21, ◘ Abb. 21.2).

Im **subkutanen Gewebe** der infraklavikulären Region liegen auf der oberflächlichen Faszie des M. pectoralis die Endausläufer des Platysma sowie die *Nn. supraclaviculares mediales* und *intermedii*. Die *Fascia pectoralis* geht kontinuierlich in die Achselhöhlenfaszie über.

Durch Ablösen und Herabklappen des M. pectoralis major von der Clavicula wird der Boden der Fossa infraclavicularis mit der *Fascia clavi(deltoideo)pectoralis* (Fascia coraco(cleido)pectoralis) sichtbar (▶ Kap. 21, ◘ Abb. 21.3). Die Faszie kommt von der Clavicula, wobei sie den M. subclavius einscheidet; sie hüllt außerdem den M. pectoralis minor ein und heftet sich am Processus coracoideus (Tractus coracoclavicularis) an. Seitlich geht sie in die Achselfaszie über; durch die Faszie tritt die *V. cephalica*, bevor sie in die V. axillaris mündet. Im Sulcus deltoideopectoralis entlang der V. cephalica liegen die infraklavikulären Lymphknoten *(Nodi deltopectorales)*. Die Faszie durchbrechen die *Nn. pectorales* sowie die Rr. pectorales und deltoideus der *A. thoracoacromialis*.

Nach Entfernung der Fascia clavi(deltoideo)pectoralis werden die **Strukturen** in der Tiefe der Regio infraclavicularis sichtbar. Die **muskuläre Begrenzung** erfolgt kranial durch den der Clavicula anliegenden M. subclavius, kaudal durch den M. pectoralis minor und lateral durch den M. deltoideus (◘ Abb. 25.1). Am weitesten medial in der Grube liegt die *V. axillaris* mit den in sie einmündenden Venen und den *Nodi lymphatici apicales*. Ihre Venenwand ist wie die der V. subclavia mit der Fascia clavi(deltoideo)pectoralis und mit der Faszie des M. subclavius verwachsen. Im mittleren Bereich zieht die *A. axillaris*, aus der in diesem Bereich die *A. thoracica superior* und am Oberrand des M. pectoralis minor die *A. thoracoacromialis* entspringen. Die aus der A. thoracoacromialis abgehenden Äste ziehen zu folgenden Versorgungsgebieten:
- *Rr. pectorales:* M. serratus anterior und Mm. pectorales major und minor
- *R. deltoideus:* M. deltoideus und M. pectoralis major
- R. clavicularis: M. subclavius
- *R. acromialis:* M. deltoideus – Rete acromiale

Am weitesten lateral neben der A. axillaris laufen die Faszikel des *Plexus brachialis*. Oberflächlich neben der Arterie liegt der *Fasciculus lateralis*, hinter ihr der *Fasciculus posterior*; am weitesten in der Tiefe läuft der *Fasciculus medialis*.

25.1 Klinische Hinweise

Zu einer Einengung des kostoklavikulären Raumes kommt es beim Senken und Zurückführen der Schulter.

Eine angeborene oder nach einem Trauma erworbene tief stehende Clavicula oder eine hoch stehende erste Rippe kann zur Einengung des Raumes und zur Kompression der Leitungsbahnen führen (▶ 4.69).

Zur Punktion der V. subclavia (▶ Kap. 4.4, ▶ 4.90) infraklavikuläre Leitungsanästhesie des Plexus brachialis (▶ Kap. 4.4, ▶ 4.91).

25.1.2 Achselregion (Regio axillaris)

Achselgrube (Fossa axillaris) und Achselhöhle (Spatium axillare)

Die Achselhöhle ist die Transitstrecke für den Gefäß-Nerven-Strang und für die aus ihm hervorgehenden Gefäße und Nerven zum Arm sowie zur Schulter- und Brustregion.

Aus der Regio infraclavicularis treten die Leitungsbahnen in die Achselregion und gelangen von dort zum Arm sowie zur Brust- und Schulterregion (◘ Abb. 25.1). Der Gefäß-Nerven-Strang und die abzweigenden Gefäße und Nerven sowie die Lymphbahnen und Lymphknoten sind am Übergang zwischen Rumpf und freier oberer Extremität in das **Bindegewebelager** der Achselhöhle derart eingebettet, dass die Leitungsbahnen unter Erhalt der freien Beweglichkeit nicht unphysiologisch gedehnt oder komprimiert werden.

Im Zentrum der Achselregion liegt die sicht- und austastbare **Achselgrube,** *Fossa axillaris*, deren Form von der Armstellung abhängig ist. Bei adduziertem Arm ist die Achselgrube tiefer als bei eleviertem Arm. Die Achselgrube setzt sich durch die vom lateralen Rand des M. pectoralis major gebildete **vordere Achselfalte** von der

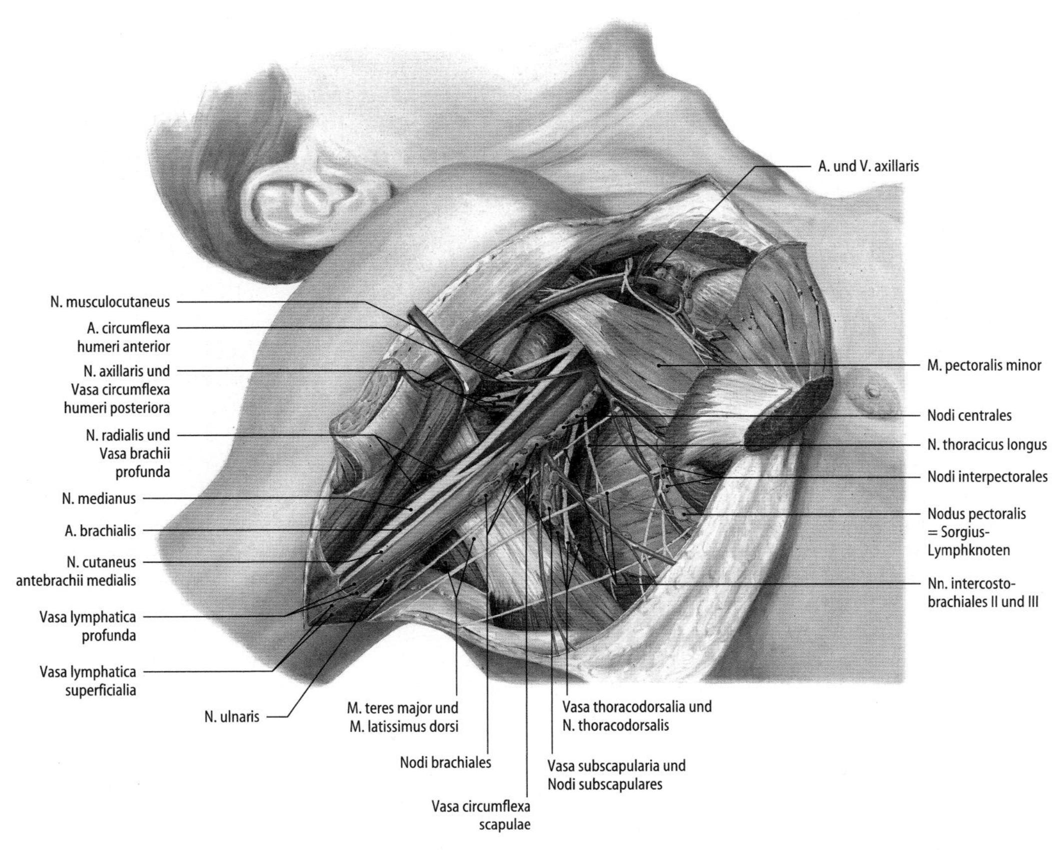

Abb. 25.1. Achselhöhle, rechte Seite, Ansicht von lateral vorn. Zur Darstellung der Leitungsbahnen und der Lymphknoten wurde der M. pectoralis major durchtrennt und nach vorn und nach hinten verlagert [1]

ventralen Rumpfwand ab (► Tafel II, S. 778). Die Abgrenzung von der seitlichen hinteren Rumpfwand bildet der freie Rand des M. latissimus dorsi als **hintere Achselfalte** (► Tafel IV, S. 780).

Die **Achselhöhle** *(Spatium axillare)* ist der von Muskeln begrenzte Bindegeweberaum unterhalb der Achselgrube. Die Achselhöhle hat die Form einer vierseitigen Pyramide, entsprechend unterscheidet man vier Wände (Abb. 25.2). Die **ventrale Wand** bilden die Mm. pectoralis major und minor sowie die Fascia clavi(deltoideo)pectoralis. **Mediale Wand** ist der M. serratus anterior mit seiner Faszie. Am Aufbau der schmalen **lateralen Wand** beteiligen sich proximales Humerusende, M. coracobrachialis und kurzer Bizepskopf. Die **dorsale Wand** wird medial vom M. subscapularis mit seiner Faszie und lateral vom M. teres major sowie vom seitlichen Rand des M. latissimus dorsi gebildet. Die Spitze der Pyramide liegt hinter dem M. pectoralis minor am Übergang zur Regio infraclavicularis. Die Basis des pyramidenförmigen Raumes wird in Richtung der Achselgrube von der Fascia axillaris überbrückt. Die *Fascia axillaris* geht ventral in die Fascia pectoralis, dorsal in die Faszie des M. latissimus dorsi und in die Rückenfaszie sowie kaudal in die Fascia abdominis superficialis über; am Oberarm setzt sie sich in die Fascia brachii fort (► Kap. 21, Abb. 21.2).

Ein bogenförmiger Verstärkungszug der Achselfaszie zwischen M. pectoralis major und M. latissimus dorsi wird als **Achselbogen**, *Arcus axillaris* bezeichnet. Ein weiterer Verstärkungszug ist lateral am Übergang zum Oberarm als **Armbogen**, *Arcus brachialis* ausgebildet. Zwischen Arm und Achselbogen ist die Achselfaszie siebartig durchbrochen, *Lamina cribrosa*. Die von Fettgewebe ausgefüllten Lücken der Lamina cribrosa dienen dem Durchtritt von Blut- und Lymphbahnen sowie Nerven (muskulärer vorderer und hinterer Achselbogen, ► Kap. 4.4, S. 209).

Die Achselhöhle ist von lockerem fettreichem Bindegewebe ausgefüllt, das mit den Faszien der die Achselhöhle begrenzenden Muskeln in Verbindung steht. Der Bindegewebskörper der Achselhöhle setzt sich unter dem M. pectoralis minor und der Fascia clavi(deltoideo)pectoralis nach kranial in die Regio infraclavicularis fort. Er steht über die Achsellücken mit den Nachbarregionen in Verbindung. Im Bereich des Gefäß-Nerven-Bündels verdichtet sich das Bindegewebe der Achselhöhle und bildet die gemeinsame **Gefäß-Nerven-Scheide** um die *A. axillaris* und die ihr anliegenden Faszikel und Nerven des Plexus brachialis. Die *V. axillaris* liegt in einer eigenen Bindegewebshülle.

Der **Gefäß-Nerven-Strang** liegt proximal dem M. coracobrachialis und distal der Ursprungssehne des M. latissimus dorsi an. Innerhalb des Gefäß-Nerven-Stranges liegt die *A. axillaris* lateral von der *V. axillaris*. Die Faszikel des *Plexus brachialis* ordnen sich bei ihrem Verlauf unter dem M. pectoralis minor um die A. axillaris in die *Fasciculi medialis*, *lateralis* und *posterior*; in diesem Bereich gehen die ersten Nerven aus den Faszikeln hervor (Abb. 25.1). Am weitesten proximal zweigt der *N. musculocutaneus* aus dem Fasciculus lateralis ab, der in den mittleren Abschnitt des *M. corocobrachialis* eintritt (► Kap. 4.4, 4.69). Die aus dem Fasciculus posterior hervorgehenden *Nn. axillaris* und *radialis* laufen hinter der A. axillaris eine kurze Strecke nebeneinander. Der *N. axillaris* verlässt bald den Gefäß-Nerven-Strang und zieht über den M. subscapularis nach lateral zur lateralen Achsellücke. Der Nerv tritt hier in enge topographische Beziehung zum proximalen Humerusende und zum Schultergelenk (► Kap. 4.4). Der *N. radialis* verlässt den Gefäß-Nerven-Strang in Höhe der Ansatzsehne des M. latissimus dorsi (► Kap. 4.4, 4.69). Bei regelhaftem Verhalten entsteht vor der

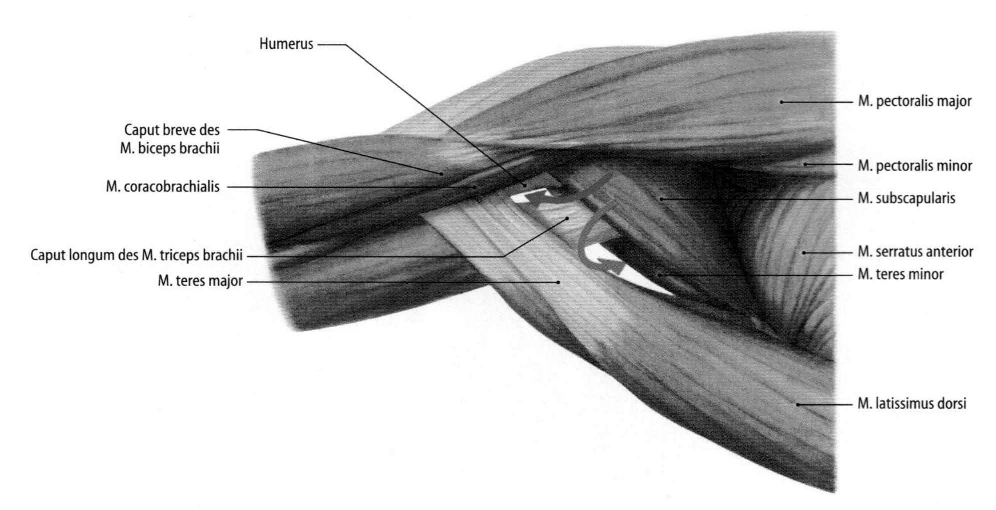

Abb. 25.2. Wände der Achselhöhle und Achsellücken, rechte Seite, Ansicht von lateral vorn. Ventrale Wand: Mm. pectoralis major und minor; mediale Wand: M. serratur anterior; laterale Wand: Humerus, Mm. coracobrachialis und biceps brachii; dorsale Wand: M. subscapularis sowie Mm. teres major und latissimus dorsi [1]
Blauer Pfeil: laterale Achselhöhle; grüner Pfeil: mediale Achsellücke

A. axillaris aus der *Radix lateralis n. mediani* des Fasciculus lateralis und aus der Radix medialis n. mediani des Fasciculus medialis die **Medianusgabel,** aus der der *N. medianus* hervorgeht. Der N. medianus tritt am Ausgang der Achselhöhle auf die laterale Seite der A. axillaris; der *N. ulnaris* zieht an der medialen Seite der Arterie zum Oberarm. Innerhalb der Gefäß-Nerven-Scheide liegen außerdem die *Nn. cutaneus bachii medialis* und *cutaneus antebrachii medialis.*

Durch die Achselhöhle ziehen **Lymphgefäße** zu den **axillären Lymphknoten,** die außerhalb der Gefäß-Nerven-Scheide im Bindegewebskörper liegen. Frei durch das Bindegewebe zieht im medialen Abschnitt der Achselhöhle der *N. intercostobrachialis* (Nn. intercostobrachiales) von der Brustwand zum N. cutaneus brachii medialis am Oberarm. Auf der medialen Wand der Achselhöhle laufen auf der Faszie des M. serratus anterior im vorderen Bereich *A.* und *V. thoracica lateralis.* Subfaszial zieht in der mittleren Axilarlinie der *N. thoracicus longus* abwärts, der dorsal des Gefäß-Nerven-Stranges aus der Halsregion in die Achselhöhle gelangt. Der Nerv läuft in enger Nachbarschaft zu den Nodi axillares profundi (► Kap. 4.4, 4.90). Auf der hinteren Wand der Achselhöhle ziehen hinter dem Gefäßnervenstrang die *Nn. subscapulares,* die hier in den M. subscapularis und in den M. teres major eintreten. Der *N. thoracodorsalis* tritt über die Hinterwand der Achselhöhle zur hinteren Achselfalte. Er läuft hier in Begleitung der *Vasa thoracodorsalia* auf der Rückseite des M. latissimus dorsi an dessen vorderem Rand nach kaudal.

Achsellücken

Die **Achsellücken** dienen Gefäßen und Nerven als Durchtrittspforten aus der Achselhöhle zur Schulter- und Armregion (Abb. 25.2, Abb. 25.3). Margo lateralis der Scapula mit dem M. teres minor, Oberrand des M. teres major und medialer Rand des Humerus bilden miteinander einen dreieckigen Spalt, der durch den vom Tuberculum infraglenoidale kommenden langen Trizepskopf in eine **dreieckige mediale** und in eine **viereckige laterale Achsellücke** unterteilt wird. Durch die **laterale Achsellücke** ziehen der *N. axillaris* und die *A. circumflexa humeri posterior* mit Begleitvenen. Durch die **mediale Achsellücke** tritt die *A. circumflexa scapulae* mit ihren Begleitvenen in die Fossa infraspinata.

Mediale Achsellücke (Hiatus axillaris medialis) (Abb. 25.3):
- Begrenzung:
  - Caput longum des M. triceps brachii
  - M. teres major
  - M. teres minor
- Inhalt:
  - A. circumflexa scapulae mit Begleitvenen

Laterale Achsellücke (Hiatus axillaris lateralis) (Abb. 25.3):
- Begrenzung:
  - Humerusschaft
  - M. teres major
  - Caput longum des M. triceps brachii
  - M. teres minor
- Inhalt:
  - N. axillaris
  - A. circumflexa humeri posterior mit Begleitvenen

25.2 Klinische Hinweise

In der reichlich mit apokrinen Schweißdrüsen ausgestatteten Haut der Achselgrube können sich Schweißdrüsenabszesse entwickeln.

Innerhalb des Bindegewebskörpers der Achselhöhle entstandene Entzündungen breiten sich über die mit der Achselhöhle in Verbindung stehenden Bindegewebsstraßen in benachbarte Regionen aus, z.B. über die Regio infraclavicularis in die Halsregion oder in die Brustregion (subpektorale Phlegmone) mit der Möglichkeit einer weiteren Ausbreitung in den Brustraum.

25.1.3 Schulterblattregion (Regio scapularis)

In der Regio scapularis bildet die Schulterblattarkade ein wichtiges Kollateralkreislaufsystem zwischen A. subclavia und A. axillaris.

Übergangsregion zwischen Rücken und oberer Extremität ist die *Regio scapularis,* deren Muskeln zu den Schultergürtel- und Schultergelenkmuskeln gehören. Die knöcherne Grundlage bildet die Scapula, deren Angulus inferior bei Elevation des Armes während seiner Ver-

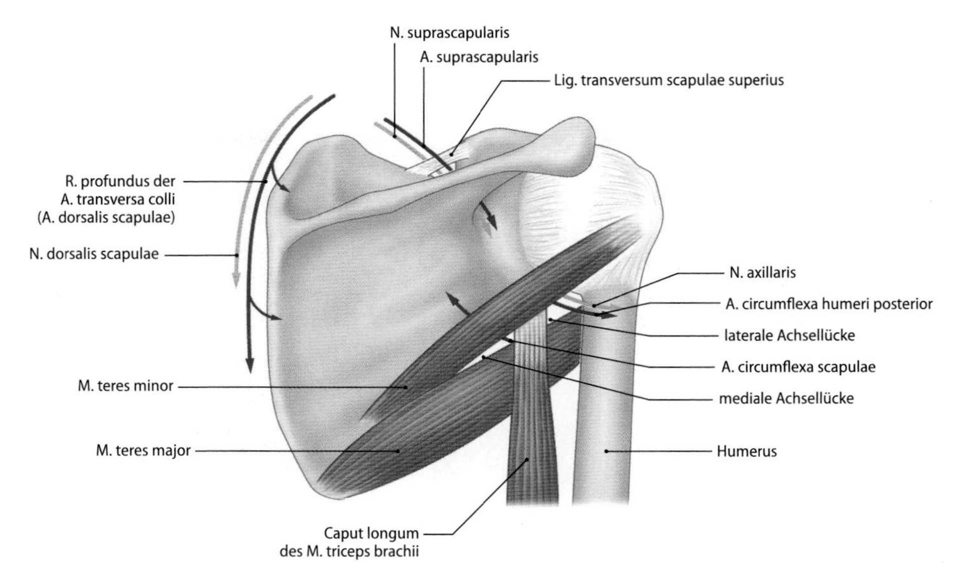

Abb. 25.3. Schulterregion, rechte Seite, Ansicht von dorsal. Darstellung der »Versorgungsstraßen« für die Leitungsbahnen und Achsellücken. A. suprascapularis, R. profundus der A. transversa colli und A. circumflexa scapulae bilden die Schulterblattarkade. Über die Anastomosen zwischen den Arterien besteht ein Kollateralkreislauf zwischen A. subclavia und A. axillaris [2]

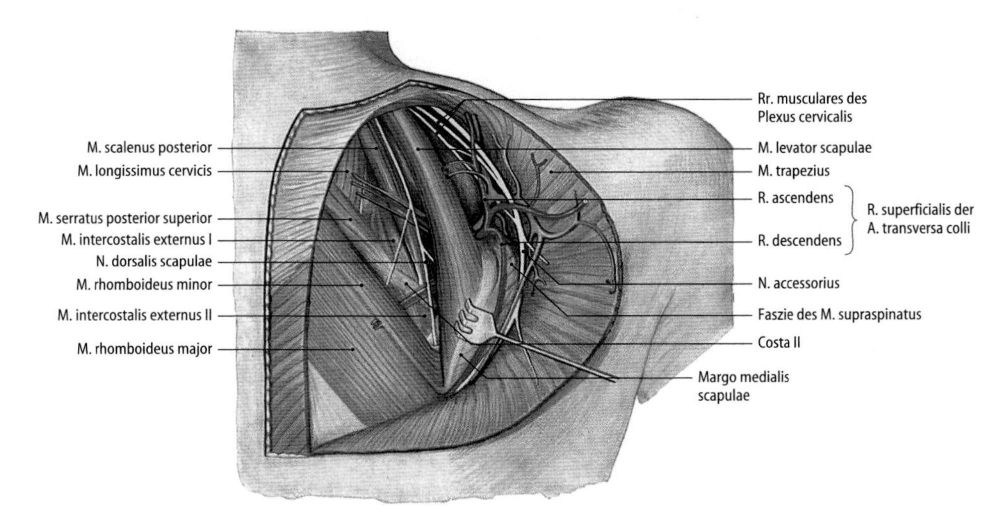

Abb. 25.4. Schulterregion der rechten Seite, Ansicht von hinten. Zur Darstellung der Nn. accessorius und dorsalis scapulae sowie der A. transversa colli wurde der M. trapezius an seinem Ursprung an der Wirbelsäule abgelöst und nach lateral verlagert [1]

lagerung nach lateral oben sichtbar wird (▶ Kap. 4.4, S. 204; ▶ Tafel IV, S. 780). Die von ihren Faszien in osteofibrösen Räumen eingeschlossenen *Mm. supraspinatus* und *infraspinatus* prägen gemeinsam mit den *Mm. trapezius* und *teres major* sowie der Pars scapularis des *M. latissimus dorsi* das Muskelrelief der Schulterblattregion (▶ Tafel IV, S. 780). Funktionell und topographisch haben auch die *Mm. rhomboidei major* und *minor* sowie der *M. levator scapulae* enge Beziehung zur Schulterblattregion (◻ Abb. 25.4). Die Haut über der Regio scapularis wird von den Rr. laterales der dorsalen Spinalnervenäste innerviert.

Der *N. dorsalis scapulae* läuft zwischen M. scalenus posterior und M. levator scapulae unter Abgabe motorischer Äste nach kaudal zu den Mm. rhomboidei (◻ Abb. 25.4). Durch das fettreiche lockere Bindegewebe zwischen Fascia supraspinata und Vorderseite des M. trapezius gelangen *A. transversa colli* zum M. trapezius sowie A. und N. suprascapularis zur Fossa supraspinata. Der zwischen den Ansätzen der *Mm. rhomboidei* und *serratus anterior* am *Margo medialis* entlang ziehende *R. profundus* der *A. transversa colli* (oder bei eigenständigem Abgang aus der A. subclavia: *A. dorsalis scapulae*) versorgt die angrenzenden Muskeln und bildet mit den Aa. suprascapularis und circumflexa scapulae die **Schulterblattarkade** (▶ Kap. 4.4, ◻ Abb. 4.148 und Abb. 25.5). An der von der Wirbelsäule abgelösten Unterseite des M. trapezius werden subfaszial außer den Ästen der A. transversa colli und ihren Begleitvenen der *N. accessorius* sowie Muskeläste aus dem Plexus cervicalis sichtbar.

Die vom Hinterrand der Clavicula kommende *A. suprascapularis* (aus dem Truncus thyreocervicalis) zieht in Begleitung gleichnamiger Venen über das *Lig. transversum scapulae* durch die Fascia supraspinata in den M. supraspinatus; sie läuft um die Basis des Acromion in die Fossa infraspinata, wo sie mit der *A. circumflexa scapulae* anastomosiert. Der *N. suprascapularis* tritt durch den osteofibrösen Kanal zwischen Lig. scapulae superius und Incisura scapulae in die Fossa

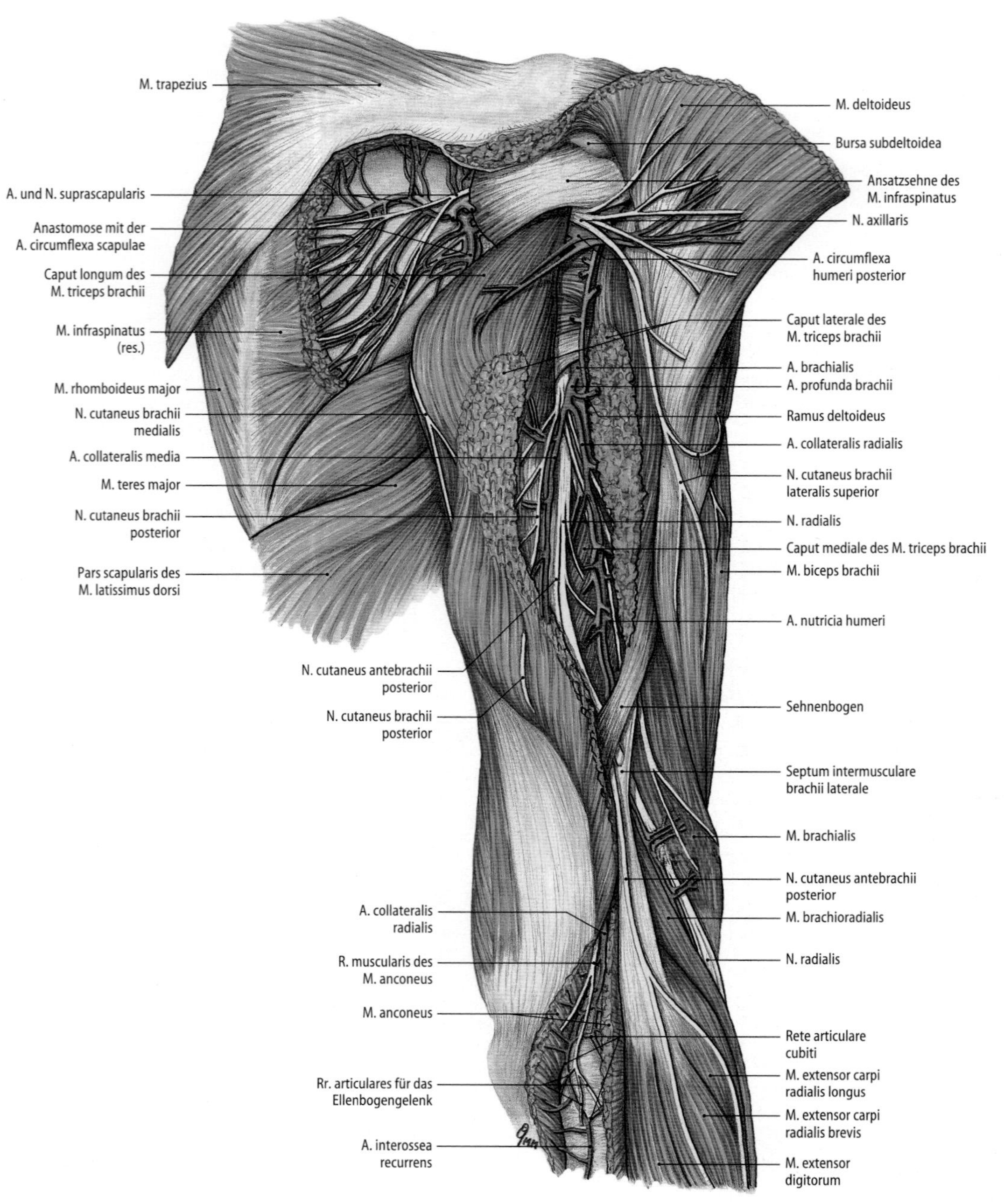

Abb. 25.5. Muskeln und Leitungsbahnen von Schulterregion und Oberarm, rechte Seite, Ansicht von hinten. Zur Darstellung der Schulterblattarkade und des N. radialis wurden die bedeckenden Muskeln durchtrennt und verlagert. Man beachte die Lage des N. radialis im Radialiskanal auf dem Humerusschaft, seinen Durchtritt durch das Septum intermusculare brachii laterale und seinen Verlauf im Radialistunnel zwischen M. brachialis und M. brachioradialis [1]

supraspinata (Abb. 25.4), von wo er nach Versorgung des M. supraspinatus, der Schultergelenkkapsel und der Strukturen des subakromialen Nebengelenkes in Begleitung der gleichnamigen Arterie unter dem Lig. transversum scapulae inferius in die Fossa infraspinata zur Innervation der Mm. infraspinatus und teres minor gelangt.

Als dritte Arterie der Regio scapularis tritt die *A. circumflexa scapulae* (aus der A. subscapularis) durch die mediale Achsellücke in die Fossa infraspinata und versorgt die Mm. infraspinatus, teres minor und teres major (Abb. 25.5). Äste der A. circumflexa humeri posterior beteiligen sich ebenfalls an der arteriellen Versorgung der lateralen Schulterblattregion.

25.2 Freie obere Extremität

25.2.1 Region über dem M. deltoideus (Regio deltoidea)

Die **freie obere Extremität** beginnt im Bereich des Schultergelenkes mit der **Schulterwölbung**, deren Relief durch M. deltoideus sowie durch Acromion und Humeruskopf hervorgerufen wird (tastbare Knochenareale ► Kap. 4.4 und ► Tafel III, S. 779 und Tafel IV, S. 780). Die Haut der Region über dem M. deltoideus, *Regio deltoidea*, wird von den *Nn. supraclaviculares* und vom *N. cutaneus brachii lateralis supe-*

rior (N. axillaris) innerviert. Der *N. cutaneus brachii lateralis superior* tritt am Hinterrand des M. deltoideus durch die Faszie (◻ Abb. 25.5). Im Bindegewebelager zwischen M. deltoideus und Schultergelenkkapsel sowie angrenzendem proximalem Humerusabschnitt, *Spatium subdeltoideum*, liegen die Schleimbeutel der Schulterregion (Bursae subacromialis und subdeltoidea, siehe subakromiales Nebengelenk ► Kap. 4.4, ◻ Abb. 4.107; Bursa subtendinea m. subscapularis und subcoracoidea, Vagina tendinis intertubercularis). In das Spatium subdeltoideum gelangen *A. circumflexa humeri posterior* (A. axillaris) mit Begleitvenen und N. axillaris durch die **laterale Achsellücke** zur Versorgung des M. deltoideus. Der N. axillaris und die begleitenden Gefäße liegen dem Collum chirurgicum des Humerus eng an (◻ Abb. 25.5). Die *A. circumflexa humeri anterior* (A. axillaris) umschlingt von vorn das Collum chirurgicum des Humerus und versorgt den proximalen Oberarmabschnitt, die Schultergelenkkapsel und die lange Bizepssehne (◻ Abb. 25.1).

25.2.2 Oberarmregionen

Die Oberarmregionen, *Regiones brachii anterior* und *posterior*, entsprechen nicht der Ausdehnung des Humerus. Die proximale Grenze bilden die Achselfalten, distal liegt die Grenze etwas proximal der Epikondylen des Humerus.

Das **Oberflächenrelief** des Oberarmes wird durch die Muskelgruppe der Flexoren und Extensoren geprägt (► Tafel IV, S. 780 und Tafel V, S. 781). Auf der Oberarmvorderseite, *Regio brachii anterior*, hebt sich der Muskelbauch des M. biceps brachii deutlich ab; distal werden der größtenteils vom M. biceps brachii bedeckte M. brachialis und der M. brachioradialis sichtbar. Unter der vorderen Achselfalte treten der M. coracobrachialis und der kurze Bizepskopf als tast- und sichtbarer Strang aus der Achselgrube in die vordere Oberarmregion. Auf der Rückseite des Oberarmes zeichnen sich vor allem in Streckstellung des Ellenbogengelenkes die Muskelbäuche des Caput longum und des Caput laterale des M. triceps ab (► Tafel IV, S. 780).

Vordere Oberarmregion

Zwischen M. biceps brachii und dem in die vordere Oberarmregion hineinragenden medialen Trizepskopf läuft die mediale Bizepsrinne, *Sulcus bicipitalis medialis* (► Tafel VI, S. 781). Im Verlauf der medialen Bizepsrinne liegt das *Septum intermusculare brachii mediale* (◻ Abb. 25.6). Im lateralen Bereich des Oberarmes am Übergang zwischen vorderer und hinterer Oberarmregion senkt sich die Haut zur lateralen Bizepsrinne ein; der *Sulcus bicipitalis lateralis* beginnt unterhalb des Ansatzes des M. deltoideus, er ist flacher als die mediale Bizepsrinne ((◻ Tafel IV, S. 780). In der Tiefe unter der lateralen Bizepsrinne verläuft das *Septum intermusculare brachii laterale*, das den medialen und lateralen Trizepskopf von den Mm. brachialis und brachioradialis trennt. Die Sulci bicipitales medialis und lateralis ziehen V-förmig nach distal und enden in der Ellenbeugegrube.

Im **subkutanen Gewebe** zieht auf der Oberarmvorderseite die *V. cephalica* am lateralen Bizepsrand parallel zum Sulcus bicipitalis lateralis nach proximal zum Sulcus deltoideopectoralis. Der im Bereich der vorderen Achselfalte durch die *Fascia brachii* tretende *N. cutaneus brachii medialis* versorgt die Haut an der medialen Oberarmseite; ihm schließt sich der aus der Achselhöhle kommende N. intercostobrachialis (◻ Abb. 25.1) an. Der *N. cutaneus antebrachii medialis* tritt aus dem *Hiatus basilicus* der Oberarmfaszie, durch den die im Sulcus bicipitalis medialis laufende *V. basilica* in die Tiefe zur Mündung in die V. brachialis gelangt (◻ Abb. 25.8).

Der **Gefäß-Nerven-Strang** der vorderen Armregion folgt in seinem Verlauf dem Sulcus bicipitalis medialis (◻ Abb. 25.6). Die Rinne zur Aufnahme des Gefäß-Nerven-Stranges wird hinten vom Septum intermusculare brachii mediale und vorn von der Oberarmfaszie begrenzt. Laterale Wand sind M. coracobrachialis und M. biceps brachii, mediale Begrenzung sind langer Trizepskopf und M. brachialis. Der Bindegeweberaum des Gefäß-Nerven-Stranges steht proximal mit dem Bindegewebe der Achselhöhle und distal mit der Ellenbeuge in Verbindung. Innerhalb der Gefäß-Nerven-Scheide liegen *A. brachialis* mit ihren Begleitvenen, *N. medianus*, *N. ulnaris* (bis zur Oberarmmitte) und *N. radialis* (im proximalen Oberarmdrittel). Der Puls der nur von Haut, Unterhautgewebe und Faszie bedeckten A. brachialis ist in der medialen Bizepsrinne tastbar. Der *N. medianus* begleitet die A. brachialis proximal an ihrer lateralen Seite; in Oberarmmitte läuft er vor der Arterie, distal überkreuzt er sie. In der Ellenbeugegrube liegt der N. medianus medial von der A. brachialis (◻ Abb. 25.7). Der *N. ulnaris* liegt proximal der medialen Seite der A. brachialis eng an. In Oberarmmitte verlässt er den Gefäß-Nerven-Strang und zieht in Begleitung der A. collateralis ulnaris superior nach dorsal durch das Septum intermusculare brachii mediale in die Extensorenloge, wo er entlang des Septums zur Rückseite des Ellenbogens gelangt.

Hintere Oberarmregion

Die Streckseite des Oberarmes wird sensibel weitgehend vom *N. cutaneus brachii posterior* versorgt, der auf dem langen Trizepskopf zur Oberarmrückseite zieht (► Kap. 4.4 und ◻ Abb. 25.5). Distal vom Ansatz des M. deltoideus tritt der *N. cutaneus brachii lateralis inferior* zwischen M. triceps und M. brachialis zur Versorgung des dorsolateralen Teils der Oberarmhaut durch die Oberarmfaszie. Im distalen Abschnitt der lateralen Bizepsrinne läuft der *N. cutaneus antebrachii posterior* am Septum intermusculare laterale entlang in die Subcutis, wo er in Begleitung der V. cephalica nach distal zieht und die Haut der Rückseite der Ellenbogenregion und des Unterarmes innerviert.

Der *N. radialis* liegt proximal hinter A. brachialis und N. ulnaris (◻ Abb. 25.6 und 25.7); er verlässt den Gefäß-Nerven-Strang am Unterrand der Ansatzsehne des M. latissimus dorsi und zieht in Begleitung der *A. profunda brachii* auf die Rückseite des Oberarmes, wo er vor Eintritt in den **Radialiskanal** (► Kap. 4.4, S. 211) Muskeläste zum M. triceps brachii und den *N. cutaneus brachii posterior* abgibt (◻ Abb. 25.5). *N. cutaneus brachii lateralis inferior* und *N. cutaneus antebrachii posterior* treten innerhalb des Radialiskanals durch die Faszie des Oberarmes. Im Radialiskanal teilt sich die *A. profunda brachii* in ihre Endäste, *Aa. collateralis media* und *collateralis radialis*. Der N. radialis durchbricht am Ende des Radialiskanals das Septum intermusculare brachii laterale und tritt in Begleitung der A. collateralis radialis auf die Oberarmbeugeseite in den **Radialistunnel** zwischen M. brachialis und M. brachioradialis (► Kap. 4.4, S. 211). Zum Verlauf des N. ulnaris im distalen Bereich der Oberarmrückseite siehe oben.

25.2.3 Ellenbogenregion

In der Ellenbeugegrube sammeln sich die vom Oberarm kommenden Leitungsbahnen bevor sie auf die Beuge- und Streckseite des Unterarmes ziehen.

Die Ellenbogenregionen, *Regio cubitalis anterior* und *Regio cubitalis posterior*, schließen den gesamten Bereich des Ellenbogengelenkes ein. Die Abgrenzung nach proximal gegenüber dem Oberarm und nach distal gegenüber dem Unterarm ist nicht genau definiert. Das **Relief** der Regionen wird durch die am Aufbau des Ellenbogengelenkes beteiligten Knochen (tastbare Knochenareale ► Kap. 4.4) sowie durch die über das Ellenbogengelenk hinweg ziehenden Muskeln geprägt. Die Verbreiterung der Regionen kommt durch die Ausprägung

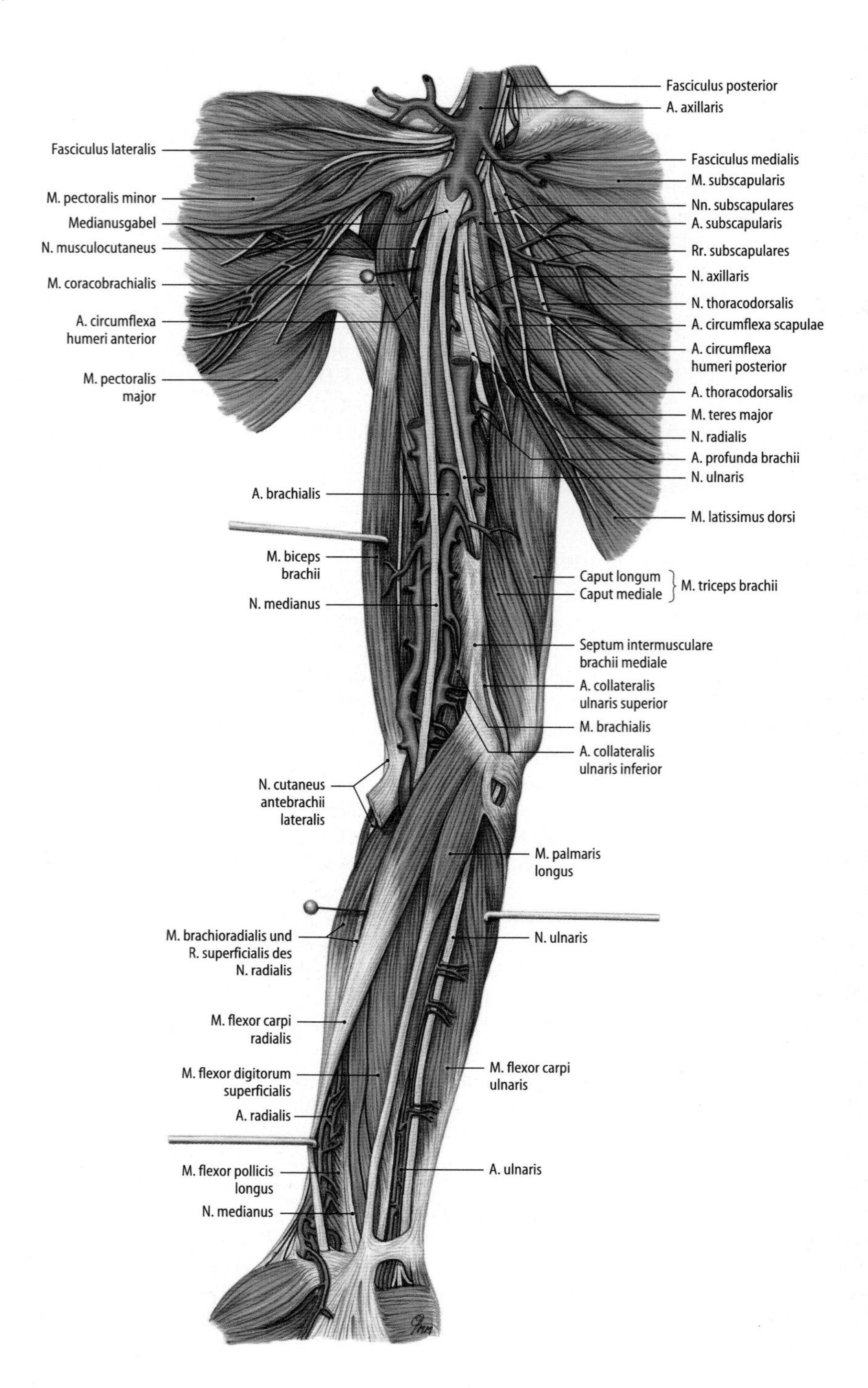

Abb. 25.6. Muskeln und Leitungsbahnen an einem rechten Arm, Ansicht von vorn [1]

der Epicondyli medialis und lateralis des Humerus mit den an ihnen entspringenden Muskeln zustande.

Vordere Ellenbogenregion

In der vorderen Ellenbogenregion kann man 3 Muskelwülste abgrenzen (Tafel VI, S. 781): Medial liegen die am Epicondylus medialis entspringenden Beuger (Caput humerale des M. pronator teres, M. flexor carpi radialis, M. flexor digitorum superficialis), lateral die Mm. brachioradialis und extensor carpi radialis longus. Die Muskelgruppen bilden zugleich die mediale und laterale Begrenzung der Ellenbeugegrube, *Fossa cubitalis*. Der mittlere Weichteilwulst wird durch die Mm. biceps brachii und brachialis hervorgerufen; an den Seiten des mittleren Wulstes laufen die Sulci bicipitales medialis und lateralis V-förmig zusammen und münden in der Tiefe der Ellenbeugegrube, in der die Ansatzsehne des M. biceps als derber Strang tastbar ist.

In der **Subkutis** der vorderen Ellenbogenregion liegen die variablen oberflächlichen epifaszialen Hautvenenverbindungen zwischen *V. basilica* und *V. cephalica (V. mediana cubiti, V. mediana basilica, V. mediana cephalica)* (Abb. 25.8 und ► Kap. 4.4, S. 232). Die *Rr. anterior* und *posterior* des *N. cutaneus antebrachii medialis* ziehen epifaszial durch die Region. Der *N. cutaneus antebrachii lateralis* durchbricht die Faszie radial von der Ansatzsehne des M. biceps brachii. Oberflächliche Lymphknoten kommen entlang der V. basilica vor *(Nodi supratrochleares)*. Die Faszie der vorderen Ellenbogenregion wird durch den oberflächlichen aponeurotischen Bizepsansatz, *Aponeurosis m. bicipitis brachii (Lacertus fibrosus)*, verstärkt.

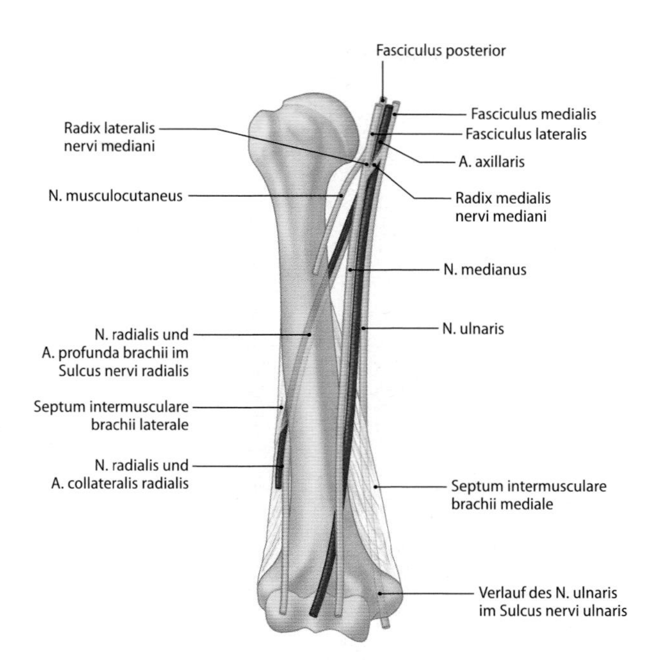

Abb. 25.7. Leitungsbahnen an einem rechten Oberarm und ihre Lage zum Humerus sowie zu den Septa intermuscularia brachii mediale und laterale, Ansicht von vorn [2]

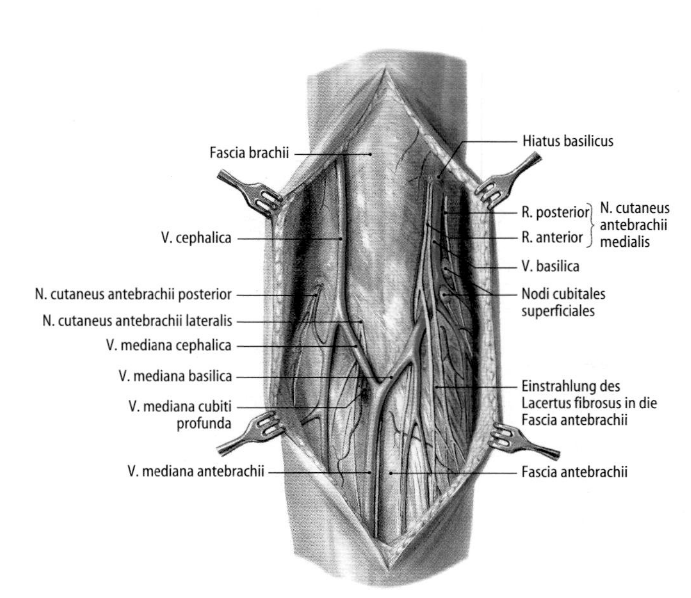

Abb. 25.8. Epifasziale Leitungsbahnen der Ellenbogenregion, rechte Seite, Ansicht von vorn [1]

Von den **subfaszialen Leitungsbahnen** ziehen *A. brachialis* und *N. medianus* entlang der medialen Bizepsfurche in die Ellenbeugegrube, wo sie unmittelbar unter der oberflächlichen Faszie und dem Lacertus fibrosus der Bizepssehne liegen (Abb. 25.9). Der medial von der A. brachialis liegende *N. medianus* läuft unter Abgabe von Muskelästen (Mm. pronator teres, flexor carpi radialis und flexor digitorum superficialis) sowie von sensiblen Ästen für das Ellenbogengelenk in gerader Richtung zum Ursprungsbereich des M. pronator teres, wo er durch den **Pronatorkanal** zwischen Caput humerale und Caput ulnare in die Medianusstraße des Unterarmes gelangt.

Die *A. brachialis* zieht nach lateral in die Mitte der Ellenbeugegrube, wo sie sich in ihre Endäste, Aa. radialis und ulnaris, aufzweigt. Die in der Ellenbeugegrube aus den Unterarmarterien entspringenden und rückläufig nach proximal ziehenden Aa. recurrens ulnaris und recurrens radialis münden in das *Rete articulare cubiti*. Die *A. radialis* tritt aus der Ellenbeugegrube zwischen den Mm. brachioradialis und flexor carpi radialis in die Speichenstraße des Unterarmes. Die *A. ulnaris* läuft auf dem M. brachialis in die Tiefe der Fossa cubiti und gelangt vom M. pronator teres und den oberflächlichen Beugern bedeckt in die Ellenstraße des Unterarmes. Im Bereich der Unterkreuzung durch den M. pronator teres entspringt die *A. interossea communis* aus der A. ulnaris.

Der *N. radialis* tritt aus dem **Radialistunnel** zwischen M. brachioradialis und M. brachialis in die Ellenbeugegrube, gibt hier Äste zu den Mm. brachioradialis, extensor carpi radialis longus und extensor carpi radialis brevis (variabel) ab und teilt sich in die Rr. profundus und superficialis (Abb. 25.9). In der Tiefe der Ellenbeugegrube unterkreuzt der *R. profundus n. radialis* den Ursprungsbereich des M. extensor carpi radialis brevis und tritt unter der **Frohse-Arkade** in den **Supinatorkanal** (► Kap. 4.4, S. 216, 4.95).

Hintere Ellenbogenregion

In der hinteren Ellenbogenregion, *Regio cubitalis posterior*, ist die Haut medial und lateral des sicht- und tastbaren Olecranon eingesunken (► Tafel IV, S. 780). In der medialen Grube ist der *N. ulnaris* auf dem Epicondylus medialis tastbar. Die laterale Einsenkung entsteht zwischen den radialen Extensorenursprüngen und den Skelettanteilen des Ellenbogengelenkes. In der Tiefe der lateralen Grube ist der Gelenkspalt der Articulatio humeroradialis tastbar. In Streckstellung des Ellenbogengelenkes liegen die Spitze des Olecranon sowie die Spitzen der Epicondyli medialis und lateralis humeri auf einer Geraden; bei rechtwinklig gebeugtem Arm bilden die 3 Knochenpunkte ein gleichschenkliges Dreieck, dessen Basis die Verbindungslinie der beiden Epikondylen bildet.

Im lockeren, leicht verschiebbaren Gewebe der **Subkutis** liegt über dem Olecranon die *Bursa subcutanea olecrani*. Auf der Rückseite des Epicondylus medialis zieht im Sulcus n. ulnaris der N. ulnaris in Begleitung der *A. collateralis ulnaris superior* aus der Streckerloge des Oberarmes durch die hintere Ellenbogenregion. Der nur von Haut, Unterhaut und Faszie (Lig. epicondyloolecranium) bedeckte Nerv tritt zwischen den Ursprungsköpfen des M. flexor carpi ulnaris durch den **Kubitaltunnel** in die Ellenstraße des Unterarmes (Abb. 25.12).

25.3 Entzündung der Bursa subcutanea olecrani

Die Bursa subcutanea olecrani kann sich als Folge einer chronischen Druckeinwirkung (Schreibtischarbeit) entzünden und dabei stark anschwellen (»students elbow«).

25.2.4 Unterarmregionen

Die Unterarmregionen, *Regio antebrachialis anterior* und *Regio antebrachialis posterior* beginnen proximal ca. 2 Querfinger breit unterhalb der Epicondyli humeri und reichen distal bis in Höhe der Processus styloidei von Radius und Ulna. Die **Form des Unterarmes** wird durch die Unterarmmuskeln hervorgerufen, die sich um Radius, Ulna und Membrana interossea antebrachii in Form einer Flexoren- und einer Extensorengruppe anordnen (► Tafel IV, S. 780 und V, S. 781). Das durch die Muskeln geprägte Relief ändert sich mit der Stellung

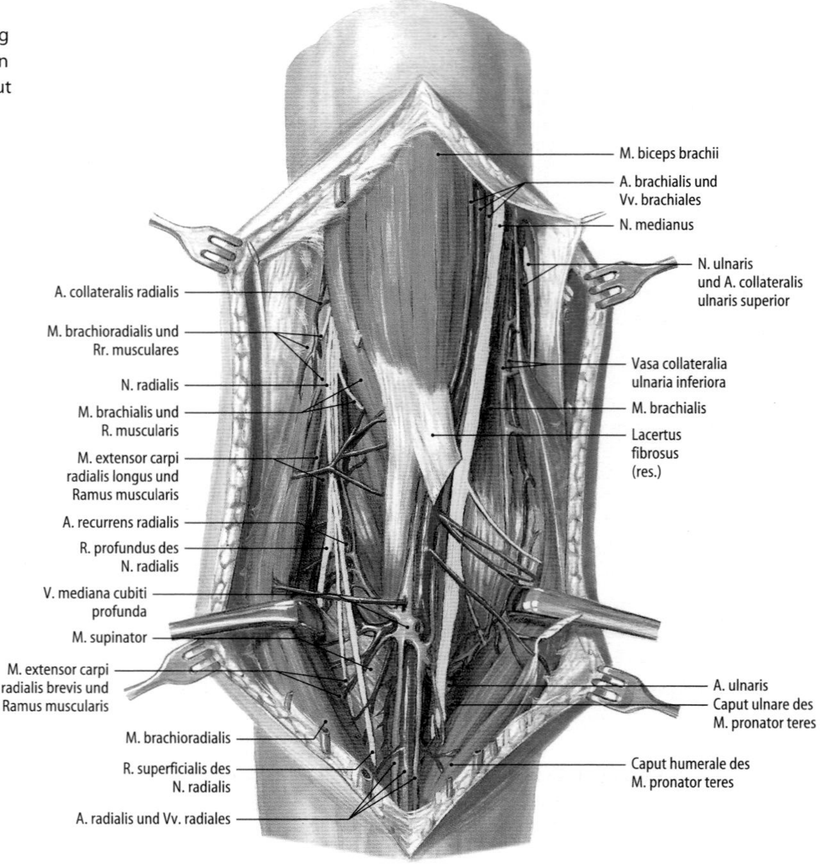

Abb. 25.9. Subfasziale Strukturen der Ellenbogenregion, rechte Seite, Ansicht von vorn. Man beachte die Aufzweigung des N. radialis in die Rr. superficialis und profundus sowie den Eintritt des N. medianus in den Pronatorkanal zwischen Caput humerale und Caput ulnare des M. pronator teres [1]

des Unterarmes: Pronations-Supinations-Stellung oder Neutral-0-Stellung (Semipronationsstellung). Am supinierten Unterarm wird in der Ansicht von vorn das Profil am radialen Rand, *Margo radialis*, durch die Muskelbäuche der Mm. brachioradialis und extensor carpi radialis longus gebildet. Auf der ulnaren Seite, *Margo ulnaris*, wölben sich unterhalb des Epicondylus medialis des Humerus die oberflächlichen Flexoren vor. Im mittleren proximalen Bereich ist der Muskelbauch des M. flexor carpi radialis sicht- und tastbar, seine Endsehne springt bei Flexion in den Handgelenken deutlich sichtbar vor. Ulnar davon hebt sich die Ansatzsehne des M. palmaris longus ab (die Sehne kann fehlen). Bei Beugung der Finger treten die oberflächlichen Flexorensehnen im distalen mittleren Abschnitt des Unterarmes tast- und sichtbar nach volar. Die Ansatzsehne des M. flexor carpi ulnaris ist ebenfalls bei gebeugten Handgelenken sicht- und tastbar.

Auf der Unterarmrückseite zeichnen sich in Pronationsstellung radial die durch eine Furche getrennten Muskelgruppen der dorsalen radialen Muskeln und der oberflächlichen Extensoren ab. Der M. extensor carpi ulnaris ist ebenfalls durch eine Rinne vom M. extensor digitorum getrennt (tastbare Knochenareale ► Kap. 4.4, Abb. 4.101).

Vordere Unterarmregion

Auf der **Vorderseite des Unterarmes** ist das epifasziale Venennetz unter der dünnen Haut sichtbar. Die relativ konstante *V. mediana antebrachii* führt das Blut aus dem Bereich der Handinnenfläche über die *V. mediana cephalica* zur V. cephalica oder über die V. mediana basilica zur V. basilica (Abb. 25.8). Die sensible Versorgung der Haut erfolgt lateral über den *N. cutaneus antebrachii lateralis (N. musculocutaneus)*, der in Begleitung der V. cephalica bis zum Daumenballen zieht. Der *N. cutaneus antebrachii medialis* versorgt mit seinen Rr. anterior und posterior die volare und ulnare Seite des Unterarmes. Im unteren Unterarmdrittel treten die *Rr. palmares* des N. medianus und des N. ulnaris durch die Unterarmfaszie und versorgen die Haut von Thenar, Hypothenar sowie Handteller (Abb. 25.13).

Die **Muskeln des Unterarmes** werden von der *Fascia antebrachii* umhüllt. Die Flexoren, Extensoren und die Gruppe der dorsalen radialen Muskeln werden von eigenen Faszien eingeschlossen, die über Bindegewebesepten an Radius oder Ulna befestigt sind. Innerhalb der dadurch entstehenden Faszienlogen ziehen die Leitungsbahnen zur Versorgung der Strukturen des Unterarmes und der Hand.

Auf der **Beugeseite** unterscheidet man 4 **Gefäß-Nerven-Straßen** (Abb. 25.12):

- Die **radiale Unterarmstraße** liegt in einer Muskelrinne *(Sulcus antebrachii radialis)*, die radial vom M. brachioradialis und ulnar von den Mm. pronator teres und flexor carpi radialis gebildet wird. In der Speichenstraße laufen die *A. radialis* mit ihren Begleitvenen und der *R. superficialis* des *N. radialis*, der am Ende des mittleren Unterarmdrittels die Speichenstraße verlässt und auf die Dorsalseite des Unterarmes zieht (Abb. 25.10). Im distalen Unterarmdrittel tritt die A. radialis unter dem Muskelbauch des M. brachioradialis hervor und zieht oberflächlich an der ulnaren Seite seiner Ansatzsehne zur Hand (Abb. 25.11).
- Die **Medianusstraße** beginnt am Ausgang des Pronatorkanals, durch den der *N. medianus* und seine Begleitarterie, *A. comitans n. mediani*, in die Unterarmmittelstraße treten (Abb. 25.11).

Die Unterarmmittelstraße liegt zwischen oberflächlichen und tiefen Flexoren, sie setzt sich distal über den Karpalkanal in die Hohlhand fort. Der N. medianus verlässt im distalen Abschnitt des Unterarmes die Unterarmmittelstraße und nimmt radial der Ansatzsehne des M. flexor carpi radialis eine oberflächliche Lage ein (◘ Abb. 25.13). In diesem Abschnitt gibt der N. medianus den sensiblen R. palmaris für die Haut der Hand ab. Oberhalb der Handgelenke liegt der N. medianus nur von Haut, Unterhautgewebe und Unterarmfaszie bedeckt zwischen den Sehnen des M. flexor carpi radialis und (falls ausgebildet) des M. palmaris longus.

- In der **palmaren Zwischenknochenstraße** ziehen auf der Membrana interossea antebrachii *N. interosseus* antebrachii *anterior* und *A. interossea anterior* mit Begleitvenen nach distal unter den M. pronator quadratus (◘ Abb. 25.11 und 25.12). Auf seinem Verlauf gibt der N. interosseus antebrachii anterior Muskeläste für die Mm. flexor pollicis longus, flexor digitorum profundus (Finger II–III [IV]) und pronator quadratus ab; sein sensibler Endast innerviert die Gelenkkapsel der Handgelenke. Die A. interossea anterior versorgt die tiefen Flexoren und tritt vor oder unter dem M. pronator quadratus durch die Zwischenknochenmembran auf die Dorsalseite des Unterarmes.
- Die **ulnare Unterarmstraße** wird radial vom M. flexor digitorum superficialis, ulnar vom M. flexor carpi ulnaris begrenzt *(Sulcus antebrachii ulnaris)*. Der *N. ulnaris* tritt durch den **Kubitaltunnel** in die Ellenstraße und zieht mit der *A. ulnaris* und ihren Begleitvenen zur **Guyon-Loge** der Hand (◘ Abb. 25.6). Im proximalen Abschnitt bedeckt der M. flexor carpi ulnaris die auf dem M. flexor digitorum profundus liegenden Leitungsbahnen vollständig. Die A. ulnaris versorgt die ihr anliegenden Muskeln und tritt distal am radialen Rand der Ansatzsehne des M. flexor carpi ulnaris an die Oberfläche (◘ Abb. 25.13). Der N. ulnaris gibt beim Verlauf in der Ellenstraße die sensiblen *R. dorsalis* und *R. palmaris* ab.

Hintere Unterarmregion

Das **epifasziale Venennetz** der Unterarmrückseite ist distal ausgeprägter als proximal; es entsteht aus den subkutanen Venen des Handrückens, die radial in die *V. cephalica*, ulnar in die *V. basilica* sowie in die variable *V. cephalica accessoria* (V. salvatella) drainieren (◘ Abb. 25.15). Die sensible Hautinnervation (► Kap. 4.4, ◘ Abb. 4.154b▮) auf der ulnaren Seite erfolgt über den *R. posterior* ulnaris des *N. cutaneus antebrachii medialis*. Der am Oberarm durch die Faszie tretende *N. cutaneus antebrachii posterior* (N. radialis) schließt sich der V. cephalica an und versorgt den mittleren Abschnitt der Unterarmrückseite (◘ Abb. 25.10). In den radialen Randbereich dehnt sich das Versorgungsgebiet des *N. cutaneus antebrachii lateralis* (N. musculocutaneus) aus. Im distalen Unterarmdrittel treten zwei Hautnerven, *R. dorsalis* des *N. ulnaris* und *R. superficialis* des *N. radialis* durch die Unterarmfaszie und versorgen Handrücken und Finger. Der R. dorsalis des N. ulnaris zweigt im mittleren Unterarmdrittel aus dem N. ulnaris ab, unterkreuzt den M. flexor carpi ulnaris und zieht ulnar um das Caput ulnae zum Handrücken. Der R. superficialis des N. radialis kreuzt zwischen Ansatzsehne des M. brachioradialis und Radiusschaft auf die Unterarmstreckseite, wo er im distalen Abschnitt durch die Faszie tritt.

25.4 Schädigung des R. superficialis des N. radialis

Der R. superficialis des N. radialis kann am Unterarm durch Kompression (Uhrarmband, Handschellen) oder bei Shuntoperationen zwischen V. cephalica und A. radialis (Cimino-Shunt bei Hämodialyse) geschädigt werden.

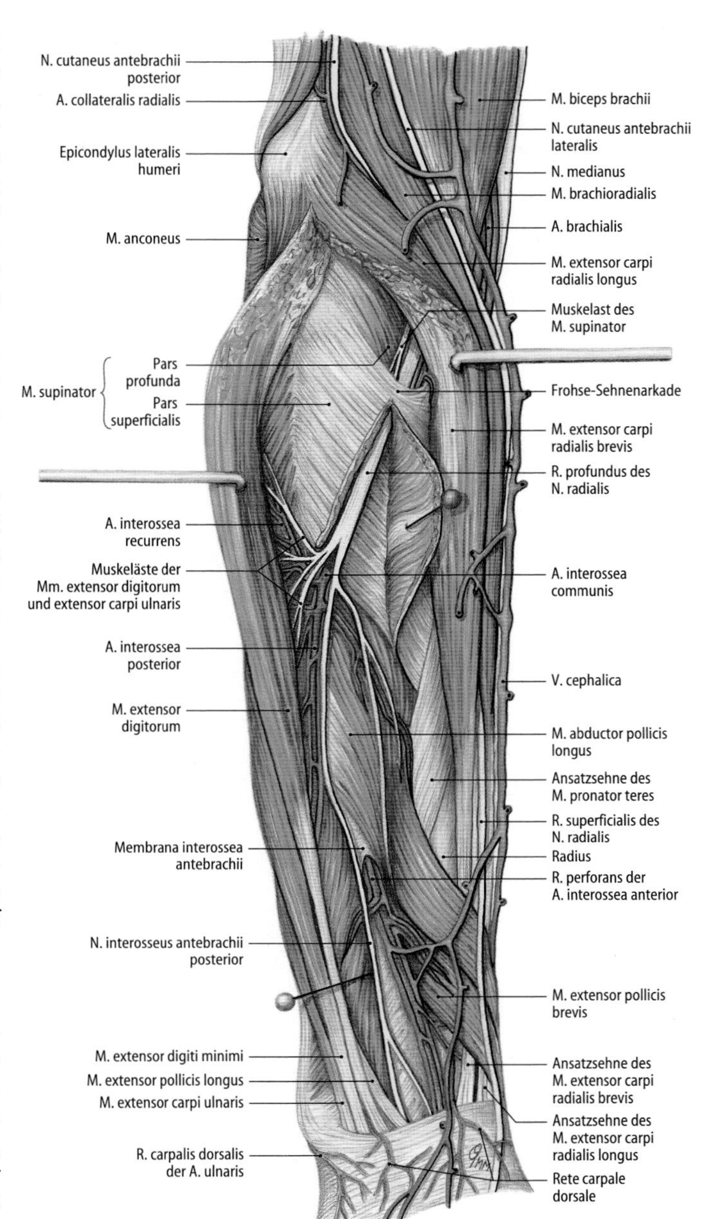

◘ **Abb. 25.10.** Muskeln und Leitungsbahnen der rechten Unterarmrückseite, Ansicht von hinten. Zur Darstellung des Verlaufs des R. profundus des N. radialis im Supinatorkanal wurde der oberflächliche Teil des M. supinator unter Erhaltung der Frohse-Sehnenarkade gespalten und verlagert [1]

In die **Bindegewebestraße der Streckseite** zwischen oberflächlichen und tiefen Extensoren gelangt der *R. profundus* des *N. radialis* aus dem Supinatorkanal (◘ Abb. 25.10 und 25.12); er versorgt die tiefen Extensoren und zieht mit seinem sensiblen Endast, *N. interosseus antebrachii posterior*, zur Gelenkkapsel der Handgelenke. In die dorsale Gefäß-Nerven-Straße tritt oberhalb der Chorda obliqua durch die Membrana interossea antebrachii die *A. interossea posterior* zur Versorgung der Extensoren. Von der Volarseite her durchbricht die *A. interossea anterior* die Zwischenknochenmembran in Höhe des M. pronator quadratus. Beide Arterien münden in das *Rete carpale dorsale*. Die dorsale Gefäß-Nerven-Straße des Unterarmes endet im Handwurzelbereich.

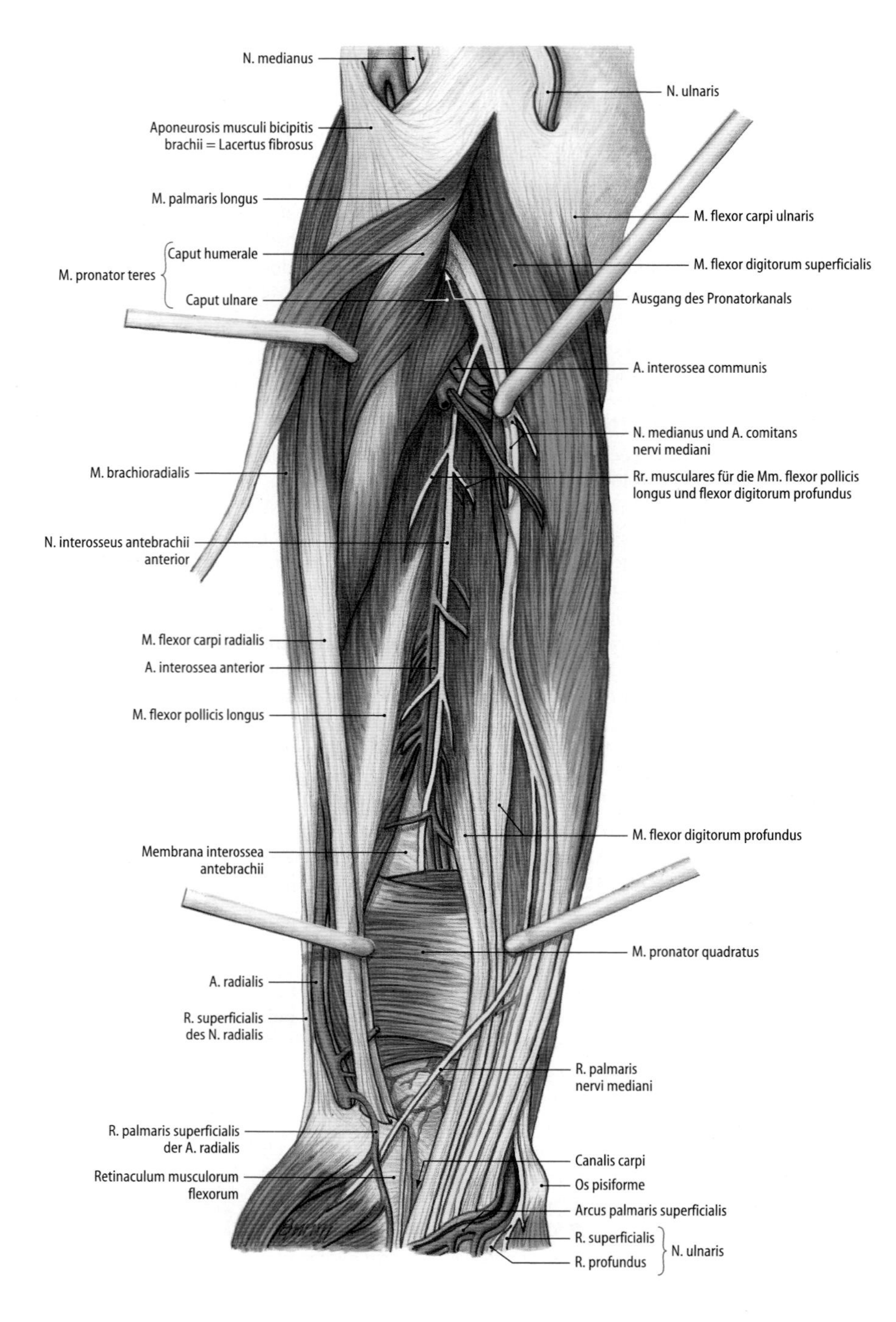

Abb. 25.11. Muskeln und Leitungsbahnen der Palmarseite eines rechten Unterarmes. Zur Darstellung der Leitungsbahnen in der palmaren Zwischenknochenstraße wurden die Flexoren und der M. pronator teres nach Inzision ihres Ursprungbereiches zur Seite verlagert [1]

25.2.5 Hand (Manus) – Regio manus

Die Greifpolster der Hohlhand und die freie Beweglichkeit der Finger machen die Hand zum vielseitigen Greiforgan.

Die Hand, *Manus,* unterteilt man in 3 Abschnitte:
- Handwurzelregion: Carpus (Regio carpalis anterior, Regio carpalis posterior)
- Mittelhandregion: Metacarpus (Regio metacarpalis)
- Finger: Digiti manus.

Diese auf Anordnung des Skeletts beruhende Einteilung entspricht nicht der »Weichteilhand«. Am **Handrücken**, *Dorsum manus (Regio dorsalis manus)*, bilden Handwurzel- und Mittelhandregion eine Einheit. Die **Hohlhand,** *Palma (Vola) manus (Regio palmaris)*, umfasst den gesamten Mittelhandbereich und den distalen Abschnitt der Handwurzelregion.

Die Form der Hand variiert individuell sehr stark (Alter, Geschlecht); zwischen der schmalen Hand mit schlanken, langen Fingern und der breiten Hand mit kurzen Fingern gibt es fließende Übergänge.

Hohlhand

Die **Hohlhand**, Palma (Vola) manus, bezieht den distalen Bereich der Handwurzelregion ein; ihre proximale Grenze wird durch eine Hautfurche, *Sulcus carpalis distalis* (Rascetta), markiert, die über das distale Handgelenk zieht (► Tafel VI, S. 781).

Bei Beugung der Handgelenke entstehen proximal der Rascetta zwei weitere Stauchungsfurchen der Haut. Die mittlere Furche (Res-

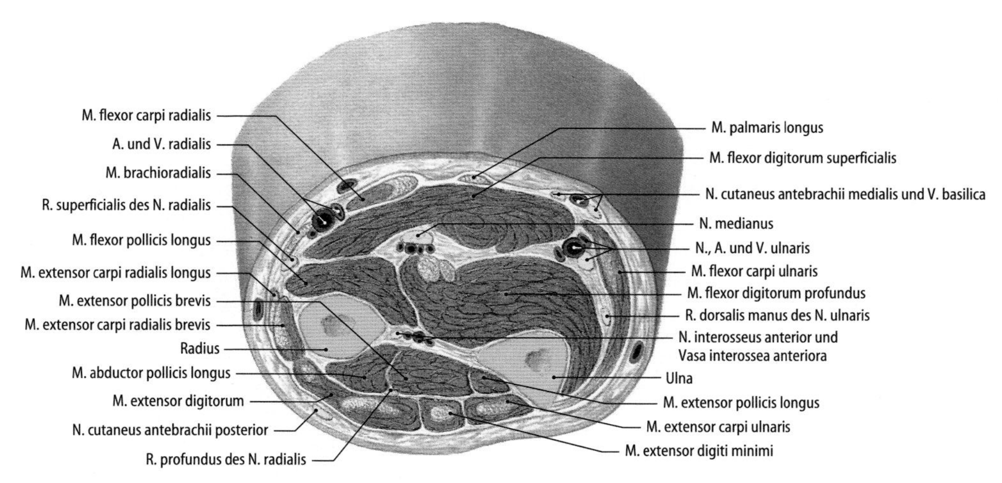

Abb. 25.12. Querschnitt durch einen rechten Unterarm im mittleren Drittel, Ansicht der proximalen Schnittfläche von distal. Man beachte die 4 Gefäß-Nerven-Straßen auf der Beugeseite: radiale Unterarmstraße, Medianusstraße, palmare Zwischenknochenstraße, ulnare Unterarmstraße sowie die Bindegewebestraße auf der Streckseite zwischen oberflächlichen und tiefen Extensoren [1]

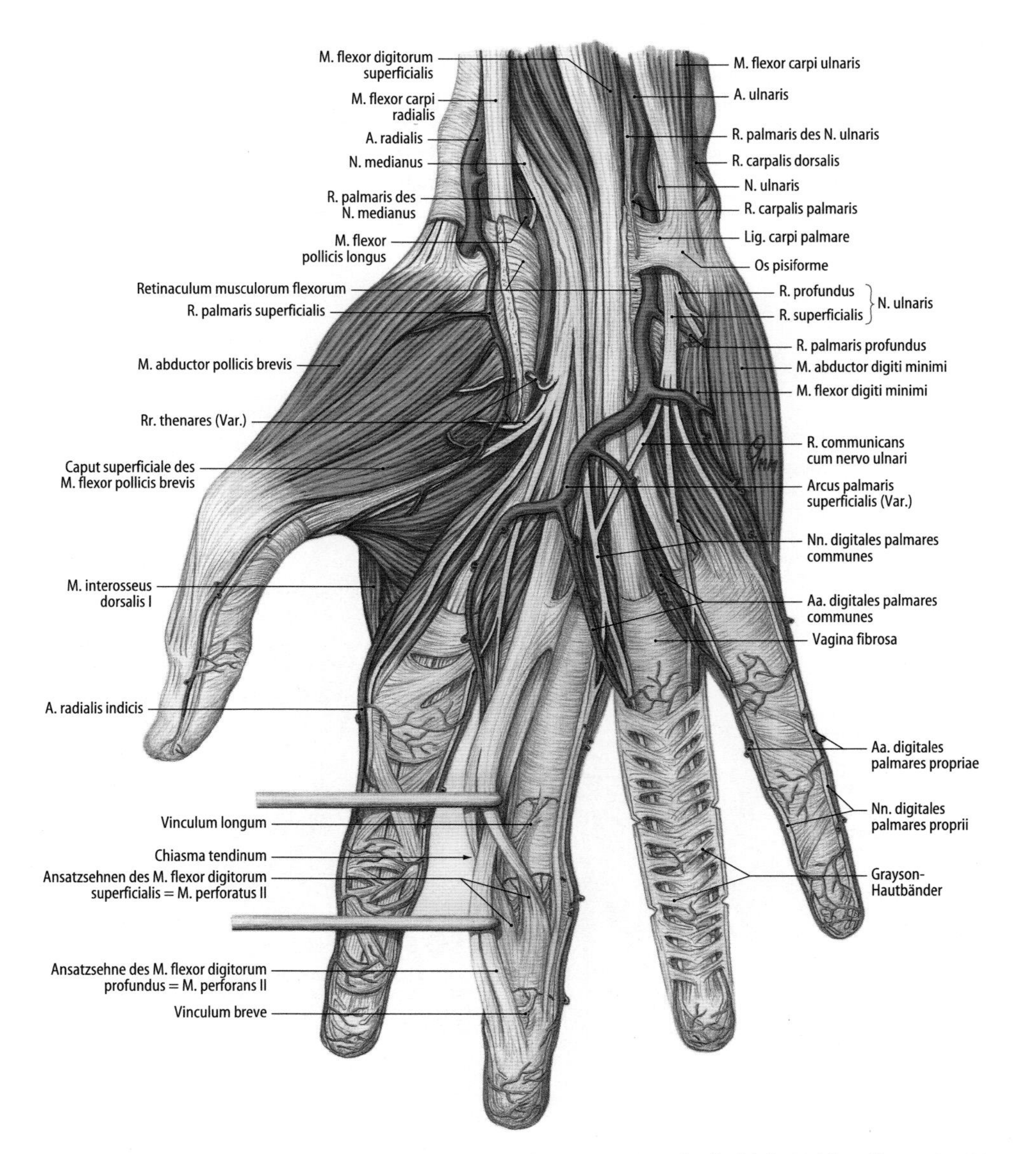

Abb. 25.13. Muskeln und Leitungsbahnen der distalen Unterarmregion und der Hand, rechte Seite, Ansicht von palmar. Darstellung des N. medianus im eröffneten Karpalkanal sowie des N. ulnaris und der A. ulnaris in der Guyon-Loge. Der oberflächliche Hohlhandbogen ist nicht geschlossen (Var.). Man beachte die Ausbildung von zwei Thenarästen des N. medianus, von denen der proximale durch das Retinaculum musculorum flexorum tritt [1]

tricta) liegt auf der Verbindungslinie der Processus styloidei von Radius und Ulna. Die proximale schwächere Furche läuft in Höhe der Epiphysenfugen der Unterarmknochen. die Hohlhand reicht distal bis zu den Interdigitalfalten und zu den Beugefalten über den Fingergrundphalangen.

Charakteristikum der Hohlhand sind die durch die Muskeln des Daumens und des Kleinfingers hervorgerufenen Wülste des **Daumenballens,** *Thenar*, und des **Kleinfingerballens,** *Hypothenar*. Den Bereich zwischen Thenar und Hypothenar nimmt der dreieckige **Handteller** ein.

Im Bereich des Handtellers zeichnen sich konstante Hautlinien ab: Die *Linea vitalis* begrenzt den Daumenballen; parallel zu ihr läuft die *Linea stomachica*. Vom Hypothenar zum Zeigefingergrundgelenk zieht die *Linea cephalica*, distal von ihr liegt die *Linea mensalis* über dem Grundgelenk der Finger III–V.

Bei Beugung der Hand- und Fingergelenke stauchen sich Haut und Unterhautgewebe zu Querfalten, die als **Greifpolster** gemeinsam mit dem Thenar und Hypothenar das Fassen und Halten von Gegenständen ermöglichen. Bei gestreckten und adduzierten Fingern wölben sich in den Räumen zwischen den Grundgelenken längs verlaufende Handballen, *Monticuli,* vor. Die Haut der Hohlhand ist dick und verhornt, bei hoher mechanischer Beanspruchung kommt es über den Greifpolstern zu starker Verhornung (Schwielenbildung). Haut und Unterhautgewebe des Handtellers lassen sich auf Grund der Verwachsung mit der Palmaraponeurose nicht verschieben oder abheben.

Guyon-Loge. Am Übergang zwischen Unterarm und Handwurzelregion liegt auf der ulnaren Seite der distale **Ulnaristunnel,** *Canalis ulnaris* (»Loge de Guyon«: Guyon-Loge) (◼ Abb. 25.13, 25.14 und 25.16). Die Guyon-Loge ist ein dreieckiger **osteofibröser Tunnel,** dessen dorsalen **Boden** das *Retinaculum musculorum flexorum* sowie das *Lig. pisohamatum* bilden. Das palmare **Dach** wird proximal von der oberflächlichen Palmarfaszie *(Lig. carpi palmare)* und distal vom *M. palmaris brevis* begrenzt. Am Aufbau der **medialen Wand** beteiligen sich proximal die Ansatzsehne des *M. flexor carpi ulnaris* mit dem *Os pisiforme* und distal der *M. abductor digiti minimi.* Die **laterale Begrenzung** sind das *Retinaculum musculorum flexorum* und distal der *Hamulus ossis hamati.* Durch die Guyon-Loge ziehen der *N. ulnaris* und die *Vasa ulnaria.*

Die **Hohlhand** wird von einer oberflächlichen Faszie bedeckt, die im Bereich des Handtellers eine derbe Bindegewebeplatte bildet; man bezeichnet diesen Teil der Faszie als **Palmaraponeurose,** *Aponeurosis palmaris* (**Dupuytren-Faszie,** ► Kap. 4.4, ◼ Abb. 4.124a). Der kräftige, fächerförmige **mittlere Strang** der Palmaraponeurose besteht aus oberflächlichen längs ausgerichteten Faserbündeln und aus tiefen quer verlaufenden Zügen, *Fasciculi transversi.* Die Palmaraponeurose ist proximal mit dem Retinaculum musculorum flexorum verbunden. In die oberflächliche Schicht strahlt die Sehne des M. palmaris longus ein. Die Längsfaserschicht dehnt sich in Form von schmalen Zügeln, *Fasciculi longitudinales*, bis in den Bereich der Grundphalangen auf die Sehnenscheiden und palmaren Platten der Finger aus. Die Palmaraponeurose endet zum Teil in Form von oberflächlichen

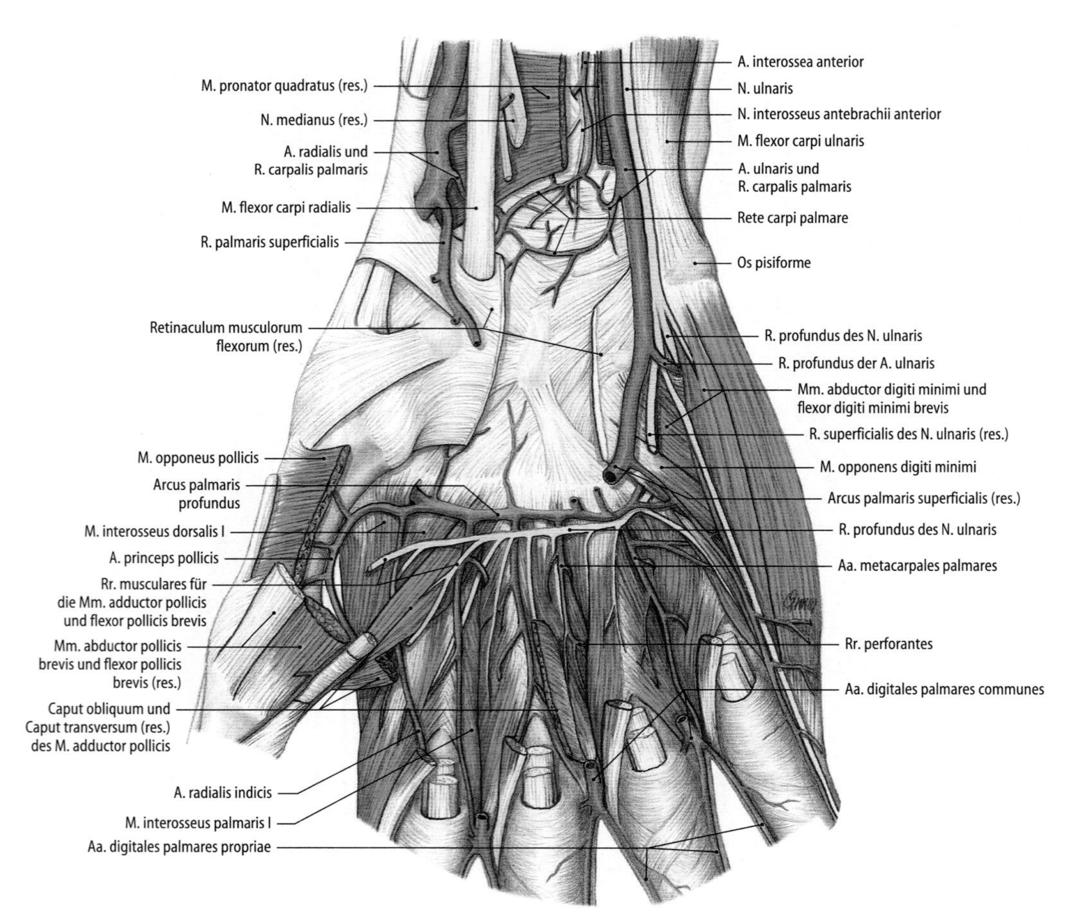

◼ **Abb. 25.14.** Muskeln und Leitungsbahnen der tiefen Hohlhandregion, rechte Seite, Ansicht von palmar. Darstellung des tiefen arteriellen Hohlhandbogens und des R. profundus des N. ulnaris. Man beachte die Aufteilung des N. ulnaris in der Guyon-Loge in die Rr. superficialis und profundus [1]

Querfaserzügen in Höhe der Interdigitalfalten mit den *Ligg. metacarpea transversa superficialia (Ligg. natatoria)*, die teilweise in die Haut einstrahlen.

Ein schwacher **ulnarer Teil** der Palmaraponeurose verstärkt die Hypothenarfaszie, an ihm entspringt der *M. palmaris brevis*. Eine zur Palmaraponeurose gehörende Faszienverstärkung ist auch über dem Thenar ausgebildet.

25.5 Schrumpfung der Palmaraponeurose
Zu einer Schrumpfung der Palmaraponeurose und angrenzender Strukturen (Dupuytren-Erkrankung) kommt es bei einer Fehldifferenzierung von Fibroblasten zu Myofibroblasten, die zu Fehlstellungen der Fingergelenke (Beugekontraktur) führt.

Die Muskeln und Sehnen der Hohlhand liegen in **3 Faszienlogen** (► Kap. 4.4, ◘ Abb. 4.143):
- Thenarloge
- Mittelhandloge (Mittelhandraum)
- Hypothenarloge

Die Muskeln des Thenar und des Hypothenar werden von einer kräftigen Faszie eingeschlossen, die in der Tiefe an den Handwurzel- und Mittelhandknochen befestigt sind. Die auf diese Weise entstehenden osteofibrösen Logen für die Muskeln des Daumens und des Kleinfingers sind nach proximal abgeschlossen. In die **Kleinfinger**- und **Daumenloge** treten lediglich die Leitungsbahnen zur Versorgung der Muskeln, Gelenke und Knochen. Die Thenarfaszie schließt auch den M. adductor pollicis ein; damit schiebt sich die Faszienloge (Septum obliquum) keilförmig bis zum Os metacarpi III zwischen die tiefe und oberflächliche Kammer des Mittelhandraumes.

Die **Mittelhandloge** – der **Mittelhandraum** *(Spatium palmare medianum)* – schließt die Sehnen der langen Fingerbeuger mit ihren Sehnenscheiden, die intrinsischen Muskeln der Hand sowie einen Teil der vom Unterarm zur Hand ziehenden Leitungsbahnen ein. Die Loge steht proximal mit dem Unterarm und distal mit den Fingern in Verbindung (◘ Abb. 25.13).

Karpalkanal (Karpaltunnel). Den proximalen Abschnitt der Mittelhandloge bildet der **Karpalkanal.** Der Karpalkanal *(Canalis carpi)* wird knöchern vom *Sulcus carpi* der Handwurzelknochen gebildet (◘ Abb. 25.16 und ► Kap. 4.4, ◘ Abb. 4.142). An dessen Rändern, *Eminentia carpi radialis* und *Eminentia carpi ulnaris* ist das *Retinaculum musculorum flexorum* (Lig. carpi transversum) angeheftet. Durch den **osteofibrösen Kanal** laufen die Ansatzsehnen der *Mm. flexor pollicis longus, flexor digitorum superficialis* und *flexor digitorum profundus* mit ihren Sehnenscheiden sowie der N. medianus. In den Karpalkanal zieht außerdem die Ansatzsehne des *M. flexor carpi radialis* (◘ Abb. 25.13).

Der *N. medianus* zieht oberflächlich durch den Karpalkanal; er grenzt palmar unmittelbar an das Retinaculum musculorum flexorum. Radial liegt er der Sehne des M. flexor pollicis longus, ulnar dorsal den Sehnen für den zweiten und dritten Finger des M. flexor digitorum superficialis an. Der Nerv kann weiter ulnar liegen, oder selten in die Tiefe verlagert sein.

25.6 Karpaltunnelsyndrom
Eine Einengung des Karpalkanals (Karpaltunnelsyndrom) führt zur Kompression des N. medianus und der Flexorensehnen mit ihren Sehnenscheiden (4.97).

Der **Mittelhandraum** geht aus dem Karpalkanal kontinuierlich in die **Hohlhand** über. Im sehnenscheidenfreien Abschnitt entspringen an den tiefen Flexorensehnen II–V die Mm. lumbricales. In den Lücken zwischen den Fasciculi longitudinales der Palmaraponeurose treten die aus dem oberflächlichen Hohlhandbogen entspringenden *Aa. digitales palmares communes* gemeinsam mit den aus den Nn. medianus und ulnaris abzweigenden *Nn. digitales palmares communes* fingerwärts und teilen sich proximal von den Interdigitalfalten in die *Aa. digitales palmares propriae* und *Nn. digitales palmares proprii* (◘ Abb. 25.13). Distal senken sich von der Palmaraponeurose Septen in die Tiefe. Auf diese Weise entstehen am Übergang zu den Fingern **Gleitkanäle** für die langen Beugersehnen und die Mm. lumbricales (sog. Lumbrikalis-Kanäle).

Nach Ablösen der Palmaraponeurose werden der (variable) **oberflächliche Hohlhandbogen** sowie die Aufzweigung des aus dem Karpalkanal tretenden N. medianus und seine Verbindung zum R. superficialis des N. ulnaris sichtbar. In der Tiefe der Hohlhand liegt dorsal von den Flexorensehnen im **Spatium retrotendineum** lockeres fettreiches Bindegewebe (Corpus adiposum palmare profundum), in dem der *Arcus palmaris profundus* mit den Begleitvenen und der *R. profundus* des *N. ulnaris* eingebettet sind (◘ Abb. 25.14). *Die Mm. interossei* werden palmar vom **tiefen Blatt** der **Palmarisfaszie** bedeckt; es bildet mit dem tiefen Blatt der Fascia dorsalis manus eine **Faszienloge für die Mm. interossei** und die Mittelhandknochen (► Kap. 4.4, ◘ Abb. 4.143). Über das Kompartiment der Zwischenknochenräume stehen Hohlhand und Handrücken durch die *Rr. perforantes* aus den Aa. und Vv. metacarpales palmares einschließlich der begleitenden Lymphbahnen mit den Aa. und Vv. metacarpales dorsales in Verbindung.

25.7 Ödembildung im lockeren Bindegewebe des Handrückens
Entlang der R. perforantes des Zwischenknochenraumkompartimentes kann sich z.B. bei Entzündungen in der Palma manus ein kollaterales Ödem im lockeren Bindegewebe des Handrückens entwickeln. Im Unterhautgewebe im Bereich der Palmaraponeurose ist eine Ödembildung nicht möglich.

Handrücken

Der Handrücken, *Dorsum manus*, reicht vom proximalen Handgelenk bis zu den Interdigitalfalten zwischen den Grundphalangen der Finger. Seine konvexe Wölbung beruht auf der Anordnung des Handwurzel- und Mittelhandknochenskeletts. Das Längsbogensystem der Hand setzt sich von der Handwurzel über die Mittelhand zu den Fingern II–V fort. Durch die dünne Haut des Handrückens ist das subkutane Venennetz, *Rete venosum dorsale manus*, sichtbar. In Streckstellung der Finger treten die Sehnen der Extensoren sicht- und tastbar hervor, die unter dem *Retinaculum musculorum extensorum* hervortreten und divergierend über die Mittelhandknochen zur Dorsalseite der Finger ziehen. In den Mittelhandknochenzwischenräumen sind die *Mm. interossei* tastbar. Der M. interosseus dorsalis I wölbt sich bei adduziertem Daumen zwischen Daumen und Zeigefinger deutlich vor (► Tafel V, S. 781; tastbare Knochenareale ► Kap. 4.4).

Tabatière anatomique. Die zum Daumen ziehenden Sehnen bilden am Übergang vom Unterarm zur Handwurzel eine Grube, *Fovea radialis* – **Tabatière anatomique** –, die am distalen Radiusende bei abgespreiztem Daumen sichtbar wird. Die Tabatière anatomique wird radial von den Ansatzsehnen der Mm. abductor pollicis longus und extensor pollicis brevis, ulnar von der Ansatzsehne des M. extensor pollicis longus begrenzt (► Kap. 4.4, ◘ Abb. 4.139). Im Boden der Grube sind Processus styloideus radii und Os scaphoideum sowie der Puls der *A. radialis* tastbar. Die A. radialis zieht von der Palmarseite über die Tabatière anatomique zum Spatium interosseum I, von wo sie in die Hohlhand gelangt (s. A. radialis ▶ Kap. 4.4, ◘ Abb. 4.149).

Das **subkutane Bindegewebe** des Handrückens ist locker und leicht verschiebbar. In der Subkutis des Handrückens liegen außer den Hautvenen die Nerven für die sensible Versorgung des Handrückens und der Dorsalseite über den Fingergrundphalangen (◘ Abb. 25.15). Neben dem Processus styloideus der Ulna zieht der *R. dorsalis* des *N. ulnaris* auf den Handrücken, wo er sich in 5 Endäste (variabel), *Nn. digitales dorsales*, zur Versorgung des Klein- und Ringfingers sowie der ulnaren Seite des Mittelfingers aufteilt. Der *R. dorsalis* des *N. ulnaris* steht über dem *R. communicans ulnaris* mit dem *R. superficialis* des *N. radialis* in Verbindung, der sich im distalen Unterarmbereich in zwei Stämme aufteilt, die ulnar neben dem Processus styloideus des Radius über das Retinaculum musculorum extensorum ziehen. Die Äste teilen sich auf dem Handrücken in 5 (variabel) *Nn. digitales dorsales* und versorgen den radialen Teil des Handrückens sowie die radiale und ulnare Seite der Daumengrundphalanx sowie der Grund- und Mittelphalanx des Zeigefingers und die radiale Seite der Mittelfingergrund- und Mittelfingermittelphalanx. In der Subkutis liegen kleine Schleimbeutel, *Bursae subcutaneae metacarpophalangeae dorsales* und *intermetacarpophalangeae*.

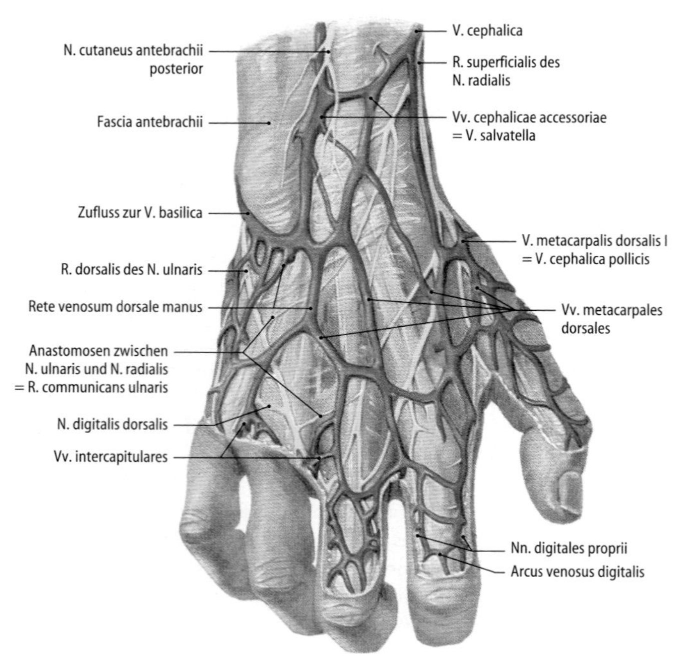

◘ Abb. 25.15. Epifasziale Leitungsbahnen des Handrückens, rechte Seite, Ansicht von dorsal [1]

Die **Faszie** des Handrückens, *Fascia dorsalis manus*, besteht aus einem oberflächlichen Blatt, *Lamina superficialis*, und aus einem tiefen Blatt, *Lamina profunda* (◘ Abb. 25.16). Das oberflächliche Faszienblatt ist die Fortsetzung der Fascia antebrachialis. Am Übergang zwischen Unterarm und Handwurzel nimmt die Faszie eine bandartige Struktur an und wird zum *Retinaculum musculorum extensorum*, unter dem die Extensorensehnen in Sehnenscheidenfächern zum Handrücken ziehen (▶ Kap. 4.4, ◘ Abb. 4.140). Im Mittelhandbereich ist das oberflächliche Faszienblatt dünn. Das tiefe Blatt der Handrückenfaszie bedeckt die Mittelhandknochen und die Mm. interossei. Ulnar und radial sind die dorsalen Faszienblätter an den Handwurzelknochen sowie an den Ossa metacarpi I und V angeheftet. Auf der Dorsalseite der Finger läuft die Faszie im Bereich der Grundphalanx aus.

In den **Raum zwischen oberflächlichem und tiefem Faszienblatt** treten die Extensorensehnen mit ihren Sehnenscheiden (▶ Kap. 4.4, ◘ Abb. 4.140, Abb. 25.16), außerdem liegen darin die Arterien mit ihren Begleitvenen zur Versorgung des Handrückens und der Fingerstreckseiten. *Der R. carpalis dorsalis* der *A. radialis* unterkreuzt die Extensorensehnen und anastomosiert mit dem schwächeren *R. carpalis dorsalis* der *A. ulnaris*. Äste aus der Gefäßarkade stehen proximal mit dem *Rete carpale dorsale* in Verbindung; distal entspringen die *Aa. metacarpales dorsales*, die sich in die *Aa. digitales dorsales* aufteilen.

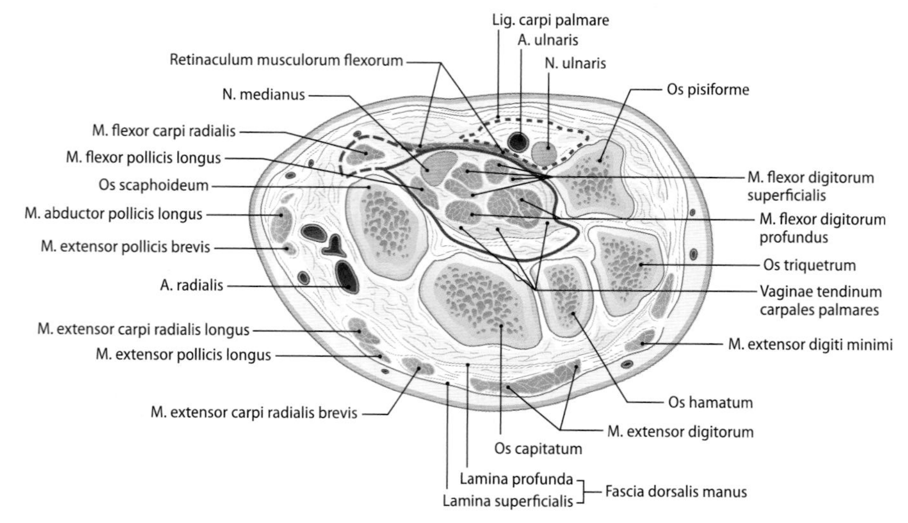

◘ Abb. 25.16. Histologische Querschnitt durch die rechte Hand im Bereich des Karpalkanals und der Guyon-Loge. Begrenzung des Canalis carpi (—), des Kanals für die Ansatzsehne des M. flexor carpi radialis (– – –) und der Guyon-Loge (- - -). Man beachte die Lage des N. medianus zwischen Retinaculum musculorum flexorum, der Ansatzsehne des M. flexor pollicis longus und den Ansatzsehnen des M. flexor digitorum superficialis für den zweiten und dritten Finger (Zeichnung nach einem Paraffinschnitt, 20 µm)

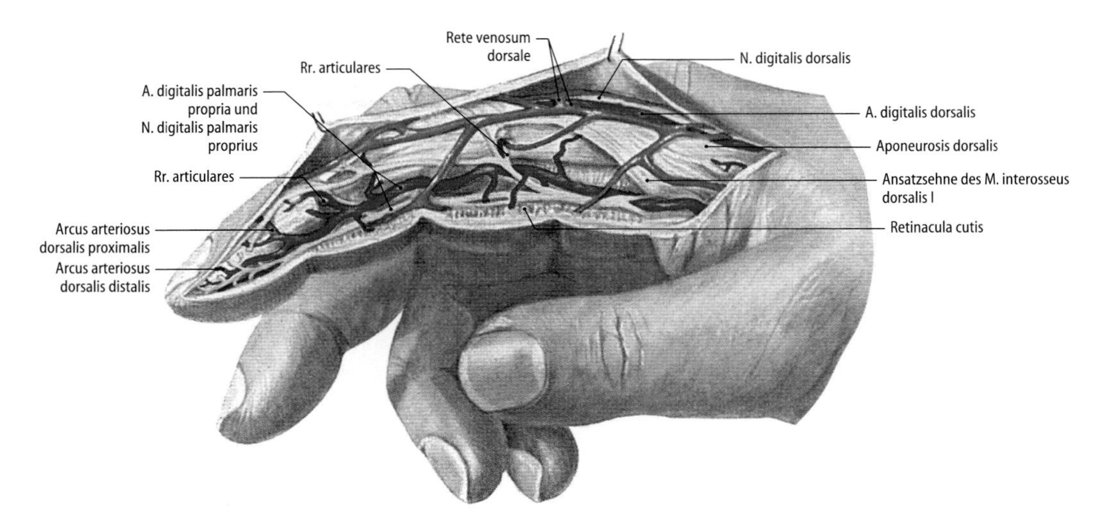

Abb. 25.17. Leitungsbahnen des Zeigefingers einer rechten Hand, Ansicht von radial. Man beachte den Übergang von Ästen der A. digitalis palmaris propria und des N. digitalis palmaris proprius auf die Dorsalseite des Fingers im Bereich des Mittelgelenkes [1]

25.2.6 Finger (Digiti manus)

Die 5 Finger der Hand werden folgendermaßen bezeichnet:

- Digitus primus I: Daumen *(Pollex)*
- Digitus secundus II: Zeigefinger *(Index)*
- Digitus tertius III: Mittelfinger *(Digitus medius)*
- Digitus quartus IV: Ringfinger *(Digitus anularis)*
- Digitus quintus V: Kleinfinger *(Digitus minimus)*

An den Fingern unterscheidet man eine **dorsale Seite**, *Facies dorsalis*, und eine **palmare Seite**, *Facies palmaris*. Auf der Palmarseite der Finger treten drei Querfalten deutlich hervor. Die proximale Falte in Höhe der Interdigitalfalten liegt im mittleren Bereich der Grundphalangen, die mittlere Falte entspricht der Lage des proximalen Interphalangealgelenkes; die distale Falte liegt etwas proximal vom Gelenkspalt des distalen Interphalangealgelenkes. Die Fingergrundgelenke liegen topographisch im Bereich von Hohlhand und Handrücken. Am Daumen entspricht die proximale Querfalte der Lage des Daumengrundgelenkes und die distale Falte der Lage des Interphalangealgelenkes.

Fingerbeugeseite

Die unbehaarte Haut der **Fingerbeugeseiten** ist der Greif- und Tastfunktion angepasst. Unter der dicken verhornten Cutis ist die Subcutis über den Fingerbeeren der Endglieder aus Fettgewebe und Bindegewebesepten *(Retinacula cutis)* in Form eines Druckkammersystems aufgebaut. Cutis und Subcutis sind reich an Rezeptoren für die verschiedenen Qualitäten der **Tastempfindung.** An den ulnaren und radialen palmaren Rändern der Finger ziehen innerhalb der Subcutis die Leitungsbahnen *(Aa.* und *Vv. digitales palmares propriae* und *Nn. digitales palmares proprii* aus den *Nn. medianus* und *ulnaris)* (Abb. 25.17). Arterien und Venen sind über Queranastomosen miteinander verbunden. Im Bereich der Grundphalangen ziehen Äste der palmaren Arterien und Nerven schräg nach distal dorsal und beteiligen sich an der Blut- und Nervenversorgung der Dorsalseite über den Mittel- und Endphalangen der Finger. Die Fingerarterien versorgen Haut, Unterhaut und Nagelbett sowie Sehnen, Sehnenscheiden, Fingerknochen und Periost. In der Tiefe der palmaren Fingerseite laufen die tiefen und oberflächlichen Flexorensehnen in ihren Sehnenscheiden.

Dorsalseite

Auf der **Dorsalseite** ist die Haut dünn. Die Subcutis lässt sich über dem Grundglied leicht verschieben; am Mittel- und Endglied sind Haut und Unterhaut mit der Dorsalaponeurose verwachsen. In der Subcutis liegen die subkutanen Venen, die im Bereich der Interdigitalfalten über *Vv. intercapitulares* mit den Vv. digitales palmares in Verbindung stehen. Eine Faszie fehlt an den Fingern. Die Subkutis grenzt dorsal direkt an die Dorsalaponeurose, palmar an die Beugersehnenscheiden. Im subkutanen Bindegewebe der Dorsalseite ziehen am ulnaren und radialen Rand der Finger *Aa. digitales dorsales* und *Nn. digitales dorsales* (N. ulnaris und N. radialis) bis zum proximalen Interphalangealgelenk. Die Dorsalseiten über den Mittel- und Endgliedern werden von den palmaren Nerven und Arterien versorgt.

26 Bein

B. N. Tillmann

Einführung

An der unteren Extremität bildet die Gesäßregion den Übergang zur dorsalen Rumpfwand. Die Grenze zwischen ventraler Rumpfwand und Oberschenkel liegt im Bereich der Leistenbeuge. Die freie untere Extremität wird in Oberschenkel, Knie, Unterschenkel und Fuß gegliedert.

Topographische Regionen der unteren Extremität (Regiones membri inferioris Tafeln IA, IB, S. 77)

Gesäßregion (Regio glutealis) – Sulcus glutealis, Crena ani (analis)
Hüftregion (Regio coxae)

Oberschenkelregionen (Regiones femoris): Oberschenkelvorderseite (Regio femoris anterior) mit Schenkeldreieck (Trigonum femoris – femorale); Oberschenkelrückseite (Regio femoris posterior)

Knieregion (Regio genus): Vorderseite des Knies (Regio genus anterior) mit Kniekehle (Fossa poplitea)

Unterschenkelregionen (Regiones cruris): Unterschenkelvorderseite (Regio cruris anterior); Unterschenkelrückseite (Regio cruris posterior) mit Wadenregion (Regio surae)

Region hinter dem Außenknöchel (Regio retromalleolaris lateralis)

Region hinter dem Innenknöchel (Regio retromalleolaris medialis)

Fußregionen (Regiones pedis): Fersenregion (Regio calcanea); Fußrücken (Dorsum pedis – Regio dorsalis pedis); Fußsohle (Planta pedis – Regio plantaris)

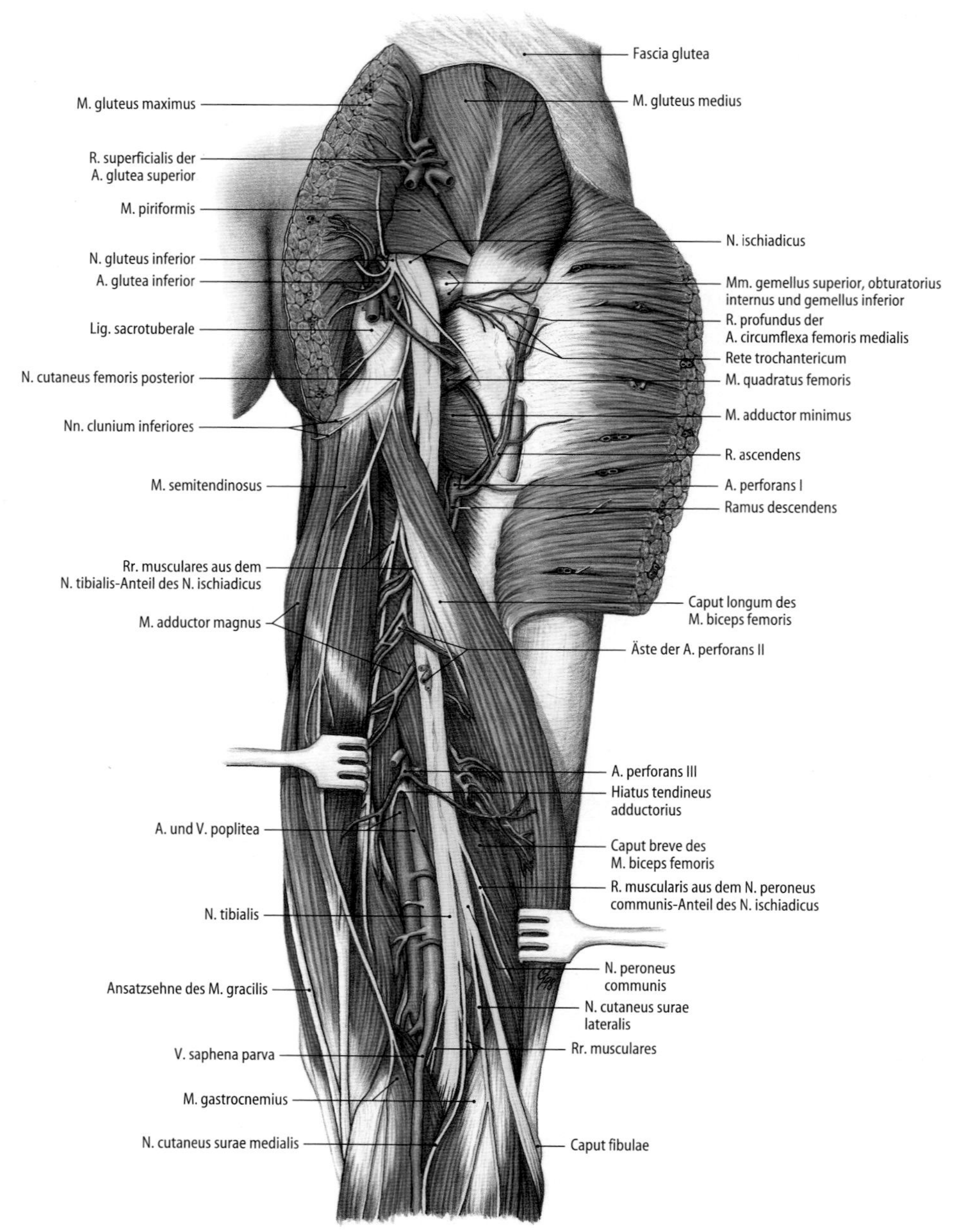

Abb. 26.1. Muskeln und Leitungsbahnen der Gesäßregion, der Oberschenkelrückseite und der Kniekehle der rechten Seite [1]

26.1 Gesäßregion (Regio glutealis)

Die Gesäßregion beginnt kranial an der *Crista iliaca* und endet kaudal mit der Gesäßfurche *(Sulcus glutealis)*, die in Streckstellung deutlich sichtbar ist und durch kräftige Faserzüge der Fascia lata entsteht. Sie ist nicht identisch mit dem Unterrand des M. gluteus maximus (► Tafel IV, S. 780; ► Kap. 4.5, ■ Abb. 4.188b, S. 270). Die **Regio glutealis** wird vorn vom Vorderrand des *M. tensor fasciae latae* und hinten von der Analfurche begrenzt. Die – je nach Stellung des Hüftgelenkes wechselnde – **Oberflächenkontur** wird im Bereich der Gesäßbacken (Nates – Clunes) vom *M. gluteus maximus* und vom Unterhautfettgewebe geprägt. Im oberen äußeren Quadranten der Gesäßregion bilden der *M. gluteus medius* und ventral von ihm der *M. tensor fasciae latae* das Oberflächenrelief (■ Abb. 26.1 und 26.3).

Tastbare **knöcherne Orientierungsmarken** (■ Abb. 26.2) sind die *Crista iliaca* mit den *Spinae iliacae anterior superior* und *posterior superior* sowie das *Tuber ischiadicum*, das in Streckstellung vom M. gluteus maximus überlagert wird und der *Trochanter major*. Die **Haut** über der Glutealregion ist sehr dick und durch Bindegewebesepten der Subcutis mit der oberflächlichen Faszie verbunden. Das subkutane Fettgewebe wird durch Bindegewebesepten in kleinen Kammern eingeschlossen. Die **sensible Versorgung** der Haut (► Kap. 4.5, ■ Abb. 4.213b, S. 301) erfolgt von kranial durch die *Nn. clunium superiores*, von medial durch die *Nn. clunium medii*, von kaudal durch die *Nn. clunium inferiores* (N. cutaneus femoris posterior) sowie im vorderen seitlichen Bereich durch den *R. cutaneus lateralis* des *N. iliohypogastricus* und durch den *N. cutaneus femoris lateralis*. An der **Blutversorgung** der Haut und des subkutanen Fettgewebes beteiligen sich die *Vasa glutea superiora* und *inferiora*; die **Lymphe** der Glutealregion wird in die **Leistenlymphknoten** drainiert.

Die *Fascia glutea* über dem M. gluteus maximus ist sehr dünn und zieht mit Septen zwischen die kräftigen Muskelfaserbündel des M. gluteus maximus. Über dem nicht vom M. gluteus maximus überlagerten Teil des M. gluteus medius hat die Faszie die Struktur einer Aponeurose (■ Abb. 26.1).

Durchtrennt man den M. gluteus maximus und verlagert seine Anteile nach medial und nach lateral, wird die **tiefe Gesäßregion** sichtbar (■ Abb. 26.1). Hier gelangen die Leitungsbahnen aus dem Becken durch die Foramina suprapiriforme und infrapiriforme innerhalb des *Foramen ischiadicum majus* in die Gesäßregion, wo sie in das lockere Bindegewebe des Stratum subgluteale eingebettet sind (■ Abb. 26.2). Durch das *Foramen suprapiriforme* treten die *Vasa glutea superiora* und der *N. gluteus superior* aus. Der N. gluteus superior und der R. profundus der A. glutea superior ziehen zwischen den Mm. gluteus medius und minimus nach vorn bis zum M. tensor fasciae latae. Der oberflächliche Ast der A. glutea tritt in den oberen Teil des M. gluteus maximus ein. Durch das *Foramen infrapiriforme* verlassen von lateral nach medial *N. ischiadicus, N. cutaneus femoris posterior, N. gluteus inferior, A. glutea inferior, A. pudenda interna* und *N. pudendus* das Becken; in Begleitung der Arterien treten die gleichnamigen Venen in das Becken. Der *N. ischidacicus* und *N. cutaneus femoris posterior* ziehen über die Mm. gemelli, obturatorius internus und quadratus femoris hinweg nach distal und kreuzen die **Tuber-Trochanter-Linie** (■ Abb. 26.2) bei gestrecktem Hüftgelenk im Bereich des Sulcus glutealis am Übergang zwischen medialem und mittlerem Drittel. (Varianten – hohe Teilung: ► Kap. 4.5, S. 304).

Die kurze Verlaufsstrecke der *Vasa pudenda interna* und des *N. pudendus* innerhalb der tiefen Gesäßregion vom Eintritt am *Foramen infrapiriforme* bis zum Verlassen durch das *Foramen ischidadicum minus* wird erst deutlich sichtbar, wenn der Ursprung des M. gluteus maximus am Lig. sacrotuberale abgelöst und nach medial verlagert wird (■ Abb. 26.2).

Der Bereich über dem *Trochanter major* wird auch als **Hüftregion** *(Regio coxae)* bezeichnet.

Die Trochanterspitze überlagert die Ansatzsehne des M. gluteus medius und ist bei kräftig ausgebildetem Muskel schwer tastbar. Über die seitliche Fläche gleitet im Schleimbeutellager der *Bursa trochanterica musculi glutei maximi* und der variablen *Bursae intermusculares musculorum gluteorum* der Ansatzbereich des M. gluteus maximus. Über dem Trochanter major entsteht das *Rete trochantericum* aus Anastomosen zwischen den A. circumflexa femoris medialis und A. perforans I (■ Abb. 26.1, ► Kap. 4.5, ■ Abb. 4.205, S. 293).

26.1 Intramuskuläre Injektion

Der obere äußere Quadrant der Gesäßregion mit dem M. gluteus medius (■ Abb. 26.3) ist der häufigste Applikationsort für intramuskuläre Injektionen.

26.2 Transvaginale Pudendusanästhesie

Bei der transvaginalen Pudendusanästhesie wird der Nerv an seiner Verlaufsstrecke um die Spina ischiadica im Foramen ischiadicum minus blockiert.

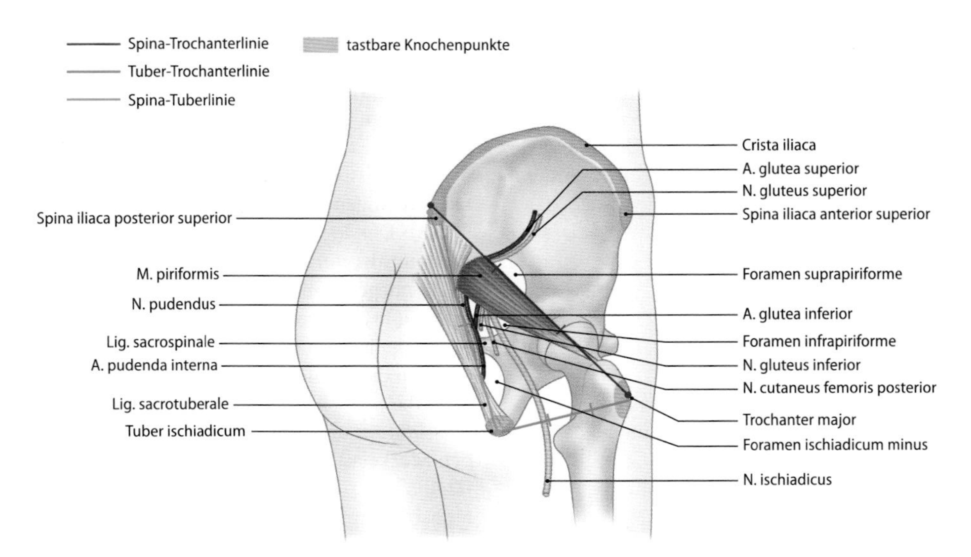

■ **Abb. 26.2.** Gesäßregion der rechten Seite knöcherne Bezugspunkte, Durchtrittspforten und Lage der Leitungsbahnen [2]

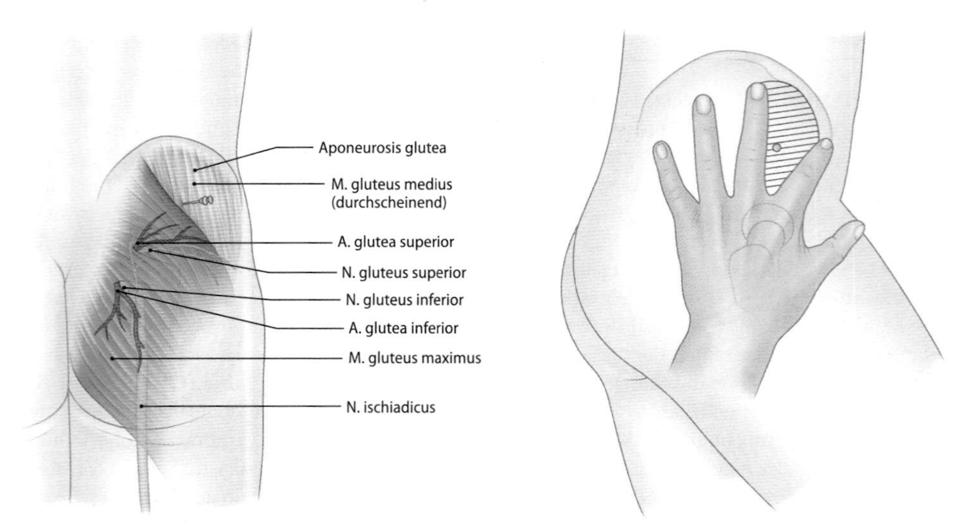

Abb. 26.3. Lage der Muskeln und Leitungsbahnen im Hinblick auf die intragluteale Injektion im oberen äußeren Quadranten der Regio glutealis nach von Hochstetter [2]

26.2 Oberschenkelrückseite (Regio femoris posterior)

Die oberflächlichen Konturen der **Oberschenkelrückseite** bilden die von der *Fascia lata* bedededeckten ischiokruralen Muskeln, deren Ansatzsehnen am Übergang zur Kniekehle deutlich hervortreten. Die Haut der *Regio femoris posterior* wird vom *N. cutaneus femoris posterior* innerviert, der etwas medial von der Oberschenkelmitte am Unterrand des M. gluteus maximus unmittelbar unter der *Fascia lata* zwischen den Mm. biceps femoris und semitendinosus zur Kniekehle zieht (Abb. 26.1). Die Hautäste treten im Verlauf des Nervs nach distal durch die Fascia lata. Im subkutanen Gewebe läuft die V. femoropoplitea (▶ Kap. 4.5, Abb. 4.209b, S. 297), die in die V. poplitea mündet. Am Übergang der Fascia lata in den *Tractus iliotibialis* (Maissiat-Streifen) senkt sich zwischen M. biceps femoris und M. vastus lateralis das *Septum intermusculare laterale* in die Tiefe. Nach Durchtrennung der Fascia lata und durch Auseinanderdrängen der ischiokruralen Muskeln werden die Strukturen in der **Tiefe der Oberschenkelrückseite** sichtbar (Abb. 26.1). Der *N. ischiadicus* gelangt unter dem langen Bizepskopf auf die Rückseite des Oberschenkels und zieht auf dem M. adductor magnus zwischen den ischiokruralen Muskeln nach distal, wo er sich in den meisten Fällen am Übergang zum distalen Oberschenkeldrittel in die *Nn. tibialis* und *peroneus (fibularis) communis* teilt.

In die hintere Oberschenkelregion treten die *Aa. perforantes* und ihre Begleitvenen. Die *A. perforans I* erscheint am Unterrand des M. adductor minimus. Die *A. perforans II* zieht durch den mittleren Abschnitt, die *A. perforans III* durch den distsalen Rand des M. adductor magnus.

26.3 Oberschenkelvorderseite (Regio femoris anterior)

Die *Regio fermoris anterior* beginnt proximal in der Leistenbeuge und endet distal im Bereich der vorderen Knieregion. Die mediale Grenze zur Regio femoris anterior ist der hintere Rand des M. gracilis; lateral liegt sie auf der Verbindungslinie von Spina iliaca anterior superior und Condylus lateralis tibiae.

Das **Oberflächenrelief** wird von den Muskeln geprägt (▶ Tafel II, S. 778). Proximal werden bei schlanken Personen unterhalb der Spina iliaca anterior superior die Ursprünge der *Mm. sartorius* und *tensor fasciae latae* sichtbar. Die Köpfe des *M. quadriceps femoris* sind im mittleren und unteren Teil formgebend.

Die *Fascia lata* der Oberschenkelvorderseite wird von *Rr. cutanei anteriores* des *N. femoralis* durchbrochen. Unterhalb des oberen Darmbeinstachels tritt der *N. cutaneus femoris lateralis* durch die Oberflächenfaszie.

> **!** **Das Trigonum femoris ist Ein- und Ausstrittsstelle der epifaszialen Gefäße und Transitstrecke für die Vasa femoralia zwischen Becken (Lacuna vasorum), Adduktorenkanal und Kniekehle.**

Innerhalb der Regio femoris anterior liegt das **Schenkeldreieck,** *Trigonum femoris (femorale)* – Scarpa-Dreieck, das proximal vom Leistenband, lateral vom M. sartorius und medial vom M. gracilis begrenzt wird (Abb. 26.4). Bei abduziertem und außenrotiertem Hüftgelenk kann man die Kontur des Schenkeldreiecks deutlich erkennen. Am Boden des Trigonum femoris bilden die Mm. iliopsoas und pectineus die *Fossa iliopectinea*, die distalwärts in den Adduktorenkanal einmündet.

Die **epifaszialen Leitungsbahnen** treten innerhalb des *Hiatus saphenus* durch die *Fascia cribrosa* in die Tiefe oder an die Oberfläche. Die *V. saphena magna* mündet über ihre sog. Krosse oberhalb des Cornu inferius des Margo falciformis in die V. femoralis. Die sternförmig zum Hiatus saphenus ziehenden *Vv. epigastrica superficialis, pudendae externae* und *ilium superficialis* werden aufgrund ihrer Anordnung als sog. Venenstern bezeichnet; mit den Venen laufen die gleichnamigen Arterien und Lymphbahnen (▶ Kap. 4.5, Abb. 4.210, S. 298). Der *R. femoralis* des *N. genitofemoralis* tritt lateral von der A. femoralis durch die Fascia cribrosa. Die *Nodi inguinales superficiales* liegen entlang der V. saphena magna und des Margo falciformis (Tractus verticalis) sowie parallel zum Leistenband (Tractus horizontalis) (▶ Kap. 4.3, Abb. 4.97, S. 182).

Von den **subfaszialen Leitungsbahnen** liegt der *N. femoralis* im Schenkeldreieck am weitesten lateral; er tritt durch die *Lacuna musculorum* und teilt sich in seine Rr. musculares, die sich teilweise den Muskelästen der Vasa circumflexa femoris lateralia anschließen (Abb. 26.5). Die *A. femoralis* (*communis*) tritt in der Mitte des Leistenbandes im Bereich der Eminentia iliopubica aus der *Lacuna vasorum* in das Schenkeldreieck, wo sie proximal nur von Haut, Unterhautgewebe und Faszie bedeckt ist (Abb. 26.6). Die *A. femoralis*

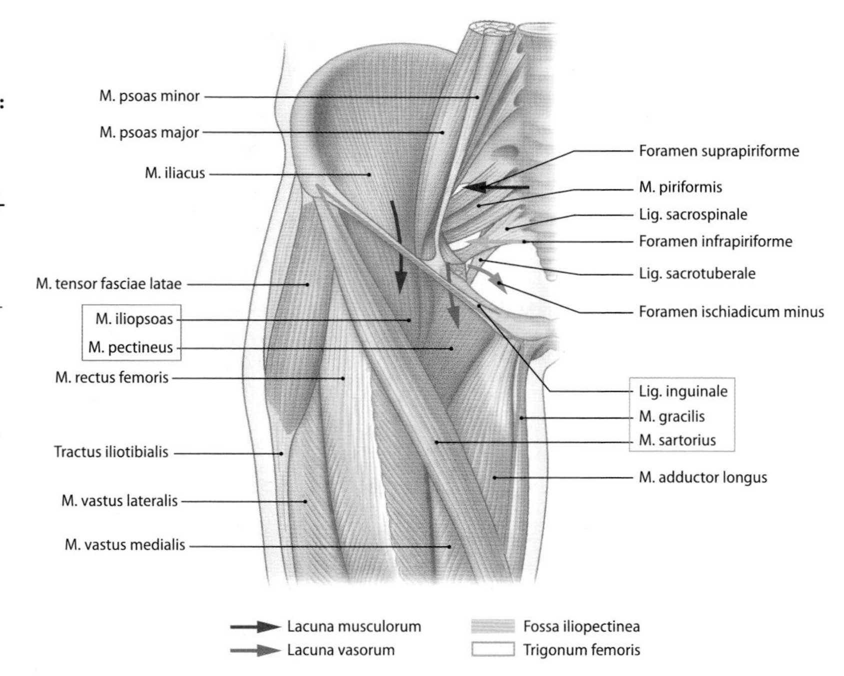

Abb. 26.4. Oberschenkelregion der rechten Seite mit Begrenzung des Trigonum femoris und der Fossa iliopectinea [2]

Durchtrittspforten zwischen Becken und Glutealregion: Foramen ischiadicum majus mit Foramen suprapiriforme und Foramen infrapiriforme sowie Foramen ischiadicum minus.

Durchtrittspforten zwischen Becken und Oberschenkelvorderseite: Lacuna musculorum und Lacuna vasorum

Foramen suprapiriforme: A. und V. glutea superior, N. gluteus superior

Foramen infrapiriforme: N. ischiadicus, N. cutaneus femoris posterior, N. gluteus inferior, A. und V. glutea inferior, A. und V. pudenda interna, N. pudendus

Foramen ischiadicum minus: A. und V. pudenda interna, N. pudendus (M. obturatorius internus)

Lacuna musculorum: M. iliopsoas, N. femoralis, N. cutaneus femoris lateralis

Lacuna vasorum: A. und V. femoralis, R. femoralis des N. genitofemoralis, Lymphgefäße

(communis) zieht gemeinsam mit der medial von ihr liegenden *V. femoralis (communis)* zwischen den Mm. iliopsoas und pectineus und teilt sich in der Tiefe der **Fossa iliopectinea** in die *A. femoralis (superficialis)* und in die *A. profunda femoris*, die hier die *Aa. circumflexae femoris medialis* und *lateralis* abgibt (Varianten ► Kap. 4.5, S. 293). Die *Nodi inguinales profundi* liegen innerhalb des Schenkeldreiecks am weitesten medial neben der V. femoralis (communis) vor dem *Septum femorale* (► Abb. 26.6).

Die Vasa femoralia (superficialia) laufen dann in einer Rinne zwischen M. vastus medialis und M. adductor longus zum distalen Ende des Schenkeldreiecks, wo sie vom *M. sartorius* überlagert werden. Im mittleren Oberschenkelbereich legt sich der *N. saphenus* von lateral der A. femoralis an und zieht mit ihr in den Adduktorenkanal, den er gemeinsam mit Ästen der *A. descendens genus* kurz nach seinem Eintritt durch das *Septum intermusculare vastoadductorium* wieder verlässt.

Der Adduktorenkanal verbindet die Vorderseite des Oberschenkels mit dessen Rückseite und der Kniekehle; im Adduktorenkanal ziehen die Vasa femoralia.

Der **Adduktorenkanal,** *Canalis adductorius,* (Hunter-Kanal) wird lateral vom *M. vastus medialis*, medial vom *M. adductor magnus* und am Eingang vom *M. adductor longus* begrenzt (◼ Abb. 26.5). Die muskuläre Rinne überbrückt des *Septum intermusculare vastoadductorium* (Membrana vastoadductoria). Den Eingang zum Adduktorenkanal überdeckt der M. sartorius. Den Ausgang auf der Oberschenkelrückseite bilden die Ansätze des M. adductor magnus mit dem *Hiatus adductorius* (◼ Abb. 26.7).

Die A. femoralis (superficialis) gelangt durch den **Adduktorenkanal** in die Kniekehle, die V. femoralis (superficialis) von dort zum Oberschenkel.

Durchtrennt man den M. pectineus werden die aus dem *Canalis obturatorius* in die **Regio obturatoria** aus- und eintretenden Vasa obturatoria und der N. obturatorius sichtbar (◼ Abb. 26.6).

Der *Canalis obturatorius* ist ein 2–4 cm langer und etwa 1 cm breiter Kanal, der schräg von kranial lateral nach kaudal medial läuft (26.3). Die innere Öffnung und das Dach des osteofibrösen Kanals wird von dem als Sehnenursprung des M. obturatorius internus ausgesparten *Sulcus obturatorius* des oberen Schambeinastes gebildet. Den Ausgang und Boden bilden die Membrana obturatoria und der kraniale Rand des M. obturatorius externus. Mit den Leitungsbahnen, die sich innerhalb des Kanals aufteilen, zieht vom subperitonealen Bindegewebe des Beckens ein Zapfen fettreichen Bindegewebes (Corpus adiposum obturatorium) in den Obturatoriuskanal.

Die *Rr. anteriores* von *A. obturatoria* und *N. obturatorius* ziehen über die Mm. obturatorius externus und adductor brevis nach distal unter den M. adductor longus (◼ Abb. 26.5). Der *R. anterior* des *N. obturatorius* gelangt mit seinem Endast (*R. cutaneus*) zwischen M. adductor longus und M. gracilis zur Haut der Oberschenkelinnenseite. Die *Rr. posteriores* von *A. obturatoria* und *N. obturatorius* ziehen hinter dem M. adductor brevis zum M. adductor magnus.

26.3 Bruchpforten

Bei **Schenkelhernien** liegt die Bruchpforte im Bereich des Septum femorale (medial von der V. femoralis, lateral vom Lig. lacunare) innerhalb der Lacuna vasorum (sog. Schenkelkanal: Canalis femoralis, ◼ Abb. 26.6). Der Bruchsack kann sich bis zum Hiatus saphenus ausdehnen. Aufgrund der engen Bruchpforte kommt es relativ häufig zur vollständigen Einklemmung oder zur Partialeinklemmung der Darmwand (Richter-Hernie).

Bei **Obturatoriushernien** ist der Canalis obturatorius der Bruchkanal (◼ Abb. 26.6). Der Bruchsack schiebt sich meistens unter den M. pectineus. Eine Kompression des N. obturatorius im Canalis obturatorius kann zu Parästhesien und Schmerzen an der Innenseite des Oberschenkels führen. Aufgrund des engen Bruchkanals besteht die Gefahr der Inkarzeration.

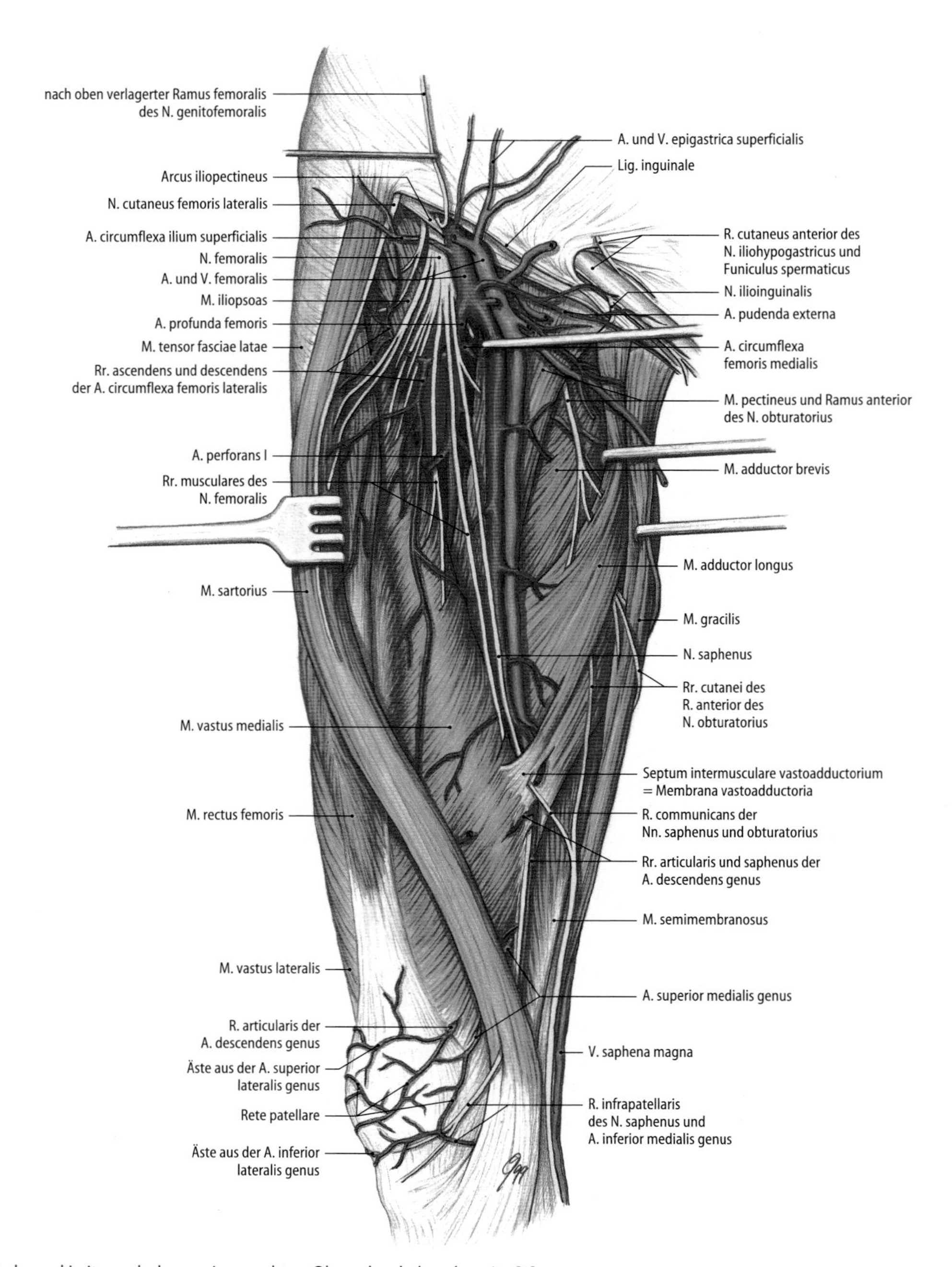

Abb. 26.5. Muskeln und Leitungsbahnen einer rechten Oberschenkelvorderseite [1]

26.4 Knieregion (Regio genus)

Das Relief der **Knieregion** wird auf der **Vorderseite** von den tastbaren knöchernen Anteilen (Patella, Epicondyli femoris, Condyli tibiae, Tuberositas tibiae und Caput fibulae, ► Kap. 4.5, Abb. 4.157a, 4.160a und 4.161a), vom Lig. patellae und von den Muskel-Sehnen-Übergängen der *Mm. vasti medialis* und *lateralis* (Suprapatellarwülste) geprägt (► Tafel II, S. 778). Zwischen dem gut verschiebbaren Unterhautgewebe und der Oberflächenfaszie kommen mehrere Schleimbeutel vor (26.4): auf der Patellavorderseite die *Bursae subcutanea prepatellaris* und *subfascialis prepatellaris*, im Ansatzbereich des Lig. patellae die *Bursa subcutanea infrapatellaris*, vor der Tuberositas tibiae die *Bursasubcutanea tuberositatis tibiae* (► Kap. 4.5, Abb. 4.174, S. 258).

Die *Fascia lata* und ihr Verstärkungszug, *Tractus iliotibialis*, enden im vorderen Kniebereich am proximalen Tibiaende (► Kap. 4.5, Abb. 4.189a, S. 271). Die Nervenversorgung der Haut erfolgt durch *Rr. cutanei anteriores* des *N. femoralis* und durch den *R. infrapatellaris* des *N. saphenus*. Unter der Faszie liegt das *Rete articulare genus* (Abb. 26.5).

Durch die Kniekehle ziehen die Vasa poplitea sowie der N. ischiadicus und seine Endäste, die Nn. tibialis und peroneus (fibularis) communis.

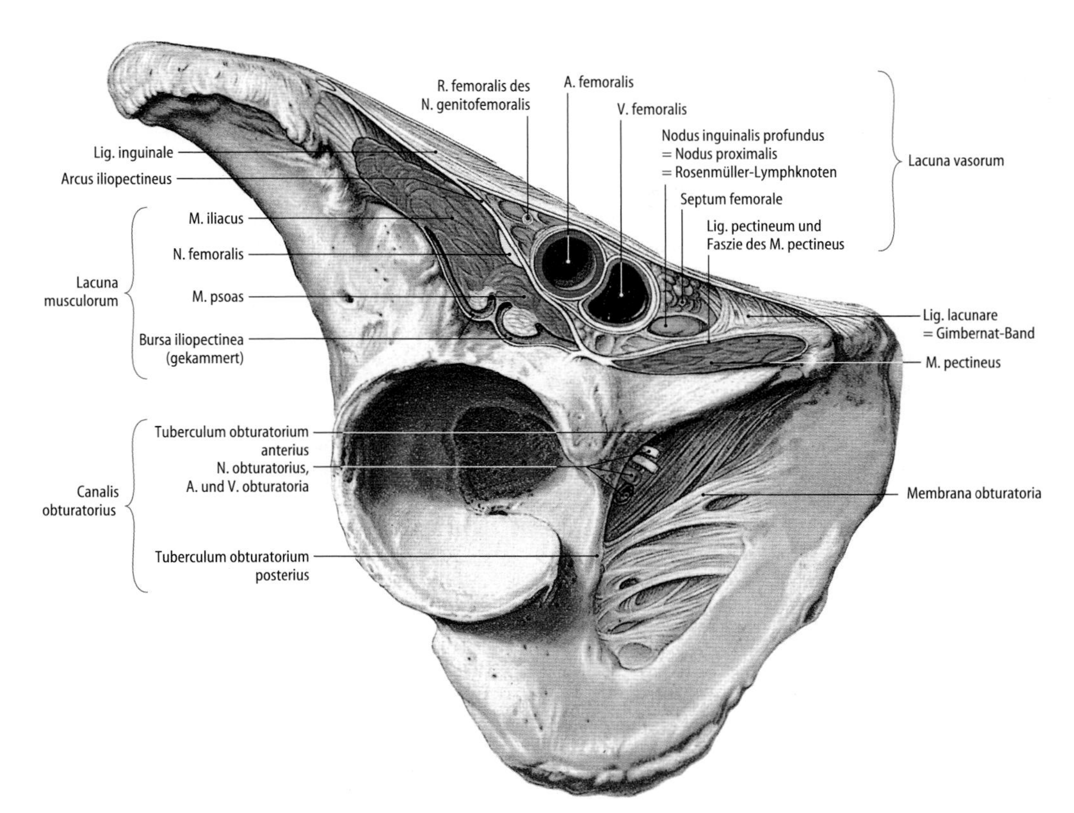

Abb. 26.6. Lacuna musculorum, Lacuna vasorum und Canalis obturatorius einer rechten Beckenhälfte, Ansicht von lateral [1]
Begrenzung der Lacuna musculorum: Beckenrand zwischen Spina iliaca anterior superior und der Anheftung des Arcus iliopectineus, Arcus iliopectineus und Lig. inguinale
Begrenzung der Lacuna vasorum: oberer Schambeinast, Arcus iliopectineus, Lig. inguinale und Lig. lacunare
Begrenzung des Canalis obturatorius: Sulcus obturatorius mit Tuberculum obturatorium anterius und Tuberculum obturatorium posterius, Membrana obturatoria

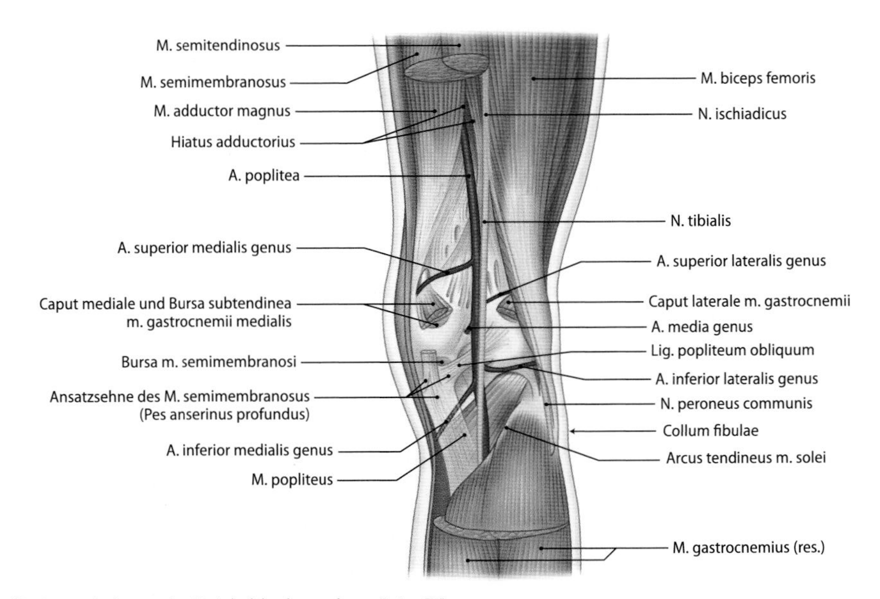

Abb. 26.7. Muskeln und Leitungsbahnen der Kniekehle der rechten Seite [2]

26.4 Entzündung der Schleimbeutel
Bei erhöhter funktioneller Beanspruchung, z.B. Fliesenlegern, kann es an den Bursae subcutaneae infrapatellaris und tuberositatis tibiae zur akuten und chronischen Entzündung kommen.

Die **Rückseite der Knieregion** bildet die rautenförmige **Kniekehle**, *Fossa politea*, deren **Begrenzungen** bei gebeugtem Kniegelenk sicht- und tastbar sind. Die proximale Begrenzung sind medial die *Mm. semimembranosus* und *semitendinosus* sowie lateral der *M. biceps femoris*. Distal wird die Fossa poplitea vom medialen und vom lateralen Kopf des *M. gastrocnemius* begrenzt. Den **Boden** der Fossa politea bilden proximal der M. adductor magnus mit dem Hiatus adductorius, im mittleren Abschnitt die Facies poplitea (Planum popliteum) des Femur und die Kniegelenkskapsel sowie distal der M. popliteus (◻ Abb. 26.1 und 26.7).

Die **Faszie** über der Kniekehle (Fascia poplitea) ist die Fortsetzung der Fascia lata; sie geht distal in die Fascia cruris über. Im Bereich der Fossa poplitea treten proximal die Endäste des *N. cutaneus femoris posterior* und distal Hautäste des *N. cutaneus surae medialis* durch die Faszie. In Höhe der Einmündungsstelle der *V. saphena parva* können *Nodi poplitei superficiales* liegen.

Der **Inhalt** der Fossa poplitea wird vom tastbaren **Gefäß-Nerven-Strang** geprägt, der in fettreiches, lockeres Bindegewebe eingebettet ist (◻ Abb. 26.1). Der *N. ischiadicus* (variable Aufzweigung ▶ Kap. 4.5, S. 304) und seine Endäste *(Nn. tibialis* und *peroneus [fibularis] communis)* liegen darin oberflächlich; es folgen die *V. poplitea* und in der Tiefe die *A. poplitea.* Der *N. tibialis* setzt die Verlaufsrichtung des N. ischiadicus in der Kniekehle fort, wo er Muskeläste zum M. triceps surae und M. popliteus abgibt. Der Nerv liegt zunächst lateral von den Vasa poplitea, im distalen Abschnitt legt er sich auf die Gefäße und zieht mit ihnen zwischen den Gastroknemiusköpfen unter dem Sehnenbogen des M. soleus in die tiefe Flexorenloge. Der *N. peroneus (fibularis) communis* läuft unter Abgabe des *N. cutaneus surae lateralis* am medialen Rand der Bizepssehne fibulawärts und verlässt die Kniekehle über den lateralen Gastroknemiuskopf. A. und V. poplitea werden innerhalb der Kniekehle in einer Scheide aus straffem Bindegewebe geführt. Die dem Boden der Fossa poplitea aufliegende *A. poplitea* betritt den Raum am **Hiatus adductorius** und teilt sich am distalen Ende der Kniekehle in die *Aa. tibialis anterior* und *tibialis posterior*. Die *A. tibialis posterior* zieht nach distal in die tiefe Flexorenloge, die *A. tibialis anterior* tritt durch die Membrana interossea cruris in die Extensorenloge (▶ Kap. 4.5, ◻ Abb. 4.207, S. 294). Aus der A. poplitea entspringen Arterien für die angrenzenden Muskeln *(Aa. surales)* und für das Kniegelenk *(Aa. superiores lateralis* und *medialis genus, A. media genus, Aa. inferiores lateralis* und *medialis genus* (◻ Abb. 26.7). Die *V. poplitea* nimmt das Blut der Knieregion, der Wadenmuskeln und der *V. saphena parva* auf; sie verlässt die Kniekehle am Ausgang des Adduktorenkanals oberhalb der A. poplitea. Im lockeren Bindegewebe um den Gefäß-Nerven-Strang kommen *Nodi poplitei profundi* vor.

26.5 Unterschenkelrückseite (Regio cruris posterior)

Die Strukturen der Kniekehle gehen zum Teil auf die Unterschenkelrückseite *(Regio cruris posterior)* über, die bis zur Knöchelgegend reicht. Das **Oberflächenrelief** wird durch die Muskelbäuche des M. triceps surae und durch die Achillessehne geprägt; man bezeichnet die Region über den Wadenmuskeln auch als *Regio surae.* Im verschiebbaren Unterhautgewebe auf der *Fascia cruris* zieht die vom lateralen Knöchel kommende *V. saphena parva* in der Mitte der Unterschenkelrückseite zur Kniekehle; sie durchbricht die Fascia cruris in variabler Höhe. Der *N. cutaneus surae medialis*, der in der Unterschenkelmitte durch die Faszie tritt, begleitet die V. saphena parva nach distal und setzt seinen Verlauf nach der Vereinigung mit dem *R. communicans peroneus* als *N. suralis* am lateralen Rand der Vene zum lateralen Knöchel fort. Über dem lateralen Gastroknemiuskopf durchbricht der *N. cutaneus surae lateralis* (N. peroneus communis) die Unterschenkelfaszie, auf der er distalwärts zieht; der *R. communicans peroneus* hat vor seiner Vereinigung mit dem N. cutaneus surae medialis in der Unterschenkelmitte einen kurzen epifaszialen Verlauf.

Leitungsbahnen der tiefen Flexorenloge sind die Vasa tibialia posteriora, der N. tibialis und die Vasa peronea (fibularia).

Die **tiefen Leitungsbahnen** der *Regio cruris posterior* treten unter dem *Arcus tendineus m. solei* aus der Kniekehle in die **tiefe Flexorenloge** (◻ Abb. 26.7 und 26.8), in der sie zur Region hinter dem medialen Knöchel, *Regio retromalleolaris medialis,* ziehen. Im Bereich der Soleussehnenarkade überkreuzt der *N. tibialis* die *A. tibialis posterior*; er zieht am Unterschenkel lateral von der Arterie in der Rinne zwischen den *Mm. tibialis posterior* und *flexor digitorum longus.* In der tiefen Flexorenloge laufen außerdem auf der Rückseite der Fibula die vom *M. flexor hallucis longus* bedeckten *Vasa peronea* (◻ Abb. 26.10). Die *A. peronea (fibularis)* entspringt unter dem Soleusursprung aus der A. tibialis posterior und anastomosiert am distalen Ende der tiefen Flexorenloge über ihren *R. perforans* mit Ästen der A. tibialis anterior.

26.6 Region hinter dem Innenknöchel (Regio retromalleolaris medialis)

Die Regio cruris posterior geht oberhalb der Malleolen in die *Regio retromalleolaris medialis* über. Im lockeren Bindegewebe der Grube zwischen medialem Knöchel, Achillessehne und Ferse ziehen Hautvenen zur V. saphena magna (▶ Kap. 4.5, ◻ Abb. 4.209b) und über den Knöchel treten Äste des *N. saphenus* zum medialen Fußrand. Hinter dem medialen Knöchel laufen auf dem oberflächlichen Blatt des *Retinaculum mm. flexorum Rr. calcanei mediales* des N. tibialis zur Fersenregion *(Regio calcanea)* sowie *Rr. calcanei* der A. tibialis posterior zum *Rete calcaneum* (◻ Abb. 26.8).

In der **tiefen Schicht** der Region liegen die Ansatzsehnen der tiefen Flexoren in ihren Sehnenscheidenkanälen, sie werden bei ihrem Verlauf zum Fuß vom tiefen Blatt des *Retinaculum mm. flexorum* (Verstärkungszug des tiefen Blattes der Fascia cruris) geführt. In dem vom oberflächlichen Blatt des Retinaculum mm. flexorum bedeckten **Malleolenkanal** ziehen zwischen den Sehnen der *Mm. flexor digitorum longus* und *flexor hallucis longus* der *N. tibialis* und die *Vasa tibialia posteriora,* die sich unter dem Ursprungsbereich des M. abductor hallucis in ihre Endäste aufteilen und in die **mittlere Loge der Planta pedis** ziehen.

Verlauf der Sehnen und Leitungsbahnen hinter dem medialen Knöchel:
- 1. Fach: M. tibialis posterior
- 2. Fach: M. flexor digitorum longus
- 3. Fach: A. tibialis posterior mit Begleitvenen und N. tibialis
- 4. Fach: M. flexor hallucis longus

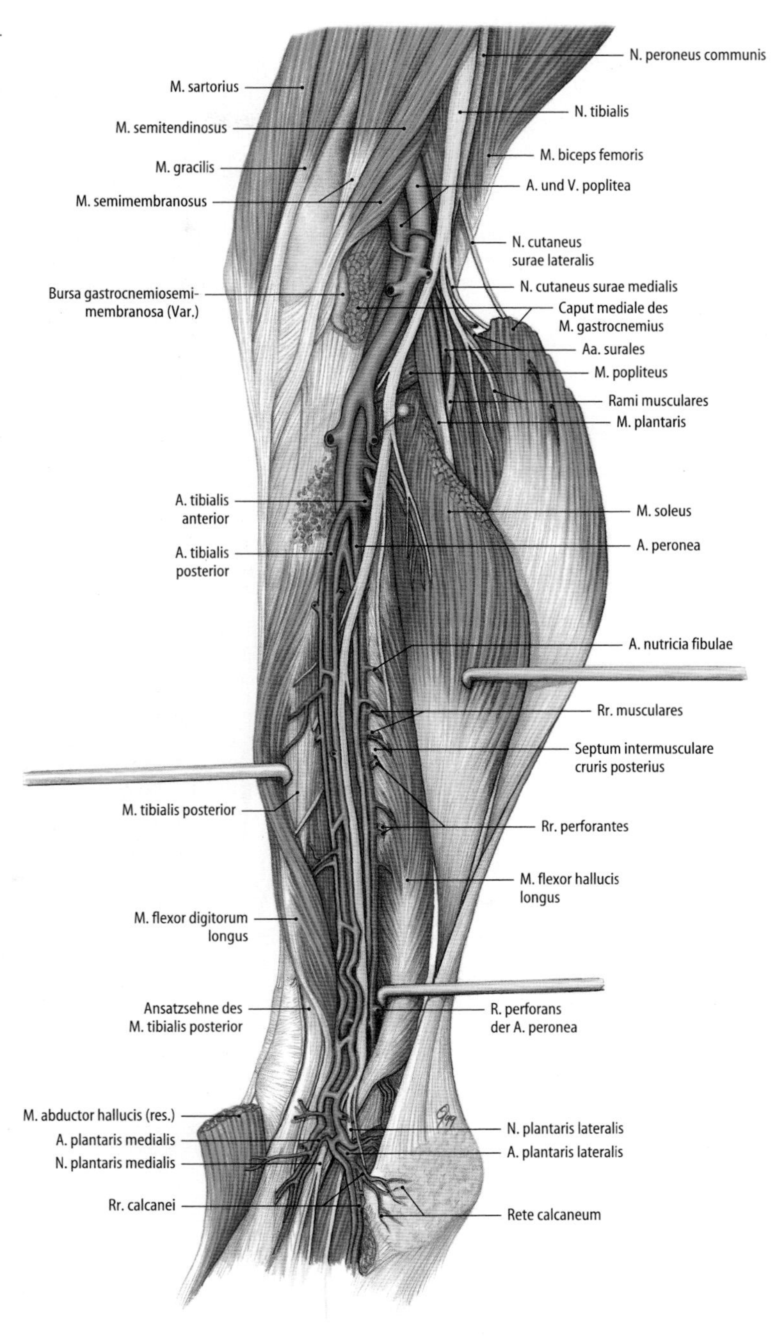

▫ Abb. 26.8. Muskeln und Leitungsbahnen der tiefen Flexorenloge eines rechten Unterschenkels, Ansicht von medial. Zur Freilegung der Leitungsbahnen und der Muskeln wurden der mediale Gastroknemiuskopf und der M. soleus abgelöst und nach hinten lateral verlagert. Das riefe Blatt der Fascia cruris wurde entfernt [1]

26.7 Unterschenkelvorderseite (Regio cruris anterior)

Die Kontur der Unterschenkelvorderseite, Regio cruris anterior, bilden die sicht- und tastbare Facies medialis der Tibia sowie die Muskelgruppe der Extensoren und die Mm. peronei longus und brevis (► Tafel II, S.778). **Epifaszial** läuft im Grenzbereich zwischen Regio cruris anterior und Regio cruris posterior in der lockeren Subkutis die *V. saphena magna*, in die unterhalb des Kniegelenkes die vordere und hintere Bogenvene (► Kap. 4.5, ▫ Abb. 4.209c, S. 297) münden. Der *N. saphenus* zieht unter Abgabe von Ästen für die Unterschenkelhaut in Begleitung der V. saphena magna zum medialen Knöchel. Auf der lateralen Seite der Regio cruris anterior durchbricht am Übergang zwischen mittlerem und unterem Drittel der *N. peroneus superficialis* die *Fascia cruris* und teilt sich in die *Nn. cutanei dorsales medialis* und *intermedius* (► Kap. 4.5, ▫ Abb. 4.216, S. 304).

Von den **subfaszialen Leitungsbahnen** erreicht die *A. tibialis anterior* aus der Kniekehle durch die Membrana interossea cruris die **Extensorenloge** (▫ Abb. 26.9). Der *N. peroneus communis* gelangt mit der Ansatzsehne des M. biceps femoris auf dem lateralen Gastroknemiuskopf aus der Kniekehle zur lateralen Seite des Unterschenkels. Hier schlingt sich der Nerv, nur von Haut, Unterhautgewebe und Faszie bedeckt, bogenförmig um den Fibulahals und tritt durch den Ursprung des M. peroneus longus in die **Peroneusloge**, wo er sich in die *Nn. peroneus superficialis* und *peroneus profundus* aufteilt (▫ Abb. 26.1 und ► Kap. 4.5, ▫ Abb. 4.216). Der N. peroneus superficialis (▫ Abb. 26.9) verbleibt in der Peroneusloge, die proximal am Fibulakopf beginnt und distal in die Regio retromalleolaris late-

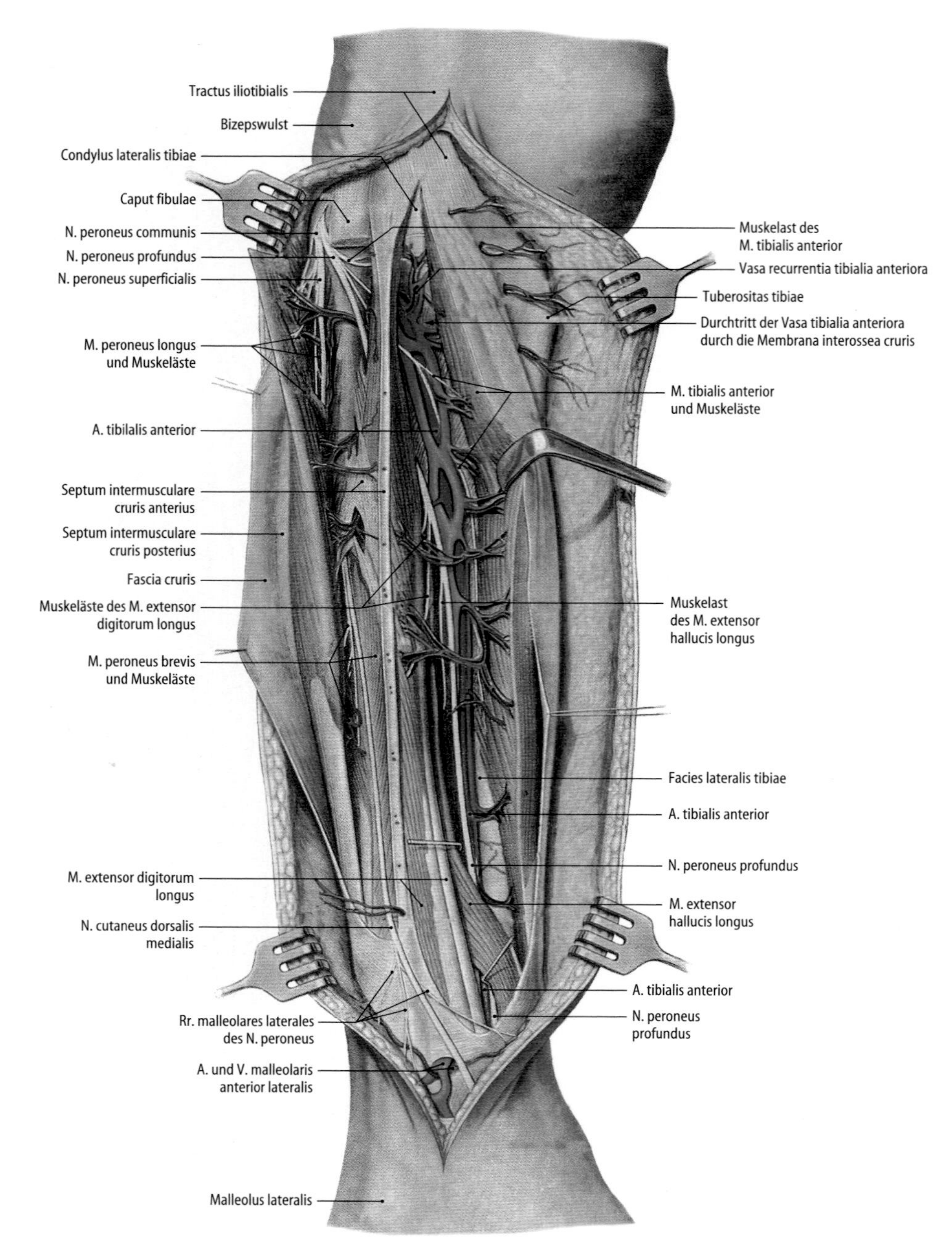

Abb. 26.9. Muskeln und Leitungsbahnen der Extensorenloge und der Peroneusloge eines rechten Unterschenkels, Ansicht von lateral vorn [1]

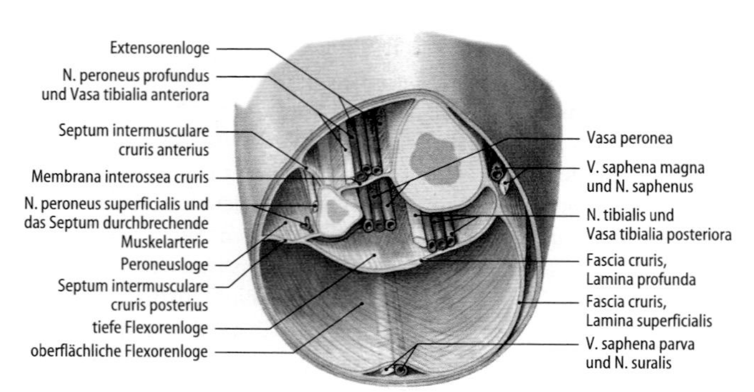

Abb. 26.10. Faszienlogen (sog. Kompartimente) und Leitungsbahnen eines rechten Unterschenkels, Ansicht von distal [1]

ralis übergeht. Der Nerv zieht unter Abgabe von Muskelästen zwischen den *Mm. peronei longus* und *brevis* nach distal; er tritt in Unterschenkelmitte neben dem *Septum intermusculare cruris anterius* an die Oberfläche und läuft subfaszial zwischen den Mm. peroneus longus und extensor digitorum longus bis zu seinem Fasziendurchtritt im distalen Unterschenkelbereich. In die Peroneusloge dringen durch das *Septum intermusculare cruris posterius* Muskeläste aus der A. peronea (fibularis) (■ Abb. 26.10).

Der *N. peroneus profundus* durchbricht gemeinsam mit *Rr. musculares* das *Septum intermusculare cruris anterius* und gelangt so aus der Peroneusloge in die **Extensorenloge** (■ Abb. 26.9). Der Nerv tritt meistens durch den Ursprungskopf des M. peroneus longus in die auf der *Membrana interossea cruris* liegende **Bindegewebestraße** (Canalis tibialis anterior), die medial vom M. tibialis anterior sowie la-

Abb. 26.11. Epifasziale und subfasziale Leitungsbahnen auf dem Fußrücken der rechten Seite, Ansicht von vorn [1]

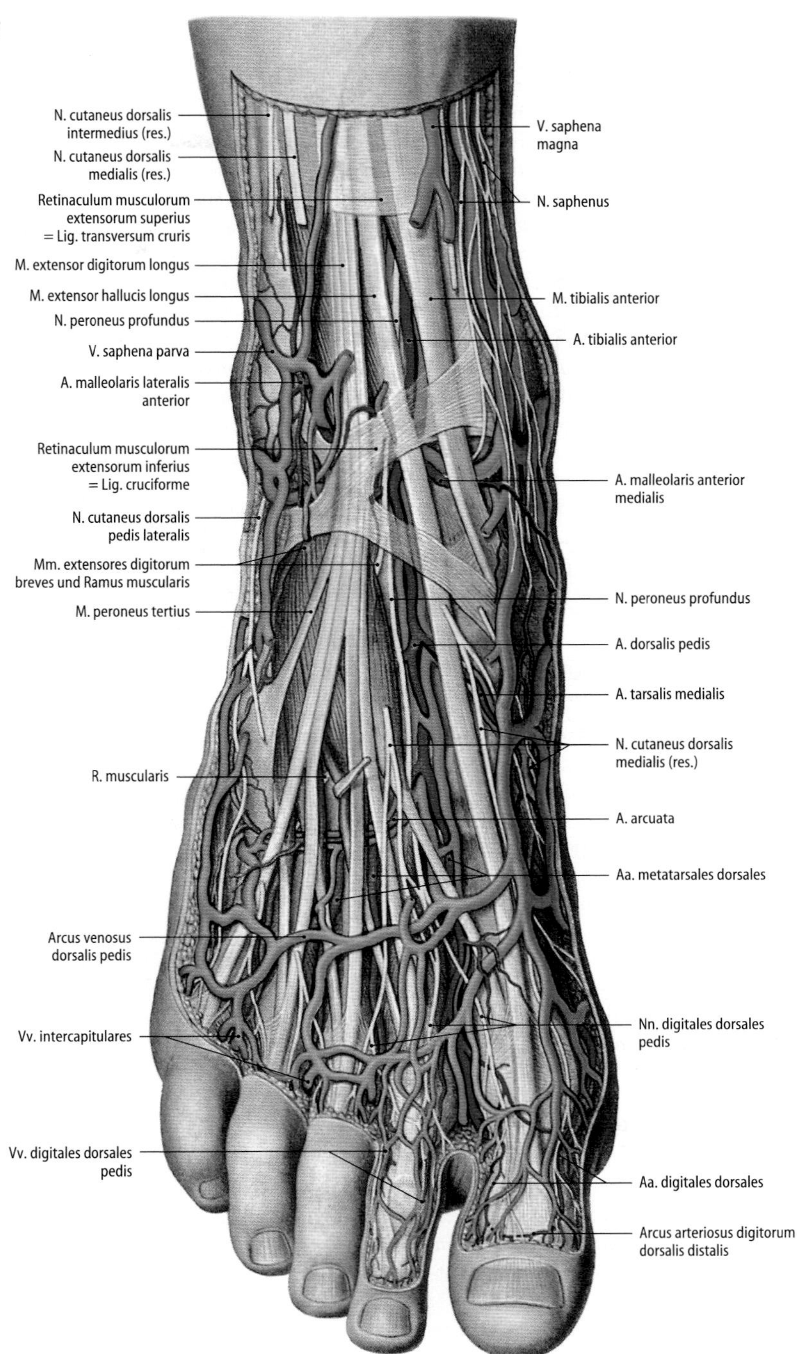

teral von den Mm. extensor digitorum longus und extensor hallucis longus gebildet wird. In dieser zieht der *N. peroneus profundus* gemeinsam mit den *Vasa tibialia anteriora* nach distal. A. tibialis anterior und N. peroneus profundus treten im Knöchelbreich aus der Tiefe der Extensorenloge an die Oberfläche und ziehen gemeinsam mit der Sehne des *M. extensor hallucis longus* im mittleren Sehnenfach unter dem *Retinaculum mm. extensorum superius* zum Fußrücken (Abb. 26.11).

26.8 Region hinter dem Außenknöchel (Regio retromalleolaris lateralis)

Durch die *Regio retromalleolaris lateralis* gelangt die *V. saphena parva* (► Kap. 4.5, Abb. 4.209b, S. 297) vom lateralen Fußrand zur Rückseite des Unterschenkels; in Begleitung der Vene zieht im subkutanen Bindegewebe der *N. suralis* fußwärts und geht in den *N. cutaneus dorsalis lateralis* über (Abb. 26.11).

Hinter dem lateralen Knöchel laufen subfaszial die Ansatzsehnen der *Mm. peroneus longus* und *peroneus brevis* in ihrer gemeinsamen Sehnenscheide; sie werden von den *Retinacula mm. peroneorum superius* und *inferius* geführt.

26.5 Klinische Hinweise
Bei Varizenoperationen an der V. saphena magna kann es zur Schädigung des N. saphenus kommen. Bei operativen Eingriffe an der V. saphena parva kann der N. suralis verletzt werden.

Der N. peroneus communis ist wegen seiner oberflächlichen Lage am Fibulahals (Druckschädigung, z.B. durch zu engen Gipsverband, fehlerhafte Lagerung während der Narkose oder bei Frakturen oder Luxationen im Kniegelenk) gefährdet. Durch Ausfall der Extensoren und der Mm. peronei (Pronatoren) kommt es zur Spitzfußstellung des Fußes, beim Gehen werden Fußspitze und seitlicher Fußrand aufgesetzt (sog. Steppergang). Sensibilitätsstörungen treten an der lateralen Unterschenkelseite und auf dem Fußrücken auf.

Beim Kompartmentsyndrom der tiefen Flexorenloge, z.B. durch Blutungen aus den Vasa tibialia posteriora oder aus den Vasa peronea sind der N. tibialis (Schädigung, ► Kap. 4.5, S. 307) und die tiefen Flexoren betroffen.

Beim Kompartmentsyndrom der Extensorenloge sind die Vasa tibialia anteriora die Blutungsquellen (z.B. nach stumpfem Trauma, Antikoagulanzientherapie, Überbeanspruchung der Muskeln). Es kommt zur Druckschädigung des N. peroneus profundus und der Extensoren (Muskelnekrose). Der Puls der A. dorsalis pedis ist häufig noch tastbar.

26.9 Fußregionen (Regio pedis)

Der Fuß (Pes) wird topographisch unterteilt in:
- **Fußrücken:** *Dorsum pedis (Regio dorsalis pedis)*
- **Fußsohle:** *Planta (pedis) – Regio plantaris (pedis)*

Innerhalb dieser Regionen grenzt man die Fersengegend, *Regio calcanea*, sowie den medialen Fußrand, *Margo medialis (tibialis) pedis*, und den lateralen Fußrand, *Margo lateralis (fibularis) pedis* ab.

! Beim Menschen erhält der Fuß durch die Anordnung des Skeletts mit Ausbildung einer Längs- und einer Querwölbung seine charakteristische Form.

26.9.1 Fußrücken

Das **Oberflächenrelief** des **Fußrückens** prägen die Bäuche der *Mm. extensor digitorum brevis* und *extensor hallucis brevis* sowie die Ansatzsehnen der *Mm. extensor digitorum longus, extensor hallucis longus* und *tibialis anterior*. Die Haut der Region ist dünn, und im lockeren subkutanen Bindegewebe treten die epifaszialen Venen *(Rete venosum dorsale pedis*, und *Arcus venosus dorsalis pedis)* sichtbar hervor. Die Faszie des Fußrückens, *Fascia dorsalis pedis*, besteht aus einem oberflächlichen und aus einem tiefen Blatt (◘ Abb. 26.16). Sie löst sich im distalen Bereich auf und geht in die **Dorsalaponeurose** über. Auf dem **oberflächlichen Faszienblatt,** das seitlich an den Knochen des medialen und lateralen Fußrandes befestigt ist, laufen außer den epifaszialen Venen die *Nn. cutanei dorsales medialis* und *intermedius* (N. peroneus superficialis), die etwas proximal der Interdigitalfalten in die *Nn. digitales dorsales pedis* übergehen (◘ Abb. 26.11). Im ersten Zwischenknochenraum durchbricht der Endast des *N. peroneus profundus* die Faszie und verzweigt sich in die beiden *Nn. digitales dorsales pedis*, von denen der mediale zur dorsolateralen Seite der Großzehe und der laterale zur dorsomedialen Seite der zweiten Zehe zieht. Am **lateralen Fußrand** tritt proximal der tastbaren Tuberositas ossis metatarsi V der *N. cutaneus dorsalis lateralis* (N. suralis) in Begleitung der *V. saphena parva* in die Region des Fußrückens und zieht bis zur dorsolateralen Seite der Kleinzehe (◘ Abb. 26.11). Am **medialen Fußrand** zieht neben der *V. saphena magna* der *N. saphenus* unterschiedlich weit nach distal.

Das **tiefe Blatt der Fußrückenfaszie** bedeckt proximal den Kapsel-Band-Apparat der Fußgelenke und distal die Mm. interossei sowie die Dorsalseite der Ossa metatarsi. Durch den **Raum zwischen oberflächlichem und tiefem Faszienblatt** ziehen oberflächlich die Ansatzsehnen der **langen Extensoren** mit ihren Sehnenscheiden (◘ Abb. 26.16); darunter liegen die *Mm. extensor digitorum brevis* und *extensor hallucis brevis*. In der Muskelkammer des Fußrückens laufen außerdem die *Vasa dorsalia pedis* und der *N. peroneus profundus*. Die *A. dorsalis pedis* erscheint am distalen Rand des *Retinaculum mm. extensorum inferius* auf dem Fußrücken, wo sie zwischen den Sehnen des M. extensor digitorum longus und des M. extensor hallucis longus nur von Haut, Unterhautgewebe und Faszie bedeckt ist (◘ Abb. 26.11). Sie unterkreuzt die Mm. extensores hallucis longus und brevis und zieht zur Endaufzweigung *(Aa. plantaris profunda* und *metatarsalis dorsalis I)* ins Spatium interosseum metatarsi I. Die Vasa dorsalia pedis werden medial vom *N. peroneus profundus* begleitet. Die aus der A. dorsalis pedis hervorgehenden Arterien *(Aa. tarsales medialis* und *lateralis, A. arcuata, Aa.metatarsales dorsales, A. plantaris profunda)* laufen ebenfalls zwischen den dorsalen Faszienblättern.

26.9.2 Fußsohle

Haut und **Unterhautbindegewebe** der **Fußsohle** sind durch die Funktion des Fußes geprägt. Über die Tastsinnesorgane in der Fußsohle werden Bodendruck und Beschaffenheit des Bodens bei der Fortbewegung und im Stand wahrgenommen. Die Haut ist an den Hauptbelastungszonen über dem Fersenbein und über den Köpfen der Mittelfußknochen individuell unterschiedlich stark verhornt; im Bereich der Fußwölbungen ist sie normalerweise dünner. Das Unterhautbindegewebe ist in Form von wabenförmigen **Druckkammern** aufgebaut, in denen fettreiches Bindegewebe eingelagert ist. Das mit einem dichten Gefäßnetz (sog. vaskuläre Sohle) ausgestattete subkutane Bindegewebe (► Kap. 4.5, ◘ Abb. 4.185, S. 267) ist fest mit der Haut sowie mit dem Skelett und mit der Plantaraponeurose verwachsen.

Die oberflächliche Faszie der Fußsohle wird durch die an ihr entspringenden kurzen Fußmuskeln zur *Aponeurosis plantaris*. Die **Plantaraponeurose** besteht aus einer kräftigen mittleren Sehnenplatte sowie aus einem medialen und aus einem lateralen schwächeren Anteil (◘ Abb. 26.12). Im Bereich der Mittelfußknochen fächert sie sich in 5 längs verlaufende *Fasciculi longitunales* auf, die durch quere Faserzüge, *Fasciculi transversi*, miteinander verbunden sind. Quer verlaufende Faserzüge innerhalb der Subkutis in Höhe der Interdigitalfalten bezeichnet man als *Lig. metatarsale transversum superficiale*.

Die Plantaraponeurose entspringt proximal an den Processus medialis und lateralis des Tuber calcanei. Ihre Fasciculi longitudinales spalten sich in je zwei septenartige Faserzüge, die in Höhe der Zehenballen am Kapsel-Band-Apparat der Zehengrundgelenke, an den plantaren Sehnenscheiden sowie am *Lig. metatarsale transversum profundum* angeheftet sind. Auf diese Weise entstehen über und neben den Köpfen der Mittelfußknochen von fettreichem Bindegewebe ausgefüllte Druckkammern, in denen die Leitungsbahnen zu den Zehen ziehen (◘ Abb. 26.13). Die Plantaraponeurose erfüllt gemeinsam mit dem Druckkammersystem der Fußsohle eine **Schutzfunktion** für die Strukturen an der Planta pedis. Sie hat unter den passiven Kräften den größten Effekt auf die Verspannung der Fußwölbungen (► Kap. 4.5, ◘ Abb. 4.182, S. 264) und wirkt damit gleichzeitig als **Zuggurtung,** indem sie zur Herabsetzung der Biegebeanspruchung der Mittelfußknochen beiträgt.

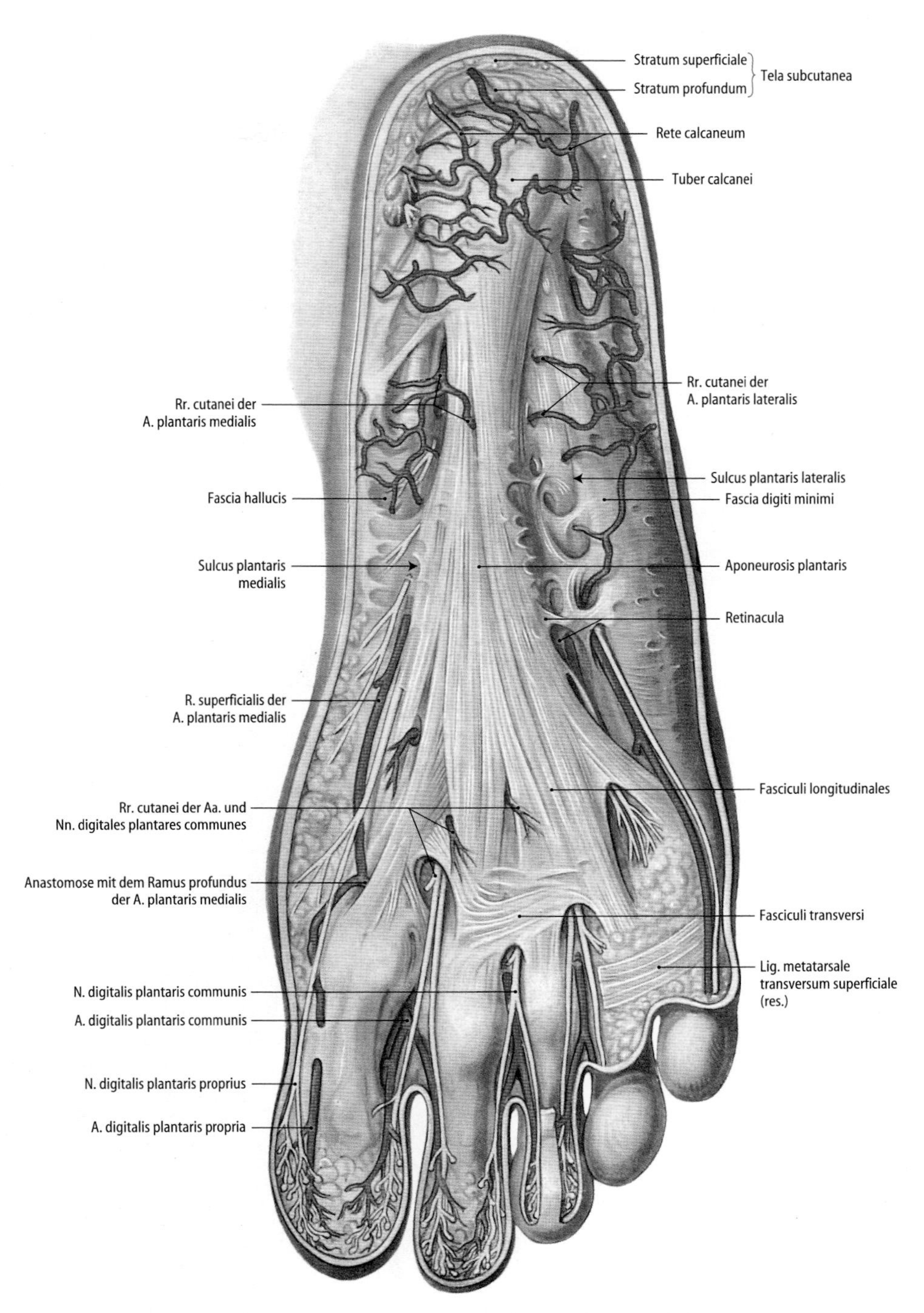

Abb. 26.12. Plantaraponeurose und oberflächliche Leitungsbahnen der Planta pedis der rechten Seite [1]

Im proximalen und mittleren Bereich der Planta pedis senken sich medial und lateral der mittleren Sehnenplatte der Aponeurosis plantaris zwei sagittale Septen, *Septum plantare mediale* und *Septum plantare laterale,* in die Tiefe, die am Fußskelett und am Bandapparat verankert sind. Auf diese Weise entstehen die 3 **Logen** (Kompartimente) für die Muskeln und für die Leitungsbahnen der Planta pedis: **Großzehenloge, Mittelloge** und **Kleinzehenloge** (Abb. 26.16).

Die Leitungsbahnen aus der tiefen Flexorenloge gelangen über den Malleolenkanal in die Mittelloge der Planta pedis.

Die Strukturen der **Planta pedis** liegen in **4 Schichten** (vergl. Schichten der Muskeln ▶ Kap. 4.5, S. 286).

- **Schicht I:** Bei erhaltener Plantaraponeurose kommt es an den Übergängen zwischen den Logen über den Septa plantaria zu leichten Einsenkungen, Sulcus plantaris medialis und Sulcus plantaris lateralis. Im **Sulcus plantaris lateralis** treten die *Rr. superficiales* von *A. und N. plantaris lateralis* in die Subkutis. Im **Sulcus plantaris medialis** brechen *R. superficialis* der *A. plantaris medialis* und Hautäste des *N. plantaris medialis* durch die Plantaraponeurose (Abb. 26.12).

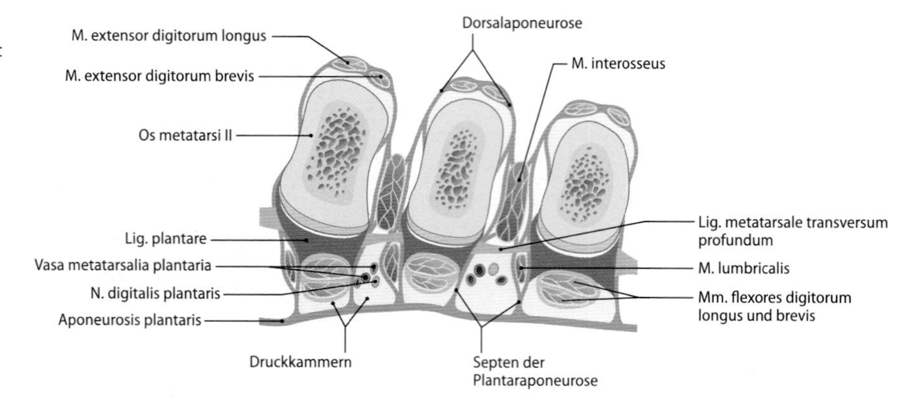

Abb. 26.13. Transversalschnitt durch einen rechten Fuß im Bereich der Mittelfußköpfe, Ansicht von proximal

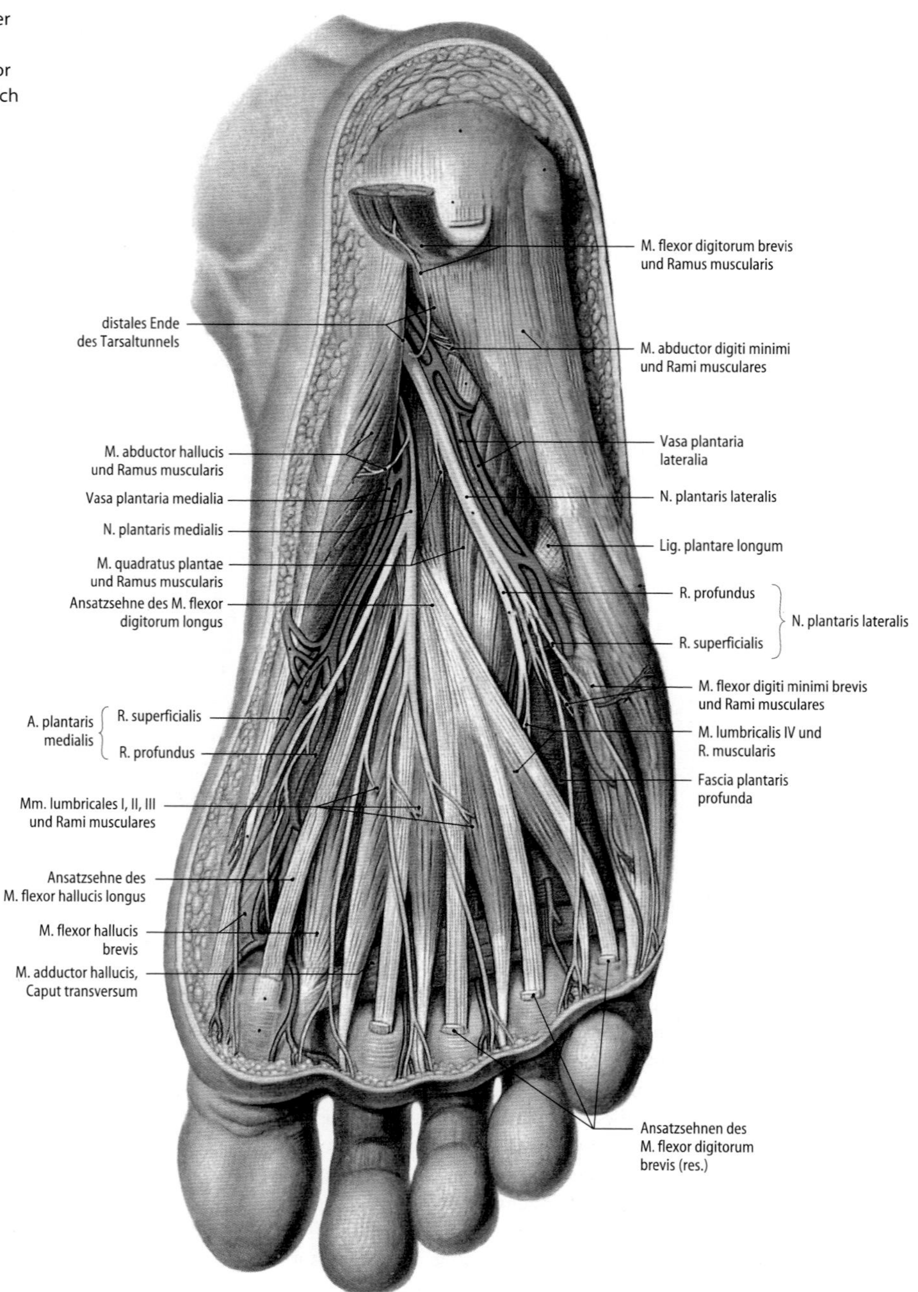

Abb. 26.14. Muskeln und Leitungsbahnen der mittleren Schicht der Planta pedis, rechte Seite. Zur Freilegung der Strukturen wurde der M. flexor digitorum brevis im Ursprungs- und Ansatzbereich durchtrennt und entfernt [1]

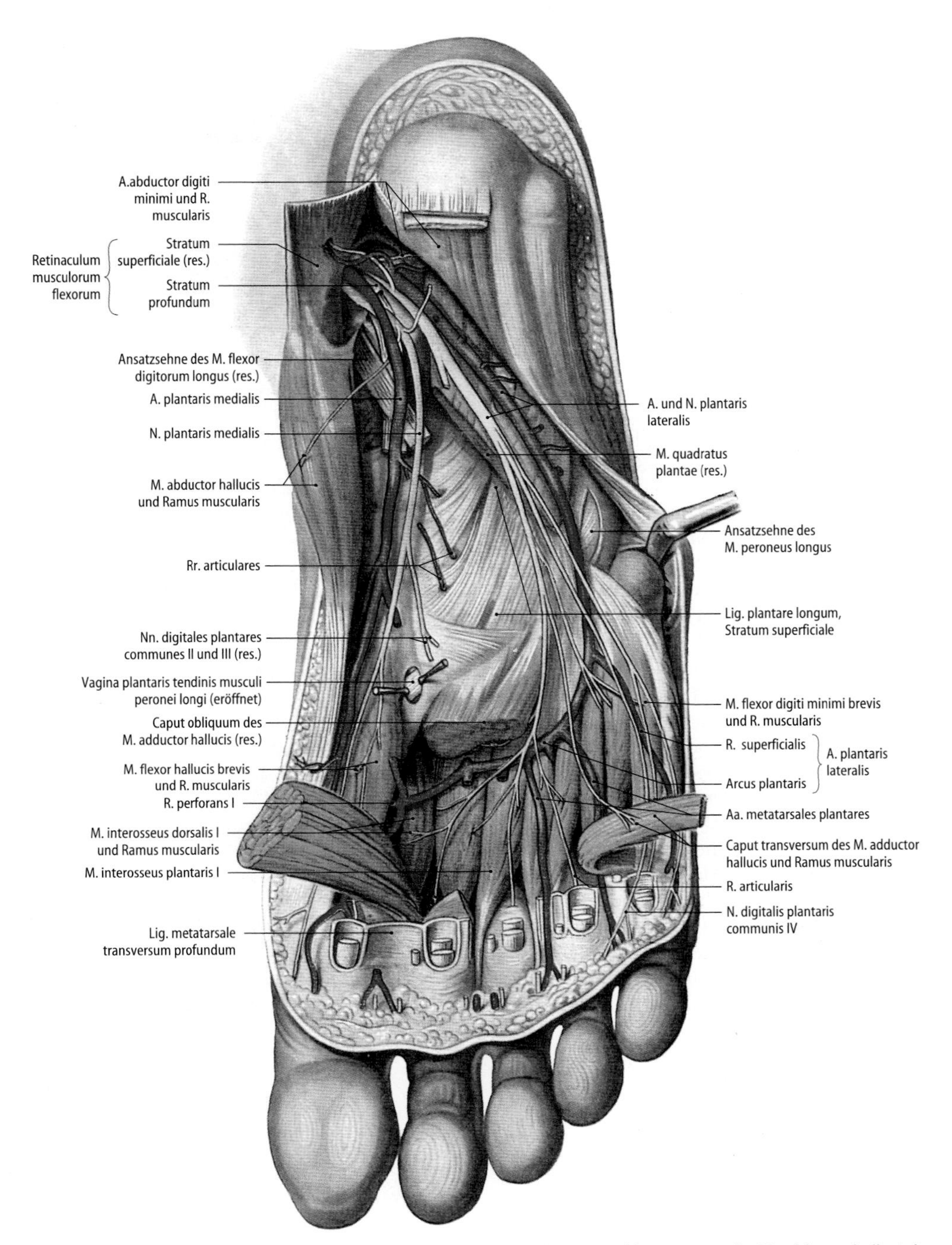

Abb. 26.15. Muskeln und Leitungsbahnen der tiefen Schicht der Planta pedis, rechte Seite. Zur Freilegung der Strukturen wurden die Mm. flexores digitorum longus und brevis sowie der M. adductor hallucis longus entfernt. Die Köpfe des M. adductor hallucis wurden durchtrennt und seitwärts verlagert [1]

- **Schicht II:** Nach Entfernung der Plantaraponeurose liegen die Mm. abductor hallucis, flexor digitorum brevis und abductor digiti minimi (erste Muskelschicht) frei. Medial werden zwischen den *Mm. abductor hallucis* und *flexor digitorum brevis* die *A. plantaris medialis* und ihre Endäste *(Rr. superficialis* und *profundus)* sowie der *N. plantaris medialis* mit den Aufzweigungen in die *Rr. medialis* und *lateralis* sichtbar (Abb. 26.14). Auf der lateralen Fußsohlenseite erscheint zwischen den *Mm. flexor digitorum brevis* und *abductor digiti minimi* die *A. plantaris lateralis*, die als *Arcus plantaris profundus* am lateralen Rand des kurzen Zehenbeugers in die Tiefe der Planta pedis zieht. Der oberflächliche Ast der Arterie gelangt zum lateralen Rand der Kleinzehe. Am lateralen Rand der M. flexor digitorum brevis tritt auch der *R. superficialis* des *N. plantaris lateralis* an die Oberfläche. Durch Abtragen der Fettpolster in den Zwischenknochenräumen werden die *Nn. digitales plantares communes* des N. plantaris medialis sowie des R. superficialis des N. plantaris lateralis und der *R. communicans* sichtbar. Ihre Endäste *(Nn. digitales plantares proprii)* gelangen gemeinsam mit den *Aa. digitales plantares communes* zu den plantaren medialen und lateralen Zehenrändern (Abb. 26.12).
- **Schicht III:** Die Mm. flexor hallucis longus, flexor digitorum longus mit Mm. lumbricales und M. quadratus plantae (zweite Muskelschicht) und der Übergang der Leitungsbahnen aus dem Malleolenkanal in die **Mittelloge** der Planta pedis werden nach

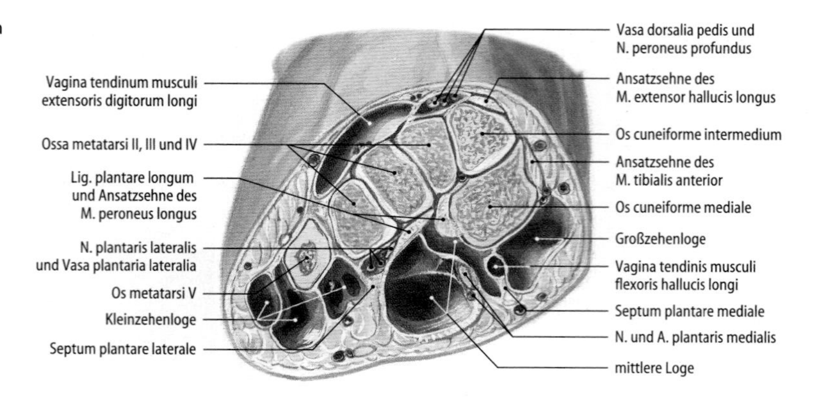

Abb. 26.16. Faszienlogen und Leitungsbahnen eines rechten Fußes, Ansicht von distal [1]

Entfernen des M. flexor digitorum brevis und nach Ablösen des Retinaculm mm. flexorum mit dem Ursprung des M. abductor hallucis sichtbar (Abb. 26.15). Zwischen *N. plantaris medialis* und *N. plantaris lateralis* läuft die *A. tibialis posterior*, die sich unter dem M. abductor hallucis in die *Aa. plantares medialis* und *lateralis* aufzweigt. Der *R. medialis* des *N. plantaris medialis* und die Endäste der A. plantaris medialis treten durch das *Septum plantare mediale* in die **Großzehenloge** (Abb. 26.16). *A.* und *N. plantaris lateralis* kreuzen über den *M. quadratus plantae* nach lateral und ziehen mit ihren Rr. profundi am lateralen Rand des M. flexor digitorum longus in die Tiefe. Endäste des *R. superficialis des N. plantaris lateralis* durchbrechen gemeinsam mit oberflächlichen Ästen der A. plantaris lateralis das *Septum plantare laterale* und treten in die **Kleinzehenloge** (Abb. 26.16) ein.

- **Schicht IV:** Nach Resektion des M. flexor digitorum longus und des distalen Teiles des M. quadratus plantae liegen die Mm. flexor hallucis brevis, adducutor hallucis, flexor digiti minimi und opponens digiti minimi frei (dritte Muskelschicht). Löst man das Caput obliquum des M. adductor hallucis am Ursprung ab, so lässt sich der in Höhe der Basis des Os metatarsi V der aus der *A. plantaris lateralis* hervorgehende *Arcus plantaris profundus* im gesamten Verlauf und mit seinen variablen Verbindungen zur *A. plantaris profunda* und zum *R. profundus* der *A. plantaris medialis* bis ins Spatium interosseum I verfolgen. Der *R. profundus* des *N. plantaris lateralis* läuft streckenweise mit dem Arcus plantaris profundus und seinen Begleitvenen. Die aus dem Arcus plantaris profundus abzweigenden *Aa. metatarsales plantares* werden teilweise vom *Caput transversum* des *M. adductor hallucis* überbrückt, an dessen distalem Rand sie als *Aa. digitales plantares communes* in die Zwischenzehenräume ziehen. *Arcus plantaris profundus* und *R. profundus* des *N. plantaris lateralis* sind in das lockere Bindegewebe des **tiefen Blattes der Fußsohlenfaszie** (Fascia plantaris profunda) eingebettet, das die *Mm. interossei plantares* und *dorsales* und die Ansatzsehnen der *Mm. peroneus longus* und *tibialis posterior* (vierte Muskelschicht) sowie den Kapsel-Band-Apparat des Rückfußes bedeckt. Über die Interosseusloge stehen die Arterien (Rr. perforantes, A. plantaris profunda), Venen und Lymphbahnen der Planta pedis mit den Gefäßen des Dorsum pedis in Verbindung.

26.6 Kompartmentsyndrome und Beugekontraktur der Zehen

In den Muskellogen (Abb. 26.16) des Fußes können sich Kompartmentsyndrome entwickeln.

In der Plantaraponeurose kann eine Fibromatose zur Beugekontraktur der Zehen führen (Morbus Ledderhose).

Höhenlokalisation/ventral

Tafel VII: Rumpf ventral (✋ tastbare Knochenanteile)

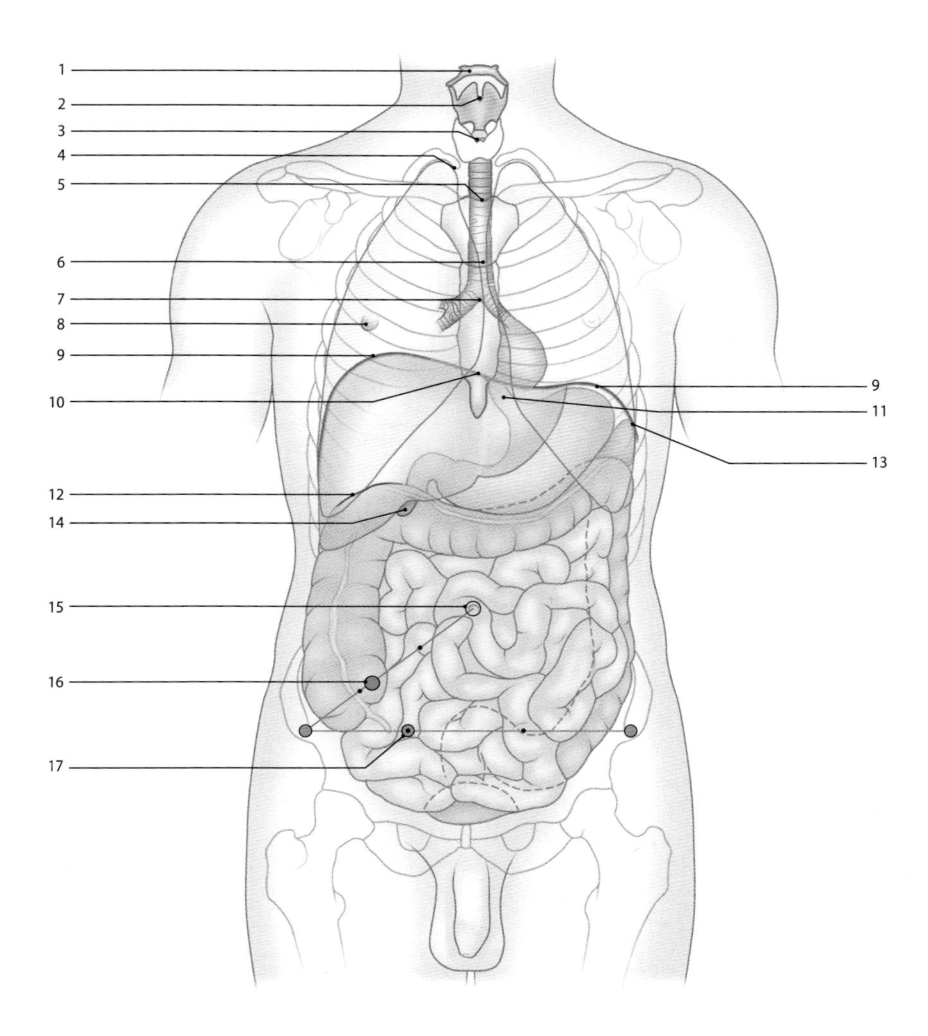

1. Zungenbeinkörper (Os hyoideum) ✋: in Höhe des dritten Halswirbelkörpers
2. Incisura thyreoidea und Prominentia laryngea (»Adamsapfel« beim Mann) ✋: in Höhe des fünften Halswirbelkörpers
3. Bogen des Ringknorpels ✋: in Höhe des sechsten Halswirbelkörpers, Übergang des Pharynx in den Oesophagus
4. Ganglion cervicothoracicum = stellatum: auf dem Kopf der ersten Rippe, etwas oberhalb des Schlüsselbeins
5. Incisura jugularis am Oberrand des Manubrium sterni (Drosselgrube) ✋: in Höhe des zweiten Brustwirbelkörpers
6. Angulus sterni ✋ (Ludovici): daneben die zweite Rippe ✋ (s. Auskultationsstellen des Herzens und Lungengrenzen)
7. Bifurcatio tracheae: Projektion auf den Sternalansatz der dritten Rippe (in Höhe des zweiten Interkostalraumes und des vierten Brustwirbelkörpers (s. dorsale Ansicht)
8. Brustwarzen beim Mann: in der Medioklavikularlinie in Höhe der vierten Rippe – vierter Interkostalraum – (Dermatom Th 5)
9. Zwerchfellkuppel in maximaler Exspiration – rechts: vierter Interkostalraum, links: fünfter Interkostalraum
10. Herzsattel (Centrum tendineum des Zwerchfells): in Höhe des 10. Brustwirbelkörpers
11. Cardia des Magens: linksseitig zwischen Processus xiphoideus und dem Knorpel des Rippenbogens (im Costoxiphoidalwinkel)
12. rechte Colonflexur (berührt die Eingeweidefläche der Leber – Impressio colica – in der Medioklavikularlinie in Höhe des siebten Interkostalraumes
13. linke Colonflexur (berührt die Eingeweidefläche der Milz): in der Medioklavikularlinie in Höhe des sechsten Interkostalraumes
14. Lage der Gallenblase am rechten Rippenbogen medial vom Rippenknorpel der 9. Rippe
15. Nabel: in Höhe des vierten Lendenwirbels (Dermatom Th 10)
16. Lage des Caecum: in der Projection des McBurney-Punktes; dieser liegt etwas nabelwärts vom lateralen Drittelpunkt der Verbindungslinie zwischen Spina iliaca anterior superior dextra und Nabel (Monro-Linie)
17. Der Lanz-Punkt liegt auf dem rechtsseitigen Drittelpunkt der Verbindungslinie der beiden Spinae iliacae anteriores superiores (Interspinallinie). Druckschmerzhaftigkeit im Bereich des McBurney-Punktes oder des Lanz-Punktes bei Wurmfortsatzentzündung (Appendizitis)

Höhenlokalisation/dorsal

Tafel VIII: Rumpf dorsal

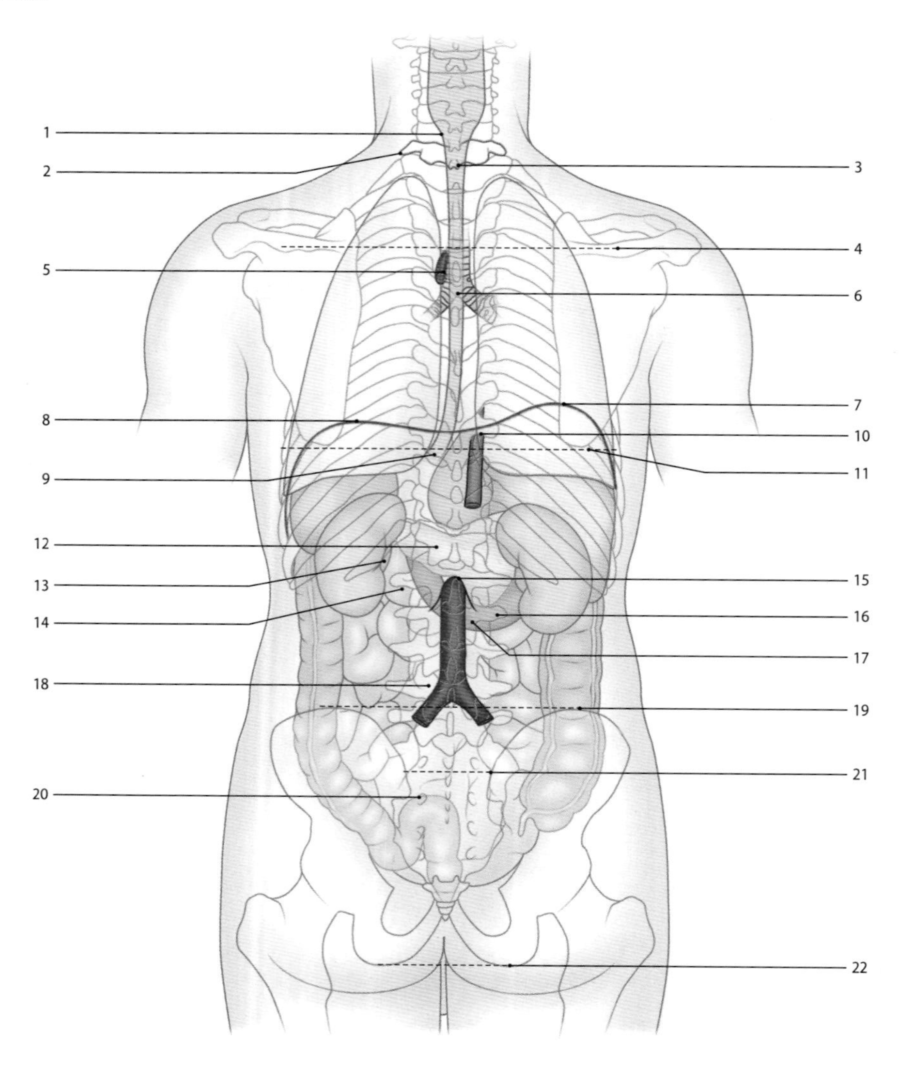

1. Übergang des Pharynx in den Oesophagus – obere Oesophagusenge, Ringknorpelenge – : in Höhe des sechsten Halswirbels
2. Tuberculum caroticum (Tuberculum anterius des Processus transversus des sechsten Halswirbels): Kompressionsmöglichkeit der A. carotis communis
3. Vertebra prominens: deutlich tastbarer Dornfortsatz des siebten Halswirbels am Übergang der Halslordose in die Brustkyphose in Höhe des ersten Kostotransversalgelenks
4. Spina scapulae: in Höhe des Dornfortsatzes des dritten Brustwirbels
5. mittlere Oesophagusenge, Aortenbogen – Bifurcatio tracheae – Enge: in Höhe des vierten Brustwirbelkörpers
6. Bifurcatio tracheae: in Höhe des vierten (– fünften) Brustwirbelkörpers (s. Rumpf ventral)
7. rechte Zwerchfellkuppel in Exspiration: in Höhe des achten Brustwirbelkörpers
8. linke Zwerchfellkuppel in Exspiration: in Höhe des neunten Brustwirbelkörpers
9. untere Oesophagusenge, Zwerchfellenge: am Hiatus oesophageus in Höhe des zehnten Brustwirbelkörpers
10. Foramen venae cavae: in Höhe des achten Brustwirbelkörpers (Exspiration)
11. Angulus inferior der Scapula: in Höhe des Dornfortsatzes des siebten (achten) Brustwirbels
12. Tuber omentale des Pankreas: vor dem ersten Lendenwirbelkörper
13. Nierenhilus: in Höhe der Zwischenwirbelscheibe zwischen erstem und zweitem Lendenwirbel (rechts etwas tiefer als links)
14. Flexura duodenojejunalis: in Höhe des ersten (– zweiten) Lendenwirbels
15. Hiatus aorticus und Cysterna chyli: in Höhe des ersten Lendenwirbels
16. Pars horizontalis des Duodenum und Pankreaskopf: vor dem zweiten Lendenwirbelkörper
17. Anheftung des Mesocolon transversum: in Höhe des ersten bis zweiten Lendenwirbels
18. Bifurcatio aortae: in Höhe des vierten Lendenwirbelkörpers (Nabelhöhe)
19. Verbindungslinie der höchsten Wölbung der Cristae iliacae: in Höhe des Processus spinosus des vierten Lendenwirbels (s. Michaelisraute, S. 827)
20. Übergang des Colon sigmoideum in das Rectum: zwischen zweitem und drittem Kreuzbeinwirbel
21. Verbindungslinie der Spinae iliacae posteriores superiores in Höhe des ersten Sakralwirbels
22. Verbindungslinie der Tubera ischiadica in Höhe der Glutealfalten (in Bauchlage)

Schnittbildtopographie

H. Bolte

Auf den folgenden Seiten werden exemplarische Schnittbilder anatomischer Regionen dargestellt. Die Ansicht ist bei axialen Schnittbildern definitionsgemäß von kaudal, bei koronaren von ventral und bei saggitalen von links lateral.

1. Thorax – Weichteilfenster

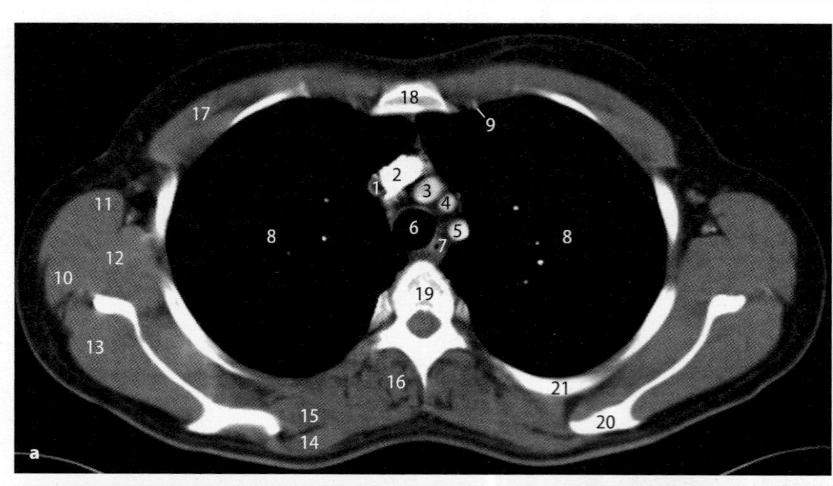

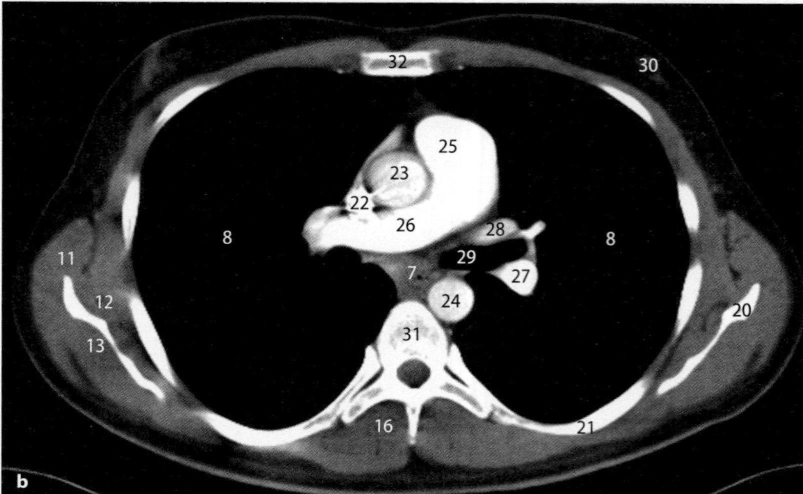

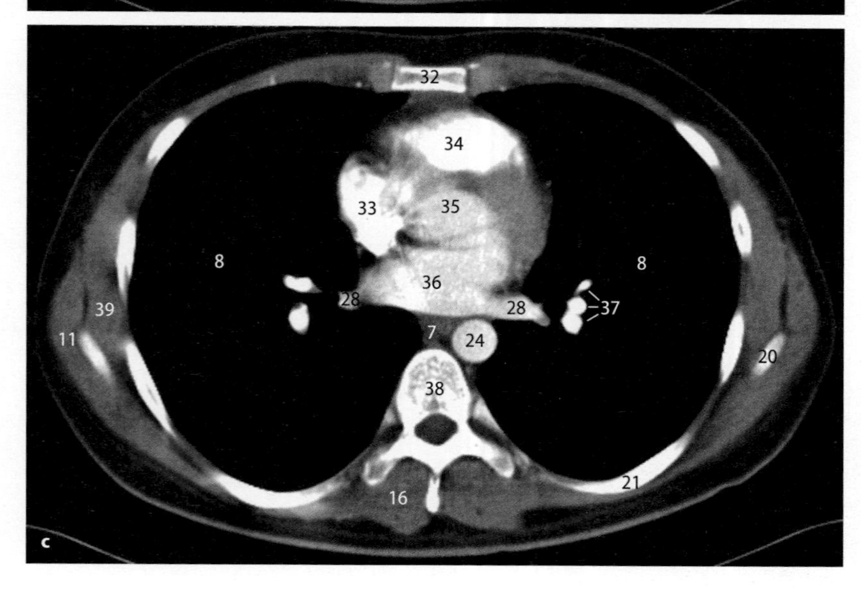

Kontrastmittelverstärkte CT-Bilder im Weichteilfenster in der axialen (a–c) Schnittebene; 20-jähriger Mann

1. V. brachiocephalica (anonyma) dextra
2. V. brachiocephalica (anonyma) sinistra
3. Truncus brachiocephalicus
4. A. carotis communis sinistra
5. A. subclavia sinistra
6. Trachea
7. Oesophagus
8. Pulmo
9. A. thoracica (mammaria) interna
10. M. teres minor
11. M. latissimus dorsi
12. M. subscapularis (und skapulothorakale Gleitschicht)
13. M. infraspinatus
14. M. trapezius
15. M. rhomboideus major
16. M. erector spinae
17. M. pectoralis major
18. Manubrium sterni
19. 3. Brustwirbelkörper (BWK 3)
20. Scapula
21. Costa
22. V. cava superior
23. Aorta ascendens
24. Aorta descendens
25. Truncus pulmonalis
26. A. pulmonalis dextra
27. A. pulmonalis – Lappenarterie
28. V. pulmonalis – Lappenvene
29. Bronchus sinister
30. Glandula mammaria
31. BWK 6
32. Corpus sterni
33. Atrium dextrum
34. Ventriculus dexter
35. Linksventrikulärer Ausflusstrakt (LVOT; engl.: »Left ventricular outflow tract«)
36. Atrium sinistrum
37. A. pulmonalis – Segmentast
38. BWK 7
39. M. serratus anterior

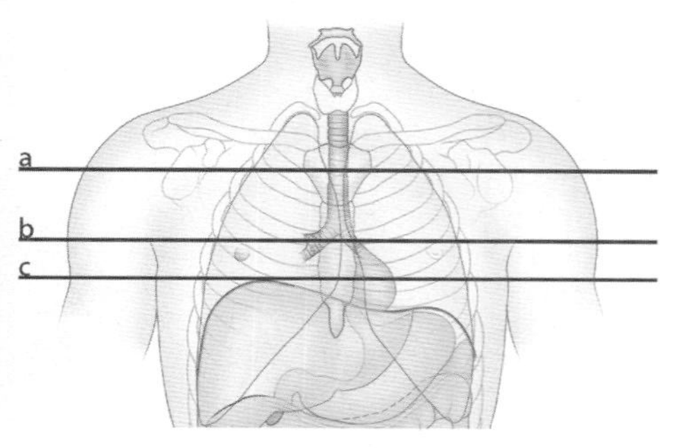

2. Thorax – Lungenfenster

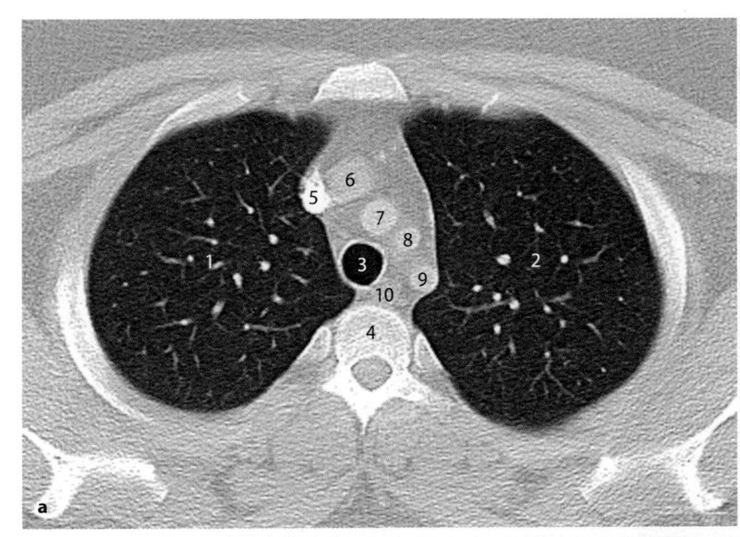

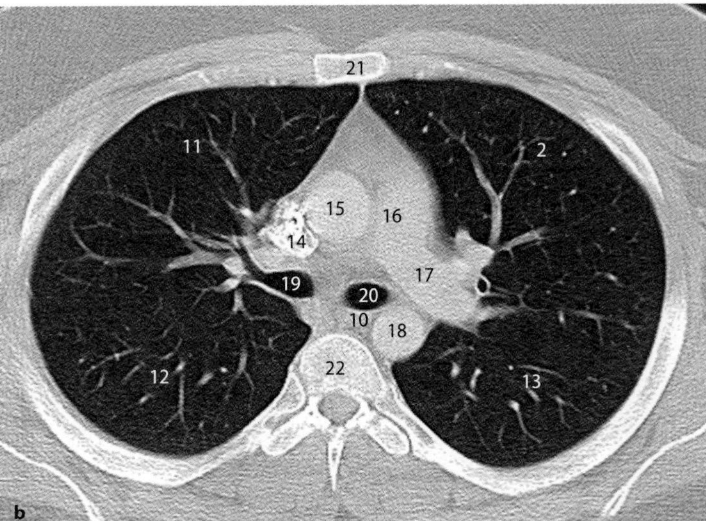

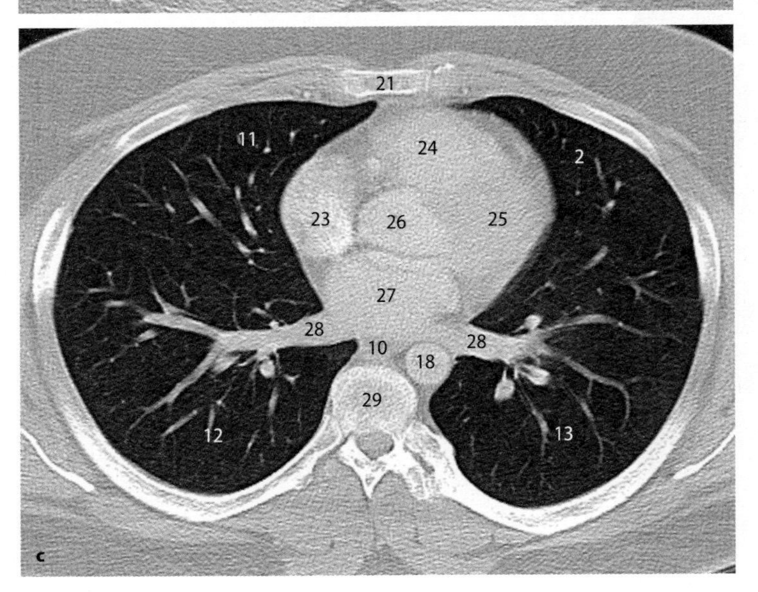

Kontrastmittelverstärkte CT-Bilder im Lungenfenster in der axialen (a–c) Schnittebene; 40 jähriger Mann

1. Lobus superior dexter
2. Lobus superior sinister
3. Trachea
4. BWK 3
5. V. brachiocephalica (anonyma) dextra
6. V. brachiocephalica (anonyma) sinistra
7. Truncus brachiocephalicus
8. A. carotis communis sinistra
9. A. subclavia sinistra
10. Oesophagus
11. Lobus medius
12. Lobus inferior dexter
13. Lobus inferior sinister
14. V. cava superior
15. Aorta ascendens
16. Truncus pulmonalis
17. A. pulmonalis sinistra
18. Aorta descendens
19. Bronchus dexter
20. Bronchus sinister
21. Corpus sterni
22. BWK 6
23. Atrium dextrum
24. Ventriculus dexter
25. Ventriculus sinister
26. Linksventrikulärer Ausflusstrakt (LVOT; engl.: »Left ventricular outflow tract«)
27. Atrium sinistrum
28. V. pulmonalis
29. BWK 7

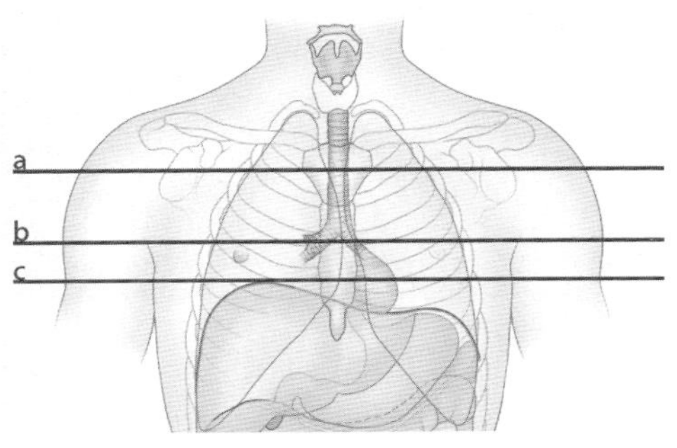

3. Abdomen – Weichteilfenster I

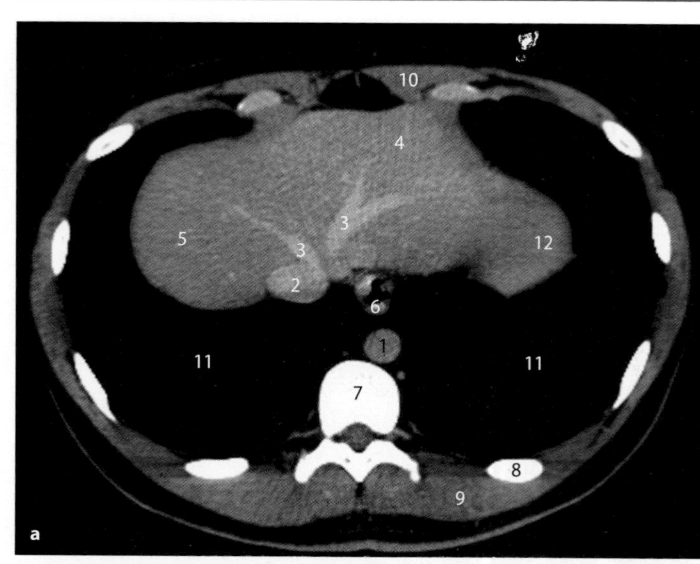

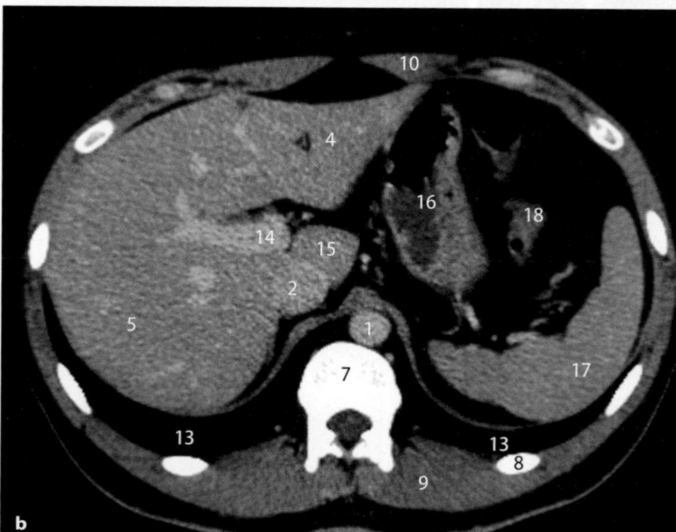

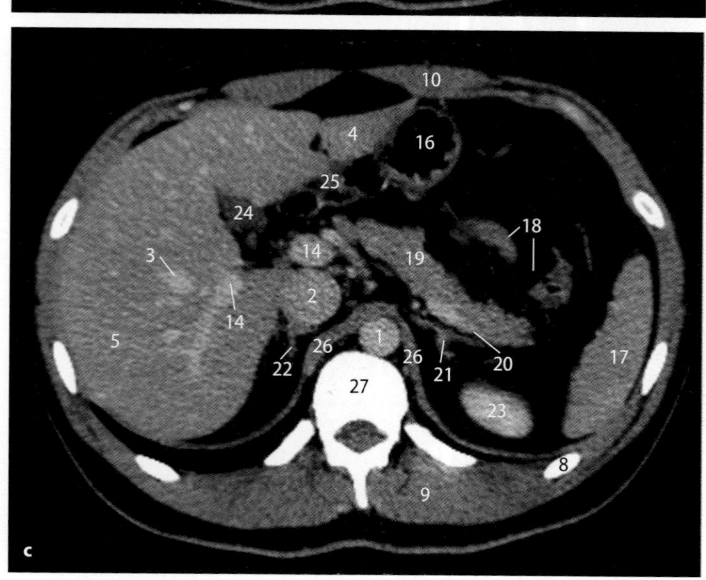

Kontrastmittelverstärkte CT-Bilder im Weichteilfenster in der axialen (a–f) Schnittebene; 28-jähriger Mann

1. Aorta abdominalis
2. V. cava inferior
3. V. hepatica
4. Hepar (Lobus sinister)
5. Hepar (Lobus dexter)
6. Oesophagus
7. BWK 10
8. Costa
9. M. erector spinae
10. M. rectus abdominis
11. Pulmo
12. Centrum tendineum (diaphragmatis)
13. Recessus costodiaphragmaticus
14. V. portae hepatis
15. Lobus caudatus
16. Gaster
17. Splen
18. Jejunum
19. Pancreas
20. V. lienalis
21. Glandula suprarenalis sinistra
22. Glandula suprarenalis dextra
23. Ren sinister
24. Vesica biliaris
25. Duodenum
26. Diaphragma – Pars lumbalis
27. BWK 12
28. Ren dexter
29. V. renalis
30. A. mesenterica superior
31. V. mesenterica superior
32. M. psoas major
33. V. iliaca communis
34. A. iliaca communis
35. Ileum
36. M. obliquus externus abdominis
37. M. obliquus internus abdominis
38. M. transversus abdominis
39. 5. Lendenwirbelkörper (LWK 5)
40. Os ilium

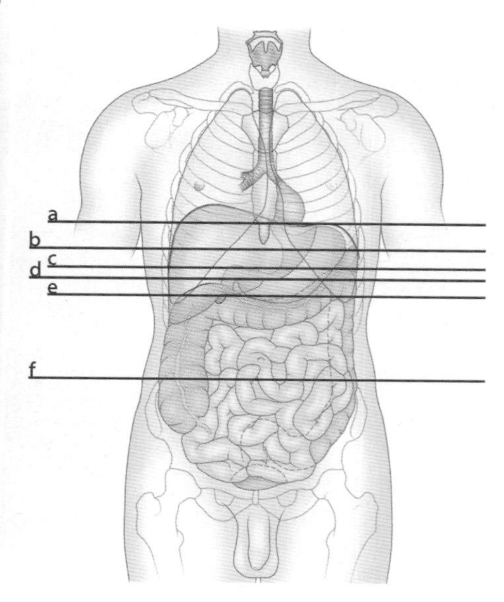

4. Abdomen – Weichteilfenster II

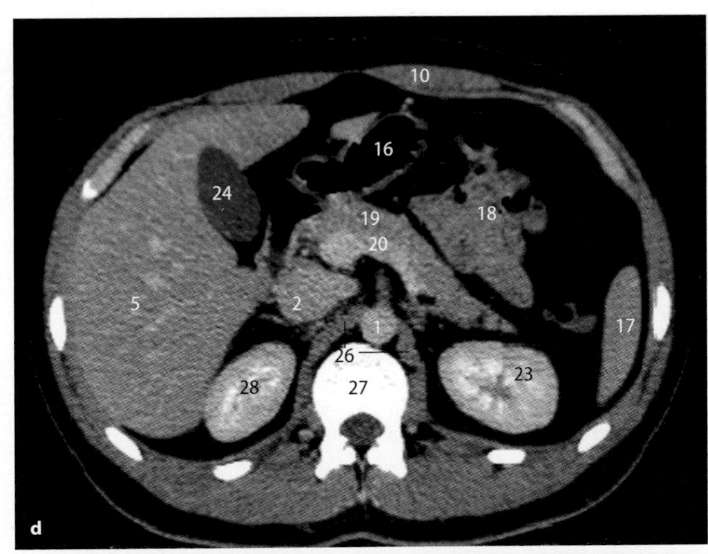

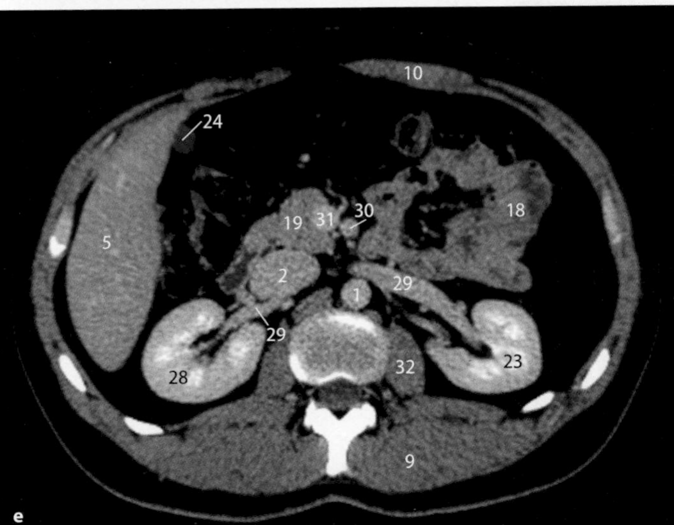

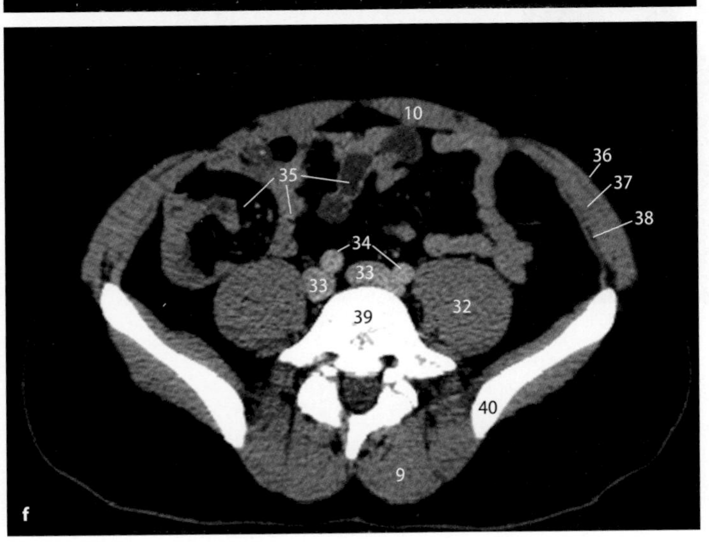

Kontrastmittelverstärkte CT-Bilder im Weichteilfenster in der axialen (a–f) Schnittebene; 28-jähriger Mann

1. Aorta abdominalis
2. V. cava inferior
3. V. hepatica
4. Hepar (Lobus sinister)
5. Hepar (Lobus dexter)
6. Oesophagus
7. BWK 10
8. Costa
9. M. erector spinae
10. M. rectus abdominis
11. Pulmo
12. Centrum tendineum (diaphragmatis)
13. Recessus costodiaphragmaticus
14. V. portae hepatis
15. Lobus caudatus
16. Gaster
17. Splen
18. Jejunum
19. Pancreas
20. V. lienalis
21. Glandula suprarenalis sinistra
22. Glandula suprarenalis dextra
23. Ren sinister
24. Vesica biliaris
25. Duodenum
26. Diaphragma – Pars lumbalis
27. BWK 12
28. Ren dexter
29. V. renalis
30. A. mesenterica superior
31. V. mesenterica superior
32. M. psoas major
33. V. iliaca communis
34. A. iliaca communis
35. Ileum
36. M. obliquus externus abdominis
37. M. obliquus internus abdominis
38. M. transversus abdominis
39. LWK 5
40. Os ilium

5. Pelvis – Weichteilfenster

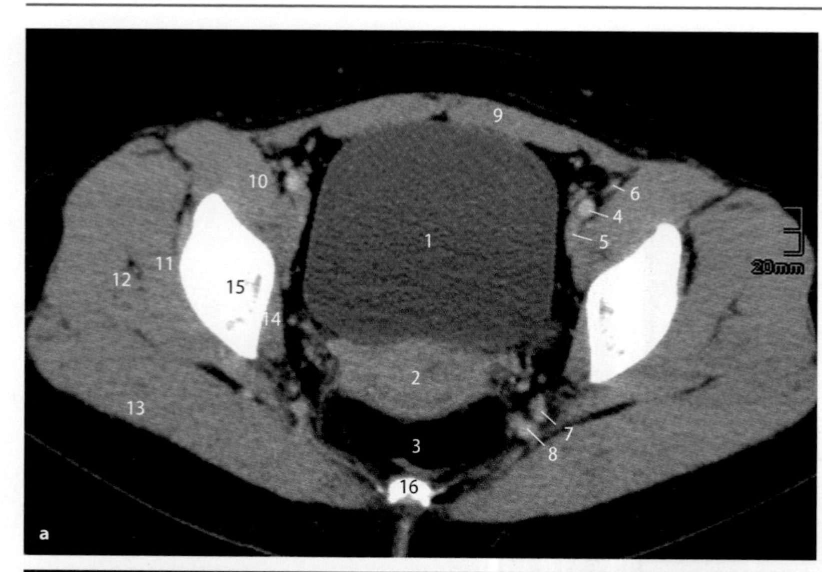

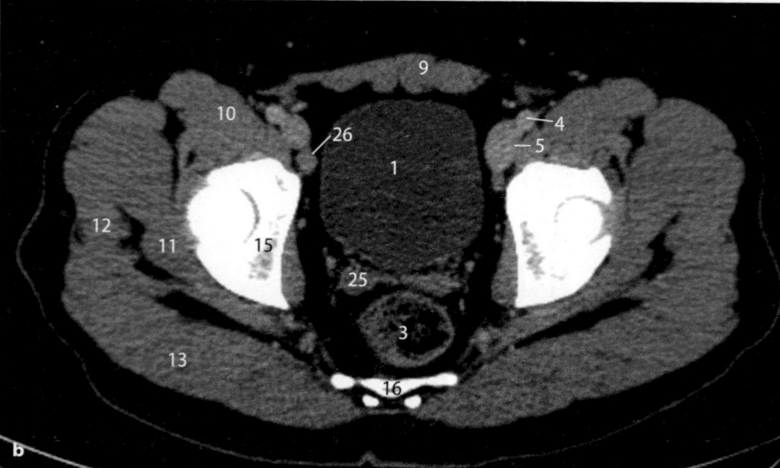

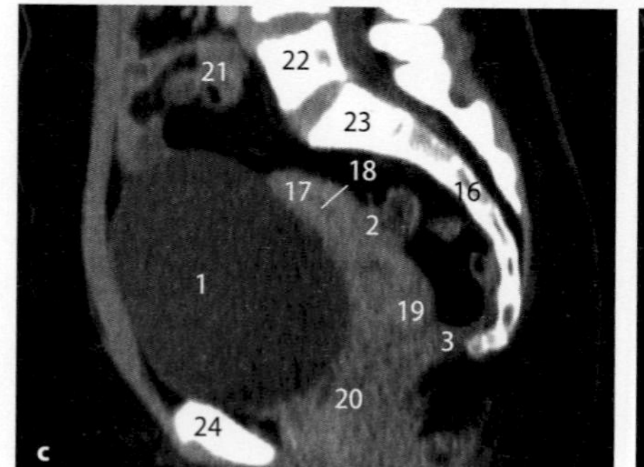

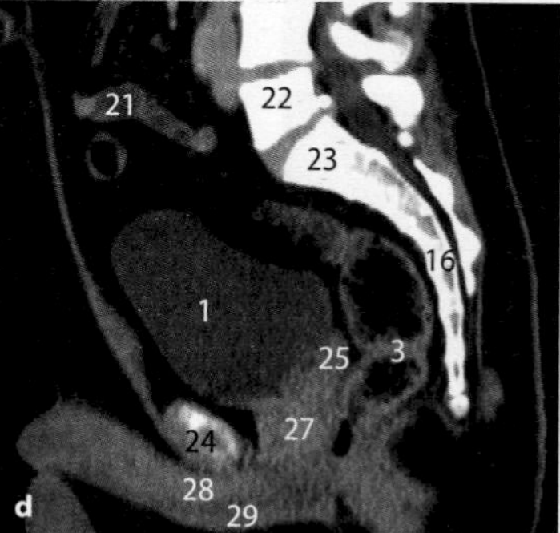

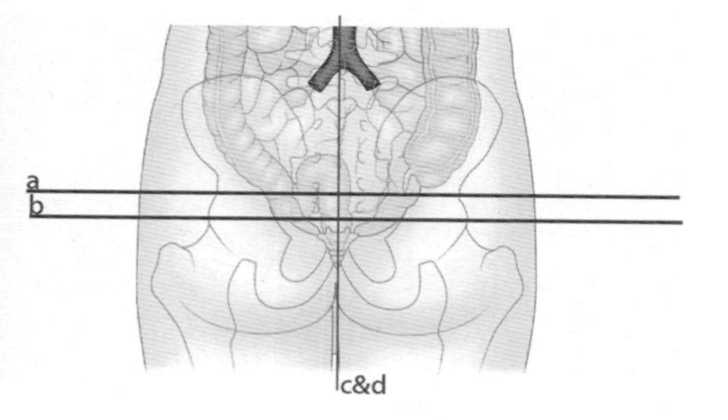

Kontrastmittelverstärkte CT-Bilder im Weichteilfenster in der axialen (a und b) und sagittalen (c und d) Schnittebene; 22-jährige Frau (a und c) bzw. 28-jähriger Mann (b und d)

1. Vesica urinaria
2. Corpus uteri
3. Rectum
4. A. iliaca externa
5. V. iliaca externa
6. N. femoralis
7. A. iliaca interna
8. V. iliaca interna
9. M. rectus abdominis
10. M. iliopsoas
11. M. gluteus minimus
12. M. gluteus medius
13. M. gluteus maximus
14. M. obturatorius internus
15. Acetabulum
16. Os sacrum
17. Fundus uteri
18. Cavum uteri
19. Cervix uteri
20. Vagina
21. Ileum
22. LWK 5
23. 1. Sakralwirbel (SW 1)
24. Symphysis pubica
25. Vesicula seminalis
26. Nodus (lymphaticus) iliacus externus
27. Prostata
28. Corpus cavernosum penis
29. Corpus spongiosum penis

6. Pelvis – Knochenfenster

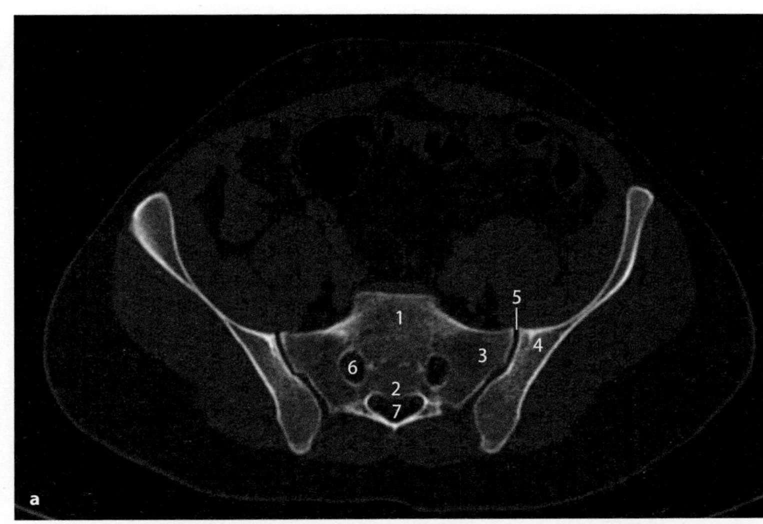

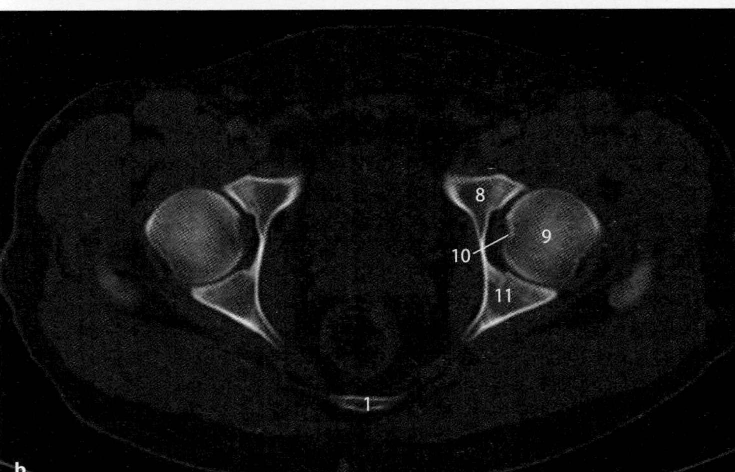

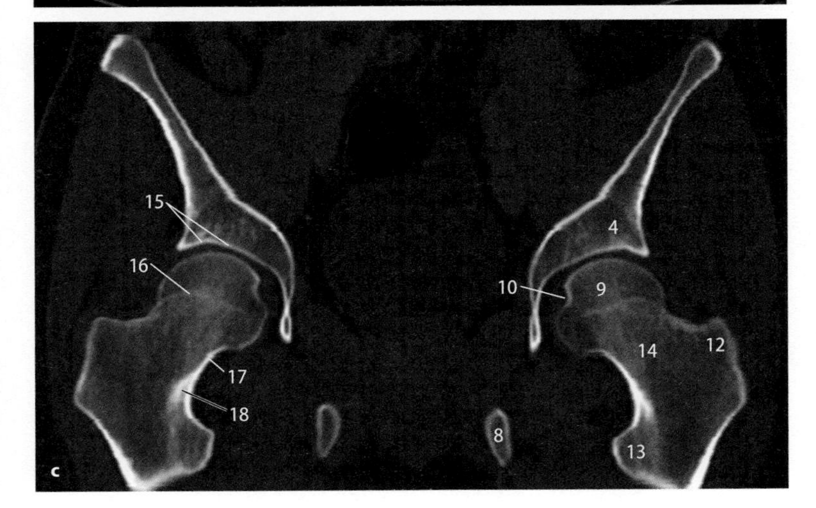

Native CT-Bilder im Knochenfenster in der axialen (a und b) und koronaren (c; mittlerer Bereich der Hüftgelenke) Schnittebene; 27-jährige Frau

1. Os sacrum (SW 1)
2. Os sacrum (SW 2)
3. Os sacrum (pars lateralis)
4. Os ilium
5. Articulatio sacroiliaca
6. Foramen intervertebrale (SW 1 / 2)
7. Canalis sacralis
8. Os pubis
9. Caput femoris
10. Fovea capitis femoris
11. Os ischii
12. Trochanter major
13. Trochanter minor
14. Collum femoris
15. Pfannendach
16. Linea epiphysialis
17. Adam-Bogen
18. Merkel-Schenkelsporn

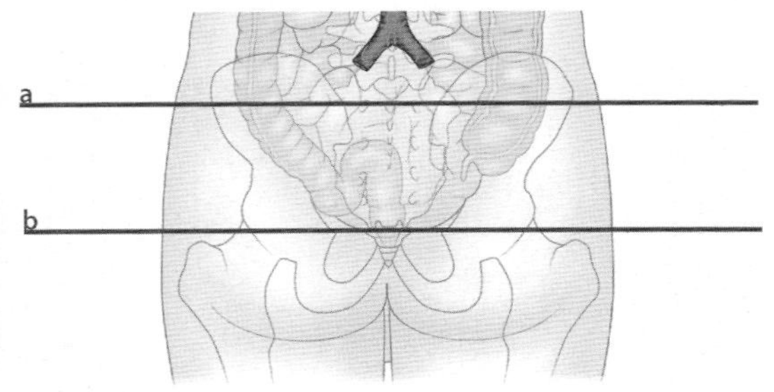

7. Caput - Knochenfenster

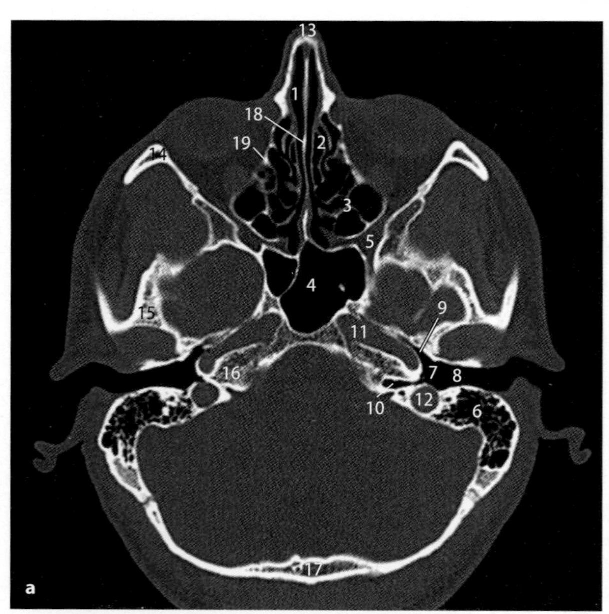

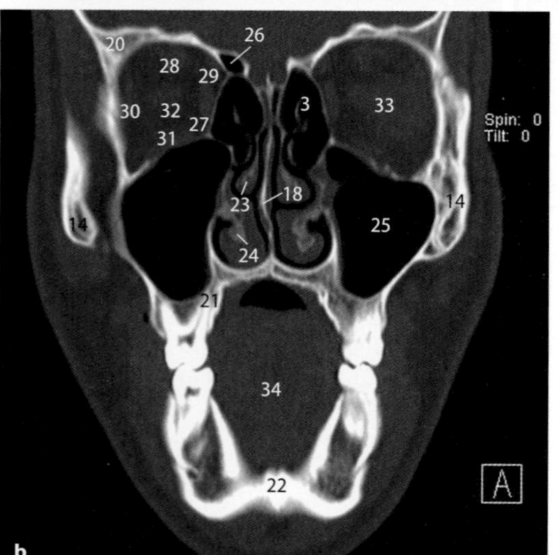

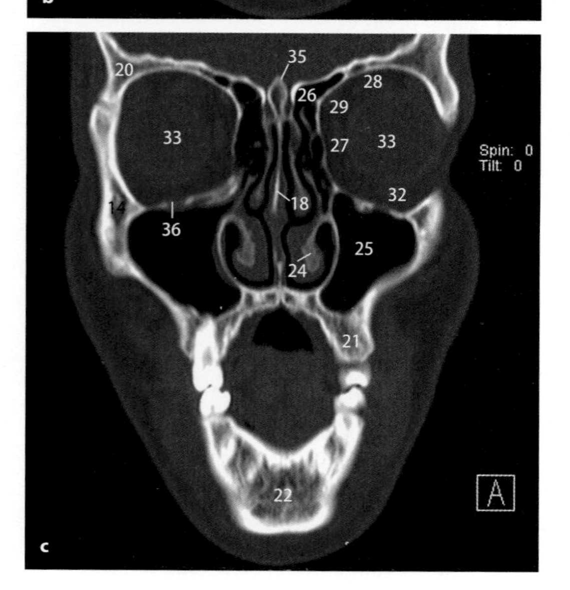

Native CT-Bilder im Knochenfenster in der axialen (a) und coronaren (b und c) Schnittebene; 38-jähriger Mann

1. Cavum nasi
2. Cellulae ethmoidales anteriores
3. Cellulae ethmoidales posteriores
4. Sinus sphenoidalis
5. Incisura orbitalis inferior
6. Cellulae mastoideae
7. Cavum tympani
8. Meatus acusticus externus
9. Tuba auditiva (Eustachii)
10. Meatus acusticus internus
11. Canalis caroticus
12. Foramen jugulare
13. Os nasale
14. Os zygomaticum
15. Os temporale
16. Os sphenoidale
17. Os occipitale
18. Septum nasi-Pars ossea
19. Os lacrimale
20. Os frontale
21. Maxilla
22. Mandibula
23. Concha nasalis media
24. Concha nasalis inferior
25. Sinus maxillaris
26. Sinus frontalis
27. M. rectus medialis
28. M. rectus superior
29. M. obliquus superior
30. M. rectus lateralis
31. M. rectus inferior
32. N. opticus
33. Bulbus oculi
34. Lingua
35. Crista galli
36. Canalis infraorbitalis

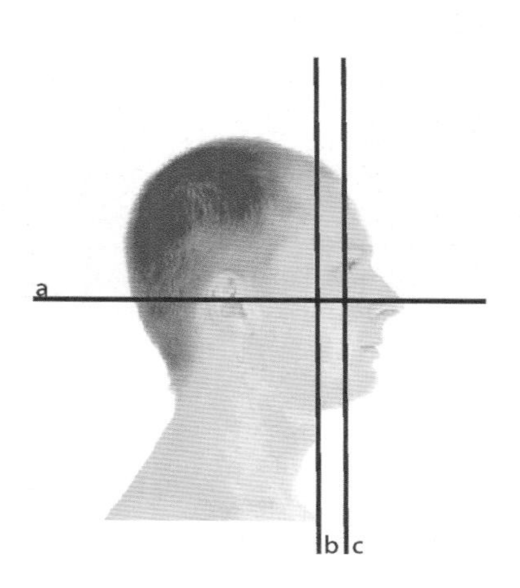

8. Collum – Weichteilfenster

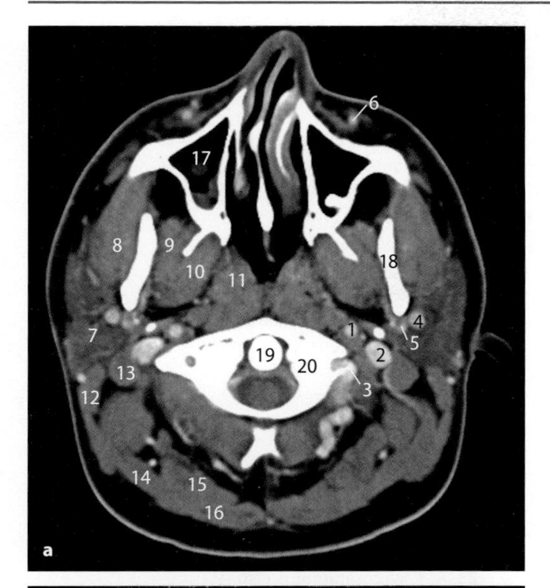

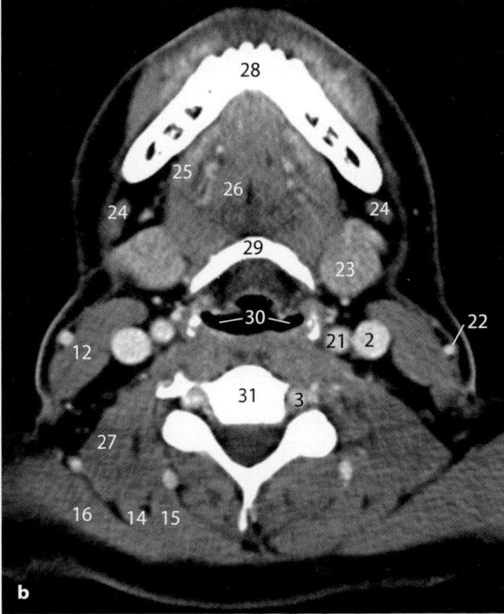

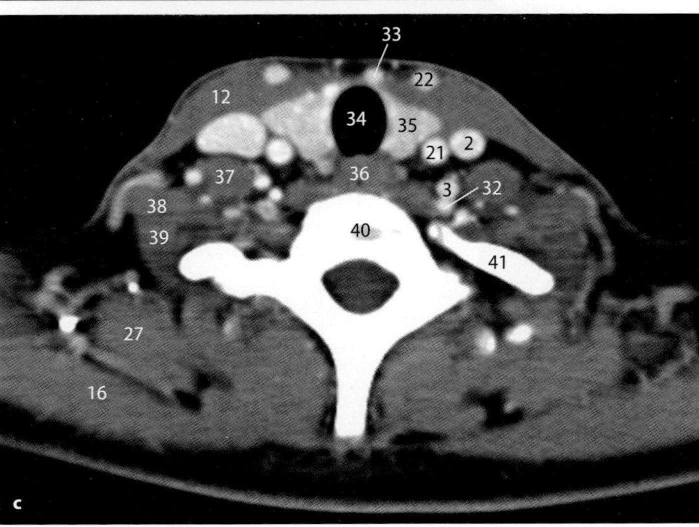

Kontrastmittelverstärkte CT-Bilder im Weichteilfenster in der axialen (a–c) Schnittebene; 22 jährige Frau

1. A. carotis interna
2. V. jugularis interna
3. A. vertebralis
4. A. carotis externa
5. A. maxillaris
6. A. facialis
7. Glandula parotidea
8. M. masseter
9. M. pterygoideus lateralis
10. M. pterygoideus medialis
11. M. levator veli palatini
12. M. sternocleidomastoideus
13. M. digastricus (Venter posterior)
14. M. splenius capitis
15. M. semispinalis capitis
16. M. trapezius
17. Sinus maxillaris
18. Ramus mandibulae
19. Dens axis
20. Atlas (Massa lateralis)
21. A. carotis communis
22. V. jugularis externa
23. Glandula submandibularis
24. Nodus submandibularis
25. M. mylohyoideus
26. M. genioglossus
27. M. levator scapulae
28. Mandibula
29. Os hyoideum
30. Recessus piriformis
31. 4. Halswirbelkörper (HWK 4)
32. V. vertebralis
33. V. jugularis anterior
34. Trachea
35. Glandula thyreoidea
36. Oesophagus
37. M. scalenus anterior
38. M. scalenus medius
39. M. scalenus posterior
40. BWK 1
41. Costa

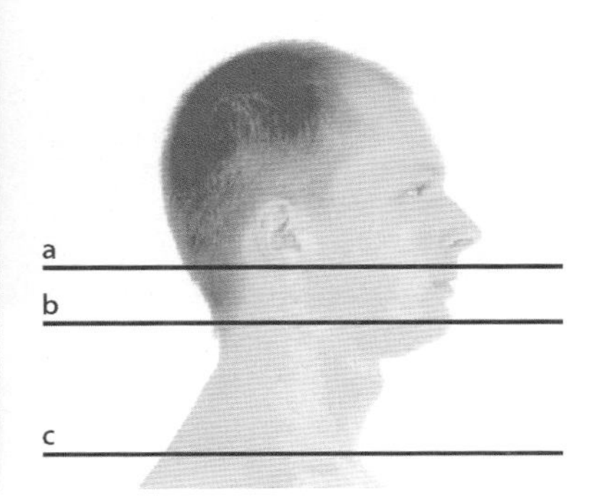

9. Columna vertebralis

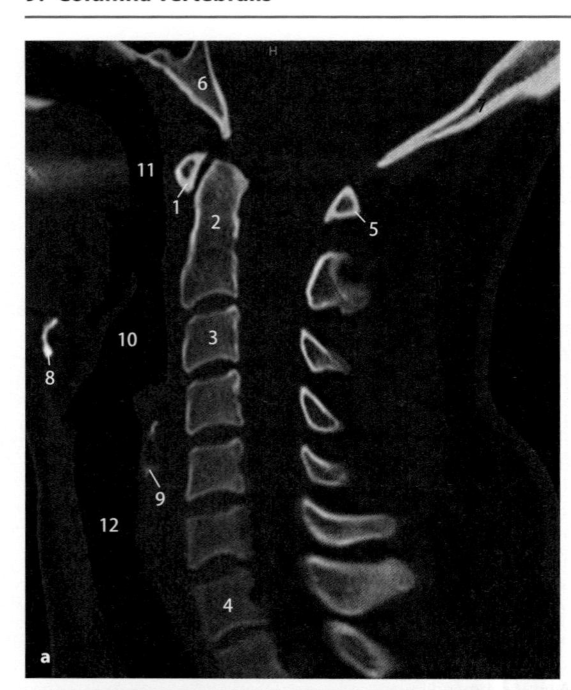

Native CT-Bilder im Knochenfenster (HWS a und BWS/LWS b) und kontrastmittelverstärkte CT-Bilder im Weichteilfenster (c) in der saggitalen Schnittebene; 31-jährige Frau

HWS

1. Atlas (Arcus anterior)
2. Dens axis
3. HWK 3
4. HWK 7
5. Atlas (Arcus posterior)
6. Clivus
7. Os occipitale
8. Os hyoideum
9. Cartilago cricoidea
10. Epiglottis
11. Oropharynx
12. Trachea

BWS / LWS

1. BWK 1
2. BWK 12
3. LWK 1
4. LWK 5
5. SW 1
6. 1. Coccygealwirbel (Co 1)
7. Promontorium
8. Dornfortsatz BWK 1
9. Dornfortsatz LWK 1
10. Symphysis pubica
11. Manubrium sterni
12. Corpus sterni
13. V. brachiocephalica (anonyma) sinistra
14. Aorta ascendens
15. A. pulmonalis sinistra
16. Ventriculus dexter
17. Atrium sinistrum
18. Aorta descendens
19. Aorta abdominalis
20. Truncus coeliacus
21. A. mesenterica superior
22. V. renalis sinistra
23. A. iliaca communis (sinistra)
24. V. lienalis
25. Pancreas (Corpus)
26. Gaster: a) Fundus b) Antrum
27. Duodenum
28. Hepar (Lobus sinister)
29. Jejunum
30. Vesica urinaria
31. Rectum
32. Vagina
33. M. erector spinae
34. M. rectus abdominis

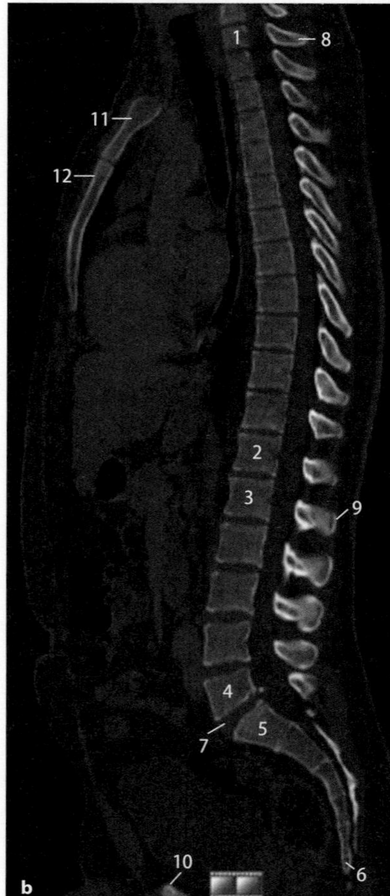

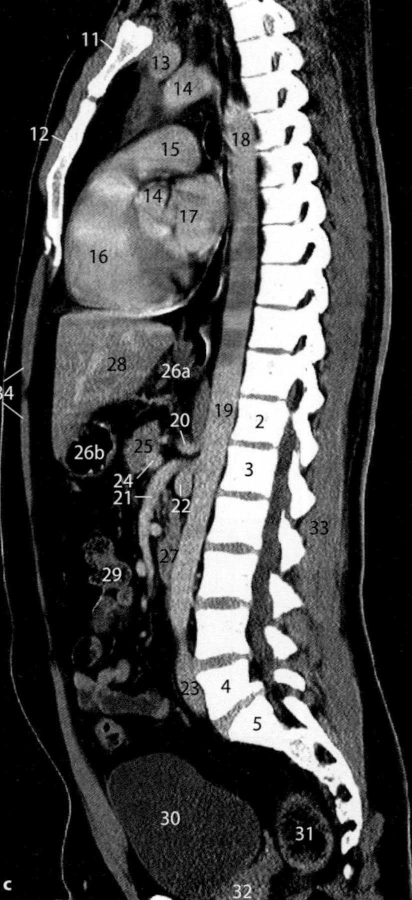

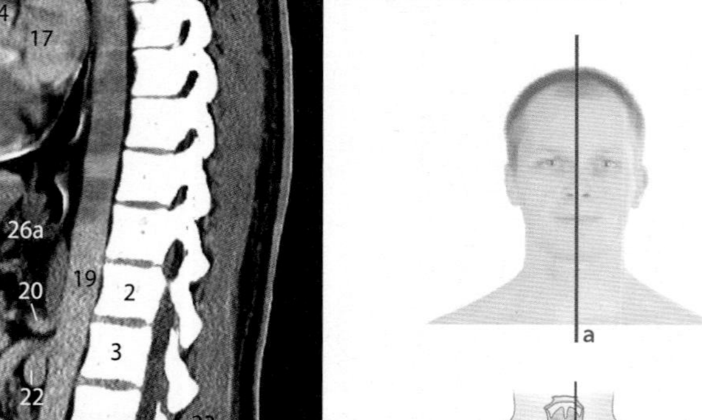

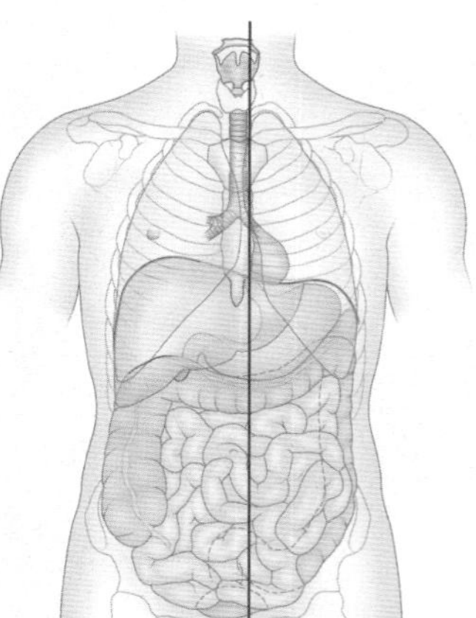

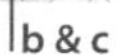

10. Arterien und Herz

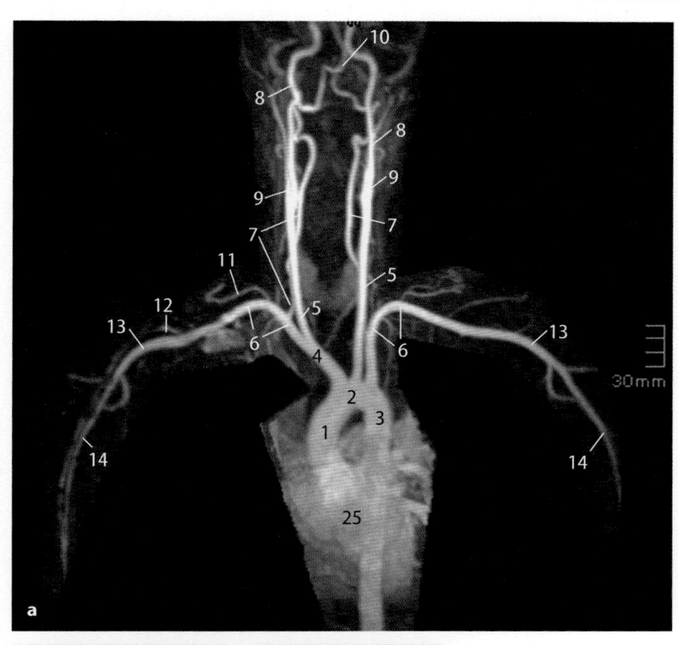

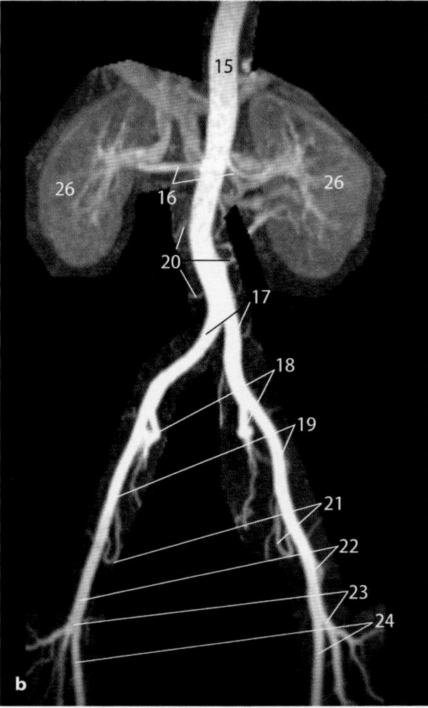

Arterien

Ventralansichten einer kontrastmittelverstärkten MRT-Angiographie von Hals, Thorax, Abdomen und Becken in der sog. Maximum-Intensitäts-Projektion (a und b); 37-jähriger Mann

1. Aorta ascendens
2. Arcus aortae
3. Aorta descendens
4. Truncus brachiocephalicus
5. A. carotis communis
6. A. subclavia
7. A. vertebralis
8. A. carotis interna
9. A. carotis externa (Überlagerung mit der A. carotis interna)
10. A. basilaris
11. A. suprascapularis
12. A. thoracoacromialis
13. A. axillaris
14. A. brachialis
15. Aorta abdominalis
16. A. renalis
17. A. iliaca communis
18. A. iliaca interna
19. A. iliaca externa
20. Aa. lumbales
21. A. circumflexa ilium profunda
22. A. femoralis (communis)
23. A. profunda femoris
24. A. femoralis (superficialis)
25. Cor
26. Ren

Herz

Native MRT-Cine-Sequenz. c) sog. 4-Kammerblick (beide Vorhöfe und beide Kammern). d) sog. 3-Kammerblick (linker Vorhof und Kammer sowie LVOT). Die anatomischen Zeichnungen wurden in ihrer Ausrichtung jeweils den gewählten Schnittebenen angepasst. 41-jähriger Mann

1. Atrium dextrum
2. Atrium sinistrum
3. Ventriculus dexter
4. Ventriculus sinister
5. Septum interventriculare
6. Mm. papillares
7. Valva bicuspidalis (mitralis)
8. Septum interatriale
9. Fossa ovalis
10. Aorta descendens
11. Aorta ascendens
12. Linksventrikulärer Ausflusstrakt (LVOT; engl.: »Left ventricular outflow tract«)
13. Truncus pulmonalis
14. A. pulmonalis sinistra
15. V. brachiocephalica sinistra

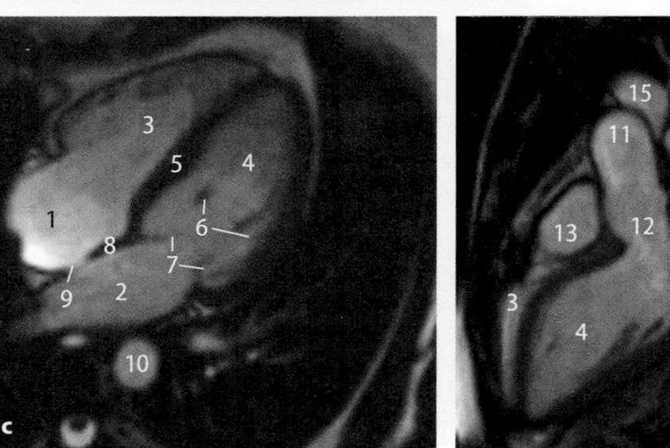

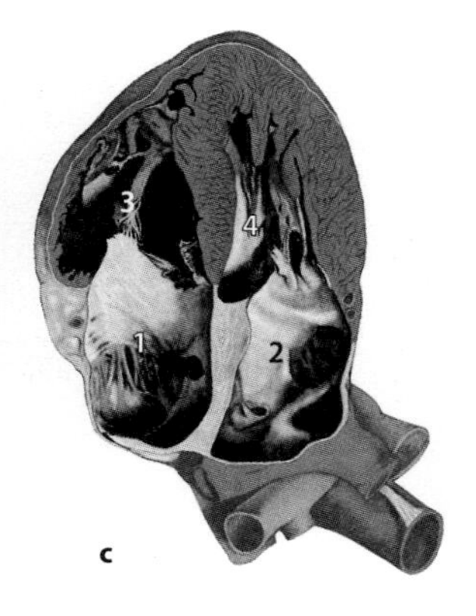

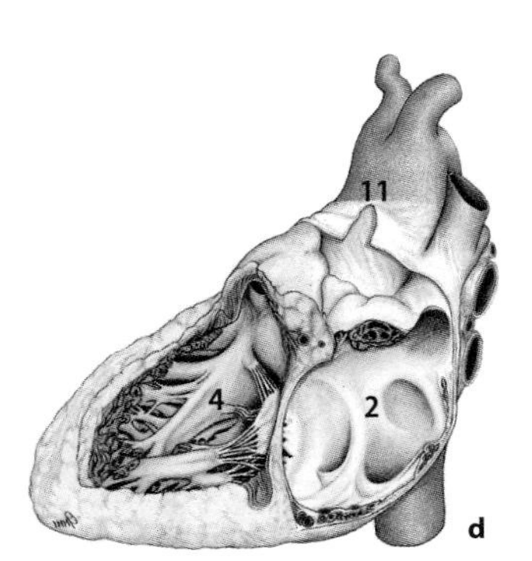

Anhang

Quellenverzeichnis

Kapitel 1

[1] Tillmann B.N. Atlas der Anatomie des Menschen, Springer, Berlin 2005
[2] Nach einem Präparat der Sammlung des Anatomischen Institutes der Universität zu Köln
[3] Lentze MJ, Schaub J, Schulte FJ, Spranger J. Pädiatrie. Springer, Berlin 2007
[4] Aufnahmen von Dr. Cornelia Schröder, Medizinisches Versorgungszentrum Radiologie, Prüner Gang, Kiel
[5] PD Dr. H. Bolte, Universitätsklinikum Schleswig-Holstein, Campus Kiel
[6] Schmidt T. Handbuch diagnostische Radiologie. Springer, Berlin 2003
[7] Foto Rainer Milling, Kiel

Kapitel 2

[1] Schmidt RF, Lang F. Physiologie des Menschen. 30. Aufl., Springer, Berlin 2007
[2] Modifiziert nach Schiebler, TH, Schmidt W. (Hrsg.) Anatomie. 10. Aufl., Steinkopff, Berlin 2007
[3] Prof. Dr. B.N. Tillmann, Kiel

Kapitel 3

[1] Modifiziert nach Schiebler, TH, Schmidt W. (Hrsg.) Anatomie. Springer, Berlin 2003
[2] Christ B, Wachtler F. Medizinische Embryologie. Ullstein Medical, Wiesbaden 1998

Kapitel 4

[1] Modifiziert nach F. Pauwels. Atlas zur Biomechanik der gesunden und kranken Hüfte. Springer, Berlin 1973
[2] Modifiziert nach Schiebler TH, Schmidt W. (Hrsg.). Anatomie. Springer, Berlin 2003
[3] Anatomisches Institut der Universität zu Köln
[4] Prof. Dr. R. Ortmann, Köln
[5] Präparat von Dr. med. dent. Th. Hems
[6] Prof. Dr. Dr. F. Härle. Klinik für Mund-, Kiefer- und Gesichtchirurgie, Universitätsklinikum Kiel
[7] Tillmann B.N. Atlas der Anatomie des Menschen, Springer, Berlin 2005
[8] Präparat von Prof. Dr. M. Rudert, Würzburg
[9] Kurspräparat des Anatomischen Instituts der Universität zu Köln
[10] Modifiziert nach Molowitz G. Der Unfallmann. 12. Aufl. Springer, Berlin, 1998
[11] Modifiziert nach Koebke J. A biomechanical and morphological analysis of human hand joints. Adv Anat Embryol Cell Biol 1983; 80: 1–85
[12] Präparat von Prof. Dr. B.N. Tillmann, Kiel
[13] Modifiziert nach Müller W. The Knee: Form, Function, and Ligament Reconstruction, Springer, Berlin 1983
[14] Modifiziert nach Spalteholz W. Handatlas der Anatomie des Menschen, Hirzel, Leipzig 1921
[15] Michael Kriwat, Kiel
[16] Modifiziert nach Mollier, Bergmann 1938
[17] Modifiziert nach Petersen W. und Tillmann B. Springer, Berlin 1998

Kapitel 5

Eigene Abbildungen des Autors

Kapitel 6

[1] Schmidt RF, Thews G. Einführung in die Physiologie des Menschen. 17. Aufl., Springer, Berlin 1976
[2] Tillmann B.N. Atlas der Anatomie des Menschen, Springer, Berlin 2005
[3] Tandler J. Anatomie des Herzens. Fischer, Jena 1913
[4] Siewert J.R. Chirurgie. 8. Aufl., Springer, Berlin 2006
[5] Schiebler, TH, Schmidt W. (Hrsg.) Anatomie. Springer, Berlin 2003
[6] Loeweneck H, Feifel G. Bauch. In: von Lanz/Wachsmuth (Hrsg.). Praktische Anatomie, Bd II, Teil 6. Springer, Berlin 1993
[7] Steding G, Seidl W. Cardiovaskuläres System. In: Hinrichsen KV (Hrsg.). Humanembryologie. Lehrbuch und Atlas der vorgeburtlichen Entwicklung des Menschen. Springer, Berlin 1990
[8] Hinrichsen KV (Hrsg.). Humanembryologie. Lehrbuch und Atlas der vorgeburtlichen Entwicklung des Menschen. Springer, Berlin Heidelberg 1990

Kapitel 7

[1] Schiebler, TH, Schmidt W. (Hrsg.) Anatomie. Springer, Berlin 2003
[2] Schiebler, TH, Schmidt W. (Hrsg.) Histologie. Springer, Berlin 1999

Kapitel 8

[1] Tillmann B.N. Atlas der Anatomie des Menschen, Springer, Berlin 2005
[2] Präparat von D. Grube, Hannover

Kapitel 9

[1] Tillmann B.N. Atlas der Anatomie des Menschen, Springer, Berlin 2005
[2] Präparat von Prof. Dr. R. Ortmann, Köln
[3] modifiziert nach Schiebler, TH, Schmidt W. (Hrsg.) Anatomie. 8. Aufl., Springer, Berlin 1999
[4] modifiziert nach Schiebler, TH, Schmidt W. (Hrsg.) Anatomie. 10. Aufl., Springer, Berlin 2007

Kapitel 10

[1] Tillmann B.N. Atlas der Anatomie des Menschen, Springer, Berlin 2005
[2] Modifiziert nach Schiebler, TH, Schmidt W. (Hrsg.) Anatomie. 8. Aufl., Springer, Berlin 2003
[3] Modifiziert nach Schiebler, TH, Schmidt W. (Hrsg.) Anatomie. 10. Aufl., Springer, Berlin 2005
[4] Modifiziert nach Sasse D, Spornitz UM, Maly IP (1992) Liver architecture. Enzyme 46: 8-32
[5] Wake K (1997) Sinusoidal structure and dynamics. In: Vidal-Vanaclocha F (ed) Functional heterogeneity of liver tissue: From cell lineage diversity to sublobular compartment-specific pathogenesis. Springer, New York, Berlin, pp 57-67

[6] Modifiziert nach Loeweneck H, Feifel G (1993) Bauch. In: Lanz/Wachsmuth (Hrsg.) Praktische Anatomie, Bd. II, Teil 6. Springer, Berlin

[7] Modifiziert nach Delmas A (1939) Les ébauches pancréatiques dorsales et ventrales. Leurs rapports dans la constitution du pancréas définitif. Ann anat path et anat norm med-chir (Paris) 16: 253-266

Kapitel 11

[1] Modifiziert nach Schiebler, TH, Schmidt W. (Hrsg.) Anatomie. Springer, Berlin 2003

[2] Tillmann BN. Atlas der Anatomie des Menschen. Springer, Berlin 2005

Kapitel 12

[1] Tillmann B.N. Atlas der Anatomie des Menschen, Springer, Berlin 2005

[2] modifiziert nach Schiebler, TH, Schmidt W. (Hrsg.) Anatomie. Springer, Berlin 2003

[3] Frick H, Kummer B, Putz R. Wolf-Heideggers Atlas der Humananatomie. 4. Aufl., Karger, Basel 1990

[4] Präparat von Dr. N.J. Neumann, Hautklinik des Universitätsklinikums Düsseldorf, Abt. Andrologie

[5] modifiziert nach Nieschlag E, Behre H. Andrologie. 2. Aufl., Springer, Berlin 2000, Abb. 83, S. 161

[6] Moore KL. Embryologie. 3. Aufl., Schattauer, Stuttgart 1993

[7] Christ B, Wachtler F. Medizinische Embryologie. Ullstein Medical, Wiesbaden 1998

Kapitel 13

[1] Diedrich K, Holzgreve W, Jonat W, Schultze-Mosgau A, Schneider K-Th, Weiss J. Gynäkologie und Geburtshilfe. 2. Aufl., Springer, Berlin 2007, Abb. 10.1

[2] Diedrich K, Holzgreve W, Jonat W, Schultze-Mosgau A, Schneider K-Th, Weiss J. Gynäkologie und Geburtshilfe. 2. Aufl., Springer, Berlin 2007, Abb. F13.3

Kapitel 14

[1] Modifiziert nach Schiebler, TH, Schmidt W. (Hrsg.). Anatomie. Springer, Berlin 2003

[2] Modifiziert nach Bässler, R. Mamma. In: Remmele W (Hrsg.). Pathologie. Bd. 4, Springer, Berlin 1997

[3] Tillmann B.N. Atlas der Anatomie des Menschen, Springer, Berlin 2005

Kapitel 15

[1] Schiebler, TH, Schmidt W. (Hrsg.). Anatomie. Springer, Berlin 2003

[2] Kaufmann P, Scheffen I. In: Polcin R, Fox W. Neonatal and fetal medicine. Vol. 1, Saunders, Orlando 1992

Kapitel 16

[1] Fritsch P. Dermatologie und Venerologie. Springer, Berlin 1998

Kapitel 17

[1] Modifiziert nach Schiebler. Anatomie, 8. Aufl., Springer, Berlin 1999

[2] Prof. Dr. Ingo Bechmann, Institut für Anatomie und Zellbiologie, Universität Leipzig

[3] Modifiziert nach Stephan H. Allocortes. In: Handbuch der Mikroskopischen Anatomie des Menschen. Bd. 4, Springer, Berlin 1975

[4] Dr. J. Romahn, Radiologische Praxis, Coburg

[5] Tillmann B.N. Atlas der Anatomie des Menschen, Springer, Berlin 2005

[6] Zilles K, Rehkämper G. Funktionelle Neuroanatomie. 3. Aufl., Springer, Berlin 1998

[7] Modifiziert nach Nieuwenhuys R, Voogd J, van Huijzen C. The Human Central Nervous System. 3rd ed. Springer, Berlin 1988

[8] Modifiziert nach Zilles K. Anatomie des Blutkreislaufs. In: Hartmann A, Heiss W.-D. Der Schlaganfall. Steinkopff, Darmstadt 2001

[9] Prof. Dr. R. Guthoff, Augenklinik der Universität Rostock

[10] Prof. Dr. H. Büssow, Universität Bonn

[11] Prof. Dr. K. Hauenstein, Institut für Diagnostische und Interventionelle Radiologie, Universität Rostock

[12] Prof. Dr. A. Lemke, Chefarzt, Städtisches Klinikum Dessau, Klinik für Diagnostische und Interventionelle Radiologie und Neurologie

[13] Abbildungen B–F: Prof. K. Amunts, Dr. S. Eickhoff, Prof. H. Herzog und Prof. P. Weiss-Blankenhorn, Institut für Neurowissenschaften und Medizin, Forschungszentrum Jülich

[14] Prof. Dr. M. Dieterich, Direktorin der Neurologischen Klinik der LMU München, Campus Großhadern

[15] Dr. K. Krumbholz, Institut für Neurowissenschaften und Medizin, Forschungszentrum Jülich und Dr. M. Schönwiesner, Institut für Zoologie, Universität Leipzig

[16] Prof. Dr. S. Eickhoff, Institut für Neurowissenschaften und Medizin, Forschungszentrum Jülich

[17] Originale von Prof. R.-D. Treede, Lehrstuhl für Neurophysiologie am CBTM, Universität Heidelberg; Prof. P. Stoeter,Institut für Neuroradiologie, Universität Mainz

[18] C. u. O.-Vogt-Archivs, Universität Düsseldorf

[19] Präparat von Dr. Hans Bidmon, C. u. Vogt-Institut für Hirnforschung, Universität Düsseldorf

[20] Modifiziert nach Amunts K, Kedo O, Kindler M, Pieperhoff P, Mohlberg H, Shah NJ, Habel U, Schneider F, Zilles K. (2005) Cytoarchitectonic mapping of the human amygdala, hippocampal region and entorhinal cortex: intersubject variability and probability maps. Anat Embryol (Berl) 210:343-352

[21] Originale von Prof. Dr. C. Schultz, Sektion für Neuroanatomie, Medizinische Fakultät Mannheim der Universität Heidelberg

Kapitel 18

[1] Modifiziert nach Schiebler, TH, Schmidt W. (Hrsg.) Anatomie. Springer, Berlin 2003

[2] Prof. Dr. K. Zilles, Forschungszentrum Jülich

Kapitel 19

[1] Tillmann B.N. Atlas der Anatomie des Menschen, Springer, Berlin 2005

Kapitel 20

[1] Tillmann B.N. Atlas der Anatomie des Menschen, Springer, Berlin 2005

Kapitel 21

[1] Tillmann B.N. Atlas der Anatomie des Menschen. Springer, Berlin 2005
[2] Modifiziert nach: Lanz/Wachsmuth. Praktische Anatomie. Springer, Berlin 1982

Kapitel 22

[1] Tillmann B.N. Atlas der Anatomie des Menschen. Springer, Berlin 2005
[2] Modifiziert nach: Hafferl.A. Lehrbuch der topographischen Anatomie. Springer, Berlin 1955
[3] Modifiziert nach: Astra Chemicals GmbH (Hrsg.) Regionalanästhesie. Fischer, Stuttgart 1989

Kapitel 23

[1] Tillmann B.N. Atlas der Anatomie des Menschen. Springer, Berlin 2005

Kapitel 24

[1] Tillmann B.N. Atlas der Anatomie des Menschen. Springer, Berlin 2005

Kapitel 25

[1] Tillmann B.N. Atlas der Anatomie des Menschen. Springer, Berlin 2005
[2] Lanz/Wachsmuth: Praktische Anatomie. Springer, Berlin, Jahr 1959

Kapitel 26

[1] Tillmann B.N. Atlas der Anatomie des Menschen. Springer, Berlin 2005
[2] Modifiziert nach Lanz/Wachsmuth: Praktische Anatomie. Springer, Berlin, 1972

Tafeln II–VI

Foto Rainer Milling, Kiel

Bildnachweis

Zeichnungen: Ingrid Schobel, München

Kapitel 1 1.3; 1.5
Kapitel 2 2.6; 2.7a-f; 2.8a-f; 2.18c; 2.23a-g
Kapitel 3 3.1; 3.2a-f; 3.3: 3.4; 3.5a-b; 3.6a-b; 3.7a-f; 3.8a-d; 3.9a-d; 3.10: 3.11 a-b; 3.12; 3.13a-h; 3.14; 3.15; 3.16
Kapitel 4 4.3a-b; 4.4a-d;4.5; 4.6a-h;4.7; 4.8: 4.10a-b; 4.11a-b; 4.15a-f; 4.16a-c; 4.17b: 4.18; 4.19; 4.20; 4.21; 4.22; 4.23; 4.24; 4.25; 4.26; 4.31; 4.34; 4.40; 4.43; 4.49a-b; 4.50; 4.52a-b; 4.53a-c; 4.55; 4.56; 4.59; 4.60a-c; 4.61a-b; 4.62; 4.63; 4.66; 4.67; 4.69; 4.71; 4.72; 4.73; 4.77; 4.80; 4.83a-c; 4.86; 4.87a-b; 4.88; 4.89; 4.100a-d; 4.101a-b; 4.102; 4.103a-b; 4.104a-b; 4.110a-c; 4.113a-b; 4.115a-b; 4.116a-b; 4.117a-b; 4.119; 4.120; 4.121; 4.122; 4.123a-b; 4.125; 4.126; 4.127; 4.128; 4.129; 4.130; 4.132; 4.133a-b; 4.134a-b; 4.135; 4.136; 4.137; 4.138; 4.139; 4.141; 4.144a-b; 4.145; 4.146; 4.148; 4.150; 4.151: 4.152a-b; 4.153; 4.159; 4.167; 4.169a-b;4.170; 4.171a-e; 4.172a-b; 4.174; 4.175a-b; 4.176a-d; 4.178a-b; 4.179a-b; 4.180a-e; 4.181; 4.182; 4.183a-c; 4.184; 4.186a-e; 4.190; 4.191a-c; 4.193; 4.194; 4.195; 4.196; 4.197; 4.198; 4.199; 4.200; 4.201a-b; 4.202; 4.210
Kapitel 5 5.4
Kapitel 6 6.1; 6.6; 6.7; 6.11c; 6.13; 6.14; 6.15; 6.16a-c; 6.17a-b; 6.18a-e; 6.19a-b; 6.20; 6.21; 6.22; 6.23
Kapitel 7 7.1; 7.2; 7.3; 7.4; 7.5; 7.6; 7.7; 7.9; 7.10; 7.12; 7.13; Tab. 7.2
Kapitel 8 8.1; 8.6a-c
Kapitel 9 9.9; 9.11a; 9.13; 9.16; 9.17; 9.19; 9.20; 9.21a-b; 9.22a-b; 9.23; 9.24a-b; 9.25; 9.26; 9.27a-c
Kapitel 10 10.2a-c; 10.3; 10.4; 10.5a-f; 10.6; 10.7; 10.9; 10.10; 10.11; 10.22; 10.23; 10.24; 10.25a-b; 10.26; 10.27a-b; 10.28; 10.30; 10.31a-b; 10.33; 10.34; 10.35; 10.36a-b; 10.39; 10.40; 10.41; 10.42; 10.44a-b; 10.47; 10.49; 10.50a-d;10.51a-e; 10.55; 10.56; 10.58; 10.59; 10.60
Kapitel 11 11.1; 11.2; 11.3; 11.6a-c; 11.8; 11.9a; 11.10; 11.14; 11.18; 11.19; 11.21; 11.22a-f
Kapitel 12 12.1; 12.2; 12.6; 12.9; 12.10; 12.13; 12.16; 12.17; 12.19; 12.22a-c; 12.24; 12.25a-b
Kapitel 13 13.1; 13.3a-c; 13.4; 13.5; 13.6a-b; 13.7; 13.9; 13.10a-b; 13.11; 13.12; 13.13; 13.14; 13.15; 13.17; 13.18; 13.21; 13.22a-b; 13.23
Kapitel 14 14.1; 14.2a-d; 14.3; 14.4
Kapitel 15 15.1a-f; 15.2a-d; 15.3a-d; 15.4; 15.5
Kapitel 16 16.1; 16.2a-b; 16.3; 16.4; 16.5; 16.6
Kapitel 17 17.1a-g; 17.3; 17.4a-b; 17.5a-d; 17.8; 17.31; 17.34; 17.37; 17.51; 17.52; 17.53; 17.54a-d; 17.55; 17.58; 17.59; 17.60; 17.61; 17.63; 17.64; 17.66; 17.67a-f; 17.76; 17.77; 17.78; 17.79; 17.80; 17.81; 17.82; 17.83; 17.84a-c; 17.85; 17.88; 17.89; 17.90; 17.91; 17.93; 17.95a-c
Kapitel 18 18.1; 18.2; 18.3; 18.4; 18.5; 18.7; 18.8; 18.9
Kapitel 19 19.4; 19.5; 19.8; 19.11a-b
Kapitel 21 21.4a
Kapitel 22 22.8; 22.9; 22.10; 22.11; 22.12
Kapitel 23 23.8; 23.9
Kapitel 24 24.5; 24.6; 24.7; 24.12; 24.13
Kapitel 25 25.3; 25.7; 25.16
Kapitel 26 26.2; 26.3; 26.4; 26.7; 26.13
Tafeln 7 und **8** sowie **Skelettabbildungen** auf den Buchinnenseiten

Zeichnungen: Claudia Sperlich, Groß-Wittensee

Kapitel 4 4.29; 4.32; 4.34; 4.35; 4.46; 4.54; 4.64; 4.68a,b; 4.74; 4.75; 4.76; 4.79a,b; 4.81; 4.82; 4.84; 4.85; 4.106b; 4.109; 4.111b; 4.118; 4.142; 4.163; 4.166; 4.168
Kapitel 6 6.2; 6.3; 6.4; 6.5;
Kapitel 10 10.8; 10.15; 10.16; 10.18; 10.38; 10.45a,b; 10.57
Kapitel 11 11.16
Kapitel 12 12.11
Kapitel 17 17.35; 17.38; 17.62
Kapitel 19 19.1; 19.3; 19.6; 19.7; 19.9; 19.10a,b; 19.12; 19.13; 19.14
Kapitel 20 20.10; 20.11; 20.12
Kapitel 21 21.2; 21.3; 21.5
Kapitel 22 22.5; 22.6
Kapitel 23 23.4
Kapitel 24 24.2; 24.3; 24.14; 24.15; 24.16; 24.20; 24.21; 24.22; 24.23; 24.24;
Kapitel 25 25.5; 25.6; 25.10; 25.11; 25.13; 25.14
Kapitel 26 26.1; 26.5; 26.8

Zeichnungen: Clemens Franke, Kiel

Kapitel 4 4.43; 4.45; 4.48; 4.90; 4.92; 4.93; 4.94; 4.95; 4.98; 4.99; 4.131; 4.143; 4.147; 4.149; 4.152; 4.154; 4.155; 4.162a; 4.165; 4.173; 4.203; 4.204; 4.206; 4.207; 4.208; 4.213; 4.214; 4.215; 4.216; 4.217; 4.218
Kapitel 13 13.7
Kapitel 14 14.5
Kapitel 19 19.2
Kapitel 20 20.1a,b;
Kapitel 23 23.2; 23.3; 23.10;
Kapitel 24 24.1; 24.17; 24.18; 24.19; 24.26

Zeichnungen: Christine Opfermann-Rüngeler, Düsseldorf

Kapitel 17 17.10; 17.13; 17.18; 17.19; 17.20; 17.21; 17.23; 17.25; 17.26; 17.27; 17.28; 17.29; 17.30; 17.39; 17.40; 17.41; 17.42; 17.43; 17.44; 17.45; 17.46; 17.47; 17.48; 17.49; 17.50; 17.96; 17.97; 17.98; 17.101; 17.102; 17.103; 17.105; 17.111; 17.114c; 17.116; 17.125; 17.129; 17.142; 17.143; 17.144; 17.145; 17.146; 17.149

Zeichnungen: Günther Ritschel, Rostock

Kapitel 17 17.65; 17.86; 17.92; 17.106; 17.107; 17.108; 17.109; 17.132; 17.133; 17.134

Stichwortverzeichnis

A

Die **fett** gedruckten Zahlen verweisen auf die Hauptfundstellen.

B

C

D

E

F

H

I

J

K

L

M

N

O

P

Q

R

S

T

U

V

W

Z